MO *d* SUOZU ZHIHEBIAO YUQI XIANSHI DE *k* SHENGSUSHU

# 模 *d* 缩族质合表与其显示的 *k* 生素数

蔡书军　著

西北工業大學出版社

【内容简介】 本书全面系统地介绍了如何编制和应用系列型的模 $d$ 缩族质合表低耗高效筛选素数和依次不漏地搜寻等差 $d$ 素数列等 $k$ 生素数的方法. 为此，应用筛法建立了模 $d$ 缩族质合表的概念和编制方法，着重讨论了该表的数学原理、共性优点、独特功能与应用方法，提出了一系列关于 $k$ 生素数的有趣猜测，深刻揭示了模 $d$ 缩族质合表与其显示的 $k$ 生素数之间天然而奇妙的联系. 该表方法新颖，科学合理，一表多用. 书中编有欧拉函数值适中、涵显信息丰富、应用广泛的 3 个大型模 $d$ 缩族质合表，以供读者查阅备用.

作为《$k$ 生素数分类及相邻 $k$ 生素数》一书的姊妹篇，本书视角独特，观念创新；循序渐进，逻辑严密；表述说理清晰，举例详实；通俗易懂，耐人寻味；方法简明，易学易用，融学术探讨性与数学科普性于一体，适合大、中学师生和数学工作者、爱好者阅读.

**图书在版编目(CIP)数据**

模 $d$ 缩族质合表与其显示的 $k$ 生素数/蔡书军著. —西安：西北工业大学出版社，2016.11
ISBN 978-7-5612-5109-6

Ⅰ.①模… Ⅱ.①蔡… Ⅲ.①质数—数学表 Ⅳ.①O1-641

中国版本图书馆 CIP 数据核字(2016)第 263982 号

**出版发行**：西北工业大学出版社
**通信地址**：西安市友谊西路 127 号　　邮编：710072
**电　　话**：(029)88493844　88491757
**网　　址**：www.nwpup.com
**印 刷 者**：陕西宝石兰印务有限责任公司
**开　　本**：787 mm×1 092 mm　　1/16
**印　　张**：42.125
**字　　数**：1 025 千字
**版　　次**：2016 年 11 月第 1 版　　2016 年 11 月第 1 次印刷
**定　　价**：128.00 元

# 名人名言

研究必须充分地占有材料,分析它的各种发展形式,探寻这些形式的内在联系,只有这项工作完成以后,现实的运动才能适当地叙述出来.

——马克思

只要自然科学在思维着,它的发展形式就是假说.

——恩格斯

要真正认识事物,必须把握、研究它的一切方面、一切联系和中介.我们决不能完全做到这一点,但是全面性的要求可以使我们防止错误和防止僵化.

——列宁

一个正确的认识,往往需要经过由物质到精神,由精神到物质,即由实践到认识,由认识到实践这样多次的反复,才能够完成.

——毛泽东

我们不但要提出任务,而且要解决完成任务的方法问题.我们的任务是过河,但是没有桥或没有船就不能过.不解决桥或船的问题,过河就是一句空话.不解决方法问题,任务也只是瞎说一顿.

——毛泽东

谁眼前没有问题而去探索方法,就很可能是无用的探索.

只要一门科学分支能提出大量的问题,它就充满着生命力;而问题缺乏则预示着独立发展的衰亡或中止.正如人类的每项事业都追求着确定的目标一样,数学研究也需要自己的问题。正是通过这些问题的解决,研究者锻炼其钢铁意志,发现新方法和新观点,达到更为广阔和自由的境界。

——希尔伯特

突出的未解决的问题需要新的方法去求解,而有力的新方法又引起待解决的新问题.

——E. T.贝尔

新的数学方法和概念,常常比解决数学问题本身更重要.

——华罗庚

我们数论知识的积累,不仅依靠已经证明了的理论,而且也依靠那些未知的猜想.

——谢尔宾斯基

千古数学一大猜!

——华罗庚

在数学的领域中,提出问题的艺术比解答问题的艺术更为重要.

——康托

科学不单单是要解决问题,还要不断地从新的现象中发掘问题,这是主要的一步,也是最困难的一步.

——丘成桐

数学,如果正确地看它,不但拥有真理,而且也具有至高的美.

——罗素

哪里有数,哪里就有美.

——普洛克拉斯

数学园地处处开放着美丽花朵,它是一片灿烂夺目的花果园,这片园地正是按照美的追求开拓出来的.

——徐利治

数学世界充满了精神的创造,只要深入其中就会发现奥妙无穷.

——谷超豪

数学是人类最高超的智力成就,也是人类心灵最独特的创作.音乐能激发或抚慰情怀,绘画使人赏心悦目,诗歌能动人心弦,哲学使人获得智慧,科学可以改善物质生活,但数学能给予以上一切.

——高斯

数学不但能够训练出清晰思维,而且能够培养一种独立思考、坚持真理的品格.

——姜伯驹

我相信在科学上并没有平坦的大道……在我们前进的道路上荆棘丛生,只有经历了不断试探、一再失败,才能寻找出合适的方法,开辟出赖以前进的道路.

——玻恩

面对悬崖峭壁,一百年也看不出一条缝来,但用斧凿,能进一寸进一寸,能进一尺进一尺,不断积累,飞跃必来,突破随之.

——华罗庚

# 前言

朋友，提起 $k$ 生素数，你也许觉得是那么的神奇美妙而又陌生. 但是，如果读了《$k$ 生素数分类及相邻 $k$ 生素数》一书，你一定很想知道书中那如同繁星点点的 $k$ 生素数是怎样找到的？难道背后有什么妙招诀窍？为了回答这个好奇之问，本书与你一探究竟。让我们一起去搜寻、挖掘深埋在整数地壳中的 $k$ 生素数，你将看到一个瑰丽多彩、气象万千、奥秘无穷的素数新天地.

素数是整数的主心骨，数论的脊髓潜伏和贯通于其中. 而 $k$ 生素数是由素数编织的美丽图案、绽放的鲜艳花朵和弹奏的动听乐曲. 是的，我们不仅对 $k$ 生素数一直知之甚少，而且人类对与自己经常打交道的自然数 $\{1,2,3,\cdots\}$ 及其内含的素数的了解，还比不上对离我们遥远宇宙中星系的探索和认识. 众所周知，数和形是数学大厦的两大支柱，而"数学是上帝用来书写宇宙的文字"(伽利略语)，自然数中源源不尽的素数，蕴藏着与浩瀚星空、无穷宇宙一样能引起人们兴趣的真理和未解之谜. 例如，在给定的范围内，怎样低耗高效筛选素数和依次不漏地搜寻等差素数列等种类繁杂的 $k$ 生素数，是素数论众多问题中两个基本而重要的问题. 特别是 $k$ 生素数研究中面临缺乏研究对象时，首先需要解决搜寻 $k$ 生素数的工具和方法问题. 所以，这也是数学工作者和爱好者非常感兴趣的两个问题. 作为《$k$ 生素数分类及相邻 $k$ 生素数》一书的姊妹篇，本书的主要内容就是回答读者朋友心中的疑问和好奇，介绍笔者追问和破解这两个问题所找到的一种新的系列型方法——应用自制的模 $d$ 缩族质合表这个工具箱中的多种工具筛选素数、搜寻等差素数列等特定 $k$ 生素数.

研究须有研究对象. 搜寻 $k$ 生素数就是搜集研究对象，为 $k$ 生素数研究积累必要的第一手数据和资料. 而目前极度缺乏的，正是 $k$ 生素数各个种类的个体资料. 但是，面对浩瀚无垠又隐藏不露的 $k$ 生素数，搜寻耗时费力且效果不佳超出了起初的预料，成为制约研究进展的瓶颈. 不打破这一瓶颈，不跨过这一门槛，研究无从谈起. 因此，搜寻 $k$ 生素数，不能只是搜异猎奇，重要的是着意于广搜博采，探索一般现象与本质，以期发现能够解释、纳括奇特现象在内的普遍规律，揭开 $k$ 生素数的谜底.

根据不超过 $x$ 的素数间隙表[①]这一实用有力的工具，可以把 $x$ 以内给定差型的绝对和随机相邻 $k$ 生素数全部搜寻出来. 但是，对于随机和偶然不相邻 $k$ 生素数，却眼睁睁地看着它们全都漏掉了. 如何堵住这一巨大无比的漏洞，是我们面临的一大问题和挑战.

素数在自然数中的分布是又稀又乱，要筛选出来并非易事. 而 $k$ 生素数比素数分布的更稀更乱，被淹没在自然数的汪洋大海之中，寻找它们特别是寻找不相邻 $k$ 生素数如同大海捞针. 因此，长期以来人们对 $k$ 生素数知之甚少. 但是，研究又必须直面 $k$ 生素数搜寻这令人望而生畏而少有人问津的艰辛的巨量工作.

有人说，寻找是一种磨炼，也是一种积累. 可我还要说——

---

① 蔡书军，$k$ 生素数分类及相邻 $k$ 生素数. 西安：西北工业大学出版社，2012，第 415 页.

寻找
　　是追梦路上的奋力拼搏，
寻找
　　是历经艰辛的长途跋涉……
寻找是深入虎穴，
寻找是独闯龙宫；
寻找是勇于实践，
寻找是勤于思考；
寻找是探究新知，
寻找是求索真理！

因此，必须寻找——
寻找素数花园盛开的奇葩，
寻找自然数中深藏的奥秘；
寻找 $k$ 生素数的魅力和神奇，
寻找数论中那意想不到的谜底……

其实，追梦征途
有无数震撼人心、催人奋进的寻找——
在茫茫无际的戈壁荒原，
在人迹罕至的深山峡谷，
在波涛汹涌的东海、南海……
地质队员为祖国寻找地下矿藏，
困难再大，也要拿下！
付出再多，也是值得.

寻找——
人类在浩瀚无限的宇宙中
寻找自己的知音，
仰望星空，怀抱希望；
征途遥远，何惧艰险！

寻找呵寻找
执着地寻找——
在迷茫中寻找方向，
在黑夜里寻找光明……

寻找……
寻找呵寻找——

在复杂中寻找法则，
在平凡中寻找珍贵.
在个别中寻找一般，
在偶然中追溯必然.

寻找……
寻找呵寻找——
从具体中寻出抽象，
在表象下挖掘本质.
在反相中寻找对称，
在对立中寻求统一.

寻找……
寻找呵寻找——
在混沌中寻找秩序，
在关联中摸索规律.
在有限中寻找无限，
在万变中寻找永恒……

寻找要志存高远锐意进取，
寻找是锲而不舍上下求索；
寻找要执着坚定迎难而上，
寻找是逢山攀岩遇水蹚河；
寻找要洞悉全局明察秋毫，
寻找是踏遍青山搜尽天涯；
寻找要理出线索找到方法，
寻找是既寻树木又找森林；
寻找要由此及彼由表及里，
寻找是打破砂锅刨根问底；
寻找要不辞劳苦孜孜以求，
寻找是披沙拣金挥洒汗水；
寻找是淡泊名利耐得寂寞，
寻找要勇于探索百折不回！

寻找，寻找前行的路径，
寻找，寻找攻关的法宝……
寻找，
寻找直觉瞬间的顿悟，
寻找，

寻找灵感闪耀的火花……
在寻找中发现，
在寻找中思考……

寻找，大师说
是自己孩提时在海滩上捡拾那美丽的贝壳，
　心中却对真理的海洋无限向往……
寻找，先哲说
就是奔跑在谬误的河床上
　把真理的浪花追逐……
寻找，思想家说
“为了追求真理，
　我们注定要经历失败和挫折”.
寻找，导师说
只有“持之以恒地搜寻事物的法则”，
　才能透彻地了解它们的奥秘和美妙.

你说寻找，
就是穿越在素数的崇山峻岭密林深谷
　勘探 $k$ 生素数的无尽宝藏；
我说寻找，
就是以有限的生命向无限进发
　把永恒窥瞧！

寻找呵寻找，
“上穷碧落下黄泉……
升天入地求之遍”；
寻找呵寻找，
“众里寻他千百度”，
“衣带渐宽终不悔”！
寻找呵寻找，
走的山穷水尽疑无路，
寻得“柳暗花明又一村”……

“为缘寻找，为爱坚守”，
只要寻找，就能找到——
灵感，在寻找中闪现，
奇迹，在寻找中相见……
呵，寻找，寻找……

不断地尝试摸索，
痴情地苦苦寻找，
对真理的向往和追求，
是我们寻找的信念和动力的不竭源泉！

素数间隙表是素数序列与其差数列相互配套的一种复合表，其编制离不开普通素数表.而后者依赖于把（给定范围内的）自然数列中的合数和素数截然分离开来.笔者为了搜寻更大范围中的一些 $k$ 生素数，正是在试图扩编手头素数间隙表的过程中，找到了既能区分开素数与合数，又能显示 $k$ 生素数大量信息的系列型模 $d$ 缩族质合表，发现它们能够在搜寻 $k$ 生素数领域各显神威，是一种科学可靠、方便有效的搜寻工具.

素数隐匿在自然数那层层山峦的深腹之中，秘而不露；等差素数列等 $k$ 生素数又都淹没和潜藏在素数的汪洋大海里，鱼龙混杂难觅踪迹，想要找出困难重重.现在，有了模 $d$ 缩族质合表，难事终于有了转机.对于素数和等差 $d$ 素数列等 $k$ 生素数，如果说自然数列是其“贫矿”床，寻找难，“开采”难，“选矿”难，那么模 $d$ 缩族质合表就是其“富矿”床.因为该表不仅具有富集、筛选素数的功能，而且具有聚集、显示和用于搜寻等差 $d$ 素数列等特定 $k$ 生素数的神奇功能.

作为大海捞针的一大法宝，模 $d$ 缩族质合表同时突破了低耗高效筛选素数和依次不漏搜寻等差 $d$ 素数列等 $k$ 生素数的两个瓶颈，是有效适用的搜寻工具.它使人们有了火眼金睛，一扫先前 $k$ 生素数搜寻工作的盲目性，从而极其方便地找到前所未见的大量种类的 $k$ 生素数，把往日难事变得轻而易举，弥补了素数间隙表存在的无法显搜不相邻 $k$ 生素数的巨大漏洞.搜寻不相邻 $k$ 生素数，以前是“老虎吃天——没法下爪”，现今是“瓮中捉鳖——手到擒拿”。

“事必有法，然后可成”.古代有了埃氏筛法，解决了把素数从自然数列中筛选出来的问题；现在有了模 $d$ 缩族质合表这种新工具，如同有了“定海神针”，不但解决了低耗高效筛选素数的问题，而且解决了等差 $d$ 素数列等特定 $k$ 生素数的显搜问题.一箭双雕，竟然同时打开了素数宝藏的前、后两座大门，使一个全新的 $k$ 生素数世界展现在我们面前，使开篇提出的两大难题一同迎刃而解.就像分头沿着一南一北各自绵延数千里浩浩荡荡奔腾不息的长江、黄河，溯流而上却能殊途同归，其源头竟然出自同一道山脉——巴颜喀拉山的两侧.出其不意的联系，导致两个问题的统一解决，可谓一举两得.真是“梦里寻找千百回”，得来却在梦醒时.这正是——

两江同源，殊途同归；
两题同解，一箭双雕.
自然人文，辉映成趣；
出乎意料，奇妙无比.

对 $k$ 生素数的研究之所以头绪难抓，进展缓慢，关键之一是其个体和群体的基础资料和数据极度缺乏.如果没有来自实际中第一手调查资料，根本无法形成感性认识，又何来认识上的飞跃？而研究编制和应用模 $d$ 缩族质合表这一全新的系列工具和广阔的平台，揭示出众多种类 $k$ 生素数的显搜方法，继而运用这个有力的方法，各种新的 $k$ 生素数纷纷涌现，得到和积累了大量的数据和信息.这些都是深入研究 $k$ 生素数必不可少的基础性工作.总之，作为一种新工具的出现和应用,模 $d$ 缩族质合表为 $k$ 生素数的后续搜寻和研究,以及提出新问题、预见新事物、揭示新规律、创立新方法打下了基础,开拓了局面.

正是发现、挖掘和拓展了应用模 $d$ 缩族质合表的潜在功能,拨开了前行路上的迷雾,打开了观察、认识 $k$ 生素数的新窗口、新视野.与此同时,也冒出了几多待解之谜,骄傲而神秘地向人们显耀——$k$ 生素数世界充满了无穷的奥妙!那就让我们一起怀着对神奇秘境的好奇与对真知的渴望之心,从自然数构筑的港湾出发,扬起模 $d$ 缩族质合表的风帆,驶向 $k$ 生素数那风光无限的大海,启程去探索素数未知世界奥秘的漫游和远航吧,这会是一个令你意趣兼得、难以忘怀的旅程.

另外,书中的定义、定理、引理、推论和式子都是按章(包括附录)分别编号,即一章一编号,而猜测和表则不分章节,全书统一编号,贯通叙述和引用.

在撰写本书的过程中,曾得到陕西省设备安装公司刘立工程师、陕西省交通运输厅信息站王立平工程师的热心帮助。在本书最后一次重大补充、修改的跨年累月的时耗过程中,得到了商洛市交通运输局局长周三启,副局长黄恒林、夏启宗等党政领导和我的朋友、同事的热情鼓励、大力支持和帮助,使我有一个顺利完成大量数据计算、验证和边探讨边补写文稿的环境条件;商洛学院数学与计算机学院王念良教授及时提供了有关参考文献。特借本书出版之际,在此对他们热心、无私的支持和帮助表示深深的敬意和衷心的感谢!同时,向在本书撰写过程中参阅相关文献的作者表示感谢。

最后,感谢我的妻子和家人的支持与帮助。

书中笔者提出的新概念、新方法和新观点以及给出的 $k$ 生素数数据、资料,可供研究和应用。由于水平所限,书中难免存在不当之处与错漏,恳请各位专家、学者和读者朋友批评指正。

著 者

2016 年 5 月

# 符　号

书中字母均表整数. 全书通用符号列示如下. 若个别之处含义不同,将随时说明.

| | |
|---|---|
| $\mathbf{N}$ | 自然数集. 即非负整数集:$\mathbf{N}=\{0,1,2,\cdots,n,n+1,\cdots\}$ |
| $\mathbf{N}^+$ | 正整数集:$\mathbf{N}^+=\{1,2,3,\cdots,n,n+1,\cdots\}$ |
| $\mathbf{Z}$ | 整数集:$\mathbf{Z}=\{0,\pm 1,\pm 2,\cdots,\pm n,\pm n+1,\cdots\}$ |
| $x\in A$ | $x$ 属于$A$;$x$ 是集合 $A$ 的一个元素 |
| $\{x_1,x_2,\cdots,x_n\}$ | 诸元素 $x_1,x_2,\cdots,x_n$ 构成的集合 |
| $A\subseteq B$ | $A$ 包含于$B$;$A$ 是 $B$ 的子集 |
| $A\subset B$ | $A$ 真包含于$B$;$A$ 是 $B$ 的真子集 |
| $h,h_1,h_2,h'$ | 合数 |
| $p,p_1,p_2,\cdots,r_1,r_2,\cdots;$ $q_1,q_2,\cdots;q_{\mathrm{I}},q_{\mathrm{II}},\cdots$ | 素数 |
| $p_n$ | 第 $n$ 个素数,其中 $p_1=2,p_2=3,p_3=5,\cdots$ |
| $P_n$ | 前 $n$ 个素数的连乘积. 即 $P_n=p_1p_2\cdots p_n$ |
| $P_n^{\alpha_n}$ | $p_1^{\alpha_1},p_2^{\alpha_2},\cdots,p_n^{\alpha_n}$ 的连乘积. 即 $P_n^{\alpha_n}=p_1^{\alpha_1}p_2^{\alpha_2}\cdots p_n^{\alpha_n}$ |
| $x^n$ | $x$ 的 $n$ 次幂 |
| $\sqrt{x}$ | $x$ 的平方根 |
| $\sim$ | 渐近等于 |
| $\approx$ | 近似等于 |
| $\infty$ | 无穷 |
| $\Rightarrow$ | 推出(蕴含着,推导出) |
| $\Leftrightarrow$ | 等价 |
| $n!$ | 阶乘. 即 $n!=n(n-1)(n-2)\cdots 3\cdot 2\cdot 1$ |
| $a\mid b$ | $a$ 能整除 $b$;$b$ 含有因数 $a$ |
| $a\nmid b$ | $a$ 不能整除 $b$;$b$ 不含因数 $a$ |
| $P_n\parallel d$ | $P_n\mid d$ 但 $p_{n+1}\nmid d$ |
| $(a_1,a_2,\cdots,a_n)$ | $a_1,a_2,\cdots,a_n(n\geqslant 2)$ 的最大公因数 |
| $[a_1,a_2,\cdots,a_n]$ | $a_1,a_2,\cdots,a_n(n\geqslant 2)$ 的最小公倍数 |
| $a\equiv b(\bmod m)$ | $a$ 同余于 $b$ 模 $m$ |
| $a\not\equiv b(\bmod m)$ | $a$ 不同余于 $b$ 模 $m$ |
| $r\bmod m$ | 包含 $r$ 的模 $m$ 的非负有序同余类:$r\bmod m=\{qm+r:q=0,1,2,\cdots\}$ |
| $\varphi(m)$ | 欧拉(Euler) 函数. 即序列 $1,2,\cdots,m$ 中与 $m$ 互素的数的个数 |
| $[x]$ | 不超过实数 $x$ 的最大整数,称为实数 $x$ 的整数部分 |
| $\pi(x)$ | 不超过正整数 $x(>0)$ 的素数个数,叫作素数计算函数 |

| | |
|---|---|
| $\pi(x;d,j)$ | 等差数列$\{nd+j:n=0,1,2,\cdots;(d,j)=1\}$中不超过 $x$ 的素数个数 |
| $\pi(x)^d$ | 不超过 $x$ 的差 $d$ 素数对$\{p,p+d\}$的个数$(p+d\leqslant x)$ |
| $\pi(x)_j^d$ | 等差数列$\left\{nd+j:n=0,1,2,\cdots;(d,j)=1,1\leqslant\mid j\mid<\dfrac{d}{2}\right\}$中不超过 $x$ 的差 $d$ 素数对$\{p,p+d\}$的个数$(p+d\leqslant x)$ |
| $\pi(x)^{d_1-d_2-\cdots-d_{k-1}}$ | 不超过 $x$ 的差 $d_1-d_2-\cdots-d_{k-1}$ 型 $k$ 生素数的个数. 其中第 $k$ 项素数 $r_k=r_1+(d_1+d_2+\cdots+d_{k-1})\leqslant x$ |
| $\pi(x)_{\beta_1,\beta_2}^d$ | 个位数是 $\beta_1,\beta_2(\beta_i=1,3,7,9;i=1,2)$ 的不超过 $x$ 的差 $d$ 素数对$\{p,p+d\}$的个数$(p+d\leqslant x)$ |
| $\pi(x)_{\beta_1,\beta_2,\cdots,\beta_k}^{d_1-d_2-\cdots-d_{k-1}}$ | 个位数是 $\beta_1,\beta_2,\cdots,\beta_k(k\geqslant 3,\beta_i=1,3,7,9;i=1,2,\cdots,k)$ 的不超过 $x$ 的差 $d_1-d_2-\cdots-d_{k-1}$ 型 $k$ 生素数的个数. 其中第 $k$ 项素数 $r_k=r_1+(d_1+d_2+\cdots+d_{k-1})\leqslant x$ |
| $\pi(x)^{d_v}$ | 不超过 $x$ 的 $v(v=3,4,\cdots,p_{n+1}-1;n\geqslant 2,P_n\parallel d)$ 项等差 $d$ 素数列个数. 其中第 $v$ 项素数 $r_v=r_1+(v-1)d\leqslant x$ |
| $\pi(x)_j^{d_v}$ | 等差数列$\left\{nd+j:n=0,1,2,\cdots;(d,j)=1,1\leqslant\mid j\mid<\dfrac{d}{2}\right\}$中不超过 $x$ 的 $v(v=3,4,\cdots,p_{k+1}-1;k\geqslant 2,P_k\parallel d)$ 项等差 $d$ 素数列个数. 其中第 $v$ 项素数 $r_v=r_1+(v-1)d\leqslant x$ |
| $\sum_{i=1}^{n}x_i$ | 和式:$x_1+x_2+\cdots+x_n$ |
| $\prod_{i=1}^{n}x_i$ | 乘积式:$x_1x_2\cdots x_n$ |
| $\prod_{p\mid n}\left(1-\dfrac{1}{p}\right)$ | 对 $n$ 的不同素因数 $p$ 的$\left(1-\dfrac{1}{p}\right)$形的乘积 |
| $\prod_{I\leqslant i\leqslant\gamma}\left(1-\dfrac{1}{q_i}\right)$ | 对满足条件 $I\leqslant i\leqslant\gamma$ 的全体$\left(1-\dfrac{1}{q_i}\right)$求积 |
| $\sum\pi(x;d,j)$ | 对满足条件$(d,j)=1$且$1\leqslant\mid j\mid<\dfrac{d}{2}$的全体 $\pi(x;d,j)$ 求和 |
| $\sum\pi(x)_j^d$ | 对满足条件$(d,j)=1$且$1\leqslant\mid j\mid<\dfrac{d}{2}$的全体 $\pi(x)_j^d$ 求和 |
| $\sum\pi(x)_j^{d_v}$ | 对满足条件$(d,j)=1$且$1\leqslant\mid j\mid<\dfrac{d}{2}$的全体 $\pi(x)_j^{d_v}$ 求和 |
| $F^D$ | 差 $D$ 型 $k$ 生素数个位数分类的方式数,简称差 $D$ 型 $k$ 生素数个位方式数. $F^D=F^{d_1-d_2-\cdots-d_{k-1}}$ |
| $A(B)$ | ①$A$ 或 $B$;②$A$ 即 $B$ |

# 目　录

# 绪　论

尝试便是一个美好的开始.

——(法)利奥·巴斯卡利

## 一、提出问题,明确概念

为什么要搜寻 $k$ 生素数? 怎样依次不漏地搜寻等差素数列等 $k$ 生素数? 在回答问题之前,首先要明确什么是 $k$ 生素数? 什么是模 $d$ 缩族质合表? 模 $d$ 缩族质合表有哪些特点和显著的优势与功能呢?

相比"$k$ 生素数","素数"一词更为人们所熟知. 如果说素数是满天璀灿的繁星,那么 $k$ 生素数就是镶嵌在天幕上一个个数也数不完的明亮而美丽的星座. 无穷无尽魅力迷人的 $k$ 生素数让它们的家园 —— 素数的天空分外绚丽夺目;如果说素数是一个一个的单个汉字,那么 $k$ 生素数就是两个和两个以上的单字所组成的词、成语和句子,文字因此才真正成为文化的载体和思想交流的工具. 通过比喻可见,$k$ 生素数和素数都并不完全陌生和神秘,两者如此关联、密不可分,只是两相比较,"素数"的概念更为人们熟悉而已.

众所周知,如果大于 1 的整数 $p$ 只有 1 和 $p$ 本身两个正因数,则 $p$ 是素数. 素数又称质数. 如果大于 1 的整数 $h$ 的正因数多于两个,则 $h$ 是合数. 那么,数学中又是如何定义 $k$ 生素数? 当然,也可以简单而形象地说,$k$ 生素数就是依大小顺序排列的串珠式的素数. 比喻是为了便于理解和记忆,作为数学概念,$k$ 生素数的定义如下:

设 $k(2 \leqslant k \leqslant \in \mathbf{N}^{+})$ 项递增奇素数(列) 为

$$R = \{r_1, r_2, \cdots, r_k\}$$

则 $R$ 称为 $k$ 生素数. 设 $R$ 内含的差数(列) 为

$$D = \{d_1, d_2, \cdots, d_{k-1}\}$$

即 $d_1 = r_2 - r_1, d_2 = r_3 - r_2, \cdots, d_{k-1} = r_k - r_{k-1}$,则称 $k$ 生素数 $R$ 是一个差 $d_1 - d_2 - \cdots - d_{k-1}$ 型 $k$ 生素数,简称 $R$ 是一个差 $D$ 型 $k$ 生素数. 特别地:

(1) 如果 $k = 2, d_1 = d$,则称二生素数 $r_1, r_2$ 是一个差 $d$ 素数对. 其中差 2 素数对又称孪生素数;如果 $k \geqslant 3$,又称 $R$ 是一个差 $D$ 型 $k$ 项素数列.

(2) 如果 $k \geqslant 3$ 且 $d_1 = d_2 = \cdots = d_{k-1} = d$,则称 $k$ 生素数 $R$ 是一个 $k$ 项等差 $d$ 素数列.

(3) 如果 $r_1 = p_s, r_2 = p_{s+1}, \cdots, r_k = p_{s+k-1}$,则称 $k$ 生素数 $R$ 是一个相邻差 $D$ 型 $k$ 生素数. 当 $k = 2, d_1 = d$ 时,$R$ 称为相邻差 $d$ 素数对;当 $k \geqslant 3$ 时,$R$ 亦称为相邻(差 $D$ 型)$k$ 项素数列.

(4) 如果 $k$ 生素数 $R$ 中的 $r_1 = p_s$,而至少有一个 $r_t > p_{s+t-1} (2 \leqslant t \leqslant k)$,则 $R$ 称为不相邻差 $D$ 型 $k$ 生素数. 当 $k = 2, d_1 = d$ 时,$R$ 称为不相邻差 $d$ 素数对;当 $k \geqslant 3$ 时,$R$ 亦称为不相邻(差 $D$ 型)$k$ 项素数列.

(5) 如果 $k$ 项等差 $d$ 素数列又是相邻(不相邻) 素数列,则称为相邻(不相邻)$k$ 项等差 $d$ 素数列.

(6)$k$ 生素数 $R$ 的差数列 $D$,又称为 $R$ 的差型 $D$,简称差型 $D$.

在等差 $d$ 数列中,存在首项 $r$ 与公差 $d$ 互素的等差数列,因其内含无数多个素数,故称为模 $d$ 含质列. 所谓模 $d$ 缩族,是指所有不同的 $\varphi(d)$ 个模 $d$ 含质列按其首项 $r(1 \leqslant r \leqslant d-1$ 或 $1 < r \leqslant d+1)$ 的大小顺序排列所构成的集合,它是一个 $\varphi(d)$ 列的无穷多行的数阵.

模 $d$ 缩族质合表包括模 $d$ 缩族因数表、模 $d$ 缩族匿因质合表两种类型. 所谓模 $d$ 缩族因数表,是指标出模 $d$ 缩族($x$ 以内)中每一个合数 $h$ 所含的全体小素因数 $q_1, q_2, \cdots, q_s(q_1 < q_2 < \cdots < q_s \leqslant \sqrt{h})$ 而得到的保留模 $d$ 缩族原貌的质数合数一览表. 如果删去模 $d$ 缩族($x$ 以内)中的每一个合数,或用简单记号标明模 $d$ 缩族中每一个素数(如在每一个素数右旁点上一个小黑圆点),即得模 $d$ 缩族匿因质合表. 其中模 $d$ 缩族因数表的性能最为全面,它纳括了模 $d$ 缩族匿因质合表的所有功用,因而是最具代表性的模 $d$ 缩族质合表.

在《$k$ 生素数分类及相邻 $k$ 生素数》一书中,笔者为了佐证、说明一些结论而给出的大量的 $k$ 生素数举例,读者阅后不禁要问,这些 $k$ 生素数是怎样搜寻采集到的? 有什么秘诀、途径和方法吗? 那就让我们怀着这存疑求解的渴望与好奇心,学习了解本书中的模 $d$ 缩族质合表,它既是素数不同形式的"聚居地",又是各自的等差 $d$ 素数列和差 $d$ 素数对等特定 $k$ 生素数的"聚宝盆".

## 二、素数表、素数间隙表与 $k$ 生素数

算术基本定理告诉我们,任何大于 1 的整数,或者本身就是素数,或者可以用唯一的方式写成素数的乘积. 但是,由于素数在自然数列中的分布极不规则,在实际计算中还没有简易可行的方法求出任意一个自然数的标准分解式,即无法简单有效地判断自然数中哪些数是素数,哪些数是合数. 不过人们根据古老的埃氏筛法编制的素数表等专用工具和方法,用于对素性的判定. 所谓素数表又叫质数表,就是编制一张表,其中包括不超过已知自然数 $n$ 的按序排列的所有素数.

剔除合数筛出素数,这是一个古老而著名的问题. 高斯曾经指出:"把素数和合成数区分开来和把合成数分解出素因子,是算术中最重要和有益的问题之一 …… 科学本身的自尊要求人们采用一切可能的手段来探索去解决这个如此精美和著名的问题."数海茫茫,而产生且隐匿于其中的素数又神秘莫测. 但是,人类从未停止探索的脚步. 早在 2300 年前,古希腊数学家欧几里得(Euclid,约公元前 330— 前 275 年)就证明了素数的无穷性. 紧接着是与他同时代的古希腊数学家埃拉托斯散(Eratosthenes,约公元前 276— 前 195 年)发明了埃氏筛法,并编制出世界上第一张素数表(1 000 以内). 在此后 2000 年的历史长河中,经过不少计算家难以想象的不懈努力和艰辛劳动,素数表得以不断地扩大. 17 世纪以前,人们编出了 1 万以内的素数表和 10 万以内的因数表. 美国数学家 D. N. 雷默于 1909 年和 1914 年分别编制出版了 1000 万以内的因数表和 10006721 以内的素数表,成为长期研究素数的工具. 后来,贝斯和赫德森于 1976 年计算出更大范围的上限为 $1.2 \times 10^{12}$ 的素数表. 目前,至少对不超过 $10^{23}$ 的素数已经有表可查.①

1837 年,德国数学家狄里克雷(Dirich et,1805—1859 年)证明了等差数列中的素数定理,即首项与公差互素的等差数列都包含无穷多个素数. 1939 年,冯·德·科帕特证明存在无穷多

① 黎渝,陈梅. 不可思议的自然对数. 北京:人民邮电出版社,2016,第 111 页.

个三项等差素数列;2005 年,华裔数学家陶哲轩和数学家本·格林证明了:素数序列中含有任意长的等差素数列.

素数间隙表是在按序竖行排列的普通素数表中标出每一对相邻素数之差而编制的一种复合表.应用素数间隙表,我们找到和认识了各种各样众多种类的绝对和随机相邻 $k$ 生素数.但是,却无可奈何地漏掉了该表无法显搜的随机和偶然不相邻 $k$ 生素数.而模 $d$ 缩族质合表($x$ 以内),却能够显示和用其直接依次不漏地搜寻 $x$ 以内所有的相邻和不相邻等差 $d$ 素数列、差 $d$ 素数对等特定 $k$ 生素数.

## 三、$k$ 生素数蕴藏着素数分布的密码,绽放素数的奇葩,彰显素数的魅力

素数的王国一边是繁花似锦、果实累累而令人欣喜,但另一边却是迷雾重重、谜团悬垂,神秘难测又魅力无穷.素数自生不灭、无穷无尽.而 $k$ 生素数既植根于又隐蔽在素数序列之中,其神秘和魅力同样引人仰望、使人倾倒.

在 $k$ 生素数中,由于规则性差型 $k$ 生素数特别是等差素数列凸显素数的奇异之美.因此,长期以来,人们曾经致力于寻找项数尽可能多的等差素数列.利用素数表和计算机,人们也找到了包括等差素数列在内的不少的 $k$ 生素数($2\leqslant k\leqslant 40$),从而提出包括孪生素数猜想在内的 $k$ 生素数猜想,成为素数论中悬而未决的核心问题之一.

素数的本质是一个多层次和多种矛盾交织的统一体.素数神秘莫测博大精深的无穷魅力和使人困惑难解的谜团全都体现在其又稀又乱的层层云雾与万千气象之中.

说素数又稀又乱,是对素数从整体和局部两个方面察看的结果.一说素数"稀",是指素数整体分布的绝对趋稀性.这与素数个数的无限性既矛盾又统一.矛盾的双方分别表现为 $\lim\limits_{n\to\infty}\pi(n)/n=0$ 和 $\lim\limits_{n\to\infty}\pi(n)=+\infty$,然而两者又巧妙地统一在素数定理 $\pi(n)\sim n/\ln n$ 之中.内部极其复杂而充满矛盾的事物竟然又遵循着如此和谐简洁的法则,令人惊叹也让人赏心悦目。可见,素数定理是素数整体笼统的规律性的完美体现.

二说素数"乱",是指素数在局部短区间内分布的极不规则性,表现为两对矛盾相互交织纠缠于一体的奇特现象.一对是普遍的、绝对的趋稀性与特殊的、相对的稠密性的矛盾统一,一对是普遍的、绝对的紊乱性与特殊的、相对的规则性的矛盾统一.这两对矛盾又集中表现为素数在局部层面上准确分布的难测性.素数就像杂草一样胡乱冒出,自然生长稀稠不均、紊乱无序,不见得每隔一定长度就会出现一个.不过局部层面的种种特性又是以整体的特性为基础的,或者这样说,局部性是整体性的具体体现.因为"局部提示整体"(数学家波利亚语).因此,深入研究稠密性和稀疏性、规则性和紊乱性等差型的 $k$ 生素数,就是深入研究素数在其局部层面上两对矛盾的具体内涵和相互作用,以便窥探、感知素数及其相互关联的 $k$ 生素数的奥秘.

由此可见,说素数的具体出现没有特定模式,并非说素数的整体分布无规可循.其实,局部区间杂乱无章、理不出头绪的素数却服从素数定理所揭示的美妙神奇、令人着迷的总体规律.素数定理既概括了充满在素数个体之间稀疏紊乱的复杂性,又凝练出素数整体规律及其本质里的简单性,是素数这一特定事物复杂性和简单性矛盾统一体的深刻反映.正是素数定理 $\pi(n)\sim n/\ln n$,可以用相当好的准确度来预测 $n$ 以内所有素数的个数(即当 $n$ 充分大时,前 $n$ 个正整数中的素数个数约有 $n/\ln n$ 个).总之,素数是其整体序列笼统的规律性与其局部区间精确的难测性的矛盾统一体.

具体说来,大体上越来越稀的素数序列却时不时地呈现出各式各样程度不同的相对"稠

密”性.因为在素数序列的无限长河中,就有不少紧挨在一起的 $k(2\leqslant k\leqslant 6)$ 生素数.由于必须“跳跃”过奇数列中的 3 倍数,于是:

(1) 除过 2 和 3,两个紧挨在一起的素数,首当其选相差为 2 的孪生素数(它俩之间的距离已经近得不能再近了,就像孪生兄弟一样亲密亲近,也像星空中的双子座一样明亮璀璨,引人注目).孪生素数并不少见.例如

| | | | | | | | |
|---|---|---|---|---|---|---|---|
| 3 | 5 | 11 | 17 | 29 | 41 | 59 | 71 |
| 5 | 7 | 13 | 19 | 31 | 43 | 61 | 73 |

就是 100 以内的 8 个孪生素数.

(2) 除过 2,3,5 和 3,5,7,三个紧挨在一起的素数首推差 2－4 型和差 4－2 型三生素数.前者如

| | | | | | |
|---|---|---|---|---|---|
| 19991 | 35591 | 67757 | 113357 | 522881 | 566717 |
| 19993 | 35593 | 67759 | 113359 | 522883 | 566719 |
| 19997 | 35597 | 67763 | 113363 | 522887 | 566723 |

等等;后者如

| | | | | | |
|---|---|---|---|---|---|
| 99523 | 196657 | 222787 | 285553 | 398113 | 555823 |
| 99527 | 196661 | 222791 | 285557 | 398117 | 555827 |
| 99529 | 196663 | 222793 | 285559 | 398119 | 555829 |

等等.

(3) 除过 2,3,5,7 和 3,5,7,11 外,四个紧挨在一起的素数当数差 2－4－2 型四生素数.例如①

| | | | | | |
|---|---|---|---|---|---|
| 3251 | 77261 | 122201 | 1118861 | 6655631 | 9933611 |
| 3253 | 77263 | 122203 | 1118863 | 6655633 | 9933613 |
| 3257 | 72267 | 122207 | 1118867 | 6655637 | 9933617 |
| 3259 | 77269 | 122209 | 1118869 | 6655639 | 9933619 |

等等.

(4) 除过 2,3,5,7,11 和 3,5,7,11,13 外,五个紧挨在一起的素数当数差 2－4－2－4 型和差 4－2－4－2 型五生素数.前者如

| | | | | | |
|---|---|---|---|---|---|
| 1481 | 22271 | 144161 | 195731 | 268811 | 518801 |
| 1483 | 22273 | 144163 | 195733 | 268813 | 518803 |
| 1487 | 22277 | 144167 | 195737 | 268817 | 518807 |
| 1489 | 22279 | 144169 | 195739 | 268819 | 518809 |
| 1493 | 22283 | 144173 | 195743 | 268823 | 518813 |

等等;后者如②

| | | | | | |
|---|---|---|---|---|---|
| 15727 | 79687 | 266677 | 66678967 | 88833127 | 99955567 |
| 15731 | 79691 | 266681 | 66678971 | 88833131 | 99955571 |
| 15733 | 79693 | 266683 | 66678973 | 88833133 | 99955573 |

① 熊一兵.概率素数论.成都:西南交通大学出版社,2008,第 341 ～ 345 页.

② 熊一兵.概率素数论.成都:西南交通大学出版社,2008,第 346 ～ 349 页.

| | | | | | |
|---|---|---|---|---|---|
| 15737 | 79697 | 266687 | 66678977 | 88833137 | 99955577 |
| 15739 | 79699 | 266689 | 66678979 | 88833139 | 99955579 |

等等.

(5) 除过 2,3,5,7,11,13;3,5,7,11,13,17 和 5,7,11,13,17,19 外,六个紧挨在一起的素数当属差 4－2－4－2－4 型六生素数. 例如[①]

| | | | | | |
|---|---|---|---|---|---|
| 7 | 97 | 16057 | 131118847 | 555319477 | 600998677 |
| 11 | 101 | 16061 | 131118851 | 555319481 | 600998681 |
| 13 | 103 | 16063 | 131118853 | 555319483 | 600998683 |
| 17 | 107 | 16067 | 131118857 | 555319487 | 600998687 |
| 19 | 109 | 16069 | 131118859 | 555319489 | 600998689 |
| 23 | 113 | 16073 | 131118863 | 555319493 | 600998693 |

等等.

这些形态各异、节律相同、队形紧凑、琳琅满目的稠密性 $k$ 生素数,仅仅是采自"矿脉"中的部分美玉而已. 但是,它们的一再重复出现,又预示存在着那难识"庐山"真面目的深埋地下的广阔无边的"矿山". 这些都促使我们猜测:上述几种稠密的 $k(=2,3,4,5,6)$ 生素数各有无穷多个. 它试图指出,占据素数分布主导地位的趋稀性也不能完全扼杀素数这种种重复出现的稠密性,顽强地向人们表明:绝对的趋稀性和相对的稠密性既矛盾又统一.

在上述示例中,除过孪生素数外,其余的全部既是紧凑稠密的又是规则性的 $2-d$ 或 $d-2$ 间隔差型 $k$ 生素数,亦称为等差孪生素数串. 关于等差孪生素数串,再给出以下示例:

| | | | | | |
|---|---|---|---|---|---|
| 4217 | 21587 | 91127 | 103967 | 236867 | 422087 |
| 4219 | 21589 | 91129 | 103969 | 236869 | 422089 |
| 4229 | 21599 | 91139 | 103979 | 236879 | 422099 |
| 4231 | 21601 | 91141 | 103981 | 236881 | 422101 |
| 4241 | 21611 | 91151 | 103991 | 236891 | 422111 |
| 4243 | 21613 | 91153 | 103993 | 236893 | 422113 |

| | | | | | |
|---|---|---|---|---|---|
| 31121 | 98867 | 179657 | 251201 | 388901 | 495557 |
| 31123 | 98869 | 179659 | 251203 | 388903 | 495559 |
| 31151 | 98897 | 179687 | 251231 | 388931 | 495587 |
| 31153 | 98899 | 179689 | 251233 | 388933 | 495589 |
| 31181 | 98927 | 179717 | 251261 | 388961 | 495617 |
| 31183 | 98929 | 179719 | 251263 | 388963 | 495619 |

其中前 6 个是差 2－10－2－10－2 型六生素数,后 6 个是差 2－28－2－28－2 型六生素数.

$2-d$ 和 $d-2$ 间隔差型都是属于 $a-b$ 间隔差型. 这种以 $a,b$ 有规律地交替出现的差型,给人的是踢踏的舞步、明快的节律、和谐的弹奏那样一种韵味十足的美感.

不仅有局部的相对稠密性蕴涵于素数序列绝对的趋稀性之中,而且在素数序列的局部层面上,还有相对的规则性、秩序性蕴涵于绝对的紊乱性之中. 紊乱性就是素数序列疏密涨落所

① 熊一兵. 概率素数论. 成都:西南交通大学出版社,2008,第 350～351 页.

表现的杂乱性、非规则性. 素数序列蕴涵的秩序性具体体现在普遍存在的等差素数列以及 $a-b$ 间隔差型、阶梯形差型、对称差型、循环节差型等规则性差型的 $k$ 生素数之中. 其中的等差素数列如：

| | | | | | |
|---|---|---|---|---|---|
| 9203 | 18233 | 253733 | 331283 | 466303 | 536953 |
| 9221 | 18251 | 253751 | 331301 | 466321 | 536971 |
| 9239 | 18269 | 253769 | 331319 | 466339 | 536989 |
| 9257 | 18287 | 253787 | 331337 | 466357 | 537007 |

| | | | | | |
|---|---|---|---|---|---|
| 76543 | 132893 | 182243 | 202823 | 358793 | 485923 |
| 76561 | 132911 | 182261 | 202841 | 358811 | 485941 |
| 76579 | 132929 | 182279 | 202859 | 358829 | 485959 |
| 76597 | 132947 | 182297 | 202877 | 358847 | 485977 |

| | | | | | |
|---|---|---|---|---|---|
| 10529 | 20771 | 32363 | 75703 | 95747 | 129287 |
| 10739 | 20981 | 32573 | 75913 | 95957 | 129497 |
| 10949 | 21191 | 32783 | 76123 | 96167 | 129707 |
| 11159 | 21401 | 32993 | 76333 | 96377 | 129917 |
| 11369 | 21611 | 33203 | 76543 | 96587 | 130127 |
| 11579 | 21821 | 33413 | 76753 | 96797 | 130337 |
| 11789 | 22031 | 33623 | 76963 | 97007 | 130547 |

其中前 6 个和中间 6 个分别是不相邻和相邻四项等差 18 素数列，后 6 个是 7 项等差 210 素数列.

我们知道，等差 90 素数列的个位数方式有且仅有四类. 下面给出的是 16 个 6 项等差 90 素数列，其中个位数方式分别是 6 个 1,6 个 3,6 个 7,6 个 9 的各是 4 个：

| | | | | | | | |
|---|---|---|---|---|---|---|---|
| 2351 | 5081 | 16561 | 88591 | 503 | 1973 | 28573 | 115513 |
| 2441 | 5171 | 16651 | 88681 | 593 | 2063 | 28663 | 115603 |
| 2531 | 5261 | 16741 | 88771 | 683 | 2153 | 28753 | 115693 |
| 2621 | 5351 | 16831 | 88861 | 773 | 2243 | 28843 | 115783 |
| 2711 | 5441 | 16921 | 88951 | 863 | 2333 | 28933 | 115873 |
| 2801 | 5531 | 17011 | 89041 | 953 | 2423 | 29023 | 115963 |

| | | | | | | | |
|---|---|---|---|---|---|---|---|
| 36497 | 65687 | 78427 | 192317 | 10709 | 23099 | 25759 | 65449 |
| 36587 | 65777 | 78517 | 192407 | 10799 | 23189 | 25849 | 65539 |
| 36677 | 65867 | 78607 | 192497 | 10889 | 23279 | 25939 | 65629 |
| 36767 | 65957 | 78697 | 192587 | 10979 | 23369 | 26029 | 65719 |
| 36857 | 66047 | 78787 | 192677 | 11069 | 23459 | 26119 | 65809 |
| 36947 | 66137 | 78877 | 192767 | 11159 | 23549 | 26209 | 65899 |

等差 $d$ 素数列的差数列形态都十分规整，是一律相等的公差 $d$，貌似简单，但是等差 $d$ 素数列在自然数列中隐藏极深，不易发现和搜寻. 然而在模 $d$ 缩族质合表中，它们却都无处藏身，一

个个光鲜亮相.

每一个等差 $d$ 素数列的变化都是均匀递增的,给人一种步调一致、昂扬向上、宁折不屈、自我超越的气质,展现的是步步登高、节节攀升,坚毅前行、不忘初衷的奋勇争先精神.而由其公差重复排列构成的差数列给人的是一种始终公平、正直、统一、稳定、简单、整齐、美观、奇妙的心灵感受!

人们找到的包括首项分别是一个 46 位和 47 位的 9 项、10 项相邻等差 210 素数列[①]在内的等差 $d(\geqslant 30)$ 相邻素数列更是神奇绝妙、极为罕见的稀世珍宝,其中的每一个都是在经受了素数"流星雨"无数次的轮番袭击、狂轰滥炸之后,周围的一切全部塌陷跌落得面目全非、身边的自然数兄弟(合数)无一幸存,而它们却像山川大地江河湖海上新冒出的一排排依然顶天立地威武雄壮的桥墩,在炮火洗礼后的自豪中透射出中流砥柱的本色.这是多么地令人惊叹不已呵,因为素数的墩与墩之间不仅是等距的,而且也是相邻的;又是多么地不可思议呵,因为它们个个都不是人工测设雕凿的,却是在自然数列中自然而然地生成的;但是,它们的确又是素数工匠们用其鬼斧神工和难计其数的工序、在自然数序列无穷无尽的躯体上特意精心建造的宏伟工程 —— 使人无不感叹素数王国之神奇和美妙,也使人不免问道:无穷无尽的素数世界里,还有多少这样美而不言的迷人奥妙不被人们所知晓、所破解?

下面分别列举的是下梯形和上梯形差型六生素数:

| | | | | |
|---|---|---|---|---|
| 43 | 79 | 14533 | 42433 | 150193 |
| 53 | 89 | 14543 | 42443 | 150203 |
| 61 | 97 | 14551 | 42451 | 150211 |
| 67 | 103 | 14557 | 42457 | 150217 |
| 71 | 107 | 14561 | 42461 | 150221 |
| 73 | 109 | 14563 | 42463 | 150223 |

| | | | | |
|---|---|---|---|---|
| 68897 | 166841 | 290021 | 421697 | 506327 |
| 68899 | 166843 | 290023 | 421699 | 506329 |
| 68903 | 166847 | 290027 | 421703 | 506333 |
| 68909 | 166853 | 290033 | 421709 | 506339 |
| 68917 | 166861 | 290041 | 421717 | 506347 |
| 68927 | 166871 | 290057 | 421727 | 506357 |

其中前 5 个是差 10-8-6-4-2 型六生素数,后 5 个是差 2-4-6-8-10 型六生素数.

人们找到的最长的一个上梯形差型 $k$ 生素数是差 2-4-6-8-10-12-…-74-76-78 型 40 生素数,不妨列示如下:

41,43,47,53,61,71,83,97,113,131,151,173,197,223,251,281,313,347,383,421,461, 503,547,593,641,691,743,797,853,911,971,1033,1097,1163,1231,1301,1373,1447, 1523,1601.

在阶梯形差型中,下梯形差型如逆流而上,看到的景象是江河水流量由大变小,河床也越来越窄,直到出现涓涓细流;相反的是,上梯形差型似顺水而下,看到的景象是江河水流量由小

① [加]P.里本伯姆.博大精深的素数.北京:科学出版社,2007,第 219 ~ 220 页.

变大，越流越大，江面与河床越来越宽，直到入海口之广阔宽大. 这是多么壮观神奇的自然景观，但却呈现在 $k$ 生素数的天地之中，不由人联想无限，心灵也在这一瞬间被震撼！

在 $k$ 生素数的对称差型中，无论是点状、直线形差型，或是对称循环节、波浪对称差型；也无论是单峰形、双峰形、平头形、平底形差型，或是单槽形、双槽形、冒尖形、展翅形差型，它们都左右对称，给人的都是镜面反射、对应映衬、和谐统一的神奇美感！即就是 $k$ 生素数差型中的紊乱形差型，也是斑驳绚烂、坦然自如地散射着自身特有的内在美.

素数的稀疏性和紊乱（零乱）性是普遍的、绝对的，是整体性的占主导地位的. 而素数的稠密性、规则性及秩序性却是特殊的、相对的，是局部性的非主导地位的. 但是，体现素数稠密性的 2 - 4 间隔和 4 - 2 间隔差型等稠密性差型 $k$ 生素数，体现素数规则性如等差 $d$ 素数列与 $a-b$ 间隔差型、对称差型、循环节差型、阶梯形差型 $k$ 生素数，在素数序列的无限长河中却都是自生不灭始终存在的、无穷无尽的.

总而言之，$k$ 生素数既植根于又隐藏于素数序列之中. $k$ 生素数诸多神秘现象和奇异特性表明，蕴涵素数分布规律（性质、状态、概率）的素数序列，是一个总体绝对的趋稀性与局部相对的稠密性、普遍的绝对的紊乱性（极不规则性）与局部的相对的规则性秩序性交织互动共同作用、和谐相容自成系统的矛盾统一体，不仅各种矛盾错综复杂，却又好似内含一种智慧，使其密疏有致、序紊相宜，浑然一体、和谐统一，因而性质丰富，博大精深，奥妙无穷. 人们仅窥探了冰山一角，便惊叹其鬼斧神工、天成奇巧之美妙！

素数的王国充满了 $k$ 生素数的迷团，如同海水融化咸盐，如同大地珍藏黄金，是那样地平常如故，但是不取不寻不知其难；同时，又是多么地吸引着人们的好奇心和解谜求知的渴望. 然而，如何析离海水中的咸盐，怎样探寻挖掘地层深处的黄金，即究竟用什么方法能够搜寻到 $k$ 生素数？的确是一个有待破解的难题.

## 四、搜寻 $k$ 生素数是研究 $k$ 生素数的第一步，更是一个艰辛的探索历程

如今，人类的触角向上已经伸到了月球、火星和外太空，向下已经潜入深海 7000 米、打穿地壳 1 万多米，实现了“可上九天揽月，可下五洋捉鳖”的千年梦想，但对于几千年以来，人类一直使用最频繁的自然数 1,2,3,… 内部深层的秘密（如素数、$k$ 生素数的规律）却依然所知甚少.

为什么要下苦功费力气搜寻 $k$ 生素数？因为要打破 $k$ 生素数研究起步阶段基础资料严重缺乏的困难局面，增强对研究对象的感性认识，以期达到认识深化之目的. 搜寻、挖掘和采集各种各样 $k$ 生素数的大量数据和资料，这是研究 $k$ 生素数要从高处着眼、低处着手的一项不可逾越的基础性工作. 从而才有可能于后续阶段分析和寻找各种 $k$ 生素数之间的关联与规律.

目前，在乱象纷繁谜团丛生的 $k$ 生素数天地中，研究进展不大又难以持续下去，关键在于对 $k$ 生素数的具体情况缺少基本了解、缺乏感性认识. 而要从感性认识跃升到理性认识，必须经历搜寻、采集足量甚至大量 $k$ 生素数个体实例的艰辛探索过程，才能得以积累供分析研究的科学事实、数据和基础资料. 而困难恰恰在于采集 $k$ 生素数个体资料、数据的工作极其不易，下的工夫大而收效甚微. 但不跨越这一鸿沟，深入研究无从谈起. 与此同时，还需要搞清 $k$ 生素数及其相关的基本概念，以及存在的基本问题，以便找到研究的突破口.

与对素数的认识相比，人们对 $k$ 生素数并非知根知底，况且它比素数分布的更稀更乱，扑朔迷离让人困惑. 那时，虽然明知 $k$ 生素数全都十分隐蔽地分散淹没在素数的汪洋之中，难露

端倪、深不可测，寻找它们如同大海捞针，绝非易举，却偏要迎难而上. 有时束手无策，一筹莫展. 有时十分辛劳，也许才有一分收获；十分艰苦，也许才有一丝甘甜！春夏秋冬，青灯黄卷，千淘万滤，苦苦寻觅，找到的却是寥寥无几，甚至有时一无所获. 想其应有一定之规，却怎么也抓握不住什么. 前前后后耗时费力尝试的几种方法，效果平平，不够理想. 由于带有极大的盲目性，即使找到的也不知是否齐全，漏掉的又不易觉察，若要依次不漏地搜寻给定范围内的 $k$ 生素数谈何容易！因为 $k$ 生素数比素数的分布还要零乱和稀少，使其愈加难以寻找. 况且 $k(\neq 3)$ 生素数是否无穷的问题都久悬未决，又能否奢谈如何逐一不漏地寻找它们呢？有无实用有效的搜寻 $k$ 生素数的方法和途径呢？有无简单可靠的法则以便遵循呢？这种难以搜寻又不放弃搜寻的困局，直到发现模 $d$ 缩族质合表的搜寻方法后才有了根本性的转机和改观.

$k$ 生素数与其差数列是素数序列内部深处客观存在的复杂微妙的隐性结构（包括对称性结构）和秩序，需要探寻、“挖掘”和“开采”，才能使其显山露水，成为便于观赏、利用的“地下宫殿”“地下宝藏”. 因此，搜寻等差素数列等 $k$ 生素数，既有兴趣使然，更有对真知的渴望与追求，是非常有意义有价值的艰苦劳动. 一句话，是为了谜中探秘，奇中求美，挖掘知识，寻找规律，求索真理！

## 五、实践出真知 —— 模 $d$ 缩族质合表是怎样发现的

正在寻找热情高涨、干劲十足的时候，却不得不中途停顿下来. 原因是手头的素数表范围过小，不能满足寻找一些更长更多的 $k$ 生素数之需求. 于是，立即面临的问题是 —— 如何构造更大范围的素数表？

临渴掘井，自然想到的是古老的埃氏筛法，因为它是从古到今能逐一找到给定范围内全部素数的唯一可靠方法. 由于大于 2 的偶数都是合数，因此大于 2 的素数全为奇数. 编制埃氏筛法素数表，就是在列出给定范围的自然数列中删去包括大于 2 的偶数在内的全部合数. 为何须列出占自然数 1/2 的偶数后又将其一一删除？这岂不是多余、无效的劳动吗？对于作为自然数半边天的正偶数，如果既不列出又不删除，岂不省时省力？欲克服所存在的这一缺点，由此开始，一系列试算的战役悄无声息地打响了. 令人惊喜的是经过试算，证明完全有办法在剔除了偶数的自然数列，即在奇数列中构造出素数表. 不仅节省 50% 的篇幅和计算量，大幅度提高了编表效率，而且更令人惊奇的是在这奇数列素数表中，所有的孪生素数全都显现了出来，在茫茫数海中闪闪发光！呵，不由得人眼前一亮 …… 哪来的一种神奇无比的力量和魔法，竟然使每一对孪生素数在表中全部无一例外地紧挨在一起，拥抱在一起，格外引人注目，成为素数世界的一大奇观！

制成了奇数列素数表，紧接着又尝试剔除奇数列中所有的 3 倍数，得到的结果是模 6 缩族. 当时有意不删去模 6 缩族中的合数，而是标注出每一个合数 $h$ 含有的 $\leqslant\sqrt{h}$ 的全部素因数，使 $h$ 既与素数相区别，又可用于查算合数 $h$ 的标准分解式，可谓一举两得. 真正编制成的第一个范围较大又使用多年的质数合数一览表，就是这个“两轨”并行、简单至美又内涵丰富功能独特的模 6 缩族因数表. 后来，由于需要又编制了范围更大的模 30 缩族因数表等.

那时，虽然明知无穷无尽的模 6 缩族质合表中包含着各式各样所有的 $k$ 生素数，然而要当下找到应用该表搜寻它们的方法并非易事. 直到后来，搜寻非等差 $k$ 生素数的需要和实践终于触摸并激发了灵感，才使大量种类的 $k$ 生素数搜寻方法得到爆发式发现，这竟然使模 6 缩族质合表成为一个“露天”易采的 $k$ 生素数的超级“富矿”. 但是，灵感只是在黑暗中一闪而过，瞬间

照亮了像地图上一样的大致路线和目标城市的大体轮廓，要走完实际中的漫长路程和详细搞清城内的重要部位和巷巷道道，必须边摸索边前行、边考察边熟悉. 只有实践的双足走到了那里，思维的光芒照亮了那里，那里的一切才能真真切切清晰地展现在我们的面前. 当然，灵感使人对事物总体的感悟和把握是明确无误的和极其重要的. 所以，对一闪即逝的灵感要特别珍惜，及时捕捉，紧抓不放，用以推动认识飞跃.

"绝知此事要躬行". 要使"大胆设想、小心求证" 得到的好想法变成现实，还要实干苦干加巧干，在实际编表过程中进行大量的计算和反复验证. 编制第一张模 6 缩族因数表和模 30 缩族因数表，是以耗用大量的业余时间和劳动付出为代价，整个过程既有枯燥乏味，也有兴趣盎然；既有迷茫困苦相伴，也有惊喜连连出现，使笔者有幸体验了人工"手算"的艰辛，也饱尝了劳动付出后的愉快和甘甜. 白天上班，事务繁忙，笔者是把晚饭后、星期天和节假日等零碎的业余时间全都利用了起来. 编第一张缩族因数表时，市场上还没有计算器出现，是一只算盘一支笔，手工计算和操作. 编第二张表时，只是借助微机替代了部分手工和脑力劳动，其余就全凭计算器和算盘并用. 微机带来的是激动人心的高速高效的准确计算，但繁复艰辛的手工计算也有不可替代的好处，可以一边计算一边即时感受思考和发现的乐趣，感悟隐藏在迷底中的奥妙，感慨 $k$ 生素数的无穷魅力.

夏日的夜晚，蚊虫叮咬，衣衫湿透；冬天的凌晨，脚冻手冷，腰酸背疼 …… 在无数个伏案苦战的深夜，笔，在不停地写；心，在思索、计算连轴转 …… 忘记了杯中变凉的茶水，忘记了劳累疲倦，忘记窗外的一切. 面前，是写算出的满桌纸片；脑海，尽是数字站好的队列. 写着算着，算着写着，突然眼前一亮，心里一颤，顿觉奇光闪现 —— 令人惊讶的是那一个又一个形态各异的孪生素数、差 4 素数对和差 6 素数对不断地从这表的数海中清晰地浮现出来，三项和四项等差 6 素数列等新的 $k$ 生素数也时不时地如波似浪接踵而来，在数字的山水间闪耀着光芒 …… 随着新编表页的接续延伸，亮点频频呈现，让人目不暇接，令人惊叹不已.

与那时编制的模 6 缩族因数表相比，斩获的模 30 缩族因数表更是独具一格、蔚为壮观. 它是宽幅更大、聚集显示功能更强、"矿脉" 丰厚奇特、"宝石" 种类更多的"露天矿山"，因而具有独特的优势. 模 30 缩族因数表不仅敞怀奉献出 $v(=3,4,5,6)$ 项等差 30 素数列，以及孪生素数、差 4 素数对和差 30 素数对，而且和盘托出 4－2 间隔和 2－4 间隔差型的三生、四生、五生和六生素数，即使那些对称差型 $k$ 生素数中的"稀世珍宝"—— 差 4－6－2－6－4 型六生素数、差 2－4－6－2－6－4－2 型八生素数和差 4－2－4－6－2－6－4－2－4 型十生素数，也没有半点隐藏，在这里都一一显露出来. 你看，它们一个个自显自露喜形悦色地镶嵌在模 30 缩族因数表之中，闪烁在笔者异常兴奋的眼前！ 随着得以确定的素数范围的扩展，新的瑰宝犹如雨后春笋不断涌现，又似锦簇花团绽放美艳；更如同星际航行，不期而遇的是迎面自有星光飞奔而来，自有缤纷扑落降临，自有意想不到的、令人眼花缭乱的奇观出现 …… 令人兴奋，令人惊喜！

在编成的几种模 $d$ 缩族质合表中，每一个都是百川汇海、景象繁荣的数字银河，一眼望去，繁星万点、星座耀眼 …… 你看，那一个又一个、一拨又一拨的等差 $d$ 素数列接二连三地扑面而来，不仅让人目不暇接，捡拾不完，而且表明各表都有各自的精英荟萃，都有聚集、筛选和显示等差 $d$ 素数列、差 $d$ 素数对的共性功能和基本用途. 另外，各表也具有汇集、筛选和显示一些有所不同的特定 $k$ 生素数的个性功能和用途. 这里，也是"天生我材必有用". 除过模 2 和模 4 缩族质合表外，其余每一个模 $d(\geqslant 6)$ 缩族质合表都因各自具有独特的显搜功能与用途而不能相互替代. 这一奇妙的事实也启示我们 —— 模数不同的缩族质合表，就各有不同凡响的"奇迹" 出现，都因各自与众不同的特点、功能而独树一帜. 你看，任何一个模 $d$ 缩族质合表，都似激情澎湃、奔腾不息的江河大海，那 $k$ 生素数就像一串串浪花，一排排波涛，不断地带给人心灵的冲击和震撼！表的每一页，都有特定 $k$ 生素数生命的音符在鲜活跳跃、竞相涌流；表的每一列，都有等差 $d$ 素数列和差 $d$ 素数对不期而至，真是精彩纷呈，让人期待无比，心动无比.

多少个假日周末的编表计算，多少个日日夜夜的数海打捞，于是化作了我们面前这显示着 $k$ 生素数的各式各样、连绵不断的模 $d$ 缩族质合表，犹如座座山崖瀑布悬挂，又像浩瀚银河九天落下，构成了一幅幅广阔深远、雄浑壮丽的山水画卷，是一个意蕴深远、气象万千的素数新天地——

山山疑相似，山山不相同；
横岭又侧峰，山连景不重；
登上高山巅，风光更壮观.

模数是芯片，变化无穷尽；
一模一数表，一表一层天；
模差仅毫厘，表差千万里.

由此可见，境由心造，事在人为. 当走过了摸索期之后，就像找"蘑菇"一样，找出一个，带出一串. 此后，不再全然是艰难的摸索，而是一旦突破，便一鼓作气，乘胜前进，攻克城池、扩大战果，那坚如磐石的堡垒，倾刻间土崩瓦解. 付出得到了回报，终于编成了一系列各具特色、争奇斗艳的模 $d$ 缩族质合表. 于是便有了本书的雏形，有了素数的高效筛选法，有了搜寻等差 $d$ 素数列等 $k$ 生素数的新工具. 从此，搜寻 $k$ 生素数从"大海捞针"变为"按图索骥".

总之，笔者正是为了搜寻更大范围内的 $k$ 生素数，在扩编手头素数表的实践过程中发现且找到了一系列的模 $d$ 缩族质合表.

## 六、编制模 $d$ 缩族质合表的重要意义

紊乱而稀疏的素数网织的谜团，置于无数的等差素数列等 $k$ 生素数隐匿不露，使人难识庐山真面目. 具体而言，应用素数间隙表虽然能够搜寻相邻 $k$ 生素数，然而面对不相邻 $k$ 生素数却只能望洋兴叹、束手无策. 但是，无论是相邻的或是不相邻的等差 $d$ 素数列、差 $d$ 素数对等特定差型 $k$ 生素数，却都能在模 $d$ 缩族质合表中直接或间接显示. 因此，发现了模 $d$ 缩族质合表实用有效的工具和方法，就是找到了一条低耗高效筛选素数和依次不漏地搜寻等差 $d$ 素数列等特定 $k$ 生素数的新途径，就是绘制了一张这些 $k$ 生素数的"矿藏"分布图，指明了各种不同"矿藏"的分布带和"富矿"区，只要按图索骥、锁定"矿脉"，便知某种"矿藏"适用什么工具发现和挖掘开采；就能使人们深入直抵等差 $d$ 素数列等 $k$ 生素数宝藏的腹地，让它们从潜伏的自然数集中一个个都浮出水面，使人看得清、找得到、搜得净. 况且，应用这一方法也大幅度提高了搜寻效率，从而揭示出素数中鲜为人知的秘密.

正是找到了模 $d$ 缩族质合表结构与等差 $d$ 素数列、差 $d$ 素数对等特定差型 $k$ 生素数之间的对应关系，架起了两者紧密衔接的桥梁，进而建立了搜寻常见 $k$ 生素数的技术手段，终于掀开了 $k$ 生素数天幕的一角，一扫试探搜寻的盲目性，使我们找到和认识了以前无法搜寻的、大量深藏不露的 $k$ 生素数，发现了一系列重要的科学事实和结论，掌握了更多的关于 $k$ 生素数的基

本资料，既为 $k$ 生素数分类等基础研究破了冰，又为后续研究奠定了基础(提供了最基本、最重要的科学事实之支撑).

总之，模 $d$ 缩族质合表不仅蕴藏和显示着等差 $d$ 素数列等 $k$ 生素数的无穷宝藏和丰富信息，而且是一种科学有力的搜寻工具，显示功能强，应用价值大，对研究 $k$ 生素数具有重要而深远的意义. 因此，值得去发掘，值得去探索.

我们将在书中看到这样深远难觅瑰丽神奇的风景 —— 不同的模 $d$ 缩族质合表，既是素数不同形式的“聚居地”，又各是相应的等差 $d$ 素数列和差 $d$ 素数对的“聚宝盆”。那里有我们梦寐以求的捡拾不完的素数对那五颜六色的“贝壳”，更有采掘不尽的等差素数列等 $k$ 生素数那串珠式“宝藏”的露天矿床。

## 七、模 $d$ 缩族质合表的特点、优势功能与多种用途

模 $d$ 缩族质合表性能优越、特点突出，功能高强、用途多样. 除过与普通素数表一样都能判定素性外，模 $d$ 缩族质合表还具有独特的优势性能与诸多用途：

(1) 模 $d$ 缩族质合表编制方法科学合理，降耗提效显著. 每一个模 $d$ 缩族，都是在(不超过 $x$ 的) 正整数列的诸元素中重新选择排列的结果，故未“开筛”之前，就已先筛掉了给定的正整数列内($x$ 以内) $\geqslant 50\%$ 的元素(全为合数). 因此，用于编制模 $d$ 缩族质合表的模 $d$ 缩族，具有筛弃合数、聚集素数的效能，比编制同样范围的埃氏筛法素数表至少节省 $50\%$ 的篇幅和计算量，大幅度提高了编表效率.

(2) 便于操作的因数分解功能。由于模 $d$ 缩族因数表($x$ 以内) 标示出了表内每一个合数的所有的小素因数，因此可用于分解因数. 例如应用模 6、模 30 等缩族因数表，能够方便地求出 $x$ 以内任何一个合数的标准分解式.

(3) 模 $d$ 缩族质合表不仅具有聚集、筛选素数的功能，而且具有集合、显搜等差 $d$ 素数列和差 $d$ 素数对的奇特功能和用途. 由于每一个模 $d$ 缩族，都是以模 $d$ 最小正有序缩系即 $z \bmod d(z,d)=1, 1 \leqslant z \leqslant d-1$ 或 $(1 < z \leqslant d+1)$ 为各个含质列之首项而 $d$ 为行距集合排队所得的数阵，故在模 $d$ 缩族质合表中，必然产生等差 $d$ 素数列、差 $d$ 素数对集合排队的现象.

模 $d$ 缩族质合表显搜 $k$ 生素数都可以从纵横两个维度解析. 纵向能够直显表内所有的差 $d$ 素数对和 $v(=3,4,\cdots,p_{n+1}-1; n \geqslant 2, P_n \parallel d)$ 项等差 $d$ 素数列，便于一眼识别和按序一一不漏地搜寻. 这一独特优点和基本功能是埃氏筛法素数表根本无法企及的，也是素数间隙表所不能全面比拟的；横向能够直接显搜任一行或相邻两行、三行的若干连续项中存在的 $k$ 生素数.

除过单一纵向、单一横向显示 $k$ 生素数外，模 10、模 6、模 12、模 18、模 30 等缩族质合表还能够纵横结合方便地显搜诸多种类的 $k$ 生素数. 特别是模 6 缩族质合表能够纵横结合显搜大量种类的 $k$ 生素数，与其他模 $d$ 缩族质合表相比，显搜功能超级高强.

模 $d$ 缩族质合表聚集、筛选和显示 $k$ 生素数的功用是数学中的一大奇观. 例如，差 2、差 4、差 6、差 30、……、差 $d$ 素数对在各自的模 $d$ 缩族质合表中都是随处可见. 又如在模 30、模 210 缩族质合表中，差 2、差 4 素数对比比皆是，俯首皆拾，如同撒落的遍地红叶，蔚为壮观. 又如，原本在自然数中隐藏极深的等差 6 素数列、等差 30 素数列、等差 210 素数列也在各自的缩族质合表中如雨后春笋般不断冒出，纷至沓来. 正是在特色各异的模 $d$ 缩族质合表这片神奇的山川大地，聚集形成了各种等差 $d$ 素数列等 $k$ 生素数的富矿，等待人们开采和利用，那些沉睡与埋没的 $k$ 生素数，终于可以重见天日. 那就让千呼万唤未曾露面的它们一一显露，像鲜花一样绽放

在春天的阳光里.

由上所述,模 $d$ 缩族质合表的数学原理统一,编制方法简明,一学就会,一编就成,一用就灵.该表兼具普通素数表和因数表的功能于一身,既能用于素性判定,又可用于因数分解,特别是具有二者根本无法企及和不可比拟的显搜大量种类 $k$ 生素数的功能和用途.总之,作为一种搜寻 $k$ 生素数的系列工具,模 $d$ 缩族质合表科学合理、方法巧妙,一表多用、可靠有效,简单易学、易编好用,具有搜寻大量种类 $k$ 生素数的重要应用价值.

## 八、本书内容的组织与安排

本书主要是以种类与选例相结合的方式介绍模 $d$ 缩族质合表的编制方法和应用方法,其主要内容由下述几方面组成.

(1) 第1章的内容是介绍模 $d$ 缩族质合表编制方法和应用方法的数学原理即理论依据,是这一新方法得以建立的基础和前提.其中1.1节主要内容是笔者在编表实践中所形成的概念和得到的有关结论,反过来又用于指导编表工作.1.2节介绍了埃氏筛法素数表的编制方法——埃氏筛法.它是自古以来构造素数表的基本方法,也是确立模 $d$ 缩族质合表的逻辑支撑点和支柱之一.1.3节抽象而概括地介绍了(一般性)模 $d$ 缩族质合表的编制方法、特点、优势功能与用途等等,是后续各章内容展开的根基和出发点.因为模数 $d$ 取不同的正偶数数值,就可以得到不同的模 $d$ 缩族,据以编制出形态各异、用途不同、种类无穷的模 $d$ 缩族质合表.

(2) 为了便于读者深入理解和熟练掌握模 $d$ 缩族质合表的原理、编制方法和应用方法,第 $2\sim5$ 章均以模 $d$ 缩族因数表为例,详尽探讨和阐述了4类8种不同层次类别的模 $d$ 缩族质合表具体的编制方法、特点、优势功能与用途,以及相关的问题.

关于模 $d$ 缩族质合表的分类,本书是按 $d(P_n \parallel d)$ 内含的 $n$ 的不同取值为标准分类.因此,这4章分别依次介绍了 $n=1,2,3,4$ 即模 $a$、模 $b$、模 $c$ 与模 $e$ 四类缩族质合表,每一类也都简要地分述了其中的两种一般性缩族因数表的编制程序等,并且对其中的6种根据各自具体情况适当地列举了 $1\sim3$ 个缩族因数表的编制和应用实例,予以具体说明和详细介绍,目的使读者既见树木、又见森林,以便在深入了解的前提下,对各式各样的模 $d$ 缩族质合表一看就会,一编就成,一用就灵,只要按章操作如法炮制即可.另外,当 $\varphi(d)$ 过大时,由于纸面宽幅之局限,无法容纳模 $d$ 缩族的 $\varphi(d)$ 个含质列,故有两个种类未能列举实例,但其缩族因数表的编制方法等都按种类给出了总括性介绍,据此能够方便地编出该种类中所需要的任何具体的模 $d$ 缩族因数表.

(3) 第6章按种类分层介绍了归纳型的模 $d(P_n \parallel d)(n=1,2,\cdots)$、模 $P_n^{\alpha_n}$、模 $P_n$ 与模 $P_n^{\alpha_n}p_i^{\alpha_i}(i \geqslant n+2)$ 缩族质合表(因数表),是第 $2\sim5$ 章已经介绍和未能介绍的各个种类横向内容的抽象、提炼和概括,是一般性的模 $d$ 缩族质合表(因数表)的又一表现形式.看似有所重复,实则是螺旋式的循环上升,是更高基础上对整体圆满的完善和归结,从而既见树木,又见森林.从初始到向前发展的整个过程,是一象生万象的变化过程,再到最后升华为万象为一象的完美归结.

(4) 第9章主要介绍了再探斩获模6缩族质合表显搜功能的爆发式发现与其应用方法.这是在长期求索后灵感闪现所取得的新突破,使那深埋数海无人知晓、无人问津的 $k$ 生素数得以重见天日.

这种新的搜寻方法全都体现在简明精练的搜寻口诀上.任一对相反差型 $k$ 生素数的每一对搜寻口诀就像对联一样,都是两两对偶的句子;任一单个对称差型 $k$ 生素数的每一句搜寻口诀，都是前半句口诀与后半句口诀相互对偶．无论哪一种对偶，对偶的双方都是对仗工整、音调和谐，顺口易读、便于记忆．

与初探所得搜寻方法相比，新法神通广大，应用广泛，其显示清晰醒目，搜寻技术简便灵巧，搜寻种类迅猛增加，口诀语约意丰易记好用，操作方便．

在本章中，给出了“应用模 6 缩族质合表分类搜寻常见 $k$ 生素数口诀表”，以便大家搜寻常见 $k$ 生素数时选用．

(5) 第 7 章、第 8 章和第 10 章，分别对性能优势得天独厚，欧拉函数值大于适中，内涵信息丰富、功能强大、应用广泛且各有侧重又可优势互补的模 30 缩族因数表、模 210 和模 6 缩族匿因质合表，均予编制出 20 万以内的大型表．为了便于掌握和应用，不仅讨论了三者的性能优势与用途，而且对查阅使用、搜寻方法均予详尽说明，并配套给出了应用示例．

在这 3 种各具独特优势的大型缩族质合表中，模 30 缩族因数表对等差 30 素数列与差 30 素数对的显示独一无二，极易识别、便于搜寻；显示和用于搜寻众种类 $a$-$b$ 间隔差型素数列的优势得天独厚($2\mid a, 2\mid b$ 且 $a+b=30$)．模 210 缩族匿因质合表显搜等差 210 素数列、差 210 素数对的优势地位无法取代．模 6 缩族匿因质合表分类显搜常见 $k$ 生素数的优势明显，应用前景广阔．

(6) 不同的模 $d$ 缩族质合表，由于内含的元素不完全相同，排列的方式不同，导致结构不同、性能各异．因而，每一个模 $d$ 缩族质合表都是别开天地．通过以上介绍，读者对根基相连自成系统的各种各样模数不同、宽幅不等、功能不一、各具特长、各有局限、无穷无尽的模 $d$ 缩族质合表有了直观而概括、具体而深刻的了解和认识，它们都具有各不相同且又相似的基本功能和用途(即当 $d\geqslant 6$ 时，每一个模 $d$ 缩族质合表都具有显搜表内所有等差 $d$ 素数列、差 $d$ 素数对的独一无二不可替代的功能与用途)、以及独特的衍生功能，各有千秋又优势互补，各具特色而绚丽多彩．

正是因为编制模 $d$ 缩族质合表的出发点有所不同，即因正偶数 $d$ 的取值不同而一模一表，各具特色花样无穷，又因无可替代的独特性能而各显神通，奇妙纷呈．书中通过适量的举例，使大家对编制不同的模 $d$ 缩族质合表，其不同的目的和用途，统一的原理，大同小异的方法，共同具有的特性，各自独特的优势，以及显搜功能的寡少与多样、单纯与重叠、兼容性与不可替代性，应用范围的局限与广泛(这些反映在书中就是在内容安排上详略有别)，也都有一个概括而具体、全面而明晰的了解与认识，更加深刻地理解模 $d$ 缩族质合表的数学原理、编制方法和应用方法，从而把握这一新工具的内涵和实质，以便对任一模 $d$ 缩族质合表避其所短，用其所长，以需选择编制和应用．

此外，由于新方法引发新问题，于是笔者在深入研究的基础上，提出了一系列关于 $k$ 生素数的有趣猜测，深刻揭示了模 $d$ 缩族质合表与其显示的 $k$ 生素数之间天然而奇妙的联系，作为数论中的新悬谜，期待人们去破解．

总之，本书系统地展示了怎样编制低耗高效筛选素数的模 $d$ 缩族质合表，特别是全面介绍了如何应用该表依次不漏地搜寻等差 $d$ 素数列等 $k$ 生素数的神奇方法，同时也展现了 $k$ 生素数的独特魅力．

(7) 为方便初次接触数论的读者，对阅读本书所需初等数论中的定义和定理等配套知识，本书在附录中做了必要介绍．这是理解和掌握模 $d$ 缩族质合表的数学原理、编制和应用方法等内容必不可缺的基础知识．当然，附录也使自学本书的知识体系趋近于自足与完备．

# 第1章 基本概念、原理和方法

最简单的东西，往往也是最本质、最基本的东西，通过对简单的把握，建立思维体系，通过推理，得出的结果往往是惊人的. 这就是数学思维，是科学精神.

——姜伯驹

本章内容是建立模 $d$ 缩族质合表概念和编制方法的理论依据.

## 1.1 基本概念和原理

**定义 1.1** 设 $k(2 \leqslant k \leqslant \mathbf{N}^+)$ 项递增奇素数(列)

$$r_1, r_2, \cdots, r_k \tag{1.1}$$

中的 $r_2 - r_1 = d_1, r_3 - r_2 = d_2, \cdots, r_k - r_{k-1} = d_{k-1}$，则称 $k$ 项素数(列)是一个差 $d_1 - d_2 - \cdots - d_{k-1}$ 型 $k$ 生素数. 其中内含的数列 $D = \{d_1, d_2, \cdots, d_{k-1}\}$ 称为 $k$ 生素数(1.1)的差数列. 差数列 $D$ 又简称差型 $D$. 特别地

(ⅰ) 如果 $k=2, d_1=d$，则称二生素数 $r_1, r_2$ 是一个差 $d$ 素数对. 其中差 2 素数对亦称孪生素数；

(ⅱ) 如果 $k \geqslant 3, d_1 = d_2 = \cdots = d_{k-1} = d$，则称 $k$ 生素数(1.1)是一个 $k$ 项等差 $d$ 素数列；

(ⅲ) 如果 $k \geqslant 3, r_1 = p_s, r_2 = p_{s+1}, \cdots, r_k = p_{s+k-1}$，则称 $k$ 生素数(1.1)是一个相邻差 $d_1 - d_2 - \cdots - d_{k-1}$ 型 $k$ 生素数；

(ⅳ) 如果 $k$ 项等差 $d$ 素数列又是相邻素数列，则称为相邻 $k$ 项等差 $d$ 素数列.

**定义 1.2** 设 $r$ 是正奇数，$d$ 是正偶数，则

(ⅰ) 首项 $r$ 与公差 $d$ 互素的等差数列，称为模 $d$ 含质列；

(ⅱ) 模 $d$ 的所有不同的 $\varphi(d)$ 个含质列

$$r \bmod d, (r,d)=1, \quad 1 \leqslant r \leqslant d-1 \quad \text{或} \quad 1 < r \leqslant d+1 \tag{1.2}$$

按其首项 $r$ 的大小顺序排列所构成的集合，称为模 $d$ 缩族.

**定义 1.3** 设 $2 = q_{\mathrm{I}} < q_{\mathrm{II}} < \cdots < q_\gamma$ 是正偶数 $d$ 的全部素因数，与 $d$ 互素且不超过 $\sqrt{x}\,(x \in \mathbf{N}^+)$ 的全体素数依从小到大的顺序排列成 $q_1, q_2, \cdots, q_l \leqslant \sqrt{x}\,(x > q_1 q_2 d)$. 则

(ⅰ) 所谓模 $d$ 缩族因数表，是指在前面写有素数 $q_{\mathrm{I}}, q_{\mathrm{II}}, \cdots, q_\gamma$ 的 $x$ 以内模 $d$ 缩族中，在除过 $q_s(s=1,2,\cdots,l)$ 本身的 $q_s$ 的所有倍数右旁标注上小号数字 $q_s$ 而得到的保留模 $d$ 缩族原貌的质数合数一览表.

(ⅱ) 所谓模 $d$ 缩族素数表，是指在前面写有素数 $q_{\mathrm{I}}, q_{\mathrm{II}}, \cdots, q_\gamma$ 的 $x$ 以内模 $d$ 缩族中，依次在 $q_1, q_2, \cdots, q_l$ 除本身外各自的所有倍数上划一细斜线(或细横线)后，得到的素数突出、合数可辨且保留模 $d$ 缩族结构原貌的质数合数一览表. 一般地，如果不划去模 $d$ 缩族中的合数而又能显示、区分出其中全部素数的质数合数一览表，称为模 $d$ 缩族匿因质合表. 它包括模 $d$ 缩族素数表.

（ⅲ）模 $d$ 缩族因数表和模 $d$ 缩族匿因质合表统称为模 $d$ 缩族质合表.

模 $d$ 缩族匿因质合表之所以包括模 $d$ 缩族素数表，是因为合数上不划与划一细斜（横）线，都使原数明确可辨（仅仅是更加清晰可辨与否），所以模 $d$ 缩族素数表实质上就是一种模 $d$ 缩族匿因质合表，只是区分合数与素数的标注方式稍有不同，导致合数的容貌、形象略有差异而已.

由于除过正偶数 $d$ 的全部素因数 $q_{\mathrm{I}},q_{\mathrm{II}},\cdots,q_{\gamma}$ 外，其余所有的素数因与 $d$ 互素的缘故都落在模 $d$ 缩族之中. 因此，$x$ 以内模 $d$ 缩族中的所有素数，与 $d$ 的全部素因数的并集，就是不超过 $x$ 的全体素数.

**定理 1.1** （模 $d$ 含质列性质定理） 设 $2=q_{\mathrm{I}}<q_{\mathrm{II}}<\cdots<q_{\gamma}$ 是正偶数 $d$ 的全部素因数，与 $d$ 互素的全体素数依从小到大的顺序排列成 $q_1,q_2,q_3,\cdots,r$ 是正奇数且 $(r,d)=1$，则首项为 $r$ 的模 $d$ 含质列 $r \bmod d=\{kd+r:k=0,1,2,\cdots\}$ 中的

（ⅰ）任何一项 $kd+r(k=0,1,2,\cdots)$ 都与 $d$ 互素，即每一项都不能被 $q_i(i=\mathrm{I},\mathrm{II},\cdots,\gamma)$ 整除.

（ⅱ）任何连续 $q_s(s=1,2,\cdots)$ 项

$$kd+r,(k+1)d+r,(k+2)d+r,\cdots,[k+(q_s-1)]d+r \tag{1.3}$$

都是模 $q_s$ 的完全系. 其中：① 任何两项对模 $q_s$ 互不同余；② 有且只有一个 $q_s$ 倍数；

（ⅲ）任何连续 $q_1$ 项两两互素.

**证** （ⅰ）根据附录定理 9 及 $(r,d)=1$，知 $(kd+r,d)=(r,d)=1$，即模 $d$ 含质列 $r \bmod d$ 中的任何一项 $kd+r(k=0,1,2,\cdots)$ 都与 $d$ 互素，因而与 $d$ 的全部素因数 $q_{\mathrm{I}},q_{\mathrm{II}},\cdots,q_{\gamma}$ 均互素，即 $kd+r$ 不能被 $q_i(i=\mathrm{I},\mathrm{II},\cdots,\gamma)$ 整除.

（ⅱ）因为 $\{0,1,2,\cdots,q_s-1\}$ 是模 $q_s$ 的完全系，$k\in\mathbf{N}$，$(q_s,d)=1$，所以由附录定理 34（ⅳ）知数列 $\{kd,(k+1)d,(k+2)d,\cdots,[k+(q_s-1)]d\}$ 也是模 $q_s$ 的完全系. 由此与 $r$ 是正整数及附录定理 34（ⅱ），知 $q_s$ 项的数列(1.3)构成模 $q_s$ 的完全系，它们各自除以 $q_s$ 所得的 $q_s$ 个最小非负剩余恰为 $0,1,2,\cdots,q_s-1$ 这 $q_s$ 个数，其中余数唯一是 0 的那一项，即为 $q_s$ 的倍数. 又根据附录定理 33，知数列(1.3)中任何两项对模 $q_s$ 互不同余.

（ⅲ）设模 $d$ 含质列 $r \bmod d$ 中的任何连续 $q_1$ 项为

$$kd+r,(k+1)d+r,(k+2)d+r,\cdots,[k+(q_1-1)]d+r \tag{1.4}$$

是当 $s=1$ 时数列(1.3)的特例，假设其中有不同的两项 $a=(k+j_1)d+r$ 和 $b=(k+j_2)d+r(0\leqslant j_1,j_2\leqslant q_1-1)$ 非互素，即有 $(a,b)=c>1$. 由（ⅰ）知 $q_i\nmid a,q_i\nmid b(i=\mathrm{I},\mathrm{II},\cdots,\gamma)$，因此 $q_i\nmid c$. 故必有某一个 $q_s\mid c(s=1,2,\cdots)$，即数列(1.4)中存在 $a,b$ 两个 $q_s(\geqslant q_1)$ 倍数. 但是由（ⅱ）知，当 $q_s>q_1$ 时，包含数列(1.4)的数列(1.3)中有且只有一个 $q_s(>q_1)$ 倍数. 因此，包含于数列(1.3)的数列(1.4)在有且只有一个 $q_1$ 倍数的同时、至多只有一个 $q_s(>q_1)$ 倍数. 这与上述假设数列(1.4)中存在 $a,b$ 两个 $q_s(\geqslant q_1)$ 倍数矛盾. 故模 $d$ 含质列 $r \bmod d$ 中任何连续 $q_1$ 项两两互素. □

定理 1.1（ⅰ）表明，模 $d$ 任一含质列的每个数都与公差 $d$ 互素，故有模 $d$ 缩族的任一元素与 $d$ 互素；（ⅱ）表明若 $q_s$ 是与 $d$ 互素的任一素数，则每一个模 $d$ 含质列中任何连续 $q_s(s=1,2,\cdots)$ 项都是 $q_s$ 的完全系，其中有且只有一个 $q_s$ 倍数. 因此，编制 $x$ 以内模 $d$ 缩族质合表，须且只需标示出每个模 $d$ 含质列中不超过 $x$ 的 $q_s(s=1,2,\cdots,l,q_l\leqslant\sqrt{x})$ 的全部倍数，使模 $d$ 缩族中的合数与素数区别开来；（ⅲ）表明若 $q_1$ 是与 $d$ 互素的最小素数，则任一模 $d$ 含质列的任何连续

$q_1$ 项中的任意两项不存在大于 1 的公因数.

由定理 1.1 可得下述推论.

**推论 1.1**　(模 $d(P_n \parallel d)$ 含质列性质)　设 $p_n$ 为第 $n$ 个素数，$P_n=p_1p_2\cdots p_n$，$P_n\parallel d$，$p_s(\geqslant p_{n+1})$ 是与 $d$ 互素的任一素数，$(r,d)=1$，则首项为 $r$ 的模 $d$ 含质列 $r \bmod d=\{kd+r:k=0,1,2,\cdots\}$ 中的

(ⅰ) 任何一项 $kd+r(k=0,1,2,\cdots)$ 都与 $d$ 互素，即每一项都不能被 $p_i(i=1,2,\cdots,n)$ 整除；

(ⅱ) 任何连续 $p_s$ 项都是模 $p_s$ 的完全系，其中：① 任何两项对模 $p_s$ 互不同余；② 有且只有一个 $p_s$ 倍数；

(ⅲ) 任何连续 $p_{n+1}$ 项两两互素.

**定义 1.4**　所谓合数 $h$ 的小素因数，是指 $h$ 含有的不超过 $\sqrt{h}$ 的素因数.

**定理 1.2**　设 $a,b,c$ 都是正整数. 若 $(a,b)=1$，且 $c\mid b$，则 $\left(a,\dfrac{b}{c}\right)=1$.

**证**　因为 $c\mid b$，所以 $\dfrac{b}{c}$ 是正整数且 $\dfrac{b}{c}\Big| b$，由此及 $(a,b)=1$ 与附录定理 14(ⅱ)，知

$$\left(a,\frac{b}{c}\right)=1$$ □

**定理 1.3**　设 $f,g$ 为模 $d(2\mid d\in \mathbf{N}^+)$ 缩族 $D$ 的任意两个元素，则

(ⅰ) $fg\in D$；

(ⅱ) 如果 $f\mid g$，那么 $\dfrac{g}{f}\in D$.

**证**　因为 $f,g$ 为模 $d$ 缩族 $D$ 的任意两个元素，所以 $f\in D$，$g\in D$，且 $f,g$ 都是正整数. 根据定理 1.1(ⅰ)，知模 $d$ 缩族 $D$ 的任一元素都与 $d$ 互素，故有 $(f,d)=1$，$(g,d)=1$. 由此及附录推论 5 知，$(fg,d)=1$，即 $fg\in D$.

又由 $(g,d)=1$，$f\mid g$ 与定理 1.2，知 $(\dfrac{g}{f},d)=1$，即有正整数 $\dfrac{g}{f}\in D$. □

由定理 1.3 可得下述推论.

**推论 1.2**　设 $D$ 为模 $d$ 缩族，合数 $h\in D$. 若 $q$ 是 $h$ 的因数，则 $q\in D$，$\dfrac{h}{q}\in D$.

定理 1.3(ⅰ) 表明，模 $d$ 缩族的任意两个元素之积仍在模 $d$ 缩族之中. 据此，编制 $x$ 以内模 $d$ 缩族质合表，其方法就是对必定落在模 $d$ 缩族 $D$ 中的 —— 素数 $q_s((q_s,d)=1,1\leqslant s\leqslant l,q_l\leqslant\sqrt{x})$ 与 $D$ 中每一个 $\geqslant q_s$ 而 $\leqslant \dfrac{x}{q_s}$ 的数的乘积一一标注出来，以示其为合数且与素数相区分. 定理 1.3(ⅱ) 及推论 1.2 表明，若 $h$ 是模 $d$ 缩族中的任一合数，则包括 $h$ 的小素因数在内的 $h$ 的任何因数 $q$、以及 $\dfrac{h}{q}$ 都仍然在模 $d$ 缩族之中. 据此，利用 $x$ 以内模 $d$ 缩族因数表，可以快速求出 $x$ 以内任何一个合数的标准分解式.

**定理 1.4**　设 $d$ 是正偶数，$p_n$ 是第 $n(\geqslant 2)$ 个素数，$P_{n-1}=p_1p_2\cdots p_{n-1}$. 若 $P_{n-1}\parallel d$，则

(ⅰ) 首项为 $p_n$ 的 $p_{n+1}$ 项等差 $d$ 奇数列不可能每一项都是素数；

(ⅱ) 首项大于 $p_n$ 的 $p_n$ 项等差 $d$ 奇数列不可能每一项都是素数.

**证**　(ⅰ) 由于首项为 $p_n$ 的 $p_n+1$ 项等差 $d$ 奇数列的第 $p_n+1$ 项，

$$p_n d + p_n = p_n(d+1)$$

是一个大于 $p_n$ 的 $p_n$ 倍数，即为合数. 因此，该数列不能每一项都是素数.

(ⅱ) 设首项是奇数 $q(> q_n)$ 的 $p_n$ 项等差 $d$ 奇数列为

$$q, d+q, 2d+q, \cdots, (p_n-1)d+q \tag{1.5}$$

由 $q$ 与 $d$ 均为正整数，素数 $p_n \nmid d$ 即 $(p_n, d)=1$，$\{0,1,2,\cdots,,p_n-1\}$ 是模 $p_n$ 的完全系，以及附录定理 34(ⅲ)，知等差奇数列(1.5) 构成模 $p_n$ 的完全系，其中有且只有某一项 $td+q(0 \leqslant t \leqslant p_n-1)$ 模 $p_n$ 余 0，即 $p_n \mid (td+q)$. 可见 $td+q(\geqslant q > p_n)$ 是大于 $p_n$ 的 $p_n$ 倍数而非素数，故首项大于 $p_n$ 的 $p_n$ 项等差 $d$ 奇数列不能每一项都是素数. □

**定理 1.5** （等差 $d$ 素数列长度上界定理） 设 $d$ 是正偶数，$p_n$ 是第 $n(\geqslant 2)$ 个素数，$p_{n-1}=p_1, p_2, \cdots, p_{n-1}, P_{n-1} \parallel d$. 则

(ⅰ) 首项为 $p_n$ 的等差 $d$ 素数列不超过 $p_n$ 项；

(ⅱ) 首项大于 $p_n$ 的等差 $d$ 素数列不超过 $p_n-1$ 项.

**证** (ⅰ) 假设首项为 $p_n$ 的等差 $d$ 素数列超过 $p_n$ 项，如为 $p_n+1$ 项. 但是根据定理 1.4(ⅰ)，首项为 $p_n$ 的 $p_n+1$ 项等差 $d$ 奇数列不能每一项都是素数，出现矛盾. 故结论(ⅰ) 成立.

(ⅱ) 假设首项大于 $p_n$ 的等差 $d$ 素数列超过 $p_n-1$ 项，如为 $p_n$ 项. 但是根据定理 1.4(ⅱ)，首项大于 $p_n$ 的 $p_n$ 项等差 $d$ 奇数列不能每一项都是素数，出现矛盾. 故结论(ⅱ) 成立. □

**定理 1.6** 设 $d$ 是正偶数，$p_n$ 是第 $n(\geqslant 2)$ 个素数，$P_{n-1}=p_1p_2\cdots p_{n-1}, P_{n-1} \parallel d$. 若首项为 $p_n$ 的 $p_n$ 项等差 $d$ 奇数列是素数列，则是唯一的 $p_n$ 项等差 $d$ 素数列.

**证** 因为根据定理 1.4(ⅱ)，首项大于 $p_n$ 的 $p_n$ 项等差 $d$ 奇数列不能每一项都是素数，所以如果首项为 $p_n$ 的 $p_n$ 项等差 $d$ 素数列不是唯一的 $p_n$ 项等差 $d$ 素数列，那么，假设有某一个素数 $p(< p_n)$ 为首项的 $p_n$ 项等差 $d$ 奇数列

$$p, d+p, 2d+p, \cdots, (p_n-1)d+p \tag{1.6}$$

每一项都是素数. 但是，数列(1.6) 的第 $p+1(\leqslant p_n-1)$ 项 $pd+p=p(d+1)$ 是大于素数 $p$ 的 $p$ 倍数而非素数，此与假设矛盾. 又根据定理 1.5(ⅰ)，首项为 $p_n$ 的等差 $d$ 素数列不超过 $p_n$ 项. 因此，若首项为 $p_n$ 的 $p_n$ 项等差 $d$ 奇数列是素数列，则是唯一的 $p_n$ 项等差 $d$ 素数列. □

**定义 1.5** 所谓直接显示 $k$ 生素数，简称直接显示，亦简称直显，是指在任何一个模 $d$ 缩族质合表中出现的“整片”“连线”的对 $k$ 生素数显示的情形，即下列情形之一均称为直接显示——

(ⅰ)“整片”显示——任何连续两行、三行中所有的数都是素数的；

(ⅱ)“连线”显示——

① 纵向直显——任一列中的任何连续 $v$ 项都是素数的($2 \leqslant v \leqslant p_{n+1}-1, P_n \parallel d$)；

② 横向直显——任一行中的任何连续 $u$ 项都是素数的($2 \leqslant u \leqslant \varphi(d)$).

**定义 1.6** 所谓非直显示，是指除过直接显示外，模 $d$ 缩族质合表对 $k$ 生素数显示情形的统称. 它包括不含直显的间接显示（简称间显）和含有直显的直显间显混搭显示（简称混搭显示）两种情形.

**引理 1.1** (Dirichlet 定理) 如果 $a$ 和 $m$ 是彼此互素并均大于等于 1 的整数，则存在无穷

多个素数 $p$ 使 $p \equiv a(\bmod m)$. ①

引理 1.1 即为等差数列中的素数定理,其表明:任何公差与首项互素的等差数列中含有无穷多个素数.

## 1.2　埃氏筛法素数表

古希腊数学家埃拉托斯特尼(Eratosthenes) 于 2000 多年前创立的埃氏筛法,是一种古老而有效的素数筛选法.它是在给定的自然数列内($x$ 以内),依次划去素数 $p_1=2, p_2=3, p_3=5, \cdots, p_l(\leqslant\sqrt{x})$ 除本身外各自的所有倍数,从而求出 $x$ 以内全体素数的一种算法.为了简明醒目便于查阅,把用埃氏筛法求得的素数按大小顺序编排成表,就是常见的普通素数表,它是从古到今流行的普遍使用的素数表,主要用于判定 $x$ 以内任何一个自然数的素性.

编制埃氏筛法素数表按以下步骤进行:

首先,列出大于 1 且不超过 $x(=500)$ 的自然数列(见表 1).

其次,求出表 1 中的一切素数.为此,须剔除表 1 中的全部合数,从而使留下的数都是素数.根据附录定理 3,只需把不超过$\sqrt{x}$ 的素数的倍数划去即可,这是因为不大于 $x$ 的合数的最小素因数总是不大于$\sqrt{x}$.因此,须从表 1 中:

(1) 删去 2 后面所有 2 的倍数(素数 2 是表 1 中第 1 个没有删去的数),即删去的数是 $2f_1\left(f_1=2,3,\cdots,t_1\leqslant\dfrac{x}{2}\right)$;

(2) 删去 3 后面所有 3 的倍数(素数 3 是素数 2 后面第 1 个没有删去的数),即删去的数是 $3f_2\left(f_2=2,3,\cdots,t_2\leqslant\dfrac{x}{3}\right)$;

(3) 删去第 $s(3\leqslant s\leqslant l)$ 个素数 $p_s(=p_3,p_4,\cdots,p_l\leqslant\sqrt{x})$ 后面所有 $p_s$ 的倍数(素数 $p_s$ 是素数 $p_{s-1}$ 后面第 1 个没有删去的数),即删去的数是 $p_sf_s\left(f_s=2,3,\cdots,t_s\leqslant\dfrac{x}{p_s}\right)$.依此按序不断操作下去,直到完成第 $l$ 步骤止(因为 $p_{l+1}^2>x$).于是,表 1 中的合数全部被删掉,留下的恰好就是不超过 $x$ 的全体素数(因为由附录定理 4 知,$x$ 以内的大于$\sqrt{x}$ 的一切素数都不能被不大于$\sqrt{x}$ 的任一素数整除),称其为埃氏筛法素数表(见表 1).

**表 1　埃氏筛法素数表(500 以内)**

| | | | | | | | | | | | | | |
|---|---|---|---|---|---|---|---|---|---|---|---|---|---|
| | 2 | 3 | ~~4~~ | 5 | ~~6~~ | 7 | ~~8~~ | ~~9~~ | ~~10~~ | 11 | ~~12~~ | 13 | ~~14~~ |
| ~~15~~ | ~~16~~ | 17 | ~~18~~ | 19 | ~~20~~ | ~~21~~ | ~~22~~ | 23 | ~~24~~ | ~~25~~ | ~~26~~ | ~~27~~ | ~~28~~ |
| 29 | ~~30~~ | 31 | ~~32~~ | ~~33~~ | ~~34~~ | ~~35~~ | ~~36~~ | 37 | ~~38~~ | ~~39~~ | ~~40~~ | 41 | ~~42~~ |
| 43 | ~~44~~ | ~~45~~ | ~~46~~ | 47 | ~~48~~ | ~~49~~ | ~~50~~ | ~~51~~ | ~~52~~ | 53 | ~~54~~ | ~~55~~ | ~~56~~ |
| ~~57~~ | ~~58~~ | 59 | ~~60~~ | 61 | ~~62~~ | ~~63~~ | ~~64~~ | ~~65~~ | ~~66~~ | 67 | ~~68~~ | ~~69~~ | ~~70~~ |
| 71 | ~~72~~ | 73 | ~~74~~ | ~~75~~ | ~~76~~ | ~~77~~ | ~~78~~ | 79 | ~~80~~ | ~~81~~ | ~~82~~ | 83 | ~~84~~ |

① [法]塞尔(Serre J P).数论教程.北京:高等教育出版社,2007,第 33 页.

| | | | | | | | | | | | | | |
|---|---|---|---|---|---|---|---|---|---|---|---|---|---|
| ~~85~~ | ~~86~~ | ~~87~~ | ~~88~~ | 89 | ~~90~~ | ~~91~~ | ~~92~~ | ~~93~~ | ~~94~~ | ~~95~~ | ~~96~~ | 97 | ~~98~~ |
| ~~99~~ | ~~100~~ | 101 | ~~102~~ | 103 | ~~104~~ | ~~105~~ | ~~106~~ | 107 | ~~108~~ | 109 | ~~110~~ | ~~111~~ | ~~112~~ |
| 113 | ~~114~~ | ~~115~~ | ~~116~~ | ~~117~~ | ~~118~~ | ~~119~~ | ~~120~~ | ~~121~~ | ~~122~~ | ~~123~~ | ~~124~~ | ~~125~~ | ~~126~~ |
| 127 | ~~128~~ | ~~129~~ | ~~130~~ | 131 | ~~132~~ | ~~133~~ | ~~134~~ | ~~135~~ | ~~136~~ | 137 | ~~138~~ | 139 | ~~140~~ |
| ~~141~~ | ~~142~~ | ~~143~~ | ~~144~~ | ~~145~~ | ~~146~~ | ~~147~~ | ~~148~~ | 149 | ~~150~~ | 151 | ~~152~~ | ~~153~~ | ~~154~~ |
| ~~155~~ | ~~156~~ | 157 | ~~158~~ | ~~159~~ | ~~160~~ | ~~161~~ | ~~162~~ | 163 | ~~164~~ | ~~165~~ | ~~166~~ | 167 | ~~168~~ |
| ~~169~~ | ~~170~~ | ~~171~~ | ~~172~~ | 173 | ~~174~~ | ~~175~~ | ~~176~~ | ~~177~~ | ~~178~~ | 179 | ~~180~~ | 181 | ~~182~~ |
| ~~183~~ | ~~184~~ | ~~185~~ | ~~186~~ | ~~187~~ | ~~188~~ | ~~189~~ | ~~190~~ | 191 | ~~192~~ | 193 | ~~194~~ | ~~195~~ | ~~196~~ |
| 197 | ~~198~~ | 199 | ~~200~~ | ~~201~~ | ~~202~~ | ~~203~~ | ~~204~~ | ~~205~~ | ~~206~~ | ~~207~~ | ~~208~~ | ~~209~~ | ~~210~~ |
| 211 | ~~212~~ | ~~213~~ | ~~214~~ | ~~215~~ | ~~216~~ | ~~217~~ | ~~218~~ | ~~219~~ | ~~220~~ | ~~221~~ | ~~222~~ | 223 | ~~224~~ |
| ~~225~~ | ~~226~~ | 227 | ~~228~~ | 229 | ~~230~~ | ~~231~~ | ~~232~~ | 233 | ~~234~~ | ~~235~~ | ~~236~~ | ~~237~~ | ~~238~~ |
| 239 | ~~240~~ | 241 | ~~242~~ | ~~243~~ | ~~244~~ | ~~245~~ | ~~246~~ | ~~247~~ | ~~248~~ | ~~249~~ | ~~250~~ | 251 | ~~252~~ |
| ~~253~~ | ~~254~~ | ~~255~~ | ~~256~~ | 257 | ~~258~~ | ~~259~~ | ~~260~~ | ~~261~~ | ~~262~~ | 263 | ~~264~~ | ~~265~~ | ~~266~~ |
| ~~267~~ | ~~268~~ | 269 | ~~270~~ | 271 | ~~272~~ | ~~273~~ | ~~274~~ | ~~275~~ | ~~276~~ | 277 | ~~278~~ | ~~279~~ | ~~280~~ |
| 281 | ~~282~~ | 283 | ~~284~~ | ~~285~~ | ~~286~~ | ~~287~~ | ~~288~~ | ~~289~~ | ~~290~~ | ~~291~~ | ~~292~~ | 293 | ~~294~~ |
| ~~295~~ | ~~296~~ | ~~297~~ | ~~298~~ | ~~299~~ | ~~300~~ | ~~301~~ | ~~302~~ | ~~303~~ | ~~304~~ | ~~305~~ | ~~306~~ | 307 | ~~308~~ |
| ~~309~~ | ~~310~~ | 311 | ~~312~~ | 313 | ~~314~~ | ~~315~~ | ~~316~~ | 317 | ~~318~~ | ~~319~~ | ~~320~~ | ~~321~~ | ~~322~~ |
| ~~323~~ | ~~324~~ | ~~325~~ | ~~326~~ | ~~327~~ | ~~328~~ | ~~329~~ | ~~330~~ | 331 | ~~332~~ | ~~333~~ | ~~334~~ | ~~335~~ | ~~336~~ |
| 337 | ~~338~~ | ~~339~~ | ~~340~~ | ~~341~~ | ~~342~~ | ~~343~~ | ~~344~~ | ~~345~~ | ~~346~~ | 347 | ~~348~~ | 349 | ~~350~~ |
| ~~351~~ | ~~352~~ | 353 | ~~354~~ | ~~355~~ | ~~356~~ | ~~357~~ | ~~358~~ | 359 | ~~360~~ | ~~361~~ | ~~362~~ | ~~363~~ | ~~364~~ |
| ~~365~~ | ~~366~~ | 367 | ~~368~~ | ~~369~~ | ~~370~~ | ~~371~~ | ~~372~~ | 373 | ~~374~~ | ~~375~~ | ~~376~~ | ~~377~~ | ~~378~~ |
| 379 | ~~380~~ | ~~381~~ | ~~382~~ | 383 | ~~384~~ | ~~385~~ | ~~386~~ | ~~387~~ | ~~388~~ | 389 | ~~390~~ | ~~391~~ | ~~392~~ |
| ~~393~~ | ~~394~~ | ~~395~~ | ~~396~~ | 397 | ~~398~~ | ~~399~~ | ~~400~~ | 401 | ~~402~~ | ~~403~~ | ~~404~~ | ~~405~~ | ~~406~~ |
| ~~407~~ | ~~408~~ | 409 | ~~410~~ | ~~411~~ | ~~412~~ | ~~413~~ | ~~414~~ | ~~415~~ | ~~416~~ | ~~417~~ | ~~418~~ | 419 | ~~420~~ |
| 421 | ~~422~~ | ~~423~~ | ~~424~~ | ~~425~~ | ~~426~~ | ~~427~~ | ~~428~~ | ~~429~~ | ~~430~~ | 431 | ~~432~~ | 433 | ~~434~~ |
| ~~435~~ | ~~436~~ | ~~437~~ | ~~438~~ | 439 | ~~440~~ | ~~441~~ | ~~442~~ | 443 | ~~444~~ | ~~445~~ | ~~446~~ | ~~447~~ | ~~448~~ |
| 449 | ~~450~~ | ~~451~~ | ~~452~~ | ~~453~~ | ~~454~~ | ~~455~~ | ~~456~~ | 457 | ~~458~~ | ~~459~~ | ~~460~~ | 461 | ~~462~~ |
| 463 | ~~464~~ | ~~465~~ | ~~466~~ | 467 | ~~468~~ | ~~469~~ | ~~470~~ | ~~471~~ | ~~472~~ | ~~473~~ | ~~474~~ | ~~475~~ | ~~476~~ |
| ~~477~~ | ~~478~~ | 479 | ~~480~~ | ~~481~~ | ~~482~~ | ~~483~~ | ~~484~~ | ~~485~~ | ~~486~~ | 487 | ~~488~~ | ~~489~~ | ~~490~~ |
| 491 | ~~492~~ | ~~493~~ | ~~494~~ | ~~495~~ | ~~496~~ | ~~497~~ | ~~498~~ | 499 | ~~500~~ | | | | |

最后，把表 1 中的素数全部编排打印出来，就是 $x(=500)$ 以内的普通素数表（见表 2），亦称素数序列表.

**表 2　普通素数表(500 以内)**

| | | | | | | | | | |
|---|---|---|---|---|---|---|---|---|---|
| 2 | 3 | 5 | 7 | 11 | 13 | 17 | 19 | 23 | 29 |
| 31 | 37 | 41 | 43 | 47 | 53 | 59 | 61 | 67 | 71 |
| 73 | 79 | 83 | 89 | 97 | 101 | 103 | 107 | 109 | 113 |
| 127 | 131 | 137 | 139 | 149 | 151 | 157 | 163 | 167 | 173 |
| 179 | 181 | 191 | 193 | 197 | 199 | 211 | 223 | 227 | 229 |
| 233 | 239 | 241 | 251 | 257 | 263 | 269 | 271 | 277 | 281 |
| 283 | 293 | 307 | 311 | 313 | 317 | 331 | 337 | 347 | 349 |
| 353 | 359 | 367 | 373 | 379 | 383 | 389 | 397 | 401 | 409 |
| 419 | 421 | 431 | 433 | 439 | 443 | 449 | 457 | 461 | 463 |
| 467 | 479 | 487 | 491 | 499 | | | | | |

由于埃氏筛法素数表(表 1)是用 $x(x \in \mathbf{N}^+)$ 以内的自然数列直接编制而成,故又称为自然数列素数表.自然数列是公差为 1 的等差数列,1 既整除每一个自然数又与每一个自然数互素,这是 1 的奇特性质,所以自然数列是模 1 唯一的含质列.因此,表 1 实则为模 1 缩族(类)素数表,自然而然地是模 $d(2 \mid d \in \mathbf{N}^+)$ 缩族质合表产生的根基.换句话说,埃氏筛法是建立模 $d$ 缩族质合表的逻辑起点.

由表 1 可知,除过 2 和 3 以外,任何连续两个正整数不可能都是素数.这是因为当 $n > 2$ 时,整数 $n$ 和 $n+1$ 中必定有一个是大于 2 的偶数即为合数的缘故.

埃氏筛法虽然是一种有效的素数筛选法,但以自然数列为筛选对象,使筛选范围过大,筛选效率低下,且又因埃氏筛法素数表存在功能、用途单一(仅起到判定素性及为普通素数表提供数据的草表作用)等缺陷需要加以改进.建立模 $d$ 缩族质合表,正是在这方面尝试和探讨的结果.

## 1.3　模 $d(2 \mid d \in \mathbf{N}^+)$ 缩族质合表

### 一、模 $d$ 缩族因数表的编制方法

设 $2 = q_{\mathrm{I}} < q_{\mathrm{II}} < \cdots < q_\gamma$ 是正偶数 $d(\geqslant 2)$ 的全部素因数,与 $d$ 互素且不超过 $\sqrt{x}$ $(x \in \mathbf{N}^+)$ 的全体素数依从小到大的顺序排列成 $q_1, q_2, \cdots, q_l \leqslant \sqrt{x}$ $(x > q_1 q_2 d)$,则编制模 $d$ 缩族因数表的方法如下:

(1) 列出不超过 $x$ 的模 $d$ 缩族,即首项为 $r(=1, q_1, \cdots, d-1)$ 的

$$\varphi(d) = d \prod_{I \leqslant i \leqslant \gamma} \left(1 - \frac{1}{q_i}\right)$$

个模 $d$ 含质列

$$1 \bmod d,\ q_1 \bmod d,\ \cdots,\ d-1 \bmod d \tag{1.7}$$

(其中 $(r,d) = 1$ 且 $1 < q_1 < \cdots < d-1$) 划去其中第 1 个元素 1(既不是素数也不是合数),并

且在前面添写上 $d$ 的不同的素因数，即漏掉的素数 $q_{\mathrm{I}}, q_{\mathrm{II}}, \cdots, q_{\gamma}$. 此时，不超过 $q_1^2-1$ 的所有素数得到确定(素数 $q_1$ 是缩族(1.7) 中除过划去的 1 外第 1 个与 $d$ 互素的数).

(2) 标注出缩族(1.7) 中每一个合数全部的小素因数，同时也就区分出了缩族(1.7) 中的全体素数. 根据附录定理 3，任何一个不超过 $x$ 的合数，必有一个不超过$\sqrt{x}$ 的小素因数. 由于缩族(1.7) 本身已经筛掉了给定自然数列内($x$ 以内)$d$ 的素因数 $q_{\mathrm{I}}(=2), q_{\mathrm{II}}, \cdots, q_{\gamma}$ 各自的全部倍数，因此仅需在缩族(1.7) 中依次标示出素数 $q_1, q_2, \cdots, q_l(\leqslant\sqrt{x})$ 除本身外各自的全部倍数所含的小素因数即可. 为此，由第 1 步起，依次在缩族(1.7) 中操作完成 $l$ 个运演步骤. 其中，第 $s(1\leqslant s\leqslant l)$ 步骤是在素数 $q_s(=q_1, q_2, \cdots, q_l\leqslant\sqrt{x})$ 与缩族(1.7) 中每一个不小于 $q_s$ 而不大于$\dfrac{x}{q_s}$ 的数的乘积右旁写上小号数字 $q_s$，以示其为合数且含有素因数 $q_s$. 此时，不超过 $q_{s+1}^2-1$ 的所有的素数和与 $d$ 互素的合数都得到确定(素数 $q_{s+1}$ 是素数 $q_s$ 后面第1个右旁没有小号数字的数). 依此按序继续操作下去，直至完成第 $l$ 步骤止(因为 $q_{l+1}^2>x$)，就得到不超过 $x$ 的全体素数和与 $d$ 互素的合数(即其不含素因数 $q_{\mathrm{I}}, q_{\mathrm{II}}, \cdots, q_{\gamma}$) 一览表 —— 模 $d$ 缩族因数表.

根据附录定理 3，在模 $d$ 缩族因数表中，右旁写有小号数字的数是与 $d$ 互素(即与素数 $q_{\mathrm{I}}$，$q_{\mathrm{II}}, \cdots, q_{\gamma}$ 均互素) 的合数(其自身含有的全部小素因数也一目了然)，其余右旁空白没有小号数字的数皆为素数(因为根据附录定理 4，每一个不超过 $x$ 且大于$\sqrt{x}$ 的素数，都不能被不大于$\sqrt{x}$ 的任何一个素数整除). 于是在模 $d$ 缩族(1.7) 中筛选出来的($x$ 以内的) 素数，既不重复，又无遗漏，连同写在最前面的 $d$ 的素因数 $q_{\mathrm{I}}, q_{\mathrm{II}}, \cdots, q_{\gamma}$，即为 $x$ 以内的全体素数.

## 二、模 $d$ 缩族质合表的特点、优势功能与用途

编制模 $d$ 缩族质合表的最大特点和优势功能，就是在“开筛” 之前已经先天性地筛掉了给定自然数列内($x$ 以内)$d$ 的素因数 $q_{\mathrm{I}}(=2), q_{\mathrm{II}}, \cdots, q_{\gamma}$ 各自的全部倍数. 因此，其天然优势是比编制不超过 $x$ 的埃氏筛法素数表节省

$$1-\frac{\varphi(d)}{d}=1-\prod_{\mathrm{I}\leqslant i\leqslant\gamma}\left(1-\frac{1}{q_i}\right)$$

的篇幅和更多的计算量，同时也省去了编排普通素数表的工作量，省力节时降耗，显著地提高了制表效率.

模 $d$ 缩族质合表($x$ 以内) 所具有的独特优势功能，就是起码能够直接显示 $x$ 以内所有的差 $d$ 素数对. 缩族(1.7) 任一含质列中任何连续两项如果都是素数，那么就是一个差 $d$ 素数对，使人一眼看出和一个不漏地寻找到它们. 这一优势功能是埃氏筛法素数表和普通素数表根本不具有和无法比拟的，为依次不漏地寻找到它们提供了可能和极大的方便. 如果目的仅在于此，那么只需编制模 $d$ 缩族匿因质合表即可. 其方法是在操作完上述的“首先” 步骤后，从缩族(1.7) 中依次划去或用简单记号标明素数 $q_1, q_2, \cdots, q_l(\leqslant\sqrt{x})$ 除本身外各自的所有倍数.

模 $d$ 缩族因数表还能完整、准确地显示其表内每一个合数的全部小素因数，为查算 $x$ 以内任何一个合数的标准分解式提供了极大的方便.

另外，模 $d$ 缩族质合表也有和普通素数表相同的功能与用途，就是能够显示不超过 $x$ 的所有正整数的素性，从而用于查判 $x$ 以内任何一个正整数的素性.

### 三、有关问题

由于模 $d$ 缩族有且仅有 $\varphi(d)$ 个模 $d$ 含质列，因此除过 $q_{\mathrm{I}}, q_{\mathrm{II}}, \cdots, q_\gamma$ 外，全体素数可以分为

$$\varphi(d)=d\prod_{I\leqslant i\leqslant\gamma}\left(1-\frac{1}{q_i}\right)$$

类. 显然有

$$\pi(x)=\sum\pi(x;d,j)+\gamma\quad\left((d,j)=1,\quad 1\leqslant|j|<\frac{d}{2}\right)$$

由引理 1.1，则有

**推论 1.3**　设 $(d,j)=1$，则 $dn+j$ 形式的素数都有无穷多个且各占全体素数的 $\frac{1}{\varphi(d)}$. 即

$$\lim_{x\to+\infty}\pi(x;d,j)=+\infty\quad\left((d,j)=1,\quad 1\leqslant|j|<\frac{d}{2}\right)$$

$$\lim_{x\to+\infty}\frac{\pi(x;d,j)}{\pi(x)}=\frac{1}{\varphi(d)}\quad\left((d,j)=1,\quad 1\leqslant|j|<\frac{d}{2}\right)$$

下面的猜测 1 是迄今尚未证明的包括著名的孪生素数猜想在内的一般性猜测.

**猜测 1**　存在无穷多个差 $d$ 素数对. 即每个正偶数 $d$ 都能够表为无穷多对素数之差. 即

$$\lim_{x\to+\infty}\pi(x)^d=+\infty$$

显然 $d=2$ 时，猜测 1 即为孪生素数猜想.

显然有

$$\pi(x)^d=\sum\pi(x)_j^d\quad\left((d,j)=1,\quad 1\leqslant|j|<\frac{d}{2}\right)$$

在此，笔者提出下面的猜测 2.

**猜测 2**　设 $d$ 是正偶数，$(d,j)=1$ 且 $1\leqslant|j|<\frac{d}{2}$，则 $dn+j$ 形式的差 $d$ 素数对都有无穷多个且各占全体差 $d$ 素数对的 $\frac{1}{\varphi(d)}$. 即

$$\lim_{x\to+\infty}\pi(x)_j^d=+\infty\quad\left((d,j)=1,\quad 1\leqslant|j|<\frac{d}{2}\right)$$

$$\lim_{x\to+\infty}\frac{\pi(x)_j^d}{\pi(x)^d}=\frac{1}{\varphi(d)}\quad\left((d,j)=1,\quad 1\leqslant|j|<\frac{d}{2}\right)$$

# 第 2 章　模 $a(2\parallel a)$ 缩族质合表与差 $a$ 素数对

数学是一种别具匠心的艺术.

——努瓦列斯

## 2.1　模 $a(2\parallel a)$ 缩族质合表与差 $a$ 素数对

### 一、模 $a$ 缩族因数表的编制方法

设 $3<q_{\mathrm{I}}$，$2<q_{\mathrm{I}}<q_{\mathrm{II}}<\cdots<q_\gamma$ 是正偶数 $a(\geqslant 2)$ 的全部素因数，与 $a$ 互素且不超过 $\sqrt{x}\,(x\in\mathbf{N}^+)$ 的全体奇素数依从小到大的顺序排列成 $3=q_1,q_2,\cdots,q_l\leqslant\sqrt{x}\,(x>q_1q_2a)$，则编制模 $a$ 缩族因数表的方法如下：

(1) 列出不超过 $x$ 的模 $a$ 缩族，即首项为 $r(=1,q_1,\cdots,a-1)$ 的

$$\varphi(a)=\frac{a}{2}\prod_{I\leqslant i\leqslant\gamma}\left(1-\frac{1}{q_i}\right)$$

个模 $a$ 含质列

$$1\bmod a,\ q_1\bmod a,\ \cdots,\ a-1\bmod a \tag{2.1}$$

(其中 $(r,a)=1$ 且 $1<q_1<\cdots<a-1$) 划去其中第 1 个元素 1，并且在前面添写上漏掉的素数 $2,q_{\mathrm{I}},q_{\mathrm{II}},\cdots,q_\gamma$. 此时，不超过 $q_1^2-1$ 的所有素数得到确定(素数 $q_1(=3)$ 是缩族(2.1) 中第 1 个与 $a$ 互素的数).

(2) 由第 1 步起，依次在缩族(2.1) 中完成 $l$ 个运演操作步骤. 其中第 $s(1\leqslant s\leqslant l)$ 步骤是在素数 $q_s(=q_1,q_2,\cdots,q_l\leqslant\sqrt{x})$ 与缩族(2.1) 中每一个不小于 $q_s$ 而不大于 $\dfrac{x}{q_s}$ 的数的乘积右旁写上小号数字 $q_s$，以示其为合数且含有素因数 $q_s$. 此时，不超过 $q_{s+1}^2-1$ 的所有的素数和与 $a$ 互素的合数都得到确定(素数 $q_{s+1}$ 是素数 $q_s$ 后面第 1 个右旁没有小号数字的数). 依此按序操作下去，直到完成第 $l$ 步骤为止(因为 $q_{l+1}^2>x$)，就得到不超过 $x$ 的全体素数和与 $a$ 互素的合数一览表，即模 $a(2\parallel a)$ 缩族因数表.

在模 $a$ 缩族因数表中，右旁写有小号数字的数是与 $a$ 互素(即不含素因数 $2,q_{\mathrm{I}}(>3)$，$q_{\mathrm{II}},\cdots,q_\gamma$) 的合数(其自身含有的全部小素因数也一目了然)，其余右旁空白没有小号数字的数皆为素数.

## 二、模 $a$ 缩族质合表的特点、优势功能与用途

编制模 $a$ 缩族质合表的第一个特点和优势功能，就是在“开筛”之前已经先天性地筛掉了给定自然数列内（$x$ 以内）$a$ 的素因数 $2,q_{\mathrm{I}}(>3),q_{\mathrm{II}},\cdots,q_\gamma$ 各自的全部倍数. 因此，比编制不超过 $x$ 的埃氏筛法素数表节省的篇幅和计算量分别等于和超过了

$$1-\frac{\varphi(a)}{a}=1-\frac{1}{2}\prod_{\mathrm{I}\leqslant i\leqslant\gamma}\left(1-\frac{1}{q_i}\right)$$

模 $a$ 缩族质合表的第二个特性和优势功能，就是能够直接显示所有不超过 $x$ 的差 $a$ 素数对. 缩族(2.1)任一含质列中任何连续两项如果都是素数，那么就是一个差 $a$ 素数对，使人一眼看出和一个不漏地寻找到它们. 当 $a>4$ 时，这一优势功能是目前已知的其他所有模 $d$ 缩族质合表、素数表根本无法达到和不可比拟的，为依次不漏地寻找它们提供了可能和极大的方便. 如果目的仅在于此，那么只需编制模 $a$ 缩族匿因质合表即可.

## 三、有关问题

根据定理 1.6，若 $3,a+3,2a+3$ 都是素数，则是唯一的 3 项等差 $a$ 素数列. 不仅如此，而且由定理 1.4(ⅱ)可得

**推论 2.1**　若奇数 $g>3,2\parallel a$，则三个奇数 $g,a+g,2a+g$ 不能都是素数.

**证**　因为奇数 $g>3$，所以

① 当 $g\equiv 0(\mathrm{mod}3)$ 时，结论成立(即 $g$ 是大于 3 的 3 倍数而非素数)；

② 当 $g\equiv 1(\mathrm{mod}3)$ 时，若 $a\equiv 1(\mathrm{mod}3)$，则 $2a+g\equiv 0(\mathrm{mod}3)$；若 $a\equiv 2(\mathrm{mod}3)$，则 $a+g\equiv 0(\mathrm{mod}3)$；

③ 当 $g\equiv 2(\mathrm{mod}3)$ 时，若 $a\equiv 1(\mathrm{mod}3)$，则 $a+g\equiv 0(\mathrm{mod}3)$；若 $a\equiv 2(\mathrm{mod}3)$，则 $2a+g\equiv 0(\mathrm{mod}3)$. □

下面的猜测 3 和猜测 4 分别包含于猜测 1 和猜测 2.

**猜测 3**　设 $2\parallel a(\geqslant 2)$，则存在无穷多个差 $a$ 素数对. 即

$$\lim_{x\to+\infty}\pi(x)^a=+\infty$$

显然有

$$\pi(x)^a=\sum\pi(x)_j^a\quad\left((a,j)=1,\quad 1\leqslant|j|<\frac{a}{2}\right)$$

**猜测 4**　设 $2\parallel a(\geqslant 2)$，则

(ⅰ)模 $a$ 缩族的 $\varphi(a)$ 个含质列均包含无穷多个差 $a$ 素数对. 即

$$\lim_{x\to+\infty}\pi(x)_j^a=+\infty\quad\left((a,j)=1,\quad 1\leqslant|j|<\frac{a}{2}\right)$$

(ⅱ)全体差 $a$ 素数对平均分布在模 $a$ 缩族的 $\varphi(a)$ 个含质列之中. 即

$$\lim_{x\to+\infty}\frac{\pi(x)_j^a}{\pi(x)^a}=\frac{1}{\varphi(a)}\quad\left((a,j)=1,\ 1\leqslant|j|<\frac{a}{2}\right)$$

## 2.2 模 $2^\alpha$ 缩族质合表与差 $2^\alpha$ 素数对

### 一、模 $2^\alpha$ 缩族因数表的编制方法

模 $2^\alpha(\alpha\in\mathbf{N}^+)$ 缩族因数表,是在不超过 $x(3\cdot5\cdot2^\alpha<x\in\mathbf{N}^+)$ 的模 $2^\alpha$ 缩族中,依次标注出素数 $p_2,p_3,\cdots,p_l(\leqslant\sqrt{x})$ 除本身外各自所有倍数相应含有的小素因数 $p_2,p_3,\cdots,p_l$,其余是不超过 $x$ 的全体奇素数.该表的编制方法如下:

(1) 列出不超过 $x$ 的模 $2^\alpha$ 缩族,即首项为 $r(=3,5,\cdots,2^\alpha-1,2^\alpha+1)$ 的 $\varphi(2^\alpha)=2^{\alpha-1}$ 个模 $2^\alpha$ 含质列

$$3\bmod 2^\alpha,\ 5\bmod 2^\alpha,\ \cdots,2^\alpha-1\bmod 2^\alpha,\ 2^\alpha+1\bmod 2^\alpha \tag{2.2}$$

(其中 $(r,2^\alpha)=1$ 且 $3<5<\cdots<2^\alpha-1<2^\alpha+1$) 并且在前面添写上漏掉的偶素数 2.此时,不超过 $3^2-1$ 的所有素数得到确定(素数 3 是缩族(2.2) 中第 1 个与 $2^\alpha$ 互素的数).

(2) 由第 1 步起,依次在缩族(2.2) 中完成 $l-1$ 个运演操作步骤.其中第 $s(1\leqslant s\leqslant l-1)$ 步骤是在第 $s+1$ 个素数 $p_{s+1}(p_{s+1}=p_2,p_3,\cdots,p_l\leqslant\sqrt{x})$ 与缩族(2.2) 中每一个不小于 $p_{s+1}$ 而不大于 $\frac{x}{p_{s+1}}$ 的数的乘积右旁写上小号数字 $p_{s+1}$,以示其为合数且含有素因数 $p_{s+1}$.此时,不超过 $p_{s+2}^2-1$ 的所有的素数与奇合数都得到确定(素数 $p_{s+2}$ 是素数 $p_{s+1}$ 后面第 1 个右旁没有小号数字的数).依此按序操作下去,直至完成第 $l-1$ 步骤止(因为 $p_{l+1}^2>x$),就得到不超过 $x$ 的全体素数与奇合数一览表,即模 $2^\alpha$ 缩族因数表.

在模 $2^\alpha$ 缩族因数表中,右旁写有小号数字的数是奇合数(其自身含有的全部小素因数也一目了然),其余右旁空白没有小号数字的数皆为素数.

### 二、模 $2^\alpha$ 缩族质合表的特点、优势功能与用途

与编制不超过 $x$ 的埃氏筛法素数表相比,编制模 $2^\alpha$ 缩族质合表的最大特点和优势功能是未曾"开筛"就已先天性地筛掉了给定自然数列内($x$ 以内) 的全部偶数.因此,节省的篇幅和计算量分别等于和超过了 $50\%\left(=1-\frac{\varphi(2^\alpha)}{2^\alpha}=1-\frac{1}{2}\right)$.

模 $2^\alpha$ 缩族质合表的第二个特性和优势功能,就是能够直接显示所有不超过 $x$ 的差 $2^\alpha$ 素数对.缩族(2.2) 任一含质列中任何连续两项如果都是素数,那么就是一个差 $2^\alpha$ 素数对,使人一眼看出和一个不漏地寻找到它们.当 $2^\alpha>4$ 时,这一优势功能是目前已知的其他所有模 $d$ 缩族质合表、素数表根本无法达到和不可比拟的,为依次不漏地寻找差 $2^\alpha(>4)$ 素数对提供了可能和极大

的方便. 如果目的仅在于此，那么只需编制模 $2^{\alpha}$ 缩族匿因质合表即可.

### 三、有关问题

根据定理 1.6，如果 $3,2^{\alpha}+3,2^{\alpha+1}+3$ 都是素数，那么就是唯一的 3 项等差 $2^{\alpha}$ 素数列. 不仅如此，而且由定理 1.4(ⅱ) 可得

**推论 2.2**　若奇数 $g>3$，则 3 个奇数 $g,2^{\alpha}+g,2^{\alpha+1}+g$ 不能都是素数.

**证**　因为奇数 $g>3$，所以

① 当 $g\equiv 0(\bmod 3)$ 时，结论成立；

② 当 $2^{\alpha}\equiv 1(\bmod 3)$ 时，若 $g\equiv 1(\bmod 3)$，则 $2^{\alpha+1}+g\equiv 0(\bmod 3)$；若 $g\equiv 2(\bmod 3)$，则

$$2^{\alpha}+g\equiv 0(\bmod 3)$$

③ 当 $2^{\alpha}\equiv 2(\bmod 3)$ 时，若 $g\equiv 1(\bmod 3)$，则 $2^{\alpha}+g\equiv 0(\bmod 3)$；若 $g\equiv 2(\bmod 3)$，则

$$2^{\alpha+1}+g\equiv 0(\bmod 3)$$ □

下面是包含于猜测 3 和猜测 4 的

**猜测 5**　(ⅰ) 存在无穷多个差 $2^{\alpha}$ 素数对；

(ⅱ) 模 $2^{\alpha}$ 缩族的 $2^{\alpha-1}$ 个含质列均包含无穷多个差 $2^{\alpha}$ 素数对；

(ⅲ) 全体差 $2^{\alpha}$ 素数对平均分布在模 $2^{\alpha}$ 缩族的 $2^{\alpha-1}$ 个含质列之中.

## 2.2.1　奇数列质合表与孪生素数

以 2 为模，把自然数列分为奇数列和偶数列两大数列. 由于大于 2 的偶数都是合数，故除过唯一的偶素数 2，无穷无尽的素数都是奇数. 也就是说，除过 2，全体素数都分布在奇数列之中. 因此，只需在奇数列中寻找素数即可，而不需要考虑偶数列. 这样，就把搜寻素数的范围从自然数列一下子缩小到奇数列，范围缩小了 1/2.

用奇数列编制质合表，是一种最基本最简单的有效方法，特别是手工编制模 $d$ 缩族质合表的适用方法之一. 显然，奇数列是最简单的模 $d$ 含质列，也是最简单的模 $d$ 缩族，此时 $d=2$. 故奇数列质合表又称模 2 缩族(类) 质合表. 其中的奇数列因素表是在不超过 $x$ 的奇数列中，标注出所有的合数各自含有的小素因数，剩余的是不超过 $x$ 的全体奇素数，其个数为 $\pi(x)-1$.

### 一、奇数列因数表的编制方法

(1) 列出大于 1 的不超过 $x(=1500)$ 的奇数列 $\{2n+1: n\in \mathbf{N}^{+}\}$，并且在前面添写上漏掉的偶素数 2(见表 3). 此时，不超过 $3^{2}-1$ 的所有素数得到确定(素数 3 是表 3 中第 1 个与 2 互素的数).

## 表 3　奇数列因数表(1500 以内)

(2)

| | | | | | | | | |
|---|---|---|---|---|---|---|---|---|
| 3 | 89 | $175_{5\cdot7}$ | $261_{3}$ | 347 | 433 | $519_{3}$ | $605_{5\cdot11}$ | 691 |
| 5 | $91_{7}$ | $177_{3}$ | 263 | 349 | $435_{3\cdot5}$ | 521 | 607 | $693_{3\cdot7\cdot11}$ |
| 7 | $93_{3}$ | 179 | $265_{5}$ | $351_{3\cdot13}$ | $437_{19}$ | 523 | $609_{3\cdot7}$ | $695_{5}$ |
| $9_{3}$ | $95_{5}$ | 181 | $267_{3}$ | 353 | 439 | $525_{3\cdot5\cdot7}$ | $611_{13}$ | $697_{17}$ |
| 11 | 97 | $183_{3}$ | 269 | $355_{5}$ | $441_{3\cdot7}$ | $527_{17}$ | 613 | $699_{3}$ |
| 13 | $99_{3}$ | $185_{5}$ | 271 | $357_{3\cdot7\cdot17}$ | 443 | $529_{23}$ | $615_{3\cdot5}$ | 701 |
| $15_{3}$ | 101 | $187_{11}$ | $273_{3\cdot7\cdot13}$ | 359 | $445_{5}$ | $531_{3}$ | 617 | $703_{19}$ |
| 17 | 103 | $189_{3\cdot7}$ | $275_{5\cdot11}$ | $361_{19}$ | $447_{3}$ | $533_{13}$ | 619 | $705_{3\cdot5}$ |
| 19 | $105_{3\cdot5\cdot7}$ | 191 | 277 | $363_{3\cdot11}$ | 449 | $535_{5}$ | $621_{3\cdot23}$ | $707_{7}$ |
| $21_{3}$ | 107 | 193 | $279_{3}$ | $365_{5}$ | $451_{11}$ | $537_{3}$ | $623_{7}$ | 709 |
| 23 | 109 | $195_{3\cdot5\cdot13}$ | 281 | 367 | $453_{3}$ | $539_{7\cdot11}$ | $625_{5}$ | $711_{3}$ |
| $25_{5}$ | $111_{3}$ | 197 | 283 | $369_{3}$ | $455_{5\cdot7\cdot13}$ | 541 | $627_{3\cdot11\cdot19}$ | $713_{23}$ |
| $27_{3}$ | 113 | 199 | $285_{3\cdot5}$ | $371_{7}$ | 457 | $543_{3}$ | $629_{17}$ | $715_{5\cdot11\cdot13}$ |
| 29 | $115_{5}$ | $201_{3}$ | $287_{7}$ | 373 | $459_{3\cdot17}$ | $545_{5}$ | 631 | $717_{3}$ |
| 31 | $117_{3}$ | $203_{7}$ | $289_{17}$ | $375_{3\cdot5}$ | 461 | 547 | $633_{3}$ | 719 |
| $33_{3}$ | $119_{7}$ | $205_{5}$ | $291_{3}$ | $377_{13}$ | 463 | $549_{3}$ | $635_{5}$ | $721_{7}$ |
| $35_{5}$ | $121_{11}$ | $207_{3}$ | 293 | 379 | $465_{3\cdot5}$ | $551_{19}$ | $637_{7\cdot13}$ | $723_{3}$ |
| 37 | $123_{3}$ | $209_{11}$ | $295_{5}$ | $381_{3}$ | 467 | $553_{7}$ | $639_{3}$ | $725_{5}$ |
| $39_{3}$ | $125_{5}$ | 211 | $297_{3\cdot11}$ | 383 | $469_{7}$ | $555_{3\cdot5}$ | 641 | 727 |
| 41 | 127 | $213_{3}$ | $299_{13}$ | $385_{5\cdot7\cdot11}$ | $471_{3}$ | 557 | 643 | $729_{3}$ |
| 43 | $129_{3}$ | $215_{5}$ | $301_{7}$ | $387_{3}$ | $473_{11}$ | $559_{13}$ | $645_{3\cdot5}$ | $731_{17}$ |
| $45_{3\cdot5}$ | 131 | $217_{7}$ | $303_{3}$ | 389 | $475_{5\cdot19}$ | $561_{3\cdot11\cdot17}$ | 647 | 733 |
| 47 | $133_{7}$ | $219_{3}$ | $305_{5}$ | $391_{17}$ | $477_{3}$ | 563 | $649_{11}$ | $735_{3\cdot5\cdot7}$ |
| $49_{7}$ | $135_{3\cdot5}$ | $221_{13}$ | 307 | $393_{3}$ | 479 | $565_{5}$ | $651_{3\cdot7}$ | $737_{11}$ |
| $51_{3}$ | 137 | 223 | $309_{3}$ | $395_{5}$ | $481_{13}$ | $567_{3\cdot7}$ | 653 | 739 |
| 53 | 139 | $225_{3\cdot5}$ | 311 | 397 | $483_{3\cdot7}$ | 569 | $655_{5}$ | $741_{3\cdot13\cdot19}$ |
| $55_{5}$ | $141_{3}$ | 227 | 313 | $399_{3\cdot7\cdot19}$ | $485_{5}$ | 571 | $657_{3}$ | 743 |
| $57_{3}$ | $143_{11}$ | 229 | $315_{3\cdot5\cdot7}$ | 401 | 487 | $573_{3}$ | 659 | $745_{5}$ |
| 59 | $145_{5}$ | $231_{3\cdot7\cdot11}$ | 317 | $403_{13}$ | $489_{3}$ | $575_{5\cdot23}$ | 661 | $747_{3}$ |
| 61 | $147_{3\cdot7}$ | 233 | $319_{11}$ | $405_{3\cdot5}$ | 491 | 577 | $663_{3\cdot13\cdot17}$ | $749_{7}$ |
| $63_{3\cdot7}$ | 149 | $235_{5}$ | $321_{3}$ | $407_{11}$ | $493_{17}$ | $579_{3}$ | $665_{5\cdot7\cdot19}$ | 751 |
| $65_{5}$ | 151 | $237_{3}$ | $323_{17}$ | 409 | $495_{3\cdot5\cdot11}$ | $581_{7}$ | $667_{23}$ | $753_{3}$ |
| 67 | $153_{3}$ | 239 | $325_{5\cdot13}$ | $411_{3}$ | $497_{7}$ | $583_{11}$ | $669_{3}$ | $755_{5}$ |
| $69_{3}$ | $155_{5}$ | 241 | $327_{3}$ | $413_{7}$ | 499 | $585_{3\cdot5\cdot13}$ | $671_{11}$ | 757 |
| 71 | 157 | $243_{3}$ | $329_{7}$ | $415_{5}$ | $501_{3}$ | 587 | 673 | $759_{3\cdot11\cdot23}$ |
| 73 | $159_{3}$ | $245_{5\cdot7}$ | 331 | $417_{3}$ | 503 | $589_{19}$ | $675_{3\cdot5}$ | 761 |
| $75_{3\cdot5}$ | $161_{7}$ | $247_{13}$ | $333_{3}$ | 419 | $505_{5}$ | $591_{3}$ | 677 | $763_{7}$ |
| $77_{7}$ | 163 | $249_{3}$ | $335_{5}$ | 421 | $507_{3\cdot13}$ | 593 | $679_{7}$ | $765_{3\cdot5\cdot17}$ |
| 79 | $165_{3\cdot5\cdot11}$ | 251 | 337 | $423_{3}$ | 509 | $595_{5\cdot7\cdot17}$ | $681_{3}$ | $767_{13}$ |
| $81_{3}$ | 167 | $253_{11}$ | $339_{3}$ | $425_{5\cdot17}$ | $511_{7}$ | $597_{3}$ | 683 | 769 |
| 83 | $169_{13}$ | $255_{3\cdot5}$ | $341_{11}$ | $427_{7}$ | $513_{3\cdot19}$ | 599 | $685_{5}$ | $771_{3}$ |
| $85_{5}$ | $171_{3}$ | 257 | $343_{7}$ | $429_{3\cdot11\cdot13}$ | $515_{5}$ | 601 | $687_{3}$ | 773 |
| $87_{3}$ | 173 | $259_{7}$ | $345_{3\cdot5}$ | 431 | $517_{11}$ | $603_{3}$ | $689_{13}$ | $775_{5}$ |

| | | | | | | | | |
|---|---|---|---|---|---|---|---|---|
| $777_{3\cdot 7}$ | 863 | $949_{13}$ | $1035_{3\cdot 5\cdot 23}$ | $1121_{19}$ | $1207_{17}$ | $1293_{3}$ | $1379_{7}$ | $1465_{5}$ |
| $779_{19}$ | $865_{5}$ | $951_{3}$ | $1037_{17}$ | 1123 | $1209_{3\cdot 13\cdot 31}$ | $1295_{5\cdot 7}$ | 1381 | $1467_{3}$ |
| $781_{11}$ | $867_{3\cdot 17}$ | 953 | 1039 | $1125_{3\cdot 5}$ | $1211_{7}$ | 1297 | $1383_{3}$ | $1469_{13}$ |
| $783_{3}$ | $869_{11}$ | $955_{5}$ | $1041_{3}$ | $1127_{7\cdot 23}$ | 1213 | $1299_{3}$ | $1385_{5}$ | 1471 |
| $785_{5}$ | $871_{13}$ | $957_{3\cdot 11\cdot 29}$ | $1043_{7}$ | 1129 | $1215_{3\cdot 5}$ | 1301 | $1387_{19}$ | $1473_{3}$ |
| 787 | $873_{3}$ | $959_{7}$ | $1045_{5\cdot 11\cdot 19}$ | $1131_{3\cdot 13\cdot 29}$ | 1217 | 1303 | $1389_{3}$ | $1475_{5}$ |
| $789_{3}$ | $875_{5\cdot 7}$ | $961_{31}$ | $1047_{3}$ | $1133_{11}$ | $1219_{23}$ | $1305_{3\cdot 5\cdot 29}$ | $1391_{13}$ | $1477_{7}$ |
| $791_{7}$ | 877 | $963_{3}$ | 1049 | $1135_{5}$ | $1221_{3\cdot 11}$ | 1307 | $1393_{7}$ | $1479_{3\cdot 17\cdot 29}$ |
| $793_{13}$ | $879_{3}$ | $965_{5}$ | 1051 | $1137_{3}$ | 1223 | $1309_{7\cdot 11\cdot 17}$ | $1395_{3\cdot 5\cdot 31}$ | 1481 |
| $795_{3\cdot 5}$ | 881 | 967 | $1053_{3\cdot 13}$ | $1139_{17}$ | $1225_{5\cdot 7}$ | $1311_{3\cdot 19\cdot 23}$ | $1397_{11}$ | 1483 |
| 797 | 883 | $969_{3\cdot 17\cdot 19}$ | $1055_{5}$ | $1141_{7}$ | $1227_{3}$ | $1313_{13}$ | 1399 | $1485_{3\cdot 5\cdot 11}$ |
| $799_{17}$ | $885_{3\cdot 5}$ | 971 | $1057_{7}$ | $1143_{3}$ | 1229 | $1315_{5}$ | $1401_{3}$ | 1487 |
| $801_{3}$ | 887 | $973_{7}$ | $1059_{3}$ | $1145_{5}$ | 1231 | $1317_{3}$ | $1403_{23}$ | 1489 |
| $803_{11}$ | $889_{7}$ | $975_{3\cdot 5\cdot 13}$ | 1061 | $1147_{31}$ | $1233_{3}$ | 1319 | $1405_{5}$ | $1491_{3\cdot 7}$ |
| $805_{5\cdot 7\cdot 23}$ | $891_{3\cdot 11}$ | 977 | 1063 | $1149_{3}$ | $1235_{5\cdot 13\cdot 19}$ | 1321 | $1407_{3\cdot 7}$ | 1493 |
| $807_{3}$ | $893_{19}$ | $979_{11}$ | $1065_{3\cdot 5}$ | 1151 | 1237 | $1323_{3\cdot 7}$ | 1409 | $1495_{5\cdot 13\cdot 23}$ |
| 809 | $895_{5}$ | $981_{3}$ | $1067_{11}$ | 1153 | $1239_{3\cdot 7}$ | $1325_{5}$ | $1411_{17}$ | $1497_{3}$ |
| 811 | $897_{3\cdot 13\cdot 23}$ | 983 | 1069 | $1155_{3\cdot 5\cdot 7\cdot 11}$ | $1241_{17}$ | 1327 | $1413_{3}$ | 1499 |
| $813_{3}$ | $899_{29}$ | $985_{5}$ | $1071_{3\cdot 7\cdot 17}$ | $1157_{13}$ | $1243_{11}$ | $1329_{3}$ | $1415_{5}$ | |
| $815_{5}$ | $901_{17}$ | $987_{3\cdot 7}$ | $1073_{29}$ | $1159_{19}$ | $1245_{3\cdot 5}$ | $1331_{11}$ | $1417_{13}$ | |
| $817_{19}$ | $903_{3\cdot 7}$ | $989_{23}$ | $1075_{5}$ | $1161_{3}$ | $1247_{29}$ | $1333_{31}$ | $1419_{3\cdot 11}$ | |
| $819_{3\cdot 7\cdot 13}$ | $905_{5}$ | 991 | $1077_{3}$ | 1163 | 1249 | $1335_{3\cdot 5}$ | $1421_{7\cdot 29}$ | |
| 821 | 907 | $993_{3}$ | $1079_{13}$ | $1165_{5}$ | $1251_{3}$ | $1337_{7}$ | 1423 | |
| 823 | $909_{3}$ | $995_{5}$ | $1081_{23}$ | $1167_{3}$ | $1253_{7}$ | $1339_{13}$ | $1425_{3\cdot 5\cdot 19}$ | |
| $825_{3\cdot 5\cdot 11}$ | 911 | 997 | $1083_{3\cdot 19}$ | $1169_{7}$ | $1255_{5}$ | $1341_{3}$ | 1427 | |
| 827 | $913_{11}$ | $999_{3}$ | $1085_{5\cdot 7\cdot 31}$ | 1171 | $1257_{3}$ | $1343_{17}$ | 1429 | |
| 829 | $915_{3\cdot 5}$ | $1001_{7\cdot 11\cdot 13}$ | 1087 | $1173_{3\cdot 17\cdot 23}$ | 1259 | $1345_{5}$ | $1431_{3}$ | |
| $831_{3}$ | $917_{7}$ | $1003_{17}$ | $1089_{3\cdot 11}$ | $1175_{5}$ | $1261_{13}$ | $1347_{3}$ | 1433 | |
| $833_{7\cdot 17}$ | 919 | $1005_{3\cdot 5}$ | 1091 | $1177_{11}$ | $1263_{3}$ | $1349_{19}$ | $1435_{5\cdot 7}$ | |
| $835_{5}$ | $921_{3}$ | $1007_{19}$ | 1093 | $1179_{3}$ | $1265_{5\cdot 11\cdot 23}$ | $1351_{7}$ | $1437_{3}$ | |
| $837_{3}$ | $923_{13}$ | 1009 | $1095_{3\cdot 5}$ | 1181 | $1267_{7}$ | $1353_{3\cdot 11}$ | 1439 | |
| 839 | $925_{5}$ | $1011_{3}$ | 1097 | $1183_{7\cdot 13}$ | $1269_{3}$ | $1355_{5}$ | $1441_{11}$ | |
| $841_{29}$ | $927_{3}$ | 1013 | $1099_{7}$ | $1185_{3\cdot 5}$ | $1271_{31}$ | $1357_{23}$ | $1443_{3\cdot 13\cdot 37}$ | |
| $843_{3}$ | 929 | $1015_{5\cdot 7\cdot 29}$ | $1101_{3}$ | 1187 | $1273_{19}$ | $1359_{3}$ | $1445_{5\cdot 17}$ | |
| $845_{5\cdot 13}$ | $931_{7\cdot 19}$ | $1017_{3}$ | 1103 | $1189_{29}$ | $1275_{3\cdot 5\cdot 17}$ | 1361 | 1447 | |
| $847_{7\cdot 11}$ | $933_{3}$ | 1019 | $1105_{5\cdot 13\cdot 17}$ | $1191_{3}$ | 1277 | $1363_{29}$ | $1449_{3\cdot 7\cdot 23}$ | |
| $849_{3}$ | $935_{5\cdot 11\cdot 17}$ | 1021 | $1107_{3}$ | 1193 | 1279 | $1365_{3\cdot 5\cdot 7\cdot 13}$ | 1451 | |
| $851_{23}$ | 937 | $1023_{3\cdot 11\cdot 31}$ | 1109 | $1195_{5}$ | $1281_{3\cdot 7}$ | 1367 | 1453 | |
| 853 | $939_{3}$ | $1025_{5}$ | $1111_{11}$ | $1197_{3\cdot 7\cdot 19}$ | 1283 | $1369_{37}$ | $1455_{3\cdot 5}$ | |
| $855_{3\cdot 5\cdot 19}$ | 941 | $1027_{13}$ | $1113_{3\cdot 7}$ | $1199_{11}$ | $1285_{5}$ | $1371_{3}$ | $1457_{31}$ | |
| 857 | $943_{23}$ | $1029_{3\cdot 7}$ | $1115_{5}$ | 1201 | $1287_{3\cdot 11\cdot 13}$ | 1373 | 1459 | |
| 859 | $945_{3\cdot 5\cdot 7}$ | 1031 | 1117 | $1203_{3}$ | 1289 | $1375_{5\cdot 11}$ | $1461_{3}$ | |
| $861_{3\cdot 7}$ | 947 | 1033 | $1119_{3}$ | $1205_{5}$ | 1291 | $1377_{3\cdot 17}$ | $1463_{7\cdot 11\cdot 19}$ | |

(2) 在表 3 的奇数列中具体运演操作的步骤：

1) 在 3 与表 3 奇数列中每一个不小于 3 而不大于 $\frac{x}{3}$ 的数的乘积右旁写上小号数字 3，以示其为合数且含有素因数 3. 此时，不超过 $5^2-1$ 的所有的素数和奇合数都得到确定(素数 5 是素数 3 后面第 1 个右旁没有小号数字的数).

2) 在 5 与表 3 奇数列中每一个不小于 5 而不大于 $\frac{x}{5}$ 的数的乘积右旁写上小号数字 5，以示其为合数且含有素因数 5. 此时，不超过 $7^2-1$ 的所有的素数和奇合数都得到确定(素数 7 是素数 5 后面第 1 个右旁没有小号数字的数).

3) 在第 $s+1(3\leqslant s\leqslant l-1)$ 个素数 $p_{s+1}(=p_4, p_5, \cdots, p_l\leqslant\sqrt{x})$ 与表 3 奇数列中每一个不小于 $p_{s+1}$ 而不大于 $\frac{x}{p_{s+1}}$ 的数的乘积右旁写上小号数字 $p_{s+1}$，以示其为合数且含有素因数 $p_{s+1}$. 此时，不超过 $p_{s+2}^2-1$ 的所有的素数和奇合数都得到确定(素数 $p_{s+2}$ 是素数 $p_{s+1}$ 后面第 1 个右旁没有小号数字的数). 依此按序操作下去，直至完成第 $l-1$ 步骤止(因为 $p_{l+1}^2>x$)，就得到不超过 $x$ 的全体素数和奇合数一览表 —— 奇数列因数表.

## 二、奇数列质合表的特点、优势功能与用途

奇数列质合表是用奇数列编制的，未曾“开筛”就已先天性地筛掉了给定自然数列内($x$ 以内) 的全部偶数，故比编制埃氏筛法素数表($x$ 以内) 节省的篇幅和计算量分别等于和超过了 $50\%\left(=1-\frac{\varphi(2)}{2}=\frac{1}{2}\right)$，极大地提高了制表效率，是编制模 $d$ 缩族质合表的可选表种之一.

奇数列质合表还有一极其显著的特性与优势功能，就是能够直接明确地显示所有不超过 $x$ 的孪生素数. 表 3 中任何连续两项如果都是素数，那么就是一个孪生素数，使人一眼看出和一个不漏地把它们寻找出来. 可见，使用奇数列质合表可以极其方便地满足寻找孪生素数的需求. 如果目的仅在于此，那么只需编制奇数列匿因质合表即可(其方法也可以是在操作完上述的步骤(1) 后，对照已有的素数表或质合表，直接删去或用简明记号标明表 3 中所有的合数即可).

在表 3 中，直接显示与检索的孪生素数如：100 至 200 之间是 101，103；107，109；137，139；149，151；179，181；191，193 共 6 对；1400 至 1500 之间是 1427，1429；1451，1453；1481，1483；1487，1489 共 4 对.

## 三、有关问题

根据定理 1.6，表 3 开头的 3，5，7 是唯一的 3 项等差 2 素数列. 不仅如此，而且由定理 1.4(ⅱ) 可得

**推论 2.3** 若奇数 $g>3$，则任何 3 个连续奇数 $g, g+2, g+4$ 不能都是素数.

**证**　因为奇数 $g>3$,所以

① 若 $g\equiv 0(\bmod 3)$,则结论成立;

② 若 $g\equiv 1(\bmod 3)$,则 $g+2\equiv 0(\bmod 3)$;

③ 若 $g\equiv 2(\bmod 3)$,则 $g+4\equiv 0(\bmod 3)$. □

下面是包含于猜测 5 的

**猜测 6**　存在无穷多个孪生素数. 即

$$\lim_{x\to+\infty}\pi(x)_2=+\infty$$

猜测 6 即为著名的孪生素数猜想,是法国数学家波林那克(Bolingnak) 于 1849 年提出的迄今尚未证明的数论难题.

### 2.2.2　模 4 缩族质合表与差 4 素数对

#### 一、模 4 缩族因数表的编制方法

(1) 列出不超过 $x(=1000)$ 的模 4 缩族,即按序排列的 2 个模 4 含质列

$$3\bmod 4,\quad 5\bmod 4$$

并且在前面添写上漏掉的偶素数 2(见表 4). 此时,不超过 $3^2-1$ 的所有素数得到确定(素数 3 是表 4 中第 1 个与 4 互素的数).

(2) 在表 4 缩族(即模 4 缩族) 中具体运演操作的步骤:

1) 在 3 与表 4 缩族中每一个不小于 3 而不大于 $\frac{x}{3}$ 的数的乘积右旁写上小号数字 3,以示其为合数且含有素因数 3. 此时,不超过 $5^2-1$ 的所有的素数和奇合数都得到确定(素数 5 是素数 3 后面第 1 个右旁没有小号数字的数).

2) 在 5 与表 4 缩族中每一个不小于 5 而不大于 $\frac{x}{5}$ 的数的乘积右旁写上小号数字 5,以示其为合数且含有素因数 5. 此时,不超过 $7^2-1$ 的所有的素数和奇合数都得到确定(素数 7 是素数 5 后面第 1 个右旁没有小号数字的数).

3) 在第 $s+1(3\leqslant s\leqslant l-1)$ 个素数 $p_{s+1}(=p_4,p_5,\cdots,p_l\leqslant\sqrt{x})$ 与表 4 缩族中每一个不小于 $p_{s+1}$ 而不大于 $\frac{x}{p_{s+1}}$ 的数的乘积右旁写上小号数字 $p_{s+1}$,以示其为合数且含有素因数 $p_{s+1}$. 此时,不超过 $p_{s+2}^2-1$ 的所有的素数和奇合数都得到确定(素数 $p_{s+2}$ 是素数 $p_{s+1}$ 后面第 1 个右旁没有小号数字的数). 依此按序操作下去,直至完成第 $l-1$ 步骤止(因为 $p_{l+1}^2>x$),就得到不超过 $x$ 的全体素数和奇合数一览表,即模 4 缩族因数表.

在模 4 缩族因数表中,右旁写有小号数字的数是奇合数(其自身含有的全部小素因数也一目了然),其余右旁空白没有小号数字的数皆为奇素数.

## 表 4　模 4 缩族因数表(1000 以内)

(2)

| | | | | | | | |
|---|---|---|---|---|---|---|---|
| 3 | 5 | $187_{11}$ | $189_{3\cdot 7}$ | $371_{7}$ | 373 | $555_{3\cdot 5}$ | 557 |
| 7 | $9_{3}$ | 191 | 193 | $375_{3\cdot 5}$ | $377_{13}$ | $559_{13}$ | $561_{3\cdot 11\cdot 17}$ |
| 11 | 13 | $195_{3\cdot 5\cdot 13}$ | 197 | 379 | $381_{3}$ | 563 | $565_{5}$ |
| $15_{3}$ | 17 | 199 | $201_{3}$ | 383 | $385_{5\cdot 7\cdot 11}$ | $567_{3\cdot 7}$ | 569 |
| 19 | $21_{3}$ | $203_{7}$ | $205_{5}$ | $387_{3}$ | 389 | 571 | $573_{3}$ |
| 23 | $25_{5}$ | $207_{3}$ | $209_{11}$ | $391_{17}$ | $393_{3}$ | $575_{5\cdot 23}$ | 577 |
| $27_{3}$ | 29 | 211 | $213_{3}$ | $395_{5}$ | 397 | $579_{3}$ | $581_{7}$ |
| 31 | $33_{3}$ | $215_{5}$ | $217_{7}$ | $399_{3\cdot 7\cdot 19}$ | 401 | $583_{11}$ | $585_{3\cdot 5\cdot 13}$ |
| $35_{5}$ | 37 | $219_{3}$ | $221_{13}$ | $403_{13}$ | $405_{3\cdot 5}$ | 587 | $589_{19}$ |
| $39_{3}$ | 41 | 223 | $225_{3\cdot 5}$ | $407_{11}$ | 409 | $591_{3}$ | 593 |
| 43 | $45_{3\cdot 5}$ | 227 | 229 | $411_{3}$ | $413_{7}$ | $595_{5\cdot 7\cdot 17}$ | $597_{3}$ |
| 47 | $49_{7}$ | $231_{3\cdot 7\cdot 11}$ | 233 | $415_{5}$ | $417_{3}$ | 599 | 601 |
| $51_{3}$ | 53 | $235_{5}$ | $237_{3}$ | 419 | 421 | $603_{3}$ | $605_{5\cdot 11}$ |
| $55_{5}$ | $57_{3}$ | 239 | 241 | $423_{3}$ | $425_{5\cdot 17}$ | 607 | $609_{3\cdot 7}$ |
| 59 | 61 | $243_{3}$ | $245_{5\cdot 7}$ | $427_{7}$ | $429_{3\cdot 11\cdot 13}$ | $611_{13}$ | 613 |
| $63_{3\cdot 7}$ | $65_{5}$ | $247_{13}$ | $249_{3}$ | 431 | 433 | $615_{3\cdot 5}$ | 617 |
| 67 | $69_{3}$ | 251 | $253_{11}$ | $435_{3\cdot 5}$ | $437_{19}$ | 619 | $621_{3\cdot 23}$ |
| 71 | 73 | $255_{3\cdot 5}$ | 257 | 439 | $441_{3\cdot 7}$ | $623_{7}$ | $625_{5}$ |
| $75_{3\cdot 5}$ | $77_{7}$ | $259_{7}$ | $261_{3}$ | 443 | $445_{5}$ | $627_{3\cdot 11\cdot 19}$ | $629_{17}$ |
| 79 | $81_{3}$ | 263 | $265_{5}$ | $447_{3}$ | 449 | 631 | $633_{3}$ |
| 83 | $85_{5}$ | $267_{3}$ | 269 | $451_{11}$ | $453_{3}$ | $635_{5}$ | $637_{7\cdot 13}$ |
| $87_{3}$ | 89 | 271 | $273_{3\cdot 7\cdot 13}$ | $455_{5\cdot 7\cdot 13}$ | 457 | $639_{3}$ | 641 |
| $91_{7}$ | $93_{3}$ | $275_{5\cdot 11}$ | 277 | $459_{3\cdot 17}$ | 461 | 643 | $645_{3\cdot 5}$ |
| $95_{5}$ | 97 | $279_{3}$ | 281 | 463 | $465_{3\cdot 5}$ | 647 | $649_{11}$ |
| $99_{3}$ | 101 | 283 | $285_{3\cdot 5}$ | 467 | $469_{7}$ | $651_{3\cdot 7}$ | 653 |
| 103 | $105_{3\cdot 5\cdot 7}$ | $287_{7}$ | $289_{17}$ | $471_{3}$ | $473_{11}$ | $655_{5}$ | $657_{3}$ |
| 107 | 109 | $291_{3}$ | 293 | $475_{5\cdot 19}$ | $477_{3}$ | 659 | 661 |
| $111_{3}$ | 113 | $295_{5}$ | $297_{3\cdot 11}$ | 479 | $481_{13}$ | $663_{3\cdot 13\cdot 17}$ | $665_{5\cdot 7\cdot 19}$ |
| $115_{5}$ | $117_{3}$ | $299_{13}$ | $301_{7}$ | $483_{3\cdot 7}$ | $485_{5}$ | $667_{23}$ | $669_{3}$ |
| $119_{7}$ | $121_{11}$ | $303_{3}$ | $305_{5}$ | 487 | $489_{3}$ | $671_{11}$ | 673 |
| $123_{3}$ | $125_{5}$ | 307 | $309_{3}$ | 491 | $493_{17}$ | $675_{3\cdot 5}$ | 677 |
| 127 | $129_{3}$ | 311 | 313 | $495_{3\cdot 5\cdot 11}$ | $497_{7}$ | $679_{7}$ | $681_{3}$ |
| 131 | $133_{7}$ | $315_{3\cdot 5\cdot 7}$ | 317 | 499 | $501_{3}$ | 683 | $685_{5}$ |
| $135_{3\cdot 5}$ | 137 | $319_{11}$ | $321_{3}$ | 503 | $505_{5}$ | $687_{3}$ | $689_{13}$ |
| 139 | $141_{3}$ | $323_{17}$ | $325_{5\cdot 13}$ | $507_{3\cdot 13}$ | 509 | 691 | $693_{3\cdot 7\cdot 11}$ |
| $143_{11}$ | $145_{5}$ | $327_{3}$ | $329_{7}$ | $511_{7}$ | $513_{3\cdot 19}$ | $695_{5}$ | $697_{17}$ |
| $147_{3\cdot 7}$ | 149 | 331 | $333_{3}$ | $515_{5}$ | $517_{11}$ | $699_{3}$ | 701 |
| 151 | $153_{3}$ | $335_{5}$ | 337 | $519_{3}$ | 521 | $703_{19}$ | $705_{3\cdot 5}$ |
| $155_{5}$ | 157 | $339_{3}$ | $341_{11}$ | 523 | $525_{3\cdot 5\cdot 7}$ | $707_{7}$ | 709 |
| $159_{3}$ | $161_{7}$ | $343_{7}$ | $345_{3\cdot 5}$ | $527_{17}$ | $529_{23}$ | $711_{3}$ | $713_{23}$ |
| 163 | $165_{3\cdot 5\cdot 11}$ | 347 | 349 | $531_{3}$ | $533_{13}$ | $715_{5\cdot 11\cdot 13}$ | $717_{3}$ |
| 167 | $169_{13}$ | $351_{3\cdot 13}$ | 353 | $535_{5}$ | $537_{3}$ | 719 | $721_{7}$ |
| $171_{3}$ | 173 | $355_{5}$ | $357_{3\cdot 7\cdot 17}$ | $539_{7\cdot 11}$ | 541 | $723_{3}$ | $725_{5}$ |
| $175_{5\cdot 7}$ | $177_{3}$ | 359 | $361_{19}$ | $543_{3}$ | $545_{5}$ | 727 | $729_{3}$ |
| 179 | 181 | $363_{3\cdot 11}$ | $365_{5}$ | 547 | $549_{3}$ | $731_{17}$ | 733 |
| $183_{3}$ | $185_{5}$ | 367 | $369_{3}$ | $551_{19}$ | $553_{7}$ | $735_{3\cdot 5\cdot 7}$ | $737_{11}$ |

| | | | | | |
|---|---|---|---|---|---|
| 739 | $741_{3\cdot13\cdot19}$ | $831_{3}$ | $833_{7\cdot17}$ | $923_{13}$ | $925_{5}$ |
| 743 | $745_{5}$ | $835_{5}$ | $837_{3}$ | $927_{3}$ | 929 |
| $747_{3}$ | $749_{7}$ | 839 | $841_{29}$ | $931_{7\cdot19}$ | $933_{3}$ |
| 751 | $753_{3}$ | $843_{3}$ | $845_{5\cdot13}$ | $935_{5\cdot11\cdot17}$ | 937 |
| $755_{5}$ | 757 | $847_{7\cdot11}$ | $849_{3}$ | $939_{3}$ | 941 |
| $759_{3\cdot11\cdot23}$ | 761 | $851_{23}$ | 853 | $943_{23}$ | $945_{3\cdot5\cdot7}$ |
| $763_{7}$ | $765_{3\cdot5\cdot17}$ | $855_{3\cdot5\cdot19}$ | 857 | 947 | $949_{13}$ |
| $767_{13}$ | 769 | 859 | $861_{3\cdot7}$ | $951_{3}$ | 953 |
| $771_{3}$ | 773 | 863 | $865_{5}$ | $955_{5}$ | $957_{3\cdot11\cdot29}$ |
| $775_{5}$ | $777_{3\cdot7}$ | $867_{3\cdot17}$ | $869_{11}$ | $959_{7}$ | $961_{31}$ |
| $779_{19}$ | $781_{11}$ | $871_{13}$ | $873_{3}$ | $963_{3}$ | $965_{5}$ |
| $783_{3}$ | $785_{5}$ | $875_{5\cdot7}$ | 877 | 967 | $969_{3\cdot17\cdot19}$ |
| 787 | $789_{3}$ | $879_{3}$ | 881 | 971 | $973_{7}$ |
| $791_{7}$ | $793_{13}$ | 883 | $885_{3\cdot5}$ | $975_{3\cdot5\cdot13}$ | 977 |
| $795_{3\cdot5}$ | 797 | 887 | $889_{7}$ | $979_{11}$ | $981_{3}$ |
| $799_{17}$ | $801_{3}$ | $891_{3\cdot11}$ | $893_{19}$ | 983 | $985_{5}$ |
| $803_{11}$ | $805_{5\cdot7\cdot23}$ | $895_{5}$ | $897_{3\cdot13\cdot23}$ | $987_{3\cdot7}$ | $989_{23}$ |
| $807_{3}$ | 809 | $899_{29}$ | $901_{17}$ | 991 | $993_{3}$ |
| 811 | $813_{3}$ | $903_{3\cdot7}$ | $905_{5}$ | $995_{5}$ | 997 |
| $815_{5}$ | $817_{19}$ | 907 | $909_{3}$ | $999_{3}$ | |
| $819_{3\cdot7\cdot13}$ | 821 | 911 | $913_{11}$ | | |
| 823 | $825_{3\cdot5\cdot11}$ | $915_{3\cdot5}$ | $917_{7}$ | | |
| 827 | 829 | 919 | $921_{3}$ | | |

## 二、模 4 缩族质合表的特点、优势功能与用途

编制模 4 缩族质合表的最大特点和优势功能与编制奇数列质合表相同，就是在“开筛”之前已经先天性地筛掉了给定自然数列内（$x$ 以内）的全部偶数，因此都比编制不超过 $x$ 的埃氏筛法素数表节省篇幅和计算量分别等于和超过了 50%.

模 4 缩族质合表还有一个极其显著的特性与优势功能，就是能够直接明确地显示所有不超过 $x$ 的差 4 素数对. 表 4 任一含质列中任何连续两项如果都是素数，那么就是一个差 4 素数对，使人一眼看出和一个不漏地寻找到它们，为检索提供了极大的便利.

另外，模 4 缩族质合表能够直显和间显表内所有的孪生素数，混搭显示表内所有的差 4－2 型和差 2－4 型三生素数、差 4－2－4 型和差 2－4－2 型四生素数. 表 4 为并列的两个含质列，每一行有且仅有两个数 —— 第一个数称为首数，第二个数称为尾数. 并在此约定：在表 4 中：

首数简称“首”，尾数简称“尾”；

任何一行中的首、尾两数简称“一行两数”；

上（下）行中的首、尾两数简称“上（下）行”；

上行中的首数（尾数）简称“上首（尾）”；

下行中的首数（尾数）简称“下首（尾）”.

于是，在表 4 中，若任何

（1）一行两数、或尾数与下首都是素数的，就是一个孪生素数；

（2）一行两数与上首、或相邻两尾与下首都是素数的，就是一个差 4－2 型三生素数；

一行两数与下尾、或相邻两首与上尾都是素数的，就是一个差 2－4 型三生素数；

(3) 一行两数与上首下尾都是素数的，就是一个差 4－2－4 型四生素数；

(4) 尾数与上行和下首、或首数与下行和上尾都是素数的，就是一个差 2－4－2 型四生素数.

在表 4 中，直接显示与检索的差 4 素数对如：100 以内是 3，7；7，11；13，17；19，23；37，41；43，47；67，71；79，83 共 8 对；800 至 1000 之间是 823，827；853，857；859，863；877，881；883，887；907，911；937，941；967，971 共 8 对.

### 三、有关问题

由表 4 知，全体奇素数可以分为 $4n\pm 1$ 两大类. 显然有

$$\pi(x)=\pi(x;4,-1)+\pi(x;4,1)+1$$

由引理 1.1 则有

**推论 2.4** $4n-1$ 和 $4n+1$ 形式的素数都有无穷多个且各占全体素数的 $\frac{1}{2}$. 即

$$\lim_{x\to+\infty}\pi(x;4,j)=+\infty \quad (j=\pm 1)$$

$$\lim_{x\to+\infty}\frac{\pi(x;4,j)}{\pi(x)}=\frac{1}{\varphi(4)}=\frac{1}{2} \quad (j=\pm 1)$$

根据定理 1.6，表 4 开头的 3，7，11 是唯一的 3 项等差 4 素数列. 不仅如此，而且由定理 1.4(ⅱ) 还可得到

**推论 2.5** 若奇数 $g>3$，则三个奇数 $g,g+4,g+8$ 不能都是素数.

下面的猜测 7 和猜测 8 均包含于猜测 5.

**猜测 7** 存在无穷多个差 4 素数对. 即

$$\lim_{x\to+\infty}\pi(x)^4=+\infty$$

显然有

$$\pi(x)^4=\pi(x)_{-1}^4+\pi(x)_1^4$$

**猜测 8** $4n-1$ 形和 $4n+1$ 形差 4 素数对都有无穷多个且各占全体差 4 素数对的 $\frac{1}{2}$. 即

$$\lim_{x\to+\infty}\pi(x)_j^4=+\infty \quad (j=\pm 1)$$

$$\lim_{x\to+\infty}\frac{\pi(x)_j^4}{\pi(x)^4}=\frac{1}{\varphi(4)}=\frac{1}{2} \quad (j=\pm 1)$$

## 2.2.3 模 8 缩族质合表与差 8 素数对

### 一、模 8 缩族因数表的编制方法

(1) 列出不超过 $x(=1500)$ 的模 8 缩族，即按序排列的 4 个模 8 含质列

$$3\bmod 8,\quad 5\bmod 8,\quad 7\bmod 8,\quad 9\bmod 8$$

并且在前面添写上漏掉的偶素数 2(见表 5). 此时，不超过 $3^2-1$ 的所有素数得到确定(素数 3 是表 5 中第 1 个与 8 互素的数).

## 表 5　模 8 缩族因数表(1500 以内)

(2)

| | | | |
|---|---|---|---|
| 3 | 5 | 7 | $9_{3}$ |
| 11 | 13 | $15_{3}$ | 17 |
| 19 | $21_{3}$ | 23 | $25_{5}$ |
| $27_{3}$ | 29 | 31 | $33_{3}$ |
| $35_{5}$ | 37 | $39_{3}$ | 41 |
| 43 | $45_{3\cdot5}$ | 47 | $49_{7}$ |
| $51_{3}$ | 53 | $55_{5}$ | $57_{3}$ |
| 59 | 61 | $63_{3\cdot7}$ | $65_{5}$ |
| 67 | $69_{3}$ | 71 | 73 |
| $75_{3\cdot5}$ | $77_{7}$ | 79 | $81_{3}$ |
| 83 | $85_{5}$ | $87_{3}$ | 89 |
| $91_{7}$ | $93_{3}$ | $95_{5}$ | 97 |
| $99_{3}$ | 101 | 103 | $105_{3\cdot5\cdot7}$ |
| 107 | 109 | $111_{3}$ | 113 |
| $115_{5}$ | $117_{3}$ | $119_{7}$ | $121_{11}$ |
| $123_{3}$ | $125_{5}$ | 127 | $129_{3}$ |
| 131 | $133_{7}$ | $135_{3\cdot5}$ | 137 |
| 139 | $141_{3}$ | $143_{11}$ | $145_{5}$ |
| $147_{3\cdot7}$ | 149 | 151 | $153_{3}$ |
| $155_{5}$ | 157 | $159_{3}$ | $161_{7}$ |
| 163 | $165_{3\cdot5\cdot11}$ | 167 | $169_{13}$ |
| $171_{3}$ | 173 | $175_{5\cdot7}$ | $177_{3}$ |
| 179 | 181 | $183_{3}$ | $185_{5}$ |
| $187_{11}$ | $189_{3\cdot7}$ | 191 | 193 |
| $195_{3\cdot5\cdot13}$ | 197 | 199 | $201_{3}$ |
| $203_{7}$ | $205_{5}$ | $207_{3}$ | $209_{11}$ |
| 211 | $213_{3}$ | $215_{5}$ | $217_{7}$ |
| $219_{3}$ | $221_{13}$ | 223 | $225_{3\cdot5}$ |
| 227 | 229 | $231_{3\cdot7\cdot11}$ | 233 |
| $235_{5}$ | $237_{3}$ | 239 | 241 |
| $243_{3}$ | $245_{5\cdot7}$ | $247_{13}$ | $249_{3}$ |
| 251 | $253_{11}$ | $255_{3\cdot5}$ | 257 |
| $259_{7}$ | $261_{3}$ | 263 | $265_{5}$ |
| $267_{3}$ | 269 | 271 | $273_{3\cdot7\cdot13}$ |
| $275_{5\cdot11}$ | 277 | $279_{3}$ | 281 |
| 283 | $285_{3\cdot5}$ | $287_{7}$ | $289_{17}$ |
| $291_{3}$ | 293 | $295_{5}$ | $297_{3\cdot11}$ |
| $299_{13}$ | $301_{7}$ | $303_{3}$ | $305_{5}$ |
| 307 | $309_{3}$ | 311 | 313 |
| $315_{3\cdot5\cdot7}$ | 317 | $319_{11}$ | $321_{3}$ |
| $323_{17}$ | $325_{5\cdot13}$ | $327_{3}$ | $329_{7}$ |
| 331 | $333_{3}$ | $335_{5}$ | 337 |
| $339_{3}$ | $341_{11}$ | $343_{7}$ | $345_{3\cdot5}$ |
| 347 | 349 | $351_{3\cdot13}$ | 353 |
| $355_{5}$ | $357_{3\cdot7\cdot17}$ | 359 | $361_{19}$ |
| $363_{3\cdot11}$ | $365_{5}$ | 367 | $369_{3}$ |
| $371_{7}$ | 373 | $375_{3\cdot5}$ | $377_{13}$ |
| 379 | $381_{3}$ | 383 | $385_{5\cdot7\cdot11}$ |

| | | | |
|---|---|---|---|
| $387_{3}$ | 389 | $391_{17}$ | $393_{3}$ |
| $395_{5}$ | 397 | $399_{3\cdot7\cdot19}$ | 401 |
| $403_{13}$ | $405_{3\cdot5}$ | $407_{11}$ | 409 |
| $411_{3}$ | $413_{7}$ | $415_{5}$ | $417_{3}$ |
| 419 | 421 | $423_{3}$ | $425_{5\cdot17}$ |
| $427_{7}$ | $429_{3\cdot11\cdot13}$ | 431 | 433 |
| $435_{3\cdot5}$ | $437_{19}$ | 439 | $441_{3\cdot7}$ |
| 443 | $445_{5}$ | $447_{3}$ | 449 |
| $451_{11}$ | $453_{3}$ | $455_{5\cdot7\cdot13}$ | 457 |
| $459_{3\cdot17}$ | 461 | 463 | $465_{3\cdot5}$ |
| 467 | $469_{7}$ | $471_{3}$ | $473_{11}$ |
| $475_{5\cdot19}$ | $477_{3}$ | 479 | $481_{13}$ |
| $483_{3\cdot7}$ | $485_{5}$ | 487 | $489_{3}$ |
| 491 | $493_{17}$ | $495_{3\cdot5\cdot11}$ | $497_{7}$ |
| 499 | $501_{3}$ | 503 | $505_{5}$ |
| $507_{3\cdot13}$ | 509 | $511_{7}$ | $513_{3\cdot19}$ |
| $515_{5}$ | $517_{11}$ | $519_{3}$ | 521 |
| 523 | $525_{3\cdot5\cdot7}$ | $527_{17}$ | $529_{23}$ |
| $531_{3}$ | $533_{13}$ | $535_{5}$ | $537_{3}$ |
| $539_{7\cdot11}$ | 541 | $543_{3}$ | $545_{5}$ |
| 547 | $549_{3}$ | $551_{19}$ | $553_{7}$ |
| $555_{3\cdot5}$ | 557 | $559_{13}$ | $561_{3\cdot11\cdot17}$ |
| 563 | $565_{5}$ | $567_{3\cdot7}$ | 569 |
| 571 | $573_{3}$ | $575_{5\cdot23}$ | 577 |
| $579_{3}$ | $581_{7}$ | $583_{11}$ | $585_{3\cdot5\cdot13}$ |
| 587 | $589_{19}$ | $591_{3}$ | 593 |
| $595_{5\cdot7\cdot17}$ | $597_{3}$ | 599 | 601 |
| $603_{3}$ | $605_{5\cdot11}$ | 607 | $609_{3\cdot7}$ |
| $611_{13}$ | 613 | $615_{3\cdot5}$ | 617 |
| 619 | $621_{3\cdot23}$ | $623_{7}$ | $625_{5}$ |
| $627_{3\cdot11\cdot19}$ | $629_{17}$ | 631 | $633_{3}$ |
| $635_{5}$ | $637_{7\cdot13}$ | $639_{3}$ | 641 |
| 643 | $645_{3\cdot5}$ | 647 | $649_{11}$ |
| $651_{3\cdot7}$ | 653 | $655_{5}$ | $657_{3}$ |
| 659 | 661 | $663_{3\cdot13\cdot17}$ | $665_{5\cdot7\cdot19}$ |
| $667_{23}$ | $669_{3}$ | $671_{11}$ | 673 |
| $675_{3\cdot5}$ | 677 | $679_{7}$ | $681_{3}$ |
| 683 | $685_{5}$ | $687_{3}$ | $689_{13}$ |
| 691 | $693_{3\cdot7\cdot11}$ | $695_{5}$ | $697_{17}$ |
| $699_{3}$ | 701 | $703_{19}$ | $705_{3\cdot5}$ |
| $707_{7}$ | 709 | $711_{3}$ | $713_{23}$ |
| $715_{5\cdot11\cdot13}$ | $717_{3}$ | 719 | $721_{7}$ |
| $723_{3}$ | $725_{5}$ | 727 | $729_{3}$ |
| $731_{17}$ | 733 | $735_{3\cdot5\cdot7}$ | $737_{11}$ |
| 739 | $741_{3\cdot13\cdot19}$ | 743 | $745_{5}$ |
| $747_{3}$ | $749_{7}$ | 751 | $753_{3}$ |
| $755_{5}$ | 757 | $759_{3\cdot11\cdot23}$ | 761 |
| $763_{7}$ | $765_{3\cdot5\cdot17}$ | $767_{13}$ | 769 |

| | | | | | | | |
|---|---|---|---|---|---|---|---|
| $771_{3}$ | $773$ | $775_{5}$ | $777_{3\cdot7}$ | $1139_{17}$ | $1141_{7}$ | $1143_{3}$ | $1145_{5}$ |
| $779_{19}$ | $781_{11}$ | $783_{3}$ | $785_{5}$ | $1147_{31}$ | $1149_{3}$ | $1151$ | $1153$ |
| $787$ | $789_{3}$ | $791_{7}$ | $793_{13}$ | $1155_{3\cdot5\cdot7\cdot11}$ | $1157_{13}$ | $1159_{19}$ | $1161_{3}$ |
| $795_{3\cdot5}$ | $797$ | $799_{17}$ | $801_{3}$ | $1163$ | $1165_{5}$ | $1167_{3}$ | $1169_{7}$ |
| $803_{11}$ | $805_{5\cdot7\cdot23}$ | $807_{3}$ | $809$ | $1171$ | $1173_{3\cdot17\cdot23}$ | $1175_{5}$ | $1177_{11}$ |
| $811$ | $813_{3}$ | $815_{5}$ | $817_{19}$ | $1179_{3}$ | $1181$ | $1183_{7\cdot13}$ | $1185_{3\cdot5}$ |
| $819_{3\cdot7\cdot13}$ | $821$ | $823$ | $825_{3\cdot5\cdot11}$ | $1187$ | $1189_{29}$ | $1191_{3}$ | $1193$ |
| $827$ | $829$ | $831_{3}$ | $833_{7\cdot17}$ | $1195_{5}$ | $1197_{3\cdot7\cdot19}$ | $1199_{11}$ | $1201$ |
| $835_{5}$ | $837_{3}$ | $839$ | $841_{29}$ | $1203_{3}$ | $1205_{5}$ | $1207_{17}$ | $1209_{3\cdot13\cdot31}$ |
| $843_{3}$ | $845_{5\cdot13}$ | $847_{7\cdot11}$ | $849_{3}$ | $1211_{7}$ | $1213$ | $1215_{3\cdot5}$ | $1217$ |
| $851_{23}$ | $853$ | $855_{3\cdot5\cdot19}$ | $857$ | $1219_{23}$ | $1221_{3\cdot11}$ | $1223$ | $1225_{5\cdot7}$ |
| $859$ | $861_{3\cdot7}$ | $863$ | $865_{5}$ | $1227_{3}$ | $1229$ | $1231$ | $1233_{3}$ |
| $867_{3\cdot17}$ | $869_{11}$ | $871_{13}$ | $873_{3}$ | $1235_{5\cdot13\cdot19}$ | $1237$ | $1239_{3\cdot7}$ | $1241_{17}$ |
| $875_{5\cdot7}$ | $877$ | $879_{3}$ | $881$ | $1243_{11}$ | $1245_{3\cdot5}$ | $1247_{29}$ | $1249$ |
| $883$ | $885_{3\cdot5}$ | $887$ | $889_{7}$ | $1251_{3}$ | $1253_{7}$ | $1255_{5}$ | $1257_{3}$ |
| $891_{3\cdot11}$ | $893_{19}$ | $895_{5}$ | $897_{3\cdot13\cdot23}$ | $1259$ | $1261_{13}$ | $1263_{3}$ | $1265_{5\cdot11\cdot23}$ |
| $899_{29}$ | $901_{17}$ | $903_{3\cdot7}$ | $905_{5}$ | $1267_{7}$ | $1269_{3}$ | $1271_{31}$ | $1273_{19}$ |
| $907$ | $909_{3}$ | $911$ | $913_{11}$ | $1275_{3\cdot5\cdot17}$ | $1277$ | $1279$ | $1281_{3\cdot7}$ |
| $915_{3\cdot5}$ | $917_{7}$ | $919$ | $921_{3}$ | $1283$ | $1285_{5}$ | $1287_{3\cdot11\cdot13}$ | $1289$ |
| $923_{13}$ | $925_{5}$ | $927_{3}$ | $929$ | $1291$ | $1293_{3}$ | $1295_{5\cdot7}$ | $1297$ |
| $931_{7\cdot19}$ | $933_{3}$ | $935_{5\cdot11\cdot17}$ | $937$ | $1299_{3}$ | $1301$ | $1303$ | $1305_{3\cdot5\cdot29}$ |
| $939_{3}$ | $941$ | $943_{23}$ | $945_{3\cdot5\cdot7}$ | $1307$ | $1309_{7\cdot11\cdot17}$ | $1311_{3\cdot19\cdot23}$ | $1313_{13}$ |
| $947$ | $949_{13}$ | $951_{3}$ | $953$ | $1315_{5}$ | $1317_{3}$ | $1319$ | $1321$ |
| $955_{5}$ | $957_{3\cdot11\cdot29}$ | $959_{7}$ | $961_{31}$ | $1323_{3\cdot7}$ | $1325_{5}$ | $1327$ | $1329_{3}$ |
| $963_{3}$ | $965_{5}$ | $967$ | $969_{3\cdot17\cdot19}$ | $1331_{11}$ | $1333_{31}$ | $1335_{3\cdot5}$ | $1337_{7}$ |
| $971$ | $973_{7}$ | $975_{3\cdot5\cdot13}$ | $977$ | $1339_{13}$ | $1341_{3}$ | $1343_{17}$ | $1345_{5}$ |
| $979_{11}$ | $981_{3}$ | $983$ | $985_{5}$ | $1347_{3}$ | $1349_{19}$ | $1351_{7}$ | $1353_{3\cdot11}$ |
| $987_{3\cdot7}$ | $989_{23}$ | $991$ | $993_{3}$ | $1355_{5}$ | $1357_{23}$ | $1359_{3}$ | $1361$ |
| $995_{5}$ | $997$ | $999_{3}$ | $1001_{7\cdot11\cdot13}$ | $1363_{29}$ | $1365_{3\cdot5\cdot7\cdot13}$ | $1367$ | $1369_{37}$ |
| $1003_{17}$ | $1005_{3\cdot5}$ | $1007_{19}$ | $1009$ | $1371_{3}$ | $1373$ | $1375_{5\cdot11}$ | $1377_{3\cdot17}$ |
| $1011_{3}$ | $1013$ | $1015_{5\cdot7\cdot29}$ | $1017_{3}$ | $1379_{7}$ | $1381$ | $1383_{3}$ | $1385_{5}$ |
| $1019$ | $1021$ | $1023_{3\cdot11\cdot31}$ | $1025_{5}$ | $1387_{19}$ | $1389_{3}$ | $1391_{13}$ | $1393_{7}$ |
| $1027_{13}$ | $1029_{3\cdot7}$ | $1031$ | $1033$ | $1395_{3\cdot5\cdot31}$ | $1397_{11}$ | $1399$ | $1401_{3}$ |
| $1035_{3\cdot5\cdot23}$ | $1037_{17}$ | $1039$ | $1041_{3}$ | $1403_{23}$ | $1405_{5}$ | $1407_{3\cdot7}$ | $1409$ |
| $1043_{7}$ | $1045_{5\cdot11\cdot19}$ | $1047_{3}$ | $1049$ | $1411_{17}$ | $1413_{3}$ | $1415_{5}$ | $1417_{13}$ |
| $1051$ | $1053_{3\cdot13}$ | $1055_{5}$ | $1057_{7}$ | $1419_{3\cdot11}$ | $1421_{7\cdot29}$ | $1423$ | $1425_{3\cdot5\cdot19}$ |
| $1059_{3}$ | $1061$ | $1063$ | $1065_{3\cdot5}$ | $1427$ | $1429$ | $1431_{3}$ | $1433$ |
| $1067_{11}$ | $1069$ | $1071_{3\cdot7\cdot17}$ | $1073_{29}$ | $1435_{5\cdot7}$ | $1437_{3}$ | $1439$ | $1441_{11}$ |
| $1075_{5}$ | $1077_{3}$ | $1079_{13}$ | $1081_{23}$ | $1443_{3\cdot13\cdot37}$ | $1445_{5\cdot17}$ | $1447$ | $1449_{3\cdot7\cdot23}$ |
| $1083_{3\cdot19}$ | $1085_{5\cdot7\cdot31}$ | $1087$ | $1089_{3\cdot11}$ | $1451$ | $1453$ | $1455_{3\cdot5}$ | $1457_{31}$ |
| $1091$ | $1093$ | $1095_{3\cdot5}$ | $1097$ | $1459$ | $1461_{3}$ | $1463_{7\cdot11\cdot19}$ | $1465_{5}$ |
| $1099_{7}$ | $1101_{3}$ | $1103$ | $1105_{5\cdot13\cdot17}$ | $1467_{3}$ | $1469_{13}$ | $1471$ | $1473_{3}$ |
| $1107_{3}$ | $1109$ | $1111_{11}$ | $1113_{3\cdot7}$ | $1475_{5}$ | $1477_{7}$ | $1479_{3\cdot17\cdot29}$ | $1481$ |
| $1115_{5}$ | $1117$ | $1119_{3}$ | $1121_{19}$ | $1483$ | $1485_{3\cdot5\cdot11}$ | $1487$ | $1489$ |
| $1123$ | $1125_{3\cdot5}$ | $1127_{7\cdot23}$ | $1129$ | $1491_{3\cdot7}$ | $1493$ | $1495_{5\cdot13\cdot23}$ | $1497_{3}$ |
| $1131_{3\cdot13\cdot29}$ | $1133_{11}$ | $1135_{5}$ | $1137_{3}$ | $1499$ | | | |

(2) 在表5缩族(即模8缩族)中具体运演操作的步骤如下：

1) 在3与表5缩族中每一个不小于3而不大于$\frac{x}{3}$的数的乘积右旁写上小号数字3,以示其为合数且含有素因数3.此时,不超过 $5^2-1$ 的所有的素数和奇合数都得到确定(素数5是素数3后面第1个右旁没有小号数字的数).

2) 在5与表5缩族中每一个不小于5而不大于$\frac{x}{5}$的数的乘积右旁写上小号数字5,以示其为合数且含有素因数5.此时,不超过 $7^2-1$ 的所有的素数和奇合数都得到确定(素数7是素数5后面第1个右旁没有小号数字的数).

3) 在第 $s+1(3\leqslant s\leqslant l-1)$ 个素数 $p_{s+1}(=p_4,p_5,\cdots,p_l\leqslant\sqrt{x})$ 与表5缩族中每一个不小于 $p_{s+1}$ 而不大于$\frac{x}{p_{s+1}}$的数的乘积右旁写上小号数字 $p_{s+1}$,以示其为合数且含有素因数 $p_{s+1}$.此时,不超过 $p_{s+2}^2-1$ 的所有的素数和奇合数都得到确定(素数 $p_{s+2}$ 是素数 $p_{s+1}$ 后面第1个右旁没有小号数字的数).依此按序操作下去,直至完成第 $l-1$ 步骤止(因为 $p_{l+1}^2>x$),就得到不超过 $x$ 的全体素数和奇合数一览表,即模8缩族因数表.

在模8缩族因数表中,右旁写有小号数字的数是奇合数(其自身含有的全部小素因数也一目了然),其余右旁空白没有小号数字的数皆为奇素数.

## 二、模8缩族质合表的特点、优势功能与用途

编制模8缩族质合表与编制模2、模4缩族质合表的最大特点和优势功能完全相同,就是在“开筛”之前已经先天性地筛掉了给定自然数列内($x$ 以内)的全部偶数,因此都比编制不超过 $x$ 的埃氏筛法素数表节省篇幅和计算量分别等于和超过了50%.

模8缩族质合表所具有的独特优势功能,就是能够直接显示所有不超过 $x$ 的差8素数对.表5任一含质列中任何连续两项如果都是素数,那么就是一个差8素数对,使人一眼看出和一个不漏地寻找到它们.这一优势功能是目前已知的其他所有模 $d$ 缩族质合表、素数表不易达到的,为依次不漏地寻找差8素数对提供了极大的方便.如果目的仅在于此,那么只需编制模8缩族匿因质合表即可(其方法也可以是在操作完上述的步骤(1)后,对照已有的素数表或质合表,直接删去或用简单记号标明表5中每一个合数即可).

在表5中,直接显示与检索的差8素数对如:100以内是3,11;5,13;11,19;23,31;29,37;53,61;59,67;71,79;89,97共9对;1200至1300之间是1223,1231;1229,1237;1283,1291;1289,1297共4对.

## 三、有关问题

由表5知,全体奇素数可以分为 $8n\pm1$ 和 $8n\pm3$ 四大类.显然有

$$\pi(x)=\sum\pi(x;8,j)+1\quad(j=\pm1,\pm3)$$

由引理1.1,则有

**推论 2.6** $8n\pm1$ 和 $8n\pm3$ 形式的素数都有无穷多个且各占全体素数的$\frac{1}{4}$.即

$$\lim_{x\to+\infty}\pi(x;8,j)=+\infty \quad (j=\pm1,\pm3)$$

$$\lim_{x\to+\infty}\frac{\pi(x;8,j)}{\pi(x)}=\frac{1}{\varphi(8)}=\frac{1}{4} \quad (j=\pm1,\pm3)$$

根据定理 1.6,表 5 开头的 3,11,19 是唯一的 3 项等差 8 素数列.不仅如此,而且由定理 1.4(ⅱ)可得

**推论 2.7** 若奇数 $g>3$,则 3 个奇数 $g,g+8,g+16$ 不能都是素数.

下面的猜测 9 和猜测 10 均包含于猜测 5.

**猜测 9** 存在无穷多个差 8 素数对.即

$$\lim_{x\to+\infty}\pi(x)^{8}=+\infty$$

显然有

$$\pi(x)^{8}=\sum\pi(x)_{j}^{8} \quad (j=\pm1,\pm3)$$

**猜测 10** $8n\pm1$ 形和 $8n\pm3$ 形差 8 素数对都有无穷多个且各占全体差 8 素数对的$\frac{1}{4}$.即

$$\lim_{x\to+\infty}\pi(x)_{j}^{8}=+\infty \quad (j=\pm1,\pm3)$$

$$\lim_{x\to+\infty}\frac{\pi(x)_{j}^{8}}{\pi(x)^{8}}=\frac{1}{\varphi(8)}=\frac{1}{4} \quad (j=\pm1,\pm3)$$

## 2.3 模 $2^{\alpha}p_i^{\alpha_i}(i\geqslant3)$ 缩族质合表与差 $2^{\alpha}p_i^{\alpha_i}$ 素数对

### 一、模 $2^{\alpha}p_i^{\alpha_i}$ 缩族因数表的编制方法

设与 $2^{\alpha}p_i^{\alpha_i}(i\geqslant3,\alpha,\alpha_i\in\mathbf{N}^{+})$ 互素且不超过$\sqrt{x}\,(x\in\mathbf{N}^{+})$ 的全体奇素数依从小到大的顺序排列成 $3=q_1,q_2,\cdots,q_l\leqslant\sqrt{x}\,(x>q_1q_2\cdot2^{\alpha}p_i^{\alpha_i})$,则编制模 $2^{\alpha}p_i^{\alpha_i}$ 缩族因数表的方法如下:

(1) 列出不超过 $x$ 的模 $2^{\alpha}p_i^{\alpha_i}$ 缩族,即按序排列的 $\varphi(2^{\alpha}p_i^{\alpha_i})=2^{\alpha-1}p_i^{\alpha_i-1}(p_i-1)$ 个模 $2^{\alpha}p_i^{\alpha_i}$ 含质列

$$1\bmod 2^{\alpha}p_i^{\alpha_i},\ 3\bmod 2^{\alpha}p_i^{\alpha_i},\ \cdots,\ 2^{\alpha}p_i^{\alpha_i}-1\bmod 2^{\alpha}p_i^{\alpha_i} \tag{2.3}$$

划去其中第 1 个元素 1,并且在前面添写上漏掉的素数 2 和 $p_i(\geqslant5)$.此时,不超过 $q_1^2-1$ 的所有素数得到确定(素数 $q_1(=3)$ 是缩族(2.3)中第 1 个与 $2^{\alpha}p_i^{\alpha_i}$ 互素的数).

(2) 由第 1 步起,依次在缩族(2.3)中完成 $l$ 个运演操作步骤.其中第 $s(1\leqslant s\leqslant l)$ 步骤是在素数 $q_s(=q_1,q_2,\cdots,q_l\leqslant\sqrt{x})$ 与缩族(2.3)中每一个不小于 $q_s$ 而不大于$\frac{x}{q_s}$ 的数的乘积右旁写上小号数字 $q_s$,以示其为合数且含有素因数 $q_s$.此时,不超过 $q_{s+1}^2-1$ 的所有的素数和与 $2^{\alpha}p_i^{\alpha_i}$ 互素的合数都得到确定(素数 $q_{s+1}$ 是素数 $q_s$ 后面第 1 个右旁没有小号数字的数).依此按序操作下去,直至完成第 $l$ 步骤止(因为 $q_{l+1}^2>x$),就得到不超过 $x$ 的全体素数和与 $2^{\alpha}p_i^{\alpha_i}$ 互素的合

数(即其不含素因数 2 和 $p_i(\geqslant 5)$) 一览表,即模 $2^\alpha p_i^{\alpha_i}$ 缩族因数表.

在模 $2^\alpha p_i^{\alpha_i}$ 缩族因数表中,右旁写有小号数字的数是与 $2^\alpha p_i^{\alpha_i}$ 互素(即与素数 2 和 $p_i(\geqslant 5)$ 均互素) 的合数(其自身含有的全部小素因数也一目了然),其余右旁空白没有小号数字的数皆为素数.

## 二、模 $2^\alpha p_i^{\alpha_i}$ 缩族质合表的特点、优势功能与用途

编制模 $2^\alpha p_i^{\alpha_i}$ 缩族质合表的第一个特点和优势功能,就是未曾"开筛"却已先天性地筛掉了给定自然数列内($x$ 以内) 全部的偶数和 $p_i$ 倍数. 因此,比编制不超过 $x$ 的模 $2^\alpha$ 缩族质合表和埃氏筛法素数表分别节省:

$$\frac{1}{p_i}\left(=1-\frac{\varphi(2^\alpha p_i^{\alpha_i})}{\varphi(2^\alpha)\cdot p_i^{\alpha_i}}=1-\left(1-\frac{1}{p_i}\right)\right) \quad 和 \quad \frac{1}{2}\left(1+\frac{1}{p_i}\right)\left(=1-\frac{\varphi(2^\alpha p_i^{\alpha_i})}{2^\alpha p_i^{\alpha_i}}=1-\frac{1}{2}+\frac{1}{2p_i}\right)$$

的篇幅和更多的计算量.

模 $2^\alpha p_i^{\alpha_i}$ 缩族质合表所具有的独特优势功能,就是能够直接显示所有不超过 $x$ 的差 $2^\alpha p_i^{\alpha_i}$ 素数对. 缩族(2.3) 任一含质列中任何连续两项如果都是素数,那么就是一个差 $2^\alpha p_i^{\alpha_i}$ 素数对,使人一眼看出和一个不漏地寻找到它们. 这一优势功能是目前已知的其他所有模 $d$ 缩族质合表、素数表根本无法达到和不可比拟的,为依次不漏地寻找差 $2^\alpha p_i^{\alpha_i}$ 素数对提供了可能和极大的方便. 如果目的仅在于此,那么只需编制模 $2^\alpha p_i^{\alpha_i}$ 缩族匿因质合表即可.

## 三、有关问题

根据定理 1.6,如果 3, $2^\alpha p_i^{\alpha_i}+3$, $2^{\alpha+1}p_i^{\alpha_i}+3$ 都是素数,那么就是唯一的 3 项等差 $2^\alpha p_i^{\alpha_i}$ 素数列. 不仅如此,而且由定理 1.4(ⅱ) 可得.

**推论 2.8**　若奇数 $g>3$,则 3 个奇数 $g$, $2^\alpha p_i^{\alpha_i}+g$, $2^{\alpha+1}p_i^{\alpha_i}+g$ 不能都是素数.

下面是包含于猜测 3 和猜测 4 的

**猜测 11**　(ⅰ) 存在无穷多个差 $2^\alpha p_i^{\alpha_i}$ 素数对;

(ⅱ) 模 $2^\alpha p_i^{\alpha_i}$ 缩族的 $\varphi(2^\alpha p_i^{\alpha_i})$ 个含质列均包含无穷多个差 $2^\alpha p_i^{\alpha_i}$ 素数对;

(ⅲ) 全体差 $2^\alpha p_i^{\alpha_i}$ 素数对平均分布在 $\varphi(2^\alpha p_i^{\alpha_i})$ 个模 $2^\alpha p_i^{\alpha_i}$ 含质列之中.

### 2.3.1　模 10 缩族质合表与其多种用途

## 一、模 10 缩族因数表的编制方法

(1) 列出不超过 $x(=2000)$ 的模 10 缩族,即按序排列的 4 个模 10 含质列

$$1\bmod 10,\ 3\bmod 10,\ 7\bmod 10,\ 9\bmod 10$$

划去其中第 1 个元素 1,并且在前面添写上漏掉的素数 2 和 5(见表 6). 此时,不超过 $3^2-1$ 的所有素数得到确定(素数 3 是表 6 中第 1 个与 10 互素的数).

## 表 6　模 10 缩族因数表(2000 以内)

(2,5)

| | | | | | | | |
|---|---|---|---|---|---|---|---|
| ~~1~~ | 3 | 7 | $9_{3}$ | 461 | 463 | 467 | $469_{7}$ |
| 11 | 13 | 17 | 19 | $471_{3}$ | $473_{11}$ | $477_{3}$ | 479 |
| $21_{3}$ | 23 | $27_{3}$ | 29 | $481_{13}$ | $483_{3\cdot 7}$ | 487 | $489_{3}$ |
| 31 | $33_{3}$ | 37 | $39_{3}$ | 491 | $493_{17}$ | $497_{7}$ | 499 |
| 41 | 43 | 47 | $49_{7}$ | $501_{3}$ | 503 | $507_{3\cdot 13}$ | 509 |
| $51_{3}$ | 53 | $57_{3}$ | 59 | $511_{7}$ | $513_{3\cdot 19}$ | $517_{11}$ | $519_{3}$ |
| 61 | $63_{3\cdot 7}$ | 67 | $69_{3}$ | 521 | 523 | $527_{17}$ | $529_{23}$ |
| 71 | 73 | $77_{7}$ | 79 | $531_{3}$ | $533_{13}$ | $537_{3}$ | $539_{7\cdot 11}$ |
| $81_{3}$ | 83 | $87_{3}$ | 89 | 541 | $543_{3}$ | 547 | $549_{3}$ |
| $91_{7}$ | $93_{3}$ | 97 | $99_{3}$ | $551_{19}$ | $553_{7}$ | 557 | $559_{13}$ |
| 101 | 103 | 107 | 109 | $561_{3\cdot 11\cdot 17}$ | 563 | $567_{3\cdot 7}$ | 569 |
| $111_{3}$ | 113 | $117_{3}$ | $119_{7}$ | 571 | $573_{3}$ | 577 | $579_{3}$ |
| $121_{11}$ | $123_{3}$ | 127 | $129_{3}$ | $581_{7}$ | $583_{11}$ | 587 | $589_{19}$ |
| 131 | $133_{7}$ | 137 | 139 | $591_{3}$ | 593 | $597_{3}$ | 599 |
| $141_{3}$ | $143_{11}$ | $147_{3\cdot 7}$ | 149 | 601 | $603_{3}$ | 607 | $609_{3\cdot 7}$ |
| 151 | $153_{3}$ | 157 | $159_{3}$ | $611_{13}$ | 613 | 617 | 619 |
| $161_{7}$ | 163 | 167 | $169_{13}$ | $621_{3\cdot 23}$ | $623_{7}$ | $627_{3\cdot 11\cdot 19}$ | $629_{17}$ |
| $171_{3}$ | 173 | $177_{3}$ | 179 | 631 | $633_{3}$ | $637_{7\cdot 13}$ | $639_{3}$ |
| 181 | $183_{3}$ | $187_{11}$ | $189_{3\cdot 7}$ | 641 | 643 | 647 | $649_{11}$ |
| 191 | 193 | 197 | 199 | $651_{3\cdot 7}$ | 653 | $657_{3}$ | 659 |
| $201_{3}$ | $203_{7}$ | $207_{3}$ | $209_{11}$ | 661 | $663_{3\cdot 13\cdot 17}$ | $667_{23}$ | $669_{3}$ |
| 211 | $213_{3}$ | $217_{7}$ | $219_{3}$ | $671_{11}$ | 673 | 677 | $679_{7}$ |
| $221_{13}$ | 223 | 227 | 229 | $681_{3}$ | 683 | $687_{3}$ | $689_{13}$ |
| $231_{3\cdot 7\cdot 11}$ | 233 | $237_{3}$ | 239 | 691 | $693_{3\cdot 7\cdot 11}$ | $697_{17}$ | $699_{3}$ |
| 241 | $243_{3}$ | $247_{13}$ | $249_{3}$ | 701 | $703_{19}$ | $707_{7}$ | 709 |
| 251 | $253_{11}$ | 257 | $259_{7}$ | $711_{3}$ | $713_{23}$ | $717_{3}$ | 719 |
| $261_{3}$ | 263 | $267_{3}$ | 269 | $721_{7}$ | $723_{3}$ | 727 | $729_{3}$ |
| 271 | $273_{3\cdot 7\cdot 13}$ | 277 | $279_{3}$ | $731_{17}$ | 733 | $737_{11}$ | 739 |
| 281 | 283 | $287_{7}$ | $289_{17}$ | $741_{3\cdot 13\cdot 19}$ | 743 | $747_{3}$ | $749_{7}$ |
| $291_{3}$ | 293 | $297_{3\cdot 11}$ | $299_{13}$ | 751 | $753_{3}$ | 757 | $759_{3\cdot 11\cdot 23}$ |
| $301_{7}$ | $303_{3}$ | 307 | $309_{3}$ | 761 | $763_{7}$ | $767_{13}$ | 769 |
| 311 | 313 | 317 | $319_{11}$ | $771_{3}$ | 773 | $777_{3\cdot 7}$ | $779_{19}$ |
| $321_{3}$ | $323_{17}$ | $327_{3}$ | $329_{7}$ | $781_{11}$ | $783_{3}$ | 787 | $789_{3}$ |
| 331 | $333_{3}$ | 337 | $339_{3}$ | $791_{7}$ | $793_{13}$ | 797 | $799_{17}$ |
| $341_{11}$ | $343_{7}$ | 347 | 349 | $801_{3}$ | $803_{11}$ | $807_{3}$ | 809 |
| $351_{3\cdot 13}$ | 353 | $357_{3\cdot 7\cdot 17}$ | 359 | 811 | $813_{3}$ | $817_{19}$ | $819_{3\cdot 7\cdot 13}$ |
| $361_{19}$ | $363_{3\cdot 11}$ | 367 | $369_{3}$ | 821 | 823 | 827 | 829 |
| $371_{7}$ | 373 | $377_{13}$ | 379 | $831_{3}$ | $833_{7\cdot 17}$ | $837_{3}$ | 839 |
| $381_{3}$ | 383 | $387_{3}$ | 389 | $841_{29}$ | $843_{3}$ | $847_{7\cdot 11}$ | $849_{3}$ |
| $391_{17}$ | $393_{3}$ | 397 | $399_{3\cdot 7\cdot 19}$ | $851_{23}$ | 853 | 857 | 859 |
| 401 | $403_{13}$ | $407_{11}$ | 409 | $861_{3\cdot 7}$ | 863 | $867_{3\cdot 17}$ | $869_{11}$ |
| $411_{3}$ | $413_{7}$ | $417_{3}$ | 419 | $871_{13}$ | $873_{3}$ | 877 | $879_{3}$ |
| 421 | $423_{3}$ | $427_{7}$ | $429_{3\cdot 11\cdot 13}$ | 881 | 883 | 887 | $889_{7}$ |
| 431 | 433 | $437_{19}$ | 439 | $891_{3\cdot 11}$ | $893_{19}$ | $897_{3\cdot 13\cdot 23}$ | $899_{29}$ |
| $441_{3\cdot 7}$ | 443 | $447_{3}$ | 449 | $901_{17}$ | $903_{3\cdot 7}$ | 907 | $909_{3}$ |
| $451_{11}$ | $453_{3}$ | 457 | $459_{3\cdot 17}$ | 911 | $913_{11}$ | $917_{7}$ | 919 |

| | | | | | | | |
|---|---|---|---|---|---|---|---|
| $921_{3}$ | $923_{13}$ | $927_{3}$ | 929 | 1381 | $1383_{3}$ | $1387_{19}$ | $1389_{3}$ |
| $931_{7\cdot 19}$ | $933_{3}$ | 937 | $939_{3}$ | $1391_{13}$ | $1393_{7}$ | $1397_{11}$ | 1399 |
| 941 | $943_{23}$ | 947 | $949_{13}$ | $1401_{3}$ | $1403_{23}$ | $1407_{3\cdot 7}$ | 1409 |
| $951_{3}$ | 953 | $957_{3\cdot 11\cdot 29}$ | $959_{7}$ | $1411_{17}$ | $1413_{3}$ | $1417_{13}$ | $1419_{3\cdot 11}$ |
| $961_{31}$ | $963_{3}$ | 967 | $969_{3\cdot 17\cdot 19}$ | $1421_{7\cdot 29}$ | 1423 | 1427 | 1429 |
| 971 | $973_{7}$ | 977 | $979_{11}$ | $1431_{3}$ | 1433 | $1437_{3}$ | 1439 |
| $981_{3}$ | 983 | $987_{3\cdot 7}$ | $989_{23}$ | $1441_{11}$ | $1443_{3\cdot 13\cdot 37}$ | 1447 | $1449_{3\cdot 7\cdot 23}$ |
| 991 | $993_{3}$ | 997 | $999_{3}$ | 1451 | 1453 | $1457_{31}$ | 1459 |
| $1001_{7\cdot 11\cdot 13}$ | $1003_{17}$ | $1007_{19}$ | 1009 | $1461_{3}$ | $1463_{7\cdot 11\cdot 19}$ | $1467_{3}$ | $1469_{13}$ |
| $1011_{3}$ | 1013 | $1017_{3}$ | 1019 | 1471 | $1473_{3}$ | $1477_{7}$ | $1479_{3\cdot 17\cdot 29}$ |
| 1021 | $1023_{3\cdot 11\cdot 31}$ | $1027_{13}$ | $1029_{3\cdot 7}$ | 1481 | 1483 | 1487 | 1489 |
| 1031 | 1033 | $1037_{17}$ | 1039 | $1491_{3\cdot 7}$ | 1493 | $1497_{3}$ | 1499 |
| $1041_{3}$ | $1043_{7}$ | $1047_{3}$ | 1049 | $1501_{19}$ | $1503_{3}$ | $1507_{11}$ | $1509_{3}$ |
| 1051 | $1053_{3\cdot 13}$ | $1057_{7}$ | $1059_{3}$ | 1511 | $1513_{17}$ | $1517_{37}$ | $1519_{7\cdot 31}$ |
| 1061 | 1063 | $1067_{11}$ | 1069 | $1521_{3\cdot 13}$ | 1523 | $1527_{3}$ | $1529_{11}$ |
| $1071_{3\cdot 7\cdot 17}$ | $1073_{29}$ | $1077_{3}$ | $1079_{13}$ | 1531 | $1533_{3\cdot 7}$ | $1537_{29}$ | $1539_{3\cdot 19}$ |
| $1081_{23}$ | $1083_{3\cdot 19}$ | 1087 | $1089_{3\cdot 11}$ | $1541_{23}$ | 1543 | $1547_{7\cdot 13\cdot 17}$ | 1549 |
| 1091 | 1093 | 1097 | $1099_{7}$ | $1551_{3\cdot 11}$ | 1553 | $1557_{3}$ | 1559 |
| $1101_{3}$ | 1103 | $1107_{3}$ | 1109 | $1561_{7}$ | $1563_{3}$ | 1567 | $1569_{3}$ |
| $1111_{11}$ | $1113_{3\cdot 7}$ | 1117 | $1119_{3}$ | 1571 | $1573_{11\cdot 13}$ | $1577_{19}$ | 1579 |
| $1121_{19}$ | 1123 | $1127_{7\cdot 23}$ | 1129 | $1581_{3\cdot 17\cdot 31}$ | 1583 | $1587_{3\cdot 23}$ | $1589_{7}$ |
| $1131_{3\cdot 13\cdot 29}$ | $1133_{11}$ | $1137_{3}$ | $1139_{17}$ | $1591_{37}$ | $1593_{3}$ | 1597 | $1599_{3\cdot 13}$ |
| $1141_{7}$ | $1143_{3}$ | $1147_{31}$ | $1149_{3}$ | 1601 | $1603_{7}$ | 1607 | 1609 |
| 1151 | 1153 | $1157_{13}$ | $1159_{19}$ | $1611_{3}$ | 1613 | $1617_{3\cdot 7\cdot 11}$ | 1619 |
| $1161_{3}$ | 1163 | $1167_{3}$ | $1169_{7}$ | 1621 | $1623_{3}$ | 1627 | $1629_{3}$ |
| 1171 | $1173_{3\cdot 17\cdot 23}$ | $1177_{11}$ | $1179_{3}$ | $1631_{7}$ | $1633_{23}$ | 1637 | $1639_{11}$ |
| 1181 | $1183_{7\cdot 13}$ | 1187 | $1189_{29}$ | $1641_{3}$ | $1643_{31}$ | $1647_{3}$ | $1649_{17}$ |
| $1191_{3}$ | 1193 | $1197_{3\cdot 7\cdot 19}$ | $1199_{11}$ | $1651_{13}$ | $1653_{3\cdot 19\cdot 29}$ | 1657 | $1659_{3\cdot 7}$ |
| 1201 | $1203_{3}$ | $1207_{17}$ | $1209_{3\cdot 13\cdot 31}$ | $1661_{11}$ | 1663 | 1667 | 1669 |
| $1211_{7}$ | 1213 | 1217 | $1219_{23}$ | $1671_{3}$ | $1673_{7}$ | $1677_{3\cdot 13}$ | $1679_{23}$ |
| $1221_{3\cdot 11}$ | 1223 | $1227_{3}$ | 1229 | $1681_{41}$ | $1683_{3\cdot 11\cdot 17}$ | $1687_{7}$ | $1689_{3}$ |
| 1231 | $1233_{3}$ | 1237 | $1239_{3\cdot 7}$ | $1691_{19}$ | 1693 | 1697 | 1699 |
| $1241_{17}$ | $1243_{11}$ | $1247_{29}$ | 1249 | $1701_{3\cdot 7}$ | $1703_{13}$ | $1707_{3}$ | 1709 |
| $1251_{3}$ | $1253_{7}$ | $1257_{3}$ | 1259 | $1711_{29}$ | $1713_{3}$ | $1717_{17}$ | $1719_{3}$ |
| $1261_{13}$ | $1263_{3}$ | $1267_{7}$ | $1269_{3}$ | 1721 | 1723 | $1727_{11}$ | $1729_{7\cdot 13\cdot 19}$ |
| $1271_{31}$ | $1273_{19}$ | 1277 | 1279 | $1731_{3}$ | 1733 | $1737_{3}$ | $1739_{37}$ |
| $1281_{3\cdot 7}$ | 1283 | $1287_{3\cdot 11\cdot 13}$ | 1289 | 1741 | $1743_{3\cdot 7}$ | 1747 | $1749_{3\cdot 11}$ |
| 1291 | $1293_{3}$ | 1297 | $1299_{3}$ | $1751_{17}$ | 1753 | $1757_{7}$ | 1759 |
| 1301 | 1303 | 1307 | $1309_{7\cdot 11\cdot 17}$ | $1761_{3}$ | $1763_{41}$ | $1767_{3\cdot 17\cdot 31}$ | $1769_{29}$ |
| $1311_{3\cdot 19\cdot 23}$ | $1313_{13}$ | $1317_{3}$ | 1319 | $1771_{7\cdot 11\cdot 23}$ | $1773_{3}$ | 1777 | $1779_{3}$ |
| 1321 | $1323_{3\cdot 7}$ | 1327 | $1329_{3}$ | $1781_{13}$ | 1783 | 1787 | 1789 |
| $1331_{11}$ | $1333_{31}$ | $1337_{7}$ | $1339_{13}$ | $1791_{3}$ | $1793_{11}$ | $1797_{3}$ | $1799_{7}$ |
| $1341_{3}$ | $1343_{17}$ | $1347_{3}$ | $1349_{19}$ | 1801 | $1803_{3}$ | $1807_{13}$ | $1809_{3}$ |
| $1351_{7}$ | $1353_{3\cdot 11}$ | $1357_{23}$ | $1359_{3}$ | 1811 | $1813_{7\cdot 37}$ | $1817_{23}$ | $1819_{17}$ |
| 1361 | $1363_{29}$ | 1367 | $1369_{37}$ | $1821_{3}$ | 1823 | $1827_{3\cdot 7\cdot 29}$ | $1829_{31}$ |
| $1371_{3}$ | 1373 | $1377_{3\cdot 17}$ | $1379_{7}$ | 1831 | $1833_{3\cdot 13}$ | $1837_{11}$ | $1839_{3}$ |

| | | | |
|---|---|---|---|
| $1841_{7}$ | $1843_{19}$ | $1847$ | $1849_{43}$ |
| $1851_{3}$ | $1853_{17}$ | $1857_{3}$ | $1859_{11\cdot 13}$ |
| $1861$ | $1863_{3\cdot 23}$ | $1867$ | $1869_{3\cdot 7}$ |
| $1871$ | $1873$ | $1877$ | $1879$ |
| $1881_{3\cdot 11\cdot 19}$ | $1883_{7}$ | $1887_{3\cdot 17\cdot 37}$ | $1889$ |
| $1891_{31}$ | $1893_{3}$ | $1897_{7}$ | $1899_{3}$ |
| $1901$ | $1903_{11}$ | $1907$ | $1909_{23}$ |
| $1911_{3\cdot 7\cdot 13}$ | $1913$ | $1917_{3}$ | $1919_{19}$ |
| $1921_{17}$ | $1923_{3}$ | $1927_{41}$ | $1929_{3}$ |
| $1931$ | $1933$ | $1937_{13}$ | $1939_{7}$ |
| $1941_{3}$ | $1943_{29}$ | $1947_{3\cdot 11}$ | $1949$ |
| $1951$ | $1953_{3\cdot 7\cdot 31}$ | $1957_{19}$ | $1959_{3}$ |
| $1961_{37}$ | $1963_{13}$ | $1967_{7}$ | $1969_{11}$ |
| $1971_{3}$ | $1973$ | $1977_{3}$ | $1979$ |
| $1981_{7}$ | $1983_{3}$ | $1987$ | $1989_{3\cdot 13\cdot 17}$ |
| $1991_{11}$ | $1993$ | $1997$ | $1999$ |

(2) 在表 6 缩族(即模 10 缩族) 中具体运演操作如下:

1) 在 3 与表 6 缩族中每一个不小于 3 而不大于 $\frac{x}{3}$ 的数的乘积右旁写上小号数字 3,以示其为合数且含有素因数 3. 此时,不超过 $7^2-1$ 的所有的素数和与 10 互素的合数都得到确定(素数 7 是素数 3 后面第 1 个右旁没有小号数字的数).

2) 在 7 与表 6 缩族中每一个不小于 7 而不大于 $\frac{x}{7}$ 的数的乘积右旁写上小号数字 7,以示其为合数且含有素因数 7. 此时,不超过 $11^2-1$ 的所有的素数和与 10 互素的合数都得到确定(素数 11 是素数 7 后面第 1 个右旁没有小号数字的数).

3) 在第 $s+2(3\leqslant s\leqslant l-2)$ 个素数 $p_{s+2}(=p_5,p_6,\cdots,p_l\leqslant\sqrt{x})$ 与表 6 缩族中每一个不小于 $p_{s+2}$ 而不大于 $\frac{x}{p_{s+2}}$ 的数的乘积右旁写上小号数字 $p_{s+2}$,以示其为合数且含有素因数 $p_{s+2}$. 此时,不超过 $p_{s+3}^2-1$ 的所有的素数和与 10 互素的合数都得到确定(素数 $p_{s+3}$ 是素数 $p_{s+2}$ 后面第 1 个右旁没有小号数字的数). 依此按序操作下去,直至完成第 $l-2$ 步骤止(因为 $p_{l+1}^2>x$),就得到不超过 $x$ 的全体素数和与 10 互素的合数一览表,即模 10 缩族因数表.

在模 10 缩族因数表中,右旁写有小号数字的数是不含素因数 2 和 5 的合数(其自身含有的全部小素因数也一目了然),其余右旁空白没有小号数字的数皆为素数.

## 二、模 10 缩族质合表的特点、优势功能与多种用途

编制模 10 缩族质合表的第一个特点和优势功能就是在"开筛"之前已经先天性地筛掉了给定自然数列内($x$ 以内)全部的偶数和 5 倍数. 因此,比编制不超过 $x$ 的模 $2^\alpha$ 缩族质合表和埃氏筛法素数表分别节省

$$20\%\left(=1-\frac{\varphi(2^\alpha\times 5)}{\varphi(2^\alpha)\times 5}=1-\left(1-\frac{1}{5}\right)\right)\quad 和\quad 60\%\left(=1-\frac{\varphi(10)}{10}=1-\frac{2}{5}\right)$$

的篇幅和更多的计算量，是编制模 $d$ 缩族质合表的适选表种之一.

模 10 缩族质合表所具有的独特优势功能，就是能够直接显示所有不超过 $x$ 的差 10 素数对. 并且表 6 还有一个极其显著的特性与优势功能，就是能够直接明确地显示除过 5,7,11,13 外的所有不超过 $x$ 的差 2-4-2 型四生素数. 在表 6 中，任一含质列中任何连续两项如果都是素数的就是一个差 10 素数对，任何一行四数如果皆为素数的就是一个差 2-4-2 型四生素数，使人一眼看出，极易识别，为依次不漏地寻找二者提供了极大的方便. 如果目的仅在于此，那么只需编制模 10 缩族匿因质合表即可(其方法也可以是在操作完上述的步骤(1)后，对照已有的素数表或质合表，直接删去或用简单记号标明表 6 中每一个合数即可).

除过上述的直显功能外，模 10 缩族质合表还具有更多的非直显功能，将它们都放在一起，那么表 6 直显、间显和混搭显示的 $k$ 生素数种类如表 7 后两栏所列示，它们都能在模 10 缩族质合表内一一按序检索(即搜寻).

为了便于表述，我们约定：在模 10 缩族质合表(例如表 6) 的任何一行四数中：

第一个数称为“首数”或“一数”，又简称“首”或“一”；

第二个数称为“次数”或“二数”，又简称“次”或“二”；

第三个数称为“再数”或“三数”，又简称“再”或“三”；

第四个数称为“尾数”或“四数”，又简称“尾”或“四”；

第一、第二数称为“前两数”；

第三、第四数称为“后两数”；

第一至第三数称为“前三数”；

第二至第四数称为“后三数”；

第一至第四数称为“四数”.

另外：上行简称“上”；下行简称“下”.

由于应用模 $d$ 缩族质合表显示和搜寻 $k$ 生素数是运用同一方法于同时同步进行的同一过程. 因此，依序搜寻模 10 缩族质合表显示 $k$ 生素数的方法口诀见表 7(应用模 10 缩族质合表搜寻 $k$ 生素数口诀表) 首栏所列示.

表 7 口诀中的对偶规则是：首(数) 对尾(数)，即一(数) 对四(数)，或反之；次(数) 对再(数)，即二(数) 对三(数)，或反之；上对下，或反之即下对上.

综上所述，模 10 缩族质合表内涵信息比模 4 缩族质合表更加广泛、更加丰富，显搜的 $k$ 生素数种类急剧增加，优势凸显.

在表 6 中，直接显示了与检索的

(1) 差 10 素数对如：100 以内是 3,13;7,17;13,23;19,29;31,41;37,47;43,53;61,71;73,83;79,89 共 10 对；1800 至 1900 之间是 1801,1811;1861,1871;1867,1877;1879,1889 共 4 对.

(2) 差 2-4-2 型四生素数是 11,13,17,19;101,103,107,109;191,193,197,199;821,823,827,829;1481,1483,1487,1489;1871,1873,1877,1879 共 6 个.

## 表 7　应用模 10 缩族质合表搜寻 $k$ 生素数口诀表

| 序　号 | 条　件 | 结　论 | |
|---|---|---|---|
| | 在表 6 的任何一行四数中,若____都是素数的 | 就是一个差____$D$____型 | $k$ 生素数 |
| 1 | 前两数;后两数;尾数与下首 | 2 | 2 |
| 2 | 二、三数;再数与下首;尾数下次 | 4 | 2 |
| 3 | 一、三数;二、四数;再数与下次 | 6 | 2 |
| 4 | 首尾数;次数与下首;尾数与下再 | 8 | 2 |
| 5 | 首数与下首;次数与下次;再数与下再;尾数与下尾 | 10 | 2 |
| 6 | 二、四数与下一、三 | 6-2-6 | 4 |
| 7 | 前两数与下次;后两数与下尾;首数与上尾下首 | 2-10 | 3 |
| | 后两数与上再;前两数与上首;尾数与上尾下首 | 10-2 | |
| 8 | 前两数与上首下次;后两数与上再下尾 | 10-2-10 | 4 |
| 9 | 前两数与下二、四;首数与上尾下一、三 | 2-10-6 | 4 |
| | 后两数与上一、三;尾数与下首上二、四 | 6-10-2 | |
| 10 | 前两数与上首下二、四 | 10-2-10-6 | 5 |
| | 后两数与下尾上一、三 | 6-10-2-10 | |
| 11 | 前两数与上再下二、四 | 4-2-10-6 | 5 |
| | 后两数与下次上一、三 | 6-10-2-4 | |
| 12 | 前两数与上一、三下二、四 | 6-4-2-10-6 | 6 |
| | 后两数与上一、三下二、四 | 6-10-2-4-6 | |
| 13 | 前三数;后两数与下次 | 2-4 | 3 |
| | 后三数;前两数与上再 | 4-2 | |
| 14 | 前三数与下次;后两数与下二、四 | 2-4-6 | 4 |
| | 后三数与上再;前两数与上一、三 | 6-4-2 | |
| 15 | 前三数与上再;后三数与下次 | 4-2-4 | 4 |
| 16 | 前三数与上再下次 | 4-2-4-6 | 5 |
| | 后三数与上再下次 | 6-4-2-4 | |
| 17 | 前三数与上首;后两数与上再下次 | 10-2-4 | 4 |
| | 后三数与下尾;前两数与上再下次 | 4-2-10 | |
| 18 | 前三数与上首下次;后两数与上再下二、四 | 10-2-4-6 | 5 |
| | 后三数与上再下尾;前两数与下次上一、三 | 6-4-2-10 | |

续表

| 序号 | 条件<br>在表 6 的任何一行四数中，若____都是素数的 | 结论<br>就是一个差____$D$ 型 | $k$ 生素数 |
|---|---|---|---|
| 19 | 前三数与下二、四 | 2-4-6-6 | 5 |
| | 后三数与上一、三 | 6-6-4-2 | |
| 20 | 前三数与上再下二、四 | 4-2-4-6-6 | 6 |
| | 后三数与下次上一、三 | 6-6-4-2-4 | |
| 21 | 前三数与下次上一、三；后三数与上再下二、四 | 6-4-2-4-6 | 6 |
| 22 | 前三数与上一、三下二、四 | 6-4-2-4-6-6 | 7 |
| | 后三数与上一、三下二、四 | 6-6-4-2-4-6 | |
| 23 | 前三数与上首下二、四 | 10-2-4-6-6 | 6 |
| | 后三数与下尾上一、三 | 6-6-4-2-10 | |
| 24 | 二、三数与下次；一、三数与上再；二、四数与上尾 | 4-6 | 3 |
| | 二、三数与上再；二、四数与下次；一、三数与下首 | 6-4 | |
| 25 | 二、三数与上再下次；一、三数与下一、三；<br>二、四数与下二、四 | 6-4-6 | 4 |
| 26 | 二、三数与上一、三；二、四数与上再下次 | 6-6-4 | 4 |
| | 二、三数与下二、四；一、三数与上再下次 | 4-6-6 | |
| 27 | 二、三数与下次上一、三；二、四数与上再下二、四 | 6-6-4-6 | 5 |
| | 二、三数与上再下二、四；一、三数与下次上一、三 | 6-4-6-6 | |
| 28 | 二、三数与上一、三下二、四 | 6-6-4-6-6 | 6 |
| 29 | 四数 | 2-4-2 | 4 |
| 30 | 四数与上再 | 4-2-4-2 | 5 |
| | 四数与下次 | 2-4-2-4 | |
| 31 | 四数与上再下次 | 4-2-4-2-4 | 6 |
| 32 | 四数与上一、三 | 6-4-2-4-2 | 6 |
| | 四数与下二、四 | 2-4-2-4-6 | |
| 33 | 四数与上首 | 10-2-4-2 | 5 |
| | 四数与下尾 | 2-4-2-10 | |
| 34 | 四数与上首下尾 | 10-2-4-2-10 | 6 |
| 35 | 四数与上首下次 | 10-2-4-2-4 | 6 |
| | 四数与上再下尾 | 4-2-4-2-10 | |
| 36 | 四数与上首下二、四 | 10-2-4-2-4-6 | 7 |
| | 四数与下尾上一、三 | 6-4-2-4-2-10 | |

续表

| 序号 | 条件<br>在表6的任何一行四数中，若____都是素数的 | 结论<br>就是一个差 $D$ 型 | $k$ 生素数 |
|---|---|---|---|
| 37 | 一、二、四数；一、三数与上尾 | 2-6 | 3 |
| | 一、三、四数；二、四数与下首 | 6-2 | |
| 38 | 一、二、四数与上再 | 4-2-6 | 4 |
| | 一、三、四数与下次 | 6-2-4 | |
| 39 | 一、二、四数与下次 | 2-6-4 | 4 |
| | 一、三四、数与上再 | 4-6-2 | |
| 40 | 一、二、四数与上再下次 | 4-2-6-4 | 5 |
| | 一、三、四数与上再下次 | 4-6-2-4 | |
| 41 | 一、二、四数与上一、三 | 6-4-2-6 | 5 |
| | 一、三、四数与下二、四 | 6-2-4-6 | |
| 42 | 一、二、四数与下尾；一、三数与上尾下再 | 2-6-10 | 4 |
| | 一、三、四数与上首；二、四数与上次下首 | 10-6-2 | |
| 43 | 一、二、四数与上再下尾 | 4-2-6-10 | 5 |
| | 一、三、四数与上首下次 | 10-6-2-4 | |
| 44 | 一、二、四数与下二、四；一、三数与上尾下一、三 | 2-6-4-6 | 5 |
| | 一、三、四数与上一、三；二、四数与下首上二、四 | 6-4-6-2 | |
| 45 | 一、二、四数与上再下二、四； | 4-2-6-4-6 | 6 |
| | 一、三、四数与下次上一、三 | 6-4-6-2-4 | |
| 46 | 一、二、四数与上一、三下二、四 | 6-4-2-6-4-6 | 7 |
| | 一、三、四数与上一、三下二、四 | 6-4-6-2-4-6 | |
| 47 | 一、二、四数与上首 | 10-2-6 | 4 |
| | 一、三、四数与下尾 | 6-2-10 | |
| 48 | 一、二、四数与上首下次 | 10-2-6-4 | 5 |
| | 一、三、四数与上再下尾 | 4-6-2-10 | |
| 49 | 一、二、四数与上首下尾 | 10-2-6-10 | 5 |
| | 一、三、四数与上首下尾 | 10-6-2-10 | |
| 50 | 一、二、四数与上首下二、四 | 10-2-6-4-6 | 6 |
| | 一、三、四数与下尾上一、三 | 6-4-6-2-10 | |
| 51 | 一、二、四数与下次上一、三 | 6-4-2-6-4 | 6 |
| | 一、三、四数与上再下二、四 | 4-6-2-4-6 | |

续表

| 序　号 | 条　件<br>在表 6 的任何一行四数中，若＿＿＿都是素数的 | 结　论<br>就是一个差＿$D$＿型 | $k$ 生素数 |
|---|---|---|---|
| 52 | 一、二、四数与下尾上一、三 | 6－4－2－6－10 | 6 |
| | 一、三、四数与上首下二、四 | 10－6－2－4－6 | |
| 53 | 一、三数与下次；二、四数与上再 | 6－6 | 3 |
| 54 | 一、三数与下二、四 | 6－6－6 | 4 |
| 55 | 一、三数与上再下二、四 | 4－6－6－6 | 5 |
| | 二、四数与下次一、三 | 6－6－6－4 | |
| 56 | 一、三数与上次；再数与上尾下次 | 8－6 | 3 |
| | 二、四数与下再；次数与上再下首 | 6－8 | |
| 57 | 一、三数与上首；二、四数与上次；再数与上再下次 | 10－6 | 3 |
| | 二、四数与下尾；一、三数与下再；次数与上再下次 | 6－10 | |
| 58 | 一、三数与上首下次；再数与上再下二、四 | 10－6－6 | 4 |
| | 二、四数与上再下尾；次数与下次上一、三 | 6－6－10 | |
| 59 | 一、三数与上首下二、四 | 10－6－6－6 | 5 |
| | 二、四数与下尾上一、三 | 6－6－6－10 | |
| 60 | 一、三数与上一、三下二、四 | 6－4－6－6－6 | 6 |
| | 二、四数与上一、三下二、四 | 6－6－6－4－6 | |
| 61 | 首尾两数与上再；次数与上尾下首 | 4－8 | 3 |
| | 首尾两数与下次；再数与上尾下首 | 8－4 | |
| 62 | 首尾数与上再下次 | 4－8－4 | 4 |
| 63 | 首尾数与下次上一、三 | 6－4－8－4 | 5 |
| | 首尾数与上再下二、四 | 4－8－4－6 | |
| 64 | 首尾数与上一、三下二、四 | 6－4－8－4－6 | 6 |
| 65 | 首尾两数与上首；次数与上次下首；<br>尾数与上尾下再 | 10－8 | 3 |
| | 首尾两数与下尾；再数与上尾下再；<br>首数与上次下首 | 8－10 | |
| 66 | 首尾数与上首下尾 | 10－8－10 | 4 |
| 67 | 次数与下首上二、四 | 6－4－8 | 4 |
| | 再数与上尾下一、三 | 8－4－6 | |
| 68 | 次数与上再下一、三；再数与下次上二、四 | 6－8－6 | 4 |
| 69 | 次数与上再下二、四；再数与下次上一、三 | 6－10－6 | 4 |

续表

<table>
<tr><td rowspan="2">序　号</td><td>条　件</td><td colspan="2">结　论</td></tr>
<tr><td>在表 6 的任何一行四数中，若______都是素数的</td><td>就是一个差 $D$ 型</td><td>$k$ 生素数</td></tr>
<tr><td rowspan="2">70</td><td>次数与上一、三下二、四</td><td>6 - 6 - 10 - 6</td><td rowspan="2">5</td></tr>
<tr><td>再数与上一、三下二、四</td><td>6 - 10 - 6 - 6</td></tr>
<tr><td>71</td><td>首数与上尾下一、二；尾数与下首上三、四</td><td>2 - 10 - 2</td><td>4</td></tr>
</table>

## 三、有关问题

根据定理 1.6，表 6 开头的 3，13，23 是唯一的 3 项等差 10 素数列. 不仅如此，而且由定理 1.4(ⅱ)可得

**推论 2.9**　若奇数 $g>3$，则 3 个奇数 $g,g+10,g+20$ 不能都是素数.

**证**　因为奇数 $g>3$，所以

① 若 $g\equiv 0(\bmod 3)$，则结论成立；

② 若 $g\equiv 1(\bmod 3)$，则 $g+20\equiv 0(\bmod 3)$；

③ 若 $g\equiv 2(\bmod 3)$，则 $g+10\equiv 0(\bmod 3)$. □

下面是包含于猜测 11 的

**猜测 12**　存在无穷多个差 10 素数对. 即

$$\lim_{x\to+\infty}\pi(x)^{10}=+\infty$$

下面的猜测 13 是著名的至今未获证明的所谓"四生素数猜想".

**猜测 13**　存在无穷多个差 2 - 4 - 2 型四生素数. 即

$$\lim_{x\to+\infty}\pi(x)^{2\text{-}4\text{-}2}=+\infty$$

由模 10 缩族因数表(表 6)立刻可以看出，除过 2 和 5 以外，所有素数的个位数不外乎是 1，3，7，9. 因为除过一位素数 2，3，5，7 外，其余素数都大于 9. 在大于 9 的整数中，个位是 0，2，4，6，8 的数是大于 2 的偶数，它们都是合数；个位是 5 的数皆是大于 5 的 5 倍数亦是合数. 这两种合数全部被模 10 缩族筛掉剔除. 所以，除过唯一的偶素数 2 和特殊的奇素数 5 以外，全体素数的个位数不外乎是 1，3，7，9. 而这一点恰好在模 10 缩族质合表中体现得淋漓尽致，融洽得优美至极. 与此密切联系的结果之一是除过 5，7，11，13 外，任何一个差 2 - 4 - 2 型四生素数，其四个数的个位数千篇一律地依次是 1，3，7，9；其二是任何一个差 10 素数对两数的个位数都是相同的，也不外乎是 1，1；3，3；7，7；9，9 四种情形.

由上所述，还可以得到一个结论：除过 2 和 5 以外，全体素数以其个位数的异同分为四大类，即个位数是 1，3，7，9 的素数各是一类. 显然有

$$\pi(x)=\sum\pi(x;10,j)+2\quad(j=\pm1,\pm3)$$

由引理 1.1，则有

**推论 2.10**　个位数是 1，3，7，9 的素数都有无穷多个且各占全体素数的 $\frac{1}{4}$. 即

$$\lim_{x\to+\infty}\pi(x;10,j)=+\infty\quad(j=\pm1,\pm3)$$

$$\lim_{x\to+\infty}\frac{\pi(x;10,j)}{\pi(x)}=\frac{1}{\varphi(10)}=\frac{1}{4}\quad(j=\pm1,\pm3)$$

显然有

$$\pi(x)^{10}=\sum\pi(x)_j^{10}\quad(j=\pm1,\pm3)$$

亦有包含于猜测 11 的

**猜测 14**　个位数分别都是 1,3,7,9 的差 10 素数对均有无穷多个且各占全体差 10 素数对的$\frac{1}{4}$. 即

$$\lim_{x\to+\infty}\pi(x)_j^{10}=+\infty\quad(j=\pm1,\pm3)$$

$$\lim_{x\to+\infty}\frac{\pi(x)_j^{10}}{\pi(x)^{10}}=\frac{1}{\varphi(10)}=\frac{1}{4}\quad(j=\pm1,\pm3)$$

### 2.3.2　模 14 缩族质合表与差 14 素数对

#### 一、模 14 缩族因数表的编制方法

(1) 列出不超过 $x(=1500)$ 的模 14 缩族,即按序排列的 6 个模 14 含质列

$$1\bmod14,\ 3\bmod14,\ 5\bmod14,\ 9\bmod14,\ 11\bmod14,\ 13\bmod14$$

划去其中第 1 个元素 1,并且在前面添写上漏掉的素数 2 和 7(见表 8). 此时,不超过 $3^2-1$ 的所有素数得到确定(素数 3 是表 8 中第 1 个与 14 互素的数).

(2) 在表 8 缩族(即模 14 缩族) 中具体运演操作如下:

1) 在 3 与表 8 缩族中每一个不小于 3 而不大于$\frac{x}{3}$的数的乘积右旁写上小号数字 3,以示其为合数且含有素因数 3. 此时,不超过 $5^2-1$ 的所有的素数和与 14 互素的合数都得到确定(素数 5 是素数 3 后面第 1 个右旁没有小号数字的数).

2) 在 5 与表 8 缩族中每一个不小于 5 而不大于$\frac{x}{5}$的数的乘积右旁写上小号数字 5,以示其为合数且含有素因数 5. 此时,不超过 $11^2-1$ 的所有的素数和与 14 互素的合数都得到确定(素数 11 是素数 5 后面第 1 个右旁没有小号数字的数).

3) 在 11 与表 8 缩族中每一个不小于 11 而不大于$\frac{x}{11}$的数的乘积右旁写上小号数字 11,以示其为合数且含有素因数 11. 此时,不超过 $13^2-1$ 的所有的素数和与 14 互素的合数都得到确定(素数 13 是素数 11 后面第 1 个右旁没有小号数字的数).

4) 在第 $s+2(4\leqslant s\leqslant l-2)$ 个素数 $p_{s+2}(=p_6,p_7,\cdots,p_l\leqslant\sqrt{x})$ 与表 8 缩族中每一个不小于 $p_{s+2}$ 而不大于$\frac{x}{p_{s+2}}$的数的乘积右旁写上小号数字 $p_{s+2}$,以示其为合数且含有素因数 $p_{s+2}$. 此时,不超过 $p_{s+3}^2-1$ 的所有的素数和与 14 互素的合数都得到确定(素数 $p_{s+3}$ 是素数 $p_{s+2}$ 后面第 1 个右旁没有小号数字的数). 依此按序操作下去,直至完成第 $l-2$ 步骤止(因为 $p_{l+1}^2>x$),就得到不超过 $x$ 的全体素数和与 14 互素的合数一览表,即模 14 缩族因数表.

## 表 8　模 14 缩族因数表(1500 以内)

(2,7)

| | | | | | | | | | | | |
|---|---|---|---|---|---|---|---|---|---|---|---|
| 十 | 3 | 5 | $9_{3}$ | 11 | 13 | 379 | $381_{3}$ | 383 | $387_{3}$ | 389 | $391_{17}$ |
| $15_{3}$ | 17 | 19 | 23 | $25_{5}$ | $27_{3}$ | $393_{3}$ | $395_{5}$ | 397 | 401 | $403_{13}$ | $405_{3\cdot5}$ |
| 29 | 31 | $33_{3}$ | 37 | $39_{3}$ | 41 | $407_{11}$ | 409 | $411_{3}$ | $415_{5}$ | $417_{3}$ | 419 |
| 43 | $45_{3\cdot5}$ | 47 | $51_{3}$ | 53 | $55_{5}$ | 421 | $423_{3}$ | $425_{5\cdot17}$ | $429_{3\cdot11\cdot13}$ | 431 | 433 |
| $57_{3}$ | 59 | 61 | $65_{5}$ | 67 | $69_{3}$ | $435_{3\cdot5}$ | $437_{19}$ | 439 | 443 | $445_{5}$ | $447_{3}$ |
| 71 | 73 | $75_{3\cdot5}$ | 79 | $81_{3}$ | 83 | 449 | $451_{11}$ | $453_{3}$ | 457 | $459_{3\cdot17}$ | 461 |
| $85_{5}$ | $87_{3}$ | 89 | $93_{3}$ | $95_{5}$ | 97 | 463 | $465_{3\cdot5}$ | 467 | $471_{3}$ | $473_{11}$ | $475_{5\cdot19}$ |
| $99_{3}$ | 101 | 103 | 107 | 109 | $111_{3}$ | $477_{3}$ | 479 | $481_{13}$ | $485_{5}$ | 487 | $489_{3}$ |
| 113 | $115_{5}$ | $117_{3}$ | $121_{11}$ | $123_{3}$ | $125_{5}$ | 491 | $493_{17}$ | $495_{3\cdot5\cdot11}$ | 499 | $501_{3}$ | 503 |
| 127 | $129_{3}$ | 131 | $135_{3\cdot5}$ | 137 | 139 | $505_{5}$ | $507_{3\cdot13}$ | 509 | $513_{3\cdot19}$ | $515_{5}$ | $517_{11}$ |
| $141_{3}$ | $143_{11}$ | $145_{5}$ | 149 | 151 | $153_{3}$ | $519_{3}$ | 521 | 523 | $527_{17}$ | $529_{23}$ | $531_{3}$ |
| $155_{5}$ | 157 | $159_{3}$ | 163 | $165_{3\cdot5\cdot11}$ | 167 | $533_{13}$ | $535_{5}$ | $537_{3}$ | 541 | $543_{3}$ | $545_{5}$ |
| $169_{13}$ | $171_{3}$ | 173 | $177_{3}$ | 179 | 181 | 547 | $549_{3}$ | $551_{19}$ | $555_{3\cdot5}$ | 557 | $559_{13}$ |
| $183_{3}$ | $185_{5}$ | $187_{11}$ | 191 | 193 | $195_{3\cdot5\cdot13}$ | $561_{3\cdot11\cdot17}$ | 563 | $565_{5}$ | 569 | 571 | $573_{3}$ |
| 197 | 199 | $201_{3}$ | $205_{5}$ | $207_{3}$ | $209_{11}$ | $575_{5\cdot23}$ | 577 | $579_{3}$ | $583_{11}$ | $585_{3\cdot5\cdot13}$ | 587 |
| 211 | $213_{3}$ | $215_{5}$ | $219_{3}$ | $221_{13}$ | 223 | $589_{19}$ | $591_{3}$ | 593 | $597_{3}$ | 599 | 601 |
| $225_{3\cdot5}$ | 227 | 229 | 233 | $235_{5}$ | $237_{3}$ | $603_{3}$ | $605_{5\cdot11}$ | 607 | $611_{13}$ | 613 | $615_{3\cdot5}$ |
| 239 | 241 | $243_{3}$ | $247_{13}$ | $249_{3}$ | 251 | 617 | 619 | $621_{3\cdot23}$ | $625_{5}$ | $627_{3\cdot11\cdot19}$ | $629_{17}$ |
| $253_{11}$ | $255_{3\cdot5}$ | 257 | $261_{3}$ | 263 | $265_{5}$ | 631 | $633_{3}$ | $635_{5}$ | $639_{3}$ | 641 | 643 |
| $267_{3}$ | 269 | 271 | $275_{5\cdot11}$ | 277 | $279_{3}$ | $645_{3\cdot5}$ | 647 | $649_{11}$ | 653 | $655_{5}$ | $657_{3}$ |
| 281 | 283 | $285_{3\cdot5}$ | $289_{17}$ | $291_{3}$ | 293 | 659 | 661 | $663_{3\cdot13\cdot17}$ | $667_{23}$ | $669_{3}$ | $671_{11}$ |
| $295_{5}$ | $297_{3\cdot11}$ | $299_{13}$ | $303_{3}$ | $305_{5}$ | 307 | 673 | $675_{3\cdot5}$ | 677 | $681_{3}$ | 683 | $685_{5}$ |
| $309_{3}$ | 311 | 313 | 317 | $319_{11}$ | $321_{3}$ | $687_{3}$ | $689_{13}$ | 691 | $695_{5}$ | $697_{17}$ | $699_{3}$ |
| $323_{17}$ | $325_{5\cdot13}$ | $327_{3}$ | 331 | $333_{3}$ | $335_{5}$ | 701 | $703_{19}$ | $705_{3\cdot5}$ | 709 | $711_{3}$ | $713_{23}$ |
| 337 | $339_{3}$ | $341_{11}$ | $345_{3\cdot5}$ | 347 | 349 | $715_{5\cdot11\cdot13}$ | $717_{3}$ | 719 | $723_{3}$ | $725_{5}$ | 727 |
| $351_{3\cdot13}$ | 353 | $355_{5}$ | 359 | $361_{19}$ | $363_{3\cdot11}$ | $729_{3}$ | $731_{17}$ | 733 | $737_{11}$ | 739 | $741_{3\cdot13\cdot19}$ |
| $365_{5}$ | 367 | $369_{3}$ | 373 | $375_{3\cdot5}$ | $377_{13}$ | 743 | $745_{5}$ | $747_{3}$ | 751 | $753_{3}$ | $755_{5}$ |

| | | | | | |
|---|---|---|---|---|---|
| 757 | $759_{3\cdot 11\cdot 23}$ | 761 | $765_{3\cdot 5\cdot 17}$ | $767_{13}$ | 769 |
| $771_{3}$ | 773 | $775_{5}$ | $779_{19}$ | $781_{11}$ | $783_{3}$ |
| $785_{5}$ | 787 | $789_{3}$ | $793_{13}$ | $795_{3\cdot 5}$ | 797 |
| $799_{17}$ | $801_{3}$ | $803_{11}$ | $807_{3}$ | 809 | 811 |
| $813_{3}$ | $815_{5}$ | $817_{19}$ | 821 | 823 | $825_{3\cdot 5\cdot 11}$ |
| 827 | 829 | $831_{3}$ | $835_{5}$ | $837_{3}$ | 839 |
| $841_{29}$ | $843_{3}$ | $845_{5\cdot 13}$ | $849_{3}$ | $851_{23}$ | 853 |
| $855_{3\cdot 5\cdot 19}$ | 857 | 859 | 863 | $865_{5}$ | $867_{3\cdot 17}$ |
| $869_{11}$ | $871_{13}$ | $873_{3}$ | 877 | $879_{3}$ | 881 |
| 883 | $885_{3\cdot 5}$ | 887 | $891_{3\cdot 11}$ | $893_{19}$ | $895_{5}$ |
| $897_{3\cdot 13\cdot 23}$ | $899_{29}$ | $901_{17}$ | $905_{5}$ | 907 | $909_{3}$ |
| 911 | $913_{11}$ | $915_{3\cdot 5}$ | 919 | $921_{3}$ | $923_{13}$ |
| $925_{5}$ | $927_{3}$ | 929 | $933_{3}$ | $935_{5\cdot 11\cdot 17}$ | 937 |
| $939_{3}$ | 941 | $943_{23}$ | 947 | $949_{13}$ | $951_{3}$ |
| 953 | $955_{5}$ | $957_{3\cdot 11\cdot 29}$ | $961_{31}$ | $963_{3}$ | $965_{5}$ |
| 967 | $969_{3\cdot 17\cdot 19}$ | 971 | $975_{3\cdot 5\cdot 13}$ | 977 | $979_{11}$ |
| $981_{3}$ | 983 | $985_{5}$ | $989_{23}$ | 991 | $993_{3}$ |
| $995_{5}$ | 997 | $999_{3}$ | $1003_{17}$ | $1005_{3\cdot 5}$ | $1007_{19}$ |
| 1009 | $1011_{3}$ | 1013 | $1017_{3}$ | 1019 | 1021 |
| $1023_{3\cdot 11\cdot 31}$ | $1025_{5}$ | $1027_{13}$ | 1031 | 1033 | $1035_{3\cdot 5\cdot 23}$ |
| $1037_{17}$ | 1039 | $1041_{3}$ | $1045_{5\cdot 11\cdot 19}$ | $1047_{3}$ | 1049 |
| 1051 | $1053_{3\cdot 13}$ | $1055_{5}$ | $1059_{3}$ | 1061 | 1063 |
| $1065_{3\cdot 5}$ | $1067_{11}$ | 1069 | $1073_{29}$ | $1075_{5}$ | $1077_{3}$ |
| $1079_{13}$ | $1081_{23}$ | $1083_{3\cdot 19}$ | 1087 | $1089_{3\cdot 11}$ | 1091 |
| 1093 | $1095_{3\cdot 5}$ | 1097 | $1101_{3}$ | 1103 | $1105_{5\cdot 13\cdot 17}$ |
| $1107_{3}$ | 1109 | $1111_{11}$ | $1115_{5}$ | 1117 | $1119_{3}$ |
| $1121_{19}$ | 1123 | $1125_{3\cdot 5}$ | 1129 | $1131_{3\cdot 13\cdot 29}$ | $1133_{11}$ |
| $1135_{5}$ | $1137_{3}$ | $1139_{17}$ | $1143_{3}$ | $1145_{5}$ | $1147_{31}$ |
| $1149_{3}$ | 1151 | 1153 | $1157_{13}$ | $1159_{19}$ | $1161_{3}$ |

| | | | | | |
|---|---|---|---|---|---|
| 1163 | $1165_{5}$ | $1167_{3}$ | 1171 | $1173_{3\cdot 17\cdot 23}$ | $1175_{5}$ |
| $1177_{11}$ | $1179_{3}$ | 1181 | $1185_{3\cdot 5}$ | 1187 | $1189_{29}$ |
| $1191_{3}$ | 1193 | $1195_{5}$ | $1199_{11}$ | 1201 | $1203_{3}$ |
| $1205_{5}$ | $1207_{17}$ | $1209_{3\cdot 13\cdot 31}$ | 1213 | $1215_{3\cdot 5}$ | 1217 |
| $1219_{23}$ | $1221_{3\cdot 11}$ | 1223 | $1227_{3}$ | 1229 | 1231 |
| $1233_{3}$ | $1235_{5\cdot 13\cdot 19}$ | 1237 | $1241_{17}$ | $1243_{11}$ | $1245_{3\cdot 5}$ |
| $1247_{29}$ | 1249 | $1251_{3}$ | $1255_{5}$ | $1257_{3}$ | 1259 |
| $1261_{13}$ | $1263_{3}$ | $1265_{5\cdot 11\cdot 23}$ | $1269_{3}$ | $1271_{31}$ | $1273_{19}$ |
| $1275_{3\cdot 5\cdot 17}$ | 1277 | 1279 | 1283 | $1285_{5}$ | $1287_{3\cdot 11\cdot 13}$ |
| 1289 | 1291 | $1293_{3}$ | 1297 | $1299_{3}$ | 1301 |
| 1303 | $1305_{3\cdot 5\cdot 29}$ | 1307 | $1311_{3\cdot 19\cdot 23}$ | $1313_{13}$ | $1315_{5}$ |
| $1317_{3}$ | 1319 | 1321 | $1325_{5}$ | 1327 | $1329_{3}$ |
| $1331_{11}$ | $1333_{31}$ | $1335_{3\cdot 5}$ | $1339_{13}$ | $1341_{3}$ | $1343_{17}$ |
| $1345_{5}$ | $1347_{3}$ | $1349_{19}$ | $1353_{3\cdot 11}$ | $1355_{5}$ | $1357_{23}$ |
| $1359_{3}$ | 1361 | $1363_{29}$ | 1367 | $1369_{37}$ | $1371_{3}$ |
| 1373 | $1375_{5\cdot 11}$ | $1377_{3\cdot 17}$ | 1381 | $1383_{3}$ | $1385_{5}$ |
| $1387_{19}$ | $1389_{3}$ | $1391_{13}$ | $1395_{3\cdot 5\cdot 31}$ | $1397_{11}$ | 1399 |
| $1401_{3}$ | $1403_{23}$ | $1405_{5}$ | 1409 | $1411_{17}$ | $1413_{3}$ |
| $1415_{5}$ | $1417_{13}$ | $1419_{3\cdot 11}$ | 1423 | $1425_{3\cdot 5\cdot 19}$ | 1427 |
| 1429 | $1431_{3}$ | 1433 | $1437_{3}$ | 1439 | $1441_{11}$ |
| $1443_{3\cdot 13\cdot 37}$ | $1445_{5\cdot 17}$ | 1447 | 1451 | 1453 | $1455_{3\cdot 5}$ |
| $1457_{31}$ | 1459 | $1461_{3}$ | $1465_{5}$ | $1467_{3}$ | $1469_{13}$ |
| 1471 | $1473_{3}$ | $1475_{5}$ | $1479_{3\cdot 17\cdot 29}$ | 1481 | 1483 |
| $1485_{3\cdot 5\cdot 11}$ | 1487 | 1489 | 1493 | $1495_{5\cdot 13\cdot 23}$ | $1497_{3}$ |
| 1499 | | | | | |

在模 14 缩族因数表中，右旁写有小号数字的数是不含素因数 2 和 7 的合数(其自身含有的全部小素因数也一目了然)，其余右旁空白没有小号数字的数皆为素数.

## 二、模 14 缩族质合表的特点、优势功能与用途

编制模 14 缩族质合表的第一个特点和优势功能，就是在“开筛”之前已经先天性地筛掉了给定自然数列内($x$ 以内)全部的偶数和 7 倍数. 因此，比编制不超过 $x$ 的模 $2^\alpha$ 缩族质合表和埃氏筛法素数表分别节省

$$14.29\%\left(\approx 1-\frac{\varphi(2^\alpha\times 7)}{\varphi(2^\alpha)\times 7}=1-\left(1-\frac{1}{7}\right)\right) \quad 和 \quad 57.14\%\left(\approx 1-\frac{\varphi(14)}{14}=1-\frac{3}{7}\right)$$

的篇幅和更多的计算量，亦是编制模 $d$ 缩族质合表的适选表种之一.

模 14 缩族质合表所具有的独特优势功能，就是能够直接显示所有不超过 $x$ 的差 14 素数对. 表 8 任一含质列中任何连续两项如果都是素数，那么就是一个差 14 素数对，使人一眼看出和一个不漏地寻找到它们. 这一优势功能是目前已知的其他所有模 $d$ 缩族质合表、素数表根本无法达到和不可比拟的，为依次不漏地寻找差 14 素数对提供了可能和极大的方便. 如果目的仅在于此，那么只需编制模 14 缩族匿因质合表即可(其方法也可以是在操作完上述的步骤(1)后，对照已有的素数表或质合表，直接删去或用简单记号标明表 8 中每一个合数即可).

在表 8 中，直接显示与检索的差 14 素数对如：100 以内是 3，17；5，19；17，31；23，37；29，43；47，61；53，67；59，73；83，97 共 9 对；1200 至 1300 之间是 1217，1231；1223，1237；1277，1291；1283，1297 共 4 对.

## 三、有关问题

由表 8 知，除过 2 和 7 以外，所有素数可以分为 $14n\pm 1$，$14n\pm 3$ 和 $14n\pm 5$ 六大类. 显然有

$$\pi(x)=\sum\pi(x;14,j)+2 \quad (j=\pm 1,\pm 3,\pm 5)$$

由引理 1.1，则有

**推论 2.11**　$14n\pm 1$，$14n\pm 3$ 和 $14n\pm 5$ 形式的素数都有无穷多个且各占全体素数的 $\frac{1}{6}$. 即

$$\lim_{x\to+\infty}\pi(x;14,j)=+\infty \quad (j=\pm 1,\pm 3,\pm 5)$$

$$\lim_{x\to+\infty}\frac{\pi(x;14,j)}{\pi(x)}=\frac{1}{\varphi(14)}=\frac{1}{6} \quad (j=\pm 1,\pm 3,\pm 5)$$

根据定理 1.6，表 8 开头的 3，17，31 是唯一的 3 项等差 14 素数列. 不仅如此，而且由定理 1.4(ⅱ)可得

**推论 2.12**　若奇数 $g>3$，则 3 个奇数 $g$，$g+14$，$g+28$ 不能都是素数.

下面的猜测 15 和猜测 16 均包含于猜测 11.

**猜测 15**　存在无穷多个差 14 素数对. 即

$$\lim_{x\to+\infty}\pi(x)^{14}=+\infty$$

显然有

$$\pi(x)^{14}=\sum\pi(x)_j^{14} \quad (j=\pm 1,\pm 3,\pm 5)$$

**猜测 16**　$14n\pm1$ 形、$14n\pm3$ 形和 $14n\pm5$ 形差 14 素数对都有无穷多个且各占全体差 14 素数对的 $\frac{1}{6}$. 即

$$\lim_{x\to+\infty}\pi(x)_j^{14}=+\infty\quad(j=\pm1,\pm3,\pm5)$$

$$\lim_{x\to+\infty}\frac{\pi(x)_j^{14}}{\pi(x)^{14}}=\frac{1}{\varphi(14)}=\frac{1}{6}\quad(j=\pm1,\pm3,\pm5)$$

# 第3章　模 $b(6\parallel b)$ 缩族质合表与等差 $b$ 素数列

初期研究的障碍，乃在于缺乏研究方法．无怪乎人们常说，科学是随着研究方法获得的成就而前进的．研究方法每前进一步，我们就提高一步．因此，我们头等重要的任务是制订方法．

——巴甫洛夫

## 3.1　模 $b(6\parallel b)$ 缩族质合表与等差 $b$ 素数列

### 一、模 $b$ 缩族因数表的编制方法

设 $5<q_{\mathrm{I}}$，$2<3<q_{\mathrm{I}}<q_{\mathrm{II}}<\cdots<q_{\gamma}$ 是正偶数 $b(\geqslant 6)$ 的全部素因数，与 $b$ 互素且不超过 $\sqrt{x}\,(x\in\mathbf{N}^{+})$ 的全体奇素数依从小到大的顺序排列成 $5=q_1,q_2,\cdots,q_l\leqslant\sqrt{x}\,(x>q_1q_2b)$，则编制模 $b$ 缩族因数表的方法为

(1) 列出不超过 $x$ 的模 $b$ 缩族，即首项为 $r(=1,q_1,\cdots,b-1)$ 的 $\varphi(b)=\dfrac{b}{3}\prod\limits_{I\leqslant i\leqslant\gamma}\left(1-\dfrac{1}{q_i}\right)$ 个模 $b$ 含质列

$$1\mathrm{mod}b,\ q_1\,\mathrm{mob}b,\ \cdots,\ b-1\mathrm{mob}b \tag{3.1}$$

(其中 $(r,b)=1$ 且 $1<q_1<\cdots<b-1$) 划去其中第 1 个元素 1，并且在前面添写上漏掉的素数 $2,3,q_{\mathrm{I}},q_{\mathrm{II}},\cdots,q_{\gamma}$．此时，不超过 $q_1^2-1$ 的所有素数得到确定(素数 $q_1(=5)$ 是缩族(3.1) 中第 1 个与 $b$ 互素的数)．

(2) 由第 1 步起，依次在缩族(3.1) 中完成 $l$ 个运演操作步骤．其中第 $s(1\leqslant s\leqslant l)$ 步骤是在素数 $q_s(=q_1,q_2,\cdots,q_l\leqslant\sqrt{x})$ 与缩族(3.1) 中每一个不小于 $q_s$ 而不大于 $\dfrac{x}{q_s}$ 的数的乘积右旁写上小号数字 $q_s$，以示其为合数且含有素因数 $q_s$．此时，不超过 $q_{s+1}^2-1$ 的所有的素数和与 $b$ 互素的合数都得到确定(素数 $q_{s+1}$ 是素数 $q_s$ 后面第 1 个右旁没有小号数字的数)．依此按序操作下去，直至完成第 $l$ 步骤止(因为 $q_{l+1}^2>x$)，就得到不超过 $x$ 的全体素数和与 $b$ 互素的合数一览表，即模 $b(6\parallel b)$ 缩族因数表．

在模 $b$ 缩族因数表中，右旁写有小号数字的数是与 $b$ 互素(即不含素因数 $2,3,q_{\mathrm{I}}(>5)$，$q_{\mathrm{II}},\cdots,q_{\gamma}$) 的合数(其自身含有的全部小素因数也一目了然)，其余右旁空白没有小号数字的数皆为素数．

### 二、模 $b$ 缩族质合表的特点、优势功能与用途

编制模 $b$ 缩族质合表的一大特点和优势功能，就是在"开筛"之前已经先天性地筛掉了给定自然数列内($x$ 以内)$b$ 的素因数 $2,3,q_{\mathrm{I}},q_{\mathrm{II}},\cdots,q_{\gamma}$ 各自的全部倍数．因此，比编制不超过 $x$ 的模 $2^{\alpha}$ 缩族质合表和埃氏筛法素数表分别节省

$$1-\frac{\varphi(b)}{\varphi(2^{\alpha})\cdot b\div 2^{\alpha}}=1-\frac{2}{3}\prod_{l\leqslant i\leqslant \gamma}\left(1-\frac{1}{q_i}\right)\quad 和\quad 1-\frac{\varphi(b)}{b}=1-\frac{1}{3}\prod_{l\leqslant i\leqslant \gamma}\left(1-\frac{1}{q_i}\right)$$

的篇幅和更多的计算量.

模 $b$ 缩族质合表所具有的基本功能及其独特优势,就是能够直接显示所有不超过 $x$ 的差 $b$ 素数对、3 项和 4 项等差 $b$ 素数列. 缩族(3.1)任一含质列中任何连续 2 项、3 项和 4 项如果都是素数,那么依次就是一个差 $b$ 素数对、一个 3 项和 4 项等差 $b$ 素数列,使人一眼看出和一个不漏地寻找到它们. 这一优势功能是目前已知的其他所有模 $d$ 缩族质合表、素数表根本无法达到和不可比拟的,为依次不漏地寻找它们提供了可能和极大的方便. 如果目的仅在于此,那么只需编制模 $b$ 缩族匿因质合表即可.

### 三、有关问题

根据定理 1.5,如果缩族(3.1)中的含质列 $5\bmod b$ 的前 5 项.

$$5,\ b+5,\ 2b+5,\ 3b+5,\ 4b+5$$

不都是素数,则等差 $b$ 素数列不超过 4 项.

下面提出的猜测 17 和猜测 18 分别包含于猜测 74 和猜测 75.

**猜测 17**　设 $6 \parallel b(\geqslant 6)$,则差 $b$ 素数对、3 项和 4 项等差 $b$ 素数列都有无穷多个. 即

$$\lim_{x\to+\infty}\pi(x)^{b}=+\infty$$

$$\lim_{x\to+\infty}\pi\ (x)^{b_v}=+\infty\quad (v=3,4)$$

显然有

$$\pi(x)^{b}=\sum\pi(x)_{j}^{b}\quad \left((b,j)=1\ 且\ 1\leqslant|\ j\ |<\frac{b}{2}\right)$$

$$\pi(x)^{b_v}=\sum\pi(x)_{j^v}^{b_v}\quad \left(v=3,4;(b,j)=1\ 且\ 1\leqslant|\ j\ |<\frac{b}{2}\right)$$

**猜测 18**　设 $6 \parallel b(\geqslant 6)$,则

(ⅰ)模 $b$ 缩族的 $\varphi(b)$ 个含质列均包含无穷多个 —— 差 $b$ 素数对、3 项等差 $b$ 素数列和 4 项等差 $b$ 素数列. 即

$$\lim_{x\to+\infty}\pi(x)_{j}^{b}=+\infty\quad \left((b,j)=1\ 且\ 1\leqslant|\ j\ |<\frac{b}{2}\right)$$

$$\lim_{x\to+\infty}\pi(x)_{j^v}^{b_v}=+\infty\quad \left(v=3,4;(b,j)=1\ 且\ 1\leqslant|\ j\ |<\frac{b}{2}\right)$$

(ⅱ)全体差 $b$ 素数对、3 项等差 $b$ 素数列和 4 项等差 $b$ 素数列都平均分布在模 $b$ 缩族的 $\varphi(b)$ 个含质列之中. 即

$$\lim_{x\to+\infty}\frac{\pi(x)_{j}^{b}}{\pi(x)^{b}}=\lim_{x\to+\infty}\frac{\pi(x)_{j^v}^{b_v}}{\pi(x)^{b_v}}=\frac{1}{\varphi(b)}\quad \left(v=3,4;(b,j)=1\ 且\ 1\leqslant|\ j\ |<\frac{b}{2}\right)$$

## 3.2　模 $P_2^{\alpha_2}$ 缩族质合表与等差 $P_2^{\alpha_2}$ 素数列

### 一、模 $P_2^{\alpha_2}$ 缩族因数表的编制方法

模 $P_2^{\alpha_2}(=p_1^{\alpha_1}p_2^{\alpha_2})$ 缩族因数表,是在不超过 $x(5\cdot 7p_2^{\alpha_2}<x\in \mathbf{N}^{+})$ 的模 $P_2^{\alpha_2}$ 缩族中,依次标

注出素数 $p_3,p_4,\cdots,p_l(\leqslant\sqrt{x})$ 除本身外各自所有倍数相应含有的小素因数 $p_3,p_4,\cdots,p_l$，其余的是大于 $p_2$ 不超过 $x$ 的全体素数. 该表的编制方法：

(1) 列出不超过 $x$ 的模 $P_2^{\alpha_2}$ 缩族，即首项为 $r(=1,5,7,\cdots,P_2^{\alpha_2}-1)$ 的 $\varphi(P_2^{\alpha_2})=\frac{1}{3}P_2^{\alpha_2}$ 个模 $P_2^{\alpha_2}$ 含质列

$$1\bmod P_2^{\alpha_2},\ 5\bmod P_2^{\alpha_2},\ 7\bmod P_2^{\alpha_2},\ \cdots,\ P_2^{\alpha_2}-1\bmod P_2^{\alpha_2} \tag{3.2}$$

(其中 $(r,P_2^{\alpha_2})=1$ 且 $1<5<7<\cdots<p_2^{\alpha_2}-1$) 划去其中第 1 个元素 1，并且在前面添写上漏掉的素数 2 和 3. 此时，不超过 $5^2-1$ 的所有素数得到确定(素数 5 是缩族(3.2) 中第 1 个与 $P_2^{\alpha_2}$ 互素的数).

(2) 由第 1 步起，依次在缩族(3.2) 中完成 $l-2$ 个运演操作步骤. 其中第 $s(1\leqslant s\leqslant l-2)$ 步骤是在第 $s+2$ 个素数 $p_{s+2}(=p_3,p_4,\cdots,p_l\leqslant\sqrt{x})$ 与缩族(3.2) 中每一个不小于 $p_{s+2}$ 而不大于 $\frac{x}{p_{s+2}}$ 的数的乘积右旁写上小号数字 $p_{s+2}$，以示其为合数且含有素因数 $p_{s+2}$. 此时，不超过 $p_{s+3}^2-1$ 的所有的素数和与 $P_2^{\alpha_2}$ 互素的合数都得到确定(素数 $p_{s+3}$ 是素数 $p_{s+2}$ 后面第 1 个右旁没有小号数字的数). 依此按序操作下去，直至完成第 $l-2$ 步骤止(因为 $p_{l+1}^2>x$)，就得到不超过 $x$ 的全体素数和与 $P_2^{\alpha_2}$ 互素的合数一览表，即模 $P_2^{\alpha_2}$ 缩族因数表.

在模 $P_2^{\alpha_2}$ 缩族因数表中，右旁写有小号数字的数是与 $P_2^{\alpha_2}$ 互素(即其不含素因数 2 和 3) 的合数(其自身含有的全部小素因数也一目了然)，其余右旁空白没有小号数字的数皆为素数.

## 二、模 $P_2^{\alpha_2}$ 缩族质合表的特点、优势功能与用途

编制模 $P_2^{\alpha_2}$ 缩族质合表的一大特点与优势功能，就是在“开筛”之前已经先天性地筛掉了给定自然数列内($x$ 以内) 全部的偶数和 3 倍数. 因此，比编制不超过 $x$ 的模 $2^{\alpha}$ 缩族质合表和埃氏筛法素数表分别节省

$$33.33\%\left(\approx 1-\frac{\varphi(P_2^{\alpha_2})}{\varphi(p_1^{\alpha_1})\cdot p_2^{\alpha_2}}=1-\left(1-\frac{1}{3}\right)\right)\quad 和\quad 66.67\%\left(\approx 1-\frac{\varphi(P_2^{\alpha_2})}{P_2^{\alpha_2}}=1-\frac{1}{3}\right)$$

的篇幅和更多的计算量.

模 $P_2^{\alpha_2}$ 缩族质合表所具有的基本功能及其独特优势，就是能够直接显示所有不超过 $x$ 的差 $P_2^{\alpha_2}$ 素数对、3 项和 4 项等差 $P_2^{\alpha_2}$ 素数列. 缩族(3.2) 任一含质列中任何连续 2 项、3 项和 4 项如果都是素数，那么依次就是一个差 $P_2^{\alpha_2}$ 素数对、一个 3 项和 4 项等差 $P_2^{\alpha_2}$ 素数列，使人一眼看出和一个不漏地寻找到它们. 这一优势功能是目前已知的其他所有模 $d$ 缩族质合表、素数表根本无法达到和不可比拟的，为依次不漏地寻找它们提供了可能和极大的方便. 如果目的仅在于此，那么只需编制模 $P_2^{\alpha_2}$ 缩族匿因质合表即可.

## 三、有关问题

根据定理 1.5，如果缩族(3.2) 中的含质列 $5\bmod P_2^{\alpha_2}$ 的前 5 项

$$5,\ P_2^{\alpha_2}+5,\ 2P_2^{\alpha_2}+5,\ 3P_2^{\alpha_2}+5,\ 4P_2^{\alpha_2}+5$$

不都是素数，则等差 $P_2^{\alpha_2}$ 素数列不超过 4 项.

现在介绍包含于猜测 17 和猜测 18 的：

**猜测 19**

（ⅰ）差 $P_2^{\alpha_2}$ 素数对、3 项和 4 项等差 $P_2^{\alpha_2}$ 素数列都有无穷多个；

（ⅱ）任意一个模 $P_2^{\alpha_2}$ 含质列中的差 $P_2^{\alpha_2}$ 素数对、3 项等差 $P_2^{\alpha_2}$ 素数列和 4 项等差 $P_2^{\alpha_2}$ 素数列都有无穷多个；

（ⅲ）全体差 $P_2^{\alpha_2}$ 素数对、3 项等差 $P_2^{\alpha_2}$ 素数列和 4 项等差 $P_2^{\alpha_2}$ 素数列都平均分布在模 $P_2^{\alpha_2}$ 缩族的 $\varphi(P_2^{\alpha_2})$ 个含质列之中.

### 3.2.1　模 6 缩族质合表显搜 $k$ 生素数功能初探

#### 一、模 6 缩族因数表的编制方法

(1) 列出不超过 $x(=3000)$ 的模 6 缩族，即按序排列的 2 个模 6 含质列

$$1\bmod 6,\quad 5\bmod 6$$

划去其中第 1 个元素 1，并且在前面添写上漏掉的素数 2 和 3(见表 9). 此时，不超过 $5^2-1$ 的所有素数得到确定(素数 5 是表 9 中第 1 个与 6 互素的数).

(2) 在表 9 缩族(即模 6 缩族) 中具体运演操作如下：

1) 在 5 与表 9 缩族中每一个不小于 5 而不大于 $\frac{x}{5}$ 的数的乘积右旁写上小号数字 5，以示其为合数且含有素因数 5. 此时，不超过 $7^2-1$ 的所有的素数和与 6 互素的合数都得到确定(素数 7 是素数 5 后面第 1 个右旁没有小号数字的数).

2) 在 7 与表 9 缩族中每一个不小于 7 而不大于 $\frac{x}{7}$ 的数的乘积右旁写上小号数字 7，以示其为合数且含有素因数 7. 此时，不超过 $11^2-1$ 的所有的素数和与 6 互素的合数都得到确定(素数 11 是素数 7 后面第 1 个右旁没有小号数字的数).

3) 在第 $s+2(3\leqslant s\leqslant l-2)$ 个素数 $p_{s+2}(=p_5,p_6,\cdots,p_l\leqslant\sqrt{x})$ 与表 9 缩族中每一个不小于 $p_{s+2}$ 而不大于 $\frac{x}{p_{s+2}}$ 的数的乘积右旁写上小号数字 $p_{s+2}$，以示其为合数且含有素因数 $p_{s+2}$. 此时，不超过 $p_{s+3}^2-1$ 的所有的素数和与 6 互素的合数都得到确定(素数 $p_{s+3}$ 是素数 $p_{s+2}$ 后面第 1 个右旁没有小号数字的数).

依此按序操作下去，直至完成第 $l-2$ 步骤止(因为 $p_{l+1}^2>x$)，就得到不超过 $x$ 的全体素数和与 6 互素的合数一览表，即模 6 缩族因数表.

在模 6 缩族因数表中，右旁写有小号数字的数是不含素因数 2 和 3 的合数(其自身含有的全部小素因数也一目了然)，其余右旁空白没有小号数字的数皆为素数.

#### 二、编制模 6 缩族质合表的特点与优点

编制模 6 缩族质合表的最大特点和优点，就是在“开筛”之前已经先天性地筛掉了给定自然数列内($x$ 以内) 全部的偶数和 3 倍数. 因此，比编制不超过 $x$ 的模 2 缩族质合表和埃氏筛法素数表分别节省

$$33.33\%\left(\approx 1-\frac{\varphi(6)}{\varphi(2)\cdot 3}=1-\left(1-\frac{1}{3}\right)\right)\quad 和\quad 66.67\%\left(\approx 1-\frac{\varphi(6)}{6}=1-\frac{1}{3}\right)$$

的篇幅和更多的计算量，是低耗高效筛选素数的优选方法之一.

## 表 9　模 6 缩族因数表(3000 以内)

(2,3)

| | | | | | | | |
|---|---|---|---|---|---|---|---|
| 1 | 5 | 241 | $245_{5\cdot 7}$ | $481_{13}$ | $485_{5}$ | $721_{7}$ | $725_{5}$ |
| 7 | 11 | $247_{13}$ | 251 | 487 | 491 | 727 | $731_{17}$ |
| 13 | 17 | $253_{11}$ | 257 | $493_{17}$ | $497_{7}$ | 733 | $737_{11}$ |
| 19 | 23 | $259_{7}$ | 263 | 499 | 503 | 739 | 743 |
| $25_{5}$ | 29 | $265_{5}$ | 269 | $505_{5}$ | 509 | $745_{5}$ | $749_{7}$ |
| 31 | $35_{5}$ | 271 | $275_{5\cdot 11}$ | $511_{7}$ | $515_{5}$ | 751 | $755_{5}$ |
| 37 | 41 | 277 | 281 | $517_{11}$ | 521 | 757 | 761 |
| 43 | 47 | 283 | $287_{7}$ | 523 | $527_{17}$ | $763_{7}$ | $767_{13}$ |
| $49_{7}$ | 53 | $289_{17}$ | 293 | $529_{23}$ | $533_{13}$ | 769 | 773 |
| $55_{5}$ | 59 | $295_{5}$ | $299_{13}$ | $535_{5}$ | $539_{7\cdot 11}$ | $775_{5}$ | $779_{19}$ |
| 61 | $65_{5}$ | $301_{7}$ | $305_{5}$ | 541 | $545_{5}$ | $781_{11}$ | $785_{5}$ |
| 67 | 71 | 307 | 311 | 547 | $551_{19}$ | 787 | $791_{7}$ |
| 73 | $77_{7}$ | 313 | 317 | $553_{7}$ | 557 | $793_{13}$ | 797 |
| 79 | 83 | $319_{11}$ | $323_{17}$ | $559_{13}$ | 563 | $799_{17}$ | $803_{11}$ |
| $85_{5}$ | 89 | $325_{5\cdot 13}$ | $329_{7}$ | $565_{5}$ | 569 | $805_{5\cdot 7\cdot 23}$ | 809 |
| $91_{7}$ | $95_{5}$ | 331 | $335_{5}$ | 571 | $575_{5\cdot 23}$ | 811 | $815_{5}$ |
| 97 | 101 | 337 | $341_{11}$ | 577 | $581_{7}$ | $817_{19}$ | 821 |
| 103 | 107 | $343_{7}$ | 347 | $583_{11}$ | 587 | 823 | 827 |
| 109 | 113 | 349 | 353 | $589_{19}$ | 593 | 829 | $833_{7\cdot 17}$ |
| $115_{5}$ | $119_{7}$ | $355_{5}$ | 359 | $595_{5\cdot 7\cdot 17}$ | 599 | $835_{5}$ | 839 |
| $121_{11}$ | $125_{5}$ | $361_{19}$ | $365_{5}$ | 601 | $605_{5\cdot 11}$ | $841_{29}$ | $845_{5\cdot 13}$ |
| 127 | 131 | 367 | $371_{7}$ | 607 | $611_{13}$ | $847_{7\cdot 11}$ | $851_{23}$ |
| $133_{7}$ | 137 | 373 | $377_{13}$ | 613 | 617 | 853 | 857 |
| 139 | $143_{11}$ | 379 | 383 | 619 | $623_{7}$ | 859 | 863 |
| $145_{5}$ | 149 | $385_{5\cdot 7\cdot 11}$ | 389 | $625_{5}$ | $629_{17}$ | $865_{5}$ | $869_{11}$ |
| 151 | $155_{5}$ | $391_{17}$ | $395_{5}$ | 631 | $635_{5}$ | $871_{13}$ | $875_{5\cdot 7}$ |
| 157 | $161_{7}$ | 397 | 401 | $637_{7\cdot 13}$ | 641 | 877 | 881 |
| 163 | 167 | $403_{13}$ | $407_{11}$ | 643 | 647 | 883 | 887 |
| $169_{13}$ | 173 | 409 | $413_{7}$ | $649_{11}$ | 653 | $889_{7}$ | $893_{19}$ |
| $175_{5\cdot 7}$ | 179 | $415_{5}$ | 419 | $655_{5}$ | 659 | $895_{5}$ | $899_{29}$ |
| 181 | $185_{5}$ | 421 | $425_{5\cdot 17}$ | 661 | $665_{5\cdot 7\cdot 19}$ | $901_{17}$ | $905_{5}$ |
| $187_{11}$ | 191 | $427_{7}$ | 431 | $667_{23}$ | $671_{11}$ | 907 | 911 |
| 193 | 197 | 433 | $437_{19}$ | 673 | 677 | $913_{11}$ | $917_{7}$ |
| 199 | $203_{7}$ | 439 | 443 | $679_{7}$ | 683 | 919 | $923_{13}$ |
| $205_{5}$ | $209_{11}$ | $445_{5}$ | 449 | $685_{5}$ | $689_{13}$ | $925_{5}$ | 929 |
| 211 | $215_{5}$ | $451_{11}$ | $455_{5\cdot 7\cdot 13}$ | 691 | $695_{5}$ | $931_{7\cdot 19}$ | $935_{5\cdot 11\cdot 17}$ |
| $217_{7}$ | $221_{13}$ | 457 | 461 | $697_{17}$ | 701 | 937 | 941 |
| 223 | 227 | 463 | 467 | $703_{19}$ | $707_{7}$ | $943_{23}$ | 947 |
| 229 | 233 | $469_{7}$ | $473_{11}$ | 709 | $713_{23}$ | $949_{13}$ | 953 |
| $235_{5}$ | 239 | $475_{5\cdot 19}$ | 479 | $715_{5\cdot 11\cdot 13}$ | 719 | $955_{5}$ | $959_{7}$ |

| | |
|---|---|
| $961_{31}$ | $965_{5}$ |
| 967 | 971 |
| $973_{7}$ | 977 |
| $979_{11}$ | 983 |
| $985_{5}$ | $989_{23}$ |
| 991 | $995_{5}$ |
| 997 | $1001_{7\cdot11\cdot13}$ |
| $1003_{17}$ | $1007_{19}$ |
| 1009 | 1013 |
| $1015_{5\cdot7\cdot29}$ | 1019 |
| 1021 | $1025_{5}$ |
| $1027_{13}$ | 1031 |
| 1033 | $1037_{17}$ |
| 1039 | $1043_{7}$ |
| $1045_{5\cdot11\cdot19}$ | 1049 |
| 1051 | $1055_{5}$ |
| $1057_{7}$ | 1061 |
| 1063 | $1067_{11}$ |
| 1069 | $1073_{29}$ |
| $1075_{5}$ | $1079_{13}$ |
| $1081_{23}$ | $1085_{5\cdot7\cdot31}$ |
| 1087 | 1091 |
| 1093 | 1097 |
| $1099_{7}$ | 1103 |
| $1105_{5\cdot13\cdot17}$ | 1109 |
| $1111_{11}$ | $1115_{5}$ |
| 1117 | $1121_{19}$ |
| 1123 | $1127_{7\cdot23}$ |
| 1129 | $1133_{11}$ |
| $1135_{5}$ | $1139_{17}$ |
| $1141_{7}$ | $1145_{5}$ |
| $1147_{31}$ | 1151 |
| 1153 | $1157_{13}$ |
| $1159_{19}$ | 1163 |
| $1165_{5}$ | $1169_{7}$ |
| 1171 | $1175_{5}$ |
| $1177_{11}$ | 1181 |
| $1183_{7\cdot13}$ | 1187 |
| $1189_{29}$ | 1193 |
| $1195_{5}$ | $1199_{11}$ |
| 1201 | $1205_{5}$ |
| $1207_{17}$ | $1211_{7}$ |
| 1213 | 1217 |

| | |
|---|---|
| $1219_{23}$ | 1223 |
| $1225_{5\cdot7}$ | 1229 |
| 1231 | $1235_{5\cdot13\cdot19}$ |
| 1237 | $1241_{17}$ |
| $1243_{11}$ | $1247_{29}$ |
| 1249 | $1253_{7}$ |
| $1255_{5}$ | 1259 |
| $1261_{13}$ | $1265_{5\cdot11\cdot23}$ |
| $1267_{7}$ | $1271_{31}$ |
| $1273_{19}$ | 1277 |
| 1279 | 1283 |
| $1285_{5}$ | 1289 |
| 1291 | $1295_{5\cdot7}$ |
| 1297 | 1301 |
| 1303 | 1307 |
| $1309_{7\cdot11\cdot17}$ | $1313_{13}$ |
| $1315_{5}$ | 1319 |
| 1321 | $1325_{5}$ |
| 1327 | $1331_{11}$ |
| $1333_{31}$ | $1337_{7}$ |
| $1339_{13}$ | $1343_{17}$ |
| $1345_{5}$ | $1349_{19}$ |
| $1351_{7}$ | $1355_{5}$ |
| $1357_{23}$ | 1361 |
| $1363_{29}$ | 1367 |
| $1369_{37}$ | 1373 |
| $1375_{5\cdot11}$ | $1379_{7}$ |
| 1381 | $1385_{5}$ |
| $1387_{19}$ | $1391_{13}$ |
| $1393_{7}$ | $1397_{11}$ |
| 1399 | $1403_{23}$ |
| $1405_{5}$ | 1409 |
| $1411_{17}$ | $1415_{5}$ |
| $1417_{13}$ | $1421_{7\cdot29}$ |
| 1423 | 1427 |
| 1429 | 1433 |
| $1435_{5\cdot7}$ | 1439 |
| $1441_{11}$ | $1445_{5\cdot17}$ |
| 1447 | 1451 |
| 1453 | $1457_{31}$ |
| 1459 | $1463_{7\cdot11\cdot19}$ |
| $1465_{5}$ | $1469_{13}$ |
| 1471 | $1475_{5}$ |
| $1477_{7}$ | 1481 |
| 1483 | 1487 |
| 1489 | 1493 |

| | |
|---|---|
| $1495_{5\cdot13\cdot23}$ | 1499 |
| $1501_{19}$ | $1505_{5\cdot7}$ |
| $1507_{11}$ | 1511 |
| $1513_{17}$ | $1517_{37}$ |
| $1519_{7\cdot31}$ | 1523 |
| $1525_{5}$ | $1529_{11}$ |
| 1531 | $1535_{5}$ |
| $1537_{29}$ | $1541_{23}$ |
| 1543 | $1547_{7\cdot13\cdot17}$ |
| 1549 | 1553 |
| $1555_{5}$ | 1559 |
| $1561_{7}$ | $1565_{5}$ |
| 1567 | 1571 |
| $1573_{11\cdot13}$ | $1577_{19}$ |
| 1579 | 1583 |
| $1585_{5}$ | $1589_{7}$ |
| $1591_{37}$ | $1595_{5\cdot11\cdot29}$ |
| 1597 | 1601 |
| $1603_{7}$ | 1607 |
| 1609 | 1613 |
| $1615_{5\cdot17\cdot19}$ | 1619 |
| 1621 | $1625_{5\cdot13}$ |
| 1627 | $1631_{7}$ |
| $1633_{23}$ | 1637 |
| $1639_{11}$ | $1643_{31}$ |
| $1645_{5\cdot7}$ | $1649_{17}$ |
| $1651_{13}$ | $1655_{5}$ |
| 1657 | $1661_{11}$ |
| 1663 | 1667 |
| 1669 | $1673_{7}$ |
| $1675_{5}$ | $1679_{23}$ |
| $1681_{41}$ | $1685_{5}$ |
| $1687_{7}$ | $1691_{19}$ |
| 1693 | 1697 |
| 1699 | $1703_{13}$ |
| $1705_{5\cdot11\cdot31}$ | 1709 |
| $1711_{29}$ | $1715_{5\cdot7}$ |
| $1717_{17}$ | 1721 |
| 1723 | $1727_{11}$ |
| $1729_{7\cdot13\cdot19}$ | 1733 |
| $1735_{5}$ | $1739_{37}$ |
| 1741 | $1745_{5}$ |
| 1747 | $1751_{17}$ |
| 1753 | $1757_{7}$ |
| 1759 | $1763_{41}$ |
| $1765_{5}$ | $1769_{29}$ |

| | |
|---|---|
| $1771_{7\cdot11\cdot23}$ | $1775_{5}$ |
| 1777 | $1781_{13}$ |
| 1783 | 1787 |
| 1789 | $1793_{11}$ |
| $1795_{5}$ | $1799_{7}$ |
| 1801 | $1805_{5\cdot19}$ |
| $1807_{13}$ | 1811 |
| $1813_{7\cdot37}$ | $1817_{23}$ |
| $1819_{17}$ | 1823 |
| $1825_{5}$ | $1829_{31}$ |
| 1831 | $1835_{5}$ |
| $1837_{11}$ | $1841_{7}$ |
| $1843_{19}$ | 1847 |
| $1849_{43}$ | $1853_{17}$ |
| $1855_{5\cdot7}$ | $1859_{11\cdot13}$ |
| 1861 | $1865_{5}$ |
| 1867 | 1871 |
| 1873 | 1877 |
| 1879 | $1883_{7}$ |
| $1885_{5\cdot13\cdot29}$ | 1889 |
| $1891_{31}$ | $1895_{5}$ |
| $1897_{7}$ | 1901 |
| $1903_{11}$ | 1907 |
| $1909_{23}$ | 1913 |
| $1915_{5}$ | $1919_{19}$ |
| $1921_{17}$ | $1925_{5\cdot7\cdot11}$ |
| $1927_{41}$ | 1931 |
| 1933 | $1937_{13}$ |
| $1939_{7}$ | $1943_{29}$ |
| $1945_{5}$ | 1949 |
| 1951 | $1955_{5\cdot17\cdot23}$ |
| $1957_{19}$ | $1961_{37}$ |
| $1963_{13}$ | $1967_{7}$ |
| $1969_{11}$ | 1973 |
| $1975_{5}$ | 1979 |
| $1981_{7}$ | $1985_{5}$ |
| 1987 | $1991_{11}$ |
| 1993 | 1997 |
| 1999 | 2003 |
| $2005_{5}$ | $2009_{7\cdot41}$ |
| 2011 | $2015_{5\cdot13\cdot31}$ |
| 2017 | $2021_{43}$ |
| $2023_{7\cdot17}$ | 2027 |
| 2029 | $2033_{19}$ |
| $2035_{5\cdot11\cdot37}$ | 2039 |
| $2041_{13}$ | $2045_{5}$ |

| | | | | | | | |
|---|---|---|---|---|---|---|---|
| $2047_{23}$ | $2051_{7}$ | $2323_{23}$ | $2327_{13}$ | $2599_{23}$ | $2603_{19}$ | $2875_{5\cdot 23}$ | 2879 |
| 2053 | $2057_{11\cdot 17}$ | $2329_{17}$ | 2333 | $2605_{5}$ | 2609 | $2881_{43}$ | $2885_{5}$ |
| $2059_{29}$ | 2063 | $2335_{5}$ | 2339 | $2611_{7}$ | $2615_{5}$ | 2887 | $2891_{7}$ |
| $2065_{5\cdot 7}$ | 2069 | 2341 | $2345_{5\cdot 7}$ | 2617 | 2621 | $2893_{11}$ | 2897 |
| $2071_{19}$ | $2075_{5}$ | 2347 | 2351 | $2623_{43}$ | $2627_{37}$ | $2899_{13}$ | 2903 |
| $2077_{31}$ | 2081 | $2353_{13}$ | 2357 | $2629_{11}$ | 2633 | $2905_{5\cdot 7}$ | 2909 |
| 2083 | 2087 | $2359_{7}$ | $2363_{17}$ | $2635_{5\cdot 17\cdot 31}$ | $2639_{7\cdot 13\cdot 29}$ | $2911_{41}$ | $2915_{5\cdot 11\cdot 53}$ |
| 2089 | $2093_{7\cdot 13\cdot 23}$ | $2365_{5\cdot 11\cdot 43}$ | $2369_{23}$ | $2641_{19}$ | $2645_{5\cdot 23}$ | 2917 | $2921_{23}$ |
| $2095_{5}$ | 2099 | 2371 | $2375_{5\cdot 19}$ | 2647 | $2651_{11}$ | $2923_{37}$ | 2927 |
| $2101_{11}$ | $2105_{5}$ | 2377 | 2381 | $2653_{7}$ | 2657 | $2929_{29}$ | $2933_{7}$ |
| $2107_{7\cdot 43}$ | 2111 | 2383 | $2387_{7\cdot 11\cdot 31}$ | 2659 | 2663 | $2935_{5}$ | 2939 |
| 2113 | $2117_{29}$ | 2389 | 2393 | $2665_{5\cdot 13\cdot 41}$ | $2669_{17}$ | $2941_{17}$ | $2945_{5\cdot 19\cdot 31}$ |
| $2119_{13}$ | $2123_{11}$ | $2395_{5}$ | 2399 | 2671 | $2675_{5}$ | $2947_{7}$ | $2951_{13}$ |
| $2125_{5\cdot 17}$ | 2129 | $2401_{7}$ | $2405_{5\cdot 13\cdot 37}$ | 2677 | $2681_{7}$ | 2953 | 2957 |
| 2131 | $2135_{5\cdot 7}$ | $2407_{29}$ | 2411 | 2683 | 2687 | $2959_{11}$ | 2963 |
| 2137 | 2141 | $2413_{19}$ | 2417 | 2689 | 2693 | $2965_{5}$ | 2969 |
| 2143 | $2147_{19}$ | $2419_{41}$ | 2423 | $2695_{5\cdot 7\cdot 11}$ | 2699 | 2971 | $2975_{5\cdot 7\cdot 17}$ |
| $2149_{7}$ | 2153 | $2425_{5}$ | $2429_{7}$ | $2701_{37}$ | $2705_{5}$ | $2977_{13}$ | $2981_{11}$ |
| $2155_{5}$ | $2159_{17}$ | $2431_{11\cdot 13\cdot 17}$ | $2435_{5}$ | 2707 | 2711 | $2983_{19}$ | $2987_{29}$ |
| 2161 | $2165_{5}$ | 2437 | 2441 | 2713 | $2717_{11\cdot 13\cdot 19}$ | $2989_{7}$ | $2993_{41}$ |
| $2167_{11}$ | $2171_{13}$ | $2443_{7}$ | 2447 | 2719 | $2723_{7}$ | $2995_{5}$ | 2999 |
| $2173_{41}$ | $2177_{7}$ | $2449_{31}$ | $2453_{11}$ | $2725_{5}$ | 2729 | | |
| 2179 | $2183_{37}$ | $2455_{5}$ | 2459 | 2731 | $2735_{5}$ | | |
| $2185_{5\cdot 19\cdot 23}$ | $2189_{11}$ | $2461_{23}$ | $2465_{5\cdot 17\cdot 29}$ | $2737_{7\cdot 17\cdot 23}$ | 2741 | | |
| $2191_{7}$ | $2195_{5}$ | 2467 | $2471_{7}$ | $2743_{13}$ | $2747_{41}$ | | |
| $2197_{13}$ | $2201_{31}$ | 2473 | 2477 | 2749 | 2753 | | |
| 2203 | 2207 | $2479_{37}$ | $2483_{13}$ | $2755_{5\cdot 19\cdot 29}$ | $2759_{31}$ | | |
| $2209_{47}$ | 2213 | $2485_{5\cdot 7}$ | $2489_{19}$ | $2761_{11}$ | $2765_{5\cdot 7}$ | | |
| $2215_{5}$ | $2219_{7}$ | $2491_{47}$ | $2495_{5}$ | 2767 | $2771_{17}$ | | |
| 2221 | $2225_{5}$ | $2497_{11}$ | $2501_{41}$ | $2773_{47}$ | 2777 | | |
| $2227_{17}$ | $2231_{23}$ | 2503 | $2507_{23}$ | $2779_{7}$ | $2783_{11\cdot 23}$ | | |
| $2233_{7\cdot 11\cdot 29}$ | 2237 | $2509_{13}$ | $2513_{7}$ | $2785_{5}$ | 2789 | | |
| 2239 | 2243 | $2515_{5}$ | $2519_{11}$ | 2791 | $2795_{5\cdot 13\cdot 43}$ | | |
| $2245_{5}$ | $2249_{13}$ | 2521 | $2525_{5}$ | 2797 | 2801 | | |
| 2251 | $2255_{5\cdot 11\cdot 41}$ | $2527_{7\cdot 19}$ | 2531 | 2803 | $2807_{7}$ | | |
| $2257_{37}$ | $2261_{7\cdot 17\cdot 19}$ | $2533_{17}$ | $2537_{43}$ | $2809_{53}$ | $2813_{29}$ | | |
| $2263_{31}$ | 2267 | 2539 | 2543 | $2815_{5}$ | 2819 | | |
| 2269 | 2273 | $2545_{5}$ | 2549 | $2821_{7\cdot 13\cdot 31}$ | $2825_{5}$ | | |
| $2275_{5\cdot 7\cdot 13}$ | $2279_{43}$ | 2551 | $2555_{5\cdot 7}$ | $2827_{11}$ | $2831_{19}$ | | |
| 2281 | $2285_{5}$ | 2557 | $2561_{13}$ | 2833 | 2837 | | |
| 2287 | $2291_{29}$ | $2563_{11}$ | $2567_{17}$ | $2839_{17}$ | 2843 | | |
| 2293 | 2297 | $2569_{7}$ | $2573_{31}$ | $2845_{5}$ | $2849_{7\cdot 11\cdot 37}$ | | |
| $2299_{11\cdot 19}$ | $2303_{7\cdot 47}$ | $2575_{5}$ | 2579 | 2851 | $2855_{5}$ | | |
| $2305_{5}$ | 2309 | $2581_{29}$ | $2585_{5\cdot 11\cdot 47}$ | 2857 | 2861 | | |
| 2311 | $2315_{5}$ | $2587_{13}$ | 2591 | $2863_{7}$ | $2867_{47}$ | | |
| $2317_{7}$ | $2321_{11}$ | 2593 | $2597_{7}$ | $2869_{19}$ | $2873_{13\cdot 17}$ | | |

### 三、模 6 缩族质合表显搜 $k$ 生素数功能初探

初探斩获模 6 缩族质合表所具有的基本显搜功能与独特优势如下：

#### (一) 纵向直显和依序直接搜寻的 $k$ 生素数

1. 模 6 缩族质合表能够纵向直接显示所有不超过 $x$ 的

(1) 差 6 素数对.

(2)3 项等差 6 素数列.

(3)4 项等差 6 素数列.

2. 应用模 6 缩族质合表纵向直显和依序搜寻上述 1 中三种 $k$ 生素数的方法

在表 9 中，若任何

(1) 相邻两首数、或相邻两尾数都是素数，那么就是一个差 6 素数对；

(2) 相邻三首数、或相邻三尾数都是素数，那么就是一个 3 项等差 6 素数列；

(3) 相邻四首数、或相邻四尾数都是素数，那么就是一个 4 项等差 6 素数列.

这是模 6 缩族质合表所具有的基本而独特的功能之一，使人一眼看出和一个不漏地寻找到它们.这一优势是目前已知的其他所有模 $d$ 缩族质合表、素数表都难以企及和不可全面比拟的，为依次不漏地寻找到它们提供了可能和极大的方便.如果目的仅在于此，那么只需编制模 6 缩族匿因质合表即可(其方法也可以是在不超过 $x$ 的模 6 缩族中操作完上述的一(1) 步骤后，对照已有的素数表或质合表，直接删去表 9 中每一个合数、或用简单记号标明表 9 中每一个素数即可).

#### (二) 横向与整片直显和依序直接搜寻的 $k$ 生素数

1. 模 6 缩族质合表能够横向与整片直接显示所有不超过 $x$ 的

(1) 差 4 素数对(除过 3,7)；

(2) 差 4－2－4 型四生素数；

(3) 差 4－2－4－2－4 型六生素数.

2. 应用模 6 缩族质合表横向与整片直显和依序搜寻上述 1 中三种 $k$ 生素数的方法

在表 9 中，若

(1) 任一行两数都是素数的，就是一个差 4 素数对；

(2) 任何相邻两行四数都是素数的，就是一个差 4－2－4 型四生素数；

(3) 任何相邻三行六数都是素数的，就是一个差 4－2－4－2－4 型六生素数.

可见特征简单明显，便于直接识别与搜寻.

模 6 缩族质合表能够直接显示所有不超过 $x$ 的差 4 素数对，这是该表与模 4 缩族质合表两者共同具有的一个优势功能.

### (三) 非直显示和依序搜寻的 $k$ 生素数

1. 混搭显示和依序搜寻的相邻 $k$ 生素数

(1) 模 6 缩族质合表能够混搭显示所有不超过 $x$ 的

① 相邻差 6 素数对;

② 相邻 3 项等差 6 素数列;

③ 相邻 4 项等差 6 素数列.

(2) 应用模 6 缩族质合表混搭显示和依序搜寻上述(1) 中三种相邻 $k$ 生素数的方法即充要条件如下:

1) 相邻差 6 素数对的充要条件:表 9 的任何

① 一行之首是素尾是合,下行首数是素数;

② 一行之尾是素首是合,上行尾数是素数.

2) 相邻 3 项等差 6 素数列的充要条件:表 9 的任何

① 相邻两行两首是素两尾合,下行首数是素数;

② 相邻两行两尾是素两首合,上行尾数是素数.

3) 相邻 4 项等差 6 素数列的充要条件:表 9 的任何

① 相邻三行三首是素三尾合,下行首数是素数;

② 相邻三行三尾是素三首合,上行尾数是素数.

**注** 在上述的充要条件中,素数简称“素”,合数简称“合”;首数简称“首”,尾数简称“尾”.

2. 非直显示和依序搜寻的不一定相邻 $k$ 生素数

除过上述基本的共性功能、独具的直显功能及混搭显示功能外,初探模 6 缩族质合表还得到更多的非直显搜 $k$ 生素数的功能见表 10.

包括前述的直显 $k$ 生素数的功能在内,初探斩获的模 6 缩族质合表能够综合显示(即非分类显示,而是全面的统一的显示) 和依序综合搜寻(即非分类搜寻) 的 $k$ 生素数种类见表 10 后两栏所列示,而其搜寻的方法口诀见表 10 首栏所列示.

为了便于下面表 10 中口诀的表述,我们约定:在模 6 缩族质合表(例如表 9) 中:

首数简称“首”,尾数简称“尾”;

上行中的首数(尾数) 简称“上首(尾)”;

下行中的首数(尾数) 简称“下首(尾)”;

上上行中的首数(尾数) 简称“上上首(尾)”;

下下行中的首数(尾数) 简称“下下首(尾)”;

任何一行中的首、尾两数简称“一行两数”;

上(下) 行中的首、尾两数简称“上(下) 行”;

上上(下下) 行中的首、尾两数简称“上上(下下) 行”.

## 表 10　应用模 6 缩族质合表综合搜寻 $k$ 生素数口诀表

| 序　号 | 条　件<br>在表 9 中,若任何______都是素数的 | 结　论<br>就是一个差__$D$__型 | $k$ 生素数 |
|---|---|---|---|
| 1 | 尾数与下首 | 2 | 2 |
| 2 | 一行两数 | 4 | 2 |
| 3 | 相邻两首或两尾 | 6 | 2 |
| 4 | 尾数与下下首 | 8 | 2 |
| 5 | 首数与下尾 | 10 | 2 |
| 6 | 尾数与上下两首数 | 10 - 2 | 3 |
| | 首数与上下两尾数 | 2 - 10 | |
| 7 | 尾数与上下首和下下尾 | 10 - 2 - 10 | 4 |
| 8 | 首数与上下尾和下下首 | 2 - 10 - 2 | 4 |
| 9 | 尾数与上首下下首 | 10 - 8 | 3 |
| | 首数与下尾上上尾 | 8 - 10 | |
| 10 | 尾数与上首下下行 | 10 - 8 - 4 | 4 |
| | 首数与下尾上上行 | 4 - 8 - 10 | |
| 11 | 尾数与上行下下首 | 4 - 6 - 8 | 4 |
| | 首数与下行上上尾 | 8 - 6 - 4 | |
| 12 | 尾数与上行下下行 | 4 - 6 - 8 - 4 | 5 |
| | 首数与下行上上行 | 4 - 8 - 6 - 4 | |
| 13 | 尾数与上两首下下首 | 6 - 10 - 8 | 4 |
| | 首数与下两尾上上尾 | 8 - 10 - 6 | |
| 14 | 尾数与上两首下下行 | 6 - 10 - 8 - 4 | 5 |
| | 首数与下两尾上上行 | 4 - 8 - 10 - 6 | |
| 15 | 尾数与上三首下下首 | 6 - 6 - 10 - 8 | 5 |
| | 首数与下三尾上上尾 | 8 - 10 - 6 - 6 | |
| 16 | 尾数与上三首下下行 | 6 - 6 - 10 - 8 - 4 | 6 |
| | 首数与下三尾上上行 | 4 - 8 - 10 - 6 - 6 | |
| 17 | 尾数与上行和下首 | 4 - 6 - 2 | 4 |
| | 首数与下行和上尾 | 2 - 6 - 4 | |
| 18 | 尾数与上行下两首 | 4 - 6 - 2 - 6 | 5 |
| | 首数与下行上两尾 | 6 - 2 - 6 - 4 | |

续表

| 序　号 | 条　件 | 结　论 | |
|---|---|---|---|
| | 在表 9 中，若任何______都是素数的 | 就是一个差 __D__ 型 | $k$ 生素数 |
| 19 | 尾数与下行和上首 | 10-2-4 | 4 |
| | 首数与上行和下尾 | 4-2-10 | |
| 20 | 尾数与上下行 | 4-6-2-4 | 5 |
| | 首数与上下行 | 4-2-6-4 | |
| 21 | 尾数与下首上两首 | 6-10-2 | 4 |
| | 首数与上尾下两尾 | 2-10-6 | |
| 22 | 尾数与下行上两首 | 6-10-2-4 | 5 |
| | 首数与上行下两尾 | 4-2-10-6 | |
| 23 | 尾数与上两首下两首 | 6-10-2-6 | 5 |
| | 首数与上两尾下两尾 | 6-2-10-6 | |
| 24 | 尾数与下首上三首 | 6-6-10-2 | 5 |
| | 首数与上尾下三尾 | 2-10-6-6 | |
| 25 | 尾数与上三首下两首 | 6-6-10-2-6 | 6 |
| | 首数与下三尾上两尾 | 6-2-10-6-6 | |
| 26 | 尾数与上下行下下尾 | 4-6-2-4-6 | 6 |
| | 首数与上下行上上首 | 6-4-2-6-4 | |
| 27 | 尾数与上下行上上首 | 6-4-6-2-4 | 6 |
| | 首数与上下行下下尾 | 4-2-6-4-6 | |
| 28 | 首数与下行上尾上上首 | 10-2-6-4 | 5 |
| | 尾数与上行下首下下尾 | 4-6-2-10 | |
| 29 | 首数与上两尾和下尾下下首 | 6-2-10-2 | 5 |
| | 尾数与下两首和上首上上尾 | 2-10-2-6 | |
| 30 | 首数与下两尾和上尾上上首 | 10-2-10-6 | 5 |
| | 尾数与上两首和下首下下尾 | 6-10-2-10 | |
| 31 | 相邻两首与下尾 | 6-10 | 3 |
| | 相邻两尾与上首 | 10-6 | |
| 32 | 相邻两首与下两尾 | 6-10-6 | 4 |
| 33 | 相邻两尾与下首 | 6-2 | 3 |
| | 相邻两首与上尾 | 2-6 | |
| 34 | 相邻两尾与下两首 | 6-2-6 | 4 |

续表

| 序号 | 条件<br>在表 9 中,若任何______都是素数的 | 结论<br>就是一个差 $\underline{D}$ 型 | $k$ 生素数 |
|---|---|---|---|
| 35 | 相邻两首与上行 | 4－2－6 | 4 |
| | 相邻两尾与下行 | 6－2－4 | |
| 36 | 相邻两尾与上下首 | 10－6－2 | 4 |
| | 相邻两首与上下尾 | 2－6－10 | |
| 37 | 相邻两尾与上首下两首 | 10－6－2－6 | 5 |
| | 相邻两首与下尾上两尾 | 6－2－6－10 | |
| 38 | 相邻两首与上下尾和下下首 | 2－6－10－2 | 5 |
| | 相邻两尾与上下首和上上尾 | 2－10－6－2 | |
| 39 | 相邻两首与上尾上上首 | 10－2－6 | 4 |
| | 相邻两尾与下首下下尾 | 6－2－10 | |
| 40 | 相邻两首与上下尾和上上首 | 10－2－6－10 | 5 |
| | 相邻两尾与上下首和下下尾 | 10－6－2－10 | |
| 41 | 相邻两尾与下行和上首 | 10－6－2－4 | 5 |
| | 相邻两首与上行和下尾 | 4－2－6－10 | |
| 42 | 相邻两首与上行下尾上上首 | 6－4－2－6－10 | 6 |
| | 相邻两尾与下行上首下下尾 | 10－6－2－4－6 | |
| 43 | 相邻两尾与下下首 | 6－8 | 3 |
| | 相邻两首与上上尾 | 8－6 | |
| 44 | 相邻两尾与下下行 | 6－8－4 | 4 |
| | 相邻两首与上上行 | 4－8－6 | |
| 45 | 相邻两尾与上首下下行 | 10－6－8－4 | 5 |
| | 相邻两首与下尾上上行 | 4－8－6－10 | |
| 46 | 相邻两尾与上行 | 4－6－6 | 4 |
| | 相邻两首与下行 | 6－6－4 | |
| 47 | 相邻两尾与上行和下首 | 4－6－6－2 | 5 |
| | 相邻两首与下行和上尾 | 2－6－6－4 | |
| 48 | 相邻两尾与上行下两首 | 4－6－6－2－6 | 6 |
| | 相邻两首与下行上两尾 | 6－2－6－6－4 | |
| 49 | 相邻两尾与上行下下首 | 4－6－6－8 | 5 |
| | 相邻两首与下行上上尾 | 8－6－6－4 | |

续表

| 序号 | 条件<br>在表9中，若任何＿＿＿＿都是素数的 | 结论<br>就是一个差＿$D$＿型 | $k$ 生素数 |
|---|---|---|---|
| 50 | 相邻两尾与上行下下行 | 4-6-6-8-4 | 6 |
| | 相邻两首与下行上上行 | 4-8-6-6-4 | |
| 51 | 相邻两尾与下首上两首 | 6-10-6-2 | 5 |
| | 相邻两首与上尾下两尾 | 2-6-10-6 | |
| 52 | 相邻两尾与上两首下两首 | 6-10-6-2-6 | 6 |
| | 相邻两首与上两尾下两尾 | 6-2-6-10-6 | |
| 53 | 相邻两尾与上两首下三首 | 6-10-6-2-6-6 | 7 |
| | 相邻两首与下两尾上三尾 | 6-6-2-6-10-6 | |
| 54 | 相邻两尾与上两首下下首 | 6-10-6-8 | 5 |
| | 相邻两首与下两尾上上尾 | 8-6-10-6 | |
| 55 | 相邻两尾与下两首下下行 | 6-10-6-8-4 | 6 |
| | 相邻两首与下两尾上上行 | 4-8-6-10-6 | |
| 56 | 相邻两尾与下首上两行 | 4-2-4-6-6-2 | 7 |
| | 相邻两首与上尾下两行 | 2-6-6-4-2-4 | |
| 57 | 相邻两尾与上两行下下首 | 4-2-4-6-6-8 | 7 |
| | 相邻两首与下两行上上尾 | 8-6-6-4-2-4 | |
| 58 | 相邻两尾与下首上三首 | 6-6-10-6-2 | 6 |
| | 相邻两首与上尾下三尾 | 2-6-10-6-6 | |
| 59 | 相邻两尾与上三首下两首 | 6-6-10-6-2-6 | 7 |
| | 相邻两首与下三尾上两尾 | 6-2-6-10-6-6 | |
| 60 | 相邻两尾与上三首下三首 | 6-6-10-6-2-6-6 | 8 |
| | 相邻两首与下三尾上三尾 | 6-6-2-6-10-6-6 | |
| 61 | 相邻两尾与上三首下下首 | 6-6-10-6-8 | 6 |
| | 相邻两首与下三尾上上尾 | 8-6-10-6-6 | |
| 62 | 相邻两尾与上三首下下行 | 6-6-10-6-8-4 | 7 |
| | 相邻两首与下三尾上上行 | 4-8-6-10-6-6 | |
| 63 | 相邻三首或三尾 | 6-6 | 3 |
| 64 | 相邻三尾与下下首 | 6-6-8 | 4 |
| | 相邻三首与上上尾 | 8-6-6 | |

续表

| 序号 | 条件<br>在表 9 中,若任何______都是素数的 | 结论<br>就是一个差 $D$ 型 | $k$ 生素数 |
|---|---|---|---|
| 65 | 相邻三尾与下下行 | 6-6-8-4 | 5 |
| | 相邻三首与上上行 | 4-8-6-6 | |
| 66 | 相邻三尾与上行 | 4-6-6-6 | 5 |
| | 相邻三首与下行 | 6-6-6-4 | |
| 67 | 相邻三尾与上行上上首 | 6-4-6-6-6 | 6 |
| | 相邻三首与下行下下尾 | 6-6-6-4-6 | |
| 68 | 相邻三尾与上首 | 10-6-6 | 4 |
| | 相邻三首与下尾 | 6-6-10 | |
| 69 | 相邻三尾与上两首 | 6-10-6-6 | 5 |
| | 相邻三首与下两尾 | 6-6-10-6 | |
| 70 | 相邻三尾与下首 | 6-6-2 | 4 |
| | 相邻三首与上尾 | 2-6-6 | |
| 71 | 相邻三尾与下两首 | 6-6-2-6 | 5 |
| | 相邻三首与上两尾 | 6-2-6-6 | |
| 72 | 相邻三尾与下三首 | 6-6-2-6-6 | 5 |
| 73 | 相邻三尾与上下首 | 10-6-6-2 | 5 |
| | 相邻三首与上下尾 | 2-6-6-10 | |
| 74 | 相邻三尾与上首下两首 | 10-6-6-2-6 | 6 |
| | 相邻三首与下尾上两尾 | 6-2-6-6-10 | |
| 75 | 相邻三尾与下首上两首 | 6-10-6-6-2 | 6 |
| | 相邻三首与上尾下两尾 | 2-6-6-10-6 | |
| 76 | 相邻三尾与上两首下两首 | 6-10-6-6-2-6 | 7 |
| | 相邻三首与下两尾上两尾 | 6-2-6-6-10-6 | |
| 77 | 相邻三尾与下首下下尾 | 6-6-2-10 | 5 |
| | 相邻三首与上尾上上首 | 10-2-6-6 | |
| 78 | 相邻三尾与下首下下行 | 6-6-2-6-4 | 6 |
| | 相邻三首与上尾上上行 | 4-6-2-6-6 | |
| 79 | 相邻三尾与上行和下首 | 4-6-6-6-2 | 6 |
| | 相邻三首与下行和上尾 | 2-6-6-6-4 | |

续表

| 序号 | 条件<br>在表9中，若任何____都是素数的 | 结论<br>就是一个差 $D$ 型 | $k$ 生素数 |
|---|---|---|---|
| 80 | 相邻三尾与上行下两首 | 4−6−6−6−2−6 | 7 |
| | 相邻三首与下行上两尾 | 6−2−6−6−6−4 | |
| 81 | 相邻三尾与上行下三首 | 4−6−6−6−2−6−6 | 8 |
| | 相邻三首与下行上三尾 | 6−6−2−6−6−6−4 | |
| 82 | 相邻三尾与上首下下首 | 10−6−6−8 | 5 |
| | 相邻三首与下尾上上尾 | 8−6−6−10 | |
| 83 | 相邻三尾与上首下下行 | 10−6−6−8−4 | 6 |
| | 相邻三首与下尾上上行 | 4−8−6−6−10 | |
| 84 | 相邻三尾与上行下下首 | 4−6−6−6−8 | 6 |
| | 相邻三首与下行上上尾 | 8−6−6−6−4 | |
| 85 | 相邻三尾与上行下下行 | 4−6−6−6−8−4 | 7 |
| | 相邻三首与下行上上行 | 4−8−6−6−6−4 | |
| 86 | 相邻三尾与上两首下下首 | 6−10−6−6−8 | 6 |
| | 相邻三首与下两尾上上尾 | 8−6−6−10−6 | |
| 87 | 相邻三尾与上两首下下行 | 6−10−6−6−8−4 | 7 |
| | 相邻三首与下两尾上上行 | 4−8−6−6−10−6 | |
| 88 | 相邻四首或四尾 | 6−6−6 | 4 |
| 89 | 相邻四尾与下下首 | 6−6−6−8 | 5 |
| | 相邻四首与上上尾 | 8−6−6−6 | |
| 90 | 相邻四尾与上首 | 10−6−6−6 | 5 |
| | 相邻四首与下尾 | 6−6−6−10 | |
| 91 | 相邻四尾与上下首 | 10−6−6−6−2 | 6 |
| | 相邻四首与上下尾 | 2−6−6−6−10 | |
| 92 | 相邻四尾与上首下两首 | 10−6−6−6−2−6 | 7 |
| | 相邻四首与下尾上两尾 | 6−2−6−6−6−10 | |
| 93 | 相邻四尾与下首下下尾 | 6−6−6−2−10 | 6 |
| | 相邻四首与上尾上上首 | 10−2−6−6−6 | |
| 94 | 相邻四尾与下首下下行 | 6−6−6−2−6−4 | 7 |
| | 相邻四首与上尾上上行 | 4−6−2−6−6−6 | |

续表

| 序号 | 条件<br>在表 9 中,若任何＿＿＿都是素数的 | 结论<br>就是一个差＿$D$＿型 | $k$ 生素数 |
|---|---|---|---|
| 95 | 相邻四首与下尾下下首 | 6－6－6－10－2 | 6 |
| | 相邻四尾与上首上上尾 | 2－10－6－6－6 | |
| 96 | 相邻四尾与下下行 | 6－6－6－8－4 | 6 |
| | 相邻四首与上上行 | 4－8－6－6－6 | |
| 97 | 相邻四尾与上首下下首 | 10－6－6－6－8 | 6 |
| | 相邻四首与下尾上上尾 | 8－6－6－6－10 | |
| 98 | 相邻四尾与下首 | 6－6－6－2 | 5 |
| | 相邻四首与上尾 | 2－6－6－6 | |
| 99 | 相邻四尾与下两首 | 6－6－6－2－6 | 6 |
| | 相邻四首与上两尾 | 6－2－6－6－6 | |
| 100 | 相邻四尾与下三首 | 6－6－6－2－6－6 | 7 |
| | 相邻四首与上三尾 | 6－6－2－6－6－6 | |
| 101 | 相邻四尾与下四首 | 6－6－6－2－6－6－6 | 8 |
| 102 | 一行两数与下首 | 4－2 | 3 |
| | 一行两数与上尾 | 2－4 | |
| 103 | 一行两数与上下首 | 6－4－2 | 4 |
| | 一行两数与上下尾 | 2－4－6 | |
| 104 | 一行两数与上首下两首 | 6－4－2－6 | 5 |
| | 一行两数与下尾上两尾 | 6－2－4－6 | |
| 105 | 一行两数与下首上两首 | 6－6－4－2 | 5 |
| | 一行两数与上尾下两尾 | 2－4－6－6 | |
| 106 | 一行两数与上下尾下下首 | 2－4－6－2 | 5 |
| | 一行两数与上下首上上尾 | 2－6－4－2 | |
| 107 | 一行两数与上两尾和下尾下下首 | 6－2－4－6－2 | 6 |
| | 一行两数与下两首和上首上上尾 | 2－6－4－2－6 | |
| 108 | 一行两数与上下尾上上首 | 10－2－4－6 | 5 |
| | 一行两数与上下首下下尾 | 6－4－2－10 | |
| 109 | 一行两数与上首下尾下下首 | 6－4－6－2 | 5 |
| | 一行两数与下尾上首上上尾 | 2－6－4－6 | |

续表

| 序号 | 条件<br>在表9中，若任何______都是素数的 | 结论<br>就是一个差__D__型 | k生素数 |
|---|---|---|---|
| 110 | 一行两数与下两尾和上尾上上首 | 10-2-4-6-6 | 6 |
| | 一行两数与上两首和下首下下尾 | 6-6-4-2-10 | |
| 111 | 一行两数与上首 | 6-4 | 3 |
| | 一行两数与下尾 | 4-6 | |
| 112 | 一行两数与上首下尾 | 6-4-6 | 4 |
| 113 | 一行两数与下尾上两首 | 6-6-4-6 | 5 |
| | 一行两数与上首下两尾 | 6-4-6-6 | |
| 114 | 一行两数与上两首下两尾 | 6-6-4-6-6 | 6 |
| 115 | 一行两数与上尾下首 | 2-4-2 | 4 |
| 116 | 一行两数与下首上尾上上首 | 10-2-4-2 | 5 |
| | 一行两数与上尾下首下下尾 | 2-4-2-10 | |
| 117 | 一行两数与下下首 | 4-8 | 3 |
| | 一行两数与上上尾 | 8-4 | |
| 118 | 一行两数与下下行 | 4-8-4 | 4 |
| 119 | 一行两数与上尾下下首 | 2-4-8 | 4 |
| | 一行两数与下首上上尾 | 8-4-2 | |
| 120 | 一行两数与上两尾下下首 | 6-2-4-8 | 5 |
| | 一行两数与下两首上上尾 | 8-4-2-6 | |
| 121 | 一行两数与上两首下下首 | 6-6-4-8 | 5 |
| | 一行两数与下两尾上上尾 | 8-4-6-6 | |
| 122 | 一行两数与上三首下下首 | 6-6-6-4-8 | 6 |
| | 一行两数与下三尾上上尾 | 8-4-6-6-6 | |
| 123 | 一行两数与上首下下首 | 6-4-8 | 4 |
| | 一行两数与下尾上上尾 | 8-4-6 | |
| 124 | 一行两数与上首下下行 | 6-4-8-4 | 5 |
| | 一行两数与下尾上上行 | 4-8-4-6 | |
| 125 | 一行两数与上上尾下下首 | 8-4-8 | 4 |
| 126 | 一行两数与上上行下下首 | 4-8-4-8 | 5 |
| | 一行两数与下下行上上尾 | 8-4-8-4 | |
| 127 | 相邻两行四数 | 4-2-4 | 4 |

续表

| 序号 | 条件 | 结论 | |
|---|---|---|---|
| | 在表 9 中，若任何＿＿＿＿都是素数的 | 就是一个差＿D＿型 | k 生素数 |
| 128 | 相邻两行与下首 | 4-2-4-2 | 5 |
| | 相邻两行与上尾 | 2-4-2-4 | |
| 129 | 相邻两行与上首 | 6-4-2-4 | 5 |
| | 相邻两行与下尾 | 4-2-4-6 | |
| 130 | 相邻两行与上两首 | 6-6-4-2-4 | 6 |
| | 相邻两行与下两尾 | 4-2-4-6-6 | |
| 131 | 相邻两行与上下首 | 6-4-2-4-2 | 6 |
| | 相邻两行与上下尾 | 2-4-2-4-6 | |
| 132 | 相邻两行与上首下尾 | 6-4-2-4-6 | 6 |
| 133 | 相邻两行与下尾上两首 | 6-6-4-2-4-6 | 7 |
| | 相邻两行与上首下两尾 | 6-4-2-4-6-6 | |
| 134 | 相邻两行与下尾下下首 | 4-2-4-6-2 | 6 |
| | 相邻两行与上首上上尾 | 2-6-4-2-4 | |
| 135 | 相邻两行与上下尾下下首 | 2-4-2-4-6-2 | 7 |
| | 相邻两行与上下首上上尾 | 2-6-4-2-4-2 | |
| 136 | 相邻两行与上尾上上首 | 10-2-4-2-4 | 6 |
| | 相邻两行与下首下下尾 | 4-2-4-2-10 | |
| 137 | 相邻两行与上下尾上上首 | 10-2-4-2-4-6 | 7 |
| | 相邻两行与上下首下下尾 | 6-4-2-4-2-10 | |
| 138 | 相邻两行与下下首 | 4-2-4-8 | 5 |
| | 相邻两行与上上尾 | 8-4-2-4 | |
| 139 | 相邻两行与上尾下下首 | 2-4-2-4-8 | 6 |
| | 相邻两行与下首上上尾 | 8-4-2-4-2 | |
| 140 | 相邻两行与上首下下首 | 6-4-2-4-8 | 6 |
| | 相邻两行与下尾上上尾 | 8-4-2-4-6 | |
| 141 | 相邻三行六数 | 4-2-4-2-4 | 6 |
| 142 | 相邻三行与下下首 | 4-2-4-2-4-8 | 7 |
| | 相邻三行与上上尾 | 8-4-2-4-2-4 | |

由于差 $d$ 素数对的差数 $d$ 是自身与自身对称，故为对称差型．于是，表 9 中直显、非直显 $k$ 生素数的显搜方法，无论是在 $k$ 生素数的差型上，还是差型在表 9 结构的映射上，以及对二者

表述的口诀中，都蕴涵与展现着对称的优美与巧妙，彰显出显搜方法内涵美与形式美的和谐统一.

另外，模 6 缩族质合表还能够间接搜寻等差 12、等差 18、等差 24 素数列以及差 12、差 18、差 24 素数对.

如果有上述搜寻需要，却只编有模 6 缩族质合表而无模 12、模 18 和模 24 缩族质合表时，便可运用此法以应急需. 该搜寻法与跳棋走直线相同或相似，故称蹦跳搜寻法. 即在模 6 缩族质合表的每一个含质列中，每步均跳过 $m$ 个数（$m=1,2,3$）. 若从起点向前跳 $z$ 步（$z=2,3$）或者跳 1 步与起点都能踩落在素数上，这些素数就是一个 $z+1$ 项等差 $6(m+1)$ 素数列或者就是一个差 $6(m+1)$ 素数对.

### (四) 应用表 9 检索 $k$ 生素数举例

1. 直接显示与检索的（下面划有横线的表示其为相邻 $k$ 生素数）

(1) 差 6 素数对如

| | | | | | | | | | |
|---|---|---|---|---|---|---|---|---|---|
| 83 | 131 | 191 | 193 | 223 | 307 | 2551 | 2657 | 2837 | 2851 |
| 89 | 137 | 197 | 199 | 229 | 313 | 2557 | 2663 | 2843 | 2857 |

(2) 3 项等差 6 素数列如

| | | | | | | | | |
|---|---|---|---|---|---|---|---|---|
| 7 | 31 | 97 | 101 | 151 | 167 | 2791 | 2897 | 2957 |
| 13 | 37 | 103 | 107 | 157 | 173 | 2797 | 2903 | 2963 |
| 19 | 43 | 109 | 113 | 163 | 179 | 2803 | 2909 | 2969 |

(3) 4 项等差 6 素数列如

| | | | | | | | |
|---|---|---|---|---|---|---|---|
| 5 | 11 | 41 | 61 | 251 | 1741 | 2371 | 2671 |
| 11 | 17 | 47 | 67 | 257 | 1747 | 2377 | 2677 |
| 17 | 23 | 53 | 73 | 263 | 1753 | 2383 | 2683 |
| 23 | 29 | 59 | 79 | 269 | 1759 | 2389 | 2689 |

2. 非直显示与检索的

(1) 差 2－4 型三生素数如

| | | | | | | | |
|---|---|---|---|---|---|---|---|
| 5 | 11 | 17 | 41 | 101 | 2267 | 2657 | 2687 |
| 7 | 13 | 19 | 43 | 103 | 2269 | 2659 | 2689 |
| 11 | 17 | 23 | 47 | 107 | 2273 | 2663 | 2693 |

(2) 差 4－2 型三生素数如

| | | | | | | | |
|---|---|---|---|---|---|---|---|
| 7 | 13 | 37 | 67 | 97 | 2683 | 2707 | 2797 |
| 11 | 17 | 41 | 71 | 101 | 2687 | 2711 | 2801 |
| 13 | 19 | 43 | 73 | 103 | 2689 | 2713 | 2803 |

(3) 差 2－6 型三生素数如

| | | | | | | | |
|---|---|---|---|---|---|---|---|
| 5 | 11 | 29 | 59 | 71 | 2549 | 2711 | 2789 |
| 7 | 13 | 31 | 61 | 73 | 2551 | 2713 | 2791 |
| 13 | 19 | 37 | 67 | 79 | 2557 | 2719 | 2797 |

(4) 差 6－2 型三生素数如

| | | | | | | | |
|---|---|---|---|---|---|---|---|
| 5 | 11 | 23 | 53 | 101 | 2333 | 2543 | 2963 |
| 11 | 17 | 29 | 59 | 107 | 2339 | 2549 | 2969 |
| 13 | 19 | 31 | 61 | 109 | 2341 | 2551 | 2971 |

(5) 差 6－4 型三生素数如

| | | | | | | | |
|---|---|---|---|---|---|---|---|
| 7 | 13 | 31 | 37 | 61 | 2683 | 2791 | 2851 |
| 13 | 19 | 37 | 43 | 67 | 2689 | 2797 | 2857 |
| 17 | 23 | 41 | 47 | 71 | 2693 | 2801 | 2861 |

(6) 差 4－6 型三生素数如

| | | | | | | | |
|---|---|---|---|---|---|---|---|
| 7 | 13 | 19 | 37 | 43 | 2689 | 2833 | 2953 |
| 11 | 17 | 23 | 41 | 47 | 2693 | 2837 | 2957 |
| 17 | 23 | 29 | 47 | 53 | 2699 | 2843 | 2963 |

(7) 差 2－10 型三生素数如

| | | | | | | | |
|---|---|---|---|---|---|---|---|
| 5 | 11 | 17 | 29 | 41 | 2687 | 2729 | 2789 |
| 7 | 13 | 19 | 31 | 43 | 2689 | 2731 | 2791 |
| 17 | 23 | 29 | 41 | 53 | 2699 | 2741 | 2801 |

(8) 差 10－2 型三生素数如

| | | | | | | | |
|---|---|---|---|---|---|---|---|
| 7 | 19 | 31 | 61 | 97 | 2677 | 2719 | 2791 |
| 17 | 29 | 41 | 71 | 107 | 2687 | 2729 | 2801 |
| 19 | 31 | 43 | 73 | 109 | 2689 | 2731 | 2803 |

(9) 差 6－10 型三生素数如

| | | | | | | | |
|---|---|---|---|---|---|---|---|
| 7 | 13 | 31 | 37 | 67 | 2677 | 2683 | 2713 |
| 13 | 19 | 37 | 43 | 73 | 2683 | 2689 | 2719 |
| 23 | 29 | 47 | 53 | 83 | 2693 | 2699 | 2729 |

(10) 差 10－6 型三生素数如

| | | | | | | | |
|---|---|---|---|---|---|---|---|
| 7 | 13 | 31 | 37 | 43 | 2683 | 2887 | 2953 |
| 17 | 23 | 41 | 47 | 53 | 2693 | 2897 | 2963 |
| 23 | 29 | 47 | 53 | 59 | 2699 | 2903 | 2969 |

(11) 差 6－4－2 型四生素数如

| | | | | | | | |
|---|---|---|---|---|---|---|---|
| 7 | 31 | 61 | 97 | 271 | 2371 | 2677 | 2791 |
| 13 | 37 | 67 | 103 | 277 | 2377 | 2683 | 2797 |
| 17 | 41 | 71 | 107 | 281 | 2381 | 2687 | 2801 |
| 19 | 43 | 73 | 109 | 283 | 2383 | 2689 | 2803 |

(12) 差 2－4－6 型四生素数如

| | | | | | | | |
|---|---|---|---|---|---|---|---|
| 5 | 11 | 17 | 41 | 101 | 1487 | 1607 | 2687 |
| 7 | 13 | 19 | 43 | 103 | 1489 | 1609 | 2689 |
| 11 | 17 | 23 | 47 | 107 | 1493 | 1613 | 2693 |
| 17 | 23 | 29 | 53 | 113 | 1499 | 1619 | 2699 |

(13) 差 4－2－4 型四生素数如

| | | | | | | | |
|---|---|---|---|---|---|---|---|
| 7 | 13 | 37 | 97 | 103 | 1867 | 1993 | 2683 |
| 11 | 17 | 41 | 101 | 107 | 1871 | 1997 | 2687 |
| 13 | 19 | 43 | 103 | 109 | 1873 | 1999 | 2689 |
| 17 | 23 | 47 | 107 | 113 | 1877 | 2003 | 2693 |

(14) 差 6－2－6 型四生素数如

| | | | | | | | |
|---|---|---|---|---|---|---|---|
| 5 | 23 | 53 | 263 | 563 | 1613 | 2333 | 2543 |
| 11 | 29 | 59 | 269 | 569 | 1619 | 2339 | 2549 |
| 13 | 31 | 61 | 271 | 571 | 1621 | 2341 | 2551 |
| 19 | 37 | 67 | 277 | 577 | 1627 | 2347 | 2557 |

(15) 差 6－4－6 型四生素数如

| | | | | | | | |
|---|---|---|---|---|---|---|---|
| 7 | 13 | 31 | 37 | 73 | 2383 | 2677 | 2683 |
| 13 | 19 | 37 | 43 | 79 | 2389 | 2683 | 2689 |
| 17 | 23 | 41 | 47 | 83 | 2393 | 2687 | 2693 |
| 23 | 29 | 47 | 53 | 89 | 2399 | 2693 | 2699 |

(16) 差 6－10－6 型四生素数如

| | | | | | | | |
|---|---|---|---|---|---|---|---|
| 7 | 31 | 37 | 67 | 151 | 2377 | 2671 | 2677 |
| 13 | 37 | 43 | 73 | 157 | 2383 | 2677 | 2683 |
| 23 | 47 | 53 | 83 | 167 | 2393 | 2687 | 2693 |
| 29 | 53 | 59 | 89 | 173 | 2399 | 2693 | 2699 |

(17) 差 2－4－2 型五生素数是

| | | | |
|---|---|---|---|
| 5 | 11 | 101 | 1481 |
| 7 | 13 | 103 | 1483 |
| 11 | 17 | 107 | 1487 |
| 13 | 19 | 109 | 1489 |
| 17 | 23 | 113 | 1493 |

(18) 差 4－2－4－2 型五生素数是

| | | |
|---|---|---|
| 7 | 97 | 1867 |
| 11 | 101 | 1871 |
| 13 | 103 | 1873 |
| 17 | 107 | 1877 |
| 19 | 109 | 1879 |

(19) 差 4-2-4-2-4 型六生素数是

| | |
|---|---|
| 7 | 97 |
| 11 | 101 |
| 13 | 103 |
| 17 | 107 |
| 19 | 109 |
| 23 | 113 |

(20) 差 6-6-2-6-6 型六生素数是

| | | | | |
|---|---|---|---|---|
| 17 | 47 | 257 | 587 | 1277 |
| 23 | 53 | 263 | 593 | 1283 |
| 29 | 59 | 269 | 599 | 1289 |
| 31 | 61 | 271 | 601 | 1291 |
| 37 | 67 | 277 | 607 | 1297 |
| 43 | 73 | 283 | 613 | 1303 |

(21) 差 6-6-4-6-6 型六生素数是

| | | |
|---|---|---|
| 31 | 151 | 2671 |
| 37 | 157 | 2677 |
| 43 | 163 | 2683 |
| 47 | 167 | 2687 |
| 53 | 173 | 2693 |
| 59 | 179 | 2699 |

综上所述，初探可知模 6 缩族质合表显搜功能广泛多样，不仅对差 6 素数对和 3 项、4 项等差 6 素数列的直显功能和搜寻方法独一无二、不易替代，而且由于显搜功能重叠，应用表 9 还能方便地搜寻到孪生素数与差 4、差 8、差 10 素数对及差 2-4-2 型四生素数等更多种类的 $k$ 生素数，因而集模 2、模 4、模 8 与模 10 等缩族质合表显搜的优势功能于一身，故可替而代之. 反之，则行不通. 况且，模 6 缩族质合表比前述所有模 $d$ 缩族质合表中 $k$ 生素数显示功能最强、搜寻种类最多的模 10 缩族质合表显示的更加简洁明了、显搜种类成倍增加，具有显著的优越性. 因此，模 6 缩族质合表性能优良，用途广泛，效果尚佳.

## 四、有关问题

由模 6 缩族因素表(表 9) 立刻可以看出,大于 3 的全体素数不外乎为 $6n\mp1$ 两种形式. 因为除过 2 和 3 以外,所有素数都聚集在模 6 缩族的两个含质列之中. 故显然有

$$\pi(x)=\pi(x;6,-1)+\pi(x;6,1)+2$$

由引理 1.1,则有

**推论 3.1** $6n-1$ 和 $6n+1$ 形式的素数都有无穷多个且各占全体素数的 $\frac{1}{2}$. 即

$$\lim_{x\to+\infty}\pi(x;6,j)=+\infty\quad(j=\pm1)$$

$$\lim_{x\to+\infty}\frac{\pi(x;6,j)}{\pi(x)}=\frac{1}{\varphi(6)}=\frac{1}{2}\quad(j=\pm1)$$

根据定理 1.6,表 9 开头的 5,11,17,23,29 是唯一的 5 项等差 6 素数列. 不仅如此,而且由定理 1.4(ⅱ) 可得

**推论 3.2** 若奇数 $g>5$,则 5 个奇数 $g,g+6,g+12,g+18,g+24$ 不能都是素数.

**证** 因为奇数 $g>5$,所以

① 若 $g\equiv0(\mathrm{mod}5)$,则结论成立;

② 若 $g\equiv1(\mathrm{mod}5)$,则 $g+24\equiv0(\mathrm{mod}5)$;

③ 若 $g\equiv2(\mathrm{mod}5)$,则 $g+18\equiv0(\mathrm{mod}5)$;

④ 若 $g\equiv3(\mathrm{mod}5)$,则 $g+12\equiv0(\mathrm{mod}5)$;

⑤ 若 $g\equiv4(\mathrm{mod}5)$,则 $g+6\equiv0(\mathrm{mod}5)$.

下面的猜测 20 和猜测 21 均包含于猜测 19.

**猜测 20** 存在无穷多个差 6 素数对. 即

$$\lim_{x\to+\infty}\pi(x)^{6}=+\infty$$

显然有

$$\pi(x)^{6}=\pi(x)^{6}_{-1}+\pi(x)^{6}_{1}$$

$$\pi(x)^{6_v}=\pi(x)^{6_v}_{-1}+\pi(x)^{6_v}_{1}\quad(v=3,4)$$

**猜测 21** 3 项和 4 项等差 6 素数列都有无穷多个. 即

$$\lim_{x\to+\infty}\pi(x)^{6_v}=+\infty\quad(v=3,4)$$

亦有下面包含于猜测 19 的猜测 22、猜测 23 和猜测 24.

**猜测 22** $6n-1$ 形和 $6n+1$ 形差 6 素数对都有无穷多个且各占全体差 6 素数对的 $\frac{1}{2}$. 即

$$\lim_{x\to+\infty}\pi(x)^{6}_{j}=+\infty\quad(j=\pm1)$$

$$\lim_{x\to+\infty}\frac{\pi(x)^{6}_{j}}{\pi(x)^{6}}=\frac{1}{\varphi(6)}=\frac{1}{2}\quad(j=\pm1)$$

**猜测 23** $6n-1$ 形和 $6n+1$ 形 3 项等差 6 素数列都有无穷多个且各占全体 3 项等差 6 素

数列的$\frac{1}{2}$. 即

$$\lim_{x\to+\infty}\pi(x)_j^{6_3}=+\infty\quad(j=\pm1)$$

$$\lim_{x\to+\infty}\frac{\pi(x)_j^{6_3}}{\pi(x)^{6_3}}=\frac{1}{\varphi(6)}=\frac{1}{2}\quad(j=\pm1)$$

**猜测 24**　$6n-1$形和$6n+1$形 4 项等差 6 素数列都有无穷多个且各占全体 4 项等差 6 素数列的$\frac{1}{2}$. 即

$$\lim_{x\to+\infty}\pi(x)_j^{6_4}=+\infty\quad(j=\pm1)$$

$$\lim_{x\to+\infty}\frac{\pi(x)_j^{6_4}}{\pi(x)^{6_4}}=\frac{1}{\varphi(6)}=\frac{1}{2}\quad(j=\pm1)$$

猜测 22 至猜测 24 表明,全体差 6 素数对、3 项和 4 项等差 6 素数列都平均分布于模 6 缩族的两个含质列$\{6n\mp1\}$之中.

### 3.2.2　模 12 缩族质合表与其多种用途

#### 一、模 12 缩族因数表的编制方法

(1) 列出不超过 $x(=3000)$ 的模 12 缩族,即按序排列的 4 个模 12 含质列

$$1\bmod12,\ 5\bmod12,\ 7\bmod12,\ 11\bmod12$$

划去其中第 1 个元素 1,并且在前面添写上漏掉的素数 2 和 3(见表 11). 此时,不超过 $5^2-1$ 的所有素数得到确定(素数 5 是表 11 中第 1 个与 12 互素的数).

(2) 在表 11 缩族(即模 12 缩族) 中具体运演操作如下:

1) 在 5 与表 11 缩族中每一个不小于 5 而不大于$\frac{x}{5}$ 的数的乘积右旁写上小号数字 5,以示其为合数且含有素因数 5. 此时,不超过 $7^2-1$ 的所有的素数和与 12 互素的合数都得到确定(素数 7 是素数 5 后面第 1 个右旁没有小号数字的数).

2) 在 7 与表 11 缩族中每一个不小于 7 而不大于$\frac{x}{7}$ 的数的乘积右旁写上小号数字 7,以示其为合数且含有素因数 7. 此时,不超过 $11^2-1$ 的所有的素数和与 12 互素的合数都得到确定(素数 11 是素数 7 后面第 1 个右旁没有小号数字的数).

3) 在第 $s+2(3\leqslant s\leqslant l-2)$ 个素数 $p_{s+2}(=p_5,p_6,\cdots,p_l\leqslant\sqrt{x})$ 与表 11 缩族中每一个不小于 $p_{s+2}$ 而不大于$\frac{x}{p_{s+2}}$ 的数的乘积右旁写上小号数字 $p_{s+2}$,以示其为合数且含有素因数 $p_{s+2}$. 此时,不超过 $p_{s+3}^2-1$ 的所有的素数和与 12 互素的合数都得到确定(素数 $p_{s+3}$ 是素数 $p_{s+2}$ 后面第 1 个右旁没有小号数字的数). 依此按序操作下去,直至完成第 $l-2$ 步骤止(因为 $p_{l+1}^2>x$),就得到不超过 $x$ 的全体素数和与 12 互素的合数(即其不含素因数 2 和 3) 一览表,即模 12 缩族因数表.

## 表 11 模 12 缩族因数表(3000 以内)

(2,3)

| | | | | | | | |
|---|---|---|---|---|---|---|---|
| ~~1~~ | 5 | 7 | 11 | $529_{23}$ | $533_{13}$ | $535_{5}$ | $539_{7\cdot11}$ |
| 13 | 17 | 19 | 23 | 541 | $545_{5}$ | 547 | $551_{19}$ |
| 25 | 29 | 31 | $35_{5}$ | $553_{7}$ | 557 | $559_{13}$ | 563 |
| 37 | 41 | 43 | 47 | $565_{5}$ | 569 | 571 | $575_{5}$ |
| $49_{7}$ | 53 | $55_{5}$ | 59 | 577 | $581_{7}$ | $583_{11}$ | 587 |
| 61 | $65_{5}$ | 67 | 71 | $589_{19}$ | 593 | $595_{5\cdot7\cdot17}$ | 599 |
| 73 | $77_{7}$ | 79 | 83 | 601 | $605_{5\cdot11}$ | 607 | $611_{13}$ |
| $85_{5}$ | 89 | $91_{7}$ | $95_{5}$ | 613 | 617 | 619 | $623_{7}$ |
| 97 | 101 | 103 | 107 | $625_{5}$ | $629_{17}$ | 631 | $635_{5}$ |
| 109 | 113 | $115_{5}$ | $119_{7}$ | $637_{7\cdot13}$ | 641 | 643 | 647 |
| $121_{11}$ | $125_{5}$ | 127 | 131 | $649_{11}$ | 653 | $655_{5}$ | 659 |
| $133_{7}$ | 137 | 139 | $143_{11}$ | 661 | $665_{5\cdot7\cdot19}$ | $667_{23}$ | $671_{11}$ |
| $145_{5}$ | 149 | 151 | $155_{5}$ | 673 | 677 | $679_{7}$ | 683 |
| 157 | $161_{7}$ | 163 | 167 | $685_{5}$ | $689_{13}$ | 691 | $695_{5}$ |
| $169_{13}$ | 173 | $175_{5\cdot7}$ | 179 | $697_{17}$ | 701 | $703_{19}$ | $707_{7}$ |
| 181 | $185_{5}$ | $187_{11}$ | 191 | 709 | $713_{23}$ | $715_{5\cdot11\cdot13}$ | 719 |
| 193 | 197 | 199 | $203_{7}$ | $721_{7}$ | $725_{5}$ | 727 | $731_{17}$ |
| $205_{5}$ | $209_{11}$ | 211 | $215_{5}$ | 733 | $737_{11}$ | 739 | 743 |
| $217_{7}$ | $221_{13}$ | 223 | 227 | $745_{5}$ | $749_{7}$ | 751 | $755_{5}$ |
| 229 | 233 | $235_{5}$ | 239 | 757 | 761 | $763_{7}$ | $767_{13}$ |
| 241 | $245_{5\cdot7}$ | $247_{13}$ | 251 | 769 | 773 | $775_{5}$ | $779_{19}$ |
| $253_{11}$ | 257 | $259_{7}$ | 263 | $781_{11}$ | $785_{5}$ | 787 | $791_{7}$ |
| $265_{5}$ | 269 | 271 | $275_{5\cdot11}$ | $793_{13}$ | 797 | $799_{17}$ | $803_{11}$ |
| 277 | 281 | 283 | $287_{7}$ | $805_{5\cdot7\cdot23}$ | 809 | 811 | $815_{5}$ |
| $289_{17}$ | 293 | $295_{5}$ | $299_{13}$ | $817_{19}$ | 821 | 823 | 827 |
| $301_{7}$ | $305_{5}$ | 307 | 311 | 829 | $833_{7\cdot17}$ | $835_{5}$ | 839 |
| 313 | 317 | $319_{11}$ | $323_{17}$ | $841_{29}$ | $845_{5\cdot13}$ | $847_{7\cdot11}$ | $851_{23}$ |
| $325_{5\cdot13}$ | $329_{7}$ | 331 | $335_{5}$ | 853 | 857 | 859 | 863 |
| 337 | $341_{11}$ | $343_{7}$ | 347 | $865_{5}$ | $869_{11}$ | $871_{13}$ | $875_{5\cdot7}$ |
| 349 | 353 | $355_{5}$ | 359 | 877 | 881 | 883 | 887 |
| $361_{19}$ | $365_{5}$ | 367 | $371_{7}$ | $889_{7}$ | $893_{19}$ | $895_{5}$ | $899_{29}$ |
| 373 | $377_{13}$ | 379 | 383 | $901_{17}$ | $905_{5}$ | 907 | 911 |
| $385_{5\cdot7\cdot11}$ | 389 | $391_{17}$ | $395_{5}$ | $913_{11}$ | $917_{7}$ | 919 | $923_{13}$ |
| 397 | 401 | $403_{13}$ | $407_{11}$ | $925_{5}$ | 929 | $931_{7\cdot19}$ | $935_{5\cdot11\cdot17}$ |
| 409 | $413_{7}$ | $415_{5}$ | 419 | 937 | 941 | $943_{23}$ | 947 |
| 421 | $425_{5\cdot17}$ | $427_{7}$ | 431 | $949_{13}$ | 953 | $955_{5}$ | $959_{7}$ |
| 433 | $437_{19}$ | 439 | 443 | $961_{31}$ | $965_{5}$ | 967 | 971 |
| $445_{5}$ | 449 | $451_{11}$ | $455_{5\cdot7\cdot13}$ | $973_{7}$ | 977 | $979_{11}$ | 983 |
| 457 | 461 | 463 | 467 | $985_{5}$ | $989_{23}$ | 991 | $995_{5}$ |
| $469_{7}$ | $473_{11}$ | $475_{5\cdot19}$ | 479 | 997 | $1001_{7\cdot11\cdot13}$ | $1003_{17}$ | $1007_{19}$ |
| $481_{13}$ | $485_{5}$ | 487 | 491 | 1009 | 1013 | $1015_{5\cdot7\cdot29}$ | 1019 |
| $493_{17}$ | $497_{7}$ | 499 | 503 | 1021 | $1025_{5}$ | $1027_{13}$ | 1031 |
| $505_{5}$ | 509 | $511_{7}$ | $515_{5}$ | 1033 | $1037_{17}$ | 1039 | $1043_{7}$ |
| $517_{11}$ | 521 | 523 | $527_{17}$ | $1045_{5\cdot11\cdot19}$ | 1049 | 1051 | $1055_{5}$ |

| | | | |
|---|---|---|---|
| $1057_{7}$ | 1061 | 1063 | $1067_{11}$ |
| 1069 | $1073_{29}$ | $1075_{5}$ | $1079_{13}$ |
| $1081_{23}$ | $1085_{5\cdot7\cdot31}$ | 1087 | 1091 |
| 1093 | 1097 | $1099_{7}$ | 1103 |
| $1105_{5\cdot13\cdot17}$ | 1109 | $1111_{11}$ | $1115_{5}$ |
| 1117 | $1121_{19}$ | 1123 | $1127_{7\cdot23}$ |
| 1129 | $1133_{11}$ | $1135_{5}$ | $1139_{17}$ |
| $1141_{7}$ | $1145_{5}$ | $1147_{31}$ | 1151 |
| 1153 | $1157_{13}$ | $1159_{19}$ | 1163 |
| $1165_{5}$ | $1169_{7}$ | 1171 | $1175_{5}$ |
| $1177_{11}$ | 1181 | $1183_{7\cdot13}$ | 1187 |
| $1189_{29}$ | 1193 | $1195_{5}$ | $1199_{11}$ |
| 1201 | $1205_{5}$ | $1207_{17}$ | $1211_{7}$ |
| 1213 | 1217 | $1219_{23}$ | 1223 |
| $1225_{5\cdot7}$ | 1229 | 1231 | $1235_{5\cdot13\cdot19}$ |
| 1237 | $1241_{17}$ | $1243_{11}$ | $1247_{29}$ |
| 1249 | $1253_{7}$ | $1255_{5}$ | 1259 |
| $1261_{13}$ | $1265_{5\cdot11\cdot23}$ | $1267_{7}$ | $1271_{31}$ |
| $1273_{19}$ | 1277 | 1279 | 1283 |
| $1285_{5}$ | 1289 | 1291 | $1295_{5\cdot7}$ |
| 1297 | 1301 | 1303 | 1307 |
| $1309_{7\cdot11\cdot17}$ | $1313_{13}$ | $1315_{5}$ | 1319 |
| 1321 | $1325_{5}$ | 1327 | $1331_{11}$ |
| $1333_{31}$ | $1337_{7}$ | $1339_{13}$ | $1343_{17}$ |
| $1345_{5}$ | $1349_{19}$ | $1351_{7}$ | $1355_{5}$ |
| $1357_{23}$ | 1361 | $1363_{29}$ | 1367 |
| $1369_{37}$ | 1373 | $1375_{5\cdot11}$ | $1379_{7}$ |
| 1381 | $1385_{5}$ | $1387_{19}$ | $1391_{13}$ |
| $1393_{7}$ | $1397_{11}$ | 1399 | $1403_{23}$ |
| $1405_{5}$ | 1409 | $1411_{17}$ | $1415_{5}$ |
| $1417_{13}$ | $1421_{7\cdot29}$ | 1423 | 1427 |
| 1429 | 1433 | $1435_{5\cdot7}$ | 1439 |
| $1441_{11}$ | $1445_{5\cdot17}$ | 1447 | 1451 |
| 1453 | $1457_{31}$ | 1459 | $1463_{7\cdot11\cdot19}$ |
| $1465_{5}$ | $1469_{13}$ | 1471 | $1475_{5}$ |
| $1477_{7}$ | 1481 | 1483 | 1487 |
| 1489 | 1493 | $1495_{5\cdot13\cdot23}$ | 1499 |
| $1501_{19}$ | $1505_{5\cdot7}$ | $1507_{11}$ | 1511 |
| $1513_{17}$ | $1517_{37}$ | $1519_{7\cdot31}$ | 1523 |
| $1525_{5}$ | $1529_{11}$ | 1531 | $1535_{5}$ |
| $1537_{29}$ | $1541_{23}$ | 1543 | $1547_{7\cdot13\cdot17}$ |
| 1549 | 1553 | $1555_{5}$ | 1559 |
| $1561_{7}$ | $1565_{5}$ | 1567 | 1571 |
| $1573_{11\cdot13}$ | $1577_{19}$ | 1579 | 1583 |

| | | | |
|---|---|---|---|
| $1585_{5}$ | $1589_{7}$ | $1591_{37}$ | $1595_{5\cdot11\cdot29}$ |
| 1597 | 1601 | $1603_{7}$ | 1607 |
| 1609 | 1613 | $1615_{5\cdot17\cdot19}$ | 1619 |
| 1621 | $1625_{5\cdot13}$ | 1627 | $1631_{7}$ |
| $1633_{23}$ | 1637 | $1639_{11}$ | $1643_{31}$ |
| $1645_{5\cdot7}$ | $1649_{17}$ | $1651_{13}$ | $1655_{5}$ |
| 1657 | $1661_{11}$ | 1663 | 1667 |
| 1669 | $1673_{7}$ | $1675_{5}$ | $1679_{23}$ |
| $1681_{41}$ | $1685_{5}$ | $1687_{7}$ | $1691_{19}$ |
| 1693 | 1697 | 1699 | $1703_{13}$ |
| $1705_{5\cdot11\cdot31}$ | 1709 | $1711_{29}$ | $1715_{5\cdot7}$ |
| $1717_{17}$ | 1721 | 1723 | $1727_{11}$ |
| $1729_{7\cdot13\cdot19}$ | 1733 | $1735_{5}$ | $1739_{37}$ |
| 1741 | $1745_{5}$ | 1747 | $1751_{17}$ |
| 1753 | $1757_{7}$ | 1759 | $1763_{41}$ |
| $1765_{5}$ | $1769_{29}$ | $1771_{7\cdot11\cdot23}$ | $1775_{5}$ |
| 1777 | $1781_{13}$ | 1783 | 1787 |
| 1789 | $1793_{11}$ | $1795_{5}$ | $1799_{7}$ |
| 1801 | $1805_{5\cdot19}$ | $1807_{13}$ | 1811 |
| $1813_{7\cdot37}$ | $1817_{23}$ | $1819_{17}$ | 1823 |
| $1825_{5}$ | $1829_{31}$ | 1831 | $1835_{5}$ |
| $1837_{11}$ | $1841_{7}$ | $1843_{19}$ | 1847 |
| $1849_{43}$ | $1853_{17}$ | $1855_{5\cdot7}$ | $1859_{11\cdot13}$ |
| 1861 | $1865_{5}$ | 1867 | 1871 |
| 1873 | 1877 | 1879 | $1883_{7}$ |
| $1885_{5\cdot13\cdot29}$ | 1889 | $1891_{31}$ | $1895_{5}$ |
| $1897_{7}$ | 1901 | $1903_{11}$ | 1907 |
| $1909_{23}$ | 1913 | $1915_{5}$ | $1919_{19}$ |
| $1921_{17}$ | $1925_{5\cdot7\cdot11}$ | $1927_{41}$ | 1931 |
| 1933 | $1937_{13}$ | $1939_{7}$ | $1943_{29}$ |
| $1945_{5}$ | 1949 | 1951 | $1955_{5\cdot17\cdot23}$ |
| $1957_{19}$ | $1961_{37}$ | $1963_{13}$ | $1967_{7}$ |
| $1969_{11}$ | 1973 | $1975_{5}$ | 1979 |
| $1981_{7}$ | $1985_{5}$ | 1987 | $1991_{11}$ |
| 1993 | 1997 | 1999 | 2003 |
| $2005_{5}$ | $2009_{7\cdot41}$ | 2011 | $2015_{5\cdot13\cdot31}$ |
| 2017 | $2021_{43}$ | $2023_{7\cdot17}$ | 2027 |
| 2029 | $2033_{19}$ | $2035_{5\cdot11\cdot37}$ | 2039 |
| $2041_{13}$ | $2045_{5}$ | $2047_{23}$ | $2051_{7}$ |
| 2053 | $2057_{11\cdot17}$ | $2059_{29}$ | 2063 |
| $2065_{5\cdot7}$ | 2069 | $2071_{19}$ | $2075_{5}$ |
| $2077_{31}$ | 2081 | 2083 | 2087 |
| 2089 | $2093_{7\cdot13\cdot23}$ | $2095_{5}$ | 2099 |
| $2101_{11}$ | $2105_{5}$ | $2107_{7\cdot43}$ | 2111 |

| | | | |
|---|---|---|---|
| 2113 | $2117_{29}$ | $2119_{13}$ | $2123_{11}$ |
| $2125_{5\cdot 17}$ | 2129 | 2131 | $2135_{5\cdot 7}$ |
| 2137 | 2141 | 2143 | $2147_{19}$ |
| $2149_{7}$ | 2153 | $2155_{5}$ | $2159_{17}$ |
| 2161 | $2165_{5}$ | $2167_{11}$ | $2171_{13}$ |
| $2173_{41}$ | $2177_{7}$ | 2179 | $2183_{37}$ |
| $2185_{5\cdot 19\cdot 23}$ | $2189_{11}$ | $2191_{7}$ | $2195_{5}$ |
| $2197_{13}$ | $2201_{31}$ | 2203 | 2207 |
| $2209_{47}$ | 2213 | $2215_{5}$ | $2219_{7}$ |
| 2221 | $2225_{5}$ | $2227_{17}$ | $2231_{23}$ |
| $2233_{7\cdot 11\cdot 29}$ | 2237 | 2239 | 2243 |
| $2245_{5}$ | $2249_{13}$ | 2251 | $2255_{5\cdot 11\cdot 41}$ |
| $2257_{37}$ | $2261_{7\cdot 17\cdot 19}$ | $2263_{31}$ | 2267 |
| 2269 | 2273 | $2275_{5\cdot 7\cdot 13}$ | $2279_{43}$ |
| 2281 | $2285_{5}$ | 2287 | $2291_{29}$ |
| 2293 | 2297 | $2299_{11\cdot 19}$ | $2303_{7\cdot 47}$ |
| $2305_{5}$ | 2309 | 2311 | $2315_{5}$ |
| $2317_{7}$ | $2321_{11}$ | $2323_{23}$ | $2327_{13}$ |
| $2329_{17}$ | 2333 | $2335_{5}$ | 2339 |
| 2341 | $2345_{5\cdot 7}$ | 2347 | 2351 |
| $2353_{13}$ | 2357 | $2359_{7}$ | $2363_{17}$ |
| $2365_{5\cdot 11\cdot 43}$ | $2369_{23}$ | 2371 | $2375_{5\cdot 19}$ |
| 2377 | 2381 | 2383 | $2387_{7\cdot 11\cdot 31}$ |
| 2389 | 2393 | $2395_{5}$ | 2399 |
| $2401_{7}$ | $2405_{5\cdot 13\cdot 37}$ | $2407_{29}$ | 2411 |
| $2413_{19}$ | 2417 | $2419_{41}$ | 2423 |
| $2425_{5}$ | $2429_{7}$ | $2431_{11\cdot 13\cdot 17}$ | $2435_{5}$ |
| 2437 | 2441 | $2443_{7}$ | 2447 |
| $2449_{31}$ | $2453_{11}$ | $2455_{5}$ | 2459 |
| $2461_{23}$ | $2465_{5\cdot 17\cdot 29}$ | 2467 | $2471_{7}$ |
| 2473 | 2477 | $2479_{37}$ | $2483_{13}$ |
| $2485_{5\cdot 7}$ | $2489_{19}$ | $2491_{47}$ | $2495_{5}$ |
| $2497_{11}$ | $2501_{41}$ | 2503 | $2507_{23}$ |
| $2509_{13}$ | $2513_{7}$ | $2515_{5}$ | $2519_{11}$ |
| 2521 | $2525_{5}$ | $2527_{7\cdot 19}$ | 2531 |
| $2533_{17}$ | $2537_{43}$ | 2539 | 2543 |
| $2545_{5}$ | 2549 | 2551 | $2555_{5\cdot 7}$ |
| 2557 | $2561_{13}$ | $2563_{11}$ | $2567_{17}$ |
| $2569_{7}$ | $2573_{31}$ | $2575_{5}$ | 2579 |
| $2581_{29}$ | $2585_{5\cdot 11\cdot 47}$ | $2587_{13}$ | 2591 |
| 2593 | $2597_{7}$ | $2599_{23}$ | $2603_{19}$ |
| $2605_{5}$ | 2609 | $2611_{7}$ | $2615_{5}$ |
| 2617 | 2621 | $2623_{43}$ | $2627_{37}$ |
| $2629_{11}$ | 2633 | $2635_{5\cdot 17\cdot 31}$ | $2639_{7\cdot 13\cdot 29}$ |

| | | | |
|---|---|---|---|
| $2641_{19}$ | $2645_{5\cdot 23}$ | 2647 | $2651_{11}$ |
| $2653_{7}$ | 2657 | 2659 | 2663 |
| $2665_{5\cdot 13\cdot 41}$ | $2669_{17}$ | 2671 | $2675_{5}$ |
| 2677 | $2681_{7}$ | 2683 | 2687 |
| 2689 | 2693 | $2695_{5\cdot 7\cdot 11}$ | 2699 |
| $2701_{37}$ | $2705_{5}$ | 2707 | 2711 |
| 2713 | $2717_{11\cdot 13\cdot 19}$ | 2719 | $2723_{7}$ |
| $2725_{5}$ | 2729 | 2731 | $2735_{5}$ |
| $2737_{7\cdot 17\cdot 23}$ | 2741 | $2743_{13}$ | $2747_{41}$ |
| 2749 | 2753 | $2755_{5\cdot 19\cdot 29}$ | $2759_{31}$ |
| $2761_{11}$ | $2765_{5\cdot 7}$ | 2767 | $2771_{17}$ |
| $2773_{47}$ | 2777 | $2779_{7}$ | $2783_{11\cdot 23}$ |
| $2785_{5}$ | 2789 | 2791 | $2795_{5\cdot 13\cdot 43}$ |
| 2797 | 2801 | 2803 | $2807_{7}$ |
| $2809_{53}$ | $2813_{29}$ | $2815_{5}$ | 2819 |
| $2821_{7\cdot 13\cdot 31}$ | $2825_{5}$ | $2827_{11}$ | $2831_{19}$ |
| 2833 | 2837 | $2839_{17}$ | 2843 |
| $2845_{5}$ | $2849_{7\cdot 11\cdot 37}$ | 2851 | $2855_{5}$ |
| 2857 | 2861 | $2863_{7}$ | $2867_{47}$ |
| $2869_{19}$ | $2873_{13\cdot 17}$ | $2875_{5\cdot 23}$ | 2879 |
| $2881_{43}$ | $2885_{5}$ | 2887 | $2891_{7}$ |
| $2893_{11}$ | 2897 | $2899_{13}$ | 2903 |
| $2905_{5\cdot 7}$ | 2909 | $2911_{41}$ | $2915_{5\cdot 11\cdot 53}$ |
| 2917 | $2921_{23}$ | $2923_{37}$ | 2927 |
| $2929_{29}$ | $2933_{7}$ | $2935_{5}$ | 2939 |
| $2941_{17}$ | $2945_{5\cdot 19\cdot 31}$ | $2947_{7}$ | $2951_{13}$ |
| 2953 | 2957 | $2959_{11}$ | 2963 |
| $2965_{5}$ | 2969 | 2971 | $2975_{5\cdot 7\cdot 17}$ |
| $2977_{13}$ | $2981_{11}$ | $2983_{19}$ | $2987_{29}$ |
| $2989_{7}$ | $2993_{41}$ | $2995_{5}$ | 2999 |

在模 12 缩族因数表中,右旁写有小号数字的数是与 12 互素(即与 2 和 3 均互素)的合数(其自身含有的全部小素因数也一目了然),其余右旁空白没有小号数字的数皆为素数.

## 二、模 12 缩族质合表的特点、优势功能与多种用途

编制模 12 缩族质合表的一大特点和优势功能与编制模 6 缩族质合表相同,也是在"开筛"之前已经先天性地筛掉了给定自然数列内($x$ 以内)全部的偶数和 3 倍数.因此,比编制不超过 $x$ 的模 10 缩族质合表和埃氏筛法素数表分别节省

$$16.67\%\left(\approx 1-\frac{\varphi(12)\times 5}{\varphi(10)\times 6}=1-\frac{5}{6}\right)\quad 和\quad 66.67\%\left(\approx 1-\frac{\varphi(12)}{12}=1-\frac{1}{3}\right)$$

的篇幅和更多的计算量,从而成为编制模 $d$ 缩族质合表的适选表种之一.

模 12 缩族质合表所具有的基本功能及其独特优势,就是能够直接显示所有不超过 $x$ 的差 12 素数对、3 项和 4 项等差 12 素数列.表 11 任一含质列中任何连续两项、3 项和 4 项如果都是素数,那么依次就是一个差 12 素数对、一个 3 项和 4 项等差 12 素数列,使人一眼看出和一个不漏地寻找到它们.这一优势功能是目前已知的其他所有模 $d$ 缩族质合表、素数表根本无法达到和不可比拟的,为依次不漏地寻找它们提供了可能和极大的方便.如果目的仅在于此,那么只需编制模 12 缩族匿因质合表即可(其方法也可以是在操作完上述的步骤(1)后,对照已有的素数表或质合表,直接删去或用简单记号标明表 11 中每一个合数即可).

与模 6、模 4 缩族质合表都有一个共同的优势功能,就是模 12 缩族质合表亦能够直接显示所有不超过 $x$ 的差 4 素数对(除过 3,7).表 11 任何一行(四个数)中的前两数或后两数如果都是素数,那么就是一个差 4 素数对.

除过以上的直显功能外,模 12 缩族质合表还具有更多的非直显功能.连同直显功能在内,表 11 直显、间显和混搭显示的 $k$ 生素数种类如表 12 后两栏所列示.表 12 中的这 80 对(个)差型的 $k$ 生素数,都能够在模 12 缩族质合表中依序不漏地搜寻出来.

模 12 缩族与模 10 缩族两者都有 4 个含质列这一显著的相同形式.正因为如此,为了便于表述应用模 12 缩族质合表搜寻 $k$ 生素数的方法口诀,我们的约定与模 10 缩族质合表中的约定完全相同.于是,笔者将表 12 中的 80 对(个)差型 $k$ 生素数的显搜方法,编成便于记忆和运用的口诀如表 12(应用模 12 缩族质合表搜寻 $k$ 生素数口诀表)首栏所列示.

模 12 缩族和模 10 缩族质合表两者相同的只是形式,而差别却是本质上的.相比之下,表 11 比模 10 缩族质合表显示的 $k$ 生素数种类多,优势明显增强.其缘由在于模数 $10=2\times 5$,含 5 却不含素因数 3,使其任一含质列中最多只有相邻两项是素数,容纳浅簿;而模数 $12=2^2\times 3$,含有前两个素数 2 和 3,使其任一含质列中最多可有相邻四项都是素数,容纳深厚,显搜种类必然增多.

## 表 12　应用模 12 缩族质合表搜寻 $k$ 生素数口诀表

| 序号 | 条件 | 结论 | |
|---|---|---|---|
| | 在表 11 任何一行四数中，若____都是素数的 | 就是一个差 $D$ 型 | $k$ 生素数 |
| 1 | 二、三数；尾数与下首 | 2 | 2 |
| 2 | 前两数；后两数 | 4 | 2 |
| 3 | 一、三数；二、四数；再数与下首；尾数与下次 | 6 | 2 |
| 4 | 次数与下首；尾数与下再 | 8 | 2 |
| 5 | 首尾数；再数与下次 | 10 | 2 |
| 6 | 二、三数与下首；一、三数与上尾 | 2-6 | 3 |
| | 二、三数与上尾；二、四数与下首 | 6-2 | |
| 7 | 二、三数与上尾下首；一、三、四数与下一、三 | 6-2-6 | 4 |
| 8 | 二、三数与下一、二；一、三、四数与上尾 | 2-6-4 | 4 |
| | 二、三数与上三、四；一、二、四数与下首 | 4-6-2 | |
| 9 | 二、三数与下首尾；一、三数与上尾下次 | 2-6-10 | 4 |
| | 二、三数与上首尾；二、四数与上再下首 | 10-6-2 | |
| 10 | 二、三数与下次；首尾两数与上尾 | 2-10 | 3 |
| | 二、三数与上再；首尾两数与下首 | 10-2 | |
| 11 | 二、三数与上尾下次；首尾两数与上二、四 | 6-2-10 | 4 |
| | 二、三数与上再下首；首尾两数与下一、三 | 10-2-6 | |
| 12 | 二、三数与上再下次；首尾两数与下首尾 | 10-2-10 | 4 |
| 13 | 二、三数与上再下一、二；一、三、四数与上首尾 | 10-2-6-4 | 5 |
| | 二、三数与下次上三、四；一、二、四数与下首尾 | 4-6-2-10 | |
| 14 | 二、三数与上再下首尾；一、三数与下次上首尾 | 10-2-6-10 | 5 |
| | 二、三数与下次上首尾；二、四数与上再下首尾 | 10-6-2-10 | |
| 15 | 四数；后两数与下一、二 | 4-2-4 | 4 |
| 16 | 四数与上尾；后三数与下一、二 | 2-4-2-4 | 5 |
| | 四数与下首；前三数与上三、四 | 4-2-4-2 | |
| 17 | 四数与下一、二；四数与上三、四 | 4-2-4-2-4 | 6 |
| 18 | 四数与下次；一、二、四数与上三、四 | 4-2-4-6 | 5 |
| | 四数与上再；一、三、四数与下一、二 | 6-4-2-4 | |
| 19 | 四数与下二、四；一、二、四数与下次上三、四 | 4-2-4-6-6 | 6 |
| | 四数与上一、三；一、三、四数与上再下一、二 | 6-6-4-2-4 | |

续表

| 序　号 | 条　件<br>在表 11 任何一行四数中,若______都是素数的 | 结　论<br>就是一个差___D___型 | <br>$k$ 生素数 |
|---|---|---|---|
| 20 | 四数与上再下首;前三数与上一、三、四 | 6-4-2-4-2 | 6 |
| | 四数与上尾下次;后三数与下一、二、四 | 2-4-2-4-6 | |
| 21 | 四数与上再下次;一、三、四数与下一、二、四 | 6-4-2-4-6 | 6 |
| 22 | 四数与下次上一、三;一、三、四数与上再下一、二、四 | 6-6-4-2-4-6 | 7 |
| | 四数与上再下二、四;一、二、四数与下次上一、三、四 | 6-4-2-4-6-6 | |
| 23 | 前三数;后两数与下首 | 4-2 | 3 |
| | 后三数;前两数与上尾 | 2-4 | |
| 24 | 前三数与下首;后两数与下一、三 | 4-2-6 | 4 |
| | 后三数与上尾;前两数与上二、四 | 6-2-4 | |
| 25 | 前三数与下一、二;一、三、四数与上三、四 | 4-2-6-4 | 5 |
| | 后三数与上三、四;一、二、四数与下一、二 | 4-6-2-4 | |
| 26 | 前三数与下首尾;一、三数与下次上三、四 | 4-2-6-10 | 5 |
| | 后三数与上首尾;二、四数与上再下一、二 | 10-6-2-4 | |
| 27 | 前三数与上再下首;一、三、四数与下一、三 | 6-4-2-6 | 5 |
| | 后三数与上尾下次;一、二、四数与上二、四 | 6-2-4-6 | |
| 28 | 前三数与上再下一、二;一、三、四数与上一、三、四 | 6-4-2-6-4 | 6 |
| | 后三数与下次上三、四;一、二、四数与下一、二、四 | 4-6-2-4-6 | |
| 29 | 前三数与上再下首尾;一、三数与下次上一、三、四 | 6-4-2-6-10 | 6 |
| | 后三数与下次上首尾;二、四数与上再下一、二、四 | 10-6-2-4-6 | |
| 30 | 前三数与上再;一、三、四数与下首 | 6-4-2 | 4 |
| | 后三数与下次;一、二、四数与上尾 | 2-4-6 | |
| 31 | 前三数与上一、三;一、三、四数与上再下首 | 6-6-4-2 | 5 |
| | 后三数与下二、四;一、二、四数与上尾下次 | 2-4-6-6 | |
| 32 | 前三数与下次;后两数与下首尾 | 4-2-10 | 4 |
| | 后三数与下再;前两数与上首尾 | 10-2-4 | |
| 33 | 前三数与下二、四;首尾数与下次上三、四 | 4-2-10-6 | 5 |
| | 后三数与上一、三;首尾数与上再下一、二 | 6-10-2-4 | |
| 34 | 前三数与上再下二、四;首尾数与下次上一、三、四 | 6-4-2-10-6 | 6 |
| | 后三数与下次上一、三;首尾数与上再下一、二、四 | 6-10-2-4-6 | |

续表

| 序号 | 条件：在表11任何一行四数中，若____都是素数的 | 结论：就是一个差 $D$ 型 | 结论：$k$ 生素数 |
| --- | --- | --- | --- |
| 35 | 前三数与上再下次；一、三、四数与下首尾 | 6-4-2-10 | 5 |
| | 后三数与上再下次；一、二、四数与上首尾 | 10-2-4-6 | |
| 36 | 前三数与下次上一、三；一、三、四数与上再下首尾 | 6-6-4-2-10 | 6 |
| | 后三数与上再下二、四；一、二、四数与下次上首尾 | 10-2-4-6-6 | |
| 37 | 前三数与上尾；后三数与下首 | 2-4-2 | 4 |
| 38 | 前三数与上首尾；后三数与上再下首 | 10-2-4-2 | 5 |
| | 后三数与下首尾；前三数与上尾下次 | 2-4-2-10 | |
| 39 | 前三数与下次上首尾；后三数与上再下首尾 | 10-2-4-2-10 | 6 |
| 40 | 前三数与下次上三、四；四数与下首尾 | 4-2-4-2-10 | 6 |
| | 后三数与上再下一、二；四数与上首尾 | 10-2-4-2-4 | |
| 41 | 前三数与下次上一、三、四；四数与上再下首尾 | 6-4-2-4-2-10 | 7 |
| | 后三数与上再下一、二、四；四数与下次上首尾 | 10-2-4-2-4-6 | |
| 42 | 一、二、四数；后两数与下次 | 4-6 | 3 |
| | 一、三、四数；前两数与上再 | 6-4 | |
| 43 | 一、二、四数与上再；一、三、四数与下次 | 6-4-6 | 4 |
| 44 | 一、二、四数与上再下首；一、三、四数与下二、三 | 6-4-6-2 | 5 |
| | 一、三、四数与上尾下次；一、二、四数与上二、三 | 2-6-4-6 | |
| 45 | 一、二、四数与上再下次；一、三、四数与下二、四 | 6-4-6-6 | 5 |
| | 一、三、四数与上再下次；一、二、四数与上一、三 | 6-6-4-6 | |
| 46 | 一、二、四数与上再下一、二；后三数与上一、三、四 | 6-4-6-2-4 | 6 |
| | 一、三、四数与下次上三、四；前三数与下一、二、四 | 4-2-6-4-6 | |
| 47 | 一、二、四数与上再下一、二、四；后三数与下次上一、三、四 | 6-4-6-2-4-6 | 7 |
| | 一、三、四数与下次上一、三、四；前三数与上再下一、二、四 | 6-4-2-6-4-6 | |
| 48 | 一、二、四数与上再下二、四；二、四数与下次上一、三、四 | 6-4-6-6-6 | 6 |
| | 一、三、四数与下次上一、三；一、三数与上再下一、二、四 | 6-6-6-4-6 | |
| 49 | 一、二、四数与上再下首尾；二、三数与下次上一、三、四 | 6-4-6-2-10 | 6 |
| | 一、三、四数与下次上首尾；二、三数与上再下一、二、四 | 10-2-6-4-6 | |
| 50 | 一、二、四数与下次上一、三；一、三、四数与上再下二、四 | 6-6-4-6-6 | 6 |

续表

| 序　号 | 条　件<br>在表 11 任何一行四数中，若____都是素数的 | 结　论<br>就是一个差 $D$ 型 | $k$ 生素数 |
|---|---|---|---|
| 51 | 一、三数与下首；二、四数与下次 | 6 - 6 | 3 |
| | 二、四数与上尾；一、三数与上再 | 6 - 6 | |
| 52 | 一、三数与下一、二；一、三、四数与上再 | 6 - 6 - 4 | 4 |
| | 二、四数与上三、四；一、二、四数与下次 | 4 - 6 - 6 | |
| 53 | 一、三数与下一、三；二、四数与上尾下次 | 6 - 6 - 6 | 4 |
| | 二、四数与下二、四；一、三数与上再下首 | 6 - 6 - 6 | |
| 54 | 一、三数与下首尾；一、三数与上再下次 | 6 - 6 - 10 | 4 |
| | 二、四数与上首尾；二、四数与上再下次 | 10 - 6 - 6 | |
| 55 | 一、三数与上再下一、二；一、三、四数与上一、三 | 6 - 6 - 6 - 4 | 5 |
| | 二、四数与下次上三、四；一、二、四数与下二、四 | 4 - 6 - 6 - 6 | |
| 56 | 一、三数与上再下首尾；一、三数与下次上一、三 | 6 - 6 - 6 - 10 | 5 |
| | 二、四数与下次上首尾；二、四数与上再下二、四 | 10 - 6 - 6 - 6 | |
| 57 | 前两数与下首；后两数与下再 | 4 - 8 | 3 |
| | 后两数与上尾；前两数与上次 | 8 - 4 | |
| 58 | 前两数与下一、二；后两数与下三、四 | 4 - 8 - 4 | 4 |
| 59 | 前两数与上再下首；一、三、四数与下再 | 6 - 4 - 8 | 4 |
| | 后两数与上尾下次；一、二、四数与上次 | 8 - 4 - 6 | |
| 60 | 前两数与上次下首；后两数与上尾下再 | 8 - 4 - 8 | 4 |
| 61 | 前两数与上再下一、二 | 6 - 4 - 8 - 4 | 5 |
| | 后两数与下次上三、四 | 4 - 8 - 4 - 6 | |
| 62 | 前两数与下首尾；再数与下次上三、四 | 4 - 8 - 10 | 4 |
| | 后两数与上首尾；次数与上再下一、二 | 10 - 8 - 4 | |
| 63 | 前两数与上再下首尾；再数与下次上一、三、四 | 6 - 4 - 8 - 10 | 5 |
| | 后两数与下次上首尾；次数与上再下一、二、四 | 10 - 8 - 4 - 6 | |
| 64 | 前两数与上再下一、二、四；后两数与下次上一、三、四 | 6 - 4 - 8 - 4 - 6 | 6 |
| 65 | 次数与上尾下首；二、四数与下再 | 6 - 8 | 3 |
| | 再数与上尾下首；一、三数与上次 | 8 - 6 | |
| 66 | 次数与上尾下一、三；再数与下首上二、四 | 6 - 8 - 6 | 4 |
| 67 | 次数与上再下首；首尾两数与下再 | 10 - 8 | 3 |
| | 再数与上尾下次；首尾两数与上次 | 8 - 10 | |

续表

| 序号 | 条件 | 结论 | |
|---|---|---|---|
| | 在表 11 任何一行四数中，若______都是素数的 | 就是一个差 $D$ 型 | $k$ 生素数 |
| 68 | 次数与上再下首尾；再数与下次上首尾 | 10 - 8 - 10 | 4 |
| 69 | 首尾两数与上再；一、三数与下次 | 6 - 10 | 3 |
| | 首尾两数与下次；二、四数与上再 | 10 - 6 | |
| 70 | 首尾数与上再下首；二、三数与上一、三 | 6 - 10 - 2 | 4 |
| | 首尾数与上尾下次；二、三数与下二、四 | 2 - 10 - 6 | |
| 71 | 首尾数与上再下次；一、三数与下二、四 | 6 - 10 - 6 | 4 |
| 72 | 首尾数与上再下二、四；二、四数与下次上一、三 | 6 - 10 - 6 - 6 | 5 |
| | 首尾数与下次上一、三；一、三数与上再下二、四 | 6 - 6 - 10 - 6 | |
| 73 | 首尾数与上再下首尾；二、三数与下次上一、三 | 6 - 10 - 2 - 10 | 5 |
| | 首尾数与下次上首尾；二、三数与上再下二、四 | 10 - 2 - 10 - 6 | |
| 74 | 首尾数与上尾下首；二、三数与下二、三 | 2 - 10 - 2 | 4 |
| 75 | 相邻两行首尾与上尾；相邻两行二、三数与下次 | 2 - 10 - 2 - 10 | 5 |
| | 相邻两行首尾与下首；相邻两行二、三数与上再 | 10 - 2 - 10 - 2 | |
| 76 | 相邻三行首尾数；相邻两行二、三数与上再下次 | 10 - 2 - 10 - 2 - 10 | 6 |
| 77 | 相邻三行首尾与上尾；相邻三行二、三数与下次 | 2 - 10 - 2 - 10 - 2 - 10 | 7 |
| | 相邻三行首尾与下首；相邻三行二、三数与上再 | 10 - 2 - 10 - 2 - 10 - 2 | |
| 78 | 相邻四行首尾数；相邻三行二、三数与上再下次 | 10 - 2 - 10 - 2 - 10 - 2 - 10 | 8 |
| 79 | 相邻两行前两数与上次；相邻两行后两数与上尾 | 8 - 4 - 8 - 4 | 5 |
| | 相邻两行后两数与下再；相邻两行前两数与下首 | 4 - 8 - 4 - 8 | |
| 80 | 相邻两行前两数与上次下首；<br>相邻两行后两数与上尾下再 | 8 - 4 - 8 - 4 - 8 | 6 |

在表 11 中，直接显示与检索的：

(1) 差 12 素数对如

11　61　67　97　137　181　2791　2897　2927　2957

23　73　79　109　149　193　2803　2909　2939　2969

(2) 3 项等差 12 素数列如

89　167　199　419　727　2707　2729　2777

101　179　211　431　739　2719　2741　2789

113　191　223　443　751　2731　2753　2801

(3) 4 项等差 12 素数列如

| | | | | | | | |
|---|---|---|---|---|---|---|---|
| 5 | 7 | 17 | 47 | 127 | 1697 | 1877 | 2647 |
| 17 | 19 | 29 | 59 | 139 | 1709 | 1889 | 2659 |
| 29 | 31 | 41 | 71 | 151 | 1721 | 1901 | 2671 |
| 41 | 43 | 53 | 83 | 163 | 1733 | 1913 | 2683 |

## 三、有关问题

由表 11 知，大于 3 的全体素数可以分为 $12n\pm1$，$12n\pm5$ 四大类. 显然有

$$\pi(x)=\sum\pi(x;12,j)+2\quad(j=\pm1,\pm5)$$

由引理 1.1，则有

**推论 3.3**　$12n\pm1$ 和 $12n\pm5$ 形式的素数都有无穷多个且各占全体素数的 $\frac{1}{4}$. 即

$$\lim_{x\to+\infty}\pi(x;12,j)=+\infty\quad(j=\pm1,\pm5)$$

$$\lim_{x\to+\infty}\frac{\pi(x;12,j)}{\pi(x)}=\frac{1}{\varphi(12)}=\frac{1}{4}\quad(j=\pm1,\pm5)$$

根据定理 1.6，表 11 开头的 5，17，29，41，53 是唯一的 5 项等差 12 素数列. 不仅如此，而且由定理 1.4(ⅱ) 可得

**推论 3.4**　若奇数 $g>5$，则 5 个奇数 $g,g+12,g+24,g+36,g+48$ 不能都是素数.

下面的猜测 25 和猜测 26 均包含于猜测 19.

**猜测 25**　存在无穷多个差 12 素数对. 即

$$\lim_{x\to+\infty}\pi(x)^{12}=+\infty$$

显然有

$$\pi(x)^{12}=\sum\pi(x)_j^{12}\quad(j=\pm1,\pm5)$$

$$\pi(x)^{12_v}=\sum\pi(x)_j^{12_v}\quad(v=3,4,j=\pm1,\pm5)$$

**猜测 26**　3 项和 4 项等差 12 素数列都有无穷多个. 即

$$\lim_{x\to+\infty}\pi(x)^{12_v}=+\infty\quad(v=3,4)$$

下面连续提出的三个猜测亦均包含于猜测 19.

**猜测 27**　$12n\pm1$ 形和 $12n\pm5$ 形差 12 素数对都有无穷多个且各占全体差 12 素数对的 $\frac{1}{4}$. 即

$$\lim_{x\to+\infty}\pi(x)_j^{12}=+\infty\quad(j=\pm1,\pm5)$$

$$\lim_{x\to+\infty}\frac{\pi(x)_j^{12}}{\pi(x)^{12}}=\frac{1}{\varphi(12)}=\frac{1}{4}\quad(j=\pm1,\pm5)$$

**猜测 28**　$12n\pm1$ 形和 $12n\pm5$ 形 3 项等差 12 素数列都有无穷多个且各占全体 3 项等差

12 素数列的$\frac{1}{4}$. 即

$$\lim_{x\to+\infty}\pi(x)_j^{12_3}=+\infty\quad(j=\pm1,\pm5)$$

$$\lim_{x\to+\infty}\frac{\pi(x)_j^{12_3}}{\pi(x)^{12_3}}=\frac{1}{\varphi(12)}=\frac{1}{4}\quad(j=\pm1,\pm5)$$

**猜测 29**　$12n\pm1$ 形和 $12n\pm5$ 形 4 项等差 12 素数列都有无穷多个且各占全体 4 项等差 12 素数列的$\frac{1}{4}$. 即

$$\lim_{x\to+\infty}\pi(x)_j^{12_4}=+\infty\quad(j=\pm1,\pm5)$$

$$\lim_{x\to+\infty}\frac{\pi(x)_j^{12_4}}{\pi(x)^{12_4}}=\frac{1}{\varphi(12)}=\frac{1}{4}\quad(j=\pm1,\pm5)$$

### 3.2.3　模 18 缩族质合表与等差 18 素数列

#### 一、模 18 缩族因数表的编制方法

(1) 列出不超过 $x(=3000)$ 的模 18 缩族，即按序排列的 6 个模 18 含质列

5mod18, 7mod18, 11mod18, 13mod18, 17mod18, 19mod18

将其排列成表 13 的形式，并且在前面添写上漏掉的素数 2,3(见表 13). 此时，不超过 $5^2-1$ 的所有素数得到确定(素数 5 是表 13 中第 1 个与 18 互素的数).

(2) 在表 13 缩族(即模 18 缩族) 中具体运演操作如下：

1) 在 5 与表 13 缩族中每一个不小于 5 而不大于$\frac{x}{5}$ 的数的乘积右旁写上小号数字 5，以示其为合数且含有素因数 5. 此时，不超过 $7^2-1$ 的所有的素数和与 18 互素的合数都得到确定(素数 7 是素数 5 后面第 1 个右旁没有小号数字的数).

2) 在 7 与表 13 缩族中每一个不小于 7 而不大于$\frac{x}{7}$ 的数的乘积右旁写上小号数字 7，以示其为合数且含有素因数 7. 此时，不超过 $11^2-1$ 的所有的素数和与 18 互素的合数都得到确定(素数 11 是素数 7 后面第 1 个右旁没有小号数字的数).

3) 在第 $s+2(3\leqslant s\leqslant l-2)$ 个素数 $p_{s+2}(=p_5,p_6,\cdots,p_l\leqslant\sqrt{x})$ 与表 13 缩族中每一个不小于 $p_{s+2}$ 而不大于$\frac{x}{p_{s+2}}$ 的数的乘积右旁写上小号数字 $p_{s+2}$，以示其为合数且含有素因数 $p_{s+2}$. 此时，不超过 $p_{s+3}^2-1$ 的所有的素数和与 18 互素的合数都得到确定(素数 $p_{s+3}$ 是素数 $p_{s+2}$ 后面第 1 个右旁没有小号数字的数). 依此按序操作下去，直至完成第 $l-2$ 步骤止(因为 $p_{l+1}^2>x$)，就得到不超过 $x$ 的全体素数和与 18 互素的合数(即其不含素因数 2 和 3) 一览表，即模 18 缩族因数表.

在模 18 缩族因数表中，右旁写有小号数字的数是与 18 互素(即与 2 和 3 均互素) 的合数(其自身含有的全部小素因数也一目了然)，其余右旁空白没有小号数字的数皆为素数.

## 表 13　模 18 缩族因数表(3000 以内)

| | | | | | | | | | | | |
|---|---|---|---|---|---|---|---|---|---|---|---|
| (2,3) | | | | | 5 | $511_7$ | $515_5$ | $517_{11}$ | 521 | 523 | $527_{17}$ |
| 7 | 11 | 13 | 17 | 19 | 23 | $529_{23}$ | $533_{13}$ | $535_5$ | $539_{7\cdot11}$ | 541 | $545_5$ |
| $25_5$ | 29 | 31 | $35_5$ | 37 | 41 | 547 | $551_{19}$ | $553_7$ | 557 | $559_{13}$ | 563 |
| 43 | 47 | $49_7$ | 53 | $55_5$ | 59 | $565_5$ | 569 | 571 | $575_{5\cdot23}$ | 577 | $581_7$ |
| 61 | $65_5$ | 67 | 71 | 73 | $77_7$ | $583_{11}$ | 587 | $589_{19}$ | 593 | $595_{5\cdot7\cdot17}$ | 599 |
| 79 | 83 | $85_5$ | 89 | $91_7$ | $95_5$ | 601 | $605_{5\cdot11}$ | 607 | $611_{13}$ | 613 | 617 |
| 97 | 101 | 103 | 107 | 109 | 113 | 619 | $623_7$ | $625_5$ | $629_{17}$ | 631 | $635_5$ |
| $115_5$ | $119_7$ | $121_{11}$ | $125_5$ | 127 | 131 | $637_{7\cdot13}$ | 641 | 643 | 647 | $649_{11}$ | 653 |
| $133_7$ | 137 | 139 | $143_{11}$ | $145_5$ | 149 | $655_5$ | 659 | 661 | $665_{5\cdot7\cdot19}$ | $667_{23}$ | $671_{11}$ |
| 151 | $155_5$ | 157 | $161_7$ | 163 | 167 | 673 | 677 | $679_7$ | 683 | $685_5$ | $689_{13}$ |
| $169_{13}$ | 173 | $175_{5\cdot7}$ | 179 | 181 | $185_5$ | 691 | $695_5$ | $697_{17}$ | 701 | $703_{19}$ | $707_7$ |
| $187_{11}$ | 191 | 193 | 197 | 199 | $203_7$ | 709 | $713_{23}$ | $715_{5\cdot11\cdot13}$ | 719 | $721_7$ | $725_5$ |
| $205_5$ | $209_{11}$ | 211 | $215_5$ | $217_7$ | $221_{13}$ | 727 | $731_{17}$ | 733 | $737_{11}$ | 739 | 743 |
| 223 | 227 | 229 | 233 | $235_5$ | 239 | $745_5$ | $749_7$ | 751 | $755_5$ | 757 | 761 |
| 241 | $245_{5\cdot7}$ | $247_{13}$ | 251 | $253_{11}$ | 257 | $763_7$ | $767_{13}$ | 769 | 773 | $775_5$ | $779_{19}$ |
| $259_7$ | 263 | $265_5$ | 269 | 271 | $275_{5\cdot11}$ | $781_{11}$ | $785_5$ | 787 | $791_7$ | $793_{13}$ | 797 |
| 277 | 281 | 283 | $287_7$ | $289_{17}$ | 293 | $799_{17}$ | $803_{11}$ | $805_{5\cdot7\cdot23}$ | 809 | 811 | $815_5$ |
| $295_5$ | $299_{13}$ | $301_7$ | $305_5$ | 307 | 311 | $817_{19}$ | 821 | 823 | 827 | 829 | $833_{7\cdot17}$ |
| 313 | 317 | $319_{11}$ | $323_{17}$ | $325_{5\cdot13}$ | $329_7$ | $835_5$ | 839 | $841_{29}$ | $845_{5\cdot13}$ | $847_{7\cdot11}$ | $851_{23}$ |
| 331 | $335_5$ | 337 | $341_{11}$ | $343_7$ | 347 | 853 | 857 | 859 | 863 | $865_5$ | $869_{11}$ |
| 349 | 353 | $355_5$ | 359 | $361_{19}$ | $365_5$ | $871_{13}$ | $875_{5\cdot7}$ | 877 | 881 | 883 | 887 |
| 367 | $371_7$ | 373 | $377_{13}$ | 379 | 383 | $889_7$ | $893_{19}$ | $895_5$ | $899_{29}$ | $901_{17}$ | $905_5$ |
| $385_{5\cdot7\cdot11}$ | 389 | $391_{17}$ | $395_5$ | 397 | 401 | 907 | 911 | $913_{11}$ | $917_7$ | 919 | $923_{13}$ |
| $403_{13}$ | $407_{11}$ | 409 | $413_7$ | $415_5$ | 419 | $925_5$ | 929 | $931_{7\cdot19}$ | $935_{5\cdot11\cdot17}$ | 937 | 941 |
| 421 | $425_{5\cdot17}$ | $427_7$ | 431 | 433 | $437_{19}$ | $943_{23}$ | 947 | $949_{13}$ | 953 | $955_5$ | $959_7$ |
| 439 | 443 | $445_5$ | 449 | $451_{11}$ | $455_{5\cdot7\cdot13}$ | $961_{31}$ | $965_5$ | 967 | 971 | $973_7$ | 977 |
| 457 | 461 | 463 | 467 | $469_7$ | $473_{11}$ | $979_{11}$ | 983 | $985_5$ | $989_{23}$ | 991 | $995_5$ |
| $475_{5\cdot19}$ | 479 | $481_{13}$ | $485_5$ | 487 | 491 | 997 | $1001_{7\cdot11\cdot13}$ | $1003_{17}$ | $1007_{19}$ | 1009 | 1013 |
| $493_{17}$ | $497_7$ | 499 | 503 | $505_5$ | 509 | $1015_{5\cdot7\cdot29}$ | 1019 | 1021 | $1025_5$ | $1027_{13}$ | 1031 |

| | | | | | | | | | | | |
|---|---|---|---|---|---|---|---|---|---|---|---|
| 1033 | $1037_{17}$ | 1039 | 1043 | $1045_{5\cdot11\cdot19}$ | 1049 | $1591_{37}$ | $1595_{5\cdot11\cdot29}$ | 1597 | 1601 | $1603_{7}$ | 1607 |
| 1051 | $1055_{5}$ | $1057_{7}$ | 1061 | 1063 | $1067_{11}$ | 1609 | 1613 | $1615_{5\cdot17\cdot19}$ | 1619 | 1621 | $1625_{5\cdot13}$ |
| 1069 | $1073_{29}$ | $1075_{5}$ | $1079_{13}$ | $1081_{23}$ | $1085_{5\cdot7\cdot31}$ | 1627 | $1631_{7}$ | $1633_{23}$ | 1637 | $1639_{11}$ | $1643_{31}$ |
| 1087 | 1091 | 1093 | 1097 | $1099_{7}$ | 1103 | $1645_{5\cdot7}$ | $1649_{17}$ | $1651_{13}$ | $1655_{5}$ | 1657 | $1661_{11}$ |
| $1105_{5\cdot13\cdot17}$ | 1109 | $1111_{11}$ | $1115_{5}$ | 1117 | $1121_{19}$ | 1663 | 1667 | 1669 | $1673_{7}$ | $1675_{5}$ | $1679_{23}$ |
| 1123 | $1127_{7\cdot23}$ | 1129 | $1133_{11}$ | $1135_{5}$ | $1139_{17}$ | $1681_{41}$ | $1685_{5}$ | $1687_{7}$ | $1691_{19}$ | 1693 | 1697 |
| $1141_{7}$ | $1145_{5}$ | $1147_{31}$ | 1151 | 1153 | $1157_{13}$ | 1699 | $1703_{13}$ | $1705_{5\cdot11\cdot31}$ | 1709 | $1711_{29}$ | $1715_{5\cdot7}$ |
| $1159_{19}$ | 1163 | $1165_{5}$ | $1169_{7}$ | 1171 | $1175_{5}$ | $1717_{17}$ | 1721 | 1723 | $1727_{11}$ | $1729_{7\cdot13\cdot19}$ | 1733 |
| $1177_{11}$ | 1181 | $1183_{7\cdot13}$ | 1187 | $1189_{29}$ | 1193 | $1735_{5}$ | $1739_{37}$ | 1741 | $1745_{5}$ | 1747 | $1751_{17}$ |
| $1195_{5}$ | $1199_{11}$ | 1201 | $1205_{5}$ | $1207_{17}$ | $1211_{7}$ | 1753 | $1757_{7}$ | 1759 | $1763_{41}$ | $1765_{5}$ | $1769_{29}$ |
| 1213 | 1217 | $1219_{23}$ | 1223 | $1225_{5\cdot7}$ | 1229 | $1771_{7\cdot11\cdot23}$ | $1775_{5}$ | 1777 | $1781_{13}$ | 1783 | 1787 |
| 1231 | $1235_{5\cdot13\cdot19}$ | 1237 | $1241_{17}$ | $1243_{11}$ | $1247_{29}$ | 1789 | $1793_{11}$ | $1795_{5}$ | $1799_{7}$ | 1801 | $1805_{5\cdot19}$ |
| 1249 | $1253_{7}$ | $1255_{5}$ | 1259 | $1261_{13}$ | $1265_{5\cdot11\cdot23}$ | $1807_{13}$ | 1811 | $1813_{7\cdot37}$ | $1817_{23}$ | $1819_{17}$ | 1823 |
| $1267_{7}$ | $1271_{31}$ | $1273_{19}$ | 1277 | 1279 | 1283 | $1825_{5}$ | $1829_{31}$ | 1831 | $1835_{5}$ | $1837_{11}$ | $1841_{7}$ |
| $1285_{5}$ | 1289 | 1291 | $1295_{5\cdot7}$ | 1297 | 1301 | $1843_{19}$ | 1847 | $1849_{43}$ | $1853_{17}$ | $1855_{5\cdot7}$ | $1859_{11\cdot13}$ |
| 1303 | 1307 | $1309_{7\cdot11\cdot17}$ | $1313_{13}$ | $1315_{5}$ | 1319 | 1861 | $1865_{5}$ | 1867 | 1871 | 1873 | 1877 |
| 1321 | $1325_{5}$ | 1327 | $1331_{11}$ | $1333_{31}$ | $1337_{7}$ | 1879 | $1883_{7}$ | $1885_{5\cdot13\cdot29}$ | 1889 | $1891_{31}$ | $1895_{5}$ |
| $1339_{13}$ | $1343_{17}$ | $1345_{5}$ | $1349_{19}$ | $1351_{7}$ | $1355_{5}$ | $1897_{7}$ | 1901 | $1903_{11}$ | 1907 | $1909_{23}$ | 1913 |
| $1357_{23}$ | 1361 | $1363_{29}$ | 1367 | $1369_{37}$ | 1373 | $1915_{5}$ | $1919_{19}$ | $1921_{17}$ | $1925_{5\cdot7\cdot11}$ | $1927_{41}$ | 1931 |
| $1375_{5\cdot11}$ | $1379_{7}$ | 1381 | $1385_{5}$ | $1387_{19}$ | $1391_{13}$ | 1933 | $1937_{13}$ | $1939_{7}$ | $1943_{29}$ | $1945_{5}$ | 1949 |
| $1393_{7}$ | $1397_{11}$ | 1399 | $1403_{23}$ | $1405_{5}$ | 1409 | 1951 | $1955_{5\cdot17\cdot23}$ | $1957_{19}$ | $1961_{37}$ | $1963_{13}$ | $1967_{7}$ |
| $1411_{17}$ | $1415_{5}$ | $1417_{13}$ | $1421_{7\cdot29}$ | 1423 | 1427 | $1969_{11}$ | 1973 | $1975_{5}$ | 1979 | $1981_{7}$ | $1985_{5}$ |
| 1429 | 1433 | $1435_{5\cdot7}$ | 1439 | $1441_{11}$ | $1445_{5\cdot17}$ | 1987 | $1991_{11}$ | 1993 | 1997 | 1999 | 2003 |
| 1447 | 1451 | 1453 | $1457_{31}$ | 1459 | $1463_{7\cdot11\cdot19}$ | $2005_{5}$ | $2009_{7\cdot41}$ | 2011 | $2015_{5\cdot13\cdot31}$ | 2017 | $2021_{43}$ |
| $1465_{5}$ | $1469_{13}$ | 1471 | $1475_{5}$ | $1477_{7}$ | 1481 | $2023_{7\cdot17}$ | 2027 | 2029 | $2033_{19}$ | $2035_{5\cdot11\cdot37}$ | 2039 |
| 1483 | 1487 | 1489 | 1493 | $1495_{5\cdot13\cdot23}$ | 1499 | $2041_{13}$ | $2045_{5}$ | $2047_{23}$ | $2051_{7}$ | 2053 | $2057_{11\cdot17}$ |
| $1501_{19}$ | $1505_{5\cdot7}$ | $1507_{11}$ | 1511 | $1513_{17}$ | $1517_{37}$ | $2059_{29}$ | 2063 | $2065_{5\cdot7}$ | 2069 | $2071_{19}$ | $2075_{5}$ |
| $1519_{7\cdot31}$ | 1523 | $1525_{5}$ | $1529_{11}$ | 1531 | $1535_{5}$ | $2077_{31}$ | 2081 | 2083 | 2087 | 2089 | $2093_{7\cdot13\cdot23}$ |
| $1537_{29}$ | $1541_{23}$ | 1543 | $1547_{7\cdot13\cdot17}$ | 1549 | 1553 | $2095_{5}$ | 2099 | $2101_{11}$ | $2105_{5}$ | $2107_{7\cdot43}$ | 2111 |
| $1555_{5}$ | 1559 | $1561_{7}$ | $1565_{5}$ | 1567 | 1571 | 2113 | $2117_{29}$ | $2119_{13}$ | $2123_{11}$ | $2125_{5\cdot17}$ | 2129 |
| $1573_{11\cdot13}$ | $1577_{19}$ | 1579 | 1583 | $1585_{5}$ | $1589_{7}$ | 2131 | $2135_{5\cdot7}$ | 2137 | 2141 | 2143 | $2147_{19}$ |

| | | | | | |
|---|---|---|---|---|---|
| $2149_{7}$ | 2153 | $2155_{5}$ | $2159_{17}$ | 2161 | $2165_{5}$ |
| $2167_{11}$ | $2171_{13}$ | $2173_{41}$ | $2177_{7}$ | 2179 | $2183_{37}$ |
| $2185_{5\cdot19\cdot23}$ | $2189_{11}$ | $2191_{7}$ | $2195_{5}$ | $2197_{13}$ | $2201_{31}$ |
| 2203 | 2207 | $2209_{47}$ | 2213 | $2215_{5}$ | $2219_{7}$ |
| 2221 | $2225_{5}$ | $2227_{17}$ | $2231_{23}$ | $2233_{7\cdot11\cdot29}$ | 2237 |
| 2239 | 2243 | $2245_{5}$ | $2249_{13}$ | 2251 | $2255_{5\cdot11\cdot41}$ |
| $2257_{37}$ | $2261_{7\cdot17\cdot19}$ | $2263_{31}$ | 2267 | 2269 | 2273 |
| $2275_{5\cdot7\cdot13}$ | $2279_{43}$ | 2281 | $2285_{5}$ | 2287 | $2291_{29}$ |
| 2293 | 2297 | $2299_{11\cdot19}$ | $2303_{7\cdot47}$ | $2305_{5}$ | 2309 |
| 2311 | $2315_{5}$ | $2317_{7}$ | $2321_{11}$ | $2323_{23}$ | $2327_{13}$ |
| $2329_{17}$ | 2333 | $2335_{5}$ | 2339 | 2341 | $2345_{5\cdot7}$ |
| 2347 | 2351 | $2353_{13}$ | 2357 | $2359_{7}$ | $2363_{17}$ |
| $2365_{5\cdot11\cdot43}$ | $2369_{23}$ | 2371 | $2375_{5\cdot19}$ | 2377 | 2381 |
| 2383 | $2387_{7\cdot11\cdot31}$ | 2389 | 2393 | $2395_{5}$ | 2399 |
| $2401_{7}$ | $2405_{5\cdot13\cdot37}$ | $2407_{29}$ | 2411 | $2413_{19}$ | 2417 |
| $2419_{41}$ | 2423 | $2425_{5}$ | $2429_{7}$ | $2431_{11\cdot13\cdot17}$ | $2435_{5}$ |
| 2437 | 2441 | $2443_{7}$ | 2447 | $2449_{31}$ | $2453_{11}$ |
| $2455_{5}$ | 2459 | $2461_{23}$ | $2465_{5\cdot17\cdot29}$ | 2467 | $2471_{7}$ |
| 2473 | 2477 | $2479_{37}$ | $2483_{13}$ | $2485_{5\cdot7}$ | $2489_{19}$ |
| $2491_{47}$ | $2495_{5}$ | $2497_{11}$ | $2501_{41}$ | 2503 | $2507_{23}$ |
| $2509_{13}$ | $2513_{7}$ | $2515_{5}$ | $2519_{11}$ | 2521 | $2525_{5}$ |
| $2527_{7\cdot19}$ | 2531 | $2533_{17}$ | $2537_{43}$ | 2539 | 2543 |
| $2545_{5}$ | 2549 | 2551 | $2555_{5\cdot7}$ | 2557 | $2561_{13}$ |
| $2563_{11}$ | $2567_{17}$ | $2569_{7}$ | $2573_{31}$ | $2575_{5}$ | 2579 |
| $2581_{29}$ | $2585_{5\cdot11\cdot47}$ | $2587_{13}$ | 2591 | 2593 | $2597_{7}$ |
| $2599_{23}$ | $2603_{19}$ | $2605_{5}$ | 2609 | $2611_{7}$ | $2615_{5}$ |
| 2617 | 2621 | $2623_{43}$ | $2627_{37}$ | $2629_{11}$ | 2633 |
| $2635_{5\cdot17\cdot31}$ | $2639_{7\cdot13\cdot29}$ | $2641_{19}$ | $2645_{5\cdot23}$ | 2647 | $2651_{11}$ |
| $2653_{7}$ | 2657 | 2659 | 2663 | $2665_{5\cdot13\cdot41}$ | $2669_{17}$ |
| 2671 | $2675_{5}$ | 2677 | $2681_{7}$ | 2683 | 2687 |
| 2689 | 2693 | $2695_{5\cdot7\cdot11}$ | 2699 | $2701_{37}$ | $2705_{5}$ |

| | | | | | |
|---|---|---|---|---|---|
| 2707 | 2711 | 2713 | $2717_{11\cdot13\cdot19}$ | 2719 | $2723_{7}$ |
| $2725_{5}$ | 2729 | 2731 | $2735_{5}$ | $2737_{7\cdot17\cdot23}$ | 2741 |
| $2743_{13}$ | $2747_{41}$ | 2749 | 2753 | $2755_{5\cdot19\cdot29}$ | $2759_{31}$ |
| $2761_{11}$ | $2765_{5\cdot7}$ | 2767 | $2771_{17}$ | $2773_{47}$ | 2777 |
| $2779_{7}$ | $2783_{11\cdot23}$ | $2785_{5}$ | 2789 | 2791 | $2795_{5\cdot13\cdot43}$ |
| 2797 | 2801 | 2803 | $2807_{7}$ | $2809_{53}$ | $2813_{29}$ |
| $2815_{5}$ | 2819 | $2821_{7\cdot13\cdot31}$ | $2825_{5}$ | $2827_{11}$ | $2831_{19}$ |
| 2833 | 2837 | $2839_{17}$ | 2843 | $2845_{5}$ | $2849_{7\cdot11\cdot37}$ |
| 2851 | $2855_{5}$ | 2857 | 2861 | $2863_{7}$ | $2867_{47}$ |
| $2869_{19}$ | $2873_{13\cdot17}$ | $2875_{5\cdot23}$ | 2879 | $2881_{43}$ | $2885_{5}$ |
| 2887 | $2891_{7}$ | $2893_{11}$ | 2897 | $2899_{13}$ | 2903 |
| $2905_{5\cdot7}$ | 2909 | $2911_{41}$ | $2915_{5\cdot11\cdot53}$ | 2917 | $2921_{23}$ |
| $2923_{37}$ | 2927 | $2929_{29}$ | $2933_{7}$ | $2935_{5}$ | 2939 |
| $2941_{17}$ | $2945_{5\cdot19\cdot31}$ | $2947_{7}$ | $2951_{13}$ | 2953 | 2957 |
| $2959_{11}$ | 2963 | $2965_{5}$ | 2969 | 2971 | $2975_{5\cdot7\cdot17}$ |
| $2977_{13}$ | $2981_{11}$ | $2983_{19}$ | $2987_{29}$ | $2989_{7}$ | $2993_{41}$ |
| $2995_{5}$ | 2999 | | | | |

## 二、模 18 缩族质合表的特点、优势功能与用途

编制模 18 缩族质合表的一大特点和优势功能与编制模 6、模 12 缩族质合表相同，就是在"开筛"之前已经先天性地筛掉了给定自然数列内($x$ 以内)全部的偶数和 3 倍数. 因此，比编制不超过 $x$ 的模 14 缩族质合表和埃氏筛法素数表分别节省

$$22.22\%\left(\approx 1-\frac{\varphi(18)\times 7}{\varphi(14)\times 9}=1-\frac{7}{9}\right) \quad \text{和} \quad 66.67\%\left(\approx 1-\frac{\varphi(18)}{18}=1-\frac{1}{3}\right)$$

的篇幅和更多的计算量，是编制模 $d$ 缩族质合表的适选表种之一.

模 18 缩族质合表所具有的基本功能及其独特优势，就是能够直接显示所有不超过 $x$ 的差 18 素数对、3 项和 4 项等差 18 素数列. 表 13 任一含质列中任何连续两项、3 项和 4 项如果都是素数，那么依次就是一个差 18 素数对、一个 3 项和 4 项等差 18 素数列，使人一眼看出和一个不漏地寻找到它们. 这一优势功能是目前已知的其他所有模 $d$ 缩族质合表、素数表根本无法达到和不可比拟的，为依次不漏地寻找它们提供了可能和极大的方便. 如果目的仅在于此，那么只需编制模 18 缩族匿因质合表即可(其方法也可以是在操作完上述的步骤(1)后，对照已有的素数表或质合表，直接删去或用简单记号标明表 13 中每一个合数即可).

在表 13 中，直接显示与检索的：

① 差 18 素数对如

| | | | | | | | | | |
|---|---|---|---|---|---|---|---|---|---|
| 13 | 19 | 83 | 109 | 139 | 173 | 2833 | 2909 | 2939 | 2953 |
| 31 | 37 | 101 | 127 | 157 | 191 | 2851 | 2927 | 2957 | 2971 |

②3 项等差 18 素数列如

| | | | | | | | |
|---|---|---|---|---|---|---|---|
| 11 | 163 | 193 | 233 | 383 | 2671 | 2693 | 2801 |
| 29 | 181 | 211 | 251 | 401 | 2689 | 2911 | 2819 |
| 47 | 199 | 229 | 269 | 419 | 2707 | 2729 | 2837 |

③4 项等差 18 素数列如

| | | | | | | | |
|---|---|---|---|---|---|---|---|
| 5 | 43 | 53 | 113 | 313 | 2503 | 2713 | 2843 |
| 23 | 61 | 71 | 131 | 331 | 2521 | 2731 | 2861 |
| 41 | 79 | 89 | 149 | 349 | 2539 | 2749 | 2879 |
| 59 | 97 | 107 | 167 | 367 | 2557 | 2767 | 2897 |

## 三、有关问题

由表 13 知，大于 3 的全体素数可以分为 $18n\pm1, 18n\pm5, 18n\pm7$ 六大类. 显然有

$$\pi(x)=\sum\pi(x;18,j)+2 \quad (j=\pm1,\pm5,\pm7)$$

由引理 1.1，则有

**推论 3.5** $18n\pm1, 18n\pm5, 18n\pm7$ 形式的素数都有无穷多个且各占全体素数的 $\frac{1}{6}$. 即

$$\lim_{x\to+\infty}\pi(x;18,j)=+\infty \quad (j=\pm1,\pm5,\pm7)$$

$$\lim_{x\to+\infty}\frac{\pi(x;18,j)}{\pi(x)}=\frac{1}{\varphi(18)}=\frac{1}{6}\quad(j=\pm1,\pm5,\pm7)$$

由于表 13 中不存在首项是 5 的 5 项等差 18 素数列,因此由定理 1.5 知,等差 18 素数列不超过 4 项.

下面的猜测 30 和猜测 31 均包含于猜测 19.

**猜测 30**　存在无穷多个差 18 素数对. 即

$$\lim_{x\to+\infty}\pi(x)^{18}=+\infty$$

显然有

$$\pi(x)^{18}=\sum\pi(x)_j^{18}\quad(j=\pm1,\pm5,\pm7)$$

$$\pi(x)^{18_v}=\sum\pi(x)_j^{18_v}\quad(v=3,4;j=\pm1,\pm5,\pm7)$$

**猜测 31**　3 项和 4 项等差 18 素数列都有无穷多个. 即

$$\lim_{x\to+\infty}\pi(x)^{18_v}=+\infty\quad(v=3,4)$$

下面连续提出的三个猜测亦均包含于猜测 19.

**猜测 32**　$18n\pm1$ 形,$18n\pm5$ 形和 $18n\pm7$ 形差 18 素数对都有无穷多个且各占全体差 18 素数对的$\frac{1}{6}$. 即

$$\lim_{x\to+\infty}\pi(x)_j^{18}=+\infty\quad(j=\pm1,\pm5,\pm7)$$

$$\lim_{x\to+\infty}\frac{\pi(x)_j^{18}}{\pi(x)^{18}}=\frac{1}{\varphi(18)}=\frac{1}{6}\quad(j=\pm1,\pm5,\pm7)$$

**猜测 33**　$18n\pm1$ 形,$18n\pm5$ 形和 $18n\pm7$ 形 3 项等差 18 素数列都有无穷多个且各占全体 3 项等差 18 素数列的$\frac{1}{6}$. 即

$$\lim_{x\to+\infty}\pi(x)_j^{18_3}=+\infty\quad(j=\pm1,\pm5,\pm7)$$

$$\lim_{x\to+\infty}\frac{\pi(x)_j^{18_3}}{\pi(x)^{18_3}}=\frac{1}{\varphi(18)}=\frac{1}{6}\quad(j=\pm1,\pm5,\pm7)$$

**猜测 34**　$18n\pm1$ 形,$18n\pm5$ 形和 $18n\pm7$ 形 4 项等差 18 素数列都有无穷多个且各占全体 4 项等差 18 素数列的$\frac{1}{6}$. 即

$$\lim_{x\to+\infty}\pi(x)_j^{18_4}=+\infty\quad(j=\pm1,\pm5,\pm7)$$

$$\lim_{x\to+\infty}\frac{\pi(x)_j^{18_4}}{\pi(x)^{18_4}}=\frac{1}{\varphi(18)}=\frac{1}{6}\quad(j=\pm1,\pm5,\pm7)$$

## 3.3　模 $P_2^{\alpha_2}p_i^{\alpha_i}\,(i\geqslant4)$ 缩族质合表与等差 $P_2^{\alpha_2}p_i^{\alpha_i}$ 素数列

### 一、模 $P_2^{\alpha_2}p_i^{\alpha_i}$ 缩族因数表的编制方法

设与 $P_2^{\alpha_2}p_i^{\alpha_i}\,(i\geqslant4,\alpha_1,\alpha_2,\alpha_i\in\mathbf{N}^+)$ 互素且不超过$\sqrt{x}\,(x\in\mathbf{N}^+)$ 的全体素数依从小到大的

顺序排列成 $5=q_1,q_2,\cdots,q_l\leqslant\sqrt{x}\,(x>q_1q_2P_2^{\alpha_2}p_i^{\alpha_i})$，则编制模 $P_2^{\alpha_2}p_i^{\alpha_i}$ 缩族因数表的方法为

(1) 列出不超过 $x$ 的模 $P_2^{\alpha_2}p_i^{\alpha_i}$ 缩族，即按序排列的 $\varphi(P_2^{\alpha_2}p_i^{\alpha_i})=\frac{1}{3}P_2^{\alpha_2}p_i^{\alpha_i-1}(p_i-1)$ 个模 $P_2^{\alpha_2}p_i^{\alpha_i}$ 含质列

$$1\,\mathrm{mod}P_2^{\alpha_2}p_i^{\alpha_i}\,,\ 5\,\mathrm{mod}P_2^{\alpha_2}p_i^{\alpha_i}\,,\ \cdots,\ P_2^{\alpha_2}p_i^{\alpha_i}-1\,\mathrm{mod}P_2^{\alpha_2}p_i^{\alpha_i} \tag{3.3}$$

划去其中第 1 个元素 1，并且在前面添写上漏掉的素数 2，3 和 $p_i\,(i\geqslant4)$. 此时，不超过 $q_1^2-1$ 的所有素数得到确定(素数 $q_1(=5)$ 是缩族(3.3) 中第 1 个与 $P_2^{\alpha_2}p_i^{\alpha_i}$ 互素的数).

(2) 由第 1 步起，依次在缩族(3.3) 中完成 $l$ 个运演操作步骤. 其中，第 $s(1\leqslant s\leqslant l)$ 步骤是在素数 $q_s(=q_1,q_2,\cdots,q_l\leqslant\sqrt{x})$ 与缩族(3.3) 中每一个不小于 $q_s$ 而不大于$\frac{x}{q_s}$ 的数的乘积右旁写上小号数字 $q_s$，以示其为合数且含有素因数 $q_s$. 此时，不超过 $q_{s+1}^2-1$ 的所有的素数和与 $P_2^{\alpha_2}p_i^{\alpha_i}$ 互素的合数都得到确定(素数 $q_{s+1}$ 是素数 $q_s$ 后面第 1 个右旁没有小号数字的数). 依此按序操作下去，直至完成第 $l$ 步骤止(因为 $q_{l+1}^2>x$)，就得到不超过 $x$ 的全体素数和与 $P_2^{\alpha_2}p_i^{\alpha_i}$ 互素的合数一览表，即模 $P_2^{\alpha_2}p_i^{\alpha_i}$ 缩族因数表.

在模 $P_2^{\alpha_2}p_i^{\alpha_i}$ 缩族因数表中，右旁写有小号数的数是与 $P_2^{\alpha_2}p_i^{\alpha_i}$ 互素(即与素数 2，3 和 $p_i(\geqslant7)$ 均互素) 的合数(其自身含有的全部小素因数也一目了然)，其余右旁空白没有小号数字的数皆为素数.

## 二、模 $P_2^{\alpha_2}p_i^{\alpha_i}$ 缩族质合表的特点、优势功能与用途

编制模 $P_2^{\alpha_2}p_i^{\alpha_i}$ 缩族质合表的第一个特点和优势功能，就是"开筛" 之前已经先天性地筛掉了给定自然数列内($x$ 以内) 全部的偶数、3 倍数和 $p_i$ 倍数. 因此，比编制不超过 $x$ 的模 $P_2^{\alpha_2}$、模 $2^{\alpha}$ 缩族质合表和埃氏筛法素数表分别节省

$$\frac{1}{p_i}\left(=1-\frac{\varphi(P_2^{\alpha_2})\varphi(p_i^{\alpha_i})}{\varphi(p_2^{\alpha_2})\,p_i^{\alpha_i}}=1-(1-\frac{1}{p_i})\right)$$

$$\frac{1}{3}+\frac{2}{3p_i}\left(=1-\frac{\varphi(p_1^{\alpha_1})\varphi(p_2^{\alpha_2}\,p_i^{\alpha_i})}{\varphi(p_1^{\alpha_1})\,p_2^{\alpha_2}\,p_i^{\alpha_i}}=1-\frac{2}{3}(1-\frac{1}{p_i})\right)$$

和
$$\frac{2}{3}+\frac{1}{3p_i}\left(=1-\frac{\varphi(P_2^{\alpha_2}p_i^{\alpha_i})}{P_2^{\alpha_2}p_i^{\alpha_i}}=1-\frac{1}{3}(1-\frac{1}{p_i})\right)$$

的篇幅和更多的计算量.

模 $P_2^{\alpha_2}p_i^{\alpha_i}$ 缩族质合表所具有的基本功能及其独特优势，就是能够直接显示所有不超过 $x$ 的差 $P_2^{\alpha_2}p_i^{\alpha_i}$ 素数对、3 项和 4 项等差 $P_2^{\alpha_2}p_i^{\alpha_i}$ 素数列. 缩族(3.3) 任一含质列中任何连续两项、3 项和 4 项如果都是素数，那么依次就是一个差 $P_2^{\alpha_2}p_i^{\alpha_i}$ 素数对、一个 3 项和 4 项等差 $P_2^{\alpha_2}p_i^{\alpha_i}$ 素数列，使人一眼看出和一个不漏地寻找到它们. 这一优势功能是目前已知的其他所有模 $d$ 缩族质合表、素数表根本无法达到和不可比拟的，为依次不漏地寻找它们提供了可能和方便. 如果目的仅在于此，那么只需编制模 $P_2^{\alpha_2}p_i^{\alpha_i}$ 缩族匿因质合表即可.

### 三、有关问题

根据定理 1.5，如果缩族(3.3) 中的含质列 $5\bmod P_2^{\alpha_2}p_i^{\alpha_i}$ 的前 5 项：

$$5,\ P_2^{\alpha_2}p_i^{\alpha_i}+5,\ 2P_2^{\alpha_2}p_i^{\alpha_i}+5,\ 3P_2^{\alpha_2}p_i^{\alpha_i}+5,\ 4P_2^{\alpha_2}p_i^{\alpha_i}+5$$

不都是素数，则等差 $P_2^{\alpha_2}p_i^{\alpha_i}$ 素数列最长不超过 4 项.

下面是包含于猜测 17 和猜测 18 的

**猜测 35**　(ⅰ) 差 $P_2^{\alpha_2}p_i^{\alpha_i}$ 素数对、3 项和 4 项等差 $P_2^{\alpha_2}p_i^{\alpha_i}$ 素数列都有无穷多个；

(ⅱ) 任意一个模 $P_2^{\alpha_2}p_i^{\alpha_i}$ 含质列中的差 $P_2^{\alpha_2}p_i^{\alpha_i}$ 素数对、3 项等差 $P_2^{\alpha_2}p_i^{\alpha_i}$ 素数列和 4 项等差 $P_2^{\alpha_2}p_i^{\alpha_i}$ 素数列都有无穷多个；

(ⅲ) 全体差 $P_2^{\alpha_2}p_i^{\alpha_i}$ 素数对、3 项等差 $P_2^{\alpha_2}p_i^{\alpha_i}$ 素数列和 4 项等差 $P_2^{\alpha_2}p_i^{\alpha_i}$ 素数列都平均分布在模 $P_2^{\alpha_2}p_i^{\alpha_i}$ 缩族的 $\varphi(P_2^{\alpha_2}p_i^{\alpha_i})$ 个含质列之中.

## 3.3.1　模 42 缩族质合表与其多种用途

### 一、模 42 缩族因数表的编制方法

(1) 列出不超过 $x(=3000)$ 的模 42 缩族，即按序排列的 12 个模 42 含质列

$$5\bmod 42,\ 11\bmod 42,\ 13\bmod 42,\ \cdots,\ 41\bmod 42,\ 43\bmod 42$$

将其排列成表 14 的形式，并且在前面添写上漏掉的素数 2,3,7(见表 14). 此时，不超过 $5^2-1$ 的所有素数得到确定(素数 5 是表 14 中第 1 个与 42 互素的数).

(2) 在表 14 缩族(即模 42 缩族) 中具体运演操作：

1) 在 5 与表 14 缩族中每一个不小于 5 而不大于 $\frac{x}{5}$ 的数的乘积右旁写上小号数字 5，以示其为合数且含有素因数 5. 此时，不超过 $11^2-1$ 的所有的素数和与 42 互素的合数都得到确定(素数 11 是素数 5 后面第 1 个右旁没有小号数字的数).

2) 在 11 与表 14 缩族中每一个不小于 11 而不大于 $\frac{x}{11}$ 的数的乘积右旁写上小号数字 11，以示其为合数且含有素因数 11. 此时，不超过 $13^2-1$ 的所有的素数和与 42 互素的合数都得到确定(素数 13 是素数 11 后面第 1 个右旁没有小号数字的数).

3) 在第 $s+3(3\leqslant s\leqslant l-3)$ 个素数 $p_{s+3}(=p_6,p_7,\cdots,p_l\leqslant\sqrt{x})$ 与表 14 缩族中每一个不小于 $p_{s+3}$ 而不大于 $\frac{x}{p_{s+3}}$ 的数的乘积右旁写上小号数字 $p_{s+3}$，以示其为合数且含有素因数 $p_{s+3}$. 此时，不超过 $p_{s+4}^2-1$ 的所有的素数和与 42 互素的合数都得到确定(素数 $p_{s+4}$ 是素数 $p_{s+3}$ 后面第 1 个右旁没有小号数字的数). 依此按序操作下去，直至完成第 $l-3$ 步骤止(因为 $p_{l+1}^2>x$)，就得到不超过 $x$ 的全体素数和与 42 互素的合数一览表，即模 42 缩族因数表.

在模 42 缩族因数表中，右旁写有小号数字的数是不含素因数 2,3,7 的合数(其自身含有的全部小素因数也一目了然)，其余右旁空白没有小号数字的数皆为素数.

**表 14　模 42 缩族因数表(3000 以内)**

| | | | | | | | | | | | |
|---|---|---|---|---|---|---|---|---|---|---|---|
| (2,3,7) | | | 5 | 11 | 13 | 17 | 19 | 23 | $25_{5}$ | 29 | 31 |
| 37 | 41 | 43 | 47 | 53 | $55_{5}$ | 59 | 61 | $65_{5}$ | 67 | 71 | 73 |
| 79 | 83 | $85_{5}$ | 89 | $95_{5}$ | 97 | 101 | 103 | 107 | 109 | 113 | $115_{5}$ |
| $121_{11}$ | $125_{5}$ | 127 | 131 | 137 | 139 | $143_{11}$ | $145_{5}$ | 149 | 151 | $155_{5}$ | 157 |
| 163 | 167 | $169_{13}$ | 173 | 179 | 181 | $185_{5}$ | $187_{11}$ | 191 | 193 | 197 | 199 |
| $205_{5}$ | $209_{11}$ | 211 | $215_{5}$ | $221_{13}$ | 223 | 227 | 229 | 233 | $235_{5}$ | 239 | 241 |
| $247_{13}$ | 251 | $253_{11}$ | 257 | 263 | $265_{5}$ | 269 | 271 | $275_{5 \cdot 11}$ | 277 | 281 | 283 |
| $289_{17}$ | 293 | $295_{5}$ | $299_{13}$ | $305_{5}$ | 307 | 311 | 313 | 317 | $319_{11}$ | $323_{17}$ | $325_{5 \cdot 13}$ |
| 331 | $335_{5}$ | 337 | $341_{11}$ | 347 | 349 | 353 | $355_{5}$ | 359 | $361_{19}$ | $365_{5}$ | 367 |
| 373 | $377_{13}$ | 379 | 383 | 389 | $391_{17}$ | $395_{5}$ | 397 | 401 | $403_{13}$ | $407_{11}$ | 409 |
| $415_{5}$ | 419 | 421 | $425_{5 \cdot 17}$ | 431 | 433 | $437_{19}$ | 439 | 443 | $445_{5}$ | 449 | $451_{11}$ |
| 457 | 461 | 463 | 467 | $473_{11}$ | $475_{5 \cdot 19}$ | 479 | $481_{13}$ | $485_{5}$ | 487 | 491 | $493_{17}$ |
| 499 | 503 | $505_{5}$ | 509 | $515_{5}$ | $517_{11}$ | 521 | 523 | $527_{17}$ | $529_{23}$ | $533_{13}$ | $535_{5}$ |
| 541 | $545_{5}$ | 547 | $551_{19}$ | 557 | $559_{13}$ | 563 | $565_{5}$ | 569 | 571 | $575_{5 \cdot 23}$ | 577 |
| $583_{11}$ | 587 | $589_{19}$ | 593 | 599 | 601 | $605_{5 \cdot 11}$ | 607 | $611_{13}$ | 613 | 617 | 619 |
| $625_{5}$ | $629_{17}$ | 631 | $635_{5}$ | 641 | 643 | 647 | $649_{11}$ | 653 | $655_{5}$ | 659 | 661 |
| $667_{23}$ | $671_{11}$ | 673 | 677 | 683 | $685_{5}$ | $689_{13}$ | 691 | $695_{5}$ | $697_{17}$ | 701 | $703_{19}$ |
| 709 | $713_{23}$ | $715_{5 \cdot 11 \cdot 13}$ | 719 | $725_{5}$ | 727 | $731_{17}$ | 733 | $737_{11}$ | 739 | 743 | $745_{5}$ |
| 751 | $755_{5}$ | 757 | 761 | $767_{13}$ | 769 | 773 | $775_{5}$ | $779_{19}$ | $781_{11}$ | $785_{5}$ | 787 |
| $793_{13}$ | 797 | $799_{17}$ | $803_{11}$ | 809 | 811 | $815_{5}$ | $817_{19}$ | 821 | 823 | 827 | 829 |
| $835_{5}$ | 839 | $841_{29}$ | $845_{5 \cdot 13}$ | $851_{23}$ | 853 | 857 | 859 | 863 | $865_{5}$ | $869_{11}$ | $871_{13}$ |
| 877 | 881 | 883 | 887 | $893_{19}$ | $895_{5}$ | $899_{29}$ | $901_{17}$ | $905_{5}$ | 907 | 911 | $913_{11}$ |
| 919 | $923_{13}$ | $925_{5}$ | 929 | $935_{5 \cdot 11 \cdot 17}$ | 937 | 941 | $943_{23}$ | 947 | $949_{13}$ | 953 | $955_{5}$ |
| $961_{31}$ | $965_{5}$ | 967 | 971 | 977 | $979_{11}$ | 983 | $985_{5}$ | $989_{23}$ | 991 | $995_{5}$ | 997 |
| $1003_{17}$ | $1007_{19}$ | 1009 | 1013 | 1019 | 1021 | $1025_{5}$ | $1027_{13}$ | 1031 | 1033 | $1037_{17}$ | 1039 |
| $1045_{5 \cdot 11 \cdot 19}$ | 1049 | 1051 | $1055_{5}$ | 1061 | 1063 | $1067_{11}$ | 1069 | $1073_{29}$ | $1075_{5}$ | $1079_{13}$ | $1081_{23}$ |

| | | | | | | | | | | | |
|---|---|---|---|---|---|---|---|---|---|---|---|
| 1087 | 1091 | 1093 | 1097 | 1103 | $1105_{5\cdot13\cdot17}$ | 1109 | $1111_{11}$ | $1115_{5}$ | 1117 | $1121_{19}$ | 1123 |
| 1129 | $1133_{11}$ | $1135_{5}$ | $1139_{17}$ | $1145_{5}$ | $1147_{31}$ | 1151 | 1153 | $1157_{13}$ | $1159_{19}$ | 1163 | $1165_{5}$ |
| 1171 | $1175_{5}$ | $1177_{11}$ | 1181 | 1187 | $1189_{29}$ | 1193 | $1195_{5}$ | $1199_{11}$ | 1201 | $1205_{5}$ | $1207_{17}$ |
| 1213 | 1217 | $1219_{23}$ | 1223 | 1229 | 1231 | $1235_{5\cdot13\cdot19}$ | 1237 | $1241_{17}$ | $1243_{11}$ | $1247_{29}$ | 1249 |
| $1255_{5}$ | 1259 | $1261_{13}$ | $1265_{5\cdot11\cdot23}$ | $1271_{31}$ | $1273_{19}$ | 1277 | 1279 | 1283 | $1285_{5}$ | 1289 | 1291 |
| 1297 | 1301 | 1303 | 1307 | $1313_{13}$ | $1315_{5}$ | 1319 | 1321 | $1325_{5}$ | 1327 | $1331_{11}$ | $1333_{31}$ |
| $1339_{13}$ | $1343_{17}$ | $1345_{5}$ | $1349_{19}$ | $1355_{5}$ | $1357_{23}$ | 1361 | $1363_{29}$ | 1367 | $1369_{37}$ | 1373 | $1375_{5\cdot11}$ |
| 1381 | $1385_{5}$ | $1387_{19}$ | $1391_{13}$ | $1397_{11}$ | 1399 | $1403_{23}$ | $1405_{5}$ | 1409 | $1411_{17}$ | $1415_{5}$ | $1417_{13}$ |
| 1423 | 1427 | 1429 | 1433 | 1439 | $1441_{11}$ | $1445_{5\cdot17}$ | 1447 | 1451 | 1453 | $1457_{31}$ | 1459 |
| $1465_{5}$ | $1469_{13}$ | 1471 | $1475_{5}$ | 1481 | 1483 | 1487 | 1489 | 1493 | $1495_{5\cdot13\cdot23}$ | 1499 | $1501_{19}$ |
| $1507_{11}$ | 1511 | $1513_{17}$ | $1517_{37}$ | 1523 | $1525_{5}$ | $1529_{11}$ | 1531 | $1535_{5}$ | $1537_{29}$ | $1541_{23}$ | 1543 |
| 1549 | 1553 | $1555_{5}$ | 1559 | $1565_{5}$ | 1567 | 1571 | $1573_{11\cdot13}$ | $1577_{19}$ | 1579 | 1583 | $1585_{5}$ |
| $1591_{37}$ | $1595_{5\cdot11\cdot29}$ | 1597 | 1601 | 1607 | 1609 | 1613 | $1615_{5\cdot17\cdot19}$ | 1619 | 1621 | $1625_{5\cdot13}$ | 1627 |
| $1633_{23}$ | 1637 | $1639_{11}$ | $1643_{31}$ | $1649_{17}$ | $1651_{13}$ | $1655_{5}$ | 1657 | $1661_{11}$ | 1663 | 1667 | 1669 |
| $1675_{5}$ | $1679_{23}$ | $1681_{41}$ | $1685_{5}$ | $1691_{19}$ | 1693 | 1697 | 1699 | $1703_{13}$ | $1705_{5\cdot11\cdot31}$ | 1709 | $1711_{29}$ |
| $1717_{17}$ | 1721 | 1723 | $1727_{11}$ | 1733 | $1735_{5}$ | $1739_{37}$ | 1741 | $1745_{5}$ | 1747 | $1751_{17}$ | 1753 |
| 1759 | $1763_{41}$ | $1765_{5}$ | $1769_{29}$ | $1775_{5}$ | 1777 | $1781_{13}$ | 1783 | 1787 | 1789 | $1793_{11}$ | $1795_{5}$ |
| 1801 | $1805_{5\cdot19}$ | $1807_{13}$ | 1811 | $1817_{23}$ | $1819_{17}$ | 1823 | $1825_{5}$ | $1829_{31}$ | 1831 | $1835_{5}$ | $1837_{11}$ |
| $1843_{19}$ | 1847 | $1849_{43}$ | $1853_{17}$ | $1859_{11\cdot13}$ | 1861 | $1865_{5}$ | 1867 | 1871 | 1873 | 1877 | 1879 |
| $1885_{5\cdot13\cdot29}$ | 1889 | $1891_{31}$ | $1895_{5}$ | 1901 | $1903_{11}$ | 1907 | $1909_{23}$ | 1913 | $1915_{5}$ | $1919_{19}$ | $1921_{17}$ |
| $1927_{41}$ | 1931 | 1933 | $1937_{13}$ | $1943_{29}$ | $1945_{5}$ | 1949 | 1951 | $1955_{5\cdot17\cdot23}$ | $1957_{19}$ | $1961_{37}$ | $1963_{13}$ |
| $1969_{11}$ | 1973 | $1975_{5}$ | 1979 | $1985_{5}$ | 1987 | $1991_{11}$ | 1993 | 1997 | 1999 | 2003 | $2005_{5}$ |
| 2011 | $2015_{5\cdot13\cdot31}$ | 2017 | $2021_{43}$ | 2027 | 2029 | $2033_{19}$ | $2035_{5\cdot11\cdot37}$ | 2039 | $2041_{13}$ | $2045_{5}$ | $2047_{23}$ |

| | | | | | | | | | | | |
|---|---|---|---|---|---|---|---|---|---|---|---|
| 2053 | $2057_{11\cdot17}$ | $2059_{29}$ | 2063 | 2069 | $2071_{19}$ | $2075_{5}$ | $2077_{31}$ | 2081 | 2083 | 2087 | 2089 |
| $2095_{5}$ | 2099 | $2101_{11}$ | $2105_{5}$ | 2111 | 2113 | $2117_{29}$ | $2119_{13}$ | $2123_{11}$ | $2125_{5\cdot17}$ | 2129 | 2131 |
| 2137 | 2141 | 2143 | $2147_{19}$ | 2153 | $2155_{5}$ | $2159_{17}$ | 2161 | $2165_{5}$ | $2167_{11}$ | $2171_{13}$ | $2173_{41}$ |
| 2179 | $2183_{37}$ | $2185_{5\cdot19\cdot23}$ | $2189_{11}$ | $2195_{5}$ | $2197_{13}$ | $2201_{31}$ | 2203 | 2207 | $2209_{47}$ | 2213 | $2215_{5}$ |
| 2221 | $2225_{5}$ | $2227_{17}$ | $2231_{23}$ | 2237 | 2239 | 2243 | $2245_{5}$ | $2249_{13}$ | 2251 | $2255_{5\cdot11\cdot41}$ | $2257_{37}$ |
| $2263_{31}$ | 2267 | 2269 | 2273 | $2279_{43}$ | 2281 | $2285_{5}$ | 2287 | $2291_{29}$ | 2293 | 2297 | $2299_{11\cdot19}$ |
| $2305_{5}$ | 2309 | 2311 | $2315_{5}$ | $2321_{11}$ | $2323_{23}$ | $2327_{13}$ | $2329_{17}$ | 2333 | $2335_{5}$ | 2339 | 2341 |
| 2347 | 2351 | $2353_{13}$ | 2357 | $2363_{17}$ | $2365_{5\cdot11\cdot43}$ | $2369_{23}$ | 2371 | $2375_{5\cdot19}$ | 2377 | 2381 | 2383 |
| 2389 | 2393 | $2395_{5}$ | 2399 | $2405_{5\cdot13\cdot37}$ | $2407_{29}$ | 2411 | $2413_{19}$ | 2417 | $2419_{41}$ | 2423 | $2425_{5}$ |
| $2431_{11\cdot13\cdot17}$ | $2435_{5}$ | 2437 | 2441 | 2447 | $2449_{31}$ | $2453_{11}$ | $2455_{5}$ | 2459 | $2461_{23}$ | $2465_{5\cdot17\cdot29}$ | 2467 |
| 2473 | 2477 | $2479_{37}$ | $2483_{13}$ | $2489_{19}$ | $2491_{47}$ | $2495_{5}$ | $2497_{11}$ | $2501_{41}$ | 2503 | $2507_{23}$ | $2509_{13}$ |
| $2515_{5}$ | $2519_{11}$ | 2521 | $2525_{5}$ | 2531 | $2533_{17}$ | $2537_{43}$ | 2539 | 2543 | $2545_{5}$ | 2549 | 2551 |
| 2557 | $2561_{13}$ | $2563_{11}$ | $2567_{17}$ | $2573_{31}$ | $2575_{5}$ | 2579 | $2581_{29}$ | $2585_{5\cdot11\cdot47}$ | $2587_{13}$ | 2591 | 2593 |
| $2599_{23}$ | $2603_{19}$ | $2605_{5}$ | 2609 | $2615_{5}$ | 2617 | 2621 | $2623_{43}$ | $2627_{37}$ | $2629_{11}$ | 2633 | $2635_{5\cdot17\cdot31}$ |
| $2641_{19}$ | $2645_{5\cdot23}$ | 2647 | $2651_{11}$ | 2657 | 2659 | 2663 | $2665_{5\cdot13\cdot41}$ | $2669_{17}$ | 2671 | $2675_{5}$ | 2677 |
| 2683 | 2687 | 2689 | 2693 | 2699 | $2701_{37}$ | $2705_{5}$ | 2707 | 2711 | 2713 | $2717_{11\cdot13\cdot19}$ | 2719 |
| $2725_{5}$ | 2729 | 2731 | $2735_{5}$ | 2741 | $2743_{13}$ | $2747_{41}$ | 2749 | 2753 | $2755_{5\cdot19\cdot29}$ | $2759_{31}$ | $2761_{11}$ |
| 2767 | $2771_{17}$ | $2773_{47}$ | 2777 | $2783_{11\cdot23}$ | $2785_{5}$ | 2789 | 2791 | $2795_{5\cdot13\cdot43}$ | 2797 | 2801 | 2803 |
| $2809_{53}$ | $2813_{29}$ | $2815_{5}$ | 2819 | $2825_{5}$ | $2827_{11}$ | $2831_{19}$ | 2833 | 2837 | $2839_{17}$ | 2843 | $2845_{5}$ |
| 2851 | $2855_{5}$ | 2857 | 2861 | $2867_{47}$ | $2869_{19}$ | $2873_{13\cdot17}$ | $2875_{5\cdot23}$ | 2879 | $2881_{43}$ | $2885_{5}$ | 2887 |
| $2893_{11}$ | 2897 | $2899_{13}$ | 2903 | 2909 | $2911_{41}$ | $2915_{5\cdot11\cdot53}$ | 2917 | $2921_{23}$ | $2923_{37}$ | 2927 | $2929_{29}$ |
| $2935_{5}$ | 2939 | $2941_{17}$ | $2945_{5\cdot19\cdot31}$ | $2951_{13}$ | 2953 | 2957 | $2959_{11}$ | 2963 | $2965_{5}$ | 2969 | 2971 |
| $2977_{13}$ | $2981_{11}$ | $2983_{19}$ | $2987_{29}$ | $2993_{41}$ | $2995_{5}$ | 2999 | | | | | |

## 二、模 42 缩族质合表的特点、优势功能与多种用途

编制模 42 缩族质合表的一大特点和优势功能，就是在“开筛”之前已经先天性地筛掉了给定自然数列内($x$ 以内) 全部的偶数、3 倍数和 7 倍数. 因此，比编制不超过 $x$ 的模 $P_2^{\alpha_2}$、模 $2^\alpha$ 缩族质合表和埃氏筛法素数表分别节省

$$14.29\%\left(\approx 1-\frac{\varphi(P_2^{\alpha_2})\varphi(7)}{\varphi(P_2^{\alpha_2})\times 7}=1-(1-\frac{1}{7})\right)$$

$$42.86\%\left(\approx 1-\frac{\varphi(2^\alpha)\varphi(21)}{\varphi(2^\alpha)\times 21}=1-\frac{4}{7}\right)$$

和

$$71.43\%\left(\approx 1-\frac{\varphi(42)}{42}=\frac{5}{7}\right)$$

的篇幅和更多的计算量，是编制模 $d$ 缩族质合表的适选表种之一.

模 42 缩族质合表所具有的基本功能及其独特优势，就是能够直接显示所有不超过 $x$ 的差 42 素数对、3 项和 4 项等差 42 素数列. 表 14 任一含质列中任何连续两项、3 项和 4 项如果都是素数，那么依次就是一个差 42 素数对、一个 3 项和 4 项等差 42 素数列，使人一眼看出和一个不漏地寻找到它们. 这一优势功能是目前已知的其他所有模 $d$ 缩族质合表、素数间隙表(包含素数表) 根本无法达到和不可比拟的，为依次不漏地寻找它们提供了可能和极大的方便. 如果目的仅在于此，那么只需编制模 42 缩族匿因质合表即可(其方法也可以是在操作完上述的步骤(1) 后，对照已有的素数表或质合表，直接删去或用简单记号标明表 14 中每一个合数即可).

模 42 缩族质合表集奇数列质合表、模 4 和模 10 缩族质合表各所具有的一个优势功能于一身，即其能够直接显示所有不超过 $x$ 的孪生素数(除过 3,5 和 5,7)、差 4 素数对(除过 3,7 和 7,11)、差 2－4－2 型四生素数(除过 5,7,11,13). 不仅如此，除过模 6 缩族质合表，模 42 缩族质合表还有前述所有质合表、素数表都不存在的优点，就是能够直接显示所有不超过 $x$ 的差 4－2 型和差 2－4 型三生素数(除过 7,11,13 和 5,7,11)、差 4－2－4 型四生素数(除过 7,11,13,17)、差 4－2－4－2 型和差 2－4－2－4 型五生素数(除过 7,11,13,17,19 和 5,7,11,13,17)、差 4－2－4－2－4 型六生素数(除过 7,11,13,17,19,23). 这些直显 $k$ 生素数的搜寻方法见表 15.

**表 15　应用模 42 缩族质合表搜寻横向直显 $k$ 生素数方法表**

| 序　号 | 条　件<br>在表 14 任何一行的 12 项(个) 数中，若______都是素数的 | 结　论<br>就是一个差 $D$ 型 | <br>$k$ 生素数 |
|---|---|---|---|
| 1 | 2,3 项；5,6 项；7,8 项；9,10 项；后两项(连续两项) | 2 | 2 |
| 2 | 前两项；3,4 项；6,7 项；8,9 项；10,11 项(连续两项) | 4 | 2 |
| 3 | 前三项；6 至 8 项；8 至 10 项；后三项(连续三项) | 4－2 | 3 |
| | 2 至 4 项；5 至 7 项；7 至 9 项；9 至 11 项(连续三项) | 2－4 | |
| 4 | 5 至 8 项；7 至 10 项；后四项(连续四项) | 2－4－2 | 4 |
| 5 | 前四项；6 至 9 项；8 至 11 项(连续四项) | 4－2－4 | 4 |

续表

| 序 号 | 条 件<br>在表 14 任何一行的 12 项(个)数中,若_____都是素数的 | 结 论<br>就是一个差 $D$ 型 | $k$ 生素数 |
|---|---|---|---|
| 6 | 5 至 9 项;7 至 11 项(连续五项) | 2-4-2-4 | 5 |
|  | 6 至 10 项;后五项(连续五项) | 4-2-4-2 |  |
| 7 | 6 至 11 项(连续六项) | 4-2-4-2-4 | 6 |

在表 14 中,直接显示与检索的:

(1) 差 42 素数对如

| | | | | | | | | |
|---|---|---|---|---|---|---|---|---|
| 11 | 31 | 37 | 41 | 137 | 251 | 2801 | 2837 | 2897 |
| 53 | 73 | 79 | 83 | 179 | 293 | 2843 | 2879 | 2939 |

(2)3 项等差 42 素数列如

| | | | | | | | | |
|---|---|---|---|---|---|---|---|---|
| 17 | 19 | 29 | 197 | 229 | 347 | 2579 | 2647 | 2657 |
| 59 | 61 | 71 | 239 | 271 | 389 | 2621 | 2689 | 2699 |
| 101 | 103 | 113 | 281 | 313 | 431 | 2663 | 2731 | 2741 |

(3)4 项等差 42 素数列如

| | | | | | | | | |
|---|---|---|---|---|---|---|---|---|
| 5 | 47 | 67 | 97 | 107 | 157 | 2297 | 2707 | 2777 |
| 47 | 89 | 109 | 139 | 149 | 199 | 2339 | 2749 | 2819 |
| 89 | 131 | 151 | 181 | 191 | 241 | 2381 | 2791 | 2861 |
| 131 | 173 | 193 | 223 | 233 | 283 | 2423 | 2833 | 2903 |

## 三、有关问题

由表 14 知,除过 2,3,7 以外,所有素数可以分为 $42n\pm1,42n\pm5,42n\pm11,42n\pm13$, $42n\pm17,42n\pm19$ 十二类.显然有

$$\pi(x)=\sum\pi(x;42,j)+3\quad(j=\pm1,\pm5,\pm11,\pm13,\pm17,\pm19)$$

由引理 1.1,则有

**推论 3.6** $42n\pm1,42n\pm5,42n\pm11,42n\pm13,42n\pm17,42n\pm19$ 形式的素数都有无穷多个且各占全体素数的 $\frac{1}{\varphi(42)}=\frac{1}{12}$.即

$$\lim_{x\to+\infty}\pi(x;42,j)=+\infty\quad(j=\pm1,\pm5,\pm11,\pm13,\pm17,\pm19)$$

$$\lim_{x\to+\infty}\frac{\pi(x;42,j)}{\pi(x)}=\frac{1}{\varphi(42)}=\frac{1}{12}\quad(j=\pm1,\pm5,\pm11,\pm13,\pm17,\pm19)$$

根据定理 1.6,表 14 开头的 5,47,89,131,173 是唯一的 5 项等差 42 素数列.不仅如此,而且由定理 1.4(ⅱ)可得

**推论 3.7** 若奇数 $g>5$,则 5 个奇数 $g,g+42,g+84,g+126,g+168$ 不能都是素数.

下面的猜测 36 和猜测 37 均包含于猜测 35.

**猜测 36** 存在无穷多个差 42 素数对. 即

$$\lim_{x\to+\infty}\pi(x)^{42}=+\infty$$

显然有

$$\pi(x)^{42}=\sum\pi(x)_j^{42}\quad(j=\pm1,\pm5,\pm11,\pm13,\pm17,\pm19)$$

$$\pi(x)^{42_v}=\sum\pi(x)_j^{42_v}\quad(v=3,4;j=\pm1,\pm5,\pm11,\pm13,\pm17,\pm19)$$

**猜测 37** 3 项和 4 项等差 42 素数列都有无穷多个. 即

$$\lim_{x\to+\infty}\pi(x)^{42_v}=+\infty\quad(v=3,4)$$

下面提出的猜测 38 亦包含于猜测 35.

**猜测 38** (ⅰ) 任意一个模 42 含质列中的差 42 素数对、3 项等差 42 素数列和 4 项等差 42 素数列都有无穷多个. 即

$$\lim_{x\to+\infty}\pi(x)_j^{42}=+\infty\quad(j=\pm1,\pm5,\pm11,\pm13,\pm17,\pm19)$$

$$\lim_{x\to+\infty}\pi(x)_j^{42_v}=+\infty\quad(v=3,4;j=\pm1,\pm5,\pm11,\pm13,\pm17,\pm19)$$

(ⅱ) 全体差 42 素数对、3 项等差 42 素数列和 4 项等差 42 素数列都平均分布在模 42 缩族的 12 个含质列之中. 即

$$\lim_{x\to+\infty}\frac{\pi(x)_j^{42}}{\pi(x)^{42}}=\frac{1}{\varphi(42)}=\frac{1}{12}\quad(j=\pm1,\pm5,\pm11,\pm13,\pm17,\pm19)$$

$$\lim_{x\to+\infty}\frac{\pi(x)_j^{42_v}}{\pi(x)^{42_v}}=\frac{1}{\varphi(42)}=\frac{1}{12}\quad(v=3,4;j=\pm1,\pm5,\pm11,\pm13,\pm17,\pm19)$$

### 3.3.2 模 66 缩族质合表与等差 66 素数列

#### 一、模 66 缩族因数表的编制方法

(1) 列出不超过 $x(=2500)$ 的模 66 缩族，即按序排列的 20 个模 66 含质列

$$5\bmod66,\ 7\bmod66,\ 13\bmod66,\ \cdots,\ 65\bmod66,\ 67\bmod66$$

将其排列成表 16 的形式，并且在前面添写上漏掉的素数 2,3,11(见表 16). 此时，不超过 $5^2-1$ 的所有素数得到确定(素数 5 是表 16 中第 1 个与 66 互素的数).

(2) 在表 16 缩族(即模 66 缩族) 中具体运演操作如下：

1) 在 5 与表 16 缩族中每一个不小于 5 而不大于 $\frac{x}{5}$ 的数的乘积右旁写上小号数字 5，以示其为合数且含有素因数 5. 此时，不超过 $7^2-1$ 的所有的素数和与 66 互素的合数都得到确定(素数 7 是素数 5 后面第 1 个右旁没有小号数字的数).

2) 在 7 与表 16 缩族中每一个不小于 7 而不大于 $\frac{x}{7}$ 的数的乘积右旁写上小号数字 7，以示其为合数且含有素因数 7. 此时，不超过 $13^2-1$ 的所有的素数和与 66 互素的合数都得到确定(素数 13 是素数 7 后面第 1 个右旁没有小号数字的数).

## 表 16 模 66 缩族因数表(2500 以内)

| | | | | | | | | | | | | |
|---|---|---|---|---|---|---|---|---|---|---|---|---|
| (2 3 11) | 59 | $125_5$ | 191 | 257 | $323_{17}$ | 389 | $455_{5\cdot7\cdot13}$ | 521 | 587 | 653 | 719 | $785_5$ |
| | 61 | 127 | 193 | $259_7$ | $325_{5\cdot13}$ | $391_{17}$ | 457 | 523 | $589_{19}$ | $655_5$ | $721_7$ | 787 |
| | $65_5$ | 131 | 197 | 263 | $329_7$ | $395_5$ | 461 | $527_{17}$ | 593 | 659 | $725_5$ | $791_7$ |
| | 67 | $133_7$ | 199 | $265_5$ | 331 | 397 | 463 | $529_{23}$ | $595_{5\cdot7\cdot17}$ | 661 | 727 | $793_{13}$ |
| 5 | 71 | 137 | $203_7$ | 269 | $335_5$ | 401 | 467 | $533_{13}$ | 599 | $665_{5\cdot7\cdot19}$ | $731_{17}$ | 797 |
| 7 | 73 | 139 | $205_5$ | 271 | 337 | $403_{13}$ | $469_7$ | $535_5$ | 601 | $667_{23}$ | 733 | $799_{17}$ |
| 13 | 79 | $145_5$ | 211 | 277 | $343_7$ | 409 | $475_{5\cdot19}$ | 541 | 607 | 673 | 739 | $805_{5\cdot7\cdot23}$ |
| 17 | 83 | 149 | $215_5$ | 281 | 347 | $413_7$ | 479 | $545_5$ | $611_{13}$ | 677 | 743 | 809 |
| 19 | $85_5$ | 151 | $217_7$ | 283 | 349 | $415_5$ | $481_{13}$ | 547 | 613 | $679_7$ | $745_5$ | 811 |
| 23 | 89 | $155_5$ | $221_{13}$ | $287_7$ | 353 | 419 | $485_5$ | $551_{19}$ | 617 | 683 | $749_7$ | $815_5$ |
| $25_5$ | $91_7$ | 157 | 223 | $289_{17}$ | $355_5$ | 421 | 487 | $553_7$ | 619 | $685_5$ | 751 | $817_{19}$ |
| 29 | $95_5$ | $161_7$ | 227 | 293 | 359 | $425_{5\cdot17}$ | 491 | 557 | $623_7$ | $689_{13}$ | $755_5$ | 821 |
| 31 | 97 | 163 | 229 | $295_5$ | $361_{19}$ | $427_7$ | $493_{17}$ | $559_{13}$ | $625_5$ | 691 | 757 | 823 |
| $35_5$ | 101 | 167 | 233 | $299_{13}$ | $365_5$ | 431 | $497_7$ | 563 | $629_{17}$ | $695_5$ | 761 | 827 |
| 37 | 103 | $169_{13}$ | $235_5$ | $301_7$ | 367 | 433 | 499 | $565_5$ | 631 | $697_{17}$ | $763_7$ | 829 |
| 41 | 107 | 173 | 239 | $305_5$ | $371_7$ | $437_{19}$ | 503 | 569 | $635_5$ | 701 | $767_{13}$ | $833_{7\cdot17}$ |
| 43 | 109 | $175_{5\cdot7}$ | 241 | 307 | 373 | 439 | $505_5$ | 571 | $637_{7\cdot13}$ | $703_{19}$ | 769 | $835_5$ |
| 47 | 113 | 179 | $245_{5\cdot7}$ | 311 | $377_{13}$ | 443 | 509 | $575_{5\cdot23}$ | 641 | $707_7$ | 773 | 839 |
| $49_7$ | $115_5$ | 181 | $247_{13}$ | 313 | 379 | $445_5$ | $511_7$ | 577 | 643 | 709 | $775_5$ | $841_{29}$ |
| 53 | $119_7$ | $185_5$ | 251 | 317 | 383 | 449 | $515_5$ | $581_7$ | 647 | $713_{23}$ | $779_{19}$ | $845_{5\cdot13}$ |

| | | | | | | | | | | | | |
|---|---|---|---|---|---|---|---|---|---|---|---|---|
| $851_{23}$ | $917_{7}$ | 983 | 1049 | $1115_{5}$ | 1181 | $1247_{29}$ | $1313_{13}$ | $1379_{7}$ | $1445_{5\cdot 17}$ | 1511 | $1577_{19}$ | $1643_{31}$ |
| 853 | 919 | $985_{5}$ | 1051 | 1117 | $1183_{7\cdot 13}$ | 1249 | $1315_{5}$ | 1381 | 1447 | $1513_{17}$ | 1579 | $1645_{5\cdot 7}$ |
| 857 | $923_{13}$ | $989_{23}$ | $1055_{5}$ | $1121_{19}$ | 1187 | $1253_{7}$ | 1319 | $1385_{5}$ | 1451 | $1517_{37}$ | 1583 | $1649_{17}$ |
| 859 | $925_{5}$ | 991 | $1057_{7}$ | 1123 | $1189_{29}$ | $1255_{5}$ | 1321 | $1387_{19}$ | 1453 | $1519_{7\cdot 31}$ | $1585_{5}$ | $1651_{13}$ |
| 863 | 929 | $995_{5}$ | 1061 | $1127_{7\cdot 23}$ | 1193 | 1259 | $1325_{5}$ | $1391_{13}$ | $1457_{31}$ | 1523 | $1589_{7}$ | $1655_{5}$ |
| $865_{5}$ | $931_{7\cdot 19}$ | 997 | 1063 | 1129 | $1195_{5}$ | $1261_{13}$ | 1327 | $1393_{7}$ | 1459 | $1525_{5}$ | $1591_{37}$ | 1657 |
| $871_{13}$ | 937 | $1003_{17}$ | 1069 | $1135_{5}$ | 1201 | $1267_{7}$ | $1333_{31}$ | 1399 | $1465_{5}$ | 1531 | 1597 | 1663 |
| $875_{5\cdot 7}$ | 941 | $1007_{19}$ | $1073_{29}$ | $1139_{17}$ | $1205_{5}$ | $1271_{31}$ | $1337_{7}$ | $1403_{23}$ | $1469_{13}$ | $1535_{5}$ | 1601 | 1667 |
| 877 | $943_{23}$ | 1009 | $1075_{5}$ | $1141_{7}$ | $1207_{17}$ | $1273_{19}$ | $1339_{13}$ | $1405_{5}$ | 1471 | $1537_{29}$ | $1603_{7}$ | 1669 |
| 881 | 947 | 1013 | $1079_{13}$ | $1145_{5}$ | $1211_{7}$ | 1277 | $1343_{17}$ | 1409 | $1475_{5}$ | $1541_{23}$ | 1607 | $1673_{7}$ |
| 883 | $949_{13}$ | $1015_{5\cdot 7\cdot 29}$ | $1081_{23}$ | $1147_{31}$ | 1213 | 1279 | $1345_{5}$ | $1411_{17}$ | $1477_{7}$ | 1543 | 1609 | $1675_{5}$ |
| 887 | 953 | 1019 | $1085_{5\cdot 7\cdot 31}$ | 1151 | 1217 | 1283 | $1349_{19}$ | $1415_{5}$ | 1481 | $1547_{7\cdot 13\cdot 17}$ | 1613 | $1679_{23}$ |
| $889_{7}$ | $955_{5}$ | 1021 | 1087 | 1153 | $1219_{23}$ | $1285_{5}$ | $1351_{7}$ | $1417_{13}$ | 1483 | 1549 | $1615_{5\cdot 17\cdot 19}$ | $1681_{41}$ |
| $893_{19}$ | $959_{7}$ | $1025_{5}$ | 1091 | $1157_{13}$ | 1223 | 1289 | $1355_{5}$ | $1421_{7\cdot 29}$ | 1487 | 1553 | 1619 | $1685_{5}$ |
| $895_{5}$ | $961_{31}$ | $1027_{13}$ | 1093 | $1159_{19}$ | $1225_{5\cdot 7}$ | 1291 | $1357_{23}$ | 1423 | 1489 | $1555_{5}$ | 1621 | $1687_{7}$ |
| $899_{29}$ | $965_{5}$ | 1031 | 1097 | 1163 | 1229 | $1295_{5\cdot 7}$ | 1361 | 1427 | 1493 | 1559 | $1625_{5\cdot 13}$ | $1691_{19}$ |
| $901_{17}$ | 967 | 1033 | $1099_{7}$ | $1165_{5}$ | 1231 | 1297 | $1363_{29}$ | 1429 | $1495_{5\cdot 13\cdot 23}$ | $1561_{7}$ | 1627 | 1693 |
| $905_{5}$ | 971 | $1037_{17}$ | 1103 | $1169_{7}$ | $1235_{5\cdot 13\cdot 19}$ | 1301 | 1367 | 1433 | 1499 | $1565_{5}$ | $1631_{7}$ | 1697 |
| 907 | $973_{7}$ | 1039 | $1105_{5\cdot 13\cdot 17}$ | 1171 | 1237 | 1303 | $1369_{37}$ | $1435_{5\cdot 7}$ | $1501_{19}$ | 1567 | $1633_{23}$ | 1699 |
| 911 | 977 | $1043_{7}$ | 1109 | $1175_{5}$ | $1241_{17}$ | 1307 | 1373 | 1439 | $1505_{5\cdot 7}$ | 1571 | 1637 | $1703_{13}$ |

| | | | | | | | | | | | |
|---|---|---|---|---|---|---|---|---|---|---|---|
| 1709 | $1775_{5}$ | $1841_{7}$ | 1907 | 1973 | 2039 | $2105_{5}$ | $2171_{13}$ | 2237 | $2303_{7\cdot 47}$ | $2369_{23}$ | $2435_{5}$ |
| $1711_{29}$ | 1777 | $1843_{19}$ | $1909_{23}$ | $1975_{5}$ | $2041_{13}$ | $2107_{7\cdot 43}$ | $2173_{41}$ | 2239 | $2305_{5}$ | 2371 | 2437 |
| $1715_{5\cdot 7}$ | $1781_{13}$ | 1847 | 1913 | 1979 | $2045_{5}$ | 2111 | $2177_{7}$ | 2243 | 2309 | $2375_{5\cdot 19}$ | 2441 |
| $1717_{17}$ | 1783 | $1849_{43}$ | $1915_{5}$ | $1981_{7}$ | $2047_{23}$ | 2113 | 2179 | $2245_{5}$ | 2311 | 2377 | $2443_{7}$ |
| 1721 | 1787 | $1853_{17}$ | $1919_{19}$ | $1985_{5}$ | $2051_{7}$ | $2117_{29}$ | $2183_{37}$ | $2249_{13}$ | $2315_{5}$ | 2381 | 2447 |
| 1723 | 1789 | $1855_{5\cdot 7}$ | $1921_{17}$ | 1987 | 2053 | $2119_{13}$ | $2185_{5\cdot 19\cdot 23}$ | 2251 | $2317_{7}$ | 2383 | $2449_{31}$ |
| $1729_{7\cdot 13\cdot 19}$ | $1795_{5}$ | 1861 | $1927_{41}$ | 1993 | $2059_{29}$ | $2125_{5\cdot 17}$ | $2191_{7}$ | $2257_{37}$ | $2323_{23}$ | 2389 | $2455_{5}$ |
| 1733 | $1799_{7}$ | $1865_{5}$ | 1931 | 1997 | 2063 | 2129 | $2195_{5}$ | $2261_{7\cdot 17\cdot 19}$ | $2327_{13}$ | 2393 | 2459 |
| $1735_{5}$ | 1801 | 1867 | 1933 | 1999 | $2065_{5\cdot 7}$ | 2131 | $2197_{13}$ | $2263_{31}$ | $2329_{17}$ | $2395_{5}$ | $2461_{23}$ |
| $1739_{37}$ | $1805_{5\cdot 19}$ | 1871 | $1937_{13}$ | 2003 | 2069 | $2135_{5\cdot 7}$ | $2201_{31}$ | 2267 | 2333 | 2399 | $2465_{5\cdot 17\cdot 29}$ |
| 1741 | $1807_{13}$ | 1873 | $1939_{7}$ | $2005_{5}$ | $2071_{19}$ | 2137 | 2203 | 2269 | $2335_{5}$ | $2401_{7}$ | 2467 |
| $1745_{5}$ | 1811 | 1877 | $1943_{29}$ | $2009_{7\cdot 41}$ | $2075_{5}$ | 2141 | 2207 | 2273 | 2339 | $2405_{5\cdot 13\cdot 37}$ | $2471_{7}$ |
| 1747 | $1813_{7\cdot 37}$ | 1879 | $1945_{5}$ | 2011 | $2077_{31}$ | 2143 | $2209_{47}$ | $2275_{5\cdot 7\cdot 13}$ | 2341 | $2407_{29}$ | 2473 |
| $1751_{17}$ | $1817_{23}$ | $1883_{7}$ | 1949 | $2015_{5\cdot 13\cdot 31}$ | 2081 | $2147_{19}$ | 2213 | $2279_{43}$ | $2345_{5\cdot 7}$ | 2411 | 2477 |
| 1753 | $1819_{17}$ | $1885_{5\cdot 13\cdot 29}$ | 1951 | 2017 | 2083 | $2149_{7}$ | $2215_{5}$ | 2281 | 2347 | $2413_{19}$ | $2479_{37}$ |
| $1757_{7}$ | 1823 | 1889 | $1955_{5\cdot 17\cdot 23}$ | $2021_{43}$ | 2087 | 2153 | $2219_{7}$ | $2285_{5}$ | 2351 | 2417 | $2483_{13}$ |
| 1759 | $1825_{5}$ | $1891_{31}$ | $1957_{19}$ | $2023_{7\cdot 17}$ | 2089 | $2155_{5}$ | 2221 | 2287 | $2353_{13}$ | $2419_{41}$ | $2485_{5\cdot 7}$ |
| $1763_{41}$ | $1829_{31}$ | $1895_{5}$ | $1961_{37}$ | 2027 | $2093_{7\cdot 13\cdot 23}$ | $2159_{17}$ | $2225_{5}$ | $2291_{29}$ | 2357 | 2423 | $2489_{19}$ |
| $1765_{5}$ | 1831 | $1897_{7}$ | $1963_{13}$ | 2029 | $2095_{5}$ | 2161 | $2227_{17}$ | 2293 | $2359_{7}$ | $2425_{5}$ | $2491_{47}$ |
| $1769_{29}$ | $1835_{5}$ | 1901 | $1967_{7}$ | $2033_{19}$ | 2099 | $2165_{5}$ | $2231_{23}$ | 2297 | $2363_{17}$ | $2429_{7}$ | $2495_{5}$ |

(3) 在第 $s+3(3\leqslant s\leqslant l-3)$ 个素数 $p_{s+3}(=p_6,p_7,\cdots,p_l\leqslant\sqrt{x})$ 与表 16 缩族中每一个不小于 $p_{s+3}$ 而不大于$\dfrac{x}{p_{s+3}}$ 的数的乘积右旁写上小号数字 $p_{s+3}$，以示其为合数且含有素因数 $p_{s+3}$. 此时，不超过 $p_{s+4}^2-1$ 的所有的素数和与 66 互素的合数都得到确定(素数 $p_{s+4}$ 是素数 $p_{s+3}$ 后面第 1 个右旁没有小号数字的数). 依此按序操作下去，直至完成第 $l-3$ 步骤止(因为 $p_{l+1}^2>x$)，就得到不超过 $x$ 的全体素数和与 66 互素的合数一览表，即模 66 缩族因数表.

在模 66 缩族因数表中，右旁写有小号数字的数是不含素因数 2,3,11 的合数(其自身含有的全部小素因数也一目了然)，其余右旁空白没有小号数字的数皆为素数.

## 二、模 66 缩族质合表的特点、优势功能与用途

编制模 66 缩族质合表的一大特点和优势功能，就是在“开筛”之前已经先天性地筛掉了给定自然数列内($x$ 以内)全部的偶数、3 倍数和 11 倍数. 因此，比编制不超过 $x$ 的模 $P_2^{\alpha_2}$、模 $2^\alpha$ 缩族质合表和埃氏筛法素数表分别节省

$$9.09\%\left(\approx 1-\frac{\varphi(P_2^{\alpha_2})\varphi(11)}{\varphi(P_2^{\alpha_2})\times 11}=1-\left(1-\frac{1}{11}\right)\right)$$

$$39.39\%\left(\approx 1-\frac{\varphi(2^\alpha)\varphi(33)}{\varphi(2^\alpha)\times 33}=1-\frac{20}{33}\right)$$

和

$$69.70\%\left(\approx 1-\frac{\varphi(66)}{66}=1-\frac{10}{33}\right)$$

的篇幅和更多的计算量，是编制模 $d$ 缩族质合表的适选表种之一.

模 66 缩族质合表所具有的基本功能及其独特优势，就是能够直接显示所有不超过 $x$ 的差 66 素数对、3 项和 4 项等差 66 素数列. 表 16 任一含质列中任何连续两项、3 项和 4 项如果都是素数，那么依次就是一个差 66 素数对、一个 3 项和 4 项等差 66 素数列，使人一眼看出和一个不漏地寻找到它们. 这一优势功能是目前已知的其他所有模 $d$ 缩族质合表、素数表根本无法达到和不可比拟的，为依次不漏地寻找它们提供了可能和极大的方便. 如果目的仅在于此，那么只需编制模 66 缩族匿因质合表即可(其方法也可以是在操作完上述的步骤(1)后，对照已有的素数表或质合表，直接删去或用简单记号标明表 16 中每一个合数即可).

与模 42 缩族质合表的一些优点相同，模 66 缩族质合表也能够直接显示所有不超过 $x$ 的孪生素数(除过 3,5 和 11,13)、差 4 素数对(除过 3,7 和 7,11)、差 4 - 2 型和差 2 - 4 型三生素数(除过 7,11,13;5,7,11 和 11,13,17)、差 2 - 4 - 2 型和差 4 - 2 - 4 型四生素数(除过 5,7,11,13;11,13,17,19 和 7,11,13,17)、差 2 - 4 - 2 - 4 型和差 4 - 2 - 4 - 2 型五生素数(除过 5,7,11,13,17;11,13,17,19,23 和 7,11,13,17,19) 以及差 4 - 2 - 4 - 2 - 4 型六生素数(除过 7,11,13,17,19,23). 之不过是模 66 缩族质合表显示的简明性与检索的方便性都比模 42 缩族质合表略逊一筹.

在表 16 中，直接显示与检索的：

(1) 差 66 素数对如

| | | | | | | | | |
|---|---|---|---|---|---|---|---|---|
| 13 | 23 | 37 | 43 | 157 | 191 | 2381 | 2393 | 2411 |
| 79 | 89 | 103 | 109 | 223 | 257 | 2447 | 2459 | 2477 |

(2)3 项等差 66 素数列如

| | | | | | | | | |
|---|---|---|---|---|---|---|---|---|
| 5 | 7 | 17 | 47 | 61 | 101 | 1951 | 2137 | 2267 |
| 71 | 73 | 83 | 113 | 127 | 167 | 2017 | 2203 | 2333 |
| 137 | 139 | 149 | 179 | 193 | 233 | 2083 | 2269 | 2399 |

(3)4 项等差 66 素数列如

| | | | | | | | | |
|---|---|---|---|---|---|---|---|---|
| 31 | 41 | 241 | 251 | 521 | 541 | 1801 | 1931 | 2141 |
| 97 | 107 | 307 | 317 | 587 | 607 | 1867 | 1997 | 2207 |
| 163 | 173 | 373 | 383 | 653 | 673 | 1933 | 2063 | 2273 |
| 229 | 239 | 439 | 449 | 719 | 739 | 1999 | 2129 | 2339 |

## 三、有关问题

由表 16 知，除过 2,3,11 外，所有素数可以分为 $66n\pm1$、$\pm5$、$\pm7$、$\pm13$、$\pm17$、$\pm19$、$\pm23$、$\pm25$、$\pm29$、$\pm31$ 二十类. 显然有

$$\pi(x)=\sum\pi(x;66,j)+3\quad\left((66,j)=1\text{ 且 }1\leqslant|j|<\frac{66}{2}\right)$$

由引理 1.1,则有

**推论 3.8** 设 $(66,j)=1$ 且 $1\leqslant|j|<\frac{66}{2}$,则 $66n+j$ 形式的素数都有无穷多个且各占全体素数的 $\frac{1}{\varphi(66)}=\frac{1}{20}$. 即

$$\lim_{x\to+\infty}\pi(x;66,j)=+\infty\quad\left((66,j)=1\text{ 且 }1\leqslant|j|<\frac{66}{2}\right)$$

$$\lim_{x\to+\infty}\frac{\pi(x;66,j)}{\pi(x)}=\frac{1}{\varphi(66)}=\frac{1}{20}\quad\left((66,j)=1\text{ 且 }1\leqslant|j|<\frac{66}{2}\right)$$

由于表 16 中不存在首项是 5 的 5 项等差 66 素数列，因此由定理 1.5 知，等差 66 素数列不超过 4 项.

下面的猜测 39 和猜测 40 均包含于猜测 35.

**猜测 39** 存在无穷多个差 66 素数对. 即

$$\lim_{x\to+\infty}\pi(x)^{66}=+\infty$$

显然有

$$\pi(x)^{66}=\sum\pi(x)_j^{66}\quad\left((66,j)=1\text{ 且 }1\leqslant|j|<\frac{66}{2}\right)$$

$$\pi(x)^{66_v}=\sum\pi(x)_j^{66_v}\quad\left(v=3,4;(66,j)=1\text{ 且 }1\leqslant|j|<\frac{66}{2}\right)$$

**猜测 40** 3 项和 4 项等差 66 素数列都有无穷多个. 即

$$\lim_{x\to+\infty}\pi(x)^{66_v}=+\infty\quad(v=3,4)$$

下面提出的猜测 41 亦包含于猜测 35.

**猜测 41**　(ⅰ)任意一个模 66 含质列中的差 66 素数对、3 项等差 66 素数列和 4 项等差 66 素数列都有无穷多个.即

$$\lim_{x\to+\infty}\pi(x)_j^{66}=+\infty\quad\left((66,j)=1\text{ 且 }1\leqslant|j|<\frac{66}{2}\right)$$

$$\lim_{x\to+\infty}\pi(x)_j^{66_v}=+\infty\quad\left(v=3,4;(66,j)=1\text{ 且 }1\leqslant|j|<\frac{66}{2}\right)$$

(ⅱ)全体差 66 素数对、3 项等差 66 素数列和 4 项等差 66 素数列都平均分布在模 66 缩族的 20 个含质列之中.即

$$\lim_{x\to+\infty}\frac{\pi(x)_j^{66}}{\pi(x)^{66}}=\lim_{x\to+\infty}\frac{\pi(x)_j^{66_v}}{\pi(x)^{66_v}}=\frac{1}{\varphi(66)}=\frac{1}{20}\quad\left(v=3,4;(66,j)=1\text{ 且 }1\leqslant|j|<\frac{66}{2}\right)$$

# 第4章 模 $c(30\parallel c)$缩族质合表与等差 $c$ 素数列

科学知识是点成的金，最终有限，科学方法则是点石成金的手指，可以产生无穷的金.

——蔡元培

## 4.1 模 $c(30\parallel c)$ 缩族质合表与等差 $c$ 素数列

### 一、模 $c$ 缩族因数表的编制方法

设 $7<q_{\text{I}}$，$2<3<5<q_{\text{I}}<q_{\text{II}}<\cdots<q_{\gamma}$ 是正偶数 $c(\geqslant 30)$ 的全部素因数，与 $c$ 互素且不超过$\sqrt{x}$（$x\in\mathbf{N}^{+}$）的全体奇素数依从小到大的顺序排列成 $7=q_1,q_2,\cdots,q_l\leqslant\sqrt{x}$（$x>q_1q_2c$），则编制模 $c$ 缩族因数表的方法为

(1) 列出不超过 $x$ 的模 $c$ 缩族，即首项为 $r(=1,q_1,\cdots,c-1)$ 的

$$\varphi(c)=\frac{4}{15}c\prod_{\text{I}\leqslant i\leqslant\gamma}\left(1-\frac{1}{q_i}\right)$$

个模 $c$ 含质列

$$1\bmod c,\ q_1\bmod c,\ \cdots,\ c-1\bmod c \tag{4.1}$$

（其中$(r,c)=1$且$1<q_1<\cdots<c-1$）划去其中第1个元素1，并且在前面添写上漏掉的素数 $2,3,5,q_{\text{I}},q_{\text{II}},\cdots,q_{\gamma}$. 此时，不超过 $q_1^2-1$ 的所有素数得到确定（素数 $q_1(=7)$ 是缩族(4.1)中第1个与 $c$ 互素的数）.

(2) 由第1步起，依次在缩族(4.1)中完成 $l$ 个运演操作步骤. 其中第 $s(1\leqslant s\leqslant l)$ 步骤是在素数 $q_s(=q_1,q_2,\cdots,q_l\leqslant\sqrt{x})$ 与缩族(4.1)中每一个不小于 $q_s$ 而不大于$\dfrac{x}{q_s}$的数的乘积右旁写上小号数字 $q_s$，以示其为合数且含有素因数 $q_s$. 此时，不超过 $q_{s+1}^2-1$ 的所有的素数和与 $c$ 互素的合数都得到确定（素数 $q_{s+1}$ 是素数 $q_s$ 后面第1个右旁没有小号数字的数）. 依此按序操作下去，直至完成第 $l$ 步骤止（因为 $q_{l+1}^2>x$），就得到不超过 $x$ 的全体素数和与 $c$ 互素的合数一览表，即模 $c(30\parallel c)$ 缩族因数表.

在模 $c$ 缩族因数表中，右旁写有小号数字的数是与 $c$ 互素（即不含素因数 $2,3,5,q_{\text{I}}(>7)$，$q_{\text{II}},\cdots,q_{\gamma}$）的合数（其自身含有的全部小素因数也一目了然），其余右旁空白没有小号数字的数皆为素数.

## 二、模 $c$ 缩族质合表的特点、优势功能与用途

编制模 $c$ 缩族质合表的一大特点和优势功能，就是在“开筛”之前已经先天性地筛掉了给定自然数列内($x$ 以内)$c$ 的素因数 $2,3,5,q_{\mathrm{I}},q_{\mathrm{II}},\cdots,q_{\gamma}$ 各自的全部倍数. 因此，比编制不超过 $x$ 的模 $P_2^{\alpha_2}$、模 $2^{\alpha}$ 缩族质合表和埃氏筛法素数表分别节省：

$$1-\frac{\varphi(c)}{\varphi(P_2^{\alpha_2})\cdot c\div P_2^{\alpha_2}}=1-\frac{4}{5}\prod_{I\leqslant i\leqslant\gamma}\left(1-\frac{1}{q_i}\right)$$

$$1-\frac{\varphi(c)}{\varphi(2^{\alpha})\cdot c\div 2^{\alpha}}=1-\frac{8}{15}\prod_{I\leqslant i\leqslant\gamma}\left(1-\frac{1}{q_{\gamma}}\right)$$

和

$$1-\frac{\varphi(c)}{c}=1-\frac{4}{15}\prod_{I\leqslant i\leqslant\gamma}\left(1-\frac{1}{q_{\gamma}}\right)$$

的篇幅和更多的计算量.

模 $c$ 缩族质合表所具有的基本功能及其独特优势，就是能够直接显示所有不超过 $x$ 的差 $c$ 素数对和 $v(=3,4,5,6)$ 项等差 $c$ 素数列. 缩族(4.1)任一含质列中任何连续两项和 $v(=3,4,5,6)$ 项如果都是素数，那么分别就是一个差 $c$ 素数对和一个 $v$ 项等差 $c$ 素数列，使人一眼看出和一个不漏地寻找到它们. 这一优势功能是目前已知的其他所有模 $d$ 缩族质合表、素数表根本无法达到和不可比拟的，为依次不漏地寻找它们提供了可能和极大的方便. 如果目的仅在于此，那么只需编制模 $c$ 缩族匿因质合表即可.

## 三、有关问题

根据定理 1.5，如果缩族(4.1) 中的含质列 $7\bmod c$ 的前 7 项

$$7,\ c+7,\ 2c+7,\ \cdots,\ 5c+7,\ 6c+7$$

不都是素数，则等差 $c$ 素数列不超过 6 项.

下面是包含于猜测 74 的：

**猜测 42**　设 $30\parallel c(\geqslant 30)$，$v=3,4,5,6$，则差 $c$ 素数对和 $v$ 项等差 $c$ 素数列都有无穷多个. 即

$$\lim_{x\to+\infty}\pi(x)^{c}=+\infty$$

$$\lim_{x\to+\infty}\pi(x)^{c_v}=+\infty\quad(v=3,4,5,6)$$

显然有

$$\pi(x)^{c}=\sum\pi(x)_j^{c}\quad\left((c,j)=1\text{ 且 }1\leqslant|j|<\frac{c}{2}\right)$$

$$\pi(x)^{c_v}=\sum\pi(x)_j^{c_v}\quad\left(v=3,4,5,6;(c,j)=1\text{ 且 }1\leqslant|j|<\frac{c}{2}\right)$$

下面提出的猜测 43 包含于猜测 75.

**猜测 43**　设 $30\parallel c(\geqslant 30)$，$v=3,4,5,6$，则

（ⅰ）任意一个模 $c$ 含质列中的差 $c$ 素数对和 $v$ 项等差 $c$ 素数列都有无穷多个.即

$$\lim_{x\to+\infty}\pi(x)_j^c=+\infty\quad\left((c,j)=1\text{ 且 }1\leqslant|j|<\frac{c}{2}\right)$$

$$\lim_{x\to+\infty}\pi(x)_j^{c_v}=+\infty\quad\left(v=3,4,5,6;(c,j)=1\text{ 且 }1\leqslant|j|<\frac{c}{2}\right)$$

（ⅱ）全体差 $c$ 素数对和 $v$ 项等差 $c$ 素数列都平均分布在模 $c$ 缩族的 $\varphi(c)$ 个含质列之中.即

$$\lim_{x\to+\infty}\frac{\pi(x)_j^c}{\pi(x)^c}=\lim_{x\to+\infty}\frac{\pi(x)_j^{c_v}}{\pi(x)^{c_v}}=\frac{1}{\varphi(c)}\quad\left(v=3,4,5,6;(c,j)=1\text{ 且 }1\leqslant|j|<\frac{c}{2}\right)$$

由猜测 76 立即得

**猜测 44**　设 $30\parallel c(\geqslant 30)$，$v=3,4,5,6$，则

（ⅰ）个位数方式分别是 1,1;3,3;7,7;9,9 的差 $c$ 素数对都有无穷多个且各占全体差 $c$ 素数对的 $\frac{1}{4}$；

（ⅱ）个位数方式分别是 $v$ 个 1，$v$ 个 3，$v$ 个 7，$v$ 个 9 的 $v$ 项等差 $c$ 素数列都有无穷多个且各占全体 $v$ 项等差 $c$ 素数列的 $\frac{1}{4}$.

## 4.2　模 $P_3^{\alpha_3}$ 缩族质合表与等差 $P_3^{\alpha_3}$ 素数列

### 一、模 $P_3^{\alpha_3}$ 缩族因数表的编制方法

模 $P_3^{\alpha_3}(=p_1^{\alpha_1}p_2^{\alpha_2}p_3^{\alpha_3})$ 缩族因数表，是在不超过 $x(7\cdot 11P_3^{\alpha_3}<x\in\mathbf{N}^+)$ 的模 $P_3^{\alpha_3}$ 缩族中，依次标注出素数 $p_4,p_5,\cdots,p_l(\leqslant\sqrt{x})$ 除本身外各自所有倍数相应含有的小素因数 $p_4,p_5,\cdots,p_l$，其余的是大于 $p_3$ 不超过 $x$ 的全体素数.该表的编制方法如下：

(1) 列出不超过 $x$ 的模 $P_3^{\alpha_3}$ 缩族，即首项为 $r(=1,7,11,\cdots,P_3^{\alpha_3}-1)$ 的 $\varphi(P_3^{\alpha_3})=\frac{4}{15}P_3^{\alpha_3}$ 个模 $P_3^{\alpha_3}$ 含质列

$$1\bmod P_3^{\alpha_3},\ 7\bmod P_3^{\alpha_3},\ 11\bmod P_3^{\alpha_3},\ \cdots,\ P_3^{\alpha_3}-1\bmod P_3^{\alpha_3}\tag{4.2}$$

(其中 $(r,P_3^{\alpha_3})=1$ 且 $1<7<11<\cdots<P_3^{\alpha_3}-1$) 划去其中第 1 个元素 1，并且在前面添写上漏掉的素数 2,3 和 5.此时，不超过 $7^2-1$ 的所有素数得到确定(素数 7 是缩族(4.2)中第 1 个与 $P_3^{\alpha_3}$ 互素的数).

(2) 由第 1 步起，依次在缩族(4.2)中完成 $l-3$ 个运演操作步骤.其中，第 $s(1\leqslant s\leqslant l-3)$ 步骤是在第 $s+3$ 个素数 $p_{s+3}(=p_4,p_5,\cdots,p_l\leqslant\sqrt{x})$ 与缩族(4.2)中每一个不小于 $p_{s+3}$ 而不大于 $\frac{x}{p_{s+3}}$ 的数的乘积右旁写上小号数字 $p_{s+3}$，以示其为合数且含有素因数 $p_{s+3}$.此时，不超过 $p_{s+4}^2-1$ 的所有的素数和与 $P_3^{\alpha_3}$ 互素的合数都得到确定(素数 $p_{s+4}$ 是素数 $p_{s+3}$ 后面第 1 个右旁

没有小号数字的数).依此按序操作下去,直至完成第 $l-3$ 步骤止(因为 $p_{l+1}^2>x$),就得到不超过 $x$ 的全体素数和与 $P_3^{\alpha_3}$ 互素的合数一览表,即模 $P_3^{\alpha_3}$ 缩族因数表.

在模 $P_3^{\alpha_3}$ 缩族因数表中,右旁写有小号数字的数是与 $P_3^{\alpha_3}$ 互素(即其不含素因数 2,3 和 5)的合数(其自身含有的全部小素因数也一目了然),其余右旁空白没有小号数字的数皆为素数.

## 二、模 $P_3^{\alpha_3}$ 缩族质合表的特点、优势功能与用途

编制模 $P_3^{\alpha_3}$ 缩族质合表的一大特点与优势功能,就是在"开筛"之前已经先天性地筛掉了给定自然数列内($x$ 以内)全部的偶数、3 倍数和 5 倍数.因此,比编制不超过 $x$ 的模 $P_2^{\alpha_2}$、模 $2^\alpha$ 缩族质合表和埃氏筛法素数表分别节省

$$20\%\left(=1-\frac{\varphi(P_2^{\alpha_2})\varphi(p_3^{\alpha_3})}{\varphi(P_2^{\alpha_2})p_3^{\alpha_3}}=1-\left(1-\frac{1}{p_3}\right)=\frac{1}{5}\right)$$

$$46.67\%\left(\approx 1-\frac{\varphi(2^\alpha)\varphi(p_2^{\alpha_2}p_3^{\alpha_3})}{\varphi(2^\alpha)p_2^{\alpha_2}p_3^{\alpha_3}}=1-\frac{8}{15}\right)$$

和

$$73.33\%\left(\approx 1-\frac{\varphi(P_3^{\alpha_3})}{P_3^{\alpha_3}}=\frac{11}{15}\right)$$

的篇幅和更多的计算量.

模 $P_3^{\alpha_3}$ 缩族质合表所具有的基本功能及其独特优势,就是能够直接显示所有不超过 $x$ 的差 $P_3^{\alpha_3}$ 素数对和 $v(=3,4,5,6)$ 项等差 $P_3^{\alpha_3}$ 素数列.缩族(4.2)任一含质列中任何连续两项和 $v(=3,4,5,6)$ 项如果都是素数,那么分别就是一个差 $P_3^{\alpha_3}$ 素数对和一个 $v$ 项等差 $P_3^{\alpha_3}$ 素数列,使人一眼看出和一个不漏地寻找到它们.这一优势功能是目前已知的其他所有模 $d$ 缩族质合表、素数表根本无法达到和不可比拟的,为依次不漏地寻找它们提供了可能和极大的方便.如果目的仅在于此,那么只需编制模 $P_3^{\alpha_3}$ 缩族匿因质合表即可.

## 三、有关问题

根据定理 1.5,如果缩族(4.2)中的含质列 $7\bmod P_3^{\alpha_3}$ 的前 7 项

$$7,\ P_3^{\alpha_3}+7,\ 2P_3^{\alpha_3}+7,\ \cdots,\ 5P_3^{\alpha_3}+7,\ 6P_3^{\alpha_3}+7$$

不都是素数,则等差 $P_3^{\alpha_3}$ 素数列不超过 6 项.

下面是包含于猜测 42 和猜测 43 的

**猜测 45**　设 $v=3,4,5,6$,则

(i)差 $P_3^{\alpha_3}$ 素数对和 $v$ 项等差 $P_3^{\alpha_3}$ 素数列都有无穷多个;

(ii)任意一个模 $P_3^{\alpha_3}$ 含质列中的差 $P_3^{\alpha_3}$ 素数对和 $v$ 项等差 $P_3^{\alpha_3}$ 素数列都有无穷多个;

(iii)全体差 $P_3^{\alpha_3}$ 素数对和 $v$ 项等差 $P_3^{\alpha_3}$ 素数列都平均分布在模 $P_3^{\alpha_3}$ 缩族的 $\varphi(P_3^{\alpha_3})$ 个含质列之中.

由猜测 44 可得

**猜测 46**　设 $v=3,4,5,6$,则

（ⅰ）个位数方式分别是 1,1;3,3;7,7;9,9 的差 $P_{3^{\alpha_3}}$ 素数对都有无穷多个且各占全体差 $P_{3^{\alpha_3}}$ 素数对的 $\frac{1}{4}$；

（ⅱ）个位数方式分别是 $v$ 个 1，$v$ 个 3，$v$ 个 7，$v$ 个 9 的 $v$ 项等差 $P_{3^{\alpha_3}}$ 素数列都有无穷多个且各占全体 $v$ 项等差 $P_{3^{\alpha_3}}$ 素数列的 $\frac{1}{4}$.

显而易见，猜测 46 是猜测 44 的推论.

### 4.2.1　模 30 缩族质合表与其分类显示的 $k$ 生素数

#### 一、模 30 缩族因数表的编制方法

(1) 列出不超过 $x(=200000)$ 的模 30 缩族，即按序排列的 8 个模 30 含质列

$$7\bmod 30，11\bmod 30，13\bmod 30，17\bmod 30，19\bmod 30，23\bmod 30，29\bmod 30，31\bmod 30 \tag{4.3}$$

并且在前面添写上漏掉的素数 2,3 和 5(见表 17). 此时，不超过 $7^2-1$ 的所有素数得到确定(素数 7 是表 17 中第 1 个与 30 互素的数).

(2) 在表 17 缩族(即缩族(4.3))中具体运演操作如下：

1) 在 7 与表 17 缩族中每一个不小于 7 而不大于 $\frac{x}{7}$ 的数的乘积右旁写上小号数字 7，以示其为合数且含有素因数 7. 此时，不超过 $11^2-1$ 的所有的素数和与 30 互素的合数都得到确定(素数 11 是素数 7 后面第 1 个右旁没有小号数字的数).

2) 在 11 与表 17 缩族中每一个不小于 11 而不大于 $\frac{x}{11}$ 的数的乘积右旁写上小号数字 11，以示其为合数且含有素因数 11. 此时，不超过 $13^2-1$ 的所有的素数和与 30 互素的合数都得到确定(素数 13 是素数 11 后面第 1 个右旁没有小号数字的数).

3) 在第 $s+3(3\leqslant s\leqslant l-3)$ 个素数 $p_{s+3}(=p_6,p_7,\cdots,p_l\leqslant\sqrt{x})$ 与表 17 缩族中每一个不小于 $p_{s+3}$ 而不大于 $\frac{x}{p_{s+3}}$ 的数的乘积右旁写上小号数字 $p_{s+3}$，以示其为合数且含有素因数 $p_{s+3}$. 此时，不超过 $p_{s+4}^2-1$ 的所有的素数和与 30 互素的合数都得到确定(素数 $p_{s+4}$ 是素数 $p_{s+3}$ 后面第 1 个右旁没有小号数字的数). 依此按序操作下去，直至完成第 $l-3$ 步骤止(因为 $p_{l+1}^2>x\geqslant p_l^2$)，就得到不超过 $x$ 的全体素数和与 30 互素的合数(即其不含素因数 2,3,5) 一览表，即模 30 缩族因数表.

在模 30 缩族因数表中，右旁写有小号数字的数是与 30 互素(即与 2,3 和 5 均互素) 的合数(其自身含有的全部小素因数也一目了然)，其余右旁空白没有小号数字的数皆为素数.

## 表 17　模 30 缩族因数表(7321 以内)

(2,3,5)

| | | | | | | | |
|---|---|---|---|---|---|---|---|
| 7 | 11 | 13 | 17 | 19 | 23 | 29 | 31 |
| 37 | 41 | 43 | 47 | $49_{7}$ | 53 | 59 | 61 |
| 67 | 71 | 73 | $77_{7}$ | 79 | 83 | 89 | $91_{7}$ |
| 97 | 101 | 103 | 107 | 109 | 113 | $119_{7}$ | $121_{11}$ |
| 127 | 131 | $133_{7}$ | 137 | 139 | $143_{11}$ | 149 | 151 |
| 157 | $161_{7}$ | 163 | 167 | $169_{13}$ | 173 | 179 | 181 |
| $187_{11}$ | 191 | 193 | 197 | 199 | $203_{7}$ | $209_{11}$ | 211 |
| $217_{7}$ | $221_{13}$ | 223 | 227 | 229 | 233 | 239 | 241 |
| $247_{13}$ | 251 | $253_{11}$ | 257 | $259_{7}$ | 263 | 269 | 271 |
| 277 | 281 | 283 | $287_{7}$ | $289_{17}$ | 293 | $299_{13}$ | $301_{7}$ |
| 307 | 311 | 313 | 317 | $319_{11}$ | $323_{17}$ | $329_{7}$ | 331 |
| 337 | $341_{11}$ | $343_{7}$ | 347 | 349 | 353 | 359 | $361_{19}$ |
| 367 | $371_{7}$ | 373 | $377_{13}$ | 379 | 383 | 389 | $391_{17}$ |
| 397 | 401 | $403_{13}$ | $407_{11}$ | 409 | $413_{7}$ | 419 | 421 |
| $427_{7}$ | 431 | 433 | $437_{19}$ | 439 | 443 | 449 | $451_{11}$ |
| 457 | 461 | 463 | 467 | $469_{7}$ | $473_{11}$ | 479 | $481_{13}$ |
| 487 | 491 | $493_{17}$ | $497_{7}$ | 499 | 503 | 509 | $511_{7}$ |
| $517_{11}$ | 521 | 523 | $527_{17}$ | $529_{23}$ | $533_{13}$ | $539_{7\cdot 11}$ | 541 |
| 547 | $551_{19}$ | $553_{7}$ | 557 | $559_{13}$ | 563 | 569 | 571 |
| 577 | $581_{7}$ | $583_{11}$ | 587 | $589_{19}$ | 593 | 599 | 601 |
| 607 | $611_{13}$ | 613 | 617 | 619 | $623_{7}$ | $629_{17}$ | 631 |
| $637_{7\cdot 13}$ | 641 | 643 | 647 | $649_{11}$ | 653 | 659 | 661 |
| $667_{23}$ | $671_{11}$ | 673 | 677 | $679_{7}$ | 683 | $689_{13}$ | 691 |
| $697_{17}$ | 701 | $703_{19}$ | $707_{7}$ | 709 | $713_{23}$ | 719 | $721_{7}$ |
| 727 | $731_{17}$ | 733 | $737_{11}$ | 739 | 743 | $749_{7}$ | 751 |
| 757 | 761 | $763_{7}$ | $767_{13}$ | 769 | 773 | $779_{19}$ | $781_{11}$ |
| 787 | $791_{7}$ | $793_{13}$ | 797 | $799_{17}$ | $803_{11}$ | 809 | 811 |
| $817_{19}$ | 821 | 823 | 827 | 829 | $833_{7\cdot 17}$ | 839 | $841_{29}$ |
| $847_{7\cdot 11}$ | $851_{23}$ | 853 | 857 | 859 | 863 | $869_{11}$ | $871_{13}$ |
| 877 | 881 | 883 | 887 | $889_{7}$ | $893_{19}$ | $899_{29}$ | $901_{17}$ |
| 907 | 911 | $913_{11}$ | $917_{7}$ | 919 | $923_{13}$ | 929 | $931_{7\cdot 19}$ |
| 937 | 941 | $943_{23}$ | 947 | $949_{13}$ | 953 | $959_{7}$ | $961_{31}$ |
| 967 | 971 | $973_{7}$ | 977 | $979_{11}$ | 983 | $989_{23}$ | 991 |
| 997 | $1001_{7\cdot 11\cdot 13}$ | $1003_{17}$ | $1007_{19}$ | 1009 | 1013 | 1019 | 1021 |
| $1027_{13}$ | 1031 | 1033 | $1037_{17}$ | 1039 | $1043_{7}$ | 1049 | 1051 |
| $1057_{7}$ | 1061 | 1063 | $1067_{11}$ | 1069 | $1073_{29}$ | $1079_{13}$ | $1081_{23}$ |
| 1087 | 1091 | 1093 | 1097 | $1099_{7}$ | 1103 | 1109 | $1111_{11}$ |
| 1117 | $1121_{19}$ | 1123 | $1127_{7\cdot 23}$ | 1129 | $1133_{11}$ | $1139_{17}$ | $1141_{7}$ |
| $1147_{31}$ | 1151 | 1153 | $1157_{13}$ | $1159_{19}$ | 1163 | $1169_{7}$ | 1171 |
| $1177_{11}$ | 1181 | $1183_{7\cdot 13}$ | 1187 | $1189_{29}$ | 1193 | $1199_{11}$ | 1201 |
| $1207_{17}$ | $1211_{7}$ | 1213 | 1217 | $1219_{23}$ | 1223 | 1229 | 1231 |
| 1237 | $1241_{17}$ | $1243_{11}$ | $1247_{29}$ | 1249 | $1253_{7}$ | 1259 | $1261_{13}$ |
| $1267_{7}$ | $1271_{31}$ | $1273_{19}$ | 1277 | 1279 | 1283 | 1289 | 1291 |
| 1297 | 1301 | 1303 | 1307 | $1309_{7\cdot 11\cdot 17}$ | $1313_{13}$ | 1319 | 1321 |
| 1327 | $1331_{11}$ | $1333_{31}$ | $1337_{7}$ | $1339_{13}$ | $1343_{17}$ | $1349_{19}$ | $1351_{7}$ |
| $1357_{23}$ | 1361 | $1363_{29}$ | 1367 | $1369_{37}$ | 1373 | $1379_{7}$ | 1381 |
| $1387_{19}$ | $1391_{13}$ | $1393_{7}$ | $1397_{11}$ | 1399 | $1403_{23}$ | 1409 | $1411_{17}$ |
| $1417_{13}$ | $1421_{7\cdot 29}$ | 1423 | 1427 | 1429 | 1433 | 1439 | $1441_{11}$ |
| 1447 | 1451 | 1453 | $1457_{31}$ | 1459 | $1463_{7\cdot 11\cdot 19}$ | $1469_{13}$ | 1471 |
| $1477_{7}$ | 1481 | 1483 | 1487 | 1489 | 1493 | 1499 | $1501_{19}$ |
| $1507_{11}$ | 1511 | $1513_{17}$ | $1517_{37}$ | $1519_{7\cdot 31}$ | 1523 | $1529_{11}$ | 1531 |
| $1537_{29}$ | $1541_{23}$ | 1543 | $1547_{7\cdot 13\cdot 17}$ | 1549 | 1553 | 1559 | $1561_{7}$ |
| 1567 | 1571 | $1573_{11\cdot 13}$ | $1577_{19}$ | 1579 | 1583 | $1589_{7}$ | $1591_{37}$ |
| 1597 | 1601 | $1603_{7}$ | 1607 | 1609 | 1613 | 1619 | 1621 |
| 1627 | $1631_{7}$ | $1633_{23}$ | 1637 | $1639_{11}$ | $1643_{31}$ | $1649_{17}$ | $1651_{13}$ |
| 1657 | $1661_{11}$ | 1663 | 1667 | 1669 | $1673_{7}$ | $1679_{23}$ | $1681_{41}$ |
| $1687_{7}$ | $1691_{19}$ | 1693 | 1697 | 1699 | $1703_{13}$ | 1709 | $1711_{29}$ |
| $1717_{17}$ | 1721 | 1723 | $1727_{11}$ | $1729_{7\cdot 13\cdot 19}$ | 1733 | $1739_{37}$ | 1741 |
| 1747 | $1751_{17}$ | 1753 | $1757_{7}$ | 1759 | $1763_{41}$ | $1769_{29}$ | $1771_{7\cdot 11\cdot 23}$ |
| 1777 | $1781_{13}$ | 1783 | 1787 | 1789 | $1793_{11}$ | $1799_{7}$ | 1801 |
| $1807_{13}$ | 1811 | $1813_{7\cdot 37}$ | $1817_{23}$ | $1819_{17}$ | 1823 | $1829_{31}$ | 1831 |
| $1837_{11}$ | $1841_{7}$ | $1843_{19}$ | 1847 | $1849_{43}$ | $1853_{17}$ | $1859_{11\cdot 13}$ | 1861 |
| 1867 | 1871 | 1873 | 1877 | 1879 | $1883_{7}$ | 1889 | $1891_{31}$ |
| $1897_{7}$ | 1901 | $1903_{11}$ | 1907 | $1909_{23}$ | 1913 | $1919_{19}$ | $1921_{17}$ |
| $1927_{41}$ | 1931 | 1933 | $1937_{13}$ | $1939_{7}$ | $1943_{29}$ | 1949 | 1951 |
| $1957_{19}$ | $1961_{37}$ | $1963_{13}$ | $1967_{7}$ | $1969_{11}$ | 1973 | 1979 | $1981_{7}$ |
| 1987 | $1991_{11}$ | 1993 | 1997 | 1999 | 2003 | $2009_{7\cdot 41}$ | 2011 |
| 2017 | $2021_{43}$ | $2023_{7\cdot 17}$ | 2027 | 2029 | $2033_{19}$ | 2039 | $2041_{13}$ |
| $2047_{23}$ | $2051_{7}$ | 2053 | $2057_{11\cdot 17}$ | $2059_{29}$ | 2063 | 2069 | $2071_{19}$ |
| $2077_{31}$ | 2081 | 2083 | 2087 | 2089 | $2093_{7\cdot 13\cdot 23}$ | 2099 | $2101_{11}$ |
| $2107_{7\cdot 43}$ | 2111 | 2113 | $2117_{29}$ | $2119_{13}$ | $2123_{11}$ | 2129 | 2131 |
| 2137 | 2141 | 2143 | $2147_{19}$ | $2149_{7}$ | 2153 | $2159_{17}$ | 2161 |
| $2167_{11}$ | $2171_{13}$ | $2173_{41}$ | $2177_{7}$ | 2179 | $2183_{37}$ | $2189_{11}$ | $2191_{7}$ |
| $2197_{13}$ | $2201_{31}$ | 2203 | 2207 | $2209_{47}$ | 2213 | $2219_{7}$ | 2221 |
| $2227_{17}$ | $2231_{23}$ | $2233_{7\cdot 11\cdot 29}$ | 2237 | 2239 | 2243 | $2249_{13}$ | 2251 |
| $2257_{37}$ | $2261_{7\cdot 17\cdot 19}$ | $2263_{31}$ | 2267 | 2269 | 2273 | $2279_{43}$ | 2281 |
| 2287 | $2291_{29}$ | 2293 | 2297 | $2299_{11\cdot 19}$ | $2303_{7\cdot 47}$ | 2309 | 2311 |
| $2317_{7}$ | $2321_{11}$ | $2323_{23}$ | $2327_{13}$ | $2329_{17}$ | 2333 | 2339 | 2341 |
| 2347 | 2351 | $2353_{13}$ | 2357 | $2359_{7}$ | $2363_{17}$ | $2369_{23}$ | 2371 |
| 2377 | 2381 | 2383 | $2387_{7\cdot 11\cdot 31}$ | 2389 | 2393 | 2399 | $2401_{7}$ |

| | | | | | | | |
|---|---|---|---|---|---|---|---|
| $2407_{29}$ | 2411 | $2413_{19}$ | 2417 | $2419_{41}$ | 2423 | $2429_{7}$ | $2431_{11\cdot13\cdot17}$ |
| 2437 | 2441 | $2443_{7}$ | 2447 | $2449_{31}$ | $2453_{11}$ | 2459 | $2461_{23}$ |
| 2467 | $2471_{7}$ | 2473 | 2477 | $2479_{37}$ | $2483_{13}$ | $2489_{19}$ | $2491_{47}$ |
| $2497_{11}$ | $2501_{41}$ | 2503 | $2507_{23}$ | $2509_{13}$ | $2513_{7}$ | $2519_{11}$ | 2521 |
| $2527_{7\cdot19}$ | 2531 | $2533_{17}$ | $2537_{43}$ | 2539 | 2543 | 2549 | 2551 |
| 2557 | $2561_{13}$ | $2563_{11}$ | $2567_{17}$ | $2569_{7}$ | $2573_{31}$ | 2579 | $2581_{29}$ |
| $2587_{13}$ | 2591 | 2593 | $2597_{7}$ | $2599_{23}$ | $2603_{19}$ | 2609 | $2611_{7}$ |
| 2617 | 2621 | $2623_{43}$ | $2627_{37}$ | $2629_{11}$ | 2633 | $2639_{7\cdot13\cdot29}$ | $2641_{19}$ |
| 2647 | $2651_{11}$ | $2653_{7}$ | 2657 | 2659 | 2663 | $2669_{17}$ | 2671 |
| 2677 | $2681_{7}$ | 2683 | 2687 | 2689 | 2693 | 2699 | $2701_{37}$ |
| 2707 | 2711 | 2713 | $2717_{11\cdot13\cdot19}$ | 2719 | $2723_{7}$ | 2729 | 2731 |
| $2737_{7\cdot17\cdot23}$ | 2741 | $2743_{13}$ | $2747_{41}$ | 2749 | 2753 | $2759_{31}$ | $2761_{11}$ |
| 2767 | $2771_{17}$ | $2773_{47}$ | 2777 | $2779_{7}$ | $2783_{11\cdot23}$ | 2789 | 2791 |
| 2797 | 2801 | 2803 | $2807_{7}$ | $2809_{53}$ | $2813_{29}$ | 2819 | $2821_{7\cdot13\cdot31}$ |
| $2827_{11}$ | $2831_{19}$ | 2833 | 2837 | $2839_{17}$ | 2843 | $2849_{7\cdot11\cdot37}$ | 2851 |
| 2857 | 2861 | $2863_{7}$ | $2867_{47}$ | $2869_{19}$ | $2873_{13\cdot17}$ | 2879 | $2881_{43}$ |
| 2887 | $2891_{7}$ | $2893_{11}$ | 2897 | $2899_{13}$ | 2903 | 2909 | $2911_{41}$ |
| 2917 | $2921_{23}$ | $2923_{37}$ | 2927 | $2929_{29}$ | $2933_{7}$ | 2939 | $2941_{17}$ |
| $2947_{7}$ | $2951_{13}$ | 2953 | 2957 | $2959_{11}$ | 2963 | 2969 | 2971 |
| $2977_{13}$ | $2981_{11}$ | $2983_{19}$ | $2987_{29}$ | $2989_{7}$ | $2993_{41}$ | 2999 | 3001 |
| $3007_{31}$ | 3011 | $3013_{23}$ | $3017_{7}$ | 3019 | 3023 | $3029_{13}$ | $3031_{7}$ |
| 3037 | 3041 | $3043_{17}$ | $3047_{11}$ | 3049 | $3053_{43}$ | $3059_{7\cdot19\cdot23}$ | 3061 |
| 3067 | $3071_{37}$ | $3073_{7}$ | $3077_{17}$ | 3079 | 3083 | 3089 | $3091_{11}$ |
| $3097_{19}$ | $3101_{7}$ | $3103_{29}$ | $3107_{13}$ | 3109 | $3113_{11}$ | 3119 | 3121 |
| $3127_{53}$ | $3131_{31}$ | $3133_{13}$ | 3137 | $3139_{43}$ | $3143_{7}$ | $3149_{47}$ | $3151_{23}$ |
| $3157_{7\cdot11\cdot41}$ | $3161_{29}$ | 3163 | 3167 | 3169 | $3173_{19}$ | $3179_{11\cdot17}$ | 3181 |
| 3187 | 3191 | $3193_{31}$ | $3197_{23}$ | $3199_{7}$ | 3203 | 3209 | $3211_{13\cdot19}$ |
| 3217 | 3221 | $3223_{11}$ | $3227_{7}$ | 3229 | $3233_{53}$ | $3239_{41}$ | $3241_{7}$ |
| $3247_{17}$ | 3251 | 3253 | 3257 | 3259 | $3263_{13}$ | $3269_{7}$ | 3271 |
| $3277_{29}$ | $3281_{17}$ | $3283_{7}$ | $3287_{19}$ | $3289_{11\cdot13\cdot23}$ | $3293_{37}$ | 3299 | 3301 |
| 3307 | $3311_{7\cdot11\cdot43}$ | 3313 | $3317_{31}$ | 3319 | 3323 | 3329 | 3331 |
| $3337_{47}$ | $3341_{13}$ | 3343 | 3347 | $3349_{17}$ | $3353_{7}$ | 3359 | 3361 |
| $3367_{7\cdot13\cdot37}$ | 3371 | 3373 | $3377_{11}$ | $3379_{31}$ | $3383_{17}$ | 3389 | 3391 |
| $3397_{43}$ | $3401_{19}$ | $3403_{41}$ | 3407 | $3409_{7}$ | 3413 | $3419_{13}$ | $3421_{11}$ |
| $3427_{23}$ | $3431_{47}$ | 3433 | $3437_{7}$ | $3439_{19}$ | $3443_{11}$ | 3449 | $3451_{7\cdot17\cdot29}$ |
| 3457 | 3461 | 3463 | 3467 | 3469 | $3473_{23}$ | $3479_{7}$ | $3481_{59}$ |
| $3487_{11}$ | 3491 | $3493_{7}$ | $3497_{13}$ | 3499 | $3503_{31}$ | $3509_{11\cdot29}$ | 3511 |
| 3517 | $3521_{7}$ | $3523_{13}$ | 3527 | 3529 | 3533 | 3539 | 3541 |
| 3547 | $3551_{53}$ | $3553_{11\cdot17\cdot19}$ | 3557 | 3559 | $3563_{7}$ | $3569_{43}$ | 3571 |
| $3577_{7}$ | 3581 | 3583 | $3587_{17}$ | $3589_{37}$ | 3593 | $3599_{59}$ | $3601_{13}$ |
| 3607 | $3611_{23}$ | 3613 | 3617 | $3619_{7\cdot11\cdot47}$ | 3623 | $3629_{19}$ | 3631 |
| 3637 | $3641_{11}$ | 3643 | $3647_{7}$ | $3649_{41}$ | $3653_{13}$ | 3659 | $3661_{7}$ |
| $3667_{19}$ | 3671 | 3673 | 3677 | $3679_{13}$ | $3683_{29}$ | $3689_{7\cdot17\cdot31}$ | 3691 |
| 3697 | 3701 | $3703_{7\cdot23}$ | $3707_{11}$ | 3709 | $3713_{47}$ | 3719 | $3721_{61}$ |
| 3727 | $3731_{7\cdot13\cdot41}$ | 3733 | $3737_{37}$ | 3739 | $3743_{19}$ | $3749_{23}$ | $3751_{11\cdot31}$ |
| $3757_{13\cdot17}$ | 3761 | $3763_{53}$ | 3767 | 3769 | $3773_{7\cdot11}$ | 3779 | $3781_{19}$ |
| $3787_{7}$ | $3791_{17}$ | 3793 | 3797 | $3799_{29}$ | 3803 | $3809_{13}$ | $3811_{37}$ |
| $3817_{11}$ | 3821 | 3823 | $3827_{43}$ | $3829_{7}$ | 3833 | $3839_{11}$ | $3841_{23}$ |
| 3847 | 3851 | 3853 | $3857_{7\cdot19\cdot29}$ | $3859_{17}$ | 3863 | $3869_{53}$ | $3871_{7}$ |
| 3877 | 3881 | $3883_{11}$ | $3887_{13\cdot23}$ | 3889 | $3893_{17}$ | $3899_{7}$ | $3901_{47}$ |
| 3907 | 3911 | $3913_{7\cdot13\cdot43}$ | 3917 | 3919 | 3923 | 3929 | 3931 |
| $3937_{31}$ | $3941_{7}$ | 3943 | 3947 | $3949_{11}$ | $3953_{59}$ | $3959_{37}$ | $3961_{17}$ |
| 3967 | $3971_{11\cdot19}$ | $3973_{29}$ | $3977_{41}$ | $3979_{23}$ | $3983_{7}$ | 3989 | $3991_{13}$ |
| $3997_{7}$ | 4001 | 4003 | 4007 | $4009_{19}$ | 4013 | 4019 | 4021 |
| 4027 | $4031_{29}$ | $4033_{37}$ | $4037_{11}$ | $4039_{7}$ | $4043_{13}$ | 4049 | 4051 |
| 4057 | $4061_{31}$ | $4063_{17}$ | $4067_{7}$ | $4069_{13}$ | 4073 | 4079 | $4081_{7\cdot11\cdot53}$ |
| $4087_{61}$ | 4091 | 4093 | $4097_{17}$ | 4099 | $4103_{11}$ | $4109_{7}$ | 4111 |
| $4117_{23}$ | $4121_{13}$ | $4123_{7\cdot19\cdot31}$ | 4127 | 4129 | 4133 | 4139 | $4141_{41}$ |
| $4147_{11\cdot13\cdot29}$ | $4151_{7}$ | 4153 | 4157 | 4159 | $4163_{23}$ | $4169_{11}$ | $4171_{43}$ |
| 4177 | $4181_{37}$ | $4183_{47}$ | $4187_{53}$ | $4189_{59}$ | $4193_{7}$ | $4199_{13\cdot17\cdot19}$ | 4201 |
| $4207_{7}$ | 4211 | $4213_{11}$ | 4217 | 4219 | $4223_{41}$ | 4229 | 4231 |
| $4237_{19}$ | 4241 | 4243 | $4247_{31}$ | $4249_{7}$ | 4253 | 4259 | 4261 |
| $4267_{17}$ | 4271 | 4273 | $4277_{7\cdot13\cdot47}$ | $4279_{11}$ | 4283 | 4289 | $4291_{7}$ |
| 4297 | $4301_{11\cdot17\cdot23}$ | $4303_{13}$ | $4307_{59}$ | $4309_{31}$ | $4313_{19}$ | $4319_{7}$ | $4321_{29}$ |
| 4327 | $4331_{61}$ | $4333_{7}$ | 4337 | 4339 | $4343_{43}$ | 4349 | $4351_{19}$ |
| 4357 | $4361_{7}$ | 4363 | $4367_{11}$ | $4369_{17}$ | 4373 | $4379_{29}$ | $4381_{13}$ |
| $4387_{41}$ | 4391 | $4393_{23}$ | 4397 | $4399_{53}$ | $4403_{7\cdot17\cdot37}$ | 4409 | $4411_{11}$ |
| $4417_{7}$ | 4421 | 4423 | $4427_{19}$ | $4429_{43}$ | $4433_{11\cdot13\cdot31}$ | $4439_{23}$ | 4441 |
| 4447 | 4451 | $4453_{61}$ | 4457 | $4459_{7\cdot13}$ | 4463 | $4469_{41}$ | $4471_{17}$ |
| $4477_{11\cdot37}$ | 4481 | 4483 | $4487_{7}$ | $4489_{67}$ | 4493 | $4499_{11}$ | $4501_{7}$ |
| 4507 | $4511_{13}$ | 4513 | 4517 | 4519 | 4523 | $4529_{7}$ | $4531_{23}$ |
| $4537_{13}$ | $4541_{19}$ | $4543_{7\cdot11\cdot59}$ | 4547 | 4549 | $4553_{29}$ | $4559_{47}$ | 4561 |
| 4567 | $4571_{7}$ | $4573_{17}$ | $4577_{23}$ | $4579_{19}$ | 4583 | $4589_{13}$ | 4591 |
| 4597 | $4601_{43}$ | 4603 | $4607_{17}$ | $4609_{11}$ | $4613_{7}$ | $4619_{31}$ | 4621 |
| $4627_{7}$ | $4631_{11}$ | $4633_{41}$ | 4637 | 4639 | 4643 | 4649 | 4651 |
| 4657 | $4661_{59}$ | 4663 | $4667_{13}$ | $4669_{7\cdot23\cdot29}$ | 4673 | 4679 | $4681_{31}$ |
| $4687_{43}$ | 4691 | $4693_{13\cdot19}$ | $4697_{7\cdot11\cdot61}$ | $4699_{37}$ | 4703 | $4709_{17}$ | $4711_{7}$ |
| $4717_{53}$ | 4721 | 4723 | $4727_{29}$ | 4729 | 4733 | $4739_{7}$ | $4741_{11}$ |
| $4747_{47}$ | 4751 | $4753_{7}$ | $4757_{67}$ | 4759 | $4763_{11}$ | $4769_{19}$ | $4771_{13}$ |
| $4777_{17}$ | $4781_{7}$ | 4783 | 4787 | 4789 | 4793 | 4799 | 4801 |
| $4807_{11\cdot19\cdot23}$ | $4811_{17}$ | 4813 | 4817 | $4819_{61}$ | $4823_{7\cdot13\cdot53}$ | $4829_{11}$ | 4831 |
| $4837_{7}$ | $4841_{47}$ | $4843_{29}$ | $4847_{37}$ | $4849_{13}$ | $4853_{23}$ | $4859_{43}$ | 4861 |
| $4867_{31}$ | 4871 | $4873_{11}$ | 4877 | $4879_{7\cdot17\cdot41}$ | $4883_{19}$ | 4889 | $4891_{67}$ |

| | | | | | | | |
|---|---|---|---|---|---|---|---|
| $4897_{59}$ | $4901_{13\cdot29}$ | 4903 | $4907_{7}$ | 4909 | $4913_{17}$ | 4919 | $4921_{7\cdot19\cdot37}$ |
| $4927_{13}$ | 4931 | 4933 | 4937 | $4939_{11}$ | 4943 | $4949_{7}$ | 4951 |
| 4957 | $4961_{11\cdot41}$ | $4963_{7}$ | 4967 | 4969 | 4973 | $4979_{13}$ | $4981_{17}$ |
| 4987 | $4991_{7\cdot23\cdot31}$ | 4993 | $4997_{19}$ | 4999 | 5003 | 5009 | 5011 |
| $5017_{29}$ | 5021 | 5023 | $5027_{11}$ | $5029_{47}$ | $5033_{7}$ | 5039 | $5041_{71}$ |
| $5047_{7}$ | 5051 | $5053_{31}$ | $5057_{13}$ | 5059 | $5063_{61}$ | $5069_{37}$ | $5071_{11}$ |
| 5077 | 5081 | $5083_{13\cdot17\cdot23}$ | 5087 | $5089_{7}$ | $5093_{11}$ | 5099 | 5101 |
| 5107 | $5111_{19}$ | 5113 | $5117_{7\cdot17\cdot43}$ | 5119 | $5123_{47}$ | $5129_{23}$ | $5131_{7}$ |
| $5137_{11}$ | $5141_{53}$ | $5143_{37}$ | 5147 | $5149_{19}$ | 5153 | $5159_{7\cdot11\cdot67}$ | $5161_{13}$ |
| 5167 | 5171 | $5173_{7}$ | $5177_{31}$ | 5179 | $5183_{71}$ | 5189 | $5191_{29}$ |
| 5197 | $5201_{7}$ | $5203_{11\cdot43}$ | $5207_{41}$ | 5209 | $5213_{13}$ | $5219_{17}$ | $5221_{23}$ |
| 5227 | 5231 | 5233 | 5237 | $5239_{13\cdot31}$ | $5243_{7}$ | $5249_{29}$ | $5251_{59}$ |
| $5257_{7}$ | 5261 | $5263_{19}$ | $5267_{23}$ | $5269_{11}$ | 5273 | 5279 | 5281 |
| $5287_{17}$ | $5291_{11\cdot13\cdot37}$ | $5293_{67}$ | 5297 | $5299_{7}$ | 5303 | 5309 | $5311_{47}$ |
| $5317_{13}$ | $5321_{17}$ | 5323 | $5327_{7}$ | $5329_{73}$ | 5333 | $5339_{19}$ | $5341_{7}$ |
| 5347 | 5351 | $5353_{53}$ | $5357_{11}$ | $5359_{23}$ | $5363_{31}$ | $5369_{7\cdot13\cdot59}$ | $5371_{41}$ |
| $5377_{19}$ | 5381 | $5383_{7}$ | 5387 | $5389_{17}$ | 5393 | 5399 | $5401_{11}$ |
| 5407 | $5411_{7}$ | 5413 | 5417 | 5419 | $5423_{11\cdot17\cdot29}$ | $5429_{61}$ | 5431 |
| 5437 | 5441 | 5443 | $5447_{13}$ | 5449 | $5453_{7\cdot19\cdot41}$ | $5459_{53}$ | $5461_{43}$ |
| $5467_{7\cdot11\cdot71}$ | 5471 | $5473_{13}$ | 5477 | 5479 | 5483 | $5489_{11}$ | $5491_{17\cdot19}$ |
| $5497_{23}$ | 5501 | 5503 | 5507 | $5509_{7}$ | $5513_{37}$ | 5519 | 5521 |
| 5527 | 5531 | $5533_{11}$ | $5537_{7}$ | $5539_{29}$ | $5543_{23}$ | $5549_{31}$ | $5551_{7\cdot13\cdot61}$ |
| 5557 | $5561_{67}$ | 5563 | $5567_{19}$ | 5569 | 5573 | $5579_{7}$ | 5581 |
| $5587_{37}$ | 5591 | $5593_{7\cdot17\cdot47}$ | $5597_{29}$ | $5599_{11}$ | $5603_{13}$ | $5609_{71}$ | $5611_{31}$ |
| $5617_{41}$ | $5621_{7\cdot11\cdot73}$ | 5623 | $5627_{17}$ | $5629_{13}$ | $5633_{43}$ | 5639 | 5641 |
| 5647 | 5651 | 5653 | 5657 | 5659 | $5663_{7}$ | 5669 | $5671_{53}$ |
| $5677_{7}$ | $5681_{13\cdot19\cdot23}$ | 5683 | $5687_{11\cdot47}$ | 5689 | 5693 | $5699_{41}$ | 5701 |
| $5707_{13}$ | 5711 | $5713_{29}$ | 5717 | $5719_{7\cdot19\cdot43}$ | $5723_{59}$ | $5729_{17}$ | $5731_{11}$ |
| 5737 | 5741 | 5743 | $5747_{7}$ | 5749 | $5753_{11}$ | $5759_{13}$ | $5761_{7}$ |
| $5767_{73}$ | $5771_{29}$ | $5773_{23}$ | $5777_{53}$ | 5779 | 5783 | $5789_{7}$ | 5791 |
| $5797_{11\cdot17\cdot31}$ | 5801 | $5803_{7}$ | 5807 | $5809_{37}$ | 5813 | $5819_{11\cdot23}$ | 5821 |
| 5827 | $5831_{7\cdot17}$ | $5833_{19}$ | $5837_{13}$ | 5839 | 5843 | 5849 | 5851 |
| 5857 | 5861 | $5863_{11\cdot13\cdot41}$ | 5867 | 5869 | $5873_{7}$ | 5879 | 5881 |
| $5887_{7\cdot29}$ | $5891_{43}$ | $5893_{71}$ | 5897 | $5899_{17}$ | 5903 | $5909_{19}$ | $5911_{23}$ |
| $5917_{61}$ | $5921_{31}$ | 5923 | 5927 | $5929_{7\cdot11}$ | $5933_{17}$ | 5939 | $5941_{13}$ |
| $5947_{19}$ | $5951_{11}$ | 5953 | $5957_{7\cdot23\cdot37}$ | $5959_{59}$ | $5963_{67}$ | $5969_{47}$ | $5971_{7}$ |
| $5977_{43}$ | 5981 | $5983_{31}$ | 5987 | $5989_{53}$ | $5993_{13}$ | $5999_{7}$ | $6001_{17}$ |
| 6007 | 6011 | $6013_{7}$ | $6017_{11}$ | $6019_{13}$ | $6023_{19}$ | 6029 | $6031_{37}$ |
| 6037 | $6041_{7}$ | 6043 | 6047 | $6049_{23}$ | 6053 | $6059_{73}$ | $6061_{11\cdot19\cdot29}$ |
| 6067 | $6071_{13}$ | 6073 | $6077_{59}$ | 6079 | $6083_{7\cdot11}$ | 6089 | 6091 |
| $6097_{7\cdot13\cdot67}$ | 6101 | $6103_{17}$ | $6107_{31}$ | $6109_{41}$ | 6113 | $6119_{29}$ | 6121 |
| $6127_{11}$ | 6131 | 6133 | $6137_{17\cdot19}$ | $6139_{7}$ | 6143 | $6149_{11\cdot13\cdot43}$ | 6151 |
| $6157_{47}$ | $6161_{61}$ | 6163 | $6167_{7}$ | $6169_{31}$ | 6173 | $6179_{37}$ | $6181_{7}$ |
| $6187_{23}$ | $6191_{41}$ | $6193_{11}$ | 6197 | 6199 | 6203 | $6209_{7}$ | 6211 |
| 6217 | 6221 | $6223_{7}$ | $6227_{13}$ | 6229 | $6233_{23}$ | $6239_{17}$ | $6241_{79}$ |
| 6247 | $6251_{7\cdot19\cdot47}$ | $6253_{13\cdot37}$ | 6257 | $6259_{11}$ | 6263 | 6269 | 6271 |
| 6277 | $6281_{11}$ | $6283_{61}$ | 6287 | $6289_{19}$ | $6293_{7\cdot29\cdot31}$ | 6299 | 6301 |
| $6307_{7\cdot17\cdot53}$ | 6311 | $6313_{59}$ | 6317 | $6319_{71}$ | 6323 | 6329 | $6331_{13}$ |
| 6337 | $6341_{17}$ | 6343 | $6347_{11}$ | $6349_{7}$ | 6353 | 6359 | 6361 |
| 6367 | $6371_{23}$ | 6373 | $6377_{7}$ | 6379 | $6383_{13}$ | 6389 | $6391_{7\cdot11}$ |
| 6397 | $6401_{37}$ | $6403_{19}$ | $6407_{43}$ | $6409_{13\cdot17\cdot29}$ | $6413_{11\cdot53}$ | $6419_{7}$ | 6421 |
| 6427 | $6431_{59}$ | $6433_{7}$ | $6437_{41}$ | $6439_{47}$ | $6443_{17}$ | 6449 | 6451 |
| $6457_{11}$ | $6461_{7\cdot13\cdot71}$ | $6463_{23}$ | $6467_{29}$ | 6469 | 6473 | $6479_{11\cdot19\cdot31}$ | 6481 |
| $6487_{13}$ | 6491 | $6493_{43}$ | $6497_{73}$ | $6499_{67}$ | $6503_{7}$ | $6509_{23}$ | $6511_{17}$ |
| $6517_{7\cdot19}$ | 6521 | $6523_{11}$ | $6527_{61}$ | 6529 | $6533_{47}$ | $6539_{13}$ | $6541_{31}$ |
| 6547 | 6551 | 6553 | $6557_{79}$ | $6559_{7}$ | 6563 | 6569 | 6571 |
| 6577 | 6581 | $6583_{29}$ | $6587_{7}$ | $6589_{11}$ | $6593_{19}$ | 6599 | $6601_{7\cdot23\cdot41}$ |
| 6607 | $6611_{11}$ | $6613_{17}$ | $6617_{13}$ | 6619 | $6623_{37}$ | $6629_{7}$ | $6631_{19}$ |
| 6637 | $6641_{29}$ | $6643_{7\cdot13\cdot73}$ | $6647_{17\cdot23}$ | $6649_{61}$ | 6653 | 6659 | 6661 |
| $6667_{59}$ | $6671_{7}$ | 6673 | $6677_{11}$ | 6679 | $6683_{41}$ | 6689 | 6691 |
| $6697_{37}$ | 6701 | 6703 | $6707_{19}$ | 6709 | $6713_{7}$ | 6719 | $6721_{11\cdot13\cdot47}$ |
| $6727_{7\cdot31}$ | $6731_{53}$ | 6733 | 6737 | $6739_{23}$ | $6743_{11}$ | $6749_{17}$ | $6751_{43}$ |
| $6757_{29}$ | 6761 | 6763 | $6767_{67}$ | $6769_{7}$ | $6773_{13}$ | 6779 | 6781 |
| $6787_{11}$ | 6791 | 6793 | $6797_{7}$ | $6799_{13}$ | 6803 | $6809_{11}$ | $6811_{7}$ |
| $6817_{17}$ | $6821_{19}$ | 6823 | 6827 | 6829 | 6833 | $6839_{7}$ | 6841 |
| $6847_{41}$ | $6851_{13\cdot17\cdot31}$ | $6853_{7\cdot11}$ | 6857 | $6859_{19}$ | 6863 | 6869 | 6871 |
| $6877_{13\cdot23}$ | $6881_{7}$ | 6883 | $6887_{71}$ | $6889_{83}$ | $6893_{61}$ | 6899 | $6901_{67}$ |
| 6907 | 6911 | $6913_{31}$ | 6917 | $6919_{11\cdot17\cdot37}$ | $6923_{7\cdot23\cdot43}$ | $6929_{13\cdot41}$ | $6931_{29}$ |
| $6937_{7}$ | $6941_{11}$ | $6943_{53}$ | 6947 | 6949 | $6953_{17}$ | 6959 | 6961 |
| 6967 | 6971 | $6973_{19}$ | 6977 | $6979_{7}$ | 6983 | $6989_{29}$ | 6991 |
| 6997 | 7001 | $7003_{47}$ | $7007_{7\cdot11\cdot13}$ | $7009_{43}$ | 7013 | 7019 | $7021_{7\cdot17\cdot59}$ |
| 7027 | $7031_{79}$ | $7033_{13}$ | $7037_{31}$ | 7039 | 7043 | $7049_{7\cdot19\cdot53}$ | $7051_{11}$ |
| 7057 | $7061_{23}$ | $7063_{7}$ | $7067_{37}$ | 7069 | $7073_{11}$ | 7079 | $7081_{73}$ |
| $7087_{19}$ | $7091_{7}$ | $7093_{41}$ | $7097_{47}$ | $7099_{31}$ | 7103 | 7109 | $7111_{13}$ |
| $7117_{11}$ | 7121 | $7123_{17}$ | 7127 | 7129 | $7133_{7}$ | $7139_{11\cdot59}$ | $7141_{37}$ |
| $7147_{7}$ | 7151 | $7153_{23}$ | $7157_{17}$ | 7159 | $7163_{13\cdot19\cdot29}$ | $7169_{67}$ | $7171_{71}$ |
| 7177 | $7181_{43}$ | $7183_{11}$ | 7187 | $7189_{7\cdot13\cdot79}$ | 7193 | $7199_{23}$ | $7201_{19}$ |
| 7207 | 7211 | 7213 | $7217_{7}$ | 7219 | $7223_{31}$ | 7229 | $7231_{7}$ |
| 7237 | $7241_{13}$ | 7243 | 7247 | $7249_{11}$ | 7253 | $7259_{7\cdot17\cdot61}$ | $7261_{53}$ |
| $7267_{13\cdot43}$ | $7271_{11}$ | $7273_{7}$ | $7277_{19}$ | $7279_{29}$ | 7283 | $7289_{37}$ | $7291_{23}$ |
| 7297 | $7301_{7}$ | $7303_{67}$ | 7307 | 7309 | $7313_{71}$ | $7319_{13}$ | 7321 |

## 二、编制模 30 缩族质合表的特点与优点

编制模 30 缩族质合表的最大特点与优势功能，就是在“开筛”之前已经先天性地筛掉了给定自然数列内（$x$ 以内）全部的偶数、3 倍数和 5 倍数. 因此，比编制不超过 $x$ 的模 $P_2^{\alpha_2}$、模 $2^a$ 缩族质合表和埃氏筛法素数表分别节省：

$$20\%\left(=1-\frac{\varphi(P_2^{\alpha_2})\varphi(5)}{\varphi(P_2^{\alpha_2})\times 5}=1-\left(1-\frac{1}{5}\right)\right)$$

$$46.67\%\left(\approx 1-\frac{\varphi(2^a)\varphi(15)}{\varphi(2^a)\times 15}=1-\frac{8}{15}\right)$$

和

$$73.33\%\left(\approx 1-\frac{\varphi(30)}{30}=1-\frac{4}{15}\right)$$

的篇幅和更多的计算量，省时降耗，提高工效，是编制模 $d$ 缩族质合表的优选表种之一.

## 三、模 30 缩族质合表显搜 $k$ 生素数的优势功能

前已述及，模 $d$ 缩族质合表显示 $k$ 生素数的方法，也就是应用该表搜寻 $k$ 生素数的方法，两者是一模一样的同一个方法.

模 30 缩族质合表对 $k$ 生素数的分类显示，是指按 $k$ 生素数个位数方式的显示. 该表显搜 $k$ 生素数的优势功能，主要表现在其综合直显、分类直显 $k$ 生素数的种类较多，且非直显示的 $k$ 生素数种类独特.

1. 纵向综合直显、分类直显和依序直接搜寻的 $k$ 生素数

(1) 模 30 缩族质合表能够纵向综合直显和分类直显所有不超过 $x$ 的

1) 差 30 素数对；

2) 差 $v(=3,4,5,6)$ 项等差 30 素数列.

(2) 应用模 30 缩族质合表纵向综合直显和依序搜寻上述(1) 中两类 $k$ 生素数的方法是：

在表 17 中，若任一含质列的

1) 任何连续两项都是素数，那么就是一个差 30 素数对；

2) 任何连续 $v(=3,4,5,6)$ 项都是素数，那么就是一个 $v$ 项等差 30 素数列.

(3) 应用模 30 缩族质合表纵向分类直显和依序搜寻上述(1) 中两类 $k$ 生素数，是在上述(2) 中所给方法的基础上，再按需添用下述相应方法：

1) 若要求个位数方式一律是 1 的，则在表 17 第 2 列、第 8 列中显示与搜寻；

2) 若要求个位数方式一律是 3 的，则在表 17 第 3 列，第 6 列中显示与搜寻；

3) 若要求个位数方式一律是 7 的，则在表 17 第 1 列、第 4 列中显示与搜寻；

4) 若要求个位数方式一律是 9 的，则在表 17 第 5 列、第 7 列中显示与搜寻.

以上所述都是模 30 缩族质合表所具有的基本功能及其独特优势，它使人一眼看出和一个不漏地寻找到一定范围综合或分类的差 30 素数对和 $v$ 项等差 30 素数列. 这一优势功能是目前已知的其他所有模 $d$ 缩族质合表、素数间隙表（包括普通素数表）根本无法达到和不可比拟的，为依次不漏地寻找到它们提供了可能和极大的方便. 如果目的仅在于此，那么只需编制模 30

缩族匿因质合表即可(其方法也可以是在不超过$x$的模30缩族中操作完上述的一(1)步骤后，对照已有的素数表或模$d$缩族质合表，直接删去表17中每一个合数、或用简单记号标明表17中每一个素数即可).

2.横向综合直显、分类直显和依序直接搜寻的$k$生素数

模30缩族质合表能够简明地横向综合直显和分类直显$x$以内所有的

(1) 孪生素数(除过3,5和5,7)；

(2) 差4素数对(除过3,7)；

(3) 差2-4型和差4-2型三生素数(除过5,7,11)；

(4) 差2-4-2型和差4-2-4型四生素数(除过5,7,11,13)；

(5) 差2-4-2-4型和差4-2-4-2型五生素数(除过5,7,11,13,17)；

(6) 差4-2-4-2-4型六生素数.

它们都是相邻$k$生素数，其显搜方法的口诀见7.2节(应用模30缩族质合表分类搜寻横向直显相邻$k$生素数口诀表).

由上述可知，若依个位数方式分类，则除过3,5和5,7以外，所有孪生素数能且仅能分为三类，即个位数方式分别是1,3;7,9和9,1的孪生素数各是一类，其不超过$x$的个数依次用$\pi(x)^2_{1,3}$，$\pi(x)^2_{7,9}$和$\pi(x)^2_{9,1}$表示.所有差4素数对能且仅能分为三类，即个位数方式分别是7,1;3,7和9,3的差4素数对各是一类，其不超过$x$的个数依次用$\pi(x)^4_{7,1}$，$\pi(x)^4_{3,7}$和$\pi(x)^4_{9,3}$表示.

所有差4-2型三生素数能且仅能分为两类，即个位数方式分别是7,1,3和3,7,9的各是一类，其不超过$x$的个数分别以$\pi(x)^{4-2}_{7,1,3}$和$\pi(x)^{4-2}_{3,7,9}$表示.除过5,7,11外，所有差2-4型三生素数能且仅能分为两类，即个位数方式分别是1,3,7和7,9,3的各是一类，其不超过$x$的个数分别以$\pi(x)^{2-4}_{1,3,7}$和$\pi(x)^{2-4}_{7,9,3}$表示.

差4-2-4型四生素数能且仅能为两类，即个位数方式分别是7,1,3,7和3,7,9,3的各是一类，其不超过$x$的个数分别以$\pi(x)^{4-2-4}_{7,1,3,7}$和$\pi(x)^{4-2-4}_{3,7,9,3}$表示.而差2-4-2型四生素数只有一类，即个位数方式一律都是1,3,7,9.

差4-2-4-2型和差2-4-2-4型五生素数(除过5,7,11,13,17外)均只有一类，即个位数方式分别一律都是7,1,3,7,9和1,3,7,9,3.差4-2-4-2-4型六生素数亦只有一类，即个位数方式一律都是7,1,3,7,9,3.

差30素数对和$v(=3,4,5,6)$项等差30素数列各有四类，即个位数方式分别是1,1;3,3;7,7;9,9的差30素数对各是一类，个位数方式分别是$v$个1，$v$个3，$v$个7，$v$个9的$v$项等差30素数列各是一类.

3.非直与直接显示和依序搜寻的相邻$k$生素数

模30缩族质合表还能简明地综合非直显示众多的相邻$k$生素数，其显搜方法见7.2节(应用模30缩族质合表综合搜寻非直显示相邻$k$项素数列口诀表).这也是模30缩族质合表蕴涵的一大特色与优势.

4.分类显示和依序搜寻的$a-b$间隔差型$k$生素数

模30缩族质合表能够分类显示不超过$x$的所有$a-b$间隔差型$k$生素数($a$,$b$均为偶数且

$a+b=30$)，其显搜方法见 7.2 节(应用模 30 缩族质合表分类搜寻 $a-b$ 间隔差型 $k$ 生素数方法表）所列示. 这是模 30 缩族质合表又一独一无二的突出特点和优势功能.

综上所述，模 30 缩族质合表不仅分类显示独具一格，而且兼容性强，显示种类多，其集模 10、模 42、模 66 等缩族质合表各自的部分综合显示优势功能于一身，且有过之而无不及. 尤其是显示方法更加简明，因而极易识别，便于搜寻，优势突出.

应用以上方法搜寻 $k$ 生素数示例等关于模 30 缩族质合表的应用详情，将在第 7 章介绍，在此不赘述.

## 四、有关问题

由模 30 缩族因素表(表 17) 可以看出，大于 5 的所有素数不外乎为 $30n\pm1,30n\pm7,30n\pm11$ 和 $30n\pm13$ 这 8 种形式. 即除过 2,3,5 以外，所有素数都聚集在模 30 缩族的 8 个含质列之中. 故有

$$\pi(x)=\sum\pi(x;30,j)+3\quad(j=\pm1,\pm7,\pm11,\pm13)$$

由引理 1.1，则有

**推论 4.1**　$30n\pm1,30n\pm7,30n\pm11,30n\pm13$ 形式的素数都有无穷多个且各占全体素数的 $\dfrac{1}{\varphi(30)}=\dfrac{1}{8}$. 即

$$\lim_{x\to+\infty}\pi(x;30,j)=+\infty\quad(j=\pm1,\pm7,\pm11,\pm13)$$

$$\lim_{x\to+\infty}\frac{\pi(x;30,j)}{\pi(x)}=\frac{1}{\varphi(30)}=\frac{1}{8}\quad(j=\pm1,\pm7,\pm11,\pm13)$$

由于表 17 中不存在首项是 7 的 7 项等差 30 素数列，因此根据定理 1.5，等差 30 素数列最长不超过 6 项.

由定理 1.4(ⅱ) 可得

**推论 4.2**　若奇数 $g>7$，则奇数列

$$g,\ g+30,\ g+60,\ g+90,\ g+120,\ g+150,\ g+180$$

不能都是素数.

**证**　因为奇数 $g>5$，所以

① 若 $g\equiv0\pmod 7$，则结论成立；

② 若 $g\equiv1\pmod 7$，则 $g+90\equiv0\pmod 7$；

③ 若 $g\equiv2\pmod 7$，则 $g+180\equiv0\pmod 7$；

④ 若 $g\equiv3\pmod 7$，则 $g+60\equiv0\pmod 7$；

⑤ 若 $g\equiv4\pmod 7$，则 $g+150\equiv0\pmod 7$；

⑥ 若 $g\equiv5\pmod 7$，则 $g+30\equiv0\pmod 7$；

⑦ 若 $g\equiv6\pmod 7$，则 $g+120\equiv0\pmod 7$. □

下面是包含于猜测 45 的：

**猜测 47**　存在无穷多个差 30 素数对. 即

$$\lim_{x\to+\infty}\pi(x)^{30}=+\infty$$

显然有

$$\pi(x)^{30}=\sum\pi(x)_j^{30}\quad(j=\pm1,\pm7,\pm11,\pm13)$$

$$\pi(x)^{30_v}=\sum\pi(x)_j^{30_v}\quad(v=3,4,5,6;j=\pm1,\pm7,\pm11,\pm13)$$

显然亦有

$$\pi(x)^2=\pi(x)_{1,3}^2+\pi(x)_{7,9}^2+\pi(x)_{9,1}^2+2$$

$$\pi(x)^4=\pi(x)_{7,1}^4+\pi(x)_{3,7}^4+\pi(x)_{9,3}^4$$

$$\pi(x)^{4\text{-}2}=\pi(x)_{7,1,3}^{4\text{-}2}+\pi(x)_{3,7,9}^{4\text{-}2}$$

$$\pi(x)^{2\text{-}4}=\pi(x)_{1,3,7}^{2\text{-}4}+\pi(x)_{7,9,3}^{2\text{-}4}+1$$

$$\pi(x)^{4\text{-}2\text{-}4}=\pi(x)_{7,1,3,7}^{4\text{-}2\text{-}4}+\pi(x)_{3,7,9,3}^{4\text{-}2\text{-}4}$$

经过深入研究，笔者发现且在此提出下列 5 个猜测.

**猜测 48**　个位数方式分别是 1,3;7,9 和 9,1 的三类孪生素数都有无穷多个且各占全体孪生素数对的 $\frac{1}{3}$. 即

$$\lim_{x\to+\infty}\pi(x)_{\beta_1,\beta_2}^2=+\infty\quad(\beta_1,\beta_2=1,3;7,9;9,1)$$

$$\lim_{x\to+\infty}\frac{\pi(x)_{\beta_1,\beta_2}^2}{\pi(x)^2}=\frac{1}{3}\quad(\beta_1,\beta_2=1,3;7,9;9,1)$$

**猜测 49**　个位数方式分别是 7,1;3,7 和 9,3 的三类差 4 素数对都有无穷多个且各占全体差 4 素数对的 $\frac{1}{3}$. 即

$$\lim_{x\to+\infty}\pi(x)_{\beta_1,\beta_2}^4=+\infty\quad(\beta_1,\beta_2=7,1;3,7;9,3)$$

$$\lim_{x\to+\infty}\frac{\pi(x)_{\beta_1,\beta_2}^4}{\pi(x)^4}=\frac{1}{3}\quad(\beta_1,\beta_2=7,1;3,7;9,3)$$

**猜测 50**　个位数方式分别是 7,1,3 和 3,7,9 的两类差 4 - 2 型三生素数都有无穷多个且各占全体差 4 - 2 型三生素数的 $\frac{1}{2}$. 即

$$\lim_{x\to+\infty}\pi(x)_{7,1,3}^{4\text{-}2}=+\infty$$

$$\lim_{x\to+\infty}\pi(x)_{3,7,9}^{4\text{-}2}=+\infty$$

$$\lim_{x\to+\infty}\frac{\pi(x)_{7,1,3}^{4\text{-}2}}{\pi(x)^{4\text{-}2}}=\lim_{x\to+\infty}\frac{\pi(x)_{3,7,9}^{4\text{-}2}}{\pi(x)^{4\text{-}2}}=\frac{1}{2}$$

**猜测 51**　个位数方式分别是 1,3,7 和 7,9,3 的两类差 2 - 4 型三生素数都有无穷多个且各占全体差 2 - 4 型三生素数的 $\frac{1}{2}$. 即

$$\lim_{x\to+\infty}\pi(x)_{1,3,7}^{2\text{-}4}=+\infty$$

$$\lim_{x\to+\infty}\pi(x)_{7,9,3}^{2\text{-}4}=+\infty$$

$$\lim_{x\to+\infty}\frac{\pi(x)_{1,3,7}^{2\text{-}4}}{\pi(x)^{2\text{-}4}}=\lim_{x\to+\infty}\frac{\pi(x)_{7,9,3}^{2\text{-}4}}{\pi(x)^{2\text{-}4}}=\frac{1}{2}$$

**猜测 52**　个位数方式分别是 7,1,3,7 和 3,7,9,3 的两类差 4 - 2 - 4 型四生素数都有无穷

多个且各占全体差 4－2－4 型四生素数的$\frac{1}{2}$. 即

$$\lim_{x\to+\infty}\pi(x)_{7,1,3,7}^{4\text{-}2\text{-}4}=+\infty$$

$$\lim_{x\to+\infty}\pi(x)_{3,7,9,3}^{4\text{-}2\text{-}4}=+\infty$$

$$\lim_{x\to+\infty}\frac{\pi(x)_{7,1,3,7}^{4\text{-}2\text{-}4}}{\pi(x)^{4\text{-}2\text{-}4}}=\lim_{x\to+\infty}\frac{\pi(x)_{3,7,9,3}^{4\text{-}2\text{-}4}}{\pi(x)^{4\text{-}2\text{-}4}}=\frac{1}{2}$$

下面连续提出的 3 个猜测均包含于猜测 45.

**猜测 53**　存在无穷多个 $v(=3,4,5,6)$ 项等差 30 素数列. 即

$$\lim_{x\to+\infty}\pi(x)^{30_v}=+\infty\quad(v=3,4,5,6)$$

**猜测 54**　$30n+j(j=\pm1,\pm7,\pm11,\pm13)$ 形 8 类差 30 素数对都有无穷多个且各占全体差 30 素数对的$\frac{1}{8}$. 即

$$\lim_{x\to+\infty}\pi(x)_j^{30}=+\infty\quad(j=\pm1,\pm7,\pm11,\pm13)$$

$$\lim_{x\to+\infty}\frac{\pi(x)_j^{30}}{\pi(x)^{30}}=\frac{1}{\varphi(30)}=\frac{1}{8}\quad(j=\pm1,\pm7,\pm11,\pm13)$$

**猜测 55**　$30n+j(j=\pm1,\pm7,\pm11,\pm13)$ 形 8 类 $v(=3,4,,5,6)$ 项等差 30 素数列都有无穷多个且各占全体 $v$ 项等差 30 素数列的$\frac{1}{8}$. 即

$$\lim_{x\to+\infty}\pi(x)_j^{30_v}=+\infty\quad(v=3,4,5,6;j=\pm1,\pm7,\pm11,\pm13)$$

$$\lim_{x\to+\infty}\frac{\pi(x)_j^{30_v}}{\pi(x)^{30_v}}=\frac{1}{\varphi(30)}=\frac{1}{8}\quad(v=3,4,5,6;j=\pm1,\pm7,\pm11,\pm13)$$

由猜测 46 可得

**猜测 56**　（ⅰ）个位数方式分别是 1,1;3,3;7,7;9,9 的差 30 素数对都有无穷多个且各占全体差 30 素数对的$\frac{1}{4}$. 即

$$\lim_{x\to+\infty}[\pi(x)_1^{30}+\pi(x)_{11}^{30}]=+\infty$$

$$\lim_{x\to+\infty}[\pi(x)_{-7}^{30}+\pi(x)_{13}^{30}]=+\infty$$

$$\lim_{x\to+\infty}[\pi(x)_7^{30}+\pi(x)_{-13}^{30}]=+\infty$$

$$\lim_{x\to+\infty}[\pi(x)_{-1}^{30}+\pi(x)_{-11}^{30}]=+\infty$$

$$\lim_{x\to+\infty}\frac{\pi(x)_1^{30}+\pi(x)_{11}^{30}}{\pi(x)^{30}}=\lim_{x\to+\infty}\frac{\pi(x)_{-7}^{30}+\pi(x)_{13}^{30}}{\pi(x)^{30}}=\lim_{x\to+\infty}\frac{\pi(x)_7^{30}+\pi(x)_{-13}^{30}}{\pi(x)^{30}}=$$

$$\lim_{x\to+\infty}\frac{\pi(x)_{-1}^{30}+\pi(x)_{-11}^{30}}{\pi(x)^{30}}=\frac{1+1}{\varphi(30)}=\frac{1}{4}$$

（ⅱ）个位数方式分别是 $v$ 个 1,$v$ 个 3,$v$ 个 7,$v$ 个 9 的 $v(=3,4,5,6)$ 项等差 30 素数列都有无穷多个且各占全体 $v$ 项等差 30 素数列的$\frac{1}{4}$. 即

$$\lim_{x\to+\infty}[\pi(x)_1^{30_v}+\pi(x)_{11}^{30_v}]=+\infty\quad(v=3,4,5,6)$$

$$\lim_{x\to+\infty}\left[\pi(x)_{-7}^{30_v}+\pi(x)_{13}^{30_v}\right]=+\infty\quad(v=3,4,5,6)$$

$$\lim_{x\to+\infty}\left[\pi(x)_{7}^{30_v}+\pi(x)_{-13}^{30_v}\right]=+\infty\quad(v=3,4,5,6)$$

$$\lim_{x\to+\infty}\left[\pi(x)_{-1}^{30_v}+\pi(x)_{-11}^{30_v}\right]=+\infty\quad(v=3,4,5,6)$$

$$\lim_{x\to+\infty}\frac{\pi(x)_{1}^{30_v}+\pi(x)_{11}^{30_v}}{\pi(x)^{30_v}}=\lim_{x\to+\infty}\frac{\pi(x)_{-7}^{30_v}+\pi(x)_{13}^{30_v}}{\pi(x)^{30_v}}=\lim_{x\to+\infty}\frac{\pi(x)_{7}^{30_v}+\pi(x)_{-13}^{30_v}}{\pi(x)^{30_v}}=$$

$$\lim_{x\to+\infty}\frac{\pi(x)_{-1}^{30_v}+\pi(x)_{-11}^{30_v}}{\pi(x)^{30_v}}=\frac{1+1}{\varphi(30)}=\frac{1}{4}\quad(v=3,4,5,6)$$

### 4.2.2　模 60 缩族质合表与等差 60 素数列

#### 一、模 60 缩族因数表的编制方法

(1) 列出不超过 $x(=2500)$ 的模 60 缩族，即按序排列的 16 个模 60 含质列

7mod60，11mod60，13mod60，17mod60，19mod60，…，59mod60，61mod60

并且在前面添写上漏掉的素数 2,3,5(见表 18). 此时，不超过 $7^2-1$ 的所有素数得到确定(素数 7 是表 18 中第 1 个与 60 互素的数).

(2) 在表 18 缩族(即模 60 缩族) 中具体运演操作如下：

1) 在 7 与表 18 缩族中每一个不小于 7 而不大于 $\frac{x}{7}$ 的数的乘积右旁写上小号数字 7,以示其为合数且含有素因数 7. 此时，不超过 $11^2-1$ 的所有的素数和与 60 互素的合数都得到确定(素数 11 是素数 7 后面第 1 个右旁没有小号数字的数).

2) 在 11 与表 18 缩族中每一个不小于 11 而不大于 $\frac{x}{11}$ 的数的乘积右旁写上小号数字 11,以示其为合数且含有素因数 11. 此时，不超过 $13^2-1$ 的所有的素数和与 60 互素的合数都得到确定(素数 13 是素数 11 后面第 1 个右旁没有小号数字的数).

3) 在第 $s+3(3\leqslant s\leqslant l-3)$ 个素数 $p_{s+3}(=p_6,p_7,\cdots,p_l\leqslant\sqrt{x})$ 与表 18 缩族中每一个不小于 $p_{s+3}$ 不大于 $\frac{x}{p_{s+3}}$ 的数的乘积右旁写上小号数字 $p_{s+3}$，以示其为合数且含有素因数 $p_{s+3}$. 此时，不超过 $p_{s+4}^2-1$ 的所有的素数和与 60 互素的合数都得到确定(素数 $p_{s+4}$ 是素数 $p_{s+3}$ 后面第 1 个右旁没有小号数字的数). 依此按序操作下去，直至完成第 $l-3$ 步骤止(因为 $p_{l+1}^2>x$)，就得到不超过 $x$ 的全体素数和与 60 互素的合数(即其不含素因数 2,3,5) 一览表，即模 60 缩族因数表.

在模 60 缩族因数表中，右旁写有小号数字的数是与 60 互素(即与 2,3,5 均互素) 的合数(其自身含有的全部小素因数也一目了然)，其余右旁空白没有小号数字的数皆为素数.

#### 二、模 60 缩族质合表的特点、优势功能与用途

编制模 60 缩族质合表的一大特点和优势功能与编制模 30 缩族质合表相同，就是在“开筛”之前已经先天性地筛掉了给定自然数列内($x$ 以内) 全部的偶数、3 倍数和 5 倍数. 因此，比编制不超过 $x$ 的模 $P_2^{\alpha_2}$、模 $2^\alpha$ 缩族质合表和埃氏筛法素数表分别节省 20%，46.67% 和 73.33%

的篇幅和更多的计算量，从而成为编制模 $d$ 缩族质合表的优选表种之一.

模 60 缩族质合表所具有的基本功能及其独特优势，就是能够直接显示所有不超过 $x$ 的差 60 素数对和 $v(=3,4,5,6)$ 项等差 60 素数列. 表 18 任一含质列中任何连续两项和 $v(=3,4,5,6)$ 项如果都是素数，那么分别就是一个差 60 素数对和一个 $v$ 项等差 60 素数列，使人一眼看出和一个不漏地寻找到它们. 这一优势功能是目前已知的其他所有模 $d$ 缩族质合表、素数表根本无法达到和不可比拟的，为依次不漏地寻找它们提供了可能和极大的方便. 如果目的仅在于此，那么只需编制模 60 缩族匿因质合表即可.

与模 30 缩族质合表的部分优点相同，模 60 缩族质合表也能够直接显示所有不超过 $x$ 的孪生素数(除过 3,5 和 5,7) 和差 4 素数对(除过 3,7)、差 4－2 型和差 2－4 型三生素数(除过 5,7,11)、差 2－4－2 型和差 4－2－4 型四生素数(除过 5,7,11,13)、差 4－2－4－2 型和差 2－4－2－4 型五生素数(除过 5,7,11,13,17)，以及差 4－2－4－2－4 型六生素数.

在表 18 中，直接显示与检索的：

(1) 差 60 素数对如

| | | | | | | | | |
|---|---|---|---|---|---|---|---|---|
| 13 | 23 | 41 | 179 | 181 | 307 | 2351 | 2377 | 2381 |
| 73 | 83 | 101 | 239 | 241 | 367 | 2411 | 2437 | 2441 |

(2)3 项等差 60 素数列如

| | | | | | | | | |
|---|---|---|---|---|---|---|---|---|
| 7 | 29 | 37 | 313 | 359 | 379 | 2083 | 2251 | 2339 |
| 67 | 89 | 97 | 373 | 419 | 439 | 2143 | 2311 | 2399 |
| 127 | 149 | 157 | 433 | 479 | 499 | 2203 | 2371 | 2459 |

(3)4 项等差 60 素数列如

| | | | | | | | | |
|---|---|---|---|---|---|---|---|---|
| 19 | 47 | 137 | 151 | 277 | 383 | 1307 | 1439 | 2161 |
| 79 | 107 | 197 | 211 | 337 | 443 | 1367 | 1499 | 2221 |
| 139 | 167 | 257 | 271 | 397 | 503 | 1427 | 1559 | 2281 |
| 199 | 227 | 317 | 331 | 457 | 563 | 1487 | 1619 | 2341 |

(4)5 项等差 60 素数列如

| | | | | | | | |
|---|---|---|---|---|---|---|---|
| 43 | 571 | 911 | 1373 | 1429 | 1873 | 2153 | 2237 |
| 103 | 631 | 971 | 1433 | 1489 | 1933 | 2213 | 2297 |
| 163 | 691 | 1031 | 1493 | 1549 | 1993 | 2273 | 2357 |
| 223 | 751 | 1091 | 1553 | 1609 | 2053 | 2333 | 2417 |
| 283 | 811 | 1151 | 1613 | 1669 | 2113 | 2393 | 2477 |

(5)6 项等差 60 素数列如

| | | |
|---|---|---|
| 11 | 53 | 641 |
| 71 | 113 | 701 |
| 131 | 173 | 761 |
| 191 | 233 | 821 |
| 251 | 293 | 881 |
| 311 | 353 | 941 |

## 表 18　模 60 缩族因数表(2500 以内)

| | | | | | | | | | | | | | |
|---|---|---|---|---|---|---|---|---|---|---|---|---|---|
| (2,3,5) | | | | | | | | | | | | | |
| 7 | 67 | 127 | $187_{11}$ | $247_{13}$ | 307 | 367 | $427_{7}$ | 487 | 547 | 607 | $667_{23}$ | 727 | 787 |
| 11 | 71 | 131 | 191 | 251 | 311 | $371_{7}$ | 431 | 491 | $551_{19}$ | $611_{13}$ | $671_{11}$ | $731_{17}$ | $791_{7}$ |
| 13 | 73 | $133_{7}$ | 193 | $253_{11}$ | 313 | 373 | 433 | $493_{17}$ | $553_{7}$ | 613 | 673 | 733 | $793_{13}$ |
| 17 | $77_{7}$ | 137 | 197 | 257 | 317 | $377_{13}$ | $437_{19}$ | $497_{7}$ | 557 | 617 | 677 | $737_{11}$ | 797 |
| 19 | 79 | 139 | 199 | $259_{7}$ | $319_{11}$ | 379 | 439 | 499 | $559_{13}$ | 619 | $679_{7}$ | 739 | $799_{17}$ |
| 23 | 83 | $143_{11}$ | $203_{7}$ | 263 | $323_{17}$ | 383 | 443 | 503 | 563 | $623_{7}$ | 683 | 743 | $803_{11}$ |
| 29 | 89 | 149 | $209_{11}$ | 269 | $329_{7}$ | 389 | 449 | 509 | 569 | $629_{17}$ | $689_{13}$ | $749_{7}$ | 809 |
| 31 | $91_{7}$ | 151 | 211 | 271 | 331 | $391_{17}$ | $451_{11}$ | $511_{7}$ | 571 | 631 | 691 | 751 | 811 |
| 37 | 97 | 157 | $217_{7}$ | 277 | 337 | 397 | 457 | $517_{11}$ | 577 | $637_{7\cdot13}$ | $697_{17}$ | 757 | $817_{19}$ |
| 41 | 101 | $161_{7}$ | $221_{13}$ | 281 | $341_{11}$ | 401 | 461 | 521 | $581_{7}$ | 641 | 701 | 761 | 821 |
| 43 | 103 | 163 | 223 | 283 | $343_{7}$ | $403_{13}$ | 463 | 523 | $583_{11}$ | 643 | $703_{19}$ | $763_{7}$ | 823 |
| 47 | 107 | 167 | 227 | $287_{7}$ | 347 | $407_{11}$ | 467 | $527_{17}$ | 587 | 647 | $707_{7}$ | $767_{13}$ | 827 |
| $49_{7}$ | 109 | $169_{13}$ | 229 | $289_{17}$ | 349 | 409 | $469_{7}$ | $529_{23}$ | $589_{19}$ | $649_{11}$ | 709 | 769 | 829 |
| 53 | 113 | 173 | 233 | 293 | 353 | $413_{7}$ | $473_{11}$ | $533_{13}$ | 593 | 653 | $713_{23}$ | 773 | $833_{7\cdot17}$ |
| 59 | $119_{7}$ | 179 | 239 | $299_{13}$ | 359 | 419 | 479 | $539_{7\cdot11}$ | 599 | 659 | 719 | $779_{19}$ | 839 |
| 61 | $121_{11}$ | 181 | 241 | $301_{7}$ | $361_{19}$ | 421 | $481_{13}$ | 541 | 601 | 661 | $721_{7}$ | $781_{11}$ | $841_{29}$ |

| | | | | | | | | | | | | | |
|---|---|---|---|---|---|---|---|---|---|---|---|---|---|
| $847_{7\cdot11}$ | 907 | 967 | $1027_{13}$ | 1087 | $1147_{31}$ | $1207_{17}$ | $1267_{7}$ | 1327 | $1387_{19}$ | 1447 | $1507_{11}$ | 1567 | 1627 |
| $851_{23}$ | 911 | 971 | 1031 | 1091 | 1151 | $1211_{7}$ | $1271_{31}$ | $1331_{11}$ | $1391_{13}$ | 1451 | 1511 | 1571 | $1631_{7}$ |
| 853 | $913_{11}$ | $973_{7}$ | 1033 | 1093 | 1153 | 1213 | $1273_{19}$ | $1333_{31}$ | $1393_{7}$ | 1453 | $1513_{17}$ | $1573_{11\cdot13}$ | $1633_{23}$ |
| 857 | $917_{7}$ | 977 | $1037_{17}$ | 1097 | $1157_{13}$ | 1217 | 1277 | $1337_{7}$ | $1397_{11}$ | $1457_{31}$ | $1517_{37}$ | $1577_{19}$ | 1637 |
| 859 | 919 | $979_{11}$ | 1039 | $1099_{7}$ | $1159_{19}$ | $1219_{23}$ | 1279 | $1339_{13}$ | 1399 | 1459 | $1519_{7\cdot31}$ | 1579 | $1639_{11}$ |
| 863 | $923_{13}$ | 983 | $1043_{7}$ | 1103 | 1163 | 1223 | 1283 | $1343_{17}$ | $1403_{23}$ | $1463_{7\cdot11\cdot19}$ | 1523 | 1583 | $1643_{31}$ |
| $869_{11}$ | 929 | $989_{23}$ | 1049 | 1109 | $1169_{7}$ | 1229 | 1289 | $1349_{19}$ | 1409 | $1469_{13}$ | $1529_{11}$ | 1589 | $1649_{17}$ |
| $871_{13}$ | $931_{7\cdot19}$ | 991 | 1051 | $1111_{11}$ | 1171 | 1231 | 1291 | $1351_{7}$ | $1411_{17}$ | 1471 | 1531 | $1591_{37}$ | $1651_{13}$ |
| 877 | 937 | 997 | $1057_{7}$ | 1117 | $1177_{11}$ | 1237 | 1297 | $1357_{23}$ | $1417_{13}$ | $1477_{7}$ | $1537_{29}$ | 1597 | 1657 |
| 881 | 941 | $1001_{7\cdot11\cdot13}$ | 1061 | $1121_{19}$ | 1181 | $1241_{17}$ | 1301 | 1361 | $1421_{7\cdot29}$ | 1481 | $1541_{23}$ | 1601 | $1661_{11}$ |
| 883 | $943_{23}$ | $1003_{17}$ | 1063 | 1123 | $1183_{7\cdot13}$ | $1243_{11}$ | 1303 | $1363_{29}$ | 1423 | 1483 | 1543 | $1603_{7}$ | 1663 |
| 887 | 947 | $1007_{19}$ | $1067_{11}$ | $1127_{7\cdot23}$ | 1187 | $1247_{29}$ | 1307 | 1367 | 1427 | 1487 | $1547_{7\cdot13\cdot17}$ | 1607 | 1667 |
| $889_{7}$ | $949_{13}$ | 1009 | 1069 | 1129 | $1189_{29}$ | 1249 | $1309_{7\cdot11\cdot17}$ | $1369_{37}$ | 1429 | 1489 | 1549 | 1609 | 1669 |
| $893_{19}$ | 953 | 1013 | $1073_{29}$ | $1133_{11}$ | 1193 | $1253_{7}$ | $1313_{13}$ | 1373 | 1433 | 1493 | 1553 | 1613 | $1673_{7}$ |
| $899_{29}$ | $959_{7}$ | 1019 | $1079_{13}$ | $1139_{17}$ | $1199_{11}$ | 1259 | 1319 | $1379_{7}$ | 1439 | 1499 | 1559 | 1619 | $1679_{23}$ |
| $901_{17}$ | $961_{31}$ | 1021 | $1081_{23}$ | $1141_{7}$ | 1201 | $1261_{13}$ | 1321 | 1381 | $1441_{11}$ | $1501_{19}$ | $1561_{7}$ | 1621 | $1681_{41}$ |

| | | | | | | | | | | | | | |
|---|---|---|---|---|---|---|---|---|---|---|---|---|---|
| $1687_{7}$ | 1747 | $1807_{13}$ | 1867 | $1927_{41}$ | 1987 | $2047_{23}$ | $2107_{7\cdot 43}$ | $2167_{11}$ | $2227_{17}$ | 2287 | 2347 | $2407_{29}$ | 2467 |
| $1691_{19}$ | $1751_{17}$ | 1811 | 1871 | 1931 | $1991_{11}$ | $2051_{7}$ | 2111 | $2171_{13}$ | $2231_{23}$ | $2291_{29}$ | 2351 | 2411 | $2471_{7}$ |
| 1693 | 1753 | $1813_{7\cdot 37}$ | 1873 | 1933 | 1993 | 2053 | 2113 | $2173_{41}$ | $2233_{7\cdot 11\cdot 29}$ | 2293 | $2353_{13}$ | $2413_{19}$ | 2473 |
| 1697 | $1757_{7}$ | $1817_{23}$ | 1877 | $1937_{13}$ | 1997 | $2057_{11\cdot 17}$ | $2117_{29}$ | $2177_{7}$ | 2237 | 2297 | 2357 | 2417 | 2477 |
| 1699 | 1759 | $1819_{17}$ | 1879 | $1939_{7}$ | 1999 | $2059_{29}$ | $2119_{13}$ | 2179 | 2239 | $2299_{11\cdot 19}$ | $2359_{7}$ | $2419_{41}$ | $2479_{37}$ |
| $1703_{13}$ | $1763_{41}$ | 1823 | $1883_{7}$ | $1943_{29}$ | 2003 | 2063 | $2123_{11}$ | $2183_{37}$ | 2243 | $2303_{7\cdot 47}$ | $2363_{17}$ | 2423 | $2483_{13}$ |
| 1709 | $1769_{29}$ | $1829_{31}$ | 1889 | 1949 | $2009_{7\cdot 41}$ | 2069 | 2129 | $2189_{11}$ | $2249_{13}$ | 2309 | $2369_{23}$ | $2429_{7}$ | $2489_{19}$ |
| $1711_{29}$ | $1771_{7\cdot 11\cdot 23}$ | 1831 | $1891_{31}$ | 1951 | 2011 | $2071_{19}$ | 2131 | $2191_{7}$ | 2251 | 2311 | 2371 | $2431_{11\cdot 13\cdot 17}$ | $2491_{47}$ |
| $1717_{17}$ | 1777 | $1837_{11}$ | $1897_{7}$ | $1957_{19}$ | 2017 | $2077_{31}$ | 2137 | $2197_{13}$ | $2257_{37}$ | $2317_{7}$ | 2377 | 2437 | $2497_{11}$ |
| 1721 | $1781_{13}$ | $1841_{7}$ | 1901 | $1961_{37}$ | $2021_{43}$ | 2081 | 2141 | $2201_{31}$ | $2261_{7\cdot 17\cdot 19}$ | $2321_{11}$ | 2381 | 2441 | |
| 1723 | 1783 | $1843_{19}$ | $1903_{11}$ | $1963_{13}$ | $2023_{7\cdot 17}$ | 2083 | 2143 | 2203 | $2263_{31}$ | $2323_{23}$ | 2383 | $2443_{7}$ | |
| $1727_{11}$ | 1787 | 1847 | 1907 | $1967_{7}$ | 2027 | 2087 | $2147_{19}$ | 2207 | 2267 | $2327_{13}$ | $2387_{7\cdot 11\cdot 31}$ | 2447 | |
| $1729_{7\cdot 13\cdot 19}$ | 1789 | $1849_{43}$ | $1909_{23}$ | $1969_{11}$ | 2029 | 2089 | $2149_{7}$ | $2209_{47}$ | 2269 | $2329_{17}$ | 2389 | $2449_{31}$ | |
| 1733 | $1793_{11}$ | $1853_{17}$ | 1913 | 1973 | $2033_{19}$ | $2093_{7\cdot 13\cdot 23}$ | 2153 | 2213 | 2273 | 2333 | 2393 | $2453_{11}$ | |
| $1739_{37}$ | $1799_{7}$ | $1859_{11\cdot 13}$ | $1919_{19}$ | 1979 | 2039 | 2099 | $2159_{17}$ | $2219_{7}$ | $2279_{43}$ | 2339 | 2399 | 2459 | |
| 1741 | 1801 | 1861 | $1921_{17}$ | $1981_{7}$ | $2041_{13}$ | $2101_{11}$ | 2161 | 2221 | 2281 | 2341 | $2401_{7}$ | $2461_{23}$ | |

## 三、有关问题

由表 18 知，大于 5 的全体素数可以分为 $60n\pm1,\pm7,\pm11,\pm13,\pm17,\pm19,\pm23,\pm29$ 共 16 类. 显然有

$$\pi(x)=\sum\pi(x;60,j)+3\quad\left((60,j)=1\text{ 且 }1\leqslant|j|<\frac{60}{2}\right)$$

由引理 1.1，则有

**推论 4.3**　设 $(60,j)=1$ 且 $1\leqslant|j|<\frac{60}{2}$，则 $60n+j$ 形式的素数都有无穷多个且各占全体素数的 $\frac{1}{\varphi(60)}=\frac{1}{16}$. 即

$$\lim_{x\to+\infty}\pi(x;60,j)=+\infty\quad\left((60,j)=1\text{ 且 }1\leqslant|j|<\frac{60}{2}\right)$$

$$\lim_{x\to+\infty}\frac{\pi(x;60,j)}{\pi(x)}=\frac{1}{\varphi(60)}=\frac{1}{16}\quad\left((60,j)=1\text{ 且 }1\leqslant|j|<\frac{60}{2}\right)$$

由于表 18 中不存在首项是 7 的 7 项等差 60 素数列，因此根据定理 1.5，等差 60 素数列不超过 6 项.

下面是包含于猜测 45 的

**猜测 57**　存在无穷多个差 60 素数对. 即

$$\lim_{x\to+\infty}\pi(x)^{60}=+\infty$$

显然有

$$\pi(x)^{60}=\sum\pi(x)_j^{60}\quad\left((60,j)=1\text{ 且 }1\leqslant|j|<\frac{60}{2}\right)$$

$$\pi(x)^{60_v}=\sum\pi(x)_j^{60_v}\quad\left(v=3,4,5,6;(60,j)=1\text{ 且 }1\leqslant|j|<\frac{60}{2}\right)$$

下面提出的猜测 58 和猜测 59 亦均包含于猜测 45.

**猜测 58**　存在无穷多个 $v(=3,4,5,6)$ 项等差 60 素数列. 即

$$\lim_{x\to+\infty}\pi(x)^{60_v}=+\infty\quad(v=3,4,5,6)$$

**猜测 59**　设 $v=3,4,5,6$，则

(ⅰ) 任意一个模 60 含质列中的差 60 素数对和 $v$ 项等差 60 素数列都有无穷多个. 即

$$\lim_{x\to+\infty}\pi(x)_j^{60}=+\infty\quad\left((60,j)=1\text{ 且 }1\leqslant|j|<\frac{60}{2}\right)$$

$$\lim_{x\to+\infty}\pi(x)_j^{60_v}=+\infty\quad\left(v=3,4,5,6;(60,j)=1\text{ 且 }1\leqslant|j|<\frac{60}{2}\right)$$

(ⅱ) 全体差 60 素数对和 $v$ 项等差 60 素数列都平均分布在模 60 缩族的 16 个含质列之中. 即

$$\lim_{x\to+\infty}\frac{\pi(x)_j^{60}}{\pi(x)^{60}}=\lim_{x\to+\infty}\frac{\pi(x)_j^{60_v}}{\pi(x)^{60_v}}=\frac{1}{\varphi(60)}=\frac{1}{16}\quad\left(v=3,4,5,6;(60,j)=1\text{ 且 }1\leqslant|j|<\frac{60}{2}\right)$$

由猜测 46 立即得

**猜测 60**　（ⅰ）个位数方式分别是 1,1;3,3;7,7;9,9 的差 60 素数对都有无穷多个且各占全体差 60 素数对的$\frac{1}{4}$；

（ⅱ）个位数方式分别是 $v$ 个 1,$v$ 个 3,$v$ 个 7,$v$ 个 9 的 $v(=3,4,5,6)$ 项等差 60 素数列都有无穷多个且各占全体 $v$ 项等差 60 素数列的$\frac{1}{4}$.

## 4.3　模 $P_3^{\alpha_3}p_i^{\alpha_i}(i\geqslant 5)$ 缩族质合表与等差 $P_3^{\alpha_3}p_i^{\alpha_i}$ 素数列

### 一、模 $P_3^{\alpha_3}p_i^{\alpha_i}$ 缩族因数表的编制方法

设与 $P_3^{\alpha_3}p_i^{\alpha_i}(i\geqslant 5,\alpha_1,\alpha_2,\alpha_3,\alpha_i\in\mathbf{N}^+)$ 互素且不超过$\sqrt{x}(x\in\mathbf{N}^+)$ 的全体素数依从小到大的顺序排列成 $7=q_1,q_2,\cdots,q_l\leqslant\sqrt{x}(x>q_1q_2P_3^{\alpha_3}p_i^{\alpha_i})$，则编制模 $P_3^{\alpha_3}p_i^{\alpha_i}$ 缩族因数表的方法如下：

(1) 列出不超过 $x$ 的模 $P_3^{\alpha_3}p_i^{\alpha_i}$ 缩族，即按序排列的 $\varphi(P_3^{\alpha_3}p_i^{\alpha_i})=\frac{4}{15}P_3^{\alpha_3}p_i^{\alpha_i-1}(p_i-1)$ 个模 $P_3^{\alpha_3}p_i^{\alpha_i}$ 含质列

$$1\bmod P_3^{\alpha_3}p_i^{\alpha_i},\ 7\bmod P_3^{\alpha_3}p_i^{\alpha_i},\ \cdots,\ P_3^{\alpha_3}p_i^{\alpha_i}-1\bmod P_3^{\alpha_3}p_i^{\alpha_i} \tag{4.4}$$

划去其中第 1 个元素 1，并且在前面添写上漏掉的素数 2,3,5 和 $p_i(i\geqslant 5)$. 此时，不超过 $q_1^2-1$ 的所有素数得到确定（素数 $q_1(=7)$ 是缩族(4.4)中第 1 个与 $P_3^{\alpha_3}p_i^{\alpha_i}$ 互素的数）.

(2) 由第 1 步起，依次在缩族(4.4)中完成 $l$ 个运演操作步骤. 其中，第 $s(1\leqslant s\leqslant l)$ 步骤是在素数 $q_s(=q_1,q_2,\cdots,q_l\leqslant\sqrt{x})$ 与缩族(4.4)中每一个不小于 $q_s$ 而不大于$\frac{x}{q_s}$ 的数的乘积右旁写上小号数字 $q_s$，以示其为合数且含有素因数 $q_s$. 此时，不超过 $q_{s+1}^2-1$ 的所有的素数和与 $P_3^{\alpha_3}p_i^{\alpha_i}$ 互素的合数都得到确定（素数 $q_{s+1}$ 是素数 $q_s$ 后面第1个右旁没有小号数字的数）. 依此按序操作下去，直至完成第 $l$ 步骤止（因为 $q_{l+1}^2>x$），就得到不超过 $x$ 的全体素数和与 $P_3^{\alpha_3}p_i^{\alpha_i}$ 互素的合数一览表 —— 模 $P_3^{\alpha_3}p_i^{\alpha_i}$ 缩族因数表.

在模 $P_3^{\alpha_3}p_i^{\alpha_i}$ 缩族因素表中，右旁写有小号数字的数是与 $P_3^{\alpha_3}p_i^{\alpha_i}$ 互素（即与素数 2,3,5 和 $p_i(\geqslant 11)$ 均互素）的合数（其自身含有的全部小素因数也一目了然），其余右旁空白没有小号数字的数皆为素数.

### 二、模 $P_3^{\alpha_3}p_i^{\alpha_i}$ 缩族质合表的特点、优势功能与用途

编制模 $P_3^{\alpha_3}p_i^{\alpha_i}$ 缩族质合表的第一个特点和优势功能，就是"开筛"之前已经先天性地筛掉了给定自然数列内($x$ 以内)全部的偶数、3 倍数、5 倍数和 $p_i$ 倍数. 因此，比编制不超过 $x$ 的模 $P_3^{\alpha_3}$、模 $P_2^{\alpha_2}$、模 $2^{\alpha}$ 缩族质合表和埃氏筛法素数表分别节省：

$$\frac{1}{p_i}\left(=1-\frac{\varphi(P_3^{\alpha_3})\varphi(p_i^{\alpha_i})}{\varphi(P_3^{\alpha_3})p_i^{\alpha_i}}=1-(1-\frac{1}{p_i})\right)$$

$$\frac{1}{5}+\frac{4}{5p_i}\left(=1-\frac{\varphi(P_2^{\alpha_2})\varphi(p_3^{\alpha_3}p_i^{\alpha_i})}{\varphi(P_2^{\alpha_2})p_3^{\alpha_3}p_i^{\alpha_i}}=1-\frac{4}{5}(1-\frac{1}{p_i})\right)$$

$$\frac{7}{15}+\frac{8}{15p_i}\left(=1-\frac{\varphi(2^{\alpha})\varphi(p_2^{\alpha_2}p_3^{\alpha_3}p_i^{\alpha_i})}{\varphi(2^{\alpha})p_2^{\alpha_2}p_3^{\alpha_3}p_i^{\alpha_i}}=1-\frac{8}{15}(1-\frac{1}{p_i})\right)$$

和
$$\frac{11}{15}+\frac{4}{15p_i}\left(=1-\frac{\varphi(P_3^{\alpha_3}p_i^{\alpha_i})}{P_3^{\alpha_3}p_i^{\alpha_i}}=1-\frac{4}{15}(1-\frac{1}{p_i})\right)$$

的篇幅和更多的计算量.

模 $P_3^{\alpha_3}p_i^{\alpha_i}$ 缩族质合表所具有的基本功能及其独特优势,就是能够直接显示所有不超过 $x$ 的差 $P_3^{\alpha_3}p_i^{\alpha_i}$ 素数对和 $v(=3,4,5,6)$ 项等差 $P_3^{\alpha_3}p_i^{\alpha_i}$ 素数列. 缩族(4.4)任一含质列中任何连续两项和 $v(=3,4,5,6)$ 项如果都是素数,那么分别就是一个差 $P_3^{\alpha_3}p_i^{\alpha_i}$ 素数对和一个 $v$ 项等差 $P_3^{\alpha_3}p_i^{\alpha_i}$ 素数列,使人一眼看出和一个不漏地寻找到它们. 这一优势功能是目前已知的其他所有模 $d$ 缩族质合表、素数表根本无法达到和不可比拟的,为依次不漏地寻找它们提供了可能和极大的方便. 如果目的仅在于此,那么只需编制模 $P_3^{\alpha_3}p_i^{\alpha_i}$ 缩族匿因质合表即可.

## 三、有关问题

根据定理 1.5,如果缩族(4.4)中的含质列 $7\bmod P_3^{\alpha_3}p_i^{\alpha_i}$ 的前 7 项

$$7,\quad P_3^{\alpha_3}p_i^{\alpha_i}+7,\quad 2P_3^{\alpha_3}p_i^{\alpha_i}+7,\quad \cdots,\quad 6P_3^{\alpha_3}p_i^{\alpha_i}+7$$

不都是素数,则等差 $P_3^{\alpha_3}p_i^{\alpha_i}$ 素数列最长不超过 6 项.

下面是包含于猜测 42 和猜测 43 的

**猜测 61** 设 $v=3,4,5,6$,则

(ⅰ) 差 $P_3^{\alpha_3}p_i^{\alpha_i}$ 素数对和 $v$ 项等差 $P_3^{\alpha_3}p_i^{\alpha_i}$ 素数列都有无穷多个;

(ⅱ) 任意一个模 $P_3^{\alpha_3}p_i^{\alpha_i}$ 含质列中的差 $P_3^{\alpha_3}p_i^{\alpha_i}$ 素数对和 $v$ 项等差 $P_3^{\alpha_3}p_i^{\alpha_i}$ 素数列都有无穷多个;

(ⅲ) 全体差 $P_3^{\alpha_3}p_i^{\alpha_i}$ 素数对和 $v$ 项等差 $P_3^{\alpha_3}p_i^{\alpha_i}$ 素数列都平均分布在模 $P_3^{\alpha_3}p_i^{\alpha_i}$ 缩族的 $\varphi(P_3^{\alpha_3}p_i^{\alpha_i})$ 个含质列之中.

由猜测 44 可得

**猜测 62** (ⅰ) 个位数方式分别是 1,1;3,3;7,7;9,9 的差 $P_3^{\alpha_3}p_i^{\alpha_i}$ 素数对都有无穷多个且各占全体差 $P_3^{\alpha_3}p_i^{\alpha_i}$ 素数对的 $\frac{1}{4}$;

(ⅱ) 个位数方式分别是 $v$ 个 1,$v$ 个 3,$v$ 个 7,$v$ 个 9 的 $v(=3,4,5,6)$ 项等差 $P_3^{\alpha_3}p_i^{\alpha_i}$ 素数列都有无穷多个且各占全体 $v$ 项等差 $P_3^{\alpha_3}p_i^{\alpha_i}$ 素数列的 $\frac{1}{4}$.

# 第5章 模 $e(210 \parallel e)$缩族质合表与等差$e$素数列

掌握有效方法的关键在于反复实践总结.

——戴世强

## 5.1 模 $e(210 \parallel e)$ 缩族质合表与等差 $e$ 素数列

### 一、模 e 缩族因数表的编制方法

设 $11 < q_{\text{I}}, 2 < 3 < 5 < 7 < q_{\text{I}} < q_{\text{II}} < \cdots < q_{\gamma}$ 是正偶数 $e(\geqslant 210)$ 的全部素因数，与 $e$ 互素且不超过 $\sqrt{x}$ ($x \in \mathbf{N}^{+}$) 的全体奇素数依从小到大的顺序排列成 $11 = q_1, q_2, \cdots, q_l \leqslant \sqrt{x}$ ($x > q_1 q_2 e$)，则编制模 $e$ 缩族因数表的方法如下：

(1) 列出不超过 $x$ 的模$e$ 缩族，即首项为 $r(=1, q_1, \cdots, e-1)$ 的 $\varphi(e) = \dfrac{8}{35} e \prod\limits_{I \leqslant i \leqslant \gamma} \left(1 - \dfrac{1}{q_i}\right)$ 个模 $e$ 含质列

$$1 \bmod e,\ q_1 \bmod e,\ \cdots,\ e-1 \bmod e \tag{5.1}$$

(其中$(r,e)=1$ 且 $1 < q_1 < \cdots\cdots < e-1$) 划去其中第 1 个元素 1，并且在前面添写上漏掉的素数 $2, 3, 5, 7, q_{\text{I}}, q_{\text{II}}, \cdots, q_{\gamma}$. 此时，不超过 $q_1^2 - 1$ 的所有素数得到确定(素数 $q_1(=11)$ 是缩族 (5.1) 中第 1 个与 $e$ 互素的数).

(2) 由第 1 步起，依次在缩族(5.1) 中完成 $l$ 个运演操作步骤. 其中第 $s(1 \leqslant s \leqslant l)$ 步骤是在素数 $q_s(=q_1, q_2, \cdots, q_l \leqslant \sqrt{x})$ 与缩族(5.1) 中每一个不小于 $q_s$ 而不大于$\dfrac{x}{q_s}$ 的数的乘积右旁写上小号数字 $q_s$，以示其为合数且含有素因数 $q_s$. 此时，不超过 $q_{s+1}^2 - 1$ 的所有的素数和与 $e$ 互素的合数都得到确定(素数 $q_{s+1}$ 是素数 $q_s$ 后面第 1 个右旁没有小号数字的数). 依此按序操作下去，直至完成第 $l$ 步骤止(因为 $q_{l+1}^2 > x$)，就得到不超过 $x$ 的全体素数和与$e$ 互素的合数一览表，即模 $e(210 \parallel e)$ 缩族因数表.

在模 $e$ 缩族因数表中，右旁写有小号数字的数是与 $e$ 互素(即不含素因数 $2, 3, 5, 7, q_{\text{I}} (> 11), q_{\text{II}}, \cdots, q_{\gamma}$) 的合数(其自身含有的全部小素因数也一目了然)，其余右旁空白没有小号数字的数皆为素数.

### 二、模 $e$ 缩族质合表的特点、优势功能与用途

编制模 $e$ 缩族质合表的一大特点和优势功能，就是在"开筛"之前已经先天性地筛掉了给

定自然数列内($x$ 以内)$e$ 的素因数即 $2,3,5,7,q_{\mathrm{I}},q_{\mathrm{II}},\cdots,q_\gamma$ 各自的全部倍数.因此,比编制不超过 $x$ 的模 $P_3^{\alpha_3}$、模 $P_2^{\alpha_2}$、模 $2^\alpha$ 缩族质合表和埃氏筛法素数表分别节省:

$$1-\frac{\varphi(e)}{\varphi(P_3^{\alpha_3})\cdot e\div P_3^{\alpha_3}}=1-\frac{6}{7}\prod_{I\leqslant i\leqslant\gamma}\left(1-\frac{1}{q_i}\right)$$

$$1-\frac{\varphi(e)}{\varphi(P_2^{\alpha_2})\cdot e\div P_2^{\alpha_2}}=1-\frac{24}{35}\prod_{I\leqslant i\leqslant\gamma}\left(1-\frac{1}{q_i}\right)$$

$$1-\frac{\varphi(e)}{\varphi(2^\alpha)\cdot e\div 2^\alpha}=1-\frac{16}{36}\prod_{I\leqslant i\leqslant\gamma}\left(1-\frac{1}{q_i}\right)$$

和

$$1-\frac{\varphi(e)}{e}=1-\frac{8}{35}\prod_{I\leqslant i\leqslant\gamma}\left(1-\frac{1}{q_i}\right)$$

的篇幅和更多的计算量.

模 $e$ 缩族质合表所具有的基本功能及其独特优势,就是能够直接显示所有不超过 $x$ 的差 $e$ 素数对和 $v(=3,4,\cdots,10)$ 项等差 $e$ 素数列.缩族(5.1)任一含质列中任何连续两项和 $v(=3,4,\cdots,10)$ 项如果都是素数,那么分别就是一个差 $e$ 素数对和一个 $v$ 项等差 $e$ 素数列,使人一眼看出和一个不漏地寻找到它们.这一优势功能是目前已知的其他所有模 $d$ 缩族质合表、素数表根本无法达到和不可比拟的,为依次不漏地寻找它们提供了可能和极大的方便.如果目的仅在于此,那么只需编制模 $e$ 缩族匿因质合表即可.

## 三、有关问题

根据定理 1.5,如果缩族(5.1)中的含质列 $11\bmod e$ 的前 11 项

$$11,\ e+11,\ 2e+11,\ \cdots,\ 9e+11,\ 10e+11$$

不都是素数,则等差 $e$ 素数列不超过 10 项.

下面是包含于猜测 74 的:

**猜测 63** 设 $210\parallel e(\geqslant 210)$,$v=3,4,\cdots,10$,则差 $e$ 素数对和 $v$ 项等差 $e$ 素数列都有无穷多个,即

$$\lim_{x\to+\infty}\pi(x)^e=+\infty$$

$$\lim_{x\to+\infty}\pi(x)^{e_v}=+\infty\quad(v=3,4,\cdots,10)$$

显然有

$$\pi(x)^e=\sum\pi(x)_j^e\quad\left((e,j)=1\text{ 且 }1\leqslant|j|<\frac{e}{2}\right)$$

$$\pi(x)^{e_v}=\sum\pi(x)_j^{e_v}\quad\left(v=3,4,\cdots,10;(e,j)=1\text{ 且 }1\leqslant|j|<\frac{e}{2}\right)$$

下面提出的猜测 64 包含于猜测 75.

**猜测 64** $210\parallel e(\geqslant 210)$,$v=3,4,\cdots,10$,则

(i)任意一个模 $e$ 含质列中的差 $e$ 素数对和 $v$ 项等差 $e$ 素数列都有无穷多个,即

$$\lim_{x\to+\infty}\pi(x)_j^e=+\infty\quad\left((e,j)=1\text{ 且 }1\leqslant|j|<\frac{e}{2}\right)$$

$$\lim_{x\to+\infty}\pi(x)_j^{e_v}=+\infty\quad\left(v=3,4,\cdots,10;(e,j)=1\text{ 且 }1\leqslant|j|<\frac{e}{2}\right)$$

（ⅱ）全体差 $e$ 素数对和 $v$ 项等差 $e$ 素数列都平均分布在模 $e$ 缩族的 $\varphi(e)$ 个含质列之中，即

$$\lim_{x\to+\infty}\frac{\pi(x)_j^e}{\pi(x)^e}=\lim_{x\to+\infty}\frac{\pi(x)_j^{e_v}}{\pi(x)^{e_v}}=\frac{1}{\varphi(e)}\quad\left(v=3,4,\cdots,10;(e,j)=1\text{ 且 }1\leqslant|j|<\frac{e}{2}\right)$$

由猜测 76 可得

**猜测 65**　设 $210\parallel e(\geqslant 210)$，$v=3,4,\cdots,10$，则

（ⅰ）个位数方式分别是 1,1;3,3;7,7;9,9 的差 $e$ 素数对都有无穷多个且各占全体差 $e$ 素数对的$\frac{1}{4}$；

（ⅱ）个位数方式分别是 $v$ 个 1，$v$ 个 3，$v$ 个 7，$v$ 个 9 的 $v$ 项等差 $e$ 素数列都有无穷多个且各占全体 $v$ 项等差 $e$ 素数列的$\frac{1}{4}$.

## 5.2　模 $P_4^{\alpha_4}$ 缩族质合表与等差 $P_4^{\alpha_4}$ 素数列

### 5.2.1　模 $P_4^{\alpha_4}$ 缩族质合表的相关介绍

#### 一、模 $P_4^{\alpha_4}$ 缩族因数表的编制方法

(1) 列出不超过 $x(11\times 13P_4^{\alpha_4}<x\in\mathbf{N}^+)$ 的模 $P_4^{\alpha_4}$ 缩族，即首项为 $r(=1,11,13,\cdots,P_4^{\alpha_4}-1)$ 的 $\varphi(P_4^{\alpha_4})=\frac{8}{35}P_4^{\alpha_4}$ 个模 $P_4^{\alpha_4}$ 含质列

$$1\bmod P_4^{\alpha_4},\ 11\bmod P_4^{\alpha_4},\ 13\bmod P_4^{\alpha_4},\ \cdots,\ P_4^{\alpha_4}-1\bmod P_4^{\alpha_4}\tag{5.2}$$

（其中 $(r,P_4^{\alpha_4})=1$ 且 $1<11<13<\cdots<P_4^{\alpha_4}-1$）划去其中第 1 个元素 1，并且在前面添写上漏掉的素数 2,3,5,7. 此时，不超过 $11^2-1$ 的所有素数得到确定（素数 11 是缩族(5.2) 中第 1 个与 $P_4^{\alpha_4}$ 互素的数）.

(2) 由第 1 步起，依次在缩族(5.2) 中完成 $l-4$ 个运演操作步骤. 其中第 $s(1\leqslant s\leqslant l-4)$ 步骤是在第 $s+4$ 个素数 $p_{s+4}(=p_5,p_6,\cdots,p_l\leqslant\sqrt{x})$ 与缩族(5.2) 中每一个不小于 $p_{s+4}$ 而不大于$\frac{x}{p_{s+4}}$ 的数的乘积右旁写上小号数字 $p_{s+4}$，以示其为合数且含有素因数 $p_{s+4}$. 此时，不超过 $p_{s+5}^2-1$ 的所有的素数和与 $P_4^{\alpha_4}$ 互素的合数都得到确定（素数 $p_{s+5}$ 是素数 $p_{s+4}$ 后面第 1 个右旁没有小号数字的数）. 依此按序操作下去，直至完成第 $l-4$ 步骤止（因为 $p_{l+1}^2>x$），就得到不超过 $x$ 的全体素数和与 $P_4^{\alpha_4}$ 互素的合数（即其不含素因数 2,3,5,7）一览表，即模 $P_4^{\alpha_4}$ 缩族因数表.

在模 $P_4^{\alpha_4}$ 缩族因数表中，右旁写有小号数字的数是与 $P_4^{\alpha_4}$ 互素（即与 2,3,5,7 均互素）的合数（其自身含有的全部小素因数也一目了然），其余右旁空白没有小号数字的数皆为素数.

#### 二、模 $P_4^{\alpha_4}$ 缩族质合表的特点、优势功能与用途

编制模 $P_4^{\alpha_4}$ 缩族质合表的一大特点与优势功能，就是在“开筛”之前已经先天性地筛掉了给定自然数列内（$x$ 以内）2,3,5,7 各自的全部倍数，从而节约篇幅和计算量，省工省时，极大地

提高了制表效率.

模 $P_4^{\alpha_4}$ 缩族质合表所具有的基本功能及其独特优势,就是能够直接显示所有不超过 $x$ 的差 $P_4^{\alpha_4}$ 素数对和 $v(=3,4,\cdots,10)$ 项等差 $P_4^{\alpha_4}$ 素数列.缩族(5.2)任一含质列中任何连续两项和 $v(=3,4,\cdots,10)$ 项如果都是素数,那么分别就是一个差 $P_4^{\alpha_4}$ 素数对和一个 $v$ 项等差 $P_4^{\alpha_4}$ 素数列,使人一眼看出和一个不漏地寻找到它们.这一优势功能是目前已知的其他所有模 $d$ 缩族质合表、素数表根本无法达到和不可比拟的,为依次不漏地寻找它们提供了可能和极大的方便.如果目的仅在于此,那么只需编制模 $P_4^{\alpha_4}$ 缩族匿因质合表即可.

**三、有关问题**

根据定理 1.5,如果缩族(5.2)中的含质列 $11 \bmod P_4^{\alpha_4}$ 的前 11 项

$$11,\ P_4^{\alpha_4}+11,\ 2P_4^{\alpha_4}+11,\ 3P_4^{\alpha_4}+11,\ \cdots,\ 10P_4^{\alpha_4}+11$$

不都是素数,则等差 $P_4^{\alpha_4}$ 素数列不超过 10 项.

下面是包含于猜测 63 和猜测 64 的:

**猜测 66** 设 $v=3,4,\cdots,10$,则

(ⅰ)差 $P_4^{\alpha_4}$ 素数对和 $v$ 项等差 $P_4^{\alpha_4}$ 素数列都有无穷多个;

(ⅱ)任意一个模 $P_4^{\alpha_4}$ 含质列中的差 $P_4^{\alpha_4}$ 素数对和 $v$ 项等差 $P_4^{\alpha_4}$ 素数列都有无穷多个;

(ⅲ)全体差 $P_4^{\alpha_4}$ 素数对和 $v$ 项等差 $P_4^{\alpha_4}$ 素数列都平均分布在模 $P_4^{\alpha_4}$ 缩族的 $\varphi(P_4^{\alpha_4})$ 个含质列之中.

由猜测 65 可得

**猜测 67** 设 $v=3,4,\cdots,10$,则

(ⅰ)个位数方式分别是 1,1;3,3;7,7;9,9 的差 $P_4^{\alpha_4}$ 素数对都有无穷多个且各占全体差 $P_4^{\alpha_4}$ 素数对的$\frac{1}{4}$;

(ⅱ)个位数方式分别是 $v$ 个 1,$v$ 个 3,$v$ 个 7,$v$ 个 9 的 $v$ 项等差 $P_4^{\alpha_4}$ 素数列都有无穷多个且各占全体 $v$ 项等差 $P_4^{\alpha_4}$ 素数列的$\frac{1}{4}$.

### 5.2.2 模 210 缩族质合表与其多种用途

**一、模 210 缩族因数表的编制方法**

(1) 列出不超过 $x(=6000)$ 的模 210 缩族,即按序排列的 48 个模 210 含质列

$$1 \bmod 210,\ 11 \bmod 210,\ 13 \bmod 210,\ 17 \bmod 210,\ \cdots,\ 209 \bmod 210$$

划去其中第 1 个元素 1,并且在前面添写上漏掉的素数 2,3,5,7(见表 19).此时,不超过 $11^2-1$ 的所有素数得到确定(素数 11 是表 19 中第 1 个与 210 互素的数).

(2) 在表 19 缩族(即模 210 缩族)中具体运演操作:

1) 在 11 与表 19 缩族中每一个不小于 11 而不大于$\frac{x}{11}$的数的乘积右旁写上小号数字 11,以示其为合数且含有素因数 11.此时,不超过 $13^2-1$ 的所有的素数和与 210 互素的合数都得到

确定(素数 13 是素数 11 后面第 1 个右旁没有小号数字的数).

2) 在 13 与表 19 缩族中每一个不小于 13 而不大于$\frac{x}{13}$的数的乘积右旁写上小号数字 13,以示其为合数且含有素因数 13. 此时,不超过 $17^2-1$ 的所有的素数和与 210 互素的合数都得到确定(素数 17 是素数 13 后面第 1 个右旁没有小号数字的数).

3) 在第 $s+4(3\leqslant s\leqslant l-4)$ 个素数 $p_{s+4}(=p_7,p_8,\cdots,p_l\leqslant\sqrt{x})$ 与表 19 缩族中每一个不小于 $p_{s+4}$ 而不大于$\frac{x}{p_{s+4}}$ 的数的乘积右旁写上小号数字 $p_{s+4}$,以示其为合数且含有素因数 $p_{s+4}$. 此时,不超过 $p_{s+5}^2-1$ 的所有的素数和与 210 互素的合数都得到确定(素数 $p_{s+5}$ 是素数 $p_{s+4}$ 后面第 1 个右旁没有小号数字的数). 依此按序运算操作下去,直至完成第 $l-4$ 步骤止(因为 $p_{l+1}^2>x$),就得到不超过 $x$ 的全体素数和与 210 互素的合数(即其不含素因数 2,3,5,7) 一览表——模 210 缩族因数表.

在模 210 缩族因数表中,右旁写有小号数字的数是与 210 互素(即与 2,3,5,7 均互素) 的合数(其自身含有的全部小素因数也一目了然),其余右旁空白没有小号数字的数皆为素数.

## 二、模 210 缩族质合表的特点、优势功能与多种用途

编制模 210 缩族质合表的一大特点与优势功能,就是在"开筛"之前已经先天性地筛掉了给定自然数列内($x$ 以内) 全部的偶数、3 倍数、5 倍数和 7 倍数. 因此,比编制不超过 $x$ 的模 $P_3^{\alpha_3}$、模 $P_2^{\alpha_2}$、模 $2^\alpha$ 缩族质合表和埃氏筛法素数表分别节省

$$14.29\%\left(\approx 1-\frac{\varphi(P_3^{\alpha_3})\varphi(7)}{\varphi(P_3^{\alpha_3})\times 7}=1-(1-\frac{1}{7})\right)$$

$$31.43\%\left(\approx 1-\frac{\varphi(P_2^{\alpha_2})\varphi(35)}{\varphi(P_2^{\alpha_2})\times 35}=1-\frac{24}{35}\right)$$

$$54.29\%\left(\approx 1-\frac{\varphi(2^\alpha)\varphi(105)}{\varphi(2^\alpha)\times 105}=1-\frac{16}{35}\right)\quad 和\quad 77.14\%\left(\approx 1-\frac{\varphi(210)}{210}=1-\frac{8}{35}\right)$$

的篇幅和更多的计算量,极大地提高了制表效率,成为编制模 $d$ 缩族质合表的优选表种之一.

模 210 缩族质合表所具有的基本功能及其独特优势,就是能够直接显示所有不超过 $x$ 的差 210 素数对和 $v(=3,4,\cdots,10)$ 项等差 210 素数列. 表 19 任一含质列中任何连续两项和 $v(=3,4,\cdots,10)$ 项如果都是素数,那么分别就是一个差 210 素数对和一个 $v$ 项等差 210 素数列,使人一眼看出和一个不漏地寻找到它们. 这一优势功能是目前已知的其他所有模 $d$ 缩族质合表、素数表根本无法达到和不可比拟的,为依次不漏地寻找它们提供了可能和极大的方便. 如果目的仅在于此,那么只需编制模 210 缩族匿因质合表即可(其方法也可以是在操作完上述的步骤(1) 后,对照已有的素数表或质合表,直接删去表 19 中每一个合数,或用简单记号标明表 19 中每一个素数即可).

与模 30 缩族质合表一样,模 210 等缩族质合表也能够直接显示所有不超过 $x$ 的孪生素数(除过 3,5 和 5,7),差 4 素数对(除过 3,7 和 7,11),差 4-2 型和差 2-4 型三生素数(除过 7,11,13 和 5,7,11),差 2-4-2 型和差 4-2-4 型四生素数(除过 5,7,11,13 和 7,11,13,17),差 2-

4-2-4 型和差 4-2-4-2 型五生素数(除过 5,7,11,13,17 和 7,11,13,17,19),以及差 4-2-4-2-4 型六生素数(除过 7,11,13,17,19,23).不仅如此,而且也能够直接显示所有不超过 $x$ 的差 6-2-6 型四生素数(除过 5,11,13,19),差 6-4-2-4-6 型六生素数(除过 7,13,17,19,23,29),差 4-6-2-6-4 型六生素数,差 2-4-6-2-6-4-2 型八生素数,以及差 4-2-4-6-2-6-4-2-4 型十生素数.在表 19 的任何一列 48 项数中,若

(1)6 至 9 项、或倒数 6 至 9 项、或 13 至 16 项、或倒数 13 至 16 项连续四项都是素数的,就是一个差 6-2-6 型四生素数;

(2)8 至 13 项、或倒数 8 至 13 项连续六项都是素数的,就是一个差 6-4-2-4-6 型六生素数;

(3)5 至 10 项、或倒数 5 至 10 项连续六项都是素数的,就是一个差 4-6-2-6-4 型六生素数;

(4)4 至 11 项、或倒数 4 至 11 项连续八项都是素数的,就是一个差 2-4-6-2-6-4-2 型八生素数;

(5)3 至 12 项、或倒数 3 至 12 项连续十项都是素数的,就是一个差 4-2-4-6-2-6-4-2-4 型十生素数.

由于模 210、模 30 缩族质合表都能够直接显示的(非等差)$k$ 生素数,利用后者检索起来更加方便.因此,上述仅列举了模 210 缩族质合表能够直接显示而模 30 缩族质合表却无法直接显示的(非等差)$k$(=4,6,8,10) 生素数的检索方法,其余的及其更简便的检索方法将在第 8 章介绍,此不赘述.

在表 19 中,直接显示与检索的

(1)10 项等差 210 素数列是

199, 409, 619, 829, 1039, 1249, 1459, 1669, 1879, 2089

(2)9 项等差 210 素数列是

199, 409, 619, 829, 1039, 1249, 1459, 1669, 1879;

409, 619, 829, 1039, 1249, 1459, 1669, 1879, 2089;

3499, 3709, 3919, 4129, 4339, 4549, 4759, 4969, 5179

(3)8 项等差 210 素数列如

881, 1091, 1301, 1511, 1721, 1931, 2141, 2351

(4)7 项等差 210 素数列如

47, 257, 467, 677, 887, 1097, 1307;

179, 389, 599, 809, 1019, 1229, 1439;

1453, 1663, 1873, 2083, 2293, 2503, 2713

(5)6 项等差 210 素数列如

| | | | | | |
|---|---|---|---|---|---|
| 13 | 1321 | 2953 | 3041 | 4603 | 4877 |
| 223 | 1531 | 3163 | 3251 | 4813 | 5087 |
| 433 | 1741 | 3373 | 3461 | 5023 | 5297 |
| 643 | 1951 | 3583 | 3671 | 5233 | 5507 |
| 853 | 2161 | 3793 | 3881 | 5443 | 5717 |
| 1063 | 2371 | 4003 | 4091 | 5653 | 5927 |

(6)5 项等差 210 素数列如

| | | | | | | | |
|---|---|---|---|---|---|---|---|
| 23 | 71 | 127 | 157 | 353 | 4021 | 4679 | 5021 |
| 233 | 281 | 337 | 367 | 563 | 4231 | 4889 | 5231 |
| 443 | 491 | 547 | 577 | 773 | 4441 | 5099 | 5441 |
| 653 | 701 | 757 | 787 | 983 | 4651 | 5309 | 5651 |
| 863 | 911 | 967 | 997 | 1193 | 4861 | 5519 | 5861 |

(7)4 项等差 210 素数列如

| | | | | | | | | |
|---|---|---|---|---|---|---|---|---|
| 29 | 103 | 499 | 601 | 941 | 1217 | 4523 | 4789 | 5227 |
| 239 | 313 | 709 | 811 | 1151 | 1427 | 4733 | 4999 | 5437 |
| 449 | 523 | 919 | 1021 | 1361 | 1637 | 4943 | 5209 | 5647 |
| 659 | 733 | 1129 | 1231 | 1571 | 1847 | 5153 | 5419 | 5857 |

(8)3 项等差 210 素数列如

| | | | | | | | | |
|---|---|---|---|---|---|---|---|---|
| 19 | 41 | 59 | 67 | 83 | 101 | 5051 | 5431 | 5449 |
| 229 | 251 | 269 | 277 | 293 | 311 | 5261 | 5641 | 5659 |
| 439 | 461 | 479 | 487 | 503 | 521 | 5741 | 5851 | 5869 |

(9) 差 210 素数对如

| | | | | | | | | |
|---|---|---|---|---|---|---|---|---|
| 17 | 31 | 53 | 61 | 73 | 97 | 5581 | 5639 | 5657 |
| 227 | 241 | 263 | 271 | 283 | 307 | 5791 | 5849 | 5867 |

(10) 差 4－2－4－6－2－6－4－2－4 型十生素数是

13，17，19，23，29，31，37，41，43，47

(11) 差 2－4－6－2－6－4－2 型八生素数是

17，　19，　23，　29，　31，　37，　41，　43；

1277，1279，1283，1289，1291，1297，1301，1303.

(12) 差 4－6－2－6－4 型六生素数是

19，　23，　29，　31，　37，　41；

1279，1283，1289，1291，1297，1301；

5839，5843，5849，5851，5857，5861.

(13) 差 6－4－2－4－6 型六生素数是

31，　37，　41，　43，　47，　53；

2677，2683，2687，2689，2693，2699.

## 表 19　模 210 缩族因数表(6000 以内)

(2,3,5,7)

| | | | | | | | |
|---|---|---|---|---|---|---|---|
| ~~1~~ | 211 | 421 | 631 | $841_{29}$ | 1051 | $1261_{13}$ | 1471 |
| 11 | $221_{13}$ | 431 | 641 | $851_{23}$ | 1061 | $1271_{31}$ | 1481 |
| 13 | 223 | 433 | 643 | 853 | 1063 | $1273_{19}$ | 1483 |
| 17 | 227 | $437_{19}$ | 647 | 857 | $1067_{11}$ | 1277 | 1487 |
| 19 | 229 | 439 | $649_{11}$ | 859 | 1069 | 1279 | 1489 |
| 23 | 233 | 443 | 653 | 863 | $1073_{29}$ | 1283 | 1493 |
| 29 | 239 | 449 | 659 | $869_{11}$ | $1079_{13}$ | 1289 | 1499 |
| 31 | 241 | $451_{11}$ | 661 | $871_{13}$ | $1081_{23}$ | 1291 | $1501_{19}$ |
| 37 | $247_{13}$ | 457 | $667_{23}$ | 877 | 1087 | 1297 | $1507_{11}$ |
| 41 | 251 | 461 | $671_{11}$ | 881 | 1091 | 1301 | 1511 |
| 43 | $253_{11}$ | 463 | 673 | 883 | 1093 | 1303 | $1513_{17}$ |
| 47 | 257 | 467 | 677 | 887 | 1097 | 1307 | $1517_{37}$ |
| 53 | 263 | $473_{11}$ | 683 | $893_{19}$ | 1103 | $1313_{13}$ | 1523 |
| 59 | 269 | 479 | $689_{13}$ | $899_{29}$ | 1109 | 1319 | $1529_{11}$ |
| 61 | 271 | $481_{13}$ | 691 | $901_{17}$ | $1111_{11}$ | 1321 | 1531 |
| 67 | 277 | 487 | $697_{17}$ | 907 | 1117 | 1327 | $1537_{29}$ |
| 71 | 281 | 491 | 701 | 911 | $1121_{19}$ | $1331_{11}$ | $1541_{23}$ |
| 73 | 283 | $493_{17}$ | $703_{19}$ | $913_{11}$ | 1123 | $1333_{31}$ | 1543 |
| 79 | $289_{17}$ | 499 | 709 | 919 | 1129 | $1339_{13}$ | 1549 |
| 83 | 293 | 503 | $713_{23}$ | $923_{13}$ | $1133_{11}$ | $1343_{17}$ | 1553 |
| 89 | $299_{13}$ | 509 | 719 | 929 | $1139_{17}$ | $1349_{19}$ | 1559 |
| 97 | 307 | $517_{11}$ | 727 | 937 | $1147_{31}$ | $1357_{23}$ | 1567 |
| 101 | 311 | 521 | $731_{17}$ | 941 | 1151 | 1361 | 1571 |
| 103 | 313 | 523 | 733 | $943_{23}$ | 1153 | $1363_{29}$ | $1573_{11\cdot 13}$ |
| 107 | 317 | $527_{17}$ | $737_{11}$ | 947 | $1157_{13}$ | 1367 | $1577_{19}$ |
| 109 | $319_{11}$ | $529_{23}$ | 739 | $949_{13}$ | $1159_{19}$ | $1369_{37}$ | 1579 |
| 113 | $323_{17}$ | $533_{13}$ | 743 | 953 | 1163 | 1373 | 1583 |
| $121_{11}$ | 331 | 541 | 751 | $961_{31}$ | 1171 | 1381 | $1591_{37}$ |
| 127 | 337 | 547 | 757 | 967 | $1177_{11}$ | $1387_{19}$ | 1597 |
| 131 | $341_{11}$ | $551_{19}$ | 761 | 971 | 1181 | $1391_{13}$ | 1601 |
| 137 | 347 | 557 | $767_{13}$ | 977 | 1187 | $1397_{11}$ | 1607 |
| 139 | 349 | $559_{13}$ | 769 | $979_{11}$ | $1189_{29}$ | 1399 | 1609 |
| $143_{11}$ | 353 | 563 | 773 | 983 | 1193 | $1403_{23}$ | 1613 |
| 149 | 359 | 569 | $779_{19}$ | $989_{23}$ | $1199_{11}$ | 1409 | 1619 |
| 151 | $361_{19}$ | 571 | $781_{11}$ | 991 | 1201 | $1411_{17}$ | 1621 |
| 157 | 367 | 577 | 787 | 997 | $1207_{17}$ | $1417_{13}$ | 1627 |
| 163 | 373 | $583_{11}$ | $793_{13}$ | $1003_{17}$ | 1213 | 1423 | $1633_{23}$ |
| 167 | $377_{13}$ | 587 | 797 | $1007_{19}$ | 1217 | 1427 | 1637 |
| $169_{13}$ | 379 | $589_{19}$ | $799_{17}$ | 1009 | $1219_{23}$ | 1429 | $1639_{11}$ |
| 173 | 383 | 593 | $803_{11}$ | 1013 | 1223 | 1433 | $1643_{31}$ |
| 179 | 389 | 599 | 809 | 1019 | 1229 | 1439 | $1649_{17}$ |
| 181 | $391_{17}$ | 601 | 811 | 1021 | 1231 | $1441_{11}$ | $1651_{13}$ |
| $187_{11}$ | 397 | 607 | $817_{19}$ | $1027_{13}$ | 1237 | 1447 | 1657 |
| 191 | 401 | $611_{13}$ | 821 | 1031 | $1241_{17}$ | 1451 | $1661_{11}$ |
| 193 | $403_{13}$ | 613 | 823 | 1033 | $1243_{11}$ | 1453 | 1663 |
| 197 | $407_{11}$ | 617 | 827 | $1037_{17}$ | $1247_{29}$ | $1457_{31}$ | 1667 |
| 199 | 409 | 619 | 829 | 1039 | 1249 | 1459 | 1669 |
| $209_{11}$ | 419 | $629_{17}$ | 839 | 1049 | 1259 | $1469_{13}$ | $1679_{23}$ |

| | | | | | | | |
|---|---|---|---|---|---|---|---|
| $1681_{41}$ | $1891_{31}$ | $2101_{11}$ | 2311 | 2521 | 2731 | $2941_{17}$ | $3151_{23}$ |
| $1691_{19}$ | 1901 | 2111 | $2321_{11}$ | 2531 | 2741 | $2951_{13}$ | $3161_{29}$ |
| 1693 | $1903_{11}$ | 2113 | $2323_{23}$ | $2533_{17}$ | $2743_{13}$ | 2953 | 3163 |
| 1697 | 1907 | $2117_{29}$ | $2327_{13}$ | $2537_{43}$ | $2747_{41}$ | 2957 | 3167 |
| 1699 | $1909_{23}$ | $2119_{13}$ | $2329_{17}$ | 2539 | 2749 | $2959_{11}$ | 3169 |
| $1703_{13}$ | 1913 | $2123_{11}$ | 2333 | 2543 | 2753 | 2963 | $3173_{19}$ |
| 1709 | $1919_{19}$ | 2129 | 2339 | 2549 | $2759_{31}$ | 2969 | $3179_{11\cdot17}$ |
| $1711_{29}$ | $1921_{17}$ | 2131 | 2341 | 2551 | $2761_{11}$ | 2971 | 3181 |
| $1717_{17}$ | $1927_{41}$ | 2137 | 2347 | 2557 | 2767 | $2977_{13}$ | 3187 |
| 1721 | 1931 | 2141 | 2351 | $2561_{13}$ | $2771_{17}$ | $2981_{11}$ | 3191 |
| 1723 | 1933 | 2143 | $2353_{13}$ | $2563_{11}$ | $2773_{47}$ | $2983_{19}$ | $3193_{31}$ |
| $1727_{11}$ | $1937_{13}$ | $2147_{19}$ | 2357 | $2567_{17}$ | 2777 | $2987_{29}$ | $3197_{23}$ |
| 1733 | $1943_{29}$ | 2153 | $2363_{17}$ | $2573_{31}$ | $2783_{11\cdot23}$ | $2993_{41}$ | 3203 |
| $1739_{37}$ | 1949 | $2159_{17}$ | $2369_{23}$ | 2579 | 2789 | 2999 | 3209 |
| 1741 | 1951 | 2161 | 2371 | $2581_{29}$ | 2791 | 3001 | $3211_{13\cdot19}$ |
| 1747 | $1957_{19}$ | $2167_{11}$ | 2377 | $2587_{13}$ | 2797 | $3007_{31}$ | 3217 |
| $1751_{17}$ | $1961_{37}$ | $2171_{13}$ | 2381 | 2591 | 2801 | 3011 | 3221 |
| 1753 | $1963_{13}$ | $2173_{41}$ | 2383 | 2593 | 2803 | $3013_{23}$ | $3223_{11}$ |
| 1759 | $1969_{11}$ | 2179 | 2389 | $2599_{23}$ | $2809_{53}$ | 3019 | 3229 |
| $1763_{41}$ | 1973 | $2183_{37}$ | 2393 | $2603_{19}$ | $2813_{29}$ | 3023 | $3233_{53}$ |
| $1769_{29}$ | 1979 | $2189_{11}$ | 2399 | 2609 | 2819 | $3029_{13}$ | $3239_{41}$ |
| 1777 | 1987 | $2197_{13}$ | $2407_{29}$ | 2617 | $2827_{11}$ | 3037 | $3247_{17}$ |
| $1781_{13}$ | $1991_{11}$ | $2201_{31}$ | 2411 | 2621 | $2831_{19}$ | 3041 | 3251 |
| 1783 | 1993 | 2203 | $2413_{19}$ | $2623_{43}$ | 2833 | $3043_{17}$ | 3253 |
| 1787 | 1997 | 2207 | 2417 | $2627_{37}$ | 2837 | $3047_{11}$ | 3257 |
| 1789 | 1999 | $2209_{47}$ | $2419_{41}$ | $2629_{11}$ | $2839_{17}$ | 3049 | 3259 |
| $1793_{11}$ | 2003 | 2213 | 2423 | 2633 | 2843 | $3053_{43}$ | $3263_{13}$ |
| 1801 | 2011 | 2221 | $2431_{11\cdot13\cdot17}$ | $2641_{19}$ | 2851 | 3061 | 3271 |
| $1807_{13}$ | 2017 | $2227_{17}$ | 2437 | 2647 | 2857 | 3067 | $3277_{29}$ |
| 1811 | $2021_{43}$ | $2231_{23}$ | 2441 | $2651_{11}$ | 2861 | $3071_{37}$ | $3281_{17}$ |
| $1817_{23}$ | 2027 | 2237 | 2447 | 2657 | $2867_{47}$ | $3077_{17}$ | $3287_{19}$ |
| $1819_{17}$ | 2029 | 2239 | $2449_{31}$ | 2659 | $2869_{19}$ | 3079 | $3289_{11\cdot13\cdot23}$ |
| 1823 | $2033_{19}$ | 2243 | $2453_{11}$ | 2663 | $2873_{13\cdot17}$ | 3083 | $3293_{37}$ |
| $1829_{31}$ | 2039 | $2249_{13}$ | 2459 | $2669_{17}$ | 2879 | 3089 | 3299 |
| 1831 | $2041_{13}$ | 2251 | $2461_{23}$ | 2671 | $2881_{43}$ | $3091_{11}$ | 3301 |
| $1837_{11}$ | $2047_{23}$ | $2257_{37}$ | 2467 | 2677 | 2887 | $3097_{19}$ | 3307 |
| $1843_{19}$ | 2053 | $2263_{31}$ | 2473 | 2683 | $2893_{11}$ | $3103_{29}$ | 3313 |
| 1847 | $2057_{11\cdot17}$ | 2267 | 2477 | 2687 | 2897 | $3107_{13}$ | $3317_{31}$ |
| $1849_{43}$ | $2059_{29}$ | 2269 | $2479_{37}$ | 2689 | $2899_{13}$ | 3109 | 3319 |
| $1853_{17}$ | 2063 | 2273 | $2483_{13}$ | 2693 | 2903 | $3113_{11}$ | 3323 |
| $1859_{11\cdot13}$ | 2069 | $2279_{43}$ | $2489_{19}$ | 2699 | 2909 | 3119 | 3329 |
| 1861 | $2071_{19}$ | 2281 | $2491_{47}$ | $2701_{37}$ | $2911_{41}$ | 3121 | 3331 |
| 1867 | $2077_{31}$ | 2287 | $2497_{11}$ | 2707 | 2917 | $3127_{53}$ | $3337_{47}$ |
| 1871 | 2081 | $2291_{29}$ | $2501_{41}$ | 2711 | $2921_{23}$ | $3131_{31}$ | $3341_{13}$ |
| 1873 | 2083 | 2293 | 2503 | 2713 | $2923_{37}$ | $3133_{13}$ | 3343 |
| 1877 | 2087 | 2297 | $2507_{23}$ | $2717_{11\cdot13\cdot19}$ | 2927 | 3137 | 3347 |
| 1879 | 2089 | $2299_{11\cdot19}$ | $2509_{13}$ | 2719 | $2929_{29}$ | $3139_{43}$ | $3349_{17}$ |
| 1889 | 2099 | 2309 | $2519_{11}$ | 2729 | 2939 | $3149_{47}$ | 3359 |

| | | | | | | | |
|---|---|---|---|---|---|---|---|
| 3361 | 3571 | $3781_{19}$ | $3991_{13}$ | 4201 | $4411_{11}$ | 4621 | 4831 |
| 3371 | 3581 | $3791_{17}$ | 4001 | 4211 | 4421 | $4631_{11}$ | $4841_{47}$ |
| 3373 | 3583 | 3793 | 4003 | $4213_{11}$ | 4423 | $4633_{41}$ | $4843_{29}$ |
| $3377_{11}$ | $3587_{17}$ | 3797 | 4007 | 4217 | $4427_{19}$ | 4637 | $4847_{37}$ |
| $3379_{31}$ | $3589_{37}$ | $3799_{29}$ | $4009_{19}$ | 4219 | $4429_{43}$ | 4639 | $4849_{13}$ |
| $3383_{17}$ | 3593 | 3803 | 4013 | $4223_{41}$ | $4433_{11\cdot13\cdot31}$ | 4643 | $4853_{23}$ |
| 3389 | $3599_{59}$ | $3809_{13}$ | 4019 | 4229 | $4439_{23}$ | 4649 | $4859_{43}$ |
| 3391 | $3601_{13}$ | $3811_{37}$ | 4021 | 4231 | 4441 | 4651 | 4861 |
| $3397_{43}$ | 3607 | $3817_{11}$ | 4027 | $4237_{19}$ | 4447 | 4657 | $4867_{31}$ |
| $3401_{19}$ | $3611_{23}$ | 3821 | $4031_{29}$ | 4241 | 4451 | $4661_{59}$ | 4871 |
| $3403_{41}$ | 3613 | 3823 | $4033_{37}$ | 4243 | $4453_{61}$ | 4663 | $4873_{11}$ |
| 3407 | 3617 | $3827_{43}$ | $4037_{11}$ | $4247_{31}$ | 4457 | $4667_{13}$ | 4877 |
| 3413 | 3623 | 3833 | $4043_{13}$ | 4253 | 4463 | 4673 | $4883_{19}$ |
| $3419_{13}$ | $3629_{19}$ | $3839_{11}$ | 4049 | 4259 | $4469_{41}$ | 4679 | 4889 |
| $3421_{11}$ | 3631 | $3841_{23}$ | 4051 | 4261 | $4471_{17}$ | $4681_{31}$ | $4891_{67}$ |
| $3427_{23}$ | 3637 | 3847 | 4057 | $4267_{17}$ | $4477_{11\cdot37}$ | $4687_{43}$ | $4897_{59}$ |
| $3431_{47}$ | $3641_{11}$ | 3851 | $4061_{31}$ | 4271 | 4481 | 4691 | $4901_{13\cdot29}$ |
| 3433 | 3643 | 3853 | $4063_{17}$ | 4273 | 4483 | $4693_{13\cdot19}$ | 4903 |
| $3439_{19}$ | $3649_{41}$ | $3859_{17}$ | $4069_{13}$ | $4279_{11}$ | $4489_{67}$ | $4699_{37}$ | 4909 |
| $3443_{11}$ | $3653_{13}$ | 3863 | 4073 | 4283 | 4493 | 4703 | $4913_{17}$ |
| 3449 | 3659 | $3869_{53}$ | 4079 | 4289 | $4499_{11}$ | $4709_{17}$ | 4919 |
| 3457 | $3667_{19}$ | 3877 | $4087_{61}$ | 4297 | 4507 | $4717_{53}$ | $4927_{13}$ |
| 3461 | 3671 | 3881 | 4091 | $4301_{11\cdot17\cdot23}$ | $4511_{13}$ | 4721 | 4931 |
| 3463 | 3673 | $3883_{11}$ | 4093 | $4303_{13}$ | 4513 | 4723 | 4933 |
| 3467 | 3677 | $3887_{13\cdot23}$ | $4097_{17}$ | $4307_{59}$ | 4517 | $4727_{29}$ | 4937 |
| 3469 | $3679_{13}$ | 3889 | 4099 | $4309_{31}$ | 4519 | 4729 | $4939_{11}$ |
| $3473_{23}$ | $3683_{29}$ | $3893_{17}$ | $4103_{11}$ | $4313_{19}$ | 4523 | 4733 | 4943 |
| $3481_{59}$ | 3691 | $3901_{47}$ | 4111 | $4321_{29}$ | $4531_{23}$ | $4741_{11}$ | 4951 |
| $3487_{11}$ | 3697 | 3907 | $4117_{23}$ | 4327 | $4537_{13}$ | $4747_{47}$ | 4957 |
| 3491 | 3701 | 3911 | $4121_{13}$ | $4331_{61}$ | $4541_{19}$ | 4751 | $4961_{11\cdot41}$ |
| $3497_{13}$ | $3707_{11}$ | 3917 | 4127 | 4337 | 4547 | $4757_{67}$ | 4967 |
| 3499 | 3709 | 3919 | 4129 | 4339 | 4549 | 4759 | 4969 |
| $3503_{31}$ | $3713_{47}$ | 3923 | 4133 | $4343_{43}$ | $4553_{29}$ | $4763_{11}$ | 4973 |
| $3509_{11\cdot29}$ | 3719 | 3929 | 4139 | 4349 | $4559_{47}$ | $4769_{19}$ | $4979_{13}$ |
| 3511 | $3721_{61}$ | 3931 | $4141_{41}$ | $4351_{19}$ | 4561 | $4771_{13}$ | $4981_{17}$ |
| 3517 | 3727 | $3937_{31}$ | $4147_{11\cdot13\cdot29}$ | 4357 | 4567 | $4777_{17}$ | 4987 |
| $3523_{13}$ | 3733 | 3943 | 4153 | 4363 | $4573_{17}$ | 4783 | 4993 |
| 3527 | $3737_{37}$ | 3947 | 4157 | $4367_{11}$ | $4577_{23}$ | 4787 | $4997_{19}$ |
| 3529 | 3739 | $3949_{11}$ | 4159 | $4369_{17}$ | $4579_{19}$ | 4789 | 4999 |
| 3533 | $3743_{19}$ | $3953_{59}$ | $4163_{23}$ | 4373 | 4583 | 4793 | 5003 |
| 3539 | $3749_{23}$ | $3959_{37}$ | $4169_{11}$ | $4379_{29}$ | $4589_{13}$ | 4799 | 5009 |
| 3541 | $3751_{11\cdot31}$ | $3961_{17}$ | $4171_{43}$ | $4381_{13}$ | 4591 | 4801 | 5011 |
| 3547 | $3757_{13\cdot17}$ | 3967 | 4177 | $4387_{41}$ | 4597 | $4807_{11\cdot19\cdot23}$ | $5017_{29}$ |
| $3551_{53}$ | 3761 | $3971_{11\cdot19}$ | $4181_{37}$ | 4391 | $4601_{43}$ | $4811_{17}$ | 5021 |
| $3553_{11\cdot17\cdot19}$ | $3763_{53}$ | $3973_{29}$ | $4183_{47}$ | $4393_{23}$ | 4603 | 4813 | 5023 |
| 3557 | 3767 | $3977_{41}$ | $4187_{53}$ | 4397 | $4607_{17}$ | 4817 | $5027_{11}$ |
| 3559 | 3769 | $3979_{23}$ | $4189_{59}$ | $4399_{53}$ | $4609_{11}$ | $4819_{61}$ | $5029_{47}$ |
| $3569_{43}$ | 3779 | 3989 | $4199_{13\cdot17\cdot19}$ | 4409 | $4619_{31}$ | $4829_{11}$ | 5039 |

| | | | | |
|---|---|---|---|---|
| $5041_{71}$ | $5251_{59}$ | $5461_{43}$ | $5671_{53}$ | 5881 |
| 5051 | 5261 | 5471 | $5681_{13\cdot19\cdot23}$ | $5891_{43}$ |
| $5053_{31}$ | $5263_{19}$ | $5473_{13}$ | 5683 | $5893_{71}$ |
| $5057_{13}$ | $5267_{23}$ | 5477 | $5687_{11\cdot47}$ | 5897 |
| 5059 | $5269_{11}$ | 5479 | 5689 | $5899_{17}$ |
| $5063_{61}$ | 5273 | 5483 | 5693 | 5903 |
| $5069_{37}$ | 5279 | $5489_{11}$ | $5699_{41}$ | $5909_{19}$ |
| $5071_{11}$ | 5281 | $5491_{17\cdot19}$ | 5701 | $5911_{23}$ |
| 5077 | $5287_{17}$ | $5497_{23}$ | $5707_{13}$ | $5917_{61}$ |
| 5081 | $5291_{11\cdot13\cdot37}$ | 5501 | 5711 | $5921_{31}$ |
| $5083_{13\cdot17\cdot23}$ | $5293_{67}$ | 5503 | $5713_{29}$ | 5923 |
| 5087 | 5297 | 5507 | 5717 | 5927 |
| $5093_{11}$ | 5303 | $5513_{37}$ | $5723_{59}$ | $5933_{17}$ |
| 5099 | 5309 | 5519 | $5729_{17}$ | 5939 |
| 5101 | $5311_{47}$ | 5521 | $5731_{11}$ | $5941_{13}$ |
| 5107 | $5317_{13}$ | 5527 | 5737 | $5947_{19}$ |
| $5111_{19}$ | $5321_{17}$ | 5531 | 5741 | $5951_{11}$ |
| 5113 | 5323 | $5533_{11}$ | 5743 | 5953 |
| 5119 | $5329_{73}$ | $5539_{29}$ | 5749 | $5959_{59}$ |
| $5123_{47}$ | 5333 | $5543_{23}$ | $5753_{11}$ | $5963_{67}$ |
| $5129_{23}$ | $5339_{19}$ | $5549_{31}$ | $5759_{13}$ | $5969_{47}$ |
| $5137_{11}$ | 5347 | 5557 | $5767_{73}$ | $5977_{43}$ |
| $5141_{53}$ | 5351 | $5561_{67}$ | $5771_{29}$ | 5981 |
| $5143_{37}$ | $5353_{53}$ | 5563 | $5773_{23}$ | $5983_{31}$ |
| 5147 | $5357_{11}$ | $5567_{19}$ | $5777_{53}$ | 5987 |
| $5149_{19}$ | $5359_{23}$ | 5569 | 5779 | $5989_{53}$ |
| 5153 | $5363_{31}$ | 5573 | 5783 | $5993_{13}$ |
| $5161_{13}$ | $5371_{41}$ | 5581 | 5791 | |
| 5167 | $5377_{19}$ | $5587_{37}$ | $5797_{11\cdot17\cdot31}$ | |
| 5171 | 5381 | 5591 | 5801 | |
| $5177_{31}$ | 5387 | $5597_{29}$ | 5807 | |
| 5179 | $5389_{17}$ | $5599_{11}$ | $5809_{37}$ | |
| $5183_{71\cdot73}$ | 5393 | $5603_{13}$ | 5813 | |
| 5189 | 5399 | $5609_{71}$ | $5819_{11\cdot23}$ | |
| $5191_{29}$ | $5401_{11}$ | $5611_{31}$ | 5821 | |
| 5197 | 5407 | $5617_{41}$ | 5827 | |
| $5203_{11\cdot43}$ | 5413 | 5623 | $5833_{19}$ | |
| $5207_{41}$ | 5417 | $5627_{17}$ | $5837_{13}$ | |
| 5209 | 5419 | $5629_{13}$ | 5839 | |
| $5213_{13}$ | $5423_{11\cdot17\cdot29}$ | $5633_{43}$ | 5843 | |
| $5219_{17}$ | $5429_{61}$ | 5639 | 5849 | |
| $5221_{23}$ | 5431 | 5641 | 5851 | |
| 5227 | 5437 | 5647 | 5857 | |
| 5231 | 5441 | 5651 | 5861 | |
| 5233 | 5443 | 5653 | $5863_{11\cdot13\cdot41}$ | |
| 5237 | $5447_{13}$ | 5657 | 5867 | |
| $5239_{13\cdot31}$ | 5449 | 5659 | 5869 | |
| $5249_{29}$ | $5459_{53}$ | 5669 | 5879 | |

## 三、有关问题

由模 210 缩族因数表(表 19) 可以看出,大于 7 的所有素数可以分为 $210n\pm1,210n\pm11,210n\pm13,\cdots,210n\pm103$ 这 48 种形式. 即除过 2,3,5,7 外,所有素数都分布在模 210 缩族的 48 个含质列之中. 故有

$$\pi(x)=\sum\pi(x;210,j)+4\quad\left((210,j)=1\text{ 且 }1\leqslant|j|<\frac{210}{2}\right)$$

由引理 1.1 则有

**推论 5.1** 设 $(210,j)=1$ 且 $1\leqslant|j|<\frac{210}{2}$,则 $210n\pm j$ 形式的素数都有无穷多个且各占全体素数的 $\frac{1}{\varphi(210)}=\frac{1}{48}$. 即

$$\lim_{x\to+\infty}\pi(x;210,j)=+\infty\quad\left((210,j)=1\text{ 且 }1\leqslant|j|<\frac{210}{2}\right)$$

$$\lim_{x\to+\infty}\frac{\pi(x;210,j)}{\pi(x)}=\frac{1}{\varphi(210)}=\frac{1}{48}\quad\left((210,j)=1\text{ 且 }1\leqslant|j|<\frac{210}{2}\right)$$

由于表 19 中不存在首项是 11 的 11 项等差 210 素数列,因此根据定理 1.5,等差 210 素数列不超过 10 项.

下面接连提出的三个猜测均包含于猜测 66.

**猜测 68** 存在无穷多个差 210 素数对. 即

$$\lim_{x\to+\infty}\pi(x)^{210}=+\infty$$

显然有

$$\pi(x)^{210}=\sum\pi(x)_j^{210}\quad\left((210,j)=1\text{ 且 }1\leqslant|j|<\frac{210}{2}\right)$$

$$\pi(x)^{210_v}=\sum\pi(x)_j^{210_v}\quad\left(v=3,4,\cdots,10;(210,j)=1\text{ 且 }1\leqslant|j|<\frac{210}{2}\right)$$

**猜测 69** 存在无穷多个 $v(=3,4,\cdots,10)$ 项等差 210 素数列. 即

$$\lim_{x\to+\infty}\pi(x)^{210_v}=+\infty\quad(v=3,4,\cdots,10)$$

**猜测 70** 设 $v=3,4,\cdots,10$,则

(ⅰ) 任意一个模 210 含质列中的差 210 素数对和 $v$ 项等差 210 素数列都有无穷多个. 即

$$\lim_{x\to+\infty}\pi(x)_j^{210}=+\infty\quad\left((210,j)=1\text{ 且 }1\leqslant|j|<\frac{210}{2}\right)$$

$$\lim_{x\to+\infty}\pi(x)_j^{210_v}=+\infty\quad\left(v=3,4,\cdots,10;(210,j)=1\text{ 且 }1\leqslant|j|<\frac{210}{2}\right)$$

(ⅱ) 全体差 210 素数对和 $v$ 项等差 210 素数列都平均分布在模 210 缩族的 48 个含质列之中. 即

$$\lim_{x\to+\infty}\frac{\pi(x)_j^{210}}{\pi(x)^{210}}=\lim_{x\to+\infty}\frac{\pi(x)_j^{210_v}}{\pi(x)^{210_v}}=\frac{1}{\varphi(210)}=\frac{1}{48}\quad\left(v=3,4,\cdots,10;(210,j)=1\text{ 且 }1\leqslant|j|<\frac{210}{2}\right)$$

下面的猜测 71 是猜测 67 的推论.

**猜测 71** (ⅰ) 个位数方式分别是 1,1;3,3;7,7;9,9 的差 210 素数对都有无穷多个且各占全体差 210 素数对的 $\frac{1}{4}$;

(ⅱ) 个位数方式分别是 $v$ 个 1,$v$ 个 3,$v$ 个 7,$v$ 个 9 的 $v(=3,4,\cdots,10)$ 项等差 210 素数列都有无穷多个且各占全体 $v$ 项等差 210 素数列的 $\frac{1}{4}$.

## 5.3　模 $P_4^{\alpha_4}p_i^{\alpha_i}(i\geqslant 6)$ 缩族质合表与等差 $P_4^{\alpha_4}p_i^{\alpha_i}$ 素数列

### 一、模 $P_4^{\alpha_4}p_i^{\alpha_i}$ 缩族因数表的编制方法

设与 $P_4^{\alpha_4}p_i^{\alpha_i}(i\geqslant 6,\alpha_1,\alpha_2,\alpha_3,\alpha_4,\alpha_i\in\mathbf{N}^+)$ 互素且不超过$\sqrt{x}(x\in\mathbf{N}^+)$ 的全体素数依从小到大的顺序排列成 $11=q_1,q_2,\cdots,q_l\leqslant\sqrt{x}(x>q_1q_2P_4^{\alpha_4}p_i^{\alpha_i})$，则编制模 $P_4^{\alpha_4}p_i^{\alpha_i}$ 缩族因数表的方法如下：

(1) 列出不超过 $x$ 的模 $P_4^{\alpha_4}p_i^{\alpha_i}$ 缩族，即按序排列的

$$\varphi(P_4^{\alpha_4}p_i^{\alpha_i})=\frac{8}{35}P_4^{\alpha_4}p_i^{\alpha_i}\left(1-\frac{1}{p_i}\right)$$

个模 $P_4^{\alpha_4}p_i^{\alpha_i}$ 含质列

$$1\bmod P_4^{\alpha_4}p_i^{\alpha_i},\ 11\bmod P_4^{\alpha_4}p_i^{\alpha_i},\ \cdots,\ P_4^{\alpha_4}p_i^{\alpha_i}-1\bmod P_4^{\alpha_4}p_i^{\alpha_i}\tag{5.3}$$

划去其中第 1 个元素 1，并且在前面添写上漏掉的素数 2,3,5,7 和 $p_i(i\geqslant 6)$. 此时，不超过 $q_1^2-1$ 的所有素数得到确定(素数 $q_1(=11)$ 是缩族(5.3) 中第 1 个与 $P_4^{\alpha_4}p_i^{\alpha_i}$ 互素的数).

(2) 由第 1 步起，依次在缩族(5.3) 中完成 $l$ 个运演操作步骤. 其中，第 $s(1\leqslant s\leqslant l)$ 步骤是在素数 $q_s(=q_1,q_2,\cdots,q_l\leqslant\sqrt{x})$ 与缩族(5.3) 中每一个不小于 $q_s$ 而不大于$\dfrac{x}{q_s}$ 的数的乘积右旁写上小号数字 $q_s$，以示其为合数且含有素因数 $q_s$. 此时，不超过 $q_{s+1}^2-1$ 的所有的素数和与 $P_4^{\alpha_4}p_i^{\alpha_i}$ 互素的合数都得到确定(素数 $q_{s+1}$ 是素数 $q_s$ 后面第1个右旁没有小号数字的数). 依此按序操作下去，直至完成第 $l$ 步骤止(因为 $q_{l+1}^2>x$)，就得到不超过 $x$ 的全体素数和与 $P_4^{\alpha_4}p_i^{\alpha_i}$ 互素的合数一览表，即模 $P_4^{\alpha_4}p_i^{\alpha_i}$ 缩族因数表.

在模 $P_4^{\alpha_4}p_i^{\alpha_i}$ 缩族因数表中，右旁写有小号数字的数是与 $P_4^{\alpha_4}p_i^{\alpha_i}$ 互素(即与素数 2,3,5,7 和 $p_i(\geqslant 13)$ 均互素) 的合数(其自身含有的全部小素因数也一目了然)，其余右旁空白没有小号数字的数皆为素数.

### 二、模 $P_4^{\alpha_4}p_i^{\alpha_i}$ 缩族质合表的特点、优势功能与用途

编制模 $P_4^{\alpha_4}p_i^{\alpha_i}$ 缩族质合表的第一个特点和优势功能，就是“开筛” 之前已经先天性地筛掉了给定自然数列内($x$ 以内) 全部的偶数、3 倍数、5 倍数、7 倍数和 $p_i$ 倍数. 因此，比编制不超过 $x$ 的模 $P_4^{\alpha_4}$、模 $P_3^{\alpha_3}$、模 $P_2^{\alpha_2}$、模 $2^\alpha$ 缩族质合表和埃氏筛法素数表分别节省

$$\frac{1}{p_i}\left(=1-\frac{\varphi(P_4^{\alpha_4})\varphi(p_i^{\alpha_i})}{\varphi(P_4^{\alpha_4})p_i^{\alpha_i}}=1-(1-\frac{1}{p_i})\right)$$

$$\frac{1}{7}+\frac{6}{7p_i}\left(=1-\frac{\varphi(P_3^{\alpha_3})\varphi(p_4^{\alpha_4}p_i^{\alpha_i})}{\varphi(P_3^{\alpha_3})p_4^{\alpha_4}p_i^{\alpha_i}}=1-\frac{6}{7}(1-\frac{1}{p_i})\right)$$

$$\frac{11}{35}+\frac{24}{35p_i}\left(=1-\frac{\varphi(P_2^{\alpha_2})\varphi(p_3^{\alpha_3}p_4^{\alpha_4}p_i^{\alpha_i})}{\varphi(P_2^{\alpha_2})p_3^{\alpha_3}p_4^{\alpha_4}p_i^{\alpha_i}}=1-\frac{24}{35}\left(1-\frac{1}{p_i}\right)\right)$$

$$\frac{19}{35}+\frac{16}{35p_i}\left(=1-\frac{\varphi(2^\alpha)\varphi(p_2^{\alpha_2}p_3^{\alpha_3}p_4^{\alpha_4}p_i^{\alpha_i})}{\varphi(2^\alpha)p_2^{\alpha_2}p_3^{\alpha_3}p_4^{\alpha_4}p_i^{\alpha_i}}=1-\frac{16}{35}(1-\frac{1}{p_i})\right)$$

和

$$\frac{27}{35}+\frac{8}{35p_i}\left(=1-\frac{\varphi(P_4^{\alpha_4}p_i^{\alpha_i})}{P_4^{\alpha_4}p_i^{\alpha_i}}=1-\frac{8}{35}(1-\frac{1}{p_i})\right)$$

的篇幅和更多的计算量.

模 $P_4^{\alpha_4}p_i^{\alpha_i}$ 缩族质合表所具有的基本功能及其独特优势，就是能够直接显示所有不超过 $x$ 的差 $P_4^{\alpha_4}p_i^{\alpha_i}$ 素数对和 $v(=3,4,\cdots,10)$ 项等差 $P_4^{\alpha_4}p_i^{\alpha_i}$ 素数列. 缩族(5.3) 任一含质列中任何连

续两项和 $v(=3,4,\cdots,10)$ 项如果都是素数，那么分别就是一个差 $P_4^{\alpha_4}p_i^{\alpha_i}$ 素数对和一个 $v$ 项等差 $P_4^{\alpha_4}p_i^{\alpha_i}$ 素数列，使人一眼看出和一个不漏地寻找到它们. 这一优势功能是目前已知的其他所有模 $d$ 缩族质合表、素数表根本无法达到和不可比拟的，为依次不漏地寻找它们提供了可能和极大的方便. 如果目的仅在于此，那么只需编制模 $P_4^{\alpha_4}p_i^{\alpha_i}$ 缩族匿因质合表即可.

## 三、有关问题

根据定理 1.5，如果缩族(5.3)中的含质列 $11\bmod P_4^{\alpha_4}p_i^{\alpha_i}$ 的前 11 项

$$11,\ P_4^{\alpha_4}p_i^{\alpha_i}+11,\ 2P_4^{\alpha_4}p_i^{\alpha_i}+11,\ \cdots,\ 10P_4^{\alpha_4}p_i^{\alpha_i}+11$$

不都是素数，则等差 $P_4^{\alpha_4}p_i^{\alpha_i}$ 素数列不超过 10 项.

下面是包含于猜测 63 和猜测 64 的：

**猜测 72**　设 $v=3,4,\cdots,10$，则

(ⅰ) 差 $P_4^{\alpha_4}p_i^{\alpha_i}$ 素数对和 $v$ 项等差 $P_4^{\alpha_4}p_i^{\alpha_i}$ 素数列都有无穷多个；

(ⅱ) 任意一个模 $P_4^{\alpha_4}p_i^{\alpha_i}$ 含质列中的差 $P_4^{\alpha_4}p_i^{\alpha_i}$ 素数对和 $v$ 项等差 $P_4^{\alpha_4}p_i^{\alpha_i}$ 素数列都有无穷多个；

(ⅲ) 全体差 $P_4^{\alpha_4}p_i^{\alpha_i}$ 素数对和 $v$ 项等差 $P_4^{\alpha_4}p_i^{\alpha_i}$ 素数列都平均分布在模 $P_4^{\alpha_4}p_i^{\alpha_i}$ 缩族的 $\varphi(P_4^{\alpha_4}p_i^{\alpha_i})$ 个含质列之中.

由猜测 65 可得

**猜测 73**　(ⅰ) 个位数方式分别是 1,1;3,3;7,7;9,9 的差 $P_4^{\alpha_4}p_i^{\alpha_i}$ 素数对都有无穷多个且各占全体差 $P_4^{\alpha_4}p_i^{\alpha_i}$ 素数对的 $\frac{1}{4}$；

(ⅱ) 个位数方式分别是 $v$ 个 1，$v$ 个 3，$v$ 个 7，$v$ 个 9 的 $v(=3,4,\cdots,10)$ 项等差 $P_4^{\alpha_4}p_i^{\alpha_i}$ 素数列都有无穷多个且各占全体 $v$ 项等差 $P_4^{\alpha_4}p_i^{\alpha_i}$ 素数列的 $\frac{1}{4}$.

# 第6章　模 $d(P_n \parallel d)$ 缩族质合表与等差 $d$ 素数列

数学科学是一个不可分割的有机整体，它的生命力正在于各个部分之间的联系，尽管数学知识千差万别，我们仍然清楚地意识到：在作为整体的数学中，使用着相同的逻辑工具，存在着概念的亲缘关系．同时在它的不同部分之间也有大量的相似之处．

——希尔伯特

## 6.1　模 $d(P_n \parallel d)$ 缩族质合表及其功能与用途

### 一、模 $d$ 缩族因数表的编制方法

设 $p_{n+1} < q_{\mathrm{I}}$，$2 < 3 < \cdots < p_n < q_{\mathrm{I}} < q_{\mathrm{II}} < \cdots < q_\gamma$ 是正偶数 $d(\geqslant P_n)$ 的全部素因数，与 $d$ 互素且不超过 $\sqrt{x}\,(x \in \mathbf{N}^+)$ 的全体奇素数依从小到大的顺序排列成 $p_{n+1} = q_1, q_2, \cdots, q_l \leqslant \sqrt{x}\,(x > q_1 q_2 d)$，则编制模 $d$ 缩族因数表的方法如下：

(1) 列出不超过 $x$ 的模 $d$ 缩族，即首项为 $r(=1, q_1, \cdots, d-1)$ 的

$$\varphi(d) = d\prod_{1\leqslant j\leqslant n}\left(1-\frac{1}{p_j}\right)\prod_{\mathrm{I}\leqslant i\leqslant \gamma}\left(1-\frac{1}{q_i}\right)$$

个模 $d$ 含质列

$$1 \bmod d,\ q_1 \bmod d,\ \cdots,\ d-1 \bmod d \tag{6.1}$$

(其中 $(r,d)=1$ 且 $1 < q_1 < \cdots < d-1$) 划去其中第1个元素1，并且在前面添写上 $d$ 的素因数即漏掉的素数 $2, 3, \cdots, p_n, q_{\mathrm{I}}, q_{\mathrm{II}}, \cdots, q_\gamma$．此时，不超过 $q_1^2 - 1$ 的所有素数得到确定(素数 $q_1 = p_{n+1}$ 是缩族(6.1)中除过划去的1外第1个与 $d$ 互素的数)．

(2) 标注出缩族(6.1)中每一个合数全部的小素因数，同时也就区分出了缩族(6.1)中的全体素数．根据附录定理3，不超过 $x$ 的合数的小素因数总是不超过 $\sqrt{x}$．由于 $d$ 的素因数 $p_1(=2), p_2, \cdots, p_n, q_{\mathrm{I}}, q_{\mathrm{II}}, \cdots, q_\gamma$ 各自的任何倍数都不在缩族(6.1)之中，因此仅需在缩族(6.1)中依次标示出素数 $q_1, q_2, \cdots, q_l(\leqslant \sqrt{x})$ 除本身外各自的全部倍数的小素因数即可．为此，由第1步起，依次在缩族(6.1)中操作完成 $l$ 个运演操作步骤．其中，第 $s(1 \leqslant s \leqslant l)$ 步骤是在素数 $q_s(=q_1, q_2, \cdots, q_l \leqslant \sqrt{x})$ 与缩族(6.1)中每一个不小于 $q_s$ 而不大于 $\dfrac{x}{q_s}$ 的数的乘积右旁写上小号数字 $q_s$，以示其为合数且含有素因数 $q_s$．此时，不超过 $q_{s+1}^2 - 1$ 的所有的素数和与 $d$ 互素的合数都得到确定(素数 $q_{s+1}$ 是素数 $q_s$ 后面第1个右旁没有小号数字的数)．依此按序操作下去，直至完成第 $l$ 步骤止(因为 $q_{l+1}^2 > x$)，就得到不超过 $x$ 的全体素数和与 $d$ 互素的合数一览表，即模 $d(P_n \parallel d)$ 缩族因数表．

根据附录定理3和定理4，在模 $d$ 缩族因数表中，右旁写有小号数字的数是与 $d$ 互素(即不含素因数 $2, 3, \cdots, p_n, q_{\mathrm{I}}(> p_{n+1}), q_{\mathrm{II}}, \cdots, q_\gamma$)的合数(其自身含有的全部小素因数也一目了然)，其余右旁空白没有小号数字的数皆为素数．

### 二、模 $d$ 缩族质合表的特点、优势功能与用途

编制模 $d$ 缩族质合表的一大特点和优势功能，就是在“开筛”之前已经先天性地筛掉了给

定自然数列内($x$ 以内)$d$ 的素因数 $2,3,\cdots,p_n,q_{\mathrm{I}},q_{\mathrm{II}},\cdots,q_\gamma$ 各自的全部倍数.因此,比编制不超过 $x$ 的模 $P_{n-1}^{\alpha_{n-1}}$、模 $P_{n-2}^{\alpha_{n-2}}$、…、模 $P_2^{\alpha_2}$、模 $2^\alpha$ 缩族质合表和埃氏筛法素数表分别节省

$$1-\left(1-\frac{1}{p_n}\right)\prod_{\mathrm{I}\leqslant i\leqslant\gamma}\left(1-\frac{1}{q_i}\right)$$

$$1-\left(1-\frac{1}{p_{n-1}}\right)\left(1-\frac{1}{p_n}\right)\prod_{\mathrm{I}\leqslant i\leqslant\gamma}\left(1-\frac{1}{q_i}\right)$$

……

$$1-\prod_{3\leqslant j\leqslant n}\left(1-\frac{1}{p_j}\right)\prod_{\mathrm{I}\leqslant i\leqslant\gamma}\left(1-\frac{1}{q_i}\right),\quad 1-\prod_{2\leqslant j\leqslant n}\left(1-\frac{1}{p_j}\right)\prod_{\mathrm{I}\leqslant i\leqslant\gamma}\left(1-\frac{1}{q_i}\right)$$

和

$$1-\prod_{1\leqslant j\leqslant n}\left(1-\frac{1}{p_j}\right)\prod_{\mathrm{I}\leqslant i\leqslant\gamma}\left(1-\frac{1}{q_i}\right)$$

的篇幅和更多的计算量,使编表成本大大降低而效率大幅提升.

模 $d$ 缩族质合表($x$ 以内)所具有的基本功能及其独特优势,就是能够直接显示 $x$ 以内所有的差 $d$ 素数对和 $v(=3,4,\cdots,p_{n+1}-1)$ 项等差 $d$ 素数列等 $k$ 生素数,这一独特的优势功能是埃氏筛法素数表根本无法达到和不可比拟的.缩族(6.1)任一含质列中任何连续两项和 $v(=3,4,\cdots,p_{n+1}-1)$ 项如果都是素数,那么分别就是一个差 $d$ 素数对和一个 $v$ 项等差 $d$ 素数列,使人一眼看出和一个不漏地寻找到它们.如果目的仅在于此,那么只需编制模 $d$ 缩族匿因质合表即可.

模 $d$ 缩族因数表具有 3 种功能,就是能够直接显示其表内:

(1) 所有正整数的素性.

(2) 任何一个(与 $d$ 互素)合数的全部小素因数.

(3) 所有差 $d$ 素数对和 $v(=3,4,\cdots,p_{n+1}-1)$ 项等差 $d$ 素数列等特定 $k$ 生素数.

对于模 $d$ 缩族匿因质合表而言,只具有上述三种功能中的第一和第三种功能,而普通素数表和埃氏筛法素数表都仅有其中显示素性的 1 种功能.因此,编制 $x$ 以内模 $d$ 缩族因数表有以下 3 种用途:

(1) 直接查判 $x$ 以内任何一个正整数的素性.

(2) 查算 $x$ 以内任何一个合数 $h$ 的标准分解式.亦能查算满足如下条件的大于 $x$ 的合数 $h'$ 的标准分解式:$h'$ 除以其已知的不超过 $x$ 的全部因数之积,所得的商不超过 $x$.

(3) 依序直接检索 $x$ 以内所有的差 $d$ 素数对和 $v(=3,4,\cdots,p_{n+1}-1)$ 项等差 $d$ 素数列等特定 $k$ 生素数.

显然,模 $d$ 缩族匿因质合表具有上述的第一种和第三种用途,而普通素数表和埃氏筛法素数表仅有第一种用途.

设待判定素性的自然数 $h(1<h\leqslant x)$ 处于 $x$ 以内模 $d$ 缩族质合表中的相邻两数 $e$ 与 $f$ 之间,即 $e<h<f$,则称 $h$ 是 $x$ 以内模 $d$ 缩族质合表的表外数,即 $h$ 是该表中查找不到的数.$x$ 以内的全体自然数(0 和 1 除外)被 $x$ 以内模 $d$ 缩族质合表分为表内数和表外数两大类.除过 $d$ 的全部不同的素因数,表内数都是与 $d$ 互素的数,而任何一个表外数 $h(1<h\leqslant x)$ 都是与 $d$ 非互素的合数.

另外,特别值得一提的是,当 $6\mid d\geqslant 6$ 时,模 $d$ 缩族质合表还能够间接搜寻等差 $2d$、等差 $3d$、等差 $4d$ 素数列以及差 $2d$、差 $3d$、差 $4d$ 素数对等.

如果有上述搜寻需要,却只编有模 $d$ 缩族质合表而无模 $2d$、模 $3d$、模 $4d$ 等缩族质合表时,便可采用此法以达目的.这种搜寻方法与跳棋走直线的情形相同或相似,称为蹦跳搜寻法.该法是在模 $d(P_n\mid d$ 而 $p_{n+1}\nmid d)$ 缩族质合表每一个含质列中,每步均跳过 $m$ 个数$(m=1,2,\cdots,p_{n+1}-2)$.若从起点向前跳 $z$ 步$(z=2,3,\cdots,p_{n+1}-2)$ 或者跳 1 步与起点都能踩落在素数上,于是就找到了一个 $z+1$ 项等差 $d(m+1)$ 素数列或者一个差 $d(m+1)$ 素数对.当取 $m=1,2,3,$

即取公差或差数为 $2d$、$3d$、$4d$ 时，此法操作非常方便. 例如 $d=6,12,18,42,66,30,60,210,\cdots$ 时，在模 $d$ 缩族质合表中，都可以运用蹦跳搜寻法，方便快捷地搜寻等差 $2d$、等差 $3d$、等差 $4d$ 素数列以及差 $2d$、差 $3d$、差 $4d$ 素数对等.

**三、有关问题**

根据定理 1.5，如果缩族(6.1) 中的含质列 $p_{n+1} \bmod d$ 的前 $p_{n+1}$ 项

$$p_{n+1},\ d+p_{n+1},\ 2d+p_{n+1},\ \cdots,\ (p_{n+1}-1)d+p_{n+1}$$

不都是素数，则等差 $d$ 素数列不超过 $p_{n+1}-1$ 项.

下面的猜测 74 是包括猜测 1 在内的一般性猜测.

**猜测 74**　设 $d$ 是正偶数，$P_n \parallel d$，$v=3,4,\cdots,p_{n+1}-1$，则差 $d$ 素数对和 $v$ 项等差 $d$ 素数列都有无穷多个. 即

$$\lim_{x\to+\infty}\pi(x)^d=+\infty$$

$$\lim_{x\to+\infty}\pi(x)^{d_v}=+\infty\quad (v=3,4,\cdots,p_{n+1}-1)$$

显然有

$$\pi(x)^d=\sum\pi(x)_j^d\quad\left((d,j)=1,\ 1\leqslant |\,j\,|<\frac{d}{2}\right)$$

$$\pi(x)^{d_v}=\sum\pi(x)_j^{d_v}\quad\left(v=3,4,\cdots,p_{n+1}-1;(d,j)=1\text{ 且 }1\leqslant |\,j\,|<\frac{d}{2}\right)$$

经过深入研究，笔者发现并提出下面一般性的猜测. 即

**猜测 75**　设 $P_n \parallel d(>1)$，$v=3,4,\cdots,p_{n+1}-1$，则

(ⅰ) 任意一个模 $d$ 含质列中的差 $d$ 素数对和 $v$ 项等差 $d$ 素数列都有无穷多个. 即

$$\lim_{x\to+\infty}\pi(x)_j^d=+\infty\quad\left((d,j)=1\text{ 且 }1\leqslant |\,j\,|<\frac{d}{2}\right)$$

$$\lim_{x\to+\infty}\pi(x)_j^{d_v}=+\infty\quad\left(v=3,4,\cdots,p_{n+1}-1;(d,j)=1\text{ 且 }1\leqslant |\,j\,|<\frac{d}{2}\right)$$

(ⅱ) 全体差 $d$ 素数对和 $v$ 项等差 $d$ 素数列都平均分布在模 $d$ 缩族的 $\varphi(d)$ 个含质列之中. 即

$$\lim_{x\to+\infty}\frac{\pi(x)_j^d}{\pi(x)^d}=\lim_{x\to+\infty}\frac{\pi(x)_j^{d_v}}{\pi(x)^{d_v}}=\frac{1}{\varphi(d)}\quad\left(v=3,4,\cdots,p_{n+1}-1;(d,j)=1\text{ 且 }1\leqslant |\,j\,|<\frac{d}{2}\right)$$

**推论 6.1**　若正偶数 $d$ 的个位数是 0，即 $10\mid d$，则 $4\mid\varphi(d)$.

**证**　因为 $10\mid d(d\in\mathbf{N}^+)$，所以不妨设 $d=2^{\alpha_1}\times 5^{\alpha_2}q(\alpha_1,\alpha_2\in\mathbf{N}^+)$，$(2^{\alpha_1}\times 5^{\alpha_2},q)=1$，于是

$$\varphi(d)=\varphi(2^{\alpha_1})\varphi(5^{\alpha_2})\varphi(q)=2^{\alpha_1-1}(2-1)\times 5^{\alpha_2-1}(5-1)\varphi(q)=$$
$$4\times 2^{\alpha_1-1}\times 5^{\alpha_2-1}\varphi(q)$$

因此，$4\mid\varphi(d)$.　□

**定理 6.1**　设个位数是 0 的正偶数 $d=2^{\alpha_1}\times 5^{\alpha_2}q(\alpha_1,\alpha_2\in\mathbf{N}^+)$，$(2^{\alpha_1}\times 5^{\alpha_2},q)=1$，则个位数方式分别一律是 1,3,7,9 的模 $d$ 含质列个数相等，即均为 $\frac{1}{4}\varphi(d)=2^{\alpha_1-1}\times 5^{\alpha_2-1}\varphi(q)$ 个.

**证**　因为个位数是 0 的正偶数 $d=2^{\alpha_1}\times 5^{\alpha_2}q(\alpha_1,\alpha_2\in\mathbf{N}^+)$，$(2^{\alpha_1}\times 5^{\alpha_2},q)=1$，所以由推论 6.1 知 $4\mid\varphi(d)=4\times 2^{\alpha_1-1}\times 5^{\alpha_2-1}\varphi(q)$. 另一方面，由于模 10 缩族全部 4 个模 10 含质列的个位数分别是 1,3,7,9，而模 $d(=2^{\alpha_1}\times 5^{\alpha_2}q)$ 缩族又可按下述方法构造生成：把模 10 缩族 4 个含质列的每一个都分成 $2^{\alpha_1-1}\times 5^{\alpha_2-1}q$ 个等差 $d$ 数列，筛弃其中 $2^{\alpha_1-1}\times 5^{\alpha_2-1}q-\frac{1}{4}\varphi(d)$ 个非模

$d$ 含质列，得到 $\frac{1}{4}\varphi(d)=2^{\alpha_1-1}\times5^{\alpha_2-1}\varphi(q)$ 个(个位数一律相同的)模 $d$ 含质列，总共得到 $\varphi(d)=4\times2^{\alpha_1-1}\times5^{\alpha_2-1}\varphi(q)$ 个按序排列的模 $d$ 含质列即模 $d$ 缩族. 由此可见，个位数方式分别一律是 1,3,7,9 的模 $d$ 含质列个数相等，即均为 $\frac{1}{4}\varphi(d)=2^{\alpha_1-1}\times5^{\alpha_2-1}\varphi(q)$ 个. □

由猜测 75 与定理 1.5 可得

**猜测 76** 设 $3\leqslant n\in\mathbf{N}^+,P_n\parallel d(\geqslant30),v=3,4,\cdots,p_{n+1}-1$，则

(ⅰ) 个位数方式分别是 1,1;3,3;7,7;9,9 的差 $d$ 素数对都有无穷多个且各占全体差 $d$ 素数对的 $\frac{1}{4}$；

(ⅱ) 个位数方式分别是 $v$ 个 1，$v$ 个 3，$v$ 个 7，$v$ 个 9 的 $v$ 项等差 $d$ 素数列都有无穷多个且各占全体 $v$ 项等差 $d$ 素数列的 $\frac{1}{4}$.

另外还有

**猜测 77** 设 $10\mid d$ 而 $3\nmid d$，则个位数方式分别 1,1;3,3;7,7;9,9 的差 $d$ 素数对都有无穷多个且各占全体差 $d$ 素数对的 $\frac{1}{4}$.

## 6.2 模 $P_n^{\alpha_n}$ 缩族质合表与等差 $P_n^{\alpha_n}$ 素数列

### 6.2.1 模 $P_n^{\alpha_n}$ 缩族质合表的相关介绍

#### 一、模 $P_n^{\alpha_n}$ 缩族因数表的编制方法

模 $P_n^{\alpha_n}(=p_1^{\alpha_1}p_2^{\alpha_2}\cdots p_n^{\alpha_n})$ 缩族因数表，是在不超过 $x(p_{n+1}p_{n+2}P_n^{\alpha_n}<x\in\mathbf{N}^+)$ 的模 $P_n^{\alpha_n}$ 缩族中，依次标注出素数 $p_{n+1},p_{n+2},\cdots,p_l(\leqslant\sqrt{x})$ 除本身外各自所有倍数相应含有的小素因数 $p_{n+1},p_{n+2},\cdots,p_l$，其余的是大于 $p_n$ 且不超过 $x$ 的全体素数. 模 $P_n^{\alpha_n}$ 缩族因数表的编制方法如下：

(1) 列出不超过 $x$ 的模 $P_n^{\alpha_n}$ 缩族，即首项为 $r(=1,p_{n+1},p_{n+2},\cdots,P_n^{\alpha_n}-1)$ 的 $\varphi(P_n^{\alpha_n})=P_n^{\alpha_n}\prod\limits_{1\leqslant j\leqslant n}\left(1-\frac{1}{p_j}\right)$ 个模 $P_n^{\alpha_n}$ 含质列

$$1\bmod P_n^{\alpha_n},\ p_{n+1}\bmod P_n^{\alpha_n},\ p_{n+2}\bmod P_n^{\alpha_n},\ \cdots,\ P_n^{\alpha_n}-1\bmod P_n^{\alpha_n} \tag{6.2}$$

(其中 $(r,P_n^{\alpha_n})=1$ 且 $1<p_{n+1}<p_{n+2}<\cdots<P_n^{\alpha_n}-1$) 划去其中第 1 个元素 1，并且在前面添写上漏掉的素数 $p_1(=2),p_2,\cdots,p_n$. 此时，不超过 $p_{n+1}^2-1$ 的所有素数得到确定(素数 $p_{n+1}$ 是缩族(6.2) 中第 1 个与 $P_n^{\alpha_n}$ 互素的数).

(2) 由第 1 步起，依次在缩族(6.2) 中完成 $l-n$ 个运演操作步骤. 其中，第 $s(1\leqslant s\leqslant l-n)$ 步骤是在第 $s+n$ 个素数 $p_{s+n}(=p_{n+1},p_{n+2},\cdots,p_l\leqslant\sqrt{x})$ 与缩族(6.2) 中每一个不小于 $p_{s+n}$ 不大于 $\frac{x}{p_{s+n}}$ 的数的乘积右旁写上小号数字 $p_{s+n}$，以示其为合数且含有素因数 $p_{s+n}$. 此时，不超过 $p_{s+n+1}-1$ 的所有的素数和与 $P_n^{\alpha_n}$ 互素的合数都得到确定(素数 $p_{s+n+1}$ 是素数 $p_{s+n}$ 后面第 1 个右旁没有小号数字的数). 依此按序操作下去，直至完成第 $l-n$ 步骤止(因为 $p_{l+1}^2>x$)，就得到不超过 $x$ 的全体素数和与 $P_n^{\alpha_n}$ 互素的合数一览表，即模 $P_n^{\alpha_n}$ 缩族因数表.

在模 $P_n^{\alpha_n}$ 缩族因数表中，右旁写有小号数字的数是与 $P_n^{\alpha_n}$ 互素(即其不含素因数 $p_1,p_2,\cdots,$

$p_n$）的合数(其自身含有的全部小素因数也一目了然)，其余右旁空白没有小号数字的数皆为素数.

**二、模 $P_n^{\alpha_n}$ 缩族质合表的特点、优势功能与用途**

编制模 $P_n^{\alpha_n}$ 缩族质合表的一大特点与优势功能，就是在“开筛”之前已经先天性地筛掉了给定自然数列内($x$ 以内)$p_1,p_2,\cdots,p_n$ 各自的全部倍数. 因此，比编制不超过 $x$ 的模 $P_{n-1}^{\alpha_{n-1}}$、模 $P_{n-2}^{\alpha_{n-2}}$、…、模 $P_2^{\alpha_2}$、模 $2^\alpha$ 缩族质合表和埃氏筛法素数表分别节省

$$\frac{1}{p_n},\quad 1-\left(1-\frac{1}{p_{n-1}}\right)\left(1-\frac{1}{p_n}\right)$$

$$\cdots\cdots$$

$$1-\prod_{3\leqslant j\leqslant n}\left(1-\frac{1}{p_j}\right),\quad 1-\prod_{2\leqslant j\leqslant n}\left(1-\frac{1}{p_j}\right)$$

和

$$1-\prod_{1\leqslant j\leqslant n}\left(1-\frac{1}{p_j}\right)$$

的篇幅和更多的计算量.

模 $P_n^{\alpha_n}$ 缩族质合表所具有的基本功能及其独特优势，就是能够直接显示所有不超过 $x$ 的差 $P_n^{\alpha_n}$ 素数对和 $v(=3,4,\cdots,p_{n+1}-1)$ 项等差 $P_n^{\alpha_n}$ 素数列(当 $n\geqslant 2$ 时). 缩族(6.2) 任一含质列中任何连续两项和 $v(=3,4,\cdots,p_{n+1}-1)$ 项如果都是素数，那么分别就是一个差 $P_n^{\alpha_n}$ 素数对和一个 $v$ 项等差 $P_n^{\alpha_n}$ 素数列，使人一眼看出和一个不漏地寻找到它们. 这一优势功能是目前已知的其他所有模 $d$ 缩族质合表、素数表根本无法达到和不可比拟的，为依次不漏地寻找它们提供了可能和极大的方便. 如果目的仅在于此，那么只需编制模 $P_n^{\alpha_n}$ 缩族匿因质合表即可.

**三、有关问题**

根据定理 1.5，当 $n\geqslant 2$ 时，如果缩族(6.2) 中的含质列 $p_{n+1} \bmod P_n^{\alpha_n}$ 的前 $p_{n+1}$ 项

$$p_{n+1},\ P_n^{\alpha_n}+p_{n+1},\ 2P_n^{\alpha_n}+p_{n+1},\ \cdots,\ (p_{n+1}-1)P_n^{\alpha_n}+p_{n+1}$$

不都是素数，则等差 $P_n^{\alpha_n}$ 素数列不超过 $p_{n+1}-1$ 项.

下面提出的猜测 78 和猜测 79 均包含于猜测 74 和猜测 75.

**猜测 78**　(ⅰ) 存在无穷多个差 $P_n^{\alpha_n}$ 素数对；

(ⅱ) 模 $P_n^{\alpha_n}$ 缩族的 $\varphi(P_n^{\alpha_n})$ 个含质列均包含无穷多个差 $P_n^{\alpha_n}$ 素数对；

(ⅲ) 全体差 $P_n^{\alpha_n}$ 素数对平均分布在模 $P_n^{\alpha_n}$ 缩族的 $\varphi(P_n^{\alpha_n})$ 个含质列之中.

**猜测 79**　设 $n\geqslant 2, v=3,4,\cdots,p_{n+1}-1$，则

(ⅰ) 存在无穷多个 $v$ 项等差 $P_n^{\alpha_n}$ 素数列；

(ⅱ) 模 $P_n^{\alpha_n}$ 缩族的 $\varphi(P_n^{\alpha_n})$ 个含质列均包含无穷多个 $v$ 项等差 $P_n^{\alpha_n}$ 素数列；

(ⅲ) 全体 $v$ 项等差 $P_n^{\alpha_n}$ 素数列平均分布在模 $P_n^{\alpha_n}$ 缩族的 $\varphi(P_n^{\alpha_n})$ 个含质列之中.

由猜测 76 可得

**猜测 80**　设 $3\leqslant n\in \mathbf{N}^+, v=3,4,\cdots,p_{n+1}-1$，则

(ⅰ) 个位数方式分别是 1,1;3,3;7,7;9,9 的差 $P_n^{\alpha_n}$ 素数对都有无穷多个且各占全体差 $P_n^{\alpha_n}$ 素数对的$\frac{1}{4}$；

(ⅱ) 个位数方式分别是 $v$ 个 1，$v$ 个 3，$v$ 个 7，$v$ 个 9 的 $v$ 项等差 $P_n^{\alpha_n}$ 素数列都有无穷多个且各占全体 $v$ 项等差 $P_n^{\alpha_n}$ 素数列的$\frac{1}{4}$.

### 6.2.2 模 $P_n$ 缩族质合表与等差 $P_n$ 素数列

**一、模 $P_n$ 缩族因数表的编制方法**

模 $P_n(=p_1p_2\cdots p_n)$ 缩族因数表是在不超过 $x(p_{n+1}p_{n+2}P_n<x\in\mathbf{N}^+)$ 的模 $P_n$ 缩族中，依次标注出素数 $p_{n+1},p_{n+2},\cdots,p_l(\leqslant\sqrt{x})$ 除本身外各自所有倍数相应含有的小素因数 $p_{n+1},p_{n+2},\cdots,p_l$，其余的是大于 $p_n$ 且不超过 $x$ 的全体素数，其个数为 $\pi(x)-n$. 该表的编制方法如下：

(1) 列出不超过 $x$ 的模 $P_n$ 缩族，即首项为 $r(=1,p_{n+1},p_{n+2},\cdots,P_n-1)$ 的 $\varphi(P_n)=P_n\prod\limits_{1\leqslant i\leqslant n}\left(1-\dfrac{1}{p_i}\right)$ 个模 $P_n$ 含质列

$$1\bmod P_n,\ p_{n+1}\bmod P_n,\ p_{n+2}\bmod P_n,\ \cdots,\ P_n-1\bmod P_n \tag{6.3}$$

(其中 $(r,P_n)=1$ 且 $1<p_{n+1}<p_{n+2}<\cdots<P_n-1$) 划去其中第 1 个元素 1，并且在前面添写上漏掉的素数 $p_1,p_2,\cdots,p_n$. 此时，不超过 $p_{n+1}^2-1$ 的所有素数得到确定（素数 $p_{n+1}$ 是缩族 (6.3) 中第 1 个与 $P_n$ 互素的数).

(2) 由第 1 步起，依次在缩族(6.3) 中完成 $l-n$ 个运演操作步骤. 其中，第 $s(1\leqslant s\leqslant l-n)$ 步骤是在第 $s+n$ 个素数 $p_{s+n}(=p_{n+1},p_{n+2},\cdots,p_l\leqslant\sqrt{x})$ 与缩族(6.3) 中每一个不小于 $p_{s+n}$ 而不大于 $\dfrac{x}{p_{s+n}}$ 的数的乘积右旁写上小号数字 $p_{s+n}$，以示其为合数且含有素因数 $p_{s+n}$. 此时，不超过 $p_{s+n+1}^2-1$ 的所有的素数和与 $P_n$ 互素的合数都得到确定（素数 $p_{s+n+1}$ 是素数 $p_{s+n}$ 后面第 1 个右旁没有小号数字的数). 依此按序渐次递进地操作下去，直至完成第 $l-n$ 步骤止（因为 $p_{l+1}^2>x$)，就得到不超过 $x$ 的全体素数和与 $P_n$ 互素的合数一览表，即模 $P_n$ 缩族因数表.

在模 $P_n$ 缩族因数表中，右旁写有小号数字的数是与 $P_n$ 互素（即与 $p_1,p_2,\cdots,p_n$ 均互素）的合数（其自身含有的全部小素因数也一目了然），其余右旁空白没有小号数字的数皆为素数.

**二、模 $P_n$ 缩族质合表的特点、优势功能与用途**

模 $P_n$ 缩族质合表是利用模 $P_n$ 缩族编制的，其一大特点和优势功能是在“开筛”之前，就已经先天性地筛掉了给定自然数列内（$x$ 以内）$p_1,p_2,\cdots,p_n$ 各自的全部倍数. 因此，比编制不超过 $x$ 的模 $P_{n-1}$、模 $P_{n-2}$、…、模 $P_2$、模 2 缩族质合表和埃氏筛法素数表分别节省

$$\frac{1}{p_n},1-\left(1-\frac{1}{p_{n-1}}\right)\left(1-\frac{1}{p_n}\right),\cdots,1-\prod_{3\leqslant j\leqslant n}\left(1-\frac{1}{p_j}\right),1-\prod_{2\leqslant j\leqslant n}\left(1-\frac{1}{p_j}\right)\ \text{和}\ 1-\prod_{1\leqslant j\leqslant n}\left(1-\frac{1}{p_j}\right)$$

的篇幅和更多的计算量，省时省事省篇幅，极大地提高了制表效率.

模 $P_n$ 缩族质合表所具有的基本功能及其独特优势，就是能够直接显示所有不超过 $x$ 的差 $P_n$ 素数对；以及当 $n\geqslant 2$ 时，还能够直接显示所有不超过 $x$ 的 $v(=3,4,\cdots,p_{n+1}-1)$ 项等差 $P_n$ 素数列. 缩族(6.3) 任一含质列中任何连续两项和 $v(=3,4,\cdots,p_{n+1}-1)$ 项如果都是素数，那么分别就是一个差 $P_n$ 素数对和一个 $v$ 项等差 $P_n$ 素数列，使人一眼看出和一个不漏地寻找到它们. 当 $n\geqslant 2$ 时，这一优势功能是目前已知的其他所有模 $d$ 缩族质合表、素数表根本无法达到和不可比拟的，为依次不漏地寻找它们提供了可能和极大的方便. 如果目的仅在于此，那么只需编制模 $P_n$ 缩族匿因质合表即可.

**三、有关问题**

根据定理 1.5，当 $n\geqslant 2$ 时，如果缩族(6.3) 中的含质列 $p_{n+1}\bmod P_n$ 的前 $p_{n+1}$ 项

$$p_{n+1},P_n+p_{n+1},\ 2P_n+p_{n+1},\ \cdots,\ (p_{n+1}-1)P_n+p_{n+1}$$

不都是素数，则等差 $P_n$ 素数列不超过 $p_{n+1}-1$ 项.

下面提出的猜测 81 和猜测 82 分别包含于猜测 78 和猜测 79.

**猜测 81**

(ⅰ) 存在无穷多个差 $P_n$ 素数对;

(ⅱ) 模 $P_n$ 缩族的 $\varphi(P_n)$ 个含质列均包含无穷多个差 $P_n$ 素数对;

(ⅲ) 全体差 $P_n$ 素数对平均分布在模 $P_n$ 缩族的 $\varphi(P_n)$ 个含质列之中.

**猜测 82**　设 $n \geqslant 2, v = 3, 4, \cdots, p_{n+1} - 1$, 则

(ⅰ) 存在无穷多个 $v$ 项等差 $P_n$ 素数列;

(ⅱ) 模 $P_n$ 缩族的 $\varphi(P_n)$ 个含质列均包含无穷多个 $v$ 项等差 $P_n$ 素数列;

(ⅲ) 全体 $v$ 项等差 $P_n$ 素数列平均分布在模 $P_n$ 缩族的 $\varphi(P_n)$ 个含质列之中.

由猜测 80 可得

**猜测 83**　设 $3 \leqslant n \in \mathbf{N}^+, v = 3, 4, \cdots, p_{n+1} - 1$, 则

(ⅰ) 个位数方式分别是 1,1;3,3;7,7;9,9 的差 $P_n$ 素数对都有无穷多个且各占全体差 $P_n$ 素数对的 $\frac{1}{4}$;

(ⅱ) 个位数方式分别是 $v$ 个 1, $v$ 个 3, $v$ 个 7, $v$ 个 9 的 $v$ 项等差 $P_n$ 素数列都有无穷多个且各占全体 $v$ 项等差 $P_n$ 素数列的 $\frac{1}{4}$.

## 6.3　模 $P_n^{\alpha_n} p_i^{\alpha_i}(i \geqslant n+2)$ 缩族质合表与等差 $P_n^{\alpha_n} p_i^{\alpha_i}$ 素数列

### 一、模 $P_n^{\alpha_n} p_i^{\alpha_i}$ 缩族因数表的编制方法

设与 $P_n^{\alpha_n} p_i^{\alpha_i}(i \geqslant n+2, \alpha_1, \alpha_2, \cdots, \alpha_n, \alpha_i \in \mathbf{N}^+)$ 互素且不超过 $\sqrt{x}(x \in \mathbf{N}^+)$ 的全体素数依从小到大的顺序排列成 $p_{n+1} = q_1, q_2, \cdots, q_l \leqslant \sqrt{x}(x > q_1 q_2 P_n^{\alpha_n} p_i^{\alpha_i})$, 则编制模 $P_n^{\alpha_n} p_i^{\alpha_i}$ 缩族因数表的方法如下:

(1) 列出不超过 $x$ 的模 $P_n^{\alpha_n} p_i^{\alpha_i}$ 缩族, 即按序排列的

$$\varphi(P_n^{\alpha_n} p_i^{\alpha_i}) = P_n^{\alpha_n} p_i^{\alpha_i}\left(1 - \frac{1}{p_i}\right)\prod_{1 \leqslant j \leqslant n}\left(1 - \frac{1}{p_j}\right)$$

个模 $P_n^{\alpha_n} p_i^{\alpha_i}$ 含质列

$$1 \bmod P_n^{\alpha_n} p_i^{\alpha_i},\ p_{n+1} \bmod P_n^{\alpha_n} p_i^{\alpha_i},\ \cdots,\ P_n^{\alpha_n} p_i^{\alpha_i} - 1 \bmod P_n^{\alpha_n} p_i^{\alpha_i} \tag{6.4}$$

划去其中第 1 个元素 1, 并且在前面添写上漏掉的素数 $p_1, p_2, \cdots, p_n$ 和 $p_i(i \geqslant n+2)$. 此时, 不超过 $q_1^2 - 1$ 的所有素数得到确定(素数 $q_1(=p_{n+1})$ 是缩族(6.4)中第 1 个与 $P_n^{\alpha_n} p_i^{\alpha_i}$ 互素的数).

(2) 由第 1 步起, 依次在缩族(6.4)中完成 $l$ 个运演操作步骤. 其中, 第 $s(1 \leqslant s \leqslant l)$ 步骤是在素数 $q_s(=q_1, q_2, \cdots, q_l \leqslant \sqrt{x})$ 与缩族(6.4)中每一个不小于 $q_s$ 而不大于 $\frac{x}{q_s}$ 的数的乘积右旁写上小号数字 $q_s$, 以示其为合数且含有素因数 $q_s$. 此时, 不超过 $q_{s+1}^2 - 1$ 的所有的素数和与 $P_n^{\alpha_n} p_i^{\alpha_i}$ 互素的合数都得到确定(素数 $q_{s+1}$ 是素数 $q_s$ 后面第 1 个右旁没有小号数字的数). 依此按序操作下去, 直至完成第 $l$ 步骤止(因为 $q_{l+1}^2 > x$), 就得到不超过 $x$ 的全体素数和与 $P_n^{\alpha_n} p_i^{\alpha_i}$ 互素的合数一览表, 即模 $P_n^{\alpha_n} p_i^{\alpha_i}$ 缩族因数表.

在模 $P_n^{\alpha_n} p_i^{\alpha_i}$ 缩族因数表中, 右旁写有小号数字的数是与 $P_n^{\alpha_n} p_i^{\alpha_i}$ 互素(即与素数 $p_1, p_2, \cdots, p_n$ 和 $p_i(\geqslant p_{n+2})$ 均互素)的合数(其自身含有的全部小素因数也一目了然), 其余右旁空白没有小号数字的数皆为素数.

## 二、模 $P_n^{\alpha_n} p_i^{\alpha_i}$ 缩族质合表的特点、优势功能与用途

编制模 $P_n^{\alpha_n} p_i^{\alpha_i}$ 缩族质合表的第一个特点和优势功能，就是“开筛”之前已经先天性地筛掉了给定自然数列内($x$ 以内)全部的偶数，3 倍数，5 倍数，…，$p_n$ 倍数和 $p_i$ 倍数. 因此，比编制不超过 $x$ 的模 $P_n^{\alpha_n}$，模 $P_{n-1}^{\alpha_{n-1}}$，…，$P_2^{\alpha_2}$、模 $2^\alpha$ 缩族质合表和埃氏筛法素数表分别节省

$$1-\left(1-\frac{1}{p_i}\right)=\frac{1}{p_i}$$

$$1-\left(1-\frac{1}{p_n}\right)\left(1-\frac{1}{p_i}\right)$$

……

$$1-\left(1-\frac{1}{p_i}\right)\prod_{3\leqslant j\leqslant n}\left(1-\frac{1}{p_j}\right)$$

$$1-\left(1-\frac{1}{p_i}\right)\prod_{2\leqslant j\leqslant n}\left(1-\frac{1}{p_j}\right)$$

和

$$1-\left(1-\frac{1}{p_i}\right)\prod_{1\leqslant j\leqslant n}\left(1-\frac{1}{p_j}\right)$$

的篇幅和更多的计算量.

模 $P_n^{\alpha_n} p_i^{\alpha_i}$ 缩族质合表所具有的基本功能及其独特优势，就是能够直接显示所有不超过 $x$ 的差 $P_n^{\alpha_n} p_i^{\alpha_i}$ 素数对和 $v(=3,4,\cdots,p_{n+1}-1)$ 项等差 $P_n^{\alpha_n} p_i^{\alpha_i}$ 素数列(当 $n\geqslant 2$ 时). 缩族(6.4) 任一含质列中任何连续两项和 $v(=3,4,\cdots,p_{n+1}-1)$ 项如果都是素数，那么分别就是一个差 $P_n^{\alpha_n} p_i^{\alpha_i}$ 素数对和一个 $v$ 项等差 $P_n^{\alpha_n} p_i^{\alpha_i}$ 素数列，使人一眼看出和一个不漏地寻找到它们. 这一优势功能是目前已知的其他所有模 $d$ 缩族质合表、素数表根本无法达到和不可比拟的，为依次不漏地寻找它们提供了可能和极大的方便. 如果目的仅在于此，那么只需编制模 $P_n^{\alpha_n} p_i^{\alpha_i}$ 缩族匿因质合表即可.

## 三、有关问题

根据定理 1.5，如果缩族(6.4) 中的含质列 $p_{n+1}\ \mathrm{mod}P_n^{\alpha_n} p_i^{\alpha_i}$ 的前 $p_{n+1}$ 项

$$p_{n+1},\ P_n^{\alpha_n} p_i^{\alpha_i}+p_{n+1},\ 2P_n^{\alpha_n} p_i^{\alpha_i}+p_{n+1},\ \cdots,\ (p_{n+1}-1)P_n^{\alpha_n} p_i^{\alpha_i}+p_{n+1}$$

不都是素数，则等差 $P_n^{\alpha_n} p_i^{\alpha_i}$ 素数列不超过 $p_{n+1}-1$ 项.

下面是包含于猜测 74 和猜测 75 的

**猜测 84**　设 $v=3,4,\cdots,p_{n+1}-1$，则

(ⅰ) 差 $P_n^{\alpha_n} p_i^{\alpha_i}$ 素数对和 $v$ 项等差 $P_n^{\alpha_n} p_i^{\alpha_i}$ 素数列都有无穷多个；

(ⅱ) 任意一个模 $P_n^{\alpha_n} p_i^{\alpha_i}$ 含质列中的差 $P_n^{\alpha_n} p_i^{\alpha_i}$ 素数对和 $v$ 项等差 $P_n^{\alpha_n} p_i^{\alpha_i}$ 素数列都有无穷多个；

(ⅲ) 全体差 $P_n^{\alpha_n} p_i^{\alpha_i}$ 素数对和 $v$ 项等差 $P_n^{\alpha_n} p_i^{\alpha_i}$ 素数列都平均分布在模 $P_n^{\alpha_n} p_i^{\alpha_i}$ 缩族的 $\varphi(P_n^{\alpha_n} p_i^{\alpha_i})$ 个含质列之中.

由猜测 76 可得

**猜测 85**　设 $3\leqslant n\in\mathbf{N}^+$，$v=3,4,\cdots,p_{n+1}-1$，则

(ⅰ) 个位数方式分别是 1,1;3,3;7,7;9,9 的差 $P_n^{\alpha_n} p_i^{\alpha_i}$ 素数对都有无穷多个且各占全体差 $P_n^{\alpha_n} p_i^{\alpha_i}$ 素数对的$\frac{1}{4}$；

(ⅱ) 个位数方式分别是 $v$ 个 1，$v$ 个 3，$v$ 个 7，$v$ 个 9 的 $v$ 项等差 $P_n^{\alpha_n} p_i^{\alpha_i}$ 素数列都有无穷多个且各占全体 $v$ 项等差 $P_n^{\alpha_n} p_i^{\alpha_i}$ 素数列的$\frac{1}{4}$.

# 第7章　大型模30缩族因数表及其应用

比较一个新方法与其他有关方法间的联系与差异，才能看出这个新方法在整个方法系统中的地位、特点与作用.

——张奠宙

## 7.1　模30缩族因数表的性能优势与用途

### 7.1.1　模30缩族因数表的性能优势

模30缩族因数表特点突出，性能优良，应用广泛，是编制大型模 $d$ 缩族因数表优先考虑选用的表种之一. 编制和应用模30缩族因数表显著的优越性主要体现在下述几方面.

(1) 任何一个自然数是否含有素因数2,3,5均有简单易行的快速判别方法，为应用模30缩族因数表查算 $x$ 以内任一个合数的标准分解式提供了极大的方便.

与模 $d$ 缩族匿因质合表相比，模 $d$ 缩族因数表的独有特点是表内的任一合数都标有其全部的小素因数. 因此，编制该表的最高目的正是为了利用这一特点查算给定范围内($x$ 以内)任何一个合数的标准分解式. 在理论上编制和利用任何一个模 $d$ 缩族因素表都可以达到这一最高目的. 但是，对于不同的 $d$，要在技术上判别任何一个自然数是否含有 $d$ 的素因数 $p(p\mid d)$ 的难易程度与快慢速度却不相同，甚至是天壤之别. 最小的三个素数2,3,5恰好是模数30的不同的全部素因数，即 $30=2\times3\times5$. 一个自然数是否含有因数2,3,5皆有简便快速的判别方法. 判别任何一个自然数是否含有素因数2的方法极其简单，即个位数是0,2,4,6,8的自然数含有素因数2，否则不含素因数2；判别任何一个自然数是否含有素因数5更是一目了然，即个位数是0或5的自然数含有素因数5，否则不含素因数5；判别任何一个自然数是否含有素因数3也很容易，即一个自然数 $a$ 的各位数字之和能被3整除，则 $a$ 含有素因数3，否则 $a$ 不含素因数3. 由于 $x$ 以内模30缩族因数表的任一表外数 $h(\leqslant x)$ 都是合数且含有的素因数不外乎为2,3,5，因此，利用模30缩族因数表与 $r'(=2,3,5)$ 作因数的判别法，就能够方便地求出 $x$ 以内任何一个合数的标准分解式.

(2) 从显搜 $k$ 生素数的功能方面看，由于模30缩族因数表包含于模30缩族质合表之内，因此后者所具有的独特优势，前者都同样具有.

模30缩族因数表不仅纵向直显的基本功能与其他所有模 $d$ 缩族质合表同样优越，能够让人一眼看出，而且横向直显孪生素数、差4素数对和直显4-2与2-4间隔差型 $k$ 生素数($k\leqslant6$)

的功能比初探斩获的模 6 缩族质合表综合直显的 $k$ 生素数种类多，比模 210 缩族质合表的直显简约醒目.

由于模 30 缩族因数表每行之中和上、下两行之内若干连续项的差数列与众多的相邻差型恰好完全吻合，且每行是不过多也不过少的项数适中的 8 个元素，极易辨识项次排序，有利条件得天独厚. 因此，应用该表能够简捷方便地搜寻出其间的相邻 $k$ 生素数. 这是由表 21、表 22 所体现的优势性能中的一大亮点.

模 30 缩族因数表能够独一无二地分类显示 $x$ 以内所有的 $a-b$ 间隔差型 $k$ 生素数($a,b$ 均为偶数，且 $a+b=30$)，其别具一格的显搜方法与独特优势功能是其他模 $d$ 缩族质合表不可替代的.

总之，从直接显示到非直显示，从纵向显示到横向显示，从综合显示到分类显示，从不一定相邻显示到相邻显示，从基本功能对等差 30 素数列、差 30 素数对的直观显示到衍生功能对 $a-b$ 间隔差型 $k$ 生素数的曲折显示，均简明醒目、易于辨别、便于搜寻. 其中分类显示和相邻显示的奇特功能，是其他众多的模 $d$ 缩族质合表都无法企及的.

(3) 从编表的降耗提效方面看，由前述可知，模 42 缩族因数表和模 6 缩族因数表的性能相对优越. 但是，模 30 缩族因数表却集二者的主要优点于一身，且有过之而无不及. 不仅如此，而且比二者分别节省

$$6.67\%\left(=1-\frac{\varphi(6)\varphi(5)\times 7}{\varphi(6)\varphi(7)\times 5}=1-\frac{14}{15}\right)$$

和

$$20\%\left(=1-\frac{\varphi(6)\varphi(5)}{\varphi(6)\times 5}=1-(1-\frac{1}{5}\right)$$

的篇幅和更多的计算量. 与编制埃氏筛法表素数表相比，节省的篇幅和计算量高达73.33%. 总之，编制模 30 缩族因数表既大幅度降低了消耗，又显著提高了制表效率.

(4) 模数 30 的欧拉函数值大小适中，使模 30 缩族因数表全部的 8 个含质列连同小素因数的并列编排与书页的宽幅恰好匹配. 因此，查用该表一目了然. 特别是能够一览无遗依次不漏地检索表内直接显示的 $k$ 生素数.

### 7.1.2 编制模 30 缩族因数表的用途

#### 一、模 30 缩族因数表的显示功能

不超过 $x$ 的模 30 缩族因数表能够直接显示 $x$ 以内：

(1) 所有正整数的素性；

(2) 任何一个与 30 互素的合数 $h$ 的全部小素因数；

(3) 所有差 30 素数对和 $v(=3,4,5,6)$ 项等差 30 素数列以及它们的个位数方式；

(4) 所有孪生素数、差 4 素数对和 4－2 与 2－4 间隔差型 $k$ 生素数以及它们的个位数方式 ($k\leqslant 6$)；

模 30 缩族因数表还能够

(5) 显示该表任何一行中和上下两行内若干连续项的相邻 $k$ 生素数；

(6) 显示该表内 $a-b$ 间隔差型 $k$ 生素数以及它们的个位数方式($a,b$ 均为偶数且 $a+b=30$).

**二、模 30 缩族因数表的用途**

鉴于上述模 30 缩族因数表所具有的显示功能，编制该表有下述用途.

(1) 直接查判 $x$ 以内除 1 外的任何一个正整数的素性；

(2) 查算 $x$ 以内任何一个合数 $h$ 的标准分解式. 亦能查算满足如下条件的大于 $x$ 的合数 $h'$ 的标准分解式：设 $h'=f_1f_2\cdots f_s(s\geqslant 2,f_1\leqslant f_2\leqslant\cdots\leqslant f_s\leqslant x)$ 且 $f_1,f_2,\cdots,f_s$ 为已知，则可以对合数 $h'(>x)$ 施行因数分解；

(3) 依序直接综合搜寻和分类搜寻 $x$ 以内所有的差 30 素数对和 $v(=3,4,5,6)$ 项等差 30 素数列；

(4) 依序直接综合搜寻和分类搜寻 $x$ 以内所有的孪生素数、差 4 素数对和 4－2 与 2－4 间隔差型 $k$ 生素数($k\leqslant 6$)；

(5) 依序搜寻表 21、表 22 所列示的多种相邻 $k$ 生素数；

(6) 依序分类搜寻 $a-b$ 间隔差型 $k$ 生素数($a,b$ 均为偶数且 $a+b=30$)；

(7) 间接搜寻等差 60、等差 90、等差 120 素数列以及差 60、差 90、差 120 素数对等.

如果有此搜寻需要，却只编有模 30 缩族质合表而无模 60、模 90、模 120 等缩族质合表时，便可运用蹦跳搜寻法. 该法与下跳棋走直线的情形相同或相似，就是在模 30 缩族质合表每一个含质列中，每步均跳过 $m$ 个数($m=1,2,\cdots,5$). 若从起点向前跳 $z$ 步($z=2,3,4,5$) 或者跳 1 步与起点都能踩落在素数上，于是就找到了一个 $z+1$ 项等差 $30(m+1)$ 素数列或者一个差 $30(m+1)$ 素数对. 当取 $m=1,2,3$，即取公差或差数为 60,90,120 时，此法便于应用操作.

## 7.2　大型模 30 缩族因数表与其配套显搜方法口诀表

大型模 30 缩族因数表与其配套显搜方法口诀表包括：20 万以内模 30 缩族因数表、应用模 30 缩族质合表分类搜寻横向直显相邻 $k$ 生素数口诀表、应用模 30 缩族质合表综合搜寻非直显示相邻 $k$ 项素数列口诀表、应用模 30 缩族质合表分类搜寻 $a$-$b$ 间隔差型 $k$ 生素数方法表. 这 4 种表分别见表 20 ～ 表 23.

# 表 20　20 万以内模 30 缩族因数表

(2,3,5)

| | | | | | | | |
|---|---|---|---|---|---|---|---|
| 7 | 11 | 13 | 17 | 19 | 23 | 29 | 31 |
| 37 | 41 | 43 | 47 | $49_{7}$ | 53 | 59 | 61 |
| 67 | 71 | 73 | $77_{7}$ | 79 | 83 | 89 | $91_{7}$ |
| 97 | 101 | 103 | 107 | 109 | 113 | $119_{7}$ | $121_{11}$ |
| 127 | 131 | $133_{7}$ | 137 | 139 | $143_{11}$ | 149 | 151 |
| 157 | $161_{7}$ | 163 | 167 | $169_{13}$ | 173 | 179 | 181 |
| $187_{11}$ | 191 | 193 | 197 | 199 | $203_{7}$ | $209_{11}$ | 211 |
| $217_{7}$ | $221_{13}$ | 223 | 227 | 229 | 233 | 239 | 241 |
| $247_{13}$ | 251 | $253_{11}$ | 257 | $259_{7}$ | 263 | 269 | 271 |
| 277 | 281 | 283 | $287_{7}$ | $289_{17}$ | 293 | $299_{13}$ | $301_{7}$ |
| 307 | 311 | 313 | 317 | $319_{11}$ | $323_{17}$ | $329_{7}$ | 331 |
| 337 | $341_{11}$ | $343_{7}$ | 347 | 349 | 353 | 359 | $361_{19}$ |
| 367 | $371_{7}$ | 373 | $377_{13}$ | 379 | 383 | 389 | $391_{17}$ |
| 397 | 401 | $403_{13}$ | $407_{11}$ | 409 | $413_{7}$ | 419 | 421 |
| $427_{7}$ | 431 | 433 | $437_{19}$ | 439 | 443 | 449 | $451_{11}$ |
| 457 | 461 | 463 | 467 | $469_{7}$ | $473_{11}$ | 479 | $481_{13}$ |
| 487 | 491 | $493_{17}$ | $497_{7}$ | 499 | 503 | 509 | $511_{7}$ |
| $517_{11}$ | 521 | 523 | $527_{17}$ | $529_{23}$ | $533_{13}$ | $539_{7\cdot11}$ | 541 |
| 547 | $551_{19}$ | $553_{7}$ | 557 | $559_{13}$ | 563 | 569 | 571 |
| 577 | $581_{7}$ | $583_{11}$ | 587 | $589_{19}$ | 593 | 599 | 601 |
| 607 | $611_{13}$ | 613 | 617 | 619 | $623_{7}$ | $629_{17}$ | 631 |
| $637_{7\cdot13}$ | 641 | 643 | 647 | $649_{11}$ | 653 | 659 | 661 |
| $667_{23}$ | $671_{11}$ | 673 | 677 | $679_{7}$ | 683 | $689_{13}$ | 691 |
| $697_{17}$ | 701 | $703_{19}$ | $707_{7}$ | 709 | $713_{23}$ | 719 | $721_{7}$ |
| 727 | $731_{17}$ | 733 | $737_{11}$ | 739 | 743 | $749_{7}$ | 751 |
| 757 | 761 | $763_{7}$ | $767_{13}$ | 769 | 773 | $779_{19}$ | $781_{11}$ |
| 787 | $791_{7}$ | $793_{13}$ | 797 | $799_{17}$ | $803_{11}$ | 809 | 811 |
| $817_{19}$ | 821 | 823 | 827 | 829 | $833_{7\cdot17}$ | 839 | $841_{29}$ |
| $847_{7\cdot11}$ | $851_{23}$ | 853 | 857 | 859 | 863 | $869_{11}$ | $871_{13}$ |
| 877 | 881 | 883 | 887 | $889_{7}$ | $893_{19}$ | $899_{29}$ | $901_{17}$ |
| 907 | 911 | $913_{11}$ | $917_{7}$ | 919 | $923_{13}$ | 929 | $931_{7\cdot19}$ |
| 937 | 941 | $943_{23}$ | 947 | $949_{13}$ | 953 | $959_{7}$ | $961_{31}$ |
| 967 | 971 | $973_{7}$ | 977 | $979_{11}$ | 983 | $989_{23}$ | 991 |
| 997 | $1001_{7\cdot11\cdot13}$ | $1003_{17}$ | $1007_{19}$ | 1009 | 1013 | 1019 | 1021 |
| $1027_{13}$ | 1031 | 1033 | $1037_{17}$ | 1039 | $1043_{7}$ | 1049 | 1051 |
| $1057_{7}$ | 1061 | 1063 | $1067_{11}$ | 1069 | $1073_{29}$ | $1079_{13}$ | $1081_{23}$ |
| 1087 | 1091 | 1093 | 1097 | $1099_{7}$ | 1103 | 1109 | $1111_{11}$ |
| 1117 | $1121_{19}$ | 1123 | $1127_{7\cdot23}$ | 1129 | $1133_{11}$ | $1139_{17}$ | $1141_{7}$ |
| $1147_{31}$ | 1151 | 1153 | $1157_{13}$ | $1159_{19}$ | 1163 | $1169_{7}$ | 1171 |
| $1177_{11}$ | 1181 | $1183_{7\cdot13}$ | 1187 | $1189_{29}$ | 1193 | $1199_{11}$ | 1201 |
| $1207_{17}$ | $1211_{7}$ | 1213 | 1217 | $1219_{23}$ | 1223 | 1229 | 1231 |
| 1237 | $1241_{17}$ | $1243_{11}$ | $1247_{29}$ | 1249 | $1253_{7}$ | 1259 | $1261_{13}$ |
| $1267_{7}$ | $1271_{31}$ | $1273_{19}$ | 1277 | 1279 | 1283 | 1289 | 1291 |
| 1297 | 1301 | 1303 | 1307 | $1309_{7\cdot11\cdot17}$ | $1313_{13}$ | 1319 | 1321 |
| 1327 | $1331_{11}$ | $1333_{31}$ | $1337_{7}$ | $1339_{13}$ | $1343_{17}$ | $1349_{19}$ | $1351_{7}$ |
| $1357_{23}$ | 1361 | $1363_{29}$ | 1367 | $1369_{37}$ | 1373 | $1379_{7}$ | 1381 |
| $1387_{19}$ | $1391_{13}$ | $1393_{7}$ | $1397_{11}$ | 1399 | $1403_{23}$ | 1409 | $1411_{17}$ |
| $1417_{13}$ | $1421_{7\cdot29}$ | 1423 | 1427 | 1429 | 1433 | 1439 | $1441_{11}$ |
| 1447 | 1451 | 1453 | $1457_{31}$ | 1459 | $1463_{7\cdot11\cdot19}$ | $1469_{13}$ | 1471 |
| $1477_{7}$ | 1481 | 1483 | 1487 | 1489 | 1493 | 1499 | $1501_{19}$ |
| $1507_{11}$ | 1511 | $1513_{17}$ | $1517_{37}$ | $1519_{7\cdot31}$ | 1523 | $1529_{11}$ | 1531 |
| $1537_{29}$ | $1541_{23}$ | 1543 | $1547_{7\cdot13\cdot17}$ | 1549 | 1553 | 1559 | $1561_{7}$ |
| 1567 | 1571 | $1573_{11\cdot13}$ | $1577_{19}$ | 1579 | 1583 | $1589_{7}$ | $1591_{37}$ |
| 1597 | 1601 | $1603_{7}$ | 1607 | 1609 | 1613 | 1619 | 1621 |
| 1627 | $1631_{7}$ | $1633_{23}$ | 1637 | $1639_{11}$ | $1643_{31}$ | $1649_{17}$ | $1651_{13}$ |
| 1657 | $1661_{11}$ | 1663 | 1667 | 1669 | $1673_{7}$ | $1679_{23}$ | $1681_{41}$ |
| $1687_{7}$ | $1691_{19}$ | 1693 | 1697 | 1699 | $1703_{13}$ | 1709 | $1711_{29}$ |
| $1717_{17}$ | 1721 | 1723 | $1727_{11}$ | $1729_{7\cdot13\cdot19}$ | 1733 | $1739_{37}$ | 1741 |
| 1747 | $1751_{17}$ | 1753 | $1757_{7}$ | 1759 | $1763_{41}$ | $1769_{29}$ | $1771_{7\cdot11\cdot23}$ |
| 1777 | $1781_{13}$ | 1783 | 1787 | 1789 | $1793_{11}$ | $1799_{7}$ | 1801 |
| $1807_{13}$ | 1811 | $1813_{7\cdot37}$ | $1817_{23}$ | $1819_{17}$ | 1823 | $1829_{31}$ | 1831 |
| $1837_{11}$ | $1841_{7}$ | $1843_{19}$ | 1847 | $1849_{43}$ | $1853_{17}$ | $1859_{11\cdot13}$ | 1861 |
| 1867 | 1871 | 1873 | 1877 | 1879 | $1883_{7}$ | 1889 | $1891_{31}$ |
| $1897_{7}$ | 1901 | $1903_{11}$ | 1907 | $1909_{23}$ | 1913 | $1919_{19}$ | $1921_{17}$ |
| $1927_{41}$ | 1931 | 1933 | $1937_{13}$ | $1939_{7}$ | $1943_{29}$ | 1949 | 1951 |
| $1957_{19}$ | $1961_{37}$ | $1963_{13}$ | $1967_{7}$ | $1969_{11}$ | 1973 | 1979 | $1981_{7}$ |
| 1987 | $1991_{11}$ | 1993 | 1997 | 1999 | 2003 | $2009_{7\cdot41}$ | 2011 |
| 2017 | $2021_{43}$ | $2023_{7\cdot17}$ | 2027 | 2029 | $2033_{19}$ | 2039 | $2041_{13}$ |
| $2047_{23}$ | $2051_{7}$ | 2053 | $2057_{11\cdot17}$ | $2059_{29}$ | 2063 | 2069 | $2071_{19}$ |
| $2077_{31}$ | 2081 | 2083 | 2087 | 2089 | $2093_{7\cdot13\cdot23}$ | 2099 | $2101_{11}$ |
| $2107_{7\cdot43}$ | 2111 | 2113 | $2117_{29}$ | $2119_{13}$ | $2123_{11}$ | 2129 | 2131 |
| 2137 | 2141 | 2143 | $2147_{19}$ | $2149_{7}$ | 2153 | $2159_{17}$ | 2161 |
| $2167_{11}$ | $2171_{13}$ | $2173_{41}$ | $2177_{7}$ | 2179 | $2183_{37}$ | $2189_{11}$ | $2191_{7}$ |
| $2197_{13}$ | $2201_{31}$ | 2203 | 2207 | $2209_{47}$ | 2213 | $2219_{7}$ | 2221 |
| $2227_{17}$ | $2231_{23}$ | $2233_{7\cdot11\cdot29}$ | 2237 | 2239 | 2243 | $2249_{13}$ | 2251 |
| $2257_{37}$ | $2261_{7\cdot17\cdot19}$ | $2263_{31}$ | 2267 | 2269 | 2273 | $2279_{43}$ | 2281 |
| 2287 | $2291_{29}$ | 2293 | 2297 | $2299_{11\cdot19}$ | $2303_{7\cdot47}$ | 2309 | 2311 |
| $2317_{7}$ | $2321_{11}$ | $2323_{23}$ | $2327_{13}$ | $2329_{17}$ | 2333 | 2339 | 2341 |
| 2347 | 2351 | $2353_{13}$ | 2357 | $2359_{7}$ | $2363_{17}$ | $2369_{23}$ | 2371 |
| 2377 | 2381 | 2383 | $2387_{7\cdot11\cdot31}$ | 2389 | 2393 | 2399 | $2401_{7}$ |

| | | | | | | | |
|---|---|---|---|---|---|---|---|
| $2407_{29}$ | 2411 | $2413_{19}$ | 2417 | $2419_{41}$ | 2423 | $2429_{7}$ | $2431_{11\cdot13\cdot17}$ |
| 2437 | 2441 | $2443_{7}$ | 2447 | $2449_{31}$ | $2453_{11}$ | 2459 | $2461_{23}$ |
| 2467 | $2471_{7}$ | 2473 | 2477 | $2479_{37}$ | $2483_{13}$ | $2489_{19}$ | $2491_{47}$ |
| $2497_{11}$ | $2501_{41}$ | 2503 | $2507_{23}$ | $2509_{13}$ | $2513_{7}$ | $2519_{11}$ | 2521 |
| $2527_{7\cdot19}$ | 2531 | $2533_{17}$ | $2537_{43}$ | 2539 | 2543 | 2549 | 2551 |
| 2557 | $2561_{13}$ | $2563_{11}$ | $2567_{17}$ | $2569_{7}$ | $2573_{31}$ | 2579 | $2581_{29}$ |
| $2587_{13}$ | 2591 | 2593 | $2597_{7}$ | $2599_{23}$ | $2603_{19}$ | 2609 | $2611_{7}$ |
| 2617 | 2621 | $2623_{43}$ | $2627_{37}$ | $2629_{11}$ | 2633 | $2639_{7\cdot13\cdot29}$ | $2641_{19}$ |
| 2647 | $2651_{11}$ | $2653_{7}$ | 2657 | 2659 | 2663 | $2669_{17}$ | 2671 |
| 2677 | $2681_{7}$ | 2683 | 2687 | 2689 | 2693 | 2699 | $2701_{37}$ |
| 2707 | 2711 | 2713 | $2717_{11\cdot13\cdot19}$ | 2719 | $2723_{7}$ | 2729 | 2731 |
| $2737_{7\cdot17\cdot23}$ | 2741 | $2743_{13}$ | $2747_{41}$ | 2749 | 2753 | $2759_{31}$ | $2761_{11}$ |
| 2767 | $2771_{17}$ | $2773_{47}$ | 2777 | $2779_{7}$ | $2783_{11\cdot23}$ | 2789 | 2791 |
| 2797 | 2801 | 2803 | $2807_{7}$ | $2809_{53}$ | $2813_{29}$ | 2819 | $2821_{7\cdot13\cdot31}$ |
| $2827_{11}$ | $2831_{19}$ | 2833 | 2837 | $2839_{17}$ | 2843 | $2849_{7\cdot11\cdot37}$ | 2851 |
| 2857 | 2861 | $2863_{7}$ | $2867_{47}$ | $2869_{19}$ | $2873_{13\cdot17}$ | 2879 | $2881_{43}$ |
| 2887 | $2891_{7}$ | $2893_{11}$ | 2897 | $2899_{13}$ | 2903 | 2909 | $2911_{41}$ |
| 2917 | $2921_{23}$ | $2923_{37}$ | 2927 | $2929_{29}$ | $2933_{7}$ | 2939 | $2941_{17}$ |
| $2947_{7}$ | $2951_{13}$ | 2953 | 2957 | $2959_{11}$ | 2963 | 2969 | 2971 |
| $2977_{13}$ | $2981_{11}$ | $2983_{19}$ | $2987_{29}$ | $2989_{7}$ | $2993_{41}$ | 2999 | 3001 |
| $3007_{31}$ | 3011 | $3013_{23}$ | $3017_{7}$ | 3019 | 3023 | $3029_{13}$ | $3031_{7}$ |
| 3037 | 3041 | $3043_{17}$ | $3047_{11}$ | 3049 | $3053_{43}$ | $3059_{7\cdot19\cdot23}$ | 3061 |
| 3067 | $3071_{37}$ | $3073_{7}$ | $3077_{17}$ | 3079 | 3083 | 3089 | $3091_{11}$ |
| $3097_{19}$ | $3101_{7}$ | $3103_{29}$ | $3107_{13}$ | 3109 | $3113_{11}$ | 3119 | 3121 |
| $3127_{53}$ | $3131_{31}$ | $3133_{13}$ | 3137 | $3139_{43}$ | $3143_{7}$ | $3149_{47}$ | $3151_{23}$ |
| $3157_{7\cdot11\cdot41}$ | $3161_{29}$ | 3163 | 3167 | 3169 | $3173_{19}$ | $3179_{11\cdot17}$ | 3181 |
| 3187 | 3191 | $3193_{31}$ | $3197_{23}$ | $3199_{7}$ | 3203 | 3209 | $3211_{13\cdot19}$ |
| 3217 | 3221 | $3223_{11}$ | $3227_{7}$ | 3229 | $3233_{53}$ | $3239_{41}$ | $3241_{7}$ |
| $3247_{17}$ | 3251 | 3253 | 3257 | 3259 | $3263_{13}$ | $3269_{7}$ | 3271 |
| $3277_{29}$ | $3281_{17}$ | $3283_{7}$ | $3287_{19}$ | $3289_{11\cdot13\cdot23}$ | $3293_{37}$ | 3299 | 3301 |
| 3307 | $3311_{7\cdot11\cdot43}$ | 3313 | $3317_{31}$ | 3319 | 3323 | 3329 | 3331 |
| $3337_{47}$ | $3341_{13}$ | 3343 | 3347 | $3349_{17}$ | $3353_{7}$ | 3359 | 3361 |
| $3367_{7\cdot13\cdot37}$ | 3371 | 3373 | $3377_{11}$ | $3379_{31}$ | $3383_{17}$ | 3389 | 3391 |
| $3397_{43}$ | $3401_{19}$ | $3403_{41}$ | 3407 | $3409_{7}$ | 3413 | $3419_{13}$ | $3421_{11}$ |
| $3427_{23}$ | $3431_{47}$ | 3433 | $3437_{7}$ | $3439_{19}$ | $3443_{11}$ | 3449 | $3451_{7\cdot17\cdot29}$ |
| 3457 | 3461 | 3463 | 3467 | 3469 | $3473_{23}$ | $3479_{7}$ | $3481_{59}$ |
| $3487_{11}$ | 3491 | $3493_{7}$ | $3497_{13}$ | 3499 | $3503_{31}$ | $3509_{11\cdot29}$ | 3511 |
| 3517 | $3521_{7}$ | $3523_{13}$ | 3527 | 3529 | 3533 | 3539 | 3541 |
| 3547 | $3551_{53}$ | $3553_{11\cdot17\cdot19}$ | 3557 | 3559 | $3563_{7}$ | $3569_{43}$ | 3571 |
| $3577_{7}$ | 3581 | 3583 | $3587_{17}$ | $3589_{37}$ | 3593 | $3599_{59}$ | $3601_{13}$ |
| 3607 | $3611_{23}$ | 3613 | 3617 | $3619_{7\cdot11\cdot47}$ | 3623 | $3629_{19}$ | 3631 |
| 3637 | $3641_{11}$ | 3643 | $3647_{7}$ | $3649_{41}$ | $3653_{13}$ | 3659 | $3661_{7}$ |
| $3667_{19}$ | 3671 | 3673 | 3677 | $3679_{13}$ | $3683_{29}$ | $3689_{7\cdot17\cdot31}$ | 3691 |
| 3697 | 3701 | $3703_{7\cdot23}$ | $3707_{11}$ | 3709 | $3713_{47}$ | 3719 | $3721_{61}$ |
| 3727 | $3731_{7\cdot13\cdot41}$ | 3733 | $3737_{37}$ | 3739 | $3743_{19}$ | $3749_{23}$ | $3751_{11\cdot31}$ |
| $3757_{13\cdot17}$ | 3761 | $3763_{53}$ | 3767 | 3769 | $3773_{7\cdot11}$ | 3779 | $3781_{19}$ |
| $3787_{7}$ | $3791_{17}$ | 3793 | 3797 | $3799_{29}$ | 3803 | $3809_{13}$ | $3811_{37}$ |
| $3817_{11}$ | 3821 | 3823 | $3827_{43}$ | $3829_{7}$ | 3833 | $3839_{11}$ | $3841_{23}$ |
| 3847 | 3851 | 3853 | $3857_{7\cdot19\cdot29}$ | $3859_{17}$ | 3863 | $3869_{53}$ | $3871_{7}$ |
| 3877 | 3881 | $3883_{11}$ | $3887_{13\cdot23}$ | 3889 | $3893_{17}$ | $3899_{7}$ | $3901_{47}$ |
| 3907 | 3911 | $3913_{7\cdot13\cdot43}$ | 3917 | 3919 | 3923 | 3929 | 3931 |
| $3937_{31}$ | $3941_{7}$ | 3943 | 3947 | $3949_{11}$ | $3953_{59}$ | $3959_{37}$ | $3961_{17}$ |
| 3967 | $3971_{11\cdot19}$ | $3973_{29}$ | $3977_{41}$ | $3979_{23}$ | $3983_{7}$ | 3989 | $3991_{13}$ |
| $3997_{7}$ | 4001 | 4003 | 4007 | $4009_{19}$ | 4013 | 4019 | 4021 |
| 4027 | $4031_{29}$ | $4033_{37}$ | $4037_{11}$ | $4039_{7}$ | $4043_{13}$ | 4049 | 4051 |
| 4057 | $4061_{31}$ | $4063_{17}$ | $4067_{7}$ | $4069_{13}$ | 4073 | 4079 | $4081_{7\cdot11\cdot53}$ |
| $4087_{61}$ | 4091 | 4093 | $4097_{17}$ | 4099 | $4103_{11}$ | $4109_{7}$ | 4111 |
| $4117_{23}$ | $4121_{13}$ | $4123_{7\cdot19\cdot31}$ | 4127 | 4129 | 4133 | 4139 | $4141_{41}$ |
| $4147_{11\cdot13\cdot29}$ | $4151_{7}$ | 4153 | 4157 | 4159 | $4163_{23}$ | $4169_{11}$ | $4171_{43}$ |
| 4177 | $4181_{37}$ | $4183_{47}$ | $4187_{53}$ | $4189_{59}$ | $4193_{7}$ | $4199_{13\cdot17\cdot19}$ | 4201 |
| $4207_{7}$ | 4211 | $4213_{11}$ | 4217 | 4219 | $4223_{41}$ | 4229 | 4231 |
| $4237_{19}$ | 4241 | 4243 | $4247_{31}$ | $4249_{7}$ | 4253 | 4259 | 4261 |
| $4267_{17}$ | 4271 | 4273 | $4277_{7\cdot13\cdot47}$ | $4279_{11}$ | 4283 | 4289 | $4291_{7}$ |
| 4297 | $4301_{11\cdot17\cdot23}$ | $4303_{13}$ | $4307_{59}$ | $4309_{31}$ | $4313_{19}$ | $4319_{7}$ | $4321_{29}$ |
| 4327 | $4331_{61}$ | $4333_{7}$ | 4337 | 4339 | $4343_{43}$ | 4349 | $4351_{19}$ |
| 4357 | $4361_{7}$ | 4363 | $4367_{11}$ | $4369_{17}$ | 4373 | $4379_{29}$ | $4381_{13}$ |
| $4387_{41}$ | 4391 | $4393_{23}$ | 4397 | $4399_{53}$ | $4403_{7\cdot17\cdot37}$ | 4409 | $4411_{11}$ |
| $4417_{7}$ | 4421 | 4423 | $4427_{19}$ | $4429_{43}$ | $4433_{11\cdot13\cdot31}$ | $4439_{23}$ | 4441 |
| 4447 | 4451 | $4453_{61}$ | 4457 | $4459_{7\cdot13}$ | 4463 | $4469_{41}$ | $4471_{17}$ |
| $4477_{11\cdot37}$ | 4481 | 4483 | $4487_{7}$ | $4489_{67}$ | 4493 | $4499_{11}$ | $4501_{7}$ |
| 4507 | $4511_{13}$ | 4513 | 4517 | 4519 | 4523 | $4529_{7}$ | $4531_{23}$ |
| $4537_{13}$ | $4541_{19}$ | $4543_{7\cdot11\cdot59}$ | 4547 | 4549 | $4553_{29}$ | $4559_{47}$ | 4561 |
| 4567 | $4571_{7}$ | $4573_{17}$ | $4577_{23}$ | $4579_{19}$ | 4583 | $4589_{13}$ | 4591 |
| 4597 | $4601_{43}$ | 4603 | $4607_{17}$ | $4609_{11}$ | $4613_{7}$ | $4619_{31}$ | 4621 |
| $4627_{7}$ | $4631_{11}$ | $4633_{41}$ | 4637 | 4639 | 4643 | 4649 | 4651 |
| 4657 | $4661_{59}$ | 4663 | $4667_{13}$ | $4669_{7\cdot23\cdot29}$ | 4673 | 4679 | $4681_{31}$ |
| $4687_{43}$ | 4691 | $4693_{13\cdot19}$ | $4697_{7\cdot11\cdot61}$ | $4699_{37}$ | 4703 | $4709_{17}$ | $4711_{7}$ |
| $4717_{53}$ | 4721 | 4723 | $4727_{29}$ | 4729 | 4733 | $4739_{7}$ | $4741_{11}$ |
| $4747_{47}$ | 4751 | $4753_{7}$ | $4757_{67}$ | 4759 | $4763_{11}$ | $4769_{19}$ | $4771_{13}$ |
| $4777_{17}$ | $4781_{7}$ | 4783 | 4787 | 4789 | 4793 | 4799 | 4801 |
| $4807_{11\cdot19\cdot23}$ | $4811_{17}$ | 4813 | 4817 | $4819_{61}$ | $4823_{7\cdot13\cdot53}$ | $4829_{11}$ | 4831 |
| $4837_{7}$ | $4841_{47}$ | $4843_{29}$ | $4847_{37}$ | $4849_{13}$ | $4853_{23}$ | $4859_{43}$ | 4861 |

| | | | | | | | |
|---|---|---|---|---|---|---|---|
| 4867$_{31}$ | 4871 | 4873$_{11}$ | 4877 | 4879$_{7\cdot17\cdot41}$ | 4883$_{19}$ | 4889 | 4891$_{67}$ |
| 4897$_{59}$ | 4901$_{13\cdot29}$ | 4903 | 4907$_{7}$ | 4909 | 4913$_{17}$ | 4919 | 4921$_{7\cdot19\cdot37}$ |
| 4927$_{13}$ | 4931 | 4933 | 4937 | 4939$_{11}$ | 4943 | 4949$_{7}$ | 4951 |
| 4957 | 4961$_{11\cdot41}$ | 4963$_{7}$ | 4967 | 4969 | 4973 | 4979$_{13}$ | 4981$_{17}$ |
| 4987 | 4991$_{7\cdot23\cdot31}$ | 4993 | 4997$_{19}$ | 4999 | 5003 | 5009 | 5011 |
| 5017$_{29}$ | 5021 | 5023 | 5027$_{11}$ | 5029$_{47}$ | 5033$_{7}$ | 5039 | 5041$_{71}$ |
| 5047$_{7}$ | 5051 | 5053$_{31}$ | 5057$_{13}$ | 5059 | 5063$_{61}$ | 5069$_{37}$ | 5071$_{11}$ |
| 5077 | 5081 | 5083$_{13\cdot17\cdot23}$ | 5087 | 5089$_{7}$ | 5093$_{11}$ | 5099 | 5101 |
| 5107 | 5111$_{19}$ | 5113 | 5117$_{7\cdot17\cdot43}$ | 5119 | 5123$_{47}$ | 5129$_{23}$ | 5131$_{7}$ |
| 5137$_{11}$ | 5141$_{53}$ | 5143$_{37}$ | 5147 | 5149$_{19}$ | 5153 | 5159$_{7\cdot11\cdot67}$ | 5161$_{13}$ |
| 5167 | 5171 | 5173$_{7}$ | 5177$_{31}$ | 5179 | 5183$_{71}$ | 5189 | 5191$_{29}$ |
| 5197 | 5201$_{7}$ | 5203$_{11\cdot43}$ | 5207$_{41}$ | 5209 | 5213$_{13}$ | 5219$_{17}$ | 5221$_{23}$ |
| 5227 | 5231 | 5233 | 5237 | 5239$_{13\cdot31}$ | 5243$_{7}$ | 5249$_{29}$ | 5251$_{59}$ |
| 5257$_{7}$ | 5261 | 5263$_{19}$ | 5267$_{23}$ | 5269$_{11}$ | 5273 | 5279 | 5281 |
| 5287$_{17}$ | 5291$_{11\cdot13\cdot37}$ | 5293$_{67}$ | 5297 | 5299$_{7}$ | 5303 | 5309 | 5311$_{47}$ |
| 5317$_{13}$ | 5321$_{17}$ | 5323 | 5327$_{7}$ | 5329$_{73}$ | 5333 | 5339$_{19}$ | 5341$_{7}$ |
| 5347 | 5351 | 5353$_{53}$ | 5357$_{11}$ | 5359$_{23}$ | 5363$_{31}$ | 5369$_{7\cdot13\cdot59}$ | 5371$_{41}$ |
| 5377$_{19}$ | 5381 | 5383$_{7}$ | 5387 | 5389$_{17}$ | 5393 | 5399 | 5401$_{11}$ |
| 5407 | 5411$_{7}$ | 5413 | 5417 | 5419 | 5423$_{11\cdot17\cdot29}$ | 5429$_{61}$ | 5431 |
| 5437 | 5441 | 5443 | 5447$_{13}$ | 5449 | 5453$_{7\cdot19\cdot41}$ | 5459$_{53}$ | 5461$_{43}$ |
| 5467$_{7\cdot11\cdot71}$ | 5471 | 5473$_{13}$ | 5477 | 5479 | 5483 | 5489$_{11}$ | 5491$_{17\cdot19}$ |
| 5497$_{23}$ | 5501 | 5503 | 5507 | 5509$_{7}$ | 5513$_{37}$ | 5519 | 5521 |
| 5527 | 5531 | 5533$_{11}$ | 5537$_{7}$ | 5539$_{29}$ | 5543$_{23}$ | 5549$_{31}$ | 5551$_{7\cdot13\cdot61}$ |
| 5557 | 5561$_{67}$ | 5563 | 5567$_{19}$ | 5569 | 5573 | 5579$_{7}$ | 5581 |
| 5587$_{37}$ | 5591 | 5593$_{7\cdot17\cdot47}$ | 5597$_{29}$ | 5599$_{11}$ | 5603$_{13}$ | 5609$_{71}$ | 5611$_{31}$ |
| 5617$_{41}$ | 5621$_{7\cdot11\cdot73}$ | 5623 | 5627$_{17}$ | 5629$_{13}$ | 5633$_{43}$ | 5639 | 5641 |
| 5647 | 5651 | 5653 | 5657 | 5659 | 5663$_{7}$ | 5669 | 5671$_{53}$ |
| 5677$_{7}$ | 5681$_{13\cdot19\cdot23}$ | 5683 | 5687$_{11\cdot47}$ | 5689 | 5693 | 5699$_{41}$ | 5701 |
| 5707$_{13}$ | 5711 | 5713$_{29}$ | 5717 | 5719$_{7\cdot19\cdot43}$ | 5723$_{59}$ | 5729$_{17}$ | 5731$_{11}$ |
| 5737 | 5741 | 5743 | 5747$_{7}$ | 5749 | 5753$_{11}$ | 5759$_{13}$ | 5761$_{7}$ |
| 5767$_{73}$ | 5771$_{29}$ | 5773$_{23}$ | 5777$_{53}$ | 5779 | 5783 | 5789$_{7}$ | 5791 |
| 5797$_{11\cdot17\cdot31}$ | 5801 | 5803$_{7}$ | 5807 | 5809$_{37}$ | 5813 | 5819$_{11\cdot23}$ | 5821 |
| 5827 | 5831$_{7\cdot17}$ | 5833$_{19}$ | 5837$_{13}$ | 5839 | 5843 | 5849 | 5851 |
| 5857 | 5861 | 5863$_{11\cdot13\cdot41}$ | 5867 | 5869 | 5873$_{7}$ | 5879 | 5881 |
| 5887$_{7\cdot29}$ | 5891$_{43}$ | 5893$_{71}$ | 5897 | 5899$_{17}$ | 5903 | 5909$_{19}$ | 5911$_{23}$ |
| 5917$_{61}$ | 5921$_{31}$ | 5923 | 5927 | 5929$_{7\cdot11}$ | 5933$_{17}$ | 5939 | 5941$_{13}$ |
| 5947$_{19}$ | 5951$_{11}$ | 5953 | 5957$_{7\cdot23\cdot37}$ | 5959$_{59}$ | 5963$_{67}$ | 5969$_{47}$ | 5971$_{7}$ |
| 5977$_{43}$ | 5981 | 5983$_{31}$ | 5987 | 5989$_{53}$ | 5993$_{13}$ | 5999$_{7}$ | 6001$_{17}$ |
| 6007 | 6011 | 6013$_{7}$ | 6017$_{11}$ | 6019$_{13}$ | 6023$_{19}$ | 6029 | 6031$_{37}$ |
| 6037 | 6041$_{7}$ | 6043 | 6047 | 6049$_{23}$ | 6053 | 6059$_{73}$ | 6061$_{11\cdot19\cdot29}$ |
| 6067 | 6071$_{13}$ | 6073 | 6077$_{59}$ | 6079 | 6083$_{7\cdot11}$ | 6089 | 6091 |
| 6097$_{7\cdot13\cdot67}$ | 6101 | 6103$_{17}$ | 6107$_{31}$ | 6109$_{41}$ | 6113 | 6119$_{29}$ | 6121 |
| 6127$_{11}$ | 6131 | 6133 | 6137$_{17\cdot19}$ | 6139$_{7}$ | 6143 | 6149$_{11\cdot13\cdot43}$ | 6151 |
| 6157$_{47}$ | 6161$_{61}$ | 6163 | 6167$_{7}$ | 6169$_{31}$ | 6173 | 6179$_{37}$ | 6181$_{7}$ |
| 6187$_{23}$ | 6191$_{41}$ | 6193$_{11}$ | 6197 | 6199 | 6203 | 6209$_{7}$ | 6211 |
| 6217 | 6221 | 6223$_{7}$ | 6227$_{13}$ | 6229 | 6233$_{23}$ | 6239$_{17}$ | 6241$_{79}$ |
| 6247 | 6251$_{7\cdot19\cdot47}$ | 6253$_{13\cdot37}$ | 6257 | 6259$_{11}$ | 6263 | 6269 | 6271 |
| 6277 | 6281$_{11}$ | 6283$_{61}$ | 6287 | 6289$_{19}$ | 6293$_{7\cdot29\cdot31}$ | 6299 | 6301 |
| 6307$_{7\cdot17\cdot53}$ | 6311 | 6313$_{59}$ | 6317 | 6319$_{71}$ | 6323 | 6329 | 6331$_{13}$ |
| 6337 | 6341$_{17}$ | 6343 | 6347$_{11}$ | 6349$_{7}$ | 6353 | 6359 | 6361 |
| 6367 | 6371$_{23}$ | 6373 | 6377$_{7}$ | 6379 | 6383$_{13}$ | 6389 | 6391$_{7\cdot11}$ |
| 6397 | 6401$_{37}$ | 6403$_{19}$ | 6407$_{43}$ | 6409$_{13\cdot17\cdot29}$ | 6413$_{11\cdot53}$ | 6419$_{7}$ | 6421 |
| 6427 | 6431$_{59}$ | 6433$_{7}$ | 6437$_{41}$ | 6439$_{47}$ | 6443$_{17}$ | 6449 | 6451 |
| 6457$_{11}$ | 6461$_{7\cdot13\cdot71}$ | 6463$_{23}$ | 6467$_{29}$ | 6469 | 6473 | 6479$_{11\cdot19\cdot31}$ | 6481 |
| 6487$_{13}$ | 6491 | 6493$_{43}$ | 6497$_{73}$ | 6499$_{67}$ | 6503$_{7}$ | 6509$_{23}$ | 6511$_{17}$ |
| 6517$_{7\cdot19}$ | 6521 | 6523$_{11}$ | 6527$_{61}$ | 6529 | 6533$_{47}$ | 6539$_{13}$ | 6541$_{31}$ |
| 6547 | 6551 | 6553 | 6557$_{79}$ | 6559$_{7}$ | 6563 | 6569 | 6571 |
| 6577 | 6581 | 6583$_{29}$ | 6587$_{7}$ | 6589$_{11}$ | 6593$_{19}$ | 6599 | 6601$_{7\cdot23\cdot41}$ |
| 6607 | 6611$_{11}$ | 6613$_{17}$ | 6617$_{13}$ | 6619 | 6623$_{37}$ | 6629$_{7}$ | 6631$_{19}$ |
| 6637 | 6641$_{29}$ | 6643$_{7\cdot13\cdot73}$ | 6647$_{17\cdot23}$ | 6649$_{61}$ | 6653 | 6659 | 6661 |
| 6667$_{59}$ | 6671$_{7}$ | 6673 | 6677$_{11}$ | 6679 | 6683$_{41}$ | 6689 | 6691 |
| 6697$_{37}$ | 6701 | 6703 | 6707$_{19}$ | 6709 | 6713$_{7}$ | 6719 | 6721$_{11\cdot13\cdot47}$ |
| 6727$_{7\cdot31}$ | 6731$_{53}$ | 6733 | 6737 | 6739$_{23}$ | 6743$_{11}$ | 6749$_{17}$ | 6751$_{43}$ |
| 6757$_{29}$ | 6761 | 6763 | 6767$_{67}$ | 6769$_{7}$ | 6773$_{13}$ | 6779 | 6781 |
| 6787$_{11}$ | 6791 | 6793 | 6797$_{7}$ | 6799$_{13}$ | 6803 | 6809$_{11}$ | 6811$_{7}$ |
| 6817$_{17}$ | 6821$_{19}$ | 6823 | 6827 | 6829 | 6833 | 6839$_{7}$ | 6841 |
| 6847$_{41}$ | 6851$_{13\cdot17\cdot31}$ | 6853$_{7\cdot11}$ | 6857 | 6859$_{19}$ | 6863 | 6869 | 6871 |
| 6877$_{13\cdot23}$ | 6881$_{7}$ | 6883 | 6887$_{71}$ | 6889$_{83}$ | 6893$_{61}$ | 6899 | 6901$_{67}$ |
| 6907 | 6911 | 6913$_{31}$ | 6917 | 6919$_{11\cdot17\cdot37}$ | 6923$_{7\cdot23\cdot43}$ | 6929$_{13\cdot41}$ | 6931$_{29}$ |
| 6937$_{7}$ | 6941$_{11}$ | 6943$_{53}$ | 6947 | 6949 | 6953$_{17}$ | 6959 | 6961 |
| 6967 | 6971 | 6973$_{19}$ | 6977 | 6979$_{7}$ | 6983 | 6989$_{29}$ | 6991 |
| 6997 | 7001 | 7003$_{47}$ | 7007$_{7\cdot11\cdot13}$ | 7009$_{43}$ | 7013 | 7019 | 7021$_{7\cdot17\cdot59}$ |
| 7027 | 7031$_{79}$ | 7033$_{13}$ | 7037$_{31}$ | 7039 | 7043 | 7049$_{7\cdot19\cdot53}$ | 7051$_{11}$ |
| 7057 | 7061$_{23}$ | 7063$_{7}$ | 7067$_{37}$ | 7069 | 7073$_{11}$ | 7079 | 7081$_{73}$ |
| 7087$_{19}$ | 7091$_{7}$ | 7093$_{41}$ | 7097$_{47}$ | 7099$_{31}$ | 7103 | 7109 | 7111$_{13}$ |
| 7117$_{11}$ | 7121 | 7123$_{17}$ | 7127 | 7129 | 7133$_{7}$ | 7139$_{11\cdot59}$ | 7141$_{37}$ |
| 7147$_{7}$ | 7151 | 7153$_{23}$ | 7157$_{17}$ | 7159 | 7163$_{13\cdot19\cdot29}$ | 7169$_{67}$ | 7171$_{71}$ |
| 7177 | 7181$_{43}$ | 7183$_{11}$ | 7187 | 7189$_{7\cdot13\cdot79}$ | 7193 | 7199$_{23}$ | 7201$_{19}$ |
| 7207 | 7211 | 7213 | 7217$_{7}$ | 7219 | 7223$_{31}$ | 7229 | 7231$_{7}$ |
| 7237 | 7241$_{13}$ | 7243 | 7247 | 7249$_{11}$ | 7253 | 7259$_{7\cdot17\cdot61}$ | 7261$_{53}$ |
| 7267$_{13\cdot43}$ | 7271$_{11}$ | 7273$_{7}$ | 7277$_{19}$ | 7279$_{29}$ | 7283 | 7289$_{37}$ | 7291$_{23}$ |
| 7297 | 7301$_{7}$ | 7303$_{67}$ | 7307 | 7309 | 7313$_{71}$ | 7319$_{13}$ | 7321 |

| | | | | | | | |
|---|---|---|---|---|---|---|---|
| $7327_{17}$ | 7331 | 7333 | $7337_{11\cdot 23\cdot 29}$ | $7339_{41}$ | $7343_{7}$ | 7349 | 7351 |
| $7357_{7}$ | $7361_{17}$ | $7363_{37}$ | $7367_{53}$ | 7369 | $7373_{73}$ | $7379_{47}$ | $7381_{11\cdot 61}$ |
| $7387_{83}$ | $7391_{19}$ | 7393 | $7397_{13}$ | $7399_{7}$ | $7403_{11}$ | $7409_{31}$ | 7411 |
| 7417 | $7421_{41}$ | $7423_{13}$ | $7427_{7}$ | $7429_{17\cdot 19\cdot 23}$ | 7433 | $7439_{43}$ | $7441_{7}$ |
| $7447_{11}$ | 7451 | $7453_{29}$ | 7457 | 7459 | $7463_{17}$ | $7469_{7\cdot 11}$ | $7471_{31}$ |
| 7477 | 7481 | $7483_{7}$ | 7487 | 7489 | $7493_{59}$ | 7499 | $7501_{13}$ |
| 7507 | $7511_{7\cdot 29\cdot 37}$ | $7513_{11}$ | 7517 | $7519_{73}$ | 7523 | 7529 | $7531_{17}$ |
| 7537 | 7541 | $7543_{19}$ | 7547 | 7549 | $7553_{7\cdot 13\cdot 83}$ | 7559 | 7561 |
| $7567_{7\cdot 23\cdot 47}$ | $7571_{67}$ | 7573 | 7577 | $7579_{11\cdot 13\cdot 53}$ | 7583 | 7589 | 7591 |
| $7597_{71}$ | $7601_{11}$ | 7603 | 7607 | $7609_{7}$ | $7613_{23}$ | $7619_{19}$ | 7621 |
| $7627_{29}$ | $7631_{13}$ | $7633_{17}$ | $7637_{7}$ | 7639 | 7643 | 7649 | $7651_{7}$ |
| $7657_{13\cdot 19\cdot 31}$ | $7661_{47}$ | $7663_{79}$ | $7667_{11\cdot 17\cdot 41}$ | 7669 | 7673 | $7679_{7}$ | 7681 |
| 7687 | 7691 | $7693_{7}$ | $7697_{43}$ | 7699 | 7703 | $7709_{13}$ | $7711_{11}$ |
| 7717 | $7721_{7}$ | 7723 | 7727 | $7729_{59}$ | $7733_{11\cdot 19\cdot 37}$ | $7739_{71}$ | 7741 |
| $7747_{61}$ | $7751_{23}$ | 7753 | 7757 | 7759 | $7763_{7}$ | $7769_{17}$ | $7771_{19}$ |
| $7777_{7\cdot 11}$ | $7781_{31}$ | $7783_{43}$ | $7787_{13}$ | 7789 | 7793 | $7799_{11}$ | $7801_{29}$ |
| $7807_{37}$ | $7811_{73}$ | $7813_{13}$ | 7817 | $7819_{7}$ | 7823 | 7829 | $7831_{41}$ |
| $7837_{17}$ | 7841 | $7843_{11\cdot 23\cdot 31}$ | $7847_{7\cdot 19\cdot 59}$ | $7849_{47}$ | 7853 | $7859_{29}$ | $7861_{7}$ |
| 7867 | $7871_{17}$ | 7873 | 7877 | 7879 | 7883 | $7889_{7\cdot 23}$ | $7891_{13}$ |
| $7897_{53}$ | 7901 | $7903_{7}$ | 7907 | $7909_{11}$ | $7913_{41}$ | 7919 | $7921_{89}$ |
| 7927 | $7931_{7\cdot 11}$ | 7933 | 7937 | $7939_{17}$ | $7943_{13\cdot 47}$ | 7949 | 7951 |
| $7957_{73}$ | $7961_{19}$ | 7963 | $7967_{31}$ | $7969_{13}$ | $7973_{7\cdot 17\cdot 67}$ | $7979_{79}$ | $7981_{23}$ |
| $7987_{7}$ | $7991_{61}$ | 7993 | $7997_{11}$ | $7999_{19}$ | $8003_{53}$ | 8009 | 8011 |
| 8017 | $8021_{13}$ | $8023_{71}$ | $8027_{23}$ | $8029_{7\cdot 31\cdot 37}$ | $8033_{29}$ | 8039 | $8041_{11\cdot 17\cdot 43}$ |
| $8047_{13}$ | $8051_{83}$ | 8053 | $8057_{7}$ | 8059 | $8063_{11}$ | 8069 | $8071_{7}$ |
| $8077_{41}$ | 8081 | $8083_{59}$ | 8087 | 8089 | 8093 | $8099_{7\cdot 13\cdot 89}$ | 8101 |
| $8107_{11\cdot 67}$ | 8111 | $8113_{7\cdot 19\cdot 61}$ | 8117 | $8119_{23}$ | 8123 | $8129_{11}$ | $8131_{47}$ |
| $8137_{79}$ | $8141_{7}$ | $8143_{17}$ | 8147 | $8149_{29}$ | $8153_{31}$ | $8159_{41}$ | 8161 |
| 8167 | 8171 | $8173_{11}$ | $8177_{13\cdot 17\cdot 37}$ | 8179 | $8183_{7}$ | $8189_{19}$ | 8191 |
| $8197_{7}$ | $8201_{59}$ | $8203_{13}$ | $8207_{29}$ | 8209 | $8213_{43}$ | 8219 | 8221 |
| $8227_{19}$ | 8231 | 8233 | 8237 | $8239_{7\cdot 11}$ | 8243 | $8249_{73}$ | $8251_{37}$ |
| $8257_{23}$ | $8261_{11}$ | 8263 | $8267_{7}$ | 8269 | 8273 | $8279_{17}$ | $8281_{7\cdot 13}$ |
| 8287 | 8291 | 8293 | 8297 | $8299_{43}$ | $8303_{19\cdot 23}$ | $8309_{7}$ | 8311 |
| 8317 | $8321_{53}$ | $8323_{7\cdot 29\cdot 41}$ | $8327_{11}$ | 8329 | $8333_{13}$ | $8339_{31}$ | $8341_{19}$ |
| $8347_{17}$ | $8351_{7}$ | 8353 | $8357_{61}$ | $8359_{13}$ | 8363 | 8369 | $8371_{11}$ |
| 8377 | $8381_{17\cdot 29}$ | $8383_{83}$ | 8387 | 8389 | $8393_{7\cdot 11}$ | $8399_{37}$ | $8401_{31}$ |
| $8407_{7}$ | $8411_{13}$ | $8413_{47}$ | $8417_{19}$ | 8419 | 8423 | 8429 | 8431 |
| $8437_{11\cdot 13\cdot 59}$ | $8441_{23}$ | 8443 | 8447 | $8449_{7\cdot 17\cdot 71}$ | $8453_{79}$ | $8459_{11}$ | 8461 |
| 8467 | $8471_{43}$ | $8473_{37}$ | $8477_{7}$ | $8479_{61}$ | $8483_{17}$ | $8489_{13}$ | $8491_{7}$ |
| $8497_{29}$ | 8501 | $8503_{11}$ | $8507_{47}$ | $8509_{67}$ | 8513 | $8519_{7}$ | 8521 |
| 8527 | $8531_{19}$ | $8533_{7\cdot 23\cdot 53}$ | 8537 | 8539 | 8543 | $8549_{83}$ | $8551_{17}$ |
| $8557_{43}$ | $8561_{7}$ | 8563 | $8567_{13}$ | $8569_{11\cdot 19\cdot 41}$ | 8573 | $8579_{23}$ | 8581 |
| $8587_{31}$ | $8591_{11\cdot 71}$ | $8593_{13}$ | 8597 | 8599 | $8603_{7}$ | 8609 | $8611_{79}$ |
| $8617_{7}$ | $8621_{37}$ | 8623 | 8627 | 8629 | $8633_{89}$ | $8639_{53}$ | 8641 |
| 8647 | $8651_{41}$ | $8653_{17}$ | $8657_{11}$ | $8659_{7}$ | 8663 | 8669 | $8671_{13\cdot 23\cdot 29}$ |
| 8677 | 8681 | $8683_{19}$ | $8687_{7\cdot 17\cdot 73}$ | 8689 | 8693 | 8699 | $8701_{7\cdot 11}$ |
| 8707 | $8711_{31}$ | 8713 | $8717_{23}$ | 8719 | $8723_{11\cdot 13\cdot 61}$ | $8729_{7\cdot 29\cdot 43}$ | 8731 |
| 8737 | 8741 | $8743_{7}$ | 8747 | $8749_{13}$ | 8753 | $8759_{19}$ | 8761 |
| $8767_{11}$ | $8771_{7}$ | $8773_{31}$ | $8777_{67}$ | 8779 | 8783 | $8789_{11\cdot 17\cdot 47}$ | $8791_{59}$ |
| $8797_{19}$ | $8801_{13}$ | 8803 | 8807 | $8809_{23}$ | $8813_{7}$ | 8819 | 8821 |
| $8827_{7\cdot 13}$ | 8831 | $8833_{11\cdot 73}$ | 8837 | 8839 | $8843_{37}$ | 8849 | $8851_{53}$ |
| $8857_{17}$ | 8861 | 8863 | 8867 | $8869_{7}$ | $8873_{19}$ | $8879_{13}$ | $8881_{83}$ |
| 8887 | $8891_{17}$ | 8893 | $8897_{7\cdot 31\cdot 41}$ | $8899_{11}$ | $8903_{29}$ | $8909_{59}$ | $8911_{7\cdot 19\cdot 67}$ |
| $8917_{37}$ | $8921_{11}$ | 8923 | $8927_{79}$ | 8929 | 8933 | $8939_{7}$ | 8941 |
| $8947_{23}$ | 8951 | $8953_{7}$ | $8957_{13\cdot 53}$ | $8959_{17\cdot 31}$ | 8963 | 8969 | 8971 |
| $8977_{47}$ | $8981_{7}$ | $8983_{13}$ | $8987_{11\cdot 19\cdot 43}$ | $8989_{89}$ | $8993_{17\cdot 23}$ | 8999 | 9001 |
| 9007 | 9011 | 9013 | $9017_{71}$ | $9019_{29}$ | $9023_{7}$ | 9029 | $9031_{11}$ |
| $9037_{7}$ | 9041 | 9043 | $9047_{83}$ | 9049 | $9053_{11}$ | 9059 | $9061_{13\cdot 17\cdot 41}$ |
| 9067 | $9071_{47}$ | $9073_{43}$ | $9077_{29}$ | $9079_{7}$ | $9083_{31}$ | $9089_{61}$ | 9091 |
| $9097_{11}$ | $9101_{19}$ | 9103 | $9107_{7}$ | 9109 | $9113_{13}$ | $9119_{11}$ | $9121_{7}$ |
| 9127 | $9131_{23}$ | 9133 | 9137 | $9139_{13\cdot 19\cdot 37}$ | $9143_{41}$ | $9149_{7}$ | 9151 |
| 9157 | 9161 | $9163_{7\cdot 11\cdot 17}$ | $9167_{89}$ | $9169_{53}$ | 9173 | $9179_{67}$ | 9181 |
| 9187 | $9191_{7\cdot 13}$ | $9193_{29}$ | $9197_{17}$ | 9199 | 9203 | 9209 | $9211_{61}$ |
| $9217_{13}$ | 9221 | $9223_{23}$ | 9227 | $9229_{11}$ | $9233_{7}$ | 9239 | 9241 |
| $9247_{7}$ | $9251_{11\cdot 29}$ | $9253_{19}$ | 9257 | $9259_{47}$ | $9263_{59}$ | $9269_{13\cdot 23\cdot 31}$ | $9271_{73}$ |
| 9277 | 9281 | 9283 | $9287_{37}$ | $9289_{7}$ | 9293 | $9299_{17}$ | $9301_{71}$ |
| $9307_{41}$ | 9311 | $9313_{67}$ | $9317_{7\cdot 11}$ | 9319 | 9323 | $9329_{19}$ | $9331_{7\cdot 31\cdot 43}$ |
| 9337 | 9341 | 9343 | $9347_{13}$ | 9349 | $9353_{47}$ | $9359_{7}$ | $9361_{11\cdot 23\cdot 37}$ |
| $9367_{17\cdot 19\cdot 29}$ | 9371 | $9373_{7\cdot 13}$ | 9377 | $9379_{83}$ | $9383_{11}$ | $9389_{41}$ | 9391 |
| 9397 | $9401_{7\cdot 17\cdot 79}$ | 9403 | $9407_{23}$ | $9409_{97}$ | 9413 | 9419 | 9421 |
| $9427_{11}$ | 9431 | 9433 | 9437 | 9439 | $9443_{7\cdot 19\cdot 71}$ | $9449_{11}$ | $9451_{13}$ |
| $9457_{7}$ | 9461 | 9463 | 9467 | $9469_{17}$ | 9473 | 9479 | $9481_{19}$ |
| $9487_{53}$ | 9491 | $9493_{11}$ | 9497 | $9499_{7\cdot 23\cdot 59}$ | $9503_{13\cdot 17\cdot 43}$ | $9509_{37}$ | 9511 |
| $9517_{31}$ | 9521 | $9523_{89}$ | $9527_{7}$ | $9529_{13}$ | 9533 | 9539 | $9541_{7\cdot 29\cdot 47}$ |
| 9547 | 9551 | $9553_{41}$ | $9557_{19}$ | $9559_{11\cdot 79}$ | $9563_{73}$ | $9569_{7}$ | $9571_{17}$ |
| $9577_{61}$ | $9581_{11\cdot 13\cdot 67}$ | $9583_{7\cdot 37}$ | 9587 | $9589_{43}$ | $9593_{53}$ | $9599_{29}$ | 9601 |
| $9607_{13}$ | $9611_{7}$ | 9613 | $9617_{59}$ | 9619 | 9623 | 9629 | 9631 |
| $9637_{23}$ | $9641_{31}$ | 9643 | $9647_{11}$ | 9649 | $9653_{7}$ | $9659_{13}$ | 9661 |
| $9667_{7}$ | $9671_{19}$ | $9673_{17}$ | 9677 | 9679 | $9683_{23}$ | 9689 | $9691_{11}$ |
| 9697 | $9701_{89}$ | $9703_{31}$ | $9707_{17}$ | $9709_{7\cdot 19\cdot 73}$ | $9713_{11}$ | 9719 | 9721 |
| $9727_{71}$ | $9731_{37}$ | 9733 | $9737_{7\cdot 13}$ | 9739 | 9743 | 9749 | $9751_{7}$ |
| $9757_{11}$ | $9761_{43}$ | $9763_{13}$ | 9767 | 9769 | $9773_{29}$ | $9779_{7\cdot 11}$ | 9781 |

| | | | | | | | |
|---|---|---|---|---|---|---|---|
| 9787 | 9791 | 9793$_{7}$ | 9797$_{97}$ | 9799$_{41}$ | 9803 | 9809$_{17}$ | 9811 |
| 9817 | 9821$_{7\cdot23\cdot61}$ | 9823$_{11\cdot19\cdot47}$ | 9827$_{31}$ | 9829 | 9833 | 9839 | 9841$_{13}$ |
| 9847$_{43}$ | 9851 | 9853$_{59}$ | 9857 | 9859 | 9863$_{7}$ | 9869$_{71}$ | 9871 |
| 9877$_{7\cdot17\cdot83}$ | 9881$_{41}$ | 9883 | 9887 | 9889$_{11\cdot29\cdot31}$ | 9893$_{13}$ | 9899$_{19}$ | 9901 |
| 9907 | 9911$_{11\cdot17\cdot53}$ | 9913$_{23}$ | 9917$_{47}$ | 9919$_{7\cdot13}$ | 9923 | 9929 | 9931 |
| 9937$_{19}$ | 9941 | 9943$_{61}$ | 9947$_{7\cdot29}$ | 9949 | 9953$_{37}$ | 9959$_{23}$ | 9961$_{7}$ |
| 9967 | 9971$_{13\cdot59}$ | 9973 | 9977$_{11}$ | 9979$_{17}$ | 9983$_{67}$ | 9989$_{7}$ | 9991$_{97}$ |
| 9997$_{13}$ | 10001$_{73}$ | 10003$_{7}$ | 10007 | 10009 | 10013$_{17\cdot19\cdot31}$ | 10019$_{43}$ | 10021$_{11}$ |
| 10027$_{37}$ | 10031$_{7}$ | 10033$_{79}$ | 10037 | 10039 | 10043$_{11\cdot83}$ | 10049$_{13}$ | 10051$_{19\cdot23}$ |
| 10057$_{89}$ | 10061 | 10063$_{29}$ | 10067 | 10069 | 10073$_{7}$ | 10079 | 10081$_{17}$ |
| 10087$_{7\cdot11}$ | 10091 | 10093 | 10097$_{23}$ | 10099 | 10103 | 10109$_{11}$ | 10111 |
| 10117$_{67}$ | 10121$_{29}$ | 10123$_{53}$ | 10127$_{13\cdot19\cdot41}$ | 10129$_{7}$ | 10133 | 10139 | 10141 |
| 10147$_{73}$ | 10151 | 10153$_{11\cdot13\cdot71}$ | 10157$_{7}$ | 10159 | 10163 | 10169 | 10171$_{7}$ |
| 10177 | 10181 | 10183$_{17}$ | 10187$_{61}$ | 10189$_{23}$ | 10193 | 10199$_{7\cdot31\cdot47}$ | 10201$_{101}$ |
| 10207$_{59}$ | 10211 | 10213$_{7}$ | 10217$_{17}$ | 10219$_{11}$ | 10223 | 10229$_{53}$ | 10231$_{13}$ |
| 10237$_{29}$ | 10241$_{7\cdot11\cdot19}$ | 10243 | 10247 | 10249$_{37}$ | 10253 | 10259 | 10261$_{31}$ |
| 10267 | 10271 | 10273 | 10277$_{43}$ | 10279$_{19}$ | 10283$_{7\cdot13}$ | 10289 | 10291$_{41}$ |
| 10297$_{7}$ | 10301 | 10303 | 10307$_{11}$ | 10309$_{13\cdot61}$ | 10313 | 10319$_{17}$ | 10321 |
| 10327$_{23}$ | 10331 | 10333 | 10337 | 10339$_{7}$ | 10343 | 10349$_{79}$ | 10351$_{11}$ |
| 10357 | 10361$_{13}$ | 10363$_{43}$ | 10367$_{7}$ | 10369 | 10373$_{11\cdot23\cdot41}$ | 10379$_{97}$ | 10381$_{7}$ |
| 10387$_{13\cdot17\cdot47}$ | 10391 | 10393$_{19}$ | 10397$_{37}$ | 10399 | 10403$_{101}$ | 10409$_{7}$ | 10411$_{29}$ |
| 10417$_{11}$ | 10421$_{17}$ | 10423$_{7}$ | 10427 | 10429 | 10433 | 10439$_{11\cdot13\cdot73}$ | 10441$_{53}$ |
| 10447$_{31}$ | 10451$_{7}$ | 10453 | 10457 | 10459 | 10463 | 10469$_{19\cdot29}$ | 10471$_{37}$ |
| 10477 | 10481$_{47}$ | 10483$_{11}$ | 10487 | 10489$_{17}$ | 10493$_{7}$ | 10499 | 10501 |
| 10507$_{7\cdot19\cdot79}$ | 10511$_{23}$ | 10513 | 10517$_{13}$ | 10519$_{67}$ | 10523$_{17}$ | 10529 | 10531 |
| 10537$_{41}$ | 10541$_{83}$ | 10543$_{13}$ | 10547$_{53}$ | 10549$_{7\cdot11}$ | 10553$_{61}$ | 10559 | 10561$_{59}$ |
| 10567 | 10571$_{11\cdot31}$ | 10573$_{97}$ | 10577$_{7}$ | 10579$_{71}$ | 10583$_{19}$ | 10589 | 10591$_{7\cdot17\cdot89}$ |
| 10597 | 10601 | 10603$_{23}$ | 10607 | 10609$_{103}$ | 10613 | 10619$_{7\cdot37\cdot41}$ | 10621$_{13\cdot19\cdot43}$ |
| 10627 | 10631 | 10633$_{7\cdot31}$ | 10637$_{11}$ | 10639 | 10643$_{29}$ | 10649$_{23}$ | 10651 |
| 10657 | 10661$_{7}$ | 10663 | 10667 | 10669$_{47}$ | 10673$_{13}$ | 10679$_{59}$ | 10681$_{11}$ |
| 10687 | 10691 | 10693$_{17\cdot37}$ | 10697$_{19}$ | 10699$_{13}$ | 10703$_{7\cdot11}$ | 10709 | 10711 |
| 10717$_{7}$ | 10721$_{71}$ | 10723 | 10727$_{17}$ | 10729 | 10733 | 10739 | 10741$_{23}$ |
| 10747$_{11}$ | 10751$_{13}$ | 10753 | 10757$_{31}$ | 10759$_{7\cdot29\cdot53}$ | 10763$_{47}$ | 10769$_{11\cdot89}$ | 10771 |
| 10777$_{13}$ | 10781 | 10783$_{41}$ | 10787$_{7\cdot23\cdot67}$ | 10789 | 10793$_{43}$ | 10799 | 10801$_{7}$ |
| 10807$_{101}$ | 10811$_{19}$ | 10813$_{11}$ | 10817$_{29}$ | 10819$_{31}$ | 10823$_{79}$ | 10829$_{7\cdot13\cdot17}$ | 10831 |
| 10837 | 10841$_{37}$ | 10843$_{7}$ | 10847 | 10849$_{19}$ | 10853 | 10859 | 10861 |
| 10867 | 10871$_{7}$ | 10873$_{83}$ | 10877$_{73}$ | 10879$_{11\cdot23\cdot43}$ | 10883 | 10889 | 10891 |
| 10897$_{17}$ | 10901$_{11}$ | 10903 | 10907$_{13}$ | 10909 | 10913$_{7}$ | 10919$_{61}$ | 10921$_{67}$ |
| 10927$_{7}$ | 10931$_{17}$ | 10933$_{13\cdot29}$ | 10937 | 10939 | 10943$_{31}$ | 10949 | 10951$_{47}$ |
| 10957 | 10961$_{97}$ | 10963$_{19}$ | 10967$_{11}$ | 10969$_{7}$ | 10973 | 10979 | 10981$_{79}$ |
| 10987 | 10991$_{29}$ | 10993 | 10997$_{7}$ | 10999$_{17}$ | 11003 | 11009$_{101}$ | 11011$_{7\cdot11\cdot13}$ |
| 11017$_{23}$ | 11021$_{103}$ | 11023$_{73}$ | 11027 | 11029$_{41}$ | 11033$_{11\cdot17\cdot59}$ | 11039$_{7\cdot19\cdot83}$ | 11041$_{61}$ |
| 11047 | 11051$_{43}$ | 11053$_{7}$ | 11057 | 11059 | 11063$_{13\cdot23\cdot37}$ | 11069 | 11071 |
| 11077$_{11\cdot19\cdot53}$ | 11081$_{7}$ | 11083 | 11087 | 11089$_{13}$ | 11093 | 11099$_{11}$ | 11101$_{17}$ |
| 11107$_{29}$ | 11111$_{41}$ | 11113 | 11117 | 11119 | 11123$_{7}$ | 11129$_{31}$ | 11131 |
| 11137$_{7\cdot37\cdot43}$ | 11141$_{13}$ | 11143$_{11}$ | 11147$_{71}$ | 11149 | 11153$_{19}$ | 11159 | 11161 |
| 11167$_{13}$ | 11171 | 11173 | 11177 | 11179$_{7}$ | 11183$_{53}$ | 11189$_{67}$ | 11191$_{19\cdot31}$ |
| 11197 | 11201$_{23}$ | 11203$_{17}$ | 11207$_{7}$ | 11209$_{11}$ | 11213 | 11219$_{13}$ | 11221$_{7}$ |
| 11227$_{103}$ | 11231$_{11}$ | 11233$_{47}$ | 11237$_{17}$ | 11239 | 11243 | 11249$_{7}$ | 11251 |
| 11257 | 11261 | 11263$_{7}$ | 11267$_{19}$ | 11269$_{59}$ | 11273 | 11279 | 11281$_{29}$ |
| 11287 | 11291$_{7}$ | 11293$_{23}$ | 11297$_{11\cdot13\cdot79}$ | 11299 | 11303$_{89}$ | 11309$_{43}$ | 11311 |
| 11317 | 11321 | 11323$_{13\cdot67}$ | 11327$_{47}$ | 11329 | 11333$_{7}$ | 11339$_{17\cdot23\cdot29}$ | 11341$_{11}$ |
| 11347$_{7}$ | 11351 | 11353 | 11357$_{41}$ | 11359$_{37}$ | 11363$_{11}$ | 11369 | 11371$_{83}$ |
| 11377$_{31}$ | 11381$_{19}$ | 11383 | 11387$_{59}$ | 11389$_{7}$ | 11393 | 11399 | 11401$_{13}$ |
| 11407$_{11\cdot17\cdot61}$ | 11411 | 11413$_{101}$ | 11417$_{7}$ | 11419$_{19}$ | 11423 | 11429$_{11}$ | 11431$_{7\cdot23\cdot71}$ |
| 11437 | 11441$_{17}$ | 11443 | 11447 | 11449$_{107}$ | 11453$_{13}$ | 11459$_{7}$ | 11461$_{73}$ |
| 11467 | 11471 | 11473$_{7\cdot11}$ | 11477$_{23}$ | 11479$_{13}$ | 11483 | 11489 | 11491 |
| 11497 | 11501$_{7\cdot31\cdot53}$ | 11503 | 11507$_{37}$ | 11509$_{17}$ | 11513$_{29}$ | 11519 | 11521$_{41}$ |
| 11527 | 11531$_{13}$ | 11533$_{19}$ | 11537$_{83}$ | 11539$_{11}$ | 11543$_{7\cdot17\cdot97}$ | 11549 | 11551 |
| 11557$_{7\cdot13}$ | 11561$_{11}$ | 11563$_{31}$ | 11567$_{43}$ | 11569$_{23}$ | 11573$_{71}$ | 11579 | 11581$_{37}$ |
| 11587 | 11591$_{67}$ | 11593 | 11597 | 11599$_{7}$ | 11603$_{41}$ | 11609$_{13\cdot19\cdot47}$ | 11611$_{17}$ |
| 11617 | 11621 | 11623$_{59}$ | 11627$_{7\cdot11}$ | 11629$_{29}$ | 11633 | 11639$_{103}$ | 11641$_{7}$ |
| 11647$_{19}$ | 11651$_{61}$ | 11653$_{43}$ | 11657 | 11659$_{89}$ | 11663$_{107}$ | 11669$_{7}$ | 11671$_{11}$ |
| 11677 | 11681 | 11683$_{7}$ | 11687$_{13\cdot29\cdot31}$ | 11689 | 11693$_{11}$ | 11699 | 11701 |
| 11707$_{23}$ | 11711$_{7}$ | 11713$_{13\cdot17\cdot53}$ | 11717 | 11719 | 11723$_{19}$ | 11729$_{37}$ | 11731 |
| 11737$_{11\cdot97}$ | 11741$_{59}$ | 11743 | 11747$_{17}$ | 11749$_{31}$ | 11753$_{7\cdot23\cdot73}$ | 11759$_{11}$ | 11761$_{19}$ |
| 11767$_{7\cdot41}$ | 11771$_{79}$ | 11773$_{61}$ | 11777 | 11779 | 11783 | 11789 | 11791$_{13}$ |
| 11797$_{47}$ | 11801 | 11803$_{11\cdot29\cdot37}$ | 11807 | 11809$_{7}$ | 11813 | 11819$_{53}$ | 11821 |
| 11827 | 11831 | 11833 | 11837$_{7\cdot19\cdot89}$ | 11839 | 11843$_{13}$ | 11849$_{17\cdot41}$ | 11851$_{7}$ |
| 11857$_{71}$ | 11861$_{29}$ | 11863 | 11867 | 11869$_{11\cdot13\cdot83}$ | 11873$_{31}$ | 11879$_{7}$ | 11881$_{109}$ |
| 11887 | 11891$_{11\cdot23\cdot47}$ | 11893$_{7}$ | 11897 | 11899$_{73}$ | 11903 | 11909 | 11911$_{43}$ |
| 11917$_{17}$ | 11921$_{7\cdot13}$ | 11923 | 11927 | 11929$_{79}$ | 11933 | 11939 | 11941 |
| 11947$_{13}$ | 11951$_{17\cdot19\cdot37}$ | 11953 | 11957$_{11}$ | 11959 | 11963$_{7}$ | 11969 | 11971 |
| 11977$_{7\cdot29\cdot59}$ | 11981 | 11983$_{23}$ | 11987 | 11989$_{19}$ | 11993$_{67}$ | 11999$_{13\cdot71}$ | 12001$_{11}$ |
| 12007 | 12011 | 12013$_{41}$ | 12017$_{61}$ | 12019$_{7\cdot17\cdot101}$ | 12023$_{11}$ | 12029$_{23}$ | 12031$_{53}$ |
| 12037 | 12041 | 12043 | 12047$_{7}$ | 12049 | 12053$_{17}$ | 12059$_{31}$ | 12061$_{7}$ |
| 12067$_{11}$ | 12071 | 12073 | 12077$_{13}$ | 12079$_{47}$ | 12083$_{43}$ | 12089$_{7\cdot11}$ | 12091$_{107}$ |
| 12097 | 12101 | 12103$_{7\cdot13\cdot19}$ | 12107 | 12109 | 12113 | 12119 | 12121$_{17\cdot23\cdot31}$ |
| 12127$_{67}$ | 12131$_{7}$ | 12133$_{11}$ | 12137$_{53}$ | 12139$_{61}$ | 12143 | 12149 | 12151$_{29}$ |
| 12157 | 12161 | 12163 | 12167$_{23}$ | 12169$_{43}$ | 12173$_{7\cdot37\cdot47}$ | 12179$_{19}$ | 12181$_{13}$ |
| 12187$_{7}$ | 12191$_{73}$ | 12193$_{89}$ | 12197 | 12199$_{11}$ | 12203 | 12209$_{29}$ | 12211 |
| 12217$_{19}$ | 12221$_{11\cdot101}$ | 12223$_{17}$ | 12227 | 12229$_{7}$ | 12233$_{13}$ | 12239 | 12241 |

| | | | | | | | |
|---|---|---|---|---|---|---|---|
| $12247_{37}$ | 12251 | 12253 | $12257_{7\cdot17\cdot103}$ | $12259_{13\cdot23\cdot41}$ | 12263 | 12269 | $12271_{7}$ |
| 12277 | 12281 | $12283_{71}$ | $12287_{11}$ | 12289 | $12293_{19}$ | $12299_{7}$ | 12301 |
| $12307_{31}$ | $12311_{13}$ | $12313_{7}$ | $12317_{109}$ | $12319_{97}$ | 12323 | 12329 | $12331_{11\cdot19\cdot59}$ |
| $12337_{13\cdot73}$ | $12341_{7\cdot41\cdot43}$ | 12343 | 12347 | $12349_{53}$ | $12353_{11}$ | $12359_{17}$ | $12361_{47}$ |
| $12367_{83}$ | $12371_{89}$ | 12373 | 12377 | 12379 | $12383_{7\cdot29\cdot61}$ | $12389_{13}$ | 12391 |
| $12397_{7\cdot11\cdot23}$ | 12401 | $12403_{79}$ | $12407_{19}$ | 12409 | 12413 | $12419_{11}$ | 12421 |
| $12427_{17\cdot43}$ | $12431_{31}$ | 12433 | 12437 | $12439_{7}$ | $12443_{23}$ | $12449_{59}$ | 12451 |
| 12457 | $12461_{17}$ | $12463_{11\cdot103}$ | $12467_{7\cdot13}$ | $12469_{37}$ | 12473 | 12479 | $12481_{7}$ |
| 12487 | 12491 | $12493_{13\cdot31}$ | 12497 | $12499_{29}$ | 12503 | $12509_{7}$ | 12511 |
| 12517 | $12521_{19}$ | $12523_{7}$ | 12527 | $12529_{11\cdot17\cdot67}$ | $12533_{83}$ | 12539 | 12541 |
| 12547 | $12551_{7\cdot11}$ | 12553 | $12557_{29}$ | $12559_{19}$ | $12563_{17}$ | 12569 | $12571_{13}$ |
| 12577 | $12581_{23}$ | 12583 | $12587_{41}$ | 12589 | $12593_{7}$ | $12599_{43}$ | 12601 |
| $12607_{7}$ | 12611 | 12613 | $12617_{11\cdot31\cdot37}$ | 12619 | $12623_{13}$ | $12629_{73}$ | $12631_{17}$ |
| 12637 | 12641 | $12643_{47}$ | 12647 | $12649_{7\cdot13}$ | 12653 | 12659 | $12661_{11}$ |
| $12667_{53}$ | 12671 | $12673_{19\cdot23\cdot29}$ | $12677_{7}$ | $12679_{31}$ | $12683_{11}$ | 12689 | $12691_{7\cdot37}$ |
| 12697 | $12701_{13}$ | 12703 | $12707_{97}$ | $12709_{71}$ | 12713 | $12719_{7\cdot23\cdot79}$ | 12721 |
| $12727_{11\cdot13\cdot89}$ | $12731_{29}$ | $12733_{7\cdot17\cdot107}$ | $12737_{47}$ | 12739 | 12743 | $12749_{11\cdot19\cdot61}$ | $12751_{41}$ |
| 12757 | $12761_{7}$ | 12763 | $12767_{17}$ | $12769_{113}$ | $12773_{53}$ | $12779_{13}$ | 12781 |
| $12787_{19}$ | 12791 | $12793_{11}$ | $12797_{67}$ | 12799 | $12803_{7\cdot31\cdot59}$ | 12809 | $12811_{23}$ |
| $12817_{7}$ | 12821 | 12823 | $12827_{101}$ | 12829 | $12833_{41}$ | $12839_{37}$ | 12841 |
| $12847_{29}$ | $12851_{71}$ | 12853 | $12857_{13\cdot23\cdot43}$ | $12859_{7\cdot11}$ | $12863_{19}$ | $12869_{17}$ | $12871_{61}$ |
| $12877_{79}$ | $12881_{11}$ | $12883_{13}$ | $12887_{7}$ | 12889 | 12893 | 12899 | $12901_{7\cdot19\cdot97}$ |
| 12907 | 12911 | $12913_{37}$ | 12917 | 12919 | 12923 | $12929_{7}$ | $12931_{67}$ |
| $12937_{17}$ | 12941 | $12943_{7\cdot43}$ | $12947_{11\cdot107}$ | $12949_{23}$ | 12953 | 12959 | $12961_{13}$ |
| 12967 | $12971_{7\cdot17\cdot109}$ | 12973 | $12977_{19}$ | 12979 | 12983 | $12989_{31}$ | $12991_{11}$ |
| $12997_{41}$ | 13001 | 13003 | 13007 | 13009 | $13013_{7\cdot11\cdot13}$ | $13019_{47}$ | $13021_{29}$ |
| $13027_{7}$ | $13031_{83}$ | 13033 | 13037 | $13039_{13\cdot17\cdot59}$ | 13043 | 13049 | $13051_{31}$ |
| $13057_{11}$ | $13061_{37}$ | 13063 | $13067_{73}$ | $13069_{7}$ | $13073_{17}$ | $13079_{11\cdot29\cdot41}$ | $13081_{103}$ |
| $13087_{23}$ | $13091_{13\cdot19\cdot53}$ | 13093 | $13097_{7}$ | 13099 | 13103 | 13109 | $13111_{7}$ |
| $13117_{13}$ | 13121 | $13123_{11}$ | 13127 | $13129_{19}$ | $13133_{23}$ | $13139_{7}$ | $13141_{17}$ |
| 13147 | 13151 | $13153_{7}$ | $13157_{59}$ | 13159 | 13163 | $13169_{13}$ | 13171 |
| 13177 | $13181_{7}$ | 13183 | 13187 | $13189_{11\cdot109}$ | $13193_{79}$ | $13199_{67}$ | $13201_{43}$ |
| $13207_{47}$ | $13211_{11}$ | $13213_{73}$ | 13217 | 13219 | $13223_{7}$ | 13229 | $13231_{101}$ |
| $13237_{7\cdot31\cdot61}$ | 13241 | $13243_{17\cdot19\cdot41}$ | $13247_{13}$ | 13249 | $13253_{29}$ | 13259 | $13261_{89}$ |
| 13267 | $13271_{23}$ | $13273_{13}$ | $13277_{11\cdot17\cdot71}$ | $13279_{7}$ | $13283_{37}$ | $13289_{97}$ | 13291 |
| 13297 | $13301_{47}$ | $13303_{53}$ | $13307_{7}$ | 13309 | 13313 | $13319_{19}$ | $13321_{7\cdot11}$ |
| 13327 | 13331 | $13333_{67}$ | 13337 | 13339 | $13343_{11}$ | $13349_{7}$ | $13351_{13\cdot79}$ |
| $13357_{19\cdot37}$ | $13361_{31}$ | $13363_{7\cdot23\cdot83}$ | 13367 | $13369_{29}$ | $13373_{43}$ | $13379_{17}$ | 13381 |
| $13387_{11}$ | $13391_{7}$ | $13393_{59}$ | 13397 | 13399 | $13403_{13}$ | $13409_{11\cdot23\cdot53}$ | 13411 |
| 13417 | 13421 | $13423_{31}$ | $13427_{29}$ | $13429_{13}$ | $13433_{7\cdot19\cdot101}$ | $13439_{89}$ | 13441 |
| $13447_{7\cdot17\cdot113}$ | 13451 | $13453_{11}$ | 13457 | $13459_{43}$ | 13463 | 13469 | $13471_{19}$ |
| 13477 | $13481_{13\cdot17\cdot61}$ | $13483_{97}$ | 13487 | $13489_{7\cdot41\cdot47}$ | $13493_{103}$ | 13499 | $13501_{23}$ |
| $13507_{13}$ | $13511_{59}$ | 13513 | $13517_{7}$ | $13519_{11}$ | 13523 | $13529_{83}$ | $13531_{7}$ |
| 13537 | $13541_{11}$ | $13543_{29}$ | $13547_{19\cdot23\cdot31}$ | $13549_{17}$ | 13553 | $13559_{7\cdot13}$ | $13561_{71}$ |
| 13567 | $13571_{41}$ | $13573_{7}$ | 13577 | $13579_{37}$ | $13583_{17\cdot47}$ | $13589_{107}$ | 13591 |
| 13597 | $13601_{7\cdot29\cdot67}$ | $13603_{61}$ | $13607_{11}$ | $13609_{31}$ | 13613 | 13619 | $13621_{53}$ |
| 13627 | $13631_{43}$ | 13633 | $13637_{13}$ | $13639_{23}$ | $13643_{7}$ | 13649 | $13651_{11\cdot17\cdot73}$ |
| $13657_{7}$ | $13661_{19}$ | $13663_{13}$ | $13667_{79}$ | 13669 | $13673_{11\cdot113}$ | 13679 | 13681 |
| 13687 | 13691 | 13693 | 13697 | $13699_{7\cdot19\cdot103}$ | $13703_{71}$ | 13709 | 13711 |
| $13717_{11\cdot29\cdot43}$ | 13721 | 13723 | $13727_{7\cdot37\cdot53}$ | 13729 | $13733_{31}$ | $13739_{11}$ | $13741_{7\cdot13}$ |
| $13747_{59}$ | 13751 | $13753_{17}$ | 13757 | 13759 | 13763 | $13769_{7}$ | $13771_{47}$ |
| $13777_{23}$ | 13781 | $13783_{7\cdot11}$ | $13787_{17}$ | 13789 | $13793_{13}$ | 13799 | $13801_{37}$ |
| 13807 | $13811_{7}$ | $13813_{19}$ | $13817_{41}$ | $13819_{13}$ | $13823_{23}$ | 13829 | 13831 |
| $13837_{101}$ | 13841 | $13843_{109}$ | $13847_{61}$ | $13849_{11}$ | $13853_{7}$ | 13859 | $13861_{83}$ |
| $13867_{7}$ | $13871_{11\cdot13\cdot97}$ | 13873 | 13877 | 13879 | 13883 | $13889_{17\cdot19\cdot43}$ | $13891_{29}$ |
| $13897_{13}$ | 13901 | 13903 | 13907 | $13909_{7}$ | 13913 | $13919_{31}$ | 13921 |
| $13927_{19}$ | 13931 | 13933 | $13937_{7\cdot11}$ | $13939_{53}$ | $13943_{73}$ | $13949_{13\cdot29\cdot37}$ | $13951_{7}$ |
| $13957_{17}$ | $13961_{23}$ | 13963 | 13967 | $13969_{61}$ | $13973_{89}$ | $13979_{7}$ | $13981_{11\cdot31\cdot41}$ |
| $13987_{71}$ | $13991_{17}$ | $13993_{7}$ | 13997 | 13999 | $14003_{11\cdot19\cdot67}$ | 14009 | 14011 |
| $14017_{107}$ | $14021_{7}$ | $14023_{37}$ | $14027_{13\cdot83}$ | 14029 | 14033 | $14039_{101}$ | $14041_{19}$ |
| $14047_{11}$ | 14051 | $14053_{13\cdot23\cdot47}$ | 14057 | $14059_{17}$ | $14063_{7\cdot41}$ | $14069_{11}$ | 14071 |
| $14077_{7}$ | 14081 | 14083 | 14087 | $14089_{73}$ | $14093_{17}$ | $14099_{23}$ | $14101_{59}$ |
| 14107 | $14111_{103}$ | $14113_{11}$ | $14117_{19}$ | $14119_{7}$ | $14123_{29}$ | $14129_{71}$ | $14131_{13}$ |
| $14137_{67}$ | $14141_{79}$ | 14143 | $14147_{7\cdot43\cdot47}$ | 14149 | 14153 | 14159 | $14161_{7\cdot17}$ |
| $14167_{31}$ | $14171_{37}$ | 14173 | 14177 | $14179_{11}$ | $14183_{13}$ | $14189_{7}$ | $14191_{23}$ |
| 14197 | $14201_{11}$ | $14203_{7}$ | 14207 | $14209_{13}$ | $14213_{61}$ | $14219_{59}$ | 14221 |
| $14227_{41}$ | $14231_{7\cdot19\cdot107}$ | $14233_{43}$ | $14237_{23}$ | $14239_{29}$ | 14243 | 14249 | 14251 |
| $14257_{53}$ | $14261_{13}$ | $14263_{17}$ | $14267_{11}$ | $14269_{19}$ | $14273_{7}$ | $14279_{109}$ | 14281 |
| $14287_{7\cdot13}$ | $14291_{31}$ | 14293 | $14297_{17\cdot29}$ | $14299_{79}$ | 14303 | $14309_{41}$ | $14311_{11}$ |
| $14317_{103}$ | 14321 | 14323 | 14327 | $14329_{7\cdot23\cdot89}$ | $14333_{11}$ | $14339_{13}$ | 14341 |
| 14347 | $14351_{113}$ | $14353_{31}$ | $14357_{7}$ | $14359_{83}$ | $14363_{53}$ | 14369 | $14371_{7}$ |
| $14377_{11}$ | $14381_{73}$ | $14383_{19}$ | 14387 | 14389 | $14393_{37}$ | $14399_{7\cdot11\cdot17}$ | 14401 |
| 14407 | 14411 | $14413_{7\cdot29\cdot71}$ | $14417_{13}$ | 14419 | 14423 | $14429_{47}$ | 14431 |
| 14437 | $14441_{7}$ | $14443_{11\cdot13\cdot101}$ | 14447 | 14449 | $14453_{97}$ | $14459_{19}$ | 14461 |
| $14467_{17\cdot23\cdot37}$ | $14471_{29}$ | $14473_{41}$ | $14477_{31}$ | 14479 | $14483_{7}$ | 14489 | $14491_{43}$ |
| $14497_{7\cdot19\cdot109}$ | $14501_{17}$ | 14503 | $14507_{89}$ | $14509_{11}$ | $14513_{23}$ | 14519 | $14521_{13}$ |
| $14527_{73}$ | $14531_{11}$ | 14533 | 14537 | $14539_{7\cdot31\cdot67}$ | 14543 | 14549 | 14551 |
| 14557 | 14561 | 14563 | $14567_{7}$ | $14569_{17}$ | $14573_{13\cdot19\cdot59}$ | $14579_{61}$ | $14581_{7}$ |
| $14587_{29}$ | 14591 | 14593 | $14597_{11}$ | $14599_{13}$ | $14603_{17}$ | $14609_{7}$ | $14611_{19}$ |
| $14617_{47}$ | 14621 | $14623_{7}$ | 14627 | 14629 | 14633 | 14639 | $14641_{11}$ |
| $14647_{97}$ | $14651_{7\cdot13\cdot23}$ | 14653 | 14657 | $14659_{107}$ | $14663_{11\cdot31\cdot43}$ | 14669 | $14671_{17}$ |
| $14677_{13}$ | $14681_{53}$ | 14683 | $14687_{19}$ | $14689_{37}$ | $14693_{7}$ | 14699 | $14701_{61}$ |

| | | | | | | | |
|---|---|---|---|---|---|---|---|
| $14707_{7\cdot11}$ | $14711_{47}$ | 14713 | 14717 | $14719_{41}$ | 14723 | $14729_{11\cdot13\cdot103}$ | 14731 |
| 14737 | 14741 | $14743_{23}$ | 14747 | $14749_{7\cdot43}$ | 14753 | 14759 | $14761_{29}$ |
| 14767 | 14771 | $14773_{11\cdot17\cdot79}$ | $14777_{7}$ | 14779 | 14783 | $14789_{23}$ | $14791_{7}$ |
| 14797 | $14801_{19\cdot41}$ | $14803_{113}$ | $14807_{13\cdot17\cdot67}$ | $14809_{59}$ | 14813 | $14819_{7\cdot29\cdot73}$ | 14821 |
| 14827 | 14831 | $14833_{7\cdot13}$ | $14837_{37}$ | $14839_{11\cdot19\cdot71}$ | 14843 | $14849_{31}$ | 14851 |
| $14857_{83}$ | $14861_{7\cdot11}$ | $14863_{89}$ | 14867 | 14869 | $14873_{107}$ | 14879 | $14881_{23}$ |
| 14887 | 14891 | $14893_{53}$ | 14897 | $14899_{47}$ | $14903_{7}$ | $14909_{17}$ | $14911_{13\cdot31\cdot37}$ |
| $14917_{7}$ | $14921_{43}$ | 14923 | $14927_{11\cdot23\cdot59}$ | 14929 | $14933_{109}$ | 14939 | $14941_{67}$ |
| 14947 | 14951 | $14953_{19}$ | 14957 | $14959_{7}$ | $14963_{13}$ | 14969 | $14971_{11}$ |
| $14977_{17}$ | $14981_{71}$ | 14983 | $14987_{7}$ | $14989_{13}$ | $14993_{11\cdot29\cdot47}$ | $14999_{53}$ | $15001_{7}$ |
| $15007_{43}$ | $15011_{17}$ | 15013 | 15017 | $15019_{23}$ | $15023_{83}$ | $15029_{7\cdot19\cdot113}$ | 15031 |
| $15037_{11}$ | $15041_{13\cdot89}$ | $15043_{7}$ | $15047_{41}$ | $15049_{101}$ | 15053 | $15059_{11\cdot37}$ | 15061 |
| $15067_{13\cdot19\cdot61}$ | $15071_{7}$ | 15073 | 15077 | $15079_{17}$ | 15083 | $15089_{79}$ | 15091 |
| $15097_{31}$ | 15101 | $15103_{11}$ | 15107 | $15109_{29}$ | $15113_{7\cdot17}$ | $15119_{13}$ | 15121 |
| $15127_{7}$ | 15131 | $15133_{37}$ | 15137 | 15139 | $15143_{19}$ | 15149 | $15151_{109}$ |
| $15157_{23}$ | 15161 | $15163_{59}$ | $15167_{29}$ | $15169_{7\cdot11}$ | 15173 | $15179_{43}$ | $15181_{17\cdot19\cdot47}$ |
| 15187 | $15191_{11}$ | 15193 | $15197_{7\cdot13}$ | 15199 | $15203_{23}$ | $15209_{67}$ | $15211_{7\cdot41\cdot53}$ |
| 15217 | $15221_{31}$ | $15223_{13}$ | 15227 | $15229_{97}$ | 15233 | $15239_{7}$ | 15241 |
| $15247_{79}$ | $15251_{101}$ | $15253_{7}$ | $15257_{11\cdot19\cdot73}$ | 15259 | 15263 | 15269 | 15271 |
| 15277 | $15281_{7\cdot37\cdot59}$ | $15283_{17\cdot29\cdot31}$ | 15287 | 15289 | $15293_{41}$ | 15299 | $15301_{11\cdot13\cdot107}$ |
| 15307 | $15311_{61}$ | 15313 | $15317_{17\cdot53}$ | 15319 | $15323_{7\cdot11}$ | 15329 | 15331 |
| $15337_{7}$ | $15341_{23\cdot29}$ | $15343_{67}$ | $15347_{103}$ | 15349 | $15353_{13}$ | 15359 | 15361 |
| $15367_{11}$ | $15371_{19}$ | 15373 | 15377 | $15379_{7\cdot13}$ | 15383 | $15389_{11}$ | 15391 |
| $15397_{89}$ | 15401 | $15403_{73}$ | $15407_{7\cdot31\cdot71}$ | $15409_{19}$ | 15413 | $15419_{17}$ | $15421_{7}$ |
| 15427 | $15431_{13}$ | $15433_{11\cdot23\cdot61}$ | $15437_{43}$ | 15439 | 15443 | $15449_{7}$ | 15451 |
| $15457_{13\cdot29\cdot41}$ | 15461 | $15463_{7\cdot47}$ | 15467 | $15469_{31}$ | 15473 | $15479_{23}$ | $15481_{113}$ |
| $15487_{17}$ | $15491_{7}$ | 15493 | 15497 | $15499_{11}$ | $15503_{37}$ | $15509_{13}$ | 15511 |
| $15517_{59}$ | $15521_{11\cdot17\cdot83}$ | $15523_{19\cdot43}$ | 15527 | $15529_{53}$ | $15533_{7}$ | $15539_{41}$ | 15541 |
| $15547_{7}$ | 15551 | $15553_{103}$ | $15557_{47}$ | 15559 | $15563_{79}$ | 15569 | $15571_{23}$ |
| $15577_{37}$ | 15581 | 15583 | $15587_{11\cdot13\cdot109}$ | $15589_{7\cdot17}$ | $15593_{31}$ | $15599_{19}$ | 15601 |
| 15607 | $15611_{67}$ | $15613_{13}$ | $15617_{7\cdot23\cdot97}$ | 15619 | $15623_{17}$ | 15629 | $15631_{7\cdot11\cdot29}$ |
| $15637_{19}$ | 15641 | 15643 | 15647 | 15649 | $15653_{11}$ | $15659_{7}$ | 15661 |
| 15667 | 15671 | $15673_{7}$ | $15677_{61}$ | 15679 | 15683 | $15689_{29}$ | $15691_{13\cdot17\cdot71}$ |
| $15697_{11}$ | $15701_{7}$ | $15703_{41}$ | $15707_{113}$ | $15709_{23}$ | $15713_{19}$ | $15719_{11}$ | $15721_{79}$ |
| 15727 | 15731 | 15733 | 15737 | 15739 | $15743_{7\cdot13}$ | 15749 | $15751_{19}$ |
| $15757_{7}$ | 15761 | $15763_{11}$ | 15767 | $15769_{13}$ | 15773 | $15779_{31}$ | $15781_{43}$ |
| 15787 | 15791 | $15793_{17}$ | 15797 | $15799_{7\cdot37\cdot61}$ | 15803 | 15809 | $15811_{97}$ |
| 15817 | $15821_{13}$ | 15823 | $15827_{7\cdot17\cdot19}$ | $15829_{11}$ | $15833_{71}$ | $15839_{47}$ | $15841_{7\cdot31\cdot73}$ |
| $15847_{13\cdot23\cdot53}$ | $15851_{11}$ | $15853_{83}$ | $15857_{101}$ | 15859 | $15863_{29}$ | $15869_{7}$ | $15871_{59}$ |
| 15877 | 15881 | $15883_{7}$ | 15887 | 15889 | $15893_{23}$ | $15899_{13}$ | 15901 |
| 15907 | $15911_{7}$ | 15913 | $15917_{11}$ | 15919 | 15923 | $15929_{17}$ | $15931_{89}$ |
| 15937 | $15941_{19}$ | $15943_{107}$ | $15947_{37}$ | $15949_{41}$ | $15953_{7\cdot43\cdot53}$ | 15959 | $15961_{11}$ |
| $15967_{7}$ | 15971 | 15973 | $15977_{13}$ | $15979_{19\cdot29}$ | $15983_{11}$ | $15989_{59}$ | 15991 |
| $15997_{17}$ | 16001 | $16003_{13}$ | 16007 | $16009_{7}$ | $16013_{67}$ | $16019_{83}$ | $16021_{37}$ |
| $16027_{11\cdot31\cdot47}$ | $16031_{17\cdot23\cdot41}$ | 16033 | $16037_{7\cdot29\cdot79}$ | $16039_{43}$ | $16043_{61}$ | $16049_{11}$ | $16051_{7}$ |
| 16057 | 16061 | 16063 | 16067 | 16069 | 16073 | $16079_{7}$ | $16081_{13}$ |
| 16087 | 16091 | $16093_{7\cdot11\cdot19}$ | 16097 | $16099_{17}$ | 16103 | $16109_{89}$ | 16111 |
| $16117_{71}$ | $16121_{7\cdot47}$ | $16123_{23}$ | 16127 | $16129_{127}$ | $16133_{13\cdot17\cdot73}$ | 16139 | 16141 |
| $16147_{67}$ | $16151_{31}$ | $16153_{29}$ | $16157_{107}$ | $16159_{11\cdot13\cdot113}$ | $16163_{7}$ | $16169_{19\cdot23\cdot37}$ | $16171_{103}$ |
| $16177_{7}$ | $16181_{11}$ | 16183 | 16187 | 16189 | 16193 | $16199_{97}$ | $16201_{17}$ |
| $16207_{19}$ | $16211_{13\cdot29\cdot43}$ | $16213_{31}$ | 16217 | $16219_{7}$ | 16223 | 16229 | 16231 |
| $16237_{13}$ | $16241_{109}$ | $16243_{37}$ | $16247_{7\cdot11}$ | 16249 | 16253 | $16259_{71}$ | $16261_{7\cdot23\cdot101}$ |
| 16267 | $16271_{53}$ | 16273 | $16277_{41}$ | $16279_{73}$ | $16283_{19}$ | $16289_{7\cdot13}$ | $16291_{11}$ |
| $16297_{43}$ | 16301 | $16303_{7\cdot17}$ | $16307_{23}$ | $16309_{47}$ | $16313_{11}$ | 16319 | $16321_{19}$ |
| $16327_{29}$ | $16331_{7}$ | 16333 | $16337_{17\cdot31}$ | 16339 | $16343_{59}$ | 16349 | $16351_{83}$ |
| $16357_{11}$ | 16361 | 16363 | $16367_{13}$ | 16369 | $16373_{7}$ | $16379_{11}$ | 16381 |
| $16387_{7}$ | $16391_{37}$ | $16393_{13\cdot97}$ | $16397_{19}$ | $16399_{23\cdot31}$ | $16403_{47}$ | $16409_{61}$ | 16411 |
| 16417 | 16421 | $16423_{11}$ | 16427 | $16429_{7}$ | 16433 | $16439_{17}$ | $16441_{41}$ |
| 16447 | 16451 | 16453 | $16457_{7}$ | $16459_{109}$ | $16463_{101}$ | $16469_{43}$ | $16471_{7\cdot13}$ |
| 16477 | 16481 | $16483_{53}$ | 16487 | $16489_{11}$ | 16493 | $16499_{7}$ | $16501_{29}$ |
| $16507_{17}$ | $16511_{11\cdot19\cdot79}$ | $16513_{7}$ | $16517_{83}$ | 16519 | $16523_{13\cdot31\cdot41}$ | 16529 | $16531_{61}$ |
| $16537_{23}$ | $16541_{7\cdot17}$ | $16543_{71}$ | 16547 | $16549_{13\cdot19\cdot67}$ | 16553 | $16559_{29}$ | 16561 |
| 16567 | $16571_{73}$ | 16573 | $16577_{11}$ | $16579_{59}$ | $16583_{7\cdot23\cdot103}$ | $16589_{53}$ | $16591_{47}$ |
| $16597_{7}$ | $16601_{13}$ | 16603 | 16607 | $16609_{17}$ | $16613_{37}$ | 16619 | $16621_{11}$ |
| $16627_{13}$ | 16631 | 16633 | $16637_{127}$ | $16639_{7}$ | $16643_{11\cdot17\cdot89}$ | 16649 | 16651 |
| 16657 | 16661 | $16663_{19}$ | $16667_{7}$ | $16669_{79}$ | 16673 | $16679_{13}$ | $16681_{7}$ |
| $16687_{11\cdot37\cdot41}$ | 16691 | 16693 | $16697_{59}$ | 16699 | 16703 | $16709_{7\cdot11\cdot31}$ | $16711_{17}$ |
| $16717_{73}$ | $16721_{23}$ | $16723_{7}$ | $16727_{43}$ | 16729 | $16733_{29}$ | $16739_{19}$ | 16741 |
| 16747 | $16751_{7}$ | $16753_{11}$ | $16757_{13}$ | 16759 | 16763 | $16769_{41}$ | $16771_{31}$ |
| $16777_{19}$ | $16781_{97}$ | $16783_{13}$ | 16787 | $16789_{103}$ | $16793_{7}$ | $16799_{107}$ | $16801_{53}$ |
| $16807_{7}$ | 16811 | $16813_{17\cdot23\cdot43}$ | $16817_{67}$ | $16819_{11}$ | 16823 | 16829 | 16831 |
| $16837_{113}$ | $16841_{11}$ | 16843 | $16847_{17}$ | $16849_{7\cdot29\cdot83}$ | $16853_{19}$ | $16859_{23}$ | $16861_{13}$ |
| $16867_{101}$ | 16871 | $16873_{47}$ | $16877_{7}$ | 16879 | 16883 | 16889 | $16891_{7\cdot19\cdot127}$ |
| $16897_{61}$ | 16901 | 16903 | $16907_{11\cdot29\cdot53}$ | $16909_{37}$ | $16913_{13}$ | $16919_{7}$ | 16921 |
| 16927 | 16931 | $16933_{7\cdot41\cdot59}$ | 16937 | $16939_{13}$ | 16943 | $16949_{17}$ | $16951_{11\cdot23\cdot67}$ |
| $16957_{31}$ | $16961_{7}$ | 16963 | $16967_{19\cdot47}$ | $16969_{71}$ | $16973_{11}$ | 16979 | 16981 |
| 16987 | $16991_{13}$ | 16993 | $16997_{23}$ | $16999_{89}$ | $17003_{7}$ | $17009_{73}$ | 17011 |
| $17017_{7\cdot11\cdot13\cdot17}$ | 17021 | $17023_{29}$ | 17027 | 17029 | 17033 | $17039_{11}$ | 17041 |
| 17047 | $17051_{17\cdot59}$ | 17053 | $17057_{37}$ | $17059_{7}$ | $17063_{113}$ | $17069_{13\cdot101}$ | $17071_{43}$ |
| 17077 | $17081_{19\cdot29\cdot31}$ | $17083_{11}$ | $17087_{7}$ | $17089_{23}$ | 17093 | 17099 | $17101_{7}$ |
| 17107 | $17111_{71}$ | $17113_{109}$ | 17117 | $17119_{17\cdot19\cdot53}$ | 17123 | $17129_{7}$ | $17131_{37}$ |
| 17137 | $17141_{61}$ | $17143_{7\cdot31\cdot79}$ | $17147_{13}$ | $17149_{11}$ | $17153_{17}$ | 17159 | $17161_{131}$ |

| | | | | | | | |
|---|---|---|---|---|---|---|---|
| 17167 | 17171$_{7\cdot11}$ | 17173$_{13}$ | 17177$_{89}$ | 17179$_{41}$ | 17183 | 17189 | 17191 |
| 17197$_{29}$ | 17201$_{103}$ | 17203 | 17207 | 17209 | 17213$_{7}$ | 17219$_{67}$ | 17221$_{17}$ |
| 17227$_{7\cdot23\cdot107}$ | 17231 | 17233$_{19}$ | 17237$_{11}$ | 17239 | 17243$_{43}$ | 17249$_{47}$ | 17251$_{13}$ |
| 17257 | 17261$_{41}$ | 17263$_{61}$ | 17267$_{31}$ | 17269$_{7}$ | 17273$_{23}$ | 17279$_{37}$ | 17281$_{11}$ |
| 17287$_{59}$ | 17291 | 17293 | 17297$_{7}$ | 17299 | 17303$_{11\cdot13}$ | 17309$_{19}$ | 17311$_{7}$ |
| 17317 | 17321 | 17323$_{17}$ | 17327 | 17329$_{13\cdot31\cdot43}$ | 17333 | 17339$_{7}$ | 17341 |
| 17347$_{11\cdot19\cdot83}$ | 17351 | 17353$_{7\cdot37\cdot67}$ | 17357$_{17}$ | 17359 | 17363$_{97}$ | 17369$_{11}$ | 17371$_{29}$ |
| 17377 | 17381$_{7\cdot13}$ | 17383 | 17387 | 17389 | 17393 | 17399$_{127}$ | 17401 |
| 17407$_{13\cdot103}$ | 17411$_{23}$ | 17413$_{11}$ | 17417 | 17419 | 17423$_{7\cdot19\cdot131}$ | 17429$_{29}$ | 17431 |
| 17437$_{7\cdot47\cdot53}$ | 17441$_{107}$ | 17443 | 17447$_{73}$ | 17449 | 17453$_{31}$ | 17459$_{13\cdot17\cdot79}$ | 17461$_{19}$ |
| 17467 | 17471 | 17473$_{101}$ | 17477 | 17479$_{7\cdot11}$ | 17483 | 17489 | 17491 |
| 17497 | 17501$_{11\cdot37\cdot43}$ | 17503$_{23}$ | 17507$_{7\cdot41\cdot61}$ | 17509 | 17513$_{83}$ | 17519 | 17521$_{7}$ |
| 17527$_{17}$ | 17531$_{47}$ | 17533$_{89}$ | 17537$_{13\cdot19\cdot71}$ | 17539 | 17543$_{53}$ | 17549$_{7\cdot23\cdot109}$ | 17551 |
| 17557$_{97}$ | 17561$_{17}$ | 17563$_{7\cdot13}$ | 17567$_{11}$ | 17569 | 17573 | 17579 | 17581 |
| 17587$_{43}$ | 17591$_{7}$ | 17593$_{73}$ | 17597 | 17599 | 17603$_{29}$ | 17609 | 17611$_{11}$ |
| 17617$_{79}$ | 17621$_{67}$ | 17623 | 17627 | 17629$_{17\cdot61}$ | 17633$_{7\cdot11}$ | 17639$_{31}$ | 17641$_{13\cdot23\cdot59}$ |
| 17647$_{7}$ | 17651$_{19}$ | 17653$_{127}$ | 17657 | 17659 | 17663$_{17}$ | 17669 | 17671$_{41}$ |
| 17677$_{11}$ | 17681 | 17683 | 17687$_{23}$ | 17689$_{7\cdot19}$ | 17693$_{13}$ | 17699$_{11}$ | 17701$_{31}$ |
| 17707 | 17711$_{89}$ | 17713 | 17717$_{7}$ | 17719$_{13\cdot29\cdot47}$ | 17723$_{37}$ | 17729 | 17731$_{7\cdot17}$ |
| 17737 | 17741$_{113}$ | 17743$_{11}$ | 17747 | 17749 | 17753$_{41}$ | 17759$_{7\cdot43\cdot59}$ | 17761 |
| 17767$_{109}$ | 17771$_{13}$ | 17773$_{7}$ | 17777$_{29}$ | 17779$_{23}$ | 17783 | 17789 | 17791 |
| 17797$_{13\cdot37}$ | 17801$_{7}$ | 17803$_{19}$ | 17807 | 17809$_{11}$ | 17813$_{47}$ | 17819$_{103}$ | 17821$_{71}$ |
| 17827 | 17831$_{11}$ | 17833$_{17}$ | 17837 | 17839 | 17843$_{7}$ | 17849$_{13}$ | 17851 |
| 17857$_{7}$ | 17861$_{53}$ | 17863 | 17867$_{17}$ | 17869$_{107}$ | 17873$_{61}$ | 17879$_{19}$ | 17881 |
| 17887$_{31}$ | 17891 | 17893$_{29}$ | 17897$_{11}$ | 17899$_{7}$ | 17903 | 17909 | 17911 |
| 17917$_{19\cdot23\cdot41}$ | 17921 | 17923 | 17927$_{7\cdot13}$ | 17929 | 17933$_{79}$ | 17939 | 17941$_{7\cdot11}$ |
| 17947$_{131}$ | 17951$_{29}$ | 17953$_{13}$ | 17957 | 17959 | 17963$_{11\cdot23\cdot71}$ | 17969$_{7\cdot17}$ | 17971 |
| 17977 | 17981 | 17983$_{7}$ | 17987 | 17989 | 17993$_{19}$ | 17999$_{41}$ | 18001$_{47}$ |
| 18007$_{11}$ | 18011$_{7\cdot31\cdot83}$ | 18013 | 18017$_{43}$ | 18019$_{37}$ | 18023$_{67}$ | 18029$_{11}$ | 18031$_{13\cdot19\cdot73}$ |
| 18037$_{17}$ | 18041 | 18043 | 18047 | 18049 | 18053$_{7}$ | 18059 | 18061 |
| 18067$_{7\cdot29\cdot89}$ | 18071$_{17}$ | 18073$_{11\cdot31\cdot53}$ | 18077 | 18079$_{101}$ | 18083$_{13\cdot107}$ | 18089 | 18091$_{79}$ |
| 18097 | 18101$_{23}$ | 18103$_{43}$ | 18107$_{19}$ | 18109$_{7\cdot13}$ | 18113$_{59}$ | 18119 | 18121 |
| 18127 | 18131 | 18133 | 18137$_{7}$ | 18139$_{11\cdot17\cdot97}$ | 18143 | 18149 | 18151$_{7}$ |
| 18157$_{67}$ | 18161$_{11\cdot13\cdot127}$ | 18163$_{41}$ | 18167$_{37}$ | 18169 | 18173$_{17}$ | 18179$_{7\cdot53}$ | 18181 |
| 18187$_{13}$ | 18191 | 18193$_{7\cdot23\cdot113}$ | 18197$_{31}$ | 18199 | 18203$_{109}$ | 18209$_{131}$ | 18211 |
| 18217 | 18221$_{7\cdot19}$ | 18223 | 18227$_{11}$ | 18229 | 18233 | 18239$_{13\cdot23\cdot61}$ | 18241$_{17\cdot29\cdot37}$ |
| 18247$_{71}$ | 18251 | 18253 | 18257 | 18259$_{19\cdot31}$ | 18263$_{7}$ | 18269 | 18271$_{11}$ |
| 18277$_{7}$ | 18281$_{101}$ | 18283$_{47}$ | 18287 | 18289 | 18293$_{11}$ | 18299$_{29}$ | 18301 |
| 18307 | 18311 | 18313 | 18317$_{13}$ | 18319$_{7}$ | 18323$_{73}$ | 18329 | 18331$_{23}$ |
| 18337$_{11}$ | 18341 | 18343$_{13\cdot17\cdot83}$ | 18347$_{7}$ | 18349$_{59}$ | 18353 | 18359$_{11}$ | 18361$_{7\cdot43\cdot61}$ |
| 18367 | 18371 | 18373$_{19}$ | 18377$_{17\cdot23\cdot47}$ | 18379 | 18383$_{31}$ | 18389$_{7\cdot37\cdot71}$ | 18391$_{53}$ |
| 18397 | 18401 | 18403$_{7\cdot11}$ | 18407$_{79}$ | 18409$_{41}$ | 18413 | 18419$_{113}$ | 18421$_{13\cdot109}$ |
| 18427 | 18431$_{7}$ | 18433 | 18437$_{103}$ | 18439 | 18443 | 18449$_{19}$ | 18451 |
| 18457 | 18461 | 18463$_{37}$ | 18467$_{59}$ | 18469$_{11\cdot23\cdot73}$ | 18473$_{7\cdot13\cdot29}$ | 18479$_{17}$ | 18481 |
| 18487$_{7\cdot19}$ | 18491$_{11\cdot41}$ | 18493 | 18497$_{53}$ | 18499$_{13}$ | 18503 | 18509$_{83}$ | 18511$_{107}$ |
| 18517 | 18521 | 18523 | 18527$_{97}$ | 18529$_{7}$ | 18533$_{43}$ | 18539 | 18541 |
| 18547$_{17}$ | 18551$_{13}$ | 18553 | 18557$_{7\cdot11}$ | 18559$_{67}$ | 18563$_{19}$ | 18569$_{31}$ | 18571$_{7}$ |
| 18577$_{13}$ | 18581$_{17}$ | 18583 | 18587 | 18589$_{29}$ | 18593 | 18599$_{7}$ | 18601$_{11\cdot19\cdot89}$ |
| 18607$_{23}$ | 18611$_{37}$ | 18613$_{7}$ | 18617 | 18619$_{43}$ | 18623$_{11}$ | 18629$_{13}$ | 18631$_{31}$ |
| 18637 | 18641$_{7}$ | 18643$_{103}$ | 18647$_{29}$ | 18649$_{17}$ | 18653$_{23}$ | 18659$_{47}$ | 18661 |
| 18667$_{11}$ | 18671 | 18673$_{71}$ | 18677$_{19}$ | 18679 | 18683$_{7\cdot17}$ | 18689$_{11}$ | 18691 |
| 18697$_{7}$ | 18701 | 18703$_{59}$ | 18707$_{13}$ | 18709$_{53}$ | 18713 | 18719 | 18721$_{97}$ |
| 18727$_{61}$ | 18731 | 18733$_{11\cdot13\cdot131}$ | 18737$_{41}$ | 18739$_{7}$ | 18743 | 18749 | 18751$_{17}$ |
| 18757 | 18761$_{73}$ | 18763$_{29}$ | 18767$_{7}$ | 18769$_{137}$ | 18773 | 18779$_{89}$ | 18781$_{7}$ |
| 18787 | 18791$_{19\cdot23\cdot43}$ | 18793 | 18797 | 18799$_{11}$ | 18803 | 18809$_{7}$ | 18811$_{13}$ |
| 18817$_{31}$ | 18821$_{11\cdot29\cdot59}$ | 18823$_{7}$ | 18827$_{67}$ | 18829$_{19}$ | 18833$_{37}$ | 18839 | 18841$_{83}$ |
| 18847$_{47}$ | 18851$_{7}$ | 18853$_{17}$ | 18857$_{109}$ | 18859 | 18863$_{13}$ | 18869 | 18871$_{113}$ |
| 18877$_{43}$ | 18881$_{79}$ | 18883$_{23}$ | 18887$_{11\cdot17\cdot101}$ | 18889$_{13}$ | 18893$_{7}$ | 18899 | 18901$_{41}$ |
| 18907$_{7\cdot37\cdot73}$ | 18911 | 18913 | 18917 | 18919 | 18923$_{127}$ | 18929$_{23}$ | 18931$_{11}$ |
| 18937$_{29}$ | 18941$_{13\cdot31\cdot47}$ | 18943$_{19}$ | 18947 | 18949$_{7}$ | 18953$_{11}$ | 18959 | 18961$_{67}$ |
| 18967$_{13}$ | 18971$_{61}$ | 18973 | 18977$_{7}$ | 18979 | 18983$_{41}$ | 18989$_{17}$ | 18991$_{7}$ |
| 18997$_{11}$ | 19001 | 19003$_{31}$ | 19007$_{83}$ | 19009 | 19013 | 19019$_{7\cdot11\cdot13\cdot19}$ | 19021$_{23}$ |
| 19027$_{53}$ | 19031 | 19033$_{7}$ | 19037 | 19039$_{79}$ | 19043$_{137}$ | 19049$_{43}$ | 19051 |
| 19057$_{17\cdot19\cdot59}$ | 19061$_{7}$ | 19063$_{11}$ | 19067$_{23}$ | 19069 | 19073 | 19079 | 19081 |
| 19087 | 19091$_{17}$ | 19093$_{61}$ | 19097$_{13\cdot113}$ | 19099$_{71}$ | 19103$_{7}$ | 19109$_{97}$ | 19111$_{29}$ |
| 19117$_{7}$ | 19121 | 19123$_{13}$ | 19127$_{31}$ | 19129$_{11\cdot37\cdot47}$ | 19133$_{19\cdot53}$ | 19139 | 19141 |
| 19147$_{41}$ | 19151$_{11}$ | 19153$_{107}$ | 19157 | 19159$_{7\cdot17\cdot23}$ | 19163 | 19169$_{29}$ | 19171$_{19}$ |
| 19177$_{127}$ | 19181 | 19183 | 19187$_{7}$ | 19189$_{31}$ | 19193$_{17}$ | 19199$_{73}$ | 19201$_{7\cdot13}$ |
| 19207 | 19211 | 19213 | 19217$_{11}$ | 19219 | 19223$_{47}$ | 19229$_{7\cdot41\cdot67}$ | 19231 |
| 19237 | 19241$_{71}$ | 19243$_{7}$ | 19247$_{19}$ | 19249 | 19253$_{13}$ | 19259 | 19261$_{11\cdot17\cdot103}$ |
| 19267 | 19271$_{7}$ | 19273 | 19277$_{37}$ | 19279$_{13}$ | 19283$_{11}$ | 19289 | 19291$_{101}$ |
| 19297$_{23}$ | 19301 | 19303$_{97}$ | 19307$_{43}$ | 19309 | 19313$_{7\cdot31\cdot89}$ | 19319 | 19321$_{139}$ |
| 19327$_{7\cdot11}$ | 19331$_{13}$ | 19333 | 19337$_{61}$ | 19339$_{83}$ | 19343$_{23\cdot29}$ | 19349$_{11}$ | 19351$_{37}$ |
| 19357$_{13}$ | 19361$_{19}$ | 19363$_{17\cdot67}$ | 19367$_{107}$ | 19369$_{7}$ | 19373 | 19379 | 19381 |
| 19387 | 19391 | 19393$_{11\cdot41\cdot43}$ | 19397$_{7\cdot17}$ | 19399$_{19}$ | 19403 | 19409$_{13}$ | 19411$_{7\cdot47\cdot59}$ |
| 19417 | 19421 | 19423 | 19427 | 19429 | 19433 | 19439$_{7}$ | 19441 |
| 19447 | 19451$_{53}$ | 19453$_{7}$ | 19457 | 19459$_{11\cdot29\cdot61}$ | 19463 | 19469 | 19471 |
| 19477 | 19481$_{7\cdot11\cdot23}$ | 19483 | 19487$_{13}$ | 19489 | 19493$_{101}$ | 19499$_{17\cdot31\cdot37}$ | 19501 |
| 19507 | 19511$_{109}$ | 19513$_{13\cdot19\cdot79}$ | 19517$_{29}$ | 19519$_{131}$ | 19523$_{7}$ | 19529$_{59}$ | 19531 |
| 19537$_{7}$ | 19541 | 19543 | 19547$_{11}$ | 19549$_{113}$ | 19553 | 19559 | 19561$_{31}$ |
| 19567$_{17}$ | 19571 | 19573$_{23\cdot37}$ | 19577 | 19579$_{7}$ | 19583 | 19589$_{19}$ | 19591$_{11\cdot13\cdot137}$ |
| 19597 | 19601$_{17}$ | 19603 | 19607$_{7}$ | 19609 | 19613$_{11}$ | 19619$_{23}$ | 19621$_{7}$ |

| | | | | | | | |
|---|---|---|---|---|---|---|---|
| $19627_{19}$ | $19631_{67}$ | $19633_{29}$ | $19637_{73}$ | $19639_{41}$ | $19643_{13}$ | $19649_{7}$ | $19651_{43}$ |
| $19657_{11}$ | 19661 | $19663_{7\cdot 53}$ | $19667_{71}$ | $19669_{13\cdot 17\cdot 89}$ | $19673_{103}$ | $19679_{11}$ | 19681 |
| 19687 | $19691_{7\cdot 29\cdot 97}$ | $19693_{47}$ | 19697 | 19699 | $19703_{17\cdot 19\cdot 61}$ | 19709 | $19711_{23}$ |
| 19717 | $19721_{13\cdot 37\cdot 41}$ | $19723_{11}$ | 19727 | $19729_{109}$ | $19733_{7}$ | 19739 | $19741_{19}$ |
| $19747_{7\cdot 13\cdot 31}$ | 19751 | 19753 | $19757_{23}$ | 19759 | 19763 | $19769_{53}$ | $19771_{17}$ |
| 19777 | $19781_{131}$ | $19783_{73}$ | $19787_{47}$ | $19789_{7\cdot 11}$ | 19793 | $19799_{13}$ | 19801 |
| $19807_{29}$ | $19811_{11}$ | 19813 | $19817_{7\cdot 19}$ | 19819 | $19823_{43}$ | $19829_{79}$ | $19831_{7}$ |
| $19837_{83}$ | 19841 | 19843 | $19847_{89}$ | $19849_{23}$ | 19853 | $19859_{7}$ | 19861 |
| 19867 | $19871_{31}$ | $19873_{7\cdot 17}$ | $19877_{11\cdot 13\cdot 139}$ | $19879_{103}$ | $19883_{59}$ | 19889 | 19891 |
| $19897_{101}$ | $19901_{7}$ | $19903_{13}$ | $19907_{17}$ | $19909_{43}$ | 19913 | 19919 | $19921_{11}$ |
| 19927 | $19931_{19}$ | $19933_{31}$ | 19937 | $19939_{127}$ | $19943_{7\cdot 11\cdot 37}$ | 19949 | $19951_{71}$ |
| $19957_{7}$ | 19961 | 19963 | $19967_{41}$ | $19969_{19}$ | 19973 | 19979 | $19981_{13\cdot 29\cdot 53}$ |
| $19987_{11\cdot 23\cdot 79}$ | 19991 | 19993 | 19997 | $19999_{7}$ | $20003_{83}$ | $20009_{11\cdot 17\cdot 107}$ | 20011 |
| $20017_{37}$ | 20021 | 20023 | $20027_{7}$ | 20029 | $20033_{13\cdot 23\cdot 67}$ | $20039_{29}$ | $20041_{7}$ |
| 20047 | 20051 | $20053_{11}$ | $20057_{31}$ | $20059_{13}$ | 20063 | $20069_{7\cdot 47\cdot 61}$ | 20071 |
| $20077_{17}$ | $20081_{43}$ | $20083_{7\cdot 19}$ | $20087_{53}$ | 20089 | $20093_{71}$ | $20099_{101}$ | 20101 |
| 20107 | $20111_{7\cdot 13\cdot 17}$ | 20113 | 20117 | $20119_{11\cdot 31\cdot 59}$ | 20123 | 20129 | $20131_{41}$ |
| $20137_{13}$ | $20141_{11}$ | 20143 | 20147 | 20149 | $20153_{7}$ | $20159_{19}$ | 20161 |
| $20167_{7\cdot 43\cdot 67}$ | $20171_{23}$ | 20173 | 20177 | $20179_{17}$ | 20183 | $20189_{13}$ | $20191_{61}$ |
| $20197_{19}$ | 20201 | $20203_{89}$ | $20207_{11}$ | $20209_{7}$ | $20213_{17\cdot 29\cdot 41}$ | 20219 | $20221_{73}$ |
| $20227_{113}$ | 20231 | 20233 | $20237_{7\cdot 59}$ | $20239_{37}$ | $20243_{31}$ | 20249 | $20251_{7\cdot 11}$ |
| $20257_{47}$ | 20261 | $20263_{23}$ | $20267_{13}$ | 20269 | $20273_{11\cdot 19\cdot 97}$ | $20279_{7}$ | $20281_{17}$ |
| 20287 | $20291_{103}$ | $20293_{7\cdot 13}$ | 20297 | $20299_{53}$ | $20303_{79}$ | $20309_{23}$ | $20311_{19}$ |
| $20317_{11}$ | $20321_{7}$ | 20323 | 20327 | $20329_{29}$ | 20333 | $20339_{11\cdot 43}$ | 20341 |
| 20347 | $20351_{47}$ | 20353 | 20357 | 20359 | $20363_{7}$ | 20369 | $20371_{13}$ |
| $20377_{7\cdot 41\cdot 71}$ | $20381_{89}$ | $20383_{11\cdot 17\cdot 109}$ | $20387_{19\cdot 29\cdot 37}$ | 20389 | 20393 | 20399 | $20401_{23}$ |
| 20407 | 20411 | $20413_{137}$ | $20417_{17}$ | $20419_{7}$ | $20423_{13}$ | $20429_{31}$ | 20431 |
| $20437_{107}$ | 20441 | 20443 | $20447_{7\cdot 23\cdot 127}$ | $20449_{11\cdot 13}$ | $20453_{113}$ | $20459_{41}$ | $20461_{7\cdot 37\cdot 79}$ |
| $20467_{97}$ | $20471_{11}$ | $20473_{59}$ | 20477 | 20479 | 20483 | $20489_{7}$ | $20491_{31}$ |
| $20497_{103}$ | $20501_{13\cdot 19\cdot 83}$ | $20503_{7\cdot 29\cdot 101}$ | 20507 | 20509 | $20513_{73}$ | $20519_{17\cdot 71}$ | 20521 |
| $20527_{13}$ | $20531_{7}$ | 20533 | $20537_{11}$ | $20539_{19\cdot 23\cdot 47}$ | 20543 | 20549 | 20551 |
| $20557_{61}$ | $20561_{29}$ | 20563 | $20567_{131}$ | $20569_{67}$ | $20573_{7}$ | $20579_{13}$ | $20581_{11}$ |
| $20587_{7\cdot 17}$ | $20591_{59}$ | 20593 | $20597_{43}$ | 20599 | $20603_{11}$ | $20609_{37}$ | 20611 |
| $20617_{53}$ | $20621_{17}$ | $20623_{41}$ | 20627 | $20629_{7}$ | $20633_{47}$ | 20639 | 20641 |
| $20647_{11}$ | $20651_{107}$ | $20653_{19}$ | $20657_{7\cdot 13}$ | $20659_{73}$ | 20663 | $20669_{11}$ | $20671_{7}$ |
| $20677_{23\cdot 29\cdot 31}$ | 20681 | $20683_{13\cdot 37\cdot 43}$ | $20687_{137}$ | $20689_{17}$ | 20693 | $20699_{7}$ | $20701_{127}$ |
| 20707 | $20711_{139}$ | $20713_{7\cdot 11}$ | 20717 | 20719 | $20723_{17\cdot 23\cdot 53}$ | $20729_{19}$ | 20731 |
| $20737_{89}$ | $20741_{7}$ | 20743 | 20747 | 20749 | 20753 | 20759 | $20761_{13}$ |
| $20767_{19}$ | 20771 | 20773 | $20777_{79}$ | $20779_{11}$ | $20783_{7}$ | 20789 | $20791_{17}$ |
| $20797_{7}$ | $20801_{11\cdot 31\cdot 61}$ | $20803_{71}$ | 20807 | 20809 | $20813_{13}$ | $20819_{109}$ | $20821_{47}$ |
| $20827_{59}$ | $20831_{37}$ | $20833_{83}$ | $20837_{67}$ | $20839_{7\cdot 13}$ | $20843_{19}$ | 20849 | $20851_{29}$ |
| 20857 | $20861_{23}$ | $20863_{31}$ | $20867_{7\cdot 11}$ | $20869_{41}$ | 20873 | 20879 | $20881_{7\cdot 19}$ |
| 20887 | $20891_{13}$ | $20893_{17}$ | 20897 | 20899 | 20903 | $20909_{7\cdot 29\cdot 103}$ | $20911_{11}$ |
| $20917_{13}$ | 20921 | $20923_{7\cdot 61}$ | $20927_{17}$ | 20929 | $20933_{11}$ | 20939 | $20941_{43}$ |
| 20947 | $20951_{7\cdot 41\cdot 73}$ | $20953_{23}$ | $20957_{19}$ | 20959 | 20963 | $20969_{13}$ | $20971_{67}$ |
| $20977_{11}$ | 20981 | 20983 | $20987_{31}$ | $20989_{139}$ | $20993_{7}$ | $20999_{11\cdot 23\cdot 83}$ | 21001 |
| $21007_{7}$ | 21011 | 21013 | 21017 | 21019 | 21023 | $21029_{17}$ | 21031 |
| $21037_{109}$ | $21041_{53}$ | $21043_{11}$ | $21047_{13}$ | $21049_{7\cdot 31\cdot 97}$ | $21053_{37}$ | 21059 | 21061 |
| 21067 | $21071_{19}$ | $21073_{13}$ | $21077_{7}$ | $21079_{107}$ | $21083_{29}$ | 21089 | $21091_{7\cdot 23\cdot 131}$ |
| $21097_{17\cdot 73}$ | 21101 | $21103_{47}$ | 21107 | $21109_{11\cdot 19\cdot 101}$ | $21113_{43}$ | $21119_{7}$ | 21121 |
| $21127_{37}$ | $21131_{11\cdot 17\cdot 113}$ | $21133_{7}$ | $21137_{23}$ | 21139 | 21143 | 21149 | $21151_{13}$ |
| 21157 | $21161_{7}$ | 21163 | $21167_{61}$ | 21169 | $21173_{31}$ | 21179 | $21181_{59}$ |
| 21187 | 21191 | 21193 | $21197_{11\cdot 41\cdot 47}$ | $21199_{17\cdot 29\cdot 43}$ | $21203_{7\cdot 13}$ | $21209_{127}$ | 21211 |
| $21217_{7}$ | 21221 | $21223_{19}$ | 21227 | $21229_{13\cdot 23\cdot 71}$ | $21233_{17}$ | $21239_{67}$ | $21241_{11}$ |
| 21247 | $21251_{79}$ | $21253_{53}$ | $21257_{29}$ | $21259_{7}$ | $21263_{11}$ | 21269 | $21271_{89}$ |
| 21277 | $21281_{13}$ | 21283 | $21287_{7}$ | $21289_{61}$ | $21293_{107}$ | $21299_{19\cdot 59}$ | $21301_{7\cdot 17}$ |
| $21307_{11\cdot 13}$ | $21311_{101}$ | 21313 | 21317 | 21319 | 21323 | $21329_{7\cdot 11}$ | $21331_{83}$ |
| $21337_{19}$ | 21341 | $21343_{7}$ | 21347 | $21349_{37}$ | $21353_{131}$ | $21359_{13\cdot 31\cdot 53}$ | $21361_{41}$ |
| $21367_{23}$ | $21371_{7\cdot 43\cdot 71}$ | $21373_{11\cdot 29\cdot 67}$ | 21377 | 21379 | 21383 | $21389_{73}$ | 21391 |
| 21397 | 21401 | $21403_{17}$ | 21407 | $21409_{79}$ | $21413_{7\cdot 19\cdot 23}$ | 21419 | $21421_{31}$ |
| $21427_{7}$ | $21431_{29}$ | 21433 | $21437_{13\cdot 17\cdot 97}$ | $21439_{11}$ | $21443_{41}$ | $21449_{89}$ | $21451_{19}$ |
| $21457_{43}$ | $21461_{11}$ | $21463_{13\cdot 127}$ | 21467 | $21469_{7}$ | $21473_{109}$ | $21479_{47}$ | 21481 |
| 21487 | 21491 | 21493 | $21497_{7\cdot 37\cdot 83}$ | 21499 | 21503 | $21509_{137}$ | $21511_{7}$ |
| 21517 | 21521 | 21523 | $21527_{11\cdot 19\cdot 103}$ | 21529 | $21533_{61}$ | $21539_{7\cdot 17}$ | $21541_{13}$ |
| $21547_{29}$ | $21551_{23}$ | $21553_{7}$ | 21557 | 21559 | 21563 | 21569 | $21571_{11\cdot 37\cdot 53}$ |
| 21577 | $21581_{7}$ | $21583_{113}$ | 21587 | 21589 | $21593_{11\cdot 13}$ | 21599 | 21601 |
| $21607_{17\cdot 31\cdot 41}$ | 21611 | 21613 | 21617 | $21619_{13}$ | $21623_{7}$ | $21629_{43}$ | $21631_{97}$ |
| $21637_{7\cdot 11}$ | $21641_{17\cdot 19\cdot 67}$ | $21643_{23}$ | 21647 | 21649 | $21653_{59}$ | $21659_{11}$ | 21661 |
| $21667_{47}$ | $21671_{13}$ | 21673 | $21677_{53}$ | $21679_{7\cdot 19}$ | 21683 | $21689_{23\cdot 41}$ | $21691_{109}$ |
| $21697_{13}$ | 21701 | $21703_{11}$ | $21707_{7}$ | $21709_{17}$ | 21713 | $21719_{37}$ | $21721_{7\cdot 29\cdot 107}$ |
| 21727 | $21731_{31}$ | $21733_{103}$ | 21737 | 21739 | $21743_{17}$ | $21749_{7\cdot 13}$ | 21751 |
| 21757 | $21761_{47}$ | $21763_{7}$ | 21767 | $21769_{11}$ | 21773 | $21779_{29}$ | $21781_{23}$ |
| 21787 | $21791_{7\cdot 11}$ | $21793_{19\cdot 31\cdot 37}$ | $21797_{71}$ | 21799 | 21803 | $21809_{113}$ | $21811_{17}$ |
| 21817 | 21821 | $21823_{139}$ | $21827_{13\cdot 23\cdot 73}$ | $21829_{83}$ | $21833_{7}$ | 21839 | 21841 |
| $21847_{7}$ | 21851 | $21853_{13\cdot 41}$ | $21857_{11}$ | 21859 | 21863 | $21869_{19}$ | 21871 |
| $21877_{131}$ | 21881 | $21883_{79}$ | $21887_{43}$ | $21889_{7\cdot 53\cdot 59}$ | 21893 | $21899_{61}$ | $21901_{11}$ |
| $21907_{19}$ | 21911 | $21913_{17}$ | $21917_{7\cdot 31\cdot 101}$ | $21919_{23}$ | $21923_{11}$ | 21929 | $21931_{7\cdot 13}$ |
| 21937 | $21941_{37}$ | 21943 | $21947_{17}$ | $21949_{47}$ | $21953_{29}$ | $21959_{7}$ | 21961 |
| $21967_{11}$ | $21971_{127}$ | $21973_{7\cdot 43\cdot 73}$ | 21977 | $21979_{31}$ | $21983_{13\cdot 19\cdot 89}$ | $21989_{11}$ | 21991 |
| 21997 | $22001_{7}$ | 22003 | $22007_{59}$ | $22009_{13}$ | 22013 | $22019_{97}$ | $22021_{19\cdot 61}$ |
| 22027 | 22031 | $22033_{11}$ | 22037 | 22039 | $22043_{7\cdot 47\cdot 67}$ | $22049_{17}$ | 22051 |
| $22057_{7\cdot 23\cdot 137}$ | $22061_{13}$ | 22063 | 22067 | $22069_{29}$ | 22073 | 22079 | $22081_{71}$ |

| | | | | | | | |
|---|---|---|---|---|---|---|---|
| $22087_{13}$ | 22091 | 22093 | $22097_{19}$ | $22099_{7\cdot11\cdot41}$ | $22103_{23\cdot31}$ | 22109 | 22111 |
| $22117_{17}$ | $22121_{11}$ | 22123 | $22127_{7\cdot29\cdot109}$ | 22129 | 22133 | $22139_{13\cdot131}$ | $22141_{7}$ |
| 22147 | $22151_{17}$ | 22153 | 22157 | 22159 | $22163_{37}$ | $22169_{7}$ | 22171 |
| $22177_{67}$ | $22181_{41}$ | $22183_{7}$ | $22187_{11}$ | 22189 | 22193 | $22199_{79}$ | $22201_{149}$ |
| $22207_{53}$ | $22211_{7\cdot19}$ | $22213_{97}$ | $22217_{13}$ | $22219_{17}$ | $22223_{71}$ | 22229 | $22231_{11\cdot43\cdot47}$ |
| $22237_{37}$ | $22241_{23}$ | $22243_{13\cdot29\cdot59}$ | 22247 | $22249_{19}$ | $22253_{7\cdot11\cdot17}$ | 22259 | $22261_{113}$ |
| $22267_{7}$ | 22271 | 22273 | 22277 | 22279 | 22283 | $22289_{31}$ | 22291 |
| $22297_{11}$ | $22301_{29}$ | 22303 | 22307 | $22309_{7}$ | $22313_{53}$ | $22319_{11}$ | $22321_{13\cdot17\cdot101}$ |
| $22327_{83}$ | $22331_{137}$ | $22333_{23}$ | $22337_{7}$ | $22339_{89}$ | 22343 | 22349 | $22351_{7\cdot31\cdot103}$ |
| $22357_{79}$ | $22361_{59}$ | $22363_{11\cdot19\cdot107}$ | 22367 | 22369 | $22373_{13}$ | $22379_{7\cdot23\cdot139}$ | 22381 |
| $22387_{61}$ | 22391 | $22393_{7}$ | 22397 | $22399_{13}$ | $22403_{43}$ | 22409 | $22411_{73}$ |
| $22417_{29}$ | $22421_{7}$ | $22423_{17}$ | $22427_{41}$ | $22429_{11}$ | 22433 | $22439_{19}$ | 22441 |
| 22447 | $22451_{11\cdot13}$ | 22453 | $22457_{17}$ | $22459_{37}$ | $22463_{7}$ | 22469 | $22471_{23}$ |
| $22477_{7\cdot13\cdot19}$ | 22481 | 22483 | $22487_{113}$ | $22489_{43}$ | $22493_{83}$ | $22499_{149}$ | 22501 |
| $22507_{71}$ | 22511 | $22513_{47}$ | $22517_{11\cdot23\cdot89}$ | $22519_{7}$ | $22523_{101}$ | $22529_{13}$ | 22531 |
| $22537_{31}$ | 22541 | 22543 | $22547_{7}$ | 22549 | $22553_{19}$ | $22559_{17}$ | $22561_{7\cdot11}$ |
| 22567 | 22571 | 22573 | $22577_{107}$ | $22579_{67}$ | $22583_{11}$ | $22589_{7}$ | $22591_{19\cdot29\cdot41}$ |
| $22597_{59}$ | $22601_{97}$ | $22603_{7}$ | $22607_{13\cdot37\cdot47}$ | $22609_{23}$ | 22613 | 22619 | 22621 |
| $22627_{11\cdot17}$ | $22631_{7\cdot53\cdot61}$ | $22633_{13}$ | 22637 | 22639 | 22643 | $22649_{11\cdot29\cdot71}$ | 22651 |
| $22657_{139}$ | $22661_{17\cdot31\cdot43}$ | $22663_{131}$ | $22667_{19}$ | 22669 | $22673_{7\cdot41\cdot79}$ | 22679 | $22681_{37}$ |
| $22687_{7}$ | 22691 | $22693_{11}$ | 22697 | 22699 | $22703_{73}$ | 22709 | $22711_{13}$ |
| 22717 | 22721 | $22723_{31}$ | 22727 | $22729_{7\cdot17}$ | $22733_{127}$ | 22739 | 22741 |
| $22747_{23\cdot43}$ | 22751 | $22753_{61}$ | $22757_{7}$ | $22759_{11}$ | $22763_{13\cdot17\cdot103}$ | 22769 | $22771_{7}$ |
| 22777 | $22781_{11\cdot19\cdot109}$ | 22783 | 22787 | $22789_{13}$ | $22793_{23}$ | $22799_{7}$ | $22801_{151}$ |
| 22807 | 22811 | $22813_{7}$ | 22817 | $22819_{19}$ | $22823_{29}$ | $22829_{37}$ | $22831_{17\cdot79}$ |
| $22837_{41}$ | $22841_{7\cdot13}$ | $22843_{53}$ | $22847_{11\cdot31\cdot67}$ | $22849_{73}$ | 22853 | 22859 | 22861 |
| $22867_{13}$ | 22871 | $22873_{89}$ | 22877 | $22879_{137}$ | $22883_{7}$ | $22889_{47}$ | $22891_{11}$ |
| $22897_{7}$ | 22901 | $22903_{37}$ | 22907 | $22909_{31}$ | $22913_{11}$ | $22919_{13\cdot41\cdot43}$ | 22921 |
| $22927_{101}$ | $22931_{23}$ | $22933_{17\cdot19\cdot71}$ | 22937 | $22939_{7\cdot29\cdot113}$ | 22943 | $22949_{53}$ | $22951_{59}$ |
| $22957_{11}$ | 22961 | 22963 | $22967_{7\cdot17}$ | $22969_{103}$ | 22973 | $22979_{11}$ | $22981_{7\cdot67}$ |
| $22987_{127}$ | $22991_{83}$ | 22993 | $22997_{13\cdot29\cdot61}$ | $22999_{109}$ | 23003 | $23009_{7\cdot19}$ | 23011 |
| 23017 | 23021 | $23023_{7\cdot11\cdot13\cdot23}$ | 23027 | 23029 | $23033_{31}$ | 23039 | 23041 |
| $23047_{19}$ | $23051_{7\cdot37\cdot89}$ | 23053 | 23057 | 23059 | 23063 | $23069_{17\cdot23\cdot59}$ | 23071 |
| $23077_{47}$ | 23081 | $23083_{41}$ | 23087 | $23089_{11}$ | $23093_{7}$ | 23099 | $23101_{13}$ |
| $23107_{7}$ | $23111_{11}$ | $23113_{29}$ | 23117 | $23119_{61}$ | $23123_{19}$ | $23129_{101}$ | 23131 |
| $23137_{17}$ | $23141_{73}$ | 23143 | $23147_{79}$ | $23149_{7}$ | $23153_{13\cdot137}$ | 23159 | $23161_{19\cdot23\cdot53}$ |
| 23167 | $23171_{17\cdot29\cdot47}$ | 23173 | $23177_{7\cdot11\cdot43}$ | $23179_{13}$ | $23183_{97}$ | 23189 | $23191_{7}$ |
| 23197 | 23201 | 23203 | $23207_{23}$ | 23209 | $23213_{139}$ | $23219_{7\cdot31\cdot107}$ | $23221_{11}$ |
| 23227 | $23231_{13}$ | $23233_{7}$ | $23237_{19}$ | $23239_{17}$ | $23243_{11}$ | $23249_{67}$ | 23251 |
| $23257_{13}$ | $23261_{7}$ | $23263_{43}$ | $23267_{53}$ | 23269 | $23273_{17\cdot37}$ | 23279 | $23281_{31}$ |
| $23287_{11\cdot29\cdot73}$ | 23291 | 23293 | 23297 | $23299_{23}$ | $23303_{7}$ | $23309_{11\cdot13}$ | 23311 |
| $23317_{7}$ | 23321 | $23323_{83}$ | 23327 | $23329_{41}$ | 23333 | 23339 | $23341_{17}$ |
| $23347_{37}$ | $23351_{19}$ | $23353_{11}$ | 23357 | $23359_{7\cdot47\cdot71}$ | $23363_{61}$ | 23369 | 23371 |
| $23377_{97}$ | $23381_{103}$ | $23383_{67}$ | $23387_{7\cdot13}$ | $23389_{19}$ | $23393_{149}$ | 23399 | $23401_{7}$ |
| $23407_{89}$ | $23411_{41}$ | $23413_{13}$ | 23417 | $23419_{11}$ | $23423_{59}$ | $23429_{7}$ | 23431 |
| $23437_{23}$ | $23441_{11}$ | $23443_{7\cdot17}$ | 23447 | $23449_{131}$ | $23453_{47}$ | 23459 | $23461_{29}$ |
| $23467_{31}$ | $23471_{7}$ | 23473 | $23477_{17}$ | $23479_{53}$ | $23483_{23}$ | $23489_{83}$ | $23491_{13\cdot139}$ |
| 23497 | $23501_{71}$ | $23503_{19}$ | $23507_{11}$ | 23509 | $23513_{7}$ | $23519_{29}$ | $23521_{43}$ |
| $23527_{7}$ | 23531 | $23533_{101}$ | 23537 | 23539 | $23543_{13}$ | 23549 | $23551_{11}$ |
| 23557 | 23561 | 23563 | 23567 | $23569_{7\cdot13\cdot37}$ | $23573_{11}$ | $23579_{17\cdot19\cdot73}$ | 23581 |
| $23587_{103}$ | $23591_{31}$ | 23593 | $23597_{7}$ | 23599 | 23603 | 23609 | $23611_{7}$ |
| $23617_{11\cdot19\cdot113}$ | $23621_{13\cdot23\cdot79}$ | 23623 | 23627 | 23629 | 23633 | $23639_{7\cdot11}$ | $23641_{47}$ |
| $23647_{13\cdot17\cdot107}$ | $23651_{67}$ | $23653_{7\cdot31\cdot109}$ | $23657_{41}$ | $23659_{59}$ | 23663 | 23669 | 23671 |
| 23677 | $23681_{7\cdot17}$ | $23683_{11}$ | 23687 | 23689 | $23693_{19\cdot29\cdot43}$ | $23699_{13}$ | $23701_{137}$ |
| $23707_{151}$ | $23711_{131}$ | $23713_{23}$ | $23717_{37}$ | 23719 | $23723_{7}$ | $23729_{61}$ | $23731_{19}$ |
| $23737_{7}$ | 23741 | 23743 | 23747 | $23749_{11\cdot17\cdot127}$ | 23753 | $23759_{23}$ | 23761 |
| 23767 | $23771_{11}$ | 23773 | $23777_{13\cdot31\cdot59}$ | $23779_{7\cdot43\cdot79}$ | $23783_{17}$ | 23789 | $23791_{37}$ |
| $23797_{53}$ | 23801 | $23803_{13}$ | $23807_{7\cdot19}$ | $23809_{29}$ | 23813 | 23819 | $23821_{7\cdot41\cdot83}$ |
| 23827 | 23831 | 23833 | $23837_{11}$ | $23839_{31}$ | $23843_{113}$ | $23849_{7}$ | $23851_{17\cdot23\cdot61}$ |
| 23857 | $23861_{107}$ | $23863_{7}$ | $23867_{29}$ | 23869 | 23873 | 23879 | $23881_{11\cdot13}$ |
| 23887 | $23891_{7}$ | 23893 | $23897_{23}$ | 23899 | $23903_{11\cdot41\cdot53}$ | 23909 | 23911 |
| 23917 | $23921_{19}$ | $23923_{47}$ | $23927_{71}$ | 23929 | $23933_{7\cdot13}$ | $23939_{37}$ | $23941_{89}$ |
| $23947_{7\cdot11}$ | $23951_{43}$ | $23953_{17}$ | 23957 | $23959_{13\cdot19\cdot97}$ | $23963_{31}$ | $23969_{11}$ | 23971 |
| 23977 | 23981 | $23983_{29}$ | $23987_{17\cdot83}$ | $23989_{7\cdot23\cdot149}$ | 23993 | $23999_{103}$ | 24001 |
| 24007 | $24011_{13}$ | $24013_{11\cdot37\cdot59}$ | $24017_{7\cdot47\cdot73}$ | 24019 | 24023 | 24029 | $24031_{7}$ |
| $24037_{13\cdot43}$ | $24041_{29}$ | 24043 | $24047_{139}$ | 24049 | $24053_{67}$ | $24059_{7}$ | 24061 |
| $24067_{41}$ | 24071 | $24073_{7\cdot19}$ | 24077 | $24079_{11}$ | 24083 | $24089_{13\cdot17\cdot109}$ | 24091 |
| 24097 | $24101_{7\cdot11}$ | 24103 | 24107 | 24109 | 24113 | $24119_{89}$ | 24121 |
| $24127_{23}$ | $24131_{59}$ | 24133 | 24137 | $24139_{101}$ | $24143_{7}$ | $24149_{19\cdot31\cdot41}$ | 24151 |
| $24157_{7\cdot17\cdot29}$ | $24161_{37}$ | $24163_{73}$ | $24167_{11\cdot13}$ | 24169 | $24173_{23}$ | 24179 | 24181 |
| $24187_{19\cdot67}$ | $24191_{17}$ | $24193_{13}$ | 24197 | $24199_{7}$ | 24203 | $24209_{43}$ | $24211_{11\cdot31\cdot71}$ |
| $24217_{61}$ | $24221_{53}$ | 24223 | $24227_{7}$ | 24229 | $24233_{11}$ | 24239 | $24241_{7}$ |
| 24247 | 24251 | $24253_{79}$ | $24257_{127}$ | $24259_{17}$ | $24263_{19}$ | $24269_{7}$ | $24271_{13}$ |
| $24277_{11}$ | 24281 | $24283_{7}$ | $24287_{149}$ | $24289_{107}$ | $24293_{17}$ | $24299_{11\cdot47}$ | $24301_{19}$ |
| $24307_{109}$ | $24311_{7\cdot23\cdot151}$ | $24313_{41}$ | 24317 | $24319_{83}$ | $24323_{13}$ | 24329 | $24331_{29}$ |
| 24337 | $24341_{101}$ | $24343_{11}$ | $24347_{97}$ | $24349_{13}$ | $24353_{7\cdot71}$ | 24359 | $24361_{17}$ |
| $24367_{7\cdot59}$ | 24371 | 24373 | $24377_{19}$ | 24379 | $24383_{37}$ | $24389_{29}$ | 24391 |
| $24397_{31}$ | $24401_{13}$ | $24403_{23}$ | 24407 | $24409_{7\cdot11}$ | 24413 | 24419 | 24421 |
| $24427_{13}$ | $24431_{11}$ | $24433_{53}$ | $24437_{7}$ | 24439 | 24443 | $24449_{23}$ | $24451_{7}$ |
| $24457_{37}$ | $24461_{61}$ | $24463_{17}$ | $24467_{43}$ | 24469 | 24473 | $24479_{7\cdot13}$ | 24481 |
| $24487_{47}$ | $24491_{19}$ | $24493_{7}$ | $24497_{11\cdot17\cdot131}$ | 24499 | $24503_{107}$ | 24509 | $24511_{127}$ |
| 24517 | $24521_{7\cdot31\cdot113}$ | $24523_{137}$ | 24527 | $24529_{19}$ | 24533 | $24539_{53}$ | $24541_{11\cdot23\cdot97}$ |

| | | | | | | | |
|---|---|---|---|---|---|---|---|
| 24547 | 24551 | $24553_{43}$ | $24557_{13}$ | $24559_{41}$ | $24563_{7\cdot11\cdot29}$ | $24569_{79}$ | 24571 |
| $24577_{7}$ | $24581_{47}$ | $24583_{13\cdot31\cdot61}$ | $24587_{23}$ | $24589_{67}$ | 24593 | $24599_{17}$ | $24601_{73}$ |
| $24607_{11}$ | 24611 | $24613_{151}$ | $24617_{103}$ | $24619_{7}$ | 24623 | $24629_{11}$ | 24631 |
| $24637_{71}$ | $24641_{41}$ | $24643_{19}$ | $24647_{7}$ | $24649_{157}$ | $24653_{89}$ | 24659 | $24661_{7\cdot13}$ |
| $24667_{17}$ | 24671 | $24673_{11}$ | 24677 | $24679_{23\cdot29\cdot37}$ | 24683 | $24689_{7}$ | 24691 |
| 24697 | $24701_{17}$ | $24703_{7}$ | $24707_{31}$ | 24709 | $24713_{13}$ | $24719_{19}$ | $24721_{59}$ |
| $24727_{79}$ | $24731_{7}$ | 24733 | $24737_{29}$ | $24739_{11\cdot13}$ | $24743_{109}$ | 24749 | $24751_{53}$ |
| $24757_{19}$ | $24761_{11}$ | 24763 | 24767 | $24769_{17\cdot31\cdot47}$ | $24773_{7}$ | $24779_{71}$ | 24781 |
| $24787_{7}$ | $24791_{13}$ | 24793 | $24797_{137}$ | 24799 | $24803_{17}$ | 24809 | $24811_{43}$ |
| $24817_{13\cdot23\cdot83}$ | 24821 | $24823_{103}$ | $24827_{11\cdot37\cdot61}$ | $24829_{7}$ | $24833_{19}$ | $24839_{59}$ | 24841 |
| 24847 | 24851 | $24853_{29}$ | $24857_{7\cdot53\cdot67}$ | 24859 | $24863_{23\cdot47}$ | $24869_{13}$ | $24871_{7\cdot11\cdot17\cdot19}$ |
| 24877 | $24881_{139}$ | $24883_{149}$ | $24887_{41}$ | 24889 | $24893_{11\cdot31\cdot73}$ | $24899_{7}$ | $24901_{37}$ |
| 24907 | $24911_{29}$ | $24913_{7}$ | 24917 | 24919 | 24923 | $24929_{97}$ | $24931_{107}$ |
| $24937_{11}$ | $24941_{7}$ | 24943 | $24947_{13\cdot19\cdot101}$ | $24949_{61}$ | 24953 | $24959_{11}$ | $24961_{109}$ |
| 24967 | 24971 | $24973_{13\cdot17\cdot113}$ | 24977 | 24979 | $24983_{7\cdot43\cdot83}$ | 24989 | $24991_{67}$ |
| $24997_{7}$ | $25001_{23}$ | $25003_{11}$ | $25007_{17}$ | $25009_{89}$ | 25013 | $25019_{127}$ | $25021_{131}$ |
| $25027_{29}$ | 25031 | 25033 | 25037 | $25039_{7\cdot73}$ | $25043_{79}$ | $25049_{37}$ | $25051_{13\cdot41\cdot47}$ |
| 25057 | $25061_{19}$ | $25063_{71}$ | $25067_{7}$ | $25069_{11\cdot43\cdot53}$ | 25073 | $25079_{31}$ | $25081_{7}$ |
| 25087 | $25091_{11}$ | $25093_{23}$ | 25097 | $25099_{19}$ | $25103_{13}$ | $25109_{7\cdot17}$ | 25111 |
| 25117 | 25121 | $25123_{7\cdot37\cdot97}$ | 25127 | $25129_{13}$ | $25133_{41}$ | $25139_{23}$ | $25141_{31}$ |
| 25147 | $25151_{7}$ | 25153 | $25157_{11}$ | $25159_{139}$ | 25163 | 25169 | 25171 |
| $25177_{17}$ | $25181_{13\cdot149}$ | 25183 | $25187_{89}$ | 25189 | $25193_{7\cdot59\cdot61}$ | $25199_{113}$ | $25201_{11\cdot29\cdot79}$ |
| $25207_{7\cdot13}$ | $25211_{17}$ | $25213_{19}$ | $25217_{151}$ | 25219 | $25223_{11}$ | 25229 | $25231_{23}$ |
| 25237 | $25241_{43}$ | 25243 | 25247 | $25249_{7}$ | 25253 | $25259_{13\cdot29\cdot67}$ | 25261 |
| $25267_{11}$ | $25271_{37}$ | $25273_{127}$ | $25277_{7\cdot23\cdot157}$ | $25279_{17}$ | $25283_{131}$ | $25289_{11\cdot19}$ | $25291_{7}$ |
| $25297_{41}$ | 25301 | 25303 | 25307 | 25309 | $25313_{17}$ | $25319_{7}$ | 25321 |
| $25327_{19\cdot31\cdot43}$ | $25331_{73}$ | $25333_{7\cdot11\cdot47}$ | $25337_{13}$ | 25339 | 25343 | 25349 | $25351_{101}$ |
| 25357 | $25361_{7}$ | $25363_{13}$ | 25367 | $25369_{23}$ | 25373 | $25379_{41}$ | $25381_{17}$ |
| $25387_{53}$ | 25391 | $25393_{67}$ | $25397_{109}$ | $25399_{11}$ | $25403_{7\cdot19}$ | 25409 | 25411 |
| $25417_{7}$ | $25421_{11}$ | 25423 | $25427_{47}$ | $25429_{59}$ | $25433_{29}$ | 25439 | $25441_{13\cdot19\cdot103}$ |
| 25447 | $25451_{31}$ | 25453 | 25457 | $25459_{7}$ | 25463 | 25469 | 25471 |
| $25477_{73}$ | $25481_{83}$ | $25483_{17}$ | $25487_{7\cdot11}$ | $25489_{71}$ | $25493_{13\cdot37\cdot53}$ | $25499_{43}$ | $25501_{7}$ |
| $25507_{23}$ | $25511_{97}$ | $25513_{31}$ | $25517_{17\cdot19\cdot79}$ | $25519_{13\cdot151}$ | 25523 | $25529_{7}$ | $25531_{11}$ |
| 25537 | 25541 | $25543_{7\cdot41\cdot89}$ | $25547_{59}$ | $25549_{29}$ | $25553_{11\cdot23\cdot101}$ | $25559_{61}$ | 25561 |
| $25567_{37}$ | $25571_{7\cdot13}$ | $25573_{107}$ | 25577 | 25579 | 25583 | 25589 | $25591_{157}$ |
| $25597_{11\cdot13}$ | 25601 | 25603 | $25607_{29}$ | 25609 | $25613_{7}$ | $25619_{11\cdot17\cdot137}$ | 25621 |
| $25627_{7}$ | $25631_{19\cdot71}$ | 25633 | $25637_{31}$ | 25639 | 25643 | $25649_{13}$ | $25651_{113}$ |
| 25657 | $25661_{67}$ | $25663_{11}$ | 25667 | $25669_{7\cdot19}$ | 25673 | 25679 | $25681_{61}$ |
| $25687_{17}$ | $25691_{23}$ | 25693 | $25697_{7}$ | $25699_{31}$ | 25703 | $25709_{47}$ | $25711_{7}$ |
| 25717 | $25721_{17\cdot89}$ | $25723_{29}$ | $25727_{13}$ | $25729_{11}$ | 25733 | $25739_{7}$ | 25741 |
| 25747 | $25751_{11}$ | $25753_{7\cdot13}$ | $25757_{43}$ | 25759 | 25763 | $25769_{73}$ | 25771 |
| $25777_{149}$ | $25781_{7\cdot29\cdot127}$ | $25783_{19\cdot23\cdot59}$ | $25787_{107}$ | $25789_{17\cdot37\cdot41}$ | 25793 | 25799 | 25801 |
| $25807_{131}$ | $25811_{53}$ | $25813_{83}$ | $25817_{11}$ | 25819 | $25823_{7\cdot17\cdot31}$ | $25829_{23}$ | $25831_{13}$ |
| $25837_{7}$ | 25841 | $25843_{43}$ | 25847 | 25849 | $25853_{103}$ | $25859_{19}$ | $25861_{11}$ |
| 25867 | $25871_{41}$ | 25873 | $25877_{113}$ | $25879_{7}$ | $25883_{11\cdot13}$ | 25889 | $25891_{17}$ |
| $25897_{19\cdot29\cdot47}$ | $25901_{59}$ | 25903 | $25907_{7}$ | $25909_{13}$ | 25913 | 25919 | $25921_{7\cdot23}$ |
| $25927_{11}$ | 25931 | 25933 | $25937_{37}$ | 25939 | 25943 | $25949_{7\cdot11}$ | 25951 |
| $25957_{101}$ | $25961_{13}$ | $25963_{7}$ | $25967_{23}$ | 25969 | $25973_{19}$ | $25979_{83}$ | 25981 |
| $25987_{13}$ | $25991_{7\cdot47\cdot79}$ | $25993_{11\cdot17\cdot139}$ | 25997 | 25999 | 26003 | $26009_{31}$ | $26011_{19\cdot37}$ |
| 26017 | 26021 | $26023_{53}$ | $26027_{17}$ | 26029 | $26033_{7}$ | $26039_{13}$ | 26041 |
| $26047_{7\cdot61}$ | $26051_{109}$ | 26053 | $26057_{71}$ | $26059_{11\cdot23\cdot103}$ | $26063_{67}$ | $26069_{131}$ | $26071_{29\cdot31}$ |
| $26077_{89}$ | $26081_{11}$ | 26083 | $26087_{19}$ | $26089_{7}$ | $26093_{97}$ | 26099 | $26101_{43}$ |
| 26107 | 26111 | 26113 | $26117_{7\cdot13\cdot41}$ | 26119 | $26123_{151}$ | $26129_{17\cdot29\cdot53}$ | $26131_{7}$ |
| $26137_{59}$ | 26141 | $26143_{13}$ | $26147_{11}$ | $26149_{79}$ | 26153 | $26159_{7\cdot37\cdot101}$ | 26161 |
| $26167_{137}$ | 26171 | $26173_{7}$ | 26177 | $26179_{47}$ | 26183 | 26189 | $26191_{11}$ |
| $26197_{17\cdot23\cdot67}$ | $26201_{7\cdot19}$ | 26203 | $26207_{73}$ | 26209 | $26213_{11}$ | $26219_{157}$ | $26221_{13}$ |
| 26227 | $26231_{17}$ | $26233_{37}$ | 26237 | $26239_{19}$ | $26243_{7\cdot23}$ | 26249 | 26251 |
| $26257_{7\cdot11\cdot31}$ | 26261 | 26263 | 26267 | $26269_{109}$ | $26273_{13\cdot43\cdot47}$ | $26279_{11}$ | $26281_{41}$ |
| $26287_{97}$ | $26291_{61}$ | 26293 | 26297 | $26299_{7\cdot13\cdot17}$ | $26303_{29}$ | 26309 | $26311_{83}$ |
| 26317 | 26321 | $26323_{11}$ | $26327_{7}$ | $26329_{113}$ | $26333_{17}$ | 26339 | $26341_{7\cdot53\cdot71}$ |
| 26347 | $26351_{13}$ | $26353_{19\cdot73}$ | 26357 | $26359_{43}$ | $26363_{41}$ | $26369_{7}$ | 26371 |
| $26377_{13}$ | $26381_{23\cdot31\cdot37}$ | $26383_{7}$ | 26387 | $26389_{11}$ | 26393 | 26399 | $26401_{17}$ |
| 26407 | $26411_{7\cdot11}$ | $26413_{61}$ | 26417 | $26419_{29}$ | 26423 | $26429_{13\cdot19\cdot107}$ | 26431 |
| 26437 | $26441_{137}$ | $26443_{31}$ | $26447_{53}$ | 26449 | $26453_{7}$ | 26459 | $26461_{47}$ |
| $26467_{7\cdot19}$ | $26471_{103}$ | $26473_{23}$ | $26477_{11\cdot29\cdot83}$ | 26479 | $26483_{71}$ | 26489 | $26491_{59}$ |
| 26497 | 26501 | $26503_{17}$ | $26507_{13}$ | $26509_{7}$ | 26513 | $26519_{23}$ | $26521_{11}$ |
| $26527_{41}$ | $26531_{43}$ | $26533_{13\cdot157}$ | $26537_{7\cdot17}$ | 26539 | $26543_{11\cdot19\cdot127}$ | $26549_{139}$ | $26551_{7}$ |
| 26557 | 26561 | $26563_{101}$ | $26567_{31}$ | $26569_{163}$ | 26573 | $26579_{7}$ | $26581_{19}$ |
| $26587_{11}$ | 26591 | $26593_{7\cdot29\cdot131}$ | 26597 | $26599_{67}$ | $26603_{37}$ | $26609_{11\cdot41\cdot59}$ | $26611_{13\cdot23\cdot89}$ |
| $26617_{43}$ | $26621_{7}$ | $26623_{79}$ | 26627 | $26629_{31}$ | 26633 | $26639_{17}$ | 26641 |
| 26647 | $26651_{29}$ | $26653_{11}$ | $26657_{19\cdot23\cdot61}$ | $26659_{53}$ | $26663_{7\cdot13}$ | 26669 | $26671_{149}$ |
| $26677_{7\cdot37\cdot103}$ | 26681 | 26683 | 26687 | $26689_{13}$ | 26693 | 26699 | 26701 |
| $26707_{17}$ | 26711 | 26713 | 26717 | $26719_{7\cdot11}$ | 26723 | 26729 | 26731 |
| 26737 | $26741_{11\cdot13\cdot17}$ | $26743_{47}$ | $26747_{7}$ | $26749_{23}$ | $26753_{31}$ | 26759 | $26761_{7}$ |
| $26767_{13\cdot29\cdot71}$ | $26771_{19}$ | $26773_{41}$ | 26777 | $26779_{61}$ | 26783 | $26789_{7\cdot43\cdot89}$ | $26791_{73}$ |
| $26797_{127}$ | 26801 | $26803_{7}$ | $26807_{11}$ | $26809_{17\cdot19\cdot83}$ | 26813 | $26819_{13}$ | 26821 |
| $26827_{139}$ | $26831_{7}$ | 26833 | $26837_{47}$ | 26839 | $26843_{17}$ | 26849 | $26851_{11}$ |
| $26857_{107}$ | 26861 | 26863 | $26867_{67}$ | $26869_{97}$ | $26873_{7\cdot11}$ | 26879 | 26881 |
| $26887_{7\cdot23}$ | 26891 | 26893 | $26897_{13}$ | $26899_{37}$ | 26903 | $26909_{71}$ | $26911_{17}$ |
| $26917_{11}$ | 26921 | $26923_{13\cdot19\cdot109}$ | 26927 | $26929_{7}$ | $26933_{23}$ | $26939_{11\cdot31\cdot79}$ | $26941_{29}$ |
| 26947 | 26951 | 26953 | $26957_{7}$ | 26959 | $26963_{59}$ | $26969_{149}$ | $26971_{7}$ |
| $26977_{53}$ | 26981 | $26983_{11}$ | 26987 | $26989_{137}$ | 26993 | $26999_{7\cdot19\cdot29}$ | $27001_{13\cdot31\cdot67}$ |

| | | | | | | | |
|---|---|---|---|---|---|---|---|
| $27007_{113}$ | 27011 | $27013_{7\cdot17}$ | 27017 | $27019_{41}$ | $27023_{61}$ | $27029_{151}$ | 27031 |
| $27037_{19}$ | $27041_{7}$ | 27043 | $27047_{17\cdot37\cdot43}$ | $27049_{11}$ | $27053_{13}$ | 27059 | 27061 |
| 27067 | $27071_{11\cdot23\cdot107}$ | 27073 | 27077 | $27079_{13}$ | $27083_{7\cdot53\cdot73}$ | $27089_{103}$ | 27091 |
| $27097_{7\cdot79}$ | $27101_{41}$ | 27103 | 27107 | 27109 | $27113_{19}$ | $27119_{47}$ | $27121_{37}$ |
| 27127 | $27131_{13}$ | $27133_{43}$ | $27137_{11}$ | $27139_{7}$ | 27143 | $27149_{17}$ | $27151_{19}$ |
| $27157_{13}$ | $27161_{157}$ | $27163_{23}$ | $27167_{7}$ | $27169_{101}$ | $27173_{29}$ | 27179 | $27181_{7\cdot11}$ |
| $27187_{31}$ | 27191 | $27193_{71}$ | 27197 | $27199_{59}$ | $27203_{11}$ | $27209_{7\cdot13\cdot23}$ | 27211 |
| $27217_{17}$ | $27221_{163}$ | $27223_{7}$ | $27227_{19}$ | $27229_{73}$ | $27233_{113}$ | 27239 | 27241 |
| $27247_{11}$ | $27251_{7\cdot17}$ | 27253 | $27257_{97}$ | 27259 | $27263_{137}$ | $27269_{11\cdot37\cdot67}$ | 27271 |
| 27277 | 27281 | 27283 | $27287_{13}$ | $27289_{29}$ | $27293_{7}$ | 27299 | $27301_{23}$ |
| $27307_{7\cdot47\cdot83}$ | $27311_{31}$ | $27313_{11\cdot13}$ | $27317_{59}$ | $27319_{17}$ | $27323_{89}$ | 27329 | $27331_{151}$ |
| 27337 | $27341_{19}$ | $27343_{37}$ | $27347_{23\cdot29\cdot41}$ | $27349_{7}$ | $27353_{17}$ | $27359_{109}$ | 27361 |
| 27367 | $27371_{101}$ | $27373_{31}$ | $27377_{7}$ | $27379_{11\cdot19\cdot131}$ | $27383_{139}$ | $27389_{61}$ | $27391_{7\cdot13\cdot43}$ |
| 27397 | $27401_{11\cdot47\cdot53}$ | $27403_{67}$ | 27407 | 27409 | $27413_{79}$ | $27419_{7}$ | $27421_{17}$ |
| 27427 | 27431 | $27433_{7}$ | 27437 | $27439_{23}$ | $27443_{13}$ | 27449 | $27451_{97}$ |
| 27457 | $27461_{7}$ | $27463_{29}$ | $27467_{11}$ | $27469_{13}$ | $27473_{83}$ | 27479 | 27481 |
| 27487 | $27491_{37}$ | $27493_{19}$ | $27497_{31}$ | $27499_{107}$ | $27503_{7}$ | 27509 | $27511_{11\cdot41\cdot61}$ |
| $27517_{7}$ | $27521_{13\cdot29\cdot73}$ | $27523_{17}$ | 27527 | 27529 | $27533_{11}$ | 27539 | 27541 |
| $27547_{13\cdot163}$ | 27551 | $27553_{59}$ | $27557_{17}$ | $27559_{7\cdot31\cdot127}$ | $27563_{43}$ | $27569_{19}$ | $27571_{79}$ |
| $27577_{11\cdot23\cdot109}$ | 27581 | 27583 | $27587_{7}$ | $27589_{47}$ | $27593_{41}$ | $27599_{11\cdot13}$ | $27601_{7}$ |
| $27607_{19}$ | 27611 | $27613_{53}$ | 27617 | $27619_{71}$ | $27623_{23}$ | $27629_{7}$ | 27631 |
| $27637_{29}$ | $27641_{131}$ | $27643_{7\cdot11}$ | 27647 | $27649_{43}$ | 27653 | $27659_{17}$ | $27661_{139}$ |
| $27667_{73}$ | $27671_{7\cdot59\cdot67}$ | 27673 | $27677_{13}$ | $27679_{89}$ | $27683_{19\cdot31\cdot47}$ | 27689 | 27691 |
| 27697 | 27701 | $27703_{13}$ | $27707_{103}$ | $27709_{11}$ | $27713_{7\cdot37\cdot107}$ | $27719_{53}$ | $27721_{19}$ |
| $27727_{7\cdot17}$ | $27731_{11}$ | 27733 | 27737 | 27739 | 27743 | 27749 | 27751 |
| $27757_{41}$ | $27761_{17\cdot23\cdot71}$ | 27763 | 27767 | $27769_{7}$ | 27773 | 27779 | $27781_{13}$ |
| $27787_{37}$ | 27791 | 27793 | $27797_{7\cdot11\cdot19}$ | 27799 | 27803 | 27809 | $27811_{7\cdot29\cdot137}$ |
| 27817 | $27821_{43}$ | 27823 | 27827 | $27829_{17}$ | $27833_{13}$ | $27839_{7\cdot41\cdot97}$ | $27841_{11}$ |
| 27847 | 27851 | $27853_{7\cdot23}$ | $27857_{89}$ | $27859_{13}$ | $27863_{11\cdot17\cdot149}$ | $27869_{29\cdot31}$ | $27871_{47}$ |
| $27877_{61}$ | $27881_{7}$ | 27883 | $27887_{79}$ | $27889_{167}$ | 27893 | $27899_{23}$ | 27901 |
| $27907_{11\cdot43\cdot59}$ | $27911_{13\cdot19\cdot113}$ | $27913_{103}$ | 27917 | 27919 | $27923_{7}$ | $27929_{11}$ | $27931_{17\cdot31\cdot53}$ |
| $27937_{7\cdot13}$ | 27941 | 27943 | 27947 | $27949_{19}$ | 27953 | $27959_{73}$ | 27961 |
| 27967 | $27971_{83}$ | $27973_{11}$ | $27977_{101}$ | $27979_{7}$ | 27983 | $27989_{13}$ | $27991_{23}$ |
| 27997 | 28001 | $28003_{41}$ | $28007_{7}$ | $28009_{37}$ | $28013_{109}$ | 28019 | $28021_{7}$ |
| 28027 | 28031 | $28033_{17\cdot97}$ | $28037_{23\cdot53}$ | $28039_{11}$ | $28043_{29}$ | $28049_{7}$ | 28051 |
| 28057 | $28061_{11}$ | $28063_{7\cdot19}$ | $28067_{13\cdot17\cdot127}$ | 28069 | $28073_{67}$ | $28079_{43}$ | 28081 |
| 28087 | $28091_{7}$ | $28093_{13}$ | 28097 | 28099 | $28103_{157}$ | 28109 | 28111 |
| $28117_{31}$ | $28121_{61}$ | 28123 | $28127_{11}$ | $28129_{23}$ | $28133_{7}$ | $28139_{19}$ | $28141_{107}$ |
| $28147_{7}$ | 28151 | $28153_{47}$ | $28157_{37}$ | $28159_{29}$ | 28163 | $28169_{17}$ | $28171_{11\cdot13}$ |
| $28177_{19}$ | 28181 | 28183 | $28187_{71}$ | $28189_{7}$ | $28193_{11}$ | $28199_{163}$ | 28201 |
| $28207_{67}$ | 28211 | $28213_{89}$ | $28217_{7\cdot29\cdot139}$ | 28219 | $28223_{13\cdot167}$ | 28229 | $28231_{7\cdot37\cdot109}$ |
| $28237_{11\cdot17\cdot151}$ | $28241_{31}$ | $28243_{61}$ | $28247_{47}$ | $28249_{13\cdot41\cdot53}$ | $28253_{19}$ | $28259_{7\cdot11}$ | $28261_{59}$ |
| $28267_{23}$ | $28271_{17}$ | $28273_{7}$ | 28277 | 28279 | 28283 | 28289 | $28291_{19}$ |
| 28297 | $28301_{7\cdot13}$ | $28303_{11\cdot31\cdot83}$ | 28307 | 28309 | $28313_{23}$ | 28319 | $28321_{127}$ |
| $28327_{13}$ | $28331_{41}$ | $28333_{29}$ | $28337_{43}$ | $28339_{17}$ | $28343_{7}$ | 28349 | 28351 |
| $28357_{7}$ | $28361_{79}$ | $28363_{113}$ | $28367_{19}$ | $28369_{11}$ | $28373_{17}$ | $28379_{13\cdot37\cdot59}$ | $28381_{101}$ |
| 28387 | $28391_{11\cdot29\cdot89}$ | 28393 | $28397_{73}$ | $28399_{7}$ | 28403 | 28409 | 28411 |
| $28417_{157}$ | $28421_{97}$ | $28423_{43}$ | $28427_{7\cdot31\cdot131}$ | 28429 | 28433 | 28439 | $28441_{7\cdot17}$ |
| 28447 | $28451_{23}$ | $28453_{37}$ | $28457_{11\cdot13}$ | $28459_{149}$ | 28463 | $28469_{7\cdot83}$ | $28471_{71}$ |
| 28477 | $28481_{19}$ | $28483_{7\cdot13}$ | $28487_{61}$ | $28489_{31}$ | 28493 | 28499 | $28501_{11}$ |
| $28507_{29}$ | $28511_{7}$ | 28513 | 28517 | $28519_{19\cdot79}$ | $28523_{11}$ | $28529_{47}$ | $28531_{103}$ |
| 28537 | 28541 | $28543_{17\cdot23\cdot73}$ | 28547 | 28549 | $28553_{7}$ | 28559 | $28561_{13}$ |
| $28567_{7\cdot11\cdot53}$ | 28571 | 28573 | $28577_{17\cdot41}$ | 28579 | $28583_{101}$ | $28589_{11\cdot23\cdot113}$ | 28591 |
| 28597 | $28601_{37}$ | 28603 | 28607 | $28609_{7\cdot61\cdot67}$ | $28613_{13\cdot31\cdot71}$ | 28619 | 28621 |
| 28627 | 28631 | $28633_{11\cdot19\cdot137}$ | $28637_{7}$ | $28639_{13}$ | 28643 | 28649 | $28651_{7}$ |
| 28657 | 28661 | 28663 | $28667_{109}$ | 28669 | $28673_{53}$ | $28679_{7\cdot17}$ | $28681_{23\cdot29\cdot43}$ |
| 28687 | $28691_{13}$ | $28693_{7}$ | 28697 | $28699_{11}$ | 28703 | $28709_{19}$ | 28711 |
| $28717_{13\cdot47}$ | $28721_{7\cdot11}$ | 28723 | $28727_{23}$ | 28729 | $28733_{59}$ | $28739_{29}$ | $28741_{41}$ |
| $28747_{17\cdot19\cdot89}$ | 28751 | 28753 | $28757_{149}$ | 28759 | $28763_{7}$ | $28769_{13}$ | 28771 |
| $28777_{7}$ | $28781_{17}$ | $28783_{107}$ | $28787_{11}$ | 28789 | 28793 | $28799_{31}$ | $28801_{83}$ |
| 28807 | $28811_{47}$ | 28813 | 28817 | $28819_{7\cdot23}$ | $28823_{19\cdot37\cdot41}$ | $28829_{127}$ | $28831_{11}$ |
| 28837 | $28841_{151}$ | 28843 | $28847_{7\cdot13}$ | $28849_{17}$ | $28853_{11\cdot43\cdot61}$ | 28859 | $28861_{7\cdot19\cdot31}$ |
| 28867 | 28871 | $28873_{13}$ | $28877_{67}$ | 28879 | $28883_{17}$ | $28889_{7}$ | $28891_{167}$ |
| $28897_{11\cdot37\cdot71}$ | 28901 | $28903_{7}$ | $28907_{137}$ | 28909 | $28913_{29}$ | $28919_{11}$ | 28921 |
| 28927 | $28931_{7}$ | 28933 | $28937_{19}$ | $28939_{43}$ | $28943_{103}$ | 28949 | $28951_{13\cdot17\cdot131}$ |
| $28957_{23}$ | 28961 | $28963_{11}$ | $28967_{83}$ | $28969_{59}$ | $28973_{7}$ | 28979 | $28981_{73}$ |
| $28987_{7\cdot41\cdot101}$ | $28991_{53}$ | $28993_{79}$ | $28997_{107}$ | $28999_{47}$ | $29003_{13\cdot23\cdot97}$ | 29009 | $29011_{67}$ |
| 29017 | 29021 | 29023 | 29027 | $29029_{7\cdot11\cdot13\cdot29}$ | 29033 | $29039_{71}$ | $29041_{113}$ |
| $29047_{31}$ | $29051_{11\cdot19\cdot139}$ | $29053_{17}$ | $29057_{7}$ | 29059 | 29063 | $29069_{41}$ | $29071_{7}$ |
| 29077 | $29081_{13}$ | $29083_{127}$ | $29087_{17\cdot29\cdot59}$ | $29089_{19}$ | $29093_{47}$ | $29099_{7}$ | 29101 |
| $29107_{13}$ | $29111_{43}$ | $29113_{7}$ | $29117_{11}$ | $29119_{37}$ | 29123 | 29129 | 29131 |
| 29137 | $29141_{7\cdot23}$ | $29143_{151}$ | 29147 | $29149_{103}$ | 29153 | $29159_{13}$ | $29161_{11}$ |
| 29167 | $29171_{31}$ | 29173 | $29177_{163}$ | 29179 | $29183_{7\cdot11}$ | $29189_{17\cdot101}$ | 29191 |
| $29197_{7\cdot43\cdot97}$ | 29201 | $29203_{19\cdot29\cdot53}$ | 29207 | 29209 | $29213_{131}$ | $29219_{61}$ | 29221 |
| $29227_{11}$ | 29231 | $29233_{23\cdot31\cdot41}$ | $29237_{13}$ | $29239_{7}$ | 29243 | $29249_{11}$ | 29251 |
| $29257_{17}$ | $29261_{29}$ | $29263_{13}$ | $29267_{7\cdot37\cdot113}$ | 29269 | $29273_{73}$ | $29279_{19\cdot23\cdot67}$ | $29281_{7\cdot47\cdot89}$ |
| 29287 | $29291_{17}$ | $29293_{11}$ | 29297 | $29299_{83}$ | 29303 | $29309_{7\cdot53\cdot79}$ | 29311 |
| $29317_{19}$ | $29321_{109}$ | $29323_{7\cdot59\cdot71}$ | 29327 | $29329_{139}$ | 29333 | 29339 | $29341_{13\cdot37\cdot61}$ |
| 29347 | $29351_{7}$ | $29353_{149}$ | $29357_{31}$ | $29359_{11\cdot17\cdot157}$ | 29363 | $29369_{43}$ | $29371_{23}$ |
| $29377_{29}$ | $29381_{11}$ | 29383 | 29387 | 29389 | $29393_{7\cdot13\cdot17\cdot19}$ | 29399 | 29401 |
| $29407_{7}$ | 29411 | $29413_{67}$ | $29417_{23}$ | $29419_{13\cdot31\cdot73}$ | 29423 | 29429 | $29431_{19}$ |
| 29437 | $29441_{59}$ | 29443 | $29447_{11}$ | $29449_{7}$ | 29453 | $29459_{89}$ | $29461_{17}$ |

| | | | | | | | |
|---|---|---|---|---|---|---|---|
| $29467_{79}$ | $29471_{13}$ | 29473 | $29477_{7}$ | $29479_{41}$ | 29483 | $29489_{37}$ | $29491_{7 \cdot 11}$ |
| $29497_{13}$ | 29501 | $29503_{163}$ | $29507_{19}$ | $29509_{23}$ | $29513_{11}$ | $29519_{7}$ | $29521_{53}$ |
| 29527 | 29531 | $29533_{7}$ | 29537 | $29539_{109}$ | $29543_{31}$ | $29549_{13}$ | $29551_{29}$ |
| $29557_{11}$ | $29561_{7 \cdot 41 \cdot 103}$ | $29563_{17 \cdot 37 \cdot 47}$ | 29567 | 29569 | 29573 | $29579_{11}$ | 29581 |
| 29587 | $29591_{127}$ | $29593_{101}$ | $29597_{17}$ | 29599 | $29603_{7}$ | $29609_{29}$ | 29611 |
| $29617_{7}$ | $29621_{19}$ | $29623_{11}$ | $29627_{13 \cdot 43 \cdot 53}$ | 29629 | 29633 | $29639_{107}$ | 29641 |
| $29647_{23}$ | $29651_{149}$ | $29653_{13}$ | $29657_{47}$ | $29659_{7 \cdot 19}$ | 29663 | 29669 | 29671 |
| $29677_{59}$ | $29681_{67}$ | 29683 | $29687_{7}$ | $29689_{11}$ | $29693_{23}$ | $29699_{17}$ | $29701_{7}$ |
| $29707_{61}$ | $29711_{11 \cdot 37 \cdot 73}$ | $29713_{43}$ | 29717 | $29719_{113}$ | 29723 | $29729_{7 \cdot 31 \cdot 137}$ | $29731_{13}$ |
| $29737_{131}$ | 29741 | $29743_{7}$ | $29747_{151}$ | $29749_{71}$ | 29753 | 29759 | 29761 |
| $29767_{17 \cdot 103}$ | $29771_{7}$ | $29773_{19}$ | $29777_{11}$ | $29779_{97}$ | $29783_{13 \cdot 29 \cdot 79}$ | 29789 | $29791_{31}$ |
| $29797_{83}$ | $29801_{17}$ | 29803 | $29807_{41}$ | $29809_{13}$ | $29813_{7}$ | 29819 | $29821_{11}$ |
| $29827_{7}$ | $29831_{23}$ | 29833 | 29837 | $29839_{53}$ | $29843_{11}$ | $29849_{19}$ | 29851 |
| $29857_{73}$ | $29861_{13}$ | 29863 | 29867 | $29869_{7 \cdot 17}$ | 29873 | 29879 | 29881 |
| $29887_{11 \cdot 13 \cdot 19}$ | $29891_{71}$ | $29893_{167}$ | $29897_{7}$ | $29899_{29}$ | $29903_{17}$ | $29909_{11}$ | $29911_{7}$ |
| 29917 | 29921 | $29923_{23}$ | 29927 | $29929_{173}$ | $29933_{37}$ | $29939_{7 \cdot 13 \cdot 47}$ | $29941_{79}$ |
| 29947 | $29951_{61}$ | $29953_{7 \cdot 11}$ | $29957_{29}$ | 29959 | $29963_{19 \cdot 83}$ | $29969_{23}$ | $29971_{17 \cdot 41 \cdot 43}$ |
| $29977_{31}$ | $29981_{7}$ | 29983 | $29987_{157}$ | 29989 | $29993_{89}$ | $29999_{131}$ | $30001_{19}$ |
| $30007_{37}$ | 30011 | 30013 | $30017_{13}$ | $30019_{11}$ | $30023_{7}$ | 30029 | $30031_{59}$ |
| $30037_{7}$ | $30041_{11}$ | $30043_{13}$ | 30047 | $30049_{151}$ | $30053_{41}$ | 30059 | $30061_{23}$ |
| $30067_{107}$ | 30071 | $30073_{17 \cdot 29 \cdot 61}$ | $30077_{19}$ | $30079_{7}$ | $30083_{67}$ | 30089 | 30091 |
| 30097 | $30101_{31}$ | 30103 | $30107_{7 \cdot 11 \cdot 17 \cdot 23}$ | 30109 | 30113 | 30119 | $30121_{7 \cdot 13}$ |
| $30127_{47}$ | $30131_{29}$ | 30133 | 30137 | 30139 | $30143_{43}$ | $30149_{7 \cdot 59 \cdot 73}$ | $30151_{11}$ |
| $30157_{53}$ | 30161 | $30163_{7 \cdot 31 \cdot 139}$ | $30167_{97}$ | 30169 | $30173_{11 \cdot 13}$ | $30179_{103}$ | 30181 |
| 30187 | $30191_{7 \cdot 19}$ | $30193_{109}$ | 30197 | $30199_{13 \cdot 23 \cdot 101}$ | 30203 | $30209_{17}$ | 30211 |
| $30217_{11 \cdot 41 \cdot 67}$ | $30221_{47}$ | 30223 | $30227_{167}$ | $30229_{19 \cdot 37 \cdot 43}$ | $30233_{7}$ | $30239_{11}$ | 30241 |
| $30247_{7 \cdot 29 \cdot 149}$ | $30251_{13}$ | 30253 | $30257_{79}$ | 30259 | $30263_{53}$ | 30269 | 30271 |
| $30277_{13 \cdot 17 \cdot 137}$ | $30281_{107}$ | $30283_{11}$ | $30287_{31}$ | $30289_{7}$ | 30293 | $30299_{41}$ | $30301_{157}$ |
| 30307 | $30311_{17}$ | 30313 | $30317_{7 \cdot 61 \cdot 71}$ | 30319 | 30323 | $30329_{13}$ | $30331_{7}$ |
| $30337_{23}$ | 30341 | $30343_{19}$ | 30347 | $30349_{11 \cdot 31 \cdot 89}$ | $30353_{127}$ | $30359_{7}$ | $30361_{97}$ |
| 30367 | $30371_{11}$ | $30373_{7}$ | $30377_{37}$ | $30379_{17}$ | $30383_{23}$ | 30389 | 30391 |
| $30397_{113}$ | $30401_{7 \cdot 43 \cdot 101}$ | 30403 | $30407_{13}$ | $30409_{47}$ | $30413_{17}$ | $30419_{19}$ | $30421_{29}$ |
| 30427 | 30431 | $30433_{13}$ | $30437_{11}$ | $30439_{61}$ | $30443_{7}$ | 30449 | $30451_{37}$ |
| $30457_{7 \cdot 19}$ | $30461_{83}$ | $30463_{41}$ | 30467 | 30469 | $30473_{31}$ | $30479_{29}$ | $30481_{11 \cdot 17 \cdot 163}$ |
| $30487_{43}$ | 30491 | 30493 | 30497 | $30499_{7}$ | $30503_{11 \cdot 47 \cdot 59}$ | 30509 | $30511_{13}$ |
| 30517 | $30521_{23}$ | $30523_{131}$ | $30527_{7 \cdot 89}$ | 30529 | $30533_{19}$ | 30539 | $30541_{7}$ |
| $30547_{11}$ | $30551_{137}$ | 30553 | 30557 | 30559 | $30563_{13}$ | $30569_{7 \cdot 11}$ | $30571_{19}$ |
| 30577 | $30581_{53}$ | $30583_{7 \cdot 17}$ | $30587_{73}$ | $30589_{13}$ | 30593 | $30599_{37}$ | $30601_{71}$ |
| $30607_{127}$ | $30611_{7}$ | $30613_{11 \cdot 23}$ | $30617_{17}$ | $30619_{67}$ | $30623_{113}$ | $30629_{109}$ | 30631 |
| 30637 | $30641_{13}$ | 30643 | $30647_{19}$ | 30649 | $30653_{7 \cdot 29 \cdot 151}$ | $30659_{23 \cdot 31 \cdot 43}$ | 30661 |
| $30667_{7 \cdot 13}$ | 30671 | $30673_{37}$ | 30677 | $30679_{11}$ | $30683_{61}$ | 30689 | $30691_{47}$ |
| 30697 | $30701_{11}$ | 30703 | 30707 | $30709_{7 \cdot 41 \cdot 107}$ | 30713 | $30719_{13 \cdot 17 \cdot 139}$ | $30721_{31}$ |
| 30727 | $30731_{79}$ | $30733_{73}$ | $30737_{7}$ | $30739_{59}$ | $30743_{71}$ | $30749_{97}$ | $30751_{7 \cdot 23}$ |
| 30757 | $30761_{19}$ | 30763 | $30767_{11}$ | $30769_{29}$ | 30773 | $30779_{7}$ | 30781 |
| $30787_{17}$ | $30791_{41}$ | $30793_{7 \cdot 53 \cdot 83}$ | $30797_{13 \cdot 23 \cdot 103}$ | $30799_{19}$ | 30803 | 30809 | $30811_{11}$ |
| 30817 | $30821_{7 \cdot 17 \cdot 37}$ | $30823_{13}$ | $30827_{29}$ | 30829 | $30833_{11}$ | 30839 | 30841 |
| $30847_{109}$ | 30851 | 30853 | $30857_{59}$ | 30859 | $30863_{7}$ | 30869 | 30871 |
| $30877_{7 \cdot 11}$ | 30881 | $30883_{89}$ | $30887_{67}$ | $30889_{17 \cdot 23 \cdot 79}$ | 30893 | $30899_{11 \cdot 53}$ | $30901_{13}$ |
| $30907_{31}$ | 30911 | $30913_{19}$ | $30917_{43}$ | $30919_{7}$ | $30923_{17 \cdot 107}$ | $30929_{157}$ | 30931 |
| 30937 | 30941 | $30943_{11 \cdot 29 \cdot 97}$ | $30947_{7}$ | 30949 | $30953_{13}$ | $30959_{83}$ | $30961_{7}$ |
| $30967_{173}$ | 30971 | $30973_{47}$ | 30977 | $30979_{13}$ | 30983 | $30989_{7 \cdot 19}$ | $30991_{17}$ |
| $30997_{139}$ | $31001_{29}$ | $31003_{7 \cdot 43 \cdot 103}$ | $31007_{101}$ | $31009_{11}$ | 31013 | 31019 | $31021_{67}$ |
| $31027_{19 \cdot 23 \cdot 71}$ | $31031_{7 \cdot 11 \cdot 13 \cdot 31}$ | 31033 | $31037_{41}$ | 31039 | $31043_{37}$ | $31049_{61}$ | 31051 |
| $31057_{13}$ | $31061_{89}$ | 31063 | $31067_{47}$ | 31069 | $31073_{7 \cdot 23}$ | 31079 | 31081 |
| $31087_{7}$ | 31091 | $31093_{17 \cdot 31 \cdot 59}$ | $31097_{11}$ | $31099_{137}$ | $31103_{19}$ | $31109_{13}$ | $31111_{53}$ |
| $31117_{29 \cdot 37}$ | 31121 | 31123 | $31127_{17}$ | $31129_{7}$ | $31133_{163}$ | 31139 | $31141_{11 \cdot 19 \cdot 149}$ |
| 31147 | 31151 | 31153 | $31157_{7}$ | 31159 | $31163_{11}$ | $31169_{71}$ | $31171_{7 \cdot 61 \cdot 73}$ |
| 31177 | 31181 | 31183 | $31187_{13}$ | 31189 | 31193 | $31199_{7}$ | $31201_{41}$ |
| $31207_{11}$ | $31211_{23 \cdot 59}$ | $31213_{7 \cdot 13}$ | $31217_{19 \cdot 31 \cdot 53}$ | 31219 | 31223 | $31229_{11 \cdot 17 \cdot 167}$ | 31231 |
| 31237 | $31241_{7}$ | $31243_{157}$ | 31247 | 31249 | 31253 | 31259 | $31261_{43}$ |
| 31267 | 31271 | $31273_{11}$ | 31277 | $31279_{31}$ | $31283_{7 \cdot 41 \cdot 109}$ | $31289_{67}$ | $31291_{13 \cdot 29 \cdot 83}$ |
| $31297_{7 \cdot 17}$ | $31301_{113}$ | $31303_{23}$ | 31307 | $31309_{131}$ | $31313_{173}$ | 31319 | 31321 |
| 31327 | $31331_{17 \cdot 19 \cdot 97}$ | 31333 | 31337 | $31339_{7 \cdot 11 \cdot 37}$ | $31343_{13}$ | $31349_{23 \cdot 29 \cdot 47}$ | $31351_{107}$ |
| 31357 | $31361_{11}$ | $31363_{79}$ | $31367_{7}$ | $31369_{13 \cdot 19 \cdot 127}$ | $31373_{137}$ | 31379 | $31381_{7}$ |
| 31387 | 31391 | 31393 | 31397 | $31399_{17}$ | $31403_{31}$ | $31409_{7}$ | $31411_{101}$ |
| $31417_{89}$ | $31421_{13}$ | $31423_{7 \cdot 67}$ | $31427_{11}$ | $31429_{53}$ | $31433_{17 \cdot 43}$ | $31439_{149}$ | $31441_{23}$ |
| $31447_{13 \cdot 41 \cdot 59}$ | $31451_{7}$ | $31453_{71}$ | $31457_{83}$ | $31459_{163}$ | $31463_{73}$ | 31469 | $31471_{11}$ |
| 31477 | 31481 | $31483_{19}$ | $31487_{23 \cdot 37}$ | 31489 | $31493_{7 \cdot 11}$ | $31499_{13}$ | $31501_{17 \cdot 109}$ |
| $31507_{7}$ | 31511 | 31513 | 31517 | $31519_{43}$ | $31523_{29}$ | $31529_{41}$ | 31531 |
| $31537_{11 \cdot 47 \cdot 61}$ | 31541 | 31543 | 31547 | $31549_{7}$ | $31553_{139}$ | $31559_{11 \cdot 19 \cdot 151}$ | $31561_{37}$ |
| 31567 | $31571_{131}$ | 31573 | $31577_{7 \cdot 13}$ | $31579_{23}$ | 31583 | $31589_{31}$ | $31591_{7}$ |
| $31597_{19}$ | 31601 | $31603_{11 \cdot 13 \cdot 17}$ | 31607 | $31609_{73}$ | $31613_{101}$ | $31619_{7}$ | $31621_{103}$ |
| 31627 | $31631_{47}$ | $31633_{7}$ | $31637_{17}$ | $31639_{29}$ | 31643 | 31649 | $31651_{31}$ |
| 31657 | $31661_{7}$ | 31663 | 31667 | $31669_{11}$ | $31673_{19}$ | $31679_{79}$ | $31681_{13}$ |
| 31687 | $31691_{11 \cdot 43 \cdot 67}$ | $31693_{41}$ | $31697_{29}$ | 31699 | $31703_{7}$ | $31709_{37}$ | $31711_{19}$ |
| $31717_{7 \cdot 23}$ | 31721 | 31723 | 31727 | 31729 | $31733_{13}$ | $31739_{17}$ | 31741 |
| $31747_{53}$ | 31751 | $31753_{113}$ | $31757_{11}$ | $31759_{7 \cdot 13}$ | $31763_{23}$ | 31769 | 31771 |
| $31777_{43}$ | $31781_{61}$ | $31783_{37}$ | $31787_{7 \cdot 19}$ | $31789_{83}$ | 31793 | 31799 | $31801_{7 \cdot 11 \cdot 59}$ |
| $31807_{17}$ | $31811_{13}$ | $31813_{29}$ | 31817 | $31819_{47}$ | $31823_{11}$ | $31829_{7}$ | $31831_{139}$ |
| $31837_{13 \cdot 31 \cdot 79}$ | $31841_{17}$ | $31843_{7}$ | 31847 | 31849 | $31853_{53}$ | 31859 | $31861_{151}$ |
| $31867_{11}$ | $31871_{7 \cdot 29 \cdot 157}$ | 31873 | $31877_{127}$ | $31879_{71}$ | 31883 | $31889_{11 \cdot 13}$ | 31891 |
| $31897_{167}$ | $31901_{19 \cdot 23 \cdot 73}$ | $31903_{61}$ | 31907 | $31909_{17}$ | $31913_{7 \cdot 47 \cdot 97}$ | $31919_{59}$ | $31921_{137}$ |

| | | | | | | | |
|---|---|---|---|---|---|---|---|
| $31927_{7}$ | $31931_{37}$ | $31933_{11}$ | $31937_{109}$ | $31939_{19\cdot41}$ | $31943_{17}$ | $31949_{43}$ | $31951_{89}$ |
| 31957 | $31961_{31}$ | 31963 | $31967_{13}$ | $31969_{7}$ | 31973 | $31979_{113}$ | 31981 |
| $31987_{29}$ | 31991 | $31993_{13\cdot23\cdot107}$ | $31997_{7}$ | $31999_{11}$ | 32003 | 32009 | $32011_{7\cdot17}$ |
| $32017_{101}$ | $32021_{11\cdot41\cdot71}$ | $32023_{31}$ | 32027 | 32029 | $32033_{103}$ | $32039_{7\cdot23}$ | $32041_{179}$ |
| $32047_{73}$ | 32051 | $32053_{7\cdot19}$ | 32057 | 32059 | 32063 | 32069 | $32071_{13}$ |
| 32077 | $32081_{7}$ | 32083 | $32087_{11}$ | 32089 | $32093_{67}$ | 32099 | $32101_{47}$ |
| $32107_{97}$ | $32111_{163}$ | $32113_{17}$ | 32117 | 32119 | $32123_{7\cdot13}$ | $32129_{19\cdot89}$ | $32131_{11\cdot23\cdot127}$ |
| $32137_{7}$ | 32141 | 32143 | $32147_{17\cdot31\cdot61}$ | $32149_{13}$ | $32153_{11\cdot37\cdot79}$ | 32159 | $32161_{29}$ |
| $32167_{19}$ | $32171_{53}$ | 32173 | $32177_{23}$ | $32179_{7}$ | 32183 | 32189 | 32191 |
| $32197_{11}$ | $32201_{13}$ | 32203 | $32207_{7\cdot43\cdot107}$ | $32209_{31}$ | 32213 | $32219_{11\cdot29\cdot101}$ | $32221_{7}$ |
| $32227_{13\cdot37\cdot67}$ | $32231_{167}$ | 32233 | 32237 | $32239_{103}$ | $32243_{19}$ | $32249_{7\cdot17}$ | 32251 |
| 32257 | 32261 | $32263_{7\cdot11}$ | $32267_{41}$ | $32269_{23\cdot61}$ | $32273_{59}$ | $32279_{13}$ | $32281_{19}$ |
| $32287_{83}$ | $32291_{7}$ | $32293_{43}$ | 32297 | 32299 | 32303 | 32309 | $32311_{79}$ |
| $32317_{17}$ | 32321 | 32323 | 32327 | $32329_{11}$ | $32333_{7\cdot31\cdot149}$ | $32339_{73}$ | 32341 |
| $32347_{7}$ | $32351_{11\cdot17\cdot173}$ | 32353 | $32357_{13\cdot19\cdot131}$ | 32359 | 32363 | 32369 | 32371 |
| 32377 | 32381 | $32383_{13\cdot47\cdot53}$ | $32387_{139}$ | $32389_{7}$ | $32393_{29}$ | $32399_{179}$ | 32401 |
| $32407_{23}$ | 32411 | 32413 | $32417_{7\cdot11}$ | $32419_{17}$ | 32423 | 32429 | $32431_{7\cdot41\cdot113}$ |
| $32437_{163}$ | 32441 | 32443 | $32447_{71}$ | $32449_{37}$ | $32453_{17\cdot23\cdot83}$ | $32459_{7}$ | $32461_{11\cdot13}$ |
| 32467 | $32471_{19}$ | $32473_{7}$ | $32477_{47}$ | 32479 | $32483_{11}$ | $32489_{53}$ | 32491 |
| 32497 | $32501_{7}$ | 32503 | 32507 | $32509_{19\cdot29\cdot59}$ | $32513_{13\cdot41\cdot61}$ | $32519_{31}$ | $32521_{17}$ |
| $32527_{11}$ | 32531 | 32533 | 32537 | $32539_{13}$ | $32543_{7}$ | $32549_{11}$ | $32551_{43}$ |
| $32557_{7}$ | 32561 | 32563 | $32567_{29}$ | 32569 | 32573 | 32579 | $32581_{31}$ |
| 32587 | $32591_{13\cdot23\cdot109}$ | $32593_{11}$ | $32597_{37}$ | $32599_{7}$ | 32603 | 32609 | 32611 |
| $32617_{13}$ | 32621 | $32623_{17\cdot19\cdot101}$ | $32627_{7\cdot59\cdot79}$ | $32629_{67}$ | 32633 | $32639_{127}$ | $32641_{7}$ |
| 32647 | $32651_{103}$ | 32653 | $32657_{17\cdot113}$ | $32659_{11}$ | $32663_{89}$ | $32669_{7\cdot13}$ | $32671_{37}$ |
| $32677_{41}$ | $32681_{11}$ | $32683_{7\cdot23\cdot29}$ | 32687 | $32689_{97}$ | 32693 | $32699_{19}$ | $32701_{53}$ |
| 32707 | $32711_{7}$ | 32713 | 32717 | 32719 | $32723_{43}$ | $32729_{23}$ | $32731_{71}$ |
| $32737_{19}$ | $32741_{29}$ | $32743_{137}$ | $32747_{11\cdot13}$ | 32749 | $32753_{7}$ | $32759_{17\cdot41\cdot47}$ | $32761_{181}$ |
| $32767_{7\cdot31\cdot151}$ | 32771 | $32773_{13}$ | $32777_{73}$ | 32779 | 32783 | 32789 | $32791_{11}$ |
| 32797 | 32801 | 32803 | $32807_{53}$ | $32809_{7\cdot43\cdot109}$ | $32813_{11\cdot19\cdot157}$ | $32819_{37}$ | $32821_{23}$ |
| $32827_{17}$ | 32831 | 32833 | $32837_{7}$ | 32839 | 32843 | $32849_{107}$ | $32851_{7\cdot13\cdot19}$ |
| $32857_{11\cdot29\cdot103}$ | $32861_{17}$ | $32863_{59}$ | $32867_{23}$ | 32869 | $32873_{71}$ | $32879_{7\cdot11\cdot61}$ | $32881_{131}$ |
| 32887 | $32891_{31}$ | $32893_{7\cdot37\cdot127}$ | $32897_{67}$ | $32899_{167}$ | $32903_{13}$ | 32909 | 32911 |
| 32917 | $32921_{7}$ | $32923_{11\cdot41\cdot73}$ | $32927_{19}$ | $32929_{13\cdot17\cdot149}$ | 32933 | 32939 | 32941 |
| $32947_{47}$ | $32951_{83}$ | $32953_{31}$ | 32957 | $32959_{23}$ | $32963_{7\cdot17}$ | 32969 | 32971 |
| $32977_{7}$ | $32981_{13\cdot43\cdot59}$ | 32983 | 32987 | $32989_{11}$ | 32993 | 32999 | $33001_{61}$ |
| $33007_{13}$ | $33011_{11}$ | 33013 | $33017_{137}$ | $33019_{7\cdot53\cdot89}$ | 33023 | 33029 | $33031_{17\cdot29\cdot67}$ |
| 33037 | $33041_{19\cdot37\cdot47}$ | $33043_{173}$ | $33047_{7}$ | 33049 | 33053 | $33059_{13}$ | $33061_{7}$ |
| $33067_{43}$ | 33071 | 33073 | $33077_{11\cdot31\cdot97}$ | $33079_{19}$ | 33083 | $33089_{7\cdot29\cdot163}$ | 33091 |
| $33097_{23}$ | $33101_{79}$ | $33103_{7}$ | 33107 | $33109_{113}$ | 33113 | 33119 | $33121_{11}$ |
| $33127_{157}$ | $33131_{7}$ | $33133_{17}$ | $33137_{13}$ | $33139_{31}$ | $33143_{11\cdot23\cdot131}$ | 33149 | 33151 |
| $33157_{71}$ | 33161 | $33163_{13}$ | $33167_{17}$ | $33169_{41}$ | $33173_{7}$ | 33179 | 33181 |
| $33187_{7\cdot11}$ | 33191 | $33193_{19}$ | $33197_{89}$ | 33199 | 33203 | $33209_{11}$ | 33211 |
| $33217_{59}$ | $33221_{139}$ | 33223 | $33227_{149}$ | $33229_{7\cdot47\cdot101}$ | $33233_{167}$ | $33239_{43}$ | $33241_{13}$ |
| 33247 | $33251_{41}$ | $33253_{11}$ | $33257_{7}$ | $33259_{79}$ | $33263_{29\cdot31\cdot37}$ | $33269_{17\cdot19\cdot103}$ | $33271_{7\cdot97}$ |
| $33277_{107}$ | $33281_{23}$ | $33283_{83}$ | 33287 | 33289 | $33293_{13}$ | $33299_{7\cdot67\cdot71}$ | 33301 |
| $33307_{19}$ | 33311 | $33313_{7}$ | 33317 | $33319_{11\cdot13}$ | $33323_{47}$ | 33329 | 33331 |
| $33337_{17\cdot37\cdot53}$ | $33341_{7\cdot11}$ | 33343 | 33347 | 33349 | 33353 | 33359 | $33361_{73}$ |
| $33367_{61}$ | $33371_{13\cdot17\cdot151}$ | $33373_{23}$ | 33377 | $33379_{29}$ | $33383_{7\cdot19}$ | $33389_{173}$ | 33391 |
| $33397_{7\cdot13}$ | $33401_{127}$ | 33403 | $33407_{11}$ | 33409 | 33413 | $33419_{23}$ | $33421_{19}$ |
| 33427 | $33431_{101}$ | $33433_{67}$ | $33437_{29}$ | $33439_{7\cdot17}$ | $33443_{53}$ | $33449_{13\cdot31\cdot83}$ | $33451_{11}$ |
| 33457 | 33461 | $33463_{109}$ | $33467_{7}$ | 33469 | $33473_{11\cdot17\cdot179}$ | 33479 | $33481_{7}$ |
| 33487 | $33491_{107}$ | 33493 | $33497_{19\cdot41\cdot43}$ | $33499_{139}$ | 33503 | $33509_{7}$ | $33511_{23\cdot31\cdot47}$ |
| $33517_{11}$ | 33521 | $33523_{7}$ | $33527_{13}$ | 33529 | 33533 | $33539_{11}$ | $33541_{17}$ |
| 33547 | $33551_{7}$ | $33553_{13\cdot29\cdot89}$ | $33557_{23}$ | $33559_{37}$ | 33563 | 33569 | $33571_{59}$ |
| 33577 | 33581 | $33583_{11\cdot43\cdot71}$ | 33587 | 33589 | $33593_{7}$ | 33599 | 33601 |
| $33607_{7}$ | $33611_{19\cdot29\cdot61}$ | 33613 | 33617 | 33619 | 33623 | 33629 | $33631_{13}$ |
| 33637 | 33641 | $33643_{17}$ | 33647 | $33649_{7\cdot11\cdot19\cdot23}$ | $33653_{73}$ | $33659_{97}$ | $33661_{41}$ |
| $33667_{131}$ | $33671_{11}$ | $33673_{151}$ | $33677_{7\cdot17}$ | 33679 | $33683_{13}$ | $33689_{59}$ | $33691_{7}$ |
| $33697_{31}$ | $33701_{67}$ | 33703 | $33707_{37}$ | $33709_{13}$ | 33713 | $33719_{7}$ | 33721 |
| $33727_{29}$ | $33731_{89}$ | $33733_{7\cdot61\cdot79}$ | $33737_{11}$ | 33739 | $33743_{41}$ | 33749 | 33751 |
| 33757 | $33761_{7\cdot13\cdot53}$ | $33763_{19}$ | 33767 | 33769 | 33773 | $33779_{17}$ | $33781_{11\cdot37\cdot83}$ |
| $33787_{13\cdot23\cdot113}$ | 33791 | $33793_{47}$ | 33797 | $33799_{73}$ | $33803_{7\cdot11}$ | 33809 | 33811 |
| $33817_{7}$ | $33821_{31}$ | $33823_{149}$ | 33827 | 33829 | $33833_{23}$ | $33839_{13\cdot19\cdot137}$ | $33841_{43}$ |
| $33847_{11\cdot17\cdot181}$ | 33851 | $33853_{97}$ | 33857 | $33859_{7}$ | 33863 | $33869_{11}$ | 33871 |
| $33877_{19}$ | $33881_{17}$ | $33883_{31}$ | $33887_{7\cdot47\cdot103}$ | 33889 | 33893 | $33899_{109}$ | $33901_{7\cdot29\cdot167}$ |
| $33907_{41}$ | 33911 | $33913_{11}$ | $33917_{13}$ | $33919_{107}$ | 33923 | $33929_{7\cdot37\cdot131}$ | 33931 |
| 33937 | 33941 | $33943_{7\cdot13}$ | $33947_{83}$ | $33949_{17}$ | $33953_{19}$ | $33959_{29}$ | 33961 |
| 33967 | $33971_{7\cdot23}$ | $33973_{53}$ | $33977_{61}$ | $33979_{11}$ | $33983_{17}$ | $33989_{41}$ | $33991_{19}$ |
| 33997 | $34001_{11}$ | $34003_{37}$ | $34007_{31}$ | $34009_{71}$ | $34013_{7\cdot43\cdot113}$ | 34019 | $34021_{13}$ |
| $34027_{7}$ | 34031 | 34033 | $34037_{101}$ | 34039 | $34043_{59}$ | $34049_{79}$ | $34051_{17}$ |
| 34057 | 34061 | $34063_{23}$ | $34067_{11\cdot19\cdot163}$ | $34069_{7\cdot31\cdot157}$ | $34073_{13}$ | $34079_{53}$ | $34081_{173}$ |
| $34087_{89}$ | $34091_{73}$ | $34093_{103}$ | $34097_{7}$ | $34099_{13\cdot43\cdot61}$ | $34103_{67}$ | $34109_{23}$ | $34111_{7\cdot11}$ |
| $34117_{109}$ | $34121_{149}$ | 34123 | 34127 | 34129 | $34133_{11\cdot29\cdot107}$ | $34139_{7}$ | 34141 |
| 34147 | $34151_{13\cdot37\cdot71}$ | $34153_{7\cdot17\cdot41}$ | 34157 | 34159 | $34163_{127}$ | $34169_{47}$ | 34171 |
| $34177_{11\cdot13}$ | $34181_{7\cdot19}$ | 34183 | $34187_{17}$ | $34189_{179}$ | $34193_{31}$ | $34199_{11}$ | $34201_{23}$ |
| $34207_{79}$ | 34211 | 34213 | 34217 | $34219_{19}$ | $34223_{7}$ | $34229_{13}$ | 34231 |
| $34237_{7\cdot67\cdot73}$ | $34241_{97}$ | $34243_{11}$ | $34247_{23}$ | $34249_{29}$ | 34253 | 34259 | 34261 |
| 34267 | $34271_{43}$ | 34273 | $34277_{151}$ | $34279_{7\cdot59\cdot83}$ | 34283 | $34289_{17}$ | $34291_{53}$ |
| 34297 | 34301 | 34303 | $34307_{7\cdot13\cdot29}$ | $34309_{11}$ | 34313 | 34319 | $34321_{7}$ |
| 34327 | $34331_{11}$ | $34333_{13\cdot19\cdot139}$ | 34337 | $34339_{23}$ | $34343_{61}$ | $34349_{7}$ | 34351 |
| $34357_{17\cdot43\cdot47}$ | 34361 | $34363_{7}$ | 34367 | 34369 | $34373_{37}$ | $34379_{31}$ | 34381 |

| | | | | | | | |
|---|---|---|---|---|---|---|---|
| $34387_{137}$ | $34391_{7\cdot17}$ | $34393_{163}$ | $34397_{11\cdot53\cdot59}$ | $34399_{41}$ | 34403 | $34409_{19}$ | $34411_{13}$ |
| $34417_{127}$ | 34421 | $34423_{29}$ | $34427_{173}$ | 34429 | $34433_{7}$ | 34439 | $34441_{11\cdot31\cdot101}$ |
| $34447_{7\cdot19\cdot37}$ | $34451_{47}$ | $34453_{131}$ | 34457 | $34459_{17}$ | $34463_{11\cdot13}$ | 34469 | 34471 |
| $34477_{23}$ | $34481_{29\cdot41}$ | 34483 | 34487 | $34489_{7\cdot13}$ | $34493_{17}$ | 34499 | 34501 |
| $34507_{11}$ | 34511 | 34513 | $34517_{7}$ | 34519 | $34523_{19\cdot23\cdot79}$ | $34529_{11\cdot43\cdot73}$ | $34531_{7}$ |
| 34537 | $34541_{13}$ | 34543 | $34547_{179}$ | 34549 | $34553_{109}$ | $34559_{7}$ | $34561_{17\cdot19\cdot107}$ |
| $34567_{13}$ | $34571_{181}$ | $34573_{7\cdot11}$ | $34577_{71}$ | $34579_{151}$ | 34583 | 34589 | 34591 |
| $34597_{29}$ | $34601_{7}$ | 34603 | 34607 | $34609_{53}$ | 34613 | $34619_{13}$ | $34621_{89}$ |
| $34627_{31}$ | 34631 | $34633_{59}$ | $34637_{19}$ | $34639_{11\cdot47\cdot67}$ | $34643_{7\cdot101}$ | 34649 | 34651 |
| $34657_{7}$ | $34661_{11\cdot23\cdot137}$ | $34663_{17}$ | 34667 | $34669_{37}$ | 34673 | 34679 | $34681_{79}$ |
| 34687 | $34691_{113}$ | 34693 | $34697_{13\cdot17\cdot157}$ | $34699_{7}$ | 34703 | $34709_{61}$ | $34711_{103}$ |
| $34717_{149}$ | 34721 | $34723_{13}$ | $34727_{7\cdot11\cdot41}$ | 34729 | $34733_{47}$ | 34739 | $34741_{7}$ |
| 34747 | $34751_{19\cdot31\cdot59}$ | $34753_{23}$ | 34757 | 34759 | 34763 | $34769_{7}$ | $34771_{11\cdot29\cdot109}$ |
| $34777_{83}$ | 34781 | $34783_{7}$ | $34787_{43}$ | $34789_{19}$ | $34793_{11}$ | $34799_{17\cdot23\cdot89}$ | $34801_{13}$ |
| 34807 | $34811_{7}$ | $34813_{31}$ | $34817_{37}$ | 34819 | $34823_{97}$ | $34829_{29}$ | $34831_{61}$ |
| $34837_{11}$ | 34841 | 34843 | 34847 | 34849 | $34853_{7\cdot13}$ | $34859_{11}$ | $34861_{71}$ |
| $34867_{7\cdot17}$ | 34871 | $34873_{43}$ | 34877 | $34879_{13}$ | 34883 | $34889_{139}$ | $34891_{23\cdot37\cdot41}$ |
| 34897 | $34901_{17}$ | $34903_{11\cdot19\cdot167}$ | $34907_{67}$ | $34909_{7}$ | 34913 | 34919 | $34921_{47}$ |
| $34927_{53}$ | $34931_{13}$ | $34933_{181}$ | $34937_{7\cdot23\cdot31}$ | 34939 | $34943_{83}$ | 34949 | $34951_{7}$ |
| $34957_{13}$ | 34961 | 34963 | $34967_{73}$ | $34969_{11\cdot17}$ | $34973_{41}$ | $34979_{7\cdot19}$ | 34981 |
| $34987_{59}$ | $34991_{11}$ | $34993_{7}$ | $34997_{79}$ | $34999_{31}$ | $35003_{17\cdot29\cdot71}$ | $35009_{13}$ | $35011_{157}$ |
| $35017_{19\cdot97}$ | $35021_{7}$ | 35023 | 35027 | $35029_{23}$ | $35033_{53}$ | $35039_{37}$ | $35041_{67}$ |
| $35047_{101}$ | 35051 | 35053 | $35057_{11}$ | 35059 | $35063_{7}$ | 35069 | $35071_{17}$ |
| $35077_{7}$ | 35081 | 35083 | $35087_{13}$ | 35089 | $35093_{19}$ | 35099 | $35101_{11}$ |
| 35107 | 35111 | $35113_{13\cdot37\cdot73}$ | 35117 | $35119_{7\cdot29\cdot173}$ | $35123_{11\cdot31\cdot103}$ | 35129 | $35131_{19\cdot43}$ |
| $35137_{41}$ | 35141 | $35143_{113}$ | $35147_{7}$ | 35149 | 35153 | 35159 | $35161_{7}$ |
| $35167_{11\cdot23\cdot139}$ | 35171 | $35173_{17}$ | $35177_{29}$ | $35179_{127}$ | $35183_{151}$ | $35189_{7\cdot11}$ | $35191_{13}$ |
| $35197_{61}$ | 35201 | $35203_{7\cdot47\cdot107}$ | $35207_{17\cdot19\cdot109}$ | $35209_{137}$ | $35213_{23}$ | $35219_{41}$ | 35221 |
| 35227 | $35231_{7}$ | $35233_{11}$ | $35237_{167}$ | $35239_{131}$ | $35243_{13}$ | $35249_{101}$ | 35251 |
| 35257 | $35261_{37}$ | $35263_{179}$ | 35267 | $35269_{13}$ | $35273_{7}$ | 35279 | 35281 |
| $35287_{7\cdot71}$ | 35291 | $35293_{29}$ | $35297_{47}$ | $35299_{11}$ | $35303_{43}$ | $35309_{17\cdot31\cdot67}$ | 35311 |
| 35317 | $35321_{11\cdot13\cdot19}$ | 35323 | 35327 | $35329_{7\cdot103}$ | $35333_{89}$ | 35339 | $35341_{59}$ |
| $35347_{13}$ | $35351_{23\cdot29\cdot53}$ | 35353 | $35357_{7}$ | $35359_{19}$ | 35363 | $35369_{113}$ | $35371_{7\cdot31\cdot163}$ |
| $35377_{17}$ | 35381 | $35383_{41}$ | $35387_{11}$ | $35389_{43}$ | 35393 | $35399_{7\cdot13}$ | 35401 |
| 35407 | $35411_{17}$ | $35413_{7}$ | $35417_{107}$ | 35419 | 35423 | $35429_{71}$ | $35431_{11}$ |
| 35437 | $35441_{7\cdot61\cdot83}$ | $35443_{23\cdot67}$ | 35447 | 35449 | $35453_{11}$ | $35459_{59}$ | 35461 |
| $35467_{29}$ | $35471_{79}$ | $35473_{19}$ | $35477_{13}$ | $35479_{17}$ | $35483_{7\cdot37\cdot137}$ | $35489_{23}$ | 35491 |
| $35497_{7\cdot11}$ | $35501_{131}$ | $35503_{13}$ | 35507 | 35509 | $35513_{17}$ | $35519_{11}$ | 35521 |
| 35527 | 35531 | 35533 | 35537 | $35539_{7}$ | 35543 | $35549_{19}$ | $35551_{73}$ |
| $35557_{31\cdot37}$ | $35561_{43}$ | $35563_{11\cdot53\cdot61}$ | $35567_{7}$ | 35569 | 35573 | $35579_{47}$ | $35581_{7\cdot13\cdot17\cdot23}$ |
| $35587_{19}$ | 35591 | 35593 | 35597 | $35599_{97}$ | 35603 | $35609_{7}$ | $35611_{149}$ |
| 35617 | $35621_{179}$ | $35623_{7}$ | $35627_{23}$ | $35629_{11\cdot41\cdot79}$ | $35633_{13}$ | $35639_{157}$ | $35641_{29}$ |
| $35647_{43}$ | $35651_{7\cdot11}$ | $35653_{101}$ | $35657_{181}$ | $35659_{13}$ | $35663_{19}$ | $35669_{53}$ | 35671 |
| 35677 | $35681_{31}$ | $35683_{17}$ | $35687_{127}$ | $35689_{89}$ | $35693_{7}$ | $35699_{29}$ | $35701_{19}$ |
| $35707_{7}$ | $35711_{13\cdot41\cdot67}$ | $35713_{71}$ | $35717_{11\cdot17}$ | $35719_{23}$ | $35723_{139}$ | 35729 | 35731 |
| $35737_{13}$ | $35741_{103}$ | $35743_{31}$ | 35747 | $35749_{7}$ | 35753 | 35759 | $35761_{11}$ |
| $35767_{47}$ | 35771 | $35773_{83}$ | $35777_{7\cdot19}$ | $35779_{37}$ | $35783_{11}$ | $35789_{13}$ | $35791_{7}$ |
| 35797 | 35801 | 35803 | $35807_{61}$ | 35809 | $35813_{59}$ | $35819_{7\cdot17\cdot43}$ | $35821_{113}$ |
| $35827_{11}$ | 35831 | $35833_{7}$ | 35837 | 35839 | $35843_{73}$ | $35849_{11}$ | 35851 |
| $35857_{23}$ | $35861_{7\cdot47\cdot109}$ | 35863 | $35867_{13\cdot31\cdot89}$ | 35869 | $35873_{29}$ | 35879 | $35881_{53}$ |
| $35887_{17}$ | $35891_{19}$ | $35893_{11\cdot13}$ | 35897 | 35899 | $35903_{7\cdot23}$ | $35909_{149}$ | 35911 |
| $35917_{7}$ | $35921_{17}$ | 35923 | $35927_{37}$ | $35929_{19\cdot31\cdot61}$ | 35933 | $35939_{83}$ | $35941_{127}$ |
| $35947_{103}$ | 35951 | $35953_{157}$ | $35957_{41}$ | $35959_{7\cdot11}$ | 35963 | 35969 | $35971_{13}$ |
| 35977 | $35981_{11}$ | 35983 | $35987_{7\cdot53\cdot97}$ | $35989_{17\cdot29\cdot73}$ | 35993 | 35999 | $36001_{7\cdot37\cdot139}$ |
| 36007 | 36011 | 36013 | 36017 | $36019_{181}$ | $36023_{13\cdot17\cdot163}$ | $36029_{7}$ | $36031_{137}$ |
| 36037 | $36041_{23}$ | $36043_{7\cdot19}$ | $36047_{11\cdot29\cdot113}$ | $36049_{13\cdot47\cdot59}$ | $36053_{31}$ | $36059_{107}$ | 36061 |
| 36067 | $36071_{7}$ | 36073 | $36077_{43}$ | $36079_{109}$ | 36083 | $36089_{151}$ | $36091_{11\cdot17}$ |
| 36097 | $36101_{13}$ | $36103_{79}$ | 36107 | 36109 | $36113_{7\cdot11\cdot67}$ | $36119_{19}$ | $36121_{41}$ |
| $36127_{7\cdot13}$ | 36131 | $36133_{23}$ | 36137 | $36139_{71}$ | $36143_{47}$ | $36149_{37}$ | 36151 |
| $36157_{11\cdot19\cdot173}$ | 36161 | $36163_{29\cdot43}$ | $36167_{59}$ | $36169_{7}$ | $36173_{61}$ | $36179_{11\cdot13\cdot23}$ | $36181_{97}$ |
| 36187 | 36191 | $36193_{17}$ | $36197_{7}$ | $36199_{53}$ | $36203_{41}$ | 36209 | $36211_{7}$ |
| 36217 | $36221_{29}$ | $36223_{11\cdot37\cdot89}$ | $36227_{17}$ | 36229 | $36233_{19}$ | $36239_{7\cdot31\cdot167}$ | 36241 |
| $36247_{67}$ | 36251 | $36253_{7}$ | $36257_{13}$ | $36259_{101}$ | 36263 | 36269 | $36271_{19\cdot23\cdot83}$ |
| 36277 | $36281_{7\cdot71\cdot73}$ | $36283_{13}$ | $36287_{131}$ | $36289_{11}$ | 36293 | 36299 | $36301_{31}$ |
| 36307 | $36311_{11}$ | 36313 | $36317_{23}$ | 36319 | $36323_{7}$ | $36329_{17}$ | $36331_{47}$ |
| $36337_{7\cdot29\cdot179}$ | 36341 | 36343 | $36347_{19}$ | $36349_{163}$ | 36353 | $36359_{103}$ | $36361_{13}$ |
| $36367_{41}$ | $36371_{37}$ | 36373 | $36377_{11}$ | $36379_{7}$ | 36383 | 36389 | $36391_{151}$ |
| $36397_{17}$ | $36401_{89}$ | $36403_{59}$ | $36407_{7}$ | $36409_{23}$ | $36413_{13}$ | $36419_{79}$ | $36421_{7\cdot11\cdot43}$ |
| $36427_{73}$ | $36431_{17}$ | 36433 | $36437_{83}$ | $36439_{13}$ | $36443_{11}$ | $36449_{7\cdot41\cdot127}$ | 36451 |
| 36457 | $36461_{19\cdot101}$ | $36463_{7}$ | 36467 | 36469 | 36473 | 36479 | $36481_{191}$ |
| $36487_{11\cdot31\cdot107}$ | $36491_{7\cdot13}$ | 36493 | 36497 | $36499_{17\cdot19\cdot113}$ | $36503_{173}$ | $36509_{11}$ | $36511_{29}$ |
| $36517_{13\cdot53}$ | $36521_{59}$ | 36523 | 36527 | 36529 | $36533_{7\cdot17}$ | $36539_{61}$ | 36541 |
| $36547_{7\cdot23}$ | 36551 | $36553_{11}$ | $36557_{139}$ | 36559 | 36563 | $36569_{13\cdot29\cdot97}$ | 36571 |
| $36577_{79}$ | $36581_{157}$ | 36583 | 36587 | $36589_{7}$ | $36593_{23\cdot37\cdot43}$ | 36599 | $36601_{17}$ |
| 36607 | $36611_{31}$ | $36613_{19\cdot41\cdot47}$ | $36617_{7}$ | $36619_{11}$ | $36623_{53}$ | 36629 | $36631_{7}$ |
| 36637 | $36641_{11}$ | 36643 | $36647_{13}$ | $36649_{67}$ | 36653 | $36659_{7}$ | $36661_{61}$ |
| $36667_{37}$ | 36671 | $36673_{7\cdot13\cdot31}$ | 36677 | $36679_{43}$ | 36683 | $36689_{19}$ | 36691 |
| 36697 | $36701_{7\cdot107}$ | $36703_{17\cdot127}$ | $36707_{11\cdot47\cdot71}$ | 36709 | 36713 | $36719_{73}$ | 36721 |
| $36727_{19}$ | $36731_{23}$ | $36733_{109}$ | $36737_{17}$ | 36739 | $36743_{7\cdot29\cdot181}$ | 36749 | $36751_{11\cdot13}$ |
| $36757_{7\cdot59\cdot89}$ | 36761 | $36763_{97}$ | 36767 | $36769_{83}$ | $36773_{11}$ | 36779 | 36781 |
| 36787 | 36791 | 36793 | $36797_{31}$ | $36799_{7}$ | $36803_{13\cdot19\cdot149}$ | 36809 | $36811_{131}$ |
| $36817_{11}$ | 36821 | $36823_{23}$ | $36827_{7}$ | $36829_{13}$ | 36833 | $36839_{11\cdot17}$ | $36841_{7\cdot19}$ |

| | | | | | | | |
|---|---|---|---|---|---|---|---|
| 36847 | 36851 43 | 36853 137 | 36857 | 36859 29·31·41 | 36863 191 | 36869 7·23 | 36871 |
| 36877 | 36881 13 | 36883 7·11 | 36887 | 36889 37 | 36893 79 | 36899 | 36901 |
| 36907 13·17·167 | 36911 7 | 36913 | 36917 19·29·67 | 36919 | 36923 | 36929 | 36931 |
| 36937 43 | 36941 17·41·53 | 36943 | 36947 | 36949 11 | 36953 7 | 36959 13 | 36961 23 |
| 36967 7 | 36971 11 | 36973 | 36977 103 | 36979 | 36983 31 | 36989 47 | 36991 71 |
| 36997 | 37001 163 | 37003 | 37007 23 | 37009 7·17 | 37013 | 37019 | 37021 |
| 37027 61 | 37031 19 | 37033 29 | 37037 7·11·13·37 | 37039 | 37043 17 | 37049 | 37051 7·67·79 |
| 37057 | 37061 | 37063 13 | 37067 101 | 37069 19 | 37073 131 | 37079 7 | 37081 11 |
| 37087 | 37091 29 | 37093 7 | 37097 | 37099 23 | 37103 11 | 37109 43 | 37111 17·37·59 |
| 37117 | 37121 7 | 37123 | 37127 137 | 37129 107 | 37133 71 | 37139 | 37141 13 |
| 37147 11 | 37151 97 | 37153 53 | 37157 73 | 37159 | 37163 7 | 37169 11·31·109 | 37171 |
| 37177 7·47·113 | 37181 | 37183 19·103 | 37187 41 | 37189 | 37193 13 | 37199 | 37201 |
| 37207 29 | 37211 127 | 37213 11·17 | 37217 | 37219 7·13 | 37223 | 37229 59 | 37231 31 |
| 37237 23 | 37241 167 | 37243 | 37247 7·17 | 37249 193 | 37253 | 37259 19·37·53 | 37261 7 |
| 37267 83 | 37271 13·47·61 | 37273 | 37277 | 37279 11 | 37283 23 | 37289 7 | 37291 89 |
| 37297 13·19·151 | 37301 11 | 37303 7·73 | 37307 | 37309 | 37313 | 37319 67 | 37321 |
| 37327 163 | 37331 7 | 37333 37 | 37337 | 37339 | 37343 107 | 37349 13·17 | 37351 41 |
| 37357 | 37361 | 37363 | 37367 11·43·79 | 37369 | 37373 7·19 | 37379 | 37381 29 |
| 37387 7·109 | 37391 139 | 37393 61 | 37397 | 37399 149 | 37403 113 | 37409 | 37411 11·19·179 |
| 37417 17·31·71 | 37421 23 | 37423 | 37427 13 | 37429 7 | 37433 11·41·83 | 37439 29 | 37441 |
| 37447 | 37451 17 | 37453 13·43·67 | 37457 7 | 37459 47 | 37463 | 37469 89 | 37471 7·53·101 |
| 37477 11 | 37481 37 | 37483 | 37487 19 | 37489 | 37493 | 37499 7·11 | 37501 |
| 37507 | 37511 | 37513 7·23 | 37517 | 37519 17 | 37523 157 | 37529 | 37531 13 |
| 37537 | 37541 7·31·173 | 37543 11 | 37547 | 37549 | 37553 17·47 | 37559 23·71 | 37561 |
| 37567 | 37571 | 37573 | 37577 53 | 37579 | 37583 7·13·59 | 37589 | 37591 |
| 37597 7·41·131 | 37601 19 | 37603 31 | 37607 | 37609 11·13 | 37613 29 | 37619 | 37621 17 |
| 37627 191 | 37631 11 | 37633 | 37637 61 | 37639 7·19 | 37643 | 37649 | 37651 23 |
| 37657 | 37661 13 | 37663 | 37667 7 | 37669 139 | 37673 101 | 37679 41 | 37681 7 |
| 37687 13 | 37691 | 37693 | 37697 11·23·149 | 37699 | 37703 37 | 37709 7 | 37711 43 |
| 37717 | 37721 67 | 37723 7·17 | 37727 31 | 37729 29 | 37733 97 | 37739 13 | 37741 11·47·73 |
| 37747 | 37751 7 | 37753 19 | 37757 17 | 37759 61 | 37763 11 | 37769 179 | 37771 107 |
| 37777 37 | 37781 | 37783 | 37787 29 | 37789 23·31·53 | 37793 7 | 37799 | 37801 103 |
| 37807 7·11 | 37811 | 37813 | 37817 13 | 37819 59 | 37823 109 | 37829 11·19·181 | 37831 |
| 37837 157 | 37841 79 | 37843 13·41·71 | 37847 | 37849 7 | 37853 | 37859 17·131 | 37861 |
| 37867 19 | 37871 | 37873 11 | 37877 7 | 37879 | 37883 43 | 37889 | 37891 7 |
| 37897 | 37901 151 | 37903 29 | 37907 | 37909 167 | 37913 31 | 37919 7 | 37921 13 |
| 37927 17·23·97 | 37931 83 | 37933 7 | 37937 59 | 37939 11 | 37943 19 | 37949 137 | 37951 |
| 37957 | 37961 7·11·17·29 | 37963 | 37967 | 37969 43 | 37973 13·23·127 | 37979 163 | 37981 19 |
| 37987 | 37991 | 37993 | 37997 | 37999 13·37·79 | 38003 7·61·89 | 38009 191 | 38011 |
| 38017 7 | 38021 193 | 38023 47 | 38027 11 | 38029 17 | 38033 73 | 38039 | 38041 109 |
| 38047 | 38051 13 | 38053 | 38057 19 | 38059 7 | 38063 17 | 38069 | 38071 11 |
| 38077 13·29·101 | 38081 113 | 38083 | 38087 7 | 38089 41 | 38093 11 | 38099 31 | 38101 7 |
| 38107 53 | 38111 23 | 38113 | 38117 47 | 38119 | 38123 67 | 38129 7·13 | 38131 17 |
| 38137 11 | 38141 43 | 38143 7 | 38147 37 | 38149 | 38153 | 38159 11 | 38161 31 |
| 38167 | 38171 7·19·41 | 38173 59 | 38177 | 38179 73 | 38183 | 38189 | 38191 181 |
| 38197 | 38201 | 38203 11·23·151 | 38207 13 | 38209 19 | 38213 7·53·103 | 38219 | 38221 37 |
| 38227 7·43·127 | 38231 | 38233 13·17·173 | 38237 | 38239 | 38243 167 | 38249 23 | 38251 29 |
| 38257 67 | 38261 | 38263 83 | 38267 17 | 38269 7·11·71 | 38273 | 38279 101 | 38281 |
| 38287 | 38291 11·59 | 38293 149 | 38297 7 | 38299 | 38303 | 38309 29 | 38311 7·13 |
| 38317 | 38321 | 38323 19 | 38327 | 38329 | 38333 | 38339 7 | 38341 23 |
| 38347 31 | 38351 | 38353 7 | 38357 11 | 38359 89 | 38363 13 | 38369 17·37·61 | 38371 |
| 38377 | 38381 7 | 38383 131 | 38387 23 | 38389 13 | 38393 | 38399 19·43·47 | 38401 11 |
| 38407 193 | 38411 71 | 38413 107 | 38417 41 | 38419 103 | 38423 7·11 | 38429 83 | 38431 |
| 38437 7·17·19 | 38441 13 | 38443 37 | 38447 | 38449 | 38453 | 38459 | 38461 |
| 38467 11·13 | 38471 17·31·73 | 38473 79 | 38477 109 | 38479 7·23 | 38483 29 | 38489 11 | 38491 61 |
| 38497 137 | 38501 | 38503 139 | 38507 7 | 38509 97 | 38513 19 | 38519 13 | 38521 7 |
| 38527 59 | 38531 53 | 38533 11·31·113 | 38537 89 | 38539 17 | 38543 | 38549 7 | 38551 19 |
| 38557 | 38561 | 38563 7 | 38567 | 38569 | 38573 17 | 38579 173 | 38581 41 |
| 38587 47 | 38591 7·37·149 | 38593 | 38597 13 | 38599 11·29 | 38603 | 38609 | 38611 |
| 38617 23·73 | 38621 11 | 38623 13 | 38627 19·107 | 38629 | 38633 7 | 38639 | 38641 17 |
| 38647 7 | 38651 | 38653 | 38657 29·31·43 | 38659 67 | 38663 23·41 | 38669 | 38671 |
| 38677 | 38681 47 | 38683 101 | 38687 11 | 38689 7 | 38693 | 38699 | 38701 13 |
| 38707 | 38711 | 38713 | 38717 7 | 38719 31 | 38723 | 38729 | 38731 7·11 |
| 38737 | 38741 19 | 38743 17·43·53 | 38747 | 38749 | 38753 11·13 | 38759 7·113 | 38761 83 |
| 38767 | 38771 137 | 38773 7·29·191 | 38777 17 | 38779 13·19·157 | 38783 | 38789 79 | 38791 |
| 38797 11 | 38801 7·23 | 38803 | 38807 151 | 38809 197 | 38813 37 | 38819 11 | 38821 |
| 38827 41 | 38831 13·29·103 | 38833 | 38837 71 | 38839 | 38843 7·31·179 | 38849 53 | 38851 |
| 38857 7·13·61 | 38861 | 38863 11 | 38867 | 38869 47 | 38873 | 38879 17 | 38881 59 |
| 38887 37 | 38891 | 38893 19·23·89 | 38897 97 | 38899 7 | 38903 | 38909 13·41·73 | 38911 167 |
| 38917 | 38921 | 38923 | 38927 7·67·83 | 38929 11 | 38933 | 38939 23 | 38941 7 |
| 38947 17·29·79 | 38951 11 | 38953 | 38957 163 | 38959 | 38963 47 | 38969 7·19 | 38971 |
| 38977 | 38981 17 | 38983 7 | 38987 13 | 38989 127 | 38993 | 38999 59 | 39001 43 |
| 39007 19 | 39011 7 | 39013 13 | 39017 11 | 39019 | 39023 | 39029 31 | 39031 23 |
| 39037 103 | 39041 | 39043 | 39047 | 39049 17 | 39053 7 | 39059 139 | 39061 11·53·67 |
| 39067 7 | 39071 89 | 39073 41 | 39077 23 | 39079 | 39083 11·17·19 | 39089 | 39091 13·31·97 |
| 39097 | 39101 61 | 39103 | 39107 | 39109 7·37·151 | 39113 | 39119 | 39121 19·29·71 |
| 39127 11 | 39131 109 | 39133 | 39137 7 | 39139 | 39143 13 | 39149 11 | 39151 7·17·47 |
| 39157 | 39161 | 39163 | 39167 53 | 39169 13·23·131 | 39173 43 | 39179 7·29·193 | 39181 |
| 39187 149 | 39191 | 39193 7·11 | 39197 19 | 39199 | 39203 197 | 39209 | 39211 113 |
| 39217 | 39221 7·13 | 39223 61 | 39227 | 39229 | 39233 | 39239 | 39241 |
| 39247 13 | 39251 | 39253 17 | 39257 37 | 39259 11·43·83 | 39263 7·71·79 | 39269 107 | 39271 173 |
| 39277 7·31·181 | 39281 11 | 39283 163 | 39287 17 | 39289 101 | 39293 | 39299 13 | 39301 |

| | | | | | | | |
|---|---|---|---|---|---|---|---|
| $39307_{23}$ | $39311_{19}$ | 39313 | 39317 | $39319_{7\cdot41\cdot137}$ | 39323 | $39329_{67}$ | $39331_{37}$ |
| $39337_{139}$ | 39341 | 39343 | $39347_{7\cdot11\cdot73}$ | $39349_{19\cdot109}$ | $39353_{23\cdot29\cdot59}$ | 39359 | $39361_{7}$ |
| 39367 | 39371 | 39373 | $39377_{13}$ | $39379_{53}$ | 39383 | $39389_{7\cdot17}$ | $39391_{11}$ |
| 39397 | $39401_{31\cdot41}$ | $39403_{7\cdot13}$ | $39407_{157}$ | 39409 | $39413_{11}$ | 39419 | $39421_{79}$ |
| $39427_{89}$ | $39431_{7\cdot43\cdot131}$ | $39433_{47}$ | $39437_{113}$ | 39439 | 39443 | $39449_{103}$ | 39451 |
| $39457_{11\cdot17}$ | 39461 | $39463_{19\cdot31\cdot67}$ | $39467_{61}$ | $39469_{29}$ | $39473_{7}$ | $39479_{11\cdot37\cdot97}$ | $39481_{13}$ |
| $39487_{7}$ | $39491_{17\cdot23\cdot101}$ | $39493_{73}$ | $39497_{127}$ | 39499 | 39503 | 39509 | 39511 |
| $39517_{43}$ | 39521 | $39523_{11}$ | $39527_{29\cdot47}$ | $39529_{7}$ | $39533_{13}$ | $39539_{19}$ | 39541 |
| $39547_{71}$ | 39551 | $39553_{37}$ | $39557_{7}$ | $39559_{13\cdot17\cdot179}$ | 39563 | 39569 | $39571_{7}$ |
| $39577_{19}$ | 39581 | $39583_{23}$ | $39587_{31}$ | $39589_{11\cdot59\cdot61}$ | $39593_{17\cdot137}$ | $39599_{7}$ | $39601_{199}$ |
| 39607 | $39611_{11\cdot13}$ | $39613_{7}$ | $39617_{173}$ | 39619 | 39623 | $39629_{23}$ | 39631 |
| $39637_{13}$ | $39641_{7}$ | $39643_{29}$ | $39647_{41}$ | $39649_{31}$ | $39653_{19}$ | 39659 | $39661_{17}$ |
| 39667 | 39671 | $39673_{97}$ | $39677_{11}$ | 39679 | $39683_{7}$ | $39689_{13\cdot43\cdot71}$ | $39691_{19}$ |
| $39697_{7\cdot53\cdot107}$ | $39701_{29\cdot37}$ | 39703 | $39707_{59}$ | 39709 | $39713_{151}$ | 39719 | $39721_{11\cdot23\cdot157}$ |
| 39727 | $39731_{67}$ | 39733 | $39737_{79}$ | $39739_{7}$ | $39743_{11}$ | 39749 | $39751_{127}$ |
| $39757_{83}$ | 39761 | $39763_{17}$ | $39767_{7\cdot13\cdot19\cdot23}$ | 39769 | $39773_{31}$ | 39779 | $39781_{7}$ |
| $39787_{11}$ | 39791 | $39793_{13}$ | $39797_{17}$ | 39799 | $39803_{53}$ | $39809_{7\cdot11\cdot47}$ | $39811_{41}$ |
| $39817_{29}$ | 39821 | $39823_{7}$ | 39827 | 39829 | $39833_{61}$ | 39839 | 39841 |
| 39847 | $39851_{7}$ | $39853_{11}$ | 39857 | $39859_{23}$ | 39863 | 39869 | $39871_{13}$ |
| 39877 | $39881_{19}$ | 39883 | 39887 | $39889_{113}$ | $39893_{7\cdot41\cdot139}$ | $39899_{17}$ | 39901 |
| $39907_{7}$ | $39911_{107}$ | $39913_{167}$ | $39917_{179}$ | $39919_{11\cdot19\cdot191}$ | $39923_{13\cdot37\cdot83}$ | 39929 | $39931_{73}$ |
| 39937 | $39941_{11}$ | $39943_{59}$ | $39947_{43}$ | $39949_{7\cdot13}$ | 39953 | $39959_{31}$ | $39961_{89}$ |
| $39967_{17}$ | 39971 | $39973_{71}$ | $39977_{7}$ | 39979 | 39983 | 39989 | $39991_{7\cdot29\cdot197}$ |
| $39997_{23\cdot37\cdot47}$ | $40001_{13\cdot17\cdot181}$ | $40003_{109}$ | $40007_{11}$ | 40009 | 40013 | $40019_{7}$ | $40021_{31}$ |
| $40027_{13}$ | 40031 | $40033_{7\cdot19\cdot43}$ | 40037 | 40039 | $40043_{23}$ | $40049_{29}$ | $40051_{11}$ |
| $40057_{41}$ | $40061_{7\cdot59\cdot97}$ | 40063 | $40067_{103}$ | $40069_{17}$ | $40073_{11}$ | $40079_{13}$ | $40081_{149}$ |
| 40087 | $40091_{47}$ | 40093 | $40097_{101}$ | 40099 | $40103_{7\cdot17}$ | $40109_{19}$ | 40111 |
| $40117_{7\cdot11}$ | $40121_{53}$ | 40123 | 40127 | 40129 | $40133_{67}$ | $40139_{11\cdot41\cdot89}$ | $40141_{137}$ |
| $40147_{19}$ | 40151 | 40153 | $40157_{13}$ | $40159_{7}$ | 40163 | 40169 | $40171_{17\cdot139}$ |
| 40177 | $40181_{23}$ | $40183_{11\cdot13}$ | $40187_{7}$ | 40189 | 40193 | $40199_{61}$ | $40201_{7}$ |
| $40207_{31}$ | $40211_{79}$ | 40213 | $40217_{131}$ | $40219_{37}$ | $40223_{19\cdot29\cdot73}$ | $40229_{7}$ | 40231 |
| 40237 | 40241 | $40243_{7}$ | $40247_{167}$ | $40249_{11}$ | 40253 | $40259_{127}$ | $40261_{13\cdot19\cdot163}$ |
| $40267_{67}$ | $40271_{7\cdot11}$ | $40273_{17\cdot23\cdot103}$ | 40277 | $40279_{47}$ | 40283 | 40289 | $40291_{43}$ |
| $40297_{59}$ | $40301_{191}$ | $40303_{41}$ | $40307_{17}$ | $40309_{173}$ | $40313_{7\cdot13}$ | $40319_{23}$ | $40321_{61}$ |
| $40327_{7}$ | $40331_{31}$ | $40333_{53}$ | $40337_{11\cdot19\cdot193}$ | $40339_{13\cdot29\cdot107}$ | 40343 | $40349_{157}$ | 40351 |
| 40357 | 40361 | $40363_{181}$ | $40367_{37}$ | $40369_{7\cdot73\cdot79}$ | $40373_{47}$ | $40379_{149}$ | $40381_{11}$ |
| 40387 | $40391_{13}$ | $40393_{31}$ | $40397_{7\cdot29\cdot199}$ | $40399_{71}$ | $40403_{11}$ | $40409_{17}$ | $40411_{7\cdot23}$ |
| $40417_{13}$ | $40421_{83}$ | 40423 | 40427 | 40429 | 40433 | $40439_{7\cdot53\cdot109}$ | $40441_{37}$ |
| $40447_{11}$ | $40451_{19}$ | $40453_{7}$ | $40457_{23}$ | 40459 | $40463_{43}$ | $40469_{11\cdot13}$ | 40471 |
| $40477_{17}$ | $40481_{7}$ | 40483 | 40487 | $40489_{19}$ | 40493 | 40499 | $40501_{101}$ |
| 40507 | $40511_{17}$ | $40513_{11\cdot29\cdot127}$ | $40517_{31}$ | 40519 | $40523_{7}$ | 40529 | 40531 |
| $40537_{7}$ | $40541_{71}$ | 40543 | $40547_{13}$ | $40549_{23\cdot41\cdot43}$ | $40553_{107}$ | 40559 | $40561_{47}$ |
| $40567_{113}$ | $40571_{29}$ | $40573_{13}$ | 40577 | $40579_{7\cdot11\cdot17\cdot31}$ | 40583 | $40589_{37}$ | 40591 |
| 40597 | $40601_{11}$ | $40603_{19}$ | $40607_{7}$ | 40609 | $40613_{17}$ | $40619_{151}$ | $40621_{7}$ |
| 40627 | $40631_{41}$ | $40633_{179}$ | 40637 | 40639 | $40643_{97}$ | $40649_{7}$ | $40651_{13\cdot53\cdot59}$ |
| $40657_{109}$ | $40661_{73}$ | $40663_{7\cdot37\cdot157}$ | $40667_{11}$ | $40669_{67}$ | $40673_{89}$ | $40679_{19}$ | $40681_{17}$ |
| $40687_{23\cdot29\cdot61}$ | $40691_{7}$ | 40693 | 40697 | 40699 | $40703_{13\cdot31\cdot101}$ | 40709 | $40711_{11}$ |
| $40717_{19}$ | $40721_{43}$ | $40723_{193}$ | $40727_{139}$ | $40729_{13}$ | $40733_{7\cdot11\cdot23}$ | 40739 | $40741_{131}$ |
| $40747_{7}$ | 40751 | $40753_{83}$ | $40757_{53}$ | 40759 | 40763 | $40769_{59}$ | 40771 |
| $40777_{11}$ | $40781_{13}$ | $40783_{17}$ | 40787 | $40789_{7}$ | $40793_{19\cdot113}$ | $40799_{11}$ | 40801 |
| $40807_{13\cdot43\cdot73}$ | $40811_{37}$ | 40813 | $40817_{7\cdot17}$ | 40819 | 40823 | 40829 | $40831_{7\cdot19}$ |
| $40837_{97}$ | 40841 | $40843_{11\cdot47\cdot79}$ | 40847 | 40849 | 40853 | $40859_{7\cdot13}$ | $40861_{29}$ |
| 40867 | $40871_{23}$ | $40873_{7}$ | $40877_{41}$ | 40879 | 40883 | $40889_{31}$ | $40891_{103}$ |
| 40897 | $40901_{7}$ | 40903 | $40907_{19}$ | $40909_{11}$ | $40913_{163}$ | $40919_{17\cdot29\cdot83}$ | $40921_{151}$ |
| 40927 | $40931_{11\cdot61}$ | 40933 | $40937_{13\cdot47\cdot67}$ | 40939 | $40943_{7}$ | 40949 | $40951_{31}$ |
| $40957_{7}$ | 40961 | $40963_{13\cdot23\cdot137}$ | $40967_{71}$ | $40969_{53}$ | 40973 | $40979_{43}$ | $40981_{107}$ |
| $40987_{17}$ | $40991_{179}$ | 40993 | $40997_{11}$ | $40999_{7}$ | $41003_{131}$ | $41009_{23}$ | 41011 |
| 41017 | $41021_{17\cdot19\cdot127}$ | 41023 | $41027_{7}$ | $41029_{89}$ | $41033_{37}$ | 41039 | $41041_{7\cdot11\cdot13\cdot41}$ |
| 41047 | 41051 | $41053_{61}$ | 41057 | $41059_{19}$ | $41063_{11}$ | $41069_{7}$ | $41071_{67}$ |
| 41077 | 41081 | $41083_{7}$ | $41087_{181}$ | $41089_{17}$ | $41093_{13\cdot29\cdot109}$ | $41099_{73}$ | $41101_{23}$ |
| $41107_{11\cdot37\cdot101}$ | $41111_{7}$ | 41113 | 41117 | $41119_{13}$ | $41123_{17\cdot41\cdot59}$ | $41129_{11}$ | 41131 |
| $41137_{31}$ | 41141 | 41143 | $41147_{23}$ | 41149 | $41153_{7}$ | $41159_{79}$ | 41161 |
| $41167_{7}$ | $41171_{13}$ | $41173_{11\cdot19\cdot197}$ | 41177 | 41179 | 41183 | 41189 | $41191_{17}$ |
| $41197_{13}$ | 41201 | 41203 | $41207_{89}$ | $41209_{7\cdot29}$ | 41213 | $41219_{47}$ | 41221 |
| 41227 | 41231 | 41233 | $41237_{7\cdot43\cdot137}$ | $41239_{11\cdot23\cdot163}$ | 41243 | $41249_{13\cdot19\cdot167}$ | $41251_{7\cdot71\cdot83}$ |
| 41257 | $41261_{11\cdot31}$ | 41263 | $41267_{29}$ | 41269 | $41273_{149}$ | $41279_{7}$ | 41281 |
| $41287_{19\cdot41\cdot53}$ | $41291_{157}$ | $41293_{7\cdot17}$ | $41297_{61}$ | 41299 | $41303_{103}$ | $41309_{101}$ | $41311_{109}$ |
| $41317_{79}$ | $41321_{7}$ | $41323_{31\cdot43}$ | $41327_{11\cdot13\cdot17}$ | $41329_{37}$ | 41333 | $41339_{67}$ | 41341 |
| $41347_{173}$ | 41351 | $41353_{13}$ | 41357 | $41359_{59}$ | $41363_{7\cdot19}$ | $41369_{41}$ | $41371_{11}$ |
| $41377_{7\cdot23}$ | 41381 | $41383_{29}$ | 41387 | 41389 | $41393_{11\cdot53\cdot71}$ | 41399 | $41401_{19}$ |
| $41407_{47}$ | 41411 | 41413 | $41417_{83}$ | $41419_{7\cdot61\cdot97}$ | $41423_{23}$ | $41429_{17}$ | $41431_{13}$ |
| $41437_{11}$ | $41441_{29}$ | 41443 | $41447_{7\cdot31\cdot191}$ | $41449_{181}$ | 41453 | $41459_{11}$ | $41461_{7}$ |
| 41467 | $41471_{113}$ | $41473_{67}$ | $41477_{19\cdot37\cdot59}$ | 41479 | $41483_{13}$ | $41489_{7}$ | 41491 |
| $41497_{17}$ | $41501_{47}$ | $41503_{7\cdot11}$ | 41507 | $41509_{13\cdot31\cdot103}$ | 41513 | 41519 | 41521 |
| $41527_{131}$ | $41531_{7\cdot17}$ | $41533_{41}$ | $41537_{73}$ | 41539 | 41543 | 41549 | $41551_{37}$ |
| $41557_{29}$ | $41561_{13\cdot23\cdot139}$ | $41563_{89}$ | $41567_{197}$ | $41569_{11}$ | $41573_{7}$ | 41579 | $41581_{43}$ |
| $41587_{7\cdot13}$ | $41591_{11\cdot19\cdot199}$ | 41593 | 41597 | $41599_{17}$ | 41603 | 41609 | 41611 |
| 41617 | 41621 | $41623_{107}$ | 41627 | $41629_{7\cdot19}$ | $41633_{17\cdot31\cdot79}$ | $41639_{13}$ | 41641 |
| 41647 | 41651 | $41653_{23}$ | $41657_{7\cdot11}$ | 41659 | $41663_{61}$ | 41669 | $41671_{7}$ |
| $41677_{71}$ | 41681 | $41683_{73}$ | 41687 | $41689_{47}$ | $41693_{173}$ | $41699_{7\cdot23\cdot37}$ | $41701_{11\cdot17}$ |
| $41707_{179}$ | $41711_{53}$ | $41713_{7\cdot59\cdot101}$ | $41717_{13}$ | 41719 | $41723_{11}$ | 41729 | $41731_{29}$ |
| 41737 | $41741_{7\cdot67\cdot89}$ | $41743_{13\cdot19}$ | $41747_{109}$ | $41749_{83}$ | $41753_{43}$ | 41759 | 41761 |

| | | | | | | | |
|---|---|---|---|---|---|---|---|
| 41767$_{11}$ | 41771 | 41773$_{37}$ | 41777 | 41779$_{41}$ | 41783$_{7·47·127}$ | 41789$_{11·29·131}$ | 41791$_{23·79}$ |
| 41797$_{7}$ | 41801 | 41803$_{17}$ | 41807$_{97}$ | 41809 | 41813 | 41819$_{19·31·71}$ | 41821$_{13}$ |
| 41827$_{151}$ | 41831$_{59}$ | 41833$_{11}$ | 41837$_{17·23·107}$ | 41839$_{7·43·139}$ | 41843 | 41849 | 41851 |
| 41857$_{19}$ | 41861$_{41}$ | 41863 | 41867$_{7}$ | 41869$_{149}$ | 41873$_{13}$ | 41879 | 41881$_{7·31·193}$ |
| 41887 | 41891$_{163}$ | 41893 | 41897 | 41899$_{11·13}$ | 41903 | 41909$_{7}$ | 41911 |
| 41917$_{167}$ | 41921$_{11·37·103}$ | 41923$_{7·53·113}$ | 41927 | 41929$_{23}$ | 41933$_{19}$ | 41939$_{17}$ | 41941 |
| 41947 | 41951$_{7·13}$ | 41953 | 41957 | 41959 | 41963$_{29}$ | 41969 | 41971$_{19·47}$ |
| 41977$_{13}$ | 41981 | 41983 | 41987$_{11}$ | 41989$_{199}$ | 41993$_{7}$ | 41999 | 42001$_{97}$ |
| 42007$_{7·17}$ | 42011$_{43}$ | 42013 | 42017 | 42019 | 42023 | 42029$_{13·53·61}$ | 42031$_{11}$ |
| 42037$_{127}$ | 42041$_{17}$ | 42043 | 42047$_{19}$ | 42049$_{7}$ | 42053$_{11}$ | 42059$_{137}$ | 42061 |
| 42067$_{23·31·59}$ | 42071 | 42073 | 42077$_{7}$ | 42079$_{29}$ | 42083 | 42089 | 42091$_{7}$ |
| 42097$_{11·43·89}$ | 42101 | 42103$_{71}$ | 42107$_{13·41·79}$ | 42109$_{17}$ | 42113$_{23}$ | 42119$_{7·11}$ | 42121$_{73}$ |
| 42127$_{103}$ | 42131 | 42133$_{7·13}$ | 42137$_{29}$ | 42139 | 42143$_{17·37·67}$ | 42149$_{113}$ | 42151$_{61}$ |
| 42157 | 42161$_{7·19}$ | 42163$_{11}$ | 42167$_{149}$ | 42169 | 42173$_{181}$ | 42179 | 42181 |
| 42187 | 42191$_{31}$ | 42193 | 42197 | 42199$_{19}$ | 42203$_{7}$ | 42209 | 42211$_{13·17·191}$ |
| 42217$_{7·37·163}$ | 42221 | 42223 | 42227 | 42229$_{11}$ | 42233$_{157}$ | 42239 | 42241$_{53}$ |
| 42247$_{83}$ | 42251$_{11·23·167}$ | 42253$_{29·31·47}$ | 42257 | 42259$_{7}$ | 42263$_{13}$ | 42269$_{43}$ | 42271$_{41}$ |
| 42277$_{67}$ | 42281 | 42283 | 42287$_{7}$ | 42289$_{13}$ | 42293 | 42299 | 42301$_{7}$ |
| 42307 | 42311$_{29}$ | 42313$_{17·19·131}$ | 42317$_{11}$ | 42319$_{101}$ | 42323 | 42329$_{7}$ | 42331 |
| 42337 | 42341$_{13}$ | 42343$_{7·23}$ | 42347$_{17·47·53}$ | 42349 | 42353$_{41}$ | 42359 | 42361$_{11}$ |
| 42367$_{13}$ | 42371$_{7}$ | 42373 | 42377$_{31}$ | 42379 | 42383$_{11}$ | 42389$_{19·23·97}$ | 42391 |
| 42397 | 42401$_{109}$ | 42403 | 42407 | 42409 | 42413$_{7·73·83}$ | 42419$_{13}$ | 42421$_{59}$ |
| 42427$_{7·11·19·29}$ | 42431$_{151}$ | 42433 | 42437 | 42439$_{31·37}$ | 42443 | 42449$_{11·17}$ | 42451 |
| 42457 | 42461 | 42463 | 42467 | 42469$_{7}$ | 42473 | 42479$_{107}$ | 42481$_{23}$ |
| 42487 | 42491 | 42493$_{11}$ | 42497$_{7·13}$ | 42499 | 42503$_{19}$ | 42509 | 42511$_{7}$ |
| 42517$_{17·41·61}$ | 42521$_{101}$ | 42523$_{13}$ | 42527$_{23·43}$ | 42529$_{71}$ | 42533 | 42539$_{7·59·103}$ | 42541$_{19}$ |
| 42547$_{157}$ | 42551$_{17}$ | 42553$_{7}$ | 42557 | 42559$_{11·53·73}$ | 42563$_{31}$ | 42569 | 42571 |
| 42577 | 42581$_{7·11·79}$ | 42583$_{97}$ | 42587$_{37}$ | 42589 | 42593$_{191}$ | 42599$_{41}$ | 42601$_{13·29·113}$ |
| 42607$_{137}$ | 42611 | 42613$_{43}$ | 42617$_{19}$ | 42619$_{17·23·109}$ | 42623$_{7}$ | 42629$_{47}$ | 42631$_{89}$ |
| 42637$_{7}$ | 42641 | 42643 | 42647$_{11}$ | 42649 | 42653$_{13·17·193}$ | 42659$_{29}$ | 42661$_{37}$ |
| 42667 | 42671$_{71}$ | 42673$_{139}$ | 42677 | 42679$_{7·13·67}$ | 42683 | 42689 | 42691$_{11}$ |
| 42697 | 42701 | 42703 | 42707$_{7}$ | 42709 | 42713$_{11}$ | 42719 | 42721$_{7·17}$ |
| 42727 | 42731$_{13·19·173}$ | 42733$_{151}$ | 42737 | 42739$_{79}$ | 42743 | 42749$_{7·31·197}$ | 42751 |
| 42757$_{11·13·23}$ | 42761$_{61}$ | 42763$_{7·41·149}$ | 42767 | 42769$_{19}$ | 42773 | 42779$_{11}$ | 42781$_{179}$ |
| 42787 | 42791$_{7}$ | 42793 | 42797 | 42799$_{127}$ | 42803$_{23}$ | 42809$_{13·37·89}$ | 42811$_{31}$ |
| 42817$_{47}$ | 42821 | 42823$_{11·17}$ | 42827$_{113}$ | 42829 | 42833$_{7·29}$ | 42839 | 42841 |
| 42847$_{7}$ | 42851$_{73}$ | 42853 | 42857$_{17}$ | 42859 | 42863 | 42869$_{163}$ | 42871$_{43}$ |
| 42877$_{53}$ | 42881$_{137}$ | 42883$_{19·37·61}$ | 42887$_{13}$ | 42889$_{7·11}$ | 42893$_{59}$ | 42899 | 42901 |
| 42907$_{107}$ | 42911$_{11·47·83}$ | 42913$_{13}$ | 42917$_{7}$ | 42919$_{167}$ | 42923 | 42929 | 42931$_{7}$ |
| 42937 | 42941$_{23}$ | 42943 | 42947$_{67}$ | 42949$_{29}$ | 42953 | 42959$_{7·17·19}$ | 42961 |
| 42967 | 42971$_{97}$ | 42973$_{7}$ | 42977$_{11}$ | 42979 | 42983$_{53}$ | 42989 | 42991$_{13}$ |
| 42997$_{19·31·73}$ | 43001$_{7}$ | 43003 | 43007$_{29}$ | 43009$_{41}$ | 43013 | 43019 | 43021$_{11}$ |
| 43027$_{17}$ | 43031$_{37}$ | 43033$_{23}$ | 43037 | 43039$_{193}$ | 43043$_{7·11·13·43}$ | 43049 | 43051 |
| 43057$_{7}$ | 43061$_{17·149}$ | 43063 | 43067 | 43069$_{13}$ | 43073$_{19}$ | 43079$_{23}$ | 43081$_{67}$ |
| 43087$_{11}$ | 43091$_{41}$ | 43093 | 43097$_{71}$ | 43099$_{7·47·131}$ | 43103 | 43109$_{11}$ | 43111$_{19}$ |
| 43117 | 43121$_{13·31·107}$ | 43123$_{29}$ | 43127$_{7·61·101}$ | 43129$_{17·43·59}$ | 43133 | 43139$_{179}$ | 43141$_{7}$ |
| 43147$_{13}$ | 43151 | 43153$_{11}$ | 43157$_{103}$ | 43159 | 43163$_{17}$ | 43169$_{7}$ | 43171$_{23}$ |
| 43177 | 43181$_{29}$ | 43183$_{7·31·199}$ | 43187$_{19}$ | 43189 | 43193$_{47}$ | 43199$_{13}$ | 43201 |
| 43207 | 43211$_{7}$ | 43213$_{79}$ | 43217$_{23}$ | 43219$_{11}$ | 43223 | 43229$_{139}$ | 43231$_{17}$ |
| 43237 | 43241$_{11}$ | 43243$_{83}$ | 43247$_{59}$ | 43249$_{61}$ | 43253$_{7·37·167}$ | 43259$_{181}$ | 43261 |
| 43267$_{7}$ | 43271 | 43273$_{109}$ | 43277$_{13}$ | 43279$_{113}$ | 43283 | 43289$_{73}$ | 43291 |
| 43297$_{29}$ | 43301$_{19·43·53}$ | 43303$_{13}$ | 43307$_{11·31·127}$ | 43309$_{7·23}$ | 43313 | 43319 | 43321 |
| 43327$_{37}$ | 43331 | 43333$_{17}$ | 43337$_{7·41·151}$ | 43339$_{19}$ | 43343$_{89}$ | 43349$_{67}$ | 43351$_{7·11}$ |
| 43357$_{191}$ | 43361$_{131}$ | 43363$_{103}$ | 43367$_{17}$ | 43369$_{31}$ | 43373$_{11}$ | 43379$_{7}$ | 43381$_{13·47·71}$ |
| 43387$_{43}$ | 43391 | 43393$_{7}$ | 43397 | 43399 | 43403 | 43409$_{83}$ | 43411 |
| 43417$_{11}$ | 43421$_{7}$ | 43423$_{173}$ | 43427 | 43429$_{137}$ | 43433$_{13}$ | 43439$_{11}$ | 43441 |
| 43447$_{23}$ | 43451 | 43453$_{19}$ | 43457 | 43459$_{13}$ | 43463$_{7}$ | 43469$_{17}$ | 43471$_{29}$ |
| 43477$_{7}$ | 43481 | 43483$_{11·59·67}$ | 43487 | 43489$_{157}$ | 43493$_{23·31·61}$ | 43499 | 43501$_{41}$ |
| 43507$_{139}$ | 43511$_{13}$ | 43513$_{53}$ | 43517 | 43519$_{7}$ | 43523$_{71}$ | 43529$_{19·29·79}$ | 43531$_{101}$ |
| 43537$_{13·17·197}$ | 43541 | 43543 | 43547$_{7}$ | 43549$_{11·37·107}$ | 43553$_{97}$ | 43559$_{43}$ | 43561$_{7·127}$ |
| 43567$_{19}$ | 43571$_{11·17}$ | 43573 | 43577 | 43579 | 43583$_{41}$ | 43589$_{7·13}$ | 43591 |
| 43597 | 43601$_{59}$ | 43603$_{7}$ | 43607 | 43609 | 43613 | 43619$_{53}$ | 43621$_{181}$ |
| 43627 | 43631$_{7·23}$ | 43633 | 43637$_{11}$ | 43639$_{17·151}$ | 43643$_{19}$ | 43649 | 43651 |
| 43657$_{149}$ | 43661 | 43663$_{47}$ | 43667$_{13}$ | 43669 | 43673$_{7·17}$ | 43679$_{31}$ | 43681$_{11·19}$ |
| 43687$_{7·79}$ | 43691 | 43693$_{13}$ | 43697$_{37}$ | 43699$_{89}$ | 43703$_{11·29·137}$ | 43709$_{109}$ | 43711 |
| 43717 | 43721 | 43723$_{23}$ | 43727$_{73}$ | 43729$_{7}$ | 43733$_{101}$ | 43739$_{191}$ | 43741$_{17·31·83}$ |
| 43747$_{11·41·97}$ | 43751$_{67}$ | 43753 | 43757$_{7·19·47}$ | 43759 | 43763$_{107}$ | 43769$_{11·23·173}$ | 43771$_{7·13·37}$ |
| 43777 | 43781 | 43783 | 43787 | 43789 | 43793 | 43799$_{7}$ | 43801 |
| 43807$_{71}$ | 43811$_{193}$ | 43813$_{7·11}$ | 43817$_{43}$ | 43819$_{29}$ | 43823$_{13}$ | 43829$_{41}$ | 43831$_{53}$ |
| 43837$_{59}$ | 43841$_{7}$ | 43843$_{17}$ | 43847$_{163}$ | 43849$_{13}$ | 43853 | 43859$_{61}$ | 43861$_{23}$ |
| 43867 | 43871$_{19}$ | 43873$_{73}$ | 43877$_{17·29·89}$ | 43879$_{11}$ | 43883$_{7}$ | 43889 | 43891 |
| 43897$_{7}$ | 43901$_{11·13}$ | 43903$_{43}$ | 43907$_{23·83}$ | 43909$_{19}$ | 43913 | 43919$_{37}$ | 43921$_{167}$ |
| 43927$_{13·31·109}$ | 43931$_{197}$ | 43933 | 43937$_{53}$ | 43939$_{7}$ | 43943 | 43949$_{71}$ | 43951 |
| 43957$_{113}$ | 43961 | 43963 | 43967$_{7·11}$ | 43969 | 43973 | 43979$_{13·17·199}$ | 43981$_{7·61·103}$ |
| 43987 | 43991 | 43993$_{29·37·41}$ | 43997 | 43999$_{23}$ | 44003$_{79}$ | 44009$_{7}$ | 44011$_{11}$ |
| 44017 | 44021 | 44023$_{7·19}$ | 44027 | 44029 | 44033$_{11}$ | 44039$_{47}$ | 44041 |
| 44047$_{17}$ | 44051$_{7·29·31}$ | 44053 | 44057$_{13}$ | 44059 | 44063$_{139}$ | 44069$_{127}$ | 44071 |
| 44077$_{11}$ | 44081$_{17}$ | 44083$_{13}$ | 44087 | 44089 | 44093$_{7}$ | 44099$_{11·19}$ | 44101 |
| 44107$_{7}$ | 44111 | 44113$_{31}$ | 44117$_{157}$ | 44119 | 44123 | 44129 | 44131 |
| 44137$_{19·23·101}$ | 44141$_{37}$ | 44143$_{11}$ | 44147$_{131}$ | 44149$_{7·17·53}$ | 44153$_{67}$ | 44159 | 44161$_{13·43·79}$ |
| 44167$_{29}$ | 44171 | 44173$_{163}$ | 44177$_{7}$ | 44179 | 44183$_{17·23·113}$ | 44189 | 44191$_{7·59·107}$ |
| 44197$_{193}$ | 44201 | 44203 | 44207 | 44209$_{11}$ | 44213$_{13·19·179}$ | 44219$_{7}$ | 44221 |

| | | | | | | | |
|---|---|---|---|---|---|---|---|
| $44227_{47}$ | $44231_{11}$ | $44233_{7\cdot71\cdot89}$ | $44237_{31}$ | $44239_{13\cdot41\cdot83}$ | $44243_{151}$ | 44249 | $44251_{17\cdot19\cdot137}$ |
| 44257 | $44261_{7}$ | 44263 | 44267 | 44269 | 44273 | 44279 | 44281 |
| $44287_{67}$ | $44291_{13}$ | 44293 | $44297_{11}$ | $44299_{31}$ | $44303_{7}$ | $44309_{59}$ | $44311_{73}$ |
| $44317_{7\cdot13}$ | $44321_{23\cdot41\cdot47}$ | $44323_{127}$ | $44327_{19}$ | $44329_{97}$ | $44333_{43}$ | $44339_{101}$ | $44341_{11\cdot29\cdot139}$ |
| $44347_{61}$ | 44351 | $44353_{17}$ | 44357 | $44359_{7}$ | $44363_{11\cdot37\cdot109}$ | $44369_{13}$ | 44371 |
| $44377_{199}$ | 44381 | 44383 | $44387_{7\cdot17}$ | 44389 | $44393_{103}$ | $44399_{29}$ | $44401_{7}$ |
| $44407_{11}$ | $44411_{89}$ | $44413_{23}$ | 44417 | $44419_{43}$ | $44423_{31}$ | $44429_{7\cdot11}$ | $44431_{157}$ |
| $44437_{37}$ | $44441_{19}$ | $44443_{7}$ | $44447_{13}$ | 44449 | 44453 | $44459_{23}$ | $44461_{173}$ |
| $44467_{53}$ | $44471_{7}$ | $44473_{11\cdot13}$ | $44477_{79}$ | $44479_{19}$ | 44483 | $44489_{17}$ | 44491 |
| 44497 | 44501 | $44503_{191}$ | 44507 | $44509_{47}$ | $44513_{7}$ | 44519 | $44521_{211}$ |
| $44527_{7}$ | 44531 | 44533 | 44537 | $44539_{11}$ | 44543 | 44549 | $44551_{13\cdot23\cdot149}$ |
| $44557_{17}$ | $44561_{11}$ | 44563 | $44567_{41}$ | $44569_{7}$ | $44573_{29\cdot53}$ | 44579 | $44581_{109}$ |
| 44587 | $44591_{17\cdot43\cdot61}$ | $44593_{19}$ | $44597_{7\cdot23}$ | $44599_{103}$ | $44603_{13\cdot47\cdot73}$ | $44609_{31}$ | $44611_{7}$ |
| 44617 | 44621 | 44623 | $44627_{11}$ | $44629_{13}$ | 44633 | $44639_{7}$ | 44641 |
| 44647 | 44651 | $44653_{7}$ | 44657 | $44659_{17\cdot37\cdot71}$ | $44663_{59}$ | $44669_{19}$ | $44671_{11\cdot31\cdot131}$ |
| $44677_{43}$ | $44681_{7\cdot13}$ | 44683 | 44687 | $44689_{23\cdot29\cdot67}$ | $44693_{11\cdot17}$ | 44699 | 44701 |
| $44707_{13\cdot19\cdot181}$ | 44711 | $44713_{61}$ | $44717_{97}$ | $44719_{197}$ | $44723_{7}$ | 44729 | $44731_{41}$ |
| $44737_{7\cdot11\cdot83}$ | 44741 | $44743_{101}$ | $44747_{29}$ | $44749_{73}$ | 44753 | $44759_{11\cdot13}$ | $44761_{17}$ |
| $44767_{89}$ | 44771 | 44773 | 44777 | $44779_{7}$ | $44783_{19}$ | 44789 | $44791_{47}$ |
| 44797 | $44801_{71}$ | $44803_{11}$ | $44807_{7\cdot37\cdot173}$ | 44809 | $44813_{41}$ | 44819 | $44821_{7\cdot19}$ |
| $44827_{23}$ | $44831_{127}$ | $44833_{107}$ | $44837_{13}$ | 44839 | 44843 | $44849_{7\cdot43\cdot149}$ | 44851 |
| $44857_{31}$ | $44861_{113}$ | $44863_{7\cdot13\cdot17\cdot29}$ | 44867 | $44869_{11}$ | $44873_{23}$ | 44879 | $44881_{37}$ |
| 44887 | $44891_{7\cdot11\cdot53}$ | 44893 | $44897_{17\cdot19\cdot139}$ | $44899_{59}$ | $44903_{83}$ | 44909 | $44911_{97}$ |
| 44917 | $44921_{29}$ | $44923_{167}$ | 44927 | $44929_{179}$ | $44933_{7\cdot131}$ | 44939 | $44941_{13}$ |
| $44947_{7}$ | $44951_{79}$ | 44953 | $44957_{11\cdot61\cdot67}$ | 44959 | 44963 | $44969_{193}$ | 44971 |
| $44977_{41}$ | $44981_{31}$ | 44983 | 44987 | $44989_{7}$ | $44993_{13}$ | $44999_{17}$ | $45001_{11}$ |
| 45007 | $45011_{19\cdot23\cdot103}$ | 45013 | $45017_{7\cdot59\cdot109}$ | $45019_{13}$ | $45023_{11}$ | $45029_{37}$ | $45031_{7}$ |
| $45037_{29}$ | $45041_{73}$ | $45043_{31}$ | $45047_{107}$ | $45049_{19}$ | 45053 | $45059_{7\cdot41\cdot157}$ | 45061 |
| $45067_{11\cdot17}$ | $45071_{13}$ | $45073_{7\cdot47\cdot137}$ | 45077 | $45079_{61}$ | 45083 | $45089_{11}$ | $45091_{67}$ |
| $45097_{13}$ | $45101_{7\cdot17}$ | $45103_{23\cdot37\cdot53}$ | $45107_{43}$ | $45109_{79}$ | $45113_{197}$ | 45119 | 45121 |
| 45127 | 45131 | $45133_{11}$ | 45137 | 45139 | $45143_{7}$ | $45149_{13\cdot23\cdot151}$ | $45151_{163}$ |
| $45157_{7}$ | 45161 | $45163_{19}$ | $45167_{31\cdot47}$ | $45169_{17}$ | $45173_{199}$ | 45179 | 45181 |
| $45187_{73}$ | 45191 | $45193_{43}$ | 45197 | $45199_{7\cdot11}$ | $45203_{17}$ | $45209_{53}$ | $45211_{29}$ |
| $45217_{103}$ | $45221_{11}$ | $45223_{41}$ | $45227_{7\cdot13\cdot71}$ | $45229_{31}$ | 45233 | $45239_{19}$ | $45241_{7\cdot23}$ |
| 45247 | $45251_{37}$ | $45253_{13\cdot59}$ | $45257_{167}$ | 45259 | 45263 | $45269_{7\cdot29}$ | $45271_{17}$ |
| $45277_{19}$ | 45281 | $45283_{7}$ | $45287_{11\cdot23\cdot179}$ | 45289 | 45293 | $45299_{97}$ | $45301_{89}$ |
| 45307 | $45311_{7}$ | $45313_{113}$ | 45317 | 45319 | $45323_{61}$ | 45329 | $45331_{11\cdot13}$ |
| 45337 | 45341 | 45343 | $45347_{137}$ | $45349_{101}$ | $45353_{7\cdot11\cdot19\cdot31}$ | $45359_{67}$ | 45361 |
| $45367_{7}$ | $45371_{59}$ | $45373_{17\cdot157}$ | 45377 | $45379_{23}$ | $45383_{13}$ | 45389 | $45391_{19}$ |
| $45397_{11}$ | $45401_{83}$ | 45403 | $45407_{17}$ | $45409_{7\cdot13}$ | 45413 | $45419_{11}$ | $45421_{53}$ |
| 45427 | $45431_{181}$ | 45433 | $45437_{7}$ | 45439 | $45443_{29}$ | $45449_{47}$ | $45451_{7\cdot43\cdot151}$ |
| $45457_{131}$ | $45461_{13}$ | $45463_{11}$ | $45467_{19}$ | $45469_{41}$ | $45473_{37}$ | $45479_{7\cdot73\cdot89}$ | 45481 |
| $45487_{13}$ | 45491 | $45493_{7\cdot67\cdot97}$ | 45497 | $45499_{173}$ | 45503 | $45509_{17}$ | $45511_{71}$ |
| $45517_{23}$ | $45521_{7}$ | 45523 | $45527_{53}$ | $45529_{11}$ | 45533 | $45539_{13\cdot31\cdot113}$ | 45541 |
| $45547_{37}$ | $45551_{11\cdot41\cdot101}$ | 45553 | 45557 | $45559_{29}$ | $45563_{7\cdot23}$ | 45569 | $45571_{199}$ |
| $45577_{7\cdot17}$ | $45581_{19}$ | $45583_{79}$ | 45587 | 45589 | $45593_{127}$ | 45599 | $45601_{31}$ |
| $45607_{59}$ | $45611_{17}$ | 45613 | $45617_{11\cdot13\cdot29}$ | $45619_{7\cdot19}$ | $45623_{43}$ | $45629_{103}$ | 45631 |
| $45637_{47}$ | 45641 | $45643_{13}$ | $45647_{7}$ | $45649_{191}$ | $45653_{71}$ | 45659 | $45661_{7\cdot11}$ |
| 45667 | $45671_{109}$ | 45673 | 45677 | $45679_{17}$ | $45683_{11}$ | $45689_{7\cdot61\cdot107}$ | 45691 |
| 45697 | $45701_{23}$ | $45703_{7}$ | 45707 | $45709_{43}$ | $45713_{17}$ | $45719_{131}$ | $45721_{13}$ |
| $45727_{11}$ | $45731_{7\cdot47\cdot139}$ | $45733_{19\cdot29\cdot83}$ | 45737 | $45739_{53}$ | $45743_{149}$ | $45749_{11}$ | 45751 |
| 45757 | $45761_{67}$ | 45763 | 45767 | $45769_{37}$ | $45773_{7\cdot13}$ | 45779 | $45781_{17}$ |
| $45787_{7\cdot31\cdot211}$ | $45791_{29}$ | $45793_{11\cdot23\cdot181}$ | $45797_{41}$ | $45799_{13}$ | $45803_{163}$ | $45809_{19}$ | $45811_{61}$ |
| 45817 | 45821 | 45823 | 45827 | $45829_{7}$ | 45833 | $45839_{23}$ | 45841 |
| $45847_{19\cdot127}$ | $45851_{13}$ | 45853 | $45857_{7}$ | $45859_{11}$ | 45863 | 45869 | $45871_{7}$ |
| $45877_{13}$ | $45881_{11\cdot43\cdot97}$ | $45883_{17}$ | 45887 | $45889_{109}$ | 45893 | $45899_{7\cdot79\cdot83}$ | $45901_{197}$ |
| $45907_{29}$ | $45911_{31}$ | $45913_{7}$ | $45917_{17\cdot37\cdot73}$ | $45919_{47}$ | $45923_{19}$ | $45929_{13}$ | $45931_{23}$ |
| $45937_{71}$ | $45941_{7}$ | 45943 | $45947_{11}$ | 45949 | 45953 | 45959 | $45961_{19\cdot41\cdot59}$ |
| $45967_{43}$ | 45971 | $45973_{31}$ | $45977_{23}$ | 45979 | $45983_{7}$ | 45989 | $45991_{11\cdot37\cdot113}$ |
| $45997_{7}$ | $46001_{157}$ | $46003_{179}$ | $46007_{13}$ | $46009_{139}$ | $46013_{11\cdot47\cdot89}$ | $46019_{17}$ | 46021 |
| 46027 | $46031_{191}$ | $46033_{13}$ | $46037_{19}$ | $46039_{7}$ | $46043_{41}$ | 46049 | 46051 |
| $46057_{11\cdot53\cdot79}$ | 46061 | $46063_{73}$ | $46067_{7}$ | $46069_{23}$ | 46073 | $46079_{11\cdot59\cdot71}$ | $46081_{7\cdot29}$ |
| $46087_{17}$ | 46091 | 46093 | $46097_{31}$ | 46099 | 46103 | $46109_{7}$ | $46111_{13}$ |
| $46117_{107}$ | $46121_{17}$ | $46123_{7\cdot11}$ | $46127_{193}$ | $46129_{163}$ | 46133 | $46139_{29\cdot37\cdot43}$ | 46141 |
| 46147 | $46151_{7\cdot19}$ | 46153 | $46157_{101}$ | $46159_{31}$ | $46163_{13\cdot53\cdot67}$ | $46169_{137}$ | 46171 |
| $46177_{61}$ | 46181 | 46183 | 46187 | $46189_{11\cdot13\cdot17\cdot19}$ | $46193_{7}$ | 46199 | $46201_{47}$ |
| $46207_{7\cdot23\cdot41}$ | $46211_{11}$ | $46213_{37}$ | $46217_{113}$ | 46219 | $46223_{17}$ | 46229 | $46231_{83}$ |
| 46237 | $46241_{13}$ | $46243_{131}$ | $46247_{103}$ | $46249_{7}$ | $46253_{23}$ | $46259_{167}$ | 46261 |
| $46267_{13}$ | 46271 | 46273 | $46277_{7\cdot11}$ | 46279 | $46283_{31}$ | $46289_{41}$ | $46291_{7\cdot17}$ |
| $46297_{67}$ | 46301 | $46303_{19}$ | 46307 | 46309 | $46313_{29}$ | $46319_{7\cdot13}$ | $46321_{11}$ |
| 46327 | $46331_{107}$ | $46333_{7}$ | 46337 | $46339_{149}$ | $46343_{11}$ | 46349 | 46351 |
| $46357_{151}$ | $46361_{7\cdot37\cdot179}$ | $46363_{71}$ | $46367_{199}$ | $46369_{89}$ | $46373_{79}$ | $46379_{19}$ | 46381 |
| $46387_{11}$ | $46391_{23}$ | $46393_{17}$ | $46397_{13\cdot43\cdot83}$ | 46399 | $46403_{7}$ | $46409_{11}$ | 46411 |
| $46417_{7\cdot19}$ | $46421_{61}$ | $46423_{13}$ | $46427_{17}$ | $46429_{29}$ | $46433_{59}$ | 46439 | 46441 |
| 46447 | 46451 | $46453_{11\cdot41\cdot103}$ | 46457 | $46459_{7}$ | $46463_{97}$ | $46469_{31}$ | 46471 |
| 46477 | $46481_{53}$ | $46483_{23\cdot43\cdot47}$ | $46487_{7\cdot29}$ | 46489 | $46493_{19}$ | 46499 | $46501_{7\cdot13\cdot73}$ |
| 46507 | 46511 | $46513_{193}$ | $46517_{181}$ | $46519_{11}$ | 46523 | $46529_{7\cdot17\cdot23}$ | $46531_{19\cdot31\cdot79}$ |
| $46537_{173}$ | $46541_{11}$ | $46543_{7\cdot61\cdot109}$ | $46547_{89}$ | 46549 | $46553_{13}$ | 46559 | $46561_{101}$ |
| 46567 | $46571_{7}$ | 46573 | $46577_{47}$ | $46579_{13}$ | $46583_{37}$ | 46589 | 46591 |
| $46597_{17}$ | 46601 | $46603_{29}$ | $46607_{11\cdot19}$ | $46609_{127}$ | $46613_{7}$ | 46619 | $46621_{23}$ |
| $46627_{7}$ | $46631_{13\cdot17\cdot211}$ | 46633 | $46637_{149}$ | 46639 | 46643 | 46649 | $46651_{11}$ |
| $46657_{13\cdot37\cdot97}$ | $46661_{29}$ | 46663 | $46667_{23}$ | $46669_{7\cdot59\cdot113}$ | $46673_{11}$ | 46679 | 46681 |

| | | | | | | | |
|---|---|---|---|---|---|---|---|
| 46687 | 46691 | 46693 53 | 46697 7 | 46699 17·41·67 | 46703 | 46709 13 | 46711 7 |
| 46717 11·31·137 | 46721 19 | 46723 | 46727 | 46729 83 | 46733 17 | 46739 7·11 | 46741 43 |
| 46747 | 46751 | 46753 7 | 46757 | 46759 19·23·107 | 46763 101 | 46769 | 46771 |
| 46777 29 | 46781 7·41·163 | 46783 11 | 46787 13·59·61 | 46789 71 | 46793 73 | 46799 53 | 46801 17 |
| 46807 | 46811 | 46813 13 | 46817 | 46819 | 46823 7 | 46829 | 46831 |
| 46837 7 | 46841 31 | 46843 139 | 46847 79 | 46849 11 | 46853 | 46859 47 | 46861 |
| 46867 | 46871 11 | 46873 19 | 46877 | 46879 7·37·181 | 46883 173 | 46889 | 46891 13 |
| 46897 23 | 46901 | 46903 17·31·89 | 46907 7 | 46909 61 | 46913 43 | 46919 | 46921 7 |
| 46927 167 | 46931 71 | 46933 | 46937 11·17 | 46939 73 | 46943 13·23·157 | 46949 7·19 | 46951 29 |
| 46957 | 46961 151 | 46963 7 | 46967 67 | 46969 13 | 46973 107 | 46979 109 | 46981 11 |
| 46987 19 | 46991 7·137 | 46993 | 46997 | 46999 43 | 47003 11 | 47009 29 | 47011 53 |
| 47017 | 47021 13 | 47023 59 | 47027 31·37·41 | 47029 131 | 47033 7 | 47039 17 | 47041 |
| 47047 7·11·13·47 | 47051 | 47053 211 | 47057 | 47059 | 47063 19 | 47069 11 | 47071 103 |
| 47077 179 | 47081 23·89 | 47083 197 | 47087 | 47089 7·31 | 47093 | 47099 13 | 47101 19·37·67 |
| 47107 17·163 | 47111 | 47113 11 | 47117 7·53·127 | 47119 | 47123 | 47129 | 47131 7 |
| 47137 | 47141 17·47·59 | 47143 | 47147 | 47149 | 47153 61 | 47159 7 | 47161 |
| 47167 101 | 47171 43 | 47173 7·23 | 47177 13·19·191 | 47179 11 | 47183 29 | 47189 | 47191 41 |
| 47197 109 | 47201 7·11 | 47203 13 | 47207 | 47209 17 | 47213 31 | 47219 23 | 47221 |
| 47227 83 | 47231 73 | 47233 149 | 47237 | 47239 97 | 47243 7·17 | 47249 37 | 47251 |
| 47257 7·43·157 | 47261 167 | 47263 151 | 47267 11 | 47269 | 47273 41 | 47279 | 47281 13 |
| 47287 | 47291 19·131 | 47293 | 47297 | 47299 7·29 | 47303 | 47309 | 47311 11·17·23 |
| 47317 | 47321 79 | 47323 37 | 47327 7 | 47329 19·47·53 | 47333 11·13 | 47339 | 47341 7 |
| 47347 113 | 47351 | 47353 | 47357 23·29·71 | 47359 13 | 47363 | 47369 7·67·101 | 47371 127 |
| 47377 11·59·73 | 47381 | 47383 7 | 47387 | 47389 | 47393 83 | 47399 11·31·139 | 47401 107 |
| 47407 | 47411 7·13 | 47413 17 | 47417 | 47419 | 47423 47 | 47429 43 | 47431 |
| 47437 13·41·89 | 47441 | 47443 11·19 | 47447 17 | 47449 23 | 47453 7 | 47459 | 47461 31 |
| 47467 7 | 47471 37 | 47473 29 | 47477 197 | 47479 79 | 47483 103 | 47489 13 | 47491 |
| 47497 | 47501 | 47503 67 | 47507 | 47509 7·11 | 47513 | 47519 19·41·61 | 47521 |
| 47527 | 47531 11·29·149 | 47533 | 47537 7 | 47539 137 | 47543 | 47549 17 | 47551 7 |
| 47557 19 | 47561 199 | 47563 | 47567 13 | 47569 | 47573 113 | 47579 7 | 47581 |
| 47587 23 | 47591 | 47593 7·13 | 47597 11 | 47599 | 47603 181 | 47609 | 47611 47 |
| 47617 17 | 47621 7 | 47623 | 47627 97 | 47629 | 47633 19·23·109 | 47639 | 47641 11·61·71 |
| 47647 29·31·53 | 47651 17 | 47653 | 47657 | 47659 | 47663 7·11 | 47669 73 | 47671 13·19·193 |
| 47677 7·139 | 47681 | 47683 41 | 47687 43 | 47689 103 | 47693 37 | 47699 | 47701 |
| 47707 11 | 47711 | 47713 | 47717 | 47719 7·17 | 47723 13 | 47729 11 | 47731 59 |
| 47737 | 47741 | 47743 | 47747 7·19 | 47749 13 | 47753 17·53 | 47759 163 | 47761 7 |
| 47767 37 | 47771 23·31·67 | 47773 11·43·101 | 47777 | 47779 | 47783 71 | 47789 7 | 47791 |
| 47797 | 47801 13 | 47803 7 | 47807 | 47809 | 47813 137 | 47819 | 47821 17·29·97 |
| 47827 13 | 47831 7 | 47833 31 | 47837 | 47839 11 | 47843 | 47849 59 | 47851 109 |
| 47857 | 47861 11·19 | 47863 23 | 47867 151 | 47869 | 47873 7 | 47879 13·29·127 | 47881 |
| 47887 7 | 47891 83 | 47893 47 | 47897 211 | 47899 19 | 47903 | 47909 23 | 47911 |
| 47917 | 47921 173 | 47923 17 | 47927 11 | 47929 7·41·167 | 47933 | 47939 | 47941 191 |
| 47947 | 47951 | 47953 79 | 47957 7·13·17·31 | 47959 199 | 47963 | 47969 | 47971 7·11·89 |
| 47977 | 47981 | 47983 13 | 47987 47 | 47989 37 | 47993 11 | 47999 7 | 48001 23 |
| 48007 61 | 48011 41 | 48013 7·19 | 48017 | 48019 31 | 48023 | 48029 | 48031 43 |
| 48037 11 | 48041 7 | 48043 107 | 48047 23 | 48049 | 48053 29 | 48059 11·17 | 48061 13 |
| 48067 71 | 48071 53 | 48073 | 48077 131 | 48079 | 48083 7 | 48089 19 | 48091 |
| 48097 7 | 48101 103 | 48103 11 | 48107 73 | 48109 | 48113 13 | 48119 | 48121 |
| 48127 17·19·149 | 48131 | 48133 127 | 48137 37 | 48139 7·13·23 | 48143 31 | 48149 89 | 48151 179 |
| 48157 | 48161 17 | 48163 | 48167 7 | 48169 11·29·151 | 48173 67 | 48179 | 48181 7 |
| 48187 | 48191 11·13 | 48193 | 48197 | 48199 157 | 48203 19·43·59 | 48209 7·71·97 | 48211 37 |
| 48217 13 | 48221 | 48223 7·83 | 48227 29 | 48229 17 | 48233 139 | 48239 | 48241 19 |
| 48247 | 48251 7·61·113 | 48253 73 | 48257 11·41·107 | 48259 | 48263 17·167 | 48269 13·47·79 | 48271 |
| 48277 23 | 48281 | 48283 53 | 48287 109 | 48289 43 | 48293 7 | 48299 | 48301 11 |
| 48307 7·67·103 | 48311 | 48313 | 48317 19 | 48319 211 | 48323 11·23·191 | 48329 31 | 48331 17 |
| 48337 | 48341 | 48343 29 | 48347 13 | 48349 7 | 48353 | 48359 37 | 48361 137 |
| 48367 11 | 48371 | 48373 13·61 | 48377 7 | 48379 101 | 48383 | 48389 11·53·83 | 48391 7·31 |
| 48397 | 48401 29 | 48403 97 | 48407 | 48409 | 48413 | 48419 7 | 48421 41 |
| 48427 79 | 48431 19 | 48433 7·11·17·37 | 48437 | 48439 59 | 48443 193 | 48449 | 48451 13 |
| 48457 47 | 48461 7·23·43 | 48463 | 48467 17 | 48469 19 | 48473 | 48479 | 48481 |
| 48487 | 48491 | 48493 71 | 48497 | 48499 11 | 48503 7·13·41 | 48509 179 | 48511 139 |
| 48517 7·29 | 48521 11 | 48523 | 48527 | 48529 13 | 48533 | 48539 | 48541 |
| 48547 43 | 48551 47 | 48553 23 | 48557 59 | 48559 7 | 48563 | 48569 17 | 48571 |
| 48577 31 | 48581 13·37·101 | 48583 19 | 48587 7·11 | 48589 | 48593 | 48599 23 | 48601 7·53·131 |
| 48607 13 | 48611 | 48613 173 | 48617 61 | 48619 | 48623 | 48629 7 | 48631 11 |
| 48637 17 | 48641 127 | 48643 7 | 48647 | 48649 | 48653 11 | 48659 13·19·197 | 48661 |
| 48667 41 | 48671 7·17 | 48673 | 48677 | 48679 | 48683 89 | 48689 181 | 48691 23·29·73 |
| 48697 11·19 | 48701 31 | 48703 113 | 48707 53 | 48709 67 | 48713 7 | 48719 11·43·103 | 48721 83 |
| 48727 7 | 48731 | 48733 | 48737 13·23·163 | 48739 17·47·61 | 48743 79 | 48749 29·41 | 48751 |
| 48757 | 48761 | 48763 11·13·31 | 48767 | 48769 7 | 48773 17·19·151 | 48779 | 48781 |
| 48787 | 48791 97 | 48793 59 | 48797 7 | 48799 | 48803 37 | 48809 | 48811 7·19 |
| 48817 | 48821 | 48823 | 48827 157 | 48829 11·23·193 | 48833 47 | 48839 7 | 48841 13·17 |
| 48847 | 48851 11 | 48853 7 | 48857 | 48859 | 48863 131 | 48869 | 48871 |
| 48877 37 | 48881 7 | 48883 | 48887 19·31·83 | 48889 | 48893 13 | 48899 107 | 48901 79 |
| 48907 | 48911 59 | 48913 41 | 48917 11 | 48919 13·53·71 | 48923 7·29 | 48929 113 | 48931 167 |
| 48937 7 | 48941 109 | 48943 17 | 48947 | 48949 31 | 48953 | 48959 173 | 48961 11 |
| 48967 23 | 48971 13 | 48973 | 48977 17·43·67 | 48979 7 | 48983 11·61·73 | 48989 | 48991 |
| 48997 13 | 49001 19 | 49003 | 49007 7 | 49009 | 49013 23 | 49019 | 49021 7·47·149 |
| 49027 11 | 49031 | 49033 | 49037 | 49039 19·29·89 | 49043 | 49049 7·11·13 | 49051 181 |
| 49057 | 49061 71 | 49063 7·43·163 | 49067 139 | 49069 | 49073 31 | 49079 17 | 49081 |
| 49087 191 | 49091 7 | 49093 11 | 49097 29 | 49099 37 | 49103 | 49109 | 49111 67 |
| 49117 | 49121 | 49123 | 49127 13 | 49129 73 | 49133 7 | 49139 | 49141 157 |

| | | | | | | | |
|---|---|---|---|---|---|---|---|
| 49147 7·17·59 | 49151 23 | 49153 13·19·199 | 49157 | 49159 11·41·109 | 49163 211 | 49169 | 49171 |
| 49177 | 49181 11·17 | 49183 137 | 49187 101 | 49189 7 | 49193 | 49199 | 49201 |
| 49207 | 49211 | 49213 29 | 49217 7·79·89 | 49219 83 | 49223 | 49229 19 | 49231 7·13 |
| 49237 53 | 49241 41 | 49243 23 | 49247 11·37 | 49249 17 | 49253 | 49259 7·31 | 49261 |
| 49267 19 | 49271 29 | 49273 7 | 49277 | 49279 | 49283 13·17 | 49289 23 | 49291 11 |
| 49297 | 49301 7 | 49303 47 | 49307 | 49309 13 | 49313 11 | 49319 149 | 49321 31·37·43 |
| 49327 107 | 49331 | 49333 | 49337 103 | 49339 | 49343 7·19·53 | 49349 61 | 49351 17 |
| 49357 7·11 | 49361 13 | 49363 | 49367 | 49369 | 49373 97 | 49379 11·67 | 49381 19·23·113 |
| 49387 13·29·131 | 49391 | 49393 | 49397 47 | 49399 7 | 49403 127 | 49409 | 49411 |
| 49417 | 49421 73 | 49423 11 | 49427 7·23 | 49429 | 49433 | 49439 13 | 49441 7 |
| 49447 197 | 49451 | 49453 17 | 49457 19·137 | 49459 | 49463 | 49469 7·37·191 | 49471 61 |
| 49477 | 49481 | 49483 7 | 49487 17·41·71 | 49489 11 | 49493 43 | 49499 | 49501 59 |
| 49507 31 | 49511 7·11 | 49513 67 | 49517 13 | 49519 23 | 49523 | 49529 | 49531 |
| 49537 | 49541 107 | 49543 13·37·103 | 49547 | 49549 | 49553 7 | 49559 | 49561 29 |
| 49567 7·73·97 | 49571 19 | 49573 89 | 49577 11 | 49579 43 | 49583 179 | 49589 17 | 49591 101 |
| 49597 | 49601 193 | 49603 | 49607 113 | 49609 7·19 | 49613 | 49619 29·59 | 49621 11·13 |
| 49627 | 49631 31 | 49633 | 49637 7 | 49639 | 49643 11 | 49649 131 | 49651 7·41·173 |
| 49657 17·23·127 | 49661 53 | 49663 | 49667 | 49669 | 49673 13 | 49679 7·47·151 | 49681 |
| 49687 11 | 49691 17·37·79 | 49693 7·31 | 49697 | 49699 13 | 49703 23 | 49709 11 | 49711 |
| 49717 83 | 49721 7 | 49723 19 | 49727 | 49729 223 | 49733 41 | 49739 | 49741 |
| 49747 | 49751 13·43·89 | 49753 11 | 49757 | 49759 17 | 49763 7 | 49769 157 | 49771 71 |
| 49777 7·13 | 49781 67 | 49783 | 49787 | 49789 | 49793 17·29·101 | 49799 19 | 49801 |
| 49807 | 49811 | 49813 109 | 49817 31 | 49819 7·11 | 49823 | 49829 13 | 49831 |
| 49837 19·43·61 | 49841 11·23·197 | 49843 | 49847 7 | 49849 79 | 49853 | 49859 73 | 49861 7·17 |
| 49867 47 | 49871 | 49873 53 | 49877 | 49879 31 | 49883 83 | 49889 7 | 49891 |
| 49897 41 | 49901 139 | 49903 7 | 49907 11·13 | 49909 29 | 49913 19·37·71 | 49919 | 49921 |
| 49927 | 49931 7 | 49933 13·23·167 | 49937 | 49939 | 49943 | 49949 199 | 49951 11·19 |
| 49957 | 49961 47 | 49963 17 | 49967 29 | 49969 107 | 49973 7·11·59 | 49979 23·41·53 | 49981 151 |
| 49987 7·37·193 | 49991 | 49993 | 49997 17·173 | 49999 | 50003 31 | 50009 43 | 50011 13 |
| 50017 11 | 50021 | 50023 | 50027 19 | 50029 7 | 50033 | 50039 11 | 50041 163 |
| 50047 | 50051 | 50053 | 50057 7 | 50059 113 | 50063 13 | 50069 | 50071 7·23 |
| 50077 | 50081 61 | 50083 11·29·157 | 50087 | 50089 13 | 50093 | 50099 7·17 | 50101 |
| 50107 89 | 50111 | 50113 7 | 50117 23 | 50119 | 50123 | 50129 | 50131 |
| 50137 181 | 50141 7·13·19·29 | 50143 41 | 50147 | 50149 11·47·97 | 50153 | 50159 | 50161 103 |
| 50167 13·17 | 50171 11 | 50173 131 | 50177 | 50179 19·139 | 50183 7·67·107 | 50189 31 | 50191 53 |
| 50197 7·71·101 | 50201 17 | 50203 61 | 50207 | 50209 23·37·59 | 50213 149 | 50219 13 | 50221 |
| 50227 | 50231 | 50233 191 | 50237 11 | 50239 7 | 50243 47 | 50249 109 | 50251 31 |
| 50257 29 | 50261 | 50263 | 50267 7·43·167 | 50269 17 | 50273 | 50279 137 | 50281 7·11 |
| 50287 | 50291 | 50293 19 | 50297 13·53·73 | 50299 179 | 50303 11·17 | 50309 7 | 50311 |
| 50317 67 | 50321 | 50323 7·13·79 | 50327 59 | 50329 | 50333 | 50339 71 | 50341 |
| 50347 11·23·199 | 50351 7 | 50353 43 | 50357 37 | 50359 | 50363 | 50369 11·19 | 50371 17 |
| 50377 | 50381 83 | 50383 | 50387 | 50389 41 | 50393 7·23 | 50399 101 | 50401 13 |
| 50407 7·19 | 50411 | 50413 11 | 50417 | 50419 127 | 50423 | 50429 211 | 50431 29·37·47 |
| 50437 31 | 50441 | 50443 73 | 50447 61 | 50449 7 | 50453 13 | 50459 | 50461 |
| 50467 109 | 50471 41 | 50473 17 | 50477 7 | 50479 11·13 | 50483 19 | 50489 29 | 50491 7 |
| 50497 | 50501 11 | 50503 | 50507 17 | 50509 53 | 50513 | 50519 7 | 50521 19 |
| 50527 | 50531 13·23 | 50533 7 | 50537 97 | 50539 | 50543 | 50549 | 50551 |
| 50557 13 | 50561 7·31 | 50563 59 | 50567 11 | 50569 61 | 50573 103 | 50579 37 | 50581 |
| 50587 | 50591 | 50593 | 50597 19 | 50599 | 50603 7 | 50609 13·17 | 50611 11·43·107 |
| 50617 7 | 50621 223 | 50623 23·31·71 | 50627 | 50629 197 | 50633 11 | 50639 79 | 50641 89 |
| 50647 | 50651 | 50653 37 | 50657 179 | 50659 7 | 50663 29 | 50669 23 | 50671 |
| 50677 11·17 | 50681 59 | 50683 | 50687 7·13 | 50689 173 | 50693 163 | 50699 11 | 50701 7 |
| 50707 | 50711 17·19·157 | 50713 13·47·83 | 50717 41 | 50719 67 | 50723 | 50729 7 | 50731 97 |
| 50737 113 | 50741 | 50743 7·11 | 50747 31 | 50749 19 | 50753 | 50759 193 | 50761 23 |
| 50767 | 50771 7 | 50773 | 50777 | 50779 17·29·103 | 50783 43 | 50789 | 50791 13 |
| 50797 79 | 50801 37 | 50803 101 | 50807 23·47 | 50809 11·31·149 | 50813 7·17·61 | 50819 89 | 50821 |
| 50827 7·53·137 | 50831 11 | 50833 | 50837 29 | 50839 | 50843 13 | 50849 | 50851 211 |
| 50857 | 50861 181 | 50863 19 | 50867 | 50869 7·13·43 | 50873 | 50879 83 | 50881 17·41·73 |
| 50887 151 | 50891 | 50893 | 50897 7·11 | 50899 23 | 50903 109 | 50909 | 50911 7 |
| 50917 59 | 50921 13 | 50923 | 50927 127 | 50929 | 50933 31·53 | 50939 7·19 | 50941 11 |
| 50947 13 | 50951 | 50953 7·29 | 50957 | 50959 131 | 50963 11·41·113 | 50969 | 50971 |
| 50977 19 | 50981 7 | 50983 17 | 50987 67 | 50989 | 50993 | 50999 13 | 51001 |
| 51007 11 | 51011 29 | 51013 139 | 51017 17 | 51019 163 | 51023 7·37·197 | 51029 11 | 51031 |
| 51037 7·23 | 51041 43 | 51043 | 51047 | 51049 71 | 51053 19 | 51059 | 51061 |
| 51067 223 | 51071 | 51073 11 | 51077 13 | 51079 7 | 51083 23 | 51089 47 | 51091 19 |
| 51097 37 | 51101 137 | 51103 13 | 51107 7·149 | 51109 | 51113 79 | 51119 17·31·97 | 51121 7·67·109 |
| 51127 29·41·43 | 51131 | 51133 | 51137 | 51139 11 | 51143 199 | 51149 7 | 51151 |
| 51157 | 51161 11 | 51163 7 | 51167 19 | 51169 | 51173 73 | 51179 61 | 51181 13·31·127 |
| 51187 17 | 51191 7·71·103 | 51193 | 51197 | 51199 | 51203 | 51209 41 | 51211 83 |
| 51217 | 51221 17·23·131 | 51223 181 | 51227 11 | 51229 | 51233 7·13 | 51239 | 51241 |
| 51247 7 | 51251 53 | 51253 107 | 51257 | 51259 13 | 51263 | 51269 167 | 51271 11·59·79 |
| 51277 47 | 51281 19 | 51283 | 51287 | 51289 7·17 | 51293 11 | 51299 43 | 51301 29·61 |
| 51307 | 51311 13 | 51313 23·97 | 51317 7 | 51319 19·37·73 | 51323 17 | 51329 | 51331 7 |
| 51337 11·13 | 51341 | 51343 | 51347 | 51349 | 51353 89 | 51359 7·11·23·29 | 51361 |
| 51367 31 | 51371 47 | 51373 7·41·179 | 51377 83 | 51379 191 | 51383 | 51389 13·59·67 | 51391 17 |
| 51397 103 | 51401 7 | 51403 11 | 51407 | 51409 101 | 51413 | 51419 | 51421 |
| 51427 | 51431 | 51433 19 | 51437 | 51439 | 51443 7 | 51449 | 51451 23 |
| 51457 7 | 51461 | 51463 53 | 51467 13·37·107 | 51469 11 | 51473 | 51479 | 51481 |
| 51487 | 51491 11·31·151 | 51493 13·17 | 51497 23 | 51499 7 | 51503 | 51509 19 | 51511 |
| 51517 | 51521 | 51523 67 | 51527 7·17 | 51529 227 | 51533 29 | 51539 | 51541 7·37·199 |
| 51547 19 | 51551 | 51553 31 | 51557 11·43·109 | 51559 47 | 51563 | 51569 7·53·139 | 51571 13 |
| 51577 | 51581 | 51583 7 | 51587 79 | 51589 23 | 51593 | 51599 | 51601 11 |

| | | | | | | | |
|---|---|---|---|---|---|---|---|
| 51607 | 51611 7·73·101 | 51613 | 51617 71 | 51619 41 | 51623 11·13·19 | 51629 17 | 51631 |
| 51637 | 51641 113 | 51643 43 | 51647 | 51649 13·29·137 | 51653 7·47·157 | 51659 | 51661 19 |
| 51667 7·11·61 | 51671 163 | 51673 | 51677 31 | 51679 | 51683 | 51689 11·37·127 | 51691 |
| 51697 17 | 51701 13·41·97 | 51703 149 | 51707 29 | 51709 7·83·89 | 51713 | 51719 | 51721 |
| 51727 13·23·173 | 51731 17·179 | 51733 11 | 51737 7·19 | 51739 31 | 51743 59 | 51749 | 51751 7 |
| 51757 73 | 51761 191 | 51763 37 | 51767 | 51769 | 51773 23 | 51779 7·13 | 51781 53 |
| 51787 | 51791 67 | 51793 7·151 | 51797 | 51799 11·17 | 51803 | 51809 103 | 51811 197 |
| 51817 | 51821 7·11 | 51823 29 | 51827 | 51829 | 51833 17 | 51839 | 51841 47 |
| 51847 139 | 51851 19 | 51853 | 51857 13 | 51859 | 51863 7·31 | 51869 | 51871 |
| 51877 7 | 51881 29 | 51883 13 | 51887 11·53·89 | 51889 19 | 51893 | 51899 | 51901 17·43·71 |
| 51907 | 51911 23·37·61 | 51913 | 51917 193 | 51919 7 | 51923 137 | 51929 | 51931 11 |
| 51937 167 | 51941 | 51943 127 | 51947 7·41·181 | 51949 | 51953 11 | 51959 223 | 51961 7·13 |
| 51967 157 | 51971 | 51973 | 51977 | 51979 59 | 51983 227 | 51989 7 | 51991 |
| 51997 11·29·163 | 52001 149 | 52003 7·17·19·23 | 52007 131 | 52009 | 52013 13 | 52019 11 | 52021 |
| 52027 | 52031 7 | 52033 61 | 52037 17 | 52039 13 | 52043 71 | 52049 23·31·73 | 52051 |
| 52057 | 52061 79 | 52063 11 | 52067 | 52069 | 52073 7·43·173 | 52079 19 | 52081 |
| 52087 7 | 52091 13 | 52093 113 | 52097 59 | 52099 53 | 52103 | 52109 107 | 52111 31·41 |
| 52117 13·19·211 | 52121 | 52123 47 | 52127 | 52129 7·11 | 52133 37 | 52139 17 | 52141 23 |
| 52147 | 52151 11 | 52153 | 52157 7 | 52159 43 | 52163 | 52169 13 | 52171 7·29 |
| 52177 | 52181 | 52183 | 52187 23 | 52189 | 52193 19·41·67 | 52199 7 | 52201 |
| 52207 17·37·83 | 52211 109 | 52213 7 | 52217 11·47·101 | 52219 79 | 52223 | 52229 29 | 52231 19 |
| 52237 | 52241 7·17 | 52243 89 | 52247 13 | 52249 | 52253 | 52259 | 52261 11 |
| 52267 | 52271 167 | 52273 13 | 52277 61 | 52279 23 | 52283 7·11·97 | 52289 | 52291 |
| 52297 7·31 | 52301 | 52303 193 | 52307 19 | 52309 17·181 | 52313 | 52319 113 | 52321 |
| 52327 11·67·71 | 52331 43 | 52333 59 | 52337 199 | 52339 7 | 52343 17 | 52349 11 | 52351 13 |
| 52357 41 | 52361 | 52363 | 52367 7 | 52369 | 52373 83 | 52379 | 52381 7 |
| 52387 | 52391 | 52393 11 | 52397 151 | 52399 61 | 52403 13·29·139 | 52409 7 | 52411 17 |
| 52417 23·43·53 | 52421 19·31·89 | 52423 7 | 52427 103 | 52429 13·37·109 | 52433 | 52439 41 | 52441 229 |
| 52447 179 | 52451 7·59·127 | 52453 | 52457 | 52459 11·19 | 52463 23 | 52469 71 | 52471 137 |
| 52477 97 | 52481 11·13 | 52483 31 | 52487 73 | 52489 | 52493 7 | 52499 47 | 52501 |
| 52507 7·13 | 52511 | 52513 17 | 52517 | 52519 29 | 52523 53 | 52529 | 52531 131 |
| 52537 107 | 52541 | 52543 | 52547 11·17 | 52549 7 | 52553 | 52559 13 | 52561 |
| 52567 | 52571 | 52573 19 | 52577 7·29·37 | 52579 | 52583 | 52589 43 | 52591 7·11 |
| 52597 149 | 52601 23 | 52603 41 | 52607 31 | 52609 | 52613 11 | 52619 7 | 52621 101 |
| 52627 | 52631 | 52633 7·73·103 | 52637 13 | 52639 | 52643 61 | 52649 17·19·163 | 52651 37 |
| 52657 11 | 52661 7 | 52663 13 | 52667 | 52669 31 | 52673 | 52679 11 | 52681 139 |
| 52687 19·47·59 | 52691 | 52693 23·29·79 | 52697 | 52699 151 | 52703 7 | 52709 | 52711 |
| 52717 7·17 | 52721 | 52723 11 | 52727 | 52729 67 | 52733 | 52739 23 | 52741 13 |
| 52747 | 52751 17·29·107 | 52753 71 | 52757 | 52759 7 | 52763 19 | 52769 | 52771 113 |
| 52777 89 | 52781 47 | 52783 | 52787 7 | 52789 11 | 52793 13·31·131 | 52799 37 | 52801 7·19 |
| 52807 | 52811 11 | 52813 | 52817 | 52819 13·17 | 52823 101 | 52829 7 | 52831 23 |
| 52837 | 52841 53 | 52843 7 | 52847 43 | 52849 41 | 52853 17 | 52859 | 52861 |
| 52867 29 | 52871 7·13·83 | 52873 37 | 52877 11·19·23 | 52879 | 52883 | 52889 | 52891 227 |
| 52897 13 | 52901 | 52903 | 52907 191 | 52909 157 | 52913 7 | 52919 | 52921 11·17 |
| 52927 7 | 52931 41 | 52933 43 | 52937 | 52939 167 | 52943 11 | 52949 13 | 52951 |
| 52957 | 52961 211 | 52963 | 52967 | 52969 7·23·47 | 52973 | 52979 31 | 52981 |
| 52987 11 | 52991 19 | 52993 197 | 52997 7·67·113 | 52999 | 53003 | 53009 11·61·79 | 53011 7 |
| 53017 | 53021 37 | 53023 17 | 53027 13 | 53029 19 | 53033 181 | 53039 7 | 53041 29·31·59 |
| 53047 | 53051 | 53053 7·11·13·53 | 53057 17 | 53059 97 | 53063 47 | 53069 | 53071 73 |
| 53077 | 53081 7 | 53083 109 | 53087 | 53089 | 53093 | 53099 29 | 53101 |
| 53107 23 | 53111 173 | 53113 | 53117 | 53119 11 | 53123 7 | 53129 | 53131 13·61·67 |
| 53137 7 | 53141 11 | 53143 19 | 53147 | 53149 | 53153 23 | 53159 17·53·59 | 53161 |
| 53167 79 | 53171 | 53173 | 53177 41 | 53179 7·71·107 | 53183 13 | 53189 | 53191 43 |
| 53197 | 53201 | 53203 83 | 53207 7·11 | 53209 13 | 53213 127 | 53219 19 | 53221 7 |
| 53227 17·31·101 | 53231 | 53233 | 53237 139 | 53239 | 53243 37 | 53249 7 | 53251 11·47·103 |
| 53257 19 | 53261 13·17 | 53263 7 | 53267 | 53269 | 53273 11·29·167 | 53279 | 53281 |
| 53287 13 | 53291 7·23 | 53293 137 | 53297 223 | 53299 | 53303 151 | 53309 | 53311 89 |
| 53317 11·37·131 | 53321 71 | 53323 | 53327 | 53329 17 | 53333 7·19 | 53339 11·13 | 53341 41 |
| 53347 7 | 53351 31 | 53353 | 53357 229 | 53359 | 53363 17·43·73 | 53369 83 | 53371 19·53 |
| 53377 | 53381 | 53383 11·23·211 | 53387 197 | 53389 7·29 | 53393 107 | 53399 67 | 53401 |
| 53407 | 53411 | 53413 31 | 53417 7·13 | 53419 | 53423 41 | 53429 23·101 | 53431 7·17 |
| 53437 | 53441 | 53443 13 | 53447 19·29·97 | 53449 11·43·113 | 53453 | 53459 7 | 53461 193 |
| 53467 127 | 53471 11 | 53473 7 | 53477 53 | 53479 | 53483 79 | 53489 89 | 53491 149 |
| 53497 61 | 53501 7 | 53503 | 53507 | 53509 73 | 53513 59 | 53519 109 | 53521 13·23·179 |
| 53527 | 53531 199 | 53533 17·47·67 | 53537 11·31·157 | 53539 37 | 53543 7 | 53549 | 53551 |
| 53557 7 | 53561 19 | 53563 29 | 53567 17·23·137 | 53569 | 53573 13 | 53579 131 | 53581 11 |
| 53587 41 | 53591 | 53593 | 53597 | 53599 7·13·19·31 | 53603 11 | 53609 | 53611 |
| 53617 | 53621 29·43 | 53623 | 53627 7·47·163 | 53629 | 53633 | 53639 | 53641 7·79·97 |
| 53647 11 | 53651 13 | 53653 | 53657 | 53659 23 | 53663 103 | 53669 7·11·17·41 | 53671 191 |
| 53677 13 | 53681 | 53683 7 | 53687 37 | 53689 53 | 53693 | 53699 | 53701 83 |
| 53707 43 | 53711 7 | 53713 11·19 | 53717 | 53719 | 53723 31 | 53729 13 | 53731 |
| 53737 17·29·109 | 53741 61 | 53743 223 | 53747 71 | 53749 59 | 53753 7 | 53759 | 53761 37 |
| 53767 7 | 53771 17 | 53773 | 53777 | 53779 11 | 53783 | 53789 19·149 | 53791 |
| 53797 23 | 53801 11·67·73 | 53803 173 | 53807 13 | 53809 7 | 53813 | 53819 | 53821 107 |
| 53827 19 | 53831 | 53833 13·41·101 | 53837 7 | 53839 17 | 53843 23 | 53849 | 53851 7·157 |
| 53857 | 53861 | 53863 61 | 53867 11·59·83 | 53869 103 | 53873 17 | 53879 7·43·179 | 53881 |
| 53887 | 53891 | 53893 7 | 53897 | 53899 | 53903 19 | 53909 31·37·47 | 53911 11·13·29 |
| 53917 | 53921 7 | 53923 | 53927 | 53929 199 | 53933 11 | 53939 | 53941 17·19·167 |
| 53947 73 | 53951 | 53953 163 | 53957 79 | 53959 | 53963 7·13 | 53969 29 | 53971 31 |
| 53977 7·11 | 53981 23 | 53983 37 | 53987 | 53989 13 | 53993 | 53999 11 | 54001 |
| 54007 53 | 54011 | 54013 | 54017 19 | 54019 7 | 54023 89 | 54029 97 | 54031 71 |
| 54037 | 54041 13 | 54043 11·17 | 54047 7 | 54049 | 54053 191 | 54059 | 54061 7 |

| | | | | | | | |
|---|---|---|---|---|---|---|---|
| 54067 13 | 54071 139 | 54073 23 | 54077 17 | 54079 41 | 54083 | 54089 7 | 54091 |
| 54097 47 | 54101 | 54103 7·59·131 | 54107 61 | 54109 11 | 54113 53 | 54119 13·23·181 | 54121 |
| 54127 113 | 54131 7·11·19·37 | 54133 | 54137 43 | 54139 | 54143 29 | 54149 173 | 54151 |
| 54157 31 | 54161 41 | 54163 | 54167 | 54169 19 | 54173 7·71·109 | 54179 17 | 54181 |
| 54187 7 | 54191 47 | 54193 | 54197 11·13 | 54199 83 | 54203 67 | 54209 151 | 54211 23 |
| 54217 | 54221 59 | 54223 13·43·97 | 54227 211 | 54229 7·61·127 | 54233 193 | 54239 73 | 54241 11 |
| 54247 17 | 54251 | 54253 227 | 54257 7·23 | 54259 29 | 54263 11 | 54269 | 54271 7 |
| 54277 | 54281 17·31·103 | 54283 19 | 54287 | 54289 233 | 54293 | 54299 7 | 54301 13 |
| 54307 11 | 54311 | 54313 7 | 54317 29 | 54319 | 54323 | 54329 11 | 54331 |
| 54337 67 | 54341 7 | 54343 31 | 54347 | 54349 17·23·139 | 54353 13·37·113 | 54359 19 | 54361 |
| 54367 | 54371 | 54373 11 | 54377 | 54379 13·47·89 | 54383 7·17 | 54389 137 | 54391 109 |
| 54397 7·19 | 54401 | 54403 | 54407 41 | 54409 | 54413 | 54419 | 54421 |
| 54427 37 | 54431 13·53·79 | 54433 29 | 54437 | 54439 7·11·101 | 54443 | 54449 | 54451 17 |
| 54457 13·59·71 | 54461 11 | 54463 107 | 54467 7·31 | 54469 | 54473 19·47·61 | 54479 157 | 54481 7·43·181 |
| 54487 23·103 | 54491 29 | 54493 | 54497 | 54499 | 54503 | 54509 7·13 | 54511 19·151 |
| 54517 | 54521 | 54523 7 | 54527 11 | 54529 31 | 54533 23 | 54539 | 54541 |
| 54547 | 54551 7 | 54553 17 | 54557 89 | 54559 | 54563 | 54569 197 | 54571 11·41 |
| 54577 | 54581 | 54583 | 54587 13·17·19 | 54589 79 | 54593 7·11 | 54599 71 | 54601 |
| 54607 7·29 | 54611 97 | 54613 13 | 54617 | 54619 193 | 54623 | 54629 | 54631 |
| 54637 11 | 54641 101 | 54643 53 | 54647 | 54649 7·37·211 | 54653 31·41·43 | 54659 11 | 54661 47 |
| 54667 | 54671 23 | 54673 | 54677 7·73·107 | 54679 | 54683 149 | 54689 17 | 54691 7·13 |
| 54697 83 | 54701 19 | 54703 11 | 54707 227 | 54709 | 54713 | 54719 7 | 54721 |
| 54727 | 54731 229 | 54733 7 | 54737 127 | 54739 19·43·67 | 54743 13 | 54749 53 | 54751 |
| 54757 17 | 54761 7 | 54763 23 | 54767 | 54769 11·13 | 54773 | 54779 | 54781 29 |
| 54787 | 54791 11·17 | 54793 157 | 54797 37 | 54799 | 54803 7 | 54809 23 | 54811 59 |
| 54817 7·41·191 | 54821 13 | 54823 73 | 54827 109 | 54829 | 54833 | 54839 29·31·61 | 54841 173 |
| 54847 13 | 54851 | 54853 19 | 54857 11 | 54859 7·17 | 54863 83 | 54869 | 54871 37 |
| 54877 | 54881 | 54883 71 | 54887 7 | 54889 131 | 54893 17 | 54899 13·41·103 | 54901 7·11·23·31 |
| 54907 | 54911 43 | 54913 89 | 54917 | 54919 | 54923 11 | 54929 7·19·59 | 54931 163 |
| 54937 137 | 54941 | 54943 7·47·167 | 54947 23 | 54949 | 54953 179 | 54959 | 54961 17·53·61 |
| 54967 11·19 | 54971 7 | 54973 | 54977 13 | 54979 | 54983 | 54989 11 | 54991 127 |
| 54997 43 | 55001 | 55003 13 | 55007 67 | 55009 | 55013 7·29 | 55019 37 | 55021 |
| 55027 7 | 55031 113 | 55033 11 | 55037 47 | 55039 23 | 55043 19 | 55049 | 55051 |
| 55057 | 55061 | 55063 17·41·79 | 55067 53 | 55069 7 | 55073 | 55079 | 55081 13·19·223 |
| 55087 31 | 55091 89 | 55093 37 | 55097 7·17 | 55099 11 | 55103 | 55109 | 55111 7 |
| 55117 | 55121 11 | 55123 199 | 55127 | 55129 29 | 55133 13 | 55139 7 | 55141 67 |
| 55147 | 55151 131 | 55153 7 | 55157 19 | 55159 13 | 55163 | 55169 43 | 55171 |
| 55177 23 | 55181 7 | 55183 139 | 55187 11·29·173 | 55189 229 | 55193 97 | 55199 17·191 | 55201 |
| 55207 | 55211 13·31·137 | 55213 | 55217 | 55219 | 55223 7·23 | 55229 | 55231 11 |
| 55237 7·13 | 55241 37 | 55243 | 55247 101 | 55249 | 55253 11 | 55259 | 55261 73 |
| 55267 17 | 55271 19 | 55273 31 | 55277 167 | 55279 7·53·149 | 55283 59 | 55289 13 | 55291 |
| 55297 11 | 55301 17 | 55303 29 | 55307 7 | 55309 19·41·71 | 55313 | 55319 11·47·107 | 55321 7 |
| 55327 61 | 55331 | 55333 | 55337 | 55339 | 55343 | 55349 7 | 55351 |
| 55357 197 | 55361 23·29·83 | 55363 7·11 | 55367 13 | 55369 17 | 55373 | 55379 79 | 55381 |
| 55387 97 | 55391 7·41·193 | 55393 13 | 55397 31 | 55399 | 55403 17 | 55409 67 | 55411 |
| 55417 151 | 55421 157 | 55423 19 | 55427 43 | 55429 11 | 55433 7 | 55439 | 55441 |
| 55447 7·89 | 55451 11·71 | 55453 23 | 55457 | 55459 31 | 55463 37 | 55469 | 55471 13·17 |
| 55477 29 | 55481 109 | 55483 113 | 55487 | 55489 7 | 55493 211 | 55499 19·23·127 | 55501 |
| 55507 47 | 55511 | 55513 43 | 55517 7·11·103 | 55519 59 | 55523 13 | 55529 | 55531 7 |
| 55537 19·37·79 | 55541 | 55543 67 | 55547 | 55549 13 | 55553 73 | 55559 7 | 55561 11 |
| 55567 181 | 55571 61 | 55573 7·17 | 55577 149 | 55579 | 55583 11·31·163 | 55589 | 55591 23 |
| 55597 53 | 55601 7·13·47 | 55603 | 55607 17 | 55609 | 55613 19 | 55619 | 55621 |
| 55627 11·13 | 55631 | 55633 | 55637 23·41·59 | 55639 | 55643 7 | 55649 11 | 55651 19·29·101 |
| 55657 7 | 55661 | 55663 | 55667 | 55669 179 | 55673 | 55679 13 | 55681 |
| 55687 233 | 55691 | 55693 11·61·83 | 55697 | 55699 7·73·109 | 55703 53 | 55709 17·29·113 | 55711 |
| 55717 | 55721 | 55723 103 | 55727 7·19 | 55729 23 | 55733 | 55739 139 | 55741 7 |
| 55747 107 | 55751 197 | 55753 127 | 55757 13 | 55759 11·37·137 | 55763 | 55769 7·31 | 55771 43 |
| 55777 17·193 | 55781 11 | 55783 7·13 | 55787 | 55789 47 | 55793 | 55799 | 55801 41 |
| 55807 | 55811 7·17·67 | 55813 | 55817 | 55819 | 55823 | 55829 | 55831 31 |
| 55837 | 55841 19 | 55843 | 55847 11 | 55849 | 55853 7·79·101 | 55859 83 | 55861 13 |
| 55867 7·23 | 55871 | 55873 59 | 55877 71 | 55879 17·19·173 | 55883 29·41·47 | 55889 | 55891 11 |
| 55897 | 55901 | 55903 | 55907 37 | 55909 7·163 | 55913 11·13·17·23 | 55919 199 | 55921 |
| 55927 | 55931 | 55933 | 55937 7·61·131 | 55939 13 | 55943 43 | 55949 | 55951 7 |
| 55957 11 | 55961 107 | 55963 191 | 55967 | 55969 97 | 55973 223 | 55979 7·11 | 55981 17·37·89 |
| 55987 | 55991 13·59·73 | 55993 7·19 | 55997 | 55999 29 | 56003 | 56009 | 56011 79 |
| 56017 13·31·139 | 56021 7·53·151 | 56023 11 | 56027 179 | 56029 43 | 56033 137 | 56039 | 56041 |
| 56047 41 | 56051 23 | 56053 | 56057 29 | 56059 61 | 56063 7 | 56069 13·19·227 | 56071 47 |
| 56077 7 | 56081 | 56083 17 | 56087 | 56089 11 | 56093 | 56099 | 56101 |
| 56107 19 | 56111 11 | 56113 | 56117 17 | 56119 7 | 56123 | 56129 37·41 | 56131 |
| 56137 73 | 56141 31 | 56143 23 | 56147 7·13 | 56149 | 56153 233 | 56159 89 | 56161 7·71·113 |
| 56167 | 56171 | 56173 13·29·149 | 56177 11 | 56179 | 56183 19 | 56189 7·23 | 56191 83 |
| 56197 | 56201 43 | 56203 7·31·37 | 56207 | 56209 | 56213 67 | 56219 17 | 56221 11·19 |
| 56227 59 | 56231 7·29 | 56233 53 | 56237 | 56239 | 56243 11 | 56249 | 56251 13 |
| 56257 101 | 56261 127 | 56263 | 56267 | 56269 | 56273 7 | 56279 167 | 56281 23 |
| 56287 7·11·17·43 | 56291 181 | 56293 41 | 56297 19 | 56299 | 56303 13·61·71 | 56309 11 | 56311 |
| 56317 199 | 56321 17 | 56323 151 | 56327 23·31·79 | 56329 7·13 | 56333 | 56339 53 | 56341 103 |
| 56347 29·67 | 56351 37 | 56353 11·47·109 | 56357 7·83·97 | 56359 | 56363 157 | 56369 | 56371 7 |
| 56377 | 56381 13 | 56383 | 56387 113 | 56389 17·31·107 | 56393 | 56399 7 | 56401 |
| 56407 13 | 56411 19 | 56413 7 | 56417 | 56419 11·23·223 | 56423 17 | 56429 73 | 56431 |
| 56437 | 56441 7·11 | 56443 | 56447 47 | 56449 19 | 56453 | 56459 13·43·101 | 56461 131 |
| 56467 | 56471 149 | 56473 | 56477 | 56479 | 56483 7 | 56489 | 56491 17 |
| 56497 7 | 56501 | 56503 | 56507 11 | 56509 | 56513 31 | 56519 | 56521 29 |

| | | | | | | | |
|---|---|---|---|---|---|---|---|
| 56527 | 56531 | 56533 | $56537_{13}$ | $56539_{7\cdot41\cdot197}$ | 56543 | $56549_{193}$ | $56551_{11\cdot53\cdot97}$ |
| $56557_{23}$ | $56561_{163}$ | $56563_{13\cdot19\cdot229}$ | $56567_{7}$ | 56569 | $56573_{11\cdot37\cdot139}$ | $56579_{29}$ | $56581_{7\cdot59\cdot137}$ |
| $56587_{71}$ | 56591 | $56593_{17}$ | 56597 | 56599 | $56603_{23\cdot107}$ | $56609_{7}$ | 56611 |
| $56617_{11}$ | $56621_{41}$ | $56623_{7}$ | $56627_{17}$ | 56629 | 56633 | $56639_{11\cdot19}$ | $56641_{13}$ |
| $56647_{37}$ | $56651_{7}$ | $56653_{181}$ | $56657_{53}$ | 56659 | 56663 | $56669_{61}$ | 56671 |
| $56677_{19\cdot157}$ | 56681 | $56683_{11}$ | 56687 | $56689_{83}$ | $56693_{7\cdot13\cdot89}$ | $56699_{31\cdot59}$ | 56701 |
| $56707_{7}$ | 56711 | 56713 | $56717_{43}$ | $56719_{13}$ | $56723_{131}$ | $56729_{17\cdot47\cdot71}$ | 56731 |
| 56737 | $56741_{23}$ | $56743_{179}$ | 56747 | $56749_{7\cdot11\cdot67}$ | $56753_{19\cdot29\cdot103}$ | $56759_{211}$ | $56761_{31}$ |
| 56767 | $56771_{11\cdot13}$ | 56773 | $56777_{7}$ | 56779 | 56783 | $56789_{109}$ | $56791_{7\cdot19\cdot61}$ |
| $56797_{13\cdot17}$ | $56801_{79}$ | $56803_{43}$ | 56807 | 56809 | 56813 | $56819_{7}$ | 56821 |
| 56827 | $56831_{17}$ | $56833_{7\cdot23}$ | $56837_{11}$ | $56839_{113}$ | 56843 | $56849_{13}$ | $56851_{139}$ |
| 56857 | $56861_{7}$ | $56863_{101}$ | $56867_{19\cdot41\cdot73}$ | $56869_{29\cdot37\cdot53}$ | 56873 | $56879_{23}$ | $56881_{11}$ |
| $56887_{163}$ | 56891 | 56893 | 56897 | $56899_{17}$ | $56903_{7\cdot11}$ | 56909 | 56911 |
| $56917_{7\cdot47\cdot173}$ | 56921 | 56923 | $56927_{13\cdot29\cdot151}$ | 56929 | $56933_{17\cdot197}$ | $56939_{97}$ | 56941 |
| $56947_{11\cdot31\cdot167}$ | 56951 | $56953_{13}$ | 56957 | $56959_{7\cdot79\cdot103}$ | 56963 | $56969_{11}$ | $56971_{23}$ |
| $56977_{227}$ | $56981_{19}$ | 56983 | $56987_{7}$ | 56989 | 56993 | 56999 | $57001_{7\cdot17}$ |
| $57007_{109}$ | $57011_{47}$ | $57013_{11\cdot71\cdot73}$ | $57017_{23\cdot37\cdot67}$ | $57019_{19}$ | $57023_{127}$ | $57029_{7}$ | $57031_{13\cdot41\cdot107}$ |
| 57037 | 57041 | $57043_{7\cdot29}$ | 57047 | $57049_{89}$ | $57053_{59}$ | 57059 | $57061_{43}$ |
| $57067_{149}$ | $57071_{7\cdot31}$ | 57073 | 57077 | $57079_{11}$ | $57083_{13}$ | 57089 | $57091_{37}$ |
| 57097 | $57101_{11\cdot29\cdot179}$ | $57103_{17}$ | 57107 | $57109_{13\cdot23\cdot191}$ | $57113_{7\cdot41\cdot199}$ | 57119 | $57121_{239}$ |
| $57127_{7}$ | 57131 | $57133_{19\cdot31\cdot97}$ | $57137_{17}$ | 57139 | 57143 | 57149 | $57151_{67}$ |
| $57157_{61}$ | $57161_{13}$ | 57163 | $57167_{11}$ | $57169_{7}$ | 57173 | 57179 | $57181_{211}$ |
| $57187_{13\cdot53\cdot83}$ | 57191 | 57193 | $57197_{7}$ | $57199_{47}$ | 57203 | $57209_{19}$ | $57211_{7\cdot11}$ |
| $57217_{29}$ | 57221 | 57223 | $57227_{89}$ | $57229_{151}$ | $57233_{11\cdot43}$ | $57239_{7\cdot13\cdot17\cdot37}$ | 57241 |
| $57247_{19\cdot23\cdot131}$ | 57251 | $57253_{7}$ | $57257_{31}$ | 57259 | $57263_{173}$ | 57269 | 57271 |
| $57277_{11\cdot41\cdot127}$ | $57281_{7\cdot167}$ | 57283 | 57287 | $57289_{59}$ | $57293_{23\cdot47\cdot53}$ | $57299_{11}$ | 57301 |
| $57307_{17}$ | $57311_{223}$ | $57313_{37}$ | $57317_{13}$ | $57319_{31\cdot43}$ | $57323_{7\cdot19}$ | 57329 | 57331 |
| $57337_{7}$ | $57341_{17}$ | $57343_{11\cdot13}$ | 57347 | 57349 | $57353_{83}$ | $57359_{41}$ | $57361_{19}$ |
| 57367 | $57371_{103}$ | 57373 | $57377_{181}$ | $57379_{7}$ | 57383 | 57389 | $57391_{29}$ |
| 57397 | $57401_{61}$ | $57403_{137}$ | $57407_{7\cdot59\cdot139}$ | $57409_{11\cdot17}$ | 57413 | $57419_{67}$ | $57421_{7\cdot13}$ |
| 57427 | $57431_{11\cdot23\cdot227}$ | $57433_{79}$ | $57437_{19}$ | $57439_{71}$ | $57443_{17\cdot31\cdot109}$ | $57449_{7\cdot29}$ | $57451_{73}$ |
| 57457 | $57461_{37}$ | $57463_{7}$ | 57467 | $57469_{101}$ | $57473_{13}$ | $57479_{229}$ | $57481_{47}$ |
| 57487 | $57491_{7\cdot43\cdot191}$ | 57493 | $57497_{11}$ | $57499_{13}$ | 57503 | $57509_{131}$ | $57511_{17\cdot199}$ |
| $57517_{113}$ | $57521_{97}$ | $57523_{23\cdot41\cdot61}$ | 57527 | 57529 | $57533_{7}$ | $57539_{163}$ | $57541_{11}$ |
| $57547_{7}$ | $57551_{13\cdot19\cdot233}$ | $57553_{67}$ | 57557 | 57559 | $57563_{11}$ | $57569_{23}$ | 57571 |
| $57577_{13\cdot43\cdot103}$ | $57581_{71}$ | $57583_{89}$ | 57587 | $57589_{7\cdot19}$ | 57593 | $57599_{239}$ | 57601 |
| $57607_{11}$ | $57611_{53}$ | $57613_{17}$ | $57617_{7}$ | $57619_{157}$ | $57623_{29}$ | $57629_{11\cdot13\cdot31}$ | $57631_{7}$ |
| 57637 | 57641 | $57643_{59}$ | $57647_{17}$ | 57649 | 57653 | $57659_{7}$ | $57661_{23\cdot109}$ |
| 57667 | $57671_{101}$ | $57673_{7\cdot11\cdot107}$ | $57677_{137}$ | 57679 | $57683_{37}$ | 57689 | $57691_{31}$ |
| 57697 | $57701_{7}$ | $57703_{19}$ | $57707_{13\cdot23\cdot193}$ | 57709 | 57713 | 57719 | $57721_{197}$ |
| 57727 | 57731 | $57733_{13}$ | 57737 | $57739_{11\cdot29\cdot181}$ | $57743_{7\cdot73\cdot113}$ | $57749_{17\cdot43\cdot79}$ | 57751 |
| $57757_{7\cdot37\cdot223}$ | $57761_{11\cdot59\cdot89}$ | $57763_{47}$ | $57767_{61}$ | $57769_{41}$ | 57773 | $57779_{19}$ | 57781 |
| 57787 | 57791 | 57793 | $57797_{29}$ | $57799_{7\cdot23}$ | 57803 | 57809 | $57811_{13}$ |
| $57817_{17\cdot19\cdot179}$ | $57821_{67}$ | $57823_{53}$ | $57827_{7\cdot11}$ | 57829 | $57833_{151}$ | 57839 | $57841_{7}$ |
| 57847 | $57851_{17\cdot41\cdot83}$ | 57853 | $57857_{47}$ | 57859 | $57863_{13}$ | $57869_{7}$ | $57871_{11}$ |
| $57877_{31}$ | 57881 | $57883_{7}$ | $57887_{107}$ | $57889_{13\cdot61\cdot73}$ | $57893_{11\cdot19}$ | 57899 | 57901 |
| $57907_{79}$ | $57911_{7}$ | $57913_{29}$ | 57917 | $57919_{17}$ | 57923 | $57929_{53}$ | $57931_{19}$ |
| $57937_{11\cdot23\cdot229}$ | $57941_{13}$ | 57943 | 57947 | $57949_{167}$ | $57953_{7\cdot17}$ | $57959_{11}$ | $57961_{149}$ |
| $57967_{7\cdot13}$ | $57971_{29}$ | 57973 | 57977 | $57979_{37}$ | $57983_{23}$ | $57989_{103}$ | 57991 |
| $57997_{59}$ | $58001_{31}$ | $58003_{11}$ | $58007_{19\cdot43\cdot71}$ | $58009_{7}$ | 58013 | $58019_{13}$ | $58021_{17}$ |
| 58027 | 58031 | $58033_{131}$ | $58037_{7}$ | $58039_{127}$ | 58043 | 58049 | $58051_{7}$ |
| 58057 | 58061 | $58063_{31}$ | 58067 | $58069_{11}$ | 58073 | $58079_{7}$ | $58081_{241}$ |
| $58087_{29}$ | $58091_{11}$ | $58093_{7\cdot43\cdot193}$ | $58097_{13\cdot41\cdot109}$ | 58099 | $58103_{97}$ | 58109 | 58111 |
| $58117_{89}$ | $58121_{7\cdot19\cdot23}$ | $58123_{13\cdot17}$ | $58127_{37}$ | 58129 | $58133_{61}$ | $58139_{47}$ | $58141_{53}$ |
| 58147 | 58151 | 58153 | $58157_{11\cdot17}$ | $58159_{19}$ | $58163_{7}$ | 58169 | 58171 |
| $58177_{7}$ | $58181_{73}$ | $58183_{83}$ | $58187_{31}$ | 58189 | 58193 | 58199 | $58201_{11\cdot13\cdot37}$ |
| 58207 | 58211 | $58213_{23}$ | 58217 | $58219_{7}$ | $58223_{11\cdot67\cdot79}$ | 58229 | 58231 |
| 58237 | $58241_{139}$ | 58243 | $58247_{7\cdot53\cdot157}$ | $58249_{31}$ | $58253_{13}$ | $58259_{17\cdot23\cdot149}$ | $58261_{7\cdot29\cdot41}$ |
| $58267_{11}$ | 58271 | $58273_{19}$ | $58277_{101}$ | $58279_{13}$ | $58283_{167}$ | $58289_{7\cdot11}$ | $58291_{71}$ |
| $58297_{97}$ | $58301_{173}$ | $58303_{7}$ | $58307_{199}$ | 58309 | 58313 | $58319_{29}$ | 58321 |
| $58327_{17\cdot47\cdot73}$ | $58331_{7\cdot13}$ | $58333_{11}$ | 58337 | $58339_{227}$ | $58343_{41}$ | $58349_{19\cdot37\cdot83}$ | $58351_{23\cdot43\cdot59}$ |
| $58357_{13\cdot67}$ | $58361_{17}$ | 58363 | 58367 | 58369 | $58373_{7\cdot31}$ | 58379 | $58381_{79}$ |
| $58387_{7\cdot19}$ | 58391 | 58393 | $58397_{23}$ | $58399_{11}$ | 58403 | $58409_{13}$ | 58411 |
| 58417 | $58421_{11\cdot47\cdot113}$ | $58423_{37}$ | 58427 | $58429_{7\cdot17}$ | $58433_{71}$ | 58439 | 58441 |
| $58447_{211}$ | 58451 | 58453 | $58457_{7}$ | $58459_{53}$ | $58463_{17\cdot19\cdot181}$ | $58469_{59}$ | $58471_{7}$ |
| 58477 | 58481 | $58483_{233}$ | $58487_{11\cdot13}$ | $58489_{23}$ | $58493_{29}$ | $58499_{7\cdot61\cdot137}$ | $58501_{19}$ |
| $58507_{41}$ | 58511 | $58513_{7\cdot13}$ | $58517_{163}$ | $58519_{139}$ | $58523_{43}$ | $58529_{107}$ | $58531_{11\cdot17}$ |
| 58537 | $58541_{7}$ | 58543 | $58547_{127}$ | 58549 | $58553_{11}$ | $58559_{31}$ | $58561_{157}$ |
| 58567 | $58571_{37}$ | 58573 | $58577_{19}$ | 58579 | $58583_{7}$ | $58589_{41}$ | $58591_{13}$ |
| $58597_{7\cdot11}$ | 58601 | 58603 | $58607_{103}$ | $58609_{29\cdot43\cdot47}$ | 58613 | $58619_{11\cdot73}$ | $58621_{31\cdot61}$ |
| $58627_{23}$ | 58631 | $58633_{17}$ | $58637_{191}$ | $58639_{7}$ | $58643_{13}$ | $58649_{223}$ | $58651_{89}$ |
| 58657 | 58661 | $58663_{11}$ | $58667_{7\cdot17\cdot29}$ | $58669_{13}$ | $58673_{23}$ | 58679 | $58681_{7\cdot83\cdot101}$ |
| 58687 | $58691_{19}$ | 58693 | $58697_{79}$ | 58699 | $58703_{47}$ | $58709_{7}$ | 58711 |
| $58717_{71}$ | $58721_{13}$ | $58723_{7}$ | 58727 | $58729_{11\cdot19}$ | 58733 | $58739_{151}$ | 58741 |
| $58747_{13}$ | $58751_{7\cdot11\cdot109}$ | $58753_{41}$ | 58757 | $58759_{67}$ | 58763 | $58769_{17}$ | 58771 |
| $58777_{53}$ | $58781_{43}$ | $58783_{29}$ | 58787 | 58789 | $58793_{7\cdot37\cdot227}$ | $58799_{13}$ | $58801_{127}$ |
| $58807_{7\cdot31}$ | $58811_{23}$ | $58813_{103}$ | $58817_{11}$ | $58819_{131}$ | $58823_{59}$ | $58829_{89}$ | 58831 |
| $58837_{17}$ | $58841_{29}$ | $58843_{19\cdot163}$ | $58847_{83}$ | $58849_{7}$ | $58853_{229}$ | $58859_{71}$ | $58861_{11}$ |
| $58867_{37\cdot43}$ | $58871_{17}$ | $58873_{113}$ | $58877_{7\cdot13}$ | $58879_{97}$ | $58883_{11\cdot53\cdot101}$ | 58889 | $58891_{7\cdot47\cdot179}$ |
| 58897 | 58901 | $58903_{13\cdot23\cdot197}$ | 58907 | 58909 | 58913 | $58919_{7\cdot19}$ | 58921 |
| $58927_{11}$ | $58931_{31}$ | $58933_{7}$ | 58937 | $58939_{17}$ | 58943 | $58949_{11\cdot23\cdot233}$ | $58951_{167}$ |
| $58957_{19\cdot29\cdot107}$ | $58961_{7}$ | 58963 | 58967 | $58969_{109}$ | $58973_{17}$ | 58979 | $58981_{13}$ |

| | | | | | | | |
|---|---|---|---|---|---|---|---|
| $58987_{61}$ | $58991$ | $58993_{11\cdot31\cdot173}$ | $58997$ | $58999_{41}$ | $59003_{7}$ | $59009$ | $59011$ |
| $59017_{7}$ | $59021$ | $59023$ | $59027_{67}$ | $59029$ | $59033_{13\cdot19\cdot239}$ | $59039_{43}$ | $59041_{17\cdot23\cdot151}$ |
| $59047_{137}$ | $59051$ | $59053$ | $59057_{73}$ | $59059_{7\cdot11\cdot13\cdot59}$ | $59063$ | $59069$ | $59071_{19}$ |
| $59077$ | $59081_{11\cdot41\cdot131}$ | $59083$ | $59087_{7\cdot23}$ | $59089_{37}$ | $59093$ | $59099_{113}$ | $59101_{7}$ |
| $59107$ | $59111_{13}$ | $59113$ | $59117_{31}$ | $59119$ | $59123$ | $59129_{7}$ | $59131_{29}$ |
| $59137_{13}$ | $59141$ | $59143_{7\cdot17\cdot71}$ | $59147_{11\cdot19}$ | $59149$ | $59153_{149}$ | $59159$ | $59161_{67}$ |
| $59167$ | $59171_{7\cdot79\cdot107}$ | $59173_{47}$ | $59177_{17\cdot59}$ | $59179_{23\cdot31\cdot83}$ | $59183$ | $59189_{13\cdot29\cdot157}$ | $59191_{11}$ |
| $59197$ | $59201_{53}$ | $59203_{73}$ | $59207$ | $59209$ | $59213_{7\cdot11}$ | $59219$ | $59221$ |
| $59227_{7}$ | $59231_{61}$ | $59233$ | $59237_{37}$ | $59239$ | $59243$ | $59249_{179}$ | $59251_{193}$ |
| $59257_{11}$ | $59261_{19}$ | $59263$ | $59267_{13\cdot47\cdot97}$ | $59269_{7}$ | $59273$ | $59279_{11\cdot17}$ | $59281$ |
| $59287_{101}$ | $59291_{211}$ | $59293_{13}$ | $59297_{7\cdot43\cdot197}$ | $59299_{19}$ | $59303_{31}$ | $59309_{127}$ | $59311_{7\cdot37\cdot229}$ |
| $59317_{23}$ | $59321_{137}$ | $59323_{11}$ | $59327_{41}$ | $59329_{79}$ | $59333$ | $59339_{7\cdot173}$ | $59341$ |
| $59347_{17}$ | $59351$ | $59353_{7\cdot61\cdot139}$ | $59357$ | $59359$ | $59363_{23\cdot29\cdot89}$ | $59369$ | $59371_{13}$ |
| $59377$ | $59381_{7\cdot17}$ | $59383_{43}$ | $59387$ | $59389_{11}$ | $59393$ | $59399$ | $59401_{191}$ |
| $59407$ | $59411_{11}$ | $59413_{19\cdot53\cdot59}$ | $59417$ | $59419$ | $59423_{7\cdot13}$ | $59429_{67}$ | $59431_{103}$ |
| $59437_{7}$ | $59441$ | $59443$ | $59447$ | $59449_{13\cdot17}$ | $59453$ | $59459_{37}$ | $59461_{97}$ |
| $59467$ | $59471$ | $59473$ | $59477_{11}$ | $59479_{7\cdot29}$ | $59483_{17}$ | $59489_{19\cdot31\cdot101}$ | $59491_{41}$ |
| $59497$ | $59501_{13\cdot23\cdot199}$ | $59503_{157}$ | $59507_{7}$ | $59509$ | $59513$ | $59519_{53}$ | $59521_{7\cdot11}$ |
| $59527_{13\cdot19\cdot241}$ | $59531_{59}$ | $59533_{37}$ | $59537_{29}$ | $59539$ | $59543_{11}$ | $59549_{7\cdot47\cdot181}$ | $59551_{17\cdot31\cdot113}$ |
| $59557$ | $59561$ | $59563_{7\cdot67\cdot127}$ | $59567$ | $59569_{71}$ | $59573_{41}$ | $59579_{13}$ | $59581$ |
| $59587_{11}$ | $59591_{7}$ | $59593_{23}$ | $59597_{61}$ | $59599_{107}$ | $59603_{19}$ | $59609_{11}$ | $59611$ |
| $59617$ | $59621$ | $59623_{109}$ | $59627$ | $59629$ | $59633_{7}$ | $59639_{23}$ | $59641_{19\cdot43\cdot73}$ |
| $59647_{7}$ | $59651$ | $59653_{11\cdot17\cdot29}$ | $59657_{13}$ | $59659$ | $59663$ | $59669$ | $59671$ |
| $59677_{83}$ | $59681_{37}$ | $59683_{13}$ | $59687_{17}$ | $59689_{7}$ | $59693$ | $59699$ | $59701_{227}$ |
| $59707$ | $59711_{29\cdot71}$ | $59713_{211}$ | $59717_{7\cdot19}$ | $59719_{11\cdot61\cdot89}$ | $59723$ | $59729$ | $59731_{7\cdot23\cdot53}$ |
| $59737_{31\cdot41\cdot47}$ | $59741_{11}$ | $59743$ | $59747$ | $59749_{149}$ | $59753$ | $59759_{7}$ | $59761_{13}$ |
| $59767_{59}$ | $59771$ | $59773_{7}$ | $59777_{23\cdot113}$ | $59779$ | $59783_{191}$ | $59789_{17}$ | $59791$ |
| $59797$ | $59801_{7}$ | $59803_{79}$ | $59807_{11}$ | $59809$ | $59813_{13\cdot43\cdot107}$ | $59819_{41}$ | $59821_{163}$ |
| $59827_{29}$ | $59831_{19\cdot47\cdot67}$ | $59833$ | $59837_{53}$ | $59839_{13}$ | $59843_{7\cdot83\cdot103}$ | $59849_{97}$ | $59851_{11}$ |
| $59857_{7\cdot17}$ | $59861_{31}$ | $59863$ | $59867_{131}$ | $59869_{19\cdot23\cdot137}$ | $59873_{11}$ | $59879$ | $59881_{233}$ |
| $59887$ | $59891_{13\cdot17}$ | $59893_{101}$ | $59897_{89}$ | $59899_{7\cdot43\cdot199}$ | $59903_{37}$ | $59909_{139}$ | $59911_{181}$ |
| $59917_{11\cdot13}$ | $59921$ | $59923_{31}$ | $59927_{7}$ | $59929$ | $59933_{73}$ | $59939_{11}$ | $59941_{7}$ |
| $59947_{151}$ | $59951$ | $59953_{167}$ | $59957$ | $59959_{17}$ | $59963_{61}$ | $59969_{7\cdot13}$ | $59971$ |
| $59977_{37}$ | $59981$ | $59983_{7\cdot11\cdot19\cdot41}$ | $59987_{223}$ | $59989_{239}$ | $59993_{17}$ | $59999$ | $60001_{29}$ |
| $60007_{23}$ | $60011_{7}$ | $60013$ | $60017$ | $60019_{47}$ | $60023_{193}$ | $60029$ | $60031_{173}$ |
| $60037$ | $60041$ | $60043_{97}$ | $60047_{13\cdot31\cdot149}$ | $60049_{11\cdot53\cdot103}$ | $60053_{7\cdot23}$ | $60059_{19\cdot29\cdot109}$ | $60061_{17}$ |
| $60067_{7}$ | $60071_{11\cdot43\cdot127}$ | $60073_{13}$ | $60077$ | $60079_{73}$ | $60083$ | $60089$ | $60091$ |
| $60097_{19}$ | $60101$ | $60103$ | $60107$ | $60109_{7\cdot31}$ | $60113_{47}$ | $60119_{79}$ | $60121_{59}$ |
| $60127$ | $60131_{157}$ | $60133$ | $60137_{7\cdot11\cdot71}$ | $60139$ | $60143_{137}$ | $60149$ | $60151_{7\cdot13}$ |
| $60157_{43}$ | $60161$ | $60163_{17}$ | $60167$ | $60169$ | $60173_{19}$ | $60179_{7}$ | $60181_{11}$ |
| $60187_{139}$ | $60191_{23}$ | $60193_{7}$ | $60197_{17}$ | $60199_{37}$ | $60203_{11\cdot13}$ | $60209$ | $60211_{19}$ |
| $60217$ | $60221_{7}$ | $60223$ | $60227_{229}$ | $60229_{13\cdot41\cdot113}$ | $60233_{29\cdot31\cdot67}$ | $60239_{59}$ | $60241_{107}$ |
| $60247_{11}$ | $60251$ | $60253_{89}$ | $60257$ | $60259$ | $60263_{7}$ | $60269_{11}$ | $60271$ |
| $60277_{7\cdot79\cdot109}$ | $60281_{13}$ | $60283_{23}$ | $60287_{19\cdot167}$ | $60289$ | $60293$ | $60299_{17}$ | $60301_{47}$ |
| $60307_{13}$ | $60311_{41}$ | $60313_{11}$ | $60317$ | $60319_{7}$ | $60323_{179}$ | $60329_{23\cdot43\cdot61}$ | $60331$ |
| $60337$ | $60341_{83}$ | $60343$ | $60347_{7\cdot37\cdot233}$ | $60349_{29}$ | $60353$ | $60359_{13}$ | $60361_{7}$ |
| $60367_{17\cdot53\cdot67}$ | $60371_{73}$ | $60373$ | $60377_{173}$ | $60379_{11}$ | $60383$ | $60389_{7}$ | $60391_{131}$ |
| $60397$ | $60401_{11\cdot17\cdot19}$ | $60403_{7}$ | $60407_{29}$ | $60409_{193}$ | $60413$ | $60419_{31}$ | $60421_{23\cdot37\cdot71}$ |
| $60427$ | $60431_{7\cdot89\cdot97}$ | $60433_{223}$ | $60437_{13}$ | $60439_{19}$ | $60443$ | $60449$ | $60451_{61}$ |
| $60457$ | $60461_{103}$ | $60463_{13}$ | $60467_{11\cdot23\cdot239}$ | $60469_{17}$ | $60473_{7\cdot53\cdot163}$ | $60479_{197}$ | $60481_{31}$ |
| $60487_{7}$ | $60491_{241}$ | $60493$ | $60497$ | $60499_{101}$ | $60503_{17}$ | $60509$ | $60511_{11}$ |
| $60517_{73}$ | $60521$ | $60523_{29}$ | $60527$ | $60529_{7}$ | $60533_{11}$ | $60539$ | $60541_{13}$ |
| $60547_{191}$ | $60551_{151}$ | $60553_{19}$ | $60557_{7\cdot41\cdot211}$ | $60559_{23}$ | $60563_{71}$ | $60569_{37}$ | $60571_{7\cdot17}$ |
| $60577_{11}$ | $60581_{29}$ | $60583_{47}$ | $60587_{43}$ | $60589$ | $60593_{13\cdot59\cdot79}$ | $60599_{7\cdot11}$ | $60601$ |
| $60607$ | $60611$ | $60613_{7}$ | $60617$ | $60619_{13}$ | $60623$ | $60629_{19}$ | $60631$ |
| $60637$ | $60641_{7}$ | $60643_{11\cdot37\cdot149}$ | $60647$ | $60649$ | $60653_{131}$ | $60659$ | $60661$ |
| $60667_{19\cdot31\cdot103}$ | $60671_{13}$ | $60673_{17\cdot43\cdot83}$ | $60677_{47}$ | $60679$ | $60683_{7}$ | $60689$ | $60691_{137}$ |
| $60697_{7\cdot13\cdot23\cdot29}$ | $60701_{101}$ | $60703$ | $60707_{17}$ | $60709_{11}$ | $60713_{109}$ | $60719$ | $60721_{41}$ |
| $60727$ | $60731_{11}$ | $60733$ | $60737$ | $60739_{7}$ | $60743_{19\cdot23\cdot139}$ | $60749_{13}$ | $60751_{79}$ |
| $60757$ | $60761$ | $60763$ | $60767_{7}$ | $60769_{67}$ | $60773$ | $60779$ | $60781_{7\cdot19}$ |
| $60787_{89}$ | $60791_{31\cdot37\cdot53}$ | $60793$ | $60797_{11}$ | $60799_{163}$ | $60803_{41}$ | $60809_{7\cdot17\cdot73}$ | $60811$ |
| $60817_{61}$ | $60821$ | $60823_{7}$ | $60827_{13}$ | $60829_{59}$ | $60833_{127}$ | $60839_{83}$ | $60841_{11}$ |
| $60847_{71}$ | $60851_{7}$ | $60853_{13\cdot31\cdot151}$ | $60857_{19}$ | $60859$ | $60863_{11}$ | $60869$ | $60871_{29}$ |
| $60877_{17}$ | $60881_{23}$ | $60883_{107}$ | $60887$ | $60889$ | $60893_{7}$ | $60899$ | $60901$ |
| $60907_{7\cdot11\cdot113}$ | $60911_{17}$ | $60913$ | $60917$ | $60919$ | $60923$ | $60929_{11\cdot29\cdot191}$ | $60931_{13\cdot43\cdot109}$ |
| $60937$ | $60941_{149}$ | $60943$ | $60947_{59}$ | $60949_{7}$ | $60953$ | $60959_{47}$ | $60961$ |
| $60967_{41}$ | $60971_{19}$ | $60973_{11\cdot23\cdot241}$ | $60977_{7\cdot31}$ | $60979_{17\cdot211}$ | $60983_{13}$ | $60989_{71}$ | $60991_{7}$ |
| $60997_{181}$ | $61001$ | $61003_{53}$ | $61007$ | $61009_{13\cdot19}$ | $61013_{17\cdot37\cdot97}$ | $61019_{7\cdot23}$ | $61021_{139}$ |
| $61027$ | $61031$ | $61033_{7}$ | $61037_{67}$ | $61039_{11\cdot31\cdot179}$ | $61043$ | $61049_{41}$ | $61051$ |
| $61057$ | $61061_{7\cdot11\cdot13\cdot61}$ | $61063_{227}$ | $61067_{79}$ | $61069_{173}$ | $61073_{157}$ | $61079_{103}$ | $61081_{17}$ |
| $61087_{13\cdot37\cdot127}$ | $61091$ | $61093_{199}$ | $61097_{107}$ | $61099$ | $61103_{7\cdot29\cdot43}$ | $61109_{53}$ | $61111_{23}$ |
| $61117_{7}$ | $61121$ | $61123_{19}$ | $61127_{11}$ | $61129$ | $61133_{113}$ | $61139_{13}$ | $61141$ |
| $61147_{47}$ | $61151$ | $61153$ | $61157_{23}$ | $61159_{7}$ | $61163_{31}$ | $61169$ | $61171_{11\cdot67\cdot83}$ |
| $61177_{131}$ | $61181_{193}$ | $61183_{17\cdot59\cdot61}$ | $61187_{7}$ | $61189_{43}$ | $61193_{11}$ | $61199_{19}$ | $61201_{7}$ |
| $61207_{97}$ | $61211$ | $61213_{41}$ | $61217_{13\cdot17}$ | $61219_{29}$ | $61223$ | $61229_{7}$ | $61231$ |
| $61237_{11\cdot19}$ | $61241_{47}$ | $61243_{7\cdot13}$ | $61247_{73}$ | $61249_{23}$ | $61253$ | $61259_{11}$ | $61261$ |
| $61267_{197}$ | $61271_{7}$ | $61273_{71}$ | $61277_{29}$ | $61279_{233}$ | $61283$ | $61289_{167}$ | $61291$ |
| $61297$ | $61301_{59}$ | $61303_{11}$ | $61307_{101}$ | $61309_{37}$ | $61313_{7\cdot19}$ | $61319_{17}$ | $61321_{13\cdot53\cdot89}$ |
| $61327_{7}$ | $61331$ | $61333$ | $61337_{83}$ | $61339$ | $61343$ | $61349_{31}$ | $61351_{19}$ |
| $61357$ | $61361_{43}$ | $61363$ | $61367_{109}$ | $61369_{7\cdot11}$ | $61373_{13}$ | $61379$ | $61381$ |
| $61387_{17\cdot23\cdot157}$ | $61391_{11}$ | $61393_{29\cdot73}$ | $61397_{7\cdot179}$ | $61399_{13}$ | $61403$ | $61409$ | $61411_{7\cdot31}$ |
| $61417$ | $61421_{17}$ | $61423_{239}$ | $61427_{19\cdot53\cdot61}$ | $61429_{47}$ | $61433_{23}$ | $61439_{7\cdot67\cdot131}$ | $61441$ |

| | | | | | | | |
|---|---|---|---|---|---|---|---|
| 61447$_{43}$ | 61451$_{13\cdot29\cdot163}$ | 61453$_{7}$ | 61457$_{11\cdot37\cdot151}$ | 61459$_{41}$ | 61463 | 61469 | 61471 |
| 61477$_{13}$ | 61481$_{7}$ | 61483 | 61487 | 61489$_{17}$ | 61493 | 61499$_{89}$ | 61501$_{11}$ |
| 61507 | 61511 | 61513$_{137}$ | 61517$_{227}$ | 61519 | 61523$_{7\cdot11\cdot17\cdot47}$ | 61529$_{13}$ | 61531$_{37}$ |
| 61537$_{7\cdot59\cdot149}$ | 61541$_{19\cdot41\cdot79}$ | 61543 | 61547 | 61549$_{61}$ | 61553 | 61559 | 61561 |
| 61567$_{11\cdot29\cdot193}$ | 61571$_{23}$ | 61573$_{67}$ | 61577$_{139}$ | 61579$_{7\cdot19}$ | 61583 | 61589$_{11}$ | 61591$_{17}$ |
| 61597$_{31}$ | 61601$_{229}$ | 61603 | 61607$_{7\cdot13}$ | 61609 | 61613 | 61619$_{43}$ | 61621$_{7}$ |
| 61627 | 61631 | 61633$_{11\cdot13}$ | 61637 | 61639$_{53}$ | 61643 | 61649$_{7}$ | 61651 |
| 61657 | 61661$_{197}$ | 61663$_{7\cdot23}$ | 61667 | 61669$_{83}$ | 61673 | 61679$_{37}$ | 61681 |
| 61687 | 61691$_{7}$ | 61693$_{17\cdot19\cdot191}$ | 61697$_{103}$ | 61699$_{11\cdot71\cdot79}$ | 61703 | 61709$_{23}$ | 61711$_{13\cdot47\cdot101}$ |
| 61717 | 61721$_{11\cdot31\cdot181}$ | 61723 | 61727$_{17}$ | 61729 | 61733$_{7}$ | 61739$_{107}$ | 61741$_{29}$ |
| 61747$_{7}$ | 61751 | 61753$_{37}$ | 61757 | 61759$_{151}$ | 61763$_{13}$ | 61769$_{19}$ | 61771$_{223}$ |
| 61777$_{163}$ | 61781 | 61783$_{31}$ | 61787$_{11\cdot41\cdot137}$ | 61789$_{7\cdot13\cdot97}$ | 61793$_{61}$ | 61799$_{29}$ | 61801$_{23}$ |
| 61807$_{19}$ | 61811$_{113}$ | 61813 | 61817$_{7}$ | 61819 | 61823$_{211}$ | 61829$_{17}$ | 61831$_{7\cdot11\cdot73}$ |
| 61837 | 61841$_{13\cdot67\cdot71}$ | 61843 | 61847$_{23}$ | 61849$_{127}$ | 61853$_{11}$ | 61859$_{7}$ | 61861 |
| 61867$_{13}$ | 61871 | 61873$_{7}$ | 61877$_{43}$ | 61879 | 61883$_{19}$ | 61889$_{199}$ | 61891$_{59}$ |
| 61897$_{11\cdot17}$ | 61901$_{7\cdot37\cdot239}$ | 61903$_{103}$ | 61907$_{31}$ | 61909 | 61913$_{101}$ | 61919$_{11\cdot13}$ | 61921$_{19}$ |
| 61927 | 61931$_{17}$ | 61933 | 61937$_{241}$ | 61939$_{23}$ | 61943$_{7}$ | 61949 | 61951$_{41}$ |
| 61957$_{7\cdot53\cdot167}$ | 61961 | 61963$_{11\cdot43\cdot131}$ | 61967 | 61969$_{31}$ | 61973$_{29}$ | 61979 | 61981 |
| 61987 | 61991 | 61993$_{47}$ | 61997$_{13\cdot19}$ | 61999$_{7\cdot17}$ | 62003 | 62009$_{59}$ | 62011 |
| 62017 | 62021$_{109}$ | 62023$_{13}$ | 62027$_{7}$ | 62029$_{11}$ | 62033$_{17\cdot41\cdot89}$ | 62039 | 62041$_{7}$ |
| 62047 | 62051$_{11}$ | 62053 | 62057 | 62059$_{229}$ | 62063$_{53}$ | 62069$_{7}$ | 62071 |
| 62077$_{23}$ | 62081 | 62083$_{7\cdot181}$ | 62087$_{47}$ | 62089$_{29}$ | 62093$_{31}$ | 62099 | 62101$_{13\cdot17}$ |
| 62107$_{173}$ | 62111$_{7\cdot19}$ | 62113$_{179}$ | 62117$_{11}$ | 62119 | 62123$_{23\cdot37\cdot73}$ | 62129 | 62131 |
| 62137 | 62141 | 62143 | 62147$_{29}$ | 62149$_{19}$ | 62153$_{7\cdot13}$ | 62159$_{61}$ | 62161$_{11}$ |
| 62167$_{7\cdot83\cdot107}$ | 62171 | 62173$_{79}$ | 62177$_{97}$ | 62179$_{13}$ | 62183$_{11}$ | 62189 | 62191 |
| 62197$_{37\cdot41}$ | 62201 | 62203$_{17}$ | 62207 | 62209$_{7}$ | 62213 | 62219 | 62221$_{43}$ |
| 62227$_{11}$ | 62231$_{13}$ | 62233 | 62237$_{7\cdot17}$ | 62239$_{109}$ | 62243$_{67}$ | 62249$_{11}$ | 62251$_{7}$ |
| 62257$_{13}$ | 62261$_{23}$ | 62263$_{19\cdot29\cdot113}$ | 62267$_{71}$ | 62269$_{73}$ | 62273 | 62279$_{7\cdot31\cdot41}$ | 62281$_{61}$ |
| 62287$_{199}$ | 62291$_{167}$ | 62293$_{7\cdot11}$ | 62297 | 62299 | 62303 | 62309$_{13}$ | 62311 |
| 62317$_{101}$ | 62321$_{7\cdot29}$ | 62323 | 62327 | 62329$_{157}$ | 62333$_{83}$ | 62339$_{17\cdot19\cdot193}$ | 62341$_{31}$ |
| 62347 | 62351 | 62353$_{23}$ | 62357$_{127}$ | 62359$_{11}$ | 62363$_{7\cdot59\cdot151}$ | 62369$_{47}$ | 62371$_{97}$ |
| 62377$_{7\cdot19\cdot67}$ | 62381$_{11\cdot53\cdot107}$ | 62383 | 62387$_{13}$ | 62389$_{89}$ | 62393$_{43}$ | 62399$_{23}$ | 62401 |
| 62407$_{17}$ | 62411$_{139}$ | 62413$_{13}$ | 62417 | 62419$_{7\cdot37\cdot241}$ | 62423 | 62429$_{163}$ | 62431$_{149}$ |
| 62437$_{29}$ | 62441$_{17}$ | 62443$_{41}$ | 62447$_{7\cdot11}$ | 62449$_{197}$ | 62453$_{19\cdot173}$ | 62459 | 62461$_{7}$ |
| 62467 | 62471$_{179}$ | 62473 | 62477 | 62479$_{43}$ | 62483 | 62489$_{7\cdot79\cdot113}$ | 62491$_{11\cdot13\cdot19\cdot23}$ |
| 62497 | 62501 | 62503$_{7}$ | 62507 | 62509$_{17}$ | 62513$_{11}$ | 62519$_{101}$ | 62521$_{103}$ |
| 62527$_{31}$ | 62531$_{7}$ | 62533 | 62537$_{23}$ | 62539 | 62543$_{13\cdot17}$ | 62549 | 62551$_{71}$ |
| 62557$_{11\cdot47}$ | 62561$_{73}$ | 62563 | 62567$_{19\cdot37\cdot89}$ | 62569$_{13}$ | 62573$_{7}$ | 62579$_{11}$ | 62581 |
| 62587$_{7}$ | 62591 | 62593$_{53}$ | 62597 | 62599$_{59}$ | 62603 | 62609$_{137}$ | 62611$_{17\cdot29\cdot127}$ |
| 62617 | 62621$_{13}$ | 62623$_{11}$ | 62627 | 62629$_{7\cdot23}$ | 62633 | 62639 | 62641$_{37}$ |
| 62647$_{13\cdot61\cdot79}$ | 62651$_{31\cdot43\cdot47}$ | 62653 | 62657$_{7}$ | 62659 | 62663$_{223}$ | 62669$_{29}$ | 62671$_{7}$ |
| 62677$_{233}$ | 62681$_{19}$ | 62683 | 62687 | 62689$_{11\cdot41\cdot139}$ | 62693$_{71}$ | 62699$_{7\cdot13\cdot53}$ | 62701 |
| 62707$_{73}$ | 62711$_{11}$ | 62713$_{7\cdot17\cdot31}$ | 62717$_{59}$ | 62719$_{19}$ | 62723 | 62729$_{149}$ | 62731 |
| 62737$_{43}$ | 62741$_{7}$ | 62743 | 62747$_{17}$ | 62749$_{131}$ | 62753 | 62759$_{97}$ | 62761 |
| 62767$_{23}$ | 62771$_{41}$ | 62773 | 62777$_{11\cdot13}$ | 62779$_{67}$ | 62783$_{7}$ | 62789$_{37}$ | 62791 |
| 62797$_{7}$ | 62801 | 62803$_{13}$ | 62807$_{181}$ | 62809$_{107}$ | 62813$_{23}$ | 62819 | 62821$_{11}$ |
| 62827 | 62831$_{83}$ | 62833$_{19}$ | 62837$_{31}$ | 62839$_{7\cdot47\cdot191}$ | 62843$_{11\cdot29\cdot197}$ | 62849$_{17}$ | 62851 |
| 62857$_{239}$ | 62861 | 62863$_{37}$ | 62867$_{7}$ | 62869 | 62873 | 62879$_{227}$ | 62881$_{7\cdot13}$ |
| 62887$_{11}$ | 62891$_{61}$ | 62893$_{109}$ | 62897 | 62899$_{31}$ | 62903 | 62909$_{7\cdot11\cdot19\cdot43}$ | 62911$_{53}$ |
| 62917$_{17}$ | 62921 | 62923$_{7\cdot89\cdot101}$ | 62927 | 62929 | 62933$_{13\cdot47\cdot103}$ | 62939 | 62941$_{113}$ |
| 62947$_{19}$ | 62951$_{7\cdot17\cdot23}$ | 62953$_{11\cdot59\cdot97}$ | 62957$_{157}$ | 62959$_{13\cdot29\cdot167}$ | 62963$_{79}$ | 62969 | 62971 |
| 62977$_{71}$ | 62981 | 62983 | 62987 | 62989 | 62993$_{7}$ | 62999$_{73}$ | 63001$_{251}$ |
| 63007$_{7}$ | 63011$_{13\cdot37\cdot131}$ | 63013$_{61}$ | 63017$_{29\cdot41\cdot53}$ | 63019$_{11\cdot17}$ | 63023$_{19\cdot31\cdot107}$ | 63029 | 63031 |
| 63037$_{13}$ | 63041$_{11}$ | 63043$_{23}$ | 63047$_{67}$ | 63049$_{7}$ | 63053$_{17}$ | 63059 | 63061$_{19}$ |
| 63067 | 63071$_{59}$ | 63073 | 63077$_{7}$ | 63079 | 63083$_{199}$ | 63089$_{13\cdot23\cdot211}$ | 63091$_{7}$ |
| 63097 | 63101$_{89}$ | 63103 | 63107$_{11}$ | 63109$_{223}$ | 63113 | 63119$_{7\cdot71\cdot127}$ | 63121$_{17\cdot47\cdot79}$ |
| 63127 | 63131 | 63133$_{7\cdot29}$ | 63137$_{19}$ | 63139$_{103}$ | 63143$_{233}$ | 63149 | 63151$_{11}$ |
| 63157$_{137}$ | 63161$_{7}$ | 63163$_{83}$ | 63167$_{13\cdot43\cdot113}$ | 63169$_{181}$ | 63173$_{11}$ | 63179 | 63181$_{23\cdot41\cdot67}$ |
| 63187$_{179}$ | 63191$_{29}$ | 63193$_{13}$ | 63197 | 63199 | 63203$_{7}$ | 63209$_{31}$ | 63211 |
| 63217$_{7\cdot11}$ | 63221$_{191}$ | 63223$_{17}$ | 63227$_{23}$ | 63229$_{53}$ | 63233$_{37}$ | 63239$_{11}$ | 63241 |
| 63247 | 63251$_{19}$ | 63253$_{43}$ | 63257$_{17\cdot61}$ | 63259$_{7}$ | 63263$_{41}$ | 63269$_{151}$ | 63271$_{13\cdot31\cdot157}$ |
| 63277 | 63281 | 63283$_{11}$ | 63287$_{7}$ | 63289$_{19}$ | 63293$_{167}$ | 63299 | 63301$_{7}$ |
| 63307$_{29\cdot37\cdot59}$ | 63311 | 63313 | 63317 | 63319$_{23}$ | 63323$_{13}$ | 63329$_{7\cdot83\cdot109}$ | 63331 |
| 63337 | 63341$_{97}$ | 63343$_{7}$ | 63347 | 63349$_{11\cdot13}$ | 63353 | 63359$_{17}$ | 63361 |
| 63367 | 63371$_{7\cdot11}$ | 63373$_{127}$ | 63377 | 63379$_{61}$ | 63383$_{241}$ | 63389 | 63391 |
| 63397 | 63401$_{13}$ | 63403$_{19\cdot47\cdot71}$ | 63407$_{163}$ | 63409 | 63413$_{7}$ | 63419 | 63421 |
| 63427$_{7\cdot13\cdot17\cdot41}$ | 63431$_{137}$ | 63433$_{229}$ | 63437$_{11\cdot73\cdot79}$ | 63439 | 63443 | 63449$_{67}$ | 63451$_{107}$ |
| 63457$_{23\cdot31\cdot89}$ | 63461$_{17}$ | 63463 | 63467 | 63469$_{7}$ | 63473 | 63479$_{13\cdot19}$ | 63481$_{11\cdot29\cdot199}$ |
| 63487 | 63491$_{173}$ | 63493 | 63497$_{7\cdot47\cdot193}$ | 63499 | 63503$_{11\cdot23\cdot251}$ | 63509$_{41}$ | 63511$_{7\cdot43\cdot211}$ |
| 63517$_{19}$ | 63521 | 63523$_{139}$ | 63527 | 63529$_{17\cdot37\cdot101}$ | 63533 | 63539$_{7\cdot29}$ | 63541 |
| 63547$_{11\cdot53\cdot109}$ | 63551$_{103}$ | 63553$_{7}$ | 63557$_{13}$ | 63559 | 63563$_{17}$ | 63569$_{11}$ | 63571$_{151}$ |
| 63577 | 63581$_{7\cdot31}$ | 63583$_{13\cdot67\cdot73}$ | 63587 | 63589 | 63593$_{19}$ | 63599 | 63601 |
| 63607 | 63611 | 63613$_{11}$ | 63617 | 63619$_{113}$ | 63623$_{7\cdot61\cdot149}$ | 63629 | 63631$_{17\cdot19\cdot197}$ |
| 63637$_{7}$ | 63641$_{23}$ | 63643$_{31}$ | 63647 | 63649 | 63653$_{53}$ | 63659 | 63661$_{13\cdot59\cdot83}$ |
| 63667 | 63671 | 63673$_{41}$ | 63677$_{37}$ | 63679$_{7\cdot11}$ | 63683$_{43}$ | 63689 | 63691 |
| 63697 | 63701$_{11}$ | 63703 | 63707$_{7\cdot19}$ | 63709 | 63713$_{13\cdot29}$ | 63719 | 63721$_{7}$ |
| 63727 | 63731$_{101}$ | 63733$_{17\cdot23\cdot163}$ | 63737 | 63739$_{13}$ | 63743 | 63749$_{7}$ | 63751$_{37}$ |
| 63757$_{103}$ | 63761 | 63763$_{7}$ | 63767$_{11\cdot17\cdot31}$ | 63769$_{43}$ | 63773 | 63779$_{23\cdot47\cdot59}$ | 63781 |
| 63787$_{227}$ | 63791$_{7\cdot13}$ | 63793 | 63797$_{131}$ | 63799 | 63803 | 63809 | 63811$_{11}$ |
| 63817$_{13}$ | 63821$_{19}$ | 63823 | 63827$_{83}$ | 63829$_{29\cdot31\cdot71}$ | 63833$_{7\cdot11}$ | 63839 | 63841 |
| 63847$_{7}$ | 63851$_{67}$ | 63853 | 63857 | 63859$_{19}$ | 63863 | 63869$_{13\cdot17}$ | 63871$_{23}$ |
| 63877$_{11}$ | 63881$_{127}$ | 63883$_{193}$ | 63887$_{29}$ | 63889$_{7}$ | 63893$_{181}$ | 63899$_{11\cdot37\cdot157}$ | 63901 |

| | | | | | | | |
|---|---|---|---|---|---|---|---|
| 63907 | 63911$_{79}$ | 63913 | 63917$_{7\cdot23}$ | 63919$_{41}$ | 63923$_{97}$ | 63929 | 63931$_{7}$ |
| 63937$_{17}$ | 63941$_{43}$ | 63943$_{11}$ | 63947$_{13}$ | 63949 | 63953$_{31}$ | 63959$_{7}$ | 63961$_{167}$ |
| 63967$_{47}$ | 63971$_{17\cdot53\cdot71}$ | 63973$_{7\cdot13\cdot19\cdot37}$ | 63977 | 63979$_{137}$ | 63983$_{109}$ | 63989$_{61}$ | 63991$_{89}$ |
| 63997 | 64001$_{7\cdot41\cdot223}$ | 64003$_{29}$ | 64007 | 64009$_{11\cdot23}$ | 64013 | 64019 | 64021$_{73}$ |
| 64027$_{43}$ | 64031$_{11}$ | 64033 | 64037 | 64039$_{17}$ | 64043$_{7}$ | 64049$_{19}$ | 64051$_{13}$ |
| 64057$_{7}$ | 64061$_{29\cdot47}$ | 64063 | 64067 | 64069$_{79}$ | 64073$_{17}$ | 64079$_{139}$ | 64081 |
| 64087$_{19}$ | 64091 | 64093$_{107}$ | 64097$_{11}$ | 64099$_{7}$ | 64103$_{13}$ | 64109 | 64111$_{61}$ |
| 64117$_{97}$ | 64121$_{37}$ | 64123 | 64127$_{7}$ | 64129$_{13}$ | 64133$_{59}$ | 64139$_{31}$ | 64141$_{7\cdot11\cdot17}$ |
| 64147$_{23}$ | 64151 | 64153 | 64157 | 64159$_{83}$ | 64163$_{11\cdot19}$ | 64169$_{7\cdot89\cdot103}$ | 64171 |
| 64177$_{29}$ | 64181$_{13}$ | 64183$_{7\cdot53\cdot173}$ | 64187 | 64189 | 64193$_{23}$ | 64199$_{43}$ | 64201$_{19\cdot31\cdot109}$ |
| 64207$_{11\cdot13}$ | 64211$_{7}$ | 64213$_{157}$ | 64217 | 64219$_{149}$ | 64223 | 64229$_{11}$ | 64231 |
| 64237 | 64241$_{227}$ | 64243$_{17}$ | 64247$_{41}$ | 64249$_{47}$ | 64253$_{7\cdot67\cdot137}$ | 64259$_{13}$ | 64261$_{179}$ |
| 64267$_{7}$ | 64271 | 64273$_{11}$ | 64277$_{17\cdot19\cdot199}$ | 64279 | 64283 | 64289$_{53}$ | 64291$_{239}$ |
| 64297$_{113}$ | 64301 | 64303 | 64307$_{107}$ | 64309$_{7}$ | 64313$_{73}$ | 64319 | 64321$_{131}$ |
| 64327 | 64331$_{23}$ | 64333 | 64337$_{7\cdot13\cdot101}$ | 64339$_{11}$ | 64343$_{37\cdot47}$ | 64349$_{229}$ | 64351$_{7\cdot29}$ |
| 64357$_{139}$ | 64361$_{11}$ | 64363$_{13}$ | 64367$_{191}$ | 64369$_{59}$ | 64373 | 64379$_{7\cdot17}$ | 64381 |
| 64387$_{31\cdot67}$ | 64391$_{19}$ | 64393$_{7}$ | 64397$_{71}$ | 64399 | 64403 | 64409$_{29}$ | 64411$_{41}$ |
| 64417$_{37}$ | 64421$_{7}$ | 64423$_{23}$ | 64427$_{11}$ | 64429$_{19}$ | 64433 | 64439 | 64441$_{13}$ |
| 64447$_{17\cdot223}$ | 64451 | 64453 | 64457$_{43}$ | 64459$_{73}$ | 64463$_{7}$ | 64469$_{23}$ | 64471$_{11}$ |
| 64477$_{7\cdot61\cdot151}$ | 64481$_{17}$ | 64483 | 64487$_{59}$ | 64489 | 64493$_{11\cdot13\cdot41}$ | 64499 | 64501$_{53}$ |
| 64507$_{251}$ | 64511$_{31}$ | 64513 | 64517$_{149}$ | 64519$_{7\cdot13}$ | 64523$_{113}$ | 64529$_{173}$ | 64531$_{47}$ |
| 64537$_{11}$ | 64541$_{233}$ | 64543$_{19\cdot43\cdot79}$ | 64547$_{7}$ | 64549$_{17}$ | 64553 | 64559$_{11}$ | 64561$_{7\cdot23}$ |
| 64567 | 64571$_{13}$ | 64573$_{31}$ | 64577 | 64579 | 64583$_{17\cdot29\cdot131}$ | 64589$_{7}$ | 64591 |
| 64597$_{13}$ | 64601 | 64603$_{7\cdot11}$ | 64607$_{23\cdot53}$ | 64609 | 64613 | 64619$_{19\cdot179}$ | 64621 |
| 64627 | 64631$_{7}$ | 64633 | 64637$_{109}$ | 64639$_{37}$ | 64643$_{127}$ | 64649$_{13}$ | 64651$_{17}$ |
| 64657$_{19\cdot41\cdot83}$ | 64661 | 64663 | 64667 | 64669$_{11}$ | 64673$_{7}$ | 64679 | 64681$_{71}$ |
| 64687$_{7}$ | 64691$_{11}$ | 64693 | 64697$_{31}$ | 64699$_{23\cdot29\cdot97}$ | 64703$_{89}$ | 64709 | 64711$_{163}$ |
| 64717 | 64721$_{61}$ | 64723$_{59}$ | 64727$_{13}$ | 64729$_{7}$ | 64733$_{19}$ | 64739$_{41}$ | 64741$_{101}$ |
| 64747 | 64751$_{73}$ | 64753$_{13\cdot17}$ | 64757$_{7\cdot11\cdot29}$ | 64759$_{31}$ | 64763 | 64769$_{239}$ | 64771$_{7\cdot19}$ |
| 64777$_{211}$ | 64781 | 64783 | 64787$_{17\cdot37\cdot103}$ | 64789$_{67}$ | 64793 | 64799$_{7}$ | 64801$_{11\cdot43\cdot137}$ |
| 64807$_{229}$ | 64811 | 64813$_{7\cdot47\cdot197}$ | 64817 | 64819$_{53}$ | 64823$_{11\cdot71\cdot83}$ | 64829$_{241}$ | 64831$_{13}$ |
| 64837$_{23}$ | 64841$_{7\cdot59\cdot157}$ | 64843$_{61}$ | 64847$_{19}$ | 64849 | 64853 | 64859$_{79}$ | 64861$_{37}$ |
| 64867$_{11}$ | 64871 | 64873$_{29}$ | 64877 | 64879 | 64883$_{7\cdot13\cdot23\cdot31}$ | 64889$_{11\cdot17}$ | 64891 |
| 64897$_{7\cdot73\cdot127}$ | 64901 | 64903$_{41}$ | 64907$_{47}$ | 64909$_{13}$ | 64913$_{139}$ | 64919 | 64921 |
| 64927 | 64931$_{29}$ | 64933$_{11}$ | 64937 | 64939$_{7}$ | 64943$_{101}$ | 64949$_{107}$ | 64951 |
| 64957$_{17}$ | 64961$_{13\cdot19}$ | 64963$_{167}$ | 64967$_{7}$ | 64969 | 64973$_{43}$ | 64979$_{181}$ | 64981$_{7}$ |
| 64987$_{13}$ | 64991$_{17}$ | 64993$_{103}$ | 64997 | 64999$_{11\cdot19}$ | 65003 | 65009$_{7\cdot37\cdot251}$ | 65011 |
| 65017$_{79}$ | 65021$_{11\cdot23}$ | 65023$_{7}$ | 65027 | 65029 | 65033 | 65039$_{13}$ | 65041$_{193}$ |
| 65047$_{29}$ | 65051$_{7}$ | 65053 | 65057$_{67}$ | 65059$_{17\cdot43\cdot89}$ | 65063 | 65069$_{31}$ | 65071 |
| 65077$_{59}$ | 65081$_{151}$ | 65083$_{37}$ | 65087$_{11\cdot61\cdot97}$ | 65089 | 65093$_{7\cdot17}$ | 65099 | 65101 |
| 65107$_{7\cdot71\cdot131}$ | 65111 | 65113$_{19\cdot23\cdot149}$ | 65117$_{13}$ | 65119 | 65123 | 65129 | 65131$_{11\cdot31\cdot191}$ |
| 65137$_{53}$ | 65141 | 65143$_{13}$ | 65147 | 65149$_{7\cdot41\cdot227}$ | 65153$_{11}$ | 65159$_{23}$ | 65161$_{17}$ |
| 65167 | 65171 | 65173 | 65177$_{7}$ | 65179 | 65183 | 65189$_{19\cdot47\cdot73}$ | 65191$_{7\cdot67\cdot139}$ |
| 65197$_{11}$ | 65201$_{113}$ | 65203 | 65207$_{197}$ | 65209$_{61}$ | 65213 | 65219$_{7\cdot11}$ | 65221$_{13\cdot29\cdot173}$ |
| 65227$_{19}$ | 65231$_{37\cdot41\cdot43}$ | 65233$_{7}$ | 65237$_{89}$ | 65239 | 65243$_{53}$ | 65249$_{71}$ | 65251$_{23}$ |
| 65257 | 65261$_{7}$ | 65263$_{11\cdot17}$ | 65267 | 65269 | 65273$_{13}$ | 65279$_{29}$ | 65281$_{97}$ |
| 65287 | 65291$_{109}$ | 65293 | 65297$_{17\cdot23\cdot167}$ | 65299$_{13}$ | 65303$_{7\cdot19}$ | 65309 | 65311$_{241}$ |
| 65317$_{7\cdot31\cdot43}$ | 65321$_{83}$ | 65323 | 65327 | 65329$_{11}$ | 65333$_{79}$ | 65339$_{223}$ | 65341$_{19\cdot181}$ |
| 65347$_{101}$ | 65351$_{11\cdot13}$ | 65353 | 65357 | 65359$_{7}$ | 65363$_{163}$ | 65369$_{131}$ | 65371 |
| 65377$_{13\cdot47\cdot107}$ | 65381 | 65383$_{151}$ | 65387$_{7}$ | 65389$_{23}$ | 65393 | 65399$_{17}$ | 65401$_{7}$ |
| 65407 | 65411$_{149}$ | 65413 | 65417$_{11\cdot19}$ | 65419 | 65423 | 65429$_{7\cdot13}$ | 65431$_{59}$ |
| 65437 | 65441$_{31}$ | 65443$_{7}$ | 65447 | 65449 | 65453$_{29\cdot37\cdot61}$ | 65459$_{67}$ | 65461$_{11}$ |
| 65467$_{17}$ | 65471$_{7\cdot47\cdot199}$ | 65473$_{233}$ | 65477$_{41}$ | 65479 | 65483$_{11}$ | 65489$_{43}$ | 65491$_{79}$ |
| 65497 | 65501$_{17}$ | 65503$_{31}$ | 65507$_{13}$ | 65509$_{109}$ | 65513$_{7\cdot191}$ | 65519 | 65521 |
| 65527$_{7\cdot11\cdot23\cdot37}$ | 65531$_{19}$ | 65533$_{13\cdot71}$ | 65537 | 65539 | 65543 | 65549$_{11\cdot59\cdot101}$ | 65551 |
| 65557 | 65561$_{53}$ | 65563 | 65567$_{173}$ | 65569$_{7\cdot17\cdot19\cdot29}$ | 65573$_{23}$ | 65579 | 65581 |
| 65587 | 65591$_{107}$ | 65593$_{11\cdot67\cdot89}$ | 65597$_{7}$ | 65599 | 65603$_{17\cdot227}$ | 65609 | 65611$_{7\cdot13\cdot103}$ |
| 65617 | 65621$_{211}$ | 65623$_{137}$ | 65627$_{29\cdot31\cdot73}$ | 65629 | 65633 | 65639$_{7}$ | 65641$_{41}$ |
| 65647 | 65651 | 65653$_{7\cdot83\cdot113}$ | 65657 | 65659$_{11\cdot47\cdot127}$ | 65663$_{13}$ | 65669$_{97}$ | 65671$_{17}$ |
| 65677 | 65681$_{7\cdot11}$ | 65683$_{19}$ | 65687 | 65689$_{13\cdot31\cdot163}$ | 65693$_{179}$ | 65699 | 65701 |
| 65707 | 65711$_{23}$ | 65713 | 65717 | 65719 | 65723$_{7\cdot41\cdot229}$ | 65729 | 65731 |
| 65737$_{7}$ | 65741$_{13}$ | 65743$_{29}$ | 65747$_{11\cdot43\cdot139}$ | 65749$_{37}$ | 65753$_{47}$ | 65759$_{19}$ | 65761 |
| 65767$_{13}$ | 65771$_{89}$ | 65773$_{17\cdot53\cdot73}$ | 65777 | 65779$_{7}$ | 65783$_{157}$ | 65789 | 65791$_{11}$ |
| 65797$_{19}$ | 65801$_{29}$ | 65803$_{23}$ | 65807$_{7\cdot17\cdot79}$ | 65809 | 65813$_{11\cdot31\cdot193}$ | 65819$_{13\cdot61\cdot83}$ | 65821$_{7}$ |
| 65827 | 65831 | 65833$_{43}$ | 65837 | 65839 | 65843 | 65849$_{7\cdot23}$ | 65851 |
| 65857$_{11}$ | 65861$_{67}$ | 65863$_{7\cdot97}$ | 65867 | 65869$_{199}$ | 65873$_{19}$ | 65879$_{11\cdot53\cdot113}$ | 65881 |
| 65887$_{41}$ | 65891$_{7}$ | 65893$_{131}$ | 65897$_{13\cdot37\cdot137}$ | 65899 | 65903$_{59}$ | 65909$_{17}$ | 65911$_{19}$ |
| 65917$_{29}$ | 65921 | 65923$_{11\cdot13}$ | 65927 | 65929 | 65933$_{7}$ | 65939$_{233}$ | 65941$_{23\cdot47\cdot61}$ |
| 65947$_{7}$ | 65951 | 65953$_{101}$ | 65957 | 65959$_{71}$ | 65963 | 65969$_{41}$ | 65971$_{37}$ |
| 65977$_{17}$ | 65981 | 65983 | 65987$_{19\cdot23\cdot151}$ | 65989$_{7\cdot11}$ | 65993 | 65999$_{31}$ | 66001$_{13}$ |
| 66007$_{149}$ | 66011$_{11\cdot17}$ | 66013$_{251}$ | 66017$_{7}$ | 66019$_{107}$ | 66023$_{103}$ | 66029 | 66031$_{7}$ |
| 66037 | 66041 | 66043$_{211}$ | 66047 | 66049$_{257}$ | 66053$_{13}$ | 66059$_{7}$ | 66061$_{31}$ |
| 66067 | 66071 | 66073$_{7}$ | 66077$_{11}$ | 66079$_{13\cdot17\cdot23}$ | 66083 | 66089 | 66091$_{29\cdot43\cdot53}$ |
| 66097$_{157}$ | 66101$_{7\cdot19\cdot71}$ | 66103 | 66107 | 66109 | 66113$_{17}$ | 66119$_{37}$ | 66121$_{11}$ |
| 66127$_{89}$ | 66131$_{13}$ | 66133$_{41}$ | 66137 | 66139$_{19\cdot59}$ | 66143$_{7\cdot11}$ | 66149$_{29}$ | 66151$_{83}$ |
| 66157$_{7\cdot13}$ | 66161 | 66163$_{109}$ | 66167$_{127}$ | 66169 | 66173 | 66179 | 66181$_{17\cdot229}$ |
| 66187$_{11}$ | 66191 | 66193$_{37}$ | 66197$_{53}$ | 66199$_{7\cdot193}$ | 66203$_{239}$ | 66209$_{11\cdot13}$ | 66211$_{73}$ |
| 66217$_{23}$ | 66221 | 66223$_{47}$ | 66227$_{7}$ | 66229$_{103}$ | 66233$_{107}$ | 66239 | 66241$_{7}$ |
| 66247$_{31}$ | 66251$_{97}$ | 66253$_{11\cdot19}$ | 66257$_{59}$ | 66259$_{173}$ | 66263$_{23\cdot43\cdot67}$ | 66269$_{7}$ | 66271 |
| 66277$_{191}$ | 66281$_{79}$ | 66283$_{7\cdot17}$ | 66287$_{13}$ | 66289$_{151}$ | 66293 | 66299$_{167}$ | 66301 |
| 66307$_{61}$ | 66311$_{7}$ | 66313$_{13}$ | 66317$_{17\cdot47\cdot83}$ | 66319$_{11}$ | 66323$_{29}$ | 66329$_{19}$ | 66331$_{113}$ |
| 66337 | 66341$_{11\cdot37\cdot163}$ | 66343 | 66347 | 66349$_{43}$ | 66353$_{7}$ | 66359 | 66361 |

| | | | | | | | |
|---|---|---|---|---|---|---|---|
| 66367 7·19 | 66371 31 | 66373 | 66377 | 66379 41 | 66383 | 66389 197 | 66391 13 |
| 66397 67 | 66401 23 | 66403 | 66407 11 | 66409 7·53·179 | 66413 | 66419 17 | 66421 127 |
| 66427 181 | 66431 | 66433 31 | 66437 7 | 66439 29·79 | 66443 13·19 | 66449 | 66451 7·11 |
| 66457 | 66461 41 | 66463 | 66467 | 66469 13 | 66473 11 | 66479 7 | 66481 19 |
| 66487 17 | 66491 | 66493 7·23·59 | 66497 29 | 66499 | 66503 73 | 66509 | 66511 227 |
| 66517 11 | 66521 7·13·17·43 | 66523 | 66527 71 | 66529 | 66533 | 66539 11·23 | 66541 |
| 66547 13 | 66551 61 | 66553 | 66557 19·31·113 | 66559 101 | 66563 7·37·257 | 66569 | 66571 |
| 66577 7 | 66581 139 | 66583 11 | 66587 | 66589 17 | 66593 | 66599 13·47·109 | 66601 |
| 66607 43 | 66611 59 | 66613 29 | 66617 | 66619 7·31 | 66623 17 | 66629 | 66631 23 |
| 66637 37 | 66641 103 | 66643 | 66647 7 | 66649 11·73·83 | 66653 | 66659 191 | 66661 7·89·107 |
| 66667 163 | 66671 11·19·29 | 66673 61 | 66677 13·23·223 | 66679 131 | 66683 | 66689 7 | 66691 17 |
| 66697 | 66701 | 66703 7·13 | 66707 41 | 66709 19 | 66713 | 66719 137 | 66721 |
| 66727 53 | 66731 7 | 66733 | 66737 11 | 66739 | 66743 31 | 66749 | 66751 |
| 66757 241 | 66761 101 | 66763 | 66767 179 | 66769 23 | 66773 7 | 66779 43 | 66781 11·13 |
| 66787 7·29·47 | 66791 | 66793 17 | 66797 | 66799 67 | 66803 11 | 66809 | 66811 71 |
| 66817 109 | 66821 | 66823 19 | 66827 17 | 66829 7 | 66833 13·53·97 | 66839 89 | 66841 |
| 66847 11·59·103 | 66851 | 66853 | 66857 7 | 66859 13·37·139 | 66863 | 66869 11 | 66871 7·41·233 |
| 66877 | 66881 47 | 66883 | 66887 211 | 66889 | 66893 151 | 66899 7·19 | 66901 149 |
| 66907 23 | 66911 13 | 66913 7·11·79 | 66917 61 | 66919 | 66923 | 66929 17·31·127 | 66931 |
| 66937 13·19 | 66941 7·73·131 | 66943 | 66947 | 66949 | 66953 23·41·71 | 66959 | 66961 29 |
| 66967 167 | 66971 193 | 66973 | 66977 | 66979 11 | 66983 7 | 66989 13 | 66991 31 |
| 66997 7·17 | 67001 11 | 67003 | 67007 37 | 67009 113 | 67013 19 | 67019 29 | 67021 |
| 67027 97 | 67031 17 | 67033 | 67037 43 | 67039 7·61·157 | 67043 | 67049 | 67051 19 |
| 67057 | 67061 | 67063 199 | 67067 7·11·13·67 | 67069 47 | 67073 | 67079 | 67081 7·37 |
| 67087 73 | 67091 23 | 67093 13 | 67097 229 | 67099 17 | 67103 | 67109 7 | 67111 11 |
| 67117 41 | 67121 | 67123 7·43·223 | 67127 19 | 67129 | 67133 11·17 | 67139 | 67141 |
| 67147 83 | 67151 7·53·181 | 67153 | 67157 | 67159 239 | 67163 47 | 67169 | 67171 13 |
| 67177 11·31·197 | 67181 | 67183 23·127 | 67187 | 67189 | 67193 7·29 | 67199 11·41·149 | 67201 17·59·67 |
| 67207 7 | 67211 | 67213 | 67217 | 67219 | 67223 13 | 67229 23·37·79 | 67231 |
| 67237 71 | 67241 19 | 67243 11 | 67247 | 67249 7·13 | 67253 109 | 67259 103 | 67261 |
| 67267 137 | 67271 | 67273 | 67277 7 | 67279 19 | 67283 61 | 67289 | 67291 7 |
| 67297 173 | 67301 13·31·167 | 67303 17·37·107 | 67307 | 67309 11·29·211 | 67313 83 | 67319 7·59·163 | 67321 23 |
| 67327 13 | 67331 11 | 67333 7 | 67337 17·233 | 67339 | 67343 | 67349 | 67351 47 |
| 67357 193 | 67361 7 | 67363 31·41·53 | 67367 23·29·101 | 67369 | 67373 89 | 67379 13·71·73 | 67381 43 |
| 67387 79 | 67391 | 67393 19 | 67397 11 | 67399 | 67403 7 | 67409 | 67411 |
| 67417 7 | 67421 | 67423 191 | 67427 | 67429 | 67433 | 67439 17 | 67441 11 |
| 67447 | 67451 37 | 67453 | 67457 13 | 67459 7·23 | 67463 11 | 67469 19·53·67 | 67471 109 |
| 67477 | 67481 | 67483 13·29·179 | 67487 7·31 | 67489 | 67493 | 67499 | 67501 7 |
| 67507 11·17·19 | 67511 | 67513 181 | 67517 107 | 67519 251 | 67523 | 67529 7·11 | 67531 |
| 67537 | 67541 17·29·137 | 67543 7 | 67547 | 67549 31 | 67553 43 | 67559 | 67561 13 |
| 67567 | 67571 7·197 | 67573 11 | 67577 | 67579 | 67583 19 | 67589 | 67591 257 |
| 67597 23 | 67601 | 67603 67 | 67607 | 67609 17·41·97 | 67613 7·13 | 67619 | 67621 19 |
| 67627 7 | 67631 | 67633 47 | 67637 239 | 67639 11·13·43 | 67643 17·23·173 | 67649 61 | 67651 |
| 67657 29 | 67661 11 | 67663 71 | 67667 157 | 67669 7 | 67673 31·37·59 | 67679 | 67681 53 |
| 67687 113 | 67691 13·41·127 | 67693 139 | 67697 7·19 | 67699 | 67703 79 | 67709 | 67711 7·17 |
| 67717 13 | 67721 241 | 67723 | 67727 11·47·131 | 67729 89 | 67733 | 67739 7 | 67741 |
| 67747 37 | 67751 | 67753 7 | 67757 | 67759 | 67763 | 67769 13 | 67771 11·61·101 |
| 67777 | 67781 7·23 | 67783 | 67787 53 | 67789 | 67793 11 | 67799 151 | 67801 |
| 67807 | 67811 19·43·83 | 67813 17 | 67817 73 | 67819 | 67823 7 | 67829 | 67831 29 |
| 67837 7·11 | 67841 179 | 67843 | 67847 13·17 | 67849 19 | 67853 | 67859 11·31·199 | 67861 79 |
| 67867 | 67871 67 | 67873 13·23·227 | 67877 103 | 67879 7 | 67883 | 67889 29 | 67891 |
| 67897 43 | 67901 | 67903 11 | 67907 7·89·109 | 67909 59 | 67913 113 | 67919 23 | 67921 7·31 |
| 67927 | 67931 | 67933 | 67937 41 | 67939 | 67943 | 67949 7·17 | 67951 13 |
| 67957 | 67961 | 67963 7·19·73 | 67967 | 67969 11·37·167 | 67973 101 | 67979 | 67981 157 |
| 67987 | 67991 7·11 | 67993 | 67997 97 | 67999 53 | 68003 13 | 68009 47 | 68011 23 |
| 68017 17 | 68021 251 | 68023 | 68027 59 | 68029 13 | 68033 7 | 68039 19 | 68041 |
| 68047 7 | 68051 17 | 68053 | 68057 11·23 | 68059 | 68063 29 | 68069 43 | 68071 |
| 68077 19 | 68081 13 | 68083 103 | 68087 | 68089 7·71·137 | 68093 149 | 68099 | 68101 11·41·151 |
| 68107 13·31 | 68111 | 68113 | 68117 7·37 | 68119 17 | 68123 11 | 68129 193 | 68131 7 |
| 68137 61 | 68141 | 68143 83 | 68147 | 68149 23 | 68153 17·19·211 | 68159 7·13·107 | 68161 |
| 68167 11 | 68171 | 68173 7 | 68177 79 | 68179 29 | 68183 41 | 68189 11 | 68191 19·37·97 |
| 68197 47 | 68201 7 | 68203 241 | 68207 | 68209 | 68213 | 68219 | 68221 17 |
| 68227 | 68231 31·71 | 68233 11 | 68237 13·29·181 | 68239 | 68243 7 | 68249 139 | 68251 131 |
| 68257 7·199 | 68261 | 68263 13·59·89 | 68267 19 | 68269 233 | 68273 67 | 68279 | 68281 |
| 68287 23 | 68291 47 | 68293 31 | 68297 163 | 68299 7·11 | 68303 167 | 68309 83 | 68311 |
| 68317 53 | 68321 11 | 68323 17 | 68327 7·43·227 | 68329 | 68333 23 | 68339 37 | 68341 7·13 |
| 68347 41 | 68351 | 68353 29 | 68357 17 | 68359 197 | 68363 137 | 68369 7 | 68371 |
| 68377 101 | 68381 19·59·61 | 68383 7 | 68387 11 | 68389 | 68393 13 | 68399 | 68401 73 |
| 68407 67 | 68411 7·29 | 68413 37·43 | 68417 31 | 68419 13·19 | 68423 53 | 68429 41 | 68431 11 |
| 68437 | 68441 89 | 68443 | 68447 | 68449 | 68453 7·11·127 | 68459 17 | 68461 223 |
| 68467 7 | 68471 13·23·229 | 68473 | 68477 | 68479 31·47 | 68483 | 68489 | 68491 |
| 68497 11·13 | 68501 | 68503 61 | 68507 | 68509 7 | 68513 131 | 68519 11 | 68521 |
| 68527 17·29·139 | 68531 | 68533 19 | 68537 7 | 68539 | 68543 | 68549 13 | 68551 7 |
| 68557 179 | 68561 17·37·109 | 68563 11·23 | 68567 | 68569 191 | 68573 47 | 68579 7·97·101 | 68581 |
| 68587 107 | 68591 113 | 68593 7·41·239 | 68597 | 68599 181 | 68603 31 | 68609 19·23·157 | 68611 |
| 68617 59 | 68621 7 | 68623 163 | 68627 13 | 68629 11·17 | 68633 | 68639 | 68641 83 |
| 68647 19 | 68651 11·79 | 68653 13 | 68657 71 | 68659 | 68663 7·17 | 68669 | 68671 43 |
| 68677 7 | 68681 173 | 68683 | 68687 | 68689 149 | 68693 73 | 68699 | 68701 23·29·103 |
| 68707 127 | 68711 | 68713 | 68717 11 | 68719 7 | 68723 19 | 68729 | 68731 13·17 |
| 68737 | 68741 53 | 68743 | 68747 7·23·61 | 68749 | 68753 197 | 68759 29 | 68761 7·11·19·47 |
| 68767 | 68771 | 68773 97 | 68777 | 68779 109 | 68783 11·13·37 | 68789 7·31 | 68791 |
| 68797 89 | 68801 107 | 68803 7 | 68807 83 | 68809 13·67·79 | 68813 | 68819 | 68821 |

| | | | | | | | |
|---|---|---|---|---|---|---|---|
| $68827_{11}$ | $68831_{7}$ | $68833_{17}$ | $68837_{19}$ | $68839_{23\cdot 41\cdot 73}$ | $68843_{43}$ | $68849_{11}$ | $68851_{31}$ |
| $68857_{37}$ | $68861_{13}$ | 68863 | $68867_{17}$ | $68869_{61}$ | $68873_{7}$ | 68879 | 68881 |
| $68887_{7\cdot 13}$ | 68891 | $68893_{11}$ | 68897 | 68899 | 68903 | 68909 | $68911_{137}$ |
| 68917 | $68921_{41}$ | $68923_{157}$ | 68927 | $68929_{7\cdot 43\cdot 229}$ | $68933_{29}$ | $68939_{13}$ | $68941_{71}$ |
| 68947 | $68951_{19\cdot 191}$ | $68953_{53}$ | $68957_{7}$ | $68959_{11}$ | 68963 | $68969_{17}$ | $68971_{7\cdot 59\cdot 167}$ |
| $68977_{23}$ | $68981_{11}$ | $68983_{101}$ | $68987_{149}$ | $68989_{19}$ | 68993 | $68999_{7}$ | 69001 |
| $69007_{151}$ | 69011 | $69013_{7}$ | $69017_{13}$ | 69019 | $69023_{23}$ | 69029 | 69031 |
| $69037_{17\cdot 31\cdot 131}$ | $69041_{7}$ | $69043_{13\cdot 47\cdot 113}$ | $69047_{11}$ | $69049_{29}$ | $69053_{199}$ | $69059_{53}$ | 69061 |
| 69067 | $69071_{17\cdot 239}$ | 69073 | $69077_{67}$ | $69079_{37}$ | $69083_{7\cdot 71\cdot 139}$ | $69089_{59}$ | $69091_{11}$ |
| $69097_{7}$ | $69101_{43}$ | $69103_{19}$ | $69107_{29}$ | 69109 | $69113_{11\cdot 61\cdot 103}$ | 69119 | $69121_{13}$ |
| 69127 | $69131_{73}$ | $69133_{257}$ | $69137_{47}$ | $69139_{7\cdot 17\cdot 83}$ | 69143 | 69149 | 69151 |
| $69157_{11}$ | $69161_{23\cdot 31\cdot 97}$ | 69163 | $69167_{7\cdot 41\cdot 241}$ | $69169_{263}$ | $69173_{13\cdot 17}$ | $69179_{11\cdot 19}$ | $69181_{7}$ |
| $69187_{43}$ | 69191 | 69193 | 69197 | $69199_{13}$ | 69203 | $69209_{7}$ | $69211_{67}$ |
| $69217_{19}$ | 69221 | $69223_{7\cdot 11\cdot 29\cdot 31}$ | $69227_{37}$ | $69229_{107}$ | 69233 | 69239 | $69241_{17}$ |
| 69247 | $69251_{7\cdot 13}$ | $69253_{23}$ | 69257 | 69259 | 69263 | $69269_{113}$ | $69271_{53}$ |
| $69277_{13\cdot 73}$ | $69281_{29}$ | $69283_{79}$ | $69287_{193}$ | $69289_{11}$ | $69293_{7\cdot 19}$ | $69299_{23\cdot 131}$ | $69301_{37}$ |
| $69307_{7}$ | $69311_{11}$ | 69313 | 69317 | $69319_{103}$ | $69323_{181}$ | $69329_{13}$ | $69331_{19\cdot 41\cdot 89}$ |
| 69337 | 69341 | $69343_{17}$ | $69347_{31}$ | $69349_{7}$ | $69353_{223}$ | $69359_{43}$ | $69361_{139}$ |
| $69367_{71}$ | 69371 | $69373_{173}$ | $69377_{7\cdot 11\cdot 17\cdot 53}$ | 69379 | 69383 | 69389 | $69391_{7\cdot 23}$ |
| $69397_{29}$ | 69401 | 69403 | $69407_{13\cdot 19}$ | $69409_{31}$ | $69413_{41}$ | $69419_{7\cdot 47\cdot 211}$ | $69421_{11}$ |
| 69427 | 69431 | $69433_{7\cdot 13\cdot 109}$ | $69437_{23}$ | 69439 | $69443_{11\cdot 59\cdot 107}$ | $69449_{37}$ | $69451_{199}$ |
| 69457 | $69461_{7}$ | 69463 | 69467 | $69469_{127}$ | 69473 | $69479_{17\cdot 61\cdot 67}$ | 69481 |
| $69487_{11}$ | 69491 | 69493 | 69497 | 69499 | $69503_{7}$ | $69509_{11\cdot 71\cdot 89}$ | $69511_{13}$ |
| $69517_{7}$ | $69521_{19}$ | $69523_{37}$ | $69527_{251}$ | $69529_{23}$ | $69533_{31}$ | 69539 | $69541_{197}$ |
| $69547_{17}$ | $69551_{157}$ | $69553_{11}$ | 69557 | $69559_{7\cdot 19}$ | $69563_{13}$ | $69569_{73}$ | $69571_{29}$ |
| $69577_{41}$ | $69581_{17}$ | $69583_{149}$ | $69587_{7}$ | $69589_{13\cdot 53\cdot 101}$ | 69593 | $69599_{79}$ | $69601_{7\cdot 61\cdot 163}$ |
| $69607_{47}$ | $69611_{151}$ | $69613_{67}$ | $69617_{43}$ | $69619_{11}$ | 69623 | $69629_{7\cdot 29}$ | $69631_{179}$ |
| $69637_{83}$ | $69641_{11\cdot 13}$ | $69643_{7}$ | $69647_{257}$ | $69649_{17\cdot 241}$ | 69653 | $69659_{41}$ | 69661 |
| $69667_{13\cdot 23\cdot 233}$ | $69671_{7\cdot 37}$ | $69673_{19\cdot 193}$ | 69677 | $69679_{59}$ | $69683_{17}$ | $69689_{227}$ | 69691 |
| 69697 | $69701_{47}$ | $69703_{43}$ | $69707_{11}$ | 69709 | $69713_{7\cdot 23}$ | $69719_{13\cdot 31\cdot 173}$ | $69721_{113}$ |
| $69727_{7}$ | $69731_{103}$ | $69733_{137}$ | 69737 | 69739 | $69743_{97}$ | $69749_{19}$ | $69751_{11\cdot 17}$ |
| $69757_{79}$ | 69761 | 69763 | 69767 | $69769_{7}$ | $69773_{11}$ | 69779 | $69781_{31}$ |
| $69787_{19}$ | $69791_{101}$ | $69793_{71}$ | $69797_{7\cdot 13\cdot 59}$ | $69799_{223}$ | $69803_{29\cdot 83}$ | 69809 | $69811_{7}$ |
| $69817_{11}$ | 69821 | $69823_{13\cdot 41\cdot 131}$ | 69827 | 69829 | 69833 | $69839_{7\cdot 11}$ | $69841_{211}$ |
| 69847 | $69851_{23}$ | $69853_{7\cdot 17}$ | 69857 | 69859 | $69863_{19}$ | $69869_{109}$ | $69871_{107}$ |
| 69877 | $69881_{7\cdot 67\cdot 149}$ | $69883_{11}$ | $69887_{17}$ | $69889_{47}$ | $69893_{37}$ | 69899 | $69901_{13\cdot 19}$ |
| $69907_{53}$ | 69911 | $69913_{151}$ | $69917_{139}$ | $69919_{29}$ | $69923_{7}$ | 69929 | 69931 |
| $69937_{7\cdot 97\cdot 103}$ | 69941 | $69943_{23}$ | $69947_{113}$ | $69949_{11}$ | $69953_{13}$ | 69959 | $69961_{43}$ |
| $69967_{31\cdot 37\cdot 61}$ | $69971_{11}$ | $69973_{167}$ | $69977_{19\cdot 29\cdot 127}$ | $69979_{7\cdot 13}$ | $69983_{47}$ | $69989_{17\cdot 23\cdot 179}$ | 69991 |
| 69997 | 70001 | 70003 | $70007_{7\cdot 73\cdot 137}$ | 70009 | $70013_{53}$ | 70019 | $70021_{7}$ |
| $70027_{239}$ | $70031_{13}$ | $70033_{59}$ | $70037_{11}$ | 70039 | $70043_{89}$ | $70049_{7}$ | 70051 |
| $70057_{13\cdot 17}$ | 70061 | $70063_{7}$ | 70067 | $70069_{41}$ | $70073_{79}$ | 70079 | $70081_{11\cdot 23}$ |
| $70087_{109}$ | $70091_{7\cdot 17\cdot 19\cdot 31}$ | $70093_{29}$ | $70097_{191}$ | 70099 | $70103_{11}$ | $70109_{13}$ | 70111 |
| 70117 | 70121 | 70123 | $70127_{23}$ | $70129_{19}$ | $70133_{7\cdot 43\cdot 233}$ | 70139 | 70141 |
| $70147_{7\cdot 11}$ | $70151_{29\cdot 41\cdot 59}$ | $70153_{31\cdot 73}$ | 70157 | $70159_{17}$ | 70163 | $70169_{11}$ | $70171_{47}$ |
| 70177 | 70181 | 70183 | $70187_{13}$ | $70189_{7\cdot 37}$ | $70193_{17}$ | 70199 | 70201 |
| 70207 | $70211_{61}$ | $70213_{11\cdot 13}$ | $70217_{7}$ | $70219_{23\cdot 43\cdot 71}$ | 70223 | 70229 | $70231_{7\cdot 79\cdot 127}$ |
| 70237 | 70241 | $70243_{19}$ | $70247_{199}$ | 70249 | $70253_{163}$ | $70259_{7}$ | $70261_{17}$ |
| $70267_{29}$ | 70271 | $70273_{7}$ | $70277_{31}$ | $70279_{11}$ | $70283_{67}$ | 70289 | $70291_{13}$ |
| 70297 | $70301_{7\cdot 11\cdot 83}$ | $70303_{229}$ | $70307_{167}$ | 70309 | 70313 | $70319_{19}$ | 70321 |
| 70327 | $70331_{53}$ | $70333_{61}$ | $70337_{37}$ | $70339_{31}$ | $70343_{7\cdot 13}$ | $70349_{103}$ | 70351 |
| $70357_{7\cdot 19\cdot 23}$ | $70361_{71}$ | $70363_{17}$ | $70367_{11}$ | $70369_{13}$ | 70373 | 70379 | 70381 |
| $70387_{59}$ | $70391_{43}$ | 70393 | $70397_{17\cdot 41\cdot 101}$ | $70399_{7\cdot 89\cdot 113}$ | $70403_{23}$ | $70409_{181}$ | $70411_{11\cdot 37\cdot 173}$ |
| $70417_{67}$ | $70421_{13}$ | 70423 | $70427_{7}$ | 70429 | $70433_{11\cdot 19}$ | 70439 | $70441_{7\cdot 29}$ |
| $70447_{13}$ | 70451 | $70453_{47}$ | 70457 | 70459 | $70463_{31}$ | $70469_{7}$ | $70471_{19}$ |
| $70477_{11\cdot 43\cdot 149}$ | 70481 | $70483_{7}$ | 70487 | 70489 | $70493_{157}$ | $70499_{11\cdot 13\cdot 17\cdot 29}$ | 70501 |
| 70507 | $70511_{7}$ | $70513_{107}$ | $70517_{151}$ | $70519_{97}$ | $70523_{109}$ | 70529 | $70531_{251}$ |
| 70537 | $70541_{23}$ | $70543_{11\cdot 53}$ | $70547_{19\cdot 47\cdot 79}$ | 70549 | $70553_{7}$ | $70559_{37}$ | $70561_{41}$ |
| $70567_{7\cdot 17}$ | 70571 | 70573 | $70577_{13\cdot 61\cdot 89}$ | $70579_{163}$ | 70583 | 70589 | $70591_{73}$ |
| $70597_{227}$ | $70601_{17}$ | $70603_{13}$ | 70607 | $70609_{7\cdot 11\cdot 131}$ | $70613_{241}$ | 70619 | 70621 |
| 70627 | $70631_{11}$ | $70633_{23\cdot 37\cdot 83}$ | $70637_{7}$ | 70639 | $70643_{41}$ | $70649_{31\cdot 43\cdot 53}$ | $70651_{7}$ |
| 70657 | $70661_{19}$ | 70663 | 70667 | $70669_{17}$ | $70673_{29}$ | $70679_{7\cdot 23}$ | $70681_{13}$ |
| 70687 | $70691_{223}$ | $70693_{7}$ | $70697_{11}$ | $70699_{19\cdot 61}$ | $70703_{17}$ | 70709 | $70711_{31}$ |
| 70717 | $70721_{7}$ | $70723_{197}$ | $70727_{107}$ | 70729 | $70733_{13}$ | $70739_{127}$ | $70741_{11\cdot 59\cdot 109}$ |
| $70747_{263}$ | $70751_{139}$ | 70753 | $70757_{173}$ | $70759_{13}$ | $70763_{7\cdot 11}$ | 70769 | $70771_{17\cdot 23\cdot 181}$ |
| $70777_{7}$ | $70781_{37}$ | 70783 | $70787_{71}$ | $70789_{29}$ | 70793 | $70799_{83}$ | $70801_{101}$ |
| $70807_{11\cdot 41\cdot 157}$ | $70811_{13}$ | $70813_{19}$ | $70817_{23}$ | $70819_{7\cdot 67\cdot 151}$ | 70823 | $70829_{11\cdot 47\cdot 137}$ | $70831_{193}$ |
| $70837_{13}$ | 70841 | 70843 | $70847_{7\cdot 29}$ | 70849 | 70853 | $70859_{59}$ | $70861_{7\cdot 53\cdot 191}$ |
| 70867 | $70871_{131}$ | $70873_{11\cdot 17}$ | 70877 | 70879 | $70883_{73}$ | $70889_{7\cdot 13\cdot 19\cdot 41}$ | 70891 |
| $70897_{31}$ | 70901 | $70903_{7}$ | $70907_{17\cdot 43\cdot 97}$ | $70909_{23}$ | 70913 | 70919 | 70921 |
| $70927_{19}$ | $70931_{7}$ | $70933_{89}$ | 70937 | $70939_{11}$ | $70943_{61}$ | 70949 | 70951 |
| 70957 | $70961_{11}$ | $70963_{29}$ | $70967_{13\cdot 53\cdot 103}$ | 70969 | $70973_{7}$ | 70979 | 70981 |
| $70987_{7}$ | 70991 | $70993_{13\cdot 43\cdot 127}$ | 70997 | 70999 | $71003_{19\cdot 37\cdot 101}$ | $71009_{17}$ | 71011 |
| $71017_{47}$ | $71021_{29\cdot 31\cdot 79}$ | 71023 | $71027_{11}$ | $71029_{7\cdot 73\cdot 139}$ | $71033_{251}$ | 71039 | $71041_{19}$ |
| $71047_{23}$ | $71051_{227}$ | $71053_{41}$ | $71057_{7}$ | 71059 | $71063_{179}$ | 71069 | $71071_{7\cdot 11\cdot 13\cdot 71}$ |
| $71077_{17\cdot 37\cdot 113}$ | 71081 | $71083_{31}$ | $71087_{67}$ | 71089 | $71093_{11\cdot 23}$ | $71099_{7}$ | $71101_{97}$ |
| $71107_{211}$ | $71111_{17\cdot 47\cdot 89}$ | $71113_{7}$ | $71117_{19\cdot 197}$ | 71119 | $71123_{13}$ | 71129 | $71131_{83}$ |
| $71137_{11\cdot 29\cdot 223}$ | $71141_{7}$ | 71143 | 71147 | $71149_{13}$ | 71153 | $71159_{11}$ | 71161 |
| 71167 | 71171 | $71173_{103}$ | $71177_{109}$ | $71179_{17\cdot 53\cdot 79}$ | $71183_{7}$ | $71189_{257}$ | 71191 |
| $71197_{7}$ | $71201_{13}$ | $71203_{11}$ | $71207_{31}$ | 71209 | $71213_{17\cdot 59\cdot 71}$ | $71219_{229}$ | $71221_{67}$ |
| $71227_{13}$ | $71231_{19\cdot 23\cdot 163}$ | 71233 | 71237 | $71239_{7}$ | $71243_{191}$ | 71249 | $71251_{43}$ |
| 71257 | 71261 | 71263 | $71267_{7}$ | $71269_{11\cdot 19\cdot 31}$ | $71273_{263}$ | $71279_{13}$ | $71281_{7\cdot 17}$ |

| | | | | | | | |
|---|---|---|---|---|---|---|---|
| 71287 | 71291 11 | 71293 | 71297 83 | 71299 37·41·47 | 71303 113 | 71309 7·61·167 | 71311 29 |
| 71317 | 71321 73 | 71323 7·23 | 71327 | 71329 | 71333 | 71339 | 71341 |
| 71347 | 71351 7 | 71353 | 71357 11·13 | 71359 | 71363 | 71369 23·29·107 | 71371 149 |
| 71377 137 | 71381 41 | 71383 13·17·19 | 71387 | 71389 | 71393 7·31·47 | 71399 | 71401 11 |
| 71407 7·101 | 71411 | 71413 | 71417 17 | 71419 | 71423 11·43·151 | 71429 | 71431 61 |
| 71437 | 71441 199 | 71443 | 71447 37 | 71449 7·59·173 | 71453 | 71459 19 | 71461 13·23·239 |
| 71467 11·73·89 | 71471 | 71473 | 71477 7 | 71479 | 71483 | 71489 11·67·97 | 71491 7 |
| 71497 19·53·71 | 71501 127 | 71503 | 71507 23 | 71509 43 | 71513 13 | 71519 7·17 | 71521 37 |
| 71527 | 71531 233 | 71533 7·11 | 71537 | 71539 13 | 71543 29 | 71549 | 71551 |
| 71557 163 | 71561 7 | 71563 | 71567 59 | 71569 | 71573 19 | 71579 31 | 71581 47 |
| 71587 17 | 71591 13 | 71593 | 71597 | 71599 11·23 | 71603 7·53·193 | 71609 101 | 71611 19 |
| 71617 7·13 | 71621 11·17 | 71623 67 | 71627 41 | 71629 83 | 71633 | 71639 71 | 71641 31 |
| 71647 | 71651 137 | 71653 79 | 71657 131 | 71659 7·29 | 71663 | 71669 13·37·149 | 71671 |
| 71677 229 | 71681 43 | 71683 97 | 71687 7·11·19 | 71689 17 | 71693 | 71699 | 71701 7 |
| 71707 | 71711 | 71713 | 71717 29 | 71719 | 71723 17 | 71729 7 | 71731 11 |
| 71737 23 | 71741 | 71743 7·37 | 71747 13 | 71749 157 | 71753 11 | 71759 73 | 71761 |
| 71767 43 | 71771 7 | 71773 13 | 71777 | 71779 179 | 71783 23 | 71789 | 71791 17·41·103 |
| 71797 11·61·107 | 71801 19 | 71803 59 | 71807 | 71809 | 71813 7 | 71819 11 | 71821 |
| 71827 7·31 | 71831 109 | 71833 29 | 71837 | 71839 19·199 | 71843 | 71849 | 71851 13 |
| 71857 181 | 71861 | 71863 11·47·139 | 71867 | 71869 7 | 71873 41 | 71879 | 71881 |
| 71887 | 71891 29·37·67 | 71893 17 | 71897 7 | 71899 | 71903 13 | 71909 | 71911 7 |
| 71917 | 71921 23·53·59 | 71923 71 | 71927 17 | 71929 11·13 | 71933 | 71939 7·43·239 | 71941 |
| 71947 | 71951 11·31·211 | 71953 7·19 | 71957 47 | 71959 227 | 71963 | 71969 79 | 71971 |
| 71977 167 | 71981 7·13·113 | 71983 | 71987 | 71989 193 | 71993 | 71999 | 72001 89 |
| 72007 13·29·191 | 72011 107 | 72013 23·31·101 | 72017 11 | 72019 | 72023 7 | 72029 17·19·223 | 72031 |
| 72037 7·41·251 | 72041 61 | 72043 | 72047 | 72049 109 | 72053 | 72059 13·23·241 | 72061 11 |
| 72067 19 | 72071 97 | 72073 | 72077 | 72079 7 | 72083 11 | 72089 | 72091 |
| 72097 17 | 72101 | 72103 | 72107 7 | 72109 | 72113 37 | 72119 41 | 72121 7 |
| 72127 11·79·83 | 72131 17 | 72133 53 | 72137 13·31·179 | 72139 | 72143 19 | 72149 7·11 | 72151 23 |
| 72157 59 | 72161 | 72163 7·13·61 | 72167 | 72169 | 72173 | 72179 89 | 72181 19·29·131 |
| 72187 37 | 72191 7 | 72193 11 | 72197 23·43·73 | 72199 17·31·137 | 72203 103 | 72209 163 | 72211 |
| 72217 257 | 72221 | 72223 | 72227 | 72229 | 72233 7·17 | 72239 29·47·53 | 72241 13 |
| 72247 7 | 72251 | 72253 | 72257 19 | 72259 11 | 72263 127 | 72269 | 72271 |
| 72277 | 72281 11 | 72283 41·43 | 72287 | 72289 7·23 | 72293 13·67·83 | 72299 197 | 72301 17 |
| 72307 | 72311 167 | 72313 | 72317 7 | 72319 13 | 72323 31 | 72329 151 | 72331 7 |
| 72337 | 72341 | 72343 73 | 72347 11 | 72349 71 | 72353 | 72359 7 | 72361 269 |
| 72367 | 72371 13·19 | 72373 7·211 | 72377 157 | 72379 | 72383 | 72389 191 | 72391 11 |
| 72397 13 | 72401 7 | 72403 17 | 72407 61 | 72409 19·37·103 | 72413 11·29·227 | 72419 139 | 72421 |
| 72427 23·47·67 | 72431 | 72433 113 | 72437 17 | 72439 107 | 72443 7·79·131 | 72449 13 | 72451 53 |
| 72457 7·11 | 72461 | 72463 233 | 72467 | 72469 | 72473 23·137 | 72479 11 | 72481 |
| 72487 173 | 72491 71 | 72493 | 72497 | 72499 7 | 72503 | 72509 31 | 72511 59 |
| 72517 127 | 72521 47 | 72523 11·19 | 72527 7·13 | 72529 29·41·61 | 72533 | 72539 17·251 | 72541 7·43·241 |
| 72547 | 72551 | 72553 13 | 72557 37·53 | 72559 | 72563 149 | 72569 7 | 72571 31 |
| 72577 | 72581 181 | 72583 7 | 72587 29 | 72589 11 | 72593 229 | 72599 19 | 72601 79 |
| 72607 17 | 72611 7·11·23·41 | 72613 | 72617 | 72619 101 | 72623 | 72629 59 | 72631 13·37·151 |
| 72637 19 | 72641 17 | 72643 | 72647 | 72649 | 72653 7·97·107 | 72659 113 | 72661 |
| 72667 7 | 72671 | 72673 | 72677 11 | 72679 | 72683 13 | 72689 | 72691 157 |
| 72697 139 | 72701 | 72703 23·29·109 | 72707 | 72709 7·13·17·47 | 72713 19·43·89 | 72719 | 72721 11 |
| 72727 | 72731 257 | 72733 | 72737 7 | 72739 | 72743 11·17 | 72749 23 | 72751 7·19 |
| 72757 31 | 72761 13·29·193 | 72763 | 72767 | 72769 53 | 72773 61 | 72779 7·37 | 72781 73 |
| 72787 11·13 | 72791 83 | 72793 7 | 72797 | 72799 43 | 72803 47 | 72809 11 | 72811 17 |
| 72817 | 72821 7·101·103 | 72823 | 72827 19 | 72829 67 | 72833 173 | 72839 13 | 72841 23 |
| 72847 97 | 72851 263 | 72853 11·37·179 | 72857 41 | 72859 | 72863 7 | 72869 | 72871 |
| 72877 7·29 | 72881 31 | 72883 | 72887 23 | 72889 | 72893 | 72899 269 | 72901 |
| 72907 | 72911 | 72913 17 | 72917 13·71·79 | 72919 7·11 | 72923 | 72929 233 | 72931 |
| 72937 | 72941 11·19 | 72943 13·31·181 | 72947 7·17 | 72949 | 72953 | 72959 | 72961 7 |
| 72967 131 | 72971 43 | 72973 | 72977 | 72979 19·23·167 | 72983 59 | 72989 7 | 72991 47 |
| 72997 | 73001 37 | 73003 7 | 73007 11 | 73009 | 73013 | 73019 | 73021 13·41·137 |
| 73027 103 | 73031 7 | 73033 199 | 73037 | 73039 | 73043 | 73049 17 | 73051 11·29·229 |
| 73057 43 | 73061 | 73063 | 73067 31 | 73069 89 | 73073 7·11·13·73 | 73079 | 73081 107 |
| 73087 7·53·197 | 73091 | 73093 19 | 73097 67 | 73099 13 | 73103 41 | 73109 29 | 73111 113 |
| 73117 11·17·23 | 73121 | 73123 83 | 73127 | 73129 7·31 | 73133 | 73139 11·61·109 | 73141 |
| 73147 193 | 73151 13·17 | 73153 191 | 73157 7 | 73159 149 | 73163 23 | 73169 19 | 73171 7 |
| 73177 13 | 73181 | 73183 11 | 73187 163 | 73189 | 73193 53 | 73199 7 | 73201 71 |
| 73207 19 | 73211 179 | 73213 7 | 73217 211 | 73219 17·59·73 | 73223 37 | 73229 13·43·131 | 73231 67 |
| 73237 | 73241 7 | 73243 | 73247 89 | 73249 11 | 73253 17·31·139 | 73259 | 73261 61 |
| 73267 41 | 73271 11 | 73273 47 | 73277 | 73279 127 | 73283 7·19·29 | 73289 83 | 73291 |
| 73297 7·37 | 73301 23 | 73303 | 73307 13 | 73309 | 73313 167 | 73319 157 | 73321 17·19·227 |
| 73327 | 73331 | 73333 13 | 73337 11·59·113 | 73339 7 | 73343 71 | 73349 41 | 73351 |
| 73357 109 | 73361 | 73363 | 73367 7·47·223 | 73369 | 73373 239 | 73379 | 73381 7·11 |
| 73387 | 73391 79 | 73393 23 | 73397 19 | 73399 29 | 73403 11 | 73409 7 | 73411 13 |
| 73417 | 73421 | 73423 7·17 | 73427 101 | 73429 97 | 73433 | 73439 23·31·103 | 73441 271 |
| 73447 11 | 73451 7 | 73453 | 73457 17·29·149 | 73459 | 73463 13 | 73469 11 | 73471 |
| 73477 | 73481 197 | 73483 | 73487 43 | 73489 13 | 73493 7 | 73499 67 | 73501 31 |
| 73507 7 | 73511 19·53·73 | 73513 11·41·163 | 73517 | 73519 37 | 73523 | 73529 | 73531 23·139 |
| 73537 151 | 73541 13 | 73543 251 | 73547 | 73549 7·19·79 | 73553 | 73559 17 | 73561 |
| 73567 13 | 73571 | 73573 29·43·59 | 73577 7·23 | 73579 11 | 73583 | 73589 | 73591 7 |
| 73597 | 73601 11 | 73603 89 | 73607 | 73609 | 73613 | 73619 7·13 | 73621 83 |
| 73627 17·61·71 | 73631 29 | 73633 7·67·157 | 73637 | 73639 211 | 73643 | 73649 47 | 73651 |
| 73657 73 | 73661 7·17 | 73663 19 | 73667 11·37·181 | 73669 23 | 73673 | 73679 | 73681 |
| 73687 31 | 73691 59 | 73693 | 73697 13 | 73699 | 73703 7 | 73709 | 73711 11 |
| 73717 7 | 73721 | 73723 13·53·107 | 73727 | 73729 17 | 73733 11 | 73739 19 | 73741 37 |

| | | | | | | | |
|---|---|---|---|---|---|---|---|
| 73747$_{29}$ | 73751 | 73753$_{131}$ | 73757 | 73759$_{7\cdot41\cdot257}$ | 73763$_{17}$ | 73769$_{71}$ | 73771 |
| 73777$_{11\cdot19}$ | 73781$_{89}$ | 73783 | 73787$_{7\cdot83\cdot127}$ | 73789$_{113}$ | 73793$_{109}$ | 73799$_{11}$ | 73801$_{7\cdot13}$ |
| 73807$_{23}$ | 73811$_{31}$ | 73813$_{223}$ | 73817$_{97}$ | 73819 | 73823 | 73829$_{7\cdot53\cdot199}$ | 73831$_{17\cdot43\cdot101}$ |
| 73837$_{47}$ | 73841$_{41}$ | 73843$_{7\cdot11\cdot137}$ | 73847 | 73849 | 73853$_{13\cdot19\cdot23}$ | 73859 | 73861$_{233}$ |
| 73867 | 73871$_{7\cdot61\cdot173}$ | 73873$_{31}$ | 73877 | 73879$_{13}$ | 73883 | 73889$_{37}$ | 73891$_{19}$ |
| 73897 | 73901$_{67}$ | 73903$_{263}$ | 73907 | 73909$_{11}$ | 73913$_{7}$ | 73919$_{193}$ | 73921$_{29}$ |
| 73927$_{7\cdot59\cdot179}$ | 73931$_{11\cdot13\cdot47}$ | 73933$_{17}$ | 73937$_{107}$ | 73939 | 73943 | 73949$_{73}$ | 73951 |
| 73957$_{13}$ | 73961 | 73963$_{37}$ | 73967$_{17\cdot19\cdot229}$ | 73969$_{7}$ | 73973 | 73979$_{29}$ | 73981$_{167}$ |
| 73987$_{241}$ | 73991$_{23}$ | 73993$_{61}$ | 73997$_{7\cdot11\cdot31}$ | 73999 | 74003$_{43}$ | 74009$_{13}$ | 74011$_{7\cdot97\cdot109}$ |
| 74017 | 74021 | 74023$_{79}$ | 74027 | 74029$_{181}$ | 74033$_{101}$ | 74039$_{7}$ | 74041$_{11\cdot53\cdot127}$ |
| 74047 | 74051 | 74053$_{7\cdot71\cdot149}$ | 74057$_{103}$ | 74059$_{31}$ | 74063$_{11}$ | 74069$_{17}$ | 74071 |
| 74077 | 74081$_{7\cdot19}$ | 74083$_{23}$ | 74087$_{13\cdot41\cdot139}$ | 74089$_{43}$ | 74093 | 74099 | 74101 |
| 74107$_{11}$ | 74111$_{37}$ | 74113$_{13}$ | 74117$_{137}$ | 74119$_{19\cdot47\cdot83}$ | 74123$_{7}$ | 74129$_{11\cdot23}$ | 74131 |
| 74137$_{7\cdot17\cdot89}$ | 74141$_{151}$ | 74143 | 74147$_{53}$ | 74149 | 74153$_{29}$ | 74159 | 74161 |
| 74167 | 74171$_{17}$ | 74173$_{11}$ | 74177 | 74179$_{7}$ | 74183$_{31}$ | 74189 | 74191$_{13}$ |
| 74197 | 74201 | 74203 | 74207$_{7}$ | 74209 | 74213$_{47}$ | 74219 | 74221$_{7\cdot23}$ |
| 74227$_{199}$ | 74231 | 74233$_{19}$ | 74237$_{61}$ | 74239$_{11\cdot17}$ | 74243$_{13}$ | 74249$_{7}$ | 74251$_{41}$ |
| 74257 | 74261$_{11\cdot43\cdot157}$ | 74263$_{7\cdot103}$ | 74267$_{23}$ | 74269$_{13\cdot29\cdot197}$ | 74273$_{17\cdot257}$ | 74279 | 74281$_{59}$ |
| 74287 | 74291$_{7}$ | 74293 | 74297 | 74299$_{191}$ | 74303$_{67}$ | 74309$_{19}$ | 74311 |
| 74317 | 74321$_{13}$ | 74323 | 74327$_{11\cdot29\cdot233}$ | 74329$_{239}$ | 74333$_{7\cdot37\cdot41}$ | 74339$_{79}$ | 74341$_{17}$ |
| 74347$_{7\cdot13\cdot19\cdot43}$ | 74351$_{149}$ | 74353 | 74357 | 74359$_{23\cdot53\cdot61}$ | 74363 | 74369$_{31}$ | 74371$_{11}$ |
| 74377 | 74381 | 74383 | 74387$_{73}$ | 74389$_{7}$ | 74393$_{11}$ | 74399$_{13\cdot59\cdot97}$ | 74401$_{47}$ |
| 74407$_{37}$ | 74411 | 74413 | 74417$_{7}$ | 74419 | 74423$_{19}$ | 74429$_{263}$ | 74431$_{7\cdot31}$ |
| 74437$_{11\cdot67\cdot101}$ | 74441 | 74443$_{17\cdot29\cdot151}$ | 74447$_{109}$ | 74449 | 74453 | 74459$_{7\cdot11}$ | 74461$_{19}$ |
| 74467$_{113}$ | 74471 | 74473$_{7}$ | 74477$_{13\cdot17}$ | 74479$_{71}$ | 74483$_{211}$ | 74489 | 74491$_{163}$ |
| 74497$_{23\cdot41\cdot79}$ | 74501$_{7\cdot29}$ | 74503$_{11\cdot13}$ | 74507 | 74509 | 74513$_{269}$ | 74519$_{43}$ | 74521 |
| 74527 | 74531 | 74533$_{73}$ | 74537$_{19}$ | 74539$_{131}$ | 74543$_{7\cdot23}$ | 74549$_{127}$ | 74551 |
| 74557$_{7}$ | 74561 | 74563$_{173}$ | 74567 | 74569$_{11}$ | 74573 | 74579$_{17\cdot41\cdot107}$ | 74581$_{13}$ |
| 74587 | 74591$_{11}$ | 74593$_{97}$ | 74597 | 74599$_{7}$ | 74603$_{61}$ | 74609 | 74611 |
| 74617$_{29\cdot31\cdot83}$ | 74621$_{71}$ | 74623 | 74627$_{7}$ | 74629$_{37}$ | 74633$_{13}$ | 74639$_{101}$ | 74641$_{7}$ |
| 74647$_{17}$ | 74651$_{19}$ | 74653 | 74657$_{11}$ | 74659$_{13}$ | 74663$_{197}$ | 74669$_{7}$ | 74671$_{89}$ |
| 74677$_{53}$ | 74681$_{17\cdot23\cdot191}$ | 74683$_{7\cdot47\cdot227}$ | 74687 | 74689$_{19}$ | 74693$_{113}$ | 74699 | 74701$_{11}$ |
| 74707 | 74711$_{7\cdot13}$ | 74713 | 74717 | 74719 | 74723$_{11}$ | 74729 | 74731 |
| 74737$_{13}$ | 74741$_{31}$ | 74743$_{41}$ | 74747 | 74749$_{17}$ | 74753$_{7\cdot59\cdot181}$ | 74759 | 74761 |
| 74767$_{7\cdot11}$ | 74771 | 74773$_{23}$ | 74777$_{37\cdot43\cdot47}$ | 74779 | 74783$_{17\cdot53\cdot83}$ | 74789$_{11\cdot13}$ | 74791$_{29}$ |
| 74797 | 74801$_{131}$ | 74803$_{19\cdot31\cdot127}$ | 74807$_{239}$ | 74809$_{7}$ | 74813$_{79}$ | 74819$_{23}$ | 74821 |
| 74827 | 74831 | 74833$_{11}$ | 74837$_{7}$ | 74839$_{67}$ | 74843 | 74849$_{29\cdot89}$ | 74851$_{7\cdot17\cdot37}$ |
| 74857 | 74861 | 74863$_{43}$ | 74867$_{13}$ | 74869 | 74873 | 74879$_{7\cdot19}$ | 74881$_{103}$ |
| 74887 | 74891 | 74893$_{7\cdot13}$ | 74897 | 74899$_{11}$ | 74903 | 74909$_{173}$ | 74911$_{23}$ |
| 74917$_{19}$ | 74921$_{7\cdot11\cdot139}$ | 74923 | 74927$_{31}$ | 74929 | 74933 | 74939$_{137}$ | 74941 |
| 74947$_{149}$ | 74951$_{241}$ | 74953$_{17}$ | 74957$_{23}$ | 74959 | 74963$_{7}$ | 74969$_{61}$ | 74971$_{13\cdot73\cdot79}$ |
| 74977$_{7}$ | 74981$_{97}$ | 74983$_{167}$ | 74987$_{11\cdot17}$ | 74989$_{31\cdot41\cdot59}$ | 74993$_{19}$ | 74999$_{37}$ | 75001$_{179}$ |
| 75007$_{107}$ | 75011 | 75013 | 75017 | 75019$_{7}$ | 75023$_{13\cdot29\cdot199}$ | 75029 | 75031$_{11\cdot19}$ |
| 75037 | 75041 | 75043$_{101}$ | 75047$_{7\cdot71\cdot151}$ | 75049$_{13\cdot23\cdot251}$ | 75053$_{11}$ | 75059$_{47}$ | 75061$_{7}$ |
| 75067$_{271}$ | 75071$_{41}$ | 75073$_{37}$ | 75077$_{193}$ | 75079 | 75083 | 75089$_{7\cdot17}$ | 75091$_{61}$ |
| 75097$_{11}$ | 75101$_{13\cdot53\cdot109}$ | 75103$_{7}$ | 75107$_{19\cdot59\cdot67}$ | 75109 | 75113$_{31}$ | 75119$_{11}$ | 75121$_{43}$ |
| 75127$_{13}$ | 75131$_{7}$ | 75133 | 75137$_{227}$ | 75139$_{29}$ | 75143$_{163}$ | 75149 | 75151$_{223}$ |
| 75157$_{17}$ | 75161 | 75163$_{11}$ | 75167 | 75169 | 75173$_{7}$ | 75179$_{13}$ | 75181 |
| 75187$_{7\cdot23}$ | 75191$_{17}$ | 75193 | 75197$_{29}$ | 75199$_{139}$ | 75203$_{157}$ | 75209 | 75211 |
| 75217 | 75221$_{19\cdot37\cdot107}$ | 75223 | 75227 | 75229$_{7\cdot11}$ | 75233$_{23}$ | 75239 | 75241$_{67}$ |
| 75247$_{47}$ | 75251$_{11}$ | 75253 | 75257$_{7\cdot13}$ | 75259$_{17\cdot19\cdot233}$ | 75263$_{73}$ | 75269 | 75271$_{7}$ |
| 75277 | 75281$_{83}$ | 75283$_{13}$ | 75287$_{79}$ | 75289 | 75293$_{17\cdot43\cdot103}$ | 75299$_{7\cdot31}$ | 75301$_{257}$ |
| 75307 | 75311$_{127}$ | 75313$_{7\cdot29\cdot53}$ | 75317$_{11\cdot41\cdot167}$ | 75319$_{109}$ | 75323 | 75329 | 75331$_{71}$ |
| 75337 | 75341$_{7\cdot47\cdot229}$ | 75343$_{59}$ | 75347 | 75349$_{151}$ | 75353 | 75359$_{179}$ | 75361$_{11\cdot13\cdot17\cdot31}$ |
| 75367 | 75371$_{23\cdot29\cdot113}$ | 75373$_{19}$ | 75377 | 75379$_{43}$ | 75383$_{7\cdot11\cdot89}$ | 75389 | 75391 |
| 75397$_{7}$ | 75401 | 75403 | 75407 | 75409$_{73}$ | 75413$_{13}$ | 75419$_{53}$ | 75421$_{199}$ |
| 75427$_{11}$ | 75431 | 75433$_{241}$ | 75437 | 75439$_{7\cdot13}$ | 75443$_{37}$ | 75449$_{11\cdot19}$ | 75451$_{197}$ |
| 75457$_{61}$ | 75461$_{59}$ | 75463$_{17\cdot23\cdot193}$ | 75467$_{7}$ | 75469$_{163}$ | 75473$_{71}$ | 75479 | 75481$_{7\cdot41\cdot263}$ |
| 75487$_{19\cdot29\cdot137}$ | 75491$_{13}$ | 75493$_{11}$ | 75497$_{17}$ | 75499$_{103}$ | 75503 | 75509$_{7\cdot23\cdot67}$ | 75511 |
| 75517$_{13\cdot37\cdot157}$ | 75521 | 75523$_{7}$ | 75527 | 75529$_{47}$ | 75533 | 75539 | 75541 |
| 75547$_{31}$ | 75551$_{7\cdot43\cdot251}$ | 75553 | 75557 | 75559$_{11}$ | 75563$_{19\cdot41\cdot97}$ | 75569$_{13}$ | 75571 |
| 75577 | 75581$_{11}$ | 75583 | 75587$_{131}$ | 75589$_{269}$ | 75593$_{7}$ | 75599$_{17}$ | 75601$_{19\cdot23\cdot173}$ |
| 75607$_{7}$ | 75611 | 75613$_{83}$ | 75617 | 75619 | 75623$_{47}$ | 75629 | 75631$_{53}$ |
| 75637$_{43}$ | 75641 | 75643$_{67}$ | 75647$_{11\cdot13\cdot23}$ | 75649$_{7\cdot101\cdot107}$ | 75653 | 75659 | 75661$_{29}$ |
| 75667$_{17}$ | 75671$_{31}$ | 75673$_{13}$ | 75677$_{7\cdot19}$ | 75679 | 75683 | 75689 | 75691$_{7\cdot11}$ |
| 75697$_{59}$ | 75701$_{17\cdot61\cdot73}$ | 75703 | 75707 | 75709 | 75713$_{11}$ | 75719$_{7\cdot29}$ | 75721 |
| 75727$_{41}$ | 75731 | 75733$_{7\cdot31}$ | 75737$_{53}$ | 75739$_{23\cdot37\cdot89}$ | 75743 | 75749$_{211}$ | 75751$_{13}$ |
| 75757$_{11\cdot71\cdot97}$ | 75761$_{7\cdot79\cdot137}$ | 75763$_{239}$ | 75767 | 75769$_{17}$ | 75773 | 75779$_{11\cdot83}$ | 75781 |
| 75787 | 75791$_{19}$ | 75793 | 75797 | 75799$_{229}$ | 75803$_{7\cdot13\cdot17}$ | 75809$_{41\cdot43}$ | 75811$_{47}$ |
| 75817$_{7}$ | 75821 | 75823$_{11\cdot61\cdot113}$ | 75827$_{191}$ | 75829$_{13\cdot19}$ | 75833 | 75839$_{181}$ | 75841$_{149}$ |
| 75847$_{73}$ | 75851$_{101}$ | 75853 | 75857$_{31}$ | 75859$_{7}$ | 75863$_{107}$ | 75869 | 75871$_{17}$ |
| 75877$_{23}$ | 75881$_{13}$ | 75883 | 75887$_{7\cdot37}$ | 75889$_{11}$ | 75893$_{29}$ | 75899$_{71}$ | 75901$_{7}$ |
| 75907$_{13}$ | 75911$_{11\cdot67\cdot103}$ | 75913 | 75917$_{89}$ | 75919$_{31\cdot79}$ | 75923$_{23}$ | 75929$_{7}$ | 75931 |
| 75937 | 75941 | 75943$_{7\cdot19}$ | 75947$_{173}$ | 75949$_{53}$ | 75953$_{151}$ | 75959$_{13}$ | 75961$_{37}$ |
| 75967 | 75971$_{7}$ | 75973$_{17\cdot41\cdot109}$ | 75977$_{11}$ | 75979 | 75983 | 75989 | 75991 |
| 75997 | 76001 | 76003 | 76007$_{17\cdot263}$ | 76009$_{29}$ | 76013$_{7}$ | 76019$_{19}$ | 76021$_{11}$ |
| 76027$_{7}$ | 76031 | 76033$_{139}$ | 76037$_{13}$ | 76039 | 76043$_{11\cdot31\cdot223}$ | 76049$_{113}$ | 76051$_{59}$ |
| 76057$_{19}$ | 76061$_{23}$ | 76063$_{13}$ | 76067$_{29\cdot43\cdot61}$ | 76069$_{7}$ | 76073$_{127}$ | 76079 | 76081 |
| 76087$_{11}$ | 76091 | 76093$_{47}$ | 76097$_{7}$ | 76099 | 76103 | 76109$_{11\cdot17\cdot37}$ | 76111$_{7\cdot83\cdot131}$ |
| 76117$_{103}$ | 76121$_{163}$ | 76123 | 76127$_{269}$ | 76129 | 76133$_{19}$ | 76139$_{7\cdot73\cdot149}$ | 76141$_{13}$ |
| 76147 | 76151$_{271}$ | 76153$_{7\cdot11\cdot23\cdot43}$ | 76157 | 76159 | 76163 | 76169$_{59}$ | 76171$_{19\cdot211}$ |
| 76177$_{17}$ | 76181$_{7}$ | 76183$_{29\cdot37\cdot71}$ | 76187$_{47}$ | 76189$_{61}$ | 76193$_{13}$ | 76199$_{23}$ | 76201$_{181}$ |

| | | | | | | | |
|---|---|---|---|---|---|---|---|
| 76207 | 76211$_{17}$ | 76213 | 76217$_{199}$ | 76219$_{11\cdot 13\cdot 41}$ | 76223$_{7}$ | 76229$_{31}$ | 76231 |
| 76237$_{7}$ | 76241$_{11\cdot 29\cdot 239}$ | 76243 | 76247$_{19}$ | 76249 | 76253 | 76259 | 76261 |
| 76267$_{53}$ | 76271$_{13}$ | 76273$_{89}$ | 76277$_{83}$ | 76279$_{7\cdot 17}$ | 76283 | 76289 | 76291$_{23\cdot 31\cdot 107}$ |
| 76297$_{13}$ | 76301$_{41}$ | 76303 | 76307$_{7\cdot 11}$ | 76309$_{137}$ | 76313$_{17\cdot 67}$ | 76319$_{167}$ | 76321$_{7}$ |
| 76327$_{127}$ | 76331$_{37}$ | 76333 | 76337$_{23}$ | 76339$_{97}$ | 76343 | 76349$_{7\cdot 13}$ | 76351$_{11}$ |
| 76357$_{29}$ | 76361$_{19}$ | 76363$_{7}$ | 76367 | 76369 | 76373$_{11\cdot 53\cdot 131}$ | 76379 | 76381$_{17}$ |
| 76387 | 76391$_{7}$ | 76393$_{79}$ | 76397$_{241}$ | 76399$_{19}$ | 76403 | 76409$_{109}$ | 76411$_{43}$ |
| 76417$_{11}$ | 76421 | 76423 | 76427$_{13}$ | 76429$_{23}$ | 76433$_{7\cdot 61\cdot 179}$ | 76439$_{11}$ | 76441 |
| 76447$_{7\cdot 67\cdot 163}$ | 76451$_{89}$ | 76453$_{13}$ | 76457$_{101}$ | 76459$_{157}$ | 76463 | 76469$_{47}$ | 76471 |
| 76477$_{31}$ | 76481 | 76483$_{11\cdot 17}$ | 76487 | 76489$_{7\cdot 223}$ | 76493 | 76499$_{227}$ | 76501$_{113}$ |
| 76507 | 76511 | 76513$_{19}$ | 76517$_{7\cdot 17}$ | 76519 | 76523$_{59}$ | 76529$_{103}$ | 76531$_{7\cdot 13\cdot 29}$ |
| 76537 | 76541 | 76543 | 76547$_{41}$ | 76549$_{11}$ | 76553$_{37}$ | 76559$_{7}$ | 76561 |
| 76567$_{23}$ | 76571$_{11}$ | 76573$_{7}$ | 76577$_{73}$ | 76579 | 76583$_{13\cdot 43\cdot 137}$ | 76589$_{19\cdot 29\cdot 139}$ | 76591$_{191}$ |
| 76597 | 76601$_{7\cdot 31}$ | 76603 | 76607 | 76609$_{13\cdot 71\cdot 83}$ | 76613$_{23}$ | 76619$_{17}$ | 76621$_{193}$ |
| 76627$_{19\cdot 37\cdot 109}$ | 76631 | 76633$_{197}$ | 76637$_{11}$ | 76639$_{173}$ | 76643$_{7}$ | 76649 | 76651 |
| 76657$_{7\cdot 47\cdot 233}$ | 76661$_{13}$ | 76663$_{31}$ | 76667 | 76669$_{43}$ | 76673 | 76679 | 76681$_{11}$ |
| 76687$_{13\cdot 17}$ | 76691$_{53}$ | 76693$_{271}$ | 76697 | 76699$_{7}$ | 76703$_{11\cdot 19}$ | 76709$_{79}$ | 76711$_{41}$ |
| 76717 | 76721$_{17}$ | 76723$_{73}$ | 76727$_{7\cdot 97\cdot 113}$ | 76729$_{277}$ | 76733 | 76739$_{13}$ | 76741$_{7\cdot 19}$ |
| 76747$_{11}$ | 76751$_{23\cdot 47\cdot 71}$ | 76753 | 76757 | 76759$_{59}$ | 76763$_{29}$ | 76769$_{7\cdot 11}$ | 76771 |
| 76777 | 76781 | 76783$_{7}$ | 76787$_{31}$ | 76789$_{17}$ | 76793$_{41}$ | 76799$_{61}$ | 76801 |
| 76807$_{89}$ | 76811$_{7}$ | 76813$_{11}$ | 76817$_{13\cdot 19}$ | 76819 | 76823$_{17}$ | 76829 | 76831 |
| 76837 | 76841$_{43}$ | 76843$_{13\cdot 23\cdot 257}$ | 76847 | 76849$_{31\cdot 37\cdot 67}$ | 76853$_{7}$ | 76859$_{151}$ | 76861$_{101}$ |
| 76867$_{7\cdot 79\cdot 139}$ | 76871 | 76873 | 76877$_{59}$ | 76879$_{11\cdot 29\cdot 241}$ | 76883 | 76889$_{23}$ | 76891$_{17}$ |
| 76897$_{131}$ | 76901$_{11}$ | 76903$_{53}$ | 76907 | 76909$_{7}$ | 76913 | 76919 | 76921$_{13\cdot 61\cdot 97}$ |
| 76927$_{43}$ | 76931$_{19}$ | 76933$_{107}$ | 76937$_{7\cdot 29}$ | 76939$_{47}$ | 76943 | 76949 | 76951$_{7}$ |
| 76957$_{41}$ | 76961 | 76963 | 76967$_{11}$ | 76969$_{19}$ | 76973$_{13\cdot 31\cdot 191}$ | 76979$_{7}$ | 76981$_{23}$ |
| 76987$_{167}$ | 76991 | 76993$_{7\cdot 17}$ | 76997$_{37}$ | 76999$_{13}$ | 77003 | 77009$_{53}$ | 77011$_{11}$ |
| 77017 | 77021$_{7}$ | 77023 | 77027$_{17\cdot 23\cdot 197}$ | 77029 | 77033$_{11\cdot 47\cdot 149}$ | 77039$_{41}$ | 77041 |
| 77047 | 77051$_{13}$ | 77053$_{29}$ | 77057$_{251}$ | 77059$_{263}$ | 77063$_{7\cdot 101\cdot 109}$ | 77069 | 77071$_{37}$ |
| 77077$_{7\cdot 11\cdot 13}$ | 77081 | 77083$_{19}$ | 77087$_{157}$ | 77089$_{127}$ | 77093 | 77099$_{11\cdot 43\cdot 163}$ | 77101 |
| 77107$_{83}$ | 77111$_{29}$ | 77113$_{59}$ | 77117$_{67}$ | 77119$_{7\cdot 23}$ | 77123$_{233}$ | 77129$_{13\cdot 17}$ | 77131$_{137}$ |
| 77137 | 77141 | 77143$_{11}$ | 77147$_{7\cdot 103\cdot 107}$ | 77149$_{179}$ | 77153 | 77159$_{19\cdot 31\cdot 131}$ | 77161$_{7\cdot 73\cdot 151}$ |
| 77167 | 77171 | 77173$_{229}$ | 77177$_{71}$ | 77179$_{113}$ | 77183$_{79}$ | 77189$_{7}$ | 77191 |
| 77197$_{17\cdot 19\cdot 239}$ | 77201 | 77203$_{7\cdot 41\cdot 269}$ | 77207$_{13}$ | 77209$_{11}$ | 77213 | 77219$_{37}$ | 77221$_{31\cdot 47\cdot 53}$ |
| 77227$_{29}$ | 77231$_{7\cdot 11\cdot 17\cdot 59}$ | 77233$_{13}$ | 77237 | 77239 | 77243 | 77249 | 77251$_{67}$ |
| 77257$_{23}$ | 77261 | 77263 | 77267 | 77269 | 77273$_{7\cdot 19\cdot 83}$ | 77279 | 77281$_{109}$ |
| 77287$_{7\cdot 61\cdot 181}$ | 77291 | 77293$_{37}$ | 77297$_{11}$ | 77299$_{17}$ | 77303$_{23}$ | 77309$_{97}$ | 77311$_{13\cdot 19}$ |
| 77317 | 77321$_{167}$ | 77323 | 77327$_{53}$ | 77329$_{7}$ | 77333$_{17}$ | 77339 | 77341$_{11\cdot 79\cdot 89}$ |
| 77347 | 77351 | 77353$_{103}$ | 77357$_{7\cdot 43\cdot 257}$ | 77359 | 77363$_{11\cdot 13}$ | 77369 | 77371$_{7}$ |
| 77377 | 77381$_{223}$ | 77383 | 77387$_{19}$ | 77389$_{13}$ | 77393$_{193}$ | 77399$_{7}$ | 77401$_{17\cdot 29\cdot 157}$ |
| 77407$_{11\cdot 31\cdot 227}$ | 77411$_{199}$ | 77413$_{7}$ | 77417 | 77419 | 77423$_{139}$ | 77429$_{11}$ | 77431 |
| 77437$_{211}$ | 77441$_{7\cdot 13\cdot 23\cdot 37}$ | 77443$_{43}$ | 77447 | 77449$_{41}$ | 77453$_{73}$ | 77459$_{29}$ | 77461$_{71}$ |
| 77467$_{13\cdot 59\cdot 101}$ | 77471 | 77473$_{11}$ | 77477 | 77479 | 77483$_{7}$ | 77489 | 77491 |
| 77497$_{7}$ | 77501$_{19}$ | 77503$_{17\cdot 47\cdot 97}$ | 77507$_{179}$ | 77509 | 77513 | 77519$_{13\cdot 67\cdot 89}$ | 77521 |
| 77527 | 77531$_{31\cdot 41\cdot 61}$ | 77533$_{23}$ | 77537$_{17}$ | 77539$_{7\cdot 11\cdot 19\cdot 53}$ | 77543 | 77549 | 77551 |
| 77557 | 77561$_{11}$ | 77563 | 77567$_{7}$ | 77569 | 77573 | 77579$_{23}$ | 77581$_{7}$ |
| 77587 | 77591 | 77593$_{31}$ | 77597$_{13\cdot 47\cdot 127}$ | 77599$_{73}$ | 77603$_{71}$ | 77609$_{7}$ | 77611 |
| 77617 | 77621 | 77623$_{7\cdot 13}$ | 77627$_{11}$ | 77629$_{149}$ | 77633$_{29}$ | 77639$_{17}$ | 77641 |
| 77647 | 77651$_{7}$ | 77653$_{19\cdot 61\cdot 67}$ | 77657$_{79}$ | 77659 | 77663$_{37}$ | 77669$_{101}$ | 77671$_{11\cdot 23}$ |
| 77677$_{173}$ | 77681 | 77683$_{131}$ | 77687 | 77689 | 77693$_{7\cdot 11}$ | 77699 | 77701$_{13\cdot 43\cdot 139}$ |
| 77707$_{7\cdot 17}$ | 77711 | 77713 | 77717$_{23\cdot 31\cdot 109}$ | 77719 | 77723 | 77729$_{19}$ | 77731 |
| 77737$_{11\cdot 37\cdot 191}$ | 77741$_{17\cdot 269}$ | 77743 | 77747 | 77749$_{7\cdot 29}$ | 77753$_{13}$ | 77759$_{11}$ | 77761 |
| 77767$_{19}$ | 77771$_{83}$ | 77773 | 77777$_{7\cdot 41\cdot 271}$ | 77779$_{13\cdot 31\cdot 193}$ | 77783 | 77789$_{107}$ | 77791$_{7}$ |
| 77797 | 77801 | 77803$_{11}$ | 77807$_{29}$ | 77809$_{17\cdot 23\cdot 199}$ | 77813 | 77819$_{7}$ | 77821$_{59}$ |
| 77827$_{223}$ | 77831$_{13}$ | 77833$_{7}$ | 77837$_{277}$ | 77839 | 77843$_{17\cdot 19\cdot 241}$ | 77849 | 77851$_{127}$ |
| 77857$_{13\cdot 53\cdot 113}$ | 77861$_{7\cdot 227}$ | 77863 | 77867 | 77869$_{11}$ | 77873$_{43}$ | 77879$_{47}$ | 77881$_{19}$ |
| 77887$_{71}$ | 77891$_{11\cdot 73\cdot 97}$ | 77893 | 77897$_{61}$ | 77899 | 77903$_{7\cdot 31}$ | 77909$_{13}$ | 77911$_{17}$ |
| 77917$_{7}$ | 77921$_{67}$ | 77923$_{29}$ | 77927$_{149}$ | 77929 | 77933 | 77939$_{59}$ | 77941$_{41}$ |
| 77947$_{23}$ | 77951 | 77953$_{137}$ | 77957$_{11\cdot 19}$ | 77959$_{7\cdot 37\cdot 43}$ | 77963$_{53}$ | 77969 | 77971$_{103}$ |
| 77977 | 77981$_{29}$ | 77983 | 77987$_{7\cdot 13}$ | 77989$_{167}$ | 77993$_{23}$ | 77999 | 78001$_{7\cdot 11}$ |
| 78007 | 78011$_{181}$ | 78013$_{13\cdot 17}$ | 78017 | 78019$_{61}$ | 78023$_{11\cdot 41\cdot 173}$ | 78029$_{7\cdot 71\cdot 157}$ | 78031 |
| 78037$_{73}$ | 78041 | 78043$_{7}$ | 78047$_{17}$ | 78049 | 78053$_{89}$ | 78059 | 78061$_{251}$ |
| 78067$_{11\cdot 47\cdot 151}$ | 78071$_{7\cdot 19}$ | 78073$_{101}$ | 78077$_{163}$ | 78079 | 78083$_{113}$ | 78089$_{11\cdot 31\cdot 229}$ | 78091$_{13}$ |
| 78097$_{29}$ | 78101 | 78103$_{83}$ | 78107$_{37}$ | 78109$_{19}$ | 78113$_{7}$ | 78119$_{191}$ | 78121 |
| 78127$_{7}$ | 78131$_{23\cdot 43\cdot 79}$ | 78133$_{11}$ | 78137 | 78139 | 78143$_{13}$ | 78149$_{17}$ | 78151$_{31}$ |
| 78157 | 78161$_{47}$ | 78163 | 78167 | 78169$_{7\cdot 13}$ | 78173 | 78179 | 78181$_{37}$ |
| 78187$_{41}$ | 78191 | 78193 | 78197$_{7}$ | 78199$_{11}$ | 78203 | 78209$_{197}$ | 78211$_{7}$ |
| 78217$_{17\cdot 43\cdot 107}$ | 78221$_{11\cdot 13}$ | 78223$_{19\cdot 23\cdot 179}$ | 78227$_{137}$ | 78229 | 78233 | 78239$_{7}$ | 78241 |
| 78247$_{13}$ | 78251$_{17}$ | 78253$_{7}$ | 78257$_{139}$ | 78259 | 78263$_{61}$ | 78269$_{23\cdot 41\cdot 83}$ | 78271$_{29}$ |
| 78277 | 78281$_{7\cdot 53\cdot 211}$ | 78283 | 78287$_{11}$ | 78289$_{79}$ | 78293$_{59}$ | 78299$_{13\cdot 19}$ | 78301 |
| 78307 | 78311 | 78313$_{71}$ | 78317 | 78319$_{17\cdot 271}$ | 78323$_{7\cdot 67\cdot 167}$ | 78329$_{29\cdot 37\cdot 73}$ | 78331$_{11}$ |
| 78337$_{7\cdot 19\cdot 31}$ | 78341 | 78343$_{157}$ | 78347 | 78349$_{47}$ | 78353$_{11\cdot 17}$ | 78359$_{127}$ | 78361$_{23}$ |
| 78367 | 78371$_{109}$ | 78373$_{181}$ | 78377$_{13}$ | 78379$_{7}$ | 78383$_{103}$ | 78389$_{43}$ | 78391$_{277}$ |
| 78397$_{11}$ | 78401 | 78403$_{13\cdot 37\cdot 163}$ | 78407$_{7\cdot 23}$ | 78409$_{89}$ | 78413$_{19}$ | 78419$_{11}$ | 78421$_{7\cdot 17}$ |
| 78427 | 78431$_{107}$ | 78433$_{41}$ | 78437 | 78439 | 78443$_{47}$ | 78449$_{7}$ | 78451$_{19}$ |
| 78457$_{67}$ | 78461$_{31}$ | 78463$_{7\cdot 11}$ | 78467 | 78469$_{131}$ | 78473$_{97}$ | 78479 | 78481$_{13}$ |
| 78487 | 78491$_{7}$ | 78493$_{53}$ | 78497 | 78499$_{23}$ | 78503$_{29}$ | 78509 | 78511 |
| 78517 | 78521$_{233}$ | 78523$_{17\cdot 31\cdot 149}$ | 78527$_{19}$ | 78529$_{11\cdot 59}$ | 78533$_{7\cdot 13}$ | 78539 | 78541 |
| 78547$_{7\cdot 229}$ | 78551$_{11\cdot 37\cdot 193}$ | 78553 | 78557$_{17}$ | 78559$_{13}$ | 78563$_{251}$ | 78569 | 78571 |
| 78577 | 78581$_{179}$ | 78583 | 78587$_{89}$ | 78589$_{7\cdot 103\cdot 109}$ | 78593 | 78599$_{53}$ | 78601$_{83}$ |
| 78607 | 78611$_{13}$ | 78613$_{127}$ | 78617$_{7\cdot 11}$ | 78619$_{29}$ | 78623 | 78629$_{61}$ | 78631$_{7\cdot 47\cdot 239}$ |
| 78637$_{13\cdot 23\cdot 263}$ | 78641$_{19}$ | 78643 | 78647$_{31\cdot 43\cdot 59}$ | 78649 | 78653 | 78659$_{7\cdot 17}$ | 78661$_{11}$ |

| | | | | | | | |
|---|---|---|---|---|---|---|---|
| $78667_{97}$ | $78671_{151}$ | $78673_{7}$ | $78677_{29}$ | $78679_{19\cdot 41\cdot 101}$ | $78683_{11\cdot 23}$ | $78689_{13}$ | 78691 |
| 78697 | $78701_{7}$ | $78703_{211}$ | 78707 | $78709_{31}$ | 78713 | $78719_{223}$ | 78721 |
| $78727_{11\cdot 17}$ | $78731_{131}$ | $78733_{43}$ | 78737 | $78739_{71}$ | $78743_{7}$ | $78749_{11}$ | $78751_{61}$ |
| $78757_{7}$ | $78761_{17\cdot 41\cdot 113}$ | $78763_{79}$ | $78767_{13\cdot 73\cdot 83}$ | $78769_{227}$ | $78773_{37}$ | 78779 | 78781 |
| 78787 | 78791 | $78793_{11\cdot 13\cdot 19\cdot 29}$ | 78797 | $78799_{7}$ | 78803 | 78809 | $78811_{53}$ |
| $78817_{269}$ | $78821_{23\cdot 149}$ | 78823 | $78827_{7}$ | $78829_{17}$ | $78833_{31}$ | 78839 | $78841_{7}$ |
| $78847_{37}$ | $78851_{29}$ | 78853 | 78857 | $78859_{11\cdot 67\cdot 107}$ | $78863_{17}$ | $78869_{7\cdot 19}$ | $78871_{13}$ |
| 78877 | $78881_{11\cdot 71\cdot 101}$ | $78883_{7\cdot 59\cdot 191}$ | 78887 | 78889 | 78893 | $78899_{257}$ | 78901 |
| $78907_{19}$ | $78911_{7}$ | $78913_{23\cdot 47\cdot 73}$ | $78917_{53}$ | 78919 | $78923_{13}$ | 78929 | $78931_{17}$ |
| $78937_{193}$ | 78941 | $78943_{89}$ | $78947_{11}$ | $78949_{13}$ | $78953_{7}$ | $78959_{23}$ | $78961_{281}$ |
| $78967_{7\cdot 29}$ | $78971_{157}$ | $78973_{151}$ | 78977 | 78979 | $78983_{19}$ | 78989 | $78991_{11\cdot 43\cdot 167}$ |
| $78997_{197}$ | $79001_{13\cdot 59\cdot 103}$ | $79003_{199}$ | $79007_{41\cdot 47}$ | $79009_{7}$ | $79013_{11}$ | $79019_{31}$ | $79021_{19}$ |
| $79027_{13}$ | 79031 | $79033_{17}$ | $79037_{7}$ | 79039 | 79043 | $79049_{137}$ | $79051_{7\cdot 23}$ |
| $79057_{11}$ | $79061_{173}$ | 79063 | $79067_{17}$ | $79069_{37}$ | $79073_{107}$ | $79079_{7\cdot 11\cdot 13\cdot 79}$ | $79081_{31}$ |
| 79087 | $79091_{139}$ | $79093_{7}$ | $79097_{19\cdot 23\cdot 181}$ | $79099_{83}$ | 79103 | $79109_{239}$ | 79111 |
| $79117_{61}$ | $79121_{7\cdot 89\cdot 127}$ | $79123_{11}$ | $79127_{67}$ | $79129_{53}$ | 79133 | 79139 | $79141_{29}$ |
| 79147 | 79151 | 79153 | $79157_{13}$ | 79159 | $79163_{7\cdot 43\cdot 263}$ | $79169_{17}$ | $79171_{41}$ |
| $79177_{7}$ | 79181 | $79183_{13}$ | 79187 | $79189_{11\cdot 23}$ | 79193 | $79199_{29}$ | 79201 |
| $79207_{103}$ | $79211_{11\cdot 19}$ | $79213_{113}$ | $79217_{37}$ | $79219_{7}$ | $79223_{227}$ | 79229 | 79231 |
| $79237_{17\cdot 59\cdot 79}$ | 79241 | $79243_{109}$ | $79247_{7}$ | $79249_{19\cdot 43\cdot 97}$ | $79253_{41}$ | 79259 | $79261_{7\cdot 13\cdot 67}$ |
| $79267_{31}$ | $79271_{17}$ | 79273 | $79277_{11}$ | 79279 | 79283 | $79289_{7\cdot 47\cdot 241}$ | $79291_{37}$ |
| $79297_{179}$ | 79301 | $79303_{7}$ | $79307_{71}$ | 79309 | $79313_{13}$ | 79319 | $79321_{11}$ |
| $79327_{23}$ | $79331_{7}$ | 79333 | 79337 | $79339_{13\cdot 17}$ | $79343_{11}$ | 79349 | $79351_{73}$ |
| 79357 | $79361_{61}$ | $79363_{19}$ | 79367 | $79369_{139}$ | $79373_{7\cdot 17\cdot 23\cdot 29}$ | 79379 | $79381_{163}$ |
| $79387_{7\cdot 11}$ | $79391_{13\cdot 31\cdot 197}$ | 79393 | 79397 | 79399 | $79403_{271}$ | $79409_{11}$ | 79411 |
| $79417_{13\cdot 41\cdot 149}$ | $79421_{43}$ | 79423 | 79427 | $79429_{7}$ | 79433 | $79439_{19\cdot 37\cdot 113}$ | $79441_{17}$ |
| $79447_{53}$ | 79451 | $79453_{11\cdot 31\cdot 233}$ | $79457_{7}$ | $79459_{181}$ | $79463_{229}$ | $79469_{13}$ | $79471_{7}$ |
| $79477_{19\cdot 47\cdot 89}$ | 79481 | $79483_{61}$ | $79487_{101}$ | $79489_{29}$ | 79493 | $79499_{7\cdot 41\cdot 277}$ | $79501_{107}$ |
| $79507_{43}$ | $79511_{23}$ | $79513_{7\cdot 37}$ | $79517_{131}$ | $79519_{11}$ | $79523_{281}$ | $79529_{67}$ | 79531 |
| 79537 | $79541_{7\cdot 11}$ | $79543_{17}$ | $79547_{13\cdot 29\cdot 211}$ | 79549 | $79553_{19\cdot 53\cdot 79}$ | 79559 | 79561 |
| $79567_{251}$ | $79571_{47}$ | $79573_{13}$ | $79577_{17\cdot 31\cdot 151}$ | 79579 | $79583_{7}$ | 79589 | $79591_{19\cdot 59\cdot 71}$ |
| $79597_{7\cdot 83\cdot 137}$ | 79601 | $79603_{23}$ | $79607_{11}$ | 79609 | 79613 | $79619_{103}$ | 79621 |
| 79627 | 79631 | 79633 | $79637_{97}$ | $79639_{7\cdot 31}$ | $79643_{73}$ | $79649_{23}$ | $79651_{11\cdot 13}$ |
| 79657 | $79661_{37}$ | $79663_{29\cdot 41\cdot 67}$ | $79667_{7\cdot 19}$ | 79669 | $79673_{11}$ | $79679_{17\cdot 43\cdot 109}$ | $79681_{7}$ |
| 79687 | 79691 | 79693 | 79697 | 79699 | $79703_{13}$ | $79709_{7\cdot 59\cdot 193}$ | $79711_{79}$ |
| $79717_{11}$ | $79721_{29}$ | $79723_{7}$ | $79727_{61}$ | $79729_{13}$ | $79733_{71}$ | $79739_{11}$ | $79741_{23}$ |
| $79747_{17}$ | $79751_{7}$ | $79753_{173}$ | 79757 | $79759_{47}$ | $79763_{31\cdot 83}$ | 79769 | $79771_{241}$ |
| 79777 | $79781_{13\cdot 17\cdot 19}$ | $79783_{11}$ | $79787_{23}$ | $79789_{73}$ | $79793_{7}$ | $79799_{199}$ | 79801 |
| $79807_{7\cdot 13}$ | 79811 | 79813 | 79817 | $79819_{19}$ | 79823 | 79829 | $79831_{97}$ |
| $79837_{29}$ | 79841 | 79843 | 79847 | $79849_{7\cdot 11\cdot 17\cdot 61}$ | $79853_{47}$ | $79859_{13}$ | 79861 |
| 79867 | $79871_{11\cdot 53\cdot 137}$ | 79873 | $79877_{7}$ | $79879_{23\cdot 151}$ | $79883_{17\cdot 37\cdot 127}$ | 79889 | $79891_{7\cdot 101\cdot 113}$ |
| $79897_{109}$ | 79901 | 79903 | 79907 | $79909_{41}$ | $79913_{157}$ | $79919_{7\cdot 233}$ | $79921_{229}$ |
| $79927_{257}$ | $79931_{67}$ | $79933_{7\cdot 19}$ | $79937_{11\cdot 13\cdot 43}$ | 79939 | 79943 | $79949_{31}$ | $79951_{17}$ |
| $79957_{37}$ | $79961_{7}$ | $79963_{13}$ | 79967 | $79969_{211}$ | 79973 | 79979 | $79981_{11}$ |
| 79987 | $79991_{41}$ | $79993_{167}$ | 79997 | 79999 | $80003_{7\cdot 11}$ | $80009_{19}$ | $80011_{29\cdot 31\cdot 89}$ |
| $80017_{7\cdot 23\cdot 71}$ | 80021 | $80023_{43}$ | $80027_{79}$ | $80029_{191}$ | $80033_{163}$ | 80039 | $80041_{13\cdot 47\cdot 131}$ |
| $80047_{11\cdot 19}$ | 80051 | $80053_{17\cdot 277}$ | $80057_{223}$ | $80059_{7}$ | $80063_{23\cdot 59}$ | $80069_{11\cdot 29\cdot 251}$ | 80071 |
| 80077 | $80081_{73}$ | $80083_{53}$ | $80087_{7\cdot 17}$ | $80089_{283}$ | $80093_{13\cdot 61\cdot 101}$ | $80099_{173}$ | $80101_{7}$ |
| 80107 | 80111 | $80113_{11}$ | $80117_{113}$ | $80119_{13}$ | $80123_{19}$ | $80129_{7}$ | $80131_{227}$ |
| $80137_{127}$ | 80141 | $80143_{7\cdot 107}$ | 80147 | 80149 | 80153 | $80159_{71}$ | $80161_{19}$ |
| 80167 | $80171_{7\cdot 13}$ | 80173 | 80177 | $80179_{11\cdot 37\cdot 197}$ | $80183_{181}$ | $80189_{17\cdot 53\cdot 89}$ | 80191 |
| $80197_{13\cdot 31\cdot 199}$ | $80201_{11\cdot 23}$ | $80203_{139}$ | 80207 | 80209 | $80213_{7}$ | $80219_{97}$ | 80221 |
| $80227_{7\cdot 73\cdot 157}$ | 80231 | 80233 | $80237_{19\cdot 41\cdot 103}$ | 80239 | $80243_{29}$ | $80249_{13}$ | 80251 |
| $80257_{17}$ | $80261_{83}$ | 80263 | $80267_{11}$ | $80269_{7}$ | 80273 | 80279 | $80281_{43}$ |
| 80287 | $80291_{17}$ | $80293_{23}$ | $80297_{7}$ | $80299_{59}$ | $80303_{131}$ | 80309 | $80311_{7\cdot 11\cdot 149}$ |
| 80317 | $80321_{31}$ | $80323_{47}$ | $80327_{13\cdot 37\cdot 167}$ | 80329 | $80333_{11\cdot 67\cdot 109}$ | $80339_{7\cdot 23}$ | 80341 |
| 80347 | $80351_{19}$ | $80353_{7\cdot 13}$ | $80357_{107}$ | $80359_{17\cdot 29\cdot 163}$ | 80363 | 80369 | $80371_{179}$ |
| $80377_{11}$ | $80381_{7}$ | $80383_{31}$ | 80387 | $80389_{19}$ | $80393_{17}$ | $80399_{11}$ | $80401_{37\cdot 41\cdot 53}$ |
| 80407 | $80411_{191}$ | $80413_{97}$ | $80417_{29\cdot 47\cdot 59}$ | $80419_{137}$ | $80423_{7}$ | 80429 | $80431_{13\cdot 23\cdot 269}$ |
| $80437_{7}$ | $80441_{257}$ | $80443_{11\cdot 71\cdot 103}$ | 80447 | 80449 | $80453_{43}$ | $80459_{61}$ | $80461_{17}$ |
| $80467_{67}$ | 80471 | 80473 | $80477_{23}$ | $80479_{7}$ | $80483_{13\cdot 41\cdot 151}$ | 80489 | 80491 |
| $80497_{101}$ | $80501_{79}$ | $80503_{19\cdot 223}$ | $80507_{7\cdot 31\cdot 53}$ | $80509_{11\cdot 13}$ | 80513 | $80519_{73}$ | $80521_{7}$ |
| 80527 | $80531_{11}$ | $80533_{29}$ | 80537 | $80539_{43}$ | $80543_{239}$ | $80549_{7\cdot 37}$ | $80551_{109}$ |
| 80557 | $80561_{13}$ | $80563_{7\cdot 17}$ | 80567 | $80569_{23\cdot 31\cdot 113}$ | $80573_{197}$ | $80579_{19}$ | $80581_{61}$ |
| $80587_{13}$ | $80591_{7\cdot 29}$ | $80593_{83}$ | $80597_{11\cdot 17}$ | 80599 | 80603 | $80609_{149}$ | 80611 |
| $80617_{19}$ | 80621 | $80623_{37}$ | 80627 | 80629 | $80633_{7}$ | $80639_{13}$ | $80641_{11}$ |
| $80647_{7\cdot 41\cdot 281}$ | 80651 | $80653_{59}$ | 80657 | $80659_{79}$ | $80663_{11}$ | 80669 | 80671 |
| 80677 | 80681 | 80683 | 80687 | $80689_{7}$ | $80693_{19\cdot 31\cdot 137}$ | $80699_{17\cdot 47\cdot 101}$ | 80701 |
| $80707_{11\cdot 23\cdot 29}$ | $80711_{43}$ | 80713 | $80717_{7\cdot 13}$ | $80719_{53}$ | $80723_{89}$ | $80729_{11\cdot 41\cdot 179}$ | $80731_{7\cdot 19}$ |
| 80737 | $80741_{263}$ | $80743_{13}$ | 80747 | 80749 | $80753_{23}$ | $80759_{7\cdot 83\cdot 139}$ | 80761 |
| $80767_{17}$ | $80771_{37\cdot 59}$ | $80773_{7\cdot 11}$ | 80777 | 80779 | 80783 | 80789 | $80791_{173}$ |
| $80797_{43}$ | $80801_{7\cdot 17\cdot 97}$ | 80803 | $80807_{19}$ | 80809 | $80813_{211}$ | 80819 | $80821_{13}$ |
| $80827_{131}$ | 80831 | 80833 | $80837_{229}$ | $80839_{11}$ | $80843_{7}$ | 80849 | $80851_{233}$ |
| $80857_{7}$ | $80861_{11}$ | 80863 | $80867_{193}$ | $80869_{17\cdot 67\cdot 71}$ | $80873_{13}$ | $80879_{31}$ | $80881_{29}$ |
| $80887_{47}$ | $80891_{23}$ | $80893_{41}$ | 80897 | $80899_{7\cdot 13\cdot 127}$ | $80903_{17}$ | 80909 | 80911 |
| 80917 | $80921_{19}$ | 80923 | $80927_{7\cdot 11}$ | 80929 | 80933 | $80939_{29}$ | $80941_{7\cdot 31}$ |
| $80947_{61}$ | $80951_{13}$ | 80953 | $80957_{73}$ | $80959_{19}$ | 80963 | $80969_{7\cdot 43\cdot 269}$ | $80971_{11\cdot 17}$ |
| $80977_{13}$ | $80981_{47}$ | $80983_{7\cdot 23}$ | $80987_{109}$ | 80989 | $80993_{11\cdot 37\cdot 199}$ | $80999_{107}$ | 81001 |
| $81007_{59}$ | $81011_{7\cdot 71\cdot 163}$ | 81013 | 81017 | 81019 | 81023 | $81029_{13\cdot 23\cdot 271}$ | 81031 |
| $81037_{11\cdot 53\cdot 139}$ | 81041 | 81043 | 81047 | 81049 | $81053_{7}$ | $81059_{11}$ | $81061_{103}$ |
| $81067_{7\cdot 37}$ | 81071 | $81073_{17\cdot 19\cdot 251}$ | 81077 | $81079_{89}$ | 81083 | $81089_{131}$ | $81091_{83}$ |
| 81097 | 81101 | $81103_{11\cdot 73\cdot 101}$ | $81107_{13\cdot 17}$ | $81109_{7}$ | $81113_{29}$ | 81119 | $81121_{23}$ |

| | | | | | | | |
|---|---|---|---|---|---|---|---|
| $81127_{31}$ | 81131 | $81133_{13\cdot 79}$ | $81137_{7\cdot 67\cdot 173}$ | $81139_{41}$ | $81143_{53}$ | $81149_{19}$ | $81151_{7}$ |
| 81157 | $81161_{277}$ | 81163 | $81167_{23}$ | $81169_{11\cdot 47\cdot 157}$ | 81173 | $81179_{7}$ | 81181 |
| $81187_{19}$ | $81191_{11\cdot 61}$ | $81193_{7}$ | 81197 | 81199 | 81203 | $81209_{17\cdot 281}$ | $81211_{13}$ |
| $81217_{241}$ | $81221_{7\cdot 41\cdot 283}$ | 81223 | $81227_{43}$ | $81229_{29}$ | 81233 | 81239 | $81241_{137}$ |
| $81247_{113}$ | $81251_{31}$ | $81253_{193}$ | $81257_{11\cdot 83\cdot 89}$ | $81259_{23}$ | $81263_{7\cdot 13\cdot 19\cdot 47}$ | $81269_{181}$ | $81271_{67}$ |
| $81277_{7\cdot 17}$ | 81281 | 81283 | $81287_{29}$ | $81289_{13\cdot 37}$ | 81293 | 81299 | $81301_{11\cdot 19}$ |
| 81307 | $81311_{17}$ | $81313_{31\cdot 43\cdot 61}$ | $81317_{233}$ | $81319_{7}$ | $81323_{11}$ | $81329_{167}$ | 81331 |
| $81337_{163}$ | $81341_{13}$ | 81343 | $81347_{7}$ | 81349 | 81353 | 81359 | $81361_{7\cdot 59\cdot 197}$ |
| $81367_{11\cdot 13}$ | 81371 | 81373 | $81377_{19}$ | $81379_{17}$ | $81383_{97}$ | $81389_{7\cdot 11\cdot 151}$ | $81391_{199}$ |
| $81397_{23}$ | 81401 | $81403_{7\cdot 29}$ | $81407_{127}$ | 81409 | $81413_{17}$ | $81419_{13}$ | 81421 |
| $81427_{107}$ | $81431_{7}$ | $81433_{11}$ | $81437_{31\cdot 37\cdot 71}$ | 81439 | $81443_{23}$ | $81449_{79}$ | $81451_{47}$ |
| 81457 | $81461_{29\cdot 53}$ | 81463 | $81467_{41}$ | $81469_{257}$ | $81473_{7\cdot 103\cdot 113}$ | $81479_{59}$ | $81481_{17}$ |
| $81487_{7}$ | $81491_{19}$ | $81493_{227}$ | $81497_{13}$ | $81499_{11\cdot 31\cdot 239}$ | $81503_{149}$ | 81509 | $81511_{37}$ |
| 81517 | $81521_{11}$ | $81523_{13}$ | 81527 | $81529_{7\cdot 19}$ | 81533 | $81539_{67}$ | $81541_{73}$ |
| 81547 | 81551 | 81553 | $81557_{7\cdot 61\cdot 191}$ | 81559 | 81563 | 81569 | $81571_{7\cdot 43\cdot 271}$ |
| $81577_{29\cdot 97}$ | $81581_{23}$ | $81583_{17}$ | $81587_{11}$ | $81589_{83}$ | $81593_{139}$ | $81599_{7}$ | $81601_{13}$ |
| $81607_{79}$ | 81611 | $81613_{7\cdot 89\cdot 131}$ | $81617_{17}$ | 81619 | $81623_{31}$ | 81629 | $81631_{11\cdot 41\cdot 181}$ |
| 81637 | $81641_{7\cdot 107\cdot 109}$ | $81643_{19}$ | 81647 | 81649 | $81653_{11\cdot 13}$ | $81659_{37}$ | $81661_{127}$ |
| 81667 | 81671 | $81673_{23\cdot 53\cdot 67}$ | 81677 | $81679_{13\cdot 61\cdot 103}$ | $81683_{7}$ | 81689 | $81691_{151}$ |
| $81697_{7\cdot 11}$ | 81701 | 81703 | 81707 | $81709_{101}$ | $81713_{41}$ | $81719_{11\cdot 17\cdot 19\cdot 23}$ | $81721_{71}$ |
| 81727 | $81731_{13}$ | $81733_{37\cdot 47}$ | 81737 | $81739_{7}$ | $81743_{43}$ | 81749 | $81751_{29}$ |
| $81757_{13\cdot 19}$ | 81761 | $81763_{11}$ | $81767_{7}$ | 81769 | 81773 | $81779_{53}$ | $81781_{7}$ |
| $81787_{17\cdot 283}$ | $81791_{89}$ | $81793_{263}$ | $81797_{157}$ | 81799 | $81803_{179}$ | $81809_{7\cdot 13\cdot 29\cdot 31}$ | $81811_{23}$ |
| 81817 | $81821_{17}$ | $81823_{7}$ | $81827_{47}$ | $81829_{11\cdot 43\cdot 173}$ | $81833_{19\cdot 59\cdot 73}$ | 81839 | $81841_{223}$ |
| 81847 | $81851_{7\cdot 11}$ | 81853 | $81857_{23}$ | $81859_{109}$ | $81863_{71}$ | 81869 | $81871_{19\cdot 31\cdot 139}$ |
| $81877_{41}$ | $81881_{37}$ | 81883 | $81887_{13}$ | $81889_{17}$ | $81893_{7}$ | 81899 | 81901 |
| $81907_{7}$ | $81911_{101}$ | $81913_{13}$ | $81917_{11}$ | 81919 | $81923_{17\cdot 61\cdot 79}$ | 81929 | 81931 |
| 81937 | $81941_{67}$ | 81943 | $81947_{19\cdot 227}$ | $81949_{7\cdot 23}$ | 81953 | $81959_{41}$ | $81961_{11}$ |
| 81967 | 81971 | 81973 | $81977_{7\cdot 239}$ | $81979_{73}$ | $81983_{11\cdot 29\cdot 257}$ | $81989_{163}$ | $81991_{7\cdot 13\cdot 17\cdot 53}$ |
| $81997_{167}$ | $82001_{43}$ | 82003 | 82007 | 82009 | 82013 | $82019_{7}$ | 82021 |
| $82027_{11}$ | 82031 | $82033_{7}$ | 82037 | 82039 | $82043_{13}$ | $82049_{11}$ | 82051 |
| $82057_{31}$ | $82061_{7\cdot 19}$ | $82063_{137}$ | 82067 | $82069_{13\cdot 59\cdot 107}$ | 82073 | $82079_{211}$ | $82081_{79}$ |
| $82087_{23\cdot 43\cdot 83}$ | $82091_{103}$ | $82093_{11\cdot 17}$ | $82097_{53}$ | $82099_{19\cdot 29\cdot 149}$ | $82103_{7\cdot 37}$ | $82109_{47}$ | $82111_{157}$ |
| $82117_{7}$ | $82121_{13}$ | $82123_{41}$ | $82127_{17}$ | 82129 | $82133_{23}$ | 82139 | 82141 |
| $82147_{13\cdot 71\cdot 89}$ | $82151_{113}$ | 82153 | $82157_{29}$ | $82159_{7\cdot 11\cdot 97}$ | 82163 | $82169_{127}$ | 82171 |
| $82177_{37}$ | $82181_{11\cdot 31\cdot 241}$ | 82183 | $82187_{7\cdot 59\cdot 199}$ | 82189 | 82193 | $82199_{13}$ | $82201_{7}$ |
| 82207 | $82211_{229}$ | $82213_{19}$ | 82217 | 82219 | 82223 | $82229_{7\cdot 17}$ | 82231 |
| 82237 | 82241 | $82243_{7\cdot 31}$ | $82247_{11}$ | $82249_{233}$ | $82253_{83}$ | $82259_{43}$ | 82261 |
| 82267 | $82271_{7\cdot 23\cdot 73}$ | $82273_{29}$ | $82277_{13}$ | 82279 | $82283_{107}$ | $82289_{19\cdot 61\cdot 71}$ | $82291_{11}$ |
| $82297_{17\cdot 47\cdot 103}$ | 82301 | $82303_{13}$ | 82307 | $82309_{53}$ | $82313_{7\cdot 11}$ | $82319_{263}$ | $82321_{191}$ |
| $82327_{7\cdot 19}$ | $82331_{17\cdot 29\cdot 167}$ | $82333_{281}$ | $82337_{137}$ | 82339 | $82343_{67}$ | 82349 | 82351 |
| $82357_{11}$ | 82361 | $82363_{23}$ | $82367_{31}$ | $82369_{7\cdot 41}$ | 82373 | $82379_{11}$ | $82381_{13}$ |
| 82387 | $82391_{47}$ | 82393 | $82397_{7\cdot 79\cdot 149}$ | $82399_{17\cdot 37\cdot 131}$ | $82403_{19}$ | $82409_{23}$ | $82411_{7\cdot 61\cdot 193}$ |
| $82417_{73}$ | 82421 | $82423_{11\cdot 59\cdot 127}$ | $82427_{139}$ | $82429_{31}$ | $82433_{13\cdot 17}$ | $82439_{7}$ | $82441_{19}$ |
| $82447_{29}$ | $82451_{41}$ | $82453_{7}$ | 82457 | $82459_{13}$ | 82463 | 82469 | 82471 |
| $82477_{67}$ | $82481_{7}$ | 82483 | 82487 | $82489_{11}$ | 82493 | 82499 | $82501_{17\cdot 23\cdot 211}$ |
| 82507 | $82511_{11\cdot 13}$ | $82513_{109}$ | $82517_{19\cdot 43\cdot 101}$ | $82519_{179}$ | $82523_{7}$ | 82529 | 82531 |
| $82537_{7\cdot 13}$ | $82541_{59}$ | $82543_{197}$ | $82547_{23\cdot 37\cdot 97}$ | 82549 | $82553_{31}$ | 82559 | 82561 |
| 82567 | 82571 | $82573_{71}$ | $82577_{11}$ | $82579_{7\cdot 47\cdot 251}$ | $82583_{269}$ | $82589_{13}$ | 82591 |
| $82597_{151}$ | 82601 | $82603_{17\cdot 43\cdot 113}$ | $82607_{7}$ | 82609 | 82613 | 82619 | $82621_{7\cdot 11\cdot 29\cdot 37}$ |
| $82627_{53}$ | $82631_{19}$ | 82633 | $82637_{17}$ | $82639_{23}$ | $82643_{11}$ | $82649_{7}$ | 82651 |
| 82657 | $82661_{131}$ | $82663_{7\cdot 241}$ | $82667_{13}$ | $82669_{19\cdot 229}$ | $82673_{47}$ | $82679_{29}$ | $82681_{89}$ |
| $82687_{11}$ | $82691_{7}$ | $82693_{13}$ | $82697_{41}$ | 82699 | $82703_{191}$ | $82709_{11\cdot 73\cdot 103}$ | $82711_{107}$ |
| $82717_{181}$ | 82721 | 82723 | 82727 | 82729 | $82733_{7\cdot 53\cdot 223}$ | $82739_{17\cdot 31\cdot 157}$ | $82741_{97}$ |
| $82747_{7}$ | $82751_{83}$ | $82753_{11}$ | 82757 | 82759 | 82763 | $82769_{37}$ | $82771_{13}$ |
| $82777_{23\cdot 59\cdot 61}$ | 82781 | $82783_{19}$ | 82787 | $82789_{7}$ | 82793 | 82799 | $82801_{31}$ |
| $82807_{17}$ | 82811 | 82813 | $82817_{7}$ | $82819_{11}$ | $82823_{13\cdot 23\cdot 277}$ | $82829_{113}$ | $82831_{7}$ |
| 82837 | $82841_{11\cdot 17}$ | $82843_{37}$ | 82847 | $82849_{13}$ | $82853_{29}$ | $82859_{7\cdot 19\cdot 89}$ | $82861_{41\cdot 43\cdot 47}$ |
| $82867_{173}$ | $82871_{79}$ | $82873_{7}$ | $82877_{179}$ | $82879_{67}$ | 82883 | 82889 | 82891 |
| $82897_{19}$ | $82901_{7\cdot 13}$ | 82903 | $82907_{11}$ | $82909_{17}$ | 82913 | $82919_{283}$ | $82921_{101}$ |
| $82927_{13}$ | $82931_{127}$ | $82933_{239}$ | $82937_{197}$ | 82939 | $82943_{7\cdot 17\cdot 41}$ | $82949_{109}$ | $82951_{11}$ |
| $82957_{7}$ | $82961_{23}$ | 82963 | $82967_{163}$ | $82969_{29}$ | $82973_{11\cdot 19}$ | $82979_{13}$ | 82981 |
| $82987_{31}$ | $82991_{37}$ | $82993_{149}$ | 82997 | $82999_{7\cdot 71\cdot 167}$ | 83003 | 83009 | $83011_{17\cdot 19\cdot 257}$ |
| $83017_{11}$ | $83021_{61}$ | 83023 | $83027_{7\cdot 29}$ | $83029_{79}$ | $83033_{43}$ | $83039_{11}$ | $83041_{7}$ |
| 83047 | $83051_{53}$ | $83053_{23\cdot 157}$ | $83057_{13}$ | 83059 | 83063 | $83069_{7}$ | 83071 |
| 83077 | $83081_{251}$ | $83083_{7\cdot 11\cdot 13\cdot 83}$ | $83087_{19}$ | 83089 | 83093 | $83099_{23}$ | 83101 |
| $83107_{41}$ | $83111_{7\cdot 31}$ | $83113_{17}$ | 83117 | $83119_{43}$ | $83123_{101}$ | $83129_{97}$ | $83131_{59}$ |
| 83137 | $83141_{71}$ | $83143_{29\cdot 47\cdot 61}$ | $83147_{17\cdot 67\cdot 73}$ | $83149_{11}$ | $83153_{7}$ | $83159_{137}$ | $83161_{13}$ |
| $83167_{7\cdot 109}$ | $83171_{11}$ | $83173_{31}$ | 83177 | $83179_{223}$ | $83183_{193}$ | $83189_{41}$ | $83191_{23}$ |
| $83197_{271}$ | $83201_{19\cdot 29\cdot 151}$ | 83203 | 83207 | $83209_{7}$ | $83213_{13\cdot 37\cdot 173}$ | 83219 | 83221 |
| 83227 | 83231 | 83233 | $83237_{7\cdot 11\cdot 23\cdot 47}$ | $83239_{13\cdot 19}$ | 83243 | $83249_{17\cdot 59\cdot 83}$ | $83251_{7}$ |
| 83257 | $83261_{139}$ | $83263_{53}$ | 83267 | 83269 | 83273 | $83279_{7}$ | $83281_{11\cdot 67\cdot 113}$ |
| $83287_{37}$ | $83291_{13\cdot 43\cdot 149}$ | $83293_{7\cdot 73\cdot 163}$ | $83297_{31}$ | 83299 | $83303_{11}$ | $83309_{227}$ | 83311 |
| $83317_{13\cdot 17\cdot 29}$ | $83321_{7}$ | $83323_{97}$ | $83327_{103}$ | $83329_{23}$ | $83333_{167}$ | 83339 | 83341 |
| $83347_{11}$ | $83351_{17}$ | $83353_{19\cdot 41\cdot 107}$ | 83357 | $83359_{31}$ | $83363_{7}$ | $83369_{11\cdot 13\cdot 53}$ | $83371_{263}$ |
| $83377_{7\cdot 43\cdot 277}$ | $83381_{199}$ | 83383 | $83387_{61}$ | 83389 | $83393_{89}$ | 83399 | 83401 |
| 83407 | $83411_{239}$ | $83413_{11}$ | 83417 | $83419_{7\cdot 17}$ | 83423 | $83429_{19}$ | 83431 |
| 83437 | $83441_{181}$ | 83443 | $83447_{7\cdot 13\cdot 131}$ | 83449 | $83453_{17}$ | 83459 | $83461_{7}$ |
| $83467_{19\cdot 23\cdot 191}$ | 83471 | $83473_{13}$ | 83477 | $83479_{11}$ | $83483_{31}$ | $83489_{7}$ | $83491_{29}$ |
| 83497 | $83501_{11}$ | $83503_{7\cdot 79\cdot 151}$ | $83507_{113}$ | $83509_{37\cdot 61}$ | $83513_{23}$ | $83519_{47}$ | $83521_{17}$ |
| $83527_{101}$ | $83531_{7}$ | $83533_{103}$ | 83537 | $83539_{139}$ | $83543_{19}$ | $83549_{29\cdot 43\cdot 67}$ | $83551_{13}$ |
| 83557 | 83561 | 83563 | $83567_{11\cdot 71\cdot 107}$ | $83569_{193}$ | $83573_{7}$ | 83579 | $83581_{19\cdot 53\cdot 83}$ |

| | | | | | | | |
|---|---|---|---|---|---|---|---|
| $83587_{7}$ | 83591 | $83593_{179}$ | 83597 | $83599_{41}$ | $83603_{13\cdot 59\cdot 109}$ | 83609 | $83611_{11}$ |
| 83617 | 83621 | $83623_{17}$ | $83627_{241}$ | $83629_{7\cdot 13}$ | $83633_{11}$ | 83639 | 83641 |
| $83647_{233}$ | $83651_{23}$ | 83653 | $83657_{7\cdot 17\cdot 19\cdot 37}$ | $83659_{269}$ | 83663 | $83669_{31}$ | $83671_{7}$ |
| $83677_{11}$ | $83681_{13\cdot 41\cdot 157}$ | $83683_{67}$ | $83687_{53}$ | 83689 | $83693_{127}$ | $83699_{7\cdot 11}$ | 83701 |
| $83707_{13\cdot 47\cdot 137}$ | $83711_{97}$ | $83713_{7}$ | 83717 | 83719 | $83723_{29}$ | $83729_{101}$ | $83731_{31\cdot 37\cdot 73}$ |
| 83737 | $83741_{7}$ | $83743_{11\cdot 23}$ | $83747_{83}$ | $83749_{89}$ | $83753_{61}$ | $83759_{13\cdot 17}$ | 83761 |
| $83767_{211}$ | $83771_{19}$ | 83773 | 83777 | $83779_{199}$ | $83783_{7}$ | $83789_{23}$ | 83791 |
| $83797_{7}$ | $83801_{47}$ | $83803_{181}$ | $83807_{43}$ | $83809_{11\cdot 19}$ | 83813 | $83819_{79}$ | $83821_{109}$ |
| $83827_{17}$ | $83831_{11}$ | 83833 | $83837_{13}$ | $83839_{7\cdot 29\cdot 59}$ | 83843 | $83849_{191}$ | $83851_{71}$ |
| 83857 | $83861_{17}$ | $83863_{13}$ | $83867_{7}$ | 83869 | 83873 | $83879_{37}$ | $83881_{7\cdot 23}$ |
| $83887_{149}$ | 83891 | $83893_{43}$ | $83897_{11\cdot 29\cdot 263}$ | $83899_{53}$ | 83903 | $83909_{7}$ | 83911 |
| $83917_{31}$ | 83921 | $83923_{7\cdot 19}$ | $83927_{23\cdot 41\cdot 89}$ | $83929_{17}$ | 83933 | 83939 | $83941_{11\cdot 13}$ |
| $83947_{127}$ | $83951_{7\cdot 67\cdot 179}$ | $83953_{37}$ | $83957_{59}$ | $83959_{113}$ | $83963_{11\cdot 17}$ | 83969 | $83971_{131}$ |
| $83977_{79}$ | $83981_{137}$ | 83983 | 83987 | $83989_{47}$ | $83993_{7\cdot 13\cdot 71}$ | $83999_{19}$ | $84001_{167}$ |
| $84007_{7\cdot 11}$ | 84011 | $84013_{29}$ | 84017 | $84019_{13\cdot 23\cdot 281}$ | $84023_{73}$ | $84029_{11}$ | $84031_{17}$ |
| $84037_{19}$ | $84041_{31}$ | $84043_{229}$ | 84047 | $84049_{7}$ | 84053 | 84059 | 84061 |
| 84067 | $84071_{13\cdot 29\cdot 223}$ | $84073_{11}$ | $84077_{7}$ | $84079_{83}$ | $84083_{47}$ | 84089 | $84091_{7\cdot 41}$ |
| $84097_{13}$ | $84101_{37}$ | $84103_{31}$ | $84107_{151}$ | $84109_{241}$ | $84113_{19\cdot 233}$ | $84119_{7\cdot 61\cdot 197}$ | 84121 |
| 84127 | 84131 | $84133_{7\cdot 17\cdot 101}$ | 84137 | $84139_{11}$ | 84143 | $84149_{13}$ | $84151_{19\cdot 43\cdot 103}$ |
| $84157_{23}$ | $84161_{7\cdot 11}$ | 84163 | $84167_{17}$ | $84169_{73}$ | $84173_{41}$ | 84179 | 84181 |
| $84187_{29}$ | 84191 | $84193_{59}$ | $84197_{269}$ | 84199 | $84203_{7\cdot 23}$ | $84209_{107}$ | 84211 |
| $84217_{7\cdot 53\cdot 227}$ | 84221 | 84223 | $84227_{11\cdot 13\cdot 19\cdot 31}$ | 84229 | $84233_{131}$ | 84239 | $84241_{61}$ |
| 84247 | $84251_{173}$ | $84253_{13}$ | $84257_{109}$ | $84259_{7}$ | 84263 | $84269_{17}$ | $84271_{11\cdot 47\cdot 163}$ |
| $84277_{71}$ | $84281_{271}$ | $84283_{89}$ | $84287_{7}$ | $84289_{31}$ | $84293_{11\cdot 79\cdot 97}$ | 84299 | $84301_{7}$ |
| 84307 | $84311_{59}$ | 84313 | 84317 | 84319 | $84323_{37\cdot 43\cdot 53}$ | $84329_{7}$ | $84331_{13}$ |
| $84337_{11\cdot 17\cdot 41}$ | $84341_{19\cdot 23\cdot 193}$ | $84343_{7}$ | 84347 | 84349 | $84353_{67}$ | $84359_{11}$ | $84361_{29}$ |
| $84367_{239}$ | $84371_{7\cdot 17}$ | $84373_{139}$ | 84377 | $84379_{19}$ | $84383_{13}$ | 84389 | 84391 |
| $84397_{37}$ | 84401 | $84403_{11}$ | 84407 | $84409_{13\cdot 43\cdot 151}$ | $84413_{7\cdot 31}$ | $84419_{29\cdot 41\cdot 71}$ | 84421 |
| $84427_{7}$ | 84431 | $84433_{23}$ | 84437 | $84439_{17}$ | 84443 | 84449 | $84451_{79}$ |
| 84457 | $84461_{13\cdot 73\cdot 89}$ | 84463 | 84467 | $84469_{7\cdot 11}$ | $84473_{17}$ | $84479_{23}$ | 84481 |
| $84487_{13\cdot 67\cdot 97}$ | $84491_{11}$ | $84493_{19}$ | $84497_{7}$ | 84499 | 84503 | 84509 | $84511_{7}$ |
| $84517_{223}$ | 84521 | 84523 | $84527_{181}$ | $84529_{137}$ | 84533 | $84539_{7\cdot 13}$ | $84541_{17}$ |
| $84547_{59}$ | 84551 | $84553_{7\cdot 47\cdot 257}$ | $84557_{11}$ | 84559 | $84563_{103}$ | $84569_{19}$ | $84571_{23}$ |
| $84577_{83}$ | $84581_{7\cdot 43\cdot 281}$ | $84583_{41}$ | $84587_{251}$ | 84589 | $84593_{29}$ | $84599_{31}$ | $84601_{11}$ |
| $84607_{19\cdot 61\cdot 73}$ | $84611_{211}$ | $84613_{191}$ | $84617_{13\cdot 23\cdot 283}$ | $84619_{37}$ | $84623_{7\cdot 11\cdot 157}$ | 84629 | 84631 |
| $84637_{7\cdot 107\cdot 113}$ | $84641_{53}$ | $84643_{13\cdot 17}$ | $84647_{47}$ | 84649 | 84653 | 84659 | $84661_{31}$ |
| $84667_{11\cdot 43\cdot 179}$ | $84671_{227}$ | 84673 | $84677_{17}$ | $84679_{7}$ | $84683_{19}$ | $84689_{11}$ | 84691 |
| 84697 | 84701 | $84703_{71}$ | $84707_{7}$ | $84709_{23\cdot 29\cdot 127}$ | 84713 | 84719 | $84721_{7\cdot 13\cdot 19}$ |
| $84727_{193}$ | 84731 | $84733_{11}$ | 84737 | $84739_{101}$ | $84743_{83}$ | $84749_{7}$ | 84751 |
| $84757_{131}$ | 84761 | $84763_{7}$ | $84767_{29\cdot 37\cdot 79}$ | $84769_{103}$ | $84773_{13}$ | $84779_{17}$ | $84781_{149}$ |
| 84787 | $84791_{7}$ | 84793 | $84797_{19}$ | $84799_{11\cdot 13}$ | $84803_{137}$ | 84809 | 84811 |
| $84817_{89}$ | $84821_{11}$ | $84823_{271}$ | 84827 | $84829_{41}$ | $84833_{7}$ | $84839_{43}$ | $84841_{37}$ |
| $84847_{7\cdot 17\cdot 23\cdot 31}$ | $84851_{13\cdot 61\cdot 107}$ | $84853_{53}$ | 84857 | 84859 | $84863_{113}$ | 84869 | 84871 |
| $84877_{13}$ | $84881_{17}$ | $84883_{29}$ | $84887_{11}$ | $84889_{7\cdot 67\cdot 181}$ | $84893_{23}$ | $84899_{73}$ | $84901_{59}$ |
| $84907_{197}$ | $84911_{19\cdot 41\cdot 109}$ | 84913 | $84917_{7}$ | 84919 | $84923_{163}$ | $84929_{13\cdot 47\cdot 139}$ | $84931_{7\cdot 11}$ |
| $84937_{157}$ | $84941_{29\cdot 101}$ | $84943_{173}$ | 84947 | $84949_{17\cdot 19\cdot 263}$ | $84953_{11}$ | $84959_{7\cdot 53\cdot 229}$ | 84961 |
| 84967 | $84971_{31}$ | $84973_{7\cdot 61\cdot 199}$ | 84977 | 84979 | $84983_{17}$ | $84989_{37}$ | 84991 |
| $84997_{11}$ | $85001_{7}$ | $85003_{167}$ | $85007_{13}$ | 85009 | $85013_{151}$ | $85019_{11\cdot 59\cdot 131}$ | 85021 |
| 85027 | $85031_{23}$ | $85033_{13\cdot 31\cdot 211}$ | 85037 | $85039_{277}$ | $85043_{7}$ | 85049 | $85051_{17}$ |
| $85057_{7\cdot 29}$ | 85061 | $85063_{11\cdot 19\cdot 37}$ | $85067_{257}$ | $85069_{97}$ | $85073_{241}$ | $85079_{149}$ | 85081 |
| 85087 | 85091 | 85093 | $85097_{43}$ | $85099_{7}$ | 85103 | 85109 | $85111_{13}$ |
| $85117_{47}$ | 85121 | $85123_{23}$ | $85127_{7}$ | $85129_{11\cdot 71\cdot 109}$ | 85133 | $85139_{19}$ | $85141_{7}$ |
| 85147 | $85151_{11}$ | $85153_{17}$ | $85157_{31\cdot 41\cdot 67}$ | 85159 | $85163_{13}$ | $85169_{7\cdot 23}$ | $85171_{53}$ |
| $85177_{19}$ | $85181_{103}$ | $85183_{7\cdot 43\cdot 283}$ | $85187_{17}$ | $85189_{13}$ | 85193 | 85199 | 85201 |
| $85207_{139}$ | $85211_{7\cdot 37\cdot 47}$ | 85213 | $85217_{11\cdot 61\cdot 127}$ | $85219_{31}$ | 85223 | 85229 | $85231_{29}$ |
| 85237 | $85241_{13\cdot 79\cdot 83}$ | 85243 | 85247 | $85249_{163}$ | $85253_{7\cdot 19}$ | 85259 | $85261_{11\cdot 23}$ |
| $85267_{7\cdot 13}$ | $85271_{71}$ | $85273_{269}$ | $85277_{53}$ | $85279_{107}$ | $85283_{11}$ | $85289_{17\cdot 29\cdot 173}$ | $85291_{19\cdot 67}$ |
| 85297 | $85301_{197}$ | 85303 | $85307_{23}$ | $85309_{7}$ | 85313 | $85319_{13}$ | $85321_{41}$ |
| $85327_{11}$ | 85331 | 85333 | $85337_{7\cdot 73\cdot 167}$ | $85339_{61}$ | $85343_{31}$ | $85349_{11}$ | $85351_{7\cdot 89\cdot 137}$ |
| $85357_{17}$ | 85361 | 85363 | $85367_{19}$ | 85369 | $85373_{59}$ | $85379_{7}$ | 85381 |
| $85387_{103}$ | $85391_{17}$ | $85393_{7\cdot 11}$ | $85397_{13}$ | $85399_{23\cdot 47\cdot 79}$ | $85403_{41}$ | $85409_{223}$ | 85411 |
| $85417_{229}$ | $85421_{7}$ | $85423_{13}$ | 85427 | 85429 | $85433_{37}$ | 85439 | $85441_{43}$ |
| 85447 | 85451 | 85453 | $85457_{97}$ | $85459_{11\cdot 17}$ | $85463_{7\cdot 29}$ | 85469 | $85471_{127}$ |
| $85477_{7}$ | $85481_{11\cdot 19}$ | $85483_{73}$ | 85487 | $85489_{53}$ | $85493_{17\cdot 47\cdot 107}$ | $85499_{193}$ | $85501_{13}$ |
| $85507_{37}$ | $85511_{233}$ | 85513 | 85517 | $85519_{7\cdot 19}$ | 85523 | $85529_{31\cdot 89}$ | 85531 |
| $85537_{23}$ | $85541_{113}$ | $85543_{131}$ | $85547_{7\cdot 11\cdot 101}$ | 85549 | $85553_{13}$ | $85559_{67}$ | $85561_{7\cdot 17}$ |
| $85567_{41}$ | 85571 | $85573_{83}$ | 85577 | $85579_{13\cdot 29\cdot 227}$ | $85583_{23\cdot 61}$ | $85589_{7}$ | $85591_{11\cdot 31\cdot 251}$ |
| 85597 | 85601 | $85603_{7}$ | 85607 | $85609_{59}$ | $85613_{11\cdot 43\cdot 181}$ | 85619 | 85621 |
| 85627 | $85631_{7\cdot 13}$ | $85633_{19}$ | $85637_{29}$ | 85639 | 85643 | $85649_{41}$ | $85651_{97}$ |
| $85657_{11\cdot 13}$ | 85661 | $85663_{17}$ | 85667 | 85669 | $85673_{7}$ | $85679_{11}$ | $85681_{47}$ |
| $85687_{7}$ | 85691 | $85693_{67}$ | $85697_{17\cdot 71}$ | $85699_{43}$ | 85703 | $85709_{13\cdot 19}$ | 85711 |
| 85717 | $85721_{23}$ | $85723_{11}$ | $85727_{59}$ | $85729_{7\cdot 37}$ | 85733 | $85739_{83}$ | $85741_{179}$ |
| $85747_{19}$ | 85751 | $85753_{29}$ | $85757_{7}$ | $85759_{191}$ | $85763_{139}$ | $85769_{199}$ | $85771_{7}$ |
| $85777_{31}$ | 85781 | $85783_{109}$ | $85787_{13}$ | $85789_{11}$ | 85793 | $85799_{7\cdot 17\cdot 103}$ | $85801_{239}$ |
| $85807_{53}$ | $85811_{11\cdot 29\cdot 269}$ | $85813_{7\cdot 13\cdot 23\cdot 41}$ | 85817 | 85819 | $85823_{19}$ | 85829 | 85831 |
| 85837 | $85841_{7}$ | 85843 | 85847 | $85849_{293}$ | 85853 | $85859_{23}$ | $85861_{19}$ |
| $85867_{17}$ | $85871_{43}$ | $85873_{79}$ | $85877_{11\cdot 37\cdot 211}$ | $85879_{157}$ | $85883_{7}$ | 85889 | $85891_{13}$ |
| $85897_{7}$ | $85901_{17\cdot 31\cdot 163}$ | 85903 | $85907_{271}$ | 85909 | $85913_{53}$ | $85919_{151}$ | $85921_{11\cdot 73\cdot 107}$ |
| $85927_{29}$ | 85931 | 85933 | $85937_{19}$ | $85939_{7}$ | $85943_{11\cdot 13}$ | $85949_{61}$ | $85951_{23\cdot 37\cdot 101}$ |
| $85957_{43}$ | $85961_{67}$ | $85963_{31\cdot 47\cdot 59}$ | $85967_{7}$ | $85969_{13\cdot 17}$ | $85973_{149}$ | $85979_{127}$ | $85981_{7\cdot 71\cdot 173}$ |
| $85987_{11}$ | 85991 | $85993_{113}$ | $85997_{23}$ | 85999 | $86003_{17}$ | $86009_{7\cdot 11}$ | 86011 |
| 86017 | $86021_{13}$ | $86023_{7}$ | 86027 | 86029 | $86033_{227}$ | $86039_{97}$ | $86041_{139}$ |

| | | | | | | | |
|---|---|---|---|---|---|---|---|
| 86047$_{13}$ | 86051$_{7·19}$ | 86053$_{11}$ | 86057$_{47}$ | 86059$_{41}$ | 86063$_{89}$ | 86069 | 86071$_{17·61·83}$ |
| 86077 | 86081$_{59}$ | 86083 | 86087$_{31}$ | 86089$_{19·23·197}$ | 86093$_{7·251}$ | 86099$_{13·37·179}$ | 86101$_{29}$ |
| 86107$_{7}$ | 86111 | 86113 | 86117 | 86119$_{11}$ | 86123$_{71}$ | 86129$_{43}$ | 86131 |
| 86137 | 86141$_{11·41·191}$ | 86143 | 86147$_{277}$ | 86149$_{7·31}$ | 86153$_{101}$ | 86159$_{29}$ | 86161 |
| 86167$_{199}$ | 86171 | 86173$_{17·37·137}$ | 86177$_{7·13}$ | 86179 | 86183 | 86189$_{79}$ | 86191$_{7}$ |
| 86197 | 86201 | 86203$_{13·19}$ | 86207$_{11·17}$ | 86209 | 86213$_{73}$ | 86219$_{7·109·113}$ | 86221$_{151}$ |
| 86227$_{23·163}$ | 86231$_{53}$ | 86233$_{7·97·127}$ | 86237$_{83}$ | 86239 | 86243 | 86249 | 86251$_{11}$ |
| 86257 | 86261$_{7}$ | 86263 | 86267$_{281}$ | 86269 | 86273$_{11·23·31}$ | 86279$_{19·239}$ | 86281$_{13}$ |
| 86287 | 86291 | 86293 | 86297 | 86299$_{211}$ | 86303$_{7}$ | 86309$_{17}$ | 86311 |
| 86317$_{7·11·19·59}$ | 86321$_{37}$ | 86323 | 86327$_{173}$ | 86329$_{131}$ | 86333$_{13·29·229}$ | 86339$_{11·47·167}$ | 86341 |
| 86347$_{79}$ | 86351 | 86353 | 86357 | 86359$_{7·13·73}$ | 86363$_{67}$ | 86369 | 86371 |
| 86377$_{17}$ | 86381 | 86383$_{11}$ | 86387$_{7·41·43}$ | 86389 | 86393$_{19}$ | 86399 | 86401$_{7}$ |
| 86407$_{71}$ | 86411$_{13·17·23}$ | 86413 | 86417$_{103}$ | 86419$_{89}$ | 86423 | 86429$_{7}$ | 86431$_{19}$ |
| 86437$_{13·61·109}$ | 86441 | 86443$_{7·53·233}$ | 86447$_{137}$ | 86449$_{11·29·271}$ | 86453 | 86459$_{31}$ | 86461 |
| 86467 | 86471$_{7·11}$ | 86473$_{43}$ | 86477 | 86479$_{17}$ | 86483$_{197}$ | 86489$_{13}$ | 86491 |
| 86497$_{67}$ | 86501 | 86503$_{23}$ | 86507$_{19·29·157}$ | 86509 | 86513$_{7·17}$ | 86519$_{241}$ | 86521$_{31}$ |
| 86527$_{7·47·263}$ | 86531 | 86533 | 86537$_{11}$ | 86539 | 86543$_{37}$ | 86549$_{23·53·71}$ | 86551$_{41}$ |
| 86557$_{101}$ | 86561 | 86563$_{107}$ | 86567$_{13}$ | 86569$_{7·83·149}$ | 86573 | 86579 | 86581$_{11·17}$ |
| 86587 | 86591$_{131}$ | 86593$_{13}$ | 86597$_{7·89·139}$ | 86599 | 86603$_{11}$ | 86609$_{257}$ | 86611$_{7}$ |
| 86617$_{37}$ | 86621$_{19·47·97}$ | 86623$_{29·103}$ | 86627 | 86629 | 86633$_{41}$ | 86639$_{7}$ | 86641$_{23}$ |
| 86647$_{11}$ | 86651$_{73}$ | 86653$_{7}$ | 86657$_{193}$ | 86659$_{19}$ | 86663$_{79}$ | 86669$_{11}$ | 86671$_{13·59·113}$ |
| 86677 | 86681$_{7·29·61}$ | 86683$_{17}$ | 86687$_{23}$ | 86689 | 86693 | 86699$_{181}$ | 86701$_{277}$ |
| 86707$_{31}$ | 86711 | 86713$_{11}$ | 86717$_{17}$ | 86719 | 86723$_{7·13}$ | 86729 | 86731$_{43}$ |
| 86737$_{7}$ | 86741$_{127}$ | 86743 | 86747$_{223}$ | 86749$_{13}$ | 86753 | 86759$_{101}$ | 86761$_{53}$ |
| 86767 | 86771 | 86773$_{19}$ | 86777$_{107}$ | 86779$_{7·11·23}$ | 86783 | 86789$_{59}$ | 86791$_{229}$ |
| 86797$_{29·41·73}$ | 86801$_{11·13}$ | 86803$_{61}$ | 86807$_{7}$ | 86809$_{47}$ | 86813 | 86819$_{17}$ | 86821$_{7·79·157}$ |
| 86827$_{13}$ | 86831$_{31}$ | 86833$_{71}$ | 86837 | 86839$_{37}$ | 86843 | 86849$_{7·19}$ | 86851 |
| 86857 | 86861 | 86863$_{7}$ | 86867$_{11·53·149}$ | 86869 | 86873$_{109}$ | 86879$_{13·41·163}$ | 86881$_{283}$ |
| 86887$_{17·19·269}$ | 86891$_{7}$ | 86893$_{31}$ | 86897$_{113}$ | 86899$_{67}$ | 86903$_{43·47}$ | 86909$_{233}$ | 86911$_{11}$ |
| 86917$_{23}$ | 86921$_{17}$ | 86923 | 86927 | 86929 | 86933$_{7·11}$ | 86939 | 86941$_{227}$ |
| 86947$_{7}$ | 86951 | 86953$_{89}$ | 86957$_{13}$ | 86959 | 86963$_{19·23·199}$ | 86969 | 86971$_{29}$ |
| 86977$_{11}$ | 86981 | 86983$_{13}$ | 86987$_{37}$ | 86989$_{7·17·43}$ | 86993 | 86999$_{11}$ | 87001$_{19·241}$ |
| 87007$_{167}$ | 87011 | 87013 | 87017$_{7·31}$ | 87019$_{173}$ | 87023$_{17}$ | 87029$_{29}$ | 87031$_{7}$ |
| 87037 | 87041 | 87043$_{11·41·193}$ | 87047$_{61}$ | 87049 | 87053$_{263}$ | 87059$_{7}$ | 87061$_{13·37·181}$ |
| 87067$_{83}$ | 87071 | 87073$_{7}$ | 87077$_{19}$ | 87079$_{31·53}$ | 87083 | 87089$_{73}$ | 87091$_{17·47·109}$ |
| 87097$_{251}$ | 87101$_{7·23}$ | 87103 | 87107 | 87109$_{11}$ | 87113$_{13}$ | 87119 | 87121 |
| 87127$_{151}$ | 87131$_{11·89}$ | 87133 | 87137$_{79}$ | 87139$_{13}$ | 87143$_{7·59·211}$ | 87149 | 87151 |
| 87157$_{7}$ | 87161$_{43}$ | 87163$_{101}$ | 87167$_{67}$ | 87169$_{61}$ | 87173$_{179}$ | 87179 | 87181 |
| 87187 | 87191$_{13·19}$ | 87193$_{17·23·223}$ | 87197$_{11}$ | 87199$_{7}$ | 87203$_{29·31·97}$ | 87209$_{37}$ | 87211 |
| 87217$_{13}$ | 87221 | 87223 | 87227$_{7·17}$ | 87229$_{19}$ | 87233$_{83}$ | 87239$_{23}$ | 87241$_{7·11·103}$ |
| 87247$_{43}$ | 87251 | 87253 | 87257 | 87259$_{71}$ | 87263$_{11}$ | 87269$_{7·13·137}$ | 87271$_{197}$ |
| 87277 | 87281 | 87283$_{7·37}$ | 87287$_{191}$ | 87289$_{41}$ | 87293 | 87299 | 87301$_{67}$ |
| 87307$_{11}$ | 87311$_{7}$ | 87313 | 87317 | 87319$_{29}$ | 87323 | 87329$_{11·17}$ | 87331$_{23}$ |
| 87337 | 87341$_{167}$ | 87343$_{19}$ | 87347$_{13}$ | 87349$_{113}$ | 87353$_{7}$ | 87359 | 87361$_{199}$ |
| 87367$_{7}$ | 87371$_{41}$ | 87373$_{11·13·47}$ | 87377$_{23·29·131}$ | 87379$_{59}$ | 87383 | 87389$_{31}$ | 87391$_{281}$ |
| 87397$_{17·53·97}$ | 87401$_{71}$ | 87403 | 87407 | 87409$_{7}$ | 87413$_{61}$ | 87419$_{19·43·107}$ | 87421 |
| 87427 | 87431$_{17·37·139}$ | 87433 | 87437$_{7}$ | 87439$_{11}$ | 87443 | 87449$_{157}$ | 87451$_{7·13·31}$ |
| 87457$_{19}$ | 87461$_{11}$ | 87463$_{149}$ | 87467$_{47}$ | 87469$_{23}$ | 87473 | 87479$_{7}$ | 87481 |
| 87487$_{89}$ | 87491 | 87493$_{7·29}$ | 87497$_{59}$ | 87499$_{17}$ | 87503$_{13·53·127}$ | 87509 | 87511 |
| 87517 | 87521$_{7}$ | 87523 | 87527$_{11·73·109}$ | 87529$_{13}$ | 87533$_{17·19·271}$ | 87539 | 87541 |
| 87547 | 87551$_{29}$ | 87553 | 87557 | 87559 | 87563$_{7}$ | 87569$_{67}$ | 87571$_{11·19}$ |
| 87577$_{7}$ | 87581$_{13}$ | 87583 | 87587 | 87589 | 87593$_{11}$ | 87599$_{251}$ | 87601$_{17}$ |
| 87607$_{13·23·293}$ | 87611$_{79}$ | 87613 | 87617$_{41}$ | 87619$_{7}$ | 87623 | 87629 | 87631 |
| 87637$_{11·31·257}$ | 87641 | 87643 | 87647$_{7·19}$ | 87649 | 87653$_{23·37·103}$ | 87659$_{11·13}$ | 87661$_{7}$ |
| 87667$_{29}$ | 87671 | 87673$_{73}$ | 87677$_{43}$ | 87679 | 87683 | 87689$_{7}$ | 87691 |
| 87697 | 87701 | 87703$_{7·11·17·67}$ | 87707$_{229}$ | 87709$_{139}$ | 87713$_{239}$ | 87719 | 87721 |
| 87727$_{37}$ | 87731$_{7·83·151}$ | 87733$_{59}$ | 87737$_{13·17}$ | 87739 | 87743 | 87749$_{47}$ | 87751 |
| 87757$_{127}$ | 87761$_{19·31·149}$ | 87763$_{13·43·157}$ | 87767 | 87769$_{11·79·101}$ | 87773$_{7}$ | 87779$_{61}$ | 87781$_{41}$ |
| 87787$_{7}$ | 87791$_{11·23}$ | 87793 | 87797 | 87799$_{19}$ | 87803 | 87809$_{277}$ | 87811 |
| 87817$_{137}$ | 87821$_{53}$ | 87823$_{31}$ | 87827$_{71}$ | 87829$_{7}$ | 87833 | 87839$_{17}$ | 87841$_{13·29·233}$ |
| 87847$_{107}$ | 87851$_{59}$ | 87853 | 87857$_{7·11·163}$ | 87859$_{103}$ | 87863$_{41}$ | 87869 | 87871$_{7}$ |
| 87877 | 87881 | 87883$_{23}$ | 87887 | 87889$_{179}$ | 87893$_{13}$ | 87899$_{7·29}$ | 87901$_{11·61·131}$ |
| 87907$_{17}$ | 87911 | 87913$_{7·19}$ | 87917 | 87919$_{13}$ | 87923$_{11}$ | 87929$_{23}$ | 87931 |
| 87937$_{47}$ | 87941$_{7·17}$ | 87943 | 87947$_{31}$ | 87949$_{37}$ | 87953$_{281}$ | 87959 | 87961 |
| 87967$_{11}$ | 87971$_{13·67·101}$ | 87973 | 87977 | 87979$_{97}$ | 87983$_{7}$ | 87989$_{11·19}$ | 87991 |
| 87997$_{7·13}$ | 88001 | 88003 | 88007 | 88009$_{17·31·167}$ | 88013$_{283}$ | 88019 | 88021$_{23·43·89}$ |
| 88027$_{19·41·113}$ | 88031$_{47}$ | 88033$_{11·53·151}$ | 88037 | 88039$_{7}$ | 88043$_{17}$ | 88049$_{13}$ | 88051$_{191}$ |
| 88057$_{173}$ | 88061$_{107}$ | 88063$_{83}$ | 88067$_{7·23}$ | 88069 | 88073$_{29}$ | 88079 | 88081$_{7}$ |
| 88087$_{59}$ | 88091$_{137}$ | 88093 | 88097$_{37}$ | 88099$_{11}$ | 88103$_{19}$ | 88109$_{7·41}$ | 88111$_{17·71·73}$ |
| 88117 | 88121$_{11}$ | 88123$_{7}$ | 88127$_{13}$ | 88129 | 88133$_{31}$ | 88139$_{53}$ | 88141$_{19}$ |
| 88147$_{181}$ | 88151$_{7·257}$ | 88153$_{13}$ | 88157$_{199}$ | 88159$_{23}$ | 88163$_{131}$ | 88169 | 88171$_{37}$ |
| 88177 | 88181$_{109}$ | 88183$_{163}$ | 88187$_{11}$ | 88189$_{29}$ | 88193$_{7·43·293}$ | 88199$_{89}$ | 88201$_{193}$ |
| 88207$_{7}$ | 88211 | 88213$_{17}$ | 88217$_{19}$ | 88219$_{47}$ | 88223 | 88229$_{83}$ | 88231$_{11·13}$ |
| 88237 | 88241 | 88243$_{79}$ | 88247$_{17·29·179}$ | 88249$_{7}$ | 88253$_{11·71·113}$ | 88259 | 88261 |
| 88267$_{61}$ | 88271$_{103}$ | 88273$_{41}$ | 88277$_{7}$ | 88279$_{43}$ | 88283$_{13}$ | 88289 | 88291$_{7}$ |
| 88297$_{11·23}$ | 88301 | 88303$_{227}$ | 88307$_{233}$ | 88309$_{13}$ | 88313$_{47}$ | 88319$_{7·11·31·37}$ | 88321 |
| 88327 | 88331$_{19}$ | 88333$_{7}$ | 88337 | 88339 | 88343$_{23·167}$ | 88349$_{17}$ | 88351$_{53}$ |
| 88357$_{149}$ | 88361$_{7·13}$ | 88363$_{11·29·277}$ | 88367$_{97}$ | 88369$_{19}$ | 88373$_{67}$ | 88379 | 88381$_{31}$ |
| 88387$_{13}$ | 88391$_{157}$ | 88393$_{37}$ | 88397 | 88399$_{109}$ | 88403$_{7·73·173}$ | 88409$_{211}$ | 88411 |
| 88417$_{7·17}$ | 88421$_{29}$ | 88423 | 88427 | 88429$_{11}$ | 88433$_{191}$ | 88439$_{13}$ | 88441$_{59}$ |
| 88447$_{241}$ | 88451$_{11·17·43}$ | 88453$_{197}$ | 88457$_{53}$ | 88459$_{7}$ | 88463 | 88469 | 88471 |
| 88477$_{103}$ | 88481$_{23}$ | 88483$_{19}$ | 88487$_{7}$ | 88489$_{107}$ | 88493 | 88499 | 88501$_{7·47·269}$ |

| | | | | | | | |
|---|---|---|---|---|---|---|---|
| $88507_{67}$ | $88511_{61}$ | 88513 | $88517_{11\cdot13}$ | $88519_{17\cdot41\cdot127}$ | 88523 | $88529_{7}$ | $88531_{223}$ |
| $88537_{29\cdot43\cdot71}$ | $88541_{37}$ | $88543_{7\cdot13\cdot139}$ | 88547 | $88549_{73}$ | $88553_{17}$ | $88559_{19\cdot59\cdot79}$ | $88561_{11\cdot83\cdot97}$ |
| $88567_{31}$ | $88571_{7}$ | $88573_{23}$ | $88577_{101}$ | $88579_{283}$ | $88583_{11}$ | 88589 | 88591 |
| $88597_{19}$ | $88601_{41}$ | $88603_{251}$ | 88607 | 88609 | $88613_{7}$ | $88619_{23}$ | $88621_{13\cdot17}$ |
| $88627_{7\cdot11}$ | $88631_{263}$ | $88633_{61}$ | $88637_{151}$ | $88639_{137}$ | 88643 | $88649_{11}$ | 88651 |
| 88657 | 88661 | 88663 | 88667 | $88669_{7\cdot53\cdot239}$ | $88673_{13\cdot19}$ | $88679_{71}$ | 88681 |
| $88687_{131}$ | $88691_{31}$ | $88693_{11}$ | $88697_{7}$ | $88699_{13}$ | $88703_{107}$ | $88709_{43}$ | $88711_{7\cdot19\cdot23\cdot29}$ |
| $88717_{79}$ | 88721 | $88723_{17}$ | $88727_{83}$ | 88729 | $88733_{89}$ | $88739_{7}$ | 88741 |
| 88747 | $88751_{13}$ | $88753_{7\cdot31}$ | $88757_{17\cdot23\cdot227}$ | $88759_{11}$ | $88763_{37}$ | $88769_{29}$ | 88771 |
| $88777_{13}$ | $88781_{7\cdot11}$ | $88783_{47}$ | $88787_{19}$ | 88789 | 88793 | 88799 | 88801 |
| 88807 | 88811 | 88813 | 88817 | 88819 | $88823_{7}$ | $88829_{13}$ | $88831_{211}$ |
| $88837_{7\cdot37}$ | $88841_{73}$ | 88843 | $88847_{11\cdot41\cdot197}$ | $88849_{23}$ | 88853 | $88859_{17}$ | 88861 |
| 88867 | $88871_{181}$ | 88873 | $88877_{31\cdot47\cdot61}$ | $88879_{7}$ | 88883 | $88889_{103}$ | $88891_{11}$ |
| 88897 | $88901_{19}$ | 88903 | $88907_{7\cdot13}$ | $88909_{67}$ | $88913_{11\cdot59\cdot137}$ | 88919 | $88921_{7}$ |
| $88927_{17}$ | $88931_{113}$ | $88933_{13}$ | 88937 | $88939_{19\cdot31\cdot151}$ | $88943_{29}$ | $88949_{7\cdot97\cdot131}$ | 88951 |
| $88957_{11}$ | $88961_{17}$ | $88963_{7\cdot71\cdot179}$ | $88967_{43}$ | 88969 | $88973_{193}$ | $88979_{11}$ | $88981_{101}$ |
| $88987_{23\cdot53\cdot73}$ | $88991_{7}$ | 88993 | 88997 | $88999_{61}$ | 89003 | 89009 | $89011_{13\cdot41\cdot167}$ |
| 89017 | 89021 | $89023_{11}$ | $89027_{127}$ | $89029_{17}$ | $89033_{7\cdot23\cdot79}$ | $89039_{269}$ | 89041 |
| $89047_{7}$ | 89051 | $89053_{19\cdot43\cdot109}$ | 89057 | $89059_{29\cdot37\cdot83}$ | $89063_{13\cdot17\cdot31}$ | 89069 | 89071 |
| $89077_{281}$ | $89081_{229}$ | 89083 | 89087 | $89089_{7\cdot11\cdot13\cdot89}$ | $89093_{41\cdot53}$ | $89099_{139}$ | 89101 |
| 89107 | $89111_{11}$ | 89113 | $89117_{7\cdot29}$ | 89119 | 89123 | $89129_{19}$ | $89131_{7\cdot17\cdot107}$ |
| 89137 | $89141_{13}$ | $89143_{97}$ | $89147_{239}$ | $89149_{59}$ | 89153 | $89159_{7\cdot47\cdot271}$ | $89161_{163}$ |
| $89167_{13\cdot19}$ | $89171_{23}$ | $89173_{7}$ | $89177_{11\cdot67}$ | $89179_{257}$ | $89183_{101}$ | 89189 | $89191_{79}$ |
| $89197_{191}$ | $89201_{7}$ | 89203 | $89207_{37}$ | 89209 | 89213 | $89219_{13}$ | $89221_{11}$ |
| 89227 | 89231 | $89233_{17\cdot29\cdot181}$ | 89237 | $89239_{233}$ | $89243_{7\cdot11\cdot19\cdot61}$ | $89249_{31}$ | $89251_{149}$ |
| $89257_{7\cdot41}$ | 89261 | $89263_{23}$ | $89267_{17\cdot59\cdot89}$ | 89269 | 89273 | $89279_{73}$ | $89281_{19\cdot37\cdot127}$ |
| $89287_{11}$ | $89291_{29}$ | 89293 | $89297_{13}$ | $89299_{7}$ | 89303 | $89309_{11\cdot23}$ | $89311_{31\cdot43\cdot67}$ |
| 89317 | $89321_{179}$ | $89323_{13}$ | $89327_{7}$ | 89329 | $89333_{157}$ | $89339_{41}$ | $89341_{7}$ |
| $89347_{47}$ | $89351_{199}$ | $89353_{11}$ | $89357_{19}$ | $89359_{193}$ | 89363 | $89369_{7\cdot17}$ | 89371 |
| $89377_{139}$ | 89381 | $89383_{7\cdot113}$ | 89387 | $89389_{71}$ | 89393 | 89399 | $89401_{13\cdot23}$ |
| $89407_{29}$ | $89411_{7\cdot53\cdot241}$ | 89413 | 89417 | $89419_{11}$ | $89423_{223}$ | $89429_{37}$ | 89431 |
| $89437_{17}$ | $89441_{11\cdot47\cdot173}$ | 89443 | $89447_{23}$ | 89449 | $89453_{7\cdot13}$ | 89459 | $89461_{137}$ |
| $89467_{7}$ | $89471_{17\cdot19\cdot277}$ | $89473_{131}$ | 89477 | $89479_{13}$ | $89483_{43}$ | $89489_{109}$ | 89491 |
| $89497_{31}$ | 89501 | $89503_{37\cdot41\cdot59}$ | $89507_{11\cdot79\cdot103}$ | $89509_{7\cdot19}$ | 89513 | 89519 | 89521 |
| 89527 | $89531_{13\cdot71\cdot97}$ | 89533 | $89537_{7}$ | $89539_{17\cdot23\cdot229}$ | $89543_{151}$ | $89549_{149}$ | $89551_{7\cdot11}$ |
| $89557_{13\cdot83}$ | 89561 | 89563 | 89567 | $89569_{43}$ | $89573_{11\cdot17}$ | $89579_{7\cdot67\cdot191}$ | $89581_{29}$ |
| $89587_{101}$ | 89591 | $89593_{7}$ | 89597 | 89599 | 89603 | $89609_{13\cdot61\cdot113}$ | 89611 |
| $89617_{11}$ | $89621_{7\cdot31\cdot59}$ | $89623_{19\cdot53\cdot89}$ | 89627 | $89629_{47}$ | 89633 | $89639_{11\cdot29\cdot281}$ | $89641_{17}$ |
| $89647_{157}$ | $89651_{37}$ | 89653 | 89657 | 89659 | $89663_{7}$ | 89669 | 89671 |
| $89677_{7\cdot23}$ | 89681 | $89683_{11\cdot31\cdot263}$ | $89687_{13}$ | 89689 | $89693_{257}$ | $89699_{19}$ | $89701_{271}$ |
| $89707_{109}$ | $89711_{283}$ | $89713_{13\cdot67\cdot103}$ | $89717_{73}$ | $89719_{7}$ | $89723_{23\cdot47\cdot83}$ | $89729_{53}$ | $89731_{61}$ |
| $89737_{19}$ | $89741_{43}$ | $89743_{17}$ | $89747_{7}$ | $89749_{11\cdot41\cdot199}$ | 89753 | 89759 | $89761_{7}$ |
| 89767 | $89771_{11}$ | $89773_{107}$ | $89777_{17}$ | 89779 | 89783 | $89789_{7\cdot101\cdot127}$ | $89791_{13}$ |
| 89797 | $89801_{89}$ | $89803_{7}$ | $89807_{31}$ | 89809 | $89813_{19\cdot29\cdot163}$ | 89819 | 89821 |
| $89827_{43}$ | $89831_{7\cdot41}$ | 89833 | $89837_{11}$ | 89839 | $89843_{13}$ | 89849 | $89851_{19}$ |
| $89857_{59}$ | $89861_{23}$ | $89863_{73}$ | 89867 | $89869_{13\cdot31\cdot223}$ | $89873_{7\cdot37}$ | $89879_{17}$ | $89881_{11}$ |
| $89887_{7}$ | 89891 | $89893_{241}$ | 89897 | 89899 | $89903_{11}$ | 89909 | $89911_{47}$ |
| 89917 | $89921_{13}$ | 89923 | $89927_{19}$ | $89929_{7\cdot29}$ | $89933_{139}$ | 89939 | $89941_{53}$ |
| $89947_{11\cdot13\cdot17\cdot37}$ | $89951_{293}$ | $89953_{23}$ | $89957_{7\cdot71\cdot181}$ | 89959 | 89963 | $89969_{11}$ | $89971_{7}$ |
| 89977 | $89981_{17\cdot67\cdot79}$ | 89983 | $89987_{29\cdot107}$ | 89989 | $89993_{31}$ | $89999_{7\cdot13\cdot23\cdot43}$ | 90001 |
| 90007 | 90011 | $90013_{7\cdot11\cdot167}$ | 90017 | 90019 | 90023 | $90029_{197}$ | 90031 |
| $90037_{179}$ | $90041_{7\cdot19}$ | $90043_{127}$ | $90047_{53}$ | $90049_{17}$ | 90053 | 90059 | $90061_{113}$ |
| 90067 | 90071 | 90073 | $90077_{13\cdot41}$ | $90079_{11\cdot19}$ | $90083_{7\cdot17}$ | 90089 | $90091_{23}$ |
| $90097_{7\cdot61\cdot211}$ | $90101_{11}$ | $90103_{13\cdot29\cdot239}$ | 90107 | $90109_{251}$ | $90113_{97}$ | $90119_{227}$ | 90121 |
| 90127 | $90131_{193}$ | $90133_{173}$ | $90137_{23}$ | $90139_{7\cdot79\cdot163}$ | $90143_{109}$ | 90149 | $90151_{17}$ |
| $90157_{89}$ | $90161_{29}$ | 90163 | $90167_{7\cdot11}$ | $90169_{37}$ | 90173 | $90179_{31}$ | $90181_{7\cdot13}$ |
| 90187 | 90191 | $90193_{19\cdot47\cdot101}$ | 90197 | 90199 | 90203 | $90209_{7\cdot263}$ | $90211_{11\cdot59\cdot139}$ |
| 90217 | $90221_{83}$ | $90223_{7}$ | 90227 | $90229_{23}$ | $90233_{11\cdot13}$ | 90239 | $90241_{31\cdot41\cdot71}$ |
| 90247 | $90251_{7}$ | $90253_{17}$ | $90257_{43}$ | $90259_{13\cdot53\cdot131}$ | 90263 | $90269_{19}$ | 90271 |
| $90277_{11\cdot29\cdot283}$ | 90281 | $90283_{137}$ | $90287_{17\cdot47\cdot113}$ | 90289 | $90293_{7}$ | $90299_{11}$ | $90301_{73}$ |
| $90307_{7\cdot19\cdot97}$ | $90311_{13}$ | 90313 | $90317_{37}$ | $90319_{181}$ | $90323_{41}$ | $90329_{59}$ | $90331_{103}$ |
| $90337_{13}$ | $90341_{61}$ | $90343_{11\cdot43\cdot191}$ | $90347_{167}$ | $90349_{7}$ | 90353 | 90359 | $90361_{109}$ |
| $90367_{23}$ | 90371 | 90373 | $90377_{7}$ | 90379 | $90383_{19\cdot67\cdot71}$ | $90389_{13\cdot17}$ | $90391_{7\cdot37}$ |
| 90397 | 90401 | 90403 | 90407 | $90409_{11}$ | $90413_{23}$ | $90419_{7}$ | $90421_{19}$ |
| $90427_{31}$ | $90431_{11}$ | $90433_{7}$ | 90437 | 90439 | $90443_{149}$ | $90449_{151}$ | $90451_{29}$ |
| $90457_{17}$ | $90461_{7}$ | $90463_{61}$ | $90467_{13}$ | 90469 | 90473 | $90479_{173}$ | 90481 |
| $90487_{41}$ | $90491_{17}$ | $90493_{13}$ | $90497_{11\cdot19}$ | 90499 | $90503_{7}$ | $90509_{29}$ | 90511 |
| $90517_{7\cdot67\cdot193}$ | $90521_{131}$ | 90523 | 90527 | 90529 | 90533 | $90539_{37}$ | $90541_{11}$ |
| 90547 | $90551_{23\cdot31\cdot127}$ | $90553_{83}$ | $90557_{137}$ | $90559_{7\cdot17}$ | $90563_{11}$ | $90569_{41\cdot47}$ | $90571_{13}$ |
| $90577_{53}$ | $90581_{239}$ | 90583 | $90587_{7}$ | $90589_{157}$ | $90593_{17\cdot73}$ | 90599 | $90601_{7\cdot43}$ |
| $90607_{11}$ | $90611_{19\cdot251}$ | $90613_{31\cdot37\cdot79}$ | 90617 | 90619 | $90623_{13}$ | $90629_{7\cdot11\cdot107}$ | 90631 |
| $90637_{233}$ | 90641 | $90643_{7\cdot23}$ | 90647 | $90649_{13\cdot19}$ | $90653_{269}$ | 90659 | $90661_{17}$ |
| $90667_{71}$ | $90671_{7}$ | $90673_{11}$ | 90677 | 90679 | $90683_{29\cdot53\cdot59}$ | $90689_{23}$ | $90691_{89}$ |
| 90697 | $90701_{13}$ | 90703 | $90707_{61}$ | 90709 | $90713_{7}$ | $90719_{83}$ | $90721_{257}$ |
| $90727_{7\cdot13}$ | 90731 | $90733_{41}$ | $90737_{31}$ | $90739_{11\cdot73\cdot113}$ | $90743_{103}$ | 90749 | $90751_{151}$ |
| $90757_{47}$ | $90761_{11\cdot37\cdot223}$ | $90763_{17\cdot19\cdot281}$ | $90767_{139}$ | $90769_{7}$ | $90773_{43}$ | $90779_{13}$ | $90781_{23}$ |
| 90787 | $90791_{163}$ | 90793 | $90797_{7\cdot17\cdot109}$ | $90799_{29\cdot31\cdot101}$ | 90803 | $90809_{71}$ | $90811_{7}$ |
| $90817_{197}$ | 90821 | 90823 | $90827_{11\cdot23}$ | $90829_{61}$ | 90833 | $90839_{7\cdot19}$ | 90841 |
| 90847 | $90851_{47}$ | $90853_{7}$ | $90857_{13\cdot29\cdot241}$ | $90859_{43}$ | 90863 | $90869_{89}$ | $90871_{11}$ |
| $90877_{19}$ | $90881_{7}$ | $90883_{13}$ | 90887 | $90889_{97}$ | $90893_{11}$ | $90899_{17}$ | 90901 |
| 90907 | 90911 | $90913_{229}$ | 90917 | $90919_{23\cdot59\cdot67}$ | $90923_{7\cdot31}$ | $90929_{79}$ | 90931 |
| $90937_{7\cdot11}$ | $90941_{211}$ | $90943_{199}$ | 90947 | $90949_{103}$ | $90953_{19}$ | $90959_{11}$ | $90961_{13}$ |

| | | | | | | | |
|---|---|---|---|---|---|---|---|
| 90967$_{17}$ | 90971 | 90973$_{29}$ | 90977 | 90979$_{7\cdot41}$ | 90983$_{37}$ | 90989 | 90991$_{19}$ |
| 90997 | 91001$_{17\cdot53\cdot101}$ | 91003$_{11}$ | 91007$_{7}$ | 91009 | 91013$_{13}$ | 91019 | 91021$_{7}$ |
| 91027$_{227}$ | 91031$_{29\cdot43\cdot73}$ | 91033 | 91037$_{59}$ | 91039$_{13\cdot47\cdot149}$ | 91043$_{181}$ | 91049$_{7}$ | 91051$_{83}$ |
| 91057$_{23\cdot37\cdot107}$ | 91061$_{41}$ | 91063$_{7}$ | 91067$_{19}$ | 91069$_{11\cdot17}$ | 91073$_{61}$ | 91079 | 91081 |
| 91087$_{79}$ | 91091$_{7\cdot11\cdot13}$ | 91093$_{71}$ | 91097 | 91099 | 91103$_{17\cdot23\cdot233}$ | 91109$_{31}$ | 91111$_{179}$ |
| 91117$_{13\cdot43\cdot163}$ | 91121 | 91123$_{293}$ | 91127 | 91129 | 91133$_{7\cdot47\cdot277}$ | 91139 | 91141 |
| 91147$_{7\cdot29}$ | 91151 | 91153 | 91157$_{11}$ | 91159 | 91163 | 91169$_{13}$ | 91171$_{17\cdot31\cdot173}$ |
| 91177$_{73}$ | 91181$_{19}$ | 91183 | 91187$_{67}$ | 91189$_{7}$ | 91193 | 91199 | 91201$_{11}$ |
| 91207$_{223}$ | 91211$_{197}$ | 91213$_{53}$ | 91217$_{7\cdot83\cdot157}$ | 91219$_{19}$ | 91223$_{11}$ | 91229 | 91231$_{7}$ |
| 91237 | 91241$_{23}$ | 91243 | 91247$_{13}$ | 91249 | 91253 | 91259$_{7}$ | 91261$_{263}$ |
| 91267$_{11}$ | 91271$_{107}$ | 91273$_{7\cdot13\cdot17\cdot59}$ | 91277$_{97}$ | 91279$_{37}$ | 91283 | 91289$_{11\cdot43\cdot193}$ | 91291 |
| 91297 | 91301$_{7}$ | 91303 | 91307$_{17\cdot41\cdot131}$ | 91309 | 91313$_{127}$ | 91319$_{53}$ | 91321$_{29\cdot47\cdot67}$ |
| 91327$_{271}$ | 91331 | 91333$_{11\cdot19\cdot23}$ | 91337$_{149}$ | 91339$_{241}$ | 91343$_{7}$ | 91349$_{167}$ | 91351$_{13}$ |
| 91357$_{7\cdot31}$ | 91361$_{103}$ | 91363$_{211}$ | 91367 | 91369 | 91373 | 91379$_{23\cdot29\cdot137}$ | 91381 |
| 91387 | 91391$_{59}$ | 91393 | 91397 | 91399$_{7\cdot11}$ | 91403$_{13\cdot79\cdot89}$ | 91409$_{17\cdot19\cdot283}$ | 91411 |
| 91417$_{113}$ | 91421$_{11}$ | 91423 | 91427$_{7\cdot37}$ | 91429$_{13}$ | 91433 | 91439$_{61}$ | 91441$_{7}$ |
| 91447$_{19}$ | 91451$_{109}$ | 91453 | 91457 | 91459 | 91463 | 91469$_{7\cdot73\cdot179}$ | 91471$_{23\cdot41\cdot97}$ |
| 91477$_{17}$ | 91481$_{13\cdot31\cdot227}$ | 91483$_{7}$ | 91487$_{11}$ | 91489$_{191}$ | 91493 | 91499 | 91501$_{37}$ |
| 91507$_{13}$ | 91511$_{7\cdot17}$ | 91513 | 91517$_{23\cdot173}$ | 91519$_{71}$ | 91523$_{19}$ | 91529 | 91531$_{11\cdot53\cdot157}$ |
| 91537$_{239}$ | 91541 | 91543$_{31}$ | 91547$_{43}$ | 91549$_{83}$ | 91553$_{7\cdot11\cdot29\cdot41}$ | 91559$_{13}$ | 91561$_{19\cdot61\cdot79}$ |
| 91567$_{7\cdot103\cdot127}$ | 91571 | 91573 | 91577 | 91579$_{17}$ | 91583 | 91589$_{67}$ | 91591 |
| 91597$_{11}$ | 91601$_{139}$ | 91603$_{47}$ | 91607$_{101}$ | 91609$_{7\cdot23}$ | 91613$_{17}$ | 91619$_{11}$ | 91621 |
| 91627$_{59}$ | 91631 | 91633$_{43}$ | 91637$_{7\cdot13\cdot19\cdot53}$ | 91639 | 91643$_{113}$ | 91649$_{37}$ | 91651$_{7}$ |
| 91657$_{151}$ | 91661$_{71}$ | 91663$_{11\cdot13}$ | 91667$_{31}$ | 91669$_{29\cdot109}$ | 91673 | 91679$_{7}$ | 91681$_{17}$ |
| 91687$_{277}$ | 91691 | 91693$_{7}$ | 91697$_{47}$ | 91699$_{107}$ | 91703 | 91709$_{293}$ | 91711 |
| 91717$_{41}$ | 91721$_{7}$ | 91723$_{37\cdot67}$ | 91727$_{29}$ | 91729$_{11\cdot31\cdot269}$ | 91733 | 91739$_{199}$ | 91741$_{13}$ |
| 91747$_{23}$ | 91751$_{11\cdot19}$ | 91753 | 91757 | 91759$_{89}$ | 91763$_{7}$ | 91769$_{163}$ | 91771 |
| 91777$_{7}$ | 91781 | 91783$_{17}$ | 91787$_{263}$ | 91789$_{19}$ | 91793$_{13\cdot23}$ | 91799$_{41}$ | 91801 |
| 91807 | 91811 | 91813 | 91817$_{11\cdot17}$ | 91819$_{7\cdot13}$ | 91823 | 91829$_{229}$ | 91831$_{131}$ |
| 91837 | 91841 | 91843$_{29}$ | 91847$_{7}$ | 91849$_{53}$ | 91853$_{31}$ | 91859$_{97}$ | 91861$_{7\cdot11}$ |
| 91867 | 91871$_{13\cdot37\cdot191}$ | 91873 | 91877$_{79}$ | 91879$_{139}$ | 91883$_{11}$ | 91889$_{7}$ | 91891$_{43}$ |
| 91897$_{13}$ | 91901$_{29}$ | 91903$_{7\cdot19}$ | 91907$_{73}$ | 91909 | 91913$_{107}$ | 91919$_{17}$ | 91921 |
| 91927$_{11\cdot61\cdot137}$ | 91931$_{7\cdot23}$ | 91933$_{149}$ | 91937$_{89}$ | 91939 | 91943 | 91949$_{11\cdot13}$ | 91951 |
| 91957 | 91961 | 91963$_{41}$ | 91967 | 91969 | 91973$_{7}$ | 91979$_{19\cdot47\cdot103}$ | 91981$_{59}$ |
| 91987$_{7\cdot17}$ | 91991$_{67}$ | 91993$_{11}$ | 91997 | 91999$_{197}$ | 92003 | 92009 | 92011$_{101}$ |
| 92017$_{19\cdot29\cdot167}$ | 92021$_{17}$ | 92023$_{23}$ | 92027$_{13}$ | 92029$_{7}$ | 92033 | 92039$_{31}$ | 92041 |
| 92047$_{83}$ | 92051 | 92053$_{13\cdot73\cdot97}$ | 92057$_{7}$ | 92059$_{11}$ | 92063$_{43}$ | 92069$_{23}$ | 92071$_{7}$ |
| 92077 | 92081$_{11}$ | 92083 | 92087$_{71}$ | 92089$_{17}$ | 92093$_{19\cdot37\cdot131}$ | 92099$_{7\cdot59\cdot223}$ | 92101$_{31}$ |
| 92107 | 92111 | 92113$_{7}$ | 92117$_{251}$ | 92119 | 92123$_{17}$ | 92129$_{181}$ | 92131$_{13\cdot19}$ |
| 92137$_{199}$ | 92141$_{7}$ | 92143 | 92147$_{11}$ | 92149$_{43}$ | 92153 | 92159$_{157}$ | 92161$_{23}$ |
| 92167$_{37\cdot47\cdot53}$ | 92171$_{61}$ | 92173 | 92177 | 92179 | 92183$_{7\cdot13}$ | 92189 | 92191$_{11\cdot17\cdot29}$ |
| 92197$_{7}$ | 92201$_{137}$ | 92203 | 92207$_{19\cdot23\cdot211}$ | 92209$_{13\cdot41\cdot173}$ | 92213$_{11\cdot83\cdot101}$ | 92219 | 92221 |
| 92227 | 92231$_{149}$ | 92233 | 92237 | 92239$_{7}$ | 92243 | 92249$_{29}$ | 92251 |
| 92257$_{11}$ | 92261$_{13\cdot47\cdot151}$ | 92263$_{257}$ | 92267$_{7\cdot269}$ | 92269 | 92273$_{53}$ | 92279$_{11}$ | 92281$_{7}$ |
| 92287$_{13\cdot31\cdot229}$ | 92291$_{41}$ | 92293$_{17\cdot61\cdot89}$ | 92297 | 92299$_{23}$ | 92303$_{241}$ | 92309$_{7}$ | 92311 |
| 92317 | 92321$_{19\cdot43\cdot113}$ | 92323$_{7\cdot11\cdot109}$ | 92327$_{17}$ | 92329$_{127}$ | 92333 | 92339$_{13}$ | 92341$_{107}$ |
| 92347 | 92351$_{7\cdot79\cdot167}$ | 92353 | 92357 | 92359$_{19}$ | 92363 | 92369 | 92371$_{71}$ |
| 92377 | 92381 | 92383 | 92387 | 92389$_{11\cdot37\cdot227}$ | 92393$_{7\cdot67\cdot197}$ | 92399 | 92401 |
| 92407$_{7\cdot43}$ | 92411$_{11\cdot31\cdot271}$ | 92413 | 92417$_{13}$ | 92419 | 92423$_{29}$ | 92429$_{17}$ | 92431 |
| 92437$_{23}$ | 92441$_{97}$ | 92443$_{13}$ | 92447$_{193}$ | 92449$_{7\cdot47\cdot281}$ | 92453$_{59}$ | 92459 | 92461 |
| 92467 | 92471$_{89}$ | 92473$_{19\cdot31\cdot157}$ | 92477$_{7\cdot11}$ | 92479 | 92483$_{23}$ | 92489 | 92491$_{7\cdot73\cdot181}$ |
| 92497$_{17}$ | 92501$_{233}$ | 92503 | 92507 | 92509$_{79}$ | 92513$_{71}$ | 92519$_{7}$ | 92521$_{11\cdot13}$ |
| 92527$_{67}$ | 92531$_{17}$ | 92533$_{7}$ | 92537$_{37\cdot41\cdot61}$ | 92539$_{29}$ | 92543$_{11\cdot47\cdot179}$ | 92549$_{19}$ | 92551 |
| 92557 | 92561$_{7}$ | 92563$_{151}$ | 92567 | 92569 | 92573$_{13}$ | 92579$_{43}$ | 92581 |
| 92587$_{11\cdot19}$ | 92591$_{53}$ | 92593 | 92597$_{29\cdot31\cdot103}$ | 92599$_{13\cdot17}$ | 92603$_{7}$ | 92609$_{11}$ | 92611$_{37}$ |
| 92617$_{7\cdot101\cdot131}$ | 92621$_{23}$ | 92623 | 92627 | 92629$_{211}$ | 92633$_{17}$ | 92639 | 92641 |
| 92647 | 92651$_{13}$ | 92653$_{11}$ | 92657 | 92659$_{7\cdot31\cdot61}$ | 92663$_{19}$ | 92669 | 92671 |
| 92677$_{13}$ | 92681 | 92683 | 92687$_{7}$ | 92689$_{59}$ | 92693 | 92699 | 92701$_{7\cdot17\cdot19\cdot41}$ |
| 92707 | 92711$_{83}$ | 92713$_{23\cdot29\cdot139}$ | 92717 | 92719$_{11}$ | 92723 | 92729$_{7\cdot13}$ | 92731$_{47}$ |
| 92737 | 92741$_{11}$ | 92743$_{7}$ | 92747$_{163}$ | 92749$_{137}$ | 92753 | 92759$_{23\cdot37\cdot109}$ | 92761 |
| 92767 | 92771$_{7\cdot29}$ | 92773$_{113}$ | 92777$_{19\cdot257}$ | 92779 | 92783$_{31\cdot41\cdot73}$ | 92789 | 92791 |
| 92797$_{71}$ | 92801 | 92803$_{17\cdot53\cdot103}$ | 92807$_{11\cdot13\cdot59}$ | 92809 | 92813$_{7}$ | 92819$_{101}$ | 92821 |
| 92827$_{7\cdot89\cdot149}$ | 92831 | 92833$_{13\cdot37\cdot193}$ | 92837$_{17\cdot43\cdot127}$ | 92839$_{263}$ | 92843$_{227}$ | 92849 | 92851$_{11\cdot23}$ |
| 92857 | 92861 | 92863 | 92867 | 92869$_{7}$ | 92873$_{11}$ | 92879$_{131}$ | 92881$_{293}$ |
| 92887$_{29}$ | 92891$_{19}$ | 92893 | 92897$_{7\cdot23}$ | 92899 | 92903$_{61}$ | 92909$_{53}$ | 92911$_{7\cdot13}$ |
| 92917$_{11}$ | 92921 | 92923$_{43}$ | 92927 | 92929$_{19\cdot67\cdot73}$ | 92933$_{199}$ | 92939$_{7\cdot11\cdot17\cdot71}$ | 92941 |
| 92947$_{41}$ | 92951 | 92953$_{7\cdot271}$ | 92957 | 92959 | 92963$_{13}$ | 92969$_{31}$ | 92971$_{239}$ |
| 92977$_{109}$ | 92981$_{7\cdot37}$ | 92983$_{11\cdot79\cdot107}$ | 92987 | 92989$_{13\cdot23}$ | 92993 | 92999$_{113}$ | 93001 |
| 93007$_{17}$ | 93011$_{281}$ | 93013$_{47}$ | 93017$_{191}$ | 93019$_{167}$ | 93023$_{7\cdot97\cdot137}$ | 93029$_{41}$ | 93031$_{31}$ |
| 93037$_{7}$ | 93041$_{13\cdot17}$ | 93043$_{19\cdot59\cdot83}$ | 93047 | 93049$_{11}$ | 93053 | 93059 | 93061$_{29}$ |
| 93067$_{13}$ | 93071$_{11}$ | 93073$_{163}$ | 93077 | 93079$_{7}$ | 93083 | 93089 | 93091$_{127}$ |
| 93097 | 93101$_{157}$ | 93103 | 93107$_{7\cdot47\cdot283}$ | 93109$_{17}$ | 93113 | 93119$_{13\cdot19\cdot29}$ | 93121$_{7\cdot53\cdot251}$ |
| 93127$_{23}$ | 93131 | 93133 | 93137$_{11}$ | 93139 | 93143$_{17}$ | 93149$_{7}$ | 93151 |
| 93157$_{19}$ | 93161$_{59}$ | 93163$_{7}$ | 93167$_{151}$ | 93169 | 93173$_{23}$ | 93179 | 93181$_{11\cdot43\cdot197}$ |
| 93187 | 93191$_{7}$ | 93193$_{41}$ | 93197$_{13\cdot67\cdot107}$ | 93199 | 93203$_{11\cdot37\cdot229}$ | 93209$_{83}$ | 93211$_{17}$ |
| 93217$_{31\cdot97}$ | 93221$_{73}$ | 93223$_{13\cdot71\cdot101}$ | 93227$_{53}$ | 93229 | 93233$_{7\cdot19}$ | 93239 | 93241 |
| 93247$_{7\cdot11\cdot173}$ | 93251 | 93253 | 93257 | 93259$_{179}$ | 93263 | 93269$_{11\cdot61\cdot139}$ | 93271$_{19}$ |
| 93277$_{37}$ | 93281 | 93283 | 93287 | 93289$_{7}$ | 93293$_{29}$ | 93299$_{79}$ | 93301$_{13}$ |
| 93307 | 93311$_{23}$ | 93313$_{11\cdot17}$ | 93317$_{7}$ | 93319 | 93323 | 93329 | 93331$_{7\cdot67\cdot199}$ |
| 93337 | 93341$_{31}$ | 93343$_{269}$ | 93347$_{17\cdot19}$ | 93349$_{277}$ | 93353$_{13\cdot43\cdot167}$ | 93359$_{7}$ | 93361$_{89}$ |
| 93367$_{73}$ | 93371 | 93373$_{7}$ | 93377 | 93379$_{11\cdot13}$ | 93383 | 93389$_{47}$ | 93391$_{61}$ |
| 93397$_{59}$ | 93401$_{7\cdot11}$ | 93403$_{23\cdot31\cdot131}$ | 93407 | 93409$_{29}$ | 93413$_{109}$ | 93419 | 93421$_{103}$ |

| | | | | | | | |
|---|---|---|---|---|---|---|---|
| 93427 | 93431$_{13}$ | 93433$_{233}$ | 93437$_{223}$ | 93439$_{41\cdot 43\cdot 53}$ | 93443$_{7}$ | 93449$_{17\cdot 23\cdot 239}$ | 93451$_{113}$ |
| 93457$_{7\cdot 13\cdot 79}$ | 93461$_{19}$ | 93463 | 93467$_{11\cdot 29\cdot 293}$ | 93469$_{151}$ | 93473$_{211}$ | 93479 | 93481 |
| 93487 | 93491 | 93493 | 93497 | 93499$_{7\cdot 19\cdot 37}$ | 93503 | 93509$_{13}$ | 93511$_{11}$ |
| 93517$_{17}$ | 93521$_{41}$ | 93523 | 93527$_{7\cdot 31}$ | 93529 | 93533$_{11}$ | 93539$_{89}$ | 93541$_{7\cdot 23\cdot 83}$ |
| 93547$_{139}$ | 93551$_{17}$ | 93553 | 93557 | 93559 | 93563 | 93569$_{7}$ | 93571$_{137}$ |
| 93577$_{11\cdot 47\cdot 181}$ | 93581 | 93583$_{7\cdot 29}$ | 93587$_{13\cdot 23}$ | 93589$_{31}$ | 93593$_{173}$ | 93599$_{11\cdot 67\cdot 127}$ | 93601 |
| 93607 | 93611$_{7\cdot 43}$ | 93613$_{13\cdot 19}$ | 93617$_{179}$ | 93619$_{17}$ | 93623$_{251}$ | 93629 | 93631$_{109}$ |
| 93637 | 93641$_{29}$ | 93643$_{11}$ | 93647$_{37}$ | 93649$_{71}$ | 93653$_{7\cdot 17}$ | 93659$_{73}$ | 93661$_{229}$ |
| 93667$_{7}$ | 93671$_{47}$ | 93673$_{283}$ | 93677$_{113}$ | 93679$_{23}$ | 93683 | 93689$_{19}$ | 93691$_{13}$ |
| 93697$_{43}$ | 93701 | 93703 | 93707$_{83}$ | 93709$_{7\cdot 11}$ | 93713$_{31}$ | 93719 | 93721$_{17\cdot 37\cdot 149}$ |
| 93727$_{19}$ | 93731$_{11}$ | 93733$_{67}$ | 93737$_{7}$ | 93739 | 93743$_{13}$ | 93749$_{241}$ | 93751$_{7\cdot 59\cdot 227}$ |
| 93757$_{29\cdot 53\cdot 61}$ | 93761 | 93763 | 93767$_{41}$ | 93769$_{13}$ | 93773$_{79}$ | 93779$_{7}$ | 93781$_{191}$ |
| 93787 | 93791$_{71}$ | 93793$_{7}$ | 93797$_{11}$ | 93799$_{97}$ | 93803$_{19}$ | 93809 | 93811 |
| 93817$_{23}$ | 93821$_{7\cdot 13}$ | 93823$_{17}$ | 93827 | 93829$_{101}$ | 93833$_{103}$ | 93839$_{107}$ | 93841$_{11\cdot 19}$ |
| 93847$_{13}$ | 93851 | 93853$_{127}$ | 93857$_{17}$ | 93859$_{47}$ | 93863$_{7\cdot 11\cdot 23\cdot 53}$ | 93869$_{37\cdot 43\cdot 59}$ | 93871 |
| 93877$_{7}$ | 93881$_{269}$ | 93883$_{223}$ | 93887 | 93889 | 93893 | 93899$_{13\cdot 31\cdot 233}$ | 93901 |
| 93907$_{11}$ | 93911 | 93913 | 93917$_{19}$ | 93919$_{7}$ | 93923 | 93929$_{11}$ | 93931$_{29\cdot 41\cdot 79}$ |
| 93937 | 93941 | 93943$_{37}$ | 93947$_{7}$ | 93949 | 93953$_{47}$ | 93959$_{17}$ | 93961$_{7\cdot 31}$ |
| 93967 | 93971 | 93973$_{11}$ | 93977$_{13}$ | 93979 | 93983 | 93989$_{7\cdot 29}$ | 93991$_{193}$ |
| 93997 | 94001$_{23\cdot 61\cdot 67}$ | 94003$_{7\cdot 13}$ | 94007 | 94009 | 94013$_{41}$ | 94019$_{149}$ | 94021$_{167}$ |
| 94027$_{17}$ | 94031$_{7\cdot 19\cdot 101}$ | 94033 | 94037$_{271}$ | 94039$_{11\cdot 83\cdot 103}$ | 94043$_{157}$ | 94049 | 94051$_{163}$ |
| 94057 | 94061$_{11\cdot 17}$ | 94063 | 94067$_{109}$ | 94069$_{19}$ | 94073$_{7\cdot 89\cdot 151}$ | 94079 | 94081$_{13}$ |
| 94087$_{7}$ | 94091$_{37}$ | 94093$_{23}$ | 94097$_{73}$ | 94099 | 94103$_{139}$ | 94109 | 94111 |
| 94117 | 94121 | 94123$_{61}$ | 94127$_{11\cdot 43\cdot 199}$ | 94129$_{7\cdot 17\cdot 113}$ | 94133$_{13}$ | 94139$_{23}$ | 94141$_{47}$ |
| 94147$_{31}$ | 94151 | 94153 | 94157$_{7}$ | 94159$_{13}$ | 94163$_{17\cdot 29\cdot 191}$ | 94169 | 94171$_{7\cdot 11}$ |
| 94177$_{41}$ | 94181$_{53}$ | 94183$_{19}$ | 94187$_{97}$ | 94189$_{131}$ | 94193$_{11}$ | 94199$_{7}$ | 94201 |
| 94207 | 94211$_{13}$ | 94213$_{7\cdot 43}$ | 94217$_{71}$ | 94219 | 94223$_{59}$ | 94229 | 94231$_{17\cdot 23\cdot 241}$ |
| 94237$_{11\cdot 13}$ | 94241$_{7}$ | 94243$_{73}$ | 94247$_{79}$ | 94249$_{307}$ | 94253 | 94259$_{11\cdot 19\cdot 41}$ | 94261 |
| 94267$_{107}$ | 94271$_{31}$ | 94273 | 94277$_{23}$ | 94279$_{29}$ | 94283$_{7}$ | 94289$_{13}$ | 94291 |
| 94297$_{7\cdot 19}$ | 94301$_{181}$ | 94303$_{11}$ | 94307 | 94309 | 94313$_{37}$ | 94319$_{257}$ | 94321 |
| 94327 | 94331 | 94333$_{17\cdot 31\cdot 179}$ | 94337$_{29}$ | 94339$_{7}$ | 94343 | 94349 | 94351 |
| 94357$_{157}$ | 94361$_{127}$ | 94363$_{197}$ | 94367$_{7\cdot 13\cdot 17\cdot 61}$ | 94369$_{11\cdot 23}$ | 94373$_{19}$ | 94379 | 94381$_{7\cdot 97\cdot 139}$ |
| 94387$_{37}$ | 94391$_{11}$ | 94393$_{13\cdot 53\cdot 137}$ | 94397 | 94399 | 94403$_{67}$ | 94409$_{7}$ | 94411$_{19}$ |
| 94417$_{263}$ | 94421 | 94423$_{7\cdot 41\cdot 47}$ | 94427 | 94429$_{89}$ | 94433 | 94439 | 94441 |
| 94447 | 94451$_{7\cdot 103\cdot 131}$ | 94453$_{29}$ | 94457$_{11\cdot 31\cdot 277}$ | 94459$_{59}$ | 94463 | 94469$_{17}$ | 94471$_{13\cdot 43}$ |
| 94477 | 94481$_{107}$ | 94483 | 94487$_{19}$ | 94489$_{61}$ | 94493$_{7}$ | 94499$_{53}$ | 94501$_{11\cdot 71}$ |
| 94507$_{7\cdot 23}$ | 94511$_{29}$ | 94513 | 94517$_{47}$ | 94519$_{31}$ | 94523$_{11\cdot 13}$ | 94529 | 94531 |
| 94537$_{17\cdot 67\cdot 83}$ | 94541 | 94543 | 94547 | 94549$_{7\cdot 13}$ | 94553$_{23}$ | 94559 | 94561 |
| 94567$_{11}$ | 94571$_{17}$ | 94573 | 94577$_{7\cdot 59\cdot 229}$ | 94579$_{271}$ | 94583 | 94589$_{11}$ | 94591$_{7}$ |
| 94597 | 94601$_{13\cdot 19}$ | 94603 | 94607$_{89}$ | 94609$_{37}$ | 94613 | 94619$_{7}$ | 94621 |
| 94627$_{13\cdot 29\cdot 251}$ | 94631$_{173}$ | 94633$_{7\cdot 11}$ | 94637$_{101}$ | 94639$_{17\cdot 19\cdot 293}$ | 94643$_{31\cdot 43\cdot 71}$ | 94649 | 94651 |
| 94657$_{103}$ | 94661$_{7}$ | 94663$_{181}$ | 94667$_{137}$ | 94669$_{41}$ | 94673$_{17}$ | 94679$_{13}$ | 94681$_{73}$ |
| 94687 | 94691$_{23\cdot 179}$ | 94693 | 94697$_{281}$ | 94699$_{11}$ | 94703$_{7\cdot 83\cdot 163}$ | 94709 | 94711$_{53}$ |
| 94717$_{7}$ | 94721$_{11\cdot 79\cdot 109}$ | 94723 | 94727 | 94729$_{43}$ | 94733$_{61}$ | 94739$_{211}$ | 94741$_{17}$ |
| 94747 | 94751$_{41}$ | 94753$_{19}$ | 94757$_{13\cdot 37\cdot 197}$ | 94759$_{7}$ | 94763$_{193}$ | 94769$_{97}$ | 94771 |
| 94777 | 94781 | 94783$_{13\cdot 23}$ | 94787$_{7\cdot 11}$ | 94789 | 94793 | 94799$_{47}$ | 94801$_{7\cdot 29}$ |
| 94807$_{113}$ | 94811 | 94813$_{59}$ | 94817$_{53}$ | 94819 | 94823 | 94829$_{7\cdot 19\cdot 23\cdot 31}$ | 94831$_{11\cdot 37\cdot 233}$ |
| 94837 | 94841 | 94843$_{7\cdot 17}$ | 94847 | 94849 | 94853$_{11}$ | 94859$_{29}$ | 94861$_{13}$ |
| 94867$_{19}$ | 94871$_{7}$ | 94873 | 94877$_{17}$ | 94879$_{79}$ | 94883$_{239}$ | 94889 | 94891$_{31}$ |
| 94897$_{11}$ | 94901$_{43}$ | 94903 | 94907 | 94909$_{107}$ | 94913$_{7\cdot 13\cdot 149}$ | 94919$_{11}$ | 94921$_{23}$ |
| 94927$_{7\cdot 71\cdot 191}$ | 94931$_{59}$ | 94933 | 94937$_{139}$ | 94939$_{13\cdot 67\cdot 109}$ | 94943$_{19\cdot 263}$ | 94949 | 94951 |
| 94957$_{269}$ | 94961 | 94963$_{11\cdot 89\cdot 97}$ | 94967$_{23}$ | 94969$_{7}$ | 94973$_{73}$ | 94979$_{17\cdot 37\cdot 151}$ | 94981$_{19}$ |
| 94987$_{43\cdot 47}$ | 94991$_{13}$ | 94993 | 94997$_{7\cdot 41}$ | 94999 | 95003 | 95009 | 95011$_{7\cdot 277}$ |
| 95017$_{13}$ | 95021 | 95023$_{167}$ | 95027 | 95029$_{11\cdot 53\cdot 163}$ | 95033$_{29\cdot 113}$ | 95039$_{7}$ | 95041$_{101}$ |
| 95047$_{17}$ | 95051$_{11}$ | 95053$_{7\cdot 37}$ | 95057$_{19}$ | 95059$_{23}$ | 95063 | 95069$_{13\cdot 71\cdot 103}$ | 95071 |
| 95077$_{31}$ | 95081$_{7\cdot 17\cdot 47}$ | 95083 | 95087 | 95089 | 95093 | 95099$_{61}$ | 95101 |
| 95107 | 95111 | 95113$_{227}$ | 95117$_{11}$ | 95119$_{73}$ | 95123$_{7\cdot 107\cdot 127}$ | 95129$_{251}$ | 95131 |
| 95137$_{7}$ | 95141$_{89}$ | 95143 | 95147$_{13}$ | 95149$_{17\cdot 29\cdot 193}$ | 95153 | 95159$_{43}$ | 95161$_{11\cdot 41\cdot 211}$ |
| 95167$_{59}$ | 95171$_{19}$ | 95173$_{13}$ | 95177 | 95179$_{7}$ | 95183$_{11\cdot 17}$ | 95189 | 95191 |
| 95197$_{23}$ | 95201$_{31\cdot 37\cdot 83}$ | 95203 | 95207$_{7\cdot 29\cdot 67}$ | 95209$_{19}$ | 95213 | 95219 | 95221$_{7\cdot 61\cdot 223}$ |
| 95227$_{11}$ | 95231 | 95233 | 95237$_{131}$ | 95239 | 95243$_{23\cdot 41\cdot 101}$ | 95249$_{7\cdot 11}$ | 95251$_{13\cdot 17}$ |
| 95257 | 95261 | 95263$_{7\cdot 31}$ | 95267 | 95269$_{47}$ | 95273 | 95279 | 95281$_{151}$ |
| 95287 | 95291$_{7}$ | 95293$_{11}$ | 95297$_{233}$ | 95299$_{157}$ | 95303$_{13}$ | 95309$_{191}$ | 95311 |
| 95317 | 95321$_{199}$ | 95323$_{19\cdot 29\cdot 173}$ | 95327 | 95329$_{13}$ | 95333$_{7}$ | 95339 | 95341$_{67}$ |
| 95347$_{7\cdot 53\cdot 257}$ | 95351$_{97}$ | 95353$_{17\cdot 71\cdot 79}$ | 95357$_{167}$ | 95359$_{11}$ | 95363$_{47}$ | 95369 | 95371$_{283}$ |
| 95377$_{127}$ | 95381$_{11\cdot 13\cdot 23\cdot 29}$ | 95383 | 95387$_{17\cdot 31\cdot 181}$ | 95389$_{7}$ | 95393 | 95399$_{19}$ | 95401 |
| 95407$_{13\cdot 41\cdot 179}$ | 95411$_{73}$ | 95413 | 95417$_{7\cdot 43}$ | 95419 | 95423$_{37}$ | 95429 | 95431$_{7}$ |
| 95437$_{19}$ | 95441 | 95443 | 95447$_{11}$ | 95449$_{31}$ | 95453$_{53}$ | 95459$_{7\cdot 13}$ | 95461 |
| 95467 | 95471 | 95473$_{7\cdot 23}$ | 95477$_{307}$ | 95479 | 95483 | 95489$_{17\cdot 41\cdot 137}$ | 95491$_{11}$ |
| 95497$_{29\cdot 37\cdot 89}$ | 95501$_{7}$ | 95503$_{43}$ | 95507 | 95509$_{149}$ | 95513$_{11\cdot 19}$ | 95519$_{23}$ | 95521$_{59}$ |
| 95527 | 95531 | 95533$_{83}$ | 95537$_{13}$ | 95539 | 95543$_{7}$ | 95549 | 95551$_{19\cdot 47\cdot 107}$ |
| 95557$_{7\cdot 11\cdot 17\cdot 73}$ | 95561 | 95563$_{13}$ | 95567$_{227}$ | 95569 | 95573$_{31}$ | 95579$_{11}$ | 95581 |
| 95587$_{61}$ | 95591$_{17}$ | 95593$_{109}$ | 95597 | 95599$_{7}$ | 95603 | 95609$_{67}$ | 95611$_{23}$ |
| 95617 | 95621 | 95623$_{11}$ | 95627$_{7\cdot 19}$ | 95629 | 95633 | 95639$_{59}$ | 95641$_{7\cdot 13}$ |
| 95647$_{101}$ | 95651 | 95653$_{41}$ | 95657$_{23}$ | 95659$_{17}$ | 95663$_{271}$ | 95669$_{7\cdot 79\cdot 173}$ | 95671$_{29}$ |
| 95677$_{241}$ | 95681$_{163}$ | 95683$_{7}$ | 95687$_{103}$ | 95689$_{11}$ | 95693$_{13\cdot 17}$ | 95699$_{83}$ | 95701 |
| 95707 | 95711$_{7\cdot 11\cdot 113}$ | 95713 | 95717 | 95719$_{13\cdot 37\cdot 199}$ | 95723 | 95729$_{29}$ | 95731 |
| 95737 | 95741$_{19}$ | 95743$_{67}$ | 95747 | 95749$_{23\cdot 181}$ | 95753$_{7}$ | 95759$_{31}$ | 95761$_{17\cdot 43\cdot 131}$ |
| 95767$_{7}$ | 95771$_{13\cdot 53\cdot 139}$ | 95773 | 95777$_{11}$ | 95779$_{19\cdot 71}$ | 95783 | 95789 | 95791 |
| 95797$_{13}$ | 95801 | 95803 | 95807$_{149}$ | 95809$_{7}$ | 95813 | 95819 | 95821$_{11\cdot 31\cdot 281}$ |
| 95827$_{79}$ | 95831$_{61}$ | 95833$_{47}$ | 95837$_{7}$ | 95839$_{239}$ | 95843$_{11}$ | 95849$_{13\cdot 73\cdot 101}$ | 95851$_{7}$ |
| 95857 | 95861$_{257}$ | 95863$_{17}$ | 95867$_{37}$ | 95869 | 95873 | 95879$_{7}$ | 95881 |

| | | | | | | | |
|---|---|---|---|---|---|---|---|
| 95887$_{11\cdot23}$ | 95891 | 95893$_{7\cdot19\cdot103}$ | 95897$_{17}$ | 95899$_{41}$ | 95903$_{29}$ | 95909$_{11}$ | 95911 |
| 95917 | 95921$_{7\cdot71\cdot193}$ | 95923 | 95927$_{13\cdot47\cdot157}$ | 95929 | 95933$_{23\cdot43\cdot97}$ | 95939$_{197}$ | 95941$_{37}$ |
| 95947 | 95951$_{229}$ | 95953$_{11\cdot13\cdot61}$ | 95957 | 95959 | 95963$_{7}$ | 95969$_{19}$ | 95971 |
| 95977$_{7}$ | 95981$_{41}$ | 95983$_{53}$ | 95987 | 95989 | 95993$_{59}$ | 95999$_{17}$ | 96001 |
| 96007$_{19\cdot31\cdot163}$ | 96011$_{67}$ | 96013 | 96017 | 96019$_{7\cdot11\cdot29\cdot43}$ | 96023$_{131}$ | 96029$_{109}$ | 96031$_{13\cdot83\cdot89}$ |
| 96037$_{137}$ | 96041$_{11}$ | 96043 | 96047$_{7}$ | 96049$_{139}$ | 96053 | 96059 | 96061$_{7}$ |
| 96067$_{17}$ | 96071$_{23}$ | 96073$_{191}$ | 96077$_{29}$ | 96079 | 96083$_{13\cdot19}$ | 96089$_{7\cdot37\cdot53}$ | 96091$_{307}$ |
| 96097 | 96101$_{17}$ | 96103$_{7}$ | 96107$_{11}$ | 96109$_{13}$ | 96113$_{223}$ | 96119$_{277}$ | 96121$_{19}$ |
| 96127$_{97}$ | 96131$_{7\cdot31}$ | 96133$_{251}$ | 96137 | 96139$_{127}$ | 96143$_{79}$ | 96149 | 96151$_{11}$ |
| 96157 | 96161$_{13}$ | 96163$_{23\cdot37\cdot113}$ | 96167 | 96169$_{17}$ | 96173$_{7\cdot11}$ | 96179 | 96181 |
| 96187$_{7\cdot13\cdot151}$ | 96191$_{43}$ | 96193$_{29\cdot31\cdot107}$ | 96197$_{19\cdot61\cdot83}$ | 96199 | 96203$_{17}$ | 96209$_{23\cdot47\cdot89}$ | 96211 |
| 96217$_{11}$ | 96221 | 96223 | 96227$_{41}$ | 96229$_{7\cdot59\cdot233}$ | 96233 | 96239$_{11\cdot13}$ | 96241$_{157}$ |
| 96247$_{109}$ | 96251$_{29}$ | 96253$_{101}$ | 96257$_{7}$ | 96259 | 96263 | 96269 | 96271$_{7\cdot17}$ |
| 96277$_{43}$ | 96281 | 96283$_{11}$ | 96287$_{73}$ | 96289 | 96293 | 96299$_{7}$ | 96301$_{23\cdot53\cdot79}$ |
| 96307$_{193}$ | 96311$_{19\cdot37\cdot137}$ | 96313$_{7}$ | 96317$_{13\cdot31\cdot239}$ | 96319$_{61}$ | 96323 | 96329 | 96331 |
| 96337 | 96341$_{7}$ | 96343$_{13}$ | 96347$_{23\cdot59\cdot71}$ | 96349$_{11\cdot19}$ | 96353 | 96359$_{167}$ | 96361$_{173}$ |
| 96367$_{29}$ | 96371$_{11}$ | 96373$_{17}$ | 96377 | 96379$_{31}$ | 96383$_{7\cdot281}$ | 96389$_{113}$ | 96391$_{41}$ |
| 96397$_{7\cdot47\cdot293}$ | 96401 | 96403$_{149}$ | 96407$_{17\cdot53\cdot107}$ | 96409$_{229}$ | 96413$_{67}$ | 96419 | 96421$_{13}$ |
| 96427$_{211}$ | 96431 | 96433$_{73}$ | 96437$_{11}$ | 96439$_{7\cdot23}$ | 96443 | 96449$_{43}$ | 96451 |
| 96457 | 96461 | 96463$_{19}$ | 96467$_{7}$ | 96469 | 96473$_{13\cdot41\cdot181}$ | 96479 | 96481$_{7\cdot11\cdot179}$ |
| 96487 | 96491$_{47}$ | 96493 | 96497 | 96499$_{13}$ | 96503$_{11\cdot31\cdot283}$ | 96509$_{7\cdot17}$ | 96511$_{103}$ |
| 96517 | 96521$_{263}$ | 96523$_{7}$ | 96527 | 96529$_{83}$ | 96533$_{37}$ | 96539$_{19}$ | 96541$_{29}$ |
| 96547$_{11\cdot67\cdot131}$ | 96551$_{7\cdot13}$ | 96553 | 96557 | 96559$_{223}$ | 96563$_{61}$ | 96569$_{11}$ | 96571$_{269}$ |
| 96577$_{13\cdot17\cdot19\cdot23}$ | 96581 | 96583$_{59}$ | 96587 | 96589 | 96593$_{7}$ | 96599$_{29}$ | 96601 |
| 96607$_{7\cdot37}$ | 96611$_{17}$ | 96613$_{11}$ | 96617$_{79}$ | 96619$_{53}$ | 96623$_{23}$ | 96629$_{13}$ | 96631$_{71}$ |
| 96637$_{41}$ | 96641$_{241}$ | 96643 | 96647$_{127}$ | 96649$_{7}$ | 96653$_{19}$ | 96659$_{163}$ | 96661 |
| 96667 | 96671 | 96673$_{277}$ | 96677$_{7}$ | 96679$_{11\cdot17\cdot47}$ | 96683$_{109}$ | 96689$_{31}$ | 96691$_{7\cdot19}$ |
| 96697 | 96701$_{11\cdot59\cdot149}$ | 96703 | 96707$_{13\cdot43\cdot173}$ | 96709$_{97}$ | 96713$_{17}$ | 96719$_{7\cdot41}$ | 96721$_{311}$ |
| 96727$_{197}$ | 96731 | 96733$_{7\cdot13}$ | 96737 | 96739 | 96743$_{89}$ | 96749 | 96751$_{31}$ |
| 96757 | 96761$_{7\cdot23}$ | 96763 | 96767$_{11\cdot19}$ | 96769 | 96773$_{29\cdot47\cdot71}$ | 96779 | 96781$_{17}$ |
| 96787 | 96791$_{151}$ | 96793$_{43}$ | 96797 | 96799 | 96803$_{7}$ | 96809$_{131}$ | 96811$_{11\cdot13}$ |
| 96817$_{7}$ | 96821 | 96823 | 96827 | 96829$_{37}$ | 96833$_{11}$ | 96839$_{179}$ | 96841$_{113}$ |
| 96847 | 96851 | 96853$_{23}$ | 96857 | 96859$_{7\cdot101\cdot137}$ | 96863$_{13}$ | 96869$_{157}$ | 96871$_{73}$ |
| 96877$_{11}$ | 96881$_{19}$ | 96883$_{17\cdot41\cdot139}$ | 96887$_{7}$ | 96889$_{13\cdot29\cdot257}$ | 96893 | 96899$_{11\cdot23}$ | 96901$_{7\cdot109\cdot127}$ |
| 96907 | 96911 | 96913$_{199}$ | 96917$_{17}$ | 96919$_{19}$ | 96923$_{103}$ | 96929$_{7\cdot61\cdot227}$ | 96931 |
| 96937$_{31\cdot53\cdot59}$ | 96941$_{13}$ | 96943$_{7\cdot11}$ | 96947$_{29}$ | 96949$_{67}$ | 96953 | 96959 | 96961$_{47}$ |
| 96967$_{13}$ | 96971$_{7}$ | 96973 | 96977$_{37}$ | 96979 | 96983$_{293}$ | 96989 | 96991$_{23}$ |
| 96997 | 97001 | 97003 | 97007 | 97009$_{11}$ | 97013$_{7}$ | 97019$_{13\cdot17}$ | 97021 |
| 97027$_{7\cdot83\cdot167}$ | 97031$_{11}$ | 97033$_{19}$ | 97037$_{23}$ | 97039 | 97043$_{53}$ | 97049$_{107}$ | 97051$_{37\cdot43\cdot61}$ |
| 97057$_{71}$ | 97061$_{31\cdot101}$ | 97063$_{29}$ | 97067$_{113}$ | 97069$_{7\cdot283}$ | 97073 | 97079$_{193}$ | 97081 |
| 97087$_{17}$ | 97091$_{79}$ | 97093$_{151}$ | 97097$_{7\cdot11\cdot13\cdot97}$ | 97099$_{89}$ | 97103 | 97109$_{19\cdot269}$ | 97111$_{7}$ |
| 97117 | 97121$_{17\cdot29\cdot197}$ | 97123$_{13\cdot31\cdot241}$ | 97127 | 97129$_{23\cdot41\cdot103}$ | 97133$_{137}$ | 97139$_{7}$ | 97141$_{11}$ |
| 97147$_{19}$ | 97151 | 97153$_{7}$ | 97157 | 97159 | 97163$_{11\cdot73}$ | 97169 | 97171 |
| 97177 | 97181$_{7}$ | 97183$_{157}$ | 97187 | 97189$_{17}$ | 97193$_{83}$ | 97199$_{37\cdot71}$ | 97201$_{13}$ |
| 97207$_{11}$ | 97211$_{41}$ | 97213 | 97217$_{67}$ | 97219$_{191}$ | 97223$_{7\cdot17\cdot19\cdot43}$ | 97229$_{11}$ | 97231 |
| 97237$_{7\cdot29}$ | 97241 | 97243$_{47}$ | 97247$_{31}$ | 97249$_{79}$ | 97253$_{13}$ | 97259 | 97261$_{19}$ |
| 97267$_{23}$ | 97271$_{211}$ | 97273$_{11\cdot37\cdot239}$ | 97277$_{89}$ | 97279$_{7\cdot13}$ | 97283 | 97289$_{271}$ | 97291$_{17\cdot59\cdot97}$ |
| 97297$_{149}$ | 97301 | 97303 | 97307$_{7}$ | 97309$_{31\cdot43\cdot73}$ | 97313$_{23}$ | 97319$_{307}$ | 97321$_{7}$ |
| 97327 | 97331$_{13}$ | 97333$_{131}$ | 97337$_{19\cdot47\cdot109}$ | 97339$_{11}$ | 97343$_{311}$ | 97349$_{7}$ | 97351$_{67}$ |
| 97357$_{13}$ | 97361$_{11\cdot53\cdot167}$ | 97363$_{7}$ | 97367 | 97369 | 97373 | 97379 | 97381 |
| 97387 | 97391$_{7}$ | 97393$_{17}$ | 97397 | 97399$_{173}$ | 97403$_{257}$ | 97409$_{13\cdot59\cdot127}$ | 97411$_{29}$ |
| 97417$_{61}$ | 97421$_{37}$ | 97423 | 97427$_{11\cdot17}$ | 97429 | 97433$_{7\cdot31}$ | 97439$_{139}$ | 97441 |
| 97447$_{7}$ | 97451$_{19\cdot23\cdot223}$ | 97453 | 97457$_{41}$ | 97459 | 97463 | 97469$_{29}$ | 97471$_{11}$ |
| 97477$_{107}$ | 97481$_{43}$ | 97483$_{71}$ | 97487$_{13}$ | 97489$_{7\cdot19}$ | 97493$_{11}$ | 97499 | 97501 |
| 97507$_{281}$ | 97511 | 97513$_{13}$ | 97517$_{7}$ | 97519$_{113}$ | 97523 | 97529$_{17}$ | 97531$_{7}$ |
| 97537$_{11}$ | 97541$_{103}$ | 97543$_{23}$ | 97547 | 97549 | 97553 | 97559$_{7\cdot11\cdot181}$ | 97561 |
| 97567$_{43}$ | 97571 | 97573$_{7\cdot53\cdot263}$ | 97577 | 97579 | 97583 | 97589$_{23}$ | 97591$_{13}$ |
| 97597$_{17}$ | 97601$_{7\cdot73\cdot191}$ | 97603$_{11\cdot19}$ | 97607 | 97609 | 97613 | 97619$_{31\cdot47\cdot67}$ | 97621$_{41}$ |
| 97627$_{233}$ | 97631$_{17}$ | 97633$_{89}$ | 97637$_{163}$ | 97639$_{251}$ | 97643$_{7\cdot13\cdot29\cdot37}$ | 97649 | 97651 |
| 97657$_{7}$ | 97661$_{61}$ | 97663$_{127}$ | 97667$_{101}$ | 97669$_{11\cdot13}$ | 97673 | 97679$_{19\cdot53\cdot97}$ | 97681$_{23\cdot31\cdot137}$ |
| 97687 | 97691$_{11\cdot83\cdot107}$ | 97693$_{211}$ | 97697$_{151}$ | 97699$_{7\cdot17}$ | 97703$_{41}$ | 97709$_{199}$ | 97711 |
| 97717$_{19\cdot37\cdot139}$ | 97721$_{13}$ | 97723$_{79}$ | 97727$_{7\cdot23}$ | 97729 | 97733$_{17}$ | 97739$_{43}$ | 97741$_{7}$ |
| 97747$_{13\cdot73\cdot103}$ | 97751$_{239}$ | 97753$_{67}$ | 97757$_{11}$ | 97759$_{29}$ | 97763$_{59}$ | 97769$_{7}$ | 97771 |
| 97777 | 97781$_{277}$ | 97783$_{7\cdot61\cdot229}$ | 97787 | 97789 | 97793$_{19}$ | 97799$_{13}$ | 97801$_{11\cdot17}$ |
| 97807$_{47}$ | 97811$_{7\cdot89\cdot157}$ | 97813 | 97817$_{29}$ | 97819$_{23}$ | 97823$_{11}$ | 97829 | 97831$_{19\cdot271}$ |
| 97837$_{227}$ | 97841 | 97843 | 97847 | 97849 | 97853$_{7}$ | 97859 | 97861 |
| 97867$_{7\cdot11\cdot31\cdot41}$ | 97871 | 97873$_{97}$ | 97877$_{13}$ | 97879 | 97883 | 97889$_{11}$ | 97891$_{53}$ |
| 97897$_{223}$ | 97901$_{47}$ | 97903$_{13\cdot17}$ | 97907$_{19}$ | 97909$_{7\cdot71\cdot197}$ | 97913$_{179}$ | 97919 | 97921$_{181}$ |
| 97927 | 97931 | 97933$_{11\cdot29\cdot307}$ | 97937$_{7\cdot17}$ | 97939$_{37}$ | 97943 | 97949$_{41}$ | 97951$_{7}$ |
| 97957$_{23}$ | 97961 | 97963$_{163}$ | 97967 | 97969$_{313}$ | 97973 | 97979$_{7}$ | 97981$_{13}$ |
| 97987 | 97991$_{29\cdot31\cdot109}$ | 97993$_{7}$ | 97997$_{43\cdot53}$ | 97999$_{11\cdot59\cdot151}$ | 98003$_{23}$ | 98009 | 98011 |
| 98017 | 98021$_{7\cdot11\cdot19\cdot67}$ | 98023$_{83}$ | 98027$_{61}$ | 98029$_{167}$ | 98033$_{13}$ | 98039$_{17\cdot73\cdot79}$ | 98041 |
| 98047 | 98051$_{71}$ | 98053$_{31}$ | 98057 | 98059$_{13\cdot19}$ | 98063$_{7}$ | 98069$_{281}$ | 98071$_{101}$ |
| 98077$_{7}$ | 98081 | 98083$_{43}$ | 98087$_{11\cdot37\cdot241}$ | 98089$_{47}$ | 98093$_{233}$ | 98099$_{263}$ | 98101 |
| 98107$_{17\cdot29\cdot199}$ | 98111$_{13}$ | 98113$_{41}$ | 98117$_{59}$ | 98119$_{7\cdot107\cdot131}$ | 98123 | 98129 | 98131$_{11}$ |
| 98137$_{13}$ | 98141$_{17\cdot23\cdot251}$ | 98143 | 98147$_{7}$ | 98149$_{61}$ | 98153$_{11}$ | 98159$_{103}$ | 98161$_{7\cdot37}$ |
| 98167$_{89}$ | 98171$_{127}$ | 98173$_{19}$ | 98177$_{31}$ | 98179 | 98183$_{47}$ | 98189$_{7\cdot13\cdot83}$ | 98191$_{149}$ |
| 98197$_{11\cdot79\cdot113}$ | 98201$_{283}$ | 98203$_{7}$ | 98207 | 98209$_{17\cdot53\cdot109}$ | 98213 | 98219$_{11}$ | 98221 |
| 98227 | 98231$_{7}$ | 98233$_{23}$ | 98237$_{193}$ | 98239$_{31}$ | 98243$_{17}$ | 98249$_{19}$ | 98251 |
| 98257 | 98261$_{97}$ | 98263$_{11}$ | 98267$_{13}$ | 98269 | 98273$_{7\cdot101\cdot139}$ | 98279$_{23}$ | 98281$_{29}$ |
| 98287$_{7\cdot19}$ | 98291$_{227}$ | 98293$_{13}$ | 98297 | 98299 | 98303$_{197}$ | 98309$_{37}$ | 98311$_{17}$ |
| 98317 | 98321 | 98323 | 98327 | 98329$_{7\cdot11}$ | 98333$_{107}$ | 98339$_{29}$ | 98341$_{43}$ |

| | | | | | | | |
|---|---|---|---|---|---|---|---|
| 98347 | $98351_{11}$ | $98353_{59}$ | $98357_{7}$ | $98359_{41}$ | $98363_{19\cdot31\cdot167}$ | 98369 | $98371_{7\cdot13\cdot23\cdot47}$ |
| 98377 | $98381_{131}$ | $98383_{37}$ | 98387 | 98389 | $98393_{61}$ | $98399_{7}$ | $98401_{19}$ |
| 98407 | 98411 | $98413_{7\cdot17}$ | $98417_{11\cdot23}$ | 98419 | $98423_{13\cdot67\cdot113}$ | 98429 | $98431_{257}$ |
| $98437_{173}$ | $98441_{7\cdot41}$ | 98443 | $98447_{17}$ | $98449_{13}$ | 98453 | 98459 | $98461_{11}$ |
| 98467 | $98471_{59}$ | 98473 | $98477_{19\cdot71\cdot73}$ | 98479 | $98483_{7\cdot11}$ | $98489_{149}$ | 98491 |
| $98497_{7}$ | $98501_{13}$ | $98503_{137}$ | 98507 | $98509_{23}$ | $98513_{29\cdot43\cdot79}$ | 98519 | $98521_{83}$ |
| $98527_{11\cdot13\cdot53}$ | $98531_{37}$ | 98533 | $98537_{211}$ | $98539_{7}$ | 98543 | $98549_{11\cdot17\cdot31}$ | $98551_{139}$ |
| $98557_{67}$ | 98561 | 98563 | $98567_{7}$ | $98569_{241}$ | 98573 | $98579_{13}$ | $98581_{7}$ |
| $98587_{311}$ | $98591_{19}$ | $98593_{11}$ | 98597 | $98599_{43}$ | $98603_{151}$ | $98609_{7}$ | $98611_{31}$ |
| $98617_{17}$ | 98621 | $98623_{7\cdot73\cdot193}$ | 98627 | $98629_{19\cdot29\cdot179}$ | $98633_{53}$ | 98639 | 98641 |
| $98647_{23}$ | $98651_{7\cdot17}$ | $98653_{47}$ | $98657_{13}$ | $98659_{11}$ | 98663 | 98669 | $98671_{79}$ |
| $98677_{101}$ | $98681_{11}$ | $98683_{13}$ | $98687_{29\cdot41\cdot83}$ | 98689 | $98693_{7\cdot23}$ | $98699_{229}$ | $98701_{89}$ |
| $98707_{7\cdot59\cdot239}$ | 98711 | 98713 | 98717 | $98719_{17}$ | $98723_{269}$ | 98729 | 98731 |
| 98737 | $98741_{293}$ | $98743_{19}$ | $98747_{11\cdot47\cdot191}$ | $98749_{7}$ | $98753_{17\cdot37\cdot157}$ | $98759_{61}$ | $98761_{13\cdot71\cdot107}$ |
| $98767_{283}$ | $98771_{43}$ | 98773 | $98777_{7\cdot103\cdot137}$ | 98779 | $98783_{173}$ | $98789_{223}$ | $98791_{7\cdot11}$ |
| $98797_{31}$ | 98801 | $98803_{29}$ | 98807 | 98809 | $98813_{11\cdot13}$ | $98819_{7\cdot19}$ | $98821_{17}$ |
| $98827_{37}$ | $98831_{23}$ | $98833_{7}$ | 98837 | $98839_{13}$ | $98843_{97}$ | 98849 | $98851_{41}$ |
| $98857_{11\cdot19\cdot43}$ | $98861_{7\cdot29}$ | $98863_{109}$ | 98867 | 98869 | 98873 | $98879_{11\cdot89\cdot101}$ | $98881_{61}$ |
| 98887 | $98891_{13}$ | 98893 | 98897 | 98899 | $98903_{7\cdot71\cdot199}$ | 98909 | 98911 |
| $98917_{7\cdot13}$ | $98921_{31}$ | $98923_{11\cdot17\cdot23}$ | 98927 | 98929 | $98933_{19\cdot41\cdot127}$ | 98939 | $98941_{163}$ |
| 98947 | $98951_{53}$ | 98953 | $98957_{17}$ | $98959_{7\cdot67\cdot211}$ | 98963 | $98969_{13\cdot23}$ | $98971_{19}$ |
| $98977_{29}$ | 98981 | $98983_{31\cdot103}$ | $98987_{7\cdot79\cdot179}$ | $98989_{11}$ | 98993 | 98999 | $99001_{7}$ |
| $99007_{181}$ | $99011_{11}$ | 99013 | 99017 | $99019_{83}$ | 99023 | $99029_{7\cdot43\cdot47}$ | $99031_{167}$ |
| $99037_{97}$ | 99041 | $99043_{7}$ | $99047_{13\cdot19}$ | $99049_{37}$ | 99053 | $99059_{17}$ | $99061_{23\cdot59\cdot73}$ |
| $99067_{157}$ | $99071_{7}$ | $99073_{13}$ | $99077_{11}$ | 99079 | 99083 | 99089 | $99091_{197}$ |
| $99097_{41}$ | $99101_{113}$ | 99103 | $99107_{23\cdot31\cdot139}$ | 99109 | $99113_{7}$ | 99119 | $99121_{11}$ |
| $99127_{7\cdot17}$ | 99131 | 99133 | 99137 | 99139 | $99143_{11}$ | 99149 | $99151_{13\cdot29\cdot263}$ |
| $99157_{229}$ | $99161_{17\cdot19\cdot307}$ | $99163_{53}$ | $99167_{131}$ | $99169_{7\cdot31}$ | 99173 | $99179_{41\cdot59}$ | 99181 |
| $99187_{11\cdot71\cdot127}$ | 99191 | $99193_{281}$ | $99197_{7\cdot37}$ | $99199_{19\cdot23\cdot227}$ | $99203_{13}$ | $99209_{11\cdot29\cdot311}$ | $99211_{7}$ |
| $99217_{47}$ | $99221_{313}$ | 99223 | $99227_{67}$ | $99229_{13\cdot17}$ | 99233 | $99239_{7}$ | 99241 |
| $99247_{61}$ | 99251 | $99253_{7\cdot11}$ | 99257 | 99259 | $99263_{17}$ | $99269_{53}$ | $99271_{37}$ |
| 99277 | $99281_{7\cdot13}$ | $99283_{101}$ | $99287_{43}$ | 99289 | $99293_{31}$ | $99299_{109}$ | $99301_{199}$ |
| $99307_{13}$ | $99311_{47}$ | $99313_{19}$ | 99317 | $99319_{11}$ | $99323_{7}$ | $99329_{71}$ | $99331_{17}$ |
| $99337_{7\cdot23}$ | $99341_{11}$ | $99343_{41}$ | 99347 | 99349 | $99353_{73}$ | $99359_{13}$ | $99361_{67}$ |
| 99367 | 99371 | $99373_{43}$ | 99377 | $99379_{7}$ | $99383_{23\cdot29\cdot149}$ | $99389_{19}$ | 99391 |
| 99397 | 99401 | $99403_{107}$ | $99407_{7\cdot11}$ | 99409 | $99413_{89}$ | $99419_{37}$ | $99421_{7}$ |
| $99427_{19}$ | 99431 | $99433_{17}$ | $99437_{13}$ | 99439 | $99443_{277}$ | $99449_{7}$ | $99451_{11}$ |
| $99457_{271}$ | $99461_{79}$ | $99463_{7\cdot13}$ | $99467_{17}$ | 99469 | $99473_{11}$ | $99479_{31}$ | $99481_{53}$ |
| 99487 | $99491_{7\cdot61\cdot233}$ | $99493_{37}$ | 99497 | $99499_{29\cdot47\cdot73}$ | $99503_{19}$ | $99509_{151}$ | $99511_{191}$ |
| $99517_{11\cdot83\cdot109}$ | $99521_{23}$ | 99523 | 99527 | 99529 | $99533_{7\cdot59\cdot241}$ | $99539_{11}$ | $99541_{13\cdot19\cdot31}$ |
| $99547_{7}$ | 99551 | $99553_{113}$ | $99557_{29}$ | 99559 | 99563 | $99569_{17}$ | 99571 |
| 99577 | 99581 | $99583_{11}$ | $99587_{53}$ | $99589_{7\cdot41}$ | $99593_{13\cdot47\cdot163}$ | $99599_{137}$ | $99601_{103}$ |
| 99607 | 99611 | $99613_{23\cdot61\cdot71}$ | $99617_{7\cdot19\cdot107}$ | $99619_{13\cdot79\cdot97}$ | 99623 | $99629_{67}$ | $99631_{7\cdot43}$ |
| $99637_{17}$ | $99641_{37}$ | 99643 | $99647_{251}$ | $99649_{11}$ | $99653_{227}$ | $99659_{7\cdot23}$ | 99661 |
| 99667 | $99671_{11\cdot13\cdot17\cdot41}$ | $99673_{7\cdot29}$ | $99677_{263}$ | 99679 | $99683_{83}$ | 99689 | $99691_{131}$ |
| $99697_{13}$ | $99701_{7}$ | $99703_{179}$ | 99707 | 99709 | 99713 | 99719 | 99721 |
| $99727_{31}$ | $99731_{19\cdot29\cdot181}$ | 99733 | $99737_{11}$ | $99739_{17}$ | $99743_{7}$ | $99749_{13}$ | $99751_{23}$ |
| $99757_{7}$ | 99761 | $99763_{67}$ | 99767 | $99769_{19\cdot59\cdot89}$ | $99773_{17}$ | $99779_{113}$ | $99781_{11\cdot47\cdot193}$ |
| 99787 | $99791_{73}$ | 99793 | $99797_{23}$ | $99799_{7\cdot53\cdot269}$ | $99803_{11\cdot43\cdot211}$ | 99809 | $99811_{151}$ |
| 99817 | $99821_{173}$ | 99823 | $99827_{7\cdot13}$ | 99829 | 99833 | 99839 | $99841_{7\cdot17}$ |
| $99847_{11\cdot29\cdot313}$ | $99851_{31}$ | $99853_{13}$ | $99857_{61}$ | 99859 | $99863_{37}$ | $99869_{7\cdot11}$ | 99871 |
| 99877 | 99881 | $99883_{7\cdot19}$ | $99887_{59}$ | $99889_{23\cdot43\cdot101}$ | $99893_{191}$ | $99899_{283}$ | 99901 |
| 99907 | $99911_{7}$ | $99913_{11\cdot31\cdot293}$ | $99917_{41}$ | $99919_{163}$ | 99923 | 99929 | $99931_{13}$ |
| $99937_{37\cdot73}$ | $99941_{139}$ | $99943_{17}$ | $99947_{89}$ | $99949_{127}$ | $99953_{7\cdot109\cdot131}$ | $99959_{19}$ | 99961 |
| $99967_{7}$ | 99971 | $99973_{257}$ | $99977_{17}$ | $99979_{11\cdot61\cdot149}$ | $99983_{13}$ | 99989 | 99991 |
| $99997_{19\cdot277}$ | $100001_{11}$ | 100003 | $100007_{97}$ | $100009_{7\cdot13\cdot157}$ | $100013_{103}$ | 100019 | $100021_{29}$ |
| $100027_{23}$ | $100031_{67}$ | $100033_{167}$ | $100037_{7\cdot31}$ | $100039_{71}$ | 100043 | 100049 | $100051_{7}$ |
| 100057 | $100061_{13\cdot43\cdot179}$ | $100063_{47}$ | $100067_{11}$ | 100069 | $100073_{19\cdot23\cdot229}$ | $100079_{7\cdot17\cdot29}$ | $100081_{41}$ |
| $100087_{13}$ | $100091_{101}$ | $100093_{7\cdot79\cdot181}$ | $100097_{199}$ | $100099_{31}$ | 100103 | 100109 | $100111_{11\cdot19}$ |
| $100117_{53}$ | $100121_{7}$ | $100123_{59}$ | $100127_{223}$ | 100129 | $100133_{11}$ | $100139_{13}$ | $100141_{239}$ |
| $100147_{17\cdot43\cdot137}$ | 100151 | 100153 | $100157_{47}$ | $100159_{37}$ | $100163_{7\cdot41}$ | 100169 | $100171_{109}$ |
| $100177_{7\cdot11}$ | $100181_{17\cdot71\cdot83}$ | 100183 | $100187_{19}$ | 100189 | 100193 | $100199_{11}$ | $100201_{97}$ |
| 100207 | $100211_{23}$ | 100213 | $100217_{13}$ | $100219_{7\cdot103\cdot139}$ | $100223_{31\cdot53\cdot61}$ | $100229_{73}$ | $100231_{113}$ |
| 100237 | $100241_{59}$ | $100243_{11\cdot13}$ | $100247_{7}$ | $100249_{17}$ | $100253_{29}$ | $100259_{107}$ | $100261_{7}$ |
| 100267 | 100271 | $100273_{197}$ | $100277_{149}$ | 100279 | $100283_{17}$ | $100289_{7}$ | 100291 |
| 100297 | $100301_{19}$ | $100303_{7\cdot23\cdot89}$ | $100307_{37}$ | $100309_{11}$ | 100313 | $100319_{43}$ | $100321_{13}$ |
| $100327_{41}$ | $100331_{7\cdot11}$ | 100333 | $100337_{269}$ | $100339_{19}$ | 100343 | $100349_{23}$ | $100351_{17}$ |
| 100357 | 100361 | 100363 | $100367_{167}$ | $100369_{29}$ | $100373_{7\cdot13}$ | 100379 | $100381_{37}$ |
| $100387_{7}$ | 100391 | 100393 | $100397_{11}$ | $100399_{13}$ | 100403 | $100409_{31\cdot41\cdot79}$ | 100411 |
| 100417 | $100421_{137}$ | $100423_{233}$ | $100427_{29}$ | $100429_{7}$ | $100433_{67}$ | $100439_{47}$ | $100441_{11\cdot23}$ |
| 100447 | $100451_{13}$ | $100453_{17\cdot19\cdot311}$ | $100457_{7\cdot113\cdot127}$ | 100459 | $100463_{11}$ | 100469 | $100471_{7\cdot31}$ |
| $100477_{13\cdot59\cdot131}$ | $100481_{89}$ | 100483 | $100487_{17\cdot23\cdot257}$ | $100489_{317}$ | 100493 | $100499_{7\cdot293}$ | 100501 |
| $100507_{11}$ | 100511 | $100513_{7\cdot83\cdot173}$ | 100517 | 100519 | 100523 | $100529_{11\cdot13\cdot19\cdot37}$ | $100531_{229}$ |
| 100537 | $100541_{7\cdot53\cdot271}$ | $100543_{29}$ | 100547 | 100549 | $100553_{193}$ | 100559 | $100561_{227}$ |
| $100567_{19\cdot67\cdot79}$ | $100571_{163}$ | $100573_{11\cdot41\cdot223}$ | $100577_{43}$ | $100579_{23}$ | $100583_{7}$ | $100589_{17\cdot61\cdot97}$ | 100591 |
| $100597_{7}$ | $100601_{29}$ | $100603_{37}$ | $100607_{13\cdot71\cdot109}$ | 100609 | 100613 | $100619_{239}$ | 100621 |
| $100627_{47}$ | $100631_{103}$ | $100633_{13}$ | $100637_{157}$ | $100639_{7\cdot11}$ | $100643_{19}$ | 100649 | $100651_{251}$ |
| $100657_{17\cdot31\cdot191}$ | $100661_{11}$ | $100663_{43}$ | $100667_{7\cdot73\cdot197}$ | 100669 | 100673 | $100679_{83}$ | $100681_{7\cdot19}$ |
| $100687_{107}$ | $100691_{17}$ | 100693 | $100697_{101}$ | 100699 | 100703 | $100709_{7}$ | $100711_{13\cdot61\cdot127}$ |
| $100717_{23\cdot29\cdot151}$ | $100721_{47}$ | $100723_{7}$ | $100727_{11}$ | $100729_{263}$ | 100733 | $100739_{131}$ | 100741 |
| 100747 | $100751_{7\cdot37}$ | $100753_{53}$ | $100757_{19}$ | $100759_{17}$ | $100763_{13\cdot23}$ | 100769 | $100771_{11}$ |
| $100777_{179}$ | $100781_{31}$ | $100783_{97}$ | 100787 | $100789_{13}$ | $100793_{7\cdot11\cdot17}$ | 100799 | 100801 |

| | | | | | | | |
|---|---|---|---|---|---|---|---|
| 100807 7 | 100811 | 100813 73 | 100817 181 | 100819 41 | 100823 | 100829 | 100831 59 |
| 100837 11·89·103 | 100841 13 | 100843 31 | 100847 | 100849 7 | 100853 | 100859 11·53·173 | 100861 17 |
| 100867 13 | 100871 19 | 100873 149 | 100877 7 | 100879 281 | 100883 79 | 100889 233 | 100891 7·29·71 |
| 100897 163 | 100901 23·41·107 | 100903 11 | 100907 | 100909 19·47·113 | 100913 | 100919 7·13 | 100921 43 |
| 100927 | 100931 | 100933 7 | 100937 | 100939 193 | 100943 | 100949 29·59 | 100951 157 |
| 100957 | 100961 7 | 100963 17 | 100967 31 | 100969 11·67·137 | 100973 37 | 100979 241 | 100981 |
| 100987 | 100991 11 | 100993 23 | 100997 13·17 | 100999 | 101003 7·47·307 | 101009 | 101011 83 |
| 101017 7 | 101021 | 101023 13·19 | 101027 | 101029 31 | 101033 71 | 101039 23·191 | 101041 79 |
| 101047 37 | 101051 | 101053 139 | 101057 11 | 101059 7 | 101063 | 101069 211 | 101071 53 |
| 101077 61 | 101081 | 101083 271 | 101087 7 | 101089 | 101093 43 | 101099 17·19·313 | 101101 7·11·13·101 |
| 101107 | 101111 | 101113 | 101117 | 101119 | 101123 11·29·317 | 101129 7 | 101131 23 |
| 101137 19 | 101141 | 101143 7 | 101147 41 | 101149 | 101153 13·31·251 | 101159 | 101161 |
| 101167 11·17 | 101171 7·97·149 | 101173 | 101177 23·53·83 | 101179 13·43·181 | 101183 | 101189 11 | 101191 47 |
| 101197 | 101201 17 | 101203 | 101207 | 101209 | 101213 7·19 | 101219 127 | 101221 |
| 101227 7 | 101231 13 | 101233 11 | 101237 67 | 101239 29 | 101243 137 | 101249 103 | 101251 19·73 |
| 101257 13 | 101261 109 | 101263 131 | 101267 | 101269 7·17·23·37 | 101273 | 101279 | 101281 |
| 101287 | 101291 199 | 101293 | 101297 7·29 | 101299 11 | 101303 17·59·101 | 101309 13 | 101311 7·41 |
| 101317 71 | 101321 11·61·151 | 101323 | 101327 19 | 101329 107 | 101333 | 101339 7·31 | 101341 |
| 101347 | 101351 43 | 101353 7 | 101357 79 | 101359 | 101363 | 101369 167 | 101371 17·67·89 |
| 101377 | 101381 7 | 101383 | 101387 11·13 | 101389 53 | 101393 41 | 101399 | 101401 31 |
| 101407 23 | 101411 | 101413 13·29·269 | 101417 37 | 101419 | 101423 7 | 101429 | 101431 11 |
| 101437 7·43 | 101441 19·281 | 101443 61 | 101447 229 | 101449 | 101453 11·23 | 101459 71 | 101461 241 |
| 101467 | 101471 29 | 101473 17·47·127 | 101477 | 101479 7·19·109 | 101483 | 101489 | 101491 13·37·211 |
| 101497 11 | 101501 | 101503 | 101507 7·17 | 101509 83 | 101513 | 101519 11 | 101521 7 |
| 101527 | 101531 | 101533 | 101537 | 101539 59 | 101543 13·73·107 | 101549 7·89·163 | 101551 173 |
| 101557 41 | 101561 | 101563 7·11 | 101567 47 | 101569 13 | 101573 | 101579 157 | 101581 |
| 101587 29·31·113 | 101591 7·23 | 101593 19 | 101597 283 | 101599 | 101603 | 101609 17·43·139 | 101611 |
| 101617 307 | 101621 13 | 101623 151 | 101627 | 101629 11 | 101633 7 | 101639 37·41·67 | 101641 |
| 101647 7·13 | 101651 11 | 101653 | 101657 59 | 101659 277 | 101663 | 101669 19 | 101671 293 |
| 101677 17 | 101681 | 101683 23 | 101687 61 | 101689 7·73·199 | 101693 | 101699 13 | 101701 |
| 101707 19·53·101 | 101711 17·31·193 | 101713 37 | 101717 7·11 | 101719 | 101723 | 101729 23 | 101731 7 |
| 101737 | 101741 | 101743 71 | 101747 | 101749 | 101753 97 | 101759 7 | 101761 11·29 |
| 101767 149 | 101771 | 101773 7·31·67 | 101777 13 | 101779 17 | 101783 11·19 | 101789 | 101791 137 |
| 101797 | 101801 7 | 101803 13·41·191 | 101807 | 101809 61 | 101813 17·53·113 | 101819 29 | 101821 19·23·233 |
| 101827 11 | 101831 79 | 101833 | 101837 | 101839 | 101843 7 | 101849 11·47·197 | 101851 179 |
| 101857 7 | 101861 37 | 101863 | 101867 23·43·103 | 101869 | 101873 | 101879 | 101881 13·17 |
| 101887 139 | 101891 | 101893 11·59·157 | 101897 19·31·173 | 101899 7 | 101903 181 | 101909 101 | 101911 223 |
| 101917 | 101921 | 101923 227 | 101927 7 | 101929 | 101933 13 | 101939 | 101941 7 |
| 101947 97 | 101951 269 | 101953 43 | 101957 | 101959 11·13·23·31 | 101963 | 101969 7 | 101971 107 |
| 101977 | 101981 11·73·127 | 101983 7·17 | 101987 | 101989 79 | 101993 29 | 101999 | 102001 |
| 102007 83 | 102011 7·13·19·59 | 102013 | 102017 17 | 102019 | 102023 | 102029 257 | 102031 |
| 102037 13·47·167 | 102041 67 | 102043 | 102047 11 | 102049 19·41·131 | 102053 7·61·239 | 102059 | 102061 |
| 102067 7 | 102071 | 102073 103 | 102077 | 102079 | 102083 31·37·89 | 102089 13 | 102091 11 |
| 102097 23·193 | 102101 | 102103 | 102107 | 102109 7·29 | 102113 11 | 102119 17 | 102121 |
| 102127 73 | 102131 41·47·53 | 102133 109 | 102137 7 | 102139 | 102143 23 | 102149 | 102151 7 |
| 102157 11·37·251 | 102161 | 102163 19·283 | 102167 13·29·271 | 102169 71 | 102173 83 | 102179 7·11 | 102181 |
| 102187 17 | 102191 | 102193 7·13 | 102197 | 102199 | 102203 | 102209 179 | 102211 43 |
| 102217 | 102221 7·17 | 102223 11 | 102227 151 | 102229 | 102233 | 102239 19 | 102241 |
| 102247 59 | 102251 | 102253 | 102257 293 | 102259 | 102263 7 | 102269 31 | 102271 13 |
| 102277 7·19 | 102281 23 | 102283 29 | 102287 233 | 102289 11·17 | 102293 | 102299 | 102301 |
| 102307 263 | 102311 11·71·131 | 102313 101 | 102317 | 102319 7·47·311 | 102323 13·17 | 102329 | 102331 31 |
| 102337 | 102341 29 | 102343 53 | 102347 7 | 102349 13 | 102353 19 | 102359 | 102361 7 |
| 102367 | 102371 167 | 102373 23 | 102377 11·41·227 | 102379 37 | 102383 43 | 102389 7 | 102391 17·19·317 |
| 102397 | 102401 13 | 102403 7 | 102407 | 102409 | 102413 47 | 102419 23·61·73 | 102421 11 |
| 102427 13 | 102431 7 | 102433 | 102437 | 102439 89 | 102443 11·67·139 | 102449 53 | 102451 |
| 102457 29 | 102461 | 102463 79 | 102467 19 | 102469 43 | 102473 7 | 102479 13 | 102481 |
| 102487 7·11 | 102491 113 | 102493 17 | 102497 | 102499 | 102503 | 102509 11 | 102511 23 |
| 102517 31 | 102521 157 | 102523 | 102527 17·37·163 | 102529 7·97·151 | 102533 | 102539 | 102541 41·61 |
| 102547 | 102551 | 102553 11 | 102557 7·13·23 | 102559 | 102563 | 102569 109 | 102571 7 |
| 102577 67 | 102581 19 | 102583 13 | 102587 | 102589 173 | 102593 | 102599 7 | 102601 37·47·59 |
| 102607 | 102611 | 102613 7·107·137 | 102617 89 | 102619 11·19 | 102623 41 | 102629 17 | 102631 29 |
| 102637 197 | 102641 7·11·31·43 | 102643 | 102647 | 102649 23 | 102653 | 102659 251 | 102661 13·53·149 |
| 102667 | 102671 83 | 102673 | 102677 | 102679 | 102683 7 | 102689 29 | 102691 103 |
| 102697 7·17 | 102701 | 102703 31 | 102707 11 | 102709 271 | 102713 13 | 102719 59 | 102721 139 |
| 102727 43 | 102731 17 | 102733 19 | 102737 71 | 102739 7·13 | 102743 127 | 102749 37 | 102751 11 |
| 102757 211 | 102761 | 102763 | 102767 7·53·277 | 102769 | 102773 11 | 102779 79 | 102781 7 |
| 102787 23·41·109 | 102791 13 | 102793 | 102797 | 102799 17 | 102803 223 | 102809 7·19 | 102811 |
| 102817 11·13 | 102821 229 | 102823 7·37 | 102827 31·107 | 102829 | 102833 17·23·263 | 102839 11 | 102841 |
| 102847 19 | 102851 7 | 102853 163 | 102857 73 | 102859 | 102863 29 | 102869 13·41·193 | 102871 |
| 102877 | 102881 | 102883 11·47·199 | 102887 137 | 102889 31 | 102893 7 | 102899 43 | 102901 17 |
| 102907 7·61·241 | 102911 | 102913 | 102917 97 | 102919 101 | 102923 19 | 102929 | 102931 |
| 102937 79 | 102941 311 | 102943 113 | 102947 13 | 102949 7·11·191 | 102953 | 102959 149 | 102961 19 |
| 102967 | 102971 11·23·37 | 102973 13·89 | 102977 7·47·313 | 102979 29·53·67 | 102983 | 102989 181 | 102991 7 |
| 102997 127 | 103001 | 103003 17·73·83 | 103007 | 103009 239 | 103013 31 | 103019 7 | 103021 71 |
| 103027 269 | 103031 197 | 103033 7·41 | 103037 11·17·19·29 | 103039 167 | 103043 | 103049 | 103051 13 |
| 103057 257 | 103061 7 | 103063 23 | 103067 | 103069 | 103073 59 | 103079 | 103081 11 |
| 103087 | 103091 | 103093 | 103097 131 | 103099 | 103103 7·11·13·103 | 103109 23 | 103111 97 |
| 103117 7 | 103121 101 | 103123 | 103127 281 | 103129 13 | 103133 151 | 103139 17 | 103141 |
| 103147 11 | 103151 19·61·89 | 103153 29 | 103157 43 | 103159 7 | 103163 71 | 103169 11·83·113 | 103171 |
| 103177 | 103181 13 | 103183 | 103187 7 | 103189 19 | 103193 37 | 103199 31 | 103201 7·23 |
| 103207 13·17 | 103211 29 | 103213 11 | 103217 | 103219 233 | 103223 109 | 103229 7 | 103231 |
| 103237 | 103241 17 | 103243 7·43 | 103247 23·67 | 103249 223 | 103253 79 | 103259 13·47 | 103261 31 |

| | | | | | | | |
|---|---|---|---|---|---|---|---|
| $103267_{37}$ | $103271_{7}$ | $103273_{61}$ | $103277_{139}$ | $103279_{11\cdot41\cdot229}$ | $103283_{179}$ | 103289 | 103291 |
| $103297_{53}$ | $103301_{11}$ | $103303_{19}$ | 103307 | $103309_{17\cdot59\cdot103}$ | $103313_{7}$ | 103319 | $103321_{277}$ |
| $103327_{7\cdot29}$ | $103331_{191}$ | 103333 | $103337_{13}$ | $103339_{23}$ | $103343_{17}$ | 103349 | $103351_{181}$ |
| 103357 | $103361_{41}$ | $103363_{13}$ | $103367_{11}$ | $103369_{7}$ | $103373_{167}$ | $103379_{19}$ | $103381_{67}$ |
| 103387 | 103391 | 103393 | $103397_{7}$ | 103399 | $103403_{53}$ | 103409 | $103411_{7\cdot11\cdot17\cdot79}$ |
| $103417_{19}$ | 103421 | 103423 | $103427_{59}$ | $103429_{293}$ | $103433_{11}$ | $103439_{7}$ | $103441_{13\cdot73\cdot109}$ |
| $103447_{31\cdot47\cdot71}$ | 103451 | $103453_{7}$ | 103457 | $103459_{307}$ | $103463_{157}$ | $103469_{107}$ | 103471 |
| $103477_{11\cdot23}$ | $103481_{7}$ | 103483 | $103487_{239}$ | $103489_{37}$ | $103493_{13\cdot19}$ | $103499_{11\cdot97}$ | $103501_{29\cdot43\cdot83}$ |
| $103507_{89}$ | 103511 | $103513_{17}$ | $103517_{61}$ | $103519_{13}$ | $103523_{7\cdot23}$ | 103529 | $103531_{19}$ |
| $103537_{7}$ | $103541_{47}$ | $103543_{11}$ | $103547_{17}$ | 103549 | 103553 | $103559_{29}$ | 103561 |
| 103567 | $103571_{13\cdot31\cdot257}$ | 103573 | 103577 | $103579_{7}$ | 103583 | $103589_{71}$ | 103591 |
| $103597_{13}$ | $103601_{211}$ | $103603_{313}$ | $103607_{7\cdot19\cdot41}$ | $103609_{11}$ | 103613 | 103619 | $103621_{7\cdot113\cdot131}$ |
| $103627_{173}$ | $103631_{11}$ | $103633_{31}$ | $103637_{37}$ | $103639_{61}$ | 103643 | $103649_{7\cdot13\cdot17\cdot67}$ | 103651 |
| 103657 | $103661_{23}$ | $103663_{7\cdot59\cdot251}$ | $103667_{83}$ | 103669 | $103673_{43}$ | $103679_{199}$ | 103681 |
| 103687 | $103691_{7}$ | $103693_{97}$ | $103697_{11}$ | 103699 | 103703 | $103709_{137}$ | $103711_{37}$ |
| $103717_{17}$ | $103721_{19\cdot53\cdot103}$ | 103723 | $103727_{13\cdot79\cdot101}$ | $103729_{47}$ | $103733_{7\cdot29\cdot73}$ | $103739_{227}$ | $103741_{11}$ |
| $103747_{7}$ | $103751_{17}$ | $103753_{13\cdot23}$ | $103757_{31}$ | $103759_{19\cdot43\cdot127}$ | $103763_{11}$ | 103769 | $103771_{41}$ |
| $103777_{157}$ | $103781_{59}$ | $103783_{67}$ | 103787 | $103789_{7}$ | $103793_{271}$ | $103799_{23}$ | 103801 |
| $103807_{11}$ | 103811 | 103813 | $103817_{7}$ | $103819_{17\cdot31\cdot197}$ | $103823_{47}$ | $103829_{11}$ | $103831_{7\cdot13\cdot163}$ |
| 103837 | 103841 | 103843 | $103847_{113}$ | $103849_{29}$ | $103853_{17\cdot41\cdot149}$ | $103859_{7\cdot37}$ | $103861_{283}$ |
| 103867 | $103871_{241}$ | $103873_{7\cdot11\cdot19\cdot71}$ | $103877_{109}$ | $103879_{73}$ | $103883_{13\cdot61\cdot131}$ | 103889 | $103891_{23}$ |
| $103897_{107}$ | $103901_{7}$ | 103903 | $103907_{29}$ | $103909_{13}$ | 103913 | 103919 | $103921_{17}$ |
| $103927_{103}$ | $103931_{43}$ | $103933_{37\cdot53}$ | $103937_{23}$ | $103939_{11}$ | $103943_{7\cdot31}$ | $103949_{19}$ | 103951 |
| $103957_{7}$ | $103961_{11\cdot13}$ | 103963 | 103967 | 103969 | $103973_{173}$ | 103979 | 103981 |
| $103987_{13\cdot19}$ | 103991 | 103993 | 103997 | $103999_{7\cdot83\cdot179}$ | 104003 | 104009 | $104011_{47}$ |
| $104017_{41\cdot43\cdot59}$ | 104021 | $104023_{17\cdot29\cdot211}$ | $104027_{7\cdot11\cdot193}$ | $104029_{23}$ | 104033 | $104039_{13\cdot53\cdot151}$ | $104041_{7\cdot89\cdot167}$ |
| 104047 | $104051_{67}$ | 104053 | $104057_{17}$ | 104059 | $104063_{19}$ | $104069_{7}$ | $104071_{11}$ |
| $104077_{199}$ | $104081_{29\cdot37\cdot97}$ | $104083_{7}$ | 104087 | 104089 | $104093_{11}$ | $104099_{41}$ | $104101_{19}$ |
| 104107 | $104111_{7\cdot107\cdot139}$ | 104113 | $104117_{13}$ | 104119 | 104123 | $104129_{31}$ | $104131_{101}$ |
| $104137_{11}$ | $104141_{223}$ | $104143_{13}$ | 104147 | 104149 | $104153_{7}$ | $104159_{11\cdot17}$ | 104161 |
| $104167_{7\cdot23}$ | $104171_{73}$ | 104173 | $104177_{19}$ | 104179 | 104183 | $104189_{43}$ | $104191_{31}$ |
| $104197_{29}$ | $104201_{79}$ | $104203_{11}$ | 104207 | $104209_{7}$ | $104213_{23\cdot197}$ | $104219_{89}$ | $104221_{13}$ |
| $104227_{17}$ | 104231 | 104233 | $104237_{7}$ | 104239 | 104243 | $104249_{61}$ | $104251_{7\cdot53\cdot281}$ |
| $104257_{137}$ | $104261_{17}$ | $104263_{41}$ | $104267_{127}$ | $104269_{11}$ | $104273_{13}$ | $104279_{7}$ | 104281 |
| 104287 | $104291_{11\cdot19}$ | $104293_{7\cdot47\cdot317}$ | 104297 | $104299_{13\cdot71\cdot113}$ | $104303_{37}$ | 104309 | 104311 |
| $104317_{73}$ | $104321_{7}$ | 104323 | 104327 | $104329_{17\cdot19}$ | $104333_{101}$ | $104339_{103}$ | $104341_{151}$ |
| 104347 | $104351_{13\cdot23}$ | $104353_{241}$ | $104357_{11\cdot53\cdot179}$ | $104359_{79}$ | $104363_{7\cdot17}$ | 104369 | $104371_{29\cdot59\cdot61}$ |
| $104377_{7\cdot13\cdot31\cdot37}$ | 104381 | 104383 | $104387_{47}$ | $104389_{139}$ | 104393 | 104399 | $104401_{11}$ |
| $104407_{131}$ | $104411_{263}$ | $104413_{193}$ | 104417 | $104419_{7}$ | $104423_{11}$ | $104429_{13\cdot29\cdot277}$ | $104431_{17}$ |
| $104437_{181}$ | $104441_{71}$ | $104443_{19\cdot23\cdot239}$ | $104447_{7\cdot43}$ | $104449_{149}$ | $104453_{67}$ | 104459 | $104461_{7}$ |
| $104467_{11}$ | 104471 | 104473 | $104477_{191}$ | 104479 | $104483_{163}$ | $104489_{7\cdot11\cdot23\cdot59}$ | 104491 |
| $104497_{83}$ | $104501_{31}$ | $104503_{7}$ | $104507_{13}$ | $104509_{41}$ | 104513 | $104519_{19}$ | $104521_{127}$ |
| 104527 | $104531_{7\cdot109\cdot137}$ | $104533_{11\cdot13\cdot17\cdot43}$ | 104537 | $104539_{107}$ | 104543 | 104549 | 104551 |
| $104557_{19}$ | 104561 | $104563_{31}$ | $104567_{17}$ | $104569_{53}$ | $104573_{7}$ | 104579 | $104581_{23}$ |
| $104587_{7\cdot67\cdot223}$ | $104591_{41}$ | 104593 | 104597 | $104599_{11\cdot37\cdot257}$ | $104603_{29}$ | $104609_{73}$ | $104611_{13}$ |
| $104617_{233}$ | $104621_{11}$ | 104623 | $104627_{23}$ | $104629_{7}$ | $104633_{19}$ | 104639 | $104641_{269}$ |
| $104647_{227}$ | 104651 | $104653_{229}$ | $104657_{7}$ | 104659 | $104663_{13\cdot83\cdot97}$ | $104669_{17\cdot47\cdot131}$ | $104671_{7\cdot19}$ |
| 104677 | 104681 | 104683 | $104687_{11\cdot31\cdot307}$ | $104689_{13}$ | 104693 | $104699_{7}$ | 104701 |
| 104707 | 104711 | $104713_{7}$ | 104717 | $104719_{23\cdot29\cdot157}$ | 104723 | 104729 | $104731_{11}$ |
| $104737_{17\cdot61\cdot101}$ | $104741_{7\cdot13}$ | 104743 | $104747_{19\cdot37\cdot149}$ | $104749_{31\cdot109}$ | $104753_{11\cdot89\cdot107}$ | 104759 | 104761 |
| $104767_{13}$ | $104771_{17}$ | 104773 | $104777_{29}$ | 104779 | $104783_{7}$ | 104789 | $104791_{43}$ |
| $104797_{7\cdot11}$ | 104801 | 104803 | $104807_{311}$ | $104809_{163}$ | $104813_{281}$ | $104819_{11\cdot13}$ | $104821_{37}$ |
| 104827 | 104831 | $104833_{79}$ | $104837_{41}$ | $104839_{7\cdot17}$ | $104843_{59}$ | 104849 | 104851 |
| $104857_{23\cdot47\cdot97}$ | $104861_{19}$ | $104863_{11}$ | $104867_{7\cdot71\cdot211}$ | 104869 | $104873_{17\cdot31\cdot199}$ | 104879 | $104881_{7}$ |
| $104887_{53}$ | 104891 | $104893_{29}$ | $104897_{13}$ | $104899_{19}$ | $104903_{23}$ | $104909_{7}$ | 104911 |
| 104917 | $104921_{239}$ | $104923_{7\cdot13}$ | $104927_{317}$ | $104929_{11}$ | 104933 | $104939_{101}$ | $104941_{17}$ |
| 104947 | $104951_{7\cdot11\cdot29\cdot47}$ | 104953 | $104957_{103}$ | 104959 | $104963_{43}$ | $104969_{37}$ | 104971 |
| $104977_{113}$ | $104981_{61}$ | $104983_{277}$ | 104987 | $104989_{67}$ | $104993_{7\cdot53\cdot283}$ | 104999 | $105001_{13\cdot41\cdot197}$ |
| $105007_{7}$ | $105011_{173}$ | $105013_{19}$ | $105017_{11}$ | 105019 | 105023 | $105029_{127}$ | 105031 |
| 105037 | $105041_{23}$ | $105043_{17\cdot37\cdot167}$ | $105047_{73}$ | $105049_{7\cdot43}$ | $105053_{13}$ | $105059_{31}$ | $105061_{11}$ |
| $105067_{29}$ | 105071 | $105073_{179}$ | $105077_{7\cdot17}$ | $105079_{13\cdot59\cdot137}$ | $105083_{11\cdot41\cdot233}$ | $105089_{19}$ | $105091_{7}$ |
| 105097 | $105101_{227}$ | $105103_{61}$ | 105107 | $105109_{89}$ | $105113_{257}$ | $105119_{7}$ | $105121_{31}$ |
| $105127_{11\cdot19}$ | $105131_{13}$ | $105133_{7\cdot23}$ | 105137 | $105139_{47}$ | 105143 | $105149_{11\cdot79}$ | $105151_{71}$ |
| $105157_{13}$ | $105161_{7\cdot83\cdot181}$ | $105163_{103}$ | 105167 | $105169_{251}$ | 105173 | $105179_{17\cdot23\cdot269}$ | $105181_{107}$ |
| $105187_{293}$ | $105191_{37}$ | $105193_{11\cdot73\cdot131}$ | $105197_{59}$ | 105199 | $105203_{7\cdot19\cdot113}$ | $105209_{13}$ | 105211 |
| $105217_{7}$ | $105221_{43}$ | $105223_{139}$ | 105227 | 105229 | $105233_{47}$ | 105239 | $105241_{19\cdot29\cdot191}$ |
| $105247_{17\cdot41\cdot151}$ | 105251 | 105253 | $105257_{67}$ | $105259_{7\cdot11}$ | 105263 | 105269 | $105271_{23\cdot199}$ |
| 105277 | $105281_{11\cdot17}$ | $105283_{127}$ | $105287_{7\cdot13\cdot89}$ | $105289_{211}$ | $105293_{71}$ | $105299_{29}$ | $105301_{7\cdot307}$ |
| $105307_{31\cdot43\cdot79}$ | $105311_{53}$ | $105313_{13}$ | $105317_{19\cdot23\cdot241}$ | 105319 | 105323 | $105329_{7\cdot41}$ | 105331 |
| 105337 | 105341 | $105343_{7\cdot101\cdot149}$ | $105347_{11\cdot61\cdot157}$ | $105349_{17}$ | $105353_{137}$ | 105359 | 105361 |
| 105367 | $105371_{7}$ | 105373 | $105377_{167}$ | 105379 | $105383_{17}$ | 105389 | $105391_{11\cdot13\cdot67}$ |
| 105397 | 105401 | $105403_{109}$ | 105407 | $105409_{23}$ | $105413_{7\cdot11\cdot37}$ | $105419_{271}$ | $105421_{47}$ |
| $105427_{7}$ | $105431_{19\cdot31\cdot179}$ | $105433_{59}$ | 105437 | $105439_{97}$ | $105443_{13}$ | 105449 | $105451_{17}$ |
| $105457_{11}$ | $105461_{163}$ | $105463_{263}$ | 105467 | $105469_{7\cdot13\cdot19\cdot61}$ | $105473_{29}$ | $105479_{11\cdot43\cdot223}$ | $105481_{313}$ |
| $105487_{37}$ | 105491 | $105493_{31\cdot41\cdot83}$ | $105497_{7}$ | 105499 | 105503 | 105509 | $105511_{7}$ |
| 105517 | $105521_{13}$ | $105523_{11\cdot53\cdot181}$ | 105527 | 105529 | 105533 | $105539_{7}$ | 105541 |
| $105547_{13\cdot23}$ | $105551_{59}$ | $105553_{7\cdot17}$ | 105557 | $105559_{283}$ | 105563 | $105569_{229}$ | $105571_{193}$ |
| $105577_{71}$ | $105581_{7}$ | $105583_{19}$ | $105587_{17}$ | $105589_{11\cdot29}$ | $105593_{23}$ | $105599_{13}$ | 105601 |
| 105607 | $105611_{11}$ | 105613 | $105617_{31}$ | 105619 | $105623_{7\cdot79\cdot191}$ | $105629_{53}$ | $105631_{73}$ |
| $105637_{7}$ | $105641_{149}$ | $105643_{89}$ | $105647_{29}$ | 105649 | 105653 | $105659_{19\cdot67\cdot83}$ | $105661_{157}$ |
| 105667 | $105671_{251}$ | 105673 | $105677_{11\cdot13}$ | $105679_{7\cdot31}$ | 105683 | $105689_{17}$ | 105691 |
| $105697_{19}$ | 105701 | $105703_{13\cdot47\cdot173}$ | $105707_{7}$ | $105709_{37}$ | $105713_{61}$ | $105719_{71}$ | $105721_{7\cdot11}$ |

| | | | | | | | |
|---|---|---|---|---|---|---|---|
| 105727 | 105731 23 | 105733 | 105737 43 | 105739 41 | 105743 11 | 105749 7 | 105751 |
| 105757 17 | 105761 | 105763 7·29 | 105767 | 105769 | 105773 19·293 | 105779 139 | 105781 13·79·103 |
| 105787 11·59·163 | 105791 7·17·127 | 105793 67 | 105797 47 | 105799 241 | 105803 31 | 105809 11 | 105811 19 |
| 105817 | 105821 29·41·89 | 105823 23·43·107 | 105827 97 | 105829 | 105833 7·13 | 105839 109 | 105841 53 |
| 105847 7 | 105851 151 | 105853 11 | 105857 37 | 105859 13·17 | 105863 | 105869 23 | 105871 |
| 105877 239 | 105881 113 | 105883 | 105887 19 | 105889 7 | 105893 17 | 105899 | 105901 137 |
| 105907 | 105911 13 | 105913 | 105917 7 | 105919 11 | 105923 73 | 105929 | 105931 7·37 |
| 105937 13·29·281 | 105941 11 | 105943 | 105947 53 | 105949 101 | 105953 | 105959 7 | 105961 17·23·271 |
| 105967 | 105971 | 105973 7 | 105977 | 105979 131 | 105983 | 105989 13·31·263 | 105991 83 |
| 105997 | 106001 7·19 | 106003 71 | 106007 11·23 | 106009 227 | 106013 | 106019 | 106021 97 |
| 106027 229 | 106031 | 106033 | 106037 107 | 106039 19 | 106043 7 | 106049 173 | 106051 11·31·311 |
| 106057 7·109·139 | 106061 67 | 106063 17 | 106067 13·41·199 | 106069 73 | 106073 11 | 106079 37·47·61 | 106081 43 |
| 106087 | 106091 277 | 106093 13 | 106097 17·79 | 106099 7·23 | 106103 | 106109 | 106111 29 |
| 106117 11 | 106121 | 106123 | 106127 7 | 106129 | 106133 211 | 106139 11 | 106141 7·59·257 |
| 106147 179 | 106151 101 | 106153 19·37·151 | 106157 83 | 106159 53 | 106163 | 106169 7·29 | 106171 13 |
| 106177 89 | 106181 | 106183 7·11·197 | 106187 | 106189 | 106193 103 | 106199 17 | 106201 61 |
| 106207 | 106211 7 | 106213 | 106217 | 106219 | 106223 13 | 106229 19 | 106231 41 |
| 106237 23·31·149 | 106241 131 | 106243 | 106247 181 | 106249 11·13 | 106253 7·43 | 106259 59 | 106261 |
| 106267 7·17·19·47 | 106271 11 | 106273 | 106277 | 106279 | 106283 23 | 106289 157 | 106291 |
| 106297 | 106301 13·17·37 | 106303 | 106307 | 106309 7 | 106313 41 | 106319 | 106321 |
| 106327 13 | 106331 | 106333 113 | 106337 7·11 | 106339 43 | 106343 19·29·193 | 106349 | 106351 7 |
| 106357 | 106361 31·47·73 | 106363 | 106367 | 106369 17 | 106373 | 106379 7·13·167 | 106381 11·19 |
| 106387 191 | 106391 | 106393 7 | 106397 | 106399 103 | 106403 11·17 | 106409 97 | 106411 |
| 106417 | 106421 7·23 | 106423 31 | 106427 | 106429 71 | 106433 | 106439 163 | 106441 |
| 106447 11 | 106451 | 106453 | 106457 13·19 | 106459 29 | 106463 7·67·227 | 106469 11 | 106471 17 |
| 106477 7·41·53 | 106481 233 | 106483 13 | 106487 | 106489 83 | 106493 109 | 106499 281 | 106501 |
| 106507 73 | 106511 43 | 106513 11·23 | 106517 29 | 106519 7 | 106523 37 | 106529 307 | 106531 |
| 106537 | 106541 | 106543 | 106547 7·31 | 106549 47 | 106553 127 | 106559 23·41·113 | 106561 7·13 |
| 106567 61 | 106571 19·71·79 | 106573 17 | 106577 197 | 106579 11 | 106583 53 | 106589 7 | 106591 |
| 106597 37·43·67 | 106601 11 | 106603 7·97·157 | 106607 17 | 106609 19·31·181 | 106613 13·59·139 | 106619 | 106621 |
| 106627 | 106631 7 | 106633 29 | 106637 | 106639 13 | 106643 47 | 106649 | 106651 23 |
| 106657 | 106661 | 106663 | 106667 11 | 106669 | 106673 7·311 | 106679 107 | 106681 |
| 106687 7 | 106691 13·29·283 | 106693 | 106697 23 | 106699 | 106703 | 106709 17 | 106711 11·89·109 |
| 106717 13 | 106721 | 106723 19·41·137 | 106727 | 106729 7·79·193 | 106733 11·31·313 | 106739 | 106741 173 |
| 106747 | 106751 | 106753 | 106757 7·101·151 | 106759 | 106763 241 | 106769 13·43·191 | 106771 7 |
| 106777 11·17 | 106781 | 106783 | 106787 | 106789 23 | 106793 269 | 106799 7·11·19·73 | 106801 |
| 106807 29·127 | 106811 17·61·103 | 106813 7 | 106817 223 | 106819 37 | 106823 | 106829 317 | 106831 47 |
| 106837 19 | 106841 7 | 106843 11 | 106847 13 | 106849 59 | 106853 | 106859 | 106861 |
| 106867 | 106871 | 106873 13 | 106877 | 106879 17 | 106883 7 | 106889 89 | 106891 139 |
| 106897 7 | 106901 53 | 106903 | 106907 | 106909 11 | 106913 17·19 | 106919 31 | 106921 |
| 106927 23 | 106931 11 | 106933 61 | 106937 | 106939 7 | 106943 229 | 106949 | 106951 13·19 |
| 106957 | 106961 | 106963 | 106967 7·37·59 | 106969 41 | 106973 23 | 106979 | 106981 7·17·29·31 |
| 106987 83 | 106991 97 | 106993 | 106997 11·71·137 | 106999 67 | 107003 13 | 107009 7 | 107011 113 |
| 107017 103 | 107021 | 107023 7 | 107027 19·43·131 | 107029 13 | 107033 | 107039 29 | 107041 11·37·263 |
| 107047 167 | 107051 7·41 | 107053 | 107057 | 107059 151 | 107063 11 | 107069 | 107071 |
| 107077 | 107081 13 | 107083 17 | 107087 173 | 107089 | 107093 7 | 107099 | 107101 |
| 107107 7·11·13·107 | 107111 23 | 107113 43·47·53 | 107117 17 | 107119 | 107123 | 107129 11 | 107131 149 |
| 107137 | 107141 19 | 107143 307 | 107147 109 | 107149 7 | 107153 83 | 107159 13 | 107161 101 |
| 107167 31 | 107171 | 107173 11 | 107177 7·61·251 | 107179 19 | 107183 | 107189 37 | 107191 7 |
| 107197 | 107201 | 107203 23·59·79 | 107207 47 | 107209 | 107213 29 | 107219 7·17·53 | 107221 179 |
| 107227 | 107231 157 | 107233 7 | 107237 13·73·113 | 107239 11 | 107243 | 107249 23 | 107251 |
| 107257 283 | 107261 7·11·199 | 107263 13·37·223 | 107267 67 | 107269 | 107273 | 107279 | 107281 71 |
| 107287 17 | 107291 31 | 107293 19 | 107297 41 | 107299 61 | 107303 7 | 107309 | 107311 239 |
| 107317 7 | 107321 17·59·107 | 107323 | 107327 11 | 107329 29 | 107333 181 | 107339 | 107341 13·23 |
| 107347 | 107351 | 107353 31 | 107357 | 107359 7·313 | 107363 101 | 107369 19 | 107371 11·43·227 |
| 107377 | 107381 167 | 107383 73 | 107387 7·23·29 | 107389 17 | 107393 11·13 | 107399 211 | 107401 7·67·229 |
| 107407 19 | 107411 37 | 107413 233 | 107417 163 | 107419 13 | 107423 17·71·89 | 107429 7·103·149 | 107431 53 |
| 107437 11 | 107441 | 107443 7 | 107447 139 | 107449 | 107453 | 107459 11 | 107461 41 |
| 107467 | 107471 7·13 | 107473 | 107477 31 | 107479 23 | 107483 19 | 107489 47 | 107491 17 |
| 107497 13 | 107501 193 | 107503 11·29 | 107507 | 107509 | 107513 7 | 107519 79 | 107521 19 |
| 107527 7 | 107531 293 | 107533 191 | 107537 53 | 107539 31 | 107543 41·43·61 | 107549 13 | 107551 131 |
| 107557 59 | 107561 29 | 107563 | 107567 263 | 107569 7·11·127 | 107573 97 | 107579 179 | 107581 |
| 107587 271 | 107591 11 | 107593 17 | 107597 7·19 | 107599 | 107603 | 107609 | 107611 7 |
| 107617 23 | 107621 | 107623 281 | 107627 13·17 | 107629 43 | 107633 37 | 107639 7 | 107641 |
| 107647 | 107651 83 | 107653 7·13 | 107657 11 | 107659 199 | 107663 23·31·151 | 107669 67 | 107671 |
| 107677 29·47·79 | 107681 7 | 107683 257 | 107687 | 107689 113 | 107693 | 107699 | 107701 11 |
| 107707 37·41·71 | 107711 19 | 107713 | 107717 | 107719 | 107723 7·11 | 107729 17 | 107731 13 |
| 107737 7 | 107741 | 107743 163 | 107747 | 107749 19·53·107 | 107753 277 | 107759 197 | 107761 |
| 107767 11·97·101 | 107771 47 | 107773 | 107777 | 107779 7·89·173 | 107783 13 | 107789 11·41·239 | 107791 |
| 107797 17 | 107801 23·43·109 | 107803 67 | 107807 7 | 107809 13 | 107813 131 | 107819 137 | 107821 7·73·211 |
| 107827 | 107831 17 | 107833 11 | 107837 | 107839 | 107843 | 107849 7·31·71 | 107851 29 |
| 107857 | 107861 13 | 107863 7·19 | 107867 | 107869 269 | 107873 | 107879 233 | 107881 |
| 107887 13·43·193 | 107891 7 | 107893 23 | 107897 | 107899 11·17 | 107903 | 107909 29·61 | 107911 31·59 |
| 107917 311 | 107921 11 | 107923 | 107927 | 107929 37 | 107933 7·17 | 107939 13·19·23 | 107941 |
| 107947 7 | 107951 | 107953 41 | 107957 89 | 107959 47 | 107963 107 | 107969 101 | 107971 |
| 107977 19 | 107981 | 107983 83 | 107987 11 | 107989 7 | 107993 79 | 107999 | 108001 17 |
| 108007 | 108011 | 108013 | 108017 7·13 | 108019 109 | 108023 | 108029 59 | 108031 7·11·23·61 |
| 108037 | 108041 | 108043 13 | 108047 103 | 108049 167 | 108053 11·19·47 | 108059 7·43 | 108061 |
| 108067 53 | 108071 67 | 108073 7 | 108077 23·37·127 | 108079 | 108083 29 | 108089 | 108091 19 |
| 108097 11·31·317 | 108101 7 | 108103 17 | 108107 | 108109 | 108113 73 | 108119 11 | 108121 13 |
| 108127 | 108131 | 108133 71 | 108137 17 | 108139 | 108143 7 | 108149 83 | 108151 37·79 |
| 108157 7 | 108161 | 108163 11 | 108167 19 | 108169 23 | 108173 13·53·157 | 108179 | 108181 251 |

| | | | | | | | |
|---|---|---|---|---|---|---|---|
| 108187 | 108191 | 108193 | 108197 257 | 108199 7·13·29·41 | 108203 | 108209 241 | 108211 |
| 108217 | 108221 31 | 108223 | 108227 7 | 108229 11 | 108233 | 108239 17 | 108241 7·47 |
| 108247 | 108251 11·13 | 108253 103 | 108257 29 | 108259 73 | 108263 | 108269 7 | 108271 |
| 108277 13 | 108281 19·41·139 | 108283 7·31 | 108287 | 108289 | 108293 | 108299 37 | 108301 |
| 108307 17·23·277 | 108311 7 | 108313 89 | 108317 11·43·229 | 108319 19 | 108323 149 | 108329 13 | 108331 127 |
| 108337 131 | 108341 17 | 108343 | 108347 | 108349 97 | 108353 7·23 | 108359 | 108361 11 |
| 108367 7·113·137 | 108371 307 | 108373 29·37·101 | 108377 | 108379 | 108383 11·59·167 | 108389 283 | 108391 107 |
| 108397 61 | 108401 | 108403 43 | 108407 13·31·269 | 108409 7·17 | 108413 | 108419 181 | 108421 |
| 108427 11 | 108431 29 | 108433 13·19 | 108437 7 | 108439 | 108443 17 | 108449 11 | 108451 7 |
| 108457 | 108461 | 108463 | 108467 79 | 108469 31 | 108473 67 | 108479 7 | 108481 83 |
| 108487 157 | 108491 23·53·89 | 108493 7·11 | 108497 | 108499 | 108503 | 108509 19 | 108511 13·17 |
| 108517 | 108521 7·37 | 108523 47 | 108527 41 | 108529 | 108533 | 108539 311 | 108541 |
| 108547 19·29·197 | 108551 73 | 108553 | 108557 | 108559 11·71·139 | 108563 7·13 | 108569 151 | 108571 |
| 108577 7 | 108581 11 | 108583 23 | 108587 | 108589 13 | 108593 31·113 | 108599 131 | 108601 223 |
| 108607 67 | 108611 313 | 108613 17 | 108617 47 | 108619 7·59·263 | 108623 19 | 108629 23 | 108631 |
| 108637 | 108641 13·61·137 | 108643 | 108647 7·11·17·83 | 108649 | 108653 179 | 108659 193 | 108661 7·19·43 |
| 108667 13 | 108671 271 | 108673 109 | 108677 | 108679 191 | 108683 251 | 108689 7 | 108691 11·41·241 |
| 108697 73 | 108701 71 | 108703 7·53·293 | 108707 | 108709 | 108713 11 | 108719 13 | 108721 23·29·163 |
| 108727 | 108731 7·317 | 108733 227 | 108737 19·59·97 | 108739 | 108743 37 | 108749 17 | 108751 |
| 108757 11 | 108761 | 108763 61 | 108767 23 | 108769 | 108773 7·41 | 108779 11·29·31 | 108781 181 |
| 108787 7 | 108791 | 108793 | 108797 13 | 108799 | 108803 | 108809 53 | 108811 233 |
| 108817 17·37·173 | 108821 | 108823 11·13 | 108827 | 108829 7 | 108833 43 | 108839 127 | 108841 31 |
| 108847 89 | 108851 17·19 | 108853 199 | 108857 7 | 108859 23 | 108863 | 108869 | 108871 7·103·151 |
| 108877 | 108881 | 108883 | 108887 | 108889 11·19 | 108893 | 108899 7·47 | 108901 13 |
| 108907 | 108911 11 | 108913 7 | 108917 | 108919 17·43·149 | 108923 | 108929 | 108931 97 |
| 108937 41 | 108941 7·79·197 | 108943 | 108947 | 108949 | 108953 13·17·29 | 108959 | 108961 |
| 108967 | 108971 | 108973 59 | 108977 11 | 108979 13·83·101 | 108983 7 | 108989 73 | 108991 |
| 108997 7·23 | 109001 | 109003 19 | 109007 61 | 109009 67 | 109013 | 109019 41 | 109021 11·17·53 |
| 109027 31 | 109031 13 | 109033 107 | 109037 | 109039 7·37 | 109043 11·23 | 109049 | 109051 167 |
| 109057 13 | 109061 191 | 109063 | 109067 7 | 109069 29 | 109073 | 109079 19 | 109081 7 |
| 109087 11·47·211 | 109091 43·59 | 109093 127 | 109097 | 109099 79 | 109103 | 109109 7·11·13·109 | 109111 |
| 109117 19 | 109121 | 109123 7·17·131 | 109127 29·53·71 | 109129 61 | 109133 | 109139 | 109141 |
| 109147 | 109151 7·31 | 109153 11 | 109157 17 | 109159 | 109163 173 | 109169 | 109171 |
| 109177 43 | 109181 23·47·101 | 109183 41 | 109187 13·37·227 | 109189 137 | 109193 7·19 | 109199 | 109201 |
| 109207 7 | 109211 | 109213 13·31·271 | 109217 149 | 109219 11 | 109223 239 | 109229 | 109231 19 |
| 109237 313 | 109241 11 | 109243 29 | 109247 107 | 109249 7 | 109253 | 109259 17 | 109261 37 |
| 109267 | 109271 113 | 109273 23 | 109277 7·67·233 | 109279 | 109283 103 | 109289 293 | 109291 7·13 |
| 109297 | 109301 29 | 109303 | 109307 11·19 | 109309 281 | 109313 | 109319 7·23·97 | 109321 |
| 109327 17·59·109 | 109331 | 109333 7 | 109337 31 | 109339 53 | 109343 13 | 109349 43 | 109351 11 |
| 109357 | 109361 7·17 | 109363 | 109367 | 109369 13·47·179 | 109373 11·61·163 | 109379 | 109381 89 |
| 109387 | 109391 | 109393 139 | 109397 | 109399 31 | 109403 7 | 109409 37 | 109411 23·67·71 |
| 109417 7·11·29 | 109421 13·19 | 109423 | 109427 73 | 109429 17·41·157 | 109433 | 109439 11 | 109441 |
| 109447 13 | 109451 | 109453 | 109457 23 | 109459 7·19 | 109463 17·47·137 | 109469 | 109471 |
| 109477 83 | 109481 | 109483 11·37·269 | 109487 7 | 109489 103 | 109493 223 | 109499 13 | 109501 7 |
| 109507 | 109511 41 | 109513 97 | 109517 | 109519 | 109523 31 | 109529 7 | 109531 17 |
| 109537 | 109541 | 109543 7 | 109547 | 109549 11·23 | 109553 71 | 109559 89 | 109561 331 |
| 109567 | 109571 7·11 | 109573 19·73·79 | 109577 13 | 109579 | 109583 | 109589 | 109591 29 |
| 109597 | 109601 127 | 109603 13 | 109607 43 | 109609 | 109613 7 | 109619 | 109621 |
| 109627 7 | 109631 37 | 109633 17 | 109637 11 | 109639 | 109643 83 | 109649 19·29·199 | 109651 47 |
| 109657 53 | 109661 | 109663 | 109667 17 | 109669 7 | 109673 | 109679 67 | 109681 11·13·59 |
| 109687 19·23·251 | 109691 229 | 109693 43 | 109697 7 | 109699 163 | 109703 11 | 109709 31 | 109711 7 |
| 109717 | 109721 | 109723 113 | 109727 179 | 109729 197 | 109733 13·23 | 109739 7·61·257 | 109741 |
| 109747 11 | 109751 | 109753 7 | 109757 41 | 109759 13 | 109763 19·53·109 | 109769 11·17 | 109771 31 |
| 109777 151 | 109781 7 | 109783 311 | 109787 101 | 109789 | 109793 | 109799 59 | 109801 19 |
| 109807 | 109811 13 | 109813 11·67·149 | 109817 193 | 109819 | 109823 7·29 | 109829 | 109831 |
| 109837 7·13·17·71 | 109841 | 109843 | 109847 | 109849 | 109853 37 | 109859 | 109861 61 |
| 109867 181 | 109871 17·23·281 | 109873 | 109877 19 | 109879 7·11 | 109883 | 109889 13·79·107 | 109891 |
| 109897 | 109901 11·97·103 | 109903 | 109907 7 | 109909 131 | 109913 | 109919 | 109921 7·41 |
| 109927 37 | 109931 211 | 109933 47 | 109937 | 109939 17·29·223 | 109943 | 109949 7·113·139 | 109951 43 |
| 109957 31 | 109961 | 109963 7·23 | 109967 11·13 | 109969 277 | 109973 17 | 109979 71 | 109981 109 |
| 109987 | 109991 7·19 | 109993 13 | 109997 29 | 109999 317 | 110003 41 | 110009 23 | 110011 11·73·137 |
| 110017 | 110021 269 | 110023 | 110027 47 | 110029 19 | 110033 7·11 | 110039 | 110041 17 |
| 110047 7·79·199 | 110051 | 110053 167 | 110057 157 | 110059 | 110063 | 110069 | 110071 13 |
| 110077 11 | 110081 31·53·67 | 110083 | 110087 283 | 110089 7 | 110093 89 | 110099 11 | 110101 23 |
| 110107 103 | 110111 149 | 110113 29 | 110117 7 | 110119 | 110123 13·43·197 | 110129 | 110131 7 |
| 110137 241 | 110141 83 | 110143 11·17·19·31 | 110147 23 | 110149 13·37·229 | 110153 59 | 110159 7 | 110161 |
| 110167 41 | 110171 29·131 | 110173 7 | 110177 17 | 110179 239 | 110183 | 110189 251 | 110191 101 |
| 110197 263 | 110201 7·13·173 | 110203 193 | 110207 191 | 110209 11·43·233 | 110213 307 | 110219 19 | 110221 |
| 110227 13·61·139 | 110231 11 | 110233 | 110237 | 110239 23 | 110243 7 | 110249 41 | 110251 |
| 110257 7·19 | 110261 | 110263 71 | 110267 31 | 110269 | 110273 | 110279 13·17 | 110281 |
| 110287 29 | 110291 | 110293 53 | 110297 11·37·271 | 110299 7 | 110303 73 | 110309 47 | 110311 |
| 110317 107 | 110321 | 110323 | 110327 7 | 110329 31 | 110333 19 | 110339 | 110341 7·11 |
| 110347 17 | 110351 163 | 110353 211 | 110357 13 | 110359 | 110363 11·79·127 | 110369 7 | 110371 19·37·157 |
| 110377 23 | 110381 17·43·151 | 110383 7·13 | 110387 167 | 110389 59 | 110393 101 | 110399 53 | 110401 113 |
| 110407 11 | 110411 7 | 110413 41 | 110417 109 | 110419 | 110423 23 | 110429 11 | 110431 |
| 110437 | 110441 | 110443 179 | 110447 19 | 110449 17·73·89 | 110453 7·31 | 110459 | 110461 13·29·293 |
| 110467 7·43 | 110471 61 | 110473 11·83 | 110477 | 110479 | 110483 17·67·97 | 110489 313 | 110491 |
| 110497 47 | 110501 | 110503 | 110507 59 | 110509 7 | 110513 13 | 110519 29·37·103 | 110521 79 |
| 110527 | 110531 107 | 110533 | 110537 7 | 110539 11·13 | 110543 | 110549 227 | 110551 7·17 |
| 110557 | 110561 11·19·23 | 110563 | 110567 | 110569 | 110573 | 110579 7 | 110581 |
| 110587 | 110591 13·47·181 | 110593 7·37·61 | 110597 | 110599 19 | 110603 | 110609 | 110611 53 |
| 110617 13·67·127 | 110621 7 | 110623 | 110627 11·89·113 | 110629 | 110633 317 | 110639 31·43·83 | 110641 |

| | | | | | | | |
|---|---|---|---|---|---|---|---|
| 110647 | 110651 | 110653 17·23·283 | 110657 239 | 110659 41 | 110663 7 | 110669 13 | 110671 11 |
| 110677 7·97·163 | 110681 | 110683 151 | 110687 17 | 110689 71 | 110693 11·29 | 110699 23 | 110701 31 |
| 110707 149 | 110711 | 110713 19 | 110717 53 | 110719 7 | 110723 263 | 110729 | 110731 |
| 110737 11 | 110741 37·41·73 | 110743 59 | 110747 7·13 | 110749 | 110753 | 110759 11 | 110761 7 |
| 110767 257 | 110771 | 110773 13 | 110777 | 110779 47 | 110783 139 | 110789 7·17·19 | 110791 23 |
| 110797 101 | 110801 179 | 110803 7·11 | 110807 | 110809 29 | 110813 | 110819 | 110821 |
| 110827 19·307 | 110831 7·71·223 | 110833 137 | 110837 23·61·79 | 110839 271 | 110843 199 | 110849 | 110851 13 |
| 110857 17 | 110861 59 | 110863 | 110867 29 | 110869 11 | 110873 7·47 | 110879 | 110881 |
| 110887 7·31·73 | 110891 11·17 | 110893 173 | 110897 43 | 110899 | 110903 13·19 | 110909 | 110911 197 |
| 110917 | 110921 | 110923 | 110927 | 110929 7·13·23·53 | 110933 | 110939 | 110941 19 |
| 110947 | 110951 | 110953 181 | 110957 7·11·131 | 110959 17·61·107 | 110963 37 | 110969 | 110971 7·83·191 |
| 110977 | 110981 13 | 110983 29·43·89 | 110987 41 | 110989 | 110993 17 | 110999 7·101·157 | 111001 11 |
| 111007 13 | 111011 31 | 111013 7 | 111017 19 | 111019 67 | 111023 11 | 111029 | 111031 |
| 111037 37 | 111041 7·29 | 111043 | 111047 293 | 111049 | 111053 | 111059 13 | 111061 17·47·139 |
| 111067 11·23 | 111071 109 | 111073 31 | 111077 277 | 111079 113 | 111083 7 | 111089 11 | 111091 |
| 111097 7·59·269 | 111101 241 | 111103 | 111107 137 | 111109 | 111113 23 | 111119 | 111121 |
| 111127 | 111131 19 | 111133 11 | 111137 13·83·103 | 111139 7 | 111143 | 111149 | 111151 41 |
| 111157 29 | 111161 89 | 111163 13·17 | 111167 7 | 111169 19 | 111173 107 | 111179 73 | 111181 7 |
| 111187 | 111191 | 111193 251 | 111197 17·31·211 | 111199 11 | 111203 61 | 111209 7 | 111211 |
| 111217 | 111221 11 | 111223 7 | 111227 | 111229 | 111233 41 | 111239 173 | 111241 13·43·199 |
| 111247 53 | 111251 7·23 | 111253 | 111257 71 | 111259 31·37·97 | 111263 | 111269 | 111271 |
| 111277 223 | 111281 257 | 111283 19 | 111287 11·67·151 | 111289 109 | 111293 7·13 | 111299 17 | 111301 |
| 111307 7 | 111311 79 | 111313 157 | 111317 | 111319 13 | 111323 | 111329 163 | 111331 11·29 |
| 111337 | 111341 | 111343 23·47·103 | 111347 | 111349 7 | 111353 11·53·191 | 111359 19 | 111361 193 |
| 111367 17 | 111371 13 | 111373 | 111377 7 | 111379 127 | 111383 31 | 111389 23·29·167 | 111391 7 |
| 111397 11·13·19·41 | 111401 17 | 111403 101 | 111407 37 | 111409 | 111413 43 | 111419 7·11 | 111421 67 |
| 111427 | 111431 | 111433 7 | 111437 47 | 111439 | 111443 | 111449 13 | 111451 59 |
| 111457 227 | 111461 7 | 111463 11 | 111467 | 111469 17·79·83 | 111473 19 | 111479 41 | 111481 23·37·131 |
| 111487 | 111491 | 111493 | 111497 | 111499 43 | 111503 7·17 | 111509 | 111511 19 |
| 111517 7·89·179 | 111521 | 111523 229 | 111527 13·23 | 111529 11 | 111533 | 111539 | 111541 71 |
| 111547 331 | 111551 11 | 111553 13 | 111557 281 | 111559 7 | 111563 29 | 111569 31·59·61 | 111571 17 |
| 111577 | 111581 | 111583 241 | 111587 7·19 | 111589 151 | 111593 | 111599 | 111601 7·107·149 |
| 111607 233 | 111611 | 111613 239 | 111617 11·73·139 | 111619 23·211 | 111623 | 111629 7·37 | 111631 13·31·277 |
| 111637 | 111641 | 111643 7·41 | 111647 97 | 111649 311 | 111653 | 111659 | 111661 11 |
| 111667 | 111671 7·43·53 | 111673 17 | 111677 181 | 111679 29 | 111683 11·13·71 | 111689 67 | 111691 61 |
| 111697 | 111701 19 | 111703 37 | 111707 17 | 111709 13 | 111713 7 | 111719 47 | 111721 |
| 111727 7·11 | 111731 | 111733 | 111737 29 | 111739 19 | 111743 131 | 111749 11 | 111751 |
| 111757 23·43·113 | 111761 13 | 111763 73 | 111767 | 111769 7 | 111773 | 111779 | 111781 |
| 111787 13 | 111791 | 111793 11 | 111797 7 | 111799 | 111803 23 | 111809 17 | 111811 7 |
| 111817 31 | 111821 | 111823 67 | 111827 | 111829 | 111833 | 111839 7·13 | 111841 97 |
| 111847 | 111851 37 | 111853 7·19·29 | 111857 | 111859 11 | 111863 | 111869 | 111871 |
| 111877 17 | 111881 7·11 | 111883 53 | 111887 127 | 111889 41 | 111893 | 111899 149 | 111901 317 |
| 111907 47 | 111911 17·29·227 | 111913 | 111917 13 | 111919 | 111923 7·59·271 | 111929 19·43·137 | 111931 173 |
| 111937 7 | 111941 23·31·157 | 111943 13·79·109 | 111947 11 | 111949 | 111953 | 111959 | 111961 103 |
| 111967 19·71·83 | 111971 41 | 111973 | 111977 | 111979 7·17 | 111983 113 | 111989 53 | 111991 11 |
| 111997 | 112001 47 | 112003 31 | 112007 7 | 112009 101 | 112013 11·17 | 112019 | 112021 7·13 |
| 112027 29 | 112031 | 112033 23 | 112037 199 | 112039 181 | 112043 19 | 112049 7 | 112051 89 |
| 112057 11·61·167 | 112061 | 112063 7 | 112067 | 112069 | 112073 13·37·233 | 112079 11·23 | 112081 17·19 |
| 112087 | 112091 7·67·239 | 112093 197 | 112097 | 112099 13 | 112103 | 112109 71 | 112111 |
| 112117 191 | 112121 | 112123 11 | 112127 31 | 112129 | 112133 7·83·193 | 112139 | 112141 127 |
| 112147 7·37 | 112151 13 | 112153 | 112157 19 | 112159 59 | 112163 | 112169 223 | 112171 23 |
| 112177 13 | 112181 | 112183 17 | 112187 43 | 112189 7·11·31·47 | 112193 151 | 112199 | 112201 29·53·73 |
| 112207 | 112211 11·101 | 112213 | 112217 7·17·23·41 | 112219 293 | 112223 | 112229 13·89·97 | 112231 7 |
| 112237 | 112241 | 112243 107 | 112247 | 112249 | 112253 | 112259 7·29·79 | 112261 |
| 112267 131 | 112271 19·311 | 112273 7·43 | 112277 11·59·173 | 112279 | 112283 47 | 112289 | 112291 |
| 112297 | 112301 7·61·263 | 112303 | 112307 13·53·163 | 112309 19·23·257 | 112313 31 | 112319 17 | 112321 11 |
| 112327 | 112331 | 112333 13 | 112337 | 112339 | 112343 7·11 | 112349 | 112351 283 |
| 112357 7 | 112361 | 112363 | 112367 313 | 112369 37 | 112373 103 | 112379 109 | 112381 41 |
| 112387 11·17 | 112391 167 | 112393 71 | 112397 | 112399 7 | 112403 | 112409 11 | 112411 13 |
| 112417 79 | 112421 17 | 112423 19·61·97 | 112427 7 | 112429 | 112433 29 | 112439 229 | 112441 7 |
| 112447 23 | 112451 139 | 112453 11 | 112457 107 | 112459 | 112463 13·41·211 | 112469 7 | 112471 47 |
| 112477 137 | 112481 | 112483 7 | 112487 197 | 112489 13·17 | 112493 23·67·73 | 112499 19·31·191 | 112501 |
| 112507 | 112511 7 | 112513 59 | 112517 37 | 112519 11·53·193 | 112523 17 | 112529 131 | 112531 43 |
| 112537 19 | 112541 11·13 | 112543 | 112547 241 | 112549 29 | 112553 7 | 112559 | 112561 31 |
| 112567 7·13 | 112571 | 112573 | 112577 | 112579 103 | 112583 | 112589 | 112591 17·37·179 |
| 112597 109 | 112601 | 112603 | 112607 11·29 | 112609 7 | 112613 19 | 112619 13 | 112621 |
| 112627 41·67 | 112631 23·59·83 | 112633 163 | 112637 7 | 112639 73 | 112643 | 112649 127 | 112651 7·11·19 |
| 112657 | 112661 113 | 112663 | 112667 61 | 112669 307 | 112673 11 | 112679 7 | 112681 281 |
| 112687 | 112691 | 112693 7·17 | 112697 13 | 112699 251 | 112703 43 | 112709 41 | 112711 269 |
| 112717 11 | 112721 7 | 112723 13·23·29 | 112727 17·19 | 112729 139 | 112733 79 | 112739 11·37·277 | 112741 |
| 112747 31 | 112751 137 | 112753 47 | 112757 | 112759 | 112763 7·89·181 | 112769 23 | 112771 |
| 112777 7 | 112781 29 | 112783 11 | 112787 | 112789 43·61 | 112793 149 | 112799 | 112801 13 |
| 112807 | 112811 97 | 112813 37 | 112817 101 | 112819 7·71·227 | 112823 257 | 112829 17 | 112831 |
| 112837 53 | 112841 19 | 112843 | 112847 7·47 | 112849 11 | 112853 13 | 112859 | 112861 7·23 |
| 112867 59 | 112871 11·31·331 | 112873 41 | 112877 | 112879 13·19 | 112883 157 | 112889 7 | 112891 79 |
| 112897 17·29·229 | 112901 | 112903 7·127 | 112907 23 | 112909 | 112913 | 112919 | 112921 |
| 112927 | 112931 7·13·17·73 | 112933 31 | 112937 11 | 112939 | 112943 53 | 112949 179 | 112951 |
| 112957 13 | 112961 37·43·71 | 112963 83 | 112967 | 112969 173 | 112973 7 | 112979 | 112981 11 |
| 112987 7 | 112991 103 | 112993 19·313 | 112997 | 112999 17·23 | 113003 11 | 113009 13 | 113011 |
| 113017 | 113021 | 113023 | 113027 | 113029 7·67·241 | 113033 17·61·109 | 113039 | 113041 |
| 113047 11·43·239 | 113051 | 113053 131 | 113057 7·31 | 113059 167 | 113063 | 113069 11·19 | 113071 7·29 |
| 113077 73 | 113081 | 113083 | 113087 13 | 113089 | 113093 | 113099 7·107·151 | 113101 17 |

| | | | | | | | |
|---|---|---|---|---|---|---|---|
| $113107_{19}$ | 113111 | $113113_{7\cdot 11\cdot 13\cdot 113}$ | 113117 | $113119_{31\cdot 41\cdot 89}$ | 113123 | $113129_{29\cdot 47\cdot 83}$ | 113131 |
| $113137_{23}$ | $113141_{7}$ | 113143 | 113147 | 113149 | 113153 | 113159 | 113161 |
| 113167 | 113171 | 113173 | 113177 | $113179_{11}$ | $113183_{7\cdot 19\cdot 23\cdot 37}$ | 113189 | $113191_{13}$ |
| $113197_{7\cdot 103\cdot 157}$ | $113201_{11\cdot 41\cdot 251}$ | $113203_{17}$ | $113207_{79}$ | 113209 | 113213 | $113219_{43}$ | $113221_{19\cdot 59\cdot 101}$ |
| 113227 | $113231_{199}$ | 113233 | $113237_{17}$ | $113239_{7}$ | $113243_{13\cdot 31\cdot 281}$ | $113249_{269}$ | $113251_{109}$ |
| $113257_{37}$ | $113261_{53}$ | $113263_{191}$ | $113267_{7\cdot 11}$ | $113269_{13}$ | $113273_{227}$ | 113279 | $113281_{7}$ |
| 113287 | $113291_{193}$ | $113293_{277}$ | $113297_{19\cdot 67\cdot 89}$ | $113299_{137}$ | $113303_{29}$ | $113309_{7}$ | $113311_{11}$ |
| $113317_{47}$ | $113321_{13\cdot 23}$ | $113323_{7}$ | 113327 | 113329 | $113333_{11}$ | $113339_{17\cdot 59\cdot 113}$ | 113341 |
| $113347_{13}$ | $113351_{7}$ | $113353_{263}$ | 113357 | 113359 | 113363 | $113369_{73}$ | 113371 |
| $113377_{11}$ | 113381 | 113383 | $113387_{71}$ | $113389_{149}$ | $113393_{7\cdot 97\cdot 167}$ | $113399_{11\cdot 13\cdot 61}$ | $113401_{151}$ |
| $113407_{7\cdot 17}$ | $113411_{19\cdot 47\cdot 127}$ | $113413_{23}$ | 113417 | $113419_{29}$ | $113423_{101}$ | $113429_{31}$ | $113431_{67}$ |
| 113437 | $113441_{17}$ | $113443_{11}$ | $113447_{41}$ | $113449_{7\cdot 19}$ | 113453 | $113459_{23}$ | $113461_{83}$ |
| 113467 | $113471_{233}$ | $113473_{53}$ | $113477_{7\cdot 13\cdot 29\cdot 43}$ | $113479_{37}$ | $113483_{283}$ | 113489 | $113491_{7\cdot 31}$ |
| 113497 | 113501 | $113503_{13}$ | $113507_{223}$ | $113509_{11\cdot 17}$ | 113513 | $113519_{7}$ | $113521_{61}$ |
| $113527_{107}$ | $113531_{11}$ | $113533_{7\cdot 331}$ | 113537 | 113539 | $113543_{17}$ | $113549_{271}$ | $113551_{23}$ |
| 113557 | $113561_{7}$ | $113563_{19\cdot 43\cdot 139}$ | 113567 | $113569_{337}$ | $113573_{137}$ | $113579_{53}$ | $113581_{13}$ |
| $113587_{97}$ | 113591 | $113593_{29}$ | $113597_{11\cdot 23}$ | $113599_{47}$ | $113603_{7}$ | $113609_{103}$ | $113611_{17\cdot 41\cdot 163}$ |
| $113617_{7}$ | 113621 | 113623 | $113627_{37\cdot 83}$ | $113629_{199}$ | $113633_{13}$ | $113639_{19}$ | $113641_{11}$ |
| 113647 | $113651_{29}$ | $113653_{89}$ | 113657 | $113659_{7\cdot 13}$ | $113663_{11}$ | $113669_{197}$ | $113671_{71}$ |
| $113677_{19\cdot 31\cdot 193}$ | $113681_{79}$ | 113683 | $113687_{7\cdot 109\cdot 149}$ | $113689_{23}$ | $113693_{41\cdot 47\cdot 59}$ | $113699_{67}$ | $113701_{7\cdot 37}$ |
| $113707_{11}$ | $113711_{13}$ | $113713_{17}$ | 113717 | 113719 | 113723 | $113729_{7\cdot 11\cdot 211}$ | 113731 |
| $113737_{13}$ | $113741_{107}$ | $113743_{7}$ | $113747_{17}$ | 113749 | $113753_{19}$ | 113759 | 113761 |
| $113767_{29}$ | $113771_{7}$ | $113773_{11}$ | 113777 | 113779 | 113783 | $113789_{13}$ | $113791_{19\cdot 53\cdot 113}$ |
| 113797 | $113801_{31}$ | $113803_{317}$ | $113807_{73}$ | 113809 | $113813_{7\cdot 71\cdot 229}$ | 113819 | $113821_{43}$ |
| $113827_{7\cdot 23\cdot 101}$ | $113831_{89}$ | $113833_{67}$ | 113837 | $113839_{11\cdot 79\cdot 131}$ | 113843 | $113849_{17\cdot 37\cdot 181}$ | $113851_{257}$ |
| $113857_{41}$ | $113861_{11}$ | $113863_{31}$ | $113867_{13\cdot 19}$ | $113869_{7}$ | $113873_{23}$ | $113879_{263}$ | $113881_{47}$ |
| $113887_{61}$ | 113891 | $113893_{13}$ | $113897_{7\cdot 53\cdot 307}$ | 113899 | 113903 | 113909 | $113911_{7}$ |
| $113917_{17}$ | 113921 | $113923_{37}$ | $113927_{11}$ | $113929_{59}$ | 113933 | $113939_{7\cdot 41}$ | $113941_{29}$ |
| 113947 | $113951_{17}$ | $113953_{7\cdot 73\cdot 223}$ | 113957 | $113959_{83}$ | 113963 | 113969 | $113971_{11\cdot 13}$ |
| $113977_{293}$ | $113981_{7\cdot 19}$ | 113983 | $113987_{31}$ | 113989 | $113993_{11\cdot 43\cdot 241}$ | $113999_{29}$ | 114001 |
| $114007_{173}$ | $114011_{23}$ | 114013 | $114017_{113}$ | $114019_{17\cdot 19}$ | $114023_{7\cdot 13\cdot 179}$ | $114029_{101}$ | 114031 |
| $114037_{7\cdot 11}$ | 114041 | 114043 | $114047_{59}$ | $114049_{13\cdot 31\cdot 283}$ | $114053_{17}$ | $114059_{11}$ | $114061_{167}$ |
| 114067 | $114071_{37}$ | 114073 | 114077 | $114079_{7\cdot 43}$ | 114083 | 114089 | $114091_{271}$ |
| $114097_{71}$ | $114101_{13\cdot 67\cdot 131}$ | $114103_{11\cdot 23\cdot 41}$ | $114107_{7}$ | $114109_{53}$ | 114113 | $114119_{139}$ | $114121_{7\cdot 17\cdot 137}$ |
| $114127_{13}$ | $114131_{61}$ | $114133_{19}$ | $114137_{311}$ | $114139_{157}$ | 114143 | $114149_{7\cdot 23}$ | $114151_{211}$ |
| 114157 | 114161 | $114163_{7\cdot 47}$ | 114167 | $114169_{11\cdot 97\cdot 107}$ | $114173_{29\cdot 31\cdot 127}$ | $114179_{13}$ | $114181_{227}$ |
| $114187_{89}$ | $114191_{7\cdot 11}$ | 114193 | 114197 | 114199 | 114203 | $114209_{19}$ | $114211_{181}$ |
| 114217 | 114221 | $114223_{17}$ | $114227_{103}$ | 114229 | $114233_{7}$ | $114239_{71}$ | $114241_{23}$ |
| $114247_{7\cdot 19}$ | $114251_{43}$ | $114253_{61}$ | $114257_{11\cdot 13\cdot 17\cdot 47}$ | 114259 | $114263_{163}$ | 114269 | $114271_{229}$ |
| 114277 | 114281 | $114283_{13\cdot 59\cdot 149}$ | $114287_{23}$ | $114289_{7\cdot 29}$ | $114293_{37}$ | 114299 | $114301_{11}$ |
| $114307_{151}$ | 114311 | $114313_{79}$ | $114317_{7}$ | 114319 | $114323_{11\cdot 19}$ | 114329 | $114331_{7}$ |
| $114337_{43}$ | $114341_{109}$ | 114343 | $114347_{29}$ | $114349_{41}$ | $114353_{173}$ | $114359_{7\cdot 17\cdot 31}$ | $114361_{13\cdot 19}$ |
| $114367_{11\cdot 37\cdot 281}$ | 114371 | $114373_{7}$ | 114377 | $114379_{23}$ | $114383_{107}$ | $114389_{11}$ | $114391_{73}$ |
| $114397_{139}$ | $114401_{7\cdot 59\cdot 277}$ | $114403_{233}$ | 114407 | $114409_{191}$ | $114413_{13}$ | 114419 | $114421_{31}$ |
| $114427_{17\cdot 53\cdot 127}$ | $114431_{41}$ | $114433_{11\cdot 101\cdot 103}$ | $114437_{19\cdot 317}$ | $114439_{13}$ | $114443_{7}$ | $114449_{193}$ | 114451 |
| $114457_{7\cdot 83\cdot 197}$ | $114461_{17}$ | $114463_{29}$ | 114467 | $114469_{113}$ | 114473 | 114479 | $114481_{239}$ |
| 114487 | $114491_{13}$ | 114493 | $114497_{61}$ | $114499_{7\cdot 11}$ | $114503_{67}$ | $114509_{43}$ | $114511_{307}$ |
| $114517_{13\cdot 23}$ | $114521_{11\cdot 29}$ | $114523_{71}$ | $114527_{7}$ | $114529_{17}$ | $114533_{53}$ | $114539_{47}$ | $114541_{7}$ |
| 114547 | $114551_{19}$ | 114553 | $114557_{97}$ | $114559_{109}$ | $114563_{17\cdot 23\cdot 293}$ | $114569_{7\cdot 13}$ | 114571 |
| 114577 | $114581_{149}$ | $114583_{7}$ | $114587_{11}$ | $114589_{19\cdot 37\cdot 163}$ | 114593 | 114599 | 114601 |
| $114607_{31}$ | $114611_{7}$ | 114613 | 114617 | $114619_{61}$ | $114623_{83}$ | $114629_{79}$ | $114631_{11\cdot 17}$ |
| $114637_{29\cdot 59\cdot 67}$ | 114641 | 114643 | $114647_{13}$ | 114649 | $114653_{7\cdot 11}$ | 114659 | 114661 |
| $114667_{7}$ | 114671 | $114673_{13}$ | $114677_{41}$ | 114679 | $114683_{73}$ | 114689 | 114691 |
| $114697_{11}$ | $114701_{23}$ | $114703_{19}$ | $114707_{251}$ | $114709_{7}$ | 114713 | $114719_{11}$ | $114721_{89}$ |
| $114727_{47}$ | $114731_{31}$ | $114733_{17}$ | $114737_{7\cdot 37}$ | $114739_{179}$ | 114743 | 114749 | $114751_{7\cdot 13\cdot 97}$ |
| 114757 | 114761 | $114763_{11}$ | $114767_{17\cdot 43\cdot 157}$ | 114769 | 114773 | $114779_{7\cdot 19}$ | 114781 |
| $114787_{79}$ | $114791_{191}$ | $114793_{7\cdot 23\cdot 31}$ | 114797 | 114799 | $114803_{13}$ | 114809 | $114811_{29\cdot 37\cdot 107}$ |
| $114817_{19}$ | $114821_{7\cdot 47}$ | $114823_{199}$ | 114827 | $114829_{11\cdot 13\cdot 73}$ | 114833 | $114839_{23}$ | $114841_{41}$ |
| 114847 | $114851_{11\cdot 53\cdot 197}$ | $114853_{43}$ | $114857_{331}$ | 114859 | $114863_{7\cdot 61\cdot 269}$ | $114869_{17\cdot 29\cdot 233}$ | $114871_{313}$ |
| $114877_{7}$ | $114881_{13}$ | 114883 | $114887_{131}$ | 114889 | $114893_{19}$ | $114899_{89}$ | 114901 |
| $114907_{13}$ | $114911_{151}$ | 114913 | $114917_{11\cdot 31\cdot 337}$ | $114919_{7}$ | $114923_{41}$ | $114929_{281}$ | $114931_{19\cdot 23\cdot 263}$ |
| $114937_{17}$ | 114941 | $114943_{137}$ | $114947_{7}$ | $114949_{71}$ | $114953_{139}$ | $114959_{13\cdot 37\cdot 239}$ | $114961_{7\cdot 11}$ |
| 114967 | $114971_{17}$ | 114973 | $114977_{23}$ | $114979_{31}$ | $114983_{11}$ | $114989_{7}$ | $114991_{59}$ |
| 114997 | 115001 | $115003_{7}$ | $115007_{19}$ | $115009_{47}$ | 115013 | 115019 | 115021 |
| $115027_{11}$ | $115031_{7}$ | $115033_{37}$ | $115037_{13}$ | $115039_{17\cdot 67\cdot 101}$ | $115043_{29}$ | $115049_{11}$ | $115051_{103}$ |
| 115057 | 115061 | $115063_{13\cdot 53\cdot 167}$ | 115067 | $115069_{23}$ | $115073_{7\cdot 17}$ | 115079 | $115081_{157}$ |
| $115087_{7\cdot 41}$ | $115091_{71}$ | $115093_{11}$ | $115097_{179}$ | 115099 | $115103_{31\cdot 47\cdot 79}$ | $115109_{59}$ | $115111_{43}$ |
| 115117 | $115121_{19\cdot 73\cdot 83}$ | 115123 | 115127 | $115129_{7}$ | 115133 | $115139_{97}$ | $115141_{13\cdot 17}$ |
| $115147_{113}$ | 115151 | 115153 | $115157_{7}$ | $115159_{11\cdot 19\cdot 29}$ | 115163 | $115169_{41\cdot 53}$ | $115171_{7}$ |
| $115177_{149}$ | $115181_{11\cdot 37\cdot 283}$ | 115183 | $115187_{229}$ | $115189_{127}$ | $115193_{13}$ | $115199_{7}$ | 115201 |
| $115207_{23}$ | 115211 | $115213_{7\cdot 109\cdot 151}$ | $115217_{29\cdot 137}$ | $115219_{13}$ | 115223 | $115229_{61}$ | $115231_{139}$ |
| 115237 | $115241_{7\cdot 101\cdot 163}$ | $115243_{17}$ | $115247_{11}$ | 115249 | $115253_{23}$ | 115259 | $115261_{79}$ |
| $115267_{73}$ | $115271_{13}$ | $115273_{19}$ | $115277_{17}$ | 115279 | $115283_{7\cdot 43}$ | $115289_{31}$ | $115291_{11\cdot 47\cdot 223}$ |
| $115297_{7\cdot 13\cdot 181}$ | 115301 | 115303 | $115307_{67}$ | 115309 | $115313_{11}$ | 115319 | 115321 |
| 115327 | 115331 | $115333_{29\cdot 41\cdot 97}$ | 115337 | $115339_{7}$ | 115343 | $115349_{13\cdot 19}$ | $115351_{31\cdot 61}$ |
| $115357_{11}$ | 115361 | 115363 | $115367_{7}$ | $115369_{43}$ | $115373_{113}$ | $115379_{11\cdot 17}$ | $115381_{7\cdot 53\cdot 311}$ |
| $115387_{19}$ | $115391_{23\cdot 29\cdot 173}$ | $115393_{257}$ | $115397_{167}$ | 115399 | $115403_{37}$ | $115409_{7}$ | $115411_{131}$ |
| $115417_{211}$ | 115421 | $115423_{7\cdot 11}$ | $115427_{13}$ | 115429 | $115433_{89}$ | $115439_{241}$ | $115441_{67}$ |
| $115447_{17}$ | $115451_{7}$ | $115453_{13\cdot 83\cdot 107}$ | $115457_{263}$ | 115459 | $115463_{19\cdot 59\cdot 103}$ | 115469 | 115471 |
| $115477_{37}$ | $115481_{17}$ | $115483_{23}$ | $115487_{53}$ | $115489_{11}$ | $115493_{7}$ | 115499 | $115501_{19}$ |
| $115507_{7\cdot 29}$ | $115511_{11}$ | 115513 | $115517_{71}$ | $115519_{331}$ | 115523 | $115529_{23}$ | $115531_{13}$ |
| $115537_{31}$ | $115541_{43}$ | $115543_{227}$ | 115547 | $115549_{7\cdot 17}$ | 115553 | $115559_{73}$ | 115561 |

| | | | | | | | |
|---|---|---|---|---|---|---|---|
| $115567_{163}$ | $115571$ | $115573_{47}$ | $115577_{7\cdot 11\cdot 19\cdot 79}$ | $115579_{41}$ | $115583_{13\cdot 17}$ | $115589$ | $115591_{7\cdot 337}$ |
| $115597$ | $115601$ | $115603$ | $115607_{193}$ | $115609_{13}$ | $115613$ | $115619_{7\cdot 83\cdot 199}$ | $115621_{11\cdot 23}$ |
| $115627_{43}$ | $115631$ | $115633_{7}$ | $115637$ | $115639_{197}$ | $115643_{11}$ | $115649_{109}$ | $115651_{17}$ |
| $115657$ | $115661_{7\cdot 13\cdot 31\cdot 41}$ | $115663$ | $115667_{23\cdot 47\cdot 107}$ | $115669_{103}$ | $115673_{131}$ | $115679$ | $115681_{29}$ |
| $115687_{11\cdot 13}$ | $115691_{19}$ | $115693$ | $115697_{127}$ | $115699_{37\cdot 53\cdot 59}$ | $115703_{7}$ | $115709_{11\cdot 67\cdot 157}$ | $115711_{251}$ |
| $115717_{7\cdot 61\cdot 271}$ | $115721_{97}$ | $115723_{31}$ | $115727$ | $115729_{19}$ | $115733$ | $115739_{13\cdot 29\cdot 307}$ | $115741$ |
| $115747_{283}$ | $115751$ | $115753_{11\cdot 17}$ | $115757$ | $115759_{7\cdot 23}$ | $115763$ | $115769$ | $115771$ |
| $115777$ | $115781$ | $115783$ | $115787_{7\cdot 17\cdot 139}$ | $115789_{89}$ | $115793$ | $115799_{43}$ | $115801_{7\cdot 71\cdot 233}$ |
| $115807$ | $115811$ | $115813_{179}$ | $115817_{13\cdot 59\cdot 151}$ | $115819_{11}$ | $115823$ | $115829_{7}$ | $115831$ |
| $115837$ | $115841_{11}$ | $115843_{7\cdot 13\cdot 19\cdot 67}$ | $115847_{31\cdot 37\cdot 101}$ | $115849$ | $115853$ | $115859$ | $115861$ |
| $115867_{109}$ | $115871_{7}$ | $115873$ | $115877$ | $115879$ | $115883$ | $115889_{17}$ | $115891$ |
| $115897_{23}$ | $115901$ | $115903$ | $115907_{11\cdot 41\cdot 257}$ | $115909_{31}$ | $115913_{7\cdot 29}$ | $115919_{19}$ | $115921_{13\cdot 37\cdot 241}$ |
| $115927_{7}$ | $115931$ | $115933$ | $115937_{191}$ | $115939_{269}$ | $115943_{23\cdot 71}$ | $115949_{47}$ | $115951_{11\cdot 83\cdot 127}$ |
| $115957_{17\cdot 19}$ | $115961_{61}$ | $115963$ | $115967_{89}$ | $115969_{7}$ | $115973_{11\cdot 13}$ | $115979$ | $115981$ |
| $115987$ | $115991_{17}$ | $115993_{193}$ | $115997_{7\cdot 73\cdot 227}$ | $115999_{13}$ | $116003_{311}$ | $116009$ | $116011_{7}$ |
| $116017_{11\cdot 53\cdot 199}$ | $116021_{181}$ | $116023_{157}$ | $116027$ | $116029_{29}$ | $116033_{19\cdot 31\cdot 197}$ | $116039_{7\cdot 11\cdot 137}$ | $116041$ |
| $116047$ | $116051_{13\cdot 79\cdot 113}$ | $116053_{7\cdot 59\cdot 281}$ | $116057_{43}$ | $116059_{17}$ | $116063_{277}$ | $116069_{37}$ | $116071_{19\cdot 41\cdot 149}$ |
| $116077_{13}$ | $116081_{7\cdot 23\cdot 103}$ | $116083_{11\cdot 61\cdot 173}$ | $116087_{29}$ | $116089$ | $116093_{17}$ | $116099$ | $116101$ |
| $116107$ | $116111_{67}$ | $116113$ | $116117_{83}$ | $116119_{151}$ | $116123_{7\cdot 53\cdot 313}$ | $116129_{13}$ | $116131$ |
| $116137_{7\cdot 47}$ | $116141$ | $116143_{37\cdot 43\cdot 73}$ | $116147_{19}$ | $116149_{11}$ | $116153_{41}$ | $116159$ | $116161_{17}$ |
| $116167$ | $116171_{11\cdot 59\cdot 179}$ | $116173_{23}$ | $116177$ | $116179_{7}$ | $116183_{223}$ | $116189$ | $116191$ |
| $116197_{131}$ | $116201$ | $116203_{29}$ | $116207_{7\cdot 13}$ | $116209_{79}$ | $116213_{251}$ | $116219_{23\cdot 31\cdot 163}$ | $116221_{7}$ |
| $116227_{71}$ | $116231_{47}$ | $116233_{13}$ | $116237_{11}$ | $116239$ | $116243$ | $116249_{7}$ | $116251_{101}$ |
| $116257$ | $116261_{19\cdot 29\cdot 211}$ | $116263_{7\cdot 17}$ | $116267_{233}$ | $116269$ | $116273$ | $116279$ | $116281_{11\cdot 31}$ |
| $116287_{103}$ | $116291_{7\cdot 37}$ | $116293$ | $116297_{17}$ | $116299_{19}$ | $116303_{11\cdot 97\cdot 109}$ | $116309_{107}$ | $116311_{13\cdot 23}$ |
| $116317_{41}$ | $116321_{293}$ | $116323_{89}$ | $116327_{61}$ | $116329$ | $116333_{7}$ | $116339_{317}$ | $116341$ |
| $116347_{7\cdot 11}$ | $116351$ | $116353_{307}$ | $116357_{23}$ | $116359$ | $116363_{13}$ | $116369_{11\cdot 71\cdot 149}$ | $116371$ |
| $116377_{29}$ | $116381$ | $116383_{181}$ | $116387$ | $116389_{7\cdot 13}$ | $116393_{239}$ | $116399_{17\cdot 41\cdot 167}$ | $116401_{43}$ |
| $116407_{59}$ | $116411$ | $116413_{11\cdot 19}$ | $116417_{7}$ | $116419_{47}$ | $116423$ | $116429_{173}$ | $116431_{7}$ |
| $116437$ | $116441_{13\cdot 53}$ | $116443$ | $116447$ | $116449_{23\cdot 61\cdot 83}$ | $116453_{101}$ | $116459_{7\cdot 127\cdot 131}$ | $116461$ |
| $116467_{13\cdot 17\cdot 31}$ | $116471$ | $116473_{7}$ | $116477_{269}$ | $116479_{11}$ | $116483$ | $116489_{19}$ | $116491$ |
| $116497_{97}$ | $116501_{7\cdot 11\cdot 17\cdot 89}$ | $116503_{113}$ | $116507$ | $116509_{263}$ | $116513_{37\cdot 47\cdot 67}$ | $116519_{13}$ | $116521_{109}$ |
| $116527_{19}$ | $116531$ | $116533$ | $116537$ | $116539$ | $116543_{7}$ | $116549$ | $116551_{29}$ |
| $116557_{7}$ | $116561_{229}$ | $116563_{41}$ | $116567_{11}$ | $116569_{17}$ | $116573_{43}$ | $116579$ | $116581_{73}$ |
| $116587_{23\cdot 37\cdot 137}$ | $116591_{31}$ | $116593$ | $116597_{13}$ | $116599_{7}$ | $116603_{17\cdot 19}$ | $116609_{29}$ | $116611_{11}$ |
| $116617_{277}$ | $116621_{139}$ | $116623_{13}$ | $116627_{7}$ | $116629_{223}$ | $116633_{11\cdot 23}$ | $116639$ | $116641_{7\cdot 19}$ |
| $116647_{67}$ | $116651_{157}$ | $116653_{31\cdot 53\cdot 71}$ | $116657$ | $116659_{43}$ | $116663$ | $116669_{7}$ | $116671_{17}$ |
| $116677_{11}$ | $116681$ | $116683_{7\cdot 79\cdot 211}$ | $116687$ | $116689$ | $116693_{61}$ | $116699_{11\cdot 103}$ | $116701_{13\cdot 47\cdot 191}$ |
| $116707$ | $116711_{7}$ | $116713_{127}$ | $116717_{19}$ | $116719$ | $116723_{151}$ | $116729_{113}$ | $116731$ |
| $116737_{107}$ | $116741$ | $116743_{11}$ | $116747$ | $116749_{313}$ | $116753_{7\cdot 13}$ | $116759_{53}$ | $116761_{59}$ |
| $116767_{7}$ | $116771_{23}$ | $116773_{17}$ | $116777_{31}$ | $116779_{13}$ | $116783_{29}$ | $116789$ | $116791$ |
| $116797$ | $116801_{271}$ | $116803$ | $116807_{17}$ | $116809_{7\cdot 11\cdot 37\cdot 41}$ | $116813_{199}$ | $116819$ | $116821_{197}$ |
| $116827$ | $116831_{11\cdot 13\cdot 19\cdot 43}$ | $116833$ | $116837_{7}$ | $116839_{31}$ | $116843_{331}$ | $116849$ | $116851_{7}$ |
| $116857_{13\cdot 89\cdot 101}$ | $116861_{137}$ | $116863_{23}$ | $116867$ | $116869_{19}$ | $116873_{73}$ | $116879_{7\cdot 59\cdot 283}$ | $116881$ |
| $116887_{179}$ | $116891_{41}$ | $116893_{7}$ | $116897_{11}$ | $116899_{29\cdot 139}$ | $116903$ | $116909_{13\cdot 17\cdot 23}$ | $116911$ |
| $116917_{43}$ | $116921_{7}$ | $116923$ | $116927$ | $116929$ | $116933$ | $116939_{337}$ | $116941_{11}$ |
| $116947_{83}$ | $116951_{107}$ | $116953$ | $116957_{29\cdot 37\cdot 109}$ | $116959$ | $116963_{7\cdot 11\cdot 31}$ | $116969$ | $116971_{53}$ |
| $116977_{7\cdot 17}$ | $116981$ | $116983_{19\cdot 47\cdot 131}$ | $116987_{13}$ | $116989$ | $116993$ | $116999_{79}$ | $117001_{23}$ |
| $117007_{11}$ | $117011_{17}$ | $117013_{13}$ | $117017$ | $117019_{7\cdot 73\cdot 229}$ | $117023$ | $117029_{11}$ | $117031_{37}$ |
| $117037$ | $117041$ | $117043$ | $117047_{7\cdot 23}$ | $117049_{67}$ | $117053$ | $117059_{19\cdot 61\cdot 101}$ | $117061_{7}$ |
| $117067_{167}$ | $117071$ | $117073_{11\cdot 29}$ | $117077_{47\cdot 53}$ | $117079_{17\cdot 71\cdot 97}$ | $117083_{191}$ | $117089_{7\cdot 43}$ | $117091_{13}$ |
| $117097_{19}$ | $117101$ | $117103_{7}$ | $117107_{181}$ | $117109$ | $117113_{17\cdot 83}$ | $117119$ | $117121_{173}$ |
| $117127$ | $117131_{7\cdot 29}$ | $117133$ | $117137_{41}$ | $117139_{11\cdot 23}$ | $117143_{13}$ | $117149_{31}$ | $117151_{193}$ |
| $117157_{79}$ | $117161_{11}$ | $117163$ | $117167$ | $117169_{13}$ | $117173_{7\cdot 19}$ | $117179_{37}$ | $117181_{17\cdot 61\cdot 113}$ |
| $117187_{7}$ | $117191$ | $117193$ | $117197_{163}$ | $117199_{233}$ | $117203$ | $117209$ | $117211_{19\cdot 31\cdot 199}$ |
| $117217_{251}$ | $117221_{13\cdot 71\cdot 127}$ | $117223$ | $117227_{11}$ | $117229_{7}$ | $117233_{59}$ | $117239$ | $117241$ |
| $117247_{13\cdot 29\cdot 311}$ | $117251$ | $117253_{37}$ | $117257_{7}$ | $117259$ | $117263_{149}$ | $117269$ | $117271_{7\cdot 11}$ |
| $117277_{23}$ | $117281$ | $117283_{17}$ | $117287_{19}$ | $117289_{53}$ | $117293_{11}$ | $117299_{7\cdot 13}$ | $117301_{41}$ |
| $117307$ | $117311_{73}$ | $117313_{7}$ | $117317_{17\cdot 67\cdot 103}$ | $117319$ | $117323_{23}$ | $117329$ | $117331$ |
| $117337_{11}$ | $117341_{7}$ | $117343_{271}$ | $117347_{43}$ | $117349_{239}$ | $117353$ | $117359_{11\cdot 47\cdot 227}$ | $117361$ |
| $117367_{241}$ | $117371$ | $117373$ | $117377_{13}$ | $117379_{107}$ | $117383_{7\cdot 41}$ | $117389$ | $117391_{89}$ |
| $117397_{7\cdot 31}$ | $117401_{19\cdot 37\cdot 167}$ | $117403_{11\cdot 13}$ | $117407_{113}$ | $117409_{137}$ | $117413$ | $117419_{17}$ | $117421_{29}$ |
| $117427$ | $117431$ | $117433_{43}$ | $117437$ | $117439_{7\cdot 19}$ | $117443$ | $117449_{257}$ | $117451_{67}$ |
| $117457_{73}$ | $117461_{23}$ | $117463_{101}$ | $117467_{7\cdot 97\cdot 173}$ | $117469_{11\cdot 59\cdot 181}$ | $117473_{79}$ | $117479_{29}$ | $117481_{7\cdot 13}$ |
| $117487_{17}$ | $117491_{11}$ | $117493_{293}$ | $117497$ | $117499$ | $117503$ | $117509_{7}$ | $117511$ |
| $117517$ | $117521_{17\cdot 31\cdot 223}$ | $117523_{7\cdot 103\cdot 163}$ | $117527_{211}$ | $117529$ | $117533_{13}$ | $117539$ | $117541$ |
| $117547_{41\cdot 47\cdot 61}$ | $117551_{7}$ | $117553_{19\cdot 23\cdot 269}$ | $117557_{11}$ | $117559_{13}$ | $117563$ | $117569_{89}$ | $117571$ |
| $117577$ | $117581_{307}$ | $117583_{31}$ | $117587_{59}$ | $117589_{17}$ | $117593_{7\cdot 107\cdot 157}$ | $117599_{23}$ | $117601_{11}$ |
| $117607_{7\cdot 53\cdot 317}$ | $117611_{13\cdot 83\cdot 109}$ | $117613_{337}$ | $117617$ | $117619$ | $117623_{11\cdot 17\cdot 37}$ | $117629_{19\cdot 41\cdot 151}$ | $117631_{79}$ |
| $117637_{13}$ | $117641_{47}$ | $117643$ | $117647_{71}$ | $117649_{7}$ | $117653_{29}$ | $117659$ | $117661_{97}$ |
| $117667_{11\cdot 19}$ | $117671$ | $117673$ | $117677_{7}$ | $117679$ | $117683_{137}$ | $117689_{11\cdot 13}$ | $117691_{7\cdot 17\cdot 23\cdot 43}$ |
| $117697_{37}$ | $117701$ | $117703$ | $117707_{31}$ | $117709$ | $117713_{53}$ | $117719_{7\cdot 67\cdot 251}$ | $117721$ |
| $117727$ | $117731$ | $117733_{7\cdot 11\cdot 139}$ | $117737_{23}$ | $117739_{281}$ | $117743_{19}$ | $117749_{73}$ | $117751$ |
| $117757$ | $117761_{7}$ | $117763$ | $117767_{13}$ | $117769_{29\cdot 31\cdot 131}$ | $117773$ | $117779$ | $117781_{19}$ |
| $117787$ | $117791_{61}$ | $117793_{13\cdot 17\cdot 41}$ | $117797$ | $117799_{11}$ | $117803_{7}$ | $117809$ | $117811$ |
| $117817_{7}$ | $117821_{11}$ | $117823_{59}$ | $117827_{17\cdot 29\cdot 239}$ | $117829_{23\cdot 47\cdot 109}$ | $117833$ | $117839$ | $117841$ |
| $117847_{191}$ | $117851$ | $117853_{67}$ | $117857_{19}$ | $117859_{7\cdot 113\cdot 149}$ | $117863_{43}$ | $117869_{311}$ | $117871_{13}$ |
| $117877$ | $117881$ | $117883$ | $117887_{7\cdot 11}$ | $117889$ | $117893_{31}$ | $117899$ | $117901_{7}$ |
| $117907_{157}$ | $117911$ | $117913_{61}$ | $117917$ | $117919_{37}$ | $117923_{13\cdot 47\cdot 193}$ | $117929_{7\cdot 17}$ | $117931_{11\cdot 71\cdot 151}$ |
| $117937$ | $117941_{59}$ | $117943_{7\cdot 29\cdot 83}$ | $117947_{79}$ | $117949_{13\cdot 43\cdot 211}$ | $117953_{11}$ | $117959$ | $117961_{179}$ |
| $117967_{23\cdot 223}$ | $117971_{7\cdot 19}$ | $117973$ | $117977$ | $117979$ | $117983_{127}$ | $117989$ | $117991$ |
| $117997_{11\cdot 17}$ | $118001_{13\cdot 29\cdot 313}$ | $118003_{197}$ | $118007_{199}$ | $118009_{19}$ | $118013_{7\cdot 23}$ | $118019_{11}$ | $118021_{107}$ |

| | | | | | | | |
|---|---|---|---|---|---|---|---|
| 118027 7·13 | 118031 17·53·131 | 118033 | 118037 | 118039 41 | 118043 | 118049 97 | 118051 |
| 118057 | 118061 | 118063 11 | 118067 37 | 118069 7·101·167 | 118073 71 | 118079 13·31·293 | 118081 |
| 118087 263 | 118091 269 | 118093 | 118097 7 | 118099 17 | 118103 89 | 118109 83 | 118111 7·47 |
| 118117 29 | 118121 41·43·67 | 118123 19 | 118127 | 118129 11 | 118133 17 | 118139 7 | 118141 31·37·103 |
| 118147 | 118151 11·23 | 118153 7 | 118157 13·61·149 | 118159 173 | 118163 | 118169 | 118171 |
| 118177 59 | 118181 7 | 118183 13 | 118187 73 | 118189 | 118193 181 | 118199 19 | 118201 17 |
| 118207 43 | 118211 | 118213 | 118217 11 | 118219 | 118223 7 | 118229 191 | 118231 137 |
| 118237 7·19·127 | 118241 317 | 118243 23·53·97 | 118247 | 118249 | 118253 | 118259 | 118261 11·13 |
| 118267 227 | 118271 101 | 118273 | 118277 | 118279 7·61·277 | 118283 11 | 118289 23·37·139 | 118291 29 |
| 118297 | 118301 281 | 118303 17 | 118307 7 | 118309 193 | 118313 13·19 | 118319 179 | 118321 7 |
| 118327 11·31 | 118331 241 | 118333 73 | 118337 17 | 118339 13 | 118343 | 118349 7·11·29·53 | 118351 19 |
| 118357 71 | 118361 | 118363 7·37 | 118367 41 | 118369 | 118373 | 118379 43 | 118381 23 |
| 118387 | 118391 7·13 | 118393 11·47·229 | 118397 197 | 118399 | 118403 167 | 118409 | 118411 |
| 118417 13 | 118421 79 | 118423 | 118427 19·23·271 | 118429 | 118433 7 | 118439 17 | 118441 83 |
| 118447 7 | 118451 31 | 118453 | 118457 | 118459 11·89 | 118463 | 118469 13 | 118471 |
| 118477 257 | 118481 11 | 118483 109 | 118487 47 | 118489 7 | 118493 | 118499 71 | 118501 163 |
| 118507 17 | 118511 37 | 118513 31 | 118517 7 | 118519 23 | 118523 29·61·67 | 118529 | 118531 7·41·59 |
| 118537 113 | 118541 17·19 | 118543 | 118547 11·13 | 118549 | 118553 103 | 118559 7 | 118561 53 |
| 118567 139 | 118571 | 118573 7·13 | 118577 283 | 118579 19·79 | 118583 | 118589 | 118591 11 |
| 118597 233 | 118601 7 | 118603 | 118607 83 | 118609 17 | 118613 11·41·263 | 118619 | 118621 |
| 118627 313 | 118631 97 | 118633 | 118637 31·43·89 | 118639 29 | 118643 7·17 | 118649 59 | 118651 13 |
| 118657 7·11·23·67 | 118661 | 118663 107 | 118667 53 | 118669 | 118673 | 118679 11 | 118681 |
| 118687 | 118691 | 118693 19 | 118697 29 | 118699 7·31 | 118703 13·23 | 118709 | 118711 17 |
| 118717 | 118721 227 | 118723 11·43·251 | 118727 7 | 118729 13 | 118733 37 | 118739 | 118741 7 |
| 118747 | 118751 | 118753 149 | 118757 | 118759 103 | 118763 113 | 118769 7·19·47 | 118771 73 |
| 118777 41 | 118781 13 | 118783 7·71·239 | 118787 | 118789 11 | 118793 211 | 118799 | 118801 |
| 118807 13·19·37 | 118811 7·11 | 118813 17·29·241 | 118817 131 | 118819 | 118823 31 | 118829 331 | 118831 |
| 118837 151 | 118841 23 | 118843 | 118847 17 | 118849 157 | 118853 7 | 118859 13·41·223 | 118861 |
| 118867 7 | 118871 29 | 118873 | 118877 11·101·107 | 118879 53 | 118883 19 | 118889 61 | 118891 |
| 118897 | 118901 | 118903 | 118907 | 118909 7 | 118913 | 118919 109 | 118921 11·19 |
| 118927 | 118931 | 118933 23 | 118937 7·13 | 118939 83 | 118943 11 | 118949 17 | 118951 7 |
| 118957 47 | 118961 337 | 118963 13 | 118967 | 118969 271 | 118973 | 118979 7·23 | 118981 43 |
| 118987 11·29 | 118991 257 | 118993 7·89·191 | 118997 19 | 118999 127 | 119003 59 | 119009 11·31 | 119011 61 |
| 119017 17 | 119021 7 | 119023 41 | 119027 | 119029 37 | 119033 | 119039 | 119041 13 |
| 119047 | 119051 17·47·149 | 119053 11·79·137 | 119057 | 119059 67 | 119063 7·73·233 | 119069 | 119071 23·31·167 |
| 119077 7 | 119081 193 | 119083 | 119087 | 119089 | 119093 13 | 119099 | 119101 |
| 119107 | 119111 19 | 119113 311 | 119117 23 | 119119 7·11·13·17 | 119123 139 | 119129 | 119131 |
| 119137 109 | 119141 11 | 119143 283 | 119147 7 | 119149 19 | 119153 17·43·163 | 119159 | 119161 7·29 |
| 119167 269 | 119171 13·89·103 | 119173 | 119177 37 | 119179 | 119183 | 119189 7 | 119191 |
| 119197 13·53·173 | 119201 199 | 119203 7 | 119207 11 | 119209 23·71·73 | 119213 97 | 119219 29 | 119221 17 |
| 119227 | 119231 7 | 119233 | 119237 | 119239 43·47·59 | 119243 | 119249 13 | 119251 11·37·293 |
| 119257 31 | 119261 239 | 119263 19 | 119267 | 119269 41 | 119273 7·11 | 119279 181 | 119281 101 |
| 119287 7 | 119291 | 119293 | 119297 | 119299 | 119303 53 | 119309 229 | 119311 |
| 119317 11 | 119321 | 119323 17 | 119327 13·67·137 | 119329 7 | 119333 47 | 119339 11·19 | 119341 131 |
| 119347 23 | 119351 41·71 | 119353 13 | 119357 7·17·59 | 119359 | 119363 | 119369 79 | 119371 7 |
| 119377 19·61·103 | 119381 31 | 119383 11 | 119387 277 | 119389 | 119393 23·29·179 | 119399 7·37 | 119401 139 |
| 119407 97 | 119411 43 | 119413 7 | 119417 | 119419 | 119423 307 | 119429 | 119431 13 |
| 119437 83 | 119441 7·113·151 | 119443 31 | 119447 | 119449 11 | 119453 19 | 119459 17 | 119461 67 |
| 119467 193 | 119471 11 | 119473 37 | 119477 157 | 119479 163 | 119483 7·13·101 | 119489 | 119491 19·331 |
| 119497 7·43 | 119501 73 | 119503 | 119507 127 | 119509 13·29·317 | 119513 | 119519 107 | 119521 47 |
| 119527 17·79·89 | 119531 23 | 119533 | 119537 11 | 119539 7 | 119543 173 | 119549 | 119551 |
| 119557 | 119561 13·17 | 119563 | 119567 7·19·29·31 | 119569 | 119573 109 | 119579 197 | 119581 7·11 |
| 119587 13 | 119591 | 119593 59 | 119597 41 | 119599 199 | 119603 11·83·131 | 119609 7 | 119611 |
| 119617 | 119621 37·53·61 | 119623 7·23 | 119627 | 119629 17·31·227 | 119633 | 119639 13 | 119641 181 |
| 119647 11·73·149 | 119651 7 | 119653 | 119657 | 119659 | 119663 17 | 119669 11·23·43 | 119671 |
| 119677 | 119681 19 | 119683 29 | 119687 | 119689 | 119693 7 | 119699 | 119701 |
| 119707 7 | 119711 59 | 119713 11 | 119717 13 | 119719 19 | 119723 | 119729 67 | 119731 17 |
| 119737 | 119741 29 | 119743 13·61·151 | 119747 | 119749 7 | 119753 31 | 119759 | 119761 23·41·127 |
| 119767 229 | 119771 | 119773 | 119777 7·71·241 | 119779 11 | 119783 | 119789 103 | 119791 7·109·157 |
| 119797 | 119801 11 | 119803 47 | 119807 23 | 119809 | 119813 | 119819 7 | 119821 13 |
| 119827 | 119831 | 119833 7·17·19·53 | 119837 293 | 119839 | 119843 37·41·79 | 119849 | 119851 |
| 119857 29 | 119861 7 | 119863 67 | 119867 11·17 | 119869 | 119873 13 | 119879 313 | 119881 |
| 119887 101 | 119891 | 119893 113 | 119897 47 | 119899 13·23 | 119903 7 | 119909 19 | 119911 11 |
| 119917 7·37 | 119921 | 119923 | 119927 43 | 119929 | 119933 11 | 119939 31·53·73 | 119941 277 |
| 119947 19·59·107 | 119951 13 | 119953 | 119957 139 | 119959 7 | 119963 | 119969 17 | 119971 |
| 119977 11·13 | 119981 | 119983 | 119987 7·61·281 | 119989 97 | 119993 | 119999 11 | 120001 7·31·79 |
| 120007 41 | 120011 | 120013 43 | 120017 | 120019 257 | 120023 19 | 120029 7·13 | 120031 29 |
| 120037 17·23·307 | 120041 | 120043 7·11 | 120047 | 120049 | 120053 271 | 120059 211 | 120061 19·71·89 |
| 120067 | 120071 7·17 | 120073 167 | 120077 | 120079 | 120083 23·227 | 120089 29·41·101 | 120091 |
| 120097 | 120101 83 | 120103 | 120107 13 | 120109 11·61·179 | 120113 7 | 120119 113 | 120121 |
| 120127 7·131 | 120131 11·67·163 | 120133 13 | 120137 19 | 120139 17·37·191 | 120143 317 | 120149 137 | 120151 53 |
| 120157 | 120161 107 | 120163 | 120167 | 120169 7 | 120173 17 | 120179 47 | 120181 |
| 120187 31 | 120191 263 | 120193 | 120197 7·11·223 | 120199 | 120203 71 | 120209 | 120211 7·13 |
| 120217 239 | 120221 23 | 120223 | 120227 109 | 120229 251 | 120233 | 120239 7·89·193 | 120241 11·17 |
| 120247 | 120251 19 | 120253 7·41 | 120257 53 | 120259 241 | 120263 11·13·29 | 120269 127 | 120271 43 |
| 120277 | 120281 7 | 120283 | 120287 37 | 120289 13·19 | 120293 | 120299 | 120301 59 |
| 120307 11 | 120311 31 | 120313 23 | 120317 79 | 120319 | 120323 7 | 120329 11 | 120331 |
| 120337 7 | 120341 13 | 120343 17 | 120347 151 | 120349 | 120353 61 | 120359 23 | 120361 37 |
| 120367 13·47·197 | 120371 | 120373 11·31 | 120377 17·73·97 | 120379 7·29 | 120383 | 120389 131 | 120391 |
| 120397 | 120401 | 120403 19 | 120407 7·103·167 | 120409 347 | 120413 | 120419 13·59·157 | 120421 7 |
| 120427 | 120431 | 120433 83 | 120437 29 | 120439 11 | 120443 43 | 120449 7 | 120451 23 |
| 120457 163 | 120461 11·47·233 | 120463 7 | 120467 179 | 120469 53 | 120473 | 120479 17·19 | 120481 211 |

| | | | | | | | |
|---|---|---|---|---|---|---|---|
| 120487$_{71}$ | 120491$_{7}$ | 120493$_{101}$ | 120497$_{13\cdot23\cdot31}$ | 120499$_{41}$ | 120503 | 120509$_{37}$ | 120511 |
| 120517$_{19}$ | 120521$_{191}$ | 120523$_{13\cdot73\cdot127}$ | 120527$_{11}$ | 120529$_{43}$ | 120533$_{7\cdot67\cdot257}$ | 120539 | 120541$_{149}$ |
| 120547$_{7\cdot17}$ | 120551 | 120553$_{29}$ | 120557 | 120559$_{31}$ | 120563 | 120569 | 120571$_{11\cdot97\cdot113}$ |
| 120577 | 120581$_{17\cdot41\cdot173}$ | 120583$_{37}$ | 120587 | 120589$_{7\cdot23\cdot107}$ | 120593$_{11\cdot19}$ | 120599$_{83}$ | 120601$_{13}$ |
| 120607 | 120611$_{29}$ | 120613$_{103}$ | 120617$_{7}$ | 120619 | 120623 | 120629$_{71}$ | 120631$_{7\cdot19}$ |
| 120637$_{11}$ | 120641 | 120643$_{223}$ | 120647 | 120649$_{17\cdot47\cdot151}$ | 120653$_{13}$ | 120659$_{7\cdot11}$ | 120661 |
| 120667$_{67}$ | 120671 | 120673$_{7}$ | 120677 | 120679$_{13}$ | 120683$_{17\cdot31\cdot229}$ | 120689 | 120691 |
| 120697$_{137}$ | 120701$_{7\cdot43}$ | 120703$_{11}$ | 120707$_{19}$ | 120709 | 120713 | 120719$_{61}$ | 120721 |
| 120727$_{23\cdot29\cdot181}$ | 120731$_{13\cdot37\cdot251}$ | 120733$_{157}$ | 120737 | 120739 | 120743$_{7\cdot47}$ | 120749 | 120751$_{17}$ |
| 120757$_{7\cdot13}$ | 120761$_{197}$ | 120763 | 120767 | 120769$_{11}$ | 120773$_{23\cdot59\cdot89}$ | 120779 | 120781$_{269}$ |
| 120787$_{43\cdot53}$ | 120791$_{11\cdot79\cdot139}$ | 120793$_{199}$ | 120797$_{113}$ | 120799$_{7}$ | 120803$_{107}$ | 120809$_{13}$ | 120811 |
| 120817 | 120821$_{19}$ | 120823 | 120827$_{7\cdot41}$ | 120829 | 120833 | 120839$_{149}$ | 120841$_{7\cdot61\cdot283}$ |
| 120847 | 120851 | 120853$_{17}$ | 120857$_{11}$ | 120859$_{19}$ | 120863 | 120869$_{7\cdot31}$ | 120871 |
| 120877 | 120881$_{109}$ | 120883$_{7}$ | 120887$_{13\cdot17}$ | 120889 | 120893$_{53}$ | 120899 | 120901$_{11\cdot29}$ |
| 120907 | 120911$_{7\cdot23}$ | 120913$_{13\cdot71\cdot131}$ | 120917 | 120919 | 120923$_{11}$ | 120929 | 120931$_{31\cdot47\cdot83}$ |
| 120937 | 120941 | 120943 | 120947 | 120949$_{79}$ | 120953$_{7\cdot37}$ | 120959$_{29\cdot43\cdot97}$ | 120961$_{73}$ |
| 120967$_{7\cdot11}$ | 120971$_{137}$ | 120973$_{19}$ | 120977 | 120979$_{311}$ | 120983$_{337}$ | 120989$_{11\cdot17}$ | 120991$_{13\cdot41\cdot227}$ |
| 120997 | 121001 | 121003$_{23}$ | 121007 | 121009$_{7\cdot59\cdot293}$ | 121013 | 121019 | 121021 |
| 121027$_{37}$ | 121031$_{127}$ | 121033$_{11}$ | 121037$_{7}$ | 121039 | 121043$_{13}$ | 121049$_{19\cdot23\cdot277}$ | 121051$_{7}$ |
| 121057$_{17}$ | 121061 | 121063 | 121067 | 121069$_{13\cdot67\cdot139}$ | 121073$_{41}$ | 121079$_{7}$ | 121081 |
| 121087$_{19}$ | 121091$_{17}$ | 121093$_{7}$ | 121097$_{83}$ | 121099$_{11\cdot101\cdot109}$ | 121103$_{347}$ | 121109$_{163}$ | 121111$_{281}$ |
| 121117$_{31}$ | 121121$_{7\cdot11\cdot13}$ | 121123 | 121127$_{59}$ | 121129$_{89}$ | 121133$_{29}$ | 121139 | 121141$_{23\cdot229}$ |
| 121147$_{13}$ | 121151 | 121153$_{97}$ | 121157 | 121159$_{17}$ | 121163$_{7\cdot19}$ | 121169 | 121171 |
| 121177$_{7}$ | 121181 | 121183$_{179}$ | 121187$_{11\cdot23}$ | 121189 | 121193$_{17}$ | 121199$_{13}$ | 121201$_{19}$ |
| 121207$_{61}$ | 121211$_{53}$ | 121213$_{47}$ | 121217$_{43}$ | 121219$_{7}$ | 121223$_{241}$ | 121229 | 121231$_{11\cdot103\cdot107}$ |
| 121237$_{41}$ | 121241$_{31}$ | 121243$_{263}$ | 121247$_{7}$ | 121249$_{29\cdot37\cdot113}$ | 121253$_{11\cdot73\cdot151}$ | 121259 | 121261$_{7\cdot17}$ |
| 121267 | 121271 | 121273$_{173}$ | 121277$_{13\cdot19}$ | 121279$_{23}$ | 121283 | 121289$_{7}$ | 121291 |
| 121297$_{11}$ | 121301$_{101}$ | 121303$_{7\cdot13\cdot31\cdot43}$ | 121307$_{29\cdot47\cdot89}$ | 121309 | 121313 | 121319$_{11\cdot41\cdot269}$ | 121321 |
| 121327 | 121331$_{7}$ | 121333 | 121337$_{67}$ | 121339$_{71}$ | 121343 | 121349 | 121351 |
| 121357 | 121361$_{157}$ | 121363$_{11\cdot17\cdot59}$ | 121367 | 121369 | 121373$_{7}$ | 121379 | 121381$_{13}$ |
| 121387$_{7}$ | 121391$_{19}$ | 121393$_{233}$ | 121397$_{17\cdot37\cdot193}$ | 121399$_{73}$ | 121403 | 121409$_{167}$ | 121411$_{317}$ |
| 121417$_{23}$ | 121421 | 121423$_{29\cdot53\cdot79}$ | 121427$_{31}$ | 121429$_{7\cdot11\cdot19\cdot83}$ | 121433$_{13}$ | 121439 | 121441 |
| 121447 | 121451$_{11\cdot61\cdot181}$ | 121453 | 121457$_{7}$ | 121459$_{13}$ | 121463$_{23}$ | 121469 | 121471$_{7\cdot37\cdot67}$ |
| 121477$_{331}$ | 121481$_{29\cdot59\cdot71}$ | 121483$_{41}$ | 121487 | 121489$_{31}$ | 121493 | 121499$_{7\cdot17}$ | 121501 |
| 121507 | 121511$_{13}$ | 121513$_{7}$ | 121517$_{11}$ | 121519$_{137}$ | 121523 | 121529$_{53}$ | 121531 |
| 121537$_{13}$ | 121541$_{7\cdot97\cdot179}$ | 121543$_{19}$ | 121547 | 121549$_{197}$ | 121553 | 121559 | 121561$_{11\cdot43\cdot257}$ |
| 121567$_{17}$ | 121571 | 121573$_{61}$ | 121577 | 121579 | 121583$_{7\cdot11}$ | 121589$_{13\cdot47\cdot199}$ | 121591 |
| 121597$_{7\cdot29}$ | 121601$_{17\cdot23\cdot311}$ | 121603$_{277}$ | 121607 | 121609 | 121613$_{31}$ | 121619$_{19\cdot37\cdot173}$ | 121621 |
| 121627$_{11}$ | 121631 | 121633 | 121637 | 121639$_{7}$ | 121643$_{103}$ | 121649$_{11}$ | 121651$_{239}$ |
| 121657$_{19\cdot337}$ | 121661 | 121663$_{89}$ | 121667$_{7\cdot13\cdot191}$ | 121669$_{17}$ | 121673$_{281}$ | 121679$_{271}$ | 121681$_{7}$ |
| 121687 | 121691$_{73}$ | 121693$_{11\cdot13\cdot23\cdot37}$ | 121697 | 121699$_{131}$ | 121703$_{17}$ | 121709$_{7}$ | 121711 |
| 121717$_{59}$ | 121721 | 121723$_{7}$ | 121727 | 121729$_{41}$ | 121733$_{19\cdot43\cdot149}$ | 121739$_{23\cdot67\cdot79}$ | 121741$_{53}$ |
| 121747$_{211}$ | 121751$_{7}$ | 121753$_{109}$ | 121757$_{313}$ | 121759$_{11}$ | 121763 | 121769$_{263}$ | 121771$_{13\cdot17\cdot19\cdot29}$ |
| 121777$_{47}$ | 121781$_{11}$ | 121783$_{193}$ | 121787 | 121789 | 121793$_{7\cdot127\cdot137}$ | 121799$_{31}$ | 121801$_{349}$ |
| 121807$_{7}$ | 121811$_{41}$ | 121813$_{181}$ | 121817$_{61}$ | 121819$_{43}$ | 121823$_{13}$ | 121829$_{29}$ | 121831$_{23}$ |
| 121837$_{73}$ | 121841$_{37\cdot89}$ | 121843 | 121847$_{11\cdot19\cdot53}$ | 121849$_{7\cdot13\cdot103}$ | 121853 | 121859$_{233}$ | 121861$_{31}$ |
| 121867 | 121871$_{47}$ | 121873$_{17\cdot67\cdot107}$ | 121877$_{7\cdot23}$ | 121879$_{307}$ | 121883 | 121889 | 121891$_{7\cdot11}$ |
| 121897$_{79}$ | 121901$_{13}$ | 121903$_{139}$ | 121907$_{17\cdot71\cdot101}$ | 121909 | 121913$_{11}$ | 121919$_{7}$ | 121921 |
| 121927$_{13\cdot83\cdot113}$ | 121931 | 121933$_{7}$ | 121937 | 121939$_{61}$ | 121943$_{197}$ | 121949 | 121951 |
| 121957$_{11}$ | 121961$_{7\cdot19\cdot131}$ | 121963 | 121967 | 121969$_{23}$ | 121973$_{283}$ | 121979$_{11\cdot13}$ | 121981$_{223}$ |
| 121987$_{199}$ | 121991$_{43}$ | 121993 | 121997 | 121999$_{19}$ | 122003$_{7\cdot29}$ | 122009$_{17}$ | 122011 |
| 122017$_{7}$ | 122021 | 122023$_{11}$ | 122027 | 122029 | 122033 | 122039 | 122041 |
| 122047$_{31\cdot127}$ | 122051 | 122053 | 122057$_{13\cdot41\cdot229}$ | 122059$_{7\cdot47\cdot53}$ | 122063$_{37}$ | 122069 | 122071$_{59}$ |
| 122077$_{17\cdot43\cdot167}$ | 122081 | 122083$_{13}$ | 122087$_{7\cdot107\cdot163}$ | 122089$_{11}$ | 122093$_{83}$ | 122099 | 122101$_{7}$ |
| 122107$_{23}$ | 122111$_{11\cdot17}$ | 122113$_{19}$ | 122117 | 122119$_{29}$ | 122123$_{97}$ | 122129$_{7\cdot73\cdot239}$ | 122131 |
| 122137$_{37}$ | 122141$_{67}$ | 122143$_{7}$ | 122147 | 122149 | 122153$_{23\cdot47\cdot113}$ | 122159$_{151}$ | 122161$_{13}$ |
| 122167 | 122171$_{7\cdot31}$ | 122173 | 122177$_{11\cdot29}$ | 122179$_{17}$ | 122183$_{61}$ | 122189$_{19\cdot59\cdot109}$ | 122191$_{71}$ |
| 122197$_{89}$ | 122201 | 122203 | 122207 | 122209 | 122213$_{7\cdot13\cdot17\cdot79}$ | 122219 | 122221$_{11\cdot41\cdot271}$ |
| 122227$_{7\cdot19}$ | 122231 | 122233$_{31}$ | 122237$_{251}$ | 122239$_{13}$ | 122243$_{11}$ | 122249$_{43}$ | 122251 |
| 122257$_{179}$ | 122261$_{103}$ | 122263 | 122267 | 122269$_{7}$ | 122273 | 122279 | 122281$_{17}$ |
| 122287$_{11}$ | 122291$_{13\cdot23}$ | 122293$_{29}$ | 122297$_{7}$ | 122299 | 122303$_{19\cdot41\cdot157}$ | 122309$_{11}$ | 122311$_{7\cdot101\cdot173}$ |
| 122317$_{13\cdot97}$ | 122321 | 122323 | 122327 | 122329$_{149}$ | 122333$_{71}$ | 122339$_{7}$ | 122341$_{19\cdot47\cdot137}$ |
| 122347 | 122351$_{29}$ | 122353$_{7\cdot11\cdot227}$ | 122357$_{31}$ | 122359$_{37}$ | 122363 | 122369$_{13}$ | 122371$_{79}$ |
| 122377$_{53}$ | 122381$_{7}$ | 122383$_{17\cdot23\cdot313}$ | 122387 | 122389 | 122393 | 122399 | 122401 |
| 122407$_{109}$ | 122411$_{167}$ | 122413$_{163}$ | 122417$_{17\cdot19}$ | 122419$_{11\cdot31}$ | 122423$_{7}$ | 122429$_{23}$ | 122431$_{191}$ |
| 122437$_{7}$ | 122441$_{11}$ | 122443 | 122447$_{13}$ | 122449 | 122453 | 122459$_{139}$ | 122461$_{151}$ |
| 122467$_{29\cdot41\cdot103}$ | 122471 | 122473$_{13}$ | 122477 | 122479$_{7}$ | 122483$_{53}$ | 122489 | 122491$_{347}$ |
| 122497 | 122501 | 122503 | 122507$_{7\cdot11\cdot37\cdot43}$ | 122509 | 122513$_{101}$ | 122519$_{17}$ | 122521$_{7\cdot23}$ |
| 122527 | 122531$_{19}$ | 122533 | 122537$_{181}$ | 122539$_{283}$ | 122543$_{31\cdot59\cdot67}$ | 122549$_{7\cdot41\cdot61}$ | 122551$_{11\cdot13}$ |
| 122557 | 122561 | 122563$_{7}$ | 122567$_{23\cdot73}$ | 122569$_{19}$ | 122573$_{11}$ | 122579 | 122581$_{37}$ |
| 122587$_{17}$ | 122591$_{7\cdot83\cdot211}$ | 122593$_{43}$ | 122597 | 122599 | 122603$_{13}$ | 122609 | 122611 |
| 122617$_{11\cdot71\cdot157}$ | 122621$_{17}$ | 122623$_{47}$ | 122627$_{149}$ | 122629$_{13}$ | 122633$_{7}$ | 122639$_{11}$ | 122641$_{29}$ |
| 122647$_{7}$ | 122651 | 122653 | 122657$_{173}$ | 122659$_{23}$ | 122663 | 122669$_{241}$ | 122671$_{61}$ |
| 122677$_{67}$ | 122681$_{13}$ | 122683$_{11\cdot19}$ | 122687$_{79}$ | 122689$_{7\cdot17}$ | 122693 | 122699$_{29}$ | 122701 |
| 122707$_{13}$ | 122711$_{277}$ | 122713$_{41\cdot73}$ | 122717$_{7\cdot47}$ | 122719 | 122723$_{17}$ | 122729$_{31\cdot37\cdot107}$ | 122731$_{7\cdot89\cdot197}$ |
| 122737$_{139}$ | 122741 | 122743 | 122747$_{131}$ | 122749$_{11}$ | 122753 | 122759$_{7\cdot13\cdot19\cdot71}$ | 122761 |
| 122767$_{293}$ | 122771$_{11}$ | 122773$_{7}$ | 122777 | 122779$_{59}$ | 122783$_{199}$ | 122789 | 122791$_{17\cdot31\cdot233}$ |
| 122797$_{19\cdot23\cdot281}$ | 122801$_{7\cdot53\cdot331}$ | 122803$_{37}$ | 122807$_{227}$ | 122809$_{127}$ | 122813$_{191}$ | 122819 | 122821$_{263}$ |
| 122827 | 122831$_{113}$ | 122833 | 122837$_{11\cdot13}$ | 122839 | 122843$_{7\cdot23\cdot109}$ | 122849 | 122851$_{43}$ |
| 122857$_{7}$ | 122861 | 122863$_{13}$ | 122867 | 122869 | 122873$_{19\cdot29\cdot223}$ | 122879$_{103}$ | 122881$_{11}$ |
| 122887 | 122891 | 122893$_{17}$ | 122897$_{59}$ | 122899$_{7\cdot97\cdot181}$ | 122903$_{11}$ | 122909$_{89}$ | 122911$_{19}$ |
| 122917$_{101}$ | 122921 | 122923$_{83}$ | 122927$_{7\cdot17}$ | 122929 | 122933$_{269}$ | 122939 | 122941$_{7\cdot13\cdot193}$ |

| | | | | | | | |
|---|---|---|---|---|---|---|---|
| 122947$_{11}$ | 122951$_{37}$ | 122953 | 122957 | 122959$_{41}$ | 122963 | 122969$_{7\cdot 11}$ | 122971 |
| 122977$_{31}$ | 122981$_{23}$ | 122983$_{7}$ | 122987$_{19}$ | 122989$_{29}$ | 122993$_{13}$ | 122999$_{47}$ | 123001 |
| 123007 | 123011$_{7}$ | 123013$_{11\cdot 53\cdot 211}$ | 123017 | 123019$_{13}$ | 123023$_{43}$ | 123029$_{17}$ | 123031 |
| 123037$_{61}$ | 123041$_{41}$ | 123043$_{71}$ | 123047$_{29}$ | 123049 | 123053$_{7}$ | 123059 | 123061$_{109}$ |
| 123067$_{7}$ | 123071$_{13}$ | 123073$_{23}$ | 123077 | 123079$_{11\cdot 67\cdot 167}$ | 123083 | 123089$_{83}$ | 123091 |
| 123097$_{13\cdot 17}$ | 123101$_{11\cdot 19\cdot 31}$ | 123103$_{257}$ | 123107$_{307}$ | 123109$_{7\cdot 43}$ | 123113 | 123119$_{23\cdot 53\cdot 101}$ | 123121 |
| 123127 | 123131$_{17}$ | 123133$_{59}$ | 123137$_{7}$ | 123139$_{19}$ | 123143 | 123149$_{13}$ | 123151$_{7\cdot 73\cdot 241}$ |
| 123157$_{107}$ | 123161$_{79}$ | 123163$_{29\cdot 31\cdot 137}$ | 123167$_{11}$ | 123169 | 123173$_{37}$ | 123179$_{7}$ | 123181$_{199}$ |
| 123187$_{47}$ | 123191 | 123193$_{7}$ | 123197$_{349}$ | 123199$_{17}$ | 123203 | 123209 | 123211$_{11\cdot 23}$ |
| 123217 | 123221$_{7\cdot 29}$ | 123223$_{149}$ | 123227$_{13}$ | 123229 | 123233$_{11\cdot 17}$ | 123239 | 123241$_{251}$ |
| 123247$_{37}$ | 123251$_{59}$ | 123253$_{13\cdot 19}$ | 123257$_{23\cdot 233}$ | 123259 | 123263$_{7}$ | 123269 | 123271$_{131}$ |
| 123277$_{7\cdot 11}$ | 123281$_{43\cdot 47\cdot 61}$ | 123283$_{113}$ | 123287$_{31\cdot 41\cdot 97}$ | 123289 | 123293$_{139}$ | 123299$_{11}$ | 123301$_{17}$ |
| 123307 | 123311 | 123313$_{317}$ | 123317$_{127}$ | 123319$_{7\cdot 79\cdot 223}$ | 123323 | 123329$_{19}$ | 123331$_{13\cdot 53\cdot 179}$ |
| 123337$_{29}$ | 123341 | 123343$_{11}$ | 123347$_{7\cdot 67\cdot 263}$ | 123349$_{23\cdot 31\cdot 173}$ | 123353$_{293}$ | 123359$_{281}$ | 123361$_{7}$ |
| 123367$_{19\cdot 43\cdot 151}$ | 123371$_{107}$ | 123373 | 123377 | 123379 | 123383$_{13}$ | 123389$_{7}$ | 123391$_{163}$ |
| 123397 | 123401 | 123403$_{7\cdot 17\cdot 61}$ | 123407 | 123409$_{11\cdot 13}$ | 123413$_{167}$ | 123419 | 123421$_{83}$ |
| 123427 | 123431$_{7\cdot 11\cdot 229}$ | 123433 | 123437$_{17\cdot 53\cdot 137}$ | 123439 | 123443$_{19\cdot 73\cdot 89}$ | 123449 | 123451$_{41}$ |
| 123457 | 123461$_{13}$ | 123463$_{331}$ | 123467$_{311}$ | 123469$_{37\cdot 47\cdot 71}$ | 123473$_{7\cdot 31}$ | 123479 | 123481$_{19\cdot 67\cdot 97}$ |
| 123487$_{7\cdot 13\cdot 23\cdot 59}$ | 123491 | 123493 | 123497$_{11\cdot 103\cdot 109}$ | 123499 | 123503 | 123509$_{113}$ | 123511$_{29}$ |
| 123517 | 123521$_{149}$ | 123523$_{101}$ | 123527 | 123529$_{7}$ | 123533$_{23\cdot 41\cdot 131}$ | 123539$_{13\cdot 17\cdot 43}$ | 123541$_{11}$ |
| 123547 | 123551 | 123553 | 123557$_{7\cdot 19}$ | 123559$_{157}$ | 123563$_{11\cdot 47\cdot 239}$ | 123569$_{29}$ | 123571$_{7\cdot 127\cdot 139}$ |
| 123577$_{191}$ | 123581 | 123583 | 123587$_{83}$ | 123589$_{73}$ | 123593 | 123599$_{7}$ | 123601 |
| 123607$_{11\cdot 17}$ | 123611$_{71}$ | 123613$_{7}$ | 123617$_{13\cdot 37\cdot 257}$ | 123619 | 123623$_{181}$ | 123629$_{11}$ | 123631 |
| 123637 | 123641$_{7\cdot 17}$ | 123643$_{13}$ | 123647$_{61}$ | 123649$_{53}$ | 123653 | 123659$_{31}$ | 123661 |
| 123667 | 123671$_{19\cdot 23\cdot 283}$ | 123673$_{11}$ | 123677 | 123679$_{337}$ | 123683$_{7}$ | 123689$_{179}$ | 123691$_{37}$ |
| 123697$_{7\cdot 41}$ | 123701 | 123703$_{103}$ | 123707 | 123709$_{17\cdot 19}$ | 123713$_{193}$ | 123719 | 123721$_{13\cdot 31\cdot 307}$ |
| 123727 | 123731 | 123733 | 123737 | 123739$_{7\cdot 11}$ | 123743$_{17\cdot 29\cdot 251}$ | 123749$_{67}$ | 123751$_{47}$ |
| 123757 | 123761$_{11}$ | 123763$_{23}$ | 123767$_{7}$ | 123769$_{61}$ | 123773$_{13}$ | 123779$_{41}$ | 123781$_{7}$ |
| 123787 | 123791 | 123793$_{79}$ | 123797$_{43}$ | 123799$_{13\cdot 89\cdot 107}$ | 123803 | 123809$_{7\cdot 23}$ | 123811$_{17}$ |
| 123817 | 123821 | 123823$_{7\cdot 19}$ | 123827$_{11}$ | 123829 | 123833 | 123839$_{37}$ | 123841$_{59}$ |
| 123847$_{271}$ | 123851$_{7\cdot 13}$ | 123853 | 123857$_{211}$ | 123859$_{29}$ | 123863 | 123869$_{97}$ | 123871$_{11}$ |
| 123877$_{13}$ | 123881$_{73}$ | 123883$_{43\cdot 67}$ | 123887 | 123889$_{229}$ | 123893$_{7\cdot 11}$ | 123899$_{19}$ | 123901$_{23}$ |
| 123907$_{7\cdot 31}$ | 123911 | 123913$_{17\cdot 37\cdot 197}$ | 123917$_{29}$ | 123919$_{83}$ | 123923 | 123929$_{13}$ | 123931 |
| 123937$_{11\cdot 19}$ | 123941 | 123943$_{41}$ | 123947$_{17\cdot 23\cdot 317}$ | 123949$_{7}$ | 123953 | 123959$_{11\cdot 59\cdot 191}$ | 123961$_{113}$ |
| 123967$_{53}$ | 123971$_{151}$ | 123973 | 123977$_{7\cdot 89\cdot 199}$ | 123979 | 123983 | 123989 | 123991$_{7}$ |
| 123997 | 124001 | 124003$_{11}$ | 124007$_{13}$ | 124009$_{269}$ | 124013$_{19\cdot 61\cdot 107}$ | 124019$_{7}$ | 124021 |
| 124027$_{73}$ | 124031$_{31}$ | 124033$_{7\cdot 13\cdot 29\cdot 47}$ | 124037$_{71}$ | 124039$_{23}$ | 124043$_{163}$ | 124049$_{17}$ | 124051$_{19}$ |
| 124057$_{131}$ | 124061$_{7\cdot 37}$ | 124063$_{97}$ | 124067 | 124069$_{11}$ | 124073$_{53}$ | 124079$_{127}$ | 124081$_{167}$ |
| 124087 | 124091$_{11\cdot 29}$ | 124093$_{31}$ | 124097 | 124099$_{193}$ | 124103$_{7}$ | 124109$_{79}$ | 124111$_{13}$ |
| 124117$_{7\cdot 17\cdot 149}$ | 124121 | 124123 | 124127$_{19\cdot 47\cdot 139}$ | 124129$_{101}$ | 124133 | 124139 | 124141$_{43}$ |
| 124147 | 124151$_{17\cdot 67\cdot 109}$ | 124153 | 124157$_{11}$ | 124159$_{7}$ | 124163$_{13}$ | 124169$_{227}$ | 124171 |
| 124177$_{23}$ | 124181 | 124183 | 124187$_{7\cdot 113\cdot 157}$ | 124189$_{13\cdot 41\cdot 233}$ | 124193 | 124199 | 124201$_{7\cdot 11}$ |
| 124207$_{29}$ | 124211$_{223}$ | 124213 | 124217$_{31}$ | 124219$_{17}$ | 124223$_{11\cdot 23}$ | 124229$_{7}$ | 124231 |
| 124237$_{283}$ | 124241$_{13\cdot 19}$ | 124243$_{7}$ | 124247 | 124249 | 124253$_{17}$ | 124259$_{137}$ | 124261$_{313}$ |
| 124267$_{11\cdot 13\cdot 79}$ | 124271$_{7\cdot 41}$ | 124273$_{151}$ | 124277 | 124279$_{19\cdot 31\cdot 211}$ | 124283$_{37}$ | 124289$_{11}$ | 124291 |
| 124297 | 124301 | 124303 | 124307$_{197}$ | 124309 | 124313$_{7\cdot 43\cdot 59}$ | 124319$_{13\cdot 73\cdot 131}$ | 124321$_{17\cdot 71\cdot 103}$ |
| 124327$_{7}$ | 124331$_{101}$ | 124333$_{11\cdot 89\cdot 127}$ | 124337 | 124339 | 124343 | 124349 | 124351 |
| 124357$_{37}$ | 124361$_{23}$ | 124363 | 124367 | 124369$_{7\cdot 109\cdot 163}$ | 124373$_{277}$ | 124379$_{61}$ | 124381$_{29}$ |
| 124387$_{173}$ | 124391$_{53}$ | 124393$_{19}$ | 124397$_{7\cdot 13}$ | 124399$_{11\cdot 43\cdot 263}$ | 124403$_{31}$ | 124409$_{47}$ | 124411$_{7}$ |
| 124417$_{83}$ | 124421$_{11}$ | 124423$_{13\cdot 17}$ | 124427 | 124429 | 124433 | 124439$_{7\cdot 29}$ | 124441$_{107}$ |
| 124447 | 124451$_{97}$ | 124453$_{7\cdot 23}$ | 124457$_{17}$ | 124459 | 124463$_{71}$ | 124469$_{19}$ | 124471 |
| 124477 | 124481$_{7}$ | 124483$_{281}$ | 124487$_{11}$ | 124489 | 124493 | 124499$_{23}$ | 124501$_{13\cdot 61\cdot 157}$ |
| 124507$_{19}$ | 124511$_{89}$ | 124513 | 124517$_{41}$ | 124519$_{239}$ | 124523$_{7}$ | 124529 | 124531$_{11}$ |
| 124537$_{7}$ | 124541 | 124543 | 124547$_{269}$ | 124549$_{59}$ | 124553$_{11\cdot 13\cdot 67}$ | 124559$_{17}$ | 124561 |
| 124567 | 124571$_{43}$ | 124573$_{347}$ | 124577 | 124579$_{7\cdot 13\cdot 37}$ | 124583$_{19\cdot 79\cdot 83}$ | 124589$_{31}$ | 124591$_{23}$ |
| 124597$_{11\cdot 47\cdot 241}$ | 124601 | 124603$_{53}$ | 124607$_{7}$ | 124609$_{353}$ | 124613$_{29}$ | 124619$_{11}$ | 124621$_{7\cdot 19}$ |
| 124627$_{17}$ | 124631$_{13}$ | 124633 | 124637$_{23}$ | 124639$_{113}$ | 124643 | 124649$_{7}$ | 124651$_{31}$ |
| 124657$_{13\cdot 43\cdot 223}$ | 124661$_{17}$ | 124663$_{7\cdot 11}$ | 124667$_{59}$ | 124669 | 124673 | 124679 | 124681$_{41}$ |
| 124687$_{67}$ | 124691$_{7\cdot 47}$ | 124693 | 124697$_{19}$ | 124699 | 124703 | 124709$_{13\cdot 53\cdot 181}$ | 124711$_{311}$ |
| 124717 | 124721 | 124723$_{191}$ | 124727$_{37}$ | 124729$_{11\cdot 17\cdot 23\cdot 29}$ | 124733$_{7\cdot 103\cdot 173}$ | 124739 | 124741$_{79}$ |
| 124747$_{7\cdot 71\cdot 251}$ | 124751$_{11}$ | 124753 | 124757$_{73}$ | 124759 | 124763$_{17\cdot 41\cdot 179}$ | 124769 | 124771 |
| 124777 | 124781 | 124783 | 124787$_{13\cdot 29\cdot 331}$ | 124789$_{7}$ | 124793 | 124799 | 124801$_{37}$ |
| 124807$_{137}$ | 124811$_{19}$ | 124813$_{13}$ | 124817$_{7\cdot 11}$ | 124819 | 124823 | 124829$_{43}$ | 124831$_{7\cdot 17}$ |
| 124837$_{31}$ | 124841$_{127}$ | 124843$_{131}$ | 124847 | 124849$_{19}$ | 124853 | 124859$_{7}$ | 124861$_{11}$ |
| 124867$_{23\cdot 61\cdot 89}$ | 124871$_{193}$ | 124873$_{7}$ | 124877$_{151}$ | 124879$_{47}$ | 124883$_{11}$ | 124889$_{71}$ | 124891$_{13}$ |
| 124897 | 124901$_{7}$ | 124903$_{29\cdot 59\cdot 73}$ | 124907 | 124909 | 124913$_{23}$ | 124919 | 124921$_{53}$ |
| 124927$_{11\cdot 41\cdot 277}$ | 124931$_{271}$ | 124933$_{17}$ | 124937$_{101}$ | 124939$_{103}$ | 124943$_{7\cdot 13}$ | 124949$_{11\cdot 37\cdot 307}$ | 124951 |
| 124957$_{7}$ | 124961$_{29\cdot 31\cdot 139}$ | 124963$_{19}$ | 124967$_{17}$ | 124969$_{13}$ | 124973$_{47}$ | 124979 | 124981 |
| 124987 | 124991 | 124993$_{11}$ | 124997$_{239}$ | 124999$_{7}$ | 125003 | 125009$_{41}$ | 125011$_{149}$ |
| 125017 | 125021$_{13\cdot 59\cdot 163}$ | 125023$_{31\cdot 37\cdot 109}$ | 125027$_{7\cdot 53\cdot 337}$ | 125029 | 125033$_{97}$ | 125039$_{19}$ | 125041$_{7}$ |
| 125047$_{13}$ | 125051$_{23}$ | 125053 | 125057$_{79}$ | 125059$_{11}$ | 125063 | 125069$_{7\cdot 17}$ | 125071$_{181}$ |
| 125077$_{19\cdot 29\cdot 227}$ | 125081$_{11\cdot 83\cdot 137}$ | 125083$_{7\cdot 107\cdot 167}$ | 125087$_{43}$ | 125089$_{67}$ | 125093 | 125099$_{13}$ | 125101 |
| 125107 | 125111$_{7\cdot 61\cdot 293}$ | 125113 | 125117 | 125119 | 125123$_{211}$ | 125129$_{157}$ | 125131 |
| 125137$_{17}$ | 125141 | 125143$_{23}$ | 125147$_{11\cdot 31}$ | 125149 | 125153$_{7\cdot 19}$ | 125159$_{257}$ | 125161$_{47}$ |
| 125167$_{7}$ | 125171$_{17\cdot 37\cdot 199}$ | 125173$_{41\cdot 43\cdot 71}$ | 125177$_{13}$ | 125179$_{151}$ | 125183 | 125189$_{23}$ | 125191$_{11\cdot 19}$ |
| 125197 | 125201 | 125203$_{13}$ | 125207 | 125209$_{7\cdot 31}$ | 125213$_{11}$ | 125219 | 125221 |
| 125227$_{97}$ | 125231 | 125233$_{61}$ | 125237$_{7}$ | 125239$_{17\cdot 53\cdot 139}$ | 125243 | 125249$_{251}$ | 125251$_{7\cdot 29}$ |
| 125257$_{11\cdot 59\cdot 193}$ | 125261 | 125263$_{229}$ | 125267$_{19\cdot 347}$ | 125269 | 125273$_{17}$ | 125279$_{7\cdot 11}$ | 125281$_{13\cdot 23}$ |
| 125287 | 125291$_{349}$ | 125293$_{7}$ | 125297$_{107}$ | 125299 | 125303 | 125309$_{29\cdot 149}$ | 125311 |
| 125317$_{113}$ | 125321$_{7}$ | 125323$_{11}$ | 125327$_{23}$ | 125329 | 125333$_{13\cdot 31\cdot 311}$ | 125339 | 125341$_{17\cdot 73\cdot 101}$ |
| 125347$_{163}$ | 125351$_{103}$ | 125353 | 125357$_{67}$ | 125359$_{13}$ | 125363$_{7}$ | 125369$_{283}$ | 125371 |
| 125377$_{7}$ | 125381$_{19}$ | 125383 | 125387 | 125389$_{11}$ | 125393$_{37}$ | 125399 | 125401$_{89}$ |

| | | | | | | | |
|---|---|---|---|---|---|---|---|
| 125407 | 125411 11·13 | 125413 83 | 125417 167 | 125419 7·19·23·41 | 125423 | 125429 | 125431 43 |
| 125437 13 | 125441 | 125443 17·47·157 | 125447 7 | 125449 331 | 125453 | 125459 109 | 125461 7 |
| 125467 37 | 125471 | 125473 271 | 125477 11·17·61 | 125479 179 | 125483 29 | 125489 7·13·197 | 125491 67 |
| 125497 | 125501 41 | 125503 7 | 125507 | 125509 | 125513 313 | 125519 31 | 125521 11 |
| 125527 | 125531 7·79·227 | 125533 19 | 125537 47 | 125539 | 125543 11·101·113 | 125549 223 | 125551 |
| 125557 23·53·103 | 125561 241 | 125563 307 | 125567 13 | 125569 199 | 125573 7 | 125579 17·83·89 | 125581 31 |
| 125587 7·11·233 | 125591 | 125593 13 | 125597 | 125599 29·61·71 | 125603 23·43·127 | 125609 11·19 | 125611 59 |
| 125617 | 125621 | 125623 269 | 125627 | 125629 7·131·137 | 125633 73 | 125639 | 125641 |
| 125647 17·19 | 125651 | 125653 11 | 125657 7·29 | 125659 | 125663 53 | 125669 | 125671 7·13 |
| 125677 109 | 125681 17 | 125683 | 125687 | 125689 37·43·79 | 125693 | 125699 7 | 125701 337 |
| 125707 | 125711 | 125713 7 | 125717 | 125719 11 | 125723 13·19 | 125729 59 | 125731 |
| 125737 | 125741 7·11·23·71 | 125743 | 125747 41 | 125749 13·17 | 125753 | 125759 67 | 125761 19 |
| 125767 31 | 125771 173 | 125773 29 | 125777 | 125779 73 | 125783 7·17·151 | 125789 | 125791 |
| 125797 7 | 125801 13 | 125803 | 125807 11 | 125809 97 | 125813 | 125819 47 | 125821 |
| 125827 13 | 125831 29 | 125833 23 | 125837 19·37·179 | 125839 7 | 125843 61 | 125849 317 | 125851 11·17 |
| 125857 127 | 125861 43 | 125863 | 125867 7 | 125869 191 | 125873 11 | 125879 13·23 | 125881 7 |
| 125887 | 125891 31·131 | 125893 67 | 125897 | 125899 | 125903 137 | 125909 7 | 125911 37·41·83 |
| 125917 11 | 125921 | 125923 7 | 125927 | 125929 | 125933 | 125939 11·107 | 125941 |
| 125947 29·43·101 | 125951 7·19 | 125953 17·31·239 | 125957 13 | 125959 | 125963 | 125969 103 | 125971 23 |
| 125977 263 | 125981 53 | 125983 11·13 | 125987 17 | 125989 19·349 | 125993 7·41 | 125999 163 | 126001 |
| 126007 7·47 | 126011 | 126013 | 126017 23 | 126019 | 126023 | 126029 193 | 126031 |
| 126037 | 126041 | 126043 241 | 126047 | 126049 7·11 | 126053 233 | 126059 37 | 126061 13 |
| 126067 | 126071 11·73·157 | 126073 139 | 126077 7·31·83 | 126079 | 126083 59 | 126089 17 | 126091 7 |
| 126097 | 126101 47 | 126103 19 | 126107 | 126109 23 | 126113 13·89·109 | 126119 7·43 | 126121 29 |
| 126127 | 126131 | 126133 7·37 | 126137 11 | 126139 13·31·313 | 126143 | 126149 101 | 126151 |
| 126157 17·41·181 | 126161 7·67·269 | 126163 79 | 126167 71 | 126169 281 | 126173 | 126179 19·29·229 | 126181 11 |
| 126187 257 | 126191 13·17 | 126193 53 | 126197 97 | 126199 | 126203 7·11·149 | 126209 61 | 126211 |
| 126217 7·13·19·73 | 126221 113 | 126223 | 126227 | 126229 | 126233 | 126239 41 | 126241 |
| 126247 11·23 | 126251 191 | 126253 251 | 126257 | 126259 7·17 | 126263 31 | 126269 11·13 | 126271 |
| 126277 197 | 126281 37 | 126283 293 | 126287 7 | 126289 47 | 126293 17·19·23 | 126299 53 | 126301 7 |
| 126307 | 126311 | 126313 11 | 126317 | 126319 59 | 126323 | 126329 7 | 126331 19·61·109 |
| 126337 | 126341 | 126343 7 | 126347 13 | 126349 | 126353 29 | 126359 | 126361 17 |
| 126367 107 | 126371 7 | 126373 13 | 126377 43 | 126379 11 | 126383 47 | 126389 211 | 126391 97 |
| 126397 | 126401 11 | 126403 41 | 126407 19 | 126409 83 | 126413 7 | 126419 167 | 126421 |
| 126427 7 | 126431 23·239 | 126433 | 126437 59 | 126439 227 | 126443 | 126449 31 | 126451 13·71·137 |
| 126457 | 126461 | 126463 17·43·173 | 126467 11 | 126469 7·29·89 | 126473 | 126479 79 | 126481 |
| 126487 | 126491 | 126493 | 126497 7·17 | 126499 | 126503 13·37·263 | 126509 73 | 126511 7·11·31·53 |
| 126517 | 126521 19 | 126523 23 | 126527 29 | 126529 13 | 126533 11 | 126539 7 | 126541 |
| 126547 | 126551 | 126553 7·101·179 | 126557 271 | 126559 19 | 126563 67 | 126569 23 | 126571 47 |
| 126577 11·37·311 | 126581 7·13·107 | 126583 | 126587 103 | 126589 277 | 126593 71 | 126599 11·17 | 126601 |
| 126607 13 | 126611 | 126613 | 126617 53 | 126619 127 | 126623 7 | 126629 139 | 126631 |
| 126637 7·79·229 | 126641 | 126643 11·29 | 126647 89 | 126649 41 | 126653 | 126659 13 | 126661 23 |
| 126667 17 | 126671 197 | 126673 19·59·113 | 126677 131 | 126679 7 | 126683 | 126689 151 | 126691 |
| 126697 31·61·67 | 126701 17·29·257 | 126703 | 126707 7·23 | 126709 11 | 126713 | 126719 | 126721 7·43 |
| 126727 353 | 126731 11·41·281 | 126733 | 126737 13 | 126739 | 126743 | 126749 7·19 | 126751 |
| 126757 | 126761 | 126763 7·13·199 | 126767 109 | 126769 17 | 126773 331 | 126779 97 | 126781 |
| 126787 19 | 126791 7·59·307 | 126793 103 | 126797 11 | 126799 23·37·149 | 126803 17 | 126809 173 | 126811 211 |
| 126817 29 | 126821 31 | 126823 | 126827 | 126829 53 | 126833 7 | 126839 | 126841 11·13 |
| 126847 7 | 126851 | 126853 47 | 126857 | 126859 | 126863 11·19 | 126869 293 | 126871 17 |
| 126877 71 | 126881 181 | 126883 31 | 126887 223 | 126889 7 | 126893 13·43·227 | 126899 113 | 126901 19 |
| 126907 11·83·139 | 126911 179 | 126913 | 126917 7 | 126919 13 | 126923 | 126929 11 | 126931 7 |
| 126937 23 | 126941 61 | 126943 | 126947 37·47·73 | 126949 | 126953 79 | 126959 7 | 126961 |
| 126967 | 126971 13 | 126973 7·11·17·97 | 126977 19·41·163 | 126979 43 | 126983 23 | 126989 | 126991 29·151 |
| 126997 13 | 127001 7 | 127003 89 | 127007 17·31·241 | 127009 107 | 127013 157 | 127019 71 | 127021 37 |
| 127027 59 | 127031 | 127033 | 127037 | 127039 11 | 127043 7 | 127049 13·29·337 | 127051 |
| 127057 7 | 127061 11 | 127063 61 | 127067 283 | 127069 31 | 127073 83 | 127079 | 127081 |
| 127087 167 | 127091 19 | 127093 73 | 127097 149 | 127099 7·67·271 | 127103 | 127109 17 | 127111 79 |
| 127117 317 | 127121 23 | 127123 | 127127 7·11·13·127 | 127129 19 | 127133 | 127139 | 127141 7·41 |
| 127147 53 | 127151 43 | 127153 13 | 127157 | 127159 101 | 127163 | 127169 7·37 | 127171 11 |
| 127177 17 | 127181 89 | 127183 7 | 127187 193 | 127189 | 127193 11·31 | 127199 311 | 127201 131 |
| 127207 | 127211 7·17 | 127213 23 | 127217 | 127219 | 127223 29·41·107 | 127229 47 | 127231 13 |
| 127237 11·43·269 | 127241 | 127243 19·37·181 | 127247 | 127249 | 127253 7·53 | 127259 11·23 | 127261 |
| 127267 7 | 127271 | 127273 137 | 127277 | 127279 17 | 127283 13 | 127289 | 127291 |
| 127297 | 127301 | 127303 11·71·163 | 127307 61 | 127309 7·13 | 127313 17 | 127319 19 | 127321 |
| 127327 157 | 127331 | 127333 223 | 127337 7 | 127339 29 | 127343 | 127349 347 | 127351 7·23·113 |
| 127357 19 | 127361 13·97·101 | 127363 | 127367 67 | 127369 11 | 127373 | 127379 7·31 | 127381 17·59·127 |
| 127387 13·41·239 | 127391 11·37·313 | 127393 7 | 127397 23·29·191 | 127399 | 127403 | 127409 43 | 127411 103 |
| 127417 47 | 127421 7·109·167 | 127423 | 127427 79 | 127429 61 | 127433 19·353 | 127439 13 | 127441 31 |
| 127447 | 127451 233 | 127453 | 127457 11 | 127459 197 | 127463 7·131·139 | 127469 41 | 127471 19 |
| 127477 7 | 127481 | 127483 17 | 127487 | 127489 23·241 | 127493 | 127499 59 | 127501 11·67·173 |
| 127507 | 127511 47 | 127513 29 | 127517 13·17 | 127519 7 | 127523 11 | 127529 | 127531 73 |
| 127537 89 | 127541 | 127543 13 | 127547 7·19·137 | 127549 | 127553 229 | 127559 199 | 127561 7 |
| 127567 11 | 127571 29·53·83 | 127573 193 | 127577 113 | 127579 | 127583 | 127589 7·11 | 127591 |
| 127597 | 127601 | 127603 7 | 127607 | 127609 | 127613 37 | 127619 17 | 127621 13 |
| 127627 23·31·179 | 127631 7 | 127633 11·41·283 | 127637 | 127639 109 | 127643 | 127649 | 127651 107 |
| 127657 | 127661 19 | 127663 | 127667 43 | 127669 | 127673 7·13·23·61 | 127679 | 127681 |
| 127687 7·17·29·37 | 127691 | 127693 149 | 127697 277 | 127699 11·13·19·47 | 127703 | 127709 | 127711 |
| 127717 | 127721 11·17 | 127723 337 | 127727 | 127729 7·71·257 | 127733 | 127739 | 127741 139 |
| 127747 | 127751 13·31·317 | 127753 43 | 127757 7 | 127759 251 | 127763 | 127769 67 | 127771 7 |
| 127777 13 | 127781 | 127783 53 | 127787 11 | 127789 17 | 127793 47 | 127799 7 | 127801 227 |
| 127807 | 127811 23 | 127813 7·19·31 | 127817 | 127819 | 127823 17·73·103 | 127829 13 | 127831 11 |
| 127837 | 127841 7 | 127843 | 127847 173 | 127849 | 127853 11·59·197 | 127859 | 127861 29 |

| | | | | | | | |
|---|---|---|---|---|---|---|---|
| 127867 | $127871_{71}$ | 127873 | 127877 | $127879_{41}$ | $127883_{7}$ | $127889_{19\cdot53\cdot127}$ | $127891_{17}$ |
| $127897_{7\cdot11\cdot151}$ | $127901_{79}$ | $127903_{23\cdot67\cdot83}$ | $127907_{13}$ | $127909_{37}$ | 127913 | $127919_{11\cdot29}$ | 127921 |
| $127927_{19}$ | 127931 | $127933_{13}$ | $127937_{31}$ | $127939_{7}$ | $127943_{97}$ | $127949_{23}$ | 127951 |
| $127957_{199}$ | $127961_{41}$ | $127963_{11}$ | $127967_{7\cdot101\cdot181}$ | $127969_{73}$ | 127973 | 127979 | $127981_{7\cdot47}$ |
| $127987_{131}$ | $127991_{149}$ | $127993_{17}$ | 127997 | $127999_{31}$ | $128003_{19}$ | $128009_{7}$ | $128011_{13\cdot43\cdot229}$ |
| $128017_{313}$ | 128021 | $128023_{7}$ | $128027_{17}$ | $128029_{11\cdot103\cdot113}$ | 128033 | $128039_{61}$ | $128041_{19\cdot23\cdot293}$ |
| 128047 | $128051_{7\cdot11}$ | 128053 | $128057_{37}$ | $128059_{79}$ | $128063_{13}$ | $128069_{83}$ | $128071_{89}$ |
| $128077_{211}$ | $128081_{263}$ | $128083_{349}$ | $128087_{23}$ | $128089_{13\cdot59\cdot167}$ | $128093_{7\cdot29}$ | 128099 | $128101_{53}$ |
| $128107_{7}$ | 128111 | 128113 | $128117_{11\cdot19}$ | 128119 | $128123_{31}$ | $128129_{17}$ | $128131_{37}$ |
| $128137_{97}$ | $128141_{13}$ | $128143_{127}$ | 128147 | $128149_{7}$ | 128153 | 128159 | $128161_{11\cdot61\cdot191}$ |
| $128167_{13}$ | $128171_{67}$ | 128173 | $128177_{7}$ | $128179_{23}$ | $128183_{11\cdot43\cdot271}$ | 128189 | $128191_{7}$ |
| $128197_{17}$ | 128201 | 128203 | $128207_{41\cdot53\cdot59}$ | $128209_{29}$ | 128213 | $128219_{7\cdot13}$ | 128221 |
| $128227_{11}$ | $128231_{17\cdot19}$ | $128233_{7}$ | 128237 | 128239 | $128243_{257}$ | $128249_{11\cdot89\cdot131}$ | $128251_{277}$ |
| 128257 | $128261_{7\cdot73\cdot251}$ | $128263_{47}$ | $128267_{29}$ | $128269_{19\cdot43\cdot157}$ | 128273 | $128279_{37}$ | $128281_{163}$ |
| 128287 | 128291 | $128293_{11\cdot107\cdot109}$ | $128297_{13\cdot71\cdot139}$ | $128299_{17}$ | $128303_{7}$ | $128309_{31}$ | 128311 |
| $128317_{7\cdot23}$ | 128321 | $128323_{13}$ | 128327 | $128329_{181}$ | $128333_{17}$ | 128339 | 128341 |
| 128347 | 128351 | $128353_{37}$ | $128357_{47}$ | $128359_{7\cdot11}$ | $128363_{23}$ | $128369_{137}$ | $128371_{31\cdot41\cdot101}$ |
| 128377 | $128381_{11}$ | $128383_{19\cdot29\cdot233}$ | $128387_{7}$ | 128389 | 128393 | 128399 | $128401_{7\cdot13\cdot17\cdot83}$ |
| $128407_{73}$ | 128411 | 128413 | $128417_{281}$ | $128419_{53}$ | $128423_{167}$ | $128429_{7}$ | 128431 |
| 128437 | $128441_{29\cdot43\cdot103}$ | $128443_{7\cdot59\cdot311}$ | $128447_{11}$ | 128449 | $128453_{13\cdot41\cdot241}$ | $128459_{19}$ | 128461 |
| 128467 | $128471_{7}$ | 128473 | 128477 | $128479_{13}$ | 128483 | 128489 | $128491_{11}$ |
| $128497_{19}$ | $128501_{23\cdot37\cdot151}$ | $128503_{17}$ | $128507_{107}$ | 128509 | $128513_{7\cdot11}$ | 128519 | 128521 |
| $128527_{7\cdot43\cdot61}$ | $128531_{13}$ | $128533_{79}$ | $128537_{17}$ | $128539_{173}$ | $128543_{191}$ | 128549 | 128551 |
| $128557_{11\cdot13\cdot29\cdot31}$ | $128561_{59}$ | 128563 | $128567_{83}$ | $128569_{7}$ | $128573_{19\cdot67\cdot101}$ | $128579_{11}$ | $128581_{71}$ |
| $128587_{149}$ | 128591 | $128593_{23}$ | $128597_{7}$ | 128599 | 128603 | $128609_{13}$ | $128611_{7\cdot19}$ |
| $128617_{41}$ | 128621 | $128623_{11}$ | $128627_{293}$ | 128629 | $128633_{307}$ | $128639_{7\cdot17\cdot23\cdot47}$ | $128641_{197}$ |
| $128647_{103}$ | $128651_{127}$ | $128653_{7}$ | 128657 | 128659 | 128663 | 128669 | $128671_{223}$ |
| 128677 | $128681_{7\cdot31}$ | 128683 | $128687_{13\cdot19}$ | $128689_{11}$ | 128693 | $128699_{41\cdot43\cdot73}$ | $128701_{179}$ |
| $128707_{17\cdot67\cdot113}$ | $128711_{11}$ | $128713_{13}$ | 128717 | $128719_{97}$ | $128723_{7\cdot37\cdot71}$ | $128729_{109}$ | $128731_{23\cdot29\cdot193}$ |
| $128737_{7\cdot53\cdot347}$ | $128741_{17}$ | $128743_{31}$ | 128747 | 128749 | $128753_{199}$ | $128759_{331}$ | 128761 |
| 128767 | $128771_{61}$ | $128773_{131}$ | $128777_{11\cdot23}$ | $128779_{7}$ | $128783_{89}$ | $128789_{29}$ | $128791_{13}$ |
| $128797_{37\cdot59}$ | $128801_{19}$ | $128803_{151}$ | $128807_{7}$ | $128809_{17}$ | 128813 | 128819 | $128821_{7\cdot11\cdot239}$ |
| $128827_{47}$ | 128831 | 128833 | 128837 | $128839_{19}$ | $128843_{11\cdot13\cdot17\cdot53}$ | $128849_{7\cdot79\cdot233}$ | $128851_{269}$ |
| 128857 | 128861 | $128863_{7\cdot41}$ | $128867_{31}$ | $128869_{13\cdot23}$ | 128873 | 128879 | $128881_{359}$ |
| $128887_{11}$ | $128891_{7}$ | $128893_{61}$ | $128897_{157}$ | $128899_{83}$ | 128903 | $128909_{11}$ | $128911_{17}$ |
| $128917_{137}$ | $128921_{13\cdot47\cdot211}$ | 128923 | $128927_{229}$ | $128929_{31}$ | $128933_{7\cdot113\cdot163}$ | 128939 | 128941 |
| $128947_{7\cdot13\cdot109}$ | 128951 | $128953_{11\cdot19}$ | $128957_{43}$ | 128959 | $128963_{29}$ | 128969 | 128971 |
| $128977_{101}$ | 128981 | 128983 | 128987 | $128989_{7}$ | 128993 | $128999_{13}$ | 129001 |
| $129007_{23\cdot71\cdot79}$ | 129011 | $129013_{17}$ | $129017_{7}$ | $129019_{11\cdot37\cdot317}$ | 129023 | $129029_{19}$ | $129031_{7}$ |
| 129037 | $129041_{11}$ | $129043_{43}$ | $129047_{17}$ | 129049 | $129053_{23\cdot31\cdot181}$ | $129059_{7\cdot103\cdot179}$ | 129061 |
| $129067_{19}$ | $129071_{337}$ | $129073_{7}$ | $129077_{13}$ | $129079_{29}$ | 129083 | 129089 | $129091_{167}$ |
| 129097 | $129101_{7}$ | $129103_{13}$ | $129107_{11\cdot97}$ | $129109_{41\cdot47\cdot67}$ | 129113 | 129119 | 129121 |
| 129127 | $129131_{139}$ | $129133_{263}$ | $129137_{29\cdot61\cdot73}$ | $129139_{89}$ | $129143_{7\cdot19}$ | $129149_{17\cdot71\cdot107}$ | $129151_{11\cdot59\cdot199}$ |
| $129157_{7}$ | $129161_{53}$ | $129163_{227}$ | $129167_{37}$ | 129169 | $129173_{11}$ | $129179_{101}$ | $129181_{13\cdot19}$ |
| 129187 | $129191_{23\cdot41\cdot137}$ | 129193 | 129197 | $129199_{7}$ | $129203_{47}$ | 129209 | $129211_{157}$ |
| $129217_{11\cdot17}$ | 129221 | 129223 | $129227_{7}$ | 129229 | $129233_{13}$ | $129239_{11\cdot31}$ | $129241_{7\cdot37}$ |
| $129247_{307}$ | $129251_{17}$ | $129253_{29}$ | $129257_{19}$ | $129259_{13\cdot61\cdot163}$ | 129263 | $129269_{7\cdot59\cdot313}$ | $129271_{257}$ |
| 129277 | 129281 | $129283_{7\cdot11\cdot23\cdot73}$ | 129287 | 129289 | 129293 | $129299_{239}$ | $129301_{31\cdot43\cdot97}$ |
| $129307_{191}$ | $129311_{7\cdot13\cdot29}$ | 129313 | $129317_{89}$ | $129319_{17}$ | $129323_{79}$ | $129329_{23}$ | $129331_{283}$ |
| $129337_{13}$ | 129341 | $129343_{211}$ | 129347 | $129349_{11}$ | $129353_{7\cdot17}$ | $129359_{277}$ | 129361 |
| $129367_{7}$ | $129371_{11\cdot19}$ | $129373_{53}$ | $129377_{67}$ | 129379 | $129383_{109}$ | $129389_{13\cdot37\cdot269}$ | $129391_{47}$ |
| $129397_{83}$ | 129401 | 129403 | $129407_{151}$ | $129409_{7\cdot19\cdot139}$ | $129413_{127}$ | 129419 | $129421_{17\cdot23\cdot331}$ |
| $129427_{29}$ | $129431_{347}$ | $129433_{71}$ | $129437_{7\cdot11\cdot41}$ | 129439 | 129443 | 129449 | $129451_{7}$ |
| 129457 | 129461 | $129463_{37}$ | $129467_{13\cdot23}$ | 129469 | $129473_{43}$ | $129479_{7\cdot53\cdot349}$ | $129481_{11\cdot79\cdot149}$ |
| $129487_{31}$ | 129491 | $129493_{7\cdot13}$ | 129497 | 129499 | $129503_{11\cdot61\cdot193}$ | 129509 | $129511_{67}$ |
| 129517 | $129521_{7}$ | $129523_{17\cdot19}$ | 129527 | 129529 | 129533 | 129539 | $129541_{281}$ |
| $129547_{11}$ | $129551_{353}$ | 129553 | $129557_{17}$ | $129559_{23\cdot43\cdot131}$ | $129563_{7\cdot83\cdot223}$ | $129569_{11}$ | $129571_{13}$ |
| $129577_{7\cdot107\cdot173}$ | 129581 | $129583_{101}$ | 129587 | 129589 | 129593 | $129599_{19\cdot359}$ | $129601_{29\cdot41\cdot109}$ |
| 129607 | $129611_{31\cdot37\cdot113}$ | $129613_{11}$ | $129617_{227}$ | $129619_{7}$ | $129623_{13\cdot59}$ | 129629 | 129631 |
| $129637_{19}$ | 129641 | 129643 | $129647_{7}$ | $129649_{13}$ | $129653_{317}$ | $129659_{17\cdot29\cdot263}$ | $129661_{7}$ |
| $129667_{127}$ | 129671 | $129673_{31\cdot47\cdot89}$ | $129677_{103}$ | $129679_{11}$ | $129683_{41}$ | $129689_{7\cdot97\cdot191}$ | $129691_{53}$ |
| $129697_{23}$ | $129701_{11\cdot13}$ | $129703_{7}$ | 129707 | $129709_{151}$ | $129713_{19}$ | 129719 | $129721_{73}$ |
| $129727_{13\cdot17}$ | $129731_{7\cdot43}$ | 129733 | 129737 | $129739_{137}$ | $129743_{23}$ | 129749 | $129751_{19}$ |
| 129757 | $129761_{17}$ | 129763 | $129767_{11\cdot47\cdot251}$ | 129769 | $129773_{7}$ | $129779_{13\cdot67\cdot149}$ | $129781_{233}$ |
| $129787_{7}$ | $129791_{107}$ | 129793 | $129797_{31\cdot53\cdot79}$ | $129799_{293}$ | 129803 | $129809_{271}$ | $129811_{11}$ |
| $129817_{43}$ | $129821_{131}$ | $129823_{197}$ | $129827_{19}$ | $129829_{7\cdot17}$ | $129833_{11\cdot29\cdot37}$ | $129839_{157}$ | 129841 |
| $129847_{41}$ | $129851_{89}$ | 129853 | $129857_{7\cdot13}$ | $129859_{31\cdot59\cdot71}$ | $129863_{17}$ | $129869_{61}$ | $129871_{7}$ |
| $129877_{11}$ | $129881_{23}$ | $129883_{13\cdot97\cdot103}$ | 129887 | $129889_{193}$ | 129893 | $129899_{7\cdot11\cdot241}$ | 129901 |
| $129907_{37}$ | $129911_{163}$ | $129913_{7\cdot67\cdot277}$ | 129917 | 129919 | $129923_{173}$ | $129929_{41}$ | $129931_{17}$ |
| 129937 | $129941_{7\cdot19}$ | $129943_{11}$ | $129947_{199}$ | $129949_{29}$ | 129953 | 129959 | $129961_{13}$ |
| 129967 | 129971 | $129973_{23}$ | $129977_{59}$ | $129979_{19}$ | $129983_{7\cdot31}$ | $129989_{43}$ | $129991_{61}$ |
| $129997_{7}$ | $130001_{71}$ | 130003 | $130007_{29}$ | $130009_{11\cdot53\cdot223}$ | $130013_{13\cdot73\cdot137}$ | $130019_{23}$ | 130021 |
| 130027 | $130031_{11}$ | $130033_{17}$ | $130037_{109}$ | $130039_{7\cdot13}$ | 130043 | $130049_{47}$ | 130051 |
| 130057 | $130061_{83}$ | $130063_{113}$ | $130067_{7\cdot17}$ | 130069 | 130073 | 130079 | $130081_{7}$ |
| 130087 | $130091_{13}$ | $130093_{19\cdot41\cdot167}$ | $130097_{11}$ | 130099 | $130103_{281}$ | $130109_{7}$ | $130111_{23}$ |
| $130117_{13}$ | 130121 | $130123_{7\cdot29}$ | 130127 | $130129_{37}$ | $130133_{179}$ | $130139_{181}$ | $130141_{11}$ |
| 130147 | $130151_{7}$ | $130153_{157}$ | $130157_{23}$ | $130159_{73}$ | $130163_{11}$ | $130169_{13\cdot17\cdot19\cdot31}$ | 130171 |
| $130177_{349}$ | $130181_{29\cdot67}$ | 130183 | $130187_{211}$ | $130189_{101}$ | $130193_{7}$ | 130199 | 130201 |
| $130207_{7\cdot11\cdot19\cdot89}$ | 130211 | $130213_{59}$ | $130217_{197}$ | $130219_{107}$ | 130223 | $130229_{11}$ | $130231_{31}$ |
| $130237_{17\cdot47\cdot163}$ | 130241 | $130243_{139}$ | $130247_{13\cdot43\cdot233}$ | $130249_{7\cdot23}$ | 130253 | 130259 | 130261 |
| 130267 | $130271_{17\cdot79\cdot97}$ | $130273_{11\cdot13}$ | $130277_{7\cdot37}$ | 130279 | $130283_{19}$ | $130289_{113}$ | $130291_{7}$ |
| $130297_{29}$ | $130301_{229}$ | 130303 | 130307 | $130309_{311}$ | $130313_{151}$ | $130319_{7}$ | $130321_{19}$ |

| | | | | | | | |
|---|---|---|---|---|---|---|---|
| 130327$_{53}$ | 130331$_{47\cdot59}$ | 130333$_{7\cdot43}$ | 130337 | 130339$_{11\cdot17\cdot41}$ | 130343 | 130349 | 130351$_{13\cdot37\cdot271}$ |
| 130357$_{61}$ | 130361$_{7\cdot11}$ | 130363 | 130367 | 130369 | 130373$_{17}$ | 130379 | 130381$_{241}$ |
| 130387$_{23}$ | 130391$_{101}$ | 130393$_{83}$ | 130397$_{19}$ | 130399 | 130403$_{7\cdot13}$ | 130409 | 130411 |
| 130417$_{7\cdot31}$ | 130421$_{41}$ | 130423 | 130427$_{11\cdot71\cdot167}$ | 130429$_{13\cdot79\cdot127}$ | 130433$_{23\cdot53\cdot107}$ | 130439 | 130441$_{17}$ |
| 130447 | 130451$_{73}$ | 130453$_{191}$ | 130457 | 130459$_{7}$ | 130463$_{283}$ | 130469 | 130471$_{11\cdot29}$ |
| 130477 | 130481$_{13}$ | 130483 | 130487$_{7}$ | 130489 | 130493$_{11}$ | 130499$_{37}$ | 130501$_{7\cdot103\cdot181}$ |
| 130507$_{13}$ | 130511$_{19}$ | 130513 | 130517 | 130519$_{47}$ | 130523 | 130529$_{7\cdot29}$ | 130531 |
| 130537$_{11}$ | 130541$_{31}$ | 130543$_{7\cdot17}$ | 130547 | 130549$_{19}$ | 130553 | 130559$_{11\cdot13\cdot83}$ | 130561$_{137}$ |
| 130567$_{59}$ | 130571$_{7\cdot23}$ | 130573$_{37}$ | 130577$_{17}$ | 130579 | 130583$_{67}$ | 130589 | 130591$_{43}$ |
| 130597$_{73}$ | 130601$_{61}$ | 130603$_{11\cdot31}$ | 130607$_{131}$ | 130609$_{211}$ | 130613$_{7\cdot47}$ | 130619 | 130621 |
| 130627$_{7}$ | 130631 | 130633 | 130637$_{13}$ | 130639 | 130643 | 130649 | 130651 |
| 130657 | 130661$_{193}$ | 130663$_{13\cdot19\cdot23}$ | 130667$_{41}$ | 130669$_{7\cdot11}$ | 130673$_{149}$ | 130679$_{17}$ | 130681 |
| 130687 | 130691$_{11\cdot109}$ | 130693 | 130697$_{7}$ | 130699 | 130703$_{29}$ | 130709$_{23}$ | 130711$_{7\cdot71\cdot263}$ |
| 130717$_{67}$ | 130721$_{37}$ | 130723$_{61}$ | 130727$_{31}$ | 130729 | 130733$_{239}$ | 130739$_{7\cdot19}$ | 130741$_{13\cdot89\cdot113}$ |
| 130747$_{17}$ | 130751$_{53}$ | 130753$_{7}$ | 130757$_{11}$ | 130759$_{229}$ | 130763$_{43}$ | 130769 | 130771$_{251}$ |
| 130777$_{19}$ | 130781$_{7\cdot17\cdot157}$ | 130783 | 130787 | 130789$_{31}$ | 130793$_{13}$ | 130799$_{139}$ | 130801$_{11\cdot23\cdot47}$ |
| 130807 | 130811 | 130813$_{257}$ | 130817 | 130819$_{13\cdot29\cdot347}$ | 130823$_{7\cdot11}$ | 130829 | 130831$_{41}$ |
| 130837$_{7}$ | 130841 | 130843 | 130847$_{23}$ | 130849$_{17\cdot43\cdot179}$ | 130853$_{19\cdot71\cdot97}$ | 130859 | 130861$_{107}$ |
| 130867$_{11}$ | 130871$_{13}$ | 130873 | 130877$_{29}$ | 130879$_{7}$ | 130883$_{17}$ | 130889$_{11\cdot73\cdot163}$ | 130891$_{19\cdot83}$ |
| 130897$_{13}$ | 130901$_{223}$ | 130903$_{79}$ | 130907$_{7}$ | 130909$_{109}$ | 130913$_{31\cdot41\cdot103}$ | 130919$_{89}$ | 130921$_{7\cdot59\cdot317}$ |
| 130927 | 130931$_{311}$ | 130933$_{11}$ | 130937$_{127}$ | 130939$_{23}$ | 130943$_{37}$ | 130949$_{7\cdot13}$ | 130951$_{17}$ |
| 130957 | 130961$_{173}$ | 130963$_{7\cdot53\cdot353}$ | 130967$_{19\cdot61\cdot113}$ | 130969 | 130973 | 130979$_{227}$ | 130981 |
| 130987 | 130991$_{7}$ | 130993$_{29}$ | 130997$_{101}$ | 130999$_{11}$ | 131003$_{269}$ | 131009 | 131011 |
| 131017$_{37}$ | 131021$_{11\cdot43\cdot277}$ | 131023 | 131027$_{13}$ | 131029$_{283}$ | 131033$_{7}$ | 131039$_{59}$ | 131041 |
| 131047$_{7\cdot97\cdot193}$ | 131051$_{29}$ | 131053$_{13\cdot17}$ | 131057$_{83}$ | 131059 | 131063 | 131069$_{53}$ | 131071 |
| 131077$_{23\cdot41\cdot139}$ | 131081$_{19}$ | 131083$_{47}$ | 131087$_{11\cdot17}$ | 131089$_{7\cdot61\cdot307}$ | 131093$_{337}$ | 131099$_{31}$ | 131101 |
| 131107$_{43}$ | 131111 | 131113 | 131117$_{7}$ | 131119$_{19\cdot67\cdot103}$ | 131123$_{23}$ | 131129 | 131131$_{7\cdot11\cdot13\cdot131}$ |
| 131137$_{71}$ | 131141$_{199}$ | 131143 | 131147$_{313}$ | 131149 | 131153$_{11}$ | 131159$_{7\cdot41}$ | 131161$_{31}$ |
| 131167$_{29}$ | 131171 | 131173$_{7}$ | 131177$_{47}$ | 131179$_{233}$ | 131183$_{13}$ | 131189$_{17}$ | 131191$_{127}$ |
| 131197$_{11}$ | 131201$_{7}$ | 131203 | 131207$_{179}$ | 131209$_{13}$ | 131213 | 131219$_{11\cdot79\cdot151}$ | 131221 |
| 131227$_{281}$ | 131231 | 131233$_{19}$ | 131237$_{263}$ | 131239$_{37}$ | 131243$_{7}$ | 131249 | 131251 |
| 131257$_{7\cdot17}$ | 131261$_{13\cdot23}$ | 131263$_{11}$ | 131267 | 131269$_{149}$ | 131273$_{251}$ | 131279$_{43\cdot71}$ | 131281$_{53}$ |
| 131287$_{13}$ | 131291$_{17}$ | 131293 | 131297 | 131299$_{7}$ | 131303 | 131309$_{19}$ | 131311 |
| 131317 | 131321 | 131323$_{41}$ | 131327$_{7\cdot73\cdot257}$ | 131329$_{11}$ | 131333$_{61}$ | 131339$_{13}$ | 131341$_{7\cdot29}$ |
| 131347$_{19\cdot31\cdot223}$ | 131351$_{11}$ | 131353$_{23}$ | 131357 | 131359$_{17}$ | 131363 | 131369$_{7}$ | 131371 |
| 131377$_{79}$ | 131381 | 131383$_{7\cdot137}$ | 131387$_{37\cdot53\cdot67}$ | 131389$_{83}$ | 131393$_{17\cdot59\cdot131}$ | 131399$_{23\cdot29\cdot197}$ | 131401$_{101}$ |
| 131407$_{331}$ | 131411$_{7}$ | 131413 | 131417$_{11\cdot13}$ | 131419$_{113}$ | 131423$_{19}$ | 131429$_{167}$ | 131431 |
| 131437 | 131441 | 131443$_{13}$ | 131447 | 131449 | 131453$_{7\cdot89\cdot211}$ | 131459$_{47}$ | 131461$_{11\cdot17\cdot19\cdot37}$ |
| 131467$_{7}$ | 131471$_{31}$ | 131473$_{73}$ | 131477 | 131479 | 131483$_{11}$ | 131489 | 131491$_{23}$ |
| 131497 | 131501 | 131503$_{107}$ | 131507 | 131509$_{7}$ | 131513$_{347}$ | 131519 | 131521$_{13\cdot67\cdot151}$ |
| 131527$_{11}$ | 131531$_{103}$ | 131533$_{31}$ | 131537$_{7\cdot19\cdot23\cdot43}$ | 131539$_{199}$ | 131543 | 131549$_{11}$ | 131551$_{7}$ |
| 131557$_{293}$ | 131561 | 131563$_{17\cdot71\cdot109}$ | 131567$_{149}$ | 131569$_{41}$ | 131573$_{13\cdot29\cdot349}$ | 131579$_{7}$ | 131581 |
| 131587$_{181}$ | 131591 | 131593$_{7\cdot11}$ | 131597$_{17}$ | 131599$_{13\cdot53\cdot191}$ | 131603$_{101}$ | 131609$_{37}$ | 131611 |
| 131617 | 131621$_{7}$ | 131623$_{43}$ | 131627 | 131629$_{23\cdot59\cdot97}$ | 131633$_{139}$ | 131639 | 131641 |
| 131647$_{47}$ | 131651$_{13\cdot19\cdot41}$ | 131653$_{173}$ | 131657$_{31\cdot137}$ | 131659$_{11}$ | 131663$_{7}$ | 131669$_{353}$ | 131671 |
| 131677$_{7\cdot13}$ | 131681$_{11}$ | 131683$_{37}$ | 131687 | 131689$_{19\cdot29\cdot239}$ | 131693$_{79}$ | 131699$_{17\cdot61\cdot127}$ | 131701 |
| 131707 | 131711 | 131713 | 131717$_{107}$ | 131719$_{7\cdot31}$ | 131723$_{157}$ | 131729$_{13}$ | 131731 |
| 131737$_{103}$ | 131741$_{47}$ | 131743 | 131747$_{7\cdot11\cdot29\cdot59}$ | 131749 | 131753$_{359}$ | 131759 | 131761$_{7}$ |
| 131767$_{17\cdot23\cdot337}$ | 131771 | 131773$_{313}$ | 131777 | 131779 | 131783 | 131789$_{7\cdot67\cdot281}$ | 131791$_{11}$ |
| 131797 | 131801$_{17}$ | 131803$_{7\cdot19}$ | 131807$_{13}$ | 131809$_{89}$ | 131813$_{11\cdot23}$ | 131819$_{193}$ | 131821$_{61}$ |
| 131827$_{241}$ | 131831$_{7\cdot37}$ | 131833$_{13}$ | 131837 | 131839 | 131843$_{31}$ | 131849 | 131851$_{79}$ |
| 131857$_{11}$ | 131861 | 131863$_{29}$ | 131867$_{163}$ | 131869$_{17}$ | 131873$_{7}$ | 131879$_{11\cdot19}$ | 131881$_{43}$ |
| 131887$_{7\cdot83\cdot227}$ | 131891 | 131893 | 131897$_{41}$ | 131899 | 131903$_{17}$ | 131909 | 131911$_{13\cdot73\cdot139}$ |
| 131917$_{19\cdot53\cdot131}$ | 131921$_{29}$ | 131923$_{11\cdot67\cdot179}$ | 131927 | 131929$_{7\cdot47}$ | 131933 | 131939 | 131941 |
| 131947 | 131951$_{23}$ | 131953$_{127}$ | 131957$_{7}$ | 131959 | 131963$_{13}$ | 131969 | 131971$_{7\cdot17}$ |
| 131977$_{271}$ | 131981$_{191}$ | 131983$_{59}$ | 131987$_{89}$ | 131989$_{11\cdot13\cdot71}$ | 131993$_{19}$ | 131999$_{7\cdot109\cdot173}$ | 132001 |
| 132007$_{101}$ | 132011$_{11}$ | 132013$_{7}$ | 132017$_{97}$ | 132019 | 132023$_{47\cdot53}$ | 132029$_{31}$ | 132031$_{19}$ |
| 132037$_{29\cdot157}$ | 132041$_{7\cdot13}$ | 132043$_{23}$ | 132047 | 132049 | 132053$_{37\cdot43\cdot83}$ | 132059 | 132061$_{41}$ |
| 132067$_{13}$ | 132071 | 132073$_{17}$ | 132077$_{11}$ | 132079$_{269}$ | 132083$_{7}$ | 132089$_{23}$ | 132091$_{31}$ |
| 132097$_{7\cdot113\cdot167}$ | 132101$_{59}$ | 132103 | 132107$_{17\cdot19}$ | 132109 | 132113 | 132119$_{13}$ | 132121$_{11}$ |
| 132127$_{37}$ | 132131$_{71}$ | 132133$_{229}$ | 132137 | 132139$_{7\cdot43}$ | 132143$_{11\cdot41\cdot293}$ | 132149$_{103}$ | 132151 |
| 132157 | 132161$_{283}$ | 132163$_{149}$ | 132167$_{7\cdot79\cdot239}$ | 132169 | 132173 | 132179$_{131}$ | 132181$_{7\cdot23}$ |
| 132187$_{11\cdot61\cdot197}$ | 132191$_{67}$ | 132193$_{163}$ | 132197$_{13}$ | 132199 | 132203$_{73}$ | 132209$_{7\cdot11\cdot17\cdot101}$ | 132211$_{29\cdot47\cdot97}$ |
| 132217$_{109}$ | 132221$_{19}$ | 132223$_{7\cdot13}$ | 132227$_{23}$ | 132229 | 132233 | 132239$_{223}$ | 132241 |
| 132247 | 132251$_{7}$ | 132253$_{11}$ | 132257 | 132259$_{19}$ | 132263 | 132269$_{29}$ | 132271$_{349}$ |
| 132277$_{17\cdot31\cdot251}$ | 132281$_{179}$ | 132283 | 132287 | 132289$_{263}$ | 132293$_{7}$ | 132299 | 132301$_{13}$ |
| 132307$_{7\cdot41}$ | 132311$_{17\cdot43\cdot181}$ | 132313 | 132317$_{307}$ | 132319$_{11\cdot23}$ | 132323$_{113}$ | 132329 | 132331 |
| 132337$_{59}$ | 132341$_{11\cdot53\cdot227}$ | 132343$_{89}$ | 132347 | 132349$_{7\cdot37\cdot73}$ | 132353$_{13}$ | 132359$_{107}$ | 132361 |
| 132367 | 132371 | 132373$_{19}$ | 132377$_{7}$ | 132379$_{13\cdot17}$ | 132383 | 132389$_{41}$ | 132391$_{7}$ |
| 132397$_{43}$ | 132401$_{31}$ | 132403 | 132407$_{11}$ | 132409 | 132413$_{17}$ | 132419$_{7}$ | 132421 |
| 132427$_{151}$ | 132431$_{13\cdot61\cdot167}$ | 132433$_{7}$ | 132437 | 132439 | 132443$_{29}$ | 132449$_{19}$ | 132451$_{11}$ |
| 132457$_{13\cdot23}$ | 132461$_{7\cdot127\cdot149}$ | 132463$_{31}$ | 132467$_{139}$ | 132469 | 132473$_{11}$ | 132479$_{137}$ | 132481$_{17}$ |
| 132487$_{19}$ | 132491 | 132493$_{47}$ | 132497$_{37}$ | 132499 | 132503$_{7\cdot23}$ | 132509$_{13}$ | 132511 |
| 132517$_{7\cdot11}$ | 132521$_{89}$ | 132523 | 132527 | 132529 | 132533 | 132539$_{11}$ | 132541 |
| 132547 | 132551$_{83}$ | 132553$_{41\cdot53\cdot61}$ | 132557$_{71}$ | 132559$_{7\cdot29}$ | 132563$_{19}$ | 132569$_{43}$ | 132571$_{37}$ |
| 132577$_{233}$ | 132581$_{197}$ | 132583$_{11\cdot17}$ | 132587$_{7\cdot13\cdot31\cdot47}$ | 132589 | 132593$_{67}$ | 132599$_{97}$ | 132601$_{7\cdot19}$ |
| 132607 | 132611 | 132613$_{13\cdot101}$ | 132617$_{17\cdot29\cdot269}$ | 132619 | 132623 | 132629$_{7}$ | 132631 |
| 132637 | 132641$_{23\cdot73\cdot79}$ | 132643$_{7}$ | 132647 | 132649$_{11\cdot31}$ | 132653$_{109}$ | 132659$_{53}$ | 132661 |
| 132667 | 132671$_{7\cdot11}$ | 132673$_{181}$ | 132677$_{19}$ | 132679 | 132683$_{277}$ | 132689 | 132691$_{13\cdot59\cdot173}$ |
| 132697 | 132701 | 132703$_{131}$ | 132707 | 132709 | 132713$_{7}$ | 132719$_{17\cdot37\cdot211}$ | 132721 |
| 132727$_{7\cdot67\cdot283}$ | 132731$_{331}$ | 132733$_{23\cdot29\cdot199}$ | 132737$_{11}$ | 132739 | 132743$_{13}$ | 132749 | 132751 |
| 132757 | 132761 | 132763 | 132767$_{103}$ | 132769$_{7\cdot13}$ | 132773$_{31}$ | 132779$_{23\cdot251}$ | 132781$_{11}$ |

| | | | | | | | |
|---|---|---|---|---|---|---|---|
| 132787 17·73·107 | 132791 19·29·241 | 132793 37·97 | 132797 7·61·311 | 132799 41·79 | 132803 11 | 132809 59 | 132811 7 |
| 132817 | 132821 13·17 | 132823 317 | 132827 43 | 132829 19 | 132833 | 132839 7 | 132841 71 |
| 132847 11·13 | 132851 | 132853 7 | 132857 | 132859 | 132863 | 132869 11·47·257 | 132871 23·53·109 |
| 132877 89 | 132881 7·41 | 132883 83 | 132887 | 132889 17 | 132893 | 132899 13 | 132901 347 |
| 132907 29 | 132911 | 132913 11·43·281 | 132917 23 | 132919 61 | 132923 7·17 | 132929 | 132931 307 |
| 132937 7 | 132941 37 | 132943 19 | 132947 | 132949 | 132953 | 132959 31 | 132961 |
| 132967 | 132971 | 132973 103 | 132977 13·53·193 | 132979 7·11·157 | 132983 71 | 132989 | 132991 17 |
| 132997 179 | 133001 11·107·113 | 133003 13 | 133007 7 | 133009 23 | 133013 | 133019 19 | 133021 7·31 |
| 133027 137 | 133031 151 | 133033 | 133037 173 | 133039 | 133043 233 | 133049 7·83·229 | 133051 |
| 133057 19·47·149 | 133061 271 | 133063 7 | 133067 11 | 133069 | 133073 | 133079 73 | 133081 13·29·353 |
| 133087 | 133091 7 | 133093 17 | 133097 | 133099 167 | 133103 | 133109 | 133111 11 |
| 133117 | 133121 | 133123 239 | 133127 17·41·191 | 133129 67 | 133133 7·11·13·19 | 133139 29 | 133141 211 |
| 133147 7·23 | 133151 47 | 133153 | 133157 | 133159 13 | 133163 37·59·61 | 133169 | 133171 19·43·163 |
| 133177 11 | 133181 97 | 133183 | 133187 | 133189 7·53·359 | 133193 23 | 133199 11 | 133201 |
| 133207 31 | 133211 13 | 133213 | 133217 7 | 133219 101 | 133223 127 | 133229 17 | 133231 7 |
| 133237 13·37·277 | 133241 | 133243 11 | 133247 19 | 133249 227 | 133253 | 133259 7 | 133261 |
| 133267 71 | 133271 | 133273 7·79·241 | 133277 | 133279 | 133283 | 133289 13 | 133291 41 |
| 133297 17 | 133301 7·137·139 | 133303 | 133307 109 | 133309 11 | 133313 29 | 133319 | 133321 |
| 133327 | 133331 11·17·23·31 | 133333 151 | 133337 | 133339 47 | 133343 7·43 | 133349 | 133351 |
| 133357 7 | 133361 19 | 133363 193 | 133367 13 | 133369 197 | 133373 41 | 133379 | 133381 83 |
| 133387 | 133391 | 133393 13·31·331 | 133397 11·67·181 | 133399 7·17·19·59 | 133403 | 133409 71 | 133411 89 |
| 133417 | 133421 101 | 133423 23 | 133427 7 | 133429 29·43·107 | 133433 17·47·167 | 133439 | 133441 7·11 |
| 133447 | 133451 | 133453 113 | 133457 317 | 133459 37 | 133463 11 | 133469 7·23 | 133471 13 |
| 133477 127 | 133481 | 133483 7 | 133487 29 | 133489 131 | 133493 | 133499 | 133501 17 |
| 133507 11·53·229 | 133511 7 | 133513 19 | 133517 31·59·73 | 133519 | 133523 13 | 133529 11·61·199 | 133531 67 |
| 133537 41 | 133541 | 133543 | 133547 83 | 133549 13 | 133553 7 | 133559 | 133561 23 |
| 133567 7 | 133571 | 133573 11 | 133577 223 | 133579 31·139 | 133583 | 133589 19·79·89 | 133591 103 |
| 133597 | 133601 13·43·239 | 133603 17·29·271 | 133607 23·37·157 | 133609 7 | 133613 53 | 133619 41 | 133621 47 |
| 133627 13·19 | 133631 | 133633 | 133637 7·17 | 133639 11 | 133643 107 | 133649 | 133651 7·61·313 |
| 133657 | 133661 11·29 | 133663 73 | 133667 349 | 133669 | 133673 | 133679 7·13·113 | 133681 37 |
| 133687 43 | 133691 | 133693 7·71·269 | 133697 | 133699 23 | 133703 19·31·227 | 133709 | 133711 |
| 133717 | 133721 7 | 133723 | 133727 11 | 133729 173 | 133733 | 133739 17 | 133741 19 |
| 133747 79 | 133751 131 | 133753 59 | 133757 13 | 133759 181 | 133763 7·97·197 | 133769 | 133771 11 |
| 133777 7·29 | 133781 | 133783 13·41·251 | 133787 353 | 133789 337 | 133793 11 | 133799 67 | 133801 |
| 133807 17 | 133811 | 133813 | 133817 19 | 133819 7 | 133823 163 | 133829 37 | 133831 |
| 133837 11·23 | 133841 17 | 133843 | 133847 7 | 133849 137 | 133853 | 133859 11·43·283 | 133861 7·13 |
| 133867 263 | 133871 59 | 133873 | 133877 | 133879 83 | 133883 23 | 133889 7·31 | 133891 191 |
| 133897 257 | 133901 293 | 133903 7·11·37·47 | 133907 359 | 133909 17 | 133913 13 | 133919 | 133921 157 |
| 133927 199 | 133931 7·19·53 | 133933 67 | 133937 151 | 133939 13 | 133943 17 | 133949 | 133951 29·31·149 |
| 133957 97 | 133961 109 | 133963 | 133967 | 133969 11·19 | 133973 7 | 133979 | 133981 |
| 133987 7 | 133991 11·13 | 133993 | 133997 47 | 133999 | 134003 103 | 134009 29 | 134011 17 |
| 134017 13·61 | 134021 23 | 134023 223 | 134027 101 | 134029 7·41 | 134033 | 134039 | 134041 311 |
| 134047 | 134051 37 | 134053 | 134057 7·11 | 134059 | 134063 79 | 134069 13 | 134071 7·107·179 |
| 134077 | 134081 | 134083 19 | 134087 | 134089 | 134093 | 134099 7 | 134101 11·73·167 |
| 134107 59 | 134111 41 | 134113 7·17·23 | 134117 43 | 134119 71 | 134123 11·89·137 | 134129 | 134131 113 |
| 134137 31 | 134141 7 | 134143 53 | 134147 13·17 | 134149 163 | 134153 | 134159 19·23·307 | 134161 |
| 134167 11 | 134171 | 134173 13 | 134177 | 134179 109 | 134183 7·29 | 134189 11 | 134191 |
| 134197 7·19 | 134201 67 | 134203 43 | 134207 | 134209 103 | 134213 | 134219 | 134221 79 |
| 134227 | 134231 269 | 134233 11 | 134237 241 | 134239 7·127·151 | 134243 | 134249 17·53·149 | 134251 13·23 |
| 134257 | 134261 31·61·71 | 134263 | 134267 7 | 134269 | 134273 19·37·191 | 134279 47 | 134281 7 |
| 134287 | 134291 | 134293 | 134297 23 | 134299 11·29 | 134303 13 | 134309 7 | 134311 19 |
| 134317 17 | 134321 11 | 134323 7·31 | 134327 | 134329 13 | 134333 | 134339 | 134341 |
| 134347 37 | 134351 7·17 | 134353 | 134357 29·41·113 | 134359 | 134363 | 134369 | 134371 |
| 134377 83 | 134381 13 | 134383 61 | 134387 11·19 | 134389 23 | 134393 7·73·263 | 134399 | 134401 |
| 134407 7·13·211 | 134411 257 | 134413 139 | 134417 | 134419 17 | 134423 229 | 134429 179 | 134431 11·101 |
| 134437 | 134441 233 | 134443 | 134447 31 | 134449 7 | 134453 11·17 | 134459 13 | 134461 43·53·59 |
| 134467 47 | 134471 | 134473 29 | 134477 7 | 134479 89 | 134483 181 | 134489 | 134491 7 |
| 134497 11 | 134501 19 | 134503 | 134507 | 134509 31 | 134513 | 134519 7·11 | 134521 17·41·193 |
| 134527 23 | 134531 29 | 134533 7 | 134537 13·79·131 | 134539 19·73·97 | 134543 83 | 134549 157 | 134551 197 |
| 134557 239 | 134561 7·47 | 134563 11·13 | 134567 53 | 134569 37 | 134573 23 | 134579 59 | 134581 |
| 134587 | 134591 | 134593 | 134597 | 134599 281 | 134603 7·41·67 | 134609 | 134611 227 |
| 134617 7 | 134621 103 | 134623 17 | 134627 61 | 134629 11 | 134633 31·43·101 | 134639 | 134641 13 |
| 134647 29 | 134651 11 | 134653 19 | 134657 17·89 | 134659 7 | 134663 311 | 134669 | 134671 137 |
| 134677 | 134681 | 134683 | 134687 7·71·271 | 134689 367 | 134693 13 | 134699 | 134701 7 |
| 134707 | 134711 23 | 134713 107 | 134717 11·37·331 | 134719 13·43·241 | 134723 199 | 134729 7·19 | 134731 |
| 134737 67 | 134741 | 134743 7 | 134747 127 | 134749 47·61 | 134753 | 134759 17 | 134761 11 |
| 134767 19·41·173 | 134771 7·13 | 134773 307 | 134777 | 134779 53 | 134783 11 | 134789 | 134791 37 |
| 134797 13 | 134801 163 | 134803 23 | 134807 | 134809 113 | 134813 7 | 134819 31 | 134821 29 |
| 134827 7·11·17·103 | 134831 73 | 134833 109 | 134837 | 134839 | 134843 19·47·151 | 134849 11·13·23·41 | 134851 |
| 134857 | 134861 17 | 134863 157 | 134867 | 134869 7 | 134873 | 134879 29 | 134881 19·31·229 |
| 134887 | 134891 43 | 134893 11 | 134897 7 | 134899 277 | 134903 313 | 134909 | 134911 7 |
| 134917 | 134921 | 134923 | 134927 13·97·107 | 134929 17 | 134933 59 | 134939 7·37 | 134941 23 |
| 134947 | 134951 | 134953 7·13 | 134957 19 | 134959 11 | 134963 17 | 134969 139 | 134971 71 |
| 134977 43·73 | 134981 7·11 | 134983 347 | 134987 23 | 134989 | 134993 61 | 134999 | 135001 127 |
| 135007 | 135011 79 | 135013 37·41·89 | 135017 | 135019 | 135023 7 | 135029 | 135031 13·17·47 |
| 135037 7·101·191 | 135041 83 | 135043 | 135047 11 | 135049 | 135053 29 | 135059 | 135061 131 |
| 135067 31 | 135071 19 | 135073 293 | 135077 | 135079 7·23 | 135083 13 | 135089 | 135091 11 |
| 135097 53 | 135101 | 135103 167 | 135107 7 | 135109 13·19 | 135113 11·71·173 | 135119 | 135121 7·97·199 |
| 135127 163 | 135131 | 135133 17 | 135137 337 | 135139 67 | 135143 149 | 135149 7·43 | 135151 |
| 135157 11 | 135161 13·37·281 | 135163 7 | 135167 17 | 135169 29·59·79 | 135173 | 135179 11 | 135181 |
| 135187 13 | 135191 7·31·89 | 135193 | 135197 | 135199 353 | 135203 53 | 135209 | 135211 |
| 135217 23 | 135221 | 135223 11·19 | 135227 29 | 135229 271 | 135233 7 | 135239 13·101·103 | 135241 |

| | | | | | | | |
|---|---|---|---|---|---|---|---|
| 135247$_{7\cdot139}$ | 135251$_{211}$ | 135253$_{31}$ | 135257 | 135259$_{41}$ | 135263$_{23}$ | 135269$_{17\cdot73\cdot109}$ | 135271 |
| 135277 | 135281 | 135283 | 135287$_{59}$ | 135289$_{7\cdot11\cdot251}$ | 135293$_{193}$ | 135299$_{19}$ | 135301 |
| 135307$_{269}$ | 135311$_{11}$ | 135313$_{47}$ | 135317$_{7\cdot13}$ | 135319 | 135323$_{131}$ | 135329 | 135331$_{7}$ |
| 135337$_{17\cdot19}$ | 135341$_{41}$ | 135343$_{13\cdot29\cdot359}$ | 135347 | 135349 | 135353 | 135359$_{7\cdot61\cdot317}$ | 135361$_{223}$ |
| 135367 | 135371$_{17}$ | 135373$_{7\cdot83\cdot233}$ | 135377$_{11\cdot31}$ | 135379$_{331}$ | 135383$_{37}$ | 135389 | 135391 |
| 135397$_{71}$ | 135401$_{7\cdot23\cdot29}$ | 135403 | 135407$_{43\cdot47\cdot67}$ | 135409 | 135413$_{19}$ | 135419$_{191}$ | 135421$_{11\cdot13}$ |
| 135427 | 135431 | 135433 | 135437$_{167}$ | 135439$_{17\cdot31\cdot257}$ | 135443$_{7\cdot11}$ | 135449 | 135451$_{19}$ |
| 135457$_{7\cdot37}$ | 135461 | 135463 | 135467 | 135469 | 135473$_{13\cdot17}$ | 135479 | 135481$_{61}$ |
| 135487$_{11\cdot109\cdot113}$ | 135491$_{157}$ | 135493$_{23\cdot43\cdot137}$ | 135497 | 135499$_{7\cdot13}$ | 135503$_{179}$ | 135509$_{11\cdot97\cdot127}$ | 135511 |
| 135517$_{29}$ | 135521$_{53}$ | 135523$_{59}$ | 135527$_{7\cdot19}$ | 135529$_{313}$ | 135533 | 135539$_{23\cdot71\cdot83}$ | 135541$_{7\cdot17\cdot67}$ |
| 135547$_{89}$ | 135551$_{13}$ | 135553$_{11}$ | 135557$_{283}$ | 135559 | 135563$_{31}$ | 135569$_{7\cdot107\cdot181}$ | 135571 |
| 135577$_{13}$ | 135581 | 135583$_{7}$ | 135587$_{41}$ | 135589 | 135593 | 135599 | 135601 |
| 135607 | 135611$_{7}$ | 135613 | 135617 | 135619$_{11}$ | 135623 | 135629$_{13}$ | 135631$_{23}$ |
| 135637 | 135641$_{11\cdot19\cdot59}$ | 135643$_{17\cdot79\cdot101}$ | 135647 | 135649 | 135653$_{7}$ | 135659$_{293}$ | 135661 |
| 135667$_{7}$ | 135671 | 135673$_{211}$ | 135677$_{17\cdot23\cdot347}$ | 135679$_{19\cdot37\cdot193}$ | 135683$_{241}$ | 135689$_{47}$ | 135691$_{29}$ |
| 135697 | 135701 | 135703$_{97}$ | 135707$_{11\cdot13\cdot73}$ | 135709$_{7}$ | 135713$_{113}$ | 135719 | 135721 |
| 135727 | 135731 | 135733$_{13\cdot53\cdot197}$ | 135737$_{7}$ | 135739$_{149}$ | 135743 | 135749$_{29\cdot31\cdot151}$ | 135751$_{7\cdot11\cdot41\cdot43}$ |
| 135757 | 135761$_{349}$ | 135763$_{127}$ | 135767$_{137}$ | 135769$_{23}$ | 135773$_{11}$ | 135779$_{7\cdot17\cdot163}$ | 135781 |
| 135787 | 135791$_{251}$ | 135793$_{7\cdot19}$ | 135797$_{229}$ | 135799 | 135803$_{139}$ | 135809$_{67}$ | 135811$_{13\cdot31\cdot337}$ |
| 135817$_{11}$ | 135821$_{7}$ | 135823$_{71}$ | 135827$_{37}$ | 135829 | 135833$_{41}$ | 135839$_{11\cdot53\cdot233}$ | 135841 |
| 135847$_{17\cdot61\cdot131}$ | 135851 | 135853$_{73}$ | 135857$_{103}$ | 135859 | 135863$_{7\cdot13}$ | 135869$_{19}$ | 135871$_{83}$ |
| 135877$_{7\cdot47\cdot59}$ | 135881$_{17}$ | 135883$_{11}$ | 135887 | 135889$_{13}$ | 135893 | 135899 | 135901$_{37}$ |
| 135907$_{19\cdot23\cdot311}$ | 135911 | 135913 | 135917$_{199}$ | 135919$_{7}$ | 135923$_{29\cdot43\cdot109}$ | 135929 | 135931$_{181}$ |
| 135937 | 135941$_{13}$ | 135943$_{67}$ | 135947$_{7}$ | 135949$_{11\cdot17}$ | 135953$_{23\cdot257}$ | 135959$_{79}$ | 135961$_{7}$ |
| 135967$_{13}$ | 135971$_{11\cdot47\cdot263}$ | 135973$_{227}$ | 135977 | 135979 | 135983$_{17\cdot19}$ | 135989$_{7}$ | 135991$_{239}$ |
| 135997$_{31\cdot41\cdot107}$ | 136001$_{307}$ | 136003$_{7}$ | 136007$_{277}$ | 136009$_{43}$ | 136013 | 136019$_{13}$ | 136021$_{19}$ |
| 136027 | 136031$_{7}$ | 136033 | 136037$_{11\cdot83\cdot149}$ | 136039$_{29}$ | 136043 | 136049$_{37}$ | 136051$_{17\cdot53\cdot151}$ |
| 136057 | 136061$_{359}$ | 136063$_{103}$ | 136067 | 136069 | 136073$_{7}$ | 136079$_{41}$ | 136081$_{11\cdot89\cdot139}$ |
| 136087$_{7}$ | 136091$_{23\cdot61\cdot97}$ | 136093 | 136097$_{13\cdot19\cdot29}$ | 136099 | 136103$_{11}$ | 136109$_{131}$ | 136111 |
| 136117$_{79}$ | 136121$_{31}$ | 136123$_{13\cdot37\cdot283}$ | 136127$_{197}$ | 136129$_{7}$ | 136133 | 136139 | 136141$_{109}$ |
| 136147$_{11}$ | 136151$_{173}$ | 136153$_{17}$ | 136157$_{7\cdot53\cdot367}$ | 136159$_{47}$ | 136163 | 136169$_{11}$ | 136171$_{7}$ |
| 136177 | 136181$_{43}$ | 136183$_{23\cdot31\cdot191}$ | 136187$_{17}$ | 136189 | 136193 | 136199$_{7}$ | 136201$_{13}$ |
| 136207 | 136211$_{19\cdot67\cdot107}$ | 136213$_{7\cdot11\cdot29\cdot61}$ | 136217 | 136219$_{179}$ | 136223 | 136229$_{23}$ | 136231$_{59}$ |
| 136237 | 136241$_{7}$ | 136243$_{41}$ | 136247 | 136249$_{19\cdot71\cdot101}$ | 136253$_{13\cdot47\cdot223}$ | 136259$_{89}$ | 136261 |
| 136267$_{43}$ | 136271$_{29\cdot37\cdot127}$ | 136273 | 136277 | 136279$_{11\cdot13}$ | 136283$_{7}$ | 136289$_{17}$ | 136291$_{73}$ |
| 136297$_{7}$ | 136301$_{11}$ | 136303 | 136307$_{31}$ | 136309 | 136313$_{271}$ | 136319 | 136321$_{23}$ |
| 136327 | 136331$_{13}$ | 136333 | 136337 | 136339$_{7}$ | 136343 | 136349$_{59}$ | 136351 |
| 136357$_{13\cdot17}$ | 136361 | 136363$_{19}$ | 136367$_{7\cdot11\cdot23}$ | 136369$_{31\cdot53\cdot83}$ | 136373 | 136379 | 136381$_{7}$ |
| 136387$_{29}$ | 136391$_{17\cdot71\cdot113}$ | 136393 | 136397 | 136399 | 136403 | 136409$_{7\cdot13}$ | 136411$_{11}$ |
| 136417 | 136421 | 136423$_{7}$ | 136427$_{227}$ | 136429 | 136433$_{11\cdot79\cdot157}$ | 136439$_{19\cdot43\cdot167}$ | 136441$_{47}$ |
| 136447 | 136451$_{7\cdot101\cdot193}$ | 136453 | 136457$_{61}$ | 136459$_{17\cdot23\cdot349}$ | 136463 | 136469$_{239}$ | 136471 |
| 136477$_{11\cdot19}$ | 136481 | 136483 | 136487$_{13}$ | 136489$_{41}$ | 136493$_{7\cdot17\cdot31\cdot37}$ | 136499$_{11}$ | 136501 |
| 136507$_{7}$ | 136511 | 136513$_{13}$ | 136517$_{211}$ | 136519 | 136523 | 136529$_{311}$ | 136531 |
| 136537 | 136541 | 136543$_{11}$ | 136547 | 136549$_{7}$ | 136553$_{19}$ | 136559 | 136561$_{17\cdot29\cdot277}$ |
| 136567$_{37}$ | 136571$_{41}$ | 136573 | 136577$_{7\cdot109\cdot179}$ | 136579$_{61}$ | 136583$_{73}$ | 136589$_{137}$ | 136591$_{7\cdot13\cdot19\cdot79}$ |
| 136597$_{23}$ | 136601 | 136603 | 136607 | 136609$_{11}$ | 136613$_{67}$ | 136619$_{7\cdot29}$ | 136621 |
| 136627$_{317}$ | 136631$_{11}$ | 136633$_{7\cdot131\cdot149}$ | 136637$_{139}$ | 136639$_{107}$ | 136643$_{13\cdot23}$ | 136649 | 136651 |
| 136657 | 136661$_{7}$ | 136663$_{17}$ | 136667$_{19}$ | 136669$_{13}$ | 136673$_{97}$ | 136679$_{31}$ | 136681$_{103}$ |
| 136687$_{53}$ | 136691 | 136693 | 136697$_{11\cdot17\cdot43}$ | 136699$_{223}$ | 136703$_{7\cdot59\cdot331}$ | 136709 | 136711 |
| 136717$_{7}$ | 136721$_{13}$ | 136723$_{47}$ | 136727 | 136729$_{73}$ | 136733 | 136739 | 136741$_{11\cdot31}$ |
| 136747$_{13\cdot67\cdot157}$ | 136751 | 136753 | 136757$_{163}$ | 136759$_{7}$ | 136763$_{11}$ | 136769 | 136771$_{233}$ |
| 136777 | 136781$_{19\cdot23\cdot313}$ | 136783$_{43}$ | 136787$_{7}$ | 136789$_{37}$ | 136793$_{29\cdot53\cdot89}$ | 136799$_{13\cdot17}$ | 136801$_{7}$ |
| 136807$_{11}$ | 136811 | 136813 | 136817$_{41\cdot47\cdot71}$ | 136819$_{19}$ | 136823$_{61}$ | 136829$_{7\cdot11}$ | 136831$_{293}$ |
| 136837$_{193}$ | 136841 | 136843$_{7\cdot113\cdot173}$ | 136847$_{281}$ | 136849 | 136853$_{107}$ | 136859 | 136861 |
| 136867$_{17\cdot83\cdot97}$ | 136871$_{7}$ | 136873$_{11\cdot23}$ | 136877$_{13}$ | 136879 | 136883 | 136889 | 136891$_{367}$ |
| 136897 | 136901$_{17}$ | 136903$_{13}$ | 136907$_{79}$ | 136909$_{29}$ | 136913$_{7}$ | 136919$_{23}$ | 136921$_{269}$ |
| 136927$_{7\cdot31}$ | 136931$_{149}$ | 136933$_{19}$ | 136937$_{37}$ | 136939$_{11\cdot59\cdot211}$ | 136943 | 136949 | 136951 |
| 136957$_{151}$ | 136961$_{11}$ | 136963 | 136967$_{29}$ | 136969$_{7\cdot17}$ | 136973 | 136979 | 136981$_{13\cdot41\cdot257}$ |
| 136987 | 136991 | 136993 | 136997$_{7}$ | 136999 | 137003$_{17}$ | 137009$_{19}$ | 137011$_{7\cdot23\cdot37}$ |
| 137017$_{181}$ | 137021$_{73}$ | 137023$_{263}$ | 137027$_{11}$ | 137029 | 137033$_{13\cdot83\cdot127}$ | 137039$_{7}$ | 137041$_{43}$ |
| 137047$_{19}$ | 137051$_{31}$ | 137053$_{7}$ | 137057$_{23\cdot59\cdot101}$ | 137059$_{13}$ | 137063$_{41}$ | 137069$_{113}$ | 137071$_{11\cdot17}$ |
| 137077 | 137081$_{7}$ | 137083$_{29\cdot163}$ | 137087 | 137089 | 137093$_{11\cdot103}$ | 137099$_{47}$ | 137101$_{71}$ |
| 137107$_{167}$ | 137111$_{13\cdot53\cdot199}$ | 137113$_{31}$ | 137117 | 137119 | 137123$_{7\cdot19}$ | 137129$_{241}$ | 137131 |
| 137137$_{7\cdot11\cdot13\cdot137}$ | 137141$_{29}$ | 137143 | 137147 | 137149$_{23\cdot67\cdot89}$ | 137153 | 137159$_{11\cdot37\cdot337}$ | 137161$_{19}$ |
| 137167$_{73}$ | 137171$_{229}$ | 137173$_{17}$ | 137177 | 137179$_{7}$ | 137183 | 137189$_{13\cdot61\cdot173}$ | 137191 |
| 137197 | 137201 | 137203$_{11}$ | 137207$_{7\cdot17}$ | 137209 | 137213$_{43}$ | 137219 | 137221$_{7}$ |
| 137227$_{41}$ | 137231$_{109}$ | 137233$_{37}$ | 137237$_{19\cdot31\cdot233}$ | 137239 | 137243$_{71}$ | 137249$_{7}$ | 137251 |
| 137257$_{29}$ | 137261$_{317}$ | 137263$_{7}$ | 137267$_{13}$ | 137269$_{11}$ | 137273 | 137279 | 137281$_{107}$ |
| 137287$_{23\cdot47\cdot127}$ | 137291$_{7\cdot11}$ | 137293$_{13\cdot59\cdot179}$ | 137297$_{251}$ | 137299$_{31\cdot43\cdot103}$ | 137303 | 137309$_{17\cdot41\cdot197}$ | 137311$_{61}$ |
| 137317$_{353}$ | 137321 | 137323$_{53}$ | 137327$_{89}$ | 137329$_{191}$ | 137333$_{7\cdot23}$ | 137339 | 137341 |
| 137347$_{7}$ | 137351$_{19}$ | 137353 | 137357$_{11}$ | 137359 | 137363 | 137369 | 137371$_{13}$ |
| 137377$_{17}$ | 137381$_{37\cdot47\cdot79}$ | 137383 | 137387 | 137389$_{7\cdot19}$ | 137393 | 137399 | 137401$_{11}$ |
| 137407$_{313}$ | 137411$_{17\cdot59\cdot137}$ | 137413 | 137417$_{7\cdot67\cdot293}$ | 137419$_{131}$ | 137423$_{11\cdot13\cdot31}$ | 137429$_{53}$ | 137431$_{7\cdot29}$ |
| 137437 | 137441$_{167}$ | 137443 | 137447 | 137449$_{13\cdot97\cdot109}$ | 137453 | 137459$_{7\cdot73\cdot269}$ | 137461$_{101}$ |
| 137467$_{11}$ | 137471$_{23\cdot43\cdot139}$ | 137473$_{7\cdot41}$ | 137477 | 137479$_{17}$ | 137483 | 137489$_{11\cdot29}$ | 137491 |
| 137497$_{359}$ | 137501$_{7\cdot13}$ | 137503$_{19}$ | 137507 | 137509$_{199}$ | 137513$_{17}$ | 137519 | 137521$_{113}$ |
| 137527$_{13\cdot71\cdot149}$ | 137531$_{83}$ | 137533$_{11}$ | 137537 | 137539$_{79}$ | 137543$_{7}$ | 137549$_{263}$ | 137551$_{67}$ |
| 137557$_{7\cdot43}$ | 137561$_{151}$ | 137563$_{23}$ | 137567 | 137569$_{47}$ | 137573 | 137579$_{13\cdot19}$ | 137581$_{17}$ |
| 137587 | 137591$_{223}$ | 137593 | 137597 | 137599$_{7\cdot11}$ | 137603$_{37}$ | 137609$_{23\cdot31\cdot193}$ | 137611$_{241}$ |
| 137617$_{19}$ | 137621$_{11}$ | 137623 | 137627$_{7}$ | 137629$_{229}$ | 137633 | 137639 | 137641$_{7\cdot53}$ |
| 137647$_{59}$ | 137651$_{179}$ | 137653 | 137657$_{13}$ | 137659 | 137663$_{29\cdot47\cdot101}$ | 137669$_{7\cdot71\cdot277}$ | 137671$_{31}$ |
| 137677$_{37\cdot61}$ | 137681$_{131}$ | 137683$_{7\cdot13\cdot17\cdot89}$ | 137687$_{11}$ | 137689$_{157}$ | 137693$_{19}$ | 137699 | 137701$_{23}$ |

| | | | | | | | |
|---|---|---|---|---|---|---|---|
| 137707 | $137711_{7\cdot 103\cdot 191}$ | 137713 | $137717_{17}$ | $137719_{41}$ | 137723 | $137729_{43}$ | $137731_{11\cdot 19}$ |
| 137737 | $137741_{181}$ | 137743 | $137747_{23\cdot 53\cdot 113}$ | $137749_{139}$ | $137753_{7\cdot 11}$ | $137759_{347}$ | $137761_{13}$ |
| $137767_{7}$ | 137771 | $137773_{311}$ | 137777 | $137779_{29}$ | $137783_{211}$ | $137789_{227}$ | 137791 |
| $137797_{11}$ | $137801_{41}$ | 137803 | $137807_{19}$ | $137809_{7}$ | $137813_{13}$ | $137819_{11\cdot 17\cdot 67}$ | $137821_{283}$ |
| 137827 | 137831 | $137833_{337}$ | $137837_{7\cdot 29\cdot 97}$ | $137839_{13\cdot 23}$ | $137843_{307}$ | 137849 | $137851_{7\cdot 47}$ |
| $137857_{31}$ | $137861_{89}$ | $137863_{11\cdot 83\cdot 151}$ | 137867 | 137869 | 137873 | $137879_{7}$ | $137881_{173}$ |
| $137887_{17}$ | $137891_{13}$ | $137893_{7}$ | $137897_{73}$ | $137899_{37}$ | $137903_{239}$ | 137909 | 137911 |
| $137917_{13\cdot 103}$ | $137921_{7\cdot 17\cdot 19\cdot 61}$ | $137923_{107}$ | 137927 | $137929_{11}$ | 137933 | $137939_{271}$ | 137941 |
| 137947 | $137951_{11}$ | $137953_{29\cdot 67\cdot 71}$ | 137957 | $137959_{19\cdot 53\cdot 137}$ | $137963_{7}$ | $137969_{13}$ | $137971_{281}$ |
| $137977_{7\cdot 23}$ | $137981_{31}$ | 137983 | $137987_{43}$ | $137989_{17}$ | 137993 | 137999 | $138001_{59}$ |
| 138007 | $138011_{29}$ | $138013_{79}$ | $138017_{11}$ | $138019_{7}$ | $138023_{17\cdot 23\cdot 353}$ | $138029_{83}$ | $138031_{97}$ |
| $138037_{223}$ | 138041 | $138043_{31\cdot 61\cdot 73}$ | $138047_{7\cdot 13\cdot 37\cdot 41}$ | $138049_{127}$ | 138053 | 138059 | $138061_{7\cdot 11\cdot 163}$ |
| $138067_{101}$ | 138071 | $138073_{13\cdot 19\cdot 43}$ | 138077 | 138079 | $138083_{11}$ | $138089_{7}$ | $138091_{17}$ |
| $138097_{197}$ | 138101 | $138103_{7\cdot 109\cdot 181}$ | 138107 | $138109_{167}$ | 138113 | $138119_{59}$ | $138121_{37}$ |
| $138127_{11\cdot 29}$ | $138131_{7}$ | $138133_{47}$ | $138137_{107}$ | 138139 | 138143 | $138149_{11\cdot 19}$ | $138151_{13}$ |
| 138157 | $138161_{23}$ | 138163 | $138167_{31}$ | $138169_{233}$ | $138173_{7}$ | 138179 | 138181 |
| $138187_{7\cdot 19}$ | 138191 | $138193_{11\cdot 17}$ | 138197 | $138199_{113}$ | $138203_{13}$ | 138209 | $138211_{41}$ |
| $138217_{89}$ | $138221_{67}$ | $138223_{277}$ | $138227_{17\cdot 47\cdot 173}$ | $138229_{7\cdot 13\cdot 31}$ | $138233_{137}$ | 138239 | 138241 |
| 138247 | 138251 | $138253_{23}$ | $138257_{7}$ | $138259_{11}$ | $138263_{19}$ | $138269_{37\cdot 101}$ | $138271_{7}$ |
| $138277_{53}$ | $138281_{11\cdot 13}$ | 138283 | $138287_{61}$ | 138289 | $138293_{41}$ | $138299_{7\cdot 23}$ | $138301_{19\cdot 29\cdot 251}$ |
| $138307_{13}$ | 138311 | $138313_{7}$ | $138317_{157}$ | 138319 | 138323 | $138329_{17\cdot 79\cdot 103}$ | $138331_{43}$ |
| 138337 | $138341_{7}$ | $138343_{37}$ | $138347_{11}$ | 138349 | $138353_{31}$ | $138359_{13\cdot 29\cdot 367}$ | $138361_{83}$ |
| $138367_{179}$ | 138371 | 138373 | $138377_{19}$ | $138379_{71}$ | $138383_{7\cdot 53}$ | 138389 | $138391_{11\cdot 23}$ |
| $138397_{7\cdot 17}$ | 138401 | 138403 | 138407 | $138409_{61}$ | $138413_{11}$ | $138419_{97}$ | $138421_{149}$ |
| 138427 | $138431_{17}$ | 138433 | $138437_{13\cdot 23}$ | $138439_{7}$ | $138443_{167}$ | 138449 | 138451 |
| $138457_{11\cdot 41\cdot 307}$ | 138461 | $138463_{13}$ | $138467_{7\cdot 131\cdot 151}$ | 138469 | $138473_{59}$ | $138479_{11}$ | $138481_{7\cdot 73\cdot 271}$ |
| $138487_{79}$ | $138491_{19\cdot 37\cdot 197}$ | 138493 | 138497 | $138499_{17}$ | $138503_{43}$ | $138509_{7\cdot 47}$ | 138511 |
| 138517 | $138521_{71}$ | $138523_{7\cdot 11\cdot 257}$ | $138527_{83}$ | $138529_{19\cdot 23\cdot 317}$ | $138533_{17\cdot 29\cdot 281}$ | $138539_{31\cdot 41\cdot 109}$ | $138541_{13}$ |
| 138547 | $138551_{7}$ | $138553_{349}$ | $138557_{127}$ | 138559 | 138563 | 138569 | 138571 |
| 138577 | 138581 | $138583_{139}$ | 138587 | $138589_{11\cdot 43\cdot 293}$ | $138593_{7\cdot 13}$ | 138599 | $138601_{17\cdot 31\cdot 263}$ |
| $138607_{7}$ | $138611_{11}$ | $138613_{97}$ | 138617 | $138619_{13}$ | $138623_{67}$ | 138629 | $138631_{157}$ |
| 138637 | 138641 | $138643_{19}$ | 138647 | $138649_{7\cdot 29}$ | $138653_{61}$ | $138659_{313}$ | 138661 |
| $138667_{23}$ | $138671_{13}$ | $138673_{101}$ | $138677_{7\cdot 11}$ | 138679 | 138683 | $138689_{331}$ | $138691_{7}$ |
| $138697_{13\cdot 47\cdot 227}$ | $138701_{53}$ | $138703_{17\cdot 41\cdot 199}$ | $138707_{29}$ | $138709_{59}$ | $138713_{23\cdot 37\cdot 163}$ | $138719_{7\cdot 19\cdot 149}$ | $138721_{11}$ |
| 138727 | 138731 | $138733_{7}$ | $138737_{17}$ | 138739 | $138743_{11}$ | $138749_{13}$ | $138751_{89}$ |
| $138757_{19\cdot 67\cdot 109}$ | $138761_{7\cdot 43}$ | 138763 | $138767_{193}$ | $138769_{151}$ | $138773_{73}$ | $138779_{107}$ | $138781_{137}$ |
| $138787_{11\cdot 31\cdot 37}$ | $138791_{47}$ | 138793 | 138797 | 138799 | $138803_{7\cdot 79\cdot 251}$ | $138809_{11}$ | $138811_{127}$ |
| $138817_{7}$ | 138821 | $138823_{29}$ | $138827_{13\cdot 59\cdot 181}$ | 138829 | $138833_{19}$ | $138839_{17}$ | 138841 |
| $138847_{43}$ | $138851_{23}$ | $138853_{11\cdot 13}$ | $138857_{191}$ | $138859_{7\cdot 83\cdot 239}$ | 138863 | 138869 | $138871_{19}$ |
| $138877_{113}$ | $138881_{29}$ | 138883 | $138887_{7}$ | 138889 | 138893 | 138899 | $138901_{7}$ |
| $138907_{17}$ | $138911_{31}$ | $138913_{53}$ | 138917 | $138919_{11\cdot 73\cdot 173}$ | 138923 | $138929_{7\cdot 89\cdot 223}$ | $138931_{13}$ |
| 138937 | $138941_{11\cdot 17}$ | $138943_{7\cdot 23}$ | $138947_{19\cdot 71\cdot 103}$ | $138949_{41}$ | $138953_{283}$ | 138959 | $138961_{79}$ |
| 138967 | $138971_{7}$ | $138973_{31}$ | 138977 | $138979_{47}$ | $138983_{13}$ | $138989_{23}$ | $138991_{131}$ |
| $138997_{29}$ | $139001_{97}$ | $139003_{229}$ | $139007_{11}$ | $139009_{13\cdot 17\cdot 37}$ | $139013_{7}$ | $139019_{43\cdot 53\cdot 61}$ | 139021 |
| $139027_{7}$ | $139031_{41}$ | 139033 | $139037_{257}$ | $139039_{163}$ | $139043_{17}$ | $139049_{211}$ | $139051_{11}$ |
| $139057_{241}$ | $139061_{13\cdot 19}$ | $139063_{59}$ | 139067 | $139069_{7}$ | $139073_{11\cdot 47\cdot 269}$ | 139079 | $139081_{23}$ |
| $139087_{13}$ | 139091 | $139093_{367}$ | $139097_{7\cdot 31}$ | $139099_{19}$ | $139103_{113}$ | 139109 | $139111_{7\cdot 17\cdot 167}$ |
| $139117_{11}$ | 139121 | 139123 | $139127_{23\cdot 263}$ | $139129_{373}$ | 139133 | $139139_{7\cdot 11\cdot 13\cdot 139}$ | $139141_{61}$ |
| $139147_{347}$ | $139151_{227}$ | $139153_{7\cdot 103\cdot 193}$ | $139157_{37}$ | $139159_{31\cdot 67}$ | $139163_{317}$ | 139169 | $139171_{29}$ |
| 139177 | $139181_{7\cdot 59\cdot 337}$ | $139183_{11}$ | 139187 | $139189_{181}$ | $139193_{109}$ | 139199 | 139201 |
| $139207_{107}$ | $139211_{73}$ | $139213_{17\cdot 19}$ | $139217_{13}$ | $139219_{23}$ | $139223_{7}$ | $139229_{29}$ | $139231_{37\cdot 53\cdot 71}$ |
| $139237_{7}$ | 139241 | $139243_{13}$ | $139247_{17}$ | $139249_{11}$ | $139253_{131}$ | $139259_{157}$ | $139261_{47}$ |
| 139267 | $139271_{11}$ | 139273 | $139277_{41\cdot 43\cdot 79}$ | $139279_{7\cdot 101\cdot 197}$ | $139283_{31}$ | $139289_{19}$ | 139291 |
| 139297 | 139301 | 139303 | $139307_{7}$ | 139309 | 139313 | $139319_{127}$ | $139321_{7\cdot 13}$ |
| $139327_{19}$ | $139331_{277}$ | 139333 | $139337_{11\cdot 53\cdot 239}$ | 139339 | 139343 | $139349_{7\cdot 17}$ | $139351_{331}$ |
| $139357_{23\cdot 73\cdot 83}$ | 139361 | $139363_{7\cdot 43}$ | 139367 | 139369 | $139373_{13\cdot 71\cdot 151}$ | $139379_{37}$ | $139381_{11}$ |
| 139387 | $139391_{7}$ | 139393 | 139397 | $139399_{13}$ | $139403_{11\cdot 19\cdot 23\cdot 29}$ | 139409 | $139411_{109}$ |
| $139417_{17\cdot 59\cdot 139}$ | $139421_{107}$ | 139423 | $139427_{67}$ | 139429 | $139433_{7}$ | 139439 | $139441_{19\cdot 41\cdot 179}$ |
| $139447_{7\cdot 11}$ | $139451_{13\cdot 17}$ | $139453_{37}$ | 139457 | 139459 | $139463_{89}$ | $139469_{11\cdot 31}$ | $139471_{211}$ |
| $139477_{13}$ | $139481_{101}$ | 139483 | 139487 | $139489_{7}$ | 139493 | $139499_{199}$ | 139501 |
| $139507_{61}$ | 139511 | $139513_{11}$ | $139517_{7\cdot 19}$ | $139519_{17\cdot 29\cdot 283}$ | $139523_{41\cdot 83}$ | $139529_{13}$ | $139531_{7\cdot 31}$ |
| 139537 | $139541_{23}$ | $139543_{47}$ | 139547 | $139549_{53}$ | $139553_{17}$ | $139559_{7}$ | $139561_{67}$ |
| $139567_{233}$ | 139571 | $139573_{7\cdot 127\cdot 157}$ | $139577_{29}$ | $139579_{11}$ | $139583_{97}$ | 139589 | 139591 |
| 139597 | $139601_{7\cdot 11\cdot 37}$ | $139603_{137}$ | $139607_{13}$ | 139609 | $139613_{149}$ | 139619 | $139621_{17\cdot 43\cdot 191}$ |
| 139627 | $139631_{19}$ | $139633_{13\cdot 23}$ | $139637_{47}$ | $139639_{311}$ | $139643_{7}$ | $139649_{73}$ | $139651_{359}$ |
| $139657_{7\cdot 71\cdot 281}$ | 139661 | 139663 | $139667_{11}$ | $139669_{19}$ | $139673_{197}$ | $139679_{23}$ | 139681 |
| $139687_{41}$ | $139691_{163}$ | $139693_{29}$ | 139697 | $139699_{7}$ | 139703 | 139709 | $139711_{11\cdot 13}$ |
| $139717_{31}$ | 139721 | $139723_{17}$ | $139727_{7}$ | 139729 | $139733_{11}$ | 139739 | $139741_{7}$ |
| 139747 | $139751_{29\cdot 61\cdot 79}$ | 139753 | $139757_{17}$ | 139759 | $139763_{13}$ | $139769_{7\cdot 41}$ | $139771_{23\cdot 59\cdot 103}$ |
| $139777_{11\cdot 97\cdot 131}$ | $139781_{113}$ | $139783_{7\cdot 19}$ | 139787 | $139789_{13}$ | $139793_{43}$ | $139799_{11\cdot 71\cdot 179}$ | 139801 |
| $139807_{251}$ | $139811_{7}$ | 139813 | $139817_{23}$ | $139819_{89}$ | $139823_{37}$ | $139829_{67}$ | 139831 |
| 139837 | $139841_{13\cdot 31\cdot 347}$ | $139843_{11}$ | $139847_{109}$ | $139849_{107}$ | $139853_{7}$ | $139859_{17\cdot 19}$ | 139861 |
| $139867_{7\cdot 13\cdot 29\cdot 53}$ | 139871 | $139873_{61}$ | $139877_{137}$ | $139879_{43}$ | 139883 | $139889_{59}$ | 139891 |
| $139897_{19\cdot 37\cdot 199}$ | 139901 | $139903_{31}$ | 139907 | $139909_{7\cdot 11\cdot 23\cdot 79}$ | $139913_{181}$ | $139919_{13\cdot 47\cdot 229}$ | 139921 |
| $139927_{17}$ | $139931_{11}$ | $139933_{41}$ | $139937_{7}$ | 139939 | 139943 | $139949_{349}$ | $139951_{7}$ |
| $139957_{173}$ | $139961_{17}$ | $139963_{67}$ | 139967 | 139969 | $139973_{19\cdot 53\cdot 139}$ | $139979_{7}$ | 139981 |
| 139987 | 139991 | $139993_{7}$ | $139997_{11\cdot 13\cdot 89}$ | 139999 | $140003_{191}$ | 140009 | $140011_{19}$ |
| $140017_{163}$ | $140021_{7\cdot 83\cdot 241}$ | $140023_{13}$ | $140027_{31}$ | $140029_{17}$ | $140033_{233}$ | $140039_{131}$ | $140041_{11\cdot 29}$ |
| $140047_{23}$ | $140051_{43}$ | 140053 | 140057 | $140059_{227}$ | $140063_{7\cdot 11\cdot 17\cdot 107}$ | 140069 | 140071 |
| $140077_{7}$ | $140081_{127}$ | $140083_{71}$ | $140087_{19\cdot 73\cdot 101}$ | $140089_{31}$ | $140093_{23}$ | $140099_{29}$ | $140101_{13}$ |
| $140107_{11\cdot 47\cdot 271}$ | 140111 | $140113_{167}$ | $140117_{61}$ | $140119_{7\cdot 37}$ | 140123 | $140129_{11}$ | $140131_{17}$ |
| $140137_{43}$ | $140141_{353}$ | 140143 | $140147_{7}$ | $140149_{269}$ | $140153_{13}$ | 140159 | $140161_{7}$ |

| | | | | | | | |
|---|---|---|---|---|---|---|---|
| 140167 | 140171 | 140173$_{11}$ | 140177 | 140179$_{13\cdot41\cdot263}$ | 140183$_{103}$ | 140189$_{7}$ | 140191 |
| 140197 | 140201$_{19\cdot47\cdot157}$ | 140203$_{7}$ | 140207 | 140209$_{149}$ | 140213$_{31}$ | 140219$_{281}$ | 140221 |
| 140227 | 140231$_{7\cdot13\cdot23\cdot67}$ | 140233$_{17\cdot73\cdot113}$ | 140237 | 140239$_{11\cdot19\cdot61}$ | 140243$_{59}$ | 140249 | 140251$_{139}$ |
| 140257$_{13}$ | 140261$_{11\cdot41\cdot311}$ | 140263 | 140267$_{17\cdot37\cdot223}$ | 140269 | 140273$_{7\cdot29}$ | 140279$_{151}$ | 140281 |
| 140287$_{7}$ | 140291$_{53}$ | 140293$_{239}$ | 140297 | 140299$_{307}$ | 140303$_{173}$ | 140309$_{13\cdot43\cdot251}$ | 140311$_{193}$ |
| 140317 | 140321 | 140323$_{23}$ | 140327$_{11}$ | 140329$_{7}$ | 140333 | 140339 | 140341$_{37}$ |
| 140347$_{293}$ | 140351 | 140353$_{19\cdot83\cdot89}$ | 140357$_{7}$ | 140359$_{97}$ | 140363 | 140369$_{17\cdot23\cdot359}$ | 140371$_{7\cdot11}$ |
| 140377$_{229}$ | 140381 | 140383$_{79}$ | 140387$_{13}$ | 140389$_{29\cdot47\cdot103}$ | 140393$_{11}$ | 140399$_{7\cdot31}$ | 140401 |
| 140407 | 140411 | 140413$_{7\cdot13}$ | 140417 | 140419 | 140423 | 140429$_{19}$ | 140431$_{317}$ |
| 140437$_{11\cdot17}$ | 140441$_{7}$ | 140443 | 140447$_{29\cdot167}$ | 140449 | 140453 | 140459$_{11\cdot113}$ | 140461$_{23\cdot31\cdot197}$ |
| 140467$_{19}$ | 140471$_{17}$ | 140473 | 140477 | 140479$_{59}$ | 140483$_{7\cdot47\cdot61}$ | 140489$_{37}$ | 140491$_{13\cdot101\cdot107}$ |
| 140497$_{7}$ | 140501$_{109}$ | 140503$_{11\cdot53\cdot241}$ | 140507$_{23\cdot41\cdot149}$ | 140509$_{71}$ | 140513$_{227}$ | 140519$_{83}$ | 140521 |
| 140527 | 140531$_{89}$ | 140533 | 140537$_{313}$ | 140539$_{7\cdot17}$ | 140543$_{13\cdot19}$ | 140549 | 140551 |
| 140557 | 140561$_{367}$ | 140563$_{29\cdot37\cdot131}$ | 140567$_{7\cdot43}$ | 140569$_{11\cdot13}$ | 140573$_{17}$ | 140579$_{257}$ | 140581$_{7\cdot19\cdot151}$ |
| 140587 | 140591$_{11}$ | 140593 | 140597$_{59}$ | 140599$_{23}$ | 140603 | 140609$_{7\cdot53}$ | 140611 |
| 140617 | 140621$_{13\cdot29\cdot373}$ | 140623$_{7}$ | 140627 | 140629 | 140633$_{67}$ | 140639 | 140641$_{17}$ |
| 140647$_{13\cdot31\cdot349}$ | 140651$_{7\cdot71\cdot283}$ | 140653$_{43}$ | 140657$_{11\cdot19}$ | 140659 | 140663 | 140669$_{163}$ | 140671$_{41\cdot47\cdot73}$ |
| 140677 | 140681 | 140683 | 140687$_{269}$ | 140689 | 140693$_{7\cdot101\cdot199}$ | 140699$_{13\cdot79\cdot137}$ | 140701$_{11}$ |
| 140707$_{7}$ | 140711$_{37}$ | 140713$_{223}$ | 140717 | 140719$_{109}$ | 140723$_{11}$ | 140729 | 140731 |
| 140737$_{23\cdot29\cdot211}$ | 140741 | 140743$_{17}$ | 140747$_{97}$ | 140749$_{7}$ | 140753$_{41}$ | 140759 | 140761 |
| 140767$_{11\cdot67\cdot191}$ | 140771$_{19\cdot31\cdot239}$ | 140773 | 140777$_{7\cdot13\cdot17}$ | 140779 | 140783$_{23}$ | 140789$_{11}$ | 140791$_{7}$ |
| 140797 | 140801$_{103}$ | 140803$_{13}$ | 140807$_{139}$ | 140809$_{19}$ | 140813 | 140819$_{7}$ | 140821$_{53}$ |
| 140827 | 140831 | 140833$_{7\cdot11\cdot31\cdot59}$ | 140837 | 140839 | 140843$_{127}$ | 140849$_{61}$ | 140851$_{83}$ |
| 140857$_{79}$ | 140861$_{7}$ | 140863 | 140867 | 140869 | 140873$_{179}$ | 140879$_{17}$ | 140881$_{13}$ |
| 140887$_{89}$ | 140891 | 140893 | 140897 | 140899$_{11}$ | 140903$_{7}$ | 140909 | 140911$_{29\cdot43\cdot113}$ |
| 140917$_{7\cdot41}$ | 140921$_{11\cdot23}$ | 140923$_{19}$ | 140927$_{53}$ | 140929 | 140933$_{13\cdot37\cdot293}$ | 140939 | 140941$_{97}$ |
| 140947$_{17}$ | 140951$_{59}$ | 140953$_{47}$ | 140957$_{31}$ | 140959$_{7\cdot13}$ | 140963$_{73}$ | 140969$_{29}$ | 140971$_{61}$ |
| 140977 | 140981$_{17}$ | 140983 | 140987$_{7\cdot11}$ | 140989 | 140993$_{277}$ | 140999$_{19\cdot41\cdot181}$ | 141001$_{7}$ |
| 141007$_{37\cdot103}$ | 141011$_{13}$ | 141013$_{23}$ | 141017$_{83}$ | 141019$_{31}$ | 141023 | 141029$_{7}$ | 141031$_{11}$ |
| 141037$_{13\cdot19}$ | 141041 | 141043$_{7}$ | 141047$_{47}$ | 141049$_{17}$ | 141053$_{11}$ | 141059$_{23}$ | 141061 |
| 141067 | 141071$_{7}$ | 141073 | 141077$_{71}$ | 141079 | 141083$_{17\cdot43\cdot193}$ | 141089$_{13}$ | 141091$_{199}$ |
| 141097$_{11\cdot101\cdot127}$ | 141101 | 141103$_{149}$ | 141107 | 141109$_{73}$ | 141113$_{7\cdot19}$ | 141119$_{11}$ | 141121 |
| 141127$_{7}$ | 141131 | 141133$_{107}$ | 141137$_{113}$ | 141139$_{53}$ | 141143$_{29\cdot31\cdot157}$ | 141149$_{191}$ | 141151$_{17\cdot19\cdot23}$ |
| 141157 | 141161 | 141163$_{11\cdot41\cdot313}$ | 141167$_{13}$ | 141169$_{7\cdot43\cdot67}$ | 141173$_{79}$ | 141179 | 141181 |
| 141187$_{59}$ | 141191$_{271}$ | 141193$_{13}$ | 141197$_{7\cdot23}$ | 141199 | 141203$_{337}$ | 141209 | 141211$_{7}$ |
| 141217$_{283}$ | 141221 | 141223 | 141227$_{19}$ | 141229$_{11\cdot37\cdot347}$ | 141233 | 141239$_{7}$ | 141241 |
| 141247$_{137}$ | 141251$_{11}$ | 141253$_{7\cdot17}$ | 141257 | 141259$_{29}$ | 141263 | 141269 | 141271$_{13}$ |
| 141277 | 141281$_{7}$ | 141283 | 141287$_{17}$ | 141289$_{23}$ | 141293$_{229}$ | 141299$_{101}$ | 141301 |
| 141307 | 141311 | 141313$_{251}$ | 141317$_{11\cdot29}$ | 141319 | 141323$_{7\cdot13}$ | 141329$_{31\cdot47\cdot97}$ | 141331$_{79}$ |
| 141337$_{7\cdot61\cdot331}$ | 141341$_{19\cdot43\cdot173}$ | 141343$_{281}$ | 141347$_{107}$ | 141349$_{13\cdot83\cdot131}$ | 141353 | 141359 | 141361$_{11\cdot71\cdot181}$ |
| 141367$_{373}$ | 141371 | 141373$_{109}$ | 141377$_{37}$ | 141379$_{7\cdot19}$ | 141383$_{11}$ | 141389$_{17}$ | 141391$_{31}$ |
| 141397 | 141401$_{13\cdot73\cdot149}$ | 141403 | 141407$_{7}$ | 141409$_{41}$ | 141413 | 141419$_{103}$ | 141421$_{7\cdot89\cdot227}$ |
| 141427$_{11\cdot13\cdot23\cdot43}$ | 141431$_{233}$ | 141433$_{29}$ | 141437$_{67}$ | 141439 | 141443 | 141449$_{7\cdot11\cdot167}$ | 141451$_{37}$ |
| 141457$_{17\cdot53\cdot157}$ | 141461 | 141463$_{7}$ | 141467$_{241}$ | 141469$_{193}$ | 141473$_{23}$ | 141479$_{13}$ | 141481 |
| 141487$_{151}$ | 141491$_{7\cdot17\cdot29\cdot41}$ | 141493$_{11\cdot19}$ | 141497 | 141499 | 141503$_{71}$ | 141509 | 141511 |
| 141517$_{47}$ | 141521$_{137}$ | 141523$_{97}$ | 141527$_{307}$ | 141529 | 141533$_{7}$ | 141539 | 141541$_{59}$ |
| 141547$_{7\cdot73\cdot277}$ | 141551 | 141553$_{353}$ | 141557$_{13}$ | 141559$_{11\cdot17}$ | 141563$_{53}$ | 141569$_{19}$ | 141571$_{67}$ |
| 141577$_{31}$ | 141581$_{11\cdot61\cdot211}$ | 141583$_{13}$ | 141587 | 141589$_{7\cdot113\cdot179}$ | 141593$_{17}$ | 141599$_{37\cdot43\cdot89}$ | 141601 |
| 141607$_{19\cdot29\cdot257}$ | 141611$_{23\cdot47\cdot131}$ | 141613 | 141617$_{7}$ | 141619 | 141623 | 141629 | 141631$_{7}$ |
| 141637 | 141641$_{139}$ | 141643$_{197}$ | 141647$_{11\cdot79\cdot163}$ | 141649 | 141653 | 141659$_{7\cdot59}$ | 141661$_{13\cdot17}$ |
| 141667 | 141671 | 141673$_{7\cdot37}$ | 141677 | 141679 | 141683$_{19}$ | 141689 | 141691$_{11}$ |
| 141697 | 141701$_{7\cdot31}$ | 141703$_{23\cdot61\cdot101}$ | 141707 | 141709 | 141713$_{11\cdot13}$ | 141719 | 141721$_{19}$ |
| 141727$_{239}$ | 141731 | 141733$_{271}$ | 141737$_{41}$ | 141739$_{13}$ | 141743$_{7}$ | 141749$_{23}$ | 141751$_{229}$ |
| 141757$_{7\cdot11\cdot263}$ | 141761 | 141763$_{17\cdot31\cdot269}$ | 141767 | 141769 | 141773 | 141779$_{11}$ | 141781$_{29}$ |
| 141787$_{71}$ | 141791$_{13}$ | 141793 | 141797$_{17\cdot19}$ | 141799$_{7\cdot47}$ | 141803 | 141809$_{109}$ | 141811 |
| 141817$_{13}$ | 141821$_{37}$ | 141823$_{11}$ | 141827$_{7}$ | 141829 | 141833 | 141839$_{29\cdot67\cdot73}$ | 141841$_{7\cdot23}$ |
| 141847$_{83}$ | 141851 | 141853 | 141857$_{43}$ | 141859$_{127}$ | 141863 | 141869$_{7\cdot13}$ | 141871 |
| 141877$_{337}$ | 141881$_{53}$ | 141883$_{7}$ | 141887$_{23\cdot31\cdot199}$ | 141889$_{11}$ | 141893$_{47}$ | 141899$_{17}$ | 141901$_{41}$ |
| 141907 | 141911$_{7\cdot11\cdot19\cdot97}$ | 141913$_{191}$ | 141917 | 141919$_{139}$ | 141923$_{347}$ | 141929$_{71}$ | 141931 |
| 141937 | 141941 | 141943$_{43}$ | 141947$_{13\cdot61\cdot179}$ | 141949$_{19\cdot31\cdot241}$ | 141953$_{7}$ | 141959 | 141961 |
| 141967$_{7\cdot17}$ | 141971 | 141973$_{13\cdot67\cdot163}$ | 141977$_{11}$ | 141979$_{23}$ | 141983$_{41}$ | 141989$_{107}$ | 141991 |
| 141997$_{149}$ | 142001$_{17}$ | 142003$_{211}$ | 142007 | 142009$_{7}$ | 142013$_{29\cdot59\cdot83}$ | 142019 | 142021$_{11}$ |
| 142027$_{109}$ | 142031 | 142033$_{173}$ | 142037$_{7\cdot103\cdot197}$ | 142039 | 142043$_{11\cdot37\cdot349}$ | 142049 | 142051$_{7\cdot13\cdot223}$ |
| 142057 | 142061 | 142063$_{19}$ | 142067 | 142069$_{17\cdot61\cdot137}$ | 142073$_{31}$ | 142079$_{7}$ | 142081$_{47}$ |
| 142087$_{11}$ | 142091$_{151}$ | 142093$_{7\cdot53}$ | 142097 | 142099 | 142103$_{13\cdot17}$ | 142109$_{11}$ | 142111 |
| 142117$_{23\cdot37\cdot167}$ | 142121$_{7\cdot79\cdot257}$ | 142123 | 142127$_{311}$ | 142129$_{13\cdot29}$ | 142133$_{89}$ | 142139$_{19}$ | 142141$_{307}$ |
| 142147$_{41}$ | 142151 | 142153$_{11}$ | 142157 | 142159 | 142163$_{7\cdot23}$ | 142169 | 142171$_{17}$ |
| 142177$_{7\cdot19}$ | 142181$_{13}$ | 142183 | 142187$_{29}$ | 142189 | 142193 | 142199$_{53}$ | 142201$_{43}$ |
| 142207$_{13}$ | 142211 | 142213$_{71}$ | 142217 | 142219$_{7\cdot11}$ | 142223 | 142229$_{41}$ | 142231 |
| 142237 | 142241$_{11\cdot67\cdot193}$ | 142243$_{103}$ | 142247$_{7}$ | 142249$_{59}$ | 142253$_{19}$ | 142259$_{13\cdot31\cdot353}$ | 142261$_{7}$ |
| 142267$_{113}$ | 142271 | 142273$_{17}$ | 142277$_{73}$ | 142279$_{79}$ | 142283$_{263}$ | 142289$_{7}$ | 142291$_{19}$ |
| 142297 | 142301$_{23\cdot269}$ | 142303$_{7\cdot29}$ | 142307$_{11\cdot17}$ | 142309$_{101}$ | 142313$_{61}$ | 142319 | 142321$_{31}$ |
| 142327 | 142331$_{7}$ | 142333$_{317}$ | 142337$_{13}$ | 142339$_{37}$ | 142343$_{137}$ | 142349$_{283}$ | 142351$_{11}$ |
| 142357 | 142361$_{29}$ | 142363$_{13\cdot47\cdot233}$ | 142367$_{19\cdot59\cdot127}$ | 142369 | 142373$_{7\cdot11\cdot43}$ | 142379$_{173}$ | 142381 |
| 142387$_{7}$ | 142391 | 142393$_{23\cdot41\cdot151}$ | 142397$_{131}$ | 142399$_{157}$ | 142403 | 142409$_{17}$ | 142411$_{53}$ |
| 142417$_{11\cdot107}$ | 142421 | 142423$_{73}$ | 142427 | 142429$_{7}$ | 142433 | 142439$_{11\cdot23}$ | 142441$_{13}$ |
| 142447$_{181}$ | 142451$_{167}$ | 142453 | 142457$_{7\cdot47}$ | 142459$_{43}$ | 142463$_{109}$ | 142469 | 142471$_{7}$ |
| 142477$_{17\cdot29}$ | 142481$_{19}$ | 142483$_{11}$ | 142487$_{37}$ | 142489$_{89}$ | 142493$_{13\cdot97\cdot113}$ | 142499$_{7}$ | 142501 |
| 142507$_{31}$ | 142511$_{17\cdot83\cdot101}$ | 142513$_{7}$ | 142517$_{53}$ | 142519$_{13\cdot19}$ | 142523$_{359}$ | 142529 | 142531$_{23}$ |
| 142537 | 142541$_{7}$ | 142543 | 142547 | 142549$_{11}$ | 142553 | 142559 | 142561$_{37}$ |
| 142567 | 142571$_{11\cdot13}$ | 142573 | 142577$_{23}$ | 142579$_{17}$ | 142583$_{7}$ | 142589 | 142591 |
| 142597$_{7\cdot13}$ | 142601 | 142603$_{59}$ | 142607 | 142609 | 142613$_{17}$ | 142619 | 142621$_{127}$ |

| | | | | | | | |
|---|---|---|---|---|---|---|---|
| 142627$_{193}$ | 142631$_{31\cdot43\cdot107}$ | 142633$_{19}$ | 142637$_{11}$ | 142639$_{7\cdot41\cdot71}$ | 142643$_{67}$ | 142649$_{13}$ | 142651$_{29}$ |
| 142657 | 142661$_{331}$ | 142663$_{179}$ | 142667$_{7\cdot89\cdot229}$ | 142669$_{23}$ | 142673 | 142679$_{61}$ | 142681$_{7\cdot11\cdot17\cdot109}$ |
| 142687$_{97}$ | 142691$_{293}$ | 142693$_{31}$ | 142697 | 142699 | 142703$_{11}$ | 142709$_{7\cdot19\cdot29\cdot37}$ | 142711 |
| 142717$_{43}$ | 142721$_{41\cdot59}$ | 142723$_{7}$ | 142727$_{13}$ | 142729$_{53}$ | 142733 | 142739$_{47}$ | 142741$_{349}$ |
| 142747$_{11\cdot19}$ | 142751$_{7}$ | 142753$_{13\cdot79\cdot139}$ | 142757 | 142759 | 142763$_{367}$ | 142769$_{11}$ | 142771 |
| 142777$_{67}$ | 142781$_{71}$ | 142783$_{17\cdot37\cdot227}$ | 142787 | 142789 | 142793$_{7}$ | 142799 | 142801$_{61}$ |
| 142807$_{7\cdot23}$ | 142811 | 142813$_{11}$ | 142817$_{17\cdot31\cdot271}$ | 142819$_{251}$ | 142823$_{19}$ | 142829$_{233}$ | 142831$_{13}$ |
| 142837 | 142841 | 142843$_{83}$ | 142847$_{211}$ | 142849$_{7}$ | 142853$_{23}$ | 142859$_{373}$ | 142861$_{19\cdot73\cdot103}$ |
| 142867 | 142871 | 142873 | 142877$_{7}$ | 142879$_{11\cdot31}$ | 142883$_{13\cdot29}$ | 142889$_{43}$ | 142891$_{7\cdot137\cdot149}$ |
| 142897 | 142901$_{11}$ | 142903 | 142907 | 142909$_{13}$ | 142913$_{241}$ | 142919$_{7\cdot17}$ | 142921$_{131}$ |
| 142927$_{47}$ | 142931$_{37}$ | 142933$_{7}$ | 142937$_{19}$ | 142939 | 142943$_{223}$ | 142949 | 142951$_{163}$ |
| 142957$_{59}$ | 142961$_{7\cdot13}$ | 142963 | 142967$_{11\cdot41\cdot317}$ | 142969 | 142973 | 142979 | 142981 |
| 142987$_{13\cdot17}$ | 142991$_{23}$ | 142993 | 142997$_{151}$ | 142999$_{29}$ | 143003$_{7\cdot31}$ | 143009$_{83}$ | 143011$_{11}$ |
| 143017$_{7}$ | 143021$_{17\cdot47\cdot179}$ | 143023$_{89}$ | 143027$_{157}$ | 143029$_{281}$ | 143033$_{11}$ | 143039$_{13}$ | 143041$_{313}$ |
| 143047$_{53}$ | 143051$_{19}$ | 143053 | 143057$_{29}$ | 143059$_{7\cdot107\cdot191}$ | 143063 | 143069$_{79}$ | 143071$_{173}$ |
| 143077$_{11}$ | 143081$_{199}$ | 143083$_{23}$ | 143087$_{7}$ | 143089$_{17\cdot19}$ | 143093 | 143099$_{11}$ | 143101$_{7}$ |
| 143107 | 143111 | 143113 | 143117$_{13\cdot101\cdot109}$ | 143119$_{167}$ | 143123$_{17}$ | 143129$_{7\cdot23\cdot127}$ | 143131$_{41}$ |
| 143137 | 143141 | 143143$_{7\cdot11\cdot13}$ | 143147$_{43}$ | 143149$_{257}$ | 143153$_{37\cdot53\cdot73}$ | 143159 | 143161$_{239}$ |
| 143167$_{61}$ | 143171$_{7\cdot113\cdot181}$ | 143173$_{29}$ | 143177 | 143179$_{67}$ | 143183$_{131}$ | 143189$_{31\cdot149}$ | 143191$_{17}$ |
| 143197 | 143201$_{89}$ | 143203$_{19}$ | 143207$_{71}$ | 143209$_{11\cdot47\cdot277}$ | 143213$_{7\cdot41}$ | 143219$_{197}$ | 143221$_{13\cdot23}$ |
| 143227$_{7\cdot37\cdot79}$ | 143231$_{11\cdot29}$ | 143233$_{43}$ | 143237$_{227}$ | 143239 | 143243 | 143249 | 143251$_{31}$ |
| 143257 | 143261 | 143263 | 143267$_{23}$ | 143269$_{7\cdot97\cdot211}$ | 143273$_{13\cdot103\cdot107}$ | 143279$_{19}$ | 143281 |
| 143287 | 143291 | 143293$_{17}$ | 143297$_{7\cdot11}$ | 143299$_{13\cdot73\cdot151}$ | 143303$_{47}$ | 143309$_{139}$ | 143311$_{7\cdot59\cdot347}$ |
| 143317$_{19}$ | 143321$_{251}$ | 143323$_{331}$ | 143327$_{17}$ | 143329 | 143333 | 143339$_{7}$ | 143341$_{11\cdot83\cdot157}$ |
| 143347$_{29}$ | 143351$_{13}$ | 143353$_{7}$ | 143357 | 143359$_{23\cdot271}$ | 143363$_{11}$ | 143369$_{307}$ | 143371$_{311}$ |
| 143377$_{13\cdot41\cdot269}$ | 143381$_{7}$ | 143383$_{127}$ | 143387 | 143389$_{223}$ | 143393$_{19}$ | 143399$_{193}$ | 143401 |
| 143407$_{11}$ | 143411$_{61}$ | 143413 | 143417$_{173}$ | 143419 | 143423$_{7}$ | 143429$_{11\cdot13\cdot17\cdot59}$ | 143431$_{19}$ |
| 143437$_{7\cdot31}$ | 143441$_{191}$ | 143443 | 143447$_{67}$ | 143449$_{37}$ | 143453$_{167}$ | 143459$_{41}$ | 143461 |
| 143467 | 143471$_{53}$ | 143473$_{11}$ | 143477 | 143479$_{7\cdot103\cdot199}$ | 143483 | 143489 | 143491$_{43\cdot47\cdot71}$ |
| 143497$_{17\cdot23\cdot367}$ | 143501 | 143503 | 143507$_{7\cdot13\cdot19\cdot83}$ | 143509 | 143513 | 143519 | 143521$_{7\cdot29\cdot101}$ |
| 143527 | 143531$_{17}$ | 143533$_{13\cdot61\cdot181}$ | 143537 | 143539$_{11}$ | 143543$_{23\cdot79}$ | 143549$_{7}$ | 143551 |
| 143557$_{89}$ | 143561$_{11\cdot31}$ | 143563$_{7}$ | 143567 | 143569 | 143573 | 143579$_{29}$ | 143581$_{67}$ |
| 143587$_{139}$ | 143591$_{7\cdot73\cdot281}$ | 143593 | 143597$_{37}$ | 143599$_{17}$ | 143603$_{163}$ | 143609 | 143611$_{13}$ |
| 143617 | 143621$_{19}$ | 143623$_{31\cdot41\cdot113}$ | 143627$_{11}$ | 143629 | 143633$_{7\cdot17\cdot71}$ | 143639$_{239}$ | 143641$_{379}$ |
| 143647$_{7}$ | 143651 | 143653 | 143657$_{97}$ | 143659$_{19}$ | 143663$_{13\cdot43\cdot257}$ | 143669 | 143671$_{11\cdot37\cdot353}$ |
| 143677 | 143681$_{23}$ | 143683$_{53}$ | 143687 | 143689$_{7\cdot13}$ | 143693$_{11}$ | 143699 | 143701$_{17\cdot79\cdot107}$ |
| 143707$_{131}$ | 143711 | 143713$_{137}$ | 143717$_{7}$ | 143719 | 143723$_{101}$ | 143729 | 143731$_{7}$ |
| 143737$_{11\cdot73\cdot179}$ | 143741$_{13}$ | 143743 | 143747$_{31}$ | 143749$_{43}$ | 143753$_{29}$ | 143759$_{7\cdot11}$ | 143761$_{233}$ |
| 143767$_{13}$ | 143771$_{109}$ | 143773$_{7\cdot19\cdot23\cdot47}$ | 143777$_{61}$ | 143779 | 143783$_{59}$ | 143789$_{53}$ | 143791 |
| 143797 | 143801$_{7}$ | 143803$_{11\cdot17}$ | 143807 | 143809$_{31}$ | 143813 | 143819$_{13\cdot23\cdot37}$ | 143821 |
| 143827 | 143831 | 143833 | 143837$_{17}$ | 143839$_{83}$ | 143843$_{7}$ | 143849$_{19\cdot67\cdot113}$ | 143851$_{97}$ |
| 143857$_{7}$ | 143861$_{263}$ | 143863$_{293}$ | 143867$_{47}$ | 143869$_{11\cdot29\cdot41}$ | 143873 | 143879 | 143881 |
| 143887$_{19}$ | 143891$_{11\cdot103\cdot127}$ | 143893$_{37}$ | 143897$_{13}$ | 143899$_{7\cdot61\cdot337}$ | 143903$_{151}$ | 143909 | 143911$_{23}$ |
| 143917$_{71}$ | 143921$_{43}$ | 143923$_{13}$ | 143927$_{7\cdot29}$ | 143929$_{163}$ | 143933$_{31}$ | 143939$_{17}$ | 143941$_{7}$ |
| 143947 | 143951$_{41}$ | 143953 | 143957$_{11\cdot23}$ | 143959$_{359}$ | 143963$_{19}$ | 143969$_{7\cdot131\cdot157}$ | 143971 |
| 143977 | 143981 | 143983$_{7\cdot67\cdot307}$ | 143987$_{137}$ | 143989$_{109}$ | 143993$_{311}$ | 143999 | 144001$_{11\cdot13\cdot19\cdot53}$ |
| 144007$_{17\cdot43\cdot197}$ | 144011$_{7}$ | 144013 | 144017$_{79}$ | 144019$_{59}$ | 144023$_{11}$ | 144029$_{73}$ | 144031 |
| 144037 | 144041$_{17\cdot37\cdot229}$ | 144043$_{29}$ | 144047$_{283}$ | 144049$_{23}$ | 144053$_{7\cdot13}$ | 144059$_{71}$ | 144061 |
| 144067$_{7\cdot11}$ | 144071 | 144073 | 144077$_{19}$ | 144079$_{13}$ | 144083$_{149}$ | 144089$_{11}$ | 144091$_{89}$ |
| 144097$_{103}$ | 144101$_{29}$ | 144103 | 144107$_{53}$ | 144109$_{7\cdot17\cdot173}$ | 144113$_{211}$ | 144119$_{31}$ | 144121$_{167}$ |
| 144127$_{101}$ | 144131$_{13}$ | 144133$_{11}$ | 144137$_{7\cdot59\cdot349}$ | 144139 | 144143$_{17\cdot61\cdot139}$ | 144149$_{47}$ | 144151$_{7}$ |
| 144157$_{13}$ | 144161 | 144163 | 144167 | 144169 | 144173 | 144179$_{7\cdot43}$ | 144181$_{31}$ |
| 144187$_{23}$ | 144191$_{19}$ | 144193$_{7}$ | 144197$_{41}$ | 144199$_{11}$ | 144203 | 144209$_{13}$ | 144211$_{17}$ |
| 144217$_{29}$ | 144221$_{7\cdot11}$ | 144223 | 144227$_{233}$ | 144229$_{19}$ | 144233$_{23}$ | 144239$_{97}$ | 144241 |
| 144247 | 144251$_{67}$ | 144253 | 144257$_{181}$ | 144259 | 144263$_{7\cdot37}$ | 144269$_{89}$ | 144271 |
| 144277$_{7}$ | 144281$_{223}$ | 144283$_{157}$ | 144287$_{11\cdot13}$ | 144289 | 144293$_{313}$ | 144299 | 144301$_{113}$ |
| 144307 | 144311 | 144313$_{13\cdot17}$ | 144317$_{277}$ | 144319$_{7\cdot53}$ | 144323 | 144329$_{101}$ | 144331$_{11}$ |
| 144337$_{37\cdot47\cdot83}$ | 144341 | 144343$_{19\cdot71\cdot107}$ | 144347$_{7\cdot17}$ | 144349 | 144353$_{11}$ | 144359$_{241}$ | 144361$_{7\cdot41}$ |
| 144367$_{31}$ | 144371$_{23}$ | 144373$_{59}$ | 144377$_{353}$ | 144379 | 144383 | 144389$_{7}$ | 144391$_{13\cdot29}$ |
| 144397$_{11}$ | 144401$_{197}$ | 144403$_{7}$ | 144407 | 144409 | 144413 | 144419$_{11\cdot19}$ | 144421$_{139}$ |
| 144427 | 144431$_{7\cdot47}$ | 144433$_{97}$ | 144437$_{43}$ | 144439 | 144443$_{13\cdot41\cdot271}$ | 144449$_{17\cdot29\cdot293}$ | 144451 |
| 144457$_{19}$ | 144461 | 144463$_{11\cdot23}$ | 144467$_{73}$ | 144469$_{13}$ | 144473$_{7}$ | 144479 | 144481 |
| 144487$_{7}$ | 144491$_{31\cdot59\cdot79}$ | 144493$_{131}$ | 144497 | 144499$_{229}$ | 144503$_{83}$ | 144509$_{23\cdot61\cdot103}$ | 144511 |
| 144517$_{17}$ | 144521$_{13}$ | 144523$_{43}$ | 144527$_{113}$ | 144529$_{7\cdot11}$ | 144533$_{19}$ | 144539 | 144541 |
| 144547$_{13}$ | 144551$_{11\cdot17}$ | 144553$_{31}$ | 144557$_{7\cdot107\cdot193}$ | 144559$_{37}$ | 144563 | 144569 | 144571$_{7\cdot19}$ |
| 144577 | 144581$_{163}$ | 144583 | 144587$_{191}$ | 144589 | 144593 | 144599$_{7\cdot13\cdot227}$ | 144601$_{23}$ |
| 144607$_{41}$ | 144611 | 144613$_{7\cdot73\cdot283}$ | 144617$_{11}$ | 144619$_{17\cdot47\cdot181}$ | 144623$_{29}$ | 144629 | 144631$_{61}$ |
| 144637$_{53}$ | 144641$_{7}$ | 144643$_{109}$ | 144647$_{19\cdot23\cdot331}$ | 144649$_{79}$ | 144653$_{17\cdot67\cdot127}$ | 144659 | 144661$_{11}$ |
| 144667 | 144671 | 144673$_{199}$ | 144677$_{13\cdot31\cdot359}$ | 144679$_{149}$ | 144683$_{7\cdot11}$ | 144689$_{41}$ | 144691$_{257}$ |
| 144697$_{7}$ | 144701 | 144703$_{13}$ | 144707$_{37}$ | 144709 | 144713$_{47}$ | 144719 | 144721$_{17}$ |
| 144727$_{11\cdot59\cdot223}$ | 144731 | 144733$_{101}$ | 144737 | 144739$_{7\cdot23\cdot29\cdot31}$ | 144743$_{53}$ | 144749$_{11}$ | 144751 |
| 144757 | 144761$_{19}$ | 144763 | 144767$_{7}$ | 144769$_{71}$ | 144773 | 144779 | 144781$_{7\cdot13\cdot37\cdot43}$ |
| 144787$_{67}$ | 144791 | 144793$_{11}$ | 144797$_{29}$ | 144799$_{19}$ | 144803$_{89}$ | 144809$_{7\cdot137\cdot151}$ | 144811$_{179}$ |
| 144817 | 144821$_{97}$ | 144823$_{7\cdot17}$ | 144827$_{251}$ | 144829 | 144833$_{13}$ | 144839 | 144841$_{241}$ |
| 144847 | 144851$_{7}$ | 144853$_{41}$ | 144857$_{17}$ | 144859$_{11\cdot13}$ | 144863$_{31}$ | 144869$_{317}$ | 144871$_{277}$ |
| 144877$_{23}$ | 144881$_{11}$ | 144883 | 144887 | 144889 | 144893$_{7}$ | 144899 | 144901$_{47}$ |
| 144907$_{7\cdot127\cdot163}$ | 144911$_{13\cdot71\cdot157}$ | 144913$_{19\cdot29\cdot263}$ | 144917 | 144919$_{313}$ | 144923$_{23}$ | 144929$_{37}$ | 144931 |
| 144937$_{13}$ | 144941 | 144943$_{193}$ | 144947$_{11}$ | 144949$_{7}$ | 144953$_{43}$ | 144959$_{17}$ | 144961 |
| 144967 | 144971$_{29}$ | 144973 | 144977$_{7\cdot139\cdot149}$ | 144979$_{113}$ | 144983 | 144989$_{13\cdot19}$ | 144991$_{7\cdot11\cdot269}$ |
| 144997$_{61}$ | 145001$_{83}$ | 145003$_{37}$ | 145007 | 145009 | 145013$_{11}$ | 145019$_{7}$ | 145021 |
| 145027$_{17\cdot19}$ | 145031 | 145033$_{7}$ | 145037 | 145039$_{43}$ | 145043 | 145049$_{31}$ | 145051$_{73}$ |
| 145057$_{11}$ | 145061$_{7\cdot17\cdot23\cdot53}$ | 145063 | 145067$_{13}$ | 145069 | 145073$_{239}$ | 145079$_{11\cdot109}$ | 145081$_{59}$ |

| | | | | | | | |
|---|---|---|---|---|---|---|---|
| $145087_{29}$ | 145091 | $145093_{13}$ | $145097_{373}$ | $145099_{41}$ | $145103_{7\cdot 19}$ | 145109 | $145111_{31\cdot 151}$ |
| $145117_{7}$ | 145121 | $145123_{11\cdot 79\cdot 167}$ | $145127_{103}$ | $145129_{17}$ | 145133 | 145139 | $145141_{19}$ |
| $145147_{173}$ | $145151_{37}$ | $145153_{23}$ | $145157_{379}$ | $145159_{7\cdot 89\cdot 233}$ | $145163_{17}$ | $145169_{179}$ | $145171_{13}$ |
| 145177 | $145181_{41}$ | $145183_{47}$ | $145187_{7}$ | $145189_{11\cdot 67\cdot 197}$ | 145193 | $145199_{23\cdot 59\cdot 107}$ | $145201_{7}$ |
| 145207 | $145211_{11\cdot 43\cdot 307}$ | 145213 | $145217_{19}$ | 145219 | $145223_{13}$ | $145229_{7}$ | $145231_{17}$ |
| $145237_{311}$ | $145241_{61}$ | $145243_{7}$ | $145247_{337}$ | $145249_{13}$ | 145253 | 145259 | $145261_{29}$ |
| 145267 | $145271_{7}$ | $145273_{53}$ | $145277_{11\cdot 47\cdot 281}$ | $145279_{131}$ | 145283 | 145289 | $145291_{23}$ |
| $145297_{31\cdot 43\cdot 109}$ | $145301_{13}$ | 145303 | 145307 | $145309_{331}$ | $145313_{7}$ | $145319_{29}$ | $145321_{11}$ |
| $145327_{7\cdot 13}$ | $145331_{19}$ | $145333_{17\cdot 83\cdot 103}$ | $145337_{23\cdot 71\cdot 89}$ | $145339_{101}$ | $145343_{11\cdot 73\cdot 181}$ | 145349 | $145351_{191}$ |
| $145357_{137}$ | 145361 | $145363_{61}$ | $145367_{17}$ | $145369_{7\cdot 19}$ | $145373_{37}$ | $145379_{13\cdot 53\cdot 211}$ | 145381 |
| $145387_{11}$ | 145391 | $145393_{347}$ | $145397_{7}$ | 145399 | $145403_{97}$ | $145409_{11}$ | $145411_{7}$ |
| 145417 | $145421_{31}$ | 145423 | $145427_{41}$ | $145429_{23}$ | 145433 | $145439_{7\cdot 79\cdot 263}$ | 145441 |
| $145447_{37}$ | 145451 | $145453_{7\cdot 11}$ | $145457_{13\cdot 67\cdot 167}$ | 145459 | 145463 | $145469_{17\cdot 43\cdot 199}$ | 145471 |
| 145477 | $145481_{7}$ | $145483_{13\cdot 19\cdot 31}$ | 145487 | $145489_{73}$ | $145493_{29\cdot 173}$ | $145499_{83}$ | 145501 |
| $145507_{227}$ | 145511 | 145513 | 145517 | $145519_{11}$ | $145523_{7}$ | $145529_{269}$ | 145531 |
| $145537_{7\cdot 17}$ | $145541_{11\cdot 101\cdot 131}$ | 145543 | 145547 | 145549 | $145553_{59}$ | $145559_{19\cdot 47\cdot 163}$ | $145561_{13}$ |
| $145567_{23}$ | $145571_{17}$ | $145573_{149}$ | 145577 | $145579_{7}$ | $145583_{197}$ | 145589 | $145591_{41\cdot 53\cdot 67}$ |
| $145597_{19\cdot 79\cdot 97}$ | 145601 | 145603 | $145607_{7\cdot 11\cdot 31\cdot 61}$ | $145609_{29}$ | $145613_{13\cdot 23}$ | $145619_{223}$ | $145621_{7\cdot 71\cdot 293}$ |
| $145627_{107}$ | $145631_{137}$ | 145633 | 145637 | $145639_{13\cdot 17}$ | 145643 | $145649_{7}$ | $145651_{11}$ |
| $145657_{113}$ | 145661 | $145663_{7}$ | $145667_{29}$ | $145669_{31\cdot 37\cdot 127}$ | $145673_{11\cdot 17\cdot 19\cdot 41}$ | 145679 | 145681 |
| 145687 | $145691_{7\cdot 13}$ | $145693_{89}$ | $145697_{53}$ | $145699_{367}$ | 145703 | 145709 | $145711_{19}$ |
| $145717_{11\cdot 13}$ | 145721 | 145723 | $145727_{43}$ | $145729_{61}$ | $145733_{7\cdot 109\cdot 191}$ | $145739_{11}$ | $145741_{17}$ |
| $145747_{7\cdot 47}$ | $145751_{23}$ | 145753 | 145757 | 145759 | $145763_{71}$ | $145769_{13}$ | 145771 |
| 145777 | $145781_{73}$ | $145783_{11\cdot 29}$ | $145787_{19}$ | $145789_{7\cdot 59\cdot 353}$ | $145793_{31}$ | 145799 | $145801_{211}$ |
| 145807 | $145811_{139}$ | $145813_{43}$ | $145817_{7\cdot 37}$ | 145819 | 145823 | 145829 | $145831_{7\cdot 83\cdot 251}$ |
| $145837_{41}$ | $145841_{29\cdot 47\cdot 107}$ | $145843_{17\cdot 23\cdot 373}$ | $145847_{13}$ | $145849_{11}$ | $145853_{157}$ | $145859_{7\cdot 67\cdot 311}$ | 145861 |
| $145867_{199}$ | $145871_{11\cdot 89\cdot 149}$ | $145873_{7\cdot 13\cdot 229}$ | $145877_{17}$ | 145879 | $145883_{113}$ | $145889_{23}$ | $145891_{37}$ |
| 145897 | $145901_{7\cdot 19}$ | 145903 | $145907_{59}$ | $145909_{53}$ | $145913_{79}$ | $145919_{41}$ | $145921_{337}$ |
| $145927_{73}$ | 145931 | 145933 | $145937_{11}$ | $145939_{19}$ | $145943_{7}$ | 145949 | $145951_{13\cdot 103\cdot 109}$ |
| $145957_{7\cdot 29}$ | $145961_{227}$ | 145963 | 145967 | 145969 | $145973_{61}$ | $145979_{17\cdot 31\cdot 277}$ | $145981_{11\cdot 23}$ |
| 145987 | 145991 | $145993_{67}$ | $145997_{83}$ | $145999_{7}$ | $146003_{11\cdot 13}$ | 146009 | 146011 |
| $146017_{151}$ | 146021 | 146023 | $146027_{7\cdot 23}$ | $146029_{13\cdot 47\cdot 239}$ | 146033 | $146039_{37}$ | $146041_{7\cdot 31}$ |
| $146047_{11\cdot 17\cdot 71}$ | 146051 | $146053_{19}$ | 146057 | 146059 | 146063 | $146069_{7\cdot 11\cdot 271}$ | $146071_{43\cdot 79}$ |
| 146077 | $146081_{13\cdot 17}$ | $146083_{7\cdot 41}$ | $146087_{347}$ | $146089_{139}$ | 146093 | 146099 | $146101_{193}$ |
| $146107_{13}$ | $146111_{7}$ | $146113_{11\cdot 37\cdot 359}$ | 146117 | $146119_{23}$ | $146123_{47}$ | $146129_{19}$ | $146131_{29}$ |
| $146137_{317}$ | 146141 | $146143_{59}$ | $146147_{101}$ | $146149_{17}$ | $146153_{7}$ | $146159_{13}$ | 146161 |
| $146167_{7\cdot 19\cdot 157}$ | $146171_{313}$ | 146173 | $146177_{127}$ | $146179_{11\cdot 97\cdot 137}$ | $146183_{17}$ | $146189_{29\cdot 71}$ | 146191 |
| 146197 | $146201_{11}$ | 146203 | $146207_{293}$ | $146209_{7}$ | 146213 | $146219_{73}$ | 146221 |
| $146227_{31\cdot 53\cdot 89}$ | $146231_{349}$ | $146233_{257}$ | $146237_{7\cdot 13}$ | 146239 | $146243_{19\cdot 43\cdot 179}$ | 146249 | $146251_{7\cdot 17}$ |
| $146257_{23}$ | $146261_{37\cdot 59\cdot 67}$ | $146263_{13}$ | $146267_{11}$ | $146269_{107}$ | 146273 | $146279_{7}$ | $146281_{19}$ |
| $146287_{241}$ | 146291 | $146293_{7}$ | 146297 | 146299 | $146303_{23}$ | 146309 | $146311_{11\cdot 47\cdot 283}$ |
| 146317 | $146321_{7}$ | 146323 | $146327_{131}$ | $146329_{41\cdot 43\cdot 83}$ | $146333_{11\cdot 53\cdot 251}$ | $146339_{61}$ | $146341_{13}$ |
| 146347 | $146351_{31}$ | $146353_{17}$ | $146357_{19}$ | 146359 | $146363_{7\cdot 29\cdot 103}$ | 146369 | $146371_{197}$ |
| $146377_{7\cdot 11}$ | 146381 | 146383 | $146387_{17\cdot 79\cdot 109}$ | 146389 | $146393_{13}$ | $146399_{11}$ | $146401_{281}$ |
| 146407 | $146411_{41}$ | $146413_{31}$ | 146417 | $146419_{7\cdot 13}$ | 146423 | $146429_{181}$ | $146431_{127}$ |
| 146437 | $146441_{23}$ | $146443_{11}$ | $146447_{7}$ | 146449 | $146453_{137}$ | $146459_{167}$ | $146461_{7\cdot 61}$ |
| $146467_{149}$ | $146471_{13\cdot 19}$ | $146473_{71}$ | 146477 | $146479_{29}$ | $146483_{37\cdot 107}$ | $146489_{7\cdot 17}$ | $146491_{263}$ |
| $146497_{13\cdot 59\cdot 191}$ | $146501_{43}$ | $146503_{7}$ | $146507_{239}$ | $146509_{11\cdot 19}$ | 146513 | 146519 | 146521 |
| 146527 | $146531_{7\cdot 11\cdot 173}$ | $146533_{23\cdot 277}$ | $146537_{29\cdot 31\cdot 163}$ | 146539 | 146543 | $146549_{13}$ | $146551_{101}$ |
| $146557_{17\cdot 37\cdot 233}$ | $146561_{113}$ | 146563 | $146567_{97}$ | $146569_{103}$ | $146573_{7}$ | $146579_{23}$ | 146581 |
| $146587_{7\cdot 43}$ | $146591_{17}$ | $146593_{47}$ | $146597_{11}$ | $146599_{31}$ | 146603 | 146609 | $146611_{271}$ |
| 146617 | $146621_{151}$ | $146623_{19}$ | $146627_{13}$ | $146629_{7}$ | $146633_{331}$ | 146639 | $146641_{11}$ |
| 146647 | $146651_{53}$ | $146653_{13\cdot 29}$ | $146657_{7\cdot 41\cdot 73}$ | $146659_{17}$ | $146663_{11\cdot 67\cdot 199}$ | 146669 | $146671_{7\cdot 23}$ |
| 146677 | 146681 | 146683 | $146687_{47}$ | $146689_{383}$ | $146693_{17}$ | $146699_{7\cdot 19}$ | 146701 |
| $146707_{11}$ | $146711_{29}$ | $146713_{7}$ | $146717_{23}$ | 146719 | $146723_{31}$ | $146729_{11}$ | $146731_{13}$ |
| $146737_{19}$ | $146741_{7}$ | 146743 | $146747_{257}$ | 146749 | $146753_{101}$ | $146759_{43}$ | $146761_{17\cdot 89\cdot 97}$ |
| 146767 | $146771_{317}$ | $146773_{11}$ | 146777 | $146779_{37}$ | $146783_{7\cdot 13}$ | $146789_{229}$ | $146791_{181}$ |
| $146797_{7\cdot 67\cdot 313}$ | 146801 | $146803_{73}$ | 146807 | $146809_{13\cdot 23}$ | $146813_{19}$ | 146819 | $146821_{41}$ |
| $146827_{29\cdot 61\cdot 83}$ | $146831_{359}$ | 146833 | 146837 | $146839_{7\cdot 11}$ | 146843 | 146849 | $146851_{19\cdot 59\cdot 131}$ |
| 146857 | $146861_{11\cdot 13\cdot 79}$ | $146863_{17\cdot 53\cdot 163}$ | $146867_{7}$ | $146869_{227}$ | $146873_{193}$ | $146879_{191}$ | $146881_{7}$ |
| $146887_{13}$ | 146891 | 146893 | $146897_{17}$ | $146899_{71}$ | $146903_{41}$ | $146909_{7\cdot 31}$ | $146911_{107}$ |
| 146917 | 146921 | $146923_{7\cdot 139\cdot 151}$ | $146927_{11\cdot 19\cdot 37}$ | $146929_{349}$ | 146933 | $146939_{13\cdot 89\cdot 127}$ | 146941 |
| $146947_{23}$ | $146951_{7}$ | 146953 | $146957_{223}$ | $146959_{179}$ | $146963_{281}$ | $146969_{47\cdot 53\cdot 59}$ | $146971_{11\cdot 31}$ |
| 146977 | $146981_{103}$ | 146983 | 146987 | 146989 | $146993_{7\cdot 11\cdot 23\cdot 83}$ | $146999_{17}$ | $147001_{29\cdot 37\cdot 137}$ |
| $147007_{7}$ | 147011 | $147013_{113}$ | $147017_{13\cdot 43\cdot 263}$ | $147019_{79}$ | $147023_{233}$ | 147029 | 147031 |
| $147037_{11}$ | $147041_{19\cdot 71\cdot 109}$ | $147043_{13}$ | 147047 | $147049_{7}$ | $147053_{307}$ | $147059_{11\cdot 29}$ | $147061_{199}$ |
| $147067_{17\cdot 41\cdot 211}$ | $147071_{61}$ | 147073 | $147077_{7}$ | $147079_{19}$ | 147083 | 147089 | $147091_{7}$ |
| 147097 | $147101_{17}$ | $147103_{11\cdot 43\cdot 311}$ | 147107 | $147109_{157}$ | $147113_{131}$ | $147119_{7}$ | $147121_{13}$ |
| $147127_{167}$ | $147131_{23}$ | $147133_{7}$ | 147137 | 147139 | $147143_{269}$ | $147149_{37\cdot 41\cdot 97}$ | 147151 |
| $147157_{31\cdot 47\cdot 101}$ | $147161_{7}$ | 147163 | $147167_{367}$ | $147169_{11\cdot 17}$ | $147173_{13}$ | 147179 | $147181_{53}$ |
| $147187_{103}$ | $147191_{11}$ | $147193_{19\cdot 61\cdot 127}$ | 147197 | $147199_{13\cdot 67}$ | $147203_{7\cdot 17}$ | 147209 | 147211 |
| $147217_{7}$ | 147221 | $147223_{23\cdot 37\cdot 173}$ | 147227 | 147229 | $147233_{29}$ | $147239_{113}$ | $147241_{73}$ |
| $147247_{229}$ | $147251_{13\cdot 47\cdot 241}$ | 147253 | $147257_{11}$ | $147259_{7\cdot 109\cdot 193}$ | 147263 | $147269_{19\cdot 23\cdot 337}$ | $147271_{17}$ |
| $147277_{13}$ | $147281_{31}$ | 147283 | $147287_{7\cdot 53}$ | 147289 | 147293 | 147299 | $147301_{7\cdot 11}$ |
| $147307_{19}$ | 147311 | $147313_{41}$ | $147317_{179}$ | 147319 | $147323_{11\cdot 59\cdot 227}$ | $147329_{7\cdot 13}$ | 147331 |
| $147337_{251}$ | 147341 | $147343_{7\cdot 31\cdot 97}$ | 147347 | $147349_{29}$ | 147353 | $147359_{101}$ | $147361_{23\cdot 43\cdot 149}$ |
| $147367_{11}$ | $147371_{7\cdot 37}$ | $147373_{17}$ | 147377 | $147379_{293}$ | $147383_{19}$ | $147389_{11}$ | 147391 |
| 147397 | 147401 | $147403_{223}$ | $147407_{13\cdot 17\cdot 23\cdot 29}$ | 147409 | $147413_{7}$ | 147419 | $147421_{19}$ |
| $147427_{7}$ | $147431_{379}$ | $147433_{11\cdot 13}$ | $147437_{61}$ | $147439_{47}$ | $147443_{283}$ | 147449 | 147451 |
| 147457 | $147461_{167}$ | $147463_{239}$ | $147467_{31\cdot 67\cdot 71}$ | $147469_{7}$ | $147473_{89}$ | $147479_{139}$ | 147481 |
| 147487 | $147491_{83}$ | $147493_{79}$ | $147497_{7\cdot 19}$ | $147499_{11\cdot 23\cdot 53}$ | 147503 | $147509_{17}$ | $147511_{7\cdot 13}$ |
| 147517 | $147521_{11}$ | $147523_{29}$ | $147527_{151}$ | $147529_{31}$ | $147533_{43\cdot 47\cdot 73}$ | $147539_{7}$ | 147541 |

| | | | | | | | |
|---|---|---|---|---|---|---|---|
| 147547 | 147551 | 147553$_{7·107·197}$ | 147557 | 147559$_{41·59·61}$ | 147563$_{13}$ | 147569$_{173}$ | 147571 |
| 147577$_{17}$ | 147581$_{7·29}$ | 147583 | 147587$_{11}$ | 147589$_{13}$ | 147593$_{37}$ | 147599$_{103}$ | 147601$_{67}$ |
| 147607 | 147611$_{17·19}$ | 147613 | 147617 | 147619$_{43}$ | 147623$_{7}$ | 147629 | 147631$_{11}$ |
| 147637$_{7·23·131}$ | 147641$_{13·41·277}$ | 147643$_{191}$ | 147647 | 147649$_{19}$ | 147653$_{11·31}$ | 147659$_{149}$ | 147661 |
| 147667$_{13·37·307}$ | 147671 | 147673 | 147677$_{59}$ | 147679$_{7·17·73}$ | 147683$_{23}$ | 147689 | 147691$_{113}$ |
| 147697$_{11·29}$ | 147701$_{127}$ | 147703 | 147707$_{7}$ | 147709 | 147713$_{17}$ | 147719$_{11·13}$ | 147721$_{7·47}$ |
| 147727 | 147731$_{97}$ | 147733$_{241}$ | 147737$_{157}$ | 147739 | 147743 | 147749$_{7}$ | 147751$_{71}$ |
| 147757$_{139}$ | 147761 | 147763$_{7·11·19·101}$ | 147767$_{107}$ | 147769 | 147773 | 147779 | 147781$_{17}$ |
| 147787 | 147791$_{7·43}$ | 147793 | 147797$_{13}$ | 147799 | 147803$_{61}$ | 147809$_{79}$ | 147811 |
| 147817$_{53}$ | 147821$_{23}$ | 147823$_{13·83·137}$ | 147827 | 147829$_{11·89·151}$ | 147833$_{7}$ | 147839$_{19·31·251}$ | 147841$_{163}$ |
| 147847$_{7}$ | 147851$_{11}$ | 147853 | 147857$_{199}$ | 147859 | 147863 | 147869$_{67}$ | 147871$_{29}$ |
| 147877$_{19·43·181}$ | 147881 | 147883$_{17}$ | 147887$_{41}$ | 147889$_{7·37}$ | 147893$_{71}$ | 147899$_{131}$ | 147901$_{13·31·367}$ |
| 147907$_{353}$ | 147911$_{211}$ | 147913$_{23·59·109}$ | 147917$_{7·11·17·113}$ | 147919 | 147923$_{53}$ | 147929$_{29}$ | 147931$_{7}$ |
| 147937 | 147941$_{239}$ | 147943$_{337}$ | 147947$_{197}$ | 147949 | 147953$_{13·19}$ | 147959$_{7·23}$ | 147961$_{11}$ |
| 147967$_{79}$ | 147971$_{73}$ | 147973$_{7}$ | 147977 | 147979$_{13}$ | 147983$_{11}$ | 147989$_{83}$ | 147991$_{19}$ |
| 147997 | 148001$_{7}$ | 148003$_{47·67}$ | 148007$_{89}$ | 148009$_{283}$ | 148013 | 148019$_{17}$ | 148021 |
| 148027$_{11}$ | 148031$_{13·59·193}$ | 148033$_{179}$ | 148037$_{37}$ | 148039$_{317}$ | 148043$_{7}$ | 148049$_{11·43·313}$ | 148051$_{23·41·157}$ |
| 148057$_{7·13}$ | 148061 | 148063 | 148067$_{19}$ | 148069$_{263}$ | 148073 | 148079 | 148081$_{373}$ |
| 148087$_{17·31·281}$ | 148091 | 148093$_{11}$ | 148097$_{23·47·137}$ | 148099$_{7}$ | 148103$_{29}$ | 148109$_{13}$ | 148111$_{37}$ |
| 148117$_{73}$ | 148121$_{17}$ | 148123 | 148127$_{7}$ | 148129$_{167}$ | 148133$_{41}$ | 148139 | 148141$_{7}$ |
| 148147 | 148151 | 148153 | 148157 | 148159$_{11}$ | 148163$_{229}$ | 148169$_{7·61·347}$ | 148171 |
| 148177$_{71}$ | 148181$_{11·19}$ | 148183$_{7}$ | 148187$_{13}$ | 148189$_{17·23·379}$ | 148193 | 148199 | 148201 |
| 148207 | 148211$_{7·31}$ | 148213$_{13}$ | 148217$_{103}$ | 148219$_{19·29·269}$ | 148223$_{17}$ | 148229 | 148231$_{227}$ |
| 148237$_{271}$ | 148241$_{53}$ | 148243 | 148247$_{11}$ | 148249 | 148253$_{7}$ | 148259$_{37}$ | 148261$_{173}$ |
| 148267$_{7·59·359}$ | 148271$_{67}$ | 148273$_{31}$ | 148277$_{29}$ | 148279 | 148283$_{79}$ | 148289$_{257}$ | 148291$_{11·13·17·61}$ |
| 148297$_{41}$ | 148301 | 148303 | 148307$_{43}$ | 148309$_{7}$ | 148313$_{11·97·139}$ | 148319$_{71}$ | 148321$_{83}$ |
| 148327$_{23}$ | 148331 | 148333$_{19·37·211}$ | 148337$_{7}$ | 148339 | 148343$_{13}$ | 148349$_{109}$ | 148351$_{7}$ |
| 148357$_{11}$ | 148361 | 148363$_{89}$ | 148367 | 148369$_{13·101·113}$ | 148373$_{23}$ | 148379$_{7·11·41·47}$ | 148381 |
| 148387 | 148391$_{179}$ | 148393$_{7·17·29·43}$ | 148397$_{31}$ | 148399 | 148403 | 148409$_{19·73·107}$ | 148411 |
| 148417$_{193}$ | 148421$_{7·13·233}$ | 148423$_{11·103·131}$ | 148427$_{17}$ | 148429 | 148433$_{151}$ | 148439 | 148441$_{79}$ |
| 148447$_{13·19}$ | 148451$_{29}$ | 148453$_{53}$ | 148457 | 148459$_{31}$ | 148463$_{7·127·167}$ | 148469 | 148471 |
| 148477$_{7}$ | 148481$_{37}$ | 148483 | 148487$_{83}$ | 148489$_{11}$ | 148493$_{163}$ | 148499$_{13}$ | 148501 |
| 148507$_{97}$ | 148511$_{11·23}$ | 148513 | 148517 | 148519$_{7}$ | 148523$_{19}$ | 148529$_{17}$ | 148531 |
| 148537 | 148541$_{89}$ | 148543$_{41}$ | 148547$_{7}$ | 148549 | 148553$_{149}$ | 148559$_{53}$ | 148561$_{7·19}$ |
| 148567$_{29·47·109}$ | 148571$_{101}$ | 148573 | 148577$_{11·13}$ | 148579 | 148583$_{31}$ | 148589$_{7}$ | 148591$_{139}$ |
| 148597$_{17}$ | 148601$_{181}$ | 148603$_{7·13·23·71}$ | 148607$_{173}$ | 148609 | 148613$_{353}$ | 148619$_{331}$ | 148621$_{11·59·229}$ |
| 148627 | 148631$_{7·17}$ | 148633 | 148637$_{19}$ | 148639 | 148643$_{11}$ | 148649$_{23·281}$ | 148651$_{43}$ |
| 148657$_{61}$ | 148661$_{47}$ | 148663 | 148667 | 148669 | 148673$_{7·67·317}$ | 148679$_{157}$ | 148681$_{13}$ |
| 148687$_{7·11}$ | 148691 | 148693 | 148697$_{241}$ | 148699$_{17}$ | 148703$_{37}$ | 148709$_{11}$ | 148711 |
| 148717$_{127}$ | 148721 | 148723 | 148727 | 148729$_{7}$ | 148733$_{13·17}$ | 148739$_{59}$ | 148741$_{23·29·223}$ |
| 148747 | 148751$_{19}$ | 148753$_{11}$ | 148757$_{7·79·269}$ | 148759$_{13}$ | 148763 | 148769$_{31}$ | 148771$_{7·53}$ |
| 148777$_{37}$ | 148781 | 148783 | 148787$_{23}$ | 148789$_{19·41·191}$ | 148793 | 148799$_{7·29}$ | 148801$_{17}$ |
| 148807$_{67}$ | 148811$_{13}$ | 148813$_{7}$ | 148817 | 148819$_{11·83·163}$ | 148823$_{43}$ | 148829 | 148831$_{31}$ |
| 148837$_{13·107}$ | 148841$_{7·11}$ | 148843$_{251}$ | 148847$_{73}$ | 148849$_{47}$ | 148853 | 148859 | 148861 |
| 148867 | 148871$_{41}$ | 148873 | 148877$_{53}$ | 148879$_{23}$ | 148883$_{7}$ | 148889$_{13}$ | 148891 |
| 148897$_{7·89·239}$ | 148901$_{61}$ | 148903$_{17·19}$ | 148907$_{11}$ | 148909$_{43}$ | 148913 | 148919$_{137}$ | 148921 |
| 148927 | 148931 | 148933 | 148937$_{17}$ | 148939$_{7}$ | 148943$_{47}$ | 148949 | 148951$_{11}$ |
| 148957 | 148961 | 148963$_{181}$ | 148967$_{7·13}$ | 148969$_{311}$ | 148973$_{11·29}$ | 148979$_{19}$ | 148981$_{7}$ |
| 148987$_{383}$ | 148991 | 148993$_{13·73·157}$ | 148997 | 148999$_{37}$ | 149003$_{109}$ | 149009$_{7}$ | 149011 |
| 149017$_{11·19·23·31}$ | 149021 | 149023$_{7·61·349}$ | 149027 | 149029$_{71}$ | 149033 | 149039$_{11·17}$ | 149041$_{103}$ |
| 149047$_{113}$ | 149051$_{7·107·199}$ | 149053 | 149057 | 149059 | 149063$_{23}$ | 149069 | 149071$_{13}$ |
| 149077 | 149081$_{43}$ | 149083$_{11}$ | 149087 | 149089$_{29·53·97}$ | 149093$_{7·19·59}$ | 149099 | 149101 |
| 149107$_{7·17·179}$ | 149111 | 149113 | 149117$_{41}$ | 149119 | 149123$_{13}$ | 149129$_{197}$ | 149131$_{19·47·167}$ |
| 149137$_{293}$ | 149141$_{17·31·283}$ | 149143 | 149147$_{29·37·139}$ | 149149$_{7·11·13·149}$ | 149153 | 149159 | 149161 |
| 149167$_{43}$ | 149171$_{11·71·191}$ | 149173 | 149177$_{7·101·211}$ | 149179$_{241}$ | 149183 | 149189$_{193}$ | 149191$_{7}$ |
| 149197 | 149201$_{13·23}$ | 149203$_{31}$ | 149207$_{19}$ | 149209$_{17·67·131}$ | 149213 | 149219$_{7}$ | 149221$_{37·109}$ |
| 149227$_{13}$ | 149231$_{79}$ | 149233$_{7}$ | 149237$_{11}$ | 149239 | 149243$_{17}$ | 149249 | 149251 |
| 149257 | 149261$_{7}$ | 149263$_{29}$ | 149267$_{61}$ | 149269 | 149273$_{113}$ | 149279$_{13}$ | 149281$_{11·41·331}$ |
| 149287 | 149291$_{337}$ | 149293$_{23}$ | 149297 | 149299$_{173}$ | 149303$_{7·11·277}$ | 149309 | 149311$_{17}$ |
| 149317$_{7·83·257}$ | 149321$_{19·29·271}$ | 149323 | 149327$_{31}$ | 149329$_{59}$ | 149333 | 149339$_{23·43·151}$ | 149341 |
| 149347$_{11}$ | 149351 | 149353$_{233}$ | 149357$_{13}$ | 149359$_{7·19}$ | 149363$_{41}$ | 149369$_{11·37·367}$ | 149371 |
| 149377 | 149381 | 149383$_{13}$ | 149387$_{7}$ | 149389$_{31·61·79}$ | 149393 | 149399 | 149401$_{7}$ |
| 149407$_{53}$ | 149411 | 149413$_{11·17·47}$ | 149417 | 149419 | 149423 | 149429$_{7}$ | 149431$_{23·73·89}$ |
| 149437$_{29}$ | 149441 | 149443$_{7·37}$ | 149447$_{17·59·149}$ | 149449$_{199}$ | 149453$_{103}$ | 149459 | 149461$_{13}$ |
| 149467$_{137}$ | 149471$_{7·131·163}$ | 149473$_{19}$ | 149477$_{23·67·97}$ | 149479$_{11·107·127}$ | 149483$_{83}$ | 149489 | 149491 |
| 149497 | 149501$_{11}$ | 149503 | 149507$_{47}$ | 149509$_{307}$ | 149513$_{7·13·31·53}$ | 149519 | 149521 |
| 149527$_{7·41}$ | 149531 | 149533 | 149537$_{229}$ | 149539$_{13}$ | 149543 | 149549$_{17·19}$ | 149551 |
| 149557$_{347}$ | 149561 | 149563 | 149567$_{11}$ | 149569$_{7·23}$ | 149573$_{373}$ | 149579 | 149581$_{101}$ |
| 149587$_{19}$ | 149591$_{13·37·311}$ | 149593$_{227}$ | 149597$_{7·43·71}$ | 149599$_{211}$ | 149603 | 149609$_{41·89}$ | 149611$_{7·11·29·67}$ |
| 149617$_{13·17}$ | 149621$_{157}$ | 149623 | 149627 | 149629 | 149633$_{11·61·223}$ | 149639$_{7}$ | 149641$_{151}$ |
| 149647$_{263}$ | 149651$_{17}$ | 149653$_{7}$ | 149657$_{109}$ | 149659$_{103}$ | 149663$_{19}$ | 149669$_{13·29}$ | 149671$_{97}$ |
| 149677$_{11}$ | 149681$_{7}$ | 149683$_{43·59}$ | 149687$_{181}$ | 149689 | 149693$_{107}$ | 149699$_{11·31}$ | 149701$_{19}$ |
| 149707$_{23·283}$ | 149711 | 149713 | 149717 | 149719$_{17}$ | 149723$_{7·73·293}$ | 149729 | 149731 |
| 149737$_{7}$ | 149741$_{137}$ | 149743$_{11}$ | 149747$_{13}$ | 149749 | 149753$_{17·23·383}$ | 149759 | 149761$_{31}$ |
| 149767 | 149771 | 149773$_{13·41·281}$ | 149777$_{19}$ | 149779$_{7}$ | 149783$_{101}$ | 149789$_{47}$ | 149791 |
| 149797$_{163}$ | 149801$_{59}$ | 149803 | 149807$_{7}$ | 149809$_{11}$ | 149813$_{37}$ | 149819$_{233}$ | 149821$_{7·17}$ |
| 149827 | 149831$_{11·53·257}$ | 149833$_{269}$ | 149837 | 149839 | 149843$_{29}$ | 149849$_{7}$ | 149851$_{13}$ |
| 149857$_{277}$ | 149861 | 149863$_{7·79·271}$ | 149867 | 149869$_{73}$ | 149873 | 149879$_{67}$ | 149881$_{71}$ |
| 149887$_{37}$ | 149891$_{7·19·23}$ | 149893 | 149897$_{11}$ | 149899 | 149903$_{13}$ | 149909 | 149911 |
| 149917$_{197}$ | 149921 | 149923$_{17}$ | 149927$_{313}$ | 149929$_{13·19}$ | 149933$_{7}$ | 149939 | 149941$_{11·43·317}$ |
| 149947$_{7·31}$ | 149951$_{113}$ | 149953 | 149957$_{17}$ | 149959$_{29}$ | 149963$_{11}$ | 149969 | 149971 |
| 149977$_{47}$ | 149981$_{13·83·139}$ | 149983$_{23}$ | 149987$_{127}$ | 149989$_{7}$ | 149993 | 149999$_{61}$ | 150001 |

| | | | | | | | |
|---|---|---|---|---|---|---|---|
| 150007$_{11\cdot13}$ | 150011 | 150013$_{67}$ | 150017$_{7\cdot29}$ | 150019$_{41}$ | 150023$_{71}$ | 150029$_{11\cdot23}$ | 150031$_{7}$ |
| 150037$_{59}$ | 150041 | 150043$_{19\cdot53\cdot149}$ | 150047$_{227}$ | 150049$_{181}$ | 150053 | 150059$_{7\cdot13\cdot17\cdot97}$ | 150061 |
| 150067 | 150071$_{31\cdot47\cdot103}$ | 150073$_{7\cdot11}$ | 150077 | 150079$_{223}$ | 150083 | 150089 | 150091 |
| 150097 | 150101$_{7\cdot41}$ | 150103$_{367}$ | 150107 | 150109$_{37}$ | 150113$_{43}$ | 150119$_{19}$ | 150121$_{23\cdot61\cdot107}$ |
| 150127$_{17}$ | 150131 | 150133$_{29\cdot31\cdot167}$ | 150137$_{13}$ | 150139$_{11}$ | 150143$_{7\cdot89\cdot241}$ | 150149$_{53}$ | 150151 |
| 150157$_{7\cdot19}$ | 150161$_{11\cdot17\cdot73}$ | 150163$_{13}$ | 150167$_{23}$ | 150169 | 150173$_{263}$ | 150179$_{79}$ | 150181$_{179}$ |
| 150187$_{101}$ | 150191$_{29}$ | 150193 | 150197 | 150199$_{7\cdot43}$ | 150203 | 150209 | 150211 |
| 150217 | 150221 | 150223 | 150227$_{7\cdot11}$ | 150229$_{17}$ | 150233$_{19}$ | 150239 | 150241$_{7\cdot13\cdot127}$ |
| 150247 | 150251$_{347}$ | 150253$_{97}$ | 150257$_{31\cdot37\cdot131}$ | 150259$_{23\cdot47\cdot139}$ | 150263$_{17}$ | 150269$_{7}$ | 150271$_{11\cdot19}$ |
| 150277$_{103}$ | 150281$_{67}$ | 150283$_{7}$ | 150287 | 150289$_{137}$ | 150293$_{11\cdot13}$ | 150299 | 150301 |
| 150307$_{29\cdot71\cdot73}$ | 150311$_{7\cdot109\cdot197}$ | 150313$_{83}$ | 150317$_{191}$ | 150319$_{13\cdot31\cdot373}$ | 150323 | 150329 | 150331$_{17\cdot37\cdot239}$ |
| 150337$_{11\cdot79\cdot173}$ | 150341$_{149}$ | 150343 | 150347$_{19\cdot41\cdot193}$ | 150349$_{251}$ | 150353$_{7\cdot47}$ | 150359$_{11}$ | 150361$_{53}$ |
| 150367$_{7}$ | 150371$_{13\cdot43\cdot269}$ | 150373 | 150377 | 150379 | 150383 | 150389$_{101}$ | 150391$_{59}$ |
| 150397$_{13\cdot23}$ | 150401 | 150403$_{11\cdot113}$ | 150407 | 150409$_{7}$ | 150413 | 150419$_{349}$ | 150421$_{359}$ |
| 150427 | 150431 | 150433$_{17}$ | 150437$_{7}$ | 150439 | 150443$_{23\cdot31\cdot211}$ | 150449$_{13\cdot71\cdot163}$ | 150451$_{7}$ |
| 150457$_{43}$ | 150461$_{19}$ | 150463$_{379}$ | 150467$_{17\cdot53\cdot167}$ | 150469$_{11}$ | 150473 | 150479$_{7\cdot37\cdot83}$ | 150481$_{29}$ |
| 150487$_{61}$ | 150491$_{11}$ | 150493$_{7}$ | 150497 | 150499$_{19\cdot89}$ | 150503 | 150509$_{59}$ | 150511$_{41}$ |
| 150517 | 150521$_{7}$ | 150523 | 150527$_{13}$ | 150529$_{109}$ | 150533 | 150539$_{29\cdot179}$ | 150541$_{47}$ |
| 150547$_{151}$ | 150551 | 150553$_{13\cdot37\cdot313}$ | 150557$_{11}$ | 150559 | 150563$_{7\cdot137\cdot157}$ | 150569$_{17}$ | 150571 |
| 150577$_{7}$ | 150581$_{23}$ | 150583 | 150587 | 150589 | 150593$_{41}$ | 150599$_{73}$ | 150601$_{11}$ |
| 150607 | 150611 | 150613$_{19}$ | 150617 | 150619$_{7}$ | 150623$_{11}$ | 150629$_{31\cdot43\cdot113}$ | 150631$_{13}$ |
| 150637$_{17}$ | 150641$_{97}$ | 150643$_{199}$ | 150647$_{7}$ | 150649 | 150653$_{79}$ | 150659 | 150661$_{7}$ |
| 150667$_{11}$ | 150671$_{17}$ | 150673$_{23}$ | 150677$_{89}$ | 150679$_{53}$ | 150683$_{13\cdot67\cdot173}$ | 150689$_{7\cdot11\cdot19\cdot103}$ | 150691$_{31}$ |
| 150697 | 150701$_{37}$ | 150703$_{7}$ | 150707 | 150709$_{13}$ | 150713$_{29}$ | 150719$_{23}$ | 150721 |
| 150727$_{19}$ | 150731$_{7\cdot61\cdot353}$ | 150733$_{11\cdot71\cdot193}$ | 150737$_{307}$ | 150739$_{17}$ | 150743 | 150749$_{127}$ | 150751$_{233}$ |
| 150757$_{41}$ | 150761$_{13}$ | 150763$_{107}$ | 150767 | 150769 | 150773$_{7\cdot17\cdot181}$ | 150779 | 150781$_{131}$ |
| 150787$_{7\cdot13}$ | 150791 | 150793$_{101}$ | 150797 | 150799$_{11}$ | 150803$_{19}$ | 150809$_{239}$ | 150811$_{23\cdot79\cdot83}$ |
| 150817$_{67}$ | 150821$_{11}$ | 150823$_{47}$ | 150827 | 150829$_{7\cdot29}$ | 150833 | 150839$_{13\cdot41\cdot283}$ | 150841$_{17\cdot19}$ |
| 150847 | 150851$_{251}$ | 150853$_{61}$ | 150857$_{7\cdot23}$ | 150859$_{257}$ | 150863$_{59}$ | 150869 | 150871$_{7}$ |
| 150877$_{31\cdot157}$ | 150881 | 150883 | 150887$_{11\cdot29\cdot43}$ | 150889 | 150893 | 150899$_{7}$ | 150901 |
| 150907 | 150911$_{229}$ | 150913$_{7}$ | 150917$_{13\cdot19\cdot47}$ | 150919 | 150923$_{37}$ | 150929 | 150931$_{11}$ |
| 150937$_{149}$ | 150941$_{7}$ | 150943$_{13\cdot17}$ | 150947$_{271}$ | 150949$_{23}$ | 150953$_{11}$ | 150959 | 150961 |
| 150967 | 150971$_{223}$ | 150973$_{43}$ | 150977$_{17\cdot83\cdot107}$ | 150979 | 150983$_{7}$ | 150989 | 150991 |
| 150997$_{7\cdot11\cdot37\cdot53}$ | 151001$_{31}$ | 151003$_{29\cdot41\cdot127}$ | 151007 | 151009 | 151013 | 151019$_{11}$ | 151021$_{13}$ |
| 151027 | 151031$_{19}$ | 151033$_{89}$ | 151037$_{73}$ | 151039$_{7}$ | 151043$_{131}$ | 151049 | 151051 |
| 151057 | 151061$_{29}$ | 151063$_{11\cdot31}$ | 151067$_{7}$ | 151069$_{19}$ | 151073$_{13}$ | 151079$_{17}$ | 151081$_{7\cdot113\cdot191}$ |
| 151087$_{23}$ | 151091 | 151093$_{139}$ | 151097$_{61}$ | 151099$_{13\cdot59\cdot197}$ | 151103$_{53}$ | 151109$_{7}$ | 151111$_{137}$ |
| 151117$_{349}$ | 151121 | 151123$_{7}$ | 151127$_{79}$ | 151129$_{11}$ | 151133$_{23}$ | 151139$_{359}$ | 151141 |
| 151147$_{17}$ | 151151$_{7\cdot11\cdot13\cdot151}$ | 151153 | 151157 | 151159$_{71}$ | 151163 | 151169 | 151171 |
| 151177$_{13\cdot29}$ | 151181$_{17}$ | 151183$_{19\cdot73\cdot109}$ | 151187$_{31}$ | 151189 | 151193$_{7}$ | 151199$_{47}$ | 151201 |
| 151207$_{7}$ | 151211$_{89}$ | 151213 | 151217$_{11\cdot59\cdot233}$ | 151219$_{37\cdot61\cdot67}$ | 151223$_{97}$ | 151229$_{13}$ | 151231$_{43}$ |
| 151237 | 151241 | 151243 | 151247 | 151249$_{7\cdot17\cdot31\cdot41}$ | 151253 | 151259$_{19}$ | 151261$_{11}$ |
| 151267$_{331}$ | 151271$_{23}$ | 151273 | 151277$_{7}$ | 151279 | 151283$_{11\cdot17}$ | 151289 | 151291$_{7}$ |
| 151297$_{19}$ | 151301$_{71}$ | 151303 | 151307$_{13\cdot103\cdot113}$ | 151309$_{83}$ | 151313$_{337}$ | 151319$_{7}$ | 151321$_{389}$ |
| 151327$_{11}$ | 151331$_{41}$ | 151333$_{7\cdot13}$ | 151337 | 151339 | 151343 | 151349$_{11}$ | 151351$_{17\cdot29\cdot307}$ |
| 151357 | 151361$_{7}$ | 151363$_{23}$ | 151367$_{37}$ | 151369$_{229}$ | 151373$_{19\cdot31\cdot257}$ | 151379 | 151381 |
| 151387$_{47}$ | 151391 | 151393$_{11}$ | 151397 | 151399$_{101}$ | 151403$_{7\cdot43}$ | 151409$_{23\cdot29\cdot227}$ | 151411$_{13\cdot19}$ |
| 151417$_{7\cdot97\cdot223}$ | 151421$_{53}$ | 151423 | 151427$_{163}$ | 151429 | 151433 | 151439$_{199}$ | 151441$_{37}$ |
| 151447$_{269}$ | 151451 | 151453$_{17\cdot59\cdot151}$ | 151457$_{311}$ | 151459$_{7\cdot11\cdot281}$ | 151463$_{13\cdot61\cdot191}$ | 151469$_{167}$ | 151471 |
| 151477 | 151481$_{11\cdot47\cdot293}$ | 151483 | 151487$_{7\cdot17\cdot19\cdot67}$ | 151489$_{13\cdot43\cdot271}$ | 151493$_{197}$ | 151499 | 151501$_{7\cdot23}$ |
| 151507 | 151511$_{127}$ | 151513$_{103}$ | 151517 | 151519$_{277}$ | 151523 | 151529$_{7}$ | 151531 |
| 151537 | 151541$_{13}$ | 151543$_{7}$ | 151547$_{11\cdot23}$ | 151549 | 151553 | 151559$_{31}$ | 151561 |
| 151567$_{13\cdot89\cdot131}$ | 151571$_{7\cdot59\cdot367}$ | 151573 | 151577$_{41}$ | 151579 | 151583$_{29}$ | 151589$_{17\cdot37\cdot241}$ | 151591$_{11}$ |
| 151597 | 151601$_{19\cdot79\cdot101}$ | 151603 | 151607 | 151609 | 151613$_{7\cdot11\cdot179}$ | 151619$_{13\cdot107\cdot109}$ | 151621$_{31\cdot67\cdot73}$ |
| 151627$_{7}$ | 151631 | 151633$_{53}$ | 151637 | 151639$_{19\cdot23\cdot347}$ | 151643 | 151649$_{139}$ | 151651 |
| 151657$_{11\cdot17}$ | 151661$_{43}$ | 151663$_{37}$ | 151667 | 151669$_{7\cdot47}$ | 151673 | 151679$_{11}$ | 151681 |
| 151687 | 151691$_{17}$ | 151693 | 151697$_{7\cdot13}$ | 151699$_{29}$ | 151703 | 151709$_{211}$ | 151711$_{7}$ |
| 151717 | 151721$_{173}$ | 151723$_{11\cdot13}$ | 151727$_{71}$ | 151729 | 151733 | 151739$_{7\cdot53}$ | 151741$_{41}$ |
| 151747$_{43}$ | 151751$_{263}$ | 151753$_{7\cdot19\cdot163}$ | 151757$_{29}$ | 151759$_{17\cdot79\cdot113}$ | 151763$_{47}$ | 151769 | 151771 |
| 151777$_{23}$ | 151781$_{7}$ | 151783 | 151787 | 151789$_{11}$ | 151793$_{17}$ | 151799 | 151801$_{13}$ |
| 151807$_{31\cdot59\cdot83}$ | 151811$_{11\cdot37\cdot373}$ | 151813 | 151817 | 151819$_{157}$ | 151823$_{7\cdot23\cdot41}$ | 151829$_{19\cdot61\cdot131}$ | 151831$_{149}$ |
| 151837$_{7\cdot109\cdot199}$ | 151841 | 151843$_{317}$ | 151847 | 151849 | 151853$_{13}$ | 151859$_{181}$ | 151861$_{17}$ |
| 151867$_{19}$ | 151871 | 151873$_{29}$ | 151877$_{11}$ | 151879$_{7\cdot13}$ | 151883 | 151889$_{67}$ | 151891$_{193}$ |
| 151897 | 151901 | 151903 | 151907$_{7}$ | 151909 | 151913$_{73}$ | 151919$_{43}$ | 151921$_{7\cdot11}$ |
| 151927$_{139}$ | 151931$_{13\cdot29\cdot31}$ | 151933$_{137}$ | 151937 | 151939 | 151943$_{11\cdot19}$ | 151949$_{7}$ | 151951$_{47\cdot53\cdot61}$ |
| 151957$_{13}$ | 151961$_{23}$ | 151963$_{7\cdot17}$ | 151967 | 151969 | 151973$_{83}$ | 151979$_{379}$ | 151981$_{19}$ |
| 151987$_{11\cdot41\cdot337}$ | 151991$_{7}$ | 151993$_{31}$ | 151997$_{17}$ | 151999$_{97}$ | 152003 | 152009$_{11\cdot13}$ | 152011$_{71}$ |
| 152017 | 152021$_{281}$ | 152023$_{67}$ | 152027 | 152029 | 152033$_{7\cdot37}$ | 152039 | 152041 |
| 152047$_{7\cdot29\cdot107}$ | 152051$_{383}$ | 152053$_{11\cdot23}$ | 152057$_{19\cdot53\cdot151}$ | 152059$_{73}$ | 152063 | 152069$_{41}$ | 152071$_{241}$ |
| 152077 | 152081 | 152083 | 152087$_{13}$ | 152089$_{7}$ | 152093 | 152099$_{17\cdot23\cdot389}$ | 152101$_{89}$ |
| 152107$_{37}$ | 152111 | 152113$_{13}$ | 152117$_{7\cdot31}$ | 152119$_{11}$ | 152123 | 152129$_{149}$ | 152131$_{7\cdot103\cdot211}$ |
| 152137$_{167}$ | 152141$_{11}$ | 152143$_{353}$ | 152147 | 152149$_{233}$ | 152153$_{71}$ | 152159$_{7}$ | 152161$_{59}$ |
| 152167$_{17}$ | 152171$_{19}$ | 152173$_{7}$ | 152177$_{43}$ | 152179$_{31}$ | 152183 | 152189 | 152191$_{13\cdot23}$ |
| 152197 | 152201$_{7\cdot17}$ | 152203 | 152207$_{11\cdot101\cdot137}$ | 152209$_{19}$ | 152213 | 152219 | 152221$_{29\cdot181}$ |
| 152227$_{191}$ | 152231 | 152233$_{41\cdot47\cdot79}$ | 152237$_{23}$ | 152239 | 152243$_{7\cdot13\cdot239}$ | 152249 | 152251$_{11}$ |
| 152257$_{7}$ | 152261$_{107}$ | 152263$_{43}$ | 152267 | 152269$_{13\cdot17\cdot53}$ | 152273$_{11\cdot109\cdot127}$ | 152279$_{29\cdot59\cdot89}$ | 152281$_{197}$ |
| 152287 | 152291$_{67}$ | 152293 | 152297 | 152299$_{7}$ | 152303$_{17\cdot31}$ | 152309$_{223}$ | 152311 |
| 152317$_{11\cdot61\cdot227}$ | 152321$_{13}$ | 152323$_{19}$ | 152327$_{7\cdot47}$ | 152329$_{23\cdot37\cdot179}$ | 152333$_{347}$ | 152339$_{11}$ | 152341$_{7}$ |
| 152347$_{13}$ | 152351$_{73}$ | 152353$_{131}$ | 152357$_{251}$ | 152359$_{151}$ | 152363 | 152369$_{7}$ | 152371$_{17}$ |
| 152377 | 152381 | 152383$_{7\cdot11}$ | 152387$_{97}$ | 152389 | 152393 | 152399$_{13\cdot19}$ | 152401$_{257}$ |
| 152407 | 152411$_{7}$ | 152413$_{173}$ | 152417 | 152419 | 152423 | 152429 | 152431$_{313}$ |
| 152437$_{19\cdot71\cdot113}$ | 152441 | 152443 | 152447$_{157}$ | 152449$_{11}$ | 152453$_{7\cdot29}$ | 152459 | 152461 |

| | | | | | | | |
|---|---|---|---|---|---|---|---|
| 152467 7·23 | 152471 11·83·167 | 152473 17 | 152477 13·37·317 | 152479 41 | 152483 139 | 152489 31 | 152491 109 |
| 152497 73 | 152501 | 152503 13 | 152507 17 | 152509 7 | 152513 19·23·349 | 152519 | 152521 43 |
| 152527 127 | 152531 | 152533 | 152537 7·11·283 | 152539 | 152543 103 | 152549 79 | 152551 7·19·31·37 |
| 152557 373 | 152561 41·61 | 152563 | 152567 | 152569 29 | 152573 271 | 152579 7·71·307 | 152581 11·13·97 |
| 152587 53 | 152591 331 | 152593 7 | 152597 | 152599 | 152603 11 | 152609 17·47·191 | 152611 101 |
| 152617 | 152621 7 | 152623 | 152627 19·29·277 | 152629 | 152633 13·59·199 | 152639 | 152641 |
| 152647 11 | 152651 23 | 152653 293 | 152657 | 152659 13 | 152663 7·113·193 | 152669 11 | 152671 |
| 152677 7·17 | 152681 | 152683 61 | 152687 179 | 152689 107 | 152693 43·53·67 | 152699 37 | 152701 311 |
| 152707 79 | 152711 13·17 | 152713 11 | 152717 | 152719 7 | 152723 | 152729 | 152731 163 |
| 152737 13·31·379 | 152741 19 | 152743 23·29·229 | 152747 7 | 152749 103 | 152753 | 152759 173 | 152761 7·139·157 |
| 152767 | 152771 227 | 152773 37 | 152777 | 152779 11·17·19·43 | 152783 | 152789 7·13·23·73 | 152791 |
| 152797 47 | 152801 11·29 | 152803 7·83·263 | 152807 41 | 152809 | 152813 17·89·101 | 152819 | 152821 |
| 152827 67 | 152831 7 | 152833 | 152837 | 152839 | 152843 | 152849 353 | 152851 |
| 152857 | 152861 31 | 152863 71 | 152867 11·13 | 152869 59 | 152873 7 | 152879 | 152881 17·23 |
| 152887 7 | 152891 47 | 152893 13·19 | 152897 | 152899 | 152903 107 | 152909 | 152911 11 |
| 152917 29 | 152921 37 | 152923 31 | 152927 23·61·109 | 152929 7 | 152933 11 | 152939 | 152941 |
| 152947 | 152951 43 | 152953 | 152957 7 | 152959 | 152963 151 | 152969 19·83·97 | 152971 7·13·41 |
| 152977 11 | 152981 | 152983 17 | 152987 59 | 152989 | 152993 | 152999 7·11 | 153001 |
| 153007 19 | 153011 53 | 153013 7 | 153017 17 | 153019 23 | 153023 13·79·149 | 153029 137 | 153031 199 |
| 153037 43 | 153041 7 | 153043 11 | 153047 31 | 153049 13·61·193 | 153053 41 | 153059 | 153061 269 |
| 153067 | 153071 | 153073 | 153077 | 153079 47 | 153083 7·19 | 153089 | 153091 29 |
| 153097 7 | 153101 13 | 153103 283 | 153107 | 153109 11·31 | 153113 | 153119 17 | 153121 19 |
| 153127 13 | 153131 11 | 153133 | 153137 | 153139 7·131·167 | 153143 37 | 153149 29 | 153151 |
| 153157 23 | 153161 103 | 153163 97 | 153167 7 | 153169 89 | 153173 47 | 153179 13 | 153181 7·79·277 |
| 153187 17 | 153191 | 153193 307 | 153197 11·19 | 153199 239 | 153203 23 | 153209 7·43 | 153211 349 |
| 153217 37·41·101 | 153221 17 | 153223 7·53·59 | 153227 73 | 153229 67 | 153233 31 | 153239 293 | 153241 11 |
| 153247 | 153251 7 | 153253 331 | 153257 13 | 153259 | 153263 11 | 153269 | 153271 |
| 153277 | 153281 | 153283 13 | 153287 | 153289 17·71·127 | 153293 7·61·359 | 153299 41 | 153301 83 |
| 153307 7·11·181 | 153311 19 | 153313 | 153317 139 | 153319 | 153323 17·29·311 | 153329 11·53·263 | 153331 107 |
| 153337 | 153341 23·59·113 | 153343 | 153347 89 | 153349 7·19 | 153353 | 153359 | 153361 13·47·251 |
| 153367 103 | 153371 | 153373 11·73·191 | 153377 7 | 153379 | 153383 163 | 153389 157 | 153391 7·17 |
| 153397 211 | 153401 131 | 153403 179 | 153407 | 153409 | 153413 13 | 153419 7·31·101 | 153421 |
| 153427 | 153431 71 | 153433 7·23 | 153437 | 153439 11·13·29·37 | 153443 | 153449 | 153451 173 |
| 153457 | 153461 7·11 | 153463 19·41·197 | 153467 43·83 | 153469 | 153473 167 | 153479 23 | 153481 31 |
| 153487 | 153491 13 | 153493 17 | 153497 29·67·79 | 153499 | 153503 7 | 153509 | 153511 |
| 153517 7·13·241 | 153521 | 153523 | 153527 11·17 | 153529 | 153533 | 153539 19 | 153541 53 |
| 153547 233 | 153551 97 | 153553 43 | 153557 | 153559 7 | 153563 | 153569 13 | 153571 11·23 |
| 153577 19·59·137 | 153581 109 | 153583 383 | 153587 7·37 | 153589 | 153593 11 | 153599 269 | 153601 7 |
| 153607 | 153611 | 153613 29 | 153617 23 | 153619 149 | 153623 | 153629 7·17 | 153631 67 |
| 153637 11 | 153641 | 153643 7·47 | 153647 13·53·223 | 153649 | 153653 19 | 153659 11·61·229 | 153661 37 |
| 153667 31 | 153671 7·29 | 153673 13 | 153677 239 | 153679 227 | 153683 313 | 153689 | 153691 19 |
| 153697 17 | 153701 | 153703 11·89·157 | 153707 281 | 153709 23·41·163 | 153713 7 | 153719 | 153721 347 |
| 153727 7 | 153731 17 | 153733 | 153737 47 | 153739 | 153743 | 153749 | 153751 13 |
| 153757 | 153761 179 | 153763 | 153767 19 | 153769 7·11 | 153773 367 | 153779 103 | 153781 61 |
| 153787 29 | 153791 11·31·41 | 153793 113 | 153797 7·127·173 | 153799 17·83·109 | 153803 13 | 153809 37 | 153811 7·43·73 |
| 153817 | 153821 193 | 153823 101 | 153827 199 | 153829 13 | 153833 17 | 153839 7 | 153841 |
| 153847 23 | 153851 137 | 153853 7·31 | 153857 11·71·197 | 153859 53 | 153863 251 | 153869 151 | 153871 |
| 153877 | 153881 7·13·19·89 | 153883 37 | 153887 | 153889 | 153893 23 | 153899 67 | 153901 11·17 |
| 153907 13 | 153911 | 153913 | 153917 149 | 153919 19 | 153923 7·11 | 153929 | 153931 59 |
| 153937 7 | 153941 | 153943 257 | 153947 | 153949 | 153953 | 153959 13 | 153961 29 |
| 153967 11 | 153971 79 | 153973 107 | 153977 31 | 153979 7 | 153983 43 | 153989 11 | 153991 |
| 153997 | 154001 | 154003 17 | 154007 7 | 154009 337 | 154013 233 | 154019 29·47·113 | 154021 7 |
| 154027 | 154031 23·37·181 | 154033 11·19·67 | 154037 13·17·41 | 154039 31 | 154043 | 154049 7·59·373 | 154051 127 |
| 154057 | 154061 | 154063 7·13 | 154067 | 154069 43 | 154073 | 154079 | 154081 |
| 154087 | 154091 7 | 154093 223 | 154097 | 154099 11 | 154103 73 | 154109 19 | 154111 |
| 154117 229 | 154121 11 | 154123 23 | 154127 | 154129 79 | 154133 7·97·227 | 154139 17 | 154141 13·71·167 |
| 154147 7·19·61 | 154151 139 | 154153 | 154157 | 154159 | 154163 31 | 154169 23 | 154171 151 |
| 154177 53 | 154181 | 154183 | 154187 11·107·131 | 154189 7 | 154193 13·29 | 154199 271 | 154201 41 |
| 154207 17·47·193 | 154211 | 154213 | 154217 7 | 154219 13 | 154223 19 | 154229 | 154231 7·11 |
| 154237 89 | 154241 17·43·211 | 154243 | 154247 | 154249 73 | 154253 11·37·379 | 154259 7 | 154261 19·23·353 |
| 154267 | 154271 13 | 154273 7 | 154277 | 154279 | 154283 41·53·71 | 154289 277 | 154291 |
| 154297 11·13·83 | 154301 7·47·67 | 154303 | 154307 23 | 154309 17·29·313 | 154313 | 154319 11 | 154321 |
| 154327 37·43·97 | 154331 157 | 154333 | 154337 19 | 154339 | 154343 7·17 | 154349 13·31·383 | 154351 |
| 154357 7 | 154361 163 | 154363 11 | 154367 29 | 154369 | 154373 | 154379 317 | 154381 263 |
| 154387 | 154391 61 | 154393 181 | 154397 103 | 154399 7·23·137 | 154403 59 | 154409 | 154411 17·31·293 |
| 154417 | 154421 307 | 154423 | 154427 7·13 | 154429 11·101·139 | 154433 389 | 154439 | 154441 7 |
| 154447 41 | 154451 11·19 | 154453 13·109 | 154457 257 | 154459 | 154463 83 | 154469 7 | 154471 113 |
| 154477 179 | 154481 241 | 154483 7·29 | 154487 | 154489 19·47·173 | 154493 | 154499 43 | 154501 |
| 154507 367 | 154511 7 | 154513 17·61·149 | 154517 11 | 154519 191 | 154523 | 154529 41 | 154531 13 |
| 154537 23 | 154541 29·73 | 154543 | 154547 17 | 154549 37 | 154553 7 | 154559 127 | 154561 11 |
| 154567 7·71·311 | 154571 | 154573 | 154577 331 | 154579 | 154583 11·13·23·47 | 154589 | 154591 |
| 154597 31 | 154601 53 | 154603 19·79·103 | 154607 349 | 154609 7·13 | 154613 | 154619 | 154621 |
| 154627 11 | 154631 101 | 154633 239 | 154637 7 | 154639 59 | 154643 | 154649 11·17 | 154651 7 |
| 154657 29 | 154661 13 | 154663 211 | 154667 | 154669 | 154673 137 | 154679 7·19 | 154681 |
| 154687 13·73·163 | 154691 | 154693 7·11·41 | 154697 37·113 | 154699 | 154703 67 | 154709 71 | 154711 131 |
| 154717 17·19 | 154721 7·23·31 | 154723 | 154727 | 154729 359 | 154733 | 154739 13 | 154741 271 |
| 154747 | 154751 17 | 154753 | 154757 43·59·61 | 154759 11 | 154763 7 | 154769 | 154771 37·47·89 |
| 154777 7 | 154781 11 | 154783 31 | 154787 | 154789 | 154793 19 | 154799 | 154801 283 |
| 154807 | 154811 149 | 154813 23·53·127 | 154817 13 | 154819 7·17 | 154823 | 154829 107 | 154831 19·29·281 |
| 154837 67 | 154841 | 154843 13·43·277 | 154847 7·11 | 154849 | 154853 17 | 154859 23 | 154861 7 |
| 154867 251 | 154871 | 154873 | 154877 | 154879 61 | 154883 | 154889 7·29·109 | 154891 11 |
| 154897 | 154901 191 | 154903 7 | 154907 19·31·263 | 154909 97 | 154913 11 | 154919 37·53·79 | 154921 13·17 |

| | | | | | | | |
|---|---|---|---|---|---|---|---|
| 154927 | $154931_{7}$ | 154933 | 154937 | $154939_{41}$ | 154943 | $154949_{89}$ | $154951_{23}$ |
| $154957_{11}$ | $154961_{83}$ | $154963_{241}$ | $154967_{353}$ | $154969_{31}$ | $154973_{7\cdot13\cdot131}$ | $154979_{11\cdot73\cdot193}$ | 154981 |
| $154987_{7}$ | 154991 | $154993_{37\cdot59\cdot71}$ | $154997_{23\cdot293}$ | $154999_{13}$ | 155003 | 155009 | $155011_{379}$ |
| 155017 | $155021_{19\cdot41\cdot199}$ | $155023_{11\cdot17}$ | 155027 | $155029_{7}$ | $155033_{229}$ | $155039_{197}$ | $155041_{227}$ |
| 155047 | $155051_{13}$ | $155053_{47}$ | $155057_{7\cdot17}$ | $155059_{19}$ | $155063_{29}$ | 155069 | $155071_{7}$ |
| $155077_{13\cdot79\cdot151}$ | 155081 | 155083 | 155087 | $155089_{11\cdot23}$ | $155093_{31}$ | $155099_{7}$ | $155101_{43}$ |
| $155107_{109}$ | $155111_{11\cdot59\cdot239}$ | $155113_{7}$ | $155117_{181}$ | 155119 | $155123_{61}$ | $155129_{13}$ | $155131_{53}$ |
| 155137 | $155141_{7\cdot37}$ | $155143_{167}$ | $155147_{47}$ | $155149_{113}$ | 155153 | $155159_{17}$ | 155161 |
| 155167 | 155171 | $155173_{19}$ | $155177_{11}$ | $155179_{29}$ | $155183_{7}$ | $155189_{311}$ | 155191 |
| $155197_{7}$ | 155201 | 155203 | $155207_{13}$ | 155209 | $155213_{269}$ | 155219 | $155221_{11\cdot103\cdot137}$ |
| $155227_{17\cdot23}$ | 155231 | $155233_{13}$ | $155237_{29\cdot53\cdot101}$ | $155239_{7\cdot67\cdot331}$ | $155243_{11}$ | $155249_{19}$ | 155251 |
| $155257_{107}$ | $155261_{17}$ | $155263_{139}$ | $155267_{7\cdot41}$ | 155269 | $155273_{23\cdot43\cdot157}$ | $155279_{31}$ | $155281_{7}$ |
| $155287_{11\cdot19}$ | 155291 | $155293_{83}$ | $155297_{97}$ | 155299 | 155303 | $155309_{7\cdot11}$ | $155311_{13}$ |
| 155317 | $155321_{127}$ | $155323_{7}$ | 155327 | $155329_{17}$ | 155333 | $155339_{163}$ | $155341_{31}$ |
| $155347_{59}$ | $155351_{7}$ | $155353_{11\cdot29}$ | $155357_{337}$ | $155359_{43}$ | $155363_{13\cdot17\cdot19\cdot37}$ | $155369_{251}$ | 155371 |
| 155377 | 155381 | 155383 | 155387 | $155389_{13}$ | $155393_{7\cdot79\cdot281}$ | 155399 | $155401_{19}$ |
| $155407_{7\cdot149}$ | $155411_{23\cdot29\cdot233}$ | 155413 | $155417_{73}$ | $155419_{11\cdot71\cdot199}$ | 155423 | $155429_{47}$ | $155431_{17\cdot41\cdot223}$ |
| $155437_{37}$ | $155441_{11\cdot13}$ | 155443 | $155447_{359}$ | $155449_{7\cdot53}$ | 155453 | $155459_{83}$ | 155461 |
| $155467_{13}$ | $155471_{107}$ | 155473 | $155477_{7\cdot19\cdot167}$ | $155479_{181}$ | $155483_{89}$ | $155489_{61}$ | $155491_{7\cdot97\cdot229}$ |
| $155497_{131}$ | 155501 | $155503_{23}$ | $155507_{11\cdot67\cdot211}$ | 155509 | $155513_{41}$ | $155519_{7\cdot13}$ | 155521 |
| $155527_{29\cdot31\cdot173}$ | $155531_{43}$ | $155533_{7\cdot17}$ | 155537 | 155539 | $155543_{109}$ | $155549_{23}$ | $155551_{11\cdot79\cdot179}$ |
| 155557 | $155561_{7\cdot71\cdot313}$ | $155563_{73}$ | $155567_{17}$ | 155569 | $155573_{11}$ | 155579 | 155581 |
| $155587_{157}$ | $155591_{19}$ | 155593 | $155597_{13}$ | 155599 | $155603_{7}$ | 155609 | $155611_{61}$ |
| $155617_{7\cdot11\cdot43\cdot47}$ | 155621 | $155623_{13}$ | 155627 | $155629_{19}$ | $155633_{103}$ | $155639_{11}$ | $155641_{23\cdot67\cdot101}$ |
| $155647_{317}$ | $155651_{31}$ | 155653 | 155657 | $155659_{7\cdot37}$ | 155663 | $155669_{17}$ | 155671 |
| $155677_{41}$ | $155681_{151}$ | $155683_{11}$ | $155687_{7\cdot23}$ | 155689 | 155693 | 155699 | $155701_{7\cdot13\cdot29\cdot59}$ |
| 155707 | $155711_{47}$ | $155713_{31}$ | 155717 | 155719 | 155723 | $155729_{7}$ | 155731 |
| $155737_{17}$ | 155741 | $155743_{7\cdot19}$ | 155747 | $155749_{11}$ | $155753_{13}$ | $155759_{29\cdot41\cdot131}$ | $155761_{109}$ |
| $155767_{53}$ | $155771_{7\cdot11\cdot17}$ | 155773 | 155777 | $155779_{13\cdot23}$ | 155783 | $155789_{43}$ | $155791_{83}$ |
| 155797 | 155801 | $155803_{347}$ | $155807_{37}$ | 155809 | $155813_{7}$ | $155819_{19\cdot59\cdot139}$ | 155821 |
| $155827_{7\cdot113\cdot197}$ | $155831_{13}$ | 155833 | $155837_{11\cdot31}$ | $155839_{17\cdot89\cdot103}$ | $155843_{101}$ | 155849 | 155851 |
| $155857_{13\cdot19}$ | 155861 | 155863 | $155867_{79}$ | $155869_{7}$ | $155873_{17\cdot53\cdot173}$ | $155879_{97}$ | $155881_{11\cdot37\cdot383}$ |
| 155887 | 155891 | 155893 | $155897_{7}$ | $155899_{31\cdot47\cdot107}$ | $155903_{11}$ | $155909_{13\cdot67\cdot179}$ | $155911_{7}$ |
| $155917_{23}$ | 155921 | $155923_{41}$ | $155927_{241}$ | $155929_{211}$ | $155933_{19\cdot29\cdot283}$ | $155939_{7}$ | $155941_{17}$ |
| $155947_{11}$ | $155951_{277}$ | $155953_{7}$ | $155957_{83}$ | $155959_{263}$ | $155963_{23}$ | $155969_{11}$ | $155971_{19}$ |
| $155977_{61}$ | $155981_{7}$ | $155983_{151}$ | $155987_{13\cdot71}$ | $155989_{389}$ | $155993_{47}$ | $155999_{257}$ | $156001_{73}$ |
| 156007 | 156011 | $156013_{11\cdot13}$ | $156017_{89}$ | 156019 | $156023_{7\cdot31}$ | $156029_{37}$ | $156031_{337}$ |
| $156037_{7}$ | 156041 | $156043_{17\cdot67\cdot137}$ | $156047_{19\cdot43\cdot191}$ | $156049_{29}$ | $156053_{113}$ | 156059 | 156061 |
| $156067_{239}$ | 156071 | $156073_{97}$ | $156077_{17}$ | $156079_{7\cdot11}$ | $156083_{127}$ | 156089 | $156091_{13}$ |
| $156097_{139}$ | $156101_{11\cdot23}$ | $156103_{37}$ | $156107_{7\cdot29}$ | 156109 | $156113_{107}$ | 156119 | $156121_{7}$ |
| 156127 | 156131 | $156133_{43}$ | $156137_{193}$ | 156139 | $156143_{13}$ | $156149_{7}$ | 156151 |
| 156157 | $156161_{19}$ | $156163_{7}$ | $156167_{11}$ | $156169_{13\cdot41\cdot293}$ | $156173_{59}$ | $156179_{17}$ | $156181_{47}$ |
| $156187_{313}$ | $156191_{7\cdot53}$ | $156193_{23}$ | $156197_{109}$ | $156199_{19}$ | $156203_{181}$ | $156209_{31}$ | $156211_{11}$ |
| 156217 | $156221_{13\cdot61\cdot197}$ | $156223_{29}$ | 156227 | 156229 | $156233_{7\cdot11}$ | $156239_{23}$ | 156241 |
| $156247_{7\cdot13\cdot17\cdot101}$ | $156251_{37\cdot41\cdot103}$ | 156253 | 156257 | 156259 | $156263_{307}$ | 156269 | $156271_{31\cdot71}$ |
| $156277_{11}$ | $156281_{17\cdot29\cdot317}$ | $156283_{131}$ | $156287_{373}$ | $156289_{7\cdot83\cdot269}$ | $156293_{73}$ | $156299_{11\cdot13}$ | $156301_{149}$ |
| 156307 | $156311_{67}$ | $156313_{19}$ | $156317_{7\cdot137\cdot163}$ | 156319 | $156323_{223}$ | 156329 | $156331_{7\cdot23}$ |
| $156337_{127}$ | $156341_{79}$ | $156343_{11\cdot61\cdot233}$ | 156347 | $156349_{17}$ | 156353 | $156359_{7}$ | 156361 |
| $156367_{271}$ | 156371 | $156373_{7\cdot89\cdot251}$ | $156377_{13\cdot23}$ | $156379_{353}$ | $156383_{17}$ | $156389_{19}$ | $156391_{43}$ |
| $156397_{29}$ | $156401_{7}$ | $156403_{13\cdot53\cdot227}$ | $156407_{229}$ | $156409_{11\cdot59\cdot241}$ | $156413_{71}$ | 156419 | 156421 |
| $156427_{19}$ | $156431_{11}$ | $156433_{311}$ | 156437 | $156439_{73}$ | $156443_{7}$ | $156449_{101}$ | $156451_{17}$ |
| $156457_{7\cdot31\cdot103}$ | $156461_{97}$ | $156463_{47}$ | 156467 | $156469_{23}$ | $156473_{37}$ | $156479_{167}$ | $156481_{13}$ |
| 156487 | 156491 | 156493 | $156497_{11\cdot41\cdot347}$ | $156499_{7\cdot79\cdot283}$ | $156503_{19}$ | $156509_{53}$ | 156511 |
| $156517_{281}$ | 156521 | $156523_{193}$ | $156527_{7\cdot59\cdot379}$ | $156529_{157}$ | $156533_{13}$ | 156539 | $156541_{7\cdot11\cdot19\cdot107}$ |
| $156547_{37}$ | $156551_{89}$ | $156553_{17}$ | $156557_{47}$ | $156559_{13}$ | $156563_{11\cdot43\cdot331}$ | $156569_{7}$ | $156571_{29}$ |
| 156577 | $156581_{31}$ | $156583_{7}$ | $156587_{17\cdot61\cdot151}$ | 156589 | 156593 | $156599_{149}$ | 156601 |
| $156607_{11\cdot23}$ | $156611_{7\cdot13}$ | $156613_{199}$ | $156617_{19}$ | 156619 | 156623 | $156629_{11\cdot29}$ | 156631 |
| $156637_{13}$ | 156641 | $156643_{31\cdot163}$ | $156647_{383}$ | $156649_{43}$ | $156653_{7\cdot23\cdot139}$ | 156659 | $156661_{41}$ |
| $156667_{7}$ | 156671 | $156673_{11}$ | 156677 | 156679 | 156683 | $156689_{13\cdot17}$ | 156691 |
| $156697_{71}$ | $156701_{349}$ | 156703 | 156707 | $156709_{7\cdot61\cdot367}$ | $156713_{67}$ | 156719 | $156721_{53}$ |
| 156727 | $156731_{19\cdot73\cdot113}$ | 156733 | $156737_{7}$ | $156739_{11}$ | $156743_{41}$ | 156749 | $156751_{7}$ |
| $156757_{17}$ | $156761_{11}$ | $156763_{59}$ | $156767_{13\cdot31\cdot389}$ | $156769_{19\cdot37\cdot223}$ | $156773_{211}$ | $156779_{7}$ | 156781 |
| $156787_{83}$ | $156791_{17\cdot23}$ | $156793_{7\cdot13}$ | 156797 | 156799 | $156803_{29}$ | $156809_{233}$ | $156811_{191}$ |
| 156817 | $156821_{7\cdot43}$ | 156823 | $156827_{11\cdot53\cdot269}$ | $156829_{31}$ | 156833 | $156839_{47\cdot71}$ | 156841 |
| $156847_{67}$ | $156851_{109}$ | $156853_{101}$ | $156857_{227}$ | $156859_{17}$ | $156863_{7}$ | $156869_{103}$ | $156871_{11\cdot13}$ |
| $156877_{7\cdot73\cdot307}$ | $156881_{59}$ | $156883_{19\cdot23\cdot359}$ | 156887 | $156889_{151}$ | $156893_{11\cdot17}$ | 156899 | 156901 |
| $156907_{41\cdot43\cdot89}$ | $156911_{173}$ | 156913 | $156917_{37}$ | $156919_{7\cdot29}$ | $156923_{13}$ | $156929_{23}$ | $156931_{139}$ |
| $156937_{11}$ | 156941 | 156943 | $156947_{7}$ | $156949_{13}$ | $156953_{31\cdot61\cdot83}$ | $156959_{11\cdot19}$ | $156961_{7\cdot17}$ |
| 156967 | 156971 | $156973_{79}$ | $156977_{29}$ | 156979 | $156983_{179}$ | $156989_{7\cdot41}$ | $156991_{37}$ |
| $156997_{19}$ | $157001_{13}$ | $157003_{7\cdot11}$ | 157007 | $157009_{197}$ | 157013 | 157019 | $157021_{23}$ |
| $157027_{13\cdot47\cdot257}$ | $157031_{7}$ | $157033_{373}$ | 157037 | $157039_{53}$ | $157043_{97}$ | 157049 | 157051 |
| 157057 | 157061 | $157063_{17}$ | $157067_{23}$ | $157069_{11\cdot109\cdot131}$ | $157073_{7\cdot19}$ | $157079_{13\cdot43\cdot281}$ | 157081 |
| $157087_{7}$ | $157091_{11}$ | $157093_{29}$ | $157097_{17}$ | $157099_{127}$ | 157103 | 157109 | $157111_{19}$ |
| $157117_{59}$ | $157121_{47}$ | $157123_{71}$ | 157127 | $157129_{7}$ | 157133 | $157139_{31\cdot37\cdot137}$ | 157141 |
| $157147_{167}$ | $157151_{29}$ | $157153_{41}$ | $157157_{7\cdot11\cdot13\cdot157}$ | $157159_{23}$ | 157163 | $157169_{73}$ | $157171_{7}$ |
| 157177 | 157181 | $157183_{13\cdot107\cdot113}$ | $157187_{19}$ | 157189 | $157193_{191}$ | $157199_{7\cdot17}$ | $157201_{11\cdot31}$ |
| 157207 | 157211 | $157213_{7\cdot37}$ | 157217 | 157219 | $157223_{11}$ | 157229 | 157231 |
| $157237_{97}$ | $157241_{7}$ | 157243 | 157247 | $157249_{67}$ | 157253 | 157259 | $157261_{13}$ |
| $157267_{11\cdot17\cdot29}$ | 157271 | 157273 | 157277 | 157279 | $157283_{7}$ | $157289_{11\cdot79\cdot181}$ | 157291 |
| $157297_{7\cdot23}$ | $157301_{17\cdot19}$ | 157303 | 157307 | $157309_{47}$ | $157313_{13}$ | $157319_{61}$ | 157321 |
| 157327 | $157331_{131}$ | $157333_{11}$ | $157337_{43}$ | $157339_{7\cdot13\cdot19}$ | $157343_{23}$ | 157349 | 157351 |
| $157357_{53}$ | $157361_{37}$ | 157363 | $157367_{7}$ | $157369_{17}$ | $157373_{241}$ | $157379_{337}$ | $157381_{7}$ |

| | | | | | | | |
|---|---|---|---|---|---|---|---|
| 157387$_{31}$ | 157391$_{13}$ | 157393 | 157397$_{107}$ | 157399$_{11\cdot 41\cdot 349}$ | 157403$_{17\cdot 47\cdot 197}$ | 157409$_{7\cdot 113\cdot 199}$ | 157411 |
| 157417$_{13}$ | 157421$_{11}$ | 157423$_{7\cdot 43}$ | 157427 | 157429 | 157433 | 157439$_{313}$ | 157441$_{29\cdot 61\cdot 89}$ |
| 157447$_{79}$ | 157451$_{7\cdot 83\cdot 271}$ | 157453$_{19}$ | 157457 | 157459$_{101}$ | 157463$_{53}$ | 157469$_{13}$ | 157471$_{17\cdot 59\cdot 157}$ |
| 157477 | 157481$_{23\cdot 41\cdot 167}$ | 157483 | 157487$_{11\cdot 103\cdot 139}$ | 157489 | 157493$_{7\cdot 149\cdot 151}$ | 157499$_{29}$ | 157501$_{239}$ |
| 157507$_{7}$ | 157511$_{31}$ | 157513 | 157517$_{67}$ | 157519 | 157523 | 157529$_{19}$ | 157531$_{11}$ |
| 157537$_{263}$ | 157541$_{257}$ | 157543 | 157547$_{13}$ | 157549$_{7\cdot 71\cdot 317}$ | 157553$_{11}$ | 157559 | 157561 |
| 157567$_{19}$ | 157571 | 157573$_{13\cdot 17\cdot 23\cdot 31}$ | 157577$_{7}$ | 157579 | 157583$_{37}$ | 157589$_{59}$ | 157591$_{7\cdot 47}$ |
| 157597$_{11}$ | 157601$_{359}$ | 157603$_{173}$ | 157607$_{17\cdot 73\cdot 127}$ | 157609$_{397}$ | 157613$_{277}$ | 157619$_{7\cdot 11\cdot 23\cdot 89}$ | 157621$_{163}$ |
| 157627 | 157631$_{283}$ | 157633$_{7}$ | 157637 | 157639 | 157643$_{19}$ | 157649 | 157651$_{13\cdot 67\cdot 181}$ |
| 157657$_{37}$ | 157661$_{7\cdot 101\cdot 223}$ | 157663$_{11}$ | 157667 | 157669 | 157673$_{29}$ | 157679 | 157681$_{19\cdot 43\cdot 193}$ |
| 157687$_{137}$ | 157691$_{71}$ | 157693$_{103}$ | 157697$_{31}$ | 157699$_{179}$ | 157703$_{7\cdot 13}$ | 157709$_{17}$ | 157711$_{23}$ |
| 157717$_{7}$ | 157721 | 157723$_{109}$ | 157727$_{41}$ | 157729$_{11\cdot 13}$ | 157733 | 157739 | 157741$_{233}$ |
| 157747 | 157751$_{11}$ | 157753$_{73}$ | 157757$_{19\cdot 23}$ | 157759$_{7\cdot 31}$ | 157763$_{79}$ | 157769 | 157771 |
| 157777$_{17}$ | 157781$_{13\cdot 53\cdot 229}$ | 157783$_{83}$ | 157787$_{7}$ | 157789$_{29}$ | 157793 | 157799 | 157801$_{7}$ |
| 157807$_{13\cdot 61\cdot 199}$ | 157811$_{17}$ | 157813 | 157817$_{11}$ | 157819$_{97}$ | 157823 | 157829$_{7}$ | 157831 |
| 157837 | 157841 | 157843$_{7}$ | 157847$_{29}$ | 157849$_{23}$ | 157853$_{43}$ | 157859$_{13}$ | 157861$_{11\cdot 113\cdot 127}$ |
| 157867 | 157871$_{7\cdot 19}$ | 157873$_{47}$ | 157877 | 157879$_{17\cdot 37\cdot 251}$ | 157883$_{11\cdot 31}$ | 157889 | 157891$_{41}$ |
| 157897 | 157901 | 157903$_{269}$ | 157907 | 157909$_{19}$ | 157913$_{7\cdot 17}$ | 157919$_{67}$ | 157921$_{79}$ |
| 157927$_{7\cdot 11\cdot 293}$ | 157931 | 157933 | 157937$_{13}$ | 157939$_{43}$ | 157943$_{59}$ | 157949$_{11\cdot 83\cdot 173}$ | 157951 |
| 157957$_{191}$ | 157961$_{137}$ | 157963$_{13\cdot 29}$ | 157967$_{47}$ | 157969$_{7}$ | 157973$_{41}$ | 157979$_{239}$ | 157981$_{17}$ |
| 157987$_{23}$ | 157991 | 157993$_{11\cdot 53\cdot 271}$ | 157997$_{7}$ | 157999 | 158003 | 158009 | 158011$_{7}$ |
| 158017 | 158021$_{29}$ | 158023$_{19}$ | 158027$_{37}$ | 158029 | 158033$_{23}$ | 158039$_{7\cdot 107\cdot 211}$ | 158041$_{13}$ |
| 158047 | 158051$_{61}$ | 158053$_{7\cdot 67\cdot 337}$ | 158057$_{179}$ | 158059$_{11}$ | 158063$_{263}$ | 158069$_{31}$ | 158071 |
| 158077 | 158081$_{7\cdot 11}$ | 158083$_{17}$ | 158087$_{113}$ | 158089$_{149}$ | 158093$_{13}$ | 158099$_{19\cdot 53\cdot 157}$ | 158101$_{37}$ |
| 158107$_{223}$ | 158111$_{43}$ | 158113 | 158117$_{17\cdot 71\cdot 131}$ | 158119$_{13}$ | 158123$_{7}$ | 158129 | 158131$_{31}$ |
| 158137$_{7\cdot 19\cdot 29\cdot 41}$ | 158141 | 158143 | 158147$_{11}$ | 158149$_{167}$ | 158153$_{89}$ | 158159$_{109}$ | 158161 |
| 158167$_{277}$ | 158171$_{13\cdot 23}$ | 158173$_{61}$ | 158177$_{367}$ | 158179$_{7\cdot 59\cdot 383}$ | 158183$_{317}$ | 158189 | 158191$_{11\cdot 73\cdot 197}$ |
| 158197$_{13\cdot 43\cdot 283}$ | 158201 | 158203$_{281}$ | 158207$_{7\cdot 97\cdot 233}$ | 158209 | 158213$_{11\cdot 19}$ | 158219$_{17\cdot 41\cdot 227}$ | 158221$_{7}$ |
| 158227 | 158231 | 158233 | 158237$_{79}$ | 158239$_{229}$ | 158243 | 158249$_{7\cdot 13\cdot 37\cdot 47}$ | 158251$_{19}$ |
| 158257$_{11}$ | 158261 | 158263$_{7\cdot 23}$ | 158267$_{101}$ | 158269 | 158273$_{163}$ | 158279$_{11}$ | 158281$_{83}$ |
| 158287$_{17}$ | 158291$_{7}$ | 158293 | 158297$_{59}$ | 158299$_{311}$ | 158303 | 158309$_{23}$ | 158311$_{29\cdot 53\cdot 103}$ |
| 158317$_{31}$ | 158321$_{17\cdot 67\cdot 139}$ | 158323$_{11\cdot 37\cdot 389}$ | 158327$_{13\cdot 19}$ | 158329 | 158333$_{7}$ | 158339$_{191}$ | 158341 |
| 158347$_{7}$ | 158351 | 158353$_{13}$ | 158357 | 158359 | 158363 | 158369$_{29\cdot 43\cdot 127}$ | 158371 |
| 158377$_{109}$ | 158381$_{251}$ | 158383$_{41}$ | 158387$_{149}$ | 158389$_{7\cdot 11\cdot 17}$ | 158393 | 158399$_{151}$ | 158401$_{23\cdot 71\cdot 97}$ |
| 158407 | 158411$_{11}$ | 158413$_{157}$ | 158417$_{7\cdot 53\cdot 61}$ | 158419 | 158423$_{17}$ | 158429 | 158431$_{7\cdot 13}$ |
| 158437$_{47}$ | 158441$_{19\cdot 31\cdot 269}$ | 158443 | 158447$_{23\cdot 83}$ | 158449 | 158453$_{193}$ | 158459$_{7}$ | 158461$_{211}$ |
| 158467$_{107}$ | 158471$_{37}$ | 158473$_{7}$ | 158477$_{11}$ | 158479$_{19}$ | 158483$_{13\cdot 73\cdot 167}$ | 158489 | 158491$_{17}$ |
| 158497$_{353}$ | 158501$_{7}$ | 158503$_{31}$ | 158507 | 158509$_{13\cdot 89\cdot 137}$ | 158513$_{293}$ | 158519 | 158521$_{11}$ |
| 158527 | 158531$_{47}$ | 158533$_{59}$ | 158537 | 158539$_{23\cdot 61\cdot 113}$ | 158543$_{7\cdot 11\cdot 29\cdot 71}$ | 158549$_{331}$ | 158551 |
| 158557$_{7}$ | 158561$_{13}$ | 158563 | 158567 | 158569$_{257}$ | 158573 | 158579$_{347}$ | 158581 |
| 158587$_{11\cdot 13}$ | 158591 | 158593$_{17\cdot 19}$ | 158597 | 158599$_{7\cdot 139\cdot 163}$ | 158603$_{199}$ | 158609$_{11}$ | 158611 |
| 158617 | 158621 | 158623$_{127}$ | 158627$_{7\cdot 17\cdot 31\cdot 43}$ | 158629$_{41\cdot 53\cdot 73}$ | 158633 | 158639$_{13}$ | 158641$_{7\cdot 131\cdot 173}$ |
| 158647 | 158651$_{59}$ | 158653$_{11}$ | 158657 | 158659$_{29}$ | 158663 | 158669$_{7\cdot 19}$ | 158671$_{101}$ |
| 158677$_{23}$ | 158681$_{107}$ | 158683$_{7}$ | 158687$_{89}$ | 158689$_{31}$ | 158693$_{37}$ | 158699 | 158701$_{151}$ |
| 158707$_{19}$ | 158711$_{7\cdot 41\cdot 79}$ | 158713$_{43}$ | 158717$_{13\cdot 29}$ | 158719$_{11\cdot 47\cdot 307}$ | 158723$_{23\cdot 67\cdot 103}$ | 158729$_{17}$ | 158731 |
| 158737$_{181}$ | 158741$_{11}$ | 158743$_{13}$ | 158747 | 158749 | 158753$_{7}$ | 158759 | 158761 |
| 158767$_{7\cdot 37}$ | 158771 | 158773$_{179}$ | 158777 | 158779$_{83}$ | 158783$_{19\cdot 61\cdot 137}$ | 158789$_{97}$ | 158791 |
| 158797$_{17}$ | 158801$_{379}$ | 158803 | 158807$_{11}$ | 158809$_{7}$ | 158813$_{31\cdot 47\cdot 109}$ | 158819$_{241}$ | 158821$_{13\cdot 19}$ |
| 158827$_{71}$ | 158831$_{17}$ | 158833$_{29}$ | 158837$_{7}$ | 158839$_{193}$ | 158843 | 158849 | 158851$_{7\cdot 11}$ |
| 158857$_{67}$ | 158861$_{23}$ | 158863 | 158867 | 158869$_{79}$ | 158873$_{11\cdot 13\cdot 101}$ | 158879$_{7}$ | 158881 |
| 158887$_{59}$ | 158891$_{29}$ | 158893$_{7}$ | 158897$_{19}$ | 158899$_{13\cdot 17}$ | 158903$_{131}$ | 158909 | 158911$_{367}$ |
| 158917$_{11}$ | 158921$_{7\cdot 73\cdot 311}$ | 158923 | 158927 | 158929$_{103}$ | 158933$_{17}$ | 158939$_{11}$ | 158941 |
| 158947$_{53}$ | 158951$_{13}$ | 158953$_{23}$ | 158957$_{41}$ | 158959 | 158963$_{7}$ | 158969$_{71}$ | 158971$_{43}$ |
| 158977$_{7\cdot 13}$ | 158981 | 158983$_{11\cdot 97\cdot 149}$ | 158987$_{173}$ | 158989$_{37}$ | 158993 | 158999$_{23\cdot 31\cdot 223}$ | 159001$_{17\cdot 47\cdot 199}$ |
| 159007$_{29}$ | 159011$_{19}$ | 159013 | 159017 | 159019$_{7}$ | 159023 | 159029$_{13}$ | 159031$_{109}$ |
| 159037$_{359}$ | 159041$_{157}$ | 159043$_{89}$ | 159047$_{7}$ | 159049$_{11\cdot 19}$ | 159053$_{53}$ | 159059 | 159061$_{7\cdot 31}$ |
| 159067$_{73}$ | 159071$_{11}$ | 159073 | 159077$_{271}$ | 159079 | 159083$_{257}$ | 159089$_{7}$ | 159091$_{23}$ |
| 159097 | 159101$_{389}$ | 159103$_{7\cdot 17\cdot 191}$ | 159107$_{13}$ | 159109$_{107}$ | 159113 | 159119 | 159121$_{41}$ |
| 159127$_{227}$ | 159131$_{7\cdot 127\cdot 179}$ | 159133$_{13}$ | 159137$_{11\cdot 17\cdot 23\cdot 37}$ | 159139$_{233}$ | 159143$_{43}$ | 159149$_{61}$ | 159151$_{167}$ |
| 159157 | 159161 | 159163$_{19}$ | 159167 | 159169 | 159173$_{7}$ | 159179 | 159181$_{11\cdot 29}$ |
| 159187$_{7}$ | 159191 | 159193 | 159197$_{397}$ | 159199 | 159203$_{11\cdot 41\cdot 353}$ | 159209 | 159211$_{13\cdot 37\cdot 331}$ |
| 159217$_{113}$ | 159221$_{89}$ | 159223 | 159227 | 159229$_{7\cdot 23\cdot 43}$ | 159233 | 159239$_{17\cdot 19\cdot 29}$ | 159241$_{59}$ |
| 159247$_{11\cdot 31}$ | 159251$_{163}$ | 159253$_{71}$ | 159257$_{7}$ | 159259$_{67}$ | 159263$_{13}$ | 159269$_{11}$ | 159271$_{7\cdot 61\cdot 373}$ |
| 159277$_{19\cdot 83\cdot 101}$ | 159281$_{149}$ | 159283$_{47}$ | 159287 | 159289$_{13}$ | 159293 | 159299$_{7}$ | 159301$_{241}$ |
| 159307$_{17}$ | 159311 | 159313$_{7\cdot 11}$ | 159317$_{313}$ | 159319 | 159323$_{107}$ | 159329$_{283}$ | 159331$_{137}$ |
| 159337 | 159341$_{7\cdot 13\cdot 17\cdot 103}$ | 159343$_{79}$ | 159347 | 159349 | 159353$_{19}$ | 159359$_{37\cdot 59\cdot 73}$ | 159361 |
| 159367$_{13\cdot 23\cdot 41}$ | 159371$_{31\cdot 53\cdot 97}$ | 159373$_{197}$ | 159377$_{47}$ | 159379$_{11}$ | 159383$_{7}$ | 159389 | 159391$_{19}$ |
| 159397$_{7}$ | 159401$_{11\cdot 43\cdot 337}$ | 159403 | 159407 | 159409$_{17}$ | 159413$_{23\cdot 29\cdot 239}$ | 159419$_{13}$ | 159421 |
| 159427$_{131}$ | 159431 | 159433$_{31\cdot 37\cdot 139}$ | 159437 | 159439$_{7}$ | 159443$_{17\cdot 83\cdot 113}$ | 159449$_{41}$ | 159451$_{317}$ |
| 159457 | 159461$_{181}$ | 159463 | 159467$_{7\cdot 11\cdot 19\cdot 109}$ | 159469 | 159473 | 159479$_{101}$ | 159481$_{7}$ |
| 159487$_{43}$ | 159491 | 159493$_{349}$ | 159497$_{13}$ | 159499 | 159503 | 159509$_{7}$ | 159511$_{11\cdot 17}$ |
| 159517$_{269}$ | 159521 | 159523$_{7\cdot 13}$ | 159527$_{67}$ | 159529$_{29}$ | 159533$_{11}$ | 159539 | 159541 |
| 159547$_{103}$ | 159551$_{7\cdot 23}$ | 159553 | 159557$_{31}$ | 159559$_{379}$ | 159563 | 159569 | 159571 |
| 159577$_{11\cdot 89\cdot 163}$ | 159581$_{19\cdot 37\cdot 227}$ | 159583$_{53}$ | 159587$_{29}$ | 159589 | 159593$_{7}$ | 159599$_{11}$ | 159601$_{13}$ |
| 159607$_{7\cdot 151}$ | 159611$_{193}$ | 159613$_{17\cdot 41\cdot 229}$ | 159617 | 159619$_{19\cdot 31\cdot 271}$ | 159623 | 159629 | 159631 |
| 159637$_{61}$ | 159641$_{263}$ | 159643$_{11\cdot 23}$ | 159647$_{17}$ | 159649$_{7}$ | 159653$_{13}$ | 159659$_{43\cdot 47\cdot 79}$ | 159661$_{67}$ |
| 159667 | 159671 | 159673 | 159677$_{7}$ | 159679$_{13\cdot 71\cdot 173}$ | 159683 | 159689$_{23\cdot 53\cdot 131}$ | 159691$_{7}$ |
| 159697 | 159701 | 159703$_{29}$ | 159707 | 159709$_{11}$ | 159713$_{59}$ | 159719$_{7}$ | 159721 |
| 159727$_{211}$ | 159731$_{11\cdot 13}$ | 159733$_{7\cdot 19}$ | 159737 | 159739 | 159743$_{31}$ | 159749$_{17}$ | 159751$_{107}$ |
| 159757$_{13}$ | 159761$_{7\cdot 29}$ | 159763 | 159767$_{197}$ | 159769 | 159773 | 159779 | 159781$_{23}$ |
| 159787 | 159791 | 159793 | 159797$_{11\cdot 73\cdot 199}$ | 159799 | 159803$_{7\cdot 37}$ | 159809$_{13\cdot 19}$ | 159811 |
| 159817$_{7\cdot 17\cdot 79}$ | 159821$_{71}$ | 159823$_{181}$ | 159827$_{23}$ | 159829$_{277}$ | 159833 | 159839 | 159841$_{11}$ |

| | | | | | | | |
|---|---|---|---|---|---|---|---|
| $159847_{19\cdot47\cdot179}$ | $159851_{17}$ | 159853 | 159857 | $159859_{7\cdot41}$ | $159863_{11}$ | 159869 | 159871 |
| $159877_{29\cdot37\cdot149}$ | $159881_{61}$ | $159883_{101}$ | $159887_{7\cdot13\cdot251}$ | $159889_{281}$ | $159893_{127}$ | 159899 | $159901_{7\cdot53}$ |
| $159907_{11}$ | 159911 | $159913_{13}$ | $159917_{43}$ | $159919_{17\cdot23}$ | $159923_{19}$ | $159929_{7\cdot11\cdot31\cdot67}$ | 159931 |
| 159937 | $159941_{41\cdot47\cdot83}$ | $159943_{7\cdot73\cdot313}$ | $159947_{307}$ | $159949_{59}$ | $159953_{17\cdot97}$ | $159959_{103}$ | $159961_{19}$ |
| $159967_{347}$ | $159971_{7}$ | $159973_{11}$ | 159977 | 159979 | $159983_{157}$ | $159989_{139}$ | $159991_{13\cdot31\cdot397}$ |
| $159997_{193}$ | 160001 | $160003_{43\cdot61}$ | $160007_{53}$ | 160009 | $160013_{7}$ | 160019 | $160021_{17}$ |
| $160027_{7}$ | 160031 | 160033 | $160037_{19}$ | $160039_{11}$ | $160043_{13}$ | 160049 | $160051_{29}$ |
| $160057_{23}$ | $160061_{11}$ | $160063_{67}$ | $160067_{59}$ | $160069_{7\cdot13}$ | 160073 | 160079 | 160081 |
| 160087 | 160091 | 160093 | $160097_{7}$ | $160099_{37}$ | $160103_{23}$ | $160109_{29}$ | $160111_{7\cdot89\cdot257}$ |
| 160117 | $160121_{13\cdot109\cdot113}$ | $160123_{17}$ | $160127_{11}$ | $160129_{47}$ | $160133_{79}$ | $160139_{7}$ | 160141 |
| $160147_{13\cdot97\cdot127}$ | $160151_{19}$ | $160153_{7\cdot137\cdot167}$ | $160157_{17}$ | 160159 | 160163 | 160169 | $160171_{11}$ |
| $160177_{31}$ | $160181_{7}$ | 160183 | $160187_{41}$ | $160189_{19}$ | $160193_{11}$ | $160199_{13}$ | 160201 |
| 160207 | $160211_{151}$ | $160213_{131}$ | 160217 | $160219_{53}$ | $160223_{7\cdot47}$ | $160229_{163}$ | 160231 |
| $160237_{7\cdot11}$ | $160241_{23}$ | 160243 | $160247_{37\cdot61\cdot71}$ | $160249_{191}$ | 160253 | $160259_{11\cdot17}$ | $160261_{43}$ |
| $160267_{139}$ | $160271_{293}$ | $160273_{83}$ | $160277_{13}$ | $160279_{7}$ | $160283_{29}$ | $160289_{89}$ | $160291_{79}$ |
| $160297_{157}$ | $160301_{31}$ | $160303_{11\cdot13\cdot19\cdot59}$ | $160307_{7}$ | 160309 | 160313 | 160319 | $160321_{7\cdot37}$ |
| $160327_{17}$ | $160331_{67}$ | $160333_{23}$ | $160337_{223}$ | $160339_{109}$ | 160343 | $160349_{7}$ | $160351_{41}$ |
| 160357 | $160361_{17}$ | $160363_{7\cdot31}$ | 160367 | $160369_{11\cdot61\cdot239}$ | 160373 | $160379_{19\cdot23\cdot367}$ | $160381_{13\cdot73}$ |
| 160387 | $160391_{7\cdot11}$ | $160393_{107}$ | 160397 | $160399_{29}$ | 160403 | 160409 | $160411_{47}$ |
| $160417_{19}$ | $160421_{59}$ | 160423 | $160427_{137}$ | $160429_{17}$ | $160433_{7\cdot13\cdot41\cdot43}$ | $160439_{83}$ | 160441 |
| $160447_{7}$ | $160451_{281}$ | 160453 | $160457_{11\cdot29}$ | $160459_{13}$ | $160463_{17}$ | $160469_{37}$ | $160471_{23}$ |
| $160477_{383}$ | 160481 | 160483 | $160487_{31\cdot167}$ | $160489_{7\cdot101\cdot227}$ | $160493_{19}$ | 160499 | $160501_{11}$ |
| 160507 | $160511_{13}$ | $160513_{151}$ | $160517_{7\cdot23}$ | $160519_{43}$ | $160523_{11}$ | $160529_{229}$ | $160531_{7\cdot17\cdot19\cdot71}$ |
| $160537_{13\cdot53\cdot233}$ | 160541 | $160543_{37}$ | $160547_{181}$ | $160549_{31}$ | 160553 | $160559_{7}$ | $160561_{307}$ |
| $160567_{11}$ | $160571_{211}$ | $160573_{7\cdot29\cdot113}$ | $160577_{103}$ | 160579 | 160583 | $160589_{11\cdot13}$ | 160591 |
| $160597_{41}$ | $160601_{7}$ | 160603 | $160607_{19\cdot79\cdot107}$ | $160609_{23}$ | $160613_{61}$ | 160619 | 160621 |
| 160627 | $160631_{29\cdot191}$ | $160633_{11\cdot17}$ | 160637 | 160639 | $160643_{7\cdot53}$ | 160649 | 160651 |
| $160657_{7\cdot59\cdot389}$ | $160661_{347}$ | 160663 | $160667_{13\cdot17}$ | 160669 | $160673_{31\cdot71\cdot73}$ | $160679_{41}$ | 160681 |
| 160687 | $160691_{37\cdot43\cdot101}$ | $160693_{13\cdot47\cdot263}$ | 160697 | $160699_{7\cdot11}$ | $160703_{271}$ | 160709 | 160711 |
| $160717_{173}$ | $160721_{11\cdot19}$ | 160723 | $160727_{7}$ | $160729_{97}$ | $160733_{67}$ | 160739 | $160741_{7}$ |
| $160747_{23\cdot29\cdot241}$ | 160751 | 160753 | 160757 | $160759_{19}$ | $160763_{373}$ | $160769_{7\cdot17\cdot193}$ | $160771_{13\cdot83\cdot149}$ |
| $160777_{43}$ | 160781 | $160783_{7\cdot103\cdot223}$ | $160787_{11\cdot47\cdot311}$ | 160789 | $160793_{23}$ | $160799_{113}$ | $160801_{401}$ |
| 160807 | $160811_{7}$ | 160813 | 160817 | $160819_{73}$ | $160823_{13\cdot89\cdot139}$ | 160829 | $160831_{11}$ |
| $160837_{17}$ | 160841 | $160843_{41}$ | $160847_{239}$ | $160849_{13}$ | $160853_{7\cdot11}$ | $160859_{31}$ | 160861 |
| $160867_{7\cdot67}$ | $160871_{17}$ | $160873_{19}$ | 160877 | 160879 | 160883 | $160889_{349}$ | $160891_{251}$ |
| $160897_{11}$ | $160901_{13}$ | 160903 | 160907 | $160909_{7\cdot127\cdot181}$ | $160913_{37}$ | $160919_{11}$ | $160921_{29\cdot31\cdot179}$ |
| $160927_{13}$ | $160931_{23}$ | 160933 | $160937_{7\cdot83\cdot277}$ | $160939_{17}$ | $160943_{227}$ | $160949_{19\cdot43\cdot197}$ | $160951_{7}$ |
| $160957_{71}$ | $160961_{53}$ | $160963_{11}$ | 160967 | 160969 | $160973_{17}$ | $160979_{7\cdot13\cdot29\cdot61}$ | 160981 |
| $160987_{19\cdot37\cdot229}$ | $160991_{199}$ | $160993_{7\cdot109\cdot211}$ | 160997 | $160999_{131}$ | $161003_{233}$ | 161009 | $161011_{59}$ |
| 161017 | $161021_{7}$ | $161023_{23}$ | $161027_{283}$ | $161029_{11}$ | 161033 | 161039 | $161041_{17}$ |
| 161047 | $161051_{11}$ | 161053 | $161057_{13}$ | 161059 | $161063_{7\cdot19\cdot173}$ | $161069_{23\cdot47\cdot149}$ | 161071 |
| $161077_{7}$ | $161081_{79}$ | $161083_{13}$ | 161087 | $161089_{41}$ | 161093 | $161099_{71}$ | $161101_{19\cdot61\cdot139}$ |
| $161107_{31}$ | $161111_{73}$ | $161113_{367}$ | $161117_{11\cdot97\cdot151}$ | $161119_{7}$ | 161123 | $161129_{59}$ | $161131_{269}$ |
| 161137 | 161141 | $161143_{17}$ | $161147_{7}$ | 161149 | $161153_{29}$ | 161159 | $161161_{7\cdot11\cdot13\cdot23}$ |
| 161167 | $161171_{41}$ | $161173_{53}$ | $161177_{17\cdot19}$ | $161179_{89}$ | $161183_{11}$ | $161189_{7}$ | $161191_{359}$ |
| $161197_{331}$ | 161201 | $161203_{7}$ | $161207_{23\cdot43\cdot163}$ | $161209_{37}$ | $161213_{13}$ | $161219_{263}$ | 161221 |
| $161227_{11}$ | $161231_{7\cdot31}$ | 161233 | 161237 | $161239_{13\cdot79\cdot157}$ | $161243_{383}$ | $161249_{11\cdot107\cdot137}$ | $161251_{113}$ |
| $161257_{47\cdot73}$ | $161261_{131}$ | 161263 | 161267 | $161269_{29\cdot67\cdot83}$ | $161273_{7}$ | $161279_{17\cdot53\cdot179}$ | 161281 |
| $161287_{7}$ | $161291_{13\cdot19}$ | $161293_{11\cdot31\cdot43}$ | $161297_{101}$ | $161299_{23}$ | 161303 | 161309 | $161311_{97}$ |
| $161317_{13}$ | $161321_{353}$ | 161323 | $161327_{29}$ | $161329_{7\cdot19}$ | 161333 | 161339 | 161341 |
| $161347_{17}$ | $161351_{47}$ | $161353_{317}$ | $161357_{7\cdot37\cdot89}$ | $161359_{11}$ | 161363 | $161369_{13}$ | $161371_{7}$ |
| 161377 | $161381_{11\cdot17}$ | $161383_{71}$ | 161387 | $161389_{199}$ | $161393_{251}$ | $161399_{7}$ | $161401_{103}$ |
| 161407 | 161411 | $161413_{7}$ | $161417_{31\cdot41\cdot127}$ | $161419_{151}$ | $161423_{337}$ | $161429_{109}$ | $161431_{37}$ |
| $161437_{23}$ | $161441_{7}$ | $161443_{19\cdot29\cdot293}$ | $161447_{11\cdot13}$ | $161449_{17}$ | 161453 | 161459 | 161461 |
| $161467_{61}$ | 161471 | $161473_{13}$ | $161477_{113}$ | $161479_{31}$ | $161483_{7\cdot17\cdot23\cdot59}$ | $161489_{167}$ | $161491_{11\cdot53\cdot277}$ |
| $161497_{7}$ | $161501_{29}$ | 161503 | 161507 | $161509_{373}$ | $161513_{11}$ | $161519_{19}$ | 161521 |
| 161527 | 161531 | $161533_{163}$ | $161537_{67}$ | $161539_{7\cdot47}$ | 161543 | $161549_{73}$ | $161551_{13\cdot17\cdot43}$ |
| $161557_{11\cdot19}$ | 161561 | 161563 | $161567_{7}$ | 161569 | 161573 | $161579_{11\cdot37\cdot397}$ | $161581_{7\cdot41}$ |
| $161587_{349}$ | 161591 | $161593_{283}$ | $161597_{53}$ | 161599 | $161603_{13\cdot31\cdot401}$ | $161609_{7}$ | 161611 |
| $161617_{29}$ | $161621_{23}$ | $161623_{7\cdot11}$ | 161627 | $161629_{13}$ | $161633_{19\cdot47\cdot181}$ | 161639 | 161641 |
| $161647_{109}$ | $161651_{7}$ | $161653_{17\cdot37\cdot257}$ | $161657_{139}$ | 161659 | $161663_{41}$ | $161669_{269}$ | $161671_{19\cdot67\cdot127}$ |
| $161677_{107}$ | $161681_{13}$ | 161683 | $161687_{17}$ | $161689_{11}$ | $161693_{7}$ | $161699_{97}$ | $161701_{101}$ |
| $161707_{7\cdot13}$ | $161711_{11\cdot61\cdot241}$ | $161713_{23\cdot79\cdot89}$ | 161717 | $161719_{59}$ | $161723_{43}$ | 161729 | 161731 |
| $161737_{197}$ | 161741 | 161743 | $161747_{19}$ | $161749_{7}$ | 161753 | $161759_{13\cdot23}$ | 161761 |
| $161767_{83}$ | 161771 | 161773 | $161777_{7\cdot11\cdot191}$ | 161779 | 161783 | $161789_{17\cdot31\cdot307}$ | $161791_{7\cdot29}$ |
| $161797_{137}$ | $161801_{37}$ | $161803_{239}$ | 161807 | $161809_{43\cdot53\cdot71}$ | $161813_{103}$ | $161819_{7}$ | $161821_{11\cdot47\cdot313}$ |
| $161827_{41}$ | 161831 | $161833_{7\cdot61\cdot379}$ | $161837_{13\cdot59\cdot211}$ | 161839 | $161843_{11}$ | $161849_{29}$ | $161851_{23\cdot31\cdot227}$ |
| $161857_{17}$ | $161861_{7\cdot19}$ | $161863_{13}$ | $161867_{157}$ | 161869 | 161873 | 161879 | 161881 |
| $161887_{11}$ | $161891_{17\cdot89\cdot107}$ | $161893_{97}$ | $161897_{23}$ | $161899_{19}$ | $161903_{7\cdot101\cdot229}$ | $161909_{11\cdot41\cdot359}$ | 161911 |
| $161917_{7}$ | 161921 | 161923 | $161927_{193}$ | $161929_{113}$ | $161933_{83}$ | $161939_{67}$ | $161941_{13}$ |
| 161947 | $161951_{71}$ | $161953_{11}$ | 161957 | $161959_{7\cdot17}$ | $161963_{149}$ | 161969 | 161971 |
| 161977 | $161981_{43}$ | 161983 | $161987_{7\cdot73\cdot317}$ | $161989_{23}$ | $161993_{13\cdot17}$ | 161999 | $162001_{7}$ |
| 162007 | 162011 | $162013_{19}$ | 162017 | $162019_{11\cdot13\cdot103}$ | $162023_{29\cdot37\cdot151}$ | $162029_{7\cdot79\cdot293}$ | $162031_{311}$ |
| $162037_{31}$ | $162041_{11}$ | $162043_{7}$ | $162047_{131}$ | $162049_{347}$ | 162053 | 162059 | $162061_{17}$ |
| $162067_{43}$ | $162071_{7\cdot13\cdot137}$ | $162073_{41\cdot59\cdot67}$ | $162077_{61}$ | 162079 | $162083_{109}$ | $162089_{19}$ | 162091 |
| $162097_{13\cdot37\cdot337}$ | $162101_{173}$ | $162103_{47}$ | $162107_{11}$ | 162109 | $162113_{7}$ | 162119 | $162121_{223}$ |
| $162127_{7\cdot19\cdot23\cdot53}$ | $162131_{197}$ | $162133_{73}$ | $162137_{281}$ | $162139_{29}$ | 162143 | $162149_{13}$ | $162151_{11}$ |
| $162157_{167}$ | $162161_{31}$ | $162163_{17}$ | $162167_{257}$ | $162169_{7}$ | $162173_{11\cdot23}$ | $162179_{127}$ | $162181_{157}$ |
| $162187_{79}$ | $162191_{59}$ | $162193_{241}$ | $162197_{7\cdot17\cdot29\cdot47}$ | $162199_{61}$ | $162203_{19}$ | 162209 | $162211_{7}$ |
| $162217_{11}$ | 162221 | $162223_{31}$ | $162227_{13}$ | 162229 | $162233_{53}$ | $162239_{7\cdot11\cdot43}$ | $162241_{19}$ |
| $162247_{89}$ | 162251 | $162253_{7\cdot13}$ | 162257 | $162259_{211}$ | 162263 | 162269 | $162271_{263}$ |
| 162277 | $162281_{7\cdot97\cdot239}$ | $162283_{11}$ | 162287 | 162289 | 162293 | $162299_{17}$ | $162301_{109}$ |

| | | | | | | | |
|---|---|---|---|---|---|---|---|
| 162307$_{101}$ | 162311$_{23}$ | 162313$_{29\cdot193}$ | 162317$_{19}$ | 162319$_{37\cdot41\cdot107}$ | 162323$_{7}$ | 162329$_{271}$ | 162331$_{13}$ |
| 162337$_{7}$ | 162341$_{67}$ | 162343 | 162347$_{31}$ | 162349$_{11}$ | 162353$_{179}$ | 162359 | 162361$_{229}$ |
| 162367$_{17}$ | 162371$_{11\cdot29}$ | 162373$_{397}$ | 162377$_{71}$ | 162379$_{7}$ | 162383$_{13}$ | 162389 | 162391 |
| 162397$_{251}$ | 162401$_{17\cdot41\cdot233}$ | 162403$_{23\cdot307}$ | 162407$_{7}$ | 162409$_{13\cdot31}$ | 162413 | 162419 | 162421$_{7}$ |
| 162427$_{59}$ | 162431$_{19\cdot83\cdot103}$ | 162433$_{127}$ | 162437$_{11}$ | 162439 | 162443$_{61}$ | 162449$_{7\cdot23}$ | 162451 |
| 162457 | 162461$_{13}$ | 162463$_{7}$ | 162467$_{37}$ | 162469$_{17\cdot19}$ | 162473 | 162479$_{47}$ | 162481$_{11}$ |
| 162487$_{13\cdot29}$ | 162491$_{7\cdot139\cdot167}$ | 162493 | 162497$_{43}$ | 162499 | 162503$_{11\cdot17\cdot79}$ | 162509$_{101}$ | 162511$_{163}$ |
| 162517 | 162521$_{331}$ | 162523 | 162527 | 162529 | 162533$_{7\cdot31\cdot107}$ | 162539$_{13}$ | 162541$_{23\cdot37\cdot191}$ |
| 162547$_{7\cdot11}$ | 162551$_{53}$ | 162553 | 162557 | 162559$_{149}$ | 162563 | 162569$_{11}$ | 162571$_{17\cdot73\cdot131}$ |
| 162577 | 162581$_{367}$ | 162583$_{19\cdot43\cdot199}$ | 162587$_{23}$ | 162589$_{7}$ | 162593 | 162599$_{277}$ | 162601 |
| 162607$_{113}$ | 162611 | 162613$_{11}$ | 162617$_{7\cdot13}$ | 162619$_{137}$ | 162623 | 162629 | 162631$_{7}$ |
| 162637$_{103}$ | 162641 | 162643$_{13}$ | 162647$_{41}$ | 162649 | 162653$_{311}$ | 162659$_{7\cdot19}$ | 162661$_{29\cdot71\cdot79}$ |
| 162667$_{47}$ | 162671 | 162673$_{7\cdot17}$ | 162677 | 162679$_{11\cdot23}$ | 162683 | 162689$_{37}$ | 162691 |
| 162697$_{19}$ | 162701$_{7\cdot11}$ | 162703 | 162707$_{17}$ | 162709 | 162713 | 162719$_{29\cdot31\cdot181}$ | 162721$_{13}$ |
| 162727 | 162731 | 162733$_{353}$ | 162737$_{109}$ | 162739 | 162743$_{7\cdot67\cdot347}$ | 162749 | 162751 |
| 162757$_{7}$ | 162761$_{47}$ | 162763$_{37\cdot53\cdot83}$ | 162767$_{11}$ | 162769$_{139}$ | 162773$_{13\cdot19}$ | 162779 | 162781$_{31\cdot59\cdot89}$ |
| 162787 | 162791 | 162793$_{173}$ | 162797$_{263}$ | 162799$_{7\cdot13}$ | 162803$_{71}$ | 162809$_{17\cdot61\cdot157}$ | 162811$_{11\cdot19\cdot41}$ |
| 162817$_{23}$ | 162821 | 162823 | 162827$_{7}$ | 162829 | 162833$_{11\cdot113\cdot131}$ | 162839 | 162841$_{7\cdot43}$ |
| 162847 | 162851$_{13}$ | 162853 | 162857$_{149}$ | 162859 | 162863$_{23\cdot73\cdot97}$ | 162869$_{7\cdot53}$ | 162871$_{271}$ |
| 162877$_{11\cdot13\cdot17\cdot67}$ | 162881 | 162883$_{7}$ | 162887$_{19}$ | 162889 | 162893$_{29\cdot41\cdot137}$ | 162899$_{11\cdot59\cdot251}$ | 162901 |
| 162907 | 162911$_{7\cdot17\cdot37}$ | 162913$_{101}$ | 162917 | 162919$_{197}$ | 162923$_{191}$ | 162929$_{13\cdot83\cdot151}$ | 162931$_{61}$ |
| 162937 | 162941$_{127}$ | 162943$_{11}$ | 162947 | 162949$_{47}$ | 162953$_{7}$ | 162959$_{89}$ | 162961$_{107}$ |
| 162967$_{7\cdot31}$ | 162971 | 162973 | 162977$_{79}$ | 162979$_{17}$ | 162983$_{349}$ | 162989 | 162991$_{389}$ |
| 162997 | 163001$_{19\cdot23\cdot373}$ | 163003 | 163007$_{13}$ | 163009$_{7\cdot11\cdot29\cdot73}$ | 163013$_{17\cdot43\cdot223}$ | 163019 | 163021 |
| 163027 | 163031$_{11}$ | 163033$_{13}$ | 163037$_{7}$ | 163039$_{19}$ | 163043$_{47}$ | 163049$_{103}$ | 163051$_{7}$ |
| 163057$_{41\cdot97}$ | 163061 | 163063 | 163067$_{29}$ | 163069$_{179}$ | 163073$_{313}$ | 163079$_{7}$ | 163081$_{17\cdot53\cdot181}$ |
| 163087$_{71}$ | 163091$_{31}$ | 163093$_{7\cdot23}$ | 163097$_{11}$ | 163099$_{43}$ | 163103$_{211}$ | 163109 | 163111$_{13}$ |
| 163117 | 163121$_{7}$ | 163123$_{157}$ | 163127 | 163129 | 163133$_{37}$ | 163139$_{23\cdot41\cdot173}$ | 163141$_{11}$ |
| 163147 | 163151 | 163153$_{19\cdot31\cdot277}$ | 163157$_{241}$ | 163159$_{167}$ | 163163$_{7\cdot11\cdot13\cdot163}$ | 163169 | 163171 |
| 163177$_{7}$ | 163181 | 163183$_{17\cdot29\cdot331}$ | 163187$_{53}$ | 163189$_{13}$ | 163193 | 163199 | 163201$_{293}$ |
| 163207$_{11\cdot37\cdot401}$ | 163211 | 163213$_{227}$ | 163217$_{17}$ | 163219$_{7}$ | 163223 | 163229$_{11\cdot19\cdot71}$ | 163231$_{23\cdot47\cdot151}$ |
| 163237$_{239}$ | 163241$_{13\cdot29}$ | 163243 | 163247$_{7}$ | 163249 | 163253$_{59}$ | 163259 | 163261$_{7\cdot83\cdot281}$ |
| 163267$_{13\cdot19}$ | 163271$_{43}$ | 163273$_{11}$ | 163277$_{23\cdot31\cdot229}$ | 163279$_{67}$ | 163283$_{269}$ | 163289$_{7}$ | 163291$_{283}$ |
| 163297$_{61}$ | 163301$_{73}$ | 163303$_{7\cdot41}$ | 163307 | 163309 | 163313$_{197}$ | 163319$_{13\cdot17}$ | 163321 |
| 163327 | 163331$_{7}$ | 163333$_{233}$ | 163337 | 163339$_{11\cdot31}$ | 163343$_{19}$ | 163349$_{379}$ | 163351 |
| 163357$_{29\cdot43\cdot131}$ | 163361$_{11}$ | 163363 | 163367 | 163369$_{23}$ | 163373$_{7}$ | 163379$_{199}$ | 163381$_{19}$ |
| 163387$_{7\cdot17}$ | 163391$_{109}$ | 163393 | 163397$_{13}$ | 163399$_{53}$ | 163403 | 163409 | 163411 |
| 163417 | 163421$_{17}$ | 163423$_{13}$ | 163427$_{11\cdot83\cdot179}$ | 163429$_{7\cdot37}$ | 163433 | 163439$_{353}$ | 163441$_{137}$ |
| 163447$_{73}$ | 163451$_{79}$ | 163453$_{149}$ | 163457$_{7\cdot19}$ | 163459$_{223}$ | 163463$_{31}$ | 163469 | 163471$_{7\cdot11\cdot193}$ |
| 163477 | 163481 | 163483 | 163487 | 163489$_{17\cdot59\cdot163}$ | 163493$_{11\cdot89\cdot167}$ | 163499$_{7}$ | 163501$_{13}$ |
| 163507$_{23}$ | 163511$_{113}$ | 163513$_{7\cdot47\cdot71}$ | 163517 | 163519$_{101}$ | 163523$_{17}$ | 163529$_{43}$ | 163531$_{29}$ |
| 163537$_{11}$ | 163541$_{7\cdot61\cdot383}$ | 163543 | 163547$_{67}$ | 163549$_{41}$ | 163553$_{13\cdot23}$ | 163559$_{11}$ | 163561 |
| 163567 | 163571$_{19}$ | 163573 | 163577$_{37}$ | 163579$_{13}$ | 163583$_{7}$ | 163589$_{29}$ | 163591$_{17}$ |
| 163597$_{7}$ | 163601 | 163603$_{11\cdot107\cdot139}$ | 163607$_{47\cdot59}$ | 163609$_{19\cdot79\cdot109}$ | 163613 | 163619$_{131}$ | 163621 |
| 163627 | 163631$_{13\cdot41\cdot307}$ | 163633 | 163637 | 163639$_{7\cdot97\cdot241}$ | 163643 | 163649$_{31}$ | 163651$_{37}$ |
| 163657$_{13}$ | 163661 | 163663$_{61}$ | 163667$_{7\cdot103\cdot227}$ | 163669$_{11}$ | 163673 | 163679 | 163681$_{7\cdot67\cdot349}$ |
| 163687$_{191}$ | 163691$_{11\cdot23}$ | 163693$_{17}$ | 163697 | 163699$_{313}$ | 163703$_{127}$ | 163709$_{7\cdot13\cdot257}$ | 163711$_{31}$ |
| 163717$_{53}$ | 163721$_{101}$ | 163723$_{7\cdot19}$ | 163727$_{17}$ | 163729 | 163733 | 163739$_{73}$ | 163741 |
| 163747$_{373}$ | 163751$_{7\cdot149\cdot157}$ | 163753 | 163757$_{11}$ | 163759$_{83}$ | 163763$_{29}$ | 163769$_{389}$ | 163771 |
| 163777$_{199}$ | 163781 | 163783$_{23}$ | 163787$_{13\cdot43\cdot293}$ | 163789 | 163793$_{7}$ | 163799$_{19\cdot37\cdot233}$ | 163801$_{11}$ |
| 163807$_{7}$ | 163811 | 163813$_{13}$ | 163817$_{107}$ | 163819 | 163823$_{11\cdot53\cdot281}$ | 163829$_{17\cdot23}$ | 163831$_{173}$ |
| 163837$_{19}$ | 163841 | 163843$_{59}$ | 163847 | 163849$_{7\cdot89\cdot263}$ | 163853 | 163859 | 163861 |
| 163867$_{11}$ | 163871 | 163873$_{37\cdot43\cdot103}$ | 163877$_{7\cdot41}$ | 163879$_{29}$ | 163883 | 163889$_{11\cdot47\cdot317}$ | 163891$_{7\cdot13}$ |
| 163897$_{17\cdot31\cdot311}$ | 163901 | 163903$_{251}$ | 163907$_{61}$ | 163909 | 163913$_{19}$ | 163919$_{7}$ | 163921$_{23}$ |
| 163927 | 163931$_{17}$ | 163933$_{7\cdot11}$ | 163937$_{29}$ | 163939$_{71}$ | 163943$_{13}$ | 163949$_{67}$ | 163951$_{19}$ |
| 163957$_{127}$ | 163961$_{7\cdot59\cdot397}$ | 163963$_{113}$ | 163967$_{23}$ | 163969$_{13}$ | 163973 | 163979 | 163981 |
| 163987 | 163991 | 163993 | 163997 | 163999$_{11\cdot17}$ | 164003$_{7}$ | 164009$_{401}$ | 164011 |
| 164017$_{7}$ | 164021$_{11\cdot13\cdot31\cdot37}$ | 164023 | 164027$_{19\cdot89\cdot97}$ | 164029$_{61}$ | 164033$_{17}$ | 164039 | 164041$_{41}$ |
| 164047$_{13}$ | 164051 | 164053$_{29}$ | 164057 | 164059$_{7\cdot23}$ | 164063$_{359}$ | 164069$_{191}$ | 164071 |
| 164077$_{47}$ | 164081$_{71}$ | 164083$_{31\cdot67\cdot79}$ | 164087$_{7\cdot11}$ | 164089 | 164093 | 164099$_{13}$ | 164101$_{7\cdot17\cdot197}$ |
| 164107$_{379}$ | 164111$_{29}$ | 164113 | 164117 | 164119$_{337}$ | 164123$_{41}$ | 164129$_{7}$ | 164131$_{11\cdot43\cdot347}$ |
| 164137$_{151}$ | 164141$_{19\cdot53\cdot163}$ | 164143$_{7\cdot131\cdot179}$ | 164147 | 164149 | 164153$_{11}$ | 164159$_{139}$ | 164161$_{167}$ |
| 164167$_{181}$ | 164171$_{7\cdot47}$ | 164173 | 164177$_{13\cdot73\cdot173}$ | 164179$_{19}$ | 164183 | 164189$_{113}$ | 164191 |
| 164197$_{11\cdot23\cdot59}$ | 164201 | 164203$_{13\cdot17}$ | 164207$_{31}$ | 164209 | 164213$_{7}$ | 164219$_{11}$ | 164221$_{97}$ |
| 164227$_{7\cdot29}$ | 164231 | 164233 | 164237$_{17}$ | 164239 | 164243$_{23\cdot37\cdot193}$ | 164249 | 164251 |
| 164257$_{83}$ | 164261$_{277}$ | 164263$_{11\cdot109\cdot137}$ | 164267 | 164269$_{7\cdot31}$ | 164273$_{61}$ | 164279 | 164281$_{13}$ |
| 164287$_{41}$ | 164291 | 164293$_{19}$ | 164297$_{7}$ | 164299 | 164303$_{43}$ | 164309 | 164311$_{7}$ |
| 164317$_{37}$ | 164321 | 164323$_{73}$ | 164327$_{101}$ | 164329$_{11}$ | 164333$_{13}$ | 164339$_{7\cdot17}$ | 164341 |
| 164347$_{149}$ | 164351$_{11\cdot67\cdot223}$ | 164353$_{7\cdot53}$ | 164357 | 164359$_{13\cdot47\cdot269}$ | 164363 | 164369$_{19\cdot41\cdot211}$ | 164371 |
| 164377 | 164381$_{7\cdot23}$ | 164383$_{89}$ | 164387 | 164389$_{43}$ | 164393$_{31}$ | 164399$_{79}$ | 164401$_{29}$ |
| 164407$_{17\cdot19}$ | 164411$_{13}$ | 164413 | 164417$_{11}$ | 164419 | 164423$_{7\cdot83\cdot283}$ | 164429 | 164431 |
| 164437$_{7\cdot13\cdot139}$ | 164441$_{17}$ | 164443 | 164447 | 164449 | 164453$_{47}$ | 164459$_{29\cdot53\cdot107}$ | 164461$_{11}$ |
| 164467$_{163}$ | 164471 | 164473$_{23}$ | 164477 | 164479$_{7}$ | 164483$_{11\cdot19}$ | 164489$_{13}$ | 164491$_{103}$ |
| 164497$_{271}$ | 164501$_{179}$ | 164503 | 164507$_{7\cdot71\cdot331}$ | 164509$_{17}$ | 164513 | 164519$_{23\cdot311}$ | 164521$_{7\cdot19}$ |
| 164527$_{11}$ | 164531 | 164533$_{41}$ | 164537$_{137}$ | 164539$_{37}$ | 164543$_{17}$ | 164549$_{7\cdot11}$ | 164551$_{59}$ |
| 164557$_{79}$ | 164561$_{43\cdot89}$ | 164563$_{7}$ | 164567$_{13}$ | 164569 | 164573$_{199}$ | 164579$_{31}$ | 164581 |
| 164587 | 164591$_{7}$ | 164593$_{11\cdot13}$ | 164597$_{19}$ | 164599 | 164603$_{241}$ | 164609$_{97}$ | 164611$_{17\cdot23}$ |
| 164617 | 164621 | 164623 | 164627 | 164629$_{193}$ | 164633$_{7\cdot29}$ | 164639$_{61}$ | 164641$_{31\cdot47\cdot113}$ |
| 164647$_{7\cdot43}$ | 164651$_{229}$ | 164653 | 164657$_{23}$ | 164659$_{11}$ | 164663 | 164669$_{59}$ | 164671$_{13\cdot53\cdot239}$ |
| 164677 | 164681$_{11}$ | 164683 | 164687$_{37}$ | 164689$_{7}$ | 164693$_{157}$ | 164699$_{109}$ | 164701 |
| 164707 | 164711$_{19}$ | 164713$_{17}$ | 164717$_{7}$ | 164719$_{127}$ | 164723$_{13}$ | 164729 | 164731$_{7\cdot101\cdot233}$ |
| 164737$_{257}$ | 164741$_{151}$ | 164743 | 164747$_{11\cdot17}$ | 164749$_{13\cdot19\cdot23\cdot29}$ | 164753$_{67}$ | 164759$_{7}$ | 164761$_{37\cdot61\cdot73}$ |

| | | | | | | | |
|---|---|---|---|---|---|---|---|
| 164767 | 164771 | $164773_{7}$ | $164777_{53}$ | $164779_{41}$ | $164783_{367}$ | 164789 | $164791_{11\cdot71\cdot211}$ |
| $164797_{223}$ | $164801_{7\cdot13}$ | $164803_{97}$ | $164807_{29}$ | 164809 | $164813_{11}$ | $164819_{43}$ | 164821 |
| $164827_{13\cdot31}$ | 164831 | $164833_{191}$ | 164837 | 164839 | $164843_{7}$ | $164849_{17}$ | $164851_{353}$ |
| $164857_{7\cdot11}$ | $164861_{41}$ | $164863_{19}$ | $164867_{113}$ | $164869_{173}$ | $164873_{79}$ | $164879_{11\cdot13}$ | 164881 |
| $164887_{23\cdot67\cdot107}$ | $164891_{181}$ | 164893 | $164897_{269}$ | $164899_{7}$ | $164903_{103}$ | $164909_{37}$ | 164911 |
| $164917_{17\cdot89\cdot109}$ | $164921_{83}$ | $164923_{11\cdot29\cdot47}$ | $164927_{7}$ | $164929_{131}$ | $164933_{23\cdot71\cdot101}$ | $164939_{19}$ | $164941_{7}$ |
| $164947_{281}$ | $164951_{17\cdot31\cdot313}$ | 164953 | $164957_{13}$ | $164959_{293}$ | 164963 | $164969_{7}$ | $164971_{199}$ |
| $164977_{19}$ | $164981_{29}$ | $164983_{7\cdot13\cdot37}$ | 164987 | $164989_{11\cdot53\cdot283}$ | $164993_{139}$ | 164999 | 165001 |
| $165007_{157}$ | $165011_{7\cdot11}$ | $165013_{31}$ | $165017_{47}$ | $165019_{17}$ | $165023_{59}$ | $165029_{227}$ | $165031_{79}$ |
| 165037 | 165041 | $165043_{151}$ | 165047 | 165049 | $165053_{7\cdot17\cdot19\cdot73}$ | 165059 | $165061_{13}$ |
| $165067_{7}$ | $165071_{23}$ | $165073_{383}$ | $165077_{11\cdot43\cdot349}$ | 165079 | 165083 | 165089 | $165091_{19}$ |
| $165097_{29}$ | $165101_{107}$ | 165103 | $165107_{41}$ | $165109_{7\cdot103\cdot229}$ | $165113_{13}$ | $165119_{163}$ | $165121_{11\cdot17}$ |
| $165127_{61}$ | $165131_{37}$ | 165133 | $165137_{7\cdot31}$ | $165139_{13}$ | $165143_{11}$ | $165149_{239}$ | $165151_{7}$ |
| $165157_{317}$ | 165161 | $165163_{23\cdot43\cdot167}$ | $165167_{19}$ | $165169_{331}$ | 165173 | $165179_{7}$ | 165181 |
| $165187_{11}$ | $165191_{13\cdot97\cdot131}$ | $165193_{7}$ | $165197_{233}$ | $165199_{31\cdot73}$ | 165203 | $165209_{11\cdot23}$ | 165211 |
| $165217_{13\cdot71\cdot179}$ | $165221_{7}$ | $165223_{17}$ | $165227_{127}$ | 165229 | 165233 | $165239_{373}$ | $165241_{149}$ |
| 165247 | $165251_{257}$ | $165253_{11\cdot83\cdot181}$ | $165257_{17}$ | $165259_{59}$ | $165263_{7}$ | $165269_{13}$ | $165271_{29\cdot41\cdot139}$ |
| $165277_{7}$ | $165281_{19}$ | $165283_{197}$ | 165287 | $165289_{67}$ | 165293 | $165299_{47}$ | $165301_{23}$ |
| $165307_{53}$ | 165311 | 165313 | 165317 | $165319_{7\cdot11\cdot19\cdot113}$ | $165323_{31}$ | $165329_{29}$ | 165331 |
| $165337_{101}$ | $165341_{11}$ | 165343 | $165347_{7\cdot13\cdot23\cdot79}$ | 165349 | $165353_{37\cdot41\cdot109}$ | $165359_{17\cdot71\cdot137}$ | $165361_{7}$ |
| 165367 | $165371_{61}$ | $165373_{13}$ | $165377_{59}$ | 165379 | 165383 | $165389_{7}$ | 165391 |
| 165397 | $165401_{193}$ | $165403_{7}$ | $165407_{11}$ | $165409_{251}$ | $165413_{53}$ | $165419_{83}$ | $165421_{43}$ |
| $165427_{17\cdot37\cdot263}$ | $165431_{7}$ | $165433_{19}$ | 165437 | $165439_{23}$ | 165443 | 165449 | $165451_{11\cdot13\cdot89}$ |
| 165457 | $165461_{17}$ | 165463 | $165467_{337}$ | 165469 | $165473_{7\cdot11\cdot307}$ | 165479 | $165481_{127}$ |
| $165487_{7\cdot47}$ | $165491_{73}$ | $165493_{61}$ | $165497_{167}$ | $165499_{359}$ | $165503_{13\cdot29}$ | $165509_{19\cdot31\cdot281}$ | 165511 |
| $165517_{11\cdot41\cdot367}$ | $165521_{103}$ | 165523 | 165527 | $165529_{7\cdot13\cdot17\cdot107}$ | 165533 | $165539_{11\cdot101\cdot149}$ | 165541 |
| $165547_{19}$ | 165551 | 165553 | $165557_{7\cdot67\cdot353}$ | 165559 | $165563_{17}$ | 165569 | $165571_{7\cdot31\cdot109}$ |
| $165577_{23\cdot313}$ | $165581_{13\cdot47\cdot271}$ | $165583_{11}$ | 165587 | 165589 | $165593_{43}$ | $165599_{7\cdot41}$ | 165601 |
| $165607_{13}$ | 165611 | $165613_{7\cdot59\cdot401}$ | 165617 | $165619_{29}$ | $165623_{19\cdot23\cdot379}$ | $165629_{89}$ | $165631_{17}$ |
| $165637_{73}$ | $165641_{7}$ | $165643_{71}$ | $165647_{151}$ | $165649_{11\cdot37}$ | 165653 | $165659_{13}$ | $165661_{19}$ |
| 165667 | $165671_{11}$ | 165673 | $165677_{29\cdot197}$ | $165679_{43}$ | $165683_{7}$ | $165689_{223}$ | $165691_{67}$ |
| $165697_{7}$ | 165701 | 165703 | 165707 | 165709 | 165713 | 165719 | 165721 |
| $165727_{103}$ | $165731_{53\cdot59}$ | $165733_{17}$ | $165737_{11\cdot13\cdot19\cdot61}$ | $165739_{7}$ | $165743_{107}$ | 165749 | $165751_{83}$ |
| $165757_{31}$ | $165761_{23}$ | $165763_{13\cdot41\cdot311}$ | $165767_{7\cdot17\cdot199}$ | $165769_{47}$ | $165773_{97}$ | 165779 | $165781_{7\cdot11}$ |
| $165787_{193}$ | $165791_{317}$ | $165793_{29}$ | $165797_{37}$ | 165799 | $165803_{11}$ | $165809_{7}$ | 165811 |
| 165817 | $165821_{79}$ | $165823_{7}$ | $165827_{139}$ | 165829 | 165833 | $165839_{383}$ | $165841_{13}$ |
| $165847_{11}$ | $165851_{7\cdot19\cdot29\cdot43}$ | $165853_{23}$ | 165857 | $165859_{61}$ | $165863_{47}$ | $165869_{11\cdot17}$ | $165871_{37}$ |
| 165877 | $165881_{31}$ | 165883 | 165887 | $165889_{19}$ | $165893_{7\cdot13}$ | $165899_{23}$ | 165901 |
| $165907_{7\cdot137\cdot173}$ | $165911_{251}$ | $165913_{11}$ | $165917_{83}$ | $165919_{13}$ | $165923_{277}$ | $165929_{73}$ | 165931 |
| $165937_{17\cdot43\cdot227}$ | 165941 | $165943_{31\cdot53\cdot101}$ | 165947 | $165949_{7\cdot151\cdot157}$ | $165953_{263}$ | $165959_{67}$ | 165961 |
| $165967_{29\cdot59\cdot97}$ | $165971_{13\cdot17}$ | $165973_{269}$ | $165977_{7\cdot131\cdot181}$ | $165979_{11\cdot79\cdot191}$ | 165983 | $165989_{127}$ | $165991_{7\cdot23}$ |
| $165997_{13\cdot113}$ | $166001_{11}$ | $166003_{19}$ | $166007_{109}$ | $166009_{41}$ | 166013 | $166019_{7\cdot37}$ | 166021 |
| 166027 | 166031 | $166033_{7}$ | $166037_{23}$ | $166039_{17}$ | 166043 | $166049_{13\cdot53\cdot241}$ | $166051_{47}$ |
| $166057_{211}$ | $166061_{7}$ | 166063 | $166067_{11\cdot31}$ | $166069_{71}$ | $166073_{17}$ | $166079_{19}$ | 166081 |
| $166087_{307}$ | $166091_{41}$ | $166093_{37\cdot67}$ | $166097_{163}$ | 166099 | $166103_{7\cdot61\cdot389}$ | $166109_{43}$ | $166111_{11}$ |
| $166117_{7\cdot19}$ | $166121_{283}$ | $166123_{271}$ | $166127_{13}$ | $166129_{23\cdot31\cdot233}$ | $166133_{11}$ | $166139_{103}$ | $166141_{17\cdot29\cdot337}$ |
| 166147 | 166151 | $166153_{13}$ | 166157 | $166159_{7}$ | $166163_{89}$ | 166169 | $166171_{107}$ |
| $166177_{11}$ | $166181_{137}$ | 166183 | $166187_{7}$ | 166189 | $166193_{19}$ | $166199_{11\cdot29}$ | $166201_{7}$ |
| 166207 | $166211_{71}$ | $166213_{347}$ | $166217_{359}$ | 166219 | $166223_{113}$ | $166229_{7}$ | $166231_{13\cdot19}$ |
| 166237 | $166241_{37}$ | $166243_{7\cdot11\cdot17\cdot127}$ | 166247 | $166249_{83}$ | $166253_{31\cdot173}$ | 166259 | $166261_{53}$ |
| $166267_{23}$ | $166271_{7}$ | 166273 | $166277_{17}$ | $166279_{257}$ | $166283_{13}$ | 166289 | $166291_{179}$ |
| 166297 | 166301 | 166303 | $166307_{19}$ | $166309_{11\cdot13}$ | $166313_{7\cdot23}$ | 166319 | $166321_{59}$ |
| $166327_{7}$ | $166331_{11}$ | $166333_{47}$ | $166337_{41}$ | $166339_{181}$ | $166343_{397}$ | 166349 | 166351 |
| 166357 | $166361_{13\cdot67\cdot191}$ | 166363 | $166367_{43\cdot53\cdot73}$ | $166369_{7}$ | $166373_{29}$ | $166379_{17}$ | $166381_{379}$ |
| $166387_{13}$ | $166391_{227}$ | 166393 | $166397_{7\cdot11}$ | 166399 | 166403 | 166409 | $166411_{7}$ |
| 166417 | $166421_{19}$ | $166423_{163}$ | $166427_{47}$ | 166429 | $166433_{149}$ | $166439_{7\cdot13\cdot31\cdot59}$ | $166441_{11}$ |
| $166447_{17}$ | $166451_{23}$ | $166453_{7\cdot43\cdot79}$ | 166457 | $166459_{19}$ | $166463_{11\cdot37}$ | $166469_{61}$ | 166471 |
| $166477_{277}$ | $166481_{7\cdot17}$ | $166483_{229}$ | 166487 | $166489_{29}$ | $166493_{331}$ | $166499_{167}$ | $166501_{31\cdot41\cdot131}$ |
| $166507_{11}$ | $166511_{269}$ | $166513_{73}$ | $166517_{13}$ | $166519_{89}$ | $166523_{7}$ | $166529_{11}$ | $166531_{241}$ |
| $166537_{7\cdot37}$ | 166541 | $166543_{13\cdot23}$ | $166547_{29}$ | $166549_{17\cdot97\cdot101}$ | $166553_{151}$ | $166559_{193}$ | 166561 |
| 166567 | 166571 | $166573_{11\cdot19}$ | $166577_{157}$ | $166579_{7\cdot53}$ | $166583_{17\cdot41\cdot239}$ | $166589_{23}$ | $166591_{61}$ |
| 166597 | 166601 | 166603 | $166607_{7}$ | 166609 | 166613 | 166619 | $166621_{7\cdot13}$ |
| 166627 | 166631 | $166633_{281}$ | $166637_{71}$ | $166639_{11}$ | 166643 | $166649_{7\cdot19\cdot179}$ | $166651_{17}$ |
| 166657 | $166661_{11\cdot109\cdot139}$ | $166663_{7\cdot29}$ | 166667 | 166669 | $166673_{13}$ | 166679 | $166681_{23}$ |
| $166687_{19\cdot31\cdot283}$ | $166691_{7}$ | 166693 | $166697_{89}$ | $166699_{13}$ | 166703 | $166709_{47}$ | $166711_{43}$ |
| $166717_{293}$ | $166721_{29}$ | 166723 | $166727_{11\cdot23}$ | $166729_{137}$ | $166733_{7}$ | 166739 | 166741 |
| $166747_{7\cdot41\cdot83}$ | $166751_{13\cdot101\cdot127}$ | $166753_{17}$ | $166757_{103}$ | $166759_{37}$ | $166763_{19\cdot67\cdot131}$ | $166769_{79}$ | $166771_{11}$ |
| $166777_{13}$ | 166781 | 166783 | $166787_{17}$ | $166789_{7}$ | $166793_{11\cdot59\cdot257}$ | 166799 | $166801_{19}$ |
| 166807 | $166811_{31}$ | $166813_{107}$ | $166817_{7}$ | $166819_{23}$ | 166823 | $166829_{13\cdot41\cdot313}$ | $166831_{7}$ |
| $166837_{11\cdot29}$ | 166841 | 166843 | 166847 | 166849 | 166853 | $166859_{7\cdot11\cdot197}$ | 166861 |
| 166867 | 166871 | $166873_{7\cdot31}$ | $166877_{19}$ | $166879_{109}$ | $166883_{43}$ | $166889_{17}$ | $166891_{157}$ |
| $166897_{47\cdot53\cdot67}$ | $166901_{7\cdot113\cdot211}$ | $166903_{11}$ | $166907_{13\cdot37\cdot347}$ | 166909 | $166913_{83}$ | 166919 | $166921_{71}$ |
| $166927_{79}$ | 166931 | $166933_{13}$ | $166937_{97}$ | $166939_{139}$ | $166943_{7}$ | 166949 | $166951_{73}$ |
| $166957_{7\cdot17\cdot23\cdot61}$ | $166961_{199}$ | $166963_{103}$ | 166967 | $166969_{11\cdot43\cdot353}$ | 166973 | 166979 | $166981_{37}$ |
| 166987 | $166991_{11\cdot17\cdot19\cdot47}$ | $166993_{41}$ | $166997_{31}$ | $166999_{7}$ | $167003_{23\cdot53\cdot137}$ | 167009 | $167011_{13\cdot29}$ |
| 167017 | 167021 | 167023 | $167027_{7\cdot107\cdot223}$ | $167029_{19\cdot59\cdot149}$ | 167033 | 167039 | $167041_{7}$ |
| 167047 | 167051 | $167053_{89}$ | $167057_{11}$ | $167059_{17\cdot31\cdot317}$ | $167063_{13\cdot71\cdot181}$ | $167069_{7\cdot29}$ | 167071 |
| 167077 | 167081 | $167083_{7}$ | 167087 | $167089_{13}$ | $167093_{17}$ | 167099 | $167101_{11}$ |
| 167107 | $167111_{7}$ | 167113 | 167117 | 167119 | $167123_{11}$ | $167129_{37}$ | $167131_{97}$ |
| $167137_{397}$ | $167141_{13\cdot23\cdot43}$ | $167143_{19}$ | $167147_{59}$ | 167149 | $167153_{7}$ | 167159 | $167161_{17}$ |
| $167167_{7\cdot11\cdot13\cdot167}$ | $167171_{349}$ | 167173 | 167177 | $167179_{47}$ | $167183_{31}$ | $167189_{11}$ | 167191 |
| 167197 | $167201_{61}$ | $167203_{37}$ | $167207_{271}$ | $167209_{7}$ | 167213 | $167219_{13\cdot19}$ | 167221 |

| | | | | | | | |
|---|---|---|---|---|---|---|---|
| 167227$_{43}$ | 167231$_{89}$ | 167233$_{11\cdot 23}$ | 167237$_{7}$ | 167239$_{41}$ | 167243$_{29\cdot 73\cdot 79}$ | 167249 | 167251$_{7}$ |
| 167257$_{19}$ | 167261 | 167263$_{17}$ | 167267 | 167269 | 167273$_{47}$ | 167279$_{7\cdot 23}$ | 167281$_{409}$ |
| 167287$_{131}$ | 167291$_{173}$ | 167293$_{7}$ | 167297$_{13\cdot 17}$ | 167299$_{11\cdot 67\cdot 227}$ | 167303$_{293}$ | 167309 | 167311 |
| 167317 | 167321$_{7\cdot 11\cdot 41\cdot 53}$ | 167323$_{13\cdot 61\cdot 211}$ | 167327$_{149}$ | 167329 | 167333$_{19}$ | 167339 | 167341 |
| 167347$_{71}$ | 167351$_{37}$ | 167353$_{113}$ | 167357$_{101}$ | 167359$_{29\cdot 199}$ | 167363$_{7}$ | 167369$_{31}$ | 167371$_{19\cdot 23\cdot 383}$ |
| 167377$_{7}$ | 167381 | 167383$_{59}$ | 167387$_{11}$ | 167389$_{73}$ | 167393 | 167399$_{17\cdot 43\cdot 229}$ | 167401$_{13\cdot 79\cdot 163}$ |
| 167407 | 167411$_{83}$ | 167413 | 167417$_{23\cdot 29\cdot 251}$ | 167419$_{7}$ | 167423 | 167429 | 167431$_{11\cdot 31}$ |
| 167437 | 167441 | 167443 | 167447$_{7\cdot 19}$ | 167449 | 167453$_{11\cdot 13}$ | 167459$_{151}$ | 167461$_{7\cdot 47}$ |
| 167467$_{17}$ | 167471 | 167473$_{223}$ | 167477$_{373}$ | 167479$_{13}$ | 167483 | 167489$_{7\cdot 71\cdot 337}$ | 167491 |
| 167497$_{11}$ | 167501$_{17\cdot 59\cdot 167}$ | 167503$_{7}$ | 167507$_{191}$ | 167509$_{23}$ | 167513$_{127}$ | 167519$_{11\cdot 97\cdot 157}$ | 167521 |
| 167527$_{233}$ | 167531$_{7\cdot 13\cdot 263}$ | 167533$_{29\cdot 53\cdot 109}$ | 167537 | 167539$_{239}$ | 167543 | 167549$_{131}$ | 167551$_{137}$ |
| 167557$_{13}$ | 167561$_{19}$ | 167563$_{11}$ | 167567$_{41\cdot 61\cdot 67}$ | 167569$_{17}$ | 167573$_{7\cdot 37}$ | 167579$_{113}$ | 167581$_{103}$ |
| 167587$_{7\cdot 89\cdot 269}$ | 167591$_{29}$ | 167593 | 167597 | 167599$_{19}$ | 167603$_{17}$ | 167609$_{13}$ | 167611 |
| 167617$_{31}$ | 167621 | 167623 | 167627 | 167629$_{7\cdot 11\cdot 311}$ | 167633 | 167639$_{53}$ | 167641 |
| 167647$_{23\cdot 37\cdot 197}$ | 167651$_{11}$ | 167653$_{359}$ | 167657$_{7\cdot 43}$ | 167659$_{389}$ | 167663 | 167669$_{107}$ | 167671$_{7\cdot 17}$ |
| 167677 | 167681$_{73}$ | 167683 | 167687$_{13}$ | 167689$_{61}$ | 167693$_{23\cdot 317}$ | 167699$_{7}$ | 167701$_{67}$ |
| 167707$_{29}$ | 167711 | 167713$_{7\cdot 13\cdot 19\cdot 97}$ | 167717$_{11\cdot 79\cdot 193}$ | 167719$_{367}$ | 167723$_{179}$ | 167729 | 167731$_{41}$ |
| 167737$_{59}$ | 167741$_{7\cdot 31}$ | 167743$_{43\cdot 47\cdot 83}$ | 167747 | 167749$_{271}$ | 167753$_{227}$ | 167759 | 167761$_{11\cdot 101\cdot 151}$ |
| 167767$_{127}$ | 167771 | 167773$_{17\cdot 71\cdot 139}$ | 167777 | 167779 | 167783$_{7\cdot 11}$ | 167789$_{19}$ | 167791$_{13}$ |
| 167797$_{7}$ | 167801 | 167803$_{31}$ | 167807$_{17}$ | 167809 | 167813$_{41}$ | 167819$_{283}$ | 167821$_{257}$ |
| 167827$_{11\cdot 19\cdot 73}$ | 167831$_{23}$ | 167833$_{157}$ | 167837$_{47}$ | 167839$_{7}$ | 167843$_{13}$ | 167849$_{11}$ | 167851$_{53}$ |
| 167857$_{229}$ | 167861 | 167863 | 167867$_{7}$ | 167869$_{13\cdot 37\cdot 349}$ | 167873 | 167879 | 167881$_{7\cdot 29}$ |
| 167887 | 167891 | 167893$_{11}$ | 167897$_{379}$ | 167899 | 167903$_{19}$ | 167909$_{7\cdot 17\cdot 83}$ | 167911 |
| 167917 | 167921$_{13}$ | 167923$_{7\cdot 23\cdot 149}$ | 167927$_{31}$ | 167929$_{307}$ | 167933$_{61}$ | 167939$_{29}$ | 167941$_{19}$ |
| 167947$_{13}$ | 167951$_{7}$ | 167953 | 167957$_{53}$ | 167959$_{11}$ | 167963$_{101}$ | 167969$_{23\cdot 67\cdot 109}$ | 167971 |
| 167977$_{17\cdot 41\cdot 241}$ | 167981$_{11}$ | 167983$_{173}$ | 167987 | 167989$_{31}$ | 167993$_{7\cdot 103\cdot 233}$ | 167999$_{13}$ | 168001$_{43}$ |
| 168007$_{7}$ | 168011$_{17}$ | 168013 | 168017$_{19\cdot 37\cdot 239}$ | 168019$_{401}$ | 168023 | 168029 | 168031$_{113}$ |
| 168037 | 168041$_{197}$ | 168043 | 168047$_{11}$ | 168049$_{7}$ | 168053$_{163}$ | 168059$_{41}$ | 168061$_{23}$ |
| 168067 | 168071 | 168073$_{131}$ | 168077$_{7\cdot 13}$ | 168079$_{17}$ | 168083 | 168089 | 168091$_{7\cdot 11\cdot 37\cdot 59}$ |
| 168097$_{107}$ | 168101$_{97}$ | 168103$_{13\cdot 67\cdot 193}$ | 168107$_{23}$ | 168109 | 168113$_{11\cdot 17\cdot 29\cdot 31}$ | 168119$_{7\cdot 47\cdot 73}$ | 168121$_{89}$ |
| 168127 | 168131$_{19}$ | 168133$_{7}$ | 168137$_{383}$ | 168139$_{277}$ | 168143 | 168149$_{181}$ | 168151 |
| 168157$_{11}$ | 168161$_{7}$ | 168163$_{337}$ | 168167$_{211}$ | 168169$_{19\cdot 53\cdot 167}$ | 168173$_{43}$ | 168179$_{11}$ | 168181$_{13\cdot 17}$ |
| 168187$_{109}$ | 168191$_{79}$ | 168193 | 168197 | 168199$_{23\cdot 71\cdot 103}$ | 168203$_{7}$ | 168209$_{59}$ | 168211 |
| 168217$_{7}$ | 168221$_{149}$ | 168223$_{11\cdot 41\cdot 373}$ | 168227 | 168229$_{29}$ | 168233$_{13}$ | 168239$_{37}$ | 168241$_{83}$ |
| 168247 | 168251$_{311}$ | 168253 | 168257$_{113}$ | 168259$_{7\cdot 13\cdot 43}$ | 168263 | 168269 | 168271$_{191}$ |
| 168277 | 168281 | 168283$_{17\cdot 19}$ | 168287$_{7\cdot 29}$ | 168289$_{11}$ | 168293 | 168299$_{31\cdot 61\cdot 89}$ | 168301$_{7}$ |
| 168307$_{47}$ | 168311$_{11\cdot 13\cdot 107}$ | 168313$_{37}$ | 168317$_{17}$ | 168319$_{281}$ | 168323 | 168329$_{7\cdot 139\cdot 173}$ | 168331 |
| 168337$_{13\cdot 23}$ | 168341$_{71}$ | 168343$_{7}$ | 168347 | 168349$_{79}$ | 168353 | 168359$_{19}$ | 168361$_{31}$ |
| 168367$_{101}$ | 168371$_{7\cdot 67\cdot 359}$ | 168373$_{137}$ | 168377$_{11}$ | 168379$_{163}$ | 168383$_{23}$ | 168389$_{13}$ | 168391 |
| 168397$_{19}$ | 168401$_{47}$ | 168403$_{29}$ | 168407$_{83}$ | 168409 | 168413$_{7}$ | 168419$_{17}$ | 168421$_{11\cdot 61\cdot 251}$ |
| 168427$_{7}$ | 168431$_{43}$ | 168433 | 168437$_{389}$ | 168439$_{179}$ | 168443$_{11}$ | 168449 | 168451 |
| 168457 | 168461$_{29\cdot 37\cdot 157}$ | 168463 | 168467$_{13}$ | 168469$_{7\cdot 41}$ | 168473$_{19}$ | 168479$_{331}$ | 168481 |
| 168487$_{11\cdot 17\cdot 53}$ | 168491 | 168493$_{13}$ | 168497$_{7}$ | 168499 | 168503$_{167}$ | 168509$_{11}$ | 168511$_{7\cdot 19\cdot 181}$ |
| 168517$_{43}$ | 168521$_{17\cdot 23}$ | 168523 | 168527 | 168529$_{127}$ | 168533 | 168539$_{7}$ | 168541 |
| 168547$_{31}$ | 168551$_{41}$ | 168553$_{7\cdot 11\cdot 199}$ | 168557$_{73}$ | 168559 | 168563$_{59}$ | 168569$_{101}$ | 168571$_{13}$ |
| 168577$_{29}$ | 168581$_{7}$ | 168583$_{263}$ | 168587$_{19}$ | 168589$_{17\cdot 47\cdot 211}$ | 168593$_{53}$ | 168599 | 168601 |
| 168607$_{139}$ | 168611$_{103}$ | 168613$_{23}$ | 168617 | 168619$_{11}$ | 168623$_{7\cdot 13\cdot 17\cdot 109}$ | 168629 | 168631 |
| 168637$_{7}$ | 168641$_{11}$ | 168643 | 168647$_{137}$ | 168649$_{13}$ | 168653$_{191}$ | 168659$_{23}$ | 168661$_{227}$ |
| 168667$_{151}$ | 168671$_{31}$ | 168673 | 168677 | 168679$_{7}$ | 168683$_{37\cdot 47\cdot 97}$ | 168689$_{43}$ | 168691$_{17}$ |
| 168697 | 168701$_{13\cdot 19}$ | 168703$_{73}$ | 168707$_{7\cdot 11\cdot 313}$ | 168709$_{113}$ | 168713 | 168719 | 168721$_{7}$ |
| 168727$_{13}$ | 168731 | 168733$_{31}$ | 168737 | 168739$_{19\cdot 83\cdot 107}$ | 168743 | 168749$_{7}$ | 168751$_{11\cdot 23\cdot 29}$ |
| 168757$_{37}$ | 168761 | 168763$_{7}$ | 168767$_{71}$ | 168769 | 168773$_{11\cdot 67\cdot 229}$ | 168779$_{13}$ | 168781 |
| 168787$_{61}$ | 168791$_{7}$ | 168793$_{17}$ | 168797$_{23\cdot 41\cdot 179}$ | 168799$_{59}$ | 168803 | 168809$_{29}$ | 168811$_{223}$ |
| 168817$_{11\cdot 103\cdot 149}$ | 168821$_{401}$ | 168823$_{79}$ | 168827$_{17}$ | 168829$_{197}$ | 168833$_{7\cdot 89\cdot 271}$ | 168839$_{11}$ | 168841$_{109}$ |
| 168847$_{7}$ | 168851 | 168853$_{19}$ | 168857$_{13\cdot 31}$ | 168859$_{131}$ | 168863 | 168869 | 168871$_{47}$ |
| 168877$_{97}$ | 168881$_{281}$ | 168883$_{11\cdot 13}$ | 168887 | 168889$_{7\cdot 23}$ | 168893 | 168899 | 168901 |
| 168907$_{67}$ | 168911$_{53}$ | 168913 | 168917$_{7\cdot 59\cdot 409}$ | 168919$_{31}$ | 168923$_{251}$ | 168929$_{17\cdot 19}$ | 168931$_{7}$ |
| 168937 | 168941$_{241}$ | 168943 | 168947$_{43}$ | 168949$_{11}$ | 168953$_{107}$ | 168959$_{7}$ | 168961$_{13\cdot 41\cdot 317}$ |
| 168967$_{19}$ | 168971$_{11}$ | 168973$_{7\cdot 101\cdot 239}$ | 168977 | 168979$_{37}$ | 168983$_{29}$ | 168989$_{347}$ | 168991 |
| 168997$_{17}$ | 169001$_{7}$ | 169003 | 169007 | 169009 | 169013$_{13}$ | 169019 | 169021$_{173}$ |
| 169027$_{23}$ | 169031$_{17\cdot 61\cdot 163}$ | 169033$_{43}$ | 169037$_{11\cdot 127}$ | 169039$_{13}$ | 169043$_{7\cdot 19\cdot 31\cdot 41}$ | 169049 | 169051$_{71}$ |
| 169057$_{7}$ | 169061$_{293}$ | 169063 | 169067 | 169069 | 169073$_{23}$ | 169079 | 169081$_{11\cdot 19}$ |
| 169087$_{353}$ | 169091$_{13}$ | 169093 | 169097 | 169099$_{7\cdot 17\cdot 29}$ | 169103$_{11}$ | 169109$_{263}$ | 169111 |
| 169117$_{13}$ | 169121$_{131}$ | 169123$_{53}$ | 169127$_{7\cdot 37}$ | 169129 | 169133$_{17}$ | 169139$_{79}$ | 169141$_{7\cdot 73\cdot 331}$ |
| 169147$_{11}$ | 169151 | 169153$_{47\cdot 59\cdot 61}$ | 169157$_{19\cdot 29\cdot 307}$ | 169159 | 169163$_{139}$ | 169169$_{7\cdot 11\cdot 13}$ | 169171$_{167}$ |
| 169177 | 169181 | 169183$_{7}$ | 169187$_{367}$ | 169189$_{89}$ | 169193$_{71}$ | 169199 | 169201$_{17\cdot 37\cdot 269}$ |
| 169207$_{41}$ | 169211$_{7\cdot 23}$ | 169213$_{11}$ | 169217 | 169219 | 169223$_{197}$ | 169229$_{31\cdot 53\cdot 103}$ | 169231$_{229}$ |
| 169237$_{83}$ | 169241 | 169243 | 169247$_{13\cdot 47\cdot 277}$ | 169249 | 169253$_{7}$ | 169259 | 169261$_{193}$ |
| 169267$_{7}$ | 169271$_{19\cdot 59\cdot 151}$ | 169273$_{13\cdot 29}$ | 169277$_{109}$ | 169279$_{11}$ | 169283 | 169289$_{41}$ | 169291$_{31\cdot 43\cdot 127}$ |
| 169297$_{79}$ | 169301$_{11}$ | 169303$_{17\cdot 23}$ | 169307 | 169309$_{7\cdot 19\cdot 67}$ | 169313 | 169319 | 169321 |
| 169327 | 169331$_{29}$ | 169333$_{313}$ | 169337$_{7\cdot 17}$ | 169339 | 169343 | 169349$_{23\cdot 37\cdot 199}$ | 169351$_{7\cdot 13}$ |
| 169357$_{163}$ | 169361 | 169363$_{257}$ | 169367$_{11\cdot 89\cdot 173}$ | 169369 | 169373 | 169379$_{7}$ | 169381$_{107}$ |
| 169387$_{113}$ | 169391$_{233}$ | 169393$_{7}$ | 169397$_{61}$ | 169399 | 169403$_{13\cdot 83\cdot 157}$ | 169409 | 169411$_{11}$ |
| 169417$_{191}$ | 169421$_{7}$ | 169423$_{19\cdot 37\cdot 241}$ | 169427 | 169429$_{13}$ | 169433$_{11\cdot 73\cdot 211}$ | 169439$_{17}$ | 169441$_{23\cdot 53\cdot 139}$ |
| 169447$_{29}$ | 169451$_{239}$ | 169453$_{41}$ | 169457 | 169459$_{97}$ | 169463$_{7\cdot 43}$ | 169469$_{137}$ | 169471 |
| 169477$_{7\cdot 11\cdot 31\cdot 71}$ | 169481$_{13}$ | 169483 | 169487$_{23}$ | 169489 | 169493 | 169499$_{11\cdot 19}$ | 169501 |
| 169507$_{13\cdot 17\cdot 59}$ | 169511$_{337}$ | 169513$_{179}$ | 169517$_{283}$ | 169519$_{7\cdot 61\cdot 397}$ | 169523 | 169529$_{47}$ | 169531 |
| 169537$_{19}$ | 169541$_{17}$ | 169543$_{11}$ | 169547$_{7\cdot 53}$ | 169549$_{43}$ | 169553 | 169559$_{13}$ | 169561$_{7}$ |
| 169567 | 169571$_{37}$ | 169573$_{151}$ | 169577$_{67}$ | 169579$_{23\cdot 73\cdot 101}$ | 169583 | 169589$_{7}$ | 169591 |
| 169597$_{181}$ | 169601$_{31}$ | 169603$_{7}$ | 169607 | 169609$_{11\cdot 17}$ | 169613$_{19\cdot 79\cdot 113}$ | 169619$_{71}$ | 169621$_{29}$ |
| 169627 | 169631$_{7\cdot 11}$ | 169633 | 169637$_{13}$ | 169639 | 169643$_{17}$ | 169649 | 169651$_{19}$ |
| 169657 | 169661 | 169663$_{13\cdot 31}$ | 169667 | 169669$_{383}$ | 169673$_{7}$ | 169679$_{29}$ | 169681 |

| | | | | | | | |
|---|---|---|---|---|---|---|---|
| 169687 7 | 169691 | 169693 | 169697 11 | 169699 41 | 169703 223 | 169709 | 169711 17·67·149 |
| 169717 23·47·157 | 169721 43 | 169723 89 | 169727 19 | 169729 7 | 169733 | 169739 269 | 169741 11·13 |
| 169747 199 | 169751 | 169753 | 169757 7 | 169759 53 | 169763 11·23·61 | 169769 | 169771 7·79·307 |
| 169777 | 169781 41·101 | 169783 | 169787 31 | 169789 | 169793 13·37·353 | 169799 7·127·191 | 169801 277 |
| 169807 11·43·359 | 169811 47 | 169813 7·17 | 169817 | 169819 13 | 169823 | 169829 11 | 169831 |
| 169837 | 169841 7·19 | 169843 | 169847 17·97·103 | 169849 31 | 169853 29 | 169859 | 169861 59 |
| 169867 37 | 169871 13·73·179 | 169873 11 | 169877 257 | 169879 19 | 169883 7 | 169889 | 169891 |
| 169897 7·13 | 169901 23·83·89 | 169903 71 | 169907 131 | 169909 | 169913 | 169919 | 169921 367 |
| 169927 251 | 169931 109 | 169933 | 169937 | 169939 7·11 | 169943 | 169949 13·17 | 169951 |
| 169957 | 169961 11 | 169963 349 | 169967 7 | 169969 29 | 169973 31 | 169979 43·59·67 | 169981 7 |
| 169987 | 169991 | 169993 19·23·389 | 169997 139 | 169999 47 | 170003 | 170009 7·149·163 | 170011 197 |
| 170017 17·73·137 | 170021 | 170023 7·107·227 | 170027 11·13·29·41 | 170029 | 170033 193 | 170039 23 | 170041 97 |
| 170047 | 170051 7·17 | 170053 13·103·127 | 170057 | 170059 173 | 170063 | 170069 19 | 170071 11 |
| 170077 53 | 170081 | 170083 283 | 170087 79 | 170089 37 | 170093 7·11·47 | 170099 | 170101 |
| 170107 7·19 | 170111 | 170113 67 | 170117 311 | 170119 17 | 170123 | 170129 61 | 170131 13·23 |
| 170137 11 | 170141 | 170143 29 | 170147 229 | 170149 7·109·223 | 170153 17 | 170159 11·31 | 170161 263 |
| 170167 | 170171 379 | 170173 167 | 170177 7·23·151 | 170179 | 170183 13·19·53 | 170189 | 170191 7·41 |
| 170197 | 170201 29 | 170203 11 | 170207 | 170209 13 | 170213 | 170219 7 | 170221 17·19·31 |
| 170227 | 170231 | 170233 7·83·293 | 170237 37·43·107 | 170239 | 170243 | 170249 | 170251 61 |
| 170257 89 | 170261 7·13 | 170263 | 170267 | 170269 11·23 | 170273 41 | 170279 | 170281 47 |
| 170287 13 | 170291 11·113·137 | 170293 | 170297 19 | 170299 | 170303 7 | 170309 73 | 170311 37 |
| 170317 7·29 | 170321 181 | 170323 17·43·233 | 170327 | 170329 71 | 170333 59 | 170339 13 | 170341 |
| 170347 | 170351 | 170353 | 170357 11·17 | 170359 7 | 170363 | 170369 | 170371 |
| 170377 347 | 170381 67 | 170383 | 170387 7·101·241 | 170389 | 170393 | 170399 83 | 170401 7·11 |
| 170407 23·31·239 | 170411 19 | 170413 | 170417 13 | 170419 193 | 170423 11 | 170429 7·97·251 | 170431 131 |
| 170437 41 | 170441 | 170443 7·13 | 170447 | 170449 19 | 170453 23 | 170459 17·37·271 | 170461 373 |
| 170467 11 | 170471 7·71 | 170473 | 170477 227 | 170479 151 | 170483 | 170489 11 | 170491 29 |
| 170497 | 170501 53 | 170503 | 170507 167 | 170509 | 170513 7 | 170519 41 | 170521 13 |
| 170527 7·17 | 170531 31 | 170533 11·37 | 170537 | 170539 | 170543 199 | 170549 29 | 170551 |
| 170557 | 170561 17·79·127 | 170563 19·47·191 | 170567 281 | 170569 7·59 | 170573 13 | 170579 | 170581 43 |
| 170587 179 | 170591 23 | 170593 31 | 170597 7 | 170599 11·13 | 170603 | 170609 | 170611 7 |
| 170617 61 | 170621 11 | 170623 97 | 170627 | 170629 17 | 170633 | 170639 7·19 | 170641 |
| 170647 | 170651 13 | 170653 7 | 170657 47 | 170659 157 | 170663 17 | 170669 | 170671 103 |
| 170677 13·19 | 170681 7·37 | 170683 23·41·181 | 170687 11·59·263 | 170689 | 170693 131 | 170699 211 | 170701 |
| 170707 | 170711 | 170713 53 | 170717 31 | 170719 79 | 170723 7·29 | 170729 13·23 | 170731 11·17·83 |
| 170737 7 | 170741 | 170743 113 | 170747 73 | 170749 | 170753 11·19·43 | 170759 | 170761 |
| 170767 | 170771 389 | 170773 | 170777 | 170779 7·31 | 170783 67 | 170789 233 | 170791 19·89·101 |
| 170797 11 | 170801 | 170803 109 | 170807 7·13 | 170809 | 170813 | 170819 11·53·293 | 170821 7·23 |
| 170827 | 170831 139 | 170833 13·17 | 170837 | 170839 29·43·137 | 170843 | 170849 7 | 170851 |
| 170857 | 170861 61 | 170863 7·11·317 | 170867 17·19·23 | 170869 241 | 170873 | 170879 107 | 170881 |
| 170887 | 170891 7 | 170893 73 | 170897 29·71·83 | 170899 | 170903 31·37·149 | 170909 277 | 170911 13 |
| 170917 67 | 170921 | 170923 59 | 170927 | 170929 11·41·379 | 170933 7 | 170939 47 | 170941 199 |
| 170947 7 | 170951 11 | 170953 | 170957 | 170959 23 | 170963 13 | 170969 17·89·113 | 170971 |
| 170977 37 | 170981 19 | 170983 61 | 170987 163 | 170989 7·13 | 170993 101 | 170999 307 | 171001 271 |
| 171007 | 171011 41·43·97 | 171013 29 | 171017 7·11 | 171019 19 | 171023 | 171029 | 171031 7·53 |
| 171037 17 | 171041 13·59·223 | 171043 | 171047 | 171049 | 171053 | 171059 7 | 171061 11 |
| 171067 13 | 171071 17·29·347 | 171073 7 | 171077 | 171079 | 171083 11·103·151 | 171089 31 | 171091 |
| 171097 23·43·173 | 171101 7 | 171103 | 171107 397 | 171109 139 | 171113 137 | 171119 13 | 171121 211 |
| 171127 11·47·331 | 171131 | 171133 19 | 171137 53 | 171139 17 | 171143 7·23 | 171149 11 | 171151 31 |
| 171157 7 | 171161 | 171163 | 171167 | 171169 | 171173 17 | 171179 | 171181 71 |
| 171187 29 | 171191 193 | 171193 11·79·197 | 171197 13 | 171199 7·37 | 171203 | 171209 19 | 171211 313 |
| 171217 131 | 171221 47 | 171223 13 | 171227 7·61·401 | 171229 83 | 171233 | 171239 109 | 171241 7·17 |
| 171247 19 | 171251 | 171253 | 171257 41 | 171259 11 | 171263 | 171269 7·43 | 171271 |
| 171277 59 | 171281 11·23 | 171283 7 | 171287 157 | 171289 103 | 171293 | 171299 | 171301 13 |
| 171307 107 | 171311 7 | 171313 163 | 171317 | 171319 67 | 171323 19·71·127 | 171329 | 171331 73 |
| 171337 31 | 171341 | 171343 17 | 171347 11·37 | 171349 53·61 | 171353 7·13·269 | 171359 349 | 171361 19·29·311 |
| 171367 7 | 171371 409 | 171373 23 | 171377 17 | 171379 13 | 171383 | 171389 367 | 171391 11 |
| 171397 101 | 171401 | 171403 | 171407 181 | 171409 7·47 | 171413 11 | 171419 23·29·257 | 171421 37·41·113 |
| 171427 | 171431 13 | 171433 251 | 171437 7·19 | 171439 | 171443 173 | 171449 | 171451 7 |
| 171457 11·13·109 | 171461 31 | 171463 277 | 171467 | 171469 | 171473 | 171479 7·11·17·131 | 171481 |
| 171487 223 | 171491 | 171493 7 | 171497 317 | 171499 149 | 171503 41·47·89 | 171509 13·79·167 | 171511 23 |
| 171517 | 171521 7·107·229 | 171523 11·31 | 171527 43 | 171529 | 171533 337 | 171539 | 171541 |
| 171547 17 | 171551 19 | 171553 | 171557 23 | 171559 | 171563 7 | 171569 37 | 171571 |
| 171577 7·127·193 | 171581 17 | 171583 | 171587 13·67·197 | 171589 11·19 | 171593 29·61·97 | 171599 101 | 171601 157 |
| 171607 71 | 171611 11 | 171613 13·43·307 | 171617 | 171619 7 | 171623 73 | 171629 | 171631 59 |
| 171637 | 171641 | 171643 37 | 171647 7·31·113 | 171649 17·23 | 171653 | 171659 | 171661 7·137·179 |
| 171667 41·53·79 | 171671 | 171673 | 171677 11 | 171679 | 171683 17 | 171689 7 | 171691 13·47·281 |
| 171697 | 171701 103 | 171703 7·19 | 171707 | 171709 29·31·191 | 171713 | 171719 | 171721 11·67·233 |
| 171727 83 | 171731 7 | 171733 | 171737 199 | 171739 263 | 171743 11·13 | 171749 41·59·71 | 171751 17 |
| 171757 | 171761 | 171763 | 171767 29 | 171769 13·73·181 | 171773 7·53 | 171779 19 | 171781 283 |
| 171787 7·11·23·97 | 171791 37 | 171793 | 171797 149 | 171799 | 171803 | 171809 11 | 171811 |
| 171817 19 | 171821 13 | 171823 | 171827 | 171829 7 | 171833 23·31·241 | 171839 227 | 171841 239 |
| 171847 13 | 171851 | 171853 11·17 | 171857 7 | 171859 89 | 171863 | 171869 | 171871 7·43 |
| 171877 | 171881 | 171883 29 | 171887 17 | 171889 | 171893 19·83·109 | 171899 7·13 | 171901 397 |
| 171907 103 | 171911 353 | 171913 7·41 | 171917 | 171919 11 | 171923 | 171929 | 171931 19 |
| 171937 | 171941 7·11·29 | 171943 139 | 171947 | 171949 107 | 171953 373 | 171959 61 | 171961 359 |
| 171967 383 | 171971 23 | 171973 47 | 171977 13 | 171979 229 | 171983 7·79·311 | 171989 17·67·151 | 171991 293 |
| 171997 7 | 172001 | 172003 13·101·131 | 172007 11·19 | 172009 | 172013 37 | 172019 31·179 | 172021 |
| 172027 | 172031 | 172033 71 | 172037 89 | 172039 7 | 172043 43 | 172049 | 172051 11 |
| 172057 17·29·349 | 172061 73 | 172063 23 | 172067 7·47 | 172069 | 172073 11 | 172079 | 172081 7·13·31·61 |
| 172087 37 | 172091 17·53·191 | 172093 | 172097 | 172099 113 | 172103 59 | 172109 7·23 | 172111 109 |
| 172117 11 | 172121 19 | 172123 7·67·367 | 172127 | 172129 43 | 172133 13 | 172139 11 | 172141 79 |

| | | | | | | | |
|---|---|---|---|---|---|---|---|
| 172147 | $172151_{7}$ | 172153 | 172157 | $172159_{13\cdot17\cdot19\cdot41}$ | $172163_{107}$ | 172169 | 172171 |
| $172177_{167}$ | 172181 | $172183_{11}$ | $172187_{233}$ | $172189_{409}$ | $172193_{7\cdot17}$ | 172199 | $172201_{23}$ |
| $172207_{7\cdot73\cdot337}$ | $172211_{13}$ | 172213 | 172217 | 172219 | 172223 | $172229_{157}$ | $172231_{29}$ |
| $172237_{13}$ | $172241_{41}$ | 172243 | $172247_{23}$ | $172249_{7\cdot11}$ | $172253_{281}$ | 172259 | $172261_{17}$ |
| $172267_{31}$ | $172271_{11}$ | $172273_{19}$ | $172277_{7}$ | 172279 | 172283 | $172289_{13\cdot29}$ | $172291_{7\cdot151\cdot163}$ |
| 172297 | $172301_{43}$ | $172303_{53}$ | 172307 | $172309_{37}$ | 172313 | $172319_{7\cdot103\cdot239}$ | 172321 |
| $172327_{389}$ | 172331 | $172333_{7}$ | $172337_{11}$ | $172339_{23\cdot59\cdot127}$ | 172343 | $172349_{19\cdot47\cdot193}$ | 172351 |
| 172357 | $172361_{7}$ | $172363_{17}$ | $172367_{13}$ | $172369_{97}$ | 172373 | $172379_{223}$ | $172381_{11}$ |
| $172387_{19\cdot43\cdot211}$ | $172391_{31\cdot67\cdot83}$ | $172393_{13\cdot89\cdot149}$ | $172397_{17}$ | 172399 | $172403_{7\cdot11}$ | $172409_{53}$ | 172411 |
| $172417_{7}$ | 172421 | 172423 | 172427 | $172429_{269}$ | 172433 | 172439 | 172441 |
| $172447_{11\cdot61\cdot257}$ | $172451_{331}$ | $172453_{31}$ | $172457_{37\cdot59\cdot79}$ | $172459_{7\cdot71\cdot347}$ | $172463_{19\cdot29\cdot313}$ | $172469_{11}$ | $172471_{13}$ |
| $172477_{23}$ | $172481_{173}$ | $172483_{137}$ | $172487_{7\cdot41}$ | 172489 | $172493_{181}$ | $172499_{17\cdot73\cdot139}$ | $172501_{7\cdot19}$ |
| 172507 | $172511_{167}$ | $172513_{11}$ | 172517 | 172519 | $172523_{13\cdot23}$ | $172529_{7}$ | $172531_{37}$ |
| $172537_{47}$ | 172541 | $172543_{7\cdot157}$ | $172547_{109}$ | $172549_{13}$ | 172553 | $172559_{43}$ | 172561 |
| $172567_{17}$ | $172571_{7\cdot89\cdot277}$ | 172573 | $172577_{19\cdot31\cdot293}$ | $172579_{11\cdot29}$ | 172583 | 172589 | $172591_{107}$ |
| 172597 | $172601_{11\cdot13\cdot17\cdot71}$ | 172603 | 172607 | $172609_{101}$ | $172613_{7}$ | 172619 | $172621_{53}$ |
| $172627_{7\cdot13\cdot271}$ | $172631_{47}$ | 172633 | $172637_{29}$ | $172639_{31}$ | 172643 | 172649 | $172651_{41}$ |
| 172657 | $172661_{23}$ | 172663 | $172667_{11}$ | $172669_{7\cdot17}$ | 172673 | $172679_{13\cdot37\cdot359}$ | 172681 |
| 172687 | $172691_{19\cdot61\cdot149}$ | $172693_{59}$ | $172697_{7}$ | $172699_{373}$ | $172703_{17}$ | 172709 | $172711_{7\cdot11}$ |
| 172717 | 172721 | $172723_{83}$ | $172727_{53}$ | $172729_{19}$ | $172733_{11\cdot41\cdot383}$ | $172739_{7}$ | 172741 |
| $172747_{227}$ | 172751 | $172753_{7\cdot23\cdot29\cdot37}$ | $172757_{13\cdot97\cdot137}$ | 172759 | $172763_{31}$ | $172769_{197}$ | $172771_{17}$ |
| $172777_{11\cdot113\cdot139}$ | $172781_{7}$ | $172783_{13}$ | 172787 | $172789_{131}$ | $172793_{67}$ | $172799_{11\cdot23}$ | 172801 |
| 172807 | $172811_{29\cdot59\cdot101}$ | $172813_{61}$ | $172817_{43}$ | $172819_{47}$ | $172823_{7}$ | 172829 | $172831_{401}$ |
| $172837_{7}$ | $172841_{307}$ | $172843_{11\cdot19}$ | $172847_{127}$ | 172849 | 172853 | 172859 | $172861_{13}$ |
| 172867 | 172871 | $172873_{17}$ | 172877 | $172879_{7}$ | 172883 | $172889_{83}$ | $172891_{23}$ |
| $172897_{41}$ | $172901_{37}$ | $172903_{43}$ | $172907_{7\cdot17}$ | $172909_{11}$ | $172913_{13\cdot47\cdot283}$ | $172919_{19}$ | $172921_{7}$ |
| $172927_{29\cdot67\cdot89}$ | $172931_{11\cdot79\cdot199}$ | 172933 | $172937_{23\cdot73\cdot103}$ | $172939_{13\cdot53\cdot251}$ | $172943_{163}$ | $172949_{7\cdot31}$ | $172951_{97}$ |
| $172957_{19}$ | $172961_{257}$ | $172963_{7}$ | $172967_{269}$ | 172969 | 172973 | $172979_{41}$ | 172981 |
| 172987 | $172991_{7\cdot13}$ | 172993 | $172997_{11}$ | 172999 | $173003_{113}$ | $173009_{17}$ | $173011_{31}$ |
| $173017_{13}$ | 173021 | 173023 | $173027_{71}$ | $173029_{23}$ | $173033_{7\cdot19}$ | 173039 | $173041_{11}$ |
| $173047_{7\cdot59}$ | $173051_{131}$ | 173053 | $173057_{61}$ | 173059 | $173063_{11}$ | $173069_{13}$ | $173071_{19}$ |
| $173077_{17}$ | 173081 | $173083_{73}$ | 173087 | $173089_{7\cdot79\cdot313}$ | $173093_{179}$ | 173099 | $173101_{29\cdot47\cdot127}$ |
| $173107_{11}$ | $173111_{17}$ | $173113_{331}$ | $173117_{7}$ | $173119_{233}$ | $173123_{37}$ | $173129_{11}$ | $173131_{7}$ |
| 173137 | 173141 | $173143_{41\cdot103}$ | $173147_{13\cdot19}$ | 173149 | $173153_{347}$ | $173159_{7\cdot29}$ | $173161_{43}$ |
| $173167_{23}$ | $173171_{157}$ | $173173_{7\cdot11\cdot13\cdot173}$ | 173177 | $173179_{17\cdot61\cdot167}$ | 173183 | 173189 | 173191 |
| $173197_{31\cdot37\cdot151}$ | $173201_{7\cdot109\cdot227}$ | $173203_{379}$ | 173207 | 173209 | $173213_{17\cdot23}$ | 173219 | $173221_{83}$ |
| $173227_{311}$ | $173231_{211}$ | $173233_{107}$ | $173237_{191}$ | $173239_{11}$ | $173243_{7}$ | 173249 | $173251_{13}$ |
| $173257_{7\cdot53}$ | $173261_{11\cdot19}$ | 173263 | 173267 | $173269_{163}$ | 173273 | $173279_{241}$ | $173281_{17}$ |
| $173287_{149}$ | 173291 | 173293 | 173297 | $173299_{7\cdot19}$ | $173303_{13}$ | 173309 | $173311_{71}$ |
| $173317_{263}$ | $173321_{31}$ | $173323_{353}$ | $173327_{7\cdot11}$ | $173329_{13\cdot67\cdot199}$ | $173333_{29\cdot43\cdot139}$ | $173339_{97}$ | $173341_{7}$ |
| 173347 | $173351_{23}$ | $173353_{229}$ | 173357 | 173359 | $173363_{53}$ | $173369_{7}$ | $173371_{11}$ |
| $173377_{281}$ | $173381_{13}$ | $173383_{7\cdot17\cdot31\cdot47}$ | $173387_{83}$ | $173389_{41}$ | $173393_{11}$ | $173399_{317}$ | $173401_{59}$ |
| $173407_{13}$ | $173411_{7}$ | $173413_{19}$ | $173417_{17\cdot101}$ | $173419_{37\cdot43\cdot109}$ | $173423_{61}$ | 173429 | 173431 |
| $173437_{11}$ | $173441_{251}$ | $173443_{23}$ | $173447_{107}$ | $173449_{29}$ | $173453_{7\cdot71\cdot349}$ | $173459_{11\cdot13}$ | $173461_{89}$ |
| $173467_{7}$ | $173471_{41}$ | 173473 | $173477_{47}$ | $173479_{283}$ | 173483 | $173489_{19\cdot23\cdot397}$ | 173491 |
| 173497 | 173501 | $173503_{11}$ | $173507_{29\cdot31\cdot193}$ | $173509_{7}$ | $173513_{167}$ | $173519_{17\cdot59\cdot173}$ | $173521_{73}$ |
| $173527_{19}$ | 173531 | $173533_{97}$ | $173537_{7\cdot13}$ | 173539 | 173543 | 173549 | $173551_{7}$ |
| $173557_{197}$ | 173561 | $173563_{13\cdot79}$ | $173567_{37}$ | $173569_{11\cdot31}$ | 173573 | $173579_{7\cdot137\cdot181}$ | $173581_{23}$ |
| $173587_{17}$ | $173591_{11\cdot43\cdot367}$ | $173593_{7}$ | $173597_{67}$ | 173599 | $173603_{19}$ | $173609_{127}$ | $173611_{139}$ |
| 173617 | $173621_{7\cdot17}$ | $173623_{29}$ | $173627_{23}$ | 173629 | $173633_{401}$ | $173639_{89}$ | $173641_{13\cdot19\cdot37}$ |
| 173647 | 173651 | $173653_{211}$ | $173657_{11}$ | 173659 | $173663_{7}$ | 173669 | 173671 |
| $173677_{7\cdot43}$ | $173681_{29\cdot53\cdot113}$ | 173683 | 173687 | $173689_{17}$ | $173693_{13\cdot31}$ | 173699 | $173701_{11}$ |
| 173707 | $173711_{271}$ | 173713 | $173717_{19\cdot41\cdot223}$ | $173719_{7\cdot13\cdot23\cdot83}$ | $173723_{11\cdot17}$ | 173729 | $173731_{67}$ |
| $173737_{71}$ | 173741 | 173743 | $173747_{7}$ | $173749_{293}$ | $173753_{239}$ | $173759_{47}$ | $173761_{7\cdot103\cdot241}$ |
| $173767_{11}$ | $173771_{13}$ | 173773 | 173777 | 173779 | 173783 | $173789_{7\cdot11\cdot37\cdot61}$ | $173791_{17}$ |
| $173797_{13\cdot29}$ | $173801_{151}$ | $173803_{7}$ | 173807 | $173809_{179}$ | $173813_{73}$ | 173819 | $173821_{101}$ |
| 173827 | $173831_{7\cdot19}$ | $173833_{11}$ | $173837_{131}$ | 173839 | $173843_{263}$ | $173849_{13\cdot43\cdot311}$ | 173851 |
| $173857_{23}$ | 173861 | $173863_{37\cdot127}$ | 173867 | $173869_{19}$ | $173873_{7\cdot59}$ | $173879_{31\cdot71\cdot79}$ | $173881_{41}$ |
| $173887_{7}$ | 173891 | $173893_{17\cdot53\cdot193}$ | 173897 | $173899_{11}$ | $173903_{23}$ | 173909 | $173911_{61}$ |
| 173917 | $173921_{11\cdot97\cdot163}$ | 173923 | $173927_{13\cdot17}$ | $173929_{7}$ | 173933 | $173939_{281}$ | $173941_{31\cdot181}$ |
| $173947_{47}$ | $173951_{197}$ | $173953_{13}$ | $173957_{7}$ | $173959_{73}$ | $173963_{41}$ | 173969 | $173971_{7\cdot29}$ |
| 173977 | 173981 | $173983_{19}$ | $173987_{11}$ | $173989_{257}$ | 173993 | $173999_{7\cdot53\cdot67}$ | $174001_{191}$ |
| 174007 | $174011_{37}$ | $174013_{7}$ | 174017 | 174019 | $174023_{101}$ | $174029_{17\cdot29\cdot353}$ | $174031_{11\cdot13}$ |
| $174037_{79}$ | $174041_{7\cdot23\cdot47}$ | $174043_{269}$ | 174047 | 174049 | $174053_{11}$ | $174059_{19}$ | 174061 |
| 174067 | 174071 | $174073_{109}$ | 174077 | 174079 | $174083_{7\cdot13}$ | $174089_{107}$ | 174091 |
| $174097_{7\cdot11\cdot17\cdot19}$ | 174101 | $174103_{151}$ | $174107_{43}$ | $174109_{13\cdot59\cdot227}$ | $174113_{157}$ | $174119_{11}$ | 174121 |
| $174127_{31\cdot41\cdot137}$ | $174131_{17}$ | $174133_{23\cdot67\cdot113}$ | 174137 | $174139_{7}$ | 174143 | 174149 | $174151_{349}$ |
| 174157 | $174161_{13}$ | $174163_{11\cdot71\cdot223}$ | $174167_{7\cdot139\cdot179}$ | 174169 | $174173_{19\cdot89\cdot103}$ | $174179_{23}$ | $174181_{7\cdot149\cdot167}$ |
| $174187_{13}$ | $174191_{373}$ | $174193_{43}$ | 174197 | $174199_{17}$ | $174203_{29}$ | $174209_{7\cdot41}$ | $174211_{19\cdot53\cdot173}$ |
| $174217_{83}$ | 174221 | $174223_{7}$ | $174227_{59}$ | $174229_{11\cdot47\cdot337}$ | $174233_{17\cdot37\cdot277}$ | $174239_{13}$ | 174241 |
| $174247_{163}$ | $174251_{7\cdot11\cdot31\cdot73}$ | $174253_{271}$ | 174257 | 174259 | 174263 | $174269_{229}$ | $174271_{23}$ |
| $174277_{61}$ | 174281 | $174283_{397}$ | $174287_{19}$ | 174289 | $174293_{7}$ | 174299 | $174301_{17}$ |
| $174307_{7\cdot37}$ | 174311 | $174313_{31}$ | $174317_{11\cdot13\cdot23\cdot53}$ | $174319_{29}$ | $174323_{47}$ | 174329 | 174331 |
| 174337 | $174341_{313}$ | $174343_{13}$ | 174347 | $174349_{7}$ | $174353_{79}$ | $174359_{113}$ | $174361_{11\cdot131}$ |
| 174367 | $174371_{127}$ | $174373_{41}$ | $174377_{7\cdot29}$ | $174379_{103}$ | $174383_{11\cdot83\cdot191}$ | 174389 | $174391_{7}$ |
| $174397_{73}$ | $174401_{19\cdot67\cdot137}$ | $174403_{17}$ | 174407 | $174409_{23}$ | 174413 | $174419_{7}$ | $174421_{13}$ |
| $174427_{11\cdot101\cdot157}$ | 174431 | $174433_{7}$ | $174437_{17\cdot31\cdot331}$ | $174439_{19}$ | 174443 | $174449_{11}$ | $174451_{43}$ |
| 174457 | $174461_{7}$ | $174463_{59}$ | 174467 | 174469 | $174473_{13}$ | $174479_{149}$ | 174481 |
| 174487 | 174491 | $174493_{11\cdot29}$ | $174497_{211}$ | $174499_{13\cdot31}$ | $174503_{7\cdot97\cdot257}$ | $174509_{109}$ | $174511_{47\cdot79}$ |
| $174517_{7\cdot107\cdot233}$ | $174521_{61}$ | $174523_{199}$ | 174527 | $174529_{37\cdot53\cdot89}$ | 174533 | $174539_{17}$ | $174541_{347}$ |
| $174547_{23}$ | $174551_{13\cdot29}$ | $174553_{19}$ | $174557_{173}$ | $174559_{7\cdot11}$ | $174563_{227}$ | 174569 | 174571 |
| $174577_{13}$ | $174581_{11\cdot59\cdot269}$ | 174583 | $174587_{7}$ | $174589_{71}$ | $174593_{23}$ | 174599 | $174601_{7}$ |

| | | | | | | | |
|---|---|---|---|---|---|---|---|
| 174607 17 | 174611 283 | 174613 | 174617 | 174619 41 | 174623 31·43·131 | 174629 7·13·19·101 | 174631 |
| 174637 | 174641 17 | 174643 7·61·409 | 174647 11 | 174649 | 174653 | 174659 | 174661 389 |
| 174667 19·29·317 | 174671 7 | 174673 | 174677 37 | 174679 | 174683 307 | 174689 73 | 174691 11 |
| 174697 97 | 174701 41 | 174703 | 174707 13·89·151 | 174709 17·43·239 | 174713 7·11 | 174719 379 | 174721 |
| 174727 7·109·229 | 174731 23·71·107 | 174733 13 | 174737 | 174739 197 | 174743 17·19 | 174749 | 174751 37 |
| 174757 11 | 174761 | 174763 | 174767 | 174769 7 | 174773 | 174779 11 | 174781 19 |
| 174787 277 | 174791 103 | 174793 47 | 174797 7 | 174799 | 174803 67 | 174809 31 | 174811 7·13·17·113 |
| 174817 59 | 174821 | 174823 11·23 | 174827 79 | 174829 | 174833 359 | 174839 7 | 174841 29 |
| 174847 53 | 174851 | 174853 7 | 174857 19 | 174859 | 174863 13 | 174869 23 | 174871 31 |
| 174877 | 174881 7·43·83 | 174883 179 | 174887 47·61 | 174889 11·13 | 174893 | 174899 29·37·163 | 174901 |
| 174907 | 174911 11 | 174913 17 | 174917 | 174919 211 | 174923 7 | 174929 | 174931 |
| 174937 7·67·373 | 174941 13 | 174943 | 174947 17·41·251 | 174949 137 | 174953 53 | 174959 | 174961 23 |
| 174967 13·43·313 | 174971 19 | 174973 37 | 174977 11 | 174979 7 | 174983 233 | 174989 | 174991 |
| 174997 103 | 175001 139 | 175003 | 175007 7·23 | 175009 19·61·151 | 175013 | 175019 13 | 175021 7·11 |
| 175027 181 | 175031 383 | 175033 101 | 175037 113 | 175039 | 175043 11 | 175049 7·17 | 175051 193 |
| 175057 31 | 175061 | 175063 7·89·281 | 175067 | 175069 | 175073 29 | 175079 | 175081 |
| 175087 11 | 175091 7 | 175093 311 | 175097 13 | 175099 23·331 | 175103 | 175109 11 | 175111 41 |
| 175117 17 | 175121 37 | 175123 13·19 | 175127 73 | 175129 | 175133 7·127·197 | 175139 43 | 175141 |
| 175147 7·131·191 | 175151 17 | 175153 11 | 175157 71 | 175159 107 | 175163 109 | 175169 47 | 175171 59 |
| 175177 283 | 175181 31 | 175183 167 | 175187 239 | 175189 7·29 | 175193 41 | 175199 19 | 175201 13 |
| 175207 241 | 175211 | 175213 83 | 175217 7 | 175219 11·17 | 175223 137 | 175229 | 175231 7 |
| 175237 19·23·401 | 175241 11·89·179 | 175243 31 | 175247 29 | 175249 173 | 175253 13·17·61 | 175259 7 | 175261 |
| 175267 | 175271 53 | 175273 7·73 | 175277 | 175279 13·97·139 | 175283 23 | 175289 59 | 175291 |
| 175297 307 | 175301 7·79·317 | 175303 | 175307 11 | 175309 | 175313 19 | 175319 199 | 175321 17 |
| 175327 | 175331 13 | 175333 | 175337 271 | 175339 67 | 175343 7·37 | 175349 | 175351 11·19 |
| 175357 7·13·41·47 | 175361 | 175363 29 | 175367 31 | 175369 157 | 175373 11·107·149 | 175379 83 | 175381 109 |
| 175387 127 | 175391 | 175393 | 175397 43 | 175399 7 | 175403 | 175409 13·103·131 | 175411 |
| 175417 11·37 | 175421 23·29·263 | 175423 17 | 175427 7·19 | 175429 31 | 175433 | 175439 11·41·389 | 175441 7·71·353 |
| 175447 | 175451 47 | 175453 | 175457 17 | 175459 79 | 175463 | 175469 7 | 175471 227 |
| 175477 379 | 175481 | 175483 7·11·43·53 | 175487 13 | 175489 113 | 175493 | 175499 | 175501 223 |
| 175507 293 | 175511 7 | 175513 13·23 | 175517 167 | 175519 | 175523 | 175529 191 | 175531 257 |
| 175537 29 | 175541 19 | 175543 | 175547 349 | 175549 11 | 175553 7·31 | 175559 17·23 | 175561 419 |
| 175567 7 | 175571 11 | 175573 | 175577 337 | 175579 19 | 175583 71 | 175589 53 | 175591 13 |
| 175597 89 | 175601 | 175603 41 | 175607 67 | 175609 7 | 175613 151 | 175619 61 | 175621 |
| 175627 17 | 175631 | 175633 | 175637 7·11 | 175639 37·47·101 | 175643 13·59·229 | 175649 | 175651 7·23 |
| 175657 269 | 175661 17 | 175663 | 175667 97 | 175669 13 | 175673 | 175679 7 | 175681 11 |
| 175687 | 175691 | 175693 7·19 | 175697 23 | 175699 | 175703 11 | 175709 | 175711 29·73·83 |
| 175717 199 | 175721 7·13 | 175723 | 175727 | 175729 17 | 175733 47 | 175739 31 | 175741 43·61·67 |
| 175747 11·13 | 175751 181 | 175753 | 175757 | 175759 | 175763 7·17·211 | 175769 11·19·29 | 175771 137 |
| 175777 7 | 175781 | 175783 | 175787 37 | 175789 23 | 175793 367 | 175799 13 | 175801 31·53·107 |
| 175807 19 | 175811 | 175813 11 | 175817 109 | 175819 7 | 175823 193 | 175829 | 175831 17 |
| 175837 | 175841 101 | 175843 | 175847 7 | 175849 41 | 175853 | 175859 | 175861 7·37·97 |
| 175867 71 | 175871 397 | 175873 | 175877 13·83·163 | 175879 11·59·271 | 175883 19 | 175889 7 | 175891 |
| 175897 | 175901 11 | 175903 7·13 | 175907 53 | 175909 | 175913 43 | 175919 | 175921 19·47·197 |
| 175927 23 | 175931 7·41 | 175933 17·79·131 | 175937 | 175939 | 175943 29 | 175949 | 175951 251 |
| 175957 179 | 175961 | 175963 | 175967 11·17 | 175969 149 | 175973 7·23 | 175979 | 175981 13 |
| 175987 7·31 | 175991 | 175993 | 175997 19·59·157 | 175999 43 | 176003 73 | 176009 37·67·71 | 176011 11 |
| 176017 | 176021 | 176023 | 176027 103 | 176029 7 | 176033 11·13 | 176039 401 | 176041 |
| 176047 | 176051 | 176053 | 176057 7 | 176059 13·29 | 176063 | 176069 17 | 176071 7 |
| 176077 11 | 176081 | 176083 37 | 176087 | 176089 | 176093 293 | 176099 7·11 | 176101 229 |
| 176107 61 | 176111 13·19·23·31 | 176113 7·139·181 | 176117 29 | 176119 53 | 176123 | 176129 | 176131 89 |
| 176137 13·17 | 176141 7 | 176143 11·67·239 | 176147 353 | 176149 19·73·127 | 176153 | 176159 | 176161 |
| 176167 113 | 176171 17·43·241 | 176173 31 | 176177 41 | 176179 | 176183 7 | 176189 13 | 176191 |
| 176197 7 | 176201 | 176203 23·47·163 | 176207 | 176209 11·83·193 | 176213 | 176219 313 | 176221 |
| 176227 | 176231 11·37 | 176233 29·59·103 | 176237 | 176239 7·17 | 176243 | 176249 23·79·97 | 176251 337 |
| 176257 43 | 176261 | 176263 19 | 176267 7·13·149 | 176269 359 | 176273 17 | 176279 409 | 176281 7 |
| 176287 173 | 176291 29 | 176293 13·71·191 | 176297 11·31·47 | 176299 | 176303 | 176309 7·89·283 | 176311 157 |
| 176317 | 176321 | 176323 7 | 176327 | 176329 | 176333 | 176339 19 | 176341 11·17·23·41 |
| 176347 | 176351 7·59·61 | 176353 | 176357 | 176359 31 | 176363 11 | 176369 | 176371 13 |
| 176377 19 | 176381 233 | 176383 | 176387 23 | 176389 | 176393 7·113·223 | 176399 419 | 176401 |
| 176407 7·11·29·79 | 176411 67 | 176413 | 176417 | 176419 | 176423 13·41·331 | 176429 11·43·373 | 176431 |
| 176437 53 | 176441 73 | 176443 17·97·107 | 176447 101 | 176449 7·13·277 | 176453 19·37·251 | 176459 | 176461 |
| 176467 | 176471 109 | 176473 11·61·263 | 176477 7·17 | 176479 23 | 176483 31 | 176489 | 176491 7·19 |
| 176497 | 176501 13 | 176503 | 176507 | 176509 | 176513 199 | 176519 7·151·167 | 176521 |
| 176527 13·37·367 | 176531 | 176533 7 | 176537 | 176539 11 | 176543 53 | 176549 | 176551 |
| 176557 | 176561 7·11 | 176563 383 | 176567 19 | 176569 317 | 176573 | 176579 13·17·47 | 176581 29 |
| 176587 41·59·73 | 176591 | 176593 137 | 176597 | 176599 | 176603 7 | 176609 | 176611 |
| 176617 7·23 | 176621 239 | 176623 347 | 176627 11 | 176629 | 176633 173 | 176639 29 | 176641 |
| 176647 17 | 176651 | 176653 241 | 176657 13·107·127 | 176659 7 | 176663 23 | 176669 31·41·139 | 176671 11 |
| 176677 | 176681 17·19 | 176683 13 | 176687 7·43 | 176689 109 | 176693 11 | 176699 | 176701 7 |
| 176707 83 | 176711 | 176713 | 176717 61 | 176719 19·71·131 | 176723 79 | 176729 7 | 176731 31 |
| 176737 11 | 176741 | 176743 7 | 176747 | 176749 17·37·281 | 176753 | 176759 11 | 176761 13 |
| 176767 47 | 176771 7 | 176773 43 | 176777 | 176779 | 176783 17 | 176789 | 176791 |
| 176797 | 176801 23 | 176803 11 | 176807 | 176809 | 176813 7·13·29·67 | 176819 | 176821 151 |
| 176827 7 | 176831 97 | 176833 19·41·227 | 176837 181 | 176839 13·61·223 | 176843 89 | 176849 | 176851 17·101·103 |
| 176857 | 176861 47·53·71 | 176863 149 | 176867 137 | 176869 7·11 | 176873 83 | 176879 73 | 176881 79 |
| 176887 | 176891 11·13 | 176893 23 | 176897 7·37 | 176899 | 176903 | 176909 19 | 176911 7·127·199 |
| 176917 13·31 | 176921 | 176923 | 176927 | 176929 29 | 176933 | 176939 7·23·157 | 176941 59 |
| 176947 19·67·139 | 176951 | 176953 7·17 | 176957 11 | 176959 311 | 176963 271 | 176969 13 | 176971 37 |
| 176977 | 176981 7·131·193 | 176983 | 176987 17·29·359 | 176989 | 176993 379 | 176999 263 | 177001 11 |
| 177007 | 177011 | 177013 | 177017 229 | 177019 | 177023 7·11·19 | 177029 211 | 177031 23·43·179 |
| 177037 7 | 177041 31 | 177043 | 177047 13 | 177049 47 | 177053 101 | 177059 59 | 177061 19 |

| | | | | | | | |
|---|---|---|---|---|---|---|---|
| $177067_{11}$ | $177071_{113}$ | $177073_{13\cdot 53\cdot 257}$ | $177077_{23}$ | $177079_{7\cdot 41}$ | $177083_{61}$ | $177089_{11\cdot 17}$ | 177091 |
| $177097_{409}$ | 177101 | $177103_{29\cdot 31\cdot 197}$ | $177107_{7}$ | 177109 | 177113 | $177119_{37}$ | $177121_{7}$ |
| 177127 | 177131 | $177133_{11}$ | $177137_{19}$ | $177139_{307}$ | $177143_{47}$ | $177149_{7}$ | $177151_{13}$ |
| $177157_{17}$ | $177161_{29\cdot 41\cdot 149}$ | $177163_{7}$ | 177167 | $177169_{23}$ | 177173 | $177179_{53}$ | $177181_{163}$ |
| $177187_{167}$ | $177191_{7\cdot 17}$ | $177193_{37}$ | $177197_{79}$ | $177199_{11\cdot 89\cdot 181}$ | $177203_{13\cdot 43\cdot 317}$ | 177209 | 177211 |
| 177217 | $177221_{11}$ | 177223 | $177227_{31}$ | $177229_{13}$ | $177233_{7}$ | 177239 | $177241_{421}$ |
| $177247_{7}$ | $177251_{19}$ | $177253_{157}$ | 177257 | $177259_{17}$ | $177263_{103}$ | 177269 | $177271_{269}$ |
| $177277_{29}$ | $177281_{13}$ | 177283 | $177287_{11\cdot 71\cdot 227}$ | $177289_{7\cdot 19\cdot 31\cdot 43}$ | $177293_{17}$ | $177299_{107}$ | 177301 |
| $177307_{13\cdot 23}$ | $177311_{281}$ | $177313_{233}$ | $177317_{7\cdot 73\cdot 347}$ | 177319 | 177323 | $177329_{383}$ | $177331_{7\cdot 11\cdot 47}$ |
| 177337 | $177341_{37}$ | $177343_{109}$ | 177347 | $177349_{67}$ | $177353_{11\cdot 23}$ | $177359_{7\cdot 13}$ | $177361_{17}$ |
| $177367_{193}$ | $177371_{83}$ | $177373_{7}$ | $177377_{89}$ | 177379 | 177383 | $177389_{179}$ | $177391_{53}$ |
| $177397_{11}$ | $177401_{7}$ | $177403_{19}$ | $177407_{41}$ | 177409 | $177413_{31\cdot 59\cdot 97}$ | $177419_{11\cdot 127}$ | 177421 |
| 177427 | 177431 | 177433 | $177437_{13}$ | $177439_{191}$ | $177443_{7}$ | $177449_{61}$ | $177451_{29\cdot 211}$ |
| $177457_{7\cdot 101\cdot 251}$ | $177461_{43}$ | $177463_{11\cdot 13\cdot 17\cdot 73}$ | 177467 | $177469_{103}$ | 177473 | $177479_{19}$ | 177481 |
| 177487 | $177491_{23}$ | 177493 | $177497_{17\cdot 53\cdot 197}$ | $177499_{7}$ | $177503_{139}$ | $177509_{29}$ | 177511 |
| $177517_{19}$ | $177521_{167}$ | $177523_{113}$ | $177527_{7}$ | $177529_{11}$ | 177533 | 177539 | $177541_{7\cdot 13}$ |
| $177547_{43}$ | $177551_{11}$ | 177553 | $177557_{277}$ | $177559_{353}$ | $177563_{37}$ | $177569_{7}$ | $177571_{41\cdot 61\cdot 71}$ |
| $177577_{239}$ | $177581_{311}$ | $177583_{7\cdot 23}$ | $177587_{257}$ | 177589 | $177593_{13\cdot 19}$ | $177599_{17\cdot 31\cdot 337}$ | 177601 |
| $177607_{97}$ | $177611_{7}$ | $177613_{47}$ | $177617_{11\cdot 67\cdot 241}$ | $177619_{13}$ | 177623 | $177629_{23}$ | $177631_{19}$ |
| $177637_{37}$ | $177641_{349}$ | $177643_{401}$ | 177647 | $177649_{59}$ | $177653_{7\cdot 41}$ | $177659_{101}$ | $177661_{11\cdot 31}$ |
| $177667_{7\cdot 17}$ | $177671_{13\cdot 79\cdot 173}$ | $177673_{127}$ | 177677 | 177679 | $177683_{11\cdot 29}$ | $177689_{137}$ | 177691 |
| $177697_{13}$ | $177701_{17}$ | $177703_{83}$ | $177707_{19\cdot 47\cdot 199}$ | $177709_{7\cdot 53}$ | $177713_{71}$ | $177719_{43}$ | $177721_{23}$ |
| $177727_{11\cdot 107\cdot 151}$ | $177731_{223}$ | $177733_{89}$ | $177737_{7}$ | 177739 | 177743 | $177749_{11\cdot 13\cdot 113}$ | $177751_{7\cdot 67\cdot 379}$ |
| $177757_{149}$ | 177761 | 177763 | $177767_{23\cdot 59\cdot 131}$ | $177769_{17}$ | $177773_{389}$ | $177779_{7\cdot 109\cdot 233}$ | $177781_{139}$ |
| 177787 | 177791 | $177793_{7\cdot 11}$ | 177797 | $177799_{29}$ | $177803_{17}$ | $177809_{269}$ | 177811 |
| $177817_{41}$ | $177821_{7\cdot 19\cdot 191}$ | 177823 | $177827_{13}$ | $177829_{79}$ | $177833_{163}$ | 177839 | 177841 |
| $177847_{31}$ | $177851_{293}$ | $177853_{13}$ | $177857_{29}$ | $177859_{11\cdot 19\cdot 23\cdot 37}$ | $177863_{7}$ | $177869_{83}$ | $177871_{17}$ |
| $177877_{7}$ | $177881_{11\cdot 103\cdot 157}$ | 177883 | 177887 | 177889 | 177893 | $177899_{41}$ | $177901_{73}$ |
| 177907 | $177911_{89}$ | 177913 | 177917 | $177919_{7}$ | $177923_{181}$ | 177929 | $177931_{13}$ |
| $177937_{61}$ | $177941_{107}$ | 177943 | $177947_{7\cdot 11}$ | 177949 | 177953 | $177959_{251}$ | $177961_{7}$ |
| 177967 | $177971_{31}$ | $177973_{17\cdot 19\cdot 29}$ | $177977_{43}$ | 177979 | $177983_{13}$ | $177989_{7\cdot 47}$ | $177991_{11}$ |
| $177997_{23\cdot 71\cdot 109}$ | 178001 | $178003_{7\cdot 59}$ | $178007_{17\cdot 37\cdot 283}$ | $178009_{13}$ | $178013_{11}$ | $178019_{67}$ | 178021 |
| $178027_{53}$ | $178031_{7\cdot 29}$ | $178033_{31}$ | 178037 | 178039 | $178043_{23}$ | $178049_{19}$ | $178051_{263}$ |
| $178057_{11}$ | $178061_{13}$ | $178063_{41\cdot 43\cdot 101}$ | 178067 | 178069 | $178073_{7}$ | $178079_{11}$ | $178081_{37}$ |
| $178087_{7\cdot 13\cdot 19\cdot 103}$ | 178091 | 178093 | $178097_{313}$ | $178099_{241}$ | 178103 | $178109_{17}$ | $178111_{277}$ |
| 178117 | $178121_{59}$ | $178123_{11}$ | 178127 | $178129_{7}$ | $178133_{53}$ | $178139_{13\cdot 71\cdot 193}$ | 178141 |
| $178147_{29}$ | 178151 | $178153_{67}$ | $178157_{7\cdot 31}$ | $178159_{163}$ | $178163_{19}$ | 178169 | $178171_{7}$ |
| $178177_{17\cdot 47\cdot 223}$ | $178181_{23\cdot 61\cdot 127}$ | 178183 | 178187 | $178189_{11\cdot 97\cdot 167}$ | $178193_{73}$ | $178199_{7}$ | $178201_{19\cdot 83\cdot 113}$ |
| 178207 | $178211_{11\cdot 17}$ | $178213_{7}$ | $178217_{13}$ | $178219_{31}$ | 178223 | $178229_{37}$ | 178231 |
| $178237_{137}$ | $178241_{7}$ | $178243_{13}$ | 178247 | 178249 | $178253_{397}$ | 178259 | 178261 |
| $178267_{89}$ | $178271_{47}$ | $178273_{23\cdot 337}$ | $178277_{11\cdot 19}$ | $178279_{17}$ | $178283_{7}$ | 178289 | $178291_{131}$ |
| $178297_{7}$ | 178301 | $178303_{37\cdot 61\cdot 79}$ | 178307 | $178309_{41}$ | $178313_{17}$ | $178319_{23}$ | $178321_{11\cdot 13\cdot 29\cdot 43}$ |
| 178327 | $178331_{151}$ | 178333 | $178337_{139}$ | $178339_{7\cdot 73\cdot 349}$ | $178343_{11\cdot 31}$ | 178349 | 178351 |
| $178357_{59}$ | 178361 | $178363_{173}$ | $178367_{7\cdot 83\cdot 307}$ | $178369_{107}$ | $178373_{13}$ | $178379_{29}$ | $178381_{7\cdot 17}$ |
| $178387_{11}$ | $178391_{19\cdot 41\cdot 229}$ | 178393 | 178397 | $178399_{13}$ | 178403 | $178409_{7\cdot 11\cdot 331}$ | $178411_{23}$ |
| 178417 | $178421_{67}$ | $178423_{7\cdot 71\cdot 359}$ | $178427_{113}$ | $178429_{19}$ | $178433_{109}$ | 178439 | 178441 |
| 178447 | $178451_{7\cdot 13\cdot 37\cdot 53}$ | $178453_{11}$ | $178457_{23}$ | $178459_{47}$ | $178463_{179}$ | 178469 | $178471_{317}$ |
| $178477_{13}$ | 178481 | $178483_{17}$ | 178487 | 178489 | $178493_{7\cdot 43}$ | $178499_{103}$ | 178501 |
| $178507_{7}$ | $178511_{137}$ | 178513 | $178517_{17}$ | $178519_{11}$ | $178523_{167}$ | $178529_{13\cdot 31}$ | 178531 |
| 178537 | $178541_{11}$ | $178543_{19}$ | $178547_{61}$ | $178549_{7\cdot 23}$ | $178553_{29\cdot 47\cdot 131}$ | 178559 | 178561 |
| 178567 | 178571 | $178573_{283}$ | $178577_{7\cdot 97\cdot 263}$ | $178579_{43}$ | $178583_{107}$ | $178589_{271}$ | $178591_{7\cdot 31}$ |
| 178597 | 178601 | 178603 | $178607_{11\cdot 13}$ | 178609 | 178613 | $178619_{7\cdot 17\cdot 19\cdot 79}$ | 178621 |
| 178627 | $178631_{73}$ | $178633_{7\cdot 13\cdot 151}$ | $178637_{41}$ | 178639 | 178643 | $178649_{227}$ | $178651_{11\cdot 109\cdot 149}$ |
| $178657_{19}$ | $178661_{7}$ | $178663_{53}$ | $178667_{373}$ | $178669_{29\cdot 61\cdot 101}$ | $178673_{11\cdot 37}$ | $178679_{197}$ | 178681 |
| $178687_{17\cdot 23}$ | 178691 | 178693 | 178697 | $178699_{83}$ | $178703_{7}$ | $178709_{173}$ | $178711_{13\cdot 59\cdot 233}$ |
| $178717_{7\cdot 11\cdot 211}$ | $178721_{17}$ | $178723_{313}$ | $178727_{29}$ | $178729_{367}$ | $178733_{19\cdot 23\cdot 409}$ | $178739_{11}$ | $178741_{47}$ |
| $178747_{37}$ | $178751_{43}$ | 178753 | 178757 | $178759_{7}$ | $178763_{13}$ | $178769_{53}$ | $178771_{19\cdot 97}$ |
| $178777_{31\cdot 73\cdot 79}$ | 178781 | $178783_{11}$ | $178787_{7}$ | $178789_{13\cdot 17}$ | 178793 | 178799 | $178801_{7\cdot 41\cdot 89}$ |
| 178807 | $178811_{163}$ | 178813 | 178817 | 178819 | $178823_{17\cdot 67\cdot 157}$ | $178829_{7\cdot 59}$ | 178831 |
| $178837_{43}$ | $178841_{13}$ | $178843_{7\cdot 29}$ | $178847_{19}$ | $178849_{11\cdot 71\cdot 229}$ | 178853 | 178859 | $178861_{383}$ |
| $178867_{13}$ | $178871_{7\cdot 11\cdot 23\cdot 101}$ | 178873 | 178877 | $178879_{113}$ | $178883_{41}$ | 178889 | $178891_{17}$ |
| 178897 | $178901_{29\cdot 31\cdot 199}$ | 178903 | 178907 | 178909 | $178913_{7\cdot 61\cdot 419}$ | $178919_{13}$ | 178921 |
| $178927_{7}$ | 178931 | 178933 | $178937_{11}$ | 178939 | $178943_{127}$ | $178949_{149}$ | 178951 |
| $178957_{67}$ | $178961_{19}$ | $178963_{23\cdot 31\cdot 251}$ | $178967_{191}$ | $178969_{7\cdot 37}$ | 178973 | $178979_{89}$ | $178981_{11\cdot 53\cdot 307}$ |
| 178987 | $178991_{71}$ | $178993_{17}$ | $178997_{7\cdot 13\cdot 281}$ | $178999_{19}$ | $179003_{11}$ | $179009_{23\cdot 43\cdot 181}$ | $179011_{7\cdot 107\cdot 239}$ |
| $179017_{29}$ | 179021 | $179023_{13\cdot 47\cdot 293}$ | $179027_{17}$ | 179029 | 179033 | $179039_{7}$ | 179041 |
| $179047_{11\cdot 41\cdot 397}$ | 179051 | $179053_{7}$ | 179057 | $179059_{137}$ | $179063_{241}$ | $179069_{11\cdot 73\cdot 223}$ | $179071_{331}$ |
| $179077_{131}$ | $179081_{7}$ | 179083 | $179087_{31\cdot 53\cdot 109}$ | 179089 | $179093_{79}$ | 179099 | $179101_{13\cdot 23}$ |
| 179107 | 179111 | $179113_{11\cdot 19}$ | $179117_{37\cdot 47\cdot 103}$ | 179119 | $179123_{7}$ | $179129_{17\cdot 41\cdot 257}$ | $179131_{271}$ |
| $179137_{7\cdot 157\cdot 163}$ | $179141_{359}$ | 179143 | $179147_{23}$ | $179149_{31}$ | $179153_{13}$ | $179159_{97}$ | 179161 |
| 179167 | $179171_{139}$ | 179173 | $179177_{233}$ | $179179_{7\cdot 11\cdot 13\cdot 179}$ | $179183_{59}$ | $179189_{19}$ | $179191_{29\cdot 37\cdot 167}$ |
| $179197_{17\cdot 83\cdot 127}$ | $179201_{11}$ | 179203 | $179207_{7}$ | 179209 | 179213 | $179219_{277}$ | $179221_{7}$ |
| $179227_{19}$ | $179231_{13\cdot 17}$ | 179233 | $179237_{151}$ | $179239_{23}$ | 179243 | $179249_{7\cdot 29}$ | $179251_{79}$ |
| $179257_{13}$ | 179261 | $179263_{7}$ | $179267_{11\cdot 43\cdot 379}$ | 179269 | $179273_{31}$ | $179279_{61}$ | 179281 |
| 179287 | $179291_{7}$ | $179293_{41}$ | $179297_{193}$ | $179299_{17\cdot 53\cdot 199}$ | $179303_{19}$ | $179309_{13}$ | $179311_{11}$ |
| 179317 | 179321 | $179323_{103}$ | 179327 | $179329_{389}$ | $179333_{7\cdot 11\cdot 17\cdot 137}$ | $179339_{37\cdot 131}$ | $179341_{19}$ |
| $179347_{7}$ | 179351 | $179353_{43\cdot 97}$ | 179357 | $179359_{67}$ | $179363_{83}$ | 179369 | $179371_{181}$ |
| $179377_{11\cdot 23}$ | 179381 | 179383 | $179387_{13}$ | $179389_{7}$ | 179393 | $179399_{11\cdot 47\cdot 347}$ | $179401_{17\cdot 61\cdot 173}$ |
| 179407 | 179411 | $179413_{13\cdot 37\cdot 373}$ | $179417_{7\cdot 19\cdot 71}$ | $179419_{59}$ | $179423_{23\cdot 29\cdot 269}$ | 179429 | $179431_{7}$ |
| 179437 | 179441 | $179443_{11}$ | $179447_{311}$ | $179449_{139}$ | 179453 | $179459_{7\cdot 31}$ | 179461 |
| $179467_{197}$ | 179471 | $179473_{7}$ | $179477_{101}$ | 179479 | 179483 | $179489_{239}$ | $179491_{13}$ |
| 179497 | $179501_{7}$ | $179503_{17}$ | $179507_{73}$ | $179509_{11}$ | $179513_{89}$ | 179519 | $179521_{31}$ |

| | | | | | | | |
|---|---|---|---|---|---|---|---|
| 179527 | 179531 11·19 | 179533 | 179537 17·59·179 | 179539 29·41·151 | 179543 7·13 | 179549 | 179551 409 |
| 179557 7·113·227 | 179561 23·37·211 | 179563 | 179567 79 | 179569 13·19 | 179573 | 179579 | 179581 |
| 179587 47 | 179591 | 179593 | 179597 11·29 | 179599 7 | 179603 | 179609 293 | 179611 43 |
| 179617 53 | 179621 13·41·337 | 179623 | 179627 7·67·383 | 179629 263 | 179633 | 179639 17 | 179641 7·11 |
| 179647 13 | 179651 | 179653 23·73·107 | 179657 | 179659 | 179663 11 | 179669 7 | 179671 |
| 179677 353 | 179681 47 | 179683 7·19·193 | 179687 | 179689 | 179693 | 179699 13·23 | 179701 71 |
| 179707 11·17·31 | 179711 7 | 179713 29 | 179717 | 179719 | 179723 53 | 179729 11 | 179731 191 |
| 179737 | 179741 17·97·109 | 179743 | 179747 173 | 179749 | 179753 7 | 179759 19 | 179761 67 |
| 179767 7·61·421 | 179771 29 | 179773 11·59·277 | 179777 13 | 179779 | 179783 37·43·113 | 179789 163 | 179791 23 |
| 179797 19 | 179801 | 179803 13 | 179807 | 179809 7·17 | 179813 | 179819 | 179821 |
| 179827 | 179831 31 | 179833 | 179837 7·23 | 179839 11 | 179843 17·71·149 | 179849 | 179851 7 |
| 179857 37 | 179861 11·83·197 | 179863 131 | 179867 41·107 | 179869 43·47·89 | 179873 19 | 179879 7 | 179881 13·101·137 |
| 179887 29 | 179891 59 | 179893 7·31 | 179897 | 179899 | 179903 | 179909 | 179911 17·19 |
| 179917 | 179921 7 | 179923 | 179927 11 | 179929 23 | 179933 13 | 179939 | 179941 103 |
| 179947 | 179951 | 179953 | 179957 | 179959 13·109·127 | 179963 7·47 | 179969 | 179971 11 |
| 179977 7 | 179981 | 179983 211 | 179987 19 | 179989 | 179993 11 | 179999 | 180001 |
| 180007 | 180011 13·61·227 | 180013 17 | 180017 31 | 180019 7 | 180023 | 180029 67 | 180031 41 |
| 180037 11·13 | 180041 43·53·79 | 180043 | 180047 7·17·89 | 180049 401 | 180053 | 180059 11 | 180061 7·29 |
| 180067 23 | 180071 | 180073 | 180077 | 180079 31·37·157 | 180083 101 | 180089 7·13 | 180091 73 |
| 180097 | 180101 19 | 180103 7·11 | 180107 389 | 180109 233 | 180113 23·41·191 | 180119 29 | 180121 281 |
| 180127 43·59·71 | 180131 7 | 180133 61 | 180137 | 180139 19 | 180143 151 | 180149 17 | 180151 47 |
| 180157 257 | 180161 | 180163 67 | 180167 13 | 180169 11 | 180173 7 | 180179 | 180181 |
| 180187 7 | 180191 11 | 180193 13·83·167 | 180197 367 | 180199 79 | 180203 31 | 180209 307 | 180211 |
| 180217 17 | 180221 | 180223 229 | 180227 37 | 180229 7 | 180233 | 180239 | 180241 |
| 180247 | 180251 17·23 | 180253 19·53·179 | 180257 7·11 | 180259 | 180263 | 180269 71 | 180271 7·13·283 |
| 180277 41 | 180281 | 180283 139 | 180287 | 180289 | 180293 29 | 180299 7·43 | 180301 11·37 |
| 180307 | 180311 | 180313 7 | 180317 | 180319 17 | 180323 11·13·97 | 180329 19 | 180331 |
| 180337 | 180341 7 | 180343 23 | 180347 | 180349 13 | 180353 17·103 | 180359 41·53·83 | 180361 |
| 180367 11·19 | 180371 | 180373 317 | 180377 61 | 180379 | 180383 7·73·353 | 180389 11·23·31 | 180391 |
| 180397 7 | 180401 13 | 180403 89 | 180407 223 | 180409 29 | 180413 | 180419 | 180421 17 |
| 180427 13 | 180431 67 | 180433 11·47·349 | 180437 | 180439 7·149·173 | 180443 19 | 180449 37 | 180451 31 |
| 180457 181 | 180461 113 | 180463 | 180467 7·29·127 | 180469 251 | 180473 | 180479 13 | 180481 7·19·23·59 |
| 180487 101 | 180491 | 180493 199 | 180497 | 180499 11·61·269 | 180503 | 180509 7·107·241 | 180511 |
| 180517 97 | 180521 11 | 180523 7·17·37·41 | 180527 23·47·167 | 180529 73 | 180533 | 180539 | 180541 |
| 180547 | 180551 7 | 180553 71 | 180557 13·17·19·43 | 180559 103 | 180563 | 180569 | 180571 53 |
| 180577 359 | 180581 89 | 180583 13·29 | 180587 11 | 180589 419 | 180593 7 | 180599 59 | 180601 313 |
| 180607 7 | 180611 179 | 180613 109 | 180617 | 180619 23 | 180623 | 180629 | 180631 11 |
| 180637 31 | 180641 29 | 180643 43 | 180647 | 180649 7·131·197 | 180653 11 | 180659 17 | 180661 13 |
| 180667 | 180671 19·37·257 | 180673 79 | 180677 7·53 | 180679 | 180683 281 | 180689 101 | 180691 7·83·311 |
| 180697 11 | 180701 | 180703 137 | 180707 157 | 180709 19 | 180713 13 | 180719 7·11 | 180721 127 |
| 180727 17 | 180731 | 180733 7 | 180737 149 | 180739 13 | 180743 61 | 180749 | 180751 |
| 180757 23·29·271 | 180761 7·17·31 | 180763 11 | 180767 163 | 180769 41 | 180773 | 180779 | 180781 293 |
| 180787 347 | 180791 13 | 180793 | 180797 | 180799 | 180803 7·23 | 180809 47 | 180811 |
| 180817 7·13 | 180821 73 | 180823 19·31·307 | 180827 211 | 180829 11·17 | 180833 67 | 180839 139 | 180841 193 |
| 180847 | 180851 11·41·401 | 180853 223 | 180857 83 | 180859 7 | 180863 17 | 180869 13 | 180871 |
| 180877 191 | 180881 277 | 180883 | 180887 7 | 180889 53 | 180893 37 | 180899 19 | 180901 7·43 |
| 180907 | 180911 131 | 180913 113 | 180917 11 | 180919 227 | 180923 239 | 180929 7 | 180931 17·29·367 |
| 180937 19·89·107 | 180941 23 | 180943 7 | 180947 13·31 | 180949 | 180953 59 | 180959 | 180961 11 |
| 180967 37·67·73 | 180971 7·103·251 | 180973 13 | 180977 137 | 180979 71 | 180983 11 | 180989 29·79 | 180991 241 |
| 180997 47 | 181001 | 181003 | 181007 317 | 181009 31 | 181013 7·19 | 181019 | 181021 157 |
| 181027 7·11 | 181031 | 181033 17·23 | 181037 269 | 181039 | 181043 197 | 181049 11·109·151 | 181051 13·19 |
| 181057 331 | 181061 | 181063 | 181067 17 | 181069 7 | 181073 43 | 181079 23 | 181081 |
| 181087 | 181091 47 | 181093 11·101·163 | 181097 7·41 | 181099 97 | 181103 13 | 181109 61 | 181111 7 |
| 181117 139 | 181121 71 | 181123 | 181127 19 | 181129 13 | 181133 31 | 181139 7·113·229 | 181141 |
| 181147 79 | 181151 107 | 181153 7 | 181157 | 181159 11·43·383 | 181163 29 | 181169 17 | 181171 23 |
| 181177 103 | 181181 7·11·13·181 | 181183 | 181187 409 | 181189 37·59·83 | 181193 | 181199 | 181201 |
| 181207 13·53·263 | 181211 | 181213 | 181217 23 | 181219 | 181223 7 | 181229 127 | 181231 61 |
| 181237 7·17 | 181241 19 | 181243 | 181247 11 | 181249 211 | 181253 | 181259 13·73·191 | 181261 41 |
| 181267 109 | 181271 17 | 181273 | 181277 | 181279 7·19·29·47 | 181283 | 181289 199 | 181291 11 |
| 181297 | 181301 | 181303 | 181307 7·59 | 181309 23 | 181313 11·53·311 | 181319 31 | 181321 7 |
| 181327 179 | 181331 43 | 181333 149 | 181337 13·29·37 | 181339 17 | 181343 41 | 181349 7 | 181351 151 |
| 181357 11 | 181361 | 181363 7·13 | 181367 293 | 181369 67 | 181373 17·47·227 | 181379 11 | 181381 31 |
| 181387 | 181391 7 | 181393 19 | 181397 | 181399 | 181403 283 | 181409 | 181411 37 |
| 181417 43 | 181421 | 181423 11 | 181427 419 | 181429 397 | 181433 7 | 181439 | 181441 13·17 |
| 181447 7·23 | 181451 421 | 181453 29 | 181457 | 181459 | 181463 79 | 181469 19 | 181471 89 |
| 181477 173 | 181481 347 | 181483 127 | 181487 97 | 181489 7·11 | 181493 13·23 | 181499 | 181501 |
| 181507 19·41·233 | 181511 11·29 | 181513 | 181517 7 | 181519 13 | 181523 | 181529 167 | 181531 7 |
| 181537 | 181541 379 | 181543 17·59·181 | 181547 71 | 181549 | 181553 | 181559 7·37 | 181561 47 |
| 181567 31 | 181571 13 | 181573 7 | 181577 11·17 | 181579 107 | 181583 19 | 181589 41·43·103 | 181591 113 |
| 181597 13·61·229 | 181601 7 | 181603 | 181607 | 181609 | 181613 193 | 181619 | 181621 11·19·79 |
| 181627 29 | 181631 23·53·149 | 181633 37 | 181637 67 | 181639 | 181643 7·11·337 | 181649 13·89·157 | 181651 373 |
| 181657 7 | 181661 59 | 181663 389 | 181667 | 181669 | 181673 139 | 181679 17 | 181681 97 |
| 181687 11·83·199 | 181691 31 | 181693 | 181697 19·73·131 | 181699 7·101·257 | 181703 109 | 181709 11 | 181711 |
| 181717 | 181721 | 181723 23 | 181727 7·13 | 181729 | 181733 263 | 181739 | 181741 7 |
| 181747 17 | 181751 | 181753 11·13·31·41 | 181757 | 181759 | 181763 | 181769 7·23 | 181771 67 |
| 181777 | 181781 17·37 | 181783 7 | 181787 | 181789 | 181793 107 | 181799 137 | 181801 29 |
| 181807 281 | 181811 7·19 | 181813 | 181817 113 | 181819 11 | 181823 173 | 181829 349 | 181831 13·71·197 |
| 181837 | 181841 11·61·271 | 181843 47·53·73 | 181847 43 | 181849 17·19 | 181853 7·83·313 | 181859 29 | 181861 23 |
| 181867 7 | 181871 | 181873 | 181877 31 | 181879 239 | 181883 13·17 | 181889 | 181891 |
| 181897 59 | 181901 101 | 181903 | 181907 11·23 | 181909 7·13 | 181913 | 181919 | 181921 109 |
| 181927 | 181931 | 181933 43 | 181937 7·47·79 | 181939 31 | 181943 | 181949 53 | 181951 7·11·17·139 |
| 181957 | 181961 13 | 181963 19·61·157 | 181967 | 181969 283 | 181973 11·71·233 | 181979 7 | 181981 |

| | | | | | | | |
|---|---|---|---|---|---|---|---|
| 181987$_{13}$ | 181991$_{127}$ | 181993$_{7}$ | 181997 | 181999$_{23\cdot41\cdot193}$ | 182003$_{37}$ | 182009 | 182011 |
| 182017$_{11}$ | 182021$_{7}$ | 182023$_{191}$ | 182027 | 182029 | 182033$_{29}$ | 182039$_{11\cdot13\cdot19\cdot67}$ | 182041 |
| 182047 | 182051$_{307}$ | 182053$_{17}$ | 182057 | 182059 | 182063$_{7\cdot31}$ | 182069$_{97}$ | 182071$_{163}$ |
| 182077$_{7\cdot19\cdot37}$ | 182081$_{41}$ | 182083$_{11}$ | 182087$_{17}$ | 182089 | 182093$_{211}$ | 182099 | 182101 |
| 182107 | 182111 | 182113$_{269}$ | 182117$_{13}$ | 182119$_{7}$ | 182123 | 182129 | 182131 |
| 182137$_{23}$ | 182141 | 182143$_{13}$ | 182147$_{7}$ | 182149$_{11\cdot29}$ | 182153$_{19}$ | 182159 | 182161$_{7\cdot53}$ |
| 182167 | 182171$_{11}$ | 182173$_{67}$ | 182177 | 182179 | 182183$_{23\cdot89}$ | 182189$_{7\cdot17}$ | 182191$_{19\cdot43\cdot223}$ |
| 182197$_{167}$ | 182201 | 182203$_{7}$ | 182207$_{29\cdot61\cdot103}$ | 182209 | 182213$_{257}$ | 182219$_{47}$ | 182221$_{13\cdot107\cdot131}$ |
| 182227$_{149}$ | 182231$_{7}$ | 182233 | 182237$_{11}$ | 182239 | 182243 | 182249$_{31}$ | 182251$_{59}$ |
| 182257$_{17\cdot71\cdot151}$ | 182261 | 182263$_{97}$ | 182267$_{19\cdot53\cdot181}$ | 182269$_{113}$ | 182273$_{7\cdot13}$ | 182279 | 182281$_{11\cdot73\cdot227}$ |
| 182287$_{7}$ | 182291$_{17}$ | 182293$_{421}$ | 182297 | 182299$_{13\cdot37\cdot379}$ | 182303$_{11}$ | 182309 | 182311$_{31}$ |
| 182317$_{337}$ | 182321$_{23}$ | 182323$_{29}$ | 182327$_{41}$ | 182329$_{7\cdot61}$ | 182333 | 182339 | 182341 |
| 182347$_{11\cdot137}$ | 182351$_{13\cdot83}$ | 182353 | 182357$_{7\cdot109\cdot239}$ | 182359$_{17}$ | 182363$_{43}$ | 182369$_{11\cdot59\cdot281}$ | 182371$_{7}$ |
| 182377$_{13}$ | 182381$_{19\cdot29\cdot331}$ | 182383$_{271}$ | 182387 | 182389 | 182393$_{17}$ | 182399$_{7\cdot71\cdot367}$ | 182401$_{179}$ |
| 182407$_{47}$ | 182411$_{79}$ | 182413$_{7\cdot11\cdot23\cdot103}$ | 182417 | 182419$_{19}$ | 182423 | 182429$_{13}$ | 182431 |
| 182437$_{241}$ | 182441$_{7\cdot67\cdot389}$ | 182443 | 182447$_{37}$ | 182449$_{43}$ | 182453 | 182459$_{23}$ | 182461$_{17}$ |
| 182467 | 182471 | 182473 | 182477$_{251}$ | 182479$_{11\cdot53\cdot313}$ | 182483$_{7\cdot131\cdot199}$ | 182489 | 182491$_{41}$ |
| 182497$_{7\cdot29\cdot31}$ | 182501$_{11\cdot47\cdot353}$ | 182503 | 182507$_{13\cdot101\cdot139}$ | 182509 | 182513$_{229}$ | 182519 | 182521$_{37}$ |
| 182527$_{349}$ | 182531$_{167}$ | 182533$_{13\cdot19}$ | 182537 | 182539$_{7\cdot89\cdot293}$ | 182543$_{277}$ | 182549 | 182551$_{23}$ |
| 182557$_{311}$ | 182561 | 182563$_{17}$ | 182567$_{7\cdot11}$ | 182569$_{79}$ | 182573$_{41\cdot61\cdot73}$ | 182579 | 182581$_{7}$ |
| 182587 | 182591$_{157}$ | 182593 | 182597$_{17\cdot23}$ | 182599 | 182603 | 182609$_{7\cdot19}$ | 182611$_{11\cdot13}$ |
| 182617 | 182621$_{31\cdot43\cdot137}$ | 182623$_{7}$ | 182627 | 182629$_{181}$ | 182633$_{11}$ | 182639 | 182641 |
| 182647$_{19}$ | 182651$_{7\cdot97\cdot269}$ | 182653 | 182657 | 182659 | 182663$_{13}$ | 182669$_{37}$ | 182671$_{29}$ |
| 182677$_{11}$ | 182681 | 182683$_{31\cdot71\cdot83}$ | 182687 | 182689$_{13\cdot23\cdot47}$ | 182693$_{7}$ | 182699$_{11\cdot17}$ | 182701 |
| 182707$_{7\cdot43}$ | 182711 | 182713 | 182717$_{89}$ | 182719$_{73}$ | 182723$_{19\cdot59\cdot163}$ | 182729$_{29}$ | 182731$_{359}$ |
| 182737$_{41}$ | 182741$_{13}$ | 182743$_{11\cdot37}$ | 182747 | 182749$_{7}$ | 182753$_{127}$ | 182759$_{179}$ | 182761$_{19}$ |
| 182767$_{13\cdot17}$ | 182771$_{193}$ | 182773 | 182777$_{7}$ | 182779 | 182783$_{47}$ | 182789 | 182791$_{7}$ |
| 182797$_{53}$ | 182801$_{17}$ | 182803 | 182807$_{31}$ | 182809$_{11}$ | 182813 | 182819$_{7\cdot13\cdot41}$ | 182821 |
| 182827$_{23}$ | 182831$_{11}$ | 182833$_{7}$ | 182837$_{19}$ | 182839 | 182843$_{67}$ | 182849$_{83}$ | 182851 |
| 182857 | 182861$_{7\cdot151\cdot173}$ | 182863$_{107}$ | 182867 | 182869$_{17\cdot31\cdot347}$ | 182873$_{23}$ | 182879$_{43}$ | 182881$_{199}$ |
| 182887 | 182891$_{37}$ | 182893 | 182897$_{11\cdot13}$ | 182899 | 182903$_{7\cdot17\cdot29\cdot53}$ | 182909$_{317}$ | 182911$_{101}$ |
| 182917$_{7}$ | 182921 | 182923$_{13}$ | 182927 | 182929 | 182933 | 182939$_{61}$ | 182941$_{11}$ |
| 182947$_{113}$ | 182951$_{19}$ | 182953 | 182957 | 182959$_{7\cdot59}$ | 182963$_{11}$ | 182969 | 182971$_{17\cdot47\cdot229}$ |
| 182977$_{67}$ | 182981 | 182983$_{41}$ | 182987$_{7}$ | 182989$_{19}$ | 182993$_{31}$ | 182999 | 183001$_{7\cdot13}$ |
| 183007$_{11\cdot127\cdot131}$ | 183011$_{23\cdot73\cdot109}$ | 183013$_{197}$ | 183017$_{397}$ | 183019$_{29}$ | 183023 | 183029$_{7\cdot11}$ | 183031$_{103}$ |
| 183037 | 183041 | 183043$_{7\cdot79\cdot331}$ | 183047 | 183049$_{163}$ | 183053$_{13}$ | 183059 | 183061$_{61}$ |
| 183067 | 183071$_{7}$ | 183073$_{11\cdot17\cdot89}$ | 183077$_{29\cdot59\cdot107}$ | 183079$_{13}$ | 183083$_{223}$ | 183089 | 183091 |
| 183097$_{277}$ | 183101$_{283}$ | 183103$_{19\cdot23\cdot419}$ | 183107$_{17}$ | 183109$_{71}$ | 183113$_{7\cdot37\cdot101}$ | 183119 | 183121$_{149}$ |
| 183127$_{7}$ | 183131$_{13}$ | 183133$_{367}$ | 183137$_{43}$ | 183139$_{11}$ | 183143$_{373}$ | 183149$_{23}$ | 183151 |
| 183157$_{13\cdot73\cdot193}$ | 183161$_{11}$ | 183163$_{151}$ | 183167 | 183169$_{7\cdot137\cdot191}$ | 183173$_{113}$ | 183179$_{19\cdot31\cdot311}$ | 183181$_{83}$ |
| 183187$_{37}$ | 183191 | 183193$_{29}$ | 183197$_{7}$ | 183199$_{167}$ | 183203 | 183209$_{13\cdot17}$ | 183211$_{7}$ |
| 183217$_{19}$ | 183221$_{53}$ | 183223$_{43}$ | 183227$_{11}$ | 183229$_{41\cdot109}$ | 183233$_{97}$ | 183239$_{7}$ | 183241$_{23\cdot31\cdot257}$ |
| 183247 | 183251$_{29\cdot71\cdot89}$ | 183253$_{7\cdot47}$ | 183257$_{401}$ | 183259 | 183263 | 183269$_{131}$ | 183271$_{11}$ |
| 183277$_{17}$ | 183281$_{7}$ | 183283 | 183287$_{13\cdot23}$ | 183289 | 183293$_{11\cdot19}$ | 183299 | 183301 |
| 183307 | 183311$_{17\cdot41\cdot263}$ | 183313$_{13\cdot59\cdot239}$ | 183317 | 183319 | 183323$_{7}$ | 183329 | 183331$_{19}$ |
| 183337$_{7\cdot11}$ | 183341$_{139}$ | 183343 | 183347$_{47\cdot83}$ | 183349 | 183353$_{181}$ | 183359$_{11\cdot79\cdot211}$ | 183361 |
| 183367$_{29}$ | 183371$_{233}$ | 183373 | 183377 | 183379$_{7\cdot17\cdot23\cdot67}$ | 183383 | 183389 | 183391$_{13}$ |
| 183397 | 183401$_{241}$ | 183403$_{11}$ | 183407$_{7\cdot19\cdot197}$ | 183409$_{37}$ | 183413$_{17}$ | 183419$_{149}$ | 183421$_{7}$ |
| 183427$_{31\cdot61\cdot97}$ | 183431$_{59}$ | 183433$_{53}$ | 183437 | 183439 | 183443$_{13\cdot103\cdot137}$ | 183449$_{7\cdot73\cdot359}$ | 183451 |
| 183457$_{383}$ | 183461 | 183463$_{7}$ | 183467$_{271}$ | 183469$_{11\cdot13}$ | 183473 | 183479 | 183481$_{17\cdot43\cdot251}$ |
| 183487 | 183491$_{7\cdot11}$ | 183493$_{281}$ | 183497 | 183499 | 183503 | 183509 | 183511 |
| 183517$_{23\cdot79\cdot101}$ | 183521$_{13\cdot19}$ | 183523 | 183527 | 183529$_{223}$ | 183533$_{7\cdot157\cdot167}$ | 183539$_{53}$ | 183541$_{29}$ |
| 183547$_{7\cdot13}$ | 183551$_{31\cdot191}$ | 183553$_{173}$ | 183557$_{11\cdot37\cdot41}$ | 183559$_{19}$ | 183563$_{23\cdot347}$ | 183569 | 183571 |
| 183577 | 183581 | 183583$_{17}$ | 183587 | 183589$_{7}$ | 183593 | 183599$_{13\cdot29}$ | 183601$_{11}$ |
| 183607$_{89}$ | 183611 | 183613$_{31}$ | 183617$_{7\cdot17}$ | 183619$_{139}$ | 183623$_{11}$ | 183629$_{47}$ | 183631$_{7\cdot37}$ |
| 183637 | 183641$_{409}$ | 183643$_{227}$ | 183647$_{67}$ | 183649$_{103}$ | 183653$_{43}$ | 183659$_{7}$ | 183661 |
| 183667$_{11\cdot59\cdot283}$ | 183671$_{61}$ | 183673$_{7\cdot19}$ | 183677$_{13\cdot71\cdot199}$ | 183679$_{83}$ | 183683 | 183689$_{11}$ | 183691 |
| 183697 | 183701$_{7\cdot23\cdot163}$ | 183703$_{13}$ | 183707 | 183709 | 183713 | 183719$_{17\cdot101\cdot107}$ | 183721$_{41}$ |
| 183727$_{269}$ | 183731$_{313}$ | 183733$_{11}$ | 183737$_{31}$ | 183739$_{43}$ | 183743$_{7}$ | 183749$_{19}$ | 183751$_{53}$ |
| 183757$_{7}$ | 183761 | 183763 | 183767$_{151}$ | 183769$_{127}$ | 183773$_{29}$ | 183779$_{37}$ | 183781$_{13\cdot67\cdot211}$ |
| 183787$_{17\cdot19}$ | 183791$_{239}$ | 183793$_{23\cdot61\cdot131}$ | 183797 | 183799$_{7\cdot11\cdot31}$ | 183803$_{41}$ | 183809 | 183811$_{397}$ |
| 183817$_{47}$ | 183821$_{11\cdot17}$ | 183823 | 183827$_{7}$ | 183829 | 183833$_{13\cdot79\cdot179}$ | 183839$_{23}$ | 183841$_{7}$ |
| 183847$_{157}$ | 183851$_{113}$ | 183853$_{37}$ | 183857$_{53}$ | 183859$_{13}$ | 183863$_{19}$ | 183869$_{7}$ | 183871 |
| 183877 | 183881 | 183883$_{7\cdot109\cdot241}$ | 183887$_{11\cdot73\cdot229}$ | 183889$_{17\cdot29\cdot373}$ | 183893$_{307}$ | 183899$_{173}$ | 183901$_{19}$ |
| 183907 | 183911$_{7\cdot13\cdot43\cdot47}$ | 183913$_{353}$ | 183917 | 183919 | 183923$_{17\cdot31\cdot349}$ | 183929$_{193}$ | 183931$_{11\cdot23}$ |
| 183937$_{13}$ | 183941$_{419}$ | 183943 | 183947$_{29}$ | 183949 | 183953$_{7\cdot11}$ | 183959 | 183961$_{71}$ |
| 183967$_{7\cdot41}$ | 183971 | 183973 | 183977$_{19\cdot23\cdot421}$ | 183979 | 183983$_{251}$ | 183989$_{13}$ | 183991$_{17\cdot79\cdot137}$ |
| 183997$_{11\cdot43\cdot389}$ | 184001$_{37}$ | 184003 | 184007 | 184009$_{7\cdot97\cdot271}$ | 184013 | 184019$_{11}$ | 184021$_{59}$ |
| 184027$_{163}$ | 184031 | 184033$_{73}$ | 184037$_{7\cdot61}$ | 184039 | 184043 | 184049$_{41\cdot67}$ | 184051$_{7}$ |
| 184057 | 184061$_{103}$ | 184063$_{11\cdot29}$ | 184067$_{13}$ | 184069$_{23\cdot53\cdot151}$ | 184073 | 184079$_{7}$ | 184081 |
| 184087 | 184091$_{19}$ | 184093$_{7\cdot13\cdot17}$ | 184097$_{227}$ | 184099$_{47}$ | 184103$_{71}$ | 184109$_{31}$ | 184111 |
| 184117 | 184121$_{7\cdot29}$ | 184123$_{101}$ | 184127$_{17}$ | 184129$_{11\cdot19}$ | 184133 | 184139$_{59}$ | 184141$_{89}$ |
| 184147$_{107}$ | 184151$_{11}$ | 184153 | 184157 | 184159$_{61}$ | 184163$_{7}$ | 184169$_{43}$ | 184171$_{13\cdot31}$ |
| 184177$_{7\cdot83\cdot317}$ | 184181 | 184183$_{67}$ | 184187 | 184189 | 184193$_{47}$ | 184199 | 184201$_{167}$ |
| 184207$_{23}$ | 184211 | 184213$_{41}$ | 184217$_{11}$ | 184219$_{7}$ | 184223$_{13\cdot37\cdot383}$ | 184229$_{17}$ | 184231 |
| 184237$_{29}$ | 184241 | 184243$_{19}$ | 184247$_{7}$ | 184249$_{13}$ | 184253$_{23}$ | 184259 | 184261$_{7\cdot11}$ |
| 184267$_{103}$ | 184271 | 184273 | 184277$_{127}$ | 184279 | 184283$_{11}$ | 184289$_{7}$ | 184291 |
| 184297$_{17\cdot37\cdot293}$ | 184301$_{13}$ | 184303$_{7\cdot113\cdot233}$ | 184307$_{79}$ | 184309 | 184313$_{149}$ | 184319$_{19\cdot89\cdot109}$ | 184321 |
| 184327$_{11\cdot13}$ | 184331$_{7\cdot17}$ | 184333 | 184337 | 184339$_{337}$ | 184343$_{83}$ | 184349$_{11}$ | 184351 |
| 184357$_{19\cdot31\cdot313}$ | 184361$_{107}$ | 184363$_{263}$ | 184367$_{331}$ | 184369 | 184373$_{7}$ | 184379$_{13}$ | 184381$_{47}$ |
| 184387$_{7\cdot53\cdot71}$ | 184391$_{23}$ | 184393$_{11}$ | 184397$_{97}$ | 184399$_{17}$ | 184403$_{61}$ | 184409 | 184411$_{29}$ |
| 184417 | 184421$_{223}$ | 184423$_{311}$ | 184427$_{43}$ | 184429$_{7}$ | 184433$_{17\cdot19}$ | 184439$_{181}$ | 184441 |

| | | | | | | | |
|---|---|---|---|---|---|---|---|
| 184447 | 184451 67 | 184453 139 | 184457 7·13 | 184459 11·41·409 | 184463 | 184469 29 | 184471 7·19·73 |
| 184477 | 184481 11·31 | 184483 13·23 | 184487 | 184489 | 184493 53·59 | 184499 7 | 184501 17 |
| 184507 307 | 184511 | 184513 7·43 | 184517 | 184519 37 | 184523 | 184529 23·71·113 | 184531 127 |
| 184537 109 | 184541 7·41 | 184543 31 | 184547 11·19 | 184549 179 | 184553 | 184559 | 184561 13 |
| 184567 | 184571 | 184573 379 | 184577 | 184579 131 | 184583 7 | 184589 197 | 184591 11·97·173 |
| 184597 7 | 184601 367 | 184603 17 | 184607 | 184609 | 184613 11·13 | 184619 353 | 184621 23·349 |
| 184627 | 184631 | 184633 | 184637 17 | 184639 7·13 | 184643 29 | 184649 | 184651 |
| 184657 11 | 184661 19 | 184663 47 | 184667 7·23·31·37 | 184669 | 184673 151 | 184679 11·103·163 | 184681 7 |
| 184687 | 184691 13 | 184693 | 184697 191 | 184699 19 | 184703 | 184709 7 | 184711 |
| 184717 13 | 184721 | 184723 7·11 | 184727 | 184729 31·59·101 | 184733 | 184739 17 | 184741 37 |
| 184747 239 | 184751 7 | 184753 | 184757 47 | 184759 23·29·277 | 184763 73 | 184769 13·61·233 | 184771 43 |
| 184777 | 184781 79 | 184783 257 | 184787 41 | 184789 11·107·157 | 184793 7 | 184799 283 | 184801 181 |
| 184807 7·17 | 184811 11·53·317 | 184813 19·71·137 | 184817 29 | 184819 421 | 184823 | 184829 | 184831 |
| 184837 | 184841 17·83·131 | 184843 | 184847 13·59·241 | 184849 7 | 184853 31·67·89 | 184859 | 184861 401 |
| 184867 223 | 184871 199 | 184873 13 | 184877 7·11 | 184879 | 184883 293 | 184889 19·37·263 | 184891 7·61 |
| 184897 23 | 184901 | 184903 | 184907 179 | 184909 17·73·149 | 184913 | 184919 7 | 184921 11 |
| 184927 19 | 184931 101 | 184933 7·29 | 184937 173 | 184939 79 | 184943 11·17·23·43 | 184949 | 184951 13·41·347 |
| 184957 | 184961 7 | 184963 37 | 184967 | 184969 | 184973 109 | 184979 97 | 184981 113 |
| 184987 11·67·251 | 184991 29 | 184993 | 184997 | 184999 | 185003 7·13·19·107 | 185009 11·139 | 185011 17 |
| 185017 7 | 185021 | 185023 53 | 185027 | 185029 13·43·331 | 185033 41 | 185039 31·47·127 | 185041 19 |
| 185047 211 | 185051 | 185053 11 | 185057 | 185059 7 | 185063 | 185069 | 185071 |
| 185077 | 185081 13·23 | 185083 59 | 185087 7·137·193 | 185089 | 185093 271 | 185099 | 185101 7·31 |
| 185107 13·29 | 185111 37 | 185113 17 | 185117 19 | 185119 11 | 185123 | 185129 7·53 | 185131 |
| 185137 | 185141 11 | 185143 7 | 185147 17 | 185149 | 185153 | 185159 13 | 185161 |
| 185167 | 185171 7 | 185173 23·83·97 | 185177 | 185179 281 | 185183 | 185189 | 185191 109 |
| 185197 41 | 185201 43·59·73 | 185203 167 | 185207 11·113·149 | 185209 89 | 185213 7 | 185219 23 | 185221 |
| 185227 7·47 | 185231 19 | 185233 | 185237 13 | 185239 71 | 185243 | 185249 17 | 185251 11 |
| 185257 61 | 185261 229 | 185263 13 | 185267 | 185269 7·19·199 | 185273 11 | 185279 41 | 185281 29 |
| 185287 31·43·139 | 185291 | 185293 127 | 185297 7·103·257 | 185299 | 185303 | 185309 | 185311 7·23 |
| 185317 11·17 | 185321 47 | 185323 | 185327 | 185329 241 | 185333 37 | 185339 7·11·29·83 | 185341 13·53·269 |
| 185347 73 | 185351 17 | 185353 7 | 185357 23 | 185359 | 185363 | 185369 | 185371 |
| 185377 197 | 185381 7·71·373 | 185383 11·19 | 185387 89 | 185389 67 | 185393 13 | 185399 397 | 185401 |
| 185407 37 | 185411 31 | 185413 79 | 185417 157 | 185419 13·17 | 185423 7 | 185429 | 185431 107 |
| 185437 7·59 | 185441 | 185443 41 | 185447 53 | 185449 11·23 | 185453 17 | 185459 19·43·227 | 185461 191 |
| 185467 | 185471 11·13 | 185473 31·193 | 185477 | 185479 7 | 185483 | 185489 251 | 185491 |
| 185497 13·19 | 185501 61 | 185503 103 | 185507 7 | 185509 47 | 185513 29 | 185519 | 185521 7·17 |
| 185527 | 185531 | 185533 | 185537 11·101·167 | 185539 | 185543 | 185549 7·13 | 185551 |
| 185557 | 185561 97 | 185563 7 | 185567 | 185569 | 185573 19 | 185579 151 | 185581 11 |
| 185587 23 | 185591 7 | 185593 | 185597 31 | 185599 | 185603 11·47·359 | 185609 313 | 185611 19 |
| 185617 419 | 185621 | 185623 17·61·179 | 185627 13·109·131 | 185629 29·37·173 | 185633 7·23 | 185639 73 | 185641 |
| 185647 7·11 | 185651 | 185653 13 | 185657 17·67·163 | 185659 31·53·113 | 185663 401 | 185669 11 | 185671 83 |
| 185677 | 185681 | 185683 | 185687 19·29·337 | 185689 7·41 | 185693 | 185699 | 185701 233 |
| 185707 | 185711 | 185713 11 | 185717 7·43 | 185719 229 | 185723 | 185729 79 | 185731 7·13·157 |
| 185737 | 185741 281 | 185743 89 | 185747 | 185749 | 185753 | 185759 7·17·223 | 185761 431 |
| 185767 | 185771 23·41·197 | 185773 7 | 185777 37 | 185779 11 | 185783 13·31 | 185789 | 185791 47·59·67 |
| 185797 | 185801 7·11·19·127 | 185803 29·43·149 | 185807 71 | 185809 13 | 185813 | 185819 | 185821 |
| 185827 17 | 185831 | 185833 | 185837 83 | 185839 19 | 185843 7·139·191 | 185849 | 185851 37 |
| 185857 7 | 185861 13·17·29 | 185863 23 | 185867 11·61·277 | 185869 | 185873 | 185879 269 | 185881 151 |
| 185887 13·79·181 | 185891 211 | 185893 | 185897 | 185899 7 | 185903 | 185909 23·59·137 | 185911 11 |
| 185917 | 185921 89 | 185923 | 185927 7 | 185929 17 | 185933 11 | 185939 13 | 185941 7·101·263 |
| 185947 | 185951 | 185953 19 | 185957 | 185959 | 185963 17 | 185969 7·31 | 185971 |
| 185977 11·29·53 | 185981 179 | 185983 7·163 | 185987 | 185989 61 | 185993 | 185999 11·37 | 186001 23 |
| 186007 | 186011 7 | 186013 | 186017 13·41·349 | 186019 | 186023 | 186029 19 | 186031 17·31·353 |
| 186037 | 186041 | 186043 11·13 | 186047 23 | 186049 | 186053 7 | 186059 67 | 186061 43 |
| 186067 7·19 | 186071 | 186073 37·47·107 | 186077 73 | 186079 317 | 186083 53 | 186089 379 | 186091 71 |
| 186097 | 186101 149 | 186103 | 186107 | 186109 7·11 | 186113 | 186119 | 186121 13·103·139 |
| 186127 373 | 186131 11 | 186133 17 | 186137 7 | 186139 23 | 186143 19·97·101 | 186149 | 186151 7·29·131 |
| 186157 | 186161 | 186163 | 186167 17·47·233 | 186169 83 | 186173 13 | 186179 7 | 186181 19·41·239 |
| 186187 | 186191 | 186193 7·67·397 | 186197 11 | 186199 13 | 186203 79 | 186209 29 | 186211 |
| 186217 31 | 186221 7·37 | 186223 73 | 186227 | 186229 | 186233 43·61·71 | 186239 | 186241 11 |
| 186247 | 186251 13 | 186253 | 186257 19 | 186259 | 186263 7·11·41·59 | 186269 17 | 186271 |
| 186277 7·13·23·89 | 186281 109 | 186283 | 186287 107 | 186289 311 | 186293 241 | 186299 | 186301 |
| 186307 11 | 186311 | 186313 211 | 186317 | 186319 7·43 | 186323 23 | 186329 11·13 | 186331 389 |
| 186337 17·97·113 | 186341 31 | 186343 | 186347 7 | 186349 307 | 186353 331 | 186359 157 | 186361 7·79·337 |
| 186367 227 | 186371 17·19 | 186373 11 | 186377 | 186379 | 186383 29 | 186389 7 | 186391 |
| 186397 | 186401 53 | 186403 7·31 | 186407 13 | 186409 19 | 186413 131 | 186419 | 186421 277 |
| 186427 41 | 186431 7 | 186433 13 | 186437 | 186439 11·17 | 186443 37 | 186449 47 | 186451 |
| 186457 137 | 186461 11·23·67 | 186463 199 | 186467 263 | 186469 | 186473 7·17 | 186479 | 186481 |
| 186487 7 | 186491 43 | 186493 251 | 186497 283 | 186499 29·59·109 | 186503 421 | 186509 41 | 186511 13 |
| 186517 37·71 | 186521 383 | 186523 19 | 186527 11·31 | 186529 7 | 186533 103 | 186539 167 | 186541 17 |
| 186547 101 | 186551 | 186553 23 | 186557 7·29 | 186559 197 | 186563 13·113·127 | 186569 | 186571 7·11 |
| 186577 43 | 186581 | 186583 | 186587 | 186589 13·31 | 186593 11 | 186599 7·19·23·61 | 186601 |
| 186607 191 | 186611 181 | 186613 7·53 | 186617 59 | 186619 | 186623 431 | 186629 | 186631 193 |
| 186637 11·19·47 | 186641 7·13·293 | 186643 17 | 186647 | 186649 | 186653 | 186659 11·71·239 | 186661 73 |
| 186667 13·83·173 | 186671 | 186673 29·41·157 | 186677 17·79·139 | 186679 | 186683 7 | 186689 | 186691 23 |
| 186697 7·149·179 | 186701 | 186703 11 | 186707 | 186709 | 186713 19·31·317 | 186719 13·53·271 | 186721 61 |
| 186727 | 186731 29·47·137 | 186733 | 186737 23·353 | 186739 7·37·103 | 186743 | 186749 43·101 | 186751 19 |
| 186757 | 186761 | 186763 | 186767 7 | 186769 11 | 186773 | 186779 17 | 186781 7 |
| 186787 151 | 186791 11 | 186793 | 186797 13 | 186799 | 186803 367 | 186809 7 | 186811 89 |
| 186817 127 | 186821 227 | 186823 7·13 | 186827 19 | 186829 23 | 186833 83 | 186839 257 | 186841 |
| 186847 17·29·379 | 186851 7 | 186853 59 | 186857 11 | 186859 | 186863 67 | 186869 | 186871 |
| 186877 | 186881 17 | 186883 | 186887 37 | 186889 | 186893 7 | 186899 31 | 186901 11·13 |

| | | | | | | | |
|---|---|---|---|---|---|---|---|
| $186907_{7}$ | $186911_{311}$ | $186913_{409}$ | $186917$ | $186919_{41\cdot 47\cdot 97}$ | $186923_{11}$ | $186929_{107}$ | $186931_{53}$ |
| $186937_{131}$ | $186941_{19}$ | $186943_{71}$ | $186947$ | $186949_{7\cdot 17}$ | $186953_{13\cdot 73\cdot 197}$ | $186959$ | $186961_{31\cdot 37\cdot 163}$ |
| $186967_{11\cdot 23}$ | $186971_{59}$ | $186973_{181}$ | $186977_{7}$ | $186979_{13\cdot 19}$ | $186983_{17}$ | $186989_{11\cdot 89\cdot 191}$ | $186991_{7}$ |
| $186997_{67}$ | $187001_{41}$ | $187003$ | $187007_{43}$ | $187009$ | $187013_{23\cdot 47\cdot 173}$ | $187019_{7}$ | $187021_{29}$ |
| $187027$ | $187031_{13}$ | $187033_{7\cdot 11\cdot 347}$ | $187037_{53}$ | $187039_{359}$ | $187043$ | $187049$ | $187051_{17}$ |
| $187057_{13}$ | $187061_{7}$ | $187063_{283}$ | $187067$ | $187069$ | $187073$ | $187079_{29}$ | $187081$ |
| $187087_{61}$ | $187091$ | $187093_{19\cdot 43\cdot 229}$ | $187097_{223}$ | $187099_{11\cdot 73\cdot 233}$ | $187103_{7}$ | $187109_{13\cdot 37\cdot 389}$ | $187111$ |
| $187117_{7}$ | $187121_{11}$ | $187123$ | $187127$ | $187129$ | $187133$ | $187139$ | $187141$ |
| $187147_{31}$ | $187151_{23\cdot 79\cdot 103}$ | $187153_{17\cdot 101\cdot 109}$ | $187157_{211}$ | $187159_{7}$ | $187163$ | $187169_{19}$ | $187171$ |
| $187177$ | $187181$ | $187183_{37}$ | $187187_{7\cdot 11\cdot 13\cdot 17}$ | $187189$ | $187193$ | $187199_{131}$ | $187201_{7\cdot 47}$ |
| $187207_{19\cdot 59\cdot 167}$ | $187211$ | $187213_{13}$ | $187217$ | $187219$ | $187223$ | $187229_{7}$ | $187231_{11}$ |
| $187237$ | $187241_{113}$ | $187243_{7\cdot 23}$ | $187247_{41}$ | $187249_{53}$ | $187253_{11\cdot 29}$ | $187259_{199}$ | $187261_{271}$ |
| $187267_{401}$ | $187271_{7\cdot 31}$ | $187273$ | $187277$ | $187279_{137}$ | $187283_{19}$ | $187289_{17\cdot 23}$ | $187291_{13}$ |
| $187297_{11}$ | $187301_{157}$ | $187303$ | $187307_{97}$ | $187309_{79}$ | $187313_{7}$ | $187319_{11}$ | $187321_{19}$ |
| $187327_{7}$ | $187331_{37\cdot 61\cdot 83}$ | $187333_{31}$ | $187337$ | $187339$ | $187343_{13}$ | $187349$ | $187351_{43}$ |
| $187357_{17\cdot 103\cdot 107}$ | $187361$ | $187363_{11}$ | $187367$ | $187369_{7\cdot 13\cdot 29\cdot 71}$ | $187373$ | $187379$ | $187381_{23}$ |
| $187387$ | $187391_{17\cdot 73\cdot 151}$ | $187393$ | $187397_{7\cdot 19}$ | $187399_{67}$ | $187403_{193}$ | $187409$ | $187411_{7\cdot 41}$ |
| $187417$ | $187421_{13}$ | $187423$ | $187427_{23\cdot 29\cdot 281}$ | $187429_{11}$ | $187433$ | $187439_{7}$ | $187441$ |
| $187447_{13}$ | $187451_{11}$ | $187453_{7\cdot 61}$ | $187457_{31}$ | $187459_{17}$ | $187463$ | $187469$ | $187471$ |
| $187477$ | $187481_{7}$ | $187483_{47}$ | $187487_{313}$ | $187489_{433}$ | $187493_{17\cdot 41\cdot 269}$ | $187499_{13}$ | $187501_{97}$ |
| $187507$ | $187511_{19\cdot 71\cdot 139}$ | $187513$ | $187517_{11}$ | $187519_{23\cdot 31\cdot 263}$ | $187523_{7\cdot 43\cdot 89}$ | $187529_{277}$ | $187531$ |
| $187537_{7\cdot 73\cdot 367}$ | $187541_{167}$ | $187543_{29\cdot 223}$ | $187547$ | $187549_{19}$ | $187553_{37\cdot 137}$ | $187559$ | $187561_{11\cdot 17\cdot 59}$ |
| $187567_{53}$ | $187571_{107}$ | $187573$ | $187577_{13\cdot 47\cdot 307}$ | $187579_{7\cdot 127\cdot 211}$ | $187583_{11}$ | $187589_{109}$ | $187591_{149}$ |
| $187597$ | $187601_{29}$ | $187603_{13}$ | $187607_{7}$ | $187609_{43}$ | $187613_{163}$ | $187619_{373}$ | $187621_{7}$ |
| $187627_{11\cdot 37}$ | $187631$ | $187633$ | $187637$ | $187639$ | $187643_{31}$ | $187649_{7\cdot 11}$ | $187651$ |
| $187657_{23\cdot 41\cdot 199}$ | $187661$ | $187663_{7\cdot 17\cdot 19\cdot 83}$ | $187667_{67}$ | $187669$ | $187673_{53}$ | $187679_{59}$ | $187681_{13}$ |
| $187687$ | $187691_{7}$ | $187693_{11\cdot 113\cdot 151}$ | $187697_{17\cdot 61\cdot 181}$ | $187699$ | $187703_{23}$ | $187709_{337}$ | $187711$ |
| $187717_{29}$ | $187721$ | $187723_{131}$ | $187727_{347}$ | $187729_{227}$ | $187733_{7\cdot 13}$ | $187739_{19\cdot 41\cdot 241}$ | $187741_{197}$ |
| $187747_{7}$ | $187751$ | $187753_{191}$ | $187757_{359}$ | $187759_{11\cdot 13\cdot 101}$ | $187763$ | $187769_{103}$ | $187771_{179}$ |
| $187777_{19}$ | $187781_{11\cdot 43\cdot 397}$ | $187783_{79}$ | $187787$ | $187789_{7\cdot 139\cdot 193}$ | $187793$ | $187799_{17}$ | $187801_{67}$ |
| $187807_{109}$ | $187811_{13}$ | $187813_{293}$ | $187817_{7}$ | $187819_{61}$ | $187823$ | $187829_{31\cdot 73\cdot 83}$ | $187831_{7}$ |
| $187837_{13}$ | $187841_{23}$ | $187843$ | $187847_{11}$ | $187849_{37}$ | $187853_{19}$ | $187859_{7\cdot 47}$ | $187861$ |
| $187867_{17\cdot 43\cdot 257}$ | $187871$ | $187873_{7}$ | $187877$ | $187879_{89}$ | $187883$ | $187889_{13\cdot 97\cdot 149}$ | $187891_{11\cdot 19\cdot 29\cdot 31}$ |
| $187897$ | $187901_{7\cdot 17}$ | $187903_{41}$ | $187907$ | $187909$ | $187913_{11}$ | $187919_{113}$ | $187921$ |
| $187927$ | $187931$ | $187933_{23}$ | $187937_{71}$ | $187939_{163}$ | $187943_{7}$ | $187949_{29}$ | $187951$ |
| $187957_{7\cdot 11}$ | $187961_{101}$ | $187963$ | $187967_{13\cdot 19}$ | $187969_{17}$ | $187973$ | $187979_{11\cdot 23}$ | $187981_{317}$ |
| $187987$ | $187991_{53}$ | $187993_{13}$ | $187997_{37}$ | $187999_{7\cdot 107\cdot 251}$ | $188003_{17}$ | $188009_{229}$ | $188011$ |
| $188017$ | $188021$ | $188023_{11}$ | $188027_{7}$ | $188029$ | $188033_{59}$ | $188039_{43}$ | $188041_{7}$ |
| $188047_{47}$ | $188051_{173}$ | $188053_{383}$ | $188057_{89}$ | $188059_{181}$ | $188063_{61}$ | $188069_{7\cdot 67\cdot 401}$ | $188071_{13\cdot 17\cdot 23\cdot 37}$ |
| $188077_{31}$ | $188081_{19}$ | $188083_{7\cdot 97\cdot 277}$ | $188087_{127}$ | $188089_{11}$ | $188093_{239}$ | $188099_{79}$ | $188101_{137}$ |
| $188107$ | $188111_{7\cdot 11\cdot 349}$ | $188113_{313}$ | $188117_{23}$ | $188119_{19}$ | $188123_{13\cdot 29}$ | $188129_{179}$ | $188131_{419}$ |
| $188137$ | $188141_{47}$ | $188143$ | $188147$ | $188149_{13\cdot 41\cdot 353}$ | $188153_{7}$ | $188159$ | $188161_{83}$ |
| $188167_{7}$ | $188171$ | $188173_{17}$ | $188177_{11}$ | $188179$ | $188183_{227}$ | $188189$ | $188191_{307}$ |
| $188197$ | $188201_{13\cdot 31}$ | $188203_{53\cdot 67}$ | $188207_{17}$ | $188209_{7\cdot 23\cdot 167}$ | $188213_{107}$ | $188219_{37}$ | $188221_{11\cdot 71\cdot 241}$ |
| $188227_{13}$ | $188231_{41}$ | $188233_{19}$ | $188237_{7}$ | $188239_{29}$ | $188243_{11\cdot 109\cdot 157}$ | $188249$ | $188251_{7}$ |
| $188257_{79}$ | $188261$ | $188263_{31}$ | $188267_{73}$ | $188269_{59}$ | $188273$ | $188279_{7\cdot 13}$ | $188281$ |
| $188287_{11}$ | $188291$ | $188293_{7\cdot 37}$ | $188297_{29\cdot 43\cdot 151}$ | $188299$ | $188303$ | $188309_{11\cdot 17\cdot 19\cdot 53}$ | $188311$ |
| $188317$ | $188321_{7}$ | $188323$ | $188327_{83}$ | $188329_{47}$ | $188333$ | $188339_{331}$ | $188341_{127}$ |
| $188347_{19\cdot 23\cdot 431}$ | $188351$ | $188353_{11}$ | $188357_{13}$ | $188359$ | $188363_{7\cdot 71\cdot 379}$ | $188369$ | $188371_{113}$ |
| $188377_{7\cdot 17}$ | $188381_{257}$ | $188383_{13\cdot 43\cdot 337}$ | $188387_{31\cdot 59\cdot 103}$ | $188389$ | $188393_{23}$ | $188399_{293}$ | $188401$ |
| $188407$ | $188411_{17}$ | $188413_{29\cdot 73\cdot 89}$ | $188417$ | $188419_{7\cdot 11}$ | $188423_{19\cdot 47\cdot 211}$ | $188429_{61}$ | $188431$ |
| $188437$ | $188441_{11\cdot 37}$ | $188443$ | $188447_{7}$ | $188449_{31}$ | $188453_{199}$ | $188459$ | $188461_{7\cdot 13\cdot 19\cdot 109}$ |
| $188467_{229}$ | $188471_{29\cdot 67\cdot 97}$ | $188473$ | $188477_{41}$ | $188479_{17}$ | $188483$ | $188489_{7}$ | $188491$ |
| $188497_{233}$ | $188501_{251}$ | $188503_{7}$ | $188507_{11}$ | $188509_{131}$ | $188513_{13\cdot 17}$ | $188519$ | $188521_{53}$ |
| $188527$ | $188531_{7\cdot 23}$ | $188533$ | $188537_{19}$ | $188539_{13}$ | $188543_{167}$ | $188549_{409}$ | $188551_{11\cdot 61\cdot 281}$ |
| $188557_{157}$ | $188561_{193}$ | $188563$ | $188567_{101}$ | $188569_{269}$ | $188573_{7\cdot 11\cdot 31\cdot 79}$ | $188579$ | $188581_{17}$ |
| $188587_{7\cdot 29}$ | $188591_{13\cdot 89\cdot 163}$ | $188593_{103}$ | $188597_{113}$ | $188599_{151}$ | $188603$ | $188609$ | $188611_{47}$ |
| $188617_{11\cdot 13}$ | $188621$ | $188623_{23\cdot 59\cdot 139}$ | $188627_{53}$ | $188629_{7}$ | $188633$ | $188639_{11}$ | $188641_{41\cdot 43\cdot 107}$ |
| $188647_{71}$ | $188651_{19}$ | $188653$ | $188657_{7}$ | $188659_{83}$ | $188663_{37}$ | $188669_{13\cdot 23}$ | $188671_{7}$ |
| $188677$ | $188681$ | $188683_{11\cdot 17}$ | $188687$ | $188689_{19}$ | $188693$ | $188699_{7}$ | $188701$ |
| $188707$ | $188711$ | $188713_{7}$ | $188717_{17}$ | $188719$ | $188723_{41}$ | $188729$ | $188731_{79}$ |
| $188737_{37}$ | $188741_{7\cdot 59}$ | $188743_{173}$ | $188747_{13}$ | $188749_{11}$ | $188753$ | $188759_{31}$ | $188761_{23\cdot 29\cdot 283}$ |
| $188767$ | $188771_{11\cdot 131}$ | $188773_{13}$ | $188777_{311}$ | $188779$ | $188783_{7\cdot 149\cdot 181}$ | $188789_{71}$ | $188791$ |
| $188797_{7}$ | $188801$ | $188803_{19}$ | $188807_{23}$ | $188809_{349}$ | $188813_{43}$ | $188819_{17\cdot 29\cdot 383}$ | $188821_{31}$ |
| $188827$ | $188831$ | $188833$ | $188837_{11}$ | $188839_{7\cdot 53}$ | $188843$ | $188849_{127}$ | $188851_{13\cdot 73\cdot 199}$ |
| $188857$ | $188861$ | $188863$ | $188867_{7}$ | $188869$ | $188873_{67}$ | $188879_{19}$ | $188881_{7\cdot 11\cdot 223}$ |
| $188887_{17\cdot 41\cdot 271}$ | $188891$ | $188893_{47}$ | $188897_{109}$ | $188899_{23\cdot 43\cdot 191}$ | $188903_{11\cdot 13}$ | $188909_{7}$ | $188911$ |
| $188917_{19\cdot 61\cdot 163}$ | $188921_{17}$ | $188923_{7\cdot 137\cdot 197}$ | $188927$ | $188929_{13}$ | $188933$ | $188939$ | $188941$ |
| $188947_{11\cdot 89\cdot 193}$ | $188951_{7}$ | $188953$ | $188957$ | $188959_{37}$ | $188963_{233}$ | $188969_{11\cdot 41\cdot 419}$ | $188971_{101}$ |
| $188977_{59}$ | $188981_{13}$ | $188983$ | $188987_{47}$ | $188989_{17}$ | $188993_{7\cdot 19\cdot 29}$ | $188999$ | $189001_{331}$ |
| $189007_{7\cdot 13\cdot 31\cdot 67}$ | $189011$ | $189013_{11}$ | $189017$ | $189019$ | $189023_{17}$ | $189029_{421}$ | $189031_{19}$ |
| $189037_{23}$ | $189041$ | $189043$ | $189047_{79}$ | $189049_{7\cdot 113\cdot 239}$ | $189053_{97}$ | $189059_{13}$ | $189061$ |
| $189067$ | $189071_{43}$ | $189073_{71}$ | $189077_{7}$ | $189079_{11}$ | $189083_{23}$ | $189089_{173}$ | $189091_{7\cdot 17\cdot 227}$ |
| $189097_{263}$ | $189101_{11}$ | $189103_{127}$ | $189107_{19\cdot 37\cdot 269}$ | $189109_{29}$ | $189113_{281}$ | $189119_{7}$ | $189121_{379}$ |
| $189127$ | $189131_{31}$ | $189133_{7\cdot 41}$ | $189137_{13}$ | $189139$ | $189143_{73}$ | $189149$ | $189151$ |
| $189157_{43\cdot 53\cdot 83}$ | $189161_{7\cdot 61}$ | $189163_{13}$ | $189167_{11\cdot 29}$ | $189169$ | $189173_{101}$ | $189179_{139}$ | $189181_{37}$ |
| $189187$ | $189191_{277}$ | $189193_{17\cdot 31\cdot 359}$ | $189197_{137}$ | $189199$ | $189203_{7\cdot 151\cdot 179}$ | $189209_{431}$ | $189211_{11\cdot 103\cdot 167}$ |
| $189217_{7}$ | $189221_{19\cdot 23\cdot 433}$ | $189223$ | $189227_{17}$ | $189229$ | $189233_{11}$ | $189239$ | $189241_{13}$ |
| $189247_{97}$ | $189251$ | $189253$ | $189257$ | $189259_{7\cdot 19}$ | $189263_{53}$ | $189269_{47}$ | $189271$ |
| $189277_{11}$ | $189281_{191}$ | $189283_{29\cdot 61\cdot 107}$ | $189287_{7}$ | $189289_{73}$ | $189293_{13}$ | $189299_{11}$ | $189301_{7}$ |
| $189307$ | $189311$ | $189313_{23}$ | $189317_{31\cdot 197}$ | $189319_{13}$ | $189323_{83}$ | $189329_{7\cdot 17\cdot 37\cdot 43}$ | $189331_{59}$ |
| $189337$ | $189341_{29}$ | $189343_{7\cdot 11}$ | $189347$ | $189349$ | $189353$ | $189359_{23}$ | $189361$ |

| | | | | | | | |
|---|---|---|---|---|---|---|---|
| 189367$_{409}$ | 189371$_{7\cdot13}$ | 189373$_{19}$ | 189377 | 189379$_{31\cdot41\cdot149}$ | 189383$_{229}$ | 189389 | 189391 |
| 189397$_{13\cdot17}$ | 189401 | 189403$_{37}$ | 189407 | 189409$_{11\cdot67\cdot257}$ | 189413$_{7}$ | 189419$_{307}$ | 189421 |
| 189427$_{7}$ | 189431$_{11\cdot17}$ | 189433 | 189437 | 189439 | 189443$_{389}$ | 189449$_{13\cdot19\cdot59}$ | 189451$_{23}$ |
| 189457$_{29\cdot47\cdot139}$ | 189461$_{41}$ | 189463 | 189467 | 189469$_{7}$ | 189473 | 189479 | 189481$_{89}$ |
| 189487$_{19}$ | 189491 | 189493 | 189497$_{7\cdot11\cdot23\cdot107}$ | 189499$_{17\cdot71\cdot157}$ | 189503$_{31}$ | 189509 | 189511$_{7}$ |
| 189517 | 189521$_{79}$ | 189523 | 189527$_{13\cdot61\cdot239}$ | 189529 | 189533$_{17}$ | 189539$_{7}$ | 189541$_{11}$ |
| 189547 | 189551$_{37\cdot47\cdot109}$ | 189553$_{7\cdot13}$ | 189557$_{131}$ | 189559 | 189563$_{11\cdot19}$ | 189569$_{163}$ | 189571$_{293}$ |
| 189577$_{101}$ | 189581$_{7\cdot53\cdot73}$ | 189583 | 189587$_{43}$ | 189589$_{23}$ | 189593 | 189599 | 189601$_{17\cdot19}$ |
| 189607$_{11}$ | 189611$_{127}$ | 189613 | 189617 | 189619 | 189623$_{7\cdot103\cdot263}$ | 189629$_{11}$ | 189631$_{13\cdot29}$ |
| 189637$_{7}$ | 189641$_{71}$ | 189643 | 189647$_{199}$ | 189649$_{61}$ | 189653 | 189659$_{89}$ | 189661 |
| 189667$_{241}$ | 189671 | 189673$_{11\cdot43\cdot401}$ | 189677$_{19\cdot67\cdot149}$ | 189679$_{7\cdot79}$ | 189683$_{13}$ | 189689$_{29\cdot31\cdot211}$ | 189691 |
| 189697 | 189701 | 189703$_{17}$ | 189707$_{7\cdot41}$ | 189709$_{13}$ | 189713 | 189719$_{193}$ | 189721$_{7}$ |
| 189727$_{23\cdot73\cdot113}$ | 189731$_{337}$ | 189733 | 189737$_{17}$ | 189739$_{11\cdot47\cdot367}$ | 189743 | 189749$_{7}$ | 189751$_{31}$ |
| 189757 | 189761$_{11\cdot13}$ | 189763$_{7}$ | 189767 | 189769$_{109}$ | 189773$_{23\cdot37\cdot223}$ | 189779$_{101}$ | 189781$_{173}$ |
| 189787$_{13}$ | 189791$_{7\cdot19}$ | 189793$_{53}$ | 189797 | 189799 | 189803$_{59}$ | 189809$_{347}$ | 189811$_{67}$ |
| 189817 | 189821$_{83}$ | 189823 | 189827$_{11}$ | 189829$_{19\cdot97\cdot103}$ | 189833$_{7\cdot47}$ | 189839$_{13\cdot17}$ | 189841$_{229}$ |
| 189847$_{7\cdot37}$ | 189851 | 189853 | 189857$_{373}$ | 189859 | 189863$_{29}$ | 189869$_{181}$ | 189871$_{11\cdot41\cdot421}$ |
| 189877 | 189881 | 189883$_{317}$ | 189887 | 189889$_{7}$ | 189893$_{11\cdot61\cdot283}$ | 189899$_{53}$ | 189901 |
| 189907$_{17}$ | 189911$_{23\cdot359}$ | 189913 | 189917$_{7\cdot13}$ | 189919$_{179}$ | 189923$_{257}$ | 189929 | 189931$_{7\cdot43}$ |
| 189937$_{11\cdot31}$ | 189941$_{17}$ | 189943$_{13\cdot19}$ | 189947 | 189949 | 189953$_{41\cdot113}$ | 189959$_{7\cdot11}$ | 189961 |
| 189967 | 189971$_{271}$ | 189973$_{7}$ | 189977 | 189979$_{29}$ | 189983 | 189989 | 189991$_{313}$ |
| 189997 | 190001$_{7}$ | 190003$_{11\cdot23}$ | 190007$_{251}$ | 190009$_{17}$ | 190013$_{139}$ | 190019$_{19\cdot73\cdot137}$ | 190021$_{13\cdot47\cdot311}$ |
| 190027 | 190031 | 190033$_{307}$ | 190037$_{29}$ | 190039$_{59}$ | 190043$_{7\cdot17}$ | 190049$_{23}$ | 190051 |
| 190057$_{7\cdot19}$ | 190061$_{31}$ | 190063 | 190067$_{71}$ | 190069$_{11\cdot37}$ | 190073$_{13}$ | 190079$_{67}$ | 190081$_{131}$ |
| 190087$_{433}$ | 190091$_{11}$ | 190093 | 190097 | 190099$_{7\cdot13}$ | 190103$_{43}$ | 190109$_{151}$ | 190111$_{17\cdot53\cdot211}$ |
| 190117$_{41}$ | 190121 | 190123$_{31}$ | 190127$_{7\cdot157\cdot173}$ | 190129 | 190133$_{19}$ | 190139$_{107}$ | 190141$_{7\cdot23}$ |
| 190147 | 190151$_{13}$ | 190153$_{29\cdot79\cdot83}$ | 190157$_{11\cdot59\cdot293}$ | 190159 | 190163$_{397}$ | 190169$_{7}$ | 190171$_{19}$ |
| 190177$_{13}$ | 190181 | 190183$_{7\cdot101\cdot269}$ | 190187$_{23}$ | 190189$_{43}$ | 190193$_{89}$ | 190199$_{41}$ | 190201$_{11}$ |
| 190207 | 190211$_{7\cdot29}$ | 190213$_{17\cdot67\cdot167}$ | 190217$_{37\cdot53\cdot97}$ | 190219$_{223}$ | 190223$_{11}$ | 190229$_{13}$ | 190231$_{181}$ |
| 190237$_{281}$ | 190241$_{103}$ | 190243 | 190247$_{17\cdot19\cdot31}$ | 190249 | 190253$_{7}$ | 190259$_{61}$ | 190261 |
| 190267$_{7\cdot11\cdot353}$ | 190271 | 190273$_{149}$ | 190277$_{179}$ | 190279$_{23}$ | 190283 | 190289$_{11}$ | 190291$_{37\cdot139}$ |
| 190297 | 190301 | 190303$_{47}$ | 190307$_{13}$ | 190309$_{7\cdot31}$ | 190313 | 190319$_{83}$ | 190321 |
| 190327$_{29}$ | 190331 | 190333$_{11\cdot13}$ | 190337$_{7}$ | 190339 | 190343$_{131}$ | 190349$_{17}$ | 190351$_{7\cdot71\cdot383}$ |
| 190357 | 190361$_{19\cdot43\cdot233}$ | 190363$_{41}$ | 190367 | 190369 | 190373$_{127}$ | 190379$_{7}$ | 190381$_{61}$ |
| 190387 | 190391 | 190393$_{7\cdot59}$ | 190397$_{47}$ | 190399$_{11\cdot19}$ | 190403 | 190409 | 190411$_{13\cdot97\cdot151}$ |
| 190417$_{17\cdot23}$ | 190421$_{7\cdot11}$ | 190423$_{109}$ | 190427$_{191}$ | 190429$_{53}$ | 190433$_{31}$ | 190439$_{37}$ | 190441$_{157}$ |
| 190447$_{43\cdot103}$ | 190451$_{17}$ | 190453$_{227}$ | 190457$_{73}$ | 190459$_{283}$ | 190463$_{7\cdot13\cdot23}$ | 190469$_{79}$ | 190471 |
| 190477$_{7}$ | 190481$_{67}$ | 190483$_{239}$ | 190487$_{11}$ | 190489$_{13}$ | 190493$_{71}$ | 190499$_{197}$ | 190501$_{29}$ |
| 190507 | 190511$_{59}$ | 190513$_{19\cdot37\cdot271}$ | 190517$_{317}$ | 190519$_{7\cdot17}$ | 190523 | 190529 | 190531$_{11}$ |
| 190537 | 190541$_{13}$ | 190543 | 190547$_{7\cdot163\cdot167}$ | 190549$_{89}$ | 190553$_{11\cdot17}$ | 190559$_{29}$ | 190561$_{7}$ |
| 190567$_{13\cdot107\cdot137}$ | 190571$_{149}$ | 190573 | 190577 | 190579 | 190583 | 190589$_{7\cdot19}$ | 190591 |
| 190597$_{11}$ | 190601$_{23}$ | 190603$_{7\cdot73\cdot373}$ | 190607 | 190609$_{41}$ | 190613 | 190619$_{11\cdot13\cdot31\cdot43}$ | 190621$_{17}$ |
| 190627$_{19\cdot79\cdot127}$ | 190631$_{7\cdot113\cdot241}$ | 190633 | 190637$_{379}$ | 190639 | 190643$_{311}$ | 190649 | 190651$_{83}$ |
| 190657 | 190661$_{37}$ | 190663$_{11}$ | 190667 | 190669 | 190673$_{7}$ | 190679$_{47}$ | 190681$_{31}$ |
| 190687$_{7}$ | 190691$_{41}$ | 190693$_{23}$ | 190697$_{13}$ | 190699 | 190703$_{19}$ | 190709 | 190711 |
| 190717 | 190721$_{269}$ | 190723$_{13\cdot17}$ | 190727$_{89}$ | 190729$_{7\cdot11}$ | 190733$_{29}$ | 190739$_{23}$ | 190741$_{19}$ |
| 190747$_{53\cdot59\cdot61}$ | 190751$_{11}$ | 190753 | 190757$_{7\cdot17\cdot229}$ | 190759 | 190763 | 190769 | 190771$_{7}$ |
| 190777$_{71}$ | 190781$_{107}$ | 190783 | 190787 | 190789$_{101}$ | 190793 | 190799$_{7\cdot97\cdot281}$ | 190801$_{13}$ |
| 190807 | 190811 | 190813$_{7}$ | 190817$_{11\cdot19\cdot83}$ | 190819$_{173}$ | 190823 | 190829 | 190831$_{23}$ |
| 190837 | 190841$_{7\cdot137\cdot199}$ | 190843 | 190847$_{139}$ | 190849$_{29}$ | 190853$_{13\cdot53\cdot277}$ | 190859$_{17\cdot103\cdot109}$ | 190861$_{11}$ |
| 190867$_{31\cdot47\cdot131}$ | 190871 | 190873$_{163}$ | 190877$_{23\cdot43\cdot193}$ | 190879$_{13}$ | 190883$_{7\cdot11\cdot37\cdot67}$ | 190889 | 190891 |
| 190897$_{7}$ | 190901 | 190903$_{349}$ | 190907$_{29\cdot227}$ | 190909 | 190913 | 190919$_{71}$ | 190921 |
| 190927$_{11\cdot17}$ | 190931$_{13\cdot19}$ | 190933$_{431}$ | 190937$_{41}$ | 190939$_{7}$ | 190943$_{79}$ | 190949$_{11}$ | 190951$_{257}$ |
| 190957$_{13\cdot37\cdot397}$ | 190961$_{17\cdot47\cdot239}$ | 190963$_{43}$ | 190967$_{7}$ | 190969$_{19\cdot23}$ | 190973$_{353}$ | 190979 | 190981$_{7}$ |
| 190987$_{331}$ | 190991$_{31\cdot61\cdot101}$ | 190993$_{11\cdot97\cdot179}$ | 190997 | 190999$_{389}$ | 191003$_{409}$ | 191009$_{7\cdot13}$ | 191011$_{251}$ |
| 191017$_{67}$ | 191021 | 191023$_{7\cdot29}$ | 191027 | 191029$_{17}$ | 191033 | 191039 | 191041$_{73}$ |
| 191047 | 191051$_{7}$ | 191053$_{31}$ | 191057 | 191059$_{11}$ | 191063$_{17}$ | 191069$_{157}$ | 191071 |
| 191077$_{109}$ | 191081$_{11\cdot29}$ | 191083$_{19\cdot89\cdot113}$ | 191087$_{13}$ | 191089 | 191093$_{7}$ | 191099 | 191101$_{41\cdot59\cdot79}$ |
| 191107$_{7\cdot23}$ | 191111$_{223}$ | 191113$_{13\cdot61\cdot241}$ | 191117$_{383}$ | 191119 | 191123 | 191129$_{131}$ | 191131$_{17}$ |
| 191137 | 191141 | 191143 | 191147$_{11}$ | 191149$_{7\cdot47\cdot83}$ | 191153$_{23}$ | 191159$_{19}$ | 191161 |
| 191167$_{149}$ | 191171$_{53}$ | 191173 | 191177$_{7\cdot31}$ | 191179$_{37}$ | 191183$_{41}$ | 191189 | 191191$_{7\cdot11\cdot13\cdot191}$ |
| 191197$_{19\cdot29\cdot347}$ | 191201$_{263}$ | 191203$_{71}$ | 191207$_{367}$ | 191209$_{107}$ | 191213$_{11}$ | 191219$_{7\cdot59}$ | 191221$_{43}$ |
| 191227 | 191231 | 191233$_{7\cdot17}$ | 191237 | 191239$_{31\cdot199}$ | 191243$_{13\cdot47\cdot313}$ | 191249 | 191251 |
| 191257$_{11}$ | 191261$_{7\cdot89\cdot307}$ | 191263$_{193}$ | 191267$_{17}$ | 191269$_{13}$ | 191273$_{19}$ | 191279$_{11}$ | 191281 |
| 191287$_{197}$ | 191291$_{23}$ | 191293$_{233}$ | 191297 | 191299 | 191303$_{7}$ | 191309$_{113}$ | 191311$_{19}$ |
| 191317$_{7\cdot151\cdot181}$ | 191321$_{13}$ | 191323$_{11}$ | 191327$_{37}$ | 191329$_{293}$ | 191333$_{73}$ | 191339 | 191341 |
| 191347$_{13\cdot41\cdot359}$ | 191351$_{179}$ | 191353 | 191357$_{61}$ | 191359$_{7}$ | 191363$_{31}$ | 191369$_{17}$ | 191371$_{29}$ |
| 191377$_{211}$ | 191381$_{97}$ | 191383$_{23\cdot53\cdot157}$ | 191387$_{7\cdot19}$ | 191389$_{11\cdot127\cdot137}$ | 191393$_{43}$ | 191399$_{13}$ | 191401$_{7\cdot37}$ |
| 191407$_{277}$ | 191411$_{11}$ | 191413 | 191417$_{79}$ | 191419$_{67}$ | 191423$_{107}$ | 191429$_{7\cdot23\cdot29\cdot41}$ | 191431$_{47}$ |
| 191437$_{17}$ | 191441 | 191443$_{7}$ | 191447 | 191449 | 191453 | 191459 | 191461 |
| 191467 | 191471$_{7\cdot17}$ | 191473 | 191477$_{11\cdot13\cdot103}$ | 191479$_{43\cdot61\cdot73}$ | 191483$_{419}$ | 191489$_{53}$ | 191491 |
| 191497 | 191501$_{19}$ | 191503$_{13}$ | 191507 | 191509 | 191513$_{7\cdot109\cdot251}$ | 191519 | 191521$_{11\cdot23}$ |
| 191527$_{7}$ | 191531 | 191533 | 191537 | 191539$_{17\cdot19}$ | 191543$_{11}$ | 191549$_{31\cdot37\cdot167}$ | 191551 |
| 191557$_{223}$ | 191561 | 191563 | 191567$_{23}$ | 191569$_{7}$ | 191573$_{17\cdot59\cdot191}$ | 191579 | 191581$_{13}$ |
| 191587$_{11}$ | 191591$_{283}$ | 191593$_{41}$ | 191597$_{7\cdot101\cdot271}$ | 191599 | 191603$_{29}$ | 191609$_{11}$ | 191611$_{7\cdot31}$ |
| 191617$_{89}$ | 191621 | 191623$_{37}$ | 191627 | 191629$_{71}$ | 191633$_{13}$ | 191639$_{7}$ | 191641$_{17}$ |
| 191647$_{83}$ | 191651$_{43}$ | 191653$_{7\cdot11\cdot19\cdot131}$ | 191657 | 191659$_{13\cdot23}$ | 191663$_{137}$ | 191669 | 191671 |
| 191677 | 191681$_{7\cdot139\cdot197}$ | 191683$_{103}$ | 191687$_{67}$ | 191689 | 191693 | 191699 | 191701$_{53}$ |
| 191707 | 191711$_{13}$ | 191713$_{47}$ | 191717 | 191719$_{11\cdot29}$ | 191723$_{7\cdot61}$ | 191729$_{19}$ | 191731$_{109}$ |
| 191737$_{7\cdot13\cdot43}$ | 191741$_{11}$ | 191743$_{17}$ | 191747 | 191749 | 191753$_{337}$ | 191759$_{233}$ | 191761$_{113}$ |
| 191767$_{19}$ | 191771$_{37\cdot71\cdot73}$ | 191773 | 191777$_{17\cdot29\cdot389}$ | 191779$_{7}$ | 191783 | 191789$_{13}$ | 191791 |
| 191797$_{23\cdot31\cdot269}$ | 191801 | 191803 | 191807$_{7\cdot11\cdot47\cdot53}$ | 191809$_{59}$ | 191813$_{83}$ | 191819$_{433}$ | 191821$_{7\cdot67\cdot409}$ |

| | | | | | | | |
|---|---|---|---|---|---|---|---|
| 191827 | 191831 | 191833 | 191837 | 191839 41 | 191843 19·23 | 191849 7 | 191851 11·107·163 |
| 191857 173 | 191861 | 191863 7 | 191867 13 | 191869 313 | 191873 11 | 191879 17 | 191881 19 |
| 191887 311 | 191891 7·79·347 | 191893 13·29 | 191897 127 | 191899 | 191903 | 191909 43 | 191911 |
| 191917 11·73·239 | 191921 31·41·151 | 191923 281 | 191927 59 | 191929 | 191933 7 | 191939 11 | 191941 367 |
| 191947 7·17 | 191951 29 | 191953 | 191957 19 | 191959 139 | 191963 97 | 191969 | 191971 13 |
| 191977 | 191981 17·23 | 191983 11·31 | 191987 113 | 191989 7 | 191993 37 | 191999 | 192001 101 |
| 192007 | 192011 157 | 192013 | 192017 7 | 192019 53 | 192023 13 | 192029 | 192031 7 |
| 192037 | 192041 181 | 192043 | 192047 | 192049 11·13·17·79 | 192053 | 192059 7 | 192061 149 |
| 192067 29·37·179 | 192071 11·19 | 192073 7·23 | 192077 241 | 192079 401 | 192083 17 | 192089 47·61·67 | 192091 |
| 192097 | 192101 7·13 | 192103 | 192107 31 | 192109 19 | 192113 | 192119 23 | 192121 |
| 192127 13 | 192131 229 | 192133 | 192137 11 | 192139 271 | 192143 7 | 192149 | 192151 17·89·127 |
| 192157 7·97·283 | 192161 | 192163 59 | 192167 41·43·109 | 192169 31 | 192173 | 192179 13 | 192181 11 |
| 192187 | 192191 | 192193 | 192197 71 | 192199 7 | 192203 11·101·173 | 192209 73 | 192211 23·61·137 |
| 192217 167 | 192221 211 | 192223 19·67·151 | 192227 7 | 192229 | 192233 | 192239 | 192241 7·29 |
| 192247 11 | 192251 | 192253 17·43·263 | 192257 13·23 | 192259 | 192263 | 192269 7·11·227 | 192271 |
| 192277 47 | 192281 59 | 192283 7·13 | 192287 17 | 192289 37 | 192293 31 | 192299 19·29·349 | 192301 103 |
| 192307 | 192311 7·83·331 | 192313 11 | 192317 | 192319 | 192323 | 192329 89 | 192331 41 |
| 192337 19·53·191 | 192341 | 192343 | 192347 | 192349 23 | 192353 7 | 192359 149 | 192361 13 |
| 192367 7 | 192371 47 | 192373 | 192377 | 192379 11 | 192383 | 192389 17 | 192391 |
| 192397 421 | 192401 11 | 192403 181 | 192407 | 192409 7 | 192413 13·19·41 | 192419 317 | 192421 193 |
| 192427 337 | 192431 | 192433 199 | 192437 7·37 | 192439 13·113·131 | 192443 53 | 192449 223 | 192451 7·19 |
| 192457 17 | 192461 | 192463 | 192467 11 | 192469 197 | 192473 29 | 192479 7·31 | 192481 71 |
| 192487 23 | 192491 13·17·67 | 192493 7·107·257 | 192497 | 192499 | 192503 163 | 192509 311 | 192511 11·37·43 |
| 192517 13·59·251 | 192521 7 | 192523 79 | 192527 19 | 192529 | 192533 11·23 | 192539 | 192541 31 |
| 192547 | 192551 167 | 192553 | 192557 | 192559 17·47·241 | 192563 7 | 192569 13 | 192571 |
| 192577 7·11·41·61 | 192581 | 192583 | 192587 | 192589 29·229 | 192593 17 | 192599 11 | 192601 |
| 192607 101 | 192611 | 192613 | 192617 | 192619 7 | 192623 71 | 192629 | 192631 |
| 192637 | 192641 19 | 192643 11·83·211 | 192647 7·13·29·73 | 192649 383 | 192653 47 | 192659 37·41·127 | 192661 7·17 |
| 192667 | 192671 23 | 192673 13 | 192677 | 192679 19 | 192683 43 | 192689 7 | 192691 233 |
| 192697 | 192701 131 | 192703 7 | 192707 107 | 192709 11 | 192713 103 | 192719 191 | 192721 439 |
| 192727 31 | 192731 7·11 | 192733 37 | 192737 | 192739 97 | 192743 | 192749 | 192751 13 |
| 192757 | 192761 53 | 192763 17·23·29 | 192767 | 192769 43 | 192773 7 | 192779 263 | 192781 |
| 192787 7 | 192791 | 192793 19·73·139 | 192797 11·17 | 192799 | 192803 13 | 192809 23·83·101 | 192811 |
| 192817 | 192821 29·61·109 | 192823 41 | 192827 151 | 192829 7·13·163 | 192833 | 192839 79 | 192841 11·47·373 |
| 192847 | 192851 31 | 192853 | 192857 7 | 192859 | 192863 11·89·197 | 192869 19 | 192871 7·59 |
| 192877 | 192881 13·37·401 | 192883 | 192887 | 192889 | 192893 67 | 192899 7·17 | 192901 23 |
| 192907 11·13·19·71 | 192911 379 | 192913 7·31·127 | 192917 | 192919 103 | 192923 | 192929 11 | 192931 |
| 192937 29 | 192941 7·43 | 192943 61 | 192947 23 | 192949 | 192953 157 | 192959 13 | 192961 |
| 192967 17 | 192971 | 192973 11·53·331 | 192977 | 192979 | 192983 7·19 | 192989 59 | 192991 |
| 192997 7·79·349 | 193001 17 | 193003 | 193007 257 | 193009 | 193013 | 193019 251 | 193021 19 |
| 193027 43·67 | 193031 | 193033 137 | 193037 13·31 | 193039 7·11·23·109 | 193043 | 193049 71 | 193051 |
| 193057 | 193061 11 | 193063 13 | 193067 7 | 193069 17·41·277 | 193073 | 193079 53 | 193081 7 |
| 193087 293 | 193091 353 | 193093 | 193097 19 | 193099 31 | 193103 17·37·307 | 193109 7 | 193111 29 |
| 193117 113 | 193121 313 | 193123 7·47 | 193127 11·97·181 | 193129 151 | 193133 | 193139 | 193141 13·83·179 |
| 193147 | 193151 7·41 | 193153 | 193157 233 | 193159 419 | 193163 | 193169 29 | 193171 11·17 |
| 193177 23·37·227 | 193181 | 193183 | 193187 61 | 193189 | 193193 7·11·13·193 | 193199 43 | 193201 |
| 193207 7 | 193211 19 | 193213 101 | 193217 47 | 193219 13·89·167 | 193223 23·31·271 | 193229 199 | 193231 73 |
| 193237 11 | 193241 173 | 193243 | 193247 | 193249 7·19 | 193253 149 | 193259 11 | 193261 |
| 193267 157 | 193271 13 | 193273 17 | 193277 7 | 193279 347 | 193283 | 193289 283 | 193291 7·53 |
| 193297 13 | 193301 | 193303 11 | 193307 17·83·137 | 193309 61 | 193313 79 | 193319 7 | 193321 97 |
| 193327 | 193331 103 | 193333 7·71·389 | 193337 | 193339 397 | 193343 29·59·113 | 193349 13·107·139 | 193351 239 |
| 193357 | 193361 7·23 | 193363 19 | 193367 | 193369 11 | 193373 | 193379 | 193381 |
| 193387 | 193391 11 | 193393 | 193397 41·53·89 | 193399 37 | 193403 7 | 193409 17·31·367 | 193411 269 |
| 193417 7 | 193421 127 | 193423 | 193427 13 | 193429 67 | 193433 | 193439 19 | 193441 |
| 193447 | 193451 | 193453 13·23 | 193457 11·43·409 | 193459 7·29 | 193463 | 193469 | 193471 31·79 |
| 193477 17·19 | 193481 163 | 193483 191 | 193487 7·131·211 | 193489 181 | 193493 | 193499 23·47·179 | 193501 7·11·359 |
| 193507 | 193511 17 | 193513 | 193517 29 | 193519 431 | 193523 11·73·241 | 193529 7 | 193531 13 |
| 193537 103 | 193541 | 193543 7·43 | 193547 37 | 193549 | 193553 19·61·167 | 193559 | 193561 41 |
| 193567 11 | 193571 7 | 193573 | 193577 | 193579 17·59·193 | 193583 13 | 193589 11 | 193591 19·23 |
| 193597 | 193601 | 193603 | 193607 | 193609 13·53·281 | 193613 7·17 | 193619 | 193621 37 |
| 193627 7·139·199 | 193631 227 | 193633 11·29 | 193637 23 | 193639 83 | 193643 41 | 193649 | 193651 197 |
| 193657 31 | 193661 13 | 193663 | 193667 19 | 193669 7·73·379 | 193673 293 | 193679 | 193681 17 |
| 193687 13·47·317 | 193691 29 | 193693 109 | 193697 7·59·67 | 193699 11 | 193703 | 193709 97 | 193711 7 |
| 193717 307 | 193721 11 | 193723 | 193727 | 193729 23 | 193733 151 | 193739 7·13 | 193741 |
| 193747 313 | 193751 | 193753 7·89·311 | 193757 | 193759 71 | 193763 | 193769 37 | 193771 |
| 193777 107 | 193781 7·19·31·47 | 193783 17 | 193787 11·79·223 | 193789 | 193793 | 193799 | 193801 43 |
| 193807 29·41·163 | 193811 | 193813 | 193817 13·17 | 193819 19·101 | 193823 7 | 193829 239 | 193831 11·67·263 |
| 193837 7 | 193841 | 193843 13·31·37 | 193847 | 193849 149 | 193853 11 | 193859 | 193861 |
| 193867 23 | 193871 | 193873 | 193877 | 193879 7 | 193883 | 193889 41 | 193891 |
| 193897 11 | 193901 71 | 193903 97 | 193907 7 | 193909 211 | 193913 23 | 193919 11·17·61 | 193921 7·13 |
| 193927 53 | 193931 89 | 193933 19·59·173 | 193937 | 193939 | 193943 | 193949 7·103·269 | 193951 |
| 193957 | 193961 73 | 193963 7·11·229 | 193967 31 | 193969 47 | 193973 13·43·347 | 193979 | 193981 29 |
| 193987 17 | 193991 7·37·107 | 193993 | 193997 419 | 193999 13 | 194003 | 194009 19 | 194011 131 |
| 194017 | 194021 17·101·113 | 194023 251 | 194027 | 194029 11·31 | 194033 7·53 | 194039 29 | 194041 61 |
| 194047 7·19 | 194051 11·13·23·59 | 194053 41 | 194057 | 194059 43 | 194063 47 | 194069 | 194071 |
| 194077 13 | 194081 421 | 194083 | 194087 | 194089 7·17·233 | 194093 | 194099 67 | 194101 |
| 194107 73 | 194111 389 | 194113 | 194117 7·11 | 194119 | 194123 17·19 | 194129 13·109·137 | 194131 7 |
| 194137 83 | 194141 | 194143 23·367 | 194147 149 | 194149 | 194153 31 | 194159 7 | 194161 11·19 |
| 194167 | 194171 281 | 194173 7 | 194177 277 | 194179 | 194183 11·127·139 | 194189 23 | 194191 17 |
| 194197 | 194201 7 | 194203 | 194207 13 | 194209 157 | 194213 29·37·181 | 194219 359 | 194221 167 |
| 194227 11 | 194231 43 | 194233 13·67·223 | 194237 19 | 194239 | 194243 7 | 194249 11 | 194251 47 |
| 194257 7 | 194261 79 | 194263 | 194267 | 194269 | 194273 131 | 194279 173 | 194281 23 |

| | | | | | | | |
|---|---|---|---|---|---|---|---|
| 194287$_{37\cdot59\cdot89}$ | 194291$_{97}$ | 194293$_{11\cdot17}$ | 194297$_{331}$ | 194299$_{7\cdot41}$ | 194303$_{83}$ | 194309 | 194311$_{13}$ |
| 194317$_{43}$ | 194321$_{317}$ | 194323 | 194327$_{7\cdot17\cdot23\cdot71}$ | 194329$_{29}$ | 194333$_{373}$ | 194339$_{31}$ | 194341$_{7}$ |
| 194347$_{109}$ | 194351$_{19\cdot53\cdot193}$ | 194353 | 194357$_{263}$ | 194359$_{11}$ | 194363$_{13}$ | 194369$_{7}$ | 194371 |
| 194377 | 194381$_{11\cdot41\cdot431}$ | 194383$_{7}$ | 194387$_{29}$ | 194389$_{13\cdot19}$ | 194393$_{349}$ | 194399$_{73}$ | 194401$_{31}$ |
| 194407$_{61}$ | 194411$_{7}$ | 194413 | 194417$_{433}$ | 194419$_{23\cdot79\cdot107}$ | 194423$_{199}$ | 194429$_{17}$ | 194431 |
| 194437$_{127}$ | 194441$_{13}$ | 194443 | 194447$_{11}$ | 194449$_{337}$ | 194453$_{7}$ | 194459$_{163}$ | 194461$_{139}$ |
| 194467$_{7\cdot13}$ | 194471 | 194473$_{113}$ | 194477$_{439}$ | 194479 | 194483 | 194489$_{43}$ | 194491$_{11}$ |
| 194497$_{17}$ | 194501$_{67}$ | 194503$_{19\cdot29\cdot353}$ | 194507 | 194509$_{7\cdot37}$ | 194513$_{11}$ | 194519$_{13}$ | 194521 |
| 194527 | 194531$_{17}$ | 194533$_{47}$ | 194537$_{7}$ | 194539$_{227}$ | 194543 | 194549$_{257}$ | 194551$_{7}$ |
| 194557$_{11\cdot23}$ | 194561$_{29}$ | 194563$_{53}$ | 194567$_{103}$ | 194569 | 194573$_{179}$ | 194579$_{7\cdot11\cdot19}$ | 194581 |
| 194587$_{31}$ | 194591 | 194593$_{7}$ | 194597$_{13}$ | 194599$_{17}$ | 194603$_{23}$ | 194609 | 194611$_{71}$ |
| 194617$_{19}$ | 194621$_{7}$ | 194623$_{11\cdot13}$ | 194627$_{41\cdot47\cdot101}$ | 194629$_{191}$ | 194633$_{17\cdot107}$ | 194639$_{151}$ | 194641$_{59}$ |
| 194647 | 194651$_{61}$ | 194653 | 194657$_{37}$ | 194659 | 194663$_{7}$ | 194669$_{53}$ | 194671 |
| 194677$_{7\cdot29\cdot137}$ | 194681 | 194683 | 194687 | 194689$_{11}$ | 194693$_{19}$ | 194699$_{113}$ | 194701$_{13\cdot17}$ |
| 194707 | 194711$_{11\cdot31}$ | 194713 | 194717 | 194719$_{7}$ | 194723 | 194729 | 194731$_{19\cdot37\cdot277}$ |
| 194737$_{193}$ | 194741$_{23}$ | 194743$_{149}$ | 194747$_{7\cdot43}$ | 194749 | 194753$_{13\cdot71\cdot211}$ | 194759$_{59}$ | 194761$_{7}$ |
| 194767 | 194771 | 194773$_{31\cdot61\cdot103}$ | 194777$_{11}$ | 194779$_{13}$ | 194783$_{109}$ | 194789$_{7}$ | 194791$_{41}$ |
| 194797$_{131}$ | 194801$_{83}$ | 194803$_{7\cdot17}$ | 194807$_{19}$ | 194809 | 194813 | 194819 | 194821$_{11\cdot89\cdot199}$ |
| 194827 | 194831$_{7\cdot13}$ | 194833$_{23\cdot43\cdot197}$ | 194837$_{17\cdot73\cdot157}$ | 194839 | 194843$_{11}$ | 194849$_{271}$ | 194851$_{29}$ |
| 194857$_{13}$ | 194861 | 194863 | 194867 | 194869 | 194873$_{7\cdot41\cdot97}$ | 194879$_{23\cdot37\cdot229}$ | 194881$_{53}$ |
| 194887$_{7\cdot11}$ | 194891 | 194893$_{79}$ | 194897$_{31}$ | 194899 | 194903$_{67}$ | 194909$_{11\cdot13\cdot29\cdot47}$ | 194911 |
| 194917 | 194921$_{19}$ | 194923$_{421}$ | 194927$_{397}$ | 194929$_{7}$ | 194933 | 194939$_{17}$ | 194941$_{151}$ |
| 194947$_{383}$ | 194951$_{137}$ | 194953$_{11\cdot37}$ | 194957$_{7}$ | 194959$_{19\cdot31\cdot331}$ | 194963 | 194969$_{241}$ | 194971$_{7\cdot23\cdot173}$ |
| 194977 | 194981 | 194983$_{73}$ | 194987$_{13\cdot53\cdot283}$ | 194989 | 194993$_{227}$ | 194999$_{7\cdot89\cdot313}$ | 195001$_{109}$ |
| 195007$_{17}$ | 195011$_{191}$ | 195013$_{7\cdot13}$ | 195017$_{23\cdot61\cdot139}$ | 195019$_{11}$ | 195023 | 195029 | 195031$_{101}$ |
| 195037$_{41\cdot67\cdot71}$ | 195041$_{7\cdot11\cdot17\cdot149}$ | 195043 | 195047 | 195049 | 195053 | 195059$_{131}$ | 195061$_{107}$ |
| 195067$_{97}$ | 195071 | 195073$_{19}$ | 195077 | 195079$_{373}$ | 195083$_{7\cdot29\cdot31}$ | 195089 | 195091$_{13\cdot43\cdot349}$ |
| 195097$_{7\cdot47}$ | 195101$_{37}$ | 195103 | 195107$_{11}$ | 195109$_{17\cdot23}$ | 195113$_{59}$ | 195119$_{41}$ | 195121 |
| 195127 | 195131 | 195133$_{83}$ | 195137 | 195139$_{7\cdot61}$ | 195143$_{13\cdot17}$ | 195149$_{19}$ | 195151$_{11\cdot113\cdot157}$ |
| 195157 | 195161 | 195163 | 195167$_{7}$ | 195169$_{13}$ | 195173$_{11}$ | 195179$_{71}$ | 195181$_{7}$ |
| 195187$_{19}$ | 195191$_{47}$ | 195193 | 195197 | 195199$_{29\cdot53\cdot127}$ | 195203 | 195209$_{7\cdot79\cdot353}$ | 195211$_{17}$ |
| 195217$_{11}$ | 195221$_{13}$ | 195223$_{7\cdot167}$ | 195227$_{197}$ | 195229 | 195233$_{101}$ | 195239$_{11}$ | 195241 |
| 195247$_{13\cdot23}$ | 195251$_{7}$ | 195253 | 195257$_{29}$ | 195259 | 195263$_{19\cdot43\cdot239}$ | 195269$_{31}$ | 195271 |
| 195277 | 195281 | 195283$_{11\cdot41\cdot433}$ | 195287$_{401}$ | 195289$_{179}$ | 195293$_{7\cdot23}$ | 195299$_{13\cdot83\cdot181}$ | 195301$_{19}$ |
| 195307$_{7}$ | 195311 | 195313$_{17}$ | 195317$_{173}$ | 195319 | 195323$_{37}$ | 195329 | 195331$_{31}$ |
| 195337$_{229}$ | 195341 | 195343 | 195347$_{17}$ | 195349$_{7\cdot11\cdot43\cdot59}$ | 195353 | 195359 | 195361$_{347}$ |
| 195367$_{79}$ | 195371$_{11}$ | 195373$_{29}$ | 195377$_{7\cdot13\cdot19\cdot113}$ | 195379$_{47}$ | 195383$_{61}$ | 195389 | 195391$_{7\cdot103\cdot271}$ |
| 195397$_{37}$ | 195401 | 195403$_{13}$ | 195407 | 195409$_{263}$ | 195413 | 195419$_{7}$ | 195421$_{73}$ |
| 195427 | 195431$_{23\cdot29\cdot293}$ | 195433$_{7}$ | 195437$_{11\cdot109\cdot163}$ | 195439$_{67}$ | 195443 | 195449$_{17}$ | 195451$_{241}$ |
| 195457 | 195461$_{7}$ | 195463$_{71}$ | 195467$_{59}$ | 195469 | 195473$_{47}$ | 195479 | 195481$_{11\cdot13}$ |
| 195487$_{233}$ | 195491$_{19}$ | 195493 | 195497 | 195499$_{137}$ | 195503$_{7\cdot11}$ | 195509$_{193}$ | 195511 |
| 195517$_{7\cdot17\cdot31\cdot53}$ | 195521$_{43}$ | 195523$_{23}$ | 195527 | 195529$_{19\cdot41\cdot251}$ | 195533$_{13\cdot89}$ | 195539 | 195541 |
| 195547$_{11\cdot29}$ | 195551$_{17}$ | 195553$_{283}$ | 195557$_{167}$ | 195559$_{7\cdot13\cdot307}$ | 195563$_{269}$ | 195569$_{11\cdot23}$ | 195571$_{223}$ |
| 195577$_{257}$ | 195581 | 195583$_{131}$ | 195587$_{7}$ | 195589$_{317}$ | 195593 | 195599 | 195601$_{7}$ |
| 195607$_{43}$ | 195611$_{13\cdot41\cdot367}$ | 195613$_{11}$ | 195617$_{199}$ | 195619$_{17\cdot37\cdot311}$ | 195623$_{53}$ | 195629$_{7}$ | 195631$_{83}$ |
| 195637$_{13\cdot101\cdot149}$ | 195641$_{31}$ | 195643$_{7\cdot19}$ | 195647$_{179}$ | 195649$_{97}$ | 195653$_{17}$ | 195659 | 195661$_{23\cdot47\cdot181}$ |
| 195667$_{389}$ | 195671$_{7}$ | 195673$_{419}$ | 195677 | 195679$_{11}$ | 195683$_{79}$ | 195689$_{13}$ | 195691 |
| 195697 | 195701$_{11}$ | 195703$_{31\cdot59\cdot107}$ | 195707$_{23\cdot67\cdot127}$ | 195709 | 195713$_{7\cdot73\cdot383}$ | 195719$_{19}$ | 195721$_{17\cdot29\cdot397}$ |
| 195727$_{7}$ | 195731 | 195733 | 195737 | 195739 | 195743 | 195749$_{61}$ | 195751 |
| 195757$_{19}$ | 195761 | 195763$_{163}$ | 195767$_{11\cdot13\cdot37}$ | 195769$_{7}$ | 195773$_{137}$ | 195779$_{29\cdot43\cdot157}$ | 195781 |
| 195787 | 195791 | 195793$_{13}$ | 195797$_{7\cdot83\cdot337}$ | 195799$_{23}$ | 195803$_{103}$ | 195809 | 195811$_{7\cdot11}$ |
| 195817 | 195821$_{59}$ | 195823$_{17}$ | 195827$_{31}$ | 195829$_{113}$ | 195833$_{11\cdot19}$ | 195839$_{7\cdot101\cdot277}$ | 195841$_{37\cdot67\cdot79}$ |
| 195847$_{151}$ | 195851$_{139}$ | 195853$_{7}$ | 195857$_{17\cdot41\cdot281}$ | 195859$_{73}$ | 195863 | 195869 | 195871$_{13\cdot19\cdot61}$ |
| 195877$_{11}$ | 195881$_{7}$ | 195883 | 195887 | 195889$_{31\cdot71\cdot89}$ | 195893 | 195899$_{11}$ | 195901$_{227}$ |
| 195907 | 195911$_{409}$ | 195913 | 195917$_{107}$ | 195919 | 195923$_{7\cdot13}$ | 195929 | 195931 |
| 195937$_{7\cdot23}$ | 195941$_{53}$ | 195943$_{11\cdot47\cdot379}$ | 195947$_{19}$ | 195949$_{13}$ | 195953$_{29\cdot233}$ | 195959$_{17}$ | 195961$_{127}$ |
| 195967 | 195971 | 195973 | 195977 | 195979$_{7}$ | 195983$_{23}$ | 195989$_{37}$ | 195991 |
| 195997 | 196001$_{13}$ | 196003 | 196007$_{7}$ | 196009$_{11\cdot103\cdot173}$ | 196013$_{31}$ | 196019$_{211}$ | 196021$_{7\cdot41}$ |
| 196027$_{13\cdot17}$ | 196031$_{11\cdot71\cdot251}$ | 196033 | 196037$_{43\cdot47\cdot97}$ | 196039 | 196043 | 196049$_{7}$ | 196051 |
| 196057$_{59}$ | 196061$_{17\cdot19}$ | 196063$_{7\cdot37}$ | 196067$_{89}$ | 196069$_{29}$ | 196073 | 196079$_{13}$ | 196081 |
| 196087 | 196091$_{7\cdot109\cdot257}$ | 196093$_{157}$ | 196097$_{11}$ | 196099$_{19}$ | 196103$_{41}$ | 196109$_{67}$ | 196111 |
| 196117 | 196121$_{23}$ | 196123$_{43}$ | 196127$_{29}$ | 196129$_{17\cdot83\cdot139}$ | 196133$_{7}$ | 196139 | 196141$_{11}$ |
| 196147$_{7}$ | 196151$_{73}$ | 196153$_{53}$ | 196157$_{13\cdot79\cdot191}$ | 196159 | 196163$_{11\cdot17}$ | 196169 | 196171 |
| 196177 | 196181 | 196183$_{13}$ | 196187 | 196189$_{7}$ | 196193 | 196199$_{31}$ | 196201 |
| 196207$_{11}$ | 196211$_{37}$ | 196213$_{19\cdot23}$ | 196217$_{7}$ | 196219$_{239}$ | 196223$_{317}$ | 196229$_{11}$ | 196231$_{7\cdot17\cdot97}$ |
| 196237$_{61}$ | 196241$_{311}$ | 196243$_{29\cdot67\cdot101}$ | 196247 | 196249$_{443}$ | 196253$_{229}$ | 196259$_{7\cdot23\cdot53}$ | 196261$_{13\cdot31}$ |
| 196267$_{41}$ | 196271 | 196273$_{7\cdot11}$ | 196277 | 196279 | 196283$_{331}$ | 196289$_{19}$ | 196291 |
| 196297$_{73}$ | 196301$_{7\cdot29}$ | 196303 | 196307 | 196309$_{109}$ | 196313$_{13}$ | 196319$_{47}$ | 196321$_{137}$ |
| 196327$_{19}$ | 196331 | 196333$_{17}$ | 196337 | 196339$_{11\cdot13}$ | 196343$_{7}$ | 196349$_{41}$ | 196351$_{23}$ |
| 196357$_{7}$ | 196361$_{11}$ | 196363$_{179}$ | 196367$_{17}$ | 196369$_{131}$ | 196373$_{359}$ | 196379 | 196381$_{43}$ |
| 196387 | 196391$_{13}$ | 196393$_{277}$ | 196397$_{23}$ | 196399$_{7}$ | 196403$_{19}$ | 196409$_{197}$ | 196411$_{59}$ |
| 196417$_{13\cdot29}$ | 196421$_{103}$ | 196423$_{89}$ | 196427$_{7\cdot11}$ | 196429 | 196433$_{37}$ | 196439 | 196441$_{7\cdot19\cdot211}$ |
| 196447$_{31}$ | 196451$_{151}$ | 196453 | 196457$_{71}$ | 196459 | 196463$_{223}$ | 196469$_{7\cdot13\cdot17\cdot127}$ | 196471$_{11\cdot53\cdot337}$ |
| 196477 | 196481$_{61}$ | 196483$_{7}$ | 196487$_{349}$ | 196489$_{23}$ | 196493$_{11}$ | 196499 | 196501 |
| 196507$_{37\cdot47\cdot113}$ | 196511$_{7\cdot67\cdot419}$ | 196513$_{41}$ | 196517$_{19}$ | 196519 | 196523 | 196529$_{59}$ | 196531$_{149}$ |
| 196537$_{11\cdot17}$ | 196541 | 196543 | 196547$_{13}$ | 196549 | 196553$_{7\cdot43}$ | 196559$_{11\cdot107\cdot167}$ | 196561 |
| 196567$_{7}$ | 196571$_{17\cdot31\cdot373}$ | 196573$_{13}$ | 196577$_{53}$ | 196579 | 196583 | 196589$_{73}$ | 196591$_{29}$ |
| 196597 | 196601$_{47\cdot89}$ | 196603$_{11\cdot61\cdot293}$ | 196607$_{421}$ | 196609$_{7}$ | 196613 | 196619$_{97}$ | 196621$_{353}$ |
| 196627$_{23\cdot83\cdot103}$ | 196631$_{19\cdot79\cdot131}$ | 196633$_{31}$ | 196637$_{7}$ | 196639$_{17\cdot43\cdot269}$ | 196643 | 196649$_{29}$ | 196651$_{7\cdot13}$ |
| 196657 | 196661 | 196663 | 196667$_{193}$ | 196669$_{11\cdot19}$ | 196673$_{17\cdot23}$ | 196679$_{7}$ | 196681 |
| 196687 | 196691$_{11}$ | 196693$_{7}$ | 196697$_{239}$ | 196699 | 196703$_{13}$ | 196709 | 196711$_{229}$ |
| 196717 | 196721$_{7\cdot157\cdot179}$ | 196723$_{127}$ | 196727 | 196729$_{13\cdot37\cdot409}$ | 196733$_{113}$ | 196739 | 196741$_{17\cdot71\cdot163}$ |

| | | | | | | | |
|---|---|---|---|---|---|---|---|
| 196747$_{181}$ | 196751 | 196753$_{151}$ | 196757$_{11\cdot 31}$ | 196759$_{41}$ | 196763$_{7}$ | 196769 | 196771 |
| 196777$_{7}$ | 196781$_{13}$ | 196783$_{19}$ | 196787$_{307}$ | 196789$_{47\cdot 53\cdot 79}$ | 196793$_{83}$ | 196799 | 196801$_{11}$ |
| 196807$_{13}$ | 196811$_{23\cdot 43\cdot 199}$ | 196813$_{97}$ | 196817 | 196819$_{7\cdot 31}$ | 196823$_{11\cdot 29}$ | 196829$_{149}$ | 196831 |
| 196837 | 196841$_{41}$ | 196843$_{17}$ | 196847$_{7\cdot 61}$ | 196849$_{101}$ | 196853 | 196859$_{13\cdot 19}$ | 196861$_{7}$ |
| 196867$_{11}$ | 196871 | 196873 | 196877$_{17\cdot 37\cdot 313}$ | 196879 | 196883$_{47\cdot 59\cdot 71}$ | 196889$_{7\cdot 11}$ | 196891$_{401}$ |
| 196897$_{19\cdot 43\cdot 241}$ | 196901 | 196903$_{7\cdot 23}$ | 196907 | 196909$_{223}$ | 196913$_{67}$ | 196919 | 196921$_{191}$ |
| 196927 | 196931$_{7}$ | 196933$_{11}$ | 196937$_{13}$ | 196939$_{29}$ | 196943$_{31}$ | 196949$_{23}$ | 196951$_{37}$ |
| 196957$_{89}$ | 196961 | 196963$_{13\cdot 109\cdot 139}$ | 196967$_{431}$ | 196969$_{61}$ | 196973$_{7\cdot 19}$ | 196979$_{17}$ | 196981$_{281}$ |
| 196987$_{7\cdot 107\cdot 263}$ | 196991 | 196993 | 196997$_{29}$ | 196999$_{11}$ | 197003 | 197009 | 197011$_{19}$ |
| 197017$_{271}$ | 197021$_{11}$ | 197023 | 197027$_{73}$ | 197029$_{7}$ | 197033 | 197039$_{103}$ | 197041$_{13\cdot 23}$ |
| 197047$_{17\cdot 67\cdot 173}$ | 197051$_{101}$ | 197053$_{193}$ | 197057$_{7}$ | 197059 | 197063 | 197069$_{43}$ | 197071$_{7\cdot 47}$ |
| 197077 | 197081$_{17}$ | 197083 | 197087$_{11\cdot 19\cdot 23\cdot 41}$ | 197089 | 197093$_{13}$ | 197099$_{7\cdot 37}$ | 197101 |
| 197107$_{53}$ | 197111$_{439}$ | 197113$_{7\cdot 29}$ | 197117 | 197119$_{13\cdot 59\cdot 257}$ | 197123 | 197129$_{31}$ | 197131$_{11}$ |
| 197137 | 197141$_{7}$ | 197143$_{137}$ | 197147 | 197149$_{17}$ | 197153$_{11}$ | 197159 | 197161 |
| 197167$_{71}$ | 197171$_{13\cdot 29}$ | 197173$_{37\cdot 73}$ | 197177$_{269}$ | 197179$_{23}$ | 197183$_{7\cdot 17}$ | 197189$_{293}$ | 197191$_{31}$ |
| 197197$_{7\cdot 11\cdot 13\cdot 197}$ | 197201$_{19\cdot 97\cdot 107}$ | 197203 | 197207 | 197209$_{199}$ | 197213$_{53\cdot 61}$ | 197219$_{11}$ | 197221 |
| 197227$_{167}$ | 197231$_{127}$ | 197233 | 197237$_{59}$ | 197239$_{7\cdot 19}$ | 197243 | 197249$_{13}$ | 197251$_{17\cdot 41\cdot 283}$ |
| 197257 | 197261 | 197263$_{11\cdot 79\cdot 227}$ | 197267$_{7}$ | 197269 | 197273 | 197279 | 197281$_{7}$ |
| 197287$_{29}$ | 197291$_{83}$ | 197293 | 197297 | 197299 | 197303$_{191}$ | 197309$_{7\cdot 71\cdot 397}$ | 197311 |
| 197317$_{23\cdot 373}$ | 197321$_{37}$ | 197323$_{7}$ | 197327$_{13\cdot 43\cdot 353}$ | 197329$_{11}$ | 197333$_{41}$ | 197339 | 197341 |
| 197347 | 197351$_{7\cdot 11\cdot 233}$ | 197353$_{13\cdot 17\cdot 19\cdot 47}$ | 197357$_{151}$ | 197359 | 197363$_{23}$ | 197369 | 197371 |
| 197377$_{31}$ | 197381 | 197383 | 197387$_{17}$ | 197389 | 197393$_{7\cdot 163\cdot 173}$ | 197399$_{109}$ | 197401$_{307}$ |
| 197407$_{7}$ | 197411$_{113}$ | 197413$_{43}$ | 197417$_{11\cdot 131\cdot 137}$ | 197419 | 197423 | 197429$_{19}$ | 197431$_{13}$ |
| 197437$_{179}$ | 197441 | 197443$_{347}$ | 197447$_{47}$ | 197449$_{7\cdot 67\cdot 421}$ | 197453 | 197459$_{379}$ | 197461$_{11\cdot 29}$ |
| 197467$_{19}$ | 197471$_{181}$ | 197473$_{59}$ | 197477$_{7}$ | 197479 | 197483$_{11\cdot 13}$ | 197489$_{17}$ | 197491$_{7\cdot 89\cdot 317}$ |
| 197497$_{41}$ | 197501$_{23\cdot 31\cdot 277}$ | 197503$_{313}$ | 197507 | 197509$_{13}$ | 197513$_{263}$ | 197519$_{7\cdot 29\cdot 139}$ | 197521 |
| 197527$_{11}$ | 197531$_{53}$ | 197533$_{7}$ | 197537$_{251}$ | 197539 | 197543$_{19\cdot 37\cdot 281}$ | 197549$_{11}$ | 197551 |
| 197557$_{17}$ | 197561$_{7\cdot 13\cdot 167}$ | 197563$_{31}$ | 197567 | 197569 | 197573 | 197579$_{41\cdot 61\cdot 79}$ | 197581$_{19}$ |
| 197587$_{13}$ | 197591$_{17\cdot 59\cdot 197}$ | 197593$_{11\cdot 23\cdot 71}$ | 197597 | 197599 | 197603$_{7}$ | 197609 | 197611$_{73}$ |
| 197617$_{7\cdot 37\cdot 109}$ | 197621 | 197623$_{83}$ | 197627$_{229}$ | 197629$_{107}$ | 197633$_{257}$ | 197639$_{13\cdot 23}$ | 197641 |
| 197647 | 197651 | 197653$_{239}$ | 197657$_{19\cdot 101\cdot 103}$ | 197659$_{7\cdot 11\cdot 17\cdot 151}$ | 197663$_{157}$ | 197669$_{89}$ | 197671$_{43}$ |
| 197677 | 197681$_{11}$ | 197683 | 197687$_{7\cdot 31}$ | 197689 | 197693$_{17\cdot 29\cdot 401}$ | 197699 | 197701$_{7\cdot 61}$ |
| 197707$_{211}$ | 197711 | 197713 | 197717$_{13\cdot 67\cdot 227}$ | 197719$_{163}$ | 197723$_{149}$ | 197729$_{7\cdot 47}$ | 197731$_{23}$ |
| 197737$_{79}$ | 197741 | 197743$_{7\cdot 13\cdot 41\cdot 53}$ | 197747$_{11}$ | 197749$_{31}$ | 197753 | 197759 | 197761$_{17}$ |
| 197767 | 197771$_{7\cdot 19}$ | 197773 | 197777$_{23}$ | 197779 | 197783$_{97}$ | 197789$_{83}$ | 197791$_{11}$ |
| 197797$_{139}$ | 197801$_{223}$ | 197803 | 197807 | 197809$_{19\cdot 29\cdot 359}$ | 197813$_{7\cdot 11\cdot 367}$ | 197819$_{337}$ | 197821$_{13}$ |
| 197827$_{7\cdot 59}$ | 197831 | 197833$_{181}$ | 197837 | 197839$_{37}$ | 197843$_{43\cdot 107}$ | 197849$_{53}$ | 197851$_{67}$ |
| 197857$_{11}$ | 197861$_{241}$ | 197863$_{17\cdot 103\cdot 113}$ | 197867$_{29}$ | 197869$_{7\cdot 23}$ | 197873$_{13\cdot 31}$ | 197879$_{11}$ | 197881$_{433}$ |
| 197887 | 197891 | 197893 | 197897$_{7\cdot 17}$ | 197899$_{13}$ | 197903$_{73}$ | 197909 | 197911$_{7}$ |
| 197917$_{47}$ | 197921 | 197923$_{11\cdot 19}$ | 197927 | 197929$_{43}$ | 197933 | 197939$_{7}$ | 197941$_{131}$ |
| 197947 | 197951$_{13}$ | 197953$_{7}$ | 197957 | 197959 | 197963 | 197969 | 197971 |
| 197977$_{13\cdot 97\cdot 157}$ | 197981$_{7}$ | 197983$_{29}$ | 197987$_{37}$ | 197989$_{11\cdot 41\cdot 439}$ | 197993$_{127}$ | 197999$_{17\cdot 19}$ | 198001$_{389}$ |
| 198007$_{23}$ | 198011$_{11\cdot 47\cdot 383}$ | 198013 | 198017 | 198019$_{71}$ | 198023$_{7}$ | 198029$_{13}$ | 198031 |
| 198037$_{7\cdot 19}$ | 198041$_{29}$ | 198043 | 198047 | 198049$_{73}$ | 198053$_{23\cdot 79\cdot 109}$ | 198059$_{31}$ | 198061$_{37\cdot 53\cdot 101}$ |
| 198067$_{17\cdot 61\cdot 191}$ | 198071$_{41}$ | 198073 | 198077$_{11}$ | 198079$_{7}$ | 198083 | 198089$_{113}$ | 198091 |
| 198097 | 198101$_{17\cdot 43\cdot 271}$ | 198103$_{397}$ | 198107$_{7\cdot 13\cdot 311}$ | 198109 | 198113$_{19}$ | 198119$_{67}$ | 198121$_{7\cdot 11\cdot 31\cdot 83}$ |
| 198127 | 198131$_{239}$ | 198133$_{13}$ | 198137$_{347}$ | 198139 | 198143$_{11}$ | 198149$_{7}$ | 198151$_{19}$ |
| 198157$_{29}$ | 198161$_{71}$ | 198163$_{7}$ | 198167$_{53}$ | 198169$_{17}$ | 198173 | 198179 | 198181$_{59}$ |
| 198187$_{11\cdot 43\cdot 419}$ | 198191$_{7\cdot 23}$ | 198193 | 198197 | 198199$_{47}$ | 198203$_{17\cdot 89\cdot 131}$ | 198209$_{11\cdot 37}$ | 198211$_{13\cdot 79\cdot 193}$ |
| 198217$_{379}$ | 198221 | 198223 | 198227$_{19}$ | 198229$_{167}$ | 198233$_{7}$ | 198239$_{137}$ | 198241 |
| 198247$_{7\cdot 127\cdot 223}$ | 198251 | 198253$_{11\cdot 67\cdot 269}$ | 198257 | 198259 | 198263$_{13\cdot 101\cdot 151}$ | 198269$_{331}$ | 198271$_{17\cdot 107\cdot 109}$ |
| 198277 | 198281 | 198283$_{23\cdot 37\cdot 233}$ | 198287$_{83}$ | 198289$_{7\cdot 13}$ | 198293$_{47}$ | 198299$_{59}$ | 198301 |
| 198307$_{31}$ | 198311$_{61}$ | 198313 | 198317$_{7\cdot 41}$ | 198319$_{11\cdot 149}$ | 198323 | 198329$_{23}$ | 198331$_{7\cdot 29}$ |
| 198337 | 198341$_{11\cdot 13\cdot 19\cdot 73}$ | 198343$_{241}$ | 198347 | 198349 | 198353$_{139}$ | 198359$_{7\cdot 43}$ | 198361$_{293}$ |
| 198367$_{13}$ | 198371$_{163}$ | 198373$_{7\cdot 17}$ | 198377 | 198379$_{19\cdot 53\cdot 197}$ | 198383$_{283}$ | 198389$_{29}$ | 198391 |
| 198397 | 198401$_{7}$ | 198403$_{199}$ | 198407$_{11\cdot 17}$ | 198409 | 198413 | 198419$_{13}$ | 198421$_{23}$ |
| 198427 | 198431$_{31\cdot 37\cdot 173}$ | 198433$_{61}$ | 198437 | 198439 | 198443$_{7}$ | 198449$_{191}$ | 198451$_{11}$ |
| 198457$_{7}$ | 198461 | 198463 | 198467$_{23}$ | 198469 | 198473$_{11}$ | 198479 | 198481$_{41\cdot 47\cdot 103}$ |
| 198487$_{73}$ | 198491 | 198493$_{19\cdot 31\cdot 337}$ | 198497$_{13}$ | 198499$_{7}$ | 198503 | 198509$_{17}$ | 198511$_{179}$ |
| 198517$_{11}$ | 198521$_{67}$ | 198523$_{13}$ | 198527$_{7\cdot 79\cdot 359}$ | 198529 | 198533 | 198539$_{11}$ | 198541$_{7\cdot 113\cdot 251}$ |
| 198547$_{367}$ | 198551$_{211}$ | 198553 | 198557$_{181}$ | 198559$_{23\cdot 89\cdot 97}$ | 198563$_{29\cdot 41\cdot 167}$ | 198569$_{7\cdot 19}$ | 198571 |
| 198577$_{17}$ | 198581$_{349}$ | 198583$_{7\cdot 11}$ | 198587$_{71}$ | 198589 | 198593 | 198599 | 198601$_{13}$ |
| 198607$_{19}$ | 198611$_{7\cdot 17}$ | 198613 | 198617$_{31\cdot 43\cdot 149}$ | 198619$_{83}$ | 198623 | 198629$_{307}$ | 198631$_{139}$ |
| 198637 | 198641 | 198643$_{271}$ | 198647 | 198649$_{11}$ | 198653$_{7\cdot 13\cdot 37\cdot 59}$ | 198659 | 198661$_{257}$ |
| 198667$_{7\cdot 101\cdot 281}$ | 198671$_{11}$ | 198673 | 198677$_{61}$ | 198679$_{13\cdot 17\cdot 29\cdot 31}$ | 198683$_{19}$ | 198689 | 198691$_{431}$ |
| 198697$_{23\cdot 53\cdot 163}$ | 198701 | 198703$_{43}$ | 198707$_{109}$ | 198709$_{7}$ | 198713$_{17}$ | 198719 | 198721$_{19}$ |
| 198727$_{37\cdot 41\cdot 131}$ | 198731$_{13}$ | 198733 | 198737$_{7\cdot 11\cdot 29\cdot 89}$ | 198739$_{353}$ | 198743$_{23}$ | 198749$_{233}$ | 198751$_{7}$ |
| 198757$_{13}$ | 198761 | 198763$_{47}$ | 198767$_{113}$ | 198769 | 198773$_{197}$ | 198779$_{7\cdot 73\cdot 389}$ | 198781$_{11\cdot 17}$ |
| 198787$_{137}$ | 198791$_{269}$ | 198793$_{7}$ | 198797$_{19}$ | 198799$_{61}$ | 198803$_{11\cdot 31\cdot 53}$ | 198809$_{13\cdot 41\cdot 373}$ | 198811 |
| 198817 | 198821$_{7}$ | 198823 | 198827 | 198829 | 198833 | 198839 | 198841 |
| 198847$_{11}$ | 198851 | 198853$_{29}$ | 198857$_{47}$ | 198859 | 198863$_{7}$ | 198869$_{11\cdot 101\cdot 179}$ | 198871$_{71}$ |
| 198877$_{7}$ | 198881$_{23}$ | 198883$_{17}$ | 198887$_{13}$ | 198889$_{59}$ | 198893$_{103}$ | 198899 | 198901 |
| 198907$_{443}$ | 198911$_{19\cdot 29}$ | 198913$_{11\cdot 13\cdot 107}$ | 198917$_{17}$ | 198919$_{7\cdot 157\cdot 181}$ | 198923$_{67}$ | 198929 | 198931$_{331}$ |
| 198937 | 198941 | 198943 | 198947$_{7\cdot 97\cdot 293}$ | 198949$_{19\cdot 37\cdot 283}$ | 198953 | 198959 | 198961$_{7\cdot 43}$ |
| 198967 | 198971 | 198973$_{23\cdot 41\cdot 211}$ | 198977 | 198979$_{11}$ | 198983$_{193}$ | 198989$_{7\cdot 31\cdot 131}$ | 198991$_{13}$ |
| 198997 | 199001$_{11\cdot 79\cdot 229}$ | 199003$_{7}$ | 199007$_{59}$ | 199009$_{127}$ | 199013$_{71}$ | 199019$_{17\cdot 23}$ | 199021 |
| 199027$_{29}$ | 199031$_{7}$ | 199033 | 199037 | 199039 | 199043$_{13\cdot 61\cdot 251}$ | 199049 | 199051$_{31}$ |
| 199057$_{67}$ | 199061$_{137}$ | 199063$_{19}$ | 199067$_{11}$ | 199069$_{13}$ | 199073$_{7}$ | 199079$_{227}$ | 199081 |
| 199087$_{7\cdot 17\cdot 239}$ | 199091$_{263}$ | 199093$_{89}$ | 199097$_{37}$ | 199099$_{103}$ | 199103 | 199109 | 199111$_{11\cdot 23}$ |
| 199117$_{83}$ | 199121$_{13\cdot 17\cdot 53}$ | 199123$_{173}$ | 199127$_{107}$ | 199129$_{7}$ | 199133$_{11\cdot 43\cdot 421}$ | 199139$_{19\cdot 47\cdot 223}$ | 199141$_{97}$ |
| 199147$_{13}$ | 199151 | 199153 | 199157$_{7\cdot 23}$ | 199159$_{79}$ | 199163$_{277}$ | 199169$_{151}$ | 199171$_{7\cdot 37}$ |
| 199177$_{11\cdot 19}$ | 199181 | 199183$_{409}$ | 199187$_{139}$ | 199189$_{17}$ | 199193 | 199199$_{7\cdot 11\cdot 13\cdot 199}$ | 199201$_{29}$ |

| | | | | | | | |
|---|---|---|---|---|---|---|---|
| 199207 | 199211 | 199213$_{7\cdot149\cdot191}$ | 199217$_{73}$ | 199219$_{41\cdot43\cdot113}$ | 199223$_{17}$ | 199229$_{281}$ | 199231$_{167}$ |
| 199237$_{31}$ | 199241$_{7}$ | 199243$_{11\cdot59\cdot307}$ | 199247 | 199249$_{23}$ | 199253$_{19}$ | 199259$_{29}$ | 199261 |
| 199267 | 199271$_{89}$ | 199273$_{101}$ | 199277$_{13}$ | 199279$_{349}$ | 199283$_{7\cdot83}$ | 199289 | 199291$_{17\cdot19}$ |
| 199297$_{7\cdot71\cdot401}$ | 199301$_{41}$ | 199303$_{13}$ | 199307$_{241}$ | 199309$_{11}$ | 199313 | 199319$_{37}$ | 199321 |
| 199327$_{47}$ | 199331$_{11}$ | 199333$_{53}$ | 199337 | 199339$_{7}$ | 199343 | 199349$_{163}$ | 199351$_{311}$ |
| 199357 | 199361$_{31\cdot59\cdot109}$ | 199363$_{73}$ | 199367$_{7\cdot19}$ | 199369$_{193}$ | 199373 | 199379 | 199381$_{7\cdot13\cdot313}$ |
| 199387$_{23}$ | 199391$_{43}$ | 199393$_{17\cdot37\cdot317}$ | 199397$_{11}$ | 199399 | 199403 | 199409$_{7\cdot61}$ | 199411 |
| 199417 | 199421$_{47}$ | 199423$_{7\cdot31}$ | 199427$_{17}$ | 199429 | 199433$_{13\cdot23\cdot29}$ | 199439$_{53\cdot71}$ | 199441$_{11}$ |
| 199447 | 199451$_{7}$ | 199453 | 199457 | 199459$_{13\cdot67\cdot229}$ | 199463$_{11}$ | 199469$_{173}$ | 199471$_{151}$ |
| 199477$_{43}$ | 199481$_{19}$ | 199483 | 199487 | 199489 | 199493$_{7}$ | 199499 | 199501 |
| 199507$_{7\cdot11}$ | 199511$_{13\cdot103\cdot149}$ | 199513$_{131}$ | 199517$_{127}$ | 199519$_{19}$ | 199523 | 199529$_{11\cdot17\cdot97}$ | 199531$_{61}$ |
| 199537$_{13}$ | 199541$_{37}$ | 199543$_{383}$ | 199547$_{31\cdot41\cdot157}$ | 199549$_{7\cdot29}$ | 199553$_{431}$ | 199559 | 199561$_{197}$ |
| 199567 | 199571$_{23}$ | 199573$_{11}$ | 199577$_{7}$ | 199579$_{109}$ | 199583 | 199589$_{13}$ | 199591$_{7}$ |
| 199597$_{17\cdot59\cdot199}$ | 199601 | 199603 | 199607$_{29}$ | 199609$_{31\cdot47\cdot137}$ | 199613$_{433}$ | 199619$_{7}$ | 199621 |
| 199627$_{89}$ | 199631$_{17}$ | 199633$_{7\cdot19\cdot79}$ | 199637 | 199639$_{11}$ | 199643$_{181}$ | 199649$_{43}$ | 199651$_{53}$ |
| 199657 | 199661$_{7\cdot11}$ | 199663$_{23}$ | 199667$_{13}$ | 199669 | 199673 | 199679 | 199681$_{233}$ |
| 199687 | 199691$_{397}$ | 199693$_{13}$ | 199697 | 199699$_{17}$ | 199703$_{7\cdot47}$ | 199709$_{19\cdot23}$ | 199711$_{41}$ |
| 199717$_{7\cdot103\cdot277}$ | 199721 | 199723$_{29\cdot71\cdot97}$ | 199727$_{11\cdot67\cdot271}$ | 199729 | 199733$_{17\cdot31\cdot379}$ | 199739 | 199741 |
| 199747$_{19}$ | 199751 | 199753 | 199757$_{53}$ | 199759$_{7}$ | 199763$_{37}$ | 199769$_{107}$ | 199771$_{11\cdot13\cdot127}$ |
| 199777 | 199781$_{29\cdot83}$ | 199783 | 199787$_{7}$ | 199789$_{241}$ | 199793$_{11\cdot41\cdot443}$ | 199799 | 199801$_{7\cdot17\cdot23\cdot73}$ |
| 199807 | 199811 | 199813 | 199817$_{211}$ | 199819 | 199823$_{13\cdot19}$ | 199829$_{7}$ | 199831 |
| 199837$_{11\cdot37}$ | 199841$_{337}$ | 199843$_{7}$ | 199847$_{23}$ | 199849$_{13}$ | 199853 | 199859$_{11}$ | 199861$_{19\cdot67\cdot157}$ |
| 199867$_{269}$ | 199871$_{7}$ | 199873 | 199877 | 199879$_{101}$ | 199883$_{137}$ | 199889 | 199891$_{47}$ |
| 199897$_{29\cdot61\cdot113}$ | 199901$_{13}$ | 199903$_{11\cdot17}$ | 199907$_{43}$ | 199909 | 199913$_{7}$ | 199919$_{31}$ | 199921 |
| 199927$_{7\cdot13}$ | 199931 | 199933 | 199937$_{17\cdot19}$ | 199939$_{23}$ | 199943$_{179}$ | 199949$_{79}$ | 199951$_{59}$ |
| 199957$_{41}$ | 199961 | 199963$_{359}$ | 199967 | 199969$_{7\cdot11\cdot53}$ | 199973$_{311}$ | 199979$_{13}$ | 199981$_{31}$ |
| 199987$_{227}$ | 199991$_{11}$ | 199993$_{43}$ | 199997$_{7}$ | 199999 | | | |

## 表 21　应用模 30 缩族质合表分类搜寻横向直显相邻 *k* 生素数口诀表

<table>
<tr><td rowspan="2">序号</td><td>条　件</td><td colspan="3">结　论</td></tr>
<tr><td>在表 20(含表 17) 任何一行的 8 项(个) 数中,若______都是素数的</td><td>就是一个个位数方式是______________的</td><td>差____D____型</td><td>k 生素数</td></tr>
<tr><td rowspan="3">1</td><td>2,3 项</td><td>1，3</td><td rowspan="3">2</td><td rowspan="3">2</td></tr>
<tr><td>4,5 项</td><td>7，9</td></tr>
<tr><td>后 2 项</td><td>9，1</td></tr>
<tr><td rowspan="3">2</td><td>前 2 项</td><td>7，1</td><td rowspan="3">4</td><td rowspan="3">2</td></tr>
<tr><td>3,4 项</td><td>3，7</td></tr>
<tr><td>5,6 项</td><td>9，3</td></tr>
<tr><td rowspan="2">3</td><td>2 至 4 项</td><td>1，3，7</td><td rowspan="2">2-4</td><td rowspan="2">3</td></tr>
<tr><td>4 至 6 项</td><td>7，9，3</td></tr>
<tr><td rowspan="2">4</td><td>前 3 项</td><td>7，1，3</td><td rowspan="2">4-2</td><td rowspan="2">3</td></tr>
<tr><td>3 至 5 项</td><td>3，7，9</td></tr>
<tr><td>5</td><td>2 至 5 项</td><td>1，3，7，9</td><td>2-4-2</td><td>4</td></tr>
<tr><td rowspan="2">6</td><td>前 4 项</td><td>7，1，3，7</td><td rowspan="2">4-2-4</td><td rowspan="2">4</td></tr>
<tr><td>3 至 6 项</td><td>3，7，9，3</td></tr>
<tr><td rowspan="2">7</td><td>前 5 项</td><td>7，1，3，7，9</td><td>4-2-4-2</td><td rowspan="2">5</td></tr>
<tr><td>2 至 6 项</td><td>1，3，7，9，3</td><td>2-4-2-4</td></tr>
<tr><td>8</td><td>前 6 项</td><td>7，1，3，7，9，3</td><td>4-2-4-2-4</td><td>6</td></tr>
</table>

## 表 22　应用模 30 缩族质合表综合搜寻非直显示相邻 $k$ 项素数列口诀表

| 序号 | 条件<br>在表 20 任何一行的 8 项(个)数中,若______都是素数的 | 结论<br>就是一个相邻差 $D$ 型 | 结论<br>$k$ 生素数 |
|---|---|---|---|
| 1 | 后 3 项与下行首项 | 6-2-6 | 4 |
| 2 | 后 3 项与下行前 2 项 | 6-2-6-4 | 5 |
| | 后 4 项与下行首项 | 4-6-2-6 | |
| 3 | 后 4 项与下行前 2 项 | 4-6-2-6-4 | 6 |
| 4 | 后 5 项 | 2-4-6-2 | 5 |
| | 前 3 项与上行后 2 项 | 2-6-4-2 | |
| 5 | 后 5 项与下行首项 | 2-4-6-2-6 | 6 |
| | 后 3 项与下行前 3 项 | 6-2-6-4-2 | |
| 6 | 后 5 项与下行前 2 项 | 2-4-6-2-6-4 | 7 |
| | 后 4 项与下行前 3 项 | 4-6-2-6-4-2 | |
| 7 | 后 5 项与下行前 3 项 | 2-4-6-2-6-4-2 | 8 |
| 8 | 后 6 项 | 4-2-4-6-2 | 6 |
| | 前 4 项与上行后 2 项 | 2-6-4-2-4 | |
| 9 | 后 6 项与下行首项 | 4-2-4-6-2-6 | 7 |
| | 前 4 项与上行后 3 项 | 6-2-6-4-2-4 | |
| 10 | 后 6 项与下行前 2 项 | 4-2-4-6-2-6-4 | 8 |
| | 后 4 项与下行前 4 项 | 4-6-2-6-4-2-4 | |
| 11 | 后 6 项与下行前 3 项 | 4-2-4-6-2-6-4-2 | 9 |
| | 后 5 项与下行前 4 项 | 2-4-6-2-6-4-2-4 | |
| 12 | 后 6 项与下行前 4 项 | 4-2-4-6-2-6-4-2-4 | 10 |
| 13 | 2 至 7 项 | 2-4-2-4-6 | 6 |
| | 前 5 项与上行尾项 | 6-4-2-4-2 | |
| 14 | 后 7 项 | 2-4-2-4-6-2 | 7 |
| | 前 5 项与上行后 2 项 | 2-6-4-2-4-2 | |
| 15 | 后 7 项与下行首项 | 2-4-2-4-6-2-6 | 8 |
| | 前 5 项与上行后 3 项 | 6-2-6-4-2-4-2 | |
| 16 | 后 7 项与下行前 2 项 | 2-4-2-4-6-2-6-4 | 9 |
| | 前 5 项与上行后 4 项 | 4-6-2-6-4-2-4-2 | |
| 17 | 后 7 项与下行前 3 项 | 2-4-2-4-6-2-6-4-2 | 10 |
| | 后 5 项与下行前 5 项 | 2-4-6-2-6-4-2-4-2 | |
| 18 | 后 7 项与下行前 4 项 | 2-4-2-4-6-2-6-4-2-4 | 11 |
| | 后 6 项与下行前 5 项 | 4-2-4-6-2-6-4-2-4-2 | |

## 表 23　应用模 30 缩族质合表分类搜寻 $a-b$ 间隔差型 $k$ 生素数方法表

| 条件 | 结论 | | | | | | | | |
|---|---|---|---|---|---|---|---|---|---|
| 在用表 20 第 $\underline{i}$ 列与第 $\underline{j}$ 列 $(1\leqslant i<j\leqslant 8)$ 平行并列构成的子表中，若任何连续______都是素数的 | 就是一个差为连续 | | | | 其个位数方式是连续 | | | 第 $\underline{i}$ 列，第 $\underline{j}$ 列 | 口诀序号 |
| | ____个 | $\frac{a-b}{(\text{循环节})}$ | 且尾带一个__型 | ___生素数 | ____个 | $\frac{s,t}{(\text{循环节})}$ | 且尾带一__ | | |
| $k$ 行 $2k$ 个数 $(1\leqslant k\leqslant 5)$ | $k-1$ | 2 - 28 | 2 | $2k$ | $k$ | 1,3 | | 2,3 | 1 |
| | | | | | | 7,9 | | 4,5 | 2 |
| | | | | | | 9,1 | | 7,8 | 3 |
| $k$ 行 $2k$ 个数与下首 $(1\leqslant k\leqslant 5)$ | $k$ | 2 - 28 | | $2k+1$ | $k$ | 1,3 | 1 | 2,3 | 4 |
| | | | | | | 7,9 | 7 | 4,5 | 5 |
| | | | | | | 9,1 | 9 | 7,8 | 6 |
| $k$ 行 $2k$ 个数与上尾 $(1\leqslant k\leqslant 5)$ | $k$ | 28 - 2 | | $2k+1$ | $k$ | 3,1 | 3 | 2,3 | 7 |
| | | | | | | 9,7 | 9 | 4,5 | 8 |
| | | | | | | 1,9 | 1 | 7,8 | 9 |
| $k$ 行 $2k$ 个数与上尾下首 $(0\leqslant k\leqslant 5)$ | $k$ | 28 - 2 | 28 | $2(k+1)$ | $k+1$ | 3,1 | | 2,3 | 10 |
| | | | | | | 9,7 | | 4,5 | 11 |
| | | | | | | 1,9 | | 7,8 | 12 |
| $k$ 行 $2k$ 个数 $(1\leqslant k\leqslant 4)$ | $k-1$ | 4 - 26 | 4 | $2k$ | $k$ | 7,1 | | 1,2 | 13 |
| | | | | | | 3,7 | | 3,4 | 14 |
| | | | | | | 9,3 | | 5,6 | 15 |
| $k$ 行 $2k$ 个数与下首 $(1\leqslant k\leqslant 4)$ | $k$ | 4 - 26 | | $2k+1$ | $k$ | 7,1 | 7 | 1,2 | 16 |
| | | | | | | 3,7 | 3 | 3,4 | 17 |
| | | | | | | 9,3 | 9 | 5,6 | 18 |
| $k$ 行 $2k$ 个数与上尾 $(1\leqslant k\leqslant 4)$ | $k$ | 26 - 4 | | $2k+1$ | $k$ | 1,7 | 1 | 1,2 | 19 |
| | | | | | | 7,3 | 7 | 3,4 | 20 |
| | | | | | | 3,9 | 3 | 5,6 | 21 |
| $k$ 行 $2k$ 个数与上尾下首 $(0\leqslant k\leqslant 4)$ | $k$ | 26 - 4 | 26 | $2(k+1)$ | $k+1$ | 1,7 | | 1,2 | 22 |
| | | | | | | 7,3 | | 3,4 | 23 |
| | | | | | | 3,9 | | 5,6 | 24 |

续 表

| 条件 | 结论 | | | | | | | | |
|---|---|---|---|---|---|---|---|---|---|
| 在用表20第 $i$ 列与第 $j$ 列($1\leqslant i<j\leqslant 8$)平行并列构成的子表中,若任何连续____都是素数的 | 就是一个差为连续____个 | $\frac{a-b}{\text{(循环节)}}$ | 且尾带一个__型 | __生素数 | 其个位数方式是连续____个 | $\frac{s,t}{\text{(循环节)}}$ | 且尾带一个__ | 第 $i$ 列,第 $j$ 列 | 口诀序号 |
| $k$ 行 $2k$ 个数 ($1\leqslant k$) | $k-1$ ($k\leqslant 3$) | 6-24 | 6 | $2k$ | $k$ | 7,3 | | 1,3 | 25 |
| | | | | | | | | 4,6 | 26 |
| | | | | | | 1,7 | | 2,4 | 27 |
| | | | | | | 3,9 | | 3,5 | 28 |
| | | | | | | | | 6,7 | 29 |
| | ($k\leqslant 4$) | 24-6 | 24 | $2k$ | $k$ | 7,1 | | 1,8 | 30 |
| $k$ 行 $2k$ 个数与下首 ($1\leqslant k\leqslant 3$) | $k$ | 6-24 | | $2k+1$ | $k$ | 7,3 | 7 | 1,3 | 31 |
| | | | | | | | | 4,6 | 32 |
| | | | | | | 1,7 | 1 | 2,4 | 33 |
| | | | | | | 3,9 | 3 | 3,5 | 34 |
| | | | | | | | | 6,7 | 35 |
| | | 24-6 | | $2k+1$ | $k$ | 7,1 | 7 | 1,8 | 36 |
| $k$ 行 $2k$ 个数与上尾 ($1\leqslant k\leqslant 3$) | $k$ | 24-6 | | $2k+1$ | $k$ | 3,7 | 3 | 1,3 | 37 |
| | | | | | | | | 4,6 | 38 |
| | | | | | | 7,1 | 7 | 2,4 | 39 |
| | | | | | | 9,3 | 9 | 3,5 | 40 |
| | | | | | | | | 6,7 | 41 |
| | | 6-24 | | $2k+1$ | $k$ | 1,7 | 1 | 1,8 | 42 |
| $k$ 行 $2k$ 个数与上尾下首 ($0\leqslant k$) | $k$ ($k\leqslant 3$) | 24-6 | 24 | $2(k+1)$ | $k+1$ | 3,7 | | 1,3 | 43 |
| | | | | | | | | 4,6 | 44 |
| | | | | | | 7,1 | | 2,4 | 45 |
| | | | | | | 9,3 | | 3,5 | 46 |
| | | | | | | | | 6,7 | 47 |
| | ($k\leqslant 2$) | 6-24 | 6 | $2(k+1)$ | $k+1$ | 1,7 | | 1,8 | 48 |

续表

| 条　件 | 结　论 | | | | | | | | |
|---|---|---|---|---|---|---|---|---|---|
| 在用表 20 第 $i$ 列与第 $j$ 列（$1\leqslant i<j\leqslant 8$）平行并列构成的子表中，若任何连续____都是素数的 | 就是一个差为连续 | | | | 其个位数方式是连续 | | | 第 $i$ 列，第 $j$ 列 | 口诀序号 |
| | ____个 | $a-b$（循环节） | 且尾带一个__型 | __生素数 | ____个 | $s,t$（循环节） | 且尾带一个__ | | |
| $k$ 行 $2k$ 个数（$1\leqslant k\leqslant 3$） | $k-1$ | 8 - 22 | 8 | $2k$ | $k$ | 1,9 | | 2,5 | 49 |
| | | | | | | 3,1 | | 6,8 | 50 |
| | | 22 - 8 | 22 | $2k$ | $k$ | 7,9 | | 1,7 | 51 |
| $k$ 行 $2k$ 个数与下首（$1\leqslant k\leqslant 2$） | $k$ | 8 - 22 | | $2k+1$ | $k$ | 1,9 | 1 | 2,5 | 52 |
| | | | | | | 3,1 | 3 | 6,8 | 53 |
| | | 22 - 8 | | $2k+1$ | $k$ | 7,9 | 7 | 1,7 | 54 |
| $k$ 行 $2k$ 个数与上尾（$1\leqslant k\leqslant 2$） | $k$ | 22 - 8 | | $2k+1$ | $k$ | 9,1 | 9 | 2,5 | 55 |
| | | | | | | 1,3 | 1 | 6,8 | 56 |
| | | 8 - 22 | | $2k+1$ | $k$ | 9,7 | 9 | 1,7 | 57 |
| $k$ 行 $2k$ 个数与上尾下首（$0\leqslant k\leqslant 1$） | $k$ | 22 - 8 | 22 | $2(k+1)$ | $k+1$ | 9,1 | | 2,5 | 58 |
| | | | | | | 1,3 | | 6,8 | 59 |
| | | 8 - 22 | 8 | $2(k+1)$ | $k+1$ | 9,7 | | 1,7 | 60 |
| $k$ 项 $2k$ 个数（$1\leqslant k$） | $k-1$（$k\leqslant 4$） | 10 - 20 | 10 | $2k$ | $2k$ | 7 | | 1,4 | 61 |
| | | | | | | 3 | | 3,6 | 62 |
| | | | | | | 9 | | 5,7 | 63 |
| | （$k\leqslant 3$） | 20 - 10 | 20 | $2k$ | $2k$ | 1 | | 2,8 | 64 |
| $k$ 项 $2k$ 个数与下首（$1\leqslant k\leqslant 3$） | $k$ | 10 - 20 | | $2k+1$ | $2k+1$ | 7 | | 1,4 | 65 |
| | | | | | | 3 | | 3,6 | 66 |
| | | | | | | 9 | | 5,7 | 67 |
| | | 20 - 10 | | $2k+1$ | $2k+1$ | 1 | | 2,8 | 68 |
| $k$ 项 $2k$ 个数与上尾（$1\leqslant k\leqslant 3$） | $k$ | 20 - 10 | | $2k+1$ | $2k+1$ | 7 | | 1,4 | 69 |
| | | | | | | 3 | | 3,6 | 70 |
| | | | | | | 9 | | 5,7 | 71 |
| | | 10 - 20 | | $2k+1$ | $2k+1$ | 1 | | 2,8 | 72 |

续表

| 条件 | 结论 | | | | | | | 第 $\underline{i}$ 列，第 $\underline{j}$ 列 | 口诀序号 |
|---|---|---|---|---|---|---|---|---|---|
| 在用表20第 $\underline{i}$ 列与第 $\underline{j}$ 列（$1\leqslant i<j\leqslant 8$）平行并列构成的子表中，若任何连续______都是素数的 | 就是一个差为连续 | | | | 其个位数方式是连续 | | | | |
| | ____个 | $\frac{a-b}{(循环节)}$ | 且尾带一个__型 | __生素数 | ____个 | $\frac{s,t}{(循环节)}$ | 且尾带一个__ | | |
| $k$ 项 $2k$ 个数与上尾下首（$0\leqslant k$） | $k$（$k\leqslant 2$） | 20-10 | 20 | $2(k+1)$ | $2(k+1)$ | 7 | | 1,4 | 73 |
| | | | | | | 3 | | 3,6 | 74 |
| | | | | | | 9 | | 5,7 | 75 |
| | （$k\leqslant 3$） | 10-20 | 10 | $2(k+1)$ | $2(k+1)$ | 1 | | 2,8 | 76 |
| $k$ 项 $2k$ 个数（$1\leqslant k$） | $k-1$（$k\leqslant 5$） | 12-18 | 12 | $2k$ | $k$ | 7,9 | | 1,5 | 77 |
| | | | | | | | | 4,7 | 78 |
| | | | | | | 1,3 | | 2,6 | 79 |
| | | | | | | 9,1 | | 5,8 | 80 |
| | （$k\leqslant 4$） | 18-12 | 18 | $2k$ | $k$ | 1,9 | | 2,7 | 81 |
| | | | | | | 3,1 | | 3,8 | 82 |
| $k$ 项 $2k$ 个数与下首（$1\leqslant k\leqslant 4$） | $k$ | 12-18 | | $2k+1$ | $k$ | 7,9 | 7 | 1,5 | 83 |
| | | | | | | | | 4,7 | 84 |
| | | | | | | 1,3 | 1 | 2,6 | 85 |
| | | | | | | 9,1 | 9 | 5,8 | 86 |
| | | 18-12 | | $2k+1$ | $k$ | 1,9 | 1 | 2,7 | 87 |
| | | | | | | 3,1 | 3 | 3,8 | 88 |
| $k$ 项 $2k$ 个数与上尾（$1\leqslant k\leqslant 4$） | $k$ | 18-12 | | $2k+1$ | $k$ | 9,7 | 9 | 1,5 | 89 |
| | | | | | | | | 4,7 | 90 |
| | | | | | | 3,1 | 3 | 2,6 | 91 |
| | | | | | | 1,9 | 1 | 5,8 | 92 |
| | | 12-18 | | $2k+1$ | $k$ | 9,1 | 9 | 2,7 | 93 |
| | | | | | | 1,3 | 1 | 3,8 | 94 |

续表

| 条件 | 结论 | | | | | | | | |
|---|---|---|---|---|---|---|---|---|---|
| 在用表 20 第 $i$ 列与第 $j$ 列($1\leqslant i<j\leqslant 8$)平行并列构成的子表中，若任何连续______都是素数的 | 就是一个差为连续 | | | | 其个位数方式是连续 | | | 第 $i$ 列，第 $j$ 列 | 口诀序号 |
| | ____个 | $\frac{a-b}{(\text{循环节})}$ | 且尾带一个__型 | __生素数 | ____个 | $\frac{s,t}{(\text{循环节})}$ | 且尾带一个__ | | |
| $k$ 项 $2k$ 个数与上尾下首 ($0\leqslant k$) | $k$ ($k\leqslant 3$) | 18-12 | 18 | $2(k+1)$ | $k+1$ | 9,7 | | 1,5 | 95 |
| | | | | | | | | 4,7 | 96 |
| | | | | | | 3,1 | | 2,6 | 97 |
| | | | | | | 1,9 | | 5,8 | 98 |
| | ($k\leqslant 4$) | 12-18 | 12 | $2(k+1)$ | $k+1$ | 9,1 | | 2,7 | 99 |
| | | | | | | 1,3 | | 3,8 | 100 |
| $k$ 项 $2k$ 个数 ($1\leqslant k$) | ($k\leqslant 6$) | 14-16 | 14 | $2k$ | $k$ | 7,1 | | 4,8 | 101 |
| | $k-1$ ($k\leqslant 5$) | 16-14 | 16 | $2k$ | $k$ | 7,3 | | 1,6 | 102 |
| | | | | | | 3,9 | | 3,7 | 103 |
| $k$ 项 $2k$ 个数与下首 ($1\leqslant k\leqslant 5$) | $k$ | 14-16 | | $2k+1$ | $k$ | 7,1 | 7 | 4,8 | 104 |
| | | 16-14 | | $2k+1$ | $k$ | 7,3 | 7 | 1,6 | 105 |
| | | | | | | 3,9 | 3 | 3,7 | 106 |
| $k$ 项 $2k$ 个数与上尾 ($1\leqslant k\leqslant 5$) | $k$ | 16-14 | | $2k+1$ | $k$ | 1,7 | 1 | 4,8 | 107 |
| | | 14-16 | | $2k+1$ | $k$ | 3,7 | 3 | 1,6 | 108 |
| | | | | | | 9,3 | 9 | 3,7 | 109 |
| $k$ 项 $2k$ 个数与上尾下首 ($0\leqslant k$) | ($k\leqslant 4$) | 16-14 | 16 | $2(k+1)$ | $k+1$ | 1,7 | | 4,8 | 110 |
| | $k$ ($k\leqslant 5$) | 14-16 | 14 | $2(k+1)$ | $k+1$ | 3,7 | | 1,6 | 111 |
| | | | | | | 9,3 | | 3,7 | 112 |

注：表 23 第一栏"在用表 20 第 $i$ 列与第 $j$ 列($1\leqslant i<j\leqslant 8$)平行并列构成的子表"的任何一行中，第 $i$ 列中的数称为"首数"，简称"首"；第 $j$ 列中的数称为"尾数"，简称"尾"，并且其上行中的尾数，简称"上尾"，下行中的首数，简称"下首".

## 7.3　20 万以内模 30 缩族因数表的应用

### 7.3.1　20 万以内模 30 缩族因数表用法说明

根据模 30 缩族因数表的性能与用途，在此对表 20 的一般用法作以说明.

**一、素性判定法**

应用表 20，直接查判 20 万以内任何一个大于 1 的自然数素性的方法：

在表 20 中，任何一个：

(1) 右旁空白没有小号数字的数是素数；

(2) 右旁标有小号数字的数是合数(与 30 互素)；

(3) 查找不到的 20 万以内的大于 1 的自然数(即表外数)是合数. 包括三种情形：① 大于 2 的偶数 —— 必定含有素因数 2；② 大于 5 的个位数是 5 的奇数 —— 必定含有素因数 5；③ 大于 3 的个位数不是 5 的奇数 —— 必定含有素因数 3.

**二、因数分解法**

由于表 20 标出了任何一个与 30 互素的合数 $h$ 的所有不同的小素因数，因此

(1) 应用表 20，查算 20 万以内任一合数 $h$ 的标准分解式的方法是：

1) 设 $A$ 为 20 万以内模 30 缩族因数表(表 20) 诸数的集合，当合数 $h(\leqslant 200000)$ 在表 20 内(即 $h \in A$) 时，设 $h$ 右旁标注的小素因数是 $r_1, r_2, \cdots, r_s$ (其均属于 $A$)，则用其乘积 $r_1 r_2 \cdots r_s$ 除 $h$，求得第一商数 $h_1$. 根据定理 1.3(ⅱ)，$h_1 \in A$ 或 $h_1 = 1$；若 $h_1 = 1$ 或者从表 20 查得 $h_1$ 是素数，则 $h = r_1 r_2 \cdots r_s$ 或 $h = r_1 r_2 \cdots r_s h_1$，即 $h$ 的标准分解式得到确定. 否则，$h_1$ 为合数，须进入本程序中继续操作，以确定 $h_1$ 的小素因数且求出第二商数 $h_2$. 这一过程可以一直进行下去，直到最后得到的商数为 1 或者是素数，即可写出 $h$ 的标准分解式. 由于处理的这些为合数的商数是越来越小的，所以整个过程将很快结束.

2) 当合数 $h(\leqslant 200000)$ 是表 20 的表外数时，则 $h$ 必定含有因数 $2^{\beta_1} 3^{\beta_2} 5^{\beta_3}$ ($\beta_1, \beta_2, \beta_3$ 均为非负整数且不全为零). 设 $h_j = \dfrac{h}{2^{\beta_1} 3^{\beta_2} 5^{\beta_3}}$，$g = 2, 3, 5$，则 $(g, h_j) = 1$，对 $h$ 一次或反复多次应用附录法则 1 和法则 2，以确定因数 $2^{\beta_1} 3^{\beta_2} 5^{\beta_3}$ 的具体值. 若 $h_j = 1$ 或者从表 20 查得 $h_j$ 是素数，则 $h$ 的标准分解式得以确定. 否则，$h_j$ 是合数且必定在表 20 中，于是进入上述程序 ① 中一次性或反复操作，必能求出合数 $h_j$ 的全部素因数，最后便可写出 $h$ 的标准分解式.

(2) 设 $f_1 < f_2 < \cdots < f_s (\leqslant 200000)$ 是大于 200000 的合数 $h'$ 已知的全部因数(不一定都是素因数)，即 $h' = f_1 f_2 \cdots f_s (s \geqslant 2)$，则应用表 20 查算合数 $h'(> 200000)$ 的标准分解式的方法是：

判定各个已知因数的素性. 若 $f_1, f_2, \cdots, f_s$ 都是素数，则止步；否则，找出 $f_1, f_2, \cdots, f_s$ 中所有的合数，然后区分情况进入上述(1)① 或(1)② 程序中进行操作，必能求出每一个合数的全部素因数，从而求出 $h'$ 的标准分解式.

**三、$k$ 生素数搜寻法**

$k$ 生素数搜寻法，又称 $k$ 生素数检索法.

模 30 缩族因数表显搜 $k$ 生素数的方法，也就是模 30 缩族质合表显搜 $k$ 生素数的方法. 由于这些显搜方法已在第 4 章 4.2.1 节中已作介绍，此不赘述.

### 7.3.2 20 万以内模 30 缩族因素表应用示例

**一、素性判定**

**例 1** 应用表 20，判断下列各数中哪些是素数，哪些是合数？

25633，34567，44381，58587，98723，110011，152470，166667，195653，199999.

**解**　经查表 20 得知：

①25633，44381，166667，199999 右旁均空白无小号数字，所以都是素数；

②34567,98723,11011,195653 因其右旁均标有小号数字，所以都是合数；

③58587 处于表 20 中 58583 与 58589 两个相邻数之间，即为表 20 的表外数，所以 58587 是合数；

152470 处于表 20 中 152467 与 152471 两个相邻数之间，即为表 20 的表外数，所以 152470 是合数.

## 二、因数分解

**例 2**　应用表 20，写出合数 34567，98723，110011，195653，58587 和 152470 的标准分解式.

**解**　经查表 20 得知：

①34567 的小素因数是 13，$34567 \div 13 = 2659$，查表 20 知 2659 是素数，所以

$$34567 = 13 \times 2659$$

②98723 的小素因数是 269，$98723 \div 269 = 367$，查表 20 知 367 是素数，所以

$$98723 = 269 \times 367$$

③110011 的小素因数是 11，73 和 137，$110011 \div 11 \div 73 \div 137 = 1$，所以

$$110011 = 11 \times 73 \times 137$$

④195653 的小素因数是 17，$195653 \div 17 = 11509$. 查表 20 知 11509 含有小素因数 17，$11509 \div 17 = 677$. 查表 20 知 677 是素数. 所以

$$195653 = 17^2 \times 677$$

⑤58587 是表 20 的表外合数，且个位数是非 5 奇数，故必含有素因数 3（其实，$3 \mid 5+8+5+8+7=33$，根据附录法则 2 知 $3 \mid 58587$，即 3 确实是 58587 的素因数）. $58587 \div 3 = 19529$. 查表 20 知 19529 含有小素因数 59，$19529 \div 59 = 331$，查表 20 知 331 是素数. 所以

$$58587 = 3 \times 59 \times 331$$

⑥152470 是表 20 的表外合数，且个位数是 0，由附录法则 1 知其含有素因数 2 和 5，而 $152470 \div 2 \div 5 = 15247$，查表 20 知 15247 含有小素因数 79. $15247 \div 79 = 193$，查表 20 知 193 是素数. 所以 $152470 = 2 \times 5 \times 79 \times 193$.

**例 3**　已知 $18181 \mid 3615455479$，$3326933303 = 16823 \times 197761$，$9251327449 = 283 \times 3367 \times 9709$，要求写出各式中最大数（均大于 20 万）的标准分解式.

**解**　因为 $18181 < 3615455479 \div 18181 = 198859 < 200000$，$16823 < 197761 < 200000$，$283 < 3367 < 9709 < 200000$，所以可以应用表 20 写出各式中最大数的标准分解式. 查表 20 知

①18181 和 198859 都是素数，所以 $3615455479 = 18181 \times 198859$.

②16823 是素数，197761 是含有小素因数 17 的合数. $197761 \div 17 = 11633$，查表 20 知 11633 是素数. 故

$$3326933303 = 17 \times 11633 \times 16823$$

③283 是素数，3367 是含有小素因数 7，13，37 的合数，9709 是含有小素因数 7，19，73 的合数. $3367 \div 7 \div 13 \div 37 = 1$，$9709 \div 7 \div 19 \div 73 = 1$. 故

$$9251327449 = 7^2 \times 13 \times 19 \times 37 \times 73 \times 283$$

## 三、检索等差 30 素数列等 $k$ 生素数

**例 4** 应用表 20,检索 110000 至 120000 之间的 6 项、5 项和 4 项等差 30 素数列.

**解** 经查表 20,110000 至 120000 之间的

①6 项等差 30 素数列有 2 个. 即

110819, 110849, 110879, 110909, 110939, 110969;

115733, 115763, 115793, 115823, 115853, 115883.

②5 项等差 30 素数列有 5 个. 即

| | | | | |
|---|---|---|---|---|
| 110819 | 110849 | 115733 | 115763 | 119039 |
| 110849 | 110879 | 115763 | 115793 | 119069 |
| 110879 | 110909 | 115793 | 115823 | 119099 |
| 110909 | 110939 | 115823 | 115853 | 119129 |
| 110939 | 110969 | 115853 | 115883 | 119159 |

③4 项等差 30 素数列有 16 个. 即

| | | | | | |
|---|---|---|---|---|---|
| 110221 | 110819 | 110849 | 110879 | 113021 | 113063 |
| 110251 | 110849 | 110879 | 110909 | 113051 | 113093 |
| 110281 | 110879 | 110909 | 110939 | 113081 | 113123 |
| 110311 | 110909 | 110939 | 110969 | 113111 | 113153 |

| | | | | | |
|---|---|---|---|---|---|
| 113719 | 113983 | 115733 | 115763 | 115793 | 115873 |
| 113749 | 114013 | 115763 | 115793 | 115823 | 115903 |
| 113779 | 114043 | 115793 | 115823 | 115853 | 115933 |
| 113809 | 114073 | 115823 | 115853 | 115883 | 115963 |

| | | | |
|---|---|---|---|
| 117133 | 118801 | 119039 | 119069 |
| 117163 | 118831 | 119069 | 119099 |
| 117193 | 118861 | 119099 | 119129 |
| 117223 | 118891 | 119129 | 119159 |

**例 5** 应用表 20,检索 195000 至 196000 之间的 3 项等差 30 素数列和差 30 素数对.

**解** 经查表 20,195000 至 196000 之间的

①3 项等差 30 素数列有 3 个. 即

| | | |
|---|---|---|
| 195281 | 195329 | 195731 |
| 195311 | 195359 | 195761 |
| 195341 | 195389 | 195791 |

② 差 30 素数对有 23 个. 即

| | | | | | | | |
|---|---|---|---|---|---|---|---|
| 195023 | 195047 | 195127 | 195131 | 195163 | 195229 | 195241 | 195281 |
| 195053 | 195077 | 195157 | 195161 | 195193 | 195259 | 195271 | 195311 |

| | | | | | | | |
|---|---|---|---|---|---|---|---|
| 195311 | 195329 | 195359 | 195413 | 195427 | 195497 | 195511 | 195709 |
| 195341 | 195359 | 195389 | 195443 | 195457 | 195527 | 195541 | 195739 |

| | | | | | | |
|---|---|---|---|---|---|---|
| 195731 | 195751 | 195761 | 195787 | 195863 | 195883 | 195967 |
| 195761 | 195781 | 195791 | 195817 | 195893 | 195913 | 195997 |

**例 6**　应用表 20，检索 100000 以内的差 4 - 2 - 4 - 2 - 4 型六生素数、差 4 - 2 - 4 - 2 型与差 2 - 4 - 2 - 4 型五生素数.

**解**　经查表 20，100000 以内的

① 差 4 - 2 - 4 - 2 - 4 型六生素数有 5 个. 即

| | | | | |
|---|---|---|---|---|
| 7 | 97 | 16057 | 19417 | 43777 |
| 11 | 101 | 16061 | 19421 | 43781 |
| 13 | 103 | 16063 | 19423 | 43783 |
| 17 | 107 | 16067 | 19427 | 43787 |
| 19 | 109 | 16069 | 19429 | 43789 |
| 23 | 113 | 16073 | 19433 | 43793 |

② 差 4 - 2 - 4 - 2 型五生素数有 11 个. 即

| | | | | | | | | | | |
|---|---|---|---|---|---|---|---|---|---|---|
| 7 | 97 | 1867 | 3457 | 5647 | 15727 | 16057 | 19417 | 43777 | 79687 | 88807 |
| 11 | 101 | 1871 | 3461 | 5651 | 15731 | 16061 | 19421 | 43781 | 79691 | 88811 |
| 13 | 103 | 1873 | 3463 | 5653 | 15733 | 16063 | 19423 | 43783 | 79693 | 88813 |
| 17 | 107 | 1877 | 3467 | 5657 | 15737 | 16067 | 19427 | 43787 | 79697 | 88817 |
| 19 | 109 | 1879 | 3469 | 5659 | 15739 | 16069 | 19429 | 43789 | 79699 | 88819 |

③ 差 2 - 4 - 2 - 4 型五生素数有 10 个. 即

| | | | | | | | | | |
|---|---|---|---|---|---|---|---|---|---|
| 5 | 11 | 101 | 1481 | 16061 | 19421 | 21011 | 22271 | 43781 | 55331 |
| 7 | 13 | 103 | 1483 | 16063 | 19423 | 21013 | 22273 | 43783 | 55333 |
| 11 | 17 | 107 | 1487 | 16067 | 19427 | 21017 | 22277 | 43787 | 55337 |
| 13 | 19 | 109 | 1489 | 16069 | 19429 | 21019 | 22279 | 43789 | 55339 |
| 17 | 23 | 113 | 1493 | 16073 | 19433 | 21023 | 22283 | 43793 | 55343 |

注：其中仅有 5，7，11，13，17 在表 20 中不能得到完整的显示和直接检索.

**例 7**　应用表 20，检索 20000 至 30000 之间的差 6 - 2 - 6 型、差 2 - 4 - 2 型和差 4 - 2 - 4 型四生素数.

**解**　经查表 20，20000 至 30000 之间的

① 差 6 - 2 - 6 型四生素数有 3 个. 即

| | | |
|---|---|---|
| 23663 | 26723 | 29123 |
| 23669 | 26729 | 29129 |
| 23671 | 26731 | 29131 |
| 23677 | 26737 | 29137 |

② 差 2 - 4 - 2 型四生素数有 3 个. 即

| | | |
|---|---|---|
| 21011 | 22271 | 25301 |
| 21013 | 22273 | 25303 |
| 21017 | 22277 | 25307 |
| 21019 | 22279 | 25309 |

③ 差 4-2-4 型四生素数有 10 个. 即

| | | | | |
|---|---|---|---|---|
| 20743 | 21013 | 21313 | 22273 | 23053 |
| 20747 | 21017 | 21317 | 22277 | 23057 |
| 20749 | 21019 | 21319 | 22279 | 23059 |
| 20753 | 21023 | 21323 | 22283 | 23063 |

| | | | | |
|---|---|---|---|---|
| 23557 | 23623 | 24103 | 27733 | 29017 |
| 23561 | 23627 | 24107 | 27737 | 29021 |
| 23563 | 23629 | 24109 | 27739 | 29023 |
| 23567 | 23633 | 24113 | 27743 | 29027 |

**例 8** 应用表 20，检索 195000 至 196000 之间的孪生素数、差 4 素数对、差 4-2 型和差 2-4 型三生素数、差 2-4-2 型和差 4-2-4 型四生素数、差 6-2-6 型四生素数、差 4-2-4-2 型和差 2-4-2-4 型五生素数，以及差 4-2-4-2-4 型六生素数.

**解** 经查表 20，195000 至 196000 之间的

① 孪生素数有 8 个. 即

| | | | | | | | |
|---|---|---|---|---|---|---|---|
| 195047 | 195161 | 195341 | 195539 | 195731 | 195737 | 195929 | 195971 |
| 195049 | 195163 | 195343 | 195541 | 195733 | 195739 | 195931 | 195973 |

② 差 4 素数对有 13 个. 即

| | | | | | | | |
|---|---|---|---|---|---|---|---|
| 195043 | 195049 | 195127 | 195157 | 195193 | 195277 | 195493 | 195733 |
| 195047 | 195053 | 195131 | 195161 | 195197 | 195281 | 195497 | 195737 |

| | | | | |
|---|---|---|---|---|
| 195739 | 195787 | 195883 | 195967 | 195973 |
| 195743 | 195791 | 195887 | 195971 | 195977 |

③ 差 4-2 型三生素数有 4 个. 即

| | | | |
|---|---|---|---|
| 195043 | 195157 | 195733 | 195967 |
| 195047 | 195161 | 195737 | 195971 |
| 195049 | 195163 | 195739 | 195973 |

④ 差 2-4 型三生素数有 4 个. 即

| | | | |
|---|---|---|---|
| 195047 | 195731 | 195737 | 195971 |
| 195049 | 195733 | 195739 | 195973 |
| 195053 | 195737 | 195743 | 195977 |

⑤ 差 2-4-2 型四生素数有 1 个. 即

195731，195733，195737，195739.

⑥ 差 4-2-4 型四生素数有 3 个. 即

195043，195047，195049，195053；

195733，195737，195739，195743；

195967，195971，195973，195977.

⑦ 差 6-2-6 型四生素数不存在.

⑧ 差 4-2-4-2 型五生素数不存在.

⑨ 差 2－4－2－4 型五生素数有 1 个. 即

195731，195733，195737，195739，195743.

⑩ 差 4－2－4－2－4 型六生素数不存在.

**例 9**　应用表 20，检索 100000 以内绝对相邻的差 4－2－4－6－2－6－4－2－4 型十生素数、差 2－4－6－2－6－4－2 型八生素数，以及差 4－6－2－6－4 型六生素数.

**解**　经查表 20，100000 以内绝对相邻的

① 差 4－2－4－6－2－6－4－2－4 型十生素数有 1 个. 即

13，17，19，23，29，31，37，41，43，47.

② 差 2－4－6－2－6－4－2 型八生素数有 2 个. 即

17，19，23，29，31，37，41，43；

1277，1279，1283，1289，1291，1297，1301，1303.

③ 差 4－6－2－6－4 型六生素数有 6 个. 即

| | | | | | |
|---|---|---|---|---|---|
| 19 | 1279 | 5839 | 32359 | 75979 | 88789 |
| 23 | 1283 | 5843 | 32363 | 75983 | 88793 |
| 29 | 1289 | 5849 | 32369 | 75989 | 88799 |
| 31 | 1291 | 5851 | 32371 | 75991 | 88801 |
| 37 | 1297 | 5857 | 32377 | 75997 | 88807 |
| 41 | 1301 | 5861 | 32381 | 76001 | 88811 |

**例 10**　分别运用表 22 中第 5) 号的两句口诀——

“在表 20 任何一行的 8 项(个)数中：

$$\text{若}\left\{\begin{matrix}\text{后 5 项与下行首项}\\ \text{后 3 项与下行前 3 项}\end{matrix}\right\}\text{都是素数的，就是一个相邻差}\left\{\begin{matrix}2-4-6-2-6\\ 6-2-6-4-2\end{matrix}\right\}\text{型六生素数”——}$$

从表 20 中搜寻的这两种相邻差型的六生素数各列示 5 例：

| | | | | |
|---|---|---|---|---|
| 1607 | 3527 | 71327 | 97367 | 191447 |
| 1609 | 3529 | 71329 | 97369 | 191449 |
| 1613 | 3533 | 71333 | 97373 | 191453 |
| 1619 | 3539 | 71339 | 97379 | 191459 |
| 1621 | 3541 | 71341 | 97381 | 191461 |
| 1627 | 3547 | 71347 | 97387 | 191467 |

| | | | | |
|---|---|---|---|---|
| 53 | 263 | 14543 | 115763 | 160073 |
| 59 | 269 | 14549 | 115769 | 160079 |
| 61 | 271 | 14551 | 115771 | 160081 |
| 67 | 277 | 14557 | 115777 | 160087 |
| 71 | 281 | 14561 | 115781 | 160091 |
| 73 | 283 | 14563 | 115783 | 160093 |

**例 11**　取 $k=2$，分别运用表 23 第 10，11，12 号方法：

“在用表 20 第 $i$ 列与第 $j$ 列平行并列构成的子表中，若任何连续 $k$ 行 $2k$ 个数与上尾下首都

是素数的，就是一个差为连续 $k$ 个 28－2(循环节)且尾带一个 28 型 $2(k+1)$ 生素数，其个位数方式是连续 $k+1$ 个 $s,t$(循环节)”($s,t$ 均不外乎为 1,3,7,9)—— 从表 20 中搜寻出这 3 种个位数方式的差 28-2-28-2-28 型六生素数各 8 例并予以列示.

**解** ① 当 $k=2$ 时，运用表 23 第 10 号方法，从表 20 第 2 列与第 3 列平行并列构成的子表中搜寻的 8 例个位数方式是 3,1,3,1,3,1 的差 28-2-28-2-28 型六生素数列示如下：

| | | | | | | | |
|---|---|---|---|---|---|---|---|
| 43 | 1423 | 3793 | 26833 | 35023 | 57163 | 155833 | 191773 |
| 71 | 1451 | 3821 | 26861 | 35051 | 57191 | 155861 | 191801 |
| 73 | 1453 | 3823 | 26863 | 35053 | 57193 | 155863 | 191803 |
| 101 | 1481 | 3851 | 26891 | 35081 | 57221 | 155891 | 191831 |
| 103 | 1483 | 3853 | 26893 | 35083 | 57223 | 155893 | 191833 |
| 131 | 1511 | 3881 | 26921 | 35111 | 57251 | 155921 | 191861 |

② 当 $k=2$ 时，运用表 23 第 11 号方法，从表 20 第 4 列与第 5 列平行并列构成的子表中搜寻的 8 例个位数方式是 9,7,9,7,9,7 的差 28-2-28-2-28 型六生素数列示如下：

| | | | | | | | |
|---|---|---|---|---|---|---|---|
| 79 | 10399 | 21529 | 56179 | 80989 | 82699 | 95929 | 127189 |
| 107 | 10427 | 21557 | 56207 | 81017 | 82727 | 95957 | 127217 |
| 109 | 10429 | 21559 | 56209 | 81019 | 82729 | 95959 | 127219 |
| 137 | 10457 | 21587 | 56237 | 81047 | 82757 | 95987 | 127247 |
| 139 | 10459 | 21589 | 56239 | 81049 | 82759 | 95989 | 127249 |
| 167 | 10487 | 21617 | 56267 | 81077 | 82787 | 96017 | 127277 |

③ 当 $k=2$ 时，运用表 23 第 12 号方法，从表 20 第 7 列与第 8 列平行并列构成的子表中搜寻的 8 例个位数方式是 1,9,1,9,1,9 的差 28-2-28-2-28 型六生素数列示如下：

| | | | | | | | |
|---|---|---|---|---|---|---|---|
| 3271 | 3301 | 4201 | 8941 | 32911 | 70891 | 109111 | 109141 |
| 3299 | 3329 | 4229 | 8969 | 32939 | 70919 | 109139 | 109169 |
| 3301 | 3331 | 4231 | 8971 | 32941 | 70921 | 109141 | 109171 |
| 3329 | 3359 | 4259 | 8999 | 32969 | 70949 | 109169 | 109199 |
| 3331 | 3361 | 4261 | 9001 | 32971 | 70951 | 109171 | 109201 |
| 3359 | 3389 | 4289 | 9029 | 32999 | 70979 | 109199 | 109229 |

# 第 8 章　大型模 210 缩族匿因质合表及其应用

工欲善其事，必先利其器.

——《论语》

## 8.1　模 $d$ 缩族匿因质合表的编制方法

第 2 章至第 6 章重点介绍了模 $d$ 缩族因数素表的编制方法，而编制模 $d$ 缩族匿因质合表有其相对的优势和特点，在此有必要对其更加简单的编制方法作以简要的概括介绍.

设 $2=q_{\mathrm{I}}<q_{\mathrm{II}}<\cdots<q_{\gamma}$ 是正偶数 $d$ 的全部素因素，与 $d$ 互素且不超过 $\sqrt{x}\ (x\in\mathbf{N}^{+})$ 的全体素数依从小到大的顺序排列成 $q_1,q_2,\cdots,q_l\leqslant\sqrt{x}\ (x>q_1q_2d)$，则编制模 $d$ 缩族匿因质合表的方法如下：

(1) 列出不超过 $x$ 的模 $d$ 缩族，即首项为 $r(=1,q_1,\cdots,d-1)$ 的 $\varphi(d)=d\prod\limits_{\mathrm{I}\leqslant i\leqslant\gamma}\left(1-\dfrac{1}{q_i}\right)$ 个模 $d$ 含质列

$$1\bmod d,\quad q_1\bmod d,\quad \cdots,\quad d-1\bmod d \tag{8.1}$$

(其中 $(r,d)=1$ 且 $1<q_1<\cdots<d-1$) 划去其中第 1 个元素 1，并且在前面添写上 $d$ 的全部素因数，即漏掉的素数 $q_{\mathrm{I}},q_{\mathrm{II}},\cdots,q_{\gamma}$. 此时，不超过 $q_1^2-1$ 的所有素数得到确定(素数 $q_1$ 是缩族(8.1) 中除过划去的 1 外第 1 个与 $d$ 互素的数).

(2) 标示出缩族(8.1) 中的全部合数. 即在缩族(8.1) 中作记号依次标示出素数 $q_1,q_2,\cdots,q_l(\leqslant\sqrt{x})$ 除本身外各自的全部倍数(若是多次标示的合数，仅以第一次的标示记号为准，以后不再重复作标示记号). 为此，由第 1 步起，依次在缩族(8.1) 中操作完成 $l$ 个运演操作步骤. 其中，第 $s(1\leqslant s\leqslant l)$ 步骤是在素数 $q_s(=q_1,q_2,\cdots,q_l\leqslant\sqrt{x})$ 与缩族(8.1) 中每一个 $\geqslant q_s$ 而 $\leqslant\dfrac{x}{q_s}$ 的数的乘积(下面画一横线或) 右旁点上一个黑体小圆点(或作其他简明记号)，以示其为合数且与素数相区别. 此时，不超过 $q_{s+1}^2-1$ 的所有的素数和与 $d$ 互素的合数都得到确定(素数 $q_{s+1}$ 是素数 $q_s$ 后面第 1 个右旁空白没有黑体小圆点的数. 依此按序操作下去，直至完成第 $l$ 步骤止(因为 $q_{l+1}^2>x$)，就得到 $x$ 以内的全体素数和与 $d$ 互素的合数一览表 —— 模 $d$ 缩族匿因质合表.

如果手头有现成的 $x$ 以内普通素数表或模 $d'$ 缩族质合表，则编制模 $d$ 缩族匿因质合表的操作程序即可简化为：对照已有的素数表或质合表，在缩族(8.1) 中每一个素数的右旁都点上一个黑体小圆点，以示其为素数且与合数相区别. 在后列出的“20 万以内模 210 缩族匿因质合表”(表 24) 即以此法制成.

## 8.2 模 210 缩族匿因质合表的性能优势与用途

编制成 $x$ 以内模 30 缩族因数表，既可用于查判素性，又能极其方便地满足于 $x$ 以内任何一个合数的因数分解. 因此，若再编制 $x$ 以内其他模 $d(\neq 30)$ 缩族因数表如模 210 缩族因数表已无必要. 但是，为了寻找新的 $k$ 生素数而编制 $x$ 以内模 210 缩族匿因质合表，却立刻凸显其必要性和优越性.

模 210 缩族匿因质合表的性能优势主要有如下几点：

(1) 从直显非等差 $k$ 生素数方面看，模 210 缩族匿因质合表比性能优良的模 42 和模 30 缩族质合表的直显信息都更加丰富.

(2) 从编表的降耗提效方面看，编制 $x$ 以内模 210 缩族匿因质合表比编制 $x$ 以内模 30、模 42 和模 6 缩族匿因质合表分别节省

$$14.29\%\left(\approx 1-\frac{\varphi(30)\varphi(7)}{\varphi(30)\times 7}=1-\frac{6}{7}\right)$$

$$20\%\left(=1-\frac{\varphi(42)\varphi(5)}{\varphi(42)\times 5}=1-\frac{4}{5}\right)$$

和

$$31.43\%\left(\approx 1-\frac{\varphi(6)\varphi(5)\varphi(7)}{\varphi(6)\times 5\times 7}=1-\frac{24}{34}\right)$$

的篇幅和更多的计算量，降耗提效的幅度较大，优势明显.

(3) 模 210 的欧拉函数值大小适中，使模 210 缩族全部的 48 个含质列（即横行排列的 48 行数字），能够与书页的长幅相匹配，故查阅该表能够一目了然.

(4) 模 210 缩族匿因质合表与模 210 缩族因数表一样，能够直接显示所有不超过 $x$ 的差 210 素数对和 $v(=3,4,\cdots,10)$ 项等差 210 素数列，能够一眼识别与判断，便于依次不漏地检索.

(5) 由于模 210 缩族匿因质合表不标示表内所有合数的小素因数，删繁就简，因而比模 210 缩族因数表（甚至此任何一个模 $d(2\parallel d,6\parallel d,30\parallel d)$ 缩族因数表都要）简洁明快，且节省篇幅，简化运演操作程序.

模 210 缩族匿因质合表的功能有两个. 其一是能够直接显示表内所有正整数的素性；其二是能够直接显示表内所有差 210 素数对和 $v(3,4,\cdots,10)$ 项等差 210 素数列等 $k$ 生素数. 因此，编制 $x$ 以内模 210 缩族匿因质合表有以下三大用途.

(1) 直接查判 $x$ 以内大于 1 的任何一个正整数的素性；

(2) 依序直接检索 $x$ 以内所有的差 210 素数对和 $v(=3,4,\cdots,10)$ 项等差 210 素数列；

(3) 直接（搜寻）检索所有不超过 $x$ 的表 25（应用模 210 缩族匿因质合表搜寻部分非等差相邻 $k$ 生素数方法表）中所列示的多种非等差相邻 $k$ 生素数（除过 $r_t=3$ 或 5 或 $7. t=1,2,\cdots,k;k=2,3,\cdots,10$）.

## 8.3 20 万以内模 210 缩族匿因质合表

20 万以内模 210 缩族匿因质合表见表 24.

## 表 24　20 万以内模 210 缩族匿因质合表

| | | (2,3,5,7) | | | | | | | | | | | | | | | | | |
|---|---|---|---|---|---|---|---|---|---|---|---|---|---|---|---|---|---|---|---|
| 1 | 10 | 十 | 211 • | 421 • | 631 • | 841 | 1051 • | 1261 | 1471 • | 1681 | 1891 | 2101 | 2311 • | 2521 • | 2731 • | 2941 | 3151 | 10 | 1 |
| 2 | 2 | 11 • | 221 | 431 • | 641 • | 851 | 1061 • | 1271 | 1481 • | 1691 | 1901 • | 2111 • | 2321 | 2531 • | 2741 • | 2951 | 3161 | 2 | 2 |
| 3 | 4 | 13 • | 223 • | 433 • | 643 • | 853 • | 1063 • | 1273 | 1483 • | 1693 • | 1903 | 2113 • | 2323 | 2533 | 2743 | 2953 • | 3163 • | 4 | 3 |
| 4 | 2 | 17 • | 227 • | 437 | 647 • | 857 • | 1067 | 1277 • | 1487 • | 1697 • | 1907 • | 2117 | 2327 | 2537 | 2747 | 2957 • | 3167 • | 2 | 4 |
| 5 | 4 | 19 • | 229 • | 439 • | 649 | 859 • | 1069 • | 1279 • | 1489 • | 1699 • | 1909 | 2119 | 2329 | 2539 • | 2749 • | 2959 | 3169 • | 4 | 5 |
| 6 | 6 | 23 • | 233 • | 443 • | 653 • | 863 • | 1073 | 1283 • | 1493 • | 1703 | 1913 • | 2123 | 2333 • | 2543 • | 2753 • | 2963 • | 3173 | 6 | 6 |
| 7 | 2 | 29 • | 239 • | 449 • | 659 • | 869 | 1079 | 1289 • | 1499 • | 1709 • | 1919 | 2129 • | 2339 • | 2549 • | 2759 | 2969 • | 3179 | 2 | 7 |
| 8 | 6 | 31 • | 241 • | 451 | 661 • | 871 | 1081 | 1291 • | 1501 | 1711 | 1921 | 2131 • | 2341 • | 2551 • | 2761 | 2971 • | 3181 • | 6 | 8 |
| 9 | 4 | 37 • | 247 | 457 • | 667 | 877 • | 1087 • | 1297 • | 1507 | 1717 | 1927 | 2137 • | 2347 • | 2557 • | 2767 • | 2977 | 3187 • | 4 | 9 |
| 10 | 2 | 41 • | 251 • | 461 • | 671 | 881 • | 1091 • | 1301 • | 1511 • | 1721 • | 1931 • | 2141 • | 2351 • | 2561 | 2771 | 2981 | 3191 • | 2 | 10 |
| 11 | 4 | 43 • | 253 | 463 • | 673 • | 883 • | 1093 • | 1303 • | 1513 | 1723 • | 1933 • | 2143 • | 2353 | 2563 | 2773 | 2983 | 3193 | 4 | 11 |
| 12 | 6 | 47 • | 257 • | 467 • | 677 • | 887 • | 1097 • | 1307 • | 1517 | 1727 | 1937 | 2147 | 2357 • | 2567 | 2777 • | 2987 | 3197 | 6 | 12 |
| 13 | 6 | 53 • | 263 • | 473 | 683 • | 893 | 1103 • | 1313 | 1523 • | 1733 • | 1943 | 2153 • | 2363 | 2573 | 2783 | 2993 | 3203 • | 6 | 13 |
| 14 | 2 | 59 • | 269 • | 479 • | 689 | 899 | 1109 • | 1319 • | 1529 | 1739 | 1949 • | 2159 | 2369 | 2579 • | 2789 • | 2999 • | 3209 • | 2 | 14 |
| 15 | 6 | 61 • | 271 • | 481 | 691 • | 901 | 1111 | 1321 • | 1531 • | 1741 • | 1951 • | 2161 • | 2371 • | 2581 | 2791 • | 3001 • | 3211 | 6 | 15 |
| 16 | 4 | 67 • | 277 • | 487 • | 697 | 907 • | 1117 • | 1327 • | 1537 | 1747 • | 1957 | 2167 | 2377 • | 2587 | 2797 • | 3007 | 3217 • | 4 | 16 |
| 17 | 2 | 71 • | 281 • | 491 • | 701 • | 911 • | 1121 | 1331 | 1541 | 1751 | 1961 | 2171 | 2381 • | 2591 • | 2801 • | 3011 • | 3221 • | 2 | 17 |
| 18 | 6 | 73 • | 283 • | 493 | 703 | 913 | 1123 • | 1333 | 1543 • | 1753 • | 1963 | 2173 | 2383 • | 2593 • | 2803 • | 3013 | 3223 | 6 | 18 |
| 19 | 4 | 79 • | 289 | 499 • | 709 • | 919 • | 1129 • | 1339 | 1549 • | 1759 • | 1969 | 2179 • | 2389 • | 2599 | 2809 | 3019 • | 3229 • | 4 | 19 |
| 20 | 6 | 83 • | 293 • | 503 • | 713 | 923 | 1133 | 1343 | 1553 • | 1763 | 1973 • | 2183 | 2393 • | 2603 | 2813 | 3023 • | 3233 | 6 | 20 |
| 21 | 8 | 89 • | 299 | 509 • | 719 • | 929 • | 1139 | 1349 | 1559 • | 1769 | 1979 • | 2189 | 2399 • | 2609 • | 2819 • | 3029 | 3239 | 8 | 21 |
| 22 | 4 | 97 • | 307 • | 517 | 727 • | 937 • | 1147 | 1357 | 1567 • | 1777 • | 1987 • | 2197 | 2407 | 2617 • | 2827 | 3037 • | 3247 | 4 | 22 |
| 23 | 2 | 101 • | 311 • | 521 • | 731 | 941 • | 1151 • | 1361 • | 1571 • | 1781 | 1991 | 2201 | 2411 • | 2621 • | 2831 | 3041 • | 3251 • | 2 | 23 |
| 24 | 4 | 103 • | 313 • | 523 • | 733 • | 943 | 1153 • | 1363 | 1573 | 1783 • | 1993 • | 2203 • | 2413 | 2623 | 2833 • | 3043 | 3253 • | 4 | 24 |
| $\overline{24}$ | 2 | 107 • | 317 • | 527 | 737 | 947 • | 1157 | 1367 • | 1577 | 1787 • | 1997 • | 2207 • | 2417 • | 2627 | 2837 • | 3047 | 3257 • | 2 | $\overline{24}$ |
| $\overline{23}$ | 4 | 109 • | 319 | 529 | 739 • | 949 | 1159 | 1369 | 1579 • | 1789 • | 1999 • | 2209 | 2419 | 2629 | 2839 | 3049 • | 3259 • | 4 | $\overline{23}$ |
| $\overline{22}$ | 8 | 113 • | 323 | 533 | 743 • | 953 • | 1163 • | 1373 • | 1583 • | 1793 | 2003 • | 2213 • | 2423 • | 2633 • | 2843 • | 3053 | 3263 | 8 | $\overline{22}$ |
| $\overline{21}$ | 6 | 121 | 331 • | 541 • | 751 • | 961 | 1171 • | 1381 • | 1591 | 1801 • | 2011 • | 2221 • | 2431 | 2641 | 2851 • | 3061 • | 3271 • | 6 | $\overline{21}$ |
| $\overline{20}$ | 4 | 127 • | 337 • | 547 • | 757 • | 967 • | 1177 | 1387 | 1597 • | 1807 | 2017 • | 2227 | 2437 • | 2647 • | 2857 • | 3067 • | 3277 | 4 | $\overline{20}$ |
| $\overline{19}$ | 6 | 131 • | 341 | 551 | 761 • | 971 • | 1181 • | 1391 | 1601 • | 1811 • | 2021 | 2231 | 2441 • | 2651 | 2861 • | 3071 | 3281 | 6 | $\overline{19}$ |
| $\overline{18}$ | 2 | 137 • | 347 • | 557 • | 767 | 977 • | 1187 • | 1397 | 1607 • | 1817 | 2027 • | 2237 • | 2447 • | 2657 • | 2867 | 3077 | 3287 | 2 | $\overline{18}$ |
| $\overline{17}$ | 4 | 139 • | 349 • | 559 | 769 • | 979 | 1189 | 1399 • | 1609 • | 1819 | 2029 • | 2239 • | 2449 | 2659 • | 2869 | 3079 • | 3289 | 4 | $\overline{17}$ |
| $\overline{16}$ | 6 | 143 | 353 • | 563 • | 773 • | 983 • | 1193 • | 1403 | 1613 • | 1823 • | 2033 | 2243 • | 2453 | 2663 • | 2873 | 3083 • | 3293 | 6 | $\overline{16}$ |
| $\overline{15}$ | 2 | 149 • | 359 • | 569 • | 779 | 989 | 1199 | 1409 • | 1619 • | 1829 | 2039 • | 2249 | 2459 • | 2669 | 2879 • | 3089 • | 3299 • | 2 | $\overline{15}$ |
| $\overline{14}$ | 6 | 151 • | 361 | 571 • | 781 | 991 • | 1201 • | 1411 | 1621 • | 1831 • | 2041 | 2251 • | 2461 | 2671 • | 2881 | 3091 | 3301 • | 6 | $\overline{14}$ |
| $\overline{13}$ | 6 | 157 • | 367 • | 577 • | 787 • | 997 • | 1207 | 1417 | 1627 • | 1837 | 2047 | 2257 | 2467 • | 2677 • | 2887 • | 3097 | 3307 • | 6 | $\overline{13}$ |
| $\overline{12}$ | 4 | 163 • | 373 • | 583 | 793 | 1003 | 1213 • | 1423 • | 1633 | 1843 | 2053 • | 2263 | 2473 • | 2683 • | 2893 | 3103 | 3313 • | 4 | $\overline{12}$ |
| $\overline{11}$ | 2 | 167 • | 377 | 587 • | 797 • | 1007 | 1217 • | 1427 • | 1637 • | 1847 • | 2057 | 2267 • | 2477 • | 2687 • | 2897 • | 3107 | 3317 | 2 | $\overline{11}$ |
| $\overline{10}$ | 4 | 169 | 379 • | 589 | 799 | 1009 • | 1219 | 1429 • | 1639 | 1849 | 2059 | 2269 • | 2479 | 2689 • | 2899 | 3109 • | 3319 • | 4 | $\overline{10}$ |
| $\overline{9}$ | 6 | 173 • | 383 • | 593 • | 803 | 1013 • | 1223 • | 1433 • | 1643 | 1853 | 2063 • | 2273 • | 2483 | 2693 • | 2903 • | 3113 | 3323 • | 6 | $\overline{9}$ |
| $\overline{8}$ | 2 | 179 • | 389 • | 599 • | 809 • | 1019 • | 1229 • | 1439 • | 1649 | 1859 | 2069 • | 2279 | 2489 | 2699 • | 2909 • | 3119 • | 3329 • | 2 | $\overline{8}$ |
| $\overline{7}$ | 6 | 181 • | 391 | 601 • | 811 • | 1021 • | 1231 • | 1441 | 1651 | 1861 • | 2071 | 2281 • | 2491 | 2701 | 2911 | 3121 • | 3331 • | 6 | $\overline{7}$ |
| $\overline{6}$ | 4 | 187 | 397 • | 607 • | 817 | 1027 | 1237 • | 1447 • | 1657 • | 1867 • | 2077 | 2287 • | 2497 | 2707 • | 2917 • | 3127 | 3337 | 4 | $\overline{6}$ |
| $\overline{5}$ | 2 | 191 • | 401 • | 611 | 821 • | 1031 • | 1241 | 1451 • | 1661 | 1871 • | 2081 • | 2291 | 2501 | 2711 • | 2921 | 3131 | 3341 | 2 | $\overline{5}$ |
| $\overline{4}$ | 4 | 193 • | 403 | 613 • | 823 • | 1033 • | 1243 | 1453 • | 1663 • | 1873 • | 2083 • | 2293 • | 2503 • | 2713 • | 2923 | 3133 | 3343 • | 4 | $\overline{4}$ |
| $\overline{3}$ | 2 | 197 • | 407 | 617 • | 827 • | 1037 | 1247 | 1457 | 1667 • | 1877 • | 2087 • | 2297 • | 2507 | 2717 | 2927 • | 3137 • | 3347 • | 2 | $\overline{3}$ |
| $\overline{2}$ | 10 | 199 • | 409 • | 619 • | 829 • | 1039 • | 1249 • | 1459 • | 1669 • | 1879 • | 2089 • | 2299 | 2509 | 2719 • | 2929 | 3139 | 3349 | 10 | $\overline{2}$ |
| $\overline{1}$ | 2 | 209 | 419 • | 629 | 839 • | 1049 • | 1259 • | 1469 | 1679 | 1889 • | 2099 • | 2309 • | 2519 | 2729 • | 2939 • | 3149 | 3359 • | 2 | $\overline{1}$ |

| | | | | | | | | | | | | | | | | | | | |
|---|---|---|---|---|---|---|---|---|---|---|---|---|---|---|---|---|---|---|---|
| 1 | 10 | 3361 • | 3571 • | 3781 | 3991 | 4201 • | 4411 | 4621 • | 4831 • | 5041 | 5251 | 5461 | 5671 | 5881 • | 6091 • | 6301 • | 6511 | 10 | 1 |
| 2 | 2 | 3371 • | 3581 • | 3791 | 4001 • | 4211 • | 4421 • | 4631 | 4841 | 5051 • | 5261 • | 5471 • | 5681 | 5891 | 6101 • | 6311 • | 6521 • | 2 | 2 |
| 3 | 4 | 3373 • | 3583 • | 3793 • | 4003 • | 4213 | 4423 • | 4633 | 4843 | 5053 | 5263 | 5473 | 5683 • | 5893 | 6103 | 6313 | 6523 | 4 | 3 |
| 4 | 2 | 3377 | 3587 | 3797 • | 4007 • | 4217 • | 4427 | 4637 • | 4847 | 5057 | 5267 | 5477 • | 5687 | 5897 • | 6107 | 6317 • | 6527 | 2 | 4 |
| 5 | 4 | 3379 | 3589 | 3799 | 4009 | 4219 • | 4429 | 4639 • | 4849 | 5059 • | 5269 | 5479 • | 5689 • | 5899 | 6109 | 6319 | 6529 • | 4 | 5 |
| 6 | 6 | 3383 | 3593 • | 3803 • | 4013 • | 4223 | 4433 | 4643 • | 4853 | 5063 | 5273 • | 5483 • | 5693 • | 5903 • | 6113 • | 6323 • | 6533 | 6 | 6 |
| 7 | 2 | 3389 • | 3599 | 3809 | 4019 • | 4229 • | 4439 | 4649 • | 4859 | 5069 | 5279 • | 5489 | 5699 | 5909 | 6119 | 6329 • | 6539 | 2 | 7 |
| 8 | 6 | 3391 • | 3601 | 3811 | 4021 • | 4231 • | 4441 • | 4651 • | 4861 • | 5071 | 5281 • | 5491 | 5701 • | 5911 | 6121 • | 6331 | 6541 | 6 | 8 |
| 9 | 4 | 3397 | 3607 • | 3817 | 4027 • | 4237 | 4447 • | 4657 • | 4867 | 5077 • | 5287 | 5497 | 5707 | 5917 | 6127 | 6337 • | 6547 • | 4 | 9 |
| 10 | 2 | 3401 | 3611 | 3821 • | 4031 | 4241 • | 4451 • | 4661 | 4871 • | 5081 • | 5291 | 5501 • | 5711 • | 5921 | 6131 • | 6341 | 6551 • | 2 | 10 |
| 11 | 4 | 3403 | 3613 • | 3823 • | 4033 | 4243 • | 4453 | 4663 • | 4873 | 5083 | 5293 | 5503 • | 5713 | 5923 • | 6133 • | 6343 • | 6553 • | 4 | 11 |
| 12 | 6 | 3407 • | 3617 • | 3827 | 4037 | 4247 | 4457 • | 4667 | 4877 • | 5087 • | 5297 • | 5507 • | 5717 • | 5927 • | 6137 | 6347 | 6557 | 6 | 12 |
| 13 | 6 | 3413 • | 3623 • | 3833 • | 4043 | 4253 • | 4463 • | 4673 • | 4883 | 5093 | 5303 • | 5513 | 5723 | 5933 | 6143 • | 6353 • | 6563 • | 6 | 13 |
| 14 | 2 | 3419 | 3629 | 3839 | 4049 • | 4259 • | 4469 | 4679 • | 4889 • | 5099 • | 5309 • | 5519 • | 5729 | 5939 • | 6149 | 6359 • | 6569 • | 2 | 14 |
| 15 | 6 | 3421 | 3631 • | 3841 | 4051 • | 4261 • | 4471 | 4681 | 4891 | 5101 • | 5311 | 5521 • | 5731 | 5941 | 6151 • | 6361 • | 6571 • | 6 | 15 |
| 16 | 4 | 3427 | 3637 • | 3847 • | 4057 • | 4267 | 4477 | 4687 | 4897 | 5107 • | 5317 | 5527 • | 5737 • | 5947 | 6157 | 6367 • | 6577 • | 4 | 16 |
| 17 | 2 | 3431 | 3641 | 3851 • | 4061 | 4271 • | 4481 • | 4691 • | 4901 | 5111 | 5321 | 5531 • | 5741 • | 5951 | 6161 | 6371 | 6581 • | 2 | 17 |
| 18 | 6 | 3433 • | 3643 • | 3853 • | 4063 | 4273 • | 4483 • | 4693 | 4903 • | 5113 • | 5323 • | 5533 | 5743 • | 5953 • | 6163 • | 6373 • | 6583 | 6 | 18 |
| 19 | 4 | 3439 | 3649 | 3859 | 4069 | 4279 | 4489 | 4699 | 4909 • | 5119 • | 5329 | 5539 | 5749 • | 5959 | 6169 | 6379 • | 6589 | 4 | 19 |
| 20 | 6 | 3443 | 3653 | 3863 • | 4073 • | 4283 • | 4493 • | 4703 • | 4913 | 5123 | 5333 • | 5543 | 5753 | 5963 | 6173 • | 6383 | 6593 | 6 | 20 |
| 21 | 8 | 3449 • | 3659 • | 3869 | 4079 • | 4289 • | 4499 | 4709 | 4919 • | 5129 | 5339 | 5549 | 5759 | 5969 | 6179 | 6389 • | 6599 • | 8 | 21 |
| 22 | 4 | 3457 • | 3667 | 3877 • | 4087 | 4297 • | 4507 • | 4717 | 4927 | 5137 | 5347 • | 5557 • | 5767 | 5977 | 6187 | 6397 • | 6607 • | 4 | 22 |
| 23 | 2 | 3461 • | 3671 • | 3881 • | 4091 • | 4301 | 4511 | 4721 • | 4931 • | 5141 | 5351 • | 5561 | 5771 | 5981 • | 6191 | 6401 | 6611 | 2 | 23 |
| 24 | 4 | 3463 • | 3673 • | 3883 | 4093 • | 4303 | 4513 • | 4723 • | 4933 • | 5143 | 5353 | 5563 • | 5773 | 5983 | 6193 | 6403 | 6613 | 4 | 24 |
| $\overline{24}$ | 2 | 3467 • | 3677 • | 3887 | 4097 | 4307 | 4517 • | 4727 | 4937 • | 5147 • | 5357 | 5567 | 5777 | 5987 • | 6197 • | 6407 | 6617 | 2 | $\overline{24}$ |
| $\overline{23}$ | 4 | 3469 • | 3679 | 3889 • | 4099 • | 4309 | 4519 • | 4729 • | 4939 | 5149 | 5359 | 5569 • | 5779 • | 5989 | 6199 • | 6409 | 6619 • | 4 | $\overline{23}$ |
| $\overline{22}$ | 8 | 3473 | 3683 | 3893 | 4103 | 4313 | 4523 • | 4733 • | 4943 • | 5153 • | 5363 | 5573 • | 5783 • | 5993 | 6203 • | 6413 | 6623 | 8 | $\overline{22}$ |
| $\overline{21}$ | 6 | 3481 | 3691 • | 3901 | 4111 • | 4321 | 4531 | 4741 | 4951 • | 5161 | 5371 | 5581 • | 5791 • | 6001 | 6211 • | 6421 • | 6631 | 6 | $\overline{21}$ |
| $\overline{20}$ | 4 | 3487 | 3697 • | 3907 • | 4117 | 4327 • | 4537 | 4747 | 4957 • | 5167 • | 5377 | 5587 | 5797 | 6007 • | 6217 • | 6427 • | 6637 • | 4 | $\overline{20}$ |
| $\overline{19}$ | 6 | 3491 • | 3701 • | 3911 • | 4121 | 4331 | 4541 | 4751 • | 4961 | 5171 • | 5381 • | 5591 • | 5801 • | 6011 • | 6221 • | 6431 | 6641 | 6 | $\overline{19}$ |
| $\overline{18}$ | 2 | 3497 | 3707 | 3917 • | 4127 • | 4337 • | 4547 • | 4757 | 4967 • | 5177 | 5387 • | 5597 | 5807 • | 6017 | 6227 | 6437 | 6647 | 2 | $\overline{18}$ |
| $\overline{17}$ | 4 | 3499 • | 3709 • | 3919 • | 4129 • | 4339 • | 4549 • | 4759 • | 4969 • | 5179 • | 5389 | 5599 | 5809 | 6019 | 6229 • | 6439 | 6649 | 4 | $\overline{17}$ |
| $\overline{16}$ | 6 | 3503 | 3713 | 3923 • | 4133 • | 4343 | 4553 | 4763 | 4973 • | 5183 | 5393 • | 5603 | 5813 • | 6023 | 6233 | 6443 | 6653 • | 6 | $\overline{16}$ |
| $\overline{15}$ | 2 | 3509 | 3719 • | 3929 • | 4139 • | 4349 • | 4559 | 4769 | 4979 | 5189 • | 5399 • | 5609 | 5819 | 6029 • | 6239 | 6449 • | 6659 • | 2 | $\overline{15}$ |
| $\overline{14}$ | 6 | 3511 • | 3721 | 3931 • | 4141 | 4351 | 4561 • | 4771 | 4981 | 5191 | 5401 | 5611 | 5821 • | 6031 | 6241 | 6451 • | 6661 • | 6 | $\overline{14}$ |
| $\overline{13}$ | 6 | 3517 • | 3727 • | 3937 | 4147 | 4357 • | 4567 • | 4777 | 4987 • | 5197 • | 5407 • | 5617 | 5827 • | 6037 • | 6247 • | 6457 | 6667 | 6 | $\overline{13}$ |
| $\overline{12}$ | 4 | 3523 | 3733 • | 3943 • | 4153 • | 4363 • | 4573 | 4783 • | 4993 • | 5203 | 5413 • | 5623 • | 5833 | 6043 • | 6253 | 6463 | 6673 • | 4 | $\overline{12}$ |
| $\overline{11}$ | 2 | 3527 • | 3737 | 3947 • | 4157 • | 4367 | 4577 | 4787 • | 4997 | 5207 | 5417 • | 5627 | 5837 | 6047 • | 6257 • | 6467 | 6677 | 2 | $\overline{11}$ |
| $\overline{10}$ | 4 | 3529 • | 3739 • | 3949 | 4159 • | 4369 | 4579 | 4789 • | 4999 • | 5209 • | 5419 • | 5629 | 5839 • | 6049 | 6259 | 6469 • | 6679 • | 4 | $\overline{10}$ |
| $\overline{9}$ | 6 | 3533 • | 3743 | 3953 | 4163 | 4373 • | 4583 • | 4793 • | 5003 • | 5213 | 5423 | 5633 | 5843 • | 6053 • | 6263 • | 6473 • | 6683 | 6 | $\overline{9}$ |
| $\overline{8}$ | 2 | 3539 • | 3749 | 3959 | 4169 | 4379 | 4589 | 4799 • | 5009 • | 5219 | 5429 | 5639 • | 5849 • | 6059 | 6269 • | 6479 | 6689 • | 2 | $\overline{8}$ |
| $\overline{7}$ | 6 | 3541 • | 3751 | 3961 | 4171 | 4381 | 4591 • | 4801 • | 5011 • | 5221 | 5431 • | 5641 • | 5851 • | 6061 | 6271 • | 6481 • | 6691 • | 6 | $\overline{7}$ |
| $\overline{6}$ | 4 | 3547 • | 3757 | 3967 • | 4177 • | 4387 | 4597 • | 4807 | 5017 | 5227 • | 5437 • | 5647 • | 5857 • | 6067 • | 6277 • | 6487 | 6697 | 4 | $\overline{6}$ |
| $\overline{5}$ | 2 | 3551 | 3761 • | 3971 | 4181 | 4391 • | 4601 | 4811 | 5021 • | 5231 • | 5441 • | 5651 • | 5861 • | 6071 | 6281 | 6491 • | 6701 • | 2 | $\overline{5}$ |
| $\overline{4}$ | 4 | 3553 | 3763 | 3973 | 4183 | 4393 | 4603 • | 4813 • | 5023 • | 5233 • | 5443 • | 5653 • | 5863 | 6073 • | 6283 | 6493 | 6703 • | 4 | $\overline{4}$ |
| $\overline{3}$ | 2 | 3557 • | 3767 • | 3977 | 4187 | 4397 • | 4607 | 4817 • | 5027 | 5237 • | 5447 | 5657 • | 5867 • | 6077 | 6287 • | 6497 | 6707 | 2 | $\overline{3}$ |
| $\overline{2}$ | 10 | 3559 • | 3769 • | 3979 | 4189 | 4399 | 4609 | 4819 | 5029 | 5239 | 5449 • | 5659 • | 5869 • | 6079 • | 6289 | 6499 | 6709 • | 10 | $\overline{2}$ |
| $\overline{1}$ | 2 | 3569 | 3779 • | 3989 • | 4199 | 4409 • | 4619 • | 4829 • | 5039 • | 5249 | 5459 | 5669 • | 5879 • | 6089 • | 6299 • | 6509 | 6719 • | 2 | $\overline{1}$ |

| | | | | | | | | | | | | | | | | | | | |
|---|---|---|---|---|---|---|---|---|---|---|---|---|---|---|---|---|---|---|---|
| 1 | 10 | 6721 | 6931 | 7141 | 7351 • | 7561 • | 7771 | 7981 | 8191 • | 8401 | 8611 | 8821 • | 9031 | 9241 • | 9451 | 9661 • | 9871 • | 10 | 1 |
| 2 | 2 | 6731 | 6941 | 7151 • | 7361 | 7571 | 7781 | 7991 | 8201 | 8411 | 8621 | 8831 • | 9041 • | 9251 | 9461 • | 9671 | 9881 | 2 | 2 |
| 3 | 4 | 6733 • | 6943 | 7153 | 7363 | 7573 • | 7783 | 7993 • | 8203 | 8413 | 8623 • | 8833 | 9043 • | 9253 | 9463 • | 9673 | 9883 • | 4 | 3 |
| 4 | 2 | 6737 • | 6947 • | 7157 | 7367 | 7577 • | 7787 | 7997 | 8207 | 8417 | 8627 • | 8837 • | 9047 | 9257 • | 9467 • | 9677 • | 9887 • | 2 | 4 |
| 5 | 4 | 6739 | 6949 • | 7159 • | 7369 • | 7579 | 7789 • | 7999 | 8209 • | 8419 • | 8629 • | 8839 • | 9049 • | 9259 | 9469 | 9679 • | 9889 | 4 | 5 |
| 6 | 6 | 6743 | 6953 | 7163 | 7373 | 7583 • | 7793 • | 8003 | 8213 | 8423 • | 8633 | 8843 | 9053 | 9263 | 9473 • | 9683 | 9893 | 6 | 6 |
| 7 | 2 | 6749 | 6959 • | 7169 | 7379 | 7589 • | 7799 | 8009 • | 8219 • | 8429 • | 8639 | 8849 • | 9059 • | 9269 | 9479 • | 9689 • | 9899 | 2 | 7 |
| 8 | 6 | 6751 | 6961 • | 7171 | 7381 | 7591 • | 7801 | 8011 • | 8221 • | 8431 • | 8641 • | 8851 | 9061 | 9271 | 9481 | 9691 | 9901 • | 6 | 8 |
| 9 | 4 | 6757 | 6967 • | 7177 • | 7387 | 7597 | 7807 | 8017 • | 8227 | 8437 | 8647 • | 8857 | 9067 • | 9277 • | 9487 | 9697 • | 9907 • | 4 | 9 |
| 10 | 2 | 6761 • | 6971 • | 7181 | 7391 | 7601 | 7811 | 8021 | 8231 • | 8441 | 8651 | 8861 • | 9071 | 9281 • | 9491 • | 9701 | 9911 | 2 | 10 |
| 11 | 4 | 6763 • | 6973 | 7183 | 7393 • | 7603 • | 7813 | 8023 | 8233 • | 8443 • | 8653 | 8863 • | 9073 | 9283 • | 9493 | 9703 | 9913 | 4 | 11 |
| 12 | 6 | 6767 | 6977 • | 7187 • | 7397 | 7607 • | 7817 • | 8027 | 8237 • | 8447 • | 8657 | 8867 • | 9077 | 9287 | 9497 • | 9707 | 9917 | 6 | 12 |
| 13 | 6 | 6773 | 6983 • | 7193 • | 7403 | 7613 | 7823 • | 8033 | 8243 • | 8453 | 8663 • | 8873 | 9083 | 9293 • | 9503 | 9713 | 9923 • | 6 | 13 |
| 14 | 2 | 6779 • | 6989 | 7199 | 7409 | 7619 | 7829 • | 8039 • | 8249 | 8459 | 8669 • | 8879 | 9089 | 9299 | 9509 | 9719 • | 9929 • | 2 | 14 |
| 15 | 6 | 6781 • | 6991 • | 7201 | 7411 • | 7621 • | 7831 | 8041 | 8251 | 8461 • | 8671 | 8881 | 9091 • | 9301 | 9511 • | 9721 • | 9931 • | 6 | 15 |
| 16 | 4 | 6787 | 6997 • | 7207 • | 7417 • | 7627 | 7837 | 8047 | 8257 | 8467 • | 8677 • | 8887 • | 9097 | 9307 | 9517 | 9727 | 9937 | 4 | 16 |
| 17 | 2 | 6791 • | 7001 • | 7211 • | 7421 | 7631 | 7841 • | 8051 | 8261 | 8471 | 8681 • | 8891 | 9101 | 9311 • | 9521 • | 9731 | 9941 • | 2 | 17 |
| 18 | 6 | 6793 • | 7003 | 7213 • | 7423 | 7633 | 7843 | 8053 • | 8263 • | 8473 | 8683 | 8893 • | 9103 • | 9313 | 9523 | 9733 • | 9943 | 6 | 18 |
| 19 | 4 | 6799 | 7009 | 7219 • | 7429 | 7639 • | 7849 | 8059 • | 8269 • | 8479 | 8689 • | 8899 | 9109 • | 9319 • | 9529 | 9739 • | 9949 • | 4 | 19 |
| 20 | 6 | 6803 • | 7013 • | 7223 | 7433 • | 7643 • | 7853 • | 8063 | 8273 • | 8483 | 8693 • | 8903 | 9113 | 9323 • | 9533 • | 9743 • | 9953 | 6 | 20 |
| 21 | 8 | 6809 | 7019 • | 7229 • | 7439 | 7649 • | 7859 | 8069 • | 8279 | 8489 | 8699 • | 8909 | 9119 | 9329 | 9539 • | 9749 • | 9959 | 8 | 21 |
| 22 | 4 | 6817 | 7027 • | 7237 • | 7447 | 7657 | 7867 • | 8077 | 8287 • | 8497 | 8707 • | 8917 | 9127 • | 9337 • | 9547 • | 9757 | 9967 • | 4 | 22 |
| 23 | 2 | 6821 | 7031 | 7241 | 7451 • | 7661 | 7871 | 8081 • | 8291 • | 8501 • | 8711 | 8921 | 9131 | 9341 • | 9551 • | 9761 | 9971 | 2 | 23 |
| 24 | 4 | 6823 • | 7033 | 7243 • | 7453 | 7663 | 7873 • | 8083 | 8293 • | 8503 | 8713 • | 8923 • | 9133 • | 9343 • | 9553 | 9763 | 9973 • | 4 | 24 |
| $\overline{24}$ | 2 | 6827 • | 7037 | 7247 • | 7457 • | 7667 | 7877 • | 8087 • | 8297 • | 8507 | 8717 | 8927 | 9137 • | 9347 | 9557 | 9767 • | 9977 | 2 | $\overline{24}$ |
| $\overline{23}$ | 4 | 6829 • | 7039 • | 7249 | 7459 • | 7669 • | 7879 • | 8089 • | 8299 | 8509 | 8719 • | 8929 • | 9139 | 9349 • | 9559 | 9769 • | 9979 | 4 | $\overline{23}$ |
| $\overline{22}$ | 8 | 6833 • | 7043 • | 7253 • | 7463 | 7673 • | 7883 • | 8093 • | 8303 | 8513 • | 8723 | 8933 • | 9143 | 9353 | 9563 | 9773 | 9983 | 8 | $\overline{22}$ |
| $\overline{21}$ | 6 | 6841 • | 7051 | 7261 | 7471 | 7681 • | 7891 | 8101 • | 8311 • | 8521 • | 8731 • | 8941 • | 9151 • | 9361 | 9571 | 9781 • | 9991 | 6 | $\overline{21}$ |
| $\overline{20}$ | 4 | 6847 | 7057 • | 7267 | 7477 • | 7687 • | 7897 | 8107 | 8317 • | 8527 • | 8737 • | 8947 | 9157 • | 9367 | 9577 | 9787 • | 9997 | 4 | $\overline{20}$ |
| $\overline{19}$ | 6 | 6851 | 7061 | 7271 | 7481 • | 7691 • | 7901 • | 8111 • | 8321 | 8531 | 8741 • | 8951 • | 9161 • | 9371 • | 9581 | 9791 • | 10001 | 6 | $\overline{19}$ |
| $\overline{18}$ | 2 | 6857 • | 7067 | 7277 | 7487 • | 7697 | 7907 • | 8117 • | 8327 | 8537 • | 8747 • | 8957 | 9167 | 9377 • | 9587 • | 9797 | 10007 • | 2 | $\overline{18}$ |
| $\overline{17}$ | 4 | 6859 | 7069 • | 7279 | 7489 • | 7699 • | 7909 | 8119 | 8329 • | 8539 • | 8749 | 8959 | 9169 | 9379 | 9589 | 9799 | 10009 • | 4 | $\overline{17}$ |
| $\overline{16}$ | 6 | 6863 • | 7073 | 7283 • | 7493 | 7703 • | 7913 | 8123 • | 8333 | 8543 • | 8753 • | 8963 • | 9173 • | 9383 | 9593 | 9803 • | 10013 | 6 | $\overline{16}$ |
| $\overline{15}$ | 2 | 6869 • | 7079 • | 7289 | 7499 • | 7709 | 7919 • | 8129 | 8339 | 8549 | 8759 | 8969 • | 9179 | 9389 | 9599 | 9809 | 10019 | 2 | $\overline{15}$ |
| $\overline{14}$ | 6 | 6871 • | 7081 | 7291 | 7501 | 7711 | 7921 | 8131 | 8341 | 8551 | 8761 • | 8971 • | 9181 • | 9391 • | 9601 • | 9811 • | 10021 | 6 | $\overline{14}$ |
| $\overline{13}$ | 6 | 6877 | 7087 | 7297 • | 7507 • | 7717 • | 7927 • | 8137 | 8347 | 8557 | 8767 | 8977 | 9187 • | 9397 • | 9607 | 9817 • | 10027 | 6 | $\overline{13}$ |
| $\overline{12}$ | 4 | 6883 • | 7093 | 7303 | 7513 | 7723 • | 7933 • | 8143 | 8353 • | 8563 • | 8773 | 8983 | 9193 | 9403 • | 9613 • | 9823 | 10033 | 4 | $\overline{12}$ |
| $\overline{11}$ | 2 | 6887 | 7097 | 7307 • | 7517 • | 7727 • | 7937 • | 8147 • | 8357 | 8567 | 8777 | 8987 | 9197 | 9407 | 9617 | 9827 | 10037 • | 2 | $\overline{11}$ |
| $\overline{10}$ | 4 | 6889 | 7099 | 7309 • | 7519 | 7729 | 7939 | 8149 | 8359 | 8569 | 8779 • | 8989 | 9199 • | 9409 | 9619 • | 9829 • | 10039 • | 4 | $\overline{10}$ |
| $\overline{9}$ | 6 | 6893 | 7103 • | 7313 | 7523 • | 7733 | 7943 | 8153 | 8363 • | 8573 • | 8783 • | 8993 | 9203 • | 9413 • | 9623 • | 9833 • | 10043 | 6 | $\overline{9}$ |
| $\overline{8}$ | 2 | 6899 • | 7109 • | 7319 | 7529 • | 7739 | 7949 • | 8159 | 8369 • | 8579 | 8789 | 8999 • | 9209 • | 9419 • | 9629 • | 9839 • | 10049 | 2 | $\overline{8}$ |
| $\overline{7}$ | 6 | 6901 | 7111 | 7321 • | 7531 | 7741 • | 7951 • | 8161 • | 8371 | 8581 • | 8791 | 9001 • | 9211 | 9421 • | 9631 • | 9841 | 10051 | 6 | $\overline{7}$ |
| $\overline{6}$ | 4 | 6907 • | 7117 | 7327 | 7537 • | 7747 | 7957 | 8167 • | 8377 • | 8587 | 8797 | 9007 • | 9217 | 9427 | 9637 | 9847 | 10057 | 4 | $\overline{6}$ |
| $\overline{5}$ | 2 | 6911 • | 7121 • | 7331 • | 7541 • | 7751 | 7961 | 8171 • | 8381 | 8591 | 8801 | 9011 • | 9221 • | 9431 • | 9641 | 9851 • | 10061 • | 2 | $\overline{5}$ |
| $\overline{4}$ | 4 | 6913 | 7123 | 7333 • | 7543 | 7753 • | 7963 • | 8173 | 8383 | 8593 | 8803 • | 9013 • | 9223 | 9433 • | 9643 • | 9853 | 10063 | 4 | $\overline{4}$ |
| $\overline{3}$ | 2 | 6917 • | 7127 • | 7337 | 7547 • | 7757 • | 7967 | 8177 | 8387 • | 8597 • | 8807 • | 9017 | 9227 • | 9437 • | 9647 | 9857 • | 10067 • | 2 | $\overline{3}$ |
| $\overline{2}$ | 10 | 6919 | 7129 • | 7339 | 7549 • | 7759 • | 7969 | 8179 • | 8389 • | 8599 • | 8809 | 9019 | 9229 | 9439 • | 9649 • | 9859 • | 10069 • | 10 | $\overline{2}$ |
| $\overline{1}$ | 2 | 6929 | 7139 | 7349 • | 7559 • | 7769 | 7979 | 8189 | 8399 | 8609 • | 8819 • | 9029 • | 9239 • | 9449 | 9659 | 9869 | 10079 • | 2 | $\overline{1}$ |

| | | | | | | | | | | | | | | | | | | | |
|---|---|---|---|---|---|---|---|---|---|---|---|---|---|---|---|---|---|---|---|
| 1 | 10 | 10081 | 10291 | 10501 • | 10711 • | 10921 | 11131 • | 11341 | 11551 • | 11761 | 11971 • | 12181 | 12391 • | 12601 • | 12811 | 13021 | 13231 | 10 | 1 |
| 2 | 2 | 10091 • | 10301 • | 10511 | 10721 | 10931 | 11141 | 11351 • | 11561 | 11771 | 11981 • | 12191 | 12401 • | 12611 • | 12821 • | 13031 | 13241 • | 2 | 2 |
| 3 | 4 | 10093 • | 10303 • | 10513 • | 10723 • | 10933 | 11143 | 11353 • | 11563 | 11773 | 11983 | 12193 | 12403 | 12613 • | 12823 • | 13033 • | 13243 | 4 | 3 |
| 4 | 2 | 10097 | 10307 | 10517 | 10727 | 10937 • | 11147 | 11357 | 11567 | 11777 • | 11987 • | 12197 • | 12407 | 12617 | 12827 | 13037 • | 13247 | 2 | 4 |
| 5 | 4 | 10099 • | 10309 | 10519 | 10729 • | 10939 • | 11149 • | 11359 | 11569 | 11779 • | 11989 | 12199 | 12409 • | 12619 • | 12829 • | 13039 | 13249 • | 4 | 5 |
| 6 | 6 | 10103 • | 10313 • | 10523 | 10733 • | 10943 | 11153 | 11363 | 11573 | 11783 • | 11993 | 12203 • | 12413 • | 12623 | 12833 | 13043 • | 13253 | 6 | 6 |
| 7 | 2 | 10109 | 10319 | 10529 • | 10739 • | 10949 • | 11159 • | 11369 • | 11579 • | 11789 • | 11999 | 12209 | 12419 | 12629 | 12839 | 13049 • | 13259 • | 2 | 7 |
| 8 | 6 | 10111 • | 10321 • | 10531 • | 10741 | 10951 | 11161 • | 11371 | 11581 | 11791 | 12001 | 12211 • | 12421 • | 12631 | 12841 • | 13051 | 13261 | 6 | 8 |
| 9 | 4 | 10117 | 10327 | 10537 | 10747 | 10957 • | 11167 | 11377 | 11587 • | 11797 | 12007 • | 12217 | 12427 | 12637 • | 12847 | 13057 | 13267 • | 4 | 9 |
| 10 | 2 | 10121 | 10331 • | 10541 | 10751 | 10961 | 11171 • | 11381 | 11591 | 11801 • | 12011 • | 12221 | 12431 | 12641 • | 12851 | 13061 | 13271 | 2 | 10 |
| 11 | 4 | 10123 | 10333 • | 10543 | 10753 • | 10963 | 11173 • | 11383 • | 11593 • | 11803 | 12013 | 12223 | 12433 • | 12643 | 12853 • | 13063 • | 13273 | 4 | 11 |
| 12 | 6 | 10127 | 10337 • | 10547 | 10757 | 10967 | 11177 • | 11387 | 11597 • | 11807 • | 12017 | 12227 • | 12437 • | 12647 • | 12857 | 13067 | 13277 | 6 | 12 |
| 13 | 6 | 10133 • | 10343 • | 10553 | 10763 | 10973 • | 11183 | 11393 • | 11603 | 11813 • | 12023 | 12233 | 12443 | 12653 • | 12863 | 13073 | 13283 | 6 | 13 |
| 14 | 2 | 10139 • | 10349 | 10559 • | 10769 | 10979 • | 11189 | 11399 • | 11609 | 11819 | 12029 | 12239 • | 12449 | 12659 • | 12869 | 13079 | 13289 | 2 | 14 |
| 15 | 6 | 10141 • | 10351 | 10561 | 10771 • | 10981 | 11191 | 11401 | 11611 | 11821 • | 12031 | 12241 • | 12451 • | 12661 | 12871 | 13081 | 13291 • | 6 | 15 |
| 16 | 4 | 10147 | 10357 • | 10567 • | 10777 | 10987 • | 11197 • | 11407 | 11617 • | 11827 • | 12037 • | 12247 | 12457 • | 12667 | 12877 | 13087 | 13297 • | 4 | 16 |
| 17 | 2 | 10151 • | 10361 | 10571 | 10781 • | 10991 | 11201 | 11411 • | 11621 • | 11831 • | 12041 • | 12251 • | 12461 | 12671 • | 12881 | 13091 | 13301 | 2 | 17 |
| 18 | 6 | 10153 | 10363 | 10573 | 10783 | 10993 • | 11203 | 11413 | 11623 | 11833 • | 12043 • | 12253 • | 12463 | 12673 | 12883 | 13093 • | 13303 | 6 | 18 |
| 19 | 4 | 10159 • | 10369 • | 10579 | 10789 • | 10999 | 11209 | 11419 | 11629 | 11839 • | 12049 • | 12259 | 12469 | 12679 | 12889 • | 13099 • | 13309 • | 4 | 19 |
| 20 | 6 | 10163 • | 10373 | 10583 | 10793 | 11003 • | 11213 • | 11423 • | 11633 • | 11843 | 12053 | 12263 • | 12473 • | 12683 | 12893 • | 13103 • | 13313 • | 6 | 20 |
| 21 | 8 | 10169 • | 10379 | 10589 • | 10799 • | 11009 | 11219 | 11429 | 11639 | 11849 | 12059 | 12269 • | 12479 • | 12689 • | 12899 • | 13109 • | 13319 | 8 | 21 |
| 22 | 4 | 10177 • | 10387 | 10597 • | 10807 | 11017 • | 11227 | 11437 • | 11647 | 11857 | 12067 | 12277 • | 12487 • | 12697 • | 12907 • | 13117 | 13327 • | 4 | 22 |
| 23 | 2 | 10181 • | 10391 • | 10601 • | 10811 | 11021 | 11231 | 11441 | 11651 | 11861 | 12071 • | 12281 • | 12491 • | 12701 | 12911 • | 13121 • | 13331 • | 2 | 23 |
| 24 | 4 | 10183 | 10393 | 10603 | 10813 | 11023 | 11233 | 11443 • | 11653 | 11863 • | 12073 • | 12283 | 12493 | 12703 • | 12913 | 13123 | 13333 | 4 | 24 |
| $\overline{24}$ | 2 | 10187 | 10397 | 10607 • | 10817 | 11027 • | 11237 | 11447 • | 11657 • | 11867 • | 12077 | 12287 | 12497 • | 12707 | 12917 • | 13127 • | 13337 • | 2 | $\overline{24}$ |
| $\overline{23}$ | 4 | 10189 | 10399 • | 10609 | 10819 | 11029 | 11239 • | 11449 | 11659 | 11869 | 12079 | 12289 • | 12499 | 12709 | 12919 • | 13129 | 13339 • | 4 | $\overline{23}$ |
| $\overline{22}$ | 8 | 10193 • | 10403 | 10613 • | 10823 | 11033 | 11243 • | 11453 | 11663 | 11873 | 12083 | 12293 | 12503 • | 12713 • | 12923 • | 13133 | 13343 | 8 | $\overline{22}$ |
| $\overline{21}$ | 6 | 10201 | 10411 | 10621 | 10831 • | 11041 | 11251 • | 11461 | 11671 | 11881 | 12091 | 12301 • | 12511 • | 12721 • | 12931 | 13141 | 13351 | 6 | $\overline{21}$ |
| $\overline{20}$ | 4 | 10207 | 10417 | 10627 • | 10837 • | 11047 • | 11257 • | 11467 • | 11677 • | 11887 • | 12097 • | 12307 | 12517 • | 12727 | 12937 | 13147 • | 13357 | 4 | $\overline{20}$ |
| $\overline{19}$ | 6 | 10211 • | 10421 | 10631 • | 10841 | 11051 | 11261 • | 11471 • | 11681 • | 11891 | 12101 • | 12311 | 12521 | 12731 | 12941 • | 13151 • | 13361 | 6 | $\overline{19}$ |
| $\overline{18}$ | 2 | 10217 | 10427 • | 10637 | 10847 • | 11057 • | 11267 | 11477 | 11687 | 11897 • | 12107 • | 12317 | 12527 • | 12737 | 12947 | 13157 | 13367 • | 2 | $\overline{18}$ |
| $\overline{17}$ | 4 | 10219 | 10429 • | 10639 • | 10849 | 11059 • | 11269 | 11479 | 11689 • | 11899 | 12109 • | 12319 | 12529 | 12739 • | 12949 | 13159 • | 13369 | 4 | $\overline{17}$ |
| $\overline{16}$ | 6 | 10223 • | 10433 | 10643 | 10853 • | 11063 | 11273 • | 11483 • | 11693 | 11903 • | 12113 • | 12323 • | 12533 | 12743 • | 12953 • | 13163 • | 13373 | 6 | $\overline{16}$ |
| $\overline{15}$ | 2 | 10229 | 10439 | 10649 | 10859 • | 11069 • | 11279 • | 11489 • | 11699 • | 11909 • | 12119 • | 12329 • | 12539 • | 12749 | 12959 • | 13169 | 13379 | 2 | $\overline{15}$ |
| $\overline{14}$ | 6 | 10231 | 10441 | 10651 • | 10861 • | 11071 • | 11281 | 11491 • | 11701 • | 11911 | 12121 | 12331 | 12541 • | 12751 | 12961 | 13171 • | 13381 • | 6 | $\overline{14}$ |
| $\overline{13}$ | 6 | 10237 | 10447 | 10657 • | 10867 • | 11077 | 11287 • | 11497 • | 11707 | 11917 | 12127 | 12337 | 12547 • | 12757 • | 12967 • | 13177 • | 13387 | 6 | $\overline{13}$ |
| $\overline{12}$ | 4 | 10243 • | 10453 • | 10663 • | 10873 | 11083 • | 11293 | 11503 • | 11713 | 11923 • | 12133 | 12343 • | 12553 • | 12763 • | 12973 • | 13183 • | 13393 | 4 | $\overline{12}$ |
| $\overline{11}$ | 2 | 10247 • | 10457 • | 10667 • | 10877 | 11087 • | 11297 | 11507 | 11717 • | 11927 • | 12137 | 12347 • | 12557 | 12767 | 12977 | 13187 • | 13397 • | 2 | $\overline{11}$ |
| $\overline{10}$ | 4 | 10249 | 10459 • | 10669 | 10879 | 11089 | 11299 • | 11509 | 11719 • | 11929 | 12139 | 12349 | 12559 | 12769 | 12979 • | 13189 | 13399 • | 4 | $\overline{10}$ |
| $\overline{9}$ | 6 | 10253 • | 10463 • | 10673 | 10883 • | 11093 • | 11303 | 11513 | 11723 | 11933 • | 12143 • | 12353 | 12563 | 12773 | 12983 • | 13193 | 13403 | 6 | $\overline{9}$ |
| $\overline{8}$ | 2 | 10259 • | 10469 | 10679 | 10889 • | 11099 | 11309 | 11519 • | 11729 | 11939 • | 12149 • | 12359 | 12569 • | 12779 | 12989 | 13199 | 13409 | 2 | $\overline{8}$ |
| $\overline{7}$ | 6 | 10261 | 10471 | 10681 | 10891 • | 11101 | 11311 • | 11521 | 11731 • | 11941 • | 12151 | 12361 | 12571 | 12781 • | 12991 | 13201 | 13411 • | 6 | $\overline{7}$ |
| $\overline{6}$ | 4 | 10267 • | 10477 • | 10687 • | 10897 | 11107 | 11317 • | 11527 • | 11737 | 11947 | 12157 • | 12367 | 12577 • | 12787 | 12997 | 13207 | 13417 • | 4 | $\overline{6}$ |
| $\overline{5}$ | 2 | 10271 • | 10481 | 10691 • | 10901 | 11111 | 11321 • | 11531 | 11741 | 11951 | 12161 • | 12371 | 12581 | 12791 • | 13001 • | 13211 | 13421 • | 2 | $\overline{5}$ |
| $\overline{4}$ | 4 | 10273 • | 10483 | 10693 | 10903 • | 11113 • | 11323 | 11533 | 11743 • | 11953 • | 12163 • | 12373 • | 12583 • | 12793 | 13003 • | 13213 | 13423 | 4 | $\overline{4}$ |
| $\overline{3}$ | 2 | 10277 | 10487 • | 10697 | 10907 | 11117 • | 11327 | 11537 | 11747 | 11957 | 12167 | 12377 • | 12587 | 12797 | 13007 • | 13217 • | 13427 | 2 | $\overline{3}$ |
| $\overline{2}$ | 10 | 10279 | 10489 | 10699 | 10909 • | 11119 • | 11329 • | 11539 | 11749 | 11959 • | 12169 | 12379 • | 12589 • | 12799 • | 13009 • | 13219 • | 13429 | 10 | $\overline{2}$ |
| $\overline{1}$ | 2 | 10289 • | 10499 • | 10709 • | 10919 | 11129 | 11339 | 11549 • | 11759 | 11969 • | 12179 | 12389 | 12599 | 12809 • | 13019 | 13229 • | 13439 | 2 | $\overline{1}$ |

| | | | | | | | | | | | | | | | | | | | |
|---|---|---|---|---|---|---|---|---|---|---|---|---|---|---|---|---|---|---|---|
| 1 | 10 | 13441 • | 13651 | 13861 | 14071 • | 14281 • | 14491 | 14701 | 14911 | 15121 • | 15331 • | 15541 • | 15751 | 15961 | 16171 | 16381 • | 16591 | 10 | 1 |
| 2 | 2 | 13451 • | 13661 | 13871 | 14081 • | 14291 | 14501 | 14711 | 14921 | 15131 • | 15341 | 15551 • | 15761 • | 15971 • | 16181 | 16391 | 16601 | 2 | 2 |
| 3 | 4 | 13453 | 13663 | 13873 • | 14083 • | 14293 • | 14503 • | 14713 • | 14923 • | 15133 | 15343 | 15553 | 15763 | 15973 • | 16183 • | 16393 | 16603 • | 4 | 3 |
| 4 | 2 | 13457 • | 13667 | 13877 • | 14087 • | 14297 | 14507 | 14717 • | 14927 | 15137 • | 15347 | 15557 | 15767 • | 15977 | 16187 • | 16397 | 16607 • | 2 | 4 |
| 5 | 4 | 13459 | 13669 • | 13879 • | 14089 | 14299 | 14509 | 14719 | 14929 • | 15139 • | 15349 • | 15559 • | 15769 | 15979 | 16189 • | 16399 | 16609 | 4 | 5 |
| 6 | 6 | 13463 • | 13673 | 13883 • | 14093 | 14303 • | 14513 | 14723 • | 14933 | 15143 | 15353 | 15563 | 15773 • | 15983 | 16193 • | 16403 | 16613 | 6 | 6 |
| 7 | 2 | 13469 • | 13679 • | 13889 | 14099 | 14309 | 14519 • | 14729 | 14939 • | 15149 • | 15359 • | 15569 • | 15779 | 15989 | 16199 | 16409 | 16619 • | 2 | 7 |
| 8 | 6 | 13471 | 13681 • | 13891 | 14101 | 14311 | 14521 | 14731 • | 14941 | 15151 | 15361 • | 15571 | 15781 | 15991 • | 16201 | 16411 • | 16621 | 6 | 8 |
| 9 | 4 | 13477 • | 13687 • | 13897 | 14107 • | 14317 | 14527 | 14737 • | 14947 • | 15157 | 15367 | 15577 | 15787 • | 15997 | 16207 | 16417 • | 16627 | 4 | 9 |
| 10 | 2 | 13481 | 13691 • | 13901 • | 14111 | 14321 • | 14531 | 14741 • | 14951 • | 15161 • | 15371 | 15581 • | 15791 • | 16001 • | 16211 | 16421 • | 16631 • | 2 | 10 |
| 11 | 4 | 13483 | 13693 • | 13903 • | 14113 | 14323 • | 14533 • | 14743 | 14953 | 15163 | 15373 • | 15583 • | 15793 | 16003 | 16213 | 16423 | 16633 • | 4 | 11 |
| 12 | 6 | 13487 • | 13697 • | 13907 • | 14117 | 14327 • | 14537 • | 14747 • | 14957 • | 15167 | 15377 • | 15587 | 15797 • | 16007 • | 16217 • | 16427 • | 16637 | 6 | 12 |
| 13 | 6 | 13493 | 13703 | 13913 • | 14123 | 14333 | 14543 • | 14753 • | 14963 | 15173 • | 15383 • | 15593 | 15803 • | 16013 | 16223 • | 16433 • | 16643 | 6 | 13 |
| 14 | 2 | 13499 • | 13709 • | 13919 | 14129 | 14339 | 14549 • | 14759 • | 14969 • | 15179 | 15389 | 15599 | 15809 • | 16019 | 16229 • | 16439 | 16649 • | 2 | 14 |
| 15 | 6 | 13501 | 13711 • | 13921 • | 14131 | 14341 • | 14551 • | 14761 | 14971 | 15181 | 15391 • | 15601 • | 15811 | 16021 | 16231 • | 16441 | 16651 • | 6 | 15 |
| 16 | 4 | 13507 | 13717 | 13927 | 14137 | 14347 • | 14557 • | 14767 • | 14977 | 15187 • | 15397 | 15607 • | 15817 • | 16027 | 16237 | 16447 • | 16657 • | 4 | 16 |
| 17 | 2 | 13511 | 13721 • | 13931 • | 14141 | 14351 | 14561 • | 14771 • | 14981 | 15191 | 15401 • | 15611 | 15821 | 16031 | 16241 | 16451 • | 16661 • | 2 | 17 |
| 18 | 6 | 13513 • | 13723 • | 13933 • | 14143 • | 14353 | 14563 • | 14773 | 14983 • | 15193 • | 15403 | 15613 | 15823 • | 16033 • | 16243 | 16453 • | 16663 | 6 | 18 |
| 19 | 4 | 13519 | 13729 • | 13939 | 14149 • | 14359 | 14569 | 14779 • | 14989 | 15199 • | 15409 | 15619 • | 15829 | 16039 | 16249 • | 16459 | 16669 | 4 | 19 |
| 20 | 6 | 13523 • | 13733 | 13943 | 14153 • | 14363 | 14573 | 14783 • | 14993 | 15203 | 15413 • | 15623 | 15833 | 16043 | 16253 • | 16463 | 16673 • | 6 | 20 |
| 21 | 8 | 13529 | 13739 | 13949 | 14159 • | 14369 • | 14579 | 14789 | 14999 | 15209 | 15419 | 15629 • | 15839 | 16049 | 16259 | 16469 | 16679 | 8 | 21 |
| 22 | 4 | 13537 • | 13747 | 13957 | 14167 | 14377 | 14587 | 14797 • | 15007 | 15217 • | 15427 • | 15637 | 15847 | 16057 • | 16267 • | 16477 • | 16687 | 4 | 22 |
| 23 | 2 | 13541 | 13751 • | 13961 | 14171 | 14381 | 14591 • | 14801 | 15011 | 15221 | 15431 | 15641 • | 15851 | 16061 • | 16271 | 16481 • | 16691 • | 2 | 23 |
| 24 | 4 | 13543 | 13753 | 13963 • | 14173 • | 14383 | 14593 • | 14803 | 15013 • | 15223 | 15433 | 15643 • | 15853 | 16063 • | 16273 • | 16483 | 16693 • | 4 | 24 |
| $\overline{24}$ | 2 | 13547 | 13757 • | 13967 • | 14177 • | 14387 • | 14597 | 14807 | 15017 • | 15227 • | 15437 | 15647 • | 15857 | 16067 • | 16277 | 16487 • | 16697 | 2 | $\overline{24}$ |
| $\overline{23}$ | 4 | 13549 | 13759 • | 13969 | 14179 | 14389 • | 14599 | 14809 | 15019 | 15229 | 15439 • | 15649 • | 15859 • | 16069 • | 16279 | 16489 | 16699 • | 4 | $\overline{23}$ |
| $\overline{22}$ | 8 | 13553 • | 13763 • | 13973 | 14183 | 14393 | 14603 | 14813 • | 15023 | 15233 • | 15443 • | 15653 | 15863 | 16073 • | 16283 | 16493 • | 16703 • | 8 | $\overline{22}$ |
| $\overline{21}$ | 6 | 13561 | 13771 | 13981 | 14191 | 14401 • | 14611 | 14821 • | 15031 • | 15241 • | 15451 • | 15661 • | 15871 | 16081 | 16291 | 16501 | 16711 | 6 | $\overline{21}$ |
| $\overline{20}$ | 4 | 13567 • | 13777 | 13987 | 14197 • | 14407 • | 14617 | 14827 • | 15037 | 15247 | 15457 | 15667 • | 15877 • | 16087 • | 16297 | 16507 | 16717 | 4 | $\overline{20}$ |
| $\overline{19}$ | 6 | 13571 | 13781 • | 13991 | 14201 | 14411 • | 14621 • | 14831 • | 15041 | 15251 | 15461 • | 15671 • | 15881 • | 16091 • | 16301 • | 16511 | 16721 | 6 | $\overline{19}$ |
| $\overline{18}$ | 2 | 13577 • | 13787 | 13997 • | 14207 • | 14417 | 14627 • | 14837 | 15047 | 15257 | 15467 • | 15677 | 15887 • | 16097 • | 16307 | 16517 | 16727 | 2 | $\overline{18}$ |
| $\overline{17}$ | 4 | 13579 | 13789 • | 13999 • | 14209 | 14419 • | 14629 • | 14839 | 15049 | 15259 • | 15469 | 15679 • | 15889 • | 16099 | 16309 | 16519 • | 16729 • | 4 | $\overline{17}$ |
| $\overline{16}$ | 6 | 13583 | 13793 | 14003 | 14213 | 14423 • | 14633 • | 14843 • | 15053 • | 15263 • | 15473 • | 15683 • | 15893 | 16103 • | 16313 | 16523 | 16733 | 6 | $\overline{16}$ |
| $\overline{15}$ | 2 | 13589 | 13799 • | 14009 • | 14219 | 14429 | 14639 • | 14849 | 15059 | 15269 • | 15479 | 15689 | 15899 | 16109 | 16319 • | 16529 • | 16739 | 2 | $\overline{15}$ |
| $\overline{14}$ | 6 | 13591 • | 13801 | 14011 • | 14221 • | 14431 • | 14641 | 14851 • | 15061 • | 15271 • | 15481 | 15691 | 15901 • | 16111 • | 16321 | 16531 | 16741 • | 6 | $\overline{14}$ |
| $\overline{13}$ | 6 | 13597 • | 13807 • | 14017 | 14227 | 14437 • | 14647 | 14857 | 15067 | 15277 • | 15487 | 15697 | 15907 • | 16117 | 16327 | 16537 | 16747 • | 6 | $\overline{13}$ |
| $\overline{12}$ | 4 | 13603 | 13813 | 14023 | 14233 | 14443 | 14653 • | 14863 | 15073 • | 15283 | 15493 • | 15703 | 15913 • | 16123 | 16333 • | 16543 | 16753 | 4 | $\overline{12}$ |
| $\overline{11}$ | 2 | 13607 | 13817 | 14027 | 14237 | 14447 • | 14657 • | 14867 • | 15077 • | 15287 • | 15497 • | 15707 | 15917 | 16127 • | 16337 | 16547 • | 16757 | 2 | $\overline{11}$ |
| $\overline{10}$ | 4 | 13609 | 13819 | 14029 • | 14239 | 14449 • | 14659 | 14869 • | 15079 | 15289 • | 15499 | 15709 | 15919 • | 16129 | 16339 • | 16549 | 16759 • | 4 | $\overline{10}$ |
| $\overline{9}$ | 6 | 13613 • | 13823 | 14033 • | 14243 • | 14453 | 14663 | 14873 | 15083 • | 15293 | 15503 | 15713 | 15923 • | 16133 | 16343 | 16553 • | 16763 • | 6 | $\overline{9}$ |
| $\overline{8}$ | 2 | 13619 • | 13829 • | 14039 | 14249 • | 14459 | 14669 • | 14879 • | 15089 | 15299 • | 15509 | 15719 | 15929 | 16139 • | 16349 • | 16559 | 16769 | 2 | $\overline{8}$ |
| $\overline{7}$ | 6 | 13621 | 13831 • | 14041 | 14251 • | 14461 • | 14671 | 14881 | 15091 • | 15301 | 15511 • | 15721 | 15931 | 16141 • | 16351 | 16561 • | 16771 | 6 | $\overline{7}$ |
| $\overline{6}$ | 4 | 13627 • | 13837 | 14047 | 14257 | 14467 | 14677 | 14887 • | 15097 | 15307 • | 15517 | 15727 • | 15937 • | 16147 | 16357 | 16567 • | 16777 | 4 | $\overline{6}$ |
| $\overline{5}$ | 2 | 13631 | 13841 • | 14051 • | 14261 | 14471 | 14681 | 14891 • | 15101 • | 15311 | 15521 | 15731 • | 15941 | 16151 | 16361 • | 16571 | 16781 | 2 | $\overline{5}$ |
| $\overline{4}$ | 4 | 13633 • | 13843 | 14053 | 14263 | 14473 | 14683 • | 14893 | 15103 | 15313 • | 15523 | 15733 • | 15943 | 16153 | 16363 • | 16573 • | 16783 | 4 | $\overline{4}$ |
| $\overline{3}$ | 2 | 13637 | 13847 | 14057 • | 14267 | 14477 | 14687 | 14897 • | 15107 • | 15317 | 15527 • | 15737 • | 15947 | 16157 | 16367 | 16577 | 16787 • | 2 | $\overline{3}$ |
| $\overline{2}$ | 10 | 13639 | 13849 | 14059 | 14269 | 14479 • | 14689 | 14899 | 15109 | 15319 • | 15529 | 15739 • | 15949 | 16159 | 16369 • | 16579 | 16789 | 10 | $\overline{2}$ |
| $\overline{1}$ | 2 | 13649 • | 13859 • | 14069 | 14279 | 14489 • | 14699 • | 14909 | 15119 | 15329 • | 15539 | 15749 • | 15959 • | 16169 | 16379 | 16589 | 16799 | 2 | $\overline{1}$ |

| | | | | | | | | | | | | | | | | | | | |
|---|---|---|---|---|---|---|---|---|---|---|---|---|---|---|---|---|---|---|---|
| 1 | 10 | 16801 | 17011 • | 17221 | 17431 • | 17641 | 17851 • | 18061 • | 18271 | 18481 • | 18691 • | 18901 | 19111 | 19321 | 19531 • | 19741 | 19951 | 10 | 1 |
| 2 | 2 | 16811 • | 17021 • | 17231 • | 17441 | 17651 | 17861 | 18071 | 18281 | 18491 | 18701 • | 18911 • | 19121 • | 19331 | 19541 • | 19751 • | 19961 • | 2 | 2 |
| 3 | 4 | 16813 | 17023 | 17233 | 17443 • | 17653 | 17863 • | 18073 | 18283 | 18493 • | 18703 | 18913 • | 19123 | 19333 • | 19543 • | 19753 • | 19963 • | 4 | 3 |
| 4 | 2 | 16817 | 17027 • | 17237 | 17447 | 17657 • | 17867 | 18077 • | 18287 • | 18497 | 18707 | 18917 • | 19127 | 19337 | 19547 | 19757 | 19967 | 2 | 4 |
| 5 | 4 | 16819 | 17029 • | 17239 • | 17449 • | 17659 • | 17869 | 18079 | 18289 • | 18499 | 18709 | 18919 • | 19129 | 19339 | 19549 | 19759 • | 19969 | 4 | 5 |
| 6 | 6 | 16823 • | 17033 • | 17243 | 17453 | 17663 | 17873 | 18083 | 18293 | 18503 • | 18713 • | 18923 | 19133 | 19343 | 19553 • | 19763 • | 19973 • | 6 | 6 |
| 7 | 2 | 16829 • | 17039 | 17249 | 17459 | 17669 • | 17879 | 18089 • | 18299 | 18509 | 18719 • | 18929 | 19139 • | 19349 | 19559 • | 19769 | 19979 • | 2 | 7 |
| 8 | 6 | 16831 • | 17041 • | 17251 | 17461 | 17671 | 17881 • | 18091 | 18301 • | 18511 | 18721 | 18931 | 19141 • | 19351 | 19561 | 19771 | 19981 | 6 | 8 |
| 9 | 4 | 16837 | 17047 • | 17257 • | 17467 • | 17677 | 17887 | 18097 • | 18307 • | 18517 • | 18727 | 18937 | 19147 | 19357 | 19567 | 19777 • | 19987 | 4 | 9 |
| 10 | 2 | 16841 | 17051 | 17261 | 17471 • | 17681 • | 17891 • | 18101 | 18311 • | 18521 • | 18731 • | 18941 | 19151 | 19361 | 19571 • | 19781 | 19991 • | 2 | 10 |
| 11 | 4 | 16843 • | 17053 • | 17263 | 17473 | 17683 • | 17893 | 18103 | 18313 • | 18523 • | 18733 | 18943 | 19153 | 19363 | 19573 | 19783 | 19993 • | 4 | 11 |
| 12 | 6 | 16847 | 17057 | 17267 | 17477 • | 17687 | 17897 | 18107 | 18317 | 18527 | 18737 | 18947 • | 19157 • | 19367 | 19577 • | 19787 | 19997 • | 6 | 12 |
| 13 | 6 | 16853 | 17063 | 17273 | 17483 • | 17693 | 17903 • | 18113 | 18323 | 18533 | 18743 • | 18953 | 19163 • | 19373 • | 19583 • | 19793 • | 20003 | 6 | 13 |
| 14 | 2 | 16859 | 17069 | 17279 | 17489 • | 17699 | 17909 • | 18119 • | 18329 • | 18539 • | 18749 • | 18959 • | 19169 | 19379 • | 19589 | 19799 | 20009 | 2 | 14 |
| 15 | 6 | 16861 | 17071 | 17281 | 17491 • | 17701 | 17911 • | 18121 • | 18331 | 18541 • | 18751 | 18961 | 19171 | 19381 • | 19591 | 19801 • | 20011 • | 6 | 15 |
| 16 | 4 | 16867 | 17077 • | 17287 | 17497 • | 17707 • | 17917 | 18127 • | 18337 | 18547 | 18757 • | 18967 | 19177 | 19387 • | 19597 • | 19807 | 20017 | 4 | 16 |
| 17 | 2 | 16871 • | 17081 | 17291 • | 17501 | 17711 | 17921 • | 18131 • | 18341 • | 18551 | 18761 | 18971 | 19181 • | 19391 • | 19601 | 19811 | 20021 • | 2 | 17 |
| 18 | 6 | 16873 | 17083 | 17293 • | 17503 | 17713 • | 17923 • | 18133 • | 18343 | 18553 • | 18763 | 18973 • | 19183 • | 19393 | 19603 • | 19813 • | 20023 • | 6 | 18 |
| 19 | 4 | 16879 • | 17089 | 17299 • | 17509 • | 17719 | 17929 • | 18139 | 18349 | 18559 | 18769 | 18979 • | 19189 | 19399 | 19609 • | 19819 • | 20029 • | 4 | 19 |
| 20 | 6 | 16883 • | 17093 • | 17303 | 17513 | 17723 | 17933 | 18143 • | 18353 • | 18563 | 18773 • | 18983 | 19193 | 19403 • | 19613 | 19823 | 20033 | 6 | 20 |
| 21 | 8 | 16889 • | 17099 • | 17309 | 17519 • | 17729 • | 17939 • | 18149 • | 18359 | 18569 | 18779 | 18989 | 19199 | 19409 | 19619 | 19829 | 20039 | 8 | 21 |
| 22 | 4 | 16897 | 17107 • | 17317 • | 17527 | 17737 • | 17947 | 18157 | 18367 • | 18577 | 18787 • | 18997 | 19207 • | 19417 • | 19627 | 19837 | 20047 • | 4 | 22 |
| 23 | 2 | 16901 • | 17111 | 17321 • | 17531 | 17741 | 17951 | 18161 | 18371 • | 18581 | 18791 | 19001 • | 19211 • | 19421 • | 19631 | 19841 • | 20051 • | 2 | 23 |
| 24 | 4 | 16903 • | 17113 | 17323 | 17533 | 17743 | 17953 | 18163 | 18373 | 18583 • | 18793 • | 19003 | 19213 • | 19423 • | 19633 | 19843 • | 20053 | 4 | 24 |
| $\overline{24}$ | 2 | 16907 | 17117 • | 17327 • | 17537 | 17747 • | 17957 • | 18167 | 18377 | 18587 • | 18797 • | 19007 | 19217 | 19427 • | 19637 | 19847 | 20057 | 2 | $\overline{24}$ |
| $\overline{23}$ | 4 | 16909 | 17119 | 17329 | 17539 • | 17749 • | 17959 • | 18169 • | 18379 • | 18589 | 18799 | 19009 • | 19219 • | 19429 • | 19639 | 19849 | 20059 | 4 | $\overline{23}$ |
| $\overline{22}$ | 8 | 16913 | 17123 • | 17333 • | 17543 | 17753 | 17963 | 18173 | 18383 | 18593 • | 18803 • | 19013 • | 19223 | 19433 • | 19643 | 19853 • | 20063 • | 8 | $\overline{22}$ |
| $\overline{21}$ | 6 | 16921 • | 17131 | 17341 • | 17551 • | 17761 • | 17971 • | 18181 • | 18391 | 18601 | 18811 | 19021 | 19231 • | 19441 • | 19651 | 19861 • | 20071 • | 6 | $\overline{21}$ |
| $\overline{20}$ | 4 | 16927 • | 17137 • | 17347 | 17557 | 17767 | 17977 • | 18187 | 18397 • | 18607 | 18817 | 19027 | 19237 • | 19447 • | 19657 | 19867 • | 20077 | 4 | $\overline{20}$ |
| $\overline{19}$ | 6 | 16931 • | 17141 | 17351 • | 17561 | 17771 | 17981 • | 18191 • | 18401 • | 18611 | 18821 | 19031 • | 19241 | 19451 | 19661 • | 19871 | 20081 | 6 | $\overline{19}$ |
| $\overline{18}$ | 2 | 16937 • | 17147 | 17357 | 17567 | 17777 | 17987 • | 18197 | 18407 | 18617 • | 18827 | 19037 • | 19247 | 19457 • | 19667 | 19877 | 20087 | 2 | $\overline{18}$ |
| $\overline{17}$ | 4 | 16939 | 17149 | 17359 • | 17569 • | 17779 | 17989 • | 18199 • | 18409 | 18619 | 18829 | 19039 | 19249 • | 19459 | 19669 | 19879 | 20089 • | 4 | $\overline{17}$ |
| $\overline{16}$ | 6 | 16943 • | 17153 | 17363 | 17573 • | 17783 • | 17993 | 18203 | 18413 • | 18623 | 18833 | 19043 | 19253 | 19463 • | 19673 | 19883 | 20093 | 6 | $\overline{16}$ |
| $\overline{15}$ | 2 | 16949 | 17159 • | 17369 | 17579 • | 17789 • | 17999 | 18209 | 18419 | 18629 | 18839 • | 19049 | 19259 • | 19469 • | 19679 | 19889 • | 20099 | 2 | $\overline{15}$ |
| $\overline{14}$ | 6 | 16951 | 17161 | 17371 | 17581 • | 17791 • | 18001 | 18211 • | 18421 | 18631 | 18841 | 19051 • | 19261 | 19471 • | 19681 • | 19891 • | 20101 • | 6 | $\overline{14}$ |
| $\overline{13}$ | 6 | 16957 | 17167 • | 17377 • | 17587 | 17797 | 18007 | 18217 • | 18427 • | 18637 • | 18847 | 19057 | 19267 • | 19477 • | 19687 • | 19897 | 20107 • | 6 | $\overline{13}$ |
| $\overline{12}$ | 4 | 16963 • | 17173 | 17383 • | 17593 | 17803 | 18013 • | 18223 • | 18433 • | 18643 | 18853 | 19063 | 19273 • | 19483 • | 19693 | 19903 | 20113 • | 4 | $\overline{12}$ |
| $\overline{11}$ | 2 | 16967 | 17177 | 17387 • | 17597 • | 17807 • | 18017 | 18227 | 18437 | 18647 | 18857 | 19067 | 19277 | 19487 | 19697 • | 19907 | 20117 • | 2 | $\overline{11}$ |
| $\overline{10}$ | 4 | 16969 | 17179 | 17389 • | 17599 • | 17809 | 18019 | 18229 • | 18439 • | 18649 | 18859 • | 19069 • | 19279 | 19489 • | 19699 • | 19909 | 20119 | 4 | $\overline{10}$ |
| $\overline{9}$ | 6 | 16973 | 17183 • | 17393 • | 17603 | 17813 | 18023 | 18233 • | 18443 • | 18653 | 18863 | 19073 • | 19283 | 19493 | 19703 | 19913 • | 20123 • | 6 | $\overline{9}$ |
| $\overline{8}$ | 2 | 16979 • | 17189 • | 17399 | 17609 • | 17819 | 18029 | 18239 | 18449 | 18659 | 18869 • | 19079 • | 19289 • | 19499 | 19709 • | 19919 • | 20129 • | 2 | $\overline{8}$ |
| $\overline{7}$ | 6 | 16981 • | 17191 • | 17401 • | 17611 | 17821 | 18031 | 18241 | 18451 • | 18661 • | 18871 | 19081 • | 19291 | 19501 • | 19711 | 19921 | 20131 | 6 | $\overline{7}$ |
| $\overline{6}$ | 4 | 16987 • | 17197 | 17407 | 17617 | 17827 • | 18037 | 18247 | 18457 • | 18667 | 18877 | 19087 • | 19297 | 19507 • | 19717 • | 19927 • | 20137 | 4 | $\overline{6}$ |
| $\overline{5}$ | 2 | 16991 | 17201 | 17411 | 17621 | 17831 | 18041 • | 18251 • | 18461 • | 18671 • | 18881 | 19091 | 19301 • | 19511 | 19721 | 19931 | 20141 | 2 | $\overline{5}$ |
| $\overline{4}$ | 4 | 16993 • | 17203 • | 17413 | 17623 • | 17833 | 18043 • | 18253 • | 18463 | 18673 | 18883 | 19093 | 19303 | 19513 | 19723 | 19933 | 20143 • | 4 | $\overline{4}$ |
| $\overline{3}$ | 2 | 16997 | 17207 • | 17417 • | 17627 • | 17837 • | 18047 • | 18257 • | 18467 | 18677 | 18887 | 19097 | 19307 | 19517 | 19727 • | 19937 • | 20147 • | 2 | $\overline{3}$ |
| $\overline{2}$ | 10 | 16999 | 17209 • | 17419 • | 17629 | 17839 • | 18049 • | 18259 | 18469 | 18679 • | 18889 | 19099 | 19309 • | 19519 | 19729 | 19939 | 20149 • | 10 | $\overline{2}$ |
| $\overline{1}$ | 2 | 17009 | 17219 | 17429 | 17639 | 17849 | 18059 • | 18269 • | 18479 | 18689 | 18899 • | 19109 | 19319 • | 19529 | 19739 • | 19949 • | 20159 | 2 | $\overline{1}$ |

| | | | | | | | | | | | | | | | | | | | |
|---|---|---|---|---|---|---|---|---|---|---|---|---|---|---|---|---|---|---|---|
| 1 | 10 | 20161 • | 20371 | 20581 | 20791 | 21001 • | 21211 • | 21421 | 21631 | 21841 • | 22051 • | 22261 | 22471 | 22681 | 22891 | 23101 | 23311 • | 10 | 1 |
| 2 | 2 | 20171 | 20381 | 20591 | 20801 | 21011 • | 21221 • | 21431 | 21641 | 21851 • | 22061 | 22271 • | 22481 • | 22691 • | 22901 • | 23111 | 23321 • | 2 | 2 |
| 3 | 4 | 20173 • | 20383 | 20593 • | 20803 | 21013 • | 21223 | 21433 • | 21643 | 21853 | 22063 • | 22273 • | 22483 • | 22693 | 22903 | 23113 | 23323 | 4 | 3 |
| 4 | 2 | 20177 • | 20387 | 20597 | 20807 • | 21017 • | 21227 • | 21437 | 21647 • | 21857 | 22067 • | 22277 • | 22487 | 22697 • | 22907 • | 23117 • | 23327 • | 2 | 4 |
| 5 | 4 | 20179 | 20389 • | 20599 • | 20809 • | 21019 • | 21229 | 21439 | 21649 • | 21859 • | 22069 | 22279 • | 22489 | 22699 • | 22909 | 23119 | 23329 | 4 | 5 |
| 6 | 6 | 20183 • | 20393 • | 20603 | 20813 | 21023 • | 21233 | 21443 | 21653 | 21863 • | 22073 • | 22283 • | 22493 | 22703 | 22913 | 23123 | 23333 • | 6 | 6 |
| 7 | 2 | 20189 | 20399 • | 20609 | 20819 | 21029 | 21239 | 21449 | 21659 | 21869 | 22079 • | 22289 | 22499 | 22709 • | 22919 | 23129 | 23339 • | 2 | 7 |
| 8 | 6 | 20191 | 20401 | 20611 • | 20821 | 21031 • | 21241 | 21451 | 21661 • | 21871 • | 22081 | 22291 • | 22501 • | 22711 | 22921 • | 23131 • | 23341 | 6 | 8 |
| 9 | 4 | 20197 | 20407 • | 20617 | 20827 | 21037 | 21247 • | 21457 | 21667 | 21877 | 22087 | 22297 | 22507 | 22717 • | 22927 | 23137 | 23347 | 4 | 9 |
| 10 | 2 | 20201 • | 20411 • | 20621 | 20831 | 21041 | 21251 | 21461 | 21671 | 21881 • | 22091 • | 22301 | 22511 • | 22721 • | 22931 | 23141 | 23351 | 2 | 10 |
| 11 | 4 | 20203 | 20413 | 20623 | 20833 | 21043 | 21253 | 21463 | 21673 • | 21883 | 22093 • | 22303 • | 22513 | 22723 | 22933 | 23143 • | 23353 | 4 | 11 |
| 12 | 6 | 20207 | 20417 | 20627 • | 20837 | 21047 | 21257 | 21467 • | 21677 | 21887 | 22097 | 22307 • | 22517 | 22727 • | 22937 • | 23147 | 23357 • | 6 | 12 |
| 13 | 6 | 20213 | 20423 | 20633 | 20843 | 21053 | 21263 | 21473 | 21683 • | 21893 • | 22103 | 22313 | 22523 | 22733 | 22943 • | 23153 | 23363 | 6 | 13 |
| 14 | 2 | 20219 • | 20429 | 20639 • | 20849 • | 21059 • | 21269 • | 21479 | 21689 | 21899 | 22109 • | 22319 | 22529 | 22739 • | 22949 | 23159 • | 23369 • | 2 | 14 |
| 15 | 6 | 20221 | 20431 • | 20641 • | 20851 | 21061 • | 21271 | 21481 • | 21691 | 21901 | 22111 • | 22321 | 22531 • | 22741 • | 22951 | 23161 | 23371 • | 6 | 15 |
| 16 | 4 | 20227 | 20437 | 20647 | 20857 • | 21067 • | 21277 • | 21487 • | 21697 | 21907 | 22117 | 22327 | 22537 | 22747 | 22957 | 23167 • | 23377 | 4 | 16 |
| 17 | 2 | 20231 • | 20441 • | 20651 | 20861 | 21071 | 21281 | 21491 • | 21701 • | 21911 • | 22121 | 22331 | 22541 • | 22751 • | 22961 • | 23171 | 23381 | 2 | 17 |
| 18 | 6 | 20233 • | 20443 • | 20653 | 20863 | 21073 | 21283 • | 21493 • | 21703 | 21913 | 22123 • | 22333 | 22543 • | 22753 | 22963 • | 23173 • | 23383 | 6 | 18 |
| 19 | 4 | 20239 | 20449 | 20659 | 20869 | 21079 | 21289 | 21499 • | 21709 | 21919 | 22129 • | 22339 | 22549 • | 22759 | 22969 | 23179 | 23389 | 4 | 19 |
| 20 | 6 | 20243 | 20453 | 20663 • | 20873 • | 21083 | 21293 | 21503 • | 21713 • | 21923 | 22133 • | 22343 • | 22553 | 22763 | 22973 • | 23183 | 23393 | 6 | 20 |
| 21 | 8 | 20249 • | 20459 | 20669 | 20879 • | 21089 • | 21299 | 21509 | 21719 | 21929 • | 22139 | 22349 • | 22559 | 22769 • | 22979 | 23189 • | 23399 • | 8 | 21 |
| 22 | 4 | 20257 | 20467 | 20677 | 20887 • | 21097 | 21307 | 21517 • | 21727 • | 21937 • | 22147 • | 22357 | 22567 • | 22777 • | 22987 | 23197 • | 23407 | 4 | 22 |
| 23 | 2 | 20261 • | 20471 | 20681 • | 20891 | 21101 • | 21311 | 21521 • | 21731 | 21941 | 22151 | 22361 | 22571 • | 22781 | 22991 | 23201 • | 23411 | 2 | 23 |
| 24 | 4 | 20263 | 20473 | 20683 | 20893 | 21103 | 21313 • | 21523 • | 21733 | 21943 • | 22153 • | 22363 | 22573 • | 22783 • | 22993 • | 23203 • | 23413 | 4 | 24 |
| $\overline{24}$ | 2 | 20267 | 20477 • | 20687 | 20897 • | 21107 • | 21317 • | 21527 | 21737 • | 21947 | 22157 • | 22367 • | 22577 | 22787 • | 22997 | 23207 | 23417 • | 2 | $\overline{24}$ |
| $\overline{23}$ | 4 | 20269 • | 20479 • | 20689 | 20899 • | 21109 | 21319 • | 21529 • | 21739 • | 21949 | 22159 • | 22369 • | 22579 | 22789 | 22999 | 23209 • | 23419 | 4 | $\overline{23}$ |
| $\overline{22}$ | 8 | 20273 | 20483 • | 20693 • | 20903 • | 21113 | 21323 • | 21533 | 21743 | 21953 | 22163 | 22373 | 22583 | 22793 | 23003 • | 23213 | 23423 | 8 | $\overline{22}$ |
| $\overline{21}$ | 6 | 20281 | 20491 | 20701 | 20911 | 21121 • | 21331 | 21541 | 21751 • | 21961 • | 22171 • | 22381 • | 22591 | 22801 | 23011 • | 23221 | 23431 • | 6 | $\overline{21}$ |
| $\overline{20}$ | 4 | 20287 • | 20497 | 20707 • | 20917 | 21127 | 21337 | 21547 | 21757 • | 21967 | 22177 | 22387 | 22597 | 22807 • | 23017 • | 23227 • | 23437 | 4 | $\overline{20}$ |
| $\overline{19}$ | 6 | 20291 | 20501 | 20711 | 20921 • | 21131 | 21341 • | 21551 | 21761 | 21971 | 22181 | 22391 | 22601 | 22811 • | 23021 • | 23231 | 23441 | 6 | $\overline{19}$ |
| $\overline{18}$ | 2 | 20297 • | 20507 • | 20717 • | 20927 | 21137 | 21347 • | 21557 • | 21767 • | 21977 • | 22187 | 22397 • | 22607 | 22817 • | 23027 • | 23237 | 23447 • | 2 | $\overline{18}$ |
| $\overline{17}$ | 4 | 20299 | 20509 • | 20719 • | 20929 • | 21139 • | 21349 | 21559 • | 21769 | 21979 | 22189 • | 22399 | 22609 | 22819 | 23029 • | 23239 | 23449 | 4 | $\overline{17}$ |
| $\overline{16}$ | 6 | 20303 | 20513 | 20723 | 20933 | 21143 • | 21353 | 21563 • | 21773 • | 21983 | 22193 • | 22403 | 22613 • | 22823 | 23033 | 23243 | 23453 | 6 | $\overline{16}$ |
| $\overline{15}$ | 2 | 20309 | 20519 | 20729 | 20939 • | 21149 • | 21359 | 21569 • | 21779 | 21989 | 22199 | 22409 • | 22619 • | 22829 | 23039 • | 23249 | 23459 • | 2 | $\overline{15}$ |
| $\overline{14}$ | 6 | 20311 | 20521 • | 20731 • | 20941 | 21151 | 21361 | 21571 | 21781 | 21991 • | 22201 | 22411 | 22621 • | 22831 | 23041 • | 23251 • | 23461 | 6 | $\overline{14}$ |
| $\overline{13}$ | 6 | 20317 | 20527 | 20737 | 20947 • | 21157 • | 21367 | 21577 • | 21787 • | 21997 • | 22207 | 22417 | 22627 | 22837 | 23047 | 23257 | 23467 | 6 | $\overline{13}$ |
| $\overline{12}$ | 4 | 20323 • | 20533 • | 20743 • | 20953 | 21163 • | 21373 | 21583 | 21793 | 22003 • | 22213 | 22423 | 22633 | 22843 | 23053 • | 23263 | 23473 • | 4 | $\overline{12}$ |
| $\overline{11}$ | 2 | 20327 • | 20537 | 20747 • | 20957 | 21167 | 21377 • | 21587 • | 21797 | 22007 | 22217 | 22427 | 22637 • | 22847 | 23057 • | 23267 | 23477 | 2 | $\overline{11}$ |
| $\overline{10}$ | 4 | 20329 | 20539 | 20749 • | 20959 • | 21169 • | 21379 • | 21589 • | 21799 • | 22009 | 22219 | 22429 | 22639 • | 22849 | 23059 • | 23269 • | 23479 | 4 | $\overline{10}$ |
| $\overline{9}$ | 6 | 20333 • | 20543 • | 20753 • | 20963 • | 21173 | 21383 • | 21593 | 21803 • | 22013 • | 22223 | 22433 • | 22643 • | 22853 • | 23063 • | 23273 | 23483 | 6 | $\overline{9}$ |
| $\overline{8}$ | 2 | 20339 | 20549 • | 20759 • | 20969 | 21179 • | 21389 | 21599 • | 21809 | 22019 | 22229 • | 22439 | 22649 | 22859 • | 23069 | 23279 • | 23489 | 2 | $\overline{8}$ |
| $\overline{7}$ | 6 | 20341 • | 20551 • | 20761 | 20971 | 21181 | 21391 • | 21601 • | 21811 | 22021 | 22231 | 22441 • | 22651 • | 22861 • | 23071 • | 23281 | 23491 | 6 | $\overline{7}$ |
| $\overline{6}$ | 4 | 20347 • | 20557 | 20767 | 20977 | 21187 • | 21397 • | 21607 | 21817 • | 22027 • | 22237 | 22447 • | 22657 | 22867 | 23077 | 23287 | 23497 • | 4 | $\overline{6}$ |
| $\overline{5}$ | 2 | 20351 | 20561 | 20771 • | 20981 • | 21191 • | 21401 • | 21611 • | 21821 • | 22031 • | 22241 | 22451 | 22661 | 22871 • | 23081 • | 23291 • | 23501 | 2 | $\overline{5}$ |
| $\overline{4}$ | 4 | 20353 • | 20563 • | 20773 • | 20983 • | 21193 • | 21403 | 21613 • | 21823 | 22033 | 22243 | 22453 • | 22663 | 22873 | 23083 | 23293 • | 23503 | 4 | $\overline{4}$ |
| $\overline{3}$ | 2 | 20357 • | 20567 | 20777 | 20987 | 21197 | 21407 • | 21617 • | 21827 | 22037 • | 22247 • | 22457 | 22667 | 22877 • | 23087 • | 23297 • | 23507 | 2 | $\overline{3}$ |
| $\overline{2}$ | 10 | 20359 • | 20569 | 20779 | 20989 | 21199 | 21409 | 21619 | 21829 | 22039 • | 22249 | 22459 | 22669 • | 22879 | 23089 | 23299 | 23509 • | 10 | $\overline{2}$ |
| $\overline{1}$ | 2 | 20369 • | 20579 | 20789 • | 20999 | 21209 | 21419 • | 21629 | 21839 • | 22049 | 22259 • | 22469 • | 22679 • | 22889 | 23099 • | 23309 | 23519 | 2 | $\overline{1}$ |

| | | | | | | | | | | | | | | | | | | | |
|---|---|---|---|---|---|---|---|---|---|---|---|---|---|---|---|---|---|---|---|
| 1 | 10 | 23521 | 23731 | 23941 | 24151 • | 24361 | 24571 • | 24781 • | 24991 | 25201 | 25411 • | 25621 • | 25831 | 26041 • | 26251 • | 26461 | 26671 | 10 | 1 |
| 2 | 2 | 23531 • | 23741 • | 23951 | 24161 | 24371 • | 24581 | 24791 | 25001 | 25211 | 25421 | 25631 | 25841 • | 26051 | 26261 • | 26471 | 26681 • | 2 | 2 |
| 3 | 4 | 23533 | 23743 • | 23953 | 24163 | 24373 • | 24583 | 24793 • | 25003 | 25213 | 25423 • | 25633 • | 25843 | 26053 • | 26263 • | 26473 | 26683 • | 4 | 3 |
| 4 | 2 | 23537 • | 23747 • | 23957 • | 24167 | 24377 | 24587 | 24797 | 25007 | 25217 | 25427 | 25637 | 25847 • | 26057 | 26267 • | 26477 | 26687 • | 2 | 4 |
| 5 | 4 | 23539 • | 23749 | 23959 | 24169 • | 24379 • | 24589 | 24799 • | 25009 | 25219 • | 25429 | 25639 • | 25849 • | 26059 | 26269 | 26479 • | 26689 | 4 | 5 |
| 6 | 6 | 23543 | 23753 • | 23963 | 24173 | 24383 | 24593 • | 24803 | 25013 • | 25223 | 25433 | 25643 • | 25853 | 26063 | 26273 | 26483 | 26693 • | 6 | 6 |
| 7 | 2 | 23549 • | 23759 | 23969 | 24179 • | 24389 | 24599 | 24809 • | 25019 | 25229 • | 25439 • | 25649 | 25859 | 26069 | 26279 | 26489 • | 26699 • | 2 | 7 |
| 8 | 6 | 23551 | 23761 • | 23971 • | 24181 • | 24391 • | 24601 | 24811 | 25021 | 25231 | 25441 | 25651 | 25861 | 26071 | 26281 | 26491 | 26701 • | 6 | 8 |
| 9 | 4 | 23557 • | 23767 • | 23977 • | 24187 | 24397 | 24607 | 24817 | 25027 | 25237 • | 25447 • | 25657 • | 25867 • | 26077 | 26287 | 26497 • | 26707 | 4 | 9 |
| 10 | 2 | 23561 • | 23771 | 23981 • | 24191 | 24401 | 24611 • | 24821 • | 25031 • | 25241 | 25451 | 25661 | 25871 | 26081 | 26291 | 26501 • | 26711 • | 2 | 10 |
| 11 | 4 | 23563 • | 23773 • | 23983 | 24193 | 24403 | 24613 | 24823 | 25033 • | 25243 • | 25453 • | 25663 | 25873 • | 26083 • | 26293 • | 26503 | 26713 • | 4 | 11 |
| 12 | 6 | 23567 • | 23777 | 23987 | 24197 • | 24407 • | 24617 | 24827 | 25037 • | 25247 • | 25457 • | 25667 • | 25877 | 26087 | 26297 • | 26507 | 26717 • | 6 | 12 |
| 13 | 6 | 23573 | 23783 | 23993 • | 24203 • | 24413 • | 24623 • | 24833 | 25043 | 25253 • | 25463 • | 25673 • | 25883 | 26093 | 26303 | 26513 • | 26723 • | 6 | 13 |
| 14 | 2 | 23579 | 23789 • | 23999 | 24209 | 24419 • | 24629 | 24839 | 25049 | 25259 | 25469 • | 25679 • | 25889 • | 26099 • | 26309 • | 26519 | 26729 • | 2 | 14 |
| 15 | 6 | 23581 • | 23791 | 24001 • | 24211 | 24421 • | 24631 • | 24841 • | 25051 | 25261 • | 25471 • | 25681 | 25891 | 26101 | 26311 | 26521 | 26731 • | 6 | 15 |
| 16 | 4 | 23587 | 23797 | 24007 • | 24217 | 24427 | 24637 | 24847 • | 25057 • | 25267 | 25477 | 25687 | 25897 | 26107 • | 26317 • | 26527 | 26737 • | 4 | 16 |
| 17 | 2 | 23591 | 23801 • | 24011 | 24221 | 24431 | 24641 | 24851 • | 25061 | 25271 | 25481 | 25691 | 25901 | 26111 • | 26321 • | 26531 | 26741 | 2 | 17 |
| 18 | 6 | 23593 • | 23803 | 24013 | 24223 • | 24433 | 24643 | 24853 | 25063 | 25273 | 25483 | 25693 • | 25903 • | 26113 • | 26323 | 26533 | 26743 | 6 | 18 |
| 19 | 4 | 23599 • | 23809 | 24019 • | 24229 • | 24439 • | 24649 | 24859 • | 25069 | 25279 | 25489 | 25699 | 25909 | 26119 • | 26329 | 26539 • | 26749 | 4 | 19 |
| 20 | 6 | 23603 • | 23813 • | 24023 • | 24233 | 24443 • | 24653 | 24863 | 25073 • | 25283 | 25493 | 25703 • | 25913 • | 26123 | 26333 | 26543 | 26753 | 6 | 20 |
| 21 | 8 | 23609 • | 23819 • | 24029 • | 24239 • | 24449 | 24659 • | 24869 | 25079 | 25289 | 25499 | 25709 | 25919 • | 26129 | 26339 • | 26549 | 26759 • | 8 | 21 |
| 22 | 4 | 23617 | 23827 • | 24037 | 24247 • | 24457 | 24667 | 24877 • | 25087 • | 25297 | 25507 | 25717 • | 25927 | 26137 | 26347 • | 26557 • | 26767 | 4 | 22 |
| 23 | 2 | 23621 | 23831 • | 24041 | 24251 • | 24461 | 24671 • | 24881 | 25091 | 25301 • | 25511 | 25721 | 25931 • | 26141 • | 26351 | 26561 • | 26771 | 2 | 23 |
| 24 | 4 | 22623 • | 23833 • | 24043 • | 24253 | 24463 | 24673 | 24883 | 25093 | 25303 • | 25513 | 25723 | 25933 • | 26143 | 26353 | 26563 | 26773 | 4 | 24 |
| $\overline{24}$ | 2 | 23627 • | 23837 | 24047 | 24257 | 24467 | 24677 • | 24887 | 25097 • | 25307 • | 25517 | 25727 | 25937 | 26147 | 26357 • | 26567 | 26777 • | 2 | $\overline{24}$ |
| $\overline{23}$ | 4 | 23629 • | 23839 | 24049 • | 24259 | 24469 • | 24679 | 24889 • | 25099 | 25309 • | 25519 | 25729 | 25939 • | 26149 | 26359 | 26569 | 26779 | 4 | $\overline{23}$ |
| $\overline{22}$ | 8 | 23633 • | 23843 | 24053 | 24263 | 24473 • | 24683 • | 24893 | 25103 | 25313 | 25523 • | 25733 • | 25943 • | 26153 • | 26363 | 26573 • | 26783 • | 8 | $\overline{22}$ |
| $\overline{21}$ | 6 | 23641 | 23851 | 24061 • | 24271 | 24481 • | 24691 • | 24901 | 25111 • | 25321 • | 25531 | 25741 • | 25951 • | 26161 • | 26371 • | 26581 | 26791 | 6 | $\overline{21}$ |
| $\overline{20}$ | 4 | 23647 | 23857 • | 24067 | 24277 | 24487 | 24697 • | 24907 • | 25117 • | 25327 | 25537 • | 25747 • | 25957 | 26167 | 26377 | 26587 | 26797 | 4 | $\overline{20}$ |
| $\overline{19}$ | 6 | 23651 | 23861 | 24071 • | 24281 • | 24491 | 24701 | 24911 | 25121 • | 25331 | 25541 • | 25751 | 25961 | 26171 • | 26381 | 26591 • | 26801 • | 6 | $\overline{19}$ |
| $\overline{18}$ | 2 | 23657 | 23867 | 24077 • | 24287 | 24497 | 24707 | 24917 • | 25127 • | 25337 | 25547 | 25757 | 25967 | 26177 • | 26387 • | 26597 • | 26807 | 2 | $\overline{18}$ |
| $\overline{17}$ | 4 | 23659 | 23869 • | 24079 | 24289 | 24499 • | 24709 • | 24919 • | 25129 | 25339 • | 25549 | 25759 • | 25969 • | 26179 | 26389 | 26599 | 26809 | 4 | $\overline{17}$ |
| $\overline{16}$ | 6 | 23663 • | 23873 • | 24083 • | 24293 | 24503 | 24713 | 24923 • | 25133 | 25343 • | 25553 | 25763 • | 25973 | 26183 • | 26393 • | 26603 | 26813 • | 6 | $\overline{16}$ |
| $\overline{15}$ | 2 | 23669 • | 23879 • | 24089 | 24299 | 24509 • | 24719 | 24929 | 25139 | 25349 • | 25559 | 25769 | 25979 | 26189 • | 26399 • | 26609 | 26819 | 2 | $\overline{15}$ |
| $\overline{14}$ | 6 | 23671 • | 23881 | 24091 • | 24301 | 24511 | 24721 | 24931 | 25141 | 25351 | 25561 • | 25771 • | 25981 • | 26191 | 26401 | 26611 | 26821 • | 6 | $\overline{14}$ |
| $\overline{13}$ | 6 | 23677 • | 23887 • | 24097 • | 24307 | 24517 • | 24727 | 24937 | 25147 • | 25357 • | 25567 | 25777 | 25987 | 26197 | 26407 • | 26617 | 26827 | 6 | $\overline{13}$ |
| $\overline{12}$ | 4 | 23683 | 23893 • | 24103 • | 24313 | 24523 | 24733 • | 24943 • | 25153 • | 25363 | 25573 | 25783 | 25993 | 26203 • | 26413 | 26623 | 26833 • | 4 | $\overline{12}$ |
| $\overline{11}$ | 2 | 23687 • | 23897 | 24107 • | 24317 • | 24527 • | 24737 | 24947 | 25157 | 25367 • | 25577 • | 25787 | 25997 • | 26207 | 26417 • | 26627 • | 26837 | 2 | $\overline{11}$ |
| $\overline{10}$ | 4 | 23689 • | 23899 • | 24109 • | 24319 | 24529 | 24739 | 24949 | 25159 | 25369 | 25579 • | 25789 | 25999 • | 26209 • | 26419 | 26629 | 26839 • | 4 | $\overline{10}$ |
| $\overline{9}$ | 6 | 23693 | 23903 | 24113 • | 24323 | 24533 • | 24743 | 24953 • | 25163 • | 25373 • | 25583 • | 25793 • | 26003 • | 26213 | 26423 • | 26633 • | 26843 | 6 | $\overline{9}$ |
| $\overline{8}$ | 2 | 23699 | 23909 • | 24119 | 24329 • | 24539 | 24749 • | 24959 | 25169 • | 25379 | 25589 • | 25799 • | 26009 | 26219 | 26429 | 26639 | 26849 • | 2 | $\overline{8}$ |
| $\overline{7}$ | 6 | 23701 | 23911 • | 24121 • | 24331 | 24541 | 24751 | 24961 | 25171 • | 25381 | 25591 | 25801 • | 26011 | 26221 | 26431 • | 26641 • | 26851 | 6 | $\overline{7}$ |
| $\overline{6}$ | 4 | 23707 | 23917 • | 24127 | 24337 • | 24547 • | 24757 | 24967 • | 25177 | 25387 | 25597 | 25807 | 26017 • | 26227 • | 26437 • | 26647 • | 26857 | 4 | $\overline{6}$ |
| $\overline{5}$ | 2 | 23711 | 23921 | 24131 | 24341 | 24551 • | 24761 | 24971 • | 25181 | 25391 • | 25601 • | 25811 | 26021 • | 26231 | 26441 | 26651 | 26861 • | 2 | $\overline{5}$ |
| $\overline{4}$ | 4 | 23713 | 23923 | 24133 • | 24343 | 24553 | 24763 • | 24973 | 25183 • | 25393 | 25603 • | 25813 | 26023 | 26233 | 26443 | 26653 | 26863 • | 4 | $\overline{4}$ |
| $\overline{3}$ | 2 | 23717 | 23927 | 24137 • | 24347 | 24557 | 24767 • | 24977 • | 25187 | 25397 | 25607 | 25817 | 26027 | 26237 • | 26447 | 26657 | 26867 | 2 | $\overline{3}$ |
| $\overline{2}$ | 10 | 23719 • | 23929 • | 24139 | 24349 | 24559 | 24769 | 24979 • | 25189 • | 25399 | 25609 • | 25819 • | 26029 • | 26239 | 26449 • | 26659 | 26869 | 10 | $\overline{2}$ |
| $\overline{1}$ | 2 | 23729 | 23939 | 24149 | 24359 • | 24569 | 24779 | 24989 • | 25199 | 25409 • | 25619 | 25829 | 26039 | 26249 • | 26459 • | 26669 • | 26879 • | 2 | $\overline{1}$ |

| | | | | | | | | | | | | | | | | | | | |
|---|---|---|---|---|---|---|---|---|---|---|---|---|---|---|---|---|---|---|---|
| 1 | 10 | 26881 • | 27091 • | 27301 | 27511 | 27721 | 27931 | 28141 | 28351 • | 28561 | 28771 • | 28981 | 29191 • | 29401 • | 29611 • | 29821 | 30031 | 10 | 1 |
| 2 | 2 | 26891 • | 27101 | 27311 | 27521 | 27731 | 27941 • | 28151 • | 28361 | 28571 • | 28781 | 28991 | 29201 • | 29411 • | 29621 | 29831 | 30041 | 2 | 2 |
| 3 | 4 | 26893 • | 27103 • | 27313 | 27523 | 27733 • | 27943 • | 28153 | 28363 | 28573 • | 28783 | 28993 | 29203 | 29413 | 29623 | 29833 • | 30043 | 4 | 3 |
| 4 | 2 | 26897 | 27107 • | 27317 | 27527 • | 27737 • | 27947 • | 28157 | 28367 | 28577 | 28787 | 28997 | 29207 • | 29417 | 29627 | 29837 • | 30047 • | 2 | 4 |
| 5 | 4 | 26899 | 27109 • | 27319 | 27529 • | 27739 • | 27949 | 28159 | 28369 | 28579 • | 28789 • | 28999 | 29209 • | 29419 | 29629 • | 29839 | 30049 | 4 | 5 |
| 6 | 6 | 26903 • | 27113 | 27323 | 27533 | 27743 • | 27953 • | 28163 • | 28373 | 28583 | 28793 • | 29003 | 29213 | 29423 • | 29633 • | 29843 | 30053 | 6 | 6 |
| 7 | 2 | 26909 | 27119 | 27329 • | 27539 • | 27749 • | 27959 | 28169 | 28379 | 28589 | 28799 | 29009 • | 29219 | 29429 • | 29639 | 29849 | 30059 • | 2 | 7 |
| 8 | 6 | 26911 | 27121 | 27331 | 27541 • | 27751 • | 27961 • | 28171 | 28381 | 28591 • | 28801 | 29011 | 29221 • | 29431 | 29641 • | 29851 • | 30061 | 6 | 8 |
| 9 | 4 | 26917 | 27127 • | 27337 • | 27547 | 27757 | 27967 • | 28177 | 28387 • | 28597 • | 28807 • | 29017 • | 29227 | 29437 • | 29647 | 29857 | 30067 | 4 | 9 |
| 10 | 2 | 26921 • | 27131 | 27341 | 27551 • | 27761 | 27971 | 28181 • | 28391 | 28601 | 28811 | 29021 • | 29231 • | 29441 | 29651 | 29861 | 30071 • | 2 | 10 |
| 11 | 4 | 26923 | 27133 | 27343 | 27553 | 27763 • | 27973 | 28183 • | 28393 • | 28603 • | 28813 • | 29023 • | 29233 | 29443 • | 29653 | 29863 • | 30073 | 4 | 11 |
| 12 | 6 | 26927 • | 27137 | 27347 | 27557 | 27767 • | 27977 | 28187 | 28397 | 28607 • | 28817 • | 29027 • | 29237 | 29447 | 29657 | 29867 • | 30077 | 6 | 12 |
| 13 | 6 | 26933 | 27143 • | 27353 | 27563 | 27773 • | 27983 • | 28193 | 28403 • | 28613 | 28823 | 29033 • | 29243 • | 29453 • | 29663 • | 29873 • | 30083 | 6 | 13 |
| 14 | 2 | 26939 | 27149 | 27359 | 27569 | 27779 • | 27989 | 28199 | 28409 • | 28619 • | 28829 | 29039 | 29249 | 29459 | 29669 • | 29879 • | 30089 • | 2 | 14 |
| 15 | 6 | 26941 | 27151 | 27361 • | 27571 | 27781 | 27991 | 28201 • | 28411 • | 28621 • | 28831 | 29041 | 29251 • | 29461 | 29671 • | 29881 • | 30091 • | 6 | 15 |
| 16 | 4 | 26947 • | 27157 | 27367 • | 27577 | 27787 | 27997 • | 28207 | 28417 | 28627 • | 28837 • | 29047 | 29257 | 29467 | 29677 | 29887 | 30097 • | 4 | 16 |
| 17 | 2 | 26951 • | 27161 | 27371 | 27581 • | 27791 • | 28001 • | 28211 • | 28421 | 28631 • | 28841 | 29051 | 29261 | 29471 | 29681 | 29891 | 30101 | 2 | 17 |
| 18 | 6 | 26953 • | 27163 | 27373 | 27583 • | 27793 • | 28003 | 28213 | 28423 | 28633 | 28843 • | 29053 | 29263 | 29473 • | 29683 • | 29893 | 30103 • | 6 | 18 |
| 19 | 4 | 26959 • | 27169 | 27379 | 27589 | 27799 • | 28009 | 28219 • | 28429 • | 28639 | 28849 | 29059 • | 29269 • | 29479 | 29689 | 29899 | 30109 • | 4 | 19 |
| 20 | 6 | 26963 | 27173 | 27383 | 27593 | 27803 • | 28013 | 28223 | 28433 • | 28643 • | 28853 | 29063 • | 29273 | 29483 • | 29693 | 29903 | 30113 • | 6 | 20 |
| 21 | 8 | 26969 | 27179 • | 27389 | 27599 | 27809 • | 28019 • | 28229 • | 28439 • | 28649 • | 28859 • | 29069 | 29279 | 29489 | 29699 | 29909 | 30119 • | 8 | 21 |
| 22 | 4 | 26977 | 27187 | 27397 • | 27607 | 27817 • | 28027 • | 28237 | 28447 • | 28657 • | 28867 • | 29077 • | 29287 • | 29497 | 29707 | 29917 • | 30127 | 4 | 22 |
| 23 | 2 | 26981 • | 27191 • | 27401 | 27611 • | 27821 | 28031 • | 28241 | 28451 | 28661 • | 28871 • | 29081 | 29291 | 29501 • | 29711 | 29921 • | 30131 | 2 | 23 |
| 24 | 4 | 26983 | 27193 | 27403 | 27613 | 27823 • | 28033 | 28243 | 28453 | 28663 • | 28873 | 29083 | 29293 | 29503 | 29713 | 29923 | 30133 • | 4 | 24 |
| $\overline{24}$ | 2 | 26987 • | 27197 • | 27407 • | 27617 • | 27827 • | 28037 | 28247 | 28457 | 28667 | 28877 | 29087 | 29297 • | 29507 | 29717 • | 29927 • | 30137 • | 2 | $\overline{24}$ |
| $\overline{23}$ | 4 | 26989 | 27199 | 27409 • | 27619 | 27829 | 28039 | 28249 | 28459 | 28669 • | 28879 • | 29089 | 29299 | 29509 | 29719 | 29929 | 30139 • | 4 | $\overline{23}$ |
| $\overline{22}$ | 8 | 26993 • | 27203 | 27413 | 27623 | 27833 | 28043 | 28253 | 28463 • | 28673 | 28883 | 29093 | 29303 • | 29513 | 29723 • | 29933 | 30143 | 8 | $\overline{22}$ |
| $\overline{21}$ | 6 | 27001 | 27211 • | 27421 | 27631 • | 27841 | 28051 • | 28261 | 28471 | 28681 | 28891 | 29101 • | 29311 • | 29521 | 29731 | 29941 | 30151 | 6 | $\overline{21}$ |
| $\overline{20}$ | 4 | 27007 | 27217 | 27427 • | 27637 | 27847 • | 28057 • | 28267 | 28477 • | 28687 • | 28897 | 29107 | 29317 | 29527 • | 29737 | 29947 • | 30157 | 4 | $\overline{20}$ |
| $\overline{19}$ | 6 | 27011 • | 27221 | 27431 • | 27641 | 27851 • | 28061 | 28271 | 28481 | 28691 | 28901 • | 29111 | 29321 | 29531 • | 29741 • | 29951 | 30161 • | 6 | $\overline{19}$ |
| $\overline{18}$ | 2 | 27017 • | 27227 | 27437 • | 27647 • | 27857 | 28067 | 28277 • | 28487 | 28697 • | 28907 | 29117 | 29327 • | 29537 • | 29747 | 29957 | 30167 | 2 | $\overline{18}$ |
| $\overline{17}$ | 4 | 27019 | 27229 | 27439 | 27649 | 27859 | 28069 • | 28279 • | 28489 | 28699 | 28909 • | 29119 | 29329 | 29539 | 29749 | 29959 • | 30169 • | 4 | $\overline{17}$ |
| $\overline{16}$ | 6 | 27023 | 27233 | 27443 | 27653 • | 27863 | 28073 | 28283 • | 28493 • | 28703 • | 28913 | 29123 • | 29333 • | 29543 | 29753 • | 29963 | 30173 | 6 | $\overline{16}$ |
| $\overline{15}$ | 2 | 27029 | 27239 • | 27449 • | 27659 | 27869 | 28079 | 28289 • | 28499 • | 28709 | 28919 | 29129 • | 29339 • | 29549 | 29759 • | 29969 | 30179 | 2 | $\overline{15}$ |
| $\overline{14}$ | 6 | 27031 • | 27241 • | 27451 | 27661 | 27871 | 28081 • | 28291 | 28501 | 28711 • | 28921 • | 29131 • | 29341 | 29551 | 29761 • | 29971 | 30181 • | 6 | $\overline{14}$ |
| $\overline{13}$ | 6 | 27037 | 27247 | 27457 • | 27667 | 27877 | 28087 • | 28297 • | 28507 | 28717 | 28927 • | 29137 • | 29347 • | 29557 | 29767 | 29977 | 30187 • | 6 | $\overline{13}$ |
| $\overline{12}$ | 4 | 27043 • | 27253 • | 27463 | 27673 • | 27883 • | 28093 | 28303 | 28513 • | 28723 • | 28933 • | 29143 | 29353 | 29563 | 29773 | 29983 • | 30193 | 4 | $\overline{12}$ |
| $\overline{11}$ | 2 | 27047 | 27257 | 27467 | 27677 | 27887 | 28097 • | 28307 • | 28517 • | 28727 | 28937 | 29147 • | 29357 | 29567 • | 29777 | 29987 | 30197 • | 2 | $\overline{11}$ |
| $\overline{10}$ | 4 | 27049 | 27259 • | 27469 | 27679 | 27889 | 28099 • | 28309 • | 28519 | 28729 • | 28939 | 29149 | 29359 | 29569 • | 29779 | 29989 • | 30199 | 4 | $\overline{10}$ |
| $\overline{9}$ | 6 | 27053 | 27263 | 27473 | 27683 | 27893 • | 28103 | 28313 | 28523 | 28733 | 28943 | 29153 • | 29363 • | 29573 • | 29783 | 29993 | 30203 • | 6 | $\overline{9}$ |
| $\overline{8}$ | 2 | 27059 • | 27269 | 27479 • | 27689 • | 27899 | 28109 • | 28319 • | 28529 | 28739 | 28949 • | 29159 | 29369 | 29579 | 29789 • | 29999 | 30209 | 2 | $\overline{8}$ |
| $\overline{7}$ | 6 | 27061 • | 27271 • | 27481 • | 27691 • | 27901 • | 28111 • | 28321 | 28531 | 28741 | 28951 | 29161 | 29371 | 29581 • | 29791 | 30001 | 30211 • | 6 | $\overline{7}$ |
| $\overline{6}$ | 4 | 27067 • | 27277 • | 27487 • | 27697 • | 27907 | 28117 | 28327 | 28537 • | 28747 | 28957 | 29167 • | 29377 | 29587 • | 29797 | 30007 | 30217 | 4 | $\overline{6}$ |
| $\overline{5}$ | 2 | 27071 | 27281 • | 27491 | 27701 • | 27911 | 28121 | 28331 | 28541 • | 28751 • | 28961 • | 29171 | 29381 | 29591 | 29801 | 30011 • | 30221 | 2 | $\overline{5}$ |
| $\overline{4}$ | 4 | 27073 • | 27283 • | 27493 | 27703 | 27913 | 28123 • | 28333 | 28543 | 28753 • | 28963 | 29173 • | 29383 • | 29593 | 29803 • | 30013 • | 30223 • | 4 | $\overline{4}$ |
| $\overline{3}$ | 2 | 27077 • | 27287 | 27497 | 27707 | 27917 • | 28127 | 28337 | 28547 • | 28757 | 28967 | 29177 | 29387 • | 29597 | 29807 | 30017 | 30227 | 2 | $\overline{3}$ |
| $\overline{2}$ | 10 | 27079 | 27289 | 27499 | 27709 | 27919 • | 28129 | 28339 | 28549 • | 28759 • | 28969 | 29179 • | 29389 • | 29599 • | 29809 | 30019 | 30229 | 10 | $\overline{2}$ |
| $\overline{1}$ | 2 | 27089 | 27299 • | 27509 • | 27719 | 27929 | 28139 | 28349 • | 28559 • | 28769 | 28979 • | 29189 | 29399 • | 29609 | 29819 • | 30029 • | 30239 | 2 | $\overline{1}$ |

| | | | | | | | | | | | | | | | | | | | |
|---|---|---|---|---|---|---|---|---|---|---|---|---|---|---|---|---|---|---|---|
| 1 | 10 | 30241 • | 30451 | 30661 • | 30871 • | 31081 • | 31291 | 31501 | 31711 | 31921 | 32131 | 32341 • | 32551 | 32761 | 32971 • | 33181 • | 33391 • | 10 | 1 |
| 2 | 2 | 30251 | 30461 | 30671 • | 30881 • | 31091 • | 31301 | 31511 • | 31721 • | 31931 | 32141 • | 32351 | 32561 • | 32771 • | 32981 | 33191 • | 33401 | 2 | 2 |
| 3 | 4 | 30253 • | 30463 | 30673 | 30883 | 31093 | 31303 | 31513 • | 31723 • | 31933 | 32143 • | 32353 • | 32563 • | 32773 | 32983 • | 33193 | 33403 • | 4 | 3 |
| 4 | 2 | 30257 | 30467 • | 30677 • | 30887 | 31097 | 31307 • | 31517 • | 31727 • | 31937 | 32147 | 32357 | 32567 | 32777 | 32987 • | 33197 | 33407 | 2 | 4 |
| 5 | 4 | 30259 • | 30469 • | 30679 | 30889 | 31099 | 31309 | 31519 | 31729 • | 31939 | 32149 | 32359 • | 32569 • | 32779 • | 32989 | 33199 • | 33409 • | 4 | 5 |
| 6 | 6 | 30263 | 30473 | 30683 | 30893 • | 31103 | 31313 | 31523 | 31733 | 31943 | 32153 | 32363 • | 32573 • | 32783 • | 32993 • | 33203 • | 33413 • | 6 | 6 |
| 7 | 2 | 30269 • | 30479 | 30689 • | 30899 | 31109 | 31319 • | 31529 | 31739 | 31949 | 32159 • | 32369 • | 32579 • | 32789 • | 32999 • | 33209 | 33419 | 2 | 7 |
| 8 | 6 | 30271 • | 30481 | 30691 | 30901 | 31111 | 31321 • | 31531 • | 31741 • | 31951 | 32161 | 32371 • | 32581 | 32791 | 33001 | 33211 • | 33421 | 6 | 8 |
| 9 | 4 | 30277 | 30487 | 30697 • | 30907 | 31117 | 31327 • | 31537 | 31747 | 31957 • | 32167 | 32377 • | 32587 • | 32797 • | 33007 | 33217 | 33427 • | 4 | 9 |
| 10 | 2 | 30281 | 30491 • | 30701 | 30911 • | 31121 • | 31331 | 31541 • | 31751 • | 31961 | 32171 | 32381 • | 32591 | 32801 • | 33011 | 33221 | 33431 | 2 | 10 |
| 11 | 4 | 30283 | 30493 • | 30703 • | 30913 | 31123 • | 31333 • | 31543 • | 31753 | 31963 • | 32173 • | 32383 | 32593 | 32803 • | 33013 • | 33223 • | 33433 | 4 | 11 |
| 12 | 6 | 30287 | 30497 • | 30707 • | 30917 | 31127 | 31337 • | 31547 • | 31757 | 31967 | 32177 | 32387 | 32597 | 32807 | 33017 | 33227 | 33437 | 6 | 12 |
| 13 | 6 | 30293 • | 30503 | 30713 • | 30923 | 31133 | 31343 | 31553 | 31763 | 31973 • | 32183 • | 32393 | 32603 • | 32813 | 33023 • | 33233 | 33443 | 6 | 13 |
| 14 | 2 | 30299 | 30509 • | 30719 | 30929 | 31139 • | 31349 | 31559 | 31769 • | 31979 | 32189 • | 32399 | 32609 • | 32819 | 33029 • | 33239 | 33449 | 2 | 14 |
| 15 | 6 | 30301 | 30511 | 30721 | 30931 • | 31141 | 31351 | 31561 | 31771 • | 31981 • | 32191 • | 32401 • | 32611 • | 32821 | 33031 | 33241 | 33451 | 6 | 15 |
| 16 | 4 | 30307 • | 30517 • | 30727 • | 30937 • | 31147 • | 31357 • | 31567 • | 31777 | 31987 | 32197 | 32407 | 32617 | 32827 | 33037 • | 33247 • | 33457 • | 4 | 16 |
| 17 | 2 | 30311 | 30521 | 30731 | 30941 • | 31151 • | 31361 | 31571 | 31781 | 31991 • | 32201 | 32411 • | 32621 • | 32831 • | 33041 | 33251 | 33461 • | 2 | 17 |
| 18 | 6 | 30313 • | 30523 | 30733 | 30943 | 31153 • | 31363 | 31573 • | 31783 | 31993 | 32203 • | 32413 • | 32623 | 32833 • | 33043 | 33253 | 33463 | 6 | 18 |
| 19 | 4 | 30319 • | 30529 • | 30739 | 30949 • | 31159 • | 31369 | 31579 | 31789 | 31999 | 32209 | 32419 | 32629 | 32839 • | 33049 • | 33259 | 33469 • | 4 | 19 |
| 20 | 6 | 30323 • | 30533 | 30743 | 30953 | 31163 | 31373 | 31583 • | 31793 • | 32003 • | 32213 • | 32423 • | 32633 • | 32843 • | 33053 • | 33263 | 33473 | 6 | 20 |
| 21 | 8 | 30329 | 30539 • | 30749 | 30959 | 31169 | 31379 • | 31589 | 31799 • | 32009 • | 32219 | 32429 • | 32639 | 32849 | 33059 | 33269 | 33479 • | 8 | 21 |
| 22 | 4 | 30337 | 30547 | 30757 • | 30967 | 31177 • | 31387 • | 31597 | 31807 | 32017 | 32227 | 32437 | 32647 • | 32857 | 33067 | 33277 | 33487 • | 4 | 22 |
| 23 | 2 | 30341 • | 30551 | 30761 | 30971 • | 31181 • | 31391 • | 31601 • | 31811 | 32021 | 32231 | 32441 • | 32651 | 32861 | 33071 • | 33281 | 33491 | 2 | 23 |
| 24 | 4 | 30343 | 30553 • | 30763 • | 30973 | 31183 • | 31393 • | 31603 | 31813 | 32023 | 32233 • | 32443 • | 32653 • | 32863 | 33073 • | 33283 | 33493 • | 4 | 24 |
| $\overline{24}$ | 2 | 30347 • | 30557 • | 30767 | 30977 • | 31187 | 31397 • | 31607 • | 31817 • | 32027 • | 32237 • | 32447 | 32657 | 32867 | 33077 | 33287 • | 33497 | 2 | $\overline{24}$ |
| $\overline{23}$ | 4 | 30349 | 30559 • | 30769 | 30979 | 31189 • | 31399 | 31609 | 31819 | 32029 • | 32239 | 32449 | 32659 | 32869 • | 33079 | 33289 • | 33499 | 4 | $\overline{23}$ |
| $\overline{22}$ | 8 | 30353 | 30563 | 30773 • | 30983 • | 31193 • | 31403 | 31613 | 31823 | 32033 | 32243 | 32453 | 32663 | 32873 | 33083 • | 33293 | 33503 • | 8 | $\overline{22}$ |
| $\overline{21}$ | 6 | 30361 | 30571 | 30781 • | 30991 | 31201 | 31411 | 31621 | 31831 | 32041 | 32251 • | 32461 | 32671 | 32881 | 33091 • | 33301 • | 33511 | 6 | $\overline{21}$ |
| $\overline{20}$ | 4 | 30367 • | 30577 • | 30787 | 30997 | 31207 | 31417 | 31627 • | 31837 | 32047 | 32257 • | 32467 • | 32677 | 32887 • | 33097 | 33307 | 33517 | 4 | $\overline{20}$ |
| $\overline{19}$ | 6 | 30371 | 30581 | 30791 | 31001 | 31211 | 31421 | 31631 | 31841 | 32051 • | 32261 • | 32471 | 32681 | 32891 | 33101 | 33311 • | 33521 • | 6 | $\overline{19}$ |
| $\overline{18}$ | 2 | 30377 | 30587 | 30797 | 31007 | 31217 | 31427 | 31637 | 31847 • | 32057 • | 32267 | 32477 | 32687 • | 32897 | 33107 • | 33317 • | 33527 | 2 | $\overline{18}$ |
| $\overline{17}$ | 4 | 30379 | 30589 | 30799 | 31009 | 31219 • | 31429 | 31639 | 31849 • | 32059 • | 32269 | 32479 • | 32689 | 32899 | 33109 | 33319 | 33529 • | 4 | $\overline{17}$ |
| $\overline{16}$ | 6 | 30383 | 30593 • | 30803 • | 31013 • | 31223 • | 31433 | 31643 • | 31853 | 32063 • | 32273 | 32483 | 32693 • | 32903 | 33113 • | 33323 | 33533 • | 6 | $\overline{16}$ |
| $\overline{15}$ | 2 | 30389 • | 30599 | 30809 • | 31019 • | 31229 | 31439 | 31649 • | 31859 • | 32069 • | 32279 | 32489 | 32699 | 32909 • | 33119 • | 33329 • | 33539 | 2 | $\overline{15}$ |
| $\overline{14}$ | 6 | 30391 • | 30601 | 30811 | 31021 | 31231 • | 31441 | 31651 | 31861 | 32071 | 32281 | 32491 • | 32701 | 32911 • | 33121 | 33331 • | 33541 | 6 | $\overline{14}$ |
| $\overline{13}$ | 6 | 30397 | 30607 | 30817 • | 31027 | 31237 • | 31447 | 31657 • | 31867 | 32077 • | 32287 | 32497 • | 32707 • | 32917 • | 33127 | 33337 | 33547 • | 6 | $\overline{13}$ |
| $\overline{12}$ | 4 | 30403 • | 30613 | 30823 | 31033 • | 31243 | 31453 | 31663 • | 31873 • | 32083 • | 32293 | 32503 • | 32713 • | 32923 | 33133 | 33343 • | 33553 | 4 | $\overline{12}$ |
| $\overline{11}$ | 2 | 30407 | 30617 | 30827 | 31037 | 31247 • | 31457 | 31667 • | 31877 | 32087 | 32297 • | 32507 • | 32717 • | 32927 | 33137 | 33347 • | 33557 | 2 | $\overline{11}$ |
| $\overline{10}$ | 4 | 30409 | 30619 | 30829 • | 31039 • | 31249 • | 31459 | 31669 | 31879 | 32089 • | 32299 • | 32509 | 32719 • | 32929 | 33139 | 33349 • | 33559 | 4 | $\overline{10}$ |
| $\overline{9}$ | 6 | 30413 | 30623 | 30833 | 31043 | 31253 • | 31463 | 31673 | 31883 • | 32093 | 32303 • | 32513 | 32723 | 32933 • | 33143 | 33353 • | 33563 • | 6 | $\overline{9}$ |
| $\overline{8}$ | 2 | 30419 | 30629 | 30839 • | 31049 | 31259 • | 31469 • | 31679 | 31889 | 32099 • | 32309 • | 32519 | 32729 | 32939 • | 33149 • | 33359 • | 33569 • | 2 | $\overline{8}$ |
| $\overline{7}$ | 6 | 30421 | 30631 • | 30841 • | 31051 • | 31261 | 31471 | 31681 | 31891 • | 32101 | 32311 | 32521 | 32731 | 32941 • | 33151 • | 33361 | 33571 | 6 | $\overline{7}$ |
| $\overline{6}$ | 4 | 30427 • | 30637 • | 30847 | 31057 | 31267 • | 31477 • | 31687 • | 31897 | 32107 | 32317 | 32527 | 32737 | 32947 | 33157 | 33367 | 33577 • | 4 | $\overline{6}$ |
| $\overline{5}$ | 2 | 30431 • | 30641 | 30851 • | 31061 | 31271 • | 31481 • | 31691 | 31901 | 32111 | 32321 • | 32531 • | 32741 | 32951 | 33161 • | 33371 | 33581 • | 2 | $\overline{5}$ |
| $\overline{4}$ | 4 | 30433 | 30643 • | 30853 • | 31063 • | 31273 | 31483 | 31693 | 31903 | 32113 | 32323 • | 32533 • | 32743 | 32953 | 33163 | 33373 | 33583 | 4 | $\overline{4}$ |
| $\overline{3}$ | 2 | 30437 | 30647 | 30857 | 31067 | 31277 • | 31487 | 31697 | 31907 • | 32117 • | 32327 • | 32537 • | 32747 | 32957 • | 33167 | 33377 • | 33587 • | 2 | $\overline{3}$ |
| $\overline{2}$ | 10 | 30439 | 30649 • | 30859 • | 31069 • | 31279 | 31489 • | 31699 • | 31909 | 32119 • | 32329 | 32539 | 32749 • | 32959 | 33169 | 33379 | 33589 • | 10 | $\overline{2}$ |
| $\overline{1}$ | 2 | 30449 • | 30659 | 30869 • | 31079 • | 31289 | 31499 | 31709 | 31919 | 32129 | 32339 | 32549 | 32759 | 32969 • | 33179 • | 33389 | 33599 • | 2 | $\overline{1}$ |

| | | | | | | | | | | | | | | | | | | | |
|---|---|---|---|---|---|---|---|---|---|---|---|---|---|---|---|---|---|---|---|
| 1 | 10 | 33601 • | 33811 • | 34021 | 34231 • | 34441 | 34651 • | 34861 | 35071 | 35281 • | 35491 • | 35701 | 35911 • | 36121 | 36331 | 36541 • | 36751 | 10 | 1 |
| 2 | 2 | 33611 | 33821 | 34031 • | 34241 | 34451 | 34661 | 34871 • | 35081 • | 35291 • | 35501 | 35711 | 35921 | 36131 • | 36341 • | 36551 • | 36761 • | 2 | 2 |
| 3 | 4 | 33613 • | 33823 | 34033 • | 34243 | 34453 | 34663 | 34873 | 35083 • | 35293 | 35503 | 35713 | 35923 • | 36133 | 36343 • | 36553 | 36763 | 4 | 3 |
| 4 | 2 | 33617 • | 33827 • | 34037 | 34247 | 34457 • | 34667 • | 34877 • | 35087 | 35297 | 35507 • | 35717 | 35927 | 36137 • | 36347 | 36557 | 36767 • | 2 | 4 |
| 5 | 4 | 33619 • | 33829 • | 34039 • | 34249 | 34459 | 34669 | 34879 | 35089 • | 35299 | 35509 • | 35719 | 35929 | 36139 | 36349 | 36559 • | 36769 | 4 | 5 |
| 6 | 6 | 33623 • | 33833 | 34043 | 34253 • | 34463 | 34673 • | 34883 • | 35093 | 35303 | 35513 | 35723 | 35933 • | 36143 | 36353 • | 36563 • | 36773 | 6 | 6 |
| 7 | 2 | 33629 • | 33839 | 34049 | 34259 • | 34469 • | 34679 • | 34889 | 35099 • | 35309 | 35519 | 35729 • | 35939 | 36149 | 36359 | 36569 | 36779 • | 2 | 7 |
| 8 | 6 | 33631 | 33841 | 34051 | 34261 • | 34471 • | 34681 | 34891 | 35101 | 35311 • | 35521 • | 35731 • | 35941 | 36151 • | 36361 | 36571 • | 36781 • | 6 | 8 |
| 9 | 4 | 33637 • | 33847 | 34057 • | 34267 • | 34477 | 34687 • | 34897 • | 35107 • | 35317 • | 35527 • | 35737 | 35947 | 36157 | 36367 | 36577 | 36787 • | 4 | 9 |
| 10 | 2 | 33641 • | 33851 • | 34061 • | 34271 | 34481 | 34691 | 34901 | 35111 • | 35321 | 35531 • | 35741 | 35951 • | 36161 • | 36371 | 36581 | 36791 • | 2 | 10 |
| 11 | 4 | 33643 | 33853 | 34063 | 34273 • | 34483 • | 34693 • | 34903 | 35113 | 35323 • | 35533 • | 35743 | 35953 | 36163 | 36373 • | 36583 • | 36793 • | 4 | 11 |
| 12 | 6 | 33647 • | 33857 • | 34067 | 34277 | 34487 • | 34697 | 34907 | 35117 • | 35327 • | 35537 • | 35747 • | 35957 | 36167 | 36377 | 36587 • | 36797 | 6 | 12 |
| 13 | 6 | 33653 | 33863 • | 34073 | 34283 • | 34493 | 34703 • | 34913 • | 35123 | 35333 | 35543 • | 35753 • | 35963 • | 36173 | 36383 • | 36593 | 36803 | 6 | 13 |
| 14 | 2 | 33659 | 33869 | 34079 | 34289 | 34499 • | 34709 | 34919 • | 35129 • | 35339 • | 35549 | 35759 • | 35969 • | 36179 | 36389 • | 36599 • | 36809 • | 2 | 14 |
| 15 | 6 | 33661 | 33871 • | 34081 | 34291 | 34501 • | 34711 | 34921 | 35131 | 35341 | 35551 | 35761 | 35971 | 36181 | 36391 | 36601 | 36811 | 6 | 15 |
| 16 | 4 | 33667 | 33877 | 34087 | 34297 • | 34507 | 34717 | 34927 | 35137 | 35347 | 35557 | 35767 | 35977 • | 36187 • | 36397 | 36607 • | 36817 | 4 | 16 |
| 17 | 2 | 33671 | 33881 | 34091 | 34301 • | 34511 • | 34721 • | 34931 | 35141 • | 35351 | 35561 | 35771 • | 35981 | 36191 • | 36401 | 36611 | 36821 • | 2 | 17 |
| 18 | 6 | 33673 | 33883 | 34093 | 34303 • | 34513 • | 34723 | 34933 | 35143 | 35353 • | 35563 | 35773 | 35983 • | 36193 | 36403 | 36613 | 36823 | 6 | 18 |
| 19 | 4 | 33679 • | 33889 • | 34099 | 34309 | 34519 • | 34729 • | 34939 • | 35149 • | 35359 | 35569 • | 35779 | 35989 | 36199 | 36409 | 36619 | 36829 | 4 | 19 |
| 20 | 6 | 33683 | 33893 • | 34103 | 34313 • | 34523 | 34733 | 34943 | 35153 • | 35363 • | 35573 • | 35783 | 35993 • | 36203 | 36413 | 36623 | 36833 • | 6 | 20 |
| 21 | 8 | 33689 | 33899 | 34109 | 34319 • | 34529 | 34739 • | 34949 • | 35159 • | 35369 | 35579 | 35789 | 35999 • | 36209 • | 36419 | 36629 • | 36839 | 8 | 21 |
| 22 | 4 | 33697 | 33907 | 34117 | 34327 • | 34537 • | 34747 • | 34957 | 35167 | 35377 | 35587 | 35797 • | 36007 • | 36217 • | 36427 | 36637 • | 36847 • | 4 | 22 |
| 23 | 2 | 33701 | 33911 • | 34121 | 34331 | 34541 | 34751 | 34961 • | 35171 • | 35381 • | 35591 • | 35801 • | 36011 • | 36221 | 36431 | 36641 | 36851 | 2 | 23 |
| 24 | 4 | 33703 • | 33913 | 34123 • | 34333 | 34543 • | 34753 | 34963 • | 35173 | 35383 | 35593 • | 35803 • | 36013 • | 36223 | 36433 • | 36643 • | 36853 | 4 | 24 |
| $\overline{24}$ | 2 | 33707 | 33917 | 34127 • | 34337 • | 34547 | 34757 • | 34967 | 35177 | 35387 | 35597 • | 35807 | 36017 • | 36227 | 36437 | 36647 | 36857 • | 2 | $\overline{24}$ |
| $\overline{23}$ | 4 | 33709 | 33919 | 34129 • | 34339 | 34549 • | 34759 • | 34969 | 35179 | 35389 | 35599 | 35809 • | 36019 | 36229 • | 36439 | 36649 | 36859 | 4 | $\overline{23}$ |
| $\overline{22}$ | 8 | 33713 • | 33923 • | 34133 | 34343 | 34553 | 34763 • | 34973 | 35183 | 35393 • | 35603 • | 35813 | 36023 | 36233 | 36443 | 36653 • | 36863 | 8 | $\overline{22}$ |
| $\overline{21}$ | 6 | 33721 • | 33931 • | 34141 • | 34351 • | 34561 | 34771 | 34981 • | 35191 | 35401 • | 35611 | 35821 | 36031 | 36241 • | 36451 • | 36661 | 36871 • | 6 | $\overline{21}$ |
| $\overline{20}$ | 4 | 33727 | 33937 • | 34147 • | 34357 | 34567 | 34777 | 34987 | 35197 | 35407 • | 35617 • | 35827 | 36037 • | 36247 | 36457 • | 36667 | 36877 • | 4 | $\overline{20}$ |
| $\overline{19}$ | 6 | 33731 | 33941 • | 34151 | 34361 • | 34571 | 34781 • | 34991 | 35201 • | 35411 | 35621 | 35831 • | 36041 | 36251 • | 36461 | 36671 • | 36881 | 6 | $\overline{19}$ |
| $\overline{18}$ | 2 | 33737 | 33947 | 34157 • | 34367 • | 34577 | 34787 | 34997 | 35207 | 35417 | 35627 | 35837 • | 36047 | 36257 | 36467 • | 36677 • | 36887 • | 2 | $\overline{18}$ |
| $\overline{17}$ | 4 | 33739 • | 33949 | 34159 • | 34369 • | 34579 | 34789 | 34999 | 35209 | 35419 • | 35629 | 35839 • | 36049 | 36259 | 36469 • | 36679 | 36889 | 4 | $\overline{17}$ |
| $\overline{16}$ | 6 | 33743 | 33953 | 34163 | 34373 | 34583 • | 34793 | 35003 | 35213 | 35423 • | 35633 | 35843 | 36053 | 36263 • | 36473 • | 36683 • | 36893 | 6 | $\overline{16}$ |
| $\overline{15}$ | 2 | 33749 • | 33959 | 34169 | 34379 | 34589 • | 34799 | 35009 | 35219 | 35429 | 35639 | 35849 | 36059 | 36269 • | 36479 • | 36689 | 36899 • | 2 | $\overline{15}$ |
| $\overline{14}$ | 6 | 33751 • | 33961 • | 34171 • | 34381 • | 34591 • | 34801 | 35011 | 35221 • | 35431 | 35641 | 35851 • | 36061 • | 36271 | 36481 | 36691 • | 36901 • | 6 | $\overline{14}$ |
| $\overline{13}$ | 6 | 33757 • | 33967 • | 34177 | 34387 | 34597 | 34807 • | 35017 | 35227 • | 35437 • | 35647 | 35857 | 36067 • | 36277 • | 36487 | 36697 • | 36907 | 6 | $\overline{13}$ |
| $\overline{12}$ | 4 | 33763 | 33973 | 34183 • | 34393 | 34603 • | 34813 | 35023 • | 35233 | 35443 | 35653 | 35863 • | 36073 • | 36283 | 36493 • | 36703 | 36913 • | 4 | $\overline{12}$ |
| $\overline{11}$ | 2 | 33767 • | 33977 | 34187 | 34397 | 34607 • | 34817 | 35027 • | 35237 | 35447 • | 35657 | 35867 | 36077 | 36287 | 36497 • | 36707 | 36917 | 2 | $\overline{11}$ |
| $\overline{10}$ | 4 | 33769 • | 33979 | 34189 | 34399 | 34609 | 34819 • | 35029 | 35239 | 35449 • | 35659 | 35869 • | 36079 | 36289 | 36499 | 36709 • | 36919 • | 4 | $\overline{10}$ |
| $\overline{9}$ | 6 | 33773 • | 33983 | 34193 | 34403 • | 34613 • | 34823 | 35033 | 35243 | 35453 | 35663 | 35873 | 36083 • | 36293 • | 36503 | 36713 • | 36923 • | 6 | $\overline{9}$ |
| $\overline{8}$ | 2 | 33779 | 33989 | 34199 | 34409 | 34619 | 34829 | 35039 | 35249 | 35459 | 35669 | 35879 • | 36089 | 36299 • | 36509 | 36719 | 36929 • | 2 | $\overline{8}$ |
| $\overline{7}$ | 6 | 33781 | 33991 | 34201 | 34411 | 34621 | 34831 | 35041 | 35251 • | 35461 • | 35671 • | 35881 | 36091 | 36301 | 36511 | 36721 • | 36931 • | 6 | $\overline{7}$ |
| $\overline{6}$ | 4 | 33787 | 33997 • | 34207 | 34417 | 34627 | 34837 | 35047 | 35257 • | 35467 | 35677 • | 35887 | 36097 • | 36307 • | 36517 | 36727 | 36937 | 4 | $\overline{6}$ |
| $\overline{5}$ | 2 | 33791 • | 34001 | 34211 • | 34421 • | 34631 • | 34841 • | 35051 • | 35261 | 35471 | 35681 | 35891 | 36101 | 36311 | 36521 | 36731 | 36941 | 2 | $\overline{5}$ |
| $\overline{4}$ | 4 | 33793 | 34003 | 34213 • | 34423 | 34633 | 34843 • | 35053 • | 35263 | 35473 | 35683 | 35893 | 36103 | 36313 • | 36523 • | 36733 | 36943 • | 4 | $\overline{4}$ |
| $\overline{3}$ | 2 | 33797 • | 34007 | 34217 • | 34427 | 34637 | 34847 • | 35057 | 35267 • | 35477 | 35687 | 35897 • | 36107 • | 36317 | 36527 • | 36737 | 36947 • | 2 | $\overline{3}$ |
| $\overline{2}$ | 10 | 33799 | 34009 | 34219 | 34429 • | 34639 | 34849 • | 35059 • | 35269 | 35479 | 35689 | 35899 • | 36109 • | 36319 • | 36529 • | 36739 • | 36949 | 10 | $\overline{2}$ |
| $\overline{1}$ | 2 | 33809 • | 34019 • | 34229 | 34439 • | 34649 • | 34859 | 35069 • | 35279 • | 35489 | 35699 | 35909 | 36119 | 36329 | 36539 | 36749 • | 36959 | 2 | $\overline{1}$ |

| | | | | | | | | | | | | | | | | | | | |
|---|---|---|---|---|---|---|---|---|---|---|---|---|---|---|---|---|---|---|---|
| 1 | 10 | 36961 | 37171 • | 37381 | 37591 • | 37801 | 38011 • | 38221 | 38431 • | 38641 | 38851 • | 39061 | 39271 | 39481 | 39691 | 39901 • | 40111 • | 10 | 1 |
| 2 | 2 | 36971 | 37181 • | 37391 | 37601 | 37811 • | 38021 | 38231 • | 38441 | 38651 • | 38861 • | 39071 | 39281 | 39491 | 39701 | 39911 | 40121 | 2 | 2 |
| 3 | 4 | 36973 • | 37183 | 37393 | 37603 | 37813 • | 38023 | 38233 | 38443 | 38653 • | 38863 | 39073 | 39283 | 39493 | 39703 • | 39913 | 40123 • | 4 | 3 |
| 4 | 2 | 36977 | 37187 | 37397 • | 37607 • | 37817 | 38027 | 38237 • | 38447 • | 38657 | 38867 • | 39077 | 39287 | 39497 | 39707 | 39917 | 40127 • | 2 | 4 |
| 5 | 4 | 36979 • | 37189 • | 37399 | 37609 | 37819 | 38029 | 38239 • | 38449 • | 38659 | 38869 | 39079 • | 39289 | 39499 • | 39709 • | 39919 | 40129 • | 4 | 5 |
| 6 | 6 | 36983 | 37193 | 37403 | 37613 | 37823 | 38033 | 38243 | 38453 • | 38663 | 38873 • | 39083 | 39293 • | 39503 • | 39713 | 39923 | 40133 | 6 | 6 |
| 7 | 2 | 36989 | 37199 • | 37409 • | 37619 • | 37829 | 38039 • | 38249 | 38459 • | 38669 • | 38879 | 39089 • | 39299 | 39509 • | 39719 • | 39929 • | 40139 | 2 | 7 |
| 8 | 6 | 36991 | 37201 • | 37411 | 37621 | 37831 • | 38041 | 38251 | 38461 • | 38671 • | 38881 | 39091 | 39301 • | 39511 • | 39721 | 39931 | 40141 | 6 | 8 |
| 9 | 4 | 36997 • | 37207 | 37417 | 37627 | 37837 | 38047 • | 38257 | 38467 | 38677 • | 38887 | 39097 • | 39307 | 39517 | 39727 • | 39937 • | 40147 | 4 | 9 |
| 10 | 2 | 37001 | 37211 | 37421 | 37631 | 37841 | 38051 | 38261 • | 38471 | 38681 | 38891 • | 39101 | 39311 | 39521 • | 39731 | 39941 | 40151 • | 2 | 10 |
| 11 | 4 | 37003 • | 37213 | 37423 • | 37633 • | 37843 | 38053 • | 38263 | 38473 | 38683 | 38893 | 39103 • | 39313 • | 39523 | 39733 • | 39943 | 40153 • | 4 | 11 |
| 12 | 6 | 37007 | 37217 • | 37427 | 37637 | 37847 • | 38057 | 38267 | 38477 | 38687 | 38897 | 39107 • | 39317 • | 39527 | 39737 | 39947 | 40157 | 6 | 12 |
| 13 | 6 | 37013 • | 37223 • | 37433 | 37643 • | 37853 • | 38063 | 38273 • | 38483 | 38693 • | 38903 • | 39113 • | 39323 • | 39533 | 39743 | 39953 • | 40163 • | 6 | 13 |
| 14 | 2 | 37019 • | 37229 | 37439 | 37649 • | 37859 | 38069 • | 38279 | 38489 | 38699 • | 38909 | 39119 • | 39329 | 39539 | 39749 • | 39959 | 40169 • | 2 | 14 |
| 15 | 6 | 37021 • | 37231 | 37441 • | 37651 | 37861 • | 38071 | 38281 • | 38491 | 38701 | 38911 | 39121 | 39331 | 39541 • | 39751 | 39961 | 40171 | 6 | 15 |
| 16 | 4 | 37027 | 37237 | 37447 • | 37657 • | 37867 | 38077 | 38287 • | 38497 | 38707 • | 38917 • | 39127 | 39337 | 39547 | 39757 | 39967 | 40177 • | 4 | 16 |
| 17 | 2 | 37031 | 37241 | 37451 | 37661 | 37871 • | 38081 | 38291 | 38501 • | 38711 • | 38921 • | 39131 | 39341 • | 39551 • | 39761 • | 39971 • | 40181 | 2 | 17 |
| 18 | 6 | 37033 | 37243 • | 37453 | 37663 • | 37873 | 38083 • | 38293 | 38503 | 38713 • | 38923 • | 39133 • | 39343 • | 39553 | 39763 | 39973 | 40183 | 6 | 18 |
| 19 | 4 | 37039 • | 37249 | 37459 | 37669 | 37879 • | 38089 | 38299 • | 38509 | 38719 | 38929 | 39139 • | 39349 | 39559 | 39769 • | 39979 • | 40189 • | 4 | 19 |
| 20 | 6 | 37043 | 37253 • | 37463 • | 37673 | 37883 | 38093 | 38303 • | 38513 | 38723 • | 38933 • | 39143 | 39353 | 39563 • | 39773 | 39983 • | 40193 • | 6 | 20 |
| 21 | 8 | 37049 • | 37259 | 37469 | 37679 | 37889 • | 38099 | 38309 | 38519 | 38729 • | 38939 | 39149 | 39359 • | 39569 • | 39779 • | 39989 • | 40199 | 8 | 21 |
| 22 | 4 | 37057 • | 37267 | 37477 | 37687 | 37897 • | 38107 | 38317 • | 38527 | 38737 • | 38947 | 39157 • | 39367 • | 39577 | 39787 | 39997 | 40207 | 4 | 22 |
| 23 | 2 | 37061 • | 37271 | 37481 | 37691 • | 37901 | 38111 | 38321 • | 38531 | 38741 | 38951 | 39161 • | 39371 • | 39581 • | 39791 • | 40001 | 40211 | 2 | 23 |
| 24 | 4 | 37063 | 37273 • | 37483 • | 37693 • | 37903 | 38113 • | 38323 | 38533 | 38743 | 38953 • | 39163 • | 39373 • | 39583 | 39793 | 40003 | 40213 • | 4 | 24 |
| $\overline{24}$ | 2 | 37067 | 37277 • | 37487 | 37697 | 37907 • | 38117 | 38327 • | 38537 | 38747 • | 38957 | 39167 | 39377 | 39587 | 39797 | 40007 | 40217 | 2 | $\overline{24}$ |
| $\overline{23}$ | 4 | 37069 | 37279 | 37489 • | 37699 • | 37909 | 38119 • | 38329 • | 38539 | 38749 • | 38959 • | 39169 | 39379 | 39589 | 39799 • | 40009 • | 40219 | 4 | $\overline{23}$ |
| $\overline{22}$ | 8 | 37073 | 37283 | 37493 • | 37703 | 37913 | 38123 | 38333 • | 38543 • | 38753 | 38963 | 39173 | 39383 • | 39593 | 39803 | 40013 • | 40223 | 8 | $\overline{22}$ |
| $\overline{21}$ | 6 | 37081 | 37291 | 37501 • | 37711 | 37921 | 38131 | 38341 | 38551 | 38761 | 38971 • | 39181 • | 39391 | 39601 | 39811 | 40021 | 40231 • | 6 | $\overline{21}$ |
| $\overline{20}$ | 4 | 37087 • | 37297 | 37507 • | 37717 • | 37927 | 38137 | 38347 | 38557 • | 38767 • | 38977 • | 39187 | 39397 • | 39607 • | 39817 | 40027 | 40237 • | 4 | $\overline{20}$ |
| $\overline{19}$ | 6 | 37091 | 37301 | 37511 • | 37721 | 37931 | 38141 | 38351 • | 38561 • | 38771 | 38981 | 39191 • | 39401 | 39611 | 39821 • | 40031 • | 40241 • | 6 | $\overline{19}$ |
| $\overline{18}$ | 2 | 37097 • | 37307 • | 37517 • | 37727 | 37937 | 38147 | 38357 | 38567 • | 38777 | 38987 | 39197 | 39407 | 39617 | 39827 • | 40037 • | 40247 | 2 | $\overline{18}$ |
| $\overline{17}$ | 4 | 37099 | 37309 • | 37519 | 37729 | 37939 | 38149 • | 38359 | 38569 • | 38779 | 38989 | 39199 • | 39409 • | 39619 • | 39829 • | 40039 • | 40249 | 4 | $\overline{17}$ |
| $\overline{16}$ | 6 | 37103 | 37313 • | 37523 | 37733 | 37943 | 38153 • | 38363 | 38573 | 38783 • | 38993 • | 39203 | 39413 | 39623 • | 39833 | 40043 | 40253 • | 6 | $\overline{16}$ |
| $\overline{15}$ | 2 | 37109 | 37319 | 37529 • | 37739 | 37949 | 38159 | 38369 | 38579 | 38789 | 38999 | 39209 • | 39419 • | 39629 | 39839 • | 40049 | 40259 | 2 | $\overline{15}$ |
| $\overline{14}$ | 6 | 37111 | 37321 • | 37531 | 37741 | 37951 • | 38161 | 38371 • | 38581 | 38791 • | 39001 | 39211 | 39421 | 39631 • | 39841 • | 40051 | 40261 | 6 | $\overline{14}$ |
| $\overline{13}$ | 6 | 37117 • | 37327 | 37537 • | 37747 • | 37957 • | 38167 • | 38377 • | 38587 | 38797 | 39007 | 39217 • | 39427 | 39637 | 39847 • | 40057 | 40267 | 6 | $\overline{13}$ |
| $\overline{12}$ | 4 | 37123 • | 37333 | 37543 | 37753 | 37963 • | 38173 | 38383 | 38593 • | 38803 • | 39013 | 39223 | 39433 | 39643 | 39853 | 40063 • | 40273 | 4 | $\overline{12}$ |
| $\overline{11}$ | 2 | 37127 | 37337 • | 37547 • | 37757 | 37967 • | 38177 • | 38387 | 38597 | 38807 | 39017 | 39227 • | 39437 | 39647 | 39857 • | 40067 | 40277 • | 2 | $\overline{11}$ |
| $\overline{10}$ | 4 | 37129 | 37339 • | 37549 • | 37759 | 37969 | 38179 | 38389 | 38599 | 38809 | 39019 • | 39229 • | 39439 • | 39649 | 39859 | 40069 | 40279 | 4 | $\overline{10}$ |
| $\overline{9}$ | 6 | 37133 | 37343 | 37553 | 37763 | 37973 | 38183 • | 38393 • | 38603 • | 38813 | 39023 • | 39233 • | 39443 • | 39653 | 39863 • | 40073 | 40283 • | 6 | $\overline{9}$ |
| $\overline{8}$ | 2 | 37139 • | 37349 | 37559 | 37769 | 37979 | 38189 • | 38399 | 38609 • | 38819 | 39029 | 39239 • | 39449 | 39659 • | 39869 • | 40079 | 40289 • | 2 | $\overline{8}$ |
| $\overline{7}$ | 6 | 37141 | 37351 | 37561 • | 37771 | 37981 | 38191 | 38401 | 38611 • | 38821 • | 39031 | 39241 • | 39451 • | 39661 | 39871 | 40081 | 40291 | 6 | $\overline{7}$ |
| $\overline{6}$ | 4 | 37147 | 37357 • | 37567 • | 37777 | 37987 • | 38197 • | 38407 | 38617 | 38827 | 39037 | 39247 | 39457 | 39667 • | 39877 • | 40087 • | 40297 | 4 | $\overline{6}$ |
| $\overline{5}$ | 2 | 37151 | 37361 • | 37571 • | 37781 • | 37991 • | 38201 • | 38411 | 38621 | 38831 | 39041 • | 39251 • | 39461 • | 39671 • | 39881 | 40091 | 40301 | 2 | $\overline{5}$ |
| $\overline{4}$ | 4 | 37153 | 37363 • | 37573 • | 37783 • | 37993 • | 38203 | 38413 | 38623 | 38833 • | 39043 • | 39253 | 39463 | 39673 | 39883 • | 40093 • | 40303 | 4 | $\overline{4}$ |
| $\overline{3}$ | 2 | 37157 | 37367 | 37577 | 37787 | 37997 • | 38207 | 38417 | 38627 | 38837 | 39047 • | 39257 | 39467 | 39677 | 39887 • | 40097 | 40307 | 2 | $\overline{3}$ |
| $\overline{2}$ | 10 | 37159 • | 37369 • | 37579 • | 37789 | 37999 | 38209 | 38419 | 38629 • | 38839 • | 39049 | 39259 | 39469 | 39679 • | 39889 | 40099 • | 40309 | 10 | $\overline{2}$ |
| $\overline{1}$ | 2 | 37169 | 37379 • | 37589 • | 37799 • | 38009 | 38219 • | 38429 | 38639 • | 38849 | 39059 | 39269 | 39479 | 39689 | 39899 | 40109 | 40319 | 2 | $\overline{1}$ |

| | | | | | | | | | | | | | | | | | | | |
|---|---|---|---|---|---|---|---|---|---|---|---|---|---|---|---|---|---|---|---|
| 1 | 10 | 40321 | 40531 • | 40741 | 40951 | 41161 • | 41371 | 41581 | 41791 | 42001 | 42211 | 42421 | 42631 | 42841 • | 43051 • | 43261 • | 43471 | 10 | 1 |
| 2 | 2 | 40331 | 40541 | 40751 • | 40961 • | 41171 | 41381 • | 41591 | 41801 • | 42011 | 42221 • | 42431 | 42641 • | 42851 | 43061 | 43271 • | 43481 • | 2 | 2 |
| 3 | 4 | 40333 | 40543 • | 40753 | 40963 | 41173 | 41383 | 41593 • | 41803 | 42013 • | 42223 • | 42433 • | 42643 • | 42853 • | 43063 • | 43273 | 43483 | 4 | 3 |
| 4 | 2 | 40337 | 40547 | 40757 | 40967 | 41177 • | 41387 • | 41597 • | 41807 | 42017 • | 42227 • | 42437 • | 42647 | 42857 | 43067 • | 43277 | 43487 • | 2 | 4 |
| 5 | 4 | 40339 | 40549 | 40759 • | 40969 | 41179 • | 41389 • | 41599 | 41809 • | 42019 • | 42229 | 42439 | 42649 • | 42859 • | 43069 | 43279 | 43489 | 4 | 5 |
| 6 | 6 | 40343 • | 40553 | 40763 • | 40973 • | 41183 • | 41393 | 41603 • | 41813 • | 42023 • | 42233 | 42443 • | 42653 | 42863 • | 43073 | 43283 • | 43493 | 6 | 6 |
| 7 | 2 | 40349 | 40559 • | 40769 | 40979 | 41189 • | 41399 • | 41609 • | 41819 | 42029 | 42239 • | 42449 | 42659 | 42869 | 43079 | 43289 | 43499 • | 2 | 7 |
| 8 | 6 | 40351 • | 40561 | 40771 • | 40981 | 41191 | 41401 | 41611 • | 41821 | 42031 | 42241 | 42451 • | 42661 | 42871 | 43081 | 43291 • | 43501 | 6 | 8 |
| 9 | 4 | 40357 • | 40567 | 40777 | 40987 | 41197 | 41407 | 41617 • | 41827 | 42037 | 42247 | 42457 • | 42667 • | 42877 | 43087 | 43297 | 43507 | 4 | 9 |
| 10 | 2 | 40361 • | 40571 | 40781 | 40991 | 41201 • | 41411 • | 41621 • | 41831 | 42041 | 42251 | 42461 • | 42671 | 42881 | 43091 | 43301 | 43511 | 2 | 10 |
| 11 | 4 | 40363 | 40573 | 40783 | 40993 • | 41203 • | 41413 • | 41623 | 41833 | 42043 • | 42253 | 42463 • | 42673 | 42883 | 43093 • | 43303 | 43513 | 4 | 11 |
| 12 | 6 | 40367 | 40577 • | 40787 • | 40997 | 41207 | 41417 | 41627 • | 41837 | 42047 | 42257 • | 42467 • | 42677 • | 42887 | 43097 | 43307 | 43517 • | 6 | 12 |
| 13 | 6 | 40373 | 40583 • | 40793 | 41003 | 41213 • | 41423 | 41633 | 41843 • | 42053 | 42263 | 42473 • | 42683 • | 42893 | 43103 • | 43313 • | 43523 | 6 | 13 |
| 14 | 2 | 40379 | 40589 | 40799 | 41009 | 41219 | 41429 | 41639 | 41849 • | 42059 | 42269 | 42479 | 42689 • | 42899 • | 43109 | 43319 • | 43529 | 2 | 14 |
| 15 | 6 | 40381 | 40591 • | 40801 • | 41011 • | 41221 • | 41431 | 41641 • | 41851 • | 42061 • | 42271 | 42481 | 42691 | 42901 • | 43111 | 43321 • | 43531 | 6 | 15 |
| 16 | 4 | 40387 • | 40597 • | 40807 | 41017 • | 41227 • | 41437 | 41647 • | 41857 | 42067 | 42277 | 42487 • | 42697 • | 42907 | 43117 • | 43327 | 43537 | 4 | 16 |
| 17 | 2 | 40391 | 40601 | 40811 | 41021 | 41231 • | 41441 | 41651 • | 41861 | 42071 • | 42281 • | 42491 • | 42701 • | 42911 | 43121 | 43331 • | 43541 • | 2 | 17 |
| 18 | 6 | 40393 | 40603 | 40813 • | 41023 • | 41233 • | 41443 • | 41653 | 41863 • | 42073 • | 42283 • | 42493 | 42703 • | 42913 | 43123 | 43333 | 43543 • | 6 | 18 |
| 19 | 4 | 40399 | 40609 • | 40819 • | 41029 | 41239 | 41449 | 41659 • | 41869 | 42079 | 42289 | 42499 • | 42709 • | 42919 | 43129 | 43339 | 43549 | 4 | 19 |
| 20 | 6 | 40403 | 40613 | 40823 • | 41033 | 41243 • | 41453 • | 41663 | 41873 | 42083 • | 42293 • | 42503 | 42713 | 42923 • | 43133 • | 43343 | 43553 | 6 | 20 |
| 21 | 8 | 40409 | 40619 | 40829 • | 41039 • | 41249 | 41459 | 41669 • | 41879 • | 42089 • | 42299 • | 42509 • | 42719 • | 42929 • | 43139 | 43349 | 43559 | 8 | 21 |
| 22 | 4 | 40417 | 40627 • | 40837 | 41047 • | 41257 • | 41467 • | 41677 | 41887 • | 42097 | 42307 • | 42517 | 42727 • | 42937 • | 43147 | 43357 | 43567 | 4 | 22 |
| 23 | 2 | 40421 | 40631 | 40841 • | 41051 • | 41261 | 41471 | 41681 • | 41891 | 42101 • | 42311 | 42521 | 42731 | 42941 | 43151 • | 43361 | 43571 | 2 | 23 |
| 24 | 4 | 40423 • | 40633 | 40843 | 41053 | 41263 • | 41473 | 41683 | 41893 • | 42103 | 42313 | 42523 | 42733 | 42943 • | 43153 | 43363 | 43573 • | 4 | 24 |
| $\overline{24}$ | 2 | 40427 • | 40637 • | 40847 • | 41057 • | 41267 | 41477 | 41687 • | 41897 • | 42107 | 42317 | 42527 | 42737 • | 42947 | 43157 | 43367 | 43577 • | 2 | $\overline{24}$ |
| $\overline{23}$ | 4 | 40429 • | 40639 • | 40849 • | 41059 | 41269 • | 41479 • | 41689 | 41899 | 42109 | 42319 | 42529 | 42739 | 42949 | 43159 • | 43369 | 43579 • | 4 | $\overline{23}$ |
| $\overline{22}$ | 8 | 40433 • | 40643 | 40853 • | 41063 | 41273 | 41483 | 41693 | 41903 • | 42113 | 42323 • | 42533 • | 42743 • | 42953 • | 43163 | 43373 | 43583 | 8 | $\overline{22}$ |
| $\overline{21}$ | 6 | 40441 | 40651 | 40861 | 41071 | 41281 • | 41491 • | 41701 | 41911 • | 42121 | 42331 • | 42541 | 42751 • | 42961 • | 43171 | 43381 | 43591 • | 6 | $\overline{21}$ |
| $\overline{20}$ | 4 | 40447 | 40657 | 40867 • | 41077 • | 41287 | 41497 | 41707 | 41917 | 42127 | 42337 • | 42547 | 42757 | 42967 • | 43177 • | 43387 | 43597 • | 4 | $\overline{20}$ |
| $\overline{19}$ | 6 | 40451 | 40661 | 40871 | 41081 • | 41291 | 41501 | 41711 | 41921 | 42131 • | 42341 | 42551 | 42761 | 42971 | 43181 | 43391 • | 43601 | 6 | $\overline{19}$ |
| $\overline{18}$ | 2 | 40457 | 40667 | 40877 | 41087 | 41297 | 41507 • | 41717 | 41927 • | 42137 | 42347 | 42557 • | 42767 • | 42977 | 43187 | 43397 • | 43607 • | 2 | $\overline{18}$ |
| $\overline{17}$ | 4 | 40459 • | 40669 | 40879 • | 41089 | 41299 • | 41509 | 41719 • | 41929 | 42139 • | 42349 • | 42559 | 42769 | 42979 • | 43189 • | 43399 • | 43609 • | 4 | $\overline{17}$ |
| $\overline{16}$ | 6 | 40463 | 40673 | 40883 • | 41093 | 41303 | 41513 • | 41723 | 41933 | 42143 | 42353 | 42563 | 42773 • | 42983 | 43193 | 43403 • | 43613 • | 6 | $\overline{16}$ |
| $\overline{15}$ | 2 | 40469 | 40679 | 40889 | 41099 | 41309 | 41519 • | 41729 • | 41939 | 42149 | 42359 • | 42569 • | 42779 | 42989 • | 43199 | 43409 | 43619 | 2 | $\overline{15}$ |
| $\overline{14}$ | 6 | 40471 • | 40681 | 40891 | 41101 | 41311 | 41521 • | 41731 | 41941 • | 42151 | 42361 | 42571 • | 42781 | 42991 | 43201 • | 43411 • | 43621 | 6 | $\overline{14}$ |
| $\overline{13}$ | 6 | 40477 | 40687 | 40897 • | 41107 | 41317 | 41527 | 41737 • | 41947 • | 42157 • | 42367 | 42577 • | 42787 • | 42997 | 43207 • | 43417 | 43627 • | 6 | $\overline{13}$ |
| $\overline{12}$ | 4 | 40483 • | 40693 • | 40903 • | 41113 • | 41323 | 41533 | 41743 | 41953 • | 42163 | 42373 • | 42583 | 42793 • | 43003 • | 43213 | 43423 | 43633 • | 4 | $\overline{12}$ |
| $\overline{11}$ | 2 | 40487 • | 40697 • | 40907 | 41117 • | 41327 | 41537 | 41747 | 41957 • | 42167 | 42377 | 42587 | 42797 • | 43007 | 43217 | 43427 • | 43637 | 2 | $\overline{11}$ |
| $\overline{10}$ | 4 | 40489 | 40699 • | 40909 | 41119 | 41329 | 41539 • | 41749 | 41959 • | 42169 • | 42379 • | 42589 • | 42799 | 43009 | 43219 | 43429 | 43639 | 4 | $\overline{10}$ |
| $\overline{9}$ | 6 | 40493 • | 40703 | 40913 | 41123 | 41333 • | 41543 • | 41753 | 41963 | 42173 | 42383 | 42593 | 42803 | 43013 • | 43223 • | 43433 | 43643 | 6 | $\overline{9}$ |
| $\overline{8}$ | 2 | 40499 • | 40709 • | 40919 | 41129 | 41339 | 41549 • | 41759 • | 41969 • | 42179 • | 42389 | 42599 | 42809 | 43019 • | 43229 | 43439 | 43649 • | 2 | $\overline{8}$ |
| $\overline{7}$ | 6 | 40501 | 40711 | 40921 | 41131 • | 41341 • | 41551 | 41761 • | 41971 | 42181 • | 42391 • | 42601 | 42811 | 43021 | 43231 | 43441 • | 43651 • | 6 | $\overline{7}$ |
| $\overline{6}$ | 4 | 40507 • | 40717 | 40927 • | 41137 | 41347 | 41557 | 41767 | 41977 | 42187 • | 42397 • | 42607 | 42817 | 43027 | 43237 • | 43447 | 43657 | 4 | $\overline{6}$ |
| $\overline{5}$ | 2 | 40511 | 40721 | 40931 | 41141 • | 41351 • | 41561 | 41771 • | 41981 • | 42191 | 42401 | 42611 • | 42821 • | 43031 | 43241 | 43451 • | 43661 • | 2 | $\overline{5}$ |
| $\overline{4}$ | 4 | 40513 | 40723 | 40933 • | 41143 • | 41353 | 41563 | 41773 | 41983 • | 42193 • | 42403 • | 42613 | 42823 | 43033 | 43243 | 43453 | 43663 | 4 | $\overline{4}$ |
| $\overline{3}$ | 2 | 40517 | 40727 | 40937 | 41147 | 41357 • | 41567 | 41777 • | 41987 | 42197 • | 42407 • | 42617 | 42827 | 43037 • | 43247 | 43457 • | 43667 | 2 | $\overline{3}$ |
| $\overline{2}$ | 10 | 40519 • | 40729 | 40939 • | 41149 • | 41359 | 41569 | 41779 | 41989 | 42199 | 42409 • | 42619 | 42829 • | 43039 | 43249 | 43459 | 43669 • | 10 | $\overline{2}$ |
| $\overline{1}$ | 2 | 40529 • | 40739 • | 40949 • | 41159 | 41369 | 41579 • | 41789 | 41999 • | 42209 • | 42419 | 42629 | 42839 • | 43049 • | 43259 | 43469 | 43679 | 2 | $\overline{1}$ |

| | | | | | | | | | | | | | | | | | | | |
|---|---|---|---|---|---|---|---|---|---|---|---|---|---|---|---|---|---|---|---|
| 1 | 10 | 43681 | 43891• | 44101• | 44311 | 44521 | 44731 | 44941 | 45151 | 45361• | 45571 | 45781 | 45991 | 46201 | 46411• | 46621 | 46831• | 10 | 1 |
| 2 | 2 | 43691• | 43901 | 44111• | 44321 | 44531• | 44741• | 44951 | 45161• | 45371 | 45581 | 45791 | 46001 | 46211 | 46421 | 46631 | 46841 | 2 | 2 |
| 3 | 4 | 43693 | 43903 | 44113 | 44323 | 44533• | 44743 | 44953• | 45163 | 45373 | 45583 | 45793 | 46003 | 46213 | 46423 | 46633• | 46843 | 4 | 3 |
| 4 | 2 | 43697 | 43907 | 44117 | 44327 | 44537• | 44747 | 44957 | 45167 | 45377• | 45587• | 45797 | 46007 | 46217 | 46427 | 46637 | 46847 | 2 | 4 |
| 5 | 4 | 43699 | 43909 | 44119• | 44329 | 44539 | 44749 | 44959• | 45169 | 45379 | 45589• | 45799 | 46009 | 46219• | 46429 | 46639• | 46849 | 4 | 5 |
| 6 | 6 | 43703 | 43913• | 44123• | 44333 | 44543• | 44753• | 44963• | 45173 | 45383 | 45593 | 45803 | 46013 | 46223 | 46433 | 46643• | 46853• | 6 | 6 |
| 7 | 2 | 43709 | 43919 | 44129• | 44339 | 44549• | 44759 | 44969 | 45179• | 45389• | 45599• | 45809 | 46019 | 46229• | 46439• | 46649• | 46859 | 2 | 7 |
| 8 | 6 | 43711• | 43921 | 44131• | 44341 | 44551 | 44761 | 44971• | 45181• | 45391 | 45601 | 45811 | 46021• | 46231 | 46441• | 46651 | 46861• | 6 | 8 |
| 9 | 4 | 43717• | 43927 | 44137 | 44347 | 44557 | 44767 | 44977 | 45187 | 45397 | 45607 | 45817• | 46027• | 46237• | 46447• | 46657 | 46867• | 4 | 9 |
| 10 | 2 | 43721• | 43931 | 44141 | 44351• | 44561 | 44771• | 44981 | 45191• | 45401 | 45611 | 45821• | 46031 | 46241 | 46451• | 46661 | 46871 | 2 | 10 |
| 11 | 4 | 43723 | 43933• | 44143 | 44353 | 44563• | 44773• | 44983• | 45193 | 45403• | 45613• | 45823• | 46033 | 46243 | 46453 | 46663• | 46873 | 4 | 11 |
| 12 | 6 | 43727 | 43937 | 44147 | 44357• | 44567 | 44777• | 44987• | 45197• | 45407 | 45617 | 45827• | 46037 | 46247 | 46457• | 46667 | 46877• | 6 | 12 |
| 13 | 6 | 43733 | 43943• | 44153 | 44363 | 44573 | 44783 | 44993 | 45203 | 45413• | 45623 | 45833• | 46043 | 46253 | 46463 | 46673 | 46883 | 6 | 13 |
| 14 | 2 | 43739 | 43949 | 44159• | 44369 | 44579• | 44789• | 44999 | 45209 | 45419 | 45629 | 45839 | 46049• | 46259 | 46469 | 46679• | 46889• | 2 | 14 |
| 15 | 6 | 43741 | 43951• | 44161 | 44371• | 44581 | 44791 | 45001 | 45211 | 45421 | 45631• | 45841• | 46051• | 46261• | 46471• | 46681• | 46891 | 6 | 15 |
| 16 | 4 | 43747 | 43957 | 44167 | 44377 | 44587• | 44797• | 45007• | 45217 | 45427• | 45637 | 45847 | 46057 | 46267 | 46477• | 46687• | 46897 | 4 | 16 |
| 17 | 2 | 43751 | 43961• | 44171• | 44381• | 44591 | 44801 | 45011 | 45221 | 45431 | 45641• | 45851 | 46061• | 46271• | 46481 | 46691• | 46901• | 2 | 17 |
| 18 | 6 | 43753• | 43963• | 44173 | 44383• | 44593 | 44803 | 45013• | 45223 | 45433• | 45643 | 45853• | 46063 | 46273• | 46483 | 46693 | 46903 | 6 | 18 |
| 19 | 4 | 43759• | 43969• | 44179• | 44389• | 44599 | 44809• | 45019 | 45229 | 45439• | 45649 | 45859 | 46069 | 46279• | 46489• | 46699 | 46909 | 4 | 19 |
| 20 | 6 | 43763 | 43973• | 44183 | 44393 | 44603 | 44813 | 45023 | 45233• | 45443 | 45653 | 45863• | 46073• | 46283 | 46493 | 46703• | 46913 | 6 | 20 |
| 21 | 8 | 43769 | 43979 | 44189• | 44399 | 44609 | 44819• | 45029 | 45239 | 45449 | 45659• | 45869• | 46079 | 46289 | 46499• | 46709 | 46919• | 8 | 21 |
| 22 | 4 | 43777• | 43987• | 44197 | 44407 | 44617• | 44827 | 45037 | 45247• | 45457 | 45667• | 45877 | 46087 | 46297 | 46507• | 46717 | 46927 | 4 | 22 |
| 23 | 2 | 43781• | 43991• | 44201• | 44411 | 44621• | 44831 | 45041 | 45251 | 45461 | 45671 | 45881 | 46091• | 46301• | 46511• | 46721 | 46931 | 2 | 23 |
| 24 | 4 | 43783• | 43993 | 44203• | 44413 | 44623• | 44833 | 45043 | 45253 | 45463 | 45673• | 45883 | 46093• | 46303 | 46513 | 46723• | 46933• | 4 | 24 |
| $\overline{24}$ | 2 | 43787• | 43997• | 44207• | 44417• | 44627 | 44837 | 45047 | 45257 | 45467 | 45677• | 45887• | 46097 | 46307• | 46517 | 46727• | 46937 | 2 | $\overline{24}$ |
| $\overline{23}$ | 4 | 43789• | 43999 | 44209 | 44419 | 44629 | 44839• | 45049 | 45259• | 45469 | 45679 | 45889 | 46099• | 46309• | 46519 | 46729 | 46939 | 4 | $\overline{23}$ |
| $\overline{22}$ | 8 | 43793• | 44003 | 44213 | 44423 | 44633• | 44843• | 45053• | 45263• | 45473 | 45683 | 45893• | 46103• | 46313 | 46523• | 46733 | 46943 | 8 | $\overline{22}$ |
| $\overline{21}$ | 6 | 43801• | 44011 | 44221• | 44431 | 44641• | 44851• | 45061• | 45271 | 45481• | 45691• | 45901 | 46111 | 46321 | 46531 | 46741 | 46951 | 6 | $\overline{21}$ |
| $\overline{20}$ | 4 | 43807 | 44017• | 44227 | 44437 | 44647• | 44857 | 45067 | 45277 | 45487 | 45697• | 45907 | 46117 | 46327• | 46537 | 46747• | 46957• | 4 | $\overline{20}$ |
| $\overline{19}$ | 6 | 43811 | 44021• | 44231 | 44441 | 44651• | 44861 | 45071 | 45281• | 45491• | 45701 | 45911 | 46121 | 46331 | 46541 | 46751• | 46961 | 6 | $\overline{19}$ |
| $\overline{18}$ | 2 | 43817 | 44027• | 44237 | 44447 | 44657• | 44867• | 45077• | 45287 | 45497• | 45707• | 45917 | 46127 | 46337• | 46547 | 46757• | 46967 | 2 | $\overline{18}$ |
| $\overline{17}$ | 4 | 43819 | 44029• | 44239 | 44449• | 44659 | 44869 | 45079 | 45289• | 45499 | 45709 | 45919 | 46129 | 46339 | 46549• | 46759 | 46969 | 4 | $\overline{17}$ |
| $\overline{16}$ | 6 | 43823 | 44033 | 44243 | 44453• | 44663 | 44873 | 45083• | 45293• | 45503• | 45713 | 45923 | 46133• | 46343 | 46553 | 46763 | 46973 | 6 | $\overline{16}$ |
| $\overline{15}$ | 2 | 43829 | 44039 | 44249• | 44459 | 44669 | 44879• | 45089 | 45299 | 45509 | 45719 | 45929 | 46139 | 46349• | 46559• | 46769• | 46979 | 2 | $\overline{15}$ |
| $\overline{14}$ | 6 | 43831 | 44041• | 44251 | 44461 | 44671 | 44881 | 45091 | 45301 | 45511 | 45721 | 45931 | 46141• | 46351• | 46561 | 46771• | 46981 | 6 | $\overline{14}$ |
| $\overline{13}$ | 6 | 43837 | 44047 | 44257• | 44467 | 44677 | 44887• | 45097 | 45307• | 45517 | 45727 | 45937 | 46147• | 46357 | 46567• | 46777 | 46987 | 6 | $\overline{13}$ |
| $\overline{12}$ | 4 | 43843 | 44053• | 44263• | 44473 | 44683• | 44893• | 45103 | 45313 | 45523• | 45733 | 45943• | 46153• | 46363 | 46573• | 46783 | 46993• | 4 | $\overline{12}$ |
| $\overline{11}$ | 2 | 43847 | 44057 | 44267• | 44477 | 44687• | 44897 | 45107 | 45317• | 45527 | 45737• | 45947 | 46157 | 46367 | 46577 | 46787 | 46997• | 2 | $\overline{11}$ |
| $\overline{10}$ | 4 | 43849 | 44059• | 44269• | 44479 | 44689 | 44899 | 45109 | 45319• | 45529 | 45739 | 45949• | 46159 | 46369 | 46579 | 46789 | 46999 | 4 | $\overline{10}$ |
| $\overline{9}$ | 6 | 43853• | 44063 | 44273• | 44483• | 44693 | 44903 | 45113 | 45323 | 45533• | 45743 | 45953• | 46163 | 46373 | 46583 | 46793 | 47003 | 6 | $\overline{9}$ |
| $\overline{8}$ | 2 | 43859 | 44069 | 44279• | 44489 | 44699• | 44909• | 45119• | 45329• | 45539 | 45749 | 45959• | 46169 | 46379 | 46589• | 46799 | 47009 | 2 | $\overline{8}$ |
| $\overline{7}$ | 6 | 43861 | 44071• | 44281• | 44491• | 44701• | 44911 | 45121• | 45331 | 45541• | 45751• | 45961 | 46171• | 46381• | 46591• | 46801 | 47011 | 6 | $\overline{7}$ |
| $\overline{6}$ | 4 | 43867• | 44077 | 44287 | 44497• | 44707 | 44917• | 45127• | 45337• | 45547 | 45757• | 45967 | 46177 | 46387 | 46597 | 46807• | 47017• | 4 | $\overline{6}$ |
| $\overline{5}$ | 2 | 43871 | 44081 | 44291 | 44501• | 44711• | 44921 | 45131• | 45341• | 45551 | 45761 | 45971• | 46181• | 46391 | 46601• | 46811• | 47021 | 2 | $\overline{5}$ |
| $\overline{4}$ | 4 | 43873 | 44083 | 44293• | 44503 | 44713• | 44923 | 45133 | 45343• | 45553• | 45763• | 45973 | 46183• | 46393 | 46603 | 46813 | 47023 | 4 | $\overline{4}$ |
| $\overline{3}$ | 2 | 43877 | 44087• | 44297 | 44507• | 44717 | 44927• | 45137• | 45347 | 45557• | 45767• | 45977 | 46187• | 46397 | 46607 | 46817• | 47027 | 2 | $\overline{3}$ |
| $\overline{2}$ | 10 | 43879 | 44089• | 44299 | 44509 | 44719 | 44929 | 45139• | 45349 | 45559 | 45769 | 45979• | 46189 | 46399• | 46609 | 46819• | 47029 | 10 | $\overline{2}$ |
| $\overline{1}$ | 2 | 43889• | 44099 | 44309 | 44519• | 44729• | 44939• | 45149 | 45359 | 45569• | 45779• | 45989• | 46199• | 46409 | 46619• | 46829• | 47039 | 2 | $\overline{1}$ |

| | | | | | | | | | | | | | | | | | | | |
|---|---|---|---|---|---|---|---|---|---|---|---|---|---|---|---|---|---|---|---|
| 1 | 10 | 47041 • | 47251 • | 47461 | 47671 | 47881 • | 48091 • | 48301 | 48511 | 48721 | 48931 | 49141 | 49351 | 49561 | 49771 | 49981 | 50191 | 10 | 1 |
| 2 | 2 | 47051 • | 47261 | 47471 | 47681 • | 47891 | 48101 | 48311 • | 48521 | 48731 • | 48941 | 49151 | 49361 | 49571 | 49781 | 49991 • | 50201 | 2 | 2 |
| 3 | 4 | 47053 | 47263 | 47473 | 47683 | 47893 | 48103 | 48313 • | 48523 • | 48733 • | 48943 | 49153 | 49363 • | 49573 | 49783 • | 49993 • | 50203 | 4 | 3 |
| 4 | 2 | 47057 • | 47267 | 47477 | 47687 | 47897 | 48107 | 48317 | 48527 • | 48737 | 48947 • | 49157 • | 49367 • | 49577 | 49787 • | 49997 | 50207 • | 2 | 4 |
| 5 | 4 | 47059 • | 47269 • | 47479 | 47689 | 47899 | 48109 • | 48319 | 48529 | 48739 | 48949 | 49159 | 49369 • | 49579 | 49789 • | 49999 • | 50209 | 4 | 5 |
| 6 | 6 | 47063 | 47273 | 47483 | 47693 | 47903 • | 48113 | 48323 | 48533 • | 48743 | 48953 • | 49163 | 49373 | 49583 | 49793 | 50003 | 50213 | 6 | 6 |
| 7 | 2 | 47069 | 47279 • | 47489 | 47699 • | 47909 | 48119 • | 48329 | 48539 • | 48749 | 48959 | 49169 • | 49379 | 49589 | 49799 | 50009 | 50219 | 2 | 7 |
| 8 | 6 | 47071 | 47281 | 47491 • | 47701 • | 47911 • | 48121 • | 48331 | 48541 • | 48751 • | 48961 | 49171 • | 49381 | 49591 | 49801 • | 50011 | 50221 • | 6 | 8 |
| 9 | 4 | 47077 | 47287 • | 47497 • | 47707 | 47917 • | 48127 | 48337 • | 48547 | 48757 • | 48967 | 49177 • | 49387 | 49597 • | 49807 • | 50017 | 50227 • | 4 | 9 |
| 10 | 2 | 47081 | 47291 | 47501 • | 47711 • | 47921 | 48131 • | 48341 • | 48551 | 48761 • | 48971 | 49181 | 49391 • | 49601 | 49811 • | 50021 • | 50231 • | 2 | 10 |
| 11 | 4 | 47083 | 47293 • | 47503 | 47713 • | 47923 | 48133 | 48343 | 48553 | 48763 | 48973 • | 49183 | 49393 • | 49603 • | 49813 | 50023 • | 50233 | 4 | 11 |
| 12 | 6 | 47087 • | 47297 • | 47507 • | 47717 • | 47927 | 48137 | 48347 | 48557 | 48767 • | 48977 | 49187 | 49397 | 49607 | 49817 | 50027 | 50237 | 6 | 12 |
| 13 | 6 | 47093 • | 47303 • | 47513 • | 47723 | 47933 • | 48143 | 48353 • | 48563 • | 48773 | 48983 | 49193 • | 49403 | 49613 • | 49823 • | 50033 • | 50243 | 6 | 13 |
| 14 | 2 | 47099 | 47309 • | 47519 | 47729 | 47939 • | 48149 | 48359 | 48569 | 48779 • | 48989 • | 49199 • | 49409 • | 49619 | 49829 | 50039 | 50249 | 2 | 14 |
| 15 | 6 | 47101 | 47311 | 47521 • | 47731 | 47941 | 48151 | 48361 | 48571 • | 48781 • | 48991 • | 49201 • | 49411 • | 49621 | 49831 • | 50041 | 50251 | 6 | 15 |
| 16 | 4 | 47107 | 47317 • | 47527 • | 47737 • | 47947 • | 48157 • | 48367 | 48577 | 48787 • | 48997 | 49207 • | 49417 • | 49627 • | 49837 | 50047 • | 50257 | 4 | 16 |
| 17 | 2 | 47111 • | 47321 | 47531 | 47741 • | 47951 • | 48161 | 48371 • | 48581 | 48791 | 49001 | 49211 • | 49421 | 49631 | 49841 | 50051 • | 50261 • | 2 | 17 |
| 18 | 6 | 47113 | 47323 | 47533 • | 47743 • | 47953 | 48163 • | 48373 | 48583 | 48793 | 49003 • | 49213 | 49423 | 49633 • | 49843 • | 50053 • | 50263 • | 6 | 18 |
| 19 | 4 | 47119 • | 47329 | 47539 | 47749 | 47959 | 48169 | 48379 | 48589 • | 48799 • | 49009 • | 49219 | 49429 • | 49639 • | 49849 | 50059 | 50269 | 4 | 19 |
| 20 | 6 | 47123 • | 47333 | 47543 • | 47753 | 47963 • | 48173 | 48383 • | 48593 • | 48803 | 49013 | 49223 • | 49433 • | 49643 | 49853 • | 50063 | 50273 • | 6 | 20 |
| 21 | 8 | 47129 • | 47339 • | 47549 | 47759 | 47969 • | 48179 • | 48389 | 48599 | 48809 • | 49019 • | 49229 | 49439 | 49649 | 49859 | 50069 • | 50279 | 8 | 21 |
| 22 | 4 | 47137 • | 47347 | 47557 | 47767 | 47977 • | 48187 • | 48397 • | 48607 | 48817 • | 49027 | 49237 | 49447 | 49657 | 49867 | 50077 • | 50287 • | 4 | 22 |
| 23 | 2 | 47141 | 47351 • | 47561 | 47771 | 47981 • | 48191 | 48401 | 48611 • | 48821 • | 49031 • | 49241 | 49451 • | 49661 | 49871 • | 50081 | 50291 • | 2 | 23 |
| 24 | 4 | 47143 • | 47353 • | 47563 • | 47773 | 47983 | 48193 • | 48403 | 48613 | 48823 • | 49033 • | 49243 | 49453 | 49663 • | 49873 | 50083 | 50293 | 4 | 24 |
| $\overline{24}$ | 2 | 47147 • | 47357 | 47567 | 47777 • | 47987 | 48197 • | 48407 • | 48617 | 48827 | 49037 • | 49247 | 49457 | 49667 • | 49877 • | 50087 • | 50297 | 2 | $\overline{24}$ |
| $\overline{23}$ | 4 | 47149 • | 47359 | 47569 • | 47779 • | 47989 | 48199 | 48409 • | 48619 • | 48829 | 49039 | 49249 | 49459 • | 49669 • | 49879 | 50089 | 50299 | 4 | $\overline{23}$ |
| $\overline{22}$ | 8 | 47153 | 47363 • | 47573 | 47783 | 47993 | 48203 | 48413 • | 48623 • | 48833 | 49043 • | 49253 • | 49463 • | 49673 | 49883 | 50093 • | 50303 | 8 | $\overline{22}$ |
| $\overline{21}$ | 6 | 47161 • | 47371 | 47581 • | 47791 • | 48001 | 48211 | 48421 | 48631 | 48841 | 49051 | 49261 • | 49471 | 49681 • | 49891 • | 50101 • | 50311 • | 6 | $\overline{21}$ |
| $\overline{20}$ | 4 | 47167 | 47377 | 47587 | 47797 • | 48007 | 48217 | 48427 | 48637 | 48847 • | 49057 • | 49267 | 49477 • | 49687 | 49897 | 50107 | 50317 | 4 | $\overline{20}$ |
| $\overline{19}$ | 6 | 47171 | 47381 • | 47591 • | 47801 | 48011 | 48221 • | 48431 | 48641 | 48851 | 49061 | 49271 | 49481 • | 49691 | 49901 | 50111 • | 50321 • | 6 | $\overline{19}$ |
| $\overline{18}$ | 2 | 47177 | 47387 • | 47597 | 47807 • | 48017 • | 48227 | 48437 • | 48647 • | 48857 • | 49067 | 49277 • | 49487 | 49697 • | 49907 | 50117 | 50327 | 2 | $\overline{18}$ |
| $\overline{17}$ | 4 | 47179 | 47389 • | 47599 • | 47809 • | 48019 | 48229 | 48439 | 48649 • | 48859 • | 49069 • | 49279 • | 49489 | 49699 | 49909 | 50119 • | 50329 • | 4 | $\overline{17}$ |
| $\overline{16}$ | 6 | 47183 | 47393 | 47603 | 47813 | 48023 • | 48233 | 48443 | 48653 | 48863 | 49073 | 49283 | 49493 | 49703 | 49913 | 50123 • | 50333 • | 6 | $\overline{16}$ |
| $\overline{15}$ | 2 | 47189 • | 47399 | 47609 • | 47819 • | 48029 • | 48239 • | 48449 • | 48659 | 48869 • | 49079 | 49289 | 49499 • | 49709 | 49919 • | 50129 • | 50339 | 2 | $\overline{15}$ |
| $\overline{14}$ | 6 | 47191 | 47401 | 47611 | 47821 | 48031 | 48241 | 48451 | 48661 • | 48871 • | 49081 • | 49291 | 49501 | 49711 • | 49921 • | 50131 • | 50341 • | 6 | $\overline{14}$ |
| $\overline{13}$ | 6 | 47197 | 47407 • | 47617 | 47827 | 48037 | 48247 • | 48457 | 48667 | 48877 | 49087 | 49297 • | 49507 | 49717 | 49927 • | 50137 | 50347 | 6 | $\overline{13}$ |
| $\overline{12}$ | 4 | 47203 | 47413 | 47623 • | 47833 | 48043 | 48253 | 48463 • | 48673 • | 48883 • | 49093 | 49303 | 49513 | 49723 | 49933 | 50143 | 50353 | 4 | $\overline{12}$ |
| $\overline{11}$ | 2 | 47207 • | 47417 • | 47627 | 47837 • | 48047 | 48257 | 48467 | 48677 • | 48887 | 49097 | 49307 • | 49517 | 49727 • | 49937 • | 50147 • | 50357 | 2 | $\overline{11}$ |
| $\overline{10}$ | 4 | 47209 | 47419 • | 47629 • | 47839 | 48049 • | 48259 • | 48469 | 48679 • | 48889 • | 49099 | 49309 | 49519 | 49729 | 49939 • | 50149 | 50359 • | 4 | $\overline{10}$ |
| $\overline{9}$ | 6 | 47213 | 47423 | 47633 | 47843 • | 48053 | 48263 | 48473 • | 48683 | 48893 | 49103 • | 49313 | 49523 • | 49733 | 49943 • | 50153 • | 50363 • | 6 | $\overline{9}$ |
| $\overline{8}$ | 2 | 47219 | 47429 | 47639 • | 47849 | 48059 | 48269 | 48479 • | 48689 | 48899 | 49109 • | 49319 | 49529 • | 49739 • | 49949 | 50159 • | 50369 | 2 | $\overline{8}$ |
| $\overline{7}$ | 6 | 47221 • | 47431 • | 47641 | 47851 | 48061 | 48271 • | 48481 • | 48691 | 48901 | 49111 | 49321 | 49531 • | 49741 • | 49951 | 50161 | 50371 | 6 | $\overline{7}$ |
| $\overline{6}$ | 4 | 47227 | 47437 | 47647 | 47857 • | 48067 | 48277 | 48487 • | 48697 | 48907 • | 49117 • | 49327 | 49537 • | 49747 • | 49957 • | 50167 | 50377 • | 4 | $\overline{6}$ |
| $\overline{5}$ | 2 | 47231 | 47441 • | 47651 | 47861 | 48071 | 48281 • | 48491 • | 48701 | 48911 | 49121 • | 49331 • | 49541 | 49751 | 49961 | 50171 | 50381 | 2 | $\overline{5}$ |
| $\overline{4}$ | 4 | 47233 | 47443 | 47653 • | 47863 | 48073 • | 48283 | 48493 | 48703 | 48913 | 49123 • | 49333 • | 49543 | 49753 | 49963 | 50173 | 50383 • | 4 | $\overline{4}$ |
| $\overline{3}$ | 2 | 47237 • | 47447 | 47657 • | 47867 | 48077 | 48287 | 48497 • | 48707 | 48917 | 49127 | 49337 | 49547 • | 49757 • | 49967 | 50177 • | 50387 • | 2 | $\overline{3}$ |
| $\overline{2}$ | 10 | 47239 | 47449 | 47659 • | 47869 • | 48079 • | 48289 | 48499 | 48709 | 48919 | 49129 | 49339 • | 49549 • | 49759 | 49969 | 50179 | 50389 | 10 | $\overline{2}$ |
| $\overline{1}$ | 2 | 47249 | 47459 • | 47669 | 47879 | 48089 | 48299 • | 48509 | 48719 | 48929 | 49139 • | 49349 | 49559 • | 49769 | 49979 | 50189 | 50399 | 2 | $\overline{1}$ |

| | | | | | | | | | | | | | | | | | | | |
|---|---|---|---|---|---|---|---|---|---|---|---|---|---|---|---|---|---|---|---|
| 1 | 10 | 50401 | 50611 | 50821• | 51031• | 51241• | 51451 | 51661 | 51871• | 52081• | 52291• | 52501• | 52711• | 52921 | 53131 | 53341 | 53551• | 10 | 1 |
| 2 | 2 | 50411• | 50621 | 50831 | 51041 | 51251 | 51461• | 51671 | 51881 | 52091 | 52301• | 52511• | 52721• | 52931 | 53141 | 53351 | 53561 | 2 | 2 |
| 3 | 4 | 50413 | 50623 | 50833• | 51043• | 51253 | 51463 | 51673• | 51883 | 52093 | 52303 | 52513 | 52723 | 52933 | 53143 | 53353• | 53563 | 4 | 3 |
| 4 | 2 | 50417• | 50627• | 50837 | 51047• | 51257• | 51467 | 51677 | 51887 | 52097 | 52307 | 52517• | 52727• | 52937• | 53147• | 53357 | 53567 | 2 | 4 |
| 5 | 4 | 50419 | 50629 | 50839• | 51049 | 51259 | 51469 | 51679• | 51889 | 52099 | 52309 | 52519 | 52729 | 52939 | 53149• | 53359• | 53569• | 4 | 5 |
| 6 | 6 | 50423• | 50633 | 50843 | 51053 | 51263• | 51473• | 51683• | 51893• | 52103• | 52313• | 52523 | 52733• | 52943 | 53153 | 53363 | 53573 | 6 | 6 |
| 7 | 2 | 50429 | 50639 | 50849• | 51059• | 51269 | 51479• | 51689 | 51899• | 52109 | 52319 | 52529• | 52739 | 52949 | 53159 | 53369 | 53579 | 2 | 7 |
| 8 | 6 | 50431 | 50641 | 50851 | 51061• | 51271 | 51481• | 51691• | 51901 | 52111 | 52321• | 52531 | 52741 | 52951• | 53161• | 53371 | 53581 | 6 | 8 |
| 9 | 4 | 50437 | 50647• | 50857• | 51067 | 51277 | 51487• | 51697 | 51907• | 52117 | 52327 | 52537 | 52747• | 52957• | 53167 | 53377• | 53587 | 4 | 9 |
| 10 | 2 | 50441• | 50651• | 50861 | 51071• | 51281 | 51491 | 51701 | 51911 | 52121• | 52331 | 52541• | 52751 | 52961 | 53171• | 53381• | 53591• | 2 | 10 |
| 11 | 4 | 50443 | 50653 | 50863 | 51073 | 51283• | 51493 | 51703 | 51913• | 52123 | 52333 | 52543• | 52753 | 52963• | 53173• | 53383 | 53593• | 4 | 11 |
| 12 | 6 | 50447 | 50657 | 50867• | 51077 | 51287• | 51497 | 51707 | 51917 | 52127• | 52337 | 52547 | 52757• | 52967• | 53177 | 53387 | 53597• | 6 | 12 |
| 13 | 6 | 50453 | 50663 | 50873• | 51083 | 51293 | 51503• | 51713• | 51923 | 52133 | 52343 | 52553• | 52763 | 52973• | 53183 | 53393 | 53603 | 6 | 13 |
| 14 | 2 | 50459• | 50669 | 50879 | 51089 | 51299 | 51509 | 51719• | 51929• | 52139 | 52349 | 52559 | 52769• | 52979 | 53189• | 53399 | 53609• | 2 | 14 |
| 15 | 6 | 50461• | 50671• | 50881 | 51091 | 51301 | 51511• | 51721• | 51931 | 52141 | 52351 | 52561• | 52771 | 52981• | 53191 | 53401• | 53611• | 6 | 15 |
| 16 | 4 | 50467 | 50677 | 50887 | 51097 | 51307• | 51517• | 51727 | 51937 | 52147• | 52357 | 52567• | 52777 | 52987 | 53197• | 53407• | 53617• | 4 | 16 |
| 17 | 2 | 50471 | 50681 | 50891• | 51101 | 51311 | 51521• | 51731 | 51941• | 52151 | 52361• | 52571• | 52781 | 52991 | 53201• | 53411• | 53621 | 2 | 17 |
| 18 | 6 | 50473 | 50683• | 50893• | 51103 | 51313 | 51523 | 51733 | 51943 | 52153• | 52363• | 52573 | 52783• | 52993 | 53203 | 53413 | 53623• | 6 | 18 |
| 19 | 4 | 50479 | 50689 | 50899 | 51109• | 51319 | 51529 | 51739 | 51949• | 52159 | 52369• | 52579• | 52789 | 52999• | 53209 | 53419• | 53629• | 4 | 19 |
| 20 | 6 | 50483 | 50693 | 50903 | 51113 | 51323 | 51533 | 51743 | 51953 | 52163• | 52373 | 52583• | 52793 | 53003• | 53213 | 53423 | 53633• | 6 | 20 |
| 21 | 8 | 50489 | 50699 | 50909• | 51119 | 51329• | 51539• | 51749• | 51959 | 52169 | 52379• | 52589 | 52799 | 53009 | 53219 | 53429 | 53639• | 8 | 21 |
| 22 | 4 | 50497• | 50707• | 50917 | 51127 | 51337 | 51547 | 51757 | 51967 | 52177• | 52387• | 52597 | 52807• | 53017• | 53227 | 53437• | 53647 | 4 | 22 |
| 23 | 2 | 50501 | 50711 | 50921 | 51131• | 51341• | 51551• | 51761 | 51971• | 52181• | 52391• | 52601 | 52811 | 53021 | 53231• | 53441• | 53651 | 2 | 23 |
| 24 | 4 | 50503• | 50713 | 50923• | 51133• | 51343• | 51553 | 51763 | 51973• | 52183• | 52393 | 52603 | 52813• | 53023 | 53233• | 53443 | 53653• | 4 | 24 |
| $\overline{24}$ | 2 | 50507 | 50717 | 50927 | 51137• | 51347• | 51557 | 51767• | 51977• | 52187 | 52397 | 52607 | 52817• | 53027 | 53237 | 53447 | 53657• | 2 | $\overline{24}$ |
| $\overline{23}$ | 4 | 50509 | 50719 | 50929• | 51139 | 51349• | 51559 | 51769• | 51979 | 52189• | 52399 | 52609• | 52819 | 53029 | 53239• | 53449 | 53659 | 4 | $\overline{23}$ |
| $\overline{22}$ | 8 | 50513• | 50723• | 50933 | 51143 | 51353 | 51563• | 51773 | 51983 | 52193 | 52403 | 52613 | 52823 | 53033 | 53243 | 53453• | 53663 | 8 | $\overline{22}$ |
| $\overline{21}$ | 6 | 50521 | 50731 | 50941 | 51151• | 51361• | 51571 | 51781 | 51991• | 52201• | 52411 | 52621 | 52831 | 53041 | 53251 | 53461 | 53671 | 6 | $\overline{21}$ |
| $\overline{20}$ | 4 | 50527• | 50737 | 50947 | 51157• | 51367 | 51577• | 51787• | 51997 | 52207 | 52417 | 52627• | 52837• | 53047• | 53257 | 53467 | 53677 | 4 | $\overline{20}$ |
| $\overline{19}$ | 6 | 50531 | 50741• | 50951• | 51161 | 51371 | 51581• | 51791 | 52001 | 52211 | 52421 | 52631• | 52841 | 53051• | 53261 | 53471 | 53681• | 6 | $\overline{19}$ |
| $\overline{18}$ | 2 | 50537 | 50747 | 50957• | 51167 | 51377 | 51587 | 51797• | 52007 | 52217 | 52427 | 52637 | 52847 | 53057 | 53267• | 53477 | 53687 | 2 | $\overline{18}$ |
| $\overline{17}$ | 4 | 50539• | 50749 | 50959 | 51169• | 51379 | 51589 | 51799 | 52009• | 52219 | 52429 | 52639• | 52849 | 53059 | 53269• | 53479• | 53689 | 4 | $\overline{17}$ |
| $\overline{16}$ | 6 | 50543• | 50753• | 50963 | 51173 | 51383• | 51593• | 51803• | 52013 | 52223• | 52433• | 52643 | 52853 | 53063 | 53273 | 53483 | 53693• | 6 | $\overline{16}$ |
| $\overline{15}$ | 2 | 50549• | 50759 | 50969• | 51179 | 51389 | 51599• | 51809 | 52019 | 52229 | 52439 | 52649 | 52859• | 53069• | 53279• | 53489 | 53699• | 2 | $\overline{15}$ |
| $\overline{14}$ | 6 | 50551• | 50761 | 50971• | 51181 | 51391 | 51601 | 51811 | 52021• | 52231 | 52441 | 52651 | 52861• | 53071 | 53281• | 53491 | 53701 | 6 | $\overline{14}$ |
| $\overline{13}$ | 6 | 50557 | 50767• | 50977 | 51187 | 51397 | 51607• | 51817• | 52027• | 52237• | 52447 | 52657 | 52867 | 53077• | 53287 | 53497 | 53707 | 6 | $\overline{13}$ |
| $\overline{12}$ | 4 | 50563 | 50773• | 50983 | 51193• | 51403 | 51613• | 51823 | 52033 | 52243 | 52453• | 52663 | 52873 | 53083 | 53293 | 53503• | 53713 | 4 | $\overline{12}$ |
| $\overline{11}$ | 2 | 50567 | 50777• | 50987 | 51197• | 51407• | 51617 | 51827• | 52037 | 52247 | 52457• | 52667• | 52877 | 53087• | 53297 | 53507• | 53717• | 2 | $\overline{11}$ |
| $\overline{10}$ | 4 | 50569 | 50779 | 50989• | 51199• | 51409 | 51619 | 51829• | 52039 | 52249• | 52459 | 52669 | 52879• | 53089• | 53299• | 53509 | 53719• | 4 | $\overline{10}$ |
| $\overline{9}$ | 6 | 50573 | 50783 | 50993• | 51203• | 51413• | 51623 | 51833 | 52043 | 52253• | 52463 | 52673• | 52883• | 53093• | 53303 | 53513 | 53723 | 6 | $\overline{9}$ |
| $\overline{8}$ | 2 | 50579 | 50789• | 50999 | 51209 | 51419• | 51629 | 51839• | 52049 | 52259• | 52469 | 52679 | 52889• | 53099 | 53309• | 53519 | 53729 | 2 | $\overline{8}$ |
| $\overline{7}$ | 6 | 50581• | 50791 | 51001• | 51211 | 51421• | 51631• | 51841 | 52051• | 52261 | 52471 | 52681 | 52891 | 53101• | 53311 | 53521 | 53731• | 6 | $\overline{7}$ |
| $\overline{6}$ | 4 | 50587• | 50797 | 51007 | 51217• | 51427• | 51637• | 51847 | 52057• | 52267• | 52477 | 52687 | 52897 | 53107 | 53317 | 53527• | 53737 | 4 | $\overline{6}$ |
| $\overline{5}$ | 2 | 50591• | 50801 | 51011 | 51221 | 51431• | 51641 | 51851 | 52061 | 52271 | 52481 | 52691• | 52901• | 53111 | 53321 | 53531 | 53741 | 2 | $\overline{5}$ |
| $\overline{4}$ | 4 | 50593• | 50803 | 51013 | 51223 | 51433 | 51643 | 51853• | 52063 | 52273 | 52483 | 52693 | 52903• | 53113• | 53323• | 53533 | 53743 | 4 | $\overline{4}$ |
| $\overline{3}$ | 2 | 50597 | 50807 | 51017 | 51227 | 51437• | 51647• | 51857 | 52067• | 52277 | 52487 | 52697• | 52907 | 53117• | 53327• | 53537 | 53747 | 2 | $\overline{3}$ |
| $\overline{2}$ | 10 | 50599• | 50809 | 51019 | 51229• | 51439• | 51649 | 51859• | 52069• | 52279 | 52489• | 52699 | 52909 | 53119 | 53329 | 53539 | 53749 | 10 | $\overline{2}$ |
| $\overline{1}$ | 2 | 50609 | 50819 | 51029 | 51239• | 51449• | 51659• | 51869• | 52079 | 52289• | 52499 | 52709• | 52919• | 53129• | 53339 | 53549• | 53759• | 2 | $\overline{1}$ |

| | | | | | | | | | | | | | | | | | | | |
|---|---|---|---|---|---|---|---|---|---|---|---|---|---|---|---|---|---|---|---|
| 1 | 10 | 53761 | 53971 | 54181 • | 54391 | 54601 • | 54811 | 55021 • | 55231 | 55441 • | 55651 | 55861 | 56071 | 56281 | 56491 | 56701 • | 56911 • | 10 | 1 |
| 2 | 2 | 53771 | 53981 | 54191 | 54401 • | 54611 | 54821 | 55031 | 55241 | 55451 | 55661 • | 55871 • | 56081 • | 56291 | 56501 • | 56711 • | 56921 • | 2 | 2 |
| 3 | 4 | 53773 • | 53983 | 54193 • | 54403 • | 54613 | 54823 | 55033 | 55243 • | 55453 | 55663 • | 55873 | 56083 | 56293 | 56503 • | 56713 • | 56923 • | 4 | 3 |
| 4 | 2 | 53777 • | 53987 • | 54197 | 54407 | 54617 • | 54827 | 55037 | 55247 | 55457 • | 55667 • | 55877 | 56087 • | 56297 | 56507 | 56717 | 56927 | 2 | 4 |
| 5 | 4 | 53779 | 53989 | 54199 | 54409 • | 54619 | 54829 • | 55039 | 55249 • | 55459 | 55669 | 55879 | 56089 | 56299 • | 56509 • | 56719 | 56929 • | 4 | 5 |
| 6 | 6 | 53783 • | 53993 • | 54203 | 54413 • | 54623 • | 54833 • | 55043 | 55253 | 55463 | 55673 • | 55883 | 56093 • | 56303 | 56513 | 56723 | 56933 | 6 | 6 |
| 7 | 2 | 53789 | 53999 | 54209 | 54419 • | 54629 • | 54839 | 55049 • | 55259 • | 55469 • | 55679 | 55889 • | 56099 • | 56309 | 56519 • | 56729 | 56939 | 2 | 7 |
| 8 | 6 | 53791 • | 54001 • | 54211 | 54421 • | 54631 • | 54841 | 55051 • | 55261 | 55471 | 55681 • | 55891 | 56101 • | 56311 • | 56521 | 56731 • | 56941 • | 6 | 8 |
| 9 | 4 | 53797 | 54007 | 54217 • | 54427 | 54637 | 54847 | 55057 • | 55267 | 55477 | 55687 | 55897 • | 56107 | 56317 | 56527 • | 56737 • | 56947 | 4 | 9 |
| 10 | 2 | 53801 | 54011 • | 54221 | 54431 | 54641 | 54851 • | 55061 • | 55271 | 55481 | 55691 • | 55901 • | 56111 | 56321 | 56531 • | 56741 | 56951 • | 2 | 10 |
| 11 | 4 | 53803 | 54013 • | 54223 | 54433 | 54643 | 54853 | 55063 | 55273 | 55483 | 55693 | 55903 • | 56113 • | 56323 | 56533 • | 56743 | 56953 | 4 | 11 |
| 12 | 6 | 53807 | 54017 | 54227 | 54437 • | 54647 • | 54857 | 55067 | 55277 | 55487 • | 55697 • | 55907 | 56117 | 56327 | 56537 | 56747 • | 56957 • | 6 | 12 |
| 13 | 6 | 53813 • | 54023 | 54233 | 54443 • | 54653 | 54863 | 55073 • | 55283 | 55493 | 55703 | 55913 | 56123 • | 56333 • | 56543 • | 56753 | 56963 • | 6 | 13 |
| 14 | 2 | 53819 • | 54029 | 54239 | 54449 • | 54659 | 54869 • | 55079 • | 55289 | 55499 | 55709 | 55919 | 56129 | 56339 | 56549 | 56759 | 56969 | 2 | 14 |
| 15 | 6 | 53821 | 54031 | 54241 | 54451 | 54661 | 54871 | 55081 | 55291 • | 55501 • | 55711 • | 55921 • | 56131 • | 56341 | 56551 | 56761 | 56971 | 6 | 15 |
| 16 | 4 | 53827 | 54037 • | 54247 | 54457 | 54667 • | 54877 • | 55087 | 55297 | 55507 | 55717 • | 55927 • | 56137 | 56347 | 56557 | 56767 • | 56977 | 4 | 16 |
| 17 | 2 | 53831 • | 54041 | 54251 • | 54461 | 54671 | 54881 • | 55091 | 55301 | 55511 • | 55721 • | 55931 • | 56141 | 56351 | 56561 | 56771 | 56981 | 2 | 17 |
| 18 | 6 | 53833 | 54043 | 54253 | 54463 | 54673 • | 54883 | 55093 | 55303 | 55513 | 55723 | 55933 • | 56143 | 56353 | 56563 | 56773 • | 56983 • | 6 | 18 |
| 19 | 4 | 53839 | 54049 • | 54259 | 54469 • | 54679 • | 54889 | 55099 | 55309 | 55519 | 55729 | 55939 | 56149 • | 56359 • | 56569 • | 56779 • | 56989 • | 4 | 19 |
| 20 | 6 | 53843 | 54053 | 54263 | 54473 | 54683 | 54893 | 55103 • | 55313 • | 55523 | 55733 • | 55943 | 56153 | 56363 | 56573 | 56783 • | 56993 • | 6 | 20 |
| 21 | 8 | 53849 • | 54059 • | 54269 • | 54479 | 54689 | 54899 | 55109 • | 55319 | 55529 • | 55739 | 55949 • | 56159 | 56369 • | 56579 | 56789 | 56999 • | 8 | 21 |
| 22 | 4 | 53857 • | 54067 | 54277 • | 54487 | 54697 | 54907 • | 55117 • | 55327 | 55537 | 55747 | 55957 | 56167 • | 56377 • | 56587 | 56797 | 57007 | 4 | 22 |
| 23 | 2 | 53861 • | 54071 | 54281 | 54491 | 54701 | 54911 | 55121 | 55331 • | 55541 • | 55751 | 55961 | 56171 • | 56381 | 56591 • | 56801 | 57011 | 2 | 23 |
| 24 | 4 | 53863 | 54073 | 54283 | 54493 • | 54703 | 54913 | 55123 | 55333 • | 55543 | 55753 | 55963 | 56173 | 56383 • | 56593 | 56803 | 57013 | 4 | 24 |
| $\overline{24}$ | 2 | 53867 | 54077 | 54287 • | 54497 • | 54707 | 54917 • | 55127 • | 55337 • | 55547 • | 55757 | 55967 • | 56177 | 56387 | 56597 • | 56807 • | 57017 | 2 | $\overline{24}$ |
| $\overline{23}$ | 4 | 53869 | 54079 | 54289 | 54499 • | 54709 • | 54919 • | 55129 | 55339 • | 55549 | 55759 | 55969 | 56179 • | 56389 | 56599 • | 56809 • | 57019 | 4 | $\overline{23}$ |
| $\overline{22}$ | 8 | 53873 | 54083 • | 54293 • | 54503 • | 54713 • | 54923 | 55133 | 55343 • | 55553 | 55763 • | 55973 | 56183 | 56393 • | 56603 | 56813 • | 57023 | 8 | $\overline{22}$ |
| $\overline{21}$ | 6 | 53881 • | 54091 • | 54301 | 54511 | 54721 • | 54931 | 55141 | 55351 • | 55561 | 55771 | 55981 | 56191 | 56401 • | 56611 • | 56821 • | 57031 | 6 | $\overline{21}$ |
| $\overline{20}$ | 4 | 53887 • | 54097 | 54307 | 54517 • | 54727 • | 54937 | 55147 • | 55357 | 55567 | 55777 | 55987 • | 56197 • | 56407 | 56617 | 56827 • | 57037 • | 4 | $\overline{20}$ |
| $\overline{19}$ | 6 | 53891 • | 54101 • | 54311 • | 54521 • | 54731 | 54941 • | 55151 | 55361 | 55571 | 55781 | 55991 | 56201 | 56411 | 56621 | 56831 | 57041 • | 6 | $\overline{19}$ |
| $\overline{18}$ | 2 | 53897 • | 54107 | 54317 | 54527 | 54737 | 54947 | 55157 | 55367 | 55577 | 55787 • | 55997 • | 56207 • | 56417 • | 56627 | 56837 | 57047 • | 2 | $\overline{18}$ |
| $\overline{17}$ | 4 | 53899 • | 54109 | 54319 • | 54529 | 54739 | 54949 • | 55159 | 55369 | 55579 • | 55789 | 55999 | 56209 • | 56419 | 56629 • | 56839 | 57049 | 4 | $\overline{17}$ |
| $\overline{16}$ | 6 | 53903 | 54113 | 54323 • | 54533 | 54743 | 54953 | 55163 • | 55373 • | 55583 | 55793 • | 56003 • | 56213 | 56423 | 56633 • | 56843 • | 57053 | 6 | $\overline{16}$ |
| $\overline{15}$ | 2 | 53909 | 54119 | 54329 | 54539 • | 54749 | 54959 • | 55169 | 55379 | 55589 • | 55799 • | 56009 • | 56219 | 56429 | 56639 | 56849 | 57059 • | 2 | $\overline{15}$ |
| $\overline{14}$ | 6 | 53911 | 54121 • | 54331 • | 54541 • | 54751 • | 54961 | 55171 • | 55381 • | 55591 | 55801 | 56011 | 56221 | 56431 • | 56641 | 56851 | 57061 | 6 | $\overline{14}$ |
| $\overline{13}$ | 6 | 53917 • | 54127 | 54337 | 54547 • | 54757 | 54967 | 55177 | 55387 | 55597 | 55807 • | 56017 | 56227 | 56437 • | 56647 | 56857 • | 57067 | 6 | $\overline{13}$ |
| $\overline{12}$ | 4 | 53923 • | 54133 • | 54343 | 54553 | 54763 | 54973 • | 55183 | 55393 | 55603 • | 55813 • | 56023 | 56233 | 56443 • | 56653 | 56863 | 57073 • | 4 | $\overline{12}$ |
| $\overline{11}$ | 2 | 53927 • | 54137 | 54347 • | 54557 | 54767 • | 54977 | 55187 | 55397 | 55607 | 55817 • | 56027 | 56237 • | 56447 | 56657 | 56867 | 57077 • | 2 | $\overline{11}$ |
| $\overline{10}$ | 4 | 53929 | 54139 • | 54349 | 54559 • | 54769 | 54979 • | 55189 | 55399 • | 55609 • | 55819 • | 56029 | 56239 • | 56449 | 56659 • | 56869 | 57079 | 4 | $\overline{10}$ |
| $\overline{9}$ | 6 | 53933 | 54143 | 54353 | 54563 • | 54773 • | 54983 • | 55193 | 55403 | 55613 | 55823 • | 56033 | 56243 | 56453 • | 56663 • | 56873 • | 57083 | 6 | $\overline{9}$ |
| $\overline{8}$ | 2 | 53939 • | 54149 | 54359 | 54569 | 54779 • | 54989 | 55199 | 55409 | 55619 • | 55829 • | 56039 • | 56249 • | 56459 | 56669 | 56879 | 57089 • | 2 | $\overline{8}$ |
| $\overline{7}$ | 6 | 53941 | 54151 • | 54361 • | 54571 | 54781 | 54991 | 55201 • | 55411 • | 55621 • | 55831 | 56041 • | 56251 | 56461 | 56671 • | 56881 | 57091 | 6 | $\overline{7}$ |
| $\overline{6}$ | 4 | 53947 | 54157 | 54367 • | 54577 • | 54787 • | 54997 | 55207 • | 55417 | 55627 | 55837 • | 56047 | 56257 | 56467 • | 56677 | 56887 | 57097 • | 4 | $\overline{6}$ |
| $\overline{5}$ | 2 | 53951 • | 54161 | 54371 • | 54581 • | 54791 | 55001 • | 55211 | 55421 | 55631 • | 55841 | 56051 | 56261 | 56471 | 56681 • | 56891 • | 57101 | 2 | $\overline{5}$ |
| $\overline{4}$ | 4 | 53953 | 54163 • | 54373 | 54583 • | 54793 | 55003 | 55213 • | 55423 | 55633 • | 55843 • | 56053 • | 56263 • | 56473 • | 56683 | 56893 • | 57103 | 4 | $\overline{4}$ |
| $\overline{3}$ | 2 | 53957 | 54167 • | 54377 • | 54587 | 54797 | 55007 | 55217 • | 55427 | 55637 | 55847 | 56057 | 56267 • | 56477 • | 56687 • | 56897 • | 57107 • | 2 | $\overline{3}$ |
| $\overline{2}$ | 10 | 53959 • | 54169 | 54379 | 54589 | 54799 • | 55009 • | 55219 • | 55429 | 55639 • | 55849 • | 56059 | 56269 • | 56479 • | 56689 | 56899 | 57109 | 10 | $\overline{2}$ |
| $\overline{1}$ | 2 | 53969 | 54179 | 54389 | 54599 | 54809 | 55019 | 55229 • | 55439 • | 55649 | 55859 | 56069 | 56279 | 56489 • | 56699 | 56909 • | 57119 • | 2 | $\overline{1}$ |

| | | | | | | | | | | | | | | | | | | | |
|---|---|---|---|---|---|---|---|---|---|---|---|---|---|---|---|---|---|---|---|
| 1 | 10 | 57121 | 57331 • | 57541 | 57751 • | 57961 | 58171 • | 58381 | 58591 | 58801 | 59011 • | 59221 • | 59431 | 59641 | 59851 | 60061 | 60271 • | 10 | 1 |
| 2 | 2 | 57131 • | 57341 | 57551 | 57761 | 57971 | 58181 | 58391 • | 58601 • | 58811 | 59021 • | 59231 | 59441 • | 59651 • | 59861 | 60071 | 60281 | 2 | 2 |
| 3 | 4 | 57133 | 57343 | 57553 | 57763 | 57973 • | 58183 | 58393 • | 58603 • | 58813 | 59023 • | 59233 • | 59443 • | 59653 | 59863 • | 60073 | 60283 | 4 | 3 |
| 4 | 2 | 57137 | 57347 • | 57557 • | 57767 | 57977 • | 58187 | 58397 | 58607 | 58817 | 59027 | 59237 | 59447 • | 59657 | 59867 | 60077 • | 60287 | 2 | 4 |
| 5 | 4 | 57139 • | 57349 • | 57559 • | 57769 | 57979 | 58189 • | 58399 | 58609 | 58819 | 59029 | 59239 • | 59449 | 59659 • | 59869 | 60079 | 60289 • | 4 | 5 |
| 6 | 6 | 57143 • | 57353 | 57563 | 57773 • | 57983 | 58193 • | 58403 • | 58613 • | 58823 | 59033 | 59243 • | 59453 • | 59663 • | 59873 | 60083 • | 60293 • | 6 | 6 |
| 7 | 2 | 57149 • | 57359 | 57569 | 57779 | 57989 | 58199 • | 58409 | 58619 | 58829 | 59039 | 59249 | 59459 | 59669 • | 59879 • | 60089 • | 60299 | 2 | 7 |
| 8 | 6 | 57151 | 57361 | 57571 • | 57781 • | 57991 • | 58201 | 58411 • | 58621 | 58831 • | 59041 | 59251 | 59461 | 59671 • | 59881 | 60091 • | 60301 | 6 | 8 |
| 9 | 4 | 57157 | 57367 • | 57577 | 57787 • | 57997 | 58207 • | 58417 • | 58627 | 58837 | 59047 | 59257 | 59467 • | 59677 | 59887 • | 60097 | 60307 | 4 | 9 |
| 10 | 2 | 57161 | 57371 | 57581 | 57791 • | 58001 | 58211 • | 58421 | 58631 • | 58841 | 59051 • | 59261 | 59471 • | 59681 | 59891 | 60101 • | 60311 | 2 | 10 |
| 11 | 4 | 57163 • | 57373 • | 57583 | 57793 • | 58003 | 58213 | 58423 | 58633 | 58843 | 59053 • | 59263 • | 59473 • | 59683 | 59893 | 60103 • | 60313 | 4 | 11 |
| 12 | 6 | 57167 | 57377 | 57587 • | 57797 | 58007 | 58217 • | 58427 • | 58637 | 58847 | 59057 | 59267 | 59477 | 59687 | 59897 | 60107 • | 60317 • | 6 | 12 |
| 13 | 6 | 57173 • | 57383 • | 57593 • | 57803 • | 58013 • | 58223 | 58433 | 58643 | 58853 | 59063 • | 59273 • | 59483 | 59693 • | 59903 | 60113 | 60323 | 6 | 13 |
| 14 | 2 | 57179 • | 57389 • | 57599 | 57809 • | 58019 | 58229 • | 58439 • | 58649 | 58859 | 59069 • | 59279 | 59489 | 59699 • | 59909 | 60119 | 60329 | 2 | 14 |
| 15 | 6 | 57181 | 57391 | 57601 • | 57811 | 58021 | 58231 • | 58441 • | 58651 | 58861 | 59071 | 59281 • | 59491 | 59701 | 59911 | 60121 | 60331 • | 6 | 15 |
| 16 | 4 | 57187 | 57397 • | 57607 | 57817 | 58027 • | 58237 • | 58447 | 58657 • | 58867 | 59077 • | 59287 | 59497 • | 59707 • | 59917 | 60127 • | 60337 • | 4 | 16 |
| 17 | 2 | 57191 • | 57401 | 57611 | 57821 | 58031 • | 58241 | 58451 • | 58661 • | 58871 | 59081 | 59291 | 59501 | 59711 | 59921 • | 60131 | 60341 | 2 | 17 |
| 18 | 6 | 57193 • | 57403 | 57613 | 57823 | 58033 | 58243 • | 58453 • | 58663 | 58873 | 59083 • | 59293 | 59503 | 59713 | 59923 | 60133 • | 60343 • | 6 | 18 |
| 19 | 4 | 57199 | 57409 | 57619 | 57829 • | 58039 | 58249 | 58459 | 58669 | 58879 | 59089 | 59299 | 59509 • | 59719 | 59929 • | 60139 • | 60349 | 4 | 19 |
| 20 | 6 | 57203 • | 57413 • | 57623 | 57833 | 58043 • | 58253 | 58463 | 58673 | 58883 | 59093 • | 59303 | 59513 • | 59723 • | 59933 | 60143 | 60353 • | 6 | 20 |
| 21 | 8 | 57209 | 57419 | 57629 | 57839 • | 58049 • | 58259 | 58469 | 58679 • | 58889 • | 59099 | 59309 | 59519 | 59729 • | 59939 | 60149 • | 60359 | 8 | 21 |
| 22 | 4 | 57217 | 57427 • | 57637 • | 57847 • | 58057 • | 58267 | 58477 • | 58687 • | 58897 • | 59107 • | 59317 | 59527 | 59737 | 59947 | 60157 | 60367 | 4 | 22 |
| 23 | 2 | 57221 • | 57431 | 57641 • | 57851 | 58061 • | 58271 • | 58481 • | 58691 | 58901 • | 59111 | 59321 | 59531 | 59741 | 59951 • | 60161 • | 60371 | 2 | 23 |
| 24 | 4 | 57223 • | 57433 | 57643 | 57853 • | 58063 | 58273 | 58483 | 58693 • | 58903 | 59113 • | 59323 | 59533 | 59743 • | 59953 | 60163 | 60373 • | 4 | 24 |
| $\overline{24}$ | 2 | 57227 | 57437 | 57647 | 57857 | 58067 • | 58277 | 58487 | 58697 | 58907 • | 59117 | 59327 | 59537 | 59747 • | 59957 • | 60167 • | 60377 | 2 | $\overline{24}$ |
| $\overline{23}$ | 4 | 57229 | 57439 | 57649 • | 57859 • | 58069 | 58279 | 58489 | 58699 • | 58909 • | 59119 • | 59329 | 59539 • | 59749 | 59959 | 60169 • | 60379 | 4 | $\overline{23}$ |
| $\overline{22}$ | 8 | 57233 | 57443 | 57653 • | 57863 | 58073 • | 58283 | 58493 | 58703 | 58913 • | 59123 • | 59333 • | 59543 | 59753 • | 59963 | 60173 | 60383 • | 8 | $\overline{22}$ |
| $\overline{21}$ | 6 | 57241 • | 57451 | 57661 | 57871 | 58081 | 58291 | 58501 | 58711 • | 58921 • | 59131 | 59341 • | 59551 | 59761 | 59971 • | 60181 | 60391 | 6 | $\overline{21}$ |
| $\overline{20}$ | 4 | 57247 | 57457 • | 57667 • | 57877 | 58087 | 58297 | 58507 | 58717 | 58927 | 59137 | 59347 | 59557 • | 59767 | 59977 | 60187 | 60397 • | 4 | $\overline{20}$ |
| $\overline{19}$ | 6 | 57251 • | 57461 | 57671 | 57881 • | 58091 | 58301 | 58511 • | 58721 | 58931 | 59141 • | 59351 • | 59561 • | 59771 • | 59981 • | 60191 | 60401 | 6 | $\overline{19}$ |
| $\overline{18}$ | 2 | 57257 | 57467 • | 57677 | 57887 | 58097 | 58307 | 58517 | 58727 • | 58937 • | 59147 | 59357 • | 59567 • | 59777 | 59987 | 60197 | 60407 | 2 | $\overline{18}$ |
| $\overline{17}$ | 4 | 57259 • | 57469 | 57679 • | 57889 | 58099 • | 58309 • | 58519 | 58729 | 58939 | 59149 • | 59359 • | 59569 | 59779 • | 59989 | 60199 | 60409 | 4 | $\overline{17}$ |
| $\overline{16}$ | 6 | 57263 | 57473 | 57683 | 57893 | 58103 | 58313 • | 58523 | 58733 • | 58943 • | 59153 | 59363 | 59573 | 59783 | 59993 | 60203 | 60413 • | 6 | $\overline{16}$ |
| $\overline{15}$ | 2 | 57269 • | 57479 | 57689 • | 57899 • | 58109 • | 58319 | 58529 | 58739 | 58949 | 59159 • | 59369 • | 59579 | 59789 | 59999 • | 60209 • | 60419 | 2 | $\overline{15}$ |
| $\overline{14}$ | 6 | 57271 • | 57481 | 57691 | 57901 • | 58111 • | 58321 • | 58531 | 58741 • | 58951 | 59161 | 59371 | 59581 • | 59791 • | 60001 | 60211 | 60421 | 6 | $\overline{14}$ |
| $\overline{13}$ | 6 | 57277 | 57487 • | 57697 • | 57907 | 58117 | 58327 | 58537 • | 58747 | 58957 | 59167 • | 59377 • | 59587 | 59797 • | 60007 | 60217 • | 60427 • | 6 | $\overline{13}$ |
| $\overline{12}$ | 4 | 57283 • | 57493 • | 57703 | 57913 | 58123 | 58333 | 58543 • | 58753 | 58963 • | 59173 | 59383 | 59593 | 59803 | 60013 • | 60223 • | 60433 | 4 | $\overline{12}$ |
| $\overline{11}$ | 2 | 57287 • | 57497 | 57707 | 57917 • | 58127 | 58337 • | 58547 | 58757 • | 58967 • | 59177 | 59387 • | 59597 | 59807 | 60017 • | 60227 | 60437 | 2 | $\overline{11}$ |
| $\overline{10}$ | 4 | 57289 | 57499 | 57709 • | 57919 | 58129 • | 58339 | 58549 • | 58759 | 58969 | 59179 | 59389 | 59599 | 59809 • | 60019 | 60229 | 60439 | 4 | $\overline{10}$ |
| $\overline{9}$ | 6 | 57293 | 57503 • | 57713 • | 57923 • | 58133 | 58343 | 58553 | 58763 • | 58973 | 59183 • | 59393 • | 59603 | 59813 | 60023 | 60233 | 60443 • | 6 | $\overline{9}$ |
| $\overline{8}$ | 2 | 57299 | 57509 | 57719 • | 57929 | 58139 | 58349 | 58559 | 58769 | 58979 • | 59189 | 59399 • | 59609 | 59819 | 60029 • | 60239 | 60449 • | 2 | $\overline{8}$ |
| $\overline{7}$ | 6 | 57301 • | 57511 | 57721 | 57931 | 58141 | 58351 | 58561 | 58771 • | 58981 | 59191 | 59401 | 59611 • | 59821 | 60031 | 60241 | 60451 | 6 | $\overline{7}$ |
| $\overline{6}$ | 4 | 57307 | 57517 | 57727 • | 57937 | 58147 • | 58357 | 58567 • | 58777 | 58987 | 59197 • | 59407 • | 59617 • | 59827 | 60037 • | 60247 | 60457 • | 4 | $\overline{6}$ |
| $\overline{5}$ | 2 | 57311 | 57521 | 57731 • | 57941 | 58151 • | 58361 | 58571 | 58781 | 58991 • | 59201 | 59411 | 59621 • | 59831 | 60041 • | 60251 • | 60461 | 2 | $\overline{5}$ |
| $\overline{4}$ | 4 | 57313 | 57523 | 57733 | 57943 • | 58153 • | 58363 • | 58573 • | 58783 | 58993 | 59203 | 59413 | 59623 | 59833 • | 60043 | 60253 | 60463 | 4 | $\overline{4}$ |
| $\overline{3}$ | 2 | 57317 | 57527 • | 57737 • | 57947 • | 58157 | 58367 • | 58577 | 58787 • | 58997 • | 59207 • | 59417 • | 59627 • | 59837 | 60047 | 60257 • | 60467 | 2 | $\overline{3}$ |
| $\overline{2}$ | 10 | 57319 | 57529 • | 57739 | 57949 | 58159 | 58369 • | 58579 • | 58789 • | 58999 | 59209 • | 59419 • | 59629 • | 59839 | 60049 | 60259 • | 60469 | 10 | $\overline{2}$ |
| $\overline{1}$ | 2 | 57329 • | 57539 | 57749 | 57959 | 58169 • | 58379 • | 58589 | 58799 | 59009 • | 59219 • | 59429 | 59639 | 59849 | 60059 | 60269 | 60479 | 2 | $\overline{1}$ |

| | | | | | | | | | | | | | | | | | | | |
|---|---|---|---|---|---|---|---|---|---|---|---|---|---|---|---|---|---|---|---|
| 1 | 10 | 60481 | 60691 | 60901 • | 61111 | 61321 | 61531 | 61741 | 61951 | 62161 | 62371 | 62581 • | 62791 • | 63001 | 63211 • | 63421 • | 63631 | 10 | 1 |
| 2 | 2 | 60491 | 60701 | 60911 | 61121 • | 61331 • | 61541 | 61751 • | 61961 • | 62171 • | 62381 | 62591 • | 62801 • | 63011 | 63221 | 63431 | 63641 | 2 | 2 |
| 3 | 4 | 60493 • | 60703 • | 60913 • | 61123 | 61333 • | 61543 • | 61753 | 61963 | 62173 | 62383 • | 62593 | 62803 | 63013 | 63223 | 63433 | 63643 | 4 | 3 |
| 4 | 2 | 60497 • | 60707 | 60917 • | 61127 | 61337 | 61547 • | 61757 • | 61967 • | 62177 | 62387 | 62597 • | 62807 | 63017 | 63227 | 63437 | 63647 • | 2 | 4 |
| 5 | 4 | 60499 | 60709 | 60919 • | 61129 • | 61339 • | 61549 | 61759 | 61969 | 62179 | 62389 | 62599 | 62809 | 63019 | 63229 | 63439 • | 63649 • | 4 | 5 |
| 6 | 6 | 60503 | 60713 | 60923 • | 61133 | 61343 • | 61553 • | 61763 | 61973 | 62183 | 62393 | 62603 • | 62813 | 63023 | 63233 | 63443 • | 63653 | 6 | 6 |
| 7 | 2 | 60509 • | 60719 • | 60929 | 61139 | 61349 | 61559 • | 61769 | 61979 • | 62189 • | 62399 | 62609 | 62819 • | 63029 • | 63239 | 63449 | 63659 • | 2 | 7 |
| 8 | 6 | 60511 | 60721 | 60931 | 61141 • | 61351 | 61561 • | 61771 | 61981 • | 62191 • | 62401 • | 62611 | 62821 | 63031 • | 63241 • | 63451 | 63661 | 6 | 8 |
| 9 | 4 | 60517 | 60727 • | 60937 • | 61147 | 61357 • | 61567 | 61777 | 61987 • | 62197 | 62407 | 62617 • | 62827 • | 63037 | 63247 • | 63457 | 63667 • | 4 | 9 |
| 10 | 2 | 60521 • | 60731 | 60941 | 61151 • | 61361 | 61571 | 61781 • | 61991 • | 62201 • | 62411 | 62621 | 62831 | 63041 | 63251 | 63461 | 63671 • | 2 | 10 |
| 11 | 4 | 60523 | 60733 • | 60943 • | 61153 • | 61363 • | 61573 | 61783 | 61993 | 62203 | 62413 | 62623 | 62833 | 63043 | 63253 | 63463 • | 63673 | 4 | 11 |
| 12 | 6 | 60527 • | 60737 • | 60947 | 61157 | 61367 | 61577 | 61787 | 61997 | 62207 • | 62417 • | 62627 • | 62837 | 63047 | 63257 | 63467 • | 63677 | 6 | 12 |
| 13 | 6 | 60533 | 60743 | 60953 • | 61163 | 61373 | 61583 • | 61793 | 62003 • | 62213 • | 62423 • | 62633 • | 62843 | 63053 | 63263 | 63473 • | 63683 | 6 | 13 |
| 14 | 2 | 60539 • | 60749 | 60959 | 61169 • | 61379 • | 61589 | 61799 | 62009 | 62219 • | 62429 | 62639 • | 62849 | 63059 • | 63269 | 63479 | 63689 | 2 | 14 |
| 15 | 6 | 60541 | 60751 | 60961 • | 61171 | 61381 • | 61591 | 61801 | 62011 • | 62221 | 62431 | 62641 | 62851 • | 63061 | 63271 | 63481 | 63691 | 6 | 15 |
| 16 | 4 | 60547 | 60757 • | 60967 | 61177 | 61387 | 61597 | 61807 | 62017 • | 62227 | 62437 | 62647 | 62857 | 63067 • | 63277 • | 63487 • | 63697 | 4 | 16 |
| 17 | 2 | 60551 | 60761 • | 60971 | 61181 | 61391 | 61601 | 61811 | 62021 | 62231 | 62441 | 62651 | 62861 • | 63071 | 63281 • | 63491 | 63701 | 2 | 17 |
| 18 | 6 | 60553 | 60763 • | 60973 | 61183 | 61393 | 61603 • | 61813 • | 62023 | 62233 • | 62443 | 62653 • | 62863 | 63073 • | 63283 | 63493 • | 63703 • | 6 | 18 |
| 19 | 4 | 60559 | 60769 | 60979 | 61189 | 61399 | 61609 • | 61819 • | 62029 | 62239 | 62449 | 62659 • | 62869 • | 63079 • | 63289 | 63499 • | 63709 • | 4 | 19 |
| 20 | 6 | 60563 | 60773 • | 60983 | 61193 | 61403 • | 61613 • | 61823 | 62033 | 62243 | 62453 | 62663 | 62873 • | 63083 | 63293 | 63503 | 63713 | 6 | 20 |
| 21 | 8 | 60569 | 60779 • | 60989 | 61199 | 61409 • | 61619 | 61829 | 62039 • | 62249 | 62459 • | 62669 | 62879 | 63089 | 63299 • | 63509 | 63719 • | 8 | 21 |
| 22 | 4 | 60577 | 60787 | 60997 | 61207 | 61417 • | 61627 • | 61837 • | 62047 • | 62257 | 62467 • | 62677 | 62887 | 63097 • | 63307 | 63517 | 63727 • | 4 | 22 |
| 23 | 2 | 60581 | 60791 | 61001 • | 61211 • | 61421 | 61631 • | 61841 | 62051 | 62261 | 62471 | 62681 | 62891 | 63101 | 63311 • | 63521 • | 63731 | 2 | 23 |
| 24 | 4 | 60583 | 60793 • | 61003 | 61213 | 61423 | 61633 | 61843 • | 62053 • | 62263 | 62473 • | 62683 • | 62893 | 63103 • | 63313 • | 63523 | 63733 | 4 | 24 |
| $\overline{24}$ | 2 | 60587 | 60797 | 61007 • | 61217 | 61427 | 61637 • | 61847 | 62057 • | 62267 | 62477 • | 62687 • | 62897 • | 63107 | 63317 • | 63527 • | 63737 • | 2 | $\overline{24}$ |
| $\overline{23}$ | 4 | 60589 • | 60799 | 61009 | 61219 | 61429 | 61639 | 61849 | 62059 | 62269 | 62479 | 62689 | 62899 | 63109 | 63319 | 63529 | 63739 | 4 | $\overline{23}$ |
| $\overline{22}$ | 8 | 60593 | 60803 | 61013 | 61223 • | 61433 | 61643 • | 61853 | 62063 | 62273 • | 62483 • | 62693 | 62903 • | 63113 • | 63323 | 63533 • | 63743 • | 8 | $\overline{22}$ |
| $\overline{21}$ | 6 | 60601 • | 60811 • | 61021 | 61231 • | 61441 • | 61651 • | 61861 • | 62071 • | 62281 | 62491 | 62701 • | 62911 | 63121 | 63331 • | 63541 • | 63751 | 6 | $\overline{21}$ |
| $\overline{20}$ | 4 | 60607 • | 60817 | 61027 • | 61237 | 61447 | 61657 • | 61867 | 62077 | 62287 | 62497 • | 62707 | 62917 | 63127 • | 63337 • | 63547 | 63757 | 4 | $\overline{20}$ |
| $\overline{19}$ | 6 | 60611 • | 60821 • | 61031 • | 61241 | 61451 | 61661 | 61871 • | 62081 • | 62291 | 62501 • | 62711 | 62921 • | 63131 • | 63341 | 63551 | 63761 • | 6 | $\overline{19}$ |
| $\overline{18}$ | 2 | 60617 • | 60827 | 61037 | 61247 | 61457 | 61667 • | 61877 | 62087 | 62297 • | 62507 • | 62717 | 62927 • | 63137 | 63347 • | 63557 | 63767 | 2 | $\overline{18}$ |
| $\overline{17}$ | 4 | 60619 | 60829 | 61039 | 61249 | 61459 | 61669 | 61879 • | 62089 | 62299 • | 62509 | 62719 | 62929 • | 63139 | 63349 | 63559 • | 63769 | 4 | $\overline{17}$ |
| $\overline{16}$ | 6 | 60623 • | 60833 | 61043 • | 61253 • | 61463 • | 61673 • | 61883 | 62093 | 62303 • | 62513 | 62723 • | 62933 | 63143 | 63353 • | 63563 | 63773 • | 6 | $\overline{16}$ |
| $\overline{15}$ | 2 | 60629 | 60839 | 61049 | 61259 | 61469 • | 61679 | 61889 | 62099 • | 62309 | 62519 | 62729 | 62939 • | 63149 • | 63359 | 63569 | 63779 | 2 | $\overline{15}$ |
| $\overline{14}$ | 6 | 60631 • | 60841 | 61051 • | 61261 • | 61471 • | 61681 • | 61891 | 62101 | 62311 • | 62521 | 62731 • | 62941 | 63151 | 63361 • | 63571 | 63781 • | 6 | $\overline{14}$ |
| $\overline{13}$ | 6 | 60637 • | 60847 | 61057 • | 61267 | 61477 | 61687 • | 61897 | 62107 | 62317 | 62527 | 62737 | 62947 | 63157 | 63367 • | 63577 • | 63787 | 6 | $\overline{13}$ |
| $\overline{12}$ | 4 | 60643 | 60853 | 61063 | 61273 | 61483 • | 61693 | 61903 | 62113 | 62323 • | 62533 • | 62743 • | 62953 | 63163 | 63373 | 63583 | 63793 • | 4 | $\overline{12}$ |
| $\overline{11}$ | 2 | 60647 • | 60857 | 61067 | 61277 | 61487 • | 61697 | 61907 | 62117 | 62327 • | 62537 | 62747 | 62957 | 63167 | 63377 • | 63587 • | 63797 | 2 | $\overline{11}$ |
| $\overline{10}$ | 4 | 60649 • | 60859 • | 61069 | 61279 | 61489 | 61699 | 61909 • | 62119 • | 62329 | 62539 • | 62749 | 62959 | 63169 | 63379 | 63589 • | 63799 • | 4 | $\overline{10}$ |
| $\overline{9}$ | 6 | 60653 | 60863 | 61073 | 61283 • | 61493 • | 61703 • | 61913 | 62123 | 62333 | 62543 | 62753 • | 62963 | 63173 | 63383 | 63593 | 63803 • | 6 | $\overline{9}$ |
| $\overline{8}$ | 2 | 60659 • | 60869 • | 61079 | 61289 | 61499 | 61709 | 61919 | 62129 • | 62339 | 62549 • | 62759 | 62969 • | 63179 • | 63389 • | 63599 • | 63809 • | 2 | $\overline{8}$ |
| $\overline{7}$ | 6 | 60661 • | 60871 | 61081 | 61291 • | 61501 | 61711 | 61921 | 62131 • | 62341 | 62551 | 62761 • | 62971 • | 63181 | 63391 • | 63601 • | 63811 | 6 | $\overline{7}$ |
| $\overline{6}$ | 4 | 60667 | 60877 | 61087 | 61297 • | 61507 • | 61717 • | 61927 • | 62137 • | 62347 • | 62557 | 62767 | 62977 | 63187 | 63397 • | 63607 • | 63817 | 4 | $\overline{6}$ |
| $\overline{5}$ | 2 | 60671 | 60881 | 61091 • | 61301 | 61511 • | 61721 | 61931 | 62141 • | 62351 • | 62561 | 62771 | 62981 • | 63191 | 63401 | 63611 • | 63821 | 2 | $\overline{5}$ |
| $\overline{4}$ | 4 | 60673 | 60883 | 61093 | 61303 | 61513 | 61723 • | 61933 • | 62143 • | 62353 | 62563 • | 62773 • | 62983 • | 63193 | 63403 | 63613 | 63823 • | 4 | $\overline{4}$ |
| $\overline{3}$ | 2 | 60677 | 60887 • | 61097 | 61307 | 61517 | 61727 | 61937 | 62147 | 62357 | 62567 | 62777 | 62987 • | 63197 • | 63407 | 63617 • | 63827 | 2 | $\overline{3}$ |
| $\overline{2}$ | 10 | 60679 • | 60889 • | 61099 • | 61309 | 61519 • | 61729 • | 61939 | 62149 | 62359 | 62569 | 62779 | 62989 • | 63199 • | 63409 • | 63619 | 63829 | 10 | $\overline{2}$ |
| $\overline{1}$ | 2 | 60689 • | 60899 • | 61109 | 61319 | 61529 | 61739 | 61949 • | 62159 | 62369 | 62579 | 62789 | 62999 | 63209 | 63419 • | 63629 • | 63839 • | 2 | $\overline{1}$ |

| | | | | | | | | | | | | | | | | | | | |
|---|---|---|---|---|---|---|---|---|---|---|---|---|---|---|---|---|---|---|---|
| 1 | 10 | 63841• | 64051 | 64261 | 64471 | 64681 | 64891• | 65101• | 65311 | 65521• | 65731• | 65941 | 66151 | 66361• | 66571• | 66781 | 66991 | 10 | 1 |
| 2 | 2 | 63851 | 64061 | 64271• | 64481 | 64691 | 64901• | 65111• | 65321 | 65531 | 65741 | 65951• | 66161• | 66371 | 66581 | 66791• | 67001 | 2 | 2 |
| 3 | 4 | 63853• | 64063• | 64273 | 64483• | 64693• | 64903 | 65113 | 65323• | 65533 | 65743 | 65953 | 66163 | 66373• | 66583 | 66793 | 67003• | 4 | 3 |
| 4 | 2 | 63857• | 64067• | 64277 | 64487 | 64697 | 64907 | 65117 | 65327• | 65537• | 65747 | 65957• | 66167 | 66377• | 66587• | 66797• | 67007 | 2 | 4 |
| 5 | 4 | 63859 | 64069 | 64279• | 64489• | 64699 | 64909 | 65119• | 65329 | 65539• | 65749 | 65959 | 66169• | 66379 | 66589 | 66799 | 67009 | 4 | 5 |
| 6 | 6 | 63863• | 64073 | 64283• | 64493 | 64703 | 64913 | 65123• | 65333 | 65543• | 65753 | 65963• | 66173• | 66383• | 66593• | 66803 | 67013 | 6 | 6 |
| 7 | 2 | 63869 | 64079 | 64289 | 64499• | 64709• | 64919• | 65129• | 65339 | 65549 | 65759 | 65969 | 66179• | 66389 | 66599 | 66809• | 67019 | 2 | 7 |
| 8 | 6 | 63871 | 64081• | 64291 | 64501 | 64711 | 64921• | 65131 | 65341 | 65551• | 65761• | 65971 | 66181 | 66391 | 66601• | 66811 | 67021• | 6 | 8 |
| 9 | 4 | 63877 | 64087 | 64297 | 64507 | 64717• | 64927• | 65137 | 65347 | 65557• | 65767 | 65977 | 66187 | 66397 | 66607 | 66817 | 67027 | 4 | 9 |
| 10 | 2 | 63881 | 64091• | 64301• | 64511 | 64721 | 64931 | 65141• | 65351 | 65561 | 65771 | 65981• | 66191• | 66401 | 66611 | 66821• | 67031 | 2 | 10 |
| 11 | 4 | 63883 | 64093 | 64303• | 64513• | 64723 | 64933 | 65143 | 65353• | 65563• | 65773 | 65983• | 66193 | 66403• | 66613 | 66823 | 67033• | 4 | 11 |
| 12 | 6 | 63887 | 64097 | 64307 | 64517 | 64727 | 64937• | 65147• | 65357• | 65567 | 65777• | 65987 | 66197 | 66407 | 66617• | 66827 | 67037 | 6 | 12 |
| 13 | 6 | 63893 | 64103 | 64313 | 64523 | 64733 | 64943 | 65153 | 65363 | 65573 | 65783 | 65993• | 66203 | 66413• | 66623 | 66833 | 67043• | 6 | 13 |
| 14 | 2 | 63899 | 64109• | 64319• | 64529 | 64739 | 64949 | 65159 | 65369 | 65579• | 65789• | 65999 | 66209 | 66419 | 66629• | 66839 | 67049• | 2 | 14 |
| 15 | 6 | 63901• | 64111 | 64321 | 64531 | 64741 | 64951• | 65161 | 65371• | 65581• | 65791 | 66001 | 66211 | 66421 | 66631 | 66841• | 67051 | 6 | 15 |
| 16 | 4 | 63907• | 64117 | 64327• | 64537 | 64747• | 64957 | 65167• | 65377 | 65587• | 65797 | 66007 | 66217 | 66427 | 66637 | 66847 | 67057• | 4 | 16 |
| 17 | 2 | 63911 | 64121 | 64331 | 64541 | 64751 | 64961 | 65171• | 65381• | 65591 | 65801 | 66011 | 66221• | 66431• | 66641 | 66851• | 67061• | 2 | 17 |
| 18 | 6 | 63913• | 64123• | 64333• | 64543 | 64753 | 64963 | 65173• | 65383 | 65593 | 65803 | 66013 | 66223 | 66433 | 66643• | 66853• | 67063 | 6 | 18 |
| 19 | 4 | 63919 | 64129 | 64339 | 64549 | 64759 | 64969• | 65179• | 65389 | 65599• | 65809• | 66019 | 66229 | 66439 | 66649 | 66859 | 67069 | 4 | 19 |
| 20 | 6 | 63923 | 64133 | 64343 | 64553• | 64763• | 64973 | 65183• | 65393• | 65603 | 65813 | 66023 | 66233 | 66443 | 66653• | 66863• | 67073• | 6 | 20 |
| 21 | 8 | 63929• | 64139 | 64349 | 64559 | 64769 | 64979 | 65189 | 65399 | 65609• | 65819 | 66029• | 66239• | 66449• | 66659 | 66869 | 67079• | 8 | 21 |
| 22 | 4 | 63937 | 64147 | 64357 | 64567• | 64777 | 64987 | 65197 | 65407• | 65617• | 65827• | 66037• | 66247 | 66457• | 66667 | 66877• | 67087 | 4 | 22 |
| 23 | 2 | 63941 | 64151• | 64361 | 64571 | 64781• | 64991 | 65201 | 65411 | 65621 | 65831• | 66041• | 66251 | 66461 | 66671 | 66881 | 67091 | 2 | 23 |
| 24 | 4 | 63943 | 64153• | 64363 | 64573 | 64783• | 64993 | 65203• | 65413• | 65623 | 65833 | 66043 | 66253 | 66463• | 66673 | 66883• | 67093 | 4 | 24 |
| $\overline{24}$ | 2 | 63947 | 64157• | 64367 | 64577• | 64787 | 64997• | 65207 | 65417 | 65627 | 65837• | 66047• | 66257 | 66467• | 66677 | 66887 | 67097 | 2 | $\overline{24}$ |
| $\overline{23}$ | 4 | 63949• | 64159 | 64369 | 64579• | 64789 | 64999 | 65209 | 65419• | 65629• | 65839• | 66049 | 66259 | 66469 | 66679 | 66889• | 67099 | 4 | $\overline{23}$ |
| $\overline{22}$ | 8 | 63953 | 64163 | 64373• | 64583 | 64793• | 65003• | 65213• | 65423• | 65633• | 65843• | 66053 | 66263 | 66473 | 66683• | 66893 | 67103• | 8 | $\overline{22}$ |
| $\overline{21}$ | 6 | 63961 | 64171• | 64381• | 64591• | 64801 | 65011• | 65221 | 65431 | 65641 | 65851• | 66061 | 66271• | 66481 | 66691 | 66901 | 67111 | 6 | $\overline{21}$ |
| $\overline{20}$ | 4 | 63967 | 64177 | 64387 | 64597 | 64807 | 65017 | 65227 | 65437• | 65647• | 65857 | 66067• | 66277 | 66487 | 66697• | 66907 | 67117 | 4 | $\overline{20}$ |
| $\overline{19}$ | 6 | 63971 | 64181 | 64391 | 64601• | 64811• | 65021 | 65231 | 65441 | 65651• | 65861 | 66071• | 66281 | 66491• | 66701• | 66911 | 67121• | 6 | $\overline{19}$ |
| $\overline{18}$ | 2 | 63977• | 64187• | 64397 | 64607 | 64817• | 65027• | 65237 | 65447• | 65657• | 65867• | 66077 | 66287 | 66497 | 66707 | 66917 | 67127 | 2 | $\overline{18}$ |
| $\overline{17}$ | 4 | 63979 | 64189• | 64399• | 64609• | 64819 | 65029• | 65239• | 65449• | 65659 | 65869 | 66079 | 66289 | 66499• | 66709 | 66919• | 67129• | 4 | $\overline{17}$ |
| $\overline{16}$ | 6 | 63983 | 64193 | 64403• | 64613• | 64823 | 65033• | 65243 | 65453 | 65663 | 65873 | 66083• | 66293• | 66503 | 66713• | 66923• | 67133 | 6 | $\overline{16}$ |
| $\overline{15}$ | 2 | 63989 | 64199 | 64409 | 64619 | 64829 | 65039 | 65249 | 65459 | 65669 | 65879 | 66089• | 66299 | 66509• | 66719 | 66929 | 67139• | 2 | $\overline{15}$ |
| $\overline{14}$ | 6 | 63991 | 64201 | 64411 | 64621• | 64831 | 65041 | 65251 | 65461 | 65671 | 65881• | 66091 | 66301• | 66511 | 66721• | 66931• | 67141• | 6 | $\overline{14}$ |
| $\overline{13}$ | 6 | 63997• | 64207 | 64417 | 64627• | 64837 | 65047 | 65257• | 65467 | 65677• | 65887 | 66097 | 66307 | 66517 | 66727 | 66937 | 67147 | 6 | $\overline{13}$ |
| $\overline{12}$ | 4 | 64003 | 64213 | 64423 | 64633• | 64843 | 65053• | 65263 | 65473 | 65683 | 65893 | 66103• | 66313 | 66523• | 66733• | 66943• | 67153• | 4 | $\overline{12}$ |
| $\overline{11}$ | 2 | 64007• | 64217• | 64427 | 64637 | 64847 | 65057 | 65267• | 65477 | 65687• | 65897 | 66107• | 66317 | 66527 | 66737 | 66947• | 67157• | 2 | $\overline{11}$ |
| $\overline{10}$ | 4 | 64009 | 64219 | 64429 | 64639 | 64849• | 65059 | 65269• | 65479• | 65689 | 65899• | 66109• | 66319 | 66529• | 66739• | 66949• | 67159 | 4 | $\overline{10}$ |
| $\overline{9}$ | 6 | 64013• | 64223• | 64433• | 64643 | 64853• | 65063• | 65273 | 65483 | 65693 | 65903 | 66113 | 66323 | 66533• | 66743 | 66953 | 67163 | 6 | $\overline{9}$ |
| $\overline{8}$ | 2 | 64019• | 64229 | 64439• | 64649 | 64859 | 65069 | 65279 | 65489 | 65699• | 65909 | 66119 | 66329 | 66539 | 66749• | 66959• | 67169• | 2 | $\overline{8}$ |
| $\overline{7}$ | 6 | 64021 | 64231• | 64441 | 64651 | 64861 | 65071• | 65281 | 65491 | 65701• | 65911 | 66121 | 66331 | 66541• | 66751• | 66961 | 67171 | 6 | $\overline{7}$ |
| $\overline{6}$ | 4 | 64027 | 64237• | 64447 | 64657 | 64867 | 65077 | 65287• | 65497• | 65707• | 65917 | 66127 | 66337• | 66547 | 66757 | 66967 | 67177 | 4 | $\overline{6}$ |
| $\overline{5}$ | 2 | 64031 | 64241 | 64451• | 64661• | 64871• | 65081 | 65291 | 65501 | 65711 | 65921• | 66131 | 66341 | 66551 | 66761 | 66971 | 67181• | 2 | $\overline{5}$ |
| $\overline{4}$ | 4 | 64033• | 64243 | 64453• | 64663• | 64873 | 65083 | 65293• | 65503 | 65713• | 65923 | 66133 | 66343• | 66553• | 66763• | 66973• | 67183 | 4 | $\overline{4}$ |
| $\overline{3}$ | 2 | 64037• | 64247 | 64457 | 64667• | 64877• | 65087 | 65297 | 65507 | 65717• | 65927• | 66137• | 66347• | 66557 | 66767 | 66977• | 67187• | 2 | $\overline{3}$ |
| $\overline{2}$ | 10 | 64039 | 64249 | 64459 | 64669 | 64879• | 65089• | 65299 | 65509 | 65719• | 65929• | 66139 | 66349 | 66559 | 66769 | 66979 | 67189• | 10 | $\overline{2}$ |
| $\overline{1}$ | 2 | 64049 | 64259 | 64469 | 64679• | 64889 | 65099• | 65309• | 65519• | 65729• | 65939 | 66149 | 66359• | 66569• | 66779 | 66989 | 67199 | 2 | $\overline{1}$ |

| | | | | | | | | | | | | | | | | | | | |
|---|---|---|---|---|---|---|---|---|---|---|---|---|---|---|---|---|---|---|---|
| 1 | 10 | 67201 • | 67411 • | 67621 | 67831 | 68041 • | 68251 | 68461 | 68671 | 68881 • | 69091 | 69301 | 69511 | 69721 | 69931 • | 70141 • | 70351 • | 10 | 1 |
| 2 | 2 | 67211 • | 67421 • | 67631 • | 67841 | 68051 | 68261 • | 68471 | 68681 | 68891 • | 69101 | 69311 | 69521 | 69731 | 69941 • | 70151 | 70361 | 2 | 2 |
| 3 | 4 | 67213 • | 67423 | 67633 | 67843 • | 68053 • | 68263 | 68473 • | 68683 • | 68893 | 69103 | 69313 • | 69523 | 69733 | 69943 | 70153 | 70363 | 4 | 3 |
| 4 | 2 | 67217 • | 67427 • | 67637 | 67847 | 68057 | 68267 | 68477 • | 68687 • | 68897 • | 69107 | 69317 • | 69527 | 69737 • | 69947 | 70157 • | 70367 | 2 | 4 |
| 5 | 4 | 67219 • | 67429 • | 67639 | 67849 | 68059 • | 68269 | 68479 | 68689 | 68899 • | 69109 • | 69319 | 69529 | 69739 • | 69949 | 70159 | 70369 | 4 | 5 |
| 6 | 6 | 67223 | 67433 • | 67643 | 67853 • | 68063 | 68273 | 68483 • | 68693 | 68903 • | 69113 | 69323 | 69533 | 69743 | 69953 | 70163 • | 70373 • | 6 | 6 |
| 7 | 2 | 67229 | 67439 | 67649 | 67859 | 68069 | 68279 • | 68489 • | 68699 • | 68909 • | 69119 • | 69329 | 69539 • | 69749 | 69959 • | 70169 | 70379 • | 2 | 7 |
| 8 | 6 | 67231 • | 67441 | 67651 • | 67861 | 68071 • | 68281 • | 68491 • | 68701 | 68911 | 69121 | 69331 | 69541 | 69751 | 69961 | 70171 | 70381 • | 6 | 8 |
| 9 | 4 | 67237 | 67447 • | 67657 | 67867 • | 68077 | 68287 | 68497 | 68707 | 68917 • | 69127 • | 69337 • | 69547 | 69757 | 69967 | 70177 • | 70387 | 4 | 9 |
| 10 | 2 | 67241 | 67451 | 67661 | 67871 | 68081 | 68291 | 68501 • | 68711 • | 68921 | 69131 | 69341 • | 69551 | 69761 • | 69971 | 70181 • | 70391 | 2 | 10 |
| 11 | 4 | 67243 | 67453 • | 67663 | 67873 | 68083 | 68293 | 68503 | 68713 • | 68923 | 69133 | 69343 | 69553 | 69763 • | 69973 | 70183 • | 70393 • | 4 | 11 |
| 12 | 6 | 67247 • | 67457 | 67667 | 67877 | 68087 • | 68297 | 68507 • | 68717 | 68927 • | 69137 | 69347 | 69557 • | 69767 • | 69977 | 70187 | 70397 | 6 | 12 |
| 13 | 6 | 67253 | 67463 | 67673 | 67883 • | 68093 | 68303 | 68513 | 68723 | 68933 | 69143 • | 69353 | 69563 | 69773 | 69983 | 70193 | 70403 | 6 | 13 |
| 14 | 2 | 67259 | 67469 | 67679 • | 67889 | 68099 • | 68309 | 68519 | 68729 • | 68939 | 69149 • | 69359 | 69569 | 69779 • | 69989 | 70199 • | 70409 | 2 | 14 |
| 15 | 6 | 67261 • | 67471 | 67681 | 67891 • | 68101 | 68311 • | 68521 • | 68731 | 68941 | 69151 • | 69361 | 69571 | 69781 | 69991 • | 70201 • | 70411 | 6 | 15 |
| 16 | 4 | 67267 | 67477 • | 67687 | 67897 | 68107 | 68317 | 68527 | 68737 • | 68947 • | 69157 | 69367 | 69577 | 69787 | 69997 • | 70207 • | 70417 | 4 | 16 |
| 17 | 2 | 67271 • | 67481 • | 67691 | 67901 • | 68111 • | 68321 | 68531 • | 68741 | 68951 | 69161 | 69371 • | 69581 | 69791 | 70001 • | 70211 | 70421 | 2 | 17 |
| 18 | 6 | 67273 • | 67483 | 67693 | 67903 | 68113 • | 68323 | 68533 | 68743 • | 68953 | 69163 • | 69373 | 69583 | 69793 | 70003 • | 70213 | 70423 • | 6 | 18 |
| 19 | 4 | 67279 | 67489 • | 67699 • | 67909 | 68119 | 68329 • | 68539 • | 68749 • | 68959 | 69169 | 69379 • | 69589 | 69799 | 70009 • | 70219 | 70429 • | 4 | 19 |
| 20 | 6 | 67283 | 67493 • | 67703 | 67913 | 68123 | 68333 | 68543 • | 68753 | 68963 • | 69173 | 69383 • | 69593 • | 69803 | 70013 | 70223 • | 70433 | 6 | 20 |
| 21 | 8 | 67289 • | 67499 • | 67709 • | 67919 | 68129 | 68339 | 68549 | 68759 | 68969 | 69179 | 69389 • | 69599 | 69809 • | 70019 • | 70229 • | 70439 • | 8 | 21 |
| 22 | 4 | 67297 | 67507 | 67717 | 67927 • | 68137 | 68347 | 68557 | 68767 • | 68977 | 69187 | 69397 | 69607 | 69817 | 70027 | 70237 • | 70447 | 4 | 22 |
| 23 | 2 | 67301 | 67511 • | 67721 | 67931 • | 68141 • | 68351 • | 68561 | 68771 • | 68981 | 69191 • | 69401 • | 69611 | 69821 • | 70031 | 70241 • | 70451 • | 2 | 23 |
| 24 | 4 | 67303 | 67513 | 67723 • | 67933 • | 68143 | 68353 | 68563 | 68773 | 68983 | 69193 • | 69403 • | 69613 | 69823 | 70033 | 70243 | 70453 | 4 | 24 |
| $\overline{24}$ | 2 | 67307 • | 67517 | 67727 | 67937 | 68147 • | 68357 | 68567 • | 68777 • | 68987 | 69197 • | 69407 | 69617 | 69827 • | 70037 | 70247 | 70457 • | 2 | $\overline{24}$ |
| $\overline{23}$ | 4 | 67309 | 67519 | 67729 | 67939 • | 68149 | 68359 | 68569 | 68779 | 68989 | 69199 | 69409 | 69619 | 69829 • | 70039 • | 70249 • | 70459 • | 4 | $\overline{23}$ |
| $\overline{22}$ | 8 | 67313 | 67523 • | 67733 • | 67943 • | 68153 | 68363 | 68573 | 68783 | 68993 • | 69203 • | 69413 | 69623 • | 69833 • | 70043 | 70253 | 70463 | 8 | $\overline{22}$ |
| $\overline{21}$ | 6 | 67321 | 67531 • | 67741 • | 67951 | 68161 • | 68371 • | 68581 • | 68791 • | 69001 • | 69211 | 69421 | 69631 | 69841 | 70051 • | 70261 | 70471 | 6 | $\overline{21}$ |
| $\overline{20}$ | 4 | 67327 | 67537 • | 67747 | 67957 • | 68167 | 68377 | 68587 | 68797 | 69007 | 69217 | 69427 • | 69637 | 69847 • | 70057 | 70267 | 70477 | 4 | $\overline{20}$ |
| $\overline{19}$ | 6 | 67331 | 67541 | 67751 • | 67961 • | 68171 • | 68381 | 68591 | 68801 | 69011 • | 69221 | 69431 • | 69641 | 69851 | 70061 • | 70271 • | 70481 • | 6 | $\overline{19}$ |
| $\overline{18}$ | 2 | 67337 | 67547 • | 67757 • | 67967 • | 68177 | 68387 | 68597 • | 68807 | 69017 | 69227 | 69437 | 69647 | 69857 • | 70067 • | 70277 | 70487 • | 2 | $\overline{18}$ |
| $\overline{17}$ | 4 | 67339 • | 67549 | 67759 • | 67969 | 68179 | 68389 • | 68599 | 68809 | 69019 • | 69229 • | 69439 • | 69649 | 69859 • | 70069 | 70279 | 70489 • | 4 | $\overline{17}$ |
| $\overline{16}$ | 6 | 67343 • | 67553 | 67763 • | 67973 | 68183 | 68393 | 68603 | 68813 • | 69023 | 69233 • | 69443 | 69653 • | 69863 | 70073 | 70283 | 70493 | 6 | $\overline{16}$ |
| $\overline{15}$ | 2 | 67349 • | 67559 • | 67769 | 67979 • | 68189 | 68399 • | 68609 | 68819 • | 69029 • | 69239 • | 69449 | 69659 | 69869 | 70079 • | 70289 • | 70499 | 2 | $\overline{15}$ |
| $\overline{14}$ | 6 | 67351 | 67561 | 67771 | 67981 | 68191 | 68401 | 68611 • | 68821 • | 69031 • | 69241 | 69451 | 69661 • | 69871 | 70081 | 70291 | 70501 • | 6 | $\overline{14}$ |
| $\overline{13}$ | 6 | 67357 | 67567 • | 67777 • | 67987 • | 68197 | 68407 | 68617 | 68827 | 69037 | 69247 • | 69457 • | 69667 | 69877 • | 70087 | 70297 • | 70507 • | 6 | $\overline{13}$ |
| $\overline{12}$ | 4 | 67363 | 67573 | 67783 • | 67993 • | 68203 | 68413 | 68623 | 68833 | 69043 | 69253 | 69463 • | 69673 | 69883 | 70093 | 70303 | 70513 | 4 | $\overline{12}$ |
| $\overline{11}$ | 2 | 67367 | 67577 • | 67787 | 67997 | 68207 • | 68417 | 68627 | 68837 | 69047 | 69257 • | 69467 • | 69677 • | 69887 | 70097 | 70307 | 70517 | 2 | $\overline{11}$ |
| $\overline{10}$ | 4 | 67369 • | 67579 • | 67789 • | 67999 | 68209 • | 68419 | 68629 | 68839 | 69049 | 69259 • | 69469 | 69679 | 69889 | 70099 • | 70309 • | 70519 | 4 | $\overline{10}$ |
| $\overline{9}$ | 6 | 67373 | 67583 | 67793 | 68003 | 68213 • | 68423 | 68633 • | 68843 | 69053 | 69263 • | 69473 • | 69683 | 69893 | 70103 | 70313 • | 70523 | 6 | $\overline{9}$ |
| $\overline{8}$ | 2 | 67379 | 67589 • | 67799 | 68009 | 68219 • | 68429 | 68639 • | 68849 | 69059 | 69269 | 69479 | 69689 | 69899 • | 70109 | 70319 | 70529 • | 2 | $\overline{8}$ |
| $\overline{7}$ | 6 | 67381 | 67591 | 67801 • | 68011 | 68221 | 68431 | 68641 | 68851 | 69061 • | 69271 | 69481 • | 69691 • | 69901 | 70111 • | 70321 • | 70531 | 6 | $\overline{7}$ |
| $\overline{6}$ | 4 | 67387 | 67597 | 67807 • | 68017 | 68227 • | 68437 • | 68647 | 68857 | 69067 • | 69277 | 69487 | 69697 • | 69907 | 70117 • | 70327 • | 70537 • | 4 | $\overline{6}$ |
| $\overline{5}$ | 2 | 67391 • | 67601 • | 67811 | 68021 | 68231 | 68441 | 68651 | 68861 | 69071 | 69281 | 69491 • | 69701 | 69911 • | 70121 • | 70331 | 70541 | 2 | $\overline{5}$ |
| $\overline{4}$ | 4 | 67393 | 67603 | 67813 | 68023 • | 68233 | 68443 • | 68653 | 68863 • | 69073 • | 69283 | 69493 • | 69703 | 69913 | 70123 • | 70333 | 70543 | 4 | $\overline{4}$ |
| $\overline{3}$ | 2 | 67397 | 67607 • | 67817 | 68027 | 68237 | 68447 • | 68657 | 68867 | 69077 | 69287 | 69497 • | 69707 | 69917 | 70127 | 70337 | 70547 | 2 | $\overline{3}$ |
| $\overline{2}$ | 10 | 67399 • | 67609 | 67819 • | 68029 | 68239 • | 68449 • | 68659 • | 68869 | 69079 | 69289 | 69499 • | 69709 • | 69919 | 70129 | 70339 | 70549 • | 10 | $\overline{2}$ |
| $\overline{1}$ | 2 | 67409 • | 67619 • | 67829 • | 68039 | 68249 | 68459 | 68669 • | 68879 • | 69089 | 69299 | 69509 | 69719 | 69929 • | 70139 • | 70349 | 70559 | 2 | $\overline{1}$ |

| | | | | | | | | | | | | | | | | | | | |
|---|---|---|---|---|---|---|---|---|---|---|---|---|---|---|---|---|---|---|---|
| 1 | 10 | 70561 | 70771 | 70981 • | 71191 • | 71401 | 71611 | 71821 • | 72031 • | 72241 | 72451 | 72661 • | 72871 • | 73081 | 73291 • | 73501 | 73711 | 10 | 1 |
| 2 | 2 | 70571 • | 70781 | 70991 • | 71201 | 71411 • | 71621 | 71831 | 72041 | 72251 • | 72461 • | 72671 • | 72881 | 73091 • | 73301 | 73511 | 73721 • | 2 | 2 |
| 3 | 4 | 70573 • | 70783 • | 70993 | 71203 | 71413 • | 71623 | 71833 | 72043 • | 72253 • | 72463 | 72673 • | 72883 • | 73093 | 73303 • | 73513 | 73723 | 4 | 3 |
| 4 | 2 | 70577 | 70787 | 70997 • | 71207 | 71417 | 71627 | 71837 • | 72047 • | 72257 | 72467 • | 72677 | 72887 | 73097 | 73307 | 73517 • | 73727 • | 2 | 4 |
| 5 | 4 | 70579 | 70789 | 70999 • | 71209 • | 71419 • | 71629 | 71839 | 72049 | 72259 | 72469 • | 72679 • | 72889 • | 73099 | 73309 • | 73519 | 73729 | 4 | 5 |
| 6 | 6 | 70583 • | 70793 • | 71003 | 71213 | 71423 | 71633 • | 71843 • | 72053 • | 72263 | 72473 | 72683 | 72893 • | 73103 | 73313 | 73523 • | 73733 | 6 | 6 |
| 7 | 2 | 70589 • | 70799 | 71009 | 71219 | 71429 • | 71639 | 71849 • | 72059 | 72269 • | 72479 | 72689 • | 72899 | 73109 | 73319 | 73529 • | 73739 | 2 | 7 |
| 8 | 6 | 70591 | 70801 | 71011 • | 71221 | 71431 | 71641 | 71851 | 72061 | 72271 • | 72481 • | 72691 | 72901 • | 73111 | 73321 | 73531 | 73741 | 6 | 8 |
| 9 | 4 | 70597 | 70807 | 71017 | 71227 | 71437 • | 71647 • | 71857 | 72067 | 72277 • | 72487 | 72697 | 72907 • | 73117 | 73327 • | 73537 | 73747 | 4 | 9 |
| 10 | 2 | 70601 | 70811 | 71021 | 71231 | 71441 | 71651 | 71861 • | 72071 | 72281 | 72491 | 72701 • | 72911 • | 73121 • | 73331 • | 73541 | 73751 • | 2 | 10 |
| 11 | 4 | 70603 | 70813 | 71023 • | 71233 • | 71443 • | 71653 | 71863 | 72073 • | 72283 | 72493 • | 72703 | 72913 | 73123 | 73333 | 73543 | 73753 | 4 | 11 |
| 12 | 6 | 70607 • | 70817 | 71027 | 71237 • | 71447 | 71657 | 71867 • | 72077 • | 72287 • | 72497 • | 72707 • | 72917 | 73127 • | 73337 | 73547 • | 73757 • | 6 | 12 |
| 13 | 6 | 70613 | 70823 • | 71033 | 71243 | 71453 • | 71663 • | 71873 | 72083 | 72293 | 72503 • | 72713 | 72923 • | 73133 • | 73343 | 73553 • | 73763 | 6 | 13 |
| 14 | 2 | 70619 • | 70829 | 71039 • | 71249 • | 71459 | 71669 | 71879 • | 72089 • | 72299 | 72509 | 72719 • | 72929 | 73139 | 73349 | 73559 | 73769 | 2 | 14 |
| 15 | 6 | 70621 • | 70831 | 71041 | 71251 | 71461 | 71671 • | 71881 • | 72091 • | 72301 | 72511 | 72721 | 72931 • | 73141 • | 73351 • | 73561 • | 73771 • | 6 | 15 |
| 16 | 4 | 70627 • | 70837 | 71047 | 71257 • | 71467 | 71677 | 71887 • | 72097 | 72307 • | 72517 | 72727 • | 72937 • | 73147 | 73357 | 73567 | 73777 | 4 | 16 |
| 17 | 2 | 70631 | 70841 • | 71051 | 71261 • | 71471 • | 71681 | 71891 | 72101 • | 72311 | 72521 | 72731 | 72941 | 73151 | 73361 • | 73571 • | 73781 | 2 | 17 |
| 18 | 6 | 70633 | 70843 • | 71053 | 71263 • | 71473 • | 71683 | 71893 | 72103 • | 72313 • | 72523 | 72733 • | 72943 | 73153 | 73363 • | 73573 | 73783 • | 6 | 18 |
| 19 | 4 | 70639 • | 70849 • | 71059 • | 71269 | 71479 • | 71689 | 71899 • | 72109 • | 72319 | 72529 | 72739 • | 72949 • | 73159 | 73369 • | 73579 | 73789 | 4 | 19 |
| 20 | 6 | 70643 | 70853 • | 71063 | 71273 | 71483 • | 71693 • | 71903 | 72113 | 72323 | 72533 • | 72743 | 72953 • | 73163 | 73373 | 73583 • | 73793 | 6 | 20 |
| 21 | 8 | 70649 | 70859 | 71069 • | 71279 | 71489 | 71699 • | 71909 • | 72119 | 72329 | 72539 | 72749 | 72959 • | 73169 | 73379 • | 73589 • | 73799 | 8 | 21 |
| 22 | 4 | 70657 • | 70867 • | 71077 | 71287 • | 71497 | 71707 • | 71917 • | 72127 | 72337 • | 72547 • | 72757 | 72967 | 73177 | 73387 • | 73597 • | 73807 | 4 | 22 |
| 23 | 2 | 70661 | 70871 | 71081 • | 71291 | 71501 | 71711 • | 71921 | 72131 | 72341 • | 72551 • | 72761 | 72971 | 73181 • | 73391 | 73601 | 73811 | 2 | 23 |
| 24 | 4 | 70663 • | 70873 | 71083 | 71293 • | 71503 • | 71713 • | 71923 | 72133 | 72343 | 72553 | 72763 • | 72973 • | 73183 | 73393 | 73603 | 73813 | 4 | 24 |
| $\overline{24}$ | 2 | 70667 • | 70877 • | 71087 | 71297 | 71507 | 71717 | 71927 | 72137 | 72347 | 72557 | 72767 • | 72977 • | 73187 | 73397 | 73607 • | 73817 | 2 | $\overline{24}$ |
| $\overline{23}$ | 4 | 70669 | 70879 • | 71089 • | 71299 | 71509 | 71719 • | 71929 | 72139 • | 72349 | 72559 • | 72769 | 72979 | 73189 • | 73399 | 73609 • | 73819 • | 4 | $\overline{23}$ |
| $\overline{22}$ | 8 | 70673 | 70883 | 71093 | 71303 | 71513 | 71723 | 71933 • | 72143 | 72353 • | 72563 | 72773 | 72983 | 73193 | 73403 | 73613 • | 73823 • | 8 | $\overline{22}$ |
| $\overline{21}$ | 6 | 70681 | 70891 • | 71101 | 71311 | 71521 | 71731 | 71941 • | 72151 | 72361 | 72571 | 72781 | 72991 | 73201 | 73411 | 73621 | 73831 | 6 | $\overline{21}$ |
| $\overline{20}$ | 4 | 70687 • | 70897 | 71107 | 71317 • | 71527 • | 71737 | 71947 • | 72157 | 72367 • | 72577 • | 72787 | 72997 • | 73207 | 73417 • | 73627 | 73837 | 4 | $\overline{20}$ |
| $\overline{19}$ | 6 | 70691 | 70901 • | 71111 | 71321 | 71531 | 71741 • | 71951 | 72161 • | 72371 | 72581 | 72791 | 73001 | 73211 | 73421 • | 73631 | 73841 | 6 | $\overline{19}$ |
| $\overline{18}$ | 2 | 70697 | 70907 | 71117 | 71327 • | 71537 • | 71747 | 71957 | 72167 • | 72377 | 72587 | 72797 • | 73007 | 73217 | 73427 | 73637 • | 73847 • | 2 | $\overline{18}$ |
| $\overline{17}$ | 4 | 70699 | 70909 | 71119 • | 71329 • | 71539 | 71749 | 71959 | 72169 • | 72379 • | 72589 | 72799 | 73009 • | 73219 | 73429 | 73639 | 73849 • | 4 | $\overline{17}$ |
| $\overline{16}$ | 6 | 70703 | 70913 • | 71123 | 71333 • | 71543 | 71753 | 71963 • | 72173 • | 72383 • | 72593 | 72803 | 73013 • | 73223 | 73433 • | 73643 • | 73853 | 6 | $\overline{16}$ |
| $\overline{15}$ | 2 | 70709 • | 70919 • | 71129 • | 71339 • | 71549 • | 71759 | 71969 | 72179 | 72389 | 72599 | 72809 | 73019 • | 73229 | 73439 | 73649 | 73859 • | 2 | $\overline{15}$ |
| $\overline{14}$ | 6 | 70711 | 70921 • | 71131 | 71341 • | 71551 • | 71761 • | 71971 • | 72181 | 72391 | 72601 | 72811 | 73021 | 73231 | 73441 | 73651 • | 73861 | 6 | $\overline{14}$ |
| $\overline{13}$ | 6 | 70717 • | 70927 | 71137 | 71347 • | 71557 | 71767 | 71977 | 72187 | 72397 | 72607 | 72817 • | 73027 | 73237 • | 73447 | 73657 | 73867 • | 6 | $\overline{13}$ |
| $\overline{12}$ | 4 | 70723 | 70933 | 71143 • | 71353 • | 71563 • | 71773 | 71983 • | 72193 | 72403 | 72613 • | 72823 • | 73033 | 73243 • | 73453 • | 73663 | 73873 | 4 | $\overline{12}$ |
| $\overline{11}$ | 2 | 70727 | 70937 • | 71147 • | 71357 | 71567 | 71777 • | 71987 • | 72197 | 72407 | 72617 • | 72827 | 73037 • | 73247 | 73457 | 73667 | 73877 • | 2 | $\overline{11}$ |
| $\overline{10}$ | 4 | 70729 • | 70939 | 71149 | 71359 • | 71569 • | 71779 | 71989 | 72199 | 72409 | 72619 | 72829 | 73039 • | 73249 | 73459 • | 73669 | 73879 | 4 | $\overline{10}$ |
| $\overline{9}$ | 6 | 70733 | 70943 | 71153 • | 71363 • | 71573 | 71783 | 71993 • | 72203 | 72413 | 72623 • | 72833 | 73043 • | 73253 | 73463 | 73673 • | 73883 • | 6 | $\overline{9}$ |
| $\overline{8}$ | 2 | 70739 | 70949 • | 71159 | 71369 | 71579 | 71789 • | 71999 • | 72209 | 72419 | 72629 | 72839 | 73049 | 73259 • | 73469 | 73679 • | 73889 | 2 | $\overline{8}$ |
| $\overline{7}$ | 6 | 70741 | 70951 • | 71161 • | 71371 | 71581 | 71791 | 72001 | 72211 • | 72421 • | 72631 | 72841 | 73051 | 73261 | 73471 • | 73681 • | 73891 | 6 | $\overline{7}$ |
| $\overline{6}$ | 4 | 70747 | 70957 • | 71167 • | 71377 | 71587 | 71797 | 72007 | 72217 | 72427 | 72637 | 72847 | 73057 | 73267 | 73477 • | 73687 | 73897 • | 4 | $\overline{6}$ |
| $\overline{5}$ | 2 | 70751 | 70961 | 71171 • | 71381 | 71591 | 71801 | 72011 | 72221 • | 72431 • | 72641 | 72851 | 73061 • | 73271 | 73481 | 73691 | 73901 | 2 | $\overline{5}$ |
| $\overline{4}$ | 4 | 70753 • | 70963 | 71173 | 71383 | 71593 • | 71803 | 72013 | 72223 • | 72433 | 72643 • | 72853 | 73063 • | 73273 | 73483 • | 73693 • | 73903 | 4 | $\overline{4}$ |
| $\overline{3}$ | 2 | 70757 | 70967 | 71177 | 71387 • | 71597 • | 71807 • | 72017 | 72227 • | 72437 | 72647 • | 72857 | 73067 | 73277 • | 73487 | 73697 | 73907 • | 2 | $\overline{3}$ |
| $\overline{2}$ | 10 | 70759 | 70969 • | 71179 | 71389 • | 71599 | 71809 • | 72019 • | 72229 • | 72439 | 72649 • | 72859 • | 73069 | 73279 | 73489 | 73699 • | 73909 | 10 | $\overline{2}$ |
| $\overline{1}$ | 2 | 70769 • | 70979 • | 71189 | 71399 • | 71609 | 71819 | 72029 | 72239 | 72449 | 72659 | 72869 • | 73079 • | 73289 | 73499 | 73709 • | 73919 | 2 | $\overline{1}$ |

| | | | | | | | | | | | | | | | | | | | |
|---|---|---|---|---|---|---|---|---|---|---|---|---|---|---|---|---|---|---|---|
| 1 | 10 | 73921 | 74131• | 74341 | 74551• | 74761• | 74971 | 75181• | 75391• | 75601 | 75811 | 76021 | 76231• | 76441• | 76651• | 76861 | 77071 | 10 | 1 |
| 2 | 2 | 73931 | 74141 | 74351 | 74561• | 74771• | 74981 | 75191 | 75401• | 75611• | 75821• | 76031• | 76241 | 76451 | 76661 | 76871• | 77081• | 2 | 2 |
| 3 | 4 | 73933 | 74143• | 74353• | 74563 | 74773 | 74983 | 75193• | 75403• | 75613 | 75823 | 76033 | 76243• | 76453 | 76663 | 76873• | 77083 | 4 | 3 |
| 4 | 2 | 73937 | 74147 | 74357• | 74567• | 74777 | 74987 | 75197 | 75407• | 75617• | 75827 | 76037 | 76247 | 76457 | 76667• | 76877 | 77087 | 2 | 4 |
| 5 | 4 | 73939• | 74149• | 74359 | 74569 | 74779• | 74989 | 75199 | 75409 | 75619• | 75829 | 76039• | 76249• | 76459 | 76669 | 76879 | 77089 | 4 | 5 |
| 6 | 6 | 73943• | 74153 | 74363• | 74573• | 74783 | 74993 | 75203 | 75413 | 75623 | 75833• | 76043 | 76253• | 76463• | 76673• | 76883• | 77093• | 6 | 6 |
| 7 | 2 | 73949 | 74159• | 74369 | 74579 | 74789 | 74999 | 75209• | 75419 | 75629• | 75839 | 76049 | 76259• | 76469 | 76679• | 76889 | 77099 | 2 | 7 |
| 8 | 6 | 73951• | 74161• | 74371 | 74581 | 74791 | 75001 | 75211• | 75421 | 75631 | 75841 | 76051 | 76261• | 76471• | 76681 | 76891 | 77101• | 6 | 8 |
| 9 | 4 | 73957 | 74167• | 74377• | 74587• | 74797• | 75007 | 75217• | 75427 | 75637 | 75847 | 76057 | 76267 | 76477 | 76687 | 76897 | 77107 | 4 | 9 |
| 10 | 2 | 73961• | 74171 | 74381• | 74591 | 74801 | 75011• | 75221 | 75431• | 75641• | 75851 | 76061 | 76271 | 76481• | 76691 | 76901 | 77111 | 2 | 10 |
| 11 | 4 | 73963 | 74173 | 74383• | 74593 | 74803 | 75013• | 75223• | 75433 | 75643 | 75853• | 76063 | 76273 | 76483 | 76693 | 76903 | 77113 | 4 | 11 |
| 12 | 6 | 73967 | 74177• | 74387 | 74597• | 74807 | 75017• | 75227• | 75437• | 75647 | 75857 | 76067 | 76277 | 76487• | 76697• | 76907• | 77117 | 6 | 12 |
| 13 | 6 | 73973• | 74183 | 74393 | 74603 | 74813 | 75023 | 75233 | 75443 | 75653• | 75863 | 76073 | 76283• | 76493• | 76703 | 76913• | 77123 | 6 | 13 |
| 14 | 2 | 73979 | 74189• | 74399 | 74609• | 74819 | 75029• | 75239• | 75449 | 75659• | 75869• | 76079• | 76289• | 76499 | 76709 | 76919• | 77129 | 2 | 14 |
| 15 | 6 | 73981 | 74191 | 74401 | 74611• | 74821• | 75031 | 75241 | 75451 | 75661 | 75871 | 76081• | 76291 | 76501 | 76711 | 76921 | 77131 | 6 | 15 |
| 16 | 4 | 73987 | 74197• | 74407 | 74617 | 74827• | 75037• | 75247 | 75457 | 75667 | 75877 | 76087 | 76297 | 76507• | 76717• | 76927 | 77137• | 4 | 16 |
| 17 | 2 | 73991 | 74201• | 74411• | 74621 | 74831• | 75041• | 75251 | 75461 | 75671 | 75881 | 76091• | 76301 | 76511• | 76721 | 76931 | 77141• | 2 | 17 |
| 18 | 6 | 73993 | 74203• | 74413• | 74623• | 74833 | 75043 | 75253• | 75463 | 75673 | 75883• | 76093 | 76303• | 76513 | 76723 | 76933 | 77143 | 6 | 18 |
| 19 | 4 | 73999• | 74209• | 74419• | 74629 | 74839 | 75049 | 75259 | 75469 | 75679• | 75889 | 76099• | 76309 | 76519• | 76729 | 76939 | 77149 | 4 | 19 |
| 20 | 6 | 74003 | 74213 | 74423 | 74633 | 74843• | 75053 | 75263 | 75473 | 75683• | 75893 | 76103• | 76313 | 76523 | 76733• | 76943• | 77153• | 6 | 20 |
| 21 | 8 | 74009 | 74219• | 74429 | 74639 | 74849 | 75059 | 75269• | 75479• | 75689• | 75899 | 76109 | 76319 | 76529 | 76739 | 76949• | 77159 | 8 | 21 |
| 22 | 4 | 74017• | 74227 | 74437 | 74647 | 74857• | 75067 | 75277• | 75487 | 75697 | 75907 | 76117 | 76327 | 76537• | 76747 | 76957 | 77167• | 4 | 22 |
| 23 | 2 | 74021• | 74231• | 74441• | 74651 | 74861• | 75071 | 75281 | 75491 | 75701 | 75911 | 76121 | 76331 | 76541• | 76751 | 76961• | 77171• | 2 | 23 |
| 24 | 4 | 74023 | 74233 | 74443 | 74653• | 74863 | 75073 | 75283 | 75493 | 75703• | 75913• | 76123• | 76333• | 76543• | 76753• | 76963• | 77173 | 4 | 24 |
| $\overline{24}$ | 2 | 74027• | 74237 | 74447 | 74657 | 74867 | 75077 | 75287 | 75497 | 75707• | 75917 | 76127 | 76337 | 76547 | 76757• | 76967 | 77177 | 2 | $\overline{24}$ |
| $\overline{23}$ | 4 | 74029 | 74239 | 74449• | 74659 | 74869• | 75079• | 75289• | 75499 | 75709• | 75919 | 76129• | 76339 | 76549 | 76759 | 76969 | 77179 | 4 | $\overline{23}$ |
| $\overline{22}$ | 8 | 74033 | 74243 | 74453• | 74663 | 74873• | 75083• | 75293 | 75503• | 75713 | 75923 | 76133 | 76343• | 76553 | 76763 | 76973 | 77183 | 8 | $\overline{22}$ |
| $\overline{21}$ | 6 | 74041 | 74251 | 74461 | 74671 | 74881 | 75091 | 75301 | 75511• | 75721• | 75931• | 76141 | 76351 | 76561• | 76771• | 76981 | 77191• | 6 | $\overline{21}$ |
| $\overline{20}$ | 4 | 74047• | 74257• | 74467 | 74677 | 74887• | 75097 | 75307• | 75517 | 75727 | 75937• | 76147• | 76357 | 76567 | 76777• | 76987 | 77197 | 4 | $\overline{20}$ |
| $\overline{19}$ | 6 | 74051• | 74261 | 74471• | 74681 | 74891• | 75101 | 75311 | 75521• | 75731• | 75941• | 76151 | 76361 | 76571 | 76781• | 76991• | 77201• | 6 | $\overline{19}$ |
| $\overline{18}$ | 2 | 74057 | 74267 | 74477 | 74687• | 74897• | 75107 | 75317 | 75527• | 75737 | 75947 | 76157• | 76367• | 76577 | 76787 | 76997 | 77207 | 2 | $\overline{18}$ |
| $\overline{17}$ | 4 | 74059 | 74269 | 74479 | 74689 | 74899 | 75109• | 75319 | 75529 | 75739 | 75949 | 76159• | 76369• | 76579• | 76789 | 76999 | 77209 | 4 | $\overline{17}$ |
| $\overline{16}$ | 6 | 74063 | 74273 | 74483 | 74693 | 74903• | 75113 | 75323• | 75533• | 75743• | 75953 | 76163• | 76373 | 76583 | 76793 | 77003• | 77213• | 6 | $\overline{16}$ |
| $\overline{15}$ | 2 | 74069 | 74279• | 74489• | 74699• | 74909 | 75119 | 75329• | 75539• | 75749 | 75959 | 76169 | 76379• | 76589 | 76799 | 77009 | 77219 | 2 | $\overline{15}$ |
| $\overline{14}$ | 6 | 74071• | 74281 | 74491 | 74701 | 74911 | 75121 | 75331 | 75541• | 75751 | 75961 | 76171 | 76381 | 76591 | 76801• | 77011 | 77221 | 6 | $\overline{14}$ |
| $\overline{13}$ | 6 | 74077• | 74287• | 74497 | 74707• | 74917 | 75127 | 75337• | 75547 | 75757 | 75967• | 76177 | 76387• | 76597• | 76807 | 77017• | 77227 | 6 | $\overline{13}$ |
| $\overline{12}$ | 4 | 74083 | 74293• | 74503 | 74713• | 74923• | 75133• | 75343 | 75553• | 75763 | 75973 | 76183 | 76393 | 76603• | 76813 | 77023• | 77233 | 4 | $\overline{12}$ |
| $\overline{11}$ | 2 | 74087 | 74297• | 74507• | 74717• | 74927 | 75137 | 75347• | 75557• | 75767• | 75977 | 76187 | 76397 | 76607• | 76817 | 77027 | 77237• | 2 | $\overline{11}$ |
| $\overline{10}$ | 4 | 74089 | 74299 | 74509• | 74719• | 74929• | 75139 | 75349 | 75559 | 75769 | 75979• | 76189 | 76399 | 76609 | 76819• | 77029• | 77239• | 4 | $\overline{10}$ |
| $\overline{9}$ | 6 | 74093• | 74303 | 74513 | 74723 | 74933• | 75143 | 75353• | 75563 | 75773• | 75983• | 76193 | 76403• | 76613 | 76823 | 77033 | 77243• | 6 | $\overline{9}$ |
| $\overline{8}$ | 2 | 74099• | 74309 | 74519 | 74729• | 74939 | 75149• | 75359 | 75569 | 75779 | 75989• | 76199 | 76409 | 76619 | 76829• | 77039 | 77249• | 2 | $\overline{8}$ |
| $\overline{7}$ | 6 | 74101• | 74311• | 74521• | 74731• | 74941• | 75151 | 75361 | 75571• | 75781• | 75991• | 76201 | 76411 | 76621 | 76831• | 77041• | 77251 | 6 | $\overline{7}$ |
| $\overline{6}$ | 4 | 74107 | 74317• | 74527• | 74737 | 74947 | 75157 | 75367• | 75577• | 75787• | 75997• | 76207• | 76417 | 76627 | 76837• | 77047• | 77257 | 4 | $\overline{6}$ |
| $\overline{5}$ | 2 | 74111 | 74321 | 74531• | 74741 | 74951 | 75161• | 75371 | 75581 | 75791 | 76001• | 76211 | 76421• | 76631• | 76841 | 77051 | 77261• | 2 | $\overline{5}$ |
| $\overline{4}$ | 4 | 74113 | 74323• | 74533 | 74743 | 74953 | 75163 | 75373 | 75583• | 75793• | 76003• | 76213• | 76423• | 76633 | 76843 | 77053 | 77263• | 4 | $\overline{4}$ |
| $\overline{3}$ | 2 | 74117 | 74327 | 74537 | 74747• | 74957 | 75167• | 75377• | 75587 | 75797• | 76007 | 76217 | 76427 | 76637 | 76847• | 77057 | 77267• | 2 | $\overline{3}$ |
| $\overline{2}$ | 10 | 74119 | 74329 | 74539 | 74749 | 74959• | 75169• | 75379 | 75589 | 75799 | 76009 | 76219 | 76429 | 76639 | 76849 | 77059 | 77269• | 10 | $\overline{2}$ |
| $\overline{1}$ | 2 | 74129 | 74339 | 74549 | 74759• | 74969 | 75179 | 75389• | 75599 | 75809 | 76019 | 76229 | 76439 | 76649• | 76859 | 77069• | 77279• | 2 | $\overline{1}$ |

| | | | | | | | | | | | | | | | | | | | |
|---|---|---|---|---|---|---|---|---|---|---|---|---|---|---|---|---|---|---|---|
| 1 | 10 | 77281 | 77491• | 77701• | 77911 | 78121• | 78331 | 78541• | 78751 | 78961 | 79171 | 79381 | 79591 | 79801• | 80011 | 80221• | 80431 | 10 | 1 |
| 2 | 2 | 77291• | 77501 | 77711• | 77921 | 78131 | 78341• | 78551 | 78761 | 78971 | 79181• | 79391 | 79601• | 79811• | 80021• | 80231• | 80441 | 2 | 2 |
| 3 | 4 | 77293 | 77503 | 77713• | 77923 | 78133 | 78343 | 78553• | 78763 | 78973 | 79183 | 79393• | 79603 | 79813• | 80023 | 80233• | 80443 | 4 | 3 |
| 4 | 2 | 77297 | 77507 | 77717 | 77927 | 78137• | 78347• | 78557 | 78767 | 78977• | 79187• | 79397• | 79607 | 79817• | 80027 | 80237 | 80447• | 2 | 4 |
| 5 | 4 | 77299 | 77509• | 77719• | 77929• | 78139• | 78349 | 78559 | 78769 | 78979• | 79189 | 79399• | 79609• | 79819 | 80029 | 80239• | 80449• | 4 | 5 |
| 6 | 6 | 77303 | 77513• | 77723• | 77933• | 78143 | 78353 | 78563 | 78773 | 78983 | 79193• | 79403 | 79613• | 79823• | 80033 | 80243 | 80453 | 6 | 6 |
| 7 | 2 | 77309 | 77519 | 77729 | 77939 | 78149 | 78359 | 78569• | 78779• | 78989• | 79199 | 79409 | 79619 | 79829• | 80039• | 80249 | 80459 | 2 | 7 |
| 8 | 6 | 77311 | 77521• | 77731• | 77941 | 78151 | 78361 | 78571• | 78781• | 78991 | 79201• | 79411• | 79621• | 79831 | 80041 | 80251• | 80461 | 6 | 8 |
| 9 | 4 | 77317• | 77527• | 77737 | 77947 | 78157• | 78367• | 78577• | 78787• | 78997 | 79207 | 79417 | 79627• | 79837 | 80047 | 80257 | 80467 | 4 | 9 |
| 10 | 2 | 77321 | 77531 | 77741 | 77951• | 78161 | 78371 | 78581 | 78791• | 79001 | 79211 | 79421 | 79631• | 79841• | 80051• | 80261 | 80471• | 2 | 10 |
| 11 | 4 | 77323• | 77533 | 77743• | 77953 | 78163• | 78373 | 78583• | 78793 | 79003 | 79213 | 79423• | 79633• | 79843• | 80053 | 80263• | 80473• | 4 | 11 |
| 12 | 6 | 77327 | 77537 | 77747• | 77957 | 78167• | 78377 | 78587 | 78797• | 79007 | 79217 | 79427• | 79637 | 79847• | 80057 | 80267 | 80477 | 6 | 12 |
| 13 | 6 | 77333 | 77543• | 77753 | 77963 | 78173• | 78383 | 78593• | 78803• | 79013 | 79223 | 79433• | 79643 | 79853 | 80063 | 80273• | 80483 | 6 | 13 |
| 14 | 2 | 77339• | 77549• | 77759 | 77969• | 78179• | 78389 | 78599 | 78809• | 79019 | 79229• | 79439 | 79649 | 79859 | 80069 | 80279• | 80489• | 2 | 14 |
| 15 | 6 | 77341 | 77551• | 77761• | 77971 | 78181 | 78391 | 78601 | 78811 | 79021 | 79231• | 79441 | 79651 | 79861• | 80071• | 80281 | 80491• | 6 | 15 |
| 16 | 4 | 77347• | 77557• | 77767 | 77977• | 78187 | 78397 | 78607• | 78817 | 79027 | 79237 | 79447 | 79657• | 79867• | 80077• | 80287• | 80497 | 4 | 16 |
| 17 | 2 | 77351• | 77561 | 77771 | 77981 | 78191• | 78401• | 78611 | 78821 | 79031• | 79241• | 79451• | 79661 | 79871 | 80081 | 80291 | 80501 | 2 | 17 |
| 18 | 6 | 77353 | 77563• | 77773• | 77983• | 78193• | 78403 | 78613 | 78823• | 79033 | 79243 | 79453 | 79663 | 79873• | 80083 | 80293 | 80503 | 6 | 18 |
| 19 | 4 | 77359• | 77569• | 77779 | 77989 | 78199 | 78409 | 78619 | 78829 | 79039• | 79249 | 79459 | 79669• | 79879 | 80089 | 80299 | 80509 | 4 | 19 |
| 20 | 6 | 77363 | 77573• | 77783• | 77993 | 78203• | 78413 | 78623• | 78833 | 79043• | 79253 | 79463 | 79673 | 79883 | 80093 | 80303 | 80513• | 6 | 20 |
| 21 | 8 | 77369• | 77579 | 77789 | 77999• | 78209 | 78419 | 78629 | 78839• | 79049 | 79259• | 79469 | 79679 | 79889• | 80099 | 80309• | 80519 | 8 | 21 |
| 22 | 4 | 77377• | 77587• | 77797• | 78007• | 78217 | 78427• | 78637 | 78847 | 79057 | 79267 | 79477 | 79687• | 79897 | 80107• | 80317• | 80527• | 4 | 22 |
| 23 | 2 | 77381 | 77591• | 77801• | 78011 | 78221 | 78431 | 78641 | 78851 | 79061 | 79271 | 79481• | 79691• | 79901• | 80111• | 80321 | 80531 | 2 | 23 |
| 24 | 4 | 77383• | 77593 | 77803 | 78013 | 78223 | 78433 | 78643• | 78853• | 79063• | 79273• | 79483 | 79693• | 79903• | 80113 | 80323 | 80533 | 4 | 24 |
| $\overline{24}$ | 2 | 77387 | 77597 | 77807 | 78017• | 78227 | 78437• | 78647 | 78857• | 79067 | 79277 | 79487 | 79697• | 79907• | 80117 | 80327 | 80537• | 2 | $\overline{24}$ |
| $\overline{23}$ | 4 | 77389 | 77599 | 77809 | 78019 | 78229• | 78439• | 78649• | 78859 | 79069 | 79279• | 79489 | 79699• | 79909 | 80119 | 80329• | 80539 | 4 | $\overline{23}$ |
| $\overline{22}$ | 8 | 77393 | 77603 | 77813• | 78023 | 78233• | 78443 | 78653• | 78863 | 79073 | 79283• | 79493• | 79703 | 79913 | 80123 | 80333 | 80543 | 8 | $\overline{22}$ |
| $\overline{21}$ | 6 | 77401 | 77611• | 77821 | 78031• | 78241• | 78451 | 78661 | 78871 | 79081 | 79291 | 79501 | 79711 | 79921 | 80131 | 80341• | 80551 | 6 | $\overline{21}$ |
| $\overline{20}$ | 4 | 77407 | 77617• | 77827 | 78037 | 78247 | 78457 | 78667 | 78877• | 79087• | 79297 | 79507 | 79717 | 79927 | 80137 | 80347• | 80557• | 4 | $\overline{20}$ |
| $\overline{19}$ | 6 | 77411 | 77621• | 77831 | 78041• | 78251 | 78461 | 78671 | 78881 | 79091 | 79301• | 79511 | 79721 | 79931 | 80141• | 80351 | 80561 | 6 | $\overline{19}$ |
| $\overline{18}$ | 2 | 77417• | 77627 | 77837 | 78047 | 78257 | 78467• | 78677 | 78887• | 79097 | 79307 | 79517 | 79727 | 79937 | 80147• | 80357 | 80567• | 2 | $\overline{18}$ |
| $\overline{17}$ | 4 | 77419• | 77629 | 77839• | 78049• | 78259• | 78469 | 78679 | 78889• | 79099 | 79309• | 79519 | 79729 | 79939• | 80149• | 80359 | 80569 | 4 | $\overline{17}$ |
| $\overline{16}$ | 6 | 77423 | 77633 | 77843 | 78053 | 78263 | 78473 | 78683 | 78893• | 79103• | 79313 | 79523 | 79733 | 79943• | 80153• | 80363• | 80573 | 6 | $\overline{16}$ |
| $\overline{15}$ | 2 | 77429 | 77639 | 77849• | 78059• | 78269 | 78479• | 78689 | 78899 | 79109 | 79319• | 79529 | 79739 | 79949 | 80159 | 80369• | 80579 | 2 | $\overline{15}$ |
| $\overline{14}$ | 6 | 77431• | 77641• | 77851 | 78061 | 78271 | 78481 | 78691• | 78901• | 79111• | 79321 | 79531• | 79741 | 79951 | 80161 | 80371 | 80581 | 6 | $\overline{14}$ |
| $\overline{13}$ | 6 | 77437 | 77647• | 77857 | 78067 | 78277• | 78487• | 78697• | 78907 | 79117 | 79327 | 79537• | 79747 | 79957 | 80167• | 80377 | 80587 | 6 | $\overline{13}$ |
| $\overline{12}$ | 4 | 77443 | 77653 | 77863• | 78073 | 78283• | 78493 | 78703 | 78913 | 79123 | 79333• | 79543 | 79753 | 79963 | 80173• | 80383 | 80593 | 4 | $\overline{12}$ |
| $\overline{11}$ | 2 | 77447• | 77657 | 77867• | 78077 | 78287 | 78497• | 78707• | 78917 | 79127 | 79337• | 79547 | 79757• | 79967• | 80177• | 80387• | 80597 | 2 | $\overline{11}$ |
| $\overline{10}$ | 4 | 77449 | 77659• | 77869 | 78079• | 78289 | 78499 | 78709 | 78919• | 79129 | 79339 | 79549• | 79759 | 79969 | 80179 | 80389 | 80599• | 4 | $\overline{10}$ |
| $\overline{9}$ | 6 | 77453 | 77663 | 77873 | 78083 | 78293 | 78503 | 78713• | 78923 | 79133• | 79343 | 79553 | 79763 | 79973• | 80183 | 80393 | 80603• | 6 | $\overline{9}$ |
| $\overline{8}$ | 2 | 77459 | 77669 | 77879 | 78089 | 78299 | 78509• | 78719 | 78929• | 79139• | 79349• | 79559• | 79769• | 79979• | 80189 | 80399 | 80609 | 2 | $\overline{8}$ |
| $\overline{7}$ | 6 | 77461 | 77671 | 77881 | 78091 | 78301• | 78511• | 78721• | 78931 | 79141 | 79351 | 79561• | 79771 | 79981 | 80191• | 80401 | 80611• | 6 | $\overline{7}$ |
| $\overline{6}$ | 4 | 77467 | 77677 | 77887 | 78097 | 78307• | 78517• | 78727 | 78937 | 79147• | 79357• | 79567 | 79777• | 79987• | 80197 | 80407• | 80617 | 4 | $\overline{6}$ |
| $\overline{5}$ | 2 | 77471• | 77681• | 77891 | 78101• | 78311• | 78521 | 78731 | 78941• | 79151• | 79361 | 79571 | 79781 | 79991 | 80201 | 80411 | 80621• | 2 | $\overline{5}$ |
| $\overline{4}$ | 4 | 77473 | 77683 | 77893• | 78103 | 78313 | 78523 | 78733 | 78943 | 79153• | 79363 | 79573 | 79783 | 79993 | 80203 | 80413 | 80623 | 4 | $\overline{4}$ |
| $\overline{3}$ | 2 | 77477• | 77687• | 77897 | 78107 | 78317• | 78527 | 78737• | 78947 | 79157 | 79367• | 79577 | 79787 | 79997• | 80207• | 80417 | 80627• | 2 | $\overline{3}$ |
| $\overline{2}$ | 10 | 77479• | 77689• | 77899• | 78109 | 78319 | 78529 | 78739 | 78949 | 79159• | 79369 | 79579• | 79789 | 79999• | 80209• | 80419 | 80629• | 10 | $\overline{2}$ |
| $\overline{1}$ | 2 | 77489• | 77699• | 77909 | 78119 | 78329 | 78539• | 78749 | 78959 | 79169 | 79379• | 79589• | 79799 | 80009 | 80219 | 80429• | 80639 | 2 | $\overline{1}$ |

| | | | | | | | | | | | | | | | | | | | |
|---|---|---|---|---|---|---|---|---|---|---|---|---|---|---|---|---|---|---|---|
| 1 | 10 | 80641 | 80851 | 81061 | 81271 | 81481 | 81691 | 81901 • | 82111 | 82321 | 82531 • | 82741 | 82951 | 83161 | 83371 | 83581 | 83791 • | 10 | 1 |
| 2 | 2 | 80651 • | 80861 | 81071 • | 81281 • | 81491 | 81701 • | 81911 | 82121 | 82331 | 82541 | 82751 | 82961 | 83171 | 83381 | 83591 • | 83801 | 2 | 2 |
| 3 | 4 | 80653 | 80863 • | 81073 | 81283 • | 81493 | 81703 • | 81913 | 82123 | 82333 | 82543 | 82753 | 82963 • | 83173 | 83383 • | 83593 | 83803 | 4 | 3 |
| 4 | 2 | 80657 • | 80867 | 81077 • | 81287 | 81497 | 81707 • | 81917 | 82127 | 82337 | 82547 | 82757 • | 82967 | 83177 • | 83387 | 83597 • | 83807 | 2 | 4 |
| 5 | 4 | 80659 | 80869 | 81079 | 81289 | 81499 | 81709 | 81919 • | 82129 • | 82339 • | 82549 • | 82759 • | 82969 | 83179 | 83389 • | 83599 | 83809 | 4 | 5 |
| 6 | 6 | 80663 | 80873 | 81083 • | 81293 • | 81503 | 81713 | 81923 | 82133 | 82343 | 82553 | 82763 • | 82973 | 83183 | 83393 | 83603 | 83813 • | 6 | 6 |
| 7 | 2 | 80669 • | 80879 | 81089 | 81299 • | 81509 • | 81719 | 81929 • | 82139 • | 82349 • | 82559 • | 82769 | 82979 | 83189 | 83399 • | 83609 • | 83819 | 2 | 7 |
| 8 | 6 | 80671 • | 80881 | 81091 | 81301 | 81511 | 81721 | 81931 • | 82141 • | 82351 • | 82561 • | 82771 | 82981 • | 83191 | 83401 • | 83611 | 83821 | 6 | 8 |
| 9 | 4 | 80677 • | 80887 | 81097 • | 81307 • | 81517 • | 81727 • | 81937 • | 82147 | 82357 | 82567 • | 82777 | 82987 | 83197 | 83407 • | 83617 • | 83827 | 4 | 9 |
| 10 | 2 | 80681 • | 80891 | 81101 • | 81311 | 81521 | 81731 | 81941 | 82151 | 82361 • | 82571 • | 82781 • | 82991 | 83201 | 83411 | 83621 • | 83831 | 2 | 10 |
| 11 | 4 | 80683 • | 80893 | 81103 | 81313 | 81523 | 81733 | 81943 • | 82153 • | 82363 | 82573 | 82783 | 82993 | 83203 • | 83413 | 83623 | 83833 • | 4 | 11 |
| 12 | 6 | 80687 • | 80897 • | 81107 | 81317 | 81527 • | 81737 • | 81947 | 82157 | 82367 | 82577 | 82787 • | 82997 • | 83207 • | 83417 • | 83627 | 83837 | 6 | 12 |
| 13 | 6 | 80693 | 80903 | 81113 | 81323 | 81533 • | 81743 | 81953 • | 82163 • | 82373 • | 82583 | 82793 • | 83003 • | 83213 | 83423 • | 83633 | 83843 • | 6 | 13 |
| 14 | 2 | 80699 | 80909 • | 81119 • | 81329 | 81539 | 81749 • | 81959 | 82169 | 82379 | 82589 | 82799 • | 83009 • | 83219 • | 83429 | 83639 • | 83849 | 2 | 14 |
| 15 | 6 | 80701 • | 80911 • | 81121 | 81331 • | 81541 | 81751 | 81961 | 82171 • | 82381 | 82591 • | 82801 | 83011 | 83221 • | 83431 • | 83641 • | 83851 | 6 | 15 |
| 16 | 4 | 80707 | 80917 • | 81127 | 81337 | 81547 • | 81757 | 81967 • | 82177 | 82387 • | 82597 | 82807 | 83017 | 83227 • | 83437 • | 83647 | 83857 • | 4 | 16 |
| 17 | 2 | 80711 | 80921 | 81131 • | 81341 | 81551 • | 81761 • | 81971 • | 82181 | 82391 | 82601 • | 82811 • | 83021 | 83231 • | 83441 | 83651 | 83861 | 2 | 17 |
| 18 | 6 | 80713 • | 80923 • | 81133 | 81343 • | 81553 • | 81763 | 81973 • | 82183 • | 82393 • | 82603 | 82813 • | 83023 • | 83233 • | 83443 • | 83653 • | 83863 | 6 | 18 |
| 19 | 4 | 80719 | 80929 • | 81139 | 81349 • | 81559 • | 81769 • | 81979 | 82189 • | 82399 | 82609 • | 82819 | 83029 | 83239 | 83449 • | 83659 | 83869 • | 4 | 19 |
| 20 | 6 | 80723 | 80933 • | 81143 | 81353 • | 81563 • | 81773 • | 81983 | 82193 • | 82403 | 82613 • | 82823 | 83033 | 83243 • | 83453 | 83663 • | 83873 • | 6 | 20 |
| 21 | 8 | 80729 | 80939 | 81149 | 81359 • | 81569 • | 81779 | 81989 | 82199 | 82409 | 82619 • | 82829 | 83039 | 83249 | 83459 • | 83669 | 83879 | 8 | 21 |
| 22 | 4 | 80737 • | 80947 | 81157 • | 81367 | 81577 | 81787 | 81997 | 82207 • | 82417 | 82627 | 82837 • | 83047 • | 83257 • | 83467 | 83677 | 83887 | 4 | 22 |
| 23 | 2 | 80741 | 80951 | 81161 | 81371 • | 81581 | 81791 | 82001 | 82211 | 82421 • | 82631 | 82841 | 83051 | 83261 | 83471 • | 83681 | 83891 • | 2 | 23 |
| 24 | 4 | 80743 | 80953 • | 81163 • | 81373 • | 81583 | 81793 | 82003 • | 82213 | 82423 | 82633 • | 82843 | 83053 | 83263 | 83473 | 83683 | 83893 | 4 | 24 |
| $\overline{24}$ | 2 | 80747 • | 80957 | 81167 | 81377 | 81587 | 81797 | 82007 • | 82217 • | 82427 | 82637 | 82847 • | 83057 | 83267 • | 83477 • | 83687 | 83897 | 2 | $\overline{24}$ |
| $\overline{23}$ | 4 | 80749 • | 80959 | 81169 | 81379 | 81589 | 81799 • | 82009 • | 82219 • | 82429 | 82639 | 82849 | 83059 • | 83269 • | 83479 | 83689 • | 83899 | 4 | $\overline{23}$ |
| $\overline{22}$ | 8 | 80753 | 80963 • | 81173 • | 81383 | 81593 | 81803 | 82013 • | 82223 • | 82433 | 82643 | 82853 | 83063 • | 83273 • | 83483 | 83693 | 83903 • | 8 | $\overline{22}$ |
| $\overline{21}$ | 6 | 80761 • | 80971 | 81181 • | 81391 | 81601 | 81811 | 82021 • | 82231 • | 82441 | 82651 • | 82861 | 83071 • | 83281 | 83491 | 83701 • | 93911 • | 6 | $\overline{21}$ |
| $\overline{20}$ | 4 | 80767 | 80977 | 81187 | 81397 | 81607 | 81817 • | 82027 | 82237 • | 82447 | 82657 • | 82867 | 83077 • | 83287 | 83497 • | 83707 | 83917 | 4 | $\overline{20}$ |
| $\overline{19}$ | 6 | 80771 | 80981 | 81191 | 81401 • | 81611 • | 81821 | 82031 • | 82241 • | 82451 | 82661 | 82871 | 83081 | 83291 | 83501 | 83711 | 83921 • | 6 | $\overline{19}$ |
| $\overline{18}$ | 2 | 80777 • | 80987 | 81197 • | 81407 | 81617 | 81827 | 82037 • | 82247 | 82457 • | 82667 | 82877 | 83087 | 83297 | 83507 | 83717 • | 83927 | 2 | $\overline{18}$ |
| $\overline{17}$ | 4 | 80779 • | 80989 • | 81199 • | 81409 • | 81619 • | 81829 | 82039 • | 82249 | 82459 | 82669 | 82879 | 83089 • | 83299 • | 83509 | 83719 • | 83929 | 4 | $\overline{17}$ |
| $\overline{16}$ | 6 | 80783 • | 80993 | 81203 • | 81413 | 81623 | 81833 | 82043 | 82253 | 82463 • | 82673 | 82883 • | 83093 • | 83303 | 83513 | 83723 | 83933 • | 6 | $\overline{16}$ |
| $\overline{15}$ | 2 | 80789 • | 80999 | 81209 | 81419 | 81629 • | 81839 • | 82049 | 82259 | 82469 • | 82679 | 82889 • | 83099 | 83309 | 83519 | 83729 | 83939 • | 2 | $\overline{15}$ |
| $\overline{14}$ | 6 | 80791 | 81001 • | 81211 | 81421 • | 81631 | 81841 | 82051 • | 82261 • | 82471 • | 82681 | 82891 • | 83101 • | 83311 • | 83521 | 83731 | 83941 | 6 | $\overline{14}$ |
| $\overline{13}$ | 6 | 80797 | 81007 | 81217 | 81427 | 81637 • | 81847 • | 82057 | 82267 • | 82477 | 82687 | 82897 | 83107 | 83317 | 83527 | 83737 • | 83947 | 6 | $\overline{13}$ |
| $\overline{12}$ | 4 | 80803 • | 81013 • | 81223 • | 81433 | 81643 | 81853 • | 82063 | 82273 | 82483 • | 82693 | 82903 • | 83113 | 83323 | 83533 | 83743 | 83953 | 4 | $\overline{12}$ |
| $\overline{11}$ | 2 | 80807 | 81017 • | 81227 | 81437 | 81647 • | 81857 | 82067 • | 82277 | 82487 • | 82697 | 82907 | 83117 • | 83327 | 83537 • | 83747 | 83657 | 2 | $\overline{11}$ |
| $\overline{10}$ | 4 | 80809 • | 81019 • | 81229 | 81439 • | 81649 • | 81859 | 82069 | 82279 • | 82489 | 82699 • | 82909 | 83119 | 83329 | 83539 | 83749 | 83959 | 4 | $\overline{10}$ |
| $\overline{9}$ | 6 | 80813 | 81023 • | 81233 • | 81443 | 81653 | 81863 | 82073 • | 82283 | 82493 • | 82703 | 82913 • | 83123 | 83333 | 83543 | 83753 | 83963 | 6 | $\overline{9}$ |
| $\overline{8}$ | 2 | 80819 • | 81029 | 81239 • | 81449 | 81659 | 81869 • | 82079 | 82289 | 82499 • | 82709 | 82919 | 83129 | 83339 • | 83549 | 83759 | 83969 • | 2 | $\overline{8}$ |
| $\overline{7}$ | 6 | 80821 | 81031 • | 81241 | 81451 | 81661 | 81871 | 82081 | 82291 | 82501 | 82711 | 82921 | 83131 | 83341 • | 83551 | 83761 • | 83971 | 6 | $\overline{7}$ |
| $\overline{6}$ | 4 | 80827 | 81037 | 81247 | 81457 • | 81667 • | 81877 | 82087 | 82297 | 82507 • | 82717 | 82927 | 83137 • | 83347 | 83557 • | 83767 | 83977 | 4 | $\overline{6}$ |
| $\overline{5}$ | 2 | 80831 • | 81041 • | 81251 | 81461 | 81671 • | 81881 | 82091 | 82301 • | 82511 | 82721 • | 82931 | 83141 | 83351 | 83561 • | 83771 | 83981 | 2 | $\overline{5}$ |
| $\overline{4}$ | 4 | 80833 • | 81043 • | 81253 | 81463 • | 81673 | 81883 • | 82093 | 82303 | 82513 | 82723 • | 82933 | 83143 | 83353 | 83563 • | 83773 • | 83983 • | 4 | $\overline{4}$ |
| $\overline{3}$ | 2 | 80837 | 81047 • | 81257 | 81467 | 81677 • | 81887 | 82097 | 82307 • | 82517 | 82727 • | 82937 | 83147 | 83357 • | 83567 | 83777 • | 83987 • | 2 | $\overline{3}$ |
| $\overline{2}$ | 10 | 80839 | 81049 • | 81259 | 81469 | 81679 | 81889 | 82099 | 82309 | 82519 | 82729 • | 82939 • | 83149 | 83359 | 83569 | 83779 | 83989 | 10 | $\overline{2}$ |
| $\overline{1}$ | 2 | 80849 • | 81059 | 81269 | 81479 | 81689 • | 81899 • | 82109 | 82319 | 82529 • | 82739 | 82949 | 83159 | 83369 | 83579 • | 83789 | 83999 | 2 | $\overline{1}$ |

| | | | | | | | | | | | | | | | | | | | |
|---|---|---|---|---|---|---|---|---|---|---|---|---|---|---|---|---|---|---|---|
| 1 | 10 | 84001 | 84211 • | 84421 • | 84631 • | 84841 | 85051 | 85261 | 85471 | 85681 | 85891 | 86101 | 86311 • | 86521 | 86731 | 86941 | 87151 • | 10 | 1 |
| 2 | 2 | 84011 • | 84221 • | 84431 • | 84641 | 84851 | 85061 • | 85271 | 85481 | 85691 • | 85901 | 86111 • | 86321 | 86531 • | 86741 | 86951 • | 87161 | 2 | 2 |
| 3 | 4 | 84013 | 84223 • | 84433 | 84643 | 84853 | 85063 | 85273 | 85483 | 85693 | 85903 • | 86113 • | 86323 • | 86533 • | 86743 • | 86953 | 87163 | 4 | 3 |
| 4 | 2 | 81017 • | 84227 | 84437 • | 84647 | 84857 • | 85067 | 85277 | 85487 • | 85697 | 85907 | 86117 • | 86327 | 86537 | 86747 | 86957 | 87167 | 2 | 4 |
| 5 | 4 | 84019 | 84229 • | 84439 | 84649 • | 84859 • | 85069 | 85279 | 85489 | 85699 | 85909 • | 86119 | 86329 | 86539 • | 86749 | 86959 • | 87169 | 4 | 5 |
| 6 | 6 | 84023 | 84233 | 84443 • | 84653 • | 84863 | 85073 | 85283 | 85493 | 85703 • | 85913 | 86123 | 86333 | 86543 | 86753 • | 86963 | 87173 | 6 | 6 |
| 7 | 2 | 84029 | 84239 • | 84449 • | 84659 • | 84869 • | 85079 | 85289 | 85499 | 85709 | 85919 | 86129 | 86339 | 86549 | 86759 | 86969 • | 87179 • | 2 | 7 |
| 8 | 6 | 84031 | 84241 | 84451 | 84661 | 84871 • | 85081 • | 85291 | 85501 | 85711 • | 85921 | 86131 • | 86341 • | 86551 | 86761 | 86971 | 87181 • | 6 | 8 |
| 9 | 4 | 84037 | 84247 • | 84457 • | 84667 | 84877 | 85087 • | 85297 • | 85507 | 85717 • | 85927 | 86137 • | 86347 | 86557 | 86767 • | 86977 | 87187 • | 4 | 9 |
| 10 | 2 | 84041 | 84251 | 84461 | 84671 | 84881 | 85091 • | 85301 | 85511 | 85721 | 85931 • | 86141 | 86351 • | 86561 • | 86771 • | 86981 • | 87191 | 2 | 10 |
| 11 | 4 | 84043 | 84253 | 84463 • | 84673 • | 84883 | 85093 • | 85303 • | 85513 • | 85723 | 85933 • | 86143 • | 86353 • | 86563 | 86773 | 86983 | 87193 | 4 | 11 |
| 12 | 6 | 84047 • | 84257 | 84467 • | 84677 | 84887 | 85097 | 85307 | 85517 • | 85727 | 85937 | 86147 | 86357 • | 86567 | 86777 | 86987 | 87197 | 6 | 12 |
| 13 | 6 | 84053 • | 84263 • | 84473 | 84683 | 84893 | 85103 • | 85313 • | 85523 • | 85733 • | 85943 | 86153 | 86363 | 86573 • | 86783 • | 86993 • | 87203 | 6 | 13 |
| 14 | 2 | 84059 • | 84269 | 84479 | 84689 | 84899 | 85109 • | 85319 | 85529 | 85739 | 85949 | 86159 | 86369 • | 86579 • | 86789 | 86999 | 87209 | 2 | 14 |
| 15 | 6 | 84061 • | 84271 | 84481 • | 84691 • | 84901 | 85111 | 85321 | 85531 • | 85741 | 85951 | 86161 • | 86371 • | 86581 | 86791 | 87001 | 87211 • | 6 | 15 |
| 16 | 4 | 84067 • | 84277 | 84487 | 84697 • | 84907 | 85117 | 85327 | 85537 | 85747 | 85957 | 86167 | 86377 | 86587 • | 86797 | 87007 | 87217 | 4 | 16 |
| 17 | 2 | 84071 | 84281 | 84491 | 84701 • | 84911 | 85121 • | 85331 • | 85541 | 85751 • | 85961 | 86171 • | 86381 • | 86591 | 86801 | 87011 • | 87221 • | 2 | 17 |
| 18 | 6 | 84073 | 84283 | 84493 | 84703 | 84913 • | 85123 | 85333 • | 85543 | 85753 | 85963 | 86173 | 86383 | 86593 | 86803 | 87013 • | 87223 • | 6 | 18 |
| 19 | 4 | 84079 | 84289 | 84499 • | 84709 | 84919 • | 85129 | 85339 | 85549 • | 85759 | 85969 | 86179 • | 86389 • | 86599 • | 86809 | 87019 | 87229 | 4 | 19 |
| 20 | 6 | 84083 | 84293 | 84503 • | 84713 • | 84923 | 85133 • | 85343 | 85553 | 85763 | 85973 | 86183 • | 86393 | 86603 | 86813 • | 87023 | 87233 | 6 | 20 |
| 21 | 8 | 84089 • | 84299 • | 84509 • | 84719 • | 84929 | 85139 | 85349 | 85559 | 85769 | 85979 | 86189 | 86399 • | 86609 | 86819 | 87029 | 87239 | 8 | 21 |
| 22 | 4 | 84097 | 84307 • | 84517 | 84727 | 84937 | 85147 • | 85357 | 85567 | 85777 | 85987 | 86197 • | 86407 | 86617 | 86827 | 87037 • | 87247 | 4 | 22 |
| 23 | 2 | 84101 | 84311 | 84521 • | 84731 • | 84941 | 85151 | 85361 • | 85571 • | 85781 • | 85991 • | 86201 • | 86411 | 86621 | 86831 | 87041 • | 87251 • | 2 | 23 |
| 24 | 4 | 84103 | 84313 • | 84523 • | 84733 | 84943 | 85153 | 85363 • | 85573 | 85783 | 85993 | 86203 | 86413 • | 86623 | 86833 | 87043 | 87253 • | 4 | 24 |
| $\overline{24}$ | 2 | 84107 | 84317 • | 84527 | 84737 • | 84947 • | 85157 | 85367 | 85577 • | 85787 | 85997 | 86207 | 86417 | 86627 • | 86837 • | 87047 | 87257 • | 2 | $\overline{24}$ |
| $\overline{23}$ | 4 | 84109 | 84319 • | 84529 | 84739 | 84949 | 85159 • | 85369 • | 85579 | 85789 | 85999 • | 86209 • | 86419 | 86629 • | 86839 | 87049 • | 87259 | 4 | $\overline{23}$ |
| $\overline{22}$ | 8 | 84113 | 84323 | 84533 • | 84743 | 84953 | 85163 | 85373 | 85583 | 85793 • | 86003 | 86213 | 86423 • | 86633 | 86843 • | 87053 | 87263 | 8 | $\overline{22}$ |
| $\overline{21}$ | 6 | 84121 • | 84331 | 84541 | 84751 • | 84961 • | 85171 | 85381 • | 85591 | 85801 | 86011 • | 86221 | 86431 | 86641 | 86851 • | 87061 | 87271 | 6 | $\overline{21}$ |
| $\overline{20}$ | 4 | 84127 • | 84337 | 84547 | 84757 | 84967 • | 85177 | 85387 | 85597 • | 85807 | 86017 • | 86227 | 86437 | 86647 | 86857 • | 87067 | 87277 • | 4 | $\overline{20}$ |
| $\overline{19}$ | 6 | 84131 • | 84341 | 84551 • | 84761 • | 84971 | 85181 | 85391 | 85601 • | 85811 | 86021 | 86231 | 86441 • | 86651 | 86861 • | 87071 • | 87281 • | 6 | $\overline{19}$ |
| $\overline{18}$ | 2 | 84137 • | 84347 • | 84557 | 84767 | 84977 • | 85187 | 85397 | 85607 • | 85817 • | 86027 • | 86237 | 86447 | 86657 | 86867 | 87077 | 87287 | 2 | $\overline{18}$ |
| $\overline{17}$ | 4 | 84139 | 84349 • | 84559 • | 84769 | 84979 • | 85189 | 85399 | 85609 | 85819 • | 86029 • | 86239 • | 86449 | 86659 | 86869 • | 87079 | 87289 | 4 | $\overline{17}$ |
| $\overline{16}$ | 6 | 84143 • | 84353 | 84563 | 84773 | 84983 | 85193 • | 85403 | 85613 | 85823 | 86033 | 86243 • | 86453 • | 86663 | 86873 | 87083 • | 87293 • | 6 | $\overline{16}$ |
| $\overline{15}$ | 2 | 84149 | 84359 | 84569 | 84779 | 84989 | 85199 • | 85409 | 85619 • | 85829 • | 86039 | 86249 • | 86459 | 86669 | 86879 | 87089 | 87299 • | 2 | $\overline{15}$ |
| $\overline{14}$ | 6 | 84151 | 84361 | 84571 | 84781 | 84991 • | 85201 • | 85411 • | 85621 • | 85831 • | 86041 | 86251 | 86461 • | 86671 | 86881 | 87091 | 87301 | 6 | $\overline{14}$ |
| $\overline{13}$ | 6 | 84157 | 84367 | 84577 | 84787 • | 84997 | 85207 | 85417 | 85627 • | 85837 • | 86047 | 86257 • | 86467 • | 86677 • | 86887 | 87097 | 87307 | 6 | $\overline{13}$ |
| $\overline{12}$ | 4 | 84163 • | 84373 | 84583 | 84793 • | 85003 | 85213 • | 85423 | 85633 | 85843 • | 86053 | 86263 • | 86473 | 86683 | 86893 | 87103 • | 87313 • | 4 | $\overline{12}$ |
| $\overline{11}$ | 2 | 84167 | 84377 • | 84587 | 84797 | 85007 | 85217 | 85427 • | 85637 | 85847 • | 86057 | 86267 | 86477 • | 86687 | 86897 | 87107 • | 87317 • | 2 | $\overline{11}$ |
| $\overline{10}$ | 4 | 84169 | 84379 | 84589 • | 84799 | 85009 • | 85219 | 85429 • | 85639 • | 85849 | 86059 | 86269 • | 86479 | 86689 • | 86899 | 87109 | 87319 | 4 | $\overline{10}$ |
| $\overline{9}$ | 6 | 84173 | 84383 | 84593 | 84803 | 85013 | 85223 • | 85433 | 85643 • | 85853 • | 86063 | 86273 | 86483 | 86693 • | 86903 | 87113 | 87323 • | 6 | $\overline{9}$ |
| $\overline{8}$ | 2 | 84179 • | 84389 • | 84599 | 84809 • | 85019 | 85229 • | 85439 • | 85649 | 85859 | 86069 • | 86279 | 86489 | 86699 | 86909 | 87119 • | 87329 | 2 | $\overline{8}$ |
| $\overline{7}$ | 6 | 84181 • | 84391 • | 84601 | 84811 • | 85021 • | 85231 | 85441 | 85651 | 85861 | 86071 | 86281 | 86491 • | 86701 | 86911 | 87121 • | 87331 | 6 | $\overline{7}$ |
| $\overline{6}$ | 4 | 84187 | 84397 | 84607 | 84817 | 85027 • | 85237 • | 85447 • | 85657 | 85867 | 86077 • | 86287 • | 86497 | 86707 | 86917 | 87127 | 87337 • | 4 | $\overline{6}$ |
| $\overline{5}$ | 2 | 84191 • | 84401 • | 84611 | 84821 | 85031 | 85241 | 85451 • | 85661 • | 85871 | 86081 | 86291 • | 86501 • | 86711 • | 86921 | 87131 | 87341 | 2 | $\overline{5}$ |
| $\overline{4}$ | 4 | 84193 | 84403 | 84613 | 84823 | 85033 | 85243 • | 85453 • | 85663 | 85873 | 86083 • | 86293 • | 86503 | 86713 | 86923 • | 87133 • | 87343 | 4 | $\overline{4}$ |
| $\overline{3}$ | 2 | 84197 | 84407 • | 84617 | 84827 • | 85037 • | 85247 • | 85457 | 85667 • | 85877 | 86087 | 86297 • | 86507 | 86717 | 86927 • | 87137 | 87347 | 2 | $\overline{3}$ |
| $\overline{2}$ | 10 | 84199 • | 84409 | 84619 | 84829 | 85039 | 85249 | 85459 | 85669 • | 85879 | 86089 | 86299 | 86509 • | 86719 • | 86929 • | 87139 | 87349 | 10 | $\overline{2}$ |
| $\overline{1}$ | 2 | 84209 | 84419 | 84629 • | 84839 | 85049 • | 85259 • | 85469 • | 85679 | 85889 • | 86099 | 86309 | 86519 | 86729 • | 86939 • | 87149 • | 87359 • | 2 | $\overline{1}$ |

| | | | | | | | | | | | | | | | | | | | |
|---|---|---|---|---|---|---|---|---|---|---|---|---|---|---|---|---|---|---|---|
| 1 | 10 | 87361 | 87571 | 87781 | 87991 • | 88201 | 88411 • | 88621 | 88831 | 89041 • | 89251 | 89461 | 89671 • | 89881 | 90091 | 90301 | 90511 • | 10 | 1 |
| 2 | 2 | 87371 | 87581 | 87791 | 88001 • | 88211 • | 88421 | 88631 | 88841 | 89051 • | 89261 • | 89471 | 89681 • | 89891 • | 90101 | 90311 | 90521 | 2 | 2 |
| 3 | 4 | 87373 | 87583 • | 87793 • | 88003 • | 88213 | 88423 • | 88633 | 88843 • | 89053 | 89263 | 89473 | 89683 | 89893 | 90103 | 90313 • | 90523 • | 4 | 3 |
| 4 | 2 | 87377 | 87587 • | 87797 • | 88007 • | 88217 | 88427 • | 88637 | 88847 | 89057 • | 89267 | 89477 • | 89687 | 89897 • | 90107 • | 90317 | 90527 • | 2 | 4 |
| 5 | 4 | 87379 | 87589 • | 87799 | 88009 | 88219 | 88429 | 88639 | 88849 | 89059 | 89269 • | 89479 | 89689 • | 89899 • | 90109 | 90319 | 90529 • | 4 | 5 |
| 6 | 6 | 87383 • | 87593 | 87803 • | 88013 | 88223 • | 88433 | 88643 • | 88853 • | 89063 | 89273 • | 89483 | 89693 | 89903 | 90113 | 90323 | 90533 • | 6 | 6 |
| 7 | 2 | 87389 | 87599 | 87809 | 88019 • | 88229 | 88439 | 88649 | 88859 | 89069 • | 89279 | 89489 | 89699 | 89909 • | 90119 | 90329 | 90539 | 2 | 7 |
| 8 | 6 | 87391 | 87601 | 87811 • | 88021 | 88231 | 88441 | 88651 • | 88861 • | 89071 • | 89281 | 89491 • | 89701 | 89911 | 90121 • | 90331 | 90541 | 6 | 8 |
| 9 | 4 | 87397 | 87607 | 87817 | 88027 | 88237 • | 88447 | 88657 • | 88867 • | 89077 | 89287 | 89497 | 89707 | 89917 • | 90127 • | 90337 | 90547 • | 4 | 9 |
| 10 | 2 | 87401 | 87611 | 87821 | 88031 | 88241 • | 88451 | 88661 • | 88871 | 89081 | 89291 | 89501 • | 89711 | 89921 | 90131 | 90341 | 90551 | 2 | 10 |
| 11 | 4 | 87403 • | 87613 • | 87823 | 88033 | 88243 | 88453 | 88663 • | 88873 • | 89083 • | 89293 • | 89503 | 89713 | 89923 • | 90133 | 90343 | 90553 | 4 | 11 |
| 12 | 6 | 87407 • | 87617 | 87827 | 88037 • | 88247 | 88457 | 88667 • | 88877 | 89087 • | 89297 | 89507 | 89717 | 89927 | 90137 | 90347 | 90557 | 6 | 12 |
| 13 | 6 | 87413 | 87623 • | 87833 • | 88043 | 88253 | 88463 • | 88673 | 88883 • | 89093 | 89303 • | 89513 • | 89723 | 89933 | 90143 | 90353 • | 90563 | 6 | 13 |
| 14 | 2 | 87419 | 87629 • | 87839 | 88049 | 88259 • | 88469 • | 88679 | 88889 | 89099 | 89309 | 89519 • | 89729 | 89939 • | 90149 • | 90359 • | 90569 | 2 | 14 |
| 15 | 6 | 87421 • | 87631 • | 87841 | 88051 | 88261 • | 88471 • | 88681 • | 88891 | 89101 • | 89311 | 89521 • | 89731 | 89941 | 90151 | 90361 | 90571 | 6 | 15 |
| 16 | 4 | 87427 • | 87637 | 87847 | 88057 | 88267 | 88477 | 88687 | 88897 • | 89107 • | 89317 • | 89527 • | 89737 | 89947 | 90157 | 90367 | 90577 | 4 | 16 |
| 17 | 2 | 87431 | 87641 • | 87851 | 88061 | 88271 | 88481 | 88691 | 88901 | 89111 | 89321 | 89531 | 89741 | 89951 | 90161 | 90371 • | 90581 | 2 | 17 |
| 18 | 6 | 87433 • | 87643 • | 87853 • | 88063 | 88273 | 88483 | 88693 | 88903 • | 89113 • | 89323 | 89533 • | 89743 | 89953 | 90163 • | 90373 • | 90583 • | 6 | 18 |
| 19 | 4 | 87439 | 87649 • | 87859 | 88069 • | 88279 | 88489 | 88699 | 88909 | 89119 • | 89329 • | 89539 | 89749 | 89959 • | 90169 | 90379 • | 90589 | 4 | 19 |
| 20 | 6 | 87443 • | 87653 | 87863 | 88073 | 88283 | 88493 • | 88703 | 88913 | 89123 • | 89333 | 89543 | 89753 • | 89963 • | 90173 • | 90383 | 90593 | 6 | 20 |
| 21 | 8 | 87449 | 87659 | 87869 • | 88079 • | 88289 • | 88499 • | 88709 | 88919 • | 89129 | 89339 | 89549 | 89759 • | 89969 | 90179 | 90389 | 90599 • | 8 | 21 |
| 22 | 4 | 87457 | 87667 | 87877 • | 88087 | 88297 | 88507 | 88717 | 88927 | 89137 • | 89347 | 89557 | 89767 • | 89977 • | 90187 • | 90397 • | 90607 | 4 | 22 |
| 23 | 2 | 87461 | 87671 • | 87881 • | 88091 | 88301 • | 88511 | 88721 • | 88931 | 89141 | 89351 | 89561 • | 89771 | 89981 | 90191 • | 90401 • | 90611 | 2 | 23 |
| 24 | 4 | 87463 | 87673 | 87883 | 88093 • | 88303 | 88513 • | 88723 | 88933 | 89143 | 89353 | 89563 • | 89773 | 89983 • | 90193 | 90403 • | 90613 | 4 | 24 |
| $\overline{24}$ | 2 | 87467 | 87677 | 87887 • | 88097 | 88307 | 88517 | 88727 | 88937 • | 89147 | 89357 | 89567 • | 89777 | 89987 | 90197 • | 90407 • | 90617 • | 2 | $\overline{24}$ |
| $\overline{23}$ | 4 | 87469 | 87679 • | 87889 | 88099 | 88309 | 88519 | 88729 • | 88939 | 89149 | 89359 | 89569 | 89779 • | 89989 • | 90199 • | 90409 | 90619 • | 4 | $\overline{23}$ |
| $\overline{22}$ | 8 | 87473 • | 87683 • | 87893 | 88103 | 88313 | 88523 • | 88733 | 88943 | 89153 • | 89363 • | 89573 | 89783 • | 89993 | 90203 • | 90413 | 90623 | 8 | $\overline{22}$ |
| $\overline{21}$ | 6 | 87481 • | 87691 • | 87901 | 88111 | 88321 • | 88531 | 88741 • | 88951 • | 89161 | 89371 • | 89581 | 89791 | 90001 • | 90211 | 90421 | 90631 • | 6 | $\overline{21}$ |
| $\overline{20}$ | 4 | 87487 | 87697 • | 87907 | 88117 • | 88327 • | 88537 | 88747 • | 88957 | 89167 | 89377 | 89587 | 89797 • | 90007 • | 90217 • | 90427 | 90637 | 4 | $\overline{20}$ |
| $\overline{19}$ | 6 | 87491 • | 87701 • | 87911 • | 88121 | 88331 | 88541 | 88751 | 88961 | 89171 | 89381 • | 89591 • | 89801 | 90011 • | 90221 | 90431 | 90641 • | 6 | $\overline{19}$ |
| $\overline{18}$ | 2 | 87497 | 87707 | 87917 • | 88127 | 88337 • | 88547 • | 88757 | 88967 | 89177 | 89387 • | 89597 • | 89807 | 90017 • | 90227 • | 90437 • | 90647 • | 2 | $\overline{18}$ |
| $\overline{17}$ | 4 | 87499 | 87709 | 87919 | 88129 • | 88339 • | 88549 | 88759 | 88969 • | 89179 | 89389 | 89599 • | 89809 • | 90019 • | 90229 | 90439 • | 90649 | 4 | $\overline{17}$ |
| $\overline{16}$ | 6 | 87503 | 87713 | 87923 | 88133 | 88343 | 88553 | 88763 | 88973 | 89183 | 89393 • | 89603 • | 89813 | 90023 • | 90233 | 90443 | 90653 | 6 | $\overline{16}$ |
| $\overline{15}$ | 2 | 87509 • | 87719 • | 87929 | 88139 | 88349 | 88559 | 88769 | 88979 | 89189 • | 89399 • | 89609 | 89819 • | 90029 | 90239 • | 90449 | 90659 • | 2 | $\overline{15}$ |
| $\overline{14}$ | 6 | 87511 • | 87721 • | 87931 • | 88141 | 88351 | 88561 | 88771 • | 88981 | 89191 | 89401 | 89611 • | 89821 • | 90031 • | 90241 | 90451 | 90661 | 6 | $\overline{14}$ |
| $\overline{13}$ | 6 | 87517 • | 87727 | 87937 | 88147 | 88357 | 88567 | 88777 | 88987 | 89197 | 89407 | 89617 | 89827 | 90037 | 90247 • | 90457 | 90667 | 6 | $\overline{13}$ |
| $\overline{12}$ | 4 | 87523 • | 87733 | 87943 • | 88153 | 88363 | 88573 | 88783 | 88993 • | 89203 • | 89413 • | 89623 | 89833 • | 90043 | 90253 | 90463 | 90673 | 4 | $\overline{12}$ |
| $\overline{11}$ | 2 | 87527 | 87737 | 87947 | 88157 | 88367 | 88577 | 88787 | 88997 • | 89207 | 89417 • | 89627 • | 89837 | 90047 | 90257 | 90467 | 90677 • | 2 | $\overline{11}$ |
| $\overline{10}$ | 4 | 87529 | 87739 • | 87949 | 88159 | 88369 | 88579 | 88789 • | 88999 | 89209 • | 89419 | 89629 | 89839 • | 90049 | 90259 | 90469 • | 90679 • | 4 | $\overline{10}$ |
| $\overline{9}$ | 6 | 87533 | 87743 • | 87953 | 88163 | 88373 | 88583 | 88793 • | 89003 • | 89213 • | 89423 | 89633 • | 89843 | 90053 • | 90263 • | 90473 • | 90683 | 6 | $\overline{9}$ |
| $\overline{8}$ | 2 | 87539 • | 87749 | 87959 • | 88169 • | 88379 • | 88589 • | 88799 • | 89009 • | 89219 | 89429 | 89639 | 89849 • | 90059 • | 90269 | 90479 | 90689 | 2 | $\overline{8}$ |
| $\overline{7}$ | 6 | 87541 • | 87751 • | 87961 • | 88171 | 88381 | 88591 • | 88801 • | 89011 | 89221 | 89431 • | 89641 | 89851 | 90061 | 90271 • | 90481 • | 90691 | 6 | $\overline{7}$ |
| $\overline{6}$ | 4 | 87547 • | 87757 | 87967 | 88177 • | 88387 | 88597 | 88807 • | 89017 • | 89227 • | 89437 | 89647 | 89857 | 90067 • | 90277 | 90487 | 90697 • | 4 | $\overline{6}$ |
| $\overline{5}$ | 2 | 87551 | 87761 | 87971 | 88181 | 88391 | 88601 | 88811 • | 89021 • | 89231 • | 89441 | 89651 | 89861 | 90071 • | 90281 • | 90491 | 90701 | 2 | $\overline{5}$ |
| $\overline{4}$ | 4 | 87553 • | 87763 | 87973 • | 88183 | 88393 | 88603 | 88813 • | 89023 | 89233 | 89443 • | 89653 • | 89863 | 90073 • | 90283 | 90493 | 90703 • | 4 | $\overline{4}$ |
| $\overline{3}$ | 2 | 87557 • | 87767 • | 87977 • | 88187 | 88397 • | 88607 • | 88817 • | 89027 | 89237 • | 89447 | 89657 • | 89867 • | 90077 | 90287 | 90497 | 90707 | 2 | $\overline{3}$ |
| $\overline{2}$ | 10 | 87559 • | 87769 | 87979 | 88189 | 88399 | 88609 • | 88819 • | 89029 | 89239 | 89449 • | 89659 • | 89869 | 90079 | 90289 • | 90499 • | 90709 • | 10 | $\overline{2}$ |
| $\overline{1}$ | 2 | 87569 | 87779 | 87989 | 88199 | 88409 | 88619 | 88829 | 89039 | 89249 | 89459 • | 89669 | 89879 | 90089 • | 90299 | 90509 | 90719 | 2 | $\overline{1}$ |

| | | | | | | | | | | | | | | | | | | | |
|---|---|---|---|---|---|---|---|---|---|---|---|---|---|---|---|---|---|---|---|
| 1 | 10 | 90721 | 90931 • | 91141 • | 91351 | 91561 | 91771 • | 91981 | 92191 | 92401 • | 92611 | 92821 • | 93031 | 93241 • | 93451 | 93661 | 93871 • | 10 | 1 |
| 2 | 2 | 90731 • | 90941 | 91151 • | 91361 | 91571 • | 91781 • | 91991 | 92201 | 92411 | 92621 | 92831 • | 93041 | 93251 • | 93461 | 93671 | 93881 | 2 | 2 |
| 3 | 4 | 90733 | 90943 | 91153 • | 91363 | 91573 • | 91783 | 91993 | 92203 • | 92413 • | 92623 • | 92833 | 93043 | 93253 • | 93463 • | 93673 | 93883 | 4 | 3 |
| 4 | 2 | 90737 | 90947 • | 91157 | 91367 • | 91577 • | 91787 | 91997 • | 92207 | 92417 | 92627 • | 92837 | 93047 • | 93257 • | 93467 | 93677 | 93887 • | 2 | 4 |
| 5 | 4 | 90739 | 90949 | 91159 • | 91369 • | 91579 | 91789 | 91999 | 92209 | 92419 • | 92629 | 92839 | 93049 | 93259 | 93469 | 93679 | 93889 • | 4 | 5 |
| 6 | 6 | 90743 | 90953 | 91163 • | 91373 • | 91583 • | 91793 | 92003 • | 92213 | 92423 | 92633 | 92843 | 93053 • | 93263 • | 93473 | 93683 • | 93893 • | 6 | 6 |
| 7 | 2 | 90749 • | 90959 | 91169 | 91379 | 91589 | 91799 | 92009 • | 92219 • | 92429 | 92639 • | 92849 • | 93059 • | 93269 | 93479 • | 93689 | 93899 | 2 | 7 |
| 8 | 6 | 90751 | 90961 | 91171 | 91381 • | 91591 • | 91801 • | 92011 | 92221 • | 92431 • | 92641 • | 92851 | 93061 | 93271 | 93481 • | 93691 | 93901 • | 6 | 8 |
| 9 | 4 | 90757 | 90967 | 91177 | 91387 • | 91597 | 91807 • | 92017 | 92227 • | 92437 | 92647 • | 92857 • | 93067 | 93277 | 93487 • | 93697 | 93907 | 4 | 9 |
| 10 | 2 | 90761 | 90971 • | 91181 | 91391 | 91601 | 91811 • | 92021 | 92231 | 92441 | 92651 | 92861 • | 93071 | 93281 • | 93491 • | 93701 • | 93911 • | 2 | 10 |
| 11 | 4 | 90763 | 90973 | 91183 • | 91393 • | 91603 | 91813 • | 92023 | 92233 • | 92443 | 92653 | 92863 • | 93073 | 93283 • | 93493 • | 93703 • | 93913 • | 4 | 11 |
| 12 | 6 | 90767 | 90977 • | 91187 | 91397 • | 91607 | 91817 | 92027 | 92237 • | 92447 | 92657 • | 92867 • | 93077 • | 93287 • | 93497 • | 93707 | 93917 | 6 | 12 |
| 13 | 6 | 90773 | 90983 | 91193 • | 91403 | 91613 | 91823 • | 92033 • | 92243 • | 92453 | 92663 | 92873 | 93083 • | 93293 | 93503 • | 93713 | 93923 • | 6 | 13 |
| 14 | 2 | 90779 | 90989 • | 91199 • | 91409 | 91619 | 91829 | 92039 | 92249 | 92459 • | 92669 • | 92879 | 93089 • | 93299 | 93509 | 93719 • | 93929 | 2 | 14 |
| 15 | 6 | 90781 | 90991 | 91201 | 91411 • | 91621 • | 91831 | 92041 • | 92251 • | 92461 • | 92671 • | 92881 | 93091 | 93301 | 93511 | 93721 | 93931 | 6 | 15 |
| 16 | 4 | 90787 • | 90997 • | 91207 | 91417 | 91627 | 91837 • | 92047 | 92257 | 92467 • | 92677 | 92887 | 93097 • | 93307 • | 93517 | 93727 | 93937 • | 4 | 16 |
| 17 | 2 | 90791 | 91001 | 91211 | 91421 | 91631 • | 91841 • | 92051 • | 92261 | 92471 | 92681 • | 92891 | 93101 | 93311 | 93521 | 93731 | 93941 • | 2 | 17 |
| 18 | 6 | 90793 • | 91003 | 91213 | 91423 • | 91633 | 91843 | 92053 | 92263 | 92473 | 92683 • | 92893 • | 93103 • | 93313 | 93523 • | 93733 | 93943 | 6 | 18 |
| 19 | 4 | 90799 | 91009 • | 91219 | 91429 | 91639 • | 91849 | 92059 | 92269 • | 92479 • | 92689 | 92899 • | 93109 | 93319 • | 93529 • | 93739 • | 93949 • | 4 | 19 |
| 20 | 6 | 90803 • | 91013 | 91223 | 91433 • | 91643 | 91853 | 92063 | 92273 | 92483 | 92693 • | 92903 | 93113 • | 93323 • | 93533 | 93743 | 93953 | 6 | 20 |
| 21 | 8 | 90809 | 91019 • | 91229 • | 91439 | 91649 | 91859 | 92069 | 92279 | 92489 • | 92699 • | 92909 | 93119 | 93329 • | 93539 | 93749 | 93959 | 8 | 21 |
| 22 | 4 | 90817 | 91027 | 91237 • | 91447 | 91657 | 91867 • | 92077 • | 92287 | 92497 | 92707 • | 92917 | 93127 | 93337 • | 93547 | 93757 | 93967 • | 4 | 22 |
| 23 | 2 | 90821 • | 91031 | 91241 | 91451 | 91661 | 91871 | 92081 | 92291 | 92501 | 92711 | 92921 • | 93131 • | 93341 | 93551 | 93761 • | 93971 • | 2 | 23 |
| 24 | 4 | 90823 • | 91033 • | 91243 • | 91453 • | 91663 | 91873 • | 92083 • | 92293 | 92503 • | 92713 | 92923 | 93133 • | 93343 | 93553 • | 93763 • | 93973 | 4 | 24 |
| $\overline{24}$ | 2 | 90827 | 91037 | 91247 | 91457 • | 91667 | 91877 | 92087 | 92297 • | 92507 • | 92717 • | 92927 • | 93137 | 93347 | 93557 • | 93767 | 93977 | 2 | $\overline{24}$ |
| $\overline{23}$ | 4 | 90829 | 91039 | 91249 • | 91459 • | 91669 | 91879 | 92089 | 92299 | 92509 | 92719 | 92929 | 93139 • | 93349 | 93559 • | 93769 | 93979 • | 4 | $\overline{23}$ |
| $\overline{22}$ | 8 | 90833 • | 91043 | 91253 • | 91463 • | 91673 • | 91883 | 92093 | 92303 | 92513 | 92723 • | 92933 | 93143 | 93353 | 93563 • | 93773 | 93983 • | 8 | $\overline{22}$ |
| $\overline{21}$ | 6 | 90841 • | 91051 | 91261 | 91471 | 91681 | 91891 | 92101 | 92311 • | 92521 | 92731 | 92941 • | 93151 • | 93361 | 93571 | 93781 | 93991 | 6 | $\overline{21}$ |
| $\overline{20}$ | 4 | 90847 • | 91057 | 91267 | 91477 | 91687 | 91897 | 92107 • | 92317 • | 92527 | 92737 • | 92947 | 93157 | 93367 | 93577 | 93787 • | 93997 • | 4 | $\overline{20}$ |
| $\overline{19}$ | 6 | 90851 | 91061 | 91271 | 91481 | 91691 • | 91901 | 92111 • | 92321 | 92531 | 92741 | 92951 • | 93161 | 93371 • | 93581 • | 93791 | 94001 | 6 | $\overline{19}$ |
| $\overline{18}$ | 2 | 90857 | 91067 | 91277 | 91487 | 91697 | 91907 | 92117 | 92327 | 92537 | 92747 | 92957 • | 93167 | 93377 • | 93587 | 93797 | 94007 • | 2 | $\overline{18}$ |
| $\overline{17}$ | 4 | 90859 | 91069 | 91279 | 91489 | 91699 | 91909 • | 92119 • | 92329 | 92539 | 92749 | 92959 • | 93169 • | 93379 | 93589 | 93799 | 94009 • | 4 | $\overline{17}$ |
| $\overline{16}$ | 6 | 90863 • | 91073 | 91283 • | 91493 • | 91703 • | 91913 | 92123 | 92333 • | 92543 | 92753 • | 92963 | 93173 | 93383 • | 93593 | 93803 | 94013 | 6 | $\overline{16}$ |
| $\overline{15}$ | 2 | 90869 | 91079 • | 91289 | 91499 • | 91709 | 91919 | 92129 | 92339 | 92549 | 92759 | 92969 | 93179 • | 93389 | 93599 | 93809 • | 84019 | 2 | $\overline{15}$ |
| $\overline{14}$ | 6 | 90871 | 91081 • | 91291 • | 91501 | 91711 • | 91921 • | 92131 | 92341 | 92551 • | 92761 • | 92971 | 93181 | 93391 | 93601 • | 93811 • | 94021 | 6 | $\overline{14}$ |
| $\overline{13}$ | 6 | 90877 | 91087 | 91297 • | 91507 | 91717 | 91927 | 92137 | 92347 • | 92557 • | 92767 • | 92977 | 93187 • | 93397 | 93607 • | 93817 | 94027 | 6 | $\overline{13}$ |
| $\overline{12}$ | 4 | 90883 | 91093 | 91303 • | 91513 • | 91723 | 91933 | 92143 • | 92353 • | 92563 | 92773 | 92983 | 93193 | 93403 | 93613 | 93823 | 94033 • | 4 | $\overline{12}$ |
| $\overline{11}$ | 2 | 90887 • | 91097 • | 91307 | 91517 | 91727 | 91937 | 92147 | 92357 • | 92567 • | 92777 | 92987 • | 93197 | 93407 • | 93617 | 93827 • | 94037 | 2 | $\overline{11}$ |
| $\overline{10}$ | 4 | 90889 | 91099 • | 91309 • | 91519 | 91729 | 91939 • | 92149 | 92359 | 92569 • | 92779 • | 92987 | 93199 • | 93409 | 93619 | 93829 | 94039 | 4 | $\overline{10}$ |
| $\overline{9}$ | 6 | 90893 | 91103 | 91313 | 91523 | 91733 • | 91943 • | 92153 • | 92363 • | 92573 | 92783 | 92993 • | 93203 | 93413 | 93623 | 93833 | 94043 | 6 | $\overline{9}$ |
| $\overline{8}$ | 2 | 90899 | 91109 | 91319 | 91529 • | 91739 | 91949 | 92159 | 92369 • | 92579 | 92789 • | 92999 | 93209 | 93419 • | 93629 • | 93839 | 94049 • | 2 | $\overline{8}$ |
| $\overline{7}$ | 6 | 90901 • | 91111 | 91321 | 91531 | 91741 | 91951 • | 92161 | 92371 | 92581 • | 92791 • | 93001 • | 93211 | 93421 | 93631 | 93841 | 94051 | 6 | $\overline{7}$ |
| $\overline{6}$ | 4 | 90907 • | 91117 | 91327 | 91537 | 91747 | 91957 • | 92167 | 92377 • | 92587 | 92797 | 93007 | 93217 | 93427 • | 93637 • | 93847 | 94057 • | 4 | $\overline{6}$ |
| $\overline{5}$ | 2 | 90911 • | 91121 • | 91331 • | 91541 • | 91751 | 91961 • | 92171 | 92381 • | 92591 | 92801 • | 93011 | 93221 | 93431 | 93641 | 93851 • | 94061 | 2 | $\overline{5}$ |
| $\overline{4}$ | 4 | 90913 | 91123 | 91333 | 91543 | 91753 • | 91963 | 92173 • | 92383 • | 92593 • | 92803 | 93013 | 93223 | 93433 | 93643 | 93853 | 94063 • | 4 | $\overline{4}$ |
| $\overline{3}$ | 2 | 90917 • | 91127 • | 91337 | 91547 | 91757 • | 91967 • | 92177 • | 92387 • | 92597 | 92807 | 93017 | 93227 | 93437 | 93647 | 93857 | 94067 | 2 | $\overline{3}$ |
| $\overline{2}$ | 10 | 90919 | 91129 • | 91339 | 91549 | 91759 | 91969 • | 92179 • | 92389 | 92599 | 92809 • | 93019 | 93229 • | 93439 | 93649 | 93859 | 94069 | 10 | $\overline{2}$ |
| $\overline{1}$ | 2 | 90929 | 91139 • | 91349 | 91559 | 91769 | 91979 | 92189 • | 92399 • | 92609 | 92819 | 93029 | 93239 • | 93449 | 93659 | 93869 | 94079 • | 2 | $\overline{1}$ |

| | | | | | | | | | | | | | | | | | | | |
|---|---|---|---|---|---|---|---|---|---|---|---|---|---|---|---|---|---|---|---|
| 1 | 10 | 94081 | 94291 • | 94501 | 94711 | 94921 | 95131 • | 95341 | 95551 | 95761 | 95971 • | 96181 • | 96391 | 96601 • | 96811 | 97021 • | 97231 • | 10 | 1 |
| 2 | 2 | 94091 | 94301 | 94511 | 94721 | 94931 | 95141 | 95351 | 95561 • | 95771 | 95981 | 96191 | 96401 • | 96611 | 96821 • | 97031 | 97241 • | 2 | 2 |
| 3 | 4 | 94093 | 94303 | 94513 • | 94723 • | 94933 • | 95143 • | 95353 | 95563 | 95773 • | 95983 | 96193 | 96403 | 96613 | 96823 • | 97033 | 97243 | 4 | 3 |
| 4 | 2 | 94097 | 94307 • | 94517 | 94727 • | 94937 | 95147 | 95357 | 95567 | 95777 | 95987 • | 96197 | 96407 | 96617 | 96827 • | 97037 | 97247 | 2 | 4 |
| 5 | 4 | 94099 • | 94309 • | 94519 | 94729 | 94939 | 95149 | 95359 | 95569 • | 95779 | 95989 • | 96199 • | 96409 | 96619 | 96829 | 97039 • | 97249 | 4 | 5 |
| 6 | 6 | 94103 | 94313 | 94523 | 94733 | 94943 | 95153 • | 95363 | 95573 | 95783 • | 95993 | 96203 | 96413 | 96623 | 96833 | 97043 | 97253 | 6 | 6 |
| 7 | 2 | 94109 • | 94319 | 94529 • | 94739 | 94949 • | 95159 | 95369 • | 95579 | 95789 • | 95999 | 96209 | 96419 • | 96629 | 96839 | 97049 | 97259 • | 2 | 7 |
| 8 | 6 | 94111 • | 94321 • | 94531 • | 94741 | 94951 • | 95161 | 95371 | 95581 • | 95791 • | 96001 • | 96211 • | 96421 | 96631 | 96841 | 97051 | 97261 | 6 | 8 |
| 9 | 4 | 94117 • | 94327 • | 94537 | 94747 • | 94957 | 95167 | 95377 | 95587 | 95797 | 96007 | 96217 | 96427 | 96637 | 96847 • | 97057 | 97267 | 4 | 9 |
| 10 | 2 | 94121 • | 94331 • | 94541 • | 94751 | 94961 • | 95171 | 95381 | 95591 | 95801 • | 96011 | 96221 • | 96431 • | 96641 | 96851 • | 97061 | 97271 | 2 | 10 |
| 11 | 4 | 94123 | 94333 | 94543 • | 94753 | 94963 | 95173 | 95383 • | 95593 | 95803 • | 96013 • | 96223 • | 96433 | 96643 • | 96853 | 97063 | 97273 | 4 | 11 |
| 12 | 6 | 94127 | 94337 | 94547 • | 94757 | 94967 | 95177 • | 95387 | 95597 • | 95807 | 96017 • | 96227 | 96437 | 96647 | 96857 • | 97067 | 97277 | 6 | 12 |
| 13 | 6 | 94133 | 94343 • | 94553 | 94763 | 94973 | 95183 | 95393 • | 95603 • | 95813 • | 96023 | 96233 • | 96443 • | 96653 | 96863 | 97073 • | 97283 • | 6 | 13 |
| 14 | 2 | 94139 | 94349 • | 94559 • | 94769 | 94979 | 95189 • | 95399 | 95609 | 95819 • | 96029 | 96239 | 96449 | 96659 | 96869 | 97079 | 97289 | 2 | 14 |
| 15 | 6 | 94141 | 94351 • | 94561 • | 94771 • | 94981 | 95191 • | 95401 • | 95611 | 95821 | 96031 | 96241 | 96451 • | 96661 • | 96871 | 97081 • | 97291 | 6 | 15 |
| 16 | 4 | 94147 | 94357 | 94567 | 94777 • | 94987 | 95197 | 95407 | 95617 • | 95827 | 96037 | 96247 | 96457 • | 96667 • | 96877 | 97087 | 97297 | 4 | 16 |
| 17 | 2 | 94151 • | 94361 | 94571 | 94781 • | 94991 | 95201 | 95411 | 95621 • | 95831 | 96041 | 96251 | 96461 • | 96671 • | 96881 | 97091 | 97301 • | 2 | 17 |
| 18 | 6 | 94153 • | 94363 | 94573 • | 94783 | 94993 • | 95203 • | 95413 • | 95623 | 95833 | 96043 • | 96253 | 96463 | 96673 | 96883 | 97093 | 97303 • | 6 | 18 |
| 19 | 4 | 94159 | 94369 | 94579 | 94789 • | 94999 • | 95209 | 95419 • | 95629 • | 95839 | 96049 | 96259 • | 96469 • | 96679 | 96889 | 97099 | 97309 | 4 | 19 |
| 20 | 6 | 94163 | 94373 | 94583 • | 94793 • | 95003 • | 95213 • | 95423 | 95633 • | 95843 | 96053 • | 96263 • | 96473 | 96683 | 96893 • | 97103 • | 97313 | 6 | 20 |
| 21 | 8 | 94169 • | 94379 • | 94589 | 94799 | 95009 • | 95219 • | 95429 • | 95639 | 95849 | 96059 • | 96269 • | 96479 • | 96689 | 96899 | 97109 | 97319 | 8 | 21 |
| 22 | 4 | 94177 | 94387 | 94597 • | 94807 | 95017 | 95227 | 95437 | 95647 | 95857 • | 96067 | 96277 | 96487 • | 96697 • | 96907 • | 97117 • | 97327 • | 4 | 22 |
| 23 | 2 | 94181 | 94391 | 94601 | 94811 • | 95021 • | 95231 • | 95441 • | 95651 • | 95861 | 96071 | 96281 • | 96491 | 96701 | 96911 • | 97121 | 97331 | 2 | 23 |
| 24 | 4 | 94183 | 94393 | 94603 • | 94813 | 95023 | 95233 • | 95443 • | 95653 | 95863 | 96073 | 96283 | 96493 • | 96703 • | 96913 | 97123 | 97333 | 4 | 24 |
| $\overline{24}$ | 2 | 94187 | 94397 • | 94607 | 94817 | 95027 • | 95237 | 95447 | 95657 | 95867 | 96077 | 96287 | 96497 • | 96707 | 96917 | 97127 • | 97337 | 2 | $\overline{24}$ |
| $\overline{23}$ | 4 | 94189 | 94399 • | 94609 | 94819 • | 95029 | 95239 • | 95449 | 95659 | 95869 • | 96079 • | 96289 • | 96499 | 96709 | 96919 | 97129 | 97339 | 4 | $\overline{23}$ |
| $\overline{22}$ | 8 | 94193 | 94403 | 94613 • | 94823 • | 95033 | 95243 | 95453 | 95663 | 95873 • | 96083 | 96293 • | 96503 | 96713 | 96923 | 97133 | 97343 | 8 | $\overline{22}$ |
| $\overline{21}$ | 6 | 94201 • | 94411 | 94621 • | 94831 | 95041 | 95251 | 95461 • | 95671 | 95881 • | 96091 | 96301 | 96511 | 96721 | 96931 • | 97141 | 97351 | 6 | $\overline{21}$ |
| $\overline{20}$ | 4 | 94207 • | 94417 | 94627 | 94837 • | 95047 | 95257 • | 95467 • | 95677 | 95887 | 96097 • | 96307 | 96517 • | 96727 | 96937 | 97147 | 97357 | 4 | $\overline{20}$ |
| $\overline{19}$ | 6 | 94211 | 94421 • | 94631 | 94841 • | 95051 | 95261 • | 95471 • | 95681 | 95891 • | 96101 | 96311 | 96521 | 96731 • | 96941 | 97151 • | 97361 | 6 | $\overline{19}$ |
| $\overline{18}$ | 2 | 94217 | 94427 • | 94637 | 94847 • | 95057 | 95267 • | 95477 | 95687 | 95897 | 96107 | 96317 | 96527 • | 96737 • | 96947 | 97157 • | 97367 • | 2 | $\overline{18}$ |
| $\overline{17}$ | 4 | 94219 • | 94429 | 94639 | 94849 • | 95059 | 95269 | 95479 • | 95689 | 95899 | 96109 | 96319 | 96529 | 96739 • | 96949 | 97159 • | 97369 • | 4 | $\overline{17}$ |
| $\overline{16}$ | 6 | 94223 | 94433 • | 94643 | 94853 | 95063 • | 95273 • | 95483 • | 95693 | 95903 | 96113 | 96323 • | 96533 | 96743 | 96953 • | 97163 | 97373 • | 6 | $\overline{16}$ |
| $\overline{15}$ | 2 | 94229 • | 94439 • | 94649 • | 94859 | 95069 | 95279 • | 95489 | 95699 | 95909 | 96119 | 96329 • | 96539 | 96749 • | 96959 • | 97169 • | 97379 • | 2 | $\overline{15}$ |
| $\overline{14}$ | 6 | 94231 | 94441 • | 94651 • | 94861 | 95071 • | 95281 | 95491 | 95701 • | 95911 • | 96121 | 96331 • | 96541 | 96751 | 96961 | 97171 • | 97381 • | 6 | $\overline{14}$ |
| $\overline{13}$ | 6 | 94237 | 94447 • | 94657 | 94867 | 95077 | 95287 • | 95497 | 95707 • | 95917 • | 96127 | 96337 • | 96547 | 96757 • | 96967 | 97177 • | 97387 • | 6 | $\overline{13}$ |
| $\overline{12}$ | 4 | 84243 | 94453 | 94663 | 94873 • | 95083 • | 95293 | 95503 | 95713 • | 95923 • | 96133 | 96343 | 96553 • | 96763 • | 96973 • | 97183 | 97393 | 4 | $\overline{12}$ |
| $\overline{11}$ | 2 | 94247 | 94457 | 94667 | 94877 | 95087 • | 95297 | 95507 • | 95717 • | 95927 | 96137 • | 96347 | 96557 • | 96767 | 96977 | 97187 • | 97397 • | 2 | $\overline{11}$ |
| $\overline{10}$ | 4 | 84249 | 94459 | 94669 | 94879 | 95089 • | 95299 | 95509 | 95719 | 95929 • | 96139 | 96349 | 96559 | 96769 • | 96979 • | 97189 | 97399 | 4 | $\overline{10}$ |
| $\overline{9}$ | 6 | 84253 • | 94463 • | 94673 | 94883 | 95093 • | 95303 | 95513 | 95723 • | 95933 | 96143 | 96353 • | 96563 | 96773 | 96983 | 97193 | 97403 | 6 | $\overline{9}$ |
| $\overline{8}$ | 2 | 94259 | 94469 | 94679 | 94889 • | 95099 | 95309 | 95519 | 95729 | 95939 | 96149 • | 96359 | 96569 | 96779 • | 96989 • | 97199 | 97409 | 2 | $\overline{8}$ |
| $\overline{7}$ | 6 | 94261 • | 94471 | 94681 | 94891 | 95101 • | 95311 • | 95521 | 95731 • | 95941 | 96151 | 96361 | 96571 | 96781 | 96991 | 97201 | 97411 | 6 | $\overline{7}$ |
| $\overline{6}$ | 4 | 94267 | 94477 • | 94687 • | 94897 | 95107 • | 95317 • | 95527 • | 95737 • | 95947 • | 96157 • | 96367 | 96577 | 96787 • | 96997 • | 97207 | 97417 | 4 | $\overline{6}$ |
| $\overline{5}$ | 2 | 94271 | 94481 | 94691 | 94901 | 95111 • | 95321 | 95531 • | 95741 | 95951 | 96161 | 96371 | 96581 • | 96791 | 97001 • | 97211 | 97421 | 2 | $\overline{5}$ |
| $\overline{4}$ | 4 | 94273 • | 94483 • | 94693 • | 94903 • | 95113 | 95323 | 95533 | 95743 | 95953 | 96163 | 96373 | 96583 | 96793 | 97003 • | 97213 • | 97423 • | 4 | $\overline{4}$ |
| $\overline{3}$ | 2 | 94277 | 94487 | 94697 | 94907 • | 95117 | 95327 • | 95537 | 95747 • | 95957 • | 96167 • | 96377 • | 96587 • | 96797 • | 97007 • | 97217 | 97427 | 2 | $\overline{3}$ |
| $\overline{2}$ | 10 | 94279 | 94489 | 94699 | 94909 | 95119 | 95329 | 95539 • | 95749 | 95959 • | 96169 | 96379 | 96589 • | 96799 • | 97009 | 97219 | 97429 • | 10 | $\overline{2}$ |
| $\overline{1}$ | 2 | 94289 | 94499 | 94709 • | 94919 | 95129 | 95339 • | 95549 • | 95759 | 95969 | 96179 • | 96389 | 96599 | 96809 | 97019 | 97229 | 97439 | 2 | $\overline{1}$ |

| | | | | | | | | | | | | | | | | | | | |
|---|---|---|---|---|---|---|---|---|---|---|---|---|---|---|---|---|---|---|---|
| 1 | 10 | 97441 • | 97651 • | 97861 • | 98071 | 98281 | 98491 • | 98701 | 98911 • | 99121 | 99331 | 99541 | 99751 | 99961 • | 100171 | 100381 | 100591 • | 10 | 1 |
| 2 | 2 | 97451 | 97661 | 97871 • | 98081 • | 98291 | 98501 | 98711 • | 98921 | 99131 • | 99341 | 99551 • | 99761 • | 99971 • | 100181 | 100391 • | 100601 | 2 | 2 |
| 3 | 4 | 97453 • | 97663 | 97873 | 98083 | 98293 | 98503 | 98713 • | 98923 | 99133 • | 99343 | 99553 | 99763 | 99973 | 100183 • | 100393 • | 100603 | 4 | 3 |
| 4 | 2 | 97457 | 97667 | 97877 | 98087 | 98297 • | 98507 • | 98717 • | 98927 • | 99137 • | 99347 • | 99557 | 99767 • | 99977 | 100187 | 100397 | 100607 | 2 | 4 |
| 5 | 4 | 97459 • | 97669 | 97879 • | 98089 | 98299 • | 98509 | 98719 | 98929 • | 99139 • | 99349 • | 99559 • | 99769 | 99979 | 100189 • | 100399 | 100609 • | 4 | 5 |
| 6 | 6 | 97463 • | 97673 • | 97883 • | 98093 | 98303 | 98513 | 98723 | 98933 | 99143 | 99353 | 99563 • | 99773 | 99983 | 100193 • | 100403 • | 100613 • | 6 | 6 |
| 7 | 2 | 97469 | 97679 | 97889 | 98099 | 98309 | 98519 • | 98729 • | 98939 • | 99149 • | 99359 | 99569 | 99779 | 99989 • | 100199 | 100409 | 100619 | 2 | 7 |
| 8 | 6 | 97471 | 97681 | 97891 | 98101 • | 98311 | 98521 | 98731 • | 98941 | 99151 | 99361 | 99571 • | 99781 | 99991 • | 100201 | 100411 • | 100621 • | 6 | 8 |
| 9 | 4 | 97477 | 97687 • | 97897 | 98107 | 98317 • | 98527 | 98737 • | 98947 • | 99157 | 99367 • | 99577 • | 99787 • | 99997 | 100207 • | 100417 • | 100627 | 4 | 9 |
| 10 | 2 | 97481 | 97691 | 97901 | 98111 | 98321 • | 98531 | 98741 | 98951 | 99161 | 99371 • | 99581 • | 99791 | 100001 | 100211 | 100421 | 100631 | 2 | 10 |
| 11 | 4 | 97483 | 97693 | 97903 | 98113 | 98323 • | 98533 • | 98743 | 98953 • | 99163 | 99373 | 99583 | 99793 • | 100003 • | 100213 • | 100423 | 100633 | 4 | 11 |
| 12 | 6 | 97487 | 97697 | 97907 | 98117 | 98327 • | 98537 | 98747 | 98957 | 99167 | 99377 • | 99587 | 99797 | 100007 | 100217 | 100427 | 100637 | 6 | 12 |
| 13 | 6 | 97493 | 97703 | 97913 | 98123 • | 98333 | 98543 • | 98753 | 98963 • | 99173 • | 99383 | 99593 | 99803 | 100013 | 100223 | 100433 | 100643 | 6 | 13 |
| 14 | 2 | 97499 • | 97709 | 97919 • | 98129 • | 98339 | 98549 | 98759 | 98969 | 99179 | 99389 | 99599 | 99809 • | 100019 • | 100229 | 100439 | 100649 • | 2 | 14 |
| 15 | 6 | 97501 • | 97711 • | 97921 | 98131 | 98341 | 98551 | 98761 | 98971 | 99181 • | 99391 • | 99601 | 99811 | 100021 | 100231 | 100441 | 100651 | 6 | 15 |
| 16 | 4 | 97507 | 97717 | 97927 • | 98137 | 98347 • | 98557 | 98767 | 98977 | 99187 | 99397 • | 99607 • | 99817 • | 100027 | 100237 • | 100447 • | 100657 | 4 | 16 |
| 17 | 2 | 97511 • | 97721 | 97931 • | 98141 | 98351 | 98561 • | 98771 | 98981 • | 99191 • | 99401 • | 99611 • | 99821 | 100031 | 100241 | 100451 | 100661 | 2 | 17 |
| 18 | 6 | 97513 | 97723 | 97933 | 98143 • | 98353 | 98563 • | 98773 • | 98983 | 99193 | 99403 | 99613 | 99823 • | 100033 | 100243 | 100453 | 100663 | 6 | 18 |
| 19 | 4 | 97519 | 97729 • | 97939 | 98149 | 98359 | 98569 | 98779 • | 98989 | 99199 | 99409 • | 99619 | 99829 • | 100039 | 100249 | 100459 • | 100669 • | 4 | 19 |
| 20 | 6 | 97523 • | 97733 | 97943 • | 98153 | 98363 | 98573 • | 98783 | 98993 • | 99203 | 99413 | 99623 • | 99833 • | 100043 • | 100253 | 100463 | 100673 • | 6 | 20 |
| 21 | 8 | 97529 | 97739 | 97949 | 98159 | 98369 • | 98579 | 98789 | 98999 • | 99209 | 99419 | 99629 | 99839 • | 100049 • | 100259 | 100469 • | 100679 | 8 | 21 |
| 22 | 4 | 97537 | 97747 | 97957 | 98167 | 98377 • | 98587 | 98797 | 99007 | 99217 | 99427 | 99637 | 99847 | 100057 • | 100267 • | 100477 | 100687 | 4 | 22 |
| 23 | 2 | 97541 | 97751 | 97961 • | 98171 | 98381 | 98591 | 98801 • | 99011 | 99221 | 99431 • | 99641 | 99851 | 100061 | 100271 • | 100481 | 100691 | 2 | 23 |
| 24 | 4 | 97543 | 97753 | 97963 | 98173 | 98383 | 98593 | 98803 | 99013 • | 99223 • | 99433 | 99643 • | 99853 | 100063 | 100273 | 100483 • | 100693 • | 4 | 24 |
| $\overline{24}$ | 2 | 97547 • | 97757 | 97967 • | 98177 | 98387 • | 98597 • | 98807 • | 99017 • | 99227 | 99437 | 99647 | 99857 | 100067 | 100277 | 100487 | 100697 | 2 | $\overline{24}$ |
| $\overline{23}$ | 4 | 97549 • | 97759 | 97969 | 98179 • | 98389 • | 98599 | 98809 • | 99019 | 99229 | 99439 • | 99649 | 99859 • | 100069 • | 100279 • | 100489 | 100699 • | 4 | $\overline{23}$ |
| $\overline{22}$ | 8 | 97553 • | 97763 | 97973 • | 98183 | 98393 | 98603 | 98813 | 99023 • | 99233 • | 99443 | 99653 | 99863 | 100073 | 100283 | 100493 • | 100703 • | 8 | $\overline{22}$ |
| $\overline{21}$ | 6 | 97561 • | 97771 • | 97981 | 98191 | 98401 | 98611 • | 98821 | 99031 | 99241 • | 99451 | 99661 • | 99871 • | 100081 | 100291 • | 100501 • | 100711 | 6 | $\overline{21}$ |
| $\overline{20}$ | 4 | 97567 | 97777 • | 97987 • | 98197 | 98407 • | 98617 | 98827 | 99037 | 99247 | 99457 | 99667 • | 99877 • | 100087 | 100297 • | 100507 | 100717 | 4 | $\overline{20}$ |
| $\overline{19}$ | 6 | 97571 • | 97781 | 97991 | 98201 | 98411 • | 98621 • | 98831 | 99041 • | 99251 • | 99461 | 99671 | 99881 • | 100091 | 100301 | 100511 • | 100721 | 6 | $\overline{19}$ |
| $\overline{18}$ | 2 | 97577 • | 97787 • | 97997 | 98207 • | 98417 | 98627 • | 98837 • | 99047 | 99257 • | 99467 | 99677 | 99887 | 100097 | 100307 | 100517 • | 100727 | 2 | $\overline{18}$ |
| $\overline{17}$ | 4 | 97579 • | 97789 • | 97999 | 98209 | 98419 • | 98629 | 98839 | 99049 | 99259 • | 99469 • | 99679 • | 99889 | 100099 | 100309 | 100519 • | 100729 | 4 | $\overline{17}$ |
| $\overline{16}$ | 6 | 97583 • | 97793 | 98003 | 98213 • | 98423 | 98633 | 98843 | 99053 • | 99263 | 99473 | 99683 | 99893 | 100103 • | 100313 • | 100523 • | 100733 • | 6 | $\overline{16}$ |
| $\overline{15}$ | 2 | 97589 | 97799 | 98009 • | 98219 | 98429 • | 98639 • | 98849 • | 99059 | 99269 | 99479 | 99689 • | 99899 | 100109 • | 100319 | 100529 | 100739 | 2 | $\overline{15}$ |
| $\overline{14}$ | 6 | 97591 | 97801 | 98011 • | 98221 • | 98431 | 98641 • | 98851 | 99061 | 99271 | 99481 | 99691 | 99901 • | 100111 | 100321 | 100531 | 100741 • | 6 | $\overline{14}$ |
| $\overline{13}$ | 6 | 97597 | 97807 | 98017 • | 98227 • | 98437 | 98647 | 98857 | 99067 | 99277 • | 99487 • | 99697 | 99907 • | 100117 | 100327 | 100537 • | 100747 • | 6 | $\overline{13}$ |
| $\overline{12}$ | 4 | 97603 | 97813 • | 98023 | 98233 | 98443 • | 98653 | 98863 | 99073 | 99283 | 99493 | 99703 | 99913 | 100123 | 100333 • | 100543 | 100753 | 4 | $\overline{12}$ |
| $\overline{11}$ | 2 | 97607 • | 97817 | 98027 | 98237 | 98447 | 98657 | 98867 • | 99077 | 99287 | 99497 • | 99707 • | 99917 | 100127 | 100337 | 100547 • | 100757 | 2 | $\overline{11}$ |
| $\overline{10}$ | 4 | 97609 • | 97819 | 98029 | 98239 | 98449 | 98659 | 98869 • | 99079 • | 99289 • | 99499 | 99709 • | 99919 | 100129 • | 100339 | 100549 • | 100759 | 4 | $\overline{10}$ |
| $\overline{9}$ | 6 | 97613 • | 97823 | 98033 | 98243 | 98453 • | 98663 • | 98873 • | 99083 • | 99293 | 99503 | 99713 • | 99923 • | 100133 | 100343 • | 100553 | 100763 | 6 | $\overline{9}$ |
| $\overline{8}$ | 2 | 97619 | 97829 • | 98039 | 98249 | 98459 • | 98669 • | 98879 | 99089 • | 99299 | 99509 | 99719 • | 99929 • | 100139 | 100349 | 100559 • | 100769 • | 2 | $\overline{8}$ |
| $\overline{7}$ | 6 | 97621 | 97831 | 98041 • | 98251 • | 98461 | 98671 | 98881 | 99091 | 99301 | 99511 | 99721 • | 99931 | 100141 | 100351 | 100561 | 100771 | 6 | $\overline{7}$ |
| $\overline{6}$ | 4 | 97627 | 97837 | 98047 • | 98257 • | 98467 • | 98677 | 98887 • | 99097 | 99307 | 99517 | 99727 | 99937 | 100147 | 100357 • | 100567 | 100777 | 4 | $\overline{6}$ |
| $\overline{5}$ | 2 | 97631 | 97841 • | 98051 | 98261 | 98471 | 98681 | 98891 | 99101 | 99311 | 99521 | 99731 | 99941 | 100151 • | 100361 • | 100571 | 100781 | 2 | $\overline{5}$ |
| $\overline{4}$ | 4 | 97633 | 97843 • | 98053 | 98263 | 98473 • | 98683 | 98893 • | 99103 • | 99313 | 99523 • | 99733 • | 99943 | 100153 • | 100363 • | 100573 | 100783 | 4 | $\overline{4}$ |
| $\overline{3}$ | 2 | 97637 | 97847 • | 98057 • | 98267 | 98477 | 98687 | 98897 • | 99107 | 99317 • | 99527 • | 99737 | 99947 | 100157 | 100367 | 100577 | 100787 • | 2 | $\overline{3}$ |
| $\overline{2}$ | 10 | 97639 | 97849 • | 98059 | 98269 • | 98479 • | 98689 • | 98899 • | 99109 • | 99319 | 99529 • | 99739 | 99949 | 100159 | 100369 | 100579 | 100789 | 10 | $\overline{2}$ |
| $\overline{1}$ | 2 | 97649 • | 97859 • | 98069 | 98279 | 98489 | 98699 | 98909 • | 99119 • | 99329 | 99539 | 99749 | 99959 | 100169 • | 100379 • | 100589 | 100799 • | 2 | $\overline{1}$ |

| | | | | | | | | | | | | | | | | | | | |
|---|---|---|---|---|---|---|---|---|---|---|---|---|---|---|---|---|---|---|---|
| 1 | 10 | 100801 • | 101011 | 101221 • | 101431 | 101641 • | 101851 | 102061 • | 102271 | 102481 • | 102691 | 102901 | 103111 | 103321 | 103531 | 103741 | 103951 • | 10 | 1 |
| 2 | 2 | 100811 • | 101021 • | 101231 | 101441 | 101651 | 101861 | 102071 • | 102281 | 102491 | 102701 • | 102911 • | 103121 | 103331 | 103541 | 103751 | 103961 | 2 | 2 |
| 3 | 4 | 100813 | 101023 | 101233 | 101443 | 101653 • | 101863 • | 102073 | 102283 | 102493 | 102703 | 102913 • | 103123 • | 103333 • | 103543 | 103753 | 103963 • | 4 | 3 |
| 4 | 2 | 100817 | 101027 • | 101237 | 101447 | 101657 | 101867 | 102077 • | 102287 | 102497 • | 102707 | 102917 | 103127 | 103337 | 103547 | 103757 | 103967 • | 2 | 4 |
| 5 | 4 | 100819 | 101029 | 101239 | 101449 • | 101659 | 101869 • | 102079 • | 102289 | 102499 • | 102709 | 102919 | 103129 | 103339 | 103549 • | 103759 | 103969 • | 4 | 5 |
| 6 | 6 | 100823 • | 101033 | 101243 | 101453 | 101663 • | 101873 • | 102083 | 102293 • | 102503 • | 102713 | 102923 | 103133 | 103343 | 103553 • | 103763 | 103973 | 6 | 6 |
| 7 | 2 | 100829 • | 101039 | 101249 | 101459 | 101669 | 101879 • | 102089 | 102299 • | 102509 | 102719 | 102929 • | 103139 | 103349 • | 103559 | 103769 • | 103979 • | 2 | 7 |
| 8 | 6 | 100831 | 101041 | 101251 | 101461 | 101671 | 101881 | 102091 | 102301 • | 102511 | 102721 | 102931 • | 103141 • | 103351 | 103561 • | 103771 | 103981 • | 6 | 8 |
| 9 | 4 | 100837 | 101047 | 101257 | 101467 • | 101677 | 101887 | 102097 | 102307 | 102517 | 102727 | 102937 | 103147 | 103357 • | 103567 • | 103777 | 103987 | 4 | 9 |
| 10 | 2 | 100841 | 101051 • | 101261 | 101471 | 101681 • | 101891 • | 102101 • | 102311 | 102521 | 102731 | 102941 | 103151 | 103361 | 103571 | 103781 | 103991 • | 2 | 10 |
| 11 | 4 | 100843 | 101053 | 101263 | 101473 | 101683 | 101893 | 102103 • | 102313 | 102523 • | 102733 | 102943 | 103153 | 103363 | 103573 • | 103783 | 103993 • | 4 | 11 |
| 12 | 6 | 100847 • | 101057 | 101267 • | 101477 • | 101687 | 101897 | 102107 • | 102317 • | 102527 | 102737 | 102947 | 103157 | 103367 | 103577 • | 103787 • | 103997 • | 6 | 12 |
| 13 | 6 | 100853 • | 101063 • | 101273 • | 101483 • | 101693 • | 101903 | 102113 | 102323 | 102533 • | 102743 | 102953 • | 103163 | 103373 | 103583 • | 103793 | 104003 • | 6 | 13 |
| 14 | 2 | 100859 | 101069 | 101279 • | 101489 • | 101699 | 101909 | 102119 | 102329 • | 102539 • | 102749 | 102959 | 103169 | 103379 | 103589 | 103799 | 104009 • | 2 | 14 |
| 15 | 6 | 100861 | 101071 | 101281 • | 101491 | 101701 • | 101911 | 102121 • | 102331 | 102541 | 102751 | 102961 | 103171 • | 103381 | 103591 • | 103801 • | 104011 | 6 | 15 |
| 16 | 4 | 100867 | 101077 | 101287 • | 101497 | 101707 | 101917 • | 102127 | 102337 • | 102547 • | 102757 | 102967 • | 103177 • | 103387 • | 103597 | 103807 | 104017 | 4 | 16 |
| 17 | 2 | 100871 | 101081 • | 101291 | 101501 • | 101711 | 101921 • | 102131 | 102341 | 102551 • | 102761 • | 102971 | 103181 | 103391 • | 103601 | 103811 • | 104021 • | 2 | 17 |
| 18 | 6 | 100873 | 101083 | 101293 • | 101503 • | 101713 | 101923 | 102133 | 102343 | 102553 | 102763 • | 102973 | 103183 • | 103393 • | 103603 | 103813 • | 104023 | 6 | 18 |
| 19 | 4 | 100879 | 101089 • | 101299 | 101509 | 101719 • | 101929 • | 102139 • | 102349 | 102559 • | 102769 • | 102979 | 103189 | 103399 • | 103609 | 103819 | 104029 | 4 | 19 |
| 20 | 6 | 100883 | 101093 | 101303 | 101513 • | 101723 • | 101933 | 102143 | 102353 | 102563 • | 102773 | 102983 • | 103193 | 103403 | 103613 • | 103823 | 104033 • | 6 | 20 |
| 21 | 8 | 100889 | 101099 | 101309 | 101519 | 101729 | 101939 • | 102149 • | 102359 • | 102569 | 102779 | 102989 | 103199 | 103409 • | 103619 • | 103829 | 104039 | 8 | 21 |
| 22 | 4 | 100897 | 101107 • | 101317 | 101527 • | 101737 • | 101947 | 102157 | 102367 • | 102577 | 102787 | 102997 | 103207 | 103417 | 103627 | 103837 • | 104047 • | 4 | 22 |
| 23 | 2 | 100901 | 101111 • | 101321 | 101531 • | 101741 • | 101951 | 102161 • | 102371 | 102581 | 102791 | 103001 • | 103211 | 103421 • | 103631 | 103841 • | 104051 | 2 | 23 |
| 24 | 4 | 100903 | 101113 • | 101323 • | 101533 • | 101743 | 101953 | 102163 | 102373 | 102583 | 102793 • | 103003 | 103213 | 103423 • | 103633 | 103843 • | 104053 • | 4 | 24 |
| $\overline{24}$ | 2 | 100907 • | 101117 • | 101327 | 101537 • | 101747 • | 101957 • | 102167 | 102377 | 102587 • | 102797 • | 103007 • | 103217 • | 103427 | 103637 | 103847 | 104057 | 2 | $\overline{24}$ |
| $\overline{23}$ | 4 | 100909 | 101119 • | 101329 | 101539 | 101749 • | 101959 | 102169 | 102379 | 102589 | 102799 | 103009 | 103219 | 103429 | 103639 | 103849 | 104059 • | 4 | $\overline{23}$ |
| $\overline{22}$ | 8 | 100913 • | 101123 | 101333 • | 101543 | 101753 | 101963 • | 102173 | 102383 | 102593 • | 102803 | 103013 | 103223 | 103433 | 103643 • | 103853 | 104063 | 8 | $\overline{22}$ |
| $\overline{21}$ | 6 | 100921 | 101131 | 101341 • | 101551 | 101761 | 101971 | 102181 • | 102391 | 102601 | 102811 • | 103021 | 103231 • | 103441 | 103651 • | 103861 | 104071 | 6 | $\overline{21}$ |
| $\overline{20}$ | 4 | 100927 • | 101137 | 101347 • | 101557 | 101767 | 101977 • | 102187 | 102397 • | 102607 • | 102817 | 103027 | 103237 • | 103447 | 103657 • | 103867 • | 104077 | 4 | $\overline{20}$ |
| $\overline{19}$ | 6 | 100931 • | 101141 • | 101351 | 101561 • | 101771 • | 101981 | 102191 • | 102401 | 102611 • | 102821 | 103031 | 103241 | 103451 • | 103661 | 103871 | 104081 | 6 | $\overline{19}$ |
| $\overline{18}$ | 2 | 100937 • | 101147 | 101357 | 101567 | 101777 | 101987 • | 102197 • | 102407 • | 102617 | 102827 | 103037 | 103247 | 103457 • | 103667 | 103877 | 104087 • | 2 | $\overline{18}$ |
| $\overline{17}$ | 4 | 100939 | 101149 • | 101359 • | 101569 | 101779 | 101989 | 102199 • | 102409 • | 102619 | 102829 • | 103039 | 103249 | 103459 | 103669 • | 103879 | 104089 • | 4 | $\overline{17}$ |
| $\overline{16}$ | 6 | 100943 • | 101153 | 101363 • | 101573 • | 101783 | 101993 | 102203 • | 102413 | 102623 | 102833 | 103043 • | 103253 | 103463 | 103673 | 103883 | 104093 | 6 | $\overline{16}$ |
| $\overline{15}$ | 2 | 100949 | 101159 • | 101369 | 101579 | 101789 • | 101999 • | 102209 | 102419 | 102629 | 102839 | 103049 • | 103259 | 103469 | 103679 | 103889 • | 104099 | 2 | $\overline{15}$ |
| $\overline{14}$ | 6 | 100951 | 101161 • | 101371 | 101581 • | 101791 | 102001 • | 102211 | 102421 | 102631 | 102841 • | 103051 | 103261 | 103471 • | 103681 • | 103891 | 104101 | 6 | $\overline{14}$ |
| $\overline{13}$ | 6 | 100957 • | 101167 | 101377 • | 101587 | 101797 • | 102007 | 102217 • | 102427 | 102637 | 102847 | 103057 | 103267 | 103477 | 103687 • | 103897 | 104107 • | 6 | $\overline{13}$ |
| $\overline{12}$ | 4 | 100963 | 101173 • | 101383 • | 101593 | 101803 | 102013 • | 102223 | 102433 • | 102643 • | 102853 | 103063 | 103273 | 103483 • | 103693 | 103903 • | 104113 • | 4 | $\overline{12}$ |
| $\overline{11}$ | 2 | 100967 | 101177 | 101387 | 101597 | 101807 • | 102017 | 102227 | 102437 • | 102647 • | 102857 | 103067 • | 103277 | 103487 | 103697 | 103907 | 104117 | 2 | $\overline{11}$ |
| $\overline{10}$ | 4 | 100969 | 101179 | 101389 | 101599 • | 101809 | 102019 • | 102229 • | 102439 | 102649 | 102859 • | 103069 • | 103279 | 103489 | 103699 • | 103909 | 104119 • | 4 | $\overline{10}$ |
| $\overline{9}$ | 6 | 100973 | 101183 • | 101393 | 101603 • | 101813 | 102023 • | 102233 • | 102443 | 102653 • | 102863 | 103073 | 103283 | 103493 | 103703 • | 103913 • | 104123 • | 6 | $\overline{9}$ |
| $\overline{8}$ | 2 | 100979 | 101189 | 101399 • | 101609 | 101819 | 102029 | 102239 | 102449 | 102659 | 102869 | 103079 • | 103289 • | 103499 | 103709 | 103919 • | 104129 | 2 | $\overline{8}$ |
| $\overline{7}$ | 6 | 100981 • | 101191 | 101401 | 101611 • | 101821 | 102031 • | 102241 • | 102451 • | 102661 | 102871 • | 103081 | 103291 • | 103501 | 103711 | 103921 | 104131 | 6 | $\overline{7}$ |
| $\overline{6}$ | 4 | 100987 • | 101197 • | 101407 | 101617 | 101827 | 102037 | 102247 | 102457 | 102667 • | 102877 • | 103087 • | 103297 | 103507 | 103717 | 103927 | 104137 | 4 | $\overline{6}$ |
| $\overline{5}$ | 2 | 100991 | 101201 | 101411 • | 101621 | 101831 | 102041 | 102251 • | 102461 • | 102671 | 102881 • | 103091 • | 103301 | 103511 • | 103721 | 103931 | 104141 | 2 | $\overline{5}$ |
| $\overline{4}$ | 4 | 100993 | 101203 • | 101413 | 101623 | 101833 • | 102043 • | 102253 • | 102463 | 102673 • | 102883 | 103093 • | 103303 | 103513 | 103723 • | 103933 | 104143 | 4 | $\overline{4}$ |
| $\overline{3}$ | 2 | 100997 | 101207 • | 101417 | 101627 • | 101837 • | 102047 | 102257 | 102467 | 102677 • | 102887 | 103097 | 103307 • | 103517 | 103727 | 103937 | 104147 • | 2 | $\overline{3}$ |
| $\overline{2}$ | 10 | 100999 • | 101209 • | 101419 • | 101629 | 101839 • | 102049 | 102259 • | 102469 | 102679 • | 102889 | 103099 • | 103309 | 103519 | 103729 | 103939 | 104149 • | 10 | $\overline{2}$ |
| $\overline{1}$ | 2 | 101009 • | 101219 | 101429 • | 101639 | 101849 | 102059 • | 102269 | 102479 | 102689 | 102899 | 103109 | 103319 • | 103529 • | 103739 | 103949 | 104159 | 2 | $\overline{1}$ |

| | | | | | | | | | | | | | | | | | | | |
|---|---|---|---|---|---|---|---|---|---|---|---|---|---|---|---|---|---|---|---|
| 1 | 10 | 104161 • | 104371 | 104581 | 104791 | 105001 | 105211 • | 105421 | 105631 | 105841 | 106051 | 106261 • | 106471 | 106681 • | 106891 | 107101 • | 107311 | 10 | 1 |
| 2 | 2 | 104171 | 104381 • | 104591 | 104801 • | 105011 | 105221 | 105431 | 105641 | 105851 | 106061 | 106271 | 106481 | 106691 | 106901 | 107111 | 107321 | 2 | 2 |
| 3 | 4 | 104173 • | 104383 • | 104593 • | 104803 • | 105013 | 105223 | 105433 | 105643 | 105853 | 106063 | 106273 • | 106483 | 106693 • | 106903 • | 107113 | 107323 • | 4 | 3 |
| 4 | 2 | 104177 | 104387 | 104597 • | 104807 | 105017 | 105227 • | 105437 • | 105647 | 105857 | 106067 | 106277 • | 106487 • | 106697 | 106907 • | 107117 | 107327 | 2 | 4 |
| 5 | 4 | 104179 • | 104389 | 104599 | 104809 | 105019 • | 105229 • | 105439 | 105649 • | 105859 | 106069 | 106279 • | 106489 | 106699 • | 106909 | 107119 • | 107329 | 4 | 5 |
| 6 | 6 | 104183 • | 104393 • | 104603 | 104813 | 105023 • | 105233 | 105443 | 105653 • | 105863 • | 106073 | 106283 | 106493 | 106703 • | 106913 | 107123 • | 107333 | 6 | 6 |
| 7 | 2 | 104189 | 104399 | 104609 | 104819 | 105029 | 105239 • | 105449 • | 105659 | 105869 | 106079 | 106289 | 106499 | 106709 | 106919 | 107129 | 107339 • | 2 | 7 |
| 8 | 6 | 104191 | 104401 | 104611 | 104821 | 105031 • | 105241 | 105451 | 105661 | 105871 • | 106081 | 106291 • | 106501 • | 106711 | 106921 • | 107131 | 107341 | 6 | 8 |
| 9 | 4 | 104197 | 104407 | 104617 | 104827 • | 105037 • | 105247 | 105457 | 105667 • | 105877 | 106087 • | 106297 • | 106507 | 106717 | 106927 | 107137 • | 107347 • | 4 | 9 |
| 10 | 2 | 104201 | 104411 | 104621 | 104831 • | 105041 | 105251 • | 105461 | 105671 | 105881 | 106091 | 106301 | 106511 | 106721 • | 106931 | 107141 | 107351 • | 2 | 10 |
| 11 | 4 | 104203 | 104413 | 104623 • | 104833 | 105043 | 105253 • | 105463 | 105673 • | 105883 • | 106093 | 106303 • | 106513 | 106723 | 106933 | 107143 | 107353 | 4 | 11 |
| 12 | 6 | 104207 • | 104417 • | 104627 | 104837 | 105047 | 105257 | 105467 • | 105677 | 105887 | 106097 | 106307 • | 106517 | 106727 • | 106937 • | 107147 | 107357 • | 6 | 12 |
| 13 | 6 | 104213 | 104423 | 104633 | 104843 | 105053 | 105263 • | 105473 | 105683 • | 105893 | 106103 • | 106313 | 106523 | 106733 | 106943 | 107153 | 107363 | 6 | 13 |
| 14 | 2 | 104219 | 104429 | 104639 • | 104849 • | 105059 | 105269 • | 105479 | 105689 | 105899 • | 106109 • | 106319 • | 106529 | 106739 • | 106949 • | 107159 | 107369 | 2 | 14 |
| 15 | 6 | 104221 | 104431 | 104641 | 104851 • | 105061 | 105271 | 105481 | 105691 • | 105901 | 106111 | 106321 • | 106531 • | 106741 | 106951 | 107161 | 107371 | 6 | 15 |
| 16 | 4 | 104227 | 104437 | 104647 | 104857 | 105067 | 105277 • | 105487 | 105697 | 105907 • | 106117 | 106327 | 106537 • | 106747 • | 106957 • | 107167 | 107377 • | 4 | 16 |
| 17 | 2 | 104231 • | 104441 | 104651 • | 104861 | 105071 • | 105281 | 105491 • | 105701 • | 105911 | 106121 • | 106331 • | 106541 • | 106751 • | 106961 • | 107171 • | 107381 | 2 | 17 |
| 18 | 6 | 104233 • | 104443 | 104653 | 104863 | 105073 | 105283 | 105493 | 105703 | 105913 • | 106123 • | 106333 | 106543 • | 106753 • | 106963 • | 107173 | 107383 | 6 | 18 |
| 19 | 4 | 104239 • | 104449 | 104659 • | 104869 • | 105079 | 105289 | 105499 • | 105709 | 105919 | 106129 • | 106339 | 106549 | 106759 • | 106969 | 107179 | 107389 | 4 | 19 |
| 20 | 6 | 104243 • | 104453 | 104663 | 104873 | 105083 | 105293 | 105503 • | 105713 | 105923 | 106133 | 106343 | 106553 | 106763 | 106973 | 107183 • | 107393 | 6 | 20 |
| 21 | 8 | 104249 | 104459 • | 104669 | 104879 • | 105089 | 105299 | 105509 • | 105719 | 105929 • | 106139 | 106349 • | 106559 | 106769 | 106979 • | 107189 | 107399 | 8 | 21 |
| 22 | 4 | 104257 | 104467 | 104677 • | 104887 | 105097 • | 105307 | 105517 • | 105727 • | 105937 | 106147 | 106357 • | 106567 | 106777 | 106987 | 107197 • | 107407 | 4 | 22 |
| 23 | 2 | 104261 | 104471 • | 104681 • | 104891 • | 105101 | 105311 | 105521 | 105731 | 105941 | 106151 | 106361 | 106571 | 106781 • | 106991 | 107201 • | 107411 | 2 | 23 |
| 24 | 4 | 104263 | 104473 • | 104683 • | 104893 | 105103 | 105313 | 105523 | 105733 • | 105943 • | 106153 | 106363 • | 106573 | 106783 • | 106993 • | 107203 | 107413 | 4 | 24 |
| $\overline{24}$ | 2 | 104267 | 104477 | 104687 | 104897 | 105107 • | 105317 | 105527 • | 105737 | 105947 | 106157 | 106367 • | 106577 | 106787 • | 106997 | 107207 | 107417 | 2 | $\overline{24}$ |
| $\overline{23}$ | 4 | 104269 | 104479 • | 104689 | 104899 | 105109 | 105319 • | 105529 • | 105739 | 105949 | 106159 | 106369 | 106579 | 106789 | 106999 | 107209 • | 107419 | 4 | $\overline{23}$ |
| $\overline{22}$ | 8 | 104273 | 104483 | 104693 • | 104903 | 105113 | 105323 • | 105533 • | 105743 | 105953 • | 106163 • | 106373 • | 106583 | 106793 | 107003 | 107213 | 107423 | 8 | $\overline{22}$ |
| $\overline{21}$ | 6 | 104281 • | 104491 • | 104701 • | 104911 • | 105121 | 105331 • | 105541 • | 105751 • | 105961 | 106171 | 106381 | 106591 • | 106801 • | 107011 | 107221 | 107431 | 6 | $\overline{21}$ |
| $\overline{20}$ | 4 | 104287 • | 104497 | 104707 • | 104917 • | 105127 | 105337 • | 105547 | 105757 | 105967 • | 106177 | 106387 | 106597 | 106807 | 107017 | 107227 • | 107437 | 4 | $\overline{20}$ |
| $\overline{19}$ | 6 | 104291 | 104501 | 104711 • | 104921 | 105131 | 105341 • | 105551 | 105761 • | 105971 • | 106181 • | 106391 • | 106601 | 106811 | 107021 • | 107231 | 107441 • | 6 | $\overline{19}$ |
| $\overline{18}$ | 2 | 104297 • | 104507 | 104717 • | 104927 | 105137 • | 105347 | 105557 • | 105767 • | 105977 • | 106187 • | 106397 • | 106607 | 106817 | 107027 | 107237 | 107447 | 2 | $\overline{18}$ |
| $\overline{17}$ | 4 | 104299 | 104509 | 104719 | 104929 | 105139 | 105349 | 105559 | 105769 • | 105979 | 106189 • | 106399 | 106609 | 106819 | 107029 | 107239 | 107449 • | 4 | $\overline{17}$ |
| $\overline{16}$ | 6 | 104303 | 104513 • | 104723 • | 104933 • | 105143 • | 105353 | 105563 • | 105773 | 105983 • | 106193 | 106403 | 106613 | 106823 • | 107033 • | 107243 • | 107453 • | 6 | $\overline{16}$ |
| $\overline{15}$ | 2 | 104309 • | 104519 | 104729 • | 104939 | 105149 | 105359 • | 105569 | 105779 | 105989 | 106199 | 106409 | 106619 • | 106829 | 107039 | 107249 | 107459 | 2 | $\overline{15}$ |
| $\overline{14}$ | 6 | 104311 • | 104521 | 104731 | 104941 | 105151 | 105361 • | 105571 | 105781 | 105991 | 106201 | 106411 • | 106621 • | 106831 | 107041 | 107251 • | 107461 | 6 | $\overline{14}$ |
| $\overline{13}$ | 6 | 104317 | 104527 • | 104737 | 104947 • | 105157 | 105367 • | 105577 | 105787 | 105997 • | 106207 • | 106417 • | 106627 • | 106837 | 107047 | 107257 | 107467 • | 6 | $\overline{13}$ |
| $\overline{12}$ | 4 | 104323 • | 104533 | 104743 • | 104953 • | 105163 | 105373 • | 105583 | 105793 | 106003 | 106213 • | 106423 | 106633 | 106843 | 107053 • | 107263 | 107473 • | 4 | $\overline{12}$ |
| $\overline{11}$ | 2 | 104327 • | 104537 • | 104747 | 104957 | 105167 • | 105377 | 105587 | 105797 | 106007 | 106217 • | 106427 • | 106637 • | 106847 | 107057 • | 107267 | 107477 | 2 | $\overline{11}$ |
| $\overline{10}$ | 4 | 104329 | 104539 | 104749 | 104959 • | 105169 | 105379 • | 105589 | 105799 | 106009 | 106219 • | 106429 | 106639 | 106849 | 107059 | 107269 • | 107479 | 4 | $\overline{10}$ |
| $\overline{9}$ | 6 | 104333 | 104543 • | 104753 | 104963 | 105173 • | 105383 | 105593 | 105803 | 106013 • | 106223 | 106433 • | 106643 | 106853 • | 107063 | 107273 • | 107483 | 6 | $\overline{9}$ |
| $\overline{8}$ | 2 | 104339 | 104549 • | 104759 • | 104969 | 105179 | 105389 • | 105599 | 105809 | 106019 • | 106229 | 106439 | 106649 • | 106859 • | 107069 • | 107279 • | 107489 | 2 | $\overline{8}$ |
| $\overline{7}$ | 6 | 104341 | 104551 • | 104761 • | 104971 • | 105181 | 105391 | 105601 • | 105811 | 106021 | 106231 | 106441 • | 106651 | 106861 • | 107071 • | 107281 | 107491 | 6 | $\overline{7}$ |
| $\overline{6}$ | 4 | 104347 • | 104557 | 104767 | 104977 | 105187 | 105397 • | 105607 • | 105817 • | 106027 | 106237 | 106447 | 106657 • | 106867 • | 107077 • | 107287 | 107497 | 4 | $\overline{6}$ |
| $\overline{5}$ | 2 | 104351 | 104561 • | 104771 | 104981 | 105191 | 105401 • | 105611 | 105821 | 106031 • | 106241 | 106451 • | 106661 • | 106871 • | 107081 | 107291 | 107501 | 2 | $\overline{5}$ |
| $\overline{4}$ | 4 | 104353 | 104563 | 104773 • | 104983 | 105193 | 105403 | 105613 • | 105823 | 106033 • | 106243 • | 106453 • | 106663 • | 106873 | 107083 | 107293 | 107503 | 4 | $\overline{4}$ |
| $\overline{3}$ | 2 | 104357 | 104567 | 104777 | 104987 • | 105197 | 105407 • | 105617 | 105827 | 106037 | 106247 | 106457 | 106667 | 106877 • | 107087 | 107297 | 107507 • | 2 | $\overline{3}$ |
| $\overline{2}$ | 10 | 104359 | 104569 | 104779 • | 104989 | 105199 • | 105409 | 105619 • | 105829 • | 106039 | 106249 | 106459 | 106669 • | 106879 | 107089 • | 107299 | 107509 • | 10 | $\overline{2}$ |
| $\overline{1}$ | 2 | 104369 • | 104579 • | 104789 • | 104999 • | 105209 | 105419 | 105629 | 105839 | 106049 | 106259 | 106469 | 106679 | 106889 | 107099 • | 107309 • | 107519 | 2 | $\overline{1}$ |

| | | | | | | | | | | | | | | | | | | | |
|---|---|---|---|---|---|---|---|---|---|---|---|---|---|---|---|---|---|---|---|
| 1 | 10 | 107521 | 107731 | 107941 • | 108151 | 108361 | 108571 • | 108781 | 108991 • | 109201 • | 109411 | 109621 • | 109831 • | 110041 | 110251 • | 110461 | 110671 | 10 | 1 |
| 2 | 2 | 107531 | 107741 • | 107951 • | 108161 • | 108371 | 108581 | 108791 • | 109001 • | 109211 • | 109421 | 109631 | 109841 • | 110051 • | 110261 • | 110471 | 110681 • | 2 | 2 |
| 3 | 4 | 107533 | 107743 | 107953 | 108163 | 108373 | 108583 | 108793 • | 109003 | 109213 | 109423 • | 109633 | 109843 • | 110053 | 110263 | 110473 | 110683 | 4 | 3 |
| 4 | 2 | 107537 | 107747 • | 107957 | 108167 | 108377 • | 108587 • | 108797 | 109007 | 109217 | 109427 | 109637 | 109847 • | 110057 | 110267 | 110477 • | 110687 | 2 | 4 |
| 5 | 4 | 107539 | 107749 | 107959 | 108169 | 108379 • | 108589 | 108799 • | 109009 | 109219 | 109429 | 109639 • | 109849 • | 110059 • | 110269 • | 110479 • | 110689 | 4 | 5 |
| 6 | 6 | 107543 | 107753 | 107963 | 108173 | 108383 | 108593 | 108803 • | 109013 • | 109223 | 109433 • | 109643 | 109853 | 110063 • | 110273 • | 110483 | 110693 | 6 | 6 |
| 7 | 2 | 107549 | 107759 | 107969 | 108179 • | 108389 | 108599 | 108809 | 109019 | 109229 • | 109439 | 109649 | 109859 • | 110069 • | 110279 | 110489 | 110699 | 2 | 7 |
| 8 | 6 | 107551 | 107761 • | 107971 • | 108181 | 108391 | 108601 | 108811 | 109021 | 109231 | 109441 • | 109651 | 109861 | 110071 | 110281 • | 110491 • | 110701 | 6 | 8 |
| 9 | 4 | 107557 | 107767 | 107977 | 108187 • | 108397 | 108607 | 108817 | 109027 | 109237 | 109447 | 109657 | 109867 | 110077 | 110287 | 110497 | 110707 | 4 | 9 |
| 10 | 2 | 107561 | 107771 | 107981 • | 108191 • | 108401 • | 108611 | 108821 • | 109031 | 109241 | 109451 • | 109661 • | 109871 | 110081 | 110291 • | 110501 • | 110711 • | 2 | 10 |
| 11 | 4 | 107563 • | 107773 • | 107983 | 108193 • | 108403 | 108613 | 108823 | 109033 | 109243 | 109453 • | 109663 • | 109873 • | 110083 • | 110293 | 110503 • | 110713 | 4 | 11 |
| 12 | 6 | 107567 | 107777 • | 107987 | 108197 | 108407 | 108617 | 108827 • | 109037 • | 109247 | 109457 | 109667 | 109877 | 110087 | 110297 | 110507 | 110717 | 6 | 12 |
| 13 | 6 | 107573 | 107783 | 107993 | 108203 • | 108413 • | 108623 | 108833 | 109043 | 109253 • | 109463 | 109673 • | 109883 • | 110093 | 110303 | 110513 | 110723 | 6 | 13 |
| 14 | 2 | 107579 | 107789 | 107999 • | 108209 | 108419 | 108629 | 108839 | 109049 • | 109259 | 109469 • | 109679 | 109889 | 110099 | 110309 | 110519 | 110729 • | 2 | 14 |
| 15 | 6 | 107581 • | 107791 • | 108001 | 108211 • | 108421 • | 108631 • | 108841 | 109051 | 109261 | 109471 • | 109681 | 109891 • | 110101 | 110311 • | 110521 | 110731 • | 6 | 15 |
| 16 | 4 | 107587 | 107797 | 108007 • | 108217 • | 108427 | 108637 • | 108847 | 109057 | 109267 • | 109477 | 109687 | 109897 • | 110107 | 110317 | 110527 • | 110737 | 4 | 16 |
| 17 | 2 | 107591 | 107801 | 108011 • | 108221 | 108431 | 108641 | 108851 | 109061 | 109271 | 109481 • | 109691 | 109901 | 110111 | 110321 • | 110531 | 110741 | 2 | 17 |
| 18 | 6 | 107593 | 107803 | 108013 • | 108223 • | 108433 | 108643 • | 108853 | 109063 • | 109273 | 109483 | 109693 | 109903 • | 110113 | 110323 • | 110533 • | 110743 | 6 | 18 |
| 19 | 4 | 107599 • | 107809 | 108019 | 108229 | 108439 • | 108649 • | 108859 | 109069 | 109279 • | 109489 | 109699 | 109909 | 110119 • | 110329 | 110539 | 110749 • | 4 | 19 |
| 20 | 6 | 107603 • | 107813 | 108023 • | 108233 • | 108443 | 108653 | 108863 • | 109073 • | 109283 | 109493 | 109703 | 109913 • | 110123 | 110333 | 110543 • | 110753 • | 6 | 20 |
| 21 | 8 | 107609 • | 107819 | 108029 | 108239 | 108449 | 108659 | 108869 • | 109079 | 109289 | 109499 | 109709 | 109919 • | 110129 • | 110339 • | 110549 | 110759 | 8 | 21 |
| 22 | 4 | 107617 | 107827 • | 108037 • | 108247 • | 108457 • | 108667 | 108877 • | 109087 | 109297 • | 109507 • | 109717 • | 109927 | 110137 | 110347 | 110557 • | 110767 | 4 | 22 |
| 23 | 2 | 107621 • | 107831 | 108041 • | 108251 | 108461 • | 108671 | 108881 • | 109091 | 109301 | 109511 | 109721 • | 109931 | 110141 | 110351 | 110561 | 110771 • | 2 | 23 |
| 24 | 4 | 107623 | 107833 | 108043 | 108253 | 108463 • | 108673 | 108883 • | 109093 | 109303 • | 109513 | 109723 | 109933 | 110143 | 110353 | 110563 • | 110773 | 4 | 24 |
| $\overline{24}$ | 2 | 107627 | 107837 • | 108047 | 108257 | 108467 | 108677 • | 108887 • | 109097 | 109307 | 109517 • | 109727 | 109937 • | 110147 | 110357 | 110567 • | 110777 • | 2 | $\overline{24}$ |
| $\overline{23}$ | 4 | 107629 | 107939 • | 108049 | 108259 | 108469 | 108679 | 108889 | 109099 | 109309 | 109519 • | 109729 | 109939 | 110149 | 110359 • | 110569 • | 110779 | 4 | $\overline{23}$ |
| $\overline{22}$ | 8 | 107633 | 107843 • | 108053 | 108263 • | 108473 | 108683 | 108893 • | 109103 • | 109313 • | 109523 | 109733 | 109943 • | 110153 | 110363 | 110573 • | 110783 | 8 | $\overline{22}$ |
| $\overline{21}$ | 6 | 107641 • | 107851 | 108061 • | 108271 • | 108481 | 108691 | 108901 | 109111 • | 109321 • | 109531 | 109741 • | 109951 | 110161 • | 110371 | 110581 • | 110791 | 6 | $\overline{21}$ |
| $\overline{20}$ | 4 | 107647 • | 107857 • | 108067 | 108277 | 108487 | 108697 | 108907 • | 109117 | 109327 | 109537 • | 109747 | 109957 | 110167 | 110377 | 110587 • | 110797 | 4 | $\overline{20}$ |
| $\overline{19}$ | 6 | 107651 | 107861 | 108071 | 108281 | 108491 | 108701 | 108911 | 109121 • | 109331 • | 109541 • | 109751 • | 109961 • | 110171 | 110381 | 110591 | 110801 | 6 | $\overline{19}$ |
| $\overline{18}$ | 2 | 107657 | 107867 • | 108077 | 108287 • | 108497 • | 108707 • | 108917 • | 109127 | 109337 | 109547 • | 109757 | 109967 | 110177 | 110387 | 110597 • | 110807 • | 2 | $\overline{18}$ |
| $\overline{17}$ | 4 | 107659 | 107869 | 108079 • | 108289 • | 108499 • | 108709 • | 108919 | 109129 | 109339 | 109549 | 109759 | 109969 | 110179 | 110389 | 110599 | 110809 | 4 | $\overline{17}$ |
| $\overline{16}$ | 6 | 107663 | 107873 • | 108083 | 108293 • | 108503 • | 108713 | 108923 • | 109133 • | 109343 | 109553 | 109763 | 109973 | 110183 • | 110393 | 110603 • | 110813 • | 6 | $\overline{16}$ |
| $\overline{15}$ | 2 | 107669 | 107879 | 108089 • | 108299 | 108509 | 108719 | 108929 • | 109139 • | 109349 | 109559 | 109769 | 109979 | 110189 | 110399 | 110609 • | 110819 • | 2 | $\overline{15}$ |
| $\overline{14}$ | 6 | 107671 • | 107881 • | 108091 | 108301 • | 108511 | 108721 | 108931 | 109141 • | 109351 | 109561 | 109771 | 109981 | 110191 | 110401 | 110611 | 110821 • | 6 | $\overline{14}$ |
| $\overline{13}$ | 6 | 107677 | 107887 | 108097 | 108307 | 108517 • | 108727 • | 108937 | 109147 • | 109357 • | 109567 • | 109777 | 109987 • | 110197 | 110407 | 110617 | 110827 | 6 | $\overline{13}$ |
| $\overline{12}$ | 4 | 107683 | 107893 | 108103 | 108313 | 108523 | 108733 | 108943 • | 109153 | 109363 • | 109573 | 109783 | 109993 | 110203 | 110413 | 110623 • | 110833 | 4 | $\overline{12}$ |
| $\overline{11}$ | 2 | 107687 • | 107897 • | 108107 • | 108317 | 108527 | 108737 | 108947 • | 109157 | 109367 • | 109577 | 109787 | 109997 | 110207 | 110417 | 110627 | 110837 | 2 | $\overline{11}$ |
| $\overline{10}$ | 4 | 107689 | 107899 | 108109 • | 108319 | 108529 • | 108739 • | 108949 • | 109159 • | 109369 | 109579 • | 109789 • | 109999 | 110209 | 110419 • | 110629 • | 110839 | 4 | $\overline{10}$ |
| $\overline{9}$ | 6 | 107693 • | 107903 • | 108113 | 108323 | 108533 • | 108743 | 108953 | 109163 | 109373 | 109583 • | 109793 • | 110003 | 110213 | 110423 | 110633 | 110843 | 6 | $\overline{9}$ |
| $\overline{8}$ | 2 | 107699 • | 107909 | 108119 | 108329 | 108539 | 108749 | 108959 • | 109169 • | 109379 • | 109589 • | 109799 | 110009 | 110219 | 110429 | 110639 | 110849 • | 2 | $\overline{8}$ |
| $\overline{7}$ | 6 | 107701 | 107911 | 108121 | 108331 | 108541 • | 108751 • | 108961 • | 109171 • | 109381 | 109591 | 109801 | 110011 | 110221 • | 110431 • | 110641 • | 110851 | 6 | $\overline{7}$ |
| $\overline{6}$ | 4 | 107707 | 107917 | 108127 • | 108337 | 108547 | 108757 | 108967 • | 109177 | 109387 • | 109597 • | 109807 • | 110017 • | 110227 | 110437 • | 110647 • | 110857 | 4 | $\overline{6}$ |
| $\overline{5}$ | 2 | 107711 | 107921 | 108131 • | 108341 | 108551 | 108761 • | 108971 • | 109181 | 109391 • | 109601 | 109811 | 110021 | 110231 | 110441 • | 110651 • | 110861 | 2 | $\overline{5}$ |
| $\overline{4}$ | 4 | 107713 • | 107923 • | 108133 | 108343 • | 108553 • | 108763 | 108973 | 109183 | 109393 | 109603 | 109813 | 110023 • | 110233 • | 110443 | 110653 | 110863 • | 4 | $\overline{4}$ |
| $\overline{3}$ | 2 | 107717 • | 107927 • | 108137 | 108347 • | 108557 • | 108767 | 108977 | 109187 | 109397 • | 109607 | 109817 | 110027 | 110237 • | 110447 | 110657 | 110867 | 2 | $\overline{3}$ |
| $\overline{2}$ | 10 | 107719 • | 107929 | 108139 • | 108349 | 108559 | 108769 • | 108979 | 109189 | 109399 | 109609 • | 109819 • | 110029 | 110239 | 110449 | 110659 | 110869 | 10 | $\overline{2}$ |
| $\overline{1}$ | 2 | 107729 | 107939 | 108149 | 108359 • | 108569 | 108779 | 108989 | 109199 • | 109409 | 109619 • | 109829 • | 110039 • | 110249 | 110459 • | 110669 | 110879 • | 2 | $\overline{1}$ |

| | | | | | | | | | | | | | | | | | | | |
|---|---|---|---|---|---|---|---|---|---|---|---|---|---|---|---|---|---|---|---|
| 1 | 10 | 110881• | 111091• | 111301• | 111511 | 111721• | 111931 | 112141 | 112351 | 112561 | 112771• | 112981 | 113191 | 113401 | 113611 | 113821 | 114031• | 10 | 1 |
| 2 | 2 | 110891 | 111101 | 111311 | 111521• | 111731• | 111941 | 112151 | 112361• | 112571• | 112781 | 112991 | 113201 | 113411 | 113621• | 113831 | 114041• | 2 | 2 |
| 3 | 4 | 110893 | 111103• | 111313 | 111523 | 111733• | 111943 | 112153• | 112363• | 112573• | 112783 | 112993 | 113203 | 113413 | 113623• | 113833 | 114043• | 4 | 3 |
| 4 | 2 | 110897 | 111107 | 111317• | 111527 | 111737 | 111947 | 112157 | 112367 | 112577• | 112787• | 112997• | 113207 | 113417• | 113627 | 113837• | 114047 | 2 | 4 |
| 5 | 4 | 110899• | 111109• | 111319 | 111529 | 111739 | 111949• | 112159 | 112369 | 112579 | 112789 | 112999 | 113209• | 113419 | 113629 | 113839 | 114049 | 4 | 5 |
| 6 | 6 | 110903 | 111113 | 111323• | 111533• | 111743 | 111953• | 112163• | 112373 | 112583• | 112793 | 113003 | 113213• | 113423 | 113633 | 113843• | 114053 | 6 | 6 |
| 7 | 2 | 110909• | 111119• | 111329 | 111539• | 111749 | 111959• | 112169 | 112379 | 112589• | 112799• | 113009 | 113219 | 113429 | 113639 | 113849 | 114059 | 2 | 7 |
| 8 | 6 | 110911 | 111121• | 111331 | 111541 | 111751• | 111961 | 112171 | 112381 | 112591 | 112801 | 113011• | 113221 | 113431 | 113641 | 113851 | 114061 | 6 | 8 |
| 9 | 4 | 110917• | 111127• | 111337• | 111547 | 111757 | 111967 | 112177 | 112387 | 112597 | 112807• | 113017• | 113227• | 113437• | 113647• | 113857 | 114067• | 4 | 9 |
| 10 | 2 | 110921• | 111131 | 111341• | 111551 | 111761 | 111971 | 112181• | 112391 | 112601• | 112811 | 113021• | 113231 | 113441 | 113651 | 113861 | 114071 | 2 | 10 |
| 11 | 4 | 110923• | 111133 | 111343 | 111553 | 111763 | 111973• | 112183 | 112393 | 112603• | 112813 | 113023• | 113233• | 113443 | 113653 | 113863 | 114073• | 4 | 11 |
| 12 | 6 | 110927• | 111137 | 111347• | 111557 | 111767• | 111977• | 112187 | 112397• | 112607 | 112817 | 113027• | 113237 | 113447 | 113657• | 113867 | 114077• | 6 | 12 |
| 13 | 6 | 110933• | 111143• | 111353 | 111563 | 111773• | 111983 | 112193 | 112403• | 112613 | 112823 | 113033 | 113243 | 113453• | 113663 | 113873 | 114083• | 6 | 13 |
| 14 | 2 | 110939• | 111149• | 111359 | 111569 | 111779• | 111989 | 112199• | 112409 | 112619 | 112829 | 113039• | 113249 | 113459 | 113669 | 113879 | 114089• | 2 | 14 |
| 15 | 6 | 110941 | 111151 | 111361 | 111571 | 111781• | 111991 | 112201 | 112411 | 112621• | 112831• | 113041• | 113251 | 113461 | 113671 | 113881 | 114091 | 6 | 15 |
| 16 | 4 | 110947• | 111157 | 111367 | 111577• | 111787 | 111997• | 112207• | 112417 | 112627 | 112837 | 113047 | 113257 | 113467• | 113677 | 113887 | 114097 | 4 | 16 |
| 17 | 2 | 110951• | 111161 | 111371 | 111581• | 111791• | 112001 | 112211 | 112421 | 112631 | 112841 | 113051• | 113261 | 113471 | 113681 | 113891• | 114101 | 2 | 17 |
| 18 | 6 | 110953 | 111163 | 111373• | 111583 | 111793 | 112003 | 112213• | 112423 | 112633 | 112843• | 113053 | 113263 | 113473 | 113683• | 113893 | 114103 | 6 | 18 |
| 19 | 4 | 110959 | 111169 | 111379 | 111589 | 111799• | 112009 | 112219 | 112429• | 112639 | 112849 | 113059 | 113269 | 113479 | 113689 | 113899• | 114109 | 4 | 19 |
| 20 | 6 | 110963 | 111173 | 111383 | 111593• | 111803 | 112013 | 112223• | 112433 | 112643• | 112853 | 113063• | 113273 | 113483 | 113693 | 113903• | 114113• | 6 | 20 |
| 21 | 8 | 110969• | 111179 | 111389 | 111599• | 111809 | 112019• | 112229 | 112439 | 112649 | 112859• | 113069 | 113279• | 113489• | 113699 | 113909• | 114119 | 8 | 21 |
| 22 | 4 | 110977• | 111187• | 111397 | 111607 | 111817 | 112027 | 112237• | 112447 | 112657• | 112867 | 113077 | 113287• | 113497• | 113707 | 113917 | 114127 | 4 | 22 |
| 23 | 2 | 110981 | 111191• | 111401 | 111611• | 111821• | 112031• | 112241• | 112451 | 112661 | 112871 | 113081• | 113291 | 113501• | 113711 | 113921• | 114131 | 2 | 23 |
| 24 | 4 | 110983 | 111193 | 111403 | 111613 | 111823 | 112033 | 112243 | 112453 | 112663• | 112873 | 113083• | 113293 | 113503 | 113713 | 113923 | 114133 | 4 | 24 |
| $\overline{24}$ | 2 | 110987 | 111197 | 111407 | 111617 | 111827• | 112037 | 112247• | 112457 | 112667 | 112877• | 113087 | 113297 | 113507 | 113717• | 113927 | 114137 | 2 | $\overline{24}$ |
| $\overline{23}$ | 4 | 110989• | 111199 | 111409• | 111619 | 111829• | 112039 | 112249• | 112459• | 112669 | 112879 | 113089• | 113299 | 113509 | 113719• | 113929 | 114139 | 4 | $\overline{23}$ |
| $\overline{22}$ | 8 | 110993 | 111203 | 111413 | 111623• | 111833• | 112043 | 112253• | 112463 | 112673 | 112883 | 113093• | 113303 | 113513• | 113723• | 113933• | 114143• | 8 | $\overline{22}$ |
| $\overline{21}$ | 6 | 111001 | 111211• | 111421 | 111631 | 111841 | 112051 | 112261• | 112471 | 112681 | 112891 | 113101 | 113311 | 113521 | 113731• | 113941 | 114151 | 6 | $\overline{21}$ |
| $\overline{20}$ | 4 | 111007 | 111217• | 111427• | 111637• | 111847• | 112057 | 112267 | 112477 | 112687• | 112897 | 113107 | 113317 | 113527 | 113737 | 113947• | 114157• | 4 | $\overline{20}$ |
| $\overline{19}$ | 6 | 111011 | 111221 | 111431• | 111641• | 111851 | 112061• | 112271 | 112481• | 112691• | 112901• | 113111• | 113321 | 113531 | 113741 | 113951 | 114161• | 6 | $\overline{19}$ |
| $\overline{18}$ | 2 | 111017 | 111227• | 111437 | 111647 | 111857• | 112067• | 112277 | 112487 | 112697 | 112907 | 113117• | 113327• | 113537• | 113747 | 113957• | 114167• | 2 | $\overline{18}$ |
| $\overline{17}$ | 4 | 111019 | 111229• | 111439• | 111649 | 111859 | 112069• | 112279• | 112489 | 112699 | 112909• | 113119 | 113329• | 113539• | 113749• | 113959 | 114169 | 4 | $\overline{17}$ |
| $\overline{16}$ | 6 | 111023 | 111233 | 111443• | 111653• | 111863• | 112073 | 112283 | 112493 | 112703 | 112913• | 113123• | 113333 | 113543 | 113753 | 113963• | 114173 | 6 | $\overline{16}$ |
| $\overline{15}$ | 2 | 111029• | 111239 | 111449 | 111659• | 111869• | 112079 | 112289• | 112499 | 112709 | 112919• | 113129 | 113339 | 113549 | 113759• | 113969• | 114179 | 2 | $\overline{15}$ |
| $\overline{14}$ | 6 | 111031• | 111241 | 111451 | 111661 | 111871• | 112081 | 112291• | 112501• | 112711 | 112921• | 113131• | 113341• | 113551 | 113761• | 113971 | 114181 | 6 | $\overline{14}$ |
| $\overline{13}$ | 6 | 111037 | 111247 | 111457 | 111667• | 111877 | 112087• | 112297• | 112507• | 112717 | 112927• | 113137 | 113347 | 113557• | 113767 | 113977 | 114187 | 6 | $\overline{13}$ |
| $\overline{12}$ | 4 | 111043• | 111253• | 111463 | 111673 | 111883 | 112093 | 112303• | 112513 | 112723 | 112933 | 113143• | 113353 | 113563 | 113773 | 113983• | 114193• | 4 | $\overline{12}$ |
| $\overline{11}$ | 2 | 111047 | 111257 | 111467• | 111677 | 111887 | 112097• | 112307 | 112517 | 112727 | 112937 | 113147• | 113357• | 113567• | 113777• | 113987 | 114197• | 2 | $\overline{11}$ |
| $\overline{10}$ | 4 | 111049• | 111259 | 111469 | 111679 | 111889 | 112099 | 112309 | 112519 | 112729 | 112939• | 113149• | 113359• | 113569 | 113779• | 113989• | 114199• | 4 | $\overline{10}$ |
| $\overline{9}$ | 6 | 111053• | 111263• | 111473 | 111683 | 111893• | 112103• | 112313 | 112523 | 112733 | 112943 | 113153• | 113363• | 113573 | 113783• | 113993 | 114203• | 6 | $\overline{9}$ |
| $\overline{8}$ | 2 | 111059 | 111269• | 111479 | 111689 | 111899 | 112109 | 112319 | 112529 | 112739 | 112949 | 113159• | 113369 | 113579 | 113789 | 113999 | 114209 | 2 | $\overline{8}$ |
| $\overline{7}$ | 6 | 111061 | 111271• | 111481 | 111691 | 111901 | 112111• | 112321 | 112531 | 112741• | 112951• | 113161• | 113371• | 113581 | 113791 | 114001• | 114211 | 6 | $\overline{7}$ |
| $\overline{6}$ | 4 | 111067 | 111277 | 111487• | 111697• | 111907 | 112117 | 112327• | 112537 | 112747 | 112957 | 113167• | 113377 | 113587 | 113797• | 114007 | 114217• | 4 | $\overline{6}$ |
| $\overline{5}$ | 2 | 111071 | 111281 | 111491• | 111701 | 111911 | 112121• | 112331• | 112541 | 112751 | 112961 | 113171• | 113381• | 113591• | 113801 | 114011 | 114221• | 2 | $\overline{5}$ |
| $\overline{4}$ | 4 | 111073 | 111283 | 111493• | 111703 | 111913• | 112123 | 112333 | 112543• | 112753 | 112963 | 113173• | 113383• | 113593 | 113803 | 114013• | 114223 | 4 | $\overline{4}$ |
| $\overline{3}$ | 2 | 111077 | 111287 | 111497• | 111707 | 111917 | 112127 | 112337• | 112547 | 112757• | 112967• | 113177• | 113387 | 113597 | 113807 | 114017 | 114227 | 2 | $\overline{3}$ |
| $\overline{2}$ | 10 | 111079 | 111289 | 111499 | 111709 | 111919• | 112129• | 112339• | 112549 | 112759• | 112969 | 113179 | 113389 | 113599 | 113809• | 114019 | 114229• | 10 | $\overline{2}$ |
| $\overline{1}$ | 2 | 111089 | 111299 | 111509• | 111719 | 111929 | 112139• | 112349• | 112559• | 112769 | 112979• | 113189• | 113399 | 113609 | 113819• | 114029 | 114239 | 2 | $\overline{1}$ |

| | | | | | | | | | | | | | | | | | | | |
|---|---|---|---|---|---|---|---|---|---|---|---|---|---|---|---|---|---|---|---|
| 1 | 10 | 114241 | 114451• | 114661• | 114871 | 115081 | 115291 | 115501 | 115711 | 115921 | 116131• | 116341• | 116551 | 116761 | 116971 | 117181 | 117391 | 10 | 1 |
| 2 | 2 | 114251 | 114461 | 114671• | 114881 | 115091 | 115301• | 115511 | 115721 | 115931• | 116141• | 116351• | 116561 | 116771 | 116981• | 117191• | 117401 | 2 | 2 |
| 3 | 4 | 114253 | 114463 | 114673 | 114883• | 115093 | 115303• | 115513• | 115723 | 115933• | 116143 | 116353 | 116563 | 116773 | 116983 | 117193• | 117403 | 4 | 3 |
| 4 | 2 | 114257 | 114467• | 114677 | 114887 | 115097 | 115307 | 115517 | 115727• | 115937 | 116147 | 116357 | 116567 | 116777 | 116987 | 117197 | 117407 | 2 | 4 |
| 5 | 4 | 114259• | 114469 | 114679• | 114889• | 115099• | 115309• | 115519 | 115729 | 115939 | 116149 | 116359• | 116569 | 116779 | 116989• | 117199 | 117409 | 4 | 5 |
| 6 | 6 | 114263 | 114473• | 114683 | 114893 | 115103 | 115313 | 115523• | 115733• | 115943 | 116153 | 116363 | 116573 | 116783 | 116993• | 117203• | 117413• | 6 | 6 |
| 7 | 2 | 114269• | 114479• | 114689• | 114899 | 115109 | 115319• | 115529 | 115739 | 115949 | 116159• | 116369 | 116579• | 116789• | 116999 | 117209• | 117419 | 2 | 7 |
| 8 | 6 | 114271 | 114481 | 114691• | 114901• | 115111 | 115321• | 115531 | 115741• | 115951 | 116161 | 116371• | 116581 | 116791• | 117001 | 117211 | 117421 | 6 | 8 |
| 9 | 4 | 114277• | 114487• | 114697 | 114907 | 115177• | 115327• | 115537 | 115747 | 115957 | 116167• | 116377 | 116587 | 116797• | 117007 | 117217 | 117427• | 4 | 9 |
| 10 | 2 | 114281• | 114491 | 114701 | 114911 | 115121 | 115331• | 115541 | 115751• | 115961 | 116171 | 116381• | 116591 | 116801 | 117011 | 117221 | 117431• | 2 | 10 |
| 11 | 4 | 114283 | 114493• | 114703 | 114913• | 115123• | 115333 | 115543 | 115753 | 115963• | 116173 | 116383 | 116593• | 116803• | 117013 | 117223• | 117433 | 4 | 11 |
| 12 | 6 | 114287 | 114497 | 114707 | 114917 | 115127• | 115337• | 115547• | 115757• | 115967 | 116177• | 116387• | 116597 | 116807 | 117017• | 117227 | 117437• | 6 | 12 |
| 13 | 6 | 114293 | 114503 | 114713• | 114923 | 115133• | 115343• | 115553• | 115763• | 115973 | 116183 | 116393 | 116603 | 116813 | 117023• | 117233 | 117443• | 6 | 13 |
| 14 | 2 | 114299• | 114509 | 114719 | 114929 | 115139 | 115349 | 115559 | 115769• | 115979• | 116189• | 116399 | 116609 | 116819• | 117029 | 117239• | 117449 | 2 | 14 |
| 15 | 6 | 114301 | 114511 | 114721 | 114931 | 115141 | 115351 | 115561• | 115771• | 115981• | 116191• | 116401 | 116611 | 116821 | 117031 | 117241• | 117451 | 6 | 15 |
| 16 | 4 | 114307 | 114517 | 114727 | 114937 | 115147 | 115357 | 115567 | 115777• | 115987• | 116197 | 116407 | 116617 | 116827• | 117037• | 117247 | 117457 | 4 | 16 |
| 17 | 2 | 114311• | 114521 | 114731 | 114941• | 115151• | 115361• | 115571• | 115781• | 115991 | 116201• | 116411• | 116621 | 116831 | 117041• | 117251• | 117461 | 2 | 17 |
| 18 | 6 | 114313 | 114523 | 114733 | 114943 | 115153• | 115363• | 115573 | 115783• | 115993 | 116203 | 116413 | 116623 | 116833• | 117043• | 117253 | 117463 | 6 | 18 |
| 19 | 4 | 114319• | 114529 | 114739 | 114949 | 115159 | 115369 | 115579 | 115789 | 115999 | 116209 | 116419 | 116629 | 116839 | 117049 | 117259• | 117469 | 4 | 19 |
| 20 | 6 | 114323 | 114533 | 114743• | 114953 | 115163• | 115373 | 115583 | 115793• | 116003 | 116213 | 116423• | 116633 | 116843 | 117053• | 117263 | 117473 | 6 | 20 |
| 21 | 8 | 114329• | 114539 | 114749• | 114959 | 115169 | 115379 | 115589• | 115799 | 116009• | 116219 | 116429 | 116639• | 116849• | 117059 | 117269• | 117479 | 8 | 21 |
| 22 | 4 | 114337 | 114547• | 114757• | 114967• | 115177 | 115387 | 115597• | 115807• | 116017 | 116227 | 116437• | 116647 | 116857 | 117067 | 117277 | 117487 | 4 | 22 |
| 23 | 2 | 114341 | 114551 | 114761• | 114971 | 115181 | 115391 | 115601• | 115811• | 116021 | 116231 | 116441 | 116651 | 116861 | 117071• | 117281• | 117491 | 2 | 23 |
| 24 | 4 | 114343• | 114553• | 114763 | 114973• | 115183• | 115393 | 115603• | 115813 | 116023 | 116233 | 116443• | 116653 | 116863 | 117073 | 117283 | 117493 | 4 | 24 |
| $\overline{24}$ | 2 | 114347 | 114557 | 114767 | 114977 | 115187 | 115397 | 115607 | 115817 | 116027• | 116237 | 116447• | 116657• | 116867• | 117077 | 117287 | 117497• | 2 | $\overline{24}$ |
| $\overline{23}$ | 4 | 114349 | 114559 | 114769• | 114979 | 115189 | 115399• | 115609 | 115819 | 116029 | 116239• | 116449 | 116659 | 116869 | 117079 | 117289 | 117499• | 4 | $\overline{23}$ |
| $\overline{22}$ | 8 | 114353 | 114563 | 114773• | 114983 | 115193 | 115403 | 115613• | 115823• | 116033 | 116243• | 116453 | 116663• | 116873 | 117083 | 117293 | 117503• | 8 | $\overline{22}$ |
| $\overline{21}$ | 6 | 114361 | 114571• | 114781• | 114991 | 115201• | 115411 | 115621 | 115831• | 116041• | 116251 | 116461• | 116671 | 116881• | 117091 | 117301 | 117511• | 6 | $\overline{21}$ |
| $\overline{20}$ | 4 | 114367 | 114577• | 114787 | 114997• | 115207 | 115417 | 115627 | 115837• | 116047• | 116257• | 116467 | 116677 | 116887 | 117097 | 117307• | 117517• | 4 | $\overline{20}$ |
| $\overline{19}$ | 6 | 114371• | 114581 | 114791 | 115001• | 115211• | 115421• | 115631• | 115841 | 116051 | 116261 | 116471• | 116681• | 116891 | 117101• | 117311 | 117521 | 6 | $\overline{19}$ |
| $\overline{18}$ | 2 | 114377• | 114587 | 114797• | 115007 | 115217 | 115427 | 115637• | 115847 | 116057 | 116267 | 116477 | 116687• | 116897 | 117107 | 117317 | 117527 | 2 | $\overline{18}$ |
| $\overline{17}$ | 4 | 114379 | 114589 | 114799• | 115009 | 115219 | 115429• | 115639 | 115849• | 116059 | 116269• | 116479 | 116689• | 116899 | 117109• | 117319• | 117529• | 4 | $\overline{17}$ |
| $\overline{16}$ | 6 | 114383 | 114593• | 114803 | 115013• | 115223• | 115433 | 115643 | 115853• | 116063 | 116273• | 116483• | 116693 | 116903• | 117113 | 117323 | 117533 | 6 | $\overline{16}$ |
| $\overline{15}$ | 2 | 114389 | 114599• | 114709• | 115019• | 115229 | 115439 | 115649 | 115859• | 116069 | 116279• | 116489 | 116699 | 116909 | 117119• | 117329• | 117539• | 2 | $\overline{15}$ |
| $\overline{14}$ | 6 | 114391 | 114601• | 114811 | 115021• | 115231 | 115441 | 115651 | 115861• | 116071 | 116281 | 116491• | 116701 | 116911• | 117121 | 117331• | 117541• | 6 | $\overline{14}$ |
| $\overline{13}$ | 6 | 114397 | 114607 | 114817 | 115027 | 115237• | 115447 | 115657• | 115867 | 116077 | 116287 | 116497 | 116707• | 116917 | 117127• | 117337 | 117547 | 6 | $\overline{13}$ |
| $\overline{12}$ | 4 | 114403 | 114613• | 114823 | 115033 | 115243 | 115453 | 115663• | 115873• | 116083 | 116293• | 116503 | 116713 | 116923• | 117133• | 117343 | 117553 | 4 | $\overline{12}$ |
| $\overline{11}$ | 2 | 114407• | 114617• | 114827• | 115037 | 115247 | 115457 | 115667 | 115877• | 116087 | 116297 | 116507• | 116717 | 116927• | 117137 | 117347 | 117557 | 2 | $\overline{11}$ |
| $\overline{10}$ | 4 | 114409 | 114619 | 114829 | 115039 | 115249• | 115459• | 115669 | 115879• | 116089• | 116299 | 116509 | 116719• | 116929• | 117139 | 117349 | 117559 | 4 | $\overline{10}$ |
| $\overline{9}$ | 6 | 114413 | 114623 | 114833• | 115043 | 115253 | 115463 | 115673 | 115883• | 116093 | 116303 | 116513 | 116723 | 116933• | 117143 | 117353• | 117563• | 6 | $\overline{9}$ |
| $\overline{8}$ | 2 | 114419• | 114629 | 114839 | 115049 | 115259• | 115469• | 115679• | 115889 | 116099• | 116309 | 116519 | 116729 | 116939 | 117149 | 117359 | 117569 | 2 | $\overline{8}$ |
| $\overline{7}$ | 6 | 114421 | 114631 | 114841 | 115051 | 115261 | 115471• | 115681 | 115891• | 116101• | 116311 | 116521 | 116731• | 116941 | 117151 | 117361• | 117571• | 6 | $\overline{7}$ |
| $\overline{6}$ | 4 | 114427 | 114637 | 114847• | 115057• | 115267 | 115477 | 115687 | 115897 | 116107• | 116317 | 116527 | 116737 | 116947 | 117157 | 117367 | 117577• | 4 | $\overline{6}$ |
| $\overline{5}$ | 2 | 114431 | 114641• | 114851 | 115061• | 115271 | 115481 | 115691 | 115901• | 116111 | 116321 | 116531• | 116741• | 116951 | 117161 | 117371• | 117581 | 2 | $\overline{5}$ |
| $\overline{4}$ | 4 | 114433 | 114643• | 114853 | 115063 | 115273 | 115483 | 115693• | 115903• | 116113• | 116323 | 116533• | 116743 | 116953• | 117163• | 117373• | 117583 | 4 | $\overline{4}$ |
| $\overline{3}$ | 2 | 114437 | 114647 | 114857 | 115067• | 115277 | 115487 | 115697 | 115907 | 116117 | 116327 | 116537• | 116747• | 116957 | 117167• | 117377 | 117587 | 2 | $\overline{3}$ |
| $\overline{2}$ | 10 | 114439 | 114649• | 114859• | 115069 | 115279• | 115489 | 115699 | 115909 | 116119 | 116329• | 116539• | 116749 | 116959• | 117169 | 117379 | 117589 | 10 | $\overline{2}$ |
| $\overline{1}$ | 2 | 114449 | 114659• | 114869 | 115079• | 115289 | 115499• | 115709 | 115919 | 116129 | 116339 | 116549• | 116759 | 116969• | 117179 | 117389• | 117599 | 2 | $\overline{1}$ |

| | | | | | | | | | | | | | | | | | | | |
|---|---|---|---|---|---|---|---|---|---|---|---|---|---|---|---|---|---|---|---|
| 1 | 10 | 117601 | 117811 • | 118021 | 118231 | 118441 | 118651 | 118861 • | 119071 | 119281 | 119491 | 119701 • | 119911 | 120121 • | 120331 • | 120541 | 120751 | 10 | 1 |
| 2 | 2 | 117611 | 117821 | 118031 | 118241 | 118451 | 118661 • | 118871 | 119081 | 119291 • | 119501 | 119711 | 119921 • | 120131 | 120341 | 120551 • | 120761 | 2 | 2 |
| 3 | 4 | 117613 | 117823 | 118033 • | 118243 | 118453 • | 118663 | 118873 • | 119083 • | 119293 • | 119503 • | 119713 | 119923 • | 120133 | 120343 | 120553 | 120763 • | 4 | 3 |
| 4 | 2 | 117617 • | 117827 | 118037 • | 118247 • | 118457 • | 118667 | 118877 | 119087 • | 119297 • | 119507 | 119717 | 119927 | 120137 | 120347 | 120557 • | 120767 • | 2 | 4 |
| 5 | 4 | 117619 • | 117829 | 118039 | 118249 • | 118459 | 118669 • | 118879 | 119089 • | 119299 • | 119509 | 119719 | 119929 • | 120139 | 120349 • | 120559 | 120769 | 4 | 5 |
| 6 | 6 | 117623 | 117833 • | 118043 • | 118253 • | 118463 • | 118673 • | 118883 | 119093 | 119303 | 119513 • | 119723 • | 119933 | 120143 | 120353 | 120563 • | 120773 | 6 | 6 |
| 7 | 2 | 117629 | 117839 • | 118049 | 118259 • | 118469 | 118679 | 118889 | 119099 • | 119309 | 119519 | 119729 | 119939 | 120149 | 120359 | 120569 • | 120779 • | 2 | 7 |
| 8 | 6 | 117631 | 117841 • | 118051 • | 118261 | 118471 • | 118681 • | 118891 • | 119101 • | 119311 • | 119521 | 119731 | 119941 | 120151 | 120361 | 120571 | 120781 | 6 | 8 |
| 9 | 4 | 117637 | 117847 | 118057 • | 118267 | 118477 | 118687 • | 118897 • | 119107 • | 119317 | 119527 | 119737 • | 119947 | 120157 • | 120367 | 120577 • | 120787 | 4 | 9 |
| 10 | 2 | 117641 | 117851 • | 118061 • | 118271 | 118481 | 118691 • | 118901 • | 119111 | 119321 • | 119531 | 119741 | 119951 | 120161 | 120371 • | 120581 | 120791 | 2 | 10 |
| 11 | 4 | 117643 • | 117853 | 118063 | 118273 • | 118483 | 118693 | 118903 • | 119113 | 119323 | 119533 • | 119743 | 119953 • | 120163 • | 120373 | 120583 | 120793 | 4 | 11 |
| 12 | 6 | 117647 | 117857 | 118067 | 118277 • | 118487 | 118697 | 118907 • | 119117 | 119327 | 119537 | 119747 • | 119957 | 120167 • | 120377 | 120587 • | 120797 | 6 | 12 |
| 13 | 6 | 117653 | 117863 | 118073 | 118283 | 118493 • | 118703 | 118913 • | 119123 | 119333 | 119543 | 119753 | 119963 • | 120173 | 120383 • | 120593 | 120803 | 6 | 13 |
| 14 | 2 | 117659 • | 117869 | 118079 | 118289 | 118499 | 118709 • | 118919 | 119129 • | 119339 | 119549 • | 119759 • | 119969 | 120179 | 120389 | 120599 | 120809 | 2 | 14 |
| 15 | 6 | 117661 | 117871 | 118081 • | 118291 | 118501 | 118711 | 118921 | 119131 • | 119341 | 119551 • | 119761 | 119971 • | 120181 • | 120391 • | 120601 | 120811 • | 6 | 15 |
| 16 | 4 | 117667 | 117877 • | 118087 | 118297 • | 118507 | 118717 • | 118927 • | 119137 | 119347 | 119557 • | 119767 | 119977 | 120187 | 120397 • | 120607 • | 120817 • | 4 | 16 |
| 17 | 2 | 117671 • | 117881 • | 118091 | 118301 | 118511 | 118721 | 118931 • | 119141 | 119351 | 119561 | 119771 • | 119981 • | 120191 | 120401 • | 120611 | 120821 | 2 | 17 |
| 18 | 6 | 117673 • | 117883 • | 118093 • | 118303 | 118513 | 118723 | 118933 | 119143 | 119353 | 119563 • | 119773 • | 119983 • | 120193 • | 120403 | 120613 | 120823 • | 6 | 18 |
| 19 | 4 | 117679 • | 117889 • | 118099 | 118309 | 118519 | 118729 | 118939 | 119149 | 119359 • | 119569 • | 119779 | 119989 | 120199 • | 120409 | 120619 • | 120829 • | 4 | 19 |
| 20 | 6 | 117683 | 117893 | 118103 | 118313 | 118523 | 118733 | 118943 | 119153 | 119363 • | 119573 | 119783 • | 119993 • | 120203 | 120413 • | 120623 • | 120833 • | 6 | 20 |
| 21 | 8 | 117689 | 117899 • | 118109 | 118319 | 118529 • | 118739 • | 118949 | 119159 • | 119369 | 119579 | 119789 | 119999 | 120209 • | 120419 | 120629 | 120839 | 8 | 21 |
| 22 | 4 | 117697 | 117907 | 118117 | 118327 | 118537 | 118747 • | 118957 | 119167 | 119377 | 119587 | 119797 • | 120007 | 120217 | 120427 • | 120637 | 120847 • | 4 | 22 |
| 23 | 2 | 117701 • | 117911 • | 118121 | 118331 | 118541 | 118751 • | 118961 | 119171 | 119381 | 119591 • | 119801 | 120011 • | 120221 | 120431 • | 120641 • | 120851 • | 2 | 23 |
| 24 | 4 | 117703 • | 117913 | 118123 | 118333 | 118543 • | 118753 | 118963 | 119173 • | 119383 | 119593 | 119803 | 120013 | 120223 • | 120433 | 120643 | 120853 | 4 | 24 |
| $\overline{24}$ | 2 | 117707 | 117917 • | 118127 • | 118337 | 118547 | 118757 • | 118967 • | 119177 | 119387 | 119597 | 119807 | 120017 • | 120227 | 120437 | 120647 • | 120857 | 2 | $\overline{24}$ |
| $\overline{23}$ | 4 | 117709 • | 117919 | 118129 | 118339 | 118549 • | 118759 | 118969 | 119179 • | 119389 • | 119599 | 119809 • | 120019 | 120229 | 120439 | 120649 | 120859 | 4 | $\overline{23}$ |
| $\overline{22}$ | 8 | 117713 | 117923 | 118133 | 118343 • | 118553 | 118763 | 118973 • | 119183 • | 119393 | 119603 | 119813 • | 120023 | 120233 • | 120443 | 120653 | 120863 • | 8 | $\overline{22}$ |
| $\overline{21}$ | 6 | 117721 • | 117931 | 118141 | 118351 | 118561 | 118771 | 118981 | 119191 • | 119401 | 119611 • | 119821 | 120031 | 120241 | 120451 | 120661 • | 120871 • | 6 | $\overline{21}$ |
| $\overline{20}$ | 4 | 117727 • | 117937 • | 118147 • | 118357 | 118567 | 118777 | 118987 | 119197 | 119407 | 119617 • | 119827 • | 120037 | 120247 • | 120457 | 120667 | 120877 • | 4 | $\overline{20}$ |
| $\overline{19}$ | 6 | 117731 • | 117941 | 118151 | 118361 • | 118571 • | 118781 | 118991 | 119201 | 119411 | 119621 | 119831 • | 120041 • | 120251 | 120461 | 120671 • | 120881 | 6 | $\overline{19}$ |
| $\overline{18}$ | 2 | 117737 | 117947 | 118157 | 118367 | 118577 | 118787 • | 118997 | 119207 | 119417 • | 119627 • | 119837 | 120047 • | 120257 | 120467 | 120677 • | 120887 | 2 | $\overline{18}$ |
| $\overline{17}$ | 4 | 117739 | 117949 | 118159 | 118369 • | 118579 | 118789 | 118999 | 119209 | 119419 • | 119629 | 119839 • | 120049 • | 120259 | 120469 | 120679 | 120889 • | 4 | $\overline{17}$ |
| $\overline{16}$ | 6 | 117743 | 117953 | 118163 • | 118373 • | 118583 • | 118793 | 119003 | 119213 | 119423 | 119633 • | 119843 | 120053 | 120263 | 120473 • | 120683 | 120893 | 6 | $\overline{16}$ |
| $\overline{15}$ | 2 | 117749 | 117959 • | 118169 • | 118379 | 118589 • | 118799 • | 119009 | 119219 | 119429 • | 119639 | 119849 • | 120059 | 120269 | 120479 | 120689 • | 120899 • | 2 | $\overline{15}$ |
| $\overline{14}$ | 6 | 117751 • | 117961 | 118171 • | 118381 | 118591 | 118801 • | 119011 | 119221 | 119431 | 119641 | 119851 • | 120061 | 120271 | 120481 | 120691 • | 120901 | 6 | $\overline{14}$ |
| $\overline{13}$ | 6 | 117757 • | 117967 | 118177 | 118387 • | 118597 | 118807 | 119017 | 119227 • | 119437 | 119647 | 119857 | 120067 • | 120277 • | 120487 | 120697 | 120907 • | 6 | $\overline{13}$ |
| $\overline{12}$ | 4 | 117763 • | 117973 • | 118183 | 118393 | 118603 • | 118813 | 119023 | 119233 • | 119443 | 119653 • | 119863 | 120073 | 120283 • | 120493 | 120703 | 120913 | 4 | $\overline{12}$ |
| $\overline{11}$ | 2 | 117767 | 117977 • | 118187 | 118397 | 118607 | 118817 | 119027 • | 119237 • | 119447 • | 119657 • | 119867 | 120077 • | 120287 | 120497 | 120707 | 120917 • | 2 | $\overline{11}$ |
| $\overline{10}$ | 4 | 117769 | 117979 • | 118189 • | 118399 • | 118609 | 118819 • | 119029 | 119239 | 119449 | 119659 • | 119869 • | 120079 • | 120289 | 120499 | 120709 • | 120919 • | 4 | $\overline{10}$ |
| $\overline{9}$ | 6 | 117773 • | 117983 | 118193 | 118403 | 118613 | 118823 | 119033 • | 119243 • | 119453 | 119663 | 119873 | 120083 | 120293 • | 120503 • | 120713 • | 120923 | 6 | $\overline{9}$ |
| $\overline{8}$ | 2 | 117779 • | 117989 • | 118199 | 118409 • | 118619 • | 118829 | 119039 • | 119249 | 119459 | 119669 | 119879 | 120089 | 120299 • | 120509 | 120719 | 120929 • | 2 | $\overline{8}$ |
| $\overline{7}$ | 6 | 117781 | 117991 • | 118201 | 118411 • | 118621 • | 118831 • | 119041 | 119251 | 119461 | 119671 • | 119881 • | 120091 • | 120301 | 120511 • | 120721 • | 120931 | 6 | $\overline{7}$ |
| $\overline{6}$ | 4 | 117787 • | 117997 | 118207 | 118417 | 118627 | 118837 | 119047 • | 119257 | 119467 | 119677 • | 119887 | 120097 • | 120307 | 120517 | 120727 | 120937 • | 4 | $\overline{6}$ |
| $\overline{5}$ | 2 | 117791 | 118001 | 118211 • | 118421 | 118631 | 118841 | 119051 | 119261 | 119471 | 119681 | 119891 • | 120101 | 120311 | 120521 | 120731 | 120941 • | 2 | $\overline{5}$ |
| $\overline{4}$ | 4 | 117793 | 118003 | 118213 • | 118423 • | 118633 • | 118843 • | 119053 | 119263 | 119473 | 119683 | 119893 | 120103 • | 120313 | 120523 | 120733 | 120943 • | 4 | $\overline{4}$ |
| $\overline{3}$ | 2 | 117797 • | 118007 | 118217 | 118427 | 118637 | 118847 | 119057 • | 119267 • | 119477 | 119687 • | 119897 | 120107 | 120317 | 120527 | 120737 • | 120947 • | 2 | $\overline{3}$ |
| $\overline{2}$ | 10 | 117799 | 118009 | 118219 • | 118429 • | 118639 | 118849 | 119059 | 119269 | 119479 | 119689 • | 119899 | 120109 | 120319 • | 120529 | 120739 • | 120949 | 10 | $\overline{2}$ |
| $\overline{1}$ | 2 | 117809 • | 118019 | 118229 | 118439 | 118649 | 118859 | 119069 • | 119279 | 119489 • | 119699 • | 119909 | 120119 | 120329 | 120539 • | 120749 • | 120959 | 2 | $\overline{1}$ |

| | | | | | | | | | | | | | | | | | | | |
|---|---|---|---|---|---|---|---|---|---|---|---|---|---|---|---|---|---|---|---|
| 1 | 10 | 120961 | 121171 • | 121381 | 121591 • | 121801 | 122011 • | 122221 | 122431 | 122641 | 122851 | 123061 | 123271 | 123481 | 123691 | 123901 | 124111 | 10 | 1 |
| 2 | 2 | 120971 | 121181 • | 121391 | 121601 | 121811 | 122021 • | 122231 • | 122441 | 122651 • | 122861 • | 123071 | 123281 | 123491 • | 123701 | 123911 • | 124121 • | 2 | 2 |
| 3 | 4 | 120973 | 121183 | 121393 | 121603 | 121813 | 122023 | 122233 | 122443 • | 122653 • | 122863 | 123073 | 123283 | 123493 • | 123703 | 123913 | 124123 • | 4 | 3 |
| 4 | 2 | 120977 • | 121187 | 121397 | 121607 • | 121817 | 122027 • | 122237 | 122447 | 122657 | 122867 • | 123077 • | 123287 | 123497 | 123707 • | 123917 | 124127 | 2 | 4 |
| 5 | 4 | 120979 | 121189 • | 121399 | 121609 • | 121819 | 122029 • | 122239 | 122449 • | 122659 | 122869 • | 123079 | 123289 • | 123499 • | 123709 | 123919 | 124129 | 4 | 5 |
| 6 | 6 | 120983 | 121193 | 121403 • | 121613 | 121823 | 122033 • | 122243 | 122453 • | 122663 • | 122873 | 123083 • | 123293 | 123503 • | 123713 | 123923 • | 124133 • | 6 | 6 |
| 7 | 2 | 120989 | 121199 | 121409 | 121619 | 121829 | 122039 • | 122249 | 122459 | 122669 | 122879 | 123089 | 123299 | 123509 | 123719 • | 123929 | 124139 • | 2 | 7 |
| 8 | 6 | 120991 | 121201 | 121411 | 121621 • | 121831 | 122041 • | 122251 • | 122461 | 122671 | 122881 | 123091 • | 123301 | 123511 | 123721 | 123931 • | 124141 | 6 | 8 |
| 9 | 4 | 120997 • | 121207 | 121417 | 121627 | 121837 | 122047 | 122257 | 122467 | 122677 | 122887 • | 123097 | 123307 • | 123517 • | 123727 • | 123937 | 124147 • | 4 | 9 |
| 10 | 2 | 121001 • | 121211 | 121421 • | 121631 • | 121841 | 122051 • | 122261 | 122471 • | 122681 | 122891 • | 123101 | 123311 • | 123521 | 123731 • | 123941 • | 124151 | 2 | 10 |
| 11 | 4 | 121003 | 121213 | 121423 | 121633 • | 121843 • | 122053 • | 122263 • | 122473 | 122683 | 122893 | 123103 | 123313 | 123523 | 123733 • | 123943 | 124153 • | 4 | 11 |
| 12 | 6 | 121007 • | 121217 | 121427 | 121637 • | 121847 | 122057 | 122267 • | 122477 • | 122687 | 122897 | 123107 | 123317 | 123527 • | 123737 • | 123947 | 124157 | 6 | 12 |
| 13 | 6 | 121013 • | 121223 | 121433 | 121643 | 121853 • | 122063 | 122273 • | 122483 | 122693 • | 122903 | 123113 • | 123323 • | 123533 | 123743 | 123953 • | 124163 | 6 | 13 |
| 14 | 2 | 121019 • | 121229 • | 121439 • | 121649 | 121859 | 122069 • | 122279 • | 122489 • | 122699 | 122909 | 123119 | 123329 | 123539 | 123749 | 123959 | 124169 | 2 | 14 |
| 15 | 6 | 121021 • | 121231 | 121441 • | 121651 | 121861 | 122071 | 122281 | 122491 | 122701 • | 122911 | 123121 • | 123331 | 123541 | 123751 | 123961 | 124171 • | 6 | 15 |
| 16 | 4 | 121027 | 121237 | 121447 • | 121657 | 121867 • | 122077 | 122287 | 122497 • | 122707 | 122917 | 123127 • | 123337 | 123547 • | 123757 • | 123967 | 124177 | 4 | 16 |
| 17 | 2 | 121031 | 121241 | 121451 | 121661 • | 121871 | 122081 • | 122291 | 122501 • | 122711 | 122921 • | 123131 | 123341 • | 123551 • | 123761 | 123971 | 124181 • | 2 | 17 |
| 18 | 6 | 121033 | 121243 | 121453 • | 121663 | 121873 | 122083 | 122293 | 122503 • | 122713 | 122923 | 123133 | 123343 | 123553 • | 123763 | 123973 • | 124183 • | 6 | 18 |
| 19 | 4 | 121039 • | 121249 | 121459 | 121669 | 121879 | 122089 | 122299 • | 122509 • | 122719 • | 122929 • | 123139 | 123349 | 123559 | 123769 | 123979 • | 124189 | 4 | 19 |
| 20 | 6 | 121043 | 121253 | 121463 | 121673 | 121883 • | 122093 | 122303 | 122513 | 122723 | 122933 | 123143 • | 123353 | 123563 | 123773 | 123983 • | 124193 • | 6 | 20 |
| 21 | 8 | 121049 | 121259 • | 121469 • | 121679 | 121889 • | 122099 • | 122309 | 122519 | 122729 | 122939 • | 123149 | 123359 | 123569 | 123779 | 123989 • | 124199 • | 8 | 21 |
| 22 | 4 | 121057 | 121267 • | 121477 | 121687 • | 121897 | 122107 | 122317 | 122527 • | 122737 | 122947 | 123157 | 123367 | 123577 | 123787 • | 123997 • | 124207 | 4 | 22 |
| 23 | 2 | 121061 • | 121271 • | 121481 | 121691 | 121901 | 122111 | 122321 • | 122531 | 122741 • | 122951 | 123161 | 123371 | 123581 • | 123791 • | 124001 • | 124211 | 2 | 23 |
| 24 | 4 | 121063 • | 121273 | 121483 | 121693 | 121903 | 122113 | 122323 • | 122533 • | 122743 • | 122953 • | 123163 | 123373 • | 123583 • | 123793 | 124003 | 124213 • | 4 | 24 |
| $\overline{24}$ | 2 | 121067 • | 121277 | 121487 • | 121697 • | 121907 | 122117 • | 122327 • | 122537 | 122747 | 122957 • | 123167 | 123377 • | 123587 | 123797 | 124007 | 124217 | 2 | $\overline{24}$ |
| $\overline{23}$ | 4 | 121069 | 121279 | 121489 | 121699 | 121909 • | 122119 | 122329 | 122539 | 122749 | 122959 | 123169 • | 123379 • | 123589 | 123799 | 124009 | 124219 | 4 | $\overline{23}$ |
| $\overline{22}$ | 8 | 121073 | 121283 • | 121493 • | 121703 | 121913 | 122123 | 122333 | 122543 | 122753 • | 122963 • | 123173 | 123383 | 123593 • | 123803 • | 124013 | 124223 | 8 | $\overline{22}$ |
| $\overline{21}$ | 6 | 121081 • | 121291 • | 121501 • | 121711 • | 121921 • | 122131 • | 122341 | 122551 | 122761 • | 122971 • | 123181 | 123391 | 123601 • | 123811 | 124021 • | 124231 • | 6 | $\overline{21}$ |
| $\overline{20}$ | 4 | 121087 | 121297 | 121507 • | 121717 | 121927 | 122137 | 122347 • | 122557 • | 122767 | 122977 | 123187 | 123397 • | 123607 | 123817 • | 124027 | 124237 | 4 | $\overline{20}$ |
| $\overline{19}$ | 6 | 121091 | 121301 | 121511 | 121721 • | 121931 • | 122141 | 122351 | 122561 • | 122771 | 122981 | 123191 • | 123401 • | 123611 | 123821 • | 124031 | 124241 | 6 | $\overline{19}$ |
| $\overline{18}$ | 2 | 121097 | 121307 | 121517 | 121727 • | 121937 • | 122147 • | 122357 | 122567 | 122777 • | 122987 | 123197 | 123407 • | 123617 | 123827 | 124037 | 124247 • | 2 | $\overline{18}$ |
| $\overline{17}$ | 4 | 121099 | 121309 • | 121519 | 121729 | 121939 | 122149 • | 122359 | 122569 | 122779 | 122989 | 123199 | 123409 | 123619 • | 123829 • | 124039 | 124249 • | 4 | $\overline{17}$ |
| $\overline{16}$ | 6 | 121103 | 121313 • | 121523 • | 121733 | 121943 | 122153 | 122363 • | 122573 | 122783 | 122993 | 123203 • | 123413 | 123623 | 123833 • | 124043 | 124253 | 6 | $\overline{16}$ |
| $\overline{15}$ | 2 | 121109 | 121319 | 121529 | 121739 | 121949 • | 122159 | 122369 | 122579 • | 122789 • | 122999 | 123209 • | 123419 • | 123629 | 123839 | 124049 | 124259 | 2 | $\overline{15}$ |
| $\overline{14}$ | 6 | 121111 | 121321 • | 121531 • | 121741 | 121951 • | 122161 | 122371 | 122581 | 122791 | 123001 • | 123211 | 123421 | 123631 • | 123841 | 124051 | 124261 | 6 | $\overline{14}$ |
| $\overline{13}$ | 6 | 121117 | 121327 • | 121537 | 121747 | 121957 | 122167 • | 122377 | 122587 | 122797 | 123007 • | 123217 • | 123427 • | 123637 • | 123847 | 124057 | 124267 | 6 | $\overline{13}$ |
| $\overline{12}$ | 4 | 121123 • | 121333 • | 121543 | 121753 | 121963 • | 122173 • | 122383 | 122593 | 122803 | 123013 | 123223 | 123433 • | 123643 | 123853 • | 124063 | 124273 | 4 | $\overline{12}$ |
| $\overline{11}$ | 2 | 121127 | 121337 | 121547 • | 121757 | 121967 • | 122177 | 122387 • | 122597 • | 122807 | 123017 • | 123227 | 123437 | 123647 | 123857 | 124067 • | 124277 • | 2 | $\overline{11}$ |
| $\overline{10}$ | 4 | 121129 | 121339 | 121549 | 121759 | 121969 | 122179 | 122389 • | 122599 • | 122809 | 123019 | 123229 • | 123439 • | 123649 | 123859 | 124069 | 124279 | 4 | $\overline{10}$ |
| $\overline{9}$ | 6 | 121133 | 121343 • | 121553 • | 121763 • | 121973 | 122183 | 122393 • | 122603 | 122813 | 123023 | 123233 | 123443 | 123653 • | 123863 • | 124073 | 124283 | 6 | $\overline{9}$ |
| $\overline{8}$ | 2 | 121139 • | 121349 • | 121559 • | 121769 | 121979 | 122189 | 122399 • | 122609 • | 122819 • | 123029 | 123239 • | 123449 • | 123659 | 123869 | 124079 | 124289 | 2 | $\overline{8}$ |
| $\overline{7}$ | 6 | 121141 | 121351 • | 121561 | 121771 | 121981 | 122191 | 122401 • | 122611 • | 122821 | 123031 • | 123241 | 123451 | 123661 • | 123871 | 124081 | 124291 • | 6 | $\overline{7}$ |
| $\overline{6}$ | 4 | 121147 | 121357 • | 121567 | 121777 | 121987 | 122197 | 122407 | 122617 | 122827 • | 123037 | 123247 | 123457 • | 123667 • | 123877 | 124087 • | 124297 • | 4 | $\overline{6}$ |
| $\overline{5}$ | 2 | 121151 • | 121361 | 121571 • | 121781 | 121991 | 122201 • | 122411 | 122621 | 122831 | 123041 | 123251 | 123461 | 123671 | 123881 | 124091 | 124301 • | 2 | $\overline{5}$ |
| $\overline{4}$ | 4 | 121153 | 121363 | 121573 | 121783 | 121993 • | 122203 • | 122413 | 122623 | 122833 • | 123043 | 123253 | 123463 | 123673 | 123883 | 124093 | 124303 • | 4 | $\overline{4}$ |
| $\overline{3}$ | 2 | 121157 • | 121367 • | 121577 • | 121787 • | 121997 • | 122207 • | 122417 | 122627 | 122837 | 123047 | 123257 | 123467 | 123677 • | 123887 • | 124097 • | 124307 | 2 | $\overline{3}$ |
| $\overline{2}$ | 10 | 121159 | 121369 • | 121579 • | 121789 • | 121999 | 122209 • | 122419 | 122629 | 122839 • | 123049 • | 123259 • | 123469 | 123679 | 123889 | 124099 | 124309 • | 10 | $\overline{2}$ |
| $\overline{1}$ | 2 | 121169 • | 121379 • | 121589 | 121799 | 122009 | 122219 • | 122429 | 122639 | 122849 • | 123059 • | 123269 • | 123479 • | 123689 | 123899 | 124109 | 124319 • | 2 | $\overline{1}$ |

| | | | | | | | | | | | | | | | | | | | |
|---|---|---|---|---|---|---|---|---|---|---|---|---|---|---|---|---|---|---|---|
| 1 | 10 | 124321 | 124531 | 124741 | 124951 • | 125161 | 125371 • | 125581 | 125791 • | 126001 • | 126211 • | 126421 • | 126631 • | 126841 | 127051 • | 127261 • | 127471 | 10 | 1 |
| 2 | 2 | 124331 | 124541 • | 124751 | 124961 | 125171 | 125381 | 125591 • | 125801 | 126011 • | 126221 | 126431 | 126641 • | 126851 • | 127061 | 127271 • | 127481 • | 2 | 2 |
| 3 | 4 | 124333 | 124543 • | 124753 • | 124963 | 125173 | 125383 • | 125593 | 125803 • | 126013 • | 126223 • | 126433 • | 126643 | 126853 | 127063 | 127273 | 127483 | 4 | 3 |
| 4 | 2 | 124337 • | 124547 | 124757 | 124967 | 125177 | 125387 • | 125597 • | 125807 | 126017 | 126227 • | 126437 | 126647 | 126857 • | 127067 | 127277 • | 127487 • | 2 | 4 |
| 5 | 4 | 124339 • | 124549 | 124759 • | 124969 | 125179 | 125389 | 125599 | 125809 | 126019 • | 126229 • | 126439 | 126649 | 126859 • | 127069 | 127279 | 127489 | 4 | 5 |
| 6 | 6 | 124343 • | 124553 | 124763 | 124973 | 125183 • | 125393 | 125603 | 125813 • | 126023 • | 126233 • | 126443 • | 126653 • | 126863 | 127073 | 127283 | 127493 • | 6 | 6 |
| 7 | 2 | 124349 • | 124559 | 124769 • | 124979 • | 125189 | 125399 • | 125609 | 125819 | 126029 | 126239 | 126449 | 126659 | 126869 | 127079 • | 127289 • | 127499 | 2 | 7 |
| 8 | 6 | 124351 • | 124561 • | 124771 • | 124981 • | 125191 | 125401 | 125611 | 125821 • | 126031 • | 126241 • | 126451 | 126661 | 126871 | 127081 • | 127291 • | 127501 | 6 | 8 |
| 9 | 4 | 124357 | 124567 • | 124777 • | 124987 • | 125197 • | 125407 • | 125617 • | 125827 | 126037 • | 126247 | 126457 • | 126667 | 126877 | 127087 | 127297 • | 127507 • | 4 | 9 |
| 10 | 2 | 124361 | 124571 | 124781 • | 124991 • | 125201 • | 125411 | 125621 • | 125831 | 126041 • | 126251 | 126461 • | 126671 | 126881 | 127091 | 127301 • | 127511 | 2 | 10 |
| 11 | 4 | 124363 • | 124573 | 124783 • | 124993 | 125203 | 125413 | 125623 | 125833 | 126043 | 126253 | 126463 | 126673 | 126883 | 127093 | 127303 | 127513 | 4 | 11 |
| 12 | 6 | 124367 • | 124577 • | 124787 | 124997 | 125207 • | 125417 | 125627 • | 125837 | 126047 • | 126257 • | 126467 | 126677 | 126887 | 127097 | 127307 | 127517 | 6 | 12 |
| 13 | 6 | 124373 | 124583 | 124793 • | 125003 • | 125213 | 125423 • | 125633 | 125843 | 126053 | 126263 | 126473 • | 126683 • | 126893 | 127103 • | 127313 | 127523 | 6 | 13 |
| 14 | 2 | 124379 | 124589 | 124799 • | 125009 | 125219 • | 125429 • | 125639 • | 125849 | 126059 | 126269 | 126479 | 126689 | 126899 | 127109 | 127319 | 127529 • | 2 | 14 |
| 15 | 6 | 124381 | 124591 | 124801 | 125011 | 125221 • | 125431 | 125641 • | 125851 | 126061 | 126271 • | 126481 • | 126691 • | 126901 | 127111 | 127321 • | 127531 | 6 | 15 |
| 16 | 4 | 124387 | 124597 | 124807 | 125017 • | 125227 | 125437 | 125647 | 125857 | 126067 • | 126277 | 126487 • | 126697 | 126907 | 127117 | 127327 | 127537 | 4 | 16 |
| 17 | 2 | 124391 | 124601 • | 124811 | 125021 | 125231 • | 125441 • | 125651 • | 125861 | 126071 | 126281 | 126491 • | 126701 | 126911 | 127121 | 127331 • | 127541 • | 2 | 17 |
| 18 | 6 | 124393 | 124603 | 124813 | 125023 | 125233 | 125443 | 125653 | 125863 • | 126073 | 126283 | 126493 • | 126703 • | 126913 • | 127123 • | 127333 | 127543 | 6 | 18 |
| 19 | 4 | 124399 | 124609 | 124819 • | 125029 • | 125239 | 125449 | 125659 • | 125869 | 126079 • | 126289 | 126499 • | 126709 | 126919 | 127129 | 127339 | 127549 • | 4 | 19 |
| 20 | 6 | 124403 | 124613 | 124823 • | 125033 | 125243 • | 125453 • | 125663 | 125873 | 126083 | 126293 | 126503 | 126713 • | 126923 • | 127133 • | 127343 • | 127553 | 6 | 20 |
| 21 | 8 | 124409 | 124619 | 124829 | 125039 | 125249 | 125459 | 125669 • | 125879 | 126089 | 126299 | 126509 | 126719 • | 126929 | 127139 • | 127349 | 127559 | 8 | 21 |
| 22 | 4 | 124417 | 124627 | 124837 | 125047 | 125257 | 125467 | 125677 | 125887 • | 126097 • | 126307 • | 126517 • | 126727 | 126937 | 127147 | 127357 | 127567 | 4 | 22 |
| 23 | 2 | 124421 | 124631 | 124841 | 125051 | 125261 • | 125471 • | 125681 | 125891 | 126101 | 126311 • | 126521 | 126731 | 126941 | 127151 | 127361 | 127571 | 2 | 23 |
| 24 | 4 | 124423 | 124633 • | 124843 | 125053 • | 125263 | 125473 | 125683 • | 125893 | 126103 | 126313 | 126523 | 126733 • | 126943 • | 127153 | 127363 • | 127573 | 4 | 24 |
| $\overline{24}$ | 2 | 124427 • | 124637 | 124847 • | 125057 | 125267 | 125477 | 125687 • | 125897 • | 126107 • | 126317 • | 126527 | 126737 | 126947 | 127157 • | 127367 | 127577 | 2 | $\overline{24}$ |
| $\overline{23}$ | 4 | 124429 • | 124639 | 124849 | 125059 | 125269 • | 125479 | 125689 | 125899 • | 126109 | 126319 | 126529 | 126739 • | 126949 • | 127159 | 127369 | 127579 • | 4 | $\overline{23}$ |
| $\overline{22}$ | 8 | 124433 • | 124643 • | 124853 • | 125063 • | 125273 | 125483 | 125693 • | 125903 | 126113 | 126323 • | 126533 | 126743 • | 126953 | 127163 • | 127373 • | 127583 • | 8 | $\overline{22}$ |
| $\overline{21}$ | 6 | 124441 | 124651 | 124861 | 125071 | 125281 | 125491 | 125701 | 125911 | 126121 | 126331 | 126541 • | 126751 • | 126961 • | 127171 | 127381 | 127591 • | 6 | $\overline{21}$ |
| $\overline{20}$ | 4 | 124447 • | 124657 | 124867 | 125077 | 125287 • | 125497 • | 125707 • | 125917 | 126127 • | 126337 • | 126547 • | 126757 • | 126967 • | 127177 | 127387 | 127597 • | 4 | $\overline{20}$ |
| $\overline{19}$ | 6 | 124451 | 124661 | 124871 | 125081 | 125291 | 125501 | 125711 • | 125921 • | 126131 • | 126341 • | 126551 • | 126761 • | 126971 | 127181 | 127391 | 127601 • | 6 | $\overline{19}$ |
| $\overline{18}$ | 2 | 124457 | 124667 | 124877 | 125087 | 125297 | 125507 • | 125717 • | 125927 • | 126137 | 126347 | 126557 | 126767 | 126977 | 127187 | 127397 | 127607 • | 2 | $\overline{18}$ |
| $\overline{17}$ | 4 | 124459 • | 124669 • | 124879 | 125089 | 125299 • | 125509 • | 125719 | 125929 • | 126139 | 126349 • | 126559 | 126769 | 126979 | 127189 • | 127399 • | 127609 • | 4 | $\overline{17}$ |
| $\overline{16}$ | 6 | 124463 | 124673 • | 124883 | 125093 • | 125303 • | 125513 | 125723 | 125933 • | 126143 • | 126353 | 126563 | 126773 | 126983 | 127193 | 127403 • | 127613 | 6 | $\overline{16}$ |
| $\overline{15}$ | 2 | 124469 | 124679 • | 124889 | 125099 | 125309 | 125519 | 125729 | 125939 | 126149 | 126359 • | 126569 | 126779 | 126989 • | 127199 | 127409 | 127619 | 2 | $\overline{15}$ |
| $\overline{14}$ | 6 | 124471 • | 124681 | 124891 | 125101 • | 125311 • | 125521 | 125731 • | 125941 • | 126151 • | 126361 | 126571 | 126781 • | 126991 | 127201 | 127411 | 127621 | 6 | $\overline{14}$ |
| $\overline{13}$ | 6 | 124477 • | 124687 | 124897 • | 125107 • | 125317 | 125527 • | 125737 • | 125947 | 126157 | 126367 | 126577 | 126787 | 126997 | 127207 • | 127417 | 127627 | 6 | $\overline{13}$ |
| $\overline{12}$ | 4 | 124483 | 124693 • | 124903 | 125113 • | 125323 | 125533 | 125743 • | 125953 | 126163 | 126373 | 126583 • | 126793 | 127003 | 127213 | 127423 • | 127633 | 4 | $\overline{12}$ |
| $\overline{11}$ | 2 | 124487 | 124697 | 124907 • | 125117 • | 125327 | 125537 | 125747 | 125957 | 126167 | 126377 | 126587 | 126797 | 127007 | 127217 • | 127427 | 127637 • | 2 | $\overline{11}$ |
| $\overline{10}$ | 4 | 124489 • | 124699 • | 124909 • | 125119 • | 125329 • | 125539 • | 125749 | 125959 • | 126169 | 126379 | 126589 | 126799 | 127009 | 127219 • | 127429 | 127639 | 4 | $\overline{10}$ |
| $\overline{9}$ | 6 | 124493 • | 124703 • | 124913 | 125123 | 125333 | 125543 | 125753 • | 125963 • | 126173 • | 126383 | 126593 | 126803 | 127013 | 127223 | 127433 | 127643 • | 6 | $\overline{9}$ |
| $\overline{8}$ | 2 | 124499 | 124709 | 124919 • | 125129 | 125339 • | 125549 | 125759 | 125969 | 126179 | 126389 | 126599 | 126809 | 127019 | 127229 | 127439 | 127649 • | 2 | $\overline{8}$ |
| $\overline{7}$ | 6 | 124501 | 124711 | 124921 | 125131 • | 125341 | 125551 • | 125761 | 125971 | 126181 | 126391 | 126601 • | 126811 | 127021 | 127231 | 127441 | 127651 | 6 | $\overline{7}$ |
| $\overline{6}$ | 4 | 124507 | 124717 • | 124927 | 125137 | 125347 | 125557 | 125767 | 125977 | 126187 | 126397 • | 126607 | 126817 | 127027 | 127237 | 127447 • | 127657 • | 4 | $\overline{6}$ |
| $\overline{5}$ | 2 | 124511 | 124721 • | 124931 | 125141 • | 125351 | 125561 | 125771 | 125981 | 126191 | 126401 | 126611 • | 126821 | 127031 • | 127241 • | 127451 | 127661 | 2 | $\overline{5}$ |
| $\overline{4}$ | 4 | 124513 • | 124723 | 124933 | 125143 | 125353 • | 125563 | 125773 | 125983 | 126193 | 126403 | 126613 • | 126823 • | 127033 • | 127243 | 127453 • | 127663 • | 4 | $\overline{4}$ |
| $\overline{3}$ | 2 | 124517 | 124727 | 124937 | 125147 | 125357 | 125567 | 125777 • | 125987 | 126197 | 126407 | 126617 | 126827 • | 127037 • | 127247 • | 127457 | 127667 | 2 | $\overline{3}$ |
| $\overline{2}$ | 10 | 124519 | 124729 | 124939 | 125149 • | 125359 | 125569 | 125779 | 125989 | 126199 • | 126409 | 126619 | 126829 | 127039 | 127249 • | 127459 | 127669 • | 10 | $\overline{2}$ |
| $\overline{1}$ | 2 | 124529 • | 124739 • | 124949 | 125159 | 125369 | 125579 | 125789 • | 125999 | 126209 | 126419 | 126629 | 126839 • | 127049 | 127259 | 127469 | 127679 • | 2 | $\overline{1}$ |

| | | | | | | | | | | | | | | | | | | | |
|---|---|---|---|---|---|---|---|---|---|---|---|---|---|---|---|---|---|---|---|
| 1 | 10 | 127681 • | 127891 | 128101 | 128311 • | 128521 • | 128731 | 128941 • | 129151 | 129361 • | 129571 | 129781 | 129991 | 130201 • | 130411 • | 130621 • | 130831 | 10 | 1 |
| 2 | 2 | 127691 • | 127901 | 128111 • | 128321 • | 128531 | 128741 | 128951 • | 129161 | 129371 | 129581 • | 129791 | 130001 | 130211 • | 130421 | 130631 • | 130841 • | 2 | 2 |
| 3 | 4 | 127693 | 127903 | 128113 • | 128323 | 128533 | 128743 | 128953 | 129163 | 129373 | 129583 | 129793 • | 130003 • | 130213 | 130423 • | 130633 • | 130843 • | 4 | 3 |
| 4 | 2 | 127697 | 127907 | 128117 | 128327 • | 128537 | 128747 • | 128957 | 129167 | 129377 | 129587 • | 129797 | 130007 | 130217 | 130427 | 130637 | 130847 | 2 | 4 |
| 5 | 4 | 127699 | 127909 | 128119 • | 128329 | 128539 | 128749 • | 128959 • | 129169 • | 129379 • | 129589 • | 129799 | 130009 | 130219 | 130429 | 130639 • | 130849 | 4 | 5 |
| 6 | 6 | 127703 • | 127913 • | 128123 | 128333 | 128543 | 128753 | 128963 | 129173 | 129383 | 129593 • | 129803 • | 130013 | 130223 • | 130433 | 130643 • | 130853 | 6 | 6 |
| 7 | 2 | 127709 • | 127919 | 128129 | 128339 • | 128549 • | 128759 | 128969 • | 129179 | 129389 | 129599 | 129809 | 130019 | 130229 | 130439 • | 130649 • | 130859 • | 2 | 7 |
| 8 | 6 | 127711 • | 127921 • | 128131 | 128341 • | 128551 • | 128761 • | 128971 • | 129181 | 129391 | 129601 | 129811 | 130021 • | 130231 | 130441 | 130651 • | 130861 | 6 | 8 |
| 9 | 4 | 127717 • | 127927 | 128137 | 128347 • | 128557 | 128767 • | 128977 | 129187 • | 129397 | 129607 • | 129817 | 130027 • | 130237 | 130447 • | 130657 • | 130867 | 4 | 9 |
| 10 | 2 | 127721 | 127931 • | 128141 | 128351 • | 128561 | 128771 | 128981 • | 129191 | 129401 • | 129611 | 129821 | 130031 | 130241 • | 130451 | 130661 | 130871 | 2 | 10 |
| 11 | 4 | 127723 | 127933 | 128143 | 128353 | 128563 • | 128773 | 128983 • | 129193 • | 129403 • | 129613 | 129823 | 130033 | 130243 | 130453 | 130663 | 130873 • | 4 | 11 |
| 12 | 6 | 127727 • | 127937 | 128147 • | 128357 | 128567 | 128777 | 128987 • | 129197 • | 129407 | 129617 | 129827 | 130037 | 130247 | 130457 • | 130667 | 130877 | 6 | 12 |
| 13 | 6 | 127733 • | 127943 | 128153 • | 128363 | 128573 | 128783 | 128993 • | 129203 | 129413 | 129623 | 129833 | 130043 • | 130253 • | 130463 | 130673 | 130883 | 6 | 13 |
| 14 | 2 | 127739 • | 127949 | 128159 • | 128369 | 128579 | 128789 | 128999 | 129209 • | 129419 • | 129629 • | 129839 | 130049 | 130259 • | 130469 • | 130679 | 130889 | 2 | 14 |
| 15 | 6 | 127741 | 127951 • | 128161 | 128371 | 128581 | 128791 | 129001 • | 129211 | 129421 | 129631 • | 129841 • | 130051 • | 130261 • | 130471 | 130681 • | 130891 | 6 | 15 |
| 16 | 4 | 127747 • | 127957 | 128167 | 128377 • | 128587 | 128797 | 129007 | 129217 | 129427 | 129637 | 129847 | 130057 • | 130267 • | 130477 • | 130687 • | 130897 | 4 | 16 |
| 17 | 2 | 127751 | 127961 | 128171 | 128381 | 128591 • | 128801 | 129011 • | 129221 • | 129431 | 129641 • | 129851 | 130061 | 130271 | 130481 | 130691 | 130901 | 2 | 17 |
| 18 | 6 | 127753 | 127963 | 128173 • | 128383 | 128593 | 128803 | 129013 | 129223 • | 129433 | 129643 • | 129853 • | 130063 | 130273 | 130483 • | 130693 • | 130903 | 6 | 18 |
| 19 | 4 | 127759 | 127969 | 128179 | 128389 • | 128599 • | 128809 | 129019 | 129229 • | 129439 • | 129649 | 129859 | 130069 • | 130279 • | 130489 • | 130699 • | 130909 | 4 | 19 |
| 20 | 6 | 127763 • | 127973 • | 128183 | 128393 • | 128603 • | 128813 • | 129023 • | 129233 | 129443 • | 129653 | 129863 | 130073 • | 130283 | 130493 | 130703 | 130913 | 6 | 20 |
| 21 | 8 | 127769 | 127979 • | 128189 • | 128399 • | 128609 | 128819 • | 129029 | 129239 | 129449 • | 129659 | 129869 | 130079 • | 130289 | 130499 | 130709 | 130919 | 8 | 21 |
| 22 | 4 | 127777 | 127987 | 128197 | 128407 | 128617 | 128827 | 129037 • | 129247 | 129457 • | 129667 | 129877 | 130087 • | 130297 | 130507 | 130717 | 130927 • | 4 | 22 |
| 23 | 2 | 127781 • | 127991 | 128201 • | 128411 • | 128621 • | 128831 • | 129041 | 129251 | 129461 • | 129671 • | 129881 | 130091 | 130301 | 130511 | 130721 | 130931 | 2 | 23 |
| 24 | 4 | 127783 | 127993 | 128203 • | 128413 • | 128623 | 128833 • | 129043 | 129253 | 129463 | 129673 | 129883 | 130093 | 130303 • | 130513 • | 130723 | 130933 | 4 | 24 |
| $\overline{24}$ | 2 | 127787 | 127997 • | 128207 | 128417 | 128627 | 128837 • | 129047 | 129257 | 129467 | 129677 | 129887 • | 130097 | 130307 • | 130517 • | 130727 | 130937 | 2 | $\overline{24}$ |
| $\overline{23}$ | 4 | 127789 | 127999 | 128209 | 128419 | 128629 • | 128839 | 129049 • | 129259 | 129469 • | 129679 | 129889 | 130099 • | 130309 | 130519 | 130729 • | 130939 | 4 | $\overline{23}$ |
| $\overline{22}$ | 8 | 127793 | 128003 | 128213 • | 128423 | 128633 | 128843 | 129053 | 129263 • | 129473 | 129683 | 129893 • | 130103 | 130313 | 130523 • | 130733 | 130943 | 8 | $\overline{22}$ |
| $\overline{21}$ | 6 | 127801 | 128011 | 128221 • | 128431 • | 128641 | 128851 | 129061 • | 129271 | 129481 | 129691 | 129901 • | 130111 | 130321 | 130531 • | 130741 | 130951 | 6 | $\overline{21}$ |
| $\overline{20}$ | 4 | 127807 • | 128017 | 128227 | 128437 • | 128647 | 128857 • | 129067 | 129277 • | 129487 | 129697 | 129907 | 130117 | 130327 | 130537 | 130747 | 130957 • | 4 | $\overline{20}$ |
| $\overline{19}$ | 6 | 127811 | 128021 • | 128231 | 128441 | 128651 | 128861 • | 129071 | 129281 • | 129491 • | 129701 | 129911 | 130121 • | 130331 | 130541 | 130751 | 130961 | 6 | $\overline{19}$ |
| $\overline{18}$ | 2 | 127817 • | 128027 | 128237 • | 128447 | 128657 • | 128867 | 129077 | 129287 • | 129497 • | 129707 • | 129917 • | 130127 • | 130337 • | 130547 • | 130757 | 130967 | 2 | $\overline{18}$ |
| $\overline{17}$ | 4 | 127819 • | 128029 | 128239 • | 128449 • | 128659 • | 128869 | 129079 | 129289 • | 129499 • | 129709 | 129919 • | 130129 | 130339 | 130549 | 130759 | 130969 • | 4 | $\overline{17}$ |
| $\overline{16}$ | 6 | 127823 | 128033 • | 128243 | 128453 | 128663 • | 128873 • | 129083 • | 129293 • | 129503 | 129713 | 129923 | 130133 | 130343 • | 130553 • | 130763 | 130973 • | 6 | $\overline{16}$ |
| $\overline{15}$ | 2 | 127829 | 128039 | 128249 | 128459 | 128669 • | 128879 • | 129089 • | 129299 | 129509 • | 129719 • | 129929 | 130139 | 130349 • | 130559 | 130769 • | 130979 | 2 | $\overline{15}$ |
| $\overline{14}$ | 6 | 127831 | 128041 | 128251 | 128461 • | 128671 | 128881 | 129091 | 129301 | 129511 | 129721 | 129931 | 130141 | 130351 | 130561 | 130771 | 130981 • | 6 | $\overline{14}$ |
| $\overline{13}$ | 6 | 127837 • | 128047 • | 128257 • | 128467 • | 128677 • | 128887 | 129097 • | 129307 | 129517 • | 129727 | 129937 • | 130147 • | 130357 | 130567 | 130777 | 130987 • | 6 | $\overline{13}$ |
| $\overline{12}$ | 4 | 127843 • | 128053 • | 128263 | 128473 • | 128683 • | 128893 | 129103 | 129313 • | 129523 | 129733 • | 129943 | 130153 | 130363 • | 130573 | 130783 • | 130993 | 4 | $\overline{12}$ |
| $\overline{11}$ | 2 | 127847 | 128057 | 128267 | 128477 • | 128687 | 128897 | 129107 | 129317 | 129527 • | 129737 • | 129947 | 130157 | 130367 • | 130577 | 130787 • | 130997 | 2 | $\overline{11}$ |
| $\overline{10}$ | 4 | 127849 • | 128059 | 128269 | 128479 | 128689 | 128899 | 129109 | 129319 | 129529 • | 129739 | 129949 | 130159 | 130369 • | 130579 • | 130789 | 130999 | 4 | $\overline{10}$ |
| $\overline{9}$ | 6 | 127853 | 128063 | 128273 • | 128483 • | 128693 • | 128903 • | 129113 • | 129323 | 129533 • | 129743 | 129953 • | 130163 | 130373 | 130583 | 130793 | 131003 | 6 | $\overline{9}$ |
| $\overline{8}$ | 2 | 127859 • | 128069 | 128279 | 128489 • | 128699 | 128909 | 129119 • | 129329 | 129539 • | 129749 • | 129959 • | 130169 | 130379 • | 130589 • | 130799 | 131009 • | 2 | $\overline{8}$ |
| $\overline{7}$ | 6 | 127861 | 128071 | 128281 | 128491 | 128701 | 128911 | 129121 • | 129331 | 129541 | 129751 | 129961 | 130171 • | 130381 | 130591 | 130801 | 131011 • | 6 | $\overline{7}$ |
| $\overline{6}$ | 4 | 127867 • | 128077 | 128287 • | 128497 | 128707 | 128917 | 129127 • | 129337 | 129547 | 129757 • | 129967 • | 130177 | 130387 | 130597 | 130807 • | 131017 | 4 | $\overline{6}$ |
| $\overline{5}$ | 2 | 127871 | 128081 | 128291 • | 128501 | 128711 | 128921 | 129131 | 129341 • | 129551 | 129761 | 129971 • | 130181 | 130391 | 130601 | 130811 • | 131021 | 2 | $\overline{5}$ |
| $\overline{4}$ | 4 | 127873 • | 128083 | 128293 | 128503 | 128713 | 128923 • | 129133 | 129343 | 129553 • | 129763 • | 129973 | 130183 • | 130393 | 130603 | 130813 | 131023 • | 4 | $\overline{4}$ |
| $\overline{3}$ | 2 | 127877 • | 128087 | 128297 | 128507 | 128717 • | 128927 | 129137 | 129347 • | 129557 | 129767 | 129977 | 130187 | 130397 | 130607 | 130817 • | 131027 | 2 | $\overline{3}$ |
| $\overline{2}$ | 10 | 127879 | 128089 | 128299 | 128509 • | 128719 | 128929 | 129139 | 129349 | 129559 | 129769 • | 129979 | 130189 | 130399 • | 130609 | 130819 | 131029 | 10 | $\overline{2}$ |
| $\overline{1}$ | 2 | 127889 | 128099 • | 128309 | 128519 • | 128729 | 128939 • | 129149 | 129359 | 129569 | 129779 | 129989 | 130199 • | 130409 • | 130619 • | 130829 • | 131039 | 2 | $\overline{1}$ |

| | | | | | | | | | | | | | | | | | | | |
|---|---|---|---|---|---|---|---|---|---|---|---|---|---|---|---|---|---|---|---|
| 1 | 10 | 131041 • | 131251 • | 131461 | 131671 • | 131881 | 132091 | 132301 | 132511 • | 132721 • | 132931 | 133141 | 133351 • | 133561 | 133771 | 133981 • | 134191 • | 10 | 1 |
| 2 | 2 | 131051 | 131261 | 131471 | 131681 | 131891 • | 132101 | 132311 | 132521 | 132731 | 132941 | 133151 | 133361 | 133571 • | 133781 • | 133991 | 134201 | 2 | 2 |
| 3 | 4 | 131053 | 131263 | 131473 | 131683 | 131893 • | 132103 • | 132313 • | 132523 • | 132733 | 132943 | 133153 • | 133363 | 133573 | 133783 | 133993 • | 134203 | 4 | 3 |
| 4 | 2 | 131057 | 131267 • | 131477 • | 131687 • | 131897 | 132107 | 132317 | 132527 • | 132737 | 132947 • | 133157 • | 133367 | 133577 | 133787 | 133997 | 134207 • | 2 | 4 |
| 5 | 4 | 131059 • | 131269 | 131479 • | 131689 | 131899 • | 132109 • | 132319 | 132529 • | 132739 • | 132949 • | 133159 | 133369 | 133579 | 133789 | 133999 • | 134209 | 4 | 5 |
| 6 | 6 | 131063 • | 131273 | 131483 | 131693 | 131903 | 132113 • | 132323 | 132533 • | 132743 | 132953 • | 133163 | 133373 | 133583 • | 133793 | 134003 | 134213 • | 6 | 6 |
| 7 | 2 | 131069 | 131279 | 131489 • | 131699 | 131909 • | 132119 | 132329 • | 132539 | 132749 • | 132959 | 133169 • | 133379 • | 133589 | 133799 | 134009 | 134219 • | 2 | 7 |
| 8 | 6 | 131071 • | 131281 | 131491 | 131701 • | 131911 | 132121 | 132331 • | 132541 • | 132751 • | 132961 • | 133171 | 133381 | 133591 | 133801 • | 134011 | 134221 | 6 | 8 |
| 9 | 4 | 131077 | 131287 | 131497 • | 131707 • | 131917 | 132127 | 132337 | 153547 • | 132757 • | 132967 • | 133177 | 133387 • | 133597 • | 133807 | 134017 | 134227 • | 4 | 9 |
| 10 | 2 | 131081 | 131291 | 131501 • | 131711 • | 131921 | 132131 | 132341 | 132551 | 132761 • | 132971 • | 133181 | 133391 • | 133601 | 133811 • | 134021 | 134231 | 2 | 10 |
| 11 | 4 | 131083 | 131293 • | 131503 | 131713 • | 131923 | 132133 | 132343 | 132553 | 132763 • | 132973 | 133183 • | 133393 | 133603 | 133813 • | 134023 | 134233 | 4 | 11 |
| 12 | 6 | 131087 | 131297 • | 131507 • | 131717 | 131927 • | 123137 • | 132347 • | 132557 | 132767 | 132977 | 133187 • | 133397 | 133607 | 133817 | 134027 | 134237 | 6 | 12 |
| 13 | 6 | 131093 | 131303 • | 131513 | 131723 | 131933 • | 132143 | 132353 | 132563 | 132773 | 132983 | 133193 | 133403 • | 133613 | 133823 | 134033 • | 134243 • | 6 | 13 |
| 14 | 2 | 131099 | 131309 | 131519 • | 131729 | 131939 • | 132149 | 132359 | 132569 | 132779 | 132989 • | 133199 | 133409 | 133619 | 133829 | 134039 • | 134249 | 2 | 14 |
| 15 | 6 | 131101 • | 131311 • | 131521 | 131731 • | 131941 • | 132151 • | 132361 • | 132571 | 132781 | 132991 | 133201 • | 133411 | 133621 | 133831 • | 134041 | 134251 | 6 | 15 |
| 16 | 4 | 131107 | 131317 • | 131527 | 131737 | 131947 • | 132157 • | 132367 • | 132577 | 132787 | 132997 | 133207 | 133417 • | 133627 | 133837 | 134047 • | 134257 • | 4 | 16 |
| 17 | 2 | 131111 • | 131321 • | 131531 | 131741 | 131951 | 132161 | 132371 • | 132581 | 132791 | 133001 | 133211 | 133421 | 133631 • | 133841 | 134051 | 134261 | 2 | 17 |
| 18 | 6 | 131113 • | 131323 | 131533 | 131743 • | 131953 | 132163 | 132373 | 132583 | 132793 | 133003 | 133213 • | 133423 | 133633 • | 133843 • | 134053 • | 134263 • | 6 | 18 |
| 19 | 4 | 131119 | 131329 | 131539 | 131749 • | 131959 • | 132169 • | 132379 | 132589 • | 132799 | 133009 | 133219 | 133429 | 133639 | 133849 | 134059 • | 134269 • | 4 | 19 |
| 20 | 6 | 131123 | 131333 | 131543 • | 131753 | 131963 | 132173 • | 132383 • | 132593 | 132803 | 133013 • | 133223 | 133433 | 133643 | 133853 • | 134063 | 134273 | 6 | 20 |
| 21 | 8 | 131129 • | 131339 | 131549 | 131759 • | 131969 • | 132179 | 132389 | 132599 | 132809 | 133019 | 133229 | 133439 • | 133649 • | 133859 | 134069 | 134279 | 8 | 21 |
| 22 | 4 | 131137 | 131347 | 131557 | 131767 | 131977 | 132187 | 132397 | 132607 • | 132817 • | 133027 | 133237 | 133447 • | 133657 • | 133867 | 134077 • | 134287 • | 4 | 22 |
| 23 | 2 | 131141 | 131351 | 131561 • | 131771 • | 131981 | 132191 | 132401 | 132611 • | 132821 | 133031 | 133241 • | 133451 • | 133661 | 133871 | 134081 • | 134291 • | 2 | 23 |
| 24 | 4 | 131143 • | 131353 | 131563 | 131773 | 131983 | 132193 | 132403 • | 132613 | 132823 | 133033 • | 133243 | 133453 | 133663 | 133873 • | 134083 | 134293 • | 4 | 24 |
| $\overline{24}$ | 2 | 131147 | 131357 • | 131567 | 131777 • | 131987 | 132197 | 132407 | 132617 | 132827 | 133037 | 133247 | 133457 | 133667 | 133877 • | 134087 • | 134297 | 2 | $\overline{24}$ |
| $\overline{23}$ | 4 | 131149 • | 131359 | 131569 | 131779 • | 131989 | 132199 • | 132409 • | 132619 • | 132829 | 133039 • | 133249 | 133459 | 133669 • | 133879 | 134089 • | 134299 | 4 | $\overline{23}$ |
| $\overline{22}$ | 8 | 131153 | 131363 • | 131573 | 131783 • | 131993 | 132203 | 132413 | 132623 • | 132833 • | 133043 | 133253 • | 133463 | 133673 • | 133883 | 134093 • | 134303 | 8 | $\overline{22}$ |
| $\overline{21}$ | 6 | 131161 | 131371 • | 131581 • | 131791 | 132001 • | 132211 | 132421 • | 132631 • | 132841 | 133051 • | 133261 • | 133471 | 133681 | 133891 | 134101 | 134311 | 6 | $\overline{21}$ |
| $\overline{20}$ | 4 | 131167 | 131377 | 131587 | 131797 • | 132007 | 132217 | 132427 | 132637 • | 132847 | 133057 | 133267 | 133477 | 133687 | 133897 | 134107 | 134317 | 4 | $\overline{20}$ |
| $\overline{19}$ | 6 | 131171 • | 131381 • | 131591 • | 131801 | 132011 | 132221 | 132431 | 132641 | 132851 • | 133061 | 133271 • | 133481 • | 133691 • | 133901 | 134111 | 134321 | 6 | $\overline{19}$ |
| $\overline{18}$ | 2 | 131177 | 131387 | 131597 | 131807 | 132017 | 132227 | 132437 • | 132647 • | 132857 • | 133067 | 133277 • | 133487 | 133697 • | 133907 | 134117 | 134327 • | 2 | $\overline{18}$ |
| $\overline{17}$ | 4 | 131179 | 131389 | 131599 | 131809 | 132019 • | 132229 • | 132439 • | 132649 | 132859 • | 133069 • | 133279 • | 133489 | 133699 | 133909 | 134119 | 134329 | 4 | $\overline{17}$ |
| $\overline{16}$ | 6 | 131183 | 131393 | 131603 | 131813 | 132023 | 132233 • | 132443 | 132653 | 132863 • | 133073 • | 133283 • | 133493 • | 133703 | 133913 | 134123 | 134333 • | 6 | $\overline{16}$ |
| $\overline{15}$ | 2 | 131189 | 131399 | 131609 | 131819 | 132029 | 132239 | 132449 | 132659 | 132869 | 133079 | 133289 | 133499 • | 133709 • | 133919 • | 134129 • | 134339 • | 2 | $\overline{15}$ |
| $\overline{14}$ | 6 | 131191 | 131401 | 131611 • | 131821 | 132031 | 132241 • | 132451 | 132661 • | 132871 | 133081 | 133291 | 133501 | 133711 • | 133921 | 134131 | 134341 • | 6 | $\overline{14}$ |
| $\overline{13}$ | 6 | 131197 | 131407 | 131617 • | 131827 | 132037 | 132247 • | 132457 | 132667 • | 132877 | 133087 • | 133297 | 133507 | 133717 • | 133927 | 134137 | 134347 | 6 | $\overline{13}$ |
| $\overline{12}$ | 4 | 131203 • | 131413 • | 131623 | 131833 | 132043 | 132253 | 132463 | 132673 | 132883 | 133093 | 133303 • | 133513 | 133723 • | 133933 | 134143 | 134353 • | 4 | $\overline{12}$ |
| $\overline{11}$ | 2 | 131207 | 131417 | 131627 • | 131837 • | 132047 • | 132257 • | 132467 | 132677 | 132887 • | 133097 • | 133307 | 133517 | 133727 | 133937 | 134147 | 134357 | 2 | $\overline{11}$ |
| $\overline{10}$ | 4 | 131209 | 131419 | 131629 | 131839 • | 132049 • | 132259 | 132469 • | 132679 • | 132889 | 133099 | 133309 | 133519 • | 133729 | 133939 | 134149 | 134359 • | 4 | $\overline{10}$ |
| $\overline{9}$ | 6 | 131213 • | 131423 | 131633 | 131843 | 132053 | 132263 • | 132473 | 132683 | 132893 • | 133103 • | 133313 | 133523 | 133733 • | 133943 | 134153 • | 134363 • | 6 | $\overline{9}$ |
| $\overline{8}$ | 2 | 131219 | 131429 | 131639 • | 131849 • | 132059 • | 132269 | 132479 | 132689 • | 132899 | 133109 • | 133319 • | 133529 | 133739 | 133949 • | 134159 | 134369 • | 2 | $\overline{8}$ |
| $\overline{7}$ | 6 | 131221 • | 131431 • | 131641 • | 131851 | 132061 | 132271 | 132481 | 132691 | 132901 | 133111 | 133321 • | 133531 | 133741 | 133951 | 134161 • | 134371 • | 6 | $\overline{7}$ |
| $\overline{6}$ | 4 | 131227 | 131437 • | 131647 | 131857 | 132067 | 132277 | 132487 | 132697 • | 132907 | 133117 • | 133327 • | 133537 | 133747 | 133957 | 134167 | 134377 | 4 | $\overline{6}$ |
| $\overline{5}$ | 2 | 131231 • | 131441 • | 131651 | 131861 • | 132071 • | 132281 | 132491 • | 132701 • | 132911 • | 133121 • | 133331 | 133541 • | 133751 | 133961 | 134171 • | 134381 | 2 | $\overline{5}$ |
| $\overline{4}$ | 4 | 131233 | 131443 | 131653 | 131863 | 132073 | 132283 • | 132493 | 132703 | 132913 | 133123 | 133333 | 133543 • | 133753 | 133963 • | 134173 | 134383 | 4 | $\overline{4}$ |
| $\overline{3}$ | 2 | 131237 | 131447 • | 131657 | 131867 | 132077 | 132287 • | 132497 | 132707 • | 132917 | 133127 | 133337 • | 133547 | 133757 | 133967 • | 134177 • | 134387 | 2 | $\overline{3}$ |
| $\overline{2}$ | 10 | 131239 | 131449 • | 131659 | 131869 | 132079 | 132289 | 132499 • | 132709 • | 132919 | 133129 | 133339 | 133549 | 133759 | 133969 | 134179 | 134389 | 10 | $\overline{2}$ |
| $\overline{1}$ | 2 | 131249 • | 131459 | 131669 | 131879 | 132089 | 132299 • | 132509 | 132719 | 132929 • | 133139 | 133349 • | 133559 • | 133769 • | 133979 • | 134189 | 134399 • | 2 | $\overline{1}$ |

| | | | | | | | | | | | | | | | | | | | |
|---|---|---|---|---|---|---|---|---|---|---|---|---|---|---|---|---|---|---|---|
| 1 | 10 | 134401• | 134611 | 134821 | 135031 | 135241• | 135451 | 135661• | 135871 | 136081 | 136291 | 136501• | 136711• | 136921 | 137131• | 137341• | 137551 | 10 | 1 |
| 2 | 2 | 134411 | 134621 | 134831 | 135041 | 135251 | 135461• | 135671• | 135881 | 136091 | 136301 | 136511• | 136721 | 136931 | 137141 | 137351 | 137561 | 2 | 2 |
| 3 | 4 | 134413 | 134623 | 134833 | 135043• | 135253 | 135463• | 135673 | 135883 | 136093• | 136303• | 136513 | 136723 | 136933 | 137143• | 137353• | 137563 | 4 | 3 |
| 4 | 2 | 134417• | 134627 | 134837• | 135047 | 135257• | 135467• | 135677 | 135887• | 136097 | 136307 | 136517 | 136727• | 136937 | 137147• | 137357 | 137567• | 2 | 4 |
| 5 | 4 | 134419 | 134629 | 134839• | 135049• | 135259 | 135469• | 135679 | 135889 | 136099• | 136309• | 136519• | 136729 | 136939 | 137149 | 137359• | 137569 | 4 | 5 |
| 6 | 6 | 134423 | 134633 | 134843 | 135053 | 135263 | 135473 | 135683 | 135893• | 136103 | 136313 | 136523• | 136733• | 136943• | 137153• | 137363• | 137573• | 6 | 6 |
| 7 | 2 | 134429 | 134639• | 134849 | 135059• | 135269 | 135479• | 135689 | 135899• | 136109 | 136319• | 136529 | 136739• | 136949• | 137159 | 137369• | 137579 | 2 | 7 |
| 8 | 6 | 134431 | 134641 | 134851• | 135061 | 135271• | 135481 | 135691 | 135901 | 136111• | 136321 | 136531• | 136741 | 136951• | 137161 | 137371 | 137581 | 6 | 8 |
| 9 | 4 | 134437• | 134647 | 134857• | 135067 | 135277• | 135487 | 135697• | 135907 | 136117 | 136327• | 136537• | 136747 | 136957 | 137167 | 137377 | 137587• | 4 | 9 |
| 10 | 2 | 134441 | 134651 | 134861 | 135071 | 135281• | 135491 | 135701• | 135911• | 136121 | 136331 | 136541• | 136751• | 136961 | 137171 | 137381 | 137591 | 2 | 10 |
| 11 | 4 | 134443• | 134653 | 134863 | 135073 | 135283• | 135493 | 135703 | 135913• | 136123 | 136333• | 136543 | 136753• | 136963• | 137173 | 137383• | 137593• | 4 | 11 |
| 12 | 6 | 134447 | 134657 | 134867• | 135077• | 135287 | 135497• | 135707 | 135917 | 136127 | 136337• | 136547• | 136757 | 136967 | 137177• | 137387• | 137597• | 6 | 12 |
| 13 | 6 | 134453 | 134663 | 134873• | 135083 | 135293 | 135503 | 135713 | 135923 | 136133• | 136343• | 136553 | 136763 | 136973• | 137183• | 137393• | 137603 | 6 | 13 |
| 14 | 2 | 134459 | 134669• | 134879 | 135089• | 135299 | 135509 | 135719• | 135929• | 136139• | 136349 | 136559• | 136769• | 136979• | 137189 | 137399• | 137609 | 2 | 14 |
| 15 | 6 | 134461 | 134671 | 134881 | 135091 | 135301• | 135511• | 135721• | 135931 | 136141 | 136351• | 136561 | 136771 | 136981 | 137191• | 137401 | 137611 | 6 | 15 |
| 16 | 4 | 134467 | 134677• | 134887• | 135097 | 135307 | 135517 | 135727• | 135937• | 136147 | 136357 | 136567 | 136777• | 136987• | 137197• | 137407 | 137617 | 4 | 16 |
| 17 | 2 | 134471• | 134681• | 134891 | 135101• | 135311 | 135521 | 135731• | 135941 | 136151 | 136361• | 136571 | 136781 | 136991• | 137201• | 137411 | 137621 | 2 | 17 |
| 18 | 6 | 134473 | 134683• | 134893 | 135103 | 135313 | 135523 | 135733 | 135943 | 136153 | 136363 | 136573• | 136783 | 136993• | 137203 | 137413• | 137623• | 6 | 18 |
| 19 | 4 | 134479 | 134689 | 134899 | 135109 | 135319• | 135529 | 135739 | 135949 | 136159 | 136369 | 136579 | 136789 | 136999• | 137209• | 137419 | 137629 | 4 | 19 |
| 20 | 6 | 134483 | 134693 | 134903 | 135113 | 135323 | 135533• | 135743• | 135953 | 136163• | 136373• | 136583 | 136793 | 137003 | 137213 | 137423 | 137633• | 6 | 20 |
| 21 | 8 | 134489• | 134699• | 134909• | 135119• | 135329• | 135539 | 135749 | 135959 | 136169 | 136379• | 136589 | 136799 | 137009 | 137219• | 137429 | 137639• | 8 | 21 |
| 22 | 4 | 134497 | 134707• | 134917• | 135127 | 135337 | 135547 | 135757• | 135967 | 136177• | 136387 | 136597 | 136807 | 137017 | 137227 | 137437• | 137647 | 4 | 22 |
| 23 | 2 | 134501 | 134711 | 134921• | 135131• | 135341 | 135551 | 135761 | 135971 | 136181 | 136391 | 136601• | 136811• | 137021 | 137231 | 137441 | 137651 | 2 | 23 |
| 24 | 4 | 134503• | 134713 | 134923• | 135133 | 135343 | 135553 | 135763 | 135973 | 136183 | 136393• | 136603• | 136813• | 137023 | 137233 | 137443• | 137653• | 4 | 24 |
| $\overline{24}$ | 2 | 134507• | 134717 | 134927 | 135137 | 135347• | 135557 | 135767 | 135977• | 136187 | 136397• | 136607• | 136817 | 137027 | 137237 | 137447• | 137657 | 2 | $\overline{24}$ |
| $\overline{23}$ | 4 | 134509 | 134719 | 134929 | 135139 | 135349• | 135559• | 135769 | 135979• | 136189• | 136399• | 136609 | 136819 | 137029• | 137239• | 137449 | 137659• | 4 | $\overline{23}$ |
| $\overline{22}$ | 8 | 134513• | 134723 | 134933 | 135143 | 135353• | 135563 | 135773 | 135983 | 136193• | 136403• | 136613 | 136823 | 137033 | 137243 | 137453• | 137663 | 8 | $\overline{22}$ |
| $\overline{21}$ | 6 | 134521 | 134731• | 134941 | 135151• | 135361 | 135571• | 135781• | 135991 | 136201 | 136411 | 136621• | 136831 | 137041 | 137251• | 137461 | 137671 | 6 | $\overline{21}$ |
| $\overline{20}$ | 4 | 134527 | 134737 | 134947• | 135157 | 135367• | 135577 | 135787• | 135997 | 136207• | 136417• | 136627 | 136837 | 137047 | 137257 | 137467 | 137677 | 4 | $\overline{20}$ |
| $\overline{19}$ | 6 | 134531 | 134741• | 134951• | 135161 | 135371 | 135581• | 135791 | 136001 | 136211 | 136421• | 136631 | 136841• | 137051 | 137261 | 137471 | 137681 | 6 | $\overline{19}$ |
| $\overline{18}$ | 2 | 134537 | 134747 | 134957 | 135167 | 135377 | 135587 | 135797 | 136007 | 136217• | 136427 | 136637 | 136847 | 137057 | 137267 | 137477• | 137687 | 2 | $\overline{18}$ |
| $\overline{17}$ | 4 | 134539 | 134749 | 134959 | 135169 | 135379 | 135589• | 135799• | 136009 | 136219 | 136429• | 136639 | 136849• | 137059 | 137269 | 137479 | 137689 | 4 | $\overline{17}$ |
| $\overline{16}$ | 6 | 134543 | 134753• | 134963 | 135173• | 135383 | 135593• | 135803 | 136013• | 136223• | 136433 | 136643 | 136853 | 137063 | 137273• | 137483• | 137693 | 6 | $\overline{16}$ |
| $\overline{15}$ | 2 | 134549 | 134759 | 134969 | 135179 | 135389• | 135599• | 135809 | 136019 | 136229 | 136439 | 136649• | 136859• | 137069 | 137279• | 137489 | 137699• | 2 | $\overline{15}$ |
| $\overline{14}$ | 6 | 134551 | 134761 | 134971 | 135181• | 135391• | 135601• | 135811 | 136021 | 136231 | 136441 | 136651• | 136861• | 137071 | 137281 | 137491• | 137701 | 6 | $\overline{14}$ |
| $\overline{13}$ | 6 | 134557 | 134767 | 134977 | 135187 | 135397 | 135607• | 135817 | 136027• | 136237• | 136447• | 136657• | 136867 | 137077• | 137287 | 137497 | 137707• | 6 | $\overline{13}$ |
| $\overline{12}$ | 4 | 134563 | 134773 | 134983 | 135193• | 135403• | 135613• | 135823 | 136033• | 136243 | 136453• | 136663 | 136873 | 137083 | 137293 | 137503 | 137713• | 4 | $\overline{12}$ |
| $\overline{11}$ | 2 | 134567 | 134777• | 134987 | 135197• | 135407 | 135617• | 135827 | 136037 | 136247• | 136457 | 136667 | 136877 | 137087• | 137297 | 137507• | 137717 | 2 | $\overline{11}$ |
| $\overline{10}$ | 4 | 134569 | 134779 | 134989• | 135199 | 135409• | 135619 | 135829• | 136039 | 136249 | 136459 | 136669 | 136879• | 137089• | 137299 | 137509 | 137719 | 4 | $\overline{10}$ |
| $\overline{9}$ | 6 | 134573 | 134783 | 134993 | 135203 | 135413 | 135623• | 135833 | 136043• | 136253 | 136463• | 136673 | 136883• | 137093 | 137303• | 137513 | 137723• | 6 | $\overline{9}$ |
| $\overline{8}$ | 2 | 134579 | 134789• | 134999• | 135209• | 135419 | 135629 | 135839 | 136049 | 136259 | 136469 | 136679 | 136889• | 137099 | 137309 | 137519• | 137729 | 2 | $\overline{8}$ |
| $\overline{7}$ | 6 | 134581• | 134791 | 135001 | 135211• | 135421 | 135631 | 135841• | 136051 | 136261• | 136471• | 136681 | 136891 | 137101 | 137311 | 137521 | 137731 | 6 | $\overline{7}$ |
| $\overline{6}$ | 4 | 134587• | 134797 | 135007• | 135217 | 135427• | 135637• | 135847 | 136057• | 136267 | 136477 | 136687 | 136897• | 137107 | 137317 | 137527 | 137737• | 4 | $\overline{6}$ |
| $\overline{5}$ | 2 | 134591• | 134801 | 135011 | 135221• | 135431• | 135641 | 135851• | 136061 | 136271 | 136481• | 136691• | 136901 | 137111 | 137321• | 137531 | 137741 | 2 | $\overline{5}$ |
| $\overline{4}$ | 4 | 134593• | 134803 | 135013 | 135223 | 135433• | 135643 | 135853 | 136063 | 136273• | 136483• | 136693• | 136903 | 137113 | 137323 | 137533 | 137743• | 4 | $\overline{4}$ |
| $\overline{3}$ | 2 | 134597• | 134807• | 135017• | 135227 | 135437 | 135647• | 135857 | 136067• | 136277• | 136487 | 136697 | 136907 | 137117• | 137327 | 137537• | 137747 | 2 | $\overline{3}$ |
| $\overline{2}$ | 10 | 134599 | 134809 | 135019• | 135229 | 135439 | 135649• | 135859• | 136069• | 136279 | 136489 | 136699 | 136909 | 137119• | 137329 | 137539 | 137749 | 10 | $\overline{2}$ |
| $\overline{1}$ | 2 | 134609• | 134819 | 135029• | 135239 | 135449• | 135659 | 135869 | 136079 | 136289 | 136499 | 136709• | 136919 | 137129 | 137339• | 137549 | 137759 | 2 | $\overline{1}$ |

| | | | | | | | | | | | | | | | | | | | |
|---|---|---|---|---|---|---|---|---|---|---|---|---|---|---|---|---|---|---|---|
| 1 | 10 | 137761 | 137971 | 138181 • | 138391 | 138601 | 138811 | 139021 • | 139231 | 139441 | 139651 | 139861 • | 140071 • | 140281 • | 140491 | 140701 | 140911 | 10 | 1 |
| 2 | 2 | 137771 • | 137981 | 138191 • | 138401 • | 138611 | 138821 • | 139031 | 139241 • | 139451 | 139661 • | 139871 • | 140081 | 140291 | 140501 | 140711 | 140921 | 2 | 2 |
| 3 | 4 | 137773 | 137983 • | 138193 | 138403 • | 138613 | 138823 | 139033 • | 139243 | 139453 | 139663 • | 139873 | 140083 | 140293 | 140503 | 140713 | 140923 | 4 | 3 |
| 4 | 2 | 137777 • | 137987 | 138197 • | 138407 • | 138617 • | 138827 | 139037 | 139247 | 139457 • | 139667 | 139877 | 140087 | 140297 • | 140507 | 140717 • | 140927 | 2 | 4 |
| 5 | 4 | 137779 | 137989 | 138199 | 138409 | 138619 | 138829 • | 139039 | 139249 | 139459 • | 139669 | 139879 | 140089 | 140299 | 140509 | 140719 | 140929 • | 4 | 5 |
| 6 | 6 | 137783 | 137993 • | 138203 | 138413 | 138623 | 138833 | 139043 | 139253 | 139463 | 139673 | 139883 • | 140093 | 140303 | 140513 | 140723 | 140933 | 6 | 6 |
| 7 | 2 | 137789 | 137999 • | 138209 • | 138419 | 138629 • | 138839 | 139049 | 139259 | 139469 | 139679 | 139889 | 140099 | 140309 | 140519 | 140729 • | 140939 • | 2 | 7 |
| 8 | 6 | 137791 • | 138001 | 138211 | 138421 | 138631 | 138841 • | 139051 | 139261 | 139471 | 139681 • | 139891 • | 140101 | 140311 | 140521 • | 140731 • | 140941 | 6 | 8 |
| 9 | 4 | 137797 | 138007 • | 138217 | 138427 • | 138637 • | 138847 | 139057 | 139267 • | 139477 | 139687 | 139897 | 140107 | 140317 • | 140527 • | 140737 | 140947 | 4 | 9 |
| 10 | 2 | 137801 | 138011 | 138221 | 138431 | 138641 • | 138851 | 139061 | 139271 | 139481 | 139691 | 139901 • | 140111 • | 140321 • | 140531 | 140741 • | 140951 | 2 | 10 |
| 11 | 4 | 137803 • | 138013 | 138223 | 138433 • | 138643 | 138853 | 139063 | 139273 • | 139483 • | 139693 | 139903 | 140113 | 140323 | 140533 • | 140743 | 140953 | 4 | 11 |
| 12 | 6 | 137807 | 138017 | 138227 | 138437 | 138647 • | 138857 | 139067 • | 139277 | 139487 • | 139697 • | 139907 • | 140117 | 140327 | 140537 | 140747 | 140957 | 6 | 12 |
| 13 | 6 | 137813 | 138023 | 138233 | 138443 | 138653 | 138863 • | 139073 | 139283 | 139493 • | 139703 • | 139913 | 140123 • | 140333 • | 140543 | 140753 | 140963 | 6 | 13 |
| 14 | 2 | 137819 | 138029 | 138239 • | 138449 • | 138659 | 138869 • | 139079 • | 139289 | 139499 | 139709 • | 139919 | 140129 | 140339 • | 140549 • | 140759 • | 140969 | 2 | 14 |
| 15 | 6 | 137821 | 138031 | 138241 • | 138451 • | 138661 • | 138871 | 139081 | 139291 • | 139501 • | 139711 | 139921 • | 140131 | 140341 | 140551 • | 140761 • | 140971 | 6 | 15 |
| 16 | 4 | 137827 • | 138037 | 138247 • | 138457 | 138667 | 138877 | 139087 | 139297 • | 139507 | 139717 | 139927 | 140137 | 140347 | 140557 • | 140767 | 140977 • | 4 | 16 |
| 17 | 2 | 137831 • | 138041 • | 138251 • | 138461 • | 138671 | 138881 | 139091 • | 139301 • | 139511 • | 139721 • | 139931 | 140141 | 140351 • | 140561 | 140771 | 140981 | 2 | 17 |
| 18 | 6 | 137833 | 138043 | 138253 | 138463 | 138673 | 138883 • | 139093 | 139303 • | 139513 | 139723 | 139933 | 140143 • | 140353 | 140563 | 140773 • | 140983 • | 6 | 18 |
| 19 | 4 | 137839 | 138049 | 138259 | 138469 • | 138679 • | 138889 • | 139099 | 139309 • | 139519 | 139729 • | 139939 • | 140149 | 140359 | 140569 | 140779 • | 140989 • | 4 | 19 |
| 20 | 6 | 137843 | 138053 • | 138263 | 138473 | 138683 • | 138893 • | 139103 | 139313 • | 139523 | 139733 | 139943 • | 140153 | 140363 • | 140573 | 140783 | 140993 | 6 | 20 |
| 21 | 8 | 137849 • | 138059 • | 138269 | 138479 | 138689 | 138899 • | 139109 • | 139319 | 139529 | 139739 • | 139949 | 140159 • | 140369 | 140579 | 140789 | 140999 | 8 | 21 |
| 22 | 4 | 137857 | 138067 | 138277 | 138487 | 138697 | 138907 | 139117 | 139327 | 139537 • | 139747 • | 139957 | 140167 • | 140377 | 140587 • | 140797 • | 141007 | 4 | 22 |
| 23 | 2 | 137861 | 138071 • | 138281 | 138491 | 138701 | 138911 | 139121 • | 139331 | 139541 | 139751 | 139961 | 140171 • | 140381 • | 140591 | 140801 | 141011 | 2 | 23 |
| 24 | 4 | 137863 | 138073 | 138283 • | 138493 • | 138703 | 138913 | 139123 • | 139333 • | 139543 | 139753 • | 139963 | 140173 | 140383 | 140593 • | 140803 | 141013 | 4 | 24 |
| $\overline{24}$ | 2 | 137867 • | 138077 • | 138287 | 138497 • | 138707 | 138917 • | 139127 | 139337 | 139547 • | 139757 | 139967 • | 140177 • | 140387 | 140597 | 140807 | 141017 | 2 | $\overline{24}$ |
| $\overline{23}$ | 4 | 137869 • | 138079 • | 138289 • | 138499 | 138709 | 138919 | 139129 | 139339 • | 139549 | 139759 • | 139969 • | 140179 | 140389 | 140599 | 140809 | 141019 | 4 | $\overline{23}$ |
| $\overline{22}$ | 8 | 137873 • | 138083 | 138293 | 138503 | 138713 | 138923 • | 139133 • | 139343 • | 139553 | 139763 | 139973 | 140183 | 140393 | 140603 • | 140813 • | 141023 • | 8 | $\overline{22}$ |
| $\overline{21}$ | 6 | 137881 | 138091 | 138301 | 138511 • | 138721 | 138931 | 139141 | 139351 | 139561 | 139771 | 139981 • | 140191 • | 140401 • | 140611 • | 140821 | 141031 | 6 | $\overline{21}$ |
| $\overline{20}$ | 4 | 137887 | 138097 | 138307 | 138517 • | 138727 • | 138937 • | 139147 | 139357 | 139567 | 139777 | 139987 • | 140197 • | 140407 • | 140617 • | 140827 • | 141037 | 4 | $\overline{20}$ |
| $\overline{19}$ | 6 | 137891 | 138101 • | 138311 • | 138521 | 138731 • | 138941 | 139151 | 139361 • | 139571 • | 139781 | 139991 • | 140201 | 140411 • | 140621 | 140831 • | 141041 • | 6 | $\overline{19}$ |
| $\overline{18}$ | 2 | 137897 | 138107 • | 138317 | 138527 | 138737 | 138947 | 139157 | 139367 • | 139577 | 139787 • | 139997 | 140207 • | 140417 • | 140627 • | 140837 • | 141047 | 2 | $\overline{18}$ |
| $\overline{17}$ | 4 | 137899 | 138109 | 138319 • | 138529 | 138739 • | 138949 | 139159 | 139369 • | 139579 | 139789 | 139999 • | 140209 | 140419 • | 140629 • | 140839 • | 141049 | 4 | $\overline{17}$ |
| $\overline{16}$ | 6 | 137903 | 138113 • | 138323 • | 138533 | 138743 | 138953 | 139163 | 139373 | 139583 | 139793 | 140003 | 140213 | 140423 • | 140633 | 140843 | 141053 | 6 | $\overline{16}$ |
| $\overline{15}$ | 2 | 137909 • | 138119 | 138329 | 138539 | 138749 | 138959 • | 139169 • | 139379 | 139589 • | 139799 | 140009 • | 140219 | 140429 | 140639 • | 140849 | 141059 | 2 | $\overline{15}$ |
| $\overline{14}$ | 6 | 137911 • | 138121 | 138331 | 138541 | 138751 | 138961 | 139171 | 139381 | 139591 • | 139801 • | 140011 | 140221 • | 140431 | 140641 | 140851 | 141061 • | 6 | $\overline{14}$ |
| $\overline{13}$ | 6 | 137917 | 138127 | 138337 • | 138547 • | 138757 | 138967 • | 139177 • | 139387 • | 139597 • | 139807 | 140017 | 140227 • | 140437 | 140647 | 140857 | 141067 • | 6 | $\overline{13}$ |
| $\overline{12}$ | 4 | 137923 | 138133 | 138343 | 138553 | 138763 • | 138973 | 139183 | 139393 • | 139603 | 139813 • | 140023 | 140233 | 140443 • | 140653 | 140863 • | 141073 • | 4 | $\overline{12}$ |
| $\overline{11}$ | 2 | 137927 • | 138137 | 138347 | 138557 | 138767 | 138977 • | 139187 • | 139397 • | 139607 | 139817 | 140027 | 140237 • | 140447 | 140657 | 140867 • | 141077 | 2 | $\overline{11}$ |
| $\overline{10}$ | 4 | 137929 | 138139 • | 138349 • | 138559 • | 138769 | 138979 | 139189 | 139399 | 139609 • | 139819 | 140029 | 140239 | 140449 • | 140659 • | 140869 • | 141079 • | 4 | $\overline{10}$ |
| $\overline{9}$ | 6 | 137933 • | 138143 • | 138353 | 138563 • | 138773 | 138983 | 139193 | 139403 | 139613 | 139823 | 140033 | 140243 | 140453 • | 140663 • | 140873 | 141083 | 6 | $\overline{9}$ |
| $\overline{8}$ | 2 | 137939 | 138149 | 138359 | 138569 • | 138779 | 138989 | 139199 • | 139409 • | 139619 • | 139829 | 140039 | 140249 • | 140459 | 140669 | 140879 | 141089 | 2 | $\overline{8}$ |
| $\overline{7}$ | 6 | 137941 • | 138151 | 138361 | 138571 • | 138781 | 138991 | 139201 • | 139411 | 139621 | 139831 • | 140041 | 140251 | 140461 | 140671 | 140881 | 141091 | 6 | $\overline{7}$ |
| $\overline{6}$ | 4 | 137947 • | 138157 • | 138367 | 138577 • | 138787 | 138997 | 139207 | 139417 | 139627 • | 139837 • | 140047 | 140257 | 140467 | 140677 • | 140887 | 141097 | 4 | $\overline{6}$ |
| $\overline{5}$ | 2 | 137951 | 138161 | 138371 • | 138581 • | 138791 | 139001 | 139211 | 139421 | 139631 | 139841 | 140051 | 140261 | 140471 | 140681 • | 140891 • | 141101 • | 2 | $\overline{5}$ |
| $\overline{4}$ | 4 | 137953 | 138163 • | 138373 • | 138583 | 138793 • | 139003 | 139213 | 139423 • | 139633 | 139843 | 140053 • | 140263 • | 140473 • | 140683 • | 140893 • | 141103 | 4 | $\overline{4}$ |
| $\overline{3}$ | 2 | 137957 • | 138167 | 138377 | 138587 • | 138797 • | 139007 | 139217 | 139427 | 139637 | 139847 | 140057 • | 140267 | 140477 • | 140687 | 140897 • | 141107 • | 2 | $\overline{3}$ |
| $\overline{2}$ | 10 | 137959 | 138169 | 138379 | 138589 | 138799 • | 139009 | 139219 | 139429 • | 139639 | 139849 | 140059 | 140269 • | 140479 | 140689 • | 140899 | 141109 | 10 | $\overline{2}$ |
| $\overline{1}$ | 2 | 137969 | 138179 • | 138389 • | 138599 • | 138809 | 139019 | 139229 | 139439 • | 139649 | 139859 | 140069 • | 140279 | 140489 | 140699 | 140909 • | 141119 | 2 | $\overline{1}$ |

| | | | | | | | | | | | | | | | | | | | |
|---|---|---|---|---|---|---|---|---|---|---|---|---|---|---|---|---|---|---|---|
| 1 | 10 | 141121• | 141331 | 141541 | 141751 | 141961• | 142171 | 142381• | 142591• | 142801 | 143011 | 143221 | 143431 | 143641 | 143851 | 144061• | 144271• | 10 | 1 |
| 2 | 2 | 141131• | 141341 | 141551• | 141761• | 141971• | 142181 | 142391• | 142601• | 142811• | 143021 | 143231 | 143441 | 143651• | 143861 | 144071• | 144281 | 2 | 2 |
| 3 | 4 | 141133 | 141343 | 141553 | 141763 | 141973 | 142183• | 142393 | 142603 | 142813 | 143023 | 143233 | 143443• | 143653• | 143863 | 144073• | 144283 | 4 | 3 |
| 4 | 2 | 141137 | 141347 | 141557 | 141767• | 141977 | 142187 | 142397 | 142607• | 142817 | 143027 | 143237 | 143447 | 143657 | 143867 | 144077 | 144287 | 2 | 4 |
| 5 | 4 | 141139 | 141349 | 141559 | 141769• | 141979 | 142189• | 142399 | 142609• | 142819 | 143029 | 143239• | 143449 | 143659 | 143869 | 144079 | 144289• | 4 | 5 |
| 6 | 6 | 141143 | 141353• | 141563 | 141773• | 141983 | 142193• | 142403• | 142613 | 142823 | 143033 | 143243• | 143453 | 143663 | 143873• | 144083 | 144293 | 6 | 6 |
| 7 | 2 | 141149 | 141359• | 141569 | 141779 | 141989 | 142199 | 142409 | 142619• | 142829 | 143039 | 143249• | 143459 | 143669• | 143879• | 144089 | 144299• | 2 | 7 |
| 8 | 6 | 141151 | 141361 | 141571 | 141781 | 141991• | 142201 | 142411 | 142621 | 142931 | 143041 | 143251 | 143461• | 143671 | 143881• | 144091 | 144301 | 6 | 8 |
| 9 | 4 | 141157• | 141367 | 141577 | 141787 | 141997 | 142207 | 142417 | 142627 | 142837• | 143047 | 143257• | 143467• | 143677• | 143887 | 144097 | 144307• | 4 | 9 |
| 10 | 2 | 141161• | 141371• | 141581 | 141791 | 142001 | 142211• | 142421• | 142631 | 142841• | 143051 | 143261• | 143471 | 143681 | 143891 | 144101 | 144311• | 2 | 10 |
| 11 | 4 | 141163 | 141373 | 141583 | 141793• | 142003 | 142213 | 142423 | 142633 | 142843 | 143053• | 143263• | 143473 | 143683 | 143893 | 144103• | 144313 | 4 | 11 |
| 12 | 6 | 141167 | 141377 | 141587• | 141797 | 142007• | 142217• | 142427• | 142637 | 142847 | 143057 | 143267 | 143477• | 143687• | 143897 | 144107 | 144317 | 6 | 12 |
| 13 | 6 | 141173 | 141383 | 141593 | 141803• | 142013 | 142223• | 142433• | 142643 | 142853 | 143063• | 143273 | 143483• | 143693 | 143903 | 144113 | 144323• | 6 | 13 |
| 14 | 2 | 141179• | 141389 | 141599 | 141809 | 142019• | 142229 | 142439 | 142649 | 142859 | 143069 | 143279 | 143489• | 143699• | 143909• | 144119 | 144329 | 2 | 14 |
| 15 | 6 | 141181• | 141391 | 141601• | 141811• | 142021 | 142231• | 142441 | 142651 | 142861 | 143071 | 143281• | 143491 | 143701 | 143911 | 144121 | 144331 | 6 | 15 |
| 16 | 4 | 141187 | 141397• | 141607 | 141817 | 142027 | 142237• | 142447 | 142657• | 142867• | 143077 | 143287• | 143497 | 143707 | 143917 | 144127 | 144337 | 4 | 16 |
| 17 | 2 | 141191 | 141401 | 141611 | 141821 | 142031• | 142241 | 142451 | 142661 | 142871• | 143081 | 143291• | 143501• | 143711• | 143921 | 144131 | 144341• | 2 | 17 |
| 18 | 6 | 141193 | 141403• | 141613• | 141823 | 142033 | 142243 | 142453• | 142663 | 142873• | 143083 | 143293 | 143503• | 143713 | 143923 | 144133 | 144343 | 6 | 18 |
| 19 | 4 | 141199• | 141409 | 141619• | 141829• | 142039• | 142249 | 142459 | 142669 | 142879 | 143089 | 143299 | 143509• | 143719• | 143929 | 144139• | 144349• | 4 | 19 |
| 20 | 6 | 141203 | 141413• | 141623• | 141833• | 142043 | 142253 | 142463 | 142673• | 142883 | 143093• | 143303 | 143513• | 143723 | 143933 | 144143 | 144353 | 6 | 20 |
| 21 | 8 | 141209• | 141419 | 141629• | 141839 | 142049• | 142259 | 142469• | 142679 | 142889 | 143099 | 143309 | 143519• | 143729• | 143939 | 144149 | 144359 | 8 | 21 |
| 22 | 4 | 141217 | 141427 | 141637• | 141847 | 142057• | 142267 | 142477 | 142687 | 142897• | 143107• | 143317 | 143527• | 143737 | 143947• | 144157 | 144367 | 4 | 22 |
| 23 | 2 | 141221• | 141431 | 141641 | 141851• | 142061• | 142271• | 142481 | 142691 | 142901 | 143111• | 143321 | 143531 | 143741 | 143951 | 144161• | 144371 | 2 | 23 |
| 24 | 4 | 141223• | 141433 | 141643 | 141853• | 142063 | 142273 | 142483 | 142693 | 142903• | 143113• | 143323 | 143533 | 143743• | 143953• | 144163• | 144373 | 4 | 24 |
| $\overline{24}$ | 2 | 141227 | 141437 | 141647 | 141857 | 142067• | 142277 | 142487 | 142697• | 142907• | 143117 | 143327 | 143537• | 143747 | 143957 | 144167• | 144377 | 2 | $\overline{24}$ |
| $\overline{23}$ | 4 | 141229 | 141439• | 141649• | 141859 | 142069 | 142279 | 142489 | 142699• | 142909 | 143119 | 143329• | 143539 | 143749 | 143959 | 144169• | 144379• | 4 | $\overline{23}$ |
| $\overline{22}$ | 8 | 141233• | 141443• | 141653• | 141863• | 142073 | 142283 | 142493 | 142703 | 142913 | 143123 | 143333• | 143543 | 143753 | 143963 | 144173• | 144383• | 8 | $\overline{22}$ |
| $\overline{21}$ | 6 | 141241• | 141451 | 141661 | 141871• | 142081 | 142291 | 142501• | 142711• | 142921 | 143131 | 143341 | 143551• | 143761 | 143971• | 144181 | 144391 | 6 | $\overline{21}$ |
| $\overline{20}$ | 4 | 141247 | 141457 | 141667• | 141877 | 142087 | 142297• | 142507 | 142717 | 142927 | 143137• | 143347 | 143557 | 143767 | 143977• | 144187 | 144397 | 4 | $\overline{20}$ |
| $\overline{19}$ | 6 | 141251 | 141461• | 141671• | 141881 | 142091 | 142301 | 142511 | 142721 | 142931 | 143141• | 143351 | 143561 | 143771 | 143981• | 144191 | 144401 | 6 | $\overline{19}$ |
| $\overline{18}$ | 2 | 141257• | 141467 | 141677• | 141887 | 142097• | 142307 | 142517 | 142727 | 142937 | 143147 | 143357• | 143567• | 143777 | 143987 | 144197 | 144407• | 2 | $\overline{18}$ |
| $\overline{17}$ | 4 | 141259 | 141469 | 141679• | 141889 | 142099• | 142309 | 142519 | 142729 | 142939• | 143149 | 143359 | 143569• | 143779• | 143989 | 144199 | 144409• | 4 | $\overline{17}$ |
| $\overline{16}$ | 6 | 141263• | 141473 | 141683 | 141893 | 142103 | 142313 | 142523 | 142733• | 142943 | 143153 | 143363 | 143573• | 143783 | 143993 | 144203• | 144413• | 6 | $\overline{16}$ |
| $\overline{15}$ | 2 | 141269• | 141479 | 141689• | 141899 | 142109 | 142319• | 142529• | 142739 | 142949• | 143159• | 143369 | 143579 | 143789 | 143999• | 144209 | 144419 | 2 | $\overline{15}$ |
| $\overline{14}$ | 6 | 141271 | 141481• | 141691 | 141901 | 142111• | 142321 | 142531 | 142741 | 142951 | 143161 | 143371 | 143581 | 143791• | 144001 | 144211 | 144421 | 6 | $\overline{14}$ |
| $\overline{13}$ | 6 | 141277• | 141487 | 141697• | 141907• | 142117 | 142327• | 142537• | 142747 | 142957 | 143167 | 143377 | 143587 | 143797• | 144007 | 144217 | 144427• | 6 | $\overline{13}$ |
| $\overline{12}$ | 4 | 141283• | 141493 | 141703 | 141913 | 142123• | 142333 | 142543• | 142753 | 142963• | 143173 | 143383 | 143593• | 143803 | 144013• | 144223• | 144433 | 4 | $\overline{12}$ |
| $\overline{11}$ | 2 | 141287 | 141497• | 141707• | 141917• | 142127 | 142337 | 142547• | 142757• | 142967 | 143177• | 143387• | 143597 | 143807• | 144017 | 144227 | 144437 | 2 | $\overline{11}$ |
| $\overline{10}$ | 4 | 141289 | 141499• | 141709• | 141919 | 142129 | 142339 | 142549 | 142759• | 142969• | 143179 | 143389 | 143599 | 143809 | 144019 | 144229 | 144439• | 4 | $\overline{10}$ |
| $\overline{9}$ | 6 | 141293 | 141503 | 141713 | 141923 | 142133 | 142343 | 142553• | 142763 | 142973• | 143183 | 143393 | 143603 | 143813• | 144023 | 144233 | 144443 | 6 | $\overline{9}$ |
| $\overline{8}$ | 2 | 141299 | 141509• | 141719• | 141929 | 142139 | 142349 | 142559• | 142769 | 142979• | 143189 | 143399 | 143609• | 143819 | 144029 | 144239 | 144449 | 2 | $\overline{8}$ |
| $\overline{7}$ | 6 | 141301• | 141511• | 141721 | 141931• | 142141 | 142351 | 142561 | 142771• | 142981• | 143191 | 143401• | 143611 | 143821• | 144031• | 144241• | 144451• | 6 | $\overline{7}$ |
| $\overline{6}$ | 4 | 141307• | 141517 | 141727 | 141937• | 142147 | 142357• | 142567• | 142777 | 142987 | 143197• | 143407 | 143617• | 143827• | 144037• | 144247• | 144457 | 4 | $\overline{6}$ |
| $\overline{5}$ | 2 | 141311• | 141521 | 141731• | 141941• | 142151• | 142361 | 142571 | 142781• | 142991 | 143201 | 143411 | 143621 | 143831• | 144041 | 144251 | 144461• | 2 | $\overline{5}$ |
| $\overline{4}$ | 4 | 141313 | 141523 | 141733 | 141943 | 142153 | 142363 | 142573• | 142783 | 142993• | 143203 | 143413• | 143623 | 143833• | 144043 | 144253• | 144463 | 4 | $\overline{4}$ |
| $\overline{3}$ | 2 | 141317 | 141527 | 141737 | 141947 | 142157• | 142367 | 142577 | 142787• | 142997 | 143207 | 143417 | 143627 | 143837 | 144047 | 144257 | 144467 | 2 | $\overline{3}$ |
| $\overline{2}$ | 10 | 141319• | 141529• | 141739 | 141949 | 142159• | 142369• | 142579 | 142789• | 142999 | 143209 | 143419• | 143629• | 143839 | 144049 | 144259• | 144469 | 10 | $\overline{2}$ |
| $\overline{1}$ | 2 | 141329 | 141539• | 141749 | 141959• | 142169• | 142379 | 142589• | 142799• | 143009 | 143219 | 143429 | 143639 | 143849 | 144059 | 144269 | 144479• | 2 | $\overline{1}$ |

| | | | | | | | | | | | | | | | | | | | |
|---|---|---|---|---|---|---|---|---|---|---|---|---|---|---|---|---|---|---|---|
| 1 | 10 | 144481• | 144691 | 144901 | 145111 | 145321 | 145531• | 145741 | 145951 | 146161• | 146371 | 146581• | 146791 | 147001 | 147211• | 147421 | 147631 | 10 | 1 |
| 2 | 2 | 144491 | 144701• | 144911 | 145121• | 145331 | 145541 | 145751 | 145961 | 146171 | 146381• | 146591 | 146801• | 147011• | 147221• | 147431 | 147641 | 2 | 2 |
| 3 | 4 | 144493 | 144703 | 144913 | 145123 | 145333 | 145543• | 145753• | 145963• | 146173• | 146383• | 146593 | 146803 | 147013 | 147223 | 147433 | 147643 | 4 | 3 |
| 4 | 2 | 144497• | 144707 | 144917• | 145127 | 145337 | 145547• | 145757• | 145967• | 146177 | 146387 | 146597 | 146807• | 147017 | 147227• | 147437 | 147647• | 2 | 4 |
| 5 | 4 | 144499 | 144709• | 144919 | 145129 | 145339 | 145549• | 145759• | 145969• | 146179 | 146389• | 146599 | 146809 | 147019 | 147229• | 147439 | 147649 | 4 | 5 |
| 6 | 6 | 144503 | 144713 | 144923 | 145133• | 145343 | 145553 | 145763 | 145973 | 146183 | 146393 | 146603• | 146813 | 147023 | 147233 | 147443 | 147653 | 6 | 6 |
| 7 | 2 | 144509 | 144719• | 144929 | 145139• | 145349• | 145559 | 145769 | 145979 | 146189 | 146399 | 146609• | 146819• | 147029• | 147239 | 147449• | 147659 | 2 | 7 |
| 8 | 6 | 144511• | 144721 | 144931• | 145141 | 145351 | 145561 | 145771• | 145981 | 146191• | 146401 | 146611 | 146821 | 147031• | 147241 | 147451• | 147661• | 6 | 8 |
| 9 | 4 | 144517 | 144727 | 144937 | 145147 | 145357 | 145567 | 145777• | 145987• | 146197• | 146407• | 146617• | 146827 | 147037 | 147247 | 147457• | 147667 | 4 | 9 |
| 10 | 2 | 144521 | 144731• | 144941• | 145151 | 145361• | 145571 | 145781 | 145991• | 146201 | 146411 | 146621 | 146831 | 147041 | 147251 | 147461 | 147671• | 2 | 10 |
| 11 | 4 | 144523 | 144733 | 144943 | 145153 | 145363 | 145573 | 145783 | 145993 | 146203• | 146413 | 146623 | 146833• | 147043 | 147253• | 147463 | 147673• | 4 | 11 |
| 12 | 6 | 144527 | 144737• | 144947 | 145157 | 145367 | 145577• | 145787 | 145997 | 146207 | 146417• | 146627 | 146837• | 147047• | 147257 | 147467 | 147677 | 6 | 12 |
| 13 | 6 | 144533 | 144743 | 144953 | 145163 | 145373 | 145583 | 145793 | 146003 | 146213• | 146423• | 146633 | 146843• | 147053 | 147263• | 147473 | 147683 | 6 | 13 |
| 14 | 2 | 144539• | 144749 | 144959 | 145169 | 145379 | 145589• | 145799• | 146009• | 146219 | 146429 | 146639• | 146849• | 147059 | 147269 | 147479 | 147689• | 2 | 14 |
| 15 | 6 | 144541• | 144751• | 144961• | 145171 | 145381• | 145591 | 145801 | 146011• | 146221• | 146431 | 146641 | 146851 | 147061 | 147271 | 147481• | 147691 | 6 | 15 |
| 16 | 4 | 144547 | 144757• | 144967• | 145177• | 145387 | 145597 | 145807• | 146017 | 146227 | 146437• | 146647• | 146857• | 147067 | 147277 | 147487• | 147697 | 4 | 16 |
| 17 | 2 | 144551 | 144761 | 144971 | 145181 | 145391• | 145601• | 145811 | 146021• | 146231 | 146441 | 146651 | 146861 | 147071 | 147281 | 147491 | 147701 | 2 | 17 |
| 18 | 6 | 144553 | 144763• | 144973• | 145183 | 145393 | 145603• | 145813 | 146023• | 146233 | 146443 | 146653 | 146863 | 147073• | 147283• | 147493 | 147703• | 6 | 18 |
| 19 | 4 | 144559 | 144769 | 144979 | 145189 | 145399• | 145609 | 145819• | 146029 | 146239• | 146449• | 146659 | 146869 | 147079 | 147289• | 147499 | 147709• | 4 | 19 |
| 20 | 6 | 144563• | 144773• | 144983• | 145193• | 145403 | 145613 | 145823• | 146033• | 146243 | 146453 | 146663 | 146873 | 147083• | 147293• | 147503• | 147713 | 6 | 20 |
| 21 | 8 | 144569• | 144779• | 144989 | 145199 | 145409 | 145619 | 145829• | 146039 | 146249• | 146459 | 146669• | 146879 | 147089• | 147299• | 147509 | 147719 | 8 | 21 |
| 22 | 4 | 144577• | 144787 | 144997 | 145207• | 145417• | 145627 | 145837 | 146047 | 146257 | 146467 | 146677• | 146887 | 147097• | 147307 | 147517• | 147727• | 4 | 22 |
| 23 | 2 | 144581 | 144791• | 145001 | 145211 | 145421 | 145631 | 145841 | 146051• | 146261 | 146471 | 146681• | 146891• | 147101 | 147311• | 147521 | 147731 | 2 | 23 |
| 24 | 4 | 144583• | 144793 | 145003 | 145213• | 145423• | 145633• | 145843 | 146053 | 146263 | 146473 | 146683• | 146893• | 147103 | 147313 | 147523 | 147733 | 4 | 24 |
| $\overline{24}$ | 2 | 144587 | 144797 | 145007• | 145217 | 145427 | 145637• | 145847 | 146057• | 146267 | 146477• | 146687 | 146897 | 147107• | 147317 | 147527 | 147737 | 2 | $\overline{24}$ |
| $\overline{23}$ | 4 | 144589• | 144799 | 145009• | 145219• | 145429 | 145639 | 145849 | 146059• | 146269 | 146479 | 146689 | 146899 | 147109 | 147319• | 147529 | 147739• | 4 | $\overline{23}$ |
| $\overline{22}$ | 8 | 144593• | 144803 | 145013 | 145223 | 145433• | 145643• | 145853 | 146063• | 146273• | 146483 | 146693 | 146903 | 147113 | 147323 | 147533 | 147743• | 8 | $\overline{22}$ |
| $\overline{21}$ | 6 | 144601 | 144811 | 145021• | 145231 | 145441• | 145651 | 145861• | 146071 | 146281 | 146491 | 146701• | 146911 | 147121 | 147331• | 147541• | 147751 | 6 | $\overline{21}$ |
| $\overline{20}$ | 4 | 144607 | 144817• | 145027 | 145237 | 145447 | 145657 | 145867 | 146077• | 146287 | 146497 | 146707 | 146917• | 147127 | 147337 | 147547• | 147757 | 4 | $\overline{20}$ |
| $\overline{19}$ | 6 | 144611• | 144821 | 145031• | 145241 | 145451• | 145661• | 145871 | 146081 | 146291• | 146501 | 146711 | 146921• | 147131 | 147341• | 147551• | 147761• | 6 | $\overline{19}$ |
| $\overline{18}$ | 2 | 144617 | 144827 | 145037• | 145247 | 145457 | 145667 | 145877 | 146087 | 146297• | 146507 | 146717 | 146927 | 147137• | 147347• | 147557• | 147767 | 2 | $\overline{18}$ |
| $\overline{17}$ | 4 | 144619 | 144829• | 145039 | 145249 | 145459• | 145669 | 145879• | 146089 | 146299• | 146509 | 146719• | 146929 | 147139• | 147349 | 147559 | 147769• | 4 | $\overline{17}$ |
| $\overline{16}$ | 6 | 144623 | 144833 | 145043• | 145253• | 145463• | 145673 | 145883 | 146093• | 146303 | 146513• | 146723 | 146933• | 147143 | 147353• | 147563 | 147773• | 6 | $\overline{16}$ |
| $\overline{15}$ | 2 | 144629• | 144839• | 145049 | 145259• | 145469 | 145679• | 145889 | 146099• | 146309• | 146519• | 146729 | 146939 | 147149 | 147359 | 147569 | 147779• | 2 | $\overline{15}$ |
| $\overline{14}$ | 6 | 144631 | 144841 | 145051 | 145261 | 145471• | 145681• | 145891 | 146101 | 146311 | 146521• | 146731 | 146941• | 147151• | 147361 | 147571• | 147781 | 6 | $\overline{14}$ |
| $\overline{13}$ | 6 | 144637 | 144847• | 145057 | 145267• | 145477• | 145687• | 145897• | 146107 | 146317• | 146527• | 146737 | 146947 | 147157 | 147367 | 147577 | 147787• | 6 | $\overline{13}$ |
| $\overline{12}$ | 4 | 144643 | 144853 | 145063• | 145273 | 145483 | 145693 | 145903• | 146113 | 146323• | 146533 | 146743• | 146953• | 147163• | 147373 | 147583• | 147793• | 4 | $\overline{12}$ |
| $\overline{11}$ | 2 | 144647 | 144857 | 145067 | 145277 | 145487• | 145697 | 145907 | 146117• | 146327 | 146537 | 146747 | 146957 | 147167 | 147377• | 147587 | 147797 | 2 | $\overline{11}$ |
| $\overline{10}$ | 4 | 144649 | 144859 | 145069• | 145279 | 145489 | 145699 | 145909 | 146119 | 146329 | 146539• | 146749• | 146959 | 147169 | 147379 | 147589 | 147799• | 4 | $\overline{10}$ |
| $\overline{9}$ | 6 | 144653 | 144863 | 145073 | 145283• | 145493 | 145703• | 145913 | 146123 | 146333 | 146543• | 146753 | 146963 | 147173 | 147383 | 147593 | 147803 | 6 | $\overline{9}$ |
| $\overline{8}$ | 2 | 144659• | 144869 | 145079 | 145289• | 145499 | 145709• | 145919 | 146129 | 146339 | 146549 | 146759 | 146969 | 147179• | 147389 | 147599 | 147809 | 2 | $\overline{8}$ |
| $\overline{7}$ | 6 | 144661 | 144871 | 145081 | 145291 | 145501• | 145711 | 145921 | 146131 | 146341 | 146551 | 146761 | 146971 | 147181 | 147391• | 147601 | 147811• | 6 | $\overline{7}$ |
| $\overline{6}$ | 4 | 144667• | 144877 | 145087 | 145297 | 145507 | 145717 | 145927 | 146137 | 146347• | 146557 | 146767• | 146977• | 147187 | 147397• | 147607• | 147817 | 4 | $\overline{6}$ |
| $\overline{5}$ | 2 | 144671• | 144881 | 145091• | 145301 | 145511• | 145721• | 145931• | 146141• | 146351 | 146561 | 146771 | 146981 | 147191 | 147401• | 147611 | 147821 | 2 | $\overline{5}$ |
| $\overline{4}$ | 4 | 144673 | 144883• | 145093 | 145303• | 145513• | 145723• | 145933• | 146143 | 146353 | 146563• | 146773 | 146983• | 147193 | 147403 | 147613• | 147823 | 4 | $\overline{4}$ |
| $\overline{3}$ | 2 | 144677 | 144887• | 145097 | 145307• | 145517• | 145727 | 145937 | 146147 | 146357 | 146567 | 146777• | 146987• | 147197• | 147407 | 147617• | 147827• | 2 | $\overline{3}$ |
| $\overline{2}$ | 10 | 144679 | 144889• | 145099 | 145309 | 145519 | 145729 | 145939 | 146149 | 146359• | 146569 | 146779 | 146989• | 147199 | 147409• | 147619 | 147829 | 10 | $\overline{2}$ |
| $\overline{1}$ | 2 | 144689 | 144899• | 145109• | 145319 | 145529 | 145739 | 145949• | 146159 | 146369• | 146579 | 146789 | 146999 | 147209• | 147419• | 147629• | 147839 | 2 | $\overline{1}$ |

| | | | | | | | | | | | | | | | | | | | |
|---|---|---|---|---|---|---|---|---|---|---|---|---|---|---|---|---|---|---|---|
| 1 | 10 | 147841 | 148051 | 148261 | 148471 • | 148681 | 148891 • | 149101 • | 149311 | 149521 • | 149731 • | 149941 | 150151 • | 150361 | 150571 • | 150781 | 150991 • | 10 | 1 |
| 2 | 2 | 147851 | 148061 • | 148271 | 148481 | 148691 • | 148901 | 149111 • | 149321 | 149531 • | 149741 | 149951 | 150161 | 150371 | 150581 | 150791 • | 151001 | 2 | 2 |
| 3 | 4 | 147853 • | 148063 • | 148273 | 148483 • | 148693 • | 148903 | 149113 • | 149323 • | 149533 • | 149743 | 149953 • | 150163 | 150373 • | 150583 • | 150793 | 151003 | 4 | 3 |
| 4 | 2 | 147857 | 148067 | 148277 | 148487 | 148697 | 148907 | 149117 | 149327 | 149537 | 149747 | 149957 | 150167 | 150377 • | 150587 • | 150797 • | 151007 • | 2 | 4 |
| 5 | 4 | 147859 • | 148069 | 148279 • | 148489 | 148699 | 148909 | 149119 • | 149329 | 149539 | 149749 • | 149959 | 150169 • | 150379 • | 150589 • | 150799 | 151009 • | 4 | 5 |
| 6 | 6 | 147863 • | 148073 • | 148283 | 148493 | 148703 | 148913 • | 149123 | 149333 • | 149543 • | 149753 | 149963 | 150173 | 150383 • | 150593 | 150803 | 151013 • | 6 | 6 |
| 7 | 2 | 147869 | 148079 • | 148289 | 148499 | 148709 | 148919 | 149129 | 149339 | 149549 | 149759 • | 149969 • | 150179 | 150389 | 150599 | 150809 | 151019 | 2 | 7 |
| 8 | 6 | 147871 | 148081 | 148291 | 148501 • | 148711 • | 148921 • | 149131 | 149341 • | 149551 • | 149761 | 149971 • | 150181 | 150391 | 150601 | 150811 | 151021 | 6 | 8 |
| 9 | 4 | 147877 | 148087 | 148297 | 148507 | 148717 | 148927 • | 149137 | 149347 | 149557 | 149767 • | 149977 | 150187 | 150397 | 150607 • | 150817 | 151027 • | 4 | 9 |
| 10 | 2 | 147881 • | 148091 • | 148301 • | 148511 | 148721 • | 148931 • | 149141 | 149351 • | 149561 • | 149771 • | 149981 | 150191 | 150401 • | 150611 • | 150821 | 151031 | 2 | 10 |
| 11 | 4 | 147883 | 148093 | 148303 • | 148513 • | 148723 • | 148933 • | 149143 • | 149353 | 149563 • | 149773 | 149983 | 150193 • | 150403 | 150613 | 150823 | 151033 | 4 | 11 |
| 12 | 6 | 147887 | 148097 | 148307 | 148517 • | 148727 • | 148937 | 149147 | 149357 | 149567 | 149777 | 149987 | 150197 • | 150407 • | 150617 • | 150827 • | 151037 | 6 | 12 |
| 13 | 6 | 147893 | 148103 | 148313 | 148523 | 148733 | 148943 | 149153 • | 149363 | 149573 | 149783 | 149993 • | 150203 • | 150413 • | 150623 | 150833 • | 151043 | 6 | 13 |
| 14 | 2 | 147899 | 148109 | 148319 | 148529 | 148739 | 148949 • | 149159 • | 149369 | 149579 • | 149789 | 149999 | 150209 • | 150419 | 150629 | 150839 | 151049 • | 2 | 14 |
| 15 | 6 | 147901 | 148111 | 148321 | 148531 • | 148741 | 148951 | 149161 • | 149371 • | 149581 | 149791 • | 150001 • | 150211 • | 150421 | 150631 | 150841 | 151051 • | 6 | 15 |
| 16 | 4 | 147907 | 148117 | 148327 | 148537 • | 148747 • | 148957 • | 149167 | 149377 • | 149587 | 149797 | 150007 | 150217 • | 150427 • | 150637 | 150847 • | 151057 • | 4 | 16 |
| 17 | 2 | 147911 | 148121 | 148331 • | 148541 | 148751 | 148961 • | 149171 | 149381 • | 149591 | 149801 | 150011 • | 150221 • | 150431 • | 150641 | 150851 | 151061 | 2 | 17 |
| 18 | 6 | 147913 | 148123 • | 148333 | 148543 | 148753 | 148963 | 149173 • | 149383 | 149593 | 149803 • | 150013 | 150223 • | 150433 | 150643 | 150853 | 151063 | 6 | 18 |
| 19 | 4 | 147919 • | 148129 | 148339 • | 148549 • | 148759 | 148969 | 149179 | 149389 | 149599 | 149809 | 150019 | 150229 | 150439 • | 150649 • | 150859 | 151069 | 4 | 19 |
| 20 | 6 | 147923 | 148133 | 148343 | 148553 | 148763 • | 148973 | 149183 • | 149393 • | 149603 • | 149813 | 150023 | 150233 | 150443 | 150653 | 150863 | 151073 | 6 | 20 |
| 21 | 8 | 147929 | 148139 • | 148349 | 148559 | 148769 | 148979 | 149189 | 149399 • | 149609 | 149819 | 150029 | 150239 • | 150449 | 150659 • | 150869 • | 151079 | 8 | 21 |
| 22 | 4 | 147937 • | 148147 • | 148357 | 148567 | 148777 | 148987 | 149197 • | 149407 | 149617 | 149827 • | 150037 | 150247 • | 150457 | 150667 | 150877 | 151087 | 4 | 22 |
| 23 | 2 | 147941 | 148151 • | 148361 • | 148571 | 148781 • | 148991 • | 149201 | 149411 • | 149621 | 149831 | 150041 • | 150251 | 150461 | 150671 | 150881 • | 151091 • | 2 | 23 |
| 24 | 4 | 147943 | 148153 • | 148363 | 148573 • | 148783 • | 148993 | 149203 | 149413 | 149623 • | 149833 | 150043 | 150253 | 150463 | 150673 | 150883 • | 151093 | 4 | 24 |
| $\overline{24}$ | 2 | 147947 | 148157 • | 148367 • | 148577 | 148787 | 148997 • | 149207 | 149417 • | 149627 • | 149837 • | 150047 | 150257 | 150467 | 150677 | 150887 | 151097 | 2 | $\overline{24}$ |
| $\overline{23}$ | 4 | 147949 • | 148159 | 148369 | 148579 • | 148789 | 148999 | 149209 | 149419 • | 149629 • | 149839 • | 150049 | 150259 | 150469 | 150679 | 150889 • | 151099 | 4 | $\overline{23}$ |
| $\overline{22}$ | 8 | 147953 | 148163 | 148373 | 148583 | 148793 • | 149003 | 149213 • | 149423 • | 149633 | 149843 | 150053 • | 150263 | 150473 • | 150683 | 150893 • | 151103 | 8 | $\overline{22}$ |
| $\overline{21}$ | 6 | 147961 | 148171 • | 148381 • | 148591 | 148801 | 149011 • | 149221 | 149431 | 149641 | 149851 | 150061 • | 150271 | 150481 | 150691 | 150901 • | 151111 | 6 | $\overline{21}$ |
| $\overline{20}$ | 4 | 147967 | 148177 | 148387 • | 148597 | 148807 | 149017 | 149227 | 149437 | 149647 | 149857 | 150067 • | 150277 | 150487 | 150697 • | 150907 • | 151117 | 4 | $\overline{20}$ |
| $\overline{19}$ | 6 | 147971 | 148181 | 148391 | 148601 | 148811 | 149021 • | 149231 | 149441 • | 149651 | 149861 • | 150071 | 150281 | 150491 | 150701 | 150911 | 151121 • | 6 | $\overline{19}$ |
| $\overline{18}$ | 2 | 147977 • | 148187 | 148397 | 148607 | 148817 • | 149027 • | 149237 | 149447 | 149657 | 149867 • | 150077 • | 150287 • | 150497 • | 150707 • | 150917 | 151127 | 2 | $\overline{18}$ |
| $\overline{17}$ | 4 | 147979 | 148189 | 148399 • | 148609 • | 148819 | 149029 | 149239 • | 149449 | 149659 | 149869 | 150079 | 150289 | 150499 | 150709 | 150919 • | 151129 | 4 | $\overline{17}$ |
| $\overline{16}$ | 6 | 147983 | 148193 • | 148403 • | 148613 | 148823 | 149033 • | 149243 | 149453 | 149663 | 149873 • | 150083 • | 150293 | 150503 • | 150713 | 150923 | 151133 | 6 | $\overline{16}$ |
| $\overline{15}$ | 2 | 147989 | 148199 • | 148409 | 148619 | 148829 • | 149039 | 149249 • | 149459 • | 149669 | 149879 | 150089 • | 150299 • | 150509 | 150719 | 150929 • | 151139 | 2 | $\overline{15}$ |
| $\overline{14}$ | 6 | 147991 | 148201 • | 148411 • | 148621 | 148831 | 149041 | 149251 • | 149461 | 149671 | 149881 | 150091 • | 150301 • | 150511 | 150721 • | 150931 | 151141 • | 6 | $\overline{14}$ |
| $\overline{13}$ | 6 | 147997 • | 148207 • | 148417 | 148627 • | 148837 | 149047 | 149257 • | 149467 | 149677 | 149887 | 150097 • | 150307 | 150517 • | 150727 | 150937 | 151147 | 6 | $\overline{13}$ |
| $\overline{12}$ | 4 | 148003 | 148213 | 148423 | 148633 • | 148843 | 149053 • | 149263 | 149473 | 149683 | 149893 • | 150103 | 150313 | 150523 • | 150733 | 150943 | 151153 • | 4 | $\overline{12}$ |
| $\overline{11}$ | 2 | 148007 | 148217 | 148427 | 148637 | 148847 | 149057 • | 149267 | 149477 | 149687 | 149897 | 150107 • | 150317 | 150527 | 150737 | 150947 | 151157 • | 2 | $\overline{11}$ |
| $\overline{10}$ | 4 | 148009 | 148219 | 148429 • | 148639 • | 148849 | 149059 • | 149269 • | 149479 | 149689 • | 149899 • | 150109 | 150319 | 150529 | 150739 | 150949 | 151159 | 4 | $\overline{10}$ |
| $\overline{9}$ | 6 | 148013 • | 148223 | 148433 | 148643 | 148853 • | 149063 | 149273 | 149483 | 149693 | 149903 | 150113 | 150323 • | 150533 • | 150743 • | 150953 | 151163 • | 6 | $\overline{9}$ |
| $\overline{8}$ | 2 | 148019 | 148229 • | 148439 • | 148649 | 148859 • | 149069 • | 149279 | 149489 • | 149699 | 149909 • | 150119 | 150329 • | 150539 | 150749 | 150959 • | 151169 • | 2 | $\overline{8}$ |
| $\overline{7}$ | 6 | 148021 • | 148231 | 148441 | 148651 | 148861 • | 149071 | 149281 | 149491 • | 149701 | 149911 • | 150121 | 150331 | 150541 | 150751 | 150961 • | 151171 • | 6 | $\overline{7}$ |
| $\overline{6}$ | 4 | 148027 | 148237 | 148447 | 148657 | 148867 • | 149077 • | 149287 • | 149497 • | 149707 | 149917 | 150127 | 150337 | 150547 | 150757 | 150967 • | 151177 | 4 | $\overline{6}$ |
| $\overline{5}$ | 2 | 148031 | 148241 | 148451 | 148661 | 148871 | 149081 | 149291 | 149501 | 149711 • | 149921 • | 150131 • | 150341 | 150551 • | 150761 | 150971 | 151181 | 2 | $\overline{5}$ |
| $\overline{4}$ | 4 | 148033 | 148243 • | 148453 | 148663 • | 148873 • | 149083 | 149293 | 149503 • | 149713 • | 149923 | 150133 | 150343 • | 150553 | 150763 | 150973 | 151183 | 4 | $\overline{4}$ |
| $\overline{3}$ | 2 | 148037 | 148247 | 148457 • | 148667 • | 148877 | 149087 • | 149297 • | 149507 | 149717 • | 149927 | 150137 | 150347 | 150557 | 150767 • | 150977 | 151187 | 2 | $\overline{3}$ |
| $\overline{2}$ | 10 | 148039 | 148249 • | 148459 | 148669 • | 148879 | 149089 | 149299 | 149509 | 149719 | 149929 | 150139 | 150349 | 150559 • | 150769 • | 150979 • | 151189 • | 10 | $\overline{2}$ |
| $\overline{1}$ | 2 | 148049 | 148259 | 148469 • | 148679 | 148889 | 149099 • | 149309 • | 149519 • | 149729 • | 149939 • | 150149 | 150359 | 150569 | 150779 • | 150989 • | 151199 | 2 | $\overline{1}$ |

| | | | | | | | | | | | | | | | | | | | |
|---|---|---|---|---|---|---|---|---|---|---|---|---|---|---|---|---|---|---|---|
| 1 | 10 | 151201 • | 151411 | 151621 | 151831 | 152041 • | 152251 | 152461 • | 152671 • | 152881 | 153091 | 153301 | 153511 • | 153721 | 153931 | 154141 | 154351 • | 10 | 1 |
| 2 | 2 | 151211 | 151421 | 151631 • | 151841 • | 152051 | 152261 | 152471 | 152681 • | 152891 | 153101 | 153311 | 153521 • | 153731 | 153941 • | 154151 | 154361 | 2 | 2 |
| 3 | 4 | 151213 • | 151423 • | 151633 | 151843 | 152053 | 152263 | 152473 | 152683 | 152893 | 153103 | 153313 • | 153523 • | 153733 • | 153943 | 154153 • | 154363 | 4 | 3 |
| 4 | 2 | 151217 | 151427 | 151637 • | 151847 • | 152057 | 152267 • | 152477 | 152687 | 152897 • | 153107 • | 153317 | 153527 | 153737 | 153947 • | 154157 • | 154367 | 2 | 4 |
| 5 | 4 | 151219 | 151429 • | 151639 | 151849 • | 152059 | 152269 | 152479 | 152689 | 152899 • | 153109 | 153319 • | 153529 • | 153739 • | 153949 • | 154159 • | 154369 • | 4 | 5 |
| 6 | 6 | 151223 | 151433 • | 151643 • | 151853 | 152063 • | 152273 | 152483 | 152693 | 152903 | 153113 • | 153323 | 153533 • | 153743 • | 153953 • | 154163 | 154373 • | 6 | 6 |
| 7 | 2 | 151229 | 151439 | 151649 | 151859 | 152069 | 152279 | 152489 | 152699 | 152909 • | 153119 | 153329 | 153539 | 153749 • | 153959 | 154169 | 154379 | 2 | 7 |
| 8 | 6 | 151231 | 151441 | 151651 • | 151861 | 152071 | 152281 | 152491 | 152701 | 152911 | 153121 | 153331 | 153541 | 153751 | 153961 | 154171 | 154381 | 6 | 8 |
| 9 | 4 | 151237 • | 151447 | 151657 | 151867 | 152077 • | 152287 • | 152497 | 152707 | 152917 | 153127 | 153337 • | 153547 | 153757 • | 153967 | 154177 | 154387 • | 4 | 9 |
| 10 | 2 | 151241 • | 151451 • | 151661 | 151871 • | 152081 • | 152291 | 152501 • | 152711 | 152921 | 153131 | 153341 | 153551 | 153761 | 153971 | 154181 • | 154391 | 2 | 10 |
| 11 | 4 | 151243 • | 151453 | 151663 | 151873 | 152083 • | 152293 • | 152503 | 152713 | 152923 | 153133 • | 153343 • | 153553 | 153763 • | 153973 | 154183 • | 154393 | 4 | 11 |
| 12 | 6 | 151247 • | 151457 | 151667 • | 151877 | 152087 | 152297 • | 152507 | 152717 • | 152927 | 153137 • | 153347 | 153557 • | 153767 | 153977 | 154187 | 154397 | 6 | 12 |
| 13 | 6 | 151253 • | 151463 | 151673 • | 151883 • | 152093 • | 152303 | 152513 | 152723 • | 152933 | 153143 | 153353 • | 153563 • | 153773 | 153983 | 154193 | 154403 | 6 | 13 |
| 14 | 2 | 151259 | 151469 | 151679 | 151889 | 152099 | 152309 | 152519 • | 152729 • | 152939 • | 153149 | 153359 • | 153569 | 153779 | 153989 | 154199 | 154409 • | 2 | 14 |
| 15 | 6 | 151261 | 151471 • | 151681 • | 151891 | 152101 | 152311 • | 152521 | 152731 | 152941 • | 153151 • | 153361 | 153571 | 153781 | 153991 • | 154201 | 154411 | 6 | 15 |
| 16 | 4 | 151267 | 151477 • | 151687 • | 151897 • | 152107 | 152317 | 152527 | 152737 | 152947 • | 153157 | 153367 | 153577 | 153787 | 153997 • | 154207 | 154417 • | 4 | 16 |
| 17 | 2 | 151271 | 151481 | 151691 | 151901 • | 152111 • | 152321 | 152531 • | 152741 | 152951 | 153161 | 153371 • | 153581 | 153791 | 154001 • | 154211 • | 154421 | 2 | 17 |
| 18 | 6 | 151273 • | 151483 • | 151693 • | 151903 • | 152113 | 152323 | 152533 • | 152743 | 152953 • | 153163 | 153373 | 153583 | 153793 | 154003 | 154213 • | 154423 • | 6 | 18 |
| 19 | 4 | 151279 • | 151489 | 151699 | 151909 • | 152119 | 152329 | 152539 • | 152749 | 152959 • | 153169 | 153379 • | 153589 • | 153799 | 154009 | 154219 | 154429 | 4 | 19 |
| 20 | 6 | 151283 | 151493 | 151703 • | 151913 | 152123 • | 152333 | 152543 | 152753 • | 152963 | 153173 | 153383 | 153593 | 153803 | 154013 | 154223 | 154433 | 6 | 20 |
| 21 | 8 | 151289 • | 151499 • | 151709 | 151919 | 152129 | 152339 | 152549 | 152759 | 152969 | 153179 | 153389 | 153599 | 153809 | 154019 | 154229 • | 154439 • | 8 | 21 |
| 22 | 4 | 151297 | 151507 • | 151717 • | 151927 | 152137 | 152347 | 152557 | 152767 • | 152977 | 153187 | 153397 | 153607 • | 153817 • | 154027 • | 154237 | 154447 | 4 | 22 |
| 23 | 2 | 151301 | 151511 | 151721 | 151931 | 152141 | 152351 | 152561 | 152771 | 152981 • | 153191 • | 153401 | 153611 • | 153821 | 154031 | 154241 | 154451 | 2 | 23 |
| 24 | 4 | 151303 • | 151513 | 151723 | 151933 | 152143 | 152353 | 152563 • | 152773 | 152983 | 153193 | 153403 | 153613 | 153823 | 154033 | 154243 • | 154453 | 4 | 24 |
| $\overline{24}$ | 2 | 151307 | 151517 • | 151727 | 151937 • | 152147 • | 152357 | 152567 • | 152777 • | 152987 | 153197 | 153407 • | 153617 | 153827 | 154037 | 154247 • | 154457 | 2 | $\overline{24}$ |
| $\overline{23}$ | 4 | 151309 | 151519 | 151729 • | 151939 • | 152149 | 152359 | 152569 | 152779 | 152989 • | 153199 | 153409 • | 153619 | 153829 | 154039 | 154249 | 154459 • | 4 | $\overline{23}$ |
| $\overline{22}$ | 8 | 151313 | 151523 • | 151733 • | 151943 | 152153 | 152363 • | 152573 | 152783 • | 152993 • | 153203 | 153413 | 153623 • | 153833 | 154043 • | 154253 | 154463 | 8 | $\overline{22}$ |
| $\overline{21}$ | 6 | 151321 | 151531 • | 151741 | 151951 | 152161 | 152371 | 152581 | 152791 • | 153001 • | 153211 | 153421 • | 153631 | 153841 • | 154051 | 154261 | 154471 | 6 | $\overline{21}$ |
| $\overline{20}$ | 4 | 151327 | 151537 • | 151747 | 151957 | 152167 | 152377 • | 152587 | 152797 | 153007 | 153217 | 153427 • | 153637 | 153847 | 154057 • | 154267 • | 154477 | 4 | $\overline{20}$ |
| $\overline{19}$ | 6 | 151331 | 151541 | 151751 | 151961 | 152171 | 152381 • | 152591 | 152801 | 153011 | 153221 | 153431 | 153641 • | 153851 | 154061 • | 154271 | 154481 | 6 | $\overline{19}$ |
| $\overline{18}$ | 2 | 151337 • | 151547 | 151757 | 151967 • | 152177 | 152387 | 152597 • | 152807 | 153017 | 153227 | 153437 • | 153647 | 153857 | 154067 • | 154277 • | 154487 • | 2 | $\overline{18}$ |
| $\overline{17}$ | 4 | 151339 • | 151549 • | 151759 | 151969 • | 152179 | 152389 • | 152599 • | 152809 • | 153019 | 153229 | 153439 | 153649 • | 153859 | 154069 | 154279 • | 154489 | 4 | $\overline{17}$ |
| $\overline{16}$ | 6 | 151343 • | 151553 • | 151763 | 151973 | 152183 • | 152393 • | 152603 | 152813 | 153023 | 153233 | 153443 • | 153653 | 153863 | 154073 • | 154283 | 154493 • | 6 | $\overline{16}$ |
| $\overline{15}$ | 2 | 151349 | 151559 | 151769 • | 151979 | 152189 • | 152399 | 152609 | 152819 • | 153029 | 153239 | 153449 • | 153659 | 153869 | 154079 • | 154289 | 154499 | 2 | $\overline{15}$ |
| $\overline{14}$ | 6 | 151351 | 151561 • | 151771 • | 151981 | 152191 | 152401 | 152611 | 152821 • | 153031 | 153241 | 153451 | 153661 | 153871 • | 154081 • | 154291 • | 154501 • | 6 | $\overline{14}$ |
| $\overline{13}$ | 6 | 151357 • | 151567 | 151777 | 151987 | 152197 • | 152407 • | 152617 • | 152827 | 153037 | 153247 • | 153457 • | 153667 | 153877 • | 154087 • | 154297 | 154507 | 6 | $\overline{13}$ |
| $\overline{12}$ | 4 | 151363 | 151573 • | 151783 • | 151993 | 152203 • | 152413 | 152623 • | 152833 • | 153043 | 153253 | 153463 | 153673 | 153883 | 154093 | 154303 • | 154513 | 4 | $\overline{12}$ |
| $\overline{11}$ | 2 | 151367 | 151577 | 151787 • | 151997 | 152207 | 152417 • | 152627 | 152837 • | 153047 | 153257 | 153467 | 153677 | 153887 • | 154097 • | 154307 | 154517 | 2 | $\overline{11}$ |
| $\overline{10}$ | 4 | 151369 | 151579 • | 151789 | 151999 | 152209 | 152419 • | 152629 • | 152839 • | 153049 | 153259 • | 153469 • | 153679 | 153889 • | 154099 | 154309 | 154519 | 4 | $\overline{10}$ |
| $\overline{9}$ | 6 | 151373 | 151583 | 151793 | 152003 • | 152213 • | 152423 • | 152633 | 152843 • | 153053 | 153263 | 153473 | 153683 | 153893 | 154103 | 154313 • | 154523 • | 6 | $\overline{9}$ |
| $\overline{8}$ | 2 | 151379 • | 151589 | 151799 • | 152009 | 152219 • | 152429 • | 152639 • | 152849 | 153059 • | 153269 • | 153479 | 153689 • | 153899 | 154109 | 154319 | 154529 | 2 | $\overline{8}$ |
| $\overline{7}$ | 6 | 151381 • | 151591 | 151801 | 152011 | 152221 | 152431 | 152641 • | 152851 • | 153061 | 153271 • | 153481 | 153691 | 153901 | 154111 • | 154321 • | 154531 | 6 | $\overline{7}$ |
| $\overline{6}$ | 4 | 151387 | 151597 • | 151807 | 152017 • | 152227 | 152437 | 152647 | 152857 • | 153067 • | 153277 • | 153487 • | 153697 | 153907 | 154117 | 154327 | 154537 | 4 | $\overline{6}$ |
| $\overline{5}$ | 2 | 151391 • | 151601 | 151811 | 152021 | 152231 • | 152441 • | 152651 | 152861 | 153071 • | 153281 • | 153491 | 153701 • | 153911 • | 154121 | 154331 | 154541 | 2 | $\overline{5}$ |
| $\overline{4}$ | 4 | 151393 | 151603 • | 151813 • | 152023 | 152233 | 152443 • | 152653 | 152863 | 153073 • | 153283 | 153493 | 153703 | 153913 • | 154123 | 154333 • | 154543 • | 4 | $\overline{4}$ |
| $\overline{3}$ | 2 | 151397 • | 151607 • | 151817 • | 152027 • | 152237 | 152447 | 152657 • | 152867 | 153077 • | 153287 • | 153497 | 153707 | 153917 | 154127 • | 154337 | 154547 | 2 | $\overline{3}$ |
| $\overline{2}$ | 10 | 151399 | 151609 • | 151819 | 152029 • | 152239 • | 152449 | 152659 | 152869 | 153079 | 153289 | 153499 • | 153709 | 153919 | 154129 | 154339 • | 154549 | 10 | $\overline{2}$ |
| $\overline{1}$ | 2 | 151409 | 151619 | 151829 | 152039 • | 152249 • | 152459 • | 152669 | 152879 • | 153089 • | 153299 | 153509 • | 153719 • | 153929 • | 154139 | 154349 | 154559 | 2 | $\overline{1}$ |

| | | | | | | | | | | | | | | | | | | | |
|---|---|---|---|---|---|---|---|---|---|---|---|---|---|---|---|---|---|---|---|
| 1 | 10 | 154561 | 154771 | 154981 • | 155191 • | 155401 | 155611 | 155821 • | 156031 | 156241 • | 156451 | 156661 | 156871 | 157081 • | 157291 • | 157501 | 157711 | 10 | 1 |
| 2 | 2 | 154571 • | 154781 | 154991 • | 155201 • | 155411 | 155621 • | 155831 | 156041 • | 156251 | 156461 | 156671 • | 156881 | 157091 | 157301 | 157511 | 157721 • | 2 | 2 |
| 3 | 4 | 154573 • | 154783 | 154993 | 155203 • | 155413 • | 155623 | 155833 • | 156043 | 156253 • | 156463 | 156673 | 156883 | 157093 | 157303 • | 157513 • | 157723 | 4 | 3 |
| 4 | 2 | 154577 | 154787 • | 154997 | 155207 | 155417 | 155627 • | 155837 | 156047 | 156257 • | 156467 • | 156677 • | 156887 • | 157097 | 157307 • | 157517 | 157727 | 2 | 4 |
| 5 | 4 | 154579 • | 154789 • | 154999 | 155209 • | 155419 | 155629 | 155839 | 156049 | 156259 • | 156469 | 156679 • | 156889 | 157099 | 157309 | 157519 • | 157729 | 4 | 5 |
| 6 | 6 | 154583 | 154793 | 155003 • | 155213 | 155423 • | 155633 | 155843 | 156053 | 156263 | 156473 | 156683 • | 156893 | 157103 • | 157313 | 157523 • | 157733 • | 6 | 6 |
| 7 | 2 | 154589 • | 154799 • | 155009 • | 155219 • | 155429 | 155639 | 155849 • | 156059 • | 156269 • | 156479 | 156689 | 156899 • | 157109 • | 157319 | 157529 | 157739 • | 2 | 7 |
| 8 | 6 | 154591 • | 154801 | 155011 | 155221 | 155431 | 155641 | 155851 • | 156061 • | 156271 | 156481 | 156691 • | 156901 • | 157111 | 157321 • | 157531 | 157741 | 6 | 8 |
| 9 | 4 | 154597 | 154807 • | 155017 • | 155227 | 155437 | 155647 | 155857 | 156067 | 156277 | 156487 • | 156697 | 156907 | 157117 | 157327 • | 157537 | 157747 • | 4 | 9 |
| 10 | 2 | 154601 | 154811 | 155021 | 155231 • | 155441 | 155651 | 155861 • | 156071 • | 156281 | 156491 • | 156701 | 156911 | 157121 | 157331 | 157541 | 157751 | 2 | 10 |
| 11 | 4 | 154603 | 154813 | 155023 | 155233 | 155443 • | 155653 • | 155863 • | 156073 | 156283 | 156493 • | 156703 • | 156913 • | 157123 | 157333 | 157543 • | 157753 | 4 | 11 |
| 12 | 6 | 154607 | 154817 | 155027 • | 155237 | 155447 | 155657 • | 155867 | 156077 | 156287 | 156497 | 156707 • | 156917 | 157127 • | 157337 | 157547 | 157757 | 6 | 12 |
| 13 | 6 | 154613 • | 154823 • | 155033 | 155243 | 155453 • | 155663 • | 155873 | 156083 | 156293 | 156503 | 156713 | 156923 | 157133 • | 157343 | 157553 | 157763 | 6 | 13 |
| 14 | 2 | 154619 • | 154829 | 155039 | 155249 | 155459 | 155669 | 155879 | 156089 • | 156299 | 156509 | 156719 • | 156929 | 157139 | 157349 • | 157559 • | 157769 • | 2 | 14 |
| 15 | 6 | 154621 • | 154831 | 155041 | 155251 • | 155461 • | 155671 • | 155881 | 156091 | 156301 | 156511 • | 156721 | 156931 | 157141 • | 157351 • | 157561 • | 157771 • | 6 | 15 |
| 16 | 4 | 154627 | 154837 | 155047 • | 155257 | 155467 | 155677 | 155887 • | 156097 | 156307 • | 156517 | 156727 • | 156937 | 157147 | 157357 | 157567 | 157777 | 4 | 16 |
| 17 | 2 | 154631 | 154841 • | 155051 | 155261 | 155471 | 155681 | 155891 • | 156101 | 156311 | 156521 • | 156731 | 156941 • | 157151 | 157361 | 157571 • | 157781 | 2 | 17 |
| 18 | 6 | 154633 | 154843 | 155053 | 155263 | 155473 • | 155683 | 155893 • | 156103 | 156313 | 156523 | 156733 • | 156943 • | 157153 | 157363 • | 157573 | 157783 | 6 | 18 |
| 19 | 4 | 154639 | 154849 • | 155059 | 155269 • | 155479 | 155689 • | 155899 | 156109 • | 156319 • | 156529 | 156739 | 156949 | 157159 | 157369 | 157579 • | 157789 | 4 | 19 |
| 20 | 6 | 154643 • | 154853 | 155063 | 155273 | 155483 | 155693 • | 155903 | 156113 | 156323 | 156533 | 156743 | 156953 | 157163 • | 157373 | 157583 | 157793 • | 6 | 20 |
| 21 | 8 | 154649 | 154859 | 155069 • | 155279 | 155489 | 155699 • | 155909 | 156119 • | 156329 • | 156539 • | 156749 • | 156959 | 157169 | 157379 | 157589 | 157799 • | 8 | 21 |
| 22 | 4 | 154657 | 154867 | 155077 | 155287 | 155497 | 155707 • | 155917 | 156127 • | 156337 | 156547 | 156757 | 156967 • | 157177 • | 157387 | 157597 | 157807 | 4 | 22 |
| 23 | 2 | 154661 | 154871 • | 155081 • | 155291 • | 155501 • | 155711 | 155921 • | 156131 • | 156341 | 156551 | 156761 | 156971 • | 157181 • | 157391 | 157601 | 157811 | 2 | 23 |
| 24 | 4 | 154663 | 154873 • | 155083 • | 155293 | 155503 | 155713 | 155923 | 156133 | 156343 | 156553 | 156763 | 156973 | 157183 | 157393 • | 157603 | 157813 • | 4 | 24 |
| $\overline{24}$ | 2 | 154667 • | 154877 • | 155087 • | 155297 | 155507 | 155717 • | 155927 | 156137 | 156347 • | 156557 | 156767 | 156977 | 157187 | 157397 | 157607 | 157817 | 2 | $\overline{24}$ |
| $\overline{23}$ | 4 | 154669 • | 154879 | 155089 | 155299 • | 155509 • | 155719 • | 155929 | 156139 • | 156349 | 156559 | 156769 | 156979 • | 157189 • | 157399 | 157609 | 157819 | 4 | $\overline{23}$ |
| $\overline{22}$ | 8 | 154673 | 154883 • | 155093 | 155303 • | 155513 | 155723 • | 155933 | 156143 | 156353 • | 156563 | 156773 | 156983 | 157193 | 157403 | 157613 | 157823 • | 8 | $\overline{22}$ |
| $\overline{21}$ | 6 | 154681 • | 154891 | 155101 | 155311 | 155521 • | 155731 • | 155941 | 156151 • | 156361 • | 156571 | 156781 • | 156991 | 157201 | 157411 • | 157621 | 157831 • | 6 | $\overline{21}$ |
| $\overline{20}$ | 4 | 154687 | 154897 • | 155107 | 155317 • | 155527 | 155737 | 155947 | 156157 • | 156367 | 156577 • | 156787 | 156997 | 157207 • | 157417 | 157627 • | 157837 • | 4 | $\overline{20}$ |
| $\overline{19}$ | 6 | 154691 • | 154901 | 155111 | 155321 | 155531 | 155741 • | 155951 | 156161 | 156371 • | 156581 | 156791 | 157001 | 157211 • | 157421 | 157631 | 157841 • | 6 | $\overline{19}$ |
| $\overline{18}$ | 2 | 154697 | 154907 | 155117 | 155327 • | 155537 • | 155747 • | 155957 | 156167 | 156377 | 156587 | 156797 • | 157007 • | 157217 • | 157427 • | 157637 • | 157847 | 2 | $\overline{18}$ |
| $\overline{17}$ | 4 | 154699 • | 154909 | 155119 • | 155329 | 155539 • | 155749 | 155959 | 156169 | 156379 | 156589 • | 156799 • | 157009 | 157219 • | 157429 • | 157639 • | 157849 | 4 | $\overline{17}$ |
| $\overline{16}$ | 6 | 154703 | 154913 | 155123 | 155333 • | 155543 | 155753 | 155963 | 156173 | 156383 | 156593 • | 156803 | 157013 • | 157223 | 157433 • | 157643 | 157853 | 6 | $\overline{16}$ |
| $\overline{15}$ | 2 | 154709 | 154919 | 155129 | 155339 | 155549 | 155759 | 155969 | 156179 | 156389 | 156599 | 156809 | 157019 • | 157229 • | 157439 | 157649 • | 157859 | 2 | $\overline{15}$ |
| $\overline{14}$ | 6 | 154711 | 154921 | 155131 | 155341 | 155551 | 155761 | 155971 | 156181 | 156391 | 156601 • | 156811 | 157021 | 157231 • | 157441 | 157651 | 157861 | 6 | $\overline{14}$ |
| $\overline{13}$ | 6 | 154717 | 154927 • | 155137 • | 155347 | 155557 • | 155767 | 155977 | 156187 | 156397 | 156607 | 156817 • | 157027 | 157237 | 157447 | 157657 | 157867 • | 6 | $\overline{13}$ |
| $\overline{12}$ | 4 | 154723 • | 154933 • | 155143 | 155353 | 155563 | 155773 • | 155983 | 156193 | 156403 | 156613 | 156823 • | 157033 | 157243 • | 157453 | 157663 | 157873 | 4 | $\overline{12}$ |
| $\overline{11}$ | 2 | 154727 • | 154937 • | 155147 | 155357 | 155567 | 155777 • | 155987 | 156197 | 156407 | 156617 | 156827 | 157037 • | 157247 • | 157457 • | 157667 • | 157877 • | 2 | $\overline{11}$ |
| $\overline{10}$ | 4 | 154729 | 154939 | 155149 | 155359 | 155569 • | 155779 | 155989 | 156199 | 156409 | 156619 • | 156829 | 157039 | 157249 | 157459 | 157669 • | 157879 | 4 | $\overline{10}$ |
| $\overline{9}$ | 6 | 154733 • | 154943 • | 155153 • | 155363 | 155573 | 155783 • | 155993 | 156203 | 156413 | 156623 • | 156833 • | 157043 | 157253 • | 157463 | 157673 | 157883 | 6 | $\overline{9}$ |
| $\overline{8}$ | 2 | 154739 | 154949 | 155159 | 155369 | 155579 • | 155789 | 155999 | 156209 | 156419 • | 156629 | 156839 | 157049 • | 157259 • | 157469 | 157679 • | 157889 • | 2 | $\overline{8}$ |
| $\overline{7}$ | 6 | 154741 | 154951 | 155161 • | 155371 • | 155581 • | 155791 | 156001 | 156211 | 156421 • | 156631 • | 156841 • | 157051 • | 157261 | 157471 | 157681 | 157891 | 6 | $\overline{7}$ |
| $\overline{6}$ | 4 | 154747 • | 154957 | 155167 • | 155377 • | 155587 | 155797 • | 156007 • | 156217 • | 156427 | 156637 | 156847 | 157057 • | 157267 | 157477 • | 157687 | 157897 | 4 | $\overline{6}$ |
| $\overline{5}$ | 2 | 154751 | 154961 | 155171 • | 155381 • | 155591 | 155801 • | 156011 • | 156221 | 156431 | 156641 • | 156851 | 157061 • | 157271 • | 157481 | 157691 | 157901 • | 2 | $\overline{5}$ |
| $\overline{4}$ | 4 | 154753 • | 154963 | 155173 | 155383 • | 155593 • | 155803 | 156013 | 156223 | 156433 | 156643 | 156853 | 157063 | 157273 • | 157483 • | 157693 | 157903 | 4 | $\overline{4}$ |
| $\overline{3}$ | 2 | 154757 | 154967 | 155177 | 155387 • | 155597 | 155807 | 156017 | 156227 • | 156437 • | 156647 | 156857 | 157067 | 157277 • | 157487 | 157697 | 157907 • | 2 | $\overline{3}$ |
| $\overline{2}$ | 10 | 154759 | 154969 | 155179 | 155389 | 155599 • | 155809 • | 156019 • | 156229 • | 156439 | 156649 | 156859 | 157069 | 157279 • | 157489 • | 157699 | 157909 | 10 | $\overline{2}$ |
| $\overline{1}$ | 2 | 154769 • | 154979 | 155189 | 155399 • | 155609 • | 155819 | 156029 | 156239 | 156449 | 156659 • | 156869 | 157079 | 157289 | 157499 | 157709 | 157919 | 2 | $\overline{1}$ |

| | | | | | | | | | | | | | | | | | | | |
|---|---|---|---|---|---|---|---|---|---|---|---|---|---|---|---|---|---|---|---|
| 1 | 10 | 157921 | 158131 | 158341 • | 158551 • | 158761 • | 158971 | 159181 | 159391 | 159601 | 159811 • | 160021 | 160231 • | 160441 • | 160651 • | 160861 • | 161071 • | 10 | 1 |
| 2 | 2 | 157931 • | 158141 • | 158351 • | 158561 | 158771 • | 158981 • | 159191 • | 159401 | 159611 | 159821 | 160031 • | 160241 | 160451 | 160661 | 160871 | 161081 | 2 | 2 |
| 3 | 4 | 157933 • | 158143 • | 158353 | 158563 • | 158773 | 158983 | 159193 • | 159403 • | 159613 | 159823 | 160033 • | 160243 • | 160453 • | 160663 • | 160873 | 161083 | 4 | 3 |
| 4 | 2 | 157937 | 158147 | 158357 • | 158567 • | 158777 • | 158987 | 159197 | 159407 • | 159617 • | 159827 | 160037 | 160247 | 160457 | 160667 | 160877 • | 161087 • | 2 | 4 |
| 5 | 4 | 157939 | 158149 | 158359 • | 158569 | 158779 | 158989 | 159199 • | 159409 | 159619 | 159829 | 160039 | 160249 | 160459 | 160669 • | 160879 • | 161089 | 4 | 5 |
| 6 | 6 | 157943 | 158153 | 158363 • | 158573 • | 158783 | 158993 • | 159203 | 159413 | 159623 • | 159833 • | 160043 | 160253 • | 160463 | 160673 | 160883 • | 161093 • | 6 | 6 |
| 7 | 2 | 157949 | 158159 | 158369 | 158579 | 158789 | 158999 | 159209 • | 159419 | 159629 • | 159839 • | 160049 • | 160259 | 160469 | 160679 | 160889 | 161099 | 2 | 7 |
| 8 | 6 | 157951 • | 158161 • | 158371 • | 158581 • | 158791 • | 159001 | 159211 | 159421 • | 159631 • | 159841 | 160051 | 160261 | 160471 | 160681 • | 160891 | 161101 | 6 | 8 |
| 9 | 4 | 157957 | 158167 | 158377 | 158587 | 158797 | 159007 | 159217 | 159427 | 159637 | 159847 | 160057 | 160267 | 160477 | 160687 • | 160897 | 161107 | 4 | 9 |
| 10 | 2 | 157961 | 158171 | 158381 | 158591 • | 158801 | 159011 | 159221 | 159431 • | 159641 | 159851 | 160061 | 160271 | 160481 • | 160691 | 160901 | 161111 | 2 | 10 |
| 11 | 4 | 157963 | 158173 | 158383 | 158593 | 158803 • | 159013 • | 159223 • | 159433 | 159643 | 159853 • | 160063 | 160273 | 160483 • | 160693 | 160903 • | 161113 | 4 | 11 |
| 12 | 6 | 157967 | 158177 | 158387 | 158597 • | 158807 | 159017 • | 159227 • | 159437 • | 159647 | 159857 • | 160067 | 160277 | 160487 | 160697 • | 160907 • | 161117 | 6 | 12 |
| 13 | 6 | 157973 | 158183 | 158393 • | 158603 | 158813 | 159023 • | 159233 • | 159443 | 159653 | 159863 | 160073 • | 160283 | 160493 | 160703 | 160913 | 161123 • | 6 | 13 |
| 14 | 2 | 157979 | 158189 • | 158399 | 158609 | 158819 | 159029 | 159239 | 159449 | 159659 | 159869 • | 160079 • | 160289 | 160499 • | 160709 • | 160919 | 161129 | 2 | 14 |
| 15 | 6 | 157981 | 158191 | 158401 | 158611 • | 158821 | 159031 | 159241 | 159451 | 159661 | 159871 • | 160081 • | 160291 | 160501 | 160711 • | 160921 | 161131 | 6 | 15 |
| 16 | 4 | 157987 | 158197 | 158407 • | 158617 • | 158827 | 159037 | 159247 | 159457 • | 159667 • | 159877 | 160087 • | 160297 | 160507 • | 160717 | 160927 | 161137 • | 4 | 16 |
| 17 | 2 | 157991 • | 158201 • | 158411 | 158621 • | 158831 | 159041 | 159251 | 159461 | 159671 • | 159881 | 160091 • | 160301 | 160511 | 160721 | 160931 | 161141 • | 2 | 17 |
| 18 | 6 | 157993 | 158203 | 158413 | 158623 | 158833 | 159043 | 159253 | 159463 • | 159673 • | 159883 | 160093 • | 160303 | 160513 | 160723 • | 160933 • | 161143 | 6 | 18 |
| 19 | 4 | 157999 • | 158209 • | 158419 • | 158629 | 158839 | 159049 | 159259 | 159469 • | 159679 | 159889 | 160099 | 160309 • | 160519 | 160729 | 160939 | 161149 • | 4 | 19 |
| 20 | 6 | 158003 • | 158213 | 158423 | 158633 • | 158843 • | 159053 | 159263 | 159473 • | 159683 • | 159893 | 160103 | 160313 • | 160523 | 160733 | 160943 | 161153 | 6 | 20 |
| 21 | 8 | 158009 • | 158219 | 158429 • | 158639 | 158849 • | 159059 • | 159269 | 159479 | 159689 | 159899 • | 160109 | 160319 • | 160529 | 160739 • | 160949 | 161159 • | 8 | 21 |
| 22 | 4 | 158017 • | 158227 • | 158437 | 158647 • | 158857 | 159067 | 159277 | 159487 | 159697 • | 159907 | 160117 • | 160327 | 160537 | 160747 | 160957 | 161167 • | 4 | 22 |
| 23 | 2 | 158021 | 158231 • | 158441 | 158651 | 158861 | 159071 | 159281 | 159491 • | 159701 • | 159911 • | 160121 | 160331 | 160541 • | 160751 • | 160961 | 161171 | 2 | 23 |
| 24 | 4 | 158023 | 158233 • | 158443 • | 158653 | 158863 • | 159073 • | 159283 | 159493 | 159703 | 159913 | 160123 | 160333 | 160543 | 160753 • | 160963 | 161173 | 4 | 24 |
| $\overline{24}$ | 2 | 158027 | 158237 | 158447 | 158657 • | 158867 • | 159077 | 159287 • | 159497 | 159707 • | 159917 | 160127 | 160337 | 160547 | 160757 • | 160967 • | 161177 | 2 | $\overline{24}$ |
| $\overline{23}$ | 4 | 158029 • | 158239 | 158449 • | 158659 | 158869 | 159079 • | 159289 | 159499 • | 159709 | 159919 | 160129 | 160339 | 160549 | 160759 | 160969 • | 161179 | 4 | $\overline{23}$ |
| $\overline{22}$ | 8 | 158033 | 158243 • | 158453 | 158663 • | 158873 | 159083 | 159293 • | 159503 • | 159713 | 159923 | 160133 | 160343 • | 160553 • | 160763 | 160973 | 161183 | 8 | $\overline{22}$ |
| $\overline{21}$ | 6 | 158041 | 158251 | 158461 | 158671 | 158881 • | 159091 | 159301 | 159511 | 159721 • | 159931 • | 160141 • | 160351 | 160561 | 160771 | 160981 • | 161191 | 6 | $\overline{21}$ |
| $\overline{20}$ | 4 | 158047 • | 158257 | 158467 | 158677 | 158887 | 159097 • | 159307 | 159517 | 159727 | 159937 • | 160147 | 160357 • | 160567 | 160777 | 160987 | 161197 | 4 | $\overline{20}$ |
| $\overline{19}$ | 6 | 158051 | 158261 • | 158471 | 158681 | 158891 | 159101 | 159311 • | 159521 • | 159731 | 159941 | 160151 | 160361 | 160571 | 160781 • | 160991 | 161201 • | 6 | $\overline{19}$ |
| $\overline{18}$ | 2 | 158057 | 158267 | 158477 | 158687 | 158897 | 159107 | 159317 | 159527 | 159737 • | 159947 | 160157 | 160367 • | 160577 | 160787 | 160997 • | 161207 | 2 | $\overline{18}$ |
| $\overline{17}$ | 4 | 158059 | 158269 • | 158479 | 158689 | 158899 | 159109 | 159319 • | 159529 | 159739 • | 159949 | 160159 • | 160369 | 160579 • | 160789 • | 160999 | 161209 | 4 | $\overline{17}$ |
| $\overline{16}$ | 6 | 158063 | 158273 | 158483 | 158693 | 158903 | 159113 • | 159323 | 159533 | 159743 | 159953 | 160163 • | 160373 • | 160583 • | 160793 | 161003 | 161213 | 6 | $\overline{16}$ |
| $\overline{15}$ | 2 | 158069 | 158279 | 158489 • | 158699 • | 158909 • | 159119 • | 159329 | 159539 • | 159749 | 159959 | 160169 • | 160379 | 160589 | 160799 | 161009 • | 161219 | 2 | $\overline{15}$ |
| $\overline{14}$ | 6 | 158071 • | 158281 | 158491 | 158701 | 158911 | 159121 | 159331 | 159541 • | 159751 | 159961 | 160171 | 160381 | 160591 • | 160801 | 161011 | 161221 • | 6 | $\overline{14}$ |
| $\overline{13}$ | 6 | 158077 • | 158287 | 158497 | 158707 | 158917 | 159127 | 159337 • | 159547 | 159757 | 159967 | 160177 | 160387 • | 160597 | 160807 • | 161017 • | 161227 | 6 | $\overline{13}$ |
| $\overline{12}$ | 4 | 158083 | 158293 • | 158503 | 158713 | 158923 • | 159133 | 159343 | 159553 • | 159763 • | 159973 | 160183 • | 160393 | 160603 • | 160813 • | 161023 | 161233 • | 4 | $\overline{12}$ |
| $\overline{11}$ | 2 | 158087 | 158297 | 158507 • | 158717 | 158927 • | 159137 | 159347 • | 159557 | 159767 | 159977 • | 160187 | 160397 • | 160607 | 160817 • | 161027 | 161237 • | 2 | $\overline{11}$ |
| $\overline{10}$ | 4 | 158089 | 158299 | 158509 | 158719 | 158929 | 159139 | 159349 • | 159559 | 159769 • | 159979 • | 160189 | 160399 | 160609 | 160819 | 161029 | 161239 | 4 | $\overline{10}$ |
| $\overline{9}$ | 6 | 158093 | 158303 • | 158513 | 158723 | 158933 | 159143 | 159353 | 159563 • | 159773 • | 159983 | 160193 | 160403 • | 160613 | 160823 | 161033 • | 161243 | 6 | $\overline{9}$ |
| $\overline{8}$ | 2 | 158099 | 158309 | 158519 • | 158729 | 158939 | 159149 | 159359 | 159569 • | 159779 • | 159989 | 160199 | 160409 • | 160619 • | 160829 • | 161039 • | 161249 | 2 | $\overline{8}$ |
| $\overline{7}$ | 6 | 158101 | 158311 | 158521 | 158731 • | 158941 • | 159151 | 159361 • | 159571 • | 159781 | 159991 | 160201 • | 160411 | 160621 • | 160831 | 161041 | 161251 | 6 | $\overline{7}$ |
| $\overline{6}$ | 4 | 158107 | 158317 | 158527 • | 158737 | 158947 | 159157 • | 159367 | 159577 | 159787 • | 159997 | 160207 • | 160417 | 160627 • | 160837 | 161047 • | 161257 | 4 | $\overline{6}$ |
| $\overline{5}$ | 2 | 158111 | 158321 | 158531 | 158741 | 158951 | 159161 • | 159371 | 159581 | 159791 • | 160001 • | 160211 | 160421 | 160631 | 160841 • | 161051 | 161261 | 2 | $\overline{5}$ |
| $\overline{4}$ | 4 | 158113 • | 158323 | 158533 | 158743 | 158953 | 159163 | 159373 | 159583 | 159793 • | 160003 | 160213 | 160423 • | 160633 | 160843 | 161053 • | 161263 • | 4 | $\overline{4}$ |
| $\overline{3}$ | 2 | 158117 | 158327 | 158537 • | 158747 • | 158957 | 159167 • | 159377 | 159587 | 159797 | 160007 | 160217 • | 160427 | 160637 • | 160847 | 161057 | 161267 • | 2 | $\overline{3}$ |
| $\overline{2}$ | 10 | 158119 | 158329 • | 158539 | 158749 • | 158959 • | 159169 • | 159379 | 159589 • | 159799 • | 160009 • | 160219 | 160429 | 160639 • | 160849 | 161059 • | 161269 | 10 | $\overline{2}$ |
| $\overline{1}$ | 2 | 158129 • | 158339 | 158549 | 158759 • | 158969 | 159179 • | 159389 • | 159599 | 159809 | 160019 • | 160229 | 160439 | 160649 • | 160859 | 161069 | 161279 | 2 | $\overline{1}$ |

| | | | | | | | | | | | | | | | | | | | |
|---|---|---|---|---|---|---|---|---|---|---|---|---|---|---|---|---|---|---|---|
| 1 | 10 | 161281 • | 161491 | 161701 | 161911 • | 162121 | 162331 | 162541 | 162751 • | 162961 | 163171 • | 163381 | 163591 | 163801 | 164011 • | 164221 | 164431 • | 10 | 1 |
| 2 | 2 | 161291 | 161501 | 161711 | 161921 • | 162131 | 162341 | 162551 | 162761 | 162971 • | 163181 • | 163391 | 163601 • | 163811 • | 164021 | 164231 • | 164441 | 2 | 2 |
| 3 | 4 | 161293 | 161503 • | 161713 | 161923 • | 162133 | 162343 • | 162553 • | 162763 | 162973 • | 163183 | 163393 • | 163603 | 163813 | 164023 • | 164233 • | 164443 • | 4 | 3 |
| 4 | 2 | 161297 | 161507 • | 161717 • | 161927 | 162137 | 162347 | 162557 • | 162767 | 162977 | 163187 | 163397 | 163607 | 163817 | 164027 | 164237 | 164447 • | 2 | 4 |
| 5 | 4 | 161299 | 161509 | 161719 | 161929 | 162139 | 162349 | 162559 | 162769 | 162979 | 163189 | 163399 | 163609 | 163819 • | 164029 | 164239 • | 164449 • | 4 | 5 |
| 6 | 6 | 161303 • | 161513 | 161723 | 161933 | 162143 • | 162353 | 162563 • | 162773 | 162983 | 163193 • | 163403 • | 163613 • | 163823 | 164033 | 164243 | 164453 | 6 | 6 |
| 7 | 2 | 161309 • | 161519 | 161729 • | 161939 | 162149 | 162359 • | 162569 | 162779 • | 162989 • | 163199 • | 163409 • | 163619 | 163829 | 164039 • | 164249 • | 164459 | 2 | 7 |
| 8 | 6 | 161311 | 161521 • | 161731 • | 161941 | 162151 | 162361 | 162571 | 162781 | 162991 | 163201 | 163411 • | 163621 • | 163831 | 164041 | 164251 • | 164461 | 6 | 8 |
| 9 | 4 | 161317 | 161527 • | 161737 | 161947 • | 162157 | 162367 | 162577 • | 162787 • | 162997 • | 163207 | 163417 • | 163627 • | 163837 | 164047 | 164257 | 164467 | 4 | 9 |
| 10 | 2 | 161321 | 161531 • | 161741 • | 161951 | 162161 | 162371 | 162581 | 162791 • | 163001 | 163211 • | 163421 | 163631 | 163841 • | 164051 • | 164261 | 164471 • | 2 | 10 |
| 11 | 4 | 161323 • | 161533 | 161743 • | 161953 | 162163 | 162373 | 162583 | 162793 | 163003 • | 163213 | 163423 | 163633 • | 163843 | 164053 | 164263 | 164473 | 4 | 11 |
| 12 | 6 | 161327 | 161537 | 161747 | 161957 • | 162167 | 162377 | 162587 | 162797 | 163007 | 163217 | 163427 | 163637 • | 163847 • | 164057 • | 164267 • | 164477 • | 6 | 12 |
| 13 | 6 | 161333 • | 161543 • | 161753 • | 161963 | 162173 | 162383 | 162593 • | 162803 | 163013 | 163223 • | 163433 • | 163643 • | 163853 • | 164063 | 164273 | 164483 | 6 | 13 |
| 14 | 2 | 161339 • | 161549 | 161759 | 161969 • | 162179 | 162389 • | 162599 | 162809 | 163019 • | 163229 | 163439 | 163649 | 163859 • | 164069 | 164279 • | 164489 | 2 | 14 |
| 15 | 6 | 161341 • | 161551 | 161761 • | 161971 • | 162181 | 162391 • | 162601 • | 162811 | 163021 • | 163231 | 163441 | 163651 | 163861 • | 164071 • | 164281 | 164491 | 6 | 15 |
| 16 | 4 | 161347 | 161557 | 161767 | 161977 • | 162187 | 162397 | 162607 | 162817 | 163027 • | 163237 | 163447 | 163657 | 163867 | 164077 | 164287 | 164497 | 4 | 16 |
| 17 | 2 | 161351 | 161561 • | 161771 • | 161981 | 162191 | 162401 | 162611 • | 162821 • | 163031 | 163241 | 163451 | 163661 • | 163871 • | 164081 | 164291 • | 164501 | 2 | 17 |
| 18 | 6 | 161353 | 161563 • | 161773 • | 161983 • | 162193 | 162403 | 162613 | 162823 • | 163033 | 163243 • | 163453 | 163663 | 163873 | 164083 | 164293 | 164503 • | 6 | 18 |
| 19 | 4 | 161359 | 161569 • | 161779 • | 161989 | 162199 | 162409 | 162619 | 162829 • | 163039 | 163249 • | 163459 | 163669 | 163879 | 164089 • | 164299 • | 164509 | 4 | 19 |
| 20 | 6 | 161363 • | 161573 • | 161783 • | 161993 | 162203 | 162413 • | 162623 • | 162833 | 163043 | 163253 | 163463 | 163673 • | 163883 • | 164093 • | 164303 | 164513 • | 6 | 20 |
| 21 | 8 | 161369 | 161579 | 161789 | 161999 • | 162209 • | 162419 • | 162629 • | 162839 • | 163049 | 163259 • | 163469 • | 163679 • | 163889 | 164099 | 164309 • | 164519 | 8 | 21 |
| 22 | 4 | 161377 • | 161587 | 161797 | 162007 • | 162217 | 162427 | 162637 | 162847 • | 163057 | 163267 | 163477 • | 163687 | 163897 | 164107 | 164317 | 164527 | 4 | 22 |
| 23 | 2 | 161381 | 161591 • | 161801 | 162011 • | 162221 • | 162431 | 162641 • | 162851 | 163061 • | 163271 | 163481 • | 163691 | 163901 • | 164111 | 164321 • | 164531 • | 2 | 23 |
| 24 | 4 | 161383 | 161593 | 161803 | 162013 | 162223 | 162433 | 162643 | 162853 • | 163063 • | 163273 | 163483 • | 163693 | 163903 | 164113 • | 164323 | 164533 | 4 | 24 |
| $\overline{24}$ | 2 | 161387 • | 161597 | 161807 • | 162017 • | 162227 | 162437 | 162647 | 162857 | 163067 | 163277 | 163487 • | 163697 • | 163907 | 164117 • | 164327 | 164537 | 2 | $\overline{24}$ |
| $\overline{23}$ | 4 | 161389 | 161599 • | 161809 | 162019 | 162229 • | 162439 • | 162649 • | 162859 • | 163069 | 163279 | 163489 | 163699 | 163909 • | 164119 | 164329 | 164539 | 4 | $\overline{23}$ |
| $\overline{22}$ | 8 | 161393 | 161603 | 161813 | 162023 | 162233 | 162443 | 162653 | 162863 | 163073 | 163283 | 163493 | 163703 | 163913 | 164123 | 164333 | 164543 | 8 | $\overline{22}$ |
| $\overline{21}$ | 6 | 161401 | 161611 • | 161821 | 162031 | 162241 | 162451 • | 162661 | 162871 | 163081 | 163291 | 163501 | 163711 | 163921 | 164131 | 164341 • | 164551 | 6 | $\overline{21}$ |
| $\overline{20}$ | 4 | 161407 • | 161617 | 161827 | 162037 | 162247 | 162457 • | 162667 | 162877 | 163087 | 163297 | 163507 | 163717 | 163927 • | 164137 | 164347 | 164557 | 4 | $\overline{20}$ |
| $\overline{19}$ | 6 | 161411 • | 161621 | 161831 • | 162041 | 162251 • | 162461 | 162671 • | 162881 • | 163091 | 163301 | 163511 | 163721 | 163931 | 164141 | 164351 | 164561 | 6 | $\overline{19}$ |
| $\overline{18}$ | 2 | 161417 | 161627 • | 161837 | 162047 | 162257 • | 162467 | 162677 • | 162887 | 163097 | 163307 • | 163517 • | 163727 | 163937 | 164147 • | 164357 • | 164567 | 2 | $\overline{18}$ |
| $\overline{17}$ | 4 | 161419 | 161629 | 161839 • | 162049 | 162259 | 162469 | 162679 | 162889 • | 163099 | 163309 • | 163519 | 163729 • | 163939 | 164149 • | 164359 | 164569 • | 4 | $\overline{17}$ |
| $\overline{16}$ | 6 | 161423 | 161633 | 161843 | 162053 • | 162263 • | 162473 • | 162683 • | 162893 | 163103 | 163313 | 163523 | 163733 • | 163943 | 164153 | 164363 • | 164573 | 6 | $\overline{16}$ |
| $\overline{15}$ | 2 | 161429 | 161639 • | 161849 | 162059 • | 162269 • | 162479 | 162689 | 162899 | 163109 • | 163319 | 163529 | 163739 | 163949 | 164159 | 164369 | 164579 | 2 | $\overline{15}$ |
| $\overline{14}$ | 6 | 161431 | 161641 • | 161851 | 162061 | 162271 | 162481 | 162691 • | 162901 • | 163111 | 163321 • | 163531 | 163741 • | 163951 | 164161 | 164371 • | 164581 • | 6 | $\overline{14}$ |
| $\overline{13}$ | 6 | 161437 | 161647 | 161857 | 162067 | 162277 • | 162487 | 162697 | 162907 • | 163117 • | 163327 • | 163537 | 163747 | 163957 | 164167 | 164377 • | 164587 • | 6 | $\overline{13}$ |
| $\overline{12}$ | 4 | 161443 | 161653 | 161863 | 162073 | 162283 | 162493 • | 162703 • | 162913 | 163123 | 163333 | 163543 • | 163753 • | 163963 | 164173 • | 164383 | 164593 | 4 | $\overline{12}$ |
| $\overline{11}$ | 2 | 161447 | 161657 | 161867 | 162077 | 162287 • | 162497 | 162707 | 162917 • | 163127 • | 163337 • | 163547 | 163757 | 163967 | 164177 | 164387 • | 164597 | 2 | $\overline{11}$ |
| $\overline{10}$ | 4 | 161449 | 161659 • | 161869 • | 162079 • | 162289 • | 162499 • | 162709 • | 162919 | 163129 • | 163339 | 163549 | 163759 | 163969 | 164179 | 164389 | 164599 • | 4 | $\overline{10}$ |
| $\overline{9}$ | 6 | 161453 • | 161663 | 161873 • | 162083 | 162293 • | 162503 | 162713 • | 162923 | 163133 | 163343 | 163553 | 163763 | 163973 • | 164183 • | 164393 | 164603 | 6 | $\overline{9}$ |
| $\overline{8}$ | 2 | 161459 • | 161669 | 161879 • | 162089 | 162299 | 162509 | 162719 | 162929 | 163139 | 163349 | 163559 | 163769 | 163979 • | 164189 | 164399 | 164609 | 2 | $\overline{8}$ |
| $\overline{7}$ | 6 | 161461 • | 161671 | 161881 • | 162091 • | 162301 | 162511 | 162721 | 162931 | 163141 | 163351 • | 163561 • | 163771 • | 163981 • | 164191 • | 164401 | 164611 | 6 | $\overline{7}$ |
| $\overline{6}$ | 4 | 161467 | 161677 | 161887 | 162097 | 162307 | 162517 • | 162727 • | 162937 • | 163147 • | 163357 | 163567 • | 163777 | 163987 • | 164197 | 164407 | 164617 • | 4 | $\overline{6}$ |
| $\overline{5}$ | 2 | 161471 • | 161681 | 161891 | 162101 | 162311 | 162521 | 162731 • | 162941 | 163151 • | 163361 | 163571 | 163781 • | 163991 • | 164201 • | 164411 | 164621 • | 2 | $\overline{5}$ |
| $\overline{4}$ | 4 | 161473 | 161683 • | 161893 | 162103 | 162313 | 162523 • | 162733 | 162943 | 163153 | 163363 • | 163573 • | 163783 | 163993 • | 164203 | 164413 • | 164623 • | 4 | $\overline{4}$ |
| $\overline{3}$ | 2 | 161477 | 161687 | 161897 | 162107 | 162317 | 162527 • | 162737 | 162947 • | 163157 | 163367 • | 163577 | 163787 | 163997 • | 164207 | 164417 | 164627 • | 2 | $\overline{3}$ |
| $\overline{2}$ | 10 | 161479 | 161689 | 161899 | 162109 • | 162319 | 162529 • | 162739 • | 162949 | 163159 | 163369 | 163579 | 163789 • | 163999 | 164209 • | 164419 • | 164629 | 10 | $\overline{2}$ |
| $\overline{1}$ | 2 | 161489 | 161699 | 161909 | 162119 • | 162329 | 162539 | 162749 • | 162959 | 163169 • | 163379 | 163589 | 163799 | 164009 | 164219 | 164429 • | 164639 | 2 | $\overline{1}$ |

| | | | | | | | | | | | | | | | | | | | |
|---|---|---|---|---|---|---|---|---|---|---|---|---|---|---|---|---|---|---|---|
| 1 | 10 | 164641 | 164851 | 165061 | 165271 | 165481 | 165691 | 165901 • | 166111 | 166321 | 166531 | 166741 • | 166951 | 167161 | 167371 | 167581 | 167791 | 10 | 1 |
| 2 | 2 | 164651 | 164861 | 165071 | 165281 | 165491 | 165701 • | 165911 | 166121 | 166331 | 166541 • | 166751 | 166961 | 167171 | 167381 • | 167591 | 167801 • | 2 | 2 |
| 3 | 4 | 164653 • | 164863 | 165073 | 165283 | 165493 | 165703 • | 165913 | 166123 | 166333 | 166543 | 166753 | 166963 | 167173 • | 167383 | 167593 • | 167803 | 4 | 3 |
| 4 | 2 | 164657 | 164867 | 165077 | 165287 • | 165497 | 165707 • | 165917 | 166127 | 166337 | 166547 | 166757 | 166967 • | 167177 • | 167387 | 167597 • | 167807 | 2 | 4 |
| 5 | 4 | 164659 | 164869 | 165079 • | 165289 | 165499 | 165709 • | 165919 | 166129 | 166339 | 166549 | 166759 | 166969 | 167179 | 167389 | 167599 | 167809 • | 4 | 5 |
| 6 | 6 | 164663 • | 164873 | 165083 • | 165293 • | 165503 | 165713 • | 165923 | 166133 | 166343 | 166553 | 166763 | 166973 • | 167183 | 167393 • | 167603 | 167813 | 6 | 6 |
| 7 | 2 | 164669 | 164879 | 165089 • | 165299 | 165509 | 165719 • | 165929 | 166139 | 166349 • | 166559 | 166769 | 166979 • | 167189 | 167399 | 167609 | 167819 | 2 | 7 |
| 8 | 6 | 164671 | 164881 • | 165091 | 165301 | 165511 • | 165721 • | 165931 • | 166141 | 166351 • | 166561 • | 166771 | 166981 | 167191 • | 167401 | 167611 • | 167821 | 6 | 8 |
| 9 | 4 | 164677 • | 164887 | 165097 | 165307 | 165517 | 165727 | 165937 | 166147 • | 166357 • | 166567 • | 166777 | 166987 • | 167197 • | 167407 • | 167617 | 167827 | 4 | 9 |
| 10 | 2 | 164681 | 164891 | 165101 | 165311 • | 165521 | 165731 | 165941 • | 166151 • | 166361 | 166571 • | 166781 • | 166991 | 167201 | 167411 | 167621 • | 167831 | 2 | 10 |
| 11 | 4 | 164683 • | 164893 • | 165103 • | 165313 • | 165523 • | 165733 | 165943 | 166153 | 166363 • | 166573 | 166783 • | 166993 | 167203 | 167413 • | 167623 • | 167833 | 4 | 11 |
| 12 | 6 | 164687 | 164897 | 165107 | 165317 • | 165527 • | 165737 | 165947 • | 166157 • | 166367 | 166577 | 166787 | 166997 | 167207 | 167417 | 167627 • | 167837 | 6 | 12 |
| 13 | 6 | 164693 | 164903 | 165113 | 165323 | 165533 • | 165743 | 165953 | 166163 | 166373 | 166583 | 166793 | 167003 | 167213 • | 167423 • | 167633 • | 167843 | 6 | 13 |
| 14 | 2 | 164699 | 164909 | 165119 | 165329 | 165539 | 165749 • | 165959 | 166169 • | 166379 | 166589 | 166799 • | 167009 • | 167219 | 167429 • | 167639 | 167849 | 2 | 14 |
| 15 | 6 | 164701 • | 164911 • | 165121 | 165331 • | 165541 • | 165751 | 165961 • | 166171 | 166381 | 166591 | 166801 | 167011 | 167221 • | 167431 | 167641 • | 167851 | 6 | 15 |
| 16 | 4 | 164707 • | 164917 | 165127 | 165337 | 165547 | 165757 | 165967 | 166177 | 166387 | 166597 • | 166807 • | 167017 • | 167227 | 167437 • | 167647 | 167857 | 4 | 16 |
| 17 | 2 | 164711 | 164921 | 165131 | 165341 | 165551 • | 165761 | 165971 | 166181 | 166391 | 166601 • | 166811 | 167021 • | 167231 | 167441 • | 167651 | 167861 • | 2 | 17 |
| 18 | 6 | 164713 | 164923 | 165133 • | 165343 • | 165553 • | 165763 | 165973 | 166183 • | 166393 • | 166603 • | 166813 | 167023 • | 167233 | 167443 • | 167653 | 167863 • | 6 | 18 |
| 19 | 4 | 164719 | 164929 | 165139 | 165349 • | 165559 • | 165769 | 165979 | 166189 • | 166399 • | 166609 • | 166819 | 167029 | 167239 | 167449 • | 167659 | 167869 | 4 | 19 |
| 20 | 6 | 164723 | 164933 | 165143 | 165353 | 165563 | 165773 | 165983 • | 166193 | 166403 • | 166613 • | 166823 • | 167033 • | 167243 | 167453 | 167663 • | 167873 • | 6 | 20 |
| 21 | 8 | 164729 • | 164939 | 165149 | 165359 | 165569 • | 165779 • | 165989 | 166199 | 166409 • | 166619 • | 166829 | 167039 • | 167249 • | 167459 | 167669 | 167879 • | 8 | 21 |
| 22 | 4 | 164737 | 164947 | 165157 | 165367 • | 165577 | 165787 | 165997 | 166207 • | 166417 • | 166627 • | 166837 | 167047 • | 167257 | 167467 | 167677 • | 167887 • | 4 | 22 |
| 23 | 2 | 164741 | 164951 | 165161 • | 165371 | 165581 | 165791 | 166001 | 166211 | 166421 | 166631 • | 166841 • | 167051 • | 167261 • | 167471 • | 167681 | 167891 • | 2 | 23 |
| 24 | 4 | 164743 • | 164953 • | 165163 | 165373 | 165583 | 165793 | 166003 | 166213 | 166423 | 166633 | 166843 • | 167053 | 167263 | 167473 | 167683 • | 167893 | 4 | 24 |
| $\overline{24}$ | 2 | 164747 | 164957 | 165167 | 165377 | 165587 • | 165797 | 166007 | 166217 | 166427 | 166637 | 166847 • | 167057 | 167267 • | 167477 | 167687 | 167897 | 2 | $\overline{24}$ |
| $\overline{23}$ | 4 | 164749 | 164959 | 165169 | 165379 • | 165589 • | 165799 • | 166009 | 166219 • | 166429 • | 166639 | 166849 • | 167059 | 167269 • | 167479 | 167689 | 167899 • | 4 | $\overline{23}$ |
| $\overline{22}$ | 8 | 164753 | 164963 • | 165173 • | 165383 • | 165593 | 165803 | 166013 • | 166223 | 166433 | 166643 • | 166853 • | 167063 | 167273 | 167483 • | 167693 | 167903 | 8 | $\overline{22}$ |
| $\overline{21}$ | 6 | 164761 | 164971 | 165181 • | 165391 • | 165601 • | 165811 • | 166021 • | 166231 | 166441 | 166651 | 166861 • | 167071 • | 167281 | 167491 • | 167701 | 167911 • | 6 | $\overline{21}$ |
| $\overline{20}$ | 4 | 164767 • | 164977 | 165187 | 165397 • | 165607 | 165817 • | 166027 • | 166237 • | 166447 | 166657 • | 166867 • | 167077 • | 167287 | 167497 | 167707 | 167917 • | 4 | $\overline{20}$ |
| $\overline{19}$ | 6 | 164771 • | 164981 | 165191 | 165401 | 165611 • | 165821 | 166031 • | 166241 | 166451 | 166661 | 166871 • | 167081 • | 167291 | 167501 | 167711 • | 167921 | 6 | $\overline{19}$ |
| $\overline{18}$ | 2 | 164777 | 164987 • | 165197 | 165407 | 165617 • | 165827 | 166037 | 166247 • | 166457 • | 166667 • | 166877 | 167087 • | 167297 | 167507 | 167717 | 167927 | 2 | $\overline{18}$ |
| $\overline{17}$ | 4 | 164779 | 164989 | 165199 | 165409 | 165619 | 165829 • | 166039 | 166249 | 166459 | 166669 • | 166879 | 167089 | 167299 | 167509 | 167719 | 167929 | 4 | $\overline{17}$ |
| $\overline{16}$ | 6 | 164783 | 164993 | 165203 • | 165413 | 165623 | 165833 • | 166043 • | 166253 | 166463 | 166673 | 166883 | 167093 | 167303 | 167513 | 167723 | 167933 | 6 | $\overline{16}$ |
| $\overline{15}$ | 2 | 164789 • | 164999 • | 165209 | 165419 | 165629 | 165839 | 166049 | 166259 • | 166469 | 166679 • | 166889 | 167099 • | 167309 • | 167519 | 167729 • | 167939 | 2 | $\overline{15}$ |
| $\overline{14}$ | 6 | 164791 | 165001 • | 165211 • | 165421 | 165631 | 165841 | 166051 | 166261 | 166471 • | 166681 | 166891 | 167101 | 167311 • | 167521 • | 167731 | 167941 | 6 | $\overline{14}$ |
| $\overline{13}$ | 6 | 164797 | 165007 | 165217 | 165427 | 165637 | 165847 | 166057 | 166267 | 166477 | 166687 | 166897 | 167107 • | 167317 • | 167527 | 167737 | 167947 | 6 | $\overline{13}$ |
| $\overline{12}$ | 4 | 164803 | 165013 | 165223 | 165433 | 165643 | 165853 | 166063 • | 166273 • | 166483 | 166693 • | 166903 | 167113 • | 167323 | 167533 | 167743 | 167953 • | 4 | $\overline{12}$ |
| $\overline{11}$ | 2 | 164807 | 165017 | 165227 | 165437 • | 165647 | 165857 • | 166067 | 166277 | 166487 • | 166697 | 166907 | 167117 • | 167327 | 167537 • | 167747 • | 167957 | 2 | $\overline{11}$ |
| $\overline{10}$ | 4 | 164809 • | 165019 | 165229 • | 165439 | 165649 | 165859 | 166069 | 166279 | 166489 | 166699 | 166909 • | 167119 • | 167329 • | 167539 | 167749 | 167959 | 4 | $\overline{10}$ |
| $\overline{9}$ | 6 | 164813 | 165023 | 165233 • | 165443 • | 165653 • | 165863 | 166073 | 166283 | 166493 | 166703 • | 166913 | 167123 | 167333 | 167543 • | 167753 | 167963 | 6 | $\overline{9}$ |
| $\overline{8}$ | 2 | 164819 | 165029 | 165239 | 165449 • | 165659 | 165869 | 166079 | 166289 • | 166499 | 166709 | 166919 • | 167129 | 167339 • | 167549 | 167759 • | 167969 | 2 | $\overline{8}$ |
| $\overline{7}$ | 6 | 164821 • | 165031 | 165241 | 165451 | 165661 | 165871 | 166081 • | 166291 | 166501 | 166711 | 166921 | 167131 | 167341 • | 167551 | 167761 | 167971 • | 6 | $\overline{7}$ |
| $\overline{6}$ | 4 | 164827 | 165037 • | 165247 • | 165457 • | 165667 • | 165877 • | 166087 | 166297 • | 166507 | 166717 | 166927 | 167137 | 167347 | 167557 | 167767 | 167977 | 4 | $\overline{6}$ |
| $\overline{5}$ | 2 | 164831 • | 165041 • | 165251 | 165461 | 165671 | 165881 | 166091 | 166301 • | 166511 | 166721 | 166931 • | 167141 | 167351 | 167561 | 167771 • | 167981 | 2 | $\overline{5}$ |
| $\overline{4}$ | 4 | 164833 | 165043 | 165253 | 165463 • | 165673 • | 165883 • | 166093 | 166303 • | 166513 | 166723 • | 166933 | 167143 | 167353 | 167563 | 167773 | 167983 | 4 | $\overline{4}$ |
| $\overline{3}$ | 2 | 164837 • | 165047 • | 165257 | 165467 | 165677 | 165887 • | 166097 | 166307 | 166517 | 166727 | 166937 | 167147 | 167357 | 167567 | 167777 • | 167987 • | 2 | $\overline{3}$ |
| $\overline{2}$ | 10 | 164839 • | 165049 • | 165259 | 165469 • | 165679 | 165889 | 166099 • | 166309 | 166519 | 166729 | 166939 | 167149 • | 167359 | 167569 | 167779 • | 167989 | 10 | $\overline{2}$ |
| $\overline{1}$ | 2 | 164849 | 165059 • | 165269 | 165479 • | 165689 | 165899 | 166109 | 166319 • | 166529 | 166739 • | 166949 • | 167159 • | 167369 | 167579 | 167789 | 167999 | 2 | $\overline{1}$ |

| | | | | | | | | | | | | | | | | | | | |
|---|---|---|---|---|---|---|---|---|---|---|---|---|---|---|---|---|---|---|---|
| 1 | 10 | 168001 | 168211 • | 168421 | 168631 • | 168841 | 169051 | 169261 | 169471 • | 169681 • | 169891 • | 170101 • | 170311 | 170521 | 170731 | 170941 | 171151 | 10 | 1 |
| 2 | 2 | 168011 | 168221 | 168431 | 168641 | 168851 • | 169061 | 169271 | 169481 | 169691 • | 169901 | 170111 • | 170321 | 170531 | 170741 • | 170951 | 171161 • | 2 | 2 |
| 3 | 4 | 168013 • | 168223 | 168433 • | 168643 • | 168853 | 169063 • | 169273 | 169483 • | 169693 • | 169903 | 170113 | 170323 | 170533 | 170743 | 170953 • | 171163 • | 4 | 3 |
| 4 | 2 | 168017 | 168227 • | 168437 | 168647 | 168857 | 169067 • | 169277 | 169487 | 169697 | 169907 | 170117 | 170327 • | 170537 • | 170747 | 170957 • | 171167 • | 2 | 4 |
| 5 | 4 | 168019 | 168229 | 168439 | 168649 | 168859 | 169069 • | 169279 | 169489 • | 169699 | 169909 • | 170119 | 170329 | 170539 • | 170749 • | 170959 | 171169 • | 4 | 5 |
| 6 | 6 | 168023 • | 168233 | 168443 | 168653 | 168863 • | 169073 | 169283 • | 169493 • | 169703 | 169913 • | 170123 • | 170333 | 170543 | 170753 | 170963 | 171173 | 6 | 6 |
| 7 | 2 | 168029 • | 168239 | 168449 • | 168659 | 168869 • | 169079 • | 169289 | 169499 | 169709 • | 169919 • | 170129 | 170339 | 170549 | 170759 • | 170969 | 171179 • | 2 | 7 |
| 8 | 6 | 168031 | 168241 | 168451 • | 168661 | 168871 | 169081 | 169291 | 169501 • | 169711 | 169921 | 170131 | 170341 • | 170551 • | 170761 • | 170971 • | 171181 | 6 | 8 |
| 9 | 4 | 168037 • | 168247 • | 168457 • | 168667 | 168877 | 169087 | 169297 | 169507 | 169717 | 169927 | 170137 | 170347 • | 170557 • | 170767 • | 170977 | 171187 | 4 | 9 |
| 10 | 2 | 168041 | 168251 | 168461 | 168671 | 168881 | 169091 | 169301 | 169511 | 169721 | 169931 | 170141 • | 170351 • | 170561 | 170771 | 170981 | 171191 | 2 | 10 |
| 11 | 4 | 168043 • | 168253 • | 168463 • | 168673 • | 168883 | 169093 • | 169303 | 169513 | 169723 | 169933 • | 170143 | 170353 • | 170563 | 170773 • | 170983 | 171193 | 4 | 11 |
| 12 | 6 | 168047 | 168257 | 168467 | 168677 • | 168887 • | 169097 • | 169307 • | 169517 | 169727 | 169937 • | 170147 | 170357 | 170567 | 170777 • | 170987 | 171197 | 6 | 12 |
| 13 | 6 | 168053 | 168263 • | 168473 | 168683 | 168893 • | 169103 | 169313 • | 169523 • | 169733 • | 169943 • | 170153 | 170363 • | 170573 | 170783 | 170993 | 171203 • | 6 | 13 |
| 14 | 2 | 168059 | 168269 • | 168479 | 168689 | 168899 • | 169109 | 169319 • | 169529 | 169739 | 169949 | 170159 | 170369 • | 170579 • | 170789 | 170999 | 171209 | 2 | 14 |
| 15 | 6 | 168061 | 168271 | 168481 • | 168691 | 168901 • | 169111 • | 169321 • | 169531 • | 169741 | 169951 • | 170161 | 170371 • | 170581 | 170791 | 171001 | 171211 | 6 | 15 |
| 16 | 4 | 168067 • | 168277 • | 168487 | 168697 • | 168907 | 169117 | 169327 • | 169537 | 169747 | 169957 • | 170167 • | 170377 | 170587 | 170797 | 171007 • | 171217 | 4 | 16 |
| 17 | 2 | 168071 • | 168281 • | 168491 • | 168701 | 168911 | 169121 | 169331 | 169541 | 169751 • | 169961 | 170171 | 170381 | 170591 | 170801 • | 171011 | 171221 | 2 | 17 |
| 18 | 6 | 168073 | 168283 | 168493 | 168703 | 168913 • | 169123 | 169333 | 169543 | 169753 • | 169963 | 170173 | 170383 • | 170593 | 170803 | 171013 | 171223 | 6 | 18 |
| 19 | 4 | 168079 | 168289 | 168499 • | 168709 | 168919 | 169129 • | 169339 • | 169549 | 169759 | 169969 | 170179 • | 170389 • | 170599 | 170809 • | 171019 | 171229 | 4 | 19 |
| 20 | 6 | 168083 • | 168293 • | 168503 | 168713 • | 168923 | 169133 | 169343 • | 169553 • | 169763 | 169973 | 170183 | 170393 • | 170603 • | 170813 • | 171023 • | 171233 • | 6 | 20 |
| 21 | 8 | 168089 • | 168299 | 168509 | 168719 • | 168929 | 169139 | 169349 | 169559 | 169769 • | 169979 | 170189 • | 170399 | 170609 • | 170819 | 171029 • | 171239 | 8 | 21 |
| 22 | 4 | 168097 | 168307 | 168517 | 168727 | 168937 • | 169147 | 169357 | 169567 • | 169777 • | 169987 • | 170197 • | 170407 | 170617 | 170827 • | 171037 | 171247 | 4 | 22 |
| 23 | 2 | 168101 | 168311 | 168521 | 168731 • | 168941 | 169151 • | 169361 • | 169571 | 169781 | 169991 • | 170201 | 170411 | 170621 | 170831 | 171041 | 171251 • | 2 | 23 |
| 24 | 4 | 168103 | 168313 | 168523 • | 168733 | 168943 • | 169153 | 169363 | 169573 | 169783 • | 169993 | 170203 | 170413 • | 170623 | 170833 | 171043 • | 171253 • | 4 | 24 |
| $\overline{24}$ | 2 | 168107 | 168317 | 168527 • | 168737 • | 168947 | 169157 | 169367 | 169577 | 169787 | 169997 | 170207 • | 170417 | 170627 • | 170837 • | 171047 • | 171257 | 2 | $\overline{24}$ |
| $\overline{23}$ | 4 | 168109 • | 168319 | 168529 | 168739 | 168949 | 169159 • | 169369 • | 169579 | 169789 • | 169999 | 170209 | 170419 | 170629 | 170839 | 171049 • | 171259 | 4 | $\overline{23}$ |
| $\overline{22}$ | 8 | 168113 | 168323 • | 168533 • | 168743 • | 168953 | 169163 | 169373 • | 169583 • | 169793 | 170003 • | 170213 • | 170423 | 170633 • | 170843 • | 171053 • | 171263 • | 8 | $\overline{22}$ |
| $\overline{21}$ | 6 | 168121 | 168331 • | 168541 • | 168751 | 168961 | 169171 | 169381 | 169591 • | 169801 | 170011 | 170221 | 170431 | 170641 • | 170851 • | 171061 | 171271 • | 6 | $\overline{21}$ |
| $\overline{20}$ | 4 | 168127 • | 168337 | 168547 | 168757 | 168967 | 169177 • | 169387 | 169597 | 169807 | 170017 | 170227 • | 170437 | 170647 • | 170857 • | 171067 | 171277 | 4 | $\overline{20}$ |
| $\overline{19}$ | 6 | 168131 | 168341 | 168551 | 168761 • | 168971 | 169181 • | 169391 | 169601 | 169811 | 170021 • | 170231 • | 170441 • | 170651 | 170861 | 171071 | 171281 | 6 | $\overline{19}$ |
| $\overline{18}$ | 2 | 168137 | 168347 • | 168557 | 168767 | 168977 • | 169187 | 169397 | 169607 • | 169817 • | 170027 | 170237 | 170447 • | 170657 | 170867 | 171077 • | 171287 | 2 | $\overline{18}$ |
| $\overline{17}$ | 4 | 168139 | 168349 | 168559 • | 168769 • | 168979 | 169189 | 169399 • | 169609 | 169819 | 170029 • | 170239 • | 170449 | 170659 | 170869 | 171079 • | 171289 | 4 | $\overline{17}$ |
| $\overline{16}$ | 6 | 168143 • | 168353 • | 168563 | 168773 | 168983 | 169193 | 169403 | 169613 | 169823 • | 170033 | 170243 • | 170453 | 170663 | 170873 • | 171083 | 171293 • | 6 | $\overline{16}$ |
| $\overline{15}$ | 2 | 168149 | 168359 | 168569 | 168779 | 168989 | 169199 • | 169409 • | 169619 | 169829 | 170039 | 170249 • | 170459 | 170669 • | 170879 | 171089 | 171299 • | 2 | $\overline{15}$ |
| $\overline{14}$ | 6 | 168151 • | 168361 | 168571 | 168781 • | 168991 • | 169201 | 169411 | 169621 | 169831 • | 170041 | 170251 | 170461 | 170671 | 170881 • | 171091 • | 171301 | 6 | $\overline{14}$ |
| $\overline{13}$ | 6 | 168157 | 168367 | 168577 | 168787 | 168997 | 169207 | 169417 | 169627 • | 169837 • | 170047 • | 170257 | 170467 | 170677 | 170887 • | 171097 | 171307 | 6 | $\overline{13}$ |
| $\overline{12}$ | 4 | 168163 | 168373 | 168583 | 168793 | 169003 • | 169213 | 169423 | 169633 • | 169843 • | 170053 | 170263 • | 170473 • | 170683 | 170893 | 171103 • | 171313 | 4 | $\overline{12}$ |
| $\overline{11}$ | 2 | 168167 | 168377 | 168587 | 168797 | 169007 • | 169217 • | 169427 • | 169637 | 169847 | 170057 • | 170267 • | 170477 | 170687 | 170897 | 171107 | 171317 • | 2 | $\overline{11}$ |
| $\overline{10}$ | 4 | 168169 | 168379 | 168589 | 168799 | 169009 • | 169219 • | 169429 | 169639 • | 169849 | 170059 | 170269 | 170479 | 170689 • | 170899 • | 171109 | 171319 | 4 | $\overline{10}$ |
| $\overline{9}$ | 6 | 168173 | 168383 | 168593 | 168803 • | 169013 | 169223 | 169433 | 169643 | 169853 | 170063 • | 170273 | 170483 • | 170693 | 170903 | 171113 | 171323 | 6 | $\overline{9}$ |
| $\overline{8}$ | 2 | 168179 | 168389 | 168599 • | 168809 | 169019 • | 169229 | 169439 | 169649 • | 169859 • | 170069 | 170279 • | 170489 | 170699 | 170909 | 171119 | 171329 • | 2 | $\overline{8}$ |
| $\overline{7}$ | 6 | 168181 | 168391 • | 168601 • | 168811 | 169021 | 169231 | 169441 | 169651 | 169861 | 170071 | 170281 | 170491 | 170701 • | 170911 | 171121 | 171331 | 6 | $\overline{7}$ |
| $\overline{6}$ | 4 | 168187 | 168397 | 168607 | 168817 | 169027 | 169237 | 169447 | 169657 • | 169867 | 170077 | 170287 | 170497 • | 170707 • | 170917 | 171127 | 171337 | 4 | $\overline{6}$ |
| $\overline{5}$ | 2 | 168191 | 168401 | 168611 | 168821 | 169031 | 169241 • | 169451 | 169661 • | 169871 | 170081 • | 170291 | 170501 | 170711 • | 170921 • | 171131 • | 171341 • | 2 | $\overline{5}$ |
| $\overline{4}$ | 4 | 168193 • | 168403 | 168613 | 168823 | 169033 | 169243 • | 169453 | 169663 | 169873 | 170083 | 170293 • | 170503 • | 170713 | 170923 | 171133 | 171343 | 4 | $\overline{4}$ |
| $\overline{3}$ | 2 | 168197 • | 168407 | 168617 • | 168827 | 169037 | 169247 | 169457 • | 169667 • | 169877 | 170087 | 170297 | 170507 | 170717 | 170927 • | 171137 | 171347 | 2 | $\overline{3}$ |
| $\overline{2}$ | 10 | 168199 | 168409 • | 168619 | 168829 | 169039 | 169249 • | 169459 | 169669 | 169879 | 170089 | 170299 • | 170509 • | 170719 | 170929 | 171139 | 171349 | 10 | $\overline{2}$ |
| $\overline{1}$ | 2 | 168209 | 168419 | 168629 • | 168839 | 169049 • | 169259 • | 169469 | 169679 | 169889 • | 170099 • | 170309 | 170519 | 170729 | 170939 | 171149 | 171359 | 2 | $\overline{1}$ |

| | | | | | | | | | | | | | | | | | | | |
|---|---|---|---|---|---|---|---|---|---|---|---|---|---|---|---|---|---|---|---|
| 1 | 10 | 171361 | 171571• | 171781 | 171991 | 172201 | 172411• | 172621 | 172831 | 173041 | 173251 | 173461 | 173671• | 173881 | 174091• | 174301 | 174511 | 10 | 1 |
| 2 | 2 | 171371 | 171581 | 171791 | 172001• | 172211 | 172421• | 172631 | 172841 | 173051 | 173261 | 173471 | 173681 | 173891• | 174101• | 174311• | 174521 | 2 | 2 |
| 3 | 4 | 171373 | 171583• | 171793• | 172003 | 172213• | 172423• | 172633• | 172843 | 173053• | 173263• | 173473• | 173683• | 173893 | 174103 | 174313 | 174523 | 4 | 3 |
| 4 | 2 | 171377 | 171587 | 171797 | 172007 | 172217• | 172427• | 172637 | 172847 | 173057 | 173267• | 173477 | 173687• | 173897• | 174107 | 174317 | 174527• | 2 | 4 |
| 5 | 4 | 171379 | 171589 | 171799• | 172009• | 172219• | 172429 | 172639 | 172849• | 173059• | 173269 | 173479 | 173689 | 173899 | 174109 | 174319 | 174529 | 4 | 5 |
| 6 | 6 | 171383• | 171593 | 171803• | 172013 | 172223• | 172433• | 172643• | 172853• | 173063 | 173273• | 173483• | 173693 | 173903 | 174113 | 174323 | 174533• | 6 | 6 |
| 7 | 2 | 171389 | 171599 | 171809 | 172019 | 172229 | 172439• | 172649• | 172859• | 173069 | 173279 | 173489 | 173699• | 173909• | 174119 | 174329• | 174539 | 2 | 7 |
| 8 | 6 | 171391 | 171601 | 171811• | 172021• | 172231 | 172441• | 172651 | 172861 | 173071 | 173281 | 173491• | 173701 | 173911 | 174121• | 174331• | 174541 | 6 | 8 |
| 9 | 4 | 171397 | 171607 | 171817 | 172027• | 172237 | 172447 | 172657• | 172867• | 173077 | 173287 | 173497• | 173707• | 173917• | 174127 | 174337• | 174547 | 4 | 9 |
| 10 | 2 | 171401• | 171611 | 171821 | 172031• | 172241 | 172451 | 172661 | 172871• | 173081• | 173291• | 173501• | 173711 | 173921 | 174131 | 174341 | 174551 | 2 | 10 |
| 11 | 4 | 171403• | 171613 | 171823• | 172033 | 172243• | 172453 | 172663• | 172873 | 173083 | 173293• | 173503 | 173713• | 173923• | 174133 | 174343 | 174553 | 4 | 11 |
| 12 | 6 | 171407 | 171617• | 171827• | 172037 | 172247 | 172457 | 172667 | 172877• | 173087• | 173297• | 173507 | 173717 | 173927 | 174137• | 174347• | 174557 | 6 | 12 |
| 13 | 6 | 171413 | 171623 | 171833 | 172043 | 172253 | 172463 | 172673• | 172883• | 173093 | 173303 | 173513 | 173723 | 173933• | 174143• | 174353 | 174563 | 6 | 13 |
| 14 | 2 | 171419 | 171629• | 171839 | 172049• | 172259• | 172469 | 172679 | 172889 | 173099• | 173309• | 173519 | 173729• | 173939 | 174149• | 174359 | 174569• | 2 | 14 |
| 15 | 6 | 171421 | 171631 | 171841 | 172051 | 172261 | 172471 | 172681• | 172891 | 173101 | 173311 | 173521 | 173731 | 173941 | 174151 | 174361 | 174571• | 6 | 15 |
| 16 | 4 | 171427• | 171637• | 171847 | 172057 | 172267 | 172477 | 172687• | 172897 | 173107 | 173317 | 173527 | 173737 | 173947 | 174157• | 174367• | 174577 | 4 | 16 |
| 17 | 2 | 171431 | 171641• | 171851• | 172061 | 172271 | 172481 | 172691 | 172901 | 173111 | 173321 | 173531• | 173741• | 173951 | 174161 | 174371 | 174581 | 2 | 17 |
| 18 | 6 | 171433 | 171643 | 171853 | 172063 | 172273 | 172483 | 172693 | 172903 | 173113 | 173323 | 173533 | 173743• | 173953 | 174163 | 174373 | 174583• | 6 | 18 |
| 19 | 4 | 171439• | 171649 | 171859 | 172069• | 172279• | 172489• | 172699 | 172909 | 173119 | 173329 | 173539• | 173749 | 173959 | 174169• | 174379 | 174589 | 4 | 19 |
| 20 | 6 | 171443 | 171653• | 171863• | 172073 | 172283• | 172493 | 172703 | 172913 | 173123 | 173333 | 173543• | 173753 | 173963 | 174173 | 174383 | 174593 | 6 | 20 |
| 21 | 8 | 171449• | 171659• | 171869• | 172079• | 172289 | 172499 | 172709• | 172919 | 173129 | 173339 | 173549• | 173759 | 173969• | 174179 | 174389• | 174599• | 8 | 21 |
| 22 | 4 | 171457 | 171667 | 171877• | 172087 | 172297• | 172507• | 172717• | 172927 | 173137• | 173347• | 173557 | 173767 | 173977• | 174187 | 174397 | 174607 | 4 | 22 |
| 23 | 2 | 171461 | 171671• | 171881• | 172091 | 172301 | 172511 | 172721• | 172931 | 173141• | 173351 | 173561• | 173771 | 173981• | 174191 | 174401 | 174611 | 2 | 23 |
| 24 | 4 | 171463 | 171673• | 171883 | 172093• | 172303 | 172513 | 172723 | 172933• | 173143 | 173353 | 173563 | 173773• | 173983 | 174193 | 174403 | 174613• | 4 | 24 |
| $\overline{24}$ | 2 | 171467• | 171677 | 171887 | 172097• | 172307• | 172517• | 172727 | 172937 | 173147 | 173357• | 173567 | 173777• | 173987 | 174197• | 174407• | 174617• | 2 | $\overline{24}$ |
| $\overline{23}$ | 4 | 171469• | 171679• | 171889• | 172099 | 172309 | 172519• | 172729 | 172939 | 173149• | 173359• | 173569 | 173779• | 173989 | 174199 | 174409 | 174619 | 4 | $\overline{23}$ |
| $\overline{22}$ | 8 | 171473• | 171683 | 171893 | 172103 | 172313• | 172523 | 172733 | 172943 | 173153 | 173363 | 173573• | 173783• | 173993• | 174203 | 174413• | 174623 | 8 | $\overline{22}$ |
| $\overline{21}$ | 6 | 171481• | 171691 | 171901 | 172111 | 172321• | 172531 | 172741• | 172951 | 173161 | 173371 | 173581 | 173791 | 174001 | 174211 | 174421 | 174631• | 6 | $\overline{21}$ |
| $\overline{20}$ | 4 | 171487 | 171697• | 171907 | 172117 | 172327 | 172537 | 172747 | 172957 | 173167 | 173377 | 173587 | 173797 | 174007• | 174217 | 174427 | 174637• | 4 | $\overline{20}$ |
| $\overline{19}$ | 6 | 171491• | 171701 | 171911 | 172121 | 172331• | 172541• | 172751• | 172961 | 173171 | 173381 | 173591 | 173801 | 174011 | 174221• | 174431• | 174641 | 6 | $\overline{19}$ |
| $\overline{18}$ | 2 | 171497 | 171707• | 171917• | 172127• | 172337 | 172547 | 172757 | 172967 | 173177• | 173387 | 173597 | 173807• | 174017• | 174227 | 174437 | 174647 | 2 | $\overline{18}$ |
| $\overline{17}$ | 4 | 171499 | 171709 | 171919 | 172129 | 172339 | 172549 | 172759• | 172969• | 173179 | 173389 | 173599• | 173809 | 174019• | 174229 | 174439 | 174649• | 4 | $\overline{17}$ |
| $\overline{16}$ | 6 | 171503 | 171713• | 171923• | 172133 | 172343• | 172553• | 172763 | 172973• | 173183• | 173393 | 173603 | 173813 | 174023 | 174233 | 174443• | 174653• | 6 | $\overline{16}$ |
| $\overline{15}$ | 2 | 171509 | 171719• | 171929• | 172139 | 172349 | 172559 | 172769 | 172979 | 173189• | 173399 | 173609 | 173819• | 174029 | 174239 | 174449 | 174659• | 2 | $\overline{15}$ |
| $\overline{14}$ | 6 | 171511 | 171721 | 171931 | 172141 | 172351• | 172561• | 172771 | 172981• | 173191• | 173401 | 173611 | 173821 | 174031 | 174241• | 174451 | 174661 | 6 | $\overline{14}$ |
| $\overline{13}$ | 6 | 171517• | 171727 | 171937• | 172147• | 172357• | 172567 | 172777 | 172987• | 173197 | 173407 | 173617• | 173827• | 174037 | 174247 | 174457• | 174667 | 6 | $\overline{13}$ |
| $\overline{12}$ | 4 | 171523 | 171733• | 171943 | 172153• | 172363 | 172573• | 172783 | 172993• | 173203 | 173413 | 173623 | 173833 | 174043 | 174253 | 174463 | 174673• | 4 | $\overline{12}$ |
| $\overline{11}$ | 2 | 171527 | 171737 | 171947• | 172157• | 172367 | 172577 | 172787• | 172997 | 173207• | 173417 | 173627 | 173837 | 174047• | 174257• | 174467• | 174677 | 2 | $\overline{11}$ |
| $\overline{10}$ | 4 | 171529• | 171739 | 171949 | 172159 | 172369 | 172579 | 172789 | 172999• | 173209• | 173419 | 173629• | 173839• | 174049• | 174259• | 174469• | 174679• | 4 | $\overline{10}$ |
| $\overline{9}$ | 6 | 171533 | 171743 | 171953 | 172163 | 172373• | 172583• | 172793 | 173003 | 173213 | 173423 | 173633 | 173843 | 174053 | 174263• | 174473 | 174683 | 6 | $\overline{9}$ |
| $\overline{8}$ | 2 | 171539• | 171749 | 171959 | 172169• | 172379 | 172589• | 172799 | 173009 | 173219• | 173429• | 173639 | 173849 | 174059 | 174269 | 174479 | 174689 | 2 | $\overline{8}$ |
| $\overline{7}$ | 6 | 171541• | 171751 | 171961 | 172171• | 172381 | 172591 | 172801• | 173011 | 173221 | 173431• | 173641 | 173851• | 174061• | 174271 | 174481• | 174691 | 6 | $\overline{7}$ |
| $\overline{6}$ | 4 | 171547 | 171757• | 171967 | 172177 | 172387 | 172597• | 172807• | 173017 | 173227 | 173437 | 173647• | 173857 | 174067• | 174277 | 174487• | 174697 | 4 | $\overline{6}$ |
| $\overline{5}$ | 2 | 171551 | 171761• | 171971 | 172181• | 172391 | 172601 | 172811 | 173021• | 173231 | 173441 | 173651• | 173861• | 174071• | 174281• | 174491• | 174701 | 2 | $\overline{5}$ |
| $\overline{4}$ | 4 | 171553• | 171763• | 171973 | 172183 | 172393 | 172603• | 172813 | 173023• | 173233 | 173443 | 173653 | 173863 | 174073 | 174283 | 174493 | 174703• | 4 | $\overline{4}$ |
| $\overline{3}$ | 2 | 171557 | 171767 | 171977 | 172187 | 172397 | 172607• | 172817 | 173027 | 173237 | 173447 | 173657 | 173867• | 174077• | 174287 | 174497 | 174707 | 2 | $\overline{3}$ |
| $\overline{2}$ | 10 | 171559• | 171769 | 171979 | 172189 | 172399• | 172609 | 172819 | 173029 | 173239 | 173449 | 173659• | 173869 | 174079• | 174289• | 174499 | 174709 | 10 | $\overline{2}$ |
| $\overline{1}$ | 2 | 171569 | 171779 | 171989 | 172199• | 172409 | 172619• | 172829• | 173039• | 173249• | 173459 | 173669• | 173879 | 174089 | 174299• | 174509 | 174719 | 2 | $\overline{1}$ |

| | | | | | | | | | | | | | | | | | | | |
|---|---|---|---|---|---|---|---|---|---|---|---|---|---|---|---|---|---|---|---|
| 1 | 10 | 174721 • | 174931 • | 175141 • | 175351 | 175561 | 175771 | 175981 | 176191 • | 176401 • | 176611 • | 176821 | 177031 | 177241 | 177451 | 177661 | 177871 | 10 | 1 |
| 2 | 2 | 174731 | 174941 | 175151 | 175361 • | 175571 | 175781 • | 175991 • | 176201 • | 176411 | 176621 | 176831 | 177041 | 177251 | 177461 | 177671 | 177881 | 2 | 2 |
| 3 | 4 | 174733 | 174943 • | 175153 | 175363 | 175573 • | 175783 • | 175993 • | 176203 | 176413 • | 176623 | 176833 | 177043 • | 177253 | 177463 | 177673 | 177883 • | 4 | 3 |
| 4 | 2 | 174737 • | 174947 | 175157 | 175367 | 175577 | 175787 | 175997 | 176207 • | 176417 • | 176627 | 176837 | 177047 | 177257 • | 177467 • | 177677 • | 177887 • | 2 | 4 |
| 5 | 4 | 174739 | 174949 | 175159 | 175369 | 175579 | 175789 | 175999 | 176209 | 176419 • | 176629 • | 176839 | 177049 | 177259 | 177469 | 177679 • | 177889 • | 4 | 5 |
| 6 | 6 | 174743 | 174953 | 175163 | 175373 | 175583 | 175793 | 176003 | 176213 • | 176423 | 176633 | 176843 | 177053 | 177263 | 177473 • | 177683 | 177893 • | 6 | 6 |
| 7 | 2 | 174749 • | 174959 • | 175169 | 175379 | 175589 | 175799 | 176009 | 176219 | 176429 | 176639 | 176849 • | 177059 | 177269 • | 177479 | 177689 | 177899 | 2 | 7 |
| 8 | 6 | 174751 | 174961 | 175171 | 175381 | 175591 | 175801 | 176011 | 176221 • | 176431 • | 176641 • | 176851 | 177061 | 177271 | 177481 • | 177691 • | 177901 | 6 | 8 |
| 9 | 4 | 174757 | 174967 | 175177 | 175387 | 175597 | 175807 | 176017 • | 176227 • | 176437 | 176647 | 176857 • | 177067 | 177277 | 177487 • | 177697 | 177907 • | 4 | 9 |
| 10 | 2 | 174761 • | 174971 | 175181 | 175391 • | 175601 • | 175811 • | 176021 • | 176231 | 176441 | 176651 • | 176861 | 177071 | 177281 | 177491 | 177701 | 177911 | 2 | 10 |
| 11 | 4 | 174763 • | 174973 | 175183 | 175393 • | 175603 | 175813 | 176023 • | 176233 | 176443 | 176653 | 176863 | 177073 | 177283 • | 177493 • | 177703 | 177913 • | 4 | 11 |
| 12 | 6 | 174767 • | 174977 | 175187 | 175397 | 175607 | 175817 | 176027 | 176237 • | 176447 | 176657 | 176867 | 177077 | 177287 | 177497 | 177707 | 177917 • | 6 | 12 |
| 13 | 6 | 174773 • | 174983 | 175193 | 175403 • | 175613 | 175823 | 176033 | 176243 • | 176453 | 176663 | 176873 | 177083 | 177293 | 177503 | 177713 | 177923 | 6 | 13 |
| 14 | 2 | 174779 | 174989 • | 175199 | 175409 | 175619 | 175829 • | 176039 | 176249 | 176459 • | 176669 | 176879 | 177089 | 177299 | 177509 | 177719 | 177929 • | 2 | 14 |
| 15 | 6 | 174781 | 174991 • | 175201 | 175411 • | 175621 • | 175831 | 176041 • | 176251 | 176461 • | 176671 | 176881 | 177091 • | 177301 • | 177511 • | 177721 | 177931 | 6 | 15 |
| 16 | 4 | 174787 | 174997 | 175207 | 175417 | 175627 | 175837 • | 176047 • | 176257 | 176467 • | 176677 • | 176887 • | 177097 | 177307 | 177517 | 177727 | 177937 | 4 | 16 |
| 17 | 2 | 174791 | 175001 | 175211 • | 175421 | 175631 • | 175841 | 176051 • | 176261 • | 176471 | 176681 | 176891 | 177101 • | 177311 | 177521 | 177731 | 177941 | 2 | 17 |
| 18 | 6 | 174793 | 175003 • | 175213 | 175423 | 175633 • | 175843 • | 176053 • | 176263 | 176473 | 176683 | 176893 | 177103 | 177313 | 177523 | 177733 | 177943 • | 6 | 18 |
| 19 | 4 | 174799 • | 175009 | 175219 | 175429 | 175639 | 175849 | 176059 | 176269 | 176479 | 176689 | 176899 • | 177109 • | 177319 • | 177529 | 177739 • | 177949 • | 4 | 19 |
| 20 | 6 | 174803 | 175013 • | 175223 | 175433 • | 175643 | 175853 • | 176063 • | 176273 | 176483 | 176693 | 176903 • | 177113 • | 177323 • | 177533 • | 177743 • | 177953 • | 6 | 20 |
| 21 | 8 | 174809 | 175019 | 175229 • | 175439 | 175649 • | 175859 • | 176069 | 176279 | 176489 • | 176699 • | 176909 | 177119 | 177329 | 177539 • | 177749 | 177959 | 8 | 21 |
| 22 | 4 | 174817 | 175027 | 175237 | 175447 • | 175657 | 175867 | 176077 | 176287 | 176497 • | 176707 | 176917 | 177127 • | 177337 • | 177547 | 177757 | 177967 • | 4 | 22 |
| 23 | 2 | 174821 • | 175031 | 175241 | 175451 | 175661 | 175871 | 176081 • | 176291 | 176501 | 176711 • | 176921 • | 177131 • | 177341 | 177551 | 177761 • | 177971 | 2 | 23 |
| 24 | 4 | 174823 | 175033 | 175243 | 175453 • | 175663 • | 175873 • | 176083 | 176293 | 176503 • | 176713 • | 176923 • | 177133 | 177343 | 177553 • | 177763 • | 177973 | 4 | 24 |
| $\overline{24}$ | 2 | 174827 | 175037 | 175247 | 175457 | 175667 | 175877 | 176087 • | 176297 | 176507 • | 176717 | 176927 • | 177137 | 177347 • | 177557 | 177767 | 177977 | 2 | $\overline{24}$ |
| $\overline{23}$ | 4 | 174829 • | 175039 • | 175249 | 175459 | 175669 | 175879 | 176089 • | 176299 • | 176509 • | 176719 | 176929 | 177139 | 177349 | 177559 | 177769 | 177979 • | 4 | $\overline{23}$ |
| $\overline{22}$ | 8 | 174833 | 175043 | 175253 | 175463 • | 175673 • | 175883 | 176093 | 176303 • | 176513 | 176723 | 176933 • | 177143 | 177353 | 177563 | 177773 | 177983 | 8 | $\overline{22}$ |
| $\overline{21}$ | 6 | 174841 | 175051 | 175261 • | 175471 | 175681 | 175891 • | 176101 | 176311 | 176521 • | 176731 | 176941 | 177151 | 177361 | 177571 | 177781 | 177991 | 6 | $\overline{21}$ |
| $\overline{20}$ | 4 | 174847 | 175057 | 175267 • | 175477 | 175687 • | 175897 • | 176107 | 176317 • | 176527 | 176737 | 176947 | 177157 | 177367 | 177577 | 177787 • | 177997 | 4 | $\overline{20}$ |
| $\overline{19}$ | 6 | 174851 • | 175061 • | 175271 | 175481 • | 175691 • | 175901 | 176111 | 176321 • | 176531 • | 176741 • | 176951 • | 177161 | 177371 | 177581 | 177791 • | 178001 • | 6 | $\overline{19}$ |
| $\overline{18}$ | 2 | 174857 | 175067 • | 175277 • | 175487 | 175697 | 175907 | 176117 | 176327 • | 176537 • | 176747 • | 176957 | 177167 • | 177377 | 177587 | 177797 • | 178007 | 2 | $\overline{18}$ |
| $\overline{17}$ | 4 | 174859 • | 175069 • | 175279 | 175489 | 175699 • | 175909 • | 176119 | 176329 • | 176539 | 176749 | 176959 | 177169 | 177379 • | 177589 • | 177799 | 178009 | 4 | $\overline{17}$ |
| $\overline{16}$ | 6 | 174863 | 175073 | 175283 | 175493 • | 175703 | 175913 | 176123 • | 176333 • | 176543 | 176753 • | 176963 | 177173 • | 177383 • | 177593 | 177803 | 178013 | 6 | $\overline{16}$ |
| $\overline{15}$ | 2 | 174869 | 175079 • | 175289 | 175499 • | 175709 • | 175919 • | 176129 • | 176339 | 176549 • | 176759 | 176969 | 177179 | 177389 | 177599 | 177809 | 178019 | 2 | $\overline{15}$ |
| $\overline{14}$ | 6 | 174871 | 175081 • | 175291 • | 175501 | 175711 | 175921 | 176131 | 176341 | 176551 • | 176761 | 176971 | 177181 | 177391 | 177601 • | 177811 • | 178021 • | 6 | $\overline{14}$ |
| $\overline{13}$ | 6 | 174877 • | 175087 | 175297 | 175507 | 175717 | 175927 | 176137 | 176347 • | 176557 • | 176767 | 176977 • | 177187 | 177397 | 177607 | 177817 | 178027 | 6 | $\overline{13}$ |
| $\overline{12}$ | 4 | 174883 | 175093 | 175303 • | 175513 | 175723 • | 175933 | 176143 | 176353 • | 176563 | 176773 | 176983 • | 177193 | 177403 | 177613 | 177823 • | 178033 | 4 | $\overline{12}$ |
| $\overline{11}$ | 2 | 174887 | 175097 | 175307 | 175517 | 175727 • | 175937 • | 176147 | 176357 • | 176567 | 176777 • | 176987 | 177197 | 177407 | 177617 | 177827 | 178037 • | 2 | $\overline{11}$ |
| $\overline{10}$ | 4 | 174889 | 175099 | 175309 • | 175519 • | 175729 | 175939 • | 176149 | 176359 | 176569 | 176779 • | 176989 • | 177199 | 177409 • | 177619 | 177829 | 178039 • | 4 | $\overline{10}$ |
| $\overline{9}$ | 6 | 174893 • | 175103 • | 175313 | 175523 • | 175733 | 175943 | 176153 • | 176363 | 176573 • | 176783 | 176993 | 177203 | 177413 | 177623 • | 177833 | 178043 | 6 | $\overline{9}$ |
| $\overline{8}$ | 2 | 174899 | 175109 | 175319 | 175529 | 175739 | 175949 • | 176159 • | 176369 • | 176579 | 176789 • | 176999 | 177209 • | 177419 | 177629 | 177839 • | 178049 | 2 | $\overline{8}$ |
| $\overline{7}$ | 6 | 174901 • | 175111 | 175321 | 175531 | 175741 | 175951 | 176161 • | 176371 | 176581 | 176791 • | 177001 | 177211 • | 177421 • | 177631 | 177841 • | 178051 | 6 | $\overline{7}$ |
| $\overline{6}$ | 4 | 174907 • | 175117 | 175327 • | 175537 | 175747 | 175957 | 176167 | 176377 | 176587 | 176797 • | 177007 • | 177217 • | 177427 • | 177637 | 177847 | 178057 | 4 | $\overline{6}$ |
| $\overline{5}$ | 2 | 174911 | 175121 | 175331 | 175541 | 175751 | 175961 • | 176171 | 176381 | 176591 • | 176801 | 177011 • | 177221 | 177431 • | 177641 | 177851 | 178061 | 2 | $\overline{5}$ |
| $\overline{4}$ | 4 | 174913 | 175123 | 175333 • | 175543 • | 175753 • | 175963 • | 176173 | 176383 • | 176593 | 176803 | 177013 • | 177223 • | 177433 • | 177643 | 177853 | 178063 | 4 | $\overline{4}$ |
| $\overline{3}$ | 2 | 174917 • | 175127 | 175337 | 175547 | 175757 • | 175967 | 176177 | 176387 | 176597 • | 176807 • | 177017 | 177227 | 177437 | 177647 • | 177857 | 178067 • | 2 | $\overline{3}$ |
| $\overline{2}$ | 10 | 174919 | 175129 • | 175339 | 175549 | 175759 • | 175969 | 176179 • | 176389 • | 176599 • | 176809 • | 177019 • | 177229 | 177439 | 177649 | 177859 | 178069 • | 10 | $\overline{2}$ |
| $\overline{1}$ | 2 | 174929 • | 175139 | 175349 • | 175559 | 175769 | 175979 • | 176189 | 176399 | 176609 • | 176819 • | 177029 | 177239 • | 177449 | 177659 | 177869 | 178079 | 2 | $\overline{1}$ |

| | | | | | | | | | | | | | | | | | | | |
|---|---|---|---|---|---|---|---|---|---|---|---|---|---|---|---|---|---|---|---|
| 1 | 10 | 178081 | 178291 | 178501 • | 178711 | 178921 • | 179131 | 179341 | 179551 | 179761 | 179971 | 180181 • | 180391 • | 180601 | 180811 • | 181021 | 181231 | 10 | 1 |
| 2 | 2 | 178091 • | 178301 • | 178511 | 178721 | 178931 • | 179141 | 179351 • | 179561 | 179771 | 179981 • | 180191 | 180401 | 180611 | 180821 | 181031 • | 181241 | 2 | 2 |
| 3 | 4 | 178093 • | 178303 | 178513 • | 178723 | 178933 • | 179143 • | 179353 | 179563 • | 179773 | 179983 | 180193 | 180403 | 180613 | 180823 | 181033 | 181243 • | 4 | 3 |
| 4 | 2 | 178097 | 178307 • | 178517 | 178727 | 178937 | 179147 | 179357 • | 179567 | 179777 | 179987 | 180197 | 180407 | 180617 • | 180827 | 181037 | 181247 | 2 | 4 |
| 5 | 4 | 178099 | 178309 | 178519 | 178729 | 178939 • | 179149 | 179359 | 179569 | 179779 • | 179989 • | 180199 | 180409 | 180619 | 180829 | 181039 • | 181249 | 4 | 5 |
| 6 | 6 | 178103 • | 178313 | 178523 | 178733 | 178943 | 179153 | 179363 | 179573 • | 179783 | 179993 | 180203 | 180413 • | 180623 • | 180833 | 181043 | 181253 • | 6 | 6 |
| 7 | 2 | 178109 | 178319 | 178529 | 178739 | 178949 | 179159 | 179369 • | 179579 • | 179789 | 179999 • | 180209 | 180419 • | 180629 • | 180839 | 181049 | 181259 | 2 | 7 |
| 8 | 6 | 178111 | 178321 | 178531 • | 178741 | 178951 • | 179161 • | 179371 | 179581 • | 179791 | 180001 • | 180211 • | 180421 | 180631 | 180841 | 181051 | 181261 | 6 | 8 |
| 9 | 4 | 178117 • | 178327 • | 178537 • | 178747 | 178957 | 179167 • | 179377 | 179587 | 179797 | 180007 • | 180217 | 180427 | 180637 | 180847 • | 181057 | 181267 | 4 | 9 |
| 10 | 2 | 178121 | 178331 | 178541 | 178751 | 178961 | 179171 | 179381 • | 179591 • | 179801 • | 180011 | 180221 • | 180431 | 180641 | 180851 | 181061 • | 181271 | 2 | 10 |
| 11 | 4 | 178123 | 178333 • | 178543 | 178753 • | 178963 | 179173 • | 179383 • | 179593 • | 179803 | 180013 | 180223 | 180433 | 180643 | 180853 | 181063 • | 181273 • | 4 | 11 |
| 12 | 6 | 178127 • | 178337 | 178547 | 178757 • | 178967 | 179177 | 179387 | 179597 | 179807 • | 180017 | 180227 | 180437 • | 180647 • | 180857 | 181067 | 181277 • | 6 | 12 |
| 13 | 6 | 178133 | 178343 | 178553 | 178763 | 178973 • | 179183 | 179393 • | 179603 • | 179813 • | 180023 • | 180233 • | 180443 | 180653 | 180863 | 181073 | 181283 • | 6 | 13 |
| 14 | 2 | 178139 | 178349 • | 178559 • | 178769 | 178979 | 179189 | 179399 | 179609 | 179819 • | 180029 | 180239 • | 180449 | 180659 | 180869 | 181079 | 181289 | 2 | 14 |
| 15 | 6 | 178141 • | 178351 • | 178561 • | 178771 | 178981 | 179191 | 179401 | 179611 | 179821 • | 180031 | 180241 • | 180451 | 180661 | 180871 • | 181081 • | 181291 | 6 | 15 |
| 16 | 4 | 178147 | 178357 | 178567 • | 178777 | 178987 • | 179197 | 179407 • | 179617 | 179827 • | 180037 | 180247 • | 180457 | 180667 • | 180877 | 181087 • | 181297 • | 4 | 16 |
| 17 | 2 | 178151 • | 178361 • | 178571 • | 178781 • | 178991 | 179201 | 179411 • | 179621 | 179831 | 180041 | 180251 | 180461 | 180671 | 180881 | 181091 | 181301 • | 2 | 17 |
| 18 | 6 | 178153 | 178363 | 178573 | 178783 | 178993 | 179203 • | 179413 | 179623 • | 179833 • | 180043 • | 180253 | 180463 • | 180673 | 180883 • | 181093 | 181303 • | 6 | 18 |
| 19 | 4 | 178159 | 178369 | 178579 | 178789 | 178999 | 179209 • | 179419 | 179629 | 179839 | 180049 | 180259 • | 180469 | 180679 • | 180889 | 181099 | 181309 | 4 | 19 |
| 20 | 6 | 178163 | 178373 | 178583 | 178793 • | 179003 | 179213 • | 179423 | 179633 • | 179843 | 180053 • | 180263 • | 180473 • | 180683 | 180893 | 181103 | 181313 | 6 | 20 |
| 21 | 8 | 178169 • | 178379 | 178589 | 178799 • | 179009 | 179219 | 179429 • | 179639 | 179849 • | 180059 | 180269 | 180479 | 180689 | 180899 | 181109 | 181319 | 8 | 21 |
| 22 | 4 | 178177 | 178387 | 178597 • | 178807 • | 179017 | 179227 | 179437 • | 179647 | 179857 | 180067 | 180277 | 180487 | 180697 | 180907 • | 181117 | 181327 | 4 | 22 |
| 23 | 2 | 178181 | 178391 | 178601 • | 178811 | 179021 • | 179231 | 179441 • | 179651 • | 179861 | 180071 • | 180281 • | 180491 • | 180701 • | 180911 | 181121 | 181331 | 2 | 23 |
| 24 | 4 | 178183 • | 178393 • | 178603 • | 178813 • | 179023 | 179233 • | 179443 | 179653 | 179863 | 180073 • | 180283 | 180493 | 180703 | 180913 | 181123 • | 181333 | 4 | 24 |
| $\overline{24}$ | 2 | 178187 • | 178397 • | 178607 | 178817 • | 179027 | 179237 | 179447 | 179657 • | 179867 | 180077 • | 180287 • | 180497 • | 180707 | 180917 | 181127 | 181337 | 2 | $\overline{24}$ |
| $\overline{23}$ | 4 | 178189 | 178399 | 178609 • | 178819 • | 179029 • | 179239 | 179449 | 179659 • | 179869 | 180079 | 180289 • | 180499 | 180709 | 180919 | 181129 | 181339 | 4 | $\overline{23}$ |
| $\overline{22}$ | 8 | 178193 | 178403 • | 178613 • | 178823 | 179033 • | 179243 • | 179453 • | 179663 | 179873 | 180083 | 180293 | 180503 • | 180713 | 180923 | 181133 | 181343 | 8 | $\overline{22}$ |
| $\overline{21}$ | 6 | 178201 | 178411 | 178621 • | 178831 • | 179041 • | 179251 | 179461 • | 179671 • | 179881 | 180091 | 180301 | 180511 • | 180721 | 180931 | 181141 • | 181351 | 6 | $\overline{21}$ |
| $\overline{20}$ | 4 | 178207 • | 178417 • | 178627 • | 178837 | 179047 | 179257 | 179467 | 179677 | 179887 | 180097 • | 180307 • | 180517 | 180727 | 180937 | 181147 | 181357 | 4 | $\overline{20}$ |
| $\overline{19}$ | 6 | 178211 | 178421 | 178631 | 178841 | 179051 • | 179261 • | 179471 • | 179681 | 179891 | 180101 | 180311 • | 180521 | 180731 • | 180941 | 181151 | 181361 • | 6 | $\overline{19}$ |
| $\overline{18}$ | 2 | 178217 | 178427 | 178637 | 178847 | 179057 • | 179267 | 179477 | 179687 • | 179897 • | 180107 | 180317 • | 180527 | 180737 | 180947 | 181157 • | 181367 | 2 | $\overline{18}$ |
| $\overline{17}$ | 4 | 178219 | 178429 | 178639 • | 178849 | 179059 | 179269 • | 179479 • | 179689 • | 179899 • | 180109 | 180319 | 180529 | 180739 | 180949 • | 181159 | 181369 | 4 | $\overline{17}$ |
| $\overline{16}$ | 6 | 178223 • | 178433 | 178643 • | 178853 • | 179063 | 179273 | 179483 • | 179693 • | 179903 • | 180113 | 180323 | 180533 • | 180743 | 180953 | 181163 | 181373 | 6 | $\overline{16}$ |
| $\overline{15}$ | 2 | 178229 | 178439 • | 178649 | 178859 • | 179069 | 179279 | 179489 | 179699 | 179909 • | 180119 | 180329 | 180539 • | 180749 • | 180959 • | 181169 | 181379 | 2 | $\overline{15}$ |
| $\overline{14}$ | 6 | 178231 • | 178441 • | 178651 | 178861 | 179071 | 179281 • | 179491 | 179701 | 179911 | 180121 | 180331 • | 180541 • | 180751 • | 180961 | 181171 | 181381 | 6 | $\overline{14}$ |
| $\overline{13}$ | 6 | 178237 | 178447 • | 178657 | 178867 | 179077 | 179287 • | 179497 • | 179707 | 179917 • | 180127 | 180337 • | 180547 • | 180757 | 180967 | 181177 | 181387 • | 6 | $\overline{13}$ |
| $\overline{12}$ | 4 | 178243 | 178453 | 178663 | 178873 • | 179083 • | 179293 | 179503 | 179713 | 179923 • | 180133 | 180343 | 180553 | 180763 | 180973 | 181183 • | 181393 | 4 | $\overline{12}$ |
| $\overline{11}$ | 2 | 178247 • | 178457 | 178667 | 178877 • | 179087 | 179297 | 179507 | 179717 • | 179927 | 180137 • | 180347 • | 180557 | 180767 | 180977 | 181187 | 181397 • | 2 | $\overline{11}$ |
| $\overline{10}$ | 4 | 178249 • | 178459 | 178669 | 178879 | 179089 • | 179299 | 179509 | 179719 • | 179929 | 180139 | 180349 | 180559 | 180769 | 180979 | 181189 | 181399 • | 4 | $\overline{10}$ |
| $\overline{9}$ | 6 | 178253 | 178463 | 178673 | 178883 | 179093 | 179303 | 179513 | 179723 | 179933 | 180143 | 180353 | 180563 • | 180773 • | 180983 | 181193 • | 181403 | 6 | $\overline{9}$ |
| $\overline{8}$ | 2 | 178259 • | 178469 • | 178679 | 178889 • | 179099 • | 179309 | 179519 • | 179729 | 179939 • | 180149 | 180359 | 180569 • | 180779 • | 180989 | 181199 • | 181409 • | 2 | $\overline{8}$ |
| $\overline{7}$ | 6 | 178261 • | 178471 | 178681 • | 178891 | 179101 | 179311 | 179521 | 179731 | 179941 | 180151 | 180361 • | 180571 | 180781 | 180991 | 181201 • | 181411 | 6 | $\overline{7}$ |
| $\overline{6}$ | 4 | 178267 | 178477 | 178687 | 178897 • | 179107 • | 179317 • | 179527 • | 179737 • | 179947 • | 180157 | 180367 | 180577 | 180787 | 180997 | 181207 | 181417 | 4 | $\overline{6}$ |
| $\overline{5}$ | 2 | 178271 | 178481 • | 178691 • | 178901 | 179111 • | 179321 • | 179531 | 179741 | 179951 • | 180161 • | 180371 • | 180581 | 180791 | 181001 • | 181211 • | 181421 • | 2 | $\overline{5}$ |
| $\overline{4}$ | 4 | 178273 | 178483 | 178693 • | 178903 • | 179113 | 179323 | 179533 • | 179743 • | 179953 • | 180163 | 180373 | 180583 | 180793 • | 181003 • | 181213 • | 181423 | 4 | $\overline{4}$ |
| $\overline{3}$ | 2 | 178277 | 178487 • | 178697 • | 178907 • | 179117 | 179327 • | 179537 | 179747 | 179957 • | 180167 | 180377 | 180587 | 180797 • | 181007 | 181217 | 181427 | 2 | $\overline{3}$ |
| $\overline{2}$ | 10 | 178279 | 178489 • | 178699 | 178909 • | 179119 • | 179329 | 179539 | 179749 • | 179959 | 180169 | 180379 • | 180589 | 180799 • | 181009 | 181219 • | 181429 | 10 | $\overline{2}$ |
| $\overline{1}$ | 2 | 178289 • | 178499 | 178709 | 178919 | 179129 | 179339 | 179549 • | 179759 | 179969 • | 180179 • | 180389 | 180599 | 180809 | 181019 • | 181229 | 181439 • | 2 | $\overline{1}$ |

| | | | | | | | | | | | | | | | | | | | |
|---|---|---|---|---|---|---|---|---|---|---|---|---|---|---|---|---|---|---|---|
| 1 | 10 | 181441 | 181651 | 181861 | 182071 | 182281 | 182491 | 182701 • | 182911 | 183121 | 183331 | 183541 | 183751 | 183961 | 184171 | 184381 | 184591 | 10 | 1 |
| 2 | 2 | 181451 | 181661 | 181871 • | 182081 | 182291 | 182501 | 182711 • | 182921 • | 183131 | 183341 | 183551 | 183761 • | 183971 • | 184181 • | 184391 | 184601 | 2 | 2 |
| 3 | 4 | 181453 | 181663 | 181873 • | 182083 | 182293 | 182503 • | 182713 • | 182923 | 183133 | 183343 • | 183553 | 183763 • | 183973 • | 184183 | 184393 | 184603 | 4 | 3 |
| 4 | 2 | 181457 • | 181667 • | 181877 | 182087 | 182297 • | 182507 | 182717 | 182927 • | 183137 | 183347 | 183557 | 183767 | 183977 | 184187 • | 184397 | 184607 • | 2 | 4 |
| 5 | 4 | 181459 • | 181669 • | 181879 | 182089 • | 182299 | 182509 • | 182719 | 182929 • | 183139 | 183349 • | 183559 | 183769 | 183979 • | 184189 • | 184399 | 184609 • | 4 | 5 |
| 6 | 6 | 181463 | 181673 | 181883 | 182093 | 182303 | 182513 | 182723 | 182933 • | 183143 | 183353 | 183563 | 183773 | 183983 | 184193 | 184403 | 184613 | 6 | 6 |
| 7 | 2 | 181469 | 181679 | 181889 • | 182099 • | 182309 • | 182519 • | 182729 | 182939 | 183149 | 183359 | 183569 • | 183779 | 183989 | 184199 • | 184409 • | 184619 | 2 | 7 |
| 8 | 6 | 181471 | 181681 | 181891 • | 182101 • | 182311 | 182521 | 182731 | 182941 | 183151 • | 183361 • | 183571 • | 183781 | 183991 | 184201 | 184411 | 184621 | 6 | 8 |
| 9 | 4 | 181477 | 181687 | 181897 | 182107 • | 182317 | 182527 | 182737 | 182947 | 183157 | 183367 | 183577 • | 183787 | 183997 | 184207 | 184417 • | 184627 • | 4 | 9 |
| 10 | 2 | 181481 | 181691 | 181901 | 182111 • | 182321 | 182531 | 182741 | 182951 | 183161 | 183371 | 183581 • | 183791 | 184001 | 184211 • | 184421 | 184631 • | 2 | 10 |
| 11 | 4 | 181483 | 181693 • | 181903 • | 182113 | 182323 | 182533 | 182743 | 182953 • | 183163 | 183373 • | 183583 | 183793 | 184003 • | 184213 | 184423 | 184633 • | 4 | 11 |
| 12 | 6 | 181487 | 181697 | 181907 | 182117 | 182327 | 182537 • | 182747 • | 182957 • | 183167 • | 183377 • | 183587 • | 183797 • | 184007 • | 184217 | 184427 | 184637 | 6 | 12 |
| 13 | 6 | 181493 | 181703 | 181913 • | 182123 • | 182333 • | 182543 | 182753 | 182963 | 183173 | 183383 • | 183593 • | 183803 | 184013 • | 184223 | 184433 | 184643 | 6 | 13 |
| 14 | 2 | 181499 • | 181709 | 181919 • | 182129 • | 182339 • | 182549 • | 182759 | 182969 • | 183179 | 183389 • | 183599 | 183809 • | 184019 | 184229 | 184439 | 184649 • | 2 | 14 |
| 15 | 6 | 181501 • | 181711 • | 181921 | 182131 • | 182341 • | 182551 | 182761 | 182971 | 183181 | 183391 | 183601 | 183811 | 184021 | 184231 • | 184441 • | 184651 • | 6 | 15 |
| 16 | 4 | 181507 | 181717 • | 181927 • | 182137 | 182347 | 182557 | 182767 | 182977 | 183187 | 183397 • | 183607 | 183817 | 184027 | 184237 | 184447 • | 184657 | 4 | 16 |
| 17 | 2 | 181511 | 181721 • | 181931 • | 182141 • | 182351 | 182561 • | 182771 | 182981 • | 183191 • | 183401 | 183611 • | 183821 | 184031 • | 184241 • | 184451 | 184661 | 2 | 17 |
| 18 | 6 | 181513 • | 181723 | 181933 | 182143 | 182353 • | 182563 | 182773 • | 182983 | 183193 | 183403 | 183613 | 183823 • | 184033 | 184243 | 184453 | 184663 | 6 | 18 |
| 19 | 4 | 181519 | 181729 • | 181939 | 182149 | 182359 | 182569 | 182779 • | 182989 | 183199 | 183409 | 183619 | 183829 • | 184039 • | 184249 | 184459 | 184669 • | 4 | 19 |
| 20 | 6 | 181523 • | 181733 | 181943 • | 182153 | 182363 | 182573 | 182783 | 182993 | 183203 • | 183413 | 183623 | 183833 | 184043 • | 184253 | 184463 • | 184673 | 6 | 20 |
| 21 | 8 | 181529 | 181739 • | 181949 | 182159 • | 182369 | 182579 • | 182789 • | 182999 • | 183209 | 183419 | 183629 | 183839 | 184049 | 184259 • | 184469 | 184679 | 8 | 21 |
| 22 | 4 | 181537 • | 181747 | 181957 • | 182167 • | 182377 | 182587 • | 182797 | 183007 | 183217 | 183427 | 183637 • | 183847 | 184057 • | 184267 | 184477 • | 184687 • | 4 | 22 |
| 23 | 2 | 181541 | 181751 • | 181961 | 182171 | 182381 | 182591 | 182801 | 183011 | 183221 | 183431 | 183641 | 183851 | 184061 | 184271 • | 184481 | 184691 | 2 | 23 |
| 24 | 4 | 181543 | 181753 | 181963 | 182173 | 182383 | 182593 • | 182803 • | 183013 | 183223 | 183433 | 183643 | 183853 | 184063 | 184273 • | 184483 | 184693 • | 4 | 24 |
| $\overline{24}$ | 2 | 181547 | 181757 • | 181967 • | 182177 • | 182387 • | 182597 | 182807 | 183017 | 183227 | 183437 • | 183647 | 183857 | 184067 | 184277 | 184487 • | 184697 | 2 | $\overline{24}$ |
| $\overline{23}$ | 4 | 181549 • | 181759 • | 181969 | 182179 • | 182389 • | 182599 • | 182809 | 183019 | 183229 | 183439 • | 183649 | 183859 | 184069 | 184279 • | 184489 • | 184699 | 4 | $\overline{23}$ |
| $\overline{22}$ | 8 | 181553 • | 181763 • | 181973 | 182183 | 182393 | 182603 • | 182813 • | 183023 • | 183233 | 183443 | 183653 | 183863 | 184073 • | 184283 | 184493 | 184703 • | 8 | $\overline{22}$ |
| $\overline{21}$ | 6 | 181561 | 181771 | 181981 • | 182191 | 182401 | 182611 | 182821 • | 183031 | 183241 | 183451 • | 183661 • | 183871 • | 184081 • | 184291 • | 184501 | 184711 • | 6 | $\overline{21}$ |
| $\overline{20}$ | 4 | 181567 | 181777 • | 181987 | 182197 | 182407 | 182617 • | 182827 | 183037 • | 183247 • | 183457 | 183667 | 183877 • | 184087 • | 184297 | 184507 | 184717 | 4 | $\overline{20}$ |
| $\overline{19}$ | 6 | 181571 | 181781 | 181991 | 182201 • | 182411 | 182621 | 182831 | 183041 • | 183251 | 183461 • | 183671 | 183881 • | 184091 | 184301 | 184511 • | 184721 • | 6 | $\overline{19}$ |
| $\overline{18}$ | 2 | 181577 | 181787 • | 181997 • | 182207 | 182417 • | 182627 • | 182837 | 183047 • | 183257 | 183467 | 183677 | 183887 | 184097 | 184307 | 184517 • | 184727 • | 2 | $\overline{18}$ |
| $\overline{17}$ | 4 | 181579 | 181789 • | 181999 | 182209 • | 182419 | 182629 | 182839 • | 183049 | 183259 • | 183469 | 183679 | 183889 | 184099 | 184309 • | 184519 | 184729 | 4 | $\overline{17}$ |
| $\overline{16}$ | 6 | 181583 | 181793 | 182003 | 182213 | 182423 • | 182633 | 182843 | 183053 | 183263 • | 183473 • | 183683 • | 183893 | 184103 | 184313 | 184523 • | 184733 • | 6 | $\overline{16}$ |
| $\overline{15}$ | 2 | 181589 | 181799 | 182009 • | 182219 | 182429 | 182639 • | 182849 | 183059 • | 183269 | 183479 • | 183689 | 183899 | 184109 | 184319 | 184529 | 184739 | 2 | $\overline{15}$ |
| $\overline{14}$ | 6 | 181591 | 181801 | 182011 • | 182221 | 182431 • | 182641 • | 182851 • | 183061 | 183271 | 183481 | 183691 • | 183901 | 184111 • | 184321 • | 184531 | 184741 | 6 | $\overline{14}$ |
| $\overline{13}$ | 6 | 181597 | 181807 | 182017 | 182227 | 182437 | 182647 | 182857 • | 183067 • | 183277 | 183487 • | 183697 • | 183907 • | 184117 • | 184327 | 184537 | 184747 | 6 | $\overline{13}$ |
| $\overline{12}$ | 4 | 181603 • | 181813 • | 182023 | 182233 • | 182443 • | 182653 • | 182863 | 183073 | 183283 • | 183493 | 183703 | 183913 | 184123 | 184333 • | 184543 | 184753 • | 4 | $\overline{12}$ |
| $\overline{11}$ | 2 | 181607 • | 181817 | 182027 • | 182237 | 182447 | 182657 • | 182867 • | 183077 | 183287 | 183497 • | 183707 • | 183917 • | 184127 | 184337 • | 184547 | 184757 | 2 | $\overline{11}$ |
| $\overline{10}$ | 4 | 181609 • | 181819 | 182029 • | 182239 • | 182449 | 182659 • | 182869 | 183079 | 183289 • | 183499 • | 183709 • | 183919 • | 184129 | 184339 | 184549 | 184759 | 4 | $\overline{10}$ |
| $\overline{9}$ | 6 | 181613 | 181823 | 182033 | 182243 • | 182453 • | 182663 | 182873 | 183083 | 183293 | 183503 • | 183713 • | 183923 | 184133 • | 184343 | 184553 • | 184763 | 6 | $\overline{9}$ |
| $\overline{8}$ | 2 | 181619 • | 181829 | 182039 | 182249 | 182459 | 182669 | 182879 | 183089 • | 183299 • | 183509 • | 183719 | 183929 | 184139 | 184349 | 184559 • | 184769 | 2 | $\overline{8}$ |
| $\overline{7}$ | 6 | 181621 | 181831 | 182041 • | 182251 | 182461 | 182671 | 182881 | 183091 • | 183301 • | 183511 • | 183721 | 183931 | 184141 | 184351 • | 184561 | 184771 | 6 | $\overline{7}$ |
| $\overline{6}$ | 4 | 181627 | 181837 • | 182047 • | 182257 | 182467 • | 182677 | 182887 • | 183097 | 183307 • | 183517 | 183727 | 183937 | 184147 | 184357 | 184567 • | 184777 • | 4 | $\overline{6}$ |
| $\overline{5}$ | 2 | 181631 | 181841 | 182051 | 182261 • | 182471 • | 182681 • | 182891 | 183101 | 183311 | 183521 | 183731 | 183941 | 184151 | 184361 | 184571 • | 184781 | 2 | $\overline{5}$ |
| $\overline{4}$ | 4 | 181633 | 181843 | 182053 | 182263 | 182473 • | 182683 | 182893 • | 183103 | 183313 | 183523 • | 183733 | 183943 • | 184153 • | 184363 | 184573 | 184783 | 4 | $\overline{4}$ |
| $\overline{3}$ | 2 | 181637 | 181847 | 182057 • | 182267 | 182477 | 182687 • | 182897 | 183107 | 183317 • | 183527 • | 183737 | 183947 | 184157 • | 184367 | 184577 • | 184787 | 2 | $\overline{3}$ |
| $\overline{2}$ | 10 | 181639 • | 181849 | 182059 • | 182269 | 182479 | 182689 | 182899 • | 183109 | 183319 • | 183529 | 183739 | 183949 • | 184159 | 184369 • | 184579 | 184789 | 10 | $\overline{2}$ |
| $\overline{1}$ | 2 | 181649 | 181859 | 182069 | 182279 • | 182489 • | 182699 | 182909 | 183119 • | 183329 • | 183539 | 183749 | 183959 • | 184169 | 184379 | 184589 | 184799 | 2 | $\overline{1}$ |

| | | | | | | | | | | | | | | | | | | | |
|---|---|---|---|---|---|---|---|---|---|---|---|---|---|---|---|---|---|---|---|
| 1 | 10 | 184801 | 185011 | 185221• | 185431 | 185641• | 185851 | 186061 | 186271• | 186481• | 186691 | 186901 | 187111• | 187321 | 187531• | 187741 | 187951• | 10 | 1 |
| 2 | 2 | 184811 | 185021• | 185231 | 185441• | 185651• | 185861 | 186071• | 186281 | 186491 | 186701• | 186911 | 187121 | 187331 | 187541 | 187751• | 187961 | 2 | 2 |
| 3 | 4 | 184813 | 185023 | 185233• | 185443 | 185653 | 185863 | 186073 | 186283• | 186493 | 186703 | 186913 | 187123• | 187333 | 187543 | 187753 | 187963• | 4 | 3 |
| 4 | 2 | 184817 | 185027• | 185237 | 185447 | 185657 | 185867 | 186077 | 186287 | 186497 | 186707• | 186917• | 187127• | 187337• | 187547• | 187757 | 187967 | 2 | 4 |
| 5 | 4 | 184819 | 185029 | 185239 | 185449 | 185659 | 185869• | 186079 | 186289 | 186499 | 186709• | 186919 | 187129• | 187339• | 187549 | 187759 | 187969 | 4 | 5 |
| 6 | 6 | 184823• | 185033 | 185243• | 185453 | 185663 | 185873• | 186083 | 186293 | 186503 | 186713 | 186923 | 187133• | 187343 | 187553 | 187763• | 187973• | 6 | 6 |
| 7 | 2 | 184829• | 185039 | 185249 | 185459 | 185669 | 185879 | 186089 | 186299• | 186509 | 186719 | 186929 | 187139• | 187349• | 187559• | 187769 | 187979 | 2 | 7 |
| 8 | 6 | 184831• | 185041 | 185251 | 185461 | 185671 | 185881 | 186091 | 186301• | 186511 | 186721 | 186931 | 187141• | 187351 | 187561 | 187771 | 187981 | 6 | 8 |
| 9 | 4 | 184837• | 185047 | 185257 | 185467• | 185677• | 185887 | 186097• | 186307 | 186517 | 186727• | 186937 | 187147 | 187357 | 187567 | 187777 | 187987• | 4 | 9 |
| 10 | 2 | 184841 | 185051• | 185261 | 185471 | 185681• | 185891 | 186101 | 186311• | 186521 | 186731 | 186941 | 187151 | 187361• | 187571 | 187781 | 187991 | 2 | 10 |
| 11 | 4 | 184843• | 185053 | 185263 | 185473 | 185683• | 185893• | 186103• | 186313 | 186523 | 186733• | 186943 | 187153 | 187363 | 187573• | 187783 | 187993 | 4 | 11 |
| 12 | 6 | 184847 | 185057• | 185267• | 185477• | 185687 | 185897• | 186107• | 186317• | 186527 | 186737 | 186947• | 187157 | 187367• | 187577 | 187787• | 187997 | 6 | 12 |
| 13 | 6 | 184853 | 185063• | 185273 | 185483• | 185693• | 185903• | 186113• | 186323 | 186533 | 186743• | 186953 | 187163• | 187373• | 187583 | 187793• | 188003 | 6 | 13 |
| 14 | 2 | 184859• | 185069• | 185279 | 185489 | 185699• | 185909 | 186119• | 186329 | 186539 | 186749 | 186959• | 187169 | 187379• | 187589 | 187799 | 188009 | 2 | 14 |
| 15 | 6 | 184861 | 185071• | 185281 | 185491• | 185701 | 185911 | 186121 | 186331 | 186541 | 186751 | 186961 | 187171• | 187381 | 187591 | 187801 | 188011• | 6 | 15 |
| 16 | 4 | 184867 | 185077• | 185287 | 185497 | 185707• | 185917• | 186127 | 186337 | 186547 | 186757• | 186967 | 187177• | 187387• | 187597• | 187807 | 188017• | 4 | 16 |
| 17 | 2 | 184871 | 185081 | 185291• | 185501 | 185711• | 185921 | 186131 | 186341 | 186551• | 186761• | 186971 | 187181• | 187391 | 187601 | 187811 | 188021• | 2 | 17 |
| 18 | 6 | 184873 | 185083 | 185293 | 185503 | 185713 | 185923• | 186133 | 186343• | 186553 | 186763• | 186973 | 187183 | 187393• | 187603 | 187813 | 188023 | 6 | 18 |
| 19 | 4 | 184879• | 185089• | 185299• | 185509 | 185719 | 185929 | 186139 | 186349 | 186559 | 186769 | 186979 | 187189• | 187399 | 187609 | 187819 | 188029• | 4 | 19 |
| 20 | 6 | 184883 | 185093 | 185303• | 185513 | 185723• | 185933 | 186143 | 186353 | 186563 | 186773• | 186983 | 187193• | 187403 | 187613 | 187823• | 188033 | 6 | 20 |
| 21 | 8 | 184889 | 185099• | 185309• | 185519• | 185729 | 185939 | 186149• | 186359 | 186569• | 186779 | 186989 | 187199 | 187409• | 187619 | 187829 | 188039 | 8 | 21 |
| 22 | 4 | 184897 | 185107 | 185317 | 185527• | 185737• | 185947• | 186157• | 186367 | 186577 | 186787 | 186997 | 187207 | 187417• | 187627 | 187837 | 188047 | 4 | 22 |
| 23 | 2 | 184901• | 185111 | 185321 | 185531• | 185741 | 185951• | 186161• | 186371 | 186581• | 186791 | 187001 | 187211• | 187421 | 187631• | 187841 | 188051 | 2 | 23 |
| 24 | 4 | 184903• | 185113 | 185323• | 185533• | 185743 | 185953 | 186163• | 186373 | 186583• | 186793• | 187003• | 187213 | 187423• | 187633• | 187843• | 188053 | 4 | 24 |
| $\overline{24}$ | 2 | 184907 | 185117 | 185327• | 185537 | 185747• | 185957• | 186167 | 186377• | 186587• | 186797 | 187007 | 187217• | 187427 | 187637• | 187847 | 188057 | 2 | $\overline{24}$ |
| $\overline{23}$ | 4 | 184909 | 185119 | 185329 | 185539• | 185749• | 185959• | 186169 | 186379• | 186589 | 186799• | 187009• | 187219• | 187429 | 187639• | 187849 | 188059 | 4 | $\overline{23}$ |
| $\overline{22}$ | 8 | 184913• | 185123• | 185333 | 185543• | 185753• | 185963 | 186173 | 186383 | 186593 | 186803 | 187013 | 187223• | 187433• | 187643 | 187853 | 188063 | 8 | $\overline{22}$ |
| $\overline{21}$ | 6 | 184921 | 185131• | 185341 | 185551• | 185761 | 185971• | 186181 | 186391• | 186601• | 186811 | 187021 | 187231 | 187441• | 187651• | 187861• | 188071 | 6 | $\overline{21}$ |
| $\overline{20}$ | 4 | 184927 | 185137• | 185347 | 185557• | 185767• | 185977 | 186187• | 186397• | 186607 | 186817 | 187027• | 187237• | 187447 | 187657 | 187867 | 188077 | 4 | $\overline{20}$ |
| $\overline{19}$ | 6 | 184931 | 185141 | 185351 | 185561 | 185771 | 185981 | 186191• | 186401 | 186611 | 186821 | 187031 | 187241 | 187451 | 187661• | 187871• | 188081 | 6 | $\overline{19}$ |
| $\overline{18}$ | 2 | 184937 | 185147 | 185357 | 185567• | 185777 | 185987• | 186197 | 186407 | 186617 | 186827 | 187037 | 187247 | 187457 | 187667 | 187877• | 188087 | 2 | $\overline{18}$ |
| $\overline{17}$ | 4 | 184939 | 185149• | 185359• | 185569• | 185779 | 185989 | 186199 | 186409 | 186619• | 186829 | 187039 | 187249 | 187459 | 187669• | 187879 | 188089 | 4 | $\overline{17}$ |
| $\overline{16}$ | 6 | 184943 | 185153• | 185363• | 185573 | 185783 | 185993• | 186203 | 186413 | 186623 | 186833 | 187043• | 187253 | 187463• | 187673 | 187883• | 188093 | 6 | $\overline{16}$ |
| $\overline{15}$ | 2 | 184949• | 185159 | 185369• | 185579 | 185789• | 185999 | 186209 | 186419• | 186629• | 186839 | 187049• | 187259 | 187469• | 187679 | 187889 | 188099 | 2 | $\overline{15}$ |
| $\overline{14}$ | 6 | 184951 | 185161• | 185371• | 185581 | 185791 | 186001 | 186211• | 186421 | 186631 | 186841• | 187051 | 187261 | 187471• | 187681 | 187891 | 188101 | 6 | $\overline{14}$ |
| $\overline{13}$ | 6 | 184957• | 185167• | 185377 | 185587 | 185797• | 186007• | 186217 | 186427 | 186637 | 186847 | 187057 | 187267 | 187477• | 187687• | 187897• | 188107• | 6 | $\overline{13}$ |
| $\overline{12}$ | 4 | 184963 | 185173 | 185383 | 185593• | 185803 | 186013• | 186223 | 186433 | 186643 | 186853 | 187063 | 187273• | 187483 | 187693 | 187903 | 188113 | 4 | $\overline{12}$ |
| $\overline{11}$ | 2 | 184967• | 185177• | 185387 | 185597 | 185807 | 186017 | 186227• | 186437• | 186647• | 186857 | 187067• | 187277• | 187487 | 187697 | 187907• | 188117 | 2 | $\overline{11}$ |
| $\overline{10}$ | 4 | 184969• | 185179 | 185389 | 185599• | 185809 | 186019• | 186229• | 186439 | 186649• | 186859• | 187069• | 187279 | 187489 | 187699• | 187909• | 188119 | 4 | $\overline{10}$ |
| $\overline{9}$ | 6 | 184973 | 185183• | 185393 | 185603 | 185813• | 186023• | 186233 | 186443 | 186653• | 186863 | 187073• | 187283 | 187493 | 187703 | 187913 | 188123 | 6 | $\overline{9}$ |
| $\overline{8}$ | 2 | 184979 | 185189• | 185399 | 185609 | 185819• | 186029 | 186239• | 186449 | 186659 | 186869• | 187079 | 187289 | 187499 | 187709 | 187919 | 188129 | 2 | $\overline{8}$ |
| $\overline{7}$ | 6 | 184981 | 185191 | 185401• | 185611 | 185821• | 186031 | 186241 | 186451• | 186661 | 186871• | 187081• | 187291 | 187501 | 187711• | 187921• | 188131 | 6 | $\overline{7}$ |
| $\overline{6}$ | 4 | 184987 | 185197 | 185407 | 185617 | 185827 | 186037• | 186247• | 186457 | 186667 | 186877• | 187087 | 187297 | 187507• | 187717 | 187927• | 188137• | 4 | $\overline{6}$ |
| $\overline{5}$ | 2 | 184991 | 185201 | 185411 | 185621• | 185831• | 186041• | 186251 | 186461 | 186671• | 186881 | 187091• | 187301 | 187511 | 187721• | 187931• | 188141 | 2 | $\overline{5}$ |
| $\overline{4}$ | 4 | 184993• | 185203 | 185413 | 185623 | 185833• | 186043 | 186253• | 186463 | 186673 | 186883• | 187093 | 187303• | 187513• | 187723 | 187933 | 188143• | 4 | $\overline{4}$ |
| $\overline{3}$ | 2 | 184997• | 185207 | 185417 | 185627 | 185837 | 186047 | 186257 | 186467 | 186677 | 186887 | 187097 | 187307 | 187517 | 187727 | 187937 | 188147• | 2 | $\overline{3}$ |
| $\overline{2}$ | 10 | 184999• | 185209 | 185419 | 185629 | 185839 | 186049• | 186259• | 186469• | 186679• | 186889• | 187099 | 187309 | 187519 | 187729 | 187939 | 188149 | 10 | $\overline{2}$ |
| $\overline{1}$ | 2 | 185009 | 185219 | 185429• | 185639 | 185849• | 186059 | 186269 | 186479• | 186689• | 186899 | 187109 | 187319 | 187529 | 187739 | 187949 | 188159• | 2 | $\overline{1}$ |

| | | | | | | | | | | | | | | | | | | | |
|---|---|---|---|---|---|---|---|---|---|---|---|---|---|---|---|---|---|---|---|
| 1 | 10 | 188161 | 188371 | 188581 | 188791 • | 189001 | 189211 | 189421 • | 189631 | 189841 | 190051 • | 190261 • | 190471 • | 190681 | 190891 • | 191101 | 191311 | 10 | 1 |
| 2 | 2 | 188171 • | 188381 | 188591 | 188801 • | 189011 • | 189221 | 189431 | 189641 | 189851 • | 190061 | 190271 • | 190481 | 190691 | 190901 • | 191111 | 191321 | 2 | 2 |
| 3 | 4 | 188173 | 188383 | 188593 | 188803 | 189013 | 189223 • | 189433 • | 189643 • | 189853 • | 190063 • | 190273 | 190483 | 190693 | 190903 | 191113 | 191323 | 4 | 3 |
| 4 | 2 | 188177 | 188387 | 188597 | 188807 | 189017 • | 189227 | 189437 • | 189647 | 189857 | 190067 | 190277 | 190487 | 190697 | 190907 | 191117 | 191327 | 2 | 4 |
| 5 | 4 | 188179 • | 188389 • | 188599 | 188809 | 189019 • | 189229 • | 189439 • | 189649 | 189859 • | 190069 | 190279 | 190489 | 190699 • | 190909 • | 191119 • | 191329 | 4 | 5 |
| 6 | 6 | 188183 | 188393 | 188603 • | 188813 | 189023 | 189233 | 189443 | 189653 • | 189863 | 190073 | 190283 • | 190493 | 190703 | 190913 • | 191123 • | 191333 | 6 | 6 |
| 7 | 2 | 188189 • | 188399 | 188609 • | 188819 | 189029 | 189239 • | 189449 | 189659 | 189869 | 190079 | 190289 | 190499 | 190709 • | 190919 | 191129 | 191339 • | 2 | 7 |
| 8 | 6 | 188191 | 188401 • | 188611 | 188821 | 189031 | 189241 | 189451 | 189661 • | 189871 | 190081 | 190291 | 190501 | 190711 • | 190921 • | 191131 | 191341 • | 6 | 8 |
| 9 | 4 | 188197 • | 188407 • | 188617 | 188827 • | 189037 | 189247 | 189457 | 189667 | 189877 • | 190087 | 190297 • | 190507 • | 190717 • | 190927 | 191137 • | 191347 | 4 | 9 |
| 10 | 2 | 188201 | 188411 | 188621 • | 188831 • | 189041 • | 189251 • | 189461 | 189671 • | 189881 • | 190091 | 190301 • | 190511 | 190721 | 190931 | 191141 • | 191351 | 2 | 10 |
| 11 | 4 | 188203 | 188413 | 188623 | 188833 • | 189043 • | 189253 • | 189463 • | 189673 | 189883 | 190093 • | 190303 | 190513 | 190723 | 190933 | 191143 • | 191353 • | 4 | 11 |
| 12 | 6 | 188207 | 188417 • | 188627 | 188837 | 189047 | 189257 • | 189467 • | 189677 | 189887 • | 190097 • | 190307 | 190517 | 190727 | 190937 | 191147 | 191357 | 6 | 12 |
| 13 | 6 | 188213 | 188423 | 188633 • | 188843 • | 189053 | 189263 | 189473 • | 189683 | 189893 | 190103 | 190313 • | 190523 • | 190733 | 190943 | 191153 | 191363 | 6 | 13 |
| 14 | 2 | 188219 | 188429 | 188639 | 188849 | 189059 | 189269 | 189479 • | 189689 | 189899 | 190109 | 190319 | 190529 • | 190739 | 190949 | 191159 | 191369 | 2 | 14 |
| 15 | 6 | 188221 | 188431 • | 188641 | 188851 | 189061 • | 189271 • | 189481 | 189691 • | 189901 • | 190111 | 190321 • | 190531 | 190741 | 190951 | 191161 • | 191371 | 6 | 15 |
| 16 | 4 | 188227 | 188437 • | 188647 | 188857 • | 189067 • | 189277 | 189487 | 189697 • | 189907 | 190117 | 190327 | 190537 • | 190747 | 190957 | 191167 | 191377 | 4 | 16 |
| 17 | 2 | 188231 | 188441 | 188651 | 188861 • | 189071 | 189281 | 189491 • | 189701 • | 189911 | 190121 • | 190331 • | 190541 | 190751 | 190961 | 191171 | 191381 | 2 | 17 |
| 18 | 6 | 188233 | 188443 • | 188653 • | 188863 • | 189073 | 189283 | 189493 • | 189703 | 189913 • | 190123 | 190333 | 190543 • | 190753 • | 190963 | 191173 • | 191383 | 6 | 18 |
| 19 | 4 | 188239 | 188449 | 188659 | 188869 • | 189079 | 189289 | 189499 | 189709 | 189919 | 190129 • | 190339 • | 190549 | 190759 • | 190969 | 191179 | 191389 | 4 | 19 |
| 20 | 6 | 188243 | 188453 | 188663 | 188873 | 189083 | 189293 | 189503 | 189713 • | 189923 | 190133 | 190343 | 190553 | 190763 • | 190973 | 191183 | 191393 | 6 | 20 |
| 21 | 8 | 188249 • | 188459 • | 188669 | 188879 | 189089 | 189299 | 189509 • | 189719 | 189929 • | 190139 | 190349 | 190559 | 190769 • | 190979 • | 191189 • | 191399 | 8 | 21 |
| 22 | 4 | 188257 | 188467 | 188677 • | 188887 | 189097 | 189307 • | 189517 • | 189727 | 189937 | 190147 • | 190357 • | 190567 | 190777 | 190987 | 191197 | 191407 | 4 | 22 |
| 23 | 2 | 188261 • | 188471 | 188681 • | 188891 • | 189101 | 189311 • | 189521 | 189731 | 189941 | 190151 | 190361 | 190571 | 190781 | 190991 | 191201 | 191411 | 2 | 23 |
| 24 | 4 | 188263 | 188473 • | 188683 | 188893 | 189103 | 189313 | 189523 • | 189733 • | 189943 | 190153 | 190363 | 190573 • | 190783 • | 190993 | 191203 | 191413 • | 4 | 24 |
| $\overline{24}$ | 2 | 188267 | 188477 | 188687 • | 188897 | 189107 | 189317 | 189527 | 189737 | 189947 • | 190157 | 190367 • | 190577 • | 190787 • | 190997 • | 191207 | 191417 | 2 | $\overline{24}$ |
| $\overline{23}$ | 4 | 188269 | 188479 | 188689 | 188899 | 189109 | 189319 | 189529 • | 189739 | 189949 • | 190159 • | 190369 • | 190579 • | 190789 | 190999 | 191209 | 191419 | 4 | $\overline{23}$ |
| $\overline{22}$ | 8 | 188273 • | 188483 • | 188693 • | 188903 | 189113 | 189323 | 189533 | 189743 • | 189953 | 190163 | 190373 | 190583 • | 190793 • | 191003 | 191213 | 191423 | 8 | $\overline{22}$ |
| $\overline{21}$ | 6 | 188281 • | 188491 • | 188701 • | 188911 • | 189121 | 189331 | 189541 | 189751 | 189961 • | 190171 | 190381 | 190591 • | 190801 | 191011 | 191221 | 191431 | 6 | $\overline{21}$ |
| $\overline{20}$ | 4 | 188287 | 188497 | 188707 • | 188917 | 189127 • | 189337 • | 189547 • | 189757 • | 189967 • | 190177 | 190387 • | 190597 | 190807 • | 191017 | 191227 • | 191437 | 4 | $\overline{20}$ |
| $\overline{19}$ | 6 | 188291 • | 188501 | 188711 • | 188921 | 189131 | 189341 | 189551 | 189761 | 189971 | 190181 • | 190391 • | 190601 | 190811 • | 191021 • | 191231 • | 191441 • | 6 | $\overline{19}$ |
| $\overline{18}$ | 2 | 188297 | 188507 | 188717 | 188927 • | 189137 | 189347 • | 189557 | 189767 • | 189977 • | 190187 | 190397 | 190607 • | 190817 | 191027 • | 191237 • | 191447 • | 2 | $\overline{18}$ |
| $\overline{17}$ | 4 | 188299 • | 188509 | 188719 • | 188929 | 189139 • | 189349 • | 189559 • | 189769 | 189979 | 190189 | 190399 | 190609 | 190819 | 191029 | 191239 | 191449 • | 4 | $\overline{17}$ |
| $\overline{16}$ | 6 | 188303 • | 188513 | 188723 | 188933 • | 189143 | 189353 • | 189563 | 189773 | 189983 • | 190193 | 190403 • | 190613 • | 190823 • | 191033 • | 191243 | 191453 • | 6 | $\overline{16}$ |
| $\overline{15}$ | 2 | 188309 | 188519 • | 188729 • | 188939 • | 189149 • | 189359 | 189569 | 189779 | 189989 • | 190199 | 190409 • | 190619 | 190829 • | 191039 • | 191249 • | 191459 • | 2 | $\overline{15}$ |
| $\overline{14}$ | 6 | 188311 • | 188521 | 188731 | 188941 • | 189151 • | 189361 • | 189571 | 189781 | 189991 | 190201 | 190411 | 190621 | 190831 | 191041 | 191251 • | 191461 • | 6 | $\overline{14}$ |
| $\overline{13}$ | 6 | 188317 • | 188527 • | 188737 | 188947 | 189157 | 189367 | 189577 | 189787 | 189997 • | 190207 • | 190417 | 190627 | 190837 • | 191047 • | 191257 | 191467 • | 6 | $\overline{13}$ |
| $\overline{12}$ | 4 | 188323 • | 188533 • | 188743 | 188953 • | 189163 | 189373 | 189583 • | 189793 | 190003 | 190213 | 190423 | 190633 • | 190843 • | 191053 | 191263 | 191473 • | 4 | $\overline{12}$ |
| $\overline{11}$ | 2 | 188327 | 188537 | 188747 | 188957 • | 189167 | 189377 • | 189587 | 189797 • | 190007 | 190217 | 190427 | 190637 | 190847 | 191057 • | 191267 | 191477 | 2 | $\overline{11}$ |
| $\overline{10}$ | 4 | 188329 | 188539 | 188749 | 188959 | 189169 • | 189379 | 189589 | 189799 • | 190009 | 190219 | 190429 | 190639 • | 190849 | 191059 | 191269 | 191479 | 4 | $\overline{10}$ |
| $\overline{9}$ | 6 | 188333 • | 188543 | 188753 • | 188963 | 189173 | 189383 | 189593 • | 189803 | 190013 | 190223 | 190433 | 190643 | 190853 | 191063 | 191273 | 191483 | 6 | $\overline{9}$ |
| $\overline{8}$ | 2 | 188339 | 188549 | 188759 | 188969 | 189179 | 189389 • | 189599 • | 189809 | 190019 | 190229 | 190439 | 190649 • | 190859 | 191069 | 191279 | 191489 | 2 | $\overline{8}$ |
| $\overline{7}$ | 6 | 188341 | 188551 | 188761 | 188971 | 189181 | 189391 • | 189601 | 189811 | 190021 | 190231 | 190441 | 190651 | 190861 | 191071 • | 191281 • | 191491 • | 6 | $\overline{7}$ |
| $\overline{6}$ | 4 | 188347 | 188557 | 188767 • | 188977 | 189187 • | 189397 | 189607 | 189817 • | 190027 • | 190237 | 190447 | 190657 • | 190867 | 191077 | 191287 | 191497 • | 4 | $\overline{6}$ |
| $\overline{5}$ | 2 | 188351 • | 188561 | 188771 | 188981 | 189191 | 189401 • | 189611 | 189821 | 190031 • | 190241 | 190451 | 190661 | 190871 • | 191081 | 191291 | 191501 | 2 | $\overline{5}$ |
| $\overline{4}$ | 4 | 188353 | 188563 • | 188773 | 188983 • | 189193 | 189403 | 189613 • | 189823 • | 190033 | 190243 • | 190453 | 190663 | 190873 | 191083 | 191293 | 191503 | 4 | $\overline{4}$ |
| $\overline{3}$ | 2 | 188357 | 188567 | 188777 | 188987 | 189197 | 189407 • | 189617 • | 189827 | 190037 | 190247 | 190457 | 190667 • | 190877 | 191087 | 191297 • | 191507 • | 2 | $\overline{3}$ |
| $\overline{2}$ | 10 | 188359 • | 188569 | 188779 • | 188989 | 189199 • | 189409 | 189619 • | 189829 | 190039 | 190249 • | 190459 | 190669 • | 190879 | 191089 • | 191299 • | 191509 • | 10 | $\overline{2}$ |
| $\overline{1}$ | 2 | 188369 • | 188579 • | 188789 | 188999 • | 189209 | 189419 | 189629 | 189839 | 190049 | 190259 | 190469 | 190679 | 190889 • | 191099 • | 191309 | 191519 • | 2 | $\overline{1}$ |

| | | | | | | | | | | | | | | | | | | | |
|---|---|---|---|---|---|---|---|---|---|---|---|---|---|---|---|---|---|---|---|
| 1 | 10 | 191521 | 191731 | 191941 | 192151 | 192361 | 192571 • | 192781 • | 192991 • | 193201 • | 193411 | 193621 | 193831 | 194041 | 194251 | 194461 | 194671 • | 10 | 1 |
| 2 | 2 | 191531 • | 191741 | 191951 | 192161 • | 192371 | 192581 • | 192791 • | 193001 | 193211 | 193421 | 193631 | 193841 • | 194051 | 194261 | 194471 • | 194681 • | 2 | 2 |
| 3 | 4 | 191533 • | 191743 | 191953 • | 192163 | 192373 • | 192583 • | 192793 | 193003 • | 193213 | 193423 • | 193633 | 193843 | 194053 | 194263 • | 194473 | 194683 • | 4 | 3 |
| 4 | 2 | 191537 • | 191747 • | 191957 | 192167 | 192377 • | 192587 • | 192797 | 193007 | 193217 | 193427 | 193637 | 193847 • | 194057 • | 194267 • | 194477 | 194687 • | 2 | 4 |
| 5 | 4 | 191539 | 191749 • | 191959 | 192169 | 192379 | 192589 | 192799 • | 193009 • | 193219 | 193429 | 193639 | 193849 | 194059 | 194269 • | 194479 • | 194689 | 4 | 5 |
| 6 | 6 | 191543 | 191753 | 191963 | 192173 • | 192383 • | 192593 | 192803 | 193013 • | 193223 | 193433 • | 193643 | 193853 | 194063 | 194273 | 194483 • | 194693 | 6 | 6 |
| 7 | 2 | 191549 | 191759 | 191969 • | 192179 | 192389 | 192599 | 192809 | 193019 | 193229 | 193439 | 193649 • | 193859 • | 194069 • | 194279 | 194489 | 194699 | 2 | 7 |
| 8 | 6 | 191551 • | 191761 | 191971 | 192181 | 192391 • | 192601 • | 192811 • | 193021 | 193231 | 193441 • | 193651 | 193861 • | 194071 • | 194281 | 194491 | 194701 | 6 | 8 |
| 9 | 4 | 191557 | 191767 | 191977 • | 192187 • | 192397 | 192607 | 192817 • | 193027 | 193237 | 193447 • | 193657 | 193867 | 194077 | 194287 | 194497 | 194707 • | 4 | 9 |
| 10 | 2 | 191561 • | 191771 | 191981 | 192191 • | 192401 | 192611 • | 192821 | 193031 • | 193241 | 193451 • | 193661 | 193871 • | 194081 | 194291 | 194501 | 194711 | 2 | 10 |
| 11 | 4 | 191563 • | 191773 • | 191983 | 192193 • | 192403 | 192613 • | 192823 | 193033 | 193243 • | 193453 | 193663 • | 193873 • | 194083 • | 194293 | 194503 | 194713 • | 4 | 11 |
| 12 | 6 | 191567 | 191777 | 191987 | 192197 | 192407 • | 192617 • | 192827 | 193037 | 193247 • | 193457 | 193667 | 193877 • | 194087 • | 194297 | 194507 • | 194717 • | 6 | 12 |
| 13 | 6 | 191573 | 191783 • | 191993 | 192203 | 192413 | 192623 | 192833 • | 193043 • | 193253 | 193463 • | 193673 | 193883 • | 194093 • | 194303 | 194513 | 194723 • | 6 | 13 |
| 14 | 2 | 191579 • | 191789 | 191999 • | 192209 | 192419 | 192629 • | 192839 | 193049 | 193259 | 193469 • | 193679 • | 193889 | 194099 | 194309 • | 194519 | 194729 • | 2 | 14 |
| 15 | 6 | 191581 | 191791 • | 192001 | 192211 | 192421 | 192631 • | 192841 | 193051 • | 193261 • | 193471 | 193681 | 193891 • | 194101 • | 194311 | 194521 • | 194731 | 6 | 15 |
| 16 | 4 | 191587 | 191797 | 192007 • | 192217 | 192427 | 192637 • | 192847 • | 193057 • | 193267 | 193477 | 193687 | 193897 | 194107 | 194317 | 194527 • | 194737 | 4 | 16 |
| 17 | 2 | 191591 | 191801 • | 192011 | 192221 | 192431 • | 192641 | 192851 | 193061 | 193271 | 193481 | 193691 | 193901 | 194111 | 194321 | 194531 | 194741 | 2 | 17 |
| 18 | 6 | 191593 | 191803 • | 192013 • | 192223 | 192433 | 192643 | 192853 • | 193063 | 193273 | 193483 | 193693 | 193903 | 194113 • | 194323 • | 194533 | 194743 | 6 | 18 |
| 19 | 4 | 191599 • | 191809 | 192019 | 192229 • | 192439 | 192649 | 192859 • | 193069 | 193279 | 193489 | 193699 | 193909 | 194119 • | 194329 | 194539 | 194749 • | 4 | 19 |
| 20 | 6 | 191603 | 191813 | 192023 | 192233 • | 192443 | 192653 | 192863 | 193073 • | 193283 • | 193493 • | 193703 • | 193913 | 194123 | 194333 | 194543 • | 194753 | 6 | 20 |
| 21 | 8 | 191609 | 191819 | 192029 • | 192239 • | 192449 | 192659 | 192869 | 193079 | 193289 | 193499 | 193709 | 193919 | 194129 | 194339 | 194549 | 194759 | 8 | 21 |
| 22 | 4 | 191617 | 191827 • | 192037 • | 192247 | 192457 | 192667 • | 192877 • | 193087 | 193297 | 193507 • | 193717 | 193927 | 194137 | 194347 | 194557 | 194767 • | 4 | 22 |
| 23 | 2 | 191621 • | 191831 • | 192041 | 192251 • | 192461 • | 192671 | 192881 | 193091 | 193301 • | 193511 | 193721 | 193931 | 194141 • | 194351 | 194561 | 194771 • | 2 | 23 |
| 24 | 4 | 191623 | 191833 • | 192043 • | 192253 | 192463 • | 192673 | 192883 • | 193093 • | 193303 | 193513 • | 193723 • | 193933 | 194143 | 194353 • | 194563 | 194773 | 4 | 24 |
| $\overline{24}$ | 2 | 191627 • | 191837 • | 192047 • | 192257 | 192467 | 192677 • | 192887 • | 193097 | 193307 | 193517 | 193727 • | 193937 • | 194147 | 194357 | 194567 | 194777 | 2 | $\overline{24}$ |
| $\overline{23}$ | 4 | 191629 | 191839 | 192049 | 192259 • | 192469 | 192679 | 192889 • | 193099 | 193309 | 193519 | 193729 | 193939 • | 194149 • | 194359 | 194569 • | 194779 | 4 | $\overline{23}$ |
| $\overline{22}$ | 8 | 191633 | 191843 | 192053 • | 192263 • | 192473 | 192683 | 192893 | 193103 | 193313 | 193523 | 193733 | 193943 • | 194153 | 194363 | 194573 | 194783 | 8 | $\overline{22}$ |
| $\overline{21}$ | 6 | 191641 | 191851 | 192061 | 192271 • | 192481 | 192691 | 192901 | 193111 | 193321 | 193531 | 193741 • | 193951 • | 194161 | 194371 • | 194581 • | 194791 | 6 | $\overline{21}$ |
| $\overline{20}$ | 4 | 191647 | 191857 | 192067 | 192277 | 192487 | 192697 • | 192907 | 193117 | 193327 • | 193537 | 193747 | 193957 • | 194167 • | 194377 • | 194587 | 194797 | 4 | $\overline{20}$ |
| $\overline{19}$ | 6 | 191651 | 191861 • | 192071 | 192281 | 192491 | 192701 | 192911 | 193121 | 193331 | 193541 • | 193751 • | 193961 | 194171 | 194381 | 194591 • | 194801 | 6 | $\overline{19}$ |
| $\overline{18}$ | 2 | 191657 • | 191867 | 192077 | 192287 | 192497 • | 192707 | 192917 • | 193127 | 193337 • | 193547 | 193757 • | 193967 | 194177 | 194387 | 194597 | 194807 | 2 | $\overline{18}$ |
| $\overline{17}$ | 4 | 191659 | 191869 | 192079 | 192289 | 192499 • | 192709 | 192919 | 193129 | 193339 | 193549 • | 193759 | 193969 | 194179 • | 194389 | 194599 | 194809 • | 4 | $\overline{17}$ |
| $\overline{16}$ | 6 | 191663 | 191873 | 192083 | 192293 | 192503 | 192713 | 192923 • | 193133 • | 193343 | 193553 | 193763 • | 193973 | 194183 | 194393 | 194603 | 194813 • | 6 | $\overline{16}$ |
| $\overline{15}$ | 2 | 191669 • | 191879 | 192089 | 192299 | 192509 | 192719 | 192929 | 193139 • | 193349 | 193559 • | 193769 | 193979 • | 194189 | 194399 | 194609 • | 194819 • | 2 | $\overline{15}$ |
| $\overline{14}$ | 6 | 191671 • | 191881 | 192091 • | 192301 | 192511 | 192721 | 192931 • | 193141 | 193351 | 193561 | 193771 • | 193981 | 194191 | 194401 | 194611 | 194821 | 6 | $\overline{14}$ |
| $\overline{13}$ | 6 | 191677 • | 191887 | 192097 • | 192307 • | 192517 | 192727 | 192937 | 193147 • | 193357 • | 193567 | 193777 | 193987 | 194197 • | 194407 | 194617 | 194827 • | 6 | $\overline{13}$ |
| $\overline{12}$ | 4 | 191683 | 191893 | 192103 • | 192313 | 192523 | 192733 | 192943 | 193153 • | 193363 | 193573 • | 193783 | 193993 • | 194203 • | 194413 • | 194623 | 194833 | 4 | $\overline{12}$ |
| $\overline{11}$ | 2 | 191687 | 191897 | 192107 | 192317 • | 192527 | 192737 • | 192947 | 193157 | 193367 • | 193577 • | 193787 | 193997 | 194207 | 194417 | 194627 | 194837 | 2 | $\overline{11}$ |
| $\overline{10}$ | 4 | 191689 • | 191899 • | 192109 | 192319 • | 192529 • | 192739 | 192949 • | 193159 | 193369 | 193579 | 193789 • | 193999 | 194209 | 194419 | 194629 | 194839 • | 4 | $\overline{10}$ |
| $\overline{9}$ | 6 | 191693 • | 191903 • | 192113 • | 192323 • | 192533 | 192743 • | 192953 | 193163 • | 193373 • | 193583 | 193793 • | 194003 • | 194213 | 194423 | 194633 | 194843 | 6 | $\overline{9}$ |
| $\overline{8}$ | 2 | 191699 • | 191909 | 192119 | 192329 | 192539 • | 192749 • | 192959 | 193169 | 193379 • | 193589 | 193799 • | 194009 | 194219 | 194429 | 194639 | 194849 | 2 | $\overline{8}$ |
| $\overline{7}$ | 6 | 191701 | 191911 • | 192121 • | 192331 | 192541 | 192751 | 192961 • | 193171 | 193381 • | 193591 | 193801 | 194011 | 194221 | 194431 • | 194641 | 194851 | 6 | $\overline{7}$ |
| $\overline{6}$ | 4 | 191707 • | 191917 | 192127 | 192337 | 192547 • | 192757 • | 192967 | 193177 | 193387 • | 193597 • | 193807 | 194017 • | 194227 | 194437 | 194647 • | 194857 | 4 | $\overline{6}$ |
| $\overline{5}$ | 2 | 191711 | 191921 | 192131 | 192341 • | 192551 | 192761 | 192971 • | 193181 • | 193391 | 193601 • | 193811 • | 194021 | 194231 | 194441 | 194651 | 194861 • | 2 | $\overline{5}$ |
| $\overline{4}$ | 4 | 191713 | 191923 | 192133 • | 192343 • | 192553 • | 192763 | 192973 | 193183 • | 193393 • | 193603 • | 193813 • | 194023 | 194233 | 194443 • | 194653 • | 194863 • | 4 | $\overline{4}$ |
| $\overline{3}$ | 2 | 191717 • | 191927 | 192137 | 192347 • | 192557 • | 192767 • | 192977 • | 193187 | 193397 | 193607 • | 193817 | 194027 • | 194237 | 194447 | 194657 | 194867 • | 2 | $\overline{3}$ |
| $\overline{2}$ | 10 | 191719 | 191929 • | 192139 | 192349 | 192559 | 192769 | 192979 • | 193189 • | 193399 | 193609 | 193819 | 194029 | 194239 • | 194449 | 194659 • | 194869 • | 10 | $\overline{2}$ |
| $\overline{1}$ | 2 | 191729 | 191939 | 192149 • | 192359 | 192569 | 192779 | 192989 | 193199 | 193409 | 193619 • | 193829 | 194039 | 194249 | 194459 | 194669 | 194879 | 2 | $\overline{1}$ |

| | | | | | | | | | | | | | | | | | | | |
|---|---|---|---|---|---|---|---|---|---|---|---|---|---|---|---|---|---|---|---|
| 1 | 10 | 194881 | 195091 | 195301 | 195511 • | 195721 | 195931 • | 196141 | 196351 | 196561 • | 196771 • | 196981 | 197191 | 197401 | 197611 | 197821 | 198031 • | 10 | 1 |
| 2 | 2 | 194891 • | 195101 | 195311 • | 195521 | 195731 • | 195941 | 196151 | 196361 | 196571 | 196781 | 196991 • | 197201 | 197411 | 197621 • | 197831 • | 198041 | 2 | 2 |
| 3 | 4 | 194893 | 195103 • | 195313 | 195523 | 195733 • | 195943 | 196153 | 196363 | 196573 | 196783 | 196993 • | 197203 • | 197413 | 197623 | 197833 | 198043 • | 4 | 3 |
| 4 | 2 | 194897 | 195107 | 195317 | 195527 • | 195737 • | 195947 | 196157 | 196367 | 196577 | 196787 | 196997 | 197207 • | 197417 | 197627 | 197837 • | 198047 • | 2 | 4 |
| 5 | 4 | 194899 • | 195109 | 195319 • | 195529 | 195739 • | 195949 | 196159 • | 196369 | 196579 • | 196789 | 196999 | 197209 | 197419 • | 197629 | 197839 | 198049 | 4 | 5 |
| 6 | 6 | 194903 | 195113 | 195323 | 195533 | 195743 • | 195953 | 196163 | 196373 | 196583 • | 196793 | 197003 • | 197213 | 197423 • | 197633 | 197843 | 198053 | 6 | 6 |
| 7 | 2 | 194909 | 195119 | 195329 • | 195539 • | 195749 | 195959 | 196169 • | 196379 • | 196589 | 196799 • | 197009 • | 197219 | 197429 | 197639 | 197849 | 198059 | 2 | 7 |
| 8 | 6 | 194911 • | 195121 • | 195331 | 195541 • | 195751 • | 195961 | 196171 • | 196381 | 196591 | 196801 | 197011 | 197221 • | 197431 | 197641 • | 197851 | 198061 | 6 | 8 |
| 9 | 4 | 194917 • | 195127 • | 195337 | 195547 | 195757 | 195967 • | 196177 • | 196387 • | 196597 • | 196807 | 197017 | 197227 | 197437 | 197647 • | 197857 | 198067 | 4 | 9 |
| 10 | 2 | 194921 | 195131 • | 195341 • | 195551 | 195761 • | 195971 • | 196181 • | 196391 | 196601 | 196811 | 197021 | 197231 | 197441 • | 197651 • | 197861 | 198071 | 2 | 10 |
| 11 | 4 | 194923 | 195133 | 195343 • | 195553 | 195763 | 195973 • | 196183 | 196393 | 196603 | 196813 | 197023 • | 197233 • | 197443 | 197653 | 197863 | 198073 • | 4 | 11 |
| 12 | 6 | 194927 | 195137 • | 195347 | 195557 | 195767 | 195977 • | 196187 • | 196397 | 196607 | 196817 • | 197027 | 197237 | 197447 | 197657 | 197867 | 198077 | 6 | 12 |
| 13 | 6 | 194933 • | 195143 | 195353 • | 195563 | 195773 | 195983 | 196193 • | 196403 | 196613 • | 196823 | 197033 • | 197243 • | 197453 • | 197663 | 197873 | 198083 • | 6 | 13 |
| 14 | 2 | 194939 | 195149 | 195359 • | 195569 | 195779 | 195989 | 196199 | 196409 | 196619 | 196829 | 197039 | 197249 | 197459 | 197669 | 197879 | 198089 | 2 | 14 |
| 15 | 6 | 194941 | 195151 | 195361 | 195571 | 195781 • | 195991 • | 196201 • | 196411 | 196621 | 196831 • | 197041 | 197251 | 197461 | 197671 | 197881 | 198091 • | 6 | 15 |
| 16 | 4 | 194947 | 195157 • | 195367 | 195577 | 195787 • | 195997 • | 196207 | 196417 | 196627 | 196837 • | 197047 | 197257 • | 197467 | 197677 • | 197887 • | 198097 • | 4 | 16 |
| 17 | 2 | 194951 | 195161 • | 195371 | 195581 • | 195791 • | 196001 | 196211 | 196421 | 196631 | 196841 | 197051 | 197261 • | 197471 | 197681 | 197891 • | 198101 | 2 | 17 |
| 18 | 6 | 194953 | 195163 • | 195373 | 195583 | 195793 | 196003 • | 196213 | 196423 | 196633 | 196843 | 197053 | 197263 | 197473 | 197683 • | 197893 • | 198103 | 6 | 18 |
| 19 | 4 | 194959 | 195169 | 195379 | 195589 | 195799 | 196009 | 196219 | 196429 • | 196639 | 196849 | 197059 • | 197269 • | 197479 • | 197689 • | 197899 | 198109 • | 4 | 19 |
| 20 | 6 | 194963 • | 195173 | 195383 | 195593 • | 195803 | 196013 | 196223 | 196433 | 196643 • | 196853 • | 197063 • | 197273 • | 197483 | 197693 | 197903 | 198113 | 6 | 20 |
| 21 | 8 | 194969 | 195179 | 195389 • | 195599 • | 195809 • | 196019 | 196229 | 196439 • | 196649 | 196859 | 197069 | 197279 • | 197489 | 197699 • | 197909 • | 198119 | 8 | 21 |
| 22 | 4 | 194977 • | 195187 | 195397 | 195607 | 195817 • | 196027 | 196237 | 196447 | 196657 • | 196867 | 197077 • | 197287 | 197497 | 197707 | 197917 | 198127 • | 4 | 22 |
| 23 | 2 | 194981 • | 195191 | 195401 • | 195611 | 195821 | 196031 | 196241 | 196451 | 196661 • | 196871 • | 197081 | 197291 | 197501 | 197711 • | 197921 • | 198131 | 2 | 23 |
| 24 | 4 | 194983 | 195193 • | 195403 | 195613 | 195823 | 196033 • | 196243 | 196453 • | 196663 • | 196873 • | 197083 • | 197293 • | 197503 | 197713 • | 197923 | 198133 | 4 | 24 |
| $\overline{24}$ | 2 | 194987 | 195197 • | 195407 • | 195617 | 195827 | 196037 | 196247 • | 196457 | 196667 | 196877 | 197087 | 197297 • | 197507 • | 197717 | 197927 • | 198137 | 2 | $\overline{24}$ |
| $\overline{23}$ | 4 | 194989 • | 195199 | 195409 | 195619 | 195829 | 196039 • | 196249 | 196459 • | 196669 | 196879 • | 197089 • | 197299 • | 197509 | 197719 | 197929 | 198139 • | 4 | $\overline{23}$ |
| $\overline{22}$ | 8 | 194993 | 195203 • | 195413 • | 195623 | 195833 | 196043 • | 196253 | 196463 | 196673 | 196883 | 197093 | 197303 | 197513 | 197723 | 197933 • | 198143 | 8 | $\overline{22}$ |
| $\overline{21}$ | 6 | 195001 | 195211 | 195421 | 195631 | 195841 | 196051 • | 196261 | 196471 | 196681 • | 196891 | 197101 • | 197311 • | 197521 • | 197731 | 197941 | 198151 | 6 | $\overline{21}$ |
| $\overline{20}$ | 4 | 195007 | 195217 | 195427 • | 195637 | 195847 | 196057 | 196267 | 196477 • | 196687 • | 196897 | 197107 | 197317 | 197527 | 197737 | 197947 • | 198157 | 4 | $\overline{20}$ |
| $\overline{19}$ | 6 | 195011 | 195221 | 195431 | 195641 | 195851 | 196061 | 196271 • | 196481 | 196691 | 196901 • | 197111 | 197321 | 197531 | 197741 • | 197951 | 198161 | 6 | $\overline{19}$ |
| $\overline{18}$ | 2 | 195017 | 195227 | 195437 | 195647 | 195857 | 196067 | 196277 • | 196487 | 196697 | 196907 • | 197117 • | 197327 | 197537 | 197747 | 197957 • | 198167 | 2 | $\overline{18}$ |
| $\overline{17}$ | 4 | 195019 | 195229 • | 195439 | 195649 | 195859 | 196069 | 196279 • | 196489 | 196699 • | 196909 | 197119 | 197329 | 197539 • | 197749 | 197959 • | 198169 | 4 | $\overline{17}$ |
| $\overline{16}$ | 6 | 195023 • | 195233 | 195443 • | 195653 | 195863 • | 196073 • | 196283 | 196493 | 196703 | 196913 | 197123 • | 197333 | 197543 | 197753 • | 197963 • | 198173 • | 6 | $\overline{16}$ |
| $\overline{15}$ | 2 | 195029 • | 195239 | 195449 | 195659 • | 195869 • | 196079 | 196289 | 196499 • | 196709 • | 196919 • | 197129 | 197339 • | 197549 | 197759 • | 197969 • | 198179 • | 2 | $\overline{15}$ |
| $\overline{14}$ | 6 | 195031 | 195241 • | 195451 | 195661 | 195871 | 196081 • | 196291 • | 196501 • | 196711 | 196921 | 197131 | 197341 • | 197551 • | 197761 | 197971 • | 198181 | 6 | $\overline{14}$ |
| $\overline{13}$ | 6 | 195037 | 195247 | 195457 • | 195667 | 195877 | 196087 • | 196297 | 196507 | 196717 • | 196927 • | 197137 • | 197347 • | 197557 | 197767 • | 197977 | 198187 | 6 | $\overline{13}$ |
| $\overline{12}$ | 4 | 195043 • | 195253 • | 195463 | 195673 | 195883 • | 196093 | 196303 • | 196513 | 196723 | 196933 | 197143 | 197353 | 197563 | 197773 • | 197983 | 198193 • | 4 | $\overline{12}$ |
| $\overline{11}$ | 2 | 195047 • | 195257 | 195467 | 195677 • | 195887 • | 196097 | 196307 • | 196517 | 196727 • | 196937 | 197147 • | 197357 | 197567 • | 197777 | 197987 | 198197 • | 2 | $\overline{11}$ |
| $\overline{10}$ | 4 | 195049 • | 195259 • | 195469 • | 195679 | 195889 | 196099 | 196309 | 196519 • | 196729 | 196939 | 197149 | 197359 • | 197569 • | 197779 • | 197989 | 198199 | 4 | $\overline{10}$ |
| $\overline{9}$ | 6 | 195053 • | 195263 | 195473 | 195683 | 195893 • | 196103 | 196313 | 196523 • | 196733 | 196943 | 197153 | 197363 | 197573 • | 197783 | 197993 | 198203 | 6 | $\overline{9}$ |
| $\overline{8}$ | 2 | 195059 | 195269 | 195479 • | 195689 | 195899 | 196109 | 196319 | 196529 | 196739 • | 196949 | 197159 • | 197369 • | 197579 | 197789 | 197999 | 198209 | 2 | $\overline{8}$ |
| $\overline{7}$ | 6 | 195061 | 195271 • | 195481 | 195691 • | 195901 | 196111 • | 196321 | 196531 | 196741 | 196951 | 197161 • | 197371 • | 197581 | 197791 | 198001 | 198211 | 6 | $\overline{7}$ |
| $\overline{6}$ | 4 | 195067 | 195277 • | 195487 | 195697 • | 195907 • | 196117 • | 196327 | 196537 | 196747 | 196957 | 197167 | 197377 | 197587 | 197797 | 198007 | 198217 | 4 | $\overline{6}$ |
| $\overline{5}$ | 2 | 195071 • | 195281 • | 195491 | 195701 | 195911 | 196121 | 196331 • | 196541 • | 196751 • | 196961 • | 197171 | 197381 • | 197591 | 197801 | 198011 | 198221 • | 2 | $\overline{5}$ |
| $\overline{4}$ | 4 | 195073 | 195283 | 195493 • | 195703 | 195913 • | 196123 | 196333 | 196543 • | 196753 | 196963 | 197173 | 197383 • | 197593 | 197803 • | 198013 • | 198223 • | 4 | $\overline{4}$ |
| $\overline{3}$ | 2 | 195077 • | 195287 | 195497 • | 195707 | 195917 | 196127 | 196337 • | 196547 | 196757 | 196967 | 197177 | 197387 | 197597 • | 197807 • | 198017 • | 198227 | 2 | $\overline{3}$ |
| $\overline{2}$ | 10 | 195079 | 195289 | 195499 | 195709 • | 195919 • | 196129 | 196339 | 196549 • | 196759 | 196969 | 197179 | 197389 • | 197599 • | 197809 | 198019 | 198229 | 10 | $\overline{2}$ |
| $\overline{1}$ | 2 | 195089 • | 195299 | 195509 | 195719 | 195929 • | 196139 • | 196349 | 196559 | 196769 • | 196979 | 197189 | 197399 | 197609 • | 197819 | 198029 | 198239 | 2 | $\overline{1}$ |

| | | | | | | | | | | | | |
|---|---|---|---|---|---|---|---|---|---|---|---|---|
| 1 | 10 | 198241• | 198451 | 198661 | 198871 | 199081• | 199291 | 199501• | 199711 | 199921• | 10 | 1 |
| 2 | 2 | 198251• | 198461• | 198671 | 198881 | 199091 | 199301 | 199511 | 199721• | 199931• | 2 | 2 |
| 3 | 4 | 198253 | 198463• | 198673• | 198883 | 199093 | 199303 | 199513 | 199723 | 199933• | 4 | 3 |
| 4 | 2 | 198257• | 198467 | 198677 | 198887 | 199097 | 199307 | 199517 | 199727 | 199937 | 2 | 4 |
| 5 | 4 | 198259• | 198469• | 198679 | 198889 | 199099 | 199309 | 199519 | 199729• | 199939 | 4 | 5 |
| 6 | 6 | 198263 | 198473 | 198683 | 198893 | 199103• | 199313• | 199523• | 199733 | 199943 | 6 | 6 |
| 7 | 2 | 198269 | 198479• | 198689• | 198899• | 199109• | 199319 | 199529 | 199739• | 199949 | 2 | 7 |
| 8 | 6 | 198271 | 198481 | 198691 | 198901• | 199111 | 199321• | 199531 | 199741• | 199951 | 6 | 8 |
| 9 | 4 | 198277• | 198487 | 198697 | 198907 | 199117 | 199327 | 199537 | 199747 | 199957 | 4 | 9 |
| 10 | 2 | 198281• | 198491• | 198701• | 198911 | 199121 | 199331 | 199541 | 199751• | 199961• | 2 | 10 |
| 11 | 4 | 198283 | 198493 | 198703 | 198913 | 199123 | 199333 | 199543 | 199753• | 199963 | 4 | 11 |
| 12 | 6 | 198287 | 198497 | 198707 | 198917 | 199127 | 199337• | 199547 | 199757 | 199967• | 6 | 12 |
| 13 | 6 | 198293 | 198503• | 198713 | 198923 | 199133 | 199343• | 199553 | 199763 | 199973 | 6 | 13 |
| 14 | 2 | 198299 | 198509 | 198719• | 198929• | 199139 | 199349 | 199559• | 199769 | 199979 | 2 | 14 |
| 15 | 6 | 198301• | 198511 | 198721 | 198931 | 199141 | 199351 | 199561 | 199771 | 199981 | 6 | 15 |
| 16 | 4 | 198307 | 198517 | 198727 | 198937• | 199147 | 199357• | 199567• | 199777• | 199987 | 4 | 16 |
| 17 | 2 | 198311 | 198521 | 198731 | 198941• | 199151• | 199361 | 199571 | 199781 | 199991 | 2 | 17 |
| 18 | 6 | 198313• | 198523 | 198733• | 198943• | 199153• | 199363 | 199573 | 199783• | 199993 | 6 | 18 |
| 19 | 4 | 198319 | 198529• | 198739 | 198949 | 199159 | 199369 | 199579 | 199789 | 199999• | 4 | 19 |
| 20 | 6 | 198323• | 198533• | 198743 | 198953• | 199163 | 199373• | 199583• | 199793 | | 6 | 20 |
| 21 | 8 | 198329 | 198539 | 198749 | 198959• | 199169 | 199379• | 199589 | 199799• | | 8 | 21 |
| 22 | 4 | 198337• | 198547 | 198757 | 198967• | 199177 | 199387 | 199597 | 199807• | | 4 | 22 |
| 23 | 2 | 198341 | 198551 | 198761• | 198971• | 199181• | 199391 | 199601• | 199811• | | 2 | 23 |
| 24 | 4 | 198343 | 198553• | 198763 | 198973 | 199183 | 199393 | 199603• | 199813• | | 4 | 24 |
| $\overline{24}$ | 2 | 198347• | 198557 | 198767 | 198977• | 199187 | 199397 | 199607 | 199817 | | 2 | $\overline{24}$ |
| $\overline{23}$ | 4 | 198349• | 198559 | 198769• | 198979 | 199189 | 199399• | 199609 | 199819• | | 4 | $\overline{23}$ |
| $\overline{22}$ | 8 | 198353 | 198563 | 198773 | 198983 | 199193• | 199403• | 199613 | 199823 | | 8 | $\overline{22}$ |
| $\overline{21}$ | 6 | 198361 | 198571• | 198781 | 198991 | 199201 | 199411• | 199621• | 199831• | | 6 | $\overline{21}$ |
| $\overline{20}$ | 4 | 198367 | 198577 | 198787 | 198997• | 199207• | 199417• | 199627 | 199837 | | 4 | $\overline{20}$ |
| $\overline{19}$ | 6 | 198371 | 198581 | 198791 | 199001 | 199211• | 199421 | 199631 | 199841 | | 6 | $\overline{19}$ |
| $\overline{18}$ | 2 | 198377• | 198587 | 198797 | 199007 | 199217 | 199427 | 199637• | 199847 | | 2 | $\overline{18}$ |
| $\overline{17}$ | 4 | 198379 | 198589• | 198799 | 199009 | 199219 | 199429• | 199639 | 199849 | | 4 | $\overline{17}$ |
| $\overline{16}$ | 6 | 198383 | 198593• | 198803 | 199013 | 199223 | 199433 | 199643 | 199853• | | 6 | $\overline{16}$ |
| $\overline{15}$ | 2 | 198389 | 198599• | 198809 | 199019 | 199229 | 199439 | 199649 | 199859 | | 2 | $\overline{15}$ |
| $\overline{14}$ | 6 | 198391• | 198601 | 198811• | 199021• | 199231 | 199441 | 199651 | 199861 | | 6 | $\overline{14}$ |
| $\overline{13}$ | 6 | 198397• | 198607 | 198817• | 199027 | 199237 | 199447• | 199657• | 199867 | | 6 | $\overline{13}$ |
| $\overline{12}$ | 4 | 198403 | 198613• | 198823• | 199033• | 199243 | 199453• | 199663 | 199873• | | 4 | $\overline{12}$ |
| $\overline{11}$ | 2 | 198407 | 198617 | 198827• | 199037• | 199247• | 199457• | 199667 | 199877• | | 2 | $\overline{11}$ |
| $\overline{10}$ | 4 | 198409• | 198619 | 198829• | 199039• | 199249 | 199459 | 199669• | 199879 | | 4 | $\overline{10}$ |
| $\overline{9}$ | 6 | 198413• | 198623• | 198833• | 199043 | 199253 | 199463 | 199673• | 199883 | | 6 | $\overline{9}$ |
| $\overline{8}$ | 2 | 198419 | 198629 | 198839• | 199049• | 199259 | 199469 | 199679• | 199889• | | 2 | $\overline{8}$ |
| $\overline{7}$ | 6 | 198421 | 198631 | 198841• | 199051 | 199261• | 199471 | 199681 | 199891 | | 6 | $\overline{7}$ |
| $\overline{6}$ | 4 | 198427• | 198637• | 198847 | 199057 | 199267• | 199477 | 199687• | 199897 | | 4 | $\overline{6}$ |
| $\overline{5}$ | 2 | 198431 | 198641• | 198851• | 199061 | 199271 | 199481 | 199691 | 199901 | | 2 | $\overline{5}$ |
| $\overline{4}$ | 4 | 198433 | 198643 | 198853 | 199063 | 199273 | 199483• | 199693 | 199903 | | 4 | $\overline{4}$ |
| $\overline{3}$ | 2 | 198437• | 198647• | 198857 | 199067 | 199277 | 199487• | 199697• | 199907 | | 2 | $\overline{3}$ |
| $\overline{2}$ | 10 | 198439• | 198649 | 198859• | 199069 | 199279 | 199489• | 199699 | 199909• | | 10 | $\overline{2}$ |
| $\overline{1}$ | 2 | 198449 | 198659• | 198869 | 199079 | 199289• | 199499• | 199709 | 199919 | | 2 | $\overline{1}$ |

注：表 24 每页左、右最外边的两列数字是该表 48 行的序号. 其中前 24 行为顺数(从上向下数的序号 $g(g=1,2,\cdots,24)$，后 24 行为倒数(从下向上数) 的序号 $\bar{g}(g=\overline{24},\overline{23},\overline{22},\cdots,\overline{2},\overline{1})$，"$\bar{g}$"读作"例数 $g$". 而靠内的两列数字是该表 48 行的行距数列，即模 210 缩族 48 个有序含质列的列距数列.

## 8.4　20 万以内模 210 缩族匿因质合表的应用

### 8.4.1　20 万以内模 210 缩族匿因质合表用法说明

模 210 缩族匿因质合表既能与普通素数表一样用来判定素性，又能与模 210 缩族因数表一样用于检索等差 210 素数列等 $k$ 生素数. 在此对其常用方法予以说明.

**一、素性判定法**

在表 24 中，任何一个：

(1) 右旁点有黑体小圆点的数是素数；

(2) 右旁空白没有黑圆点的数是合数(与 210 互素)；

(3) 查找不到的 20 万以内的正整数是合数(1 除外).

**二、直显 $k$ 生素数检索法**

1. *差 210 素数对和等差 210 素数列检索法*

在表 24 中，任一(横行排列的) 含质列中任何连续两项和 $v(=3,4,\cdots,10)$ 项如果都是素数(右旁均点有黑体小圆点)，那么分别就是一个差 210 素数对和一个 $v$ 项等差 210 素数列.

2. *非等差 $k$ 生素数检索法*

由于在表 24 的每页左右两边都印有本页 48 行的序号和 48 行数的行距数列(即为模 210 缩族的 48 个有序含质列的列距数列)，即

$$\{10,2,4,2,4,6,2,6,4,2,4,6,6,2,6,4,2,6,4,6,8,4,2,4,2,4,8,6,4,6,2,4,6,2,6,6,4,2,4,6,2,6,4,2,4,2,10,2\} \tag{8.2}$$

因此，应用表 24 直接检索所有不超过 $x$ 的非等差相邻 $k(=2,3,\cdots,10)$ 生素数的方法是：

在表 24 的任何一竖行的 48 个数中，若形成行距数列 $\{d_1,d_2,\cdots,d_{k-1}\}$ 的连续 $k(=2,3,\cdots,10)$ 个数都是素数(右旁均点有黑体小圆点) 的，就是一个差 $d_1-d_2-\cdots-d_{k-1}$ 型相邻 $k$ 生素数(差数列 $\{d_1,d_2,\cdots,d_{k-1}\}$ 包含于数列(8.2)). 一些具体的搜寻方法的详情见表 25(应用模 210 缩族匿因质合表搜寻部分非等差相邻 $k$ 生素数方法表) 所述.

**表 25　应用模 210 缩族匿因质合表搜寻部分非等差相邻 $k$ 生素数方法表**

| 序　号 | 条　件 | 结　论 | |
|---|---|---|---|
| | 在表 24 任一列(竖行) 的 48 项(个) 数中，若________ 都是素数的 | 就是一个相邻差__$D$__型 | $k$ 生素数 |
| 1 | 行距是 2 的上下两数 | 2 | 2 |
| 2 | 行距是 4 的上下两数 | 4 | 2 |

续表

| 序号 | 条件<br>在表24任一列(竖行)的48项(个)数中，若______都是素数的 | 结论<br>就是一个相邻差 $\underline{\ D\ }$ 型 | $k$生素数 |
|---|---|---|---|
| 3 | 行距数列是{4,2}的连续3项 | 4-2 | 3 |
| | 行距数列是{2,4}的连续3项 | 2-4 | |
| 4 | 行距数列是{2,4,2}的连续4项 | 2-4-2 | 4 |
| 5 | 行距数列是{4,2,4}的连续4项 | 4-2-4 | 4 |
| 6 | 行距数列是{6,2,6}的连续4项 | 6-2-6 | 4 |
| 7 | 前6项 | 10-2-4-2-4 | 6 |
| | 后6项 | 4-2-4-2-10 | |
| 8 | 2项至6项;23项至27项(即$\overline{22}$项)(连续5项) | 2-4-2-4 | 5 |
| | $\overline{6}$项至$\overline{2}$项;22项至26项(即$\overline{23}$项)(连续5项) | 4-2-4-2 | |
| 9 | 2项至7项(连续6项) | 2-4-2-4-6 | 6 |
| | $\overline{7}$项至$\overline{2}$项(连续6项) | 6-4-2-4-2 | |
| 10 | 2项至8项(连续7项) | 2-4-2-4-6-2 | 7 |
| | $\overline{8}$项至$\overline{2}$项(连续7项) | 2-6-4-2-4-2 | |
| 11 | 2项至9项(连续8项) | 2-4-2-4-6-2-6 | 8 |
| | $\overline{9}$项至$\overline{2}$项(连续8项) | 6-2-6-4-2-4-2 | |
| 12 | 2项至10项(连续9项) | 2-4-2-4-6-2-6-4 | 9 |
| | $\overline{10}$项至$\overline{2}$项(连续9项) | 4-6-2-6-4-2-4-2 | |
| 13 | 2项至11项(连续10项) | 2-4-2-4-6-2-6-4-2 | 10 |
| | $\overline{11}$项至$\overline{2}$项(连续10项) | 2-4-6-2-6-4-2-4-2 | |
| 14 | 3项至8项;$\overline{12}$项至$\overline{7}$项(连续6项) | 4-2-4-6-2 | 6 |
| | 7项至12项;$\overline{8}$项至$\overline{3}$项(连续6项) | 2-6-4-2-4 | |
| 15 | 3项至9项;$\overline{12}$项至$\overline{6}$项(连续7项) | 4-2-4-6-2-6 | 7 |
| | 6项至12项;$\overline{9}$项至$\overline{3}$项(连续7项) | 6-2-6-4-2-4 | |
| 16 | 3项至10项;$\overline{12}$项至$\overline{5}$项(连续8项) | 4-2-4-6-2-6-4 | 8 |
| | 5项至12项;$\overline{10}$项至$\overline{3}$项(连续8项) | 4-6-2-6-4-2-4 | |
| 17 | 3项至11项;$\overline{12}$项至$\overline{4}$项(连续9项) | 4-2-4-6-2-6-4-2 | 9 |
| | 4项至12项;$\overline{11}$项至$\overline{3}$项(连续9项) | 2-4-6-2-6-4-2-4 | |
| 18 | 3项至12项;$\overline{12}$项至$\overline{3}$项(连续10项) | 4-2-4-6-2-6-4-2-4 | 10 |
| 19 | 4项至10项;$\overline{11}$项至$\overline{5}$项(连续7项) | 2-4-6-2-6-4 | 7 |
| | 5项至11项;$\overline{10}$项至$\overline{4}$项(连续7项) | 4-6-2-6-4-2 | |

续表

| 序　号 | 条　　件<br>在表 24 任一列(竖行)的 48 项(个)数中,<br>若________都是素数的 | 结　论<br>就是一个相邻差___$D$___型 | $k$ 生素数 |
|---|---|---|---|
| 20 | 4 项至 11 项;$\overline{11}$ 项至 $\overline{4}$ 项(连续 8 项) | 2-4-6-2-6-4-2 | 8 |
| 21 | 5 项至 10 项;$\overline{10}$ 项至 $\overline{5}$ 项(连续 6 项) | 4-6-2-6-4 | 6 |
| 22 | 8 项至 13 项;$\overline{13}$ 项至 $\overline{8}$ 项(连续 6 项) | 6-4-2-4-6 | 6 |
| 23 | 8 项至 14 项(连续 7 项) | 6-4-2-4-6-6 | 7 |
| | $\overline{14}$ 项至 $\overline{8}$ 项(连续 7 项) | 6-6-4-2-4-6 | |
| 24 | 9 项至 14 项(连续 6 项) | 4-2-4-6-6 | 6 |
| | $\overline{14}$ 项至 $\overline{9}$ 项(连续 6 项) | 6-6-4-2-4 | |
| 25 | 10 项至 19 项(连续 10 项) | 2-4-6-6-2-6-4-2-6 | 10 |
| | $\overline{19}$ 项至 $\overline{10}$ 项(连续 10 项) | 6-2-4-6-2-6-6-4-2 | |
| 26 | 14 项至 20 项(连续 7 项) | 2-6-4-2-6-4 | 7 |
| | $\overline{20}$ 项至 $\overline{14}$ 项(连续 7 项) | 4-6-2-4-6-2 | |
| 27 | 15 项至 20 项(连续 6 项) | 6-4-2-6-4 | 6 |
| | $\overline{20}$ 项至 $\overline{15}$ 项(连续 6 项) | 4-6-2-4-6 | |
| 28 | 15 项至 21 项(连续 7 项) | 6-4-2-6-4-6 | 7 |
| | $\overline{21}$ 项至 $\overline{15}$ 项(连续 7 项) | 6-4-6-2-4-6 | |
| 29 | 21 项至 28 项(即 $\overline{21}$ 项)(连续 8 项) | 8-4-2-4-2-4-8 | 8 |
| 30 | 21 项至 27 项(即 $\overline{22}$ 项)(连续 7 项) | 8-4-2-4-2-4 | 7 |
| | 22 项至 28 项(即 $\overline{21}$ 项)(连续 7 项) | 4-2-4-2-4-8 | |
| 31 | 22 项至 27 项(即 $\overline{22}$ 项)(连续 6 项) | 4-2-4-2-4 | 6 |

### 8.4.2　20 万以内模 210 缩族匿因质合表应用示例

#### 一、素性判定

**例 1**　应用表 24,判断下列各数中哪些是素数,哪些是合数?

14411,　5227,　87653,　63689,　77977,　93439,　34567,　133319,　59253,　147547,　160061,　121221,　171733,　189221,　199933.

**解**　经查表 24 得知:

①14411,　5227,　63689,　77977,　133319,　147547,　171733,　199933 右旁均点有黑体小圆点,故全为素数.

②87653,　93439,　34567,　160061,　189221 右旁均空白无有黑圆点,所以都是合数.

③59253 处于 59251 与 59257 两个相邻数之间,121221 处于 121217 与 121223 两个相邻数

之间，即均为表 24 的表外数，所以 59253 和 121221 都是合数.

## 二、检索等差 210 素数列等 $k$ 生素数

**例 2** 应用表 24，检索 200000 以内 10 项和 9 项等差 210 素数列.

**解** 经查表 24，200000 以内的：

①10 项等差 210 素数列有 1 个. 即

199， 409， 619， 829， 1039， 1249， 1459， 1669， 1879， 2089.

②9 项等差 210 素数列有 4 个. 即

199， 409， 619， 829， 1039， 1249， 1459， 1669， 1879；

409， 619， 829， 1039， 1249， 1459， 1669， 1879， 2089；

3499， 3709， 3919， 4129， 4339， 4549， 4759， 4969， 5179；

10859，11069，11279，11489，11699，11909，12119，12329，12539.

**例 3** 应用表 24，检索 120000 至 130000 之间的 8 项、7 项、6 项和 5 项等差 210 素数列.

**解** 经查表 24，120000 至 130000 之间的：

①8 项等差 210 素数列有 2 个. 即

120661，120871，121081，121291，121501，121711，121921，122131；

120737，120947，121157，121367，121577，121787，121997，122207.

②7 项等差 210 素数列有 4 个，即

120661，120871，121081，121291，121501，121711，121921；

120871，121081，121291，121501，121711，121921，122131；

120737，120947，121157，121367，121577，121787，121997；

120947，121157，121367，121577，121787，121997，122207.

③6 项等差 210 素数列有 9 个. 即

| | | | | | | | | |
|---|---|---|---|---|---|---|---|---|
| 120611 | 120737 | 120871 | 120947 | 121801 | 121157 | 124489 | 124567 | 125711 |
| 120871 | 120947 | 121081 | 121157 | 121291 | 121367 | 124699 | 124777 | 125921 |
| 121081 | 121157 | 121291 | 121367 | 121501 | 121577 | 124909 | 124987 | 126131 |
| 121291 | 121367 | 121501 | 121577 | 121711 | 121787 | 125119 | 125197 | 126341 |
| 121501 | 121577 | 121711 | 121787 | 121921 | 121997 | 125329 | 125407 | 126551 |
| 121711 | 121787 | 121921 | 121997 | 122131 | 122207 | 125539 | 125617 | 126761 |

④5 项等差 210 素数列有 21 个. 即

| | | | | | | |
|---|---|---|---|---|---|---|
| 120431 | 120661 | 120737 | 120871 | 120947 | 121081 | 121157 |
| 120641 | 120871 | 120947 | 121081 | 121157 | 121291 | 121367 |
| 120851 | 121081 | 121157 | 121291 | 121367 | 121501 | 121577 |
| 121061 | 121291 | 121367 | 121501 | 121577 | 121711 | 121787 |
| 121271 | 121501 | 121577 | 121711 | 121787 | 121921 | 121997 |

| | | | | | | |
|---|---|---|---|---|---|---|
| 121291 | 121367 | 124489 | 124567 | 124699 | 124777 | 125711 |
| 121501 | 121577 | 124699 | 124777 | 124909 | 124987 | 125921 |
| 121711 | 121787 | 124909 | 124987 | 125119 | 125197 | 126131 |
| 121921 | 121997 | 125119 | 125197 | 125329 | 125407 | 126341 |
| 122131 | 122207 | 125329 | 125407 | 125539 | 125617 | 126551 |

| | | | | | | |
|---|---|---|---|---|---|---|
| 125791 | 125813 | 125921 | 126127 | 127837 | 128273 | 128749 |
| 126001 | 126023 | 126131 | 126337 | 128047 | 128483 | 128959 |
| 126211 | 126233 | 126341 | 126547 | 128257 | 128693 | 129169 |
| 126421 | 126443 | 126551 | 126757 | 128467 | 128903 | 129379 |
| 126631 | 126653 | 126761 | 126967 | 128677 | 129113 | 129589 |

**例 4** 应用表 24，检索 198000 至 200000 之间的 4 项、3 项等差 210 素数列和差 210 素数对.

**解** 经查表 24，198000 至 200000 之间的：

①4 项等差 210 素数列有 2 个. 即

198479，198689，198899，199109；

198827，199037，199247，199457.

②3 项等差 210 素数列有 13 个. 即

| | | | | | | |
|---|---|---|---|---|---|---|
| 198281 | 198413 | 198479 | 198613 | 198689 | 198733 | 198761 |
| 198491 | 198623 | 198689 | 198823 | 198899 | 198943 | 198971 |
| 198701 | 198833 | 198899 | 199033 | 199109 | 199153 | 199181 |

| | | | | | |
|---|---|---|---|---|---|
| 198827 | 198997 | 199037 | 199103 | 199357 | 199411 |
| 199037 | 199207 | 199247 | 199313 | 199567 | 199621 |
| 199247 | 199417 | 199457 | 199523 | 199777 | 199831 |

③ 差 210 素数对有 52 个. 即

| | | | | | | | | |
|---|---|---|---|---|---|---|---|---|
| 198013 | 198031 | 198047 | 198091 | 198127 | 198139 | 198251 | 198259 | 198281 |
| 198223 | 198241 | 198257 | 198301 | 198337 | 198349 | 198461 | 198469 | 198491 |

| | | | | | | | | |
|---|---|---|---|---|---|---|---|---|
| 198323 | 198413 | 198427 | 198437 | 198463 | 198479 | 198491 | 198613 | 198623 |
| 198533 | 198623 | 198637 | 198647 | 198673 | 198689 | 198701 | 198823 | 198833 |

| | | | | | | | | |
|---|---|---|---|---|---|---|---|---|
| 198641 | 198689 | 198719 | 198733 | 198761 | 198811 | 198823 | 198827 | 198829 |
| 198851 | 198899 | 198929 | 198943 | 198971 | 199021 | 199033 | 199037 | 199039 |

| | | | | | | | | |
|---|---|---|---|---|---|---|---|---|
| 198839 | 198899 | 198941 | 198943 | 198971 | 198997 | 199037 | 199103 | 199193 |
| 199049 | 199109 | 199151 | 199153 | 199181 | 199207 | 199247 | 199313 | 199403 |

| | | | | | | | | |
|---|---|---|---|---|---|---|---|---|
| 199207 | 199247 | 199289 | 199313 | 199357 | 199373 | 199411 | 199447 | 199487 |
| 199417 | 199457 | 199499 | 199523 | 199567 | 199583 | 199621 | 199657 | 199697 |

| | | | | | | |
|---|---|---|---|---|---|---|
| 199567 | 199601 | 199603 | 199621 | 199679 | 199721 | 199751 |
| 199777 | 199811 | 199813 | 199831 | 199889 | 199931 | 199961 |

**例 5** 应用表 24,检索 100000 至 200000 之间的差 4－2－4－6－2－6－4－2－4 型十生素数、差 2－4－6－2－6－4－2 型八生素数、差 4－6－2－6－4 型与差 4－2－4－2－4 型六生素数、差 4－2－4－2 型与差 2－4－2－4 型五生素数.

**解** 经查表 24,10000 至 200000 之间的

① 差 4－2－4－6－2－6－4－2－4 型十生素数有 1 个. 即

113143, 113147, 113149, 113153, 113159, 113161, 113167, 113171, 113173, 113177.

② 差 2－4－6－2－6－4－2 型八生素数有 1 个. 即

113147, 113149, 113153, 113159, 113161, 113167, 113171, 113173.

③ 差 4－6－2－6－4 型六生素数有 2 个. 即

113149, 113153, 113159, 113161, 113167, 113171;

138559, 138563, 138569, 138571, 138577, 138581.

④ 差 4－2－4－2－4 型六生素数不存在;

⑤ 差 4－2－4－2 型五生素数有 1 个. 即

101107, 101111, 101113, 101117, 101119.

⑥ 差 2－4－2－4 型五生素数有 4 个. 即

| | | | |
|---|---|---|---|
| 144161 | 165701 | 166841 | 195731 |
| 144163 | 165703 | 166843 | 195733 |
| 144167 | 165707 | 166847 | 195737 |
| 144169 | 165709 | 166849 | 195739 |
| 144173 | 165713 | 166853 | 195743 |

**例 6** 应用表 24,检索 90000 至 100000 之间的差 6－2－6 型、差 2－4－2 型与差 4－2－4 型四生素数.

**解** 经查表 24,90000 至 100000 之间的:

① 差 6－2－6 型四生素数有 3 个. 即

| | | |
|---|---|---|
| 94433 | 96323 | 97373 |
| 94439 | 96329 | 97379 |
| 94441 | 96331 | 97381 |
| 94447 | 96337 | 97387 |

② 差 2－4－2 型四生素数有 2 个. 即

97841, 97843, 97847, 97849;

99131, 99133, 99137, 99139.

③ 差 4－2－4 型四生素数有 10 个. 即

| | | | | |
|---|---|---|---|---|
| 90397 | 90523 | 91453 | 92377 | 92857 |
| 90401 | 90527 | 91457 | 92381 | 92861 |
| 90403 | 90529 | 91459 | 92383 | 92863 |
| 90407 | 90533 | 91463 | 92387 | 92867 |

| | | | | |
|---|---|---|---|---|
| 93487 | 93553 | 95083 | 96997 | 98317 |
| 93491 | 93557 | 95087 | 97001 | 98321 |
| 93493 | 93559 | 95089 | 97003 | 98323 |
| 93497 | 93563 | 95093 | 97007 | 98327 |

**例 7**　应用表 24，检索 198000 至 200000 之间的孪生素数、差 4 素数对、差 4－2 型和差 2－4 型三生素数.

**解**　经查表 24，198000 至 200000 之间的：

① 孪生素数有 18 个. 即

| | | | | | | | | |
|---|---|---|---|---|---|---|---|---|
| 198221 | 198257 | 198347 | 198437 | 198461 | 198827 | 198839 | 198899 | 198941 |
| 198223 | 198259 | 198349 | 198439 | 198463 | 198829 | 198841 | 198901 | 198943 |
| | | | | | | | | |
| 199037 | 199151 | 199487 | 199499 | 199601 | 199739 | 199751 | 199811 | 199931 |
| 199039 | 199153 | 199489 | 199501 | 199603 | 199741 | 199753 | 199813 | 199933 |

② 差 4 素数对有 20 个. 即

| | | | | | | |
|---|---|---|---|---|---|---|
| 198013 | 198043 | 198193 | 198277 | 198409 | 198529 | 198589 |
| 198017 | 198047 | 198197 | 198281 | 198413 | 198533 | 198593 |
| | | | | | | |
| 198637 | 198823 | 198829 | 198937 | 198967 | 199033 | 199207 |
| 198641 | 198827 | 198833 | 198941 | 198971 | 199037 | 199211 |
| | | | | | | |
| 199399 | 199453 | 199483 | 199669 | 199807 | 199873 | |
| 199403 | 199457 | 199487 | 199673 | 199811 | 199877 | |

③ 差 4－2 型三生素数有 5 个. 即

| | | | | |
|---|---|---|---|---|
| 198823 | 198937 | 199033 | 199483 | 199807 |
| 198827 | 198941 | 199037 | 199487 | 199811 |
| 198829 | 198943 | 199039 | 199489 | 199813 |

④ 差 2－4 型三素数有 1 个. 即

198827，　198829，　198833.

**例 8**　分别运用表 25 中第 24 号的两句口诀——

“在表 24 任一列（竖行）的 48 项（个）数中，若$\left\{\begin{matrix}9\text{ 项至 }14\text{ 项}\\ \overline{14\text{ 至 }9}\text{ 项}\end{matrix}\right\}$（连续 6 项）都是素数的，就是一个相邻差$\left\{\begin{matrix}4-2-4-6-6\\ 6-6-4-2-4\end{matrix}\right\}$型六生素数”________从表 24 中搜寻的这两种差型的相邻六生素数各列示 3 例如下：

| | | | | | |
|---|---|---|---|---|---|
| 37 | 1087 | 110917 | 2671 | 24091 | 198811 |
| 41 | 1091 | 110921 | 2667 | 24097 | 198817 |
| 43 | 1093 | 110923 | 2683 | 24103 | 198823 |
| 47 | 1097 | 110927 | 2687 | 24107 | 198827 |
| 53 | 1103 | 110933 | 2689 | 24109 | 198829 |
| 59 | 1109 | 110939 | 2693 | 24113 | 198833 |

# 第 9 章　再论模 6 缩族质合表的独特性能

最有价值的洞见最迟被发现：而最有价值的洞见乃是方法.

——海德格尔

科学就是整理事实，从中发现规律，做出结论.

——达尔文

秩序和对称是美的重要因素，而这两者都能在数学里找到.

——亚里士多德

## 9.1　既得模 6 缩族质合表显搜方法的局限性

与模 2、模 4、模 10、模 12 等缩族质合表相比，虽然初探斩获模 6 缩族质合表显搜 $k$ 生素数种类最多，显搜方法也技高一筹，且曾应用该表与其显搜方法找到了不少隐而不露的新种类 $k$ 生素数. 但是，在应用实践中认识到，之前与模 6 缩族质合表配用的显搜方法存在必要而有可能改进的局限性.

(1)从主要是肯定已有配用方法的观点看，只认识到部分显搜方法口决表述琐碎，简明性不够，应用其搜寻 $k$ 生素数操作的方便性差，认为存在的仅是需要局部性改进的问题.

(2)从推陈出新主要是扬弃已有大部分配用方法的观点看，即当局部性改进不大且无有新的突破，在深入分析已有方法的本质后认识到——仅仅以待搜 $k$ 生素数自身存在的一段主要或中位直显部分(子列或单个元素)为本位和核心上、下捕捞其余部分的搜寻方法与模式，其搜寻力度小，搜寻种类难以有新的根本性的拓展. 这也是已有模 $d$ 缩族质合表所有显搜方法的相通之处，既是共同优点也是共性局限.

以待搜 $k$ 生素数自身存在的一段主要或中位直显部分(子列或单个元素)为本位，则立足点即本身站位过于窄小低下，且上、下捕捞的单元(即待搜 $k$ 生素数中除过“本位”外的其余的直显部分(子列或单个元素))也又小(容量小)又少(上、下捕捞均不超过两个单元). 如果能打破这种局限，即扩大“本位”的容量和向上、向下“捕捞单元”的容量，就可以捕捞 $k$ 生素数的大“鱼群”，开采 $k$ 生素数的新“矿山”. 是在实践过程中产生的灵感，终于看到了模 6 缩族质合表具备“本位”和“捕捞单元”双双扩大容量的潜质和条件. 但要把灵感一闪而过照见的图景详细描绘和具体建造起来，首先需要建立新概念、打造新方法. 当然，为此也要吸收、保留必不可缺的已有显搜方法中的部分合理内容. 总之，只有在深化认识的基础上更新观念，才能突破局限.

## 9.2　基本概念和约定

### 9.2.1　几个定义

**定义 9.1**　在构成模 6 缩族质合表的两个含质列中，第 1 列 1mod6 称为首列，首列上的数称为首数；第 2 列 5mod6 称为尾列，尾列上的数称为尾数.

**定义 9.2**　设 $n \in \mathbf{N}, 5 \mid n$. 所谓框，是指模 6 缩族质合表中由如下相邻四首数四尾数自然形成的 2 列 5 行之任一架构——

$$\left.\begin{array}{ll} 6n+1 & \\ 6(n+1)+1 & 6(n+1)+5 \\ 6(n+2)+1 & 6(n+2)+5 \\ 6(n+3)+1 & 6(n+3)+5 \\ & 6(n+4)+5 \end{array}\right] \qquad \text{(U)}$$

根据定义 9.2，框中有且仅有相邻的 4 个首数和 4 个尾数. 相邻的两框之间由两个框边数衔接，每一个框边数都是个位为 5 的 5 倍数. 例如，框（U）与其上框之间的两个框边数是 $6(n-1)+1$ 和 $6n+5$，与其下框之间的两个框边数是 $6(n+4)+1$ 和 $6(n+5)+5$. 可见，它们不仅是 5 倍数，而且个位数一律是 5，反映其本质的外在特征极其明显，使人能够对框及其元素极易细察明辨，因而便于用框搜寻 $k$ 生素数.

用于编制模 6 缩族质合表的模 6 缩族，正是由无数个框与其框边数顺次排列而成. 换句话说，框就像细胞一样，是模 6 缩族质合表结构中的基本单元. 从另一视角看，模 6 缩族又是由携手并肩无限延伸的两条模 6 含质列作为支柱构成. 总之，模 6 缩族质合表是框柱巧妙结合的一种对称结构，决定了该表的整体面貌和基本性能.

**定义 9.3**　所谓短小差型，是指其长度和诸项差数分别符合限定条件 $2 \leqslant k \leqslant 10$ 和 $2 \leqslant d_i \leqslant 10 (1 \leqslant i \leqslant 9, 2 \mid d_i)$ 的无限函数差型[①]. 差型是短小差型的 $k$ 生素数，称为短小差型 $k$ 生素数.

由定义 9.3 知，所谓短小差型 $k$ 生素数，是指其长度 $k$ 不超过 10 且无限函数差型的诸项差数均不大于 10 的素数列. 所谓之短，是指 $k$ 生素数的长度较短，即 $2 \leqslant k \leqslant 10$；所谓之小，是指差型 D 诸项元素的数值都较小，不外乎 2,4,6,8,10，即 $2 \leqslant d_i \leqslant 10 (1 \leqslant i \leqslant 9, 2 \mid d_i)$.

**定义 9.4**　所谓元差型，包括以下两种短小差型——

①能且仅能分布于单框中的短小差型；

②短小差型 $D$ 既能够分布于单框之中，也能够分布于相邻两框之中.

差型是元差型的 $k$ 生素数，称为元 $k$ 生素数.

元 $k$ 生素数是简单的基本的 $k$ 生素数.

**定义 9.5**　所谓组合差型，是指不能在单框中分布的且能够分拆成两个或两个以上元差型的差型. 差型是组合差型的 $k$ 生素数，称为组合 $k$ 生素数.

由定义 9.4 和定义 9.5 可知，只有元差型和元 $k$ 生素数能够在单框中出现，而组合差型和组合 $k$ 生素数在相邻两框或多框中才能出现. 在短小差型 $k$ 生素数中，组合 $k$ 生素数的种类占 98% 以上，相比之下虽然元 $k$ 生素数种类极少，但其地位和作用至关重要.

**定义 9.6**　所谓常见差型，包括以下三种短小差型：

①元差型；

②能且仅能分布于相邻两框之中的组合差型；

③组合差型 $D$ 既能够分布于相邻两框之中，也能够分布于相邻三框之中.

---

① 蔡书军. $k$ 生素数分类及相邻 $k$ 生素数. 西安：西北工业大学出版社，2012，第 39 页.

差型是常见差型的 $k$ 生素数，称为常见差型 $k$ 生素数，简称常见 $k$ 生素数.

常见差型 $k$ 生素数因其长度较短，内部诸相邻项的间距较小，故其分布相对比较稠密，在范围并不很大的自然数中比较常见.

### 9.2.2 有关约定

为了本章的搜寻口诀叙述简洁方便和避免歧义，我们在此做以下约定(见表 26).

**表 26 称谓及符号约定**

| 称谓及符号 | 含义 |
|---|---|
| 框 | 框中 |
| 首(尾) | 首数(尾数) |
| 上首(尾) | 上行中的首数(尾数) |
| 下首(尾) | 下行中的首数(尾数) |
| 上上尾 | 上上行中的尾数 |
| 下下首(尾) | 下下行中的首数(尾数) |
| 下下下尾数 | 下下下行中的尾数 |
| 一行两数 | 一行中的首数和尾数 |
| 相邻两行 | 相邻两行中的四个数 |
| 框中次(二)行 | 框中第 2 行中的首、尾两数 |
| 框中再(三)行 | 框中第 3 行中的首、尾两数 |
| 框中丁(四)行 | 框中第 4 行中的首、尾两数 |
| 框(框中)前两行 | 框中第 1、第 2 行中的 3 个数 |
| 框(框中)二、四行 | 框中第 2、第 4 行中的 4 个数 |
| 框(框中)后两行 | 框中第 4、第 5 行中的 3 个数 |
| 框中前三行 | 框中第 1 行至第 3 行中的 5 个数 |
| 框中后三行 | 框中第 3 行至第 5 行中的 5 个数 |
| 框(框中)前两首(尾) | 框中第 1、第 2 个首数(尾数) |
| 框(框中)前三首(尾) | 框中第 1 个至第 3 个首数(尾数) |
| 框(框中)后两首(尾) | 框中第 3、第 4 个首数(尾数) |
| 框(框中)后三首(尾) | 框中第 2 个至第 4 个首数(尾数) |
| 框中四首(尾)；框中四首(尾)数；(框中)全四首(尾) | 框中相邻的 4 个首数(尾数) |
| (框中)首(一)首(尾) | 框中第 1 个首数(尾数) |
| (框中)次(二)首(尾) | 框中第 2 个首数(尾数) |
| (框中)再(三)首(尾) | 框中第 3 个首数(尾数) |

续表

| 称谓及符号 | 含　义 |
| --- | --- |
| (框中)末(四)首(尾) | 框中第 4 个首数(尾数) |
| (框中)首首、尾 | 框中第 1 个首数和第 1 个尾数 |
| (框中)次首、尾 | 框中第 2 个首数和第 2 个尾数 |
| (框中)再首、尾 | 框中第 3 个首数和第 3 个尾数 |
| (框中)末首、尾 | 框中第 4 个首数和第 4 个尾数 |
| $d_1-\cdots-d_s-\cdots-d_{k-1}$ | 特置于表 27 第三栏(69 号"序号"以后)中轴线上的各个差数 $d_s$，专指其所属的分布于相邻两框的组合差型 $D$ 中的跨框距. $d_s=2$ 或 8(即骑跨相邻两框中的组合差型是邻行对接的跨框距为 2，是隔行对接的跨框距为 8) |
| $\downarrow(\uparrow)$ | 上、下(或下、上)相邻两框中的元 $k$ 生素数之间的组合是邻行对接，其跨框距 $d_s=2$. 读作："下(上)框邻行接"，亦简读为"下(上)" |
| $\underline{\downarrow}(\overline{\uparrow})$ | 上、下(或下、上)相邻两框中的元 $k$ 生素数之间的组合是隔行对接，其跨框距 $d_s=8$. 读作："下(上)框隔行接"，亦简读为"下(上)杠" |

## 9.3　模 6 缩族质合表的功能与用途

### 9.3.1　模 6 缩族质合表的功能与用途

模 6 缩族质合表功能非凡，应用广泛，从判定素性、分解因数，到搜寻大量种类的常见 $k$ 生素数都无所不能，且身手不凡，是名符其实的一表多能、一表多用.

直接显示和用于查判 $x$ 以内任何一个大于 1 的正整数的素性，是包括模 6 缩族质合表在内的所有模 $d$ 缩族质合表、素数间隙表(含普通素数表)和埃氏筛法素数表共同具有的功能与用途. 而直接查算 $x$ 以内任何一个合数的标准分解式，则是包括模 6 缩族因数表在内的所有模 $d$ 缩族因数表所共同具有的功能与用途. 不过，除过模 30 缩族质合表技高一筹外，就数模 6、模 210 等屈指可数的几个模 $d$ 缩族质合表分解因数的功能明显地优越.

除过上述共性功能与用途，模 6 缩族质合表非凡而独特的功能，就是能够且特别适宜分类显搜所有种类的常见 $k$ 生素数. 这里所谓的分类显示，是指按 $k$ 生素数个位数方式的分类显示.

读者朋友也可发现，表 27 任一句口诀显搜的就是该差型 $k$ 生素数的一类个位数方式. 表 27 中显搜差 $D$ 型 $k$ 生素数的口诀有几句，则依其个位数方式就可分为几类. 即显搜差 $D$ 型 $k$ 生素数口诀的句数，与其个位数分类的方式数 $F^D$ 恰好相等. 反过来说，如果差 $D$ 型 $k$ 生素数实际存在 $F^D$ 种个位数方式，则其显搜口诀须有且仅有 $F^D$ 句. 这是编制显搜口诀须遵循的最重要的原则与思考周全的前提和关键所在. 笔者曾经指出，依差 $D$ 型 $k$ 生素数的个位数方式来分，最多可以分为 4 类，至少只有一类[①]，故其显搜口诀不外乎为 1、2、3、4 句，即至少一句，最多不超过四句. 这是因为，如果差 $D$ 型常见 $k$ 生素数存在两类或三类或四类不同的个位数方式，则表明常见差型 $D$ 要么①在单框中或相邻两框中存在相对位置不同的分布；②既能在单框中分布，又能在相邻两框中分布；③既能在相邻两框中分布，又能在相邻三框中分布. 总之，结果即为差 $D$ 型常见 $k$ 生素数不同的个位数方式，故需用相应不同的方法即不同的口诀才能搜全捞净. 因此，差 $D$ 型 $k$ 生素数 $R$ 的任一种个位数方式的个例，都要有一句相适用的口诀来搜寻；而 $R$ 拥有几句搜寻口诀，就能分别用来搜寻出 $R$ 的几种个位数方式的个例. 这样，就实现了分类搜寻的目标和效果.

### 9.3.2 应用模 6 缩族质合表分类显搜 $k$ 生素数的方法

#### 一、应用模 6 缩族质合表框概念分类显搜常见 $k$ 生素数的方法

包括前述表 10 中显搜的 142 对(个)差型 $k$ 生素数在内，又加上建立了框概念及其方法后表 28 能够显搜的大量种类非等差 $k$ 生素数，模 6 缩族质合表能够分类显搜的所有常见 $k$ 生素数见表 27 第 3 和第 4 栏，其显搜的方法口诀见表 27 第 2 栏.

#### 二、应用模 6 缩族质合表框概念分类显搜相邻等差 6 素数列、差 6 素数对的方法

应用模 6 缩族质合表框概念能够分类显搜所有不超过 $x$ 的：

(1)相邻差 6 素数对；

(2)相邻 3 项等差 6 素数列；

(3)相邻 4 项等差 6 素数列.

其显搜的方法口诀(即充要条件)如下：

在表 28 的任一框中：

1)相邻差 6 素数对的充要条件：

①框前两首是素数，个位方式是 1,7
框后两尾是素数，个位方式是 3,9
②框二、三首是素数，框中首尾是合数
框二、三尾是素数，框中末首是合数} 个位方式是 7,3
③框后两首是素数，框中次尾是合数，个位方式是 3,9
框前两尾是素数，框中再首是合数，个位方式是 1,7

2)相邻 3 项等差 6 素数列的充要条件：

①框前三首是素数，框中首尾是合数，个位方式 1,7,3
框后三尾是素数，框中末首是合数
②框后三首是素数，框前两尾是合数} 个位方式 7,3,9
框前三尾是素数，框后两首是合数，个位方式 1,7,3

3)相领 4 项等差 6 素数列的充要条件：

框中四首是素数，框前两尾是合数
框中四尾是素数，框后两首是合数} 个位方式 1,7,3,9

① 蔡书军. $k$ 生素数分类及相邻 $k$ 生素数. 西安：西北工业大学出版社. 2012，第 42 页.

注:在上述的充要条件中,个位数方式简称为“个位方式”.

## 9.4　应用模 6 缩族质合表分类搜寻常见 k 生素数口诀表

应用模 6 缩族质合表分类搜寻常见 $k$ 生素数口诀表见表 27.

**表 27　应用模 6 缩族质合表分类搜寻常见 $k$ 生素数口诀表**

| 序　号 | 条　件<br>在表 28 中,若任何的______都是素数的 | 结　论<br>就是一个差 $D$ 型 | $k$ 生素数 | 同差异决之序号 |
|---|---|---|---|---|
| 1 | 尾数与下行首数(即框中首尾与再首;框中次尾与末首;框中末尾与下首) | 2 | 2 | |
| 2 | 尾数下下行首数(即框中首尾和末首;框中首尾与下框首首;框中末尾与下框次首) | 8 | 2 | |
| 3 | 首数与下行尾数(即框中首首、尾;框中次首、尾;框中再首、尾;框中末首、尾) | 10 | 2 | |
| 4<br>(70) | 首数与上下行两尾数(即框中再首一、三尾;框中末首二、四尾;框中首首、尾与上行尾数) | 2 - 10 | 3 | |
| | 尾数与上下行两首数(即框中次尾二、四首;框中首尾一、三首;框中末首、尾与下行首数) | 10 - 2 | | |
| 5<br>(85) | 相邻两首或两尾(即框中前两首;框中前两尾;框中后两首;框中后两尾;框中二、三首;框中二、三尾) | 6 | 2 | |
| 6 | 相邻两尾与下首(即框前两尾和末首;框后两尾和下首) | 6 - 2 | 3 | |
| | 相邻两首与上尾(即框后两首和首尾:框前两首和上尾) | 2 - 6 | | |
| 7<br>(90) | 相邻两首与下尾(即框前两首和次尾;框后两首和末尾;框中再尾二、三首) | 6 - 10 | 3 | |
| | 相邻两尾与上首(即框后两尾和再首;框前两尾和首首;框中次首、二三尾) | 10 - 6 | | |
| 8<br>(118) | 相邻三首或三尾(即框中前三首;框中后三首;框中前三尾;框中后三尾) | 6 - 6 | 3 | |
| 9<br>(139) | 相邻四首或四尾(即框中四首数;框中四尾数) | 6 - 6 - 6 | 4 | |
| 10 | 一行两数(即框中次行两数;框中再行两数;框中丁行两数) | 4 | 2 | |
| 11<br>(188) | 一行两数与下首(即框后两首和次尾;框中首尾二、三首) | 4 - 2 | 3 | |
| | 一行两数与上尾(即框前两尾和再首;框中末首二、三尾) | 2 - 4 | | |
| 12<br>(192) | 一行两数与下尾(即框中后两行;框前两尾和次首;框中再首二、三尾) | 4 - 6 | 3 | |
| | 一行两数与上首(即框中前两行;框后两首和再尾;框中次尾二、三首) | 6 - 4 | | |
| 13<br>(212) | 一行两数与下下行首数(即框中次行和末首;框中丁行与下下行首数) | 4 - 8 | 3 | |
| | 一行两数与上上行尾数(即框中丁行和首尾;框中次行与上上行尾数) | 8 - 4 | | |
| 14<br>(215) | 一行两数与上首下尾(即框前两首前两尾;框后两首后两尾;框中二、三首二、三尾) | 6 - 4 - 6 | 4 | |
| 15<br>(257) | 相邻两行四数(即框中二、三行;框中三、四行) | 4 - 2 - 4 | 4 | |
| 16<br>(268) | 相邻两行与下尾(即框中后三行;框前三尾二、三首) | 4 - 2 - 4 - 6 | 5 | |
| | 相邻两行与上首(即框中前三行;框后三首二、三尾) | 6 - 4 - 2 - 4 | | |

续表

| 序号 | 条件<br>在表 28 中，若任何的________都是素数的 | 结论<br>就是一个差__$D$__型 | $k$ 生素数 | 同差异决之序号 |
|---|---|---|---|---|
| 17<br>(363) | 尾数与上行首数和下下行首数(即框中首尾一、四首；框中再首、尾与下下行首数；框中末首、尾与下下行首数) | 10 - 8 | 3 | |
| | 首数与下行尾数和上上行尾数(即框中末首一、四尾；框中次首、尾与上上行尾数；框中首首、尾与上上行尾数) | 8 - 10 | | |
| 18<br>(382) | 尾数与上首、下下首和下下下尾数(即框中一、四首一、四尾；框中再首、尾与下框首首、尾；框中末首、尾与下框次首、尾) | 10 - 8 - 10 | 4 | |
| 19<br>(424) | 尾数与上、下行两首数和下下行尾数(即框中一、三首一、三尾；框中二、四首二、四尾；框中末首、尾与下框首首、尾 ) | 10 - 2 - 10 | 4 | |
| 20<br>(459) | 框中次行末首、尾；框中丁行与下框首首、尾 | 4 - 8 - 10 | 4 | |
| | 框中丁行首首、尾；框中次行与上框末首、尾 | 10 - 8 - 4 | | |
| 21<br>(515) | 框前两行末首、尾 | 6 - 4 - 8 - 10 | 5 | 211 |
| | 框后两行首首、尾 | 10 - 8 - 4 - 6 | | |
| 22<br>(643) | 框中二、四行(即框中二、四首一、三尾) | 4 - 8 - 4 | 4 | |
| 23<br>(651) | 框前两行和末首 | 6 - 4 - 8 | 4 | 209 |
| | 框后两行和首尾 | 8 - 4 - 6 | | |
| 24<br>(694) | 框前两行和丁行 | 6 - 4 - 8 - 4 | 5 | |
| | 框后两行和次行 | 4 - 8 - 4 - 6 | | |
| 25<br>(749) | 框前两行后两行 | 6 - 4 - 8 - 4 - 6 | 6 | |
| 26<br>(784) | 框后两首首首、尾；(框中末首、尾与↓框中前两首) | 10 - 2 - 6 | 4 | |
| | 框前两尾末首、尾；(框中首首、尾与↑框中后两尾) | 6 - 2 - 10 | | |
| 27<br>(819) | 框后两首一、三尾 | 2 - 6 - 4 | 4 | 192 |
| | 框前两尾二、四首 | 4 - 6 - 2 | | |
| 28<br>(828) | 框后三首一、三尾 | 4 - 2 - 6 - 4 | 5 | |
| | 框前三尾二、四首 | 4 - 6 - 2 - 4 | | |
| 29<br>(862) | 框中四首一、三尾 | 6 - 4 - 2 - 6 - 4 | 6 | |
| | 框中四尾二、四首 | 4 - 6 - 2 - 4 - 6 | | |
| 30<br>(887) | 框二、三首一、三尾(即框中次行再首、尾)<br>框后两首二、四尾(即框中再行末首、尾) | 4 - 2 - 10 | 4 | |
| | 框二、三尾二、四首(即框中丁行次首、尾)<br>框前两尾一、三首(即框中再行首首、尾) | 10 - 2 - 4 | | |
| 31<br>(933) | 框前三首一、三尾(即框前两行再首、尾)<br>框后三首二、四尾 | 6 - 4 - 2 - 10 | 5 | |
| | 框后三尾二、四首(即框后两行次首、尾)<br>框前三尾一、三首 | 10 - 2 - 4 - 6 | | |
| 32<br>(1046) | 框中四首二、四尾 | 6 - 6 - 4 - 2 - 10 | 6 | |
| | 框中四尾一、三首 | 10 - 2 - 4 - 6 - 6 | | |
| 33<br>(1129) | 框后两首一、四尾 | 2 - 6 - 10 | 4 | 105 |
| | 框前两尾一、四首 | 10 - 6 - 2 | | |
| 34<br>(1169) | 框后三首一、四尾 | 4 - 2 - 6 - 10 | 5 | |
| | 框前三尾一、四首 | 10 - 6 - 2 - 4 | | |
| 35<br>(1240) | 框中四首一、四尾 | 6 - 4 - 2 - 6 - 10 | 6 | |
| | 框中四尾一、四首 | 10 - 6 - 2 - 4 - 6 | | |

续表

| 序号 | 条件<br>在表 28 中，若任何的＿＿＿＿都是素数的 | 结论<br>就是一个差 $D$ 型 | $k$ 生素数 | 同差异决之序号 |
|---|---|---|---|---|
| 36 (1314) | 框前三首和再尾<br>框后三首和末尾（即相邻三首与下尾） | 6-6-10 | 4 | |
| | 框后三尾和次首<br>框前三尾和首首（即相邻三尾与上首） | 10-6-6 | | |
| 37 (1389) | 框中四首和末尾 | 6-6-6-10 | 5 | |
| | 框中四尾和首首 | 10-6-6-6 | | |
| 38 (1526) | 框后三首和首尾 | 4-2-6 | 4 | |
| | 框前三尾和末首 | 6-2-4 | | |
| 39 (1535) | 框中四首和首尾 | 6-4-2-6 | 5 | |
| | 框中四尾和末首 | 6-2-4-6 | | |
| 40 (1592) | 框前三首和首尾；框后三首和次尾 | 6-4-2 | 4 | |
| | 框后三尾和末首；框前三尾和再首 | 2-4-6 | | |
| 41 (1627) | 框前三首和次尾；框后三首和再尾 | 6-6-4 | 4 | |
| | 框后三尾和再首；框前三尾和次首 | 4-6-6 | | |
| 42 (1680) | 框中四首和次尾 | 6-6-4-2 | 5 | |
| | 框中四尾和再首 | 2-4-6-6 | | |
| 43 (1749) | 框中四首和再尾 | 6-6-6-4 | 5 | |
| | 框中四尾和次首 | 4-6-6-6 | | |
| 44 (1836) | 框前两首二、三尾<br>框后两尾二、三首 | 6-10-6 | 4 | |
| 45 (1876) | 框前三首二、三尾；框后三首后两尾 | 6-6-4-6 | 5 | |
| | 框后三尾二、三首；框前三尾前两首 | 6-4-6-6 | | |
| 46 (2006) | 框中四首二、三尾 | 6-6-4-2-4 | 6 | |
| | 框中四尾二、三首 | 4-2-4-6-6 | | |
| 47 (2054) | 框前三首后两尾 | 6-6-10-6 | 5 | |
| | 框后三尾前两首 | 6-10-6-6 | | |
| 48 (2186) | 框中四首后两尾 | 6-6-6-4-6 | 6 | |
| | 框中四尾前两首 | 6-4-6-6-6 | | |
| 49 | 框前两尾后两首 | 2-4-2 | 4 | |
| 50 (2272) | 框后三首前两尾（即相邻两行与下首） | 4-2-4-2 | 5 | |
| | 框前三尾后两首（即相邻两行与上尾） | 2-4-2-4 | | |
| 51 (2302) | 框中四首前两尾 | 6-4-2-4-2 | 6 | |
| | 框中四尾后两首 | 2-4-2-4-6 | | |
| 52 (2333) | 框前三首后三尾 | 6-6-4-6-6 | 6 | |
| 53 (2377) | 框后三首前三尾（即相邻三行六数） | 4-2-4-2-4 | 6 | |
| 54 (2392) | 框前三首前三尾<br>框后三首后三尾（即相邻两行与上首下尾） | 6-4-2-4-6 | 6 | |
| 55 (2434) | 框中四首后三尾 | 6-6-4-2-4-6 | 7 | |
| | 框中四尾前三首 | 6-4-2-4-6-6 | | |
| 56 (2467) | 框中一、二、四首和次尾 | 6-10-2 | 4 | 90 |
| | 框中一、三、四尾和再首 | 2-10-6 | | |

续表

| 序号 | 条件<br>在表28中,若任何的______都是素数的 | 结论<br>就是一个差 $D$ 型 | $k$ 生素数 | 同差异决之序号 |
|---|---|---|---|---|
| 57 | 框中一、二、四首二、三尾 | 6-10-2-4 | 5 | |
| (2502) | 框中一、三、四尾二、三首 | 4-2-10-6 | | |
| 58 | 框中一、二、四首二、四尾 | 6-10-2-10 | 5 | 93 |
| (2576) | 框中一、三、四尾一、三首 | 10-2-10-6 | | |
| 59 | 框中一、二、四首后三尾 | 6-10-2-4-6 | 6 | |
| (2697) | 框中一、三、四尾前三首 | 6-4-2-10-6 | | |
| 60 | 框中一、二、四首前两尾 | 6-4-6-2 | 5 | 215 |
| (2782) | 框中一、三、四尾后两首 | 2-6-4-6 | | |
| 61 | 框中一、二、四首前三尾 | 6-4-6-2-4 | 6 | |
| (2839) | 框中一三、四尾后三首 | 4-2-6-4-6 | | |
| 62 | 框中一、二、四首全四尾 | 6-4-6-2-4-6 | 7 | |
| (2870) | 框中一、三、四尾全四首 | 6-4-2-6-4-6 | | |
| 63 | 框中一、三、四首前两尾 | 10-2-4-2 | 5 | |
| (2894) | 框中一、二、四尾后两首 | 2-4-2-10 | | |
| 64 | 框中一、三、四首前三尾 | 10-2-4-2-4 | 6 | |
| (2938) | 框中一、二、四尾后三首 | 4-2-4-2-10 | | |
| 65 | 框中一、三、四首全四尾 | 10-2-4-2-4-6 | 7 | |
| (2966) | 框中一、二、四尾全四首 | 6-4-2-4-2-10 | | |
| 66 | 框中一、三、四首一、三尾 | 10-2-6-4 | 5 | 196 |
| (2988) | 框中一、二、四尾二、四首 | 4-6-2-10 | | |
| 67 | 框中一、三、四首一、四尾 | 10-2-6-10 | 5 | 108 |
| (3057) | 框中一、二、四尾一、四首 | 10-6-2-10 | | |
| 68 | 框中一、三、四首一、三、四尾 | 10-2-6-4-6 | 6 | 226 |
| (3171) | 框中一、二、四首一、二、四尾 | 6-4-6-2-10 | | |
| 69<br>(3247) | 框中一、三、四首一、二、四尾 | 10-2-4-2-10 | 6 | |
| 70 | 框中末首二、四尾与下行首数 | 2-10-2 | 4 | |
| | 框中首尾一、三首与上行尾数 | 2-10-2 | | |
| 71 | 框中末首二、四尾与↓框中前两首 | 2-10-2-6 | 5 | 784 |
| | 框中首尾一、三首与↑框中后两尾 | 6-2-10-2 | | |
| 72 | 框中末首二、四尾与↓框中首首、尾 | 2-10-2-10 | 5 | 424 |
| | 框中首尾一、三首与↑框中末首、尾 | 10-2-10-2 | | |
| 73 | 框中末首二、四尾与↓框中首尾一、三首 | 2-10-2-10-2 | 6 | |
| 74 | 框中末首二、四尾与↓框前两尾和首首 | 2-10-2-10-6 | 6 | 2576 |
| | 框中首尾一、三首与↑框后两首和末尾 | 6-10-2-10-2 | | |
| 75 | 框中末首二、四尾与下下行首数;<br>框中再首一、三尾与下下行首数 | 2-10-8 | 4 | 363 |
| | 框中首尾一、三首与上上行尾数;<br>框中次尾二、四首与上上行尾数 | 8-10-2 | | |
| 76 | 框中末首二、四尾与下下行两数 | 2-10-8-4 | 5 | 459 |
| | 框中首尾一、三首与上上行两数 | 4-8-10-2 | | |

## 续表

| 序号 | 条件：在表 28 中，若任何的______都是素数的 | 结论：就是一个差 $D$ ___型 | $k$ 生素数 | 同差异决之序号 |
|---|---|---|---|---|
| 77 | 框中末首二、四尾与 $\underline{\downarrow}$ 框中首尾二、三首 | 2 - 10 - 8 - 4 - 2 | 6 | |
| | 框中首尾一、三首与 $\overline{\uparrow}$ 框中末首二、三尾 | 2 - 4 - 8 - 10 - 2 | | |
| 78 | 框中末首二、四尾与 $\underline{\downarrow}$ 框前两尾和次首 | 2 - 10 - 8 - 4 - 6 | 6 | 515 |
| | 框中首尾一、三首与 $\overline{\uparrow}$ 框后两首和再尾 | 6 - 4 - 8 - 10 - 2 | | |
| 79 | 框中末首二、四尾与 $\underline{\downarrow}$ 框中次行和末首 | $\dot{2}$ - 10 - 8 - 4 - $\dot{8}$ | 6 | 3325 |
| | 框中首尾一、三首与 $\overline{\uparrow}$ 框中丁行和首尾 | $\dot{8}$ - 4 - 8 - 10 - $\dot{2}$ | | |
| 80 | 框中末首二、四尾与 $\underline{\downarrow}$ 框中二、三首；<br>框中再首一、三尾与 $\underline{\downarrow}$ 框中前两首 | 2 - 10 - 8 - 6 | 5 | |
| | 框中首尾一、三首与 $\overline{\uparrow}$ 框中二、三尾；<br>框中次尾二、四首与 $\overline{\uparrow}$ 框中后两尾 | 6 - 8 - 10 - 2 | | |
| 81 | 框中末首二、四尾与 $\underline{\downarrow}$ 框中再尾二、三首；<br>框中再首一、三尾与 $\underline{\downarrow}$ 框前两首和次尾 | 2 - 10 - 8 - 6 - 10 | 6 | |
| | 框中首尾一、三首与 $\overline{\uparrow}$ 框中次首二、三尾；<br>框中次尾二、四首与 $\overline{\uparrow}$ 框后两尾和再首 | 10 - 6 - 8 - 10 - 2 | | |
| 82 | 框中末首二、四尾与 $\underline{\downarrow}$ 框中次首、尾；<br>框中再首一、三尾与 $\underline{\downarrow}$ 框中首首、尾 | 2 - 10 - 8 - 10 | 5 | 382 |
| | 框中首尾一、三首与 $\overline{\uparrow}$ 框中再首、尾；<br>框中次尾二、四首与 $\overline{\uparrow}$ 框中末首、尾 | 10 - 8 - 10 - 2 | | |
| 83 | 框中末首二、四尾与 $\underline{\downarrow}$ 框中次尾二、四首 | $\dot{2}$ - 10 - 8 - 10 - $\dot{2}$ | 6 | 3304 |
| | 框中首尾一、三首与 $\overline{\uparrow}$ 框中再首一、三尾 | | | |
| 84 | 框中末首二、四尾与 $\underline{\downarrow}$ 框中次首二、三尾；<br>框中再首一、三尾与 $\underline{\downarrow}$ 框前两尾和首首 | 2 - 10 - 8 - 10 - 6 | 6 | |
| | 框中首尾一、三首与 $\overline{\uparrow}$ 框中再尾二、三首；<br>框中次尾二、四首与 $\overline{\uparrow}$ 框后两首和末尾 | 6 - 10 - 8 - 10 - 2 | | |
| 85 | 框中后两尾与 ↓ 框中前两首 | 6 - 2 - 6 | 4 | |
| 86 | 框中后两尾与下下行首数；框中二、三尾与下下行首数 | 6 - 8 | 3 | |
| | 框中前两首与上上行尾数；框中二、三首与上上行尾数 | 8 - 6 | | |
| 87 | 框中后两尾与下下行两数 | 6 - 8 - 4 | 4 | |
| | 框中前两首与上上行两数 | 4 - 8 - 6 | | |
| 88 | 框中后两尾与 $\underline{\downarrow}$ 框中二、三首；<br>框中前两首与 $\overline{\uparrow}$ 框中二、三尾 | 6 - 8 - 6 | 4 | |
| 89 | 框中后两尾与 $\underline{\downarrow}$ 框中次首、尾；框中二、三尾与 $\underline{\downarrow}$ 框中首首、尾 | 6 - 8 - 10 | 4 | |
| | 框中前两首与 $\overline{\uparrow}$ 框中再首、尾；框中二、三首与 $\overline{\uparrow}$ 框中末首、尾 | 10 - 8 - 6 | | |
| 90 | 框后两首和末尾与下行首数 | 6 - 10 - 2 | 4 | 56 |
| | 框前两尾和首首与上行尾数 | 2 - 10 - 6 | | |
| 91 | 框后两首和末尾与 ↓ 框中前两首 | 6 - 10 - 2 - 6 | 5 | |
| | 框前两尾和首首与 ↑ 框中后两尾 | 6 - 2 - 10 - 6 | | |
| 92 | 框后两首和末尾与 ↓ 框前两首和次尾 | 6 - 10 - 2 - 6 - 10 | 6 | |
| | 框前两尾和首首与 ↑ 框后两尾和再首 | 10 - 6 - 2 - 10 - 6 | | |
| 93 | 框后两首和末尾与 ↓ 框中首首、尾 | 6 - 10 - 2 - 10 | 5 | 58 |
| | 框前两尾和首首与 ↑ 框中末首、尾 | 10 - 2 - 10 - 6 | | |
| 94 | 框后两首和末尾与 ↓ 框前两尾和首首 | 6 - 10 - 2 - 10 - 6 | 6 | |

## 续表

| 序号 | 条件<br>在表 28 中，若任何的______都是素数的 | 结论<br>就是一个差 $D$ 型 | $k$ 生素数 | 同差异决之序号 |
|---|---|---|---|---|
| 95 | 框后两首和末尾与下下行首数；框中再尾二、三首与下下行首数 | 6 - 10 - 8 | 4 | |
| | 框前两尾和首首与上上行尾数；框中次首二、三尾与上上行尾数 | 8 - 10 - 6 | | |
| 96 | 框后两首和末尾与下下行两数 | 6 - 10 - 8 - 4 | 5 | |
| | 框前两尾和首首与上上行两数 | 4 - 8 - 10 - 6 | | |
| 97 | 框后两首和末尾与 $\underline{\downarrow}$ 框中首尾二、三首 | 6 - 10 - 8 - 4 - 2 | 6 | |
| | 框前两尾和首首与 $\overline{\uparrow}$ 框中末首二、三尾 | 2 - 4 - 8 - 10 - 6 | | |
| 98 | 框后两首和末尾与 $\underline{\downarrow}$ 框前两尾和次首 | 6 - 10 - 8 - 4 - 6 | 6 | |
| | 框前两尾和首首与 $\overline{\uparrow}$ 框后两首和再尾 | 6 - 4 - 8 - 10 - 6 | | |
| 99 | 框后两首和末尾与 $\underline{\downarrow}$ 框中次行和末首 | 6 - 10 - 8 - 4 - 8 | 6 | |
| | 框前两尾和首首与 $\overline{\uparrow}$ 框中丁行和首尾 | 8 - 4 - 8 - 10 - 6 | | |
| 100 | 框后两首和末尾与 $\underline{\downarrow}$ 框中二、三首；<br>框中再尾二、三首与 $\underline{\downarrow}$ 框中前两首 | 6 - 10 - 8 - 6 | 5 | |
| | 框前两尾和首首与 $\overline{\uparrow}$ 框中二、三尾；<br>框中次首二、三尾与 $\overline{\uparrow}$ 框中后两尾 | 6 - 8 - 10 - 6 | | |
| 101 | 框后两首和末尾与 $\underline{\downarrow}$ 框中次尾二、三首；<br>框中再尾二、三首与 $\underline{\downarrow}$ 框中前两行 | 6 - 10 - 8 - 6 - 4 | 6 | |
| | 框前两尾和首首与 $\overline{\uparrow}$ 框中再首二、三尾；<br>框中次首二、三尾与 $\overline{\uparrow}$ 框中后两行 | 4 - 6 - 8 - 10 - 6 | | |
| 102 | 框后两首和末尾与 $\underline{\downarrow}$ 框中再尾二、三首；<br>框中再尾二、三首与 $\underline{\downarrow}$ 框前两首和次尾 | 6 - 10 - 8 - 6 - 10 | 6 | |
| | 框前两尾和首首与 $\overline{\uparrow}$ 框中次首二、三尾；<br>框中次首二、三尾与 $\overline{\uparrow}$ 框后两尾和再首 | 10 - 6 - 8 - 10 - 6 | | |
| 103 | 框后两首和末尾与 $\underline{\downarrow}$ 框中次首、尾；<br>框中再尾二、三首与 $\underline{\downarrow}$ 框中首首、尾 | 6 - 10 - 8 - 10 | 5 | |
| | 框前两尾和首首与 $\overline{\uparrow}$ 框中再首、尾；<br>框中次首二、三尾与 $\overline{\uparrow}$ 框中末首、尾 | 10 - 8 - 10 - 6 | | |
| 104 | 框后两首和末尾与 $\underline{\downarrow}$ 框中次首二、三尾<br>框前两尾和首首与 $\overline{\uparrow}$ 框中再尾二、三首 | 6 - 10 - 8 - 10 - 6 | 6 | |
| 105 | 框后两尾和再首与下行首数 | 10 - 6 - 2 | 4 | 33 |
| | 框前两首和次尾与上行尾数 | 2 - 6 - 10 | | |
| 106 | 框后两尾和再首与↓框中前两首 | 10 - 6 - 2 - 6 | 5 | |
| | 框前两首和次尾与↑框中后两尾 | 6 - 2 - 6 - 10 | | |
| 107 | 框后两尾和再首与↓框前两首和次尾 | 10 - 6 - 2 - 6 - 10 | 6 | |
| 108 | 框后两尾和再首与↓框中首首、尾 | 10 - 6 - 2 - 10 | 5 | 67 |
| | 框前两首和次尾与↑框中末首、尾 | 10 - 2 - 6 - 10 | | |
| 109 | 框后两尾和再首与↓框中首尾一、三首 | 10 - 6 - 2 - 10 - 2 | 6 | 3116 |
| | 框前两首和次尾与↑框中末首二、四尾 | 2 - 10 - 2 - 6 - 10 | | |
| 110 | 框后两尾和再首与下下行首数；框中次首二、三尾与下下行首数 | 10 - 6 - 8 | 4 | |
| | 框前两首和次尾与上上行尾数；框中再尾二、三首与上上行尾数 | 8 - 6 - 10 | | |
| 111 | 框后两尾和再首与下下行两数 | 10 - 6 - 8 - 4 | 5 | |
| | 框前两首和次尾与上上行两数 | 4 - 8 - 6 - 10 | | |

续表

| 序号 | 条件<br>在表 28 中,若任何的______都是素数的 | 结论<br>就是一个差 $\underline{D}$ 型 | $k$ 生素数 | 同差异决之序号 |
| --- | --- | --- | --- | --- |
| 112 | 框后两尾和再首与 $\underline{\downarrow}$ 框中首尾二、三首 | 10 - 6 - 8 - 4 - 2 | 6 | |
| | 框前两首和次尾与 $\overline{\uparrow}$ 框中末首二、三尾 | 2 - 4 - 8 - 6 - 10 | | |
| 113 | 框后两尾和再首与 $\underline{\downarrow}$ 框前两尾和次首 | 10 - 6 - 8 - 4 - 6 | 6 | |
| | 框前两首和次尾与 $\overline{\uparrow}$ 框后两首和再尾 | 6 - 4 - 8 - 6 - 10 | | |
| 114 | 框后两尾和再首与 $\underline{\downarrow}$ 框中次行和末首 | 10 - 6 - 8 - 4 - 8 | 6 | |
| | 框前两首和次尾与 $\overline{\uparrow}$ 框中丁行和首尾 | 8 - 4 - 8 - 6 - 10 | | |
| 115 | 框后两尾和再首与 $\underline{\downarrow}$ 框中二、三首;<br>框中次首二、三尾与 $\underline{\downarrow}$ 框中前两首 | 10 - 6 - 8 - 6 | 5 | |
| | 框前两首和次尾与 $\overline{\uparrow}$ 框中二、三尾;<br>框中再尾二、三首与 $\overline{\uparrow}$ 框中后两尾 | 6 - 8 - 6 - 10 | | |
| 116 | 框后两尾和再首与 $\underline{\downarrow}$ 框中再尾二、三首;<br>框前两首和次尾与 $\overline{\uparrow}$ 框中次首二、三尾 | 10 - 6 - 8 - 6 - 10 | 6 | |
| 117 | 框后两尾和再首与 $\underline{\downarrow}$ 框中次首、尾;<br>框中次首二、三尾与 $\underline{\downarrow}$ 框中首首、尾 | 10 - 6 - 8 - 10 | 5 | |
| | 框前两首和次尾与 $\overline{\uparrow}$ 框中再首、尾;<br>框中再尾二、三首与 $\overline{\uparrow}$ 框中末首、尾 | 10 - 8 - 6 - 10 | | |
| 118 | 框中后三尾与下行首数 | 6 - 6 - 2 | 4 | |
| | 框中前三首与上行尾数 | 2 - 6 - 6 | | |
| 119 | 框中后三尾与↓框中前两首 | 6 - 6 - 2 - 6 | 5 | |
| | 框中前三首与↑框中后两尾 | 6 - 2 - 6 - 6 | | |
| 120 | 框中后三尾与↓框中前两行 | 6 - 6 - 2 - 6 - 4 | 6 | |
| | 框中前三首与↑框中后两行 | 4 - 6 - 2 - 6 - 6 | | |
| 121 | 框中后三尾与↓框中前三首 | 6 - 6 - 2 - 6 - 6 | 6 | |
| 122 | 框中后三尾与↓框前两首和次尾 | 6 - 6 - 2 - 6 - 10 | 6 | |
| | 框中前三首与↑框后两尾和再首 | 10 - 6 - 2 - 6 - 6 | | |
| 123 | 框中后三尾与↓框中首首、尾 | 6 - 6 - 2 - 10 | 5 | |
| | 框中前三首与↑框中末首、尾 | 10 - 2 - 6 - 6 | | |
| 124 | 框中后三尾与↓框中首尾一、三首 | 6 - 6 - 2 - 10 - 6 | 6 | |
| | 框中前三首与↑框中末首二、四尾 | 2 - 10 - 2 - 6 - 6 | | |
| 125 | 框中后三尾与↓框前两尾和首首 | 6 - 6 - 2 - 10 - 6 | 6 | |
| | 框中前三首与↑框后两首和末尾 | 6 - 10 - 2 - 6 - 6 | | |
| 126 | 框中后三尾与↓框中首尾一、四首 | 6 - 6 - 2 - 10 - 8 | 6 | |
| | 框中前三首与↑框中末首一、四尾 | 8 - 10 - 2 - 6 - 6 | | |
| 127 | 框中后三尾与下下行首数;框中前三尾与下下行首数 | 6 - 6 - 8 | 4 | |
| | 框中前三首与上上行尾数;框中后三首与上上行尾数 | 8 - 6 - 6 | | |
| 128 | 框中后三尾与下下行两数 | 6 - 6 - 8 - 4 | 5 | |
| | 框中前三首与上上行两数 | 4 - 8 - 6 - 6 | | |
| 129 | 框中后三尾与 $\underline{\downarrow}$ 框中首尾二、三首 | 6 - 6 - 8 - 4 - 2 | 6 | |
| | 框中前三首与 $\overline{\uparrow}$ 框中末首二、三尾 | 2 - 4 - 8 - 6 - 6 | | |
| 130 | 框中后三尾与 $\underline{\downarrow}$ 框前两尾和次首 | 6 - 6 - 8 - 4 - 6 | 6 | |
| | 框中前三首与 $\overline{\uparrow}$ 框后两首和再尾 | 6 - 4 - 8 - 6 - 6 | | |

续表

| 序号 | 条件 | 结论 | | 同差异决之序号 |
|---|---|---|---|---|
| | 在表 28 中,若任何的__________都是素数的 | 就是一个差 $D$ 型 | $k$ 生素数 | |
| 131 | 框中后三尾与↓框中次行和末首 | 6-6-8-4-8 | 6 | |
| | 框中前三首与↑框中丁行和首尾 | 8-4-8-6-6 | | |
| 132 | 框中后三尾与↓框中二、三首;框中前三尾与↓框中前两首 | 6-6-8-6 | 5 | |
| | 框中前三首与↑框中二、三尾;框中后三首与↑框中后两尾 | 6-8-6-6 | | |
| 133 | 框中后三尾与↓框中次尾二、三首;框中前三尾与↓框中前两行 | 6-6-8-6-4 | 6 | |
| | 框中前三首与↑框中再首二、三尾;框中后三首与↑框中后两行 | 4-6-8-6-6 | | |
| 134 | 框中后三尾与↓框中后三首 | 6-6-8-6-6 | 6 | |
| | 框中前三首与↑框中前三尾 | | | |
| 135 | 框中后三尾与↓框中再尾二、三首;<br>框中前三尾与↓框前两首和次尾 | 6-6-8-6-10 | 6 | |
| | 框中前三首与↑框中次首二、三尾;<br>框中后三首与↑框后两尾和再首 | 10-6-8-6-6 | | |
| 136 | 框中后三尾与↓框中次首、尾;框中前三尾与↓框中首首、尾 | 6-6-8-10 | 5 | |
| | 框中前三首与↑框中再首、尾;框中后三首与↑框中末首、尾 | 10-8-6-6 | | |
| 137 | 框中后三尾与↓框中次尾二、四首;<br>框中前三尾与↓框中首尾一、三首 | 6-6-8-10-2 | 6 | |
| | 框中前三首与↑框中再首一、三尾;<br>框中后三首与↑框中末首二、四尾 | 2-10-8-6-6 | | |
| 138 | 框中后三尾与↓框中次首二、三尾;<br>框中前三尾与↓框前两尾和首首 | 6-6-8-10-6 | 6 | |
| | 框中前三首与↑框中再尾二、三首;<br>框中后三首与↑框后两首和末尾 | 6-10-8-6-6 | | |
| 139 | 框中四尾数与下行首数 | 6-6-6-2 | 5 | |
| | 框中四首数与上行尾数 | 2-6-6-6 | | |
| 140 | 框中四尾数与↓框中前两首 | 6-6-6-2-6 | 6 | |
| | 框中四首数与↑框中后两尾 | 6-2-6-6-6 | | |
| 141 | 框中四尾数与↓框中前两行 | 6-6-6-2-6-4 | 7 | |
| | 框中四首数与↑框中后两行 | 4-6-2-6-6-6 | | |
| 142 | 框中四尾数与↓框前三首和首尾 | 6-6-6-2-6-4-2 | 8 | |
| | 框中四首数与↑框后三尾和末首 | 2-4-6-2-6-6-6 | | |
| 143 | 框中四尾数与↓框前两首前两尾 | 6-6-6-2-6-4-6 | 8 | |
| | 框中四首数与↑框后两首后两尾 | 6-4-6-2-6-6-6 | | |
| 144 | 框中四尾数与↓框前两行和末首 | 6-6-6-2-6-4-8 | 8 | |
| | 框中四首数与↑框后两行和首尾 | 8-4-6-2-6-6-6 | | |
| 145 | 框中四尾数与↓框中前三首 | 6-6-6-2-6-6 | 7 | |
| | 框中四首数与↑框中后三尾 | 6-6-2-6-6-6 | | |
| 146 | 框中四尾数与↓框前三首和次尾 | 6-6-6-2-6-6-4 | 8 | |
| | 框中四首数与↑框后三尾和再首 | 4-6-6-2-6-6-6 | | |
| 147 | 框中四尾数与↓框中四首数 | 6-6-6-2-6-6-6 | 8 | |
| 148 | 框中四尾数与↓框前三首和再尾 | 6-6-6-2-6-6-10 | 8 | |
| | 框中四首数与↑框后三尾和次首 | 10-6-6-2-6-6-6 | | |

续表

| 序号 | 条件<br>在表 28 中，若任何的＿＿＿＿都是素数的 | 结论<br>就是一个差 D 型 | k 生素数 | 同差异决之序号 |
|---|---|---|---|---|
| 149 | 框中四尾数与↓框前两首和次尾 | 6-6-6-2-6-10 | 7 | |
| | 框中四首数与↑框后两尾和再首 | 10-6-2-6-6-6 | | |
| 150 | 框中四尾数与↓框中一、二、四首和次尾 | 6-6-6-2-6-10-2 | 8 | |
| | 框中四首数与↑框中一、三、四尾和再首 | 2-10-6-2-6-6-6 | | |
| 151 | 框中四尾数与↓框前两首二、三尾 | 6-6-6-2-6-10-6 | 8 | |
| | 框中四首数与↑框后两尾二、三首 | 6-10-6-2-6-6-6 | | |
| 152 | 框中四尾数与↓框中首首、尾 | 6-6-6-2-10 | 6 | |
| | 框中四首数与↑框中末首、尾 | 10-2-6-6-6 | | |
| 153 | 框中四尾数与↓框中首尾一、三首 | 6-6-6-2-10-2 | 7 | |
| | 框中四首数与↑框中末首二、四尾 | 2-10-2-6-6-6 | | |
| 154 | 框中四尾数与↓框中再行首首、尾 | 6-6-6-2-10-2-4 | 8 | |
| | 框中四首数与↑框中再行末首、尾 | 4-2-10-2-6-6-6 | | |
| 155 | 框中四尾数与↓框后两首首首、尾 | 6-6-6-2-10-2-6 | 8 | |
| | 框中四首数与↑框前两尾末首、尾 | 6-2-10-2-6-6-6 | | |
| 156 | 框中四尾数与↓框中一、三首一、三尾 | 6-6-6-2-10-2-10 | 8 | |
| | 框中四首数与↑框中二、四首二、四尾 | 10-2-10-2-6-6-6 | | |
| 157 | 框中四尾数与↓框前两尾和首首 | 6-6-6-2-10-6 | 7 | |
| | 框中四首数与↑框后两首和末尾 | 6-10-2-6-6-6 | | |
| 158 | 框中四尾数与↓框前三尾和首首 | 6-6-6-2-10-6-6 | 8 | |
| | 框中四首数与↑框后三首和末尾 | 6-6-10-2-6-6-6 | | |
| 159 | 框中四尾数与↓框中首尾一、四首 | 6-6-6-2-10-8 | 7 | |
| | 框中四首数与↑框中末首一、四尾 | 8-10-2-6-6-6 | | |
| 160 | 框中四尾数与↓框中丁行首首、尾 | 6-6-6-2-10-8-4 | 8 | |
| | 框中四首数与↑框中次行末首、尾 | 4-8-10-2-6-6-6 | | |
| 161 | 框中四尾数与↓框中一、四首一、四尾 | 6-6-6-2-10-8-10 | 8 | |
| | 框中四首数与↑框中一、四首一、四尾 | 10-8-10-2-6-6-6 | | |
| 162 | 框中四尾数与下下行首数 | 6-6-6-8 | 5 | |
| | 框中四首数与上上行尾数 | 8-6-6-6 | | |
| 163 | 框中四尾数与下下行两数 | 6-6-6-8-4 | 6 | |
| | 框中四首数与上上行两数 | 4-8-6-6-6 | | |
| 164 | 框中四尾数与↓框中首尾二、三首 | 6-6-6-8-4-2 | 7 | |
| | 框中四首数与↑框中末首二、三尾 | 2-4-8-6-6-6 | | |
| 165 | 框中四尾数与↓框中二、三行 | 6-6-6-8-4-2-4 | 8 | |
| | 框中四首数与↑框中三、四行 | 4-2-4-8-6-6-6 | | |
| 166 | 框中四尾数与↓框后三首和首尾 | 6-6-6-8-4-2-6 | 8 | |
| | 框中四首数与↑框前三尾和末首 | 6-2-4-8-6-6-6 | | |
| 167 | 框中四尾数与↓框中次行再首、尾 | 6-6-6-8-4-2-10 | 8 | |
| | 框中四首数与↑框中丁行次首、尾 | 10-2-4-8-6-6-6 | | |
| 168 | 框中四尾数与↓框前两尾和次首 | 6-6-6-8-4-6 | 7 | |
| | 框中四首数与↑框后两首和再尾 | 6-4-8-6-6-6 | | |

## 续表

| 序号 | 条件<br>在表 28 中,若任何的＿＿＿＿都是素数的 | 结论<br>就是一个差 $D$ 型 | $k$ 生素数 | 同差异决之序号 |
|---|---|---|---|---|
| 169 | 框中四尾数与↓框前三尾和次首 | 6-6-6-8-4-6-6 | 8 | |
| | 框中四首数与↑框后三首和再尾 | 6-6-4-8-6-6-6 | | |
| 170 | 框中四尾数与↓框中次行和末首 | 6-6-6-8-4-8 | 7 | |
| | 框中四首数与↑框中丁行和首尾 | 8-4-8-6-6-6 | | |
| 171 | 框中四尾数与↓框中二、四行 | 6-6-6-8-4-8-4 | 8 | |
| | 框中四首数与↑框中二、四行 | 4-8-4-8-6-6-6 | | |
| 172 | 框中四尾数与↓框中次行末首、尾 | 6-6-6-8-4-8-10 | 8 | |
| | 框中四首数与↑框中丁行首首、尾 | 10-8-4-8-6-6-6 | | |
| 173 | 框中四尾数与↓框中二、三首 | 6-6-6-8-6 | 6 | |
| | 框中四首数与↑框中二、三尾 | 6-8-6-6-6 | | |
| 174 | 框中四尾数与↓框中次尾二、三首 | 6-6-6-8-6-4 | 7 | |
| | 框中四首数与↑框中再首二、三尾 | 4-6-8-6-6-6 | | |
| 175 | 框中四尾数与↓框后三首和次尾 | 6-6-6-8-6-4-2 | 8 | |
| | 框中四首数与↑框前三尾和再首 | 2-4-6-8-6-6-6 | | |
| 176 | 框中四尾数与↓框中二、三首二、三尾 | 6-6-6-8-6-4-6 | 8 | |
| | 框中四首数与↑框中二、三首二、三尾 | 6-4-6-8-6-6-6 | | |
| 177 | 框中四尾数与↓框中后三首 | 6-6-6-8-6-6 | 7 | |
| | 框中四首数与↑框中前三尾 | 6-6-8-6-6-6 | | |
| 178 | 框中四尾数与↓框后三首和再尾 | 6-6-6-8-6-6-4 | 8 | |
| | 框中四首数与↑框前三尾和次首 | 4-6-6-8-6-6-6 | | |
| 179 | 框中四尾数与↓框后三首和末尾 | 6-6-6-8-6-6-10 | 8 | |
| | 框中四首数与↑框前三尾和首首 | 10-6-6-8-6-6-6 | | |
| 180 | 框中四尾数与↓框中再尾二、三首 | 6-6-6-8-6-10 | 7 | |
| | 框中四首数与↑框中次首二、三尾 | 10-6-8-6-6-6 | | |
| 181 | 框中四尾数与↓框后两尾二、三首 | 6-6-6-8-6-10-6 | 8 | |
| | 框中四首数与↑框前两首二、三尾 | 6-10-6-8-6-6-6 | | |
| 182 | 框中四尾数与↓框中次首、尾 | 6-6-6-8-10 | 6 | |
| | 框中四首数与↑框中再首、尾 | 10-8-6-6-6 | | |
| 183 | 框中四尾数与↓框中次尾二、四首 | 6-6-6-8-10-2 | 7 | |
| | 框中四首数与↑框中再首一、三尾 | 2-10-8-6-6-6 | | |
| 184 | 框中四尾数与↓框中丁行次首、尾 | 6-6-6-8-10-2-4 | 8 | |
| | 框中四尾首与↑框中次行再首、尾 | 4-2-10-8-6-6-6 | | |
| 185 | 框中四尾数与↓框中二、四首二、四尾 | 6-6-6-8-10-2-10 | 8 | |
| | 框中四首数与↑框中一、三首一、三尾 | 10-2-10-8-6-6-6 | | |
| 186 | 框中四尾数与↓框中次首二、三尾 | 6-6-6-8-10-6 | 7 | |
| | 框中四首数与↑框中再尾二、三首 | 6-10-8-6-6-6 | | |
| 187 | 框中四尾数与↓框后三尾和次首 | 6-6-6-8-10-6-6 | 8 | |
| | 框中四首数与↑框前三首和再尾 | 6-6-10-8-6-6-6 | | |
| 188 | 框中末首二、三尾与下下行首数 | 2-4-8 | 4 | |
| | 框中首尾二、三首与上上行尾数 | 8-4-2 | | |

续表

| 序号 | 条件<br>在表 28 中，若任何的＿＿＿＿都是素数的 | 结论<br>就是一个差＿$D$＿型 | $k$ 生素数 | 同差异决之序号 |
|---|---|---|---|---|
| 189 | 框中末首二、三尾与↓框中前两首<br>框中首尾二、三首与↑框中后两尾 | 2-4-8-6<br>6-8-4-2 | 5 | |
| 190 | 框中末首二、三尾与↓框中前两行<br>框中首尾二、三首与↑框中后两行 | 2-4-8-6-4<br>4-6-8-4-2 | 6 | |
| 191 | 框中末首二、三尾与↓框中首首、尾<br>框中首尾二、三首与↑框中末首、尾 | 2-4-8-10<br>10-8-4-2 | 5 | |
| 192 | 框中后两行与下行首数<br>框中前两行与上行尾数 | 4-6-2<br>2-6-4 | 4 | 27 |
| 193 | 框中后两行与↓框中前两首<br>框中前两行与↑框中后两尾 | 4-6-2-6<br>6-2-6-4 | 5 | |
| 194 | 框中两行与↓框中前两行 | 4-6-2-6-4 | 6 | |
| 195 | 框中后两行与↓框前两首和次尾<br>框中前两行与↑框后两尾和再首 | 4-6-2-6-10<br>10-6-2-6-4 | 6 | |
| 196 | 框中后两行与↓框中首首、尾<br>框中前两行与↑框中末首、尾 | 4-6-2-10<br>10-2-6-4 | 5 | 66 |
| 197 | 框中后两行与↓框中首尾一、三首<br>框中前两行与↑框中末首二、四尾 | 4-6-2-10-2<br>2-10-2-6-4 | 6 | 3013 |
| 198 | 框中后两行与↓框前两尾和首首<br>框中前两行与↑框后两首和末尾 | 4-6-2-10-6<br>6-10-2-6-4 | 6 | |
| 199 | 框中后两行与↓框中首尾一、四首<br>框中前两行与↑框中末首一、四尾 | 4-6-2-10-8<br>8-10-2-6-4 | 6 | 3036 |
| 200 | 框中后两行与下下行首数；框中再首二、三尾与下下行首数<br>框中前两行与上上行尾数；框中次尾二、三首与上上行尾数 | 4-6-8<br>8-6-4 | 4 | |
| 201 | 框中后两行与下下行两数<br>框中前两行与上上行两数 | 4-6-8-4<br>4-8-6-4 | 5 | |
| 202 | 框中后两行与↓框前两尾和次首<br>框中前两行与↑框后两首和再尾 | 4-6-8-4-6<br>6-4-8-6-4 | 6 | |
| 203 | 框中后两行与↓框中次行和末首<br>框中前两行与↑框中丁行和首尾 | 4-6-8-4-8<br>8-4-8-6-4 | 6 | |
| 204 | 框中后两行与↓框中二、三首；框中再首二、三尾与↓框中前两首<br>框中前两行与↑框中二、三尾；框中次尾二、三首与↑框中后两尾 | 4-6-8-6<br>6-8-6-4 | 5 | |
| 205 | 框中后两行与↓框中次尾二、三首<br>框中前两行与↑框中再首二、三尾 | 4-6-8-6-4 | 6 | |
| 206 | 框中后两行与↓框中再尾二、三首；<br>框中再首二、三尾与↓框前两首和次尾<br>框中前两行与↑框中次首二、三尾；<br>框中次尾二、三首与↑框后两尾和再首 | 4-6-8-6-10<br>10-6-8-6-4 | 6 | |
| 207 | 框中后两行与↓框中次首、尾；<br>框中再首二、三尾与↓框中首首、尾<br>框中前两行与↑框中再首、尾；<br>框中次尾二、三首与↑框中末首、尾 | 4-6-8-10<br>10-8-6-4 | 5 | |

续表

| 序号 | 条件<br>在表 28 中,若任何的______都是素数的 | 结论<br>就是一个差__$D$__型 | $k$ 生素数 | 同差异决之序号 |
|---|---|---|---|---|
| 208 | 框中后两行与↓框中次尾二、四首;<br>框中再首二、三尾与$\underline{\downarrow}$框中首尾一、三首 | 4-6-8-10-2 | 6 | |
| | 框中前两行与$\overline{\uparrow}$框中再首一、三尾;<br>框中次尾二、三首与$\overline{\uparrow}$框中末首二、四尾 | 2-10-8-6-4 | | |
| 209 | 框后两首和再尾与下下行首数 | 6-4-8 | 4 | 23 |
| | 框前两尾和次首与上上行尾数 | 8-4-6 | | |
| 210 | 框后两首和再尾与$\underline{\downarrow}$框中前两首 | 6-4-8-6 | 5 | |
| | 框前两尾和次首与$\overline{\uparrow}$框中后两尾 | 6-8-4-6 | | |
| 211 | 框后两首和再尾与$\underline{\downarrow}$框中首首、尾 | 6-4-8-10 | 5 | 21 |
| | 框前两尾和次首与$\overline{\uparrow}$框中末首、尾 | 10-8-4-6 | | |
| 212 | 框中末首一、三尾与下下行首数 | 8-4-8 | 4 | |
| | 框中首尾二、四首与上上行尾数 | 8-4-8 | | |
| 213 | 框中末首一、三尾与$\underline{\downarrow}$框中前两首 | 8-4-8-6 | 5 | |
| | 框中首尾二、四尾与$\overline{\uparrow}$框中后两尾 | 6-8-4-8 | | |
| 214 | 框中末首一、三尾与$\underline{\downarrow}$框中首首、尾 | 8-4-8-10 | 5 | 499 |
| | 框中首尾二、四尾与$\overline{\uparrow}$框中末首、尾 | 10-8-4-8 | | |
| 215 | 框后两首后两尾与下行首数 | 6-4-6-2 | 5 | 60 |
| | 框前两首前两尾与上行尾数 | 2-6-4-6 | | |
| 216 | 框后两首后两尾与↓框中前两首 | 6-4-6-2-6 | 6 | |
| | 框前两首前两尾与↑框中后两尾 | 6-2-6-4-6 | | |
| 217 | 框后两首后两尾与↓框中前两行 | 6-4-6-2-6-4 | 7 | |
| | 框前两首前两尾与↑框中后两行 | 4-6-2-6-4-6 | | |
| 218 | 框后两首后两尾与↓框前三首和首尾 | 6-4-6-2-6-4-2 | 8 | |
| | 框前两首前两尾与↑框后三尾和末首 | 2-4-6-2-6-4-6 | | |
| 219 | 框后两首后两尾与↓框前两首前两尾 | 6-4-6-2-6-4-6 | 8 | |
| 220 | 框后两首后两尾与↓框中前三首 | 6-4-6-2-6-6 | 7 | |
| | 框前两首前两尾与↑框中后三尾 | 6-6-2-6-4-6 | | |
| 221 | 框后两首后两尾与↓框前三首和次尾 | 6-4-6-2-6-6-4 | 8 | |
| | 框前两首前两尾与↑框后三尾和再首 | 4-6-6-2-6-4-6 | | |
| 222 | 框后两首后两尾与↓框前三首和再尾 | 6-4-6-2-6-6-10 | 8 | |
| | 框前两首前两尾与↑框后三尾和次首 | 10-6-6-2-6-4-6 | | |
| 223 | 框后两首后两尾与↓框前两首和次尾 | 6-4-6-2-6-10 | 7 | |
| | 框前两首前两尾与↑框后两尾和再首 | 10-6-2-6-4-6 | | |
| 224 | 框后两首后两尾与↓框中一、二、四首和次尾 | 6-4-6-2-6-10-2 | 8 | |
| | 框前两首前两尾与↑框中一、三、四尾和再首 | 2-10-6-2-6-4-6 | | |
| 225 | 框后两首后两尾与↓框前两首二、三尾 | 6-4-6-2-6-10-6 | 8 | |
| | 框前两首前两尾与↑框后两尾二、三首 | 6-10-6-2-6-4-6 | | |
| 226 | 框后两首后两尾与↓框中首首、尾 | 6-4-6-2-10 | 6 | 68 |
| | 框前两首前两尾与↑框中末首、尾 | 10-2-6-4-6 | | |

续表

| 序号 | 条件<br>在表 28 中，若任何的＿＿＿＿都是素数的 | 结论<br>就是一个差＿D＿型 | k 生素数 | 同差异决之序号 |
|---|---|---|---|---|
| 227 | 框后两首后两尾与↓框中首尾一、三首 | 6-4-6-2-10-2 | 7 | 3211 |
| | 框前两首前两尾与↑框中末首二、四尾 | 2-10-2-6-4-6 | | |
| 228 | 框后两首后两尾与↓框前两尾一、三首 | 6-4-6-2-10-2-4 | 8 | |
| | 框前两首前两尾与↑框后两首二、四尾 | 4-2-10-2-6-4-6 | | |
| 229 | 框后两首后两尾与↓框后两首首首、尾 | 6-4-6-2-10-2-6 | 8 | 3212 |
| | 框前两首前两尾与↑框前两尾末首、尾 | 6-2-10-2-6-4-6 | | |
| 230 | 框后两首后两尾与↓框中一、三首一、三尾 | 6-4-6-2-10-2-10 | 8 | 3220 |
| | 框前两首前两尾与↑框中二、四首二、四尾 | 10-2-10-2-6-4-6 | | |
| 231 | 框后两首后两尾与↓框前两尾和首首 | 6-4-6-2-10-6 | 7 | |
| | 框前两首前两尾与↑框后两首和末尾 | 6-10-2-6-4-6 | | |
| 232 | 框后两首后两尾与↓框前两尾一、四首 | 6-4-6-2-10-6-2 | 8 | |
| | 框前两首前两尾与↑框后两首一、四尾 | 2-6-10-2-6-4-6 | | |
| 233 | 框后两首后两尾与↓框前三尾和首首 | 6-4-6-2-10-6-6 | 8 | |
| | 框前两首前两尾与↑框后三首和末尾 | 6-6-10-2-6-4-6 | | |
| 234 | 框后两首后两尾与↓框中首尾一、四首 | 6-4-6-2-10-8 | 7 | 3231 |
| | 框前两首前两尾与↑框中末首一、四尾 | 8-10-2-6-4-6 | | |
| 235 | 框后两首后两尾与下下行首数；<br>框中二、三首二、三尾与下下行首数 | 6-4-6-8 | 5 | |
| | 框前两首前两尾与上上行尾数；<br>框中二、三首二、三尾与上上行尾数 | 8-6-4-6 | | |
| 236 | 框后两首后两尾与下下行两数 | 6-4-6-8-4 | 6 | |
| | 框前两首前两尾与上上行两数 | 4-8-6-4-6 | | |
| 237 | 框后两首后两尾与↓框中首尾二、三首 | 6-4-6-8-4-2 | 7 | |
| | 框前两首前两尾与↑框中末首二、三尾 | 2-4-8-6-4-6 | | |
| 238 | 框后两首后两尾与↓框中二、三行 | 6-4-6-8-4-2-4 | 8 | |
| | 框前两首前两尾与↑框中三、四行 | 4-2-4-8-6-4-6 | | |
| 239 | 框后两首后两尾与↓框后三首和首尾 | 6-4-6-8-4-2-6 | 8 | |
| | 框前两首前两尾与↑框前三尾和末首 | 6-2-4-8-6-4-6 | | |
| 240 | 框后两首后两尾与↓框中次行再首、尾 | 6-4-6-8-4-2-10 | 8 | |
| | 框前两首前两尾与↑框中丁行次首、尾 | 10-2-4-8-6-4-6 | | |
| 241 | 框后两首后两尾与↓框前两尾和次首 | 6-4-6-8-4-6 | 7 | |
| | 框前两首前两尾与↑框后两首和再尾 | 6-4-8-6-4-6 | | |
| 242 | 框后两首后两尾与↓框前两尾二、四首 | 6-4-6-8-4-6-2 | 8 | |
| | 框前两首前两尾与↑框后两首一、三尾 | 2-6-4-8-6-4-6 | | |
| 243 | 框后两首后两尾与↓框前三尾和次首 | 6-4-6-8-4-6-6 | 8 | |
| | 框前两首前两尾与↑框后三首和再尾 | 6-6-4-8-6-4-6 | | |
| 244 | 框后两首后两尾与↓框中次行和末首 | 6-4-6-8-4-8 | 7 | |
| | 框前两首前两尾与↑框中丁行和首尾 | 8-4-8-6-4-6 | | |
| 245 | 框后两首后两尾与↓框中二、四行 | 6-4-6-8-4-8-4 | 8 | |
| | 框前两首前两尾与↑框中二、四行 | 4-8-4-8-6-4-6 | | |

续表

| 序号 | 条件<br>在表 28 中,若任何的＿＿＿＿都是素数的 | 结论<br>就是一个差 $D$ 型 | $k$ 生素数 | 同差异决之序号 |
|---|---|---|---|---|
| 246 | 框后两首后两尾与 $\underline{\downarrow}$ 框中二、三首;<br>框中二、三首二、三尾与 $\underline{\downarrow}$ 框中前两首 | 6-4-6-8-6 | 6 | |
| | 框前两首前两尾与 $\overline{\uparrow}$ 框中二、三尾;<br>框中二、三首二、三尾与 $\overline{\uparrow}$ 框中后两尾 | 6-8-6-4-6 | | |
| 247 | 框后两首后两尾与 $\underline{\downarrow}$ 框中次尾二、三首;<br>框中二、三首二、三尾与 $\underline{\downarrow}$ 框中前两行 | 6-4-6-8-6-4 | 7 | |
| | 框前两首前两尾与 $\overline{\uparrow}$ 框中再首二、三尾;<br>框中二、三首二、三尾与 $\overline{\uparrow}$ 框中后两行 | 4-6-8-6-4-6 | | |
| 248 | 框后两首后两尾与 $\underline{\downarrow}$ 框后三首和次尾;<br>框中二、三首二、三尾与 $\underline{\downarrow}$ 框前三首和首尾 | 6-4-6-8-6-4-2 | 8 | |
| | 框前两首前两尾与 $\overline{\uparrow}$ 框前三尾和再首;<br>框中二、三首二、三尾与 $\overline{\uparrow}$ 框后三尾和末首 | 2-4-6-8-6-4-6 | | |
| 249 | 框后两首后两尾与 $\underline{\downarrow}$ 框中二、三首二、三尾<br>框前两首前两尾与 $\overline{\uparrow}$ 框中二、三首二、三尾 | 6-4-6-8-6-4-6 | 8 | |
| 250 | 框后两首后两尾与 $\underline{\downarrow}$ 框中后三首;<br>框中二、三首二、三尾与 $\underline{\downarrow}$ 框中前三首 | 6-4-6-8-6-6 | 7 | |
| | 框前两首前两尾与 $\overline{\uparrow}$ 框中前三尾;<br>框中二、三首二、三尾与 $\overline{\uparrow}$ 框中后三尾 | 6-6-8-6-4-6 | | |
| 251 | 框后两首后两尾与 $\underline{\downarrow}$ 框中再尾二、三首;<br>框中二、三首二、三尾与 $\underline{\downarrow}$ 框前两首和次尾 | 6-4-6-8-6-10 | 7 | |
| | 框前两首前两尾与 $\overline{\uparrow}$ 框中次首二、三尾;<br>框中二、三首二、三尾与 $\overline{\uparrow}$ 框后两尾和再首 | 10-6-8-6-4-6 | | |
| 252 | 框后两首后两尾与 $\underline{\downarrow}$ 框中次首、尾;<br>框中二、三首二、三尾与 $\underline{\downarrow}$ 框中首首、尾 | 6-4-6-8-10 | 6 | |
| | 框前两首前两尾与 $\overline{\uparrow}$ 框中再首、尾;<br>框中二、三首二、三尾与 $\overline{\uparrow}$ 框中末首、尾 | 10-8-6-4-6 | | |
| 253 | 框后两首后两尾与 $\underline{\downarrow}$ 框中次尾二、四首;<br>框中二、三首二、三尾与 $\underline{\downarrow}$ 框中首尾一、三首 | 6-4-6-8-10-2 | 7 | |
| | 框前两首前两尾与 $\overline{\uparrow}$ 框中再首一、三尾;<br>框中二、三首二、三尾与 $\overline{\uparrow}$ 框中末首二、四尾 | 2-10-8-6-4-6 | | |
| 254 | 框后两首后两尾与 $\underline{\downarrow}$ 框中次首二、三尾;<br>框中二、三首二、三尾与 $\underline{\downarrow}$ 框前两尾和首首 | 6-4-6-8-10-6 | 7 | |
| | 框前两首前两尾与 $\overline{\uparrow}$ 框中再尾二、三首;<br>框中二、三首二、三尾与 $\overline{\uparrow}$ 框后两首和末尾 | 6-10-8-6-4-6 | | |
| 255 | 框后两首后两尾与 $\underline{\downarrow}$ 框后三尾和次首;<br>框中二、三首二、三尾与 $\underline{\downarrow}$ 框前三尾和首首 | 6-4-6-8-10-6-6 | 8 | |
| | 框前两首前两尾与 $\overline{\uparrow}$ 框前三首和再尾;<br>框中二、三首二、三尾与 $\overline{\uparrow}$ 框后三首和末尾 | 6-6-10-8-6-4-6 | | |
| 256 | 框中二、三首二、三尾与 $\underline{\downarrow}$ 框中首尾一、四首 | 6-4-6-8-10-8 | 7 | |
| | 框中二、三首二、三尾与 $\overline{\uparrow}$ 框中末首一、四尾 | 8-10-8-6-4-6 | | |
| 257 | 框中三、四行与下下行首数 | 4-2-4-8 | 5 | |
| | 框中二、三行与上上行尾数 | 8-4-2-4 | | |
| 258 | 框中三、四行与 $\underline{\downarrow}$ 框中前两首 | 4-2-4-8-6 | 6 | |
| | 框中二、三行与 $\overline{\uparrow}$ 框中后两尾 | 6-8-4-2-4 | | |

续表

| 序号 | 条件<br>在表 28 中,若任何的______都是素数的 | 结论<br>就是一个差 $D$ 型 | $k$ 生素数 | 同差异决之序号 |
|---|---|---|---|---|
| 259 | 框中三、四行与 $\underline{\downarrow}$ 框中前两行 | 4-2-4-8-6-4 | 7 | |
| | 框中二、三行与 $\overline{\uparrow}$ 框中后两行 | 4-6-8-4-2-4 | | |
| 260 | 框中三、四行与 $\underline{\downarrow}$ 框前三首和首尾 | 4-2-4-8-6-4-2 | 8 | |
| | 框中二、三行与 $\overline{\uparrow}$ 框后三尾和末首 | 2-4-6-8-4-2-4 | | |
| 261 | 框中三、四行与 $\underline{\downarrow}$ 框中前三首 | 4-2-4-8-6-6 | 7 | |
| | 框中二、三行与 $\overline{\uparrow}$ 框中后三尾 | 6-6-8-4-2-4 | | |
| 262 | 框中三、四行与 $\underline{\downarrow}$ 框前两首和次尾 | 4-2-4-8-6-10 | 7 | |
| | 框中二、三行与 $\overline{\uparrow}$ 框后两尾和再首 | 10-6-8-4-2-4 | | |
| 263 | 框中三、四行与 $\underline{\downarrow}$ 框中首首、尾 | 4-2-4-8-10 | 6 | |
| | 框中二、三行与 $\overline{\uparrow}$ 框中末首、尾 | 10-8-4-2-4 | | |
| 264 | 框中三、四行与 $\underline{\downarrow}$ 框中首尾一、三首 | 4-2-4-8-10-2 | 7 | |
| | 框中二、三行与 $\overline{\uparrow}$ 框中末首二、四尾 | 2-10-8-4-2-4 | | |
| 265 | 框中三、四行与 $\underline{\downarrow}$ 框前两尾和首首 | 4-2-4-8-10-6 | 7 | |
| | 框中二、三行与 $\overline{\uparrow}$ 框后两首和末尾 | 6-10-8-4-2-4 | | |
| 266 | 框中三、四行与 $\underline{\downarrow}$ 框中首尾一、四首 | 4-2-4-8-10-8 | 7 | |
| | 框中二、三行与 $\overline{\uparrow}$ 框中末首一、四首 | 8-10-8-4-2-4 | | |
| 267 | 框中三、四行与 $\underline{\downarrow}$ 框中一、四首一、四尾 | 4-2-4-8-10-8-10 | 8 | |
| | 框中二、三行与 $\overline{\uparrow}$ 框中一、四首一、四尾 | 10-8-10-8-4-2-4 | | |
| 268 | 框中后三行与下行首数 | 4-2-4-6-2 | 6 | |
| | 框中前三行与上行尾数 | 2-6-4-2-4 | | |
| 269 | 框中后三行与↓框中前两首 | 4-2-4-6-2-6 | 7 | |
| | 框中前三行与↑框中后两尾 | 6-2-6-4-2-4 | | |
| 270 | 框中后三行与↓框中前两行 | 4-2-4-6-2-6-4 | 8 | |
| | 框中前三行与↑框中后两行 | 4-6-2-6-4-2-4 | | |
| 271 | 框中后三行与↓框前三首和首尾 | 4-2-4-6-2-6-4-2 | 9 | |
| | 框中前三行与↑框后三尾和末首 | 2-4-6-2-6-4-2-4 | | |
| 272 | 框中后三行与↓框中前三行 | 4-2-4-6-2-6-4-2-4 | 10 | |
| 273 | 框中后三行与↓框前三首一、三尾 | 4-2-4-6-2-6-4-2-10 | 10 | |
| | 框中前三行与↑框后三尾二、四首 | 10-2-4-6-2-6-4-2-4 | | |
| 274 | 框中后三行与↓框前两首前两尾 | 4-2-4-6-2-6-4-6 | 9 | |
| | 框中前三行与↑框后两首后两尾 | 6-4-6-2-6-4-2-4 | | |
| 275 | 框中后三行与↓框前三尾前两尾 | 4-2-4-6-2-6-4-6-6 | 10 | |
| | 框中前三行与↑框后三首后两尾 | 6-6-4-6-2-6-4-2-4 | | |
| 276 | 框中后三行与↓框前两行和末首 | 4-2-4-6-2-6-4-8 | 9 | |
| | 框中前三行与↑框后两行和首尾 | 8-4-6-2-6-4-2-4 | | |
| 277 | 框中后三行与↓框中前三首 | 4-2-4-6-2-6-6 | 8 | |
| | 框中前三行与↑框中后三尾 | 6-6-2-6-4-2-4 | | |
| 278 | 框中后三行与↓框前三首和次尾 | 4-2-4-6-2-6-6-4 | 9 | |
| | 框中前三行与↑框后三尾和再首 | 4-6-6-2-6-4-2-4 | | |

续表

| 序号 | 条件<br>在表 28 中,若任何的______都是素数的 | 结论<br>就是一个差 $D$ 型 | $k$ 生素数 | 同差异决之序号 |
|---|---|---|---|---|
| 279 | 框中后三行与↓框前三首二、三尾 | 4-2-4-6-2-6-6-4-6 | 10 | |
| | 框中前三行与↑框后三尾二、三首 | 6-4-6-6-2-6-4-2-4 | | |
| 280 | 框中后三行与↓框中四首数 | 4-2-4-6-2-6-6-6 | 9 | |
| | 框中前三行与↑框中四尾数 | 6-6-6-2-6-4-2-4 | | |
| 281 | 框中后三行与↓框前三首和再尾 | 4-2-4-6-2-6-6-10 | 9 | |
| | 框中前三行与↑框后三尾和次首 | 10-6-6-2-6-4-2-4 | | |
| 282 | 框中后三行与↓框前三首后两尾 | 4-2-4-6-2-6-6-10-6 | 10 | |
| | 框中前三行与↑框后三尾前两首 | 6-10-6-6-2-6-4-2-4 | | |
| 283 | 框中后三行与↓框前两首和次尾 | 4-2-4-6-2-6-10 | 8 | |
| | 框中前三行与↑框后两尾和再首 | 10-6-2-6-4-2-4 | | |
| 284 | 框中后三行与↓框中一、二、四首和次尾 | 4-2-4-6-2-6-10-2 | 9 | |
| | 框中前三行与↑框中一、三、四尾和再首 | 2-10-6-2-6-4-2-4 | | |
| 285 | 框中后三行与↓框前两首二、三尾 | 4-2-4-6-2-6-10-6 | 9 | |
| | 框中前三行与↑框后两尾二、三首 | 6-10-6-2-6-4-2-4 | | |
| 286 | 框中后三行与↓框后三尾前两首 | 4-2-4-6-2-6-10-6-6 | 10 | |
| | 框中前三行与↑框前三首后两尾 | 6-6-10-6-2-6-4-2-4 | | |
| 287 | 框中后三行与↓框中首首、尾 | 4-2-4-6-2-10 | 7 | |
| | 框中前三行与↑框中末首、尾 | 10-2-6-4-2-4 | | |
| 288 | 框中后三行与↓框中首尾一、三首 | 4-2-4-6-2-10-2 | 8 | |
| | 框中前三行与↑框中末首二、四尾 | 2-10-2-6-4-2-4 | | |
| 289 | 框中后三行与↓框前两尾一、三首 | 4-2-4-6-2-10-2-4 | 9 | |
| | 框中前三行与↑框后两首二、四尾 | 4-2-10-2-6-4-2-4 | | |
| 290 | 框中后三行与↓框中一、三、四首前两尾 | 4-2-4-6-2-10-2-4-2 | 10 | |
| | 框中前三行与↑框中一、二、四尾后两首 | 2-4-2-10-2-6-4-2-4 | | |
| 291 | 框中后三行与↓框前三尾一、三首 | 4-2-4-6-2-10-2-4-6 | 10 | |
| | 框中前三行与↑框后三首二、四尾 | 6-4-2-10-2-6-4-2-4 | | |
| 292 | 框中后三行与↓框后两首首首、尾 | 4-2-4-6-2-10-2-6 | 9 | |
| | 框中前三行与↑框前两尾末首、尾 | 6-2-10-2-6-4-2-4 | | |
| 293 | 框中后三行与↓框中一、三首一、三尾 | 4-2-4-6-2-10-2-10 | 9 | |
| | 框中前三行与↑框中二、四首二、四尾 | 10-2-10-2-6-4-2-4 | | |
| 294 | 框中后三行与↓框中一、三、四尾一、三首 | 4-2-4-6-2-10-2-10-6 | 10 | |
| | 框中前三行与↑框中一、二、四首二、四尾 | 6-10-2-10-2-6-4-2-4 | | |
| 295 | 框中后三行与↓框前两尾和首首 | 4-2-4-6-2-10-6 | 8 | |
| | 框中前三行与↑框后两首和末尾 | 6-10-2-6-4-2-4 | | |
| 296 | 框中后三行与↓框前两尾一、四首 | 4-2-4-6-2-10-6-2 | 9 | |
| | 框中前三行与↑框后两首一、四尾 | 2-6-10-2-6-4-2-4 | | |
| 297 | 框中后三行与↓框前三尾和首首 | 4-2-4-6-2-10-6-6 | 9 | |
| | 框中前三行与↑框后三首和末尾 | 6-6-10-2-6-4-2-4 | | |
| 298 | 框中后三行与↓框中四尾和首首 | 4-2-4-6-2-10-6-6-6 | 10 | |
| | 框中前三行与↑框中四首和末尾 | 6-6-6-10-2-6-4-2-4 | | |

续表

| 序号 | 条件<br>在表 28 中，若任何的＿＿＿＿都是素数的 | 结论<br>就是一个差 $D$ 型 | $k$ 生素数 | 同差异决之序号 |
|---|---|---|---|---|
| 299 | 框中后三行与↓框中首尾一、四首 | 4-2-4-6-2-10-8 | 8 | |
| | 框中前三行与↑框中末首一、四尾 | 8-10-2-6-4-2-4 | | |
| 300 | 框中后三行与↓框中一、四首一、四尾 | 4-2-4-6-2-10-8-10 | 9 | |
| | 框中前三行与↑框中一、四首一、四尾 | 10-8-10-2-6-4-2-4 | | |
| 301 | 框中后三行与下下行首数；框前三尾二、三首与下下行首数 | 4-2-4-6-8 | 6 | |
| | 框中前三行与上上行尾数；框后三首二、三尾与上上行尾数 | 8-6-4-2-4 | | |
| 302 | 框中后三行与下下行两数 | 4-2-4-6-8-4 | 7 | |
| | 框中前三行与上上行两数 | 4-8-6-4-2-4 | | |
| 303 | 框中后三行与↓框中首尾二、三首 | 4-2-4-6-8-4-2 | 8 | |
| | 框中前三行与↑框中末首二、三尾 | 2-4-8-6-4-2-4 | | |
| 304 | 框中后三行与↓框中二、三行 | 4-2-4-6-8-4-2-4 | 9 | |
| | 框中前三行与↑框中三、四行 | 4-2-4-8-6-4-2-4 | | |
| 305 | 框中后三行与↓框前三尾二、三首 | 4-2-4-6-8-4-2-4-6 | 10 | |
| | 框中前三行与↑框后三首二、三尾 | 6-4-2-4-8-6-4-2-4 | | |
| 306 | 框中后三行与↓框后三首和首尾 | 4-2-4-6-8-4-2-6 | 9 | |
| | 框中前三行与↑框前三尾和末首 | 6-2-4-8-6-4-2-4 | | |
| 307 | 框中后三行与↓框中次行再首、尾 | 4-2-4-6-8-4-2-10 | 9 | |
| | 框中前三行与↑框中丁行次首、尾 | 10-2-4-8-6-4-2-4 | | |
| 308 | 框中后三行与↓框中一、三、四尾二、三首 | 4-2-4-6-8-4-2-10-6 | 10 | |
| | 框中前三行与↑框中一、二、四首二、三尾 | 6-10-2-4-8-6-4-2-4 | | |
| 309 | 框中后三行与↓框前两尾和次首 | 4-2-4-6-8-4-6 | 8 | |
| | 框中前三行与↑框后两首和再尾 | 6-4-8-6-4-2-4 | | |
| 310 | 框中后三行与↓框前两尾二、四首 | 4-2-4-6-8-4-6-2 | 9 | |
| | 框中前三行与↑框后两首一、三尾 | 2-6-4-8-6-4-2-4 | | |
| 311 | 框中后三行与↓框前三尾和次首 | 4-2-4-6-8-4-6-6 | 9 | |
| | 框中前三行与↑框后三首和再尾 | 6-6-4-8-6-4-2-4 | | |
| 312 | 框中后三行与↓框中四尾和次首 | 4-2-4-6-8-4-6-6-6 | 10 | |
| | 框中前三行与↑框中四首和再尾 | 6-6-6-4-8-6-4-2-4 | | |
| 313 | 框中后三行与↓框中次行和末首 | 4-2-4-6-8-4-8 | 8 | |
| | 框中前三行与↑框中丁行和首尾 | 8-4-8-6-4-2-4 | | |
| 314 | 框中后三行与↓框中次行末首、尾 | 4-2-4-6-8-4-8-10 | 9 | |
| | 框中前三行与↑框中丁行首首、尾 | 10-8-4-8-6-4-2-4 | | |
| 315 | 框中后三行与↓框中二、三首；框前三尾二、三首与↓框中前两首 | 4-2-4-6-8-6 | 7 | |
| | 框中前三行与↑框中二、三尾；框后三首二、三尾与↑框中后两尾 | 6-8-6-4-2-4 | | |
| 316 | 框中后三行与↓框中次尾二、三首；<br>框前三尾二、三首与↓框中前两行 | 4-2-4-6-8-6-4 | 8 | |
| | 框中前三行与↑框中再首二、三尾；<br>框后三首二、三尾与↑框中后两行 | 4-6-8-6-4-2-4 | | |

## 续表

| 序号 | 条件 | 结论 | | 同差异决之序号 |
|---|---|---|---|---|
| | 在表 28 中,若任何的__________都是素数的 | 就是一个差 $\underline{D}$ 型 | $k$ 生素数 | |
| 317 | 框中后三行与$\underline{\downarrow}$框后三首和次尾;<br>框前三尾二、三首与$\underline{\downarrow}$框前三首和首尾 | 4-2-4-6-8-6-4-2 | 9 | |
| | 框中前三行与$\overline{\uparrow}$框前三尾和再首;<br>框后三首二、三尾与$\overline{\uparrow}$框后三尾和末首 | 2-4-6-8-6-4-2-4 | | |
| 318 | 框中后三行与$\underline{\downarrow}$框中二、三首二、三尾;<br>框前三尾二、三首与$\underline{\downarrow}$框前两首前两尾 | 4-2-4-6-8-6-4-6 | 9 | |
| | 框中前三行与$\overline{\uparrow}$框中二、三首二、三尾;<br>框后三首二、三尾与$\overline{\uparrow}$框后两首后两尾 | 6-4-6-8-6-4-2-4 | | |
| 319 | 框中后三行与$\underline{\downarrow}$框后三尾二、三首;<br>框前三尾二、三首与$\underline{\downarrow}$框前三尾前两首 | 4-2-4-6-8-6-4-6-6 | 10 | |
| | 框中前三行与$\overline{\uparrow}$框前三首二、三尾;<br>框后三首二、三尾与$\overline{\uparrow}$框后三首后两尾 | 6-6-4-6-8-6-4-2-4 | | |
| 320 | 框中后三行与$\underline{\downarrow}$框中后三首;框前三尾二、三首与$\underline{\downarrow}$框中前三首 | 4-2-4-6-8-6-6 | 8 | |
| | 框中前三行与$\overline{\uparrow}$框中前三尾;框后三首二、三尾与$\overline{\uparrow}$框中后三尾 | 6-6-8-6-4-2-4 | | |
| 321 | 框中后三行与$\underline{\downarrow}$框后三首和末尾;<br>框前三尾二、三首与$\underline{\downarrow}$框前三首和再尾 | 4-2-4-6-8-6-6-10 | 9 | |
| | 框中前三行与$\overline{\uparrow}$框前三尾和首首;<br>框后三首二、三尾与$\overline{\uparrow}$框后三尾和次首 | 10-6-6-8-6-4-2-4 | | |
| 322 | 框中后三行与$\underline{\downarrow}$框中再尾二、三首;<br>框前三尾二、三首与$\underline{\downarrow}$框前两首和次尾 | 4-2-4-6-8-6-10 | 8 | |
| | 框中前三行与$\overline{\uparrow}$框中次首二、三尾;<br>框后三首二、三尾与$\overline{\uparrow}$框后两尾和再首 | 10-6-8-6-4-2-4 | | |
| 323 | 框中后三行与$\underline{\downarrow}$框后两尾二、三首;<br>框前三尾二、三首与$\underline{\downarrow}$框前两首二、三尾 | 4-2-4-6-8-6-10-6 | 9 | |
| | 框中前三行与$\overline{\uparrow}$框前两首二、三尾;<br>框后三首二、三尾与$\overline{\uparrow}$框后两尾二、三首 | 6-10-6-8-6-4-2-4 | | |
| 324 | 框中后三行与$\underline{\downarrow}$框中次首、尾;<br>框前三尾二、三首与$\underline{\downarrow}$框中首首、尾 | 4-2-4-6-8-10 | 7 | |
| | 框中前三行与$\overline{\uparrow}$框中再首、尾;<br>框后三首二、三尾与$\overline{\uparrow}$框中末首、尾 | 10-8-6-4-2-4 | | |
| 325 | 框中后三行与$\underline{\downarrow}$框中次尾二、四首;<br>框前三尾二、三首与$\underline{\downarrow}$框中首尾一、三首 | 4-2-4-6-8-10-2 | 8 | |
| | 框中前三行与$\overline{\uparrow}$框中再首一、三尾;<br>框后三首二、三尾与$\overline{\uparrow}$框中末首二、四尾 | 2-10-8-6-4-2-4 | | |
| 326 | 框中后三行与$\underline{\downarrow}$框中二、四首二、四尾;<br>框前三尾二、三首与$\underline{\downarrow}$框中一、三首一、三尾 | 4-2-4-6-8-10-2-10 | 9 | |
| | 框中前三行与$\overline{\uparrow}$框中一、三首一、三尾;<br>框后三首二、三尾与$\overline{\uparrow}$框中二、四首二、四尾 | 10-2-10-8-6-4-2-4 | | |
| 327 | 框中后三行与$\underline{\downarrow}$框中次首二、三尾;<br>框前三尾二、三首与$\underline{\downarrow}$框前两尾和首首 | 4-2-4-6-8-10-6 | 8 | |
| | 框中前三行与$\overline{\uparrow}$框中再尾二、三首;<br>框后三首二、三尾与$\overline{\uparrow}$框后两首和末尾 | 6-10-8-6-4-2-4 | | |

续表

| 序号 | 条件 | 结论 | | 同差异决之序号 |
|---|---|---|---|---|
| | 在表28中,若任何的______都是素数的 | 就是一个差 $D$ 型 | $k$生素数 | |
| 328 | 框中后三行与↓框后三尾和次首；<br>框前三尾二、三首与↓框前三尾和首首 | 4-2-4-6-8-10-6-6 | 9 | |
| | 框中前三行与↑框前三首和再尾；<br>框后三首二、三尾与↑框后三首和末尾 | 6-6-10-8-6-4-2-4 | | |
| 329 | 框前三尾二、三首与↓框中四首和首尾 | 4-2-4-6-8-6-4-2-6 | 10 | |
| | 框后三首二、三尾与↑框中四尾和末首 | 6-2-4-6-8-6-4-2-4 | | |
| 330 | 框前三尾二、三首与↓框前两行和末首 | 4-2-4-6-8-6-4-8 | 9 | |
| | 框后三首二、三尾与↑框后两行和首尾 | 8-4-6-8-6-4-2-4 | | |
| 331 | 框前三尾二、三首与↓框中四首数 | 4-2-4-6-8-6-6-6 | 9 | |
| | 框后三首二、三尾与↑框中四尾数 | 6-6-6-8-6-4-2-4 | | |
| 332 | 框前三尾二、三首与↓框中一、二、四首和次尾 | 4-2-4-6-8-6-10-2 | 9 | |
| | 框后三首二、三尾与↑框中一、三、四尾和再首 | 2-10-6-8-6-4-2-4 | | |
| 333 | 框前三尾二、三首与↓框后两首首首、尾 | 4-2-4-6-8-10-2-6 | 9 | |
| | 框后三首二、三尾与↑框前两尾末首、尾 | 6-2-10-8-6-4-2-4 | | |
| 334 | 框前三尾二、三首与↓框前两尾一、四首 | 4-2-4-6-8-10-6-2 | 9 | |
| | 框后三首二、三尾与↑框后两首一、四尾 | 2-6-10-8-6-4-2-4 | | |
| 335 | 框前三尾二、三首与↓框中首尾一、四首 | 4-2-4-6-8-10-8 | 8 | |
| | 框后三首二、三尾与↑框中末首一、四尾 | 8-10-8-6-4-2-4 | | |
| 336 | 框前三尾二、三首与↓框中丁行首首、尾 | 4-2-4-6-8-10-8-4 | 9 | |
| | 框后三首二、三尾与↑框中次行末首、尾 | 4-8-10-8-6-4-2-4 | | |
| 337 | 框前三尾二、三首与↓框中一、四首一、四尾 | 4-2-4-6-8-10-8-10 | 9 | |
| | 框后三首二、三尾与↑框中一、四首一、四尾 | 10-8-10-8-6-4-2-4 | | |
| 338 | 框后三首二、三尾与下下行首数 | 6-4-2-4-8 | 6 | |
| | 框前三尾二、三首与上上行尾数 | 8-4-2-4-6 | | |
| 339 | 框后三首二、三尾与↓框中前两首 | 6-4-2-4-8-6 | 7 | |
| | 框前三尾二、三首与↑框中后两尾 | 6-8-4-2-4-6 | | |
| 340 | 框后三首二、三尾与↓框中前两行 | 6-4-2-4-8-6-4 | 8 | |
| | 框前三尾二、三首与↑框中后两行 | 4-6-8-4-2-4-6 | | |
| 341 | 框后三首二、三尾与↓框前三首和首尾 | 6-4-2-4-8-6-4-2 | 9 | |
| | 框前三尾二、三首与↑框后三尾和末首 | 2-4-6-8-4-2-4-6 | | |
| 342 | 框后三首二、三尾与↓框前两首前两尾 | 6-4-2-4-8-6-4-6 | 9 | |
| | 框前三尾二、三首与↑框后两首后两尾 | 6-4-6-8-4-2-4-6 | | |
| 343 | 框后三首二、三尾与↓框前两行和末首 | 6-4-2-4-8-6-4-8 | 9 | |
| | 框前三尾二、三首与↑框后两行和首尾 | 8-4-6-8-4-2-4-6 | | |
| 344 | 框后三首二、三尾与↓框中前三首 | 6-4-2-4-8-6-6 | 8 | |
| | 框前三尾二、三首与↑框中后三尾 | 6-6-8-4-2-4-6 | | |
| 345 | 框后三首二、三尾与↓框前三首和次尾 | 6-4-2-4-8-6-6-4 | 9 | |
| | 框前三尾二、三首与↑框后三尾和再首 | 4-6-6-8-4-2-4-6 | | |
| 346 | 框后三首二、三尾与↓框中四首数 | 6-4-2-4-8-6-6-6 | 9 | |
| | 框前三尾二、三首与↑框中四尾数 | 6-6-6-8-4-2-4-6 | | |

续表

| 序号 | 条件<br>在表 28 中,若任何的________都是素数的 | 结论<br>就是一个差 D 型 | $k$ 生素数 | 同差异决之序号 |
|---|---|---|---|---|
| 347 | 框后三首二、三尾与↓框前两首和次尾 | 6 - 4 - 2 - 4 - 8 - 6 - 10 | 8 | |
| | 框前三尾二、三首与↑框后两尾和再首 | 10 - 6 - 8 - 4 - 2 - 4 - 6 | | |
| 348 | 框后三首二、三尾与↓框中一、二、四首和次尾 | 6 - 4 - 2 - 4 - 8 - 6 - 10 - 2 | 9 | |
| | 框前三尾二、三首与↑框中一、三、四尾和再首 | 2 - 10 - 6 - 8 - 4 - 2 - 4 - 6 | | |
| 349 | 框后三首二、三尾与↓框中一、二、四首二、四尾 | 6 - 4 - 2 - 4 - 8 - 6 - 10 - 2 - 10 | 10 | |
| | 框前三尾二、三首与↑框中一、三、四尾一、三首 | 10 - 2 - 10 - 6 - 8 - 4 - 2 - 4 - 6 | | |
| 350 | 框后三首二、三尾与↓框前两首二、三尾 | 6 - 4 - 2 - 4 - 8 - 6 - 10 - 6 | 9 | |
| | 框前三尾二、三首与↑框后两尾二、三首 | 6 - 10 - 6 - 8 - 4 - 2 - 4 - 6 | | |
| 351 | 框后三首二、三尾与↓框中首首、尾 | 6 - 4 - 2 - 4 - 8 - 10 | 7 | |
| | 框前三尾二、三首与↑框中末首、尾 | 10 - 8 - 4 - 2 - 4 - 6 | | |
| 352 | 框后三首二、三尾与↓框中首尾一、三首 | 6 - 4 - 2 - 4 - 8 - 10 - 2 | 8 | |
| | 框前三尾二、三首与↑框中末首二、四尾 | 2 - 10 - 8 - 4 - 2 - 4 - 6 | | |
| 353 | 框后三首二、三尾与↓框前两尾一、三首 | 6 - 4 - 2 - 4 - 8 - 10 - 2 - 4 | 9 | |
| | 框前三尾二、三首与↑框后两首二、四尾 | 4 - 2 - 10 - 8 - 4 - 2 - 4 - 6 | | |
| 354 | 框后三首二、三尾与↓框后两首首首、尾 | 6 - 4 - 2 - 4 - 8 - 10 - 2 - 6 | 9 | |
| | 框前三尾二、三首与↑框前两尾末首、尾 | 6 - 2 - 10 - 8 - 4 - 2 - 4 - 6 | | |
| 355 | 框后三首二、三尾与↓框中一、三、四首一、四尾 | 6 - 4 - 2 - 4 - 8 - 10 - 2 - 6 - 10 | 10 | |
| | 框前三尾二、三首与↑框中一、二、四尾一、四首 | 10 - 6 - 2 - 10 - 8 - 4 - 2 - 4 - 6 | | |
| 356 | 框后三首二、三尾与↓框前两尾和首首 | 6 - 4 - 2 - 4 - 8 - 10 - 6 | 8 | |
| | 框前三尾二、三首与↑框后两首和末尾 | 6 - 10 - 8 - 4 - 2 - 4 - 6 | | |
| 357 | 框后三首二、三尾与↓框前两尾一、四首 | 6 - 4 - 2 - 4 - 8 - 10 - 6 - 2 | 9 | |
| | 框前三尾二、三首与↑框后两首一、四尾 | 2 - 6 - 10 - 8 - 4 - 2 - 4 - 6 | | |
| 358 | 框后三首二、三尾与↓框中一、二、四尾一、四首 | 6 - 4 - 2 - 4 - 8 - 10 - 6 - 2 - 10 | 10 | |
| | 框前三尾二、三首与↑框中一、三、四首一、四尾 | 10 - 2 - 6 - 10 - 8 - 4 - 2 - 4 - 6 | | |
| 359 | 框后三首二、三尾与↓框前三尾和首首 | 6 - 4 - 2 - 4 - 8 - 10 - 6 - 6 | 9 | |
| | 框前三尾二、三首与↑框后三首和末尾 | 6 - 6 - 10 - 8 - 4 - 2 - 4 - 6 | | |
| 360 | 框后三首二、三尾与↓框中首尾一、四首 | 6 - 4 - 2 - 4 - 8 - 10 - 8 | 8 | |
| | 框前三尾二、三首与↑框中末首一、四尾 | 8 - 10 - 8 - 4 - 2 - 4 - 6 | | |
| 361 | 框后三首二、三尾与↓框中丁行首首、尾 | 6 - 4 - 2 - 4 - 8 - 10 - 8 - 4 | 9 | |
| | 框前三尾二、三首与↑框中次行末首、尾 | 4 - 8 - 10 - 8 - 4 - 2 - 4 - 6 | | |
| 362 | 框后三首二、三尾与↓框中一、四首一、四尾 | 6 - 4 - 2 - 4 - 8 - 10 - 8 - 10 | 9 | |
| | 框前三尾二、三首与↑框中一、四首一、四尾 | 10 - 8 - 10 - 8 - 4 - 2 - 4 - 6 | | |
| 363 | 框中末首一、四尾与下行首数 | 8 - 10 - 2 | 4 | 75 |
| | 框中首尾一、四首与上行尾数 | 2 - 10 - 8 | | |
| 364 | 框中末首一、四尾与↓框中前两首 | 8 - 10 - 2 - 6 | 5 | 797 |
| | 框中首尾一、四首与↑框中后两尾 | 6 - 2 - 10 - 8 | | |
| 365 | 框中末首一、四尾与↓框前两首和次尾 | 8 - 10 - 2 - 6 - 10 | 6 | 3144 |
| | 框中首尾一、四首与↑框后两尾和再首 | 10 - 6 - 2 - 10 - 8 | | |
| 366 | 框中末首一、四尾与↓框中首首、尾 | 8 - 10 - 2 - 10 | 5 | 435 |
| | 框中首尾一、四首与↑框中末首、尾 | 10 - 2 - 10 - 8 | | |

续表

| 序号 | 条件<br>在表 28 中，若任何的______都是素数的 | 结论<br>就是一个差 D 型 | k 生素数 | 同差异决之序号 |
|---|---|---|---|---|
| 367 | 框中末首一、四尾与↓框中首尾一、三首 | $\dot{8}$-10-2-10-$\dot{2}$ | 6 | 3283 |
| | 框中首尾一、四首与↑框中末首二、四尾 | $\dot{2}$-10-2-10-$\dot{8}$ | | |
| 368 | 框中末首一、四尾与↓框前两尾和首首 | 8-10-2-10-6 | 6 | 2603 |
| | 框中首尾一、四首与↑框后两首和末尾 | 6-10-2-10-8 | | |
| 369 | 框中末首一、四尾与↓框中首尾一、四首 | $\dot{8}$-10-2-10-$\dot{8}$ | 6 | 3297 |
| 370 | 框中末首一、四尾与下下行首数 | 8-10-8 | 4 | |
| | 框中首尾一、四首与上上行尾数 | 8-10-8 | | |
| 371 | 框中末首一、四尾与下下行两数 | 8-10-8-4 | 5 | 473 |
| | 框中首尾一、四首与上上行两数 | 4-8-10-8 | | |
| 372 | 框中末首一、四尾与↓框中首尾二、三首 | 8-10-8-4-2 | 6 | |
| | 框中首尾一、四首与↑框中末首二、三尾 | 2-4-8-10-8 | | |
| 373 | 框中末首一、四尾与↓框前两尾和次首 | 8-10-8-4-6 | 6 | 545 |
| | 框中首尾一、四首与↑框后两首和再尾 | 6-4-8-10-8 | | |
| 374 | 框中末首一、四尾与↓框中次行和末首 | $\dot{8}$-10-8-4-$\dot{8}$ | 6 | 3331 |
| | 框中首尾一、四首与↑框中丁行和首尾 | $\dot{8}$-4-8-10-$\dot{8}$ | | |
| 375 | 框中末首一、四尾与↓框中二、三首 | 8-10-8-6 | 5 | |
| | 框中首尾一、四首与↑框中二、三尾 | 6-8-10-8 | | |
| 376 | 框中末首一、四尾与↓框中次尾二、三首 | 8-10-8-6-4 | 6 | |
| | 框中首尾一、四首与↑框中再首二、三尾 | 4-6-8-10-8 | | |
| 377 | 框中末首一、四尾与↓框中后三首 | 8-10-8-6-6 | 6 | |
| | 框中首尾一、四首与↑框中前三尾 | 6-6-8-10-8 | | |
| 378 | 框中末首一、四尾与↓框中再尾二、三首 | 8-10-8-6-10 | 6 | |
| | 框中首尾一、四首与↑框中次首二、三尾 | 10-6-8-10-8 | | |
| 379 | 框中末首一、四尾与↓框中次首、尾 | 8-10-8-10 | 5 | 402 |
| | 框中首尾一、四首与↑框中再首、尾 | 10-8-10-8 | | |
| 380 | 框中末首一、四尾与↓框中次尾二、四首 | $\dot{8}$-10-8-10-$\dot{2}$ | 6 | 3317 |
| | 框中首尾一、四首与↑框中再首一、三尾 | $\dot{2}$-10-8-10-$\dot{8}$ | | |
| 381 | 框中末首一、四尾与↓框中次首二、三尾 | 8-10-8-10-6 | 6 | |
| | 框中首尾一、四首与↑框中再尾二、三首 | 6-10-8-10-8 | | |
| 382 | 框中一、四首一、四尾与下行首数 | 10-8-10-2 | 5 | 82 |
| | 框中一、四首一、四尾与上行尾数 | 2-10-8-10 | | |
| 383 | 框中一、四首一、四尾与↓框中前两首 | 10-8-10-2-6 | 6 | 813 |
| | 框中一、四首一、四尾与↑框中后两尾 | 6-2-10-8-10 | | |
| 384 | 框中一、四首一、四尾与↓框中前两行 | 10-8-10-2-6-4 | 7 | 3050 |
| | 框中一、四首一、四尾与↑框中后两行 | 4-6-2-10-8-10 | | |
| 385 | 框中一、四首一、四尾与↓框前三首和首尾 | 10-8-10-2-6-4-2 | 8 | |
| | 框中一、四首一、四尾与↑框后三尾和末首 | 2-4-6-2-10-8-10 | | |
| 386 | 框中一、四首一、四尾与↓框前两首前两尾 | 10-8-10-2-6-4-6 | 8 | 3241 |
| | 框中一、四首一、四尾与↑框后两首后两尾 | 6-4-6-2-10-8-10 | | |

续表

| 序号 | 条件<br>在表 28 中,若任何的______都是素数的 | 结论<br>就是一个差 _$D$_ 型 | $k$ 生素数 | 同差异决之序号 |
|---|---|---|---|---|
| 387 | 框中一、四首一、四尾与↓框中前三首 | 10-8-10-2-6-6 | 7 | |
| | 框中一、四首一、四尾与↑框中后三尾 | 6-6-2-10-8-10 | | |
| 388 | 框中一、四首一、四尾与↓框前三首和再尾 | 10-8-10-2-6-6-10 | 8 | |
| | 框中一、四首一、四尾与↑框后三尾和次首 | 10-6-6-2-10-8-10 | | |
| 389 | 框中一、四首一、四尾与↓框前两首和次尾 | 10-8-10-2-6-10 | 7 | 3164 |
| | 框中一、四首一、四尾与↑框后两尾和再首 | 10-6-2-10-8-10 | | |
| 390 | 框中一、四首一、四尾与↓框中一、二、四首和次尾 | 10-8-10-2-6-10-2 | 8 | 3388 |
| | 框中一、四首一、四尾与↑框中一、三、四尾和再首 | 2-10-6-2-10-8-10 | | |
| 391 | 框中一、四首一、四尾与↓框中首首、尾 | 10-8-10-2-10 | 6 | 452 |
| | 框中一、四首一、四尾与↑框中末首、尾 | 10-2-10-8-10 | | |
| 392 | 框中一、四首一、四尾与↓框中首尾一、三首 | 10-8-10-2-10-2 | 7 | 3284 |
| | 框中一、四首一、四尾与↑框中末首二、四尾 | 2-10-2-10-8-10 | | |
| 393 | 框中一、四首一、四尾与↓框前两尾一、三首 | 10-8-10-2-10-2-4 | 8 | |
| | 框中一、四首一、四尾与↑框后两首二、四尾 | 4-2-10-2-10-8-10 | | |
| 394 | 框中一、四首一、四尾与↓框后两首首首、尾 | 10-8-10-2-10-2-6 | 8 | 3286 |
| | 框中一、四首一、四尾与↑框前两尾末首、尾 | 6-2-10-2-10-8-10 | | |
| 395 | 框中一、四首一、四尾与↓框中一、三首一、三尾 | 10-8-10-2-10-2-10 | 8 | 3292 |
| | 框中一、四首一、四尾与↑框中二、四首二、四尾 | 10-2-10-2-10-8-10 | | |
| 396 | 框中一、四首一、四尾与↓框前两尾和首首 | 10-8-10-2-10-6 | 7 | 2624 |
| | 框中一、四首一、四尾与↑框后两首和末尾 | 6-10-2-10-8-10 | | |
| 397 | 框中一、四首一、四尾与↓框前两尾一、四首 | 10-8-10-2-10-6-2 | 8 | 3361 |
| | 框中一、四首一、四尾与↑框后两首一、四尾 | 2-6-10-2-10-8-10 | | |
| 398 | 框中一、四首一、四尾与↓框前三尾和首首 | 10-8-10-2-10-6-6 | 8 | |
| | 框中一、四首一、四尾与↑框后三首和末尾 | 6-6-10-2-10-8-10 | | |
| 399 | 框中一、四首一、四尾与↓框中首尾一、四首 | 10-8-10-2-10-8 | 7 | 3302 |
| | 框中一、四首一、四尾与↑框中末首一、四尾 | 8-10-2-10-8-10 | | |
| 400 | 框中一、四首一、四尾与↓框中丁行首首、尾 | 10-8-10-2-10-8-4 | 8 | 3299 |
| | 框中一、四首一、四尾与↑框中次行末首、尾 | 4-8-10-2-10-8-10 | | |
| 401 | 框中一、四首一、四尾与↓框中一、四首一、四尾 | 10-8-10-2-10-8-10 | 8 | 3303 |
| 402 | 框中一、四首一、四尾与下下行首数 | 10-8-10-8 | 5 | 379 |
| | 框中一、四首一、四尾与上上行尾数 | 8-10-8-10 | | |
| 403 | 框中一、四首一、四尾与下下行两数 | 10-8-10-8-4 | 6 | 493 |
| | 框中一、四首一、四尾与上上行两数 | 4-8-10-8-10 | | |
| 404 | 框中一、四首一、四尾与↓框中首尾二、三首 | 10-8-10-8-4-2 | 7 | |
| | 框中一、四首一、四尾与↑框中末首二、三尾 | 2-4-8-10-8-10 | | |
| 405 | 框中一、四首一、四尾与↓框后三首和首尾 | 10-8-10-8-4-2-6 | 8 | |
| | 框中一、四首一、四尾与↑框前三尾和末首 | 6-2-4-8-10-8-10 | | |
| 406 | 框中一、四首一、四尾与↓框前两尾和次首 | 10-8-10-8-4-6 | 7 | 573 |
| | 框中一、四首一、四尾与↑框后两首和再尾 | 6-4-8-10-8-10 | | |

续表

| 序　号 | 条　件<br>在表 28 中,若任何的＿＿＿＿都是素数的 | 结　论<br>就是一个差＿$D$＿型 | $k$生素数 | 同差异决之序号 |
|---|---|---|---|---|
| 407 | 框中一、四首一、四尾与↓框前两尾二、四首 | $10-\dot{8}-10-8-4-6-\dot{2}$ | 8 | 3344 |
| | 框中一、四首一、四尾与↑框后两首一、三尾 | $\dot{2}-6-4-8-10-\dot{8}-10$ | | |
| 408 | 框中一、四首一、四尾与↓框中次行和末首 | $10-\dot{8}-10-8-4-\dot{8}$ | 7 | 3334 |
| | 框中一、四首一、四尾与↑框中丁行和首尾 | $\dot{8}-4-8-10-\dot{8}-10$ | | |
| 409 | 框中一、四首一、四尾与↓框中二、四行 | 10 - 8 - 10 - 8 - 4 - 8 - 4 | 8 | |
| | 框中一、四首一、四尾与↑框中二、四行 | 4 - 8 - 4 - 8 - 10 - 8 - 10 | | |
| 410 | 框中一、四首一、四尾与↓框中二、三首 | 10 - 8 - 10 - 8 - 6 | 6 | |
| | 框中一、四首一、四尾与↑框中二、三尾 | 6 - 8 - 10 - 8 - 10 | | |
| 411 | 框中一、四首一、四尾与↓框中次尾二、三首 | 10 - 8 - 10 - 8 - 6 - 4 | 7 | |
| | 框中一、四首一、四尾与↑框中再首二、三尾 | 4 - 6 - 8 - 10 - 8 - 10 | | |
| 412 | 框中一、四首一、四尾与↓框后三首和次尾 | 10 - 8 - 10 - 8 - 6 - 4 - 2 | 8 | |
| | 框中一、四首一、四尾与↑框前三尾和再首 | 2 - 4 - 6 - 8 - 10 - 8 - 10 | | |
| 413 | 框中一、四首一、四尾与↓框中二、三首二、三尾 | 10 - 8 - 10 - 8 - 6 - 4 - 6 | 8 | |
| | 框中一、四首一、四尾与↑框中二、三首二、三尾 | 6 - 4 - 6 - 8 - 10 - 8 - 10 | | |
| 414 | 框中一、四首一、四尾与↓框中后三首 | 10 - 8 - 10 - 8 - 6 - 6 | 7 | |
| | 框中一、四首一、四尾与↑框中前三尾 | 6 - 6 - 8 - 10 - 8 - 10 | | |
| 415 | 框中一、四首一、四尾与↓框后三首和再尾 | 10 - 8 - 10 - 8 - 6 - 6 - 4 | 8 | |
| | 框中一、四首一、四尾与↑框前三尾和次首 | 4 - 6 - 6 - 8 - 10 - 8 - 10 | | |
| 416 | 框中一、四首一、四尾与↓框后三首和末尾 | 10 - 8 - 10 - 8 - 6 - 6 - 10 | 8 | |
| | 框中一、四首一、四尾与↑框前三尾和首首 | 10 - 6 - 6 - 8 - 10 - 8 - 10 | | |
| 417 | 框中一、四首一、四尾与↓框中再尾二、三首 | 10 - 8 - 10 - 8 - 6 - 10 | 7 | |
| | 框中一、四首一、四尾与↑框中次首二、三尾 | 10 - 6 - 8 - 10 - 8 - 10 | | |
| 418 | 框中一、四首一、四尾与↓框中次首、尾 | 10 - 8 - 10 - 8 - 10 | 6 | |
| | 框中一、四首一、四尾与↑框中再首、尾 | 10 - 8 - 10 - 8 - 10 | | |
| 419 | 框中一、四首一、四尾与↓框中次尾二、四首 | $10-\dot{8}-10-8-10-\dot{2}$ | 7 | 3323 |
| | 框中一、四首一、四尾与↑框中再首一、三尾 | $\dot{2}-10-8-10-\dot{8}-10$ | | |
| 420 | 框中一、四首一、四尾与↓框中丁行次首、尾 | 10 - 8 - 10 - 8 - 10 - 2 - 4 | 8 | |
| | 框中一、四首一、四尾与↑框中次行再首、尾 | 4 - 2 - 10 - 8 - 10 - 8 - 10 | | |
| 421 | 框中一、四首一、四尾与↓框中二、四首二、四尾 | $10-\dot{8}-10-8-10-\dot{2}-10$ | 8 | 3324 |
| | 框中一、四首一、四尾与↑框中一、三首一、三尾 | $10-\dot{2}-10-8-10-\dot{8}-10$ | | |
| 422 | 框中一、四首一、四尾与↓框中次首二、三尾 | 10 - 8 - 10 - 8 - 10 - 6 | 7 | |
| | 框中一、四首一、四尾与↑框中再尾二、三首 | 6 - 10 - 8 - 10 - 8 - 10 | | |
| 423 | 框中一、四首一、四尾与↓框后三尾和次首 | 10 - 8 - 10 - 8 - 10 - 6 - 6 | 8 | |
| | 框中一、四首一、四尾与↑框前三首和再尾 | 6 - 6 - 10 - 8 - 10 - 8 - 10 | | |
| 424 | 框中二、四首二、四尾与下行首数 | 10 - 2 - 10 - 2 | 5 | 72 |
| | 框中一、三首一、三尾与上行尾数 | 2 - 10 - 2 - 10 | | |
| 425 | 框中二、四首二、四尾与↓框中前两首 | 10 - 2 - 10 - 2 - 6 | 6 | 791 |
| | 框中一、三首一、三尾与↑框中后两尾 | 6 - 2 - 10 - 2 - 10 | | |
| 426 | 框中二、四首二、四尾与↓框中前两行 | 10 - 2 - 10 - 2 - 6 - 4 | 7 | 3022 |
| | 框中一、三首一、三尾与↑框中后两行 | 4 - 6 - 2 - 10 - 2 - 10 | | |

续表

| 序号 | 条件<br>在表 28 中,若任何的______都是素数的 | 结论<br>就是一个差_$D$_型 | $k$ 生素数 | 同差异决之序号 |
|---|---|---|---|---|
| 427 | 框中二、四首二、四尾与↓框中前三首 | 10-2-10-2-6-6 | 7 | |
| | 框中一、三首一、三尾与↑框中后三尾 | 6-6-2-10-2-10 | | |
| 428 | 框中二、四首二、四尾与↓框前两首和次尾 | 10-2-10-2-6-10 | 7 | 3131 |
| | 框中一、三首一、三尾与↑框后两尾和再首 | 10-6-2-10-2-10 | | |
| 429 | 框中二、四首二、四尾与↓框中一、二、四首和次尾 | 10-$\dot{2}$-10-2-6-10-$\dot{2}$ | 8 | 3377 |
| | 框中一、三首一、三尾与↑框中一、三、四尾和再首 | $\dot{2}$-10-6-2-10-$\dot{2}$-10 | | |
| 430 | 框中二、四首二、四尾与↓框中首首、尾 | 10-2-10-2-10 | 6 | |
| | 框中一、三首一、三尾与↑框中末首、尾 | 10-2-10-2-10 | | |
| 431 | 框中二、四首二、四尾与↓框中首尾一、三首 | 10-2-10-2-10-2 | 7 | |
| | 框中一、三首一、三尾与↑框中末首二、四尾 | 2-10-2-10-2-10 | | |
| 432 | 框中二、四首二、四尾与↓框中一、三首一、三尾 | 10-2-10-2-10-2-10 | 8 | |
| 433 | 框中二、四首二、四尾与↓框前两尾和首首 | 10-2-10-2-10-6 | 7 | 2589 |
| | 框中一、三首一、三尾与↑框后两首和末尾 | 6-10-2-10-2-10 | | |
| 434 | 框中二、四首二、四尾与↓框中首尾一、四首 | 10-$\dot{2}$-10-2-10-$\dot{8}$ | 7 | 3291 |
| | 框中一、三首一、三尾与↑框中末首一、四尾 | $\dot{8}$-10-2-10-$\dot{2}$-10 | | |
| 435 | 框中二、四首二、四尾与下下行首数;<br>框中一、三首一、三尾与下下行首数 | 10-2-10-8 | 5 | 366 |
| | 框中一、三首一、三尾与上上行尾数;<br>框中二、四首二、四尾与上上行尾数 | 8-10-2-10 | | |
| 436 | 框中二、四首二、四尾与下下行两数 | 10-2-10-8-4 | 6 | 464 |
| | 框中一、三首一、三尾与上上行两数 | 4-8-10-2-10 | | |
| 437 | 框中二、四首二、四尾与$\underline{\downarrow}$框中首尾二、三首 | 10-2-10-8-4-2 | 7 | |
| | 框中一、三首一、三尾与$\overline{\uparrow}$框中末首二、三尾 | 2-4-8-10-2-10 | | |
| 438 | 框中二、四首二、四尾与$\underline{\downarrow}$框中二、三行 | 10-2-10-8-4-2-4 | 8 | |
| | 框中一、三首一、三尾与$\overline{\uparrow}$框中三、四行 | 4-2-4-8-10-2-10 | | |
| 439 | 框中二、四首二、四尾与$\underline{\downarrow}$框后三首和首尾 | 10-2-10-8-4-2-6 | 8 | |
| | 框中一、三首一、三尾与$\overline{\uparrow}$框前三尾和末首 | 6-2-4-8-10-2-10 | | |
| 440 | 框中二、四首二、四尾与$\underline{\downarrow}$框前两尾和次首 | 10-2-10-8-4-6 | 7 | 527 |
| | 框中一、三首一、三尾与$\overline{\uparrow}$框后两首和再尾 | 6-4-8-10-2-10 | | |
| 441 | 框中二、四首二、四尾与$\underline{\downarrow}$框前两尾二、四首 | 10-$\dot{2}$-10-8-4-6-$\dot{2}$ | 8 | 3336 |
| | 框中一、三首一、三尾与$\overline{\uparrow}$框后两首一、三尾 | $\dot{2}$-6-4-8-10-$\dot{2}$-10 | | |
| 442 | 框中二、四首二、四尾与$\underline{\downarrow}$框中次行和末首 | 10-$\dot{2}$-10-8-4-$\dot{8}$ | 7 | 3327 |
| | 框中一、三首一、三尾与$\overline{\uparrow}$框中丁行和首尾 | $\dot{8}$-4-8-10-$\dot{2}$-10 | | |
| 443 | 框中二、四首二、四尾与$\underline{\downarrow}$框中二、三首;<br>框中一、三首一、三尾与$\underline{\downarrow}$框中前两首 | 10-2-10-8-6 | 6 | |
| | 框中一、三首一、三尾与$\overline{\uparrow}$框中二、三尾;<br>框中二、四首二、四尾与$\overline{\uparrow}$框中后两尾 | 6-8-10-2-10 | | |
| 444 | 框中二、四首二、四尾与$\underline{\downarrow}$框中次尾二、三首;<br>框中一、三首一、三尾与$\underline{\downarrow}$框中前两行 | 10-2-10-8-6-4 | 7 | |
| | 框中一、三首一、三尾与$\overline{\uparrow}$框中再首二、三尾;<br>框中二、四首二、四尾与$\overline{\uparrow}$框中后两行 | 4-6-8-10-2-10 | | |

续表

| 序　号 | 条　件<br>在表 28 中，若任何的＿＿＿＿＿都是素数的 | 结　论<br>就是一个差＿D＿型 | k 生素数 | 同差异决之序号 |
|---|---|---|---|---|
| 445 | 框中二、四首二、四尾与↓框后三首和次尾；<br>框中一、三首一、三尾与↓框前三首和首尾 | 10-2-10-8-6-4-2 | 8 | |
| | 框中一、三首一、三尾与↑框前三尾和再首；<br>框中二、四首二、四尾与↑框后三尾和末首 | 2-4-6-8-10-2-10 | | |
| 446 | 框中二、四首二、四尾与↓框中二、三首二、三尾；<br>框中一、三首一、三尾与↓框前两首前两尾 | 10-2-10-8-6-4-6 | 8 | |
| | 框中一、三首一、三尾与↑框中二、三首二、三尾；<br>框中二、四首二、四尾与↑框后两首后两尾 | 6-4-6-8-10-2-10 | | |
| 447 | 框中二、四首二、四尾与↓框中后三首；<br>框中一、三首一、三尾与↓框中前三首 | 10-2-10-8-6-6 | 7 | |
| | 框中一、三首一、三尾与↑框中前三尾；<br>框中二、四首二、四尾与↑框中后三尾 | 6-6-8-10-2-10 | | |
| 448 | 框中二、四首二、四尾与↓框后三首和再尾；<br>框中一、三首一、三尾与↓框前三首和次尾 | 10-2-10-8-6-6-4 | 8 | |
| | 框中一、三首一、三尾与↑框前三尾和次首；<br>框中二、四首二、四尾与↑框后三尾和再首 | 4-6-6-8-10-2-10 | | |
| 449 | 框中二、四首二、四尾与↓框后三首和末尾；<br>框中一、三首一、三尾与↓框前三首和再尾 | 10-2-10-8-6-6-10 | 8 | |
| | 框中一、三首一、三尾与↑框前三尾和首首；<br>框中二、四首二、四尾与↑框后三尾和次首 | 10-6-6-8-10-2-10 | | |
| 450 | 框中二、四首二、四尾与↓框中再尾二、三首；<br>框中一、三首一、三尾与↓框前两首和次尾 | 10-2-10-8-6-10 | 7 | |
| | 框中一、三首一、三尾与↑框中次首二、三尾；<br>框中二、四首二、四尾与↑框后两尾和再首 | 10-6-8-10-2-10 | | |
| 451 | 框中二、四首二、四尾与↓框后两尾二、三首；<br>框中一、三首一、三尾与↓框前两首二、三尾 | 10-2-10-8-6-10-6 | 8 | |
| | 框中一、三首一、三尾与↑框前两首二、三尾；<br>框中二、四首二、四尾与↑框后两尾二、三首 | 6-10-6-8-10-2-10 | | |
| 452 | 框中二、四首二、四尾与↓框中次首、尾；<br>框中一、三首一、三尾与↓框中首首、尾 | 10-2-10-8-10 | 6 | 391 |
| | 框中一、三首一、三尾与↑框中再首、尾；<br>框中二、四首二、四尾与↑框中末首、尾 | 10-8-10-2-10 | | |
| 453 | 框中二、四首二、四尾与↓框中次尾二、四首；<br>框中一、三首一、三尾与↓框中首尾一、三首 | 10-$\dot{2}$-10-8-10-$\dot{2}$ | 7 | 3315 |
| | 框中一、三首一、三尾与↑框中再首一、三尾；<br>框中二、四首二、四尾与↑框中末首二、四尾 | $\dot{2}$-10-8-10-$\dot{2}$-10 | | |
| 454 | 框中二、四首二、四尾与↓框中丁行次首、尾；<br>框中一、三首一、三尾与↓框前两尾一、三首 | 10-2-10-8-10-2-4 | 8 | |
| | 框中一、三首一、三尾与↑框中次行再首、尾；<br>框中二、四首二、四尾与↑框后两首二、四尾 | 4-2-10-8-10-2-10 | | |
| 455 | 框中二、四首二、四尾与↓框中二、四首二、四尾<br>框中一、三首一、三尾与↑框中一、三首一、三尾 | 10-$\dot{2}$-10-8-10-$\dot{2}$-10 | 8 | 3316 |

## 续表

| 序号 | 条件<br>在表 28 中，若任何的______都是素数的 | 结论<br>就是一个差__D__型 | k生素数 | 同差异决之序号 |
|---|---|---|---|---|
| 456 | 框中二、四首二、四尾与↓框中次首二、三尾；<br>框中一、三首一、三尾与↓框前两尾和首首 | 10-2-10-8-10-6 | 7 | |
| | 框中一、三首一、三尾与↑框中再尾二、三首；<br>框中二、四首二、四尾与↑框后两首和末尾 | 6-10-8-10-2-10 | | |
| 457 | 框中二、四首二、四尾与↓框后三尾和次首；<br>框中一、三首一、三尾与↓框前三尾和首首 | 10-2-10-8-10-6-6 | 8 | |
| | 框中一、三首一、三尾与↑框前三首和再尾；<br>框中二、四首二、四尾与↑框后三首和末尾 | 6-6-10-8-10-2-10 | | |
| 458 | 框中一、三首一、三尾与↓框中首尾一、四首 | 10-2-10-8-10-8 | 7 | 3318 |
| | 框中二、四首二、四尾与↑框中末首一、四尾 | 8-10-8-10-2-10 | | |
| 459 | 框中次行末首、尾与下行首数 | 4-8-10-2 | 5 | 76 |
| | 框中丁行首首、尾与上行尾数 | 2-10-8-4 | | |
| 460 | 框中次行末首、尾与↓框中前两首 | 4-8-10-2-6 | 6 | 798 |
| | 框中丁行首首、尾与↑框中后两尾 | 6-2-10-8-4 | | |
| 461 | 框中次行末首、尾与↓框中前三首 | 4-8-10-2-6-6 | 7 | |
| | 框中丁行首首、尾与↑框中后三尾 | 6-6-2-10-8-4 | | |
| 462 | 框中次行末首、尾与↓框前两首和次尾 | 4-8-10-2-6-10 | 7 | 3145 |
| | 框中丁行首首、尾与↑框后两尾和再首 | 10-6-2-10-8-4 | | |
| 463 | 框中次行末首、尾与↓框中一、二、四首和次尾 | 4-8-10-2-6-10-2 | 8 | 3386 |
| | 框中丁行首首、尾与↑框中一、三、四尾和再首 | 2-10-6-2-10-8-4 | | |
| 464 | 框中次行末首、尾与↓框中首首、尾 | 4-8-10-2-10 | 6 | 436 |
| | 框中丁行首首、尾与↑框中末首、尾 | 10-2-10-8-4 | | |
| 465 | 框中次行末首、尾与↓框中首尾一、三首 | 4-8-10-2-10-2 | 7 | |
| | 框中丁行首首、尾与↑框中末首二、四尾 | 2-10-2-10-8-4 | | |
| 466 | 框中次行末首、尾与↓框前两尾一、三首 | 4-8-10-2-10-2-4 | 8 | |
| | 框中丁行首首、尾与↑框后两首二、四尾 | 4-2-10-2-10-8-4 | | |
| 467 | 框中次行末首、尾与↓框后两首首首、尾 | 4-8-10-2-10-2-6 | 8 | |
| | 框中丁行首首、尾与↑框前两尾末首、尾 | 6-2-10-2-10-8-4 | | |
| 468 | 框中次行末首、尾与↓框中一、三首一、三尾 | 4-8-10-2-10-2-10 | 8 | |
| | 框中丁行首首、尾与↑框中二、四首二、四尾 | 10-2-10-2-10-8-4 | | |
| 469 | 框中次行末首、尾与↓框前两尾和首首 | 4-8-10-2-10-6 | 7 | 2604 |
| | 框中丁行首首、尾与↑框后两首和末尾 | 6-10-2-10-8-4 | | |
| 470 | 框中次行末首、尾与↓框前三尾和首首 | 4-8-10-2-10-6-6 | 8 | |
| | 框中丁行首首、尾与↑框后三首和末尾 | 6-6-10-2-10-8-4 | | |
| 471 | 框中次行末首、尾与↓框中首尾一、四首 | 4-8-10-2-10-8 | 7 | 3298 |
| | 框中丁行首首、尾与↑框中末首一、四尾 | 8-10-2-10-8-4 | | |
| 472 | 框中次行末首、尾与↓框中丁行首首、尾 | 4-8-10-2-10-8-4 | 8 | |
| 473 | 框中次行末首、尾与下下行首数 | 4-8-10-8 | 5 | 371 |
| | 框中丁行首首、尾与上上行尾数 | 8-10-8-4 | | |
| 474 | 框中次行末首、尾与下下行两数 | 4-8-10-8-4 | 6 | |
| | 框中丁行首首、尾与与上上行两数 | 4-8-10-8-4 | | |

续表

| 序号 | 条件<br>在表 28 中，若任何的______都是素数的 | 结论<br>就是一个差 $\underline{D}$ 型 | $k$ 生素数 | 同差异决之序号 |
|---|---|---|---|---|
| 475 | 框中次行末首、尾与$\underline{\downarrow}$框中首尾二、三首 | 4-8-10-8-4-2 | 7 | |
| | 框中丁行首首、尾与$\overline{\uparrow}$框中末首二、三尾 | 2-4-8-10-8-4 | | |
| 476 | 框中次行末首、尾与$\underline{\downarrow}$框中二、三行 | 4-8-10-8-4-2-4 | 8 | |
| | 框中丁行首首、尾与$\overline{\uparrow}$框中三、四行 | 4-2-4-8-10-8-4 | | |
| 477 | 框中次行末首、尾与$\underline{\downarrow}$框后三首和首尾 | 4-8-10-8-4-2-6 | 8 | |
| | 框中丁行首首、尾与$\overline{\uparrow}$框前三尾和末首 | 6-2-4-8-10-8-4 | | |
| 478 | 框中次行末首、尾与$\underline{\downarrow}$框中次行再首、尾 | 4-8-10-8-4-2-10 | 8 | |
| | 框中丁行首首、尾与$\overline{\uparrow}$框中丁行次首、尾 | 10-2-4-8-10-8-4 | | |
| 479 | 框中次行末首、尾与$\underline{\downarrow}$框前两尾和次首 | 4-8-10-8-4-6 | 7 | 546 |
| | 框中丁行首首、尾与$\overline{\uparrow}$框后两首和再尾 | 6-4-8-10-8-4 | | |
| 480 | 框中次行末首、尾与$\underline{\downarrow}$框前两尾二、四首 | 4-$\dot{8}$-10-8-4-6-$\dot{2}$ | 8 | 3342 |
| | 框中丁行首首、尾与$\overline{\uparrow}$框后两首一、三尾 | $\dot{2}$-6-4-8-10-$\dot{8}$-4 | | |
| 481 | 框中次行末首、尾与$\underline{\downarrow}$框前三尾和次首 | 4-8-10-8-4-6-6 | 8 | |
| | 框中丁行首首、尾与$\overline{\uparrow}$框后三首和再尾 | 6-6-4-8-10-8-4 | | |
| 482 | 框中次行末首、尾与$\underline{\downarrow}$框中次行和末首 | 4-$\dot{8}$-10-8-4-$\dot{8}$ | 7 | 3332 |
| | 框中丁行首首、尾与$\overline{\uparrow}$框中丁行和首尾 | $\dot{8}$-4-8-10-$\dot{8}$-4 | | |
| 483 | 框中次行末首、尾与$\underline{\downarrow}$框中二、四行 | 4-8-10-8-4-8-4 | 8 | |
| | 框中丁行首首、尾与$\overline{\uparrow}$框中二、四行 | 4-8-4-8-10-8-4 | | |
| 484 | 框中次行末首、尾与$\underline{\downarrow}$框中二、三首 | 4-8-10-8-6 | 6 | |
| | 框中丁行首首、尾与$\overline{\uparrow}$框中二、三尾 | 6-8-10-8-4 | | |
| 485 | 框中次行末首、尾与$\underline{\downarrow}$框中次尾二、三首 | 4-8-10-8-6-4 | 7 | |
| | 框中丁行首首、尾与$\overline{\uparrow}$框中再首二、三尾 | 4-6-8-10-8-4 | | |
| 486 | 框中次行末首、尾与$\underline{\downarrow}$框后三首和次尾 | 4-8-10-8-6-4-2 | 8 | |
| | 框中丁行首首、尾与$\overline{\uparrow}$框前三尾和再首 | 2-4-6-8-10-8-4 | | |
| 487 | 框中次行末首、尾与$\underline{\downarrow}$框中二、三首二、三尾 | 4-8-10-8-6-4-6 | 8 | |
| | 框中丁行首首、尾与$\overline{\uparrow}$框中二、三首二、三尾 | 6-4-6-8-10-8-4 | | |
| 488 | 框中次行末首、尾与$\underline{\downarrow}$框中后三首 | 4-8-10-8-6-6 | 7 | |
| | 框中丁行首首、尾与$\overline{\uparrow}$框中前三尾 | 6-6-8-10-8-4 | | |
| 489 | 框中次行末首、尾与$\underline{\downarrow}$框后三首和再尾 | 4-8-10-8-6-6-4 | 8 | |
| | 框中丁行首首、尾与$\overline{\uparrow}$框前三尾和次首 | 4-6-6-8-10-8-4 | | |
| 490 | 框中次行末首、尾与$\underline{\downarrow}$框后三首和末尾 | 4-8-10-8-6-6-10 | 8 | |
| | 框中丁行首首、尾与$\overline{\uparrow}$框前三尾和首首 | 10-6-6-8-10-8-4 | | |
| 491 | 框中次行末首、尾与$\underline{\downarrow}$框中再尾二、三首 | 4-8-10-8-6-10 | 7 | |
| | 框中丁行首首、尾与$\overline{\uparrow}$框中次首二、三尾 | 10-6-8-10-8-4 | | |
| 492 | 框中次行末首、尾与$\underline{\downarrow}$框后两尾二、三首 | 4-8-10-8-6-10-6 | 8 | |
| | 框中丁行首首、尾与$\overline{\uparrow}$框前两首二、三尾 | 6-10-6-8-10-8-4 | | |
| 493 | 框中次行末首、尾与$\underline{\downarrow}$框中次首、尾 | 4-8-10-8-10 | 6 | 403 |
| | 框中丁行首首、尾与$\overline{\uparrow}$框中再首、尾 | 10-8-10-8-4 | | |
| 494 | 框中次行末首、尾与$\underline{\downarrow}$框中次尾二、四首 | 4-$\dot{8}$-10-8-10-$\dot{2}$ | 7 | 3319 |
| | 框中丁行首首、尾与$\overline{\uparrow}$框中再首一、三尾 | $\dot{2}$-10-8-10-$\dot{8}$-4 | | |

续表

| 序号 | 条件<br>在表 28 中,若任何的______都是素数的 | 结论<br>就是一个差 $D$ 型 | $k$ 生素数 | 同差异决之序号 |
|---|---|---|---|---|
| 495 | 框中次行末首、尾与↓框中丁行次首、尾 | 4 - 8 - 10 - 8 - 10 - 2 - 4 | 8 | |
| | 框中丁行首首、尾与↑框中次行再首、尾 | 4 - 2 - 10 - 8 - 10 - 8 - 4 | | |
| 496 | 框中次行末首、尾与↓框中二、四首二、四尾 | 4 -$\dot{8}$- 10 - 8 - 10 -$\dot{2}$- 10 | 8 | 3320 |
| | 框中丁行首首、尾与↑框中一、三首一、三尾 | 10 -$\dot{2}$- 10 - 8 - 10 -$\dot{8}$- 4 | | |
| 497 | 框中次行末首、尾与↓框中次首二、三尾 | 4 - 8 - 10 - 8 - 10 - 6 | 7 | |
| | 框中丁行首首、尾与↑框中再尾二、三首 | 6 - 10 - 8 - 10 - 8 - 4 | | |
| 498 | 框中次行末首、尾与↓框后三尾和次首 | 4 - 8 - 10 - 8 - 10 - 6 - 6 | 8 | |
| | 框中丁行首首、尾与↑框前三首和再尾 | 6 - 6 - 10 - 8 - 10 - 8 - 4 | | |
| 499 | 框中丁行首首、尾与下下行首数 | 10 - 8 - 4 - 8 | 5 | 214 |
| | 框中次行末首、尾与上上行尾数 | 8 - 4 - 8 - 10 | | |
| 500 | 框中丁行首首、尾与↓框中前两首 | 10 - 8 - 4 - 8 - 6 | 6 | |
| | 框中次行末首、尾与↑框中后两尾 | 6 - 8 - 4 - 8 - 10 | | |
| 501 | 框中丁行首首、尾与↓框中前两行 | 10 - 8 - 4 - 8 - 6 - 4 | 7 | |
| | 框中次行末首、尾与↑框中后两行 | 4 - 6 - 8 - 4 - 8 - 10 | | |
| 502 | 框中丁行首首、尾与↓框前三首和首尾 | 10 - 8 - 4 - 8 - 6 - 4 - 2 | 8 | |
| | 框中次行末首、尾与↑框后三尾和末首 | 2 - 4 - 6 - 8 - 4 - 8 - 10 | | |
| 503 | 框中丁行首首、尾与↓框前两首前两尾 | 10 - 8 - 4 - 8 - 6 - 4 - 6 | 8 | |
| | 框中次行末首、尾与↑框后两首后两尾 | 6 - 4 - 6 - 8 - 4 - 8 - 10 | | |
| 504 | 框中丁行首首、尾与↓框中前三首 | 10 - 8 - 4 - 8 - 6 - 6 | 7 | |
| | 框中次行末首、尾与↑框中后三尾 | 6 - 6 - 8 - 4 - 8 - 10 | | |
| 505 | 框中丁行首首、尾与↓框前三首和次尾 | 10 - 8 - 4 - 8 - 6 - 6 - 4 | 8 | |
| | 框中次行末首、尾与↑框后三尾和再首 | 4 - 6 - 6 - 8 - 4 - 8 - 10 | | |
| 506 | 框中丁行首首、尾与↓框前三首和再尾 | 10 - 8 - 4 - 8 - 6 - 6 - 10 | 8 | |
| | 框中次行末首、尾与↑框后三尾和次首 | 10 - 6 - 6 - 8 - 4 - 8 - 10 | | |
| 507 | 框中丁行首首、尾与↓框前两首和次尾 | 10 - 8 - 4 - 8 - 6 - 10 | 7 | |
| | 框中次行末首、尾与↑框后两尾和再首 | 10 - 6 - 8 - 4 - 8 - 10 | | |
| 508 | 框中丁行首首、尾与↓框前两首二、三尾 | 10 - 8 - 4 - 8 - 6 - 10 - 6 | 8 | |
| | 框中次行末首、尾与↑框后两尾二、三首 | 6 - 10 - 6 - 8 - 4 - 8 - 10 | | |
| 509 | 框中丁行首首、尾与↓框中首首、尾 | 10 - 8 - 4 - 8 - 10 | 6 | |
| | 框中次行末首、尾与↑框中末首、尾 | 10 - 8 - 4 - 8 - 10 | | |
| 510 | 框中丁行首首、尾与↓框中首尾一、三首 | 10 -$\dot{8}$- 4 - 8 - 10 -$\dot{2}$ | 7 | 3326 |
| | 框中次行末首、尾与↑框中末首二、四尾 | $\dot{2}$ - 10 - 8 - 4 -$\dot{8}$- 10 | | |
| 511 | 框中丁行首首、尾与↓框前两尾一、三首 | 10 - 8 - 4 - 8 - 10 - 2 - 4 | 8 | |
| | 框中次行末首、尾与↑框后两首二、四尾 | 4 - 2 - 10 - 8 - 4 - 8 - 10 | | |
| 512 | 框中丁行首首、尾与↓框中一、三首一、三尾 | 10 -$\dot{8}$- 4 - 8 - 10 -$\dot{2}$- 10 | 8 | 3328 |
| | 框中次行末首、尾与↑框中二、四首二、四尾 | 10 -$\dot{2}$- 10 - 8 - 4 -$\dot{8}$- 10 | | |
| 513 | 框中丁行首首、尾与↓框前两尾和首首 | 10 - 8 - 4 - 8 - 10 - 6 | 7 | |
| | 框中次行末首、尾与↑框后两首和末尾 | 6 - 10 - 8 - 4 - 8 - 10 | | |
| 514 | 框中丁行首首、尾与↓框前三尾和首首 | 10 - 8 - 4 - 8 - 10 - 6 - 6 | 8 | |
| | 框中次行末首、尾与↑框后三首和末尾 | 6 - 6 - 10 - 8 - 4 - 8 - 10 | | |

## 续表

| 序号 | 条件<br>在表 28 中，若任何的______都是素数的 | 结论<br>就是一个差 <u>D</u> 型 | k生素数 | 同差异决之序号 |
|---|---|---|---|---|
| 515 | 框前两行末首、尾与下行首数 | 6-4-8-10-2 | 6 | 78 |
| | 框后两行首首、尾与上行尾数 | 2-10-8-4-6 | | |
| 516 | 框前两行末首、尾与↓框中前两首 | 6-4-8-10-2-6 | 7 | 802 |
| | 框后两行首首、尾与↑框中后两尾 | 6-2-10-8-4-6 | | |
| 517 | 框前两行末首、尾与↓框中前三首 | 6-4-8-10-2-6-6 | 8 | |
| | 框后两行首首、尾与↓框中后三尾 | 6-6-2-10-8-4-6 | | |
| 518 | 框前两行末首、尾与↓框前三首和次尾 | 6-4-8-10-2-6-6-4 | 9 | |
| | 框后两行首首、尾与↑框后三尾和再首 | 4-6-6-2-10-8-4-6 | | |
| 519 | 框前两行末首、尾与↓框中四首数 | 6-4-8-10-2-6-6-6 | 9 | |
| | 框后两行首首、尾与↑框中四尾数 | 6-6-6-2-10-8-4-6 | | |
| 520 | 框前两行末首、尾与↓框前三首和再尾 | 6-4-8-10-2-6-6-10 | 9 | |
| | 框后两行首首、尾与↑框后三尾和次首 | 10-6-6-2-10-8-4-6 | | |
| 521 | 框前两行末首、尾与↓框前三首后两尾 | 6-4-8-10-2-6-6-10-6 | 10 | |
| | 框后两行首首、尾与↑框后三尾前两首 | 6-10-6-6-2-10-8-4-6 | | |
| 522 | 框前两行末首、尾与↓框前两首和次尾 | 6-4-8-10-2-6-10 | 8 | 3150 |
| | 框后两行首首、尾与↑框后两尾和再首 | 10-6-2-10-8-4-6 | | |
| 523 | 框前两行末首、尾与↓框中一、二、四首和次尾 | $6-4-\dot{8}-10-2-6-10-\dot{2}$ | 9 | 3387 |
| | 框后两行首首、尾与↑框中一、三、四尾和再首 | $\dot{2}-10-6-2-10-\dot{8}-4-6$ | | |
| 524 | 框前两行末首、尾与↓框中一、二、四首二、三尾 | 6-4-8-10-2-6-10-2-4 | 10 | |
| | 框后两行首首、尾与↑框中一、三、四尾二、三首 | 4-2-10-6-2-10-8-4-6 | | |
| 525 | 框前两行末首、尾与↓框中一、二、四首二、四尾 | $6-4-\dot{8}-10-2-6-10-\dot{2}-10$ | 10 | 3391 |
| | 框后两行首首、尾与↑框中一、三、四尾一、三首 | $10-\dot{2}-10-6-2-10-\dot{8}-4-6$ | | |
| 526 | 框前两行末首、尾与↓框前两首二、三尾 | 6-4-8-10-2-6-10-6 | 9 | |
| | 框后两行首首、尾与↑框后两尾二、三首 | 6-10-6-2-10-8-4-6 | | |
| 527 | 框前两行末首、尾与↓框中首首、尾 | 6-4-8-10-2-10 | 7 | 440 |
| | 框后两行首首、尾与↑框中末首、尾 | 10-2-10-8-4-6 | | |
| 528 | 框前两行末首、尾与↓框中首尾一、三首 | 6-4-8-10-2-10-2 | 8 | |
| | 框后两行首首、尾与↑框中末首二、四尾 | 2-10-2-10-8-4-6 | | |
| 529 | 框前两行末首、尾与↓框前两尾一、三首 | 6-4-8-10-2-10-2-4 | 9 | |
| | 框后两行首首、尾与↑框后两首二、四尾 | 4-2-10-2-10-8-4-6 | | |
| 530 | 框前两行末首、尾与↓框中一、三、四首前两尾 | 6-4-8-10-2-10-2-4-2 | 10 | |
| | 框后两行首首、尾与↑框中一、二、四尾后两首 | 2-4-2-10-2-10-8-4-6 | | |
| 531 | 框前两行末首、尾与↓框前三尾一、三首 | 6-4-8-10-2-10-2-4-6 | 10 | |
| | 框后两行首首、尾与↑框后三首二、四尾 | 6-4-2-10-2-10-8-4-6 | | |
| 532 | 框前两行末首、尾与↓框后两首首首、尾 | 6-4-8-10-2-10-2-6 | 9 | |
| | 框后两行首首、尾与↑框前两尾末首、尾 | 6-2-10-2-10-8-4-6 | | |
| 533 | 框前两行末首、尾与↓框中一、三、四首一、三尾 | 6-4-8-10-2-10-2-6-4 | 10 | |
| | 框后两行首首、尾与↑框中一、二、四尾二、四首 | 4-6-2-10-2-10-8-4-6 | | |
| 534 | 框前两行末首、尾与↓框中一、三、四首一、四尾 | 6-4-8-10-2-10-2-6-10 | 10 | |
| | 框后两行首首、尾与↑框中一、二、四尾一、四首 | 10-6-2-10-2-10-8-4-6 | | |

续表

| 序号 | 条件<br>在表28中,若任何的______都是素数的 | 结论<br>就是一个差 $D$ 型 | $k$生素数 | 同差异决之序号 |
|---|---|---|---|---|
| 535 | 框前两行末首、尾与↓框中一、三首一、三尾 | 6-4-8-10-2-10-2-10 | 9 | |
| | 框后两行首首、尾与↑框中二、四首二、四尾 | 10-2-10-2-10-8-4-6 | | |
| 536 | 框前两行末首、尾与↓框中一、三、四尾一、三首 | 6-4-8-10-2-10-2-10-6 | 10 | |
| | 框后两行首首、尾与↑框中一、二、四首二、四尾 | 6-10-2-10-2-10-8-4-6 | | |
| 537 | 框前两行末首、尾与↓框前两尾和首首 | 6-4-8-10-2-10-6 | 8 | 2608 |
| | 框后两行首首、尾与↑框后两首和末尾 | 6-10-2-10-8-4-6 | | |
| 538 | 框前两行末首、尾与↓框前两尾一、四首 | 6-4-8-10-2-10-6-2 | 9 | 3360 |
| | 框后两行首首、尾与↑框后两首一、四尾 | 2-6-10-2-10-8-4-6 | | |
| 539 | 框前两行末首、尾与↓框中一、二、四尾一、四首 | 6-4-8-10-2-10-6-2-10 | 10 | 3364 |
| | 框后两行首首、尾与↑框中一、三、四首一、四尾 | 10-2-6-10-2-10-8-4-6 | | |
| 540 | 框前两行末首、尾与↓框前三尾和首首 | 6-4-8-10-2-10-6-6 | 9 | |
| | 框后两行首首、尾与↑框后三首和末尾 | 6-6-10-2-10-8-4-6 | | |
| 541 | 框前两行末首、尾与↓框中首尾一、四首 | 6-4-8-10-2-10-8 | 8 | 3300 |
| | 框后两行首首、尾与↑框中末首一、四尾 | 8-10-2-10-8-4-6 | | |
| 542 | 框前两行末首、尾与↓框中丁行首首、尾 | 6-4-8-10-2-10-8-4 | 9 | |
| | 框后两行首首、尾与↑框中次行末首、尾 | 4-8-10-2-10-8-4-6 | | |
| 543 | 框前两行末首、尾与↓框后两行首首、尾 | 6-4-8-10-2-10-8-4-6 | 10 | |
| 544 | 框前两行末首、尾与↓框中一、四首一、四尾 | 6-4-8-10-2-10-8-10 | 9 | 3301 |
| | 框后两行首首、尾与↑框中一、四首一、四尾 | 10-8-10-2-10-8-4-6 | | |
| 545 | 框前两行末首、尾与下下行首数 | 6-4-8-10-8 | 6 | 373 |
| | 框后两行首首、尾与上上行尾数 | 8-10-8-4-6 | | |
| 546 | 框前两行末首、尾与下下行两数 | 6-4-8-10-8-4 | 7 | 479 |
| | 框后两行首首、尾与上上行两数 | 4-8-10-8-4-6 | | |
| 547 | 框前两行末首、尾与↓框中首尾二、三首 | 6-4-8-10-8-4-2 | 8 | |
| | 框后两行首首、尾与↑框中末首二、三尾 | 2-4-8-10-8-4-6 | | |
| 548 | 框前两行末首、尾与↓框中二、三行 | 6-4-8-10-8-4-2-4 | 9 | |
| | 框后两行首首、尾与↑框中三、四行 | 4-2-4-8-10-8-4-6 | | |
| 549 | 框前两行末首、尾与↓框后三首前两尾 | 6-4-8-10-8-4-2-4-2 | 10 | |
| | 框后两行首首、尾与↑框前三尾后两首 | 2-4-2-4-8-10-8-4-6 | | |
| 550 | 框前两行末首、尾与↓框前三尾二、三首 | 6-4-8-10-8-4-2-4-6 | 10 | |
| | 框后两行首首、尾与↑框后三首二、三尾 | 6-4-2-4-8-10-8-4-6 | | |
| 551 | 框前两行末首、尾与↓框后三首和首尾 | 6-4-8-10-8-4-2-6 | 9 | |
| | 框后两行首首、尾与↑框前三尾和末首 | 6-2-4-8-10-8-4-6 | | |
| 552 | 框前两行末首、尾与↓框后三首一、三尾 | 6-4-8-10-8-4-2-6-4 | 10 | |
| | 框后两行首首、尾与↑框前三尾二、四首 | 4-6-2-4-8-10-8-4-6 | | |
| 553 | 框前两行末首、尾与↓框中次行再首、尾 | 6-4-8-10-8-4-2-10 | 9 | |
| | 框后两行首首、尾与↑框中丁行次首、尾 | 10-2-4-8-10-8-4-6 | | |
| 554 | 框前两行末首、尾与↓框前两尾和次首 | 6-4-8-10-8-4-6 | 8 | |
| | 框后两行首首、尾与↑框后两首和再尾 | 6-4-8-10-8-4-6 | | |

续表

| 序号 | 条件<br>在表 28 中，若任何的______都是素数的 | 结论<br>就是一个差 D 型 | k 生素数 | 同差异决之序号 |
|---|---|---|---|---|
| 555 | 框前两行末首、尾与↓框前两尾二、四首 | 6-4-8-10-8-4-6-2 | 9 | 3343 |
|  | 框后两行首首、尾与↑框后两首一、三尾 | 2-6-4-8-10-8-4-6 |  |  |
| 556 | 框前两行末首、尾与↓框前三尾二、四首 | 6-4-8-10-8-4-6-2-4 | 10 |  |
|  | 框后两行首首、尾与↑框后三首一、三尾 | 4-2-6-4-8-10-8-4-6 |  |  |
| 557 | 框前两行末首、尾与↓框前三尾和次首 | 6-4-8-10-8-4-6-6 | 9 |  |
|  | 框后两行首首、尾与↑框后三首和再尾 | 6-6-4-8-10-8-4-6 |  |  |
| 558 | 框前两行末首、尾与↓框中次行和末首 | 6-4-8-10-8-4-8 | 8 | 3333 |
|  | 框后两行首首、尾与↑框中丁行和首尾 | 8-4-8-10-8-4-6 |  |  |
| 559 | 框前两行末首、尾与↓框中二、四行 | 6-4-8-10-8-4-8-4 | 9 |  |
|  | 框后两行首首、尾与↑框中二、四行 | 4-8-4-8-10-8-4-6 |  |  |
| 560 | 框前两行末首、尾与↓框中二、三首 | 6-4-8-10-8-6 | 7 |  |
|  | 框后两行首首、尾与↑框中二、三尾 | 6-8-10-8-4-6 |  |  |
| 561 | 框前两行末首、尾与↓框中次尾二、三首 | 6-4-8-10-8-6-4 | 8 |  |
|  | 框后两行首首、尾与↑框中再首二、三尾 | 4-6-8-10-8-4-6 |  |  |
| 562 | 框前两行末首、尾与↓框后三首和次尾 | 6-4-8-10-8-6-4-2 | 9 |  |
|  | 框后两行首首、尾与↑框前三尾和再首 | 2-4-6-8-10-8-4-6 |  |  |
| 563 | 框前两行末首、尾与↓框后三首二、三尾 | 6-4-8-10-8-6-4-2-4 | 10 |  |
|  | 框后两行首首、尾与↑框前三尾二、三首 | 4-2-4-6-8-10-8-4-6 |  |  |
| 564 | 框前两行末首、尾与↓框后三首二、四尾 | 6-4-8-10-8-6-4-2-10 | 10 |  |
|  | 框后两行首首、尾与↑框前三尾一、三首 | 10-2-4-6-8-10-8-4-6 |  |  |
| 565 | 框前两行末首、尾与↓框中二、三首二、三尾 | 6-4-8-10-8-6-4-6 | 9 |  |
|  | 框后两行首首、尾与↑框中二、三首二、三尾 | 6-4-6-8-10-8-4-6 |  |  |
| 566 | 框前两行末首、尾与↓框后三尾二、三首 | 6-4-8-10-8-6-4-6-6 | 10 |  |
|  | 框后两行首首、尾与↑框前三首二、三尾 | 6-6-4-6-8-10-8-4-6 |  |  |
| 567 | 框前两行末首、尾与↓框中后三首 | 6-4-8-10-8-6-6 | 8 |  |
|  | 框后两行首首、尾与↑框中前三尾 | 6-6-8-10-8-4-6 |  |  |
| 568 | 框前两行末首、尾与↓框后三首和再尾 | 6-4-8-10-8-6-6-4 | 9 |  |
|  | 框后两行首首、尾与↑框前三尾和次首 | 4-6-6-8-10-8-4-6 |  |  |
| 569 | 框前两行末首、尾与↓框后三首后两尾 | 6-4-8-10-8-6-6-4-6 | 10 |  |
|  | 框后两行首首、尾与↑框前三尾前两首 | 6-4-6-6-8-10-8-4-6 |  |  |
| 570 | 框前两行末首、尾与↓框后三首和末尾 | 6-4-8-10-8-6-6-10 | 9 |  |
|  | 框后两行首首、尾与↑框前三尾和首首 | 10-6-6-8-10-8-4-6 |  |  |
| 571 | 框前两行末首、尾与↓框中再尾二、三首 | 6-4-8-10-8-6-10 | 8 |  |
|  | 框后两行首首、尾与↑框中次首二、三尾 | 10-6-8-10-8-4-6 |  |  |
| 572 | 框前两行末首、尾与↓框后两尾二、三首 | 6-4-8-10-8-6-10-6 | 9 |  |
|  | 框后两行首首、尾与↑框前两首二、三尾 | 6-10-6-8-10-8-4-6 |  |  |
| 573 | 框前两行末首、尾与↓框中次首、尾 | 6-4-8-10-8-10 | 7 | 406 |
|  | 框后两行首首、尾与↑框中再首、尾 | 10-8-10-8-4-6 |  |  |
| 574 | 框前两行末首、尾与↓框中次尾二、四首 | 6-4-8-10-8-10-2 | 8 | 3321 |
|  | 框后两行首首、尾与↑框中再首一、三尾 | 2-10-8-10-8-4-6 |  |  |

续表

| 序 号 | 条 件<br>在表 28 中,若任何的______都是素数的 | 结 论<br>就是一个差 $D$ 型 | $k$ 生素数 | 同差异决之序号 |
|---|---|---|---|---|
| 575 | 框前两行末首、尾与↓框中丁行次首、尾 | 6-4-8-10-8-10-2-4 | 9 | |
| | 框后两行首首、尾与↑框中次行再首、尾 | 4-2-10-8-10-8-4-6 | | |
| 576 | 框前两行末首、尾与↓框后三尾二、四首 | 6-4-8-10-8-10-2-4-6 | 10 | |
| | 框后两行首首、尾与↑框前三首一、三尾 | 6-4-2-10-8-10-8-4-6 | | |
| 577 | 框前两行末首、尾与↓框中二、四首二、四尾 | 6-4-8-10-8-10-2-10 | 9 | 3322 |
| | 框后两行首首、尾与↑框中一、三首一、三尾 | 10-2-10-8-10-8-4-6 | | |
| 578 | 框前两行末首、尾与↓框中次首二、三尾 | 6-4-8-10-8-10-6 | 8 | |
| | 框后两行首首、尾与↑框中再尾二、三首 | 6-10-8-10-8-4-6 | | |
| 579 | 框前两行末首、尾与↓框后三尾和次首 | 6-4-8-10-8-10-6-6 | 9 | |
| | 框后两行首首、尾与↑框前三首和再尾 | 6-6-10-8-10-8-4-6 | | |
| 580 | 框后两行首首、尾与下行首数 | 10-8-4-6-2 | 6 | 824 |
| | 框前两行末首、尾与上行尾数 | 2-6-4-8-10 | | |
| 581 | 框后两行首首、尾与↓框中前两首 | 10-8-4-6-2-6 | 7 | |
| | 框前两行末首、尾与↑框中后两尾 | 6-2-6-4-8-10 | | |
| 582 | 框后两行首首、尾与↓框中前两行 | 10-8-4-6-2-6-4 | 8 | |
| | 框前两行末首、尾与↑框中后两行 | 4-6-2-6-4-8-10 | | |
| 583 | 框后两行首首、尾与↓框前三首和首尾 | 10-8-4-6-2-6-4-2 | 9 | |
| | 框前两行末首、尾与↑框后三尾和末首 | 2-4-6-2-6-4-8-10 | | |
| 584 | 框后两行首首、尾与↓框中前三行 | 10-8-4-6-2-6-4-2-4 | 10 | |
| | 框前两行末首、尾与↑框中后三行 | 4-2-4-6-2-6-4-8-10 | | |
| 585 | 框后两行首首、尾与↓框前三首一、三尾 | 10-8-4-6-2-6-4-2-10 | 10 | |
| | 框前两行末首、尾与↑框后三尾二、四首 | 10-2-4-6-2-6-4-8-10 | | |
| 586 | 框后两行首首、尾与↓框前两首前两尾 | 10-8-4-6-2-6-4-6 | 9 | |
| | 框前两行末首、尾与↑框后两首后两尾 | 6-4-6-2-6-4-8-10 | | |
| 587 | 框后两行首首、尾与↓框前三尾前两首 | 10-8-4-6-2-6-4-6-6 | 10 | |
| | 框前两行末首、尾与↑框后三首后两尾 | 6-6-4-6-2-6-4-8-10 | | |
| 588 | 框后两行首首、尾与↓框中前三首 | 10-8-4-6-2-6-6 | 8 | |
| | 框前两行末首、尾与↑框中后三尾 | 6-6-2-6-4-8-10 | | |
| 589 | 框后两行首首、尾与↓框前三首和次尾 | 10-8-4-6-2-6-6-4 | 9 | |
| | 框前两行末首、尾与↑框后三尾和再首 | 4-6-6-2-6-4-8-10 | | |
| 590 | 框后两行首首、尾与↓框中四首数 | 10-8-4-6-2-6-6-6 | 9 | |
| | 框前两行末首、尾与↑框中四尾数 | 6-6-6-2-6-4-8-10 | | |
| 591 | 框后两行首首、尾与↓框前三首和再尾 | 10-8-4-6-2-6-6-10 | 9 | |
| | 框前两行末首、尾与↑框后三尾和次首 | 10-6-6-2-6-4-8-10 | | |
| 592 | 框后两行首首、尾与↓框前两首和次尾 | 10-8-4-6-2-6-10 | 8 | |
| | 框前两行末首、尾与↑框后两尾和再首 | 10-6-2-6-4-8-10 | | |
| 593 | 框后两行首首、尾与↓框中一、二、四首和次尾 | 10-8-4-6-2-6-10-2 | 9 | |
| | 框前两行末首、尾与↑框中一、三、四尾和再首 | 2-10-6-2-6-4-8-10 | | |
| 594 | 框后两行首首、尾与↓框中一、二、四首二、三尾 | 10-8-4-6-2-6-10-2-4 | 10 | |
| | 框前两行末首、尾与↑框中一、三、四尾二、三首 | 4-2-10-6-2-6-4-8-10 | | |

续表

| 序号 | 条件<br>在表 28 中,若任何的＿＿＿＿都是素数的 | 结论<br>就是一个差 D 型 | k 生素数 | 同差异决之序号 |
|---|---|---|---|---|
| 595 | 框后两行首首、尾与↓框中一、二、四首二、四尾 | 10 - 8 - 4 - 6 - 2 - 6 - 10 - 2 - 10 | 10 | |
| | 框前两行末首、尾与↑框中一、三、四尾一、三首 | 10 - 2 - 10 - 6 - 2 - 6 - 4 - 8 - 10 | | |
| 596 | 框后两行首首、尾与↓框前两首二、三尾 | 10 - 8 - 4 - 6 - 2 - 6 - 10 - 6 | 9 | |
| | 框前两行末首、尾与↑框后两尾二、三首 | 6 - 10 - 6 - 2 - 6 - 4 - 8 - 10 | | |
| 597 | 框后两行首首、尾与↓框中首首、尾 | 10 - 8 - 4 - 6 - 2 - 10 | 7 | 3004 |
| | 框前两行末首、尾与↑框中末首、尾 | 10 - 2 - 6 - 4 - 8 - 10 | | |
| 598 | 框后两行首首、尾与↓框中首尾一、三首 | 10 - $\dot{8}$ - 4 - 6 - 2 - 10 - $\dot{2}$ | 8 | 3369 |
| | 框前两行末首、尾与↑框中末首二、四尾 | $\dot{2}$ - 10 - 2 - 6 - 4 - $\dot{8}$ - 10 | | |
| 599 | 框后两行首首、尾与↓框前两尾一、三首 | 10 - 8 - 4 - 6 - 2 - 10 - 2 - 4 | 9 | |
| | 框前两行末首、尾与↑框后两首二、四尾 | 4 - 2 - 10 - 2 - 6 - 4 - 8 - 10 | | |
| 600 | 框后两行首首、尾与↓框前三尾一、三首 | 10 - 8 - 4 - 6 - 2 - 10 - 2 - 4 - 6 | 10 | |
| | 框前两行末首、尾与↑框后三首二、四尾 | 6 - 4 - 2 - 10 - 2 - 6 - 4 - 8 - 10 | | |
| 601 | 框后两行首首、尾与↓框中一、三首一、三尾 | 10 - $\dot{8}$ - 4 - 6 - 2 - 10 - $\dot{2}$ - 10 | 9 | 3370 |
| | 框前两行末首、尾与↑框中二、四首二、四尾 | 10 - $\dot{2}$ - 10 - 2 - 6 - 4 - $\dot{8}$ - 10 | | |
| 602 | 框后两行首首、尾与↓框中一、三、四尾一、三首 | 10 - $\dot{8}$ - 4 - 6 - 2 - 10 - $\dot{2}$ - 10 - 6 | 10 | 3371 |
| | 框前两行末首、尾与↑框中一、二、四首二、四尾 | 6 - 10 - $\dot{2}$ - 10 - 2 - 6 - 4 - $\dot{8}$ - 10 | | |
| 603 | 框后两行首首、尾与↓框前两尾和首首 | 10 - 8 - 4 - 6 - 2 - 10 - 6 | 8 | |
| | 框前两行末首、尾与↑框后两首和末尾 | 6 - 10 - 2 - 6 - 4 - 8 - 10 | | |
| 604 | 框后两行首首、尾与↓框前三尾和首首 | 10 - 8 - 4 - 6 - 2 - 10 - 6 - 6 | 9 | |
| | 框前两行末首、尾与↑框后三首和末尾 | 6 - 6 - 10 - 2 - 6 - 4 - 8 - 10 | | |
| 605 | 框后两行首首、尾与↓框中四尾和首首 | 10 - 8 - 4 - 6 - 2 - 10 - 6 - 6 - 6 | 10 | |
| | 框前两行末首、尾与↑框中四首和末尾 | 6 - 6 - 6 - 10 - 2 - 6 - 4 - 8 - 10 | | |
| 606 | 框后两行首首、尾与下下行首数 | 10 - 8 - 4 - 6 - 8 | 6 | |
| | 框前两行末首、尾与上上行尾数 | 8 - 6 - 4 - 8 - 10 | | |
| 607 | 框后两行首首、尾与下下行两数 | 10 - 8 - 4 - 6 - 8 - 4 | 7 | |
| | 框前两行末首、尾与上上行两数 | 4 - 8 - 6 - 4 - 8 - 10 | | |
| 608 | 框后两行首首、尾与↓框中首尾二、三首 | 10 - 8 - 4 - 6 - 8 - 4 - 2 | 8 | |
| | 框前两行末首、尾与↑框中末首二、三尾 | 2 - 4 - 8 - 6 - 4 - 8 - 10 | | |
| 609 | 框后两行首首、尾与↓框中二、三行 | 10 - 8 - 4 - 6 - 8 - 4 - 2 - 4 | 9 | |
| | 框前两行末首、尾与↑框中三、四行 | 4 - 2 - 4 - 8 - 6 - 4 - 8 - 10 | | |
| 610 | 框后两行首首、尾与↓框后三首前两尾 | 10 - 8 - 4 - 6 - 8 - 4 - 2 - 4 - 2 | 10 | |
| | 框前两行末首、尾与↑框前三尾后两首 | 2 - 4 - 2 - 4 - 8 - 6 - 4 - 8 - 10 | | |
| 611 | 框后两行首首、尾与↓框前三尾二、三首 | 10 - 8 - 4 - 6 - 8 - 4 - 2 - 4 - 6 | 10 | |
| | 框前两行末首、尾与↑框后三首二、三尾 | 6 - 4 - 2 - 4 - 8 - 6 - 4 - 8 - 10 | | |
| 612 | 框后两行首首、尾与↓框后三首和首尾 | 10 - 8 - 4 - 6 - 8 - 4 - 2 - 6 | 9 | |
| | 框前两行末首、尾与↑框前三尾和末首 | 6 - 2 - 4 - 8 - 6 - 4 - 8 - 10 | | |
| 613 | 框后两行首首、尾与↓框后三首一、三尾 | 10 - 8 - 4 - 6 - 8 - 4 - 2 - 6 - 4 | 10 | |
| | 框前两行末首、尾与↑框前三尾二、四首 | 4 - 6 - 2 - 4 - 8 - 6 - 4 - 8 - 10 | | |
| 614 | 框后两行首首、尾与↓框中次行再首、尾 | 10 - 8 - 4 - 6 - 8 - 4 - 2 - 10 | 9 | |
| | 框前两行末首、尾与↑框中丁行次首、尾 | 10 - 2 - 4 - 8 - 6 - 4 - 8 - 10 | | |

续表

| 序号 | 条件 | 结论 | | 同差异决之序号 |
|---|---|---|---|---|
| | 在表28中,若任何的________都是素数的 | 就是一个差 $\underline{D}$ 型 | $k$生素数 | |
| 615 | 框后两行首首、尾与$\underline{\downarrow}$框中一、三、四尾二、三首 | 10-8-4-6-8-4-2-10-6 | 10 | |
| | 框前两行末首、尾与$\overline{\uparrow}$框中一、二、四首二、三尾 | 6-10-2-4-8-6-4-8-10 | | |
| 616 | 框后两行首首、尾与$\underline{\downarrow}$框前两尾和次首 | 10-8-4-6-8-4-6 | 8 | |
| | 框前两行末首、尾与$\overline{\uparrow}$框后两首和再尾 | 6-4-8-6-4-8-10 | | |
| 617 | 框后两行首首、尾与$\underline{\downarrow}$框前两尾二、四首 | 10-8-4-6-8-4-6-2 | 9 | |
| | 框前两行末首、尾与$\overline{\uparrow}$框后两首一、三尾 | 2-6-4-8-6-4-8-10 | | |
| 618 | 框后两行首首、尾与$\underline{\downarrow}$框前三尾二、四首 | 10-8-4-6-8-4-6-2-4 | 10 | |
| | 框前两行末首、尾与$\overline{\uparrow}$框后三首一、三尾 | 4-2-6-4-8-6-4-8-10 | | |
| 619 | 框后两行首首、尾与$\underline{\downarrow}$框前三尾和次首 | 10-8-4-6-8-4-6-6 | 9 | |
| | 框前两行末首、尾与$\overline{\uparrow}$框后三首和再尾 | 6-6-4-8-6-4-8-10 | | |
| 620 | 框后两行首首、尾与$\underline{\downarrow}$框中四尾和次首 | 10-8-4-6-8-4-6-6-6 | 10 | |
| | 框前两行末首、尾与$\overline{\uparrow}$框中四首和再尾 | 6-6-6-4-8-6-4-8-10 | | |
| 621 | 框后两行首首、尾与$\underline{\downarrow}$框中次行和末首 | 10-8-4-6-8-4-8 | 8 | |
| | 框前两行末首、尾与$\overline{\uparrow}$框中丁行和首尾 | 8-4-8-6-4-8-10 | | |
| 622 | 框后两行首首、尾与$\underline{\downarrow}$框中二、四行 | 10-8-4-6-8-4-8-4 | 9 | |
| | 框前两行末首、尾与$\overline{\uparrow}$框中二、四行 | 4-8-4-8-6-4-8-10 | | |
| 623 | 框后两行首首、尾与$\underline{\downarrow}$框中二、三首 | 10-8-4-6-8-6 | 7 | |
| | 框前两行末首、尾与$\overline{\uparrow}$框中二、三尾 | 6-8-6-4-8-10 | | |
| 624 | 框后两行首首、尾与$\underline{\downarrow}$框中次尾二、三首 | 10-8-4-6-8-6-4 | 8 | |
| | 框前两行末首、尾与$\overline{\uparrow}$框中再首二、三尾 | 4-6-8-6-4-8-10 | | |
| 625 | 框后两行首首、尾与$\underline{\downarrow}$框后三首和次尾 | 10-8-4-6-8-6-4-2 | 9 | |
| | 框前两行末首、尾与$\overline{\uparrow}$框前三尾和再首 | 2-4-6-8-6-4-8-10 | | |
| 626 | 框后两行首首、尾与$\underline{\downarrow}$框后三首二、三尾 | 10-8-4-6-8-6-4-2-4 | 10 | |
| | 框前两行末首、尾与$\overline{\uparrow}$框前三尾二、三首 | 4-2-4-6-8-6-4-8-10 | | |
| 627 | 框后两行首首、尾与$\underline{\downarrow}$框后三首二、四尾 | 10-8-4-6-8-6-4-2-10 | 10 | |
| | 框前两行末首、尾与$\overline{\uparrow}$框前三尾一、三首 | 10-2-4-6-8-6-4-8-10 | | |
| 628 | 框后两行首首、尾与$\underline{\downarrow}$框中二、三首二、三尾 | 10-8-4-6-8-6-4-6 | 9 | |
| | 框前两行末首、尾与$\overline{\uparrow}$框中二、三首二、三尾 | 6-4-6-8-6-4-8-10 | | |
| 629 | 框后两行首首、尾与$\underline{\downarrow}$框后三尾二、三首 | 10-8-4-6-8-6-4-6-6 | 10 | |
| | 框前两行末首、尾与$\overline{\uparrow}$框前三首二、三尾 | 6-6-4-6-8-6-4-8-10 | | |
| 630 | 框后两行首首、尾与$\underline{\downarrow}$框中后三首 | 10-8-4-6-8-6-6 | 8 | |
| | 框前两行末首、尾与$\overline{\uparrow}$框中前三尾 | 6-6-8-6-4-8-10 | | |
| 631 | 框后两行首首、尾与$\underline{\downarrow}$框后三首和再尾 | 10-8-4-6-8-6-6-4 | 9 | |
| | 框前两行末首、尾与$\overline{\uparrow}$框前三尾和次首 | 4-6-6-8-6-4-8-10 | | |
| 632 | 框后两行首首、尾与$\underline{\downarrow}$框后三首后两尾 | 10-8-4-6-8-6-6-4-6 | 10 | |
| | 框前两行末首、尾与$\overline{\uparrow}$框前三尾前两首 | 6-4-6-6-8-6-4-8-10 | | |
| 633 | 框后两行首首、尾与$\underline{\downarrow}$框后三首和末尾 | 10-8-4-6-8-6-6-10 | 9 | |
| | 框前两行末首、尾与$\overline{\uparrow}$框前三尾和首首 | 10-6-6-8-6-4-8-10 | | |
| 634 | 框后两行首首、尾与$\underline{\downarrow}$框中再尾二、三首 | 10-8-4-6-8-6-10 | 8 | |
| | 框前两行末首、尾与$\overline{\uparrow}$框中次首二、三尾 | 10-6-8-6-4-8-10 | | |

续表

| 序号 | 条件 | 结论 | | 同差异决之序号 |
|---|---|---|---|---|
| | 在表 28 中,若任何的______都是素数的 | 就是一个差 $D$ 型 | $k$ 生素数 | |
| 635 | 框后两行首首、尾与↓框后两尾二、三首 | 10-8-4-6-8-6-10-6 | 9 | |
| | 框前两行末首、尾与↑框前两首二、三尾 | 6-10-6-8-6-4-8-10 | | |
| 636 | 框后两行首首、尾与↓框中次首、尾 | 10-8-4-6-8-10 | 7 | |
| | 框前两行末首、尾与↑框中再首、尾 | 10-8-6-4-8-10 | | |
| 637 | 框后两行首首、尾与↓框中次尾二、四首 | 10-8-4-6-8-10-2 | 8 | |
| | 框前两行末首、尾与↑框中再首一、三尾 | 2-10-8-6-4-8-10 | | |
| 638 | 框后两行首首、尾与↓框中丁行次首、尾 | 10-8-4-6-8-10-2-4 | 9 | |
| | 框前两行末首、尾与↑框中次行再首、尾 | 4-2-10-8-6-4-8-10 | | |
| 639 | 框后两行首首、尾与↓框后三尾二、四首 | 10-8-4-6-8-10-2-4-6 | 10 | |
| | 框前两行末首、尾与↑框前三首一、三尾 | 6-4-2-10-8-6-4-8-10 | | |
| 640 | 框后两行首首、尾与↓框中二、四首二、四尾 | 10-8-4-6-8-10-2-10 | 9 | |
| | 框前两行末首、尾与↑框中一、三首一、三尾 | 10-2-10-8-6-4-8-10 | | |
| 641 | 框后两行首首、尾与↓框中次首二、三尾 | 10-8-4-6-8-10-6 | 8 | |
| | 框前两行末首、尾与↑框中再尾二、三首 | 6-10-8-6-4-8-10 | | |
| 642 | 框后两行首首、尾与↓框后三尾和次首 | 10-8-4-6-8-10-6-6 | 9 | |
| | 框前两行末首、尾与↑框前三首和再尾 | 6-6-10-8-6-4-8-10 | | |
| 643 | 框中二、四行与下下行首数 | 4-8-4-8 | 5 | |
| | 框中二、四行与上上行尾数 | 8-4-8-4 | | |
| 644 | 框中二、四行与↓框中前两首 | 4-8-4-8-6 | 6 | |
| | 框中二、四行与↑框中后两尾 | 6-8-4-8-4 | | |
| 645 | 框中二、四行与↓框中前两行 | 4-8-4-8-6-4 | 7 | |
| | 框中二、四行与↑框中后两行 | 4-6-8-4-8-4 | | |
| 646 | 框中二、四行与↓框中前三首 | 4-8-4-8-6-6 | 7 | |
| | 框中二、四行与↑框中后三尾 | 6-6-8-4-8-4 | | |
| 647 | 框中二、四行与↓框前两首和次尾 | 4-8-4-8-6-10 | 7 | |
| | 框中二、四行与↑框后两尾和再首 | 10-6-8-4-8-4 | | |
| 648 | 框中二、四行与↓框中首首、尾 | 4-8-4-8-10 | 6 | |
| | 框中二、四行与↑框中末首、尾 | 10-8-4-8-4 | | |
| 649 | 框中二、四行与↓框前两尾和首首 | 4-8-4-8-10-6 | 7 | |
| | 框中二、四行与↑框后两首和末尾 | 6-10-8-4-8-4 | | |
| 650 | 框中二、四行与↓框中首尾一、四首 | 4-8-4-8-10-8 | 7 | |
| | 框中二、四行与↑框中末首一、四尾 | 8-10-8-4-8-4 | | |
| 651 | 框后两行和首尾与下行首数 | 8-4-6-2 | 5 | 819 |
| | 框前两行和末首与上行尾数 | 2-6-4-8 | | |
| 652 | 框后两行和首尾与↓框中前两首 | 8-4-6-2-6 | 6 | |
| | 框前两行和末首与↑框中后两尾 | 6-2-6-4-8 | | |
| 653 | 框后两行和首尾与↓框中前两行 | 8-4-6-2-6-4 | 7 | |
| | 框前两行和末首与↑框中后两行 | 4-6-2-6-4-8 | | |
| 654 | 框后两行和首尾与↓框前三首和首尾 | 8-4-6-2-6-4-2 | 8 | |
| | 框前两行和末首与↑框后三尾和末首 | 2-4-6-2-6-4-8 | | |

续表

| 序号 | 条件<br>在表 28 中，若任何的______都是素数的 | 结论<br>就是一个差 $D$ 型 | $k$ 生素数 | 同差异决之序号 |
|---|---|---|---|---|
| 655 | 框后两行和首尾与↓框前两首前两尾 | 8-4-6-2-6-4-6 | 8 | |
| | 框前两行和末首与↑框后两首后两尾 | 6-4-6-2-6-4-8 | | |
| 656 | 框后两行和首尾与↓框中前三首 | 8-4-6-2-6-6 | 7 | |
| | 框前两行和末首与↑框中后三尾 | 6-6-2-6-4-8 | | |
| 657 | 框后两行和首尾与↓框前三首和次尾 | 8-4-6-2-6-6-4 | 8 | |
| | 框前两行和末首与↑框后三尾和再首 | 4-6-6-2-6-4-8 | | |
| 658 | 框后两行和首尾与↓框前三首和再尾 | 8-4-6-2-6-6-10 | 8 | |
| | 框前两行和末首与↑框后三尾和次首 | 10-6-6-2-6-4-8 | | |
| 659 | 框后两行和首尾与↓框前两首和次尾 | 8-4-6-2-6-10 | 7 | |
| | 框前两行和末首与↑框后两尾和再首 | 10-6-2-6-4-8 | | |
| 660 | 框后两行和首尾与↓框中一、二、四首和次尾 | 8-4-6-2-6-10-2 | 8 | |
| | 框前两行和末首与↑框中一、三、四尾和再首 | 2-10-6-2-6-4-8 | | |
| 661 | 框后两行和首尾与↓框前两首二、三尾 | 8-4-6-2-6-10-6 | 8 | |
| | 框前两行和末首与↑框后两尾二、三首 | 6-10-6-2-6-4-8 | | |
| 662 | 框后两行和首尾与↓框中首首、尾 | 8-4-6-2-10 | 6 | 2988 |
| | 框前两行和末首与↑框中末首、尾 | 10-2-6-4-8 | | |
| 663 | 框后两行和首尾与↓框中首尾一、三首 | 8-4-6-2-10-2 | 7 | 3366 |
| | 框前两行和末首与↑框中末首二、四尾 | 2-10-2-6-4-8 | | |
| 664 | 框后两行和首尾与↓框前两尾一、三首 | 8-4-6-2-10-2-4 | 8 | |
| | 框前两行和末首与↑框后两首二、四尾 | 4-2-10-2-6-4-8 | | |
| 665 | 框后两行和首尾与↓框中一、三首一、三尾 | 8-4-6-2-10-2-10 | 8 | 3367 |
| | 框前两行和末首与↑框中二、四首二、四尾 | 10-2-10-2-6-4-8 | | |
| 666 | 框后两行和首尾与↓框前两尾和首首 | 8-4-6-2-10-6 | 7 | |
| | 框前两行和末首与↑框后两首和末尾 | 6-10-2-6-4-8 | | |
| 667 | 框后两行和首尾与↓框前三尾和首首 | 8-4-6-2-10-6-6 | 8 | |
| | 框前两行和末首与↑框后三首和末尾 | 6-6-10-2-6-4-8 | | |
| 668 | 框后两行和首尾与下下行首数 | 8-4-6-8 | 5 | |
| | 框前两行和末首与上上行尾数 | 8-6-4-8 | | |
| 669 | 框后两行和首尾与下下行两数 | 8-4-6-8-4 | 6 | |
| | 框前两行和末首与上上行两数 | 4-8-6-4-8 | | |
| 670 | 框后两行和首尾与↓框中首尾二、三首 | 8-4-6-8-4-2 | 7 | |
| | 框前两行和末首与↑框中末首二、三尾 | 2-4-8-6-4-8 | | |
| 671 | 框后两行和首尾与↓框中二、三行 | 8-4-6-8-4-2-4 | 8 | |
| | 框前两行和末首与↑框中三、四行 | 4-2-4-8-6-4-8 | | |
| 672 | 框后两行和首尾与↓框后三首和首尾 | 8-4-6-8-4-2-6 | 8 | |
| | 框前两行和末首与↑框前三尾和末首 | 6-2-4-8-6-4-8 | | |
| 673 | 框后两行和首尾与↓框中次行再首、尾 | 8-4-6-8-4-2-10 | 8 | |
| | 框前两行和末首与↑框中丁行次首、尾 | 10-2-4-8-6-4-8 | | |
| 674 | 框后两行和首尾与↓框前两尾和次首 | 8-4-6-8-4-6 | 7 | |
| | 框前两行和末首与↑框后两首和再尾 | 6-4-8-6-4-8 | | |

续表

| 序号 | 条件<br>在表 28 中,若任何的______都是素数的 | 结论<br>就是一个差 $D$ 型 | $k$ 生素数 | 同差异决之序号 |
|---|---|---|---|---|
| 675 | 框后两行和首尾与$\underline{\downarrow}$框前两尾二、四首 | 8-4-6-8-4-6-2 | 8 | |
| | 框前两行和末首与$\overline{\uparrow}$框后两首一、三尾 | 2-6-4-8-6-4-8 | | |
| 676 | 框后两行和首尾与$\underline{\downarrow}$框前三尾和次首 | 8-4-6-8-4-6-6 | 8 | |
| | 框前两行和末首与$\overline{\uparrow}$框后三首和再尾 | 6-6-4-8-6-4-8 | | |
| 677 | 框后两行和首尾与$\underline{\downarrow}$框中次行和末首 | 8-4-6-8-4-8 | 7 | |
| | 框前两行和末首与$\overline{\uparrow}$框中丁行和首尾 | 8-4-8-6-4-8 | | |
| 678 | 框后两行和首尾与$\underline{\downarrow}$框中二、四行 | 8-4-6-8-4-8-4 | 8 | |
| | 框前两行和末首与$\overline{\uparrow}$框中二、四行 | 4-8-4-8-6-4-8 | | |
| 679 | 框后两行和首尾与$\underline{\downarrow}$框中二、三首 | 8-4-6-8-6 | 6 | |
| | 框前两行和末首与$\overline{\uparrow}$框中二、三尾 | 6-8-6-4-8 | | |
| 680 | 框后两行和首尾与$\underline{\downarrow}$框中次尾二、三首 | 8-4-6-8-6-4 | 7 | |
| | 框前两行和末首与$\overline{\uparrow}$框中再首二、三尾 | 4-6-8-6-4-8 | | |
| 681 | 框后两行和首尾与$\underline{\downarrow}$框后三首和次尾 | 8-4-6-8-6-4-2 | 8 | |
| | 框前两行和末首与$\overline{\uparrow}$框前三尾和再首 | 2-4-6-8-6-4-8 | | |
| 682 | 框后两行和首尾与$\underline{\downarrow}$框中二、三首二、三尾 | 8-4-6-8-6-4-6 | 8 | |
| | 框前两行和末首与$\overline{\uparrow}$框中二、三首二、三尾 | 6-4-6-8-6-4-8 | | |
| 683 | 框后两行和首尾与$\underline{\downarrow}$框中后三首 | 8-4-6-8-6-6 | 7 | |
| | 框前两行和末首与$\overline{\uparrow}$框中前三尾 | 6-6-8-6-4-8 | | |
| 684 | 框后两行和首尾与$\underline{\downarrow}$框后三首和再尾 | 8-4-6-8-6-6-4 | 8 | |
| | 框前两行和末首与$\overline{\uparrow}$框前三尾和次首 | 4-6-6-8-6-4-8 | | |
| 685 | 框后两行和首尾与$\underline{\downarrow}$框后三首和末尾 | 8-4-6-8-6-6-10 | 8 | |
| | 框前两行和末首与$\overline{\uparrow}$框前三尾和首首 | 10-6-6-8-6-4-8 | | |
| 686 | 框后两行和首尾与$\underline{\downarrow}$框中再尾二、三首 | 8-4-6-8-6-10 | 7 | |
| | 框前两行和末首与$\overline{\uparrow}$框中次首二、三尾 | 10-6-8-6-4-8 | | |
| 687 | 框后两行和首尾与$\underline{\downarrow}$框后两尾二、三首 | 8-4-6-8-6-10-6 | 8 | |
| | 框前两行和末首与$\overline{\uparrow}$框前两首二、三尾 | 6-10-6-8-6-4-8 | | |
| 688 | 框后两行和首尾与$\underline{\downarrow}$框中次首、尾 | 8-4-6-8-10 | 6 | |
| | 框前两行和末首与$\overline{\uparrow}$框中再首、尾 | 10-8-6-4-8 | | |
| 689 | 框后两行和首尾与$\underline{\downarrow}$框中次尾二、四首 | 8-4-6-8-10-2 | 7 | |
| | 框前两行和末首与$\overline{\uparrow}$框中再首一、三尾 | 2-10-8-6-4-8 | | |
| 690 | 框后两行和首尾与$\underline{\downarrow}$框中丁行次首、尾 | 8-4-6-8-10-2-4 | 8 | |
| | 框前两行和末首与$\overline{\uparrow}$框中次行再首、尾 | 4-2-10-8-6-4-8 | | |
| 691 | 框后两行和首尾与$\underline{\downarrow}$框中二、四首二、四尾 | 8-4-6-8-10-2-10 | 8 | |
| | 框前两行和末首与$\overline{\uparrow}$框中一、三首一、三尾 | 10-2-10-8-6-4-8 | | |
| 692 | 框后两行和首尾与$\underline{\downarrow}$框中次首二、三尾 | 8-4-6-8-10-6 | 7 | |
| | 框前两行和末首与$\overline{\uparrow}$框中再尾二、三首 | 6-10-8-6-4-8 | | |
| 693 | 框后两行和首尾与$\underline{\downarrow}$框后三尾和次首 | 8-4-6-8-10-6-6 | 8 | |
| | 框前两行和末首与$\overline{\uparrow}$框前三首和再尾 | 6-6-10-8-6-4-8 | | |
| 694 | 框前两行和丁行与下下行首数 | 6-4-8-4-8 | 6 | |
| | 框后两行和次行与上上行尾数 | 8-4-8-4-6 | | |

续表

| 序号 | 条件 | 结论 | $k$生素数 | 同差异决之序号 |
|---|---|---|---|---|
| | 在表28中,若任何的________都是素数的 | 就是一个差 $D$ 型 | | |
| 695 | 框前两行和丁行与$\underline{\downarrow}$框中前两首 | 6-4-8-4-8-6 | 7 | |
| | 框后两行和次行与$\overline{\uparrow}$框中后两尾 | 6-8-4-8-4-6 | | |
| 696 | 框前两行和丁行与$\underline{\downarrow}$框中前三首 | 6-4-8-4-8-6-6 | 8 | |
| | 框后两行和次行与$\overline{\uparrow}$框中后三尾 | 6-6-8-4-8-4-6 | | |
| 697 | 框前两行和丁行与$\underline{\downarrow}$框前三首和次尾 | 6-4-8-4-8-6-6-4 | 9 | |
| | 框后两行和次行与$\overline{\uparrow}$框后三尾和再首 | 4-6-6-8-4-8-4-6 | | |
| 698 | 框前两行和丁行与$\underline{\downarrow}$框中四首数 | 6-4-8-4-8-6-6-6 | 9 | |
| | 框后两行和次行与$\overline{\uparrow}$框中四尾数 | 6-6-6-8-4-8-4-6 | | |
| 699 | 框前两行和丁行与$\underline{\downarrow}$框前三首和再尾 | 6-4-8-4-8-6-6-10 | 9 | |
| | 框后两行和次行与$\overline{\uparrow}$框后三尾和次首 | 10-6-6-8-4-8-4-6 | | |
| 700 | 框前两行和丁行与$\underline{\downarrow}$框前两首和次尾 | 6-4-8-4-8-6-10 | 8 | |
| | 框后两行和次行与$\overline{\uparrow}$框后两尾和再首 | 10-6-8-4-8-4-6 | | |
| 701 | 框前两行和丁行与$\underline{\downarrow}$框中一、二、四首和次尾 | 6-4-8-4-8-6-10-2 | 9 | |
| | 框后两行和次行与$\overline{\uparrow}$框中一、三、四尾和再首 | 2-10-6-8-4-8-4-6 | | |
| 702 | 框前两行和丁行与$\underline{\downarrow}$框前两首二、三尾 | 6-4-8-4-8-6-10-6 | 9 | |
| | 框后两行和次行与$\overline{\uparrow}$框后两尾二、三首 | 6-10-6-8-4-8-4-6 | | |
| 703 | 框后两行和次行与下行首数 | 4-8-4-6-2 | 6 | |
| | 框前两行和丁行与上行尾数 | 2-6-4-8-4 | | |
| 704 | 框后两行和次行与↓框中前两首 | 4-8-4-6-2-6 | 7 | |
| | 框前两行和丁行与↑框中后两尾 | 6-2-6-4-8-4 | | |
| 705 | 框后两行和次行与↓框中前三首 | 4-8-4-6-2-6-6 | 8 | |
| | 框前两行和丁行与↑框中后三尾 | 6-6-2-6-4-8-4 | | |
| 706 | 框后两行和次行与↓框前三首和次尾 | 4-8-4-6-2-6-6-4 | 9 | |
| | 框前两行和丁行与↑框后三尾和再首 | 4-6-6-2-6-4-8-4 | | |
| 707 | 框后两行和次行与↓框中四首数 | 4-8-4-6-2-6-6-6 | 9 | |
| | 框前两行和丁行与↑框中四尾数 | 6-6-6-2-6-4-8-4 | | |
| 708 | 框后两行和次行与↓框前三首和再尾 | 4-8-4-6-2-6-6-10 | 9 | |
| | 框前两行和丁行与↑框后三尾和次首 | 10-6-6-2-6-4-8-4 | | |
| 709 | 框后两行和次行与↓框前两首和次尾 | 4-8-4-6-2-6-10 | 8 | |
| | 框前两行和丁行与↑框后两尾和再首 | 10-6-2-6-4-8-4 | | |
| 710 | 框后两行和次行与↓框中一、二、四首和次尾 | 4-8-4-6-2-6-10-2 | 9 | |
| | 框前两行和丁行与↑框中一、三、四尾和再首 | 2-10-6-2-6-4-8-4 | | |
| 711 | 框后两行和次行与↓框中一、二、四首二、三尾 | 4-8-4-6-2-6-10-2-4 | 10 | |
| | 框前两行和丁行与↑框中一、三、四尾二、三首 | 4-2-10-6-2-6-4-8-4 | | |
| 712 | 框后两行和次行与↓框中一、二、四首二、四尾 | 4-8-4-6-2-6-10-2-10 | 10 | |
| | 框前两行和丁行与↑框中一、三、四尾一、三首 | 10-2-10-6-2-6-4-8-4 | | |
| 713 | 框后两行和次行与↓框前两首二、三尾 | 4-8-4-6-2-6-10-6 | 9 | |
| | 框前两行和丁行与↑框后两尾二、三首 | 6-10-6-2-6-4-8-4 | | |
| 714 | 框后两行和次行与下下行首数 | 4-8-4-6-8 | 6 | |
| | 框前两行和丁行与上上行尾数 | 8-6-4-8-4 | | |

续表

| 序号 | 条件<br>在表28中,若任何的________都是素数的 | 结论<br>就是一个差 $\underline{D}$ 型 | k生素数 | 同差异决之序号 |
|---|---|---|---|---|
| 715 | 框后两行和次行与下下行两数 | 4-8-4-6-8-4 | 7 | |
| | 框前两行和丁行与上上行两数 | 4-8-6-4-8-4 | | |
| 716 | 框后两行和次行与↓框中首尾二、三首 | 4-8-4-6-8-4-2 | 8 | |
| | 框前两行和丁行与↑框中末首二、三尾 | 2-4-8-6-4-8-4 | | |
| 717 | 框后两行和次行与↓框中二、三行 | 4-8-4-6-8-4-2-4 | 9 | |
| | 框前两行和丁行与↑框中三、四行 | 4-2-4-8-6-4-8-4 | | |
| 718 | 框后两行和次行与↓框后三首前两尾 | 4-8-4-6-8-4-2-4-2 | 10 | |
| | 框前两行和丁行与↑框前三尾后两首 | 2-4-2-4-8-6-4-8-4 | | |
| 719 | 框后两行和次行与↓框前三尾二、三首 | 4-8-4-6-8-4-2-4-6 | 10 | |
| | 框前两行和丁行与↑框后三首二、三尾 | 6-4-2-4-8-6-4-8-4 | | |
| 720 | 框后两行和次行与↓框后三首和首尾 | 4-8-4-6-8-4-2-6 | 9 | |
| | 框前两行和丁行与↑框前三尾和末首 | 6-2-4-8-6-4-8-4 | | |
| 721 | 框后两行和次行与↓框后三首一、三尾 | 4-8-4-6-8-4-2-6-4 | 10 | |
| | 框前两行和丁行与↑框前三尾二、四首 | 4-6-2-4-8-6-4-8-4 | | |
| 722 | 框后两行和次行与↓框中次行再首、尾 | 4-8-4-6-8-4-2-10 | 9 | |
| | 框前两行和丁行与↑框中丁行次首、尾 | 10-2-4-8-6-4-8-4 | | |
| 723 | 框后两行和次行与↓框前两尾和次首 | 4-8-4-6-8-4-6 | 8 | |
| | 框前两行和丁行与↑框后两首和再尾 | 6-4-8-6-4-8-4 | | |
| 724 | 框后两行和次行与↓框前两尾二、四首 | 4-8-4-6-8-4-6-2 | 9 | |
| | 框前两行和丁行与↑框后两首一、三尾 | 2-6-4-8-6-4-8-4 | | |
| 725 | 框后两行和次行与↓框前三尾二、四首 | 4-8-4-6-8-4-6-2-4 | 10 | |
| | 框前两行和丁行与↑框后三首一、三尾 | 4-2-6-4-8-6-4-8-4 | | |
| 726 | 框后两行和次行与↓框前三尾和次首 | 4-8-4-6-8-4-6-6 | 9 | |
| | 框前两行和丁行与↑框后三首和再尾 | 6-6-4-8-6-4-8-4 | | |
| 727 | 框后两行和次行与↓框中次行和末首 | 4-8-4-6-8-4-8 | 8 | |
| | 框前两行和丁行与↑框中丁行和首尾 | 8-4-8-6-4-8-4 | | |
| 728 | 框后两行和次行与↓框中二、四行 | 4-8-4-6-8-4-8-4 | 9 | |
| | 框前两行和丁行与↑框中二、四行 | 4-8-4-8-6-4-8-4 | | |
| 729 | 框后两行和次行与↓框中二、三首 | 4-8-4-6-8-6 | 7 | |
| | 框前两行和丁行与↑框中二、三尾 | 6-8-6-4-8-4 | | |
| 730 | 框后两行和次行与↓框中次尾二、三首 | 4-8-4-6-8-6-4 | 8 | |
| | 框前两行和丁行与↑框中再首二、三尾 | 4-6-8-6-4-8-4 | | |
| 731 | 框后两行和次行与↓框后三首和次尾 | 4-8-4-6-8-6-4-2 | 9 | |
| | 框前两行和丁行与↑框前三尾和再首 | 2-4-6-8-6-4-8-4 | | |
| 732 | 框后两行和次行与↓框后三首二、三尾 | 4-8-4-6-8-6-4-2-4 | 10 | |
| | 框前两行和丁行与↑框前三尾二、三首 | 4-2-4-6-8-6-4-8-4 | | |
| 733 | 框后两行和次行与↓框后三首二、四尾 | 4-8-4-6-8-6-4-2-10 | 10 | |
| | 框前两行和丁行与↑框前三尾一、三首 | 10-2-4-6-8-6-4-8-4 | | |
| 734 | 框后两行和次行与↓框中二、三首二、三尾 | 4-8-4-6-8-6-4-6 | 9 | |
| | 框前两行和丁行与↑框中二、三首二、三尾 | 6-4-6-8-6-4-8-4 | | |

## 续表

| 序号 | 条件<br>在表28中,若任何的______都是素数的 | 结论<br>就是一个差__$D$__型 | $k$生素数 | 同差异决之序号 |
|---|---|---|---|---|
| 735 | 框后两行和次行与$\underline{\downarrow}$框后三尾二、三首 | 4-8-4-6-8-6-4-6-6 | 10 | |
| | 框前两行和丁行与$\overline{\uparrow}$框前三首二、三尾 | 6-6-4-6-8-6-4-8-4 | | |
| 736 | 框后两行和次行与$\underline{\downarrow}$框中后三首 | 4-8-4-6-8-6-6 | 8 | |
| | 框前两行和丁行与$\overline{\uparrow}$框中前三尾 | 6-6-8-6-4-8-4 | | |
| 737 | 框后两行和次行与$\underline{\downarrow}$框后三首和再尾 | 4-8-4-6-8-6-6-4 | 9 | |
| | 框前两行和丁行与$\overline{\uparrow}$框前三尾和次首 | 4-6-6-8-6-4-8-4 | | |
| 738 | 框后两行和次行与$\underline{\downarrow}$框后三首后两尾 | 4-8-4-6-8-6-6-4-6 | 10 | |
| | 框前两行和丁行与$\overline{\uparrow}$框前三尾前两首 | 6-4-6-6-8-6-4-8-4 | | |
| 739 | 框后两行和次行与$\underline{\downarrow}$框后三首和末尾 | 4-8-4-6-8-6-6-10 | 9 | |
| | 框前两行和丁行与$\overline{\uparrow}$框前三尾和首首 | 10-6-6-8-6-4-8-4 | | |
| 740 | 框后两行和次行与$\underline{\downarrow}$框中再尾二、三首 | 4-8-4-6-8-6-10 | 8 | |
| | 框前两行和丁行与$\overline{\uparrow}$框中次首二、三尾 | 10-6-8-6-4-8-4 | | |
| 741 | 框后两行和次行与$\underline{\downarrow}$框后两尾二、三首 | 4-8-4-6-8-6-10-6 | 9 | |
| | 框前两行和丁行与$\overline{\uparrow}$框前两首二、三尾 | 6-10-6-8-6-4-8-4 | | |
| 742 | 框后两行和次行与$\underline{\downarrow}$框中次首、尾 | 4-8-4-6-8-10 | 7 | |
| | 框前两行和丁行与$\overline{\uparrow}$框中再首、尾 | 10-8-6-4-8-4 | | |
| 743 | 框后两行和次行与$\underline{\downarrow}$框中次尾二、四首 | 4-8-4-6-8-10-2 | 8 | |
| | 框前两行和丁行与$\overline{\uparrow}$框中再首一、三尾 | 2-10-8-6-4-8-4 | | |
| 744 | 框后两行和次行与$\underline{\downarrow}$框中丁行次首、尾 | 4-8-4-6-8-10-2-4 | 9 | |
| | 框前两行和丁行与$\overline{\uparrow}$框中次行再首、尾 | 4-2-10-8-6-4-8-4 | | |
| 745 | 框后两行和次行与$\underline{\downarrow}$框后三尾二、四首 | 4-8-4-6-8-10-2-4-6 | 10 | |
| | 框前两行和丁行与$\overline{\uparrow}$框前三首一、三尾 | 6-4-2-10-8-6-4-8-4 | | |
| 746 | 框后两行和次行与$\underline{\downarrow}$框中二、四首二、四尾 | 4-8-4-6-8-10-2-10 | 9 | |
| | 框前两行和丁行与$\overline{\uparrow}$框中一、三首一、三尾 | 10-2-10-8-6-4-8-4 | | |
| 747 | 框后两行和次行与$\underline{\downarrow}$框中次首二、三尾 | 4-8-4-6-8-10-6 | 8 | |
| | 框前两行和丁行与$\overline{\uparrow}$框中再尾二、三首 | 6-10-8-6-4-8-4 | | |
| 748 | 框后两行和次行与$\underline{\downarrow}$框后三尾和次首 | 4-8-4-6-8-10-6-6 | 9 | |
| | 框前两行和丁行与$\overline{\uparrow}$框前三首和再尾 | 6-6-10-8-6-4-8-4 | | |
| 749 | 框前两行后两行与下行首数 | 6-4-8-4-6-2 | 7 | |
| | 框前两行后两行与上行尾数 | 2-6-4-8-4-6 | | |
| 750 | 框前两行后两行与↓框中前两首 | 6-4-8-4-6-2-6 | 8 | |
| | 框前两行后两行与↑框中后两尾 | 6-2-6-4-8-4-6 | | |
| 751 | 框前两行后两行与↓框中前三首 | 6-4-8-4-6-2-6-6 | 9 | |
| | 框前两行后两行与↑框中后三尾 | 6-6-2-6-4-8-4-6 | | |
| 752 | 框前两行后两行与↓框前三首和次尾 | 6-4-8-4-6-2-6-6-4 | 10 | |
| | 框前两行后两行与↑框后三尾和再首 | 4-6-6-2-6-4-8-4-6 | | |
| 753 | 框前两行后两行与↓框中四首数 | 6-4-8-4-6-2-6-6-6 | 10 | |
| | 框前两行后两行与↑框中四尾数 | 6-6-6-2-6-4-8-4-6 | | |
| 754 | 框前两行后两行与↓框前三首和再尾 | 6-4-8-4-6-2-6-6-10 | 10 | |
| | 框前两行后两行与↑框后三尾和次首 | 10-6-6-2-6-4-8-4-6 | | |

续表

| 序号 | 条件 | 结论 | k生素数 | 同差异决之序号 |
|---|---|---|---|---|
| | 在表 28 中,若任何的______都是素数的 | 就是一个差__D__型 | | |
| 755 | 框前两行后两行与↓框前两首和次尾 | 6-4-8-4-6-2-6-10 | 9 | |
| | 框前两行后两行与↑框后两尾和再首 | 10-6-2-6-4-8-4-6 | | |
| 756 | 框前两行后两行与↓框中一、二、四首和次尾 | 6-4-8-4-6-2-6-10-2 | 10 | |
| | 框前两行后两行与↑框中一、三、四尾和再首 | 2-10-6-2-6-4-8-4-6 | | |
| 757 | 框前两行后两行与↓框前两首二、三尾 | 6-4-8-4-6-2-6-10-6 | 10 | |
| | 框前两行后两行与↑框后两尾二、三首 | 6-10-6-2-6-4-8-4-6 | | |
| 758 | 框前两行后两行与下下行首数 | 6-4-8-4-6-8 | 7 | |
| | 框前两行后两行与上上行尾数 | 8-6-4-8-4-6 | | |
| 759 | 框前两行后两行与下下行两数 | 6-4-8-4-6-8-4 | 8 | |
| | 框前两行后两行与上上行两数 | 4-8-6-4-8-4-6 | | |
| 760 | 框前两行后两行与$\underline{\downarrow}$框中首尾二、三首 | 6-4-8-4-6-8-4-2 | 9 | |
| | 框前两行后两行与$\overline{\uparrow}$框中末首二、三尾 | 2-4-8-6-4-8-4-6 | | |
| 761 | 框前两行后两行与$\underline{\downarrow}$框中二、三行 | 6-4-8-4-6-8-4-2-4 | 10 | |
| | 框前两行后两行与$\overline{\uparrow}$框中三、四行 | 4-2-4-8-6-4-8-4-6 | | |
| 762 | 框前两行后两行与$\underline{\downarrow}$框后三首和首尾 | 6-4-8-4-6-8-4-2-6 | 10 | |
| | 框前两行后两行与$\overline{\uparrow}$框前三尾和末首 | 6-2-4-8-6-4-8-4-6 | | |
| 763 | 框前两行后两行与$\underline{\downarrow}$框中次行再首尾 | 6-4-8-4-6-8-4-2-10 | 10 | |
| | 框前两行后两行与$\overline{\uparrow}$框中丁行次首尾 | 10-2-4-8-6-4-8-4-6 | | |
| 764 | 框前两行后两行与$\underline{\downarrow}$框前两尾和次首 | 6-4-8-4-6-8-4-6 | 9 | |
| | 框前两行后两行与$\overline{\uparrow}$框后两首和再尾 | 6-4-8-6-4-8-4-6 | | |
| 765 | 框前两行后两行与$\underline{\downarrow}$框前两尾二、四首 | 6-4-8-4-6-8-4-6-2 | 10 | |
| | 框前两行后两行与$\overline{\uparrow}$框后两首一、三尾 | 2-6-4-8-6-4-8-4-6 | | |
| 766 | 框前两行后两行与$\underline{\downarrow}$框前三尾和次首 | 6-4-8-4-6-8-4-6-6 | 10 | |
| | 框前两行后两行与$\overline{\uparrow}$框后三首和再尾 | 6-6-4-8-6-4-8-4-6 | | |
| 767 | 框前两行后两行与$\underline{\downarrow}$框中次行和末首 | 6-4-8-4-6-8-4-8 | 9 | |
| | 框前两行后两行与$\overline{\uparrow}$框中丁行和首尾 | 8-4-8-6-4-8-4-6 | | |
| 768 | 框前两行后两行与$\underline{\downarrow}$框中二、四行 | 6-4-8-4-6-8-4-8-4 | 10 | |
| | 框前两行后两行与$\overline{\uparrow}$框中二、四行 | 4-8-4-8-6-4-8-4-6 | | |
| 769 | 框前两行后两行与$\underline{\downarrow}$框中二、三首 | 6-4-8-4-6-8-6 | 8 | |
| | 框前两行后两行与$\overline{\uparrow}$框中二、三尾 | 6-8-6-4-8-4-6 | | |
| 770 | 框前两行后两行与$\underline{\downarrow}$框中次尾二、三首 | 6-4-8-4-6-8-6-4 | 9 | |
| | 框前两行后两行与$\overline{\uparrow}$框中再首二、三尾 | 4-6-8-6-4-8-4-6 | | |
| 771 | 框前两行后两行与$\underline{\downarrow}$框后三首和次尾 | 6-4-8-4-6-8-6-4-2 | 10 | |
| | 框前两行后两行与$\overline{\uparrow}$框前三尾和再首 | 2-4-6-8-6-4-8-4-6 | | |
| 772 | 框前两行后两行与$\underline{\downarrow}$框中二、三首二、三尾 | 6-4-8-4-6-8-6-4-6 | 10 | |
| | 框前两行后两行与$\overline{\uparrow}$框中二、三首二、三尾 | 6-4-6-8-6-4-8-4-6 | | |
| 773 | 框前两行后两行与$\underline{\downarrow}$框中后三首 | 6-4-8-4-6-8-6-6 | 9 | |
| | 框前两行后两行与$\overline{\uparrow}$框中前三尾 | 6-6-8-6-4-8-4-6 | | |
| 774 | 框前两行后两行与$\underline{\downarrow}$框后三首和再尾 | 6-4-8-4-6-8-6-6-4 | 10 | |
| | 框前两行后两行与$\overline{\uparrow}$框前三尾和次首 | 4-6-6-8-6-4-8-4-6 | | |

续表

| 序号 | 条件<br>在表28中，若任何的______都是素数的 | 结论<br>就是一个差__$D$__型 | $k$生素数 | 同差异决之序号 |
|---|---|---|---|---|
| 775 | 框前两行后两行与↓框后三首和末尾 | 6-4-8-4-6-8-6-6-10 | 10 | |
| | 框前两行后两行与↑框前三尾和首首 | 10-6-6-8-6-4-8-4-6 | | |
| 776 | 框前两行后两行与↓框中再尾二、三首 | 6-4-8-4-6-8-6-10 | 9 | |
| | 框前两行后两行与↑框中次首二、三尾 | 10-6-8-6-4-8-4-6 | | |
| 777 | 框前两行后两行与↓框后两尾二、三首 | 6-4-8-4-6-8-6-10-6 | 10 | |
| | 框前两行后两行与↑框前两首二、三尾 | 6-10-6-8-6-4-8-4-6 | | |
| 778 | 框前两行后两行与↓框中次首、尾 | 6-4-8-4-6-8-10 | 8 | |
| | 框前两行后两行与↑框中再首、尾 | 10-8-6-4-8-4-6 | | |
| 779 | 框前两行后两行与↓框中次尾二、四首 | 6-4-8-4-6-8-10-2 | 9 | |
| | 框前两行后两行与↑框中再首一、三尾 | 2-10-8-6-4-8-4-6 | | |
| 780 | 框前两行后两行与↓框中丁行次首、尾 | 6-4-8-4-6-8-10-2-4 | 10 | |
| | 框前两行后两行与↑框中次行再首、尾 | 4-2-10-8-6-4-8-4-6 | | |
| 781 | 框前两行后两行与↓框中二、四首二、四尾 | 6-4-8-4-6-8-10-2-10 | 10 | |
| | 框前两行后两行与↑框中一、三首一、三尾 | 10-2-10-8-6-4-8-4-6 | | |
| 782 | 框前两行后两行与↓框中次首二、三尾 | 6-4-8-4-6-8-10-6 | 9 | |
| | 框前两行后两行与↑框中再尾二、三首 | 6-10-8-6-4-8-4-6 | | |
| 783 | 框前两行后两行与↓框后三尾和次首 | 6-4-8-4-6-8-10-6-6 | 10 | |
| | 框前两行后两行与↑框前三首和再尾 | 6-6-10-8-6-4-8-4-6 | | |
| 784 | 框前两尾末首、尾与下行首数 | 6-2-10-2 | 5 | 71 |
| | 框后两首首首、尾与上行尾数 | 2-10-2-6 | | |
| 785 | 框前两尾末首、尾与↓框中前两首 | 6-2-10-2-6 | 6 | |
| | 框后两首首首、尾与↑框中后两尾 | 6-2-10-2-6 | | |
| 786 | 框前两尾末首、尾与↓框中前两行 | 6-2-10-2-6-4 | 7 | 3014 |
| | 框后两首首首、尾与↑框中后两行 | 4-6-2-10-2-6 | | |
| 787 | 框前两尾末首、尾与↓框前三首和首尾 | 6-2-10-2-6-4-2 | 8 | |
| | 框后两首首首、尾与↑框后三尾和末首 | 2-4-6-2-10-2-6 | | |
| 788 | 框前两尾末首、尾与↓框中前三首 | 6-2-10-2-6-6 | 7 | |
| | 框后两首首首、尾与↑框中后三尾 | 6-6-2-10-2-6 | | |
| 789 | 框前两尾末首、尾与↓框前两首和次尾 | 6-2-10-2-6-10 | 7 | 3117 |
| | 框后两首首首、尾与↑框后两尾和再首 | 10-6-2-10-2-6 | | |
| 790 | 框前两尾末首、尾与↓框中一、二、四首和次尾 | 6-$\dot{2}$-10-2-6-10-$\dot{2}$ | 8 | 3373 |
| | 框后两首首首、尾与↑框中一、三、四尾和再首 | $\dot{2}$-10-6-2-10-$\dot{2}$-6 | | |
| 791 | 框前两尾末首、尾与↓框中首首、尾 | 6-2-10-2-10 | 6 | 425 |
| | 框后两首首首、尾与↑框中末首、尾 | 10-2-10-2-6 | | |
| 792 | 框前两尾末首、尾与↓框中首尾一、三首 | 6-2-10-2-10-2 | 7 | |
| | 框后两首首首、尾与↑框中末首二、四尾 | 2-10-2-10-2-6 | | |
| 793 | 框前两尾末首、尾与↓框后两首首首、尾 | 6-2-10-2-10-2-6 | 8 | |
| 794 | 框前两尾末首、尾与↓框中一、三首一、三尾 | 6-2-10-2-10-2-10 | 8 | |
| | 框后两首首首、尾与↑框中二、四首二、四尾 | 10-2-10-2-10-2-6 | | |

续表

| 序号 | 条件<br>在表 28 中,若任何的＿＿＿＿都是素数的 | 结论<br>就是一个差＿D＿型 | k 生素数 | 同差异决之序号 |
|---|---|---|---|---|
| 795 | 框前两尾末首、尾与↓框前两尾和首首 | 6-2-10-2-10-6 | 7 | 2577 |
| | 框后两首首首、尾与↑框后两首和末尾 | 6-10-2-10-2-6 | | |
| 796 | 框前两尾末首、尾与↓框中首尾一、四首 | 6-2-10-2-10-8 | 7 | 3285 |
| | 框后两首首首、尾与↑框中末首一、四尾 | 8-10-2-10-2-6 | | |
| 797 | 框前两尾末首、尾与下下行首数 | 6-2-10-8 | 5 | 364 |
| | 框后两首首首、尾与上上行尾数 | 8-10-2-6 | | |
| 798 | 框前两尾末首、尾与下下行两数 | 6-2-10-8-4 | 6 | 460 |
| | 框后两首首首、尾与上上行两数 | 4-8-10-2-6 | | |
| 799 | 框前两尾末首、尾与↓框中首尾二、三首 | 6-2-10-8-4-2 | 7 | |
| | 框后两首首首、尾与↑框中末首二、三尾 | 2-4-8-10-2-6 | | |
| 800 | 框前两尾末首、尾与↓框中二、三行 | 6-2-10-8-4-2-4 | 8 | |
| | 框后两首首首、尾与↑框中三、四行 | 4-2-4-8-10-2-6 | | |
| 801 | 框前两尾末首、尾与↓框中次行再首、尾 | 6-2-10-8-4-2-10 | 8 | |
| | 框后两首首首、尾与↑框中丁行次首、尾 | 10-2-4-8-10-2-6 | | |
| 802 | 框前两尾末首、尾与↓框前两尾和次首 | 6-2-10-8-4-6 | 7 | 516 |
| | 框后两首首首、尾与↑框后两首和再尾 | 6-4-8-10-2-6 | | |
| 803 | 框前两尾末首、尾与↓框前三尾和次首 | 6-2-10-8-4-6-6 | 8 | |
| | 框后两首首首、尾与↑框后三首和再尾 | 6-6-4-8-10-2-6 | | |
| 804 | 框前两尾末首、尾与↓框中二、三首 | 6-2-10-8-6 | 6 | |
| | 框后两首首首、尾与↑框中二、三尾 | 6-8-10-2-6 | | |
| 805 | 框前两尾末首、尾与↓框中次尾二、三首 | 6-2-10-8-6-4 | 7 | |
| | 框后两首首首、尾与↑框中再首二、三尾 | 4-6-8-10-2-6 | | |
| 806 | 框前两尾末首、尾与↓框后三首和次尾 | 6-2-10-8-6-4-2 | 8 | |
| | 框后两首首首、尾与↑框前三尾和再首 | 2-4-6-8-10-2-6 | | |
| 807 | 框前两尾末首、尾与↓框中二、三首二、三尾 | 6-2-10-8-6-4-6 | 8 | |
| | 框后两首首首、尾与↑框中二、三首二、三尾 | 6-4-6-8-10-2-6 | | |
| 808 | 框前两尾末首、尾与↓框中后三首 | 6-2-10-8-6-6 | 7 | |
| | 框后两首首首、尾与↑框中前三尾 | 6-6-8-10-2-6 | | |
| 809 | 框前两尾末首、尾与↓框后三首和再尾 | 6-2-10-8-6-6-4 | 8 | |
| | 框后两首首首、尾与↑框前三尾和次首 | 4-6-6-8-10-2-6 | | |
| 810 | 框前两尾末首、尾与↓框后三首和末尾 | 6-2-10-8-6-6-10 | 8 | |
| | 框后两首首首、尾与↑框前三尾和首首 | 10-6-6-8-10-2-6 | | |
| 811 | 框前两尾末首、尾与↓框中再尾二、三首 | 6-2-10-8-6-10 | 7 | |
| | 框后两首首首、尾与↑框中次首二、三尾 | 10-6-8-10-2-6 | | |
| 812 | 框前两尾末首、尾与↓框后两尾二、三首 | 6-2-10-8-6-10-6 | 8 | |
| | 框后两首首首、尾与↑框前两首二、三尾 | 6-10-6-8-10-2-6 | | |
| 813 | 框前两尾末首、尾与↓框中次首、尾 | 6-2-10-8-10 | 6 | 383 |
| | 框后两首首首、尾与↑框中再首、尾 | 10-8-10-2-6 | | |
| 814 | 框前两尾末首、尾与↓框中次尾二、四首 | 6-2-10-8-10-2 | 7 | 3305 |
| | 框后两首首首、尾与↑框中再首一、三尾 | 2-10-8-10-2-6 | | |

续表

| 序号 | 条件<br>在表28中，若任何的＿＿＿＿都是素数的 | 结论<br>就是一个差 $D$ 型 | $k$ 生素数 | 同差异决之序号 |
| --- | --- | --- | --- | --- |
| 815 | 框前两尾末首、尾与↓框中丁行次首、尾<br>框后两首首首、尾与↑框中次行再首、尾 | 6-2-10-8-10-2-4<br>4-2-10-8-10-2-6 | 8 | |
| 816 | 框前两尾末首、尾与↓框中二、四首二、四尾<br>框后两首首首、尾与↑框中一、三首一、三尾 | 6-2-10-8-10-2-10<br>10-2-10-8-10-2-6 | 8 | 3306 |
| 817 | 框前两尾末首、尾与↓框中次首二、三尾<br>框后两首首首、尾与↑框中再尾二、三首 | 6-2-10-8-10-6<br>6-10-8-10-2-6 | 7 | |
| 818 | 框前两尾末首、尾与↓框后三尾和次首<br>框后两首首首、尾与↑框前三首和再尾 | 6-2-10-8-10-6-6<br>6-6-10-8-10-2-6 | 8 | |
| 819 | 框后两首一、三尾与下下行首数<br>框前两尾二、四首与上上行尾数 | 2-6-4-8<br>8-4-6-2 | 5 | 651 |
| 820 | 框后两首一、三尾与↓框中前两首<br>框前两尾二、四首与↑框中后两尾 | 2-6-4-8-6<br>6-8-4-6-2 | 6 | |
| 821 | 框后两首一、三尾与↓框中前两行<br>框前两尾二、四首与↑框中后两行 | 2-6-4-8-6-4<br>4-6-8-4-6-2 | 7 | |
| 822 | 框后两首一、三尾与↓框中前三首<br>框前两尾二、四首与↑框中后三尾 | 2-6-4-8-6-6<br>6-6-8-4-6-2 | 7 | |
| 823 | 框后两首一、三尾与↓框前两首和次尾<br>框前两尾二、四首与↑框后两尾和再首 | 2-6-4-8-6-10<br>10-6-8-4-6-2 | 7 | |
| 824 | 框后两首一、三尾与↓框中首首、尾<br>框前两尾二、四首与↑框中末首、尾 | 2-6-4-8-10<br>10-8-4-6-2 | 6 | 580 |
| 825 | 框后两首一、三尾与↓框中首尾一、三首<br>框前两尾二、四首与↑框中末首二、四尾 | 2-6-4-8-10-2<br>2-10-8-4-6-2 | 7 | 3335 |
| 826 | 框后两首一、三尾与↓框前两尾和首首<br>框前两尾二、四首与↑框后两首和末尾 | 2-6-4-8-10-6<br>6-10-8-4-6-2 | 7 | |
| 827 | 框后两首一、三尾与↓框中首尾一、四首<br>框前两尾二、四首与↑框中末首一、四尾 | 2-6-4-8-10-8<br>8-10-8-4-6-2 | 7 | 3341 |
| 828 | 框后三首一、三尾与下下行首数<br>框前三尾二、四首与上上行尾数 | 4-2-6-4-8<br>8-4-6-2-4 | 6 | |
| 829 | 框后三首一、三尾与↓框中前两首<br>框前三尾二、四首与↑框中后两尾 | 4-2-6-4-8-6<br>6-8-4-6-2-4 | 7 | |
| 830 | 框后三首一、三尾与↓框中前两行<br>框前三尾二、四首与↑框中后两行 | 4-2-6-4-8-6-4<br>4-6-8-4-6-2-4 | 8 | |
| 831 | 框后三首一、三尾与↓框前两首前两尾<br>框前三尾二、四首与↑框后两首后两尾 | 4-2-6-4-8-6-4-6<br>6-4-6-8-4-6-2-4 | 9 | |
| 832 | 框后三首一、三尾与↓框前两行和末首<br>框前三尾二、四首与↑框后两行和首尾 | 4-2-6-4-8-6-4-8<br>8-4-6-8-4-6-2-4 | 9 | |
| 833 | 框后三首一、三尾与↓框前两首和次尾<br>框前三尾二、四首与↑框后两尾和再首 | 4-2-6-4-8-6-10<br>10-6-8-4-6-2-4 | 8 | |
| 834 | 框后三首一、三尾与↓框中一、二、四首和次尾<br>框前三尾二、四首与↑框中一、三、四尾和再首 | 4-2-6-4-8-6-10-2<br>2-10-6-8-4-6-2-4 | 9 | |

续表

| 序号 | 条件<br>在表28中,若任何的________都是素数的 | 结论<br>就是一个差 $\underline{\ D\ }$ 型 | $k$生素数 | 同差异决之序号 |
|---|---|---|---|---|
| 835 | 框后三首一、三尾与$\underline{\downarrow}$框前两首二、三尾 | 4-2-6-4-8-6-10-6 | 9 | |
| | 框前三尾二、四首与$\overline{\uparrow}$框后两尾二、三首 | 6-10-6-8-4-6-2-4 | | |
| 836 | 框后三首一、三尾与$\underline{\downarrow}$框中首首、尾 | 4-2-6-4-8-10 | 7 | |
| | 框前三尾二、四首与$\overline{\uparrow}$框中末首、尾 | 10-8-4-6-2-4 | | |
| 837 | 框后三首一、三尾与$\underline{\downarrow}$框前两尾和首首 | 4-2-6-4-8-10-6 | 8 | |
| | 框前三尾二、四首与$\overline{\uparrow}$框后两首和末尾 | 6-10-8-4-6-2-4 | | |
| 838 | 框后三首一、三尾与$\underline{\downarrow}$框前两尾一、四首 | 4-2-6-4-8-10-6-2 | 9 | |
| | 框前三尾二、四首与$\overline{\uparrow}$框后两首一、四尾 | 2-6-10-8-4-6-2-4 | | |
| 839 | 框后三首一、三尾与$\underline{\downarrow}$框前三尾和首首 | 4-2-6-4-8-10-6-6 | 9 | |
| | 框前三尾二、四首与$\overline{\uparrow}$框后三首和末尾 | 6-6-10-8-4-6-2-4 | | |
| 840 | 框后三首一、三尾与$\underline{\downarrow}$框中首尾一、四首 | 4-2-6-4-8-10-8 | 8 | |
| | 框前三尾二、四首与$\overline{\uparrow}$框中末首一、四尾 | 8-10-8-4-6-2-4 | | |
| 841 | 框后三首一、三尾与$\underline{\downarrow}$框中丁行首首、尾 | 4-2-6-4-8-10-8-4 | 9 | |
| | 框前三尾二、四首与$\overline{\uparrow}$框中次行末首、尾 | 4-8-10-8-4-6-2-4 | | |
| 842 | 框后三首一、三尾与$\underline{\downarrow}$框中一、四首、一四尾 | 4-2-6-4-8-10-8-10 | 9 | |
| | 框前三尾二、四首与$\overline{\uparrow}$框中一、四首一、四尾 | 10-8-10-8-4-6-2-4 | | |
| 843 | 框前三尾二、四首与下下行首数 | 4-6-2-4-8 | 6 | |
| | 框后三首一、三尾与上上行尾数 | 8-4-2-6-4 | | |
| 844 | 框前三尾二、四首与$\underline{\downarrow}$框中前两首 | 4-6-2-4-8-6 | 7 | |
| | 框后三首一、三尾与$\overline{\uparrow}$框中后两尾 | 6-8-4-2-6-4 | | |
| 845 | 框前三尾二、四首与$\underline{\downarrow}$框中前两行 | 4-6-2-4-8-6-4 | 8 | |
| | 框后三首一、三尾与$\overline{\uparrow}$框中后两行 | 4-6-8-4-2-6-4 | | |
| 846 | 框前三尾二、四首与$\underline{\downarrow}$框前两首前两尾 | 4-6-2-4-8-6-4-6 | 9 | |
| | 框后三首一、三尾与$\overline{\uparrow}$框后两首后两尾 | 6-4-6-8-4-2-6-4 | | |
| 847 | 框前三尾二、四首与$\underline{\downarrow}$框前两行和末首 | 4-6-2-4-8-6-4-8 | 9 | |
| | 框后三首一、三尾与$\overline{\uparrow}$框后两行和首尾 | 8-4-6-8-4-2-6-4 | | |
| 848 | 框前三尾二、四首与$\underline{\downarrow}$框中前三首 | 4-6-2-4-8-6-6 | 8 | |
| | 框后三首一、三尾与$\overline{\uparrow}$框中后三尾 | 6-6-8-4-2-6-4 | | |
| 849 | 框前三尾二、四首与$\underline{\downarrow}$框前三首和次尾 | 4-6-2-4-8-6-6-4 | 9 | |
| | 框后三首一、三尾与$\overline{\uparrow}$框后三尾和再首 | 4-6-6-8-4-2-6-4 | | |
| 850 | 框前三尾二、四首与$\underline{\downarrow}$框中四首数 | 4-6-2-4-8-6-6-6 | 9 | |
| | 框后三首一、三尾与$\overline{\uparrow}$框中四尾数 | 6-6-6-8-4-2-6-4 | | |
| 851 | 框前三尾二、四首与$\underline{\downarrow}$框前三首和再尾 | 4-6-2-4-8-6-6-10 | 9 | |
| | 框后三首一、三尾与$\overline{\uparrow}$框后三尾和次首 | 10-6-6-8-4-2-6-4 | | |
| 852 | 框前三尾二、四首与$\underline{\downarrow}$框前两首和次尾 | 4-6-2-4-8-6-10 | 8 | |
| | 框后三首一、三尾与$\overline{\uparrow}$框后两尾和再首 | 10-6-8-4-2-6-4 | | |
| 853 | 框前三尾二、四首与$\underline{\downarrow}$框中一、二、四首和次尾 | 4-6-2-4-8-6-10-2 | 9 | |
| | 框后三首一、三尾与$\overline{\uparrow}$框中一、三、四尾和再首 | 2-10-6-8-4-2-6-4 | | |
| 854 | 框前三尾二、四首与$\underline{\downarrow}$框前两首二、三尾 | 4-6-2-4-8-6-10-6 | 9 | |
| | 框后三首一、三尾与$\overline{\uparrow}$框后两尾二、三首 | 6-10-6-8-4-2-6-4 | | |

续表

| 序号 | 条件<br>在表 28 中，若任何的＿＿＿＿都是素数的 | 结论<br>就是一个差 $\underline{D}$ 型 | $k$生素数 | 同差异决之序号 |
|---|---|---|---|---|
| 855 | 框前三尾二、四首与$\underline{\downarrow}$框中首首、尾<br>框后三首一、三尾与$\overline{\uparrow}$框中末首、尾 | 4-6-2-4-8-10<br>10-8-4-2-6-4 | 7 | |
| 856 | 框前三尾二、四首与$\underline{\downarrow}$框前两尾和首首<br>框后三首一、三尾与$\overline{\uparrow}$框后两首和末尾 | 4-6-2-4-8-10-6<br>6-10-8-4-2-6-4 | 8 | |
| 857 | 框前三尾二、四首与$\underline{\downarrow}$框前两尾一、四首<br>框后三首一、三尾与$\overline{\uparrow}$框后两首一、四尾 | 4-6-2-4-8-10-6-2<br>2-6-10-8-4-2-6-4 | 9 | |
| 858 | 框前三尾二、四首与$\underline{\downarrow}$框前三尾和首首<br>框后三首一、三尾与$\overline{\uparrow}$框后三首和末尾 | 4-6-2-4-8-10-6-6<br>6-6-10-8-4-2-6-4 | 9 | |
| 859 | 框前三尾二、四首与$\underline{\downarrow}$框中首尾一、四首<br>框后三首一、三尾与$\overline{\uparrow}$框中末首一、四尾 | 4-6-2-4-8-10-8<br>8-10-8-4-2-6-4 | 8 | |
| 860 | 框前三尾二、四首与$\underline{\downarrow}$框中丁行首首、尾<br>框后三首一、三尾与$\overline{\uparrow}$框中次行末首、尾 | 4-6-2-4-8-10-8-4<br>4-8-10-8-4-2-6-4 | 9 | |
| 861 | 框前三尾二、四首与$\underline{\downarrow}$框中一、四首一、四尾<br>框后三首一、三尾与$\overline{\uparrow}$框中一、四首一、四尾 | 4-6-2-4-8-10-8-10<br>10-8-10-8-4-2-6-4 | 9 | |
| 862 | 框中四尾二、四首与下行首数<br>框中四首一、三尾与上行尾数 | 4-6-2-4-6-2<br>2-6-4-2-6-4 | 7 | |
| 863 | 框中四尾二、四首与↓框中前两首<br>框中四首一、三尾与↑框中后两尾 | 4-6-2-4-6-2-6<br>6-2-6-4-2-6-4 | 8 | |
| 864 | 框中四尾二、四首与↓框中前三首<br>框中四首一、三尾与↑框中后三尾 | 4-6-2-4-6-2-6-6<br>6-6-2-6-4-2-6-4 | 9 | |
| 865 | 框中四尾二、四首与↓框前三首和次尾<br>框中四首一、三尾与↑框后三尾和再首 | 4-6-2-4-6-2-6-6-4<br>4-6-6-2-6-4-2-6-4 | 10 | |
| 866 | 框中四尾二、四首与↓框中全四首<br>框中四首一、三尾与↑框中全四尾 | 4-6-2-4-6-2-6-6-6<br>6-6-6-2-6-4-2-6-4 | 10 | |
| 867 | 框中四尾二、四首与↓框前三首和再尾<br>框中四首一、三尾与↑框后三尾和次首 | 4-6-2-4-6-2-6-6-10<br>10-6-6-2-6-4-2-6-4 | 10 | |
| 868 | 框中四尾二、四首与↓框前两首和次尾<br>框中四首一、三尾与↑框后两尾和再首 | 4-6-2-4-6-2-6-10<br>10-6-2-6-4-2-6-4 | 9 | |
| 869 | 框中四尾二、四首与↓框中一、二、四首和次尾<br>框中四首一、三尾与↑框中一、三、四尾和再首 | 4-6-2-4-6-2-6-10-2<br>2-6-10-2-6-4-2-6-4 | 10 | |
| 870 | 框中四尾二、四首与↓框前两首二、三尾<br>框中四首一、三尾与↑框后两尾二、三首 | 4-6-2-4-6-2-6-10-6<br>6-10-6-2-6-4-2-6-4 | 10 | |
| 871 | 框中四尾二、四首与下下行首数<br>框中四首一、三尾与上上行尾数 | 4-6-2-4-6-8<br>8-6-4-2-6-4 | 7 | |
| 872 | 框中四尾二、四首与$\underline{\downarrow}$框中二、三首<br>框中四首一、三尾与$\overline{\uparrow}$框中二、三尾 | 4-6-2-4-6-8-6<br>6-8-6-4-2-6-4 | 8 | |
| 873 | 框中四尾二、四首与$\underline{\downarrow}$框中次尾二、三首<br>框中四首一、三尾与$\overline{\uparrow}$框中再首二、三尾 | 4-6-2-4-6-8-6-4<br>4-6-8-6-4-2-6-4 | 9 | |
| 874 | 框中四尾二、四首与$\underline{\downarrow}$框后三首和次尾<br>框中四首一、三尾与$\overline{\uparrow}$框前三尾和再首 | 4-6-2-4-6-8-6-4-2<br>2-4-6-8-6-4-2-6-4 | 10 | |

续表

| 序号 | 条件<br>在表 28 中，若任何的______都是素数的 | 结论<br>就是一个差 $D$ 型 | $k$ 生素数 | 同差异决之序号 |
|---|---|---|---|---|
| 875 | 框中四尾二、四首与↓框中二、三首二、三尾 | 4-6-2-4-6-8-6-4-6 | 10 | |
| | 框中四首一、三尾与↑框中二、三首二、三尾 | 6-4-6-8-6-4-2-6-4 | | |
| 876 | 框中四尾二、四首与↓框中后三首 | 4-6-2-4-6-8-6-6 | 9 | |
| | 框中四首一、三尾与↑框中前三尾 | 6-6-8-6-4-2-6-4 | | |
| 877 | 框中四尾二、四首与↓框后三首和再尾 | 4-6-2-4-6-8-6-6-4 | 10 | |
| | 框中四首一、三尾与↑框前三尾和次首 | 4-6-6-8-6-4-2-6-4 | | |
| 878 | 框中四尾二、四首与↓框后三首和末尾 | 4-6-2-4-6-8-6-6-10 | 10 | |
| | 框中四首一、三尾与↑框前三尾和首首 | 10-6-6-8-6-4-2-6-4 | | |
| 879 | 框中四尾二、四首与↓框中再尾二、三首 | 4-6-2-4-6-8-6-10 | 9 | |
| | 框中四首一、三尾与↑框中次首二、三尾 | 10-6-8-6-4-2-6-4 | | |
| 880 | 框中四尾二、四首与↓框后两尾二、三首 | 4-6-2-4-6-8-6-10-6 | 10 | |
| | 框中四首一、三尾与↑框前两首二三尾 | 6-10-6-8-6-4-2-6-4 | | |
| 881 | 框中四尾二、四首与↓框中次首、尾 | 4-6-2-4-6-8-10 | 8 | |
| | 框中四首一、三尾与↑框中再首、尾 | 10-8-6-4-2-6-4 | | |
| 882 | 框中四尾二、四首与↓框中次尾二、四首 | 4-6-2-4-6-8-10-2 | 9 | |
| | 框中四首一、三尾与↑框中再首一、三尾 | 2-10-8-6-4-2-6-4 | | |
| 883 | 框中四尾二、四首与↓框中丁行次首、尾 | 4-6-2-4-6-8-10-2-4 | 10 | |
| | 框中四首一、三尾与↑框中次行再首、尾 | 4-2-10-8-6-4-2-6-4 | | |
| 884 | 框中四尾二、四首与↓框中二、四首二、四尾 | 4-6-2-4-6-8-10-2-10 | 10 | |
| | 框中四首一、三尾与↑框中一、三首一、三尾 | 10-2-10-8-6-4-2-6-4 | | |
| 885 | 框中四尾二、四首与↓框中次首二、三尾 | 4-6-2-4-6-8-10-6 | 9 | |
| | 框中四首一、三尾与↑框中再尾二、三首 | 6-10-8-6-4-2-6-4 | | |
| 886 | 框中四尾二、四首与↓框后三尾和次首 | 4-6-2-4-6-8-10-6-6 | 10 | |
| | 框中四首一、三尾与↑框前三首和再尾 | 6-6-10-8-6-4-2-6-4 | | |
| 887 | 框后两首二、四尾与下行首数 | 4-2-10-2 | 5 | |
| | 框前两尾一、三首与上行尾数 | 2-10-2-4 | | |
| 888 | 框后两首二、四尾与↓框中前两首 | 4-2-10-2-6 | 6 | |
| | 框前两尾一、三首与↑框中后两尾 | 6-2-10-2-4 | | |
| 889 | 框后两首二、四尾与↓框中前两行 | 4-2-10-2-6-4 | 7 | |
| | 框前两尾一、三首与↑框中后两行 | 4-6-2-10-2-4 | | |
| 890 | 框后两首二、四尾与↓框中前三首 | 4-2-10-2-6-6 | 7 | |
| | 框前两尾一、三首与↑框中后三尾 | 6-6-2-10-2-4 | | |
| 891 | 框后两首二、四尾与↓框前两首和次尾 | 4-2-10-2-6-10 | 7 | |
| | 框前两尾一、三首与↑框后两尾和再首 | 10-6-2-10-2-4 | | |
| 892 | 框后两首二、四尾与↓框中一、二、四首和次尾 | 4-2-10-2-6-10-2 | 8 | |
| | 框前两尾一、三首与↑框中一、三、四尾和再首 | 2-10-6-2-10-2-4 | | |
| 893 | 框后两首二、四尾与↓框中首首、尾 | 4-2-10-2-10 | 6 | |
| | 框前两尾一、三首与↑框中末首、尾 | 10-2-10-2-4 | | |
| 894 | 框后两首二、四尾与↓框中首尾一、三首 | 4-2-10-2-10-2 | 7 | |
| | 框前两尾一、三首与↑框中末首二、四尾 | 2-10-2-10-2-4 | | |

续表

| 序号 | 条件<br>在表 28 中,若任何的______都是素数的 | 结论<br>就是一个差 $\underline{D}$ 型 | $k$ 生素数 | 同差异决之序号 |
|---|---|---|---|---|
| 895 | 框后两首二、四尾与↓框前两尾一、三首 | 4-2-10-2-10-2-4 | 8 | |
| 896 | 框后两首二、四尾与↓框后两首首首、尾 | 4-2-10-2-10-2-6 | 8 | |
| | 框前两尾一、三首与↑框前两尾末首、尾 | 6-2-10-2-10-2-4 | | |
| 897 | 框后两首二、四尾与↓框中一、三首一、三尾 | 4-2-10-2-10-2-10 | 8 | |
| | 框前两尾一、三首与↑框中二、四首二、四尾 | 10-2-10-2-10-2-4 | | |
| 898 | 框后两首二、四尾与↓框前两尾和首首 | 4-2-10-2-10-6 | 7 | |
| | 框前两尾一、三首与↑框后两首和末尾 | 6-10-2-10-2-4 | | |
| 899 | 框后两首二、四尾与↓框前两尾一、四首 | 4-2-10-2-10-6-2 | 8 | |
| | 框前两尾一、三首与↑框后两首一、四尾 | 2-6-10-2-10-2-4 | | |
| 900 | 框后两首二、四尾与↓框前三尾和首首 | 4-2-10-2-10-6-6 | 8 | |
| | 框前两尾一、三首与↑框后三首和末尾 | 6-6-10-2-10-2-4 | | |
| 901 | 框后两首二、四尾与↓框中首尾一、四首 | 4-2-10-2-10-8 | 7 | |
| | 框前两尾一、三首与↑框中末首一、四尾 | 8-10-2-10-2-4 | | |
| 902 | 框后两首二、四尾与下下行首数;<br>框中次行再首、尾与下下行首数 | 4-2-10-8 | 5 | |
| | 框前两尾一、三首与上上行尾数;<br>框中丁行次首、尾与上上行尾数 | 8-10-2-4 | | |
| 903 | 框后两首二、四尾与下下行两数 | 4-2-10-8-4 | 6 | |
| | 框前两尾一、三首与上上行两数 | 4-8-10-2-4 | | |
| 904 | 框后两首二、四尾与$\underline{\downarrow}$框中首尾二、三首 | 4-2-10-8-4-2 | 7 | |
| | 框前两尾一、三首与$\overline{\uparrow}$框中末首二、三尾 | 2-4-8-10-2-4 | | |
| 905 | 框后两首二、四尾与$\underline{\downarrow}$框中二、三行 | 4-2-10-8-4-2-4 | 8 | |
| | 框前两尾一、三首与$\overline{\uparrow}$框中三、四行 | 4-2-4-8-10-2-4 | | |
| 906 | 框后两首二、四尾与$\underline{\downarrow}$框后三首和首尾 | 4-2-10-8-4-2-6 | 8 | |
| | 框前两尾一、三首与$\overline{\uparrow}$框前三尾和末首 | 6-2-4-8-10-2-4 | | |
| 907 | 框后两首二、四尾与$\underline{\downarrow}$框中次行再首、尾 | 4-2-10-8-4-2-10 | 8 | |
| | 框前两尾一、三首与$\overline{\uparrow}$框中丁行次首、尾 | 10-2-4-8-10-2-4 | | |
| 908 | 框后两首二、四尾与$\underline{\downarrow}$框前两尾和次首 | 4-2-10-8-4-6 | 7 | |
| | 框前两尾一、三首与$\overline{\uparrow}$框后两首和再尾 | 6-4-8-10-2-4 | | |
| 909 | 框后两首二、四尾与$\underline{\downarrow}$框前两尾二、四首 | 4-2-10-8-4-6-2 | 8 | |
| | 框前两尾一、三首与$\overline{\uparrow}$框后两首一、三尾 | 2-6-4-8-10-2-4 | | |
| 910 | 框后两首二、四尾与$\underline{\downarrow}$框前三尾和次首 | 4-2-10-8-4-6-6 | 8 | |
| | 框前两尾一、三首与$\overline{\uparrow}$框后三首和再尾 | 6-6-4-8-10-2-4 | | |
| 911 | 框后两首二、四尾与$\underline{\downarrow}$框中次行和末首 | 4-2-10-8-4-8 | 7 | |
| | 框前两尾一、三首与$\overline{\uparrow}$框中丁行和首尾 | 8-4-8-10-2-4 | | |
| 912 | 框后两首二、四尾与$\underline{\downarrow}$框中二、三首;<br>框中次行再首、尾与$\underline{\downarrow}$框中前两首 | 4-2-10-8-6 | 6 | |
| | 框前两尾一、三首与$\overline{\uparrow}$框中二、三尾;<br>框中丁行次首、尾与$\overline{\uparrow}$框中后两尾 | 6-8-10-2-4 | | |

续表

| 序号 | 条件<br>在表 28 中,若任何的______都是素数的 | 结论<br>就是一个差 __D__ 型 | k 生素数 | 同差异决之序号 |
|---|---|---|---|---|
| 913 | 框后两首二、四尾与↓框中次尾二、三首;<br>框中次行再首、尾与↓框中前两行 | 4-2-10-8-6-4 | 7 | |
| | 框前两尾一、三首与↑框中再首二、三尾;<br>框中丁行次首、尾与↑框中后两行 | 4-6-8-10-2-4 | | |
| 914 | 框后两首二、四尾与↓框中二、三首二、三尾;<br>框中次行再首、尾与↓框前两首前两尾 | 4-2-10-8-6-4-6 | 8 | |
| | 框前两尾一、三首与↑框中二、三首二、三尾;<br>框中丁行次首、尾与↑框后两首后两尾 | 6-4-6-8-10-2-4 | | |
| 915 | 框后两首二、四尾与↓框中后三首;<br>框中次行再首、尾与↓框中前三首 | 4-2-10-8-6-6 | 7 | |
| | 框前两尾一、三首与↑框中前三尾;<br>框中丁行次首、尾与↑框中后三尾 | 6-6-8-10-2-4 | | |
| 916 | 框后两首二、四尾与↓框中再尾二、三首;<br>框中次行再首、尾与↓框前两首和次尾 | 4-2-10-8-6-10 | 7 | |
| | 框前两尾一、三首与↑框中次首二、三尾;<br>框中丁行次首、尾与↑框后两尾和再首 | 10-6-8-10-2-4 | | |
| 917 | 框后两首二、四尾与↓框后两尾二、三首;<br>框中次行再首、尾与↓框前两首二、三尾 | 4-2-10-8-6-10-6 | 8 | |
| | 框前两尾一、三首与↑框前两首二、三尾;<br>框中丁行次首、尾与↑框后两尾二、三首 | 6-10-6-8-10-2-4 | | |
| 918 | 框后两首二、四尾与↓框中次首、尾;<br>框中次行再首、尾与↓框中首首、尾 | 4-2-10-8-10 | 6 | |
| | 框前两尾一、三首与↑框中再首、尾;<br>框中丁行次首、尾与↑框中末首、尾 | 10-8-10-2-4 | | |
| 919 | 框后两首二、四尾与↓框中次尾二、四首;<br>框中次行再首、尾与↓框中首尾一、三首 | 4-2-10-8-10-2 | 7 | |
| | 框前两尾一、三首与↑框中再首一、三尾;<br>框中丁行次首、尾与↑框中末首二、四尾 | 2-10-8-10-2-4 | | |
| 920 | 框后两首二、四尾与↓框中次首二、三尾;<br>框中次行再首尾与↓框前两尾和首首 | 4-2-10-8-10-6 | 7 | |
| | 框前两尾一、三首与↑框中再尾二、三首;<br>框中丁行次首、尾与↑框后两首和末尾 | 6-10-8-10-2-4 | | |
| 921 | 框后两首二、四尾与↓框后三尾和次首;<br>框中次行再首、尾与↓框前三尾和首首 | 4-2-10-8-10-6-6 | 8 | |
| | 框前两尾一、三首与↑框前三首和再尾;<br>框中丁行次首、尾与↑框后三首和末尾 | 6-6-10-8-10-2-4 | | |
| 922 | 框中次行再首、尾与↓框中首尾一、四首 | 4-2-10-8-10-8 | 7 | |
| | 框中丁行次首、尾与↑框中末首一、四尾 | 8-10-8-10-2-4 | | |
| 923 | 框中丁行次首、尾与下下行首数 | 10-2-4-8 | 5 | |
| | 框中次行再首、尾与上上行尾数 | 8-4-2-10 | | |
| 924 | 框中丁行次首、尾与↓框中前两首 | 10-2-4-8-6 | 6 | |
| | 框中次行再首、尾与↑框中后两尾 | 6-8-4-2-10 | | |
| 925 | 框中丁行次首、尾与↓框中前两行 | 10-2-4-8-6-4 | 7 | |
| | 框中次行再首、尾与↑框中后两行 | 4-6-8-4-2-10 | | |

续表

| 序号 | 条件<br>在表 28 中，若任何的______都是素数的 | 结论<br>就是一个差 $\underline{D}$ 型 | $k$ 生素数 | 同差异决之序号 |
|---|---|---|---|---|
| 926 | 框中丁行次首、尾与↓框中前三首 | 10-2-4-8-6-6 | 7 | |
| | 框中次行再首、尾与↑框中后三尾 | 6-6-8-4-2-10 | | |
| 927 | 框中丁行次首、尾与↓框前两首和次尾 | 10-2-4-8-6-10 | 7 | |
| | 框中次行再首、尾与↑框后两尾和再首 | 10-6-8-4-2-10 | | |
| 928 | 框中丁行次首、尾与↓框中首首、尾 | 10-2-4-8-10 | 6 | |
| | 框中次行再首、尾与↑框中末首、尾 | 10-8-4-2-10 | | |
| 929 | 框中丁行次首、尾与↓框中首尾一、三首 | 10-2-4-8-10-2 | 7 | |
| | 框中次行再首、尾与↑框中末首二、四尾 | 2-10-8-4-2-10 | | |
| 930 | 框中丁行次首、尾与↓框前两尾和首首 | 10-2-4-8-10-6 | 7 | |
| | 框中次行再首、尾与↑框后两首和末尾 | 6-10-8-4-2-10 | | |
| 931 | 框中丁行次首、尾与↓框中首尾一、四首 | 10-2-4-8-10-8 | 7 | |
| | 框中次行再首、尾与↑框中末首一、四尾 | 8-10-8-4-2-10 | | |
| 932 | 框中丁行次首、尾与↓框中一、四首一、四尾 | 10-2-4-8-10-8-10 | 8 | |
| | 框中次行再首、尾与↑框中一、四首一、四尾 | 10-8-10-8-4-2-10 | | |
| 933 | 框后三首二、四尾与下行首数 | 6-4-2-10-2 | 6 | |
| | 框前三尾一、三首与上行尾数 | 2-10-2-4-6 | | |
| 934 | 框后三首二、四尾与↓框中前两首 | 6-4-2-10-2-6 | 7 | |
| | 框前三尾一、三首与↑框中后两尾 | 6-2-10-2-4-6 | | |
| 935 | 框后三首二、四尾与↓框中前两行 | 6-4-2-10-2-6-4 | 8 | |
| | 框前三尾一、三首与↑框中后两行 | 4-6-2-10-2-4-6 | | |
| 936 | 框后三首二、四尾与↓框前三首和首尾 | 6-4-2-10-2-6-4-2 | 9 | |
| | 框前三尾一、三首与↑框后三尾和末首 | 2-4-6-2-10-2-4-6 | | |
| 937 | 框后三首二、四尾与↓框前两首前两尾 | 6-4-2-10-2-6-4-6 | 9 | |
| | 框前三尾一、三首与↑框后两首后两尾 | 6-4-6-2-10-2-4-6 | | |
| 938 | 框后三首二、四尾与↓框前两行和末首 | 6-4-2-10-2-6-4-8 | 9 | |
| | 框前三尾一、三首与↑框后两行和首尾 | 8-4-6-2-10-2-4-6 | | |
| 939 | 框后三首二、四尾与↓框中前三首 | 6-4-2-10-2-6-6 | 8 | |
| | 框前三尾一、三首与↑框中后三尾 | 6-6-2-10-2-4-6 | | |
| 940 | 框后三首二、四尾与↓框前三首和次尾 | 6-4-2-10-2-6-6-4 | 9 | |
| | 框前三尾一、三首与↑框后三尾和再首 | 4-6-6-2-10-2-4-6 | | |
| 941 | 框后三首二、四尾与↓框中四首数 | 6-4-2-10-2-6-6-6 | 9 | |
| | 框前三尾一、三首与↑框中四尾数 | 6-6-6-2-10-2-4-6 | | |
| 942 | 框后三首二、四尾与↓框前两首和次尾 | 6-4-2-10-2-6-10 | 8 | |
| | 框前三尾一、三首与↑框后两尾和再首 | 10-6-2-10-2-4-6 | | |
| 943 | 框后三首二、四尾与↓框中一、二、四首和次尾 | 6-4-2-10-2-6-10-2 | 9 | |
| | 框前三尾一、三首与↑框中一、三、四尾和再首 | 2-10-6-2-10-2-4-6 | | |
| 944 | 框后三首二、四尾与↓框中首首、尾 | 6-4-2-10-2-10 | 7 | |
| | 框前三尾一、三首与↑框中末首、尾 | 10-2-10-2-4-6 | | |
| 945 | 框后三首二、四尾与↓框中首尾一、三首 | 6-4-2-10-2-10-2 | 8 | |
| | 框前三尾一、三首与↑框中末首二、四尾 | 2-10-2-10-2-4-6 | | |

续表

| 序号 | 条件<br>在表 28 中，若任何的＿＿＿都是素数的 | 结论<br>就是一个差＿D＿型 | k 生素数 | 同差异决之序号 |
|---|---|---|---|---|
| 946 | 框后三首二、四尾与↓框前两尾一、三首 | 6-4-2-10-2-10-2-4 | 9 | |
| | 框前三尾一、三首与↑框后两首二、四尾 | 4-2-10-2-10-2-4-6 | | |
| 947 | 框后三首二、四尾与↓框中一、三、四首前两尾 | 6-4-2-10-2-10-2-4-2 | 10 | |
| | 框前三尾一、三首与↑框中一、二、四尾后两首 | 2-4-2-10-2-10-2-4-6 | | |
| 948 | 框后三首二、四尾与↓框前三尾一、三首 | 6-4-2-10-2-10-2-4-6 | 10 | |
| 949 | 框后三首二、四尾与↓框后两首首首、尾 | 6-4-2-10-2-10-2-6 | 9 | |
| | 框前三尾一、三首与↑框前两尾末首、尾 | 6-2-10-2-10-2-4-6 | | |
| 950 | 框后三首二、四尾与↓框中一、三、四首一、三尾 | 6-4-2-10-2-10-2-6-4 | 10 | |
| | 框前三尾一、三首与↑框中一、二、四尾二、四首 | 4-6-2-10-2-10-2-4-6 | | |
| 951 | 框后三首二、四尾与↓框中一、三、四首一、四尾 | 6-4-2-10-2-10-2-6-10 | 10 | |
| | 框前三尾一、三首与↑框中一、二、四尾一、四首 | 10-6-2-10-2-10-2-4-6 | | |
| 952 | 框后三首二、四尾与↓框中一、三首一、三尾 | 6-4-2-10-2-10-2-10 | 9 | |
| | 框前三尾一、三首与↑框中二、四首二、四尾 | 10-2-10-2-10-2-4-6 | | |
| 953 | 框后三首二、四尾与↓框中一、三、四尾一、三首 | 6-4-2-10-2-10-2-10-6 | 10 | |
| | 框前三尾一、三首与↑框中一、二、四首二、四尾 | 6-10-2-10-2-10-2-4-6 | | |
| 954 | 框后三首二、四尾与↓框前两尾和首首 | 6-4-2-10-2-10-6 | 8 | |
| | 框前三尾一、三首与↑框后两首和末尾 | 6-10-2-10-2-4-6 | | |
| 955 | 框后三首二、四尾与↓框前两尾一、四首 | 6-4-2-10-2-10-6-2 | 9 | |
| | 框前三尾一、三首与↑框后两首一、四尾 | 2-6-10-2-10-2-4-6 | | |
| 956 | 框后三首二、四尾与↓框中一、二、四尾一、四首 | 6-4-2-10-2-10-6-2-10 | 10 | |
| | 框前三尾一、三首与↑框中一、三、四首一、四尾 | 10-2-6-10-2-10-2-4-6 | | |
| 957 | 框后三首二、四尾与↓框前三尾和首首 | 6-4-2-10-2-10-6-6 | 9 | |
| | 框前三尾一、三首与↑框后三首和末尾 | 6-6-10-2-10-2-4-6 | | |
| 958 | 框后三首二、四尾与↓框中首尾一、四首 | 6-4-2-10-2-10-8 | 8 | |
| | 框前三尾一、三首与↑框中末首一、四尾 | 8-10-2-10-2-4-6 | | |
| 959 | 框后三首二、四尾与↓框中丁行首首、尾 | 6-4-2-10-2-10-8-4 | 9 | |
| | 框前三尾一、三首与↑框中次行末首、尾 | 4-8-10-2-10-2-4-6 | | |
| 960 | 框后三首二、四尾与↓框中一、四首一、四尾 | 6-4-2-10-2-10-8-10 | 9 | |
| | 框前三尾一、三首与↑框中一、四首一、四尾 | 10-8-10-2-10-2-4-6 | | |
| 961 | 框后三首二、四尾与下下行两数 | 6-4-2-10-8-4 | 7 | |
| | 框前三尾一、三首与上上行两数 | 4-8-10-2-4-6 | | |
| 962 | 框后三首二、四尾与↓框中首尾二、三首 | 6-4-2-10-8-4-2 | 8 | |
| | 框前三尾一、三首与↑框中末首二、三尾 | 2-4-8-10-2-4-6 | | |
| 963 | 框后三首二、四尾与↓框中二、三行 | 6-4-2-10-8-4-2-4 | 9 | |
| | 框前三尾一、三首与↑框中三、四行 | 4-2-4-8-10-2-4-6 | | |
| 964 | 框后三首二、四尾与↓框后三首前两尾 | 6-4-2-10-8-4-2-4-2 | 10 | |
| | 框前三尾一、三首与↑框前三尾后两首 | 2-4-2-4-8-10-2-4-6 | | |
| 965 | 框后三首二、四尾与↓框后三首和首尾 | 6-4-2-10-8-4-2-6 | 9 | |
| | 框前三尾一、三首与↑框前三尾和末首 | 6-2-4-8-10-2-4-6 | | |

## 续表

| 序号 | 条件<br>在表 28 中，若任何的＿＿＿＿＿都是素数的 | 结论<br>就是一个差 $D$ 型 | $k$ 生素数 | 同差异决之序号 |
|---|---|---|---|---|
| 966 | 框后三首二、四尾与 $\underline{\downarrow}$ 框前两尾和次首 | 6-4-2-10-8-4-6 | 8 | |
| | 框前三尾一、三首与 $\overline{\uparrow}$ 框后两首和再尾 | 6-4-8-10-2-4-6 | | |
| 967 | 框后三首二、四尾与 $\underline{\downarrow}$ 框前两尾二、四首 | 6-4-2-10-8-4-6-2 | 9 | |
| | 框前三尾一、三首与 $\overline{\uparrow}$ 框后两首一、三尾 | 2-6-4-8-10-2-4-6 | | |
| 968 | 框后三首二、四尾与 $\underline{\downarrow}$ 框中次行和末首 | 6-4-2-10-8-4-8 | 8 | |
| | 框前三尾一、三首与 $\overline{\uparrow}$ 框中丁行和首尾 | 8-4-8-10-2-4-6 | | |
| 969 | 框后三首二、四尾与 $\underline{\downarrow}$ 框中次行末首、尾 | 6-4-2-10-8-4-8-10 | 9 | |
| | 框前三尾一、三首与 $\overline{\uparrow}$ 框中丁行首首、尾 | 10-8-4-8-10-2-4-6 | | |
| 970 | 框前三首一、三尾与下下行首数；<br>框后三首二、四尾与下下行首数 | 6-4-2-10-8 | 6 | |
| | 框后三尾二、四首与上上行尾数；<br>框前三尾一、三首与上上行尾数 | 8-10-2-4-6 | | |
| 971 | 框前三首一、三尾与 $\underline{\downarrow}$ 框中前两首；<br>框后三首二、四尾与 $\underline{\downarrow}$ 框中二、三首 | 6-4-2-10-8-6 | 7 | |
| | 框后三尾二、四首与 $\overline{\uparrow}$ 框中后两尾；<br>框前三尾一、三首与 $\overline{\uparrow}$ 框中二、三尾 | 6-8-10-2-4-6 | | |
| 972 | 框前三首一、三尾与 $\underline{\downarrow}$ 框中前两行；<br>框后三首二、四尾与 $\underline{\downarrow}$ 框中次尾二、三首 | 6-4-2-10-8-6-4 | 8 | |
| | 框后三尾二、四首与 $\overline{\uparrow}$ 框中后两行；<br>框前三尾一、三首与 $\overline{\uparrow}$ 框中再首二、三尾 | 4-6-8-10-2-4-6 | | |
| 973 | 框前三首一、三尾与 $\underline{\downarrow}$ 框前三首和首尾；<br>框后三首二、四尾与 $\underline{\downarrow}$ 框后三首和次尾 | 6-4-2-10-8-6-4-2 | 9 | |
| | 框后三尾二、四首与 $\overline{\uparrow}$ 框后三尾和末首；<br>框前三尾一、三首与 $\overline{\uparrow}$ 框前三尾和再首 | 2-4-6-8-10-2-4-6 | | |
| 974 | 框前三首一、三尾与 $\underline{\downarrow}$ 框前两行和末首 | 6-4-2-10-8-6-4-8 | 9 | |
| | 框后三尾二、四首与 $\overline{\uparrow}$ 框后两行和首尾 | 8-4-6-8-10-2-4-6 | | |
| 975 | 框前三首一、三尾与 $\underline{\downarrow}$ 框中前三首；<br>框后三首二、四尾与 $\underline{\downarrow}$ 框中后三首 | 6-4-2-10-8-6-6 | 8 | |
| | 框后三尾二、四首与 $\overline{\uparrow}$ 框中后三尾；<br>框前三尾一、三首与 $\overline{\uparrow}$ 框中前三尾 | 6-6-8-10-2-4-6 | | |
| 976 | 框前三首一、三尾与 $\underline{\downarrow}$ 框中四首数 | 6-4-2-10-8-6-6-6 | 9 | |
| | 框后三尾二、四首与 $\overline{\uparrow}$ 框中四尾数 | 6-6-6-8-10-2-4-6 | | |
| 977 | 框前三首一、三尾与 $\underline{\downarrow}$ 框前三首和再尾；<br>框后三首二、四尾与 $\underline{\downarrow}$ 框后三首和末尾 | 6-4-2-10-8-6-6-10 | 9 | |
| | 框后三尾二、四首与 $\overline{\uparrow}$ 框后三尾和次首；<br>框前三尾一、三首与 $\overline{\uparrow}$ 框前三尾和首首 | 10-6-6-8-10-2-4-6 | | |
| 978 | 框前三首一、三尾与 $\underline{\downarrow}$ 框中首首、尾；<br>框后三首二、四尾与 $\underline{\downarrow}$ 框中次首、尾 | 6-4-2-10-8-10 | 7 | |
| | 框后三尾二、四首与 $\overline{\uparrow}$ 框中末首、尾；<br>框前三尾一、三首与 $\overline{\uparrow}$ 框中再首、尾 | 10-8-10-2-4-6 | | |
| 979 | 框前三首一、三尾与 $\underline{\downarrow}$ 框中首尾一、三首；<br>框后三首二、四尾与 $\underline{\downarrow}$ 框中次尾二、四首 | 6-4-2-10-8-10-2 | 8 | |
| | 框后三尾二、四首与 $\overline{\uparrow}$ 框中末首二、四尾；<br>框前三尾一、三首与 $\overline{\uparrow}$ 框中再首一、三尾 | 2-10-8-10-2-4-6 | | |

续表

| 序号 | 条件<br>在表 28 中,若任何的______都是素数的 | 结论<br>就是一个差 $D$ 型 | $k$ 生素数 | 同差异决之序号 |
|---|---|---|---|---|
| 980 | 框前三首一、三尾与↓框后两首首首、尾 | 6-4-2-10-8-10-2-6 | 9 | |
| | 框后三尾二、四首与↑框前两尾末首、尾 | 6-2-10-8-10-2-4-6 | | |
| 981 | 框前三首一、三尾与↓框中一、三首一、三尾；<br>框后三首二、四尾与↓框中二、四首二、四尾 | 6-4-2-10-8-10-2-10 | 9 | |
| | 框后三尾二、四首与↑框中二、四首二、四尾；<br>框前三尾一、三首与↑框中一、三首一、三尾 | 10-2-10-8-10-2-4-6 | | |
| 982 | 框前三首一、三尾与↓框中首尾一、四首 | 6-4-2-10-8-10-8 | 8 | |
| | 框后三尾二、四首与↑框中末首一、四尾 | 8-10-8-10-2-4-6 | | |
| 983 | 框前三首一、三尾与↓框中丁行首首、尾 | 6-4-2-10-8-10-8-4 | 9 | |
| | 框后三尾二、四首与↑框中次行末首、尾 | 4-8-10-8-10-2-4-6 | | |
| 984 | 框前三首一、三尾与↓框中一、四首一、四尾 | 6-4-2-10-8-10-8-10 | 9 | |
| | 框后三尾二、四首与↑框中一、四首一、四尾 | 10-8-10-8-10-2-4-6 | | |
| 985 | 框后三尾二、四首与下行首数 | 10-2-4-6-2 | 6 | |
| | 框前三首一、三尾与上行尾数 | 2-6-4-2-10 | | |
| 986 | 框后三尾二、四首与↓框中前两首 | 10-2-4-6-2-6 | 7 | |
| | 框前三首一、三尾与↑框中后两尾 | 6-2-6-4-2-10 | | |
| 987 | 框后三尾二、四首与↓框中前两行 | 10-2-4-6-2-6-4 | 8 | |
| | 框前三首一、三尾与↑框中后两行 | 4-6-2-6-4-2-10 | | |
| 988 | 框后三尾二、四首与↓框前三首和首尾 | 10-2-4-6-2-6-4-2 | 9 | |
| | 框前三首一、三尾与↑框后三尾和末首 | 2-4-6-2-6-4-2-10 | | |
| 989 | 框后三尾二、四首与↓框前两首前两尾 | 10-2-4-6-2-6-4-6 | 9 | |
| | 框前三首一、三尾与↑框后两首后两尾 | 6-4-6-2-6-4-2-10 | | |
| 990 | 框后三尾二、四首与↓框前两行和末首 | 10-2-4-6-2-6-4-8 | 9 | |
| | 框前三首一、三尾与↑框后两行和首尾 | 8-4-6-2-6-4-2-10 | | |
| 991 | 框后三尾二、四首与↓框中前三首 | 10-2-4-6-2-6-6 | 8 | |
| | 框前三首一、三尾与↑框中后三尾 | 6-6-2-6-4-2-10 | | |
| 992 | 框后三尾二、四首与↓框前三首和次尾 | 10-2-4-6-2-6-6-4 | 9 | |
| | 框前三首一、三尾与↑框后三尾和再首 | 4-6-6-2-6-4-2-10 | | |
| 993 | 框后三尾二、四首与↓框中四首数 | 10-2-4-6-2-6-6-6 | 9 | |
| | 框前三首一、三尾与↑框中四尾数 | 6-6-6-2-6-4-2-10 | | |
| 994 | 框后三尾二、四首与↓框前三首和再尾 | 10-2-4-6-2-6-6-10 | 9 | |
| | 框前三首一、三尾与↑框后三尾和次首 | 10-6-6-2-6-4-2-10 | | |
| 995 | 框后三尾二、四首与↓框前两首和次尾 | 10-2-4-6-2-6-10 | 8 | |
| | 框前三首一、三尾与↑框后两尾和再首 | 10-6-2-6-4-2-10 | | |
| 996 | 框后三尾二、四首与↓框中一、二、四首和次尾 | 10-2-4-6-2-6-10-2 | 9 | |
| | 框前三首一、三尾与↑框中一、三、四尾和再首 | 2-10-6-2-6-4-2-10 | | |
| 997 | 框后三尾二、四首与↓框前两首二、三尾 | 10-2-4-6-2-6-10-6 | 9 | |
| | 框前三首一、三尾与↑框后两尾二、三首 | 6-10-6-2-6-4-2-10 | | |
| 998 | 框后三尾二、四首与↓框中首首、尾 | 10-2-4-6-2-10 | 7 | |
| | 框前三首一、三尾与↑框中末首、尾 | 10-2-6-4-2-10 | | |

续表

| 序号 | 条件<br>在表28中,若任何的＿＿＿＿都是素数的 | 结论<br>就是一个差＿D＿型 | $k$生素数 | 同差异决之序号 |
| --- | --- | --- | --- | --- |
| 999 | 框后三尾二、四首与↓框中首尾一、三首 | 10-2-4-6-2-10-2 | 8 | |
| | 框前三首一、三尾与↑框中末首二、四尾 | 2-10-2-6-4-2-10 | | |
| 1000 | 框后三尾二、四首与↓框前两尾一、三首 | 10-2-4-6-2-10-2-4 | 9 | |
| | 框前三首一、三尾与↑框后两首二、四尾 | 4-2-10-2-6-4-2-10 | | |
| 1001 | 框后三尾二、四首与↓框中一、三、四首前两尾 | 10-2-4-6-2-10-2-4-2 | 10 | |
| | 框前三首一、三尾与↑框中一、二、四尾后两首 | 2-4-2-10-2-6-4-2-10 | | |
| 1002 | 框后三尾二、四首与↓框后两首首首、尾 | 10-2-4-6-2-10-2-6 | 9 | |
| | 框前三首一、三尾与↑框前两尾末首、尾 | 6-2-10-2-6-4-2-10 | | |
| 1003 | 框后三尾二、四首与↓框前两尾和首首 | 10-2-4-6-2-10-6 | 8 | |
| | 框前三首一、三尾与↑框后两首和末尾 | 6-10-2-6-4-2-10 | | |
| 1004 | 框后三尾二、四首与↓框前两尾一、四首 | 10-2-4-6-2-10-6-2 | 9 | |
| | 框前三首一、三尾与↑框后两首一、四尾 | 2-6-10-2-6-4-2-10 | | |
| 1005 | 框后三尾二、四首与↓框中首尾一、四首 | 10-2-4-6-2-10-8 | 8 | |
| | 框前三首一、三尾与↑框中末首一、四尾 | 8-10-2-6-4-2-10 | | |
| 1006 | 框后三尾二、四首与↓框中一、四首一、四尾 | 10-2-4-6-2-10-8-10 | 9 | |
| | 框前三首一、三尾与↑框中一、四首一、四尾 | 10-8-10-2-6-4-2-10 | | |
| 1007 | 框前三尾一、三首与下下行首数；<br>框后三尾二、四首与下下行首数 | 10-2-4-6-8 | 6 | |
| | 框后三首二、四尾与上上行尾数；<br>框前三首一、三尾与上上行尾数 | 8-6-4-2-10 | | |
| 1008 | 框前三尾一、三首与↓框中前两首；<br>框后三尾二、四首与↓框中二、三首 | 10-2-4-6-8-6 | 7 | |
| | 框后三首二、四尾与↑框中后两尾；<br>框前三首一、三尾与↑框中二、三尾 | 6-8-6-4-2-10 | | |
| 1009 | 框前三尾一、三首与↓框中前两行；<br>框后三尾二、四首与↓框中次尾二、三首 | 10-2-4-6-8-6-4 | 8 | |
| | 框后三首二、四尾与↑框中后两行；<br>框前三首一、三尾与↑框中再首二、三尾 | 4-6-8-6-4-2-10 | | |
| 1010 | 框前三尾一、三首与↓框前三首和首尾；<br>框后三尾二、四首与↓框后三首和次尾 | 10-2-4-6-8-6-4-2 | 9 | |
| | 框后三首二、四尾与↑框后三尾和末首；<br>框前三首一、三尾与↑框前三尾和再首 | 2-4-6-8-6-4-2-10 | | |
| 1011 | 框前三尾一、三首与↓框中前三行；<br>框后三尾二、四首与↓框后三首二、三尾 | 10-2-4-6-8-6-4-2-4 | 10 | |
| | 框后三首二、四尾与↑框中后三行；<br>框前三首一、三尾与↑框前三尾二、三首 | 4-2-4-6-8-6-4-2-10 | | |
| 1012 | 框前三尾一、三首与↓框前三首一、三尾<br>框后三首二、四尾与↑框后三尾二、四首 | 10-2-4-6-8-6-4-2-10 | 10 | |
| 1013 | 框前三尾一、三首与↓框前两首前两尾；<br>框后三尾二、四首与↓框中二、三首二、三尾 | 10-2-4-6-8-6-4-6 | 9 | |
| | 框后三首二、四尾与↑框后两首后两尾；<br>框前三首一、三尾与↑框中二、三首二、三尾 | 6-4-6-8-6-4-2-10 | | |

续表

| 序　号 | 条　件 | 结　论 | $k$ 生素数 | 同差异决之序号 |
| --- | --- | --- | --- | --- |
| | 在表 28 中,若任何的__________都是素数的 | 就是一个差__$D$__型 | | |
| 1014 | 框前三尾一、三首与$\underline{\downarrow}$框前三尾前两首;<br>框后三尾二、四首与$\underline{\downarrow}$框后三尾二、三首 | 10-2-4-6-8-6-4-6-6 | 10 | |
| | 框后三首二、四尾与$\overline{\uparrow}$框后三首后两尾;<br>框前三首一、三尾与$\overline{\uparrow}$框前三首二、三尾 | 6-6-4-6-8-6-4-2-10 | | |
| 1015 | 框前三尾一、三首与$\underline{\downarrow}$框前两行和末首 | 10-2-4-6-8-6-4-8 | 9 | |
| | 框后三首二、四尾与$\overline{\uparrow}$框后两行和首尾 | 8-4-6-8-6-4-2-10 | | |
| 1016 | 框前三尾一、三首与$\underline{\downarrow}$框中前三首;<br>框后三尾二、四首与$\underline{\downarrow}$框中后三首 | 10-2-4-6-8-6-6 | 8 | |
| | 框后三首二、四尾与$\overline{\uparrow}$框中后三尾;<br>框前三首一、三尾与$\overline{\uparrow}$框中前三尾 | 6-6-8-6-4-2-10 | | |
| 1017 | 框前三尾一、三首与$\underline{\downarrow}$框前三首和次尾;<br>框后三尾二、四首与$\underline{\downarrow}$框后三首和再尾 | 10-2-4-6-8-6-6-4 | 9 | |
| | 框后三首二、四尾与$\overline{\uparrow}$框后三尾和再首;<br>框前三首一、三尾与$\overline{\uparrow}$框前三尾和次首 | 4-6-6-8-6-4-2-10 | | |
| 1018 | 框前三尾一、三首与$\underline{\downarrow}$框前三首二、三尾;<br>框后三尾二、四首与$\underline{\downarrow}$框后三首后两尾 | 10-2-4-6-8-6-6-4-6 | 10 | |
| | 框后三首二、四尾与$\overline{\uparrow}$框后三尾二、三首;<br>框前三首一、三尾与$\overline{\uparrow}$框前三尾前两首 | 6-4-6-6-8-6-4-2-10 | | |
| 1019 | 框前三尾一、三首与$\underline{\downarrow}$框中四首数 | 10-2-4-6-8-6-6-6 | 9 | |
| | 框后三首二、四尾与$\overline{\uparrow}$框中四尾数 | 6-6-6-8-6-4-2-10 | | |
| 1020 | 框前三尾一、三首与$\underline{\downarrow}$框前三首和再尾;<br>框后三尾二、四首与$\underline{\downarrow}$框后三首和末尾 | 10-2-4-6-8-6-6-10 | 9 | |
| | 框后三首二、四尾与$\overline{\uparrow}$框后三尾和次首;<br>框前三首一、三尾与$\overline{\uparrow}$框前三尾和首首 | 10-6-6-8-6-4-2-10 | | |
| 1021 | 框前三尾一、三首与$\underline{\downarrow}$框前三首后两尾 | 10-2-4-6-8-6-6-10-6 | 10 | |
| | 框后三首二、四尾与$\overline{\uparrow}$框后三尾前两首 | 6-10-6-6-8-6-4-2-10 | | |
| 1022 | 框前三尾一、三首与$\underline{\downarrow}$框前两首和次尾;<br>框后三尾二、四首与$\underline{\downarrow}$框中再尾二、三首 | 10-2-4-6-8-6-10 | 8 | |
| | 框后三首二、四尾与$\overline{\uparrow}$框后两尾和再首;<br>框前三首一、三尾与$\overline{\uparrow}$框中次首二、三尾 | 10-6-8-6-4-2-10 | | |
| 1023 | 框前三尾一、三首与$\underline{\downarrow}$框前两首二、三尾;<br>框后三尾二、四首与$\underline{\downarrow}$框后两尾二、三首 | 10-2-4-6-8-6-10-6 | 9 | |
| | 框后三首二、四尾与$\overline{\uparrow}$框后两尾二、三首;<br>框前三首一、三尾与$\overline{\uparrow}$框前两首二、三尾 | 6-10-6-8-6-4-2-10 | | |
| 1024 | 框前三尾一、三首与$\underline{\downarrow}$框后三尾前两首 | 10-2-4-6-8-6-10-6-6 | 10 | |
| | 框后三首二、四尾与$\overline{\uparrow}$框前三首后两尾 | 6-6-10-6-8-6-4-2-10 | | |
| 1025 | 框前三尾一、三首与$\underline{\downarrow}$框中首首、尾;<br>框后三尾二、四首与$\underline{\downarrow}$框中次首、尾 | 10-2-4-6-8-10 | 7 | |
| | 框后三首二、四尾与$\overline{\uparrow}$框中末首、尾;<br>框前三首一、三尾与$\overline{\uparrow}$框中再首、尾 | 10-8-6-4-2-10 | | |
| 1026 | 框前三尾一、三首与$\underline{\downarrow}$框中首尾一、三首;<br>框后三尾二、四首与$\underline{\downarrow}$框中次尾二、四首 | 10-2-4-6-8-10-2 | 8 | |
| | 框后三首二、四尾与$\overline{\uparrow}$框中末首二、四尾;<br>框前三首一、三尾与$\overline{\uparrow}$框中再首一、三尾 | 2-10-8-6-4-2-10 | | |

续表

| 序号 | 条件<br>在表 28 中,若任何的______都是素数的 | 结论<br>就是一个差 <u>D</u> 型 | $k$ 生素数 | 同差异决之序号 |
|---|---|---|---|---|
| 1027 | 框前三尾一、三首与↓框前两尾一、三首;<br>框后三尾二、四首与↓框中丁行次首、尾 | 10-2-4-6-8-10-2-4 | 9 | |
| | 框后三首二、四尾与↑框后两首二、四尾;<br>框前三首一、三尾与↑框中次行再首、尾 | 4-2-10-8-6-4-2-10 | | |
| 1028 | 框前三尾一、三首与↓框前三尾一、三首;<br>框后三尾二、四首与↓框后三尾二、四首 | 10-2-4-6-8-10-2-4-6 | 10 | |
| | 框后三首二、四尾与↑框后三首二、四尾;<br>框前三首一、三尾与↑框前三首一、三尾 | 6-4-2-10-8-6-4-2-10 | | |
| 1029 | 框前三尾一、三首与↓框后两首首首、尾 | 10-2-4-6-8-10-2-6 | 9 | |
| | 框后三首二、四尾与↑框前两尾末首、尾 | 6-2-10-8-6-4-2-10 | | |
| 1030 | 框前三尾一、三首与↓框中一、三首一、三尾;<br>框后三尾二、四首与↓框中二、四首二、四尾 | 10-2-4-6-8-10-2-10 | 9 | |
| | 框后三首二、四尾与↑框中二、四首二、四尾;<br>框前三首一、三尾与↑框中一、三首一、三尾 | 10-2-10-8-6-4-2-10 | | |
| 1031 | 框前三尾一、三首与↓框中一、三、四尾一、三首 | 10-2-4-6-8-10-2-10-6 | 10 | |
| | 框后三首二、四尾与↑框中一、二、四首二、四尾 | 6-10-2-10-8-6-4-2-10 | | |
| 1032 | 框前三尾一、三首与↓框前两尾和首首;<br>框后三尾二、四首与↓框中次首二、三尾 | 10-2-4-6-8-10-6 | 8 | |
| | 框后三首二、四尾与↑框后两首和末尾;<br>框前三首一、三尾与↑框中再尾二、三首 | 6-10-8-6-4-2-10 | | |
| 1033 | 框前三尾一、三首与↓框前三尾和首首;<br>框后三尾二、四首与↓框后三尾和次首 | 10-2-4-6-8-10-6-6 | 9 | |
| | 框后三首二、四尾与↑框后三首和末尾;<br>框前三首一、三尾与↑前三首和再尾 | 6-6-10-8-6-4-2-10 | | |
| 1034 | 框前三尾一、三首与↓框中四尾和首首 | 10-2-4-6-8-10-6-6-6 | 10 | |
| | 框后三首二、四尾与↑框中四首和末尾 | 6-6-6-10-8-6-4-2-10 | | |
| 1035 | 框前三尾一、三首与↓框中首尾一、四首 | 10-2-4-6-8-10-8 | 8 | |
| | 框后三首二、四尾与↑框中末首一、四尾 | 8-10-8-6-4-2-10 | | |
| 1036 | 框前三尾一、三首与↓框中丁行首首、尾 | 10-2-4-6-8-10-8-4 | 9 | |
| | 框后三首二、四尾与↑框中次行末首、尾 | 4-8-10-8-6-4-2-10 | | |
| 1037 | 框前三尾一、三首与↓框中一、四首一、四尾 | 10-2-4-6-8-10-8-10 | 9 | |
| | 框后三首二、四尾与↑框中一、四首一、四尾 | 10-8-10-8-6-4-2-10 | | |
| 1038 | 框后三尾二、四首与下下行两数 | 10-2-4-6-8-4 | 7 | |
| | 框前三首一、三尾与上上行两数 | 4-8-6-4-2-10 | | |
| 1039 | 框后三尾二、四首与↓框中首尾二、三首 | 10-2-4-6-8-4-2 | 8 | |
| | 框前三首一、三尾与↑框中末首二、三尾 | 2-4-8-6-4-2-10 | | |
| 1040 | 框后三尾二、四首与↓框中二、三行 | 10-2-4-6-8-4-2-4 | 9 | |
| | 框前三首一、三尾与↑框中三、四行 | 4-2-4-8-6-4-2-10 | | |
| 1041 | 框后三尾二、四首与↓框后三首和首尾 | 10-2-4-6-8-4-2-6 | 9 | |
| | 框前三首一、三尾与↑框前三尾和末首 | 6-2-4-8-6-4-2-10 | | |
| 1042 | 框后三尾二、四首与↓框前两尾和次首 | 10-2-4-6-8-4-6 | 8 | |
| | 框前三首一、三尾与↑框后两首和再尾 | 6-4-8-6-4-2-10 | | |

续表

| 序号 | 条件<br>在表 28 中,若任何的______都是素数的 | 结论<br>就是一个差 $D$ 型 | $k$ 生素数 | 同差异决之序号 |
|---|---|---|---|---|
| 1043 | 框后三尾二、四首与↓框前两尾二、四首 | 10-2-4-6-8-4-6-2 | 9 | |
| | 框前三首一、三尾与↑框后两首一、三尾 | 2-6-4-8-6-4-2-10 | | |
| 1044 | 框后三尾二、四首与↓框中次行和末首 | 10-2-4-6-8-4-8 | 8 | |
| | 框前三首一、三尾与↑框中丁行和首尾 | 8-4-8-6-4-2-10 | | |
| 1045 | 框后三尾二、四首与↓框中次行末首、尾 | 10-2-4-6-8-4-8-10 | 9 | |
| | 框前三首一、三尾与↑框中丁行首首、尾 | 10-8-4-8-6-4-2-10 | | |
| 1046 | 框中四首二、四尾与下行首数 | 6-6-4-2-10-2 | 7 | |
| | 框中四尾一、三首与上行尾数 | 2-10-2-4-6-6 | | |
| 1047 | 框中四首二、四尾与↓框中前两首 | 6-6-4-2-10-2-6 | 8 | |
| | 框中四尾一、三首与↑框中后两尾 | 6-2-10-2-4-6-6 | | |
| 1048 | 框中四首二、四尾与↓框中前两行 | 6-6-4-2-10-2-6-4 | 9 | |
| | 框中四尾一、三首与↑框中后两行 | 4-6-2-10-2-4-6-6 | | |
| 1049 | 框中四首二、四尾与↓框前三首和首尾 | 6-6-4-2-10-2-6-4-2 | 10 | |
| | 框中四尾一、三首与↑框后三尾和末首 | 2-4-6-2-10-2-4-6-6 | | |
| 1050 | 框中四首二、四尾与↓框前两首前两尾 | 6-6-4-2-10-2-6-4-6 | 10 | |
| | 框中四尾一、三首与↑框后两首后两尾 | 6-4-6-2-10-2-4-6-6 | | |
| 1051 | 框中四首二、四尾与↓框前两行和末首 | 6-6-4-2-10-2-6-4-8 | 10 | |
| | 框中四尾一、三首与↑框后两行和首尾 | 8-4-6-2-10-2-4-6-6 | | |
| 1052 | 框中四首二、四尾与↓框中前三首 | 6-6-4-2-10-2-6-6 | 9 | |
| | 框中四尾一、三首与↑框中后三尾 | 6-6-2-10-2-4-6-6 | | |
| 1053 | 框中四首二、四尾与↓框前三首和次尾 | 6-6-4-2-10-2-6-6-4 | 10 | |
| | 框中四尾一、三首与↑框后三尾和再首 | 4-6-6-2-10-2-4-6-6 | | |
| 1054 | 框中四首二、四尾与↓框中四首数 | 6-6-4-2-10-2-6-6-6 | 10 | |
| | 框中四尾一、三首与↑框中四尾数 | 6-6-6-2-10-2-4-6-6 | | |
| 1055 | 框中四首二、四尾与↓框前两首和次尾 | 6-6-4-2-10-2-6-10 | 9 | |
| | 框中四尾一、三首与↑框后两尾和再首 | 10-6-2-10-2-4-6-6 | | |
| 1056 | 框中四首二、四尾与↓框中一、二、四首和次尾 | 6-6-4-2-10-2-6-10-2 | 10 | |
| | 框中四尾一、三首与↑框中一、三、四尾和再首 | 2-10-6-2-10-2-4-6-6 | | |
| 1057 | 框中四首二、四尾与↓框中首首、尾 | 6-6-4-2-10-2-10 | 8 | |
| | 框中四尾一、三首与↑框中末首、尾 | 10-2-10-2-4-6-6 | | |
| 1058 | 框中四首二、四尾与↓框中首尾一、三首 | 6-6-4-2-10-2-10-2 | 9 | |
| | 框中四尾一、三首与↑框中末首二、四尾 | 2-10-2-10-2-4-6-6 | | |
| 1059 | 框中四首二、四尾与↓框前两尾一、三首 | 6-6-4-2-10-2-10-2-4 | 10 | |
| | 框中四尾一、三首与↑框后两首二、四尾 | 4-2-10-2-10-2-4-6-6 | | |
| 1060 | 框中四首二、四尾与↓框后两首首首、尾 | 6-6-4-2-10-2-10-2-6 | 10 | |
| | 框中四尾一、三首与↑框前两尾末首、尾 | 6-2-10-2-10-2-4-6-6 | | |
| 1061 | 框中四首二、四尾与↓框中一、三首一、三尾 | 6-6-4-2-10-2-10-2-10 | 10 | |
| | 框中四尾一、三首与↑框中二、四首二、四尾 | 10-2-10-2-10-2-4-6-6 | | |
| 1062 | 框中四首二、四尾与↓框前两尾和首首 | 6-6-4-2-10-2-10-6 | 9 | |
| | 框中四尾一、三首与↑框后两首和末尾 | 6-10-2-10-2-4-6-6 | | |

续表

| 序号 | 条件 | 结论 | $k$ 生素数 | 同差异决之序号 |
|---|---|---|---|---|
| | 在表 28 中,若任何的______都是素数的 | 就是一个差 $D$ 型 | | |
| 1063 | 框中四首二、四尾与↓框前两尾一、四首 | 6-6-4-2-10-2-10-6-2 | 10 | |
| | 框中四尾一、三首与↑框后两首一、四尾 | 2-6-10-2-10-2-4-6-6 | | |
| 1064 | 框中四首二、四尾与↓框前三尾和首首 | 6-6-4-2-10-2-10-6-6 | 10 | |
| | 框中四尾一、三首与↑框后三首和末尾 | 6-6-10-2-10-2-4-6-6 | | |
| 1065 | 框中四首二、四尾与↓框中首尾一、四首 | 6-6-4-2-10-2-10-8 | 9 | |
| | 框中四尾一、三首与↑框中末首一、四尾 | 8-10-2-10-2-4-6-6 | | |
| 1066 | 框中四首二、四尾与↓框中丁行首首、尾 | 6-6-4-2-10-2-10-8-4 | 10 | |
| | 框中四尾一、三首与↑框中次行末首、尾 | 4-8-10-2-10-2-4-6-6 | | |
| 1067 | 框中四首二、四尾与↓框中一、四首一、四尾 | 6-6-4-2-10-2-10-8-10 | 10 | |
| | 框中四尾一、三首与↑框中一、四首一、四尾 | 10-8-10-2-10-2-4-6-6 | | |
| 1068 | 框中四首二、四尾与与下下行首数 | 6-6-4-2-10-8 | 7 | |
| | 框中四尾一、三首与上上行尾数 | 8-10-2-4-6-6 | | |
| 1069 | 框中四首二、四尾与下下行两数 | 6-6-4-2-10-8-4 | 8 | |
| | 框中四尾一、三首与上上行两数 | 4-8-10-2-4-6-6 | | |
| 1070 | 框中四首二、四尾与$\underline{\downarrow}$框中首尾二、三首 | 6-6-4-2-10-8-4-2 | 9 | |
| | 框中四尾一、三首与$\overline{\uparrow}$框中末首二、三尾 | 2-4-8-10-2-4-6-6 | | |
| 1071 | 框中四首二、四尾与$\underline{\downarrow}$框中二、三行 | 6-6-4-2-10-8-4-2-4 | 10 | |
| | 框中四尾一、三首与$\overline{\uparrow}$框中三、四行 | 4-2-4-8-10-2-4-6-6 | | |
| 1072 | 框中四首二、四尾与$\underline{\downarrow}$框后三首和首尾 | 6-6-4-2-10-8-4-2-6 | 10 | |
| | 框中四尾一、三首与$\overline{\uparrow}$框前三尾和末首 | 6-2-4-8-10-2-4-6-6 | | |
| 1073 | 框中四首二、四尾与$\underline{\downarrow}$框前两尾和次首 | 6-6-4-2-10-8-4-6 | 9 | |
| | 框中四尾一、三首与$\overline{\uparrow}$框后两首和再尾 | 6-4-8-10-2-4-6-6 | | |
| 1074 | 框中四首二、四尾与$\underline{\downarrow}$框前两尾二、四首 | 6-6-4-2-10-8-4-6-2 | 10 | |
| | 框中四尾一、三首与$\overline{\uparrow}$框后两首一、三尾 | 2-6-4-8-10-2-4-6-6 | | |
| 1075 | 框中四首二、四尾与$\underline{\downarrow}$框中次行和末首 | 6-6-4-2-10-8-4-8 | 9 | |
| | 框中四尾一、三首与$\overline{\uparrow}$框中丁行和首尾 | 8-4-8-10-2-4-6-6 | | |
| 1076 | 框中四首二、四尾与$\underline{\downarrow}$框中次行末首、尾 | 6-6-4-2-10-8-4-8-10 | 10 | |
| | 框中四尾一、三首与$\overline{\uparrow}$框中丁行首首、尾 | 10-8-4-8-10-2-4-6-6 | | |
| 1077 | 框中四首二、四尾与$\underline{\downarrow}$框中二、三首 | 6-6-4-2-10-8-6 | 8 | |
| | 框中四尾一、三首与$\overline{\uparrow}$框中二、三尾 | 6-8-10-2-4-6-6 | | |
| 1078 | 框中四首二、四尾与$\underline{\downarrow}$框中次尾二、三首 | 6-6-4-2-10-8-6-4 | 9 | |
| | 框中四尾一、三首与$\overline{\uparrow}$框中再首二、三尾 | 4-6-8-10-2-4-6-6 | | |
| 1079 | 框中四首二、四尾与$\underline{\downarrow}$框后三首和次尾 | 6-6-4-2-10-8-6-4-2 | 10 | |
| | 框中四尾一、三首与$\overline{\uparrow}$框前三尾和再首 | 2-4-6-8-10-2-4-6-6 | | |
| 1080 | 框中四首二、四尾与$\underline{\downarrow}$框中后三首 | 6-6-4-2-10-8-6-6 | 9 | |
| | 框中四尾一、三首与$\overline{\uparrow}$框中前三尾 | 6-6-8-10-2-4-6-6 | | |
| 1081 | 框中四首二、四尾与$\underline{\downarrow}$框后三首和末尾 | 6-6-4-2-10-8-6-6-10 | 10 | |
| | 框中四尾一、三首与$\overline{\uparrow}$框前三尾和首首 | 10-6-6-8-10-2-4-6-6 | | |
| 1082 | 框中四首二、四尾与$\underline{\downarrow}$框中次首、尾 | 6-6-4-2-10-8-10 | 8 | |
| | 框中四尾一、三首与$\overline{\uparrow}$框中再首、尾 | 10-8-10-2-4-6-6 | | |

续表

| 序号 | 条件<br>在表 28 中，若任何的＿＿＿＿都是素数的 | 结论<br>就是一个差＿D＿型 | k生素数 | 同差异决之序号 |
|---|---|---|---|---|
| 1083 | 框中四首二、四尾与↓框中次尾二、四首 | 6-6-4-2-10-8-10-2 | 9 | |
| | 框中四尾一、三首与↑框中再首一、三尾 | 2-10-8-10-2-4-6-6 | | |
| 1084 | 框中四首二、四尾与↓框中二、四首二、四尾 | 6-6-4-2-10-8-10-2-10 | 10 | |
| | 框中四尾一、三首与↑框中一、三首一、三尾 | 10-2-10-8-10-2-4-6-6 | | |
| 1085 | 框中四尾一、三首与下行首数 | 10-2-4-6-6-2 | 7 | |
| | 框中四首二、四尾与上行尾数 | 2-6-6-4-2-10 | | |
| 1086 | 框中四尾一、三首与↓框中前两首 | 10-2-4-6-6-2-6 | 8 | |
| | 框中四首二、四尾与↑框中后两尾 | 6-2-6-6-4-2-10 | | |
| 1087 | 框中四尾一、三首与↓框中前两行 | 10-2-4-6-6-2-6-4 | 9 | |
| | 框中四首二、四尾与↑框中后两行 | 4-6-2-6-6-4-2-10 | | |
| 1088 | 框中四尾一、三首与↓框前三首和首尾 | 10-2-4-6-6-2-6-4-2 | 10 | |
| | 框中四首二、四尾与↑框后三尾和末首 | 2-4-6-2-6-6-4-2-10 | | |
| 1089 | 框中四尾一、三首与↓框前两首前两尾 | 10-2-4-6-6-2-6-4-6 | 10 | |
| | 框中四首二、四尾与↑框后两首后两尾 | 6-4-6-2-6-6-4-2-10 | | |
| 1090 | 框中四尾一、三首与↓框前两行和末首 | 10-2-4-6-6-2-6-4-8 | 10 | |
| | 框中四首二、四尾与↑框后两行和首尾 | 8-4-6-2-6-6-4-2-10 | | |
| 1091 | 框中四尾一、三首与↓框中前三首 | 10-2-4-6-6-2-6-6 | 9 | |
| | 框中四首二、四尾与↑框中后三尾 | 6-6-2-6-6-4-2-10 | | |
| 1092 | 框中四尾一、三首与↓框前三首和次尾 | 10-2-4-6-6-2-6-6-4 | 10 | |
| | 框中四首二、四尾与↑框后三尾和再首 | 4-6-6-2-6-6-4-2-10 | | |
| 1093 | 框中四尾一、三首与↓框中四首数 | 10-2-4-6-6-2-6-6-6 | 10 | |
| | 框中四首二、四尾与↑框中四尾数 | 6-6-6-2-6-6-4-2-10 | | |
| 1094 | 框中四尾一、三首与↓框前三首和再尾 | 10-2-4-6-6-2-6-6-10 | 10 | |
| | 框中四首二、四尾与↑框后三尾和次首 | 10-6-6-2-6-6-4-2-10 | | |
| 1095 | 框中四尾一、三首与↓框前两首和次尾 | 10-2-4-6-6-2-6-10 | 9 | |
| | 框中四首二、四尾与↑框后两尾和再首 | 10-6-2-6-6-4-2-10 | | |
| 1096 | 框中四尾一、三首与↓框前两首二、三尾 | 10-2-4-6-6-2-6-10-6 | 10 | |
| | 框中四首二、四尾与↑框后两尾二、三首 | 6-10-6-2-6-6-4-2-10 | | |
| 1097 | 框中四尾一、三首与↓框中首首、尾 | 10-2-4-6-6-2-10 | 8 | |
| | 框中四首二、四尾与↑框中末首、尾 | 10-2-6-6-4-2-10 | | |
| 1098 | 框中四尾一、三首与↓框中首尾一、三首 | 10-2-4-6-6-2-10-2 | 9 | |
| | 框中四首二、四尾与↑框中末首二、四尾 | 2-10-2-6-6-4-2-10 | | |
| 1099 | 框中四尾一、三首与↓框前两尾一、三首 | 10-2-4-6-6-2-10-2-4 | 10 | |
| | 框中四首二、四尾与↑框后两首二、四尾 | 4-2-10-2-6-6-4-2-10 | | |
| 1100 | 框中四尾一、三首与↓框后两首首首、尾 | 10-2-4-6-6-2-10-2-6 | 10 | |
| | 框中四首二、四尾与↑框前两尾末首、尾 | 6-2-10-2-6-6-4-2-10 | | |
| 1101 | 框中四尾一、三首与↓框中一、三首一、三尾 | 10-2-4-6-6-2-10-2-10 | 10 | |
| | 框中四首二、四尾与↑框中二、四首二、四尾 | 10-2-10-2-6-6-4-2-10 | | |
| 1102 | 框中四尾一、三首与↓框前两尾和首首 | 10-2-4-6-6-2-10-6 | 9 | |
| | 框中四首二、四尾与↑框后两首和末尾 | 6-10-2-6-6-4-2-10 | | |

## 续表

| 序 号 | 条 件<br>在表 28 中,若任何的＿＿＿＿＿＿都是素数的 | 结 论<br>就是一个差＿$D$＿型 | $k$生素数 | 同差异决之序号 |
|---|---|---|---|---|
| 1103 | 框中四尾一、三首与↓框前三尾和首首 | 10-2-4-6-6-2-10-6-6 | 10 | |
| | 框中四首二、四尾与↑框后三首和末尾 | 6-6-10-2-6-6-4-2-10 | | |
| 1104 | 框中四尾一、三首与↓框中首尾一、四首 | 10-2-4-6-6-2-10-8 | 9 | |
| | 框中四首二、四尾与↑框中首尾一、四首 | 8-10-2-6-6-4-2-10 | | |
| 1105 | 框中四尾一、三首与↓框中丁行首首、尾 | 10-2-4-6-6-2-10-8-4 | 10 | |
| | 框中四首二、四尾与↑框中次行末首、尾 | 4-8-10-2-6-6-4-2-10 | | |
| 1106 | 框中四尾一、三首与↓框中一、四首一、四尾 | 10-2-4-6-6-2-10-8-10 | 10 | |
| | 框中四首二、四尾与↑框中一、四首一、四尾 | 10-8-10-2-6-6-4-2-10 | | |
| 1107 | 框中四尾一、三首与下下行首数 | 10-2-4-6-6-8 | 7 | |
| | 框中四首二、四尾与上上行尾数 | 8-6-6-4-2-10 | | |
| 1108 | 框中四尾一、三首与下下行两数 | 10-2-4-6-6-8-4 | 8 | |
| | 框中四首二、四尾与上上行两数 | 4-8-6-6-4-2-10 | | |
| 1109 | 框中四尾一、三首与↓框中首尾二、三首 | 10-2-4-6-6-8-4-2 | 9 | |
| | 框中四首二、四尾与↑框中末首二、三尾 | 2-4-8-6-6-4-2-10 | | |
| 1110 | 框中四尾一、三首与↓框中二、三行 | 10-2-4-6-6-8-4-2-4 | 10 | |
| | 框中四首二、四尾与↑框中三、四行 | 4-2-4-8-6-6-4-2-10 | | |
| 1111 | 框中四尾一、三首与↓框后三首和首尾 | 10-2-4-6-6-8-4-2-6 | 10 | |
| | 框中四首二、四尾与↑框前三尾和末首 | 6-2-4-8-6-6-4-2-10 | | |
| 1112 | 框中四尾一、三首与↓框中次行再首、尾 | 10-2-4-6-6-8-4-2-10 | 10 | |
| | 框中四首二、四尾与↑框中丁行次首、尾 | 10-2-4-8-6-6-4-2-10 | | |
| 1113 | 框中四尾一、三首与↓框前两尾和次首 | 10-2-4-6-6-8-4-6 | 9 | |
| | 框中四首二、四尾与↑框后两首和再尾 | 6-4-8-6-6-4-2-10 | | |
| 1114 | 框中四尾一、三首与↓框前三尾和次首 | 10-2-4-6-6-8-4-6-6 | 10 | |
| | 框中四首二、四尾与↑框后三首和再尾 | 6-6-4-8-6-6-4-2-10 | | |
| 1115 | 框中四尾一、三首与↓框中次行和末首 | 10-2-4-6-6-8-4-8 | 9 | |
| | 框中四首二、四尾与↑框中丁行和首尾 | 8-4-8-6-6-4-2-10 | | |
| 1116 | 框中四尾一、三首与↓框中二、四行 | 10-2-4-6-6-8-4-8-4 | 10 | |
| | 框中四首二、四尾与↑框中二、四行 | 4-8-4-8-6-6-4-2-10 | | |
| 1117 | 框中四尾一、三首与↓框中次行末首、尾 | 10-2-4-6-6-8-4-8-10 | 10 | |
| | 框中四首二、四尾与↑框中丁行首首、尾 | 10-8-4-8-6-6-4-2-10 | | |
| 1118 | 框中四尾一、三首与↓框中二、三首 | 10-2-4-6-6-8-6 | 8 | |
| | 框中四首二、四尾与↑框中二、三尾 | 6-8-6-6-4-2-10 | | |
| 1119 | 框中四尾一、三首与↓框中次尾二、三首 | 10-2-4-6-6-8-6-4 | 9 | |
| | 框中四首二、四尾与↑框中再首二、三尾 | 4-6-8-6-6-4-2-10 | | |
| 1120 | 框中四尾一、三首与↓框中二、三首二、三尾 | 10-2-4-6-6-8-6-4-6 | 10 | |
| | 框中四首二、四尾与↑框中二、三首二、三尾 | 6-4-6-8-6-6-4-2-10 | | |
| 1121 | 框中四尾一、三首与↓框中后三首 | 10-2-4-6-6-8-6-6 | 9 | |
| | 框中四首二、四尾与↑框中前三尾 | 6-6-8-6-6-4-2-10 | | |
| 1122 | 框中四尾一、三首与↓框后三首和再尾 | 10-2-4-6-6-8-6-6-4 | 10 | |
| | 框中四首二、四尾与↑框前三尾和次首 | 4-6-6-8-6-6-4-2-10 | | |

续表

| 序号 | 条件<br>在表 28 中，若任何的＿＿＿＿都是素数的 | 结论<br>就是一个差 D 型 | k生素数 | 同差异决之序号 |
|---|---|---|---|---|
| 1123 | 框中四尾一、三首与↓框后三首和末尾 | 10-2-4-6-6-8-6-6-10 | 10 | |
| | 框中四首二、四尾与↑框前三尾和首首 | 10-6-6-8-6-6-4-2-10 | | |
| 1124 | 框中四尾一、三首与↓框中再尾二、三首 | 10-2-4-6-6-8-6-10 | 9 | |
| | 框中四首二、四尾与↑框中次首二、三尾 | 10-6-8-6-6-4-2-10 | | |
| 1125 | 框中四尾一、三首与↓框后两尾二、三首 | 10-2-4-6-6-8-6-10-6 | 10 | |
| | 框中四首二、四尾与↑框前两首二、三尾 | 6-10-6-8-6-6-4-2-10 | | |
| 1126 | 框中四尾一、三首与↓框中次首、尾 | 10-2-4-6-6-8-10 | 8 | |
| | 框中四首二、四尾与↑框中再首、尾 | 10-8-6-6-4-2-10 | | |
| 1127 | 框中四尾一、三首与↓框中次首二、三尾 | 10-2-4-6-6-8-10-6 | 9 | |
| | 框中四首二、四尾与↑框中再尾二、三首 | 6-10-8-6-6-4-2-10 | | |
| 1128 | 框中四尾一、三首与↓框后三尾和次首 | 10-2-4-6-6-8-10-6-6 | 10 | |
| | 框中四首二、四尾与↑框前三首和再尾 | 6-6-10-8-6-6-4-2-10 | | |
| 1129 | 框后两首一、四尾与下行首数 | 2-6-10-2 | 5 | 2467 |
| | 框前两尾一、四首与上行尾数 | 2-10-6-2 | | |
| 1130 | 框后两首一、四尾与↓框中前两首 | 2-6-10-2-6 | 6 | |
| | 框前两尾一、四首与↑框中后两尾 | 6-2-10-6-2 | | |
| 1131 | 框后两首一、四尾与↓框中前两行 | 2-6-10-2-6-4 | 7 | |
| | 框前两尾一、四首与↑框中后两行 | 4-6-2-10-6-2 | | |
| 1132 | 框后两首一、四尾与↓框中前三首 | 2-6-10-2-6-6 | 7 | |
| | 框前两尾一、四首与↑框中后三尾 | 6-6-2-10-6-2 | | |
| 1133 | 框后两首一、四尾与↓框前三首和再尾 | 2-6-10-2-6-6-10 | 8 | |
| | 框前两尾一、四首与↑框后三尾和次首 | 10-6-6-2-10-6-2 | | |
| 1134 | 框后两首一、四尾与↓框前两首和次尾 | 2-6-10-2-6-10 | 7 | |
| | 框前两尾一、四首与↑框后两尾和再首 | 10-6-2-10-6-2 | | |
| 1135 | 框后两首一、四尾与↓框前两首二、三尾 | 2-6-10-2-6-10-6 | 8 | |
| | 框前两尾一、四首与↑框后两尾二、三首 | 6-10-6-2-10-6-2 | | |
| 1136 | 框后两首一、四尾与↓框中首首、尾 | 2-6-10-2-10 | 6 | 2631 |
| | 框前两尾一、四首与↑框中末首、尾 | 10-2-10-6-2 | | |
| 1137 | 框后两首一、四尾与↓框中首尾一、三首 | 2-6-10-2-10-2 | 7 | 3345 |
| | 框前两尾一、四首与↑框中末首二、四尾 | 2-10-2-10-6-2 | | |
| 1138 | 框后两首一、四尾与↓框后两首首首、尾 | 2-6-10-2-10-2-6 | 8 | 3346 |
| | 框前两尾一、四首与↑框前两尾末首、尾 | 6-2-10-2-10-6-2 | | |
| 1139 | 框后两首一、四尾与↓框中一、三首一、三尾 | 2-6-10-2-10-2-10 | 8 | 3350 |
| | 框前两尾一、四首与↑框中二、四首二、四尾 | 10-2-10-2-10-6-2 | | |
| 1140 | 框后两首一、四尾与↓框前两尾和首首 | 2-6-10-2-10-6 | 7 | |
| | 框前两尾一、四首与↑框后两首和末尾 | 6-10-2-10-6-2 | | |
| 1141 | 框后两首一、四尾与↓框前两尾一、四首 | 2-6-10-2-10-6-2 | 8 | |
| 1142 | 框后两首一、四尾与↓框前三尾和首首 | 2-6-10-2-10-6-6 | 8 | |
| | 框前两尾一、四首与↑框后三尾和末首 | 6-6-10-2-10-6-2 | | |

续表

| 序号 | 条件：在表 28 中，若任何的____都是素数的 | 结论：就是一个差 $\underline{D}$ 型 | $k$ 生素数 | 同差异决之序号 |
|---|---|---|---|---|
| 1143 | 框后两首一、四尾与↓框中首尾一、四首 | $\dot{2}$-6-10-2-10-$\dot{8}$ | 7 | 3358 |
| | 框前两尾一、四首与↑框中末首一、四尾 | $\dot{8}$-10-2-10-6-$\dot{2}$ | | |
| 1144 | 框后两首一、四尾与↓框中丁行首首、尾 | $\dot{2}$-6-10-2-10-$\dot{8}$-4 | 8 | 3359 |
| | 框前两尾一、四首与↑框中次行末首、尾 | 4-$\dot{8}$-10-2-10-6-$\dot{2}$ | | |
| 1145 | 框后两首一、四尾与下下行首数 | 2-6-10-8 | 5 | |
| | 框前两尾一、四首与上上行尾数 | 8-10-6-2 | | |
| 1146 | 框后两首一、四尾与下下行两数 | 2-6-10-8-4 | 6 | |
| | 框前两尾一、四首与上上行两数 | 4-8-10-6-2 | | |
| 1147 | 框后两首一、四尾与↓框中首尾二、三首 | 2-6-10-8-4-2 | 7 | |
| | 框前两尾一、四首与↑框中末首二、三尾 | 2-4-8-10-6-2 | | |
| 1148 | 框后两首一、四尾与↓框中二、三行 | 2-6-10-8-4-2-4 | 8 | |
| | 框前两尾一、四首与↑框中三、四行 | 4-2-4-8-10-6-2 | | |
| 1149 | 框后两首一、四尾与↓框后三首和首尾 | 2-6-10-8-4-2-6 | 8 | |
| | 框前两尾一、四首与↑框前三尾和末首 | 6-2-4-8-10-6-2 | | |
| 1150 | 框后两首一、四尾与↓框中次行再首、尾 | 2-6-10-8-4-2-10 | 8 | |
| | 框前两尾一、四首与↑框中丁行次首、尾 | 10-2-4-8-10-6-2 | | |
| 1151 | 框后两首一、四尾与↓框前两尾和次首 | 2-6-10-8-4-6 | 7 | |
| | 框前两尾一、四首与↑框后两首和再尾 | 6-4-8-10-6-2 | | |
| 1152 | 框后两首一、四尾与↓框前两尾二、四首 | 2-6-10-8-4-6-2 | 8 | |
| | 框前两尾一、四首与↑框后两首一、三尾 | 2-6-4-8-10-6-2 | | |
| 1153 | 框后两首一、四尾与↓框前三尾和次首 | 2-6-10-8-4-6-6 | 8 | |
| | 框前两尾一、四首与↑框后三首和再尾 | 6-6-4-8-10-6-2 | | |
| 1154 | 框后两首一、四尾与↓框中次行和末首 | 2-6-10-8-4-8 | 7 | |
| | 框前两尾一、四首与↑框中丁行和首尾 | 8-4-8-10-6-2 | | |
| 1155 | 框后两首一、四尾与↓框中二、四行 | 2-6-10-8-4-8-4 | 8 | |
| | 框前两尾一、四首与↑框中二、四行 | 4-8-4-8-10-6-2 | | |
| 1156 | 框后两首一、四尾与↓框中二、三首 | 2-6-10-8-6 | 6 | |
| | 框前两尾一、四首与↑框中二、三尾 | 6-8-10-6-2 | | |
| 1157 | 框后两首一、四尾与↓框中次尾二、三首 | 2-6-10-8-6-4 | 7 | |
| | 框前两尾一、四首与↑框中再首二、三尾 | 4-6-8-10-6-2 | | |
| 1158 | 框后两首一、四尾与↓框后三首和次尾 | 2-6-10-8-6-4-2 | 8 | |
| | 框前两尾一、四首与↑框前三尾和再首 | 2-4-6-8-10-6-2 | | |
| 1159 | 框后两首一、四尾与↓框中二、三首二、三尾 | 2-6-10-8-6-4-6 | 8 | |
| | 框前两尾一、四首与↑框中二、三首二、三尾 | 6-4-6-8-10-6-2 | | |
| 1160 | 框后两首一、四尾与↓框中后三首 | 2-6-10-8-6-6 | 7 | |
| | 框前两尾一、四首与↑框中前三尾 | 6-6-8-10-6-2 | | |
| 1161 | 框后两首一、四尾与↓框后三首和再尾 | 2-6-10-8-6-6-4 | 8 | |
| | 框前两尾一、四首与↑框前三尾和次首 | 4-6-6-8-10-6-2 | | |
| 1162 | 框后两首一、四尾与↓框中再尾二、三首 | 2-6-10-8-6-10 | 7 | |
| | 框前两尾一、四首与↑框中次首二、三尾 | 10-6-8-10-6-2 | | |

续表

| 序　号 | 条　件 | 结　论 | | 同差异决之序号 |
|---|---|---|---|---|
| | 在表 28 中，若任何的________都是素数的 | 就是一个差__D__型 | k 生素数 | |
| 1163 | 框后两首一、四尾与↓框后两尾二、三首 | 2-6-10-8-6-10-6 | 8 | |
| | 框前两尾一、四首与↑框前两首二、三尾 | 6-10-6-8-10-6-2 | | |
| 1164 | 框后两首一、四尾与↓框中次首、尾 | 2-6-10-8-10 | 6 | |
| | 框前两尾一、四首与↑框中再首、尾 | 10-8-10-6-2 | | |
| 1165 | 框后两首一、四尾与↓框中次尾二、四首 | 2-6-10-8-10-2 | 7 | |
| | 框前两尾一、四首与↑框中再首一、三尾 | 2-10-8-10-6-2 | | |
| 1166 | 框后两首一、四尾与↓框中丁行次首、尾 | 2-6-10-8-10-2-4 | 8 | |
| | 框前两尾一、四首与↑框中次行丙首、尾 | 4-2-10-8-10-6-2 | | |
| 1167 | 框后两首一、四尾与↓框中次首二、三尾 | 2-6-10-8-10-6 | 7 | |
| | 框前两尾一、四首与↑框中再尾二、三首 | 6-10-8-10-6-2 | | |
| 1168 | 框后两首一、四尾与↓框后三尾和次首 | 2-6-10-8-10-6-6 | 8 | |
| | 框前两尾一、四首与↑框前三首和再尾 | 6-6-10-8-10-6-2 | | |
| 1169 | 框后三首一、四尾与下行首数 | 4-2-6-10-2 | 6 | |
| | 框前三尾一、四首与上行尾数 | 2-10-6-2-4 | | |
| 1170 | 框后三首一、四尾与↓框中首首、尾 | 4-2-6-10-2-10 | 7 | |
| | 框前三尾一、四首与↑框中末首、尾 | 10-2-10-6-2-4 | | |
| 1171 | 框后三首一、四尾与↓框中首尾一、三首 | 4-2-6-10-2-10-2 | 8 | |
| | 框前三尾一、四首与↑框中末首二、四尾 | 2-10-2-10-6-2-4 | | |
| 1172 | 框后三首一、四尾与↓框前两尾一、三首 | 4-2-6-10-2-10-2-4 | 9 | |
| | 框前三尾一、四首与↑框后两首二、四尾 | 4-2-10-2-10-6-2-4 | | |
| 1173 | 框后三首一、四尾与↓框中一、三、四首前两尾 | 4-2-6-10-2-10-2-4-2 | 10 | |
| | 框前三尾一、四首与↑框中一、二、四尾后两首 | 2-4-2-10-2-10-6-2-4 | | |
| 1174 | 框后三首一、四尾与↓框前三尾一、三首 | 4-2-6-10-2-10-2-4-6 | 10 | |
| | 框前三尾一、四首与↑框后三首二、四尾 | 6-4-2-10-2-10-6-2-4 | | |
| 1175 | 框后三首一、四尾与↓框后两首首首、尾 | 4-2-6-10-2-10-2-6 | 9 | |
| | 框前三尾一、四首与↑框前两尾末首、尾 | 6-2-10-2-10-6-2-4 | | |
| 1176 | 框后三首一、四尾与↓框中一、三、四首一、三尾 | 4-2-6-10-2-10-2-6-4 | 10 | |
| | 框前三尾一、四首与↑框中一、二、四尾二、四首 | 4-6-2-10-2-10-6-2-4 | | |
| 1177 | 框后三首一、四尾与↓框中一、三、四首一、四尾 | 4-2-6-10-2-10-2-6-10 | 10 | |
| | 框前三尾一、四首与↑框中一、二、四尾一、四首 | 10-6-2-10-2-10-6-2-4 | | |
| 1178 | 框后三首一、四尾与↓框中一、三首一、三尾 | 4-2-6-10-2-10-2-10 | 9 | |
| | 框前三尾一、四首与↑框中二、四首二、四尾 | 10-2-10-2-10-6-2-4 | | |
| 1179 | 框后三首一、四尾与↓框中一、三、四尾一、三首 | 4-2-6-10-2-10-2-10-6 | 10 | |
| | 框前三尾一、四首与↑框中一、二、四首二、四尾 | 6-10-2-10-2-10-6-2-4 | | |
| 1180 | 框后三首一、四尾与↓框前两尾和首首 | 4-2-6-10-2-10-6 | 8 | |
| | 框前三尾一、四首与↑框后两首和末尾 | 6-10-2-10-6-2-4 | | |
| 1181 | 框后三首一、四尾与↓框前两尾一、四首 | 4-2-6-10-2-10-6-2 | 9 | |
| | 框前三尾一、四首与↑框后两首一、四尾 | 2-6-10-2-10-6-2-4 | | |
| 1182 | 框后三首一、四尾与↓框前三尾一、四首 | 4-2-6-10-2-10-6-2-4 | 10 | |

续表

| 序号 | 条件<br>在表 28 中,若任何的______都是素数的 | 结论<br>就是一个差 <u>D</u> 型 | $k$ 生素数 | 同差异决之序号 |
|---|---|---|---|---|
| 1183 | 框后三首一、四尾与↓框中一、二、四尾一、四首 | 4-2-6-10-2-10-6-2-10 | 10 | |
| | 框前三尾一、四首与↑框中一、三、四首一、四尾 | 10-2-6-10-2-10-6-2-4 | | |
| 1184 | 框后三首一、四尾与↓框前三尾和首首 | 4-2-6-10-2-10-6-6 | 9 | |
| | 框前三尾一、四首与↑框后三首和末尾 | 6-6-10-2-10-6-2-4 | | |
| 1185 | 框后三首一、四尾与↓框中首尾一、四首 | 4-2-6-10-2-10-8 | 8 | |
| | 框前三尾一、四首与↑框中末首一、四尾 | 8-10-2-10-6-2-4 | | |
| 1186 | 框后三首一、四尾与↓框中丁行首首、尾 | 4-2-6-10-2-10-8-4 | 9 | |
| | 框前三尾一、四首与↑框中次行末首、尾 | 4-8-10-2-10-6-2-4 | | |
| 1187 | 框后三首一、四尾与↓框后两行首首、尾 | 4-2-6-10-2-10-8-4-6 | 10 | |
| | 框前三尾一、四首与↑框前两行末首、尾 | 6-4-8-10-2-10-6-2-4 | | |
| 1188 | 框后三首一、四尾与↓框中一、四首一、四尾 | 4-2-6-10-2-10-8-10 | 9 | |
| | 框前三尾一、四首与↑框中一、四首一、四尾 | 10-8-10-2-10-6-2-4 | | |
| 1189 | 框后三首一、四尾与下下行首数 | 4-2-6-10-8 | 6 | |
| | 框前三尾一、四首与上上行尾数 | 8-10-6-2-4 | | |
| 1190 | 框后三首一、四尾与下下行两数 | 4-2-6-10-8-4 | 7 | |
| | 框前三尾一、四首与上上行两数 | 4-8-10-6-2-4 | | |
| 1191 | 框后三首一、四尾与↓框中首尾二、三首 | 4-2-6-10-8-4-2 | 8 | |
| | 框前三尾一、四首与↑框中末首二、三尾 | 2-4-8-10-6-2-4 | | |
| 1192 | 框后三首一、四尾与↓框中二、三行 | 4-2-6-10-8-4-2-4 | 9 | |
| | 框前三尾一、四首与↑框中三、四行 | 4-2-4-8-10-6-2-4 | | |
| 1193 | 框后三首一、四尾与↓框后三首前两尾 | 4-2-6-10-8-4-2-4-2 | 10 | |
| | 框前三尾一、四首与↑框前三尾后两首 | 2-4-2-4-8-10-6-2-4 | | |
| 1194 | 框后三首一、四尾与↓框前三尾二、三首 | 4-2-6-10-8-4-2-4-6 | 10 | |
| | 框前三尾一、四首与↑框后三首二、三尾 | 6-4-2-4-8-10-6-2-4 | | |
| 1195 | 框后三首一、四尾与↓框后三首和首尾 | 4-2-6-10-8-4-2-6 | 9 | |
| | 框前三尾一、四首与↑框前三尾和末首 | 6-2-4-8-10-6-2-4 | | |
| 1196 | 框后三首一、四尾与↓框后三首一、三尾 | 4-2-6-10-8-4-2-6-4 | 10 | |
| | 框前三尾一、四首与↑框前三尾二、四首 | 4-6-2-4-8-10-6-2-4 | | |
| 1197 | 框后三首一、四尾与↓框中次行再首、尾 | 4-2-6-10-8-4-2-10 | 9 | |
| | 框前三尾一、四首与↑框中丁行次首、尾 | 10-2-4-8-10-6-2-4 | | |
| 1198 | 框后三首一、四尾与↓框前两尾和次首 | 4-2-6-10-8-4-6 | 8 | |
| | 框前三尾一、四首与↑框后两首和再尾 | 6-4-8-10-6-2-4 | | |
| 1199 | 框后三首一、四尾与↓框前两尾二、四首 | 4-2-6-10-8-4-6-2 | 9 | |
| | 框前三尾一、四首与↑框后两首一、三尾 | 2-6-4-8-10-6-2-4 | | |
| 1200 | 框后三首一、四尾与↓框前三尾二、四首 | 4-2-6-10-8-4-6-2-4 | 10 | |
| | 框前三尾一、四首与↑框后三首一、三尾 | 4-2-6-4-8-10-6-2-4 | | |
| 1201 | 框后三首一、四尾与↓框前三尾和次首 | 4-2-6-10-8-4-6-6 | 9 | |
| | 框前三尾一、四首与↑框后三首和再尾 | 6-6-4-8-10-6-2-4 | | |
| 1202 | 框后三首一、四尾与↓框中次行和末首 | 4-2-6-10-8-4-8 | 8 | |
| | 框前三尾一、四首与↑框中丁行和首尾 | 8-4-8-10-6-2-4 | | |

续表

| 序号 | 条件<br>在表 28 中,若任何的＿＿＿都是素数的 | 结论<br>就是一个差 $\underline{D}$ 型 | k 生素数 | 同差异决之序号 |
|---|---|---|---|---|
| 1203 | 框后三首一、四尾与 $\underline{\downarrow}$ 框中二、四行 | 4-2-6-10-8-4-8-4 | 9 | |
| | 框前三尾一、四首与 $\overline{\uparrow}$ 框中二、四行 | 4-8-4-8-10-6-2-4 | | |
| 1204 | 框后三首一、四尾与 $\underline{\downarrow}$ 框中二、三首 | 4-2-6-10-8-6 | 7 | |
| | 框前三尾一、四首与 $\overline{\uparrow}$ 框中二、三尾 | 6-8-10-6-2-4 | | |
| 1205 | 框后三首一、四尾与 $\underline{\downarrow}$ 框中次尾二、三首 | 4-2-6-10-8-6-4 | 8 | |
| | 框前三尾一、四首与 $\overline{\uparrow}$ 框中再首二、三尾 | 4-6-8-10-6-2-4 | | |
| 1206 | 框后三首一、四尾与 $\underline{\downarrow}$ 框后三首和次尾 | 4-2-6-10-8-6-4-2 | 9 | |
| | 框前三尾一、四首与 $\overline{\uparrow}$ 框前三尾和再首 | 2-4-6-8-10-6-2-4 | | |
| 1207 | 框后三首一、四尾与 $\underline{\downarrow}$ 框后三首二、三尾 | 4-2-6-10-8-6-4-2-4 | 10 | |
| | 框前三尾一、四首与 $\overline{\uparrow}$ 框前三尾二、三首 | 4-2-4-6-8-10-6-2-4 | | |
| 1208 | 框后三首一、四尾与 $\underline{\downarrow}$ 框中二、三首二、三尾 | 4-2-6-10-8-6-4-6 | 9 | |
| | 框前三尾一、四首与 $\overline{\uparrow}$ 框中二、三首二、三尾 | 6-4-6-8-10-6-2-4 | | |
| 1209 | 框后三首一、四尾与 $\underline{\downarrow}$ 框中后三首 | 4-2-6-10-8-6-6 | 8 | |
| | 框前三尾一、四首与 $\overline{\uparrow}$ 框中前三尾 | 6-6-8-10-6-2-4 | | |
| 1210 | 框后三首一、四尾与 $\underline{\downarrow}$ 框后三首和再尾 | 4-2-6-10-8-6-6-4 | 9 | |
| | 框前三尾一、四首与 $\overline{\uparrow}$ 框前三尾和次首 | 4-6-6-8-10-6-2-4 | | |
| 1211 | 框后三首一、四尾与 $\underline{\downarrow}$ 框中再尾二、三首 | 4-2-6-10-8-6-10 | 8 | |
| | 框前三尾一、四首与 $\overline{\uparrow}$ 框中次首二、三尾 | 10-6-8-10-6-2-4 | | |
| 1212 | 框后三首一、四尾与 $\underline{\downarrow}$ 框中次首、尾 | 4-2-6-10-8-10 | 7 | |
| | 框前三尾一、四首与 $\overline{\uparrow}$ 框中再首、尾 | 10-8-10-6-2-4 | | |
| 1213 | 框后三首一、四尾与 $\underline{\downarrow}$ 框中次尾二、四首 | 4-2-6-10-8-10-2 | 8 | |
| | 框前三尾一、四首与 $\overline{\uparrow}$ 框中再首一、三尾 | 2-10-8-10-6-2-4 | | |
| 1214 | 框后三首一、四尾与 $\underline{\downarrow}$ 框中丁行次首、尾 | 4-2-6-10-8-10-2-4 | 9 | |
| | 框前三尾一、四首与 $\overline{\uparrow}$ 框中次行再首、尾 | 4-2-10-8-10-6-2-4 | | |
| 1215 | 框后三首一、四尾与 $\underline{\downarrow}$ 框中次首二、三尾 | 4-2-6-10-8-10-6 | 8 | |
| | 框前三尾一、四首与 $\overline{\uparrow}$ 框中再尾二、三首 | 6-10-8-10-6-2-4 | | |
| 1216 | 框前三尾一、四首与下下行首数 | 10-6-2-4-8 | 6 | |
| | 框后三首一、四尾与上上行尾数 | 8-4-2-6-10 | | |
| 1217 | 框前三尾一、四首与 $\underline{\downarrow}$ 框中前两首 | 10-6-2-4-8-6 | 7 | |
| | 框后三首一、四尾与 $\overline{\uparrow}$ 框中后两尾 | 6-8-4-2-6-10 | | |
| 1218 | 框前三尾一、四首与 $\underline{\downarrow}$ 框中前两行 | 10-6-2-4-8-6-4 | 8 | |
| | 框后三首一、四尾与 $\overline{\uparrow}$ 框中后两行 | 4-6-8-4-2-6-10 | | |
| 1219 | 框前三尾一、四首与 $\underline{\downarrow}$ 框前三首和首尾 | 10-6-2-4-8-6-4-2 | 9 | |
| | 框后三首一、四尾与 $\overline{\uparrow}$ 框后三尾和末首 | 2-4-6-8-4-2-6-10 | | |
| 1220 | 框前三尾一、四首与 $\underline{\downarrow}$ 框中前三行 | 10-6-2-4-8-6-4-2-4 | 10 | |
| | 框后三首一、四尾与 $\overline{\uparrow}$ 框中后三行 | 4-2-4-6-8-4-2-6-10 | | |
| 1221 | 框前三尾一、四首与 $\underline{\downarrow}$ 框前三首一、三尾 | 10-6-2-4-8-6-4-2-10 | 10 | |
| | 框后三首一、四尾与 $\overline{\uparrow}$ 框后三尾二、四首 | 10-2-4-6-8-4-2-6-10 | | |
| 1222 | 框前三尾一、四首与 $\underline{\downarrow}$ 框前两首前两尾 | 10-6-2-4-8-6-4-6 | 9 | |
| | 框后三首一、四尾与 $\overline{\uparrow}$ 框后两首后两尾 | 6-4-6-8-4-2-6-10 | | |

续表

| 序号 | 条件<br>在表28中,若任何的________都是素数的 | 结论<br>就是一个差 $D$ 型 | $k$生素数 | 同差异决之序号 |
|---|---|---|---|---|
| 1223 | 框前三尾一、四首与↓框前三尾前两首 | 10-6-2-4-8-6-4-6-6 | 10 | |
| | 框后三首一、四尾与↑框后三首后两尾 | 6-6-4-6-8-4-2-6-10 | | |
| 1224 | 框前三尾一、四首与↓框中前三首 | 10-6-2-4-8-6-6 | 8 | |
| | 框后三首一、四尾与↑框中后三尾 | 6-6-8-4-2-6-10 | | |
| 1225 | 框前三尾一、四首与↓框前三首和次尾 | 10-6-2-4-8-6-6-4 | 9 | |
| | 框后三首一、四尾与↑框后三尾和再首 | 4-6-6-8-4-2-6-10 | | |
| 1226 | 框前三尾一、四首与↓框中四首数 | 10-6-2-4-8-6-6-6 | 9 | |
| | 框后三首一、四尾与↑框中四尾数 | 6-6-6-8-4-2-6-10 | | |
| 1227 | 框前三尾一、四首与↓框前三首和再尾 | 10-6-2-4-8-6-6-10 | 9 | |
| | 框后三首一、四尾与↑框后三尾和次首 | 10-6-6-8-4-2-6-10 | | |
| 1228 | 框前三尾一、四首与↓框前两首和次尾 | 10-6-2-4-8-6-10 | 8 | |
| | 框后三首一、四尾与↑框后两尾和再首 | 10-6-8-4-2-6-10 | | |
| 1229 | 框前三尾一、四首与↓框中一、二、四首和次尾 | 10-6-2-4-8-6-10-2 | 9 | |
| | 框后三首一、四尾与↑框中一、三、四尾和再首 | 2-10-6-8-4-2-6-10 | | |
| 1230 | 框前三尾一、四首与↓框前两首二、三尾 | 10-6-2-4-8-6-10-6 | 9 | |
| | 框后三首一、四尾与↑框后两尾二、三首 | 6-10-6-8-4-2-6-10 | | |
| 1231 | 框前三尾一、四首与↓框中首首、尾 | 10-6-2-4-8-10 | 7 | |
| | 框后三首一、四尾与↑框中末首、尾 | 10-8-4-2-6-10 | | |
| 1232 | 框前三尾一、四首与↓框中首尾一、三首 | 10-6-2-4-8-10-2 | 8 | |
| | 框后三首一、四尾与↑框中末首二、四尾 | 2-10-8-4-2-6-10 | | |
| 1233 | 框前三尾一、四首与↓框前两尾一、三首 | 10-6-2-4-8-10-2-4 | 9 | |
| | 框后三首一、四尾与↑框后两首二、四尾 | 4-2-10-8-4-2-6-10 | | |
| 1234 | 框前三尾一、四首与↓框前三尾一、三首 | 10-6-2-4-8-10-2-4-6 | 10 | |
| | 框后三首一、四尾与↑框后三首二、四尾 | 6-4-2-10-8-4-2-6-10 | | |
| 1235 | 框前三尾一、四首与↓框中一、三首一、三尾 | 10-6-2-4-8-10-2-10 | 9 | |
| | 框后三首一、四尾与↑框中二、四首二、四尾 | 10-2-10-8-4-2-6-10 | | |
| 1236 | 框前三尾一、四首与↓框中一、三、四尾一、三首 | 10-6-2-4-8-10-2-10-6 | 10 | |
| | 框后三首一、四尾与↑框中一、二、四首二、四尾 | 6-10-2-10-8-4-2-6-10 | | |
| 1237 | 框前三尾一、四首与↓框前两尾和首首 | 10-6-2-4-8-10-6 | 8 | |
| | 框后三首一、四尾与↑框后两首和末尾 | 6-10-8-4-2-6-10 | | |
| 1238 | 框前三尾一、四首与↓框前三尾和首首 | 10-6-2-4-8-10-6-6 | 9 | |
| | 框后三首一、四尾与↑框后三首和末尾 | 6-6-10-8-4-2-6-10 | | |
| 1239 | 框前三尾一、四首与↓框中四尾和首首 | 10-6-2-4-8-10-6-6-6 | 10 | |
| | 框后三首一、四尾与↑框中四首和末尾 | 6-6-6-10-8-4-2-6-10 | | |
| 1240 | 框中四首一、四尾与下行首数 | 6-4-2-6-10-2 | 7 | |
| | 框中四尾一、四首与上行尾数 | 2-10-6-2-4-6 | | |
| 1241 | 框中四首一、四尾与↓框中首首、尾 | 6-4-2-6-10-2-10 | 8 | |
| | 框中四尾一、四首与↑框中末首、尾 | 10-2-10-6-2-4-6 | | |
| 1242 | 框中四首一、四尾与↓框中首尾一、三首 | 6-4-2-6-10-2-10-2 | 9 | |
| | 框中四尾一、四首与↑框中末首二、四尾 | 2-10-2-10-6-2-4-6 | | |

续表

| 序号 | 条件<br>在表28中,若任何的______都是素数的 | 结论<br>就是一个差 D 型 | k生素数 | 同差异决之序号 |
|---|---|---|---|---|
| 1243 | 框中四首一、四尾与↓框前两尾一、三首<br>框中四尾一、四首与↑框后两首二、四尾 | 6-4-2-6-10-2-10-2-4<br>4-2-10-2-10-6-2-4-6 | 10 | |
| 1244 | 框中四首一、四尾与↓框后两首首首、尾<br>框中四尾一、四首与↑框前两尾末首、尾 | 6-4-2-6-10-2-10-2-6<br>6-2-10-2-10-6-2-4-6 | 10 | |
| 1245 | 框中四首一、四尾与↓框中一、三首一、三尾<br>框中四尾一、四首与↑框中二、四首二、四尾 | 6-4-2-6-10-2-10-2-10<br>10-2-10-2-10-6-2-4-6 | 10 | |
| 1246 | 框中四首一、四尾与↓框前两尾和首首<br>框中四尾一、四首与↑框后两首和末尾 | 6-4-2-6-10-2-10-6<br>6-10-2-10-6-2-4-6 | 9 | |
| 1247 | 框中四首一、四尾与↓框前两尾一、四首<br>框中四尾一、四首与↑框后两首一、四尾 | 6-4-2-6-10-2-10-6-2<br>2-6-10-2-10-6-2-4-6 | 10 | |
| 1248 | 框中四首一、四尾与↓框前三尾和首首<br>框中四尾一、四首与↑框后三首和末尾 | 6-4-2-6-10-2-10-6-6<br>6-6-10-2-10-6-2-4-6 | 10 | |
| 1249 | 框中四首一、四尾与↓框中首尾一、四首<br>框中四尾一、四首与↑框中末首一、四尾 | 6-4-2-6-10-2-10-8<br>8-10-2-10-6-2-4-6 | 9 | |
| 1250 | 框中四首一、四尾与↓框中丁行首首、尾<br>框中四尾一、四首与↑框中次行末首、尾 | 6-4-2-6-10-2-10-8-4<br>4-8-10-2-10-6-2-4-6 | 10 | |
| 1251 | 框中四首一、四尾与↓框中一、四首一、四尾<br>框中四尾一、四首与↑框中一、四首一、四尾 | 6-4-2-6-10-2-10-8-10<br>10-8-10-2-10-6-2-4-6 | 10 | |
| 1252 | 框中四首一、四尾与下下行首数<br>框中四尾一、四首与上上行尾数 | 6-4-2-6-10-8<br>8-10-6-2-4-6 | 7 | |
| 1253 | 框中四首一、四尾与下下行两数<br>框中四尾一、四首与上上行两数 | 6-4-2-6-10-8-4<br>4-8-10-6-2-4-6 | 8 | |
| 1254 | 框中四首一、四尾与↓框中首尾二、三首<br>框中四尾一、四首与↑框中末首二、三尾 | 6-4-2-6-10-8-4-2<br>2-4-8-10-6-2-4-6 | 9 | |
| 1255 | 框中四首一、四尾与↓框中二、三行<br>框中四尾一、四首与↑框中三、四行 | 6-4-2-6-10-8-4-2-4<br>4-2-4-8-10-6-2-4-6 | 10 | |
| 1256 | 框中四首一、四尾与↓框后三首和首尾<br>框中四尾一、四首与↑框前三尾和末首 | 6-4-2-6-10-8-4-2-6<br>6-2-4-8-10-6-2-4-6 | 10 | |
| 1257 | 框中四首、一四尾与↓框中次行再首、尾<br>框中四尾一、四首与↑框中丁行次首、尾 | 6-4-2-6-10-8-4-2-10<br>10-2-4-8-10-6-2-4-6 | 10 | |
| 1258 | 框中四首一、四尾与↓框前两尾和次首<br>框中四尾一、四首与↑框后两首和再尾 | 6-4-2-6-10-8-4-6<br>6-4-8-10-6-2-4-6 | 9 | |
| 1259 | 框中四首一、四尾与↓框前两尾二、四首<br>框中四尾一、四首与↑框后两首一、三尾 | 6-4-2-6-10-8-4-6-2<br>2-6-4-8-10-6-2-4-6 | 10 | |
| 1260 | 框中四首一、四尾与↓框前三尾和次首<br>框中四尾一、四首与↑框后三首和再尾 | 6-4-2-6-10-8-4-6-6<br>6-6-4-8-10-6-2-4-6 | 10 | |
| 1261 | 框中四首一、四尾与↓框中次行和末首<br>框中四尾一、四首与↑框中丁行和首尾 | 6-4-2-6-10-8-4-8<br>8-4-8-10-6-2-4-6 | 9 | |
| 1262 | 框中四首一、四尾与↓框中二、四行<br>框中四尾一、四首与↑框中二、四行 | 6-4-2-6-10-8-4-8-4<br>4-8-4-8-10-6-2-4-6 | 10 | |

续表

| 序 号 | 条 件<br>在表 28 中,若任何的______都是素数的 | 结 论<br>就是一个差 __D__ 型 | $k$ 生素数 | 同差异决之序号 |
|---|---|---|---|---|
| 1263 | 框中四首一、四尾与↓框中二、三首 | 6-4-2-6-10-8-6 | 8 | |
| | 框中四尾一、四首与↑框中二、三尾 | 6-8-10-6-2-4-6 | | |
| 1264 | 框中四首一、四尾与↓框中次尾二、三首 | 6-4-2-6-10-8-6-4 | 9 | |
| | 框中四尾一、四首与↑框中再首二、三尾 | 4-6-8-10-6-2-4-6 | | |
| 1265 | 框中四首一、四尾与↓框后三首和次尾 | 6-4-2-6-10-8-6-4-2 | 10 | |
| | 框中四尾一、四首与↑框前三尾和再首 | 2-4-6-8-10-6-2-4-6 | | |
| 1266 | 框中四首一、四尾与↓框中二、三首二、三尾 | 6-4-2-6-10-8-6-4-6 | 10 | |
| | 框中四尾一、四首与↑框中二、三首二、三尾 | 6-4-6-8-10-6-2-4-6 | | |
| 1267 | 框中四首一、四尾与↓框中后三首 | 6-4-2-6-10-8-6-6 | 9 | |
| | 框中四尾一、四首与↑框中前三尾 | 6-6-8-10-6-2-4-6 | | |
| 1268 | 框中四首一、四尾与↓框后三首和再尾 | 6-4-2-6-10-8-6-6-4 | 10 | |
| | 框中四尾一、四首与↑框前三尾和次首 | 4-6-6-8-10-6-2-4-6 | | |
| 1269 | 框中四首一、四尾与↓框中再尾二、三首 | 6-4-2-6-10-8-6-10 | 9 | |
| | 框中四尾一、四首与↑框中次首二、三尾 | 10-6-8-10-6-2-4-6 | | |
| 1270 | 框中四首一、四尾与↓框中次首、尾 | 6-4-2-6-10-8-10 | 8 | |
| | 框中四尾一、四首与↑框中再首、尾 | 10-8-10-6-2-4-6 | | |
| 1271 | 框中四首一、四尾与↓框中次尾二、四首 | 6-4-2-6-10-8-10-2 | 9 | |
| | 框中四尾一、四首与↑框中再首一、三尾 | 2-10-8-10-6-2-4-6 | | |
| 1272 | 框中四首一、四尾与↓框中丁行次首、尾 | 6-4-2-6-10-8-10-2-4 | 10 | |
| | 框中四尾一、四首与↑框中次行再首、尾 | 4-2-10-8-10-6-2-4-6 | | |
| 1273 | 框中四首一、四尾与↓框中次首二、三尾 | 6-4-2-6-10-8-10-6 | 9 | |
| | 框中四尾一、四首与↑框中再尾二、三首 | 6-10-8-10-6-2-4-6 | | |
| 1274 | 框中四尾一、四首与下行首数 | 10-6-2-4-6-2 | 7 | |
| | 框中四首一、四尾与上行尾数 | 2-6-4-2-6-10 | | |
| 1275 | 框中四尾一、四首与↓框中前两首 | 10-6-2-4-6-2-6 | 8 | |
| | 框中四首一、四尾与↑框中后两尾 | 6-2-6-4-2-6-10 | | |
| 1276 | 框中四尾一、四首与↓框中前两行 | 10-6-2-4-6-2-6-4 | 9 | |
| | 框中四首一、四尾与↑框中后两行 | 4-6-2-6-4-2-6-10 | | |
| 1277 | 框中四尾一、四首与↓框前三首和首尾 | 10-6-2-4-6-2-6-4-2 | 10 | |
| | 框中四首一、四尾与↑框后三尾和末首 | 2-4-6-2-6-4-2-6-10 | | |
| 1278 | 框中四尾一、四首与↓框前两首前两尾 | 10-6-2-4-6-2-6-4-6 | 10 | |
| | 框中四首一、四尾与↑框后两首后两尾 | 6-4-6-2-6-4-2-6-10 | | |
| 1279 | 框中四尾一、四首与↓框中前三首 | 10-6-2-4-6-2-6-6 | 9 | |
| | 框中四首一、四尾与↑框中后三尾 | 6-6-2-6-4-2-6-10 | | |
| 1280 | 框中四尾一、四首与↓框前三首和次尾 | 10-6-2-4-6-2-6-6-4 | 10 | |
| | 框中四首一、四尾与↑框后三尾和再首 | 4-6-6-2-6-4-2-6-10 | | |
| 1281 | 框中四尾一、四首与↓框中四首数 | 10-6-2-4-6-2-6-6-6 | 10 | |
| | 框中四首一、四尾与↑框中四尾数 | 6-6-6-2-6-4-2-6-10 | | |
| 1282 | 框中四尾一、四首与↓框前三首和再尾 | 10-6-2-4-6-2-6-6-10 | 10 | |
| | 框中四首一、四尾与↑框后三尾和次首 | 10-6-6-2-6-4-2-6-10 | | |

续表

| 序号 | 条件<br>在表 28 中,若任何的______都是素数的 | 结论<br>就是一个差 $D$ 型 | k 生素数 | 同差异决之序号 |
|---|---|---|---|---|
| 1283 | 框中四尾一、四首与↓框前两首和次尾 | 10-6-2-4-6-2-6-10 | 9 | |
| | 框中四首一、四尾与↑框后两尾和再首 | 10-6-2-6-4-2-6-10 | | |
| 1284 | 框中四尾一、四首与↓框中一、二、四首和次尾 | 10-6-2-4-6-2-6-10-2 | 10 | |
| | 框中四首一、四尾与↑框中一、三、四尾和再首 | 2-10-6-2-6-4-2-6-10 | | |
| 1285 | 框中四尾一、四首与↓框前两首二、三尾 | 10-6-2-4-6-2-6-10-6 | 10 | |
| | 框中四首一、四尾与↑框后两尾二、三首 | 6-10-6-2-6-4-2-6-10 | | |
| 1286 | 框中四尾一、四首与↓框中首首、尾 | 10-6-2-4-6-2-10 | 8 | |
| | 框中四首一、四尾与↑框中末首、尾 | 10-2-6-4-2-6-10 | | |
| 1287 | 框中四尾一、四首与↓框中首尾一、三首 | 10-6-2-4-6-2-10-2 | 9 | |
| | 框中四首一、四尾与↑框中末首二、四尾 | 2-10-2-6-4-2-6-10 | | |
| 1288 | 框中四尾一、四首与↓框前两尾一、三首 | 10-6-2-4-6-2-10-2-4 | 10 | |
| | 框中四首一、四尾与↑框后两首二、四尾 | 4-2-10-2-6-4-2-6-10 | | |
| 1289 | 框中四尾一、四首与↓框中一、三首一、三尾 | 10-6-2-4-6-2-10-2-10 | 10 | |
| | 框中四首一、四尾与↑框中二、四首二、四尾 | 10-2-10-2-6-4-2-6-10 | | |
| 1290 | 框中四尾一、四首与↓框前两尾和首首 | 10-6-2-4-6-2-10-6 | 9 | |
| | 框中四首一、四尾与↑框后两首和末尾 | 6-10-2-6-4-2-6-10 | | |
| 1291 | 框中四尾一、四首与↓框前三尾和首首 | 10-6-2-4-6-2-10-6-6 | 10 | |
| | 框中四首一、四尾与↑框后三首和末尾 | 6-6-10-2-6-4-2-6-10 | | |
| 1292 | 框中四尾一、四首与下下行首数 | 10-6-2-4-6-8 | 7 | |
| | 框中四首一、四尾与上上行尾数 | 8-6-4-2-6-10 | | |
| 1293 | 框中四尾一、四首与下下行两数 | 10-6-2-4-6-8-4 | 8 | |
| | 框中四首一、四尾与上上行两数 | 4-8-6-4-2-6-10 | | |
| 1294 | 框中四尾一、四首与↓框中首尾二、三首 | 10-6-2-4-6-8-4-2 | 9 | |
| | 框中四首一、四尾与↑框中末首二、三尾 | 2-4-8-6-4-2-6-10 | | |
| 1295 | 框中四尾一、四首与↓框中二、三行 | 10-6-2-4-6-8-4-2-4 | 10 | |
| | 框中四首一、四尾与↑框中三、四行 | 4-2-4-8-6-4-2-6-10 | | |
| 1296 | 框中四尾一、四首与↓框中次行再首、尾 | 10-6-2-4-6-8-4-2-10 | 10 | |
| | 框中四首一、四尾与↑框中丁行次首、尾 | 10-2-4-8-6-4-2-6-10 | | |
| 1297 | 框中四尾一、四首与↓框前两尾和次首 | 10-6-2-4-6-8-4-6 | 9 | |
| | 框中四首一、四尾与↑框后两首和再尾 | 6-4-8-6-4-2-6-10 | | |
| 1298 | 框中四尾一、四首与↓框前三尾和次首 | 10-6-2-4-6-8-4-6-6 | 10 | |
| | 框中四首一、四尾与↑框后三首和再尾 | 6-6-4-8-6-4-2-6-10 | | |
| 1299 | 框中四尾一、四首与↓框中二、三首 | 10-6-2-4-6-8-6 | 8 | |
| | 框中四首一、四尾与↑框中二、三尾 | 6-8-6-4-2-6-10 | | |
| 1300 | 框中四尾一、四首与↓框中次尾二、三首 | 10-6-2-4-6-8-6-4 | 9 | |
| | 框中四首一、四尾与↑框中再首二、三尾 | 4-6-8-6-4-2-6-10 | | |
| 1301 | 框中四尾一、四首与↓框后三首和次尾 | 10-6-2-4-6-8-6-4-2 | 10 | |
| | 框中四首一、四尾与↑框前三尾和再首 | 2-4-6-8-6-4-2-6-10 | | |
| 1302 | 框中四尾一、四首与↓框中二、三首二、三尾 | 10-6-2-4-6-8-6-4-6 | 10 | |
| | 框中四首一、四尾与↑框中二、三首二、三尾 | 6-4-6-8-6-4--2-6-10 | | |

## 续表

| 序号 | 条件<br>在表 28 中,若任何的________都是素数的 | 结论<br>就是一个差 $D$ 型 | $k$ 生素数 | 同差异决之序号 |
|---|---|---|---|---|
| 1303 | 框中四尾一、四首与 $\underline{\downarrow}$ 框中后三首 | 10-6-2-4-6-8-6-6 | 9 | |
| | 框中四首一、四尾与 $\overline{\uparrow}$ 框中前三尾 | 6-6-8-6-4-2-6-10 | | |
| 1304 | 框中四尾一、四首与 $\underline{\downarrow}$ 框后三首和再尾 | 10-6-2-4-6-8-6-6-4 | 10 | |
| | 框中四首一、四尾与 $\overline{\uparrow}$ 框前三尾和次首 | 4-6-6-8-6-4-2-6-10 | | |
| 1305 | 框中四尾一、四首与 $\underline{\downarrow}$ 框后三首和末尾 | 10-6-2-4-6-8-6-6-10 | 10 | |
| | 框中四首一、四尾与 $\overline{\uparrow}$ 框前三尾和首首 | 10-6-6-8-6-4-2-6-10 | | |
| 1306 | 框中四尾一、四首与 $\underline{\downarrow}$ 框中再尾二、三首 | 10-6-2-4-6-8-6-10 | 9 | |
| | 框中四首一、四尾与 $\overline{\uparrow}$ 框中次首二、三尾 | 10-6-8-6-4-2-6-10 | | |
| 1307 | 框中四尾一、四首与 $\underline{\downarrow}$ 框后两尾二、三首 | 10-6-2-4-6-8-6-10-6 | 10 | |
| | 框中四首一、四尾与 $\overline{\uparrow}$ 框前两首二、三尾 | 6-10-6-8-6-4-2-6-10 | | |
| 1308 | 框中四尾一、四首与 $\underline{\downarrow}$ 框中次首、尾 | 10-6-2-4-6-8-10 | 8 | |
| | 框中四首一、四尾与 $\overline{\uparrow}$ 框中再首、尾 | 10-8-6-4-2-6-10 | | |
| 1309 | 框中四尾一、四首与 $\underline{\downarrow}$ 框中次尾二、四首 | 10-6-2-4-6-8-10-2 | 9 | |
| | 框中四首一、四尾与 $\overline{\uparrow}$ 框中再首一、三尾 | 2-10-8-6-4-2-6-10 | | |
| 1310 | 框中四尾一、四首与 $\underline{\downarrow}$ 框中丁行次首、尾 | 10-6-2-4-6-8-10-2-4 | 10 | |
| | 框中四首一、四尾与 $\overline{\uparrow}$ 框中次行再首、尾 | 4-2-10-8-6-4-2-6-10 | | |
| 1311 | 框中四尾一、四首与 $\underline{\downarrow}$ 框中二、四首二、四尾 | 10-6-2-4-6-8-10-2-10 | 10 | |
| | 框中四首一、四尾与 $\overline{\uparrow}$ 框中一、三首一、三尾 | 10-2-10-8-6-4-2-6-10 | | |
| 1312 | 框中四尾一、四首与 $\underline{\downarrow}$ 框中次首二、三尾 | 10-6-2-4-6-8-10-6 | 9 | |
| | 框中四首一、四尾与 $\overline{\uparrow}$ 框中再尾二、三首 | 6-10-8-6-4-2-6-10 | | |
| 1313 | 框中四尾一、四首与 $\underline{\downarrow}$ 框后三尾和次首 | 10-6-2-4-6-8-10-6-6 | 10 | |
| | 框中四首一、四尾与 $\overline{\uparrow}$ 框前三首和再尾 | 6-6-10-8-6-4-2-6-10 | | |
| 1314 | 框后三首和末尾与下行首数 | 6-6-10-2 | 5 | |
| | 框前三尾和首首与上行尾数 | 2-10-6-6 | | |
| 1315 | 框后三首和末尾与↓框中前两首 | 6-6-10-2-6 | 6 | |
| | 框前三尾和首首与↑框中后两尾 | 6-2-10-6-6 | | |
| 1316 | 框后三首和末尾与↓框中前两行 | 6-6-10-2-6-4 | 7 | |
| | 框前三尾和首首与↑框中后两行 | 4-6-2-10-6-6 | | |
| 1317 | 框后三首和末尾与↓框前三首和首尾 | 6-6-10-2-6-4-2 | 8 | |
| | 框前三尾和首首与↑框后三尾和末首 | 2-4-6-2-10-6-6 | | |
| 1318 | 框后三首和末尾与↓框中前三首 | 6-6-10-2-6-6 | 7 | |
| | 框前三尾和首首与↑框中后三尾 | 6-6-2-10-6-6 | | |
| 1319 | 框后三首和末尾与↓框前两首和次尾 | 6-6-10-2-6-10 | 7 | |
| | 框前三尾和首首与↑框后两尾和再首 | 10-6-2-10-6-6 | | |
| 1320 | 框后三首和末尾与↓框中一、二、四首和次尾 | 6-6-10-2-6-10-2 | 8 | |
| | 框前三尾和首首与↑框中一、三、四尾和再首 | 2-10-6-2-10-6-6 | | |
| 1321 | 框后三首和末尾与↓框中首首、尾 | 6-6-10-2-10 | 6 | |
| | 框前三尾和首首与↑框中末首、尾 | 10-2-10-6-6 | | |
| 1322 | 框后三首和末尾与↓框中首尾一、三首 | 6-6-10-2-10-2 | 7 | |
| | 框前三尾和首首与↑框中末首二、四尾 | 2-10-2-10-6-6 | | |

续表

| 序 号 | 条　件<br>在表 28 中,若任何的＿＿＿＿＿＿都是素数的 | 结　论<br>就是一个差 $D$ 型 | $k$ 生素数 | 同差异决之序号 |
|---|---|---|---|---|
| 1323 | 框后三首和末尾与↓框后两首首首、尾 | 6-6-10-2-10-2-6 | 8 | |
| | 框前三尾和首首与↑框前两尾末首、尾 | 6-2-10-2-10-6-6 | | |
| 1324 | 框后三首和末尾与↓框中一、三首一、三尾 | 6-6-10-2-10-2-10 | 8 | |
| | 框前三尾和首首与↑框中二、四首二、四尾 | 10-2-10-2-10-6-6 | | |
| 1325 | 框后三首和末尾与↓框前两尾和首首 | 6-6-10-2-10-6 | 7 | |
| | 框前三尾和首首与↑框后两首和末尾 | 6-10-2-10-6-6 | | |
| 1326 | 框后三首和末尾与↓框前三尾和首首 | 6-6-10-2-10-6-6 | 8 | |
| 1327 | 框后三首和末尾与↓框中首尾一、四首 | 6-6-10-2-10-8 | 7 | |
| | 框前三尾和首首与↑框中末首一、四尾 | 8-10-2-10-6-6 | | |
| 1328 | 框后三首和末尾与下下行首数;框前三首和再尾与下下行首数 | 6-6-10-8 | 5 | |
| | 框前三尾和首首与上上行尾数;框后三尾和次首与上上行尾数 | 8-10-6-6 | | |
| 1329 | 框后三首和末尾与下下行两数 | 6-6-10-8-4 | 6 | |
| | 框前三尾和首首与上上行两数 | 4-8-10-6-6 | | |
| 1330 | 框后三首和末尾与$\underline{\downarrow}$框中首尾二、三首 | 6-6-10-8-4-2 | 7 | |
| | 框前三尾和首首与$\overline{\uparrow}$框中末首二、三尾 | 2-4-8-10-6-6 | | |
| 1331 | 框后三首和末尾与$\underline{\downarrow}$框中二、三行 | 6-6-10-8-4-2-4 | 8 | |
| | 框前三尾和首首与$\overline{\uparrow}$框中三、四行 | 4-2-4-8-10-6-6 | | |
| 1332 | 框后三首和末尾与$\underline{\downarrow}$框后三首和首尾 | 6-6-10-8-4-2-6 | 8 | |
| | 框前三尾和首首与$\overline{\uparrow}$框前三尾和末首 | 6-2-4-8-10-6-6 | | |
| 1333 | 框后三首和末尾与$\underline{\downarrow}$框中次行再首、尾 | 6-6-10-8-4-2-10 | 8 | |
| | 框前三尾和首首与$\overline{\uparrow}$框中丁行次首、尾 | 10-2-4-8-10-6-6 | | |
| 1334 | 框后三首和末尾与$\underline{\downarrow}$框前两尾和次首 | 6-6-10-8-4-6 | 7 | |
| | 框前三尾和首首与$\overline{\uparrow}$框后两首和再尾 | 6-4-8-10-6-6 | | |
| 1335 | 框后三首和末尾与$\underline{\downarrow}$框前两尾二、四首 | 6-6-10-8-4-6-2 | 8 | |
| | 框前三尾和首首与$\overline{\uparrow}$框后两首一、三尾 | 2-6-4-8-10-6-6 | | |
| 1336 | 框后三首和末尾与$\underline{\downarrow}$框前三尾和次首 | 6-6-10-8-4-6-6 | 8 | |
| | 框前三尾和首首与$\overline{\uparrow}$框后三首和再尾 | 6-6-4-8-10-6-6 | | |
| 1337 | 框后三首和末尾与$\underline{\downarrow}$框中次行和末首 | 6-6-10-8-4-8 | 7 | |
| | 框前三尾和首首与$\overline{\uparrow}$框中丁行和首尾 | 8-4-8-10-6-6 | | |
| 1338 | 框后三首和末尾与$\underline{\downarrow}$框中二、四行 | 6-6-10-8-4-8-4 | 8 | |
| | 框前三尾和首首与$\overline{\uparrow}$框中二、四行 | 4-8-4-8-10-6-6 | | |
| 1339 | 框后三首和末尾与$\underline{\downarrow}$框中二、三首;<br>框前三首和再尾与$\underline{\downarrow}$框中前两首 | 6-6-10-8-6 | 6 | |
| | 框前三尾和首首与$\overline{\uparrow}$框中二、三尾;<br>框后三尾和次首与$\overline{\uparrow}$框中后两尾 | 6-8-10-6-6 | | |
| 1340 | 框后三首和末尾与$\underline{\downarrow}$框中次尾二、三首;<br>框前三首和再尾与$\underline{\downarrow}$框中前两行 | 6-6-10-8-6-4 | 7 | |
| | 框前三尾和首首与$\overline{\uparrow}$框中再首二、三尾;<br>框后三尾和次首与$\overline{\uparrow}$框中后两行 | 4-6-8-10-6-6 | | |

## 续表

| 序号 | 条件<br>在表28中,若任何的______都是素数的 | 结论<br>就是一个差__D__型 | $k$ 生素数 | 同差异决之序号 |
| --- | --- | --- | --- | --- |
| 1341 | 框后三首和末尾与↓框后三首和次尾;<br>框前三首和再尾与↓框前三首和首尾 | 6-6-10-8-6-4-2 | 8 | |
| | 框前三尾和首首与↑框前三尾和再首;<br>框后三尾和次首与↑框后三尾和末首 | 2-4-6-8-10-6-6 | | |
| 1342 | 框后三首和末尾与↓框中后三首;<br>框前三首和再尾与↓框中前三首 | 6-6-10-8-6-6 | 7 | |
| | 框前三尾和首首与↑框中前三尾;<br>框后三尾和次首与↑框中后三尾 | 6-6-8-10-6-6 | | |
| 1343 | 框后三首和末尾与↓框中再尾二、三首;<br>框前三首和再尾与↓框前两首和次尾 | 6-6-10-8-6-10 | 7 | |
| | 框前三尾和首首与↑框中次首二、三尾;<br>框后三尾和次首与↑框后两尾和再首 | 10-6-8-10-6-6 | | |
| 1344 | 框后三首和末尾与↓框中次首、尾;<br>框前三首和再尾与↓框中首首、尾 | 6-6-10-8-10 | 6 | |
| | 框前三尾和首首与↑框中再首、尾;<br>框后三尾和次首与↑框中末首、尾 | 10-8-10-6-6 | | |
| 1345 | 框后三首和末尾与↓框中次尾二、四首;<br>框前三首和再尾与↓框中首尾一、三首 | 6-6-10-8-10-2 | 7 | |
| | 框前三尾和首首与↑框中再首一、三尾;<br>框后三尾和次首与↑框中末首二、四尾 | 2-10-8-10-6-6 | | |
| 1346 | 框后三首和末尾与↓框中次首二、三尾;<br>框前三首和再尾与↓框前两尾和首首 | 6-6-10-8-10-6 | 7 | |
| | 框前三尾和首首与↑框中再尾二、三首;<br>框后三尾和次首与↑框后两首和末尾 | 6-10-8-10-6-6 | | |
| 1347 | 框前三首和再尾与↓框中首尾一、四首 | 6-6-10-8-10-8 | 7 | |
| | 框后三尾和次首与↑框中末首一、四尾 | 8-10-8-10-6-6 | | |
| 1348 | 框后三尾和次首与下行首数 | 10-6-6-2 | 5 | |
| | 框前三首和再尾与上行尾数 | 2-6-6-10 | | |
| 1349 | 框后三尾和次首与↓框中前两首 | 10-6-6-2-6 | 6 | |
| | 框前三首和再尾与↑框中后两尾 | 6-2-6-6-10 | | |
| 1350 | 框后三尾和次首与↓框中前两行 | 10-6-6-2-6-4 | 7 | |
| | 框前三首和再尾与↑框中后两行 | 4-6-2-6-6-10 | | |
| 1351 | 框后三尾和次首与↓框前三首和首尾 | 10-6-6-2-6-4-2 | 8 | |
| | 框前三首和再尾与↑框后三尾和末首 | 2-4-6-2-6-6-10 | | |
| 1352 | 框后三尾和次首与↓框中前三首 | 10-6-6-2-6-6 | 7 | |
| | 框前三首和再尾与↑框中后三尾 | 6-6-2-6-6-10 | | |
| 1353 | 框后三尾和次首与↓框前三首和再尾 | 10-6-6-2-6-6-10 | 8 | |
| 1354 | 框后三尾和次首与↓框前两首和次尾 | 10-6-6-2-6-10 | 7 | |
| | 框前三首和再尾与↑框后两尾和再首 | 10-6-2-6-6-10 | | |
| 1355 | 框后三尾和次首与↓框中一、二、四首和次尾 | 10-6-6-2-6-10-2 | 8 | |
| | 框前三首和再尾与↑框中一、三、四尾和再首 | 2-10-6-2-6-6-10 | | |
| 1356 | 框后三尾和次首与↓框中首首、尾 | 10-6-6-2-10 | 6 | |
| | 框前三首和再尾与↑框中末首、尾 | 10-2-6-6-10 | | |

续表

| 序号 | 条件<br>在表 28 中,若任何的______都是素数的 | 结论<br>就是一个差 $\underline{D}$ 型 | $k$ 生素数 | 同差异决之序号 |
|---|---|---|---|---|
| 1357 | 框后三尾和次首与↓框中首尾一、三首 | 10-6-6-2-10-2 | 7 | |
| | 框前三首和再尾与↑框中末首二、四尾 | 2-10-2-6-6-10 | | |
| 1358 | 框后三尾和次首与↓框前两尾一、三首 | 10-6-6-2-10-2-4 | 8 | |
| | 框前三首和再尾与↑框后两首二、四尾 | 4-2-10-2-6-6-10 | | |
| 1359 | 框后三尾和次首与↓框后两首首首、尾 | 10-6-6-2-10-2-6 | 8 | |
| | 框前三首和再尾与↑框前两尾末首、尾 | 6-2-10-2-6-6-10 | | |
| 1360 | 框后三尾和次首与↓框中一、三首一、三尾 | 10-6-6-2-10-2-10 | 8 | |
| | 框前三首和再尾与↑框中二、四首二、四尾 | 10-2-10-2-6-6-10 | | |
| 1361 | 框后三尾和次首与↓框前两尾和首首 | 10-6-6-2-10-6 | 7 | |
| | 框前三首和再尾与↑框后两首和末尾 | 6-10-2-6-6-10 | | |
| 1362 | 框后三尾和次首与↓框中首尾一、四首 | 10-6-6-2-10-8 | 7 | |
| | 框前三首和再尾与↑框中末首一、四尾 | 8-10-2-6-6-10 | | |
| 1363 | 框后三尾和次首与↓框中丁行首首、尾 | 10-6-6-2-10-8-4 | 8 | |
| | 框前三首和再尾与↑框中次行末首、尾 | 4-8-10-2-6-6-10 | | |
| 1364 | 框后三尾和次首与下下行首数;框前三尾和首首与下下行首数 | 10-6-6-8 | 5 | |
| | 框前三首和再尾与上上行尾数;框后三首和末尾与上上行尾数 | 8-6-6-10 | | |
| 1365 | 框后三尾和次首与下下行两数 | 10-6-6-8-4 | 6 | |
| | 框前三首和再尾与上上行两数 | 4-8-6-6-10 | | |
| 1366 | 框后三尾和次首与$\underline{\downarrow}$框中首尾二、三首 | 10-6-6-8-4-2 | 7 | |
| | 框前三首和再尾与$\overline{\uparrow}$框中末首二、三尾 | 2-4-8-6-6-10 | | |
| 1367 | 框后三尾和次首与$\underline{\downarrow}$框中二、三行 | 10-6-6-8-4-2-4 | 8 | |
| | 框前三首和再尾与$\overline{\uparrow}$框中三、四行 | 4-2-4-8-6-6-10 | | |
| 1368 | 框后三尾和次首与$\underline{\downarrow}$框后三首和首尾 | 10-6-6-8-4-2-6 | 8 | |
| | 框前三首和再尾与$\overline{\uparrow}$框前三尾和末尾 | 6-2-4-8-6-6-10 | | |
| 1369 | 框后三尾和次首与$\underline{\downarrow}$框中次行再首、尾 | 10-6-6-8-4-2-10 | 8 | |
| | 框前三首和再尾与$\overline{\uparrow}$框中丁行次首、尾 | 10-2-4-8-6-6-10 | | |
| 1370 | 框后三尾和次首与$\underline{\downarrow}$框前两尾和次首 | 10-6-6-8-4-6 | 7 | |
| | 框前三首和再尾与$\overline{\uparrow}$框后两首和再尾 | 6-4-8-6-6-10 | | |
| 1371 | 框后三尾和次首与$\underline{\downarrow}$框前两尾二、四首 | 10-6-6-8-4-6-2 | 8 | |
| | 框前三首和再尾与$\overline{\uparrow}$框后两首一、三尾 | 2-6-4-8-6-6-10 | | |
| 1372 | 框后三尾和次首与$\underline{\downarrow}$框中次行和末首 | 10-6-6-8-4-8 | 7 | |
| | 框前三首和再尾与$\overline{\uparrow}$框中丁行和首尾 | 8-4-8-6-6-10 | | |
| 1373 | 框后三尾和次首与$\underline{\downarrow}$框中二、四行 | 10-6-6-8-4-8-4 | 8 | |
| | 框前三首和再尾与$\overline{\uparrow}$框中二、四行 | 4-8-4-8-6-6-10 | | |
| 1374 | 框后三尾和次首与$\underline{\downarrow}$框中二、三首;<br>框前三尾和首首与$\underline{\downarrow}$框中前两首 | 10-6-6-8-6 | 6 | |
| | 框前三首和再尾与$\overline{\uparrow}$框中二、三尾;<br>框后三首和末尾与$\overline{\uparrow}$框中后两尾 | 6-8-6-6-10 | | |

## 续表

| 序号 | 条件<br>在表 28 中，若任何的＿＿＿＿＿都是素数的 | 结论<br>就是一个差＿D＿型 | $k$ 生素数 | 同差异决之序号 |
|---|---|---|---|---|
| 1375 | 框后三尾和次首与↓框中次尾二、三首；<br>框前三尾和首首与↓框中前两行 | 10-6-6-8-6-4 | 7 | |
| | 框前三首和再尾与↑框中再首二、三尾；<br>框后三首和末尾与↑框中后两行 | 4-6-8-6-6-10 | | |
| 1376 | 框后三尾和次首与↓框后三首和次尾；<br>框前三尾和首首与↓框前三首和首尾 | 10-6-6-8-6-4-2 | 8 | |
| | 框前三首和再尾与↑框前三尾和再首；<br>框后三首和末尾与↑框后三尾和末首 | 2-4-6-8-6-6-10 | | |
| 1377 | 框后三尾和次首与↓框中二、三首二、三尾；<br>框前三尾和首首与↓框前两首前两尾 | 10-6-6-8-6-4-6 | 8 | |
| | 框前三首和再尾与↑框中二、三首二、三尾；<br>框后三首和末尾与↑框后两首后两尾 | 6-4-6-8-6-6-10 | | |
| 1378 | 框后三尾和次首与↓框中后三首；<br>框前三尾和首首与↓框中前三首 | 10-6-6-8-6-6 | 7 | |
| | 框前三首和再尾与↑框中前三尾；<br>框后三首和末尾与↑框中后三尾 | 6-6-8-6-6-10 | | |
| 1379 | 框后三尾和次首与↓框后三首和再尾；<br>框前三尾和首首与↓框前三首和次尾 | 10-6-6-8-6-6-4 | 8 | |
| | 框前三首和再尾与↑框前三尾和次首；<br>框后三首和末尾与↑框后三尾和再首 | 4-6-6-8-6-6-10 | | |
| 1380 | 框后三尾和次首与↓框后三首和末尾 | 10-6-6-8-6-6-10 | 8 | |
| | 框前三首和再尾与↑框前三尾和首首 | | | |
| 1381 | 框后三尾和次首与↓框中再尾二、三首；<br>框前三尾和首首与↓框前两首和次尾 | 10-6-6-8-6-10 | 7 | |
| | 框前三首和再尾与↑框中次首二、三尾；<br>框后三首和末尾与↑框后两尾和再首 | 10-6-8-6-6-10 | | |
| 1382 | 框后三尾和次首与↓框后两尾二、三首；<br>框前三尾和首首与↓框前两首二、三尾 | 10-6-6-8-6-10-6 | 8 | |
| | 框前三首和再尾与↑框前两首二、三尾；<br>框后三首和末尾与↑框后两尾二、三首 | 6-10-6-8-6-6-10 | | |
| 1383 | 框后三尾和次首与↓框中次首、尾；<br>框前三尾和首首与↓框中首首、尾 | 10-6-6-8-10 | 6 | |
| | 框前三首和再尾与↑框中再首、尾；<br>框后三首和末尾与↑框中末首、尾 | 10-8-6-6-10 | | |
| 1384 | 框后三尾和次首与↓框中次尾二、四首；<br>框前三尾和首首与↓框中首尾一、三首 | 10-6-6-8-10-2 | 7 | |
| | 框前三首和再尾与↑框中再首一、三尾；<br>框后三首和末尾与↑框中末首二、四尾 | 2-10-8-6-6-10 | | |
| 1385 | 框后三尾和次首与↓框中丁行次首、尾；<br>框前三尾和首首与↓框前两尾一、三首 | 10-6-6-8-10-2-4 | 8 | |
| | 框前三首和再尾与↑框中次行再首、尾；<br>框后三首和末尾与↑框后两首二、四尾 | 4-2-10-8-6-6-10 | | |

续表

| 序号 | 条件<br>在表28中,若任何的______都是素数的 | 结论<br>就是一个差 D 型 | k生素数 | 同差异决之序号 |
|---|---|---|---|---|
| 1386 | 框后三尾和次首与↓框中次首二、三尾;<br>框前三尾和首首与↓框前两尾和首首 | 10-6-6-8-10-6 | 7 | |
| | 框前三首和再尾与↑框中再尾二、三首;<br>框后三首和末尾与↑框后两首和末尾 | 6-10-8-6-6-10 | | |
| 1387 | 框后三尾和次首与↓框后三尾和次首;<br>框前三尾和首首与↓框前三尾和首首 | 10-6-6-8-10-6-6 | 8 | |
| | 框前三首和再尾与↑框前三首和再尾;<br>框后三首和末尾与↑框后三首和末尾 | 6-6-10-8-6-6-10 | | |
| 1388 | 框前三尾和首首与↓框中首尾一、四首 | 10-6-6-8-10-8 | 7 | |
| | 框后三首和末尾与↑框中末首一、四尾 | 8-10-8-6-6-10 | | |
| 1389 | 框中四首和末尾与下行首数 | 6-6-6-10-2 | 6 | |
| | 框中四尾和首首与上行尾数 | 2-10-6-6-6 | | |
| 1390 | 框中四首和末尾与↓框中前两首 | 6-6-6-10-2-6 | 7 | |
| | 框中四尾和首首与↑框中后两尾 | 6-2-10-6-6-6 | | |
| 1391 | 框中四首和末尾与↓框中前两行 | 6-6-6-10-2-6-4 | 8 | |
| | 框中四尾和首首与↑框中后两行 | 4-6-2-10-6-6-6 | | |
| 1392 | 框中四首和末尾与↓框前三首和首尾 | 6-6-6-10-2-6-4-2 | 9 | |
| | 框中四尾和首首与↑框后三尾和末首 | 2-4-6-2-10-6-6-6 | | |
| 1393 | 框中四首和末尾与↓框前两首前两尾 | 6-6-6-10-2-6-4-6 | 9 | |
| | 框中四尾和首首与↑框后两首后两尾 | 6-4-6-2-10-6-6-6 | | |
| 1394 | 框中四首和末尾与↓框前两行和末首 | 6-6-6-10-2-6-4-8 | 9 | |
| | 框中四尾和首首与↑框后两行和首尾 | 8-4-6-2-10-6-6-6 | | |
| 1395 | 框中四首和末尾与↓框中前三首 | 6-6-6-10-2-6-6 | 8 | |
| | 框中四尾和首首与↑框中后三尾 | 6-6-2-10-6-6-6 | | |
| 1396 | 框中四首和末尾与↓框前三首和次尾 | 6-6-6-10-2-6-6-4 | 9 | |
| | 框中四尾和首首与↑框后三尾和再首 | 4-6-6-2-10-6-6-6 | | |
| 1397 | 框中四首和末尾与↓框中四首数 | 6-6-6-10-2-6-6-6 | 9 | |
| | 框中四尾和首首与↑框中四尾数 | 6-6-6-2-10-6-6-6 | | |
| 1398 | 框中四首和末尾与↓框前两首和次尾 | 6-6-6-10-2-6-10 | 8 | |
| | 框中四尾和首首与↑框后两尾和再首 | 10-6-2-10-6-6-6 | | |
| 1399 | 框中四首和末尾与↓框中一、二、四首和次尾 | 6-6-6-10-2-6-10-2 | 9 | |
| | 框中四尾和首首与↑框中一、三、四尾和再首 | 2-10-6-2-10-6-6-6 | | |
| 1400 | 框中四首和末尾与↓框中首首、尾 | 6-6-6-10-2-10 | 7 | |
| | 框中四尾和首首与↑框中末首、尾 | 10-2-10-6-6-6 | | |
| 1401 | 框中四首和末尾与↓框中首尾一、三首 | 6-6-6-10-2-10-2 | 8 | |
| | 框中四尾和首首与↑框中末首二、四尾 | 2-10-2-10-6-6-6 | | |
| 1402 | 框中四首和末尾与↓框前两尾一、三首 | 6-6-6-10-2-10-2-4 | 9 | |
| | 框中四尾和首首与↑框后两首二、四尾 | 4-2-10-2-10-6-6-6 | | |
| 1403 | 框中四首和末尾与↓框中一、三、四首前两尾 | 6-6-6-10-2-10-2-4-2 | 10 | |
| | 框中四尾和首首与↑框中一、二、四尾后两首 | 2-4-2-10-2-10-6-6-6 | | |

续表

| 序号 | 条件 | 结论 | | 同差异决之序号 |
|---|---|---|---|---|
| | 在表 28 中,若任何的______都是素数的 | 就是一个差 $D$ 型 | $k$ 生素数 | |
| 1404 | 框中四首和末尾与↓框前三尾一、三首 | 6-6-6-10-2-10-2-4-6 | 10 | |
| | 框中四尾和首首与↑框后三首二、四尾 | 6-4-2-10-2-10-6-6-6 | | |
| 1405 | 框中四首和末尾与↓框后两首首首、尾 | 6-6-6-10-2-10-2-6 | 9 | |
| | 框中四尾和首首与↑框前两尾末首、尾 | 6-2-10-2-10-6-6-6 | | |
| 1406 | 框中四首和末尾与↓框中一、三、四首一、三尾 | 6-6-6-10-2-10-2-6-4 | 10 | |
| | 框中四尾和首首与↑框中一、二、四尾二、四首 | 4-6-2-10-2-10-6-6-6 | | |
| 1407 | 框中四首和末尾与↓框中一、三、四首一、四尾 | 6-6-6-10-2-10-2-6-10 | 10 | |
| | 框中四尾和首首与↑框中一、二、四尾一、四首 | 10-6-2-10-2-10-6-6-6 | | |
| 1408 | 框中四首和末尾与↓框中一、三首一、三尾 | 6-6-6-10-2-10-2-10 | 9 | |
| | 框中四尾和首首与↑框中二、四首二、四尾 | 10-2-10-2-10-6-6-6 | | |
| 1409 | 框中四首和末尾与↓框中一、三、四尾一、三首 | 6-6-6-10-2-10-2-10-6 | 10 | |
| | 框中四尾和首首与↑框中一、二、四首二、四尾 | 6-10-2-10-2-10-6-6-6 | | |
| 1410 | 框中四首和末尾与↓框前两尾和首首 | 6-6-6-10-2-10-6 | 8 | |
| | 框中四尾和首首与↑框后两首和末尾 | 6-10-2-10-6-6-6 | | |
| 1411 | 框中四首和末尾与↓框前两尾一、四首 | 6-6-6-10-2-10-6-2 | 9 | |
| | 框中四尾和首首与↑框后两首一、四尾 | 2-6-10-2-10-6-6-6 | | |
| 1412 | 框中四首和末尾与↓框前三尾一、四首 | 6-6-6-10-2-10-6-2-4 | 10 | |
| | 框中四尾和首首与↑框后三首一、四尾 | 4-2-6-10-2-10-6-6-6 | | |
| 1413 | 框中四首和末尾与↓框中一、二、四尾一、四首 | 6-6-6-10-2-10-6-2-10 | 10 | |
| | 框中四尾和首首与↑框中一、三、四首一、四尾 | 10-2-6-10-2-10-6-6-6 | | |
| 1414 | 框中四首和末尾与↓框前三尾和首首 | 6-6-6-10-2-10-6-6 | 9 | |
| | 框中四尾和首首与↑框后三首和末尾 | 6-6-10-2-10-6-6-6 | | |
| 1415 | 框中四首和末尾与↓框中四尾和首首 | 6-6-6-10-2-10-6-6-6 | 10 | |
| 1416 | 框中四首和末尾与↓框中首尾一、四首 | 6-6-6-10-2-10-8 | 8 | |
| | 框中四尾和首首与↑框中末首一、四尾 | 8-10-2-10-6-6-6 | | |
| 1417 | 框中四首和末尾与↓框中丁行首首、尾 | 6-6-6-10-2-10-8-4 | 9 | |
| | 框中四尾和首首与↑框中次行末首、尾 | 4-8-10-2-10-6-6-6 | | |
| 1418 | 框中四首和末尾与↓框后两行首首、尾 | 6-6-6-10-2-10-8-4-6 | 10 | |
| | 框中四尾和首首与↑框前两行末首、尾 | 6-4-8-10-2-10-6-6-6 | | |
| 1419 | 框中四首和末尾与↓框中一、四首一、四尾 | 6-6-6-10-2-10-8-10 | 9 | |
| | 框中四尾和首首与↑框中一、四首一、四尾 | 10-8-10-2-10-6-6-6 | | |
| 1420 | 框中四首和末尾与下下行首数 | 6-6-6-10-8 | 6 | |
| | 框中四尾和首首与上上行尾数 | 8-10-6-6-6 | | |
| 1421 | 框中四首和末尾与下下行两数 | 6-6-6-10-8-4 | 7 | |
| | 框中四尾和首首与上上行两数 | 4-8-10-6-6-6 | | |
| 1422 | 框中四首和末尾与↓框中首尾二、三首 | 6-6-6-10-8-4-2 | 8 | |
| | 框中四尾和首首与↑框中末首二、三尾 | 2-4-8-10-6-6-6 | | |
| 1423 | 框中四首和末尾与↓框中二、三行 | 6-6-6-10-8-4-2-4 | 9 | |
| | 框中四尾和首首与↑框中三、四行 | 4-2-4-8-10-6-6-6 | | |

续表

| 序号 | 条件<br>在表 28 中,若任何的______都是素数的 | 结论<br>就是一个差__D__型 | k 生素数 | 同差异决之序号 |
|---|---|---|---|---|
| 1424 | 框中四首和末尾与↓框前三尾二、三首 | 6-6-6-10-8-4-2-4-6 | 10 | |
| | 框中四尾和首首与↑框后三首二、三尾 | 6-4-2-4-8-10-6-6-6 | | |
| 1425 | 框中四首和末尾与↓框后三首和首尾 | 6-6-6-10-8-4-2-6 | 9 | |
| | 框中四尾和首首与↑框前三尾和末首 | 6-2-4-8-10-6-6-6 | | |
| 1426 | 框中四首和末尾与↓框后三首一、三尾 | 6-6-6-10-8-4-2-6-4 | 10 | |
| | 框中四尾和首首与↑框前三尾二、四首 | 4-6-2-4-8-10-6-6-6 | | |
| 1427 | 框中四首和末尾与↓框中次行再首、尾 | 6-6-6-10-8-4-2-10 | 9 | |
| | 框中四尾和首首与↑框中丁行次首、尾 | 10-2-4-8-10-6-6-6 | | |
| 1428 | 框中四首和末尾与↓框前两尾和次首 | 6-6-6-10-8-4-6 | 8 | |
| | 框中四尾和首首与↑框后两首和再尾 | 6-4-8-10-6-6-6 | | |
| 1429 | 框中四首和末尾与↓框前两尾二、四首 | 6-6-6-10-8-4-6-2 | 9 | |
| | 框中四尾和首首与↑框后两首一、三尾 | 2-6-4-8-10-6-6-6 | | |
| 1430 | 框中四首和末尾与↓框前三尾二、四首 | 6-6-6-10-8-4-6-2-4 | 10 | |
| | 框中四尾和首首与↑框后三首一、三尾 | 4-2-6-4-8-10-6-6-6 | | |
| 1431 | 框中四首和末尾与↓框前三尾和次首 | 6-6-6-10-8-4-6-6 | 9 | |
| | 框中四尾和首首与↑框后三首和再尾 | 6-6-4-8-10-6-6-6 | | |
| 1432 | 框中四首和末尾与↓框中次行和末首 | 6-6-6-10-8-4-8 | 8 | |
| | 框中四尾和首首与↑框中丁行和首尾 | 8-4-8-10-6-6-6 | | |
| 1433 | 框中四首和末尾与↓框中二、四行 | 6-6-6-10-8-4-8-4 | 9 | |
| | 框中四尾和首首与↑框中二、四行 | 4-8-4-8-10-6-6-6 | | |
| 1434 | 框中四首和末尾与↓框中次行末首、尾 | 6-6-6-10-8-4-8-10 | 9 | |
| | 框中四尾和首首与↑框中丁行首首、尾 | 10-8-4-8-10-6-6-6 | | |
| 1435 | 框中四首和末尾与↓框中二、三首 | 6-6-6-10-8-6 | 7 | |
| | 框中四尾和首首与↑框中二、三尾 | 6-8-10-6-6-6 | | |
| 1436 | 框中四首和末尾与↓框中次尾二、三首 | 6-6-6-10-8-6-4 | 8 | |
| | 框中四尾和首首与↑框中再首二、三尾 | 4-6-8-10-6-6-6 | | |
| 1437 | 框中四首和末尾与↓框后三首和次尾 | 6-6-6-10-8-6-4-2 | 9 | |
| | 框中四尾和首首与↑框前三尾和再首 | 2-4-6-8-10-6-6-6 | | |
| 1438 | 框中四首和末尾与↓框后三首二、三尾 | 6-6-6-10-8-6-4-2-4 | 10 | |
| | 框中四尾和首首与↑框前三尾二、三首 | 4-2-4-6-8-10-6-6-6 | | |
| 1439 | 框中四首和末尾与↓框中二、三首二、三尾 | 6-6-6-10-8-6-4-6 | 9 | |
| | 框中四尾和首首与↑框中二、三首二、三尾 | 6-4-6-8-10-6-6-6 | | |
| 1440 | 框中四首和末尾与↓框中后三首 | 6-6-6-10-8-6-6 | 8 | |
| | 框中四尾和首首与↑框中前三尾 | 6-6-8-10-6-6-6 | | |
| 1441 | 框中四首和末尾与↓框后三首和再尾 | 6-6-6-10-8-6-6-4 | 9 | |
| | 框中四尾和首首与↑框前三尾和次首 | 4-6-6-8-10-6-6-6 | | |
| 1442 | 框中四首和末尾与↓框后三首和末尾 | 6-6-6-10-8-6-6-10 | 9 | |
| | 框中四尾和首首与↑框前三尾和首首 | 10-6-6-8-10-6-6-6 | | |
| 1443 | 框中四首和末尾与↓框中再尾二、三首 | 6-6-6-10-8-6-10 | 8 | |
| | 框中四尾和首首与↑框中次首二、三尾 | 10-6-8-10-6-6-6 | | |

## 续表

| 序号 | 条件<br>在表 28 中,若任何的＿＿＿＿都是素数的 | 结论<br>就是一个差＿$D$＿型 | $k$生素数 | 同差异决之序号 |
|---|---|---|---|---|
| 1444 | 框中四首和末尾与↓框中次首、尾 | 6-6-6-10-8-10 | 7 | |
| | 框中四尾和首首与↑框中再首、尾 | 10-8-10-6-6-6 | | |
| 1445 | 框中四首和末尾与↓框中次尾二、四首 | 6-6-6-10-8-10-2 | 8 | |
| | 框中四尾和首首与↑框中再首一、三尾 | 2-10-8-10-6-6-6 | | |
| 1446 | 框中四首和末尾与↓框中丁行次首、尾 | 6-6-6-10-8-10-2-4 | 9 | |
| | 框中四尾和首首与↑框中次行再首、尾 | 4-2-10-8-10-6-6-6 | | |
| 1447 | 框中四首和末尾与↓框中二、四首二、四尾 | 6-6-6-10-8-10-2-10 | 9 | |
| | 框中四尾和首首与↑框中一、三首一、三尾 | 10-2-10-8-10-6-6-6 | | |
| 1448 | 框中四首和末尾与↓框中次首二、三尾 | 6-6-6-10-8-10-6 | 8 | |
| | 框中四尾和首首与↑框中再尾二、三首 | 6-10-8-10-6-6-6 | | |
| 1449 | 框中四尾和首首与下行首数 | 10-6-6-6-2 | 6 | |
| | 框中四首和末尾与上行尾数 | 2-6-6-6-10 | | |
| 1450 | 框中四尾和首首与↓框中前两首 | 10-6-6-6-2-6 | 7 | |
| | 框中四首和末尾与↑框中后两尾 | 6-2-6-6-6-10 | | |
| 1451 | 框中四尾和首首与↓框中前两行 | 10-6-6-6-2-6-4 | 8 | |
| | 框中四首和末尾与↑框中后两行 | 4-6-2-6-6-6-10 | | |
| 1452 | 框中四尾和首首与↓栏前三首和首尾 | 10-6-6-6-2-6-4-2 | 9 | |
| | 框中四首和末尾与↑框后三尾和末首 | 2-4-6-2-6-6-6-10 | | |
| 1453 | 框中四尾和首首与↓框中前三行 | 10-6-6-6-2-6-4-2-4 | 10 | |
| | 框中四首和末尾与↑框中后三行 | 4-2-4-6-2-6-6-6-10 | | |
| 1454 | 框中四尾和首首与↓框中四首和首尾 | 10-6-6-6-2-6-4-2-6 | 10 | |
| | 框中四首和末尾与↑框中四尾和末首 | 6-2-4-6-2-6-6-6-10 | | |
| 1455 | 框中四尾和首首与↓框前三首一、三尾 | 10-6-6-6-2-6-4-2-10 | 10 | |
| | 框中四首和末尾与↑框后三尾二、四首 | 10-2-4-6-2-6-6-6-10 | | |
| 1456 | 框中四尾和首首与↓框前两首前两尾 | 10-6-6-6-2-6-4-6 | 9 | |
| | 框中四首和末尾与↑框后两首后两尾 | 6-4-6-2-6-6-6-10 | | |
| 1457 | 框中四尾和首首与↓框前三尾前两首 | 10-6-6-6-2-6-4-6-6 | 10 | |
| | 框中四首和末尾与↑框后三首后两尾 | 6-6-4-6-2-6-6-6-10 | | |
| 1458 | 框中四尾和首首与↓框前两行和末首 | 10-6-6-6-2-6-4-8 | 9 | |
| | 框中四首和末尾与↑框后两行和首尾 | 8-4-6-2-6-6-6-10 | | |
| 1459 | 框中四尾和首首与↓框前两行和丁行 | 10-6-6-6-2-6-4-8-4 | 10 | |
| | 框中四首和末尾与↑框后两行和次行 | 4-8-4-6-2-6-6-6-10 | | |
| 1460 | 框中四尾和首首与↓框前两行末首、尾 | 10-6-6-6-2-6-4-8-10 | 10 | |
| | 框中四首和末尾与↑框后两行首首、尾 | 10-8-4-6-2-6-6-6-10 | | |
| 1461 | 框中四尾和首首与↓框中前三首 | 10-6-6-6-2-6-6 | 8 | |
| | 框中四首和末尾与↑框中后三尾 | 6-6-2-6-6-6-10 | | |
| 1462 | 框中四尾和首首与↓框前三首和次尾 | 10-6-6-6-2-6-6-4 | 9 | |
| | 框中四首和末尾与↑框后三尾和再首 | 4-6-6-2-6-6-6-10 | | |
| 1463 | 框中四尾和首首与↓框中四首数 | 10-6-6-6-2-6-6-6 | 9 | |
| | 框中四首和末尾与↑框中四尾数 | 6-6-6-2-6-6-6-10 | | |

续表

| 序号 | 条件<br>在表 28 中,若任何的＿＿＿＿都是素数的 | 结论<br>就是一个差＿D＿型 | k 生素数 | 同差异决之序号 |
|---|---|---|---|---|
| 1464 | 框中四尾和首首与↓框中四首和末尾 | 10-6-6-6-2-6-6-6-10 | 10 | |
| 1465 | 框中四尾和首首与↓框前三首和再尾 | 10-6-6-6-2-6-6-10 | 9 | |
| | 框中四首和末尾与↑框后三尾和次首 | 10-6-6-2-6-6-6-10 | | |
| 1466 | 框中四尾和首首与↓框前三首后两尾 | 10-6-6-6-2-6-6-10-6 | 10 | |
| | 框中四首和末尾与↑框后三尾前两首 | 6-10-6-6-2-6-6-6-10 | | |
| 1467 | 框中四尾和首首与↓框前两首和次尾 | 10-6-6-6-2-6-10 | 8 | |
| | 框中四首和末尾与↑框后两尾和再首 | 10-6-2-6-6-6-10 | | |
| 1468 | 框中四尾和首首与↓框中一、二、四首和次数 | 10-6-6-6-2-6-10-2 | 9 | |
| | 框中四首和末尾与↑框中一、三、四尾和再首 | 2-10-6-26-6-6-10 | | |
| 1469 | 框中四尾和首首与↓框中一、二、四首二、三尾 | 10-6-6-6-2-6-10-2-4 | 10 | |
| | 框中四首和末尾与↑框中一、三、四尾二、三首 | 4-2-10-6-2-6-6-6-10 | | |
| 1470 | 框中四尾和首首与↓框中一、三首一、三尾 | 10-6-6-6-2-6-10-2-10 | 10 | |
| | 框中四首和末尾与↑框中二、四首二、四尾 | 10-2-10-6-2-6-6-6-10 | | |
| 1471 | 框中四尾和首首与↓框前两首二、三尾 | 10-6-6-6-2-6-10-6 | 9 | |
| | 框中四首和末尾与↑框后两尾二、三首 | 6-10-6-2-6-6-6-10 | | |
| 1472 | 框中四尾和首首与↓框后三尾前两首 | 10-6-6-6-2-6-10-6-6 | 10 | |
| | 框中四首和末尾与↑框前三首后两尾 | 6-6-10-6-2-6-6-6-10 | | |
| 1473 | 框中四尾和首首与↓框中首首、尾 | 10-6-6-6-2-10 | 7 | |
| | 框中四首和末尾与↑框中末首、尾 | 10-2-6-6-6-10 | | |
| 1474 | 框中四尾和首首与↓框中首尾一、三首 | 10-6-6-6-2-10-2 | 8 | |
| | 框中四首和末尾与↑框中末首二、四尾 | 2-10-2-6-6-6-10 | | |
| 1475 | 框中四尾和首首与↓框前两尾一、三首 | 10-6-6-6-2-10-2-4 | 9 | |
| | 框中四首和末尾与↑框后两首二、四尾 | 4-2-10-2-6-6-6-10 | | |
| 1476 | 框中四尾和首首与↓框前三尾一、三首 | 10-6-6-6-2-10-2-4-6 | 10 | |
| | 框中四首和末尾与↑框后三首二、四尾 | 6-4-2-10-2-6-6-6-10 | | |
| 1477 | 框中四尾和首首与↓框后两首首首、尾 | 10-6-6-6-2-10-2-6 | 9 | |
| | 框中四首和末尾与↑框前两尾末首、尾 | 6-2-10-2-6-6-6-10 | | |
| 1478 | 框中四尾和首首与↓框中一、三、四首一、三尾 | 10-6-6-6-2-10-2-6-4 | 10 | |
| | 框中四首和末尾与↑框中一、二、四尾二、四首 | 4-6-2-10-2-6-6-6-10 | | |
| 1479 | 框中四尾和首首与↓框中一、三、四首一、四尾 | 10-6-6-6-2-10-2-6-10 | 10 | |
| | 框中四首和末尾与↑框中一、二、四尾一、四首 | 10-6-2-10-2-6-6-6-10 | | |
| 1480 | 框中四尾和首首与↓框中一、三首一、三尾 | 10-6-6-6-2-10-2-10 | 9 | |
| | 框中四首和末尾与↑框中二、四首二、四首 | 10-2-10-2-6-6-6-10 | | |
| 1481 | 框中四尾和首首与↓框中一、三、四尾一、三首 | 10-6-6-6-2-10-2-10-6 | 10 | |
| | 框中四首和末尾与↑框中一、二、四首二、四尾 | 6-10-2-10-2-6-6-6-10 | | |
| 1482 | 框中四尾和首首与↓框前两尾和首首 | 10-6-6-6-2-10-6 | 8 | |
| | 框中四首和末尾与↑框后两首和末尾 | 6-10-2-6-6-6-10 | | |
| 1483 | 框中四尾和首首与↓框前三尾和首首 | 10-6-6-6-2-10-6-6 | 9 | |
| | 框中四首和末尾与↑框后三首和末尾 | 6-6-10-2-6-6-6-10 | | |

续表

| 序号 | 条件 | 结论 | | 同差异决之序号 |
|---|---|---|---|---|
| | 在表 28 中,若任何的______都是素数的 | 就是一个差 $D$ 型 | $k$ 生素数 | |
| 1484 | 框中四尾和首首与↓框中四尾和首首 | 10-6-6-6-2-10-6-6-6 | 10 | |
| | 框中四首和末尾与↑框中四首和末尾 | 6-6-6-10-2-6-6-6-10 | | |
| 1485 | 框中四尾和首首与↓框中首尾一、四首 | 10-6-6-6-2-10-8 | 8 | |
| | 框中四首和末尾与↑框中末首一、四尾 | 8-10-2-6-6-6-10 | | |
| 1486 | 框中四尾和首首与↓框中丁行首首、尾 | 10-6-6-6-2-10-8-4 | 9 | |
| | 框中四首和末尾与↑框中次行末首、尾 | 4-8-10-2-6-6-6-10 | | |
| 1487 | 框中四尾和首首与↓框后两行首首、尾 | 10-6-6-6-2-10-8-4-6 | 10 | |
| | 框中四首和末尾与↑框前两行末首、尾 | 6-4-8-10-2-6-6-6-10 | | |
| 1488 | 框中四尾和首首与↓框中一、四首一、四尾 | 10-6-6-6-2-10-8-10 | 9 | |
| | 框中四首和末尾与↑框中一、四首一、四尾 | 10-8-10-2-6-6-6-10 | | |
| 1489 | 框中四尾和首首与下下行首数 | 10-6-6-6-8 | 6 | |
| | 框中四首和末尾与上上行尾数 | 8-6-6-6-10 | | |
| 1490 | 框中四尾和首首与下下行两数 | 10-6-6-6-8-4 | 7 | |
| | 框中四首和末尾与上上行两数 | 4-8-6-6-6-10 | | |
| 1491 | 框中四尾和首首与↓框中首尾二、三首 | 10-6-6-6-8-4-2 | 8 | |
| | 框中四首和末尾与↑框中末首二、三尾 | 2-4-8-6-6-6-10 | | |
| 1492 | 框中四尾和首首与↓框中二、三行 | 10-6-6-6-8-4-2-4 | 9 | |
| | 框中四首和末尾与↑框中三、四行 | 4-2-4-8-6-6-6-10 | | |
| 1493 | 框中四尾和首首与↓框前三尾二、三首 | 10-6-6-6-8-4-2-4-6 | 10 | |
| | 框中四首和末尾与↑框后三首二、三尾 | 6-4-2-4-8-6-6-6-10 | | |
| 1494 | 框中四尾和首首与↓框后三首和三尾 | 10-6-6-6-8-4-2-6 | 9 | |
| | 框中四首和末尾与↑框前三尾和末首 | 6-2-4-8-6-6-6-10 | | |
| 1495 | 框中四尾和首首与↓框后三首一、三尾 | 10-6-6-6-8-4-2-6-4 | 10 | |
| | 框中四首和末尾与↑框前三尾二、四首 | 4-6-2-4-8-6-6-6-10 | | |
| 1496 | 框中四尾和首首与↓框后三首一、四尾 | 10-6-6-6-8-4-2-6-10 | 10 | |
| | 框中四首和末尾与↑框前三尾一、四首 | 10-6-2-4-8-6-6-6-10 | | |
| 1497 | 框中四尾和首首与↓框中次行再首、尾 | 10-6-6-6-8-4-2-10 | 9 | |
| | 框中四首和末尾与↑框中丁行次首、尾 | 10-2-4-8-6-6-6-10 | | |
| 1498 | 框中四尾和首首与↓框中一、三、四尾二、三首 | 10-6-6-6-8-4-2-10-6 | 10 | |
| | 框中四首和末尾与↑框中一、二、四首二、三尾 | 6-10-2-4-8-6-6-6-10 | | |
| 1499 | 框中四尾和首首与↓框前两尾和次首 | 10-6-6-6-8-4-6 | 8 | |
| | 框中四首和末尾与↑框后两首和再尾 | 6-4-8-6-6-6-10 | | |
| 1500 | 框中四尾和首首与↓框前三尾和次首 | 10-6-6-6-8-4-6-6 | 9 | |
| | 框中四首和末尾与↑框后三首和再尾 | 6-6-4-8-6-6-6-10 | | |
| 1501 | 框中四尾和首首与↓框中四尾和次首 | 10-6-6-6-8-4-6-6-6 | 10 | |
| | 框中四首和末尾与↑框中四首和再尾 | 6-6-6-4-8-6-6-6-10 | | |
| 1502 | 框中四尾和首首与↓框中次行和末首 | 10-6-6-6-8-4-8 | 8 | |
| | 框中四首和末尾与↑框中丁行和首尾 | 8-4-8-6-6-6-10 | | |
| 1503 | 框中四尾和首首与↓框中二、四行 | 10-6-6-6-8-4-8-4 | 9 | |
| | 框中四首和末尾与↑框中二、四行 | 4-8-4-8-6-6-6-10 | | |

续表

| 序号 | 条件<br>在表 28 中,若任何的________都是素数的 | 结论<br>就是一个差 $\underline{D}$ 型 | $k$ 生素数 | 同差异决之序号 |
|---|---|---|---|---|
| 1504 | 框中四尾和首首与$\underline{\downarrow}$框后两行和次行 | 10-6-6-6-8-4-8-4-6 | 10 | |
| | 框中四首和末尾与$\overline{\uparrow}$框前两行和丁行 | 6-4-8-4-8-6-6-6-10 | | |
| 1505 | 框中四尾和首首与$\underline{\downarrow}$框中次行末首、尾 | 10-6-6-6-8-4-8-10 | 9 | |
| | 框中四首和末尾与$\overline{\uparrow}$框中丁行首首、尾 | 10-8-4-8-6-6-6-10 | | |
| 1506 | 框中四尾和首首与$\underline{\downarrow}$框中二、三首 | 10-6-6-6-8-6 | 7 | |
| | 框中四首和末尾与$\overline{\uparrow}$框中二、三尾 | 6-8-6-6-6-10 | | |
| 1507 | 框中四尾和首首与$\underline{\downarrow}$框中次尾二、三首 | 10-6-6-6-8-6-4 | 8 | |
| | 框中四首和末尾与$\overline{\uparrow}$框中再首二、三尾 | 4-6-8-6-6-6-10 | | |
| 1508 | 框中四尾和首首与$\underline{\downarrow}$框后三首和次尾 | 10-6-6-6-8-6-4-2 | 9 | |
| | 框中四首和末尾与$\overline{\uparrow}$框前三尾和再首 | 2-4-6-8-6-6-6-10 | | |
| 1509 | 框中四尾和首首与$\underline{\downarrow}$框后三首二、三尾 | 10-6-6-6-8-6-4-2-4 | 10 | |
| | 框中四首和末尾与$\overline{\uparrow}$框前三尾二、三首 | 4-2-4-6-8-6-6-6-10 | | |
| 1510 | 框中四尾和首首与$\underline{\downarrow}$框后三首二、四尾 | 10-6-6-6-8-6-4-2-10 | 10 | |
| | 框中四首和末尾与$\overline{\uparrow}$框前三尾一、三首 | 10-2-4-6-8-6-6-6-10 | | |
| 1511 | 框中四尾和首首与$\underline{\downarrow}$框中二、三首二、三尾 | 10-6-6-6-8-6-4-6 | 9 | |
| | 框中四首和末尾与$\overline{\uparrow}$框中二、三首二、三尾 | 6-4-6-8-6-6-6-10 | | |
| 1512 | 框中四尾和首首与$\underline{\downarrow}$框后三尾二、三首 | 10-6-6-6-8-6-4-6-6 | 10 | |
| | 框中四首和末尾与$\overline{\uparrow}$框前三首二、三尾 | 6-6-4-6-8-6-6-6-10 | | |
| 1513 | 框中四尾和首首与$\underline{\downarrow}$框中后三首 | 10-6-6-6-8-6-6 | 8 | |
| | 框中四首和末尾与$\overline{\uparrow}$框中前三尾 | 6-6-8-6-6-6-10 | | |
| 1514 | 框中四尾和首首与$\underline{\downarrow}$框后三首和再尾 | 10-6-6-6-8-6-6-4 | 9 | |
| | 框中四首和末尾与$\overline{\uparrow}$框前三尾和次首 | 4-6-6-8-6-6-6-10 | | |
| 1515 | 框中四尾和首首与$\underline{\downarrow}$框后三首后两尾 | 10-6-6-6-8-6-6-4-6 | 10 | |
| | 框中四首和末尾与$\overline{\uparrow}$框前三尾前两首 | 6-4-6-6-8-6-6-6-10 | | |
| 1516 | 框中四尾和首首与$\underline{\downarrow}$框后三首和末尾 | 10-6-6-6-8-6-6-10 | 9 | |
| | 框中四首和末尾与$\overline{\uparrow}$框前三尾和首首 | 10-6-6-8-6-6-6-10 | | |
| 1517 | 框中四尾和首首与$\underline{\downarrow}$框中再尾二、三首 | 10-6-6-6-8-6-10 | 8 | |
| | 框中四首和末尾与$\overline{\uparrow}$框中次首二、三尾 | 10-6-8-6-6-6-10 | | |
| 1518 | 框中四尾和首首与$\underline{\downarrow}$框后两尾二、三首 | 10-6-6-6-8-6-10-6 | 9 | |
| | 框中四首和末尾与$\overline{\uparrow}$框前两首二、三尾 | 6-10-6-8-6-6-6-10 | | |
| 1519 | 框中四尾和首首与$\underline{\downarrow}$框中次首、尾 | 10-6-6-6-8-10 | 7 | |
| | 框中四首和末尾与$\overline{\uparrow}$框中再首、尾 | 10-8-6-6-6-10 | | |
| 1520 | 框中四尾和首首与$\underline{\downarrow}$框中次尾二、四首 | 10-6-6-6-8-10-2 | 8 | |
| | 框中四首和末尾与$\overline{\uparrow}$框中再首一、三尾 | 2-10-8-6-6-6-10 | | |
| 1521 | 框中四尾和首首与$\underline{\downarrow}$框中丁行次首、尾 | 10-6-6-6-8-10-2-4 | 9 | |
| | 框中四首和末尾与$\overline{\uparrow}$框中次行再首、尾 | 4-2-10-8-6-6-6-10 | | |
| 1522 | 框中四尾和首首与$\underline{\downarrow}$框后三尾二、四首 | 10-6-6-6-8-10-2-4-6 | 10 | |
| | 框中四首和末尾与$\overline{\uparrow}$框前三首一、三尾 | 6-4-2-10-8-6-6-6-10 | | |
| 1523 | 框中四尾和首首与$\underline{\downarrow}$框中二、四首二、四尾 | 10-6-6-6-8-10-2-10 | 9 | |
| | 框中四首和末尾与$\overline{\uparrow}$框中一、三首一、三尾 | 10-2-10-8-6-6-6-10 | | |

续表

| 序号 | 条件<br>在表 28 中,若任何的______都是素数的 | 结论<br>就是一个差 $D$ 型 | $k$ 生素数 | 同差异决之序号 |
|---|---|---|---|---|
| 1524 | 框中四尾和首首与↓框中次首二、三尾 | 10-6-6-6-8-10-6 | 8 | |
| | 框中四首和末尾与↑框中再尾二、三首 | 6-10-8-6-6-6-10 | | |
| 1525 | 框中四尾和首首与↓框后三尾和次首 | 10-6-6-6-8-10-6-6 | 9 | |
| | 框中四首和末尾与↑框前三首和再尾 | 6-6-10-8-6-6-6-10 | | |
| 1526 | 框前三尾和末首与下下行首数 | 6-2-4-8 | 5 | |
| | 框后三首和首尾与上上行尾数 | 8-4-2-6 | | |
| 1527 | 框前三尾和末首与↓框中前两首 | 6-2-4-8-6 | 6 | |
| | 框后三首和首尾与↑框中后两尾 | 6-8-4-2-6 | | |
| 1528 | 框前三尾和末首与↓框中前两行 | 6-2-4-8-6-4 | 7 | |
| | 框后三首和首尾与↑框中后两行 | 4-6-8-4-2-6 | | |
| 1529 | 框前三尾和末首与↓框中前三首 | 6-2-4-8-6-6 | 7 | |
| | 框后三首和首尾与↑框中后三尾 | 6-6-8-4-2-6 | | |
| 1530 | 框前三尾和末首与↓框前两首和次尾 | 6-2-4-8-6-10 | 7 | |
| | 框后三首和首尾与↑框后两尾和再首 | 10-6-8-4-2-6 | | |
| 1531 | 框前三尾和末首与↓框中首首、尾 | 6-2-4-8-10 | 6 | |
| | 框后三首和首尾与↑框中末首、尾 | 10-8-4-2-6 | | |
| 1532 | 框前三尾和末首与↓框中首尾一、三首 | 6-2-4-8-10-2 | 7 | |
| | 框后三首和首尾与↑框中末首二、四尾 | 2-10-8-4-2-6 | | |
| 1533 | 框前三尾和末首与↓框前两尾和首首 | 6-2-4-8-10-6 | 7 | |
| | 框后三首和首尾与↑框后两首和末尾 | 6-10-8-4-2-6 | | |
| 1534 | 框前三尾和末首与↓框中首尾一、四首 | 6-2-4-8-10-8 | 7 | |
| | 框后三首和首尾与↑框中末尾一、四尾 | 8-10-8-4-2-6 | | |
| 1535 | 框中四尾和末首与下行首数 | 6-2-4-6-2 | 6 | |
| | 框中四首和首尾与上行尾数 | 2-6-4-2-6 | | |
| 1536 | 框中四尾和末首与↓框中前两首 | 6-2-4-6-2-6 | 7 | |
| | 框中四首和首尾与↑框中后两尾 | 6-2-6-4-2-6 | | |
| 1537 | 框中四尾和末首与↓框中前两行 | 6-2-4-6-2-6-4 | 8 | |
| | 框中四首和首尾与↑框中后两行 | 4-6-2-6-4-2-6 | | |
| 1538 | 框中四尾和末首与↓框前三首和首尾 | 6-2-4-6-2-6-4-2 | 9 | |
| | 框中四首和首尾与↑框后三尾和末首 | 2-4-6-2-6-4-2-6 | | |
| 1539 | 框中四尾和末首与↓框前三首前两尾 | 6-2-4-6-2-6-4-2-4 | 10 | |
| | 框中四首和首尾与↑框后三尾后两首 | 4-2-4-6-2-6-4-2-6 | | |
| 1540 | 框中四尾和末首与↓框前三首一、三尾 | 6-2-4-6-2-6-4-2-10 | 10 | |
| | 框中四首和首尾与↑框后三尾二、四首 | 10-2-4-6-2-6-4-2-6 | | |
| 1541 | 框中四尾和末首与↓框前两首前两尾 | 6-2-4-6-2-6-4-6 | 9 | |
| | 框中四首和首尾与↑框后两首后两尾 | 6-4-6-2-6-4-2-6 | | |
| 1542 | 框中四尾和末首与↓框前三尾前两首 | 6-2-4-6-2-6-4-6-6 | 10 | |
| | 框中四首和首尾与↑框后三首后两尾 | 6-6-4-6-2-6-4-2-6 | | |
| 1543 | 框中四尾和末首与↓框中前三首 | 6-2-4-6-2-6-6 | 8 | |
| | 框中四首和首尾与↑框中后三尾 | 6-6-2-6-4-2-6 | | |

续表

<table>
<tr><th rowspan="2">序　号</th><th>条　件</th><th colspan="2">结　论</th><th rowspan="2">同差异决之序号</th></tr>
<tr><th>在表28中,若任何的＿＿＿＿都是素数的</th><th>就是一个差＿D＿型</th><th>k生素数</th></tr>
<tr><td rowspan="2">1544</td><td>框中四尾和末首与↓框前三首和次尾</td><td>6-2-4-6-2-6-6-4</td><td rowspan="2">9</td><td rowspan="2"></td></tr>
<tr><td>框中四首和首尾与↑框后三尾和再首</td><td>4-6-6-2-6-4-2-6</td></tr>
<tr><td rowspan="2">1545</td><td>框中四尾和末首与↓框中四首数</td><td>6-2-4-6-2-6-6-6</td><td rowspan="2">9</td><td rowspan="2"></td></tr>
<tr><td>框中四首和首尾与↑框中四尾数</td><td>6-6-6-2-6-4-2-6</td></tr>
<tr><td rowspan="2">1546</td><td>框中四尾和末首与↓框前三首和再尾</td><td>6-2-4-6-2-6-6-10</td><td rowspan="2">9</td><td rowspan="2"></td></tr>
<tr><td>框中四首和首尾与↑框后三尾和次首</td><td>10-6-6-2-6-4-2-6</td></tr>
<tr><td rowspan="2">1547</td><td>框中四尾和末首与↓框前三首后两尾</td><td>6-2-4-6-2-6-6-10-6</td><td rowspan="2">9</td><td rowspan="2"></td></tr>
<tr><td>框中四首和首尾与↑框后三尾前两首</td><td>6-10-6-6-2-6-4-2-6</td></tr>
<tr><td rowspan="2">1548</td><td>框中四尾和末首与↓框前两首和次尾</td><td>6-2-4-6-2-6-10</td><td rowspan="2">8</td><td rowspan="2"></td></tr>
<tr><td>框中四首和首尾与↑框后两尾和再首</td><td>10-6-2-6-4-2-6</td></tr>
<tr><td rowspan="2">1549</td><td>框中四尾和末首与↓框中一、二、四首和次尾</td><td>6-2-4-6-2-6-10-2</td><td rowspan="2">9</td><td rowspan="2"></td></tr>
<tr><td>框中四首和首尾与↑框中一、三、四尾和再首</td><td>2-10-6-2-6-4-2-6</td></tr>
<tr><td rowspan="2">1550</td><td>框中四尾和末首与↓框中一、二、四首二、三尾</td><td>6-2-4-6-2-6-10-2-4</td><td rowspan="2">10</td><td rowspan="2"></td></tr>
<tr><td>框中四首和首尾与↑框中一、三、四尾二、三首</td><td>4-2-10-6-2-6-4-2-6</td></tr>
<tr><td rowspan="2">1551</td><td>框中四尾和末首与↓框中一、二、四首二、四尾</td><td>6-2-4-6-2-6-10-2-10</td><td rowspan="2">10</td><td rowspan="2"></td></tr>
<tr><td>框中四首和首尾与↑框中一、三、四尾一、三首</td><td>10-2-10-6-2-6-4-2-6</td></tr>
<tr><td rowspan="2">1552</td><td>框中四尾和末首与↓框前两首二、三尾</td><td>6-2-4-6-2-6-10-6</td><td rowspan="2">9</td><td rowspan="2"></td></tr>
<tr><td>框中四首和首尾与↑框后两尾二、三首</td><td>6-10-6-2-6-4-2-6</td></tr>
<tr><td rowspan="2">1553</td><td>框中四尾和末首与↓框后三尾前两首</td><td>6-2-4-6-2-6-10-6-6</td><td rowspan="2">10</td><td rowspan="2"></td></tr>
<tr><td>框中四首和首尾与↑框前三首后两尾</td><td>6-6-10-6-2-6-4-2-6</td></tr>
<tr><td rowspan="2">1554</td><td>框中四尾和末首与↓框中首首、尾</td><td>6-2-4-6-2-10</td><td rowspan="2">7</td><td rowspan="2"></td></tr>
<tr><td>框中四首和首尾与↑框中末首、尾</td><td>10-2-6-4-2-6</td></tr>
<tr><td rowspan="2">1555</td><td>框中四尾和末首与↓框中首尾一、三首</td><td>6-2-4-6-2-10-2</td><td rowspan="2">8</td><td rowspan="2"></td></tr>
<tr><td>框中四首和首尾与↑框中末首二、四尾</td><td>2-10-2-6-4-2-6</td></tr>
<tr><td rowspan="2">1556</td><td>框中四尾和末首与↓框前两尾一、三首</td><td>6-2-4-6-2-10-2-4</td><td rowspan="2">9</td><td rowspan="2"></td></tr>
<tr><td>框中四首和首尾与↑框后两首二、四尾</td><td>4-2-10-2-6-4-2-6</td></tr>
<tr><td rowspan="2">1557</td><td>框中四尾和末首与↓框前三尾一、三首</td><td>6-2-4-6-2-10-2-4-6</td><td rowspan="2">10</td><td rowspan="2"></td></tr>
<tr><td>框中四首和首尾与↑框后三首二、四尾</td><td>6-4-2-10-2-6-4-2-6</td></tr>
<tr><td rowspan="2">1558</td><td>框中四尾和末首与↓框中一、三首一、三尾</td><td>6-2-4-6-2-10-2-10</td><td rowspan="2">9</td><td rowspan="2"></td></tr>
<tr><td>框中四首和首尾与↑框中二、四首二、四尾</td><td>10-2-10-2-6-4-2-6</td></tr>
<tr><td rowspan="2">1559</td><td>框中四尾和末首与↓框中一、三、四尾一、三首</td><td>6-2-4-6-2-10-2-10-6</td><td rowspan="2">10</td><td rowspan="2"></td></tr>
<tr><td>框中四首和首尾与↑框中一、二、四首二、四尾</td><td>6-10-2-10-2-6-4-2-6</td></tr>
<tr><td rowspan="2">1560</td><td>框中四尾和末首与↓框前两尾和首首</td><td>6-2-4-6-2-10-6</td><td rowspan="2">8</td><td rowspan="2"></td></tr>
<tr><td>框中四首和首尾与↑框后两首和末尾</td><td>6-10-2-6-4-2-6</td></tr>
<tr><td rowspan="2">1561</td><td>框中四尾和末首与↓框前三尾和首首</td><td>6-2-4-6-2-10-6-6</td><td rowspan="2">9</td><td rowspan="2"></td></tr>
<tr><td>框中四首和首尾与↑框后三首和末尾</td><td>6-6-10-2-6-4-2-6</td></tr>
<tr><td rowspan="2">1562</td><td>框中四尾和末首与↓框中四尾和首首</td><td>6-2-4-6-2-10-6-6-6</td><td rowspan="2">10</td><td rowspan="2"></td></tr>
<tr><td>框中四首和首尾与↑框中四首和末尾</td><td>6-6-6-10-2-6-4-2-6</td></tr>
<tr><td rowspan="2">1563</td><td>框中四尾和末首与下下行首数</td><td>6-2-4-6-8</td><td rowspan="2">6</td><td rowspan="2"></td></tr>
<tr><td>框中四首和首尾与上上行尾数</td><td>8-6-4-2-6</td></tr>
</table>

续表

| 序号 | 条件<br>在表28中,若任何的______都是素数的 | 结论<br>就是一个差 $\underline{D}$ 型 | $k$ 生素数 | 同差异决之序号 |
|---|---|---|---|---|
| 1564 | 框中四尾和末首与$\underline{\downarrow}$框中次行两数 | 6-2-4-6-8-4 | 7 | |
| | 框中四首和首尾与$\overline{\uparrow}$框中丁行两数 | 4-8-6-4-2-6 | | |
| 1565 | 框中四尾和末首与$\underline{\downarrow}$框中首尾二、三首 | 6-2-4-6-8-4-2 | 8 | |
| | 框中四首和首尾与$\overline{\uparrow}$框中末首二、三尾 | 2-4-8-6-4-2-6 | | |
| 1566 | 框中四尾和末首与$\underline{\downarrow}$框中二、三行 | 6-2-4-6-8-4-2-4 | 9 | |
| | 框中四首和首尾与$\overline{\uparrow}$框中三、四行 | 4-2-4-8-6-4-2-6 | | |
| 1567 | 框中四尾和末首与$\underline{\downarrow}$框前三尾二、三首 | 6-2-4-6-8-4-2-4-6 | 10 | |
| | 框中四首和首尾与$\overline{\uparrow}$框后三首二、三尾 | 6-4-2-4-8-6-4-2-6 | | |
| 1568 | 框中四尾和末首与$\underline{\downarrow}$框中次行再首、尾 | 6-2-4-6-8-4-2-10 | 9 | |
| | 框中四首和首尾与$\overline{\uparrow}$框中丁行次首、尾 | 10-2-4-8-6-4-2-6 | | |
| 1569 | 框中四尾和末首与$\underline{\downarrow}$框中一、三、四尾二、三首 | 6-2-4-6-8-4-2-10-6 | 10 | |
| | 框中四首和首尾与$\overline{\uparrow}$框中一、二、四首二、三尾 | 6-10-2-4-8-6-4-2-6 | | |
| 1570 | 框中四尾和末首与$\underline{\downarrow}$框前两尾和次首 | 6-2-4-6-8-4-6 | 8 | |
| | 框中四首和首尾与$\overline{\uparrow}$框后两首和再尾 | 6-4-8-6-4-2-6 | | |
| 1571 | 框中四尾和末首与$\underline{\downarrow}$框前三尾和次首 | 6-2-4-6-8-4-6-6 | 9 | |
| | 框中四首和首尾与$\overline{\uparrow}$框后三首和再尾 | 6-6-4-8-6-4-2-6 | | |
| 1572 | 框中四尾和末首与$\underline{\downarrow}$框中四尾和次首 | 6-2-4-6-8-4-6-6-6 | 10 | |
| | 框中四首和首尾与$\overline{\uparrow}$框中四首和再尾 | 6-6-6-4-8-6-4-2-6 | | |
| 1573 | 框中四尾和末首与$\underline{\downarrow}$框中二、三首 | 6-2-4-6-8-6 | 7 | |
| | 框中四首和首尾与$\overline{\uparrow}$框中二、三尾 | 6-8-6-4-2-6 | | |
| 1574 | 框中四尾和末首与$\underline{\downarrow}$框中次尾二、三首 | 6-2-4-6-8-6-4 | 8 | |
| | 框中四首和首尾与$\overline{\uparrow}$框中再首二、三尾 | 4-6-8-6-4-2-6 | | |
| 1575 | 框中四尾和末首与$\underline{\downarrow}$框后三首和次尾 | 6-2-4-6-8-6-4-2 | 9 | |
| | 框中四首和首尾与$\overline{\uparrow}$框前三尾和再首 | 2-4-6-8-6-4-2-6 | | |
| 1576 | 框中四尾和末首与$\underline{\downarrow}$框后三首二、四尾 | 6-2-4-6-8-6-4-2-10 | 10 | |
| | 框中四首和首尾与$\overline{\uparrow}$框前三尾一、三首 | 10-2-4-6-8-6-4-2-6 | | |
| 1577 | 框中四尾和末首与$\underline{\downarrow}$框中二、三首二、三尾 | 6-2-4-6-8-6-4-6 | 9 | |
| | 框中四首和首尾与$\overline{\uparrow}$框中二、三首二、三尾 | 6-4-6-8-6-4-2-6 | | |
| 1578 | 框中四尾和末首与$\underline{\downarrow}$框后三尾二、三首 | 6-2-4-6-8-6-4-6-6 | 10 | |
| | 框中四首和首尾与$\overline{\uparrow}$框前三首二、三尾 | 6-6-4-6-8-6-4-2-6 | | |
| 1579 | 框中四尾和末首与$\underline{\downarrow}$框中后三首 | 6-2-4-6-8-6-6 | 8 | |
| | 框中四首和首尾与$\overline{\uparrow}$框中前三尾 | 6-6-8-6-4-2-6 | | |
| 1580 | 框中四尾和末首与$\underline{\downarrow}$框后三首和再尾 | 6-2-4-6-8-6-6-4 | 9 | |
| | 框中四首和首尾与$\overline{\uparrow}$框前三尾和次首 | 4-6-6-8-6-4-2-6 | | |
| 1581 | 框中四尾和末首与$\underline{\downarrow}$框后三首后两尾 | 6-2-4-6-8-6-6-4-6 | 10 | |
| | 框中四首和首尾与$\overline{\uparrow}$框前三尾前两首 | 6-4-6-6-8-6-4-2-6 | | |
| 1582 | 框中四尾和末首与$\underline{\downarrow}$框后三首和末尾 | 6-2-4-6-8-6-6-10 | 9 | |
| | 框中四首和首尾与$\overline{\uparrow}$框前三尾和首首 | 10-6-6-8-6-4-2-6 | | |
| 1583 | 框中四尾和末首与$\underline{\downarrow}$框中再尾二、三首 | 6-2-4-6-8-6-10 | 8 | |
| | 框中四首和首尾与$\overline{\uparrow}$框中次首二、三尾 | 10-6-8-6-4-2-6 | | |

续表

| 序号 | 条件<br>在表 28 中，若任何的______都是素数的 | 结论<br>就是一个差 $D$ 型 | $k$ 生素数 | 同差异决之序号 |
|---|---|---|---|---|
| 1584 | 框中四尾和末首与 $\underline{\downarrow}$ 框后两尾二、三首 | 6-2-4-6-8-6-10-6 | 9 | |
| | 框中四首和首尾与 $\overline{\uparrow}$ 框前两首二、三尾 | 6-10-6-8-6-4-2-6 | | |
| 1585 | 框中四尾和末首与 $\underline{\downarrow}$ 框中次首、尾 | 6-2-4-6-8-10 | 7 | |
| | 框中四首和首尾与 $\overline{\uparrow}$ 框中再首、尾 | 10-8-6-4-2-6 | | |
| 1586 | 框中四尾和末首与 $\underline{\downarrow}$ 框中次尾二、四首 | 6-2-4-6-8-10-2 | 8 | |
| | 框中四首和首尾与 $\overline{\uparrow}$ 框中再首一、三尾 | 2-10-8-6-4-2-6 | | |
| 1587 | 框中四尾和末首与 $\underline{\downarrow}$ 框中丁行次首、尾 | 6-2-4-6-8-10-2-4 | 9 | |
| | 框中四首和首尾与 $\overline{\uparrow}$ 框中次行再首、尾 | 4-2-10-8-6-4-2-6 | | |
| 1588 | 框中四尾和末首与 $\underline{\downarrow}$ 框后三尾二、四首 | 6-2-4-6-8-10-2-4-6 | 10 | |
| | 框中四首和首尾与 $\overline{\uparrow}$ 框前三首一、三尾 | 6-4-2-10-8-6-4-2-6 | | |
| 1589 | 框中四尾和末首与 $\underline{\downarrow}$ 框中二、四首二、四尾 | 6-2-4-6-8-10-2-10 | 9 | |
| | 框中四首和首尾与 $\overline{\uparrow}$ 框中一、三首一、三尾 | 10-2-10-8-6-4-2-6 | | |
| 1590 | 框中四尾和末首与 $\underline{\downarrow}$ 框中次首二、三尾 | 6-2-4-6-8-10-6 | 8 | |
| | 框中四首和首尾与 $\overline{\uparrow}$ 框中再尾二、三首 | 6-10-8-6-4-2-6 | | |
| 1591 | 框中四尾和末首与 $\underline{\downarrow}$ 框后三尾和次首 | 6-2-4-6-8-10-6-6 | 9 | |
| | 框中四首和首尾与 $\overline{\uparrow}$ 框前三首和再尾 | 6-6-10-8-6-4-2-6 | | |
| 1592 | 框后三尾和末首与下行首数 | 2-4-6-2 | 5 | |
| | 框前三首和首尾与上行尾数 | 2-4-6-2 | | |
| 1593 | 框后三尾和末首与↓框中前两首 | 2-4-6-2-6 | 6 | |
| | 框前三首和首尾与↑框中后两尾 | 6-2-6-4-2 | | |
| 1594 | 框后三尾和末首与↓框中前两行 | 2-4-6-2-6-4 | 7 | |
| | 框前三首和首尾与↑框中后两行 | 4-6-2-6-4-2 | | |
| 1595 | 框后三尾和末首与↓框前三首和首尾 | 2-4-6-2-6-4-2 | 8 | |
| 1596 | 框后三尾和末首与↓框中前三首 | 2-4-6-2-6-6 | 7 | |
| | 框前三首和首尾与↑框中后三尾 | 6-6-2-6-4-2 | | |
| 1597 | 框后三尾和末首与↓框前三首和次尾 | 2-4-6-2-6-6-4 | 8 | |
| | 框前三首和首尾与↑框后三尾和再首 | 4-6-6-2-6-4-2 | | |
| 1598 | 框后三尾和末首与↓框前两首和次尾 | 2-4-6-2-6-10 | 7 | |
| | 框前三首和首尾与↑框后两尾和再首 | 10-6-2-6-4-2 | | |
| 1599 | 框后三尾和末首与↓框中一、二、四首和次尾 | 2-4-6-2-6-10-2 | 8 | |
| | 框前三首和首尾与↑框中一、三、四尾和再首 | 2-10-6-2-6-4-2 | | |
| 1600 | 框后三尾和末首与↓框中首首、尾 | 2-4-6-2-10 | 6 | |
| | 框前三首和首尾与↑框中末首、尾 | 10-2-6-4-2 | | |
| 1601 | 框后三尾和末首与↓框中首尾一、三首 | 2-4-6-2-10-2 | 7 | |
| | 框前三首和首尾与↑框中末首二、四尾 | 2-10-2-6-4-2 | | |
| 1602 | 框后三尾和末首与↓框前两尾一、三首 | 2-4-6-2-10-2-4 | 8 | |
| | 框前三首和首尾与↑框后两首二、四尾 | 4-2-10-2-6-4-2 | | |
| 1603 | 框后三尾和末首与↓框中一、三首一、三尾 | 2-4-6-2-10-2-10 | 8 | |
| | 框前三首和首尾与↑框中二、四首二、四尾 | 10-2-10-2-6-4-2 | | |

续表

| 序号 | 条件<br>在表 28 中,若任何的______都是素数的 | 结论<br>就是一个差__$D$__型 | $k$ 生素数 | 同差异决之序号 |
|---|---|---|---|---|
| 1604 | 框后三尾和末首与↓框前两尾和首首<br>框前三首和首尾与↑框后两首和末尾 | 2-4-6-2-10-6<br>6-10-2-6-4-2 | 7 | |
| 1605 | 框后三尾和末首与↓框前两尾一、四首<br>框前三首和首尾与↑框后两首一、四尾 | 2-4-6-2-10-6-2<br>2-6-10-2-6-4-2 | 8 | |
| 1606 | 框后三尾和末首与$\underline{\downarrow}$框中首尾一、四首<br>框前三首和首尾与$\overline{\uparrow}$框中末首一、四尾 | 2-4-6-2-10-8<br>8-10-2-6-4-2 | 7 | |
| 1607 | 框后三尾和末首与下下行首数;框前三尾和再首与下下行首数<br>框前三首和首尾与上上行尾数;框后三首和次尾与上上行尾数 | 2-4-6-8<br>8-6-4-2 | 5 | |
| 1608 | 框后三尾和末首与下下行两数<br>框前三首和首尾与上上行两数 | 2-4-6-8-4<br>4-8-6-4-2 | 6 | |
| 1609 | 框后三尾和末首与$\underline{\downarrow}$框中首尾二、三首<br>框前三首和首尾与$\overline{\uparrow}$框中末首二、三尾 | 2-4-6-8-4-2<br>2-4-8-6-4-2 | 7 | |
| 1610 | 框后三尾和末首与$\underline{\downarrow}$框后三首和首尾<br>框前三首和首尾与$\overline{\uparrow}$框前三尾和末首 | 2-4-6-8-4-2-6<br>6-2-4-8-6-4-2 | 8 | |
| 1611 | 框后三尾和末首与$\underline{\downarrow}$框中次行再首、尾<br>框前三首和首尾与$\overline{\uparrow}$框中丁行次首、尾 | 2-4-6-8-4-2-10<br>10-2-4-8-6-4-2 | 8 | |
| 1612 | 框后三尾和末首与$\underline{\downarrow}$框前两尾和次首<br>框前三首和首尾与$\overline{\uparrow}$框后两首和再尾 | 2-4-6-8-4-6<br>6-4-8-6-4-2 | 7 | |
| 1613 | 框后三尾和末首与$\underline{\downarrow}$框前两尾二、四首<br>框前三首和首尾与$\overline{\uparrow}$框后两首一、三尾 | 2-4-6-8-4-6-2<br>2-6-4-8-6-4-2 | 8 | |
| 1614 | 框后三尾和末首与$\underline{\downarrow}$框前三尾和次首<br>框前三首和首尾与$\underline{\downarrow}$框后三首和再尾 | 2-4-6-8-4-6-6<br>6-6-4-8-6-4-2 | 8 | |
| 1615 | 框后三尾和末首与$\underline{\downarrow}$框中次行和末首<br>框前三首和首尾与$\overline{\uparrow}$框中丁行和首尾 | 2-4-6-8-4-8<br>8-4-8-6-4-2 | 7 | |
| 1616 | 框后三尾和末首与$\underline{\downarrow}$框中二、三首;<br>框前三尾和再首与$\underline{\downarrow}$框中前两首<br>框前三首和首尾与$\overline{\uparrow}$框中二、三尾;<br>框后三首和次尾与$\overline{\uparrow}$框中后两尾 | 2-4-6-8-6<br>6-8-6-4-2 | 6 | |
| 1617 | 框后三尾和末首与$\underline{\downarrow}$框中次尾二、三首;<br>框前三尾和再首与$\underline{\downarrow}$框中前两行<br>框前三首和首尾与$\overline{\uparrow}$框中再首二、三尾;<br>框后三首和次尾与$\overline{\uparrow}$框中后两行 | 2-4-6-8-6-4<br>4-6-8-6-4-2 | 7 | |
| 1618 | 框后三尾和末首与$\underline{\downarrow}$框后三首和次尾<br>框前三首和首尾与$\overline{\uparrow}$框前三尾和再首 | 2-4-6-8-6-4-2 | 8 | |
| 1619 | 框后三尾和末首与$\underline{\downarrow}$框中后三首;<br>框前三尾和再首与$\underline{\downarrow}$框中前三首<br>框前三首和首尾与$\overline{\uparrow}$框中前三尾;<br>框后三首和次尾与$\overline{\uparrow}$框中后三尾 | 2-4-6-8-6-6<br>6-6-8-6-4-2 | 7 | |
| 1620 | 框后三尾和末首与$\underline{\downarrow}$框后三首和再尾;<br>框前三尾和再首与$\underline{\downarrow}$框前三首和次尾<br>框前三首和首尾与$\overline{\uparrow}$框前三尾和次首;<br>框后三首和次尾与$\overline{\uparrow}$框后三尾和再首 | 2-4-6-8-6-6-4<br>4-6-6-8-6-4-2 | 8 | |

续表

| 序号 | 条件<br>在表 28 中，若任何的______都是素数的 | 结论<br>就是一个差 $\underline{D}$ 型 | $k$ 生素数 | 同差异决之序号 |
|---|---|---|---|---|
| 1621 | 框后三尾和末首与$\underline{\downarrow}$框中再尾二、三首；<br>框前三尾和再首与$\underline{\downarrow}$框前两首和次尾 | 2-4-6-8-6-10 | 7 | |
| | 框前三首和首尾与$\overline{\uparrow}$框中次首二、三尾；<br>框后三首和次尾与$\overline{\uparrow}$框后两尾和再首 | 10-6-8-6-4-2 | | |
| 1622 | 框后三尾和末首与$\underline{\downarrow}$框中次首、尾；<br>框前三尾和再首与$\underline{\downarrow}$框中首首、尾 | 2-4-6-8-10 | 6 | |
| | 框前三首和首尾与$\overline{\uparrow}$框中再首、尾；<br>框后三首和次尾与$\overline{\uparrow}$框中末首、尾 | 10-8-6-4-2 | | |
| 1623 | 框后三尾和末首与$\underline{\downarrow}$框中次尾二、四首；<br>框前三尾和再首与$\underline{\downarrow}$框中首尾一、三首 | 2-4-6-8-10-2 | 7 | |
| | 框前三首和首尾与$\overline{\uparrow}$框中再首一、三尾；<br>框后三首和次尾与$\overline{\uparrow}$框中末首二、四尾 | 2-10-8-6-4-2 | | |
| 1624 | 框后三尾和末首与$\underline{\downarrow}$框中丁行次首、尾；<br>框前三尾和再首与$\underline{\downarrow}$框前两尾一、三首 | 2-4-6-8-10-2-4 | 8 | |
| | 框前三首和首尾与$\overline{\uparrow}$框中次行再首、尾；<br>框后三首和次尾与$\overline{\uparrow}$框后两首二、四尾 | 4-2-10-8-6-4-2 | | |
| 1625 | 框后三尾和末首与$\underline{\downarrow}$框中次首二、三尾；<br>框前三尾和再首与$\underline{\downarrow}$框前两尾和首首 | 2-4-6-8-10-6 | 7 | |
| | 框前三首和首尾与$\overline{\uparrow}$框中再尾二、三首；<br>框后三首和次尾与$\overline{\uparrow}$框后两首和末尾 | 6-10-8-6-4-2 | | |
| 1626 | 框前三尾和再首与$\underline{\downarrow}$框中首尾一、四首 | 2-4-6-8-10-8 | 7 | |
| | 框后三首和次尾与$\overline{\uparrow}$框中末首一、四尾 | 8-10-8-6-4-2 | | |
| 1627 | 框后三首和再尾与下下行首数 | 6-6-4-8 | 5 | |
| | 框前三尾和次首与上上行尾数 | 8-4-6-6 | | |
| 1628 | 框后三首和再尾与$\underline{\downarrow}$框中前两首 | 6-6-4-8-6 | 6 | |
| | 框前三尾和次首与$\overline{\uparrow}$框中后两尾 | 6-8-4-6-6 | | |
| 1629 | 框后三首和再尾与$\underline{\downarrow}$框中前两行 | 6-6-4-8-6-4 | 7 | |
| | 框前三尾和次首与$\overline{\uparrow}$框中后两行 | 4-6-8-4-6-6 | | |
| 1630 | 框后三首和再尾与$\underline{\downarrow}$框中前三首 | 6-6-4-8-6-6 | 7 | |
| | 框前三尾和次首与$\overline{\uparrow}$框中后三尾 | 6-6-8-4-6-6 | | |
| 1631 | 框后三首和再尾与$\underline{\downarrow}$框前两首和次尾 | 6-6-4-8-6-10 | 7 | |
| | 框前三尾和次首与$\overline{\uparrow}$框后两尾和再首 | 10-6-8-4-6-6 | | |
| 1632 | 框后三首和再尾与$\underline{\downarrow}$框中首首、尾 | 6-6-4-8-10 | 6 | |
| | 框前三尾和次首与$\overline{\uparrow}$框中末首、尾 | 10-8-4-6-6 | | |
| 1633 | 框后三首和再尾与$\underline{\downarrow}$框中首尾一、三首 | 6-6-4-8-10-2 | 7 | |
| | 框前三尾和次首与$\overline{\uparrow}$框中末首二、四尾 | 2-10-8-4-6-6 | | |
| 1634 | 框后三首和再尾与$\underline{\downarrow}$框前两尾和首首 | 6-6-4-8-10-6 | 7 | |
| | 框前三尾和次首与$\overline{\uparrow}$框后两首和末尾 | 6-10-8-4-6-6 | | |
| 1635 | 框后三首和再尾与$\underline{\downarrow}$框中首尾一、四首 | 6-6-4-8-10-8 | 7 | |
| | 框前三尾和次首与$\overline{\uparrow}$框中末首一、四尾 | 8-10-8-4-6-6 | | |
| 1636 | 框后三首和再尾与$\underline{\downarrow}$框中一、四首一、四尾 | 6-6-4-8-10-8-10 | 8 | |
| | 框前三尾和次首与$\overline{\uparrow}$框中一、四首一、四尾 | 10-8-10-8-4-6-6 | | |

续表

| 序号 | 条件<br>在表 28 中,若任何的______都是素数的 | 结论<br>就是一个差 $D$ 型 | $k$ 生素数 | 同差异决之序号 |
| --- | --- | --- | --- | --- |
| 1637 | 框后三尾和再首与下行首数 | 4-6-6-2 | 5 | |
| | 框前三首和次尾与上行尾数 | 2-6-6-4 | | |
| 1638 | 框后三尾和再首与↓框中前两首 | 4-6-6-2-6 | 6 | |
| | 框前三首和次尾与↑框中后两尾 | 6-2-6-6-4 | | |
| 1639 | 框后三尾和再首与↓框中前两行 | 4-6-6-2-6-4 | 7 | |
| | 框前三首和次尾与↑框中后两行 | 4-6-2-6-6-4 | | |
| 1640 | 框后三尾和再首与↓框中前三首 | 4-6-6-2-6-6 | 7 | |
| | 框前三首和次尾与↑框中后三尾 | 6-6-2-6-6-4 | | |
| 1641 | 框后三尾和再首与↓框前三首和次尾 | 4-6-6-2-6-6-4 | 8 | |
| 1642 | 框后三尾和再首与↓框前三首和再尾 | 4-6-6-2-6-6-10 | 8 | |
| | 框前三首和次尾与↑框后三尾和次首 | 10-6-6-2-6-6-4 | | |
| 1643 | 框后三尾和再首与↓框前两首和次尾 | 4-6-6-2-6-10 | 7 | |
| | 框前三首和次尾与↑框后两尾和再首 | 10-6-2-6-6-4 | | |
| 1644 | 框后三尾和再首与↓框中一、二、四首和次尾 | 4-6-6-2-6-10-2 | 8 | |
| | 框前三首和次尾与↑框中一、三、四尾和再首 | 2-10-6-2-6-6-4 | | |
| 1645 | 框后三尾和再首与↓框前两首二、三尾 | 4-6-6-2-6-10-6 | 8 | |
| | 框前三首和次尾与↑框后两尾二、三首 | 6-10-6-2-6-6-4 | | |
| 1646 | 框后三尾和再首与↓框中首首、尾 | 4-6-6-2-10 | 6 | |
| | 框前三首和次尾与↑框中末首、尾 | 10-2-6-6-4 | | |
| 1647 | 框后三尾和再首与↓框中首尾一、三首 | 4-6-6-2-10-2 | 7 | |
| | 框前三首和次尾与↑框中末首二、四尾 | 2-10-2-6-6-4 | | |
| 1648 | 框后三尾和再首与↓框前两尾一、三首 | 4-6-6-2-10-2-4 | 8 | |
| | 框前三首和次尾与↑框后两首二、四尾 | 4-2-10-2-6-6-4 | | |
| 1649 | 框后三尾和再首与↓框后两首首首、尾 | 4-6-6-2-10-2-6 | 8 | |
| | 框前三首和次尾与↑框前两尾末首、尾 | 6-2-10-2-6-6-4 | | |
| 1650 | 框后三尾和再首与↓框中一、三首一、三尾 | 4-6-6-2-10-2-10 | 8 | |
| | 框前三首和次尾与↑框中二、四首二、四尾 | 10-2-10-2-6-6-4 | | |
| 1651 | 框后三尾和再首与↓框前两尾和首首 | 4-6-6-2-10-6 | 7 | |
| | 框前三首和次尾与↑框后两首和末尾 | 6-10-2-6-6-4 | | |
| 1652 | 框后三尾和再首与↓框前两尾一、四首 | 4-6-6-2-10-6-2 | 8 | |
| | 框前三首和次尾与↑框后两首一、四尾 | 2-6-10-2-6-6-4 | | |
| 1653 | 框后三尾和再首与↓框前三尾和首首 | 4-6-6-2-10-6-6 | 8 | |
| | 框前三首和次尾与↑框后三首和末尾 | 6-6-10-2-6-6-4 | | |
| 1654 | 框后三尾和再首与↓框中首尾一、四首 | 4-6-6-2-10-8 | 7 | |
| | 框前三首和次尾与↑框中末首一、四尾 | 8-10-2-6-6-4 | | |
| 1655 | 框后三尾和再首与↓框中丁行首首、尾 | 4-6-6-2-10-8-4 | 8 | |
| | 框前三首和次尾与↑框中次行末首、尾 | 4-8-10-2-6-6-4 | | |
| 1656 | 框后三尾和再首与↓框中一、四首一、四尾 | 4-6-6-2-10-8-10 | 8 | |
| | 框前三首和次尾与↑框中一、四首一、四尾 | 10-8-10-2-6-6-4 | | |

## 续表

| 序号 | 条件<br>在表 28 中，若任何的______都是素数的 | 结论<br>就是一个差__$D$__型 | $k$生素数 | 同差异决之序号 |
|---|---|---|---|---|
| 1657 | 框后三尾和再首与下下行首数；框前三尾和次首与下下行首数<br>框前三首和次尾与上上行尾数；框后三首和再尾与上上行尾数 | 4-6-6-8<br>8-6-6-4 | 5 | |
| 1658 | 框后三尾和再首与下下行两数<br>框前三首和次尾与上上行两数 | 4-6-6-8-4<br>4-8-6-6-4 | 6 | |
| 1659 | 框后三尾和再首与$\underline{\downarrow}$框中首尾二、三首<br>框前三首和次尾与$\overline{\uparrow}$框中末首二、三尾 | 4-6-6-8-4-2<br>2-4-8-6-6-4 | 7 | |
| 1660 | 框后三尾和再首与$\underline{\downarrow}$框中二、三行<br>框前三首和次尾与$\overline{\uparrow}$框中三、四行 | 4-6-6-8-4-2-4<br>4-2-4-8-6-6-4 | 8 | |
| 1661 | 框后三尾和再首与$\underline{\downarrow}$框后三首和首尾<br>框前三首和次尾与$\overline{\uparrow}$框前三尾和末首 | 4-6-6-8-4-2-6<br>6-2-4-8-6-6-4 | 8 | |
| 1662 | 框后三尾和再首与$\underline{\downarrow}$框中次行再首、尾<br>框前三首和次尾与$\overline{\uparrow}$框中丁行次首、尾 | 4-6-6-8-4-2-10<br>10-2-4-8-6-6-4 | 8 | |
| 1663 | 框后三尾和再首与$\underline{\downarrow}$框前两尾和次首<br>框前三首和次尾与$\overline{\uparrow}$框后两首和再尾 | 4-6-6-8-4-6<br>6-4-8-6-6-4 | 7 | |
| 1664 | 框后三尾和再首与$\underline{\downarrow}$框前两尾二、四首<br>框前三首和次尾与$\overline{\uparrow}$框后两首一、三尾 | 4-6-6-8-4-6-2<br>2-6-4-8-6-6-4 | 8 | |
| 1665 | 框后三尾和再首与$\underline{\downarrow}$框前三尾和次首<br>框前三首和次尾与$\overline{\uparrow}$框后三首和再尾 | 4-6-6-8-4-6-6<br>6-6-4-8-6-6-4 | 8 | |
| 1666 | 框后三尾和再首与$\underline{\downarrow}$框中次行和末首<br>框前三首和次尾与$\overline{\uparrow}$框中丁行和首尾 | 4-6-6-8-4-8<br>8-4-8-6-6-4 | 7 | |
| 1667 | 框后三尾和再首与$\underline{\downarrow}$框中二、四行<br>框前三首和次尾与$\overline{\uparrow}$框中二、四行 | 4-6-6-8-4-8-4<br>4-8-4-8-6-6-4 | 8 | |
| 1668 | 框后三尾和再首与$\underline{\downarrow}$框中二、三首；<br>框前三尾和次首与$\underline{\downarrow}$框中前两首<br>框前三首和次尾与$\overline{\uparrow}$框中二、三尾；<br>框后三首和再尾与$\overline{\uparrow}$框中后两尾 | 4-6-6-8-6<br>6-8-6-6-4 | 6 | |
| 1669 | 框后三尾和再首与$\underline{\downarrow}$框中次尾二、三首；<br>框前三尾和次首与$\underline{\downarrow}$框中前两行<br>框前三首和次尾与$\overline{\uparrow}$框中再首二、三尾；<br>框后三首和再尾与$\overline{\uparrow}$框中后两行 | 4-6-6-8-6-4<br>4-6-8-6-6-4 | 7 | |
| 1670 | 框后三尾和再首与$\underline{\downarrow}$框中二、三首二、三尾；<br>框前三尾和次首与$\underline{\downarrow}$框前两首前两尾<br>框前三首和次尾与$\overline{\uparrow}$框中二、三首二、三尾；<br>框后三首和再尾与$\overline{\uparrow}$框后两首后两尾 | 4-6-6-8-6-4-6<br>6-4-6-8-6-6-4 | 8 | |
| 1671 | 框后三尾和再首与$\underline{\downarrow}$框中后三首；<br>框前三尾和次首与$\underline{\downarrow}$框中前三首<br>框前三首和次尾与$\overline{\uparrow}$框中前三尾；<br>框后三首和再尾与$\overline{\uparrow}$框中后三尾 | 4-6-6-8-6-6<br>6-6-8-6-6-4 | 7 | |
| 1672 | 框后三尾和再首与$\underline{\downarrow}$框后三首和再尾<br>框前三首和次尾与$\overline{\uparrow}$框前三尾和次首 | 4-6-6-8-6-6-4 | 8 | |

续表

| 序号 | 条件<br>在表28中，若任何的______都是素数的 | 结论<br>就是一个差__$D$__型 | $k$生素数 | 同差异决之序号 |
|---|---|---|---|---|
| 1673 | 框后三尾和再首与$\underline{\downarrow}$框中再尾二、三首；<br>框前三尾和次首与$\underline{\downarrow}$框前两首和次尾 | 4-6-6-8-6-10 | 7 | |
| | 框前三首和次尾与$\overline{\uparrow}$框中次首二、三尾；<br>框后三首和再尾与$\overline{\uparrow}$框后两尾和再首 | 10-6-8-6-6-4 | | |
| 1674 | 框后三尾和再首与$\underline{\downarrow}$框后两尾二、三首；<br>框前三尾和次首与$\underline{\downarrow}$框前两首二、三尾 | 4-6-6-8-6-10-6 | 8 | |
| | 框前三首和次尾与$\overline{\uparrow}$框前两首二、三尾；<br>框后三首和再尾与$\overline{\uparrow}$框后两尾二、三首 | 6-10-6-8-6-6-4 | | |
| 1675 | 框后三尾和再首与$\underline{\downarrow}$框中次首、尾；<br>框前三尾和次首与$\underline{\downarrow}$框中首首、尾 | 4-6-6-8-10 | 6 | |
| | 框前三首和次尾与$\overline{\uparrow}$框中再首、尾；<br>框后三首和再尾与$\overline{\uparrow}$框中末首、尾 | 10-8-6-6-4 | | |
| 1676 | 框后三尾和再首与$\underline{\downarrow}$框中次尾二、四首；<br>框前三尾和次首与$\underline{\downarrow}$框中首尾一、三首 | 4-6-6-8-10-2 | 7 | |
| | 框前三首和次尾与$\overline{\uparrow}$框中再首一、三尾；<br>框后三首和再尾与$\overline{\uparrow}$框中末首二、四尾 | 2-10-8-6-6-4 | | |
| 1677 | 框后三尾和再首与$\underline{\downarrow}$框中次首二、三尾；<br>框前三尾和次首与$\underline{\downarrow}$框前两尾和首首 | 4-6-6-8-10-6 | 7 | |
| | 框前三首和次尾与$\overline{\uparrow}$框中再尾二、三首；<br>框后三首和再尾与$\overline{\uparrow}$框后两首和末尾 | 6-10-8-6-6-4 | | |
| 1678 | 框后三尾和再首与$\underline{\downarrow}$框后三尾和次首；<br>框前三尾和次首与$\underline{\downarrow}$框前三尾和首首 | 4-6-6-8-10-6-6 | 8 | |
| | 框前三首和次尾与$\overline{\uparrow}$框前三首和再尾；<br>框后三首和再尾与$\overline{\uparrow}$框后三首和末尾 | 6-6-10-8-6-6-4 | | |
| 1679 | 框前三尾和次首与$\underline{\downarrow}$框中首尾一、四首 | 4-6-6-8-10-8 | 7 | |
| | 框后三首和再尾与$\overline{\uparrow}$框中末首一、四尾 | 8-10-8-6-6-4 | | |
| 1680 | 框中四尾和再首与下行首数 | 2-4-6-6-2 | 6 | |
| | 框中四首和次尾与上行尾数 | 2-6-6-4-2 | | |
| 1681 | 框中四尾和再首与↓框中前两首 | 2-4-6-6-2-6 | 7 | |
| | 框中四首和次尾与↑框中后两尾 | 6-2-6-6-4-2 | | |
| 1682 | 框中四尾和再首与↓框中前两行 | 2-4-6-6-2-6-4 | 8 | |
| | 框中四首和次尾与↑框中后两行 | 4-6-2-6-6-4-2 | | |
| 1683 | 框中四尾和再首与↓框前三首和首尾 | 2-4-6-6-2-6-4-2 | 9 | |
| | 框中四首和次尾与↑框后三尾和末首 | 2-4-6-2-6-6-4-2 | | |
| 1684 | 框中四尾和再首与↓框前三首前两尾 | 2-4-6-6-2-6-4-2-4 | 10 | |
| | 框中四首和次尾与↑框后三尾后两首 | 4-2-4-6-2-6-6-4-2 | | |
| 1685 | 框中四尾和再首与↓框中四首和首尾 | 2-4-6-6-2-6-4-2-6 | 10 | |
| | 框中四首和次尾与↑框中四尾和末首 | 6-2-4-6-2-6-6-4-2 | | |
| 1686 | 框中四尾和再首与↓框前三首一、三尾 | 2-4-6-6-2-6-4-2-10 | 10 | |
| | 框中四首和次尾与↑框后三尾二、四首 | 10-2-4-6-2-6-6-4-2 | | |
| 1687 | 框中四尾和再首与↓框前两首前两尾 | 2-4-6-6-2-6-4-6 | 9 | |
| | 框中四首和次尾与↑框后两首后两尾 | 6-4-6-2-6-6-4-2 | | |

续表

| 序号 | 条件<br>在表 28 中，若任何的＿＿＿都是素数的 | 结论<br>就是一个差 D 型 | k 生素数 | 同差异决之序号 |
|---|---|---|---|---|
| 1688 | 框中四尾和再首与↓框前三尾前两首 | 2-4-6-6-2-6-4-6-6 | 10 | |
| | 框中四首和次尾与↑框后三首后两尾 | 6-6-4-6-2-6-6-4-2 | | |
| 1689 | 框中四尾和再首与↓框前两行和末首 | 2-4-6-6-2-6-4-8 | 9 | |
| | 框中四首和次尾与↑框后两行和首尾 | 8-4-6-2-6-6-4-2 | | |
| 1690 | 框中四尾和再首与↓框前两行和丁行 | 2-4-6-6-2-6-4-8-4 | 10 | |
| | 框中四首和次尾与↑框后两行和次行 | 4-8-4-6-2-6-6-4-2 | | |
| 1691 | 框中四尾和再首与↓框前两行末首、尾 | 2-4-6-6-2-6-4-8-10 | 10 | |
| | 框中四首和次尾与↑框后两行首首、尾 | 10-8-4-6-2-6-6-4-2 | | |
| 1692 | 框中四尾和再尾与↓框中前三首 | 2-4-6-6-2-6-6 | 8 | |
| | 框中四首和次尾与↑框中后三尾 | 6-6-2-6-6-4-2 | | |
| 1693 | 框中四尾和再首与↓框前三首和次尾 | 2-4-6-6-2-6-6-4 | 9 | |
| | 框中四首和次尾与↑框后三尾和再首 | 4-6-6-2-6-6-4-2 | | |
| 1694 | 框中四尾和再首与↓框前三首二、三尾 | 2-4-6-6-2-6-6-4-6 | 10 | |
| | 框中四首和次尾与↑框后三尾二、三首 | 6-4-6-6-2-6-6-4-2 | | |
| 1695 | 框中四尾和再首与↓框中四首数 | 2-4-6-6-2-6-6-6 | 9 | |
| | 框中四首和次尾与↑框中四尾数 | 6-6-6-2-6-6-4-2 | | |
| 1696 | 框中四尾和再首与↓框中四首和再尾 | 2-4-6-6-2-6-6-6-4 | 10 | |
| | 框中四首和次尾与↑框中四尾和次首 | 4-6-6-6-2-6-6-4-2 | | |
| 1697 | 框中四尾和再首与↓框中四首和末尾 | 2-4-6-6-2-6-6-6-10 | 10 | |
| | 框中四首和次尾与↑框中四尾和首首 | 10-6-6-6-2-6-6-4-2 | | |
| 1698 | 框中四尾和再首与↓框前三首和再尾 | 2-4-6-6-2-6-6-10 | 9 | |
| | 框中四首和次尾与↑框后三尾和次首 | 10-6-6-2-6-6-4-2 | | |
| 1699 | 框中四尾和再首与↓框前三首后两尾 | 2-4-6-6-2-6-6-10-6 | 10 | |
| | 框中四首和次尾与↑框后三尾前两首 | 6-10-6-6-2-6-6-4-2 | | |
| 1700 | 框中四尾和再首与↓框前两首和次尾 | 2-4-6-6-2-6-10 | 8 | |
| | 框中四首和次尾与↑框后两尾和再首 | 10-6-2-6-6-4-2 | | |
| 1701 | 框中四尾和再首与↓框前两首二、三尾 | 2-4-6-6-2-6-10-6 | 9 | |
| | 框中四首和次尾与↑框后两尾二、三首 | 6-10-6-2-6-6-4-2 | | |
| 1702 | 框中四尾和再首与↓框后三尾前两首 | 2-4-6-6-2-6-10-6-6 | 10 | |
| | 框中四首和次尾与↑框前三首后两尾 | 6-6-10-6-2-6-6-4-2 | | |
| 1703 | 框中四尾和再首与↓框中首首、尾 | 2-4-6-6-2-10 | 7 | |
| | 框中四首和次尾与↑框中末首、尾 | 10-2-6-6-4-2 | | |
| 1704 | 框中四尾和再首与↓框中首尾一、三首 | 2-4-6-6-2-10-2 | 8 | |
| | 框中四首和次尾与↑框中末首二、四尾 | 2-10-2-6-6-4-2 | | |
| 1705 | 框中四尾和再首与↓框前两尾一、三首 | 2-4-6-6-2-10-2-4 | 9 | |
| | 框中四首和次尾与↑框后两首二、四尾 | 4-2-10-2-6-6-4-2 | | |
| 1706 | 框中四尾和再首与↓框前三尾一、三首 | 2-4-6-6-2-10-2-4-6 | 10 | |
| | 框中四首和次尾与↑框后三首二、四尾 | 6-4-2-10-2-6-6-4-2 | | |
| 1707 | 框中四尾和再首与↓框后两首首首、尾 | 2-4-6-6-2-10-2-6 | 9 | |
| | 框中四首和次尾与↑框前两尾末首、尾 | 6-2-10-2-6-6-4-2 | | |

续表

| 序号 | 条件 | 结论 | | 同差异决之序号 |
|---|---|---|---|---|
| | 在表28中,若任何的______都是素数的 | 就是一个差___$D$___型 | $k$ 生素数 | |
| 1708 | 框中四尾和再首与↓框中一、三、四首一、三尾 | 2-4-6-6-2-10-2-6-4 | 10 | |
| | 框中四首和次尾与↑框中一、二、四尾二、四首 | 4-6-2-10-2-6-6-4-2 | | |
| 1709 | 框中四尾和再首与↓框中一、三、四首一、四尾 | 2-4-6-6-2-10-2-6-10 | 10 | |
| | 框中四首和次尾与↑框中一、二、四尾二、四首 | 10-6-2-10-2-6-6-4-2 | | |
| 1710 | 框中四尾和再首与↓框中一、三首一、三尾 | 2-4-6-6-2-10-2-10 | 9 | |
| | 框中四首和次尾与↑框中二、四首二、四尾 | 10-2-10-2-6-6-4-2 | | |
| 1711 | 框中四尾和再首与↓框中一、三、四尾一、三首 | 2-4-6-6-2-10-2-10 6 | 10 | |
| | 框中四首和次尾与↑框中一、二、四首二、四尾 | 6-10-2-10-2-6-6-4-2 | | |
| 1712 | 框中四尾和再首与↓框前两尾和首首 | 2-4-6-6-2-10-6 | 8 | |
| | 框中四首和次尾与↑框后两首和末尾 | 6-10-2-6-6-4-2 | | |
| 1713 | 框中四尾和再首与↓框前三尾和首首 | 2-4-6-6-2-10-6-6 | 9 | |
| | 框中四首和次尾与↑框后三首和末尾 | 6-6-10-2-6-6-4-2 | | |
| 1714 | 框中四尾和再首与↓框中四尾和首首 | 2-4-6-6-2-10-6-6-6 | 10 | |
| | 框中四首和次尾与↑框中四首和末尾 | 6-6-6-10-2-6-6-4-2 | | |
| 1715 | 框中四尾和再首与↓框中首尾一、四首 | 2-4-6-6-2-10-8 | 8 | |
| | 框中四首和次尾与↑框中末首一、四尾 | 8-10-2-6-6-4-2 | | |
| 1716 | 框中四尾和再首与↓框中丁行首首、尾 | 2-4-6-6-2-10-8-4 | 9 | |
| | 框中四首和次尾与↑框中次行末首、尾 | 4-8-10-2-6-6-10-2 | | |
| 1717 | 框中四尾和再首与↓框后两行首首、尾 | 2-4-6-6-2-10-8-4-6 | 10 | |
| | 框中四首和次尾与↑框前两行末首、尾 | 6-4-8-10-2-6-6-4-2 | | |
| 1718 | 框中四尾和再首与↓框中一、四首一、四尾 | 2-4-6-6-2-10-8-10 | 9 | |
| | 框中四首和次尾与↑框中一、四首一、四尾 | 10-8-10-2-6-6-4-2 | | |
| 1719 | 框中四尾和再首与下下行首数 | 2-4-6-6-8 | 6 | |
| | 框中四首和次尾与上上行尾数 | 8-6-6-4-2 | | |
| 1720 | 框中四尾和再首与下下行两数 | 2-4-6-6-8-4 | 7 | |
| | 框中四首和次尾与上上行两数 | 4-8-6-6-4-2 | | |
| 1721 | 框中四尾和再首与↓框中首尾二、三首 | 2-4-6-6-8-4-2 | 8 | |
| | 框中四首和次尾与↑框中末首二、三尾 | 2-4-8-6-6-4-2 | | |
| 1722 | 框中四尾和再首与↓框中二、三行 | 2-4-6-6-8-4-2-4 | 9 | |
| | 框中四首和次尾与↑框中三、四行 | 4-2-4-8-6-6-4-2 | | |
| 1723 | 框中四尾和再首与↓框前三尾二、三首 | 2-4-6-6-8-4-2-4-6 | 10 | |
| | 框中四首和次尾与↑框后三首二、三尾 | 6-4-2-4-8-6-6-4-2 | | |
| 1724 | 框中四尾和再首与↓框后三首和首尾 | 2-4-6-6-8-4-2-6 | 9 | |
| | 框中四首和次尾与↑框前三尾和末首 | 6-2-4-8-6-6-4-2 | | |
| 1725 | 框中四尾和再首与↓框后三首一、三尾 | 2-4-6-6-8-4-2-6-4 | 10 | |
| | 框中四首和次尾与↑框前三尾二、四首 | 4-6-2-4-8-6-6-4-2 | | |
| 1726 | 框中四尾和再首与↓框后三首一、四尾 | 2-4-6-6-8-4-2-6-10 | 10 | |
| | 框中四首和次尾与↑框前三尾一、四首 | 10-6-2-4-8-6-6-4-2 | | |
| 1727 | 框中四尾和再首与↓框中次行再首、尾 | 2-4-6-6-8-4-2-10 | 9 | |
| | 框中四首和次尾与↑框中丁行次首、尾 | 10-2-4-8-6-6-4-2 | | |

## 续表

| 序号 | 条件<br>在表 28 中,若任何的______都是素数的 | 结论<br>就是一个差 $\underline{D}$ 型 | $k$生素数 | 同差异决之序号 |
|---|---|---|---|---|
| 1728 | 框中四尾和再首与$\underline{\downarrow}$框中一、三、四尾二、三首 | 2-4-6-6-8-4-2-10-6 | 10 | |
| | 框中四首和次尾与$\overline{\uparrow}$框中一、二、四首二、三尾 | 6-10-2-4-8-6-6-4-2 | | |
| 1729 | 框中四尾和再首与$\underline{\downarrow}$框前两尾和次首 | 2-4-6-6-8-4-6 | 8 | |
| | 框中四首和次尾与$\overline{\uparrow}$框后两首和再尾 | 6-4-8-6-6-4-2 | | |
| 1730 | 框中四尾和再首与$\underline{\downarrow}$框前三尾和次首 | 2-4-6-6-8-4-6-6 | 9 | |
| | 框中四首和次尾与$\overline{\uparrow}$框后三首和再尾 | 6-6-4-8-6-6-4-2 | | |
| 1731 | 框中四尾和再首与$\underline{\downarrow}$框中四尾和次首 | 2-4-6-6-8-4-6-6-6 | 10 | |
| | 框中四首和次尾与$\overline{\uparrow}$框中四首和再尾 | 6-6-6-4-8-6-6-4-2 | | |
| 1732 | 框中四尾和再首与$\underline{\downarrow}$框中次行和末首 | 2-4-6-6-8-4-8 | 8 | |
| | 框中四首和次尾与$\overline{\uparrow}$框中丁行和首尾 | 8-4-8-6-6-4-2 | | |
| 1733 | 框中四尾和再首与$\underline{\downarrow}$框中二、四行 | 2-4-6-6-8-4-8-4 | 9 | |
| | 框中四首和次尾与$\overline{\uparrow}$框中二、四行 | 4-8-4-8-6-6-4-2 | | |
| 1734 | 框中四尾和再首与$\underline{\downarrow}$框后两行和次行 | 2-4-6-6-8-4-8-4-6 | 10 | |
| | 框中四首和次尾与$\overline{\uparrow}$框前两行和丁行 | 6-4-8-4-8-6-6-4-2 | | |
| 1735 | 框中四尾和再首与$\underline{\downarrow}$框中次行末首、尾 | 2-4-6-6-8-4-8-10 | 9 | |
| | 框中四首和次尾与$\overline{\uparrow}$框中丁行首首、尾 | 10-8-4-8-6-6-4-2 | | |
| 1736 | 框中四尾和再首与$\underline{\downarrow}$框中二、三首 | 2-4-6-6-8-6 | 7 | |
| | 框中四首和次尾与$\overline{\uparrow}$框中二、三尾 | 6-8-6-6-4-2 | | |
| 1737 | 框中四尾和再首与$\underline{\downarrow}$框中次尾二、三首 | 2-4-6-6-8-6-4 | 8 | |
| | 框中四尾和次尾与$\overline{\uparrow}$框中再首二、三尾 | 4-6-8-6-6-4-2 | | |
| 1738 | 框中四尾和再首与$\underline{\downarrow}$框中二、三首二、三尾 | 2-4-6-6-8-6-4-6 | 9 | |
| | 框中四首和次尾与$\overline{\uparrow}$框中二、三首二、三尾 | 6-4-6-8-6-6-4-2 | | |
| 1739 | 框中四尾和再首与$\underline{\downarrow}$框后三尾二、三首 | 2-4-6-6-8-6-4-6-6 | 10 | |
| | 框中四首和次尾与$\overline{\uparrow}$框前三首二、三尾 | 6-6-4-6-8-6-6-4-2 | | |
| 1740 | 框中四尾和再首与$\underline{\downarrow}$框中后三首 | 2-4-6-6-8-6-6 | 8 | |
| | 框中四首和次尾与$\overline{\uparrow}$框中前三尾 | 6-6-8-6-6-4-2 | | |
| 1741 | 框中四尾和再首与$\underline{\downarrow}$框后三首和再尾 | 2-4-6-6-8-6-6-4 | 9 | |
| | 框中四首和次尾与$\overline{\uparrow}$框前三尾和次首 | 4-6-6-8-6-6-4-2 | | |
| 1742 | 框中四尾和再首与$\underline{\downarrow}$框后三首后两尾 | 2-4-6-6-8-6-6-4-6 | 10 | |
| | 框中四首和次尾与$\overline{\uparrow}$框前三尾前两首 | 6-4-6-6-8-6-6-4-2 | | |
| 1743 | 框中四尾和再首与$\underline{\downarrow}$框后三首和末尾 | 2-4-6-6-8-6-6-10 | 9 | |
| | 框中四首和次尾与$\overline{\uparrow}$框前三尾和首首 | 10-6-6-8-6-6-4-2 | | |
| 1744 | 框中四尾和再首与$\underline{\downarrow}$框中再尾二、三首 | 2-4-6-6-8-6-10 | 8 | |
| | 框中四首和次尾与$\overline{\uparrow}$框中次首二、三尾 | 10-6-8-6-6-4-2 | | |
| 1745 | 框中四尾和再首与$\underline{\downarrow}$框后两尾二、三首 | 2-4-6-6-8-6-10-6 | 9 | |
| | 框中四首和次尾与$\overline{\uparrow}$框前两首二、三尾 | 6-10-6-8-6-6-4-2 | | |
| 1746 | 框中四尾和再首与$\underline{\downarrow}$框中次首、尾 | 2-4-6-6-8-10 | 7 | |
| | 框中四首和次尾与$\overline{\uparrow}$框中再首、尾 | 10-8-6-6-4-2 | | |
| 1747 | 框中四尾和再首与$\underline{\downarrow}$框中次首二、三尾 | 2-4-6-6-8-10-6 | 8 | |
| | 框中四首和次尾与$\overline{\uparrow}$框中再尾二、三首 | 6-10-8-6-6-4-2 | | |

续表

| 序号 | 条件<br>在表 28 中,若任何的______都是素数的 | 结论<br>就是一个差 $D$ 型 | $k$ 生素数 | 同差异决之序号 |
|---|---|---|---|---|
| 1748 | 框中四尾和再首与$\underline{\downarrow}$框后三尾和次首 | 2-4-6-6-8-10-6-6 | 9 | |
| | 框中四首和次尾与$\overline{\uparrow}$框前三首和再尾 | 6-6-10-8-6-6-4-2 | | |
| 1749 | 框中四首和再尾与下下行首数 | 6-6-6-4-8 | 6 | |
| | 框中四尾和次首与上上行尾数 | 8-4-6-6-6 | | |
| 1750 | 框中四首和再尾与$\underline{\downarrow}$框中前两首 | 6-6-6-4-8-6 | 7 | |
| | 框中四尾和次首与$\overline{\uparrow}$框中后两尾 | 6-8-4-6-6-6 | | |
| 1751 | 框中四首和再尾与$\underline{\downarrow}$框中前两行 | 6-6-6-4-8-6-4 | 8 | |
| | 框中四尾和次首与$\overline{\uparrow}$框中后两行 | 4-6-8-4-6-6-6 | | |
| 1752 | 框中四首和再尾与$\underline{\downarrow}$框前三首和首尾 | 6-6-6-4-8-6-4-2 | 9 | |
| | 框中四尾和次首与$\overline{\uparrow}$框后三尾和末首 | 2-4-6-8-4-6-6-6 | | |
| 1753 | 框中四首和再尾与$\underline{\downarrow}$框前两首前两尾 | 6-6-6-4-8-6-4-6 | 9 | |
| | 框中四尾和次首与$\overline{\uparrow}$框后两首后两尾 | 6-4-6-8-4-6-6-6 | | |
| 1754 | 框中四首和再尾与$\underline{\downarrow}$框前两行和末首 | 6-6-6-4-8-6-4-8 | 9 | |
| | 框中四尾和次首与$\overline{\uparrow}$框后两行和首尾 | 8-4-6-8-4-6-6-6 | | |
| 1755 | 框中四首和再尾与$\underline{\downarrow}$框中前三首 | 6-6-6-4-8-6-6 | 8 | |
| | 框中四尾和次首与$\overline{\uparrow}$框中后三尾 | 6-6-8-4-6-6-6 | | |
| 1756 | 框中四首和再尾与$\underline{\downarrow}$框前三首和次尾 | 6-6-6-4-8-6-6-4 | 9 | |
| | 框中四尾和次首与$\overline{\uparrow}$框后三尾和再首 | 4-6-6-8-4-6-6-6 | | |
| 1757 | 框中四首和再尾与$\underline{\downarrow}$框中四首数 | 6-6-6-4-8-6-6-6 | 9 | |
| | 框中四尾和次首与$\overline{\uparrow}$框中四尾数 | 6-6-6-8-4-6-6-6 | | |
| 1758 | 框中四首和再尾与$\underline{\downarrow}$框前两首和次尾 | 6-6-6-4-8-6-10 | 8 | |
| | 框中四尾和次首与$\overline{\uparrow}$框后两尾和再首 | 10-6-8-4-6-6-6 | | |
| 1759 | 框中四首和再尾与$\underline{\downarrow}$框中一、二、四首和次尾 | 6-6-6-4-8-6-10-2 | 9 | |
| | 框中四尾和次首与$\overline{\uparrow}$框中一、三、四尾和再首 | 2-10-6-8-4-6-6-6 | | |
| 1760 | 框中四首和再尾与$\underline{\downarrow}$框中一、二、四首二、四尾 | 6-6-6-4-8-6-10-2-10 | 10 | |
| | 框中四尾和次首与$\underline{\downarrow}$框中一、三、四尾一、三首 | 10-2-10-6-8-4-6-6-6 | | |
| 1761 | 框中四首和再尾与$\underline{\downarrow}$框中首首、尾 | 6-6-6-4-8-10 | 7 | |
| | 框中四尾和次首与$\overline{\uparrow}$框中末首、尾 | 10-8-4-6-6-6 | | |
| 1762 | 框中四首和再尾与$\underline{\downarrow}$框中首尾一、三首 | 6-6-6-4-8-10-2 | 8 | |
| | 框中四尾和次首与$\overline{\uparrow}$框中末首二、四尾 | 2-10-8-4-6-6-6 | | |
| 1763 | 框中四首和再尾与$\underline{\downarrow}$框前两尾一、三首 | 6-6-6-4-8-10-2-4 | 9 | |
| | 框中四尾和次首与$\overline{\uparrow}$框后两首二、四尾 | 4-2-10-8-4-6-6-6 | | |
| 1764 | 框中四首和再尾与$\underline{\downarrow}$框后两首首首、尾 | 6-6-6-4-8-10-2-6 | 9 | |
| | 框中四尾和次首与$\overline{\uparrow}$框前两尾末首、尾 | 6-2-10-8-4-6-6-6 | | |
| 1765 | 框中四首和再尾与$\underline{\downarrow}$框中一、三、四首一、四尾 | 6-6-6-4-8-10-2-6-10 | 10 | |
| | 框中四尾和次首与$\overline{\uparrow}$框中一、二、四尾一、四首 | 10-6-2-10-8-4-6-6-6 | | |
| 1766 | 框中四首和再尾与$\underline{\downarrow}$框前两尾和首首 | 6-6-6-4-8-10-6 | 8 | |
| | 框中四尾和次首与$\overline{\uparrow}$框后两首和末尾 | 6-10-8-4-6-6-6 | | |
| 1767 | 框中四首和再尾与$\underline{\downarrow}$框前两尾一、四首 | 6-6-6-4-8-10-6-2 | 9 | |
| | 框中四尾和次首与$\overline{\uparrow}$框后两首一、四尾 | 2-6-10-8-4-6-6-6 | | |

续表

| 序　号 | 条　件<br>在表 28 中,若任何的______都是素数的 | 结　论<br>就是一个差 $\underline{D}$ 型 | k 生素数 | 同差异决之序号 |
|---|---|---|---|---|
| 1768 | 框中四首和再尾与↓框中一、二、四尾一、四首 | 6-6-6-4-8-10-6-2-10 | 10 | |
| | 框中四尾和次首与↑框中一、三、四首一、四尾 | 10-2-6-10-8-4-6-6-6 | | |
| 1769 | 框中四首和再尾与↓框中首尾一、四首 | 6-6-6-4-8-10-8 | 8 | |
| | 框中四尾和次首与↑框中末首一、四尾 | 8-10-8-4-6-6-6 | | |
| 1770 | 框中四首和再尾与↓框中一、四首一、四尾 | 6-6-6-4-8-10-8-10 | 9 | |
| | 框中四尾和次首与↑框中一、四首一、四尾 | 10-8-10-8-4-6-6-6 | | |
| 1771 | 框中四尾和次首与下行首数 | 4-6-6-6-2 | 6 | |
| | 框中四首和再尾与上行尾数 | 2-6-6-6-4 | | |
| 1772 | 框中四尾和次首与↓框中前两首 | 4-6-6-6-2-6 | 7 | |
| | 框中四首和再尾与↑框中后两尾 | 6-2-6-6-6-4 | | |
| 1773 | 框中四尾和次首与↓框中前两行 | 4-6-6-6-2-6-4 | 8 | |
| | 框中四首和再尾与↑框中后两行 | 4-6-2-6-6-6-4 | | |
| 1774 | 框中四尾和次首与↓框前三首和首尾 | 4-6-6-6-2-6-4-2 | 9 | |
| | 框中四首和再尾与↑框后三尾和末首 | 2-4-6-2-6-6-6-4 | | |
| 1775 | 框中四尾和次首与↓框中四首和首尾 | 4-6-6-6-2-6-4-2-6 | 10 | |
| | 框中四首和再尾与↑框中四尾和末首 | 6-2-4-6-2-6-6-6-4 | | |
| 1776 | 框中四尾和次首与↓框前三首一、三尾 | 4-6-6-6-2-6-4-2-10 | 10 | |
| | 框中四首和再尾与↑框后三尾二、四首 | 10-2-4-6-2-6-6-6-4 | | |
| 1777 | 框中四尾和次首与↓框前两行和末首 | 4-6-6-6-2-6-4-8 | 9 | |
| | 框中四首和再尾与↑框后两行和首尾 | 8-4-6-2-6-6-6-4 | | |
| 1778 | 框中四尾和次首与↓框前两行和丁行 | 4-6-6-6-2-6-4-8-4 | 10 | |
| | 框中四首和再尾与↑框后两行和次行 | 4-8-4-6-2-6-6-6-4 | | |
| 1779 | 框中四尾和次首与↓框前两行末首、尾 | 4-6-6-6-2-6-4-8-10 | 10 | |
| | 框中四首和再尾与↑框后两行首首、尾 | 10-8-4-6-2-6-6-6-4 | | |
| 1780 | 框中四尾和次首与↓框中前三首 | 4-6-6-6-2-6-6 | 8 | |
| | 框中四首和再尾与↑框中后三尾 | 6-6-2-6-6-6-4 | | |
| 1781 | 框中四尾和次首与↓框前三首和次尾 | 4-6-6-6-2-6-6-4 | 9 | |
| | 框中四首和再尾与↑框后三尾和再首 | 4-6-6-2-6-6-6-4 | | |
| 1782 | 框中四尾和次首与↓框中四首数 | 4-6-6-6-2-6-6-6 | 9 | |
| | 框中四首和再尾与↑框中四尾数 | 6-6-6-2-6-6-6-4 | | |
| 1783 | 框中四尾和次首与↓框中四首和再尾 | 4-6-6-6-2-6-6-6-4 | 10 | |
| 1784 | 框中四尾和次首与↓框中四首和末尾 | 4-6-6-6-2-6-6-6-10 | 10 | |
| | 框中四首和再尾与↑框中四尾和首首 | 10-6-6-6-2-6-6-6-4 | | |
| 1785 | 框中四尾和次首与↓框前三首和再尾 | 4-6-6-6-2-6-6-10 | 9 | |
| | 框中四首和再尾与↑框后三尾和次首 | 10-6-6-2-6-6-6-4 | | |
| 1786 | 框中四尾和次首与↓框前三首后两尾 | 4-6-6-6-2-6-6-10-6 | 10 | |
| | 框中四首和再尾与↑框后三尾前两首 | 6-10-6-6-2-6-6-6-4 | | |
| 1787 | 框中四尾和次首与↓框前两首和次尾 | 4-6-6-6-2-6-10 | 8 | |
| | 框中四首和再尾与↑框后两尾和再首 | 10-6-2-6-6-6-4 | | |

续表

| 序号 | 条件<br>在表 28 中,若任何的________都是素数的 | 结论<br>就是一个差__D__型 | $k$ 生素数 | 同差异决之序号 |
|---|---|---|---|---|
| 1788 | 框中四尾和次首与↓框中一、二、四首和次尾 | 4-6-6-6-2-6-10-2 | 9 | |
| | 框中四首和再尾与↑框中一、三、四尾和再首 | 2-10-6-2-6-6-6-4 | | |
| 1789 | 框中四尾和次首与↓框中一、二、四首二、三尾 | 4-6-6-6-2-6-10-2-4 | 10 | |
| | 框中四首和再尾与↑框中一、三、四尾二、三首 | 4-2-10-6-2-6-6-6-4 | | |
| 1790 | 框中四尾和次首与↓框中一、二、四首二、四尾 | 4-6-6-6-2-6-10-2-10 | 10 | |
| | 框中四首和再尾与↑框中一、三、四尾一、三首 | 10-2-10-6-2-6-6-6-4 | | |
| 1791 | 框中四尾和次首与↓框前两首二、三尾 | 4-6-6-6-2-6-10-6 | 9 | |
| | 框中四首和再尾与↑框后两尾二、三首 | 6-10-6-2-6-6-6-4 | | |
| 1792 | 框中四尾和次首与↓框后三尾前两首 | 4-6-6-6-2-6-10-6-6 | 10 | |
| | 框中四首和再尾与↑框前三首后两尾 | 6-6-10-6-2-6-6-6-4 | | |
| 1793 | 框中四尾和次首与↓框中首首、尾 | 4-6-6-6-2-10 | 7 | |
| | 框中四首和再尾与↑框中末首、尾 | 10-2-6-6-6-4 | | |
| 1794 | 框中四尾和次首与↓框中首尾一、三首 | 4-6-6-6-2-10-2 | 8 | |
| | 框中四首和再尾与↑框中末首二、四尾 | 2-10-2-6-6-6-4 | | |
| 1795 | 框中四尾和次首与↓框后两首首首、尾 | 4-6-6-6-2-10-2-6 | 9 | |
| | 框中四首和再尾与↑框前两尾末首、尾 | 6-2-10-2-6-6-6-4 | | |
| 1796 | 框中四尾和次首与↓框中一、三、四首一、三尾 | 4-6-6-6-2-10-2-6-4 | 10 | |
| | 框中四首和再尾与↑框中一、二、四尾二、四首 | 4-6-2-10-2-6-6-6-4 | | |
| 1797 | 框中四尾和次首与↓框中一、三、四首一、四尾 | 4-6-6-6-2-10-2-6-10 | 10 | |
| | 框中四首和再尾与↑框中一、二、四尾一、四首 | 10-6-2-10-2-6-6-6-4 | | |
| 1798 | 框中四尾和次首与↓框中一、三首一、三尾 | 4-6-6-6-2-10-2-10 | 9 | |
| | 框中四首和再尾与↑框中二、四首二、四尾 | 10-2-10-2-6-6-6-4 | | |
| 1799 | 框中四尾和次首与↓框中一、三、四尾一、三首 | 4-6-6-6-2-10-2-10-6 | 10 | |
| | 框中四首和再尾与↑框中一、二、四首二、四尾 | 6-10-2-10-2-6-6-6-4 | | |
| 1800 | 框中四尾和次首与↓框中首尾一、四首 | 4-6-6-6-2-10-8 | 8 | |
| | 框中四首和再尾与↑框中末首一、四尾 | 8-10-2-6-6-6-4 | | |
| 1801 | 框中四尾和次首与↓框中丁行首首、尾 | 4-6-6-6-2-10-8-4 | 9 | |
| | 框中四首和再尾与↑框中次行末首、尾 | 4-8-10-2-6-6-6-4 | | |
| 1802 | 框中四尾和次首与↓框后两行首首、尾 | 4-6-6-6-2-10-8-4-6 | 10 | |
| | 框中四首和再尾与↑框前两行末首、尾 | 6-4-8-10-2-6-6-6-4 | | |
| 1803 | 框中四尾和次首与↓框中一、四首一、四尾 | 4-6-6-6-2-10-8-10 | 9 | |
| | 框中四首和再尾与↑框中一、四首一、四尾 | 10-8-10-2-6-6-6-4 | | |
| 1804 | 框中四尾和次首与下下行首数 | 4-6-6-6-8 | 6 | |
| | 框中四首和再尾与上上行尾数 | 8-6-6-6-4 | | |
| 1805 | 框中四尾和次首与下下行两数 | 4-6-6-6-8-4 | 7 | |
| | 框中四首和再尾与上上行两数 | 4-8-6-6-6-4 | | |
| 1806 | 框中四尾和次首与↓框中首尾二、三首 | 4-6-6-6-8-4-2 | 8 | |
| | 框中四首和再尾与↑框中末首二、三尾 | 2-4-8-6-6-6-4 | | |
| 1807 | 框中四尾和次首与↓框后三首和首尾 | 4-6-6-6-8-4-2-6 | 9 | |
| | 框中四首和再尾与↑框前三尾和末首 | 6-2-4-8-6-6-6-4 | | |

续表

| 序号 | 条件 | 结论 | | 同差异决之序号 |
| --- | --- | --- | --- | --- |
| | 在表 28 中,若任何的__________都是素数的 | 就是一个差__D__型 | k 生素数 | |
| 1808 | 框中四尾和次首与↓框后三首一、三尾 | 4-6-6-6-8-4-2-6-4 | 10 | |
| | 框中四首和再尾与↑框前三尾二、四首 | 4-6-2-4-8-6-6-6-4 | | |
| 1809 | 框中四尾和次首与↓框后三首一、四尾 | 4-6-6-6-8-4-2-6-10 | 10 | |
| | 框中四首和再尾与↑框前三尾一、四首 | 10-6-2-4-8-6-6-6-4 | | |
| 1810 | 框中四尾和次首与↓框中次行再首、尾 | 4-6-6-6-8-4-2-10 | 9 | |
| | 框中四首和再尾与↑框中丁行次首、尾 | 10-2-4-8-6-6-6-4 | | |
| 1811 | 框中四尾和次首与↓框中一、三、四尾二、三首 | 4-6-6-6-8-4-2-10-6 | 10 | |
| | 框中四首和再尾与↑框中一、二、四首二、三尾 | 6-10-2-4-8-6-6-6-4 | | |
| 1812 | 框中四尾和次首与↓框中次行和末首 | 4-6-6-6-8-4-8 | 8 | |
| | 框中四首和再尾与↑框中丁行和首尾 | 8-4-8-6-6-6-4 | | |
| 1813 | 框中四尾和次首与↓框中二、四行 | 4-6-6-6-8-4-8-4 | 9 | |
| | 框中四首和再尾与↑框中二、四行 | 4-8-4-8-6-6-6-4 | | |
| 1814 | 框中四尾和次首与↓框后两行和次行 | 4-6-6-6-8-4-8-4-6 | 10 | |
| | 框中四首和再尾与↑框前两行和丁行 | 6-4-8-4-8-6-6-6-4 | | |
| 1815 | 框中四尾和次首与↓框中次行末首、尾 | 4-6-6-6-8-4-8-10 | 9 | |
| | 框中四首和再尾与↑框中丁行首首、尾 | 10-8-4-8-6-6-6-4 | | |
| 1816 | 框中四尾和次首与↓框中二、三首 | 4-6-6-6-8-6 | 7 | |
| | 框中四首和再尾与↑框中二、三尾 | 6-8-6-6-6-4 | | |
| 1817 | 框中四尾和次首与↓框中次尾二、三首 | 4-6-6-6-8-6-4 | 8 | |
| | 框中四首和再尾与↑框中再首二、三尾 | 4-6-8-6-6-6-4 | | |
| 1818 | 框中四尾和次首与↓框后三首和次尾 | 4-6-6-6-8-6-4-2 | 9 | |
| | 框中四首和再尾与↑框前三尾和再首 | 2-4-6-8-6-6-6-4 | | |
| 1819 | 框中四尾和次首与↓框后三首二、三尾 | 4-6-6-6-8-6-4-2-4 | 10 | |
| | 框中四首和再尾与↑框前三尾二、三首 | 4-2-4-6-8-6-6-6-4 | | |
| 1820 | 框中四尾和次首与↓框后三首二、四尾 | 4-6-6-6-8-6-4-2-10 | 10 | |
| | 框中四首和再尾与↑框前三尾一、三首 | 10-2-4-6-8-6-6-6-4 | | |
| 1821 | 框中四尾和次首与↓框中二、三首二、三尾 | 4-6-6-6-8-6-4-6 | 9 | |
| | 框中四首和再尾与↑框中二、三首二、三尾 | 6-4-6-8-6-6-6-4 | | |
| 1822 | 框中四尾和次首与↓框后三尾二、三首 | 4-6-6-6-8-6-4-6-6 | 10 | |
| | 框中四首和再尾与↑框前三首二、三尾 | 6-6-4-6-8-6-6-6-4 | | |
| 1823 | 框中四尾和次首与↓框中后三首 | 4-6-6-6-8-6-6 | 8 | |
| | 框中四首和再尾与↑框中前三尾 | 6-6-8-6-6-6-4 | | |
| 1824 | 框中四尾和次首与↓框后三首和再尾 | 4-6-6-6-8-6-6-4 | 9 | |
| | 框中四首和再尾与↑框前三尾和次首 | 4-6-6-8-6-6-6-4 | | |
| 1825 | 框中四尾和次首与↓框后三首后两尾 | 4-6-6-6-8-6-6-4-6 | 10 | |
| | 框中四首和再尾与↑框前三尾前两首 | 6-4-6-6-8-6-6-6-4 | | |
| 1826 | 框中四尾和次首与↓框后三首和末尾 | 4-6-6-6-8-6-6-10 | 9 | |
| | 框中四首和再尾与↑框前三尾和首首 | 10-6-6-8-6-6-6-4 | | |
| 1827 | 框中四尾和次首与↓框中再尾二、三首 | 4-6-6-6-8-6-10 | 8 | |
| | 框中四首和再尾与↑框中次首二、三尾 | 10-6-8-6-6-6-4 | | |

续表

| 序号 | 条件：在表 28 中,若任何的______都是素数的 | 结论：就是一个差__D__型 | k生素数 | 同差异决之序号 |
|---|---|---|---|---|
| 1828 | 框中四尾和次首与$\underline{\downarrow}$框后两尾二、三首 | 4-6-6-6-8-6-10-6 | 9 | |
| | 框中四首和再尾与$\overline{\uparrow}$框前两首二、三尾 | 6-10-6-8-6-6-6-4 | | |
| 1829 | 框中四尾和次首与$\underline{\downarrow}$框中次首、尾 | 4-6-6-6-8-10 | 7 | |
| | 框中四首和再尾与$\overline{\uparrow}$框中再首、尾 | 10-8-6-6-6-4 | | |
| 1830 | 框中四尾和次首与$\underline{\downarrow}$框中次尾二、四首 | 4-6-6-6-8-10-2 | 8 | |
| | 框中四首和再尾与$\overline{\uparrow}$框中再首一、三尾 | 2-10-8-6-6-6-4 | | |
| 1831 | 框中四尾和次首与$\underline{\downarrow}$框中丁行次首、尾 | 4-6-6-6-8-10-2-4 | 9 | |
| | 框中四首和再尾与$\overline{\uparrow}$框中次行再首、尾 | 4-2-10-8-6-6-6-4 | | |
| 1832 | 框中四尾和次首与$\underline{\downarrow}$框后三尾二、四首 | 4-6-6-6-8-10-2-4-6 | 10 | |
| | 框中四首和再尾与$\overline{\uparrow}$框前三首一、三尾 | 6-4-2-10-8-6-6-6-4 | | |
| 1833 | 框中四尾和次首与$\underline{\downarrow}$框中二、四首二、四尾 | 4-6-6-6-8-10-2-10 | 9 | |
| | 框中四首和再尾与$\overline{\uparrow}$框中一、三首一、三尾 | 10-2-10-8-6-6-6-4 | | |
| 1834 | 框中四尾和次首与$\underline{\downarrow}$框中次首二、三尾 | 4-6-6-6-8-10-6 | 8 | |
| | 框中四首和再尾与$\overline{\uparrow}$框中再尾二、三首 | 6-10-8-6-6-6-4 | | |
| 1835 | 框中四尾和次首与$\underline{\downarrow}$框后三尾和次首 | 4-6-6-6-8-10-6-6 | 9 | |
| | 框中四首和再尾与$\overline{\uparrow}$框前三首和再尾 | 6-6-10-8-6-6-6-4 | | |
| 1836 | 框后两尾二、三首与下行首数 | 6-10-6-2 | 5 | |
| | 框前两首二、三尾与上行尾数 | 2-6-10-6 | | |
| 1837 | 框后两尾二、三首与↓框中前两首 | 6-10-6-2-6 | 6 | |
| | 框前两首二、三尾与↑框中后两尾 | 6-2-6-10-6 | | |
| 1838 | 框后两尾二、三首与↓框中前两行 | 6-10-6-2-6-4 | 7 | |
| | 框前两首二、三尾与↑框中后两行 | 4-6-2-6-10-6 | | |
| 1839 | 框后两尾二、三首与↓框前三首和首尾 | 6-10-6-2-6-4-2 | 8 | |
| | 框前两首二、三尾与↑框后三尾和末首 | 2-4-6-2-6-10-6 | | |
| 1840 | 框后两尾二、三首与↓框中前三首 | 6-10-6-2-6-6 | 7 | |
| | 框前两首二、三尾与↑框中后三尾 | 6-6-2-6-10-6 | | |
| 1841 | 框后两尾二、三首与↓框前三首和再尾 | 6-10-6-2-6-6-10 | 8 | |
| | 框前两首二、三尾与↑框后三尾和次首 | 10-6-6-2-6-10-6 | | |
| 1842 | 框后两尾二、三首与↓框前两首和次尾 | 6-10-6-2-6-10 | 7 | |
| | 框前两首二、三尾与↑框后两尾和再首 | 10-6-2-6-10-6 | | |
| 1843 | 框后两尾二、三首与↓框中一、二、四首和次尾 | 6-10-6-2-6-10-2 | 8 | |
| | 框前两首二、三尾与↑框中一、三、四尾和再首 | 2-10-6-2-6-10-6 | | |
| 1844 | 框后两尾二、三首与↓框中首首、尾 | 6-10-6-2-10 | 6 | |
| | 框前两首二、三尾与↑框中末首、尾 | 10-2-6-10-6 | | |
| 1845 | 框后两尾二、三首与↓框中首尾一、三首 | 6-10-6-2-10-2 | 7 | |
| | 框前两首二、三尾与↑框中末首二、四尾 | 2-10-2-6-10-6 | | |
| 1846 | 框后两尾二、三首与↓框前两尾一、三首 | 6-10-6-2-10-2-4 | 8 | |
| | 框前两首二、三尾与↑框后两首二、四尾 | 4-2-10-2-6-10-6 | | |
| 1847 | 框后两尾二、三首与↓框后两首首首、尾 | 6-10-6-2-10-2-6 | 8 | |
| | 框前两首二、三尾与↑框前两尾末首、尾 | 6-2-10-2-6-10-6 | | |

续表

| 序号 | 条件<br>在表28中,若任何的______都是素数的 | 结论<br>就是一个差__D__型 | k生素数 | 同差异决之序号 |
|---|---|---|---|---|
| 1848 | 框后两尾二、三首与↓框中一、三首一、三尾 | 6-10-6-2-10-2-10 | 8 | |
| | 框前两首二、三尾与↑框中二、四首二、四尾 | 10-2-10-2-6-10-6 | | |
| 1849 | 框后两尾二、三首与↓框前两尾和首首 | 6-10-6-2-10-6 | 7 | |
| | 框前两首二、三尾与↑框后两首和末尾 | 6-10-2-6-10-6 | | |
| 1850 | 框后两尾二、三首与↓框中首尾一、四首 | 6-10-6-2-10-8 | 7 | |
| | 框前两首二、三尾与↑框中末首一、四尾 | 8-10-2-6-10-6 | | |
| 1851 | 框后两尾二、三首与↓框中丁行首首、尾 | 6-10-6-2-10-8-4 | 8 | |
| | 框前两首二、三尾与↑框中次行末首、尾 | 4-8-10-2-6-10-6 | | |
| 1852 | 框后两尾二、三首与↓框中一、四首一、四尾 | 6-10-6-2-10-8-10 | 8 | |
| | 框前两首二、三尾与↑框中一、四首一、四尾 | 10-8-10-2-6-10-6 | | |
| 1853 | 框后两尾二、三首与下下行首数;<br>框前两首二、三尾与下下行首数 | 6-10-6-8 | 5 | |
| | 框前两首二、三尾与上上行尾数;<br>框后两尾二、三首与上上行尾数 | 8-6-10-6 | | |
| 1854 | 框后两尾二、三首与下下行两数 | 6-10-6-8-4 | 6 | |
| | 框前两首二、三尾与上上行两数 | 4-8-6-10-6 | | |
| 1855 | 框后两尾二、三首与↓框中首尾二、三首 | 6-10-6-8-4-2 | 7 | |
| | 框前两首二、三尾与↑框中末首二、三尾 | 2-4-8-6-10-6 | | |
| 1856 | 框后两尾二、三首与↓框中二、三行 | 6-10-6-8-4-2-4 | 8 | |
| | 框前两首二、三尾与↑框中三、四行 | 4-2-4-8-6-10-6 | | |
| 1857 | 框后两尾二、三首与↓框后三首和首尾 | 6-10-6-8-4-2-6 | 8 | |
| | 框前两首二、三尾与↑框前三尾和末首 | 6-2-4-8-6-10-6 | | |
| 1858 | 框后两尾二、三首与↓框中次行再首、尾 | 6-10-6-8-4-2-10 | 8 | |
| | 框前两首二、三尾与↑框中丁行次首、尾 | 10-2-4-8-6-10-6 | | |
| 1859 | 框后两尾二、三首与↓框前两尾和次首 | 6-10-6-8-4-6 | 7 | |
| | 框前两首二、三尾与↑框后两首和再尾 | 6-4-8-6-10-6 | | |
| 1860 | 框后两尾二、三首与↓框前两尾二、四首 | 6-10-6-8-4-6-2 | 8 | |
| | 框前两首二、三尾与↑框后两首一、三尾 | 2-6-4-8-6-10-6 | | |
| 1861 | 框后两尾二、三首与↓框前三尾和次首 | 6-10-6-8-4-6-6 | 8 | |
| | 框前两首二、三尾与↑框后三首和再尾 | 6-6-4-8-6-10-6 | | |
| 1862 | 框后两尾二、三首与↓框中次行和末首 | 6-10-6-8-4-8 | 7 | |
| | 框前两首二、三尾与↑框中丁行和首尾 | 8-4-8-6-10-6 | | |
| 1863 | 框后两尾二、三首与↓框中二、四行 | 6-10-6-8-4-8-4 | 8 | |
| | 框前两首二、三尾与↑框中二、四行 | 4-8-4-8-6-10-6 | | |
| 1864 | 框后两尾二、三首与↓框中二、三首;<br>框前两首二、三尾与↓框中前两首 | 6-10-6-8-6 | 6 | |
| | 框前两首二、三尾与↑框中二、三尾;<br>框后两尾二、三首与↑框中后两尾 | 6-8-6-10-6 | | |
| 1865 | 框后两尾二、三首与↓框中次尾二、三首;<br>框前两首二、三尾与↓框中前两行 | 6-10-6-8-6-4 | 7 | |
| | 框前两首二、三尾与↑框中再首二、三尾;<br>框后两尾二、三首与↑框中后两行 | 4-6-8-6-10-6 | | |

续表

| 序号 | 条件<br>在表 28 中,若任何的______都是素数的 | 结论<br>就是一个差 $D$ 型 | $k$ 生素数 | 同差异决之序号 |
|---|---|---|---|---|
| 1866 | 框后两尾二、三首与 $\underline{\downarrow}$ 框后三首和次尾；<br>框前两首二、三尾与 $\underline{\downarrow}$ 框前三首和首尾 | 6-10-6-8-6-4-2 | 8 | |
| | 框前两首二、三尾与 $\overline{\uparrow}$ 框前三尾和再首；<br>框后两尾二、三首与 $\overline{\uparrow}$ 框后三尾和末首 | 2-4-6-8-6-10-6 | | |
| 1867 | 框后两尾二、三首与 $\underline{\downarrow}$ 框中二、三首二、三尾；<br>框前两首二、三尾与 $\underline{\downarrow}$ 框前两首前两尾 | 6-10-6-8-6-4-6 | 8 | |
| | 框前两首二、三尾与 $\overline{\uparrow}$ 框中二、三首二、三尾；<br>框后两尾二、三首与 $\overline{\uparrow}$ 框后两首后两尾 | 6-4-6-8-6-10-6 | | |
| 1868 | 框后两尾二、三首与 $\underline{\downarrow}$ 框中后三首；<br>框前两首二、三尾与 $\underline{\downarrow}$ 框中前三首 | 6-10-6-8-6-6 | 7 | |
| | 框前两首二、三尾与 $\overline{\uparrow}$ 框中前三尾；<br>框后两尾二、三首与 $\overline{\uparrow}$ 框中后三尾 | 6-6-8-6-10-6 | | |
| 1869 | 框后两尾二、三首与 $\underline{\downarrow}$ 框中再尾二、三首；<br>框前两首二、三尾与 $\underline{\downarrow}$ 框前两首和次尾 | 6-10-6-8-6-10 | 7 | |
| | 框前两首二、三尾与 $\overline{\uparrow}$ 框中次首二、三尾；<br>框后两尾二、三首与 ↑ 框后两尾和再首 | 10-6-8-6-10-6 | | |
| 1870 | 框后两尾二、三首与 $\underline{\downarrow}$ 框后两尾二、三首<br>框前两首二、三尾与 $\overline{\uparrow}$ 框前两首二、三尾 | 6-10-6-8-6-10-6 | 8 | |
| 1871 | 框后两尾二、三首与 $\underline{\downarrow}$ 框中次首、尾；<br>框前两首二、三尾与 $\underline{\downarrow}$ 框中首首、尾 | 6-10-6-8-10 | 6 | |
| | 框前两首二、三尾与 $\overline{\uparrow}$ 框中再首、尾；<br>框后两尾二、三首与 $\overline{\uparrow}$ 框中末首、尾 | 10-8-6-10-6 | | |
| 1872 | 框后两尾二、三首与 $\underline{\downarrow}$ 框中次尾二、四首；<br>框前两首二、三尾与 $\underline{\downarrow}$ 框中首尾一、三首 | 6-10-6-8-10-2 | 7 | |
| | 框前两首二、三尾与 $\overline{\uparrow}$ 框中再首一、三尾；<br>框后两尾二、三首与 ↑ 框中末首二、四尾 | 2-10-8-6-10-6 | | |
| 1873 | 框后两尾二、三首与 $\underline{\downarrow}$ 框中次首二、三尾；<br>框前两首二、三尾与 $\underline{\downarrow}$ 框前两尾和首首 | 6-10-6-8-10-6 | 7 | |
| | 框前两首二、三尾与 $\overline{\uparrow}$ 框中再尾二、三首；<br>框后两尾二、三首与 $\overline{\uparrow}$ 框后两首和末尾 | 6-10-8-6-10-6 | | |
| 1874 | 框前两首二、三尾与 $\underline{\downarrow}$ 框中首尾一、四首 | 6-10-6-8-10-8 | 7 | |
| | 框后两尾二、三首与 $\overline{\uparrow}$ 框中末首一、四尾 | 8-10-8-6-10-6 | | |
| 1875 | 框前两首二、三尾与 $\underline{\downarrow}$ 框中一、四首一、四尾 | 6-10-6-8-10-8-10 | 8 | |
| | 框后两尾二、三首与 $\overline{\uparrow}$ 框中一、四首一、四尾 | 10-8-10-8-6-10-6 | | |
| 1876 | 框后三首后两尾与下行首数 | 6-6-4-6-2 | 6 | |
| | 框前三尾前两首与上行尾数 | 2-6-4-6-6 | | |
| 1877 | 框后三首后两尾与 ↓ 框中前两首 | 6-6-4-6-2-6 | 7 | |
| | 框前三尾前两首与 ↑ 框中后两尾 | 6-2-6-4-6-6 | | |
| 1878 | 框后三首后两尾与 ↓ 框中前两行 | 6-6-4-6-2-6-4 | 8 | |
| | 框前三尾前两首与 ↑ 框中后两行 | 4-6-2-6-4-6-6 | | |
| 1879 | 框后三首后两尾与 ↓ 框前三首和首尾 | 6-6-4-6-2-6-4-2 | 9 | |
| | 框前三尾前两首与 ↑ 框后三尾和末首 | 2-4-6-2-6-4-6-6 | | |

续表

| 序　号 | 条　件<br>在表 28 中,若任何的________都是素数的 | 结　论<br>就是一个差__D__型 | k 生素数 | 同差异决之序号 |
|---|---|---|---|---|
| 1880 | 框后三首后两尾与↓框前两首前两尾 | 6-6-4-6-2-6-4-6 | 9 | |
| | 框前三尾前两首与↑框后两首后两尾 | 6-4-6-2-6-4-6-6 | | |
| 1881 | 框后三首后两尾与↓框前两行和末首 | 6-6-4-6-2-6-4-8 | 9 | |
| | 框前三尾前两首与↑框后两行和首尾 | 8-4-6-2-6-4-6-6 | | |
| 1882 | 框后三首后两尾与↓框中前三首 | 6-6-4-6-2-6-6 | 8 | |
| | 框前三尾前两首与↑框中后三尾 | 6-6-2-6-4-6-6 | | |
| 1883 | 框后三首后两尾与↓框前三首和次尾 | 6-6-4-6-2-6-6-4 | 9 | |
| | 框前三尾前两首与↑框后三尾和再首 | 4-6-6-2-6-4-6-6 | | |
| 1884 | 框后三首后两尾与↓框中四首数 | 6-6-4-6-2-6-6-6 | 9 | |
| | 框前三尾前两首与↑框中四尾数 | 6-6-6-2-6-4-6-6 | | |
| 1885 | 框后三首后两尾与↓框前两首和次尾 | 6-6-4-6-2-6-10 | 8 | |
| | 框前三尾前两首与↑框后两尾和再首 | 10-6-2-6-4-6-6 | | |
| 1886 | 框后三首后两尾与↓框中一、二、四首和次尾 | 6-6-4-6-2-6-10-2 | 9 | |
| | 框前三尾前两首与↑框中一、三、四尾和再首 | 2-10-6-2-6-4-6-6 | | |
| 1887 | 框后三首后两尾与↓框中首首、尾 | 6-6-4-6-2-10 | 7 | |
| | 框前三尾前两首与↑框中末首、尾 | 10-2-6-4-6-6 | | |
| 1888 | 框后三首后两尾与↓框中首尾一、三首 | 6-6-4-6-2-10-2 | 8 | |
| | 框前三尾前两首与↑框中末首二、四尾 | 2-10-2-6-4-6-6 | | |
| 1889 | 框后三首后两尾与↓框前两尾一、三首 | 6-6-4-6-2-10-2-4 | 9 | |
| | 框前三尾前两首与↑框后两首二、四尾 | 4-2-10-2-6-4-6-6 | | |
| 1890 | 框后三首后两尾与↓框中一、三、四首前两尾 | 6-6-4-6-2-10-2-4-2 | 10 | |
| | 框前三尾前两首与↑框中一、二、四尾后两首 | 2-4-2-10-2-6-4-6-6 | | |
| 1891 | 框后三首后两尾与↓框后两首首首、尾 | 6-6-4-6-2-10-2-6 | 9 | |
| | 框前三尾前两首与↑框前两尾末首、尾 | 6-2-10-2-6-4-6-6 | | |
| 1892 | 框后三首后两尾与↓框前两尾和首首 | 6-6-4-6-2-10-6 | 8 | |
| | 框前三尾前两首与↑框后两首和末尾 | 6-10-2-6-4-6-6 | | |
| 1893 | 框后三首后两尾与↓框前两尾一、四首 | 6-6-4-6-2-10-6-2 | 9 | |
| | 框前三尾前两首与↑框后两首一、四尾 | 2-6-10-2-6-4-6-6 | | |
| 1894 | 框后三首后两尾与↓框中首尾一、四首 | 6-6-4-6-2-10-8 | 8 | |
| | 框前三尾前两首与↑框中末首一、四尾 | 8-10-2-6-4-6-6 | | |
| 1895 | 框后三首后两尾与↓框中一、四首一、四尾 | 6-6-4-6-2-10-8-10 | 9 | |
| | 框前三尾前两首与↑框中一、四首一、四尾 | 10-8-10-2-6-4-6-6 | | |
| 1896 | 框后三首后两尾与下下行首数;框前三首二、三尾与下下行首数 | 6-6-4-6-8 | 6 | |
| | 框前三尾前两首与上上行尾数;框后三尾二、三首与上上行尾数 | 8-6-4-6-6 | | |
| 1897 | 框后三首后两尾与下下行两数 | 6-6-4-6-8-4 | 7 | |
| | 框前三尾前两首与上上行两数 | 4-8-6-4-6-6 | | |
| 1898 | 框后三首后两尾与↓框中首尾二、三首 | 6-6-4-6-8-4-2 | 8 | |
| | 框前三尾前两首与↑框中末首二、三尾 | 2-4-8-6-4-6-6 | | |
| 1899 | 框后三首后两尾与↓框中二、三行 | 6-6-4-6-8-4-2-4 | 9 | |
| | 框前三尾前两首与↑框中三、四行 | 4-2-4-8-6-4-6-6 | | |

续表

| 序号 | 条件<br>在表 28 中,若任何的______都是素数的 | 结论<br>就是一个差 $D$ 型 | $k$ 生素数 | 同差异决之序号 |
| --- | --- | --- | --- | --- |
| 1900 | 框后三首后两尾与 $\underline{\downarrow}$ 框前三尾二、三首 | 6-6-4-6-8-4-2-4-6 | 10 | |
| | 框前三尾前两首与 $\overline{\uparrow}$ 框后三首二、三尾 | 6-4-2-4-8-6-4-6-6 | | |
| 1901 | 框后三首后两尾与 $\underline{\downarrow}$ 框后三首和首尾 | 6-6-4-6-8-4-2-6 | 9 | |
| | 框前三尾前两首与 $\overline{\uparrow}$ 框前三尾和末首 | 6-2-4-8-6-4-6-6 | | |
| 1902 | 框后三首后两尾与 $\underline{\downarrow}$ 框后三首一、三尾 | 6-6-4-6-8-4-2-6-4 | 10 | |
| | 框前三尾前两首与 $\overline{\uparrow}$ 框前三尾二、四首 | 4-6-2-4-8-6-4-6-6 | | |
| 1903 | 框后三首后两尾与 $\underline{\downarrow}$ 框中次行再首、尾 | 6-6-4-6-8-4-2-10 | 9 | |
| | 框前三尾前两首与 $\overline{\uparrow}$ 框中丁行次首、尾 | 10-2-4-8-6-4-6-6 | | |
| 1904 | 框后三首后两尾与 $\underline{\downarrow}$ 框前两尾和次首 | 6-6-4-6-8-4-6 | 8 | |
| | 框前三尾前两首与 $\overline{\uparrow}$ 框后两首和再尾 | 6-4-8-6-4-6-6 | | |
| 1905 | 框后三首后两尾与 $\underline{\downarrow}$ 框前两尾二、四首 | 6-6-4-6-8-4-6-2 | 9 | |
| | 框前三尾前两首与 $\overline{\uparrow}$ 框后两首一、三尾 | 2-6-4-8-6-4-6-6 | | |
| 1906 | 框后三首后两尾与 $\underline{\downarrow}$ 框前三尾二、四首 | 6-6-4-6-8-4-6-2-4 | 10 | |
| | 框前三尾前两首与 $\overline{\uparrow}$ 框后三首一、三尾 | 4-2-6-4-8-6-4-6-6 | | |
| 1907 | 框后三首后两尾与 $\underline{\downarrow}$ 框前三尾和次首 | 6-6-4-6-8-4-6-6 | 9 | |
| | 框前三尾前两首与 $\overline{\uparrow}$ 框后三首和再尾 | 6-6-4-8-6-4-6-6 | | |
| 1908 | 框后三首后两尾与 $\underline{\downarrow}$ 框中次行和末首 | 6-6-4-6-8-4-8 | 8 | |
| | 框前三尾前两首与 $\overline{\uparrow}$ 框中丁行和首尾 | 8-4-8-6-4-6-6 | | |
| 1909 | 框后三首后两尾与 $\underline{\downarrow}$ 框中二、四行 | 6-6-4-6-8-4-8-4 | 9 | |
| | 框前三尾前两首与 $\overline{\uparrow}$ 框中二、四行 | 4-8-4-8-6-4-6-6 | | |
| 1910 | 框后三首后两尾与 $\underline{\downarrow}$ 框中次行末首、尾 | 6-6-4-6-8-4-8-10 | 9 | |
| | 框前三尾前两首与 $\overline{\uparrow}$ 框中丁行首首、尾 | 10-8-4-8-6-4-6-6 | | |
| 1911 | 框后三首后两尾与 $\underline{\downarrow}$ 框中二、三首;<br>框前三首二、三尾与 $\underline{\downarrow}$ 框中前两首 | 6-6-4-6-8-6 | 7 | |
| | 框前三尾前两首与 $\overline{\uparrow}$ 框中二、三尾;<br>框后三尾二、三首与 $\overline{\uparrow}$ 框中后两尾 | 6-8-6-4-6-6 | | |
| 1912 | 框后三首后两尾与 $\underline{\downarrow}$ 框中次尾二、三首;<br>框前三首二、三尾与 $\underline{\downarrow}$ 框中前两行 | 6-6-4-6-8-6-4 | 8 | |
| | 框前三尾前两首与 $\overline{\uparrow}$ 框中再首二、三尾;<br>框后三尾二、三首与 $\overline{\uparrow}$ 框中后两行 | 4-6-8-6-4-6-6 | | |
| 1913 | 框后三首后两尾与 $\underline{\downarrow}$ 框后三首和次尾;<br>框前三首二、三尾与 $\underline{\downarrow}$ 框前三首和首尾 | 6-6-4-6-8-6-4-2 | 9 | |
| | 框前三尾前两首与 $\overline{\uparrow}$ 框前三尾和再首;<br>框后三尾二、三首与 $\overline{\uparrow}$ 框后三尾和末首 | 2-4-6-8-6-4-6-6 | | |
| 1914 | 框后三首后两尾与 $\underline{\downarrow}$ 框中二、三首二、三尾;<br>框前三首二、三尾与 $\underline{\downarrow}$ 框前两首前两尾 | 6-6-4-6-8-6-4-6 | 9 | |
| | 框前三尾前两首与 $\overline{\uparrow}$ 框中二、三首二、三尾;<br>框后三尾二、三首与 $\overline{\uparrow}$ 框后两首后两尾 | 6-4-6-8-6-4-6-6 | | |
| 1915 | 框后三首后两尾与 $\underline{\downarrow}$ 框中后三首;<br>框前三首二、三尾与 $\underline{\downarrow}$ 框中前三首 | 6-6-4-6-8-6-6 | 8 | |
| | 框前三尾前两首与 $\overline{\uparrow}$ 框中前三尾;<br>框后三尾二、三首与 $\overline{\uparrow}$ 框中后三尾 | 6-6-8-6-4-6-6 | | |

续表

| 序号 | 条件<br>在表 28 中,若任何的______都是素数的 | 结论<br>就是一个差 $D$ 型 | $k$ 生素数 | 同差异决之序号 |
|---|---|---|---|---|
| 1916 | 框后三首后两尾与$\underline{\downarrow}$框后三首和再尾;<br>框前三首二、三尾与$\underline{\downarrow}$框前三首和次尾 | 6-6-4-6-8-6-6-4 | 9 | |
| | 框前三尾前两首与$\overline{\uparrow}$框前三尾和次首;<br>框后三尾二、三首与$\overline{\uparrow}$框后三尾和再首 | 4-6-6-8-6-4-6-6 | | |
| 1917 | 框后三首后两尾与$\underline{\downarrow}$框后三首和末尾;<br>框前三首二、三尾与$\underline{\downarrow}$框前三首和再尾 | 6-6-4-6-8-6-6-10 | 9 | |
| | 框前三尾前两首与$\overline{\uparrow}$框前三尾和首首;<br>框后三尾二、三首与$\overline{\uparrow}$框后三尾和次首 | 10-6-6-8-6-4-6-6 | | |
| 1918 | 框后三首后两尾与$\underline{\downarrow}$框中再尾二、三首;<br>框前三首二、三尾与$\underline{\downarrow}$框前两首和次尾 | 6-6-4-6-8-6-10 | 8 | |
| | 框前三尾前两首与$\overline{\uparrow}$框中次首二、三尾;<br>框后三尾二、三首与$\overline{\uparrow}$框后两尾和再首 | 10-6-8-6-4-6-6 | | |
| 1919 | 框后三首后两尾与$\underline{\downarrow}$框中次首、尾;<br>框前三首二、三尾与$\underline{\downarrow}$框中首首、尾 | 6-6-4-6-8-10 | 7 | |
| | 框前三尾前两首与$\overline{\uparrow}$框中再首、尾;<br>框后三尾二、三首与$\overline{\uparrow}$框中末首、尾 | 10-8-6-4-6-6 | | |
| 1920 | 框后三首后两尾与$\underline{\downarrow}$框中次尾二、四首;<br>框前三首二、三尾与$\underline{\downarrow}$框中首尾一、三首 | 6-6-4-6-8-10-2 | 8 | |
| | 框前三尾前两首与$\overline{\uparrow}$框中再首一、三尾;<br>框后三尾二、三首与$\overline{\uparrow}$框中末首二、四尾 | 2-10-8-6-4-6-6 | | |
| 1921 | 框后三首后两尾与$\underline{\downarrow}$框中丁行次首、尾;<br>框前三首二、三尾与$\underline{\downarrow}$框前两尾一、三首 | 6-6-4-6-8-10-2-4 | 9 | |
| | 框前三尾前两首与$\overline{\uparrow}$框中次行再首、尾;<br>框后三尾二、三首与$\overline{\uparrow}$框后两首二、四尾 | 4-2-10-8-6-4-6-6 | | |
| 1922 | 框后三首后两尾与$\underline{\downarrow}$框中二、四首二、四尾;<br>框前三首二、三尾与$\underline{\downarrow}$框中一、三首一、三尾 | 6-6-4-6-8-10-2-10 | 9 | |
| | 框前三尾前两首与$\overline{\uparrow}$框中一、三首一、三尾;<br>框后三尾二、三首与$\overline{\uparrow}$框中二、四首二、四尾 | 10-2-10-8-6-4-6-6 | | |
| 1923 | 框后三首后两尾与$\underline{\downarrow}$框中次首二、三尾;<br>框前三首二、三尾与$\underline{\downarrow}$框前两尾和首首 | 6-6-4-6-8-10-6 | 8 | |
| | 框前三尾前两首与$\overline{\uparrow}$框中再尾二、三首;<br>框后三尾二、三首与$\overline{\uparrow}$框后两首和末尾 | 6-10-8-6-4-6-6 | | |
| 1924 | 框前三首二、三尾与$\underline{\downarrow}$框前两行和末首 | 6-6-4-6-8-6-4-8 | 9 | |
| | 框后三尾二、三首与$\overline{\uparrow}$框后两行和首尾 | 8-4-6-8-6-4-6-6 | | |
| 1925 | 框前三首二、三尾与$\underline{\downarrow}$框中四首数 | 6-6-4-6-8-6-6-6 | 9 | |
| | 框后三尾二、三首与$\overline{\uparrow}$框中四尾数 | 6-6-6-8-6-4-6-6 | | |
| 1926 | 框前三首二、三尾与$\underline{\downarrow}$框中一、二、四首和次尾 | 6-6-4-6-8-6-10-2 | 9 | |
| | 框后三尾二、三首与$\overline{\uparrow}$框中一、三、四尾和再首 | 2-10-6-8-6-4-6-6 | | |
| 1927 | 框前三首二、三尾与$\underline{\downarrow}$框中一、二、四首二、四尾 | 6-6-4-6-8-6-10-2-10 | 10 | |
| | 框后三尾二、三首与$\overline{\uparrow}$框中一、三、四尾一、三首 | 10-2-10-6-8-6-4-6-6 | | |
| 1928 | 框前三首二、三尾与$\underline{\downarrow}$框后两首首首、尾 | 6-6-4-6-8-10-2-6 | 9 | |
| | 框后三尾二、三首与$\overline{\uparrow}$框前两尾末首、尾 | 6-2-10-8-6-4-6-6 | | |
| 1929 | 框前三首二、三尾与$\underline{\downarrow}$框中一、三、四首一、四尾 | 6-6-4-6-8-10-2-6-10 | 10 | |
| | 框后三尾二、三首与$\overline{\uparrow}$框中一、二、四尾一、四首 | 10-6-2-10-8-6-4-6-6 | | |

续表

| 序号 | 条件 | 结论 | $k$生素数 | 同差异决之序号 |
|---|---|---|---|---|
| | 在表28中,若任何的______都是素数的 | 就是一个差__D__型 | | |
| 1930 | 框前三首二、三尾与↓框前两尾一、四首 | 6-6-4-6-8-10-6-2 | 9 | |
| | 框后三尾二、三首与↑框后两首一、四尾 | 2-6-10-8-6-4-6-6 | | |
| 1931 | 框前三首二、三尾与↓框中一、二、四尾一、四首 | 6-6-4-6-8-10-6-2-10 | 10 | |
| | 框后三尾二、三首与↑框中一、三、四首一、四尾 | 10-2-6-10-8-6-4-6-6 | | |
| 1932 | 框前三首二、三尾与↓框中首尾一、四首 | 6-6-4-6-8-10-8 | 8 | |
| | 框后三尾二、三首与↑框中末首一、四尾 | 8-10-8-6-4-6-6 | | |
| 1933 | 框前三首二、三尾与↓框中丁行首首、尾 | 6-6-4-6-8-10-8-4 | 9 | |
| | 框后三尾二、三首与↑框中次行末首、尾 | 4-8-10-8-6-4-6-6 | | |
| 1934 | 框前三首二、三尾与↓框中一、四首一、四尾 | 6-6-4-6-8-10-8-10 | 9 | |
| | 框后三尾二、三首与↑框中一、四首一、四尾 | 10-8-10-8-6-4-6-6 | | |
| 1935 | 框后三尾二、三首与下行首数 | 6-4-6-6-2 | 6 | |
| | 框前三首二、三尾与上行尾数 | 2-6-6-4-6 | | |
| 1936 | 框后三尾二、三首与↓框中前两首 | 6-4-6-6-2-6 | 7 | |
| | 框前三首二、三尾与↑框中后两尾 | 6-2-6-6-4-6 | | |
| 1937 | 框后三尾二、三首与↓框中前两行 | 6-4-6-6-2-6-4 | 8 | |
| | 框前三首二、三尾与↑框中后两行 | 4-6-2-6-6-4-6 | | |
| 1938 | 框后三尾二、三首与↓框前三首和首尾 | 6-4-6-6-2-6-4-2 | 9 | |
| | 框前三首二、三尾与↑框后三尾和末首 | 2-4-6-2-6-6-4-6 | | |
| 1939 | 框后三尾二、三首与↓框中四首和首尾 | 6-4-6-6-2-6-4-2-6 | 10 | |
| | 框前三首二、三尾与↑框中四尾和末首 | 6-2-4-6-2-6-6-4-6 | | |
| 1940 | 框后三尾二、三首与↓框前三首一、三尾 | 6-4-6-6-2-6-4-2-10 | 10 | |
| | 框前三首二、三尾与↑框后三尾二、四首 | 10-2-4-6-2-6-6-4-6 | | |
| 1941 | 框后三尾二、三首与↓框前两首前两尾 | 6-4-6-6-2-6-4-6 | 9 | |
| | 框前三首二、三尾与↑框后两首后两尾 | 6-4-6-2-6-6-4-6 | | |
| 1942 | 框后三尾二、三首与↓框前两行和末首 | 6-4-6-6-2-6-4-8 | 9 | |
| | 框前三首二、三尾与↑框后两行和首尾 | 8-4-6-2-6-6-4-6 | | |
| 1943 | 框后三尾二、三首与↓框前两行和丁行 | 6-4-6-6-2-6-4-8-4 | 10 | |
| | 框前三首二、三尾与↑框后两行和次行 | 4-8-4-6-2-6-6-4-6 | | |
| 1944 | 框后三尾二、三首与↓框前两行末首、尾 | 6-4-6-6-2-6-4-8-10 | 10 | |
| | 框前三首二、三尾与↑框后两行首首、尾 | 10-8-4-6-2-6-6-4-6 | | |
| 1945 | 框后三尾二、三首与↓框中前三首 | 6-4-6-6-2-6-6 | 8 | |
| | 框前三首二、三尾与↑框中后三尾 | 6-6-2-6-6-4-6 | | |
| 1946 | 框后三尾二、三首与↓框前三首和次尾 | 6-4-6-6-2-6-6-4 | 9 | |
| | 框前三首二、三尾与↑框后三尾和再首 | 4-6-6-2-6-6-4-6 | | |
| 1947 | 框后三尾二、三首与↓框中四首数 | 6-4-6-6-2-6-6-6 | 9 | |
| | 框前三首二、三尾与↑框中四尾数 | 6-6-6-2-6-6-4-6 | | |
| 1948 | 框后三尾二、三首与↓框中四首和再尾 | 6-4-6-6-2-6-6-6-4 | 10 | |
| | 框前三首二、三尾与↑框中四尾和次首 | 4-6-6-6-2-6-6-4-6 | | |
| 1949 | 框后三尾二、三首与↓框中四首和末尾 | 6-4-6-6-2-6-6-6-10 | 10 | |
| | 框前三首二、三尾与↑框中四尾和首首 | 10-6-6-6-2-6-6-4-6 | | |

续表

| 序 号 | 条 件 | 结 论 | | 同差异决之序号 |
|---|---|---|---|---|
| | 在表 28 中,若任何的＿＿＿＿都是素数的 | 就是一个差＿$D$＿型 | $k$ 生素数 | |
| 1950 | 框后三尾二、三首与↓框前三首和再尾 | 6-4-6-6-2-6-6-10 | 9 | |
| | 框前三首二、三尾与↑框后三尾和次首 | 10-6-6-2-6-6-4-6 | | |
| 1951 | 框后三尾二、三首与↓框前三首后两尾 | 6-4-6-6-2-6-6-10-6 | 10 | |
| | 框前三首二、三尾与↑框后三尾前两首 | 6-10-6-6-2-6-6-4-6 | | |
| 1952 | 框后三尾二、三首与↓框前两首和次尾 | 6-4-6-6-2-6-10 | 8 | |
| | 框前三首二、三尾与↑框后两尾和再首 | 10-6-2-6-6-4-6 | | |
| 1953 | 框后三尾二、三首与↓框中一、二、四首和次尾 | 6-4-6-6-2-6-10-2 | 9 | |
| | 框前三首二、三尾与↑框中一、三、四尾和再首 | 2-10-6-2-6-6-4-6 | | |
| 1954 | 框后三尾二、三首与↓框中首首、尾 | 6-4-6-6-2-10 | 7 | |
| | 框前三首二、三尾与↑框中末首、尾 | 10-2-6-6-4-6 | | |
| 1955 | 框后三尾二、三首与↓框中首尾一、三首 | 6-4-6-6-2-10-2 | 8 | |
| | 框前三首二、三尾与↑框中末首二、四尾 | 2-10-2-6-6-4-6 | | |
| 1956 | 框后三尾二、三首与↓框前两尾一、三首 | 6-4-6-6-2-10-2-4 | 9 | |
| | 框前三首二、三尾与↑框后两首二、四尾 | 4-2-10-2-6-6-4-6 | | |
| 1957 | 框后三尾二、三首与↓框中一、三、四首前两尾 | 6-4-6-6-2-10-2-4-2 | 10 | |
| | 框前三首二、三尾与↑框中一、二、四尾后两首 | 2-4-2-10-2-6-6-4-6 | | |
| 1958 | 框后三尾二、三首与↓框后两首首首、尾 | 6-4-6-6-2-10-2-6 | 9 | |
| | 框前三首二、三尾与↑框前两尾末首、尾 | 6-2-10-2-6-6-4-6 | | |
| 1959 | 框后三尾二、三首与↓框中一、三、四首一、三尾 | 6-4-6-6-2-10-2-6-4 | 10 | |
| | 框前三首二、三尾与↑框中一、二、四尾二、四首 | 4-6-2-10-2-6-6-4-6 | | |
| 1960 | 框后三尾二、三首与↓框中一、三、四首一、四尾 | 6-4-6-6-2-10-2-6-10 | 10 | |
| | 框前三首二、三尾与↑框中一、二、四尾一、四首 | 10-6-2-10-2-6-6-4-6 | | |
| 1961 | 框后三尾二、三首与↓框中一、三首一、三尾 | 6-4-6-6-2-10-2-10 | 9 | |
| | 框前三首二、三尾与↑框中二、四首二、四尾 | 10-2-10-2-6-6-4-6 | | |
| 1962 | 框后三尾二、三首与↓框中一、三、四尾一、三首 | 6-4-6-6-2-10-2-10-6 | 10 | |
| | 框前三首二、三尾与↑框中一、二、四首二、四尾 | 6-10-2-10-2-6-6-4-6 | | |
| 1963 | 框后三尾二、三首与↓框前两尾和首首 | 6-4-6-6-2-10-6 | 8 | |
| | 框前三首二、三尾与↓框后两首和末尾 | 6-10-2-6-6-4-6 | | |
| 1964 | 框后三尾二、三首与↓框前两尾一、四首 | 6-4-6-6-2-10-6-2 | 9 | |
| | 框前三首二、三尾与↑框后两首一、四尾 | 2-6-10-2-6-6-4-6 | | |
| 1965 | 框后三尾二、三首与↓框中首尾一、四首 | 6-4-6-6-2-10-8 | 8 | |
| | 框前三首二、三尾与↑框中末首一、四尾 | 8-10-2-6-6-4-6 | | |
| 1966 | 框后三尾二、三首与↓框中丁行首首、尾 | 6-4-6-6-2-10-8-4 | 9 | |
| | 框前三首二、三尾与↑框中次行末首、尾 | 4-8-10-2-6-6-4-6 | | |
| 1967 | 框后三尾二、三首与↓框后两行首首、尾 | 6-4-6-6-2-10-8-4-6 | 10 | |
| | 框前三首二、三尾与↑框前两行末首、尾 | 6-4-8-10-2-6-6-4-6 | | |
| 1968 | 框后三尾二、三首与↓框中一、四首一、四尾 | 6-4-6-6-2-10-8-10 | 9 | |
| | 框前三首二、三尾与↑框中一、四首一、四尾 | 10-8-10-2-6-6-4-6 | | |
| 1969 | 框后三尾二、三首与下下行首数;框前三尾前两首与下下行首数 | 6-4-6-6-8 | 6 | |
| | 框前三首二、三尾与上上行尾数;框后三首后两尾与上上行尾数 | 8-6-6-4-6 | | |

续表

| 序号 | 条件<br>在表28中，若任何的________都是素数的 | 结论<br>就是一个差__$D$__型 | $k$生素数 | 同差异决之序号 |
|---|---|---|---|---|
| 1970 | 框后三尾二、三首与下下行两数 | 6-4-6-6-8-4 | 7 | |
| | 框前三首二、三尾与上上行两数 | 4-8-6-6-4-6 | | |
| 1971 | 框后三尾二、三首与↓框中首尾二、三首 | 6-4-6-6-8-4-2 | 8 | |
| | 框前三首二、三尾与↑框中末首二、三尾 | 2-4-8-6-6-4-6 | | |
| 1972 | 框后三尾二、三首与↓框中二、三行 | 6-4-6-6-8-4-2-4 | 9 | |
| | 框前三首二、三尾与↑框中三、四行 | 4-2-4-8-6-6-4-6 | | |
| 1973 | 框后三尾二、三首与↓框后三首和首尾 | 6-4-6-6-8-4-2-6 | 9 | |
| | 框前三首二、三尾与↑框前三尾和末首 | 6-2-4-8-6-6-4-6 | | |
| 1974 | 框后三尾二、三首与↓框后三首一、三尾 | 6-4-6-6-8-4-2-6-4 | 10 | |
| | 框前三首二、三尾与↑框前三尾二、四首 | 4-6-2-4-8-6-6-4-6 | | |
| 1975 | 框后三尾二、三首与↓框后三首一、四尾 | 6-4-6-6-8-4-2-6-10 | 10 | |
| | 框前三首二、三尾与↑框前三尾一、四首 | 10-6-2-4-8-6-6-4-6 | | |
| 1976 | 框后三尾二、三首与↓框中次行再首、尾 | 6-4-6-6-8-4-2-10 | 9 | |
| | 框前三首二、三尾与↑框中丁行次首、尾 | 10-2-4-8-6-6-4-6 | | |
| 1977 | 框后三尾二、三首与↓框中一、三、四尾二、三首 | 6-4-6-6-8-4-2-10-6 | 10 | |
| | 框前三首二、三尾与↑框中一、二、四首二、三尾 | 6-10-2-4-8-6-6-4-6 | | |
| 1978 | 框后三尾二、三首与↓框前两尾和次首 | 6-4-6-6-8-4-6 | 8 | |
| | 框前三首二、三尾与↑框后两首和再尾 | 6-4-8-6-6-4-6 | | |
| 1979 | 框后三尾二、三首与↓框前两尾二、四首 | 6-4-6-6-8-4-6-2 | 9 | |
| | 框前三首二、三尾与↑框后两首一、三尾 | 2-6-4-8-6-6-4-6 | | |
| 1980 | 框后三尾二、三首与↓框中次行和末首 | 6-4-6-6-8-4-8 | 8 | |
| | 框前三首二、三尾与↑框中丁行和首尾 | 8-4-8-6-6-4-6 | | |
| 1981 | 框后三尾二、三首与↓框中二、四行 | 6-4-6-6-8-4-8-4 | 9 | |
| | 框前三首二、三尾与↑框中二、四行 | 4-8-4-8-6-6-4-6 | | |
| 1982 | 框后三尾二、三首与↓框后两行和次行 | 6-4-6-6-8-4-8-4-6 | 10 | |
| | 框前三首二、三尾与↑框前两行和丁行 | 6-4-8-4-8-6-6-4-6 | | |
| 1983 | 框后三尾二、三首与↓框中次行末首、尾 | 6-4-6-6-8-4-8-10 | 9 | |
| | 框前三首二、三尾与↑框中丁行首首、尾 | 10-8-4-8-6-6-4-6 | | |
| 1984 | 框后三尾二、三首与↓框中二、三首；<br>框前三尾前两首与↓框中前两首 | 6-4-6-6-8-6 | 7 | |
| | 框前三首二、三尾与↑框中二、三尾；<br>框后三首后两尾与↑框中后两尾 | 6-8-6-6-4-6 | | |
| 1985 | 框后三尾二、三首与↓框中次尾二、三首；<br>框前三尾前两首与↓框中前两行 | 6-4-6-6-8-6-4 | 8 | |
| | 框前三首二、三尾与↑框中再首二、三尾；<br>框后三首后两尾与↑框中后两行 | 4-6-8-6-6-4-6 | | |
| 1986 | 框后三尾二、三首与↓框后三首和次尾；<br>框前三尾前两首与↓框前三首和首尾 | 6-4-6-6-8-6-4-2 | 9 | |
| | 框前三首二、三尾与↑框前三尾和再首；<br>框后三首后两尾与↑框后三尾和末首 | 2-4-6-8-6-6-4-6 | | |

续表

| 序号 | 条件<br>在表 28 中,若任何的＿＿＿＿都是素数的 | 结论<br>就是一个差＿D＿型 | k 生素数 | 同差异决之序号 |
|---|---|---|---|---|
| 1987 | 框后三尾二、三首与↓框中后三首；<br>框前三尾前两首与↓框中前三首 | 6-4-6-6-8-6-6 | 8 | |
| | 框前三首二、三尾与↑框中前三尾；<br>框后三首后两尾与↑框中后三尾 | 6-6-8-6-6-4-6 | | |
| 1988 | 框后三尾二、三首与↓框后三首和再尾 | 6-4-6-6-8-6-6-4 | 9 | 1997 |
| | 框前三首二、三尾与↑框前三尾和次首 | 4-6-6-8-6-6-4-6 | | |
| 1989 | 框后三尾二、三首与↓框后三首后两尾<br>框前三首二、三尾与↑框前三尾前两首 | 6-4-6-6-8-6-6-4-6 | 10 | |
| 1990 | 框后三尾二、三首与↓框后三首和末尾；<br>框前三尾前两首与↓框前三首和再尾 | 6-4-6-6-8-6-6-10 | 9 | |
| | 框前三首二、三尾与↑框前三尾和首首；<br>框后三首后两尾与↑框后三尾和次首 | 10-6-6-8-6-6-4-6 | | |
| 1991 | 框后三尾二、三首与↓框中再尾二、三首 | 6-4-6-6-8-6-10 | 8 | 1999 |
| | 框前三首二、三尾与↑框中次首二、三尾 | 10-6-8-6-6-4-6 | | |
| 1992 | 框后三尾二、三首与↓框后两尾二、三首 | 6-4-6-6-8-6-10-6 | 9 | 2001 |
| | 框前三首二、三尾与↑框前两首二、三尾 | 6-10-6-8-6-6-4-6 | | |
| 1993 | 框后三尾二、三首与↓框中次首、尾；<br>框前三尾前两首与↓框中首首、尾 | 6-4-6-6-8-10 | 7 | |
| | 框前三首二、三尾与↑框中再首、尾；<br>框后三首后两尾与↑框中末首、尾 | 10-8-6-6-4-6 | | |
| 1994 | 框后三尾二、三首与↓框中次尾二、四首；<br>框前三尾前两首与↓框中首尾一、三首 | 6-4-6-6-8-10-2 | 8 | |
| | 框前三首二、三尾与↑框中再首一、三尾；<br>框后三首后两尾与↑框中末首二、四尾 | 2-10-8-6-6-4-6 | | |
| 1995 | 框后三尾二、三首与↓框中二、四首二、四尾；<br>框前三尾前两首与↓框中一、三首一、三尾 | 6-4-6-6-8-10-2-10 | 9 | |
| | 框前三首二、三尾与↑框中一、三首一、三尾；<br>框后三首后两尾与↑框中二、四首二、四尾 | 10-2-10-8-6-6-4-6 | | |
| 1996 | 框前三尾前两首与↓框前两行和末首 | 6-4-6-6-8-6-4-8 | 9 | |
| | 框后三首后两尾与↑框后两行和首尾 | 8-4-6-8-6-6-4-6 | | |
| 1997 | 框前三尾前两首与↓框前三首和次尾 | 6-4-6-6-8-6-6-4 | 9 | 1988 |
| | 框后三首后两尾与↑框后三尾和再首 | 4-6-6-8-6-6-4-6 | | |
| 1998 | 框前三尾前两首与↓框中四首数 | 6-4-6-6-8-6-6-6 | 9 | |
| | 框后三首后两尾与↑框中四尾数 | 6-6-6-8-6-6-4-6 | | |
| 1999 | 框前三尾前两首与↓框前两首和次尾 | 6-4-6-6-8-6-10 | 8 | 1991 |
| | 框后三首后两尾与↑框后两尾和再首 | 10-6-8-6-6-4-6 | | |
| 2000 | 框前三尾前两首与↓框中一、二、四首和次尾 | 6-4-6-6-8-6-10-2 | 9 | |
| | 框后三首后两尾与↑框中一、三、四尾和再首 | 2-10-6-8-6-6-4-6 | | |
| 2001 | 框前三尾前两首与↓框前两首二、三尾 | 6-4-6-6-8-6-10-6 | 9 | 1992 |
| | 框后三首后两尾与↑框后两尾二、三首 | 6-10-6-8-6-6-4-6 | | |
| 2002 | 框前三尾前两首与↓框后两首首首、尾 | 6-4-6-6-8-10-2-6 | 9 | |
| | 框后三首后两尾与↑框前两尾末首、尾 | 6-2-10-8-6-6-4-6 | | |

续表

| 序号 | 条件<br>在表28中,若任何的______都是素数的 | 结论<br>就是一个差 $\underline{D}$ 型 | $k$生素数 | 同差异决之序号 |
|---|---|---|---|---|
| 2003 | 框前三尾前两首与$\underline{\downarrow}$框中首尾一、四首 | 6-4-6-6-8-10-8 | 8 | |
| | 框后三首后两尾与$\overline{\uparrow}$框中末首一、四尾 | 8-10-8-6-6-4-6 | | |
| 2004 | 框前三尾前两首与$\underline{\downarrow}$框中丁行首首、尾 | 6-4-6-6-8-10-8-4 | 9 | |
| | 框后三首后两尾与$\overline{\uparrow}$框中次行末首、尾 | 4-8-10-8-6-6-4-6 | | |
| 2005 | 框前三尾前两首与$\underline{\downarrow}$框中一、四首一、四尾 | 6-4-6-6-8-10-8-10 | 9 | |
| | 框后三首后两尾与$\overline{\uparrow}$框中一、四首一、四尾 | 10-8-10-8-6-6-4-6 | | |
| 2006 | 框中四首二、三尾与下下行首数 | 6-6-4-2-4-8 | 7 | |
| | 框中四尾二、三首与上上行尾数 | 8-4-2-4-6-6 | | |
| 2007 | 框中四首二、三尾与$\underline{\downarrow}$框中前两首 | 6-6-4-2-4-8-6 | 8 | |
| | 框中四尾二、三首与$\overline{\uparrow}$框中后两尾 | 6-8-4-2-4-6-6 | | |
| 2008 | 框中四首二、三尾与$\underline{\downarrow}$框中前两行 | 6-6-4-2-4-8-6-4 | 9 | |
| | 框中四尾二、三首与$\overline{\uparrow}$框中后两行 | 4-6-8-4-2-4-6-6 | | |
| 2009 | 框中四首二、三尾与$\underline{\downarrow}$框前三首和首尾 | 6-6-4-2-4-8-6-4-2 | 10 | |
| | 框中四尾二、三首与$\overline{\uparrow}$框后三尾和末首 | 2-4-6-8-4-2-4-6-6 | | |
| 2010 | 框中四首二、三尾与$\underline{\downarrow}$框前两首前两尾 | 6-6-4-2-4-8-6-4-6 | 10 | |
| | 框中四尾二、三首与$\overline{\uparrow}$框后两首后两尾 | 6-4-6-8-4-2-4-6-6 | | |
| 2011 | 框中四首二、三尾与$\underline{\downarrow}$框前两行和末首 | 6-6-4-2-4-8-6-4-8 | 10 | |
| | 框中四尾二、三首与$\overline{\uparrow}$框后两行和首尾 | 8-4-6-8-4-2-4-6-6 | | |
| 2012 | 框中四首二、三尾与$\underline{\downarrow}$框中前三首 | 6-6-4-2-4-8-6-6 | 9 | |
| | 框中四尾二、三首与$\overline{\uparrow}$框中后三尾 | 6-6-8-4-2-4-6-6 | | |
| 2013 | 框中四首二、三尾与$\underline{\downarrow}$框前三首和次尾 | 6-6-4-2-4-8-6-6-4 | 10 | |
| | 框中四尾二、三首与$\overline{\uparrow}$框后三尾和再首 | 4-6-6-8-4-2-4-6-6 | | |
| 2014 | 框中四首二、三尾与$\underline{\downarrow}$框中四首数 | 6-6-4-2-4-8-6-6-6 | 10 | |
| | 框中四尾二、三首与$\overline{\uparrow}$框中四尾数 | 6-6-6-8-4-2-4-6-6 | | |
| 2015 | 框中四首二、三尾与$\underline{\downarrow}$框前两首和次尾 | 6-6-4-2-4-8-6-10 | 9 | |
| | 框中四尾二、三首与$\overline{\uparrow}$框后两尾和再首 | 10-6-8-4-2-4-6-6 | | |
| 2016 | 框中四首二、三尾与$\underline{\downarrow}$框中一、二、四首和次尾 | 6-6-4-2-4-8-6-10-2 | 10 | |
| | 框中四尾二、三首与$\overline{\uparrow}$框中一、三、四尾和再首 | 2-10-6-8-4-2-4-6-6 | | |
| 2017 | 框中四首二、三尾与$\underline{\downarrow}$框中首首、尾 | 6-6-4-2-4-8-10 | 8 | |
| | 框中四尾二、三首与$\overline{\uparrow}$框中末首、尾 | 10-8-4-2-4-6-6 | | |
| 2018 | 框中四首二、三尾与$\underline{\downarrow}$框中首尾一、三首 | 6-6-4-2-4-8-10-2 | 9 | |
| | 框中四尾二、三首与$\overline{\uparrow}$框中末首二、四尾 | 2-10-8-4-2-4-6-6 | | |
| 2019 | 框中四首二、三尾与$\underline{\downarrow}$框前两尾一、三首 | 6-6-4-2-4-8-10-2-4 | 10 | |
| | 框中四尾二、三首与$\overline{\uparrow}$框后两首二、四尾 | 4-2-10-8-4-2-4-6-6 | | |
| 2020 | 框中四首二、三尾与$\underline{\downarrow}$框后两首首首、尾 | 6-6-4-2-4-8-10-2-6 | 10 | |
| | 框中四尾二、三首与$\overline{\uparrow}$框前两尾末首、尾 | 6-2-10-8-4-2-4-6-6 | | |
| 2021 | 框中四首二、三尾与$\underline{\downarrow}$框前两尾和首首 | 6-6-4-2-4-8-10-6 | 9 | |
| | 框中四尾二、三首与$\overline{\uparrow}$框后两首和末尾 | 6-10-8-4-2-4-6-6 | | |
| 2022 | 框中四首二、三尾与$\underline{\downarrow}$框前两尾一、四首 | 6-6-4-2-4-8-10-6-2 | 10 | |
| | 框中四尾二、三首与$\overline{\uparrow}$框后两首一、四尾 | 2-6-10-8-4-2-4-6-6 | | |

续表

| 序号 | 条件 | 结论 | | 同差异决之序号 |
|---|---|---|---|---|
| | 在表 28 中,若任何的______都是素数的 | 就是一个差__D__型 | k 生素数 | |
| 2023 | 框中四首二、三尾与↓框中首尾一、四首 | 6-6-4-2-4-8-10-8 | 9 | |
| | 框中四尾二、三首与↑框中末首一、四尾 | 8-10-8-4-2-4-6-6 | | |
| 2024 | 框中四首二、三尾与↓框中一四首一、四尾 | 6-6-4-2-4-8-10-8-10 | 10 | |
| | 框中四尾二、三首与↑框中一、四首一、四尾 | 10-8-10-8-4-2-4-6-6 | | |
| 2025 | 框中四尾二、三首与下行首数 | 4-2-4-6-6-2 | 7 | |
| | 框中四首二、三尾与上行尾数 | 2-6-6-4-2-4 | | |
| 2026 | 框中四尾二、三首与↓框中前两首 | 4-2-4-6-6-2-6 | 8 | |
| | 框中四首二、三尾与↑框中后两尾 | 6-2-6-6-4-2-4 | | |
| 2027 | 框中四尾二、三首与↓框中前两行 | 4-2-4-6-6-2-6-4 | 9 | |
| | 框中四首二、三尾与↑框中后两行 | 4-6-2-6-6-4-2-4 | | |
| 2028 | 框中四尾二、三首与↓框前三首和首尾 | 4-2-4-6-6-2-6-4-2 | 10 | |
| | 框中四首二、三尾与↑框后三尾和末首 | 2-4-6-2-6-6-4-2-4 | | |
| 2029 | 框中四尾二、三首与↓框前两行和末首 | 4-2-4-6-6-2-6-4-8 | 10 | |
| | 框中四首二、三尾与↑框后两行和首尾 | 8-4-6-2-6-6-4-2-4 | | |
| 2030 | 框中四尾二、三首与↓框中前三首 | 4-2-4-6-6-2-6-6 | 9 | |
| | 框中四首二、三尾与↑框中后三尾 | 6-6-2-6-6-4-2-4 | | |
| 2031 | 框中四尾二、三首与↓框中四首数 | 4-2-4-6-6-2-6-6-6 | 10 | |
| | 框中四首二、三尾与↑框中四尾数 | 6-6-6-2-6-6-4-2-4 | | |
| 2032 | 框中四尾二、三首与↓框前三首和再尾 | 4-2-4-6-6-2-6-6-10 | 10 | |
| | 框中四首二、三尾与↑框后三尾和次首 | 10-6-6-2-6-6-4-2-4 | | |
| 2033 | 框中四尾二、三首与↓框中首首、尾 | 4-2-4-6-6-2-10 | 8 | |
| | 框中四首二、三尾与↑框中末首、尾 | 10-2-6-6-4-2-4 | | |
| 2034 | 框中四尾二、三首与↓框中首尾一、三首 | 4-2-4-6-6-2-10-2 | 9 | |
| | 框中四首二、三尾与↑框中末首二、四尾 | 2-10-2-6-6-4-2-4 | | |
| 2035 | 框中四尾二、三首与↓框后两首首首、尾 | 4-2-4-6-6-2-10-2-6 | 10 | |
| | 框中四首二、三尾与↑框前两尾末首、尾 | 6-2-10-2-6-6-4-2-4 | | |
| 2036 | 框中四尾二、三首与↓框中一、三首一、三尾 | 4-2-4-6-6-2-10-2-10 | 10 | |
| | 框中四首二、三尾与↑框中二、四首二、四尾 | 10-2-10-2-6-6-4-2-4 | | |
| 2037 | 框中四尾二、三首与↓框中首尾一、四首 | 4-2-4-6-6-2-10-8 | 9 | |
| | 框中四首二、三尾与↑框中末首一、四尾 | 8-10-2-6-6-4-2-4 | | |
| 2038 | 框中四尾二、三首与↓框中丁行首首、尾 | 4-2-4-6-6-2-10-8-4 | 10 | |
| | 框中四首二、三尾与↑框中次行末首、尾 | 4-8-10-2-6-6-4-2-4 | | |
| 2039 | 框中四尾二、三首与↓框中一、四首一、四尾 | 4-2-4-6-6-2-10-8-10 | 10 | |
| | 框中四首二、三尾与↑框中一、四首一、四尾 | 10-8-10-2-6-6-4-2-4 | | |
| 2040 | 框中四尾二、三首与下下行首数 | 4-2-4-6-6-8 | 7 | |
| | 框中四首二、三尾与上上行尾数 | 8-6-6-4-2-4 | | |
| 2041 | 框中四尾二、三首与下下行两数 | 4-2-4-6-6-8-4 | 8 | |
| | 框中四首二、三尾与上上行两数 | 4-8-6-6-4-2-4 | | |
| 2042 | 框中四尾二、三首与↓框中首尾二、三首 | 4-2-4-6-6-8-4-2 | 9 | |
| | 框中四首二、三尾与↑框中末首二、三尾 | 2-4-8-6-6-4-2-4 | | |

## 续表

| 序号 | 条件<br>在表 28 中,若任何的________都是素数的 | 结论<br>就是一个差__$D$__型 | $k$ 生素数 | 同差异决之序号 |
|---|---|---|---|---|
| 2043 | 框中四尾二、三首与↓框后三首和首尾 | 4-2-4-6-6-8-4-2-6 | 10 | |
| | 框中四首二、三尾与↑框前三尾和末首 | 6-2-4-8-6-6-4-2-4 | | |
| 2044 | 框中四尾二、三首与↓框中次行再首、尾 | 4-2-4-6-6-8-4-2-10 | 10 | |
| | 框中四首二、三尾与↑框中丁行次首、尾 | 10-2-4-8-6-6-4-2-4 | | |
| 2045 | 框中四尾二、三首与↓框中次行和末首 | 4-2-4-6-6-8-4-8 | 9 | |
| | 框中四首二、三尾与↑框中丁行和首尾 | 8-4-8-6-6-4-2-4 | | |
| 2046 | 框中四尾二、三首与↓框中二、四行 | 4-2-4-6-6-8-4-8-4 | 10 | |
| | 框中四首二、三尾与↑框中二、四行 | 4-8-4-8-6-6-4-2-4 | | |
| 2047 | 框中四尾二、三首与↓框中次行末首、尾 | 4-2-4-6-6-8-4-8-10 | 10 | |
| | 框中四首二、三尾与↑框中丁行首首、尾 | 10-8-4-8-6-6-4-2-4 | | |
| 2048 | 框中四尾二、三首与↓框中二、三首 | 4-2-4-6-6-8-6 | 8 | |
| | 框中四首二、三尾与↑框中二、三尾 | 6-8-6-6-4-2-4 | | |
| 2049 | 框中四尾二、三首与↓框中后三首 | 4-2-4-6-6-8-6-6 | 9 | |
| | 框中四首二、三尾与↑框中前三尾 | 6-6-8-6-6-4-2-4 | | |
| 2050 | 框中四尾二、三首与↓框后三首和再尾 | 4-2-4-6-6-8-6-6-4 | 10 | |
| | 框中四首二、三尾与↑框前三尾和次首 | 4-6-6-8-6-6-4-2-4 | | |
| 2051 | 框中四尾二、三首与↓框后三首和末尾 | 4-2-4-6-6-8-6-6-10 | 10 | |
| | 框中四首二、三尾与↑框前三尾和首首 | 10-6-6-8-6-6-4-2-4 | | |
| 2052 | 框中四尾二、三首与↓框中再尾二、三首 | 4-2-4-6-6-8-6-10 | 9 | |
| | 框中四首二、三尾与↑框中次首二、三尾 | 10-6-8-6-6-4-2-4 | | |
| 2053 | 框中四尾二、三首与↓框后两尾二、三首 | 4-2-4-6-6-8-6-10-6 | 10 | |
| | 框中四首二、三尾与↑框前两首二、三尾 | 6-10-6-8-6-6-4-2-4 | | |
| 2054 | 框前三首后两尾与下行首数 | 6-6-10-6-2 | 6 | |
| | 框后三尾前两首与上行尾数 | 2-6-10-6-6 | | |
| 2055 | 框前三首后两尾与↓框中前两首 | 6-6-10-6-2-6 | 7 | |
| | 框后三尾前两首与↑框中后两尾 | 6-2-6-10-6-6 | | |
| 2056 | 框前三首后两尾与↓框中前两行 | 6-6-10-6-2-6-4 | 8 | |
| | 框后三尾前两首与↑框中后两行 | 4-6-2-6-10-6-6 | | |
| 2057 | 框前三首后两尾与↓框前三首和首尾 | 6-6-10-6-2-6-4-2 | 9 | |
| | 框后三尾前两首与↑框后三尾和末首 | 2-4-6-2-6-10-6-6 | | |
| 2058 | 框前三首后两尾与↓框前三首一、三尾 | 6-6-10-6-2-6-4-2-10 | 10 | |
| | 框后三尾前两首与↑框后三尾二、四首 | 10-2-4-6-2-6-10-6-6 | | |
| 2059 | 框前三首后两尾与↓框前两首前两尾 | 6-6-10-6-2-6-4-6 | 9 | |
| | 框后三尾前两首与↑框后两首后两尾 | 6-4-6-2-6-10-6-6 | | |
| 2060 | 框前三首后两尾与↓框前两行和末首 | 6-6-10-6-2-6-4-8 | 9 | |
| | 框后三尾前两首与↑框后两行和首尾 | 8-4-6-2-6-10-6-6 | | |
| 2061 | 框前三首后两尾与↓框前两行和丁行 | 6-6-10-6-2-6-4-8-4 | 10 | |
| | 框后三尾前两首与↑框后两行和次行 | 4-8-4-6-2-6-10-6-6 | | |
| 2062 | 框前三首后两尾与↓框前两行末首、尾 | 6-6-10-6-2-6-4-8-10 | 10 | |
| | 框后三尾前两首与↑框后两行首首、尾 | 10-8-4-6-2-6-10-6-6 | | |

续表

| 序　号 | 条　件<br>在表 28 中，若任何的＿＿＿＿都是素数的 | 结　论<br>就是一个差＿D＿型 | k 生素数 | 同差异决之序号 |
|---|---|---|---|---|
| 2063 | 框前三首后两尾与↓框中前三首 | 6-6-10-6-2-6-6 | 8 | |
| | 框后三尾前两首与↑框中后三尾 | 6-6-2-6-10-6-6 | | |
| 2064 | 框前三首后两尾与↓框前三首和次尾 | 6-6-10-6-2-6-6-4 | 9 | |
| | 框后三尾前两首与↑框后三尾和再首 | 4-6-6-2-6-10-6-6 | | |
| 2065 | 框前三首后两尾与↓框中四首数 | 6-6-10-6-2-6-6-6 | 9 | |
| | 框后三尾前两首与↑框中四尾数 | 6-6-6-2-6-10-6-6 | | |
| 2066 | 框前三首后两尾与↓框前三首和再尾 | 6-6-10-6-2-6-6-10 | 9 | |
| | 框后三尾前两首与↑框后三尾和次首 | 10-6-6-2-6-10-6-6 | | |
| 2067 | 框前三首后两尾与↓框前三首后两尾 | 6-6-10-6-2-6-6-10-6 | 10 | |
| | 框后三尾前两首与↑框后三尾前两首 | 6-10-6-6-2-6-10-6-6 | | |
| 2068 | 框前三首后两尾与↓框前两首和次尾 | 6-6-10-6-2-6-10 | 8 | |
| | 框后三尾前两首与↑框后两尾和再首 | 10-6-2-6-10-6-6 | | |
| 2069 | 框前三首后两尾与↓框中一、二、四首和次尾 | 6-6-10-6-2-6-10-2 | 9 | |
| | 框后三尾前两首与↑框中一、三、四尾和再首 | 2-10-6-2-6-10-6-6 | | |
| 2070 | 框前三首后两尾与↓框中首首、尾 | 6-6-10-6-2-10 | 7 | |
| | 框后三尾前两首与↑框中末首、尾 | 10-2-6-10-6-6 | | |
| 2071 | 框前三首后两尾与↓框中首尾一、三首 | 6-6-10-6-2-10-2 | 8 | |
| | 框后三尾前两首与↑框中末首二、四尾 | 2-10-2-6-10-6-6 | | |
| 2072 | 框前三首后两尾与↓框前两尾一、三首 | 6-6-10-6-2-10-2-4 | 9 | |
| | 框后三尾前两首与↑框后两首二、四尾 | 4-2-10-2-6-10-6-6 | | |
| 2073 | 框前三首后两尾与↓框中一、三、四首前两尾 | 6-6-10-6-2-10-2-4-2 | 10 | |
| | 框后三尾前两首与↑框中一、二、四尾后两首 | 2-4-2-10-2-6-10-6-6 | | |
| 2074 | 框前三首后两尾与↓框后两首首首、尾 | 6-6-10-6-2-10-2-6 | 9 | |
| | 框后三尾前两首与↑框前两尾末首、尾 | 6-2-10-2-6-10-6-6 | | |
| 2075 | 框前三首后两尾与↓框中一、三、四首一、三尾 | 6-6-10-6-2-10-2-6-4 | 10 | |
| | 框后三尾前两首与↑框中一、二、四尾二、四首 | 4-6-2-10-2-6-10-6-6 | | |
| 2076 | 框前三首后两尾与↓框中一、三、四首一、四尾 | 6-6-10-6-2-10-2-6-10 | 10 | |
| | 框后三尾前两首与↑框中一、二、四尾一、四首 | 10-6-2-10-2-6-10-6-6 | | |
| 2077 | 框前三首后两尾与↓框中一、三首一、三尾 | 6-6-10-6-2-10-2-10 | 9 | |
| | 框后三尾前两首与↑框中二、四首二、四尾 | 10-2-10-2-6-10-6-6 | | |
| 2078 | 框前三首后两尾与↓框中一、三、四尾一、三首 | 6-6-10-6-2-10-2-10-6 | 10 | |
| | 框后三尾前两首与↑框中一、二、四首二、四尾 | 6-10-2-10-2-6-10-6-6 | | |
| 2079 | 框前三首后两尾与↓框前两尾和首首 | 6-6-10-6-2-10-6 | 8 | |
| | 框后三尾前两首与↑框后两首和末尾 | 6-10-2-6-10-6-6 | | |
| 2080 | 框前三首后两尾与↓框前两尾一、四首 | 6-6-10-6-2-10-6-2 | 9 | |
| | 框后三尾前两首与↑框后两首一、四尾 | 2-6-10-2-6-10-6-6 | | |
| 2081 | 框前三首后两尾与↓框中首尾一、四首 | 6-6-10-6-2-10-8 | 8 | |
| | 框后三尾前两首与↑框中末首一、四尾 | 8-10-2-6-10-6-6 | | |
| 2082 | 框前三首后两尾与↓框中丁行首首、尾 | 6-6-10-6-2-10-8-4 | 9 | |
| | 框后三尾前两首与↑框中次行末首、尾 | 4-8-10-2-6-10-6-6 | | |

续表

| 序号 | 条件<br>在表 28 中，若任何的__________都是素数的 | 结论<br>就是一个差__$D$__型 | $k$ 生素数 | 同差异决之序号 |
|---|---|---|---|---|
| 2083 | 框前三首后两尾与↓框后两行首首、尾 | 6-6-10-6-2-10-8-4-6 | 10 | |
| | 框后三尾前两首与↑框前两行末首、尾 | 6-4-8-10-2-6-10-6-6 | | |
| 2084 | 框前三首后两尾与↓框中一、四首一、四尾 | 6-6-10-6-2-10-8-10 | 9 | |
| | 框后三尾前两首与↑框中一、四首一、四尾 | 10-8-10-2-6-10-6-6 | | |
| 2085 | 框前三首后两尾与下下行首数 | 6-6-10-6-8 | 6 | |
| | 框后三尾前两首与上上行尾数 | 8-6-10-6-6 | | |
| 2086 | 框前三首后两尾与下下行两数 | 6-6-10-6-8-4 | 7 | |
| | 框后三尾前两首与上上行两数 | 4-8-6-10-6-6 | | |
| 2087 | 框前三首后两尾与↓框中首尾二、三首 | 6-6-10-6-8-4-2 | 8 | |
| | 框后三尾前两首与↑框中末首二、三尾 | 2-4-8-6-10-6-6 | | |
| 2088 | 框前三首后两尾与↓框中二、三行 | 6-6-10-6-8-4-2-4 | 9 | |
| | 框后三尾前两首与↑框中三、四行 | 4-2-4-8-6-10-6-6 | | |
| 2089 | 框前三首后两尾与↓框前三尾二、三首 | 6-6-10-6-8-4-2-4-6 | 10 | |
| | 框后三尾前两首与↑框后三首二、三尾 | 6-4-2-4-8-6-10-6-6 | | |
| 2090 | 框前三首后两尾与↓框后三首和首尾 | 6-6-10-6-8-4-2-6 | 9 | |
| | 框后三尾前两首与↑框前三尾和末首 | 6-2-4-8-6-10-6-6 | | |
| 2091 | 框后三首后两尾与↓框后三首一、三尾 | 6-6-10-6-8-4-2-6-4 | 10 | |
| | 框后三尾前两首与↑框前三尾二、四首 | 4-6-2-4-8-6-10-6-6 | | |
| 2092 | 框前三首后两尾与↓框后三首一、四尾 | 6-6-10-6-8-4-2-6-10 | 10 | |
| | 框后三尾前两首与↑框前三尾一、四首 | 10-6-2-4-8-6-10-6-6 | | |
| 2093 | 框前三首后两尾与↓框中次行再首、尾 | 6-6-10-6-8-4-2-10 | 9 | |
| | 框后三尾前两首与↑框中丁行次首、尾 | 10-2-4-8-6-10-6-6 | | |
| 2094 | 框前三首后两尾与↓框中一、三、四尾二、三首 | 6-6-10-6-8-4-2-10-6 | 10 | |
| | 框后三尾前两首与↑框中一、二、四首二、三尾 | 6-10-2-4-8-6-10-6-6 | | |
| 2095 | 框前三首后两尾与↓框前两尾和次首 | 6-6-10-6-8-4-6 | 8 | |
| | 框后三尾前两首与↑框后两首和再尾 | 6-4-8-6-10-6-6 | | |
| 2096 | 框前三首后两尾与↓框前两尾二、四首 | 6-6-10-6-8-4-6-2 | 9 | |
| | 框后三尾前两首与↑框后两首一、三尾 | 2-6-4-8-6-10-6-6 | | |
| 2097 | 框前三首后两尾与↓框前三尾二、四首 | 6-6-10-6-8-4-6-2-4 | 10 | |
| | 框后三尾前两首与↑框后三首一、三尾 | 4-2-6-4-8-6-10-6-6 | | |
| 2098 | 框前三首后两尾与↓框前三尾和次首 | 6-6-10-6-8-4-6-6 | 9 | |
| | 框后三尾前两首与↑框后三首和再尾 | 6-6-4-8-6-10-6-6 | | |
| 2099 | 框前三首后两尾与↓框中次行和末首 | 6-6-10-6-8-4-8 | 8 | |
| | 框后三尾前两首与↑框中丁行和首尾 | 8-4-8-6-10-6-6 | | |
| 2100 | 框前三首后两尾与↓框中二、四行 | 6-6-10-6-8-4-8-4 | 9 | |
| | 框后三尾前两首与↑框中二、四行 | 4-8-4-8-6-10-6-6 | | |
| 2101 | 框前三首后两尾与↓框后两行和次行 | 6-6-10-6-8-4-8-4-6 | 10 | |
| | 框后三尾前两首与↑框前两行和丁行 | 6-4-8-4-8-6-10-6-6 | | |
| 2102 | 框前三首后两尾与↓框中次行末首、尾 | 6-6-10-6-8-4-8-10 | 9 | |
| | 框后三尾前两首与↑框中丁行首首、尾 | 10-8-4-8-6-10-6-6 | | |

续表

| 序号 | 条件<br>在表 28 中，若任何的______都是素数的 | 结论<br>就是一个差 $\underline{D}$ 型 | $k$ 生素数 | 同差异决之序号 |
|---|---|---|---|---|
| 2103 | 框前三首后两尾与$\underline{\downarrow}$框中二、三首 | 6-6-10-6-8-6 | 7 | |
| | 框后三尾前两首与$\overline{\uparrow}$框中二、三尾 | 6-8-6-10-6-6 | | |
| 2104 | 框前三首后两尾与$\underline{\downarrow}$框中次尾二、三首 | 6-6-10-6-8-6-4 | 8 | |
| | 框后三尾前两首与$\overline{\uparrow}$框中再首二、三尾 | 4-6-8-6-10-6-6 | | |
| 2105 | 框前三首后两尾与$\underline{\downarrow}$框后三首和次尾 | 6-6-10-6-8-6-4-2 | 9 | |
| | 框后三尾前两首与$\overline{\uparrow}$框前三尾和再首 | 2-4-6-8-6-10-6-6 | | |
| 2106 | 框前三首后两尾与$\underline{\downarrow}$框后三首二、三尾 | 6-6-10-6-8-6-4-2-4 | 10 | |
| | 框后三尾前两首与$\overline{\uparrow}$框前三尾二、三首 | 4-2-4-6-8-6-10-6-6 | | |
| 2107 | 框前三首后两尾与$\underline{\downarrow}$框中二、三首二、三尾 | 6-6-10-6-8-6-4-6 | 9 | |
| | 框后三尾前两首与$\overline{\uparrow}$框中二、三首二、三尾 | 6-4-6-8-6-10-6-6 | | |
| 2108 | 框前三首后两尾与$\underline{\downarrow}$框中后三首 | 6-6-10-6-8-6-6 | 8 | |
| | 框后三尾前两首与$\overline{\uparrow}$框中前三尾 | 6-6-8-6-10-6-6 | | |
| 2109 | 框前三首后两尾与$\underline{\downarrow}$框后三首和再尾 | 6-6-10-6-8-6-6-4 | 9 | |
| | 框后三尾前两首与$\overline{\uparrow}$框前三尾和次首 | 4-6-6-8-6-10-6-6 | | |
| 2110 | 框前三首后两尾与$\underline{\downarrow}$框后三首后两尾 | 6-6-10-6-8-6-6-4-6 | 10 | |
| | 框后三尾前两首与$\overline{\uparrow}$框前三尾前两首 | 6-4-6-6-8-6-10-6-6 | | |
| 2111 | 框前三首后两尾与$\underline{\downarrow}$框后三首和末尾 | 6-6-10-6-8-6-6-10 | 9 | |
| | 框后三尾前两首与$\overline{\uparrow}$框前三尾和首首 | 10-6-6-8-6-10-6-6 | | |
| 2112 | 框前三首后两尾与$\underline{\downarrow}$框中再尾二、三首 | 6-6-10-6-8-6-10 | 8 | |
| | 框后三尾前两首与$\overline{\uparrow}$框中次首二、三尾 | 10-6-8-6-10-6-6 | | |
| 2113 | 框前三首后两尾与$\underline{\downarrow}$框后两尾二、三首 | 6-6-10-6-8-6-10-6 | 9 | |
| | 框后三尾前两首与$\overline{\uparrow}$框前两首二、三尾 | 6-10-6-8-6-10-6-6 | | |
| 2114 | 框前三首后两尾与$\underline{\downarrow}$框中次首、尾 | 6-6-10-6-8-10 | 7 | |
| | 框后三尾前两首与$\overline{\uparrow}$框中再首、尾 | 10-8-6-10-6-6 | | |
| 2115 | 框前三首后两尾与$\underline{\downarrow}$框中次尾二、四首 | 6-6-10-6-8-10-2 | 8 | |
| | 框后三尾前两首与$\overline{\uparrow}$框中再首一、三尾 | 2-10-8-6-10-6-6 | | |
| 2116 | 框前三首后两尾与$\underline{\downarrow}$框中丁行次首、尾 | 6-6-10-6-8-10-2-4 | 9 | |
| | 框后三尾前两首与$\overline{\uparrow}$框中次行再首、尾 | 4-2-10-8-6-10-6-6 | | |
| 2117 | 框前三首后两尾与$\underline{\downarrow}$框中二、四首二、四尾 | 6-6-10-6-8-10-2-10 | 9 | |
| | 框后三尾前两首与$\overline{\uparrow}$框中一、三首一、三尾 | 10-2-10-8-6-10-6-6 | | |
| 2118 | 框前三首后两尾与$\underline{\downarrow}$框中次首二、三尾 | 6-6-10-6-8-10-6 | 8 | |
| | 框后三尾前两首与$\overline{\uparrow}$框中再尾二、三首 | 6-10-8-6-10-6-6 | | |
| 2119 | 框后三尾前两首与下行首数 | 6-10-6-6-2 | 6 | |
| | 框前三首后两尾与上行尾数 | 2-6-6-10-6 | | |
| 2120 | 框后三尾前两首与↓框中前两首 | 6-10-6-6-2-6 | 7 | |
| | 框前三首后两尾与↑框中后两尾 | 6-2-6-6-10-6 | | |
| 2121 | 框后三尾前两首与↓框中前两行 | 6-10-6-6-2-6-4 | 8 | |
| | 框前三首后两尾与↑框中后两行 | 4-6-2-6-6-10-6 | | |
| 2122 | 框后三尾前两首与↓框前三首和首尾 | 6-10-6-6-2-6-4-2 | 9 | |
| | 框前三首后两尾与↑框后三尾和末首 | 2-4-6-2-6-6-10-6 | | |

续表

| 序号 | 条件<br>在表 28 中，若任何的______都是素数的 | 结论<br>就是一个差 $D$ 型 | $k$ 生素数 | 同差异决之序号 |
|---|---|---|---|---|
| 2123 | 框后三尾前两首与↓框前三首一、三尾 | 6-10-6-6-2-6-4-2-10 | 10 | |
| | 框前三首后两尾与↑框后三尾二、四首 | 10-2-4-6-2-6-6-10-6 | | |
| 2124 | 框后三尾前两首与↓框前两首前两尾 | 6-10-6-6-2-6-4-6 | 9 | |
| | 框前三首后两尾与↑框后两首后两尾 | 6-4-6-2-6-6-10-6 | | |
| 2125 | 框后三尾前两首与↓框前两行和末首 | 6-10-6-6-2-6-4-8 | 9 | |
| | 框前三首后两尾与↑框后两行和首尾 | 8-4-6-2-6-6-10-6 | | |
| 2126 | 框后三尾前两首与↓框前两行和丁行 | 6-10-6-6-2-6-4-8-4 | 10 | |
| | 框前三首后两尾与↑框后两行和次行 | 4-8-4-6-2-6-6-10-6 | | |
| 2127 | 框后三尾前两首与↓框前两行末首、尾 | 6-10-6-6-2-6-4-8-10 | 10 | |
| | 框前三首后两尾与↑框后两行首首、尾 | 10-8-4-6-2-6-6-10-6 | | |
| 2128 | 框后三尾前两首与↓框中前三首 | 6-10-6-6-2-6-6 | 8 | |
| | 框前三首后两尾与↑框中后三尾 | 6-6-2-6-6-10-6 | | |
| 2129 | 框后三尾前两首与↓框前三首和次尾 | 6-10-6-6-2-6-6-4 | 9 | |
| | 框前三首后两尾与↑框后三尾和再首 | 4-6-6-2-6-6-10-6 | | |
| 2130 | 框后三尾前两首与↓框中四首数 | 6-10-6-6-2-6-6-6 | 9 | |
| | 框前三首后两尾与↑框中四尾数 | 6-6-6-2-6-6-10-6 | | |
| 2131 | 框后三尾前两首与↓框前三首和再尾 | 6-10-6-6-2-6-6-10 | 9 | |
| | 框前三首后两尾与↑框后三尾和次首 | 10-6-6-2-6-6-10-6 | | |
| 2132 | 框后三尾前两首与↓框前三首后两尾 | 6-10-6-6-2-6-6-10-6 | 10 | |
| 2133 | 框后三尾前两首与↓框前两首和次尾 | 6-10-6-6-2-6-10 | 8 | |
| | 框前三首后两尾与↑框后两尾和再首 | 10-6-2-6-6-10-6 | | |
| 2134 | 框后三尾前两首与↓框中一、二、四首和次尾 | 6-10-6-6-2-6-10-2 | 9 | |
| | 框前三首后两尾与↑框中一、三、四尾和再首 | 2-10-6-2-6-6-10-6 | | |
| 2135 | 框后三尾前两首与↓框中一、二、四首二、三尾 | 6-10-6-6-2-6-10-2-4 | 10 | |
| | 框前三首后两尾与↑框中一、三、四尾二、三首 | 4-2-10-6-2-6-6-10-6 | | |
| 2136 | 框后三尾前两首与↓框中一、二、四首二、四尾 | 6-10-6-6-2-6-10-2-10 | 10 | |
| | 框前三首后两尾与↑框中一、三、四尾一、三首 | 10-2-10-6-2-6-6-10-6 | | |
| 2137 | 框后三尾前两首与↓框前两首二、三尾 | 6-10-6-6-2-6-10-6 | 9 | |
| | 框前三首后两尾与↑框后两尾二、三首 | 6-10-6-2-6-6-10-6 | | |
| 2138 | 框后三尾前两首与↓框中首首、尾 | 6-10-6-6-2-10 | 7 | |
| | 框前三首后两尾与↑框中末首、尾 | 10-2-6-6-10-6 | | |
| 2139 | 框后三尾前两首与↓框中首尾一、三首 | 6-10-6-6-2-10-2 | 8 | |
| | 框前三首后两尾与↑框中末首二、四尾 | 2-10-2-6-6-10-6 | | |
| 2140 | 框后三尾前两首与↓框前两尾一、三首 | 6-10-6-6-2-10-2-4 | 9 | |
| | 框前三首后两尾与↑框后两首二、四尾 | 4-2-10-2-6-6-10-6 | | |
| 2141 | 框后三尾前两首与↓框中一、三、四首前两尾 | 6-10-6-6-2-10-2-4-2 | 10 | |
| | 框前三首后两尾与↑框中一、二、四尾后两首 | 2-4-2-10-2-6-6-10-6 | | |
| 2142 | 框后三尾前两首与↓框后两首首首、尾 | 6-10-6-6-2-10-2-6 | 9 | |
| | 框前三首后两尾与↑框前两尾末首、尾 | 6-2-10-2-6-6-10-6 | | |

续表

| 序号 | 条件 | 结论 | | 同差异决之序号 |
|---|---|---|---|---|
| | 在表 28 中,若任何的______都是素数的 | 就是一个差__D__型 | k 生素数 | |
| 2143 | 框后三尾前两首与↓框中一、三、四首一、三尾 | 6-10-6-6-2-10-2-6-4 | 10 | |
| | 框前三首后两尾与↑框中一、二、四尾二、四首 | 4-6-2-10-2-6-6-10-6 | | |
| 2144 | 框后三尾前两首与↓框中一、三、四首一、四尾 | 6-10-6-6-2-10-2-6-10 | 10 | |
| | 框前三首后两尾与↑框中一、二、四尾一、四首 | 10-6-2-10-2-6-6-10-6 | | |
| 2145 | 框后三尾前两首与↓框中一、三首一、三尾 | 6-10-6-6-2-10-2-10 | 9 | |
| | 框前三首后两尾与↑框中二、四首二、四尾 | 10-2-10-2-6-6-10-6 | | |
| 2146 | 框后三尾前两首与↓框中一、三、四尾一、三首 | 6-10-6-6-2-10-2-10-6 | 10 | |
| | 框前三首后两尾与↑框中一、二、四首二、四尾 | 6-10-2-10-2-6-6-10-6 | | |
| 2147 | 框后三尾前两首与↓框前两尾和首首 | 6-10-6-6-2-10-6 | 8 | |
| | 框前三首后两尾与↑框后两首和末尾 | 6-10-2-6-6-10-6 | | |
| 2148 | 框后三尾前两首与↓框前两尾一、四首 | 6-10-6-6-2-10-6-2 | 9 | |
| | 框前三首后两尾与↑框后两首一、四尾 | 2-6-10-2-6-6-10-6 | | |
| 2149 | 框后三尾前两首与↓框中首尾一、四首 | 6-10-6-6-2-10-8 | 8 | |
| | 框前三首后两尾与↑框中末首一、四尾 | 8-10-2-6-6-10-6 | | |
| 2150 | 框后三尾前两首与↓框中丁行首首、尾 | 6-10-6-6-2-10-8-4 | 9 | |
| | 框前三首后两尾与↑框中次行末首、尾 | 4-8-10-2-6-6-10-6 | | |
| 2151 | 框后三尾前两首与↓框中一、四首一、四尾 | 6-10-6-6-2-10-8-10 | 9 | |
| | 框前三首后两尾与↑框中一、四首一、四尾 | 10-8-10-2-6-6-10-6 | | |
| 2152 | 框后三尾前两首与下下行首数 | 6-10-6-6-8 | 6 | |
| | 框前三首后两尾与上上行尾数 | 8-6-6-10-6 | | |
| 2153 | 框后三尾前两首与下下行两数 | 6-10-6-6-8-4 | 7 | |
| | 框前三首后两尾与上上行两数 | 4-8-6-6-10-6 | | |
| 2154 | 框后三尾前两首与↓框中首尾二、三首 | 6-10-6-6-8-4-2 | 8 | |
| | 框前三首后两尾与↑框中末首二、三尾 | 2-4-8-6-6-10-6 | | |
| 2155 | 框后三尾前两首与↓框中二、三行 | 6-10-6-6-8-4-2-4 | 9 | |
| | 框前三首后两尾与↑框中三、四行 | 4-2-4-8-6-6-10-6 | | |
| 2156 | 框后三尾前两首与↓框后三首和首尾 | 6-10-6-6-8-4-2-6 | 9 | |
| | 框前三首后两尾与↑框前三尾和末首 | 6-2-4-8-6-6-10-6 | | |
| 2157 | 框后三尾前两首与↓框后三首一、三尾 | 6-10-6-6-8-4-2-6-4 | 10 | |
| | 框前三首后两尾与↑框前三尾二、四首 | 4-6-2-4-8-6-6-10-6 | | |
| 2158 | 框后三尾前两首与↓框后三首一、四尾 | 6-10-6-6-8-4-2-6-10 | 10 | |
| | 框前三首后两尾与↑框前三尾一、四首 | 10-6-2-4-8-6-6-10-6 | | |
| 2159 | 框后三尾前两首与↓框中次行再首、尾 | 6-10-6-6-8-4-2-10 | 9 | |
| | 框前三首后两尾与↑框中丁行次首、尾 | 10-2-4-8-6-6-10-6 | | |
| 2160 | 框后三尾前两首与↓框中一、三、四尾二、三首 | 6-10-6-6-8-4-2-10-6 | 10 | |
| | 框前三首后两尾与↑框中一、二、四首二、三尾 | 6-10-2-4-8-6-6-10-6 | | |
| 2161 | 框后三尾前两首与↓框前两尾和次首 | 6-10-6-6-8-4-6 | 8 | |
| | 框前三首后两尾与↑框后两首和再尾 | 6-4-8-6-6-10-6 | | |
| 2162 | 框后三尾前两首与↓框前两尾二、四首 | 6-10-6-6-8-4-6-2 | 9 | |
| | 框前三首后两尾与↑框后两首一、三尾 | 2-6-4-8-6-6-10-6 | | |

续表

| 序号 | 条件<br>在表 28 中,若任何的______都是素数的 | 结论<br>就是一个差 $D$ 型 | $k$ 生素数 | 同差异决之序号 |
|---|---|---|---|---|
| 2163 | 框后三尾前两首与$\underline{\downarrow}$框中次行和末首 | 6-10-6-6-8-4-8 | 8 | |
| | 框前三首后两尾与$\overline{\uparrow}$框中丁行和首尾 | 8-4-8-6-6-10-6 | | |
| 2164 | 框后三尾前两首与$\underline{\downarrow}$框中二、四行 | 6-10-6-6-8-4-8-4 | 9 | |
| | 框前三首后两尾与$\overline{\uparrow}$框中二、四行 | 4-8-4-8-6-6-10-6 | | |
| 2165 | 框后三尾前两首与$\underline{\downarrow}$框后两行和次行 | 6-10-6-6-8-4-8-4-6 | 10 | |
| | 框前三首后两尾与$\overline{\uparrow}$框前两行和丁行 | 6-4-8-4-8-6-6-10-6 | | |
| 2166 | 框后三尾前两首与$\underline{\downarrow}$框中次行末首、尾 | 6-10-6-6-8-4-8-10 | 9 | |
| | 框前三首后两尾与$\overline{\uparrow}$框中丁行首首、尾 | 10-8-4-8-6-6-10-6 | | |
| 2167 | 框后三尾前两首与$\underline{\downarrow}$框中二、三首 | 6-10-6-6-8-6 | 7 | |
| | 框前三首后两尾与$\overline{\uparrow}$框中二、三尾 | 6-8-6-6-10-6 | | |
| 2168 | 框后三尾前两首与$\underline{\downarrow}$框中次尾二、三首 | 6-10-6-6-8-6-4 | 8 | |
| | 框前三首后两尾与$\overline{\uparrow}$框中再首二、三尾 | 4-6-8-6-6-10-6 | | |
| 2169 | 框后三尾前两首与$\underline{\downarrow}$框后三首和次尾 | 6-10-6-6-8-6-4-2 | 9 | |
| | 框前三首后两尾与$\overline{\uparrow}$框前三尾和再首 | 2-4-6-8-6-6-10-6 | | |
| 2170 | 框后三尾前两首与$\underline{\downarrow}$框后三首二、三尾 | 6-10-6-6-8-6-4-2-4 | 10 | |
| | 框前三首后两尾与$\overline{\uparrow}$框前三尾二、三首 | 4-2-4-6-8-6-6-10-6 | | |
| 2171 | 框后三尾前两首与$\underline{\downarrow}$框中二、三首二、三尾 | 6-10-6-6-8-6-4-6 | 9 | |
| | 框前三首后两尾与$\overline{\uparrow}$框中二、三首二、三尾 | 6-4-6-8-6-6-10-6 | | |
| 2172 | 框后三尾前两首与$\underline{\downarrow}$框后三尾二、三首 | 6-10-6-6-8-6-4-6-6 | 10 | |
| | 框前三首后两尾与$\overline{\uparrow}$框前三首二、三尾 | 6-6-4-6-8-6-6-10-6 | | |
| 2173 | 框后三尾前两首与$\underline{\downarrow}$框中后三首 | 6-10-6-6-8-6-6 | 8 | |
| | 框前三首后两尾与$\overline{\uparrow}$框中前三尾 | 6-6-8-6-6-10-6 | | |
| 2174 | 框后三尾前两首与$\underline{\downarrow}$框后三首和再尾 | 6-10-6-6-8-6-6-4 | 9 | |
| | 框前三首后两尾与$\overline{\uparrow}$框前三尾和次首 | 4-6-6-8-6-6-10-6 | | |
| 2175 | 框后三尾前两首与$\underline{\downarrow}$框后三首后两尾 | 6-10-6-6-8-6-6-4-6 | 10 | |
| | 框前三首后两尾与$\overline{\uparrow}$框前三尾前两首 | 6-4-6-6-8-6-6-10-6 | | |
| 2176 | 框后三尾前两首与$\underline{\downarrow}$框后三首和末尾 | 6-10-6-6-8-6-6-10 | 9 | |
| | 框前三首后两尾与$\overline{\uparrow}$框前三尾和首首 | 10-6-6-8-6-6-10-6 | | |
| 2177 | 框后三尾前两首与$\underline{\downarrow}$框中再尾二、三首 | 6-10-6-6-8-6-10 | 8 | |
| | 框前三首后两尾与$\overline{\uparrow}$框中次首二、三尾 | 10-6-8-6-6-10-6 | | |
| 2178 | 框后三尾前两首与$\underline{\downarrow}$框后两尾二、三首 | 6-10-6-6-8-6-10-6 | 9 | |
| | 框前三首后两尾与$\overline{\uparrow}$框前两首二、三尾 | 6-10-6-8-6-6-10-6 | | |
| 2179 | 框后三尾前两首与$\underline{\downarrow}$框中次首、尾 | 6-10-6-6-8-10 | 7 | |
| | 框前三首后两尾与$\overline{\uparrow}$框中再首、尾 | 10-8-6-6-10-6 | | |
| 2180 | 框后三尾前两首与$\underline{\downarrow}$框中次尾二、四首 | 6-10-6-6-8-10-2 | 8 | |
| | 框前三首后两尾与$\overline{\uparrow}$框中再首一、三尾 | 2-10-8-6-6-10-6 | | |
| 2181 | 框后三尾前两首与$\underline{\downarrow}$框中丁行次首、尾 | 6-10-6-6-8-10-2-4 | 9 | |
| | 框前三首后两尾与$\overline{\uparrow}$框中次行再首、尾 | 4-2-10-8-6-6-10-6 | | |
| 2182 | 框后三尾前两首与$\underline{\downarrow}$框后三尾二、四首 | 6-10-6-6-8-10-2-4-6 | 10 | |
| | 框前三首后两尾与$\overline{\uparrow}$框前三首一、三尾 | 6-4-2-10-8-6-6-10-6 | | |

## 续表

| 序号 | 条件<br>在表 28 中,若任何的______都是素数的 | 结论<br>就是一个差<u>D</u>型 | k生素数 | 同差异决之序号 |
|---|---|---|---|---|
| 2183 | 框后三尾前两首与↓̲框中二、四首二、四尾 | 6-10-6-6-8-10-2-10 | 9 | |
| | 框前三首后两尾与↑̅框中一、三首一、三尾 | 10-2-10-8-6-6-10-6 | | |
| 2184 | 框后三尾前两首与↓̲框中次首二、三尾 | 6-10-6-6-8-10-6 | 8 | |
| | 框前三首后两尾与↑̅框中再尾二、三首 | 6-10-8-6-6-10-6 | | |
| 2185 | 框后三尾前两首与↓̲框后三尾和次首 | 6-10-6-6-8-10-6-6 | 9 | |
| | 框前三首后两尾与↑̅框前三首和再尾 | 6-6-10-8-6-6-10-6 | | |
| 2186 | 框中四首后两尾与下行首数 | 6-6-6-4-6-2 | 7 | |
| | 框中四尾前两首与上行尾数 | 2-6-4-6-6-6 | | |
| 2187 | 框中四首后两尾与↓框中前两首 | 6-6-6-4-6-2-6 | 8 | |
| | 框中四尾前两首与↑框中后两尾 | 6-2-6-4-6-6-6 | | |
| 2188 | 框中四首后两尾与↓框中前两行 | 6-6-6-4-6-2-6-4 | 9 | |
| | 框中四尾前两首与↑框中后两行 | 4-6-2-6-4-6-6-6 | | |
| 2189 | 框中四首后两尾与↓框前三首和首尾 | 6-6-6-4-6-2-6-4-2 | 10 | |
| | 框中四尾前两首与↑框后三尾和末首 | 2-4-6-2-6-4-6-6-6 | | |
| 2190 | 框中四首后两尾与↓框前两首前两尾 | 6-6-6-4-6-2-6-4-6 | 10 | |
| | 框中四尾前两首与↑框后两首后两尾 | 6-4-6-2-6-4-6-6-6 | | |
| 2191 | 框中四首后两尾与↓框前两行和末首 | 6-6-6-4-6-2-6-4-8 | 10 | |
| | 框中四尾前两首与↑框后两行和首尾 | 8-4-6-2-6-4-6-6-6 | | |
| 2192 | 框中四首后两尾与↓框中前三首 | 6-6-6-4-6-2-6-6 | 9 | |
| | 框中四尾前两首与↑框中后三尾 | 6-6-2-6-4-6-6-6 | | |
| 2193 | 框中四首后两尾与↓框前三首和次尾 | 6-6-6-4-6-2-6-6-4 | 10 | |
| | 框中四尾前两首与↑框后三尾和再首 | 4-6-6-2-6-4-6-6-6 | | |
| 2194 | 框中四首后两尾与↓框中四首数 | 6-6-6-4-6-2-6-6-6 | 10 | |
| | 框中四尾前两首与↑框中四尾数 | 6-6-6-2-6-4-6-6-6 | | |
| 2195 | 框中四首后两尾与↓框前两首和次尾 | 6-6-6-4-6-2-6-10 | 9 | |
| | 框中四尾前两首与↑框后两尾和再首 | 10-6-2-6-4-6-6-6 | | |
| 2196 | 框中四首后两尾与↓框中一、二、四首和次尾 | 6-6-6-4-6-2-6-10-2 | 10 | |
| | 框中四尾前两首与↑框中一、三、四尾和再首 | 2-10-6-2-6-4-6-6-6 | | |
| 2197 | 框中四首后两尾与↓框中首首、尾 | 6-6-6-4-6-2-10 | 8 | |
| | 框中四尾前两首与↑框中末首、尾 | 10-2-6-4-6-6-6 | | |
| 2198 | 框中四首后两尾与↓框中首尾一、三首 | 6-6-6-4-6-2-10-2 | 9 | |
| | 框中四尾前两首与↑框中末首二、四尾 | 2-10-2-6-4-6-6-6 | | |
| 2199 | 框中四首后两尾与↓框前两尾一、三首 | 6-6-6-4-6-2-10-2-4 | 10 | |
| | 框中四尾前两首与↑框后两首二、四尾 | 4-2-10-2-6-4-6-6-6 | | |
| 2200 | 框中四首后两尾与↓框后两首首首、尾 | 6-6-6-4-6-2-10-2-6 | 10 | |
| | 框中四尾前两首与↑框前两尾末首、尾 | 6-2-10-2-6-4-6-6-6 | | |
| 2201 | 框中四首后两尾与↓框前两尾和首首 | 6-6-6-4-6-2-10-6 | 9 | |
| | 框中四尾前两首与↑框后两首和末尾 | 6-10-2-6-4-6-6-6 | | |
| 2202 | 框中四首后两尾与↓框前两尾一、四首 | 6-6-6-4-6-2-10-6-2 | 10 | |
| | 框中四尾前两首与↑框后两首一、四尾 | 2-6-10-2-6-4-6-6-6 | | |

## 续表

| 序号 | 条件<br>在表 28 中,若任何的______都是素数的 | 结论<br>就是一个差 $D$ 型 | $k$ 生素数 | 同差异决之序号 |
|---|---|---|---|---|
| 2203 | 框中四首后两尾与↓框中首尾一、四首 | 6-6-6-4-6-2-10-8 | 9 | |
| | 框中四尾前两首与↑框中末首一、四尾 | 8-10-2-6-4-6-6-6 | | |
| 2204 | 框中四首后两尾与↓框中一、四首一、四尾 | 6-6-6-4-6-2-10-8-10 | 10 | |
| | 框中四尾前两首与↑框中一、四首一、四尾 | 10-8-10-2-6-4-6-6-6 | | |
| 2205 | 框中四首后两尾与下下行首数 | 6-6-6-4-6-8 | 7 | |
| | 框中四尾前两首与上上行尾数 | 8-6-4-6-6-6 | | |
| 2206 | 框中四首后两尾与下下行两数 | 6-6-6-4-6-8-4 | 8 | |
| | 框中四尾前两首与上上行两数 | 4-8-6-4-6-6-6 | | |
| 2207 | 框中四首后两尾与$\underline{\downarrow}$框中首尾二、三首 | 6-6-6-4-6-8-4-2 | 9 | |
| | 框中四尾前两首与$\overline{\uparrow}$框中末首二、三尾 | 2-4-8-6-4-6-6-6 | | |
| 2208 | 框中四首后两尾与$\underline{\downarrow}$框中二、三行 | 6-6-6-4-6-8-4-2-4 | 10 | |
| | 框中四尾前两首与$\overline{\uparrow}$框中三、四行 | 4-2-4-8-6-4-6-6-6 | | |
| 2209 | 框中四首后两尾与$\underline{\downarrow}$框后三首和首尾 | 6-6-6-4-6-8-4-2-6 | 10 | |
| | 框中四尾前两首与$\overline{\uparrow}$框前三尾和末首 | 6-2-4-8-6-4-6-6-6 | | |
| 2210 | 框中四首后两尾与$\underline{\downarrow}$框中次行再首、尾 | 6-6-6-4-6-8-4-2-10 | 10 | |
| | 框中四尾前两首与$\overline{\uparrow}$框中丁行次首、尾 | 10-2-4-8-6-4-6-6-6 | | |
| 2211 | 框中四首后两尾与$\underline{\downarrow}$框前两尾和次首 | 6-6-6-4-6-8-4-6 | 9 | |
| | 框中四尾前两首与$\overline{\uparrow}$框后两首和再尾 | 6-4-8-6-4-6-6-6 | | |
| 2212 | 框中四首后两尾与$\underline{\downarrow}$框前两尾二、四首 | 6-6-6-4-6-8-4-6-2 | 10 | |
| | 框中四尾前两首与$\overline{\uparrow}$框后两首一、三尾 | 2-6-4-8-6-4-6-6-6 | | |
| 2213 | 框中四首后两尾与$\underline{\downarrow}$框前三尾和次首 | 6-6-6-4-6-8-4-6-6 | 10 | |
| | 框中四尾前两首与$\overline{\uparrow}$框后三首和再尾 | 6-6-4-8-6-4-6-6-6 | | |
| 2214 | 框中四首后两尾与$\underline{\downarrow}$框中次行和末首 | 6-6-6-4-6-8-4-8 | 9 | |
| | 框中四尾前两首与$\overline{\uparrow}$框中丁行和首尾 | 8-4-8-6-4-6-6-6 | | |
| 2215 | 框中四首后两尾与$\underline{\downarrow}$框中二、四行 | 6-6-6-4-6-8-4-8-4 | 10 | |
| | 框中四尾前两首与$\overline{\uparrow}$框中二、四行 | 4-8-4-8-6-4-6-6-6 | | |
| 2216 | 框中四首后两尾与$\underline{\downarrow}$框中次行末首、尾 | 6-6-6-4-6-8-4-8-10 | 10 | |
| | 框中四尾前两首与$\overline{\uparrow}$框中丁行首首、尾 | 10-8-4-8-6-4-6-6-6 | | |
| 2217 | 框中四首后两尾与$\underline{\downarrow}$框中二、三首 | 6-6-6-4-6-8-6 | 8 | |
| | 框中四尾前两首与$\overline{\uparrow}$框中二、三尾 | 6-8-6-4-6-6-6 | | |
| 2218 | 框中四首后两尾与$\underline{\downarrow}$框中次尾二、三首 | 6-6-6-4-6-8-6-4 | 9 | |
| | 框中四尾前两首与$\overline{\uparrow}$框中再首二、三尾 | 4-6-8-6-4-6-6-6 | | |
| 2219 | 框中四首后两尾与$\underline{\downarrow}$框后三首和次尾 | 6-6-6-4-6-8-6-4-2 | 10 | |
| | 框中四尾前两首与$\overline{\uparrow}$框前三尾和再首 | 2-4-6-8-6-4-6-6-6 | | |
| 2220 | 框中四首后两尾与$\underline{\downarrow}$框中二、三首二、三尾 | 6-6-6-4-6-8-6-4-6 | 10 | |
| | 框中四尾前两首与$\overline{\uparrow}$框中二、三首二、三尾 | 6-4-6-8-6-4-6-6-6 | | |
| 2221 | 框中四首后两尾与$\underline{\downarrow}$框中后三首 | 6-6-6-4-6-8-6-6 | 9 | |
| | 框中四尾前两首与$\overline{\uparrow}$框中前三尾 | 6-6-8-6-4-6-6-6 | | |
| 2222 | 框中四首后两尾与$\underline{\downarrow}$框后三首和两尾 | 6-6-6-4-6-8-6-6-4 | 10 | |
| | 框中四尾前两首与$\overline{\uparrow}$框前三尾和次首 | 4-6-6-8-6-4-6-6-6 | | |

续表

| 序号 | 条件 | 结论 | | 同差异决之序号 |
|---|---|---|---|---|
| | 在表 28 中,若任何的______都是素数的 | 就是一个差 D 型 | k 生素数 | |
| 2223 | 框中四首后两尾与$\underline{\downarrow}$框后三首和末尾 | 6-6-6-4-6-8-6-6-10 | 10 | |
| | 框中四尾前两首与$\overline{\uparrow}$框前三尾和首首 | 10-6-6-8-6-4-6-6-6 | | |
| 2224 | 框中四首后两尾与$\underline{\downarrow}$框中再尾二、三首 | 6-6-6-4-6-8-6-10 | 9 | |
| | 框中四尾前两首与$\overline{\uparrow}$框中次首二、三尾 | 10-6-8-6-4-6-6-6 | | |
| 2225 | 框中四首后两尾与$\underline{\downarrow}$框中次首、尾 | 6-6-6-4-6-8-10 | 8 | |
| | 框中四尾前两首与$\overline{\uparrow}$框中再首、尾 | 10-8-6-4-6-6-6 | | |
| 2226 | 框中四首后两尾与$\underline{\downarrow}$框中次尾二、四首 | 6-6-6-4-6-8-10-2 | 9 | |
| | 框中四尾前两首与$\overline{\uparrow}$框中再首一、三尾 | 2-10-8-6-4-6-6-6 | | |
| 2227 | 框中四首后两尾与$\underline{\downarrow}$框中丁行次首、尾 | 6-6-6-4-6-8-10-2-4 | 10 | |
| | 框中四尾前两首与$\overline{\uparrow}$框中次行再首、尾 | 4-2-10-8-6-4-6-6-6 | | |
| 2228 | 框中四首后两尾与$\underline{\downarrow}$框中二、四首二、四尾 | 6-6-6-4-6-8-10-2-10 | 10 | |
| | 框中四尾前两首与$\overline{\uparrow}$框中一、三首一、三尾 | 10-2-10-8-6-4-6-6-6 | | |
| 2229 | 框中四首后两尾与$\underline{\downarrow}$框中次首二、三尾 | 6-6-6-4-6-8-10-6 | 9 | |
| | 框中四尾前两首与$\overline{\uparrow}$框中再尾二、三首 | 6-10-8-6-4-6-6-6 | | |
| 2230 | 框中四尾前两首与下行首数 | 6-4-6-6-6-2 | 7 | |
| | 框中四首后两尾与上行尾数 | 2-6-6-6-4-6 | | |
| 2231 | 框中四尾前两首与↓框中前两首 | 6-4-6-6-6-2-6 | 8 | |
| | 框中四首后两尾与↑框中后两尾 | 6-2-6-6-6-4-6 | | |
| 2232 | 框中四尾前两首与↓框中前两行 | 6-4-6-6-6-2-6-4 | 9 | |
| | 框中四首后两尾与↑框中后两行 | 4-6-2-6-6-6-4-6 | | |
| 2233 | 框中四尾前两首与↓框前三首和首尾 | 6-4-6-6-6-2-6-4-2 | 10 | |
| | 框中四首后两尾与↑框后三尾和末首 | 2-4-6-2-6-6-6-4-6 | | |
| 2234 | 框中四尾前两首与↓框前两行和末首 | 6-4-6-6-6-2-6-4-8 | 10 | |
| | 框中四首后两尾与↑框后两行和首尾 | 8-4-6-2-6-6-6-4-6 | | |
| 2235 | 框中四尾前两首与↓框中前三首 | 6-4-6-6-6-2-6-6 | 9 | |
| | 框中四首后两尾与↑框中后三尾 | 6-6-2-6-6-6-4-6 | | |
| 2236 | 框中四尾前两首与↓框前三首和次尾 | 6-4-6-6-6-2-6-6-4 | 10 | |
| | 框中四首后两尾与↑框后三尾和再首 | 4-6-6-2-6-6-6-4-6 | | |
| 2237 | 框中四尾前两首与↓框中四首数 | 6-4-6-6-6-2-6-6-6 | 10 | |
| | 框中四首后两尾与↑框中四尾数 | 6-6-6-2-6-6-6-4-6 | | |
| 2238 | 框中四尾前两首与↓框前三首和再尾 | 6-4-6-6-6-2-6-6-10 | 10 | |
| | 框中四首后两尾与↑框后三尾和次首 | 10-6-6-2-6-6-6-4-6 | | |
| 2239 | 框中四尾前两首与↓框前两首和次尾 | 6-4-6-6-6-2-6-10 | 9 | |
| | 框中四首后两尾与↑框后两尾和再首 | 10-6-2-6-6-6-4-6 | | |
| 2240 | 框中四尾前两首与↓框中一、二、四首和次尾 | 6-4-6-6-6-2-6-10-2 | 10 | |
| | 框中四首后两尾与↑框中一、三、四尾和再首 | 2-10-6-2-6-6-6-4-6 | | |
| 2241 | 框中四尾前两首与↓框前两首二、三尾 | 6-4-6-6-6-2-6-10-6 | 10 | |
| | 框中四首后两尾与↑框后两尾二、三首 | 6-10-6-2-6-6-6-4-6 | | |
| 2242 | 框中四尾前两首与↓框中首首、尾 | 6-4-6-6-6-2-10 | 8 | |
| | 框中四首后两尾与↑框中末首、尾 | 10-2-6-6-6-4-6 | | |

续表

| 序号 | 条件<br>在表 28 中,若任何的＿＿＿＿都是素数的 | 结论<br>就是一个差＿$D$＿型 | $k$ 生素数 | 同差异决之序号 |
|---|---|---|---|---|
| 2243 | 框中四尾前两首与↓框中首尾一、三首 | 6-4-6-6-6-2-10-2 | 9 | |
| | 框中四首后两尾与↑框中末首二、四尾 | 2-10-2-6-6-6-4-6 | | |
| 2244 | 框中四尾前两首与↓框后两首首首、尾 | 6-4-6-6-6-2-10-2-6 | 10 | |
| | 框中四首后两尾与↑框前两尾末首、尾 | 6-2-10-2-6-6-6-4-6 | | |
| 2245 | 框中四尾前两首与↓框中一、三首一、三尾 | 6-4-6-6-6-2-10-2-10 | 10 | |
| | 框中四首后两尾与↑框中二、四首二、四尾 | 10-2-10-2-6-6-6-4-6 | | |
| 2246 | 框中四尾前两首与↓框中首尾一、四首 | 6-4-6-6-6-2-10-8 | 9 | |
| | 框中四首后两尾与↑框中末首一、四尾 | 8-10-2-6-6-6-4-6 | | |
| 2247 | 框中四尾前两首与↓框中丁行首首、尾 | 6-4-6-6-6-2-10-8-4 | 10 | |
| | 框中四首后两尾与↑框中次行末首、尾 | 4-8-10-2-6-6-6-4-6 | | |
| 2248 | 框中四尾前两首与↓框中一、四首一、四尾 | 6-4-6-6-6-2-10-8-10 | 10 | |
| | 框中四首后两尾与↑框中一、四首一、四尾 | 10-8-10-2-6-6-6-4-6 | | |
| 2249 | 框中四尾前两首与下下行首数 | 6-4-6-6-6-8 | 7 | |
| | 框中四首后两尾与上上行尾数 | 8-6-6-6-4-6 | | |
| 2250 | 框中四尾前两首与下下行两数 | 6-4-6-6-6-8-4 | 8 | |
| | 框中四首后两尾与上上行两数 | 4-8-6-6-6-4-6 | | |
| 2251 | 框中四尾前两首与↓框中首尾二、三首 | 6-4-6-6-6-8-4-2 | 9 | |
| | 框中四首后两尾与↑框中末首二、三尾 | 2-4-8-6-6-6-4-6 | | |
| 2252 | 框中四尾前两首与↓框后三首和首尾 | 6-4-6-6-6-8-4-2-6 | 10 | |
| | 框中四首后两尾与↑框前三尾和末首 | 6-2-4-8-6-6-6-4-6 | | |
| 2253 | 框中四尾前两首与↓框中次行再首、尾 | 6-4-6-6-6-8-4-2-10 | 10 | |
| | 框中四首后两尾与↑框中丁行次首、尾 | 10-2-4-8-6-6-6-4-6 | | |
| 2254 | 框中四尾前两首与↓框中次行和末首 | 6-4-6-6-6-8-4-8 | 9 | |
| | 框中四首后两尾与↑框中丁行和首尾 | 8-4-8-6-6-6-4-6 | | |
| 2255 | 框中四尾前两首与↓框中二、四行 | 6-4-6-6-6-8-4-8-4 | 10 | |
| | 框中四首后两尾与↑框中二、四行 | 4-8-4-8-6-6-6-4-6 | | |
| 2256 | 框中四尾前两首与↓框中次行末首、尾 | 6-4-6-6-6-8-4-8-10 | 10 | |
| | 框中四首后两尾与↑框中丁行首首、尾 | 10-8-4-8-6-6-6-4-6 | | |
| 2257 | 框中四尾前两首与↓框中二、三首 | 6-4-6-6-6-8-6 | 8 | |
| | 框中四首后两尾与↑框中二、三尾 | 6-8-6-6-6-4-6 | | |
| 2258 | 框中四尾前两首与↓框中次尾二、三首 | 6-4-6-6-6-8-6-4 | 9 | |
| | 框中四首后两尾与↑框中再首二、三尾 | 4-6-8-6-6-6-4-6 | | |
| 2259 | 框中四尾前两首与↓框后三首和次尾 | 6-4-6-6-6-8-6-4-2 | 10 | |
| | 框中四首后两尾与↑框前三尾和再首 | 2-4-6-8-6-6-6-4-6 | | |
| 2260 | 框中四尾前两首与↓框中二、三首二、三尾 | 6-4-6-6-6-8-6-4-6 | 10 | |
| | 框中四首后两尾与↑框中二、三首二、三尾 | 6-4-6-8-6-6-6-4-6 | | |
| 2261 | 框中四尾前两首与↓框中后三首 | 6-4-6-6-6-8-6-6 | 9 | |
| | 框中四首后两尾与↑框中前三尾 | 6-6-8-6-6-6-4-6 | | |
| 2262 | 框中四尾前两首与↓框后三首和再尾 | 6-4-6-6-6-8-6-6-4 | 10 | |
| | 框中四首后两尾与↑框前三尾和次首 | 4-6-6-8-6-6-6-4-6 | | |

## 续表

| 序号 | 条件 | 结论 | | 同差异决之序号 |
|---|---|---|---|---|
| | 在表 28 中,若任何的________都是素数的 | 就是一个差 $\underline{D}$ 型 | k 生素数 | |
| 2263 | 框中四尾前两首与↓框后三首和末尾 | 6-4-6-6-6-8-6-6-10 | 10 | |
| | 框中四首后两尾与↑框前三尾和首首 | 10-6-6-8-6-6-6-4-6 | | |
| 2264 | 框中四尾前两首与↓框中再尾二、三首 | 6-4-6-6-6-8-6-10 | 9 | |
| | 框中四首后两尾与↑框中次首二、三尾 | 10-6-8-6-6-6-4-6 | | |
| 2265 | 框中四尾前两首与↓框后两尾二、三首 | 6-4-6-6-6-8-6-10-6 | 10 | |
| | 框中四首后两尾与↑框前两首二、三尾 | 6-10-6-8-6-6-6-4-6 | | |
| 2266 | 框中四尾前两首与↓框中次首、尾 | 6-4-6-6-6-8-10 | 8 | |
| | 框中四首后两尾与↑框中再首、尾 | 10-8-6-6-6-4-6 | | |
| 2267 | 框中四尾前两首与↓框中次尾二、四首 | 6-4-6-6-6-8-10-2 | 9 | |
| | 框中四首后两尾与↑框中再首一、三尾 | 2-10-8-6-6-6-4-6 | | |
| 2268 | 框中四尾前两首与↓框中丁行次首、尾 | 6-4-6-6-6-8-10-2-4 | 10 | |
| | 框中四首后两尾与↑框中次行再首、尾 | 4-2-10-8-6-6-6-4-6 | | |
| 2269 | 框中四尾前两首与↓框中二、四首二、四尾 | 6-4-6-6-6-8-10-2-10 | 10 | |
| | 框中四首后两尾与↑框中一、三首一、三尾 | 10-2-10-8-6-6-6-4-6 | | |
| 2270 | 框中四尾前两首与↓框中次首二、三尾 | 6-4-6-6-6-8-10-6 | 9 | |
| | 框中四首后两尾与↑框中再尾二、三首 | 6-10-8-6-6-6-4-6 | | |
| 2271 | 框中四尾前两首与↓框后三尾和次首 | 6-4-6-6-6-8-10-6-6 | 10 | |
| | 框中四首后两尾与↑框前三首和再尾 | 6-6-10-8-6-6-6-4-6 | | |
| 2272 | 框前三尾后两首与下下行首数 | 2-4-2-4-8 | 6 | |
| | 框后三首前两尾与上上行尾数 | 8-4-2-4-2 | | |
| 2273 | 框前三尾后两首与↓框中前两首 | 2-4-2-4-8-6 | 7 | |
| | 框后三首前两尾与↑框中后两尾 | 6-8-4-2-4-2 | | |
| 2274 | 框前三尾后两首与↓框中前两行 | 2-4-2-4-8-6-4 | 8 | |
| | 框后三首前两尾与↑框中后两行 | 4-6-8-4-2-4-2 | | |
| 2275 | 框前三尾后两首与↓框前三首和首尾 | 2-4-2-4-8-6-4-2 | 9 | |
| | 框后三首前两尾与↑框后三尾和末首 | 2-4-6-8-4-2-4-2 | | |
| 2276 | 框前三尾后两首与↓框中前三行 | 2-4-2-4-8-6-4-2-4 | 10 | |
| | 框后三首前两尾与↑框中后三行 | 4-2-4-6-8-4-2-4-2 | | |
| 2277 | 框前三尾后两首与↓框前三首一、三尾 | 2-4-2-4-8-6-4-2-10 | 10 | |
| | 框后三首前两尾与↑框后三尾二、四首 | 10-2-4-6-8-4-2-4-2 | | |
| 2278 | 框前三尾后两首与↓框前两首前两尾 | 2-4-2-4-8-6-4-6 | 9 | |
| | 框后三首前两尾与↑框后两首后两尾 | 6-4-6-8-4-2-4-2 | | |
| 2279 | 框前三尾后两首与↓框前三尾前两首 | 2-4-2-4-8-6-4-6-6 | 10 | |
| | 框后三首前两尾与↑框后三首后两尾 | 6-6-4-6-8-4-2-4-2 | | |
| 2280 | 框前三尾后两首与↓框前两行和末首 | 2-4-2-4-8-6-4-8 | 9 | |
| | 框后三首前两尾与↑框后两行和首尾 | 8-4-6-8-4-2-4-2 | | |
| 2281 | 框前三尾后两首与↓框中前三首 | 2-4-2-4-8-6-6 | 8 | |
| | 框后三首前两尾与↑框中后三尾 | 6-6-8-4-2-4-2 | | |
| 2282 | 框前三尾后两首与↓框前三首和次尾 | 2-4-2-4-8-6-6-4 | 9 | |
| | 框后三首前两尾与↑框后三尾和再首 | 4-6-6-8-4-2-4-2 | | |

续表

| 序号 | 条件 | 结论 | | 同差异决之序号 |
|---|---|---|---|---|
| | 在表 28 中,若任何的________都是素数的 | 就是一个差 $D$ 型 | $k$ 生素数 | |
| 2283 | 框前三尾后两首与↓框前三首二、三尾 | 2-4-2-4-8-6-6-4-6 | 10 | |
| | 框后三首前两尾与↑框后三尾二、三首 | 6-4-6-6-8-4-2-4-2 | | |
| 2284 | 框前三尾后两首与↓框前三首和再尾 | 2-4-2-4-8-6-6-10 | 10 | |
| | 框后三首前两尾与↑框后三尾和次首 | 10-6-6-8-4-2-4-2 | | |
| 2285 | 框前三尾后两首与↓框前三首后两尾 | 2-4-2-4-8-6-6-10-6 | 10 | |
| | 框后三首前两尾与↑框后三尾前两首 | 6-10-6-6-8-4-2-4-2 | | |
| 2286 | 框前三尾后两首与↓框前两首和次尾 | 2-4-2-4-8-6-10 | 8 | |
| | 框后三首前两尾与↑框后两尾和再首 | 10-6-8-4-2-4-2 | | |
| 2287 | 框前三尾后两首与↓框中一、二、四首和次尾 | 2-4-2-4-8-6-10-2 | 9 | |
| | 框后三首前两尾与↑框中一、三、四尾和再首 | 2-10-6-8-4-2-4-2 | | |
| 2288 | 框前三尾后两首与↓框前两首二、三尾 | 2-4-2-4-8-6-10-6 | 9 | |
| | 框后三首前两尾与↑框后两尾二、三首 | 6-10-6-8-4-2-4-2 | | |
| 2289 | 框前三尾后两首与↓框后三尾前两首 | 2-4-2-4-8-6-10-6-6 | 10 | |
| | 框后三首前两尾与↑框前三首后两尾 | 6-6-10-6-8-4-2-4-2 | | |
| 2290 | 框前三尾后两首与↓框中首首、尾 | 2-4-2-4-8-10 | 7 | |
| | 框后三首前两尾与↑框中末首、尾 | 10-8-4-2-4-2 | | |
| 2291 | 框前三尾后两首与↓框中首尾一、三首 | 2-4-2-4-8-10-2 | 8 | |
| | 框后三首前两尾与↑框中末首二、四尾 | 2-10-8-4-2-4-2 | | |
| 2292 | 框前三尾后两首与↓框前两尾一、三首 | 2-4-2-4-8-10-2-4 | 9 | |
| | 框后三首前两尾与↑框后两首二、四尾 | 4-2-10-8-4-2-4-2 | | |
| 2293 | 框前三尾后两首与↓框中一、三首一、三尾 | 2-4-2-4-8-10-2-10 | 9 | |
| | 框后三首前两尾与↑框中二、四首二、四尾 | 10-2-10-8-4-2-4-2 | | |
| 2294 | 框前三尾后两首与↓框中一、三、四尾一、三首 | 2-4-2-4-8-10-2-10-6 | 10 | |
| | 框后三首前两尾与↑框中一、二、四首二、四尾 | 6-10-2-10-8-4-2-4-2 | | |
| 2295 | 框前三尾后两首与↓框前两尾和首首 | 2-4-2-4-8-10-6 | 8 | |
| | 框后三首前两尾与↑框后两首和末尾 | 6-10-8-4-2-4-2 | | |
| 2296 | 框前三尾后两首与↓框前两尾一、四首 | 2-4-2-4-8-10-6-2 | 9 | |
| | 框后三首前两尾与↑框后两首一、四尾 | 2-6-10-8-4-2-4-2 | | |
| 2297 | 框前三尾后两首与↓框前三尾和首首 | 2-4-2-4-8-10-6-6 | 9 | |
| | 框后三首前两尾与↑框后三首和末尾 | 6-6-10-8-4-2-4-2 | | |
| 2298 | 框前三尾后两首与↓框中四尾和首首 | 2-4-2-4-8-10-6-6-6 | 10 | |
| | 框后三首前两尾与↑框中四首和末尾 | 6-6-6-10-8-4-2-4-2 | | |
| 2299 | 框前三尾后两首与↓框中首尾一、四首 | 2-4-2-4-8-10-8 | 8 | |
| | 框后三首前两尾与↑框中末首一、四尾 | 8-10-8-4-2-4-2 | | |
| 2300 | 框前三尾后两首与↓框中丁行首首、尾 | 2-4-2-4-8-10-8-4 | 9 | |
| | 框后三首前两尾与↑框中次行末首、尾 | 4-8-10-8-4-2-4-2 | | |
| 2301 | 框前三尾后两首与↓框中一、四首一、四尾 | 2-4-2-4-8-10-8-10 | 9 | |
| | 框后三首前两尾与↑框中一、四首一、四尾 | 10-8-10-8-4-2-4-2 | | |
| 2302 | 框中四尾后两首与下行首数 | 2-4-2-4-6-2 | 7 | |
| | 框中四首前两尾与上行尾数 | 2-6-4-2-4-2 | | |

续表

| 序号 | 条件<br>在表 28 中，若任何的________都是素数的 | 结论<br>就是一个差__D__型 | k 生素数 | 同差异决之序号 |
|---|---|---|---|---|
| 2303 | 框中四尾后两首与↓框中前两首 | 2-4-2-4-6-2-6 | 8 | |
| | 框中四首前两尾与↑框中后两尾 | 6-2-6-4-2-4-2 | | |
| 2304 | 框中四尾后两首与↓框中前两行 | 2-4-2-4-6-2-6-4 | 9 | |
| | 框中四首前两尾与↑框中后两行 | 4-6-2-6-4-2-4-2 | | |
| 2305 | 框中四尾后两首与↓框前三首和首尾 | 2-4-2-4-6-2-6-4-2 | 10 | |
| | 框中四首前两尾与↑框后三尾和末首 | 2-4-6-2-6-4-2-4-2 | | |
| 2306 | 框中四尾后两首与↓框前两首前两尾 | 2-4-2-4-6-2-6-4-6 | 10 | |
| | 框中四首前两尾与↑框后两首后两尾 | 6-4-6-2-6-4-2-4-2 | | |
| 2307 | 框中四尾后两首与↓框中前三首 | 2-4-2-4-6-2-6-6 | 9 | |
| | 框中四首前两尾与↑框中后三尾 | 6-6-2-6-4-2-4-2 | | |
| 2308 | 框中四尾后两首与↓框前三首和次尾 | 2-4-2-4-6-2-6-6-4 | 10 | |
| | 框中四首前两尾与↑框后三尾和再首 | 4-6-6-2-6-4-2-4-2 | | |
| 2309 | 框中四尾后两首与↓框前三首和再尾 | 2-4-2-4-6-2-6-6-10 | 10 | |
| | 框中四首前两尾与↑框后三尾和次首 | 10-6-6-2-6-4-2-4-2 | | |
| 2310 | 框中四尾后两首与↓框前两首和次尾 | 2-4-2-4-6-2-6-10 | 9 | |
| | 框中四首前两尾与↑框后两尾和再首 | 10-6-2-6-4-2-4-2 | | |
| 2311 | 框中四尾后两首与↓框前两首二、三尾 | 2-4-2-4-6-2-6-10-6 | 10 | |
| | 框中四首前两尾与↑框后两尾二、三首 | 6-10-6-2-6-4-2-4-2 | | |
| 2312 | 框中四尾后两首与↓框中首首、尾 | 2-4-2-4-6-2-10 | 8 | |
| | 框中四首前两尾与↑框中末首、尾 | 10-2-6-4-2-4-2 | | |
| 2313 | 框中四尾后两首与↓框中首尾一、三首 | 2-4-2-4-6-2-10-2 | 9 | |
| | 框中四首前两尾与↑框中末首二、四尾 | 2-10-2-6-4-2-4-2 | | |
| 2314 | 框中四尾后两首与↓框前两尾一、三首 | 2-4-2-4-6-2-10-2-4 | 10 | |
| | 框中四首前两尾与↑框后两首二、四尾 | 4-2-10-2-6-4-2-4-2 | | |
| 2315 | 框中四尾后两首与↓框中一、三首一、三尾 | 2-4-2-4-6-2-10-2-10 | 10 | |
| | 框中四首前两尾与↑框中二、四首二、四尾 | 10-2-10-2-6-4-2-4-2 | | |
| 2316 | 框中四尾后两首与↓框前两尾和首首 | 2-4-2-4-6-2-10-6 | 9 | |
| | 框中四首前两尾与↑框后两首和末尾 | 6-10-2-6-4-2-4-2 | | |
| 2317 | 框中四尾后两首与↓框前三尾和首首 | 2-4-2-4-6-2-10-6-6 | 10 | |
| | 框中四首前两尾与↑框后三首和末尾 | 6-6-10-2-6-4-2-4-2 | | |
| 2318 | 框中四尾后两首与下下行首数 | 2-4-2-4-6-8 | 7 | |
| | 框中四首前两尾与上上行尾数 | 8-6-4-2-4-2 | | |
| 2319 | 框中四尾后两首与下下行两数 | 2-4-2-4-6-8-4 | 8 | |
| | 框中四首前两尾与上上行两数 | 4-8-6-4-2-4-2 | | |
| 2320 | 框中四尾后两首与$\underline{\downarrow}$框中首尾二、三首 | 2-4-2-4-6-8-4-2 | 9 | |
| | 框中四首前两尾与$\overline{\uparrow}$框中末首二、三尾 | 2-4-8-6-4-2-4-2 | | |
| 2321 | 框中四尾后两首与$\underline{\downarrow}$框中二、三行 | 2-4-2-4-6-8-4-2-4 | 10 | |
| | 框中四首前两尾与$\overline{\uparrow}$框中三、四行 | 4-2-4-8-6-4-2-4-2 | | |
| 2322 | 框中四尾后两首与$\underline{\downarrow}$框中次行再首、尾 | 2-4-2-4-6-8-4-2-10 | 10 | |
| | 框中四首前两尾与$\overline{\uparrow}$框中丁行次首、尾 | 10-2-4-8-6-4-2-4-2 | | |

续表

| 序号 | 条件<br>在表 28 中,若任何的______都是素数的 | 结论<br>就是一个差 $D$ 型 | $k$生素数 | 同差异决之序号 |
|---|---|---|---|---|
| 2323 | 框中四尾后两首与↓框前两尾和次首 | 2-4-2-4-6-8-4-6 | 9 | |
| | 框中四首前两尾与↑框后两首和再尾 | 6-4-8-6-4-2-4-2 | | |
| 2324 | 框中四尾后两首与↓框前三尾和次首 | 2-4-2-4-6-8-4-6-6 | 10 | |
| | 框中四首前两尾与↑框后三首和再尾 | 6-6-4-8-6-4-2-4-2 | | |
| 2325 | 框中四尾后两首与↓框中二、三首 | 2-4-2-4-6-8-6 | 8 | |
| | 框中四首前两尾与↑框中二、三尾 | 6-8-6-4-2-4-2 | | |
| 2326 | 框中四尾后两首与↓框中次尾二、三首 | 2-4-2-4-6-8-6-4 | 9 | |
| | 框中四首前两尾与↑框中再首二、三尾 | 4-6-8-6-4-2-4-2 | | |
| 2327 | 框中四尾后两首与↓框中二、三首二、三尾 | 2-4-2-4-6-8-6-4-6 | 10 | |
| | 框中四首前两尾与↑框中二、三首二、三尾 | 6-4-6-8-6-4-2-4-2 | | |
| 2328 | 框中四尾后两首与↓框中再尾二、三首 | 2-4-2-4-6-8-6-10 | 9 | |
| | 框中四首前两尾与↑框中次首二、三尾 | 10-6-8-6-4-2-4-2 | | |
| 2329 | 框中四尾后两首与↓框后两尾二、三首 | 2-4-2-4-6-8-6-10-6 | 10 | |
| | 框中四首前两尾与↑框前两首二、三尾 | 6-10-6-8-6-4-2-4-2 | | |
| 2330 | 框中四尾后两首与↓框中次首、尾 | 2-4-2-4-6-8-10 | 8 | |
| | 框中四首前两尾与↑框中再首、尾 | 10-8-6-4-2-4-2 | | |
| 2331 | 框中四尾后两首与↓框中次首二、三尾 | 2-4-2-4-6-8-10-6 | 9 | |
| | 框中四首前两尾与↑框中再尾二、三首 | 6-10-8-6-4-2-4-2 | | |
| 2332 | 框中四尾后两首与↓框后三尾和次首 | 2-4-2-4-6-8-10-6-6 | 10 | |
| | 框中四首前两尾与↑框前三首和再尾 | 6-6-10-8-6-4-2-4-2 | | |
| 2333 | 框前三首后三尾与下行首数 | 6-6-4-6-6-2 | 7 | |
| | 框前三首后三尾与上行尾数 | 2-6-6-4-6-6 | | |
| 2334 | 框前三首后三尾与↓框中前两首 | 6-6-4-6-6-2-6 | 8 | |
| | 框前三首后三尾与↑框中后两尾 | 6-2-6-6-4-6-6 | | |
| 2335 | 框前三首后三尾与↓框中前两行 | 6-6-4-6-6-2-6-4 | 9 | |
| | 框前三首后三尾与↑框中后两行 | 4-6-2-6-6-4-6-6 | | |
| 2336 | 框前三首后三尾与↓框前三首和首尾 | 6-6-4-6-6-2-6-4-2 | 10 | |
| | 框前三首后三尾与↑框后三尾和末首 | 2-4-6-2-6-6-4-6-6 | | |
| 2337 | 框前三首后三尾与↓框前两首前两尾 | 6-6-4-6-6-2-6-4-6 | 10 | |
| | 框前三首后三尾与↑框后两首后两尾 | 6-4-6-2-6-6-4-6-6 | | |
| 2338 | 框前三首后三尾与↓框前两行和末尾 | 6-6-4-6-6-2-6-4-8 | 10 | |
| | 框前三首后三尾与↑框后两行和首尾 | 8-4-6-2-6-6-4-6-6 | | |
| 2339 | 框前三首后三尾与↓框中前三首 | 6-6-4-6-6-2-6-6 | 9 | |
| | 框前三首后三尾与↑框中后三尾 | 6-6-2-6-6-4-6-6 | | |
| 2340 | 框前三首后三尾与↓框前三首和次尾 | 6-6-4-6-6-2-6-6-4 | 10 | |
| | 框前三首后三尾与↑框后三尾和再首 | 4-6-6-2-6-6-4-6-6 | | |
| 2341 | 框前三首后三尾与↓框中四首数 | 6-6-4-6-6-2-6-6-6 | 10 | |
| | 框前三首后三尾与↑框中四尾数 | 6-6-6-2-6-6-4-6-6 | | |
| 2342 | 框前三首后三尾与↓框前三首和再尾 | 6-6-4-6-6-2-6-6-10 | 10 | |
| | 框前三首后三尾与↑框后三尾和次首 | 10-6-6-2-6-6-4-6-6 | | |

续表

| 序 号 | 条 件<br>在表 28 中，若任何的______都是素数的 | 结 论<br>就是一个差 *D* 型 | *k* 生素数 | 同差异决之序号 |
|---|---|---|---|---|
| 2343 | 框前三首后三尾与↓框前两首和次尾 | 6-6-4-6-6-2-6-10 | 9 | |
| | 框前三首后三尾与↑框后两尾和再首 | 10-6-2-6-6-4-6-6 | | |
| 2344 | 框前三首后三尾与↓框中一、二、四首和次尾 | 6-6-4-6-6-2-6-10-2 | 10 | |
| | 框前三首后三尾与↑框中一、三、四尾和再首 | 2-10-6-2-6-6-4-6-6 | | |
| 2345 | 框前三首后三尾与↓框中首首、尾 | 6-6-4-6-6-2-10 | 8 | |
| | 框前三首后三尾与↑框中末首、尾 | 10-2-6-6-4-6-6 | | |
| 2346 | 框前三首后三尾与↓框中首尾一、三首 | 6-6-4-6-6-2-10-2 | 9 | |
| | 框前三首后三尾与↑框中末首二、四尾 | 2-10-2-6-6-4-6-6 | | |
| 2347 | 框前三首后三尾与↓框前两尾一、三首 | 6-6-4-6-6-2-10-2-4 | 10 | |
| | 框前三首后三尾与↑框后两首二、四尾 | 4-2-10-2-6-6-4-6-6 | | |
| 2348 | 框前三首后三尾与↓框后两首首首、尾 | 6-6-4-6-6-2-10-2-6 | 10 | |
| | 框前三首后三尾与↑框前两尾末首、尾 | 6-2-10-2-6-6-4-6-6 | | |
| 2349 | 框前三首后三尾与↓框中一、三首一、三尾 | 6-6-4-6-6-2-10-2-10 | 10 | |
| | 框前三首后三尾与↑框中二、四首二、四尾 | 10-2-10-2-6-6-4-6-6 | | |
| 2350 | 框前三首后三尾与↓框前两尾和首首 | 6-6-4-6-6-2-10-6 | 9 | |
| | 框前三首后三尾与↑框后两首和末尾 | 6-10-2-6-6-4-6-6 | | |
| 2351 | 框前三首后三尾与↓框前两尾一、四首 | 6-6-4-6-6-2-10-6-2 | 10 | |
| | 框前三首后三尾与↑框后两首一、四尾 | 2-6-10-2-6-6-4-6-6 | | |
| 2352 | 框前三首后三尾与↓框中首尾一、四首 | 6-6-4-6-6-2-10-8 | 9 | |
| | 框前三首后三尾与↑框中末首一、四尾 | 8-10-2-6-6-4-6-6 | | |
| 2353 | 框前三首后三尾与↓框中丁行首首、尾 | 6-6-4-6-6-2-10-8-4 | 10 | |
| | 框前三首后三尾与↑框中次行末首、尾 | 4-8-10-2-6-6-4-6-6 | | |
| 2354 | 框前三首后三尾与↓框中一、四首一、四尾 | 6-6-4-6-6-2-10-8-10 | 10 | |
| | 框前三首后三尾与↑框中一、四首一、四尾 | 10-8-10-2-6-6-4-6-6 | | |
| 2355 | 框前三首后三尾与下下行首数 | 6-6-4-6-6-8 | 7 | |
| | 框前三首后三尾与上上行尾数 | 8-6-6-4-6-6 | | |
| 2356 | 框前三首后三尾与下下行两数 | 6-6-4-6-6-8-4 | 8 | |
| | 框前三首后三尾与上上行两数 | 4-8-6-6-4-6-6 | | |
| 2357 | 框前三首后三尾与↓框中首尾二、三首 | 6-6-4-6-6-8-4-2 | 9 | |
| | 框前三首后三尾与↑框中末首二、三尾 | 2-4-8-6-6-4-6-6 | | |
| 2358 | 框前三首后三尾与↓框中二、三行 | 6-6-4-6-6-8-4-2-4 | 10 | |
| | 框前三首后三尾与↑框中三、四行 | 4-2-4-8-6-6-4-6-6 | | |
| 2359 | 框前三首后三尾与↓框后三首和首尾 | 6-6-4-6-6-8-4-2-6 | 10 | |
| | 框前三首后三尾与↑框前三尾和末首 | 6-2-4-8-6-6-4-6-6 | | |
| 2360 | 框前三首后三尾与↓框中次行再首、尾 | 6-6-4-6-6-8-4-2-10 | 10 | |
| | 框前三首后三尾与↑框中丁行次首、尾 | 10-2-4-8-6-6-4-6-6 | | |
| 2361 | 框前三首后三尾与↓框前两尾和次首 | 6-6-4-6-6-8-4-6 | 9 | |
| | 框前三首后三尾与↑框后两首和再尾 | 6-4-8-6-6-4-6-6 | | |
| 2362 | 框前三首后三尾与↓框前两尾二、四首 | 6-6-4-6-6-8-4-6-2 | 10 | |
| | 框前三首后三尾与↑框后两首一、三尾 | 2-6-4-8-6-6-4-6-6 | | |

续表

| 序号 | 条件<br>在表28中,若任何的＿＿＿＿都是素数的 | 结论<br>就是一个差＿$D$＿型 | $k$生素数 | 同差异决之序号 |
|---|---|---|---|---|
| 2363 | 框前三首后三尾与↓框中次行和末首 | 6-6-4-6-6-8-4-8 | 9 | |
| | 框前三首后三尾与↑框中丁行和首尾 | 8-4-8-6-6-4-6-6 | | |
| 2364 | 框前三首后三尾与↓框中二、四行 | 6-6-4-6-6-8-4-8-4 | 10 | |
| | 框前三首后三尾与↑框中二、四行 | 4-8-4-8-6-6-4-6-6 | | |
| 2365 | 框前三首后三尾与↓框中次行末首、尾 | 6-6-4-6-6-8-4-8-10 | 10 | |
| | 框前三首后三尾与↑框中丁行首首、尾 | 10-8-4-8-6-6-4-6-6 | | |
| 2366 | 框前三首后三尾与↓框中二、三首 | 6-6-4-6-6-8-6 | 8 | |
| | 框前三首后三尾与↑框中二、三尾 | 6-8-6-6-4-6-6 | | |
| 2367 | 框前三首后三尾与↓框中次尾二、三首 | 6-6-4-6-6-8-6-4 | 9 | |
| | 框前三首后三尾与↑框中再首二、三尾 | 4-6-8-6-6-4-6-6 | | |
| 2368 | 框前三首后三尾与↓框后三首和次尾 | 6-6-4-6-6-8-6-4-2 | 10 | |
| | 框前三首后三尾与↑框前三尾和再首 | 2-4-6-8-6-6-4-6-6 | | |
| 2369 | 框前三首后三尾与↓框中后三首 | 6-6-4-6-6-8-6-6 | 9 | |
| | 框前三首后三尾与↑框国前三尾 | 6-6-8-6-6-4-6-6 | | |
| 2370 | 框前三首后三尾与↓框后三首和再尾 | 6-6-4-6-6-8-6-6-4 | 10 | |
| | 框前三首后三尾与↑框前三尾和次首 | 4-6-6-8-6-6-4-6-6 | | |
| 2371 | 框前三首后三尾与↓框后三首和末尾 | 6-6-4-6-6-8-6-6-10 | 10 | |
| | 框前三首后三尾与↑框前三尾和首首 | 10-6-6-8-6-6-4-6-6 | | |
| 2372 | 框前三首后三尾与↓框中再尾二、三首 | 6-6-4-6-6-8-6-10 | 9 | |
| | 框前三首后三尾与↑框中次首二、三尾 | 10-6-8-6-6-4-6-6 | | |
| 2373 | 框前三首后三尾与↓框后两尾二、三首 | 6-6-4-6-6-8-6-10-6 | 10 | |
| | 框前三首后三尾与↑框前两首二、三尾 | 6-10-6-8-6-6-4-6-6 | | |
| 2374 | 框前三首后三尾与↓框中次首、尾 | 6-6-4-6-6-8-10 | 8 | |
| | 框前三首后三尾与↑框中再首、尾 | 10-8-6-6-4-6-6 | | |
| 2375 | 框前三首后三尾与↓框中次尾二、四首 | 6-6-4-6-6-8-10-2 | 9 | |
| | 框前三首后三尾与↑框中再首一、三尾 | 2-10-8-6-6-4-6-6 | | |
| 2376 | 框前三首后三尾与↓框中二、四首二、四尾 | 6-6-4-6-6-8-10-2-10 | 10 | |
| | 框前三首后三尾与↑框中一、三首一、三尾 | 10-2-10-8-6-6-4-6-6 | | |
| 2377 | 框后三首前三尾与下下行首数 | 4-2-4-2-4-8 | 7 | |
| | 框后三首前三尾与上上行尾数 | 8-4-2-4-2-4 | | |
| 2378 | 框后三首前三尾与↓框中前两首 | 4-2-4-2-4-8-6 | 8 | |
| | 框后三首前三尾与↑框中后两尾 | 6-8-4-2-4-2-4 | | |
| 2379 | 框后三首前三尾与↓框中前两行 | 4-2-4-2-4-8-6-4 | 9 | |
| | 框后三首前三尾与↑框中后两行 | 4-6-8-4-2-4-2-4 | | |
| 2380 | 框后三首前三尾与↓框前两首前两尾 | 4-2-4-2-4-8-6-4-6 | 10 | |
| | 框后三首前三尾与↑框后两首后两尾 | 6-4-6-8-4-2-4-2-4 | | |
| 2381 | 框后三首前三尾与↓框前两行和末尾 | 4-2-4-2-4-8-6-4-8 | 10 | |
| | 框后三首前三尾与↑框后两行和首尾 | 8-4-6-8-4-2-4-2-4 | | |
| 2382 | 框后三首前三尾与↓框前两首和次尾 | 4-2-4-2-4-8-6-10 | 9 | |
| | 框后三首前三尾与↑框后两尾和再首 | 10-6-8-4-2-4-2-4 | | |

续表

| 序　号 | 条　件 | 结　论 | | 同差异决之序号 |
|---|---|---|---|---|
| | 在表 28 中，若任何的________都是素数的 | 就是一个差 __D__ 型 | k 生素数 | |
| 2383 | 框后三首前三尾与↓框中一、二、四首和次尾 | 4-2-4-2-4-8-6-10-2 | 10 | |
| | 框后三首前三尾与↑框中一、三、四尾和再首 | 2-10-6-8-4-2-4-2-4 | | |
| 2384 | 框后三首前三尾与↓框前两首二、三尾 | 4-2-4-2-4-8-6-10-6 | 10 | |
| | 框后三首前三尾与↑框后两尾二、三首 | 6-10-6-8-4-2-4-2-4 | | |
| 2385 | 框后三首前三尾与↓框中首首、尾 | 4-2-4-2-4-8-10 | 8 | |
| | 框后三首前三尾与↑框中末首、尾 | 10-8-4-2-4-2-4 | | |
| 2386 | 框后三首前三尾与↓框前两尾和首首 | 4-2-4-2-4-8-10-6 | 9 | |
| | 框后三首前三尾与↑框后两首和末尾 | 6-10-8-4-2-4-2-4 | | |
| 2387 | 框后三首前三尾与↓框前两尾一、四首 | 4-2-4-2-4-8-10-6-2 | 10 | |
| | 框后三首前三尾与↑框后两首一、四尾 | 2-6-10-8-4-2-4-2-4 | | |
| 2388 | 框后三首前三尾与↓框前三尾和首首 | 4-2-4-2-4-8-10-6-6 | 10 | |
| | 框后三首前三尾与↑框后三首和末尾 | 6-6-10-8-4-2-4-2-4 | | |
| 2389 | 框后三首前三尾与↓框中首尾一、四首 | 4-2-4-2-4-8-10-8 | 9 | |
| | 框后三首前三尾与↑框中末首一、四尾 | 8-10-8-4-2-4-2-4 | | |
| 2390 | 框后三首前三尾与↓框中丁行首首、尾 | 4-2-4-2-4-8-10-8-4 | 10 | |
| | 框后三首前三尾与↑框中次行末首、尾 | 4-8-10-8-4-2-4-2-4 | | |
| 2391 | 框后三首前三尾与↓框中一、四首一、四尾 | 4-2-4-2-4-8-10-8-10 | 10 | |
| | 框后三首前三尾与↑框中一、四首一、四尾 | 10-8-10-8-4-2-4-2-4 | | |
| 2392 | 框后三首后三尾与下行首数 | 6-4-2-4-6-2 | 7 | |
| | 框前三首前三尾与上行尾数 | 2-6-4-2-4-6 | | |
| 2393 | 框后三首后三尾与↓框中前两首 | 6-4-2-4-6-2-6 | 8 | |
| | 框前三首前三尾与↑框中后两尾 | 6-2-6-4-2-4-6 | | |
| 2394 | 框后三首后三尾与↓框中前两行 | 6-4-2-4-6-2-6-4 | 9 | |
| | 框前三首前三尾与↑框中后两行 | 4-6-2-6-4-2-4-6 | | |
| 2395 | 框后三首后三尾与↓框前三首和首尾 | 6-4-2-4-6-2-6-4-2 | 10 | |
| | 框前三首前三尾与↑框后三尾和末首 | 2-4-6-2-6-4-2-4-6 | | |
| 2396 | 框后三首后三尾与↓框前两首前两尾 | 6-4-2-4-6-2-6-4-6 | 10 | |
| | 框前三首前三尾与↑框后两首后两尾 | 6-4-6-2-6-4-2-4-6 | | |
| 2397 | 框后三首后三尾与↓框前两行和末首 | 6-4-2-4-6-2-6-4-8 | 10 | |
| | 框前三首前三尾与↑框后两行和首尾 | 8-4-6-2-6-4-2-4-6 | | |
| 2398 | 框后三首后三尾与↓框中前三首 | 6-4-2-4-6-2-6-6 | 9 | |
| | 框前三首前三尾与↑框中后三尾 | 6-6-2-6-4-2-4-6 | | |
| 2399 | 框后三首后三尾与↓框前三首和次尾 | 6-4-2-4-6-2-6-6-4 | 10 | |
| | 框前三首前三尾与↑框后三尾和再首 | 4-6-6-2-6-4-2-4-6 | | |
| 2400 | 框后三首后三尾与↓框中四首数 | 6-4-2-4-6-2-6-6-6 | 10 | |
| | 框前三首前三尾与↑框中四尾数 | 6-6-6-2-6-4-2-4-6 | | |
| 2401 | 框后三首后三尾与↓框前两首和次尾 | 6-4-2-4-6-2-6-10 | 9 | |
| | 框前三首前三尾与↑框后两尾和再首 | 10-6-2-6-4-2-4-6 | | |
| 2402 | 框后三首后三尾与↓框中一、二、四首和次尾 | 6-4-2-4-6-2-6-10-2 | 10 | |
| | 框前三首前三尾与↑框中一、三、四尾和再首 | 2-10-6-2-6-4-2-4-6 | | |

续表

| 序　号 | 条　件<br>在表 28 中,若任何的________都是素数的 | 结　论<br>就是一个差__D__型 | $k$ 生素数 | 同差异决之序号 |
|---|---|---|---|---|
| 2403 | 框后三首后三尾与↓框中首首、尾 | 6-4-2-4-6-2-10 | 8 | |
| | 框前三首前三尾与↑框中末首、尾 | 10-2-6-4-2-4-6 | | |
| 2404 | 框后三首后三尾与↓框中首尾一、三首 | 6-4-2-4-6-2-10-2 | 9 | |
| | 框前三首前三尾与↑框中末首二、四尾 | 2-10-2-6-4-2-4-6 | | |
| 2405 | 框后三首后三尾与↓框前两尾一、三首 | 6-4-2-4-6-2-10-2-4 | 10 | |
| | 框前三首前三尾与↑框后两首二、四尾 | 4-2-10-2-6-4-2-4-6 | | |
| 2406 | 框后三首后三尾与↓框后两首首首、尾 | 6-4-2-4-6-2-10-2-6 | 10 | |
| | 框前三首前三尾与↑框前两尾末首、尾 | 6-2-10-2-6-4-2-4-6 | | |
| 2407 | 框后三首后三尾与↓框前两尾和首首 | 6-4-2-4-6-2-10-6 | 9 | |
| | 框前三首前三尾与↑框后两首和末尾 | 6-10-2-6-4-2-4-6 | | |
| 2408 | 框后三首后三尾与↓框前两尾一、四首 | 6-4-2-4-6-2-10-6-2 | 10 | |
| | 框前三首前三尾与↑框后两首一、四尾 | 2-6-10-2-6-4-2-4-6 | | |
| 2409 | 框后三首后三尾与↓框中首尾一、四首 | 6-4-2-4-6-2-10-8 | 9 | |
| | 框前三首前三尾与↑框中末首一、四尾 | 8-10-2-6-4-2-4-6 | | |
| 2410 | 框后三首后三尾与↓框中一、四首一、四尾 | 6-4-2-4-6-2-10-8-10 | 10 | |
| | 框前三首前三尾与↑框中一、四首一、四尾 | 10-8-10-2-6-4-2-4-6 | | |
| 2411 | 框后三首后三尾与下下行两数 | 6-4-2-4-6-8-4 | 8 | |
| | 框前三首前三尾与上上行两数 | 4-8-6-4-2-4-6 | | |
| 2412 | 框后三首后三尾与↓框中首尾二、三首 | 6-4-2-4-6-8-4-2 | 9 | |
| | 框前三首前三尾与↑框中末首二、三尾 | 2-4-8-6-4-2-4-6 | | |
| 2413 | 框后三首后三尾与↓框中二、三行 | 6-4-2-4-6-8-4-2-4 | 10 | |
| | 框前三首前三尾与↑框中三、四行 | 4-2-4-8-6-4-2-4-6 | | |
| 2414 | 框后三首后三尾与↓框后三首和首尾 | 6-4-2-4-6-8-4-2-6 | 10 | |
| | 框前三首前三尾与↑框前三尾和末首 | 6-2-4-8-6-4-2-4-6 | | |
| 2415 | 框后三首后三尾与↓框前两尾和次首 | 6-4-2-4-6-8-4-6 | 9 | |
| | 框前三首前三尾与↑框后两首和再尾 | 6-4-8-6-4-2-4-6 | | |
| 2416 | 框后三首后三尾与↓框前两尾二、四首 | 6-4-2-4-6-8-4-6-2 | 10 | |
| | 框前三首前三尾与↑框后两首一、三尾 | 2-6-4-8-6-4-2-4-6 | | |
| 2417 | 框后三首后三尾与↓框中次行和末首 | 6-4-2-4-6-8-4-8 | 9 | |
| | 框前三首前三尾与↑框中丁行和首尾 | 8-4-8-6-4-2-4-6 | | |
| 2418 | 框后三首后三尾与↓框中次行末首、尾 | 6-4-2-4-6-8-4-8-10 | 10 | |
| | 框前三首前三尾与↑框中丁行首首、尾 | 10-8-4-8-6-4-2-4-6 | | |
| 2419 | 框前三首前三尾与下下行首数;框后三首后三尾与下下行首数 | 6-4-2-4-6-8 | 7 | |
| | 框后三首后三尾与上上行尾数;框前三首前三尾与上上行尾数 | 8-6-4-2-4-6 | | |
| 2420 | 框前三首前三尾与↓框中前两首;<br>框后三首后三尾与↓框中二、三首 | 6-4-2-4-6-8-6 | 8 | |
| | 框后三首后三尾与↑框中后两尾;<br>框前三首前三尾与↑框中二、三尾 | 6-8-6-4-2-4-6 | | |

续表

| 序号 | 条件<br>在表 28 中,若任何的＿＿＿＿都是素数的 | 结论<br>就是一个差＿D＿型 | k 生素数 | 同差异决之序号 |
|---|---|---|---|---|
| 2421 | 框前三首前三尾与↓框中前两行;<br>框后三首后三尾与↓框中次尾二、三首 | 6-4-2-4-6-8-6-4 | 9 | |
| | 框后三首后三尾与↑框中后两行;<br>框前三首前三尾与↑框中再首二、三尾 | 4-6-8-6-4-2-4-6 | | |
| 2422 | 框前三首前三尾与↓框前三首和首尾;<br>框后三首后三尾与↓框后三首和次尾 | 6-4-2-4-6-8-6-4-2 | 10 | |
| | 框后三首后三尾与↑框后三尾和末首;<br>框前三首前三尾与↑框前三尾和再首 | 2-4-6-8-6-4-2-4-6 | | |
| 2423 | 框前三首前三尾与↓框前两行和末首 | 6-4-2-4-6-8-6-4-8 | 10 | |
| | 框后三首后三尾与↑框后两行和首尾 | 8-4-6-8-6-4-2-4-6 | | |
| 2424 | 框前三首前三尾与↓框中前三首;<br>框后三首后三尾与↓框中后三首 | 6-4-2-4-6-8-6-6 | 9 | |
| | 框后三首后三尾与↑框中后三尾;<br>框前三首前三尾与↑框中前三尾 | 6-6-8-6-4-2-4-6 | | |
| 2425 | 框前三首前三尾与↓框中四首数 | 6-4-2-4-6-8-6-6-6 | 10 | |
| | 框后三首后三尾与↑框中四尾数 | 6-6-6-8-6-4-2-4-6 | | |
| 2426 | 框前三首前三尾与↓框前三首和再尾;<br>框后三首后三尾与↓框后三首和末尾 | 6-4-2-4-6-8-6-6-10 | 10 | |
| | 框后三首后三尾与↑框后三尾和次首;<br>框前三首前三尾与↑框前三尾和首首 | 10-6-6-8-6-4-2-4-6 | | |
| 2427 | 框前三首前三尾与↓框中首首、尾;<br>框后三首后三尾与↓框中次首、尾 | 6-4-2-4-6-8-10 | 8 | |
| | 框后三首后三尾与↑框中末首、尾;<br>框前三首前三尾与↑框中再首、尾 | 10-8-6-4-2-4-6 | | |
| 2428 | 框前三首前三尾与↓框中首尾一、三首;<br>框后三首后三尾与↓框中次尾二、四首 | 6-4-2-4-6-8-10-2 | 9 | |
| | 框后三首后三尾与↑框中末首二、四尾;<br>框前三首前三尾与↑框中再首一、三尾 | 2-10-8-6-4-2-4-6 | | |
| 2429 | 框前三首前三尾与↓框后两首首首、尾 | 6-4-2-4-6-8-10-2-6 | 10 | |
| | 框后三首后三尾与↑框前两尾末首、尾 | 6-2-10-8-6-4-2-4-6 | | |
| 2430 | 框前三首前三尾与↓框中一、三首一、三尾;<br>框后三首后三尾与↓框中二、四首二、四尾 | 6-4-2-4-6-8-10-2-10 | 10 | |
| | 框后三首后三尾与↑框中二、四首二、四尾;<br>框前三首前三尾与↑框中一、三首一、三尾 | 10-2-10-8-6-4-2-4-6 | | |
| 2431 | 框前三首前三尾与↓框中首尾一、四首 | 6-4-2-4-6-8-10-8 | 9 | |
| | 框后三首后三尾与↑框中末首一、四尾 | 8-10-8-6-4-2-4-6 | | |
| 2432 | 框前三首前三尾与↓框中丁行首首、尾 | 6-4-2-4-6-8-10-8-4 | 10 | |
| | 框后三首后三尾与↑框中次行末首、尾 | 4-8-10-8-6-4-2-4-6 | | |
| 2433 | 框前三首前三尾与↓框中一、四首一、四尾 | 6-4-2-4-6-8-10-8-10 | 10 | |
| | 框后三首后三尾与↑框中一、四首一、四尾 | 10-8-10-8-6-4-2-4-6 | | |
| 2434 | 框中四首后三尾与下行首数 | 6-6-4-2-4-6-2 | 8 | |
| | 框中四尾前三首与上行尾数 | 2-6-4-2-4-6-6 | | |

续表

| 序号 | 条件<br>在表 28 中,若任何的__________都是素数的 | 结论<br>就是一个差__$D$__型 | $k$ 生素数 | 同差异决之序号 |
|---|---|---|---|---|
| 2435 | 框中四首后三尾与↓框中前两首<br>框中四尾前三首与↑框中后两尾 | 6-6-4-2-4-6-2-6<br>6-2-6-4-2-4-6-6 | 9 | |
| 2436 | 框中四首后三尾与↓框中前两行<br>框中四尾前三首与↑框中后两行 | 6-6-4-2-4-6-2-6-4<br>4-6-2-6-4-2-4-6-6 | 10 | |
| 2437 | 框中四首后三尾与↓框中前三首<br>框中四尾前三首与↑框中后三尾 | 6-6-4-2-4-6-2-6-6<br>6-6-2-6-4-2-4-6-6 | 10 | |
| 2438 | 框中四首后三尾与↓框前两首和次尾<br>框中四尾前三首与↑框后两尾和再首 | 6-6-4-2-4-6-2-6-10<br>10-6-2-6-4-2-4-6-6 | 10 | |
| 2439 | 框中四首后三尾与↓框中首首、尾<br>框中四尾前三首与↑框中末首、尾 | 6-6-4-2-4-6-2-10<br>10-2-6-4-2-4-6-6 | 9 | |
| 2440 | 框中四首后三尾与↓框中首尾一、三首<br>框中四尾前三首与↑框中末首二、四尾 | 6-6-4-2-4-6-2-10-2<br>2-10-2-6-4-2-4-6-6 | 10 | |
| 2441 | 框中四首后三尾与↓框前两尾和首首<br>框中四尾前三首与↑框后两首和末尾 | 6-6-4-2-4-6-2-10-6<br>6-10-2-6-4-2-4-6-6 | 10 | |
| 2442 | 框中四首后三尾与↓框中首尾一、四首<br>框中四尾前三首与↑框中末首一、四尾 | 6-6-4-2-4-6-2-10-8<br>8-10-2-6-4-2-4-6-6 | 10 | |
| 2443 | 框中四首后三尾与下下行首数<br>框中四尾前三首与上上行尾数 | 6-6-4-2-4-6-8<br>8-6-4-2-4-6-6 | 8 | |
| 2444 | 框中四首后三尾与下下行两数<br>框中四尾前三首与上上行两数 | 6-6-4-2-4-6-8-4<br>4-8-6-4-2-4-6-6 | 9 | |
| 2445 | 框中四首后三尾与$\underline{\downarrow}$框中首尾二、三首<br>框中四尾前三首与$\overline{\uparrow}$框中末首二、三尾 | 6-6-4-2-4-6-8-4-2<br>2-4-8-6-4-2-4-6-6 | 10 | |
| 2446 | 框中四首后三尾与$\underline{\downarrow}$框前两尾和次首<br>框中四尾前三首与$\overline{\uparrow}$框后两首和再尾 | 6-6-4-2-4-6-8-4-6<br>6-4-8-6-4-2-4-6-6 | 10 | |
| 2447 | 框中四首后三尾与$\underline{\downarrow}$框中次行和末首<br>框中四尾前三首与$\overline{\uparrow}$框中丁行和首尾 | 6-6-4-2-4-6-8-4-8<br>8-4-8-6-4-2-4-6-6 | 10 | |
| 2448 | 框中四首后三尾与$\underline{\downarrow}$框中二、三首<br>框中四尾前三首与$\overline{\uparrow}$框中二、三尾 | 6-6-4-2-4-6-8-6<br>6-8-6-4-2-4-6-6 | 9 | |
| 2449 | 框中四首后三尾与$\underline{\downarrow}$框中次尾二、三首<br>框中四尾前三首与$\overline{\uparrow}$框中再首二、三尾 | 6-6-4-2-4-6-8-6-4<br>4-6-8-6-4-2-4-6-6 | 10 | |
| 2450 | 框中四首后三尾与$\underline{\downarrow}$框中后三首<br>框中四尾前三首与$\overline{\uparrow}$框中前三尾 | 6-6-4-2-4-6-8-6-6<br>6-6-8-6-4-2-4-6-6 | 10 | |
| 2451 | 框中四首后三尾与$\underline{\downarrow}$框中次首、尾<br>框中四尾前三首与$\overline{\uparrow}$框中再首、尾 | 6-6-4-2-4-6-8-10<br>10-8-6-4-2-4-6-6 | 9 | |
| 2452 | 框中四首后三尾与$\underline{\downarrow}$框中次尾二、四首<br>框中四尾前三首与$\overline{\uparrow}$框中再首一、三尾 | 6-6-4-2-4-6-8-10-2<br>2-10-8-6-4-2-4-6-6 | 10 | |
| 2453 | 框中四尾前三首与下行首数<br>框中四首后三尾与上行尾数 | 6-4-2-4-6-6-2<br>2-6-6-4-2-4-6 | 8 | |
| 2454 | 框中四尾前三首与↓框中前两首<br>框中四首后三尾与↑框中后两尾 | 6-4-2-4-6-6-2-6<br>6-2-6-6-4-2-4-6 | 9 | |

续表

| 序号 | 条件<br>在表 28 中,若任何的______都是素数的 | 结论<br>就是一个差 D 型 | k 生素数 | 同差异决之序号 |
|---|---|---|---|---|
| 2455 | 框中四尾前三首与↓框中前两行 | 6-4-2-4-6-6-2-6-4 | 10 | |
| | 框中四首后三尾与↑框中后两行 | 4-6-2-6-6-4-2-4-6 | | |
| 2456 | 框中四尾前三首与↓框中前三首 | 6-4-2-4-6-6-2-6-6 | 10 | |
| | 框中四首后三尾与↑框中后三尾 | 6-6-2-6-6-4-2-4-6 | | |
| 2457 | 框中四尾前三首与↓框中首首、尾 | 6-4-2-4-6-6-2-10 | 9 | |
| | 框中四首后三尾与↑框中末首、尾 | 10-2-6-6-4-2-4-6 | | |
| 2458 | 框中四尾前三首与↓框中首尾一、三首 | 6-4-2-4-6-6-2-10-2 | 10 | |
| | 框中四首后三尾与↑框中末首二、四尾 | 2-10-2-6-6-4-2-4-6 | | |
| 2459 | 框中四尾前三首与↓框中首尾一、四首 | 6-4-2-4-6-6-2-10-8 | 10 | |
| | 框中四首后三尾与↑框中末首一、四尾 | 8-10-2-6-6-4-2-4-6 | | |
| 2460 | 框中四尾前三首与下下行首数 | 6-4-2-4-6-6-8 | 8 | |
| | 框中四首后三尾与上上行尾数 | 8-6-6-4-2-4-6 | | |
| 2461 | 框中四尾前三首与下下行两数 | 6-4-2-4-6-6-8-4 | 9 | |
| | 框中四首后三尾与上上行两数 | 4-8-6-6-4-2-4-6 | | |
| 2462 | 框中四尾前三首与↓框中首尾二、三首 | 6-4-2-4-6-6-8-4-2 | 10 | |
| | 框中四首后三尾与↑框中末首二、三尾 | 2-4-8-6-6-4-2-4-6 | | |
| 2463 | 框中四尾前三首与↓框中次行和末首 | 6-4-2-4-6-6-8-4-8 | 10 | |
| | 框中四首后三尾与↑框中丁行和首尾 | 8-4-8-6-6-4-2-4-6 | | |
| 2464 | 框中四尾前三首与↓框中二、三首 | 6-4-2-4-6-6-8-6 | 9 | |
| | 框中四首后三尾与↑框中二、三尾 | 6-8-6-6-4-2-4-6 | | |
| 2465 | 框中四尾前三首与↓框中后三首 | 6-4-2-4-6-6-8-6-6 | 10 | |
| | 框中四首后三尾与↑框中前三尾 | 6-6-8-6-6-4-2-4-6 | | |
| 2466 | 框中四尾前三首与↓框中再尾二、三首 | 6-4-2-4-6-6-8-6-10 | 10 | |
| | 框中四首后三尾与↑框中次首二、三尾 | 10-6-8-6-6-4-2-4-6 | | |
| 2467 | 框中一、三、四尾和再首与下行首数 | 2-10-6-2 | 5 | 1129 |
| | 框中一、二、四首和次尾与上行尾数 | 2-6-10-2 | | |
| 2468 | 框中一、三、四尾和再首与↓框中前两首 | 2-10-6-2-6 | 6 | |
| | 框中一、二、四首和次尾与↑框中后两尾 | 6-2-6-10-2 | | |
| 2469 | 框中一、三、四尾和再首与↓框中前两行 | 2-10-6-2-6-4 | 7 | |
| | 框中一、二、四首和次尾与↑框中后两行 | 4-6-2-6-10-2 | | |
| 2470 | 框中一、三、四尾和再首与↓框中前三首 | 2-10-6-2-6-6 | 7 | |
| | 框中一、二、四首和次尾与↑框中后三尾 | 6-6-2-6-10-2 | | |
| 2471 | 框中一、三、四尾和再首与↓框前两首和次尾 | 2-10-6-2-6-10 | 7 | |
| | 框中一、二、四首和次尾与↑框后两尾和再首 | 10-6-2-6-10-2 | | |
| 2472 | 框中一、三、四尾和再首与↓框中首首、尾 | 2-10-6-2-10 | 6 | 3057 |
| | 框中一、二、四首和次尾与↑框中末首、尾 | 10-2-6-10-2 | | |
| 2473 | 框中一、三、四尾和再首与↓框中首尾一、三首 | 2-10-6-2-10-2 | 7 | 3372 |
| | 框中一、二、四首和次尾与↑框中末首二、四尾 | 2-10-2-6-10-2 | | |
| 2474 | 框中一、三、四尾和再首与↓框前两尾和首首 | 2-10-6-2-10-6 | 7 | |
| | 框中一、二、四首和次尾与↑框后两首和末尾 | 6-10-2-6-10-2 | | |

续表

| 序号 | 条件<br>在表 28 中,若任何的______都是素数的 | 结论<br>就是一个差 $D$ 型 | $k$ 生素数 | 同差异决之序号 |
|---|---|---|---|---|
| 2475 | 框中一、三、四尾和再首与↓框中首尾一、四首 | 2-10-6-2-10-8 | 7 | 3385 |
| | 框中一、二、四首和次尾与↑框中末首一、四尾 | 8-10-2-6-10-2 | | |
| 2476 | 框中一、三、四尾和再首与下下行首数 | 2-10-6-8 | 5 | |
| | 框中一、二、四首和次尾与上上行尾数 | 8-6-10-2 | | |
| 2477 | 框中一、三、四尾和再首与下下行两数 | 2-10-6-8-4 | 6 | |
| | 框中一、二、四首和次尾与上上行两数 | 4-8-6-10-2 | | |
| 2478 | 框中一、三、四尾和再首与↓框中首尾二、三首 | 2-10-6-8-4-2 | 7 | |
| | 框中一、二、四首和次尾与↑框中末首二、三尾 | 2-4-8-6-10-2 | | |
| 2479 | 框中一、三、四尾和再首与↓框中二、三行 | 2-10-6-8-4-2-4 | 8 | |
| | 框中一、二、四首和次尾与↑框中三、四行 | 4-2-4-8-6-10-2 | | |
| 2480 | 框中一、三、四尾和再首与↓框后三首和首尾 | 2-10-6-8-4-2-6 | 8 | |
| | 框中一、二、四首和次尾与↑框前三尾和末首 | 6-2-4-8-6-10-2 | | |
| 2481 | 框中一、三、四尾和再首与↓框中次行再首、尾 | 2-10-6-8-4-2-10 | 8 | |
| | 框中一、二、四首和次尾与↑框中丁行次首、尾 | 10-2-4-8-6-10-2 | | |
| 2482 | 框中一、三、四尾和再首与↓框前两尾和次首 | 2-10-6-8-4-6 | 7 | |
| | 框中一、二、四首和次尾与↑框后两首和再尾 | 6-4-8-6-10-2 | | |
| 2483 | 框中一、三、四尾和再首与↓框前两尾二、四首 | 2-10-6-8-4-6-2 | 8 | |
| | 框中一、二、四首和次尾与↑框后两首一、三尾 | 2-6-4-8-6-10-2 | | |
| 2484 | 框中一、三、四尾和再首与↓框前三尾和次首 | 2-10-6-8-4-6-6 | 8 | |
| | 框中一、二、四首和次尾与↑框后三首和再尾 | 6-6-4-8-6-10-2 | | |
| 2485 | 框中一、三、四尾和再首与↓框中次行和末首 | 2-10-6-8-4-8 | 7 | |
| | 框中一、二、四首和次尾与↑框中丁行和首尾 | 8-4-8-6-10-2 | | |
| 2486 | 框中一、三、四尾和再首与↓框中二、四行 | 2-10-6-8-4-8-4 | 8 | |
| | 框中一、二、四首和次尾与↑框中二、四行 | 4-8-4-8-6-10-2 | | |
| 2487 | 框中一、三、四尾和再首与↓框中次行末首、尾 | 2-10-6-8-4-8-10 | 8 | |
| | 框中一、二、四首和次尾与↑框中丁行首首、尾 | 10-8-4-8-6-10-2 | | |
| 2488 | 框中一、三、四尾和再首与↓框中二、三首 | 2-10-6-8-6 | 6 | |
| | 框中一、二、四首和次尾与↑框中二、三尾 | 6-8-6-10-2 | | |
| 2489 | 框中一、三、四尾和再首与↓框中次尾二、三首 | 2-10-6-8-6-4 | 7 | |
| | 框中一、二、四首和次尾与↑框中再首二、三尾 | 4-6-8-6-10-2 | | |
| 2490 | 框中一、三、四尾和再首与↓框后三首和次尾 | 2-10-6-8-6-4-2 | 8 | |
| | 框中一、二、四首和次尾与↑框前三尾和再首 | 2-4-6-8-6-10-2 | | |
| 2491 | 框中一、三、四尾和再首与↓框中二、三首二、三尾 | 2-10-6-8-6-4-6 | 8 | |
| | 框中一、二、四首和次尾与↑框中二、三首二、三尾 | 6-4-6-8-6-10-2 | | |
| 2492 | 框中一、三、四尾和再首与↓框中后三首 | 2-10-6-8-6-6 | 7 | |
| | 框中一、二、四首和次尾与↑框中前三尾 | 6-6-8-6-10-2 | | |
| 2493 | 框中一、三、四尾和再首与↓框后三首和再尾 | 2-10-6-8-6-6-4 | 8 | |
| | 框中一、二、四首和次尾与↑框前三尾和次首 | 4-6-6-8-6-10-2 | | |
| 2494 | 框中一、三、四尾和再首与↓框后三首和末尾 | 2-10-6-8-6-6-10 | 8 | |
| | 框中一、二、四首和次尾与↑框前三尾和首尾 | 10-6-6-8-6-10-2 | | |

续表

| 序号 | 条件<br>在表 28 中,若任何的________都是素数的 | 结论<br>就是一个差 $D$ 型 | $k$ 生素数 | 同差异决之序号 |
|---|---|---|---|---|
| 2495 | 框中一、三、四尾和再首与 $\underline{\downarrow}$ 框中再尾二、三首 | 2-10-6-8-6-10 | 7 | |
| | 框中一、二、四首和次尾与 $\overline{\uparrow}$ 框中次首二、三尾 | 10-6-8-6-10-2 | | |
| 2496 | 框中一、三、四尾和再首与 $\underline{\downarrow}$ 框后两尾二、三首 | 2-10-6-8-6-10-6 | 8 | |
| | 框中一、二、四首和次尾与 $\overline{\uparrow}$ 框前两首二、三尾 | 6-10-6-8-6-10-2 | | |
| 2497 | 框中一、三、四尾和再首与 $\underline{\downarrow}$ 框中次首、尾 | 2-10-6-8-10 | 6 | |
| | 框中一、二、四首和次尾与 $\overline{\uparrow}$ 框中再首、尾 | 10-8-6-10-2 | | |
| 2498 | 框中一、三、四尾和再首与 $\underline{\downarrow}$ 框中次尾二、四首 | 2-10-6-8-10-2 | 7 | |
| | 框中一、二、四首和次尾与 $\overline{\uparrow}$ 框中再首一、三尾 | 2-10-8-6-10-2 | | |
| 2499 | 框中一、三、四尾和再首与 $\underline{\downarrow}$ 框中丁行次首、尾 | 2-10-6-8-10-2-4 | 8 | |
| | 框中一、二、四首和次尾与 $\overline{\uparrow}$ 框中次行再首、尾 | 4-2-10-8-6-10-2 | | |
| 2500 | 框中一、三、四尾和再首与 $\underline{\downarrow}$ 框中次首二、三尾 | 2-10-6-8-10-6 | 7 | |
| | 框中一、二、四首和次尾与 $\overline{\uparrow}$ 框中再尾二、三首 | 6-10-8-6-10-2 | | |
| 2501 | 框中一、三、四尾和再首与 $\underline{\downarrow}$ 框后三尾和次首 | 2-10-6-8-10-6-6 | 8 | |
| | 框中一、二、四首和次尾与 $\overline{\uparrow}$ 框前三首和再尾 | 6-6-10-8-6-10-2 | | |
| 2502 | 框中一、二、四首二、三尾与下下行首数 | 6-10-2-4-8 | 6 | |
| | 框中一、三、四尾二、三首与上上行尾数 | 8-4-2-10-6 | | |
| 2503 | 框中一、二、四首二、三尾与 $\underline{\downarrow}$ 框中前两首 | 6-10-2-4-8-6 | 7 | |
| | 框中一、三、四尾二、三首与 $\overline{\uparrow}$ 框中后两尾 | 6-8-4-2-10-6 | | |
| 2504 | 框中一、二、四首二、三尾与 $\underline{\downarrow}$ 框中前两行 | 6-10-2-4-8-6-4 | 8 | |
| | 框中一、三、四尾二、三首与 $\overline{\uparrow}$ 框中后两行 | 4-6-8-4-2-10-6 | | |
| 2505 | 框中一、二、四首二、三尾与 $\underline{\downarrow}$ 框前三首和首尾 | 6-10-2-4-8-6-4-2 | 9 | |
| | 框中一、三、四尾二、三首与 $\overline{\uparrow}$ 框后三尾和末首 | 2-4-6-8-4-2-10-6 | | |
| 2506 | 框中一、二、四首二、三尾与 $\underline{\downarrow}$ 框前两首前两尾 | 6-10-2-4-8-6-4-6 | 9 | |
| | 框中一、三、四尾二、三首与 $\overline{\uparrow}$ 框后两首后两尾 | 6-4-6-8-4-2-10-6 | | |
| 2507 | 框中一、二、四首二、三尾与 $\underline{\downarrow}$ 框前两行和末首 | 6-10-2-4-8-6-4-8 | 9 | |
| | 框中一、三、四尾二、三首与 $\overline{\uparrow}$ 框后两行和首尾 | 8-4-6-8-4-2-10-6 | | |
| 2508 | 框中一、二、四首二、三尾与 $\underline{\downarrow}$ 框中前三首 | 6-10-2-4-8-6-6 | 8 | |
| | 框中一、三、四尾二、三首与 $\overline{\uparrow}$ 框中后三首 | 6-6-8-4-2-10-6 | | |
| 2509 | 框中一、二、四首二、三尾与 $\underline{\downarrow}$ 框前三首和次尾 | 6-10-2-4-8-6-6-4 | 9 | |
| | 框中一、三、四尾二、三首与 $\overline{\uparrow}$ 框后三尾和再首 | 4-6-6-8-4-2-10-6 | | |
| 2510 | 框中一、二、四首二、三尾与 $\underline{\downarrow}$ 框中四首数 | 6-10-2-4-8-6-6-6 | 9 | |
| | 框中一、三、四尾二、三首与 $\overline{\uparrow}$ 框中四尾数 | 6-6-6-8-4-2-10-6 | | |
| 2511 | 框中一、二、四首二、三尾与 $\underline{\downarrow}$ 框前三首和再尾 | 6-10-2-4-8-6-6-10 | 9 | |
| | 框中一、三、四尾二、三首与 $\overline{\uparrow}$ 框后三尾和次首 | 10-6-6-8-4-2-10-6 | | |
| 2512 | 框中一、二、四首二、三尾与 $\underline{\downarrow}$ 框前两首和次尾 | 6-10-2-4-8-6-10 | 8 | |
| | 框中一、三、四尾二、三首与 $\overline{\uparrow}$ 框后两尾和再首 | 10-6-8-4-2-10-6 | | |
| 2513 | 框中一、二、四首二、三尾与 $\underline{\downarrow}$ 框中一、二、四首和次尾 | 6-10-2-4-8-6-10-2 | 9 | |
| | 框中一、三、四尾二、三首与 $\overline{\uparrow}$ 框中一、三、四尾和再首 | 2-10-6-8-4-2-10-6 | | |
| 2514 | 框中一、二、四首二、三尾与 $\underline{\downarrow}$ 框前两首二、三尾 | 6-10-2-4-8-6-10-6 | 9 | |
| | 框中一、三、四尾二、三首与 $\overline{\uparrow}$ 框后两尾二、三首 | 6-10-6-8-4-2-10-6 | | |

续表

| 序号 | 条件<br>在表 28 中,若任何的＿＿＿＿都是素数的 | 结论<br>就是一个差 $\underline{D}$ 型 | $k$ 生素数 | 同差异决之序号 |
|---|---|---|---|---|
| 2515 | 框中一、二、四首二、三尾与 $\underline{\downarrow}$ 框中首首、尾 | 6-10-2-4-8-10 | 7 | |
| | 框中一、三、四尾二、三首与 $\overline{\uparrow}$ 框中末首、尾 | 10-8-4-2-10-6 | | |
| 2516 | 框中一、二、四首二、三尾与 $\underline{\downarrow}$ 框中首尾一、三首 | 6-10-2-4-8-10-2 | 8 | |
| | 框中一、三、四尾二、三首与 $\overline{\uparrow}$ 框中末首二、四尾 | 2-10-8-4-2-10-6 | | |
| 2517 | 框中一、二、四首二、三尾与 $\underline{\downarrow}$ 框前两尾一、三首 | 6-10-2-4-8-10-2-4 | 9 | |
| | 框中一、三、四尾二、三首与 $\overline{\uparrow}$ 框后两首二、四尾 | 4-2-10-8-4-2-10-6 | | |
| 2518 | 框中一、二、四首二、三尾与 $\underline{\downarrow}$ 框后两首首首、尾 | 6-10-2-4-8-10-2-6 | 9 | |
| | 框中一、三、四尾二、三首与 $\overline{\uparrow}$ 框前两尾末首、尾 | 6-2-10-8-4-2-10-6 | | |
| 2519 | 框中一、二、四首二、三尾与 $\underline{\downarrow}$ 框前两尾和首首 | 6-10-2-4-8-10-6 | 8 | |
| | 框中一、三、四尾二、三首与 $\overline{\uparrow}$ 框后两首和末尾 | 6-10-8-4-2-10-6 | | |
| 2520 | 框中一、二、四首二、三尾与 $\underline{\downarrow}$ 框前两尾一、四首 | 6-10-2-4-8-10-6-2 | 9 | |
| | 框中一、三、四尾二、三首与 $\overline{\uparrow}$ 框后两首一、四尾 | 2-6-10-8-4-2-10-6 | | |
| 2521 | 框中一、二、四首二、三尾与 $\underline{\downarrow}$ 框中首尾一、四首 | 6-10-2-4-8-10-8 | 8 | |
| | 框中一、三、四尾二、三首与 $\overline{\uparrow}$ 框中末首一、四尾 | 8-10-8-4-2-10-6 | | |
| 2522 | 框中一、二、四首二、三尾与 $\underline{\downarrow}$ 框中一、四首一、四尾 | 6-10-2-4-8-10-8-10 | 9 | |
| | 框中一、三、四尾二、三首与 $\overline{\uparrow}$ 框中一、四首一、四尾 | 10-8-10-8-4-2-10-6 | | |
| 2523 | 框中一、三、四尾二、三首与下行首数 | 4-2-10-6-2 | 6 | |
| | 框中一、二、四首二、三尾与上行尾数 | 2-6-10-2-4 | | |
| 2524 | 框中一、三、四尾二、三首与↓框中前两首 | 4-2-10-6-2-6 | 7 | |
| | 框中一、二、四首二、三尾与↑框中后两尾 | 6-2-6-10-2-4 | | |
| 2525 | 框中一、三、四尾二、三首与↓框中前两行 | 4-2-10-6-2-6-4 | 8 | |
| | 框中一、二、四首二、三尾与↑框中后两行 | 4-6-2-6-10-2-4 | | |
| 2526 | 框中一、三、四尾二、三首与↓框前三首和首尾 | 4-2-10-6-2-6-4-2 | 9 | |
| | 框中一、二、四首二、三尾与↑框后三尾和末首 | 2-4-6-2-6-10-2-4 | | |
| 2527 | 框中一、三、四尾二、三首与↓框前三首一、三尾 | 4-2-10-6-2-6-4-2-10 | 10 | |
| | 框中一、二、四首二、三尾与↑框后三尾二、四首 | 10-2-4-6-2-6-10-2-4 | | |
| 2528 | 框中一、三、四尾二、三首与↓框前两行和末首 | 4-2-10-6-2-6-4-8 | 9 | |
| | 框中一、二、四首二、三尾与↑框后两行和首尾 | 8-4-6-2-6-10-2-4 | | |
| 2529 | 框中一、三、四尾二、三首与↓框中前三首 | 4-2-10-6-2-6-6 | 8 | |
| | 框中一、二、四首二、三尾与↑框中后三尾 | 6-6-2-6-10-2-4 | | |
| 2530 | 框中一、三、四尾二、三首与↓框中四首数 | 4-2-10-6-2-6-6-6 | 9 | |
| | 框中一、二、四首二、三尾与↑框中四尾数 | 6-6-6-2-6-10-2-4 | | |
| 2531 | 框中一、三、四尾二、三首与↓框前三首和再尾 | 4-2-10-6-2-6-6-10 | 9 | |
| | 框中一、二、四首二、三尾与↑框后三尾和次首 | 10-6-6-2-6-10-2-4 | | |
| 2532 | 框中一、三、四尾二、三首与↓框中首首、尾 | 4-2-10-6-2-10 | 7 | |
| | 框中一、二、四首二、三尾与↑框中末首、尾 | 10-2-6-10-2-4 | | |
| 2533 | 框中一、三、四尾二、三首与↓框中首尾一、三首 | 4-2-10-6-2-10-2 | 8 | |
| | 框中一、二、四首二、三尾与↑框中末首二、四尾 | 2-10-2-6-10-2-4 | | |
| 2534 | 框中一、三、四尾二、三首与↓框后两首首首、尾 | 4-2-10-6-2-10-2-6 | 9 | |
| | 框中一、二、四首二、三尾与↑框前两尾末首、尾 | 6-2-10-2-6-10-2-4 | | |

续表

| 序　号 | 条　件 | 结　论 | | 同差异决之序号 |
|---|---|---|---|---|
| | 在表 28 中，若任何的＿＿＿＿都是素数的 | 就是一个差＿D＿型 | k 生素数 | |
| 2535 | 框中一、三、四尾二、三首与↓框中一、三、四首一、三尾 | 4-2-10-6-2-10-2-6-4 | 10 | |
| | 框中一、二、四首二、三尾与↑框中一、二、四尾二、四首 | 4-6-2-10-2-6-10-2-4 | | |
| 2536 | 框中一、三、四尾二、三首与↓框中一、三、四首一、四尾 | 4-2-10-6-2-10-2-6-10 | 10 | |
| | 框中一、二、四首二、三尾与↑框中一、二、四尾一、四首 | 10-6-2-10-2-6-10-2-4 | | |
| 2537 | 框中一、三、四尾二、三首与↓框中一、三首一、三尾 | 4-2-10-6-2-10-2-10 | 9 | |
| | 框中一、二、四首二、三尾与↑框中二、四首二、四尾 | 10-2-10-2-6-10-2-4 | | |
| 2538 | 框中一、三、四尾二、三首与↓框中一、三、四尾一、三首 | 4-2-10-6-2-10-2-10-6 | 10 | |
| | 框中一、二、四首二、三尾与↑框中一、二、四首二、四尾 | 6-10-2-10-2-6-10-2-4 | | |
| 2539 | 框中一、三、四尾二、三首与↓框中首尾一、四首 | 4-2-10-6-2-10-8 | 8 | |
| | 框中一、二、四首二、三尾与↑框中末首一、四尾 | 8-10-2-6-10-2-4 | | |
| 2540 | 框中一、三、四尾二、三首与↓框中丁行首首、尾 | 4-2-10-6-2-10-8-4 | 9 | |
| | 框中一、二、四首二、三尾与↑框中次行末首、尾 | 4-8-10-2-6-10-2-4 | | |
| 2541 | 框中一、三、四尾二、三首与↓框中一、四首一、四尾 | 4-2-10-6-2-10-8-10 | 9 | |
| | 框中一、二、四首二、三尾与↑框中一、四首一、四尾 | 10-8-10-2-6-10-2-4 | | |
| 2542 | 框中一、三、四尾二、三首与下下行首数 | 4-2-10-6-8 | 6 | |
| | 框中一、二、四首二、三尾与上上行尾数 | 8-6-10-2-4 | | |
| 2543 | 框中一、三、四尾二、三首与下下行两数 | 4-2-10-6-8-4 | 7 | |
| | 框中一、二、四首二、三尾与上上行两数 | 4-8-6-10-2-4 | | |
| 2544 | 框中一、三、四尾二、三首与$\underline{\downarrow}$框中首尾二、三首 | 4-2-10-6-8-4-2 | 8 | |
| | 框中一、二、四首二、三尾与$\overline{\uparrow}$框中末首二、三尾 | 2-4-8-6-10-2-4 | | |
| 2545 | 框中一、三、四尾二、三首与$\underline{\downarrow}$框中二、三行 | 4-2-10-6-8-4-2-4 | 9 | |
| | 框中一、二、四首二、三尾与$\overline{\uparrow}$框中三、四行 | 4-2-4-8-6-10-2-4 | | |
| 2546 | 框中一、三、四尾二、三首与$\underline{\downarrow}$框后三首前两尾 | 4-2-10-6-8-4-2-4-2 | 10 | |
| | 框中一、二、四首二、三尾与$\overline{\uparrow}$框前三尾后两首 | 2-4-2-4-8-6-10-2-4 | | |
| 2547 | 框中一、三、四尾二、三首与$\underline{\downarrow}$框前三尾二、三首 | 4-2-10-6-8-4-2-4-6 | 10 | |
| | 框中一、二、四首二、三尾与$\overline{\uparrow}$框后三首二、三尾 | 6-4-2-4-8-6-10-2-4 | | |
| 2548 | 框中一、三、四尾二、三首与$\underline{\downarrow}$框后三首和首尾 | 4-2-10-6-8-4-2-6 | 9 | |
| | 框中一、二、四首二、三尾与$\overline{\uparrow}$框前三尾和末首 | 6-2-4-8-6-10-2-4 | | |
| 2549 | 框中一、三、四尾二、三首与$\underline{\downarrow}$框后三首一、三尾 | 4-2-10-6-8-4-2-6-4 | 10 | |
| | 框中一、二、四首二、三尾与$\overline{\uparrow}$框前三尾二、四首 | 4-6-2-4-8-6-10-2-4 | | |
| 2550 | 框中一、三、四尾二、三首与$\underline{\downarrow}$框后三首一、四尾 | 4-2-10-6-8-4-2-6-10 | 10 | |
| | 框中一、二、四首二、三尾与$\overline{\uparrow}$框前三尾一、四首 | 10-6-2-4-8-6-10-2-4 | | |
| 2551 | 框中一、三、四尾二、三首与$\underline{\downarrow}$框中次行再首、尾 | 4-2-10-6-8-4-2-10 | 9 | |
| | 框中一、二、四首二、三尾与$\overline{\uparrow}$框中丁行次首、尾 | 10-2-4-8-6-10-2-4 | | |
| 2552 | 框中一、三、四尾二、三首与$\underline{\downarrow}$框中一、三、四尾二、三首 | 4-2-10-6-8-4-2-10-6 | 10 | |
| | 框中一、二、四首二、三尾与$\overline{\uparrow}$框中一、二、四首二、三尾 | 6-10-2-4-8-6-10-2-4 | | |
| 2553 | 框中一、三、四尾二、三首与$\underline{\downarrow}$框前两尾和次首 | 4-2-10-6-8-4-6 | 8 | |
| | 框中一、二、四首二、三尾与$\overline{\uparrow}$框后两首和再尾 | 6-4-8-6-10-2-4 | | |
| 2554 | 框中一、三、四尾二、三首与$\underline{\downarrow}$框前两尾二、四首 | 4-2-10-6-8-4-6-2 | 9 | |
| | 框中一、二、四首二、三尾与$\overline{\uparrow}$框后两首一、三尾 | 2-6-4-8-6-10-2-4 | | |

## 续表

| 序号 | 条件<br>在表 28 中,若任何的＿＿＿＿＿都是素数的 | 结论<br>就是一个差＿$D$＿型 | $k$ 生素数 | 同差异决之序号 |
|---|---|---|---|---|
| 2555 | 框中一、三、四尾二、三首与$\underline{\downarrow}$框前三尾二、四首 | 4-2-10-6-8-4-6-2-4 | 10 | |
| | 框中一、二、四首二、三尾与$\overline{\uparrow}$框后三首一、三尾 | 4-2-6-4-8-6-10-2-4 | | |
| 2556 | 框中一、三、四尾二、三首与$\underline{\downarrow}$框前三尾和次首 | 4-2-10-6-8-4-6-6 | 9 | |
| | 框中一、二、四首二、三尾与$\overline{\uparrow}$框后三首和再尾 | 6-6-4-8-6-10-2-4 | | |
| 2557 | 框中一、三、四尾二、三首与$\underline{\downarrow}$框中次行和末首 | 4-2-10-6-8-4-8 | 8 | |
| | 框中一、二、四首二、三尾与$\overline{\uparrow}$框中丁行和首尾 | 8-4-8-6-10-2-4 | | |
| 2558 | 框中一、三、四尾二、三首与$\underline{\downarrow}$框中二、四行 | 4-2-10-6-8-4-8-4 | 9 | |
| | 框中一、二、四首二、三尾与$\overline{\uparrow}$框中二、四行 | 4-8-4-8-6-10-2-4 | | |
| 2559 | 框中一、三、四尾二、三首与$\underline{\downarrow}$框后两行和次行 | 4-2-10-6-8-4-8-4-6 | 10 | |
| | 框中一、二、四首二、三尾与$\overline{\uparrow}$框前两行和丁行 | 6-4-8-4-8-6-10-2-4 | | |
| 2560 | 框中一、三、四尾二、三首与$\underline{\downarrow}$框中次行末首、尾 | 4-2-10-6-8-4-8-10 | 9 | |
| | 框中一、二、四首二、三尾与$\overline{\uparrow}$框中丁行首首、尾 | 10-8-4-8-6-10-2-4 | | |
| 2561 | 框中一、三、四尾二、三首与$\underline{\downarrow}$框中二、三首 | 4-2-10-6-8-6 | 7 | |
| | 框中一、二、四首二、三尾与$\overline{\uparrow}$框中二、三尾 | 6-8-6-10-2-4 | | |
| 2562 | 框中一、三、四尾二、三首与$\underline{\downarrow}$框中次尾二、三首 | 4-2-10-6-8-6-4 | 8 | |
| | 框中一、二、四首二、三尾与$\overline{\uparrow}$框中再首二、三尾 | 4-6-8-6-10-2-4 | | |
| 2563 | 框中一、三、四尾二、三首与$\underline{\downarrow}$框后三首和次尾 | 4-2-10-6-8-6-4-2 | 9 | |
| | 框中一、二、四首二、三尾与$\overline{\uparrow}$框前三尾和再首 | 2-4-6-8-6-10-2-4 | | |
| 2564 | 框中一、三、四尾二、三首与$\underline{\downarrow}$框后三首二、三尾 | 4-2-10-6-8-6-4-2-4 | 10 | |
| | 框中一、二、四首二、三尾与$\overline{\uparrow}$框前三尾二、三首 | 4-2-4-6-8-6-10-2-4 | | |
| 2565 | 框中一、三、四尾二、三首与$\underline{\downarrow}$框中二、三首二、三尾 | 4-2-10-6-8-6-4-6 | 9 | |
| | 框中一、二、四首二、三尾与$\overline{\uparrow}$框中二、三首二、三尾 | 6-4-6-8-6-10-2-4 | | |
| 2566 | 框中一、三、四尾二、三首与$\underline{\downarrow}$框中后三首 | 4-2-10-6-8-6-6 | 8 | |
| | 框中一、二、四首二、三尾与$\overline{\uparrow}$框中前三尾 | 6-6-8-6-10-2-4 | | |
| 2567 | 框中一、三、四尾二、三首与$\underline{\downarrow}$框后三首和再尾 | 4-2-10-6-8-6-6-4 | 9 | |
| | 框中一、二、四首二、三尾与$\overline{\uparrow}$框前三尾和次首 | 4-6-6-8-6-10-2-4 | | |
| 2568 | 框中一、三、四尾二、三首与$\underline{\downarrow}$框后三首后两尾 | 4-2-10-6-8-6-6-4-6 | 10 | |
| | 框中一、二、四首二、三尾与$\overline{\uparrow}$框前三尾前两首 | 6-4-6-6-8-6-10-2-4 | | |
| 2569 | 框中一、三、四尾二、三首与$\underline{\downarrow}$框后三首和末尾 | 4-2-10-6-8-6-6-10 | 9 | |
| | 框中一、二、四首二、三尾与$\overline{\uparrow}$框前三尾和首首 | 10-6-6-8-6-10-2-4 | | |
| 2570 | 框中一、三、四尾二、三首与$\underline{\downarrow}$框中再尾二、三首 | 4-2-10-6-8-6-10 | 8 | |
| | 框中一、二、四首二、三尾与$\overline{\uparrow}$框中次首二、三尾 | 10-6-8-6-10-2-4 | | |
| 2571 | 框中一、三、四尾二、三首与$\underline{\downarrow}$框后两尾二、三首 | 4-2-10-6-8-6-10-6 | 9 | |
| | 框中一、二、四首二、三尾与$\overline{\uparrow}$框前两首二、三尾 | 6-10-6-8-6-10-2-4 | | |
| 2572 | 框中一、三、四尾二、三首与$\underline{\downarrow}$框中次首、尾 | 4-2-10-6-8-10 | 7 | |
| | 框中一、二、四首二、三尾与$\overline{\uparrow}$框中再首、尾 | 10-8-6-10-2-4 | | |
| 2573 | 框中一、三、四尾二、三首与$\underline{\downarrow}$框中次尾二、四首 | 4-2-10-6-8-10-2 | 8 | |
| | 框中一、二、四首二、三尾与$\overline{\uparrow}$框中再首一、三尾 | 2-10-8-6-10-2-4 | | |
| 2574 | 框中一、三、四尾二、三首与$\underline{\downarrow}$框中丁行次首、尾 | 4-2-10-6-8-10-2-4 | 9 | |
| | 框中一、二、四首二、三尾与$\overline{\uparrow}$框中次行再首、尾 | 4-2-10-8-6-10-2-4 | | |

续表

| 序号 | 条件<br>在表 28 中，若任何的＿＿＿＿都是素数的 | 结论<br>就是一个差 $D$ 型 | $k$ 生素数 | 同差异决之序号 |
|---|---|---|---|---|
| 2575 | 框中一、三、四尾二、三首与↓框中次首二、三尾 | 4-2-10-6-8-10-6 | 8 | |
| | 框中一、二、四首二、三尾与↑框中再尾二、三首 | 6-10-8-6-10-2-4 | | |
| 2576 | 框中一、二、四首二、四尾与下行首数 | 6-10-2-10-2 | 6 | 74 |
| | 框中一、三、四尾一、三首与上行尾数 | 2-10-2-10-6 | | |
| 2577 | 框中一、二、四首二、四尾与↓框中前两首 | 6-10-2-10-2-6 | 7 | 795 |
| | 框中一、三、四尾一、三首与↑框中后两尾 | 6-2-10-2-10-6 | | |
| 2578 | 框中一、二、四首二、四尾与↓框中前两行 | 6-10-2-10-2-6-4 | 8 | 3030 |
| | 框中一、三、四尾一、三首与↑框中后两行 | 4-6-2-10-2-10-6 | | |
| 2579 | 框中一、二、四首二、四尾与↓框前三首和首尾 | 6-10-2-10-2-6-4-2 | 9 | |
| | 框中一、三、四尾一、三首与↑框后三尾和末首 | 2-4-6-2-10-2-10-6 | | |
| 2580 | 框中一、二、四首二、四尾与↓框前两首前两尾 | 6-10-2-10-2-6-4-6 | 9 | 3225 |
| | 框中一、三、四尾一、三首与↑框后两首后两尾 | 6-4-6-2-10-2-10-6 | | |
| 2581 | 框中一、二、四首二、四尾与↓框前两行和末首 | 6-10-$\dot{2}$-10-2-6-4-$\dot{8}$ | 9 | 3368 |
| | 框中一、三、四尾一、三首与↑框后两行和首尾 | $\dot{8}$-4-6-2-10-$\dot{2}$-10-6 | | |
| 2582 | 框中一、二、四首二、四尾与↓框中前三首 | 6-10-2-10-2-6-6 | 8 | |
| | 框中一、三、四尾一、三首与↑框中后三尾 | 6-6-2-10-2-10-6 | | |
| 2583 | 框中一、二、四首二、四尾与↓框前三首和次尾 | 6-10-2-10-2-6-6-4 | 9 | |
| | 框中一、三、四尾一、三首与↑框后三尾和再首 | 4-6-6-2-10-2-10-6 | | |
| 2584 | 框中一、二、四首二、四尾与↓框中四首数 | 6-10-2-10-2-6-6-6 | 9 | |
| | 框中一、三、四尾一、三首与↑框中四尾数 | 6-6-6-2-10-2-10-6 | | |
| 2585 | 框中一、二、四首二、四尾与↓框前三首和再尾 | 6-10-2-10-2-6-6-10 | 9 | |
| | 框中一、三、四尾一、三首与↑框后三尾和次首 | 10-6-6-2-10-2-10-6 | | |
| 2586 | 框中一、二、四首二、四尾与↓框前两首和次尾 | 6-10-2-10-2-6-10 | 8 | 3137 |
| | 框中一、三、四尾一、三首与↑框后两尾和再首 | 10-6-2-10-2-10-6 | | |
| 2587 | 框中一、二、四首二、四尾与↓框中一、二、四首和次尾 | 6-10-$\dot{2}$-10-2-6-10-$\dot{2}$ | 9 | 3378 |
| | 框中一、三、四尾一、三首与↑框中一、三、四尾和再首 | $\dot{2}$-10-6-2-10-$\dot{2}$-10-6 | | |
| 2588 | 框中一、二、四首二、四尾与↓框前两首二、三尾 | 6-10-2-10-2-6-10-6 | 9 | |
| | 框中一、三、四尾一、三首与↑框后两尾二、三首 | 6-10-6-2-10-2-10-6 | | |
| 2589 | 框中一、二、四首二、四尾与↓框中首首、尾 | 6-10-2-10-2-10 | 7 | 433 |
| | 框中一、三、四尾一、三首与↑框中末首、尾 | 10-2-10-2-10-6 | | |
| 2590 | 框中一、二、四首二、四尾与↓框中首尾一、三首 | 6-10-2-10-2-10-2 | 8 | |
| | 框中一、三、四尾一、三首与↑框中末首二、四尾 | 2-10-2-10-2-10-6 | | |
| 2591 | 框中一、二、四首二、四尾与↓框前两尾一、三首 | 6-10-2-10-2-10-2-4 | 9 | |
| | 框中一、三、四尾一、三首与↑框后两首二、四尾 | 4-2-10-2-10-2-10-6 | | |
| 2592 | 框中一、二、四首二、四尾与↓框中一、三、四首前两尾 | 6-10-2-10-2-10-2-4-2 | 10 | |
| | 框中一、三、四尾一、三首与↑框中一、二、四尾后两首 | 2-4-2-10-2-10-2-10-6 | | |
| 2593 | 框中一、二、四首二、四尾与↓框后两首首首、尾 | 6-10-2-10-2-10-2-6 | 9 | |
| | 框中一、三、四尾一、三首与↑框前两尾末首、尾 | 6-2-10-2-10-2-10-6 | | |
| 2594 | 框中一、二、四首二、四尾与↓框中一、三、四首一、四尾 | 6-10-2-10-2-10-2-6-10 | 10 | |
| | 框中一、三、四尾一、三首与↑框中一、二、四尾一、四首 | 10-6-2-10-2-10-2-10-6 | | |

续表

| 序号 | 条件<br>在表 28 中,若任何的________都是素数的 | 结论<br>就是一个差__$D$__型 | $k$ 生素数 | 同差异决之序号 |
|---|---|---|---|---|
| 2595 | 框中一、二、四首二、四尾与↓框中一、三首一、三尾 | 6-10-2-10-2-10-2-10 | 9 | |
| | 框中一、三、四尾一、三首与↑框中二、四首二、四尾 | 10-2-10-2-10-2-10-6 | | |
| 2596 | 框中一、二、四首二、四尾与↓框中一、三、四尾一、三首 | 6-10-2-10-2-10-2-10-6 | 10 | |
| 2597 | 框中一、二、四首二、四尾与↓框前两尾和首首 | 6-10-2-10-2-10-6 | 8 | |
| | 框中一、三四尾一、三首与↑框后两首和末尾 | 6-10-2-10-2-10-6 | | |
| 2598 | 框中一、二、四首二、四尾与↓框前两尾一、四首 | 6-10-$\dot{2}$-10-2-10-6-$\dot{2}$ | 9 | 3351 |
| | 框中一、三、四尾一、三首与↑框后两首一、四尾 | $\dot{2}$-6-10-2-10-$\dot{2}$-10-6 | | |
| 2599 | 框中一、二、四首二、四尾与↓框前三尾和首首 | 6-10-2-10-2-10-6-6 | 9 | |
| | 框中一、三、四尾一、三首与↑框后三首和末尾 | 6-6-10-2-10-2-10-6 | | |
| 2600 | 框中一、二、四首二、四尾与↓框中首尾一、四首 | 6-10-$\dot{2}$-10-2-10-$\dot{8}$ | 8 | 3293 |
| | 框中一、三、四尾一、三首与↑框中末首一、四尾 | $\dot{8}$-10-2-10-$\dot{2}$-10-6 | | |
| 2601 | 框中一、二、四首二、四尾与↓框中丁行首首、尾 | 6-10-2-10-2-10-8-4 | 9 | |
| | 框中一、三、四尾一、三首与↑框中次行末首、尾 | 4-8-10-2-10-2-10-6 | | |
| 2602 | 框中一、二、四首二、四尾与↓框中一、四首一、四尾 | 6-10-$\dot{2}$-10-2-10-$\dot{8}$-10 | 9 | 3294 |
| | 框中一、三、四尾一、三首与↑框中一、四首一、四尾 | 10-$\dot{8}$-10-2-10-$\dot{2}$-10-6 | | |
| 2603 | 框中一、二、四首二、四尾与下下行首数 | 6-10-2-10-8 | 6 | 368 |
| | 框中一、三、四尾一、三首与上上行尾数 | 8-10-2-10-6 | | |
| 2604 | 框中一、二、四首二、四尾与下下行两数 | 6-10-2-10-8-4 | 7 | 469 |
| | 框中一、三、四尾一、三首与上上行两数 | 4-8-10-2-10-6 | | |
| 2605 | 框中一、二、四首二、四尾与$\underline{\downarrow}$框中首尾二、三首 | 6-10-2-10-8-4-2 | 8 | |
| | 框中一、三、四尾一、三首与$\overline{\uparrow}$框中末首二、三尾 | 2-4-8-10-2-10-6 | | |
| 2606 | 框中一、二、四首二、四尾与$\underline{\downarrow}$框中二、三行 | 6-10-2-10-8-4-2-4 | 9 | |
| | 框中一、三、四尾一、三首与$\overline{\uparrow}$框中三、四行 | 4-2-4-8-10-2-10-6 | | |
| 2607 | 框中一、二、四首二、四尾与$\underline{\downarrow}$框后三首和首尾 | 6-10-2-10-8-4-2-6 | 9 | |
| | 框中一、三、四尾一、三首与$\overline{\uparrow}$框前三尾和末首 | 6-2-4-8-10-2-10-6 | | |
| 2608 | 框中一、二、四首二、四尾与$\underline{\downarrow}$框前两尾和次首 | 6-10-2-10-8-4-6 | 8 | 537 |
| | 框中一、三、四尾一、三首与$\overline{\uparrow}$框后两首和再尾 | 6-4-8-10-2-10-6 | | |
| 2609 | 框中一、二、四首二、四尾与$\underline{\downarrow}$框前两尾二、四首 | 6-10-$\dot{2}$-10-8-4-6-$\dot{2}$ | 9 | 3337 |
| | 框中一、三、四尾一、三首与$\overline{\uparrow}$框后两首一、三尾 | $\dot{2}$-6-4-8-10-$\dot{2}$-10-6 | | |
| 2610 | 框中一、二、四首二、四尾与$\underline{\downarrow}$框中次行和末首 | 6-10-$\dot{2}$-10-8-4-$\dot{8}$ | 8 | 3329 |
| | 框中一、三、四尾一、三首与$\overline{\uparrow}$框中丁行和首尾 | $\dot{8}$-4-8-10-$\dot{2}$-10-6 | | |
| 2611 | 框中一、二、四首二、四尾与$\underline{\downarrow}$框中次行末首、尾 | 6-10-$\dot{2}$-10-8-4-$\dot{8}$-10 | 9 | 3330 |
| | 框中一、三、四尾一、三首与$\overline{\uparrow}$框中丁行首首、尾 | 10-$\dot{8}$-4-8-10-$\dot{2}$-10-6 | | |
| 2612 | 框中一、二、四首二、四尾与$\underline{\downarrow}$框中二、三首 | 6-10-2-10-8-6 | 7 | |
| | 框中一、三、四尾一、三首与$\overline{\uparrow}$框中二、三尾 | 6-8-10-2-10-6 | | |
| 2613 | 框中一、二、四首二、四尾与$\underline{\downarrow}$框中次尾二、三首 | 6-10-2-10-8-6-4 | 8 | |
| | 框中一、三、四尾一、三首与$\overline{\uparrow}$框中再首二、三尾 | 4-6-8-10-2-10-6 | | |
| 2614 | 框中一、二、四首二、四尾与$\underline{\downarrow}$框后三首和次尾 | 6-10-2-10-8-6-4-2 | 9 | |
| | 框中一、三、四尾一、三首与$\overline{\uparrow}$框前三尾和再首 | 2-4-6-8-10-2-10-6 | | |

续表

| 序号 | 条件<br>在表 28 中,若任何的＿＿＿＿都是素数的 | 结论<br>就是一个差 D 型 | k 生素数 | 同差异决之序号 |
|---|---|---|---|---|
| 2615 | 框中一、二、四首二、四尾与↓框后三首二、三尾 | 6-10-2-10-8-6-4-2-4 | 10 | |
| | 框中一、三、四尾一、三首与↑框前三尾二、三首 | 4-2-4-6-8-10-2-10-6 | | |
| 2616 | 框中一、二、四首二、四尾与↓框中二、三首二、三尾 | 6-10-2-10-8-6-4-6 | 9 | |
| | 框中一、三、四尾一、三首与↑框中二、三首二、三尾 | 6-4-6-8-10-2-10-6 | | |
| 2617 | 框中一、二、四首二、四尾与↓框后三尾二、三首 | 6-10-2-10-8-6-4-6-6 | 10 | |
| | 框中一、三、四尾一、三首与↑框前三首二、三尾 | 6-6-4-6-8-10-2-10-6 | | |
| 2618 | 框中一、二、四首二、四尾与↓框中后三首 | 6-10-2-10-8-6-6 | 8 | |
| | 框中一、三、四尾一、三首与↑框中前三尾 | 6-6-8-10-2-10-6 | | |
| 2619 | 框中一、二、四首二、四尾与↓框后三首和再尾 | 6-10-2-10-8-6-6-4 | 9 | |
| | 框中一、三、四尾一、三首与↑框前三尾和次首 | 4-6-6-8-10-2-10-6 | | |
| 2620 | 框中一、二、四首二、四尾与↓框后三首后两尾 | 6-10-2-10-8-6-6-4-6 | 10 | |
| | 框中一、三、四尾一、三首与↑框前三尾前两首 | 6-4-6-6-8-10-2-10-6 | | |
| 2621 | 框中一、二、四首二、四尾与↓框后三首和末尾 | 6-10-2-10-8-6-6-10 | 9 | |
| | 框中一、三、四尾一、三首与↑框前三尾和首首 | 10-6-6-8-10-2-10-6 | | |
| 2622 | 框中一、二、四首二、四尾与↓框中再尾二、三首 | 6-10-2-10-8-6-10 | 8 | |
| | 框中一、三、四尾一、三首与↑框中次首二、三尾 | 10-6-8-10-2-10-6 | | |
| 2623 | 框中一、二、四首二、四尾与↓框后两尾二、三首 | 6-10-2-10-8-6-10-6 | 9 | |
| | 框中一、三、四尾一、三首与↑框前两首二、三尾 | 6-10-6-8-10-2-10-6 | | |
| 2624 | 框中一、二、四首二、四尾与↓框中次首、尾 | 6-10-2-10-8-10 | 7 | 396 |
| | 框中一、三、四尾一、三首与↑框中再首、尾 | 10-8-10-2-10-6 | | |
| 2625 | 框中一、二、四首二、四尾与↓框中次尾二、四首 | 6-10-$\dot{2}$-10-8-10-$\dot{2}$ | 8 | 3311 |
| | 框中一、三、四尾一、三首与↑框中再首一、三尾 | $\dot{2}$-10-8-10-$\dot{2}$-10-6 | | |
| 2626 | 框中一、二、四首二、四尾与↓框中丁行次首、尾 | 6-10-2-10-8-10-2-4 | 9 | |
| | 框中一、三、四尾一、三首与↑框中次行再首、尾 | 4-2-10-8-10-2-10-6 | | |
| 2627 | 框中一、二、四首二、四尾与↓框后三尾二、四首 | 6-10-2-10-8-10-2-4-6 | 10 | |
| | 框中一、三、四尾一、三首与↑框前三首一、三尾 | 6-4-2-10-8-10-2-10-6 | | |
| 2628 | 框中一、二、四首二、四尾与↓框中二、四首二、四尾 | 6-10-$\dot{2}$-10-8-10-$\dot{2}$-10 | 9 | 3312 |
| | 框中一、三、四尾一、三首与↑框中一、三首一、三尾 | 10-$\dot{2}$-10-8-10-$\dot{2}$-10-6 | | |
| 2629 | 框中一、二、四首二、四尾与↓框中次首二、三尾 | 6-10-2-10-8-10-6 | 8 | |
| | 框中一、三、四尾一、三首与↑框中再尾二、三首 | 6-10-8-10-2-10-6 | | |
| 2630 | 框中一、二、四首二、四尾与↓框后三尾和次首 | 6-10-2-10-8-10-6-6 | 9 | |
| | 框中一、三、四尾一、三首与↑框前三首和再尾 | 6-6-10-8-10-2-10-6 | | |
| 2631 | 框中一、三、四尾一、三首与下行首数 | 10-2-10-6-2 | 6 | 1136 |
| | 框中一、二、四首二、四尾与上行尾数 | 2-6-10-2-10 | | |
| 2632 | 框中一、三、四尾一、三首与↓框中前两首 | 10-2-10-6-2-6 | 7 | |
| | 框中一、二、四首二、四尾与↑框中后两尾 | 6-2-6-10-2-10 | | |
| 2633 | 框中一、三、四尾一、三首与↓框中前两行 | 10-2-10-6-2-6-4 | 8 | |
| | 框中一、二、四首二、四尾与↑框中后两行 | 4-6-2-6-10-2-10 | | |
| 2634 | 框中一、三、四尾一、三首与↓框前三首和首尾 | 10-2-10-6-2-6-4-2 | 9 | |
| | 框中一、二、四首二、四尾与↑框后三尾和末首 | 2-4-6-2-6-10-2-10 | | |

续表

| 序号 | 条件<br>在表 28 中，若任何的______都是素数的 | 结论<br>就是一个差__D__型 | $k$ 生素数 | 同差异决之序号 |
|---|---|---|---|---|
| 2635 | 框中一、三、四尾一、三首与↓框中前三行 | 10-2-10-6-2-6-4-2-4 | 10 | |
| | 框中一、二、四首二、四尾与↑框中后三行 | 4-2-4-6-2-6-10-2-10 | | |
| 2636 | 框中一、三、四尾一、三首与↓框前三首一、三尾 | 10-2-10-6-2-6-4-2-10 | 10 | |
| | 框中一、二、四首二、四尾与↑框后三尾二、四首 | 10-2-4-6-2-6-10-2-10 | | |
| 2637 | 框中一、三、四尾一、三首与↓框前两首前两尾 | 10-2-10-6-2-6-4-6 | 9 | |
| | 框中一、二、四首二、四尾与↑框后两首后两尾 | 6-4-6-2-6-10-2-10 | | |
| 2638 | 框中一、三、四尾一、三首与↓框前三尾前两首 | 10-2-10-6-2-6-4-6-6 | 10 | |
| | 框中一、二、四首二、四尾与↑框后三首后两尾 | 6-6-4-6-2-6-10-2-10 | | |
| 2639 | 框中一、三、四尾一、三首与↓框前两行和末首 | 10-2-10-6-2-6-4-8 | 9 | |
| | 框中一、二、四首二、四尾与↑框后两行和首尾 | 8-4-6-2-6-10-2-10 | | |
| 2640 | 框中一、三、四尾一、三首与↓框中前三首 | 10-2-10-6-2-6-6 | 8 | |
| | 框中一、二、四首二、四尾与↑框中后三尾 | 6-6-2-6-10-2-10 | | |
| 2641 | 框中一、三、四尾一、三首与↓框前三首和次尾 | 10-2-10-6-2-6-6-4 | 9 | |
| | 框中一、二、四首二、四尾与↑框后三尾和再首 | 4-6-6-2-6-10-2-10 | | |
| 2642 | 框中一、三、四尾一、三首与↓框前三首二、三尾 | 10-2-10-6-2-6-6-4-6 | 10 | |
| | 框中一、二、四首二、四尾与↑框后三尾二、三首 | 6-4-6-6-2-6-10-2-10 | | |
| 2643 | 框中一、三、四尾一、三首与↓框中四首数 | 10-2-10-6-2-6-6-6 | 9 | |
| | 框中一、二、四首二、四尾与↑框中四尾数 | 6-6-6-2-6-10-2-10 | | |
| 2644 | 框中一、三、四尾一、三首与↓框前三首和再尾 | 10-2-10-6-2-6-6-10 | 9 | |
| | 框中一、二、四首二、四尾与↑框后三尾和次首 | 10-6-6-2-6-10-2-10 | | |
| 2645 | 框中一、三、四尾一、三首与↓框前两首和次尾 | 10-2-10-6-2-6-10 | 8 | |
| | 框中一、二、四首二、四尾与↑框后两尾和再首 | 10-6-2-6-10-2-10 | | |
| 2646 | 框中一、三、四尾一、三首与↓框前两首二、三尾 | 10-2-10-6-2-6-10-6 | 9 | |
| | 框中一、二、四首二、四尾与↑框后两尾二、三首 | 6-10-6-2-6-10-2-10 | | |
| 2647 | 框中一、三、四尾一、三首与↓框后三尾前两首 | 10-2-10-6-2-6-10-6-6 | 10 | |
| | 框中一、二、四首二、四尾与↑框前三首后两尾 | 6-6-10-6-2-6-10-2-10 | | |
| 2648 | 框中一、三、四尾一、三首与↓框中首首、尾 | 10-2-10-6-2-10 | 7 | 3073 |
| | 框中一、二、四首二、四尾与↑框中末首、尾 | 10-2-6-10-2-10 | | |
| 2649 | 框中一、三、四尾一、三首与↓框中首尾一、三首 | 10-$\dot{2}$-10-6-2-10-$\dot{2}$ | 8 | 3379 |
| | 框中一、二、四首二、四尾与↑框中末首二、四尾 | $\dot{2}$-10-2-6-10-$\dot{2}$-10 | | |
| 2650 | 框中一、三、四尾一、三首与↓框前两尾一、三首 | 10-2-10-6-2-10-2-4 | 9 | |
| | 框中一、二、四首二、四尾与↑框后两首二、四尾 | 4-2-10-2-6-10-2-10 | | |
| 2651 | 框中一、三、四尾一、三首与↓框前三尾一、三首 | 10-2-10-6-2-10-2-4-6 | 10 | |
| | 框中一、二、四首二、四尾与↑框后三首二、四尾 | 6-4-2-10-2-6-10-2-10 | | |
| 2652 | 框中一、三、四尾一、三首与↓框后两首首首、尾 | 10-$\dot{2}$-10-6-2-10-$\dot{2}$-6 | 9 | 3380 |
| | 框中一、二、四首二、四尾与↑框前两尾末首、尾 | 6-$\dot{2}$-10-2-6-10-$\dot{2}$-10 | | |
| 2653 | 框中一、三、四尾一、三首与↓框中一、三、四首一、三尾 | 10-$\dot{2}$-10-6-2-10-$\dot{2}$-6-4 | 10 | 3381 |
| | 框中一、二、四首二、四尾与↑框中一、二、四尾二、四首 | 4-6-$\dot{2}$-10-2-6-10-$\dot{2}$-10 | | |
| 2654 | 框中一、三、四尾一、三首与↓框中一、三、四首一、四尾 | 10-$\dot{2}$-10-6-2-10-$\dot{2}$-6-10 | 10 | 3382 |
| | 框中一、二、四首二、四尾与↑框中一、二、四尾一、四首 | 10-6-$\dot{2}$-10-2-6-10-$\dot{2}$-10 | | |

续表

| 序　号 | 条　件 | 结　论 | | 同差异决之序号 |
|---|---|---|---|---|
| | 在表 28 中,若任何的________都是素数的 | 就是一个差__D__型 | k 生素数 | |
| 2655 | 框中一、三、四尾一、三首与↓框中一、三首一、三尾 | 10 - $\dot{2}$ - 10 - 6 - 2 - 10 - $\dot{2}$ - 10 | 9 | 3383 |
| | 框中一、二、四首二、四尾与↑框中二、四首二、四尾 | 10 - $\dot{2}$ - 10 - 2 - 6 - 10 - $\dot{2}$ - 10 | | |
| 2656 | 框中一、三、四尾一、三首与↓框中一、三、四尾一、三首 | 10 - $\dot{2}$ - 10 - 6 - 2 - 10 - $\dot{2}$ - 10 - 6 | 10 | 3384 |
| | 框中一、二、四首二、四尾与↑框中一、二、四首二、四尾 | 6 - 10 - $\dot{2}$ - 10 - 2 - 6 - 10 - $\dot{2}$ - 10 | | |
| 2657 | 框中一、三、四尾一、三首与↓框前两尾和首首 | 10 - 2 - 10 - 6 - 2 - 10 - 6 | 8 | |
| | 框中一、二、四首二、四尾与↑框后两首和末尾 | 6 - 10 - 2 - 6 - 10 - 2 - 10 | | |
| 2658 | 框中一、三、四尾一、三首与↓框前三尾和首首 | 10 - 2 - 10 - 6 - 2 - 10 - 6 - 6 | 9 | |
| | 框中一、二、四首二、四尾与↑框后三首和末尾 | 6 - 6 - 10 - 2 - 6 - 10 - 2 - 10 | | |
| 2659 | 框中一、三、四尾一、三首与↓框中四尾和首首 | 10 - 2 - 10 - 6 - 2 - 10 - 6 - 6 - 6 | 10 | |
| | 框中一、二、四首二、四尾与↑框中四首和末尾 | 6 - 6 - 6 - 10 - 2 - 6 - 10 - 2 - 10 | | |
| 2660 | 框中一、三、四尾一、三首与↓框中首尾一、四首 | 10 - $\dot{2}$ - 10 - 6 - 2 - 10 - $\dot{8}$ | 8 | 3389 |
| | 框中一、二、四首二、四尾与↑框中末首一、四尾 | $\dot{8}$ - 10 - 2 - 6 - 10 - $\dot{2}$ - 10 | | |
| 2661 | 框中一、三、四尾一、三首与↓框中丁行首首、尾 | 10 - $\dot{2}$ - 10 - 6 - 2 - 10 - $\dot{8}$ - 4 | 9 | 3390 |
| | 框中一、二、四首二、四尾与↑框中次行末首、尾 | 4 - $\dot{8}$ - 10 - 2 - 6 - 10 - $\dot{2}$ - 10 | | |
| 2662 | 框中一、三、四尾一、三首与↓框中一、四首一、四尾 | 10 - $\dot{2}$ - 10 - 6 - 2 - 10 - $\dot{8}$ - 10 | 9 | 3392 |
| | 框中一、二、四首二、四尾与↑框中一、四首一、四尾 | 10 - $\dot{8}$ - 10 - 2 - 6 - 10 - $\dot{2}$ - 10 | | |
| 2663 | 框中一、三、四尾一、三首与下下行首数 | 10 - 2 - 10 - 6 - 8 | 6 | |
| | 框中一、二、四首二、四尾与上上行尾数 | 8 - 6 - 10 - 2 - 10 | | |
| 2664 | 框中一、三、四尾一、三首与下下行两数 | 10 - 2 - 10 - 6 - 8 - 4 | 7 | |
| | 框中一、二、四首二、四尾与上上行两数 | 4 - 8 - 6 - 10 - 2 - 10 | | |
| 2665 | 框中一、三、四尾一、三首与↓框中首尾二、三首 | 10 - 2 - 10 - 6 - 8 - 4 - 2 | 8 | |
| | 框中一、二、四首二、四尾与↑框中末首二、三尾 | 2 - 4 - 8 - 6 - 10 - 2 - 10 | | |
| 2666 | 框中一、三、四尾一、三首与↓框中二、三行 | 10 - 2 - 10 - 6 - 8 - 4 - 2 - 4 | 9 | |
| | 框中一、二、四首二、四尾与↑框中三、四行 | 4 - 2 - 4 - 8 - 6 - 10 - 2 - 10 | | |
| 2667 | 框中一、三、四尾一、三首与↓框后三首前两尾 | 10 - 2 - 10 - 6 - 8 - 4 - 2 - 4 - 2 | 10 | |
| | 框中一、二、四首二、四尾与↑框前三尾后两首 | 2 - 4 - 2 - 4 - 8 - 6 - 10 - 2 - 10 | | |
| 2668 | 框中一、三、四尾一、三首与↓框后三首和首尾 | 10 - 2 - 10 - 6 - 8 - 4 - 2 - 6 | 9 | |
| | 框中一、二、四首二、四尾与↑框前三尾和末首 | 6 - 2 - 4 - 8 - 6 - 10 - 2 - 10 | | |
| 2669 | 框中一、三、四尾一、三首与↓框后三首一、三尾 | 10 - 2 - 10 - 6 - 8 - 4 - 2 - 6 - 4 | 10 | |
| | 框中一、二、四首二、四尾与↑框前三尾二、四首 | 4 - 6 - 2 - 4 - 8 - 6 - 10 - 2 - 10 | | |
| 2670 | 框中一、三、四尾一、三首与↓框后三首一、四尾 | 10 - 2 - 10 - 6 - 8 - 4 - 2 - 6 - 10 | 10 | |
| | 框中一、二、四首二、四尾与↑框前三尾一、四首 | 10 - 6 - 2 - 4 - 8 - 6 - 10 - 2 - 10 | | |
| 2671 | 框中一、三、四尾一、三首与↓框中次行再首、尾 | 10 - 2 - 10 - 6 - 8 - 4 - 2 - 10 | 9 | |
| | 框中一、二、四首二、四尾与↑框中丁行次首、尾 | 10 - 2 - 4 - 8 - 6 - 10 - 2 - 10 | | |
| 2672 | 框中一、三、四尾一、三首与↓框中一、三、四尾二、三首 | 10 - 2 - 10 - 6 - 8 - 4 - 2 - 10 - 6 | 10 | |
| | 框中一、二、四首二、四尾与↑框中一、二、四首二、三尾 | 6 - 10 - 2 - 4 - 8 - 6 - 10 - 2 - 10 | | |
| 2673 | 框中一、三、四尾一、三首与↓框前两尾和次首 | 10 - 2 - 10 - 6 - 8 - 4 - 6 | 8 | |
| | 框中一、二、四首二、四尾与↑框后两首和再尾 | 6 - 4 - 8 - 6 - 10 - 2 - 10 | | |
| 2674 | 框中一、三、四尾一、三首与↓框前两尾二、四首 | 10 - 2 - 10 - 6 - 8 - 4 - 6 - 2 | 9 | |
| | 框中一、二、四首二、四尾与↑框后两首一、三尾 | 2 - 6 - 4 - 8 - 6 - 10 - 2 - 10 | | |

续表

| 序号 | 条件<br>在表28中,若任何的________都是素数的 | 结论<br>就是一个差__$D$__型 | $k$生素数 | 同差异决之序号 |
|---|---|---|---|---|
| 2675 | 框中一、三、四尾一、三首与↓框前三尾二、四首 | 10-2-10-6-8-4-6-2-4 | 10 | |
| | 框中一、二、四首二、四尾与↑框后三首一、三尾 | 4-2-6-4-8-6-10-2-10 | | |
| 2676 | 框中一、三、四尾一、三首与↓框前三尾和次首 | 10-2-10-6-8-4-6-6 | 9 | |
| | 框中一、二、四首二、四尾与↑框后三首和再尾 | 6-6-4-8-6-10-2-10 | | |
| 2677 | 框中一、三、四尾一、三首与↓框中次行和末首 | 10-2-10-6-8-4-8 | 8 | |
| | 框中一、二、四首二、四尾与↑框中丁行和首尾 | 8-4-8-6-10-2-10 | | |
| 2678 | 框中一、三、四尾一、三首与↓框中二、四行 | 10-2-10-6-8-4-8-4 | 9 | |
| | 框中一、二、四首二、四尾与↑框中二、四行 | 4-8-4-8-6-10-2-10 | | |
| 2679 | 框中一、三、四尾一、三首与↓框后两行和次行 | 10-2-10-6-8-4-8-4-6 | 10 | |
| | 框中一、二、四首二、四尾与↑框前两行和丁行 | 6-4-8-4-8-6-10-2-10 | | |
| 2680 | 框中一、三、四尾一、三首与↓框中次行末首、尾 | 10-2-10-6-8-4-8-10 | 9 | |
| | 框中一、二、四首二、四尾与↑框中丁行首首、尾 | 10-8-4-8-6-10-2-10 | | |
| 2681 | 框中一、三、四尾一、三首与↓框中二、三首 | 10-2-10-6-8-6 | 7 | |
| | 框中一、二、四首二、四尾与↑框中二、三尾 | 6-8-6-10-2-10 | | |
| 2682 | 框中一、三、四尾一、三首与↓框中次尾二、三首 | 10-2-10-6-8-6-4 | 8 | |
| | 框中一、二、四首二、四尾与↑框中再首二、三尾 | 4-6-8-6-10-2-10 | | |
| 2683 | 框中一、三、四尾一、三首与↓框后三首和次尾 | 10-2-10-6-8-6-4-2 | 9 | |
| | 框中一、二、四首二、四尾与↑框前三尾和再首 | 2-4-6-8-6-10-2-10 | | |
| 2684 | 框中一、三、四尾一、三首与↓框后三首二、三尾 | 10-2-10-6-8-6-4-2-4 | 10 | |
| | 框中一、二、四首二、四尾与↑框前三尾二、三首 | 4-2-4-6-8-6-10-2-10 | | |
| 2685 | 框中一、三、四尾一、三首与↓框中二、三首二、三尾 | 10-2-10-6-8-6-4-6 | 9 | |
| | 框中一、二、四首二、四尾与↑框中二、三首二、三尾 | 6-4-6-8-6-10-2-10 | | |
| 2686 | 框中一、三、四尾一、三首与↓框中后三首 | 10-2-10-6-8-6-6 | 8 | |
| | 框中一、二、四首二、四尾与↑框中前三尾 | 6-6-8-6-10-2-10 | | |
| 2687 | 框中一、三、四尾一、三首与↓框后三首和再尾 | 10-2-10-6-8-6-6-4 | 9 | |
| | 框中一、二、四首二、四尾与↑框前三尾和次首 | 4-6-6-8-6-10-2-10 | | |
| 2688 | 框中一、三、四尾一、三首与↓框后三首后两尾 | 10-2-10-6-8-6-6-4-6 | 10 | |
| | 框中一、二、四首二、四尾与↑框前三尾前两首 | 6-4-6-6-8-6-10-2-10 | | |
| 2689 | 框中一、三、四尾一、三首与↓框后三首和末尾 | 10-2-10-6-8-6-6-10 | 9 | |
| | 框中一、二、四首二、四尾与↑框前三尾和首首 | 10-6-6-8-6-10-2-10 | | |
| 2690 | 框中一、三、四尾一、三首与↓框中再尾二、三首 | 10-2-10-6-8-6-10 | 8 | |
| | 框中一、二、四首二、四尾与↑框中次首二、三尾 | 10-6-8-6-10-2-10 | | |
| 2691 | 框中一、三、四尾一、三首与↓框后两尾二、三首 | 10-2-10-6-8-6-10-6 | 9 | |
| | 框中一、二、四首二、四尾与↑框前两首二、三尾 | 6-10-6-8-6-10-2-10 | | |
| 2692 | 框中一、三、四尾一、三首与↓框中次首、尾 | 10-2-10-6-8-10 | 7 | |
| | 框中一、二、四首二、四尾与↑框中再首、尾 | 10-8-6-10-2-10 | | |
| 2693 | 框中一、三、四尾一、三首与↓框中次尾二、四首 | 10-2-10-6-8-10-2 | 8 | |
| | 框中一、二、四首二、四尾与↑框中再首一、三尾 | 2-10-8-6-10-2-10 | | |
| 2694 | 框中一、三、四尾一、三首与↓框中丁行次首、尾 | 10-2-10-6-8-10-2-4 | 9 | |
| | 框中一、二、四首二、四尾与↑框中次行再首、尾 | 4-2-10-8-6-10-2-10 | | |

续表

| 序 号 | 条 件<br>在表 28 中,若任何的＿＿＿＿都是素数的 | 结 论<br>就是一个差＿$D$＿型 | $k$ 生素数 | 同差异决之序号 |
|---|---|---|---|---|
| 2695 | 框中一、三、四尾一、三首与↓框中次首二、三尾 | 10-2-10-6-8-10-6 | 8 | |
| | 框中一、二、四首二、四尾与↑框中再尾二、三首 | 6-10-8-6-10-2-10 | | |
| 2696 | 框中一、三、四尾一、三首与↓框后三尾和次首 | 10-2-10-6-8-10-6-6 | 9 | |
| | 框中一、二、四首二、四尾与↑框前三首和再尾 | 6-6-10-8-6-10-2-10 | | |
| 2697 | 框中一、二、四首后三尾与下行首数 | 6-10-2-4-6-2 | 7 | |
| | 框中一、三、四尾前三首与上行尾数 | 2-6-4-2-10-6 | | |
| 2698 | 框中一、二、四首后三尾与↓框中前两首 | 6-10-2-4-6-2-6 | 8 | |
| | 框中一、三、四尾前三首与↑框中后两尾 | 6-2-6-4-2-10-6 | | |
| 2699 | 框中一、二、四首后三尾与↓框中前两行 | 6-10-2-4-6-2-6-4 | 9 | |
| | 框中一、三、四尾前三首与↑框中后两行 | 4-6-2-6-4-2-10-6 | | |
| 2700 | 框中一、二、四首后三尾与↓框前三首和首尾 | 6-10-2-4-6-2-6-4-2 | 10 | |
| | 框中一、三、四尾前三首与↑框后三尾和末首 | 2-4-6-2-6-4-2-10-6 | | |
| 2701 | 框中一、二、四首后三尾与↓框前两首前两尾 | 6-10-2-4-6-2-6-4-6 | 10 | |
| | 框中一、三、四尾前三首与↑框后两首后两尾 | 6-4-6-2-6-4-2-10-6 | | |
| 2702 | 框中一、二、四首后三尾与↓框前两行和末首 | 6-10-2-4-6-2-6-4-8 | 10 | |
| | 框中一、三、四尾前三首与↑框后两行和首尾 | 8-4-6-2-6-4-2-10-6 | | |
| 2703 | 框中一、二、四首后三尾与↓框中前三首 | 6-10-2-4-6-2-6-6 | 9 | |
| | 框中一、三、四尾前三首与↑框中后三尾 | 6-6-2-6-4-2-10-6 | | |
| 2704 | 框中一、二、四首后三尾与↓框前三首和次尾 | 6-10-2-4-6-2-6-6-4 | 10 | |
| | 框中一、三、四尾前三首与↑框后三尾和再首 | 4-6-6-2-6-4-2-10-6 | | |
| 2705 | 框中一、二、四首后三尾与↓框中四首数 | 6-10-2-4-6-2-6-6-6 | 10 | |
| | 框中一、三、四尾前三首与↑框中四尾数 | 6-6-6-2-6-4-2-10-6 | | |
| 2706 | 框中一、二、四首后三尾与↓框前三首和再尾 | 6-10-2-4-6-2-6-6-10 | 10 | |
| | 框中一、三、四尾前三首与↑框后三尾和次首 | 10-6-6-2-6-4-2-10-6 | | |
| 2707 | 框中一、二、四首后三尾与↓框前两首和次尾 | 6-10-2-4-6-2-6-10 | 9 | |
| | 框中一、三、四尾前三首与↑框后两尾和再首 | 10-6-2-6-4-2-10-6 | | |
| 2708 | 框中一、二、四首后三尾与↓框中一、二、四首和次尾 | 6-10-2-4-6-2-6-10-2 | 10 | |
| | 框中一、三、四尾前三首与↑框中一、三、四尾和再首 | 2-10-6-2-6-4-2-10-6 | | |
| 2709 | 框中一、二、四首后三尾与↓框前两首二、三尾 | 6-10-2-4-6-2-6-10-6 | 10 | |
| | 框中一、三、四尾前三首与↑框后两尾二、三首 | 6-10-6-2-6-4-2-10-6 | | |
| 2710 | 框中一、二、四首后三尾与↓框中首首、尾 | 6-10-2-4-6-2-10 | 8 | |
| | 框中一、三、四尾前三首与↑框中末首、尾 | 10-2-6-4-2-10-6 | | |
| 2711 | 框中一、二、四首后三尾与↓框中首尾一、三首 | 6-10-2-4-6-2-10-2 | 9 | |
| | 框中一、三、四尾前三首与↑框中末首二、四尾 | 2-10-2-6-4-2-10-6 | | |
| 2712 | 框中一、二、四首后三尾与↓框前两尾一、三首 | 6-10-2-4-6-2-10-2-4 | 10 | |
| | 框中一、三、四尾前三首与↑框后两首二、四尾 | 4-2-10-2-6-4-2-10-6 | | |
| 2713 | 框中一、二、四首后三尾与↓框后两首首、尾 | 6-10-2-4-6-2-10-2-6 | 10 | |
| | 框中一、三、四尾前三首与↑框前两尾末首、尾 | 6-2-10-2-6-4-2-10-6 | | |
| 2714 | 框中一、二、四首后三尾与↓框前两尾和首首 | 6-10-2-4-6-2-10-6 | 9 | |
| | 框中一、三、四尾前三首与↑框后两首和末尾 | 6-10-2-6-4-2-10-6 | | |

续表

| 序号 | 条件<br>在表28中,若任何的＿＿＿＿＿都是素数的 | 结论<br>就是一个差＿$D$＿型 | $k$ 生素数 | 同差异决之序号 |
|---|---|---|---|---|
| 2715 | 框中一、二、四首后三尾与↓框前两尾一、四首 | 6-10-2-4-6-2-10-6-2 | 10 | |
| | 框中一、三、四尾前三首与↑框后两首一、四尾 | 2-6-10-2-6-4-2-10-6 | | |
| 2716 | 框中一、二、四首后三尾与↓框中首尾一、四首 | 6-10-2-4-6-2-10-8 | 9 | |
| | 框中一、三、四尾前三首与↑框中末首一、四尾 | 8-10-2-6-4-2-10-6 | | |
| 2717 | 框中一、二、四首后三尾与↓框中一、四首一、四尾 | 6-10-2-4-6-2-10-8-10 | 10 | |
| | 框中一、三、四尾前三首与↑框中一、四首一、四尾 | 10-8-10-2-6-4-2-10-6 | | |
| 2718 | 框中一、二、四首后三尾与下下行首数 | 6-10-2-4-6-8 | 7 | |
| | 框中一、三、四尾前三首与上上行尾数 | 8-6-4-2-10-6 | | |
| 2719 | 框中一、二、四首后三尾与下下行两数 | 6-10-2-4-6-8-4 | 8 | |
| | 框中一、三、四尾前三首与上上行两数 | 4-8-6-4-2-10-6 | | |
| 2720 | 框中一、二、四首后三尾与↓框中首尾二、三首 | 6-10-2-4-6-8-4-2 | 9 | |
| | 框中一、三、四尾前三首与↑框中末首二、三尾 | 2-4-8-6-4-2-10-6 | | |
| 2721 | 框中一、二、四首后三尾与↓框中二、三行 | 6-10-2-4-6-8-4-2-4 | 10 | |
| | 框中一、三、四尾前三首与↑框中三、四行 | 4-2-4-8-6-4-2-10-6 | | |
| 2722 | 框中一、二、四首后三尾与↓框后三首和首尾 | 6-10-2-4-6-8-4-2-6 | 10 | |
| | 框中一、三、四尾前三首与↑框前三尾和末首 | 6-2-4-8-6-4-2-10-6 | | |
| 2723 | 框中一、二、四首后三尾与↓框前两尾和次首 | 6-10-2-4-6-8-4-6 | 9 | |
| | 框中一、三、四尾前三首与↑框后两首和再尾 | 6-4-8-6-4-2-10-6 | | |
| 2724 | 框中一、二、四首后三尾与↓框前两尾二、四首 | 6-10-2-4-6-8-4-6-2 | 10 | |
| | 框中一、三、四尾前三首与↑框后两首一、三尾 | 2-6-4-8-6-4-2-10-6 | | |
| 2725 | 框中一、二、四首后三尾与↓框中次行和末首 | 6-10-2-4-6-8-4-8 | 9 | |
| | 框中一、三、四尾前三首与↑框中丁行和首尾 | 8-4-8-6-4-2-10-6 | | |
| 2726 | 框中一、二、四首后三尾与↓框中次行末首、尾 | 6-10-2-4-6-8-4-8-10 | 10 | |
| | 框中一、三、四尾前三首与↑框中丁行首首、尾 | 10-8-4-8-6-4-2-10-6 | | |
| 2727 | 框中一、二、四首后三尾与↓框中二、三首 | 6-10-2-4-6-8-6 | 8 | |
| | 框中一、三、四尾前三首与↑框中二、三尾 | 6-8-6-4-2-10-6 | | |
| 2728 | 框中一、二、四首后三尾与↓框中次尾二、三首 | 6-10-2-4-6-8-6-4 | 9 | |
| | 框中一、三、四尾前三首与↑框中再首二、三尾 | 4-6-8-6-4-2-10-6 | | |
| 2729 | 框中一、二、四首后三尾与↓框后三首和次尾 | 6-10-2-4-6-8-6-4-2 | 10 | |
| | 框中一、三、四尾前三首与↑框前三尾和再首 | 2-4-6-8-6-4-2-10-6 | | |
| 2730 | 框中一、二、四首后三尾与↓框中二、三首二、三尾 | 6-10-2-4-6-8-6-4-6 | 10 | |
| | 框中一、三、四尾前三首与↑框中二、三首二、三尾 | 6-4-6-8-6-4-2-10-6 | | |
| 2731 | 框中一、二、四首后三尾与↓框中后三首 | 6-10-2-4-6-8-6-6 | 9 | |
| | 框中一、三、四尾前三首与↑框中前三尾 | 6-6-8-6-4-2-10-6 | | |
| 2732 | 框中一、二、四首后三尾与↓框后三首和再尾 | 6-10-2-4-6-8-6-6-4 | 10 | |
| | 框中一、三、四尾前三首与↑框前三尾和次首 | 4-6-6-8-6-4-2-10-6 | | |
| 2733 | 框中一、二、四首后三尾与↓框后三首和末尾 | 6-10-2-4-6-8-6-6-10 | 10 | |
| | 框中一、三、四尾前三首与↑框前三尾和首首 | 10-6-6-8-6-4-2-10-6 | | |
| 2734 | 框中一、二、四首后三尾与↓框中再尾二、三首 | 6-10-2-4-6-8-6-10 | 9 | |
| | 框中一、三、四尾前三首与↑框中次首二、三尾 | 10-6-8-6-4-2-10-6 | | |

## 续表

| 序　号 | 条　件<br>在表 28 中,若任何的________都是素数的 | 结　论<br>就是一个差 $D$ 型 | $k$ 生素数 | 同差异决之序号 |
|---|---|---|---|---|
| 2735 | 框中一、二、四首后三尾与↓框后两尾二、三首 | 6-10-2-4-6-8-6-10-6 | 10 | |
| | 框中一、三、四尾前三首与↑框前两首二、三尾 | 6-10-6-8-6-4-2-10-6 | | |
| 2736 | 框中一、二、四首后三尾与↓框中次首、尾 | 6-10-2-4-6-8-10 | 8 | |
| | 框中一、三、四尾前三首与↑框中再首、尾 | 10-8-6-4-2-10-6 | | |
| 2737 | 框中一、二、四首后三尾与↓框中次尾二、四首 | 6-10-2-4-6-8-10-2 | 9 | |
| | 框中一、三、四尾前三首与↑框中再首一、三尾 | 2-10-8-6-4-2-10-6 | | |
| 2738 | 框中一、二、四首后三尾与↓框中丁行次首、尾 | 6-10-2-4-6-8-10-2-4 | 10 | |
| | 框中一、三、四尾前三首与↑框中次行再首、尾 | 4-2-10-8-6-4-2-10-6 | | |
| 2739 | 框中一、二、四首后三尾与↓框中二、四首二、四尾 | 6-10-2-4-6-8-10-2-10 | 10 | |
| | 框中一、三、四尾前三首与↑框中一、三首一、三尾 | 10-2-10-8-6-4-2-10-6 | | |
| 2740 | 框中一、二、四首后三尾与↓框中次首二、三尾 | 6-10-2-4-6-8-10-6 | 9 | |
| | 框中一、三、四尾前三首与↑框中再尾二、三首 | 6-10-8-6-4-2-10-6 | | |
| 2741 | 框中一、二、四首后三尾与↓框后三尾和次首 | 6-10-2-4-6-8-10-6-6 | 10 | |
| | 框中一、三、四尾前三首与↑框前三首和再尾 | 6-6-10-8-6-4-2-10-6 | | |
| 2742 | 框中一、三、四尾前三首与下行首数 | 6-4-2-10-6-2 | 7 | |
| | 框中一、二、四首后三尾与上行尾数 | 2-6-10-2-4-6 | | |
| 2743 | 框中一、三、四尾前三首与↓框中前两首 | 6-4-2-10-6-2-6 | 8 | |
| | 框中一、二、四首后三尾与↑框中后两尾 | 6-2-6-10-2-4-6 | | |
| 2744 | 框中一、三、四尾前三首与↓框中前两行 | 6-4-2-10-6-2-6-4 | 9 | |
| | 框中一、二、四首后三尾与↑框中后两行 | 4-6-2-6-10-2-4-6 | | |
| 2745 | 框中一、三、四尾前三首与↓框前三首和首尾 | 6-4-2-10-6-2-6-4-2 | 10 | |
| | 框中一、二、四首后三尾与↑框后三尾和末首 | 2-4-6-2-6-10-2-4-6 | | |
| 2746 | 框中一、三、四尾前三首与↓框前两行和末尾 | 6-4-2-10-6-2-6-4-8 | 10 | |
| | 框中一、二、四首后三尾与↑框后两行和首尾 | 8-4-6-2-6-10-2-4-6 | | |
| 2747 | 框中一、三、四尾前三首与↓框中前三首 | 6-4-2-10-6-2-6-6 | 9 | |
| | 框中一、二、四首后三尾与↑框中后三尾 | 6-6-2-6-10-2-4-6 | | |
| 2748 | 框中一、三、四尾前三首与↓框中四首数 | 6-4-2-10-6-2-6-6-6 | 10 | |
| | 框中一、二、四首后三尾与↑框中四尾数 | 6-6-6-2-6-10-2-4-6 | | |
| 2749 | 框中一、三、四尾前三首与↓框前三首和再尾 | 6-4-2-10-6-2-6-6-10 | 10 | |
| | 框中一、二、四首后三尾与↑框后三尾和次首 | 10-6-6-2-6-10-2-4-6 | | |
| 2750 | 框中一、三、四尾前三首与↓框中首首、尾 | 6-4-2-10-6-2-10 | 8 | |
| | 框中一、二、四首后三尾与↑框中末首、尾 | 10-2-6-10-2-4-6 | | |
| 2751 | 框中一、三、四尾前三首与↓框中首尾一、三首 | 6-4-2-10-6-2-10-2 | 9 | |
| | 框中一、二、四首后三尾与↑框中末首二、四尾 | 2-10-2-6-10-2-4-6 | | |
| 2752 | 框中一、三、四尾前三首与↓框后两首首首、尾 | 6-4-2-10-6-2-10-2-6 | 10 | |
| | 框中一、二、四首后三尾与↑框前两尾末首、尾 | 6-2-10-2-6-10-2-4-6 | | |
| 2753 | 框中一、三、四尾前三首与↓框中一、三首一、三尾 | 6-4-2-10-6-2-10-2-10 | 10 | |
| | 框中一、二、四首后三尾与↑框中二、四首二、四尾 | 10-2-10-2-6-10-2-4-6 | | |
| 2754 | 框中一、三、四尾前三首与↓框中首尾一、四首 | 6-4-2-10-6-2-10-8 | 9 | |
| | 框中一、二、四首后三尾与↑框中末首一、四尾 | 8-10-2-6-10-2-4-6 | | |

续表

| 序号 | 条件<br>在表28中,若任何的______都是素数的 | 结论<br>就是一个差__D__型 | k生素数 | 同差异决之序号 |
|---|---|---|---|---|
| 2755 | 框中一、三、四尾前三首与↓框中丁行首首、尾 | 6-4-2-10-6-2-10-8-4 | 10 | |
| | 框中一、二、四首后三尾与↑框中次行末首尾 | 4-8-10-2-6-10-2-4-6 | | |
| 2756 | 框中一、三、四尾前三首与↓框中一、四首一、四尾 | 6-4-2-10-6-2-10-8-10 | 10 | |
| | 框中一、二、四首后三尾与↑框中一、四首一、四尾 | 10-8-10-2-6-10-2-4-6 | | |
| 2757 | 框中一、三、四尾前三首与下下行首数 | 6-4-2-10-6-8 | 7 | |
| | 框中一、二、四首后三尾与上上行尾数 | 8-6-10-2-4-6 | | |
| 2758 | 框中一、三、四尾前三首与下下行两数 | 6-4-2-10-6-8-4 | 8 | |
| | 框中一、二、四首后三尾与上上行两数 | 4-8-6-10-2-4-6 | | |
| 2759 | 框中一、三、四尾前三首与↓框中首尾二、三首 | 6-4-2-10-6-8-4-2 | 9 | |
| | 框中一、二、四首后三尾与↑框中末首二、三尾 | 2-4-8-6-10-2-4-6 | | |
| 2760 | 框中一、三、四尾前三首与↓框中二、三行 | 6-4-2-10-6-8-4-2-4 | 10 | |
| | 框中一、二、四首后三尾与↑框中三、四行 | 4-2-4-8-6-10-2-4-6 | | |
| 2761 | 框中一、三、四尾前三首与↓框后三首和首尾 | 6-4-2-10-6-8-4-2-6 | 10 | |
| | 框中一、二、四首后三尾与↑框前三尾和末首 | 6-2-4-8-6-10-2-4-6 | | |
| 2762 | 框中一、三、四尾前三首与↓框中次行再首、尾 | 6-4-2-10-6-8-4-2-10 | 10 | |
| | 框中一、二、四首后三尾与↑框中丁行次首、尾 | 10-2-4-8-6-10-2-4-6 | | |
| 2763 | 框中一、三、四尾前三首与↓框前两尾和次首 | 6-4-2-10-6-8-4-6 | 9 | |
| | 框中一、二、四首后三尾与↑框后两首和再尾 | 6-4-8-6-10-2-4-6 | | |
| 2764 | 框中一、三、四尾前三首与↓框前两尾二、四首 | 6-4-2-10-6-8-4-6-2 | 10 | |
| | 框中一、二、四首后三尾与↑框后两首一、三尾 | 2-6-4-8-6-10-2-4-6 | | |
| 2765 | 框中一、三、四尾前三首与↓框前三尾和次首 | 6-4-2-10-6-8-4-6-6 | 10 | |
| | 框中一、二、四首后三尾与↑框后三首和再尾 | 6-6-4-8-6-10-2-4-6 | | |
| 2766 | 框中一、三、四尾前三首与↓框中次行和末首 | 6-4-2-10-6-8-4-8 | 9 | |
| | 框中一、二、四首后三尾与↑框中丁行和首尾 | 8-4-8-6-10-2-4-6 | | |
| 2767 | 框中一、三、四尾前三首与↓框中二、四行 | 6-4-2-10-6-8-4-8-4 | 10 | |
| | 框中一、二、四首后三尾与↑框中二、四行 | 4-8-4-8-6-10-2-4-6 | | |
| 2768 | 框中一、三、四尾前三首与↓框中次行末首、尾 | 6-4-2-10-6-8-4-8-10 | 10 | |
| | 框中一、二、四首后三尾与↑框中丁行首首、尾 | 10-8-4-8-6-10-2-4-6 | | |
| 2769 | 框中一、三、四尾前三首与↓框中二、三首 | 6-4-2-10-6-8-6 | 8 | |
| | 框中一、二、四首后三尾与↑框中二、三尾 | 6-8-6-10-2-4-6 | | |
| 2770 | 框中一、三、四尾前三首与↓框中次尾二、三首 | 6-4-2-10-6-8-6-4 | 9 | |
| | 框中一、二、四首后三尾与↑框中再首二、三尾 | 4-6-8-6-10-2-4-6 | | |
| 2771 | 框中一、三、四尾前三首与↓框后三首和次尾 | 6-4-2-10-6-8-6-4-2 | 10 | |
| | 框中一、二、四首后三尾与↑框前三尾和再首 | 2-4-6-8-6-10-2-4-6 | | |
| 2772 | 框中一、三、四尾前三首与↓框中二、三首二、三尾 | 6-4-2-10-6-8-6-4-6 | 10 | |
| | 框中一、二、四首后三尾与↑框中二、三首二、三尾 | 6-4-6-8-6-10-2-4-6 | | |
| 2773 | 框中一、三、四尾前三首与↓框中后三首 | 6-4-2-10-6-8-6-6 | 9 | |
| | 框中一、二、四首后三尾与↑框中前三尾 | 6-6-8-6-10-2-4-6 | | |
| 2774 | 框中一、三、四尾前三首与↓框后三首和再尾 | 6-4-2-10-6-8-6-6-4 | 10 | |
| | 框中一、二、四首后三尾与↑框前三尾和次首 | 4-6-6-8-6-10-2-4-6 | | |

续表

| 序号 | 条件<br>在表 28 中,若任何的______都是素数的 | 结论<br>就是一个差 $D$ 型 | $k$ 生素数 | 同差异决之序号 |
|---|---|---|---|---|
| 2775 | 框中一、三、四尾前三首与↓框后三首和末尾 | 6-4-2-10-6-8-6-6-10 | 10 | |
| | 框中一、二、四首后三尾与↑框前三尾和首首 | 10-6-6-8-6-10-2-4-6 | | |
| 2776 | 框中一、三、四尾前三首与↓框中再尾二、三首 | 6-4-2-10-6-8-6-10 | 9 | |
| | 框中一、二、四首后三尾与↑框中次首二、三尾 | 10-6-8-6-10-2-4-6 | | |
| 2777 | 框中一、三、四尾前三首与↓框后两尾二、三首 | 6-4-2-10-6-8-6-10-6 | 10 | |
| | 框中一、二、四首后三尾与↑框前两首二、三尾 | 6-10-6-8-6-10-2-4-6 | | |
| 2778 | 框中一、三、四尾前三首与↓框中次首、尾 | 6-4-2-10-6-8-10 | 8 | |
| | 框中一、二、四首后三尾与↑框中再首、尾 | 10-8-6-10-2-4-6 | | |
| 2779 | 框中一、三、四尾前三首与↓框中次尾二、四首 | 6-4-2-10-6-8-10-2 | 9 | |
| | 框中一、二、四首后三尾与↑框中再首一、三尾 | 2-10-8-6-10-2-4-6 | | |
| 2780 | 框中一、三、四尾前三首与↓框中丁行次首、尾 | 6-4-2-10-6-8-10-2-4 | 10 | |
| | 框中一、二、四首后三尾与↑框中次行再首、尾 | 4-2-10-8-6-10-2-4-6 | | |
| 2781 | 框中一、三、四尾前三首与↓框中次首二、三尾 | 6-4-2-10-6-8-10-6 | 9 | |
| | 框中一、二、四首后三尾与↑框中再尾二、三首 | 6-10-8-6-10-2-4-6 | | |
| 2782 | 框中一、三、四尾后两首与下行首数 | 2-6-4-6-2 | 6 | |
| | 框中一、二、四首前两尾与上行尾数 | 2-6-4-6-2 | | |
| 2783 | 框中一、三、四尾后两首与↓框中前两首 | 2-6-4-6-2-6 | 7 | |
| | 框中一、二、四首前两尾与↑框中后两尾 | 6-2-6-4-6-2 | | |
| 2784 | 框中一、三、四尾后两首与↓框中前两行 | 2-6-4-6-2-6-4 | 8 | |
| | 框中一、二、四首前两尾与↑框中后两行 | 4-6-2-6-4-6-2 | | |
| 2785 | 框中一、三、四尾后两首与↓框前三首和首尾 | 2-6-4-6-2-6-4-2 | 9 | |
| | 框中一、二、四首前两尾与↑框后三尾和末首 | 2-4-6-2-6-4-6-2 | | |
| 2786 | 框中一、三、四尾后两首与↓框中前三行 | 2-6-4-6-2-6-4-2-4 | 10 | |
| | 框中一、二、四首前两尾与↑框中后三行 | 4-2-4-6-2-6-4-6-2 | | |
| 2787 | 框中一、三、四尾后两首与↓框前三首一、三尾 | 2-6-4-6-2-6-4-2-10 | 10 | |
| | 框中一、二、四首前两尾与↑框后三尾二、四首 | 10-2-4-6-2-6-4-6-2 | | |
| 2788 | 框中一、三、四尾后两首与↓框前两首前两尾 | 2-6-4-6-2-6-4-6 | 9 | |
| | 框中一、二、四首前两尾与↑框后两首后两尾 | 6-4-6-2-6-4-6-2 | | |
| 2789 | 框中一、三、四尾后两首与↓框前三尾前两首 | 2-6-4-6-2-6-4-6-6 | 10 | |
| | 框中一、二、四首前两尾与↑框后三首后两尾 | 6-6-4-6-2-6-4-6-2 | | |
| 2790 | 框中一、三、四尾后两首与↓框中前三首 | 2-6-4-6-2-6-6 | 8 | |
| | 框中一、二、四首前两尾与↑框中后三尾 | 6-6-2-6-4-6-2 | | |
| 2791 | 框中一、三、四尾后两首与↓框前三首和次尾 | 2-6-4-6-2-6-6-4 | 9 | |
| | 框中一、二、四首前两尾与↑框后三尾和再首 | 4-6-6-2-6-4-6-2 | | |
| 2792 | 框中一、三、四尾后两首与↓框前三首二、三尾 | 2-6-4-6-2-6-6-4-6 | 10 | |
| | 框中一、二、四首前两尾与↑框后三尾二、三首 | 6-4-6-6-2-6-4-6-2 | | |
| 2793 | 框中一、三、四尾后两首与↓框前三首和再尾 | 2-6-4-6-2-6-6-10 | 9 | |
| | 框中一、二、四首前两尾与↑框后三尾和次首 | 10-6-6-2-6-4-6-2 | | |
| 2794 | 框中一、三、四尾后两首与↓框前三首后两尾 | 2-6-4-6-2-6-6-10-6 | 10 | |
| | 框中一、二、四首前两尾与↑框后三尾前两首 | 6-10-6-6-2-6-4-6-2 | | |

续表

| 序号 | 条件 | 结论 | | 同差异决之序号 |
|---|---|---|---|---|
| | 在表 28 中，若任何的______都是素数的 | 就是一个差 D 型 | $k$ 生素数 | |
| 2795 | 框中一、三、四尾后两首与↓框前两首和次尾 | 2 - 6 - 4 - 6 - 2 - 6 - 10 | 8 | |
| | 框中一、二、四首前两尾与↑框后两尾和再首 | 10 - 6 - 2 - 6 - 4 - 6 - 2 | | |
| 2796 | 框中一、三、四尾后两首与↓框前两首二、三尾 | 2 - 6 - 4 - 6 - 2 - 6 - 10 - 6 | 9 | |
| | 框中一、二、四首前两尾与↑框后两尾二、三首 | 6 - 10 - 6 - 2 - 6 - 4 - 6 - 2 | | |
| 2797 | 框中一、三、四尾后两首与↓框后三尾前两首 | 2 - 6 - 4 - 6 - 2 - 6 - 10 - 6 - 6 | 10 | |
| | 框中一、二、四首前两尾与↑框前三首后两尾 | 6 - 6 - 10 - 6 - 2 - 6 - 4 - 6 - 2 | | |
| 2798 | 框中一、三、四尾后两首与↓框中首首、尾 | 2 - 6 - 4 - 6 - 2 - 10 | 7 | 3171 |
| | 框中一、二、四首前两尾与↑框中末首、尾 | 10 - 2 - 6 - 4 - 6 - 2 | | |
| 2799 | 框中一、三、四尾后两首与↓框中首尾一、三首 | $\dot{2}$ - 6 - 4 - 6 - 2 - 10 - $\dot{2}$ | 8 | 3393 |
| | 框中一、二、四首前两尾与↑框中末首二、四尾 | $\dot{2}$ - 10 - 2 - 6 - 4 - 6 - $\dot{2}$ | | |
| 2800 | 框中一、三、四尾后两首与↓框前两尾一、三首 | 2 - 6 - 4 - 6 - 2 - 10 - 2 - 4 | 9 | |
| | 框中一、二、四首前两尾与↑框后两首二、四尾 | 4 - 2 - 10 - 2 - 6 - 4 - 6 - 2 | | |
| 2801 | 框中一、三、四尾后两首与↓框前三尾一、三首 | 2 - 6 - 4 - 6 - 2 - 10 - 2 - 4 - 6 | 10 | |
| | 框中一、二、四首前两尾与↑框后三首二、四尾 | 6 - 4 - 2 - 10 - 2 - 6 - 4 - 6 - 2 | | |
| 2802 | 框中一、三、四尾后两首与↓框中一、三首一、三尾 | $\dot{2}$ - 6 - 4 - 6 - 2 - 10 - $\dot{2}$ - 10 | 9 | 3394 |
| | 框中一、二、四首前两尾与↑框中二、四首二、四尾 | 10 - $\dot{2}$ - 10 - 2 - 6 - 4 - 6 - $\dot{2}$ | | |
| 2803 | 框中一、三、四尾后两首与↓框中一、三、四尾一、三首 | $\dot{2}$ - 6 - 4 - 6 - 2 - 10 - $\dot{2}$ - 10 - 6 | 10 | 3395 |
| | 框中一、二、四首前两尾与↑框中一、二、四首二、四尾 | 6 - 10 - $\dot{2}$ - 10 - 2 - 6 - 4 - 6 - $\dot{2}$ | | |
| 2804 | 框中一、三、四尾后两首与↓框前两尾和首首 | 2 - 6 - 4 - 6 - 2 - 10 - 6 | 8 | |
| | 框中一、二、四首前两尾与↑框后两首和末尾 | 6 - 10 - 2 - 6 - 4 - 6 - 28 | | |
| 2805 | 框中一、三、四尾后两首与↓框前三尾和首首 | 2 - 6 - 4 - 6 - 2 - 10 - 6 - 6 | 9 | |
| | 框中一、二、四首前两尾与↑框后三首和末尾 | 6 - 6 - 10 - 2 - 6 - 4 - 6 - 2 | | |
| 2806 | 框中一、三、四尾后两首与↓框中四尾和首首 | 2 - 6 - 4 - 6 - 2 - 10 - 6 - 6 - 6 | 10 | |
| | 框中一、二、四首前两尾与↑框中四首和末尾 | 6 - 6 - 6 - 10 - 2 - 6 - 4 - 6 - 2 | | |
| 2807 | 框中一、三、四尾后两首与下下行首数 | 2 - 6 - 4 - 6 - 8 | 6 | |
| | 框中一、二、四首前两尾与上上行尾数 | 8 - 6 - 4 - 6 - 2 | | |
| 2808 | 框中一、三、四尾后两首与下下行两数 | 2 - 6 - 4 - 6 - 8 - 4 | 7 | |
| | 框中一、二、四首前两尾与上上行两数 | 4 - 8 - 6 - 4 - 6 - 2 | | |
| 2809 | 框中一、三、四尾后两首与↓框中首尾二、三首 | 2 - 6 - 4 - 6 - 8 - 4 - 2 | 8 | |
| | 框中一、二、四首前两尾与↑框中末首二、三尾 | 2 - 4 - 8 - 6 - 4 - 6 - 2 | | |
| 2810 | 框中一、三、四尾后两首与↓框中二、三行 | 2 - 6 - 4 - 6 - 8 - 4 - 2 - 4 | 9 | |
| | 框中一、二、四首前两尾与↑框中三、四行 | 4 - 2 - 4 - 8 - 6 - 4 - 6 - 2 | | |
| 2811 | 框中一、三、四尾后两首与↓框后三首前两尾 | 2 - 6 - 4 - 6 - 8 - 4 - 2 - 4 - 2 | 10 | |
| | 框中一、二、四首前两尾与↑框前三尾后两首 | 2 - 4 - 2 - 4 - 8 - 6 - 4 - 6 - 2 | | |
| 2812 | 框中一、三、四尾后两首与↓框前三尾二、三首 | 2 - 6 - 4 - 6 - 8 - 4 - 2 - 4 - 6 | 10 | |
| | 框中一、二、四首前两尾与↑框后三首二、三尾 | 6 - 4 - 2 - 4 - 8 - 6 - 4 - 6 - 2 | | |
| 2813 | 框中一、三、四尾后两首与↓框后三首和首尾 | 2 - 6 - 4 - 6 - 8 - 4 - 2 - 6 | 9 | |
| | 框中一、二、四首前两尾与↑框前三尾和末首 | 6 - 2 - 4 - 8 - 6 - 4 - 6 - 2 | | |
| 2814 | 框中一、三、四尾后两首与↓框后三首一、三尾 | 2 - 6 - 4 - 6 - 8 - 4 - 2 - 6 - 4 | 10 | |
| | 框中一、二、四首前两尾与↑框前三尾二、四首 | 4 - 6 - 2 - 4 - 8 - 6 - 4 - 6 - 2 | | |

## 续表

| 序号 | 条件<br>在表 28 中,若任何的______都是素数的 | 结论<br>就是一个差 $D$ 型 | $k$ 生素数 | 同差异决之序号 |
|---|---|---|---|---|
| 2815 | 框中一、三、四尾后两首与 $\underline{\downarrow}$ 框中次行再首、尾 | 2-6-4-6-8-4-2-10 | 9 | |
| | 框中一、二、四首前两尾与 $\overline{\uparrow}$ 框中丁行次首、尾 | 10-2-4-8-6-4-6-2 | | |
| 2816 | 框中一、三、四尾后两首与 $\underline{\downarrow}$ 框中一、三、四尾二、三首 | 2-6-4-6-8-4-2-10-6 | 10 | |
| | 框中一、二、四首前两尾与 $\overline{\uparrow}$ 框中一、二、四首二、三尾 | 6-10-2-4-8-6-4-6-2 | | |
| 2817 | 框中一、三、四尾后两首与 $\underline{\downarrow}$ 框前两尾和次首 | 2-6-4-6-8-4-6 | 8 | |
| | 框中一、二、四首前两尾与 $\overline{\uparrow}$ 框后两首和再尾 | 6-4-8-6-4-6-2 | | |
| 2818 | 框中一、三、四尾后两首与 $\underline{\downarrow}$ 框前两尾二、四首 | 2-6-4-6-8-4-6-2 | 9 | |
| | 框中一、二、四首前两尾与 $\overline{\uparrow}$ 框后两首一、三尾 | 2-6-4-8-6-4-6-2 | | |
| 2819 | 框中一、三、四尾后两首与 $\underline{\downarrow}$ 框前三尾二、四首 | 2-6-4-6-8-4-6-2-4 | 10 | |
| | 框中一、二、四首前两尾与 $\overline{\uparrow}$ 框后三首一、三尾 | 4-2-6-4-8-6-4-6-2 | | |
| 2820 | 框中一、三、四尾后两首与 $\underline{\downarrow}$ 框前三尾和次首 | 2-6-4-6-8-4-6-6 | 9 | |
| | 框中一、二、四首前两尾与 $\overline{\uparrow}$ 框后三首和再尾 | 6-6-4-8-6-4-6-2 | | |
| 2821 | 框中一、三、四尾后两首与 $\underline{\downarrow}$ 框中四尾和次首 | 2-6-4-6-8-4-6-6-6 | 10 | |
| | 框中一、二、四首前两尾与 $\overline{\uparrow}$ 框中四首和再尾 | 6-6-6-4-8-6-4-6-2 | | |
| 2822 | 框中一、三、四尾后两首与 $\underline{\downarrow}$ 框中次行和末首 | 2-6-4-6-8-4-8 | 8 | |
| | 框中一、二、四首前两尾与 $\overline{\uparrow}$ 框中丁行和首尾 | 8-4-8-6-4-6-2 | | |
| 2823 | 框中一、三、四尾后两首与 $\underline{\downarrow}$ 框中二、四行 | 2-6-4-6-8-4-8-4 | 9 | |
| | 框中一、二、四首前两尾与 $\overline{\uparrow}$ 框中二、四行 | 4-8-4-8-6-4-6-2 | | |
| 2824 | 框中一、三、四尾后两首与 $\underline{\downarrow}$ 框中二、三首 | 2-6-4-6-8-6 | 7 | |
| | 框中一、二、四首前两尾与 $\overline{\uparrow}$ 框中二、三尾 | 6-8-6-4-6-2 | | |
| 2825 | 框中一、三、四尾后两首与 $\underline{\downarrow}$ 框中次尾二、三首 | 2-6-4-6-8-6-4 | 8 | |
| | 框中一、二、四首前两尾与 $\overline{\uparrow}$ 框中再首二、三尾 | 4-6-8-6-4-6-2 | | |
| 2826 | 框中一、三、四尾后两首与 $\underline{\downarrow}$ 框后三首和次尾 | 2-6-4-6-8-6-4-2 | 9 | |
| | 框中一、二、四首前两尾与 $\overline{\uparrow}$ 框前三尾和再首 | 2-4-6-8-6-4-6-2 | | |
| 2827 | 框中一、三、四尾后两首与 $\underline{\downarrow}$ 框后三首二、三尾 | 2-6-4-6-8-6-4-2-4 | 10 | |
| | 框中一、二、四首前两尾与 $\overline{\uparrow}$ 框前三尾二、三首 | 4-2-4-6-8-6-4-6-2 | | |
| 2828 | 框中一、三、四尾后两首与 $\underline{\downarrow}$ 框中二、三首二、三尾 | 2-6-4-6-8-6-4-6 | 9 | |
| | 框中一、二、四首前两尾与 $\overline{\uparrow}$ 框中二、三首二、三尾 | 6-4-6-8-6-4-6-2 | | |
| 2829 | 框中一、三、四尾后两首与 $\underline{\downarrow}$ 框后三尾二、三首 | 2-6-4-6-8-6-4-6-6 | 10 | |
| | 框中一、二、四首前两尾与 $\overline{\uparrow}$ 框前三首二、三尾 | 6-6-4-6-8-6-4-6-2 | | |
| 2830 | 框中一、三、四尾后两首与 $\underline{\downarrow}$ 框中后三首 | 2-6-4-6-8-6-6 | 8 | |
| | 框中一、二、四首前两尾与 $\overline{\uparrow}$ 框中前三尾 | 6-6-8-6-4-6-2 | | |
| 2831 | 框中一、三、四尾后两首与 $\underline{\downarrow}$ 框后三首和再尾 | 2-6-4-6-8-6-6-4 | 9 | |
| | 框中一、二、四首前两尾与 $\overline{\uparrow}$ 框前三尾和次首 | 4-6-6-8-6-4-6-2 | | |
| 2832 | 框中一、三、四尾后两首与 $\underline{\downarrow}$ 框中再尾二、三首 | 2-6-4-6-8-6-10 | 8 | |
| | 框中一、二、四首前两尾与 $\overline{\uparrow}$ 框中次首二、三尾 | 10-6-8-6-4-6-2 | | |
| 2833 | 框中一、三、四尾后两首与 $\underline{\downarrow}$ 框后两尾二、三首 | 2-6-4-6-8-6-10-6 | 9 | |
| | 框中一、二、四首前两尾与 $\overline{\uparrow}$ 框前两首二、三尾 | 6-10-6-8-6-4-6-2 | | |
| 2834 | 框中一、三、四尾后两首与 $\underline{\downarrow}$ 框中次首、尾 | 2-6-4-6-8-10 | 7 | |
| | 框中一、二、四首前两尾与 $\overline{\uparrow}$ 框中再首、尾 | 10-8-6-4-6-2 | | |

## 续表

| 序号 | 条件 | 结论 | | 同差异决之序号 |
|---|---|---|---|---|
| | 在表 28 中,若任何的＿＿＿＿＿都是素数的 | 就是一个差＿$D$＿型 | $k$ 生素数 | |
| 2835 | 框中一、三、四尾后两首与⤓框中次尾二、四首 | 2-6-4-6-8-10-2 | 8 | |
| | 框中一、二、四首前两尾与⤒框中再首一、三尾 | 2-10-8-6-4-6-2 | | |
| 2836 | 框中一、三、四尾后两首与⤓框中丁行次首、尾 | 2-6-4-6-8-10-2-4 | 9 | |
| | 框中一、二、四首前两尾与⤒框中次行再首、尾 | 4-2-10-8-6-4-6-2 | | |
| 2837 | 框中一、三、四尾后两首与⤓框中次首二、三尾 | 2-6-4-6-8-10-6 | 8 | |
| | 框中一、二、四首前两尾与⤒框中再尾二、三首 | 6-10-8-6-4-6-2 | | |
| 2838 | 框中一、三、四尾后两首与⤓框后三尾和次首 | 2-6-4-6-8-10-6-6 | 9 | |
| | 框中一、二、四首前两尾与⤒框前三首和再尾 | 6-6-10-8-6-4-6-2 | | |
| 2839 | 框中一、二、四首前三尾与下下行首数 | 6-4-6-2-4-8 | 7 | |
| | 框中一、三、四尾后三首与上上行尾数 | 8-4-2-6-4-6 | | |
| 2840 | 框中一、二、四首前三尾与⤓框中前两首 | 6-4-6-2-4-8-6 | 8 | |
| | 框中一、三、四尾后三首与⤒框中后两尾 | 6-8-4-2-6-4-6 | | |
| 2841 | 框中一、二、四首前三尾与⤓框中前三首 | 6-4-6-2-4-8-6-6 | 9 | |
| | 框中一、三、四尾后三首与⤒框中后三尾 | 6-6-8-4-2-6-4-6 | | |
| 2842 | 框中一、二、四首前三尾与⤓框前三首和次尾 | 6-4-6-2-4-8-6-6-4 | 10 | |
| | 框中一、三、四尾后三首与⤒框后三尾和再首 | 4-6-6-8-4-2-6-4-6 | | |
| 2843 | 框中一、二、四首前三尾与⤓框中四首数 | 6-4-6-2-4-8-6-6-6 | 10 | |
| | 框中一、三、四尾后三首与⤒框中四尾数 | 6-6-6-8-4-2-6-4-6 | | |
| 2844 | 框中一、二、四首前三尾与⤓框前三首和再尾 | 6-4-6-2-4-8-6-6-10 | 10 | |
| | 框中一、三、四尾后三首与⤒框后三尾和次首 | 10-6-6-8-4-2-6-4-6 | | |
| 2845 | 框中一、二、四首前三尾与⤓框前两首和次尾 | 6-4-6-2-4-8-6-10 | 9 | |
| | 框中一、三、四尾后三首与⤒框后两尾和再首 | 10-6-8-4-2-6-4-6 | | |
| 2846 | 框中一、二、四首前三尾与⤓框中一、二、四首和次尾 | 6-4-6-2-4-8-6-10-2 | 10 | |
| | 框中一、三、四尾后三首与⤒框中一、三、四尾和再首 | 2-10-6-8-4-2-6-4-6 | | |
| 2847 | 框中一、二、四首前三尾与⤓框前两首二、三尾 | 6-4-6-2-4-8-6-10-6 | 10 | |
| | 框中一、三、四尾后三首与⤒框后两尾二、三首 | 6-10-6-8-4-2-6-4-6 | | |
| 2848 | 框中一、三、四尾后三首与下下行首数 | 4-2-6-4-6-8 | 7 | |
| | 框中一、二、四首前三尾与上上行尾数 | 8-6-4-6-2-4 | | |
| 2849 | 框中一、三、四尾后三首与下下行两数 | 4-2-6-4-6-8-4 | 8 | |
| | 框中一、二、四首前三尾与上上行两数 | 4-8-6-4-6-2-4 | | |
| 2850 | 框中一、三、四尾后三首与⤓框中首尾二、三首 | 4-2-6-4-6-8-4-2 | 9 | |
| | 框中一、二、四首前三尾与⤒框中末首二、三尾 | 2-4-8-6-4-6-2-4 | | |
| 2851 | 框中一、三、四尾后三首与⤓框中二、三行 | 4-2-6-4-6-8-4-2-4 | 10 | |
| | 框中一、二、四首前三尾与⤒框中三、四行 | 4-2-4-8-6-4-6-2-4 | | |
| 2852 | 框中一、三、四尾后三首与⤓框后三首和首尾 | 4-2-6-4-6-8-4-2-6 | 10 | |
| | 框中一、二、四首前三尾与⤒框前三尾和末首 | 6-2-4-8-6-4-6-2-4 | | |
| 2853 | 框中一、三、四尾后三首与⤓框中次行再首、尾 | 4-2-6-4-6-8-4-2-10 | 10 | |
| | 框中一、二、四首前三尾与⤒框中丁行次首、尾 | 10-2-4-8-6-4-6-2-4 | | |
| 2854 | 框中一、三、四尾后三首与⤓框前两尾和次首 | 4-2-6-4-6-8-4-6 | 9 | |
| | 框中一、二、四首前三尾与⤒框后两首和再尾 | 6-4-8-6-4-6-2-4 | | |

续表

| 序号 | 条件 | 结论 | k生素数 | 同差异决之序号 |
|---|---|---|---|---|
| | 在表 28 中,若任何的＿＿＿＿都是素数的 | 就是一个差 $D$ 型 | | |
| 2855 | 框中一、三、四尾后三首与$\underline{\downarrow}$框前两尾二、四首 | 4-2-6-4-6-8-4-6-2 | 10 | |
| | 框中一、二、四首前三尾与$\overline{\uparrow}$框后两首一、三尾 | 2-6-4-8-6-4-6-2-4 | | |
| 2856 | 框中一、三、四尾后三首与$\underline{\downarrow}$框前三尾和次首 | 4-2-6-4-6-8-4-6-6 | 10 | |
| | 框中一、二、四首前三尾与$\overline{\uparrow}$框后三首和再尾 | 6-6-4-8-6-4-6-2-4 | | |
| 2857 | 框中一、三、四尾后三首与$\underline{\downarrow}$框中次行和末首 | 4-2-6-4-6-8-4-8 | 9 | |
| | 框中一、二、四首前三尾与$\overline{\uparrow}$框中丁行和首尾 | 8-4-8-6-4-6-2-4 | | |
| 2858 | 框中一、三、四尾后三首与$\underline{\downarrow}$框中二、四行 | 4-2-6-4-6-8-4-8-4 | 10 | |
| | 框中一、二、四首前三尾与$\overline{\uparrow}$框中二、四行 | 4-8-4-8-6-4-6-2-4 | | |
| 2859 | 框中一、三、四尾后三首与$\underline{\downarrow}$框中二、三首 | 4-2-6-4-6-8-6 | 8 | |
| | 框中一、二、四首前三尾与$\overline{\uparrow}$框中二、三尾 | 6-8-6-4-6-2-4 | | |
| 2860 | 框中一、三、四尾后三首与$\underline{\downarrow}$框中次尾二、三首 | 4-2-6-4-6-8-6-4 | 9 | |
| | 框中一、二、四首前三尾与$\overline{\uparrow}$框中再首二、三尾 | 4-6-8-6-4-6-2-4 | | |
| 2861 | 框中一、三、四尾后三首与$\underline{\downarrow}$框后三首和次尾 | 4-2-6-4-6-8-6-4-2 | 10 | |
| | 框中一、二、四首前三尾与$\overline{\uparrow}$框前三尾和再首 | 2-4-6-8-6-4-6-2-4 | | |
| 2862 | 框中一、三、四尾后三首与$\underline{\downarrow}$框中二、三首二、三尾 | 4-2-6-4-6-8-6-4-6 | 10 | |
| | 框中一、二、四首前三尾与$\overline{\uparrow}$框中二、三首二、三尾 | 6-4-6-8-6-4-6-2-4 | | |
| 2863 | 框中一、三、四尾后三首与$\underline{\downarrow}$框中后三首 | 4-2-6-4-6-8-6-6 | 9 | |
| | 框中一、二、四首前三尾与$\overline{\uparrow}$框中前三尾 | 6-6-8-6-4-6-2-4 | | |
| 2864 | 框中一、三、四尾后三首与$\underline{\downarrow}$框后三首和再尾 | 4-2-6-4-6-8-6-6-4 | 10 | |
| | 框中一、二、四首前三尾与$\overline{\uparrow}$框前三尾和次首 | 4-6-6-8-6-4-6-2-4 | | |
| 2865 | 框中一、三、四尾后三首与$\underline{\downarrow}$框中再尾二、三首 | 4-2-6-4-6-8-6-10 | 9 | |
| | 框中一、二、四首前三尾与$\overline{\uparrow}$框中次首二、三尾 | 10-6-8-6-4-6-2-4 | | |
| 2866 | 框中一、三、四尾后三首与$\underline{\downarrow}$框中次首、尾 | 4-2-6-4-6-8-10 | 8 | |
| | 框中一、二、四首前三尾与$\overline{\uparrow}$框中再首、尾 | 10-8-6-4-6-2-4 | | |
| 2867 | 框中一、三、四尾后三首与$\underline{\downarrow}$框中次尾二、四首 | 4-2-6-4-6-8-10-2 | 9 | |
| | 框中一、二、四首前三尾与$\overline{\uparrow}$框中再首一、三尾 | 2-10-8-6-4-6-2-4 | | |
| 2868 | 框中一、三、四尾后三首与$\underline{\downarrow}$框中丁行次首、尾 | 4-2-6-4-6-8-10-2-4 | 10 | |
| | 框中一、二、四首前三尾与$\overline{\uparrow}$框中次行再首、尾 | 4-2-10-8-6-4-6-2-4 | | |
| 2869 | 框中一、三、四尾后三首与$\underline{\downarrow}$框中次首二、三尾 | 4-2-6-4-6-8-10-6 | 9 | |
| | 框中一、二、四首前三尾与$\overline{\uparrow}$框中再尾二、三首 | 6-10-8-6-4-6-2-4 | | |
| 2870 | 框中一、二、四首全四尾与下行首数 | 6-4-6-2-4-6-2 | 8 | |
| | 框中一、三、四尾全四首与上行尾数 | 2-6-4-2-6-4-6 | | |
| 2871 | 框中一、二、四首全四尾与↓框中前两首 | 6-4-6-2-4-6-2-6 | 9 | |
| | 框中一、三、四尾全四首与↑框中后两尾 | 6-2-6-4-2-6-4-6 | | |
| 2872 | 框中一、二、四首全四尾与↓框中前三首 | 6-4-6-2-4-6-2-6-6 | 10 | |
| | 框中一、三、四尾全四首与↑框中后三尾 | 6-6-2-6-4-2-6-4-6 | | |
| 2873 | 框中一、二、四首全四尾与↓框前两首和次尾 | 6-4-6-2-4-6-2-6-10 | 10 | |
| | 框中一、三、四尾全四首与↑框后两尾和再首 | 10-6-2-6-4-2-6-4-6 | | |
| 2874 | 框中一、二、四首全四尾与下下行首数 | 6-4-6-2-4-6-8 | 8 | |
| | 框中一、三、四尾全四首与上上行尾数 | 8-6-4-2-6-4-6 | | |

## 续表

| 序号 | 条件<br>在表28中，若任何的________都是素数的 | 结论<br>就是一个差 $D$ ____型 | $k$生素数 | 同差异决之序号 |
|---|---|---|---|---|
| 2875 | 框中一、二、四首全四尾与↓框中二、三首 | 6-4-6-2-4-6-8-6 | 9 | |
| | 框中一、三、四尾全四首与↑框中二、三尾 | 6-8-6-4-2-6-4-6 | | |
| 2876 | 框中一、二、四首全四尾与↓框中次尾二、三首 | 6-4-6-2-4-6-8-6-4 | 10 | |
| | 框中一、三、四尾全四首与↑框中再首二、三尾 | 4-6-8-6-4-2-6-4-6 | | |
| 2877 | 框中一、二、四首全四尾与↓框中后三首 | 6-4-6-2-4-6-8-6-6 | 10 | |
| | 框中一、三、四尾全四首与↑框中前三尾 | 6-6-8-6-4-2-6-4-6 | | |
| 2878 | 框中一、二、四首全四尾与↓框中再尾二、三首 | 6-4-6-2-4-6-8-6-10 | 10 | |
| | 框中一、三、四尾全四首与↑框中次首二、三尾 | 10-6-8-6-4-2-6-4-6 | | |
| 2879 | 框中一、二、四首全四尾与↓框中次首、尾 | 6-4-6-2-4-6-8-10 | 9 | |
| | 框中一、三、四尾全四首与↑框中再首、尾 | 10-8-6-4-2-6-4-6 | | |
| 2880 | 框中一、二、四首全四尾与↓框中次尾二、四首 | 6-4-6-2-4-6-8-10-2 | 10 | |
| | 框中一、三、四尾全四首与↑框中再首一、三尾 | 2-10-8-6-4-2-6-4-6 | | |
| 2881 | 框中一、二、四首全四尾与↓框中次首二、三尾 | 6-4-6-2-4-6-8-10-6 | 10 | |
| | 框中一、三、四尾全四首与↑框中再尾二、三首 | 6-10-8-6-4-2-6-4-6 | | |
| 2882 | 框中一、三、四尾全四首与下下行首数 | 6-4-2-6-4-6-8 | 8 | |
| | 框中一、二、四首全四尾与上上行尾数 | 8-6-4-6-2-4-6 | | |
| 2883 | 框中一、三、四尾全四首与下下行两数 | 6-4-2-6-4-6-8-4 | 9 | |
| | 框中一、二、四首全四尾与上上行两数 | 4-8-6-4-6-2-4-6 | | |
| 2884 | 框中一、三、四尾全四首与↓框中首尾二、三首 | 6-4-2-6-4-6-8-4-2 | 10 | |
| | 框中一、二、四首全四尾与↑框中末首二、三尾 | 2-4-8-6-4-6-2-4-6 | | |
| 2885 | 框中一、三、四尾全四首与↓框前两尾和次首 | 6-4-2-6-4-6-8-4-6 | 10 | |
| | 框中一、二、四首全四尾与↑框后两首和再尾 | 6-4-8-6-4-6-2-4-6 | | |
| 2886 | 框中一、三、四尾全四首与↓框中次行和末首 | 6-4-2-6-4-6-8-4-8 | 10 | |
| | 框中一、二、四首全四尾与↑框中丁行和首尾 | 8-4-8-6-4-6-2-4-6 | | |
| 2887 | 框中一、三、四尾全四首与↓框中二、三首 | 6-4-2-6-4-6-8-6 | 9 | |
| | 框中一、二、四首全四尾与↑框中二、三尾 | 6-8-6-4-6-2-4-6 | | |
| 2888 | 框中一、三、四尾全四首与↓框中次尾二、三首 | 6-4-2-6-4-6-8-6-4 | 10 | |
| | 框中一、二、四首全四尾与↑框中再首二、三尾 | 4-6-8-6-4-6-2-4-6 | | |
| 2889 | 框中一、三、四尾全四首与↓框中后三首 | 6-4-2-6-4-6-8-6-6 | 10 | |
| | 框中一、二、四首全四尾与↑框中前三尾 | 6-6-8-6-4-6-2-4-6 | | |
| 2890 | 框中一、三、四尾全四首与↓框中再尾二、三首 | 6-4-2-6-4-6-8-6-10 | 10 | |
| | 框中一、二、四首全四尾与↑框中次首二、三尾 | 10-6-8-6-4-6-2-4-6 | | |
| 2891 | 框中一、三、四尾全四首与↓框中次首、尾 | 6-4-2-6-4-6-8-10 | 9 | |
| | 框中一、二、四首全四尾与↑框中再首、尾 | 10-8-6-4-6-2-4-6 | | |
| 2892 | 框中一、三、四尾全四首与↓框中次尾二、四首 | 6-4-2-6-4-6-8-10-2 | 10 | |
| | 框中一、二、四首全四尾与↑框中再首一、三尾 | 2-10-8-6-4-6-2-4-6 | | |
| 2893 | 框中一、三、四尾全四首与↓框中次首二、三尾 | 6-4-2-6-4-6-8-10-6 | 10 | |
| | 框中一、二、四首全四尾与↑框中再尾二、三首 | 6-10-8-6-4-6-2-4-6 | | |
| 2894 | 框中一、二、四尾后两首与下行首数 | 2-4-2-10-2 | 6 | |
| | 框中一、三、四首前两尾与上行尾数 | 2-10-2-4-2 | | |

续表

| 序号 | 条件<br>在表 28 中,若任何的＿＿＿＿都是素数的 | 结论<br>就是一个差＿D＿型 | k 生素数 | 同差异决之序号 |
|---|---|---|---|---|
| 2895 | 框中一、二、四尾后两首与↓框中前两首 | 2-4-2-10-2-6 | 7 | |
| | 框中一、三、四首前两尾与↑框中后两尾 | 6-2-10-2-4-2 | | |
| 2896 | 框中一、二、四尾后两首与↓框中前两行 | 2-4-2-10-2-6-4 | 8 | |
| | 框中一、三、四首前两尾与↑框中后两行 | 4-6-2-10-2-4-2 | | |
| 2897 | 框中一、二、四尾后两首与↓框前三首和首尾 | 2-4-2-10-2-6-4-2 | 9 | |
| | 框中一、三、四首前两尾与↑框后三尾和末首 | 2-4-6-2-10-2-4-2 | | |
| 2898 | 框中一、二、四尾后两首与↓框前两首前两尾 | 2-4-2-10-2-6-4-6 | 9 | |
| | 框中一、三、四首前两尾与↑框后两首后两尾 | 6-4-6-2-10-2-4-2 | | |
| 2899 | 框中一、二、四尾后两首与↓框中前三首 | 2-4-2-10-2-6-6 | 8 | |
| | 框中一、三、四首前两尾与↑框中后三尾 | 6-6-2-10-2-4-2 | | |
| 2900 | 框中一、二、四尾后两首与↓框前三首和次尾 | 2-4-2-10-2-6-6-4 | 9 | |
| | 框中一、三、四首前两尾与↑框后三尾和再首 | 4-6-6-2-10-2-4-2 | | |
| 2901 | 框中一、二、四尾后两首与↓框前三首和再尾 | 2-4-2-10-2-6-6-10 | 9 | |
| | 框中一、三、四首前两尾与↑框后三尾和次首 | 10-6-6-2-10-2-4-2 | | |
| 2902 | 框中一、二、四尾后两首与↓框前两首和次尾 | 2-4-2-10-2-6-10 | 8 | |
| | 框中一、三、四首前两尾与↑框后两尾和再首 | 10-6-2-10-2-4-2 | | |
| 2903 | 框中一、二、四尾后两首与↓框前两首二、三尾 | 2-4-2-10-2-6-10-6 | 9 | |
| | 框中一、三、四首前两尾与↑框后两尾二、三首 | 6-10-6-2-10-2-4-2 | | |
| 2904 | 框中一、二、四尾后两首与↓框中首首、尾 | 2-4-2-10-2-10 | 7 | |
| | 框中一、三、四首前两尾与↑框中末首、尾 | 10-2-10-2-4-2 | | |
| 2905 | 框中一、二、四尾后两首与↓框中首尾一、三首 | 2-4-2-10-2-10-2 | 8 | |
| | 框中一、三、四首前两尾与↑框中末首二、四尾 | 2-10-2-10-2-4-2 | | |
| 2906 | 框中一、二、四尾后两首与↓框前两尾一、三首 | 2-4-2-10-2-10-2-4 | 9 | |
| | 框中一、三、四首前两尾与↑框后两首二、四尾 | 4-2-10-2-10-2-4-2 | | |
| 2907 | 框中一、二、四尾后两首与↓框中一、三、四首前两尾 | 2-4-2-10-2-10-2-4-2 | 10 | |
| 2908 | 框中一、二、四尾后两首与↓框后两首首首、尾 | 2-4-2-10-2-10-2-6 | 9 | |
| | 框中一、三、四首前两尾与↑框前两尾末首、尾 | 6-2-10-2-10-2-4-2 | | |
| 2909 | 框中一、二、四尾后两首与↓框中一、三、四首一、三尾 | 2-4-2-10-2-10-2-6-4 | 10 | |
| | 框中一、三、四首前两尾与↑框中一、二、四尾二、四首 | 4-6-2-10-2-10-2-4-2 | | |
| 2910 | 框中一、二、四尾后两首与↓框中一、三、四首一、四尾 | 2-4-2-10-2-10-2-6-10 | 10 | |
| | 框中一、三、四首前两尾与↑框中一、二、四尾一、四首 | 10-6-2-10-2-10-2-4-2 | | |
| 2911 | 框中一、二、四尾后两首与↓框中一、三首一、三尾 | 2-4-2-10-2-10-2-10 | 9 | |
| | 框中一、三、四首前两尾与↑框中二、四首二、四尾 | 10-2-10-2-10-2-4-2 | | |
| 2912 | 框中一、二、四尾后两首与↓框前两尾和首首 | 2-4-2-10-2-10-6 | 8 | |
| | 框中一、三、四首前两尾与↑框后两首和末尾 | 6-10-2-10-2-4-2 | | |
| 2913 | 框中一、二、四尾后两首与↓框前两尾一、四首 | 2-4-2-10-2-10-6-2 | 9 | |
| | 框中一、三、四首前两尾与↑框后两首一、四尾 | 2-6-10-2-10-2-4-2 | | |
| 2914 | 框中一、二、四尾后两首与↓框中一、二、四尾一、四首 | 2-4-2-10-2-10-6-2-10 | 10 | |
| | 框中一、三、四首前两尾与↑框中一、三、四首一、四尾 | 10-2-6-10-2-10-2-4-2 | | |

续表

| 序号 | 条件<br>在表 28 中,若任何的＿＿＿＿都是素数的 | 结论<br>就是一个差 $D$ 型 | $k$生素数 | 同差异决之序号 |
|---|---|---|---|---|
| 2915 | 框中一、二、四尾后两首与↓框前三尾和首首 | 2-4-2-10-2-10-6-6 | 9 | |
| | 框中一、三、四首前两尾与↑框后三首和末尾 | 6-6-10-2-10-2-4-2 | | |
| 2916 | 框中一、二、四尾后两首与↓框中首尾一、四首 | 2-4-2-10-2-10-8 | 8 | |
| | 框中一、三、四首前两尾与↑框中末首一、四尾 | 8-10-2-10-2-4-2 | | |
| 2917 | 框中一、二、四尾后两首与↓框中丁行首首、尾 | 2-4-2-10-2-10-8-4 | 9 | |
| | 框中一、三、四首前两尾与↑框中次行末首、尾 | 4-8-10-2-10-2-4-2 | | |
| 2918 | 框中一、二、四尾后两首与↓框中一、四首一、四尾 | 2-4-2-10-2-10-8-10 | 9 | |
| | 框中一、三、四首前两尾与↑框中一、四首一、四尾 | 10-8-10-2-10-2-4-2 | | |
| 2919 | 框中一、二、四尾后两首与下下行首数 | 2-4-2-10-8 | 6 | |
| | 框中一、三、四首前两尾与上上行尾数 | 8-10-2-4-2 | | |
| 2920 | 框中一、二、四尾后两首与下下行两数 | 2-4-2-10-8-4 | 7 | |
| | 框中一、三、四首前两尾与上上行两数 | 4-8-10-2-4-2 | | |
| 2921 | 框中一、二、四尾后两首与↓框中首尾二、三首 | 2-4-2-10-8-4-2 | 8 | |
| | 框中一、三、四首前两尾与↑框中末首二、三尾 | 2-4-8-10-2-4-2 | | |
| 2922 | 框中一、二、四尾后两首与↓框中二、三行 | 2-4-2-10-8-4-2-4 | 9 | |
| | 框中一、三、四首前两尾与↑框中三、四行 | 4-2-4-8-10-2-4-2 | | |
| 2923 | 框中一、二、四尾后两首与↓框前三尾二、三首 | 2-4-2-10-8-4-2-4-6 | 10 | |
| | 框中一、三、四首前两尾与↑框后三首二、三尾 | 6-4-2-4-8-10-2-4-2 | | |
| 2924 | 框中一、二、四尾后两首与↓框中次行再首、尾 | 2-4-2-10-8-4-2-10 | 9 | |
| | 框中一、三、四首前两尾与↑框中丁行次首、尾 | 10-2-4-8-10-2-4-2 | | |
| 2925 | 框中一、二、四尾后两首与↓框中一、三、四尾二、三首 | 2-4-2-10-8-4-2-10-6 | 10 | |
| | 框中一、三、四首前两尾与↑框中一、二、四首二、三尾 | 6-10-2-4-8-10-2-4-2 | | |
| 2926 | 框中一、二、四尾后两首与↓框前两尾和次首 | 2-4-2-10-8-4-6 | 8 | |
| | 框中一、三、四首前两尾与↑框后两首和再尾 | 6-4-8-10-2-4-2 | | |
| 2927 | 框中一、二、四尾后两首与↓框前三尾和次首 | 2-4-2-10-8-4-6-6 | 9 | |
| | 框中一、三、四首前两尾与↑框后三首和再尾 | 6-6-4-8-10-2-4-2 | | |
| 2928 | 框中一、二、四尾后两首与↓框中四尾和次首 | 2-4-2-10-8-4-6-6-6 | 10 | |
| | 框中一、三、四首前两尾与↑框中四首和再尾 | 6-6-6-4-8-10-2-4-2 | | |
| 2929 | 框中一、二、四尾后两首与↓框中二、三首 | 2-4-2-10-8-6 | 7 | |
| | 框中一、三、四首前两尾与↑框中二、三尾 | 6-8-10-2-4-2 | | |
| 2930 | 框中一、二、四尾后两首与↓框中次尾二、三首 | 2-4-2-10-8-6-4 | 8 | |
| | 框中一、三、四首前两尾与↑框中再首二、三尾 | 4-6-8-10-2-4-2 | | |
| 2931 | 框中一、二、四尾后两首与↓框中二、三首二、三尾 | 2-4-2-10-8-6-4-6 | 9 | |
| | 框中一、三、四首前两尾与↑框中二、三首二、三尾 | 6-4-6-8-10-2-4-2 | | |
| 2932 | 框中一、二、四尾后两首与↓框后三尾二、三首 | 2-4-2-10-8-6-4-6-6 | 10 | |
| | 框中一、三、四首前两尾与↑框前三首二、三尾 | 6-6-4-6-8-10-2-4-2 | | |
| 2933 | 框中一、二、四尾后两首与↓框中再尾二、三首 | 2-4-2-10-8-6-10 | 8 | |
| | 框中一、三、四首前两尾与↑框中次首二、三尾 | 10-6-8-10-2-4-2 | | |
| 2934 | 框中一、二、四尾后两首与↓框后两尾二、三首 | 2-4-2-10-8-6-10-6 | 9 | |
| | 框中一、三、四首前两尾与↑框前两首二、三尾 | 6-10-6-8-10-2-4-2 | | |

续表

| 序号 | 条件：在表 28 中，若任何的______都是素数的 | 结论：就是一个差 $D$ 型 | k生素数 | 同差异决之序号 |
|---|---|---|---|---|
| 2935 | 框中一、二、四尾后两首与↓框中次首、尾 | 2-4-2-10-8-10 | 7 | |
| | 框中一、三、四首前两尾与↑框中再首、尾 | 10-8-10-2-4-2 | | |
| 2936 | 框中一、二、四尾后两首与↓框中次首二、三尾 | 2-4-2-10-8-10-6 | 8 | |
| | 框中一、三、四首前两尾与↑框中再尾二、三首 | 6-10-8-10-2-4-2 | | |
| 2937 | 框中一、二、四尾后两首与↓框后三尾和次首 | 2-4-2-10-8-10-6-6 | 9 | |
| | 框中一、三、四首前两尾与↑框前三首和再尾 | 6-6-10-8-10-2-4-2 | | |
| 2938 | 框中一、三、四首前三尾与下下行首数 | 10-2-4-2-4-8 | 7 | |
| | 框中一、二、四尾后三首与上上行尾数 | 8-4-2-4-2-10 | | |
| 2939 | 框中一、三、四首前三尾与↓框中前两首 | 10-2-4-2-4-8-6 | 8 | |
| | 框中一、二、四尾后三首与↑框中后两尾 | 6-8-4-2-4-2-10 | | |
| 2940 | 框中一、三、四首前三尾与↓框中前两行 | 10-2-4-2-4-8-6-4 | 9 | |
| | 框中一、二、四尾后三首与↑框中后两行 | 4-6-8-4-2-4-2-10 | | |
| 2941 | 框中一、三、四首前三尾与↓框前三首和首尾 | 10-2-4-2-4-8-6-4-2 | 10 | |
| | 框中一、二、四尾后三首与↑框后三尾和末首 | 2-4-6-8-4-2-4-2-10 | | |
| 2942 | 框中一、三、四首前三尾与↓框前两首前两尾 | 10-2-4-2-4-8-6-4-6 | 10 | |
| | 框中一、二、四尾后三首与↑框后两首后两尾 | 6-4-6-8-4-2-4-2-10 | | |
| 2943 | 框中一、三、四首前三尾与↓框中前三首 | 10-2-4-2-4-8-6-6 | 9 | |
| | 框中一、二、四尾后三首与↑框中后三尾 | 6-6-8-4-2-4-2-10 | | |
| 2944 | 框中一、三、四首前三尾与↓框前三首和次尾 | 10-2-4-2-4-8-6-6-4 | 10 | |
| | 框中一、二、四尾后三首与↑框后三尾和再首 | 4-6-6-8-4-2-4-2-10 | | |
| 2945 | 框中一、三、四首前三尾与↓框前三首和再尾 | 10-2-4-2-4-8-6-6-10 | 10 | |
| | 框中一、二、四尾后三首与↑框后三尾和次首 | 10-6-6-8-4-2-4-2-10 | | |
| 2946 | 框中一、三、四首前三尾与↓框前两首和次尾 | 10-2-4-2-4-8-6-10 | 9 | |
| | 框中一、二、四尾后三首与↑框后两尾和再首 | 10-6-8-4-2-4-2-10 | | |
| 2947 | 框中一、三、四首前三尾与↓框前两首二、三尾 | 10-2-4-2-4-8-6-10-6 | 10 | |
| | 框中一、二、四尾后三首与↑框后两尾二、三首 | 6-10-6-8-4-2-4-2-10 | | |
| 2948 | 框中一、三、四首前三尾与↓框中首首、尾 | 10-2-4-2-4-8-10 | 8 | |
| | 框中一、二、四尾后三首与↑框中末首、尾 | 10-8-4-2-4-2-10 | | |
| 2949 | 框中一、三、四首前三尾与↓框中首尾一、三首 | 10-2-4-2-4-8-10-2 | 9 | |
| | 框中一、二、四尾后三首与↑框中末首二、四尾 | 2-10-8-4-2-4-2-10 | | |
| 2950 | 框中一、三、四首前三尾与↓框前两尾一、三首 | 10-2-4-2-4-8-10-2-4 | 10 | |
| | 框中一、二、四尾后三首与↑框后两首二、四尾 | 4-2-10-8-4-2-4-2-10 | | |
| 2951 | 框中一、三、四首前三尾与↓框中一、三首一、三尾 | 10-2-4-2-4-8-10-2-10 | 10 | |
| | 框中一、二、四尾后三首与↑框中二、四首二、四尾 | 10-2-10-8-4-2-4-2-10 | | |
| 2952 | 框中一、三、四首前三尾与↓框前两尾和首首 | 10-2-4-2-4-8-10-6 | 9 | |
| | 框中一、二、四尾后三首与↑框后两首和末尾 | 6-10-8-4-2-4-2-10 | | |
| 2953 | 框中一、三、四首前三尾与↓框前三尾和首首 | 10-2-4-2-4-8-10-6-6 | 10 | |
| | 框中一、二、四尾后三首与↑框后三首和末尾 | 6-6-10-8-4-2-4-2-10 | | |
| 2954 | 框中一、二、四尾后三首与下行首数 | 4-2-4-2-10-2 | 7 | |
| | 框中一、三、四首前三尾与上行尾数 | 2-10-2-4-2-4 | | |

## 续表

| 序号 | 条件<br>在表 28 中,若任何的______都是素数的 | 结论<br>就是一个差__D__型 | k生素数 | 同差异决之序号 |
|---|---|---|---|---|
| 2955 | 框中一、二、四尾后三首与↓框中首首、尾<br>框中一、三、四首前三尾与↑框中末首、尾 | 4-2-4-2-10-2-10<br>10-2-10-2-4-2-4 | 8 | |
| 2956 | 框中一、二、四尾后三首与↓框中首尾一、三首<br>框中一、三、四首前三尾与↑框中末首二、四尾 | 4-2-4-2-10-2-10-2<br>2-10-2-10-2-4-2-4 | 9 | |
| 2957 | 框中一、二、四尾后三首与↓框前两尾一、三首<br>框中一、三、四首前三尾与↑框后两首二、四尾 | 4-2-4-2-10-2-10-2-4<br>4-2-10-2-10-2-4-2-4 | 10 | |
| 2958 | 框中一、二、四尾后三首与↓框后两首首首、尾<br>框中一、三、四首前三尾与↑框前两尾末首、尾 | 4-2-4-2-10-2-10-2-6<br>6-2-10-2-10-2-4-2-4 | 10 | |
| 2959 | 框中一、二、四尾后三首与↓框中一、三首一、三尾<br>框中一、三、四首前三尾与↑框中二、四首二、四尾 | 4-2-4-2-10-2-10-2-10<br>10-2-10-2-10-2-4-2-4 | 10 | |
| 2960 | 框中一、二、四尾后三首与↓框前两尾和首首<br>框中一、三、四首前三尾与↑框后两首和末尾 | 4-2-4-2-10-2-10-6<br>6-10-2-10-2-4-2-4 | 9 | |
| 2961 | 框中一、二、四尾后三首与↓框前两尾一、四首<br>框中一、三、四首前三尾与↑框后两首一、四尾 | 4-2-4-2-10-2-10-6-2<br>2-6-10-2-10-2-4-2-4 | 10 | |
| 2962 | 框中一、二、四尾后三首与↓框前三尾和首首<br>框中一、三、四首前三尾与↑框后三首和末尾 | 4-2-4-2-10-2-10-6-6<br>6-6-10-2-10-2-4-2-4 | 10 | |
| 2963 | 框中一、二、四尾后三首与↓框中首尾一、四首<br>框中一、三、四首前三尾与↑框中末首一、四尾 | 4-2-4-2-10-2-10-8<br>8-10-2-10-2-4-2-4 | 9 | |
| 2964 | 框中一、二、四尾后三首与↓框中丁行首首、尾<br>框中一、三、四首前三尾与↑框中次行末首、尾 | 4-2-4-2-10-2-10-8-4<br>4-8-10-2-10-2-4-2-4 | 10 | |
| 2965 | 框中一、二、四尾后三首与↓框中一、四首一、四尾<br>框中一、三、四首前三尾与↑框中一、四首一、四尾 | 4-2-4-2-10-2-10-8-10<br>10-8-10-2-10-2-4-2-4 | 10 | |
| 2966 | 框中一、三、四首全四尾与下行首数<br>框中一、二、四尾全四首与上行尾数 | 10-2-4-2-4-6-2<br>2-6-4-2-4-2-10 | 8 | |
| 2967 | 框中一、三、四首全四尾与↓框中前两首<br>框中一、二、四尾全四首与↑框中后两尾 | 10-2-4-2-4-6-2-6<br>6-2-6-4-2-4-2-10 | 9 | |
| 2968 | 框中一、三、四首全四尾与↓框中前两行<br>框中一、二、四尾全四首与↑框中后两行 | 10-2-4-2-4-6-2-6-4<br>4-6-2-6-4-2-4-2-10 | 10 | |
| 2969 | 框中一、三、四首全四尾与↓框中前三首<br>框中一、二、四尾全四首与↑框中后三尾 | 10-2-4-2-4-6-2-6-6<br>6-6-2-6-4-2-4-2-10 | 10 | |
| 2970 | 框中一、三、四首全四尾与↓框前两首和次尾<br>框中一、二、四尾全四首与↑框后两尾和再首 | 10-2-4-2-4-6-2-6-10<br>10-6-2-6-4-2-4-2-10 | 10 | |
| 2971 | 框中一、三、四首全四尾与↓框中首首、尾<br>框中一、二、四尾全四首与↑框中末首、尾 | 10-2-4-2-4-6-2-10<br>10-2-6-4-2-4-2-10 | 9 | |
| 2972 | 框中一、三、四首全四尾与↓框中首尾一、三首<br>框中一、二、四尾全四首与↑框中末首二、四尾 | 10-2-4-2-4-6-2-10-2<br>2-10-2-6-4-2-4-2-10 | 10 | |
| 2973 | 框中一、三、四首全四尾与↓框前两尾和首首<br>框中一、二、四尾全四首与↑框后两首和末尾 | 10-2-4-2-4-6-2-10-6<br>6-10-2-6-4-2-4-2-10 | 10 | |
| 2974 | 框中一、三、四首全四尾与下下行首数<br>框中一、二、四尾全四首与上上行尾数 | 10-2-4-2-4-6-8<br>8-6-4-2-4-2-10 | 8 | |

## 续表

| 序号 | 条件<br>在表 28 中,若任何的______都是素数的 | 结论<br>就是一个差__D__型 | k 生素数 | 同差异决之序号 |
|---|---|---|---|---|
| 2975 | 框中一、三、四首全四尾与下下行两数 | 10-2-4-2-4-6-8-4 | 9 | |
| | 框中一、二、四尾全四首与上上行两数 | 4-8-6-4-2-4-2-10 | | |
| 2976 | 框中一、三、四首全四尾与↓框中首尾二、三首 | 10-2-4-2-4-6-8-4-2 | 10 | |
| | 框中一、二、四尾全四首与↑框中末首二、三尾 | 2-4-8-6-4-2-4-2-10 | | |
| 2977 | 框中一、三、四首全四尾与↓框前两尾和次首 | 10-2-4-2-4-6-8-4-6 | 10 | |
| | 框中一、二、四尾全四首与↑框后两首和再尾 | 6-4-8-6-4-2-4-2-10 | | |
| 2978 | 框中一、三、四首全四尾与↓框中二、三首 | 10-2-4-2-4-6-8-6 | 9 | |
| | 框中一、二、四尾全四首与↑框中二、三尾 | 6-8-6-4-2-4-2-10 | | |
| 2979 | 框中一、三、四首全四尾与↓框中次尾二、三首 | 10-2-4-2-4-6-8-6-4 | 10 | |
| | 框中一、二、四尾全四首与↑框中再首二、三尾 | 4-6-8-6-4-2-4-2-10 | | |
| 2980 | 框中一、三、四首全四尾与↓框中再尾二、三首 | 10-2-4-2-4-6-8-6-10 | 10 | |
| | 框中一、二、四尾全四首与↑框中次首二、三尾 | 10-6-8-6-4-2-4-2-10 | | |
| 2981 | 框中一、三、四首全四尾与↓框中次首、尾 | 10-2-4-2-4-6-8-10 | 9 | |
| | 框中一、二、四尾全四首与↑框中再首、尾 | 10-8-6-4-2-4-2-10 | | |
| 2982 | 框中一、三、四首全四尾与↓框中次首二、三尾 | 10-2-4-2-4-6-8-10-6 | 10 | |
| | 框中一、二、四尾全四首与↑框中再尾二、三首 | 6-10-8-6-4-2-4-2-10 | | |
| 2983 | 框中一、二、四尾全四首与下行首数 | 6-4-2-4-2-10-2 | 8 | |
| | 框中一、三、四首全四尾与上行尾数 | 2-10-2-4-2-4-6 | | |
| 2984 | 框中一、二、四尾全四首与↓框中首首、尾 | 6-4-2-4-2-10-2-10 | 9 | |
| | 框中一、三、四首全四尾与↑框中末首、尾 | 10-2-10-2-4-2-4-6 | | |
| 2985 | 框中一、二、四尾全四首与↓框中首尾一、三首 | 6-4-2-4-2-10-2-10-2 | 10 | |
| | 框中一、三、四首全四尾与↑框中末首二、四尾 | 2-10-2-10-2-4-2-4-6 | | |
| 2986 | 框中一、二、四尾全四首与↓框前两尾和首首 | 6-4-2-4-2-10-2-10-6 | 10 | |
| | 框中一、三、四首全四尾与↑框后两首和末尾 | 6-10-2-10-2-4-2-4-6 | | |
| 2987 | 框中一、二、四尾全四首与↓框中首尾一、四首 | 6-4-2-4-2-10-2-10-8 | 10 | |
| | 框中一、三、四首全四尾与↑框中末首一、四尾 | 8-10-2-10-2-4-2-4-6 | | |
| 2988 | 框中一、三、四首一、三尾与下下行首数 | 10-2-6-4-8 | 6 | 662 |
| | 框中一、二、四尾二、四首与上上行尾数 | 8-4-6-2-10 | | |
| 2989 | 框中一、三、四首一、三尾与↓框中前两首 | 10-2-6-4-8-6 | 7 | |
| | 框中一、二、四尾二、四首与↑框中后两尾 | 6-8-4-6-2-10 | | |
| 2990 | 框中一、三、四首一、三尾与↓框中前两行 | 10-2-6-4-8-6-4 | 8 | |
| | 框中一、二、四尾二、四首与↑框中后两行 | 4-6-8-4-6-2-10 | | |
| 2991 | 框中一、三、四首一、三尾与↓框前三首和首尾 | 10-2-6-4-8-6-4-2 | 9 | |
| | 框中一、二、四尾二、四首与↑框后三尾和末首 | 2-4-6-8-4-6-2-10 | | |
| 2992 | 框中一、三、四首一、三尾与↓框中前三行 | 10-2-6-4-8-6-4-2-4 | 10 | |
| | 框中一、二、四尾二、四首与↑框中后三行 | 4-2-4-6-8-4-6-2-10 | | |
| 2993 | 框中一、三、四首一、三尾与↓框前三首一、三尾 | 10-2-6-4-8-6-4-2-10 | 10 | |
| | 框中一、二、四尾二、四首与↑框后三尾二、四首 | 10-2-4-6-8-4-6-2-10 | | |
| 2994 | 框中一、三、四首一、三尾与↓框前两首前两尾 | 10-2-6-4-8-6-4-6 | 9 | |
| | 框中一、二、四尾二、四首与↑框后两首后两尾 | 6-4-6-8-4-6-2-10 | | |

续表

| 序号 | 条件<br>在表28中,若任何的________都是素数的 | 结论<br>就是一个差__D__型 | $k$ 生素数 | 同差异决之序号 |
|---|---|---|---|---|
| 2995 | 框中一、三、四首一、三尾与↓框前三尾前两首 | 10-2-6-4-8-6-4-6-6 | 10 | |
| | 框中一、二、四尾二、四首与↑框后三首后两尾 | 6-6-4-6-8-4-6-2-10 | | |
| 2996 | 框中一、三、四首一、三尾与↓框中前三首 | 10-2-6-4-8-6-6 | 8 | |
| | 框中一、二、四尾二、四首与↑框中后三尾 | 6-6-8-4-6-2-10 | | |
| 2997 | 框中一、三、四首一、三尾与↓框前三首和次尾 | 10-2-6-4-8-6-6-4 | 9 | |
| | 框中一、二、四尾二、四首与↑框后三尾和再首 | 4-6-6-8-4-6-2-10 | | |
| 2998 | 框中一、三、四首一、三尾与↓框前三首二、三尾 | 10-2-6-4-8-6-6-4-6 | 10 | |
| | 框中一、二、四尾二、四首与↑框后三尾二、三首 | 6-4-6-6-8-4-6-2-10 | | |
| 2999 | 框中一、三、四首一、三尾与↓框前三首和再尾 | 10-2-6-4-8-6-6-10 | 9 | |
| | 框中一、二、四尾二、四首与↑框后三尾和次首 | 10-6-6-8-4-6-2-10 | | |
| 3000 | 框中一、三、四首一、三尾与↓框前三首后两尾 | 10-2-6-4-8-6-6-10-6 | 10 | |
| | 框中一、二、四尾二、四首与↑框后三尾前两首 | 6-10-6-6-8-4-6-2-10 | | |
| 3001 | 框中一、三、四首一、三尾与↓框前两首和次尾 | 10-2-6-4-8-6-10 | 8 | |
| | 框中一、二、四尾二、四首与↑框后两尾和再首 | 10-6-8-4-6-2-10 | | |
| 3002 | 框中一、三、四首一、三尾与↓框前两首二、三尾 | 10-2-6-4-8-6-10-6 | 9 | |
| | 框中一、二、四尾二、四首与↑框后两尾二、三首 | 6-10-6-8-4-6-2-10 | | |
| 3003 | 框中一、三、四首一、三尾与↓框后三尾前两首 | 10-2-6-4-8-6-10-6-6 | 10 | |
| | 框中一、二、四尾二、四首与↑框前三首后两尾 | 6-6-10-6-8-4-6-2-10 | | |
| 3004 | 框中一、三、四首一、三尾与↓框中首首、尾 | 10-2-6-4-8-10 | 7 | 597 |
| | 框中一、二、四尾二、四首与↑框中末首、尾 | 10-8-4-6-2-10 | | |
| 3005 | 框中一、三、四首一、三尾与↓框中首尾一、三首 | 10-$\dot{2}$-6-4-8-10-$\dot{2}$ | 8 | 3338 |
| | 框中一、二、四尾二、四首与↑框中末首二、四尾 | $\dot{2}$-10-8-4-6-$\dot{2}$-10 | | |
| 3006 | 框中一、三、四首一、三尾与↓框前两尾一、三首 | 10-2-6-4-8-10-2-4 | 9 | |
| | 框中一、二、四尾二、四首与↑框后两首二、四尾 | 4-2-10-8-4-6-2-10 | | |
| 3007 | 框中一、三、四首一、三尾与↓框前三尾一、三首 | 10-2-6-4-8-10-2-4-6 | 10 | |
| | 框中一、二、四尾二、四首与↑框后三首二、四尾 | 6-4-2-10-8-4-6-2-10 | | |
| 3008 | 框中一、三、四首一、三尾与↓框中一、三首一、三尾 | 10-$\dot{2}$-6-4-8-10-$\dot{2}$-10 | 9 | 3339 |
| | 框中一、二、四尾二、四首与↑框中二、四首二、四尾 | 10-$\dot{2}$-10-8-4-6-$\dot{2}$-10 | | |
| 3009 | 框中一、三、四首一、三尾与↓框中一、三、四尾一、三首 | 10-$\dot{2}$-6-4-8-10-$\dot{2}$-10-6 | 10 | 3340 |
| | 框中一、二、四尾二、四首与↑框中一、二、四首二、四尾 | 6-10-$\dot{2}$-10-8-4-6-$\dot{2}$-10 | | |
| 3010 | 框中一、三、四首一、三尾与↓框前两尾和首首 | 10-2-6-4-8-10-6 | 8 | |
| | 框中一、二、四尾二、四首与↑框后两首和末尾 | 6-10-8-4-6-2-10 | | |
| 3011 | 框中一、三、四首一、三尾与↓框前三尾和首首 | 10-2-6-4-8-10-6-6 | 9 | |
| | 框中一、二、四尾二、四首与↑框后三首和末尾 | 6-6-10-8-4-6-2-10 | | |
| 3012 | 框中一、三、四首一、三尾与↓框中四尾和首首 | 10-2-6-4-8-10-6-6-6 | 10 | |
| | 框中一、二、四尾二、四首与↑框中四首和末尾 | 6-6-6-10-8-4-6-2-10 | | |
| 3013 | 框中一、二、四尾二、四首与下行首数 | 4-6-2-10-2 | 6 | 197 |
| | 框中一、三、四首一、三尾与上行尾数 | 2-10-2-6-4 | | |
| 3014 | 框中一、二、四尾二、四首与↓框中前两首 | 4-6-2-10-2-6 | 7 | 786 |
| | 框中一、三、四首一、三尾与↑框中后两尾 | 6-2-10-2-6-4 | | |

续表

| 序 号 | 条 件<br>在表 28 中,若任何的＿＿＿＿都是素数的 | 结 论<br>就是一个差＿D＿型 | k 生素数 | 同差异决之序号 |
|---|---|---|---|---|
| 3015 | 框中一、二、四尾二、四首与↓框中前三首 | 4-6-2-10-2-6-6 | 8 | |
| | 框中一、三、四首一、三尾与↑框中后三尾 | 6-6-2-10-2-6-4 | | |
| 3016 | 框中一、二、四尾二、四首与↓框前三首和次尾 | 4-6-2-10-2-6-6-4 | 9 | |
| | 框中一、三、四首一、三尾与↑框后三尾和再首 | 4-6-6-2-10-2-6-4 | | |
| 3017 | 框中一、二、四尾二、四首与↓框中四首数 | 4-6-2-10-2-6-6-6 | 9 | |
| | 框中一、三、四首一、三尾与↑框中四尾数 | 6-6-6-2-10-2-6-4 | | |
| 3018 | 框中一、二、四尾二、四首与↓框前三首和再尾 | 4-6-2-10-2-6-6-10 | 9 | |
| | 框中一、三、四首一、三尾与↑框后三尾和次首 | 10-6-6-2-10-2-6-4 | | |
| 3019 | 框中一、二、四尾二、四首与↓框前两首和次尾 | 4-6-2-10-2-6-10 | 8 | 3118 |
| | 框中一、三、四首一、三尾与↑框后两尾和再首 | 10-6-2-10-2-6-4 | | |
| 3020 | 框中一、二、四尾二、四首与↓框中一、二、四首和次尾 | 4-6-$\dot{2}$-10-2-6-10-$\dot{2}$ | 9 | 3374 |
| | 框中一、三、四首一、三尾与↑框中一、三、四尾和再首 | $\dot{2}$-10-6-2-10-$\dot{2}$-6-4 | | |
| 3021 | 框中一、二、四尾二、四首与↓框前两首二、三尾 | 4-6-2-10-2-6-10-6 | 9 | |
| | 框中一、三、四首一、三尾与↑框后两尾二、三首 | 6-10-6-2-10-2-6-4 | | |
| 3022 | 框中一、二、四尾二、四首与↓框中首首、尾 | 4-6-2-10-2-10 | 7 | 426 |
| | 框中一、三、四首一、三尾与↑框中末首、尾 | 10-2-10-2-6-4 | | |
| 3023 | 框中一、二、四尾二、四首与↓框中首尾一、三首 | 4-6-2-10-2-10-2 | 8 | |
| | 框中一、三、四首一、三尾与↑框中末首二、四尾 | 2-10-2-10-2-6-4 | | |
| 3024 | 框中一、二、四尾二、四首与↓框前两尾一、三首 | 4-6-2-10-2-10-2-4 | 9 | |
| | 框中一、三、四首一、三尾与↑框后两首二、四尾 | 4-2-10-2-10-2-6-4 | | |
| 3025 | 框中一、二、四尾二、四首与↓框后两首首首、尾 | 4-6-2-10-2-10-2-6 | 9 | |
| | 框中一、三、四首一、三尾与↑框前两尾末首、尾 | 6-2-10-2-10-2-6-4 | | |
| 3026 | 框中一、二、四尾二、四首与↓框中一、三、四首一、三尾 | 4-6-2-10-2-10-2-6-4 | 10 | |
| 3027 | 框中一、二、四尾二、四首与↓框中一、三、四首一、四尾 | 4-6-2-10-2-10-2-6-10 | 10 | |
| | 框中一、三、四首一、三尾与↑框中一、二、四尾一、四首 | 10-6-2-10-2-10-2-6-4 | | |
| 3028 | 框中一、二、四尾二、四首与↓框中一、三首一、三尾 | 4-6-2-10-2-10-2-10 | 9 | |
| | 框中一、三、四首一、三尾与↑框中二、四首二、四尾 | 10-2-10-2-10-2-6-4 | | |
| 3029 | 框中一、二、四尾二、四首与↓框中一、三、四尾一、三首 | 4-6-2-10-2-10-2-10-6 | 10 | |
| | 框中一、三、四首一、三尾与↑框中一、二、四首二、四尾 | 6-10-2-10-2-10-2-6-4 | | |
| 3030 | 框中一、二、四尾二、四首与↓框前两尾和首首 | 4-6-2-10-2-10-6 | 8 | 2578 |
| | 框中一、三、四首一、三尾与↑框后两首和末尾 | 6-10-2-10-2-6-4 | | |
| 3031 | 框中一、二、四尾二、四首与↓框前两尾一、四首 | 4-6-$\dot{2}$-10-2-10-6-$\dot{2}$ | 9 | 3347 |
| | 框中一、三、四首一、三尾与↑框后两首一、四尾 | $\dot{2}$-6-10-2-10-$\dot{2}$-6-4 | | |
| 3032 | 框中一、二、四尾二、四首与↓框前三尾和首首 | 4-6-2-10-2-10-6-6 | 9 | |
| | 框中一、三、四首一、三尾与↑框后三首和末尾 | 6-6-10-2-10-2-6-4 | | |
| 3033 | 框中一、二、四尾二、四首与↓框中首尾一、四首 | 4-6-$\dot{2}$-10-2-10-$\dot{8}$ | 8 | 3287 |
| | 框中一、三、四首一、三尾与↑框中末首一、四尾 | $\dot{8}$-10-2-10-$\dot{2}$-6-4 | | |
| 3034 | 框中一、二、四尾二、四首与↓框中丁行首首、尾 | 4-6-2-10-2-10-8-4 | 9 | |
| | 框中一、三、四首一、三尾与↑框中次行末首、尾 | 4-8-10-2-10-2-6-4 | | |

续表

| 序号 | 条件<br>在表 28 中,若任何的＿＿＿＿＿都是素数的 | 结论<br>就是一个差 <u>$D$</u> 型 | $k$ 生素数 | 同差异决之序号 |
|---|---|---|---|---|
| 3035 | 框中一、二、四尾二、四首与↓框中一、四首一、四尾 | $4-6-\dot{2}-10-2-10-\dot{8}-10$ | 9 | 3288 |
| | 框中一、三、四首一、三尾与↑框中一、四首一、四尾 | $10-\dot{8}-10-2-10-\dot{2}-6-4$ | | |
| 3036 | 框中一、二、四尾二、四首与下下行首数 | 4-6-2-10-8 | 6 | 199 |
| | 框中一、三、四首一、三尾与上上行尾数 | 8-10-2-6-4 | | |
| 3037 | 框中一、二、四尾二、四首与↓框中二、三首 | 4-6-2-10-8-6 | 7 | |
| | 框中一、三、四首一、三尾与↑框中二、三尾 | 6-8-10-2-6-4 | | |
| 3038 | 框中一、二、四尾二、四首与↓框中次尾二、三首 | 4-6-2-10-8-6-4 | 8 | |
| | 框中一、三、四首一、三尾与↑框中再首二、三尾 | 4-6-8-10-2-6-4 | | |
| 3039 | 框中一、二、四尾二、四首与↓框后三首和次尾 | 4-6-2-10-8-6-4-2 | 9 | |
| | 框中一、三、四首一、三尾与↑框前三尾和再首 | 2-4-6-8-10-2-6-4 | | |
| 3040 | 框中一、二、四尾二、四首与↓框后三首二、三尾 | 4-6-2-10-8-6-4-2-4 | 10 | |
| | 框中一、三、四首一、三尾与↑框前三尾二、三首 | 4-2-4-6-8-10-2-6-4 | | |
| 3041 | 框中一、二、四尾二、四首与↓框后三首二、四尾 | 4-6-2-10-8-6-4-2-10 | 10 | |
| | 框中一、三、四首一、三尾与↑框前三尾一、三首 | 10-2-4-6-8-10-2-6-4 | | |
| 3042 | 框中一、二、四尾二、四首与↓框中二、三首二、三尾 | 4-6-2-10-8-6-4-6 | 9 | |
| | 框中一、三、四首一、三尾与↑框中二、三首二、三尾 | 6-4-6-8-10-2-6-4 | | |
| 3043 | 框中一、二、四尾二、四首与↓框后三尾二、三首 | 4-6-2-10-8-6-4-6-6 | 10 | |
| | 框中一、三、四首一、三尾与↑框前三首二、三尾 | 6-6-4-6-8-10-2-6-4 | | |
| 3044 | 框中一、二、四尾二、四首与↓框中后三首 | 4-6-2-10-8-6-6 | 8 | |
| | 框中一、三、四首一、三尾与↑框中前三尾 | 6-6-8-10-2-6-4 | | |
| 3045 | 框中一、二、四尾二、四首与↓框后三首和再尾 | 4-6-2-10-8-6-6-4 | 9 | |
| | 框中一、三、四首一、三尾与↑框前三尾和次首 | 4-6-6-8-10-2-6-4 | | |
| 3046 | 框中一、二、四尾二、四首与↓框后三首后两尾 | 4-6-2-10-8-6-6-4-6 | 10 | |
| | 框中一、三、四首一、三尾与↑框前三尾前两首 | 6-4-6-6-8-10-2-6-4 | | |
| 3047 | 框中一、二、四尾二、四首与↓框后三首和末尾 | 4-6-2-10-8-6-6-10 | 9 | |
| | 框中一、三、四首一、三尾与↑框前三尾和首首 | 10-6-6-8-10-2-6-4 | | |
| 3048 | 框中一、二、四尾二、四首与↓框中再尾二、三首 | 4-6-2-10-8-6-10 | 9 | |
| | 框中一、三、四首一、三尾与↑框中次首二、三尾 | 10-6-8-10-2-6-4 | | |
| 3049 | 框中一、二、四尾二、四首与↓框后两尾二、三首 | 4-6-2-10-8-6-10-6 | 9 | |
| | 框中一、三、四首一、三尾与↑框前两首二、三尾 | 6-10-6-8-10-2-6-4 | | |
| 3050 | 框中一、二、四尾二、四首与↓框中次首、尾 | 4-6-2-10-8-10 | 7 | 384 |
| | 框中一、三、四首一、三尾与↑框中再首、尾 | 10-8-10-2-6-4 | | |
| 3051 | 框中一、二、四尾二、四首与↓框中次尾二、四首 | $4-6-\dot{2}-10-8-10-\dot{2}$ | 8 | 3307 |
| | 框中一、三、四首一、三尾与↑框中再首一、三尾 | $\dot{2}-10-8-10-\dot{2}-6-4$ | | |
| 3052 | 框中一、二、四尾二、四首与↓框中丁行次首、尾 | 4-6-2-10-8-10-2-4 | 9 | |
| | 框中一、三、四首一、三尾与↑框中次行再首、尾 | 4-2-10-8-10-2-6-4 | | |
| 3053 | 框中一、二、四尾二、四首与↓框后三尾二、四首 | 4-6-2-10-8-10-2-4-6 | 10 | |
| | 框中一、三、四首一、三尾与↑框前三首一、三尾 | 6-4-2-10-8-10-2-6-4 | | |
| 3054 | 框中一、二、四尾二、四首与↓框中二、四首二、四尾 | $4-6-\dot{2}-10-8-10-\dot{2}-10$ | 9 | 3308 |
| | 框中一、三、四首一、三尾与↑框中一、三首一、三尾 | $10-\dot{2}-10-8-10-\dot{2}-6-4$ | | |

续表

| 序号 | 条件<br>在表 28 中,若任何的________都是素数的 | 结论<br>就是一个差__D__型 | k生素数 | 同差异决之序号 |
|---|---|---|---|---|
| 3055 | 框中一、二、四尾二、四首与↓框中次首二、三尾 | 4 - 6 - 2 - 10 - 8 - 10 - 6 | 8 | |
| | 框中一、三、四首一、三尾与↑框中再尾二、三首 | 6 - 10 - 8 - 10 - 2 - 6 - 4 | | |
| 3056 | 框中一、二、四尾二、四首与↓框后三尾和次首 | 4 - 6 - 2 - 10 - 8 - 10 - 6 - 6 | 9 | |
| | 框中一、三、四首一、三尾与↑框前三首和再尾 | 6 - 6 - 10 - 8 - 10 - 2 - 6 - 4 | | |
| 3057 | 框中一、三、四首一、四尾与下行首数 | 10 - 2 - 6 - 10 - 2 | 6 | 2472 |
| | 框中一、二、四尾一、四首与上行尾数 | 2 - 10 - 6 - 2 - 10 | | |
| 3058 | 框中一、三、四首一、四尾与↓框中前两首 | 10 - 2 - 6 - 10 - 2 - 6 | 7 | |
| | 框中一、二、四尾一、四首与↑框中后两尾 | 6 - 2 - 10 - 6 - 2 - 10 | | |
| 3059 | 框中一、三、四首一、四尾与↓框中前两行 | 10 - 2 - 6 - 10 - 2 - 6 - 4 | 8 | |
| | 框中一、二、四尾一、四首与↑框中后两行 | 4 - 6 - 2 - 10 - 6 - 2 - 10 | | |
| 3060 | 框中一、三、四首一、四尾与↓框前三首和首尾 | 10 - 2 - 6 - 10 - 2 - 6 - 4 - 2 | 9 | |
| | 框中一、二、四尾一、四首与↑框后三尾和末首 | 2 - 4 - 6 - 2 - 10 - 6 - 2 - 10 | | |
| 3061 | 框中一、三、四首一、四尾与↓框中前三行 | 10 - 2 - 6 - 10 - 2 - 6 - 4 - 2 - 4 | 10 | |
| | 框中一、二、四尾一、四首与↑框中后三行 | 4 - 2 - 4 - 6 - 2 - 10 - 6 - 2 - 10 | | |
| 3062 | 框中一、三、四首一、四尾与↓框前三首一、三尾 | 10 - 2 - 6 - 10 - 2 - 6 - 4 - 2 - 10 | 10 | |
| | 框中一、二、四尾一、四首与↑框后三尾二、四首 | 10 - 2 - 4 - 6 - 2 - 10 - 6 - 2 - 10 | | |
| 3063 | 框中一、三、四首一、四尾与↓框前两首前两尾 | 10 - 2 - 6 - 10 - 2 - 6 - 4 - 6 | 9 | |
| | 框中一、二、四尾一、四首与↑框后两首后两尾 | 6 - 4 - 6 - 2 - 10 - 6 - 2 - 10 | | |
| 3064 | 框中一、三、四首一、四尾与↓框前三尾前两首 | 10 - 2 - 6 - 10 - 2 - 6 - 4 - 6 - 6 | 10 | |
| | 框中一、二、四尾一、四首与↑框后三首后两尾 | 6 - 6 - 4 - 6 - 2 - 10 - 6 - 2 - 10 | | |
| 3065 | 框中一、三、四首一、四尾与↓框中前三首 | 10 - 2 - 6 - 10 - 2 - 6 - 6 | 8 | |
| | 框中一、二、四尾一、四首与↑框中后三尾 | 6 - 6 - 2 - 10 - 6 - 2 - 10 | | |
| 3066 | 框中一、三、四首一、四尾与↓框前三首和次尾 | 10 - 2 - 6 - 10 - 2 - 6 - 6 - 4 | 9 | |
| | 框中一、二、四尾一、四首与↑框后三尾和再首 | 4 - 6 - 6 - 2 - 10 - 6 - 2 - 10 | | |
| 3067 | 框中一、三、四首一、四尾与↓框前三首二、三尾 | 10 - 2 - 6 - 10 - 2 - 6 - 6 - 4 - 6 | 10 | |
| | 框中一、二、四尾一、四首与↑框后三尾二、三首 | 6 - 4 - 6 - 6 - 2 - 10 - 6 - 2 - 10 | | |
| 3068 | 框中一、三、四首一、四尾与↓框前三首和再尾 | 10 - 2 - 6 - 10 - 2 - 6 - 6 - 10 | 9 | |
| | 框中一、二、四尾一、四首与↑框后三尾和次首 | 10 - 6 - 6 - 2 - 10 - 6 - 2 - 10 | | |
| 3069 | 框中一、三、四首一、四尾与↓框前三首后两尾 | 10 - 2 - 6 - 10 - 2 - 6 - 6 - 10 - 6 | 10 | |
| | 框中一、二、四尾一、四首与↑框后三尾前两首 | 6 - 10 - 6 - 6 - 2 - 10 - 6 - 2 - 10 | | |
| 3070 | 框中一、三、四首一、四尾与↓框前两首和次尾 | 10 - 2 - 6 - 10 - 2 - 6 - 10 | 8 | |
| | 框中一、二、四尾一、四首与↑框后两尾和再首 | 10 - 6 - 2 - 10 - 6 - 2 - 10 | | |
| 3071 | 框中一、三、四首一、四尾与↓框前两首二、三尾 | 10 - 2 - 6 - 10 - 2 - 6 - 10 - 6 | 9 | |
| | 框中一、二、四尾一、四首与↑框后两尾二、三首 | 6 - 10 - 6 - 2 - 10 - 6 - 2 - 10 | | |
| 3072 | 框中一、三、四首一、四尾与↓框后三尾前两首 | 10 - 2 - 6 - 10 - 2 - 6 - 10 - 6 - 6 | 10 | |
| | 框中一、二、四尾一、四首与↑框前三首后两尾 | 6 - 6 - 10 - 6 - 2 - 10 - 6 - 2 - 10 | | |
| 3073 | 框中一、三、四首一、四尾与↓框中首首、尾 | 10 - 2 - 6 - 10 - 2 - 10 | 7 | 2648 |
| | 框中一、二、四尾一、四首与↑框中末首、尾 | 10 - 2 - 10 - 6 - 2 - 10 | | |
| 3074 | 框中一、三、四首一、四尾与↓框中首尾一、三首 | $10 - \dot{2} - 6 - 10 - 2 - 10 - \dot{2}$ | 8 | 3352 |
| | 框中一、二、四尾一、四首与↑框中末首二、四尾 | $\dot{2} - 10 - 2 - 10 - 6 - \dot{2} - 10$ | | |

续表

| 序号 | 条件<br>在表 28 中,若任何的______都是素数的 | 结论<br>就是一个差 $\underline{\ D\ }$ 型 | $k$ 生素数 | 同差异决之序号 |
|---|---|---|---|---|
| 3075 | 框中一、三、四首一、四尾与↓框前两尾一、三首 | 10 - 2 - 6 - 10 - 2 - 10 - 2 - 4 | 9 | |
| | 框中一、二、四尾一、四首与↑框后两首二、四尾 | 4 - 2 - 10 - 2 - 10 - 6 - 2 - 10 | | |
| 3076 | 框中一、三、四首一、四尾与↓框后两首首首、尾 | $10-\dot{2}-6-10-2-10-\dot{2}-6$ | 9 | 3353 |
| | 框中一、二、四尾一、四首与↑框前两尾末首、尾 | $6-\dot{2}-10-2-10-6-\dot{2}-10$ | | |
| 3077 | 框中一、三、四首一、四尾与↓框中一、三、四首一、三尾 | $10-\dot{2}-6-10-2-10-\dot{2}-6-4$ | 10 | 3354 |
| | 框中一、二、四尾一、四首与↑框中一、二、四尾二、四尾 | $4-6-\dot{2}-10-2-10-6-\dot{2}-10$ | | |
| 3078 | 框中一、三、四首一、四尾与↓框中一、三首一、三尾 | $10-\dot{2}-6-10-2-10-\dot{2}-10$ | 9 | 3356 |
| | 框中一、二、四尾一、四首与↑框中二、四首二、四尾 | $10-\dot{2}-10-2-10-6-\dot{2}-10$ | | |
| 3079 | 框中一、三、四首一、四尾与↓框中一、三、四尾一、三首 | $10-\dot{2}-6-10-2-10-\dot{2}-10-6$ | 10 | 3357 |
| | 框中一、二、四尾一、四首与↑框中一、二、四首二、四尾 | $6-10-\dot{2}-10-2-10-6-\dot{2}-10$ | | |
| 3080 | 框中一、三、四首一、四尾与↓框前两尾和首首 | 10 - 2 - 6 - 10 - 2 - 10 - 6 | 8 | |
| | 框中一、二、四尾一、四首与↑框后两首和末尾 | 6 - 10 - 2 - 10 - 6 - 2 - 10 | | |
| 3081 | 框中一、三、四首一、四尾与↓框前两尾一、四首 | 10 - 2 - 6 - 10 - 2 - 10 - 6 - 2 | 9 | |
| | 框中一、二、四尾一、四首与↑框后两首一、四尾 | 2 - 6 - 10 - 2 - 10 - 6 - 2 - 10 | | |
| 3082 | 框中一、三、四首一、四尾与↓框中一、二、四尾一、四首 | 10 - 2 - 6 - 10 - 2 - 10 - 6 - 2 - 10 | 10 | |
| 3083 | 框中一、三、四首一、四尾与↓框前三尾和首首 | 10 - 2 - 6 - 10 - 2 - 10 - 6 - 6 | 9 | |
| | 框中一、二、四尾一、四首与↑框后三首和末尾 | 6 - 6 - 10 - 2 - 10 - 6 - 2 - 10 | | |
| 3084 | 框中一、三、四首一、四尾与↓框中首尾一、四首 | $10-\dot{2}-6-10-2-10-\dot{8}$ | 8 | 3362 |
| | 框中一、二、四尾一、四首与↑框中末首一、四尾 | $\dot{8}-10-2-10-6-\dot{2}-10$ | | |
| 3085 | 框中一、三、四首一、四尾与↓框中丁行首首、尾 | $10-\dot{2}-6-10-2-10-\dot{8}-4$ | 9 | 3363 |
| | 框中一、二、四尾一、四首与↑框中次行末首、尾 | $4-\dot{8}-10-2-10-6-\dot{2}-10$ | | |
| 3086 | 框中一、三、四首一、四尾与↓框中一、四首一、四尾 | $10-\dot{2}-6-10-2-10-\dot{8}-10$ | 9 | 3365 |
| | 框中一、二、四尾一、四首与↑框中一、四首一、四尾 | $10-\dot{8}-10-2-10-6-\dot{2}-10$ | | |
| 3087 | 框中一、三、四首一、四尾与下下行首数 | 10 - 2 - 6 - 10 - 8 | 6 | |
| | 框中一、二、四尾一、四首与上上行尾数 | 8 - 10 - 6 - 2 - 10 | | |
| 3088 | 框中一、三、四首一、四尾与下下行两数 | 10 - 2 - 6 - 10 - 8 - 4 | 7 | |
| | 框中一、二、四尾一、四首与上上行两数 | 4 - 8 - 10 - 6 - 2 - 10 | | |
| 3089 | 框中一、三、四首一、四尾与$\underline{\downarrow}$框中首尾二、三首 | 10 - 2 - 6 - 10 - 8 - 4 - 2 | 8 | |
| | 框中一、二、四尾一、四首与$\overline{\uparrow}$框中末首二、三尾 | 2 - 4 - 8 - 10 - 6 - 2 - 10 | | |
| 3090 | 框中一、三、四首一、四尾与$\underline{\downarrow}$框中二、三行 | 10 - 2 - 6 - 10 - 8 - 4 - 2 - 4 | 9 | |
| | 框中一、二、四尾一、四首与$\overline{\uparrow}$框中三、四行 | 4 - 2 - 4 - 8 - 10 - 6 - 2 - 10 | | |
| 3091 | 框中一、三、四首一、四尾与$\underline{\downarrow}$框后三首前两尾 | 10 - 2 - 6 - 10 - 8 - 4 - 2 - 4 - 2 | 10 | |
| | 框中一、二、四尾一、四首与$\overline{\uparrow}$框前三尾后两首 | 2 - 4 - 2 - 4 - 8 - 10 - 6 - 2 - 10 | | |
| 3092 | 框中一、三、四首一、四尾与$\underline{\downarrow}$框后三首和首尾 | 10 - 2 - 6 - 10 - 8 - 4 - 2 - 6 | 9 | |
| | 框中一、二、四尾一、四首与$\overline{\uparrow}$框前三尾和末首 | 6 - 2 - 4 - 8 - 10 - 6 - 2 - 10 | | |
| 3093 | 框中一、三、四首一、四尾与$\underline{\downarrow}$框后三首一、三尾 | 10 - 2 - 6 - 10 - 8 - 4 - 2 - 6 - 4 | 10 | |
| | 框中一、二、四尾一、四首与$\overline{\uparrow}$框前三尾二、四首 | 4 - 6 - 2 - 4 - 8 - 10 - 6 - 2 - 10 | | |
| 3094 | 框中一、三、四首一、四尾与$\underline{\downarrow}$框中次行再首、尾 | 10 - 2 - 6 - 10 - 8 - 4 - 2 - 10 | 9 | |
| | 框中一、二、四尾一、四首与$\overline{\uparrow}$框中丁行次首、尾 | 10 - 2 - 4 - 8 - 10 - 6 - 2 - 10 | | |

续表

| 序号 | 条件<br>在表 28 中,若任何的______都是素数的 | 结论<br>就是一个差__D__型 | k 生素数 | 同差异决之序号 |
|---|---|---|---|---|
| 3095 | 框中一、三、四首一、四尾与↓框中一、三、四尾二、三首 | 10-2-6-10-8-4-2-10-6 | 10 | |
| | 框中一、二、四尾一、四首与↑框中一、二、四首二、三尾 | 6-10-2-4-8-10-6-2-10 | | |
| 3096 | 框中一、三、四首一、四尾与↓框前两尾和次首 | 10-2-6-10-8-4-6 | 8 | |
| | 框中一、二、四尾一、四首与↑框后两首和再尾 | 6-4-8-10-6-2-10 | | |
| 3097 | 框中一、三、四首一、四尾与↓框前两尾二、四首 | 10-2-6-10-8-4-6-2 | 9 | |
| | 框中一、二、四尾一、四首与↑框后两首一、三尾 | 2-6-4-8-10-6-2-10 | | |
| 3098 | 框中一、三、四首一、四尾与↓框前三尾二、四首 | 10-2-6-10-8-4-6-2-4 | 10 | |
| | 框中一、二、四尾一、四首与↑框后三首一、三尾 | 4-2-6-4-8-10-6-2-10 | | |
| 3099 | 框中一、三、四首一、四尾与↓框前三尾和次首 | 10-2-6-10-8-4-6-6 | 9 | |
| | 框中一、二、四尾一、四首与↑框后三首和再尾 | 6-6-4-8-10-6-2-10 | | |
| 3100 | 框中一、三、四首一、四尾与↓框中次行和末首 | 10-2-6-10-8-4-8 | 8 | |
| | 框中一、二、四尾一、四首与↑框中丁行和首尾 | 8-4-8-10-6-2-10 | | |
| 3101 | 框中一、三、四首一、四尾与↓框中二、四行 | 10-2-6-10-8-4-8-4 | 9 | |
| | 框中一、二、四尾一、四首与↑框中二、四行 | 4-8-4-8-10-6-2-10 | | |
| 3102 | 框中一、三、四首一、四尾与↓框中二、三首 | 10-2-6-10-8-6 | 7 | |
| | 框中一、二、四尾一、四首与↑框中二、三尾 | 6-8-10-6-2-10 | | |
| 3103 | 框中一、三、四首一、四尾与↓框中次尾二、三首 | 10-2-6-10-8-6-4 | 8 | |
| | 框中一、二、四尾一、四首与↑框中再首二、三尾 | 4-6-8-10-6-2-10 | | |
| 3104 | 框中一、三、四首一、四尾与↓框后三首和次尾 | 10-2-6-10-8-6-4-2 | 9 | |
| | 框中一、二、四尾一、四首与↑框前三尾和再首 | 2-4-6-8-10-6-2-10 | | |
| 3105 | 框中一、三、四首一、四尾与↓框后三首二、三尾 | 10-2-6-10-8-6-4-2-4 | 10 | |
| | 框中一、二、四尾一、四首与↑框前三尾二、三首 | 4-2-4-6-8-10-6-2-10 | | |
| 3106 | 框中一、三、四首一、四尾与↓框中二、三首二、三尾 | 10-2-6-10-8-6-4-6 | 9 | |
| | 框中一、二、四尾一、四首与↑框中二、三首二、三尾 | 6-4-6-8-10-6-2-10 | | |
| 3107 | 框中一、三、四首一、四尾与↓框中后三首 | 10-2-6-10-8-6-6 | 8 | |
| | 框中一、二、四尾一、四首与↑框中前三尾 | 6-6-8-10-6-2-10 | | |
| 3108 | 框中一、三、四首一、四尾与↓框后三首和再尾 | 10-2-6-10-8-6-6-4 | 9 | |
| | 框中一、二、四尾一、四首与↑框前三尾和次首 | 4-6-6-8-10-6-2-10 | | |
| 3109 | 框中一、三、四首一、四尾与↓框中再尾二、三首 | 10-2-6-10-8-6-10 | 8 | |
| | 框中一、二、四尾一、四首与↑框中次首二、三尾 | 10-6-8-10-6-2-10 | | |
| 3110 | 框中一、三、四首一、四尾与↓框后两尾二、三首 | 10-2-6-10-8-6-10-6 | 9 | |
| | 框中一、二、四尾一、四首与↑框前两首二、三尾 | 6-10-6-8-10-6-2-10 | | |
| 3111 | 框中一、三、四首一、四尾与↓框中次首、尾 | 10-2-6-10-8-10 | 7 | |
| | 框中一、二、四尾一、四首与↑框中再首、尾 | 10-8-10-6-2-10 | | |
| 3112 | 框中一、三、四首一、四尾与↓框中次尾二、四首 | 10-2-6-10-8-10-2 | 8 | |
| | 框中一、二、四尾一、四首与↑框中再首一、三尾 | 2-10-8-10-6-2-10 | | |
| 3113 | 框中一、三、四首一、四尾与↓框中丁行次首、尾 | 10-2-6-10-8-10-2-4 | 9 | |
| | 框中一、二、四尾一、四首与↑框中次行再首、尾 | 4-2-10-8-10-6-2-10 | | |
| 3114 | 框中一、三、四首一、四尾与↓框中次首二、三尾 | 10-2-6-10-8-10-6 | 8 | |
| | 框中一、二、四尾一、四首与↑框中再尾二、三首 | 6-10-8-10-6-2-10 | | |

续表

| 序号 | 条件<br>在表 28 中,若任何的______都是素数的 | 结论<br>就是一个差 __$D$__ 型 | $k$ 生素数 | 同差异决之序号 |
|---|---|---|---|---|
| 3115 | 框中一、三、四首一、四尾与↓框后三尾和次首 | 10-2-6-10-8-10-6-6 | 9 | |
| | 框中一、二、四尾一、四首与↑框前三首和再尾 | 6-6-10-8-10-6-2-10 | | |
| 3116 | 框中一、二、四尾一、四首与下行首数 | 10-6-2-10-2 | 6 | 109 |
| | 框中一、三、四首一、四尾与上行尾数 | 2-10-2-6-10 | | |
| 3117 | 框中一、二、四尾一、四首与↓框中前两首 | 10-6-2-10-2-6 | 7 | 789 |
| | 框中一、三、四首一、四尾与↑框中后两尾 | 6-2-10-2-6-10 | | |
| 3118 | 框中一、二、四尾一、四首与↓框中前两行 | 10-6-2-10-2-6-4 | 8 | 3019 |
| | 框中一、三、四首一、四尾与↑框中后两行 | 4-6-2-10-2-6-10 | | |
| 3119 | 框中一、二、四尾一、四首与↓框前三首和首尾 | 10-6-2-10-2-6-4-2 | 9 | |
| | 框中一、三、四首一、四尾与↑框后三尾和末首 | 2-4-6-2-10-2-6-10 | | |
| 3120 | 框中一、二、四尾一、四首与↓框中前三行 | 10-6-2-10-2-6-4-2-4 | 10 | |
| | 框中一、三、四首一、四尾与↑框中后三行 | 4-2-4-6-2-10-2-6-10 | | |
| 3121 | 框中一、二、四尾一、四首与↓框前三首一、三尾 | 10-6-2-10-2-6-4-2-10 | 10 | |
| | 框中一、三、四首一、四尾与↑框后三尾二、四首 | 10-2-4-6-2-10-2-6-10 | | |
| 3122 | 框中一、二、四尾一、四首与↓框前两首前两尾 | 10-6-2-10-2-6-4-6 | 9 | 3217 |
| | 框中一、三、四首一、四尾与↑框后两首后两尾 | 6-4-6-2-10-2-6-10 | | |
| 3123 | 框中一、二、四尾一、四首与↓框前三尾前两首 | 10-6-2-10-2-6-4-6-6 | 10 | |
| | 框中一、三、四首一、四尾与↑框后三首后两尾 | 6-6-4-6-2-10-2-6-10 | | |
| 3124 | 框中一、二、四尾一、四首与↓框中前三首 | 10-6-2-10-2-6-6 | 8 | |
| | 框中一、三、四首一、四尾与↑框中后三尾 | 6-6-2-10-2-6-10 | | |
| 3125 | 框中一、二、四尾一、四首与↓框前三首和次尾 | 10-6-2-10-2-6-6-4 | 9 | |
| | 框中一、三、四首一、四尾与↑框后三尾和再首 | 4-6-6-2-10-2-6-10 | | |
| 3126 | 框中一、二、四尾一、四首与↓框中四首数 | 10-6-2-10-2-6-6-6 | 9 | |
| | 框中一、三、四首一、四尾与↑框中四尾数 | 6-6-6-2-10-2-6-10 | | |
| 3127 | 框中一、二、四尾一、四首与↓框前三首和再尾 | 10-6-2-10-2-6-6-10 | 9 | |
| | 框中一、三、四首一、四尾与↑框后三尾和次首 | 10-6-6-2-10-2-6-10 | | |
| 3128 | 框中一、二、四尾一、四首与↓框前两首和次尾 | 10-6-2-10-2-6-10 | 8 | |
| | 框中一、三、四首一、四尾与↑框后两尾和再首 | 10-6-2-10-2-6-10 | | |
| 3129 | 框中一、二、四尾一、四首与↓框中一、二、四首和次尾 | 10-6-2-10-2-6-10-2 | 9 | 3376 |
| | 框中一、三、四首一、四尾与↑框中一、三、四尾和再首 | 2-10-6-2-10-2-6-10 | | |
| 3130 | 框中一、二、四尾一、四首与↓框前两首二、三尾 | 10-6-2-10-2-6-10-6 | 9 | |
| | 框中一、三、四首一、四尾与↑框后两尾二、三首 | 6-10-6-2-10-2-6-10 | | |
| 3131 | 框中一、二、四尾一、四首与↓框中首首、尾 | 10-6-2-10-2-10 | 7 | 428 |
| | 框中一、三、四首一、四尾与↑框中末首、尾 | 10-2-10-2-6-10 | | |
| 3132 | 框中一、二、四尾一、四首与↓框中首尾一、三首 | 10-6-2-10-2-10-2 | 8 | |
| | 框中一、三、四首一、四尾与↑框中末首二、四尾 | 2-10-2-10-2-6-10 | | |
| 3133 | 框中一、二、四尾一、四首与↓框前两尾一、三首 | 10-6-2-10-2-10-2-4 | 9 | |
| | 框中一、三、四首一、四尾与↑框后两首二、四尾 | 4-2-10-2-10-2-6-10 | | |
| 3134 | 框中一、二、四尾一、四首与↓框后两首首首、尾 | 10-6-2-10-2-10-2-6 | 9 | |
| | 框中一、三、四首一、四尾与↑框前两尾末首、尾 | 6-2-10-2-10-2-6-10 | | |

续表

| 序号 | 条件<br>在表 28 中,若任何的______都是素数的 | 结论<br>就是一个差 D 型 | k 生素数 | 同差异决之序号 |
| --- | --- | --- | --- | --- |
| 3135 | 框中一、二、四尾一、四首与↓框中一、三、四首一、四尾 | 10-6-2-10-2-10-2-6-10 | 10 | |
| 3136 | 框中一、二、四尾一、四首与↓框中一、三首一、三尾 | 10-6-2-10-2-10-2-10 | 9 | |
| | 框中一、三、四首一、四尾与↑框中二、四首二、四尾 | 10-2-10-2-10-2-6-10 | | |
| 3137 | 框中一、二、四尾一、四首与↓框前两尾和首首 | 10-6-2-10-2-10-6 | 8 | 2586 |
| | 框中一、三、四首一、四尾与↑框后两首和末尾 | 6-10-2-10-2-6-10 | | |
| 3138 | 框中一、二、四尾一、四首与↓框前两尾一、四首 | 10-6-$\dot{2}$-10-2-10-6-$\dot{2}$ | 9 | 3349 |
| | 框中一、三、四首一、四尾与↑框后两首一、四尾 | $\dot{2}$-6-10-2-10-$\dot{2}$-6-10 | | |
| 3139 | 框中一、二、四尾一、四首与↓框中一、二、四尾一、四首 | 10-6-$\dot{2}$-10-2-10-6-$\dot{2}$-10 | 10 | 3355 |
| | 框中一、三、四首一、四尾与↑框中一、三、四首一、四尾 | 10-$\dot{2}$-6-10-2-10-$\dot{2}$-6-10 | | |
| 3140 | 框中一、二、四尾一、四首与↓框前三尾和首首 | 10-6-2-10-2-10-6-6 | 9 | |
| | 框中一、三、四首一、四尾与↑框后三首和末尾 | 6-6-10-2-10-2-6-10 | | |
| 3141 | 框中一、二、四尾一、四首与↓框中首尾一、四首 | 10-6-$\dot{2}$-10-2-10-$\dot{8}$ | 8 | 3295 |
| | 框中一、三、四首一、四尾与↑框中末首一、四尾 | $\dot{8}$-10-2-10-$\dot{2}$-6-10 | | |
| 3142 | 框中一、二、四尾一、四首与↓框中丁行首首、尾 | 10-6-2-10-2-10-8-4 | 9 | |
| | 框中一、三、四首一、四尾与↑框中次行末首、尾 | 4-8-10-2-10-2-6-10 | | |
| 3143 | 框中一、二、四尾一、四首与↓框中一、四首一、四尾 | 10-6-$\dot{2}$-10-2-10-$\dot{8}$-10 | 9 | 3296 |
| | 框中一、三、四首一、四尾与↑框中一、四首一、四尾 | 10-$\dot{8}$-10-2-10-$\dot{2}$-6-10 | | |
| 3144 | 框中一、二、四尾一、四首与下下行首数 | 10-6-2-10-8 | 6 | 365 |
| | 框中一、三、四首一、四尾与上上行尾数 | 8-10-2-6-10 | | |
| 3145 | 框中一、二、四尾一、四首与下下行两数 | 10-6-2-10-8-4 | 7 | 462 |
| | 框中一、三、四首一、四尾与上上行两数 | 4-8-10-2-6-10 | | |
| 3146 | 框中一、二、四尾一、四首与↓框中首尾二、三首 | 10-6-2-10-8-4-2 | 8 | |
| | 框中一、三、四首一、四尾与↑框中末首二、三尾 | 2-4-8-10-2-6-10 | | |
| 3147 | 框中一、二、四尾一、四首与↓框中二、三行 | 10-6-2-10-8-4-2-4 | 9 | |
| | 框中一、三、四首一、四尾与↑框中三、四行 | 4-2-4-8-10-2-6-10 | | |
| 3148 | 框中一、二、四尾一、四首与↓框中次行再首、尾 | 10-6-2-10-8-4-2-10 | 9 | |
| | 框中一、三、四首一、四尾与↑框中丁行次首、尾 | 10-2-4-8-10-2-6-10 | | |
| 3149 | 框中一、二、四尾一、四首与↓框中一、三、四尾二、三首 | 10-6-2-10-8-4-2-10-6 | 10 | |
| | 框中一、三、四首一、四尾与↑框中一、二、四首二、三尾 | 6-10-2-4-8-10-2-6-10 | | |
| 3150 | 框中一、二、四尾一、四首与↓框前两尾和次首 | 10-6-2-10-8-4-6 | 8 | 522 |
| | 框中一、三、四首一、四尾与↑框后两首和再尾 | 6-4-8-10-2-6-10 | | |
| 3151 | 框中一、二、四尾一、四首与↓框前三尾和次首 | 10-6-2-10-8-4-6-6 | 9 | |
| | 框中一、三、四首一、四尾与↑框后三首和再尾 | 6-6-4-8-10-2-6-10 | | |
| 3152 | 框中一、二、四尾一、四首与↓框中二、三首 | 10-6-2-10-8-6 | 7 | |
| | 框中一、三、四首一、四尾与↑框中二、三尾 | 6-8-10-2-6-10 | | |
| 3153 | 框中一、二、四尾一、四首与↓框中次尾二、三首 | 10-6-2-10-8-6-4 | 8 | |
| | 框中一、三、四首一、四尾与↑框中再首二、三尾 | 4-6-8-10-2-10-6 | | |
| 3154 | 框中一、二、四尾一、四首与↓框后三首和次尾 | 10-6-2-10-8-6-4-2 | 9 | |
| | 框中一、三、四首一、四尾与↑框前三尾和再首 | 2-4-6-8-10-2-6-10 | | |

续表

| 序号 | 条件<br>在表 28 中，若任何的＿＿＿＿＿都是素数的 | 结论<br>就是一个差 $\underline{D}$ 型 | $k$ 生素数 | 同差异决之序号 |
|---|---|---|---|---|
| 3155 | 框中一、二、四尾一、四首与$\underline{\downarrow}$框后三首二、三尾<br>框中一、三、四首一、四尾与$\overline{\uparrow}$框前三尾二、三首 | 10-6-2-10-8-6-4-2-4<br>4-2-4-6-8-10-2-6-10 | 10 | |
| 3156 | 框中一、二、四尾一、四首与$\underline{\downarrow}$框后三首二、四尾<br>框中一、三、四首一、四尾与$\overline{\uparrow}$框前三尾一、三首 | 10-6-2-10-8-6-4-2-10<br>10-2-4-6-8-10-2-6-10 | 10 | |
| 3157 | 框中一、二、四尾一、四首与$\underline{\downarrow}$框中二、三首二、三尾<br>框中一、三、四首一、四尾与$\overline{\uparrow}$框中二、三首二、三尾 | 10-6-2-10-8-6-4-6<br>6-4-6-8-10-2-6-10 | 9 | |
| 3158 | 框中一、二、四尾一、四首与$\underline{\downarrow}$框中后三首<br>框中一、三、四首一、四尾与$\overline{\uparrow}$框中前三尾 | 10-6-2-10-8-6-6<br>6-6-8-10-2-6-10 | 8 | |
| 3159 | 框中一、二、四尾一、四首与$\underline{\downarrow}$框后三首和再尾<br>框中一、三、四首一、四尾与$\overline{\uparrow}$框前三尾和次首 | 10-6-2-10-8-6-6-4<br>4-6-6-8-10-2-6-10 | 9 | |
| 3160 | 框中一、二、四尾一、四首与$\underline{\downarrow}$框后三首后两尾<br>框中一、三、四首一、四尾与$\overline{\uparrow}$框前三尾前两首 | 10-6-2-10-8-6-6-4-6<br>6-4-6-6-8-10-2-6-10 | 10 | |
| 3161 | 框中一、二、四尾一、四首与$\underline{\downarrow}$框后三首和末尾<br>框中一、三、四首一、四尾与$\overline{\uparrow}$框前三尾和首首 | 10-6-2-10-8-6-6-10<br>10-6-6-8-10-2-6-10 | 9 | |
| 3162 | 框中一、二、四尾一、四首与$\underline{\downarrow}$框中再尾二、三首<br>框中一、三、四首一、四尾与$\overline{\uparrow}$框中次首二、三尾 | 10-6-2-10-8-6-10<br>10-6-8-10-2-6-10 | 8 | |
| 3163 | 框中一、二、四尾一、四首与$\underline{\downarrow}$框后两尾二、三首<br>框中一、三、四首一、四尾与$\overline{\uparrow}$框前两首二、三尾 | 10-6-2-10-8-6-10-6<br>6-10-6-8-10-2-6-10 | 9 | |
| 3164 | 框中一、二、四尾一、四首与$\underline{\downarrow}$框中次首、尾<br>框中一、三、四首一、四尾与$\overline{\uparrow}$框中再首、尾 | 10-6-2-10-8-10<br>10-8-10-2-6-10 | 7 | 389 |
| 3165 | 框中一、二、四尾一、四首与$\underline{\downarrow}$框中次尾二、四首<br>框中一、三、四首一、四尾与$\overline{\uparrow}$框中再首一、三尾 | 10-6-$\dot{2}$-10-8-10-$\dot{2}$<br>$\dot{2}$-10-8-10-$\dot{2}$-6-10 | 8 | 3313 |
| 3166 | 框中一、二、四尾一、四首与$\underline{\downarrow}$框中丁行次首、尾<br>框中一、三、四首一、四尾与$\overline{\uparrow}$框中次行再首、尾 | 10-6-2-10-8-10-2-4<br>4-2-10-8-10-2-6-10 | 9 | |
| 3167 | 框中一、二、四尾一、四首与$\underline{\downarrow}$框后三尾二、四首<br>框中一、三、四首一、四尾与$\overline{\uparrow}$框前三首一、三尾 | 10-6-2-10-8-10-2-4-6<br>6-4-2-10-8-10-2-6-10 | 10 | |
| 3168 | 框中一、二、四尾一、四首与$\underline{\downarrow}$框中二、四首二、四尾<br>框中一、三、四首一、四尾与$\overline{\uparrow}$框中一、三首一、三尾 | 10-6-$\dot{2}$-10-8-10-$\dot{2}$-10<br>10-$\dot{2}$-10-8-10-$\dot{2}$-6-10 | 9 | 3314 |
| 3169 | 框中一、二、四尾一、四首与$\underline{\downarrow}$框中次首二、三尾<br>框中一、三、四首一、四尾与$\overline{\uparrow}$框中再尾二、三首 | 10-6-2-10-8-10-6<br>6-10-8-10-2-6-10 | 8 | |
| 3170 | 框中一、二、四尾一、四首与$\underline{\downarrow}$框后三尾和次首<br>框中一、三、四首一、四尾与$\overline{\uparrow}$框前三首和再尾 | 10-6-2-10-8-10-6-6<br>6-6-10-8-10-2-6-10 | 9 | |
| 3171 | 框中一、三、四首一、三、四尾与下行首数<br>框中一、二、四首一、二、四尾与上行尾数 | 10-2-6-4-6-2<br>2-6-4-6-2-10 | 7 | 2798 |
| 3172 | 框中一、三、四首一、三、四尾与↓框中前两首<br>框中一、二、四首一、二、四尾与↑框中后两尾 | 10-2-6-4-6-2-6<br>6-2-6-4-6-2-10 | 8 | |
| 3173 | 框中一、三、四首一、三、四尾与↓框中前两行<br>框中一、二、四首一、二、四尾与↑框中后两行 | 10-2-6-4-6-2-6-4<br>4-6-2-6-4-6-2-10 | 9 | |
| 3174 | 框中一、三、四首一、三、四尾与↓框前三首和首尾<br>框中一、二、四首一、二、四尾与↑框后三尾和末首 | 10-2-6-4-6-2-6-4-2<br>2-4-6-2-6-4-6-2-10 | 10 | |

续表

| 序号 | 条件<br>在表 28 中,若任何的______都是素数的 | 结论<br>就是一个差 $D$ 型 | $k$生素数 | 同差异决之序号 |
|---|---|---|---|---|
| 3175 | 框中一、三、四首一、三、四尾与↓框前两首前两尾 | 10-2-6-4-6-2-6-4-6 | 10 | |
| | 框中一、二、四首一、二、四尾与↑框后两首后两尾 | 6-4-6-2-6-4-6-2-10 | | |
| 3176 | 框中一、三、四首一、三、四尾与↓框中前三首 | 10-2-6-4-6-2-6-6 | 9 | |
| | 框中一、二、四首一、二、四尾与↑框中后三尾 | 6-6-2-6-4-6-2-10 | | |
| 3177 | 框中一、三、四首一、三、四尾与↓框前三首和次尾 | 10-2-6-4-6-2-6-6-4 | 10 | |
| | 框中一、二、四首一、二、四尾与↑框后三尾和再首 | 4-6-6-2-6-4-6-2-10 | | |
| 3178 | 框中一、三、四首一、三、四尾与↓框前三首和再尾 | 10-2-6-4-6-2-6-6-10 | 10 | |
| | 框中一、二、四首一、二、四尾与↑框后三尾和次首 | 10-6-6-2-6-4-6-2-10 | | |
| 3179 | 框中一、三、四首一、三、四尾与↓框前两首和次尾 | 10-2-6-4-6-2-6-10 | 9 | |
| | 框中一、二、四首一、二、四尾与↑框后两尾和再首 | 10-6-2-6-4-6-2-10 | | |
| 3180 | 框中一、三、四首一、三、四尾与↓框前两首二、三尾 | 10-2-6-4-6-2-6-10-6 | 10 | |
| | 框中一、二、四首一、二、四尾与↑框后两尾二、三首 | 6-10-6-2-6-4-6-2-10 | | |
| 3181 | 框中一、三、四首一、三、四尾与↓框中首首、尾 | 10-2-6-4-6-2-10 | 8 | |
| | 框中一、二、四首一、二、四尾与↑框中末首、尾 | 10-2-6-4-6-2-10 | | |
| 3182 | 框中一、三、四首一、三、四尾与↓框中首尾一、三首 | 10-$\dot{2}$-6-4-6-2-10-$\dot{2}$ | 9 | 3396 |
| | 框中一、二、四首一、二、四尾与↑框中末首二、四尾 | $\dot{2}$-10-2-6-4-6-$\dot{2}$-10 | | |
| 3183 | 框中一、三、四首一、三、四尾与↓框前两尾一、三首 | 10-2-6-4-6-2-10-2-4 | 10 | |
| | 框中一、二、四首一、二、四尾与↑框后两首二、四尾 | 4-2-10-2-6-4-6-2-10 | | |
| 3184 | 框中一、三、四首一、三、四尾与↓框中一、三首一、三尾 | 10-$\dot{2}$-6-4-6-2-10-$\dot{2}$-10 | 10 | 3397 |
| | 框中一、二、四首一、二、四尾与↑框中二、四首二、四尾 | 10-$\dot{2}$-10-2-6-4-6-$\dot{2}$-10 | | |
| 3185 | 框中一、三、四首一、三、四尾与↓框前两尾和首首 | 10-2-6-4-6-2-10-6 | 9 | |
| | 框中一、二、四首一、二、四尾与↑框后两首和末尾 | 6-10-2-6-4-6-2-10 | | |
| 3186 | 框中一、三、四首一、三、四尾与↓框前三尾和首首 | 10-2-6-4-6-2-10-6-6 | 10 | |
| | 框中一、二、四首一、二、四尾与↑框后三首和末尾 | 6-6-10-2-6-4-6-2-10 | | |
| 3187 | 框中一、三、四首一、三、四尾与↓与下下行首数 | 10-2-6-4-6-8 | 7 | |
| | 框中一、二、四首一、二、四尾与↑与上上行尾数 | 8-6-4-6-2-10 | | |
| 3188 | 框中一、三、四首一、三、四尾与下下行两数 | 10-2-6-4-6-8-4 | 8 | |
| | 框中一、二、四首一、二、四尾与上上行两数 | 4-8-6-4-6-2-10 | | |
| 3189 | 框中一、三、四首一、三、四尾与$\underline{\downarrow}$框中首尾二、三首 | 10-2-6-4-6-8-4-2 | 9 | |
| | 框中一、二、四首一、二、四尾与$\overline{\uparrow}$框中末首二、三尾 | 2-4-8-6-4-6-2-10 | | |
| 3190 | 框中一、三、四首一、三、四尾与$\underline{\downarrow}$框中二、三行 | 10-2-6-4-6-8-4-2-4 | 10 | |
| | 框中一、二、四首一、二、四尾与$\overline{\uparrow}$框中三、四行 | 4-2-4-8-6-4-6-2-10 | | |
| 3191 | 框中一、三、四首一、三、四尾与$\underline{\downarrow}$框后三首和首尾 | 10-2-6-4-6-8-4-2-6 | 10 | |
| | 框中一、二、四首一、二、四尾与$\overline{\uparrow}$框前三尾和末首 | 6-2-4-8-6-4-6-2-10 | | |
| 3192 | 框中一、三、四首一、三、四尾与$\underline{\downarrow}$框中次行再首、尾 | 10-2-6-4-6-8-4-2-10 | 10 | |
| | 框中一、二、四首一、二、四尾与$\overline{\uparrow}$框中丁行次首、尾 | 10-2-4-8-6-4-6-2-10 | | |
| 3193 | 框中一、三、四首一、三、四尾与$\underline{\downarrow}$框前两尾和次首 | 10-2-6-4-6-8-4-6 | 9 | |
| | 框中一、二、四首一、二、四尾与$\overline{\uparrow}$框后两首和再尾 | 6-4-8-6-4-6-2-10 | | |
| 3194 | 框中一、三、四首一、三、四尾与$\underline{\downarrow}$框前两尾二、四首 | 10-2-6-4-6-8-4-6-2 | 10 | |
| | 框中一、二、四首一、二、四尾与$\overline{\uparrow}$框后两首一、三尾 | 2-6-4-8-6-4-6-2-10 | | |

续表

| 序号 | 条件<br>在表 28 中,若任何的________都是素数的 | 结论<br>就是一个差 $D$ 型 | $k$ 生素数 | 同差异决之序号 |
|---|---|---|---|---|
| 3195 | 框中一、三、四首一、三、四尾与$\underline{\downarrow}$框前三尾和次首<br>框中一、二、四首一、二、四尾与$\overline{\uparrow}$框后三首和再尾 | 10-2-6-4-6-8-4-6-6<br>6-6-4-8-6-4-6-2-10 | 10 | |
| 3196 | 框中一、三、四首一、三、四尾与$\underline{\downarrow}$框中次行和末首<br>框中一、二、四首一、二、四尾与$\overline{\uparrow}$框中丁行和首尾 | 10-2-6-4-6-8-4-8<br>8-4-8-6-4-6-2-10 | 9 | |
| 3197 | 框中一、三、四首一、三、四尾与$\underline{\downarrow}$框中二、四行<br>框中一、二、四首一、二、四尾与$\overline{\uparrow}$框中二、四行 | 10-2-6-4-6-8-4-8-4<br>4-8-4-8-6-4-6-2-10 | 10 | |
| 3198 | 框中一、三、四首一、三、四尾与$\underline{\downarrow}$框中二、三首<br>框中一、二、四首一、二、四尾与$\overline{\uparrow}$框中二、三尾 | 10-2-6-4-6-8-6<br>6-8-6-4-6-2-10 | 8 | |
| 3199 | 框中一、三、四首一、三、四尾与$\underline{\downarrow}$框中次尾二、三首<br>框中一、二、四首一、二、四尾与$\overline{\uparrow}$框中再首二、三尾 | 10-2-6-4-6-8-6-4<br>4-6-8-6-4-6-2-10 | 9 | |
| 3200 | 框中一、三、四首一、三、四尾与$\underline{\downarrow}$框后三首和次尾<br>框中一、二、四首一、二、四尾与$\overline{\uparrow}$框前三尾和再首 | 10-2-6-4-6-8-6-4-2<br>2-4-6-8-6-4-6-2-10 | 10 | |
| 3201 | 框中一、三、四首一、三、四尾与$\underline{\downarrow}$框中二、三首二、三尾<br>框中一、二、四首一、二、四尾与$\overline{\uparrow}$框中二、三首二、三尾 | 10-2-6-4-6-8-6-4-6<br>6-4-6-8-6-4-6-2-10 | 10 | |
| 3202 | 框中一、三、四首一、三、四尾与$\underline{\downarrow}$框中后三首<br>框中一、二、四首一、二、四尾与$\overline{\uparrow}$框中前三尾 | 10-2-6-4-6-8-6-6<br>6-6-8-6-4-6-2-10 | 9 | |
| 3203 | 框中一、三、四首一、三、四尾与$\underline{\downarrow}$框后三首和再尾<br>框中一、二、四首一、二、四尾与$\overline{\uparrow}$框前三尾和次首 | 10-2-6-4-6-8-6-6-4<br>4-6-6-8-6-4-6-2-10 | 10 | |
| 3204 | 框中一、三、四首一、三、四尾与$\underline{\downarrow}$框中再尾二、三首<br>框中一、二、四首一、二、四尾与$\overline{\uparrow}$框中次首二、三尾 | 10-2-6-4-6-8-6-10<br>10-6-8-6-4-6-2-10 | 9 | |
| 3205 | 框中一、三、四首一、三、四尾与$\underline{\downarrow}$框后两尾二、三首<br>框中一、二、四首一、二、四尾与$\overline{\uparrow}$框前两首二、三尾 | 10-2-6-4-6-8-6-10-6<br>6-10-6-8-6-4-6-2-10 | 10 | |
| 3206 | 框中一、三、四首一、三、四尾与$\underline{\downarrow}$框中次首、尾<br>框中一、二、四首一、二、四尾与$\overline{\uparrow}$框中再首、尾 | 10-2-6-4-6-8-10<br>10-8-6-4-6-2-10 | 8 | |
| 3207 | 框中一、三、四首一、三、四尾与$\underline{\downarrow}$框中次尾二、四首<br>框中一、二、四首一、二、四尾与$\overline{\uparrow}$框中再首一、三尾 | 10-2-6-4-6-8-10-2<br>2-10-8-6-4-6-2-10 | 9 | |
| 3208 | 框中一、三、四首一、三、四尾与$\underline{\downarrow}$框中丁行次首、尾<br>框中一、二、四首一、二、四尾与$\overline{\uparrow}$框中次行再首、尾 | 10-2-6-4-6-8-10-2-4<br>4-2-10-8-6-4-6-2-10 | 10 | |
| 3209 | 框中一、三、四首一、三、四尾与$\underline{\downarrow}$框中次首二、三尾<br>框中一、二、四首一、二、四尾与$\overline{\uparrow}$框中再尾二、三首 | 10-2-6-4-6-8-10-6<br>6-10-8-6-4-6-2-10 | 9 | |
| 3210 | 框中一、三、四首一、三、四尾与$\underline{\downarrow}$框后三尾和次首<br>框中一、二、四首一、二、四尾与$\overline{\uparrow}$框前三首和再尾 | 10-2-6-4-6-8-10-6-6<br>6-6-10-8-6-4-6-2-10 | 10 | |
| 3211 | 框中一、二、四首一、二、四尾与下行首数<br>框中一、三、四首一、三、四尾与上行尾数 | 6-4-6-2-10-2<br>2-10-2-6-4-6 | 7 | 227 |
| 3212 | 框中一、二、四首一、二、四尾与↓框中前两首<br>框中一、三、四首一、三、四尾与↑框中后两尾 | 6-4-6-2-10-2-6<br>6-2-10-2-6-4-6 | 8 | 229 |
| 3213 | 框中一、二、四首一、二、四尾与↓框中前三首<br>框中一、三、四首一、三、四尾与↑框中后三尾 | 6-4-6-2-10-2-6-6<br>6-6-2-10-2-6-4-6 | 9 | |
| 3214 | 框中一、二、四首一、二、四尾与↓框前三首和次尾<br>框中一、三、四首一、三、四尾与↑框后三尾和再首 | 6-4-6-2-10-2-6-6-4<br>4-6-6-2-10-2-6-4-6 | 10 | |

续表

| 序号 | 条件<br>在表 28 中，若任何的＿＿＿＿都是素数的 | 结论<br>就是一个差＿$D$＿型 | $k$ 生素数 | 同差异决之序号 |
|---|---|---|---|---|
| 3215 | 框中一、二、四首一、二、四尾与↓框中四首数 | 6-4-6-2-10-2-6-6-6 | 10 | |
| | 框中一、三、四首一、三、四尾与↑框中四尾数 | 6-6-6-2-10-2-6-4-6 | | |
| 3216 | 框中一、二、四首一、二、四尾与↓框前三首和再尾 | 6-4-6-2-10-2-6-6-10 | 10 | |
| | 框中一、三、四首一、三、四尾与↑框后三尾和次首 | 10-6-6-2-10-2-6-4-6 | | |
| 3217 | 框中一、二、四首一、二、四尾与↓框前两首和次尾 | 6-4-6-2-10-2-6-10 | 9 | 3122 |
| | 框中一、三、四首一、三、四尾与↑框后两尾和再首 | 10-6-2-10-2-6-4-6 | | |
| 3218 | 框中一、二、四首一、二、四尾与↓框中一、二、四首和次尾 | 6-4-6-$\dot{2}$-10-2-6-10-$\dot{2}$ | 10 | 3375 |
| | 框中一、三、四首一、三、四尾与↑框中一、三、四尾和再首 | $\dot{2}$-10-6-2-10-$\dot{2}$-6-4-6 | | |
| 3219 | 框中一、二、四首一、二、四尾与↓框前两首二、三尾 | 6-4-6-2-10-2-6-10-6 | 10 | |
| | 框中一、三、四首一、三、四尾与↑框后两尾二、三首 | 6-10-6-2-10-2-6-4-6 | | |
| 3220 | 框中一、二、四首一、二、四尾与↓框中首首、尾 | 6-4-6-2-10-2-10 | 8 | 230 |
| | 框中一、三、四首一、三、四尾与↑框中末首、尾 | 10-2-10-2-6-4-6 | | |
| 3221 | 框中一、二、四首一、二、四尾与↓框中首尾一、三首 | 6-4-6-2-10-2-10-2 | 9 | |
| | 框中一、三、四首一、三、四尾与↑框中末首二、四尾 | 2-10-2-10-2-6-4-6 | | |
| 3222 | 框中一、二、四首一、二、四尾与↓框前两尾一、三首 | 6-4-6-2-10-2-10-2-4 | 10 | |
| | 框中一、三、四首一、三、四尾与↑框后两首二、四尾 | 4-2-10-2-10-2-6-4-6 | | |
| 3223 | 框中一、二、四首一、二、四尾与↓框后两首首首、尾 | 6-4-6-2-10-2-10-2-6 | 10 | |
| | 框中一、三、四首一、三、四尾与↑框前两尾末首、尾 | 6-2-10-2-10-2-6-4-6 | | |
| 3224 | 框中一、二、四首一、二、四尾与↓框中一、三首一、三尾 | 6-4-6-2-10-2-10-2-10 | 10 | |
| | 框中一、三、四首一、三、四尾与↑框中二、四首二、四尾 | 10-2-10-2-10-2-6-4-6 | | |
| 3225 | 框中一、二、四首一、二、四尾与↓框前两尾和首首 | 6-4-6-2-10-2-10-6 | 9 | 2580 |
| | 框中一、三、四首一、三、四尾与↑框后两首和末尾 | 6-10-2-10-2-6-4-6 | | |
| 3226 | 框中一、二、四首一、二、四尾与↓框前两尾一、四首 | 6-4-6-$\dot{2}$-10-2-10-6-$\dot{2}$ | 10 | 3348 |
| | 框中一、三、四首一、三、四尾与↑框后两首一、四尾 | $\dot{2}$-6-10-2-10-$\dot{2}$-6-4-6 | | |
| 3227 | 框中一、二、四首一、二、四尾与↓框前三尾和首首 | 6-4-6-2-10-2-10-6-6 | 10 | |
| | 框中一、三、四首一、三、四尾与↑框后三首和末尾 | 6-6-10-2-10-2-6-4-6 | | |
| 3228 | 框中一、二、四首一、二、四尾与↓框中首尾一、四首 | 6-4-6-$\dot{2}$-10-2-10-$\dot{8}$ | 9 | 3289 |
| | 框中一、三、四首一、三、四尾与↑框中末首一、四尾 | $\dot{8}$-10-2-10-$\dot{2}$-6-4-6 | | |
| 3229 | 框中一、二、四首一、二、四尾与↓框中丁行首首、尾 | 6-4-6-2-10-2-10-8-4 | 10 | |
| | 框中一、三、四首一、三、四尾与↑框中次行末首、尾 | 4-8-10-2-10-2-6-4-6 | | |
| 3230 | 框中一、二、四首一、二、四尾与↓框中一、四首一、四尾 | 6-4-6-$\dot{2}$-10-2-10-$\dot{8}$-10 | 10 | 3290 |
| | 框中一、三、四首一、三、四尾与↑框中一、四首一、四尾 | 10-$\dot{8}$-10-2-10-$\dot{2}$-6-4-6 | | |
| 3231 | 框中一、二、四首一、二、四尾与下下行首数 | 6-4-6-2-10-8 | 7 | 234 |
| | 框中一、三、四首一、三、四尾与上上行尾数 | 8-10-2-6-4-6 | | |
| 3232 | 框中一、二、四首一、二、四尾与$\underline{\downarrow}$框中二、三首 | 6-4-6-2-10-8-6 | 8 | |
| | 框中一、三、四首一、三、四尾与$\overline{\uparrow}$框中二、三尾 | 6-8-10-2-6-4-6 | | |
| 3233 | 框中一、二、四首一、二、四尾与$\underline{\downarrow}$框中次尾二、三首 | 6-4-6-2-10-8-6-4 | 9 | |
| | 框中一、三、四首一、三、四尾与$\overline{\uparrow}$框中再首二、三尾 | 4-6-8-10-2-6-4-6 | | |
| 3234 | 框中一、二、四首一、二、四尾与$\underline{\downarrow}$框后三首和次尾 | 6-4-6-2-10-8-6-4-2 | 10 | |
| | 框中一、三、四首一、三、四尾与$\overline{\uparrow}$框前三尾和再首 | 2-4-6-8-10-2-6-4-6 | | |

续表

| 序号 | 条件<br>在表 28 中,若任何的______都是素数的 | 结论<br>就是一个差 $\underline{D}$ 型 | $k$ 生素数 | 同差异决之序号 |
|---|---|---|---|---|
| 3235 | 框中一、二、四首一、二、四尾与$\underline{\downarrow}$框中二、三首二、三尾 | 6-4-6-2-10-8-6-4-6 | 10 | |
| | 框中一、三、四首一、三、四尾与$\overline{\uparrow}$框中二、三首二、三尾 | 6-4-6-8-10-2-6-4-6 | | |
| 3236 | 框中一、二、四首一、二、四尾与$\underline{\downarrow}$框中后三首 | 6-4-6-2-10-8-6-6 | 9 | |
| | 框中一、三、四首一、三、四尾与$\overline{\uparrow}$框中前三尾 | 6-6-8-10-2-6-4-6 | | |
| 3237 | 框中一、二、四首一、二、四尾与$\underline{\downarrow}$框后三首和再尾 | 6-4-6-2-10-8-6-6-4 | 10 | |
| | 框中一、三、四首一、三、四尾与$\overline{\uparrow}$框前三尾和次首 | 4-6-6-8-10-2-6-4-6 | | |
| 3238 | 框中一、二、四首一、二、四尾与$\underline{\downarrow}$框后三首和末尾 | 6-4-6-2-10-8-6-6-10 | 10 | |
| | 框中一、三、四首一、三、四尾与$\overline{\uparrow}$框前三尾和首首 | 10-6-6-8-10-2-6-4-6 | | |
| 3239 | 框中一、二、四首一、二、四尾与$\underline{\downarrow}$框中再尾二、三首 | 6-4-6-2-10-8-6-10 | 9 | |
| | 框中一、三、四首一、三、四尾与$\overline{\uparrow}$框中次首二、三尾 | 10-6-8-10-2-6-4-6 | | |
| 3240 | 框中一、二、四首一、二、四尾与$\underline{\downarrow}$框后两尾二、三首 | 6-4-6-2-10-8-6-10-6 | 10 | |
| | 框中一、三、四首一、三、四尾与$\overline{\uparrow}$框前两首二、三尾 | 6-10-6-8-10-2-6-4-6 | | |
| 3241 | 框中一、二、四首一、二、四尾与$\underline{\downarrow}$框中次首、尾 | 6-4-6-2-10-8-10 | 8 | 386 |
| | 框中一、三、四首一、三、四尾与$\overline{\uparrow}$框中再首、尾 | 10-8-10-2-6-4-6 | | |
| 3242 | 框中一、二、四首一、二、四尾与$\underline{\downarrow}$框中次尾二、四首 | 6-4-6-$\dot{2}$-10-8-10-$\dot{2}$ | 9 | 3309 |
| | 框中一、三、四首一、三、四尾与$\overline{\uparrow}$框中再首一、三尾 | $\dot{2}$-10-8-10-$\dot{2}$-6-4-6 | | |
| 3243 | 框中一、二、四首一、二、四尾与$\underline{\downarrow}$框中丁行次首、尾 | 6-4-6-2-10-8-10-2-4 | 10 | |
| | 框中一、三、四首一、三、四尾与$\overline{\uparrow}$框中次行再首、尾 | 4-2-10-8-10-2-6-4-6 | | |
| 3244 | 框中一、二、四首一、二、四尾与$\underline{\downarrow}$框中二、四首二、四尾 | 6-4-6-$\dot{2}$-10-8-10-$\dot{2}$-10 | 10 | 3310 |
| | 框中一、三、四首一、三、四尾与$\overline{\uparrow}$框中一、三首一、三尾 | 10-$\dot{2}$-10-8-10-$\dot{2}$-6-4-6 | | |
| 3245 | 框中一、二、四首一、二、四尾与$\underline{\downarrow}$框中次首二、三尾 | 6-4-6-2-10-8-10-6 | 9 | |
| | 框中一、三、四首一、三、四尾与$\overline{\uparrow}$框中再尾二、三首 | 6-10-8-10-2-6-4-6 | | |
| 3246 | 框中一、二、四首一、二、四尾与$\underline{\downarrow}$框后三尾和次首 | 6-4-6-2-10-8-10-6-6 | 10 | |
| | 框中一、三、四首一、三、四尾与$\overline{\uparrow}$框前三首和再尾 | 6-6-10-8-10-2-6-4-6 | | |
| 3247 | 框中一、三、四首一、二、四尾与下行首数 | 10-2-4-2-10-2 | 7 | |
| | 框中一、三、四首一、二、四尾与上行尾数 | 2-10-2-4-2-10 | | |
| 3248 | 框中一、三、四首一、二、四尾与↓框中前两首 | 10-2-4-2-10-2-6 | 8 | |
| | 框中一、三、四首一、二、四尾与↑框中后两尾 | 6-2-10-2-4-2-10 | | |
| 3249 | 框中一、三、四首一、二、四尾与↓框中前两行 | 10-2-4-2-10-2-6-4 | 9 | |
| | 框中一、三、四首一、二、四尾与↑框中后两行 | 4-6-2-10-2-4-2-10 | | |
| 3250 | 框中一、三、四首一、二、四尾与↓框前三首和首尾 | 10-2-4-2-10-2-6-4-2 | 10 | |
| | 框中一、三、四首一、二、四尾与↑框后三尾和末首 | 2-4-6-2-10-2-4-2-10 | | |
| 3251 | 框中一、三、四首一、二、四尾与↓框前两首前两尾 | 10-2-4-2-10-2-6-4-6 | 10 | |
| | 框中一、三、四首一、二、四尾与↑框后两首后两尾 | 6-4-6-2-10-2-4-2-10 | | |
| 3252 | 框中一、三、四首一、二、四尾与↓框中前三首 | 10-2-4-2-10-2-6-6 | 9 | |
| | 框中一、三、四首一、二、四尾与↑框中后三尾 | 6-6-2-10-2-4-2-10 | | |
| 3253 | 框中一、三、四首一、二、四尾与↓框前三首和次尾 | 10-2-4-2-10-2-6-6-4 | 10 | |
| | 框中一、三、四首一、二、四尾与↑框后三尾和再首 | 4-6-6-2-10-2-4-2-10 | | |
| 3254 | 框中一、三、四首一、二、四尾与↓框前三首和再尾 | 10-2-4-2-10-2-6-6-10 | 10 | |
| | 框中一、三、四首一、二、四尾与↑框后三尾和次首 | 10-6-6-2-10-2-4-2-10 | | |

续表

| 序号 | 条件<br>在表 28 中,若任何的______都是素数的 | 结论<br>就是一个差__D__型 | k 生素数 | 同差异决之序号 |
|---|---|---|---|---|
| 3255 | 框中一、三、四首一、二、四尾与↓框前两首和次尾 | 10-2-4-2-10-2-6-10 | 9 | |
| | 框中一、三、四首一、二、四尾与↑框后两尾和再首 | 10-6-2-10-2-4-2-10 | | |
| 3256 | 框中一、三、四首一、二、四尾与↓框前两首二、三尾 | 10-2-4-2-10-2-6-10-6 | 10 | |
| | 框中一、三、四首一、二、四尾与↑框后两尾二、三首 | 6-10-6-2-10-2-4-2-10 | | |
| 3257 | 框中一、三、四首一、二、四尾与↓框中首首、尾 | 10-2-4-2-10-2-10 | 8 | |
| | 框中一、三、四首一、二、四尾与↑框中末首、尾 | 10-2-10-2-4-2-10 | | |
| 3258 | 框中一、三、四首一、二、四尾与↓框中首尾一、三首 | 10-2-4-2-10-2-10-2 | 9 | |
| | 框中一、三、四首一、二、四尾与↑框中末首二、四尾 | 2-10-2-10-2-4-2-10 | | |
| 3259 | 框中一、三、四首一、二、四尾与↓框前两尾一、三首 | 10-2-4-2-10-2-10-2-4 | 10 | |
| | 框中一、三、四首一、二、四尾与↑框后两首二、四尾 | 4-2-10-2-10-2-4-2-10 | | |
| 3260 | 框中一、三、四首一、二、四尾与↓框后两首首首、尾 | 10-2-4-2-10-2-10-2-6 | 10 | |
| | 框中一、三、四首一、二、四尾与↑框前两尾末首、尾 | 6-2-10-2-10-2-4-2-10 | | |
| 3261 | 框中一、三、四首一、二、四尾与↓框中一、三首一、三尾 | 10-2-4-2-10-2-10-2-10 | 10 | |
| | 框中一、三、四首一、二、四尾与↑框中二、四首二、四尾 | 10-2-10-2-10-2-4-2-10 | | |
| 3262 | 框中一、三、四首一、二、四尾与↓框前两尾和首首 | 10-2-4-2-10-2-10-6 | 9 | |
| | 框中一、三、四首一、二、四尾与↑框后两首和末尾 | 6-10-2-10-2-4-2-10 | | |
| 3263 | 框中一、三、四首一、二、四尾与↓框前两尾一、四首 | 10-2-4-2-10-2-10-6-2 | 10 | |
| | 框中一、三、四首一、二、四尾与↑框后两首一、四尾 | 2-6-10-2-10-2-4-2-10 | | |
| 3264 | 框中一、三、四首一、二、四尾与↓框前三尾和首首 | 10-2-4-2-10-2-10-6-6 | 10 | |
| | 框中一、三、四首一、二、四尾与↑框后三首和末尾 | 6-6-10-2-10-2-4-2-10 | | |
| 3265 | 框中一、三、四首一、二、四尾与↓框中首尾一、四首 | 10-2-4-2-10-2-10-8 | 9 | |
| | 框中一、三、四首一、二、四尾与↑框中末首一、四尾 | 8-10-2-10-2-4-2-10 | | |
| 3266 | 框中一、三、四首一、二、四尾与↓框中丁行首首、尾 | 10-2-4-2-10-2-10-8-4 | 10 | |
| | 框中一、三、四首一、二、四尾与↑框中次行末首、尾 | 4-8-10-2-10-2-4-2-10 | | |
| 3267 | 框中一、三、四首一、二、四尾与↓框中一、四首一、四尾 | 10-2-4-2-10-2-10-8-10 | 10 | |
| | 框中一、三、四首一、二、四尾与↑框中一、四首一、四尾 | 10-8-10-2-10-2-4-2-10 | | |
| 3268 | 框中一、三、四首一、二、四尾与下下行首数 | 10-2-4-2-10-8 | 7 | |
| | 框中一、三、四首一、二、四尾与上上行尾数 | 8-10-2-4-2-10 | | |
| 3269 | 框中一、三、四首一、二、四尾与下下行两数 | 10-2-4-2-10-8-4 | 8 | |
| | 框中一、三、四首一、二、四尾与上上行两数 | 4-8-10-2-4-2-10 | | |
| 3270 | 框中一、三、四首一、二、四尾与↓框中首尾二、三首 | 10-2-4-2-10-8-4-2 | 9 | |
| | 框中一、三、四首一、二、四尾与↑框中末首二、三尾 | 2-4-8-10-2-4-2-10 | | |
| 3271 | 框中一、三、四首一、二、四尾与↓框中二、三行 | 10-2-4-2-10-8-4-2-4 | 10 | |
| | 框中一、三、四首一、二、四尾与↑框中三、四行 | 4-2-4-8-10-2-4-2-10 | | |
| 3272 | 框中一、三、四首一、二、四尾与↓框中次行再首、尾 | 10-2-4-2-10-8-4-2-10 | 10 | |
| | 框中一、三、四首一、二、四尾与↑框中丁行次首、尾 | 10-2-4-8-10-2-4-2-10 | | |
| 3273 | 框中一、三、四首一、二、四尾与↓框前两尾和次首 | 10-2-4-2-10-8-4-6 | 9 | |
| | 框中一、三、四首一、二、四尾与↑框后两首和再尾 | 6-4-8-10-2-4-2-10 | | |
| 3274 | 框中一、三、四首一、二、四尾与↓框前三尾和次首 | 10-2-4-2-10-8-4-6-6 | 10 | |
| | 框中一、三、四首一、二、四尾与↑框后三首和再尾 | 6-6-4-8-10-2-4-2-10 | | |

## 续表

| 序号 | 条件 | 结论 | $k$ 生素数 | 同差异决之序号 |
|---|---|---|---|---|
| | 在表 28 中,若任何的______都是素数的 | 就是一个差__$D$__型 | | |
| 3275 | 框中一、三、四首一、二、四尾与$\underline{\downarrow}$框中二、三首 | 10-2-4-2-10-8-6 | 8 | |
| | 框中一、三、四首一、二、四尾与$\overline{\uparrow}$框中二、三尾 | 6-8-10-2-4-2-10 | | |
| 3276 | 框中一、三、四首一、二、四尾与$\underline{\downarrow}$框中次尾二、三首 | 10-2-4-2-10-8-6-4 | 9 | |
| | 框中一、三、四首一、二、四尾与$\overline{\uparrow}$框中再首二、三尾 | 4-6-8-10-2-4-2-10 | | |
| 3277 | 框中一、三、四首一、二、四尾与$\underline{\downarrow}$框中二、三首二、三尾 | 10-2-4-2-10-8-6-4-6 | 10 | |
| | 框中一、三、四首一、二、四尾与$\overline{\uparrow}$框中二、三首二、三尾 | 6-4-6-8-10-2-4-2-10 | | |
| 3278 | 框中一、三、四首一、二、四尾与$\underline{\downarrow}$框中再尾二、三首 | 10-2-4-2-10-8-6-10 | 9 | |
| | 框中一、三、四首一、二、四尾与$\overline{\uparrow}$框中次首二、三尾 | 10-6-8-10-2-4-2-10 | | |
| 3279 | 框中一、三、四首一、二、四尾与$\underline{\downarrow}$框后两尾二、三首 | 10-2-4-2-10-8-6-10-6 | 10 | |
| | 框中一、三、四首一、二、四尾与$\overline{\uparrow}$框前两首二、三尾 | 6-10-6-8-10-2-4-2-10 | | |
| 3280 | 框中一、三、四首一、二、四尾与$\underline{\downarrow}$框中次首、尾 | 10-2-4-2-10-8-10 | 8 | |
| | 框中一、三、四首一、二、四尾与$\overline{\uparrow}$框中再首、尾 | 10-8-10-2-4-2-10 | | |
| 3281 | 框中一、三、四首一、二、四尾与$\underline{\downarrow}$框中次首二、三尾 | 10-2-4-2-10-8-10-6 | 9 | |
| | 框中一、三、四首一、二、四尾与$\overline{\uparrow}$框中再尾二、三首 | 6-10-8-10-2-4-2-10 | | |
| 3282 | 框中一、三、四首一、二、四尾与$\underline{\downarrow}$框后三尾和次首 | 10-2-4-2-10-8-10-6-6 | 10 | |
| | 框中一、三、四首一、二、四尾与$\overline{\uparrow}$框前三首和再尾 | 6-6-10-8-10-2-4-2-10 | | |
| 3283 | 框中一、三首一、三尾与上尾下下首 | 2-10-2-10-8 | 6 | 367 |
| | 框中二、四首二、四尾与下首上上尾 | 8-10-2-10-2 | | |
| 3284 | 框中一、三首一、三尾与上尾和$\underline{\downarrow}$框中首首、尾 | 2-10-2-10-8-10 | 7 | 392 |
| | 框中二、四首二、四尾与下首和$\overline{\uparrow}$框中末首、尾 | 10-8-10-2-10-2 | | |
| 3285 | 框中一、三首一、三尾与↑框中后两尾和下下行首数 | 6-2-10-2-10-8 | 7 | 796 |
| | 框中二、四首二、四尾与↓框中前两首和上上行尾数 | 8-10-2-10-2-6 | | |
| 3286 | 框中一、三首一、三尾与↑框中后两尾和$\underline{\downarrow}$框中首首、尾 | 6-2-10-2-10-8-10 | 8 | 394 |
| | 框中二、四首二、四尾与↓框中前两首和$\overline{\uparrow}$框中末首、尾 | 10-8-10-2-10-2-6 | | |
| 3287 | 框中一、三首一、三尾与↑框中后两行和下下行首数 | 4-6-2-10-2-10-8 | 7 | 3033 |
| | 框中二、四首二、四尾与↓框中前两行和上上行尾数 | 8-10-2-10-2-6-4 | | |
| 3288 | 框中一、三首一、三尾与↑框中后两行和$\underline{\downarrow}$框中首首、尾 | 4-6-2-10-2-10-8-10 | 9 | 3035 |
| | 框中二、四首二、四尾与↓框中前两行和$\overline{\uparrow}$框中末首、尾 | 10-8-10-2-10-2-6-4 | | |
| 3289 | 框中一、三首一、三尾与↑框后两首后两尾和下下行首数 | 6-4-6-2-10-2-10-8 | 9 | 3228 |
| | 框中二、四首二、四尾与↓框前两首前两尾和上上行尾数 | 8-10-2-10-2-6-4-6 | | |
| 3290 | 框中一、三首一、三尾与↑框后两首后两尾和$\underline{\downarrow}$框中首首、尾 | 6-4-6-2-10-2-10-8-10 | 10 | 3230 |
| | 框中二、四首二、四尾与↓框前两首前两尾和$\overline{\uparrow}$框中末首、尾 | 10-8-10-2-10-2-6-4-6 | | |
| 3291 | 框中一、三首一、三尾与↑框中末首、尾和下下行首数 | 10-2-10-2-10-8 | 7 | 434 |
| | 框中二、四首二、四尾与↓框中首首、尾和上上行尾数 | 8-10-2-10-2-10 | | |
| 3292 | 框中一、三首一、三尾与↑框中末首、尾和$\underline{\downarrow}$框中首首、尾 | 10-2-10-2-10-8-10 | 8 | 395 |
| | 框中二、四首二、四尾与↓框中首首、尾和$\overline{\uparrow}$框中末首、尾 | 10-8-10-2-10-2-10 | | |
| 3293 | 框中一、三首一、三尾与↑框后两首带末尾和下下行首数 | 6-10-2-10-2-10-8 | 8 | 2600 |
| | 框中二、四首二、四尾与↓框前两尾带首首和上上行尾数 | 8-10-2-10-2-10-6 | | |
| 3294 | 框中一、三首一、三尾与↑框后两首带末尾和$\underline{\downarrow}$框中首首、尾 | 6-10-2-10-2-10-8-10 | 9 | 2602 |
| | 框中二、四首二、四尾与↓框前两尾带首首和$\overline{\uparrow}$框中末首、尾 | 10-8-10-2-10-2-10-6 | | |

续表

| 序　号 | 条　件<br>在表 28 中，若任何的＿＿＿＿都是素数的 | 结　论<br>就是一个差＿D＿型 | k 生素数 | 同差异决之序号 |
|---|---|---|---|---|
| 3295 | 框中一、三首一、三尾与↑框后两尾带再首和下下行首数<br>框中二、四首二、四尾与↓框前两首带次尾和上上行尾数 | 10 - 6 - 2 - 10 - 2 - 10 - 8<br>8 - 10 - 2 - 10 - 2 - 6 - 10 | 8 | 3141 |
| 3296 | 框中一、三首一、三尾与↑框后两尾带再首和↓框中首首、尾<br>框中二、四首二、四尾与↓框前两首带次尾和↑框中末首、尾 | 10 - 6 - 2 - 10 - 2 - 10 - 8 - 10<br>10 - 8 - 10 - 2 - 10 - 2 - 6 - 10 | 9 | 3143 |
| 3297 | 框中一、三首一、三尾与↑框中再尾和下下行首数<br>框中二、四首二、四尾与↓框中次首和上上行尾数 | 8 - 10 - 2 - 10 - 8 | 6 | 369 |
| 3298 | 框中一、三首一、三尾与↑框中丁行两数和下下行首数<br>框中二、四首二、四尾与↓框中次行两数和上上行尾数 | 4 - 8 - 10 - 2 - 10 - 8<br>8 - 10 - 2 - 10 - 8 - 4 | 7 | 471 |
| 3299 | 框中一、三首一、三尾与↑框中丁行两数和↓框中首首、尾<br>框中二、四首二、四尾与↓框中次行两数和↑框中末首、尾 | 4 - 8 - 10 - 2 - 10 - 8 - 10<br>10 - 8 - 10 - 2 - 10 - 8 - 4 | 8 | 400 |
| 3300 | 框中一、三首一、三尾与↑框后两首带再尾和下下行首数<br>框中二、四首二、四尾与↓框前两尾带次首和上上行尾数 | 6 - 4 - 8 - 10 - 2 - 10 - 8<br>8 - 10 - 2 - 10 - 8 - 4 - 6 | 8 | 541 |
| 3301 | 框中一、三首一、三尾与↑框后两首带再尾和↓框中首首、尾<br>框中二、四首二、四尾与↓框前两尾带次首和↑框中末首、尾 | 6 - 4 - 8 - 10 - 2 - 10 - 8 - 10<br>10 - 8 - 10 - 2 - 10 - 8 - 4 - 6 | 9 | 544 |
| 3302 | 框中一、三首一、三尾与↑框中再首、尾和下下行首数<br>框中二、四首二、四尾与↑框中末首、尾和下下行首数<br>框中一、三首一、三尾与↓框中首首、尾和上上行尾数<br>框中二、四首二、四尾与↓框中次首、尾和上上行尾数 | 10 - 8 - 10 - 2 - 10 - 8<br>8 - 10 - 2 - 10 - 8 - 10 | 7 | 399 |
| 3303 | 框中一、三首一、三尾与↑框中再首、尾和↓框中首首、尾<br>框中二、四首一、四尾与↓框中次首、尾和↑框中末首、尾 | 10 - 8 - 10 - 2 - 10 - 8 - 10 | 8 | 401 |
| 3304 | 框中一、四首一、四尾与上尾下首 | 2 - 10 - 8 - 10 - 2 | 6 | 83 |
| 3305 | 框中一、四首一、四尾与↑框中后两尾和下行首数<br>框中一、四首一、四尾与↓框中前两首和上行尾数 | 6 - 2 - 10 - 8 - 10 - 2<br>2 - 10 - 8 - 10 - 2 - 6 | 7 | 814 |
| 3306 | 框中一、四首一、四尾与↑框中后两尾和↓框中首首、尾<br>框中一、四首一、四尾与↓框中前两首和↑框中末首、尾 | 6 - 2 - 10 - 8 - 10 - 2 - 10<br>10 - 2 - 10 - 8 - 10 - 2 - 6 | 8 | 816 |
| 3307 | 框中一、四首一、四尾与↑框中后两行和下行首数<br>框中一、四首一、四尾与↓框中前两行和上行尾数 | 4 - 6 - 2 - 10 - 8 - 10 - 2<br>2 - 10 - 8 - 10 - 2 - 6 - 4 | 8 | 3051 |
| 3308 | 框中一、四首一、四尾与↑框中后两行和↓框中首首、尾<br>框中一、四首一、四尾与↓框中前两行和↑框中末首、尾 | 4 - 6 - 2 - 10 - 8 - 10 - 2 - 10<br>10 - 2 - 10 - 8 - 10 - 2 - 6 - 4 | 9 | 3054 |
| 3309 | 框中一、四首一、四尾与↑框后两首后两尾和下行首数<br>框中一、四首一、四尾与↓框前两首前两尾和上行尾数 | 6 - 4 - 6 - 2 - 10 - 8 - 10 - 2<br>2 - 10 - 8 - 10 - 2 - 6 - 4 - 6 | 9 | 3242 |
| 3310 | 框中一、四首一、四尾与↑框后两首后两尾和↓框中首首、尾<br>框中一、四首一、四尾与↓框前两首前两尾和↑框中末首、尾 | 6 - 4 - 6 - 2 - 10 - 8 - 10 - 2 - 10<br>10 - 2 - 10 - 8 - 10 - 2 - 6 - 4 - 6 | 10 | 3244 |
| 3311 | 框中一、四首一、四尾与↑框后两首带末尾和下行首数<br>框中一、四首一、四尾与↓框前两尾带首首和上行尾数 | 6 - 10 - 2 - 10 - 8 - 10 - 2<br>2 - 10 - 8 - 10 - 2 - 10 - 6 | 8 | 2625 |
| 3312 | 框中一、四首一、四尾与↑框后两首带末尾和↓框中首首、尾<br>框中一、四首一、四尾与↓框前两尾带首首和↑框中末首、尾 | 6 - 10 - 2 - 10 - 8 - 10 - 2 - 10<br>10 - 2 - 10 - 8 - 10 - 2 - 10 - 6 | 9 | 2628 |
| 3313 | 框中一、四首一、四尾与↑框后两尾带再首和下行首数<br>框中一、四首一、四尾与↓框前两首带次尾和上行尾数 | 10 - 6 - 2 - 10 - 8 - 10 - 2<br>2 - 10 - 8 - 10 - 2 - 6 - 10 | 8 | 3165 |

续表

| 序号 | 条件<br>在表28中,若任何的______都是素数的 | 结论<br>就是一个差 $D$ 型 | $k$生素数 | 同差异决之序号 |
|---|---|---|---|---|
| 3314 | 框中一、四首一、四尾与↑框后两尾带再首和↓框中首首、尾 | 10-6-2-10-8-10-2-10 | 9 | 3168 |
| | 框中一、四首一、四尾与↓框前两首常次尾和↑框中末首、尾 | 10-2-10-8-10-2-6-10 | | |
| 3315 | 框中一、四首一、四尾与↑框中末首、尾和下行首数 | 10-2-10-8-10-2 | 7 | 453 |
| | 框中一、四首一、四尾与↓框中首首、尾和上行尾数 | 2-10-8-10-2-10 | | |
| 3316 | 框中一、四首一、四尾与↑框中末首尾和↓框中首首、尾 | 10-2-10-8-10-2-10 | 8 | 455 |
| 3317 | 框中一、四首一、四尾与下首上上尾 | 8-10-8-10-2 | 6 | 380 |
| | 框中一、四首一、四尾与上尾下下首 | 2-10-8-10-8 | | |
| 3318 | 框中一、四首一、四尾与上上行尾数和↓框中首首、尾 | 8-10-8-10-2-10 | 7 | 458 |
| | 框中一、四首一、四尾与下下行首数和↑框中末首、尾 | 10-2-10-8-10-8 | | |
| 3319 | 框中一、四首一、四尾与$\overline{\uparrow}$框中丁行两数和下行首数 | 4-8-10-8-10-2 | 7 | 494 |
| | 框中一、四首一、四尾与$\underline{\downarrow}$框中次行两数和上行尾数 | 2-10-8-10-8-4 | | |
| 3320 | 框中一、四首一、四尾与$\overline{\uparrow}$框中丁行两数和↓框中首首、尾 | 4-8-10-8-10-2-10 | 8 | 496 |
| | 框中一、四首一、四尾与$\underline{\downarrow}$框中次行两数和↑框中末首、尾 | 10-2-10-8-10-8-4 | | |
| 3321 | 框中一、四首一、四尾与$\overline{\uparrow}$框后两首带再尾和下行首数 | 6-4-8-10-8-10-2 | 8 | 574 |
| | 框中一、四首一、四尾与$\underline{\downarrow}$框前两尾带次首和上行尾数 | 2-10-8-10-8-4-6 | | |
| 3322 | 框中一、四首一、四尾与$\underline{\downarrow}$框后两首带再尾和↓框中首首、尾 | 6-4-8-10-8-10-2-10 | 9 | 577 |
| | 框中一、四首一、四尾与$\overline{\uparrow}$框前两尾带次首和↑框中末首、尾 | 10-2-10-8-10-8-4-6 | | |
| 3323 | 框中一、四首一、四尾与$\overline{\uparrow}$框中再首、尾和下行首数 | 10-8-10-8-10-2 | 7 | 419 |
| | 框中一、四首一、四尾与$\underline{\downarrow}$框中次首、尾和上行尾数 | 2-10-8-10-8-10 | | |
| 3324 | 框中一、四首一、四尾与$\overline{\uparrow}$框中再首、尾和↓框中首首、尾 | 10-8-10-8-10-2-10 | 8 | 421 |
| | 框中一、四首一、四尾与$\underline{\downarrow}$框中次首、尾和↑框中末首、尾 | 10-2-10-8-10-8-10 | | |
| 3325 | 框中丁行首首、尾与上尾下下首 | 2-10-8-4-8 | 6 | 79 |
| | 框中次行末首、尾与下首上上尾 | 8-4-8-10-2 | | |
| 3326 | 框中丁行首首、尾与上行尾数和$\underline{\downarrow}$框中首首、尾 | 2-10-8-4-8-10 | 7 | 510 |
| | 框中次行末首、尾与下行首数和$\overline{\uparrow}$框中末首、尾 | 10-8-4-8-10-2 | | |
| 3327 | 框中丁行首首、尾与↑框中末首、尾和下下行首数 | 10-2-10-8-4-8 | 7 | 442 |
| | 框中次行末首、尾与↓框中首首、尾和上上行尾数 | 8-4-8-10-2-10 | | |
| 3328 | 框中丁行首首、尾与↑框中末首、尾和$\underline{\downarrow}$框中首首、尾 | 10-2-10-8-4-8-10 | 8 | 512 |
| | 框中次行末首、尾与↓框中首首、尾和$\overline{\uparrow}$框中末首、尾 | 10-8-4-8-10-2-10 | | |
| 3329 | 框中丁行首首、尾与↑框后两首带末尾和下下行首数 | 6-10-2-10-8-4-8 | 8 | 2610 |
| | 框中次行末首、尾与↓框前两尾带首首和上上行尾数 | 8-4-8-10-2-10-6 | | |
| 3330 | 框中丁行首首、尾与↑框后两首带末尾和$\underline{\downarrow}$框中首首、尾 | 6-10-2-10-8-4-8-10 | 9 | 2611 |
| | 框中次行末首、尾与↓框前两尾带首首和$\overline{\uparrow}$框中末首、尾 | 10-8-4-8-10-2-10-6 | | |
| 3331 | 框中丁行首首、尾与上上行尾数和下下行首数 | 8-10-8-4-8 | 6 | 374 |
| | 框中次行末首、尾与下下行首数和上上行尾数 | 8-4-8-10-8 | | |
| 3332 | 框中丁行首首、尾与$\overline{\uparrow}$框中丁行两数和下下行首数 | 4-8-10-8-4-8 | 7 | 482 |
| | 框中次行末首、尾与$\underline{\downarrow}$框中次行两数和上上行尾数 | 8-4-8-10-8-4 | | |
| 3333 | 框中丁行首首、尾与$\overline{\uparrow}$框后两首带再尾和下下行首数 | 6-4-8-10-8-4-8 | 8 | 558 |
| | 框中次行末首、尾与$\underline{\downarrow}$框前两尾带次首和上上行尾数 | 8-4-8-10-8-4-6 | | |

续表

| 序　号 | 条　件<br>在表 28 中,若任何的＿＿＿＿都是素数的 | 结　论<br>就是一个差＿D＿型 | k 生素数 | 同差异决之序号 |
|---|---|---|---|---|
| 3334 | 框中丁行首首、尾与↑框中再首、尾和下下行首数 | 10-8-10-8-4-8 | 7 | 408 |
| | 框中次行末首、尾与↓框中次首、尾和上上行尾数 | 8-4-8-10-8-10 | | |
| 3335 | 框前两行末首、尾与上尾下首 | 2-6-4-8-10-2 | 7 | 825 |
| | 框后两行首首、尾与下首上尾 | 2-10-8-4-6-2 | | |
| 3336 | 框前两行末首、尾与上行尾数和↓框中首首、尾 | 2-6-4-8-10-2-10 | 8 | 441 |
| | 框后两行首首、尾与下行首数和↑框中末首、尾 | 10-2-10-8-4-6-2 | | |
| 3337 | 框前两行末首、尾与上行尾数和↓框前两尾带首首 | 2-6-4-8-10-2-10-6 | 9 | 2609 |
| | 框后两行首首、尾与下行首数和↑框后两首带末尾 | 6-10-2-10-8-4-6-2 | | |
| 3338 | 框前两行末首、尾与↑框中末首、尾和下行首数 | 10-2-6-4-8-10-2 | 8 | 3005 |
| | 框后两行首首、尾与↓框中首首、尾和上行尾数 | 2-10-8-4-6-2-10 | | |
| 3339 | 框前两行末首、尾与↑框中末首、尾和↓框中首首、尾 | 10-2-6-4-8-10-2-10 | 9 | 3008 |
| | 框后两行首首、尾与↓框中首首、尾和↑框中末首、尾 | 10-2-10-8-4-6-2-10 | | |
| 3340 | 框前两行末首、尾与↑框中末首、尾和↓框前两尾带首首 | 10-2-6-4-8-10-2-10-6 | 10 | 3009 |
| | 框后两行首首、尾与↓框中首首、尾和↑框后两首带末尾 | 6-10-2-10-8-4-6-2-10 | | |
| 3341 | 框前两行末首、尾与上尾下下首 | 2-6-4-8-10-8 | 7 | 827 |
| | 框后两行首首、尾与下首上上尾 | 8-10-8-4-6-2 | | |
| 3342 | 框前两行末首、尾与上行尾数和↓框中次行两数 | 2-6-4-8-10-8-4 | 8 | 480 |
| | 框后两行首首、尾与下行首数和↑框中丁行两数 | 4-8-10-8-4-6-2 | | |
| 3343 | 框前两行末首、尾与上行尾数和↓框前两尾带次首 | 2-6-4-8-10-8-4-6 | 9 | 555 |
| | 框后两行首首、尾与下行首数和↑框后两首带再尾 | 6-4-8-10-8-4-6-2 | | |
| 3344 | 框前两行末首、尾与上行尾数和↓框中次首、尾 | 2-6-4-8-10-8-10 | 8 | 407 |
| | 框后两行首首、尾与下行首数和↑框中再首、尾 | 10-8-10-8-4-6-2 | | |
| 3345 | 框中一、二、四首二、四尾与上尾下首 | 2-6-10-2-10-2 | 7 | 1137 |
| | 框中一、三、四尾一、三首与下首上尾 | 2-10-2-10-6-2 | | |
| 3346 | 框中一、二、四首二、四尾与上行尾数和↓框中前两首 | 2-6-10-2-10-2-6 | 8 | 1138 |
| | 框中一、三、四尾一、三首与下行首数和↑框中前两尾 | 6-2-10-2-10-6-2 | | |
| 3347 | 框中一、二、四首二、四尾与上行尾数和↓框中前两行 | 2-6-10-2-10-2-6-4 | 9 | 3031 |
| | 框中一、三、四尾一、三首与下行首数和↑框中后两行 | 4-6-2-10-2-10-6-2 | | |
| 3348 | 框中一、二、四首二、四尾与上行尾数和↓框前两首前两尾 | 2-6-10-2-10-2-6-4-6 | 10 | 3226 |
| | 框中一、三、四尾一、三首与下行首数和↑框后两首后两尾 | 6-4-6-2-10-2-10-6-2 | | |
| 3349 | 框中一、二、四首二、四尾与上行尾数和↓框前两首带次尾 | 2-6-10-2-10-2-6-10 | 9 | 3138 |
| | 框中一、三、四尾一、三首与下行首数和↑框后两尾带再首 | 10-6-2-10-2-10-6-2 | | |
| 3350 | 框中一、二、四首二、四尾与上行尾数和↓框中首首、尾 | 2-6-10-2-10-2-10 | 8 | 1139 |
| | 框中一、三、四尾一、三首与下行首数和↑框中末首、尾 | 10-2-10-2-10-6-2 | | |
| 3351 | 框中一、二、四首二、四尾与上行尾数和↓框前两尾带首首 | 2-6-10-2-10-2-10-6 | 9 | 2598 |
| | 框中一、三、四尾一、三首与下行首数和↑框后两首带末尾 | 6-10-2-10-2-10-6-2 | | |
| 3352 | 框中一、二、四首二、四尾与↑框中末首、尾和下行首数 | 10-2-6-10-2-10-2 | 8 | 3074 |
| | 框中一、三、四尾一、三首与↓框中首首、尾和上行尾数 | 2-10-2-10-6-2-10 | | |
| 3353 | 框中一、二、四首二、四尾与↑框中末首、尾和↓框中前两首 | 10-2-6-10-2-10-2-6 | 9 | 3076 |
| | 框中一、三、四尾一、三首与↓框中首首、尾和↑框中后两尾 | 6-2-10-2-10-6-2-10 | | |

续表

| 序号 | 条件<br>在表 28 中,若任何的______都是素数的 | 结论<br>就是一个差 $D$ 型 | $k$ 生素数 | 同差异决之序号 |
|---|---|---|---|---|
| 3354 | 框中一、二、四首二、四尾与↑框中末首、尾和↓框中前两行 | 10-2-6-10-2-10-2-6-4 | 10 | 3077 |
| | 框中一、三、四尾一、三首与↓框中首首、尾和↑框中后两行 | 4-6-2-10-2-10-6-2-10 | | |
| 3355 | 框中一、二、四首二、四尾与↑框中末首、尾和↓框前两首带次尾 | 10-2-6-10-2-10-2-6-10 | 10 | 3139 |
| | 框中一、三、四尾一、三首与↓框中首首、尾和↑框后两尾带再首 | 10-6-2-10-2-10-6-2-10 | | |
| 3356 | 框中一、二、四首二、四尾与↑框中末首、尾和↓框中首首、尾 | 10-2-6-10-2-10-2-10 | 9 | 3078 |
| | 框中一、三、四尾一、三首与↓框中首首、尾和↑框中末首、尾 | 10-2-10-2-10-6-2-10 | | |
| 3357 | 框中一、二、四首二、四尾与↑框中末首、尾和↓框前两尾带首首 | 10-2-6-10-2-10-2-10-6 | 10 | 3079 |
| | 框中一、三、四尾一、三首与↓框中首首、尾和↑框后两首带末尾 | 6-10-2-10-2-10-6-2-10 | | |
| 3358 | 框中一、二、四首二、四尾与上行尾数和下下行首数 | 2-6-10-2-10-8 | 7 | 1143 |
| | 框中一、三、四尾一、三首与下行首数和上上行尾数 | 8-10-2-10-6-2 | | |
| 3359 | 框中一、二、四首二、四尾与上行尾数和↓框中次行两数 | 2-6-10-2-10-8-4 | 8 | 1144 |
| | 框中一、三、四尾一、三首与下行首数和↑框中丁行两数 | 4-8-10-2-10-6-2 | | |
| 3360 | 框中一、二、四首二、四尾与上行尾数和↓框前两尾带次首 | 2-6-10-2-10-8-4-6 | 9 | 538 |
| | 框中一、三、四尾一、三首与下行首数和↑框后两首带再尾 | 6-4-8-10-2-10-6-2 | | |
| 3361 | 框中一、二、四首二、四尾与上行尾数和↓框中次首、尾 | 2-6-10-2-10-8-10 | 8 | 397 |
| | 框中一、三、四尾一、三首与下行首数和↑框中再首、尾 | 10-8-10-2-10-6-2 | | |
| 3362 | 框中一、二、四首二、四尾与↑框中末首、尾和下下行首数 | 10-2-6-10-2-10-8 | 8 | 3084 |
| | 框中一、三、四尾一、三首与↓框中首首、尾和上上行尾数 | 8-10-2-10-6-2-10 | | |
| 3363 | 框中一、二、四首二、四尾与↑框中末首、尾和↓框中次行两数 | 10-2-6-10-2-10-8-4 | 9 | 3085 |
| | 框中一、三、四尾一、三首与↓框中首首、尾和↑框中丁行两数 | 4-8-10-2-10-6-2-10 | | |
| 3364 | 框中一、二、四首二、四尾与↑框中末首、尾和↓框前两尾带次首 | 10-2-6-10-2-10-8-4-6 | 10 | 539 |
| | 框中一、三、四尾一、三首与↓框中首首、尾和↑框后两首带再尾 | 6-4-8-10-2-10-6-2-10 | | |
| 3365 | 框中一、二、四首二、四尾与↑框中末首、尾和↓框中次首、尾 | 10-2-6-10-2-10-8-10 | 9 | 3086 |
| | 框中一、三、四尾一、三首与↑框中首首、尾和↑框中再首、尾 | 10-8-10-2-10-6-2-10 | | |
| 3366 | 框中一、二、四尾二、四首与下首上上尾 | 8-4-6-2-10-2 | 7 | 663 |
| | 框中一、三、四首一、三尾与上尾下下首 | 2-10-2-6-4-8 | | |
| 3367 | 框中一、二、四尾二、四首与上上行尾数和↓框中首首、尾 | 8-4-6-2-10-2-10 | 8 | 665 |
| | 框中一、三、四首一、三尾与下下行首数和↑框中末首、尾 | 10-2-10-2-6-4-8 | | |
| 3368 | 框中一、二、四尾二、四首与上上行尾数和↓框前两尾带首首 | 8-4-6-2-10-2-10-6 | 9 | 2581 |
| | 框中一、三、四首一、三尾与下下行首数和↑框后两首带末尾 | 6-10-2-10-2-6-4-8 | | |
| 3369 | 框中一、二、四尾二、四首与↑框中末首、尾和下行首数 | 10-8-4-6-2-10-2 | 8 | 598 |
| | 框中一、三、四首一、三尾与↓框中首首、尾和上行尾数 | 2-10-2-6-4-8-10 | | |
| 3370 | 框中一、二、四尾二、四首与↑框中末首、尾和↓框中首首、尾 | 10-8-4-6-2-10-2-10 | 9 | 601 |
| | 框中一、三、四首一、三尾与↓框中首首、尾和↑框中末首、尾 | 10-2-10-2-6-4-8-10 | | |
| 3371 | 框中一、二、四尾二、四首与↑框中末首、尾和↓框前两尾带首首 | 10-8-4-6-2-10-2-10-6 | 10 | 602 |
| | 框中一、三、四首一、三尾与↓框中首首、尾和↑框后两首带末尾 | 6-10-2-10-2-6-4-8-10 | | |
| 3372 | 框中一、二、四尾一、四首与上尾下首 | 2-10-6-2-10-2 | 7 | 2473 |
| | 框中一、三、四首一、四尾与下首上尾 | 2-10-2-6-10-2 | | |
| 3373 | 框中一、二、四尾一、四首与上行尾数和↓框中前两首 | 2-10-6-2-10-2-6 | 8 | 790 |
| | 框中一、三、四首一、四尾与下行首数和↑框中后两尾 | 6-2-10-2-6-10-2 | | |

续表

| 序号 | 条件<br>在表 28 中,若任何的＿＿＿＿都是素数的 | 结论<br>就是一个差＿D＿型 | k 生素数 | 同差异决之序号 |
|---|---|---|---|---|
| 3374 | 框中一、二、四尾一、四首与上行尾数和↓框中前两行 | 2-10-6-2-10-2-6-4 | 9 | 3020 |
| | 框中一、三、四首一、四尾与下行首数和↑框中后两行 | 4-6-2-10-2-6-10-2 | | |
| 3375 | 框中一、二、四尾一、四首与上行尾数和↓框前两首前两尾 | 2-10-6-2-10-2-6-4-6 | 10 | 3218 |
| | 框中一、三、四首一、四尾与下行首数和↑框后两首后两尾 | 6-4-6-2-10-2-6-10-2 | | |
| 3376 | 框中一、二、四尾一、四首与上行尾数和↓框前两首带次尾 | 2-10-6-2-10-2-6-10 | 9 | 3129 |
| | 框中一、三、四首一、四尾与下行首数和↑框后两尾带再首 | 10-6-2-10-2-6-10-2 | | |
| 3377 | 框中一、二、四尾一、四首与上行尾数和↓框中首首、尾 | 2-10-6-2-10-2-10 | 8 | 429 |
| | 框中一、三、四首一、四尾与下行首数和↑框中末首、尾 | 10-2-10-2-6-10-2 | | |
| 3378 | 框中一、二、四尾一、四首与上行尾数和↓框前两尾带首首 | 2-10-6-2-10-2-10-6 | 9 | 2587 |
| | 框中一、三、四首一、四尾与下行首数和↑框后两首带末尾 | 6-10-2-10-2-6-10-2 | | |
| 3379 | 框中一、二、四尾一、四首与↑框中末首、尾和下行首数 | 10-2-10-6-2-10-2 | 8 | 2649 |
| | 框中一、三、四首一、四尾与↓框中首首、尾和上行尾数 | 2-10-2-6-10-2-10 | | |
| 3380 | 框中一、二、四尾一、四首与↑框中末首、尾和↓框中前两首 | 10-2-10-6-2-10-2-6 | 9 | 2652 |
| | 框中一、三、四首一、四尾与↓框中首首、尾和↑框中后两尾 | 6-2-10-2-6-10-2-10 | | |
| 3381 | 框中一、二、四尾一、四首与↑框中末首、尾和↓框中前两行 | 10-2-10-6-2-10-2-6-4 | 10 | 2653 |
| | 框中一、三、四首一、四尾与↓框中首首、尾和↑框中后两行 | 4-6-2-10-2-6-10-2-10 | | |
| 3382 | 框中一、二、四尾一、四首与↑框中末首、尾和↓框前两首带次尾 | 10-2-10-6-2-10-2-6-10 | 10 | 2654 |
| | 框中一、三、四首一、四尾与↓框中首首、尾和↑框后两尾带再首 | 10-6-2-10-2-6-10-2-10 | | |
| 3383 | 框中一、二、四尾一、四首与↑框中末首、尾和↓框中首首、尾 | 10-2-10-6-2-10-2-10 | 9 | 2655 |
| | 框中一、三、四首一、四尾与↓框中首首、尾和↑框中末首、尾 | 10-2-10-2-6-10-2-10 | | |
| 3384 | 框中一、二、四尾一、四首与↑框中末首、尾和↓框前两尾带首首 | 10-2-10-6-2-10-2-10-6 | 10 | 2656 |
| | 框中一、三、四首一、四尾与↓框中首首、尾和↑框后两首带末尾 | 6-10-2-10-2-6-10-2-10 | | |
| 3385 | 框中一、二、四尾一、四首与上尾下下首 | 2-10-6-2-10-8 | 7 | 2475 |
| | 框中一、三、四首一、四尾与下首上上尾 | 8-10-2-6-10-2 | | |
| 3386 | 框中一、二、四尾一、四首与上行尾数和↓框中次行两数 | 2-10-6-2-10-8-4 | 8 | 463 |
| | 框中一、三、四首一、四尾与下行首数和↑框中丁行两数 | 4-8-10-2-6-10-2 | | |
| 3387 | 框中一、二、四尾一、四首与上行尾数和↓框前两尾带次首 | 2-10-6-2-10-8-4-6 | 9 | 523 |
| | 框中一、三、四首一、四尾与下行首数和↑框后两首带再尾 | 6-4-8-10-2-6-10-2 | | |
| 3388 | 框中一、二、四尾一、四首与上行尾数和↓框中次首、尾 | 2-10-6-2-10-8-10 | 8 | 390 |
| | 框中一、三、四首一、四尾与下行首数和↑框中再首、尾 | 10-8-10-2-6-10-2 | | |
| 3389 | 框中一、二、四尾一、四首与↑框中末首、尾和下下行首数 | 10-2-10-6-2-10-8 | 8 | 2660 |
| | 框中一、三、四首一、四尾与↓框中首首、尾和上上行尾数 | 8-10-2-6-10-2-10 | | |
| 3390 | 框中一、二、四尾一、四首与↑框中末首、尾和↓框中次行两数 | 10-2-10-6-2-10-8-4 | 9 | 2661 |
| | 框中一、三、四首一、四尾与↓框中首首、尾和↑框中丁行两数 | 4-8-10-2-6-10-2-10 | | |
| 3391 | 框中一、二、四尾一、四首与↑框中末首、尾和↓框前两尾带次首 | 10-2-10-6-2-10-8-4-6 | 10 | 525 |
| | 框中一、三、四首一、四尾与↓框中首首、尾和↑框后两首带再尾 | 6-4-8-10-2-6-10-2-10 | | |
| 3392 | 框中一、二、四尾一、四首与↑框中末首、尾和↓框中次首、尾 | 10-2-10-6-2-10-8-10 | 9 | 2662 |
| | 框中一、三、四首一、四尾与↓框中首首、尾和↑框中再首、尾 | 10-8-10-2-6-10-2-10 | | |
| 3393 | 框中一、二、四首一、二、四尾与上尾下首 | 2-6-4-6-2-10-2 | 8 | 2799 |
| | 框中一、三、四首一、三、四尾与下首上尾 | 2-10-2-6-4-6-2 | | |

续表

| 序号 | 条件<br>在表 28 中,若任何的__________都是素数的 | 结论<br>就是一个差__D__型 | $k$ 生素数 | 同差异诀之序号 |
|---|---|---|---|---|
| 3394 | 框中一、二、四首一、二、四尾与上行尾数和↓框中首首、尾 | 2-6-4-6-2-10-2-10 | 9 | 2802 |
| | 框中一、三、四首一、三、四尾与下行首数和↑框中末首、尾 | 10-2-10-2-6-4-6-2 | | |
| 3395 | 框中一、二、四首一、二、四尾与上行尾数和↓框前两尾带首首 | 2-6-4-6-2-10-2-10-6 | 10 | 2803 |
| | 框中一、三、四首一、三、四尾与下行首数和↑框后两首带末尾 | 6-10-2-10-2-6-4-6-2 | | |
| 3396 | 框中一、二、四首一、二、四尾与↑框中末首、尾和下行首数 | 10-2-6-4-6-2-10-2 | 9 | 3182 |
| | 框中一、三、四首一、三、四尾与↓框中首首、尾和上行尾数 | 2-10-2-6-4-6-2-10 | | |
| 3397 | 框中一、二、四首一、二、四尾与↑框中末首、尾和↓框中首首、尾 | 10-2-6-4-6-2-10-2-10 | 10 | 3184 |
| | 框中一、三、四首一、三、四尾与↓框中首首、尾和↑框中末首、尾 | 10-2-10-2-6-4-6-2-10 | | |

在表 27 中:

(1)若第 $a$ $(21\leqslant a\leqslant 3397)$ 号口诀显搜的 $k$ 生素数还存在又一种个位数方式,则其显搜口诀的序号标注在第五栏"同差异诀之序号"栏中.

(2)由于组合差型由两个或两个以上的元差型和一个或一个以上的跨框距组成,因此组合 $k$ 生素数的显搜口诀由其相应的元 $k$ 生素数的显搜口诀和跨框距符号组成,称为组合口诀.选作组合口诀开头的那一个元 $k$ 生素数的搜寻口诀称为本位口诀.1 至 69 号口诀都是元 $k$ 生素数的显搜口诀,若各自以本位口诀在组合口诀中首次出现时,其序号专门以括号数标注在序号栏中.

(3)在 69 号口诀以下的第三栏(差型 D 栏)中:

1)全部置于该栏中轴线上的差数 $d_i$,其为各自差型分布于相邻两框的跨框距($d_i=2$ 或 8).

2)若差型 D 中有两个差数 $d_i$ 和 $d_j$ $(1\leqslant i<j\leqslant k-1)$ 上方各标有一黑圆点的,则 $d_i$ 和 $d_j$ 是差型 D 分布于相邻三框的两个跨框距($d_i$,$d_j=2$ 或 8).

(4) 1)在 1 至 69 号元 $k$ 生素数的显搜口诀中,有 10 对差型的元 $k$ 生素数还存在分布于相邻两框的另一种个位数方式与其相应的显搜口诀于另处列示,故其差型为重复出现;

2)最后的 115 对口诀(序号 3283 至 3397)显搜的都是分布于相邻三框中的组合 $k$ 生素数及其搜寻口诀,因其均有分布于相邻两框的个位数方式与其相应的显搜口诀已先行列出,所以差型全都是重复出现;

3)从 70 号到 3282 号的 3213 对(个)口诀显搜的全部是分布于相邻两框的组合 $k$ 生素数,其中有 63 对(个)差型的 $k$ 生素数还存在分布于相邻两框的另一种个位数方式及其相应的显搜口诀不在同一处列出,故其差型为重复出现.

因此,表 27 中差型总计为 3209(=3397−10−115−63)对(个).

## 9.5 模 6 缩族质合表的独特优势

### 9.5.1 框架结构简单巧妙,内涵丰富,功能超强

在编成使用的所有模 $d$ 缩族质合表中,模 6 缩族质合表独树一帜,其显著特征就是独一无二的框柱结构,本身所具有的独特功能均源于此.它不仅由龙骨似的两条模 6 含质列构筑而成、筋骨简单,而且框内架构格局简明紧凑、奇巧精致、容量适中.你看它是柱,却又是所有的框和框的边.框里装着柱,柱又成为框.框柱配套紧密、天衣无缝地相互交织融合在一起,的确是你中有我,我中有你,因而性能优越,神功无比.这种框柱有机结合形成的独特架构,使其内涵信息丰富,显示功能超强,为常见 $k$ 生素数搜寻技术的突破走出了一条新的途径.

一双运用自如的筷子,可以享用天下美食;两条携手并行的钢轨,可使重载列车高速行进,五洲通达;二胡等乐器再简单不过的两根细弦,能弹拉演奏出美妙动听变幻无穷的乐曲;一架登高之梯,也是有横档紧连、支撑有力的两根筋骨,才能稳固,便于登攀;用 0 和 1 两个数码,计算机就能储存任何海量信息,就能计算风云任意舞动的万千气象;即使科学家追溯到生命的核

心和本源,发现储藏着生命全部密码的 DNA,竟然也是两股精巧连接的双螺旋结构.又如我们人类,双足前行,可以走到天涯海角;双手劳作,能够创造世界万物;大脑左右两个半球共同协作,才开放出思维的美丽花朵……这里崇尚的是:一对为妙!一个过少,根本不够;三个有剩,累赘多余;两个正好,不多不少.正因为浑然一体的框柱结构,其骨架筐篮精巧别致,看似朴素无华,实则框容适中涵纳深厚,半遮半掩着意想不到的万千风景,蕴藏着不可思议的神奇功能,从而也凸显出结构本身特殊的重要性.

其实,框和相邻的框都是一个系统,而在系统的有机整体中,结构和功能二者之间存在着天然奇妙的内在联系.模 6 缩族质合表如此简单紧凑、精致巧妙的框柱架构,使它的"细胞""细胞群"——框和相邻的框都成为了一个系统.因为每一个框具有若干不同要素——2 列 5 行 8 元素,且按其本身精细灵巧的结构组成了具有直接显搜元 $k$ 生素数功能的有机整体.系统思维方式就是将纷繁事物从结构和功能上归结为统一整体看待的方法.

运用系统思维的方式,我们发现了单框中有且仅有的 69 对(个)不同差型的元 $k$ 生素数栖身的结构模式.每一个元 $k$ 生素数都唯一地对应着单框中 69 对(个)不同的结构模式中属于自己的那一个.因此,框中任何一种结构模式若被素数全部占据,则出现的这个素数群落,就是一个特定差型的 $k$ 生素数.换句话说,不同种类(差型)的元 $k$ 生素数栖身于单框内各不相同的结构之中,而不同的结构又表现为不同花样形式的点(数)阵.点阵中相继两点之距就是一个差数 $d_j$;而用数字(差数)标示的某一点阵内所有相继两点之距的连线图,即为相应的元差型.模 6 缩族质合表之所以能够用来搜寻 $k$ 生素数,就因在于 $k$ 生素数及其差型恰好唯一地映射在该表中的单框或若干相邻框内的特定结构上.因此,识别框中有无占据特定结构的素数群落,便可准确、可靠地找到这种差型的 $k$ 生素数.正是单框这个"单元房"中具有适宜各种各样元 $k$ 生素数栖身的结构"床"和唯一的显示窗口,为依序有效搜寻元 $k$ 生素数和进而搜寻组合 $k$ 生素数创造了极其有利的条件.

由两条模 6 含质列并肩携手前行的模 6 缩族质合表以其框柱独特的精巧结构与丰富内涵所赋予的显著优势,加之对其显搜常见 $k$ 生素数方法的爆发式发现和深度挖掘,使人惊叹不已的是结构如此简单的表 28,天然优势绝无仅有,显搜功能非凡高强.

另外,模 4 缩族质合表也有简单的两条(模 4)含质列.但是,由于模数 6 含有开头连续的两个素数 2 和 3,使模 6 缩族框内结构组合变换花样多,从而成为内涵信息丰厚的"大框",成为种类繁多的元 $k$ 生素数的宜居场所.而模数 4 仅仅含有第 1 个素数——偶素数 2,其本身所具有的"素质"缺失了一大截,导致框容过小,内涵浅簿,与"有容乃大"的"大"框的巨量内涵有天壤之别.因此,两者相较,功用差别极大,凸显表 28 更加科学合理、内涵丰富,优势得天独厚.

模数 12 也含有开头连续的两个素数 2 和 3,但由于模数 $6=2\times3$,而模数 $12=2^2\times3$,致使模 12 缩族质合表拥有 4 个含质列,与模 6 缩族质合表相比,其支柱翻番,结构散乱复杂,且框过于窄小,容量相对有限,显搜功能显著减弱.而与同为 4 个含质列的模 10 缩族质合表相比,两者结构的复杂程度相当,框形同样狭窄且不明显,框容浅薄接近.因此,两表显搜 $k$ 生素数的种类数相差无几,其中绝大多数种类相同,且两者都难以扩增新的显搜种类.即两表的显搜种类,大体相当;各有局限,难以扩增.

### 9.5.2　显示功能强,搜寻种类多,应用范围广,待挖潜力大

模 6 缩族质合表显搜常见 $k$ 生素数种类之全,表 27(应用模 6 缩族质合表分类搜寻常见 $k$

生素数口诀表)即为明证;模 6 缩族质合表显搜 $k$ 生素数种类之多,规模可观的表 27 却是冰山一角.怎样应用模 $d$ 缩族质合表搜寻更多种类的 $k$ 生素数,摸索的结果就是表 27 的编制成功.如果说之前我们找到的是一株又一株的珍奇盆景,而今却是梦寐以求的大片原始森林.

如此规模的表 27 是后续深入开发应用模 6 缩族质合表搜寻更多 $k$ 生素数的新成果,变化多样,种类齐全的常见 $k$ 生素数的差型及其显搜口诀在表中编队列阵,万象纷呈。表 28 的显示功能和显搜方法的爆发式发现,使之前难以搜寻、无法搜寻的非等差常见 $k$ 生素数的搜寻种类迅猛增加,由过去的零散搜寻提升到现在的规模搜寻,取得了 $k$ 生素数搜寻技术上的新突破.

在已编成的所有模 $d$ 缩族质合表中,就数模 6 缩族质合表最富神奇魅力——显示 $k$ 生素数的功能最强,搜寻的范围最广,用其搜寻的 $k$ 生素数种类最多,搜寻的常见 $k$ 生素数种类齐全(见表 27 第 3、第 4 两栏所列示).表 27 的内容是全景式地揭示了常见 $k$ 生素数种类的宏大规模、个位数方式等全部详情以及这些无限函数差型的边界细节,是一幅常见 $k$ 生素数精确周密的图谱,淋漓尽致地展现了表 28 所拥有的强大的显搜威力,也预示了有待挖掘的巨大潜力.当然,也使人略窥到了 $k$ 生素数的博大精深及其无穷魅力.

在表 27 这 3209(=3397−115−10−63)对(个)差型中,前 69 对(个)差型都是元差型,其余的 3140 对(个)差型全是能够分布于相邻两框中的组合差型,其中在最后有必要重复列出的 115(序号 3283 至 3397)对(个)组合差型,并且也能在相邻三框中分布.总之,这些种类纷繁的常见 $k$ 生素数,目前只能运用表 27 给出的方法口诀从表 28 中将它们全部清晰地显示和准确地搜寻出来.虽然将表 27 的内容限定在常见 $k$ 生素数搜寻方法的范围以内,这已足以证明模 6 缩族质合表显搜 $k$ 生素数的高超功能.但是,表 28 的显搜功能绝非仅此而已.如果打破常见 $k$ 生素数的条件限制,表 28 在非等差 $k$ 生素数显搜领域还有更大的潜力可挖,其应用价值有待进一步提升,前景不可小觑(因本书篇幅所限,对此另行阐述).表 28 新的独特的显搜功能与方法,巨大的应用潜力极其罕见,优越无比,刷新了之前所有显搜 $k$ 生素数的记录,是目前其他所有模 $d$ 缩族质合表都望尘莫及、无法比拟和不可替代的.它集模 2、模 4、模 8、模 10 等缩族质合表显搜 $k$ 生素数的优势功能于一身,且有过之而无不及.由此可见,模 6 缩族质合表独领风骚,显搜功能首屈一指,优势凸显,应用前景广阔.

与模 6 缩族质合同相比,模 30、模 210 缩族质合表能够简明地显搜 $k$ 生素数的种类虽然都不是很多,但是各自显搜 $k$ 生素数种类的独特性和稀有性却不可或缺.正因为模 6、模 30、模 210 等缩族质合表以及素数间隙表各有千秋、各具特色的非凡显搜功能,所以都是工具箱中谁也不能完全取代谁的科学实用的搜寻工具.因此,有必要充分利用它们各自独特又互补的优势功能,以满足搜寻、研究 $k$ 生素数之需.

之所以用体量庞大的表 27 列示出千差万别、种类齐全的常见 $k$ 生素数及其显搜方法的口诀,一是本书的题中之义;二是模 6 缩族质合表显示常见 $k$ 生素数功能高超的体现,使人直接体察、感受该表内涵丰富的独特魅力,领略 $k$ 生素数群体的博大精深与壮美;三是经过深入研究,笔者发现并猜测表 27 所列以及书中所给的每一种 $k$ 生素数都有无穷多个,根本无法将其中任何一种 $k$ 生素数找完搜净,因而具有理论研究的价值,存在继续搜寻和探讨的必要性.表 27 中绝大部分前所未见差型的 $k$ 生素数及其搜寻的方法口诀值得一一列出,正是为了抛砖引玉、共同研究,并且也便于大家在需要搜寻 $k$ 生素数时选用搜寻的种类及其相应的搜寻方法.

### 9.5.3　搜寻方法简明,口诀易记好用,搜寻方便高效

为了使应用模 6 缩族质合表搜寻常见 $k$ 生素数的操作简单方便，实用高效,笔者将显搜方法编成含义明确、凝练概括,对偶押韵极富节奏,通俗易懂、易记易用的搜寻口诀(见表 27 第 2 栏),以便搜寻时立马选用. $k$ 生素数总是栖身在框中的特定结构上,而表 27 中的显搜口诀,就是对表 28 框柱内含的各种花样结构与常见 $k$ 生素数之间内在的映射关系的一种反映和驾驭的结果.

翻阅表 27,独特的语言格式和韵味犹如观赏满城铺天盖地气象万千的春联……又似身在精致奇妙的 $k$ 生素数的长廊里徜徉……在奇葩绽放、百花争艳的素数天地里游览,眼前尽是山花烂漫涌天外,万紫千红遍地春的明媚风光……

模 6 缩族质合表显搜常见 $k$ 生素数的独特优势是分类显搜、直观简明,搜寻种类齐全,操作方便高效,而这些实用价值的取得,全都离不开所采用的一个卓有成效的措施,就是将搜寻方法口诀化. 把理解掌握的显搜方法的实质内容赋予一定的形式,并以简洁凝练的语言文字表述出来. 这就是口诀,它使显搜方法的内容具体化、形式化,才能使方法在实际搜寻中运用和操作. 显搜方法是打开 $k$ 生素数"地下"宝藏门锁的钥匙. 但是,如果显搜方法不能表述得尽可能地简明精确、易记好用,则具体的搜寻就缺乏可操作性、便捷性,甚或根本无法实施搜寻. 方法是口诀所要反映的内容,口诀是方法的载体和表现形式. 要把方法刻画好,全凭短小精悍一语道破的口诀来传神写照. 正是显搜口诀在常见 $k$ 生素数和表 28 的框柱结构之间建立了一种桥梁相通的对应联系,把二者之间存在的隐性关系,变为可用于显搜前者的显性关系. 方法要科学简明,口诀要妥贴精准,言简意赅,易记好用,两者须紧密结合成为不可剥离的统一体,才可成为搜寻常见 $k$ 生素数攻坚克难的利器.

这是一种新的可靠有力的搜寻方法,应用它找到了难计其数的 $k$ 生素数新种类及其个例. 模 6 缩族像似伸向远方有边无际的乱石滩,当把其中所有的素数或所有的合数标示出来而成为模 6 缩族质合表,且当有了框的概念并运用表 27 中的搜寻口诀揭示出表 28 内含的数理奥妙时,表 28 立马焕发新意,显现出"点石成金"的神奇功效.

选用表 27 的显搜口诀,便可在表 28 中有效判断、准确识别与搜寻到所想要的常见 $k$ 生素数. 正因为有了表 27 科学简明、易记易用的显搜口诀,在表 28 中搜寻常见 $k$ 生素数不仅有规可依、有法可用,有搜必摘,而且一看就会,一用就灵,操作方便,可靠高效. 由于打破了表 10 仅以待搜 $k$ 生素数内含的直显子列或单个元素为本位的搜寻方法的局限性,建立了以单框中的元 $k$ 生素数为本位的搜寻方法体系,终于使表 10 原先受限的搜寻范围急剧扩大,搜寻种类迅猛增加,搜寻效率极大提高,从而搜寻出了大量的新种类 $k$ 生素数.

在表 28 中运用表 27 中的这些言简意赅、独具特色,方法简明、易于操作的口诀,能够准确快捷依次不漏地分类找完搜净,使表 28 一跃成为分类搜寻常见 $k$ 生素数的最佳适用工具,并且还有更多搜寻功能的潜力可挖,彻底改变了非等差 $k$ 生素数的搜寻困局. 总之,显搜口诀简单明确,涵盖广泛,易记好用,效果极佳.

综上所述,模 6 缩族质合表独具一格特色鲜明,为搜寻常见 $k$ 生素数提供了一种新的便利工具. 其框柱结构简单精巧,数理内涵深厚丰富;显示功能高强神奇,搜寻方法科学合理;搜寻效用独到有力,搜寻种类打破记录;搜寻口诀简明妥贴、极其便于实际操作;优势得天独厚,应用前景广阔.

## 9.6 模 6 缩族质合表显搜 $k$ 生素数所体现的数学对称美

应用模 6 缩族质合表的分类显搜功能，无论是在单框或相邻两框或相邻三框显示 $k$ 生素数的各种不同的花样结构中，还是在用来搜寻常见 $k$ 生素数方法口诀的字里行间，都充盈、洋溢与展现着数学巧妙神奇的对称美. 特别是表 27 集常见 $k$ 生素数差型及其结构的对称美、搜寻口诀中的对仗美和韵律美融于一体，给人一种完整圆满、对称平衡、声形优美之感.

由于差 $d$ 素数对的差数 $d$ 自身与自身对称(即为中心对称)，故 $d$ 是对称差型[①]. 中心对称的单个差型和任何一对相反差型均是差型对称，除此而外，其余所有的差型之间都是差型不对称. 所谓结构对称，是指双方(两个或两对)或单方(一个)差型的 $k$ 生素数映射在框的结构(点阵排列)花样中所具有的对称性(包括轴对称、中心对称和两个同一结构)，以及其体现在口诀中的句子、字词的对偶性.

关于 $k$ 生素数差型与其结构蕴涵、体现的对称美，下面以元 k 生素数差型与其结构为例作一介绍(所述全部为表 27 第 2 栏 1 至 69 序号中各个相应的差型与口诀(特指非括号口诀)所反映的内容.

### 9.6.1 元 $k$ 生素数差型与其结构蕴涵与体现的对称美

#### 一、差型、结构双重对称(既是对称差型又是对称结构)

1. 单个对称差型的 $k$ 生素数结构对称

(1)一种表现方式(一句口诀)的单个对称差型其 $k$ 生素数内部结构对称的是表 27 中序号为 1,2,3,10,14,15,18,19,22,25,49,52,53,69 的共计 14 个差型及其结构.

(2)两种表现方式(两句口诀)的单个对称差型其 $k$ 生素数内部双方结构相同(出自不同之处的两个相同的结构也是结构对称的一种形式)的是表 27 中序号为 5,8,9,44,54 的差型及其结构.

2. 差型相反的 $k$ 生素数结构对称

在成双成对的正反差型中，每一对相反差型双方的 $k$ 生素数结构全都对称. 它们是表 27 中序号为 4,6,7,11,12,13,16,17,20,21,23,24,26～43,45～48,50,51,55～68 的共计 50 对差型及其结构.

特别地，其中每一对相反差型双方的 $k$ 生素数各自内部结构对称的是表 27 中序号为 4,28,33,40,51 的共 5 对差型及其结构.

#### 二、差型不对称而结构对称

(1)各自对称的两个同长非相反差型 $k$ 生素数结构对称的是表 27 中的 1 与 3,14 与 49 序号中的差型及其结构.

(2)两对差型、结构各自双重对称的同长异差 $k$ 生素数结构对称(即一对相反差型与同长异差的另一对相反差型的双方 $k$ 生素数结构对称)的是表 27 中的 6 与 7,11 与 12,16 与 50,26

① 蔡书军. $k$ 生素数分类及相邻 $k$ 生素数. 西安：西北工业大学出版社，2012，第 34～35 页.

与 56,27 与 30,38 与 41,39 与 42,60 与 63 序号中的差型所体现的结构.

由此可见,模 6 缩族质合表对其显示的元 $k$ 生素数,都存在着无比优美的结构对称性.总之,在表 28 显示的元 $k$ 生素数中,其差型对称(差型相反不仅是差型对称的一种形式,而且是差型对称的普遍形式)的结构一定对称,而结构对称的差型却不一定对称.

### 9.6.2　常见 $k$ 生素数搜寻口诀中所体现的对仗美

在表 27 中的 3209 对(个)差型及其 $k$ 生素数的搜寻口诀中,没有一对(个)差型是不对称的,也没有一对(个)口诀是不对仗的.正是这种反向呼应、对照和相互补台,透射出震撼人心的和谐、平衡、巧妙、完整圆满的对称美.种类齐全的常见 $k$ 生素数及其搜寻方法,在表 27 中一览无余,数学的对称美,使表 27 美不胜收.

常见 $k$ 生素数的差型,除过少数的单个对称差型外,其余全是成对的相反差型.每一个单个对称差型,要么是峰峦争峻,要么是山川秀美,个个都是优美的自身对称.每一对相反差型双方的 $k$ 生素数不仅因其差型互为逆序而对称,两者个位数分类的方式数恒等亦对称,而且两者的搜寻方法口诀都是相对并立、完美相拥,充满着对仗这种神奇美妙的对称美.因此,像春联一样,搜寻口诀除具本身内容的意义和价值外,其字里行间,美意流淌……你听,口诀的句子里律动着节奏感,淌响着语音之美,与那富含的对应、对仗的对称美融合在一起,具有启迪智慧、怡情悦性的趣味性和观赏性,自然也体现了口诀这种表达方式的少见鲜闻和独具特色.

在表 27 中,无论是每一个对称差型 $k$ 生素数搜寻口诀的前半句与后半句之中,还是每一对相反差型双方 $k$ 生素数的搜寻口诀中,不仅都是字数相等,句法相同、词性一致、节奏统一的工整对仗,充分展现出了对称的形态美,而且都是内容互补、形式对应,差型相反、结构对称,韵律和谐,又深刻体现出了对称的内在美.从词性上说,或者是单个对称差型 $k$ 生素数每一单句口诀(一种表现方式)中的自对和双句口诀(两种表现方式)中的互对,或者是相反差型 $k$ 生素数每一对口诀中的互对,都是名词对名词,动词对动词,形容词对形容词,方位词对方位词,数词对数词,连词对连词,符号对符号.对应双方此呼彼应,如影随行.

例如,在序数名词的对仗中——

"首首"与"末尾"互对.即框中第 1 个首数与第 4 个尾数相互对仗;

"次首"与"再尾"互对.即框中第 2 个首数与第 3 个尾数相互对仗;

"再首"与"次尾"互对.即框中第 3 个首数与第 2 个尾数相互对仗;

"末首"与"首尾"互对.即框中第 4 个首数与第 1 个尾数相互对仗;

"次(二)行"与"丁(四)行"互对.即框中第 2 行与第 4 行相互对仗;

丰富多彩奇妙无比的对应关系中蕴涵的对称美,在此展现得淋漓尽致、震撼人心.正是散文中常见的字句对偶,对联、诗词中雅致工整的对仗,这汉语言文字中的奇观,与数学中的许多奥妙有着形神完美的吻合.

除过元 $k$ 生素数外,其余的常见 $k$ 生素数都是能够分布于相邻两框中的组合 $k$ 生素数.而栖身于单框中的元 $k$ 生素数在其结构与显搜口诀中所展现的对称美,也遗传性地带到了由元 $k$ 生素数组合成的常见 $k$ 生素数之中,且表现的更加缤彩纷呈、繁花似锦,无不洋溢着数学对称美的诱人魅力,给人以探秘索理的不竭动力.

# 第10章 大型模6缩族匿因质合表及其应用

做任何事情都要讲究方法，方法对头，才能使问题迎刃而解，收到事半功倍的效果.

——王梓坤

## 10.1 模6缩族匿因质合表的编制方法

由于模6缩族匿因质合表的匿因性特点，故除了分解因数外，其余在判定素性、依序分类搜寻常见$k$生素数的功能效用上，与模6缩族因数表毫分不差同样媲美，况且该表还具有编制方法简单方便的优越性.如果有搜寻常见$k$生素数之需求而无分解因数之必要，那么编制和使用模6缩族匿因质合表，就是自然而然的明智之举.

因为已有所需范围的素数表（素数间隙表，普通素数表）、其他的模$d$缩族质合表，所以编制模6缩族匿因质合表的操作就更加简单易行.由于有一特殊步骤必须说明，故对表28的编制方法做下述简要介绍.

(1) 列出不超过$x(=200,000)$的模6缩族，即按序排列的两个模6含质列

$$1\bmod 6,\qquad 5\bmod 6$$

划去其中的第1个元素1，并且在前面添写上漏掉的素数2和3（见表28）.

(2) 在表28缩族的每一个大于5而不小于$x$的个位数是5的数下画一横线，以示其为框边数（即是含有素因数5的合数）.

(3) 对照已有的$x$以内的素数表或其他模$d$缩族质合表，在表28缩族中的每一个素数右旁点上一黑体小圆点，以示其为素数且与合数相区别.

通过以上3步操作法，便得$x(=200,000)$以内的模6缩族匿因质合表（表28）

## 10.2 20万以内模6缩族匿因质合表

20万以内模6缩族匿因质合表见表28.

模6缩族匿因质合表的显著特点，就是它框柱融合一体的结构和匿因容貌，外表朴素无华，实则删繁就简，涵纳深厚——纵向之柱和横截之框有机结合的功妙结构，内含可显$k$生素数无比丰富的信息，引我们进入一个素数的新天地，搜寻、捕捉到隐藏极深难露端倪的$k$生素数的新面孔.应用匹配的表27中的搜寻口诀，模6缩族匿因质合表便可在常见$k$生素数的分类搜寻领域大显身手，是一种科学新颖、方便有效、适用广泛的搜寻工具.

# 表 28　20 万以内模 6 缩族匿因质合表

(2,3)

| | | | | | | | | | |
|---|---|---|---|---|---|---|---|---|---|
| 1 | 5 • | 331 • | 335 | 661 • | 665 | 991 • | 995 | 1321 • | 1325 |
| 7 • | 11 • | 337 • | 341 | 667 | 671 | 997 • | 1001 | 1327 • | 1331 |
| 13 • | 17 • | 343 | 347 • | 673 • | 677 • | 1003 | 1007 | 1333 | 1337 |
| 19 • | 23 • | 349 • | 353 • | 679 | 683 • | 1009 • | 1013 • | 1339 | 1343 |
| 25 | 29 • | 355 | 359 • | 685 | 689 | 1015 | 1019 • | 1345 | 1349 |
| 31 • | 35 | 361 | 365 | 691 • | 695 | 1021 • | 1025 | 1351 | 1355 |
| 37 • | 41 • | 367 • | 371 | 697 | 701 • | 1027 | 1031 • | 1357 | 1361 • |
| 43 • | 47 • | 373 • | 377 | 703 | 707 | 1033 • | 1037 | 1363 | 1367 • |
| 49 | 53 • | 379 • | 383 • | 709 • | 713 | 1039 • | 1043 | 1369 | 1373 • |
| 55 | 59 • | 385 | 389 • | 715 | 719 • | 1045 | 1049 • | 1375 | 1379 |
| 61 • | 65 | 391 | 395 | 721 | 725 | 1051 • | 1055 | 1381 • | 1385 |
| 67 • | 71 • | 397 • | 401 • | 727 • | 731 | 1057 | 1061 • | 1387 | 1391 |
| 73 • | 77 | 403 | 407 | 733 • | 737 | 1063 • | 1067 | 1393 | 1397 |
| 79 • | 83 • | 409 • | 413 | 739 • | 743 • | 1069 • | 1073 | 1399 • | 1403 |
| 85 | 89 • | 415 | 419 • | 745 | 749 | 1075 | 1079 | 1405 | 1409 • |
| 91 | 95 | 421 • | 425 | 751 • | 755 | 1081 | 1085 | 1411 | 1415 |
| 97 • | 101 • | 427 | 431 • | 757 • | 761 • | 1087 • | 1091 • | 1417 | 1421 |
| 103 • | 107 • | 433 • | 437 | 763 | 767 | 1093 • | 1097 • | 1423 • | 1427 • |
| 109 • | 113 • | 439 • | 443 • | 769 • | 773 • | 1099 | 1103 • | 1429 • | 1433 • |
| 115 | 119 | 445 | 449 • | 775 | 779 | 1105 | 1109 • | 1435 | 1439 • |
| 121 | 125 | 451 | 455 | 781 | 785 | 1111 | 1115 | 1441 | 1445 |
| 127 • | 131 • | 457 • | 461 • | 787 • | 791 | 1117 • | 1121 | 1447 • | 1451 • |
| 133 | 137 • | 463 • | 467 • | 793 | 797 • | 1123 • | 1127 | 1453 • | 1457 |
| 139 • | 143 | 469 | 473 | 799 | 803 | 1129 • | 1133 | 1459 • | 1463 |
| 145 | 149 • | 475 | 479 • | 805 | 809 • | 1135 | 1139 | 1465 | 1469 |
| 151 • | 155 | 481 | 485 | 811 • | 815 | 1141 | 1145 | 1471 • | 1475 |
| 157 • | 161 | 487 • | 491 • | 817 | 821 • | 1147 | 1151 • | 1477 | 1481 • |
| 163 • | 167 • | 493 | 497 | 823 • | 827 • | 1153 • | 1157 | 1483 • | 1487 • |
| 169 | 173 • | 499 • | 503 • | 829 • | 833 | 1159 | 1163 • | 1489 • | 1493 • |
| 175 | 179 • | 505 | 509 • | 835 | 839 • | 1165 | 1169 | 1495 | 1499 • |
| 181 • | 185 | 511 | 515 | 841 | 845 | 1171 • | 1175 | 1501 | 1505 |
| 187 | 191 • | 517 | 521 • | 847 | 851 | 1177 | 1181 • | 1507 | 1511 • |
| 193 • | 197 • | 523 • | 527 | 853 • | 857 • | 1183 | 1187 • | 1513 | 1517 |
| 199 • | 203 | 529 | 533 | 859 • | 863 • | 1189 | 1193 • | 1519 | 1523 • |
| 205 | 209 | 535 | 539 | 865 | 869 | 1195 | 1199 | 1525 | 1529 |
| 211 • | 215 | 541 • | 545 | 871 | 875 | 1201 • | 1205 | 1531 • | 1535 |
| 217 | 221 | 547 • | 551 | 877 • | 881 • | 1207 | 1211 | 1537 | 1541 |
| 223 • | 227 • | 553 | 557 • | 883 • | 887 • | 1213 • | 1217 • | 1543 • | 1547 |
| 229 • | 233 • | 559 | 563 • | 889 | 893 | 1219 | 1223 • | 1549 • | 1553 • |
| 235 | 239 • | 565 | 569 • | 895 | 899 | 1225 | 1229 • | 1555 | 1559 • |
| 241 • | 245 | 571 • | 575 | 901 | 905 | 1231 • | 1235 | 1561 | 1565 |
| 247 | 251 • | 577 • | 581 | 907 • | 911 • | 1237 • | 1241 | 1567 • | 1571 • |
| 253 | 257 • | 583 | 587 • | 913 | 917 | 1243 | 1247 | 1573 | 1577 |
| 259 | 263 • | 589 | 593 • | 919 • | 923 | 1249 • | 1253 | 1579 • | 1583 • |
| 265 | 269 • | 595 | 599 • | 925 | 929 • | 1255 | 1259 • | 1585 | 1589 |
| 271 • | 275 | 601 • | 605 | 931 | 935 | 1261 | 1265 | 1591 | 1595 |
| 277 • | 281 • | 607 • | 611 | 937 • | 941 • | 1267 | 1271 | 1597 • | 1601 • |
| 283 • | 287 | 613 • | 617 • | 943 | 947 • | 1273 | 1277 • | 1603 | 1607 • |
| 289 | 293 • | 619 • | 623 | 949 | 953 • | 1279 • | 1283 • | 1609 • | 1613 • |
| 295 | 299 | 625 | 629 | 955 | 959 | 1285 | 1289 • | 1615 | 1619 • |
| 301 | 305 | 631 • | 635 | 961 | 965 | 1291 • | 1295 | 1621 • | 1625 |
| 307 • | 311 • | 637 | 641 • | 967 • | 971 • | 1297 • | 1301 • | 1627 • | 1631 |
| 313 • | 317 • | 643 • | 647 • | 973 | 977 • | 1303 • | 1307 • | 1633 | 1637 • |
| 319 | 323 | 649 | 653 • | 979 | 983 • | 1309 | 1313 | 1639 | 1643 |
| 325 | 329 | 655 | 659 • | 985 | 989 | 1315 | 1319 • | 1645 | 1649 |

| | | | | | | | | | |
|---|---|---|---|---|---|---|---|---|---|
| 1651 | 1655 | 1981 | 1985 | 2311• | 2315 | 2641 | 2645 | 2971• | 2975 |
| 1657• | 1661 | 1987• | 1991 | 2317 | 2321 | 2647• | 2651 | 2977 | 2981 |
| 1663• | 1667• | 1993• | 1997• | 2323 | 2327 | 2653 | 2657• | 2983 | 2987 |
| 1669• | 1673 | 1999• | 2003• | 2329 | 2333• | 2659• | 2663• | 2989 | 2993 |
| 1675 | 1679 | 2005 | 2009 | 2335 | 2339• | 2665 | 2669 | 2995 | 2999• |
| 1681 | 1685 | 2011• | 2015 | 2341• | 2345 | 2671• | 2675 | 3001• | 3005 |
| 1687 | 1691 | 2017• | 2021 | 2347• | 2351• | 2677• | 2681 | 3007 | 3011• |
| 1693• | 1697• | 2023 | 2027• | 2353 | 2357• | 2683• | 2687• | 3013 | 3017 |
| 1699• | 1703 | 2029• | 2033 | 2359 | 2363 | 2689• | 2693• | 3019• | 3023• |
| 1705 | 1709• | 2035 | 2039• | 2365 | 2369 | 2695 | 2699• | 3025 | 3029 |
| 1711 | 1715 | 2041 | 2045 | 2371• | 2375 | 2701 | 2705 | 3031 | 3035 |
| 1717 | 1721• | 2047 | 2051 | 2377• | 2381• | 2707• | 2711• | 3037• | 3041• |
| 1723• | 1727 | 2053• | 2057 | 2383• | 2387 | 2713• | 2717 | 3043 | 3047 |
| 1729 | 1733• | 2059 | 2063• | 2389• | 2393• | 2719• | 2723 | 3049• | 3053 |
| 1735 | 1739 | 2065 | 2069• | 2395 | 2399• | 2725 | 2729• | 3055 | 3059 |
| 1741• | 1745 | 2071 | 2075 | 2401 | 2405 | 2731• | 2735 | 3061• | 3065 |
| 1747• | 1751 | 2077 | 2081• | 2407 | 2411• | 2737 | 2741• | 3067• | 3071 |
| 1753• | 1757 | 2083• | 2087• | 2413 | 2417• | 2743 | 2747 | 3073 | 3077 |
| 1759• | 1763 | 2089• | 2093 | 2419 | 2423• | 2749• | 2753• | 3079• | 3083• |
| 1765 | 1769 | 2095 | 2099• | 2425 | 2429 | 2755 | 2759 | 3085 | 3089• |
| 1771 | 1775 | 2101 | 2105 | 2431 | 2435 | 2761 | 2765 | 3091 | 3095 |
| 1777• | 1781 | 2107 | 2111• | 2437• | 2441• | 2767• | 2771 | 3097 | 3101 |
| 1783• | 1787• | 2113• | 2117 | 2443 | 2447• | 2773 | 2777• | 3103 | 3107 |
| 1789• | 1793 | 2119 | 2123 | 2449 | 2453 | 2779 | 2783 | 3109• | 3113 |
| 1795 | 1799 | 2125 | 2129• | 2455 | 2459• | 2785 | 2789• | 3115 | 3119• |
| 1801• | 1805 | 2131• | 2135 | 2461 | 2465 | 2791• | 2795 | 3121• | 3125 |
| 1807 | 1811• | 2137• | 2141• | 2467• | 2471 | 2797• | 2801• | 3127 | 3131 |
| 1813 | 1817 | 2143• | 2147 | 2473• | 2477• | 2803• | 2807 | 3133 | 3137• |
| 1819 | 1823• | 2149 | 2153• | 2479 | 2483 | 2809 | 2813 | 3139 | 3143 |
| 1825 | 1829 | 2155 | 2159 | 2485 | 2489 | 2815 | 2819• | 3145 | 3149 |
| 1831• | 1835 | 2161• | 2165 | 2491 | 2495 | 2821 | 2825 | 3151 | 3155 |
| 1837 | 1841 | 2167 | 2171 | 2497 | 2501 | 2827 | 2831 | 3157 | 3161 |
| 1843 | 1847• | 2173 | 2177 | 2503• | 2507 | 2833• | 2837• | 3163• | 3167• |
| 1849 | 1853 | 2179• | 2183 | 2509 | 2513 | 2839 | 2843• | 3169• | 3173 |
| 1855 | 1859 | 2185 | 2189 | 2515 | 2519 | 2845 | 2849 | 3175 | 3179 |
| 1861• | 1865 | 2191 | 2195 | 2521• | 2525 | 2851• | 2855 | 3181• | 3185 |
| 1867• | 1871• | 2197 | 2201 | 2527 | 2531• | 2857• | 2861• | 3187• | 3191• |
| 1873• | 1877• | 2203• | 2207• | 2533 | 2537 | 2863 | 2867 | 3193 | 3197 |
| 1879• | 1883 | 2209 | 2213• | 2539• | 2543• | 2869 | 2873 | 3199 | 3203• |
| 1885 | 1889• | 2215 | 2219 | 2545 | 2549• | 2875 | 2879• | 3205 | 3209• |
| 1891 | 1895 | 2221• | 2225 | 2551• | 2555 | 2881 | 2885 | 3211 | 3215 |
| 1897 | 1901• | 2227 | 2231 | 2557• | 2561 | 2887• | 2891 | 3217• | 3221• |
| 1903 | 1907• | 2233 | 2237• | 2563 | 2567 | 2893 | 2897• | 3223 | 3227 |
| 1909 | 1913• | 2239• | 2243• | 2569 | 2573 | 2899 | 2903• | 3229• | 3233 |
| 1915 | 1919 | 2245 | 2249 | 2575 | 2579• | 2905 | 2909• | 3235 | 3239 |
| 1921 | 1925 | 2251• | 2255 | 2581 | 2585 | 2911 | 2915 | 3241 | 3245 |
| 1927 | 1931• | 2257 | 2261 | 2587 | 2591• | 2917• | 2921 | 3247 | 3251• |
| 1933• | 1937 | 2263 | 2267• | 2593• | 2597 | 2923 | 2927• | 3253• | 3257• |
| 1939 | 1943 | 2269• | 2273• | 2599 | 2603 | 2929 | 2933 | 3259• | 3263 |
| 1945 | 1949• | 2275 | 2279 | 2605 | 2609• | 2935 | 2939• | 3265 | 3269 |
| 1951• | 1955 | 2281• | 2285 | 2611 | 2615 | 2941 | 2945 | 3271• | 3275 |
| 1957 | 1961 | 2287• | 2291 | 2617• | 2621• | 2947 | 2951 | 3277 | 3281 |
| 1963 | 1967 | 2293• | 2297• | 2623 | 2627 | 2953• | 2957• | 3283 | 3287 |
| 1969 | 1973• | 2299 | 2303 | 2629 | 2633• | 2959 | 2963• | 3289 | 3293 |
| 1975 | 1979• | 2305 | 2309• | 2635 | 2639 | 2965 | 2969• | 3295 | 3299• |

| | | | | | | | | | |
|---|---|---|---|---|---|---|---|---|---|
| 3301 • | 3305 | 3631 • | 3635 | 3961 | 3965 | 4291 | 4295 | 4621 • | 4625 |
| 3307 • | 3311 | 3637 • | 3641 | 3967 • | 3971 | 4297 • | 4301 | 4627 | 4631 |
| 3313 • | 3317 | 3643 • | 3647 | 3973 | 3977 | 4303 | 4307 | 4633 | 4637 • |
| 3319 • | 3323 • | 3649 | 3653 | 3979 | 3983 | 4309 | 4313 | 4639 • | 4643 • |
| 3325 | 3329 • | 3655 | 3659 • | 3985 | 3989 • | 4315 | 4319 | 4645 | 4649 • |
| 3331 • | 3335 | 3661 | 3665 | 3991 | 3995 | 4321 | 4325 | 4651 • | 4655 |
| 3337 | 3341 | 3667 | 3671 • | 3997 | 4001 • | 4327 • | 4331 | 4657 • | 4661 |
| 3343 • | 3347 • | 3673 • | 3677 • | 4003 • | 4007 • | 4333 | 4337 • | 4663 • | 4667 |
| 3349 | 3353 | 3679 | 3683 | 4009 | 4013 • | 4339 • | 4343 | 4669 | 4673 • |
| 3355 | 3359 • | 3685 | 3689 | 4015 | 4019 • | 4345 | 4349 • | 4675 | 4679 • |
| 3361 • | 3365 | 3691 • | 3695 | 4021 • | 4025 | 4351 | 4355 | 4681 | 4685 |
| 3367 | 3371 • | 3697 • | 3701 • | 4027 • | 4031 | 4357 • | 4361 | 4687 | 4691 • |
| 3373 • | 3377 | 3703 | 3707 | 4033 | 4037 | 4363 • | 4367 | 4693 | 4697 • |
| 3379 | 3383 | 3709 • | 3713 | 4039 | 4043 | 4369 | 4373 • | 4699 | 4703 • |
| 3385 | 3389 • | 3715 | 3719 • | 4045 | 4049 • | 4375 | 4379 | 4705 | 4709 |
| 3391 • | 3395 | 3721 | 3725 | 4051 • | 4055 | 4381 | 4385 | 4711 | 4715 |
| 3397 | 3401 | 3727 • | 3731 | 4057 • | 4061 | 4387 | 4391 • | 4717 | 4721 • |
| 3403 | 3407 • | 3733 • | 3737 | 4063 | 4067 | 4393 | 4397 • | 4723 • | 4727 |
| 3409 | 3413 • | 3739 • | 3743 | 4069 | 4073 • | 4399 | 4403 | 4729 • | 4733 • |
| 3415 | 3419 | 3745 | 3749 | 4075 | 4079 • | 4405 | 4409 | 4735 | 4739 |
| 3421 | 3425 | 3751 | 3755 | 4081 | 4085 | 4411 | 4415 | 4741 | 4745 |
| 3427 | 3431 | 3757 | 3761 • | 4087 | 4091 • | 4417 | 4421 • | 4747 | 4751 • |
| 3433 • | 3437 | 3763 | 3767 • | 4093 • | 4097 | 4423 • | 4427 | 4753 | 4757 |
| 3439 | 3443 | 3769 • | 3773 | 4099 • | 4103 | 4429 | 4433 | 4759 • | 4763 |
| 3445 | 3449 • | 3775 | 3779 • | 4105 | 4109 | 4435 | 4439 | 4765 | 4769 |
| 3451 | 3455 | 3781 | 3785 | 4111 • | 4115 | 4441 • | 4445 | 4771 | 4775 |
| 3457 • | 3461 • | 3787 | 3791 | 4117 | 4121 | 4447 • | 4451 • | 4777 | 4781 |
| 3463 • | 3467 • | 3793 • | 3797 • | 4123 | 4127 • | 4453 | 4457 • | 4783 • | 4787 • |
| 3469 • | 3473 | 3799 • | 3803 • | 4129 • | 4133 • | 4459 | 4463 • | 4789 • | 4793 • |
| 3475 | 3479 | 3805 | 3809 | 4135 | 4139 • | 4465 | 4469 | 4795 | 4799 • |
| 3481 | 3485 | 3811 | 3815 | 4141 | 4145 | 4471 | 4475 | 4801 • | 4805 |
| 3487 | 3491 • | 3817 | 3821 • | 4147 | 4151 | 4477 | 4481 • | 4807 | 4811 |
| 3493 | 3497 | 3823 • | 3827 | 4153 • | 4157 • | 4483 • | 4487 | 4813 • | 4817 • |
| 3499 • | 3503 | 3829 | 3833 • | 4159 • | 4163 | 4489 | 4493 • | 4819 | 4823 |
| 3505 | 3509 | 3835 | 3839 | 4165 | 4169 | 4495 | 4499 | 4825 | 4829 |
| 3511 • | 3515 | 3841 | 3845 | 4171 | 4175 | 4501 | 4505 | 4831 • | 4835 |
| 3517 • | 3521 | 3847 • | 3851 • | 4177 • | 4181 | 4507 • | 4511 | 4837 | 4841 |
| 3523 | 3527 • | 3853 • | 3857 | 4183 | 4187 | 4513 • | 4517 • | 4843 | 4847 |
| 3529 • | 3533 • | 3859 | 3863 • | 4189 | 4193 | 4519 • | 4523 • | 4849 | 4853 |
| 3535 | 3539 • | 3865 | 3869 | 4195 | 4199 | 4525 | 4529 | 4855 | 4859 |
| 3541 • | 3545 | 3871 | 3875 | 4201 • | 4205 | 4531 | 4535 | 4861 • | 4865 |
| 3547 • | 3551 | 3877 • | 3881 • | 4207 | 4211 • | 4537 | 4541 | 4867 | 4871 • |
| 3553 | 3557 • | 3883 | 3887 | 4213 | 4217 • | 4543 | 4547 • | 4873 | 4877 • |
| 3559 • | 3563 | 3889 • | 3893 | 4219 • | 4223 | 4549 • | 4553 | 4879 | 4883 |
| 3565 | 3569 | 3895 | 3899 | 4225 | 4229 • | 4555 | 4559 | 4885 | 4889 • |
| 3571 • | 3575 | 3901 | 3905 | 4231 • | 4235 | 4561 • | 4565 | 4891 | 4895 |
| 3577 | 3581 • | 3907 • | 3911 • | 4237 | 4241 • | 4567 • | 4571 | 4897 | 4901 |
| 3583 • | 3587 | 3913 | 3917 • | 4243 • | 4247 | 4573 | 4577 | 4903 • | 4907 |
| 3589 | 3593 • | 3919 • | 3923 • | 4249 | 4253 • | 4579 | 4583 • | 4909 • | 4913 |
| 3595 | 3599 | 3925 | 3929 • | 4255 | 4259 • | 4585 | 4589 | 4915 | 4919 • |
| 3601 | 3605 | 3931 • | 3935 | 4261 • | 4265 | 4591 • | 4595 | 4921 | 4925 |
| 3607 • | 3611 | 3937 | 3941 | 4267 | 4271 • | 4597 • | 4601 | 4927 | 4931 • |
| 3613 • | 3617 • | 3943 • | 3947 • | 4273 • | 4277 | 4603 • | 4607 | 4933 • | 4937 • |
| 3619 | 3623 • | 3949 | 3953 | 4279 | 4283 • | 4609 | 4613 | 4939 | 4943 • |
| 3625 | 3629 | 3955 | 3959 | 4285 | 4289 • | 4615 | 4619 | 4945 | 4949 |

| | | | | | | | | | |
|---|---|---|---|---|---|---|---|---|---|
| 4951 • | 4955 | 5281 • | 5285 | 5611 | 5615 | 5941 | 5945 | 6271 • | 6275 |
| 4957 • | 4961 | 5287 | 5291 | 5617 | 5621 | 5947 | 5951 | 6277 • | 6281 |
| 4963 | 4967 • | 5293 | 5297 • | 5623 • | 5627 | 5953 • | 5957 | 6283 | 6287 • |
| 4969 • | 4973 • | 5299 | 5303 • | 5629 | 5633 | 5959 | 5963 | 6289 | 6293 |
| 4975 | 4979 | 5305 | 5309 • | 5635 | 5639 • | 5965 | 5969 | 6295 | 6299 • |
| 4981 | 4985 | 5311 | 5315 | 5641 • | 5645 | 5971 | 5975 | 6301 • | 6305 |
| 4987 • | 4991 | 5317 | 5321 | 5647 • | 5651 • | 5977 | 5981 • | 6307 | 6311 • |
| 4993 • | 4997 | 5323 • | 5327 | 5653 • | 5657 • | 5983 | 5987 • | 6313 | 6317 • |
| 4999 • | 5003 • | 5329 | 5333 • | 5659 • | 5663 | 5989 | 5993 | 6319 | 6323 • |
| 5005 | 5009 • | 5335 | 5339 | 5665 | 5669 • | 5995 | 5999 | 6325 | 6329 • |
| 5011 • | 5015 | 5341 | 5345 | 5671 | 5675 | 6001 | 6005 | 6331 | 6335 |
| 5017 | 5021 • | 5347 • | 5351 • | 5677 | 5681 | 6007 • | 6011 • | 6337 • | 6341 |
| 5023 • | 5027 | 5353 | 5357 | 5683 • | 5687 | 6013 | 6017 | 6343 • | 6347 |
| 5029 | 5033 | 5359 | 5363 | 5689 • | 5693 • | 6019 | 6023 | 6349 | 6353 • |
| 5035 | 5039 • | 5365 | 5369 | 5695 | 5699 | 6025 | 6029 • | 6355 | 6359 • |
| 5041 | 5045 | 5371 | 5375 | 5701 • | 5705 | 6031 | 6035 | 6361 • | 6365 |
| 5047 | 5051 • | 5377 | 5381 • | 5707 | 5711 • | 6037 • | 6041 | 6367 • | 6371 |
| 5053 | 5057 | 5383 | 5387 • | 5713 | 5717 • | 6043 • | 6047 • | 6373 • | 6377 |
| 5059 • | 5063 | 5389 | 5393 • | 5719 | 5723 | 6049 | 6053 • | 6379 • | 6383 |
| 5065 | 5069 | 5395 | 5399 • | 5725 | 5729 | 6055 | 6059 | 6385 | 6389 • |
| 5071 | 5075 | 5401 | 5405 | 5731 | 5735 | 6061 | 6065 | 6391 | 6395 |
| 5077 • | 5081 • | 5407 • | 5411 | 5737 • | 5741 • | 6067 • | 6071 | 6397 • | 6401 |
| 5083 | 5087 • | 5413 • | 5417 • | 5743 • | 5747 | 6073 • | 6077 | 6403 | 6407 |
| 5089 | 5093 | 5419 • | 5423 | 5749 • | 5753 | 6079 • | 6083 | 6409 | 6413 |
| 5095 | 5099 • | 5425 | 5429 | 5755 | 5759 | 6085 | 6089 • | 6415 | 6419 |
| 5101 • | 5105 | 5431 • | 5435 | 5761 | 5765 | 6091 • | 6095 | 6421 • | 6425 |
| 5107 • | 5111 | 5437 • | 5441 • | 5767 | 5771 | 6097 | 6101 • | 6427 • | 6431 |
| 5113 • | 5117 | 5443 • | 5447 | 5773 | 5777 | 6103 | 6107 | 6433 | 6437 |
| 5119 • | 5123 | 5449 • | 5453 | 5779 • | 5783 • | 6109 | 6113 • | 6439 | 6443 |
| 5125 | 5129 | 5455 | 5459 | 5785 | 5789 | 6115 | 6119 | 6445 | 6449 • |
| 5131 | 5135 | 5461 | 5465 | 5791 • | 5795 | 6121 • | 6125 | 6451 • | 6455 |
| 5137 | 5141 | 5467 | 5471 • | 5797 | 5801 • | 6127 | 6131 • | 6457 | 6461 |
| 5143 | 5147 • | 5473 | 5477 • | 5803 | 5807 • | 6133 • | 6137 | 6463 | 6467 |
| 5149 | 5153 • | 5479 • | 5483 • | 5809 | 5813 • | 6139 | 6143 • | 6469 • | 6473 • |
| 5155 | 5159 | 5485 | 5489 | 5815 | 5819 | 6145 | 6149 | 6475 | 6479 |
| 5161 | 5165 | 5491 | 5495 | 5821 • | 5825 | 6151 • | 6155 | 6481 • | 6485 |
| 5167 • | 5171 • | 5497 | 5501 • | 5827 • | 5831 | 6157 | 6161 | 6487 | 6491 • |
| 5173 | 5177 | 5503 • | 5507 • | 5833 | 5837 | 6163 • | 6167 | 6493 | 6497 |
| 5179 • | 5183 | 5509 | 5513 | 5839 • | 5843 • | 6169 | 6173 • | 6499 | 6503 |
| 5185 | 5189 • | 5515 | 5519 • | 5845 | 5849 • | 6175 | 6179 | 6505 | 6509 |
| 5191 | 5195 | 5521 • | 5525 | 5851 • | 5855 | 6181 | 6185 | 6511 | 6515 |
| 5197 • | 5201 | 5527 • | 5531 • | 5857 • | 5861 • | 6187 | 6191 | 6517 | 6521 • |
| 5203 | 5207 | 5533 | 5537 | 5863 | 5867 • | 6193 | 6197 • | 6523 | 6527 |
| 5209 • | 5213 | 5539 | 5543 | 5869 • | 5873 | 6199 • | 6203 • | 6529 • | 6533 |
| 5215 | 5219 | 5545 | 5549 | 5875 | 5879 • | 6205 | 6209 | 6535 | 6539 |
| 5221 | 5225 | 5551 | 5555 | 5881 • | 5885 | 6211 • | 6215 | 6541 | 6545 |
| 5227 • | 5231 • | 5557 • | 5561 | 5887 | 5891 | 6217 • | 6221 • | 6547 • | 6551 • |
| 5233 • | 5237 • | 5563 • | 5567 | 5893 | 5897 • | 6223 | 6227 | 6553 • | 6557 |
| 5239 | 5243 | 5569 • | 5573 • | 5899 | 5903 • | 6229 • | 6233 | 6559 | 6563 • |
| 5245 | 5249 | 5575 | 5579 | 5905 | 5909 | 6235 | 6239 | 6565 | 6569 • |
| 5251 | 5255 | 5581 • | 5585 | 5911 | 5915 | 6241 | 6245 | 6571 • | 6575 |
| 5257 | 5261 • | 5587 | 5591 | 5917 | 5921 | 6247 • | 6251 | 6577 • | 6581 • |
| 5263 | 5267 | 5593 | 5597 | 5923 • | 5927 • | 6253 | 6257 • | 6583 | 6587 |
| 5269 | 5273 • | 5599 | 5603 | 5929 | 5933 | 6259 | 6263 • | 6589 | 6593 |
| 5275 | 5279 • | 5605 | 5609 | 5935 | 5939 • | 6265 | 6269 • | 6595 | 6599 • |

| | | | | | | | | | |
|---|---|---|---|---|---|---|---|---|---|
| 6601 | 6605 | 6931 | 6935 | 7261 | 7265 | 7591 • | 7595 | 7921 | 7925 |
| 6607 • | 6611 | 6937 | 6941 | 7267 | 7271 | 7597 | 7601 | 7927 • | 7931 |
| 6613 | 6617 | 6943 | 6947 • | 7273 | 7277 | 7603 • | 7607 • | 7933 • | 7937 • |
| 6619 • | 6623 | 6949 • | 6953 | 7279 | 7283 • | 7609 | 7613 | 7939 | 7943 |
| 6625 | 6629 | 6955 | 6959 • | 7285 | 7289 | 7615 | 7619 | 7945 | 7949 • |
| 6631 | 6635 | 6961 • | 6965 | 7291 | 7295 | 7621 • | 7625 | 7951 • | 7955 |
| 6637 • | 6641 | 6967 • | 6971 • | 7297 • | 7301 | 7627 | 7631 | 7957 | 7961 |
| 6643 | 6647 | 6973 | 6977 • | 7303 | 7307 • | 7633 | 7637 | 7963 • | 7967 |
| 6649 | 6653 • | 6979 | 6983 • | 7309 • | 7313 | 7639 • | 7643 • | 7969 | 7973 |
| 6655 | 6659 • | 6985 | 6989 | 7315 | 7319 | 7645 | 7649 • | 7975 | 7979 |
| 6661 • | 6665 | 6991 • | 6995 | 7321 • | 7325 | 7651 | 7655 | 7981 | 7985 |
| 6667 | 6671 | 6997 • | 7001 • | 7327 | 7331 • | 7657 | 7661 | 7987 | 7991 |
| 6673 • | 6677 | 7003 | 7007 | 7333 • | 7337 | 7663 | 7667 | 7993 • | 7997 |
| 6679 • | 6683 | 7009 | 7013 • | 7339 | 7343 | 7669 • | 7673 • | 7999 | 8003 |
| 6685 | 6689 • | 7015 | 7019 • | 7345 | 7349 • | 7675 | 7679 | 8005 | 8009 • |
| 6691 • | 6695 | 7021 | 7025 | 7351 • | 7355 | 7681 • | 7685 | 8011 • | 8015 |
| 6697 | 6701 • | 7027 • | 7031 | 7357 | 7361 | 7687 • | 7691 • | 8017 • | 8021 |
| 6703 • | 6707 | 7033 | 7037 | 7363 | 7367 | 7693 | 7697 | 8023 | 8027 |
| 6709 • | 6713 | 7039 • | 7043 • | 7369 • | 7373 | 7699 • | 7703 • | 8029 | 8033 |
| 6715 | 6719 • | 7045 | 7049 | 7375 | 7379 | 7705 | 7709 | 8035 | 8039 • |
| 6721 | 6725 | 7051 | 7055 | 7381 | 7385 | 7711 | 7715 | 8041 | 8045 |
| 6727 | 6731 | 7057 • | 7061 | 7387 | 7391 | 7717 • | 7721 | 8047 | 8051 |
| 6733 • | 6737 • | 7063 | 7067 | 7393 • | 7397 | 7723 • | 7727 • | 8053 • | 8057 |
| 6739 | 6743 | 7069 • | 7073 | 7399 | 7403 | 7729 | 7733 | 8059 • | 8063 |
| 6745 | 6749 | 7075 | 7079 • | 7405 | 7409 | 7735 | 7739 | 8065 | 8069 • |
| 6751 | 6755 | 7081 | 7085 | 7411 • | 7415 | 7741 • | 7745 | 8071 | 8075 |
| 6757 | 6761 • | 7087 | 7091 | 7417 • | 7421 | 7747 | 7751 | 8077 | 8081 • |
| 6763 • | 6767 | 7093 | 7097 | 7423 | 7427 | 7753 • | 7757 • | 8083 | 8087 • |
| 6769 | 6773 | 7099 | 7103 • | 7429 | 7433 • | 7759 • | 7763 | 8089 • | 8093 • |
| 6775 | 6779 • | 7105 | 7109 • | 7435 | 7439 | 7765 | 7769 | 8095 | 8099 |
| 6781 • | 6785 | 7111 | 7115 | 7441 | 7445 | 7771 | 7775 | 8101 • | 8105 |
| 6787 | 6791 • | 7117 | 7121 • | 7447 | 7451 • | 7777 | 7781 | 8107 | 8111 • |
| 6793 • | 6797 | 7123 | 7127 • | 7453 | 7457 • | 7783 | 7787 | 8113 | 8117 • |
| 6799 | 6803 • | 7129 • | 7133 | 7459 • | 7463 | 7789 • | 7793 • | 8119 | 8123 • |
| 6805 | 6809 | 7135 | 7139 | 7465 | 7469 | 7795 | 7799 | 8125 | 8129 |
| 6811 | 6815 | 7141 | 7145 | 7471 | 7475 | 7801 | 7805 | 8131 | 8135 |
| 6817 | 6821 | 7147 | 7151 • | 7477 • | 7481 • | 7807 | 7811 | 8137 | 8141 |
| 6823 • | 6827 • | 7153 | 7157 | 7483 | 7487 • | 7813 | 7817 • | 8143 | 8147 • |
| 6829 • | 6833 • | 7159 • | 7163 | 7489 • | 7493 | 7819 | 7823 • | 8149 | 8153 |
| 6835 | 6839 | 7165 | 7169 | 7495 | 7499 • | 7825 | 7829 • | 8155 | 8159 |
| 6841 • | 6845 | 7171 | 7175 | 7501 | 7505 | 7831 | 7835 | 8161 • | 8165 |
| 6847 | 6851 | 7177 • | 7181 | 7507 • | 7511 | 7837 | 7841 • | 8167 • | 8171 • |
| 6853 | 6857 • | 7183 | 7187 • | 7513 | 7517 • | 7843 | 7847 | 8173 | 8177 |
| 6859 | 6863 • | 7189 | 7193 • | 7519 | 7523 • | 7849 | 7853 • | 8179 • | 8183 |
| 6865 | 6869 • | 7195 | 7199 | 7525 | 7529 • | 7855 | 7859 | 8185 | 8189 |
| 6871 • | 6875 | 7201 | 7205 | 7531 | 7535 | 7861 | 7865 | 8191 • | 8195 |
| 6877 | 6881 | 7207 • | 7211 • | 7537 • | 7541 • | 7867 • | 7871 | 8197 | 8201 |
| 6883 • | 6887 | 7213 • | 7217 | 7543 | 7547 • | 7873 • | 7877 • | 8203 | 8207 |
| 6889 | 6893 | 7219 • | 7223 | 7549 • | 7553 | 7879 • | 7883 • | 8209 • | 8213 |
| 6895 | 6899 • | 7225 | 7229 • | 7555 | 7559 • | 7885 | 7889 | 8215 | 8219 • |
| 6901 | 6905 | 7231 | 7235 | 7561 • | 7565 | 7891 | 7895 | 8221 • | 8225 |
| 6907 • | 6911 • | 7237 • | 7241 | 7567 | 7571 | 7897 | 7901 • | 8227 | 8231 • |
| 6913 | 6917 • | 7243 • | 7247 • | 7573 • | 7577 • | 7903 | 7907 • | 8233 • | 8237 • |
| 6919 | 6923 | 7249 | 7253 • | 7579 | 7583 • | 7909 | 7913 | 8239 | 8243 • |
| 6925 | 6929 | 7255 | 7259 | 7585 | 7589 • | 7915 | 7919 • | 8245 | 8249 |

| | | | | | | | | | |
|---|---|---|---|---|---|---|---|---|---|
| 8251 | 8255 | 8581 • | 8585 | 8911 | 8915 | 9241 • | 9245 | 9571 | 9575 |
| 8257 | 8261 | 8587 | 8591 | 8917 | 8921 | 9247 | 9251 | 9577 | 9581 |
| 8263 • | 8267 | 8593 | 8597 • | 8923 • | 8927 | 9253 | 9257 • | 9583 | 9587 • |
| 8269 • | 8273 • | 8599 • | 8603 | 8929 • | 8933 • | 9259 | 9263 | 9589 | 9593 |
| 8275 | 8279 | 8605 | 8609 • | 8935 | 8939 | 9265 | 9269 | 9595 | 9599 |
| 8281 | 8285 | 8611 | 8615 | 8941 • | 8945 | 9271 | 9275 | 9601 • | 9605 |
| 8287 • | 8291 • | 8617 | 8621 | 8947 | 8951 • | 9277 • | 9281 • | 9607 | 9611 |
| 8293 • | 8297 • | 8623 • | 8627 • | 8953 | 8957 | 9283 • | 9287 | 9613 • | 9617 |
| 8299 | 8303 | 8629 • | 8633 | 8959 | 8963 • | 9289 | 9293 • | 9619 • | 9623 • |
| 8305 | 8309 | 8635 | 8639 | 8965 | 8969 • | 9295 | 9299 | 9625 | 9629 • |
| 8311 • | 8315 | 8641 • | 8645 | 8971 • | 8975 | 9301 | 9305 | 9631 • | 9635 |
| 8317 • | 8321 | 8647 • | 8651 | 8977 | 8981 | 9307 | 9311 • | 9637 | 9641 |
| 8323 | 8327 | 8653 | 8657 | 8983 | 8987 | 9313 | 9317 | 9643 • | 9647 |
| 8329 • | 8333 | 8659 | 8663 • | 8989 | 8993 | 9319 • | 9323 • | 9649 • | 9653 |
| 8335 | 8339 | 8665 | 8669 • | 8995 | 8999 • | 9325 | 9329 | 9655 | 9659 |
| 8341 | 8345 | 8671 | 8675 | 9001 • | 9005 | 9331 | 9335 | 9661 • | 9665 |
| 8347 | 8351 | 8677 • | 8681 • | 9007 • | 9011 • | 9337 • | 9341 • | 9667 | 9671 |
| 8353 • | 8357 | 8683 | 8687 | 9013 • | 9017 | 9343 • | 9347 | 9673 | 9677 • |
| 8359 | 8363 • | 8689 • | 8693 • | 9019 | 9023 | 9349 • | 9353 | 9679 • | 9683 |
| 8365 | 8369 • | 8695 | 8699 • | 9025 | 9029 • | 9355 | 9359 | 9685 | 9689 • |
| 8371 | 8375 | 8701 | 8705 | 9031 | 9035 | 9361 | 9365 | 9691 | 9695 |
| 8377 • | 8381 | 8707 • | 8711 | 9037 | 9041 • | 9367 | 9371 • | 9697 • | 9701 |
| 8383 | 8387 • | 8713 • | 8717 | 9043 • | 9047 | 9373 | 9377 • | 9703 | 9707 |
| 8389 • | 8393 | 8719 • | 8723 | 9049 • | 9053 | 9379 | 9383 | 9709 | 9713 |
| 8395 | 8399 | 8725 | 8729 | 9055 | 9059 • | 9385 | 9389 | 9715 | 9719 • |
| 8401 | 8405 | 8731 • | 8735 | 9061 | 9065 | 9391 • | 9395 | 9721 • | 9725 |
| 8407 | 8411 | 8737 • | 8741 • | 9067 • | 9071 | 9397 • | 9401 | 9727 | 9731 |
| 8413 | 8417 | 8743 | 8747 • | 9073 | 9077 | 9403 • | 9407 | 9733 • | 9737 |
| 8419 • | 8423 • | 8749 | 8753 • | 9079 | 9083 | 9409 | 9413 • | 9739 • | 9743 • |
| 8425 | 8429 • | 8755 | 8759 | 9085 | 9089 | 9415 | 9419 • | 9745 | 9749 • |
| 8431 • | 8435 | 8761 • | 8765 | 9091 • | 9095 | 9421 • | 9425 | 9751 | 9755 |
| 8437 | 8441 | 8767 | 8771 | 9097 | 9101 | 9427 | 9431 • | 9757 | 9761 |
| 8443 • | 8447 • | 8773 | 8777 | 9103 • | 9107 | 9433 • | 9437 • | 9763 | 9767 • |
| 8449 | 8453 | 8779 • | 8783 • | 9109 • | 9113 | 9439 • | 9443 | 9769 • | 9773 |
| 8455 | 8459 | 8785 | 8789 | 9115 | 9119 | 9445 | 9449 | 9775 | 9779 |
| 8461 • | 8465 | 8791 | 8795 | 9121 | 9125 | 9451 | 9455 | 9781 • | 9785 |
| 8467 • | 8471 | 8797 | 8801 | 9127 • | 9131 | 9457 | 9461 • | 9787 • | 9791 • |
| 8473 | 8477 | 8803 • | 8807 • | 9133 • | 9137 • | 9463 • | 9467 • | 9793 | 9797 |
| 8479 | 8483 | 8809 | 8813 | 9139 | 9143 | 9469 | 9473 • | 9799 | 9803 • |
| 8485 | 8489 | 8815 | 8819 • | 9145 | 9149 | 9475 | 9479 • | 9805 | 9809 |
| 8491 | 8495 | 8821 • | 8825 | 9151 • | 9155 | 9481 | 9485 | 9811 • | 9815 |
| 8497 | 8501 • | 8827 | 8831 • | 9157 • | 9161 • | 9487 | 9491 • | 9817 • | 9821 |
| 8503 | 8507 | 8833 | 8837 • | 9163 | 9167 | 9493 | 9497 • | 9823 | 9827 |
| 8509 | 8513 • | 8839 • | 8843 | 9169 | 9173 • | 9499 | 9503 | 9829 • | 9833 • |
| 8515 | 8519 | 8845 | 8849 • | 9175 | 9179 | 9505 | 9509 | 9835 | 9839 • |
| 8521 • | 8525 | 8851 | 8855 | 9181 • | 9185 | 9511 • | 9515 | 9841 | 9845 |
| 8527 • | 8531 | 8857 | 8861 • | 9187 • | 9191 | 9517 | 9521 • | 9847 | 9851 • |
| 8533 | 8537 • | 8863 • | 8867 • | 9193 | 9197 | 9523 | 9527 | 9853 | 9857 • |
| 8539 • | 8543 • | 8869 | 8873 | 9199 • | 9203 • | 9529 | 9533 • | 9859 • | 9863 |
| 8545 | 8549 | 8875 | 8879 | 9205 | 9209 • | 9535 | 9539 • | 9865 | 9869 |
| 8551 | 8555 | 8881 | 8885 | 9211 | 9215 | 9541 | 9545 | 9871 • | 9875 |
| 8557 | 8561 | 8887 • | 8891 | 9217 | 9221 • | 9547 • | 9551 • | 9877 | 9881 |
| 8563 • | 8567 | 8893 • | 8897 | 9223 | 9227 • | 9553 | 9557 | 9883 • | 9887 • |
| 8569 | 8573 • | 8899 | 8903 | 9229 | 9233 | 9559 | 9563 | 9889 | 9893 |
| 8575 | 8579 | 8905 | 8909 | 9235 | 9239 • | 9565 | 9569 | 9895 | 9899 |

| | | | | | | | | | | | |
|---|---|---|---|---|---|---|---|---|---|---|---|
| 9901 • | 9905 | 10231 | 10235 | 10561 | 10565 | 10891 • | 10895 | 11221 | 11225 |
| 9907 • | 9911 | 10237 | 10241 | 10567 • | 10571 | 10897 | 10901 | 11227 | 11231 |
| 9913 | 9917 | 10243 • | 10247 • | 10573 | 10577 | 10903 • | 10907 | 11233 | 11237 |
| 9919 | 9923 • | 10249 | 10253 • | 10579 | 10583 | 10909 • | 10913 | 11239 • | 11243 • |
| 9925 | 9929 • | 10255 | 10259 • | 10585 | 10589 • | 10915 | 10919 | 11245 | 11249 |
| 9931 • | 9935 | 10261 | 10265 | 10591 | 10595 | 10921 | 10925 | 11251 • | 11255 |
| 9937 | 9941 • | 10267 • | 10271 • | 10597 • | 10601 • | 10927 | 10931 | 11257 • | 11261 • |
| 9943 | 9947 | 10273 • | 10277 | 10603 | 10607 • | 10933 | 10937 • | 11263 | 11267 |
| 9949 • | 9953 | 10279 | 10283 | 10609 | 10613 • | 10939 • | 10943 | 11269 | 11273 • |
| 9955 | 9959 | 10285 | 10289 • | 10615 | 10619 | 10945 | 10949 • | 11275 | 11279 • |
| 9961 | 9965 | 10291 | 10295 | 10621 | 10625 | 10951 | 10955 | 11281 | 11285 |
| 9967 • | 9971 | 10297 | 10301 • | 10627 • | 10631 • | 10957 • | 10961 | 11287 • | 11291 |
| 9973 • | 9977 | 10303 • | 10307 | 10633 | 10637 | 10963 | 10967 | 11293 | 11297 |
| 9979 | 9983 | 10309 | 10313 • | 10639 • | 10643 | 10969 | 10973 • | 11299 • | 11303 |
| 9985 | 9989 | 10315 | 10319 | 10645 | 10649 | 10975 | 10979 • | 11305 | 11309 |
| 9991 | 9995 | 10321 • | 10325 | 10651 • | 10655 | 10981 | 10985 | 11311 • | 11315 |
| 9997 | 10001 | 10327 | 10331 • | 10657 • | 10661 | 10987 • | 10991 | 11317 • | 11321 • |
| 10003 | 10007 • | 10333 • | 10337 • | 10663 • | 10667 • | 10993 • | 10997 | 11323 | 11327 |
| 10009 • | 10013 | 10339 | 10343 • | 10669 | 10673 | 10999 | 11003 • | 11329 • | 11333 |
| 10015 | 10019 | 10345 | 10349 | 10675 | 10679 | 11005 | 11009 | 11335 | 11339 |
| 10021 | 10025 | 10351 | 10355 | 10681 | 10685 | 11011 | 11015 | 11341 | 11345 |
| 10027 | 10031 | 10357 • | 10361 | 10687 • | 10691 • | 11017 | 11021 | 11347 | 11351 • |
| 10033 | 10037 • | 10363 | 10367 | 10693 | 10697 | 11023 | 11027 • | 11353 • | 11357 |
| 10039 • | 10043 | 10369 • | 10373 | 10699 | 10703 | 11029 | 11033 | 11359 | 11363 |
| 10045 | 10049 | 10375 | 10379 | 10705 | 10709 • | 11035 | 11039 | 11365 | 11369 • |
| 10051 | 10055 | 10381 | 10385 | 10711 • | 10715 | 11041 | 11045 | 11371 | 11375 |
| 10057 | 10061 • | 10387 | 10391 • | 10717 | 10721 | 11047 • | 11051 | 11377 | 11381 |
| 10063 | 10067 • | 10393 | 10397 | 10723 • | 10727 | 11053 | 11057 • | 11383 • | 11387 |
| 10069 • | 10073 | 10399 • | 10403 | 10729 • | 10733 • | 11059 • | 11063 | 11389 | 11393 • |
| 10075 | 10079 • | 10405 | 10409 | 10735 | 10739 • | 11065 | 11069 • | 11395 | 11399 • |
| 10081 | 10085 | 10411 | 10415 | 10741 | 10745 | 11071 • | 11075 | 11401 | 11405 |
| 10087 | 10091 • | 10417 | 10421 | 10747 | 10751 | 11077 | 11081 | 11407 | 11411 • |
| 10093 • | 10097 | 10423 | 10427 • | 10753 • | 10757 | 11083 • | 11087 • | 11413 | 11417 |
| 10099 • | 10103 • | 10429 • | 10433 • | 10759 | 10763 | 11089 | 11093 • | 11419 | 11423 • |
| 10105 | 10109 | 10435 | 10439 | 10765 | 10769 | 11095 | 11099 | 11425 | 11429 |
| 10111 • | 10115 | 10441 | 10445 | 10771 • | 10775 | 11101 | 11105 | 11431 | 11435 |
| 10117 | 10121 | 10447 | 10451 | 10777 | 10781 • | 11107 | 11111 | 11437 • | 11441 |
| 10123 | 10127 | 10453 • | 10457 • | 10783 | 10787 | 11113 • | 11117 • | 11443 • | 11447 • |
| 10129 | 10133 • | 10459 • | 10463 • | 10789 • | 10793 | 11119 • | 11123 | 11449 | 11453 |
| 10135 | 10139 • | 10465 | 10469 | 10795 | 10799 • | 11125 | 11129 | 11455 | 11459 |
| 10141 • | 10145 | 10471 | 10475 | 10801 | 10805 | 11131 • | 11135 | 11461 | 11465 |
| 10147 | 10151 • | 10477 • | 10481 | 10807 | 10811 | 11137 | 11141 | 11467 • | 11471 • |
| 10153 | 10157 | 10483 | 10487 • | 10813 | 10817 | 11143 | 11147 | 11473 | 11477 |
| 10159 • | 10163 • | 10489 | 10493 | 10819 | 10823 | 11149 • | 11153 | 11479 | 11483 • |
| 10165 | 10169 • | 10495 | 10499 • | 10825 | 10829 | 11155 | 11159 • | 11485 | 11489 • |
| 10171 | 10175 | 10501 • | 10505 | 10831 • | 10835 | 11161 • | 11165 | 11491 • | 11495 |
| 10177 • | 10181 • | 10507 | 10511 | 10837 • | 10841 | 11167 | 11171 • | 11497 • | 11501 |
| 10183 | 10187 | 10513 • | 10517 | 10843 | 10847 • | 11173 • | 11177 • | 11503 • | 11507 |
| 10189 | 10193 • | 10519 | 10523 | 10849 | 10853 • | 11179 | 11183 | 11509 | 11513 |
| 10195 | 10199 | 10525 | 10529 • | 10855 | 10859 • | 11185 | 11189 | 11515 | 11519 • |
| 10201 | 10205 | 10531 • | 10535 | 10861 • | 10865 | 11191 | 11195 | 11521 | 11525 |
| 10207 | 10211 • | 10537 | 10541 | 10867 • | 10871 | 11197 • | 11201 | 11527 • | 11531 |
| 10213 | 10217 | 10543 | 10547 | 10873 | 10877 | 11203 | 11207 | 11533 | 11537 |
| 10219 | 10223 • | 10549 | 10553 | 10879 | 10883 • | 11209 | 11213 • | 11539 | 11543 |
| 10225 | 10229 | 10555 | 10559 • | 10885 | 10889 • | 11215 | 11219 | 11545 | 11549 • |

| | | | | | | | | | |
|---|---|---|---|---|---|---|---|---|---|
| 11551 • | 11555 | 11881 | 11885 | 12211 • | 12215 | 12541 • | 12545 | 12871 | 12875 |
| 11557 | 11561 | 11887 • | 11891 | 12217 | 12221 | 12547 • | 12551 | 12877 | 12881 |
| 11563 | 11567 | 11893 | 11897 • | 12223 | 12227 • | 12553 • | 12557 | 12883 | 12887 |
| 11569 | 11573 | 11899 | 11903 • | 12229 | 12233 | 12559 | 12563 | 12889 • | 12893 • |
| 11575 | 11579 • | 11905 | 11909 • | 12235 | 12239 • | 12565 | 12569 • | 12895 | 12899 • |
| 11581 | 11585 | 11911 | 11915 | 12241 • | 12245 | 12571 | 12575 | 12901 | 12905 |
| 11587 • | 11591 | 11917 | 11921 | 12247 | 12251 • | 12577 • | 12581 | 12907 • | 12911 • |
| 11593 • | 11597 • | 11923 • | 11927 • | 12253 • | 12257 | 12583 • | 12587 | 12913 | 12917 • |
| 11599 | 11603 | 11929 | 11933 • | 12259 | 12263 • | 12589 • | 12593 | 12919 • | 12923 • |
| 11605 | 11609 | 11935 | 11939 • | 12265 | 12269 • | 12595 | 12599 | 12925 | 12929 |
| 11611 | 11615 | 11941 • | 11945 | 12271 | 12275 | 12601 • | 12605 | 12931 | 12935 |
| 11617 • | 11621 • | 11947 | 11951 | 12277 | 12281 | 12607 | 12611 | 12937 • | 12941 • |
| 11623 | 11627 | 11953 • | 11957 | 12283 | 12287 | 12613 • | 12617 | 12943 | 12947 |
| 11629 | 11633 • | 11959 • | 11963 | 12289 | 12293 | 12619 • | 12623 | 12949 | 12953 • |
| 11635 | 11639 | 11965 | 11969 | 12295 | 12299 | 12625 | 12629 | 12955 | 12959 • |
| 11641 | 11645 | 11971 • | 11975 | 12301 • | 12305 | 12631 | 12635 | 12961 | 12965 |
| 11647 | 11651 | 11977 | 11981 • | 12307 | 12311 | 12637 • | 12641 • | 12967 • | 12971 |
| 11653 | 11657 • | 11983 | 11987 • | 12313 | 12317 | 12643 | 12647 • | 12973 • | 12977 |
| 11659 | 11663 | 11989 | 11993 | 12319 | 12323 | 12649 | 12653 • | 12979 • | 12983 • |
| 11665 | 11669 | 11995 | 11999 | 12325 | 12329 • | 12655 | 12659 • | 12985 | 12989 |
| 11671 | 11675 | 12001 | 12005 | 12331 | 12335 | 12661 | 12665 | 12991 | 12995 |
| 11677 • | 11681 • | 12007 • | 12011 • | 12337 | 12341 | 12667 | 12671 • | 12997 | 13001 • |
| 11683 | 11687 | 12013 | 12017 | 12343 • | 12347 • | 12673 | 12677 | 13003 • | 13007 • |
| 11689 • | 11693 | 12019 | 12023 | 12349 | 12353 | 12679 | 12683 | 13009 • | 13013 |
| 11695 | 11699 • | 12025 | 12029 | 12355 | 12359 | 12685 | 12689 • | 13015 | 13019 |
| 11701 • | 11705 | 12031 | 12035 | 12361 | 12365 | 12691 | 12695 | 13021 | 13025 |
| 11707 | 11711 | 12037 • | 12041 • | 12367 | 12371 | 12697 • | 12701 | 13027 | 13031 |
| 11713 | 11717 • | 12043 • | 12047 | 12373 • | 12377 • | 12703 • | 12707 | 13033 • | 13037 • |
| 11719 • | 11723 | 12049 • | 12053 | 12379 | 12383 | 12709 | 12713 • | 13039 | 13043 • |
| 11725 | 11729 | 12055 | 12059 | 12385 | 12389 | 12715 | 12719 | 13045 | 13049 • |
| 11731 • | 11735 | 12061 | 12065 | 12391 • | 12395 | 12721 • | 12725 | 13051 | 13055 |
| 11737 | 11741 | 12067 | 12071 • | 12397 | 12401 • | 12727 | 12731 | 13057 | 13061 |
| 11743 • | 11747 | 12073 • | 12077 | 12403 | 12407 | 12733 | 12737 | 13063 • | 13067 |
| 11749 | 11753 | 12079 | 12083 | 12409 • | 12413 • | 12739 • | 12743 • | 13069 | 13073 |
| 11755 | 11759 | 12085 | 12089 | 12415 | 12419 | 12745 | 12749 | 13075 | 13079 |
| 11761 | 11765 | 12091 | 12095 | 12421 • | 12425 | 12751 | 12755 | 13081 | 13085 |
| 11767 | 11771 | 12097 • | 12101 • | 12427 | 12431 | 12757 • | 12761 | 13087 | 13091 |
| 11773 | 11777 • | 12103 | 12107 • | 12433 • | 12437 • | 12763 • | 12767 | 13093 • | 13097 |
| 11779 • | 11783 • | 12109 • | 12113 | 12439 | 12443 | 12769 | 12773 | 13099 • | 13103 • |
| 11785 | 11789 • | 12115 | 12119 • | 12445 | 12449 | 12775 | 12779 | 13105 | 13109 • |
| 11791 | 11795 | 12121 | 12125 | 12451 | 12455 | 12781 • | 12785 | 13111 | 13115 |
| 11797 | 11801 • | 12127 | 12131 | 12457 • | 12461 | 12787 | 12791 • | 13117 | 13121 • |
| 11803 | 11807 • | 12133 | 12137 | 12463 | 12467 | 12793 | 12797 | 13123 | 13127 • |
| 11809 | 11813 • | 12139 | 12143 • | 12469 | 12473 • | 12799 | 12803 | 13129 | 13133 |
| 11815 | 11819 | 12145 | 12149 • | 12475 | 12479 • | 12805 | 12809 • | 13135 | 13139 |
| 11821 • | 11825 | 12151 | 12155 | 12481 | 12485 | 12811 | 12815 | 13141 | 13145 |
| 11827 • | 11831 • | 12157 • | 12161 • | 12487 | 12491 | 12817 | 12821 • | 13147 • | 13151 • |
| 11833 | 11837 | 12163 • | 12167 | 12493 | 12497 • | 12823 • | 12827 | 13153 | 13157 |
| 11839 • | 11843 | 12169 | 12173 | 12499 | 12503 • | 12829 • | 12833 | 13159 • | 13163 • |
| 11845 | 11849 | 12175 | 12179 | 12505 | 12509 | 12835 | 12839 | 13165 | 13169 |
| 11851 | 11855 | 12181 | 12185 | 12511 • | 12515 | 12841 • | 12845 | 13171 | 13175 |
| 11857 | 11861 | 12187 | 12191 | 12517 • | 12521 | 12847 | 12851 | 13177 • | 13181 |
| 11863 • | 11867 • | 12193 | 12197 • | 12523 | 12527 • | 12853 • | 12857 | 13183 • | 13187 • |
| 11869 | 11873 | 12199 | 12203 • | 12529 | 12533 | 12859 | 12863 | 13189 | 13193 |
| 11875 | 11879 | 12205 | 12209 | 12535 | 12539 • | 12865 | 12869 | 13195 | 13199 |

| | | | | | | | | | |
|---|---|---|---|---|---|---|---|---|---|
| 13201 | 13205 | 13531 | 13535 | 13861 | 13865 | 14191 | 14195 | 14521 | 14525 |
| 13207 | 13211 | 13537 • | 13541 | 13867 | 13871 | 14197 • | 14201 | 14527 | 14531 |
| 13213 | 13217 • | 13543 | 13547 | 13873 • | 13877 • | 14203 | 14207 | 14533 • | 14537 • |
| 13219 • | 13223 | 13549 | 13553 • | 13879 • | 13883 • | 14209 | 14213 | 14539 | 14543 • |
| 13225 | 13229 • | 13555 | 13559 | 13885 | 13889 | 14215 | 14219 | 14545 | 14549 • |
| 13231 | 13235 | 13561 | 13565 | 13891 | 13895 | 14221 • | 14225 | 14551 • | 14555 |
| 13237 | 13241 • | 13567 • | 13571 | 13897 | 13901 • | 14227 | 14231 | 14557 • | 14561 • |
| 13243 | 13247 | 13573 | 13577 • | 13903 • | 13907 • | 14233 | 14237 | 14563 • | 14567 |
| 13249 • | 13253 | 13579 | 13583 | 13909 | 13913 • | 14239 | 14243 • | 14569 | 14573 |
| 13255 | 13259 • | 13585 | 13589 | 13915 | 13919 | 14245 | 14249 • | 14575 | 14579 |
| 13261 | 13265 | 13591 • | 13595 | 13921 • | 13925 | 14251 | 14255 | 14581 | 14585 |
| 13267 • | 13271 | 13597 • | 13601 | 13927 | 13931 • | 14257 | 14261 | 14587 | 14591 • |
| 13273 | 13277 | 13603 | 13607 | 13933 • | 13937 | 14263 | 14267 | 14593 • | 14597 |
| 13279 | 13283 | 13609 | 13613 • | 13939 | 13943 | 14269 | 14273 | 14599 | 14603 |
| 13285 | 13289 | 13615 | 13619 • | 13945 | 13949 | 14275 | 14279 | 14605 | 14609 |
| 13291 • | 13295 | 13621 | 13625 | 13951 | 13955 | 14281 • | 14285 | 14611 | 14615 |
| 13297 • | 13301 | 13627 • | 13631 | 13957 | 13961 | 14287 | 14291 | 14617 | 14621 • |
| 13303 | 13307 | 13633 • | 13637 | 13963 • | 13967 • | 14293 | 14297 | 14623 | 14627 • |
| 13309 • | 13313 • | 13639 | 13643 | 13969 | 13973 | 14299 | 14303 • | 14629 • | 14633 • |
| 13315 | 13319 | 13645 | 13649 • | 13975 | 13979 | 14305 | 14309 | 14635 | 14639 • |
| 13321 | 13325 | 13651 | 13655 | 13981 | 13985 | 14311 | 14315 | 14641 | 14645 |
| 13327 • | 13331 • | 13657 | 13661 | 13987 | 13991 | 14317 | 14321 • | 14647 | 14651 |
| 13333 | 13337 • | 13663 | 13667 | 13993 | 13997 • | 14323 • | 14327 • | 14653 • | 14657 • |
| 13339 • | 13343 | 13669 | 13673 | 13999 • | 14003 | 14329 | 14333 | 14659 | 14663 |
| 13345 | 13349 | 13675 | 13679 • | 14005 | 14009 • | 14335 | 14339 | 14665 | 14669 • |
| 13351 | 13355 | 13681 • | 13685 | 14011 • | 14015 | 14341 • | 14345 | 14671 | 14675 |
| 13357 | 13361 | 13687 • | 13691 • | 14017 | 14021 | 14347 • | 14351 | 14677 | 14681 |
| 13363 | 13367 | 13693 • | 13697 • | 14023 | 14027 | 14353 | 14357 | 14683 • | 14687 |
| 13369 | 13373 | 13699 | 13703 | 14029 | 14033 | 14359 | 14363 | 14689 | 14693 |
| 13375 | 13379 | 13705 | 13709 • | 14035 | 14039 | 14365 | 14369 • | 14695 | 14699 • |
| 13381 • | 13385 | 13711 • | 13715 | 14041 | 14045 | 14371 | 14375 | 14701 | 14705 |
| 13387 | 13391 | 13717 | 13721 • | 14047 | 14051 • | 14377 | 14381 | 14707 | 14711 |
| 13393 | 13397 • | 13723 • | 13727 | 14053 | 14057 • | 14383 | 14387 • | 14713 • | 14717 • |
| 13399 • | 13403 | 13729 • | 13733 | 14059 | 14063 | 14389 • | 14393 | 14719 | 14723 • |
| 13405 | 13409 | 13735 | 13739 | 14065 | 14069 | 14395 | 14399 | 14725 | 14729 |
| 13411 • | 13415 | 13741 | 13745 | 14071 • | 14075 | 14401 • | 14405 | 14731 • | 14735 |
| 13417 • | 13421 • | 13747 | 13751 • | 14077 | 14081 • | 14407 • | 14411 • | 14737 • | 14741 • |
| 13423 | 13427 | 13753 | 13757 • | 14083 • | 14087 • | 14413 | 14417 | 14743 | 14747 • |
| 13429 | 13433 | 13759 • | 13763 • | 14089 | 14093 | 14419 • | 14423 • | 14749 | 14753 • |
| 13435 | 13439 | 13765 | 13769 | 14095 | 14099 | 14425 | 14429 | 14755 | 14759 • |
| 13441 • | 13445 | 13771 | 13775 | 14101 | 14105 | 14431 • | 14435 | 14761 | 14765 |
| 13447 | 13451 • | 13777 | 13781 • | 14107 • | 14111 | 14437 • | 14441 | 14767 • | 14771 • |
| 13453 | 13457 • | 13783 | 13787 | 14113 | 14117 | 14443 | 14447 • | 14773 | 14777 |
| 13459 | 13463 • | 13789 • | 13793 | 14119 | 14123 | 14449 • | 14453 | 14779 • | 14783 • |
| 13465 | 13469 • | 13795 | 13799 • | 14125 | 14129 | 14455 | 14459 | 14785 | 14789 |
| 13471 | 13475 | 13801 | 13805 | 14131 | 14135 | 14461 • | 14465 | 14791 | 14795 |
| 13477 • | 13481 | 13807 • | 13811 | 14137 | 14141 | 14467 | 14471 | 14797 • | 14801 |
| 13483 | 13487 • | 13813 | 13817 | 14143 • | 14147 | 14473 | 14477 | 14803 | 14807 |
| 13489 | 13493 | 13819 | 13823 | 14149 • | 14153 • | 14479 • | 14483 | 14809 | 14813 • |
| 13495 | 13499 • | 13825 | 13829 • | 14155 | 14159 • | 14485 | 14489 • | 14815 | 14819 |
| 13501 | 13505 | 13831 • | 13835 | 14161 | 14165 | 14491 | 14495 | 14821 • | 14825 |
| 13507 | 13511 | 13837 | 13841 • | 14167 | 14171 | 14497 | 14501 | 14827 • | 14831 • |
| 13513 • | 13517 | 13843 | 13847 | 14173 • | 14177 • | 14503 • | 14507 | 14833 | 14837 |
| 13519 | 13523 • | 13849 | 13853 | 14179 | 14183 | 14509 | 14513 | 14839 | 14843 • |
| 13525 | 13529 | 13855 | 13859 • | 14185 | 14189 | 14515 | 14519 • | 14845 | 14849 |

| | | | | | | | | | |
|---|---|---|---|---|---|---|---|---|---|
| 14851 • | 14855 | 15181 | 15185 | 15511 • | 15515 | 15841 | 15845 | 16171 | 16175 |
| 14857 | 14861 | 15187 • | 15191 | 15517 | 15521 | 15847 | 15851 | 16177 | 16181 |
| 14863 | 14867 • | 15193 • | 15197 | 15523 | 15527 • | 15853 | 15857 | 16183 • | 16187 • |
| 14869 • | 14873 | 15199 • | 15203 | 15529 | 15533 | 15859 • | 15863 | 16189 • | 16193 • |
| 14875 | 14879 • | 15205 | 15209 | 15535 | 15539 | 15865 | 15869 | 16195 | 16199 |
| 14881 | 14885 | 15211 | 15215 | 15541 • | 15545 | 15871 | 15875 | 16201 | 16205 |
| 14887 • | 14891 • | 15217 • | 15221 | 15547 | 15551 • | 15877 • | 15881 • | 16207 | 16211 |
| 14893 | 14897 • | 15223 | 15227 • | 15553 | 15557 | 15883 | 15887 • | 16213 | 16217 • |
| 14899 | 14903 | 15229 | 15233 • | 15559 • | 15563 | 15889 • | 15893 | 16219 | 16223 • |
| 14905 | 14909 | 15235 | 15239 | 15565 | 15569 • | 15895 | 15899 | 16225 | 16229 • |
| 14911 | 14915 | 15241 • | 15245 | 15571 | 15575 | 15901 • | 15905 | 16231 • | 16235 |
| 14917 | 14921 | 15247 | 15251 | 15577 | 15581 • | 15907 • | 15911 | 16237 | 16241 |
| 14923 • | 14927 | 15253 | 15257 | 15583 • | 15587 | 15913 • | 15917 | 16243 | 16247 |
| 14929 • | 14933 | 15259 • | 15263 • | 15589 | 15593 | 15919 • | 15923 • | 16249 • | 16253 • |
| 14935 | 14939 • | 15265 | 15269 • | 15595 | 15599 | 15925 | 15929 | 16255 | 16259 |
| 14941 | 14945 | 15271 • | 15275 | 15601 • | 15605 | 15931 | 15935 | 16261 | 16265 |
| 14947 • | 14951 • | 15277 • | 15281 | 15607 • | 15611 | 15937 • | 15941 | 16267 • | 16271 |
| 14953 | 14957 • | 15283 | 15287 • | 15613 | 15617 | 15943 | 15947 | 16273 • | 16277 |
| 14959 | 14963 | 15289 • | 15293 | 15619 • | 15623 | 15949 | 15953 | 16279 | 16283 |
| 14965 | 14969 • | 15295 | 15299 • | 15625 | 15629 • | 15955 | 15959 • | 16285 | 16289 |
| 14971 | 14975 | 15301 | 15305 | 15631 | 15635 | 15961 | 15965 | 16291 | 16295 |
| 14977 | 14981 | 15307 • | 15311 | 15637 | 15641 • | 15967 | 15971 • | 16297 | 16301 • |
| 14983 • | 14987 | 15313 • | 15317 | 15643 • | 15647 • | 15973 • | 15977 | 16303 | 16307 |
| 14989 | 14993 | 15319 • | 15323 | 15649 • | 15653 | 15979 | 15983 | 16309 | 16313 |
| 14995 | 14999 | 15325 | 15329 • | 15655 | 15659 | 15985 | 15989 | 16315 | 16319 • |
| 15001 | 15005 | 15331 • | 15335 | 15661 • | 15665 | 15991 • | 15995 | 16321 | 16325 |
| 15007 | 15011 | 15337 | 15341 | 15667 • | 15671 • | 15997 | 16001 • | 16327 | 16331 |
| 15013 • | 15017 • | 15343 | 15347 | 15673 | 15677 | 16003 | 16007 • | 16333 • | 16337 |
| 15019 | 15023 | 15349 • | 15353 | 15679 • | 15683 • | 16009 | 16013 | 16339 • | 16343 |
| 15025 | 15029 | 15355 | 15359 • | 15685 | 15689 | 16015 | 16019 | 16345 | 16349 • |
| 15031 • | 15035 | 15361 • | 15365 | 15691 | 15695 | 16021 | 16025 | 16351 | 16355 |
| 15037 | 15041 | 15367 | 15371 | 15697 | 15701 | 16027 | 16031 | 16357 | 16361 • |
| 15043 | 15047 | 15373 • | 15377 • | 15703 | 15707 | 16033 • | 16037 | 16363 • | 16367 |
| 15049 | 15053 • | 15379 | 15383 • | 15709 | 15713 | 16039 | 16043 | 16369 | 16373 |
| 15055 | 15059 | 15385 | 15389 | 15715 | 15719 | 16045 | 16049 | 16375 | 16379 |
| 15061 • | 15065 | 15391 • | 15395 | 15721 | 15725 | 16051 | 16055 | 16381 | 16385 |
| 15067 | 15071 | 15397 | 15401 • | 15727 • | 15731 • | 16057 • | 16061 • | 16387 | 16391 |
| 15073 • | 15077 • | 15403 | 15407 | 15733 • | 15737 • | 16063 • | 16067 • | 16393 | 16397 |
| 15079 | 15083 • | 15409 | 15413 • | 15739 • | 15743 | 16069 • | 16073 • | 16399 | 16403 |
| 15085 | 15089 | 15415 | 15419 | 15745 | 15749 • | 16075 | 16079 | 16405 | 16409 |
| 15091 | 15095 | 15421 | 15425 | 15751 | 15755 | 16081 | 16085 | 16411 • | 16415 |
| 15097 | 15101 • | 15427 • | 15431 | 15757 | 15761 • | 16087 • | 16091 | 16417 • | 16421 • |
| 15103 | 15107 • | 15433 | 15437 | 15763 | 15767 • | 16093 | 16097 • | 16423 | 16427 • |
| 15109 | 15113 | 15439 • | 15443 • | 15769 | 15773 • | 16099 | 16103 • | 16429 | 16433 • |
| 15115 | 15119 | 15445 | 15449 | 15775 | 15779 | 16105 | 16109 | 16435 | 16439 |
| 15121 • | 15125 | 15451 • | 15455 | 15781 | 15785 | 16111 • | 16115 | 16441 | 16445 |
| 15127 | 15131 • | 15457 | 15461 • | 15787 • | 15791 • | 16117 | 16121 | 16447 • | 16451 • |
| 15133 | 15137 • | 15463 | 15467 • | 15793 | 15797 • | 16123 | 16127 • | 16453 • | 16457 |
| 15139 • | 15143 | 15469 | 15473 • | 15799 | 15803 • | 16129 | 16133 | 16459 | 16463 |
| 15145 | 15149 • | 15475 | 15479 | 15805 | 15809 • | 16135 | 16139 • | 16465 | 16469 |
| 15151 | 15155 | 15481 | 15485 | 15811 | 15815 | 16141 • | 16145 | 16471 | 16475 |
| 15157 | 15161 • | 15487 | 15491 | 15817 • | 15821 | 16147 | 16151 | 16477 • | 16481 • |
| 15163 | 15167 | 15493 • | 15497 • | 15823 • | 15827 | 16153 | 16157 | 16483 | 16487 • |
| 15169 | 15173 • | 15499 | 15503 | 15829 | 15833 | 16159 | 16163 | 16489 | 16493 • |
| 15175 | 15179 | 15505 | 15509 | 15835 | 15839 | 16165 | 16169 | 16495 | 16499 |

| | | | | | | | | | |
|---|---|---|---|---|---|---|---|---|---|
| 16501 | 16505 | 16831 • | 16835 | 17161 | 17165 | 17491 • | 17495 | 17821 | 17825 |
| 16507 | 16511 | 16837 | 16841 | 17167 • | 17171 | 17497 • | 17501 | 17827 • | 17831 |
| 16513 | 16517 | 16843 • | 16847 | 17173 | 17177 | 17503 | 17507 | 17833 | 17837 • |
| 16519 • | 16523 | 16849 | 16853 | 17179 | 17183 • | 17509 • | 17513 | 17839 • | 17843 |
| 16525 | 16529 • | 16855 | 16859 | 17185 | 17189 • | 17515 | 17519 • | 17845 | 17849 |
| 16531 | 16535 | 16861 | 16865 | 17191 • | 17195 | 17521 | 17525 | 17851 • | 17855 |
| 16537 | 16541 | 16867 | 16871 • | 17197 | 17201 | 17527 | 17531 | 17857 | 17861 |
| 16543 | 16547 • | 16873 | 16877 | 17203 • | 17207 • | 17533 | 17537 | 17863 • | 17867 |
| 16549 | 16553 • | 16879 • | 16883 | 17209 • | 17213 | 17539 • | 17543 | 17869 | 17873 |
| 16555 | 16559 | 16885 | 16889 • | 17215 | 17219 | 17545 | 17549 | 17875 | 17879 |
| 16561 • | 16565 | 16891 | 16895 | 17221 | 17225 | 17551 • | 17555 | 17881 • | 17885 |
| 16567 • | 16571 | 16897 | 16901 • | 17227 | 17231 • | 17557 | 17561 | 17887 | 17891 • |
| 16573 • | 16577 | 16903 • | 16907 | 17233 | 17237 | 17563 | 17567 | 17893 | 17897 |
| 16579 | 16583 | 16909 | 16913 | 17239 • | 17243 | 17569 • | 17573 • | 17899 | 17903 • |
| 16585 | 16589 | 16915 | 16919 | 17245 | 17249 | 17575 | 17579 • | 17905 | 17909 • |
| 16591 | 16595 | 16921 • | 16925 | 17251 | 17255 | 17581 • | 17585 | 17911 • | 17915 |
| 16597 | 16601 | 16927 • | 16931 | 17257 • | 17261 | 17587 | 17591 | 17917 | 17921 • |
| 16603 • | 16607 • | 16933 | 16937 • | 17263 | 17267 | 17593 | 17597 • | 17923 • | 17927 |
| 16609 | 16613 | 16939 | 16943 • | 17269 | 17273 | 17599 • | 17603 | 17929 • | 17933 |
| 16615 | 16619 • | 16945 | 16949 | 17275 | 17279 | 17605 | 17609 • | 17935 | 17939 • |
| 16621 | 16625 | 16951 | 16955 | 17281 | 17285 | 17611 | 17615 | 17941 | 17945 |
| 16627 | 16631 • | 16957 | 16961 | 17287 | 17291 • | 17617 | 17621 | 17947 | 17951 |
| 16633 • | 16637 | 16963 • | 16967 | 17293 • | 17297 | 17623 • | 17627 • | 17953 | 17957 • |
| 16639 | 16643 | 16969 | 16973 | 17299 • | 17303 | 17629 | 17633 | 17959 • | 17963 |
| 16645 | 16649 • | 16975 | 16979 • | 17305 | 17309 | 17635 | 17639 | 17965 | 17969 |
| 16651 • | 16655 | 16981 • | 16985 | 17311 | 17315 | 17641 | 17645 | 17971 • | 17975 |
| 16657 • | 16661 • | 16987 • | 16991 | 17317 • | 17321 • | 17647 | 17651 | 17977 • | 17981 • |
| 16663 | 16667 | 16993 • | 16997 | 17323 | 17327 • | 17653 | 17657 • | 17983 | 17987 • |
| 16669 | 16673 • | 16999 | 17003 | 17329 | 17333 • | 17659 • | 17663 | 17989 • | 17993 |
| 16675 | 16679 | 17005 | 17009 | 17335 | 17339 | 17665 | 17669 • | 17995 | 17999 |
| 16681 | 16685 | 17011 • | 17015 | 17341 • | 17345 | 17671 | 17675 | 18001 | 18005 |
| 16687 | 16691 • | 17017 | 17021 • | 17347 | 17351 • | 17677 | 17681 • | 18007 | 18011 |
| 16693 • | 16697 | 17023 | 17027 • | 17353 | 17357 | 17683 • | 17687 | 18013 • | 18017 |
| 16699 • | 16703 • | 17029 • | 17033 • | 17359 • | 17363 | 17689 | 17693 | 18019 | 18023 |
| 16705 | 16709 | 17035 | 17039 | 17365 | 17369 | 17695 | 17699 | 18025 | 18029 |
| 16711 | 16715 | 17041 • | 17045 | 17371 | 17375 | 17701 | 17705 | 18031 | 18035 |
| 16717 | 16721 | 17047 • | 17051 | 17377 | 17381 | 17707 • | 17711 | 18037 | 18041 • |
| 16723 | 16727 | 17053 • | 17057 | 17383 • | 17387 • | 17713 • | 17717 | 18043 • | 18047 • |
| 16729 • | 16733 | 17059 | 17063 | 17389 • | 17393 • | 17719 | 17723 | 18049 • | 18053 |
| 16735 | 16739 | 17065 | 17069 | 17395 | 17399 | 17725 | 17729 • | 18055 | 18059 • |
| 16741 • | 16745 | 17071 | 17075 | 17401 • | 17405 | 17731 | 17735 | 18061 • | 18065 |
| 16747 • | 16751 | 17077 • | 17081 | 17407 | 17411 | 17737 • | 17741 | 18067 | 18071 |
| 16753 | 16757 | 17083 | 17087 | 17413 | 17417 • | 17743 | 17747 • | 18073 | 18077 • |
| 16759 • | 16763 • | 17089 | 17093 • | 17419 • | 17423 | 17749 • | 17753 | 18079 | 18083 |
| 16765 | 16769 | 17095 | 17099 • | 17425 | 17429 | 17755 | 17759 | 18085 | 18089 • |
| 16771 | 16775 | 17101 | 17105 | 17431 • | 17435 | 17761 • | 17765 | 18091 | 18095 |
| 16777 | 16781 | 17107 • | 17111 | 17437 | 17441 | 17767 | 17771 | 18097 • | 18101 |
| 16783 | 16787 • | 17113 | 17117 • | 17443 • | 17447 | 17773 | 17777 | 18103 | 18107 |
| 16789 | 16793 | 17119 | 17123 • | 17449 • | 17453 | 17779 | 17783 • | 18109 | 18113 |
| 16795 | 16799 | 17125 | 17129 | 17455 | 17459 | 17785 | 17789 • | 18115 | 18119 • |
| 16801 | 16805 | 17131 | 17135 | 17461 | 17465 | 17791 • | 17795 | 18121 • | 18125 |
| 16807 | 16811 • | 17137 • | 17141 | 17467 • | 17471 • | 17797 | 17801 | 18127 • | 18131 • |
| 16813 | 16817 | 17143 | 17147 | 17473 | 17477 • | 17803 | 17807 • | 18133 • | 18137 |
| 16819 | 16823 • | 17149 | 17153 | 17479 | 17483 • | 17809 | 17813 | 18139 | 18143 • |
| 16825 | 16829 • | 17155 | 17159 • | 17485 | 17489 • | 17815 | 17819 | 18145 | 18149 • |

| | | | | | | | | | |
|---|---|---|---|---|---|---|---|---|---|
| 18151 | 18155 | 18481 • | 18485 | 18811 | 18815 | 19141 • | 19145 | 19471 • | 19475 |
| 18157 | 18161 | 18487 | 18491 | 18817 | 18821 | 19147 | 19151 | 19477 • | 19481 |
| 18163 | 18167 | 18493 • | 18497 | 18823 | 18827 | 19153 | 19157 • | 19483 • | 19487 |
| 18169 • | 18173 | 18499 | 18503 • | 18829 | 18833 | 19159 | 19163 • | 19489 • | 19493 |
| 18175 | 18179 | 18505 | 18509 | 18835 | 18839 • | 19165 | 19169 | 19495 | 19499 |
| 18181 • | 18185 | 18511 | 18515 | 18841 | 18845 | 19171 | 19175 | 19501 • | 19505 |
| 18187 | 18191 • | 18517 • | 18521 • | 18847 | 18851 | 19177 | 19181 • | 19507 • | 19511 |
| 18193 | 18197 | 18523 • | 18527 | 18853 | 18857 | 19183 • | 19187 | 19513 | 19517 |
| 18199 • | 18203 | 18529 | 18533 | 18859 • | 18863 | 19189 | 19193 | 19519 | 19523 |
| 18205 | 18209 | 18535 | 18539 • | 18865 | 18869 • | 19195 | 19199 | 19525 | 19529 |
| 18211 • | 18215 | 18541 • | 18545 | 18871 | 18875 | 19201 | 19205 | 19531 • | 19535 |
| 18217 • | 18221 | 18547 | 18551 | 18877 | 18881 | 19207 • | 19211 • | 19537 | 19541 • |
| 18223 • | 18227 | 18553 • | 18557 | 18883 | 18887 | 19213 • | 19217 | 19543 • | 19547 |
| 18229 • | 18233 • | 18559 | 18563 | 18889 | 18893 | 19219 • | 19223 | 19549 | 19553 • |
| 18235 | 18239 | 18565 | 18569 | 18895 | 18899 • | 19225 | 19229 | 19555 | 19559 • |
| 18241 | 18245 | 18571 | 18575 | 18901 | 18905 | 19231 • | 19235 | 19561 | 19565 |
| 18247 | 18251 • | 18577 | 18581 | 18907 | 18911 • | 19237 • | 19241 | 19567 | 19571 • |
| 18253 • | 18257 • | 18583 • | 18587 • | 18913 • | 18917 • | 19243 | 19247 | 19573 | 19577 • |
| 18259 | 18263 | 18589 | 18593 • | 18919 • | 18923 | 19249 • | 19253 | 19579 | 19583 • |
| 18265 | 18269 • | 18595 | 18599 | 18925 | 18929 | 19255 | 19259 • | 19585 | 19589 |
| 18271 | 18275 | 18601 | 18605 | 18931 | 18935 | 19261 | 19265 | 19591 | 19595 |
| 18277 | 18281 | 18607 | 18611 | 18937 | 18941 | 19267 • | 19271 | 19597 • | 19601 |
| 18283 | 18287 • | 18613 | 18617 • | 18943 | 18947 • | 19273 • | 19277 | 19603 • | 19607 |
| 18289 • | 18293 | 18619 | 18623 | 18949 | 18953 | 19279 | 19283 | 19609 • | 19613 |
| 18295 | 18299 | 18625 | 18629 | 18955 | 18959 • | 19285 | 19289 • | 19615 | 19619 |
| 18301 • | 18305 | 18631 | 18635 | 18961 | 18965 | 19291 | 19295 | 19621 | 19625 |
| 18307 • | 18311 • | 18637 • | 18641 | 18967 | 18971 | 19297 | 19301 • | 19627 | 19631 |
| 18313 • | 18317 | 18643 | 18647 | 18973 • | 18977 | 19303 | 19307 | 19633 | 19637 |
| 18319 | 18323 | 18649 | 18653 | 18979 • | 18983 | 19309 • | 19313 | 19639 | 19643 |
| 18325 | 18329 • | 18655 | 18659 | 18985 | 18989 | 19315 | 19319 • | 19645 | 19649 |
| 18331 | 18335 | 18661 • | 18665 | 18991 | 18995 | 19321 | 19325 | 19651 | 19655 |
| 18337 | 18341 • | 18667 | 18671 • | 18997 | 19001 • | 19327 | 19331 | 19657 | 19661 • |
| 18343 | 18347 | 18673 | 18677 | 19003 | 19007 | 19333 • | 19337 | 19663 | 19667 |
| 18349 | 18353 • | 18679 • | 18683 | 19009 • | 19013 • | 19339 | 19343 | 19669 | 19673 |
| 18355 | 18359 | 18685 | 18689 | 19015 | 19019 | 19345 | 19349 | 19675 | 19679 |
| 18361 | 18365 | 18691 • | 18695 | 19021 | 19025 | 19351 | 19355 | 19681 • | 19685 |
| 18367 • | 18371 • | 18697 | 18701 • | 19027 | 19031 • | 19357 | 19361 | 19687 • | 19691 |
| 18373 | 18377 | 18703 | 18707 | 19033 | 19037 • | 19363 | 19367 | 19693 | 19697 • |
| 18379 • | 18383 | 18709 | 18713 • | 19039 | 19043 | 19369 | 19373 • | 19699 • | 19703 |
| 18385 | 18389 | 18715 | 18719 • | 19045 | 19049 | 19375 | 19379 • | 19705 | 19709 • |
| 18391 | 18395 | 18721 | 18725 | 19051 • | 19055 | 19381 • | 19385 | 19711 | 19715 |
| 18397 • | 18401 • | 18727 | 18731 • | 19057 | 19061 | 19387 • | 19391 • | 19717 • | 19721 |
| 18403 | 18407 | 18733 | 18737 | 19063 | 19067 | 19393 | 19397 | 19723 | 19727 • |
| 18409 | 18413 • | 18739 | 18743 • | 19069 • | 19073 • | 19399 | 19403 • | 19729 | 19733 |
| 18415 | 18419 | 18745 | 18749 • | 19075 | 19079 • | 19405 | 19409 | 19735 | 19739 • |
| 18421 | 18425 | 18751 | 18755 | 19081 • | 19085 | 19411 | 19415 | 19741 | 19745 |
| 18427 • | 18431 | 18757 • | 18761 | 19087 • | 19091 | 19417 • | 19421 • | 19747 | 19751 • |
| 18433 • | 18437 | 18763 | 18767 | 19093 | 19097 | 19423 • | 19427 • | 19753 • | 19757 |
| 18439 • | 18443 • | 18769 | 18773 • | 19099 | 19103 | 19429 • | 19433 • | 19759 • | 19763 • |
| 18445 | 18449 | 18775 | 18779 | 19105 | 19109 | 19435 | 19439 | 19765 | 19769 |
| 18451 • | 18455 | 18781 | 18785 | 19111 | 19115 | 19441 • | 19445 | 19771 | 19775 |
| 18457 • | 18461 • | 18787 • | 18791 | 19117 | 19121 • | 19447 • | 19451 | 19777 • | 19781 |
| 18463 | 18467 | 18793 • | 18797 • | 19123 | 19127 | 19453 | 19457 • | 19783 | 19787 |
| 18469 | 18473 | 18799 | 18803 • | 19129 | 19133 | 19459 | 19463 • | 19789 | 19793 • |
| 18475 | 18479 | 18805 | 18809 | 19135 | 19139 • | 19465 | 19469 • | 19795 | 19799 |

| | | | | | | | | | | | |
|---|---|---|---|---|---|---|---|---|---|---|---|
| 19801 • | 19805 | 20131 | 20135 | 20461 | 20465 | 20791 | 20795 | 21121 • | 21125 |
| 19807 | 19811 | 20137 | 20141 | 20467 | 20471 | 20797 | 20801 | 21127 | 21131 |
| 19813 • | 19817 | 20143 • | 20147 • | 20473 | 20477 • | 20803 | 20807 • | 21133 | 21137 |
| 19819 • | 19823 | 20149 • | 20153 | 20479 • | 20483 • | 20809 • | 20813 | 21139 • | 21143 • |
| 19825 | 19829 | 20155 | 20159 | 20485 | 20489 | 20815 | 20819 | 21145 | 21149 • |
| 19831 | 19835 | 20161 • | 20165 | 20491 | 20495 | 20821 | 20825 | 21151 | 21155 |
| 19837 | 19841 • | 20167 | 20171 | 20497 | 20501 | 20827 | 20831 | 21157 • | 21161 |
| 19843 • | 19847 | 20173 • | 20177 • | 20503 | 20507 • | 20833 | 20837 | 21163 • | 21167 |
| 19849 | 19853 • | 20179 | 20183 • | 20509 • | 20513 | 20839 | 20843 | 21169 • | 21173 |
| 19855 | 19859 | 20185 | 20189 | 20515 | 20519 | 20845 | 20849 • | 21175 | 21179 • |
| 19861 • | 19865 | 20191 | 20195 | 20521 • | 20525 | 20851 | 20855 | 21181 | 21185 |
| 19867 • | 19871 | 20197 | 20201 • | 20527 | 20531 | 20857 • | 20861 | 21187 • | 21191 • |
| 19873 | 19877 | 20203 | 20207 | 20533 • | 20537 | 20863 | 20867 | 21193 • | 21197 |
| 19879 | 19883 | 20209 | 20213 | 20539 | 20543 • | 20869 | 20873 • | 21199 | 21203 |
| 19885 | 19889 • | 20215 | 20219 • | 20545 | 20549 • | 20875 | 20879 • | 21205 | 21209 |
| 19891 • | 19895 | 20221 | 20225 | 20551 • | 20555 | 20881 | 20885 | 21211 • | 21215 |
| 19897 | 19901 | 20227 | 20231 • | 20557 | 20561 | 20887 • | 20891 | 21217 | 21221 • |
| 19903 | 19907 | 20233 • | 20237 | 20563 | 20567 | 20893 | 20897 • | 21223 | 21227 • |
| 19909 | 19913 • | 20239 | 20243 | 20569 | 20573 | 20899 • | 20903 • | 21229 | 21233 |
| 19915 | 19919 • | 20245 | 20249 • | 20575 | 20579 | 20905 | 20909 | 21235 | 21239 |
| 19921 | 19925 | 20251 | 20255 | 20581 | 20585 | 20911 | 20915 | 21241 | 21245 |
| 19927 • | 19931 | 20257 | 20261 • | 20587 | 20591 | 20917 | 20921 | 21247 • | 21251 |
| 19933 | 19937 • | 20263 | 20267 | 20593 • | 20597 | 20923 | 20927 | 21253 | 21257 |
| 19939 | 19943 | 20269 • | 20273 | 20599 • | 20603 | 20929 • | 20933 | 21259 | 21263 |
| 19945 | 19949 • | 20275 | 20279 | 20605 | 20609 | 20935 | 20939 • | 21265 | 21269 • |
| 19951 | 19955 | 20281 | 20285 | 20611 • | 20615 | 20941 | 20945 | 21271 | 21275 |
| 19957 | 19961 • | 20287 • | 20291 | 20617 | 20621 | 20947 • | 20951 | 21277 • | 21281 |
| 19963 • | 19967 | 20293 | 20297 • | 20623 | 20627 • | 20953 | 20957 | 21283 • | 21287 |
| 19969 | 19973 • | 20299 | 20303 | 20629 | 20633 | 20959 • | 20963 • | 21289 | 21293 |
| 19975 | 19979 • | 20305 | 20309 | 20635 | 20639 • | 20965 | 20969 | 21295 | 21299 |
| 19981 | 19985 | 20311 | 20315 | 20641 • | 20645 | 20971 | 20975 | 21301 | 21305 |
| 19987 | 19991 • | 20317 | 20321 | 20647 | 20651 | 20977 | 20981 • | 21307 | 21311 |
| 19993 • | 19997 • | 20323 • | 20327 • | 20653 | 20657 | 20983 • | 20987 | 21313 • | 21317 • |
| 19999 | 20003 | 20329 | 20333 • | 20659 | 20663 • | 20989 | 20993 | 21319 • | 21323 • |
| 20005 | 20009 | 20335 | 20339 | 20665 | 20669 | 20995 | 20999 | 21325 | 21329 |
| 20011 • | 20015 | 20341 • | 20345 | 20671 | 20675 | 21001 • | 21005 | 21331 | 21335 |
| 20017 | 20021 • | 20347 • | 20351 | 20677 | 20681 • | 21007 | 21011 • | 21337 | 21341 • |
| 20023 • | 20027 | 20353 • | 20357 • | 20683 | 20687 | 21013 • | 21017 • | 21343 | 21347 • |
| 20029 • | 20033 | 20359 • | 20363 | 20689 | 20693 • | 21019 • | 21023 • | 21349 | 21353 |
| 20035 | 20039 | 20365 | 20369 • | 20695 | 20699 | 21025 | 21029 | 21355 | 21359 |
| 20041 | 20045 | 20371 | 20375 | 20701 | 20705 | 21031 • | 21035 | 21361 | 21365 |
| 20047 • | 20051 • | 20377 | 20381 | 20707 • | 20711 | 21037 | 21041 | 21367 | 21371 |
| 20053 | 20057 | 20383 | 20387 | 20713 | 20717 • | 21043 | 21047 | 21373 | 21377 • |
| 20059 | 20063 • | 20389 • | 20393 • | 20719 • | 20723 | 21049 | 21053 | 21379 • | 21383 • |
| 20065 | 20069 | 20395 | 20399 • | 20725 | 20729 | 21055 | 21059 • | 21385 | 21389 |
| 20071 • | 20075 | 20401 | 20405 | 20731 • | 20735 | 21061 • | 21065 | 21391 • | 21395 |
| 20077 | 20081 | 20407 • | 20411 • | 20737 | 20741 | 21067 • | 21071 | 21397 • | 21401 • |
| 20083 | 20087 | 20413 | 20417 | 20743 • | 20747 • | 21073 | 21077 | 21403 | 21407 • |
| 20089 • | 20093 | 20419 | 20423 | 20749 • | 20753 • | 21079 | 21083 | 21409 | 21413 |
| 20095 | 20099 | 20425 | 20429 | 20755 | 20759 • | 21085 | 21089 • | 21415 | 21419 • |
| 20101 • | 20105 | 20431 • | 20435 | 20761 | 20765 | 21091 | 21095 | 21421 | 21425 |
| 20107 • | 20111 | 20437 | 20441 • | 20767 | 20771 • | 21097 | 21101 • | 21427 | 21431 |
| 20113 • | 20117 • | 20443 • | 20447 | 20773 • | 20777 | 21103 | 21107 • | 21433 • | 21437 |
| 20119 | 20123 • | 20449 | 20453 | 20779 | 20783 | 21109 | 21113 | 21439 | 21443 |
| 20125 | 20129 • | 20455 | 20459 | 20785 | 20789 • | 21115 | 21119 | 21445 | 21449 |

| | | | | | | | | | |
|---|---|---|---|---|---|---|---|---|---|
| 21451 | 21455 | 21781 | 21785 | 22111 • | 22115 | 22441 • | 22445 | 22771 | 22775 |
| 21457 | 21461 | 21787 • | 21791 | 22117 | 22121 | 22447 • | 22451 | 22777 • | 22781 |
| 21463 | 21467 • | 21793 | 21797 | 22123 • | 22127 | 22453 • | 22457 | 22783 • | 22787 • |
| 21469 | 21473 | 21799 • | 21803 • | 22129 • | 22133 | 22459 | 22463 | 22789 | 22793 |
| 21475 | 21479 | 21805 | 21809 | 22135 | 22139 | 22465 | 22469 • | 22795 | 22799 |
| 21481 • | 21485 | 21811 | 21815 | 22141 | 22145 | 22471 | 22475 | 22801 | 22805 |
| 21487 • | 21491 • | 21817 • | 21821 • | 22147 • | 22151 | 22477 | 22481 • | 22807 • | 22811 • |
| 21493 • | 21497 | 21823 | 21827 | 22153 • | 22157 • | 22483 • | 22487 | 22813 | 22817 • |
| 21499 • | 21503 • | 21829 | 21833 | 22159 • | 22163 | 22489 | 22493 | 22819 | 22823 |
| 21505 | 21509 | 21835 | 21839 • | 22165 | 22169 | 22495 | 22499 | 22825 | 22829 |
| 21511 | 21515 | 21841 • | 21845 | 22171 • | 22175 | 22501 • | 22505 | 22831 | 22835 |
| 21517 • | 21521 • | 21847 | 21851 • | 22177 | 22181 | 22507 | 22511 • | 22837 | 22841 |
| 21523 • | 21527 | 21853 | 21857 | 22183 | 22187 | 22513 | 22517 | 22843 | 22847 |
| 21529 • | 21533 | 21859 • | 21863 • | 22189 • | 22193 • | 22519 | 22523 | 22849 | 22853 • |
| 21535 | 21539 | 21865 | 21869 | 22195 | 22199 | 22525 | 22529 | 22855 | 22859 • |
| 21541 | 21545 | 21871 • | 21875 | 22201 | 22205 | 22531 • | 22535 | 22861 • | 22865 |
| 21547 | 21551 | 21877 | 21881 • | 22207 | 22211 | 22537 • | 22541 • | 22867 | 22871 • |
| 21553 | 21557 • | 21883 | 21887 | 22213 | 22217 | 22543 • | 22547 | 22873 | 22877 • |
| 21559 • | 21563 • | 21889 | 21893 • | 22219 | 22223 | 22549 • | 22553 | 22879 | 22883 |
| 21565 | 21569 • | 21895 | 21899 | 22225 | 22229 • | 22555 | 22559 | 22885 | 22889 |
| 21571 | 21575 | 21901 | 21905 | 22231 | 22235 | 22561 | 22565 | 22891 | 22895 |
| 21577 • | 21581 | 21907 | 21911 • | 22237 | 22241 | 22567 • | 22571 • | 22897 | 22901 • |
| 21583 | 21587 • | 21913 | 21917 | 22243 | 22247 • | 22573 • | 22577 | 22903 | 22907 • |
| 21589 • | 21593 | 21919 | 21923 | 22249 | 22253 | 22579 | 22583 | 22909 | 22913 |
| 21595 | 21599 • | 21925 | 21929 • | 22255 | 22259 • | 22585 | 22589 | 22915 | 22919 |
| 21601 • | 21605 | 21931 | 21935 | 22261 | 22265 | 22591 | 22595 | 22921 • | 22925 |
| 21607 | 21611 • | 21937 • | 21941 | 22267 | 22271 • | 22597 | 22601 | 22927 | 22931 |
| 21613 • | 21617 • | 21943 • | 21947 | 22273 • | 22277 • | 22603 | 22607 | 22933 | 22937 • |
| 21619 | 21623 | 21949 | 21953 | 22279 • | 22283 • | 22609 | 22613 • | 22939 | 22943 • |
| 21625 | 21629 | 21955 | 21959 | 22285 | 22289 | 22615 | 22619 • | 22945 | 22949 |
| 21631 | 21635 | 21961 • | 21965 | 22291 • | 22295 | 22621 • | 22625 | 22951 | 22955 |
| 21637 | 21641 | 21967 | 21971 | 22297 | 22301 | 22627 | 22631 | 22957 | 22961 • |
| 21643 | 21647 • | 21973 | 21977 • | 22303 • | 22307 • | 22633 | 22637 • | 22963 • | 22967 |
| 21649 • | 21653 | 21979 | 21983 | 22309 | 22313 | 22639 • | 22643 • | 22969 | 22973 • |
| 21655 | 21659 | 21985 | 21989 | 22315 | 22319 | 22645 | 22649 | 22975 | 22979 |
| 21661 • | 21665 | 21991 • | 21995 | 22321 | 22325 | 22651 | 22655 | 22981 | 22985 |
| 21667 | 21671 | 21997 • | 22001 | 22327 | 22331 | 22657 | 22661 | 22987 | 22991 |
| 21673 • | 21677 | 22003 • | 22007 | 22333 | 22337 | 22663 | 22667 | 22993 • | 22997 |
| 21679 | 21683 • | 22009 | 22013 • | 22339 | 22343 • | 22669 • | 22673 | 22999 | 23003 • |
| 21685 | 21689 | 22015 | 22019 | 22345 | 22349 • | 22675 | 22679 • | 23005 | 23009 |
| 21691 | 21695 | 22021 | 22025 | 22351 | 22355 | 22681 | 22685 | 23011 • | 23015 |
| 21697 | 21701 • | 22027 • | 22031 • | 22357 | 22361 | 22687 | 22691 • | 23017 • | 23021 • |
| 21703 | 21707 | 22033 | 22037 • | 22363 | 22367 • | 22693 | 22697 • | 23023 | 23027 • |
| 21709 | 21713 • | 22039 • | 22043 | 22369 • | 22373 • | 22699 • | 22703 | 23029 • | 23033 |
| 21715 | 21719 | 22045 | 22049 | 22375 | 22379 | 22705 | 22709 • | 23035 | 23039 • |
| 21721 | 21725 | 22051 • | 22055 | 22381 • | 22385 | 22711 | 22715 | 23041 • | 23045 |
| 21727 • | 21731 | 22057 | 22061 | 22387 | 22391 • | 22717 • | 22721 • | 23047 | 23051 |
| 21733 | 21737 • | 22063 • | 22067 • | 22393 | 22397 • | 22723 | 22727 • | 23053 • | 23057 • |
| 21739 • | 21743 | 22069 | 22073 • | 22399 | 22403 | 22729 | 22733 | 23059 • | 23063 |
| 21745 | 21749 | 22075 | 22079 • | 22405 | 22409 • | 22735 | 22739 • | 23065 | 23069 |
| 21751 | 21755 | 22081 | 22085 | 22411 | 22415 | 22741 • | 22745 | 23071 • | 23075 |
| 21757 • | 21761 | 22087 | 22091 • | 22417 | 22421 | 22747 | 22751 • | 23077 | 23081 • |
| 21763 | 21767 • | 22093 • | 22097 | 22423 | 22427 | 22753 | 22757 | 23083 | 23087 • |
| 21769 | 21773 • | 22099 | 22103 | 22429 | 22433 • | 22759 | 22763 | 23089 | 23093 |
| 21775 | 21779 | 22105 | 22109 • | 22435 | 22439 | 22765 | 22769 • | 23095 | 23099 • |

| | | | | | | | | | |
|---|---|---|---|---|---|---|---|---|---|
| 23101 | 23105 | 23431 • | 23435 | 23761 • | 23765 | 24091 • | 24095 | 24421 • | 24425 |
| 23107 | 23111 | 23437 | 23441 | 23767 • | 23771 | 24097 • | 24101 | 24427 | 24431 |
| 23113 | 23117 • | 23443 | 23447 • | 23773 • | 23777 | 24103 • | 24107 • | 24433 | 24437 |
| 23119 | 23123 | 23449 | 23453 | 23779 | 23783 | 24109 • | 24113 • | 24439 • | 24443 • |
| 23125 | 23129 | 23455 | 23459 • | 23785 | 23789 • | 24115 | 24119 | 24445 | 24449 |
| 23131 • | 23135 | 23461 | 23465 | 23791 | 23795 | 24121 • | 24125 | 24451 | 24455 |
| 23137 | 23141 | 23467 | 23471 | 23797 | 23801 • | 24127 | 24131 | 24457 | 24461 |
| 23143 • | 23147 | 23473 • | 23477 | 23803 | 23807 | 24133 • | 24137 • | 24463 | 24467 |
| 23149 | 23153 | 23479 | 23483 | 23809 | 23813 • | 24139 | 24143 | 24469 • | 24473 • |
| 23155 | 23159 • | 23485 | 23489 | 23815 | 23819 • | 24145 | 24149 | 24475 | 24479 |
| 23161 | 23165 | 23491 | 23495 | 23821 | 23825 | 24151 • | 24155 | 24481 • | 24485 |
| 23167 • | 23171 | 23497 • | 23501 | 23827 • | 23831 • | 24157 | 24161 | 24487 | 24491 |
| 23173 • | 23177 | 23503 | 23507 | 23833 • | 23837 | 24163 | 24167 | 24493 | 24497 |
| 23179 | 23183 | 23509 • | 23513 | 23839 | 23843 | 24169 • | 24173 | 24499 • | 24503 |
| 23185 | 23189 • | 23515 | 23519 | 23845 | 23849 | 24175 | 24179 • | 24505 | 24509 • |
| 23191 | 23195 | 23521 | 23525 | 23851 | 23855 | 24181 • | 24185 | 24511 | 24515 |
| 23197 • | 23201 • | 23527 | 23531 • | 23857 • | 23861 | 24187 | 24191 | 24517 • | 24521 |
| 23203 • | 23207 | 23533 | 23537 • | 23863 | 23867 | 24193 | 24197 • | 24523 | 24527 • |
| 23209 • | 23213 | 23539 • | 23543 | 23869 • | 23873 • | 24199 | 24203 • | 24529 | 24533 • |
| 23215 | 23219 | 23545 | 23549 • | 23875 | 23879 • | 24205 | 24209 | 24535 | 24539 |
| 23221 | 23225 | 23551 | 23555 | 23881 | 23885 | 24211 | 24215 | 24541 | 24545 |
| 23227 • | 23231 | 23557 • | 23561 • | 23887 • | 23891 | 24217 | 24221 | 24547 • | 24551 • |
| 23233 | 23237 | 23563 • | 23567 • | 23893 • | 23897 | 24223 • | 24227 | 24553 | 24557 |
| 23239 | 23243 | 23569 | 23573 | 23899 • | 23903 | 24229 • | 24233 | 24559 | 24563 |
| 23245 | 23249 | 23575 | 23579 | 23905 | 23909 • | 24235 | 24239 • | 24565 | 24569 |
| 23251 • | 23255 | 23581 • | 23585 | 23911 • | 23915 | 24241 | 24245 | 24571 • | 24575 |
| 23257 | 23261 | 23587 | 23591 | 23917 • | 23921 | 24247 • | 24251 • | 24577 | 24581 |
| 23263 | 23267 | 23593 • | 23597 | 23923 | 23927 | 24253 | 24257 | 24583 | 24587 |
| 23269 • | 23273 | 23599 • | 23603 • | 23929 • | 23933 | 24259 | 24263 | 24589 | 24593 • |
| 23275 | 23279 • | 23605 | 23609 • | 23935 | 23939 | 24265 | 24269 | 24595 | 24599 |
| 23281 | 23285 | 23611 | 23615 | 23941 | 23945 | 24271 | 24275 | 24601 | 24605 |
| 23287 | 23291 • | 23617 | 23621 | 23947 | 23951 | 24277 | 24281 • | 24607 | 24611 • |
| 23293 • | 23297 • | 23623 • | 23627 • | 23953 | 23957 • | 24283 | 24287 | 24613 | 24617 |
| 23299 | 23303 | 23629 • | 23633 • | 23959 | 23963 | 24289 | 24293 | 24619 | 24623 • |
| 23305 | 23309 | 23635 | 23639 | 23965 | 23969 | 24295 | 24299 | 24625 | 24629 |
| 23311 • | 23315 | 23641 | 23645 | 23971 • | 23975 | 24301 | 24305 | 24631 • | 24635 |
| 23317 | 23321 • | 23647 | 23651 | 23977 • | 23981 • | 24307 | 24311 | 24637 | 24641 |
| 23323 | 23327 • | 23653 | 23657 | 23983 | 23987 | 24313 | 24317 • | 24643 | 24647 |
| 23329 | 23333 • | 23659 | 23663 • | 23989 | 23993 • | 24319 | 24323 | 24649 | 24653 |
| 23335 | 23339 • | 23665 | 23669 • | 23995 | 23999 | 24325 | 24329 • | 24655 | 24659 • |
| 23341 | 23345 | 23671 • | 23675 | 24001 • | 24005 | 24331 | 24335 | 24661 | 24665 |
| 23347 | 23351 | 23677 • | 23681 | 24007 • | 24011 | 24337 • | 24341 | 24667 | 24671 • |
| 23353 | 23357 • | 23683 | 23687 • | 24013 | 24017 | 24343 | 24347 | 24673 | 24677 • |
| 23359 | 23363 | 23689 • | 23693 | 24019 • | 24023 • | 24349 | 24353 | 24679 | 24683 • |
| 23365 | 23369 • | 23695 | 23699 | 24025 | 24029 • | 24355 | 24359 • | 24685 | 24689 |
| 23371 • | 23375 | 23701 | 23705 | 24031 | 24035 | 24361 | 24365 | 24691 • | 24695 |
| 23377 | 23381 | 23707 | 23711 | 24037 | 24041 | 24367 | 24371 • | 24697 • | 24701 |
| 23383 | 23387 | 23713 | 23717 | 24043 • | 24047 | 24373 • | 24377 | 24703 | 24707 |
| 23389 | 23393 | 23719 • | 23723 | 24049 • | 24053 | 24379 • | 24383 | 24709 • | 24713 |
| 23395 | 23399 • | 23725 | 23729 | 24055 | 24059 | 24385 | 24389 | 24715 | 24719 |
| 23401 | 23405 | 23731 | 23735 | 24061 • | 24065 | 24391 • | 24395 | 24721 | 24725 |
| 23407 | 23411 | 23737 | 23741 • | 24067 | 24071 • | 24397 | 24401 | 24727 | 24731 |
| 23413 | 23417 • | 23743 • | 23747 • | 24073 | 24077 • | 24403 | 24407 • | 24733 • | 24737 |
| 23419 | 23423 | 23749 | 23753 • | 24079 | 24083 • | 24409 | 24413 • | 24739 | 24743 |
| 23425 | 23429 | 23755 | 23759 | 24085 | 24089 | 24415 | 24419 • | 24745 | 24749 • |

| | | | | | | | | | |
|---|---|---|---|---|---|---|---|---|---|
| 24751 | 24755 | 25081 | 25085 | 25411 • | 25415 | 25741 • | 25745 | 26071 | 26075 |
| 24757 | 24761 | 25087 • | 25091 | 25417 | 25421 | 25747 • | 25751 | 26077 | 26081 |
| 24763 • | 24767 • | 25093 | 25097 • | 25423 • | 25427 | 25753 | 25757 | 26083 • | 26087 |
| 24769 | 24773 | 25099 | 25103 | 25429 | 25433 | 25759 • | 25763 • | 26089 | 26093 |
| 24775 | 24779 | 25105 | 25109 | 25435 | 25439 • | 25765 | 25769 | 26095 | 26099 • |
| 24781 • | 24785 | 25111 • | 25115 | 25441 | 25445 | 25771 • | 25775 | 26101 | 26105 |
| 24787 | 24791 | 25117 • | 25121 • | 25447 • | 25451 | 25777 | 25781 | 26107 • | 26111 • |
| 24793 • | 24797 | 25123 | 25127 • | 25453 • | 25457 • | 25783 | 25787 | 26113 • | 26117 |
| 24799 • | 24803 | 25129 | 25133 | 25459 | 25463 • | 25789 | 25793 • | 26119 • | 26123 |
| 24805 | 24809 • | 25135 | 25139 | 25465 | 25469 • | 25795 | 25799 • | 26125 | 26129 |
| 24811 | 24815 | 25141 | 25145 | 25471 • | 25475 | 25801 • | 25805 | 26131 | 26135 |
| 24817 | 24821 • | 25147 • | 25151 | 25477 | 25481 | 25807 | 25811 | 26137 | 26141 • |
| 24823 | 24827 | 25153 • | 25157 | 25483 | 25487 | 25813 | 25817 | 26143 | 26147 |
| 24829 | 24833 | 25159 | 25163 • | 25489 | 25493 | 25819 • | 25823 | 26149 | 26153 • |
| 24835 | 24839 | 25165 | 25169 • | 25495 | 25499 | 25825 | 25829 | 26155 | 26159 |
| 24841 • | 24845 | 25171 • | 25175 | 25501 | 25505 | 25831 | 25835 | 26161 • | 26165 |
| 24847 • | 24851 • | 25177 | 25181 | 25507 | 25511 | 25837 | 25841 • | 26167 | 26171 • |
| 24853 | 24857 | 25183 • | 25187 | 25513 | 25517 | 25843 | 25847 • | 26173 | 26177 • |
| 24859 • | 24863 | 25189 • | 25193 | 25519 | 25523 • | 25849 • | 25853 | 26179 | 26183 • |
| 24865 | 24869 | 25195 | 25199 | 25525 | 25529 | 25855 | 25859 | 26185 | 26189 • |
| 24871 | 24875 | 25201 | 25205 | 25531 | 25535 | 25861 | 25865 | 26191 | 26195 |
| 24877 • | 24881 | 25207 | 25211 | 25537 • | 25541 • | 25867 • | 25871 | 26197 | 26201 |
| 24883 | 24887 | 25213 | 25217 | 25543 | 25547 | 25873 • | 25877 | 26203 • | 26207 |
| 24889 • | 24893 | 25219 • | 25223 | 25549 | 25553 | 25879 | 25883 | 26209 • | 26213 |
| 24895 | 24899 | 25225 | 25229 • | 25555 | 25559 | 25885 | 25889 • | 26215 | 26219 |
| 24901 | 24905 | 25231 | 25235 | 25561 • | 25565 | 25891 | 25895 | 26221 | 26225 |
| 24907 • | 24911 | 25237 • | 25241 | 25567 | 25571 | 25897 | 25901 | 26227 • | 26231 |
| 24913 | 24917 • | 25243 • | 25247 • | 25573 | 25577 • | 25903 • | 25907 | 26233 | 26237 • |
| 24919 • | 24923 • | 25249 | 25253 • | 25579 • | 25583 • | 25909 | 25913 • | 26239 | 26243 |
| 24925 | 24929 | 25255 | 25259 | 25585 | 25589 • | 25915 | 25919 • | 26245 | 26249 • |
| 24931 | 24935 | 25261 • | 25265 | 25591 | 25595 | 25921 | 25925 | 26251 • | 26255 |
| 24937 | 24941 | 25267 | 25271 | 25597 | 25601 • | 25927 | 25931 • | 26257 | 26261 • |
| 24943 • | 24947 | 25273 | 25277 | 25603 • | 25607 | 25933 • | 25937 | 26263 • | 26267 • |
| 24949 | 24953 • | 25279 | 25283 | 25609 • | 25613 | 25939 • | 25943 • | 26269 | 26273 |
| 24955 | 24959 | 25285 | 25289 | 25615 | 25619 | 25945 | 25949 | 26275 | 26279 |
| 24961 | 24965 | 25291 | 25295 | 25621 • | 25625 | 25951 • | 25955 | 26281 | 26285 |
| 24967 • | 24971 • | 25297 | 25301 • | 25627 | 25631 | 25957 | 25961 | 26287 | 26291 |
| 24973 | 24977 • | 25303 • | 25307 • | 25633 • | 25637 | 25963 | 25967 | 26293 • | 26297 • |
| 24979 • | 24983 | 25309 • | 25313 | 25639 • | 25643 • | 25969 • | 25973 | 26299 | 26303 |
| 24985 | 24989 • | 25315 | 25319 | 25645 | 25649 | 25975 | 25979 | 26305 | 26309 • |
| 24991 | 24995 | 25321 • | 25325 | 25651 | 25655 | 25981 • | 25985 | 26311 | 26315 |
| 24997 | 25001 | 25327 | 25331 | 25657 • | 25661 | 25987 | 25991 | 26317 • | 26321 • |
| 25003 | 25007 | 25333 | 25337 | 25663 | 25667 • | 25993 | 25997 • | 26323 | 26327 |
| 25009 | 25013 • | 25339 • | 25343 • | 25669 | 25673 • | 25999 • | 26003 • | 26329 | 26333 |
| 25015 | 25019 | 25345 | 25349 • | 25675 | 25679 • | 26005 | 26009 | 26335 | 26339 • |
| 25021 | 25025 | 25351 | 25355 | 25681 | 25685 | 26011 | 26015 | 26341 | 26345 |
| 25027 | 25031 • | 25357 • | 25361 | 25687 | 25691 | 26017 • | 26021 • | 26347 • | 26351 |
| 25033 • | 25037 • | 25363 | 25367 • | 25693 • | 25697 | 26023 | 26027 | 26353 | 26357 • |
| 25039 | 25043 | 25369 | 25373 • | 25699 | 25703 • | 26029 • | 26033 | 26359 | 26363 |
| 25045 | 25049 | 25375 | 25379 | 25705 | 25709 | 26035 | 26039 | 26365 | 26369 |
| 25051 | 25055 | 25381 | 25385 | 25711 | 25715 | 26041 • | 26045 | 26371 • | 26375 |
| 25057 • | 25061 | 25387 | 25391 • | 25717 • | 25721 | 26047 | 26051 | 26377 | 26381 |
| 25063 | 25067 | 25393 | 25397 | 25723 | 25727 | 26053 • | 26057 | 26383 | 26387 • |
| 25069 | 25073 • | 25399 | 25403 | 25729 | 25733 • | 26059 | 26063 | 26389 | 26393 • |
| 25075 | 25079 | 25405 | 25409 • | 25735 | 25739 | 26065 | 26069 | 26395 | 26399 • |

| | | | | | | | | | |
|---|---|---|---|---|---|---|---|---|---|
| 26401 | 26405 | 26731 • | 26735 | 27061 • | 27065 | 27391 | 27395 | 27721 | 27725 |
| 26407 • | 26411 • | 26737 • | 26741 | 27067 • | 27071 | 27397 • | 27401 | 27727 | 27731 |
| 26413 | 26417 • | 26743 | 26747 | 27073 • | 27077 • | 27403 | 27407 • | 27733 • | 27737 • |
| 26419 | 26423 • | 26749 | 26753 | 27079 | 27083 | 27409 • | 27413 | 27739 • | 27743 • |
| 26425 | 26429 | 26755 | 26759 • | 27085 | 27089 | 27415 | 27419 | 27745 | 27749 • |
| 26431 • | 26435 | 26761 | 26765 | 27091 • | 27095 | 27421 | 27425 | 27751 • | 27755 |
| 26437 • | 26441 | 26767 | 26771 | 27097 | 27101 | 27427 • | 27431 • | 27757 | 27761 |
| 26443 | 26447 | 26773 | 26777 • | 27103 • | 27107 • | 27433 | 27437 • | 27763 • | 27767 • |
| 26449 • | 26453 | 26779 | 26783 • | 27109 | 27113 | 27439 | 27443 | 27769 | 27773 • |
| 26455 | 26459 • | 26785 | 26789 | 27115 | 27119 | 27445 | 27449 • | 27775 | 27779 • |
| 26461 | 26465 | 26791 | 26795 | 27121 | 27125 | 27451 | 27455 | 27781 | 27785 |
| 26467 | 26471 | 26797 | 26801 • | 27127 • | 27131 | 27457 • | 27461 | 27787 | 27791 • |
| 26473 | 26477 | 26803 | 26807 | 27133 | 27137 | 27463 | 27467 | 27793 • | 27797 |
| 26479 • | 26483 | 26809 | 26813 • | 27139 | 27143 • | 27469 | 27473 | 27799 • | 27803 • |
| 26485 | 26489 • | 26815 | 26819 | 27145 | 27149 | 27475 | 27479 • | 27805 | 27809 • |
| 26491 | 26495 | 26821 • | 26825 | 27151 | 27155 | 27481 • | 27485 | 27811 | 27815 |
| 26497 • | 26501 • | 26827 | 26831 | 27157 | 27161 | 27487 • | 27491 | 27817 • | 27821 |
| 26503 | 26507 | 26833 • | 26837 | 27163 | 27167 | 27493 | 27497 • | 27823 • | 27827 • |
| 26509 | 26513 • | 26839 • | 26843 | 27169 | 27173 | 27499 | 27503 | 27829 | 27833 |
| 26515 | 26519 | 26845 | 26849 • | 27175 | 27179 • | 27505 | 27509 • | 27835 | 27839 |
| 26521 | 26525 | 26851 | 26855 | 27181 | 27185 | 27511 | 27515 | 27841 | 27845 |
| 26527 | 26531 | 26857 | 26861 • | 27187 | 27191 • | 27517 | 27521 | 27847 • | 27851 • |
| 26533 | 26537 | 26863 • | 26867 | 27193 | 27197 • | 27523 | 27527 • | 27853 | 27857 |
| 26539 • | 26543 | 26869 | 26873 | 27199 | 27203 | 27529 • | 27533 | 27859 | 27863 |
| 26545 | 26549 | 26875 | 26879 • | 27205 | 27209 | 27535 | 27539 • | 27865 | 27869 |
| 26551 | 26555 | 26881 • | 26885 | 27211 • | 27215 | 27541 • | 27545 | 27871 | 27875 |
| 26557 • | 26561 • | 26887 | 26891 • | 27217 | 27221 | 27547 | 27551 • | 27877 | 27881 |
| 26563 | 26567 | 26893 • | 26897 | 27223 | 27227 | 27553 | 27557 | 27883 • | 27887 |
| 26569 | 26573 • | 26899 | 26903 • | 27229 | 27233 | 27559 | 27563 | 27889 | 27893 • |
| 26575 | 26579 | 26905 | 26909 | 27235 | 27239 • | 27565 | 27569 | 27895 | 27899 |
| 26581 | 26585 | 26911 | 26915 | 27241 • | 27245 | 27571 | 27575 | 27901 • | 27905 |
| 26587 | 26591 • | 26917 | 26921 • | 27247 | 27251 | 27577 | 27581 • | 27907 | 27911 |
| 26593 | 26597 • | 26923 | 26927 • | 27253 • | 27257 | 27583 • | 27587 | 27913 | 27917 • |
| 26599 | 26603 | 26929 | 26933 | 27259 • | 27263 | 27589 | 27593 | 27919 • | 27923 |
| 26605 | 26609 | 26935 | 26939 | 27265 | 27269 | 27595 | 27599 | 27925 | 27929 |
| 26611 | 26615 | 26941 | 26945 | 27271 • | 27275 | 27601 | 27605 | 27931 | 27935 |
| 26617 | 26621 | 26947 • | 26951 • | 27277 • | 27281 • | 27607 | 27611 • | 27937 | 27941 • |
| 26623 | 26627 • | 26953 • | 26957 | 27283 • | 27287 | 27613 | 27617 • | 27943 • | 27947 • |
| 26629 | 26633 • | 26959 • | 26963 | 27289 | 27293 | 27619 | 27623 | 27949 | 27953 • |
| 26635 | 26639 | 26965 | 26969 | 27295 | 27299 • | 27625 | 27629 | 27955 | 27959 |
| 26641 • | 26645 | 26971 | 26975 | 27301 | 27305 | 27631 • | 27635 | 27961 • | 27965 |
| 26647 • | 26651 | 26977 | 26981 • | 27307 | 27311 | 27637 | 27641 | 27967 • | 27971 |
| 26653 | 26657 | 26983 | 26987 • | 27313 | 27317 | 27643 | 27647 • | 27973 | 27977 |
| 26659 | 26663 | 26989 | 26993 • | 27319 | 27323 | 27649 | 27653 • | 27979 | 27983 • |
| 26665 | 26669 • | 26995 | 26999 | 27325 | 27329 • | 27655 | 27659 | 27985 | 27989 |
| 26671 | 26675 | 27001 | 27005 | 27331 | 27335 | 27661 | 27665 | 27991 | 27995 |
| 26677 | 26681 • | 27007 | 27011 • | 27337 • | 27341 | 27667 | 27671 | 27997 • | 28001 • |
| 26683 • | 26687 • | 27013 | 27017 • | 27343 | 27347 | 27673 • | 27677 | 28003 | 28007 |
| 26689 | 26693 • | 27019 | 27023 | 27349 | 27353 | 27679 | 27683 | 28009 | 28013 |
| 26695 | 26699 • | 27025 | 27029 | 27355 | 27359 | 27685 | 27689 • | 28015 | 28019 • |
| 26701 • | 26705 | 27031 • | 27035 | 27361 • | 27365 | 27691 • | 27695 | 28021 | 28025 |
| 26707 | 26711 • | 27037 | 27041 | 27367 • | 27371 | 27697 • | 27701 • | 28027 • | 28031 • |
| 26713 • | 26717 • | 27043 • | 27047 | 27373 | 27377 | 27703 | 27707 | 28033 | 28037 |
| 26719 | 26723 • | 27049 | 27053 | 27379 | 27383 | 27709 | 27713 | 28039 | 28043 |
| 26725 | 26729 • | 27055 | 27059 • | 27385 | 27389 | 27715 | 27719 | 28045 | 28049 |

| | | | | | | | | | |
|---|---|---|---|---|---|---|---|---|---|
| 28051 • | 28055 | 28381 | 28385 | 28711 • | 28715 | 29041 | 29045 | 29371 | 29375 |
| 28057 • | 28061 | 28387 • | 28391 | 28717 | 28721 | 29047 | 29051 | 29377 | 29381 |
| 28063 | 28067 | 28393 • | 28397 | 28723 • | 28727 | 29053 | 29057 | 29383 • | 29387 • |
| 28069 • | 28073 | 28399 | 28403 • | 28729 • | 28733 | 29059 • | 29063 • | 29389 • | 29393 |
| 28075 | 28079 | 28405 | 28409 • | 28735 | 28739 | 29065 | 29069 | 29395 | 29399 • |
| 28081 • | 28085 | 28411 • | 28415 | 28741 | 28745 | 29071 | 29075 | 29401 • | 29405 |
| 28087 • | 28091 | 28417 | 28421 | 28747 | 28751 • | 29077 • | 29081 | 29407 | 29411 • |
| 28093 | 28097 • | 28423 | 28427 | 28753 • | 28757 | 29083 | 29087 | 29413 | 29417 |
| 28099 • | 28103 | 28429 • | 28433 • | 28759 • | 28763 | 29089 | 29093 | 29419 | 29423 • |
| 28105 | 28109 • | 28435 | 28439 • | 28765 | 28769 | 29095 | 29099 | 29425 | 29429 • |
| 28111 • | 28115 | 28441 | 28445 | 28771 • | 28775 | 29101 • | 29105 | 29431 | 29435 |
| 28117 | 28121 | 28447 • | 28451 | 28777 | 28781 | 29107 | 29111 | 29437 • | 29441 |
| 28123 • | 28127 | 28453 | 28457 | 28783 | 28787 | 29113 | 29117 | 29443 • | 29447 |
| 28129 | 28133 | 28459 | 28463 • | 28789 • | 28793 • | 29119 | 29123 • | 29449 | 29453 • |
| 28135 | 28139 | 28465 | 28469 | 28795 | 28799 | 29125 | 29129 • | 29455 | 29459 |
| 28141 | 28145 | 28471 | 28475 | 28801 | 28805 | 29131 • | 29135 | 29461 | 29465 |
| 28147 | 28151 • | 28477 • | 28481 | 28807 • | 28811 | 29137 • | 29141 | 29467 | 29471 |
| 28153 | 28157 | 28483 | 28487 | 28813 • | 28817 • | 29143 | 29147 • | 29473 • | 29477 |
| 28159 | 28163 • | 28489 | 28493 • | 28819 | 28823 | 29149 | 29153 • | 29479 | 29483 • |
| 28165 | 28169 | 28495 | 28499 • | 28825 | 28829 | 29155 | 29159 | 29485 | 29489 |
| 28171 | 28175 | 28501 | 28505 | 28831 | 28835 | 29161 | 29165 | 29491 | 29495 |
| 28177 | 28181 • | 28507 | 28511 | 28837 • | 28841 | 29167 • | 29171 | 29497 | 29501 • |
| 28183 • | 28187 | 28513 • | 28517 • | 28843 • | 28847 | 29173 • | 29177 | 29503 | 29507 |
| 28189 | 28193 | 28519 | 28523 | 28849 | 28853 | 29179 • | 29183 | 29509 | 29513 |
| 28195 | 28199 | 28525 | 28529 | 28855 | 28859 • | 29185 | 29189 | 29515 | 29519 |
| 28201 • | 28205 | 28531 | 28535 | 28861 | 28865 | 29191 • | 29195 | 29521 | 29525 |
| 28207 | 28211 • | 28537 • | 28541 • | 28867 • | 28871 • | 29197 | 29201 • | 29527 • | 29531 • |
| 28213 | 28217 | 28543 | 28547 • | 28873 | 28877 | 29203 | 29207 • | 29533 | 29537 • |
| 28219 • | 28223 | 28549 • | 28553 | 28879 • | 28883 | 29209 • | 29213 | 29539 | 29543 |
| 28225 | 28229 • | 28555 | 28559 • | 28885 | 28889 | 29215 | 29219 | 29545 | 29549 |
| 28231 | 28235 | 28561 | 28565 | 28891 | 28895 | 29221 • | 29225 | 29551 | 29555 |
| 28237 | 28241 | 28567 | 28571 • | 28897 | 28901 • | 29227 | 29231 • | 29557 | 29561 |
| 28243 | 28247 | 28573 • | 28577 | 28903 | 28907 | 29233 | 29237 | 29563 | 29567 • |
| 28249 | 28253 | 28579 • | 28583 | 28909 • | 28913 | 29239 | 29243 • | 29569 • | 29573 • |
| 28255 | 28259 | 28585 | 28589 | 28915 | 28919 | 29245 | 29249 | 29575 | 29579 |
| 28261 | 28265 | 28591 • | 28595 | 28921 • | 28925 | 29251 • | 29255 | 29581 • | 29585 |
| 28267 | 28271 | 28597 • | 28601 | 28927 • | 28931 | 29257 | 29261 | 29587 • | 29591 |
| 28273 | 28277 • | 28603 • | 28607 • | 28933 • | 28937 | 29263 | 29267 | 29593 | 29597 |
| 28279 • | 28283 • | 28609 | 28613 | 28939 | 28943 | 29269 • | 29273 | 29599 • | 29603 |
| 28285 | 28289 • | 28615 | 28619 • | 28945 | 28949 • | 29275 | 29279 | 29605 | 29609 |
| 28291 | 28295 | 28621 • | 28625 | 28951 | 28955 | 29281 | 29285 | 29611 • | 29615 |
| 28297 • | 28301 | 28627 • | 28631 • | 28957 | 28961 • | 29287 • | 29291 | 29617 | 29621 |
| 28303 | 28307 • | 28633 | 28637 | 28963 | 28967 | 29293 | 29297 • | 29623 | 29627 |
| 28309 • | 28313 | 28639 | 28643 • | 28969 | 28973 | 29299 | 29303 • | 29629 • | 29633 • |
| 28315 | 28319 • | 28645 | 28649 • | 28975 | 28979 • | 29305 | 29309 | 29635 | 29639 |
| 28321 | 28325 | 28651 | 28655 | 28981 | 28985 | 29311 • | 29315 | 29641 • | 29645 |
| 28327 | 28331 | 28657 • | 28661 • | 28987 | 28991 | 29317 | 29321 | 29647 | 29651 |
| 28333 | 28337 | 28663 • | 28667 | 28993 | 28997 | 29323 | 29327 • | 29653 | 29657 |
| 28339 | 28343 | 28669 • | 28673 | 28999 | 29003 | 29329 | 29333 • | 29659 | 29663 • |
| 28345 | 28349 • | 28675 | 28679 | 29005 | 29009 • | 29335 | 29339 • | 29665 | 29669 • |
| 28351 • | 28355 | 28681 | 28685 | 29011 | 29015 | 29341 | 29345 | 29671 • | 29675 |
| 28357 | 28361 | 28687 • | 28691 | 29017 • | 29021 • | 29347 • | 29351 | 29677 | 29681 |
| 28363 | 28367 | 28693 | 28697 • | 29023 • | 29027 • | 29353 | 29357 | 29683 • | 29687 |
| 28369 | 28373 | 28699 | 28703 • | 29029 | 29033 • | 29359 | 29363 • | 29689 | 29693 |
| 28375 | 28379 | 28705 | 28709 | 29035 | 29039 | 29365 | 29369 | 29695 | 29699 |

| | | | | | | | | | |
|---|---|---|---|---|---|---|---|---|---|
| 29701 | 29705 | 30031 | 30035 | 30361 | 30365 | 30691 | 30695 | 31021 | 31025 |
| 29707 | 29711 | 30037 | 30041 | 30367 • | 30371 | 30697 • | 30701 | 31027 | 31031 |
| 29713 | 29717 • | 30043 | 30047 • | 30373 | 30377 | 30703 • | 30707 • | 31033 • | 31037 |
| 29719 | 29723 • | 30049 | 30053 | 30379 | 30383 | 30709 | 30713 • | 31039 • | 31043 |
| 29725 | 29729 | 30055 | 30059 • | 30385 | 30389 • | 30715 | 30719 | 31045 | 31049 |
| 29731 | 29735 | 30061 | 30065 | 30391 • | 30395 | 30721 | 30725 | 31051 • | 31055 |
| 29737 | 29741 • | 30067 | 30071 • | 30397 | 30401 | 30727 • | 30731 | 31057 | 31061 |
| 29743 | 29747 | 30073 | 30077 | 30403 • | 30407 | 30733 | 30737 | 31063 • | 31067 |
| 29749 | 29753 • | 30079 | 30083 | 30409 | 30413 | 30739 | 30743 | 31069 • | 31073 |
| 29755 | 29759 • | 30085 | 30089 • | 30415 | 30419 | 30745 | 30749 | 31075 | 31079 • |
| 29761 • | 29765 | 30091 • | 30095 | 30421 | 30425 | 30751 | 30755 | 31081 • | 31085 |
| 29767 | 29771 | 30097 • | 30101 | 30427 • | 30431 • | 30757 • | 30761 | 31087 | 31091 • |
| 29773 | 29777 | 30103 • | 30107 | 30433 | 30437 | 30763 • | 30767 | 31093 | 31097 |
| 29779 | 29783 | 30109 • | 30113 • | 30439 | 30443 | 30769 | 30773 • | 31099 | 31103 |
| 29785 | 29789 • | 30115 | 30119 • | 30445 | 30449 • | 30775 | 30779 | 31105 | 31109 |
| 29791 | 29795 | 30121 | 30125 | 30451 | 30455 | 30781 • | 30785 | 31111 | 31115 |
| 29797 | 29801 | 30127 | 30131 | 30457 | 30461 | 30787 | 30791 | 31117 | 31121 • |
| 29803 • | 29807 | 30133 • | 30137 • | 30463 | 30467 • | 30793 | 30797 | 31123 • | 31127 |
| 29809 | 29813 | 30139 • | 30143 | 30469 • | 30473 | 30799 | 30803 • | 31129 | 31133 |
| 29815 | 29819 • | 30145 | 30149 | 30475 | 30479 | 30805 | 30809 • | 31135 | 31139 • |
| 29821 | 29825 | 30151 | 30155 | 30481 | 30485 | 30811 | 30815 | 31141 | 31145 |
| 29827 | 29831 | 30157 | 30161 • | 30487 | 30491 • | 30817 • | 30821 | 31147 • | 31151 • |
| 29833 • | 29837 • | 30163 | 30167 | 30493 • | 30497 • | 30823 | 30827 | 31153 • | 31157 |
| 29839 | 29843 | 30169 • | 30173 | 30499 | 30503 | 30829 • | 30833 | 31159 • | 31163 |
| 29845 | 29849 | 30175 | 30179 | 30505 | 30509 • | 30835 | 30839 • | 31165 | 31169 |
| 29851 • | 29855 | 30181 • | 30185 | 30511 | 30515 | 30841 • | 30845 | 31171 | 31175 |
| 29857 | 29861 | 30187 • | 30191 | 30517 • | 30521 | 30847 | 30851 • | 31177 • | 31181 • |
| 29863 • | 29867 • | 30193 | 30197 • | 30523 | 30527 | 30853 • | 30857 | 31183 • | 31187 |
| 29869 | 29873 • | 30199 | 30203 • | 30529 • | 30533 | 30859 • | 30863 | 31189 • | 31193 • |
| 29875 | 29879 • | 30205 | 30209 | 30535 | 30539 • | 30865 | 30869 • | 31195 | 31199 |
| 29881 • | 29885 | 30211 • | 30215 | 30541 | 30545 | 30871 • | 30875 | 31201 | 31205 |
| 29887 | 29891 | 30217 | 30221 | 30547 | 30551 | 30877 | 30881 • | 31207 | 31211 |
| 29893 | 29897 | 30223 • | 30227 | 30553 • | 30557 • | 30883 | 30887 | 31213 | 31217 |
| 29899 | 29903 | 30229 | 30233 | 30559 • | 30563 | 30889 | 30893 • | 31219 • | 31223 • |
| 29905 | 29909 | 30235 | 30239 | 30565 | 30569 | 30895 | 30899 | 31225 | 31229 |
| 29911 | 29915 | 30241 • | 30245 | 30571 | 30575 | 30901 | 30905 | 31231 • | 31235 |
| 29917 • | 29921 • | 30247 | 30251 | 30577 • | 30581 | 30907 | 30911 • | 31237 • | 31241 |
| 29923 | 29927 • | 30253 • | 30257 | 30583 | 30587 | 30913 | 30917 | 31243 | 31247 • |
| 29929 | 29933 | 30259 • | 30263 | 30589 | 30593 • | 30919 | 30923 | 31249 • | 31253 • |
| 29935 | 29939 | 30265 | 30269 • | 30595 | 30599 | 30925 | 30929 | 31255 | 31259 • |
| 29941 | 29945 | 30271 • | 30275 | 30601 | 30605 | 30931 • | 30935 | 31261 | 31265 |
| 29947 • | 29951 | 30277 | 30281 | 30607 | 30611 | 30937 • | 30941 • | 31267 • | 31271 • |
| 29953 | 29957 | 30283 | 30287 | 30613 | 30617 | 30943 | 30947 | 31273 | 31277 • |
| 29959 • | 29963 | 30289 | 30293 • | 30619 | 30623 | 30949 • | 30953 | 31279 | 31283 |
| 29965 | 29969 | 30295 | 30299 | 30625 | 30629 | 30955 | 30959 | 31285 | 31289 |
| 29971 | 29975 | 30301 | 30305 | 30631 • | 30635 | 30961 | 30965 | 31291 | 31295 |
| 29977 | 29981 | 30307 • | 30311 | 30637 • | 30641 | 30967 | 30971 • | 31297 | 31301 |
| 29983 • | 29987 | 30313 • | 30317 | 30643 • | 30647 | 30973 | 30977 • | 31303 | 31307 • |
| 29989 • | 29993 | 30319 • | 30323 • | 30649 • | 30653 | 30979 | 30983 • | 31309 | 31313 |
| 29995 | 29999 | 30325 | 30329 | 30655 | 30659 | 30985 | 30989 | 31315 | 31319 • |
| 30001 | 30005 | 30331 | 30335 | 30661 • | 30665 | 30991 | 30995 | 31321 • | 31325 |
| 30007 | 30011 • | 30337 | 30341 • | 30667 | 30671 • | 30997 | 31001 | 31327 • | 31331 |
| 30013 • | 30017 | 30343 | 30347 • | 30673 | 30677 • | 31003 | 31007 | 31333 • | 31337 • |
| 30019 | 30023 | 30349 | 30353 | 30679 | 30683 | 31009 | 31013 • | 31339 | 31343 |
| 30025 | 30029 • | 30355 | 30359 | 30685 | 30689 • | 31015 | 31019 • | 31345 | 31349 |

| | | | | | | | | | |
|---|---|---|---|---|---|---|---|---|---|
| 31351 | 31355 | 31681 | 31685 | 32011 | 32015 | 32341 • | 32345 | 32671 | 32675 |
| 31357 • | 31361 | 31687 • | 31691 | 32017 | 32021 | 32347 | 32351 | 32677 | 32681 |
| 31363 | 31367 | 31693 | 31697 | 32023 | 32027 • | 32353 • | 32357 | 32683 | 32687 • |
| 31369 | 31373 | 31699 • | 31703 | 32029 • | 32033 | 32359 • | 32363 | 32689 | 32693 |
| 31375 | 31379 • | 31705 | 31709 | 32035 | 32039 | 32365 | 32369 • | 32695 | 32699 |
| 31381 | 31385 | 31711 | 31715 | 32041 | 32045 | 32371 • | 32375 | 32701 | 32705 |
| 31387 • | 31391 • | 31717 | 31721 • | 32047 | 32051 • | 32377 • | 32381 • | 32707 • | 32711 |
| 31393 • | 31397 • | 31723 • | 31727 • | 32053 | 32057 • | 32383 | 32387 | 32713 • | 32717 • |
| 31399 | 31403 | 31729 • | 31733 | 32059 • | 32063 • | 32389 | 32393 | 32719 • | 32723 |
| 31405 | 31409 | 31735 | 31739 | 32065 | 32069 • | 32395 | 32399 | 32725 | 32729 |
| 31411 | 31415 | 31741 • | 31745 | 32071 | 32075 | 32401 • | 32405 | 32731 | 32735 |
| 31417 | 31421 | 31747 | 31751 • | 32077 • | 32081 | 32407 | 32411 • | 32737 | 32741 |
| 31423 | 31427 | 31753 | 31757 | 32083 • | 32087 | 32413 • | 32417 | 32743 | 32747 |
| 31429 | 31433 | 31759 | 31763 | 32089 • | 32093 | 32419 | 32423 • | 32749 • | 32753 |
| 31435 | 31439 | 31765 | 31769 • | 32095 | 32099 • | 32425 | 32429 • | 32755 | 32759 |
| 31441 | 31445 | 31771 • | 31775 | 32101 | 32105 | 32431 | 32435 | 32761 | 32765 |
| 31447 | 31451 | 31777 | 31781 | 32107 | 32111 | 32437 | 32441 • | 32767 | 32771 • |
| 31453 | 31457 | 31783 | 31787 | 32113 | 32117 • | 32443 • | 32447 | 32773 | 32777 |
| 31459 | 31463 | 31789 | 31793 • | 32119 • | 32123 | 32449 | 32453 | 32779 • | 32783 • |
| 31465 | 31469 • | 31795 | 31799 • | 32125 | 32129 | 32455 | 32459 | 32785 | 32789 • |
| 31471 | 31475 | 31801 | 31805 | 32131 | 32135 | 32461 | 32465 | 32791 | 32795 |
| 31477 • | 31481 • | 31807 | 31811 | 32137 | 32141 • | 32467 • | 32471 | 32797 • | 32801 • |
| 31483 | 31487 | 31813 | 31817 • | 32143 • | 32147 | 32473 | 32477 | 32803 • | 32807 |
| 31489 • | 31493 | 31819 | 31823 | 32149 | 32153 | 32479 • | 32483 | 32809 | 32813 |
| 31495 | 31499 | 31825 | 31829 | 32155 | 32159 • | 32485 | 32489 | 32815 | 32819 |
| 31501 | 31505 | 31831 | 31835 | 32161 | 32165 | 32491 • | 32495 | 32821 | 32825 |
| 31507 | 31511 • | 31837 | 31841 | 32167 | 32171 | 32497 • | 32501 | 32827 | 32831 • |
| 31513 • | 31517 • | 31843 | 31847 • | 32173 • | 32177 | 32503 • | 32507 • | 32833 • | 32837 |
| 31519 | 31523 | 31849 • | 31853 | 32179 | 32183 • | 32509 | 32513 | 32839 • | 32843 • |
| 31525 | 31529 | 31855 | 31859 • | 32185 | 32189 • | 32515 | 32519 | 32845 | 32849 |
| 31531 • | 31535 | 31861 | 31865 | 32191 • | 32195 | 32521 | 32525 | 32851 | 32855 |
| 31537 | 31541 • | 31867 | 31871 | 32197 | 32201 | 32527 | 32531 • | 32857 | 32861 |
| 31543 • | 31547 • | 31873 | 31877 | 32203 • | 32207 | 32533 | 32537 | 32863 | 32867 |
| 31549 | 31553 | 31879 | 31883 • | 32209 | 32213 • | 32539 | 32543 | 32869 • | 32873 |
| 31555 | 31559 | 31885 | 31889 | 32215 | 32219 | 32545 | 32549 | 32875 | 32879 |
| 31561 | 31565 | 31891 • | 31895 | 32221 | 32225 | 32551 | 32555 | 32881 | 32885 |
| 31567 • | 31571 | 31897 | 31901 | 32227 | 32231 | 32557 | 32561 • | 32887 • | 32891 |
| 31573 • | 31577 | 31903 | 31907 • | 32233 • | 32237 • | 32563 • | 32567 | 32893 | 32897 |
| 31579 | 31583 • | 31909 | 31913 | 32239 | 32243 | 32569 • | 32573 • | 32899 | 32903 |
| 31585 | 31589 | 31915 | 31919 | 32245 | 32249 | 32575 | 32579 • | 32905 | 32909 • |
| 31591 | 31595 | 31921 | 31925 | 32251 • | 32255 | 32581 | 32585 | 32911 • | 32915 |
| 31597 | 31601 • | 31927 | 31931 | 32257 • | 32261 | 32587 • | 32591 | 32917 • | 32921 |
| 31603 | 31607 • | 31933 | 31937 | 32263 | 32267 | 32593 | 32597 | 32923 | 32927 |
| 31609 | 31613 | 31939 | 31943 | 32269 | 32273 | 32599 | 32603 • | 32929 | 32933 • |
| 31615 | 31619 | 31945 | 31949 | 32275 | 32279 | 32605 | 32609 • | 32935 | 32939 • |
| 31621 | 31625 | 31951 | 31955 | 32281 | 32285 | 32611 • | 32615 | 32941 • | 32945 |
| 31627 • | 31631 | 31957 • | 31961 | 32287 | 32291 | 32617 | 32621 • | 32947 | 32951 |
| 31633 | 31637 | 31963 • | 31967 | 32293 | 32297 • | 32623 | 32627 | 32953 | 32957 • |
| 31639 | 31643 • | 31969 | 31973 • | 32299 • | 32303 • | 32629 | 32633 • | 32959 | 32963 |
| 31645 | 31649 • | 31975 | 31979 | 32305 | 32309 • | 32635 | 32639 | 32965 | 32969 • |
| 31651 | 31655 | 31981 • | 31985 | 32311 | 32315 | 32641 | 32645 | 32971 • | 32975 |
| 31657 • | 31661 | 31987 | 31991 • | 32317 | 32321 • | 32647 • | 32651 | 32977 | 32981 |
| 31663 • | 31667 • | 31993 | 31997 | 32323 • | 32327 • | 32653 • | 32657 | 32983 • | 32987 • |
| 31669 | 31673 | 31999 | 32003 • | 32329 | 32333 | 32659 | 32663 | 32989 | 32993 • |
| 31675 | 31679 | 32005 | 32009 • | 32335 | 32339 | 32665 | 32669 | 32995 | 32999 • |

| | | | | | | | | | |
|---|---|---|---|---|---|---|---|---|---|
| 33001 | 33005 | 33331 • | 33335 | 33661 | 33665 | 33991 | 33995 | 34321 | 34325 |
| 33007 | 33011 | 33337 | 33341 | 33667 | 33671 | 33997 • | 34001 | 34327 • | 34331 |
| 33013 • | 33017 | 33343 • | 33347 • | 33673 | 33677 | 34003 | 34007 | 34333 | 34337 • |
| 33019 | 33023 • | 33349 • | 33353 • | 33679 • | 33683 | 34009 | 34013 | 34339 | 34343 |
| 33025 | 33029 • | 33355 | 33359 • | 33685 | 33689 | 34015 | 34019 • | 34345 | 34349 |
| 33031 | 33035 | 33361 | 33365 | 33691 | 33695 | 34021 | 34025 | 34351 • | 34355 |
| 33037 • | 33041 | 33367 | 33371 | 33697 | 33701 | 34027 | 34031 • | 34357 | 34361 • |
| 33043 | 33047 | 33373 | 33377 • | 33703 | 33707 | 34033 • | 34037 | 34363 | 34367 • |
| 33049 • | 33053 • | 33379 | 33383 | 33709 | 33713 • | 34039 • | 34043 | 34369 • | 34373 |
| 33055 | 33059 | 33385 | 33389 | 33715 | 33719 | 34045 | 34049 | 34375 | 34379 |
| 33061 | 33065 | 33391 • | 33395 | 33721 • | 33725 | 34051 | 34055 | 34381 • | 34385 |
| 33067 | 33071 • | 33397 | 33401 | 33727 | 33731 | 34057 • | 34061 • | 34387 | 34391 |
| 33073 • | 33077 | 33403 • | 33407 | 33733 | 33737 | 34063 | 34067 | 34393 | 34397 |
| 33079 | 33083 | 33409 • | 33413 • | 33739 • | 33743 | 34069 | 34073 | 34399 | 34403 |
| 33085 | 33089 | 33415 | 33419 | 33745 | 33749 • | 34075 | 34079 | 34405 | 34409 |
| 33091 • | 33095 | 33421 | 33425 | 33751 | 33755 | 34081 | 34085 | 34411 | 34415 |
| 33097 | 33101 | 33427 • | 33431 | 33757 • | 33761 | 34087 | 34091 | 34417 | 34421 • |
| 33103 | 33107 | 33433 | 33437 | 33763 | 33767 | 34093 | 34097 | 34423 | 34427 |
| 33109 | 33113 • | 33439 | 33443 | 33769 • | 33773 • | 34099 | 34103 | 34429 • | 34433 |
| 33115 | 33119 • | 33445 | 33449 | 33775 | 33779 | 34105 | 34109 | 34435 | 34439 |
| 33121 | 33125 | 33451 | 33455 | 33781 | 33785 | 34111 | 34115 | 34441 | 34445 |
| 33127 | 33131 | 33457 • | 33461 • | 33787 | 33791 | 34117 | 34121 | 34447 | 34451 |
| 33133 | 33137 | 33463 | 33467 | 33793 | 33797 • | 34123 • | 34127 • | 34453 | 34457 • |
| 33139 | 33143 | 33469 • | 33473 | 33799 | 33803 | 34129 • | 34133 | 34459 | 34463 |
| 33145 | 33149 • | 33475 | 33479 • | 33805 | 33809 • | 34135 | 34139 | 34465 | 34469 • |
| 33151 • | 33155 | 33481 | 33485 | 33811 • | 33815 | 34141 | 34145 | 34471 • | 34475 |
| 33157 | 33161 • | 33487 • | 33491 | 33817 | 33821 | 34147 | 34151 | 34477 | 34481 |
| 33163 | 33167 | 33493 • | 33497 | 33823 | 33827 • | 34153 | 34157 • | 34483 • | 34487 • |
| 33169 | 33173 | 33499 | 33503 • | 33829 • | 33833 | 34159 • | 34163 | 34489 | 34493 |
| 33175 | 33179 • | 33505 | 33509 | 33835 | 33839 | 34165 | 34169 | 34495 | 34499 • |
| 33181 • | 33185 | 33511 | 33515 | 33841 | 33845 | 34171 • | 34175 | 34501 • | 34505 |
| 33187 | 33191 • | 33517 | 33521 • | 33847 | 33851 • | 34177 | 34181 | 34507 | 34511 • |
| 33193 | 33197 | 33523 | 33527 | 33853 | 33857 • | 34183 • | 34187 | 34513 • | 34517 |
| 33199 • | 33203 • | 33529 • | 33533 • | 33859 | 33863 • | 34189 | 34193 | 34519 • | 34523 |
| 33205 | 33209 | 33535 | 33539 | 33865 | 33869 | 34195 | 34199 | 34525 | 34529 |
| 33211 • | 33215 | 33541 | 33545 | 33871 • | 33875 | 34201 | 34205 | 34531 | 34535 |
| 33217 | 33221 | 33547 • | 33551 | 33877 | 33881 | 34207 | 34211 • | 34537 • | 34541 |
| 33223 • | 33227 | 33553 | 33557 | 33883 | 33887 | 34213 • | 34217 • | 34543 • | 34547 |
| 33229 | 33233 | 33559 | 33563 • | 33889 • | 33893 • | 34219 | 34223 | 34549 • | 34553 |
| 33235 | 33239 | 33565 | 33569 • | 33895 | 33899 | 34225 | 34229 | 34555 | 34559 |
| 33241 | 33245 | 33571 | 33575 | 33901 | 33905 | 34231 • | 34235 | 34561 | 34565 |
| 33247 • | 33251 | 33577 • | 33581 • | 33907 | 33911 • | 34237 | 34241 | 34567 | 34571 |
| 33253 | 33257 | 33583 | 33587 • | 33913 | 33917 | 34243 | 34247 | 34573 | 34577 |
| 33259 | 33263 | 33589 • | 33593 | 33919 | 33923 • | 34249 | 34253 • | 34579 | 34583 • |
| 33265 | 33269 | 33595 | 33599 • | 33925 | 33929 | 34255 | 34259 • | 34585 | 34589 • |
| 33271 | 33275 | 33601 • | 33605 | 33931 • | 33935 | 34261 • | 34265 | 34591 • | 34595 |
| 33277 | 33281 | 33607 • | 33611 | 33937 • | 33941 • | 34267 • | 34271 | 34597 | 34601 |
| 33283 | 33287 • | 33613 • | 33617 • | 33943 | 33947 | 34273 • | 34277 | 34603 • | 34607 • |
| 33289 • | 33293 | 33619 • | 33623 • | 33949 | 33953 | 34279 | 34283 • | 34609 | 34613 • |
| 33295 | 33299 | 33625 | 33629 • | 33955 | 33959 | 34285 | 34289 | 34615 | 34619 |
| 33301 • | 33305 | 33631 | 33635 | 33961 • | 33965 | 34291 | 34295 | 34621 • | 34625 |
| 33307 | 33311 • | 33637 • | 33641 • | 33967 • | 33971 | 34297 • | 34301 • | 34627 | 34631 • |
| 33313 | 33317 • | 33643 | 33647 • | 33973 | 33977 | 34303 • | 34307 | 34633 | 34637 |
| 33319 | 33323 | 33649 | 33653 | 33979 | 33983 | 34309 | 34313 • | 34639 | 34643 |
| 33325 | 33329 • | 33655 | 33659 | 33985 | 33989 | 34315 | 34319 • | 34645 | 34649 • |

| | | | | | | | | | |
|---|---|---|---|---|---|---|---|---|---|
| 34651 • | 34655 | 34981 • | 34985 | 35311 • | 35315 | 35641 | 35645 | 35971 | 35975 |
| 34657 | 34661 | 34987 | 34991 | 35317 • | 35321 | 35647 | 35651 | 35977 • | 35981 |
| 34663 | 34667 • | 34993 | 34997 | 35323 • | 35327 • | 35653 | 35657 | 35983 • | 35987 |
| 34669 | 34673 • | 34999 | 35003 | 35329 | 35333 | 35659 | 35663 | 35989 | 35993 • |
| 34675 | 34679 • | 35005 | 35009 | 35335 | 35339 • | 35665 | 35669 | 35995 | 35999 • |
| 34681 | 34685 | 35011 | 35015 | 35341 | 35345 | 35671 • | 35675 | 36001 | 36005 |
| 34687 • | 34691 | 35017 | 35021 | 35347 | 35351 | 35677 • | 35681 | 36007 • | 36011 • |
| 34693 • | 34697 | 35023 • | 35027 • | 35353 • | 35357 | 35683 | 35687 | 36013 • | 36017 • |
| 34699 | 34703 • | 35029 | 35033 | 35359 | 35363 • | 35689 | 35693 | 36019 | 36023 |
| 34705 | 34709 | 35035 | 35039 | 35365 | 35369 | 35695 | 35699 | 36025 | 36029 |
| 34711 | 34715 | 35041 | 35045 | 35371 | 35375 | 35701 | 35705 | 36031 | 36035 |
| 34717 | 34721 • | 35047 | 35051 • | 35377 | 35381 • | 35707 | 35711 | 36037 • | 36041 |
| 34723 | 34727 | 35053 • | 35057 | 35383 | 35387 | 35713 | 35717 | 36043 | 36047 |
| 34729 • | 34733 | 35059 • | 35063 | 35389 | 35393 • | 35719 | 35723 | 36049 | 36053 |
| 34735 | 34739 • | 35065 | 35069 • | 35395 | 35399 | 35725 | 35729 • | 36055 | 36059 |
| 34741 | 34745 | 35071 | 35075 | 35401 • | 35405 | 35731 • | 35735 | 36061 • | 36065 |
| 34747 • | 34751 | 35077 | 35081 • | 35407 • | 35411 | 35737 | 35741 | 36067 • | 36071 |
| 34753 | 34757 • | 35083 • | 35087 | 35413 | 35417 | 35743 | 35747 • | 36073 • | 36077 |
| 34759 • | 34763 • | 35089 • | 35093 | 35419 • | 35423 • | 35749 | 35753 • | 36079 | 36083 • |
| 34765 | 34769 | 35095 | 35099 • | 35425 | 35429 | 35755 | 35759 • | 36085 | 36089 |
| 34771 | 34775 | 35101 | 35105 | 35431 | 35435 | 35761 | 35765 | 36091 | 36095 |
| 34777 | 34781 • | 35107 • | 35111 • | 35437 • | 35441 | 35767 | 35771 • | 36097 • | 36101 |
| 34783 | 34787 | 35113 | 35117 • | 35443 | 35447 • | 35773 | 35777 | 36103 | 36107 • |
| 34789 | 34793 | 35119 | 35123 | 35449 • | 35453 | 35779 | 35783 | 36109 • | 36113 |
| 34795 | 34799 | 35125 | 35129 • | 35455 | 35459 | 35785 | 35789 | 36115 | 36119 |
| 34801 | 34805 | 35131 | 35135 | 35461 • | 35465 | 35791 | 35795 | 36121 | 36125 |
| 34807 • | 34811 | 35137 | 35141 • | 35467 | 35471 | 35797 • | 35801 • | 36127 | 36131 • |
| 34813 | 34817 | 35143 | 35147 | 35473 | 35477 | 35803 • | 35807 | 36133 | 36137 • |
| 34819 • | 34823 | 35149 • | 35153 • | 35479 | 35483 | 35809 • | 35813 | 36139 | 36143 |
| 34825 | 34829 | 35155 | 35159 • | 35485 | 35489 | 35815 | 35819 | 36145 | 36149 |
| 34831 | 34835 | 35161 | 35165 | 35491 • | 35495 | 35821 | 35825 | 36151 • | 36155 |
| 34837 | 34841 • | 35167 | 35171 • | 35497 | 35501 | 35827 | 35831 • | 36157 | 36161 • |
| 34843 • | 34847 • | 35173 | 35177 | 35503 | 35507 • | 35833 | 35837 • | 36163 | 36167 |
| 34849 • | 34853 | 35179 | 35183 | 35509 • | 35513 | 35839 • | 35843 | 36169 | 36173 |
| 34855 | 34859 | 35185 | 35189 | 35515 | 35519 | 35845 | 35849 | 36175 | 36179 |
| 34861 | 34865 | 35191 | 35195 | 35521 • | 35525 | 35851 • | 35855 | 36181 | 36185 |
| 34867 | 34871 • | 35197 | 35201 • | 35527 • | 35531 • | 35857 | 35861 | 36187 • | 36191 • |
| 34873 | 34877 • | 35203 | 35207 | 35533 • | 35537 • | 35863 • | 35867 | 36193 | 36197 |
| 34879 | 34883 • | 35209 | 35213 | 35539 | 35543 • | 35869 • | 35873 | 36199 | 36203 |
| 34885 | 34889 | 35215 | 35219 | 35545 | 35549 | 35875 | 35879 • | 36205 | 36209 • |
| 34891 | 34895 | 35221 • | 35225 | 35551 | 35555 | 35881 | 35885 | 36211 | 36215 |
| 34897 • | 34901 | 35227 • | 35231 | 35557 | 35561 | 35887 | 35891 | 36217 • | 36221 |
| 34903 | 34907 | 35233 | 35237 | 35563 | 35567 | 35893 | 35897 • | 36223 | 36227 |
| 34909 | 34913 • | 35239 | 35243 | 35569 • | 35573 • | 35899 • | 35903 | 36229 • | 36233 |
| 34915 | 34919 • | 35245 | 35249 | 35575 | 35579 | 35905 | 35909 | 36235 | 36239 |
| 34921 | 34925 | 35251 • | 35255 | 35581 | 35585 | 35911 • | 35915 | 36241 • | 36245 |
| 34927 | 34931 | 35257 • | 35261 | 35587 | 35591 • | 35917 | 35921 | 36247 | 36251 • |
| 34933 | 34937 | 35263 | 35267 • | 35593 • | 35597 • | 35923 • | 35927 | 36253 | 36257 |
| 34939 • | 34943 | 35269 | 35273 | 35599 | 35603 • | 35929 | 35933 • | 36259 | 36263 • |
| 34945 | 34949 • | 35275 | 35279 • | 35605 | 35609 | 35935 | 35939 | 36265 | 36269 • |
| 34951 | 34955 | 35281 • | 35285 | 35611 | 35615 | 35941 | 35945 | 36271 | 36275 |
| 34957 | 34961 • | 35287 | 35291 • | 35617 • | 35621 | 35947 | 35951 • | 36277 • | 36281 |
| 34963 • | 34967 | 35293 | 35297 | 35623 | 35627 | 35953 | 35957 | 36283 | 36287 |
| 34969 | 34973 | 35299 | 35303 | 35629 | 35633 | 35959 | 35963 • | 36289 | 36293 • |
| 34975 | 34979 | 35305 | 35309 | 35635 | 35639 | 35965 | 35969 • | 36295 | 36299 • |

| | | | | | | | | | |
|---|---|---|---|---|---|---|---|---|---|
| 36301 | 36305 | 36631 | 36635 | 36961 | 36965 | 37291 | 37295 | 37621 | 37625 |
| 36307 • | 36311 | 36637 • | 36641 | 36967 | 36971 | 37297 | 37301 | 37627 | 37631 |
| 36313 • | 36317 | 36643 • | 36647 | 36973 • | 36977 | 37303 | 37307 • | 37633 • | 37637 |
| 36319 • | 36323 | 36649 | 36653 • | 36979 • | 36983 | 37309 • | 37313 • | 37639 | 37643 • |
| 36325 | 36329 | 36655 | 36659 | 36985 | 36989 | 37315 | 37319 | 37645 | 37649 • |
| 36331 | 36335 | 36661 | 36665 | 36991 | 36995 | 37321 • | 37325 | 37651 | 37655 |
| 36337 | 36341 • | 36667 | 36671 • | 36997 • | 37001 | 37327 | 37331 | 37657 • | 37661 |
| 36343 • | 36347 | 36673 | 36677 • | 37003 • | 37007 | 37333 | 37337 • | 37663 • | 37667 |
| 36349 | 36353 • | 36679 | 36683 • | 37009 | 37013 • | 37339 • | 37343 | 37669 | 37673 |
| 36355 | 36359 | 36685 | 36689 | 37015 | 37019 • | 37345 | 37349 | 37675 | 37679 |
| 36361 | 36365 | 36691 • | 36695 | 37021 • | 37025 | 37351 | 37355 | 37681 | 37685 |
| 36367 | 36371 | 36697 • | 36701 | 37027 | 37031 | 37357 • | 37361 • | 37687 | 37691 • |
| 36373 • | 36377 | 36703 | 36707 | 37033 | 37037 | 37363 • | 37367 | 37693 • | 37697 |
| 36379 | 36383 • | 36709 • | 36713 • | 37039 • | 37043 | 37369 • | 37373 | 37699 • | 37703 |
| 36385 | 36389 • | 36715 | 36719 | 37045 | 37049 | 37375 | 37379 • | 37705 | 37709 |
| 36391 | 36395 | 36721 • | 36725 | 37051 | 37055 | 37381 | 37385 | 37711 | 37715 |
| 36397 | 36401 | 36727 | 36731 | 37057 • | 37061 • | 37387 | 37391 | 37717 • | 37721 |
| 36403 | 36407 | 36733 | 36737 | 37063 | 37067 | 37393 | 37397 • | 37723 | 37727 |
| 36409 | 36413 | 36739 | 36743 | 37069 | 37073 | 37399 | 37403 | 37729 | 37733 |
| 36415 | 36419 | 36745 | 36749 • | 37075 | 37079 | 37405 | 37409 • | 37735 | 37739 |
| 36421 | 36425 | 36751 | 36755 | 37081 | 37085 | 37411 | 37415 | 37741 | 37745 |
| 36427 | 36431 | 36757 | 36761 • | 37087 • | 37091 | 37417 | 37421 | 37747 • | 37751 |
| 36433 • | 36437 | 36763 | 36767 | 37093 | 37097 • | 37423 • | 37427 | 37753 | 37757 |
| 36439 | 36443 | 36769 | 36773 | 37099 | 37103 | 37429 | 37433 | 37759 | 37763 |
| 36445 | 36449 | 36775 | 36779 | 37105 | 37109 | 37435 | 37439 | 37765 | 37769 |
| 36451 • | 36455 | 36781 • | 36785 | 37111 | 37115 | 37441 • | 37445 | 37771 | 37775 |
| 36457 • | 36461 | 36787 • | 36791 • | 37117 • | 37121 | 37447 • | 37451 | 37777 | 37781 • |
| 36463 | 36467 • | 36793 • | 36797 | 37123 • | 37127 | 37453 | 37457 | 37783 • | 37787 |
| 36469 • | 36473 • | 36799 | 36803 | 37129 | 37133 | 37459 | 37463 • | 37789 | 37793 |
| 36475 | 36479 • | 36805 | 36809 • | 37135 | 37139 • | 37465 | 37469 | 37795 | 37799 • |
| 36481 | 36485 | 36811 | 36815 | 37141 | 37145 | 37471 | 37475 | 37801 | 37805 |
| 36487 | 36491 | 36817 | 36821 • | 37147 | 37151 | 37477 | 37481 | 37807 | 37811 • |
| 36493 • | 36497 • | 36823 | 36827 | 37153 | 37157 | 37483 • | 37487 | 37813 • | 37817 |
| 36499 | 36503 | 36829 | 36833 | 37159 • | 37163 | 37489 | 37493 • | 37819 | 37823 |
| 36505 | 36509 | 36835 | 36839 | 37165 | 37169 | 37495 | 37499 | 37825 | 37829 |
| 36511 | 36515 | 36841 | 36845 | 37171 • | 37175 | 37501 • | 37505 | 37831 • | 37835 |
| 36517 | 36521 | 36847 • | 36851 | 37177 | 37181 • | 37507 • | 37511 • | 37837 | 37841 |
| 36523 • | 36527 • | 36853 • | 36857 • | 37183 | 37187 | 37513 | 37517 • | 37843 | 37847 • |
| 36529 • | 36533 | 36859 | 36863 | 37189 • | 37193 | 37519 | 37523 | 37849 | 37853 • |
| 36535 | 36539 | 36865 | 36869 | 37195 | 37199 • | 37525 | 37529 | 37855 | 37859 |
| 36541 • | 36545 | 36871 • | 36875 | 37201 • | 37205 | 37531 • | 37535 | 37861 • | 37865 |
| 36547 | 36551 • | 36877 • | 36881 | 37207 | 37211 | 37537 • | 37541 | 37867 | 37871 • |
| 36553 | 36557 | 36883 | 36887 • | 37213 | 37217 • | 37543 | 37547 • | 37873 | 37877 |
| 36559 • | 36563 • | 36889 | 36893 | 37219 | 37223 • | 37549 • | 37553 | 37879 • | 37883 |
| 36565 | 36569 | 36895 | 36899 • | 37225 | 37229 | 37555 | 37559 | 37885 | 37889 • |
| 36571 • | 36575 | 36901 • | 36905 | 37231 | 37235 | 37561 • | 37565 | 37891 | 37895 |
| 36577 | 36581 | 36907 | 36911 | 37237 | 37241 | 37567 • | 37571 • | 37897 • | 37901 |
| 36583 • | 36587 • | 36913 • | 36917 | 37243 • | 37247 | 37573 • | 37577 | 37903 | 37907 • |
| 36589 | 36593 | 36919 • | 36923 • | 37249 | 37253 • | 37579 • | 37583 | 37909 | 37913 |
| 36595 | 36599 • | 36925 | 36929 • | 37255 | 37259 | 37585 | 37589 • | 37915 | 37919 |
| 36601 | 36605 | 36931 • | 36935 | 37261 | 37265 | 37591 • | 37595 | 37921 | 37925 |
| 36607 • | 36611 | 36937 | 36941 | 37267 | 37271 | 37597 | 37601 | 37927 | 37931 |
| 36613 | 36617 | 36943 • | 36947 • | 37273 • | 37277 • | 37603 | 37607 • | 37933 | 37937 |
| 36619 | 36623 | 36949 | 36953 | 37279 | 37283 | 37609 | 37613 | 37939 | 37943 |
| 36625 | 36629 • | 36955 | 36959 | 37285 | 37289 | 37615 | 37619 • | 37945 | 37949 |

| | | | | | | | | | |
|---|---|---|---|---|---|---|---|---|---|
| 37951 • | 37955 | 38281 • | 38285 | 38611 • | 38615 | 38941 | 38945 | 39271 • | 39275 |
| 37957 • | 37961 | 38287 • | 38291 | 38617 | 38621 | 38947 | 38951 | 39277 | 39281 |
| 37963 • | 37967 • | 38293 | 38297 | 38623 | 38627 | 38953 • | 38957 | 39283 | 39287 |
| 37969 | 37973 | 38299 • | 38303 • | 38629 • | 38633 | 38959 • | 38963 | 39289 | 39293 • |
| 37975 | 37979 | 38305 | 38309 | 38635 | 38639 • | 38965 | 38969 | 39295 | 39299 |
| 37981 | 37985 | 38311 | 38315 | 38641 | 38645 | 38971 • | 38975 | 39301 • | 39305 |
| 37987 • | 37991 • | 38317 • | 38321 | 38647 | 38651 • | 38977 • | 38981 | 39307 | 39311 |
| 37993 • | 37997 • | 38323 | 38327 | 38653 • | 38657 | 38983 | 38987 | 39313 • | 39317 • |
| 37999 | 38003 | 38329 • | 38333 • | 38659 | 38663 | 38989 | 38993 • | 39319 | 39323 • |
| 38005 | 38009 | 38335 | 38339 | 38665 | 38669 • | 38995 | 38999 | 39325 | 39329 |
| 38011 • | 38015 | 38341 | 38345 | 38671 • | 38675 | 39001 | 39005 | 39331 | 39335 |
| 38017 | 38021 | 38347 | 38351 • | 38677 • | 38681 | 39007 | 39011 | 39337 | 39341 • |
| 38023 | 38027 | 38353 | 38357 | 38683 | 38687 | 39013 | 39017 | 39343 • | 39347 |
| 38029 | 38033 | 38359 | 38363 | 38689 | 38693 • | 39019 • | 39023 • | 39349 | 39353 |
| 38035 | 38039 • | 38365 | 38369 | 38695 | 38699 • | 39025 | 39029 | 39355 | 39359 • |
| 38041 | 38045 | 38371 • | 38375 | 38701 | 38705 | 39031 | 39035 | 39361 | 39365 |
| 38047 • | 38051 | 38377 • | 38381 | 38707 | 38711 • | 39037 | 39041 • | 39367 • | 39371 • |
| 38053 • | 38057 • | 38383 | 38387 | 38713 • | 38717 | 39043 • | 39047 • | 39373 • | 39377 |
| 38059 | 38063 | 38389 | 38393 | 38719 | 38723 | 39049 | 39053 | 39379 | 39383 • |
| 38065 | 38069 • | 38395 | 38399 | 38725 | 38729 • | 39055 | 39059 | 39385 | 39389 |
| 38071 | 38075 | 38401 | 38405 | 38731 | 38735 | 39061 | 39065 | 39391 | 39395 |
| 38077 | 38081 | 38407 | 38411 | 38737 • | 38741 | 39067 | 39071 | 39397 • | 39401 |
| 38083 • | 38087 | 38413 | 38417 | 38743 | 38747 • | 39073 | 39077 | 39403 | 39407 |
| 38089 | 38093 | 38419 | 38423 | 38749 • | 38753 | 39079 • | 39083 | 39409 • | 39413 |
| 38095 | 38099 | 38425 | 38429 | 38755 | 38759 | 39085 | 39089 • | 39415 | 39419 • |
| 38101 | 38105 | 38431 • | 38435 | 38761 | 38765 | 39091 | 39095 | 39421 | 39425 |
| 38107 | 38111 | 38437 | 38441 | 38767 • | 38771 | 39097 • | 39101 | 39427 | 39431 |
| 38113 • | 38117 | 38443 | 38447 • | 38773 | 38777 | 39103 • | 39107 • | 39433 | 39437 |
| 38119 • | 38123 | 38449 • | 38453 • | 38779 | 38783 • | 39109 | 39113 • | 39439 • | 39443 • |
| 38125 | 38129 | 38455 | 38459 • | 38785 | 38789 | 39115 | 39119 • | 39445 | 39449 |
| 38131 | 38135 | 38461 • | 38465 | 38791 • | 38795 | 39121 | 39125 | 39451 | 39455 |
| 38137 | 38141 | 38467 | 38471 | 38797 | 38801 | 39127 | 39131 | 39457 | 39461 • |
| 38143 | 38147 | 38473 | 38477 | 38803 | 38807 | 39133 | 39137 | 39463 | 39467 |
| 38149 • | 38153 • | 38479 | 38483 | 38809 | 38813 | 39139 • | 39143 | 39469 | 39473 |
| 38155 | 38159 | 38485 | 38489 | 38815 | 38819 | 39145 | 39149 | 39475 | 39479 |
| 38161 | 38165 | 38491 | 38495 | 38821 • | 38825 | 39151 | 39155 | 39481 | 39485 |
| 38167 • | 38171 | 38497 | 38501 • | 38827 | 38831 | 39157 | 39161 | 39487 | 39491 |
| 38173 | 38177 • | 38503 | 38507 | 38833 | 38837 | 39163 | 39167 | 39493 | 39497 |
| 38179 | 38183 • | 38509 | 38513 | 38839 • | 38843 | 39169 | 39173 | 39499 | 39503 |
| 38185 | 38189 | 38515 | 38519 | 38845 | 38849 | 39175 | 39179 | 39505 | 39509 • |
| 38191 | 38195 | 38521 | 38525 | 38851 • | 38855 | 39181 • | 39185 | 39511 • | 39515 |
| 38197 • | 38201 • | 38527 | 38531 | 38857 | 38861 • | 39187 | 39191 • | 39517 | 39521 • |
| 38203 | 38207 | 38533 | 38537 | 38863 | 38867 • | 39193 | 39197 | 39523 | 39527 |
| 38209 | 38213 | 38539 | 38543 • | 38869 | 38873 • | 39199 • | 39203 | 39529 | 39533 |
| 38215 | 38219 • | 38545 | 38549 | 38875 | 38879 | 39205 | 39209 • | 39535 | 39539 |
| 38221 | 38225 | 38551 | 38555 | 38881 | 38885 | 39211 | 39215 | 39541 • | 39545 |
| 38227 | 38231 • | 38557 • | 38561 • | 38887 | 38891 • | 39217 • | 39221 | 39547 | 39551 • |
| 38233 | 38237 • | 38563 | 38567 • | 38893 | 38897 | 39223 | 39227 • | 39553 | 39557 |
| 38239 • | 38243 | 38569 • | 38573 | 38899 | 38903 • | 39229 • | 39233 • | 39559 | 39563 • |
| 38245 | 38249 | 38575 | 38579 | 38905 | 38909 | 39235 | 39239 • | 39565 | 39569 • |
| 38251 | 38255 | 38581 | 38585 | 38911 | 38915 | 39241 • | 39245 | 39571 | 39575 |
| 38257 | 38261 • | 38587 | 38591 | 38917 • | 38921 • | 39247 | 39251 • | 39577 | 39581 • |
| 38263 | 38267 | 38593 • | 38597 | 38923 • | 38927 | 39253 | 39257 | 39583 | 39587 |
| 38269 | 38273 • | 38599 | 38603 • | 38929 | 38933 • | 39259 | 39263 | 39589 | 39593 |
| 38275 | 38279 | 38605 | 38609 • | 38935 | 38939 | 39265 | 39269 | 39595 | 39599 |

| | | | | | | | | | |
|---|---|---|---|---|---|---|---|---|---|
| 39601 | 39605 | 39931 | 39935 | 40261 | 40265 | 40591 • | 40595 | 40921 | 40925 |
| 39607 • | 39611 | 39937 • | 39941 | 40267 | 40271 | 40597 • | 40601 | 40927 • | 40931 |
| 39613 | 39617 | 39943 | 39947 | 40273 | 40277 • | 40603 | 40607 | 40933 • | 40937 |
| 39619 • | 39623 • | 39949 | 39953 • | 40279 | 40283 • | 40609 • | 40613 | 40939 • | 40943 |
| 39625 | 39629 | 39955 | 39959 | 40285 | 40289 • | 40615 | 40619 | 40945 | 40949 • |
| 39631 • | 39635 | 39961 | 39965 | 40291 | 40295 | 40621 | 40625 | 40951 | 40955 |
| 39637 | 39641 | 39967 | 39971 • | 40297 | 40301 | 40627 | 40631 | 40957 | 40961 • |
| 39643 | 39647 | 39973 | 39977 | 40303 | 40307 | 40633 | 40637 | 40963 | 40967 |
| 39649 | 39653 | 39979 • | 39983 • | 40309 | 40313 | 40639 • | 40643 | 40969 | 40973 • |
| 39655 | 39659 • | 39985 | 39989 • | 40315 | 40319 | 40645 | 40649 | 40975 | 40979 |
| 39661 | 39665 | 39991 | 39995 | 40321 | 40325 | 40651 | 40655 | 40981 | 40985 |
| 39667 • | 39671 • | 39997 | 40001 | 40327 | 40331 | 40657 | 40661 | 40987 | 40991 |
| 39673 | 39677 | 40003 | 40007 | 40333 | 40337 | 40663 | 40667 | 40993 • | 40997 |
| 39679 • | 39683 | 40009 • | 40013 • | 40339 | 40343 • | 40669 | 40673 | 40999 | 41003 |
| 39685 | 39689 | 40015 | 40019 | 40345 | 40349 | 40675 | 40679 | 41005 | 41009 |
| 39691 | 39695 | 40021 | 40025 | 40351 • | 40355 | 40681 | 40685 | 41011 • | 41015 |
| 39697 | 39701 | 40027 | 40031 • | 40357 • | 40361 • | 40687 | 40691 | 41017 • | 41021 |
| 39703 • | 39707 | 40033 | 40037 • | 40363 | 40367 | 40693 • | 40697 • | 41023 • | 41027 |
| 39709 • | 39713 | 40039 • | 40043 | 40369 | 40373 | 40699 • | 40703 | 41029 | 41033 |
| 39715 | 39719 • | 40045 | 40049 | 40375 | 40379 | 40705 | 40709 • | 41035 | 41039 • |
| 39721 | 39725 | 40051 | 40055 | 40381 | 40385 | 40711 | 40715 | 41041 | 41045 |
| 39727 • | 39731 | 40057 | 40061 | 40387 • | 40391 | 40717 | 40721 | 41047 • | 41051 • |
| 39733 • | 39737 | 40063 • | 40067 | 40393 | 40397 | 40723 | 40727 | 41053 | 41057 • |
| 39739 | 39743 | 40069 | 40073 | 40399 | 40403 | 40729 | 40733 | 41059 | 41063 |
| 39745 | 39749 • | 40075 | 40079 | 40405 | 40409 | 40735 | 40739 • | 41065 | 41069 |
| 39751 | 39755 | 40081 | 40085 | 40411 | 40415 | 40741 | 40745 | 41071 | 41075 |
| 39757 | 39761 • | 40087 • | 40091 | 40417 | 40421 | 40747 | 40751 • | 41077 • | 41081 • |
| 39763 | 39767 | 40093 • | 40097 | 40423 • | 40427 • | 40753 | 40757 | 41083 | 41087 |
| 39769 • | 39773 | 40099 • | 40103 | 40429 • | 40433 • | 40759 • | 40763 • | 41089 | 41093 |
| 39775 | 39779 • | 40105 | 40109 | 40435 | 40439 | 40765 | 40769 | 41095 | 41099 |
| 39781 | 39785 | 40111 • | 40115 | 40441 | 40445 | 40771 • | 40775 | 41101 | 41105 |
| 39787 | 39791 • | 40117 | 40121 | 40447 | 40451 | 40777 | 40781 | 41107 | 41111 |
| 39793 | 39797 | 40123 • | 40127 • | 40453 | 40457 | 40783 | 40787 • | 41113 • | 41117 • |
| 39799 • | 39803 | 40129 • | 40133 | 40459 • | 40463 | 40789 | 40793 | 41119 | 41123 |
| 39805 | 39809 | 40135 | 40139 | 40465 | 40469 | 40795 | 40799 | 41125 | 41129 |
| 39811 | 39815 | 40141 | 40145 | 40471 • | 40475 | 40801 • | 40805 | 41131 • | 41135 |
| 39817 | 39821 • | 40147 | 40151 • | 40477 | 40481 | 40807 | 40811 | 41137 | 41141 • |
| 39823 | 39827 • | 40153 • | 40157 | 40483 • | 40487 • | 40813 • | 40817 | 41143 • | 41147 |
| 39829 • | 39833 | 40159 | 40163 • | 40489 | 40493 • | 40819 • | 40823 • | 41149 • | 41153 |
| 39835 | 39839 • | 40165 | 40169 • | 40495 | 40499 • | 40825 | 40829 • | 41155 | 41159 |
| 39841 • | 39845 | 40171 | 40175 | 40501 | 40505 | 40831 | 40835 | 41161 • | 41165 |
| 39847 • | 39851 | 40177 • | 40181 | 40507 • | 40511 | 40837 | 40841 • | 41167 | 41171 |
| 39853 | 39857 • | 40183 | 40187 | 40513 | 40517 | 40843 | 40847 • | 41173 | 41177 • |
| 39859 | 39863 • | 40189 • | 40193 • | 40519 • | 40523 | 40849 • | 40853 • | 41179 • | 41183 • |
| 39865 | 39869 • | 40195 | 40199 | 40525 | 40529 • | 40855 | 40859 | 41185 | 41189 • |
| 39871 | 39875 | 40201 | 40205 | 40531 • | 40535 | 40861 | 40865 | 41191 | 41195 |
| 39877 • | 39881 | 40207 | 40211 | 40537 | 40541 | 40867 • | 40871 | 41197 | 41201 • |
| 39883 • | 39887 • | 40213 • | 40217 | 40543 • | 40547 | 40873 | 40877 | 41203 • | 41207 |
| 39889 | 39893 | 40219 | 40223 | 40549 | 40553 | 40879 • | 40883 • | 41209 | 41213 • |
| 39895 | 39899 | 40225 | 40229 | 40555 | 40559 • | 40885 | 40889 | 41215 | 41219 |
| 39901 • | 39905 | 40231 • | 40235 | 40561 | 40565 | 40891 | 40895 | 41221 • | 41225 |
| 39907 | 39911 | 40237 • | 40241 • | 40567 | 40571 | 40897 • | 40901 • | 41227 • | 41231 • |
| 39913 | 39917 | 40243 | 40247 | 40573 | 40577 • | 40903 • | 40907 | 41233 • | 41237 |
| 39919 | 39923 | 40249 | 40253 • | 40579 | 40583 • | 40909 | 40913 | 41239 • | 41243 • |
| 39925 | 39929 • | 40255 | 40259 | 40585 | 40589 | 40915 | 40919 | 41245 | 41249 |

| | | | | | | | | | |
|---|---|---|---|---|---|---|---|---|---|
| 41251 | 41255 | 41581 | 41585 | 41911 • | 41915 | 42241 | 42245 | 42571 • | 42575 |
| 41257 • | 41261 | 41587 | 41591 | 41917 | 41921 | 42247 | 42251 | 42577 • | 42581 |
| 41263 • | 41267 | 41593 • | 41597 • | 41923 | 41927 • | 42253 | 42257 • | 42583 | 42587 |
| 41269 • | 41273 | 41599 | 41603 • | 41929 | 41933 | 42259 | 42263 | 42589 • | 42593 |
| 41275 | 41279 | 41605 | 41609 • | 41935 | 41939 | 42265 | 42269 | 42595 | 42599 |
| 41281 • | 41285 | 41611 • | 41615 | 41941 • | 41945 | 42271 | 42275 | 42601 | 42605 |
| 41287 | 41291 | 41617 • | 41621 • | 41947 • | 41951 | 42277 | 42281 • | 42607 | 42611 • |
| 41293 | 41297 | 41623 | 41627 • | 41953 • | 41957 • | 42283 • | 42287 | 42613 | 42617 |
| 41299 • | 41303 | 41629 | 41633 | 41959 • | 41963 | 42289 | 42293 • | 42619 | 42623 |
| 41305 | 41309 | 41635 | 41639 | 41965 | 41969 • | 42295 | 42299 • | 42625 | 42629 |
| 41311 | 41315 | 41641 • | 41645 | 41971 | 41975 | 42301 | 42305 | 42631 | 42635 |
| 41317 | 41321 | 41647 • | 41651 • | 41977 | 41981 • | 42307 • | 42311 | 42637 | 42641 • |
| 41323 | 41327 | 41653 | 41657 | 41983 • | 41987 | 42313 | 42317 | 42643 • | 42647 |
| 41329 | 41333 • | 41659 • | 41663 | 41989 | 41993 | 42319 | 42323 • | 42649 • | 42653 |
| 41335 | 41339 | 41665 | 41669 • | 41995 | 41999 • | 42325 | 42329 | 42655 | 42659 |
| 41341 • | 41345 | 41671 | 41675 | 42001 | 42005 | 42331 • | 42335 | 42661 | 42665 |
| 41347 | 41351 • | 41677 | 41681 • | 42007 | 42011 | 42337 • | 42341 | 42667 • | 42671 |
| 41353 | 41357 • | 41683 | 41687 • | 42013 • | 42017 • | 42343 | 42347 | 42673 | 42677 • |
| 41359 | 41363 | 41689 | 41693 | 42019 • | 42023 • | 42349 • | 42353 | 42679 | 42683 • |
| 41365 | 41369 | 41695 | 41699 | 42025 | 42029 | 42355 | 42359 • | 42685 | 42689 • |
| 41371 | 41375 | 41701 | 41705 | 42031 | 42035 | 42361 | 42365 | 42691 | 42695 |
| 41377 | 41381 • | 41707 | 41711 | 42037 | 42041 | 42367 | 42371 | 42697 • | 42701 • |
| 41383 | 41387 • | 41713 | 41717 | 42043 • | 42047 | 42373 • | 42377 | 42703 • | 42707 |
| 41389 • | 41393 | 41719 • | 41723 | 42049 | 42053 | 42379 • | 42383 | 42709 • | 42713 |
| 41395 | 41399 • | 41725 | 41729 • | 42055 | 42059 | 42385 | 42389 | 42715 | 42719 • |
| 41401 | 41405 | 41731 | 41735 | 42061 • | 42065 | 42391 • | 42395 | 42721 | 42725 |
| 41407 | 41411 • | 41737 • | 41741 | 42067 | 42071 • | 42397 • | 42401 | 42727 • | 42731 |
| 41413 • | 41417 | 41743 | 41747 | 42073 • | 42077 | 42403 • | 42407 • | 42733 | 42737 • |
| 41419 | 41423 | 41749 | 41753 | 42079 | 42083 • | 42409 • | 42413 | 42739 | 42743 • |
| 41425 | 41429 | 41755 | 41759 • | 42085 | 42089 • | 42415 | 42419 | 42745 | 42749 |
| 41431 | 41435 | 41761 • | 41765 | 42091 | 42095 | 42421 | 42425 | 42751 • | 42755 |
| 41437 | 41441 | 41767 | 41771 • | 42097 | 42101 • | 42427 | 42431 | 42757 | 42761 |
| 41443 • | 41447 | 41773 | 41777 • | 42103 | 42107 | 42433 • | 42437 • | 42763 | 42767 • |
| 41449 | 41453 • | 41779 | 41783 | 42109 | 42113 | 42439 | 42443 • | 42769 | 42773 • |
| 41455 | 41459 | 41785 | 41789 | 42115 | 42119 | 42445 | 42449 | 42775 | 42779 |
| 41461 | 41465 | 41791 | 41795 | 42121 | 42125 | 42451 • | 42455 | 42781 | 42785 |
| 41467 • | 41471 | 41797 | 41801 • | 42127 | 42131 • | 42457 • | 42461 • | 42787 • | 42791 |
| 41473 | 41477 | 41803 | 41807 | 42133 | 42137 | 42463 • | 42467 • | 42793 • | 42797 • |
| 41479 • | 41483 | 41809 • | 41813 • | 42139 • | 42143 | 42469 | 42473 • | 42799 | 42803 |
| 41485 | 41489 | 41815 | 41819 | 42145 | 42149 | 42475 | 42479 | 42805 | 42809 |
| 41491 • | 41495 | 41821 | 41825 | 42151 | 42155 | 42481 | 42485 | 42811 | 42815 |
| 41497 | 41501 | 41827 | 41831 | 42157 • | 42161 | 42487 • | 42491 • | 42817 | 42821 • |
| 41503 | 41507 • | 41833 | 41837 | 42163 | 42167 | 42493 | 42497 | 42823 | 42827 |
| 41509 | 41513 • | 41839 | 41843 • | 42169 • | 42173 | 42499 • | 42503 | 42829 • | 42833 |
| 41515 | 41519 • | 41845 | 41849 • | 42175 | 42179 • | 42505 | 42509 • | 42835 | 42839 • |
| 41521 • | 41525 | 41851 • | 41855 | 42181 • | 42185 | 42511 | 42515 | 42841 • | 42845 |
| 41527 | 41531 | 41857 | 41861 | 42187 • | 42191 | 42517 | 42521 | 42847 | 42851 |
| 41533 | 41537 | 41863 • | 41867 | 42193 • | 42197 • | 42523 | 42527 | 42853 • | 42857 |
| 41539 • | 41543 • | 41869 | 41873 | 42199 | 42203 | 42529 | 42533 • | 42859 • | 42863 • |
| 41545 | 41549 • | 41875 | 41879 • | 42205 | 42209 • | 42535 | 42539 | 42865 | 42869 |
| 41551 | 41555 | 41881 | 41885 | 42211 | 42215 | 42541 | 42545 | 42871 | 42875 |
| 41557 | 41561 | 41887 • | 41891 | 42217 | 42221 • | 42547 | 42551 | 42877 | 42881 |
| 41563 | 41567 | 41893 • | 41897 • | 42223 • | 42227 • | 42553 | 42557 • | 42883 | 42887 |
| 41569 | 41573 | 41899 | 41903 • | 42229 | 42233 | 42559 | 42563 | 42889 | 42893 |
| 41575 | 41579 • | 41905 | 41909 | 42235 | 42239 • | 42565 | 42569 • | 42895 | 42899 • |

| | | | | | | | | | |
|---|---|---|---|---|---|---|---|---|---|
| 42901 • | 42905 | 43231 | 43235 | 43561 | 43565 | 43891 • | 43895 | 44221 • | 44225 |
| 42907 | 42911 | 43237 • | 43241 | 43567 | 43571 | 43897 | 43901 | 44227 | 44231 |
| 42913 | 42917 | 43243 | 43247 | 43573 • | 43577 • | 43903 | 43907 | 44233 | 44237 |
| 42919 | 42923 • | 43249 | 43253 | 43579 • | 43583 | 43909 | 43913 • | 44239 | 44243 |
| 42925 | 42929 • | 43255 | 43259 | 43585 | 43589 | 43915 | 43919 | 44245 | 44249 • |
| 42931 | 42935 | 43261 • | 43265 | 43591 • | 43595 | 43921 | 43925 | 44251 | 44255 |
| 42937 • | 42941 | 43267 | 43271 | 43597 • | 43601 | 43927 | 43931 | 44257 • | 44261 |
| 42943 • | 42947 | 43273 | 43277 | 43603 | 43607 • | 43933 • | 43937 | 44263 • | 44267 • |
| 42949 | 42953 • | 43279 | 43283 | 43609 • | 43613 • | 43939 | 43943 • | 44269 • | 44273 • |
| 42955 | 42959 | 43285 | 43289 | 43615 | 43619 | 43945 | 43949 | 44275 | 44279 • |
| 42961 • | 42965 | 43291 | 43295 | 43621 | 43625 | 43951 • | 43955 | 44281 • | 44285 |
| 42967 • | 42971 | 43297 | 43301 | 43627 • | 43631 | 43957 | 43961 • | 44287 | 44291 |
| 42973 | 42977 | 43303 | 43307 | 43633 • | 43637 | 43963 • | 43967 | 44293 • | 44297 |
| 42979 • | 42983 | 43309 | 43313 • | 43639 | 43643 | 43969 • | 43973 • | 44299 | 44303 |
| 42985 | 42989 • | 43315 | 43319 • | 43645 | 43649 • | 43975 | 43979 | 44305 | 44309 |
| 42991 | 42995 | 43321 • | 43325 | 43651 • | 43655 | 43981 | 43985 | 44311 | 44315 |
| 42997 | 43001 | 43327 | 43331 • | 43657 | 43661 • | 43987 • | 43991 • | 44317 | 44321 |
| 43003 • | 43007 | 43333 | 43337 | 43663 | 43667 | 43993 | 43997 • | 44323 | 44327 |
| 43009 | 43013 • | 43339 | 43343 | 43669 • | 43673 | 43999 | 44003 | 44329 | 44333 |
| 43015 | 43019 • | 43345 | 43349 | 43675 | 43679 | 44005 | 44009 | 44335 | 44339 |
| 43021 | 43025 | 43351 | 43355 | 43681 | 43685 | 44011 | 44015 | 44341 | 44345 |
| 43027 | 43031 | 43357 | 43361 | 43687 | 43691 • | 44017 • | 44021 • | 44347 | 44351 • |
| 43033 | 43037 • | 43363 | 43367 | 43693 | 43697 | 44023 | 44027 • | 44353 | 44357 • |
| 43039 | 43043 | 43369 | 43373 | 43699 | 43703 | 44029 • | 44033 | 44359 | 44363 |
| 43045 | 43049 • | 43375 | 43379 | 43705 | 43709 | 44035 | 44039 | 44365 | 44369 |
| 43051 • | 43055 | 43381 | 43385 | 43711 • | 43715 | 44041 • | 44045 | 44371 • | 44375 |
| 43057 | 43061 | 43387 | 43391 • | 43717 • | 43721 • | 44047 | 44051 | 44377 | 44381 • |
| 43063 • | 43067 • | 43393 | 43397 • | 43723 | 43727 | 44053 • | 44057 | 44383 • | 44387 |
| 43069 | 43073 | 43399 • | 43403 | 43729 | 43733 | 44059 • | 44063 | 44389 • | 44393 |
| 43075 | 43079 | 43405 | 43409 | 43735 | 43739 | 44065 | 44069 | 44395 | 44399 |
| 43081 | 43085 | 43411 • | 43415 | 43741 | 43745 | 44071 • | 44075 | 44401 | 44405 |
| 43087 | 43091 | 43417 | 43421 | 43747 | 43751 | 44077 | 44081 | 44407 | 44411 |
| 43093 • | 43097 | 43423 | 43427 • | 43753 • | 43757 | 44083 | 44087 • | 44413 | 44417 • |
| 43099 | 43103 • | 43429 | 43433 | 43759 • | 43763 | 44089 • | 44093 | 44419 | 44423 |
| 43105 | 43109 | 43435 | 43439 | 43765 | 43769 | 44095 | 44099 | 44425 | 44429 |
| 43111 | 43115 | 43441 • | 43445 | 43771 | 43775 | 44101 • | 44105 | 44431 | 44435 |
| 43117 • | 43121 | 43447 | 43451 | 43777 • | 43781 • | 44107 | 44111 • | 44437 | 44441 |
| 43123 | 43127 | 43453 | 43457 • | 43783 • | 43787 • | 44113 | 44117 | 44443 | 44447 |
| 43129 | 43133 • | 43459 | 43463 | 43789 • | 43793 • | 44119 • | 44123 • | 44449 • | 44453 • |
| 43135 | 43139 | 43465 | 43469 | 43795 | 43799 | 44125 | 44129 • | 44455 | 44459 |
| 43141 | 43145 | 43471 | 43475 | 43801 • | 43805 | 44131 • | 44135 | 44461 | 44465 |
| 43147 | 43151 • | 43477 | 43481 | 43807 | 43811 | 44137 | 44141 | 44467 | 44471 |
| 43153 | 43157 | 43483 | 43487 • | 43813 | 43817 | 44143 | 44147 | 44473 | 44477 |
| 43159 • | 43163 | 43489 | 43493 | 43819 | 43823 | 44149 | 44153 | 44479 | 44483 • |
| 43165 | 43169 | 43495 | 43499 • | 43825 | 43829 | 44155 | 44159 • | 44485 | 44489 |
| 43171 | 43175 | 43501 | 43505 | 43831 | 43835 | 44161 | 44165 | 44491 • | 44495 |
| 43177 • | 43181 | 43507 | 43511 | 43837 | 43841 | 44167 | 44171 • | 44497 • | 44501 • |
| 43183 | 43187 | 43513 | 43517 • | 43843 | 43847 | 44173 | 44177 | 44503 | 44507 • |
| 43189 • | 43193 | 43519 | 43523 | 43849 | 43853 • | 44179 • | 44183 | 44509 | 44513 |
| 43195 | 43199 | 43525 | 43529 | 43855 | 43859 | 44185 | 44189 • | 44515 | 44519 • |
| 43201 • | 43205 | 43531 | 43535 | 43861 | 43865 | 44191 | 44195 | 44521 | 44525 |
| 43207 • | 43211 | 43537 | 43541 • | 43867 • | 43871 | 44197 | 44201 • | 44527 | 44531 • |
| 43213 | 43217 | 43543 • | 43547 | 43873 | 43877 | 44203 • | 44207 • | 44533 • | 44537 • |
| 43219 | 43223 • | 43549 | 43553 | 43879 | 43883 | 44209 | 44213 | 44539 | 44543 • |
| 43225 | 43229 | 43555 | 43559 | 43885 | 43889 • | 44215 | 44219 | 44545 | 44549 • |

| | | | | | | | | | |
|---|---|---|---|---|---|---|---|---|---|
| 44551 | 44555 | 44881 | 44885 | 45211 | 45215 | 45541 • | 45545 | 45871 | 45875 |
| 44557 | 44561 | 44887 • | 44891 | 45217 | 45221 | 45547 | 45551 | 45877 | 45881 |
| 44563 • | 44567 | 44893 • | 44897 | 45223 | 45227 | 45553 • | 45557 • | 45883 | 45887 • |
| 44569 | 44573 | 44899 | 44903 | 45229 | 45233 • | 45559 | 45563 | 45889 | 45893 • |
| 44575 | 44579 • | 44905 | 44909 • | 45235 | 45239 | 45565 | 45569 • | 45895 | 45899 |
| 44581 | 44585 | 44911 | 44915 | 45241 | 45245 | 45571 | 45575 | 45901 | 45905 |
| 44587 • | 44591 | 44917 • | 44921 | 45247 • | 45251 | 45577 | 45581 | 45907 | 45911 |
| 44593 | 44597 | 44923 | 44927 • | 45253 | 45257 | 45583 | 45587 • | 45913 | 45917 |
| 44599 | 44603 | 44929 | 44933 | 45259 • | 45263 • | 45589 • | 45593 | 45919 | 45923 |
| 44605 | 44609 | 44935 | 44939 • | 45265 | 45269 | 45595 | 45599 • | 45925 | 45929 |
| 44611 | 44615 | 44941 | 44945 | 45271 | 45275 | 45601 | 45605 | 45931 | 45935 |
| 44617 • | 44621 • | 44947 | 44951 | 45277 | 45281 • | 45607 | 45611 | 45937 | 45941 |
| 44623 • | 44627 | 44953 • | 44957 | 45283 | 45287 | 45613 • | 45617 | 45943 • | 45947 |
| 44629 | 44633 • | 44959 • | 44963 • | 45289 • | 45293 • | 45619 | 45623 | 45949 • | 45953 • |
| 44635 | 44639 | 44965 | 44969 | 45295 | 45299 | 45625 | 45629 | 45955 | 45959 • |
| 44641 • | 44645 | 44971 • | 44975 | 45301 | 45305 | 45631 • | 45635 | 45961 | 45965 |
| 44647 • | 44651 • | 44977 | 44981 | 45307 • | 45311 | 45637 | 45641 • | 45967 | 45971 • |
| 44653 | 44657 • | 44983 • | 44987 • | 45313 | 45317 • | 45643 | 45647 | 45973 | 45977 |
| 44659 | 44663 | 44989 | 44993 | 45319 • | 45323 | 45649 | 45653 | 45979 • | 45983 |
| 44665 | 44669 | 44995 | 44999 | 45325 | 45329 • | 45655 | 45659 • | 45985 | 45989 • |
| 44671 | 44675 | 45001 | 45005 | 45331 | 45335 | 45661 | 45665 | 45991 | 45995 |
| 44677 | 44681 | 45007 • | 45011 | 45337 • | 45341 • | 45667 • | 45671 | 45997 | 46001 |
| 44683 • | 44687 • | 45013 • | 45017 | 45343 • | 45347 | 45673 • | 45677 • | 46003 | 46007 |
| 44689 | 44693 | 45019 | 45023 | 45349 | 45353 | 45679 | 45683 | 46009 | 46013 |
| 44695 | 44699 • | 45025 | 45029 | 45355 | 45359 | 45685 | 45689 | 46015 | 46019 |
| 44701 • | 44705 | 45031 | 45035 | 45361 • | 45365 | 45691 • | 45695 | 46021 • | 46025 |
| 44707 | 44711 • | 45037 | 45041 | 45367 | 45371 | 45697 • | 45701 | 46027 • | 46031 |
| 44713 | 44717 | 45043 | 45047 | 45373 | 45377 • | 45703 | 45707 • | 46033 | 46037 |
| 44719 | 44723 | 45049 | 45053 • | 45379 | 45383 | 45709 | 45713 | 46039 | 46043 |
| 44725 | 44729 • | 45055 | 45059 | 45385 | 45389 • | 45715 | 45719 | 46045 | 46049 • |
| 44731 | 44735 | 45061 • | 45065 | 45391 | 45395 | 45721 | 45725 | 46051 • | 46055 |
| 44737 | 44741 • | 45067 | 45071 | 45397 | 45401 | 45727 | 45731 | 46057 | 46061 • |
| 44743 | 44747 | 45073 | 45077 • | 45403 • | 45407 | 45733 | 45737 • | 46063 | 46067 |
| 44749 | 44753 • | 45079 | 45083 • | 45409 | 45413 • | 45739 | 45743 | 46069 | 46073 • |
| 44755 | 44759 | 45085 | 45089 | 45415 | 45419 | 45745 | 45749 | 46075 | 46079 |
| 44761 | 44765 | 45091 | 45095 | 45421 | 45425 | 45751 • | 45755 | 46081 | 46085 |
| 44767 | 44771 • | 45097 | 45101 | 45427 • | 45431 | 45757 • | 45761 | 46087 | 46091 • |
| 44773 • | 44777 • | 45103 | 45107 | 45433 • | 45437 | 45763 • | 45767 • | 46093 • | 46097 |
| 44779 | 44783 | 45109 | 45113 | 45439 • | 45443 | 45769 | 45773 | 46099 • | 46103 • |
| 44785 | 44789 • | 45115 | 45119 • | 45445 | 45449 | 45775 | 45779 • | 46105 | 46109 |
| 44791 | 44795 | 45121 • | 45125 | 45451 | 45455 | 45781 | 45785 | 46111 | 46115 |
| 44797 • | 44801 | 45127 • | 45131 • | 45457 | 45461 | 45787 | 45791 | 46117 | 46121 |
| 44803 | 44807 | 45133 | 45137 • | 45463 | 45467 | 45793 | 45797 | 46123 | 46127 |
| 44809 • | 44813 | 45139 • | 45143 | 45469 | 45473 | 45799 | 45803 | 46129 | 46133 • |
| 44815 | 44819 • | 45145 | 45149 | 45475 | 45479 | 45805 | 45809 | 46135 | 46139 |
| 44821 | 44825 | 45151 | 45155 | 45481 • | 45485 | 45811 | 45815 | 46141 • | 46145 |
| 44827 | 44831 | 45157 | 45161 • | 45487 | 45491 • | 45817 • | 45821 • | 46147 • | 46151 |
| 44833 | 44837 | 45163 | 45167 | 45493 | 45497 • | 45823 • | 45827 • | 46153 • | 46157 |
| 44839 • | 44843 • | 45169 | 45173 | 45499 | 45503 • | 45829 | 45833 • | 46159 | 46163 |
| 44845 | 44849 | 45175 | 45179 • | 45505 | 45509 | 45835 | 45839 | 46165 | 46169 |
| 44851 • | 44855 | 45181 • | 45185 | 45511 | 45515 | 45841 • | 45845 | 46171 • | 46175 |
| 44857 | 44861 | 45187 | 45191 • | 45517 | 45521 | 45847 | 45851 | 46177 | 46181 • |
| 44863 | 44867 • | 45193 | 45197 • | 45523 • | 45527 | 45853 • | 45857 | 46183 • | 46187 • |
| 44869 | 44873 | 45199 | 45203 | 45529 | 45533 • | 45859 | 45863 • | 46189 | 46193 |
| 44875 | 44879 • | 45205 | 45209 | 45535 | 45539 | 45865 | 45869 • | 46195 | 46199 • |

| | | | | | | | | | |
|---|---|---|---|---|---|---|---|---|---|
| 46201 | 46205 | 46531 | 46535 | 46861 • | 46865 | 47191 | 47195 | 47521 • | 47525 |
| 46207 | 46211 | 46537 | 46541 | 46867 • | 46871 | 47197 | 47201 | 47527 • | 47531 |
| 46213 | 46217 | 46543 | 46547 | 46873 | 46877 • | 47203 | 47207 • | 47533 • | 47537 |
| 46219 • | 46223 | 46549 • | 46553 | 46879 | 46883 | 47209 | 47213 | 47539 | 47543 • |
| 46225 | 46229 • | 46555 | 46559 • | 46885 | 46889 • | 47215 | 47219 | 47545 | 47549 |
| 46231 | 46235 | 46561 | 46565 | 46891 | 46895 | 47221 • | 47225 | 47551 | 47555 |
| 46237 • | 46241 | 46567 • | 46571 | 46897 | 46901 • | 47227 | 47231 | 47557 | 47561 |
| 46243 | 46247 | 46573 • | 46577 | 46903 | 46907 | 47233 | 47237 • | 47563 • | 47567 |
| 46249 | 46253 | 46579 | 46583 | 46909 | 46913 | 47239 | 47243 | 47569 • | 47573 |
| 46255 | 46259 | 46585 | 46589 • | 46915 | 46919 • | 47245 | 47249 | 47575 | 47579 |
| 46261 • | 46265 | 46591 • | 46595 | 46921 | 46925 | 47251 • | 47255 | 47581 • | 47585 |
| 46267 | 46271 • | 46597 | 46601 • | 46927 | 46931 | 47257 | 47261 | 47587 | 47591 • |
| 46273 • | 46277 | 46603 | 46607 | 46933 • | 46937 | 47263 | 47267 | 47593 | 47597 |
| 46279 • | 46283 | 46609 | 46613 | 46939 | 46943 | 47269 • | 47273 | 47599 • | 47603 |
| 46285 | 46289 | 46615 | 46619 • | 46945 | 46949 | 47275 | 47279 • | 47605 | 47609 • |
| 46291 | 46295 | 46621 | 46625 | 46951 | 46955 | 47281 | 47285 | 47611 | 47615 |
| 46297 | 46301 • | 46627 | 46631 | 46957 • | 46961 | 47287 • | 47291 | 47617 | 47621 |
| 46303 | 46307 • | 46633 • | 46637 | 46963 | 46967 | 47293 • | 47297 • | 47623 • | 47627 |
| 46309 • | 46313 | 46639 • | 46643 • | 46969 | 46973 | 47299 | 47303 • | 47629 • | 47633 |
| 46315 | 46319 | 46645 | 46649 • | 46975 | 46979 | 47305 | 47309 • | 47635 | 47639 • |
| 46321 | 46325 | 46651 | 46655 | 46981 | 46985 | 47311 | 47315 | 47641 | 47645 |
| 46327 • | 46331 | 46657 | 46661 | 46987 | 46991 | 47317 • | 47321 | 47647 | 47651 |
| 46333 | 46337 • | 46663 • | 46667 | 46993 • | 46997 • | 47323 | 47327 | 47653 • | 47657 • |
| 46339 | 46343 | 46669 | 46673 | 46999 | 47003 | 47329 | 47333 | 47659 • | 47663 |
| 46345 | 46349 • | 46675 | 46679 • | 47005 | 47009 | 47335 | 47339 • | 47665 | 47669 |
| 46351 • | 46355 | 46681 • | 46685 | 47011 | 47015 | 47341 | 47345 | 47671 | 47675 |
| 46357 | 46361 | 46687 • | 46691 • | 47017 • | 47021 | 47347 | 47351 • | 47677 | 47681 • |
| 46363 | 46367 | 46693 | 46697 | 47023 | 47027 | 47353 • | 47357 | 47683 | 47687 |
| 46369 | 46373 | 46699 | 46703 • | 47029 | 47033 | 47359 | 47363 • | 47689 | 47693 |
| 46375 | 46379 | 46705 | 46709 | 47035 | 47039 | 47365 | 47369 | 47695 | 47699 • |
| 46381 • | 46385 | 46711 | 46715 | 47041 • | 47045 | 47371 | 47375 | 47701 • | 47705 |
| 46387 | 46391 | 46717 | 46721 | 47047 | 47051 • | 47377 | 47381 • | 47707 | 47711 • |
| 46393 | 46397 | 46723 • | 46727 • | 47053 | 47057 • | 47383 | 47387 • | 47713 • | 47717 • |
| 46399 • | 46403 | 46729 | 46733 | 47059 • | 47063 | 47389 • | 47393 | 47719 | 47723 |
| 46405 | 46409 | 46735 | 46739 | 47065 | 47069 | 47395 | 47399 | 47725 | 47729 |
| 46411 • | 46415 | 46741 | 46745 | 47071 | 47075 | 47401 | 47405 | 47731 | 47735 |
| 46417 | 46421 | 46747 • | 46751 • | 47077 | 47081 | 47407 • | 47411 | 47737 • | 47741 • |
| 46423 | 46427 | 46753 | 46757 • | 47083 | 47087 • | 47413 | 47417 • | 47743 • | 47747 |
| 46429 | 46433 | 46759 | 46763 | 47089 | 47093 • | 47419 • | 47423 | 47749 | 47753 |
| 46435 | 46439 • | 46765 | 46769 • | 47095 | 47099 | 47425 | 47429 | 47755 | 47759 |
| 46441 • | 46445 | 46771 • | 46775 | 47101 | 47105 | 47431 • | 47435 | 47761 | 47765 |
| 46447 • | 46451 • | 46777 | 46781 | 47107 | 47111 • | 47437 | 47441 • | 47767 | 47771 |
| 46453 | 46457 • | 46783 | 46787 | 47113 | 47117 | 47443 | 47447 | 47773 | 47777 • |
| 46459 | 46463 | 46789 | 46793 | 47119 • | 47123 • | 47449 | 47453 | 47779 • | 47783 |
| 46465 | 46469 | 46795 | 46799 | 47125 | 47129 • | 47455 | 47459 • | 47785 | 47789 |
| 46471 • | 46475 | 46801 | 46805 | 47131 | 47135 | 47461 | 47465 | 47791 • | 47795 |
| 46477 • | 46481 | 46807 • | 46811 • | 47137 • | 47141 | 47467 | 47471 | 47797 • | 47801 |
| 46483 | 46487 | 46813 | 46817 • | 47143 • | 47147 • | 47473 | 47477 | 47803 | 47807 • |
| 46489 • | 46493 | 46819 • | 46823 | 47149 • | 47153 | 47479 | 47483 | 47809 • | 47813 |
| 46495 | 46499 • | 46825 | 46829 • | 47155 | 47159 | 47485 | 47489 | 47815 | 47819 • |
| 46501 | 46505 | 46831 • | 46835 | 47161 • | 47165 | 47491 • | 47495 | 47821 | 47825 |
| 46507 • | 46511 • | 46837 | 46841 | 47167 | 47171 | 47497 • | 47501 • | 47827 | 47831 |
| 46513 | 46517 | 46843 | 46847 | 47173 | 47177 | 47503 | 47507 • | 47833 | 47837 • |
| 46519 | 46523 • | 46849 | 46853 • | 47179 | 47183 | 47509 | 47513 • | 47839 | 47843 • |
| 46525 | 46529 | 46855 | 46859 | 47185 | 47189 • | 47515 | 47519 | 47845 | 47849 |

| | | | | | | | | | |
|---|---|---|---|---|---|---|---|---|---|
| 47851 | 47855 | 48181 | 48185 | 48511 | 48515 | 48841 | 48845 | 49171 • | 49175 |
| 47857 • | 47861 | 48187 • | 48191 | 48517 | 48521 | 48847 • | 48851 | 49177 • | 49181 |
| 47863 | 47867 | 48193 • | 48197 • | 48523 • | 48527 • | 48853 | 48857 • | 49183 | 49187 |
| 47869 • | 47873 | 48199 | 48203 | 48529 | 48533 • | 48859 • | 48863 | 49189 | 49193 • |
| 47875 | 47879 | 48205 | 48209 | 48535 | 48539 • | 48865 | 48869 • | 49195 | 49199 • |
| 47881 • | 47885 | 48211 | 48215 | 48541 • | 48545 | 48871 • | 48875 | 49201 • | 49205 |
| 47887 | 47891 | 48217 | 48221 • | 48547 | 48551 | 48877 | 48881 | 49207 • | 49211 • |
| 47893 | 47897 | 48223 | 48227 | 48553 | 48557 | 48883 • | 48887 | 49213 | 49217 |
| 47899 | 47903 • | 48229 | 48233 | 48559 | 48563 • | 48889 • | 48893 | 49219 | 49223 • |
| 47905 | 47909 | 48235 | 48239 • | 48565 | 48569 | 48895 | 48899 | 49225 | 49229 |
| 47911 • | 47915 | 48241 | 48245 | 48571 • | 48575 | 48901 | 48905 | 49231 | 49235 |
| 47917 • | 47921 | 48247 • | 48251 | 48577 | 48581 | 48907 • | 48911 | 49237 | 49241 |
| 47923 | 47927 | 48253 | 48257 | 48583 | 48587 | 48913 | 48917 | 49243 | 49247 |
| 47929 | 47933 • | 48259 • | 48263 | 48589 • | 48593 • | 48919 | 48923 | 49249 | 49253 • |
| 47935 | 47939 • | 48265 | 48269 | 48595 | 48599 | 48925 | 48929 | 49255 | 49259 |
| 47941 | 47945 | 48271 • | 48275 | 48601 | 48605 | 48931 | 48935 | 49261 • | 49265 |
| 47947 • | 47951 • | 48277 | 48281 • | 48607 | 48611 • | 48937 | 48941 | 49267 | 49271 |
| 47953 | 47957 | 48283 | 48287 | 48613 | 48617 | 48943 | 48947 • | 49273 | 49277 • |
| 47959 | 47963 • | 48289 | 48293 | 48619 • | 48623 • | 48949 | 48953 • | 49279 • | 49283 |
| 47965 | 47969 • | 48295 | 48299 • | 48625 | 48629 | 48955 | 48959 | 49285 | 49289 |
| 47971 | 47975 | 48301 | 48305 | 48631 | 48635 | 48961 | 48965 | 49291 | 49295 |
| 47977 • | 47981 • | 48307 | 48311 • | 48637 | 48641 | 48967 | 48971 | 49297 • | 49301 |
| 47983 | 47987 | 48313 • | 48317 | 48643 | 48647 • | 48973 • | 48977 | 49303 | 49307 • |
| 47989 | 47993 | 48319 | 48323 | 48649 • | 48653 | 48979 | 48983 | 49309 | 49313 |
| 47995 | 47999 | 48325 | 48329 | 48655 | 48659 | 48985 | 48989 • | 49315 | 49319 |
| 48001 | 48005 | 48331 | 48335 | 48661 • | 48665 | 48991 • | 48995 | 49321 | 49325 |
| 48007 | 48011 | 48337 • | 48341 • | 48667 | 48671 | 48997 | 49001 | 49327 | 49331 • |
| 48013 | 48017 • | 48343 | 48347 | 48673 • | 48677 • | 49003 • | 49007 | 49333 • | 49337 |
| 48019 | 48023 • | 48349 | 48353 • | 48679 • | 48683 | 49009 • | 49013 | 49339 • | 49343 |
| 48025 | 48029 • | 48355 | 48359 | 48685 | 48689 | 49015 | 49019 • | 49345 | 49349 |
| 48031 | 48035 | 48361 | 48365 | 48691 | 48695 | 49021 | 49025 | 49351 | 49355 |
| 48037 | 48041 | 48367 | 48371 • | 48697 | 48701 | 49027 | 49031 • | 49357 | 49361 |
| 48043 | 48047 | 48373 | 48377 | 48703 | 48707 | 49033 • | 49037 • | 49363 • | 49367 • |
| 48049 • | 48053 | 48379 | 48383 • | 48709 | 48713 | 49039 | 49043 • | 49369 • | 49373 |
| 48055 | 48059 | 48385 | 48389 | 48715 | 48719 | 49045 | 49049 | 49375 | 49379 |
| 48061 | 48065 | 48391 | 48395 | 48721 | 48725 | 49051 | 49055 | 49381 | 49385 |
| 48067 | 48071 | 48397 • | 48401 | 48727 | 48731 • | 49057 • | 49061 | 49387 | 49391 • |
| 48073 • | 48077 | 48403 | 48407 • | 48733 • | 48737 | 49063 | 49067 | 49393 • | 49397 |
| 48079 • | 48083 | 48409 • | 48413 • | 48739 | 48743 | 49069 • | 49073 | 49399 | 49403 |
| 48085 | 48089 | 48415 | 48419 | 48745 | 48749 | 49075 | 49079 | 49405 | 49409 • |
| 48091 • | 48095 | 48421 | 48425 | 48751 • | 48755 | 49081 • | 49085 | 49411 • | 49415 |
| 48097 | 48101 | 48427 | 48431 | 48757 • | 48761 • | 49087 | 49091 | 49417 • | 49421 |
| 48103 | 48107 | 48433 | 48437 • | 48763 | 48767 • | 49093 | 49097 | 49423 | 49427 |
| 48109 • | 48113 | 48439 | 48443 | 48769 | 48773 | 49099 | 49103 • | 49429 • | 49433 • |
| 48115 | 48119 • | 48445 | 48449 • | 48775 | 48779 • | 49105 | 49109 • | 49435 | 49439 |
| 48121 • | 48125 | 48451 | 48455 | 48781 • | 48785 | 49111 | 49115 | 49441 | 49445 |
| 48127 | 48131 • | 48457 | 48461 | 48787 • | 48791 | 49117 • | 49121 • | 49447 | 49451 • |
| 48133 | 48137 | 48463 • | 48467 | 48793 | 48797 | 49123 • | 49127 | 49453 | 49457 |
| 48139 | 48143 | 48469 | 48473 • | 48799 • | 48803 | 49129 | 49133 | 49459 • | 49463 • |
| 48145 | 48149 | 48475 | 48479 • | 48805 | 48809 • | 49135 | 49139 • | 49465 | 49469 |
| 48151 | 48155 | 48481 • | 48485 | 48811 | 48815 | 49141 | 49145 | 49471 | 49475 |
| 48157 • | 48161 | 48487 • | 48491 • | 48817 • | 48821 • | 49147 | 49151 | 49477 • | 49481 • |
| 48163 • | 48167 | 48493 | 48497 • | 48823 • | 48827 | 49153 | 49157 • | 49483 | 49487 |
| 48169 | 48173 | 48499 | 48503 | 48829 | 48833 | 49159 | 49163 | 49489 | 49493 |
| 48175 | 48179 • | 48505 | 48509 | 48835 | 48839 | 49165 | 49169 • | 49495 | 49499 • |

| | | | | | | | | | |
|---|---|---|---|---|---|---|---|---|---|
| 49501 | 49505 | 49831 • | 49835 | 50161 | 50165 | 50491 | 50495 | 50821 • | 50825 |
| 49507 | 49511 | 49837 | 49841 | 50167 | 50171 | 50497 • | 50501 | 50827 | 50831 |
| 49513 | 49517 | 49843 • | 49847 | 50173 | 50177 • | 50503 • | 50507 | 50833 • | 50837 |
| 49519 | 49523 • | 49849 | 49853 • | 50179 | 50183 | 50509 | 50513 • | 50839 • | 50843 |
| 49525 | 49529 • | 49855 | 49859 | 50185 | 50189 | 50515 | 50519 | 50845 | 50849 • |
| 49531 • | 49535 | 49861 | 49865 | 50191 | 50195 | 50521 | 50525 | 50851 | 50855 |
| 49537 • | 49541 | 49867 | 49871 • | 50197 | 50201 | 50527 • | 50531 | 50857 • | 50861 |
| 49543 | 49547 • | 49873 | 49877 • | 50203 | 50207 • | 50533 | 50537 | 50863 | 50867 • |
| 49549 • | 49553 | 49879 | 49883 | 50209 | 50213 | 50539 • | 50543 • | 50869 | 50873 • |
| 49555 | 49559 • | 49885 | 49889 | 50215 | 50219 | 50545 | 50549 • | 50875 | 50879 |
| 49561 | 49565 | 49891 • | 49895 | 50221 | 50225 | 50551 • | 50555 | 50881 | 50885 |
| 49567 | 49571 | 49897 | 49901 | 50227 • | 50231 • | 50557 | 50561 | 50887 | 50891 • |
| 49573 | 49577 | 49903 | 49907 | 50233 | 50237 | 50563 | 50567 | 50893 • | 50897 |
| 49579 | 49583 | 49909 | 49913 | 50239 | 50243 | 50569 | 50573 | 50899 | 50903 |
| 49585 | 49589 | 49915 | 49919 • | 50245 | 50249 | 50575 | 50579 | 50905 | 50909 • |
| 49591 | 49595 | 49921 • | 49925 | 50251 | 50255 | 50581 • | 50585 | 50911 • | 50915 |
| 49597 • | 49601 | 49927 • | 49931 | 50257 | 50261 | 50587 • | 50591 • | 50917 | 50921 |
| 49603 • | 49607 | 49933 | 49937 • | 50263 • | 50267 | 50593 • | 50597 | 50923 • | 50927 |
| 49609 | 49613 • | 49939 • | 49943 • | 50269 | 50273 | 50599 • | 50603 | 50929 • | 50933 |
| 49615 | 49619 | 49945 | 49949 | 50275 | 50279 | 50605 | 50609 | 50935 | 50939 |
| 49621 | 49625 | 49951 | 49955 | 50281 | 50285 | 50611 | 50615 | 50941 | 50945 |
| 49627 • | 49631 | 49957 • | 49961 | 50287 • | 50291 • | 50617 | 50621 | 50947 | 50951 • |
| 49633 • | 49637 | 49963 | 49967 | 50293 | 50297 | 50623 | 50627 • | 50953 | 50957 • |
| 49639 • | 49643 | 49969 | 49973 | 50299 | 50303 | 50629 | 50633 | 50959 | 50963 |
| 49645 | 49649 | 49975 | 49979 | 50305 | 50309 | 50635 | 50639 | 50965 | 50969 • |
| 49651 | 49655 | 49981 | 49985 | 50311 • | 50315 | 50641 | 50645 | 50971 • | 50975 |
| 49657 | 49661 | 49987 | 49991 • | 50317 | 50321 • | 50647 • | 50651 • | 50977 | 50981 |
| 49663 • | 49667 • | 49993 • | 49997 | 50323 | 50327 | 50653 | 50657 | 50983 | 50987 |
| 49669 • | 49673 | 49999 • | 50003 | 50329 | 50333 • | 50659 | 50663 | 50989 • | 50993 • |
| 49675 | 49679 | 50005 | 50009 | 50335 | 50339 | 50665 | 50669 | 50995 | 50999 |
| 49681 • | 49685 | 50011 | 50015 | 50341 • | 50345 | 50671 • | 50675 | 51001 • | 51005 |
| 49687 | 49691 | 50017 | 50021 • | 50347 | 50351 | 50677 | 50681 | 51007 | 51011 |
| 49693 | 49697 • | 50023 • | 50027 | 50353 | 50357 | 50683 • | 50687 | 51013 | 51017 |
| 49699 | 49703 | 50029 | 50033 • | 50359 • | 50363 | 50689 | 50693 | 51019 | 51023 |
| 49705 | 49709 | 50035 | 50039 | 50365 | 50369 | 50695 | 50699 | 51025 | 51029 |
| 49711 • | 49715 | 50041 | 50045 | 50371 | 50375 | 50701 | 50705 | 51031 • | 51035 |
| 49717 | 49721 | 50047 • | 50051 • | 50377 • | 50381 | 50707 • | 50711 | 51037 | 51041 |
| 49723 | 49727 • | 50053 • | 50057 | 50383 • | 50387 • | 50713 | 50717 | 51043 • | 51047 • |
| 49729 | 49733 | 50059 | 50063 | 50389 | 50393 | 50719 | 50723 • | 51049 | 51053 |
| 49735 | 49739 • | 50065 | 50069 • | 50395 | 50399 | 50725 | 50729 | 51055 | 51059 • |
| 49741 • | 49745 | 50071 | 50075 | 50401 | 50405 | 50731 | 50735 | 51061 • | 51065 |
| 49747 • | 49751 | 50077 • | 50081 | 50407 | 50411 • | 50737 | 50741 • | 51067 | 51071 • |
| 49753 | 49757 • | 50083 | 50087 • | 50413 | 50417 • | 50743 | 50747 | 51073 | 51077 |
| 49759 | 49763 | 50089 | 50093 • | 50419 | 50423 • | 50749 | 50753 • | 51079 | 51083 |
| 49765 | 49769 | 50095 | 50099 | 50425 | 50429 | 50755 | 50759 | 51085 | 51089 |
| 49771 | 49775 | 50101 • | 50105 | 50431 | 50435 | 50761 | 50765 | 51091 | 51095 |
| 49777 | 49781 | 50107 | 50111 • | 50437 | 50441 • | 50767 • | 50771 | 51097 | 51101 |
| 49783 • | 49787 • | 50113 | 50117 | 50443 | 50447 | 50773 • | 50777 • | 51103 | 51107 |
| 49789 • | 49793 | 50119 • | 50123 • | 50449 | 50453 | 50779 | 50783 | 51109 • | 51113 |
| 49795 | 49799 | 50125 | 50129 | 50455 | 50459 • | 50785 | 50789 • | 51115 | 51119 |
| 49801 • | 49805 | 50131 • | 50135 | 50461 • | 50465 | 50791 | 50795 | 51121 | 51125 |
| 49807 • | 49811 • | 50137 | 50141 | 50467 | 50471 | 50797 | 50801 | 51127 | 51131 • |
| 49813 | 49817 | 50143 | 50147 • | 50473 | 50477 | 50803 | 50807 | 51133 • | 51137 • |
| 49819 | 49823 • | 50149 | 50153 • | 50479 | 50483 | 50809 | 50813 | 51139 | 51143 |
| 49825 | 49829 | 50155 | 50159 • | 50485 | 50489 | 50815 | 50819 | 51145 | 51149 |

| | | | | | | | | | |
|---|---|---|---|---|---|---|---|---|---|
| 51151 • | 51155 | 51481 • | 51485 | 51811 | 51815 | 52141 | 52145 | 52471 | 52475 |
| 51157 • | 51161 | 51487 • | 51491 | 51817 • | 51821 | 52147 • | 52151 | 52477 | 52481 |
| 51163 | 51167 | 51493 | 51497 | 51823 | 51827 • | 52153 • | 52157 | 52483 | 52487 |
| 51169 • | 51173 | 51499 | 51503 • | 51829 • | 51833 | 52159 | 52163 • | 52489 • | 52493 |
| 51175 | 51179 | 51505 | 51509 | 51835 | 51839 • | 52165 | 52169 | 52495 | 52499 |
| 51181 | 51185 | 51511 • | 51515 | 51841 | 51845 | 52171 | 52175 | 52501 • | 52505 |
| 51187 | 51191 | 51517 • | 51521 • | 51847 | 51851 | 52177 • | 52181 • | 52507 | 52511 • |
| 51193 • | 51197 • | 51523 | 51527 | 51853 • | 51857 | 52183 • | 52187 | 52513 | 52517 • |
| 51199 • | 51203 • | 51529 | 51533 | 51859 • | 51863 | 52189 • | 52193 | 52519 | 52523 |
| 51205 | 51209 | 51535 | 51539 • | 51865 | 51869 • | 52195 | 52199 | 52525 | 52529 • |
| 51211 | 51215 | 51541 | 51545 | 51871 • | 51875 | 52201 • | 52205 | 52531 | 52535 |
| 51217 • | 51221 | 51547 | 51551 • | 51877 | 51881 | 52207 | 52211 | 52537 | 52541 • |
| 51223 | 51227 | 51553 | 51557 | 51883 | 51887 | 52213 | 52217 | 52543 • | 52547 |
| 51229 • | 51233 | 51559 | 51563 • | 51889 | 51893 • | 52219 | 52223 • | 52549 | 52553 • |
| 51235 | 51239 • | 51565 | 51569 | 51895 | 51899 • | 52225 | 52229 | 52555 | 52559 |
| 51241 • | 51245 | 51571 | 51575 | 51901 | 51905 | 52231 | 52235 | 52561 • | 52565 |
| 51247 | 51251 | 51577 • | 51581 • | 51907 • | 51911 | 52237 • | 52241 | 52567 • | 52571 • |
| 51253 | 51257 • | 51583 | 51587 | 51913 • | 51917 | 52243 | 52247 | 52573 | 52577 |
| 51259 | 51263 • | 51589 | 51593 • | 51919 | 51923 | 52249 • | 52253 • | 52579 • | 52583 • |
| 51265 | 51269 | 51595 | 51599 • | 51925 | 51929 • | 52255 | 52259 • | 52585 | 52589 |
| 51271 | 51275 | 51601 | 51605 | 51931 | 51935 | 52261 | 52265 | 52591 | 52595 |
| 51277 | 51281 | 51607 • | 51611 | 51937 | 51941 • | 52267 • | 52271 | 52597 | 52601 |
| 51283 • | 51287 • | 51613 • | 51617 | 51943 | 51947 | 52273 | 52277 | 52603 | 52607 |
| 51289 | 51293 | 51619 | 51623 | 51949 • | 51953 | 52279 | 52283 | 52609 • | 52613 |
| 51295 | 51299 | 51625 | 51629 | 51955 | 51959 | 52285 | 52289 • | 52615 | 52619 |
| 51301 | 51305 | 51631 • | 51635 | 51961 | 51965 | 52291 • | 52295 | 52621 | 52625 |
| 51307 • | 51311 | 51637 • | 51641 | 51967 | 51971 • | 52297 | 52301 • | 52627 • | 52631 • |
| 51313 | 51317 | 51643 | 51647 • | 51973 • | 51977 • | 52303 | 52307 | 52633 | 52637 |
| 51319 | 51323 | 51649 | 51653 | 51979 | 51983 | 52309 | 52313 • | 52639 • | 52643 |
| 51325 | 51329 • | 51655 | 51659 • | 51985 | 51989 | 52315 | 52319 | 52645 | 52649 |
| 51331 | 51335 | 51661 | 51665 | 51991 • | 51995 | 52321 • | 52325 | 52651 | 52655 |
| 51337 | 51341 • | 51667 | 51671 | 51997 | 52001 | 52327 | 52331 | 52657 | 52661 |
| 51343 • | 51347 • | 51673 • | 51677 | 52003 | 52007 | 52333 | 52337 | 52663 | 52667 • |
| 51349 • | 51353 | 51679 • | 51683 • | 52009 • | 52013 | 52339 | 52343 | 52669 | 52673 • |
| 51355 | 51359 | 51685 | 51689 | 52015 | 52019 | 52345 | 52349 | 52675 | 52679 |
| 51361 • | 51365 | 51691 • | 51695 | 52021 • | 52025 | 52351 | 52355 | 52681 | 52685 |
| 51367 | 51371 | 51697 | 51701 | 52027 • | 52031 | 52357 | 52361 • | 52687 | 52691 • |
| 51373 | 51377 | 51703 | 51707 | 52033 | 52037 | 52363 • | 52367 | 52693 | 52697 • |
| 51379 | 51383 • | 51709 | 51713 • | 52039 | 52043 | 52369 • | 52373 | 52699 | 52703 |
| 51385 | 51389 | 51715 | 51719 • | 52045 | 52049 | 52375 | 52379 • | 52705 | 52709 • |
| 51391 | 51395 | 51721 • | 51725 | 52051 • | 52055 | 52381 | 52385 | 52711 • | 52715 |
| 51397 | 51401 | 51727 | 51731 | 52057 • | 52061 | 52387 • | 52391 • | 52717 | 52721 • |
| 51403 | 51407 • | 51733 | 51737 | 52063 | 52067 • | 52393 | 52397 | 52723 | 52727 • |
| 51409 | 51413 • | 51739 | 51743 | 52069 • | 52073 | 52399 | 52403 | 52729 | 52733 • |
| 51415 | 51419 • | 51745 | 51749 • | 52075 | 52079 | 52405 | 52409 | 52735 | 52739 |
| 51421 • | 51425 | 51751 | 51755 | 52081 • | 52085 | 52411 | 52415 | 52741 | 52745 |
| 51427 • | 51431 • | 51757 | 51761 | 52087 | 52091 | 52417 | 52421 | 52747 • | 52751 |
| 51433 | 51437 • | 51763 | 51767 • | 52093 | 52097 | 52423 | 52427 | 52753 | 52757 • |
| 51439 • | 51443 | 51769 • | 51773 | 52099 | 52103 • | 52429 | 52433 • | 52759 | 52763 |
| 51445 | 51449 • | 51775 | 51779 | 52105 | 52109 | 52435 | 52439 | 52765 | 52769 • |
| 51451 | 51455 | 51781 | 51785 | 52111 | 52115 | 52441 | 52445 | 52771 | 52775 |
| 51457 | 51461 • | 51787 • | 51791 | 52117 | 52121 • | 52447 | 52451 | 52777 | 52781 |
| 51463 | 51467 | 51793 | 51797 • | 52123 | 52127 • | 52453 • | 52457 • | 52783 • | 52787 |
| 51469 | 51473 • | 51799 | 51803 • | 52129 | 52133 | 52459 | 52463 | 52789 | 52793 |
| 51475 | 51479 • | 51805 | 51809 | 52135 | 52139 | 52465 | 52469 | 52795 | 52799 |

| | | | | | | | | | |
|---|---|---|---|---|---|---|---|---|---|
| 52801 | 52805 | 53131 | 53135 | 53461 | 53465 | 53791 • | 53795 | 54121 • | 54125 |
| 52807 • | 52811 | 53137 | 53141 | 53467 | 53471 | 53797 | 53801 | 54127 | 54131 |
| 52813 • | 52817 • | 53143 | 53147 • | 53473 | 53477 | 53803 | 53807 | 54133 • | 54137 |
| 52819 | 52823 | 53149 • | 53153 | 53479 • | 53483 | 53809 | 53813 • | 54139 • | 54143 |
| 52825 | 52829 | 53155 | 53159 | 53485 | 53489 | 53815 | 53819 • | 54145 | 54149 |
| 52831 | 52835 | 53161 • | 53165 | 53491 | 53495 | 53821 | 53825 | 54151 • | 54155 |
| 52837 • | 52841 | 53167 | 53171 • | 53497 | 53501 | 53827 | 53831 • | 54157 | 54161 |
| 52843 | 52847 | 53173 • | 53177 | 53503 • | 53507 • | 53833 | 53837 • | 54163 • | 54167 • |
| 52849 | 52853 | 53179 | 53183 | 53509 | 53513 | 53839 | 53843 | 54169 | 54173 |
| 52855 | 52859 • | 53185 | 53189 • | 53515 | 53519 | 53845 | 53849 • | 54175 | 54179 |
| 52861 • | 52865 | 53191 | 53195 | 53521 | 53525 | 53851 | 53855 | 54181 • | 54185 |
| 52867 | 52871 | 53197 • | 53201 • | 53527 • | 53531 | 53857 • | 53861 • | 54187 | 54191 |
| 52873 | 52877 | 53203 | 53207 | 53533 | 53537 | 53863 | 53867 | 54193 • | 54197 |
| 52879 • | 52883 • | 53209 | 53213 | 53539 | 53543 | 53869 | 53873 | 54199 | 54203 |
| 52885 | 52889 • | 53215 | 53219 | 53545 | 53549 • | 53875 | 53879 | 54205 | 54209 |
| 52891 | 52895 | 53221 | 53225 | 53551 • | 53555 | 53881 • | 53885 | 54211 | 54215 |
| 52897 | 52901 • | 53227 | 53231 • | 53557 | 53561 | 53887 • | 53891 • | 54217 • | 54221 |
| 52903 • | 52907 | 53233 • | 53237 | 53563 | 53567 | 53893 | 53897 • | 54223 | 54227 |
| 52909 | 52913 | 53239 • | 53243 | 53569 • | 53573 | 53899 • | 53903 | 54229 | 54233 |
| 52915 | 52919 • | 53245 | 53249 | 53575 | 53579 | 53905 | 53909 | 54235 | 54239 |
| 52921 | 52925 | 53251 | 53255 | 53581 | 53585 | 53911 | 53915 | 54241 | 54245 |
| 52927 | 52931 | 53257 | 53261 | 53587 | 53591 • | 53917 • | 53921 | 54247 | 54251 • |
| 52933 | 52937 • | 53263 | 53267 • | 53593 • | 53597 • | 53923 • | 53927 • | 54253 | 54257 |
| 52939 | 52943 | 53269 • | 53273 | 53599 | 53603 | 53929 | 53933 | 54259 | 54263 |
| 52945 | 52949 | 53275 | 53279 • | 53605 | 53609 • | 53935 | 53939 • | 54265 | 54269 • |
| 52951 • | 52955 | 53281 • | 53285 | 53611 • | 53615 | 53941 | 53945 | 54271 | 54275 |
| 52957 • | 52961 | 53287 | 53291 | 53617 • | 53621 | 53947 | 53951 • | 54277 • | 54281 |
| 52963 • | 52967 • | 53293 | 53297 | 53623 • | 53627 | 53953 | 53957 | 54283 | 54287 |
| 52969 | 52973 • | 53299 • | 53303 | 53629 • | 53633 • | 53959 • | 53963 | 54289 | 54293 • |
| 52975 | 52979 | 53305 | 53309 • | 53635 | 53639 • | 53965 | 53969 | 54295 | 54299 |
| 52981 • | 52985 | 53311 | 53315 | 53641 | 53645 | 53971 | 53975 | 54301 | 54305 |
| 52987 | 52991 | 53317 | 53321 | 53647 | 53651 | 53977 | 53981 | 54307 | 54311 • |
| 52993 | 52997 | 53323 • | 53327 • | 53653 • | 53657 • | 53983 | 53987 • | 54313 | 54317 |
| 52999 • | 53003 • | 53329 | 53333 | 53659 | 53663 | 53989 | 53993 • | 54319 • | 54323 • |
| 53005 | 53009 | 53335 | 53339 | 53665 | 53669 | 53995 | 53999 | 54325 | 54329 |
| 53011 | 53015 | 53341 | 53345 | 53671 | 53675 | 54001 • | 54005 | 54331 • | 54335 |
| 53017 • | 53021 | 53347 | 53351 | 53677 | 53681 • | 54007 | 54011 • | 54337 | 54341 |
| 53023 | 53027 | 53353 • | 53357 | 53683 | 53687 | 54013 • | 54017 | 54343 | 54347 • |
| 53029 | 53033 | 53359 • | 53363 | 53689 | 53693 • | 54019 | 54023 | 54349 | 54353 |
| 53035 | 53039 | 53365 | 53369 | 53695 | 53699 • | 54025 | 54029 | 54355 | 54359 |
| 53041 | 53045 | 53371 | 53375 | 53701 | 53705 | 54031 | 54035 | 54361 • | 54365 |
| 53047 • | 53051 • | 53377 • | 53381 • | 53707 | 53711 | 54037 • | 54041 | 54367 • | 54371 • |
| 53053 | 53057 | 53383 | 53387 | 53713 | 53717 • | 54043 | 54047 | 54373 | 54377 • |
| 53059 | 53063 | 53389 | 53393 | 53719 • | 53723 | 54049 • | 54053 | 54379 | 54383 |
| 53065 | 53069 • | 53395 | 53399 | 53725 | 53729 | 54055 | 54059 • | 54385 | 54389 |
| 53071 | 53075 | 53401 • | 53405 | 53731 • | 53735 | 54061 | 54065 | 54391 | 54395 |
| 53077 • | 53081 | 53407 • | 53411 • | 53737 | 53741 | 54067 | 54071 | 54397 | 54401 • |
| 53083 | 53087 • | 53413 | 53417 | 53743 | 53747 | 54073 | 54077 | 54403 • | 54407 |
| 53089 • | 53093 • | 53419 • | 53423 | 53749 | 53753 | 54079 | 54083 • | 54409 • | 54413 • |
| 53095 | 53099 | 53425 | 53429 | 53755 | 53759 • | 54085 | 54089 | 54415 | 54419 |
| 53101 • | 53105 | 53431 | 53435 | 53761 | 53765 | 54091 • | 54095 | 54421 • | 54425 |
| 53107 | 53111 | 53437 • | 53441 • | 53767 | 53771 | 54097 | 54101 • | 54427 | 54431 |
| 53113 • | 53117 • | 53443 | 53447 | 53773 • | 53777 • | 54103 | 54107 | 54433 | 54437 • |
| 53119 | 53123 | 53449 | 53453 • | 53779 | 53783 • | 54109 | 54113 | 54439 | 54443 • |
| 53125 | 53129 • | 53455 | 53459 | 53785 | 53789 | 54115 | 54119 | 54445 | 54449 • |

| | | | | | | | | | |
|---|---|---|---|---|---|---|---|---|---|
| 54451 | 54455 | 54781 | 54785 | 55111 | 55115 | 55441 • | 55445 | 55771 | 55775 |
| 54457 | 54461 | 54787 • | 54791 | 55117 • | 55121 | 55447 | 55451 | 55777 | 55781 |
| 54463 | 54467 | 54793 | 54797 | 55123 | 55127 • | 55453 | 55457 • | 55783 | 55787 • |
| 54469 • | 54473 | 54799 • | 54803 | 55129 | 55133 | 55459 | 55463 | 55789 | 55793 • |
| 54475 | 54479 | 54805 | 54809 | 55135 | 55139 | 55465 | 55469 • | 55795 | 55799 • |
| 54481 | 54485 | 54811 | 54815 | 55141 | 55145 | 55471 | 55475 | 55801 | 55805 |
| 54487 | 54491 | 54817 | 54821 | 55147 • | 55151 | 55477 | 55481 | 55807 • | 55811 |
| 54493 • | 54497 • | 54823 | 54827 | 55153 | 55157 | 55483 | 55487 • | 55813 • | 55817 • |
| 54499 • | 54503 • | 54829 • | 54833 • | 55159 | 55163 • | 55489 | 55493 | 55819 • | 55823 • |
| 54505 | 54509 | 54835 | 54839 | 55165 | 55169 | 55495 | 55499 | 55825 | 55829 • |
| 54511 | 54515 | 54841 | 54845 | 55171 • | 55175 | 55501 • | 55505 | 55831 | 55835 |
| 54517 • | 54521 • | 54847 | 54851 • | 55177 | 55181 | 55507 | 55511 • | 55837 • | 55841 |
| 54523 | 54527 | 54853 | 54857 | 55183 | 55187 | 55513 | 55517 | 55843 • | 55847 |
| 54529 | 54533 | 54859 | 54863 | 55189 | 55193 | 55519 | 55523 | 55849 • | 55853 |
| 54535 | 54539 • | 54865 | 54869 • | 55195 | 55199 | 55525 | 55529 • | 55855 | 55859 |
| 54541 • | 54545 | 54871 | 54875 | 55201 • | 55205 | 55531 | 55535 | 55861 | 55865 |
| 54547 • | 54551 | 54877 • | 54881 • | 55207 • | 55211 | 55537 | 55541 • | 55867 | 55871 • |
| 54553 | 54557 | 54883 | 54887 | 55213 • | 55217 • | 55543 | 55547 • | 55873 | 55877 |
| 54559 • | 54563 • | 54889 | 54893 | 55219 • | 55223 | 55549 | 55553 | 55879 | 55883 |
| 54565 | 54569 | 54895 | 54899 | 55225 | 55229 • | 55555 | 55559 | 55885 | 55889 • |
| 54571 | 54575 | 54901 | 54905 | 55231 | 55235 | 55561 | 55565 | 55891 | 55895 |
| 54577 • | 54581 • | 54907 • | 54911 | 55237 | 55241 | 55567 | 55571 | 55897 • | 55901 • |
| 54583 • | 54587 | 54913 | 54917 • | 55243 • | 55247 | 55573 | 55577 | 55903 • | 55907 |
| 54589 | 54593 | 54919 • | 54923 | 55249 • | 55253 | 55579 • | 55583 | 55909 | 55913 |
| 54595 | 54599 | 54925 | 54929 | 55255 | 55259 • | 55585 | 55589 • | 55915 | 55919 |
| 54601 • | 54605 | 54931 | 54935 | 55261 | 55265 | 55591 | 55595 | 55921 • | 55925 |
| 54607 | 54611 | 54937 | 54941 • | 55267 | 55271 | 55597 | 55601 | 55927 • | 55931 • |
| 54613 | 54617 • | 54943 | 54947 | 55273 | 55277 | 55603 • | 55607 | 55933 • | 55937 |
| 54619 | 54623 • | 54949 • | 54953 | 55279 | 55283 | 55609 • | 55613 | 55939 | 55943 |
| 54625 | 54629 • | 54955 | 54959 • | 55285 | 55289 | 55615 | 55619 • | 55945 | 55949 • |
| 54631 • | 54635 | 54961 | 54965 | 55291 • | 55295 | 55621 • | 55625 | 55951 | 55955 |
| 54637 | 54641 | 54967 | 54971 | 55297 | 55301 | 55627 | 55631 • | 55957 | 55961 |
| 54643 | 54647 • | 54973 • | 54977 | 55303 | 55307 | 55633 • | 55637 | 55963 | 55967 • |
| 54649 | 54653 | 54979 • | 54983 • | 55309 | 55313 • | 55639 • | 55643 | 55969 | 55973 |
| 54655 | 54659 | 54985 | 54989 | 55315 | 55319 | 55645 | 55649 | 55975 | 55979 |
| 54661 | 54665 | 54991 | 54995 | 55321 | 55325 | 55651 | 55655 | 55981 | 55985 |
| 54667 • | 54671 | 54997 | 55001 • | 55327 | 55331 • | 55657 | 55661 • | 55987 • | 55991 |
| 54673 • | 54677 | 55003 | 55007 | 55333 • | 55337 • | 55663 • | 55667 • | 55993 | 55997 • |
| 54679 • | 54683 | 55009 • | 55013 | 55339 • | 55343 • | 55669 | 55673 • | 55999 | 56003 • |
| 54685 | 54689 | 55015 | 55019 | 55345 | 55349 | 55675 | 55679 | 56005 | 56009 • |
| 54691 | 54695 | 55021 • | 55025 | 55351 • | 55355 | 55681 • | 55685 | 56011 | 56015 |
| 54697 | 54701 | 55027 | 55031 | 55357 | 55361 | 55687 | 55691 • | 56017 | 56021 |
| 54703 | 54707 | 55033 | 55037 | 55363 | 55367 | 55693 | 55697 • | 56023 | 56027 |
| 54709 • | 54713 • | 55039 | 55043 | 55369 | 55373 • | 55699 | 55703 | 56029 | 56033 |
| 54715 | 54719 | 55045 | 55049 • | 55375 | 55379 | 55705 | 55709 | 56035 | 56039 • |
| 54721 • | 54725 | 55051 • | 55055 | 55381 • | 55385 | 55711 • | 55715 | 56041 • | 56045 |
| 54727 • | 54731 | 55057 • | 55061 • | 55387 | 55391 | 55717 • | 55721 • | 56047 | 56051 |
| 54733 | 54737 | 55063 | 55067 | 55393 | 55397 | 55723 | 55727 | 56053 • | 56057 |
| 54739 | 54743 | 55069 | 55073 • | 55399 • | 55403 | 55729 | 55733 • | 56059 | 56063 |
| 54745 | 54749 | 55075 | 55079 • | 55405 | 55409 | 55735 | 55739 | 56065 | 56069 |
| 54751 • | 54755 | 55081 | 55085 | 55411 • | 55415 | 55741 | 55745 | 56071 | 56075 |
| 54757 | 54761 | 55087 | 55091 | 55417 | 55421 | 55747 | 55751 | 56077 | 56081 • |
| 54763 | 54767 • | 55093 | 55097 | 55423 | 55427 | 55753 | 55757 | 56083 | 56087 • |
| 54769 | 54773 • | 55099 | 55103 • | 55429 | 55433 | 55759 | 55763 • | 56089 | 56093 • |
| 54775 | 54779 • | 55105 | 55109 • | 55435 | 55439 • | 55765 | 55769 | 56095 | 56099 • |

| | | | | | | | | | |
|---|---|---|---|---|---|---|---|---|---|
| 56101 • | 56105 | 56431 • | 56435 | 56761 | 56765 | 57091 | 57095 | 57421 | 57425 |
| 56107 | 56111 | 56437 • | 56441 | 56767 • | 56771 | 57097 • | 57101 | 57427 • | 57431 |
| 56113 • | 56117 | 56443 • | 56447 | 56773 • | 56777 | 57103 | 57107 • | 57433 | 57437 |
| 56119 | 56123 • | 56449 | 56453 • | 56779 • | 56783 • | 57109 | 57113 | 57439 | 57443 |
| 56125 | 56129 | 56455 | 56459 | 56785 | 56789 | 57115 | 57119 • | 57445 | 57449 |
| 56131 • | 56135 | 56461 | 56465 | 56791 | 56795 | 57121 | 57125 | 57451 | 57455 |
| 56137 | 56141 | 56467 • | 56471 | 56797 | 56801 | 57127 | 57131 • | 57457 • | 57461 |
| 56143 | 56147 | 56473 • | 56477 • | 56803 | 56807 • | 57133 | 57137 | 57463 | 57467 • |
| 56149 • | 56153 | 56479 • | 56483 | 56809 • | 56813 • | 57139 • | 57143 • | 57469 | 57473 |
| 56155 | 56159 | 56485 | 56489 • | 56815 | 56819 | 57145 | 57149 • | 57475 | 57479 |
| 56161 | 56165 | 56491 | 56495 | 56821 • | 56825 | 57151 | 57155 | 57481 | 57485 |
| 56167 • | 56171 • | 56497 | 56501 • | 56827 • | 56831 | 57157 | 57161 | 57487 • | 57491 |
| 56173 | 56177 | 56503 • | 56507 | 56833 | 56837 | 57163 • | 57167 | 57493 • | 57497 |
| 56179 • | 56183 | 56509 • | 56513 | 56839 | 56843 • | 57169 | 57173 • | 57499 | 57503 • |
| 56185 | 56189 | 56515 | 56519 • | 56845 | 56849 | 57175 | 57179 • | 57505 | 57509 |
| 56191 | 56195 | 56521 | 56525 | 56851 | 56855 | 57181 | 57185 | 57511 | 57515 |
| 56197 • | 56201 | 56527 • | 56531 • | 56857 • | 56861 | 57187 | 57191 • | 57517 | 57521 |
| 56203 | 56207 • | 56533 • | 56537 | 56863 | 56867 | 57193 • | 57197 • | 57523 | 57527 • |
| 56209 • | 56213 | 56539 | 56543 • | 56869 | 56873 • | 57199 | 57203 • | 57529 • | 57533 |
| 56215 | 56219 | 56545 | 56549 | 56875 | 56879 | 57205 | 57209 | 57535 | 57539 |
| 56221 | 56225 | 56551 | 56555 | 56881 | 56885 | 57211 | 57215 | 57541 | 57545 |
| 56227 | 56231 | 56557 | 56561 | 56887 | 56891 • | 57217 | 57221 • | 57547 | 57551 |
| 56233 | 56237 • | 56563 | 56567 | 56893 • | 56897 • | 57223 • | 57227 | 57553 | 57557 • |
| 56239 • | 56243 | 56569 • | 56573 | 56899 | 56903 | 57229 | 57233 | 57559 • | 57563 |
| 56245 | 56249 • | 56575 | 56579 | 56905 | 56909 • | 57235 | 57239 | 57565 | 57569 |
| 56251 | 56255 | 56581 | 56585 | 56911 • | 56915 | 57241 • | 57245 | 57571 • | 57575 |
| 56257 | 56261 | 56587 | 56591 • | 56917 | 56921 • | 57247 | 57251 • | 57577 | 57581 |
| 56263 • | 56267 • | 56593 • | 56597 • | 56923 • | 56927 | 57253 | 57257 | 57583 | 57587 • |
| 56269 • | 56273 | 56599 • | 56603 | 56929 • | 56933 | 57259 • | 57263 | 57589 | 57593 • |
| 56275 | 56279 | 56605 | 56609 | 56935 | 56939 | 57265 | 57269 • | 57595 | 57599 |
| 56281 | 56285 | 56611 • | 56615 | 56941 • | 56945 | 57271 • | 57275 | 57601 • | 57605 |
| 56287 | 56291 | 56617 • | 56621 | 56947 | 56951 • | 57277 | 57281 | 57607 | 57611 |
| 56293 | 56297 | 56623 | 56627 | 56953 | 56957 • | 57283 • | 57287 • | 57613 | 57617 |
| 56299 • | 56303 | 56629 • | 56633 • | 56959 | 56963 • | 57289 | 57293 | 57619 | 57623 |
| 56305 | 56309 | 56635 | 56639 | 56965 | 56969 | 57295 | 57299 | 57625 | 57629 |
| 56311 • | 56315 | 56641 | 56645 | 56971 | 56975 | 57301 • | 57305 | 57631 | 57635 |
| 56317 | 56321 | 56647 | 56651 | 56977 | 56981 • | 57307 | 57311 | 57637 • | 57641 • |
| 56323 | 56327 | 56653 | 56657 | 56983 • | 56987 | 57313 | 57317 | 57643 | 57647 |
| 56329 | 56333 • | 56659 • | 56663 • | 56989 • | 56993 • | 57319 | 57323 | 57649 • | 57653 • |
| 56335 | 56339 | 56665 | 56669 | 56995 | 56999 • | 57325 | 57329 • | 57655 | 57659 |
| 56341 | 56345 | 56671 • | 56675 | 57001 | 57005 | 57331 • | 57335 | 57661 | 57665 |
| 56347 | 56351 | 56677 | 56681 • | 57007 | 57011 | 57337 | 57341 | 57667 • | 57671 |
| 56353 | 56357 | 56683 | 56687 • | 57013 | 57017 | 57343 | 57347 • | 57673 | 57677 |
| 56359 • | 56363 | 56689 | 56693 | 57019 | 57023 | 57349 • | 57353 | 57679 • | 57683 |
| 56365 | 56369 • | 56695 | 56699 | 57025 | 57029 | 57355 | 57359 | 57685 | 57689 • |
| 56371 | 56375 | 56701 • | 56705 | 57031 | 57035 | 57361 | 57365 | 57691 | 57695 |
| 56377 • | 56381 | 56707 | 56711 • | 57037 • | 57041 • | 57367 • | 57371 | 57697 • | 57701 |
| 56383 • | 56387 | 56713 • | 56717 | 57043 | 57047 • | 57373 • | 57377 | 57703 | 57707 |
| 56389 | 56393 • | 56719 | 56723 | 57049 | 57053 | 57379 | 57383 • | 57709 • | 57713 • |
| 56395 | 56399 | 56725 | 56729 | 57055 | 57059 • | 57385 | 57389 • | 57715 | 57719 • |
| 56401 • | 56405 | 56731 • | 56735 | 57061 | 57065 | 57391 | 57395 | 57721 • | 57725 |
| 56407 | 56411 | 56737 • | 56741 | 57067 | 57071 | 57397 • | 57401 | 57727 • | 57731 • |
| 56413 | 56417 • | 56743 | 56747 • | 57073 • | 57077 • | 57403 | 57407 | 57733 | 57737 • |
| 56419 | 56423 | 56749 | 56753 | 57079 | 57083 | 57409 | 57413 • | 57739 | 57743 |
| 56425 | 56429 | 56755 | 56759 | 57085 | 57089 • | 57415 | 57419 | 57745 | 57749 |

| | | | | | | | | | | | |
|---|---|---|---|---|---|---|---|---|---|---|---|
| 57751 • | 57755 | 58081 | 58085 | 58411 • | 58415 | 58741 • | 58745 | 59071 | 59075 |
| 57757 | 57761 | 58087 | 58091 | 58417 • | 58421 | 58747 | 58751 | 59077 • | 59081 |
| 57763 | 57767 | 58093 | 58097 | 58423 | 58427 • | 58753 | 58757 • | 59083 • | 59087 |
| 57769 | 57773 • | 58099 • | 58103 | 58429 | 58433 | 58759 | 58763 • | 59089 | 59093 • |
| 57775 | 57779 | 58105 | 58109 • | 58435 | 58439 • | 58765 | 58769 | 59095 | 59099 |
| 57781 • | 57785 | 58111 • | 58115 | 58441 • | 58445 | 58771 • | 58775 | 59101 | 59105 |
| 57787 • | 57791 • | 58117 | 58121 | 58447 | 58451 | 58777 | 58781 | 59107 • | 59111 |
| 57793 • | 57797 | 58123 | 58127 | 58453 • | 58457 | 58783 | 58787 • | 59113 • | 59117 |
| 57799 | 57803 • | 58129 • | 58133 | 58459 | 58463 | 58789 • | 58793 | 59119 • | 59123 • |
| 57805 | 57809 • | 58135 | 58139 | 58465 | 58469 | 58795 | 58799 | 59125 | 59129 |
| 57811 | 57815 | 58141 | 58145 | 58471 | 58475 | 58801 | 58805 | 59131 | 59135 |
| 57817 | 57821 | 58147 • | 58151 • | 58477 • | 58481 • | 58807 | 58811 | 59137 | 59141 • |
| 57823 | 57827 | 58153 • | 58157 | 58483 | 58487 | 58813 | 58817 | 59143 | 59147 |
| 57829 • | 57833 | 58159 | 58163 | 58489 | 58493 | 58819 | 58823 | 59149 • | 59153 |
| 57835 | 57839 • | 58165 | 58169 • | 58495 | 58499 | 58825 | 58829 | 59155 | 59159 • |
| 57841 | 57845 | 58171 • | 58175 | 58501 | 58505 | 58831 • | 58835 | 59161 | 59165 |
| 57847 • | 57851 | 58177 | 58181 | 58507 | 58511 • | 58837 | 58841 | 59167 • | 59171 |
| 57853 • | 57857 | 58183 | 58187 | 58513 | 58517 | 58843 | 58847 | 59173 | 59177 |
| 57859 • | 57863 | 58189 • | 58193 • | 58519 | 58523 | 58849 | 58853 | 59179 • | 59183 • |
| 57865 | 57869 | 58195 | 58199 • | 58525 | 58529 | 58855 | 58859 | 59185 | 59189 |
| 57871 | 57875 | 58201 | 58205 | 58531 | 58535 | 58861 | 58865 | 59191 | 59195 |
| 57877 | 57881 • | 58207 • | 58211 • | 58537 • | 58541 | 58867 | 58871 | 59197 • | 59201 |
| 57883 | 57887 | 58213 | 58217 • | 58543 • | 58547 | 58873 | 58877 | 59203 | 59207 • |
| 57889 | 57893 | 58219 | 58223 | 58549 • | 58553 | 58879 | 58883 | 59209 • | 59213 |
| 57895 | 57899 • | 58225 | 58229 • | 58555 | 58559 | 58885 | 58889 • | 59215 | 59219 • |
| 57901 • | 57905 | 58231 • | 58235 | 58561 | 58565 | 58891 | 58895 | 59221 • | 59225 |
| 57907 | 57911 | 58237 • | 58241 | 58567 • | 58571 | 58897 | 58901 • | 59227 | 59231 |
| 57913 | 57917 • | 58243 • | 58247 | 58573 • | 58577 | 58903 | 58907 • | 59233 • | 59237 |
| 57919 | 57923 • | 58249 | 58253 | 58579 • | 58583 | 58909 • | 58913 • | 59239 • | 59243 • |
| 57925 | 57929 | 58255 | 58259 | 58585 | 58589 | 58915 | 58919 | 59245 | 59249 |
| 57931 | 57935 | 58261 | 58265 | 58591 | 58595 | 58921 • | 58925 | 59251 | 59255 |
| 57937 | 57941 | 58267 | 58271 | 58597 | 58601 • | 58927 | 58931 | 59257 | 59261 |
| 57943 • | 57947 • | 58273 | 58277 | 58603 • | 58607 | 58933 | 58937 • | 59263 • | 59267 |
| 57949 | 57953 | 58279 | 58283 | 58609 | 58613 • | 58939 | 58943 • | 59269 | 59273 • |
| 57955 | 57959 | 58285 | 58289 | 58615 | 58619 | 58945 | 58949 | 59275 | 59279 |
| 57961 | 57965 | 58291 | 58295 | 58621 | 58625 | 58951 | 58955 | 59281 • | 59285 |
| 57967 | 57971 | 58297 | 58301 | 58627 | 58631 • | 58957 | 58961 | 59287 | 59291 |
| 57973 • | 57977 • | 58303 | 58307 | 58633 | 58637 | 58963 • | 58967 • | 59293 | 59297 |
| 57979 | 57983 | 58309 • | 58313 • | 58639 | 58643 | 58969 | 58973 | 59299 | 59303 |
| 57985 | 57989 | 58315 | 58319 | 58645 | 58649 | 58975 | 58979 • | 59305 | 59309 |
| 57991 • | 57995 | 58321 • | 58325 | 58651 | 58655 | 58981 | 58985 | 59311 | 59315 |
| 57997 | 58001 | 58327 | 58331 | 58657 • | 58661 • | 58987 | 58991 • | 59317 | 59321 |
| 58003 | 58007 | 58333 | 58337 • | 58663 | 58667 | 58993 | 58997 • | 59323 | 59327 |
| 58009 | 58013 • | 58339 | 58343 | 58669 | 58673 | 58999 | 59003 | 59329 | 59333 • |
| 58015 | 58019 | 58345 | 58349 | 58675 | 58679 • | 59005 | 59009 • | 59335 | 59339 |
| 58021 | 58025 | 58351 | 58355 | 58681 | 58685 | 59011 • | 59015 | 59341 • | 59345 |
| 58027 • | 58031 • | 58357 | 58361 | 58687 • | 58691 | 59017 | 59021 • | 59347 | 59351 • |
| 58033 | 58037 | 58363 • | 58367 • | 58693 • | 58697 | 59023 • | 59027 | 59353 | 59357 • |
| 58039 | 58043 • | 58369 • | 58373 | 58699 • | 58703 | 59029 • | 59033 | 59359 • | 59363 |
| 58045 | 58049 • | 58375 | 58379 • | 58705 | 58709 | 59035 | 59039 | 59365 | 59369 • |
| 58051 | 58055 | 58381 | 58385 | 58711 • | 58715 | 59041 | 59045 | 59371 | 59375 |
| 58057 • | 58061 • | 58387 | 58391 • | 58717 | 58721 | 59047 | 59051 • | 59377 • | 59381 |
| 58063 | 58067 • | 58393 • | 58397 | 58723 | 58727 • | 59053 • | 59057 | 59383 | 59387 • |
| 58069 | 58073 • | 58399 | 58403 • | 58729 | 58733 • | 59059 | 59063 • | 59389 | 59393 • |
| 58075 | 58079 | 58405 | 58409 | 58735 | 58739 | 59065 | 59069 • | 59395 | 59399 • |

| | | | | | | | | | |
|---|---|---|---|---|---|---|---|---|---|
| 59401 | 59405 | 59731 | 59735 | 60061 | 60065 | 60391 | 60395 | 60721 | 60725 |
| 59407 • | 59411 | 59737 | 59741 | 60067 | 60071 | 60397 • | 60401 | 60727 • | 60731 |
| 59413 | 59417 • | 59743 • | 59747 • | 60073 | 60077 • | 60403 | 60407 | 60733 • | 60737 • |
| 59419 • | 59423 | 59749 | 59753 • | 60079 | 60083 • | 60409 | 60413 • | 60739 | 60743 |
| 59425 | 59429 | 59755 | 59759 | 60085 | 60089 • | 60415 | 60419 | 60745 | 60749 |
| 59431 | 59435 | 59761 | 59765 | 60091 • | 60095 | 60421 | 60425 | 60751 | 60755 |
| 59437 | 59441 • | 59767 | 59771 • | 60097 | 60101 • | 60427 • | 60431 | 60757 • | 60761 • |
| 59443 • | 59447 • | 59773 | 59777 | 60103 • | 60107 • | 60433 | 60437 | 60763 • | 60767 |
| 59449 | 59453 • | 59779 • | 59783 | 60109 | 60113 | 60439 | 60443 • | 60769 | 60773 • |
| 59455 | 59459 | 59785 | 59789 | 60115 | 60119 | 60445 | 60449 • | 60775 | 60779 • |
| 59461 | 59465 | 59791 • | 59795 | 60121 | 60125 | 60451 | 60455 | 60781 | 60785 |
| 59467 • | 59471 • | 59797 • | 59801 | 60127 • | 60131 | 60457 • | 60461 | 60787 | 60791 |
| 59473 • | 59477 | 59803 | 59807 | 60133 • | 60137 | 60463 | 60467 | 60793 • | 60797 |
| 59479 | 59483 | 59809 • | 59813 | 60139 • | 60143 | 60469 | 60473 | 60799 | 60803 |
| 59485 | 59489 | 59815 | 59819 | 60145 | 60149 • | 60475 | 60479 | 60805 | 60809 |
| 59491 | 59495 | 59821 | 59825 | 60151 | 60155 | 60481 | 60485 | 60811 • | 60815 |
| 59497 • | 59501 | 59827 | 59831 | 60157 | 60161 • | 60487 | 60491 | 60817 | 60821 • |
| 59503 | 59507 | 59833 • | 59837 | 60163 | 60167 • | 60493 • | 60497 • | 60823 | 60827 |
| 59509 • | 59513 • | 59839 | 59843 | 60169 • | 60173 | 60499 | 60503 | 60829 | 60833 |
| 59515 | 59519 | 59845 | 59849 | 60175 | 60179 | 60505 | 60509 • | 60835 | 60839 |
| 59521 | 59525 | 59851 | 59855 | 60181 | 60185 | 60511 | 60515 | 60841 | 60845 |
| 59527 | 59531 | 59857 | 59861 | 60187 | 60191 | 60517 | 60521 • | 60847 | 60851 |
| 59533 | 59537 | 59863 • | 59867 | 60193 | 60197 | 60523 | 60527 • | 60853 | 60857 |
| 59539 • | 59543 | 59869 | 59873 | 60199 | 60203 | 60529 | 60533 | 60859 • | 60863 |
| 59545 | 59549 | 59875 | 59879 • | 60205 | 60209 • | 60535 | 60539 • | 60865 | 60869 • |
| 59551 | 59555 | 59881 | 59885 | 60211 | 60215 | 60541 | 60545 | 60871 | 60875 |
| 59557 • | 59561 • | 59887 • | 59891 | 60217 • | 60221 | 60547 | 60551 | 60877 | 60881 |
| 59563 | 59567 • | 59893 | 59897 | 60223 • | 60227 | 60553 | 60557 | 60883 | 60887 • |
| 59569 | 59573 | 59899 | 59903 | 60229 | 60233 | 60559 | 60563 | 60889 • | 60893 |
| 59575 | 59579 | 59905 | 59909 | 60235 | 60239 | 60565 | 60569 | 60895 | 60899 • |
| 59581 • | 59585 | 59911 | 59915 | 60241 | 60245 | 60571 | 60575 | 60901 • | 60905 |
| 59587 | 59591 | 59917 | 59921 • | 60247 | 60251 • | 60577 | 60581 | 60907 | 60911 |
| 59593 | 59597 | 59923 | 59927 | 60253 | 60257 • | 60583 | 60587 | 60913 • | 60917 • |
| 59599 | 59603 | 59929 • | 59933 | 60259 • | 60263 | 60589 • | 60593 | 60919 • | 60923 • |
| 59605 | 59609 | 59935 | 59939 | 60265 | 60269 | 60595 | 60599 | 60925 | 60929 |
| 59611 • | 59615 | 59941 | 59945 | 60271 • | 60275 | 60601 • | 60605 | 60931 | 60935 |
| 59617 • | 59621 • | 59947 | 59951 • | 60277 | 60281 | 60607 • | 60611 • | 60937 • | 60941 |
| 59623 | 59627 • | 59953 | 59957 • | 60283 | 60287 | 60613 | 60617 • | 60943 • | 60947 |
| 59629 • | 59633 | 59959 | 59963 | 60289 • | 60293 • | 60619 | 60623 • | 60949 | 60953 • |
| 59635 | 59639 | 59965 | 59969 | 60295 | 60299 | 60625 | 60629 | 60955 | 60959 |
| 59641 | 59645 | 59971 • | 59975 | 60301 | 60305 | 60631 • | 60635 | 60961 • | 60965 |
| 59647 | 59651 • | 59977 | 59981 • | 60307 | 60311 | 60637 • | 60641 | 60967 | 60971 |
| 59653 | 59657 | 59983 | 59987 | 60313 | 60317 • | 60643 | 60647 • | 60973 | 60977 |
| 59659 • | 59663 • | 59989 | 59993 | 60319 | 60323 | 60649 • | 60653 | 60979 | 60983 |
| 59665 | 59669 • | 59995 | 59999 • | 60325 | 60329 | 60655 | 60659 • | 60985 | 60989 |
| 59671 • | 59675 | 60001 | 60005 | 60331 • | 60335 | 60661 • | 60665 | 60991 | 60995 |
| 59677 | 59681 | 60007 | 60011 | 60337 • | 60341 | 60667 | 60671 | 60997 | 61001 • |
| 59683 | 59687 | 60013 • | 60017 • | 60343 • | 60347 | 60673 | 60677 | 61003 | 61007 • |
| 59689 | 59693 • | 60019 | 60023 | 60349 | 60353 • | 60679 • | 60683 | 61009 | 61013 |
| 59695 | 59699 • | 60025 | 60029 • | 60355 | 60359 | 60685 | 60689 • | 61015 | 61019 |
| 59701 | 59705 | 60031 | 60035 | 60361 | 60365 | 60691 | 60695 | 61021 | 61025 |
| 59707 • | 59711 | 60037 • | 60041 • | 60367 | 60371 | 60697 | 60701 | 61027 • | 61031 • |
| 59713 | 59717 | 60043 | 60047 | 60373 • | 60377 | 60703 • | 60707 | 61033 | 61037 |
| 59719 | 59723 • | 60049 | 60053 | 60379 | 60383 • | 60709 | 60713 | 61039 | 61043 • |
| 59725 | 59729 • | 60055 | 60059 | 60385 | 60389 | 60715 | 60719 • | 61045 | 61049 |

| | | | | | | | | | |
|---|---|---|---|---|---|---|---|---|---|
| 61051 • | 61055 | 61381 • | 61385 | 61711 | 61715 | 62041 | 62045 | 62371 | 62375 |
| 61057 • | 61061 | 61387 | 61391 | 61717 • | 61721 | 62047 • | 62051 | 62377 | 62381 |
| 61063 | 61067 | 61393 | 61397 | 61723 • | 61727 | 62053 • | 62057 • | 62383 • | 62387 |
| 61069 | 61073 | 61399 | 61403 • | 61729 • | 61733 | 62059 | 62063 | 62389 | 62393 |
| 61075 | 61079 | 61405 | 61409 • | 61735 | 61739 | 62065 | 62069 | 62395 | 62399 |
| 61081 | 61085 | 61411 | 61415 | 61741 | 61745 | 62071 • | 62075 | 62401 • | 62405 |
| 61087 | 61091 • | 61417 • | 61421 | 61747 | 61751 • | 62077 | 62081 • | 62407 | 62411 |
| 61093 | 61097 | 61423 | 61427 | 61753 | 61757 • | 62083 | 62087 | 62413 | 62417 • |
| 61099 • | 61103 | 61429 | 61433 | 61759 | 61763 | 62089 | 62093 | 62419 | 62423 • |
| 61105 | 61109 | 61435 | 61439 | 61765 | 61769 | 62095 | 62099 • | 62425 | 62429 |
| 61111 | 61115 | 61441 • | 61445 | 61771 | 61775 | 62101 | 62105 | 62431 | 62435 |
| 61117 | 61121 • | 61447 | 61451 | 61777 | 61781 • | 62107 | 62111 | 62437 | 62441 |
| 61123 | 61127 | 61453 | 61457 | 61783 | 61787 | 62113 | 62117 | 62443 | 62447 |
| 61129 • | 61133 | 61459 | 61463 • | 61789 | 61793 | 62119 • | 62123 | 62449 | 62453 |
| 61135 | 61139 | 61465 | 61469 • | 61795 | 61799 | 62125 | 62129 • | 62455 | 62459 • |
| 61141 • | 61145 | 61471 • | 61475 | 61801 | 61805 | 62131 • | 62135 | 62461 | 62465 |
| 61147 | 61151 • | 61477 | 61481 | 61807 | 61811 | 62137 • | 62141 • | 62467 • | 62471 |
| 61153 • | 61157 | 61483 • | 61487 • | 61813 • | 61817 | 62143 • | 62147 | 62473 • | 62477 • |
| 61159 | 61163 | 61489 | 61493 • | 61819 • | 61823 | 62149 | 62153 | 62479 | 62483 • |
| 61165 | 61169 • | 61495 | 61499 | 61825 | 61829 | 62155 | 62159 | 62485 | 62489 |
| 61171 | 61175 | 61501 | 61505 | 61831 | 61835 | 62161 | 62165 | 62491 | 62495 |
| 61177 | 61181 | 61507 • | 61511 • | 61837 • | 61841 | 62167 | 62171 • | 62497 • | 62501 • |
| 61183 | 61187 | 61513 | 61517 | 61843 • | 61847 | 62173 | 62177 | 62503 | 62507 • |
| 61189 | 61193 | 61519 • | 61523 | 61849 | 61853 | 62179 | 62183 | 62509 | 62513 |
| 61195 | 61199 | 61525 | 61529 | 61855 | 61859 | 62185 | 62189 • | 62515 | 62519 |
| 61201 | 61205 | 61531 | 61535 | 61861 • | 61865 | 62191 • | 62195 | 62521 | 62525 |
| 61207 | 61211 • | 61537 | 61541 | 61867 | 61871 • | 62197 | 62201 • | 62527 | 62531 |
| 61213 | 61217 | 61543 • | 61547 • | 61873 | 61877 | 62203 | 62207 • | 62533 • | 62537 |
| 61219 | 61223 • | 61549 | 61553 • | 61879 • | 61883 | 62209 | 62213 • | 62539 • | 62543 |
| 61225 | 61229 | 61555 | 61559 • | 61885 | 61889 | 62215 | 62219 • | 62545 | 62549 • |
| 61231 • | 61235 | 61561 • | 61565 | 61891 | 61895 | 62221 | 62225 | 62551 | 62555 |
| 61237 | 61241 | 61567 | 61571 | 61897 | 61901 | 62227 | 62231 | 62557 | 62561 |
| 61243 | 61247 | 61573 | 61577 | 61903 | 61907 | 62233 • | 62237 | 62563 • | 62567 |
| 61249 | 61253 • | 61579 | 61583 • | 61909 • | 61913 | 62239 | 62243 | 62569 | 62573 |
| 61255 | 61259 | 61585 | 61589 | 61915 | 61919 | 62245 | 62249 | 62575 | 62579 |
| 61261 • | 61265 | 61591 | 61595 | 61921 | 61925 | 62251 | 62255 | 62581 • | 62585 |
| 61267 | 61271 | 61597 | 61601 | 61927 • | 61931 | 62257 | 62261 | 62587 | 62591 • |
| 61273 | 61277 | 61603 • | 61607 | 61933 • | 61937 | 62263 | 62267 | 62593 | 62597 • |
| 61279 | 61283 • | 61609 • | 61613 • | 61939 | 61943 | 62269 | 62273 • | 62599 | 62603 • |
| 61285 | 61289 | 61615 | 61619 | 61945 | 61949 • | 62275 | 62279 | 62605 | 62609 |
| 61291 • | 61295 | 61621 | 61625 | 61951 | 61955 | 62281 | 62285 | 62611 | 62615 |
| 61297 • | 61301 | 61627 • | 61631 • | 61957 | 61961 • | 62287 | 62291 | 62617 • | 62621 |
| 61303 | 61307 | 61633 | 61637 • | 61963 | 61967 • | 62293 | 62297 • | 62623 | 62627 • |
| 61309 | 61313 | 61639 | 61643 • | 61969 | 61973 | 62299 • | 62303 • | 62629 | 62633 • |
| 61315 | 61319 | 61645 | 61649 | 61975 | 61979 • | 62305 | 62309 | 62635 | 62639 • |
| 61321 | 61325 | 61651 • | 61655 | 61981 • | 61985 | 62311 • | 62315 | 62641 | 62645 |
| 61327 | 61331 • | 61657 • | 61661 | 61987 • | 61991 • | 62317 | 62321 | 62647 | 62651 |
| 61333 • | 61337 | 61663 | 61667 • | 61993 | 61997 | 62323 • | 62327 • | 62653 • | 62657 |
| 61339 • | 61343 • | 61669 | 61673 • | 61999 | 62003 • | 62329 | 62333 | 62659 • | 62663 |
| 61345 | 61349 | 61675 | 61679 | 62005 | 62009 | 62335 | 62339 | 62665 | 62669 |
| 61351 | 61355 | 61681 • | 61685 | 62011 • | 62015 | 62341 | 62345 | 62671 | 62675 |
| 61357 • | 61361 | 61687 • | 61691 | 62017 • | 62021 | 62347 • | 62351 • | 62677 | 62681 |
| 61363 • | 61367 | 61693 | 61697 | 62023 | 62027 | 62353 | 62357 | 62683 • | 62687 • |
| 61369 | 61373 | 61699 | 61703 • | 62029 | 62033 | 62359 | 62363 | 62689 | 62693 |
| 61375 | 61379 • | 61705 | 61709 | 62035 | 62039 • | 62365 | 62369 | 62695 | 62699 |

| | | | | | | | | | |
|---|---|---|---|---|---|---|---|---|---|
| 62701 • | 62705 | 63031 • | 63035 | 63361 • | 63365 | 63691 • | 63695 | 64021 | 64025 |
| 62707 | 62711 | 63037 | 63041 | 63367 • | 63371 | 63697 • | 63701 | 64027 | 64031 |
| 62713 | 62717 | 63043 | 63047 | 63373 | 63377 • | 63703 • | 63707 | 64033 • | 64037 • |
| 62719 | 62723 • | 63049 | 63053 | 63379 | 63383 | 63709 • | 63713 | 64039 | 64043 |
| 62725 | 62729 | 63055 | 63059 • | 63385 | 63389 • | 63715 | 63719 • | 64045 | 64049 |
| 62731 • | 62735 | 63061 | 63065 | 63391 • | 63395 | 63721 | 63725 | 64051 | 64055 |
| 62737 | 62741 | 63067 • | 63071 | 63397 • | 63401 | 63727 • | 63731 | 64057 | 64061 |
| 62743 • | 62747 | 63073 • | 63077 | 63403 | 63407 | 63733 | 63737 • | 64063 • | 64067 • |
| 62749 | 62753 • | 63079 • | 63083 | 63409 • | 63413 | 63739 | 63743 • | 64069 | 64073 |
| 62755 | 62759 | 63085 | 63089 | 63415 | 63419 • | 63745 | 63749 | 64075 | 64079 |
| 62761 • | 62765 | 63091 | 63095 | 63421 • | 63425 | 63751 | 63755 | 64081 • | 64085 |
| 62767 | 62771 | 63097 • | 63101 | 63427 | 63431 | 63757 | 63761 • | 64087 | 64091 • |
| 62773 • | 62777 | 63103 • | 63107 | 63433 | 63437 | 63763 | 63767 | 64093 | 64097 |
| 62779 | 62783 | 63109 | 63113 • | 63439 • | 63443 • | 63769 | 63773 • | 64099 | 64103 |
| 62785 | 62789 | 63115 | 63119 | 63445 | 63449 | 63775 | 63779 | 64105 | 64109 • |
| 62791 • | 62795 | 63121 | 63125 | 63451 | 63455 | 63781 • | 63785 | 64111 | 64115 |
| 62797 | 62801 • | 63127 • | 63131 • | 63457 | 63461 | 63787 | 63791 | 64117 | 64121 |
| 62803 | 62807 | 63133 | 63137 | 63463 • | 63467 • | 63793 • | 63797 | 64123 • | 64127 |
| 62809 | 62813 | 63139 | 63143 | 63469 | 63473 • | 63799 • | 63803 • | 64129 | 64133 |
| 62815 | 62819 • | 63145 | 63149 • | 63475 | 63479 | 63805 | 63809 • | 64135 | 64139 |
| 62821 | 62825 | 63151 | 63155 | 63481 | 63485 | 63811 | 63815 | 64141 | 64145 |
| 62827 • | 62831 | 63157 | 63161 | 63487 • | 63491 | 63817 | 63821 | 64147 | 64151 • |
| 62833 | 62837 | 63163 | 63167 | 63493 • | 63497 | 63823 • | 63827 | 64153 • | 64157 • |
| 62839 | 62843 | 63169 | 63173 | 63499 • | 63503 | 63829 | 63833 | 64159 | 64163 |
| 62845 | 62849 | 63175 | 63179 • | 63505 | 63509 | 63835 | 63839 • | 64165 | 64169 |
| 62851 • | 62855 | 63181 | 63185 | 63511 | 63515 | 63841 • | 63845 | 64171 • | 64175 |
| 62857 | 62861 • | 63187 | 63191 | 63517 | 63521 • | 63847 | 63851 | 64177 | 64181 |
| 62863 | 62867 | 63193 | 63197 • | 63523 | 63527 • | 63853 • | 63857 • | 64183 | 64187 • |
| 62869 • | 62873 • | 63199 • | 63203 | 63529 | 63533 • | 63859 | 63863 • | 64189 • | 64193 |
| 62875 | 62879 | 63205 | 63209 | 63535 | 63539 | 63865 | 63869 | 64195 | 64199 |
| 62881 | 62885 | 63211 • | 63215 | 63541 • | 63545 | 63871 | 63875 | 64201 | 64205 |
| 62887 | 62891 | 63217 | 63221 | 63547 | 63551 | 63877 | 63881 | 64207 | 64211 |
| 62893 | 62897 • | 63223 | 63227 | 63553 | 63557 | 63883 | 63887 | 64213 | 64217 • |
| 62899 | 62903 • | 63229 | 63233 | 63559 • | 63563 | 63889 | 63893 | 64219 | 64223 • |
| 62905 | 62909 | 63235 | 63239 | 63565 | 63569 | 63895 | 63899 | 64225 | 64229 |
| 62911 | 62915 | 63241 • | 63245 | 63571 | 63575 | 63901 • | 63905 | 64231 • | 64235 |
| 62917 | 62921 • | 63247 • | 63251 | 63577 • | 63581 | 63907 • | 63911 | 64237 • | 64241 |
| 62923 | 62927 • | 63253 | 63257 | 63583 | 63587 • | 63913 • | 63917 | 64243 | 64247 |
| 62929 • | 62933 | 63259 | 63263 | 63589 • | 63593 | 63919 | 63923 | 64249 | 64253 |
| 62935 | 62939 • | 63265 | 63269 | 63595 | 63599 • | 63925 | 63929 • | 64255 | 64259 |
| 62941 | 62945 | 63271 | 63275 | 63601 • | 63605 | 63931 | 63935 | 64261 | 64265 |
| 62947 | 62951 | 63277 • | 63281 • | 63607 • | 63611 • | 63937 | 63941 | 64267 | 64271 • |
| 62953 | 62957 | 63283 | 63287 | 63613 | 63617 • | 63943 | 63947 | 64273 | 64277 |
| 62959 | 62963 | 63289 | 63293 | 63619 | 63623 | 63949 • | 63953 | 64279 • | 64283 • |
| 62965 | 62969 • | 63295 | 63299 • | 63625 | 63629 • | 63955 | 63959 | 64285 | 64289 |
| 62971 • | 62975 | 63301 | 63305 | 63631 | 63635 | 63961 | 63965 | 64291 | 64295 |
| 62977 | 62981 • | 63307 | 63311 • | 63637 | 63641 | 63967 | 63971 | 64297 | 64301 • |
| 62983 • | 62987 • | 63313 • | 63317 • | 63643 | 63647 • | 63973 | 63977 • | 64303 • | 64307 |
| 62989 • | 62993 | 63319 | 63323 | 63649 • | 63653 | 63979 | 63983 | 64309 | 64313 |
| 62995 | 62999 | 63325 | 63329 | 63655 | 63659 • | 63985 | 63989 | 64315 | 64319 • |
| 63001 | 63005 | 63331 • | 63335 | 63661 | 63665 | 63991 | 63995 | 64321 | 64325 |
| 63007 | 63011 | 63337 • | 63341 | 63667 • | 63671 • | 63997 • | 64001 | 64327 • | 64331 |
| 63013 | 63017 | 63343 | 63347 • | 63673 | 63677 | 64003 | 64007 • | 64333 • | 64337 |
| 63019 | 63023 | 63349 | 63353 • | 63679 | 63683 | 64009 | 64013 • | 64339 | 64343 |
| 63025 | 63029 • | 63355 | 63359 | 63685 | 63689 • | 64015 | 64019 • | 64345 | 64349 |

| | | | | | | | | | |
|---|---|---|---|---|---|---|---|---|---|
| 64351 | 64355 | 64681 | 64685 | 65011 • | 65015 | 65341 | 65345 | 65671 | 65675 |
| 64357 | 64361 | 64687 | 64691 | 65017 | 65021 | 65347 | 65351 | 65677 • | 65681 |
| 64363 | 64367 | 64693 • | 64697 | 65023 | 65027 • | 65353 • | 65357 • | 65683 | 65687 • |
| 64369 | 64373 • | 64699 | 64703 | 65029 • | 65033 • | 65359 | 65363 | 65689 | 65693 |
| 64375 | 64379 | 64705 | 64709 • | 65035 | 65039 | 65365 | 65369 | 65695 | 65699 • |
| 64381 • | 64385 | 64711 | 64715 | 65041 | 65045 | 65371 • | 65375 | 65701 • | 65705 |
| 64387 | 64391 | 64717 • | 64721 | 65047 | 65051 | 65377 | 65381 • | 65707 • | 65711 |
| 64393 | 64397 | 64723 | 64727 | 65053 • | 65057 | 65383 | 65387 | 65713 • | 65717 • |
| 64399 • | 64403 • | 64729 | 64733 | 65059 | 65063 • | 65389 | 65393 • | 65719 • | 65723 |
| 64405 | 64409 | 64735 | 64739 | 65065 | 65069 | 65395 | 65399 | 65725 | 65729 • |
| 64411 | 64415 | 64741 | 64745 | 65071 • | 65075 | 65401 | 65405 | 65731 • | 65735 |
| 64417 | 64421 | 64747 • | 64751 | 65077 | 65081 | 65407 • | 65411 | 65737 | 65741 |
| 64423 | 64427 | 64753 | 64757 | 65083 | 65087 | 65413 • | 65417 | 65743 | 65747 |
| 64429 | 64433 • | 64759 | 64763 • | 65089 • | 65093 | 65419 • | 65423 • | 65749 | 65753 |
| 64435 | 64439 • | 64765 | 64769 | 65095 | 65099 • | 65425 | 65429 | 65755 | 65759 |
| 64441 | 64445 | 64771 | 64775 | 65101 • | 65105 | 65431 | 65435 | 65761 • | 65765 |
| 64447 | 64451 • | 64777 | 64781 • | 65107 | 65111 • | 65437 • | 65441 | 65767 | 65771 |
| 64453 • | 64457 | 64783 • | 64787 | 65113 | 65117 | 65443 | 65447 • | 65773 | 65777 • |
| 64459 | 64463 | 64789 | 64793 • | 65119 • | 65123 • | 65449 • | 65453 | 65779 | 65783 |
| 64465 | 64469 | 64795 | 64799 | 65125 | 65129 • | 65455 | 65459 | 65785 | 65789 • |
| 64471 | 64475 | 64801 | 64805 | 65131 | 65135 | 65461 | 65465 | 65791 | 65795 |
| 64477 | 64481 | 64807 | 64811 • | 65137 | 65141 • | 65467 | 65471 | 65797 | 65801 |
| 64483 • | 64487 | 64813 | 64817 • | 65143 | 65147 • | 65473 | 65477 | 65803 | 65807 |
| 64489 • | 64493 | 64819 | 64823 | 65149 | 65153 | 65479 • | 65483 | 65809 • | 65813 |
| 64495 | 64499 • | 64825 | 64829 | 65155 | 65159 | 65485 | 65489 | 65815 | 65819 |
| 64501 | 64505 | 64831 | 64835 | 65161 | 65165 | 65491 | 65495 | 65821 | 65825 |
| 64507 | 64511 | 64837 | 64841 | 65167 • | 65171 • | 65497 • | 65501 | 65827 • | 65831 • |
| 64513 • | 64517 | 64843 | 64847 | 65173 • | 65177 | 65503 | 65507 | 65833 | 65837 • |
| 64519 | 64523 | 64849 • | 64853 • | 65179 • | 65183 • | 65509 | 65513 | 65839 • | 65843 • |
| 64525 | 64529 | 64855 | 64859 | 65185 | 65189 | 65515 | 65519 • | 65845 | 65849 |
| 64531 | 64535 | 64861 | 64865 | 65191 | 65195 | 65521 • | 65525 | 65851 • | 65855 |
| 64537 | 64541 | 64867 | 64871 • | 65197 | 65201 | 65527 | 65531 | 65857 | 65861 |
| 64543 | 64547 | 64873 | 64877 • | 65203 • | 65207 | 65533 | 65537 • | 65863 | 65867 • |
| 64549 | 64553 • | 64879 • | 64883 | 65209 | 65213 • | 65539 • | 65543 • | 65869 | 65873 |
| 64555 | 64559 | 64885 | 64889 | 65215 | 65219 | 65545 | 65549 | 65875 | 65879 |
| 64561 | 64565 | 64891 • | 64895 | 65221 | 65225 | 65551 • | 65555 | 65881 • | 65885 |
| 64567 • | 64571 | 64897 | 64901 • | 65227 | 65231 | 65557 • | 65561 | 65887 | 65891 |
| 64573 | 64577 • | 64903 | 64907 | 65233 | 65237 | 65563 • | 65567 | 65893 | 65897 |
| 64579 • | 64583 | 64909 | 64913 | 65239 • | 65243 | 65569 | 65573 | 65899 • | 65903 |
| 64585 | 64589 | 64915 | 64919 • | 65245 | 65249 | 65575 | 65579 • | 65905 | 65909 |
| 64591 • | 64595 | 64921 • | 64925 | 65251 | 65255 | 65581 • | 65585 | 65911 | 65915 |
| 64597 | 64601 • | 64927 • | 64931 | 65257 • | 65261 | 65587 • | 65591 | 65917 | 65921 • |
| 64603 | 64607 | 64933 | 64937 • | 65263 | 65267 • | 65593 | 65597 | 65923 | 65927 • |
| 64609 • | 64613 • | 64939 | 64943 | 65269 • | 65273 | 65599 • | 65603 | 65929 • | 65933 |
| 64615 | 64619 | 64945 | 64949 | 65275 | 65279 | 65605 | 65609 • | 65935 | 65939 |
| 64621 • | 64625 | 64951 • | 64955 | 65281 | 65285 | 65611 | 65615 | 65941 | 65945 |
| 64627 • | 64631 | 64957 | 64961 | 65287 • | 65291 | 65617 • | 65621 | 65947 | 65951 • |
| 64633 • | 64637 | 64963 | 64967 | 65293 • | 65297 | 65623 | 65627 | 65953 | 65957 • |
| 64639 | 64643 | 64969 • | 64973 | 65299 | 65303 | 65629 • | 65633 • | 65959 | 65963 • |
| 64645 | 64649 | 64975 | 64979 | 65305 | 65309 • | 65635 | 65639 | 65965 | 65969 |
| 64651 | 64655 | 64981 | 64985 | 65311 | 65315 | 65641 | 65645 | 65971 | 65975 |
| 64657 | 64661 • | 64987 | 64991 | 65317 | 65321 | 65647 • | 65651 • | 65977 | 65981 • |
| 64663 • | 64667 • | 64993 | 64997 • | 65323 • | 65327 • | 65653 | 65657 • | 65983 • | 65987 |
| 64669 | 64673 | 64999 | 65003 • | 65329 | 65333 | 65659 | 65663 | 65989 | 65993 • |
| 64675 | 64679 • | 65005 | 65009 | 65335 | 65339 | 65665 | 65669 | 65995 | 65999 |

| | | | | | | | | | |
|---|---|---|---|---|---|---|---|---|---|
| 66001 | 66005 | 66331 | 66335 | 66661 | 66665 | 66991 | 66995 | 67321 | 67325 |
| 66007 | 66011 | 66337 • | 66341 | 66667 | 66671 | 66997 | 67001 | 67327 | 67331 |
| 66013 | 66017 | 66343 • | 66347 • | 66673 | 66677 | 67003 • | 67007 | 67333 | 67337 |
| 66019 | 66023 | 66349 | 66353 | 66679 | 66683 • | 67009 | 67013 | 67339 • | 67343 • |
| 66025 | 66029 • | 66355 | 66359 • | 66685 | 66689 | 67015 | 67019 | 67345 | 67349 • |
| 66031 | 66035 | 66361 • | 66365 | 66691 | 66695 | 67021 • | 67025 | 67351 | 67355 |
| 66037 • | 66041 • | 66367 | 66371 | 66697 • | 66701 • | 67027 | 67031 | 67357 | 67361 |
| 66043 | 66047 • | 66373 • | 66377 • | 66703 | 66707 | 67033 • | 67037 | 67363 | 67367 |
| 66049 | 66053 | 66379 | 66383 • | 66709 | 66713 • | 67039 | 67043 • | 67369 • | 67373 |
| 66055 | 66059 | 66385 | 66389 | 66715 | 66719 | 67045 | 67049 • | 67375 | 67379 |
| 66061 | 66065 | 66391 | 66395 | 66721 • | 66725 | 67051 | 67055 | 67381 | 67385 |
| 66067 • | 66071 • | 66397 | 66401 | 66727 | 66731 | 67057 • | 67061 • | 67387 | 67391 • |
| 66073 | 66077 | 66403 • | 66407 | 66733 • | 66737 | 67063 | 67067 | 67393 | 67397 |
| 66079 | 66083 • | 66409 | 66413 • | 66739 • | 66743 | 67069 | 67073 • | 67399 • | 67403 |
| 66085 | 66089 • | 66415 | 66419 | 66745 | 66749 • | 67075 | 67079 • | 67405 | 67409 • |
| 66091 | 66095 | 66421 | 66425 | 66751 • | 66755 | 67081 | 67085 | 67411 • | 67415 |
| 66097 | 66101 | 66427 | 66431 • | 66757 | 66761 | 67087 | 67091 | 67417 | 67421 • |
| 66103 • | 66107 • | 66433 | 66437 | 66763 • | 66767 | 67093 | 67097 | 67423 | 67427 • |
| 66109 • | 66113 | 66439 | 66443 | 66769 | 66773 | 67099 | 67103 • | 67429 • | 67433 • |
| 66115 | 66119 | 66445 | 66449 • | 66775 | 66779 | 67105 | 67109 | 67435 | 67439 |
| 66121 | 66125 | 66451 | 66455 | 66781 | 66785 | 67111 | 67115 | 67441 | 67445 |
| 66127 | 66131 | 66457 • | 66461 | 66787 | 66791 • | 67117 | 67121 • | 67447 • | 67451 |
| 66133 | 66137 • | 66463 • | 66467 • | 66793 | 66797 • | 67123 | 67127 | 67453 • | 67457 |
| 66139 | 66143 | 66469 | 66473 | 66799 | 66803 | 67129 • | 67133 | 67459 | 67463 |
| 66145 | 66149 | 66475 | 66479 | 66805 | 66809 • | 67135 | 67139 • | 67465 | 67469 |
| 66151 | 66155 | 66481 | 66485 | 66811 | 66815 | 67141 • | 67145 | 67471 | 67475 |
| 66157 | 66161 • | 66487 | 66491 • | 66817 | 66821 • | 67147 | 67151 | 67477 • | 67481 • |
| 66163 | 66167 | 66493 | 66497 | 66823 | 66827 | 67153 • | 67157 • | 67483 | 67487 |
| 66169 • | 66173 • | 66499 • | 66503 | 66829 | 66833 | 67159 | 67163 | 67489 • | 67493 • |
| 66175 | 66179 • | 66505 | 66509 • | 66835 | 66839 | 67165 | 67169 • | 67495 | 67499 • |
| 66181 | 66185 | 66511 | 66515 | 66841 • | 66845 | 67171 | 67175 | 67501 | 67505 |
| 66187 | 66191 • | 66517 | 66521 | 66847 | 66851 • | 67177 | 67181 • | 67507 | 67511 • |
| 66193 | 66197 | 66523 • | 66527 | 66853 • | 66857 | 67183 | 67187 • | 67513 | 67517 |
| 66199 | 66203 | 66529 • | 66533 • | 66859 | 66863 • | 67189 • | 67193 | 67519 | 67523 • |
| 66205 | 66209 | 66535 | 66539 | 66865 | 66869 | 67195 | 67199 | 67525 | 67529 |
| 66211 | 66215 | 66541 • | 66545 | 66871 | 66875 | 67201 | 67205 | 67531 • | 67535 |
| 66217 | 66221 • | 66547 | 66551 | 66877 • | 66881 | 67207 | 67211 • | 67537 • | 67541 |
| 66223 | 66227 | 66553 • | 66557 | 66883 • | 66887 | 67213 • | 67217 • | 67543 | 67547 • |
| 66229 | 66233 | 66559 | 66563 | 66889 • | 66893 | 67219 • | 67223 | 67549 | 67553 |
| 66235 | 66239 • | 66565 | 66569 • | 66895 | 66899 | 67225 | 67229 | 67555 | 67559 • |
| 66241 | 66245 | 66571 • | 66575 | 66901 | 66905 | 67231 • | 67235 | 67561 | 67565 |
| 66247 | 66251 | 66577 | 66581 | 66907 | 66911 | 67237 | 67241 | 67567 • | 67571 |
| 66253 | 66257 | 66583 | 66587 • | 66913 | 66917 | 67243 | 67247 • | 67573 | 67577 • |
| 66259 | 66263 | 66589 | 66593 • | 66919 • | 66923 • | 67249 | 67253 | 67579 • | 67583 |
| 66265 | 66269 | 66595 | 66599 | 66925 | 66929 | 67255 | 67259 | 67585 | 67589 • |
| 66271 • | 66275 | 66601 • | 66605 | 66931 • | 66935 | 67261 • | 67265 | 67591 | 67595 |
| 66277 | 66281 | 66607 | 66611 | 66937 | 66941 | 67267 | 67271 • | 67597 | 67601 • |
| 66283 | 66287 | 66613 | 66617 • | 66943 • | 66947 • | 67273 • | 67277 | 67603 | 67607 • |
| 66289 | 66293 • | 66619 | 66623 | 66949 • | 66953 | 67279 | 67283 | 67609 | 67613 |
| 66295 | 66299 | 66625 | 66629 • | 66955 | 66959 • | 67285 | 67289 • | 67615 | 67619 • |
| 66301 • | 66305 | 66631 | 66635 | 66961 | 66965 | 67291 | 67295 | 67621 | 67625 |
| 66307 | 66311 | 66637 | 66641 | 66967 | 66971 | 67297 | 67301 | 67627 | 67631 • |
| 66313 | 66317 | 66643 • | 66647 | 66973 • | 66977 • | 67303 | 67307 • | 67633 | 67637 |
| 66319 | 66323 | 66649 | 66653 • | 66979 | 66983 | 67309 | 67313 | 67639 | 67643 |
| 66325 | 66329 | 66655 | 66659 | 66985 | 66989 | 67315 | 67319 | 67645 | 67649 |

| | | | | | | | | | |
|---|---|---|---|---|---|---|---|---|---|
| 67651 • | 67655 | 67981 | 67985 | 68311 • | 68315 | 68641 | 68645 | 68971 | 68975 |
| 67657 | 67661 | 67987 • | 67991 | 68317 | 68321 | 68647 | 68651 | 68977 | 68981 |
| 67663 | 67667 | 67993 • | 67997 | 68323 | 68327 | 68653 | 68657 | 68983 | 68987 |
| 67669 | 67673 | 67999 | 68003 | 68329 • | 68333 | 68659 • | 68663 | 68989 | 68993 • |
| 67675 | 67679 • | 68005 | 68009 | 68335 | 68339 | 68665 | 68669 • | 68995 | 68999 |
| 67681 | 67685 | 68011 | 68015 | 68341 | 68345 | 68671 | 68675 | 69001 • | 69005 |
| 67687 | 67691 | 68017 | 68021 | 68347 | 68351 • | 68677 | 68681 | 69007 | 69011 • |
| 67693 | 67697 | 68023 • | 68027 | 68353 | 68357 | 68683 • | 68687 • | 69013 | 69017 |
| 67699 • | 67703 | 68029 | 68033 | 68359 | 68363 | 68689 | 68693 | 69019 • | 69023 |
| 67705 | 67709 • | 68035 | 68039 | 68365 | 68369 | 68695 | 68699 • | 69025 | 69029 • |
| 67711 | 67715 | 68041 • | 68045 | 68371 • | 68375 | 68701 | 68705 | 69031 • | 69035 |
| 67717 | 67721 | 68047 | 68051 | 68377 | 68381 | 68707 | 68711 • | 69037 | 69041 |
| 67723 • | 67727 | 68053 • | 68057 | 68383 | 68387 | 68713 • | 68717 | 69043 | 69047 |
| 67729 | 67733 • | 68059 • | 68063 | 68389 • | 68393 | 68719 | 68723 | 69049 | 69053 |
| 67735 | 67739 | 68065 | 68069 | 68395 | 68399 • | 68725 | 68729 • | 69055 | 69059 |
| 67741 • | 67745 | 68071 • | 68075 | 68401 | 68405 | 68731 | 68735 | 69061 • | 69065 |
| 67747 | 67751 • | 68077 | 68081 | 68407 | 68411 | 68737 • | 68741 | 69067 • | 69071 |
| 67753 | 67757 • | 68083 | 68087 • | 68413 | 68417 | 68743 • | 68747 | 69073 • | 69077 |
| 67759 • | 67763 • | 68089 | 68093 | 68419 | 68423 | 68749 • | 68753 | 69079 | 69083 |
| 67765 | 67769 | 68095 | 68099 • | 68425 | 68429 | 68755 | 68759 | 69085 | 69089 |
| 67771 | 67775 | 68101 | 68105 | 68431 | 68435 | 68761 | 68765 | 69091 | 69095 |
| 67777 • | 67781 | 68107 | 68111 • | 68437 • | 68441 | 68767 • | 68771 • | 69097 | 69101 |
| 67783 • | 67787 | 68113 • | 68117 | 68443 • | 68447 • | 68773 | 68777 • | 69103 | 69107 |
| 67789 • | 67793 | 68119 | 68123 | 68449 • | 68453 | 68779 | 68783 | 69109 • | 69113 |
| 67795 | 67799 | 68125 | 68129 | 68455 | 68459 | 68785 | 68789 | 69115 | 69119 • |
| 67801 • | 67805 | 68131 | 68135 | 68461 | 68465 | 68791 • | 68795 | 69121 | 69125 |
| 67807 • | 67811 | 68137 | 68141 • | 68467 | 68471 | 68797 | 68801 | 69127 • | 69131 |
| 67813 | 67817 | 68143 | 68147 • | 68473 • | 68477 • | 68803 | 68807 | 69133 | 69137 |
| 67819 • | 67823 | 68149 | 68153 | 68479 | 68483 • | 68809 | 68813 • | 69139 | 69143 • |
| 67825 | 67829 • | 68155 | 68159 | 68485 | 68489 • | 68815 | 68819 • | 69145 | 69149 • |
| 67831 | 67835 | 68161 • | 68165 | 68491 • | 68495 | 68821 • | 68825 | 69151 • | 69155 |
| 67837 | 67841 | 68167 | 68171 • | 68497 | 68501 • | 68827 | 68831 | 69157 | 69161 |
| 67843 • | 67847 | 68173 | 68177 | 68503 | 68507 • | 68833 | 68837 | 69163 • | 69167 |
| 67849 | 67853 • | 68179 | 68183 | 68509 | 68513 | 68839 | 68843 | 69169 | 69173 |
| 67855 | 67859 | 68185 | 68189 | 68515 | 68519 | 68845 | 68849 | 69175 | 69179 |
| 67861 | 67865 | 68191 | 68195 | 68521 • | 68525 | 68851 | 68855 | 69181 | 69185 |
| 67867 • | 67871 | 68197 | 68201 | 68527 | 68531 • | 68857 | 68861 | 69187 | 69191 • |
| 67873 | 67877 | 68203 | 68207 • | 68533 | 68537 | 68863 • | 68867 | 69193 • | 69197 • |
| 67879 | 67883 • | 68209 • | 68213 • | 68539 • | 68543 • | 68869 | 68873 | 69199 | 69203 • |
| 67885 | 67889 | 68215 | 68219 • | 68545 | 68549 | 68875 | 68879 • | 69205 | 69209 |
| 67891 • | 67895 | 68221 | 68225 | 68551 | 68555 | 68881 • | 68885 | 69211 | 69215 |
| 67897 | 67901 • | 68227 • | 68231 | 68557 | 68561 | 68887 | 68891 • | 69217 | 69221 • |
| 67903 | 67907 | 68233 | 68237 | 68563 | 68567 • | 68893 | 68897 • | 69223 | 69227 |
| 67909 | 67913 | 68239 • | 68243 | 68569 | 68573 | 68899 • | 68903 • | 69229 | 69233 • |
| 67915 | 67919 | 68245 | 68249 | 68575 | 68579 | 68905 | 68909 • | 69235 | 69239 • |
| 67921 | 67925 | 68251 | 68255 | 68581 • | 68585 | 68911 | 68915 | 69241 | 69245 |
| 67927 • | 67931 • | 68257 | 68261 • | 68587 | 68591 | 68917 • | 68921 | 69247 • | 69251 |
| 67933 • | 67937 | 68263 | 68267 | 68593 | 68597 • | 68923 | 68927 • | 69253 | 69257 • |
| 67939 • | 67943 • | 68269 | 68273 | 68599 | 68603 | 68929 | 68933 | 69259 • | 69263 • |
| 67945 | 67949 | 68275 | 68279 • | 68605 | 68609 | 68935 | 68939 | 69265 | 69269 |
| 67951 | 67955 | 68281 • | 68285 | 68611 • | 68615 | 68941 | 68945 | 69271 | 69275 |
| 67957 • | 67961 • | 68287 | 68291 | 68617 | 68621 | 68947 • | 68951 | 69277 | 69281 |
| 67963 | 67967 • | 68293 | 68297 | 68623 | 68627 | 68953 | 68957 | 69283 | 69287 |
| 67969 | 67973 | 68299 | 68303 | 68629 | 68633 • | 68959 | 68963 • | 69289 | 69293 |
| 67975 | 67979 • | 68305 | 68309 | 68635 | 68639 • | 68965 | 68969 | 69295 | 69299 |

| | | | | | | | | | |
|---|---|---|---|---|---|---|---|---|---|
| 69301 | 69305 | 69631 | 69635 | 69961 | 69965 | 70291 | 70295 | 70621 • | 70625 |
| 69307 | 69311 | 69637 | 69641 | 69967 | 69971 | 70297 • | 70301 | 70627 • | 70631 |
| 69313 • | 69317 • | 69643 | 69647 | 69973 | 69977 | 70303 | 70307 | 70633 | 70637 |
| 69319 | 69323 | 69649 | 69653 • | 69979 | 69983 | 70309 • | 70313 • | 70639 • | 70643 |
| 69325 | 69329 | 69655 | 69659 | 69985 | 69989 | 70315 | 70319 | 70645 | 70649 |
| 69331 | 69335 | 69661 • | 69665 | 69991 • | 69995 | 70321 • | 70325 | 70651 | 70655 |
| 69337 • | 69341 • | 69667 | 69671 | 69997 • | 70001 • | 70327 • | 70331 | 70657 • | 70661 |
| 69343 | 69347 | 69673 | 69677 • | 70003 • | 70007 | 70333 | 70337 | 70663 • | 70667 • |
| 69349 | 69353 | 69679 | 69683 | 70009 • | 70013 | 70339 | 70343 | 70669 | 70673 |
| 69355 | 69359 | 69685 | 69689 | 70015 | 70019 • | 70345 | 70349 | 70675 | 70679 |
| 69361 | 69365 | 69691 • | 69695 | 70021 | 70025 | 70351 • | 70355 | 70681 | 70685 |
| 69367 | 69371 • | 69697 • | 69701 | 70027 | 70031 | 70357 | 70361 | 70687 • | 70691 |
| 69373 | 69377 | 69703 | 69707 | 70033 | 70037 | 70363 | 70367 | 70693 | 70697 |
| 69379 • | 69383 • | 69709 • | 69713 | 70039 • | 70043 | 70369 | 70373 • | 70699 | 70703 |
| 69385 | 69389 • | 69715 | 69719 | 70045 | 70049 | 70375 | 70379 • | 70705 | 70709 • |
| 69391 | 69395 | 69721 | 69725 | 70051 • | 70055 | 70381 • | 70385 | 70711 | 70715 |
| 69397 | 69401 • | 69727 | 69731 | 70057 | 70061 • | 70387 | 70391 | 70717 • | 70721 |
| 69403 • | 69407 | 69733 | 69737 • | 70063 | 70067 • | 70393 • | 70397 | 70723 | 70727 |
| 69409 | 69413 | 69739 • | 69743 | 70069 | 70073 | 70399 | 70403 | 70729 • | 70733 |
| 69415 | 69419 | 69745 | 69749 | 70075 | 70079 • | 70405 | 70409 | 70735 | 70739 |
| 69421 | 69425 | 69751 | 69755 | 70081 | 70085 | 70411 | 70415 | 70741 | 70745 |
| 69427 • | 69431 • | 69757 | 69761 • | 70087 | 70091 | 70417 | 70421 | 70747 | 70751 |
| 69433 | 69437 | 69763 • | 69767 • | 70093 | 70097 | 70423 • | 70427 | 70753 • | 70757 |
| 69439 • | 69443 | 69769 | 69773 | 70099 • | 70103 | 70429 • | 70433 | 70759 | 70763 |
| 69445 | 69449 | 69775 | 69779 • | 70105 | 70109 | 70435 | 70439 • | 70765 | 70769 • |
| 69451 | 69455 | 69781 | 69785 | 70111 • | 70115 | 70441 | 70445 | 70771 | 70775 |
| 69457 • | 69461 | 69787 | 69791 | 70117 • | 70121 • | 70447 | 70451 • | 70777 | 70781 |
| 69463 • | 69467 • | 69793 | 69797 | 70123 • | 70127 | 70453 | 70457 • | 70783 • | 70787 |
| 69469 | 69473 • | 69799 | 69803 | 70129 | 70133 | 70459 • | 70463 | 70789 | 70793 • |
| 69475 | 69479 | 69805 | 69809 • | 70135 | 70139 • | 70465 | 70469 | 70795 | 70799 |
| 69481 • | 69485 | 69811 | 69815 | 70141 • | 70145 | 70471 | 70475 | 70801 | 70805 |
| 69487 | 69491 • | 69817 | 69821 • | 70147 | 70151 | 70477 | 70481 • | 70807 | 70811 |
| 69493 • | 69497 • | 69823 | 69827 • | 70153 | 70157 • | 70483 | 70487 • | 70813 | 70817 |
| 69499 • | 69503 | 69829 • | 69833 • | 70159 | 70163 • | 70489 • | 70493 | 70819 | 70823 • |
| 69505 | 69509 | 69835 | 69839 | 70165 | 70169 | 70495 | 70499 | 70825 | 70829 |
| 69511 | 69515 | 69841 | 69845 | 70171 | 70175 | 70501 • | 70505 | 70831 | 70835 |
| 69517 | 69521 | 69847 • | 69851 | 70177 • | 70181 • | 70507 • | 70511 | 70837 | 70841 • |
| 69523 | 69527 | 69853 | 69857 • | 70183 • | 70187 | 70513 | 70517 | 70843 • | 70847 |
| 69529 | 69533 | 69859 • | 69863 | 70189 | 70193 | 70519 | 70523 | 70849 • | 70853 • |
| 69535 | 69539 • | 69865 | 69869 | 70195 | 70199 • | 70525 | 70529 • | 70855 | 70859 |
| 69541 | 69545 | 69871 | 69875 | 70201 • | 70205 | 70531 | 70535 | 70861 | 70865 |
| 69547 | 69551 | 69877 • | 69881 | 70207 • | 70211 | 70537 • | 70541 | 70867 • | 70871 |
| 69553 | 69557 • | 69883 | 69887 | 70213 | 70217 | 70543 | 70547 | 70873 | 70877 • |
| 69559 | 69563 | 69889 | 69893 | 70219 | 70223 • | 70549 • | 70553 | 70879 • | 70883 |
| 69565 | 69569 | 69895 | 69899 • | 70225 | 70229 • | 70555 | 70559 | 70885 | 70889 |
| 69571 | 69575 | 69901 | 69905 | 70231 | 70235 | 70561 | 70565 | 70891 • | 70895 |
| 69577 | 69581 | 69907 | 69911 • | 70237 • | 70241 • | 70567 | 70571 • | 70897 | 70901 • |
| 69583 | 69587 | 69913 | 69917 | 70243 | 70247 | 70573 • | 70577 | 70903 | 70907 |
| 69589 | 69593 • | 69919 | 69923 | 70249 • | 70253 | 70579 | 70583 • | 70909 | 70913 • |
| 69595 | 69599 | 69925 | 69929 • | 70255 | 70259 | 70585 | 70589 • | 70915 | 70919 • |
| 69601 | 69605 | 69931 • | 69935 | 70261 | 70265 | 70591 | 70595 | 70921 • | 70925 |
| 69607 | 69611 | 69937 | 69941 • | 70267 | 70271 • | 70597 | 70601 | 70927 | 70931 |
| 69613 | 69617 | 69943 | 69947 | 70273 | 70277 | 70603 | 70607 • | 70933 | 70937 • |
| 69619 | 69623 • | 69949 | 69953 | 70279 | 70283 | 70609 | 70613 | 70939 | 70943 |
| 69625 | 69629 | 69955 | 69959 • | 70285 | 70289 • | 70615 | 70619 • | 70945 | 70949 • |

| | | | | | | | | | |
|---|---|---|---|---|---|---|---|---|---|
| 70951 • | 70955 | 71281 | 71285 | 71611 | 71615 | 71941 • | 71945 | 72271 • | 72275 |
| 70957 • | 70961 | 71287 • | 71291 | 71617 | 71621 | 71947 • | 71951 | 72277 • | 72281 |
| 70963 | 70967 | 71293 • | 71297 | 71623 | 71627 | 71953 | 71957 | 72283 | 72287 • |
| 70969 • | 70973 | 71299 | 71303 | 71629 | 71633 • | 71959 | 71963 • | 72289 | 72293 |
| 70975 | 70979 • | 71305 | 71309 | 71635 | 71639 | 71965 | 71969 | 72295 | 72299 |
| 70981 • | 70985 | 71311 | 71315 | 71641 | 71645 | 71971 • | 71975 | 72301 | 72305 |
| 70987 | 70991 • | 71317 • | 71321 | 71647 • | 71651 | 71977 | 71981 | 72307 • | 72311 |
| 70993 | 70997 • | 71323 | 71327 • | 71653 | 71657 | 71983 • | 71987 • | 72313 • | 72317 |
| 70999 • | 71003 | 71329 • | 71333 • | 71659 | 71663 • | 71989 | 71993 • | 72319 | 72323 |
| 71005 | 71009 | 71335 | 71339 • | 71665 | 71669 | 71995 | 71999 • | 72325 | 72329 |
| 71011 • | 71015 | 71341 • | 71345 | 71671 • | 71675 | 72001 | 72005 | 72331 | 72335 |
| 71017 | 71021 | 71347 • | 71351 | 71677 | 71681 | 72007 | 72011 | 72337 • | 72341 • |
| 71023 • | 71027 | 71353 • | 71357 | 71683 | 71687 | 72013 | 72017 | 72343 | 72347 |
| 71029 | 71033 | 71359 • | 71363 • | 71689 | 71693 • | 72019 • | 72023 | 72349 | 72353 • |
| 71035 | 71039 • | 71365 | 71369 | 71695 | 71699 • | 72025 | 72029 | 72355 | 72359 |
| 71041 | 71045 | 71371 | 71375 | 71701 | 71705 | 72031 • | 72035 | 72361 | 72365 |
| 71047 | 71051 | 71377 | 71381 | 71707 • | 71711 • | 72037 | 72041 | 72367 • | 72371 |
| 71053 | 71057 | 71383 | 71387 • | 71713 • | 71717 | 72043 • | 72047 • | 72373 | 72377 |
| 71059 • | 71063 | 71389 • | 71393 | 71719 • | 71723 | 72049 | 72053 • | 72379 • | 72383 • |
| 71065 | 71069 • | 71395 | 71399 • | 71725 | 71729 | 72055 | 72059 | 72385 | 72389 |
| 71071 | 71075 | 71401 | 71405 | 71731 | 71735 | 72061 | 72065 | 72391 | 72395 |
| 71077 | 71081 • | 71407 | 71411 • | 71737 | 71741 • | 72067 | 72071 | 72397 | 72401 |
| 71083 | 71087 | 71413 • | 71417 | 71743 | 71747 | 72073 • | 72077 • | 72403 | 72407 |
| 71089 • | 71093 | 71419 • | 71423 | 71749 | 71753 | 72079 | 72083 | 72409 | 72413 |
| 71095 | 71099 | 71425 | 71429 • | 71755 | 71759 | 72085 | 72089 • | 72415 | 72419 |
| 71101 | 71105 | 71431 | 71435 | 71761 • | 71765 | 72091 • | 72095 | 72421 • | 72425 |
| 71107 | 71111 | 71437 • | 71441 | 71767 | 71771 | 72097 | 72101 • | 72427 | 72431 • |
| 71113 | 71117 | 71443 • | 71447 | 71773 | 71777 • | 72103 • | 72107 | 72433 | 72437 |
| 71119 • | 71123 | 71449 | 71453 • | 71779 | 71783 | 72109 • | 72113 | 72439 | 72443 |
| 71125 | 71129 • | 71455 | 71459 | 71785 | 71789 • | 72115 | 72119 | 72445 | 72449 |
| 71131 | 71135 | 71461 | 71465 | 71791 | 71795 | 72121 | 72125 | 72451 | 72455 |
| 71137 | 71141 | 71467 | 71471 • | 71797 | 71801 | 72127 | 72131 | 72457 | 72461 • |
| 71143 • | 71147 • | 71473 • | 71477 | 71803 | 71807 • | 72133 | 72137 | 72463 | 72467 • |
| 71149 | 71153 • | 71479 • | 71483 • | 71809 • | 71813 | 72139 • | 72143 | 72469 • | 72473 |
| 71155 | 71159 | 71485 | 71489 | 71815 | 71819 | 72145 | 72149 | 72475 | 72479 |
| 71161 • | 71165 | 71491 | 71495 | 71821 • | 71825 | 72151 | 72155 | 72481 • | 72485 |
| 71167 • | 71171 • | 71497 | 71501 | 71827 | 71831 | 72157 | 72161 • | 72487 | 72491 |
| 71173 | 71177 | 71503 • | 71507 | 71833 | 71837 • | 72163 | 72167 • | 72493 • | 72497 • |
| 71179 | 71183 | 71509 | 71513 | 71839 | 71843 • | 72169 • | 72173 • | 72499 | 72503 • |
| 71185 | 71189 | 71515 | 71519 | 71845 | 71849 • | 72175 | 72179 | 72505 | 72509 |
| 71191 • | 71195 | 71521 | 71525 | 71851 | 71855 | 72181 | 72185 | 72511 | 72515 |
| 71197 | 71201 | 71527 • | 71531 | 71857 | 71861 • | 72187 | 72191 | 72517 | 72521 |
| 71203 | 71207 | 71533 | 71537 • | 71863 | 71867 • | 72193 | 72197 | 72523 | 72527 |
| 71209 • | 71213 | 71539 | 71543 | 71869 | 71873 | 72199 | 72203 | 72529 | 72533 • |
| 71215 | 71219 | 71545 | 71549 • | 71875 | 71879 • | 72205 | 72209 | 72535 | 72539 |
| 71221 | 71225 | 71551 • | 71555 | 71881 • | 71885 | 72211 • | 72215 | 72541 | 72545 |
| 71227 | 71231 | 71557 | 71561 | 71887 • | 71891 | 72217 | 72221 • | 72547 • | 72551 • |
| 71233 • | 71237 • | 71563 • | 71567 | 71893 | 71897 | 72223 • | 72227 • | 72553 | 72557 |
| 71239 | 71243 | 71569 • | 71573 | 71899 • | 71903 | 72229 • | 72233 | 72559 • | 72563 |
| 71245 | 71249 • | 71575 | 71579 | 71905 | 71909 • | 72235 | 72239 | 72565 | 72569 |
| 71251 | 71255 | 71581 | 71585 | 71911 | 71915 | 72241 | 72245 | 72571 | 72575 |
| 71257 • | 71261 • | 71587 | 71591 | 71917 • | 71921 | 72247 | 72251 • | 72577 • | 72581 |
| 71263 • | 71267 | 71593 • | 71597 • | 71923 | 71927 | 72253 • | 72257 | 72583 | 72587 |
| 71269 | 71273 | 71599 | 71603 | 71929 | 71933 • | 72259 | 72263 | 72589 | 72593 |
| 71275 | 71279 | 71605 | 71609 | 71935 | 71939 | 72265 | 72269 • | 72595 | 72599 |

| | | | | | | | | | |
|---|---|---|---|---|---|---|---|---|---|
| 72601 | 72605 | 72931 • | 72935 | 73261 | 73265 | 73591 | 73595 | 73921 | 73925 |
| 72607 | 72611 | 72937 • | 72941 | 73267 | 73271 | 73597 • | 73601 | 73927 | 73931 |
| 72613 • | 72617 • | 72943 | 72947 | 73273 | 73277 • | 73603 | 73607 • | 73933 | 73937 |
| 72619 | 72623 • | 72949 • | 72953 • | 73279 | 73283 | 73609 • | 73613 • | 73939 • | 73943 • |
| 72625 | 72629 | 72955 | 72959 • | 73285 | 73289 | 73615 | 73619 | 73945 | 73949 |
| 72631 | 72635 | 72961 | 72965 | 73291 • | 73295 | 73621 | 73625 | 73951 • | 73955 |
| 72637 | 72641 | 72967 | 72971 | 73297 | 73301 | 73627 | 73631 | 73957 | 73961 • |
| 72643 | 72647 • | 72973 • | 72977 • | 73303 • | 73307 | 73633 | 73637 • | 73963 | 73967 |
| 72649 • | 72653 | 72979 | 72983 | 73309 • | 73313 | 73639 | 73643 • | 73969 | 73973 • |
| 72655 | 72659 | 72985 | 72989 | 73315 | 73319 | 73645 | 73649 | 73975 | 73979 |
| 72661 • | 72665 | 72991 | 72995 | 73321 | 73325 | 73651 • | 73655 | 73981 | 73985 |
| 72667 | 72671 • | 72997 • | 73001 | 73327 • | 73331 • | 73657 | 73661 | 73987 | 73991 |
| 72673 • | 72677 | 73003 | 73007 | 73333 | 73337 | 73663 | 73667 | 73993 | 73997 |
| 72679 • | 72683 | 73009 • | 73013 • | 73339 | 73343 | 73669 | 73673 • | 73999 • | 74003 |
| 72685 | 72689 • | 73015 | 73019 | 73345 | 73349 | 73675 | 73679 • | 74005 | 74009 |
| 72691 | 72695 | 73021 | 73025 | 73351 • | 73355 | 73681 • | 73685 | 74011 | 74015 |
| 72697 | 72701 • | 73027 | 73031 | 73357 | 73361 • | 73687 | 73691 | 74017 • | 74021 • |
| 72703 | 72707 • | 73033 | 73037 • | 73363 • | 73367 | 73693 • | 73697 | 74023 | 74027 • |
| 72709 | 72713 | 73039 • | 73043 • | 73369 • | 73373 | 73699 • | 73703 | 74029 | 74033 |
| 72715 | 72719 • | 73045 | 73049 | 73375 | 73379 • | 73705 | 73709 • | 74035 | 74039 |
| 72721 | 72725 | 73051 | 73055 | 73381 | 73385 | 73711 | 73715 | 74041 | 74045 |
| 72727 • | 72731 | 73057 | 73061 • | 73387 • | 73391 | 73717 | 73721 • | 74047 • | 74051 • |
| 72733 • | 72737 | 73063 • | 73067 | 73393 | 73397 | 73723 | 73727 • | 74053 | 74057 |
| 72739 • | 72743 | 73069 | 73073 | 73399 | 73403 | 73729 | 73733 | 74059 | 74063 |
| 72745 | 72749 | 73075 | 73079 • | 73405 | 73409 | 73735 | 73739 | 74065 | 74069 |
| 72751 | 72755 | 73081 | 73085 | 73411 | 73415 | 73741 | 73745 | 74071 • | 74075 |
| 72757 | 72761 | 73087 | 73091 • | 73417 • | 73421 • | 73747 | 73751 • | 74077 • | 74081 |
| 72763 • | 72767 • | 73093 | 73097 | 73423 | 73427 | 73753 | 73757 • | 74083 | 74087 |
| 72769 | 72773 | 73099 | 73103 | 73429 | 73433 • | 73759 | 73763 | 74089 | 74093 • |
| 72775 | 72779 | 73105 | 73109 | 73435 | 73439 | 73765 | 73769 | 74095 | 74099 • |
| 72781 | 72785 | 73111 | 73115 | 73441 | 73445 | 73771 • | 73775 | 74101 • | 74105 |
| 72787 | 72791 | 73117 | 73121 • | 73447 | 73451 | 73777 | 73781 | 74107 | 74111 |
| 72793 | 72797 • | 73123 | 73127 • | 73453 • | 73457 | 73783 • | 73787 | 74113 | 74117 |
| 72799 | 72803 | 73129 | 73133 • | 73459 • | 73463 | 73789 | 73793 | 74119 | 74123 |
| 72805 | 72809 | 73135 | 73139 | 73465 | 73469 | 73795 | 73799 | 74125 | 74129 |
| 72811 | 72815 | 73141 • | 73145 | 73471 • | 73475 | 73801 | 73805 | 74131 • | 74135 |
| 72817 • | 72821 | 73147 | 73151 | 73477 • | 73481 | 73807 | 73811 | 74137 | 74141 |
| 72823 • | 72827 | 73153 | 73157 | 73483 • | 73487 | 73813 | 73817 | 74143 • | 74147 |
| 72829 | 72833 | 73159 | 73163 | 73489 | 73493 | 73819 • | 73823 • | 74149 • | 74153 |
| 72835 | 72839 | 73165 | 73169 | 73495 | 73499 | 73825 | 73829 | 74155 | 74159 • |
| 72841 | 72845 | 73171 | 73175 | 73501 | 73505 | 73831 | 73835 | 74161 • | 74165 |
| 72847 | 72851 | 73177 | 73181 • | 73507 | 73511 | 73837 | 73841 | 74167 • | 74171 |
| 72853 | 72857 | 73183 | 73187 | 73513 | 73517 • | 73843 | 73847 • | 74173 | 74177 • |
| 72859 • | 72863 | 73189 • | 73193 | 73519 | 73523 • | 73849 • | 73853 | 74179 | 74183 |
| 72865 | 72869 • | 73195 | 73199 | 73525 | 73529 • | 73855 | 73859 • | 74185 | 74189 • |
| 72871 • | 72875 | 73201 | 73205 | 73531 | 73535 | 73861 | 73865 | 74191 | 74195 |
| 72877 | 72881 | 73207 | 73211 | 73537 | 73541 | 73867 • | 73871 | 74197 • | 74201 • |
| 72883 • | 72887 | 73213 | 73217 | 73543 | 73547 • | 73873 | 73877 • | 74203 • | 74207 |
| 72889 • | 72893 • | 73219 | 73223 | 73549 | 73553 • | 73879 | 73883 • | 74209 • | 74213 |
| 72895 | 72899 | 73225 | 73229 | 73555 | 73559 | 73885 | 73889 | 74215 | 74219 • |
| 72901 • | 72905 | 73231 | 73235 | 73561 • | 73565 | 73891 | 73895 | 74221 | 74225 |
| 72907 • | 72911 • | 73237 • | 73241 | 73567 | 73571 • | 73897 • | 73901 | 74227 | 74231 • |
| 72913 | 72917 | 73243 • | 73247 | 73573 | 73577 | 73903 | 73907 • | 74233 | 74237 |
| 72919 | 72923 • | 73249 | 73253 | 73579 | 73583 • | 73909 | 73913 | 74239 | 74243 |
| 72925 | 72929 | 73255 | 73259 • | 73585 | 73589 • | 73915 | 73919 | 74245 | 74249 |

| | | | | | | | | | |
|---|---|---|---|---|---|---|---|---|---|
| 74251 | 74255 | 74581 | 74585 | 74911 | 74915 | 75241 | 75245 | 75571• | 75575 |
| 74257• | 74261 | 74587• | 74591 | 74917 | 74921 | 75247 | 75251 | 75577• | 75581 |
| 74263 | 74267 | 74593 | 74597• | 74923• | 74927 | 75253• | 75257 | 75583• | 75587 |
| 74269 | 74273 | 74599 | 74603 | 74929• | 74933• | 75259 | 75263 | 75589 | 75593 |
| 74275 | 74279• | 74605 | 74609• | 74935 | 74939 | 75265 | 75269• | 75595 | 75599 |
| 74281 | 74285 | 74611• | 74615 | 74941• | 74945 | 75271 | 75275 | 75601 | 75605 |
| 74287• | 74291 | 74617 | 74621 | 74947 | 74951 | 75277• | 75281 | 75607 | 75611• |
| 74293• | 74297• | 74623• | 74627 | 74953 | 74957 | 75283 | 75287 | 75613 | 75617• |
| 74299 | 74303 | 74629 | 74633 | 74959• | 74963 | 75289• | 75293 | 75619• | 75623 |
| 74305 | 74309 | 74635 | 74639 | 74965 | 74969 | 75295 | 75299 | 75625 | 75629• |
| 74311• | 74315 | 74641 | 74645 | 74971 | 74975 | 75301 | 75305 | 75631 | 75635 |
| 74317• | 74321 | 74647 | 74651 | 74977 | 74981 | 75307• | 75311 | 75637 | 75641• |
| 74323• | 74327 | 74653• | 74657 | 74983 | 74987 | 75313 | 75317 | 75643 | 75647 |
| 74329 | 74333 | 74659 | 74663 | 74989 | 74993 | 75319 | 75323• | 75649 | 75653• |
| 74335 | 74339 | 74665 | 74669 | 74995 | 74999 | 75325 | 75329• | 75655 | 75659• |
| 74341 | 74345 | 74671 | 74675 | 75001 | 75005 | 75331 | 75335 | 75661 | 75665 |
| 74347 | 74351 | 74677 | 74681 | 75007 | 75011 | 75337• | 75341 | 75667 | 75671 |
| 74353• | 74357• | 74683 | 74687• | 75013• | 75017• | 75343 | 75347• | 75673 | 75677 |
| 74359 | 74363• | 74689 | 74693 | 75019 | 75023 | 75349 | 75353• | 75679• | 75683• |
| 74365 | 74369 | 74695 | 74699• | 75025 | 75029• | 75355 | 75359 | 75685 | 75689• |
| 74371 | 74375 | 74701 | 74705 | 75031 | 75035 | 75361 | 75365 | 75691 | 75695 |
| 74377• | 74381• | 74707• | 74711 | 75037• | 75041• | 75367• | 75371 | 75697 | 75701 |
| 74383• | 74387 | 74713• | 74717• | 75043 | 75047 | 75373 | 75377• | 75703• | 75707• |
| 74389 | 74393 | 74719• | 74723 | 75049 | 75053 | 75379 | 75383 | 75709• | 75713 |
| 74395 | 74399 | 74725 | 74729• | 75055 | 75059 | 75385 | 75389• | 75715 | 75719 |
| 74401 | 74405 | 74731• | 74735 | 75061 | 75065 | 75391• | 75395 | 75721• | 75725 |
| 74407 | 74411• | 74737 | 74741 | 75067 | 75071 | 75397 | 75401• | 75727 | 75731• |
| 74413• | 74417 | 74743 | 74747• | 75073 | 75077 | 75403• | 75407• | 75733 | 75737 |
| 74419• | 74423 | 74749 | 74753 | 75079• | 75083• | 75409 | 75413 | 75739 | 75743• |
| 74425 | 74429 | 74755 | 74759• | 75085 | 75089 | 75415 | 75419 | 75745 | 75749 |
| 74431 | 74435 | 74761• | 74765 | 75091 | 75095 | 75421 | 75425 | 75751 | 75755 |
| 74437 | 74441• | 74767 | 74771• | 75097 | 75101 | 75427 | 75431• | 75757 | 75761 |
| 74443 | 74447 | 74773 | 74777 | 75103 | 75107 | 75433 | 75437• | 75763 | 75767• |
| 74449• | 74453• | 74779• | 74783 | 75109• | 75113 | 75439 | 75443 | 75769 | 75773• |
| 74455 | 74459 | 74785 | 74789 | 75115 | 75119 | 75445 | 75449 | 75775 | 75779 |
| 74461 | 74465 | 74791 | 74795 | 75121 | 75125 | 75451 | 75455 | 75781• | 75785 |
| 74467 | 74471• | 74797• | 74801 | 75127 | 75131 | 75457 | 75461 | 75787• | 75791 |
| 74473 | 74477 | 74803 | 74807 | 75133• | 75137 | 75463 | 75467 | 75793• | 75797• |
| 74479 | 74483 | 74809 | 74813 | 75139 | 75143 | 75469 | 75473 | 75799 | 75803 |
| 74485 | 74489• | 74815 | 74819 | 75145 | 75149• | 75475 | 75479• | 75805 | 75809 |
| 74491 | 74495 | 74821• | 74825 | 75151 | 75155 | 75481 | 75485 | 75811 | 75815 |
| 74497 | 74501 | 74827• | 74831• | 75157 | 75161• | 75487 | 75491 | 75817 | 75821• |
| 74503 | 74507• | 74833 | 74837 | 75163 | 75167• | 75493 | 75497 | 75823 | 75827 |
| 74509• | 74513 | 74839 | 74843• | 75169• | 75173 | 75499 | 75503• | 75829 | 75833• |
| 74515 | 74519 | 74845 | 74849 | 75175 | 75179 | 75505 | 75509 | 75835 | 75839 |
| 74521• | 74525 | 74851 | 74855 | 75181• | 75185 | 75511• | 75515 | 75841 | 75845 |
| 74527• | 74531• | 74857• | 74861• | 75187 | 75191 | 75517 | 75521• | 75847 | 75851 |
| 74533 | 74537 | 74863 | 74867 | 75193• | 75197 | 75523 | 75527• | 75853• | 75857 |
| 74539 | 74543 | 74869• | 74873• | 75199 | 75203 | 75529 | 75533• | 75859 | 75863 |
| 74545 | 74549 | 74875 | 74879 | 75205 | 75209• | 75535 | 75539• | 75865 | 75869• |
| 74551• | 74555 | 74881 | 74885 | 75211• | 75215 | 75541• | 75545 | 75871 | 75875 |
| 74557 | 74561• | 74887• | 74891 | 75217• | 75221 | 75547 | 75551 | 75877 | 75881 |
| 74563 | 74567• | 74893 | 74897• | 75223• | 75227• | 75553• | 75557• | 75883• | 75887 |
| 74569 | 74573• | 74899 | 74903• | 75229 | 75233 | 75559 | 75563 | 75889 | 75893 |
| 74575 | 74579 | 74905 | 74909 | 75235 | 75239• | 75565 | 75569 | 75895 | 75899 |

| | | | | | | | | | |
|---|---|---|---|---|---|---|---|---|---|
| 75901 | 75905 | 76231 • | 76235 | 76561 • | 76565 | 76891 | 76895 | 77221 | 77225 |
| 75907 | 75911 | 76237 | 76241 | 76567 | 76571 | 76897 | 76901 | 77227 | 77231 |
| 75913 • | 75917 | 76243 • | 76247 | 76573 | 76577 | 76903 | 76907 • | 77233 | 77237 • |
| 75919 | 75923 | 76249 • | 76253 • | 76579 • | 76583 | 76909 | 76913 • | 77239 • | 77243 • |
| 75925 | 75929 | 76255 | 76259 • | 76585 | 76589 | 76915 | 76919 • | 77245 | 77249 • |
| 75931 • | 75935 | 76261 • | 76265 | 76591 | 76595 | 76921 | 76925 | 77251 | 77255 |
| 75937 • | 75941 • | 76267 | 76271 | 76597 • | 76601 | 76927 | 76931 | 77257 | 77261 • |
| 75943 | 75947 | 76273 | 76277 | 76603 • | 76607 • | 76933 | 76937 | 77263 • | 77267 • |
| 75949 | 75953 | 76279 | 76283 • | 76609 | 76613 | 76939 | 76943 • | 77269 • | 77273 |
| 75955 | 75959 | 76285 | 76289 • | 76615 | 76619 | 76945 | 76949 • | 77275 | 77279 • |
| 75961 | 75965 | 76291 | 76295 | 76621 | 76625 | 76951 | 76955 | 77281 | 77285 |
| 75967 • | 75971 | 76297 | 76301 | 76627 | 76631 • | 76957 | 76961 • | 77287 | 77291 • |
| 75973 | 75977 | 76303 • | 76307 | 76633 | 76637 | 76963 • | 76967 | 77293 | 77297 |
| 75979 • | 75983 • | 76309 | 76313 | 76639 | 76643 | 76969 | 76973 | 77299 | 77303 |
| 75985 | 75989 • | 76315 | 76319 | 76645 | 76649 • | 76975 | 76979 | 77305 | 77309 |
| 75991 • | 75995 | 76321 | 76325 | 76651 • | 76655 | 76981 | 76985 | 77311 | 77315 |
| 75997 • | 76001 • | 76327 | 76331 | 76657 | 76661 | 76987 | 76991 • | 77317 • | 77321 |
| 76003 • | 76007 | 76333 • | 76337 | 76663 | 76667 • | 76993 | 76997 | 77323 • | 77327 |
| 76009 | 76013 | 76339 | 76343 • | 76669 | 76673 • | 76999 | 77003 • | 77329 | 77333 |
| 76015 | 76019 | 76345 | 76349 | 76675 | 76679 • | 77005 | 77009 | 77335 | 77339 • |
| 76021 | 76025 | 76351 | 76355 | 76681 | 76685 | 77011 | 77015 | 77341 | 77345 |
| 76027 | 76031 • | 76357 | 76361 | 76687 | 76691 | 77017 • | 77021 | 77347 • | 77351 • |
| 76033 | 76037 | 76363 | 76367 • | 76693 | 76697 • | 77023 • | 77027 | 77353 | 77357 |
| 76039 • | 76043 | 76369 • | 76373 | 76699 | 76703 | 77029 • | 77033 | 77359 • | 77363 |
| 76045 | 76049 | 76375 | 76379 • | 76705 | 76709 | 77035 | 77039 | 77365 | 77369 • |
| 76051 | 76055 | 76381 | 76385 | 76711 | 76715 | 77041 • | 77045 | 77371 | 77375 |
| 76057 | 76061 | 76387 • | 76391 | 76717 • | 76721 | 77047 • | 77051 | 77377 • | 77381 |
| 76063 | 76067 | 76393 | 76397 | 76723 | 76727 | 77053 | 77057 | 77383 • | 77387 |
| 76069 | 76073 | 76399 | 76403 • | 76729 | 76733 • | 77059 | 77063 | 77389 | 77393 |
| 76075 | 76079 • | 76405 | 76409 | 76735 | 76739 | 77065 | 77069 • | 77395 | 77399 |
| 76081 • | 76085 | 76411 | 76415 | 76741 | 76745 | 77071 | 77075 | 77401 | 77405 |
| 76087 | 76091 • | 76417 | 76421 • | 76747 | 76751 | 77077 | 77081 • | 77407 | 77411 |
| 76093 | 76097 | 76423 • | 76427 | 76753 • | 76757 • | 77083 | 77087 | 77413 | 77417 • |
| 76099 • | 76103 • | 76429 | 76433 | 76759 | 76763 | 77089 | 77093 • | 77419 • | 77423 |
| 76105 | 76109 | 76435 | 76439 | 76765 | 76769 | 77095 | 77099 | 77425 | 77429 |
| 76111 | 76115 | 76441 • | 76445 | 76771 • | 76775 | 77101 • | 77105 | 77431 • | 77435 |
| 76117 | 76121 | 76447 | 76451 | 76777 • | 76781 • | 77107 | 77111 | 77437 | 77441 |
| 76123 • | 76127 | 76453 | 76457 | 76783 | 76787 | 77113 | 77117 | 77443 | 77447 • |
| 76129 • | 76133 | 76459 | 76463 • | 76789 | 76793 | 77119 | 77123 | 77449 | 77453 |
| 76135 | 76139 | 76465 | 76469 | 76795 | 76799 | 77125 | 77129 | 77455 | 77459 |
| 76141 | 76145 | 76471 • | 76475 | 76801 • | 76805 | 77131 | 77135 | 77461 | 77465 |
| 76147 • | 76151 | 76477 | 76481 • | 76807 | 76811 | 77137 • | 77141 • | 77467 | 77471 • |
| 76153 | 76157 • | 76483 | 76487 • | 76813 | 76817 | 77143 | 77147 | 77473 | 77477 • |
| 76159 • | 76163 • | 76489 | 76493 • | 76819 • | 76823 | 77149 | 77153 • | 77479 • | 77483 |
| 76165 | 76169 | 76495 | 76499 | 76825 | 76829 • | 77155 | 77159 | 77485 | 77489 • |
| 76171 | 76175 | 76501 | 76505 | 76831 • | 76835 | 77161 | 77165 | 77491 • | 77495 |
| 76177 | 76181 | 76507 • | 76511 • | 76837 • | 76841 | 77167 • | 77171 • | 77497 | 77501 |
| 76183 | 76187 | 76513 | 76517 | 76843 | 76847 • | 77173 | 77177 | 77503 | 77507 |
| 76189 | 76193 | 76519 • | 76523 | 76849 | 76853 | 77179 | 77183 | 77509 • | 77513 • |
| 76195 | 76199 | 76525 | 76529 | 76855 | 76859 | 77185 | 77189 | 77515 | 77519 |
| 76201 | 76205 | 76531 | 76535 | 76861 | 76865 | 77191 • | 77195 | 77521 • | 77525 |
| 76207 • | 76211 | 76537 • | 76541 • | 76867 | 76871 • | 77197 | 77201 • | 77527 • | 77531 |
| 76213 • | 76217 | 76543 • | 76547 | 76873 • | 76877 | 77203 | 77207 | 77533 | 77537 |
| 76219 | 76223 | 76549 | 76553 | 76879 | 76883 • | 77209 | 77213 • | 77539 | 77543 • |
| 76225 | 76229 | 76555 | 76559 | 76885 | 76889 | 77215 | 77219 | 77545 | 77549 • |

| | | | | | | | | | |
|---|---|---|---|---|---|---|---|---|---|
| 77551 • | 77555 | 77881 | 77885 | 78211 | 78215 | 78541 • | 78545 | 78871 | 78875 |
| 77557 • | 77561 | 77887 | 77891 | 78217 | 78221 | 78547 | 78551 | 78877 • | 78881 |
| 77563 • | 77567 | 77893 • | 77897 | 78223 | 78227 | 78553 • | 78557 | 78883 | 78887 • |
| 77569 • | 77573 • | 77899 • | 77903 | 78229 • | 78233 • | 78559 | 78563 | 78889 • | 78893 • |
| 77575 | 77579 | 77905 | 77909 | 78235 | 78239 | 78565 | 78569 • | 78895 | 78899 |
| 77581 | 77585 | 77911 | 77915 | 78241 • | 78245 | 78571 • | 78575 | 78901 • | 78905 |
| 77587 • | 77591 • | 77917 | 77921 | 78247 | 78251 | 78577 • | 78581 | 78907 | 78911 |
| 77593 | 77597 | 77923 | 77927 | 78253 | 78257 | 78583 • | 78587 | 78913 | 78917 |
| 77599 | 77603 | 77929 • | 77933 • | 78259 • | 78263 | 78589 | 78593 • | 78919 • | 78923 |
| 77605 | 77609 | 77935 | 77939 | 78265 | 78269 | 78595 | 78599 | 78925 | 78929 • |
| 77611 • | 77615 | 77941 | 77945 | 78271 | 78275 | 78601 | 78605 | 78931 | 78935 |
| 77617 • | 77621 • | 77947 | 77951 • | 78277 • | 78281 | 78607 • | 78611 | 78937 | 78941 • |
| 77623 | 77627 | 77953 | 77957 | 78283 • | 78287 | 78613 | 78617 | 78943 | 78947 |
| 77629 | 77633 | 77959 | 77963 | 78289 | 78293 | 78619 | 78623 • | 78949 | 78953 |
| 77635 | 77639 | 77965 | 77969 • | 78295 | 78299 | 78625 | 78629 | 78955 | 78959 |
| 77641 • | 77645 | 77971 | 77975 | 78301 • | 78305 | 78631 | 78635 | 78961 | 78965 |
| 77647 • | 77651 | 77977 • | 77981 | 78307 • | 78311 • | 78637 | 78641 | 78967 | 78971 |
| 77653 | 77657 | 77983 • | 77987 | 78313 | 78317 • | 78643 • | 78647 | 78973 | 78977 • |
| 77659 • | 77663 | 77989 | 77993 | 78319 | 78323 | 78649 • | 78653 • | 78979 • | 78983 |
| 77665 | 77669 | 77995 | 77999 • | 78325 | 78329 | 78655 | 78659 | 78985 | 78989 • |
| 77671 | 77675 | 78001 | 78005 | 78331 | 78335 | 78661 | 78665 | 78991 | 78995 |
| 77677 | 77681 • | 78007 • | 78011 | 78337 | 78341 • | 78667 | 78671 | 78997 | 79001 |
| 77683 | 77687 • | 78013 | 78017 • | 78343 | 78347 • | 78673 | 78677 | 79003 | 79007 |
| 77689 • | 77693 | 78019 | 78023 | 78349 | 78353 | 78679 | 78683 | 79009 | 79013 |
| 77695 | 77699 • | 78025 | 78029 | 78355 | 78359 | 78685 | 78689 | 79015 | 79019 |
| 77701 | 77705 | 78031 • | 78035 | 78361 | 78365 | 78691 • | 78695 | 79021 | 79025 |
| 77707 | 77711 • | 78037 | 78041 • | 78367 • | 78371 | 78697 • | 78701 | 79027 | 79031 • |
| 77713 • | 77717 | 78043 | 78047 | 78373 | 78377 | 78703 | 78707 • | 79033 | 79037 |
| 77719 • | 77723 • | 78049 • | 78053 | 78379 | 78383 | 78709 | 78713 • | 79039 • | 79043 • |
| 77725 | 77729 | 78055 | 78059 • | 78385 | 78389 | 78715 | 78719 | 79045 | 79049 |
| 77731 • | 77735 | 78061 | 78065 | 78391 | 78395 | 78721 • | 78725 | 79051 | 79055 |
| 77737 | 77741 | 78067 | 78071 | 78397 | 78401 • | 78727 | 78731 | 79057 | 79061 |
| 77743 • | 77747 • | 78073 | 78077 | 78403 | 78407 | 78733 | 78737 • | 79063 • | 79067 |
| 77749 | 77753 | 78079 • | 78083 | 78409 | 78413 | 78739 | 78743 | 79069 | 79073 |
| 77755 | 77759 | 78085 | 78089 | 78415 | 78419 | 78745 | 78749 | 79075 | 79079 |
| 77761 • | 77765 | 78091 | 78095 | 78421 | 78425 | 78751 | 78755 | 79081 | 79085 |
| 77767 | 77771 | 78097 | 78101 • | 78427 • | 78431 | 78757 | 78761 | 79087 • | 79091 |
| 77773 • | 77777 | 78103 | 78107 | 78433 | 78437 • | 78763 | 78767 | 79093 | 79097 |
| 77779 | 77783 • | 78109 | 78113 | 78439 • | 78443 | 78769 | 78773 | 79099 | 79103 • |
| 77785 | 77789 | 78115 | 78119 | 78445 | 78449 | 78775 | 78779 • | 79105 | 79109 |
| 77791 | 77795 | 78121 • | 78125 | 78451 | 78455 | 78781 • | 78785 | 79111 • | 79115 |
| 77797 • | 77801 • | 78127 | 78131 | 78457 | 78461 | 78787 • | 78791 • | 79117 | 79121 |
| 77803 | 77807 | 78133 | 78137 • | 78463 | 78467 • | 78793 | 78797 • | 79123 | 79127 |
| 77809 | 77813 • | 78139 • | 78143 | 78469 | 78473 | 78799 | 78803 • | 79129 | 79133 • |
| 77815 | 77819 | 78145 | 78149 | 78475 | 78479 • | 78805 | 78809 • | 79135 | 79139 • |
| 77821 | 77825 | 78151 | 78155 | 78481 | 78485 | 78811 | 78815 | 79141 | 79145 |
| 77827 | 77831 | 78157 • | 78161 | 78487 • | 78491 | 78817 | 78821 | 79147 • | 79151 • |
| 77833 | 77837 | 78163 • | 78167 • | 78493 | 78497 • | 78823 • | 78827 | 79153 • | 79157 |
| 77839 • | 77843 | 78169 | 78173 • | 78499 | 78503 | 78829 | 78833 | 79159 • | 79163 |
| 77845 | 77849 • | 78175 | 78179 • | 78505 | 78509 • | 78835 | 78839 • | 79165 | 79169 |
| 77851 | 77855 | 78181 | 78185 | 78511 • | 78515 | 78841 | 78845 | 79171 | 79175 |
| 77857 | 77861 | 78187 | 78191 • | 78517 • | 78521 | 78847 | 78851 | 79177 | 79181 • |
| 77863 • | 77867 • | 78193 • | 78197 | 78523 | 78527 | 78853 • | 78857 • | 79183 | 79187 • |
| 77869 | 77873 | 78199 | 78203 • | 78529 | 78533 | 78859 | 78863 | 79189 | 79193 • |
| 77875 | 77879 | 78205 | 78209 | 78535 | 78539 • | 78865 | 78869 | 79195 | 79199 |

| | | | | | | | | | |
|---|---|---|---|---|---|---|---|---|---|
| 79201 • | 79205 | 79531 • | 79535 | 79861 • | 79865 | 80191 • | 80195 | 80521 | 80525 |
| 79207 | 79211 | 79537 • | 79541 | 79867 • | 79871 | 80197 | 80201 | 80527 • | 80531 |
| 79213 | 79217 | 79543 | 79547 | 79873 • | 79877 | 80203 | 80207 • | 80533 | 80537 • |
| 79219 | 79223 | 79549 • | 79553 | 79879 | 79883 | 80209 • | 80213 | 80539 | 80543 |
| 79225 | 79229 • | 79555 | 79559 • | 79885 | 79889 • | 80215 | 80219 | 80545 | 80549 |
| 79231 • | 79235 | 79561 • | 79565 | 79891 | 79895 | 80221 • | 80225 | 80551 | 80555 |
| 79237 | 79241 • | 79567 | 79571 | 79897 | 79901 • | 80227 | 80231 • | 80557 • | 80561 |
| 79243 | 79247 | 79573 • | 79577 | 79903 • | 79907 • | 80233 • | 80237 • | 80563 | 80567 • |
| 79249 | 79253 | 79579 • | 79583 | 79909 | 79913 | 80239 • | 80243 | 80569 | 80573 |
| 79255 | 79259 • | 79585 | 79589 • | 79915 | 79919 | 80245 | 80249 | 80575 | 80579 |
| 79261 | 79265 | 79591 | 79595 | 79921 | 79925 | 80251 • | 80255 | 80581 | 80585 |
| 79267 | 79271 | 79597 | 79601 • | 79927 | 79931 | 80257 | 80261 | 80587 | 80591 |
| 79273 • | 79277 | 79603 | 79607 | 79933 | 79937 | 80263 • | 80267 | 80593 | 80597 |
| 79279 • | 79283 • | 79609 • | 79613 • | 79939 • | 79943 • | 80269 | 80273 • | 80599 • | 80603 • |
| 79285 | 79289 | 79615 | 79619 | 79945 | 79949 | 80275 | 80279 • | 80605 | 80609 |
| 79291 | 79295 | 79621 • | 79625 | 79951 | 79955 | 80281 | 80285 | 80611 • | 80615 |
| 79297 | 79301 • | 79627 • | 79631 • | 79957 | 79961 | 80287 • | 80291 | 80617 | 80621 • |
| 79303 | 79307 | 79633 • | 79637 | 79963 | 79967 • | 80293 | 80297 | 80623 | 80627 • |
| 79309 • | 79313 | 79639 | 79643 | 79969 | 79973 • | 80299 | 80303 | 80629 • | 80633 |
| 79315 | 79319 • | 79645 | 79649 | 79975 | 79979 • | 80305 | 80309 • | 80635 | 80639 |
| 79321 | 79325 | 79651 | 79655 | 79981 | 79985 | 80311 | 80315 | 80641 | 80645 |
| 79327 | 79331 | 79657 • | 79661 | 79987 • | 79991 | 80317 • | 80321 | 80647 | 80651 • |
| 79333 • | 79337 • | 79663 | 79667 | 79993 | 79997 • | 80323 | 80327 | 80653 | 80657 • |
| 79339 | 79343 | 79669 • | 79673 | 79999 • | 80003 | 80329 • | 80333 | 80659 | 80663 |
| 79345 | 79349 • | 79675 | 79679 | 80005 | 80009 | 80335 | 80339 | 80665 | 80669 • |
| 79351 | 79355 | 79681 | 79685 | 80011 | 80015 | 80341 • | 80345 | 80671 | 80675 |
| 79357 • | 79361 | 79687 • | 79691 • | 80017 | 80021 • | 80347 • | 80351 | 80677 • | 80681 • |
| 79363 | 79367 • | 79693 • | 79697 • | 80023 | 80027 | 80353 | 80357 | 80683 • | 80687 • |
| 79369 | 79373 | 79699 • | 79703 | 80029 | 80033 | 80359 | 80363 • | 80689 | 80693 |
| 79375 | 79379 • | 79705 | 79709 | 80035 | 80039 • | 80365 | 80369 • | 80695 | 80699 |
| 79381 | 79385 | 79711 | 79715 | 80041 | 80045 | 80371 | 80375 | 80701 • | 80705 |
| 79387 | 79391 | 79717 | 79721 | 80047 | 80051 • | 80377 | 80381 | 80707 | 80711 |
| 79393 • | 79397 • | 79723 | 79727 | 80053 | 80057 | 80383 | 80387 • | 80713 • | 80717 |
| 79399 • | 79403 | 79729 | 79733 | 80059 | 80063 | 80389 | 80393 | 80719 | 80723 |
| 79405 | 79409 | 79735 | 79739 | 80065 | 80069 | 80395 | 80399 | 80725 | 80729 |
| 79411 • | 79415 | 79741 | 79745 | 80071 • | 80075 | 80401 | 80405 | 80731 | 80735 |
| 79417 | 79421 | 79747 | 79751 | 80077 • | 80081 | 80407 • | 80411 | 80737 • | 80741 |
| 79423 • | 79427 • | 79753 | 79757 | 80083 | 80087 | 80413 | 80417 | 80743 | 80747 • |
| 79429 | 79433 • | 79759 | 79763 | 80089 | 80093 | 80419 | 80423 | 80749 • | 80753 |
| 79435 | 79439 | 79765 | 79769 • | 80095 | 80099 | 80425 | 80429 • | 80755 | 80759 |
| 79441 | 79445 | 79771 | 79775 | 80101 | 80105 | 80431 | 80435 | 80761 • | 80765 |
| 79447 | 79451 • | 79777 • | 79781 | 80107 • | 80111 • | 80437 | 80441 | 80767 | 80771 |
| 79453 | 79457 | 79783 | 79787 | 80113 | 80117 | 80443 | 80447 • | 80773 | 80777 • |
| 79459 | 79463 | 79789 | 79793 | 80119 | 80123 | 80449 • | 80453 | 80779 • | 80783 • |
| 79465 | 79469 | 79795 | 79799 | 80125 | 80129 | 80455 | 80459 | 80785 | 80789 • |
| 79471 | 79475 | 79801 • | 79805 | 80131 | 80135 | 80461 | 80465 | 80791 | 80795 |
| 79477 | 79481 • | 79807 | 79811 • | 80137 | 80141 • | 80467 | 80471 • | 80797 | 80801 |
| 79483 | 79487 | 79813 • | 79817 • | 80143 | 80147 • | 80473 • | 80477 | 80803 • | 80807 |
| 79489 | 79493 • | 79819 | 79823 • | 80149 • | 80153 • | 80479 | 80483 | 80809 • | 80813 |
| 79495 | 79499 • | 79825 | 79829 • | 80155 | 80159 | 80485 | 80489 • | 80815 | 80819 • |
| 79501 | 79505 | 79831 | 79835 | 80161 | 80165 | 80491 • | 80495 | 80821 | 80825 |
| 79507 | 79511 | 79837 | 79841 • | 80167 • | 80171 | 80497 | 80501 | 80827 | 80831 • |
| 79513 | 79517 | 79843 • | 79847 • | 80173 • | 80177 • | 80503 | 80507 | 80833 • | 80837 |
| 79519 | 79523 | 79849 | 79853 | 80179 | 80183 | 80509 | 80513 • | 80839 | 80843 |
| 79525 | 79529 | 79855 | 79859 | 80185 | 80189 | 80515 | 80519 | 80845 | 80849 • |

| | | | | | | | | | | | |
|---|---|---|---|---|---|---|---|---|---|---|---|
| 80851 | 80855 | 81181 • | 81185 | 81511 | 81515 | 81841 | 81845 | 82171 • | 82175 |
| 80857 | 80861 | 81187 | 81191 | 81517 • | 81521 | 81847 • | 81851 | 82177 | 82181 |
| 80863 • | 80867 | 81193 | 81197 • | 81523 | 81527 • | 81853 • | 81857 | 82183 • | 82187 |
| 80869 | 80873 | 81199 • | 81203 • | 81529 | 81533 • | 81859 | 81863 | 82189 • | 82193 • |
| 80875 | 80879 | 81205 | 81209 | 81535 | 81539 | 81865 | 81869 • | 82195 | 82199 |
| 80881 | 80885 | 81211 | 81215 | 81541 | 81545 | 81871 | 81875 | 82201 | 82205 |
| 80887 | 80891 | 81217 | 81221 | 81547 • | 81551 • | 81877 | 81881 | 82207 • | 82211 |
| 80893 | 80897 • | 81223 • | 81227 | 81553 • | 81557 | 81883 • | 81887 | 82213 | 82217 • |
| 80899 | 80903 | 81229 | 81233 • | 81559 • | 81563 • | 81889 | 81893 | 82219 • | 82223 • |
| 80905 | 80909 • | 81235 | 81239 • | 81565 | 81569 • | 81895 | 81899 • | 82225 | 82229 |
| 80911 • | 80915 | 81241 | 81245 | 81571 | 81575 | 81901 • | 81905 | 82231 • | 82235 |
| 80917 • | 80921 | 81247 | 81251 | 81577 | 81581 | 81907 | 81911 | 82237 • | 82241 • |
| 80923 • | 80927 | 81253 | 81257 | 81583 | 81587 | 81913 | 81917 | 82243 | 82247 |
| 80929 • | 80933 • | 81259 | 81263 | 81589 | 81593 | 81919 • | 81923 | 82249 | 82253 |
| 80935 | 80939 | 81265 | 81269 | 81595 | 81599 | 81925 | 81929 • | 82255 | 82259 |
| 80941 | 80945 | 81271 | 81275 | 81601 | 81605 | 81931 • | 81935 | 82261 • | 82265 |
| 80947 | 80951 | 81277 | 81281 • | 81607 | 81611 • | 81937 • | 81941 | 82267 • | 82271 |
| 80953 • | 80957 | 81283 • | 81287 | 81613 | 81617 | 81943 • | 81947 | 82273 | 82277 |
| 80959 | 80963 • | 81289 | 81293 • | 81619 • | 81623 | 81949 | 81953 • | 82279 • | 82283 |
| 80965 | 80969 | 81295 | 81299 • | 81625 | 81629 • | 81955 | 81959 | 82285 | 82289 |
| 80971 | 80975 | 81301 | 81305 | 81631 | 81635 | 81961 | 81965 | 82291 | 82295 |
| 80977 | 80981 | 81307 • | 81311 | 81637 • | 81641 | 81967 • | 81971 • | 82297 | 82301 • |
| 80983 | 80987 | 81313 | 81317 | 81643 | 81647 • | 81973 • | 81977 | 82303 | 82307 • |
| 80989 • | 80993 | 81319 | 81323 | 81649 • | 81653 | 81979 | 81983 | 82309 | 82313 |
| 80995 | 80999 | 81325 | 81329 | 81655 | 81659 | 81985 | 81989 | 82315 | 82319 |
| 81001 • | 81005 | 81331 • | 81335 | 81661 | 81665 | 81991 | 81995 | 82321 | 82325 |
| 81007 | 81011 | 81337 | 81341 | 81667 • | 81671 • | 81997 | 82001 | 82327 | 82331 |
| 81013 • | 81017 • | 81343 • | 81347 | 81673 | 81677 • | 82003 • | 82007 • | 82333 | 82337 |
| 81019 • | 81023 • | 81349 • | 81353 • | 81679 | 81683 | 82009 • | 82013 • | 82339 • | 82343 |
| 81025 | 81029 | 81355 | 81359 • | 81685 | 81689 • | 82015 | 82019 | 82345 | 82349 • |
| 81031 • | 81035 | 81361 | 81365 | 81691 | 81695 | 82021 • | 82025 | 82351 • | 82355 |
| 81037 | 81041 • | 81367 | 81371 • | 81697 | 81701 • | 82027 | 82031 • | 82357 | 82361 • |
| 81043 • | 81047 • | 81373 • | 81377 | 81703 • | 81707 • | 82033 | 82037 • | 82363 | 82367 |
| 81049 • | 81053 | 81379 | 81383 | 81709 | 81713 | 82039 • | 82043 | 82369 | 82373 • |
| 81055 | 81059 | 81385 | 81389 | 81715 | 81719 | 82045 | 82049 | 82375 | 82379 |
| 81061 | 81065 | 81391 | 81395 | 81721 | 81725 | 82051 • | 82055 | 82381 | 82385 |
| 81067 | 81071 • | 81397 | 81401 • | 81727 • | 81731 | 82057 | 82061 | 82387 • | 82391 |
| 81073 | 81077 • | 81403 | 81407 | 81733 | 81737 • | 82063 | 82067 • | 82393 • | 82397 |
| 81079 | 81083 • | 81409 • | 81413 | 81739 | 81743 | 82069 | 82073 • | 82399 | 82403 |
| 81085 | 81089 | 81415 | 81419 | 81745 | 81749 • | 82075 | 82079 | 82405 | 82409 |
| 81091 | 81095 | 81421 • | 81425 | 81751 | 81755 | 82081 | 82085 | 82411 | 82415 |
| 81097 • | 81101 • | 81427 | 81431 | 81757 | 81761 • | 82087 | 82091 | 82417 | 82421 • |
| 81103 | 81107 | 81433 | 81437 | 81763 | 81767 | 82093 | 82097 | 82423 | 82427 |
| 81109 | 81113 | 81439 • | 81443 | 81769 • | 81773 • | 82099 | 82103 | 82429 | 82433 |
| 81115 | 81119 • | 81445 | 81449 | 81775 | 81779 | 82105 | 82109 | 82435 | 82439 |
| 81121 | 81125 | 81451 | 81455 | 81781 | 81785 | 82111 | 82115 | 82441 | 82445 |
| 81127 | 81131 • | 81457 • | 81461 | 81787 | 81791 | 82117 | 82121 | 82447 | 82451 |
| 81133 | 81137 | 81463 • | 81467 | 81793 | 81797 | 82123 | 82127 | 82453 | 82457 • |
| 81139 | 81143 | 81469 | 81473 | 81799 • | 81803 | 82129 • | 82133 | 82459 | 82463 • |
| 81145 | 81149 | 81475 | 81479 | 81805 | 81809 | 82135 | 82139 • | 82465 | 82469 • |
| 81151 | 81155 | 81481 | 81485 | 81811 | 81815 | 82141 • | 82145 | 82471 • | 82475 |
| 81157 • | 81161 | 81487 | 81491 | 81817 • | 81821 | 82147 | 82151 | 82477 | 82481 |
| 81163 • | 81167 | 81493 | 81497 | 81823 | 81827 | 82153 • | 82157 | 82483 • | 82487 • |
| 81169 | 81173 • | 81499 | 81503 | 81829 | 81833 | 82159 | 82163 • | 82489 | 82493 • |
| 81175 | 81179 | 81505 | 81509 • | 81835 | 81839 • | 82165 | 82169 | 82495 | 82499 • |

| | | | | | | | | | |
|---|---|---|---|---|---|---|---|---|---|
| 82501 | 82505 | 82831 | 82835 | 83161 | 83165 | 83491 | 83495 | 83821 | 83825 |
| 82507 • | 82511 | 82837 • | 82841 | 83167 | 83171 | 83497 • | 83501 | 83827 | 83831 |
| 82513 | 82517 | 82843 | 82847 • | 83173 | 83177 • | 83503 | 83507 | 83833 • | 83837 |
| 82519 | 82523 | 82849 | 82853 | 83179 | 83183 | 83509 | 83513 | 83839 | 83843 • |
| 82525 | 82529 • | 82855 | 82859 | 83185 | 83189 | 83515 | 83519 | 83845 | 83849 |
| 82531 • | 82535 | 82861 | 82865 | 83191 | 83195 | 83521 | 83525 | 83851 | 83855 |
| 82537 | 82541 | 82867 | 82871 | 83197 | 83201 | 83527 | 83531 | 83857 • | 83861 |
| 82543 | 82547 | 82873 | 82877 | 83203 • | 83207 • | 83533 | 83537 • | 83863 | 83867 |
| 82549 • | 82553 | 82879 | 82883 • | 83209 | 83213 | 83539 | 83543 | 83869 • | 83873 • |
| 82555 | 82559 • | 82885 | 82889 • | 83215 | 83219 • | 83545 | 83549 | 83875 | 83879 |
| 82561 • | 82565 | 82891 • | 82895 | 83221 • | 83225 | 83551 | 83555 | 83881 | 83885 |
| 82567 • | 82571 • | 82897 | 82901 | 83227 • | 83231 • | 83557 • | 83561 • | 83887 | 83891 • |
| 82573 | 82577 | 82903 • | 82907 | 83233 • | 83237 | 83563 • | 83567 | 83893 | 83897 |
| 82579 | 82583 | 82909 | 82913 • | 83239 | 83243 • | 83569 | 83573 | 83899 | 83903 • |
| 82585 | 82589 | 82915 | 82919 | 83245 | 83249 | 83575 | 83579 • | 83905 | 83909 |
| 82591 • | 82595 | 82921 | 82925 | 83251 | 83255 | 83581 | 83585 | 83911 • | 83915 |
| 82597 | 82601 • | 82927 | 82931 | 83257 • | 83261 | 83587 | 83591 • | 83917 | 83921 • |
| 82603 | 82607 | 82933 | 82937 | 83263 | 83267 • | 83593 | 83597 • | 83923 | 83927 |
| 82609 • | 82613 • | 82939 • | 82943 | 83269 • | 83273 • | 83599 | 83603 | 83929 | 83933 • |
| 82615 | 82619 • | 82945 | 82949 | 83275 | 83279 | 83605 | 83609 • | 83935 | 83939 • |
| 82621 | 82625 | 82951 | 82955 | 83281 | 83285 | 83611 | 83615 | 83941 | 83945 |
| 82627 | 82631 | 82957 | 82961 | 83287 | 83291 | 83617 • | 83621 • | 83947 | 83951 |
| 82633 • | 82637 | 82963 • | 82967 | 83293 | 83297 | 83623 | 83627 | 83953 | 83957 |
| 82639 | 82643 | 82969 | 82973 | 83299 • | 83303 | 83629 | 83633 | 83959 | 83963 |
| 82645 | 82649 | 82975 | 82979 | 83305 | 83309 | 83635 | 83639 • | 83965 | 83969 • |
| 82651 • | 82655 | 82981 • | 82985 | 83311 • | 83315 | 83641 • | 83645 | 83971 | 83975 |
| 82657 • | 82661 | 82987 | 82991 | 83317 | 83321 | 83647 | 83651 | 83977 | 83981 |
| 82663 | 82667 | 82993 | 82997 • | 83323 | 83327 | 83653 • | 83657 | 83983 • | 83987 • |
| 82669 | 82673 | 82999 | 83003 • | 83329 | 83333 | 83659 | 83663 • | 83989 | 83993 |
| 82675 | 82679 | 83005 | 83009 • | 83335 | 83339 • | 83665 | 83669 | 83995 | 83999 |
| 82681 | 82685 | 83011 | 83015 | 83341 • | 83345 | 83671 | 83675 | 84001 | 84005 |
| 82687 | 82691 | 83017 | 83021 | 83347 | 83351 | 83677 | 83681 | 84007 | 84011 • |
| 82693 | 82697 | 83023 • | 83027 | 83353 | 83357 • | 83683 | 83687 | 84013 | 84017 • |
| 82699 • | 82703 | 83029 | 83033 | 83359 | 83363 | 83689 • | 83693 | 84019 | 84023 |
| 82705 | 82709 | 83035 | 83039 | 83365 | 83369 | 83695 | 83699 | 84025 | 84029 |
| 82711 | 82715 | 83041 | 83045 | 83371 | 83375 | 83701 • | 83705 | 84031 | 84035 |
| 82717 | 82721 • | 83047 • | 83051 | 83377 | 83381 | 83707 | 83711 | 84037 | 84041 |
| 82723 • | 82727 • | 83053 | 83057 | 83383 • | 83387 | 83713 | 83717 • | 84043 | 84047 • |
| 82729 • | 82733 | 83059 • | 83063 • | 83389 • | 83393 | 83719 • | 83723 | 84049 | 84053 • |
| 82735 | 82739 | 83065 | 83069 | 83395 | 83399 • | 83725 | 83729 | 84055 | 84059 • |
| 82741 | 82745 | 83071 • | 83075 | 83401 • | 83405 | 83731 | 83735 | 84061 • | 84065 |
| 82747 | 82751 | 83077 • | 83081 | 83407 • | 83411 | 83737 • | 83741 | 84067 • | 84071 |
| 82753 | 82757 • | 83083 | 83087 | 83413 | 83417 • | 83743 | 83747 | 84073 | 84077 |
| 82759 • | 82763 • | 83089 • | 83093 • | 83419 | 83423 • | 83749 | 83753 | 84079 | 84083 |
| 82765 | 82769 | 83095 | 83099 | 83425 | 83429 | 83755 | 83759 | 84085 | 84089 • |
| 82771 | 82775 | 83101 • | 83105 | 83431 • | 83435 | 83761 • | 83765 | 84091 | 84095 |
| 82777 | 82781 • | 83107 | 83111 | 83437 • | 83441 | 83767 | 83771 | 84097 | 84101 |
| 82783 | 82787 • | 83113 | 83117 • | 83443 • | 83447 | 83773 • | 83777 • | 84103 | 84107 |
| 82789 | 82793 • | 83119 | 83123 | 83449 • | 83453 | 83779 | 83783 | 84109 | 84113 |
| 82795 | 82799 • | 83125 | 83129 | 83455 | 83459 • | 83785 | 83789 | 84115 | 84119 |
| 82801 | 82805 | 83131 | 83135 | 83461 | 83465 | 83791 • | 83795 | 84121 • | 84125 |
| 82807 | 82811 • | 83137 • | 83141 | 83467 | 83471 • | 83797 | 83801 | 84127 • | 84131 • |
| 82813 • | 82817 | 83143 | 83147 | 83473 | 83477 • | 83803 | 83807 | 84133 | 84137 • |
| 82819 | 82823 | 83149 | 83153 | 83479 | 83483 | 83809 | 83813 • | 84139 | 84143 • |
| 82825 | 82829 | 83155 | 83159 | 83485 | 83489 | 83815 | 83819 | 84145 | 84149 |

| | | | | | | | | | |
|---|---|---|---|---|---|---|---|---|---|
| 84151 | 84155 | 84481 • | 84485 | 84811 • | 84815 | 85141 | 85145 | 85471 | 85475 |
| 84157 | 84161 | 84487 | 84491 | 84817 | 84821 | 85147 • | 85151 | 85477 | 85481 |
| 84163 • | 84167 | 84493 | 84497 | 84823 | 84827 • | 85153 | 85157 | 85483 | 85487 • |
| 84169 | 84173 | 84499 • | 84503 • | 84829 | 84833 | 85159 • | 85163 | 85489 | 85493 |
| 84175 | 84179 • | 84505 | 84509 • | 84835 | 84839 | 85165 | 85169 | 85495 | 85499 |
| 84181 • | 84185 | 84511 | 84515 | 84841 | 84845 | 85171 | 85175 | 85501 | 85505 |
| 84187 | 84191 • | 84517 | 84521 • | 84847 | 84851 | 85177 | 85181 | 85507 | 85511 |
| 84193 | 84197 | 84523 • | 84527 | 84853 | 84857 • | 85183 | 85187 | 85513 • | 85517 • |
| 84199 • | 84203 | 84529 | 84533 • | 84859 • | 84863 | 85189 | 85193 • | 85519 | 85523 • |
| 84205 | 84209 | 84535 | 84539 | 84865 | 84869 • | 85195 | 85199 • | 85525 | 85529 |
| 84211 • | 84215 | 84541 | 84545 | 84871 • | 84875 | 85201 • | 85205 | 85531 • | 85535 |
| 84217 | 84221 • | 84547 | 84551 • | 84877 | 84881 | 85207 | 85211 | 85537 | 85541 |
| 84223 • | 84227 | 84553 | 84557 | 84883 | 84887 | 85213 • | 85217 | 85543 | 85547 |
| 84229 • | 84233 | 84559 • | 84563 | 84889 | 84893 | 85219 | 85223 • | 85549 • | 85553 |
| 84235 | 84239 • | 84565 | 84569 | 84895 | 84899 | 85225 | 85229 • | 85555 | 85559 |
| 84241 | 84245 | 84571 | 84575 | 84901 | 84905 | 85231 | 85235 | 85561 | 85565 |
| 84247 • | 84251 | 84577 | 84581 | 84907 | 84911 | 85237 • | 85241 | 85567 | 85571 • |
| 84253 | 84257 | 84583 | 84587 | 84913 • | 84917 | 85243 • | 85247 • | 85573 | 85577 • |
| 84259 | 84263 • | 84589 • | 84593 | 84919 • | 84923 | 85249 | 85253 | 85579 | 85583 |
| 84265 | 84269 | 84595 | 84599 | 84925 | 84929 | 85255 | 85259 • | 85585 | 85589 |
| 84271 | 84275 | 84601 | 84605 | 84931 | 84935 | 85261 | 85265 | 85591 | 85595 |
| 84277 | 84281 | 84607 | 84611 | 84937 | 84941 | 85267 | 85271 | 85597 • | 85601 • |
| 84283 | 84287 | 84613 | 84617 | 84943 | 84947 • | 85273 | 85277 | 85603 | 85607 • |
| 84289 | 84293 | 84619 | 84623 | 84949 | 84953 | 85279 | 85283 | 85609 | 85613 |
| 84295 | 84299 • | 84625 | 84629 • | 84955 | 84959 | 85285 | 85289 | 85615 | 85619 • |
| 84301 | 84305 | 84631 • | 84635 | 84961 • | 84965 | 85291 | 85295 | 85621 • | 85625 |
| 84307 • | 84311 | 84637 | 84641 | 84967 • | 84971 | 85297 • | 85301 | 85627 • | 85631 |
| 84313 • | 84317 • | 84643 | 84647 | 84973 | 84977 • | 85303 • | 85307 | 85633 | 85637 |
| 84319 • | 84323 | 84649 • | 84653 • | 84979 • | 84983 | 85309 | 85313 • | 85639 • | 85643 • |
| 84325 | 84329 | 84655 | 84659 • | 84985 | 84989 | 85315 | 85319 | 85645 | 85649 |
| 84331 | 84335 | 84661 | 84665 | 84991 • | 84995 | 85321 | 85325 | 85651 | 85655 |
| 84337 | 84341 | 84667 | 84671 | 84997 | 85001 | 85327 | 85331 • | 85657 | 85661 • |
| 84343 | 84347 • | 84673 • | 84677 | 85003 | 85007 | 85333 • | 85337 | 85663 | 85667 • |
| 84349 • | 84353 | 84679 | 84683 | 85009 • | 85013 | 85339 | 85343 | 85669 • | 85673 |
| 84355 | 84359 | 84685 | 84689 | 85015 | 85019 | 85345 | 85349 | 85675 | 85679 |
| 84361 | 84365 | 84691 • | 84695 | 85021 • | 85025 | 85351 | 85355 | 85681 | 85685 |
| 84367 | 84371 | 84697 • | 84701 • | 85027 • | 85031 | 85357 | 85361 • | 85687 | 85691 • |
| 84373 | 84377 • | 84703 | 84707 | 85033 | 85037 • | 85363 • | 85367 | 85693 | 85697 |
| 84379 | 84383 | 84709 | 84713 • | 85039 | 85043 | 85369 • | 85373 | 85699 | 85703 • |
| 84385 | 84389 • | 84715 | 84719 • | 85045 | 85049 • | 85375 | 85379 | 85705 | 85709 |
| 84391 • | 84395 | 84721 | 84725 | 85051 | 85055 | 85381 • | 85385 | 85711 • | 85715 |
| 84397 | 84401 • | 84727 | 84731 • | 85057 | 85061 • | 85387 | 85391 | 85717 • | 85721 |
| 84403 | 84407 • | 84733 | 84737 • | 85063 | 85067 | 85393 | 85397 | 85723 | 85727 |
| 84409 | 84413 | 84739 | 84743 | 85069 | 85073 | 85399 | 85403 | 85729 | 85733 • |
| 84415 | 84419 | 84745 | 84749 | 85075 | 85079 | 85405 | 85409 | 85735 | 85739 |
| 84421 • | 84425 | 84751 • | 84755 | 85081 • | 85085 | 85411 • | 85415 | 85741 | 85745 |
| 84427 | 84431 • | 84757 | 84761 • | 85087 • | 85091 • | 85417 | 85421 | 85747 | 85751 • |
| 84433 | 84437 • | 84763 | 84767 | 85093 • | 85097 | 85423 | 85427 • | 85753 | 85757 |
| 84439 | 84443 • | 84769 | 84773 | 85099 | 85103 • | 85429 • | 85433 | 85759 | 85763 |
| 84445 | 84449 • | 84775 | 84779 | 85105 | 85109 • | 85435 | 85439 • | 85765 | 85769 |
| 84451 | 84455 | 84781 | 84785 | 85111 | 85115 | 85441 | 85445 | 85771 | 85775 |
| 84457 • | 84461 | 84787 • | 84791 | 85117 | 85121 • | 85447 • | 85451 • | 85777 | 85781 • |
| 84463 • | 84467 • | 84793 • | 84797 | 85123 | 85127 | 85453 • | 85457 | 85783 | 85787 |
| 84469 | 84473 | 84799 | 84803 | 85129 | 85133 • | 85459 | 85463 | 85789 | 85793 • |
| 84475 | 84479 | 84805 | 84809 • | 85135 | 85139 | 85465 | 85469 • | 85795 | 85799 |

| | | | | | | | | | |
|---|---|---|---|---|---|---|---|---|---|
| 85801 | 85805 | 86131 • | 86135 | 86461 • | 86465 | 86791 | 86795 | 87121 • | 87125 |
| 85807 | 85811 | 86137 • | 86141 | 86467 • | 86471 | 86797 | 86801 | 87127 | 87131 |
| 85813 | 85817 • | 86143 • | 86147 | 86473 | 86477 | 86803 | 86807 | 87133 • | 87137 |
| 85819 • | 85823 | 86149 | 86153 | 86479 | 86483 | 86809 | 86813 • | 87139 | 87143 |
| 85825 | 85829 • | 86155 | 86159 | 86485 | 86489 | 86815 | 86819 | 87145 | 87149 • |
| 85831 • | 85835 | 86161 • | 86165 | 86491 • | 86495 | 86821 | 86825 | 87151 • | 87155 |
| 85837 • | 85841 | 86167 | 86171 • | 86497 | 86501 | 86827 | 86831 | 87157 | 87161 |
| 85843 • | 85847 • | 86173 | 86177 | 86503 | 86507 | 86833 | 86837 • | 87163 | 87167 |
| 85849 | 85853 • | 86179 • | 86183 • | 86509 • | 86513 | 86839 | 86843 • | 87169 | 87173 |
| 85855 | 85859 | 86185 | 86189 | 86515 | 86519 | 86845 | 86849 | 87175 | 87179 • |
| 85861 | 85865 | 86191 | 86195 | 86521 | 86525 | 86851 • | 86855 | 87181 • | 87185 |
| 85867 | 85871 | 86197 • | 86201 • | 86527 | 86531 • | 86857 • | 86861 • | 87187 • | 87191 |
| 85873 | 85877 | 86203 | 86207 | 86533 | 86537 | 86863 | 86867 | 87193 | 87197 |
| 85879 | 85883 | 86209 • | 86213 | 86539 • | 86543 | 86869 • | 86873 | 87199 | 87203 |
| 85885 | 85889 • | 86215 | 86219 | 86545 | 86549 | 86875 | 86879 | 87205 | 87209 |
| 85891 | 85895 | 86221 | 86225 | 86551 | 86555 | 86881 | 86885 | 87211 • | 87215 |
| 85897 | 85901 | 86227 | 86231 | 86557 | 86561 • | 86887 | 86891 | 87217 | 87221 • |
| 85903 • | 85907 | 86233 | 86237 | 86563 | 86567 | 86893 | 86897 | 87223 • | 87227 |
| 85909 • | 85913 | 86239 • | 86243 • | 86569 | 86573 • | 86899 | 86903 | 87229 | 87233 |
| 85915 | 85919 | 86245 | 86249 • | 86575 | 86579 • | 86905 | 86909 | 87235 | 87239 |
| 85921 | 85925 | 86251 | 86255 | 86581 | 86585 | 86911 | 86915 | 87241 | 87245 |
| 85927 | 85931 • | 86257 • | 86261 | 86587 • | 86591 | 86917 | 86921 | 87247 | 87251 • |
| 85933 • | 85937 | 86263 • | 86267 | 86593 | 86597 | 86923 • | 86927 • | 87253 • | 87257 • |
| 85939 | 85943 | 86269 • | 86273 | 86599 • | 86603 | 86929 • | 86933 | 87259 | 87263 |
| 85945 | 85949 | 86275 | 86279 | 86605 | 86609 | 86935 | 86939 • | 87265 | 87269 |
| 85951 | 85955 | 86281 | 86285 | 86611 | 86615 | 86941 | 86945 | 87271 | 87275 |
| 85957 | 85961 | 86287 | 86291 • | 86617 | 86621 | 86947 | 86951 • | 87277 • | 87281 • |
| 85963 | 85967 | 86293 • | 86297 • | 86623 | 86627 • | 86953 | 86957 | 87283 | 87287 |
| 85969 | 85973 | 86299 | 86303 | 86629 • | 86633 | 86959 • | 86963 | 87289 | 87293 • |
| 85975 | 85979 | 86305 | 86309 | 86635 | 86639 | 86965 | 86969 • | 87295 | 87299 • |
| 85981 | 85985 | 86311 • | 86315 | 86641 | 86645 | 86971 | 86975 | 87301 | 87305 |
| 85987 | 85991 • | 86317 | 86321 | 86647 | 86651 | 86977 | 86981 • | 87307 | 87311 |
| 85993 | 85997 | 86323 • | 86327 | 86653 | 86657 | 86983 | 86987 | 87313 • | 87317 • |
| 85999 • | 86003 | 86329 • | 86333 | 86659 | 86663 | 86989 | 86993 • | 87319 | 87323 • |
| 86005 | 86009 | 86335 | 86339 | 86665 | 86669 | 86995 | 86999 | 87325 | 87329 |
| 86011 • | 86015 | 86341 • | 86345 | 86671 | 86675 | 87001 | 87005 | 87331 | 87335 |
| 86017 • | 86021 | 86347 | 86351 • | 86677 • | 86681 | 87007 | 87011 • | 87337 • | 87341 |
| 86023 | 86027 • | 86353 • | 86357 • | 86683 | 86687 | 87013 • | 87017 | 87343 | 87347 |
| 86029 • | 86033 | 86359 | 86363 | 86689 • | 86693 • | 87019 | 87023 | 87349 | 87353 |
| 86035 | 86039 | 86365 | 86369 • | 86695 | 86699 | 87025 | 87029 | 87355 | 87359 • |
| 86041 | 86045 | 86371 • | 86375 | 86701 | 86705 | 87031 | 87035 | 87361 | 87365 |
| 86047 | 86051 | 86377 | 86381 • | 86707 | 86711 • | 87037 • | 87041 • | 87367 | 87371 |
| 86053 | 86057 | 86383 | 86387 | 86713 | 86717 | 87043 | 87047 | 87373 | 87377 |
| 86059 | 86063 | 86389 • | 86393 | 86719 • | 86723 | 87049 • | 87053 | 87379 | 87383 • |
| 86065 | 86069 • | 86395 | 86399 • | 86725 | 86729 • | 87055 | 87059 | 87385 | 87389 |
| 86071 | 86075 | 86401 | 86405 | 86731 | 86735 | 87061 | 87065 | 87391 | 87395 |
| 86077 • | 86081 | 86407 | 86411 | 86737 | 86741 | 87067 | 87071 • | 87397 | 87401 |
| 86083 • | 86087 | 86413 • | 86417 | 86743 • | 86747 | 87073 | 87077 | 87403 • | 87407 • |
| 86089 | 86093 | 86419 | 86423 • | 86749 | 86753 • | 87079 | 87083 • | 87409 | 87413 |
| 86095 | 86099 | 86425 | 86429 | 86755 | 86759 | 87085 | 87089 | 87415 | 87419 |
| 86101 | 86105 | 86431 | 86435 | 86761 | 86765 | 87091 | 87095 | 87421 • | 87425 |
| 86107 | 86111 • | 86437 | 86441 • | 86767 • | 86771 • | 87097 | 87101 | 87427 | 87431 |
| 86113 • | 86117 • | 86443 | 86447 | 86773 | 86777 | 87103 • | 87107 • | 87433 • | 87437 |
| 86119 | 86123 | 86449 | 86453 • | 86779 | 86783 • | 87109 | 87113 | 87439 | 87443 • |
| 86125 | 86129 | 86455 | 86459 | 86785 | 86789 | 87115 | 87119 • | 87445 | 87449 |

| | | | | | | | | | |
|---|---|---|---|---|---|---|---|---|---|
| 87451 | 87455 | 87781 | 87785 | 88111 | 88115 | 88441 | 88445 | 88771 • | 88775 |
| 87457 | 87461 | 87787 | 87791 | 88117 • | 88121 | 88447 | 88451 | 88777 | 88781 |
| 87463 | 87467 | 87793 • | 87797 • | 88123 | 88127 | 88453 | 88457 | 88783 | 88787 |
| 87469 | 87473 • | 87799 | 87803 • | 88129 • | 88133 | 88459 | 88463 • | 88789 • | 88793 • |
| 87475 | 87479 | 87805 | 87809 | 88135 | 88139 | 88465 | 88469 • | 88795 | 88799 • |
| 87481 • | 87485 | 87811 • | 87815 | 88141 | 88145 | 88471 • | 88475 | 88801 • | 88805 |
| 87487 | 87491 • | 87817 | 87821 | 88147 | 88151 | 88477 | 88481 | 88807 • | 88811 • |
| 87493 | 87497 | 87823 | 87827 | 88153 | 88157 | 88483 | 88487 | 88813 • | 88817 • |
| 87499 | 87503 | 87829 | 87833 • | 88159 | 88163 | 88489 | 88493 • | 88819 • | 88823 |
| 87505 | 87509 • | 87835 | 87839 | 88165 | 88169 • | 88495 | 88499 • | 88825 | 88829 |
| 87511 • | 87515 | 87841 | 87845 | 88171 | 88175 | 88501 | 88505 | 88831 | 88835 |
| 87517 • | 87521 | 87847 | 87851 | 88177 • | 88181 | 88507 | 88511 | 88837 | 88841 |
| 87523 • | 87527 | 87853 • | 87857 | 88183 | 88187 | 88513 • | 88517 | 88843 • | 88847 |
| 87529 | 87533 | 87859 | 87863 | 88189 | 88193 | 88519 | 88523 • | 88849 | 88853 • |
| 87535 | 87539 • | 87865 | 87869 • | 88195 | 88199 | 88525 | 88529 | 88855 | 88859 |
| 87541 • | 87545 | 87871 | 87875 | 88201 | 88205 | 88531 | 88535 | 88861 • | 88865 |
| 87547 • | 87551 | 87877 • | 87881 • | 88207 | 88211 • | 88537 | 88541 | 88867 • | 88871 |
| 87553 • | 87557 • | 87883 | 87887 • | 88213 | 88217 | 88543 | 88547 • | 88873 • | 88877 |
| 87559 • | 87563 | 87889 | 87893 | 88219 | 88223 • | 88549 | 88553 | 88879 | 88883 • |
| 87565 | 87569 | 87895 | 87899 | 88225 | 88229 | 88555 | 88559 | 88885 | 88889 |
| 87571 | 87575 | 87901 | 87905 | 88231 | 88235 | 88561 | 88565 | 88891 | 88895 |
| 87577 | 87581 | 87907 | 87911 • | 88237 • | 88241 • | 88567 | 88571 | 88897 • | 88901 |
| 87583 • | 87587 • | 87913 | 87917 • | 88243 | 88247 | 88573 | 88577 | 88903 • | 88907 |
| 87589 • | 87593 | 87919 | 87923 | 88249 | 88253 | 88579 | 88583 | 88909 | 88913 |
| 87595 | 87599 | 87925 | 87929 | 88255 | 88259 • | 88585 | 88589 • | 88915 | 88919 • |
| 87601 | 87605 | 87931 • | 87935 | 88261 • | 88265 | 88591 • | 88595 | 88921 | 88925 |
| 87607 | 87611 | 87937 | 87941 | 88267 | 88271 | 88597 | 88601 | 88927 | 88931 |
| 87613 • | 87617 | 87943 • | 87947 | 88273 | 88277 | 88603 | 88607 • | 88933 | 88937 • |
| 87619 | 87623 • | 87949 | 87953 | 88279 | 88283 | 88609 • | 88613 | 88939 | 88943 |
| 87625 | 87629 • | 87955 | 87959 • | 88285 | 88289 • | 88615 | 88619 | 88945 | 88949 |
| 87631 • | 87635 | 87961 • | 87965 | 88291 | 88295 | 88621 | 88625 | 88951 • | 88955 |
| 87637 | 87641 • | 87967 | 87971 | 88297 | 88301 • | 88627 | 88631 | 88957 | 88961 |
| 87643 • | 87647 | 87973 • | 87977 • | 88303 | 88307 | 88633 | 88637 | 88963 | 88967 |
| 87649 • | 87653 | 87979 | 87983 | 88309 | 88313 | 88639 | 88643 • | 88969 • | 88973 |
| 87655 | 87659 | 87985 | 87989 | 88315 | 88319 | 88645 | 88649 | 88975 | 88979 |
| 87661 | 87665 | 87991 • | 87995 | 88321 • | 88325 | 88651 • | 88655 | 88981 | 88985 |
| 87667 | 87671 • | 87997 | 88001 • | 88327 • | 88331 | 88657 • | 88661 • | 88987 | 88991 |
| 87673 | 87677 | 88003 • | 88007 • | 88333 | 88337 • | 88663 • | 88667 • | 88993 • | 88997 • |
| 87679 • | 87683 • | 88009 | 88013 | 88339 • | 88343 | 88669 | 88673 | 88999 | 89003 • |
| 87685 | 87689 | 88015 | 88019 • | 88345 | 88349 | 88675 | 88679 | 89005 | 89009 • |
| 87691 • | 87695 | 88021 | 88025 | 88351 | 88355 | 88681 • | 88685 | 89011 | 89015 |
| 87697 • | 87701 • | 88027 | 88031 | 88357 | 88361 | 88687 | 88691 | 89017 • | 89021 • |
| 87703 | 87707 | 88033 | 88037 • | 88363 | 88367 | 88693 | 88697 | 89023 | 89027 |
| 87709 | 87713 | 88039 | 88043 | 88369 | 88373 | 88699 | 88703 | 89029 | 89033 |
| 87715 | 87719 • | 88045 | 88049 | 88375 | 88379 • | 88705 | 88709 | 89035 | 89039 |
| 87721 • | 87725 | 88051 | 88055 | 88381 | 88385 | 88711 | 88715 | 89041 • | 89045 |
| 87727 | 87731 | 88057 | 88061 | 88387 | 88391 | 88717 | 88721 • | 89047 | 89051 • |
| 87733 | 87737 | 88063 | 88067 | 88393 | 88397 • | 88723 | 88727 | 89053 | 89057 • |
| 87739 • | 87743 • | 88069 • | 88073 | 88399 | 88403 | 88729 • | 88733 | 89059 | 89063 |
| 87745 | 87749 | 88075 | 88079 • | 88405 | 88409 | 88735 | 88739 | 89065 | 89069 • |
| 87751 • | 87755 | 88081 | 88085 | 88411 • | 88415 | 88741 • | 88745 | 89071 • | 89075 |
| 87757 | 87761 | 88087 | 88091 | 88417 | 88421 | 88747 • | 88751 | 89077 | 89081 |
| 87763 | 87767 • | 88093 • | 88097 | 88423 • | 88427 • | 88753 | 88757 | 89083 • | 89087 • |
| 87769 | 87773 | 88099 | 88103 | 88429 | 88433 | 88759 | 88763 | 89089 | 89093 |
| 87775 | 87779 | 88105 | 88109 | 88435 | 88439 | 88765 | 88769 | 89095 | 89099 |

| | | | | | | | | | |
|---|---|---|---|---|---|---|---|---|---|
| 89101 • | 89105 | 89431 • | 89435 | 89761 | 89765 | 90091 | 90095 | 90421 | 90425 |
| 89107 • | 89111 | 89437 | 89441 | 89767 • | 89771 | 90097 | 90101 | 90427 | 90431 |
| 89113 • | 89117 | 89443 • | 89447 | 89773 | 89777 | 90103 | 90107 • | 90433 | 90437 • |
| 89119 • | 89123 • | 89449 • | 89453 | 89779 • | 89783 • | 90109 | 90113 | 90439 • | 90443 |
| 89125 | 89129 | 89455 | 89459 • | 89785 | 89789 | 90115 | 90119 | 90445 | 90449 |
| 89131 | 89135 | 89461 | 89465 | 89791 | 89795 | 90121 • | 90125 | 90451 | 90455 |
| 89137 • | 89141 | 89467 | 89471 | 89797 • | 89801 | 90127 • | 90131 | 90457 | 90461 |
| 89143 | 89147 | 89473 | 89477 • | 89803 | 89807 | 90133 | 90137 | 90463 | 90467 |
| 89149 | 89153 • | 89479 | 89483 | 89809 • | 89813 | 90139 | 90143 | 90469 • | 90473 • |
| 89155 | 89159 | 89485 | 89489 | 89815 | 89819 • | 90145 | 90149 • | 90475 | 90479 |
| 89161 | 89165 | 89491 • | 89495 | 89821 • | 89825 | 90151 | 90155 | 90481 • | 90485 |
| 89167 | 89171 | 89497 | 89501 • | 89827 | 89831 | 90157 | 90161 | 90487 | 90491 |
| 89173 | 89177 | 89503 | 89507 | 89833 • | 89837 | 90163 • | 90167 | 90493 | 90497 |
| 89179 | 89183 | 89509 | 89513 • | 89839 • | 89843 | 90169 | 90173 • | 90499 • | 90503 |
| 89185 | 89189 • | 89515 | 89519 • | 89845 | 89849 • | 90175 | 90179 | 90505 | 90509 |
| 89191 | 89195 | 89521 • | 89525 | 89851 | 89855 | 90181 | 90185 | 90511 • | 90515 |
| 89197 | 89201 | 89527 • | 89531 | 89857 | 89861 | 90187 • | 90191 • | 90517 | 90521 |
| 89203 • | 89207 | 89533 • | 89537 | 89863 | 89867 • | 90193 | 90197 • | 90523 • | 90527 • |
| 89209 • | 89213 • | 89539 | 89543 | 89869 | 89873 | 90199 • | 90203 • | 90529 • | 90533 • |
| 89215 | 89219 | 89545 | 89549 | 89875 | 89879 | 90205 | 90209 | 90535 | 90539 |
| 89221 | 89225 | 89551 | 89555 | 89881 | 89885 | 90211 | 90215 | 90541 | 90545 |
| 89227 • | 89231 • | 89557 | 89561 • | 89887 | 89891 • | 90217 • | 90221 | 90547 • | 90551 |
| 89233 | 89237 • | 89563 • | 89567 • | 89893 | 89897 • | 90223 | 90227 • | 90553 | 90557 |
| 89239 | 89243 | 89569 | 89573 | 89899 • | 89903 | 90229 | 90233 | 90559 | 90563 |
| 89245 | 89249 | 89575 | 89579 | 89905 | 89909 • | 90235 | 90239 • | 90565 | 90569 |
| 89251 | 89255 | 89581 | 89585 | 89911 | 89915 | 90241 | 90245 | 90571 | 90575 |
| 89257 | 89261 • | 89587 | 89591 • | 89917 • | 89921 | 90247 • | 90251 | 90577 | 90581 |
| 89263 | 89267 | 89593 | 89597 • | 89923 • | 89927 | 90253 | 90257 | 90583 • | 90587 |
| 89269 • | 89273 • | 89599 • | 89603 • | 89929 | 89933 | 90259 | 90263 • | 90589 | 90593 |
| 89275 | 89279 | 89605 | 89609 | 89935 | 89939 • | 90265 | 90269 | 90595 | 90599 • |
| 89281 | 89285 | 89611 • | 89615 | 89941 | 89945 | 90271 • | 90275 | 90601 | 90605 |
| 89287 | 89291 | 89617 | 89621 | 89947 | 89951 | 90277 | 90281 • | 90607 | 90611 |
| 89293 • | 89297 | 89623 | 89627 • | 89953 | 89957 | 90283 | 90287 | 90613 | 90617 • |
| 89299 | 89303 • | 89629 | 89633 • | 89959 • | 89963 • | 90289 • | 90293 | 90619 • | 90623 |
| 89305 | 89309 | 89635 | 89639 | 89965 | 89969 | 90295 | 90299 | 90625 | 90629 |
| 89311 | 89315 | 89641 | 89645 | 89971 | 89975 | 90301 | 90305 | 90631 • | 90635 |
| 89317 • | 89321 | 89647 | 89651 | 89977 • | 89981 | 90307 | 90311 | 90637 | 90641 • |
| 89323 | 89327 | 89653 • | 89657 • | 89983 • | 89987 | 90313 • | 90317 | 90643 | 90647 • |
| 89329 • | 89333 | 89659 • | 89663 | 89989 • | 89993 | 90319 | 90323 | 90649 | 90653 |
| 89335 | 89339 | 89665 | 89669 • | 89995 | 89999 | 90325 | 90329 | 90655 | 90659 • |
| 89341 | 89345 | 89671 • | 89675 | 90001 • | 90005 | 90331 | 90335 | 90661 | 90665 |
| 89347 | 89351 | 89677 | 89681 • | 90007 • | 90011 • | 90337 | 90341 | 90667 | 90671 |
| 89353 | 89357 | 89683 | 89687 | 90013 | 90017 • | 90343 | 90347 | 90673 | 90677 • |
| 89359 | 89363 • | 89689 • | 89693 | 90019 • | 90023 • | 90349 | 90353 • | 90679 • | 90683 |
| 89365 | 89369 | 89695 | 89699 | 90025 | 90029 | 90355 | 90359 • | 90685 | 90689 |
| 89371 • | 89375 | 89701 | 89705 | 90031 • | 90035 | 90361 | 90365 | 90691 | 90695 |
| 89377 | 89381 • | 89707 | 89711 | 90037 | 90041 | 90367 | 90371 • | 90697 • | 90701 |
| 89383 | 89387 • | 89713 | 89717 | 90043 | 90047 | 90373 • | 90377 | 90703 • | 90707 |
| 89389 | 89393 • | 89719 | 89723 | 90049 | 90053 • | 90379 • | 90383 | 90709 • | 90713 |
| 89395 | 89399 • | 89725 | 89729 | 90055 | 90059 • | 90385 | 90389 | 90715 | 90719 |
| 89401 | 89405 | 89731 | 89735 | 90061 | 90065 | 90391 | 90395 | 90721 | 90725 |
| 89407 | 89411 | 89737 | 89741 | 90067 • | 90071 • | 90397 • | 90401 • | 90727 | 90731 • |
| 89413 • | 89417 • | 89743 | 89747 | 90073 • | 90077 | 90403 • | 90407 • | 90733 | 90737 |
| 89419 | 89423 | 89749 | 89753 • | 90079 | 90083 | 90409 | 90413 | 90739 | 90743 |
| 89425 | 89429 | 89755 | 89759 • | 90085 | 90089 • | 90415 | 90419 | 90745 | 90749 • |

| | | | | | | | | | |
|---|---|---|---|---|---|---|---|---|---|
| 90751 | 90755 | 91081 • | 91085 | 91411 • | 91415 | 91741 | 91745 | 92071 | 92075 |
| 90757 | 90761 | 91087 | 91091 | 91417 | 91421 | 91747 | 91751 | 92077 • | 92081 |
| 90763 | 90767 | 91093 | 91097 • | 91423 • | 91427 | 91753 • | 91757 • | 92083 • | 92087 |
| 90769 | 90773 | 91099 • | 91103 | 91429 | 91433 • | 91759 | 91763 | 92089 | 92093 |
| 90775 | 90779 | 91105 | 91109 | 91435 | 91439 | 91765 | 91769 | 92095 | 92099 |
| 90781 | 90785 | 91111 | 91115 | 91441 | 91445 | 91771 • | 91775 | 92101 | 92105 |
| 90787 • | 90791 | 91117 | 91121 • | 91447 | 91451 | 91777 | 91781 • | 92107 • | 92111 • |
| 90793 • | 90797 | 91123 | 91127 • | 91453 • | 91457 • | 91783 | 91787 | 92113 | 92117 |
| 90799 | 90803 • | 91129 • | 91133 | 91459 • | 91463 • | 91789 | 91793 | 92119 • | 92123 |
| 90805 | 90809 | 91135 | 91139 • | 91465 | 91469 | 91795 | 91799 | 92125 | 92129 |
| 90811 | 90815 | 91141 • | 91145 | 91471 | 91475 | 91801 • | 91805 | 92131 | 92135 |
| 90817 | 90821 • | 91147 | 91151 • | 91477 | 91481 | 91807 • | 91811 • | 92137 | 92141 |
| 90823 • | 90827 | 91153 • | 91157 | 91483 | 91487 | 91813 • | 91817 | 92143 • | 92147 |
| 90829 | 90833 • | 91159 • | 91163 • | 91489 | 91493 • | 91819 | 91823 • | 92149 | 92153 • |
| 90835 | 90839 | 91165 | 91169 | 91495 | 91499 • | 91825 | 91829 | 92155 | 92159 |
| 90841 • | 90845 | 91171 | 91175 | 91501 | 91505 | 91831 | 91835 | 92161 | 92165 |
| 90847 • | 90851 | 91177 | 91181 | 91507 | 91511 | 91837 • | 91841 • | 92167 | 92171 |
| 90853 | 90857 | 91183 • | 91187 | 91513 • | 91517 | 91843 | 91847 | 92173 • | 92177 • |
| 90859 | 90863 • | 91189 | 91193 • | 91519 | 91523 | 91849 | 91853 | 92179 • | 92183 |
| 90865 | 90869 | 91195 | 91199 • | 91525 | 91529 • | 91855 | 91859 | 92185 | 92189 • |
| 90871 | 90875 | 91201 | 91205 | 91531 | 91535 | 91861 | 91865 | 92191 | 92195 |
| 90877 | 90881 | 91207 | 91211 | 91537 | 91541 • | 91867 • | 91871 | 92197 | 92201 |
| 90883 | 90887 • | 91213 | 91217 | 91543 | 91547 | 91873 • | 91877 | 92203 • | 92207 |
| 90889 | 90893 | 91219 | 91223 | 91549 | 91553 | 91879 | 91883 | 92209 | 92213 |
| 90895 | 90899 | 91225 | 91229 • | 91555 | 91559 | 91885 | 91889 | 92215 | 92219 • |
| 90901 • | 90905 | 91231 | 91235 | 91561 | 91565 | 91891 | 91895 | 92221 • | 92225 |
| 90907 • | 90911 • | 91237 • | 91241 | 91567 | 91571 • | 91897 | 91901 | 92227 • | 92231 |
| 90913 | 90917 • | 91243 • | 91247 | 91573 • | 91577 • | 91903 | 91907 | 92233 • | 92237 • |
| 90919 | 90923 | 91249 • | 91253 • | 91579 | 91583 • | 91909 • | 91913 | 92239 | 92243 • |
| 90925 | 90929 | 91255 | 91259 | 91585 | 91589 | 91915 | 91919 | 92245 | 92249 |
| 90931 • | 90935 | 91261 | 91265 | 91591 • | 91595 | 91921 • | 91925 | 92251 • | 92255 |
| 90937 | 90941 | 91267 | 91271 | 91597 | 91601 | 91927 | 91931 | 92257 | 92261 |
| 90943 | 90947 • | 91273 | 91277 | 91603 | 91607 | 91933 | 91937 | 92263 | 92267 |
| 90949 | 90953 | 91279 | 91283 • | 91609 | 91613 | 91939 • | 91943 • | 92269 • | 92273 |
| 90955 | 90959 | 91285 | 91289 | 91615 | 91619 | 91945 | 91949 | 92275 | 92279 |
| 90961 | 90965 | 91291 • | 91295 | 91621 • | 91625 | 91951 • | 91955 | 92281 | 92285 |
| 90967 | 90971 • | 91297 • | 91301 | 91627 | 91631 • | 91957 • | 91961 • | 92287 | 92291 |
| 90973 | 90977 • | 91303 • | 91307 | 91633 | 91637 | 91963 | 91967 • | 92293 | 92297 • |
| 90979 | 90983 | 91309 • | 91313 | 91639 • | 91643 | 91969 • | 91973 | 92299 | 92303 |
| 90985 | 90989 • | 91315 | 91319 | 91645 | 91649 | 91975 | 91979 | 92305 | 92309 |
| 90991 | 90995 | 91321 | 91325 | 91651 | 91655 | 91981 | 91985 | 92311 • | 92315 |
| 90997 • | 91001 | 91327 | 91331 • | 91657 | 91661 | 91987 | 91991 | 92317 • | 92321 |
| 91003 | 91007 | 91333 | 91337 | 91663 | 91667 | 91993 | 91997 • | 92323 | 92327 |
| 91009 • | 91013 | 91339 | 91343 | 91669 | 91673 • | 91999 | 92003 • | 92329 | 92333 • |
| 91015 | 91019 • | 91345 | 91349 | 91675 | 91679 | 92005 | 92009 • | 92335 | 92339 |
| 91021 | 91025 | 91351 | 91355 | 91681 | 91685 | 92011 | 92015 | 92341 | 92345 |
| 91027 | 91031 | 91357 | 91361 | 91687 | 91691 • | 92017 | 92021 | 92347 • | 92351 |
| 91033 • | 91037 | 91363 | 91367 • | 91693 | 91697 | 92023 | 92027 | 92353 • | 92357 • |
| 91039 | 91043 | 91369 • | 91373 • | 91699 | 91703 • | 92029 | 92033 • | 92359 | 92363 • |
| 91045 | 91049 | 91375 | 91379 | 91705 | 91709 | 92035 | 92039 | 92365 | 92369 • |
| 91051 | 91055 | 91381 • | 91385 | 91711 • | 91715 | 92041 • | 92045 | 92371 | 92375 |
| 91057 | 91061 | 91387 • | 91391 | 91717 | 91721 | 92047 | 92051 • | 92377 • | 92381 • |
| 91063 | 91067 | 91393 • | 91397 • | 91723 | 91727 | 92053 | 92057 | 92383 • | 92387 • |
| 91069 | 91073 | 91399 | 91403 | 91729 | 91733 • | 92059 | 92063 | 92389 | 92393 |
| 91075 | 91079 • | 91405 | 91409 | 91735 | 91739 | 92065 | 92069 | 92395 | 92399 • |

| | | | | | | | | | | | |
|---|---|---|---|---|---|---|---|---|---|---|---|
| 92401 • | 92405 | 92731 | 92735 | 93061 | 93065 | 93391 | 93395 | 93721 | 93725 |
| 92407 | 92411 | 92737 • | 92741 | 93067 | 93071 | 93397 | 93401 | 93727 | 93731 |
| 92413 • | 92417 | 92743 | 92747 | 93073 | 93077 • | 93403 | 93407 • | 93733 | 93737 |
| 92419 • | 92423 | 92749 | 92753 • | 93079 | 93083 • | 93409 | 93413 | 93739 • | 93743 |
| 92425 | 92429 | 92755 | 92759 | 93085 | 93089 • | 93415 | 93419 • | 93745 | 93749 |
| 92431 • | 92435 | 92761 • | 92765 | 93091 | 93095 | 93421 | 93425 | 93751 | 93755 |
| 92437 | 92441 | 92767 • | 92771 | 93097 • | 93101 | 93427 • | 93431 | 93757 | 93761 • |
| 92443 | 92447 | 92773 | 92777 | 93103 • | 93107 | 93433 | 93437 | 93763 • | 93767 |
| 92449 | 92453 | 92779 • | 92783 | 93109 | 93113 • | 93439 | 93443 | 93769 | 93773 |
| 92455 | 92459 • | 92785 | 92789 • | 93115 | 93119 | 93445 | 93449 | 93775 | 93779 |
| 92461 • | 92465 | 92791 • | 92795 | 93121 | 93125 | 93451 | 93455 | 93781 | 93785 |
| 92467 • | 92471 | 92797 | 92801 • | 93127 | 93131 • | 93457 | 93461 | 93787 • | 93791 |
| 92473 | 92477 | 92803 | 92807 | 93133 • | 93137 | 93463 • | 93467 | 93793 | 93797 |
| 92479 • | 92483 | 92809 • | 92813 | 93139 • | 93143 | 93469 | 93473 | 93799 | 93803 |
| 92485 | 92489 • | 92815 | 92819 | 93145 | 93149 | 93475 | 93479 • | 93805 | 93809 • |
| 92491 | 92495 | 92821 • | 92825 | 93151 • | 93155 | 93481 • | 93485 | 93811 • | 93815 |
| 92497 | 92501 | 92827 | 92831 • | 93157 | 93161 | 93487 • | 93491 • | 93817 | 93821 |
| 92503 • | 92507 • | 92833 | 92837 | 93163 | 93167 | 93493 • | 93497 • | 93823 | 93827 • |
| 92509 | 92513 | 92839 | 92843 | 93169 • | 93173 | 93499 | 93503 • | 93829 | 93833 |
| 92515 | 92519 | 92845 | 92849 • | 93175 | 93179 • | 93505 | 93509 | 93835 | 93839 |
| 92521 | 92525 | 92851 | 92855 | 93181 | 93185 | 93511 | 93515 | 93841 | 93845 |
| 92527 | 92531 | 92857 • | 92861 • | 93187 • | 93191 | 93517 | 93521 | 93847 | 93851 • |
| 92533 | 92537 | 92863 • | 92867 • | 93193 | 93197 | 93523 • | 93527 | 93853 | 93857 |
| 92539 | 92543 | 92869 | 92873 | 93199 • | 93203 | 93529 • | 93533 | 93859 | 93863 |
| 92545 | 92549 | 92875 | 92879 | 93205 | 93209 | 93535 | 93539 | 93865 | 93869 |
| 92551 • | 92555 | 92881 | 92885 | 93211 | 93215 | 93541 | 93545 | 93871 • | 93875 |
| 92557 • | 92561 | 92887 | 92891 | 93217 | 93221 | 93547 | 93551 | 93877 | 93881 |
| 92563 | 92567 • | 92893 • | 92897 | 93223 | 93227 | 93553 • | 93557 • | 93883 | 93887 • |
| 92569 • | 92573 | 92899 • | 92903 | 93229 • | 93233 | 93559 • | 93563 • | 93889 • | 93893 • |
| 92575 | 92579 | 92905 | 92909 | 93235 | 93239 • | 93565 | 93569 | 93895 | 93899 |
| 92581 • | 92585 | 92911 | 92915 | 93241 • | 93245 | 93571 | 93575 | 93901 • | 93905 |
| 92587 | 92591 | 92917 | 92921 • | 93247 | 93251 • | 93577 | 93581 • | 93907 | 93911 • |
| 92593 • | 92597 | 92923 | 92927 • | 93253 • | 93257 • | 93583 | 93587 | 93913 • | 93917 |
| 92599 | 92603 | 92929 | 92933 | 93259 | 93263 • | 93589 | 93593 | 93919 | 93923 • |
| 92605 | 92609 | 92935 | 92939 | 93265 | 93269 | 93595 | 93599 | 93925 | 93929 |
| 92611 | 92615 | 92941 • | 92945 | 93271 | 93275 | 93601 • | 93605 | 93931 | 93935 |
| 92617 | 92621 | 92947 | 92951 • | 93277 | 93281 • | 93607 • | 93611 | 93937 • | 93941 • |
| 92623 • | 92627 • | 92953 | 92957 • | 93283 • | 93287 • | 93613 | 93617 | 93943 | 93947 |
| 92629 | 92633 | 92959 • | 92963 | 93289 | 93293 | 93619 | 93623 | 93949 • | 93953 |
| 92635 | 92639 • | 92965 | 92969 | 93295 | 93299 | 93625 | 93629 • | 93955 | 93959 |
| 92641 • | 92645 | 92971 | 92975 | 93301 | 93305 | 93631 | 93635 | 93961 | 93965 |
| 92647 • | 92651 | 92977 | 92981 | 93307 • | 93311 | 93637 • | 93641 | 93967 • | 93971 • |
| 92653 | 92657 • | 92983 | 92987 • | 93313 | 93317 | 93643 | 93647 | 93973 | 93977 |
| 92659 | 92663 | 92989 | 92993 • | 93319 • | 93323 • | 93649 | 93653 | 93979 • | 93983 • |
| 92665 | 92669 • | 92995 | 92999 | 93325 | 93329 • | 93655 | 93659 | 93985 | 93989 |
| 92671 • | 92675 | 93001 • | 93005 | 93331 | 93335 | 93661 | 93665 | 93991 | 93995 |
| 92677 | 92681 • | 93007 | 93011 | 93337 • | 93341 | 93667 | 93671 | 93997 • | 94001 |
| 92683 • | 92687 | 93013 | 93017 | 93343 | 93347 | 93673 | 93677 | 94003 | 94007 • |
| 92689 | 92693 • | 93019 | 93023 | 93349 | 93353 | 93679 | 93683 • | 94009 • | 94013 |
| 92695 | 92699 • | 93025 | 93029 | 93355 | 93359 | 93685 | 93689 | 94015 | 94019 |
| 92701 | 92705 | 93031 | 93035 | 93361 | 93365 | 93691 | 93695 | 94021 | 94025 |
| 92707 • | 92711 | 93037 | 93041 | 93367 | 93371 • | 93697 | 93701 • | 94027 | 94031 |
| 92713 | 92717 • | 93043 | 93047 • | 93373 | 93377 • | 93703 • | 93707 | 94033 • | 94037 |
| 92719 | 92723 • | 93049 | 93053 • | 93379 | 93383 • | 93709 | 93713 | 94039 | 94043 |
| 92725 | 92729 | 93055 | 93059 • | 93385 | 93389 | 93715 | 93719 • | 94045 | 94049 • |

| | | | | | | | | | |
|---|---|---|---|---|---|---|---|---|---|
| 94051 | 94055 | 94381 | 94385 | 94711 | 94715 | 95041 | 95045 | 95371 | 95375 |
| 94057 • | 94061 • | 94387 | 94391 | 94717 | 94721 | 95047 | 95051 | 95377 | 95381 |
| 94063 • | 94067 | 94393 | 94397 • | 94723 • | 94727 • | 95053 | 95057 | 95383 • | 95387 |
| 94069 | 94073 | 94399 • | 94403 | 94729 | 94733 | 95059 | 95063 • | 95389 | 95393 • |
| 94075 | 94079 • | 94405 | 94409 | 94735 | 94739 | 95065 | 95069 | 95395 | 95399 |
| 94081 | 94085 | 94411 | 94415 | 94741 | 94745 | 95071 • | 95075 | 95401 • | 95405 |
| 94087 | 94091 | 94417 | 94421 • | 94747 • | 94751 | 95077 | 95081 | 95407 | 95411 |
| 94093 | 94097 | 94423 | 94427 • | 94753 | 94757 | 95083 • | 95087 • | 95413 • | 95417 |
| 94099 • | 94103 | 94429 | 94433 • | 94759 | 94763 | 95089 • | 95093 • | 95419 • | 95423 |
| 94105 | 94109 • | 94435 | 94439 • | 94765 | 94769 | 95095 | 95099 | 95425 | 95429 • |
| 94111 • | 94115 | 94441 • | 94445 | 94771 • | 94775 | 95101 • | 95105 | 95431 | 95435 |
| 94117 • | 94121 • | 94447 • | 94451 | 94777 • | 94781 • | 95107 • | 95111 • | 95437 | 95441 • |
| 94123 | 94127 | 94453 | 94457 | 94783 | 94787 | 95113 | 95117 | 95443 • | 95447 |
| 94129 | 94133 | 94459 | 94463 • | 94789 • | 94793 • | 95119 | 95123 | 95449 | 95453 |
| 94135 | 94139 | 94465 | 94469 | 94795 | 94799 | 95125 | 95129 | 95455 | 95459 |
| 94141 | 94145 | 94471 | 94475 | 94801 | 94805 | 95131 • | 95135 | 95461 • | 95465 |
| 94147 | 94151 • | 94477 • | 94481 | 94807 | 94811 • | 95137 | 95141 | 95467 • | 95471 • |
| 94153 • | 94157 | 94483 • | 94487 | 94813 | 94817 | 95143 • | 95147 | 95473 | 95477 |
| 94159 | 94163 | 94489 | 94493 | 94819 • | 94823 • | 95149 | 95153 • | 95479 • | 95483 • |
| 94165 | 94169 • | 94495 | 94499 | 94825 | 94829 | 95155 | 95159 | 95485 | 95489 |
| 94171 | 94175 | 94501 | 94505 | 94831 | 94835 | 95161 | 95165 | 95491 | 95495 |
| 94177 | 94181 | 94507 | 94511 | 94837 • | 94841 • | 95167 | 95171 | 95497 | 95501 |
| 94183 | 94187 | 94513 • | 94517 | 94843 | 94847 • | 95173 | 95177 • | 95503 | 95507 • |
| 94189 | 94193 | 94519 | 94523 | 94849 • | 94853 | 95179 | 95183 | 95509 | 95513 |
| 94195 | 94199 | 94525 | 94529 • | 94855 | 94859 | 95185 | 95189 • | 95515 | 95519 |
| 94201 • | 94205 | 94531 • | 94535 | 94861 | 94865 | 95191 • | 95195 | 95521 | 95525 |
| 94207 • | 94211 | 94537 | 94541 • | 94867 | 94871 | 95197 | 95201 | 95527 • | 95531 • |
| 94213 | 94217 | 94543 • | 94547 • | 94873 • | 94877 | 95203 • | 95207 | 95533 | 95537 |
| 94219 • | 94223 | 94549 | 94553 | 94879 | 94883 | 95209 | 95213 • | 95539 • | 95543 |
| 94225 | 94229 • | 94555 | 94559 • | 94885 | 94889 • | 95215 | 95219 • | 95545 | 95549 • |
| 94231 | 94235 | 94561 • | 94565 | 94891 | 94895 | 95221 | 95225 | 95551 | 95555 |
| 94237 | 94241 | 94567 | 94571 | 94897 | 94901 | 95227 | 95231 • | 95557 | 95561 • |
| 94243 | 94247 | 94573 • | 94577 | 94903 • | 94907 • | 95233 • | 95237 | 95563 | 95567 |
| 94249 | 94253 • | 94579 | 94583 • | 94909 | 94913 | 95239 • | 95243 | 95569 • | 95573 |
| 94255 | 94259 | 94585 | 94589 | 94915 | 94919 | 95245 | 95249 | 95575 | 95579 |
| 94261 • | 94265 | 94591 | 94595 | 94921 | 94925 | 95251 | 95255 | 95581 • | 95585 |
| 94267 | 94271 | 94597 • | 94601 | 94927 | 94931 | 95257 • | 95261 • | 95587 | 95591 |
| 94273 • | 94277 | 94603 • | 94607 | 94933 • | 94937 | 95263 | 95267 • | 95593 | 95597 • |
| 94279 | 94283 | 94609 | 94613 • | 94939 | 94943 | 95269 | 95273 • | 95599 | 95603 • |
| 94285 | 94289 | 94615 | 94619 | 94945 | 94949 • | 95275 | 95279 • | 95605 | 95609 |
| 94291 • | 94295 | 94621 • | 94625 | 94951 | 94955 | 95281 | 95285 | 95611 | 95615 |
| 94297 | 94301 | 94627 | 94631 | 94957 | 94961 • | 95287 • | 95291 | 95617 • | 95621 • |
| 94303 | 94307 • | 94633 | 94637 | 94963 | 94967 | 95293 | 95297 | 95623 | 95627 |
| 94309 • | 94313 | 94639 | 94643 | 94969 | 94973 | 95299 | 95303 | 95629 • | 95633 • |
| 94315 | 94319 | 94645 | 94649 • | 94975 | 94979 | 95305 | 95309 | 95635 | 95639 |
| 94321 • | 94325 | 94651 • | 94655 | 94981 | 94985 | 95311 • | 95315 | 95641 | 95645 |
| 94327 • | 94331 • | 94657 | 94661 | 94987 | 94991 | 95317 • | 95321 | 95647 | 95651 • |
| 94333 | 94337 | 94663 | 94667 | 94993 • | 94997 | 95323 | 95327 • | 95653 | 95657 |
| 94339 | 94343 • | 94669 | 94673 | 94999 • | 95003 | 95329 | 95333 | 95659 | 95663 |
| 94345 | 94349 • | 94675 | 94679 • | 95005 | 95009 • | 95335 | 95339 • | 95665 | 95669 |
| 94351 • | 94355 | 94681 | 94685 | 95011 | 95015 | 95341 | 95345 | 95671 | 95675 |
| 94357 | 94361 | 94687 • | 94691 | 95017 | 95021 • | 95347 | 95351 | 95677 | 95681 |
| 94363 | 94367 | 94693 • | 94697 | 95023 | 95027 • | 95353 | 95357 | 95683 | 95687 |
| 94369 | 94373 | 94699 | 94703 | 95029 | 95033 | 95359 | 95363 | 95689 | 95693 |
| 94375 | 94379 • | 94705 | 94709 • | 95035 | 95039 | 95365 | 95369 | 95695 | 95699 |

| | | | | | | | | | |
|---|---|---|---|---|---|---|---|---|---|
| 95701 • | 95705 | 96031 | 96035 | 96361 | 96365 | 96691 | 96695 | 97021 • | 97025 |
| 95707 • | 95711 | 96037 | 96041 | 96367 | 96371 | 96697 • | 96701 | 97027 | 97031 |
| 95713 • | 95717 • | 96043 • | 96047 | 96373 | 96377 • | 96703 • | 96707 | 97033 | 97037 |
| 95719 | 95723 • | 96049 | 96053 • | 96379 | 96383 | 96709 | 96713 | 97039 • | 97043 |
| 95725 | 95729 | 96055 | 96059 • | 96385 | 96389 | 96715 | 96719 | 97045 | 97049 |
| 95731 • | 95735 | 96061 | 96065 | 96391 | 96395 | 96721 | 96725 | 97051 | 97055 |
| 95737 • | 95741 | 96067 | 96071 | 96397 | 96401 • | 96727 | 96731 • | 97057 | 97061 |
| 95743 | 95747 • | 96073 | 96077 | 96403 | 96407 | 96733 | 96737 • | 97063 | 97067 |
| 95749 | 95753 | 96079 • | 96083 | 96409 | 96413 | 96739 • | 96743 | 97069 | 97073 • |
| 95755 | 95759 | 96085 | 96089 | 96415 | 96419 • | 96745 | 96749 • | 97075 | 97079 |
| 95761 | 95765 | 96091 | 96095 | 96421 | 96425 | 96751 | 96755 | 97081 • | 97085 |
| 95767 | 95771 | 96097 • | 96101 | 96427 | 96431 • | 96757 • | 96761 | 97087 | 97091 |
| 95773 • | 95777 | 96103 | 96107 | 96433 | 96437 | 96763 • | 96767 | 97093 | 97097 |
| 95779 | 95783 • | 96109 | 96113 | 96439 | 96443 • | 96769 • | 96773 | 97099 | 97103 • |
| 95785 | 95789 • | 96115 | 96119 | 96445 | 96449 | 96775 | 96779 • | 97105 | 97109 |
| 95791 • | 95795 | 96121 | 96125 | 96451 • | 96455 | 96781 | 96785 | 97111 | 97115 |
| 95797 | 95801 • | 96127 | 96131 | 96457 • | 96461 • | 96787 • | 96791 | 97117 • | 97121 |
| 95803 • | 95807 | 96133 | 96137 • | 96463 | 96467 | 96793 | 96797 • | 97123 | 97127 • |
| 95809 | 95813 • | 96139 | 96143 | 96469 • | 96473 | 96799 • | 96803 | 97129 | 97133 |
| 95815 | 95819 • | 96145 | 96149 • | 96475 | 96479 • | 96805 | 96809 | 97135 | 97139 |
| 95821 | 95825 | 96151 | 96155 | 96481 | 96485 | 96811 | 96815 | 97141 | 97145 |
| 95827 | 95831 | 96157 • | 96161 | 96487 • | 96491 | 96817 | 96821 • | 97147 | 97151 • |
| 95833 | 95837 | 96163 | 96167 • | 96493 • | 96497 • | 96823 • | 96827 • | 97153 | 97157 • |
| 95839 | 95843 | 96169 | 96173 | 96499 | 96503 | 96829 | 96833 | 97159 • | 97163 |
| 95845 | 95849 | 96175 | 96179 • | 96505 | 96509 | 96835 | 96839 | 97165 | 97169 • |
| 95851 | 95855 | 96181 • | 96185 | 96511 | 96515 | 96841 | 96845 | 97171 • | 97175 |
| 95857 • | 95861 | 96187 | 96191 | 96517 • | 96521 | 96847 • | 96851 • | 97177 • | 97181 |
| 95863 | 95867 | 96193 | 96197 | 96523 | 96527 • | 96853 | 96857 • | 97183 | 97187 • |
| 95869 • | 95873 • | 96199 • | 96203 | 96529 | 96533 | 96859 | 96863 | 97189 | 97193 |
| 95875 | 95879 | 96205 | 96209 | 96535 | 96539 | 96865 | 96869 | 97195 | 97199 |
| 95881 • | 95885 | 96211 • | 96215 | 96541 | 96545 | 96871 | 96875 | 97201 | 97205 |
| 95887 | 95891 • | 96217 | 96221 • | 96547 | 96551 | 96877 | 96881 | 97207 | 97211 |
| 95893 | 95897 | 96223 • | 96227 | 96553 • | 96557 • | 96883 | 96887 | 97213 • | 97217 |
| 95899 | 95903 | 96229 | 96233 • | 96559 | 96563 | 96889 | 96893 • | 97219 | 97223 |
| 95905 | 95909 | 96235 | 96239 | 96565 | 96569 | 96895 | 96899 | 97225 | 97229 |
| 95911 • | 95915 | 96241 | 96245 | 96571 | 96575 | 96901 | 96905 | 97231 • | 97235 |
| 95917 • | 95921 | 96247 | 96251 | 96577 | 96581 • | 96907 • | 96911 • | 97237 | 97241 • |
| 95923 • | 95927 | 96253 | 96257 | 96583 | 96587 • | 96913 | 96917 | 97243 | 97247 |
| 95929 • | 95933 | 96259 • | 96263 • | 96589 • | 96593 | 96919 | 96923 | 97249 | 97253 |
| 95935 | 95939 | 96265 | 96269 • | 96595 | 96599 | 96925 | 96929 | 97255 | 97259 • |
| 95941 | 95945 | 96271 | 96275 | 96601 • | 96605 | 96931 • | 96935 | 97261 | 97265 |
| 95947 • | 95951 | 96277 | 96281 • | 96607 | 96611 | 96937 | 96941 | 97267 | 97271 |
| 95953 | 95957 • | 96283 | 96287 | 96613 | 96617 | 96943 | 96947 | 97273 | 97277 |
| 95959 • | 95963 | 96289 • | 96293 • | 96619 | 96623 | 96949 | 96953 • | 97279 | 97283 • |
| 95965 | 95969 | 96295 | 96299 | 96625 | 96629 | 96955 | 96959 • | 97285 | 97289 |
| 95971 • | 95975 | 96301 | 96305 | 96631 | 96635 | 96961 | 96965 | 97291 | 97295 |
| 95977 | 95981 | 96307 | 96311 | 96637 | 96641 | 96967 | 96971 | 97297 | 97301 • |
| 95983 | 95987 • | 96313 | 96317 | 96643 • | 96647 | 96973 • | 96977 | 97303 • | 97307 |
| 95989 • | 95993 | 96319 | 96323 • | 96649 | 96653 | 96979 • | 96983 | 97309 | 97313 |
| 95995 | 95999 | 96325 | 96329 • | 96655 | 96659 | 96985 | 96989 • | 97315 | 97319 |
| 96001 • | 96005 | 96331 • | 96335 | 96661 • | 96665 | 96991 | 96995 | 97321 | 97325 |
| 96007 | 96011 | 96337 • | 96341 | 96667 • | 96671 • | 96997 • | 97001 • | 97327 • | 97331 |
| 96013 • | 96017 • | 96343 | 96347 | 96673 | 96677 | 97003 • | 97007 • | 97333 | 97337 |
| 96019 | 96023 | 96349 | 96353 • | 96679 | 96683 | 97009 | 97013 | 97339 | 97343 |
| 96025 | 96029 | 96355 | 96359 | 96685 | 96689 | 97015 | 97019 | 97345 | 97349 |

| | | | | | | | | | |
|---|---|---|---|---|---|---|---|---|---|
| 97351 | 97355 | 97681 | 97685 | 98011 • | 98015 | 98341 | 98345 | 98671 | 98675 |
| 97357 | 97361 | 97687 • | 97691 | 98017 • | 98021 | 98347 • | 98351 | 98677 | 98681 |
| 97363 | 97367 • | 97693 | 97697 | 98023 | 98027 | 98353 | 98357 | 98683 | 98687 |
| 97369 • | 97373 • | 97699 | 97703 | 98029 | 98033 | 98359 | 98363 | 98689 • | 98693 |
| 97375 | 97379 • | 97705 | 97709 | 98035 | 98039 | 98365 | 98369 • | 98695 | 98699 |
| 97381 • | 97385 | 97711 • | 97715 | 98041 • | 98045 | 98371 | 98375 | 98701 | 98705 |
| 97387 • | 97391 | 97717 | 97721 | 98047 • | 98051 | 98377 • | 98381 | 98707 | 98711 • |
| 97393 | 97397 • | 97723 | 97727 | 98053 | 98057 • | 98383 | 98387 • | 98713 • | 98717 • |
| 97399 | 97403 | 97729 • | 97733 | 98059 | 98063 | 98389 • | 98393 | 98719 | 98723 |
| 97405 | 97409 | 97735 | 97739 | 98065 | 98069 | 98395 | 98399 | 98725 | 98729 • |
| 97411 | 97415 | 97741 | 97745 | 98071 | 98075 | 98401 | 98405 | 98731 • | 98735 |
| 97417 | 97421 | 97747 | 97751 | 98077 | 98081 • | 98407 • | 98411 • | 98737 • | 98741 |
| 97423 • | 97427 | 97753 | 97757 | 98083 | 98087 | 98413 | 98417 | 98743 | 98747 |
| 97429 • | 97433 | 97759 | 97763 | 98089 | 98093 | 98419 • | 98423 | 98749 | 98753 |
| 97435 | 97439 | 97765 | 97769 | 98095 | 98099 | 98425 | 98429 • | 98755 | 98759 |
| 97441 • | 97445 | 97771 • | 97775 | 98101 • | 98105 | 98431 | 98435 | 98761 | 98765 |
| 97447 | 97451 | 97777 • | 97781 | 98107 | 98111 | 98437 | 98441 | 98767 | 98771 |
| 97453 • | 97457 | 97783 | 97787 • | 98113 | 98117 | 98443 • | 98447 | 98773 • | 98777 |
| 97459 • | 97463 • | 97789 • | 97793 | 98119 | 98123 • | 98449 | 98453 • | 98779 • | 98783 |
| 97465 | 97469 | 97795 | 97799 | 98125 | 98129 • | 98455 | 98459 • | 98785 | 98789 |
| 97471 | 97475 | 97801 | 97805 | 98131 | 98135 | 98461 | 98465 | 98791 | 98795 |
| 97477 | 97481 | 97807 | 97811 | 98137 | 98141 | 98467 • | 98471 | 98797 | 98801 • |
| 97483 | 97487 | 97813 • | 97817 | 98143 • | 98147 | 98473 • | 98477 | 98803 | 98807 • |
| 97489 | 97493 | 97819 | 97823 | 98149 | 98153 | 98479 • | 98483 | 98809 • | 98813 |
| 97495 | 97499 • | 97825 | 97829 • | 98155 | 98159 | 98485 | 98489 | 98815 | 98819 |
| 97501 • | 97505 | 97831 | 97835 | 98161 | 98165 | 98491 • | 98495 | 98821 | 98825 |
| 97507 | 97511 • | 97837 | 97841 • | 98167 | 98171 | 98497 | 98501 | 98827 | 98831 |
| 97513 | 97517 | 97843 • | 97847 • | 98173 | 98177 | 98503 | 98507 • | 98833 | 98837 • |
| 97519 | 97523 • | 97849 • | 97853 | 98179 • | 98183 | 98509 | 98513 | 98839 | 98843 |
| 97525 | 97529 | 97855 | 97859 • | 98185 | 98189 | 98515 | 98519 • | 98845 | 98849 • |
| 97531 | 97535 | 97861 • | 97865 | 98191 | 98195 | 98521 | 98525 | 98851 | 98855 |
| 97537 | 97541 | 97867 | 97871 • | 98197 | 98201 | 98527 | 98531 | 98857 | 98861 |
| 97543 | 97547 • | 97873 | 97877 | 98203 | 98207 • | 98533 • | 98537 | 98863 | 98867 • |
| 97549 • | 97553 • | 97879 • | 97883 • | 98209 | 98213 • | 98539 | 98543 • | 98869 • | 98873 • |
| 97555 | 97559 | 97885 | 97889 | 98215 | 98219 | 98545 | 98549 | 98875 | 98879 |
| 97561 • | 97565 | 97891 | 97895 | 98221 • | 98225 | 98551 | 98555 | 98881 | 98885 |
| 97567 | 97571 • | 97897 | 97901 | 98227 • | 98231 | 98557 | 98561 • | 98887 • | 98891 |
| 97573 | 97577 • | 97903 | 97907 | 98233 | 98237 | 98563 • | 98567 | 98893 • | 98897 • |
| 97579 • | 97583 • | 97909 | 97913 | 98239 | 98243 | 98569 | 98573 • | 98899 • | 98903 |
| 97585 | 97589 | 97915 | 97919 • | 98245 | 98249 | 98575 | 98579 | 98905 | 98909 • |
| 97591 | 97595 | 97921 | 97925 | 98251 • | 98255 | 98581 | 98585 | 98911 • | 98915 |
| 97597 | 97601 | 97927 • | 97931 • | 98257 • | 98261 | 98587 | 98591 | 98917 | 98921 |
| 97603 | 97607 • | 97933 | 97937 | 98263 | 98267 | 98593 | 98597 • | 98923 | 98927 • |
| 97609 • | 97613 • | 97939 | 97943 • | 98269 • | 98273 | 98599 | 98603 | 98929 • | 98933 |
| 97615 | 97619 | 97945 | 97949 | 98275 | 98279 | 98605 | 98609 | 98935 | 98939 • |
| 97621 | 97625 | 97951 | 97955 | 98281 | 98285 | 98611 | 98615 | 98941 | 98945 |
| 97627 | 97631 | 97957 | 97961 • | 98287 | 98291 | 98617 | 98621 • | 98947 • | 98951 |
| 97633 | 97637 | 97963 | 97967 • | 98293 | 98297 • | 98623 | 98627 • | 98953 • | 98957 |
| 97639 | 97643 | 97969 | 97973 • | 98299 • | 98303 | 98629 | 98633 | 98959 | 98963 • |
| 97645 | 97649 • | 97975 | 97979 | 98305 | 98309 | 98635 | 98639 • | 98965 | 98969 |
| 97651 • | 97655 | 97981 | 97985 | 98311 | 98315 | 98641 • | 98645 | 98971 | 98975 |
| 97657 | 97661 | 97987 • | 97991 | 98317 • | 98321 • | 98647 | 98651 | 98977 | 98981 • |
| 97663 | 97667 | 97993 | 97997 | 98323 • | 98327 • | 98653 | 98657 | 98983 | 98987 |
| 97669 | 97673 • | 97999 | 98003 | 98329 | 98333 | 98659 | 98663 • | 98989 | 98993 • |
| 97675 | 97679 | 98005 | 98009 • | 98335 | 98339 | 98665 | 98669 • | 98995 | 98999 • |

| | | | | | | | | | |
|---|---|---|---|---|---|---|---|---|---|
| 99001 | 99005 | 99331 | 99335 | 99661 • | 99665 | 99991 • | 99995 | 100321 | 100325 |
| 99007 | 99011 | 99337 | 99341 | 99667 • | 99671 | 99997 | 100001 | 100327 | 100331 |
| 99013 • | 99017 • | 99343 | 99347 • | 99673 | 99677 | 100003 • | 100007 | 100333 • | 100337 |
| 99019 | 99023 • | 99349 • | 99353 | 99679 • | 99683 | 100009 | 100013 | 100339 | 100343 • |
| 99025 | 99029 | 99355 | 99359 | 99685 | 99689 • | 100015 | 100019 • | 100345 | 100349 |
| 99031 | 99035 | 99361 | 99365 | 99691 | 99695 | 100021 | 100025 | 100351 | 100355 |
| 99037 | 99041 • | 99367 • | 99371 • | 99697 | 99701 | 100027 | 100031 | 100357 • | 100361 • |
| 99043 | 99047 | 99373 | 99377 • | 99703 | 99707 • | 100033 | 100037 | 100363 • | 100367 |
| 99049 | 99053 • | 99379 | 99383 | 99709 • | 99713 • | 100039 | 100043 • | 100369 | 100373 |
| 99055 | 99059 | 99385 | 99389 | 99715 | 99719 • | 100045 | 100049 • | 100375 | 100379 • |
| 99061 | 99065 | 99391 • | 99395 | 99721 • | 99725 | 100051 | 100055 | 100381 | 100385 |
| 99067 | 99071 | 99397 • | 99401 • | 99727 | 99731 | 100057 • | 100061 | 100387 | 100391 • |
| 99073 | 99077 | 99403 | 99407 | 99733 • | 99737 | 100063 | 100067 | 100393 • | 100397 |
| 99079 • | 99083 • | 99409 • | 99413 | 99739 | 99743 | 100069 • | 100073 | 100399 | 100403 • |
| 99085 | 99089 • | 99415 | 99419 | 99745 | 99749 | 100075 | 100079 | 100405 | 100409 |
| 99091 | 99095 | 99421 | 99425 | 99751 | 99755 | 100081 | 100085 | 100411 • | 100415 |
| 99097 | 99101 | 99427 | 99431 • | 99757 | 99761 • | 100087 | 100091 | 100417 • | 100421 |
| 99103 • | 99107 | 99433 | 99437 | 99763 | 99767 • | 100093 | 100097 | 100423 | 100427 |
| 99109 • | 99113 | 99439 • | 99443 | 99769 | 99773 | 100099 | 100103 • | 100429 | 100433 |
| 99115 | 99119 • | 99445 | 99449 | 99775 | 99779 | 100105 | 100109 • | 100435 | 100439 |
| 99121 | 99125 | 99451 | 99455 | 99781 | 99785 | 100111 | 100115 | 100441 | 100445 |
| 99127 | 99131 • | 99457 | 99461 | 99787 • | 99791 | 100117 | 100121 | 100447 • | 100451 |
| 99133 • | 99137 • | 99463 | 99467 | 99793 • | 99797 | 100123 | 100127 | 100453 | 100457 |
| 99139 • | 99143 | 99469 • | 99473 | 99799 | 99803 | 100129 • | 100133 | 100459 • | 100463 |
| 99145 | 99149 • | 99475 | 99479 | 99805 | 99809 • | 100135 | 100139 | 100465 | 100469 • |
| 99151 | 99155 | 99481 | 99485 | 99811 | 99815 | 100141 | 100145 | 100471 | 100475 |
| 99157 | 99161 | 99487 • | 99491 | 99817 • | 99821 | 100147 | 100151 • | 100477 | 100481 |
| 99163 | 99167 | 99493 | 99497 • | 99823 • | 99827 | 100153 • | 100157 | 100483 • | 100487 |
| 99169 | 99173 • | 99499 | 99503 | 99829 • | 99833 • | 100159 | 100163 | 100489 | 100493 • |
| 99175 | 99179 | 99505 | 99509 | 99835 | 99839 • | 100165 | 100169 • | 100495 | 100499 |
| 99181 • | 99185 | 99511 | 99515 | 99841 | 99845 | 100171 | 100175 | 100501 • | 100505 |
| 99187 | 99191 • | 99517 | 99521 | 99847 | 99851 | 100177 | 100181 | 100507 | 100511 • |
| 99193 | 99197 | 99523 • | 99527 • | 99853 | 99857 | 100183 • | 100187 | 100513 | 100517 • |
| 99199 | 99203 | 99529 • | 99533 | 99859 • | 99863 | 100189 • | 100193 • | 100519 • | 100523 • |
| 99205 | 99209 | 99535 | 99539 | 99865 | 99869 | 100195 | 100199 | 100525 | 100529 |
| 99211 | 99215 | 99541 | 99545 | 99871 • | 99875 | 100201 | 100205 | 100531 | 100535 |
| 99217 | 99221 | 99547 | 99551 • | 99877 • | 99881 • | 100207 • | 100211 | 100537 • | 100541 |
| 99223 • | 99227 | 99553 | 99557 | 99883 | 99887 | 100213 • | 100217 | 100543 | 100547 • |
| 99229 | 99233 • | 99559 • | 99563 • | 99889 | 99893 | 100219 | 100223 | 100549 • | 100553 |
| 99235 | 99239 | 99565 | 99569 | 99895 | 99899 | 100225 | 100229 | 100555 | 100559 • |
| 99241 • | 99245 | 99571 • | 99575 | 99901 • | 99905 | 100231 | 100235 | 100561 | 100565 |
| 99247 | 99251 • | 99577 • | 99581 • | 99907 • | 99911 | 100237 • | 100241 | 100567 | 100571 |
| 99253 | 99257 • | 99583 | 99587 | 99913 | 99917 | 100243 | 100247 | 100573 | 100577 |
| 99259 • | 99263 | 99589 | 99593 | 99919 | 99923 • | 100249 | 100253 | 100579 | 100583 |
| 99265 | 99269 | 99595 | 99599 | 99925 | 99929 • | 100255 | 100259 | 100585 | 100589 |
| 99271 | 99275 | 99601 | 99605 | 99931 | 99935 | 100261 | 100265 | 100591 • | 100595 |
| 99277 • | 99281 | 99607 • | 99611 • | 99937 | 99941 | 100267 • | 100271 • | 100597 | 100601 |
| 99283 | 99287 | 99613 | 99617 | 99943 | 99947 | 100273 | 100277 | 100603 | 100607 |
| 99289 • | 99293 | 99619 | 99623 • | 99949 | 99953 | 100279 • | 100283 | 100609 • | 100613 • |
| 99295 | 99299 | 99625 | 99629 | 99955 | 99959 | 100285 | 100289 | 100615 | 100619 |
| 99301 | 99305 | 99631 | 99635 | 99961 • | 99965 | 100291 • | 100295 | 100621 • | 100625 |
| 99307 | 99311 | 99637 | 99641 | 99967 | 99971 • | 100297 • | 100301 | 100627 | 100631 |
| 99313 | 99317 • | 99643 • | 99647 | 99973 | 99977 | 100303 | 100307 | 100633 | 100637 |
| 99319 | 99323 | 99649 | 99653 | 99979 | 99983 | 100309 | 100313 • | 100639 | 100643 |
| 99325 | 99329 | 99655 | 99659 | 99985 | 99989 • | 100315 | 100319 | 100645 | 100649 • |

| | | | | | | | | | |
|---|---|---|---|---|---|---|---|---|---|
| 100651 | 100655 | 100981 • | 100985 | 101311 | 101315 | 101641 • | 101645 | 101971 | 101975 |
| 100657 | 100661 | 100987 • | 100991 | 101317 | 101321 | 101647 | 101651 | 101977 • | 101981 |
| 100663 | 100667 | 100993 | 100997 | 101323 • | 101327 | 101653 • | 101657 | 101983 | 101987 • |
| 100669 • | 100673 • | 100999 • | 101003 | 101329 | 101333 • | 101659 | 101663 • | 101989 | 101993 |
| 100675 | 100679 | 101005 | 101009 • | 101335 | 101339 | 101665 | 101669 | 101995 | 101999 • |
| 100681 | 100685 | 101011 | 101015 | 101341 | 101345 | 101671 | 101675 | 102001 • | 102005 |
| 100687 | 100691 | 101017 | 101021 • | 101347 • | 101351 | 101677 | 101681 • | 102007 | 102011 |
| 100693 • | 100697 | 101023 | 101027 • | 101353 | 101357 | 101683 | 101687 | 102013 • | 102017 |
| 100699 • | 100703 • | 101029 | 101033 | 101359 • | 101363 • | 101689 | 101693 • | 102019 • | 102023 • |
| 100705 | 100709 | 101035 | 101039 | 101365 | 101369 | 101695 | 101699 | 102025 | 102029 |
| 100711 | 100715 | 101041 | 101045 | 101371 | 101375 | 101701 | 101705 | 102031 • | 102035 |
| 100717 | 100721 | 101047 | 101051 • | 101377 • | 101381 | 101707 | 101711 | 102037 | 102041 |
| 100723 | 100727 | 101053 | 101057 | 101383 • | 101387 | 101713 | 101717 | 102043 • | 102047 |
| 100729 | 100733 • | 101059 | 101063 • | 101389 | 101393 | 101719 • | 101723 • | 102049 | 102053 |
| 100735 | 100739 | 101065 | 101069 | 101395 | 101399 • | 101725 | 101729 | 102055 | 102059 • |
| 100741 | 100745 | 101071 | 101075 | 101401 | 101405 | 101731 | 101735 | 102061 • | 102065 |
| 100747 • | 100751 | 101077 | 101081 • | 101407 | 101411 • | 101737 • | 101741 • | 102067 | 102071 • |
| 100753 | 100757 | 101083 | 101087 | 101413 | 101417 | 101743 | 101747 • | 102073 | 102077 • |
| 100759 | 100763 | 101089 • | 101093 | 101419 • | 101423 | 101749 • | 101753 | 102079 • | 102083 |
| 100765 | 100769 • | 101095 | 101099 | 101425 | 101429 • | 101755 | 101759 | 102085 | 102089 |
| 100771 | 100775 | 101101 | 101105 | 101431 | 101435 | 101761 | 101765 | 102091 | 102095 |
| 100777 | 100781 | 101107 | 101111 • | 101437 | 101441 | 101767 | 101771 • | 102097 | 102101 • |
| 100783 | 100787 • | 101113 • | 101117 • | 101443 | 101447 | 101773 | 101777 | 102103 • | 102107 • |
| 100789 | 100793 | 101119 • | 101123 | 101449 • | 101453 | 101779 | 101783 | 102109 | 102113 |
| 100795 | 100799 • | 101125 | 101129 | 101455 | 101459 | 101785 | 101789 • | 102115 | 102119 |
| 100801 • | 100805 | 101131 | 101135 | 101461 | 101465 | 101791 | 101795 | 102121 • | 102125 |
| 100807 | 100811 • | 101137 | 101141 • | 101467 • | 101471 | 101797 • | 101801 | 102127 | 102131 |
| 100813 | 100817 | 101143 | 101147 | 101473 | 101477 • | 101803 | 101807 • | 102133 | 102137 |
| 100819 | 100823 • | 101149 • | 101153 | 101479 | 101483 • | 101809 | 101813 | 102139 • | 102143 |
| 100825 | 100829 • | 101155 | 101159 • | 101485 | 101489 • | 101815 | 101819 | 102145 | 102149 • |
| 100831 | 100835 | 101161 • | 101165 | 101491 | 101495 | 101821 | 101825 | 102151 | 102155 |
| 100837 | 100841 | 101167 | 101171 | 101497 | 101501 • | 101827 | 101831 | 102157 | 102161 • |
| 100843 | 100847 • | 101173 • | 101177 | 101503 • | 101507 | 101833 • | 101837 • | 102163 | 102167 |
| 100849 | 100853 • | 101179 | 101183 • | 101509 | 101513 | 101839 • | 101843 | 102169 | 102173 |
| 100855 | 100859 | 101185 | 101189 | 101515 | 101519 | 101845 | 101849 | 102175 | 102179 |
| 100861 | 100865 | 101191 | 101195 | 101521 | 101525 | 101851 | 101855 | 102181 • | 102185 |
| 100867 | 100871 | 101197 • | 101201 | 101527 • | 101531 • | 101857 | 101861 | 102187 | 102191 • |
| 100873 | 100877 | 101203 • | 101207 • | 101533 • | 101537 • | 101863 • | 101867 | 102193 | 102197 • |
| 100879 | 100883 | 101209 • | 101213 | 101539 | 101543 | 101869 • | 101873 • | 102199 • | 102203 • |
| 100885 | 100889 | 101215 | 101219 | 101545 | 101549 | 101875 | 101879 | 102205 | 102209 |
| 100891 | 100895 | 101221 • | 101225 | 101551 | 101555 | 101881 | 101885 | 102211 | 102215 |
| 100897 | 100901 | 101227 | 101231 | 101557 | 101561 • | 101887 | 101891 | 102217 • | 102221 |
| 100903 | 100907 • | 101233 | 101237 | 101563 | 101567 | 101893 | 101897 | 102223 | 102227 |
| 100909 | 100913 • | 101239 | 101243 | 101569 | 101573 • | 101899 | 101903 | 102229 • | 102233 • |
| 100915 | 100919 | 101245 | 101249 | 101575 | 101579 | 101905 | 101909 | 102235 | 102239 |
| 100921 | 100925 | 101251 | 101255 | 101581 • | 101585 | 101911 | 101915 | 102241 • | 102245 |
| 100927 • | 100931 • | 101257 | 101261 | 101587 | 101591 | 101917 • | 101921 • | 102247 | 102251 • |
| 100933 | 100937 • | 101263 | 101267 • | 101593 | 101597 | 101923 | 101927 | 102253 • | 102257 |
| 100939 | 100943 • | 101269 | 101273 • | 101599 • | 101603 • | 101929 • | 101933 | 102259 • | 102263 |
| 100945 | 100949 | 101275 | 101279 • | 101605 | 101609 | 101935 | 101939 | 102265 | 102269 |
| 100951 | 100955 | 101281 • | 101285 | 101611 • | 101615 | 101941 | 101945 | 102271 | 102275 |
| 100957 • | 100961 | 101287 • | 101291 | 101617 | 101621 | 101947 | 101951 | 102277 | 102281 |
| 100963 | 100967 | 101293 • | 101297 | 101623 | 101627 • | 101953 | 101957 • | 102283 | 102287 |
| 100969 | 100973 | 101299 | 101303 | 101629 | 101633 | 101959 | 101963 • | 102289 | 102293 • |
| 100975 | 100979 | 101305 | 101309 | 101635 | 101639 | 101965 | 101969 | 102295 | 102299 • |

| | | | | | | | | | |
|---|---|---|---|---|---|---|---|---|---|
| 102301 • | 102305 | 102631 | 102635 | 102961 | 102965 | 103291 • | 103295 | 103621 | 103625 |
| 102307 | 102311 | 102637 | 102641 | 102967 • | 102971 | 103297 | 103301 | 103627 | 103631 |
| 102313 | 102317 • | 102643 • | 102647 • | 102973 | 102977 | 103303 | 103307 • | 103633 | 103637 |
| 102319 | 102323 | 102649 | 102653 • | 102979 | 102983 • | 103309 | 103313 | 103639 | 103643 • |
| 102325 | 102329 • | 102655 | 102659 | 102985 | 102989 | 103315 | 103319 • | 103645 | 103649 |
| 102331 | 102335 | 102661 | 102665 | 102991 | 102995 | 103321 | 103325 | 103651 • | 103655 |
| 102337 • | 102341 | 102667 • | 102671 | 102997 | 103001 • | 103327 | 103331 | 103657 • | 103661 |
| 102343 | 102347 | 102673 • | 102677 • | 103003 | 103007 • | 103333 • | 103337 | 103663 | 103667 |
| 102349 | 102353 | 102679 • | 102683 | 103009 | 103013 | 103339 | 103343 | 103669 • | 103673 |
| 102355 | 102359 • | 102685 | 102689 | 103015 | 103019 | 103345 | 103349 • | 103675 | 103679 |
| 102361 | 102365 | 102691 | 102695 | 103021 | 103025 | 103351 | 103355 | 103681 • | 103685 |
| 102367 • | 102371 | 102697 | 102701 • | 103027 | 103031 | 103357 • | 103361 | 103687 • | 103691 |
| 102373 | 102377 | 102703 | 102707 | 103033 | 103037 | 103363 | 103367 | 103693 | 103697 |
| 102379 | 102383 | 102709 | 102713 | 103039 | 103043 • | 103369 | 103373 | 103699 • | 103703 • |
| 102385 | 102389 | 102715 | 102719 | 103045 | 103049 • | 103375 | 103379 | 103705 | 103709 |
| 102391 | 102395 | 102721 | 102725 | 103051 | 103055 | 103381 | 103385 | 103711 | 103715 |
| 102397 • | 102401 | 102727 | 102731 | 103057 | 103061 | 103387 • | 103391 • | 103717 | 103721 |
| 102403 | 102407 • | 102733 | 102737 | 103063 | 103067 • | 103393 • | 103397 | 103723 • | 103727 |
| 102409 • | 102413 | 102739 | 102743 | 103069 • | 103073 | 103399 • | 103403 | 103729 | 103733 |
| 102415 | 102419 | 102745 | 102749 | 103075 | 103079 • | 103405 | 103409 • | 103735 | 103739 |
| 102421 | 102425 | 102751 | 102755 | 103081 | 103085 | 103411 | 103415 | 103741 | 103745 |
| 102427 | 102431 | 102757 | 102761 • | 103087 • | 103091 • | 103417 | 103421 • | 103747 | 103751 |
| 102433 • | 102437 • | 102763 | 102767 | 103093 • | 103097 | 103423 • | 103427 | 103753 | 103757 |
| 102439 | 102443 | 102769 • | 102773 | 103099 • | 103103 | 103429 | 103433 | 103759 | 103763 |
| 102445 | 102449 | 102775 | 102779 | 103105 | 103109 | 103435 | 103439 | 103765 | 103769 • |
| 102451 • | 102455 | 102781 | 102785 | 103111 | 103115 | 103441 | 103445 | 103771 | 103775 |
| 102457 | 102461 • | 102787 | 102791 | 103117 | 103121 | 103447 | 103451 • | 103777 | 103781 |
| 102463 | 102467 | 102793 • | 102797 • | 103123 | 103127 | 103453 | 103457 • | 103783 | 103787 • |
| 102469 | 102473 | 102799 | 102803 | 103129 | 103133 | 103459 | 103463 | 103789 | 103793 |
| 102475 | 102479 | 102805 | 102809 | 103135 | 103139 | 103465 | 103469 | 103795 | 103799 |
| 102481 • | 102485 | 102811 • | 102815 | 103141 • | 103145 | 103471 • | 103475 | 103801 • | 103805 |
| 102487 | 102491 | 102817 | 102821 | 103147 | 103151 | 103477 | 103481 | 103807 | 103811 • |
| 102493 | 102497 • | 102823 | 102827 | 103153 | 103157 | 103483 • | 103487 | 103813 • | 103817 |
| 102499 • | 102503 • | 102829 • | 102833 | 103159 | 103163 | 103489 | 103493 | 103819 | 103823 |
| 102505 | 102509 | 102835 | 102839 | 103165 | 103169 | 103495 | 103499 | 103825 | 103829 |
| 102511 | 102515 | 102841 • | 102845 | 103171 | 103175 | 103501 | 103505 | 103831 | 103835 |
| 102517 | 102521 | 102847 | 102851 | 103177 • | 103181 | 103507 | 103511 • | 103837 • | 103841 • |
| 102523 • | 102527 | 102853 | 102857 | 103183 • | 103187 | 103513 | 103517 | 103843 • | 103847 |
| 102529 | 102533 • | 102859 • | 102863 | 103189 | 103193 | 103519 | 103523 | 103849 | 103853 |
| 102535 | 102539 • | 102865 | 102869 | 103195 | 103199 | 103525 | 103529 • | 103855 | 103859 |
| 102541 | 102545 | 102871 • | 102875 | 103201 | 103205 | 103531 | 103535 | 103861 | 103865 |
| 102547 • | 102551 • | 102877 • | 102881 • | 103207 | 103211 | 103537 | 103541 | 103867 • | 103871 |
| 102553 | 102557 | 102883 | 102887 | 103213 | 103217 • | 103543 | 103547 | 103873 | 103877 |
| 102559 • | 102563 • | 102889 | 102893 | 103219 | 103223 | 103549 • | 103553 • | 103879 | 103883 |
| 102565 | 102569 | 102895 | 102899 | 103225 | 103229 | 103555 | 103559 | 103885 | 103889 • |
| 102571 | 102575 | 102901 | 102905 | 103231 • | 103235 | 103561 • | 103565 | 103891 | 103895 |
| 102577 | 102581 | 102907 | 102911 • | 103237 • | 103241 | 103567 • | 103571 | 103897 | 103901 |
| 102583 | 102587 • | 102913 • | 102917 | 103243 | 103247 | 103573 • | 103577 • | 103903 • | 103907 |
| 102589 | 102593 • | 102919 | 102923 | 103249 | 103253 | 103579 • | 103583 • | 103909 | 103913 • |
| 102595 | 102599 | 102925 | 102929 • | 103255 | 103259 | 103585 | 103589 | 103915 | 103919 • |
| 102601 | 102605 | 102931 • | 102935 | 103261 | 103265 | 103591 • | 103595 | 103921 | 103925 |
| 102607 • | 102611 • | 102937 | 102941 | 103267 | 103271 | 103597 | 103601 | 103927 | 103931 |
| 102613 | 102617 | 102943 | 102947 | 103273 | 103277 | 103603 | 103607 | 103933 | 103937 |
| 102619 | 102623 | 102949 | 102953 • | 103279 | 103283 | 103609 | 103613 • | 103939 | 103943 |
| 102625 | 102629 | 102955 | 102959 | 103285 | 103289 • | 103615 | 103619 • | 103945 | 103949 |

| | | | | | | | | | |
|---|---|---|---|---|---|---|---|---|---|
| 103951 • | 103955 | 104281 • | 104285 | 104611 | 104615 | 104941 | 104945 | 105271 | 105275 |
| 103957 | 103961 | 104287 • | 104291 | 104617 | 104621 | 104947 • | 104951 | 105277 • | 105281 |
| 103963 • | 103967 • | 104293 | 104297 • | 104623 • | 104627 | 104953 • | 104957 | 105283 | 105287 |
| 103969 • | 103973 | 104299 | 104303 | 104629 | 104633 | 104959 • | 104963 | 105289 | 105293 |
| 103975 | 103979 • | 104305 | 104309 • | 104635 | 104639 • | 104965 | 104969 | 105295 | 105299 |
| 103981 • | 103985 | 104311 • | 104315 | 104641 | 104645 | 104971 • | 104975 | 105301 | 105305 |
| 103987 | 103991 • | 104317 | 104321 | 104647 | 104651 • | 104977 | 104981 | 105307 | 105311 |
| 103993 • | 103997 • | 104323 • | 104327 • | 104653 | 104657 | 104983 | 104987 • | 105313 | 105317 |
| 103999 | 104003 • | 104329 | 104333 | 104659 • | 104663 | 104989 | 104993 | 105319 • | 105323 • |
| 104005 | 104009 • | 104335 | 104339 | 104665 | 104669 | 104995 | 104999 • | 105325 | 105329 |
| 104011 | 104015 | 104341 | 104345 | 104671 | 104675 | 105001 | 105005 | 105331 • | 105335 |
| 104017 | 104021 • | 104347 • | 104351 | 104677 | 104681 • | 105007 | 105011 | 105337 • | 105341 • |
| 104023 | 104027 | 104353 | 104357 | 104683 • | 104687 | 105013 | 105017 | 105343 | 105347 |
| 104029 | 104033 • | 104359 | 104363 | 104689 | 104693 • | 105019 • | 105023 • | 105349 | 105353 |
| 104035 | 104039 | 104365 | 104369 • | 104695 | 104699 | 105025 | 105029 | 105355 | 105359 • |
| 104041 | 104045 | 104371 | 104375 | 104701 • | 104705 | 105031 • | 105035 | 105361 • | 105365 |
| 104047 • | 104051 | 104377 • | 104381 • | 104707 • | 104711 • | 105037 • | 105041 | 105367 • | 105371 |
| 104053 • | 104057 | 104383 • | 104387 | 104713 | 104717 • | 105043 | 105047 | 105373 • | 105377 |
| 104059 • | 104063 | 104389 | 104393 • | 104719 | 104723 • | 105049 | 105053 | 105379 • | 105383 |
| 104065 | 104069 | 104395 | 104399 • | 104725 | 104729 • | 105055 | 105059 | 105385 | 105389 • |
| 104071 | 104075 | 104401 | 104405 | 104731 | 104735 | 105061 | 105065 | 105391 | 105395 |
| 104077 | 104081 | 104407 | 104411 | 104737 | 104741 | 105067 | 105071 • | 105397 • | 105401 • |
| 104083 | 104087 • | 104413 | 104417 • | 104743 • | 104747 | 105073 | 105077 | 105403 | 105407 • |
| 104089 • | 104093 | 104419 | 104423 | 104749 | 104753 | 105079 | 105083 | 105409 | 105413 |
| 104095 | 104099 | 104425 | 104429 | 104755 | 104759 • | 105085 | 105089 | 105415 | 105419 |
| 104101 | 104105 | 104431 | 104435 | 104761 • | 104765 | 105091 | 105095 | 105421 | 105425 |
| 104107 • | 104111 | 104437 | 104441 | 104767 | 104771 | 105097 • | 105101 | 105427 | 105431 |
| 104113 • | 104117 | 104443 | 104447 | 104773 • | 104777 | 105103 | 105107 • | 105433 | 105437 • |
| 104119 • | 104123 • | 104449 | 104453 | 104779 • | 104783 | 105109 | 105113 | 105439 | 105443 |
| 104125 | 104129 | 104455 | 104459 • | 104785 | 104789 • | 105115 | 105119 | 105445 | 105449 • |
| 104131 | 104135 | 104461 | 104465 | 104791 | 104795 | 105121 | 105125 | 105451 | 105455 |
| 104137 | 104141 | 104467 | 104471 • | 104797 | 104801 • | 105127 | 105131 | 105457 | 105461 |
| 104143 | 104147 • | 104473 • | 104477 | 104803 • | 104807 | 105133 | 105137 • | 105463 | 105467 • |
| 104149 • | 104153 | 104479 • | 104483 | 104809 | 104813 | 105139 | 105143 • | 105469 | 105473 |
| 104155 | 104159 | 104485 | 104489 | 104815 | 104819 | 105145 | 105149 | 105475 | 105479 |
| 104161 • | 104165 | 104491 • | 104495 | 104821 | 104825 | 105151 | 105155 | 105481 | 105485 |
| 104167 | 104171 | 104497 | 104501 | 104827 | 104831 | 105157 | 105161 | 105487 | 105491 • |
| 104173 • | 104177 | 104503 | 104507 | 104833 | 104837 | 105163 | 105167 • | 105493 | 105497 |
| 104179 • | 104183 • | 104509 | 104513 • | 104839 | 104843 | 105169 | 105173 • | 105499 • | 105503 • |
| 104185 | 104189 | 104515 | 104519 | 104845 | 104849 • | 105175 | 105179 | 105505 | 105509 • |
| 104191 | 104195 | 104521 | 104525 | 104851 • | 104855 | 105181 | 105185 | 105511 | 105515 |
| 104197 | 104201 | 104527 • | 104531 | 104857 | 104861 | 105187 | 105191 | 105517 • | 105521 |
| 104203 | 104207 • | 104533 | 104537 • | 104863 | 104867 | 105193 | 105197 | 105523 | 105527 • |
| 104209 | 104213 | 104539 | 104543 • | 104869 • | 104873 | 105199 • | 105203 | 105529 • | 105533 • |
| 104215 | 104219 | 104545 | 104549 • | 104875 | 104879 • | 105205 | 105209 | 105535 | 105539 |
| 104221 | 104225 | 104551 • | 104555 | 104881 | 104885 | 105211 • | 105215 | 105541 • | 105545 |
| 104227 | 104231 • | 104557 | 104561 • | 104887 | 104891 • | 105217 | 105221 | 105547 | 105551 |
| 104233 • | 104237 | 104563 | 104567 | 104893 | 104897 | 105223 | 105227 • | 105553 | 105557 • |
| 104239 • | 104243 • | 104569 | 104573 | 104899 | 104903 | 105229 • | 105233 | 105559 | 105563 • |
| 104245 | 104249 | 104575 | 104579 • | 104905 | 104909 | 105235 | 105239 • | 105565 | 105569 |
| 104251 | 104255 | 104581 | 104585 | 104911 • | 104915 | 105241 | 105245 | 105571 | 105575 |
| 104257 | 104261 | 104587 | 104591 | 104917 • | 104921 | 105247 | 105251 • | 105577 | 105581 |
| 104263 | 104267 | 104593 • | 104597 • | 104923 | 104927 | 105253 • | 105257 | 105583 | 105587 |
| 104269 | 104273 | 104599 | 104603 | 104929 | 104933 • | 105259 | 105263 • | 105589 | 105593 |
| 104275 | 104279 | 104605 | 104609 | 104935 | 104939 | 105265 | 105269 • | 105595 | 105599 |

| | | | | | | | | | |
|---|---|---|---|---|---|---|---|---|---|
| 105601 • | 105605 | 105931 | 105935 | 106261 • | 106265 | 106591 • | 106595 | 106921 • | 106925 |
| 105607 • | 105611 | 105937 | 105941 | 106267 | 106271 | 106597 | 106601 | 106927 | 106931 |
| 105613 • | 105617 | 105943 • | 105947 | 106273 • | 106277 • | 106603 | 106607 | 106933 | 106937 • |
| 105619 • | 105623 | 105949 | 105953 • | 106279 • | 106283 | 106609 | 106613 | 106939 | 106943 |
| 105625 | 105629 | 105955 | 105959 | 106285 | 106289 | 106615 | 106619 • | 106945 | 106949 • |
| 105631 | 105635 | 105961 | 105965 | 106291 • | 106295 | 106621 | 106625 | 106951 | 106955 |
| 105637 | 105641 | 105967 • | 105971 • | 106297 • | 106301 | 106627 | 106631 | 106957 • | 106961 |
| 105643 | 105647 | 105973 | 105977 • | 106303 • | 106307 • | 106633 | 106637 • | 106963 • | 106967 |
| 105649 • | 105653 • | 105979 | 105983 • | 106309 | 106313 | 106639 | 106643 | 106969 | 106973 |
| 105655 | 105659 | 105985 | 105989 | 106315 | 106319 • | 106645 | 106649 • | 106975 | 106979 • |
| 105661 | 105665 | 105991 | 105995 | 106321 • | 106325 | 106651 | 106655 | 106981 | 106985 |
| 105667 • | 105671 | 105997 • | 106001 | 106327 | 106331 • | 106657 • | 106661 • | 106987 | 106991 |
| 105673 • | 105677 | 106003 | 106007 | 106333 | 106337 | 106663 | 106667 | 106993 • | 106997 |
| 105679 | 105683 • | 106009 | 106013 • | 106339 | 106343 | 106669 • | 106673 | 106999 | 107003 |
| 105685 | 105689 | 106015 | 106019 • | 106345 | 106349 • | 106675 | 106679 | 107005 | 107009 |
| 105691 • | 105695 | 106021 | 106025 | 106351 | 106355 | 106681 • | 106685 | 107011 | 107015 |
| 105697 | 105701 • | 106027 | 106031 • | 106357 • | 106361 | 106687 | 106691 | 107017 | 107021 • |
| 105703 | 105707 | 106033 • | 106037 | 106363 • | 106367 • | 106693 • | 106697 | 107023 | 107027 |
| 105709 | 105713 | 106039 | 106043 | 106369 | 106373 | 106699 • | 106703 • | 107029 | 107033 • |
| 105715 | 105719 | 106045 | 106049 | 106375 | 106379 | 106705 | 106709 | 107035 | 107039 |
| 105721 | 105725 | 106051 | 106055 | 106381 | 106385 | 106711 | 106715 | 107041 | 107045 |
| 105727 • | 105731 | 106057 | 106061 | 106387 | 106391 • | 106717 | 106721 • | 107047 | 107051 |
| 105733 • | 105737 | 106063 | 106067 | 106393 | 106397 • | 106723 | 106727 | 107053 | 107057 • |
| 105739 | 105743 | 106069 | 106073 | 106399 | 106403 | 106729 | 106733 | 107059 | 107063 |
| 105745 | 105749 | 106075 | 106079 | 106405 | 106409 | 106735 | 106739 • | 107065 | 107069 • |
| 105751 • | 105755 | 106081 | 106085 | 106411 • | 106415 | 106741 | 106745 | 107071 • | 107075 |
| 105757 | 105761 • | 106087 • | 106091 | 106417 • | 106421 | 106747 | 106751 • | 107077 | 107081 |
| 105763 | 105767 • | 106093 | 106097 | 106423 | 106427 • | 106753 • | 106757 | 107083 | 107087 |
| 105769 • | 105773 | 106099 | 106103 • | 106429 | 106433 • | 106759 • | 106763 | 107089 • | 107093 |
| 105775 | 105779 | 106105 | 106109 • | 106435 | 106439 | 106765 | 106769 | 107095 | 107099 • |
| 105781 | 105785 | 106111 | 106115 | 106441 • | 106445 | 106771 | 106775 | 107101 • | 107105 |
| 105787 | 105791 | 106117 | 106121 • | 106447 | 106451 • | 106777 | 106781 | 107107 | 107111 |
| 105793 | 105797 | 106123 • | 106127 | 106453 • | 106457 | 106783 • | 106787 | 107113 | 107117 |
| 105799 | 105803 | 106129 • | 106133 | 106459 | 106463 | 106789 | 106793 | 107119 • | 107123 • |
| 105805 | 105809 | 106135 | 106139 | 106465 | 106469 | 106795 | 106799 | 107125 | 107129 |
| 105811 | 105815 | 106141 | 106145 | 106471 | 106475 | 106801 • | 106805 | 107131 | 107135 |
| 105817 • | 105821 | 106147 | 106151 | 106477 | 106481 | 106807 | 106811 | 107137 • | 107141 |
| 105823 | 105827 | 106153 | 106157 | 106483 | 106487 • | 106813 | 106817 | 107143 | 107147 |
| 105829 • | 105833 | 106159 | 106163 • | 106489 | 106493 | 106819 | 106823 • | 107149 | 107153 |
| 105835 | 105839 | 106165 | 106169 | 106495 | 106499 | 106825 | 106829 | 107155 | 107159 |
| 105841 | 105845 | 106171 | 106175 | 106501 • | 106505 | 106831 | 106835 | 107161 | 107165 |
| 105847 | 105851 | 106177 | 106181 • | 106507 | 106511 | 106837 | 106841 | 107167 | 107171 • |
| 105853 | 105857 | 106183 | 106187 • | 106513 | 106517 | 106843 | 106847 | 107173 | 107177 |
| 105859 | 105863 • | 106189 • | 106193 | 106519 | 106523 | 106849 | 106853 • | 107179 | 107183 • |
| 105865 | 105869 | 106195 | 106199 | 106525 | 106529 | 106855 | 106859 • | 107185 | 107189 |
| 105871 • | 105875 | 106201 | 106205 | 106531 | 106535 | 106861 • | 106865 | 107191 | 107195 |
| 105877 | 105881 | 106207 • | 106211 | 106537 • | 106541 • | 106867 • | 106871 • | 107197 • | 107201 • |
| 105883 • | 105887 | 106213 • | 106217 • | 106543 | 106547 | 106873 | 106877 • | 107203 | 107207 |
| 105889 | 105893 | 106219 • | 106223 | 106549 | 106553 | 106879 | 106883 | 107209 • | 107213 |
| 105895 | 105899 • | 106225 | 106229 | 106555 | 106559 | 106885 | 106889 | 107215 | 107219 |
| 105901 | 105905 | 106231 | 106235 | 106561 | 106565 | 106891 | 106895 | 107221 | 107225 |
| 105907 • | 105911 | 106237 | 106241 | 106567 | 106571 | 106897 | 106901 | 107227 • | 107231 |
| 105913 • | 105917 | 106243 • | 106247 | 106573 | 106577 | 106903 • | 106907 • | 107233 | 107237 |
| 105919 | 105923 | 106249 | 106253 | 106579 | 106583 | 106909 | 106913 | 107239 | 107243 • |
| 105925 | 105929 • | 106255 | 106259 | 106585 | 106589 | 106915 | 106919 | 107245 | 107249 |

| | | | | | | | | | |
|---|---|---|---|---|---|---|---|---|---|
| 107251 • | 107255 | 107581 • | 107585 | 107911 | 107915 | 108241 | 108245 | 108571 • | 108575 |
| 107257 | 107261 | 107587 | 107591 | 107917 | 107921 | 108247 • | 108251 | 108577 | 108581 |
| 107263 | 107267 | 107593 | 107597 | 107923 • | 107927 • | 108253 | 108257 | 108583 | 108587 • |
| 107269 • | 107273 • | 107599 • | 107603 • | 107929 | 107933 | 108259 | 108263 • | 108589 | 108593 |
| 107275 | 107279 • | 107605 | 107609 • | 107935 | 107939 | 108265 | 108269 | 108595 | 108599 |
| 107281 | 107285 | 107611 | 107615 | 107941 • | 107945 | 108271 • | 108275 | 108601 | 108605 |
| 107287 | 107291 | 107617 | 107621 • | 107947 | 107951 • | 108277 | 108281 | 108607 | 108611 |
| 107293 | 107297 | 107623 | 107627 | 107953 | 107957 | 108283 | 108287 • | 108613 | 108617 |
| 107299 | 107303 | 107629 | 107633 | 107959 | 107963 | 108289 • | 108293 • | 108619 | 108623 |
| 107305 | 107309 • | 107635 | 107639 | 107965 | 107969 | 108295 | 108299 | 108625 | 108629 |
| 107311 | 107315 | 107641 • | 107645 | 107971 • | 107975 | 108301 • | 108305 | 108631 • | 108635 |
| 107317 | 107321 | 107647 • | 107651 | 107977 | 107981 • | 108307 | 108311 | 108637 • | 108641 |
| 107323 • | 107327 | 107653 | 107657 | 107983 | 107987 | 108313 | 108317 | 108643 • | 108647 |
| 107329 | 107333 | 107659 | 107663 | 107989 | 107993 | 108319 | 108323 | 108649 • | 108653 |
| 107335 | 107339 • | 107665 | 107669 | 107995 | 107999 • | 108325 | 108329 | 108655 | 108659 |
| 107341 | 107345 | 107671 • | 107675 | 108001 | 108005 | 108331 | 108335 | 108661 | 108665 |
| 107347 • | 107351 • | 107677 | 107681 | 108007 • | 108011 • | 108337 | 108341 | 108667 | 108671 |
| 107353 | 107357 • | 107683 | 107687 • | 108013 • | 108017 | 108343 • | 108347 • | 108673 | 108677 • |
| 107359 | 107363 | 107689 | 107693 • | 108019 | 108023 • | 108349 | 108353 | 108679 | 108683 |
| 107365 | 107369 | 107695 | 107699 • | 108025 | 108029 | 108355 | 108359 • | 108685 | 108689 |
| 107371 | 107375 | 107701 | 107705 | 108031 | 108035 | 108361 | 108365 | 108691 | 108695 |
| 107377 • | 107381 | 107707 | 107711 | 108037 • | 108041 • | 108367 | 108371 | 108697 | 108701 |
| 107383 | 107387 | 107713 • | 107717 • | 108043 | 108047 | 108373 | 108377 • | 108703 | 108707 • |
| 107389 | 107393 | 107719 • | 107723 | 108049 | 108053 | 108379 • | 108383 | 108709 • | 108713 |
| 107395 | 107399 | 107725 | 107729 | 108055 | 108059 | 108385 | 108389 | 108715 | 108719 |
| 107401 | 107405 | 107731 | 107735 | 108061 • | 108065 | 108391 | 108395 | 108721 | 108725 |
| 107407 | 107411 | 107737 | 107741 • | 108067 | 108071 | 108397 | 108401 • | 108727 • | 108731 |
| 107413 | 107417 | 107743 | 107747 • | 108073 | 108077 | 108403 | 108407 | 108733 | 108737 |
| 107419 | 107423 | 107749 | 107753 | 108079 • | 108083 | 108409 | 108413 • | 108739 • | 108743 |
| 107425 | 107429 | 107755 | 107759 | 108085 | 108089 • | 108415 | 108419 | 108745 | 108749 |
| 107431 | 107435 | 107761 • | 107765 | 108091 | 108095 | 108421 • | 108425 | 108751 • | 108755 |
| 107437 | 107441 • | 107767 | 107771 | 108097 | 108101 | 108427 | 108431 | 108757 | 108761 • |
| 107443 | 107447 | 107773 • | 107777 • | 108103 | 108107 • | 108433 | 108437 | 108763 | 108767 |
| 107449 • | 107453 • | 107779 | 107783 | 108109 • | 108113 | 108439 • | 108443 | 108769 • | 108773 |
| 107455 | 107459 | 107785 | 107789 | 108115 | 108119 | 108445 | 108449 | 108775 | 108779 |
| 107461 | 107465 | 107791 • | 107795 | 108121 | 108125 | 108451 | 108455 | 108781 | 108785 |
| 107467 • | 107471 | 107797 | 107801 | 108127 • | 108131 • | 108457 • | 108461 • | 108787 | 108791 • |
| 107473 • | 107477 | 107803 | 107807 | 108133 | 108137 | 108463 • | 108467 | 108793 • | 108797 |
| 107479 | 107483 | 107809 | 107813 | 108139 • | 108143 | 108469 | 108473 | 108799 • | 108803 • |
| 107485 | 107489 | 107815 | 107819 | 108145 | 108149 | 108475 | 108479 | 108805 | 108809 |
| 107491 | 107495 | 107821 | 107825 | 108151 | 108155 | 108481 | 108485 | 108811 | 108815 |
| 107497 | 107501 | 107827 • | 107831 | 108157 | 108161 • | 108487 | 108491 | 108817 | 108821 • |
| 107503 | 107507 • | 107833 | 107837 • | 108163 | 108167 | 108493 | 108497 • | 108823 | 108827 • |
| 107509 • | 107513 | 107839 • | 107843 • | 108169 | 108173 | 108499 • | 108503 • | 108829 | 108833 |
| 107515 | 107519 | 107845 | 107849 | 108175 | 108179 • | 108505 | 108509 | 108835 | 108839 |
| 107521 | 107525 | 107851 | 107855 | 108181 | 108185 | 108511 | 108515 | 108841 | 108845 |
| 107527 | 107531 | 107857 • | 107861 | 108187 • | 108191 • | 108517 • | 108521 | 108847 | 108851 |
| 107533 | 107537 | 107863 | 107867 • | 108193 • | 108197 | 108523 | 108527 | 108853 | 108857 |
| 107539 | 107543 | 107869 | 107873 • | 108199 | 108203 • | 108529 • | 108533 • | 108859 | 108863 • |
| 107545 | 107549 | 107875 | 107879 | 108205 | 108209 | 108535 | 108539 | 108865 | 108869 • |
| 107551 | 107555 | 107881 • | 107885 | 108211 • | 108215 | 108541 • | 108545 | 108871 | 108875 |
| 107557 | 107561 | 107887 | 107891 | 108217 • | 108221 | 108547 | 108551 | 108877 • | 108881 • |
| 107563 • | 107567 | 107893 | 107897 • | 108223 • | 108227 | 108553 • | 108557 • | 108883 • | 108887 • |
| 107569 | 107573 | 107899 | 107903 • | 108229 | 108233 • | 108559 | 108563 | 108889 | 108893 • |
| 107575 | 107579 | 107905 | 107909 | 108235 | 108239 | 108565 | 108569 | 108895 | 108899 |

| | | | | | | | | | |
|---|---|---|---|---|---|---|---|---|---|
| 108901 | 108905 | 109231 | 109235 | 109561 | 109565 | 109891 • | 109895 | 110221 • | 110225 |
| 108907 • | 108911 | 109237 | 109241 | 109567 • | 109571 | 109897 • | 109901 | 110227 | 110231 |
| 108913 | 108917 • | 109243 | 109247 | 109573 | 109577 | 109903 • | 109907 | 110233 • | 110237 • |
| 108919 | 108923 • | 109249 | 109253 • | 109579 • | 109583 • | 109909 | 109913 • | 110239 | 110243 |
| 108925 | 108929 • | 109255 | 109259 | 109585 | 109589 • | 109915 | 109919 • | 110245 | 110249 |
| 108931 | 108935 | 109261 | 109265 | 109591 | 109595 | 109921 | 109925 | 110251 • | 110255 |
| 108937 | 108941 | 109267 • | 109271 | 109597 • | 109601 | 109927 | 109931 | 110257 | 110261 • |
| 108943 • | 108947 • | 109273 | 109277 | 109603 | 109607 | 109933 | 109937 • | 110263 | 110267 |
| 108949 • | 108953 | 109279 • | 109283 | 109609 • | 109613 | 109939 | 109943 • | 110269 • | 110273 • |
| 108955 | 108959 • | 109285 | 109289 | 109615 | 109619 • | 109945 | 109949 | 110275 | 110279 |
| 108961 • | 108965 | 109291 | 109295 | 109621 • | 109625 | 109951 | 109955 | 110281 • | 110285 |
| 108967 • | 108971 • | 109297 • | 109301 | 109627 | 109631 | 109957 | 109961 • | 110287 | 110291 • |
| 108973 | 108977 | 109303 • | 109307 | 109633 | 109637 | 109963 | 109967 | 110293 | 110297 |
| 108979 | 108983 | 109309 | 109313 • | 109639 • | 109643 | 109969 | 109973 | 110299 | 110303 |
| 108985 | 108989 | 109315 | 109319 | 109645 | 109649 | 109975 | 109979 | 110305 | 110309 |
| 108991 • | 108995 | 109321 • | 109325 | 109651 | 109655 | 109981 | 109985 | 110311 • | 110315 |
| 108997 | 109001 • | 109327 | 109331 • | 109657 | 109661 • | 109987 • | 109991 | 110317 | 110321 • |
| 109003 | 109007 | 109333 | 109337 | 109663 • | 109667 | 109993 | 109997 | 110323 • | 110327 |
| 109009 | 109013 • | 109339 | 109343 | 109669 | 109673 • | 109999 | 110003 | 110329 | 110333 |
| 109015 | 109019 | 109345 | 109349 | 109675 | 109679 | 110005 | 110009 | 110335 | 110339 • |
| 109021 | 109025 | 109351 | 109355 | 109681 | 109685 | 110011 | 110015 | 110341 | 110345 |
| 109027 | 109031 | 109357 • | 109361 | 109687 | 109691 | 110017 • | 110021 | 110347 | 110351 |
| 109033 | 109037 • | 109363 • | 109367 • | 109693 | 109697 | 110023 • | 110027 | 110353 | 110357 |
| 109039 | 109043 | 109369 | 109373 | 109699 | 109703 | 110029 | 110033 | 110359 • | 110363 |
| 109045 | 109049 • | 109375 | 109379 • | 109705 | 109709 | 110035 | 110039 • | 110365 | 110369 |
| 109051 | 109055 | 109381 | 109385 | 109711 | 109715 | 110041 | 110045 | 110371 | 110375 |
| 109057 | 109061 | 109387 • | 109391 • | 109717 • | 109721 • | 110047 | 110051 | 110377 | 110381 |
| 109063 • | 109067 | 109393 | 109397 • | 109723 | 109727 | 110053 | 110057 | 110383 | 110387 |
| 109069 | 109073 • | 109399 | 109403 | 109729 | 109733 | 110059 • | 110063 • | 110389 | 110393 |
| 109075 | 109079 | 109405 | 109409 | 109735 | 109739 | 110065 | 110069 • | 110395 | 110399 |
| 109081 | 109085 | 109411 | 109415 | 109741 • | 109745 | 110071 | 110075 | 110401 | 110405 |
| 109087 | 109091 | 109417 | 109421 | 109747 | 109751 • | 110077 | 110081 | 110407 | 110411 |
| 109093 | 109097 • | 109423 • | 109427 | 109753 | 109757 | 110083 • | 110087 | 110413 | 110417 |
| 109099 | 109103 • | 109429 | 109433 • | 109759 | 109763 | 110089 | 110093 | 110419 • | 110423 |
| 109105 | 109109 | 109435 | 109439 | 109765 | 109769 | 110095 | 110099 | 110425 | 110429 |
| 109111 • | 109115 | 109441 • | 109445 | 109771 | 109775 | 110101 | 110105 | 110431 • | 110435 |
| 109117 | 109121 • | 109447 | 109451 • | 109777 | 109781 | 110107 | 110111 | 110437 • | 110441 • |
| 109123 | 109127 | 109453 • | 109457 | 109783 | 109787 | 110113 | 110117 | 110443 | 110447 |
| 109129 | 109133 • | 109459 | 109463 | 109789 • | 109793 • | 110119 • | 110123 | 110449 | 110453 |
| 109135 | 109139 • | 109465 | 109469 • | 109795 | 109799 | 110125 | 110129 • | 110455 | 110459 • |
| 109141 • | 109145 | 109471 • | 109475 | 109801 | 109805 | 110131 | 110135 | 110461 | 110465 |
| 109147 • | 109151 | 109477 | 109481 • | 109807 • | 109811 | 110137 | 110141 | 110467 | 110471 |
| 109153 | 109157 | 109483 | 109487 | 109813 | 109817 | 110143 | 110147 | 110473 | 110477 • |
| 109159 • | 109163 | 109489 | 109493 | 109819 • | 109823 | 110149 | 110153 | 110479 • | 110483 |
| 109165 | 109169 • | 109495 | 109499 | 109825 | 109829 • | 110155 | 110159 | 110485 | 110489 |
| 109171 • | 109175 | 109501 | 109505 | 109831 • | 109835 | 110161 • | 110165 | 110491 • | 110495 |
| 109177 | 109181 | 109507 • | 109511 | 109837 | 109841 • | 110167 | 110171 | 110497 | 110501 • |
| 109183 | 109187 | 109513 | 109517 • | 109843 • | 109847 • | 110173 | 110177 | 110503 • | 110507 |
| 109189 | 109193 | 109519 • | 109523 | 109849 • | 109853 | 110179 | 110183 • | 110509 | 110513 |
| 109195 | 109199 • | 109525 | 109529 | 109855 | 109859 • | 110185 | 110189 | 110515 | 110519 |
| 109201 • | 109205 | 109531 | 109535 | 109861 | 109865 | 110191 | 110195 | 110521 | 110525 |
| 109207 | 109211 • | 109537 • | 109541 • | 109867 | 109871 | 110197 | 110201 | 110527 • | 110531 |
| 109213 | 109217 | 109543 | 109547 • | 109873 • | 109877 | 110203 | 110207 | 110533 • | 110537 |
| 109219 | 109223 | 109549 | 109553 | 109879 | 109883 • | 110209 | 110213 | 110539 | 110543 • |
| 109225 | 109229 • | 109555 | 109559 | 109885 | 109889 | 110215 | 110219 | 110545 | 110549 |

| | | | | | | | | | |
|---|---|---|---|---|---|---|---|---|---|
| 110551 | 110555 | 110881 • | 110885 | 111211 • | 111215 | 111541 | 111545 | 111871 • | 111875 |
| 110557 • | 110561 | 110887 | 110891 | 111217 • | 111221 | 111547 | 111551 | 111877 | 111881 |
| 110563 • | 110567 • | 110893 | 110897 | 111223 | 111227 • | 111553 | 111557 | 111883 | 111887 |
| 110569 • | 110573 • | 110899 • | 110903 | 111229 • | 111233 | 111559 | 111563 | 111889 | 111893 • |
| 110575 | 110579 | 110905 | 110909 • | 111235 | 111239 | 111565 | 111569 | 111895 | 111899 |
| 110581 • | 110585 | 110911 | 110915 | 111241 | 111245 | 111571 | 111575 | 111901 | 111905 |
| 110587 • | 110591 | 110917 • | 110921 • | 111247 | 111251 | 111577 • | 111581 | 111907 | 111911 |
| 110593 | 110597 • | 110923 • | 110927 • | 111253 • | 111257 | 111583 | 111587 | 111913 • | 111917 |
| 110599 | 110603 • | 110929 | 110933 • | 111259 | 111263 • | 111589 | 111593 | 111919 • | 111923 |
| 110605 | 110609 • | 110935 | 110939 • | 111265 | 111269 • | 111595 | 111599 • | 111925 | 111929 |
| 110611 | 110615 | 110941 | 110945 | 111271 • | 111275 | 111601 | 111605 | 111931 | 111935 |
| 110617 | 110621 | 110947 • | 110951 • | 111277 | 111281 | 111607 | 111611 • | 111937 | 111941 |
| 110623 • | 110627 | 110953 | 110957 | 111283 | 111287 | 111613 | 111617 | 111943 | 111947 |
| 110629 • | 110633 | 110959 | 110963 | 111289 | 111293 | 111619 | 111623 • | 111949 • | 111953 • |
| 110635 | 110639 | 110965 | 110969 • | 111295 | 111299 | 111625 | 111629 | 111955 | 111959 |
| 110641 • | 110645 | 110971 | 110975 | 111301 • | 111305 | 111631 | 111635 | 111961 | 111965 |
| 110647 • | 110651 • | 110977 • | 110981 | 111307 | 111311 | 111637 | 111641 | 111967 | 111971 |
| 110653 | 110657 | 110983 | 110987 | 111313 | 111317 • | 111643 | 111647 | 111973 • | 111977 • |
| 110659 | 110663 | 110989 | 110993 | 111319 | 111323 • | 111649 | 111653 | 111979 | 111983 |
| 110665 | 110669 | 110995 | 110999 | 111325 | 111329 | 111655 | 111659 • | 111985 | 111989 |
| 110671 | 110675 | 111001 | 111005 | 111331 | 111335 | 111661 | 111665 | 111991 | 111995 |
| 110677 | 110681 • | 111007 | 111011 | 111337 • | 111341 • | 111667 • | 111671 | 111997 • | 112001 |
| 110683 | 110687 | 111013 | 111017 | 111343 | 111347 • | 111673 | 111677 | 112003 | 112007 |
| 110689 | 110693 | 111019 | 111023 | 111349 | 111353 | 111679 | 111683 | 112009 | 112013 |
| 110695 | 110699 | 111025 | 111029 | 111355 | 111359 | 111685 | 111689 | 112015 | 112019 • |
| 110701 | 110705 | 111031 • | 111035 | 111361 | 111365 | 111691 | 111695 | 112021 | 112025 |
| 110707 | 110711 • | 111037 | 111041 | 111367 | 111371 | 111697 • | 111701 | 112027 | 112031 • |
| 110713 | 110717 | 111043 • | 111047 | 111373 • | 111377 | 111703 | 111707 | 112033 | 112037 |
| 110719 | 110723 | 111049 • | 111053 • | 111379 | 111383 | 111709 | 111713 | 112039 | 112043 |
| 110725 | 110729 • | 111055 | 111059 | 111385 | 111389 | 111715 | 111719 | 112045 | 112049 |
| 110731 • | 110735 | 111061 | 111065 | 111391 | 111395 | 111721 • | 111725 | 112051 | 112055 |
| 110737 | 110741 | 111067 | 111071 | 111397 | 111401 | 111727 | 111731 • | 112057 | 112061 • |
| 110743 | 110747 | 111073 | 111077 | 111403 | 111407 | 111733 • | 111737 | 112063 | 112067 • |
| 110749 • | 110753 • | 111079 | 111083 | 111409 • | 111413 | 111739 | 111743 | 112069 • | 112073 |
| 110755 | 110759 | 111085 | 111089 | 111415 | 111419 | 111745 | 111749 | 112075 | 112079 |
| 110761 | 110765 | 111091 • | 111095 | 111421 | 111425 | 111751 • | 111755 | 112081 | 112085 |
| 110767 | 110771 • | 111097 | 111101 | 111427 | 111431 • | 111757 | 111761 | 112087 • | 112091 |
| 110773 | 110777 • | 111103 • | 111107 | 111433 | 111437 | 111763 | 111767 • | 112093 | 112097 • |
| 110779 | 110783 | 111109 • | 111113 | 111439 • | 111443 • | 111769 | 111773 • | 112099 | 112103 • |
| 110785 | 110789 | 111115 | 111119 • | 111445 | 111449 | 111775 | 111779 • | 112105 | 112109 |
| 110791 | 110795 | 111121 • | 111125 | 111451 | 111455 | 111781 • | 111785 | 112111 • | 112115 |
| 110797 | 110801 | 111127 • | 111131 | 111457 | 111461 | 111787 | 111791 • | 112117 | 112121 • |
| 110803 | 110807 • | 111133 | 111137 | 111463 | 111467 • | 111793 | 111797 | 112123 | 112127 |
| 110809 | 110813 • | 111139 | 111143 • | 111469 | 111473 | 111799 • | 111803 | 112129 • | 112133 |
| 110815 | 110819 • | 111145 | 111149 • | 111475 | 111479 | 111805 | 111809 | 112135 | 112139 • |
| 110821 • | 110825 | 111151 | 111155 | 111481 | 111485 | 111811 | 111815 | 112141 | 112145 |
| 110827 | 110831 | 111157 | 111161 | 111487 • | 111491 • | 111817 | 111821 • | 112147 | 112151 |
| 110833 | 110837 | 111163 | 111167 | 111493 • | 111497 | 111823 | 111827 • | 112153 • | 112157 |
| 110839 | 110843 | 111169 | 111173 | 111499 | 111503 | 111829 • | 111833 • | 112159 | 112163 • |
| 110845 | 110849 • | 111175 | 111179 | 111505 | 111509 • | 111835 | 111839 | 112165 | 112169 |
| 110851 | 110855 | 111181 | 111185 | 111511 | 111515 | 111841 | 111845 | 112171 | 112175 |
| 110857 | 110861 | 111187 • | 111191 • | 111517 | 111521 | 111847 • | 111851 | 112177 | 112181 |
| 110863 • | 110867 | 111193 | 111197 | 111523 | 111527 | 111853 | 111857 • | 112183 | 112187 |
| 110869 | 110873 | 111199 | 111203 | 111529 | 111533 • | 111859 | 111863 • | 112189 | 112193 |
| 110875 | 110879 • | 111205 | 111209 | 111535 | 111539 • | 111865 | 111869 • | 112195 | 112199 • |

| | | | | | | | | | |
|---|---|---|---|---|---|---|---|---|---|
| 112201 | 112205 | 112531 | 112535 | 112861 | 112865 | 113191 | 113195 | 113521 | 113525 |
| 112207 • | 112211 | 112537 | 112541 | 112867 | 112871 | 113197 | 113201 | 113527 | 113531 |
| 112213 • | 112217 | 112543 • | 112547 | 112873 | 112877 • | 113203 | 113207 | 113533 | 113537 • |
| 112219 | 112223 • | 112549 | 112553 | 112879 | 112883 | 113209 • | 113213 • | 113539 • | 113543 |
| 112225 | 112229 | 112555 | 112559 • | 112885 | 112889 | 113215 | 113219 | 113545 | 113549 |
| 112231 | 112235 | 112561 | 112565 | 112891 | 112895 | 113221 | 113225 | 113551 | 113555 |
| 112237 • | 112241 • | 112567 | 112571 • | 112897 | 112901 • | 113227 • | 113231 | 113557 • | 113561 |
| 112243 | 112247 • | 112573 • | 112577 • | 112903 | 112907 | 113233 • | 113237 | 113563 | 113567 • |
| 112249 • | 112253 • | 112579 | 112583 • | 112909 • | 112913 • | 113239 | 113243 | 113569 | 113573 |
| 112255 | 112259 | 112585 | 112589 • | 112915 | 112919 • | 113245 | 113249 | 113575 | 113579 |
| 112261 • | 112265 | 112591 | 112595 | 112921 • | 112925 | 113251 | 113255 | 113581 | 113585 |
| 112267 | 112271 | 112597 | 112601 • | 112927 • | 112931 | 113257 | 113261 | 113587 | 113591 • |
| 112273 | 112277 | 112603 • | 112607 | 112933 | 112937 | 113263 | 113267 | 113593 | 113597 |
| 112279 • | 112283 | 112609 | 112613 | 112939 • | 112943 | 113269 | 113273 | 113599 | 113603 |
| 112285 | 112289 • | 112615 | 112619 | 112945 | 112949 | 113275 | 113279 • | 113605 | 113609 |
| 112291 • | 112295 | 112621 • | 112625 | 112951 • | 112955 | 113281 | 113285 | 113611 | 113615 |
| 112297 • | 112301 | 112627 | 112631 | 112957 | 112961 | 113287 • | 113291 | 113617 | 113621 • |
| 112303 • | 112307 | 112633 | 112637 | 112963 | 112967 | 113293 | 113297 | 113623 • | 113627 |
| 112309 | 112313 | 112639 | 112643 • | 112969 | 112973 | 113299 | 113303 | 113629 | 113633 |
| 112315 | 112319 | 112645 | 112649 | 112975 | 112979 • | 113305 | 113309 | 113635 | 113639 |
| 112321 | 112325 | 112651 | 112655 | 112981 | 112985 | 113311 | 113315 | 113641 | 113645 |
| 112327 • | 112331 • | 112657 • | 112661 | 112987 | 112991 | 113317 | 113321 | 113647 • | 113651 |
| 112333 | 112337 • | 112663 • | 112667 | 112993 | 112997 • | 113323 | 113327 • | 113653 | 113657 • |
| 112339 • | 112343 | 112669 | 112673 | 112999 | 113003 | 113329 • | 113333 | 113659 | 113663 |
| 112345 | 112349 • | 112675 | 112679 | 113005 | 113009 | 113335 | 113339 | 113665 | 113669 |
| 112351 | 112355 | 112681 | 112685 | 113011 • | 113015 | 113341 • | 113345 | 113671 | 113675 |
| 112357 | 112361 • | 112687 • | 112691 • | 113017 • | 113021 • | 113347 | 113351 | 113677 | 113681 |
| 112363 • | 112367 | 112693 | 112697 | 113023 • | 113027 | 113353 | 113357 • | 113683 • | 113687 |
| 112369 | 112373 | 112699 | 112703 | 113029 | 113033 | 113359 • | 113363 • | 113689 | 113693 |
| 112375 | 112379 | 112705 | 112709 | 113035 | 113039 • | 113365 | 113369 | 113695 | 113699 |
| 112381 | 112385 | 112711 | 112715 | 113041 • | 113045 | 113371 • | 113375 | 113701 | 113705 |
| 112387 | 112391 | 112717 | 112721 | 113047 | 113051 • | 113377 | 113381 • | 113707 | 113711 |
| 112393 | 112397 • | 112723 | 112727 | 113053 | 113057 | 113383 • | 113387 | 113713 | 113717 • |
| 112399 | 112403 • | 112729 | 112733 | 113059 | 113063 • | 113389 | 113393 | 113719 • | 113723 • |
| 112405 | 112409 | 112735 | 112739 | 113065 | 113069 | 113395 | 113399 | 113725 | 113729 |
| 112411 | 112415 | 112741 • | 112745 | 113071 | 113075 | 113401 | 113405 | 113731 • | 113735 |
| 112417 | 112421 | 112747 | 112751 | 113077 | 113081 • | 113407 | 113411 | 113737 | 113741 |
| 112423 | 112427 | 112753 | 112757 • | 113083 • | 113087 | 113413 | 113417 • | 113743 | 113747 |
| 112429 • | 112433 | 112759 • | 112763 | 113089 • | 113093 • | 113419 | 113423 | 113749 • | 113753 |
| 112435 | 112439 | 112765 | 112769 | 113095 | 113099 | 113425 | 113429 | 113755 | 113759 • |
| 112441 | 112445 | 112771 • | 112775 | 113101 | 113105 | 113431 | 113435 | 113761 • | 113765 |
| 112447 | 112451 | 112777 | 112781 | 113107 | 113111 • | 113437 • | 113441 | 113767 | 113771 |
| 112453 | 112457 | 112783 | 112787 • | 113113 | 113117 • | 113443 | 113447 | 113773 | 113777 • |
| 112459 • | 112463 | 112789 | 112793 | 113119 | 113123 • | 113449 | 113453 • | 113779 • | 113783 • |
| 112465 | 112469 | 112795 | 112799 • | 113125 | 113129 | 113455 | 113459 | 113785 | 113789 |
| 112471 | 112475 | 112801 | 112805 | 113131 • | 113135 | 113461 | 113465 | 113791 | 113795 |
| 112477 | 112481 • | 112807 • | 112811 | 113137 | 113141 | 113467 • | 113471 | 113797 • | 113801 |
| 112483 | 112487 | 112813 | 112817 | 113143 • | 113147 • | 113473 | 113477 | 113803 | 113807 |
| 112489 | 112493 | 112819 | 112823 | 113149 • | 113153 • | 113479 | 113483 | 113809 • | 113813 |
| 112495 | 112499 | 112825 | 112829 | 113155 | 113159 • | 113485 | 113489 • | 113815 | 113819 • |
| 112501 • | 112505 | 112831 • | 112835 | 113161 • | 113165 | 113491 | 113495 | 113821 | 113825 |
| 112507 • | 112511 | 112837 | 112841 | 113167 • | 113171 • | 113497 • | 113501 • | 113827 | 113831 |
| 112513 | 112517 | 112843 • | 112847 | 113173 • | 113177 • | 113503 | 113507 | 113833 | 113837 • |
| 112519 | 112523 | 112849 | 112853 | 113179 | 113183 | 113509 | 113513 • | 113839 | 113843 • |
| 112525 | 112529 | 112855 | 112859 • | 113185 | 113189 • | 113515 | 113519 | 113845 | 113849 |

| | | | | | | | | | |
|---|---|---|---|---|---|---|---|---|---|
| 113851 | 113855 | 114181 | 114185 | 114511 | 114515 | 114841 | 114845 | 115171 | 115175 |
| 113857 | 113861 | 114187 | 114191 | 114517 | 114521 | 114847 • | 114851 | 115177 | 115181 |
| 113863 | 113867 | 114193 • | 114197 • | 114523 | 114527 | 114853 | 114857 | 115183 • | 115187 |
| 113869 | 113873 | 114199 • | 114203 • | 114529 | 114533 | 114859 • | 114863 | 115189 | 115193 |
| 113875 | 113879 | 114205 | 114209 | 114535 | 114539 | 114865 | 114869 | 115195 | 115199 |
| 113881 | 113885 | 114211 | 114215 | 114541 | 114545 | 114871 | 114875 | 115201 • | 115205 |
| 113887 | 113891 • | 114217 • | 114221 • | 114547 • | 114551 | 114877 | 114881 | 115207 | 115211 • |
| 113893 | 113897 | 114223 | 114227 | 114553 • | 114557 | 114883 • | 114887 | 115213 | 115217 |
| 113899 • | 113903 • | 114229 • | 114233 | 114559 | 114563 | 114889 • | 114893 | 115219 | 115223 • |
| 113905 | 113909 • | 114235 | 114239 | 114565 | 114569 | 114895 | 114899 | 115225 | 115229 |
| 113911 | 113915 | 114241 | 114245 | 114571 • | 114575 | 114901 • | 114905 | 115231 | 115235 |
| 113917 | 113921 • | 114247 | 114251 | 114577 • | 114581 | 114907 | 114911 | 115237 • | 115241 |
| 113923 | 113927 | 114253 | 114257 | 114583 | 114587 | 114913 • | 114917 | 115243 | 115247 |
| 113929 | 113933 • | 114259 • | 114263 | 114589 | 114593 • | 114919 | 114923 | 115249 • | 115253 |
| 113935 | 113939 | 114265 | 114269 • | 114595 | 114599 • | 114925 | 114929 | 115255 | 115259 • |
| 113941 | 113945 | 114271 | 114275 | 114601 • | 114605 | 114931 | 114935 | 115261 | 115265 |
| 113947 • | 113951 | 114277 • | 114281 • | 114607 | 114611 | 114937 | 114941 • | 115267 | 115271 |
| 113953 | 113957 • | 114283 | 114287 | 114613 • | 114617 • | 114943 | 114947 | 115273 | 115277 |
| 113959 | 113963 • | 114289 | 114293 | 114619 | 114623 | 114949 | 114953 | 115279 • | 115283 |
| 113965 | 113969 • | 114295 | 114299 • | 114625 | 114629 | 114955 | 114959 | 115285 | 115289 |
| 113971 | 113975 | 114301 | 114305 | 114631 | 114635 | 114961 | 114965 | 115291 | 115295 |
| 113977 | 113981 | 114307 | 114311 • | 114637 | 114641 • | 114967 • | 114971 | 115297 | 115301 • |
| 113983 • | 113987 | 114313 | 114317 | 114643 • | 114647 | 114973 • | 114977 | 115303 • | 115307 |
| 113989 • | 113993 | 114319 • | 114323 | 114649 • | 114653 | 114979 | 114983 | 115309 • | 115313 |
| 113995 | 113999 | 114325 | 114329 • | 114655 | 114659 • | 114985 | 114989 | 115315 | 115319 • |
| 114001 • | 114005 | 114331 | 114335 | 114661 • | 114665 | 114991 | 114995 | 115321 • | 115325 |
| 114007 | 114011 | 114337 | 114341 | 114667 | 114671 • | 114997 • | 115001 • | 115327 • | 115331 • |
| 114013 • | 114017 | 114343 • | 114347 | 114673 | 114677 | 115003 | 115007 | 115333 | 115337 • |
| 114019 | 114023 | 114349 | 114353 | 114679 • | 114683 | 115009 | 115013 • | 115339 | 115343 • |
| 114025 | 114029 | 114355 | 114359 | 114685 | 114689 • | 115015 | 115019 • | 115345 | 115349 |
| 114031 • | 114035 | 114361 | 114365 | 114691 • | 114695 | 115021 • | 115025 | 115351 | 115355 |
| 114037 | 114041 • | 114367 | 114371 • | 114697 | 114701 | 115027 | 115031 | 115357 | 115361 • |
| 114043 • | 114047 | 114373 | 114377 • | 114703 | 114707 | 115033 | 115037 | 115363 • | 115367 |
| 114049 | 114053 | 114379 | 114383 | 114709 | 114713 • | 115039 | 115043 | 115369 | 115373 |
| 114055 | 114059 | 114385 | 114389 | 114715 | 114719 | 115045 | 115049 | 115375 | 115379 |
| 114061 | 114065 | 114391 | 114395 | 114721 | 114725 | 115051 | 115055 | 115381 | 115385 |
| 114067 • | 114071 | 114397 | 114401 | 114727 | 114731 | 115057 • | 115061 • | 115387 | 115391 |
| 114073 • | 114077 • | 114403 | 114407 • | 114733 | 114737 | 115063 | 115067 • | 115393 | 115397 |
| 114079 | 114083 • | 114409 | 114413 | 114739 | 114743 • | 115069 | 115073 | 115399 • | 115403 |
| 114085 | 114089 • | 114415 | 114419 • | 114745 | 114749 • | 115075 | 115079 • | 115405 | 115409 |
| 114091 | 114095 | 114421 | 114425 | 114751 | 114755 | 115081 | 115085 | 115411 | 115415 |
| 114097 | 114101 | 114427 | 114431 | 114757 • | 114761 • | 115087 | 115091 | 115417 | 115421 • |
| 114103 | 114107 | 114433 | 114437 | 114763 | 114767 | 115093 | 115097 | 115423 | 115427 |
| 114109 | 114113 • | 114439 | 114443 | 114769 • | 114773 • | 115099 • | 115103 | 115429 • | 115433 |
| 114115 | 114119 | 114445 | 114449 | 114775 | 114779 | 115105 | 115109 | 115435 | 115439 |
| 114121 | 114125 | 114451 • | 114455 | 114781 • | 114785 | 115111 | 115115 | 115441 | 115445 |
| 114127 | 114131 | 114457 | 114461 | 114787 | 114791 | 115117 • | 115121 | 115447 | 115451 |
| 114133 | 114137 | 114463 | 114467 • | 114793 | 114797 • | 115123 • | 115127 • | 115453 | 115457 |
| 114139 | 114143 • | 114469 | 114473 • | 114799 • | 114803 | 115129 | 115133 • | 115459 • | 115463 |
| 114145 | 114149 | 114475 | 114479 • | 114805 | 114809 • | 115135 | 115139 | 115465 | 115469 • |
| 114151 | 114155 | 114481 | 114485 | 114811 | 114815 | 115141 | 115145 | 115471 • | 115475 |
| 114157 • | 114161 • | 114487 • | 114491 | 114817 | 114821 | 115147 | 115151 • | 115477 | 115481 |
| 114163 | 114167 • | 114493 • | 114497 | 114823 | 114827 • | 115153 • | 115157 | 115483 | 115487 |
| 114169 | 114173 | 114499 | 114503 | 114829 | 114833 • | 115159 | 115163 • | 115489 | 115493 |
| 114175 | 114179 | 114505 | 114509 | 114835 | 114839 | 115165 | 115169 | 115495 | 115499 • |

| | | | | | | | | | |
|---|---|---|---|---|---|---|---|---|---|
| 115501 | 115505 | 115831 • | 115835 | 116161 | 116165 | 116491 • | 116495 | 116821 | 116825 |
| 115507 | 115511 | 115837 • | 115841 | 116167 • | 116171 | 116497 | 116501 | 116827 • | 116831 |
| 115513 • | 115517 | 115843 | 115847 | 116173 | 116177 • | 116503 | 116507 • | 116833 • | 116837 |
| 115519 | 115523 • | 115849 • | 115853 • | 116179 | 116183 | 116509 | 116513 | 116839 | 116843 |
| 115525 | 115529 | 115855 | 115859 • | 116185 | 116189 • | 116515 | 116519 | 116845 | 116849 • |
| 115531 | 115535 | 115861 • | 115865 | 116191 • | 116195 | 116521 | 116525 | 116851 | 116855 |
| 115537 | 115541 | 115867 | 115871 | 116197 | 116201 • | 116527 | 116531 • | 116857 | 116861 |
| 115543 | 115547 • | 115873 • | 115877 • | 116203 | 116207 | 116533 • | 116537 • | 116863 | 116867 • |
| 115549 | 115553 • | 115879 • | 115883 • | 116209 | 116213 | 116539 • | 116543 | 116869 | 116873 |
| 115555 | 115559 | 115885 | 115889 | 116215 | 116219 | 116545 | 116549 • | 116875 | 116879 |
| 115561 • | 115565 | 115891 • | 115895 | 116221 | 116225 | 116551 | 116555 | 116881 • | 116885 |
| 115567 | 115571 • | 115897 | 115901 • | 116227 | 116231 | 116557 | 116561 | 116887 | 116891 |
| 115573 | 115577 | 115903 • | 115907 | 116233 | 116237 | 116563 | 116567 | 116893 | 116897 |
| 115579 | 115583 | 115909 | 115913 | 116239 • | 116243 • | 116569 | 116573 | 116899 | 116903 • |
| 115585 | 115589 • | 115915 | 115919 | 116245 | 116249 | 116575 | 116579 • | 116905 | 116909 |
| 115591 | 115595 | 115921 | 115925 | 116251 | 116255 | 116581 | 116585 | 116911 • | 116915 |
| 115597 • | 115601 • | 115927 | 115931 • | 116257 • | 116261 | 116587 | 116591 | 116917 | 116921 |
| 115603 • | 115607 | 115933 • | 115937 | 116263 | 116267 | 116593 • | 116597 | 116923 • | 116927 • |
| 115609 | 115613 • | 115939 | 115943 | 116269 • | 116273 • | 116599 | 116603 | 116929 • | 116933 • |
| 115615 | 115619 | 115945 | 115949 | 116275 | 116279 • | 116605 | 116609 | 116935 | 116939 |
| 115621 | 115625 | 115951 | 115955 | 116281 | 116285 | 116611 | 116615 | 116941 | 116945 |
| 115627 | 115631 • | 115957 | 115961 | 116287 | 116291 | 116617 | 116621 | 116947 | 116951 |
| 115633 | 115637 • | 115963 • | 115967 | 116293 • | 116297 | 116623 | 116627 | 116953 • | 116957 |
| 115639 | 115643 | 115969 | 115973 | 116299 | 116303 | 116629 | 116633 | 116959 • | 116963 |
| 115645 | 115649 | 115975 | 115979 • | 116305 | 116309 | 116635 | 116639 • | 116965 | 116969 • |
| 115651 | 115655 | 115981 • | 115985 | 116311 | 116315 | 116641 | 116645 | 116971 | 116975 |
| 115657 • | 115661 | 115987 • | 115991 | 116317 | 116321 | 116647 | 116651 | 116977 | 116981 • |
| 115663 • | 115667 | 115993 | 115997 | 116323 | 116327 | 116653 | 116657 • | 116983 | 116987 |
| 115669 | 115673 | 115999 | 116003 | 116329 • | 116333 | 116659 | 116663 • | 116989 • | 116993 • |
| 115675 | 115679 • | 116005 | 116009 | 116335 | 116339 | 116665 | 116669 | 116995 | 116999 |
| 115681 | 115685 | 116011 | 116015 | 116341 • | 116345 | 116671 | 116675 | 117001 | 117005 |
| 115687 | 115691 | 116017 | 116021 | 116347 | 116351 • | 116677 | 116681 • | 117007 | 117011 |
| 115693 • | 115697 | 116023 | 116027 • | 116353 | 116357 | 116683 | 116687 • | 117013 | 117017 • |
| 115699 | 115703 | 116029 | 116033 | 116359 • | 116363 | 116689 • | 116693 | 117019 | 117023 • |
| 115705 | 115709 | 116035 | 116039 | 116365 | 116369 | 116695 | 116699 | 117025 | 117029 |
| 115711 | 115715 | 116041 • | 116045 | 116371 • | 116375 | 116701 | 116705 | 117031 | 117035 |
| 115717 | 115721 | 116047 • | 116051 | 116377 | 116381 • | 116707 • | 116711 | 117037 • | 117041 • |
| 115723 | 115727 • | 116053 | 116057 | 116383 | 116387 • | 116713 | 116717 | 117043 • | 117047 |
| 115729 | 115733 • | 116059 | 116063 | 116389 | 116393 | 116719 • | 116723 | 117049 | 117053 • |
| 115735 | 115739 | 116065 | 116069 | 116395 | 116399 | 116725 | 116729 | 117055 | 117059 |
| 115741 • | 115745 | 116071 | 116075 | 116401 | 116405 | 116731 • | 116735 | 117061 | 117065 |
| 115747 | 115751 • | 116077 | 116081 | 116407 | 116411 • | 116737 | 116741 • | 117067 | 117071 • |
| 115753 | 115757 • | 116083 | 116087 | 116413 | 116417 | 116743 | 116747 • | 117073 | 117077 |
| 115759 | 115763 • | 116089 • | 116093 | 116419 | 116423 • | 116749 | 116753 | 117079 | 117083 |
| 115765 | 115769 • | 116095 | 116099 • | 116425 | 116429 | 116755 | 116759 | 117085 | 117089 |
| 115771 • | 115775 | 116101 • | 116105 | 116431 | 116435 | 116761 | 116765 | 117091 | 117095 |
| 115777 • | 115781 • | 116107 • | 116111 | 116437 • | 116441 | 116767 | 116771 | 117097 | 117101 • |
| 115783 • | 115787 | 116113 • | 116117 | 116443 • | 116447 • | 116773 | 116777 | 117103 | 117107 |
| 115789 | 115793 • | 116119 | 116123 | 116449 | 116453 | 116779 | 116783 | 117109 • | 117113 |
| 115795 | 115799 | 116125 | 116129 | 116455 | 116459 | 116785 | 116789 • | 117115 | 117119 • |
| 115801 | 115805 | 116131 • | 116135 | 116461 • | 116465 | 116791 • | 116795 | 117121 | 117125 |
| 115807 • | 115811 • | 116137 | 116141 • | 116467 | 116471 • | 116797 • | 116801 | 117127 • | 117131 |
| 115813 | 115817 | 116143 | 116147 | 116473 | 116477 | 116803 • | 116807 | 117133 • | 117137 |
| 115819 | 115823 • | 116149 | 116153 | 116479 | 116483 • | 116809 | 116813 | 117139 | 117143 |
| 115825 | 115829 | 116155 | 116159 • | 116485 | 116489 | 116815 | 116819 • | 117145 | 117149 |

| | | | | | | | | | |
|---|---|---|---|---|---|---|---|---|---|
| 117151 | 117155 | 117481 | 117485 | 117811 • | 117815 | 118141 | 118145 | 118471 • | 118475 |
| 117157 | 117161 | 117487 | 117491 | 117817 | 117821 | 118147 • | 118151 | 118477 | 118481 |
| 117163 • | 117167 • | 117493 | 117497 • | 117823 | 117827 | 118153 | 118157 | 118483 | 118487 |
| 117169 | 117173 | 117499 • | 117503 • | 117829 | 117833 • | 118159 | 118163 • | 118489 | 118493 • |
| 117175 | 117179 | 117505 | 117509 | 117835 | 117839 • | 118165 | 118169 • | 118495 | 118499 |
| 117181 | 117185 | 117511 • | 117515 | 117841 • | 117845 | 118171 • | 118175 | 118501 | 118505 |
| 117187 | 117191 • | 117517 • | 117521 | 117847 | 117851 • | 118177 | 118181 | 118507 | 118511 |
| 117193 • | 117197 | 117523 | 117527 | 117853 | 117857 | 118183 | 118187 | 118513 | 118517 |
| 117199 | 117203 • | 117529 • | 117533 | 117859 | 117863 | 118189 • | 118193 | 118519 | 118523 |
| 117205 | 117209 • | 117535 | 117539 • | 117865 | 117869 | 118195 | 118199 | 118525 | 118529 • |
| 117211 | 117215 | 117541 • | 117545 | 117871 | 117875 | 118201 | 118205 | 118531 | 118535 |
| 117217 | 117221 | 117547 | 117551 | 117877 • | 117881 • | 118207 | 118211 • | 118537 | 118541 |
| 117223 • | 117227 | 117553 | 117557 | 117883 • | 117887 | 118213 • | 118217 | 118543 • | 118547 |
| 117229 | 117233 | 117559 | 117563 • | 117889 • | 117893 | 118219 • | 118223 | 118549 • | 118553 |
| 117235 | 117239 • | 117565 | 117569 | 117895 | 117899 • | 118225 | 118229 | 118555 | 118559 |
| 117241 • | 117245 | 117571 • | 117575 | 117901 | 117905 | 118231 | 118235 | 118561 | 118565 |
| 117247 | 117251 • | 117577 • | 117581 | 117907 | 117911 • | 118237 | 118241 | 118567 | 118571 • |
| 117253 | 117257 | 117583 | 117587 | 117913 | 117917 • | 118243 | 118247 • | 118573 | 118577 |
| 117259 • | 117263 | 117589 | 117593 | 117919 | 117923 | 118249 • | 118253 • | 118579 | 118583 |
| 117265 | 117269 • | 117595 | 117599 | 117925 | 117929 | 118255 | 118259 • | 118585 | 118589 • |
| 117271 | 117275 | 117601 | 117605 | 117931 | 117935 | 118261 | 118265 | 118591 | 118595 |
| 117277 | 117281 • | 117607 | 117611 | 117937 • | 117941 | 118267 | 118271 | 118597 | 118601 |
| 117283 | 117287 | 117613 | 117617 • | 117943 | 117947 | 118273 • | 118277 • | 118603 • | 118607 |
| 117289 | 117293 | 117619 | 117623 | 117949 | 117953 | 118279 | 118283 | 118609 | 118613 |
| 117295 | 117299 | 117625 | 117629 | 117955 | 117959 • | 118285 | 118289 | 118615 | 118619 • |
| 117301 | 117305 | 117631 | 117635 | 117961 | 117965 | 118291 | 118295 | 118621 • | 118625 |
| 117307 • | 117311 | 117637 | 117641 | 117967 | 117971 | 118297 • | 118301 | 118627 | 118631 |
| 117313 | 117317 | 117643 • | 117647 | 117973 • | 117977 • | 118303 | 118307 | 118633 • | 118637 |
| 117319 • | 117323 | 117649 | 117653 | 117979 • | 117983 | 118309 | 118313 | 118639 | 118643 |
| 117325 | 117329 • | 117655 | 117659 | 117985 | 117989 • | 118315 | 118319 | 118645 | 118649 |
| 117331 • | 117335 | 117661 | 117665 | 117991 • | 117995 | 118321 | 118325 | 118651 | 118655 |
| 117337 | 117341 | 117667 | 117671 • | 117997 | 118001 | 118327 | 118331 | 118657 | 118661 • |
| 117343 | 117347 | 117673 • | 117677 | 118003 | 118007 | 118333 | 118337 | 118663 | 118667 |
| 117349 | 117353 | 117679 • | 117683 | 118009 | 118013 | 118339 | 118343 • | 118669 • | 118673 • |
| 117355 | 117359 | 117685 | 117689 | 118015 | 118019 | 118345 | 118349 | 118675 | 118679 |
| 117361 • | 117365 | 117691 | 117695 | 118021 | 118025 | 118351 | 118355 | 118681 • | 118685 |
| 117367 | 117371 • | 117697 | 117701 • | 118027 | 118031 | 118357 | 118361 • | 118687 • | 118691 • |
| 117373 • | 117377 | 117703 • | 117707 | 118033 • | 118037 • | 118363 | 118367 | 118693 | 118697 |
| 117379 | 117383 | 117709 • | 117713 | 118039 | 118043 • | 118369 • | 118373 • | 118699 | 118703 |
| 117385 | 117389 • | 117715 | 117719 | 118045 | 118049 | 118375 | 118379 | 118705 | 118709 • |
| 117391 | 117395 | 117721 • | 117725 | 118051 | 118055 | 118381 | 118385 | 118711 | 118715 |
| 117397 | 117401 | 117727 • | 117731 • | 118057 • | 118061 • | 118387 • | 118391 | 118717 • | 118721 |
| 117403 | 117407 | 117733 | 117737 | 118063 | 118067 | 118393 | 118397 | 118723 | 118727 |
| 117409 | 117413 • | 117739 | 117743 | 118069 | 118073 | 118399 • | 118403 | 118729 | 118733 |
| 117415 | 117419 | 117745 | 117749 | 118075 | 118079 | 118405 | 118409 • | 118735 | 118739 • |
| 117421 | 117425 | 117751 • | 117755 | 118081 • | 118085 | 118411 • | 118415 | 118741 | 118745 |
| 117427 • | 117431 • | 117757 • | 117761 | 118087 | 118091 | 118417 | 118421 | 118747 • | 118751 • |
| 117433 | 117437 • | 117763 • | 117767 | 118093 • | 118097 | 118423 • | 118427 | 118753 | 118757 • |
| 117439 | 117443 • | 117769 | 117773 • | 118099 | 118103 | 118429 • | 118433 | 118759 | 118763 |
| 117445 | 117449 | 117775 | 117779 • | 118105 | 118109 | 118435 | 118439 | 118765 | 118769 |
| 117451 | 117455 | 117781 | 117785 | 118111 | 118115 | 118441 | 118445 | 118771 | 118775 |
| 117457 | 117461 | 117787 • | 117791 | 118117 | 118121 | 118447 | 118451 | 118777 | 118781 |
| 117463 | 117467 | 117793 | 117797 • | 118123 | 118127 • | 118453 • | 118457 • | 118783 | 118787 • |
| 117469 | 117473 | 117799 | 117803 | 118129 | 118133 | 118459 | 118463 • | 118789 | 118793 |
| 117475 | 117479 | 117805 | 117809 • | 118135 | 118139 | 118465 | 118469 | 118795 | 118799 • |

| | | | | | | | | | |
|---|---|---|---|---|---|---|---|---|---|
| 118801 • | 118805 | 119131 • | 119135 | 119461 | 119465 | 119791 | 119795 | 120121 • | 120125 |
| 118807 | 118811 | 119137 | 119141 | 119467 | 119471 | 119797 • | 119801 | 120127 | 120131 |
| 118813 | 118817 | 119143 | 119147 | 119473 | 119477 | 119803 | 119807 | 120133 | 120137 |
| 118819 • | 118823 | 119149 | 119153 | 119479 | 119483 | 119809 • | 119813 • | 120139 | 120143 |
| 118825 | 118829 | 119155 | 119159 • | 119485 | 119489 • | 119815 | 119819 | 120145 | 120149 |
| 118831 • | 118835 | 119161 | 119165 | 119491 | 119495 | 119821 | 119825 | 120151 | 120155 |
| 118837 | 118841 | 119167 | 119171 | 119497 | 119501 | 119827 • | 119831 • | 120157 • | 120161 |
| 118843 • | 118847 | 119173 • | 119177 | 119503 • | 119507 | 119833 | 119837 | 120163 • | 120167 • |
| 118849 | 118853 | 119179 • | 119183 • | 119509 | 119513 • | 119839 • | 119843 | 120169 | 120173 |
| 118855 | 118859 | 119185 | 119189 | 119515 | 119519 | 119845 | 119849 • | 120175 | 120179 |
| 118861 • | 118865 | 119191 • | 119195 | 119521 | 119525 | 119851 • | 119855 | 120181 • | 120185 |
| 118867 | 118871 | 119197 | 119201 | 119527 | 119531 | 119857 | 119861 | 120187 | 120191 |
| 118873 • | 118877 | 119203 | 119207 | 119533 • | 119537 | 119863 | 119867 | 120193 • | 120197 |
| 118879 | 118883 | 119209 | 119213 | 119539 | 119543 | 119869 • | 119873 | 120199 • | 120203 |
| 118885 | 118889 | 119215 | 119219 | 119545 | 119549 • | 119875 | 119879 | 120205 | 120209 • |
| 118891 • | 118895 | 119221 | 119225 | 119551 • | 119555 | 119881 • | 119885 | 120211 | 120215 |
| 118897 • | 118901 • | 119227 • | 119231 | 119557 • | 119561 | 119887 | 119891 • | 120217 | 120221 |
| 118903 • | 118907 • | 119233 • | 119237 • | 119563 • | 119567 | 119893 | 119897 | 120223 • | 120227 |
| 118909 | 118913 • | 119239 | 119243 • | 119569 • | 119573 | 119899 | 119903 | 120229 | 120233 • |
| 118915 | 118919 | 119245 | 119249 | 119575 | 119579 | 119905 | 119909 | 120235 | 120239 |
| 118921 | 118925 | 119251 | 119255 | 119581 | 119585 | 119911 | 119915 | 120241 | 120245 |
| 118927 • | 118931 • | 119257 | 119261 | 119587 | 119591 • | 119917 | 119921 • | 120247 • | 120251 |
| 118933 | 118937 | 119263 | 119267 • | 119593 | 119597 | 119923 • | 119927 | 120253 | 120257 |
| 118939 | 118943 | 119269 | 119273 | 119599 | 119603 | 119929 • | 119933 | 120259 | 120263 |
| 118945 | 118949 | 119275 | 119279 | 119605 | 119609 | 119935 | 119939 | 120265 | 120269 |
| 118951 | 118955 | 119281 | 119285 | 119611 • | 119615 | 119941 | 119945 | 120271 | 120275 |
| 118957 | 118961 | 119287 | 119291 • | 119617 • | 119621 | 119947 | 119951 • | 120277 • | 120281 |
| 118963 | 118967 • | 119293 • | 119297 • | 119623 | 119627 • | 119953 • | 119957 | 120283 • | 120287 |
| 118969 | 118973 • | 119299 • | 119303 | 119629 | 119633 • | 119959 | 119963 • | 120289 | 120293 • |
| 118975 | 118979 | 119305 | 119309 | 119635 | 119639 | 119965 | 119969 | 120295 | 120299 • |
| 118981 | 118985 | 119311 • | 119315 | 119641 | 119645 | 119971 • | 119975 | 120301 | 120305 |
| 118987 | 118991 | 119317 | 119321 • | 119647 | 119651 | 119977 | 119981 • | 120307 | 120311 |
| 118993 | 118997 | 119323 | 119327 | 119653 • | 119657 • | 119983 • | 119987 | 120313 | 120317 |
| 118999 | 119003 | 119329 | 119333 | 119659 • | 119663 | 119989 | 119993 • | 120319 • | 120323 |
| 119005 | 119009 | 119335 | 119339 | 119665 | 119669 | 119995 | 119999 | 120325 | 120329 |
| 119011 | 119015 | 119341 | 119345 | 119671 • | 119675 | 120001 | 120005 | 120331 • | 120335 |
| 119017 | 119021 | 119347 | 119351 | 119677 • | 119681 | 120007 | 120011 • | 120337 | 120341 |
| 119023 | 119027 • | 119353 | 119357 | 119683 | 119687 • | 120013 | 120017 • | 120343 | 120347 |
| 119029 | 119033 • | 119359 • | 119363 • | 119689 • | 119693 | 120019 | 120023 | 120349 • | 120353 |
| 119035 | 119039 • | 119365 | 119369 | 119695 | 119699 • | 120025 | 120029 | 120355 | 120359 |
| 119041 | 119045 | 119371 | 119375 | 119701 • | 119705 | 120031 | 120035 | 120361 | 120365 |
| 119047 • | 119051 | 119377 | 119381 | 119707 | 119711 | 120037 | 120041 • | 120367 | 120371 • |
| 119053 | 119057 • | 119383 | 119387 | 119713 | 119717 | 120043 | 120047 • | 120373 | 120377 |
| 119059 | 119063 | 119389 • | 119393 | 119719 | 119723 • | 120049 • | 120053 | 120379 | 120383 • |
| 119065 | 119069 • | 119395 | 119399 | 119725 | 119729 | 120055 | 120059 | 120385 | 120389 |
| 119071 | 119075 | 119401 | 119405 | 119731 | 119735 | 120061 | 120065 | 120391 • | 120395 |
| 119077 | 119081 | 119407 | 119411 | 119737 • | 119741 | 120067 • | 120071 | 120397 • | 120401 • |
| 119083 • | 119087 • | 119413 | 119417 • | 119743 | 119747 • | 120073 | 120077 • | 120403 | 120407 |
| 119089 • | 119093 | 119419 • | 119423 | 119749 | 119753 | 120079 • | 120083 | 120409 | 120413 • |
| 119095 | 119099 • | 119425 | 119429 • | 119755 | 119759 • | 120085 | 120089 | 120415 | 120419 |
| 119101 • | 119105 | 119431 | 119435 | 119761 | 119765 | 120091 • | 120095 | 120421 | 120425 |
| 119107 • | 119111 | 119437 | 119441 | 119767 | 119771 • | 120097 • | 120101 | 120427 • | 120431 • |
| 119113 | 119117 | 119443 | 119447 • | 119773 • | 119777 | 120103 • | 120107 | 120433 | 120437 |
| 119119 | 119123 | 119449 | 119453 | 119779 | 119783 • | 120109 | 120113 | 120439 | 120443 |
| 119125 | 119129 • | 119455 | 119459 | 119785 | 119789 | 120115 | 120119 | 120445 | 120449 |

| | | | | | | | | | |
|---|---|---|---|---|---|---|---|---|---|
| 120451 | 120455 | 120781 | 120785 | 121111 | 121115 | 121441 • | 121445 | 121771 | 121775 |
| 120457 | 120461 | 120787 | 120791 | 121117 | 121121 | 121447 • | 121451 | 121777 | 121781 |
| 120463 | 120467 | 120793 | 120797 | 121123 • | 121127 | 121453 • | 121457 | 121783 | 121787 • |
| 120469 | 120473 • | 120799 | 120803 | 121129 | 121133 | 121459 | 121463 | 121789 • | 121793 |
| 120475 | 120479 | 120805 | 120809 | 121135 | 121139 • | 121465 | 121469 • | 121795 | 121799 |
| 120481 | 120485 | 120811 • | 120815 | 121141 | 121145 | 121471 | 121475 | 121801 | 121805 |
| 120487 | 120491 | 120817 • | 120821 | 121147 | 121151 • | 121477 | 121481 | 121807 | 121811 |
| 120493 | 120497 | 120823 • | 120827 | 121153 | 121157 • | 121483 | 121487 • | 121813 | 121817 |
| 120499 | 120503 • | 120829 • | 120833 • | 121159 | 121163 | 121489 | 121493 • | 121819 | 121823 |
| 120505 | 120509 | 120835 | 120839 | 121165 | 121169 • | 121495 | 121499 | 121825 | 121829 |
| 120511 • | 120515 | 120841 | 120845 | 121171 • | 121175 | 121501 • | 121505 | 121831 | 121835 |
| 120517 | 120521 | 120847 • | 120851 • | 121177 | 121181 • | 121507 • | 121511 | 121837 | 121841 |
| 120523 | 120527 | 120853 | 120857 | 121183 | 121187 | 121513 | 121517 | 121843 • | 121847 |
| 120529 | 120533 | 120859 | 120863 • | 121189 • | 121193 | 121519 | 121523 • | 121849 | 121853 • |
| 120535 | 120539 • | 120865 | 120869 | 121195 | 121199 | 121525 | 121529 | 121855 | 121859 |
| 120541 | 120545 | 120871 • | 120875 | 121201 | 121205 | 121531 • | 121535 | 121861 | 121865 |
| 120547 | 120551 • | 120877 • | 120881 | 121207 | 121211 | 121537 | 121541 | 121867 • | 121871 |
| 120553 | 120557 • | 120883 | 120887 | 121213 | 121217 | 121543 | 121547 • | 121873 | 121877 |
| 120559 | 120563 • | 120889 • | 120893 | 121219 | 121223 | 121549 | 121553 • | 121879 | 121883 • |
| 120565 | 120569 • | 120895 | 120899 • | 121225 | 121229 • | 121555 | 121559 • | 121885 | 121889 • |
| 120571 | 120575 | 120901 | 120905 | 121231 | 121235 | 121561 | 121565 | 121891 | 121895 |
| 120577 • | 120581 | 120907 • | 120911 | 121237 | 121241 | 121567 | 121571 • | 121897 | 121901 |
| 120583 | 120587 • | 120913 | 120917 • | 121243 | 121247 | 121573 | 121577 • | 121903 | 121907 |
| 120589 | 120593 | 120919 • | 120923 | 121249 | 121253 | 121579 • | 121583 | 121909 • | 121913 |
| 120595 | 120599 | 120925 | 120929 • | 121255 | 121259 • | 121585 | 121589 | 121915 | 121919 |
| 120601 | 120605 | 120931 | 120935 | 121261 | 121265 | 121591 • | 121595 | 121921 • | 121925 |
| 120607 • | 120611 | 120937 • | 120941 • | 121267 • | 121271 • | 121597 | 121601 | 121927 | 121931 • |
| 120613 | 120617 | 120943 • | 120947 • | 121273 | 121277 | 121603 | 121607 • | 121933 | 121937 • |
| 120619 • | 120623 • | 120949 | 120953 | 121279 | 121283 • | 121609 • | 121613 | 121939 | 121943 |
| 120625 | 120629 | 120955 | 120959 | 121285 | 121289 | 121615 | 121619 | 121945 | 121949 • |
| 120631 | 120635 | 120961 | 120965 | 121291 • | 121295 | 121621 • | 121625 | 121951 • | 121955 |
| 120637 | 120641 • | 120967 | 120971 | 121297 | 121301 | 121627 | 121631 • | 121957 | 121961 |
| 120643 | 120647 • | 120973 | 120977 • | 121303 | 121307 | 121633 • | 121637 • | 121963 • | 121967 • |
| 120649 | 120653 | 120979 | 120983 | 121309 • | 121313 • | 121639 | 121643 | 121969 | 121973 |
| 120655 | 120659 | 120985 | 120989 | 121315 | 121319 | 121645 | 121649 | 121975 | 121979 |
| 120661 • | 120665 | 120991 | 120995 | 121321 • | 121325 | 121651 | 121655 | 121981 | 121985 |
| 120667 | 120671 • | 120997 • | 121001 • | 121327 • | 121331 | 121657 | 121661 • | 121987 | 121991 |
| 120673 | 120677 • | 121003 | 121007 • | 121333 • | 121337 | 121663 | 121667 | 121993 • | 121997 • |
| 120679 | 120683 | 121009 | 121013 • | 121339 | 121343 • | 121669 | 121673 | 121999 | 122003 |
| 120685 | 120689 • | 121015 | 121019 • | 121345 | 121349 • | 121675 | 121679 | 122005 | 122009 |
| 120691 • | 120695 | 121021 • | 121025 | 121351 • | 121355 | 121681 | 121685 | 122011 • | 122015 |
| 120697 | 120701 | 121027 | 121031 | 121357 • | 121361 | 121687 • | 121691 | 122017 | 122021 • |
| 120703 | 120707 | 121033 | 121037 | 121363 | 121367 • | 121693 | 121697 • | 122023 | 122027 • |
| 120709 • | 120713 • | 121039 • | 121043 | 121369 • | 121373 | 121699 | 121703 | 122029 • | 122033 • |
| 120715 | 120719 | 121045 | 121049 | 121375 | 121379 • | 121705 | 121709 | 122035 | 122039 • |
| 120721 • | 120725 | 121051 | 121055 | 121381 | 121385 | 121711 • | 121715 | 122041 • | 122045 |
| 120727 | 120731 | 121057 | 121061 • | 121387 | 121391 | 121717 | 121721 • | 122047 | 122051 • |
| 120733 | 120737 • | 121063 • | 121067 • | 121393 | 121397 | 121723 | 121727 • | 122053 • | 122057 |
| 120739 • | 120743 | 121069 | 121073 | 121399 | 121403 • | 121729 | 121733 | 122059 | 122063 |
| 120745 | 120749 • | 121075 | 121079 | 121405 | 121409 | 121735 | 121739 | 122065 | 122069 • |
| 120751 | 120755 | 121081 • | 121085 | 121411 | 121415 | 121741 | 121745 | 122071 | 122075 |
| 120757 | 120761 | 121087 | 121091 | 121417 | 121421 • | 121747 | 121751 | 122077 | 122081 • |
| 120763 • | 120767 • | 121093 | 121097 | 121423 | 121427 | 121753 | 121757 | 122083 | 122087 |
| 120769 | 120773 | 121099 | 121103 | 121429 | 121433 | 121759 | 121763 • | 122089 | 122093 |
| 120775 | 120779 • | 121105 | 121109 | 121435 | 121439 • | 121765 | 121769 | 122095 | 122099 • |

| | | | | | | | | | |
|---|---|---|---|---|---|---|---|---|---|
| 122101 | 122105 | 122431 | 122435 | 122761 • | 122765 | 123091 • | 123095 | 123421 | 123425 |
| 122107 | 122111 | 122437 | 122441 | 122767 | 122771 | 123097 | 123101 | 123427 • | 123431 |
| 122113 | 122117 • | 122443 • | 122447 | 122773 | 122777 • | 123103 | 123107 | 123433 • | 123437 |
| 122119 | 122123 | 122449 • | 122453 • | 122779 | 122783 | 123109 | 123113 • | 123439 • | 123443 |
| 122125 | 122129 | 122455 | 122459 | 122785 | 122789 • | 123115 | 123119 | 123445 | 123449 • |
| 122131 • | 122135 | 122461 | 122465 | 122791 | 122795 | 123121 • | 123125 | 123451 | 123455 |
| 122137 | 122141 | 122467 | 122471 • | 122797 | 122801 | 123127 • | 123131 | 123457 • | 123461 |
| 122143 | 122147 • | 122473 | 122477 • | 122803 | 122807 | 123133 | 123137 | 123463 | 123467 |
| 122149 • | 122153 | 122479 | 122483 | 122809 | 122813 | 123139 | 123143 • | 123469 | 123473 |
| 122155 | 122159 | 122485 | 122489 • | 122815 | 122819 • | 123145 | 123149 | 123475 | 123479 • |
| 122161 | 122165 | 122491 | 122495 | 122821 | 122825 | 123151 | 123155 | 123481 | 123485 |
| 122167 • | 122171 | 122497 • | 122501 • | 122827 • | 122831 | 123157 | 123161 | 123487 | 123491 • |
| 122173 • | 122177 | 122503 • | 122507 | 122833 • | 122837 | 123163 | 123167 | 123493 • | 123497 |
| 122179 | 122183 | 122509 • | 122513 | 122839 • | 122843 | 123169 • | 123173 | 123499 • | 123503 • |
| 122185 | 122189 | 122515 | 122519 | 122845 | 122849 • | 123175 | 123179 | 123505 | 123509 |
| 122191 | 122195 | 122521 | 122525 | 122851 | 122855 | 123181 | 123185 | 123511 | 123515 |
| 122197 | 122201 • | 122527 • | 122531 | 122857 | 122861 • | 123187 | 123191 • | 123517 • | 123521 |
| 122203 • | 122207 • | 122533 • | 122537 | 122863 | 122867 • | 123193 | 123197 | 123523 | 123527 • |
| 122209 • | 122213 | 122539 | 122543 | 122869 • | 122873 | 123199 | 123203 • | 123529 | 123533 |
| 122215 | 122219 • | 122545 | 122549 | 122875 | 122879 | 123205 | 123209 • | 123535 | 123539 |
| 122221 | 122225 | 122551 | 122555 | 122881 | 122885 | 123211 | 123215 | 123541 | 123545 |
| 122227 | 122231 • | 122557 • | 122561 • | 122887 • | 122891 • | 123217 • | 123221 | 123547 • | 123551 • |
| 122233 | 122237 | 122563 | 122567 | 122893 | 122897 | 123223 | 123227 | 123553 • | 123557 |
| 122239 | 122243 | 122569 | 122573 | 122899 | 122903 | 123229 • | 123233 | 123559 | 123563 |
| 122245 | 122249 | 122575 | 122579 • | 122905 | 122909 | 123235 | 123239 • | 123565 | 123569 |
| 122251 • | 122255 | 122581 | 122585 | 122911 | 122915 | 123241 | 123245 | 123571 | 123575 |
| 122257 | 122261 | 122587 | 122591 | 122917 | 122921 • | 123247 | 123251 | 123577 | 123581 • |
| 122263 • | 122267 • | 122593 | 122597 • | 122923 | 122927 | 123253 | 123257 | 123583 • | 123587 |
| 122269 | 122273 • | 122599 • | 122603 | 122929 • | 122933 | 123259 • | 123263 | 123589 | 123593 • |
| 122275 | 122279 • | 122605 | 122609 • | 122935 | 122939 • | 123265 | 123269 • | 123595 | 123599 |
| 122281 | 122285 | 122611 • | 122615 | 122941 | 122945 | 123271 | 123275 | 123601 • | 123605 |
| 122287 | 122291 | 122617 | 122621 | 122947 | 122951 | 123277 | 123281 | 123607 | 123611 |
| 122293 | 122297 | 122623 | 122627 | 122953 • | 122957 • | 123283 | 123287 | 123613 | 123617 |
| 122299 • | 122303 | 122629 | 122633 | 122959 | 122963 • | 123289 • | 123293 | 123619 • | 123623 |
| 122305 | 122309 | 122635 | 122639 | 122965 | 122969 | 123295 | 123299 | 123625 | 123629 |
| 122311 | 122315 | 122641 | 122645 | 122971 • | 122975 | 123301 | 123305 | 123631 • | 123635 |
| 122317 | 122321 • | 122647 | 122651 • | 122977 | 122981 | 123307 • | 123311 • | 123637 • | 123641 |
| 122323 • | 122327 • | 122653 • | 122657 | 122983 | 122987 | 123313 | 123317 | 123643 | 123647 |
| 122329 | 122333 | 122659 | 122663 • | 122989 | 122993 | 123319 | 123323 • | 123649 | 123653 • |
| 122335 | 122339 | 122665 | 122669 | 122995 | 122999 | 123325 | 123329 | 123655 | 123659 |
| 122341 | 122345 | 122671 | 122675 | 123001 • | 123005 | 123331 | 123335 | 123661 • | 123665 |
| 122347 • | 122351 | 122677 | 122681 | 123007 • | 123011 | 123337 | 123341 • | 123667 • | 123671 |
| 122353 | 122357 | 122683 | 122687 | 123013 | 123017 • | 123343 | 123347 | 123673 | 123677 • |
| 122359 | 122363 • | 122689 | 122693 • | 123019 | 123023 | 123349 | 123353 | 123679 | 123683 |
| 122365 | 122369 | 122695 | 122699 | 123025 | 123029 | 123355 | 123359 | 123685 | 123689 |
| 122371 | 122375 | 122701 • | 122705 | 123031 • | 123035 | 123361 | 123365 | 123691 | 123695 |
| 122377 | 122381 | 122707 | 122711 | 123037 | 123041 | 123367 | 123371 | 123697 | 123701 • |
| 122383 | 122387 • | 122713 | 122717 | 123043 | 123047 | 123373 • | 123377 • | 123703 | 123707 • |
| 122389 • | 122393 • | 122719 • | 122723 | 123049 • | 123053 | 123379 • | 123383 | 123709 | 123713 |
| 122395 | 122399 • | 122725 | 122729 | 123055 | 123059 • | 123385 | 123389 | 123715 | 123719 • |
| 122401 • | 122405 | 122731 | 122735 | 123061 | 123065 | 123391 | 123395 | 123721 | 123725 |
| 122407 | 122411 | 122737 | 122741 • | 123067 | 123071 | 123397 • | 123401 • | 123727 • | 123731 • |
| 122413 | 122417 | 122743 • | 122747 | 123073 | 123077 • | 123403 | 123407 • | 123733 • | 123737 • |
| 122419 | 122423 | 122749 | 122753 • | 123079 | 123083 • | 123409 | 123413 | 123739 | 123743 |
| 122425 | 122429 | 122755 | 122759 | 123085 | 123089 | 123415 | 123419 • | 123745 | 123749 |

| | | | | | | | | | |
|---|---|---|---|---|---|---|---|---|---|
| 123751 | 123755 | 124081 | 124085 | 124411 | 124415 | 124741 | 124745 | 125071 | 125075 |
| 123757 • | 123761 | 124087 • | 124091 | 124417 | 124421 | 124747 | 124751 | 125077 | 125081 |
| 123763 | 123767 | 124093 | 124097 • | 124423 | 124427 • | 124753 • | 124757 | 125083 | 125087 |
| 123769 | 123773 | 124099 | 124103 | 124429 • | 124433 • | 124759 • | 124763 | 125089 | 125093 • |
| 123775 | 123779 | 124105 | 124109 | 124435 | 124439 | 124765 | 124769 • | 125095 | 125099 |
| 123781 | 123785 | 124111 | 124115 | 124441 | 124445 | 124771 • | 124775 | 125101 • | 125105 |
| 123787 • | 123791 • | 124117 | 124121 • | 124447 • | 124451 | 124777 • | 124781 • | 125107 • | 125111 |
| 123793 | 123797 | 124123 • | 124127 | 124453 | 124457 | 124783 • | 124787 | 125113 • | 125117 • |
| 123799 | 123803 • | 124129 | 124133 | 124459 • | 124463 | 124789 | 124793 • | 125119 • | 125123 |
| 123805 | 123809 | 124135 | 124139 • | 124465 | 124469 | 124795 | 124799 • | 125125 | 125129 |
| 123811 | 123815 | 124141 | 124145 | 124471 • | 124475 | 124801 | 124805 | 125131 • | 125135 |
| 123817 • | 123821 • | 124147 • | 124151 | 124477 • | 124481 | 124807 | 124811 | 125137 | 125141 • |
| 123823 | 123827 | 124153 • | 124157 | 124483 | 124487 | 124813 | 124817 | 125143 | 125147 |
| 123829 • | 123833 • | 124159 | 124163 | 124489 • | 124493 • | 124819 • | 124823 • | 125149 • | 125153 |
| 123835 | 123839 | 124165 | 124169 | 124495 | 124499 | 124825 | 124829 | 125155 | 125159 |
| 123841 | 123845 | 124171 • | 124175 | 124501 | 124505 | 124831 | 124835 | 125161 | 125165 |
| 123847 | 123851 | 124177 | 124181 • | 124507 | 124511 | 124837 | 124841 | 125167 | 125171 |
| 123853 • | 123857 | 124183 • | 124187 | 124513 • | 124517 | 124843 | 124847 • | 125173 | 125177 |
| 123859 | 123863 • | 124189 | 124193 • | 124519 | 124523 | 124849 | 124853 • | 125179 | 125183 • |
| 123865 | 123869 | 124195 | 124199 • | 124525 | 124529 • | 124855 | 124859 | 125185 | 125189 |
| 123871 | 123875 | 124201 | 124205 | 124531 | 124535 | 124861 | 124865 | 125191 | 125195 |
| 123877 | 123881 | 124207 | 124211 | 124537 | 124541 • | 124867 | 124871 | 125197 • | 125201 • |
| 123883 | 123887 • | 124213 • | 124217 | 124543 • | 124547 | 124873 | 124877 | 125203 | 125207 • |
| 123889 | 123893 | 124219 | 124223 | 124549 | 124553 | 124879 | 124883 | 125209 | 125213 |
| 123895 | 123899 | 124225 | 124229 | 124555 | 124559 | 124885 | 124889 | 125215 | 125219 • |
| 123901 | 123905 | 124231 • | 124235 | 124561 • | 124565 | 124891 | 124895 | 125221 • | 125225 |
| 123907 | 123911 • | 124237 | 124241 | 124567 • | 124571 | 124897 • | 124901 | 125227 | 125231 • |
| 123913 | 123917 | 124243 | 124247 • | 124573 | 124577 • | 124903 | 124907 • | 125233 | 125237 |
| 123919 | 123923 • | 124249 • | 124253 | 124579 | 124583 | 124909 • | 124913 | 125239 | 125243 • |
| 123925 | 123929 | 124255 | 124259 | 124585 | 124589 | 124915 | 124919 • | 125245 | 125249 |
| 123931 • | 123935 | 124261 | 124265 | 124591 | 124595 | 124921 | 124925 | 125251 | 125255 |
| 123937 | 123941 • | 124267 | 124271 | 124597 | 124601 • | 124927 | 124931 | 125257 | 125261 • |
| 123943 | 123947 | 124273 | 124277 • | 124603 | 124607 | 124933 | 124937 | 125263 | 125267 |
| 123949 | 123953 • | 124279 | 124283 | 124609 | 124613 | 124939 | 124943 | 125269 • | 125273 |
| 123955 | 123959 | 124285 | 124289 | 124615 | 124619 | 124945 | 124949 | 125275 | 125279 |
| 123961 | 123965 | 124291 • | 124295 | 124621 | 124625 | 124951 • | 124955 | 125281 | 125285 |
| 123967 | 123971 | 124297 • | 124301 • | 124627 | 124631 | 124957 | 124961 | 125287 • | 125291 |
| 123973 • | 123977 | 124303 • | 124307 | 124633 • | 124637 | 124963 | 124967 | 125293 | 125297 |
| 123979 • | 123983 • | 124309 • | 124313 | 124639 | 124643 • | 124969 | 124973 | 125299 • | 125303 • |
| 123985 | 123989 • | 124315 | 124319 | 124645 | 124649 | 124975 | 124979 • | 125305 | 125309 |
| 123991 | 123995 | 124321 | 124325 | 124651 | 124655 | 124981 • | 124985 | 125311 • | 125315 |
| 123997 • | 124001 • | 124327 | 124331 | 124657 | 124661 | 124987 • | 124991 • | 125317 | 125321 |
| 124003 | 124007 | 124333 | 124337 • | 124663 | 124667 | 124993 | 124997 | 125323 | 125327 |
| 124009 | 124013 | 124339 • | 124343 • | 124669 • | 124673 • | 124999 | 125003 • | 125329 • | 125333 |
| 124015 | 124019 | 124345 | 124349 • | 124675 | 124679 • | 125005 | 125009 | 125335 | 125339 • |
| 124021 • | 124025 | 124351 • | 124355 | 124681 | 124685 | 125011 | 125015 | 125341 | 125345 |
| 124027 | 124031 | 124357 | 124361 | 124687 | 124691 | 125017 • | 125021 | 125347 | 125351 |
| 124033 | 124037 | 124363 • | 124367 • | 124693 • | 124697 | 125023 | 125027 | 125353 • | 125357 |
| 124039 | 124043 | 124369 | 124373 | 124699 • | 124703 • | 125029 • | 125033 | 125359 | 125363 |
| 124045 | 124049 | 124375 | 124379 | 124705 | 124709 | 125035 | 125039 | 125365 | 125369 |
| 124051 | 124055 | 124381 | 124385 | 124711 | 124715 | 125041 | 125045 | 125371 • | 125375 |
| 124057 | 124061 | 124387 | 124391 | 124717 • | 124721 • | 125047 | 125051 | 125377 | 125381 |
| 124063 | 124067 • | 124393 | 124397 | 124723 | 124727 | 125053 • | 125057 | 125383 • | 125387 • |
| 124069 | 124073 | 124399 | 124403 | 124729 | 124733 | 125059 | 125063 • | 125389 | 125393 |
| 124075 | 124079 | 124405 | 124409 | 124735 | 124739 • | 125065 | 125069 | 125395 | 125399 • |

| | | | | | | | | | |
|---|---|---|---|---|---|---|---|---|---|
| 125401 | 125405 | 125731 • | 125735 | 126061 | 126065 | 126391 | 126395 | 126721 | 126725 |
| 125407 • | 125411 | 125737 • | 125741 | 126067 • | 126071 | 126397 • | 126401 | 126727 | 126731 |
| 125413 | 125417 | 125743 • | 125747 | 126073 | 126077 | 126403 | 126407 | 126733 • | 126737 |
| 125419 | 125423 • | 125749 | 125753 • | 126079 • | 126083 | 126409 | 126413 | 126739 • | 126743 • |
| 125425 | 125429 • | 125755 | 125759 | 126085 | 126089 | 126415 | 126419 | 126745 | 126749 |
| 125431 | 125435 | 125761 | 125765 | 126091 | 126095 | 126421 • | 126425 | 126751 • | 126755 |
| 125437 | 125441 • | 125767 | 125771 | 126097 • | 126101 | 126427 | 126431 | 126757 • | 126761 • |
| 125443 | 125447 | 125773 | 125777 • | 126103 | 126107 • | 126433 • | 126437 | 126763 | 126767 |
| 125449 | 125453 • | 125779 | 125783 | 126109 | 126113 | 126439 | 126443 • | 126769 | 126773 |
| 125455 | 125459 | 125785 | 125789 • | 126115 | 126119 | 126445 | 126449 | 126775 | 126779 |
| 125461 | 125465 | 125791 • | 125795 | 126121 | 126125 | 126451 | 126455 | 126781 • | 126785 |
| 125467 | 125471 • | 125797 | 125801 | 126127 • | 126131 • | 126457 • | 126461 • | 126787 | 126791 |
| 125473 | 125477 | 125803 • | 125807 | 126133 | 126137 | 126463 | 126467 | 126793 | 126797 |
| 125479 | 125483 | 125809 | 125813 • | 126139 | 126143 • | 126469 | 126473 • | 126799 | 126803 |
| 125485 | 125489 | 125815 | 125819 | 126145 | 126149 | 126475 | 126479 | 126805 | 126809 |
| 125491 | 125495 | 125821 • | 125825 | 126151 • | 126155 | 126481 • | 126485 | 126811 | 126815 |
| 125497 • | 125501 | 125827 | 125831 | 126157 | 126161 | 126487 • | 126491 • | 126817 | 126821 |
| 125503 | 125507 • | 125833 | 125837 | 126163 | 126167 | 126493 • | 126497 | 126823 • | 126827 • |
| 125509 • | 125513 | 125839 | 125843 | 126169 | 126173 • | 126499 • | 126503 | 126829 | 126833 |
| 125515 | 125519 | 125845 | 125849 | 126175 | 126179 | 126505 | 126509 | 126835 | 126839 • |
| 125521 | 125525 | 125851 | 125855 | 126181 | 126185 | 126511 | 126515 | 126841 | 126845 |
| 125527 • | 125531 | 125857 | 125861 | 126187 | 126191 | 126517 • | 126521 | 126847 | 126851 • |
| 125533 | 125537 | 125863 • | 125867 | 126193 | 126197 | 126523 | 126527 | 126853 | 126857 • |
| 125539 • | 125543 | 125869 | 125873 | 126199 • | 126203 | 126529 | 126533 | 126859 • | 126863 |
| 125545 | 125549 | 125875 | 125879 | 126205 | 126209 | 126535 | 126539 | 126865 | 126869 |
| 125551 • | 125555 | 125881 | 125885 | 126211 • | 126215 | 126541 • | 126545 | 126871 | 126875 |
| 125557 | 125561 | 125887 • | 125891 | 126217 | 126221 | 126547 • | 126551 • | 126877 | 126881 |
| 125563 | 125567 | 125893 | 125897 • | 126223 • | 126227 • | 126553 | 126557 | 126883 | 126887 |
| 125569 | 125573 | 125899 • | 125903 | 126229 • | 126233 • | 126559 | 126563 | 126889 | 126893 |
| 125575 | 125579 | 125905 | 125909 | 126235 | 126239 | 126565 | 126569 | 126895 | 126899 |
| 125581 | 125585 | 125911 | 125915 | 126241 • | 126245 | 126571 | 126575 | 126901 | 126905 |
| 125587 | 125591 • | 125917 | 125921 • | 126247 | 126251 | 126577 | 126581 | 126907 | 126911 |
| 125593 | 125597 • | 125923 | 125927 • | 126253 | 126257 • | 126583 • | 126587 | 126913 • | 126917 |
| 125599 | 125603 | 125929 • | 125933 • | 126259 | 126263 | 126589 | 126593 | 126919 | 126923 • |
| 125605 | 125609 | 125935 | 125939 | 126265 | 126269 | 126595 | 126599 | 126925 | 126929 |
| 125611 | 125615 | 125941 • | 125945 | 126271 • | 126275 | 126601 • | 126605 | 126931 | 126935 |
| 125617 • | 125621 • | 125947 | 125951 | 126277 | 126281 | 126607 | 126611 • | 126937 | 126941 |
| 125623 | 125627 • | 125953 | 125957 | 126283 | 126287 | 126613 • | 126617 | 126943 • | 126947 |
| 125629 | 125633 | 125959 • | 125963 • | 126289 | 126293 | 126619 | 126623 | 126949 • | 126953 |
| 125635 | 125639 • | 125965 | 125969 | 126295 | 126299 | 126625 | 126629 | 126955 | 126959 |
| 125641 • | 125645 | 125971 | 125975 | 126301 | 126305 | 126631 • | 126635 | 126961 • | 126965 |
| 125647 | 125651 • | 125977 | 125981 | 126307 • | 126311 • | 126637 | 126641 • | 126967 • | 126971 |
| 125653 | 125657 | 125983 | 125987 | 126313 | 126317 • | 126643 | 126647 | 126973 | 126977 |
| 125659 • | 125663 | 125989 | 125993 | 126319 | 126323 • | 126649 | 126653 • | 126979 | 126983 |
| 125665 | 125669 • | 125995 | 125999 | 126325 | 126329 | 126655 | 126659 | 126985 | 126989 • |
| 125671 | 125675 | 126001 • | 126005 | 126331 | 126335 | 126661 | 126665 | 126991 | 126995 |
| 125677 | 125681 | 126007 | 126011 • | 126337 • | 126341 • | 126667 | 126671 | 126997 | 127001 |
| 125683 • | 125687 • | 126013 • | 126017 | 126343 | 126347 | 126673 | 126677 | 127003 | 127007 |
| 125689 | 125693 • | 126019 • | 126023 • | 126349 • | 126353 | 126679 | 126683 • | 127009 | 127013 |
| 125695 | 125699 | 126025 | 126029 | 126355 | 126359 • | 126685 | 126689 | 127015 | 127019 |
| 125701 | 125705 | 126031 • | 126035 | 126361 | 126365 | 126691 • | 126695 | 127021 | 127025 |
| 125707 • | 125711 • | 126037 • | 126041 • | 126367 | 126371 | 126697 | 126701 | 127027 | 127031 • |
| 125713 | 125717 • | 126043 | 126047 • | 126373 | 126377 | 126703 • | 126707 | 127033 • | 127037 • |
| 125719 | 125723 | 126049 | 126053 | 126379 | 126383 | 126709 | 126713 • | 127039 | 127043 |
| 125725 | 125729 | 126055 | 126059 | 126385 | 126389 | 126715 | 126719 • | 127045 | 127049 |

| | | | | | | | | | |
|---|---|---|---|---|---|---|---|---|---|
| 127051 • | 127055 | 127381 | 127385 | 127711 • | 127715 | 128041 | 128045 | 128371 | 128375 |
| 127057 | 127061 | 127387 | 127391 | 127717 • | 127721 | 128047 • | 128051 | 128377 • | 128381 |
| 127063 | 127067 | 127393 | 127397 | 127723 | 127727 | 128053 • | 128057 | 128383 | 128387 |
| 127069 | 127073 | 127399 • | 127403 • | 127729 | 127733 • | 128059 | 128063 | 128389 • | 128393 • |
| 127075 | 127079 • | 127405 | 127409 | 127735 | 127739 • | 128065 | 128069 | 128395 | 128399 • |
| 127081 • | 127085 | 127411 | 127415 | 127741 | 127745 | 128071 | 128075 | 128401 | 128405 |
| 127087 | 127091 | 127417 | 127421 | 127747 • | 127751 | 128077 | 128081 | 128407 | 128411 • |
| 127093 | 127097 | 127423 • | 127427 | 127753 | 127757 | 128083 | 128087 | 128413 • | 128417 |
| 127099 | 127103 • | 127429 | 127433 | 127759 | 127763 • | 128089 | 128093 | 128419 | 128423 |
| 127105 | 127109 | 127435 | 127439 | 127765 | 127769 | 128095 | 128099 • | 128425 | 128429 |
| 127111 | 127115 | 127441 | 127445 | 127771 | 127775 | 128101 | 128105 | 128431 | 128435 |
| 127117 | 127121 | 127447 • | 127451 | 127777 | 127781 • | 128107 | 128111 • | 128437 • | 128441 |
| 127123 • | 127127 | 127453 • | 127457 | 127783 | 127787 | 128113 • | 128117 | 128443 | 128447 |
| 127129 | 127133 • | 127459 | 127463 | 127789 | 127793 | 128119 • | 128123 | 128449 • | 128453 |
| 127135 | 127139 • | 127465 | 127469 | 127795 | 127799 | 128125 | 128129 | 128455 | 128459 |
| 127141 | 127145 | 127471 | 127475 | 127801 | 127805 | 128131 | 128135 | 128461 • | 128465 |
| 127147 | 127151 | 127477 | 127481 • | 127807 • | 127811 | 128137 | 128141 | 128467 • | 128471 |
| 127153 | 127157 • | 127483 | 127487 • | 127813 | 127817 • | 128143 | 128147 • | 128473 • | 128477 • |
| 127159 | 127163 • | 127489 | 127493 • | 127819 • | 127823 | 128149 | 128153 • | 128479 | 128483 • |
| 127165 | 127169 | 127495 | 127499 | 127825 | 127829 | 128155 | 128159 • | 128485 | 128489 • |
| 127171 | 127175 | 127501 | 127505 | 127831 | 127835 | 128161 | 128165 | 128491 | 128495 |
| 127177 | 127181 | 127507 • | 127511 | 127837 • | 127841 | 128167 | 128171 | 128497 | 128501 |
| 127183 | 127187 | 127513 | 127517 | 127843 • | 127847 | 128173 • | 128177 | 128503 | 128507 |
| 127189 • | 127193 | 127519 | 127523 | 127849 • | 127853 | 128179 | 128183 | 128509 • | 128513 |
| 127195 | 127199 | 127525 | 127529 • | 127855 | 127859 • | 128185 | 128189 • | 128515 | 128519 • |
| 127201 | 127205 | 127531 | 127535 | 127861 | 127865 | 128191 | 128195 | 128521 • | 128525 |
| 127207 • | 127211 | 127537 | 127541 • | 127867 • | 127871 | 128197 | 128201 • | 128527 | 128531 |
| 127213 | 127217 • | 127543 | 127547 | 127873 • | 127877 • | 128203 • | 128207 | 128533 | 128537 |
| 127219 • | 127223 | 127549 • | 127553 | 127879 | 127883 | 128209 | 128213 • | 128539 | 128543 |
| 127225 | 127229 | 127555 | 127559 | 127885 | 127889 | 128215 | 128219 | 128545 | 128549 • |
| 127231 | 127235 | 127561 | 127565 | 127891 | 127895 | 128221 • | 128225 | 128551 • | 128555 |
| 127237 | 127241 • | 127567 | 127571 | 127897 | 127901 | 128227 | 128231 | 128557 | 128561 |
| 127243 | 127247 • | 127573 | 127577 | 127903 | 127907 | 128233 | 128237 • | 128563 • | 128567 |
| 127249 • | 127253 | 127579 • | 127583 • | 127909 | 127913 • | 128239 • | 128243 | 128569 | 128573 |
| 127255 | 127259 | 127585 | 127589 | 127915 | 127919 | 128245 | 128249 | 128575 | 128579 |
| 127261 • | 127265 | 127591 • | 127595 | 127921 • | 127925 | 128251 | 128255 | 128581 | 128585 |
| 127267 | 127271 • | 127597 • | 127601 • | 127927 | 127931 • | 128257 • | 128261 | 128587 | 128591 • |
| 127273 | 127277 • | 127603 | 127607 • | 127933 | 127937 | 128263 | 128267 | 128593 | 128597 |
| 127279 | 127283 | 127609 • | 127613 | 127939 | 127943 | 128269 | 128273 • | 128599 • | 128603 • |
| 127285 | 127289 • | 127615 | 127619 | 127945 | 127949 | 128275 | 128279 | 128605 | 128609 |
| 127291 • | 127295 | 127621 | 127625 | 127951 • | 127955 | 128281 | 128285 | 128611 | 128615 |
| 127297 • | 127301 • | 127627 | 127631 | 127957 | 127961 | 128287 • | 128291 • | 128617 | 128621 • |
| 127303 | 127307 | 127633 | 127637 • | 127963 | 127967 | 128293 | 128297 | 128623 | 128627 |
| 127309 | 127313 | 127639 | 127643 • | 127969 | 127973 • | 128299 | 128303 | 128629 • | 128633 |
| 127315 | 127319 | 127645 | 127649 • | 127975 | 127979 • | 128305 | 128309 | 128635 | 128639 |
| 127321 • | 127325 | 127651 | 127655 | 127981 | 127985 | 128311 • | 128315 | 128641 | 128645 |
| 127327 | 127331 • | 127657 • | 127661 | 127987 | 127991 | 128317 | 128321 • | 128647 | 128651 |
| 127333 | 127337 | 127663 • | 127667 | 127993 | 127997 • | 128323 | 128327 • | 128653 | 128657 • |
| 127339 | 127343 • | 127669 • | 127673 | 127999 | 128003 | 128329 | 128333 | 128659 • | 128663 • |
| 127345 | 127349 | 127675 | 127679 • | 128005 | 128009 | 128335 | 128339 • | 128665 | 128669 • |
| 127351 | 127355 | 127681 • | 127685 | 128011 | 128015 | 128341 • | 128345 | 128671 | 128675 |
| 127357 | 127361 | 127687 | 127691 • | 128017 | 128021 • | 128347 • | 128351 | 128677 • | 128681 |
| 127363 • | 127367 | 127693 | 127697 | 128023 | 128027 | 128353 | 128357 | 128683 • | 128687 |
| 127369 | 127373 • | 127699 | 127703 • | 128029 | 128033 • | 128359 | 128363 | 128689 | 128693 • |
| 127375 | 127379 | 127705 | 127709 • | 128035 | 128039 | 128365 | 128369 | 128695 | 128699 |

| | | | | | | | | | |
|---|---|---|---|---|---|---|---|---|---|
| 128701 | 128705 | 129031 | 129035 | 129361 • | 129365 | 129691 | 129695 | 130021 • | 130025 |
| 128707 | 128711 | 129037 • | 129041 | 129367 | 129371 | 129697 | 129701 | 130027 • | 130031 |
| 128713 | 128717 • | 129043 | 129047 | 129373 | 129377 | 129703 | 129707 • | 130033 | 130037 |
| 128719 | 128723 | 129049 • | 129053 | 129379 • | 129383 | 129709 | 129713 | 130039 | 130043 • |
| 128725 | 128729 | 129055 | 129059 | 129385 | 129389 | 129715 | 129719 • | 130045 | 130049 |
| 128731 | 128735 | 129061 • | 129065 | 129391 | 129395 | 129721 | 129725 | 130051 • | 130055 |
| 128737 | 128741 | 129067 | 129071 | 129397 | 129401 • | 129727 | 129731 | 130057 • | 130061 |
| 128743 | 128747 • | 129073 | 129077 | 129403 • | 129407 | 129733 • | 129737 • | 130063 | 130067 |
| 128749 • | 128753 | 129079 | 129083 • | 129409 | 129413 | 129739 | 129743 | 130069 • | 130073 • |
| 128755 | 128759 | 129085 | 129089 • | 129415 | 129419 • | 129745 | 129749 • | 130075 | 130079 • |
| 128761 • | 128765 | 129091 | 129095 | 129421 | 129425 | 129751 | 129755 | 130081 | 130085 |
| 128767 • | 128771 | 129097 • | 129101 | 129427 | 129431 | 129757 • | 129761 | 130087 • | 130091 |
| 128773 | 128777 | 129103 | 129107 | 129433 | 129437 | 129763 • | 129767 | 130093 | 130097 |
| 128779 | 128783 | 129109 | 129113 • | 129439 • | 129443 • | 129769 • | 129773 | 130099 • | 130103 |
| 128785 | 128789 | 129115 | 129119 • | 129445 | 129449 • | 129775 | 129779 | 130105 | 130109 |
| 128791 | 128795 | 129121 • | 129125 | 129451 | 129455 | 129781 | 129785 | 130111 | 130115 |
| 128797 | 128801 | 129127 • | 129131 | 129457 • | 129461 • | 129787 | 129791 | 130117 | 130121 • |
| 128803 | 128807 | 129133 | 129137 | 129463 | 129467 | 129793 • | 129797 | 130123 | 130127 • |
| 128809 | 128813 • | 129139 | 129143 | 129469 • | 129473 | 129799 | 129803 • | 130129 | 130133 |
| 128815 | 128819 • | 129145 | 129149 | 129475 | 129479 | 129805 | 129809 | 130135 | 130139 |
| 128821 | 128825 | 129151 | 129155 | 129481 | 129485 | 129811 | 129815 | 130141 | 130145 |
| 128827 | 128831 • | 129157 | 129161 | 129487 | 129491 • | 129817 | 129821 | 130147 • | 130151 |
| 128833 • | 128837 • | 129163 | 129167 | 129493 | 129497 • | 129823 | 129827 | 130153 | 130157 |
| 128839 | 128843 | 129169 • | 129173 | 129499 • | 129503 | 129829 | 129833 | 130159 | 130163 |
| 128845 | 128849 | 129175 | 129179 | 129505 | 129509 • | 129835 | 129839 | 130165 | 130169 |
| 128851 | 128855 | 129181 | 129185 | 129511 | 129515 | 129841 • | 129845 | 130171 • | 130175 |
| 128857 • | 128861 • | 129187 • | 129191 | 129517 • | 129521 | 129847 | 129851 | 130177 | 130181 |
| 128863 | 128867 | 129193 • | 129197 • | 129523 | 129527 • | 129853 • | 129857 | 130183 • | 130187 |
| 128869 | 128873 • | 129199 | 129203 | 129529 • | 129533 • | 129859 | 129863 | 130189 | 130193 |
| 128875 | 128879 • | 129205 | 129209 • | 129535 | 129539 • | 129865 | 129869 | 130195 | 130199 • |
| 128881 | 128885 | 129211 | 129215 | 129541 | 129545 | 129871 | 129875 | 130201 • | 130205 |
| 128887 | 128891 | 129217 | 129221 • | 129547 | 129551 | 129877 | 129881 | 130207 | 130211 • |
| 128893 | 128897 | 129223 • | 129227 | 129553 • | 129557 | 129883 | 129887 • | 130213 | 130217 |
| 128899 | 128903 • | 129229 • | 129233 | 129559 | 129563 | 129889 | 129893 • | 130219 | 130223 • |
| 128905 | 128909 | 129235 | 129239 | 129565 | 129569 | 129895 | 129899 | 130225 | 130229 |
| 128911 | 128915 | 129241 | 129245 | 129571 | 129575 | 129901 • | 129905 | 130231 | 130235 |
| 128917 | 128921 | 129247 | 129251 | 129577 | 129581 • | 129907 | 129911 | 130237 | 130241 • |
| 128923 • | 128927 | 129253 | 129257 | 129583 | 129587 • | 129913 | 129917 • | 130243 | 130247 |
| 128929 | 128933 | 129259 | 129263 • | 129589 • | 129593 • | 129919 • | 129923 | 130249 | 130253 • |
| 128935 | 128939 • | 129265 | 129269 | 129595 | 129599 | 129925 | 129929 | 130255 | 130259 • |
| 128941 • | 128945 | 129271 | 129275 | 129601 | 129605 | 129931 | 129935 | 130261 • | 130265 |
| 128947 | 128951 • | 129277 • | 129281 • | 129607 • | 129611 | 129937 • | 129941 | 130267 • | 130271 |
| 128953 | 128957 | 129283 | 129287 • | 129613 | 129617 | 129943 | 129947 | 130273 | 130277 |
| 128959 • | 128963 | 129289 • | 129293 • | 129619 | 129623 | 129949 | 129953 • | 130279 • | 130283 |
| 128965 | 128969 • | 129295 | 129299 | 129625 | 129629 • | 129955 | 129959 • | 130285 | 130289 |
| 128971 • | 128975 | 129301 | 129305 | 129631 • | 129635 | 129961 | 129965 | 130291 | 130295 |
| 128977 | 128981 • | 129307 | 129311 | 129637 | 129641 • | 129967 • | 129971 • | 130297 | 130301 |
| 128983 • | 128987 • | 129313 • | 129317 | 129643 • | 129647 | 129973 | 129977 | 130303 • | 130307 • |
| 128989 | 128993 • | 129319 | 129323 | 129649 | 129653 | 129979 | 129983 | 130309 | 130313 |
| 128995 | 128999 | 129325 | 129329 | 129655 | 129659 | 129985 | 129989 | 130315 | 130319 |
| 129001 • | 129005 | 129331 | 129335 | 129661 | 129665 | 129991 | 129995 | 130321 | 130325 |
| 129007 | 129011 • | 129337 | 129341 • | 129667 | 129671 • | 129997 | 130001 | 130327 | 130331 |
| 129013 | 129017 | 129343 | 129347 • | 129673 | 129677 | 130003 • | 130007 | 130333 | 130337 • |
| 129019 | 129023 • | 129349 | 129353 | 129679 | 129683 | 130009 | 130013 | 130339 | 130343 • |
| 129025 | 129029 | 129355 | 129359 | 129685 | 129689 | 130015 | 130019 | 130345 | 130349 • |

| | | | | | | | | | |
|---|---|---|---|---|---|---|---|---|---|
| 130351 | 130355 | 130681 • | 130685 | 131011 • | 131015 | 131341 | 131345 | 131671 • | 131675 |
| 130357 | 130361 | 130687 • | 130691 | 131017 | 131021 | 131347 | 131351 | 131677 | 131681 |
| 130363 • | 130367 • | 130693 • | 130697 | 131023 • | 131027 | 131353 | 131357 • | 131683 | 131687 • |
| 130369 • | 130373 | 130699 • | 130703 | 131029 | 131033 | 131359 | 131363 • | 131689 | 131693 |
| 130375 | 130379 • | 130705 | 130709 | 131035 | 131039 | 131365 | 131369 | 131695 | 131699 |
| 130381 | 130385 | 130711 | 130715 | 131041 • | 131045 | 131371 • | 131375 | 131701 • | 131705 |
| 130387 | 130391 | 130717 | 130721 | 131047 | 131051 | 131377 | 131381 • | 131707 • | 131711 • |
| 130393 | 130397 | 130723 | 130727 | 131053 | 131057 | 131383 | 131387 | 131713 • | 131717 |
| 130399 • | 130403 | 130729 • | 130733 | 131059 • | 131063 • | 131389 | 131393 | 131719 | 131723 |
| 130405 | 130409 • | 130735 | 130739 | 131065 | 131069 | 131395 | 131399 | 131725 | 131729 |
| 130411 • | 130415 | 130741 | 130745 | 131071 • | 131075 | 131401 | 131405 | 131731 • | 131735 |
| 130417 | 130421 | 130747 | 130751 | 131077 | 131081 | 131407 | 131411 | 131737 | 131741 |
| 130423 • | 130427 | 130753 | 130757 | 131083 | 131087 | 131413 • | 131417 | 131743 • | 131747 |
| 130429 | 130433 | 130759 | 130763 | 131089 | 131093 | 131419 | 131423 | 131749 • | 131753 |
| 130435 | 130439 • | 130765 | 130769 • | 131095 | 131099 | 131425 | 131429 | 131755 | 131759 • |
| 130441 | 130445 | 130771 | 130775 | 131101 • | 131105 | 131431 • | 131435 | 131761 | 131765 |
| 130447 • | 130451 | 130777 | 130781 | 131107 | 131111 • | 131437 • | 131441 • | 131767 | 131771 • |
| 130453 | 130457 • | 130783 • | 130787 • | 131113 • | 131117 | 131443 | 131447 • | 131773 | 131777 • |
| 130459 | 130463 | 130789 | 130793 | 131119 | 131123 | 131449 • | 131453 | 131779 • | 131783 • |
| 130465 | 130469 • | 130795 | 130799 | 131125 | 131129 • | 131455 | 131459 | 131785 | 131789 |
| 130471 | 130475 | 130801 | 130805 | 131131 | 131135 | 131461 | 131465 | 131791 | 131795 |
| 130477 • | 130481 | 130807 • | 130811 • | 131137 | 131141 | 131467 | 131471 | 131797 • | 131801 |
| 130483 • | 130487 | 130813 | 130817 • | 131143 • | 131147 | 131473 | 131477 • | 131803 | 131807 |
| 130489 • | 130493 | 130819 | 130823 | 131149 • | 131153 | 131479 • | 131483 | 131809 | 131813 |
| 130495 | 130499 | 130825 | 130829 • | 131155 | 131159 | 131485 | 131489 • | 131815 | 131819 |
| 130501 | 130505 | 130831 | 130835 | 131161 | 131165 | 131491 | 131495 | 131821 | 131825 |
| 130507 | 130511 | 130837 | 130841 • | 131167 | 131171 • | 131497 • | 131501 • | 131827 | 131831 |
| 130513 • | 130517 • | 130843 • | 130847 | 131173 | 131177 | 131503 | 131507 • | 131833 | 131837 • |
| 130519 | 130523 • | 130849 | 130853 | 131179 | 131183 | 131509 | 131513 | 131839 • | 131843 |
| 130525 | 130529 | 130855 | 130859 • | 131185 | 131189 | 131515 | 131519 • | 131845 | 131849 • |
| 130531 • | 130535 | 130861 | 130865 | 131191 | 131195 | 131521 | 131525 | 131851 | 131855 |
| 130537 | 130541 | 130867 | 130871 | 131197 | 131201 | 131527 | 131531 | 131857 | 131861 • |
| 130543 | 130547 • | 130873 • | 130877 | 131203 • | 131207 | 131533 | 131537 | 131863 | 131867 |
| 130549 | 130553 • | 130879 | 130883 | 131209 | 131213 • | 131539 | 131543 • | 131869 | 131873 |
| 130555 | 130559 | 130885 | 130889 | 131215 | 131219 | 131545 | 131549 | 131875 | 131879 |
| 130561 | 130565 | 130891 | 130895 | 131221 • | 131225 | 131551 | 131555 | 131881 | 131885 |
| 130567 | 130571 | 130897 | 130901 | 131227 | 131231 • | 131557 | 131561 • | 131887 | 131891 • |
| 130573 | 130577 | 130903 | 130907 | 131233 | 131237 | 131563 | 131567 | 131893 • | 131897 |
| 130579 • | 130583 | 130909 | 130913 | 131239 | 131243 | 131569 | 131573 | 131899 • | 131903 |
| 130585 | 130589 • | 130915 | 130919 | 131245 | 131249 • | 131575 | 131579 | 131905 | 131909 • |
| 130591 | 130595 | 130921 | 130925 | 131251 • | 131255 | 131581 • | 131585 | 131911 | 131915 |
| 130597 | 130601 | 130927 • | 130931 | 131257 | 131261 | 131587 | 131591 • | 131917 | 131921 |
| 130603 | 130607 | 130933 | 130937 | 131263 | 131267 • | 131593 | 131597 | 131923 | 131927 • |
| 130609 | 130613 | 130939 | 130943 | 131269 | 131273 | 131599 | 131603 | 131929 | 131933 • |
| 130615 | 130619 • | 130945 | 130949 | 131275 | 131279 | 131605 | 131609 | 131935 | 131939 • |
| 130621 • | 130625 | 130951 | 130955 | 131281 | 131285 | 131611 • | 131615 | 131941 • | 131945 |
| 130627 | 130631 • | 130957 • | 130961 | 131287 | 131291 | 131617 • | 131621 | 131947 • | 131951 |
| 130633 • | 130637 | 130963 | 130967 | 131293 • | 131297 • | 131623 | 131627 • | 131953 | 131957 |
| 130639 • | 130643 • | 130969 • | 130973 • | 131299 | 131303 • | 131629 | 131633 | 131959 • | 131963 |
| 130645 | 130649 • | 130975 | 130979 | 131305 | 131309 | 131635 | 131639 • | 131965 | 131969 • |
| 130651 • | 130655 | 130981 • | 130985 | 131311 • | 131315 | 131641 • | 131645 | 131971 | 131975 |
| 130657 • | 130661 | 130987 • | 130991 | 131317 • | 131321 • | 131647 | 131651 | 131977 | 131981 |
| 130663 | 130667 | 130993 | 130997 | 131323 | 131327 | 131653 | 131657 | 131983 | 131987 |
| 130669 | 130673 | 130999 | 131003 | 131329 | 131333 | 131659 | 131663 | 131989 | 131993 |
| 130675 | 130679 | 131005 | 131009 • | 131335 | 131339 | 131665 | 131669 | 131995 | 131999 |

| | | | | | | | | | |
|---|---|---|---|---|---|---|---|---|---|
| 132001 • | 132005 | 132331 • | 132335 | 132661 • | 132665 | 132991 | 132995 | 133321 • | 133325 |
| 132007 | 132011 | 132337 | 132341 | 132667 • | 132671 | 132997 | 133001 | 133327 • | 133331 |
| 132013 | 132017 | 132343 | 132347 • | 132673 | 132677 | 133003 | 133007 | 133333 | 133337 • |
| 132019 • | 132023 | 132349 | 132353 | 132679 • | 132683 | 133009 | 133013 • | 133339 | 133343 |
| 132025 | 132029 | 132355 | 132359 | 132685 | 132689 • | 133015 | 133019 | 133345 | 133349 • |
| 132031 | 132035 | 132361 • | 132365 | 132691 | 132695 | 133021 | 133025 | 133351 • | 133355 |
| 132037 | 132041 | 132367 • | 132371 • | 132697 • | 132701 • | 133027 | 133031 | 133357 | 133361 |
| 132043 | 132047 • | 132373 | 132377 | 132703 | 132707 • | 133033 • | 133037 | 133363 | 133367 |
| 132049 • | 132053 | 132379 | 132383 • | 132709 • | 132713 | 133039 • | 133043 | 133369 | 133373 |
| 132055 | 132059 • | 132385 | 132389 | 132715 | 132719 | 133045 | 133049 | 133375 | 133379 • |
| 132061 | 132065 | 132391 | 132395 | 132721 • | 132725 | 133051 • | 133055 | 133381 | 133385 |
| 132067 | 132071 • | 132397 | 132401 | 132727 | 132731 | 133057 | 133061 | 133387 • | 133391 • |
| 132073 | 132077 | 132403 • | 132407 | 132733 | 132737 | 133063 | 133067 | 133393 | 133397 |
| 132079 | 132083 | 132409 • | 132413 | 132739 • | 132743 | 133069 • | 133073 • | 133399 | 133403 • |
| 132085 | 132089 | 132415 | 132419 | 132745 | 132749 • | 133075 | 133079 | 133405 | 133409 |
| 132091 | 132095 | 132421 • | 132425 | 132751 • | 132755 | 133081 | 133085 | 133411 | 133415 |
| 132097 | 132101 | 132427 | 132431 | 132757 • | 132761 • | 133087 • | 133091 | 133417 • | 133421 |
| 132103 • | 132107 | 132433 | 132437 • | 132763 • | 132767 | 133093 | 133097 • | 133423 | 133427 |
| 132109 • | 132113 • | 132439 • | 132443 | 132769 | 132773 | 133099 | 133103 • | 133429 | 133433 |
| 132115 | 132119 | 132445 | 132449 | 132775 | 132779 | 133105 | 133109 • | 133435 | 133439 • |
| 132121 | 132125 | 132451 | 132455 | 132781 | 132785 | 133111 | 133115 | 133441 | 133445 |
| 132127 | 132131 | 132457 | 132461 | 132787 | 132791 | 133117 • | 133121 • | 133447 • | 133451 • |
| 132133 | 132137 • | 132463 | 132467 | 132793 | 132797 | 133123 | 133127 | 133453 | 133457 |
| 132139 | 132143 | 132469 • | 132473 | 132799 | 132803 | 133129 | 133133 | 133459 | 133463 |
| 132145 | 132149 | 132475 | 132479 | 132805 | 132809 | 133135 | 133139 | 133465 | 133469 |
| 132151 • | 132155 | 132481 | 132485 | 132811 | 132815 | 133141 | 133145 | 133471 | 133475 |
| 132157 • | 132161 | 132487 | 132491 • | 132817 • | 132821 | 133147 | 133151 | 133477 | 133481 • |
| 132163 | 132167 | 132493 | 132497 | 132823 | 132827 | 133153 • | 133157 • | 133483 | 133487 |
| 132169 • | 132173 • | 132499 • | 132503 | 132829 | 132833 • | 133159 | 133163 | 133489 | 133493 • |
| 132175 | 132179 | 132505 | 132509 | 132835 | 132839 | 133165 | 133169 • | 133495 | 133499 • |
| 132181 | 132185 | 132511 • | 132515 | 132841 | 132845 | 133171 | 133175 | 133501 | 133505 |
| 132187 | 132191 | 132517 | 132521 | 132847 | 132851 | 133177 | 133181 | 133507 | 133511 |
| 132193 | 132197 | 132523 • | 132527 • | 132853 | 132857 • | 133183 • | 133187 • | 133513 | 133517 |
| 132199 • | 132203 | 132529 • | 132533 • | 132859 • | 132863 • | 133189 | 133193 | 133519 • | 133523 |
| 132205 | 132209 | 132535 | 132539 | 132865 | 132869 | 133195 | 133199 | 133525 | 133529 |
| 132211 | 132215 | 132541 • | 132545 | 132871 | 132875 | 133201 • | 133205 | 133531 | 133535 |
| 132217 | 132221 | 132547 • | 132551 | 132877 | 132881 | 133207 | 133211 | 133537 | 133541 • |
| 132223 | 132227 | 132553 | 132557 | 132883 | 132887 • | 133213 • | 133217 | 133543 • | 133547 |
| 132229 • | 132233 • | 132559 | 132563 | 132889 | 132893 • | 133219 | 133223 | 133549 | 133553 |
| 132235 | 132239 | 132565 | 132569 | 132895 | 132899 | 133225 | 133229 | 133555 | 133559 • |
| 132241 • | 132245 | 132571 | 132575 | 132901 | 132905 | 133231 | 133235 | 133561 | 133565 |
| 132247 • | 132251 | 132577 | 132581 | 132907 | 132911 • | 133237 | 133241 • | 133567 | 133571 • |
| 132253 | 132257 • | 132583 | 132587 | 132913 | 132917 | 133243 | 133247 | 133573 | 133577 |
| 132259 | 132263 • | 132589 • | 132593 | 132919 | 132923 | 133249 | 133253 • | 133579 | 133583 • |
| 132265 | 132269 | 132595 | 132599 | 132925 | 132929 • | 133255 | 133259 | 133585 | 133589 |
| 132271 | 132275 | 132601 | 132605 | 132931 | 132935 | 133261 • | 133265 | 133591 | 133595 |
| 132277 | 132281 | 132607 • | 132611 • | 132937 | 132941 | 133267 | 133271 • | 133597 • | 133601 |
| 132283 • | 132287 • | 132613 | 132617 | 132943 | 132947 • | 133273 | 133277 • | 133603 | 133607 |
| 132289 | 132293 | 132619 • | 132623 • | 132949 • | 132953 • | 133279 • | 133283 • | 133609 | 133613 |
| 132295 | 132299 • | 132625 | 132629 | 132955 | 132959 | 133285 | 133289 | 133615 | 133619 |
| 132301 | 132305 | 132631 • | 132635 | 132961 • | 132965 | 133291 | 133295 | 133621 | 133625 |
| 132307 | 132311 | 132637 • | 132641 | 132967 • | 132971 • | 133297 | 133301 | 133627 | 133631 • |
| 132313 • | 132317 | 132643 | 132647 • | 132973 | 132977 | 133303 • | 133307 | 133633 • | 133637 |
| 132319 | 132323 | 132649 | 132653 | 132979 | 132983 | 133309 | 133313 | 133639 | 133643 |
| 132325 | 132329 • | 132655 | 132659 | 132985 | 132989 • | 133315 | 133319 • | 133645 | 133649 • |

| | | | | | | | | | |
|---|---|---|---|---|---|---|---|---|---|
| 133651 | 133655 | 133981 • | 133985 | 134311 | 134315 | 134641 | 134645 | 134971 | 134975 |
| 133657 • | 133661 | 133987 | 133991 | 134317 | 134321 | 134647 | 134651 | 134977 | 134981 |
| 133663 | 133667 | 133993 • | 133997 | 134323 | 134327 • | 134653 | 134657 | 134983 | 134987 |
| 133669 • | 133673 • | 133999 • | 134003 | 134329 | 134333 • | 134659 | 134663 | 134989 • | 134993 |
| 133675 | 133679 | 134005 | 134009 | 134335 | 134339 • | 134665 | 134669 • | 134995 | 134999 • |
| 133681 | 133685 | 134011 | 134015 | 134341 • | 134345 | 134671 | 134675 | 135001 | 135005 |
| 133687 | 133691 • | 134017 | 134021 | 134347 | 134351 | 134677 • | 134681 • | 135007 • | 135011 |
| 133693 | 133697 • | 134023 | 134027 | 134353 • | 134357 | 134683 • | 134687 | 135013 | 135017 • |
| 133699 | 133703 | 134029 | 134033 • | 134359 • | 134363 • | 134689 | 134693 | 135019 • | 135023 |
| 133705 | 133709 • | 134035 | 134039 • | 134365 | 134369 • | 134695 | 134699 • | 135025 | 135029 • |
| 133711 • | 133715 | 134041 | 134045 | 134371 • | 134375 | 134701 | 134705 | 135031 | 135035 |
| 133717 • | 133721 | 134047 • | 134051 | 134377 | 134381 | 134707 • | 134711 | 135037 | 135041 |
| 133723 • | 133727 | 134053 • | 134057 | 134383 | 134387 | 134713 | 134717 | 135043 • | 135047 |
| 133729 | 133733 • | 134059 • | 134063 | 134389 | 134393 | 134719 | 134723 | 135049 • | 135053 |
| 133735 | 133739 | 134065 | 134069 | 134395 | 134399 • | 134725 | 134729 | 135055 | 135059 • |
| 133741 | 133745 | 134071 | 134075 | 134401 • | 134405 | 134731 • | 134735 | 135061 | 135065 |
| 133747 | 133751 | 134077 • | 134081 • | 134407 | 134411 | 134737 • | 134741 • | 135067 | 135071 |
| 133753 | 133757 | 134083 | 134087 • | 134413 | 134417 • | 134743 | 134747 | 135073 | 135077 • |
| 133759 | 133763 | 134089 • | 134093 • | 134419 | 134423 | 134749 | 134753 • | 135079 | 135083 |
| 133765 | 133769 • | 134095 | 134099 | 134425 | 134429 | 134755 | 134759 | 135085 | 135089 • |
| 133771 | 133775 | 134101 | 134105 | 134431 | 134435 | 134761 | 134765 | 135091 | 135095 |
| 133777 | 133781 • | 134107 | 134111 | 134437 • | 134441 | 134767 | 134771 | 135097 | 135101 • |
| 133783 | 133787 | 134113 | 134117 | 134443 • | 134447 | 134773 | 134777 • | 135103 | 135107 |
| 133789 | 133793 | 134119 | 134123 | 134449 | 134453 | 134779 | 134783 | 135109 | 135113 |
| 133795 | 133799 | 134125 | 134129 • | 134455 | 134459 | 134785 | 134789 • | 135115 | 135119 • |
| 133801 • | 133805 | 134131 | 134135 | 134461 | 134465 | 134791 | 134795 | 135121 | 135125 |
| 133807 | 133811 • | 134137 | 134141 | 134467 | 134471 • | 134797 | 134801 | 135127 | 135131 • |
| 133813 • | 133817 | 134143 | 134147 | 134473 | 134477 | 134803 | 134807 • | 135133 | 135137 |
| 133819 | 133823 | 134149 | 134153 • | 134479 | 134483 | 134809 | 134813 | 135139 | 135143 |
| 133825 | 133829 | 134155 | 134159 | 134485 | 134489 • | 134815 | 134819 | 135145 | 135149 |
| 133831 • | 133835 | 134161 • | 134165 | 134491 | 134495 | 134821 | 134825 | 135151 • | 135155 |
| 133837 | 133841 | 134167 | 134171 • | 134497 | 134501 | 134827 | 134831 | 135157 | 135161 |
| 133843 • | 133847 | 134173 | 134177 • | 134503 • | 134507 • | 134833 | 134837 • | 135163 | 135167 |
| 133849 | 133853 • | 134179 | 134183 | 134509 | 134513 • | 134839 • | 134843 | 135169 | 135173 • |
| 133855 | 133859 | 134185 | 134189 | 134515 | 134519 | 134845 | 134849 | 135175 | 135179 |
| 133861 | 133865 | 134191 • | 134195 | 134521 | 134525 | 134851 • | 134855 | 135181 • | 135185 |
| 133867 | 133871 | 134197 | 134201 | 134527 | 134531 | 134857 • | 134861 | 135187 | 135191 |
| 133873 • | 133877 • | 134203 | 134207 • | 134533 | 134537 | 134863 | 134867 • | 135193 • | 135197 • |
| 133879 | 133883 | 134209 | 134213 • | 134539 | 134543 | 134869 | 134873 • | 135199 | 135203 |
| 133885 | 133889 | 134215 | 134219 • | 134545 | 134549 | 134875 | 134879 | 135205 | 135209 • |
| 133891 | 133895 | 134221 | 134225 | 134551 | 134555 | 134881 | 134885 | 135211 • | 135215 |
| 133897 | 133901 | 134227 • | 134231 | 134557 | 134561 | 134887 • | 134891 | 135217 | 135221 • |
| 133903 | 133907 | 134233 | 134237 | 134563 | 134567 | 134893 | 134897 | 135223 | 135227 |
| 133909 | 133913 | 134239 | 134243 • | 134569 | 134573 | 134899 | 134903 | 135229 | 135233 |
| 133915 | 133919 • | 134245 | 134249 | 134575 | 134579 | 134905 | 134909 • | 135235 | 135239 |
| 133921 | 133925 | 134251 | 134255 | 134581 • | 134585 | 134911 | 134915 | 135241 • | 135245 |
| 133927 | 133931 | 134257 • | 134261 | 134587 • | 134591 • | 134917 • | 134921 • | 135247 | 135251 |
| 133933 | 133937 | 134263 • | 134267 | 134593 • | 134597 • | 134923 • | 134927 | 135253 | 135257 • |
| 133939 | 133943 | 134269 • | 134273 | 134599 | 134603 | 134929 | 134933 | 135259 | 135263 |
| 133945 | 133949 • | 134275 | 134279 | 134605 | 134609 • | 134935 | 134939 | 135265 | 135269 |
| 133951 | 133955 | 134281 | 134285 | 134611 | 134615 | 134941 | 134945 | 135271 • | 135275 |
| 133957 | 133961 | 134287 • | 134291 • | 134617 | 134621 | 134947 • | 134951 • | 135277 • | 135281 • |
| 133963 • | 133967 • | 134293 • | 134297 | 134623 | 134627 | 134953 | 134957 | 135283 • | 135287 |
| 133969 | 133973 | 134299 | 134303 | 134629 | 134633 | 134959 | 134963 | 135289 | 135293 |
| 133975 | 133979 • | 134305 | 134309 | 134635 | 134639 • | 134965 | 134969 | 135295 | 135299 |

| | | | | | | | | | |
|---|---|---|---|---|---|---|---|---|---|
| 135301 • | 135305 | 135631 | 135635 | 135961 | 135965 | 136291 | 136295 | 136621 • | 136625 |
| 135307 | 135311 | 135637 • | 135641 | 135967 | 135971 | 136297 | 136301 | 136627 | 136631 |
| 135313 | 135317 | 135643 | 135647 • | 135973 | 135977 • | 136303 • | 136307 | 136633 | 136637 |
| 135319 • | 135323 | 135649 • | 135653 | 135979 • | 135983 | 136309 • | 136313 | 136639 | 136643 |
| 135325 | 135329 • | 135655 | 135659 | 135985 | 135989 | 136315 | 136319 • | 136645 | 136649 • |
| 135331 | 135335 | 135661 • | 135665 | 135991 | 135995 | 136321 | 136325 | 136651 • | 136655 |
| 135337 | 135341 | 135667 | 135671 • | 135997 | 136001 | 136327 • | 136331 | 136657 • | 136661 |
| 135343 | 135347 • | 135673 | 135677 | 136003 | 136007 | 136333 • | 136337 • | 136663 | 136667 |
| 135349 • | 135353 • | 135679 | 135683 | 136009 | 136013 • | 136339 | 136343 • | 136669 | 136673 |
| 135355 | 135359 | 135685 | 135689 | 136015 | 136019 | 136345 | 136349 | 136675 | 136679 |
| 135361 | 135365 | 135691 | 135695 | 136021 | 136025 | 136351 • | 136355 | 136681 | 136685 |
| 135367 • | 135371 | 135697 • | 135701 • | 136027 • | 136031 | 136357 • | 136361 • | 136687 | 136691 • |
| 135373 | 135377 | 135703 | 135707 | 136033 • | 136037 | 136363 | 136367 | 136693 • | 136697 |
| 135379 | 135383 | 135709 | 135713 | 136039 | 136043 • | 136369 | 136373 • | 136699 | 136703 |
| 135385 | 135389 • | 135715 | 135719 • | 136045 | 136049 | 136375 | 136379 • | 136705 | 136709 • |
| 135391 • | 135395 | 135721 • | 135725 | 136051 | 136055 | 136381 | 136385 | 136711 • | 136715 |
| 135397 | 135401 | 135727 • | 135731 • | 136057 • | 136061 | 136387 | 136391 | 136717 | 136721 |
| 135403 • | 135407 | 135733 | 135737 | 136063 | 136067 • | 136393 • | 136397 • | 136723 | 136727 • |
| 135409 • | 135413 | 135739 | 135743 • | 136069 • | 136073 | 136399 • | 136403 • | 136729 | 136733 • |
| 135415 | 135419 | 135745 | 135749 | 136075 | 136079 | 136405 | 136409 | 136735 | 136739 • |
| 135421 | 135425 | 135751 | 135755 | 136081 | 136085 | 136411 | 136415 | 136741 | 136745 |
| 135427 • | 135431 • | 135757 • | 135761 | 136087 | 136091 | 136417 • | 136421 • | 136747 | 136751 • |
| 135433 • | 135437 | 135763 | 135767 | 136093 • | 136097 | 136423 | 136427 | 136753 • | 136757 |
| 135439 | 135443 | 135769 | 135773 | 136099 • | 136103 | 136429 • | 136433 | 136759 | 136763 |
| 135445 | 135449 • | 135775 | 135779 | 136105 | 136109 | 136435 | 136439 | 136765 | 136769 • |
| 135451 | 135455 | 135781 • | 135785 | 136111 • | 136115 | 136441 | 136445 | 136771 | 136775 |
| 135457 | 135461 • | 135787 • | 135791 | 136117 | 136121 | 136447 • | 136451 | 136777 • | 136781 |
| 135463 • | 135467 • | 135793 | 135797 | 136123 | 136127 | 136453 • | 136457 | 136783 | 136787 |
| 135469 • | 135473 | 135799 • | 135803 | 136129 | 136133 • | 136459 | 136463 • | 136789 | 136793 |
| 135475 | 135479 • | 135805 | 135809 | 136135 | 136139 • | 136465 | 136469 | 136795 | 136799 |
| 135481 | 135485 | 135811 | 135815 | 136141 | 136145 | 136471 • | 136475 | 136801 | 136805 |
| 135487 | 135491 | 135817 | 135821 | 136147 | 136151 | 136477 | 136481 • | 136807 | 136811 • |
| 135493 | 135497 • | 135823 | 135827 | 136153 | 136157 | 136483 • | 136487 | 136813 • | 136817 |
| 135499 | 135503 | 135829 • | 135833 | 136159 | 136163 • | 136489 | 136493 | 136819 | 136823 |
| 135505 | 135509 | 135835 | 135839 | 136165 | 136169 | 136495 | 136499 | 136825 | 136829 |
| 135511 • | 135515 | 135841 • | 135845 | 136171 | 136175 | 136501 • | 136505 | 136831 | 136835 |
| 135517 | 135521 | 135847 | 135851 • | 136177 • | 136181 | 136507 | 136511 • | 136837 | 136841 • |
| 135523 | 135527 | 135853 | 135857 | 136183 | 136187 | 136513 | 136517 | 136843 | 136847 |
| 135529 | 135533 • | 135859 • | 135863 | 136189 • | 136193 • | 136519 • | 136523 • | 136849 • | 136853 |
| 135535 | 135539 | 135865 | 135869 | 136195 | 136199 | 136525 | 136529 | 136855 | 136859 • |
| 135541 | 135545 | 135871 | 135875 | 136201 | 136205 | 136531 • | 136535 | 136861 • | 136865 |
| 135547 | 135551 | 135877 | 135881 | 136207 • | 136211 | 136537 • | 136541 • | 136867 | 136871 |
| 135553 | 135557 | 135883 | 135887 • | 136213 | 136217 • | 136543 | 136547 • | 136873 | 136877 |
| 135559 • | 135563 | 135889 | 135893 • | 136219 | 136223 • | 136549 | 136553 | 136879 • | 136883 • |
| 135565 | 135569 | 135895 | 135899 • | 136225 | 136229 | 136555 | 136559 • | 136885 | 136889 • |
| 135571 • | 135575 | 135901 | 135905 | 136231 | 136235 | 136561 | 136565 | 136891 | 136895 |
| 135577 | 135581 • | 135907 | 135911 • | 136237 • | 136241 | 136567 | 136571 | 136897 • | 136901 |
| 135583 | 135587 | 135913 • | 135917 | 136243 | 136247 • | 136573 • | 136577 | 136903 | 136907 |
| 135589 • | 135593 • | 135919 | 135923 | 136249 | 136253 | 136579 | 136583 | 136909 | 136913 |
| 135595 | 135599 • | 135925 | 135929 • | 136255 | 136259 | 136585 | 136589 | 136915 | 136919 |
| 135601 • | 135605 | 135931 | 135935 | 136261 • | 136265 | 136591 | 136595 | 136921 | 136925 |
| 135607 • | 135611 | 135937 • | 135941 | 136267 | 136271 | 136597 | 136601 • | 136927 | 136931 |
| 135613 • | 135617 • | 135943 | 135947 | 136273 • | 136277 • | 136603 • | 136607 • | 136933 | 136937 |
| 135619 | 135623 • | 135949 | 135953 | 136279 | 136283 | 136609 | 136613 | 136939 | 136943 • |
| 135625 | 135629 | 135955 | 135959 | 136285 | 136289 | 136615 | 136619 | 136945 | 136949 • |

| | | | | | | | | | |
|---|---|---|---|---|---|---|---|---|---|
| 136951 • | 136955 | 137281 | 137285 | 137611 | 137615 | 137941 • | 137945 | 138271 | 138275 |
| 136957 | 136961 | 137287 | 137291 | 137617 | 137621 | 137947 • | 137951 | 138277 | 138281 |
| 136963 • | 136967 | 137293 | 137297 | 137623 • | 137627 | 137953 | 137957 • | 138283 • | 138287 |
| 136969 | 136973 • | 137299 | 137303 • | 137629 | 137633 • | 137959 | 137963 | 138289 • | 138293 |
| 136975 | 136979 • | 137305 | 137309 | 137635 | 137639 • | 137965 | 137969 | 138295 | 138299 |
| 136981 | 136985 | 137311 | 137315 | 137641 | 137645 | 137971 | 137975 | 138301 | 138305 |
| 136987 • | 136991 • | 137317 | 137321 • | 137647 | 137651 | 137977 | 137981 | 138307 | 138311 • |
| 136993 • | 136997 | 137323 | 137327 | 137653 • | 137657 | 137983 • | 137987 | 138313 | 138317 |
| 136999 • | 137003 | 137329 | 137333 | 137659 • | 137663 | 137989 | 137993 • | 138319 • | 138323 • |
| 137005 | 137009 | 137335 | 137339 • | 137665 | 137669 | 137995 | 137999 • | 138325 | 138329 |
| 137011 | 137015 | 137341 • | 137345 | 137671 | 137675 | 138001 | 138005 | 138331 | 138335 |
| 137017 | 137021 | 137347 | 137351 | 137677 | 137681 | 138007 • | 138011 | 138337 • | 138341 |
| 137023 | 137027 | 137353 • | 137357 | 137683 | 137687 | 138013 | 138017 | 138343 | 138347 |
| 137029 • | 137033 | 137359 • | 137363 • | 137689 | 137693 | 138019 | 138023 | 138349 • | 138353 |
| 137035 | 137039 | 137365 | 137369 • | 137695 | 137699 • | 138025 | 138029 | 138355 | 138359 |
| 137041 | 137045 | 137371 | 137375 | 137701 | 137705 | 138031 | 138035 | 138361 | 138365 |
| 137047 | 137051 | 137377 | 137381 | 137707 • | 137711 | 138037 | 138041 • | 138367 | 138371 • |
| 137053 | 137057 | 137383 • | 137387 • | 137713 | 137717 | 138043 | 138047 | 138373 | 138377 |
| 137059 | 137063 | 137389 | 137393 • | 137719 | 137723 • | 138049 | 138053 • | 138379 | 138383 |
| 137065 | 137069 | 137395 | 137399 • | 137725 | 137729 | 138055 | 138059 • | 138385 | 138389 • |
| 137071 | 137075 | 137401 | 137405 | 137731 | 137735 | 138061 | 138065 | 138391 | 138395 |
| 137077 • | 137081 | 137407 | 137411 | 137737 • | 137741 | 138067 | 138071 • | 138397 | 138401 • |
| 137083 | 137087 • | 137413 • | 137417 | 137743 • | 137747 | 138073 | 138077 • | 138403 • | 138407 • |
| 137089 • | 137093 | 137419 | 137423 | 137749 | 137753 | 138079 • | 138083 | 138409 | 138413 |
| 137095 | 137099 | 137425 | 137429 | 137755 | 137759 | 138085 | 138089 | 138415 | 138419 |
| 137101 | 137105 | 137431 | 137435 | 137761 | 137765 | 138091 | 138095 | 138421 | 138425 |
| 137107 | 137111 | 137437 • | 137441 | 137767 | 137771 • | 138097 | 138101 • | 138427 • | 138431 |
| 137113 | 137117 • | 137443 • | 137447 • | 137773 | 137777 • | 138103 | 138107 • | 138433 • | 138437 |
| 137119 • | 137123 | 137449 | 137453 • | 137779 | 137783 | 138109 | 138113 • | 138439 | 138443 |
| 137125 | 137129 | 137455 | 137459 | 137785 | 137789 | 138115 | 138119 | 138445 | 138449 • |
| 137131 • | 137135 | 137461 | 137465 | 137791 • | 137795 | 138121 | 138125 | 138451 • | 138455 |
| 137137 | 137141 | 137467 | 137471 | 137797 | 137801 | 138127 | 138131 | 138457 | 138461 • |
| 137143 • | 137147 • | 137473 | 137477 • | 137803 • | 137807 | 138133 | 138137 | 138463 | 138467 |
| 137149 | 137153 • | 137479 | 137483 • | 137809 | 137813 | 138139 • | 138143 • | 138469 • | 138473 |
| 137155 | 137159 | 137485 | 137489 | 137815 | 137819 | 138145 | 138149 | 138475 | 138479 |
| 137161 | 137165 | 137491 • | 137495 | 137821 | 137825 | 138151 | 138155 | 138481 | 138485 |
| 137167 | 137171 | 137497 | 137501 | 137827 • | 137831 • | 138157 • | 138161 | 138487 | 138491 |
| 137173 | 137177 • | 137503 | 137507 • | 137833 | 137837 | 138163 • | 138167 | 138493 • | 138497 • |
| 137179 | 137183 • | 137509 | 137513 | 137839 | 137843 | 138169 | 138173 | 138499 | 138503 |
| 137185 | 137189 | 137515 | 137519 • | 137845 | 137849 • | 138175 | 138179 • | 138505 | 138509 |
| 137191 • | 137195 | 137521 | 137525 | 137851 | 137855 | 138181 • | 138185 | 138511 • | 138515 |
| 137197 • | 137201 • | 137527 | 137531 | 137857 | 137861 | 138187 | 138191 • | 138517 • | 138521 |
| 137203 | 137207 | 137533 | 137537 • | 137863 | 137867 • | 138193 | 138197 • | 138523 | 138527 |
| 137209 • | 137213 | 137539 | 137543 | 137869 • | 137873 • | 138199 | 138203 | 138529 | 138533 |
| 137215 | 137219 • | 137545 | 137549 | 137875 | 137879 | 138205 | 138209 • | 138535 | 138539 |
| 137221 | 137225 | 137551 | 137555 | 137881 | 137885 | 138211 | 138215 | 138541 | 138545 |
| 137227 | 137231 | 137557 | 137561 | 137887 | 137891 | 138217 | 138221 | 138547 • | 138551 |
| 137233 | 137237 | 137563 | 137567 • | 137893 | 137897 | 138223 | 138227 | 138553 | 138557 |
| 137239 • | 137243 | 137569 | 137573 • | 137899 | 137903 | 138229 | 138233 | 138559 • | 138563 • |
| 137245 | 137249 | 137575 | 137579 | 137905 | 137909 • | 138235 | 138239 • | 138565 | 138569 • |
| 137251 • | 137255 | 137581 | 137585 | 137911 • | 137915 | 138241 • | 138245 | 138571 • | 138575 |
| 137257 | 137261 | 137587 • | 137591 | 137917 | 137921 | 138247 • | 138251 • | 138577 • | 138581 • |
| 137263 | 137267 | 137593 • | 137597 • | 137923 | 137927 • | 138253 | 138257 | 138583 | 138587 • |
| 137269 | 137273 • | 137599 | 137603 | 137929 | 137933 • | 138259 | 138263 | 138589 | 138593 |
| 137275 | 137279 • | 137605 | 137609 | 137935 | 137939 | 138265 | 138269 | 138595 | 138599 • |

| | | | | | | | | | |
|---|---|---|---|---|---|---|---|---|---|
| 138601 | 138605 | 138931 | 138935 | 139261 | 139265 | 139591 • | 139595 | 139921 • | 139925 |
| 138607 | 138611 | 138937 • | 138941 | 139267 • | 139271 | 139597 • | 139601 | 139927 | 139931 |
| 138613 | 138617 • | 138943 | 138947 | 139273 • | 139277 | 139603 | 139607 | 139933 | 139937 |
| 138619 | 138623 | 138949 | 138953 | 139279 | 139283 | 139609 • | 139613 | 139939 • | 139943 • |
| 138625 | 138629 • | 138955 | 138959 • | 139285 | 139289 | 139615 | 139619 • | 139945 | 139949 |
| 138631 | 138635 | 138961 | 138965 | 139291 • | 139295 | 139621 | 139625 | 139951 | 139955 |
| 138637 • | 138641 • | 138967 • | 138971 | 139297 • | 139301 • | 139627 • | 139631 | 139957 | 139961 |
| 138643 | 138647 • | 138973 | 138977 • | 139303 • | 139307 | 139633 | 139637 | 139963 | 139967 • |
| 138649 | 138653 | 138979 | 138983 | 139309 • | 139313 • | 139639 | 139643 | 139969 • | 139973 |
| 138655 | 138659 | 138985 | 138989 | 139315 | 139319 | 139645 | 139649 | 139975 | 139979 |
| 138661 • | 138665 | 138991 | 138995 | 139321 | 139325 | 139651 | 139655 | 139981 • | 139985 |
| 138667 | 138671 | 138997 | 139001 | 139327 | 139331 | 139657 | 139661 • | 139987 • | 139991 • |
| 138673 | 138677 | 139003 | 139007 | 139333 • | 139337 | 139663 • | 139667 | 139993 | 139997 |
| 138679 • | 138683 • | 139009 | 139013 | 139339 • | 139343 • | 139669 | 139673 | 139999 • | 140003 |
| 138685 | 138689 | 139015 | 139019 | 139345 | 139349 | 139675 | 139679 | 140005 | 140009 • |
| 138691 | 138695 | 139021 • | 139025 | 139351 | 139355 | 139681 • | 139685 | 140011 | 140015 |
| 138697 | 138701 | 139027 | 139031 | 139357 | 139361 • | 139687 | 139691 | 140017 | 140021 |
| 138703 | 138707 | 139033 • | 139037 | 139363 | 139367 • | 139693 | 139697 • | 140023 | 140027 |
| 138709 | 138713 | 139039 | 139043 | 139369 • | 139373 | 139699 | 139703 • | 140029 | 140033 |
| 138715 | 138719 | 139045 | 139049 | 139375 | 139379 | 139705 | 139709 • | 140035 | 140039 |
| 138721 | 138725 | 139051 | 139055 | 139381 | 139385 | 139711 | 139715 | 140041 | 140045 |
| 138727 • | 138731 • | 139057 | 139061 | 139387 • | 139391 | 139717 | 139721 • | 140047 | 140051 |
| 138733 | 138737 | 139063 | 139067 • | 139393 • | 139397 • | 139723 | 139727 | 140053 • | 140057 • |
| 138739 • | 138743 | 139069 | 139073 | 139399 | 139403 | 139729 • | 139733 | 140059 | 140063 |
| 138745 | 138749 | 139075 | 139079 • | 139405 | 139409 • | 139735 | 139739 • | 140065 | 140069 • |
| 138751 | 138755 | 139081 | 139085 | 139411 | 139415 | 139741 | 139745 | 140071 • | 140075 |
| 138757 | 138761 | 139087 | 139091 • | 139417 | 139421 | 139747 • | 139751 | 140077 | 140081 |
| 138763 • | 138767 | 139093 | 139097 | 139423 • | 139427 | 139753 • | 139757 | 140083 | 140087 |
| 138769 | 138773 | 139099 | 139103 | 139429 • | 139433 | 139759 • | 139763 | 140089 | 140093 |
| 138775 | 138779 | 139105 | 139109 • | 139435 | 139439 • | 139765 | 139769 | 140095 | 140099 |
| 138781 | 138785 | 139111 | 139115 | 139441 | 139445 | 139771 | 139775 | 140101 | 140105 |
| 138787 | 138791 | 139117 | 139121 • | 139447 | 139451 | 139777 | 139781 | 140107 | 140111 • |
| 138793 • | 138797 • | 139123 • | 139127 | 139453 | 139457 • | 139783 | 139787 • | 140113 | 140117 |
| 138799 • | 138803 | 139129 | 139133 • | 139459 • | 139463 | 139789 | 139793 | 140119 | 140123 • |
| 138805 | 138809 | 139135 | 139139 | 139465 | 139469 | 139795 | 139799 | 140125 | 140129 |
| 138811 | 138815 | 139141 | 139145 | 139471 | 139475 | 139801 • | 139805 | 140131 | 140135 |
| 138817 | 138821 • | 139147 | 139151 | 139477 | 139481 | 139807 | 139811 | 140137 | 140141 |
| 138823 | 138827 | 139153 | 139157 | 139483 • | 139487 • | 139813 • | 139817 | 140143 • | 140147 |
| 138829 • | 138833 | 139159 | 139163 | 139489 | 139493 • | 139819 | 139823 | 140149 | 140153 |
| 138835 | 138839 | 139165 | 139169 • | 139495 | 139499 | 139825 | 139829 | 140155 | 140159 • |
| 138841 • | 138845 | 139171 | 139175 | 139501 • | 139505 | 139831 • | 139835 | 140161 | 140165 |
| 138847 | 138851 | 139177 • | 139181 | 139507 | 139511 • | 139837 • | 139841 | 140167 • | 140171 • |
| 138853 | 138857 | 139183 | 139187 • | 139513 | 139517 | 139843 | 139847 | 140173 | 140177 • |
| 138859 | 138863 • | 139189 | 139193 | 139519 | 139523 | 139849 | 139853 | 140179 | 140183 |
| 138865 | 138869 • | 139195 | 139199 • | 139525 | 139529 | 139855 | 139859 | 140185 | 140189 |
| 138871 | 138875 | 139201 • | 139205 | 139531 | 139535 | 139861 • | 139865 | 140191 • | 140195 |
| 138877 | 138881 | 139207 | 139211 | 139537 • | 139541 | 139867 | 139871 • | 140197 • | 140201 |
| 138883 • | 138887 | 139213 | 139217 | 139543 | 139547 • | 139873 | 139877 | 140203 | 140207 • |
| 138889 • | 138893 • | 139219 | 139223 | 139549 | 139553 | 139879 | 139883 • | 140209 | 140213 |
| 138895 | 138899 • | 139225 | 139229 | 139555 | 139559 | 139885 | 139889 | 140215 | 140219 |
| 138901 | 138905 | 139231 | 139235 | 139561 | 139565 | 139891 • | 139895 | 140221 • | 140225 |
| 138907 | 138911 | 139237 | 139241 • | 139567 | 139571 • | 139897 | 139901 • | 140227 • | 140231 |
| 138913 | 138917 • | 139243 | 139247 | 139573 | 139577 | 139903 | 139907 • | 140233 | 140237 • |
| 138919 | 138923 • | 139249 | 139253 | 139579 | 139583 | 139909 | 139913 | 140239 | 140243 |
| 138925 | 138929 | 139255 | 139259 | 139585 | 139589 • | 139915 | 139919 | 140245 | 140249 • |

| | | | | | | | | | |
|---|---|---|---|---|---|---|---|---|---|
| 140251 | 140255 | 140581 | 140585 | 140911 | 140915 | 141241 • | 141245 | 141571 | 141575 |
| 140257 | 140261 | 140587 • | 140591 | 140917 | 140921 | 141247 | 141251 | 141577 | 141581 |
| 140263 • | 140267 | 140593 • | 140597 | 140923 | 140927 | 141253 | 141257 • | 141583 | 141587 • |
| 140269 • | 140273 | 140599 | 140603 • | 140929 • | 140933 | 141259 | 141263 • | 141589 | 141593 |
| 140275 | 140279 | 140605 | 140609 | 140935 | 140939 • | 141265 | 141269 • | 141595 | 141599 |
| 140281 • | 140285 | 140611 • | 140615 | 140941 | 140945 | 141271 | 141275 | 141601 • | 141605 |
| 140287 | 140291 | 140617 • | 140621 | 140947 | 140951 | 141277 • | 141281 | 141607 | 141611 |
| 140293 | 140297 • | 140623 | 140627 • | 140953 | 140957 | 141283 • | 141287 | 141613 • | 141617 |
| 140299 | 140303 | 140629 • | 140633 | 140959 | 140963 | 141289 | 141293 | 141619 • | 141623 • |
| 140305 | 140309 | 140635 | 140639 • | 140965 | 140969 | 141295 | 141299 | 141625 | 141629 • |
| 140311 | 140315 | 140641 | 140645 | 140971 | 140975 | 141301 • | 141305 | 141631 | 141635 |
| 140317 • | 140321 • | 140647 | 140651 | 140977 • | 140981 | 141307 • | 141311 • | 141637 • | 141641 |
| 140323 | 140327 | 140653 | 140657 | 140983 • | 140987 | 141313 | 141317 | 141643 | 141647 |
| 140329 | 140333 • | 140659 • | 140663 • | 140989 • | 140993 | 141319 • | 141323 | 141649 • | 141653 • |
| 140335 | 140339 • | 140665 | 140669 | 140995 | 140999 | 141325 | 141329 | 141655 | 141659 |
| 140341 | 140345 | 140671 | 140675 | 141001 | 141005 | 141331 | 141335 | 141661 | 141665 |
| 140347 | 140351 • | 140677 • | 140681 • | 141007 | 141011 | 141337 | 141341 | 141667 • | 141671 • |
| 140353 | 140357 | 140683 • | 140687 | 141013 | 141017 | 141343 | 141347 | 141673 | 141677 • |
| 140359 | 140363 • | 140689 • | 140693 | 141019 | 141023 • | 141349 | 141353 • | 141679 • | 141683 |
| 140365 | 140369 | 140695 | 140699 | 141025 | 141029 | 141355 | 141359 • | 141685 | 141689 • |
| 140371 | 140375 | 140701 | 140705 | 141031 | 141035 | 141361 | 141365 | 141691 | 141695 |
| 140377 | 140381 • | 140707 | 140711 | 141037 | 141041 • | 141367 | 141371 • | 141697 • | 141701 |
| 140383 | 140387 | 140713 | 140717 • | 141043 | 141047 | 141373 | 141377 | 141703 | 141707 • |
| 140389 | 140393 | 140719 | 140723 | 141049 | 141053 | 141379 | 141383 | 141709 • | 141713 |
| 140395 | 140399 | 140725 | 140729 • | 141055 | 141059 | 141385 | 141389 | 141715 | 141719 • |
| 140401 • | 140405 | 140731 • | 140735 | 141061 • | 141065 | 141391 | 141395 | 141721 | 141725 |
| 140407 • | 140411 • | 140737 | 140741 • | 141067 • | 141071 | 141397 • | 141401 | 141727 | 141731 • |
| 140413 | 140417 • | 140743 | 140747 | 141073 • | 141077 | 141403 • | 141407 | 141733 | 141737 |
| 140419 • | 140423 • | 140749 | 140753 | 141079 • | 141083 | 141409 | 141413 • | 141739 | 141743 |
| 140425 | 140429 | 140755 | 140759 • | 141085 | 141089 | 141415 | 141419 | 141745 | 141749 |
| 140431 | 140435 | 140761 • | 140765 | 141091 | 141095 | 141421 | 141425 | 141751 | 141755 |
| 140437 | 140441 | 140767 | 140771 | 141097 | 141101 • | 141427 | 141431 | 141757 | 141761 • |
| 140443 • | 140447 | 140773 • | 140777 | 141103 | 141107 • | 141433 | 141437 | 141763 | 141767 • |
| 140449 • | 140453 • | 140779 • | 140783 | 141109 | 141113 | 141439 • | 141443 • | 141769 • | 141773 • |
| 140455 | 140459 | 140785 | 140789 | 141115 | 141119 | 141445 | 141449 | 141775 | 141779 |
| 140461 | 140465 | 140791 | 140795 | 141121 • | 141125 | 141451 | 141455 | 141781 | 141785 |
| 140467 | 140471 | 140797 • | 140801 | 141127 | 141131 • | 141457 | 141461 • | 141787 | 141791 |
| 140473 • | 140477 • | 140803 | 140807 | 141133 | 141137 | 141463 | 141467 | 141793 • | 141797 |
| 140479 | 140483 | 140809 | 140813 • | 141139 | 141143 | 141469 | 141473 | 141799 | 141803 • |
| 140485 | 140489 | 140815 | 140819 | 141145 | 141149 | 141475 | 141479 | 141805 | 141809 |
| 140491 | 140495 | 140821 | 140825 | 141151 | 141155 | 141481 • | 141485 | 141811 • | 141815 |
| 140497 | 140501 | 140827 • | 140831 • | 141157 • | 141161 • | 141487 | 141491 | 141817 | 141821 |
| 140503 | 140507 | 140833 | 140837 • | 141163 | 141167 | 141493 | 141497 • | 141823 | 141827 |
| 140509 | 140513 | 140839 • | 140843 | 141169 | 141173 | 141499 • | 141503 | 141829 • | 141833 • |
| 140515 | 140519 | 140845 | 140849 | 141175 | 141179 • | 141505 | 141509 • | 141835 | 141839 |
| 140521 • | 140525 | 140851 | 140855 | 141181 • | 141185 | 141511 • | 141515 | 141841 | 141845 |
| 140527 • | 140531 | 140857 | 140861 | 141187 | 141191 | 141517 | 141521 | 141847 | 141851 • |
| 140533 • | 140537 | 140863 • | 140867 • | 141193 | 141197 | 141523 | 141527 | 141853 • | 141857 |
| 140539 | 140543 | 140869 • | 140873 | 141199 • | 141203 | 141529 • | 141533 | 141859 | 141863 • |
| 140545 | 140549 • | 140875 | 140879 | 141205 | 141209 • | 141535 | 141539 • | 141865 | 141869 |
| 140551 • | 140555 | 140881 | 140885 | 141211 | 141215 | 141541 | 141545 | 141871 • | 141875 |
| 140557 • | 140561 | 140887 | 140891 • | 141217 | 141221 • | 141547 | 141551 • | 141877 | 141881 |
| 140563 | 140567 | 140893 • | 140897 • | 141223 • | 141227 | 141553 | 141557 | 141883 | 141887 |
| 140569 | 140573 | 140899 | 140903 | 141229 | 141233 • | 141559 | 141563 | 141889 | 141893 |
| 140575 | 140579 | 140905 | 140909 • | 141235 | 141239 | 141565 | 141569 | 141895 | 141899 |

| | | | | | | | | | |
|---|---|---|---|---|---|---|---|---|---|
| 141901 | 141905 | 142231 • | 142235 | 142561 | 142565 | 142891 | 142895 | 143221 | 143225 |
| 141907 • | 141911 | 142237 • | 142241 | 142567 • | 142571 | 142897 • | 142901 | 143227 | 143231 |
| 141913 | 141917 • | 142243 | 142247 | 142573 • | 142577 | 142903 • | 142907 • | 143233 | 143237 |
| 141919 | 141923 | 142249 | 142253 | 142579 | 142583 | 142909 | 142913 | 143239 • | 143243 • |
| 141925 | 141929 | 142255 | 142259 | 142585 | 142589 • | 142915 | 142919 | 143245 | 143249 • |
| 141931 • | 141935 | 142261 | 142265 | 142591 • | 142595 | 142921 | 142925 | 143251 | 143255 |
| 141937 • | 141941 • | 142267 | 142271 • | 142597 | 142601 • | 142927 | 142931 | 143257 • | 143261 • |
| 141943 | 141947 | 142273 | 142277 | 142603 | 142607 • | 142933 | 142937 | 143263 • | 143267 |
| 141949 | 141953 | 142279 | 142283 | 142609 • | 142613 | 142939 • | 142943 | 143269 | 143273 |
| 141955 | 141959 • | 142285 | 142289 | 142615 | 142619 • | 142945 | 142949 • | 143275 | 143279 |
| 141961 • | 141965 | 142291 | 142295 | 142621 | 142625 | 142951 | 142955 | 143281 • | 143285 |
| 141967 | 141971 • | 142297 • | 142301 | 142627 | 142631 | 142957 | 142961 | 143287 • | 143291 • |
| 141973 | 141977 | 142303 | 142307 | 142633 | 142637 | 142963 • | 142967 | 143293 | 143297 |
| 141979 | 141983 | 142309 | 142313 | 142639 | 142643 | 142969 • | 142973 • | 143299 | 143303 |
| 141985 | 141989 | 142315 | 142319 • | 142645 | 142649 | 142975 | 142979 • | 143305 | 143309 |
| 141991 • | 141995 | 142321 | 142325 | 142651 | 142655 | 142981 • | 142985 | 143311 • | 143315 |
| 141997 | 142001 | 142327 • | 142331 | 142657 • | 142661 | 142987 | 142991 | 143317 | 143321 |
| 142003 | 142007 • | 142333 | 142337 | 142663 | 142667 | 142993 • | 142997 • | 143323 | 143327 |
| 142009 | 142013 | 142339 | 142343 | 142669 | 142673 • | 142999 | 143003 | 143329 • | 143333 • |
| 142015 | 142019 • | 142345 | 142349 | 142675 | 142679 | 143005 | 143009 | 143335 | 143339 |
| 142021 | 142025 | 142351 | 142355 | 142681 | 142685 | 143011 | 143015 | 143341 | 143345 |
| 142027 | 142031 • | 142357 • | 142361 | 142687 | 142691 | 143017 | 143021 | 143347 | 143351 |
| 142033 | 142037 | 142363 | 142367 | 142693 | 142697 • | 143023 | 143027 | 143353 | 143357 • |
| 142039 • | 142043 | 142369 • | 142373 | 142699 • | 142703 | 143029 | 143033 | 143359 | 143363 |
| 142045 | 142049 • | 142375 | 142379 | 142705 | 142709 | 143035 | 143039 | 143365 | 143369 |
| 142051 | 142055 | 142381 • | 142385 | 142711 • | 142715 | 143041 | 143045 | 143371 | 143375 |
| 142057 • | 142061 • | 142387 | 142391 • | 142717 | 142721 | 143047 | 143051 | 143377 | 143381 |
| 142063 | 142067 • | 142393 | 142397 | 142723 | 142727 | 143053 • | 143057 | 143383 | 143387 • |
| 142069 | 142073 | 142399 | 142403 • | 142729 | 142733 • | 143059 | 143063 • | 143389 | 143393 |
| 142075 | 142079 | 142405 | 142409 | 142735 | 142739 | 143065 | 143069 | 143395 | 143399 |
| 142081 | 142085 | 142411 | 142415 | 142741 | 142745 | 143071 | 143075 | 143401 • | 143405 |
| 142087 | 142091 | 142417 | 142421 • | 142747 | 142751 | 143077 | 143081 | 143407 | 143411 |
| 142093 | 142097 • | 142423 | 142427 • | 142753 | 142757 • | 143083 | 143087 | 143413 • | 143417 |
| 142099 • | 142103 | 142429 | 142433 • | 142759 • | 142763 | 143089 | 143093 • | 143419 • | 143423 |
| 142105 | 142109 | 142435 | 142439 | 142765 | 142769 | 143095 | 143099 | 143425 | 143429 |
| 142111 • | 142115 | 142441 | 142445 | 142771 • | 142775 | 143101 | 143105 | 143431 | 143435 |
| 142117 | 142121 | 142447 | 142451 | 142777 | 142781 | 143107 • | 143111 • | 143437 | 143441 |
| 142123 • | 142127 | 142453 • | 142457 | 142783 | 142787 • | 143113 • | 143117 | 143443 • | 143447 |
| 142129 | 142133 | 142459 | 142463 | 142789 • | 142793 | 143119 | 143123 | 143449 | 143453 |
| 142135 | 142139 | 142465 | 142469 • | 142795 | 142799 • | 143125 | 143129 | 143455 | 143459 |
| 142141 | 142145 | 142471 | 142475 | 142801 | 142805 | 143131 | 143135 | 143461 • | 143465 |
| 142147 | 142151 • | 142477 | 142481 | 142807 | 142811 • | 143137 • | 143141 • | 143467 • | 143471 |
| 142153 | 142157 • | 142483 | 142487 | 142813 | 142817 | 143143 | 143147 | 143473 | 143477 • |
| 142159 • | 142163 | 142489 | 142493 | 142819 | 142823 | 143149 | 143153 | 143479 | 143483 • |
| 142165 | 142169 • | 142495 | 142499 | 142825 | 142829 | 143155 | 143159 • | 143485 | 143489 • |
| 142171 | 142175 | 142501 • | 142505 | 142831 | 142835 | 143161 | 143165 | 143491 | 143495 |
| 142177 | 142181 | 142507 | 142511 | 142837 • | 142841 • | 143167 | 143171 | 143497 | 143501 • |
| 142183 • | 142187 | 142513 | 142517 | 142843 | 142847 | 143173 | 143177 • | 143503 • | 143507 |
| 142189 • | 142193 • | 142519 | 142523 | 142849 | 142853 | 143179 | 143183 | 143509 • | 143513 • |
| 142195 | 142199 | 142525 | 142529 • | 142855 | 142859 | 143185 | 143189 | 143515 | 143519 • |
| 142201 | 142205 | 142531 | 142535 | 142861 | 142865 | 143191 | 143195 | 143521 | 143525 |
| 142207 | 142211 • | 142537 • | 142541 | 142867 • | 142871 • | 143197 • | 143201 | 143527 • | 143531 |
| 142213 | 142217 • | 142543 • | 142547 • | 142873 • | 142877 | 143203 | 143207 | 143533 | 143537 • |
| 142219 | 142223 • | 142549 | 142553 • | 142879 | 142883 | 143209 | 143213 | 143539 | 143543 |
| 142225 | 142229 | 142555 | 142559 • | 142885 | 142889 | 143215 | 143219 | 143545 | 143549 |

| | | | | | | | | | |
|---|---|---|---|---|---|---|---|---|---|
| 143551 • | 143555 | 143881 • | 143885 | 144211 | 144215 | 144541 • | 144545 | 144871 | 144875 |
| 143557 | 143561 | 143887 | 143891 | 144217 | 144221 | 144547 | 144551 | 144877 | 144881 |
| 143563 | 143567 • | 143893 | 143897 | 144223 • | 144227 | 144553 | 144557 | 144883 • | 144887 • |
| 143569 • | 143573 • | 143899 | 143903 | 144229 | 144233 | 144559 | 144563 • | 144889 • | 144893 |
| 143575 | 143579 | 143905 | 143909 • | 144235 | 144239 | 144565 | 144569 • | 144895 | 144899 • |
| 143581 | 143585 | 143911 | 143915 | 144241 • | 144245 | 144571 | 144575 | 144901 | 144905 |
| 143587 | 143591 | 143917 | 143921 | 144247 • | 144251 | 144577 • | 144581 | 144907 | 144911 |
| 143593 • | 143597 | 143923 | 143927 | 144253 • | 144257 | 144583 • | 144587 | 144913 | 144917 • |
| 143599 | 143603 | 143929 | 143933 | 144259 • | 144263 | 144589 • | 144593 • | 144919 | 144923 |
| 143605 | 143609 • | 143935 | 143939 | 144265 | 144269 | 144595 | 144599 | 144925 | 144929 |
| 143611 | 143615 | 143941 | 143945 | 144271 • | 144275 | 144601 | 144605 | 144931 • | 144935 |
| 143617 • | 143621 | 143947 • | 143951 | 144277 | 144281 | 144607 | 144611 • | 144937 | 144941 • |
| 143623 | 143627 | 143953 • | 143957 | 144283 | 144287 | 144613 | 144617 | 144943 | 144947 |
| 143629 • | 143633 | 143959 | 143963 | 144289 • | 144293 | 144619 | 144623 | 144949 | 144953 |
| 143635 | 143639 | 143965 | 143969 | 144295 | 144299 • | 144625 | 144629 • | 144955 | 144959 |
| 143641 | 143645 | 143971 • | 143975 | 144301 | 144305 | 144631 | 144635 | 144961 • | 144965 |
| 143647 | 143651 • | 143977 • | 143981 • | 144307 • | 144311 • | 144637 | 144641 | 144967 • | 144971 |
| 143653 • | 143657 | 143983 | 143987 | 144313 | 144317 | 144643 | 144647 | 144973 • | 144977 |
| 143659 | 143663 | 143989 | 143993 | 144319 | 144323 • | 144649 | 144653 | 144979 | 144983 • |
| 143665 | 143669 • | 143995 | 143999 • | 144325 | 144329 | 144655 | 144659 • | 144985 | 144989 |
| 143671 | 143675 | 144001 | 144005 | 144331 | 144335 | 144661 | 144665 | 144991 | 144995 |
| 143677 • | 143681 | 144007 | 144011 | 144337 | 144341 • | 144667 • | 144671 • | 144997 | 145001 |
| 143683 | 143687 • | 144013 • | 144017 | 144343 | 144347 | 144673 | 144677 | 145003 | 145007 • |
| 143689 | 143693 | 144019 | 144023 | 144349 • | 144353 | 144679 | 144683 | 145009 • | 145013 |
| 143695 | 143699 • | 144025 | 144029 | 144355 | 144359 | 144685 | 144689 | 145015 | 145019 |
| 143701 | 143705 | 144031 • | 144035 | 144361 | 144365 | 144691 | 144695 | 145021 • | 145025 |
| 143707 | 143711 • | 144037 • | 144041 | 144367 | 144371 | 144697 | 144701 • | 145027 | 145031 • |
| 143713 | 143717 | 144043 | 144047 | 144373 | 144377 | 144703 | 144707 | 145033 | 145037 • |
| 143719 • | 143723 | 144049 | 144053 | 144379 • | 144383 • | 144709 • | 144713 | 145039 | 145043 • |
| 143725 | 143729 • | 144055 | 144059 | 144385 | 144389 | 144715 | 144719 • | 145045 | 145049 |
| 143731 | 143735 | 144061 • | 144065 | 144391 | 144395 | 144721 | 144725 | 145051 | 145055 |
| 143737 | 143741 | 144067 | 144071 • | 144397 | 144401 | 144727 | 144731 • | 145057 | 145061 |
| 143743 • | 143747 | 144073 • | 144077 | 144403 | 144407 • | 144733 | 144737 • | 145063 • | 145067 |
| 143749 | 143753 | 144079 | 144083 | 144409 • | 144413 • | 144739 | 144743 | 145069 • | 145073 |
| 143755 | 143759 | 144085 | 144089 | 144415 | 144419 | 144745 | 144749 | 145075 | 145079 |
| 143761 | 143765 | 144091 | 144095 | 144421 | 144425 | 144751 • | 144755 | 145081 | 145085 |
| 143767 | 143771 | 144097 | 144101 | 144427 • | 144431 | 144757 • | 144761 | 145087 | 145091 • |
| 143773 | 143777 | 144103 • | 144107 | 144433 | 144437 | 144763 • | 144767 | 145093 | 145097 |
| 143779 • | 143783 | 144109 • | 144113 | 144439 • | 144443 | 144769 | 144773 • | 145099 | 145103 |
| 143785 | 143789 | 144115 | 144119 | 144445 | 144449 | 144775 | 144779 • | 145105 | 145109 • |
| 143791 • | 143795 | 144121 | 144125 | 144451 • | 144455 | 144781 | 144785 | 145111 | 145115 |
| 143797 • | 143801 | 144127 | 144131 | 144457 | 144461 • | 144787 | 144791 • | 145117 | 145121 • |
| 143803 | 143807 • | 144133 | 144137 | 144463 | 144467 | 144793 | 144797 | 145123 | 145127 |
| 143809 | 143813 • | 144139 • | 144143 | 144469 | 144473 | 144799 | 144803 | 145129 | 145133 • |
| 143815 | 143819 | 144145 | 144149 | 144475 | 144479 • | 144805 | 144809 | 145135 | 145139 • |
| 143821 • | 143825 | 144151 | 144155 | 144481 • | 144485 | 144811 | 144815 | 145141 | 145145 |
| 143827 • | 143831 • | 144157 | 144161 • | 144487 | 144491 | 144817 • | 144821 | 145147 | 145151 |
| 143833 • | 143837 | 144163 • | 144167 • | 144493 | 144497 • | 144823 | 144827 | 145153 | 145157 |
| 143839 | 143843 | 144169 • | 144173 • | 144499 | 144503 | 144829 • | 144833 | 145159 | 145163 |
| 143845 | 143849 | 144175 | 144179 | 144505 | 144509 | 144835 | 144839 • | 145165 | 145169 |
| 143851 | 143855 | 144181 | 144185 | 144511 • | 144515 | 144841 | 144845 | 145171 | 145175 |
| 143857 | 143861 | 144187 | 144191 | 144517 | 144521 | 144847 • | 144851 | 145177 • | 145181 |
| 143863 | 143867 | 144193 | 144197 | 144523 | 144527 | 144853 | 144857 | 145183 | 145187 |
| 143869 | 143873 • | 144199 | 144203 • | 144529 | 144533 | 144859 | 144863 | 145189 | 145193 • |
| 143875 | 143879 • | 144205 | 144209 | 144535 | 144539 • | 144865 | 144869 | 145195 | 145199 |

| | | | | | | | | | |
|---|---|---|---|---|---|---|---|---|---|
| 145201 | 145205 | 145531 • | 145535 | 145861 • | 145865 | 146191 • | 146195 | 146521 • | 146525 |
| 145207 • | 145211 | 145537 | 145541 | 145867 | 145871 | 146197 • | 146201 | 146527 • | 146531 |
| 145213 • | 145217 | 145543 • | 145547 • | 145873 | 145877 | 146203 • | 146207 | 146533 | 146537 |
| 145219 • | 145223 | 145549 • | 145553 | 145879 • | 145883 | 146209 | 146213 • | 146539 • | 146543 • |
| 145225 | 145229 | 145555 | 145559 | 145885 | 145889 | 146215 | 146219 | 146545 | 146549 |
| 145231 | 145235 | 145561 | 145565 | 145891 | 145895 | 146221 • | 146225 | 146551 | 146555 |
| 145237 | 145241 | 145567 | 145571 | 145897 • | 145901 | 146227 | 146231 | 146557 | 146561 |
| 145243 | 145247 | 145573 | 145577 • | 145903 • | 145907 | 146233 | 146237 | 146563 • | 146567 |
| 145249 | 145253 • | 145579 | 145583 | 145909 | 145913 | 146239 • | 146243 | 146569 | 146573 |
| 145255 | 145259 • | 145585 | 145589 • | 145915 | 145919 | 146245 | 146249 • | 146575 | 146579 |
| 145261 | 145265 | 145591 | 145595 | 145921 | 145925 | 146251 | 146255 | 146581 • | 146585 |
| 145267 • | 145271 | 145597 | 145601 • | 145927 | 145931 • | 146257 | 146261 | 146587 | 146591 |
| 145273 | 145277 | 145603 • | 145607 | 145933 • | 145937 | 146263 | 146267 | 146593 | 146597 |
| 145279 | 145283 • | 145609 | 145613 | 145939 | 145943 | 146269 | 146273 • | 146599 | 146603 • |
| 145285 | 145289 • | 145615 | 145619 | 145945 | 145949 • | 146275 | 146279 | 146605 | 146609 • |
| 145291 | 145295 | 145621 | 145625 | 145951 | 145955 | 146281 | 146285 | 146611 | 146615 |
| 145297 | 145301 | 145627 | 145631 | 145957 | 145961 | 146287 | 146291 • | 146617 • | 146621 |
| 145303 • | 145307 • | 145633 • | 145637 • | 145963 • | 145967 • | 146293 | 146297 • | 146623 | 146627 |
| 145309 | 145313 | 145639 | 145643 • | 145969 • | 145973 | 146299 • | 146303 | 146629 | 146633 |
| 145315 | 145319 | 145645 | 145649 | 145975 | 145979 | 146305 | 146309 • | 146635 | 146639 • |
| 145321 | 145325 | 145651 | 145655 | 145981 | 145985 | 146311 | 146315 | 146641 | 146645 |
| 145327 | 145331 | 145657 | 145661 • | 145987 • | 145991 • | 146317 • | 146321 | 146647 • | 146651 |
| 145333 | 145337 | 145663 | 145667 | 145993 | 145997 | 146323 • | 146327 | 146653 | 146657 |
| 145339 | 145343 | 145669 | 145673 | 145999 | 146003 | 146329 | 146333 | 146659 | 146663 |
| 145345 | 145349 • | 145675 | 145679 • | 146005 | 146009 • | 146335 | 146339 | 146665 | 146669 • |
| 145351 | 145355 | 145681 • | 145685 | 146011 • | 146015 | 146341 | 146345 | 146671 | 146675 |
| 145357 | 145361 • | 145687 • | 145691 | 146017 | 146021 • | 146347 • | 146351 | 146677 • | 146681 • |
| 145363 | 145367 | 145693 | 145697 | 146023 • | 146027 | 146353 | 146357 | 146683 • | 146687 |
| 145369 | 145373 | 145699 | 145703 • | 146029 | 146033 • | 146359 • | 146363 | 146689 | 146693 |
| 145375 | 145379 | 145705 | 145709 • | 146035 | 146039 | 146365 | 146369 • | 146695 | 146699 |
| 145381 • | 145385 | 145711 | 145715 | 146041 | 146045 | 146371 | 146375 | 146701 • | 146705 |
| 145387 | 145391 • | 145717 | 145721 • | 146047 | 146051 • | 146377 | 146381 • | 146707 | 146711 |
| 145393 | 145397 | 145723 • | 145727 | 146053 | 146057 • | 146383 • | 146387 | 146713 | 146717 |
| 145399 • | 145403 | 145729 | 145733 | 146059 • | 146063 • | 146389 • | 146393 | 146719 • | 146723 |
| 145405 | 145409 | 145735 | 145739 | 146065 | 146069 | 146395 | 146399 | 146725 | 146729 |
| 145411 | 145415 | 145741 | 145745 | 146071 | 146075 | 146401 | 146405 | 146731 | 146735 |
| 145417 • | 145421 | 145747 | 145751 | 146077 • | 146081 | 146407 • | 146411 | 146737 | 146741 |
| 145423 • | 145427 | 145753 • | 145757 • | 146083 | 146087 | 146413 | 146417 • | 146743 • | 146747 |
| 145429 | 145433 • | 145759 • | 145763 | 146089 | 146093 • | 146419 | 146423 • | 146749 • | 146753 |
| 145435 | 145439 | 145765 | 145769 | 146095 | 146099 • | 146425 | 146429 | 146755 | 146759 |
| 145441 • | 145445 | 145771 • | 145775 | 146101 | 146105 | 146431 | 146435 | 146761 | 146765 |
| 145447 | 145451 • | 145777 • | 145781 | 146107 | 146111 | 146437 • | 146441 | 146767 • | 146771 |
| 145453 | 145457 | 145783 | 145787 | 146113 | 146117 • | 146443 | 146447 | 146773 | 146777 • |
| 145459 • | 145463 • | 145789 | 145793 | 146119 | 146123 | 146449 • | 146453 | 146779 | 146783 |
| 145465 | 145469 | 145795 | 145799 • | 146125 | 146129 | 146455 | 146459 | 146785 | 146789 |
| 145471 • | 145475 | 145801 | 145805 | 146131 | 146135 | 146461 | 146465 | 146791 | 146795 |
| 145477 • | 145481 | 145807 • | 145811 | 146137 | 146141 • | 146467 | 146471 | 146797 | 146801 • |
| 145483 | 145487 • | 145813 | 145817 | 146143 | 146147 | 146473 | 146477 • | 146803 | 146807 • |
| 145489 | 145493 | 145819 • | 145823 • | 146149 | 146153 | 146479 | 146483 | 146809 | 146813 |
| 145495 | 145499 | 145825 | 145829 • | 146155 | 146159 | 146485 | 146489 | 146815 | 146819 • |
| 145501 • | 145505 | 145831 | 145835 | 146161 • | 146165 | 146491 | 146495 | 146821 | 146825 |
| 145507 | 145511 • | 145837 | 145841 | 146167 | 146171 | 146497 | 146501 | 146827 | 146831 |
| 145513 • | 145517 • | 145843 | 145847 | 146173 • | 146177 | 146503 | 146507 | 146833 • | 146837 • |
| 145519 | 145523 | 145849 | 145853 | 146179 | 146183 | 146509 | 146513 • | 146839 | 146843 • |
| 145525 | 145529 | 145855 | 145859 | 146185 | 146189 | 146515 | 146519 • | 146845 | 146849 • |

| | | | | | | | | | | | |
|---|---|---|---|---|---|---|---|---|---|---|---|
| 146851 | 146855 | 147181 | 147185 | 147511 | 147515 | 147841 | 147845 | 148171 • | 148175 | | |
| 146857 • | 146861 | 147187 | 147191 | 147517 • | 147521 | 147847 | 147851 | 148177 | 148181 | | |
| 146863 | 146867 | 147193 | 147197 • | 147523 | 147527 | 147853 • | 147857 | 148183 | 148187 | | |
| 146869 | 146873 | 147199 | 147203 | 147529 | 147533 | 147859 • | 147863 • | 148189 | 148193 • | | |
| 146875 | 146879 | 147205 | 147209 • | 147535 | 147539 | 147865 | 147869 | 148195 | 148199 • | | |
| 146881 | 146885 | 147211 • | 147215 | 147541 • | 147545 | 147871 | 147875 | 148201 • | 148205 | | |
| 146887 | 146891 • | 147217 | 147221 • | 147547 • | 147551 • | 147877 | 147881 • | 148207 • | 148211 | | |
| 146893 • | 146897 | 147223 | 147227 • | 147553 | 147557 • | 147883 | 147887 | 148213 | 148217 | | |
| 146899 | 146903 | 147229 • | 147233 | 147559 | 147563 | 147889 | 147893 | 148219 | 148223 | | |
| 146905 | 146909 | 147235 | 147239 | 147565 | 147569 | 147895 | 147899 | 148225 | 148229 • | | |
| 146911 | 146915 | 147241 | 147245 | 147571 • | 147575 | 147901 | 147905 | 148231 | 148235 | | |
| 146917 • | 146921 • | 147247 | 147251 | 147577 | 147581 | 147907 | 147911 | 148237 | 148241 | | |
| 146923 | 146927 | 147253 • | 147257 | 147583 • | 147587 | 147913 | 147917 | 148243 • | 148247 | | |
| 146929 | 146933 • | 147259 | 147263 • | 147589 | 147593 | 147919 • | 147923 | 148249 • | 148253 | | |
| 146935 | 146939 | 147265 | 147269 | 147595 | 147599 | 147925 | 147929 | 148255 | 148259 | | |
| 146941 • | 146945 | 147271 | 147275 | 147601 | 147605 | 147931 | 147935 | 148261 | 148265 | | |
| 146947 | 146951 | 147277 | 147281 | 147607 • | 147611 | 147937 • | 147941 | 148267 | 148271 | | |
| 146953 • | 146957 | 147283 • | 147287 | 147613 • | 147617 • | 147943 | 147947 | 148273 | 148277 | | |
| 146959 | 146963 | 147289 • | 147293 • | 147619 | 147623 | 147949 • | 147953 | 148279 • | 148283 | | |
| 146965 | 146969 | 147295 | 147299 • | 147625 | 147629 • | 147955 | 147959 | 148285 | 148289 | | |
| 146971 | 146975 | 147301 | 147305 | 147631 | 147635 | 147961 | 147965 | 148291 | 148295 | | |
| 146977 • | 146981 | 147307 | 147311 • | 147637 | 147641 | 147967 | 147971 | 148297 | 148301 • | | |
| 146983 • | 146987 • | 147313 | 147317 | 147643 | 147647 • | 147973 | 147977 • | 148303 • | 148307 | | |
| 146989 • | 146993 | 147319 • | 147323 | 147649 | 147653 | 147979 | 147983 | 148309 | 148313 | | |
| 146995 | 146999 | 147325 | 147329 | 147655 | 147659 | 147985 | 147989 | 148315 | 148319 | | |
| 147001 | 147005 | 147331 • | 147335 | 147661 • | 147665 | 147991 | 147995 | 148321 | 148325 | | |
| 147007 | 147011 • | 147337 | 147341 • | 147667 | 147671 • | 147997 • | 148001 | 148327 | 148331 • | | |
| 147013 | 147017 | 147343 | 147347 • | 147673 • | 147677 | 148003 | 148007 | 148333 | 148337 | | |
| 147019 | 147023 | 147349 | 147353 • | 147679 | 147683 | 148009 | 148013 • | 148339 • | 148343 | | |
| 147025 | 147029 • | 147355 | 147359 | 147685 | 147689 • | 148015 | 148019 | 148345 | 148349 | | |
| 147031 • | 147035 | 147361 | 147365 | 147691 | 147695 | 148021 • | 148025 | 148351 | 148355 | | |
| 147037 | 147041 | 147367 | 147371 | 147697 | 147701 | 148027 | 148031 | 148357 | 148361 • | | |
| 147043 | 147047 • | 147373 | 147377 • | 147703 • | 147707 | 148033 | 148037 | 148363 | 148367 • | | |
| 147049 | 147053 | 147379 | 147383 | 147709 • | 147713 | 148039 | 148043 | 148369 | 148373 | | |
| 147055 | 147059 | 147385 | 147389 | 147715 | 147719 | 148045 | 148049 | 148375 | 148379 | | |
| 147061 | 147065 | 147391 • | 147395 | 147721 | 147725 | 148051 | 148055 | 148381 • | 148385 | | |
| 147067 | 147071 | 147397 • | 147401 • | 147727 • | 147731 | 148057 | 148061 • | 148387 • | 148391 | | |
| 147073 • | 147077 | 147403 | 147407 | 147733 | 147737 | 148063 • | 148067 | 148393 | 148397 | | |
| 147079 | 147083 • | 147409 • | 147413 | 147739 • | 147743 • | 148069 | 148073 • | 148399 • | 148403 • | | |
| 147085 | 147089 • | 147415 | 147419 • | 147745 | 147749 | 148075 | 148079 • | 148405 | 148409 | | |
| 147091 | 147095 | 147421 | 147425 | 147751 | 147755 | 148081 | 148085 | 148411 • | 148415 | | |
| 147097 • | 147101 | 147427 | 147431 | 147757 | 147761 • | 148087 | 148091 • | 148417 | 148421 | | |
| 147103 | 147107 • | 147433 | 147437 | 147763 | 147767 | 148093 | 148097 | 148423 | 148427 | | |
| 147109 | 147113 | 147439 | 147443 | 147769 • | 147773 • | 148099 | 148103 | 148429 • | 148433 | | |
| 147115 | 147119 | 147445 | 147449 • | 147775 | 147779 • | 148105 | 148109 | 148435 | 148439 • | | |
| 147121 | 147125 | 147451 • | 147455 | 147781 | 147785 | 148111 | 148115 | 148441 | 148445 | | |
| 147127 | 147131 | 147457 • | 147461 | 147787 • | 147791 | 148117 | 148121 | 148447 | 148451 | | |
| 147133 | 147137 • | 147463 | 147467 | 147793 • | 147797 | 148123 • | 148127 | 148453 | 148457 • | | |
| 147139 • | 147143 | 147469 | 147473 | 147799 • | 147803 | 148129 | 148133 | 148459 | 148463 | | |
| 147145 | 147149 | 147475 | 147479 | 147805 | 147809 | 148135 | 148139 • | 148465 | 148469 • | | |
| 147151 • | 147155 | 147481 • | 147485 | 147811 • | 147815 | 148141 | 148145 | 148471 • | 148475 | | |
| 147157 | 147161 | 147487 • | 147491 | 147817 | 147821 | 148147 • | 148151 • | 148477 | 148481 | | |
| 147163 • | 147167 | 147493 | 147497 | 147823 | 147827 • | 148153 • | 148157 • | 148483 • | 148487 | | |
| 147169 | 147173 | 147499 | 147503 • | 147829 | 147833 | 148159 | 148163 | 148489 | 148493 | | |
| 147175 | 147179 • | 147505 | 147509 | 147835 | 147839 | 148165 | 148169 | 148495 | 148499 | | |

| | | | | | | | | | |
|---|---|---|---|---|---|---|---|---|---|
| 148501 • | 148505 | 148831 | 148835 | 149161 • | 149165 | 149491 • | 149495 | 149821 | 149825 |
| 148507 | 148511 | 148837 | 148841 | 149167 | 149171 | 149497 • | 149501 | 149827 • | 149831 |
| 148513 • | 148517 • | 148843 | 148847 | 149173 • | 149177 | 149503 • | 149507 | 149833 | 149837 • |
| 148519 | 148523 | 148849 | 148853 • | 149179 | 149183 • | 149509 | 149513 | 149839 • | 149843 |
| 148525 | 148529 | 148855 | 148859 • | 149185 | 149189 | 149515 | 149519 • | 149845 | 149849 |
| 148531 • | 148535 | 148861 • | 148865 | 149191 | 149195 | 149521 • | 149525 | 149851 | 149855 |
| 148537 • | 148541 | 148867 • | 148871 | 149197 • | 149201 | 149527 | 149531 • | 149857 | 149861 • |
| 148543 | 148547 | 148873 • | 148877 | 149203 | 149207 | 149533 • | 149537 | 149863 | 149867 • |
| 148549 • | 148553 | 148879 | 148883 | 149209 | 149213 • | 149539 | 149543 • | 149869 | 149873 • |
| 148555 | 148559 | 148885 | 148889 | 149215 | 149219 | 149545 | 149549 | 149875 | 149879 |
| 148561 | 148565 | 148891 • | 148895 | 149221 | 149225 | 149551 • | 149555 | 149881 | 149885 |
| 148567 | 148571 | 148897 | 148901 | 149227 | 149231 | 149557 | 149561 • | 149887 | 149891 |
| 148573 • | 148577 | 148903 | 148907 | 149233 | 149237 | 149563 • | 149567 | 149893 • | 149897 |
| 148579 • | 148583 | 148909 | 148913 • | 149239 • | 149243 | 149569 | 149573 | 149899 • | 149903 |
| 148585 | 148589 | 148915 | 148919 | 149245 | 149249 • | 149575 | 149579 • | 149905 | 149909 • |
| 148591 | 148595 | 148921 • | 148925 | 149251 • | 149255 | 149581 | 149585 | 149911 • | 149915 |
| 148597 | 148601 | 148927 • | 148931 • | 149257 • | 149261 | 149587 | 149591 | 149917 | 149921 • |
| 148603 | 148607 | 148933 • | 148937 | 149263 | 149267 | 149593 | 149597 | 149923 | 149927 |
| 148609 • | 148613 | 148939 | 148943 | 149269 • | 149273 | 149599 | 149603 • | 149929 | 149933 |
| 148615 | 148619 | 148945 | 148949 • | 149275 | 149279 | 149605 | 149609 | 149935 | 149939 • |
| 148621 | 148625 | 148951 | 148955 | 149281 | 149285 | 149611 | 149615 | 149941 | 149945 |
| 148627 • | 148631 | 148957 • | 148961 • | 149287 • | 149291 | 149617 | 149621 | 149947 | 149951 |
| 148633 • | 148637 | 148963 | 148967 | 149293 | 149297 • | 149623 • | 149627 • | 149953 • | 149957 |
| 148639 • | 148643 | 148969 | 148973 | 149299 | 149303 | 149629 • | 149633 | 149959 | 149963 |
| 148645 | 148649 | 148975 | 148979 | 149305 | 149309 • | 149635 | 149639 | 149965 | 149969 • |
| 148651 | 148655 | 148981 | 148985 | 149311 | 149315 | 149641 | 149645 | 149971 • | 149975 |
| 148657 | 148661 | 148987 | 148991 • | 149317 | 149321 | 149647 | 149651 | 149977 | 149981 |
| 148663 • | 148667 • | 148993 | 148997 • | 149323 • | 149327 | 149653 | 149657 | 149983 | 149987 |
| 148669 • | 148673 | 148999 | 149003 | 149329 | 149333 • | 149659 | 149663 | 149989 | 149993 • |
| 148675 | 148679 | 149005 | 149009 | 149335 | 149339 | 149665 | 149669 | 149995 | 149999 |
| 148681 | 148685 | 149011 • | 149015 | 149341 • | 149345 | 149671 | 149675 | 150001 • | 150005 |
| 148687 | 148691 • | 149017 | 149021 • | 149347 | 149351 • | 149677 | 149681 | 150007 | 150011 • |
| 148693 • | 148697 | 149023 | 149027 • | 149353 | 149357 | 149683 | 149687 | 150013 | 150017 |
| 148699 | 148703 | 149029 | 149033 • | 149359 | 149363 | 149689 • | 149693 | 150019 | 150023 |
| 148705 | 148709 | 149035 | 149039 | 149365 | 149369 | 149695 | 149699 | 150025 | 150029 |
| 148711 • | 148715 | 149041 | 149045 | 149371 • | 149375 | 149701 | 149705 | 150031 | 150035 |
| 148717 | 148721 • | 149047 | 149051 | 149377 • | 149381 • | 149707 | 149711 • | 150037 | 150041 • |
| 148723 • | 148727 • | 149053 • | 149057 • | 149383 | 149387 | 149713 • | 149717 • | 150043 | 150047 |
| 148729 | 148733 | 149059 • | 149063 | 149389 | 149393 • | 149719 | 149723 | 150049 | 150053 • |
| 148735 | 148739 | 149065 | 149069 • | 149395 | 149399 • | 149725 | 149729 • | 150055 | 150059 |
| 148741 | 148745 | 149071 | 149075 | 149401 | 149405 | 149731 • | 149735 | 150061 • | 150065 |
| 148747 • | 148751 | 149077 • | 149081 | 149407 | 149411 • | 149737 | 149741 | 150067 • | 150071 |
| 148753 | 148757 | 149083 | 149087 • | 149413 | 149417 • | 149743 | 149747 | 150073 | 150077 • |
| 148759 | 148763 • | 149089 | 149093 | 149419 • | 149423 • | 149749 • | 149753 | 150079 | 150083 • |
| 148765 | 148769 | 149095 | 149099 • | 149425 | 149429 | 149755 | 149759 • | 150085 | 150089 • |
| 148771 | 148775 | 149101 • | 149105 | 149431 | 149435 | 149761 | 149765 | 150091 • | 150095 |
| 148777 | 148781 • | 149107 | 149111 • | 149437 | 149441 • | 149767 • | 149771 • | 150097 • | 150101 |
| 148783 • | 148787 | 149113 • | 149117 | 149443 | 149447 | 149773 | 149777 | 150103 | 150107 • |
| 148789 | 148793 • | 149119 • | 149123 | 149449 | 149453 | 149779 | 149783 | 150109 | 150113 |
| 148795 | 148799 | 149125 | 149129 | 149455 | 149459 • | 149785 | 149789 | 150115 | 150119 |
| 148801 | 148805 | 149131 | 149135 | 149461 | 149465 | 149791 • | 149795 | 150121 | 150125 |
| 148807 | 148811 | 149137 | 149141 | 149467 | 149471 | 149797 | 149801 | 150127 | 150131 • |
| 148813 | 148817 • | 149143 • | 149147 | 149473 | 149477 | 149803 • | 149807 | 150133 | 150137 |
| 148819 | 148823 | 149149 | 149153 • | 149479 | 149483 | 149809 | 149813 | 150139 | 150143 |
| 148825 | 148829 • | 149155 | 149159 • | 149485 | 149489 • | 149815 | 149819 | 150145 | 150149 |

| | | | | | | | | | |
|---|---|---|---|---|---|---|---|---|---|
| 150151 • | 150155 | 150481 | 150485 | 150811 | 150815 | 151141 • | 151145 | 151471 • | 151475 |
| 150157 | 150161 | 150487 | 150491 | 150817 | 150821 | 151147 | 151151 | 151477 • | 151481 |
| 150163 | 150167 | 150493 | 150497 • | 150823 | 150827 • | 151153 • | 151157 • | 151483 • | 151487 |
| 150169 • | 150173 | 150499 | 150503 • | 150829 | 150833 • | 151159 | 151163 • | 151489 | 151493 |
| 150175 | 150179 | 150505 | 150509 | 150835 | 150839 | 151165 | 151169 • | 151495 | 151499 • |
| 150181 | 150185 | 150511 | 150515 | 150841 | 150845 | 151171 • | 151175 | 151501 | 151505 |
| 150187 | 150191 | 150517 • | 150521 | 150847 • | 150851 | 151177 | 151181 | 151507 • | 151511 |
| 150193 • | 150197 • | 150523 • | 150527 | 150853 | 150857 | 151183 | 151187 | 151513 | 151517 • |
| 150199 | 150203 • | 150529 | 150533 • | 150859 | 150863 | 151189 • | 151193 | 151519 | 151523 • |
| 150205 | 150209 • | 150535 | 150539 | 150865 | 150869 • | 151195 | 151199 | 151525 | 151529 |
| 150211 • | 150215 | 150541 | 150545 | 150871 | 150875 | 151201 • | 151205 | 151531 • | 151535 |
| 150217 • | 150221 • | 150547 | 150551 • | 150877 | 150881 • | 151207 | 151211 | 151537 • | 151541 |
| 150223 • | 150227 | 150553 | 150557 | 150883 • | 150887 | 151213 • | 151217 | 151543 | 151547 |
| 150229 | 150233 | 150559 • | 150563 | 150889 • | 150893 • | 151219 | 151223 | 151549 • | 151553 • |
| 150235 | 150239 • | 150565 | 150569 | 150895 | 150899 | 151225 | 151229 | 151555 | 151559 |
| 150241 | 150245 | 150571 • | 150575 | 150901 • | 150905 | 151231 | 151235 | 151561 • | 151565 |
| 150247 • | 150251 | 150577 | 150581 | 150907 • | 150911 | 151237 • | 151241 • | 151567 | 151571 |
| 150253 | 150257 | 150583 • | 150587 • | 150913 | 150917 | 151243 • | 151247 • | 151573 • | 151577 |
| 150259 | 150263 | 150589 • | 150593 | 150919 • | 150923 | 151249 | 151253 • | 151579 • | 151583 |
| 150265 | 150269 | 150595 | 150599 | 150925 | 150929 • | 151255 | 151259 | 151585 | 151589 |
| 150271 | 150275 | 150601 | 150605 | 150931 | 150935 | 151261 | 151265 | 151591 | 151595 |
| 150277 | 150281 | 150607 • | 150611 • | 150937 | 150941 | 151267 | 151271 | 151597 • | 151601 |
| 150283 | 150287 • | 150613 | 150617 • | 150943 | 150947 | 151273 • | 151277 | 151603 • | 151607 • |
| 150289 | 150293 | 150619 | 150623 | 150949 | 150953 | 151279 • | 151283 | 151609 • | 151613 |
| 150295 | 150299 • | 150625 | 150629 | 150955 | 150959 • | 151285 | 151289 • | 151615 | 151619 |
| 150301 • | 150305 | 150631 | 150635 | 150961 • | 150965 | 151291 | 151295 | 151621 | 151625 |
| 150307 | 150311 | 150637 | 150641 | 150967 • | 150971 | 151297 | 151301 | 151627 | 151631 • |
| 150313 | 150317 | 150643 | 150647 | 150973 | 150977 | 151303 • | 151307 | 151633 | 151637 • |
| 150319 | 150323 • | 150649 • | 150653 | 150979 • | 150983 | 151309 | 151313 | 151639 | 151643 • |
| 150325 | 150329 • | 150655 | 150659 • | 150985 | 150989 • | 151315 | 151319 | 151645 | 151649 |
| 150331 | 150335 | 150661 | 150665 | 150991 • | 150995 | 151321 | 151325 | 151651 • | 151655 |
| 150337 | 150341 | 150667 | 150671 | 150997 | 151001 | 151327 | 151331 | 151657 | 151661 |
| 150343 • | 150347 | 150673 | 150677 | 151003 | 151007 • | 151333 | 151337 • | 151663 | 151667 • |
| 150349 | 150353 | 150679 | 150683 | 151009 • | 151013 • | 151339 • | 151343 • | 151669 | 151673 • |
| 150355 | 150359 | 150685 | 150689 | 151015 | 151019 | 151345 | 151349 | 151675 | 151679 |
| 150361 | 150365 | 150691 | 150695 | 151021 | 151025 | 151351 | 151355 | 151681 • | 151685 |
| 150367 | 150371 | 150697 • | 150701 | 151027 • | 151031 | 151357 • | 151361 | 151687 • | 151691 |
| 150373 • | 150377 • | 150703 | 150707 • | 151033 | 151037 | 151363 | 151367 | 151693 • | 151697 |
| 150379 • | 150383 • | 150709 | 150713 | 151039 | 151043 | 151369 | 151373 | 151699 | 151703 • |
| 150385 | 150389 | 150715 | 150719 | 151045 | 151049 • | 151375 | 151379 • | 151705 | 151709 |
| 150391 | 150395 | 150721 • | 150725 | 151051 • | 151055 | 151381 • | 151385 | 151711 | 151715 |
| 150397 | 150401 • | 150727 | 150731 | 151057 • | 151061 | 151387 | 151391 • | 151717 • | 151721 |
| 150403 | 150407 • | 150733 | 150737 | 151063 | 151067 | 151393 | 151397 • | 151723 | 151727 |
| 150409 | 150413 • | 150739 | 150743 • | 151069 | 151073 | 151399 | 151403 | 151729 • | 151733 • |
| 150415 | 150419 | 150745 | 150749 | 151075 | 151079 | 151405 | 151409 | 151735 | 151739 |
| 150421 | 150425 | 150751 | 150755 | 151081 | 151085 | 151411 | 151415 | 151741 | 151745 |
| 150427 • | 150431 • | 150757 | 150761 | 151087 | 151091 • | 151417 | 151421 | 151747 | 151751 |
| 150433 | 150437 | 150763 | 150767 • | 151093 | 151097 | 151423 • | 151427 | 151753 | 151757 |
| 150439 • | 150443 | 150769 • | 150773 | 151099 | 151103 | 151429 • | 151433 • | 151759 | 151763 |
| 150445 | 150449 | 150775 | 150779 • | 151105 | 151109 | 151435 | 151439 | 151765 | 151769 • |
| 150451 | 150455 | 150781 | 150785 | 151111 | 151115 | 151441 | 151445 | 151771 • | 151775 |
| 150457 | 150461 | 150787 | 150791 • | 151117 | 151121 • | 151447 | 151451 • | 151777 | 151781 |
| 150463 | 150467 | 150793 | 150797 • | 151123 | 151127 | 151453 | 151457 | 151783 • | 151787 • |
| 150469 | 150473 • | 150799 | 150803 | 151129 | 151133 | 151459 | 151463 | 151789 | 151793 |
| 150475 | 150479 | 150805 | 150809 | 151135 | 151139 | 151465 | 151469 | 151795 | 151799 • |

| | | | | | | | | | |
|---|---|---|---|---|---|---|---|---|---|
| 151801 | 151805 | 152131 | 152135 | 152461 • | 152465 | 152791 • | 152795 | 153121 | 153125 |
| 151807 | 151811 | 152137 | 152141 | 152467 | 152471 | 152797 | 152801 | 153127 | 153131 |
| 151813 • | 151817 • | 152143 | 152147 • | 152473 | 152477 | 152803 | 152807 | 153133 • | 153137 • |
| 151819 | 151823 | 152149 | 152153 | 152479 | 152483 | 152809 • | 152813 | 153139 | 153143 |
| 151825 | 151829 | 152155 | 152159 | 152485 | 152489 | 152815 | 152819 • | 153145 | 153149 |
| 151831 | 151835 | 152161 | 152165 | 152491 | 152495 | 152821 • | 152825 | 153151 • | 153155 |
| 151837 | 151841 • | 152167 | 152171 | 152497 | 152501 • | 152827 | 152831 | 153157 | 153161 |
| 151843 | 151847 • | 152173 | 152177 | 152503 | 152507 | 152833 • | 152837 • | 153163 | 153167 |
| 151849 • | 151853 | 152179 | 152183 • | 152509 | 152513 | 152839 • | 152843 • | 153169 | 153173 |
| 151855 | 151859 | 152185 | 152189 • | 152515 | 152519 • | 152845 | 152849 | 153175 | 153179 |
| 151861 | 151865 | 152191 | 152195 | 152521 | 152525 | 152851 • | 152855 | 153181 | 153185 |
| 151867 | 151871 • | 152197 • | 152201 | 152527 | 152531 • | 152857 • | 152861 | 153187 | 153191 • |
| 151873 | 151877 | 152203 • | 152207 | 152533 • | 152537 | 152863 | 152867 | 153193 | 153197 |
| 151879 | 151883 • | 152209 | 152213 • | 152539 • | 152543 | 152869 | 152873 | 153199 | 153203 |
| 151885 | 151889 | 152215 | 152219 • | 152545 | 152549 | 152875 | 152879 • | 153205 | 153209 |
| 151891 | 151895 | 152221 | 152225 | 152551 | 152555 | 152881 | 152885 | 153211 | 153215 |
| 151897 • | 151901 • | 152227 | 152231 • | 152557 | 152561 | 152887 | 152891 | 153217 | 153221 |
| 151903 • | 151907 | 152233 | 152237 | 152563 • | 152567 • | 152893 | 152897 • | 153223 | 153227 |
| 151909 • | 151913 | 152239 • | 152243 | 152569 | 152573 | 152899 • | 152903 | 153229 | 153233 |
| 151915 | 151919 | 152245 | 152249 • | 152575 | 152579 | 152905 | 152909 • | 153235 | 153239 |
| 151921 | 151925 | 152251 | 152255 | 152581 | 152585 | 152911 | 152915 | 153241 | 153245 |
| 151927 | 151931 | 152257 | 152261 | 152587 | 152591 | 152917 | 152921 | 153247 • | 153251 |
| 151933 | 151937 • | 152263 | 152267 • | 152593 | 152597 • | 152923 | 152927 | 153253 | 153257 |
| 151939 • | 151943 | 152269 | 152273 | 152599 • | 152603 | 152929 | 152933 | 153259 • | 153263 |
| 151945 | 151949 | 152275 | 152279 | 152605 | 152609 | 152935 | 152939 • | 153265 | 153269 • |
| 151951 | 151955 | 152281 | 152285 | 152611 | 152615 | 152941 • | 152945 | 153271 • | 153275 |
| 151957 | 151961 | 152287 • | 152291 | 152617 • | 152621 | 152947 • | 152951 | 153277 • | 153281 • |
| 151963 | 151967 • | 152293 • | 152297 • | 152623 • | 152627 | 152953 • | 152957 | 153283 | 153287 • |
| 151969 • | 151973 | 152299 | 152303 | 152629 • | 152633 | 152959 • | 152963 | 153289 | 153293 |
| 151975 | 151979 | 152305 | 152309 | 152635 | 152639 • | 152965 | 152969 | 153295 | 153299 |
| 151981 | 151985 | 152311 • | 152315 | 152641 • | 152645 | 152971 | 152975 | 153301 | 153305 |
| 151987 | 151991 | 152317 | 152321 | 152647 | 152651 | 152977 | 152981 • | 153307 | 153311 |
| 151993 | 151997 | 152323 | 152327 | 152653 | 152657 • | 152983 | 152987 | 153313 • | 153317 |
| 151999 | 152003 • | 152329 | 152333 | 152659 | 152663 | 152989 • | 152993 • | 153319 • | 153323 |
| 152005 | 152009 | 152335 | 152339 | 152665 | 152669 | 152995 | 152999 | 153325 | 153329 |
| 152011 | 152015 | 152341 | 152345 | 152671 • | 152675 | 153001 • | 153005 | 153331 | 153335 |
| 152017 • | 152021 | 152347 | 152351 | 152677 | 152681 • | 153007 | 153011 | 153337 • | 153341 |
| 152023 | 152027 • | 152353 | 152357 | 152683 | 152687 | 153013 | 153017 | 153343 • | 153347 |
| 152029 • | 152033 | 152359 | 152363 • | 152689 | 152693 | 153019 | 153023 | 153349 | 153353 • |
| 152035 | 152039 • | 152365 | 152369 | 152695 | 152699 | 153025 | 153029 | 153355 | 153359 • |
| 152041 • | 152045 | 152371 | 152375 | 152701 | 152705 | 153031 | 153035 | 153361 | 153365 |
| 152047 | 152051 | 152377 • | 152381 • | 152707 | 152711 | 153037 | 153041 | 153367 | 153371 • |
| 152053 | 152057 | 152383 | 152387 | 152713 | 152717 • | 153043 | 153047 | 153373 | 153377 |
| 152059 | 152063 • | 152389 • | 152393 • | 152719 | 152723 • | 153049 | 153053 | 153379 • | 153383 |
| 152065 | 152069 | 152395 | 152399 | 152725 | 152729 • | 153055 | 153059 • | 153385 | 153389 |
| 152071 | 152075 | 152401 | 152405 | 152731 | 152735 | 153061 | 153065 | 153391 | 153395 |
| 152077 • | 152081 • | 152407 • | 152411 | 152737 | 152741 | 153067 • | 153071 • | 153397 | 153401 |
| 152083 • | 152087 | 152413 | 152417 • | 152743 | 152747 | 153073 • | 153077 • | 153403 | 153407 • |
| 152089 | 152093 • | 152419 • | 152423 • | 152749 | 152753 • | 153079 | 153083 | 153409 • | 153413 |
| 152095 | 152099 | 152425 | 152429 • | 152755 | 152759 | 153085 | 153089 • | 153415 | 153419 |
| 152101 | 152105 | 152431 | 152435 | 152761 | 152765 | 153091 | 153095 | 153421 • | 153425 |
| 152107 | 152111 • | 152437 | 152441 • | 152767 • | 152771 | 153097 | 153101 | 153427 • | 153431 |
| 152113 | 152117 | 152443 • | 152447 | 152773 | 152777 • | 153103 | 153107 • | 153433 | 153437 • |
| 152119 | 152123 • | 152449 | 152453 | 152779 | 152783 • | 153109 | 153113 • | 153439 | 153443 • |
| 152125 | 152129 | 152455 | 152459 • | 152785 | 152789 | 153115 | 153119 | 153445 | 153449 • |

| | | | | | | | | | |
|---|---|---|---|---|---|---|---|---|---|
| 153451 | 153455 | 153781 | 153785 | 154111 • | 154115 | 154441 | 154445 | 154771 | 154775 |
| 153457 • | 153461 | 153787 | 153791 | 154117 | 154121 | 154447 | 154451 | 154777 | 154781 |
| 153463 | 153467 | 153793 | 153797 | 154123 | 154127 • | 154453 | 154457 | 154783 | 154787 • |
| 153469 • | 153473 | 153799 | 153803 | 154129 | 154133 | 154459 • | 154463 | 154789 • | 154793 |
| 153475 | 153479 | 153805 | 153809 | 154135 | 154139 | 154465 | 154469 | 154795 | 154799 • |
| 153481 | 153485 | 153811 | 153815 | 154141 | 154145 | 154471 | 154475 | 154801 | 154805 |
| 153487 • | 153491 | 153817 • | 153821 | 154147 | 154151 | 154477 | 154481 | 154807 • | 154811 |
| 153493 | 153497 | 153823 | 153827 | 154153 • | 154157 • | 154483 | 154487 • | 154813 | 154817 |
| 153499 • | 153503 | 153829 | 153833 | 154159 • | 154163 | 154489 | 154493 • | 154819 | 154823 • |
| 153505 | 153509 • | 153835 | 153839 | 154165 | 154169 | 154495 | 154499 | 154825 | 154829 |
| 153511 • | 153515 | 153841 • | 153845 | 154171 | 154175 | 154501 • | 154505 | 154831 | 154835 |
| 153517 | 153521 • | 153847 | 153851 | 154177 | 154181 • | 154507 | 154511 | 154837 | 154841 • |
| 153523 • | 153527 | 153853 | 153857 | 154183 • | 154187 | 154513 | 154517 | 154843 | 154847 |
| 153529 • | 153533 • | 153859 | 153863 | 154189 | 154193 | 154519 | 154523 • | 154849 • | 154853 |
| 153535 | 153539 | 153865 | 153869 | 154195 | 154199 | 154525 | 154529 | 154855 | 154859 |
| 153541 | 153545 | 153871 • | 153875 | 154201 | 154205 | 154531 | 154535 | 154861 | 154865 |
| 153547 | 153551 | 153877 • | 153881 | 154207 | 154211 • | 154537 | 154541 | 154867 | 154871 • |
| 153553 | 153557 • | 153883 | 153887 • | 154213 • | 154217 | 154543 • | 154547 | 154873 • | 154877 • |
| 153559 | 153563 • | 153889 • | 153893 | 154219 | 154223 | 154549 | 154553 | 154879 | 154883 • |
| 153565 | 153569 | 153895 | 153899 | 154225 | 154229 | 154555 | 154559 | 154885 | 154889 |
| 153571 | 153575 | 153901 | 153905 | 154231 | 154235 | 154561 | 154565 | 154891 | 154895 |
| 153577 | 153581 | 153907 | 153911 • | 154237 | 154241 | 154567 | 154571 • | 154897 • | 154901 |
| 153583 | 153587 | 153913 • | 153917 | 154243 • | 154247 • | 154573 • | 154577 | 154903 | 154907 |
| 153589 • | 153593 | 153919 | 153923 | 154249 | 154253 | 154579 • | 154583 | 154909 | 154913 |
| 153595 | 153599 | 153925 | 153929 • | 154255 | 154259 | 154585 | 154589 • | 154915 | 154919 |
| 153601 | 153605 | 153931 | 153935 | 154261 | 154265 | 154591 • | 154595 | 154921 | 154925 |
| 153607 • | 153611 • | 153937 | 153941 • | 154267 • | 154271 | 154597 | 154601 | 154927 • | 154931 |
| 153613 | 153617 | 153943 | 153947 • | 154273 | 154277 • | 154603 | 154607 | 154933 • | 154937 • |
| 153619 | 153623 • | 153949 • | 153953 • | 154279 • | 154283 | 154609 | 154613 • | 154939 | 154943 • |
| 153625 | 153629 | 153955 | 153959 | 154285 | 154289 | 154615 | 154619 • | 154945 | 154949 |
| 153631 | 153635 | 153961 | 153965 | 154291 • | 154295 | 154621 • | 154625 | 154951 | 154955 |
| 153637 | 153641 • | 153967 | 153971 | 154297 | 154301 | 154627 | 154631 | 154957 | 154961 |
| 153643 | 153647 | 153973 | 153977 | 154303 • | 154307 | 154633 | 154637 | 154963 | 154967 |
| 153649 • | 153653 | 153979 | 153983 | 154309 | 154313 • | 154639 | 154643 • | 154969 | 154973 |
| 153655 | 153659 | 153985 | 153989 | 154315 | 154319 | 154645 | 154649 | 154975 | 154979 |
| 153661 | 153665 | 153991 • | 153995 | 154321 • | 154325 | 154651 | 154655 | 154981 • | 154985 |
| 153667 | 153671 | 153997 • | 154001 • | 154327 | 154331 | 154657 | 154661 | 154987 | 154991 • |
| 153673 | 153677 | 154003 | 154007 | 154333 • | 154337 | 154663 | 154667 • | 154993 | 154997 |
| 153679 | 153683 | 154009 | 154013 | 154339 • | 154343 | 154669 • | 154673 | 154999 | 155003 • |
| 153685 | 153689 • | 154015 | 154019 | 154345 | 154349 | 154675 | 154679 | 155005 | 155009 • |
| 153691 | 153695 | 154021 | 154025 | 154351 | 154355 | 154681 • | 154685 | 155011 | 155015 |
| 153697 | 153701 • | 154027 • | 154031 | 154357 | 154361 | 154687 | 154691 • | 155017 • | 155021 |
| 153703 | 153707 | 154033 | 154037 | 154363 | 154367 | 154693 | 154697 | 155023 | 155027 • |
| 153709 | 153713 | 154039 | 154043 • | 154369 • | 154373 • | 154699 • | 154703 | 155029 | 155033 |
| 153715 | 153719 • | 154045 | 154049 | 154375 | 154379 | 154705 | 154709 | 155035 | 155039 |
| 153721 | 153725 | 154051 | 154055 | 154381 | 154385 | 154711 | 154715 | 155041 | 155045 |
| 153727 | 153731 | 154057 • | 154061 • | 154387 • | 154391 | 154717 | 154721 | 155047 • | 155051 |
| 153733 • | 153737 | 154063 | 154067 • | 154393 | 154397 | 154723 • | 154727 • | 155053 | 155057 |
| 153739 • | 153743 • | 154069 | 154073 • | 154399 | 154403 | 154729 | 154733 • | 155059 | 155063 |
| 153745 | 153749 • | 154075 | 154079 • | 154405 | 154409 • | 154735 | 154739 | 155065 | 155069 • |
| 153751 | 153755 | 154081 • | 154085 | 154411 | 154415 | 154741 | 154745 | 155071 | 155075 |
| 153757 • | 153761 | 154087 • | 154091 | 154417 • | 154421 | 154747 • | 154751 | 155077 | 155081 • |
| 153763 • | 153767 | 154093 | 154097 • | 154423 • | 154427 | 154753 • | 154757 | 155083 • | 155087 • |
| 153769 | 153773 | 154099 | 154103 | 154429 | 154433 | 154759 | 154763 | 155089 | 155093 |
| 153775 | 153779 | 154105 | 154109 | 154435 | 154439 • | 154765 | 154769 • | 155095 | 155099 |

| | | | | | | | | | |
|---|---|---|---|---|---|---|---|---|---|
| 155101 | 155105 | 155431 | 155435 | 155761 | 155765 | 156091 | 156095 | 156421 • | 156425 |
| 155107 | 155111 | 155437 | 155441 | 155767 | 155771 | 156097 | 156101 | 156427 | 156431 |
| 155113 | 155117 | 155443 • | 155447 | 155773 • | 155777 • | 156103 | 156107 | 156433 | 156437 • |
| 155119 • | 155123 | 155449 | 155453 • | 155779 | 155783 • | 156109 • | 156113 | 156439 | 156443 |
| 155125 | 155129 | 155455 | 155459 | 155785 | 155789 | 156115 | 156119 • | 156445 | 156449 |
| 155131 | 155135 | 155461 • | 155465 | 155791 | 155795 | 156121 | 156125 | 156451 | 156455 |
| 155137 • | 155141 | 155467 | 155471 | 155797 • | 155801 • | 156127 • | 156131 • | 156457 | 156461 |
| 155143 | 155147 | 155473 • | 155477 | 155803 | 155807 | 156133 | 156137 | 156463 | 156467 • |
| 155149 | 155153 • | 155479 | 155483 | 155809 • | 155813 | 156139 • | 156143 | 156469 | 156473 |
| 155155 | 155159 | 155485 | 155489 | 155815 | 155819 | 156145 | 156149 | 156475 | 156479 |
| 155161 • | 155165 | 155491 | 155495 | 155821 • | 155825 | 156151 • | 156155 | 156481 | 156485 |
| 155167 • | 155171 • | 155497 | 155501 • | 155827 | 155831 | 156157 • | 156161 | 156487 • | 156491 • |
| 155173 | 155177 | 155503 | 155507 | 155833 • | 155837 | 156163 | 156167 | 156493 • | 156497 |
| 155179 | 155183 | 155509 • | 155513 | 155839 | 155843 | 156169 | 156173 | 156499 | 156503 |
| 155185 | 155189 | 155515 | 155519 | 155845 | 155849 • | 156175 | 156179 | 156505 | 156509 |
| 155191 • | 155195 | 155521 • | 155525 | 155851 • | 155855 | 156181 | 156185 | 156511 • | 156515 |
| 155197 | 155201 • | 155527 | 155531 | 155857 | 155861 • | 156187 | 156191 | 156517 | 156521 • |
| 155203 • | 155207 | 155533 | 155537 • | 155863 • | 155867 | 156193 | 156197 | 156523 | 156527 |
| 155209 • | 155213 | 155539 • | 155543 | 155869 | 155873 | 156199 | 156203 | 156529 | 156533 |
| 155215 | 155219 • | 155545 | 155549 | 155875 | 155879 | 156205 | 156209 | 156535 | 156539 • |
| 155221 | 155225 | 155551 | 155555 | 155881 | 155885 | 156211 | 156215 | 156541 | 156545 |
| 155227 | 155231 • | 155557 • | 155561 | 155887 • | 155891 • | 156217 • | 156221 | 156547 | 156551 |
| 155233 | 155237 | 155563 | 155567 | 155893 • | 155897 | 156223 | 156227 • | 156553 | 156557 |
| 155239 | 155243 | 155569 • | 155573 | 155899 | 155903 | 156229 • | 156233 | 156559 | 156563 |
| 155245 | 155249 | 155575 | 155579 • | 155905 | 155909 | 156235 | 156239 | 156565 | 156569 |
| 155251 • | 155255 | 155581 • | 155585 | 155911 | 155915 | 156241 • | 156245 | 156571 | 156575 |
| 155257 | 155261 | 155587 | 155591 | 155917 | 155921 • | 156247 | 156251 | 156577 • | 156581 |
| 155263 | 155267 | 155593 • | 155597 | 155923 | 155927 | 156253 • | 156257 • | 156583 | 156587 |
| 155269 • | 155273 | 155599 • | 155603 | 155929 | 155933 | 156259 • | 156263 | 156589 • | 156593 • |
| 155275 | 155279 | 155605 | 155609 • | 155935 | 155939 | 156265 | 156269 • | 156595 | 156599 |
| 155281 | 155285 | 155611 | 155615 | 155941 | 155945 | 156271 | 156275 | 156601 • | 156605 |
| 155287 | 155291 • | 155617 | 155621 • | 155947 | 155951 | 156277 | 156281 | 156607 | 156611 |
| 155293 | 155297 | 155623 | 155627 • | 155953 | 155957 | 156283 | 156287 | 156613 | 156617 |
| 155299 • | 155303 • | 155629 | 155633 | 155959 | 155963 | 156289 | 156293 | 156619 • | 156623 • |
| 155305 | 155309 | 155635 | 155639 | 155965 | 155969 | 156295 | 156299 | 156625 | 156629 |
| 155311 | 155315 | 155641 | 155645 | 155971 | 155975 | 156301 | 156305 | 156631 • | 156635 |
| 155317 • | 155321 | 155647 | 155651 | 155977 | 155981 | 156307 • | 156311 | 156637 | 156641 • |
| 155323 | 155327 • | 155653 • | 155657 • | 155983 | 155987 | 156313 | 156317 | 156643 | 156647 |
| 155329 | 155333 • | 155659 | 155663 • | 155989 | 155993 | 156319 • | 156323 | 156649 | 156653 |
| 155335 | 155339 | 155665 | 155669 | 155995 | 155999 | 156325 | 156329 • | 156655 | 156659 • |
| 155341 | 155345 | 155671 • | 155675 | 156001 | 156005 | 156331 | 156335 | 156661 | 156665 |
| 155347 | 155351 | 155677 | 155681 | 156007 • | 156011 • | 156337 | 156341 | 156667 | 156671 • |
| 155353 | 155357 | 155683 | 155687 | 156013 | 156017 | 156343 | 156347 • | 156673 | 156677 • |
| 155359 | 155363 | 155689 • | 155693 • | 156019 • | 156023 | 156349 | 156353 • | 156679 • | 156683 • |
| 155365 | 155369 | 155695 | 155699 • | 156025 | 156029 | 156355 | 156359 | 156685 | 156689 |
| 155371 • | 155375 | 155701 | 155705 | 156031 | 156035 | 156361 • | 156365 | 156691 • | 156695 |
| 155377 • | 155381 • | 155707 • | 155711 | 156037 | 156041 • | 156367 | 156371 • | 156697 | 156701 |
| 155383 • | 155387 • | 155713 | 155717 • | 156043 | 156047 | 156373 | 156377 | 156703 • | 156707 • |
| 155389 | 155393 | 155719 • | 155723 • | 156049 | 156053 | 156379 | 156383 | 156709 | 156713 |
| 155395 | 155399 • | 155725 | 155729 | 156055 | 156059 • | 156385 | 156389 | 156715 | 156719 • |
| 155401 | 155405 | 155731 • | 155735 | 156061 • | 156065 | 156391 | 156395 | 156721 | 156725 |
| 155407 | 155411 | 155737 | 155741 • | 156067 | 156071 • | 156397 | 156401 | 156727 • | 156731 |
| 155413 • | 155417 | 155743 | 155747 • | 156073 | 156077 | 156403 | 156407 | 156733 • | 156737 |
| 155419 | 155423 • | 155749 | 155753 | 156079 | 156083 | 156409 | 156413 | 156739 | 156743 |
| 155425 | 155429 | 155755 | 155759 | 156085 | 156089 • | 156415 | 156419 • | 156745 | 156749 • |

| | | | | | | | | | |
|---|---|---|---|---|---|---|---|---|---|
| 156751 | 156755 | 157081 • | 157085 | 157411 • | 157415 | 157741 | 157745 | 158071 • | 158075 |
| 156757 | 156761 | 157087 | 157091 | 157417 | 157421 | 157747 • | 157751 | 158077 • | 158081 |
| 156763 | 156767 | 157093 | 157097 | 157423 | 157427 • | 157753 | 157757 | 158083 | 158087 |
| 156769 | 156773 | 157099 | 157103 • | 157429 • | 157433 • | 157759 | 157763 | 158089 | 158093 |
| 156775 | 156779 | 157105 | 157109 • | 157435 | 157439 | 157765 | 157769 • | 158095 | 158099 |
| 156781 • | 156785 | 157111 | 157115 | 157441 | 157445 | 157771 • | 157775 | 158101 | 158105 |
| 156787 | 156791 | 157117 | 157121 | 157447 | 157451 | 157777 | 157781 | 158107 | 158111 |
| 156793 | 156797 • | 157123 | 157127 • | 157453 | 157457 • | 157783 | 157787 | 158113 • | 158117 |
| 156799 • | 156803 | 157129 | 157133 • | 157459 | 157463 | 157789 | 157793 • | 158119 | 158123 |
| 156805 | 156809 | 157135 | 157139 | 157465 | 157469 | 157795 | 157799 • | 158125 | 158129 • |
| 156811 | 156815 | 157141 • | 157145 | 157471 | 157475 | 157801 | 157805 | 158131 | 158135 |
| 156817 • | 156821 | 157147 | 157151 | 157477 • | 157481 | 157807 | 157811 | 158137 | 158141 • |
| 156823 • | 156827 | 157153 | 157157 | 157483 • | 157487 | 157813 • | 157817 | 158143 • | 158147 |
| 156829 | 156833 • | 157159 | 157163 • | 157489 • | 157493 | 157819 | 157823 • | 158149 | 158153 |
| 156835 | 156839 | 157165 | 157169 | 157495 | 157499 | 157825 | 157829 | 158155 | 158159 |
| 156841 • | 156845 | 157171 | 157175 | 157501 | 157505 | 157831 • | 157835 | 158161 • | 158165 |
| 156847 | 156851 | 157177 • | 157181 • | 157507 | 157511 | 157837 • | 157841 • | 158167 | 158171 |
| 156853 | 156857 | 157183 | 157187 | 157513 • | 157517 | 157843 | 157847 | 158173 | 158177 |
| 156859 | 156863 | 157189 • | 157193 | 157519 • | 157523 • | 157849 | 157853 | 158179 | 158183 |
| 156865 | 156869 | 157195 | 157199 | 157525 | 157529 | 157855 | 157859 | 158185 | 158189 • |
| 156871 | 156875 | 157201 | 157205 | 157531 | 157535 | 157861 | 157865 | 158191 | 158195 |
| 156877 | 156881 | 157207 • | 157211 • | 157537 | 157541 | 157867 • | 157871 | 158197 | 158201 • |
| 156883 | 156887 • | 157213 | 157217 • | 157543 • | 157547 | 157873 | 157877 • | 158203 | 158207 |
| 156889 | 156893 | 157219 • | 157223 | 157549 | 157553 | 157879 | 157883 | 158209 • | 158213 |
| 156895 | 156899 • | 157225 | 157229 • | 157555 | 157559 • | 157885 | 157889 • | 158215 | 158219 |
| 156901 • | 156905 | 157231 • | 157235 | 157561 • | 157565 | 157891 | 157895 | 158221 | 158225 |
| 156907 | 156911 | 157237 | 157241 | 157567 | 157571 • | 157897 • | 157901 • | 158227 • | 158231 • |
| 156913 • | 156917 | 157243 • | 157247 • | 157573 | 157577 | 157903 | 157907 • | 158233 • | 158237 |
| 156919 | 156923 | 157249 | 157253 • | 157579 • | 157583 | 157909 | 157913 | 158239 | 158243 • |
| 156925 | 156929 | 157255 | 157259 • | 157585 | 157589 | 157915 | 157919 | 158245 | 158249 |
| 156931 | 156935 | 157261 | 157265 | 157591 | 157595 | 157921 | 157925 | 158251 | 158255 |
| 156937 | 156941 • | 157267 | 157271 • | 157597 | 157601 | 157927 | 157931 • | 158257 | 158261 • |
| 156943 • | 156947 | 157273 • | 157277 • | 157603 | 157607 | 157933 • | 157937 | 158263 | 158267 |
| 156949 | 156953 | 157279 • | 157283 | 157609 | 157613 | 157939 | 157943 | 158269 • | 158273 |
| 156955 | 156959 | 157285 | 157289 | 157615 | 157619 | 157945 | 157949 | 158275 | 158279 |
| 156961 | 156965 | 157291 • | 157295 | 157621 | 157625 | 157951 • | 157955 | 158281 | 158285 |
| 156967 • | 156971 • | 157297 | 157301 | 157627 • | 157631 | 157957 | 157961 | 158287 | 158291 |
| 156973 | 156977 | 157303 • | 157307 • | 157633 | 157637 • | 157963 | 157967 | 158293 • | 158297 |
| 156979 • | 156983 | 157309 | 157313 | 157639 • | 157643 | 157969 | 157973 | 158299 | 158303 • |
| 156985 | 156989 | 157315 | 157319 | 157645 | 157649 • | 157975 | 157979 | 158305 | 158309 |
| 156991 | 156995 | 157321 • | 157325 | 157651 | 157655 | 157981 | 157985 | 158311 | 158315 |
| 156997 | 157001 | 157327 • | 157331 | 157657 | 157661 | 157987 | 157991 • | 158317 | 158321 |
| 157003 | 157007 • | 157333 | 157337 | 157663 | 157667 • | 157993 | 157997 | 158323 | 158327 |
| 157009 | 157013 • | 157339 | 157343 | 157669 • | 157673 | 157999 • | 158003 • | 158329 • | 158333 |
| 157015 | 157019 • | 157345 | 157349 • | 157675 | 157679 • | 158005 | 158009 • | 158335 | 158339 |
| 157021 | 157025 | 157351 • | 157355 | 157681 | 157685 | 158011 | 158015 | 158341 • | 158345 |
| 157027 | 157031 | 157357 | 157361 | 157687 | 157691 | 158017 • | 158021 | 158347 | 158351 • |
| 157033 | 157037 • | 157363 • | 157367 | 157693 | 157697 | 158023 | 158027 | 158353 | 158357 • |
| 157039 | 157043 | 157369 | 157373 | 157699 | 157703 | 158029 • | 158033 | 158359 • | 158363 • |
| 157045 | 157049 • | 157375 | 157379 | 157705 | 157709 | 158035 | 158039 | 158365 | 158369 |
| 157051 • | 157055 | 157381 | 157385 | 157711 | 157715 | 158041 | 158045 | 158371 • | 158375 |
| 157057 • | 157061 • | 157387 | 157391 | 157717 | 157721 • | 158047 • | 158051 | 158377 | 158381 |
| 157063 | 157067 | 157393 • | 157397 | 157723 | 157727 | 158053 | 158057 | 158383 | 158387 |
| 157069 | 157073 | 157399 | 157403 | 157729 | 157733 • | 158059 | 158063 | 158389 | 158393 • |
| 157075 | 157079 | 157405 | 157409 | 157735 | 157739 • | 158065 | 158069 | 158395 | 158399 |

| | | | | | | | | | |
|---|---|---|---|---|---|---|---|---|---|
| 158401 | 158405 | 158731 • | 158735 | 159061 | 159065 | 159391 | 159395 | 159721 • | 159725 |
| 158407 • | 158411 | 158737 | 158741 | 159067 | 159071 | 159397 | 159401 | 159727 | 159731 |
| 158413 | 158417 | 158743 | 158747 • | 159073 • | 159077 | 159403 • | 159407 • | 159733 | 159737 • |
| 158419 • | 158423 | 158749 • | 158753 | 159079 • | 159083 | 159409 | 159413 | 159739 • | 159743 |
| 158425 | 158429 • | 158755 | 158759 • | 159085 | 159089 | 159415 | 159419 | 159745 | 159749 |
| 158431 | 158435 | 158761 • | 158765 | 159091 | 159095 | 159421 • | 159425 | 159751 | 159755 |
| 158437 | 158441 | 158767 | 158771 • | 159097 • | 159101 | 159427 | 159431 • | 159757 | 159761 |
| 158443 • | 158447 | 158773 | 158777 • | 159103 | 159107 | 159433 | 159437 | 159763 • | 159767 |
| 158449 • | 158453 | 158779 | 158783 | 159109 | 159113 • | 159439 | 159443 | 159769 • | 159773 • |
| 158455 | 158459 | 158785 | 158789 | 159115 | 159119 • | 159445 | 159449 | 159775 | 159779 |
| 158461 | 158465 | 158791 • | 158795 | 159121 | 159125 | 159451 | 159455 | 159781 | 159785 |
| 158467 | 158471 | 158797 | 158801 | 159127 | 159131 | 159457 | 159461 | 159787 | 159791 • |
| 158473 | 158477 | 158803 • | 158807 | 159133 | 159137 | 159463 • | 159467 | 159793 • | 159797 |
| 158479 | 158483 | 158809 | 158813 | 159139 | 159143 | 159469 • | 159473 • | 159799 • | 159803 |
| 158485 | 158489 • | 158815 | 158819 | 159145 | 159149 | 159475 | 159479 | 159805 | 159809 |
| 158491 | 158495 | 158821 | 158825 | 159151 | 159155 | 159481 | 159485 | 159811 • | 159815 |
| 158497 | 158501 | 158827 | 158831 | 159157 • | 159161 • | 159487 | 159491 • | 159817 | 159821 |
| 158503 | 158507 • | 158833 | 158837 | 159163 | 159167 • | 159493 | 159497 | 159823 | 159827 |
| 158509 | 158513 | 158839 | 158843 • | 159169 • | 159173 | 159499 • | 159503 • | 159829 | 159833 • |
| 158515 | 158519 • | 158845 | 158849 • | 159175 | 159179 • | 159505 | 159509 | 159835 | 159839 |
| 158521 | 158525 | 158851 | 158855 | 159181 | 159185 | 159511 | 159515 | 159841 | 159845 |
| 158527 • | 158531 | 158857 | 158861 | 159187 | 159191 • | 159517 | 159521 | 159847 | 159851 |
| 158533 | 158537 • | 158863 • | 158867 • | 159193 • | 159197 | 159523 | 159527 | 159853 • | 159857 • |
| 158539 | 158543 | 158869 | 158873 | 159199 • | 159203 | 159529 | 159533 | 159859 | 159863 |
| 158545 | 158549 | 158875 | 158879 | 159205 | 159209 • | 159535 | 159539 • | 159865 | 159869 • |
| 158551 • | 158555 | 158881 • | 158885 | 159211 | 159215 | 159541 • | 159545 | 159871 • | 159875 |
| 158557 | 158561 | 158887 | 158891 | 159217 | 159221 | 159547 | 159551 | 159877 | 159881 |
| 158563 • | 158567 • | 158893 | 158897 | 159223 • | 159227 • | 159553 • | 159557 | 159883 | 159887 |
| 158569 | 158573 • | 158899 | 158903 | 159229 | 159233 • | 159559 | 159563 • | 159889 | 159893 |
| 158575 | 158579 | 158905 | 158909 • | 159235 | 159239 | 159565 | 159569 • | 159895 | 159899 • |
| 158581 • | 158585 | 158911 | 158915 | 159241 | 159245 | 159571 • | 159575 | 159901 | 159905 |
| 158587 | 158591 • | 158917 | 158921 | 159247 | 159251 | 159577 | 159581 | 159907 | 159911 • |
| 158593 | 158597 • | 158923 • | 158927 • | 159253 | 159257 | 159583 | 159587 | 159913 | 159917 |
| 158599 | 158603 | 158929 | 158933 | 159259 | 159263 | 159589 • | 159593 | 159919 | 159923 |
| 158605 | 158609 | 158935 | 158939 | 159265 | 159269 | 159595 | 159599 | 159925 | 159929 |
| 158611 • | 158615 | 158941 • | 158945 | 159271 | 159275 | 159601 | 159605 | 159931 • | 159935 |
| 158617 • | 158621 • | 158947 | 158951 | 159277 | 159281 | 159607 | 159611 | 159937 • | 159941 |
| 158623 | 158627 | 158953 | 158957 | 159283 | 159287 • | 159613 | 159617 • | 159943 | 159947 |
| 158629 | 158633 • | 158959 • | 158963 | 159289 | 159293 • | 159619 | 159623 • | 159949 | 159953 |
| 158635 | 158639 | 158965 | 158969 | 159295 | 159299 | 159625 | 159629 • | 159955 | 159959 |
| 158641 | 158645 | 158971 | 158975 | 159301 | 159305 | 159631 • | 159635 | 159961 | 159965 |
| 158647 • | 158651 | 158977 | 158981 • | 159307 | 159311 • | 159637 | 159641 | 159967 | 159971 |
| 158653 | 158657 • | 158983 | 158987 | 159313 | 159317 | 159643 | 159647 | 159973 | 159977 • |
| 158659 | 158663 • | 158989 | 158993 • | 159319 • | 159323 | 159649 | 159653 | 159979 • | 159983 |
| 158665 | 158669 | 158995 | 158999 | 159325 | 159329 | 159655 | 159659 | 159985 | 159989 |
| 158671 | 158675 | 159001 | 159005 | 159331 | 159335 | 159661 | 159665 | 159991 | 159995 |
| 158677 | 158681 | 159007 | 159011 | 159337 • | 159341 | 159667 • | 159671 • | 159997 | 160001 • |
| 158683 | 158687 | 159013 • | 159017 • | 159343 | 159347 • | 159673 • | 159677 | 160003 | 160007 |
| 158689 | 158693 | 159019 | 159023 • | 159349 • | 159353 | 159679 | 159683 • | 160009 • | 160013 |
| 158695 | 158699 • | 159025 | 159029 | 159355 | 159359 | 159685 | 159689 | 160015 | 160019 • |
| 158701 | 158705 | 159031 | 159035 | 159361 • | 159365 | 159691 | 159695 | 160021 | 160025 |
| 158707 | 158711 | 159037 | 159041 | 159367 | 159371 | 159697 • | 159701 • | 160027 | 160031 • |
| 158713 | 158717 | 159043 | 159047 | 159373 | 159377 | 159703 | 159707 • | 160033 • | 160037 |
| 158719 | 158723 | 159049 | 159053 | 159379 | 159383 | 159709 | 159713 | 160039 | 160043 |
| 158725 | 158729 | 159055 | 159059 • | 159385 | 159389 • | 159715 | 159719 | 160045 | 160049 • |

| | | | | | | | | | |
|---|---|---|---|---|---|---|---|---|---|
| 160051 | 160055 | 160381 | 160385 | 160711 • | 160715 | 161041 | 161045 | 161371 | 161375 |
| 160057 | 160061 | 160387 • | 160391 | 160717 | 160721 | 161047 • | 161051 | 161377 • | 161381 |
| 160063 | 160067 | 160393 | 160397 • | 160723 • | 160727 | 161053 • | 161057 | 161383 | 161387 • |
| 160069 | 160073 • | 160399 | 160403 • | 160729 | 160733 | 161059 • | 161063 | 161389 | 161393 |
| 160075 | 160079 • | 160405 | 160409 • | 160735 | 160739 • | 161065 | 161069 | 161395 | 161399 |
| 160081 • | 160085 | 160411 | 160415 | 160741 | 160745 | 161071 • | 161075 | 161401 | 161405 |
| 160087 • | 160091 • | 160417 | 160421 | 160747 | 160751 • | 161077 | 161081 | 161407 • | 161411 • |
| 160093 • | 160097 | 160423 • | 160427 | 160753 • | 160757 • | 161083 | 161087 • | 161413 | 161417 |
| 160099 | 160103 | 160429 | 160433 | 160759 | 160763 | 161089 | 161093 • | 161419 | 161423 |
| 160105 | 160109 | 160435 | 160439 | 160765 | 160769 | 161095 | 161099 | 161425 | 161429 |
| 160111 | 160115 | 160441 • | 160445 | 160771 | 160775 | 161101 | 161105 | 161431 | 161435 |
| 160117 • | 160121 | 160447 | 160451 | 160777 | 160781 • | 161107 | 161111 | 161437 | 161441 |
| 160123 | 160127 | 160453 • | 160457 | 160783 | 160787 | 161113 | 161117 | 161443 | 161447 |
| 160129 | 160133 | 160459 | 160463 | 160789 • | 160793 | 161119 | 161123 • | 161449 | 161453 • |
| 160135 | 160139 | 160465 | 160469 | 160795 | 160799 | 161125 | 161129 | 161455 | 161459 • |
| 160141 • | 160145 | 160471 | 160475 | 160801 | 160805 | 161131 | 161135 | 161461 • | 161465 |
| 160147 | 160151 | 160477 | 160481 • | 160807 • | 160811 | 161137 • | 161141 • | 161467 | 161471 • |
| 160153 | 160157 | 160483 • | 160487 | 160813 • | 160817 • | 161143 | 161147 | 161473 | 161477 |
| 160159 • | 160163 • | 160489 | 160493 | 160819 | 160823 | 161149 • | 161153 | 161479 | 161483 |
| 160165 | 160169 • | 160495 | 160499 • | 160825 | 160829 • | 161155 | 161159 • | 161485 | 161489 |
| 160171 | 160175 | 160501 | 160505 | 160831 | 160835 | 161161 | 161165 | 161491 | 161495 |
| 160177 | 160181 | 160507 • | 160511 | 160837 | 160841 • | 161167 • | 161171 | 161497 | 161501 |
| 160183 • | 160187 | 160513 | 160517 | 160843 | 160847 | 161173 | 161177 | 161503 • | 161507 • |
| 160189 | 160193 | 160519 | 160523 | 160849 | 160853 | 161179 | 161183 | 161509 | 161513 |
| 160195 | 160199 | 160525 | 160529 | 160855 | 160859 | 161185 | 161189 | 161515 | 161519 |
| 160201 • | 160205 | 160531 | 160535 | 160861 • | 160865 | 161191 | 161195 | 161521 • | 161525 |
| 160207 • | 160211 | 160537 | 160541 • | 160867 | 160871 | 161197 | 161201 • | 161527 • | 161531 • |
| 160213 | 160217 • | 160543 | 160547 | 160873 | 160877 • | 161203 | 161207 | 161533 | 161537 |
| 160219 | 160223 | 160549 | 160553 • | 160879 • | 160883 • | 161209 | 161213 | 161539 | 161543 • |
| 160225 | 160229 | 160555 | 160559 | 160885 | 160889 | 161215 | 161219 | 161545 | 161549 |
| 160231 • | 160235 | 160561 | 160565 | 160891 | 160895 | 161221 • | 161225 | 161551 | 161555 |
| 160237 | 160241 | 160567 | 160571 | 160897 | 160901 | 161227 | 161231 | 161557 | 161561 • |
| 160243 • | 160247 | 160573 | 160577 | 160903 • | 160907 • | 161233 • | 161237 • | 161563 • | 161567 |
| 160249 | 160253 • | 160579 • | 160583 • | 160909 | 160913 | 161239 | 161243 | 161569 • | 161573 • |
| 160255 | 160259 | 160585 | 160589 | 160915 | 160919 | 161245 | 161249 | 161575 | 161579 |
| 160261 | 160265 | 160591 • | 160595 | 160921 | 160925 | 161251 | 161255 | 161581 | 161585 |
| 160267 | 160271 | 160597 | 160601 | 160927 | 160931 | 161257 | 161261 | 161587 | 161591 • |
| 160273 | 160277 | 160603 • | 160607 | 160933 • | 160937 | 161263 • | 161267 • | 161593 | 161597 |
| 160279 | 160283 | 160609 | 160613 | 160939 | 160943 | 161269 | 161273 | 161599 • | 161603 |
| 160285 | 160289 | 160615 | 160619 • | 160945 | 160949 | 161275 | 161279 | 161605 | 161609 |
| 160291 | 160295 | 160621 • | 160625 | 160951 | 160955 | 161281 • | 161285 | 161611 • | 161615 |
| 160297 | 160301 | 160627 • | 160631 | 160957 | 160961 | 161287 | 161291 | 161617 | 161621 |
| 160303 | 160307 | 160633 | 160637 • | 160963 | 160967 • | 161293 | 161297 | 161623 | 161627 • |
| 160309 • | 160313 • | 160639 • | 160643 | 160969 • | 160973 | 161299 | 161303 • | 161629 | 161633 |
| 160315 | 160319 • | 160645 | 160649 • | 160975 | 160979 | 161305 | 161309 • | 161635 | 161639 • |
| 160321 | 160325 | 160651 • | 160655 | 160981 • | 160985 | 161311 | 161315 | 161641 • | 161645 |
| 160327 | 160331 | 160657 | 160661 | 160987 | 160991 | 161317 | 161321 | 161647 | 161651 |
| 160333 | 160337 | 160663 • | 160667 | 160993 | 160997 • | 161323 • | 161327 | 161653 | 161657 |
| 160339 | 160343 • | 160669 • | 160673 | 160999 | 161003 | 161329 | 161333 • | 161659 • | 161663 |
| 160345 | 160349 | 160675 | 160679 | 161005 | 161009 • | 161335 | 161339 • | 161665 | 161669 |
| 160351 | 160355 | 160681 • | 160685 | 161011 | 161015 | 161341 • | 161345 | 161671 | 161675 |
| 160357 • | 160361 | 160687 • | 160691 | 161017 • | 161021 | 161347 | 161351 | 161677 | 161681 |
| 160363 | 160367 • | 160693 | 160697 • | 161023 | 161027 | 161353 | 161357 | 161683 • | 161687 |
| 160369 | 160373 • | 160699 | 160703 | 161029 | 161033 • | 161359 | 161363 • | 161689 | 161693 |
| 160375 | 160379 | 160705 | 160709 • | 161035 | 161039 • | 161365 | 161369 | 161695 | 161699 |

| | | | | | | | | | |
|---|---|---|---|---|---|---|---|---|---|
| 161701 | 161705 | 162031 | 162035 | 162361 | 162365 | 162691 • | 162695 | 163021 • | 163025 |
| 161707 | 161711 | 162037 | 162041 | 162367 | 162371 | 162697 | 162701 | 163027 • | 163031 |
| 161713 | 161717 • | 162043 | 162047 | 162373 | 162377 | 162703 • | 162707 | 163033 | 163037 |
| 161719 | 161723 | 162049 | 162053 • | 162379 | 162383 | 162709 • | 162713 • | 163039 | 163043 |
| 161725 | 161729 • | 162055 | 162059 • | 162385 | 162389 • | 162715 | 162719 | 163045 | 163049 |
| 161731 • | 161735 | 162061 | 162065 | 162391 • | 162395 | 162721 | 162725 | 163051 | 163055 |
| 161737 | 161741 • | 162067 | 162071 | 162397 | 162401 | 162727 • | 162731 • | 163057 | 163061 • |
| 161743 • | 161747 | 162073 | 162077 | 162403 | 162407 | 162733 | 162737 | 163063 • | 163067 |
| 161749 | 161753 • | 162079 • | 162083 | 162409 | 162413 • | 162739 • | 162743 | 163069 | 163073 |
| 161755 | 161759 | 162085 | 162089 | 162415 | 162419 • | 162745 | 162749 • | 163075 | 163079 |
| 161761 • | 161765 | 162091 • | 162095 | 162421 | 162425 | 162751 • | 162755 | 163081 | 163085 |
| 161767 | 161771 • | 162097 | 162101 | 162427 | 162431 | 162757 | 162761 | 163087 | 163091 |
| 161773 • | 161777 | 162103 | 162107 | 162433 | 162437 | 162763 | 162767 | 163093 | 163097 |
| 161779 • | 161783 • | 162109 • | 162113 | 162439 • | 162443 | 162769 | 162773 | 163099 | 163103 |
| 161785 | 161789 | 162115 | 162119 • | 162445 | 162449 | 162775 | 162779 • | 163105 | 163109 • |
| 161791 | 161795 | 162121 | 162125 | 162451 • | 162455 | 162781 | 162785 | 163111 | 163115 |
| 161797 | 161801 | 162127 | 162131 | 162457 • | 162461 | 162787 • | 162791 • | 163117 • | 163121 |
| 161803 | 161807 • | 162133 | 162137 | 162463 | 162467 | 162793 | 162797 | 163123 | 163127 • |
| 161809 | 161813 | 162139 | 162143 • | 162469 | 162473 • | 162799 | 162803 | 163129 • | 163133 |
| 161815 | 161819 | 162145 | 162149 | 162475 | 162479 | 162805 | 162809 | 163135 | 163139 |
| 161821 | 161825 | 162151 | 162155 | 162481 | 162485 | 162811 | 162815 | 163141 | 163145 |
| 161827 | 161831 • | 162157 | 162161 | 162487 | 162491 | 162817 | 162821 • | 163147 • | 163151 • |
| 161833 | 161837 | 162163 | 162167 | 162493 • | 162497 | 162823 • | 162827 | 163153 | 163157 |
| 161839 • | 161843 | 162169 | 162173 | 162499 • | 162503 | 162829 • | 162833 | 163159 | 163163 |
| 161845 | 161849 | 162175 | 162179 | 162505 | 162509 | 162835 | 162839 • | 163165 | 163169 • |
| 161851 | 161855 | 162181 | 162185 | 162511 | 162515 | 162841 | 162845 | 163171 • | 163175 |
| 161857 | 161861 | 162187 | 162191 | 162517 • | 162521 | 162847 • | 162851 | 163177 | 163181 • |
| 161863 | 161867 | 162193 | 162197 | 162523 • | 162527 • | 162853 • | 162857 | 163183 | 163187 |
| 161869 • | 161873 • | 162199 | 162203 | 162529 • | 162533 | 162859 • | 162863 | 163189 | 163193 • |
| 161875 | 161879 • | 162205 | 162209 • | 162535 | 162539 | 162865 | 162869 | 163195 | 163199 • |
| 161881 • | 161885 | 162211 | 162215 | 162541 | 162545 | 162871 | 162875 | 163201 | 163205 |
| 161887 | 161891 | 162217 | 162221 • | 162547 | 162551 | 162877 | 162881 • | 163207 | 163211 • |
| 161893 | 161897 | 162223 | 162227 | 162553 • | 162557 • | 162883 | 162887 | 163213 | 163217 |
| 161899 | 161903 | 162229 • | 162233 | 162559 | 162563 • | 162889 • | 162893 | 163219 | 163223 • |
| 161905 | 161909 | 162235 | 162239 | 162565 | 162569 | 162895 | 162899 | 163225 | 163229 |
| 161911 • | 161915 | 162241 | 162245 | 162571 | 162575 | 162901 • | 162905 | 163231 | 163235 |
| 161917 | 161921 • | 162247 | 162251 • | 162577 • | 162581 | 162907 • | 162911 | 163237 | 163241 |
| 161923 • | 161927 | 162253 | 162257 • | 162583 | 162587 | 162913 | 162917 • | 163243 • | 163247 |
| 161929 | 161933 | 162259 | 162263 • | 162589 | 162593 • | 162919 | 162923 | 163249 • | 163253 |
| 161935 | 161939 | 162265 | 162269 • | 162595 | 162599 | 162925 | 162929 | 163255 | 163259 • |
| 161941 | 161945 | 162271 | 162275 | 162601 • | 162605 | 162931 | 162935 | 163261 | 163265 |
| 161947 • | 161951 | 162277 • | 162281 | 162607 | 162611 • | 162937 • | 162941 | 163267 | 163271 |
| 161953 | 161957 • | 162283 | 162287 • | 162613 | 162617 | 162943 | 162947 • | 163273 | 163277 |
| 161959 | 161963 | 162289 • | 162293 • | 162619 | 162623 • | 162949 | 162953 | 163279 | 163283 |
| 161965 | 161969 • | 162295 | 162299 | 162625 | 162629 • | 162955 | 162959 | 163285 | 163289 |
| 161971 • | 161975 | 162301 | 162305 | 162631 | 162635 | 162961 | 162965 | 163291 | 163295 |
| 161977 • | 161981 | 162307 | 162311 | 162637 | 162641 • | 162967 | 162971 • | 163297 | 163301 |
| 161983 • | 161987 | 162313 | 162317 | 162643 | 162647 | 162973 • | 162977 | 163303 | 163307 • |
| 161989 | 161993 | 162319 | 162323 | 162649 • | 162653 | 162979 | 162983 | 163309 • | 163313 |
| 161995 | 161999 • | 162325 | 162329 | 162655 | 162659 | 162985 | 162989 • | 163315 | 163319 |
| 162001 | 162005 | 162331 | 162335 | 162661 | 162665 | 162991 | 162995 | 163321 • | 163325 |
| 162007 • | 162011 • | 162337 | 162341 | 162667 | 162671 • | 162997 • | 163001 | 163327 • | 163331 |
| 162013 | 162017 • | 162343 • | 162347 | 162673 | 162677 • | 163003 • | 163007 | 163333 | 163337 • |
| 162019 | 162023 | 162349 | 162353 | 162679 | 162683 • | 163009 | 163013 | 163339 | 163343 |
| 162025 | 162029 | 162355 | 162359 • | 162685 | 162689 | 163015 | 163019 • | 163345 | 163349 |

| | | | | | | | | | |
|---|---|---|---|---|---|---|---|---|---|
| 163351 • | 163355 | 163681 | 163685 | 164011 • | 164015 | 164341 • | 164345 | 164671 | 164675 |
| 163357 | 163361 | 163687 | 163691 | 164017 | 164021 | 164347 | 164351 | 164677 • | 164681 |
| 163363 • | 163367 • | 163693 | 163697 • | 164023 • | 164027 | 164353 | 164357 • | 164683 • | 164687 |
| 163369 | 163373 | 163699 | 163703 | 164029 | 164033 | 164359 | 164363 • | 164689 | 164693 |
| 163375 | 163379 | 163705 | 163709 | 164035 | 164039 • | 164365 | 164369 | 164695 | 164699 |
| 163381 | 163385 | 163711 | 163715 | 164041 | 164045 | 164371 • | 164375 | 164701 • | 164705 |
| 163387 | 163391 | 163717 | 163721 | 164047 | 164051 • | 164377 • | 164381 | 164707 • | 164711 |
| 163393 • | 163397 | 163723 | 163727 | 164053 | 164057 • | 164383 | 164387 • | 164713 | 164717 |
| 163399 | 163403 • | 163729 • | 163733 • | 164059 | 164063 | 164389 | 164393 | 164719 | 164723 |
| 163405 | 163409 • | 163735 | 163739 | 164065 | 164069 | 164395 | 164399 | 164725 | 164729 • |
| 163411 • | 163415 | 163741 • | 163745 | 164071 • | 164075 | 164401 | 164405 | 164731 | 164735 |
| 163417 • | 163421 | 163747 | 163751 | 164077 | 164081 | 164407 | 164411 | 164737 | 164741 |
| 163423 | 163427 | 163753 • | 163757 | 164083 | 164087 | 164413 • | 164417 | 164743 • | 164747 |
| 163429 | 163433 • | 163759 | 163763 | 164089 • | 164093 • | 164419 • | 164423 | 164749 | 164753 |
| 163435 | 163439 | 163765 | 163769 | 164095 | 164099 | 164425 | 164429 • | 164755 | 164759 |
| 163441 | 163445 | 163771 • | 163775 | 164101 | 164105 | 164431 • | 164435 | 164761 | 164765 |
| 163447 | 163451 | 163777 | 163781 • | 164107 | 164111 | 164437 | 164441 | 164767 • | 164771 • |
| 163453 | 163457 | 163783 | 163787 | 164113 • | 164117 • | 164443 • | 164447 • | 164773 | 164777 |
| 163459 | 163463 | 163789 • | 163793 | 164119 | 164123 | 164449 • | 164453 | 164779 | 164783 |
| 163465 | 163469 • | 163795 | 163799 | 164125 | 164129 | 164455 | 164459 | 164785 | 164789 • |
| 163471 | 163475 | 163801 | 163805 | 164131 | 164135 | 164461 | 164465 | 164791 | 164795 |
| 163477 • | 163481 • | 163807 | 163811 • | 164137 | 164141 | 164467 | 164471 • | 164797 | 164801 |
| 163483 • | 163487 • | 163813 | 163817 | 164143 | 164147 • | 164473 | 164477 • | 164803 | 164807 |
| 163489 | 163493 | 163819 • | 163823 | 164149 • | 164153 | 164479 | 164483 | 164809 • | 164813 |
| 163495 | 163499 | 163825 | 163829 | 164155 | 164159 | 164485 | 164489 | 164815 | 164819 |
| 163501 | 163505 | 163831 | 163835 | 164161 | 164165 | 164491 | 164495 | 164821 • | 164825 |
| 163507 | 163511 | 163837 | 163841 • | 164167 | 164171 | 164497 | 164501 | 164827 | 164831 • |
| 163513 | 163517 • | 163843 | 163847 • | 164173 • | 164177 | 164503 • | 164507 | 164833 | 164837 • |
| 163519 | 163523 | 163849 | 163853 • | 164179 | 164183 • | 164509 | 164513 • | 164839 • | 164843 |
| 163525 | 163529 | 163855 | 163859 • | 164185 | 164189 | 164515 | 164519 | 164845 | 164849 |
| 163531 | 163535 | 163861 • | 163865 | 164191 • | 164195 | 164521 | 164525 | 164851 | 164855 |
| 163537 | 163541 | 163867 | 163871 • | 164197 | 164201 • | 164527 | 164531 • | 164857 | 164861 |
| 163543 • | 163547 | 163873 | 163877 | 164203 | 164207 | 164533 | 164537 | 164863 | 164867 |
| 163549 | 163553 | 163879 | 163883 • | 164209 • | 164213 | 164539 | 164543 | 164869 | 164873 |
| 163555 | 163559 | 163885 | 163889 | 164215 | 164219 | 164545 | 164549 | 164875 | 164879 |
| 163561 • | 163565 | 163891 | 163895 | 164221 | 164225 | 164551 | 164555 | 164881 • | 164885 |
| 163567 • | 163571 | 163897 | 163901 • | 164227 | 164231 • | 164557 | 164561 | 164887 | 164891 |
| 163573 • | 163577 | 163903 | 163907 | 164233 • | 164237 | 164563 | 164567 | 164893 • | 164897 |
| 163579 | 163583 | 163909 • | 163913 | 164239 • | 164243 | 164569 • | 164573 | 164899 | 164903 |
| 163585 | 163589 | 163915 | 163919 | 164245 | 164249 • | 164575 | 164579 | 164905 | 164909 |
| 163591 | 163595 | 163921 | 163925 | 164251 • | 164255 | 164581 • | 164585 | 164911 • | 164915 |
| 163597 | 163601 • | 163927 • | 163931 | 164257 | 164261 | 164587 • | 164591 | 164917 | 164921 |
| 163603 | 163607 | 163933 | 163937 | 164263 | 164267 • | 164593 | 164597 | 164923 | 164927 |
| 163609 | 163613 • | 163939 | 163943 | 164269 | 164273 | 164599 • | 164603 | 164929 | 164933 |
| 163615 | 163619 | 163945 | 163949 | 164275 | 164279 • | 164605 | 164609 | 164935 | 164939 |
| 163621 • | 163625 | 163951 | 163955 | 164281 | 164285 | 164611 | 164615 | 164941 | 164945 |
| 163627 • | 163631 | 163957 | 163961 | 164287 | 164291 • | 164617 • | 164621 • | 164947 | 164951 |
| 163633 • | 163637 • | 163963 | 163967 | 164293 | 164297 | 164623 • | 164627 • | 164953 • | 164957 |
| 163639 | 163643 • | 163969 | 163973 • | 164299 • | 164303 | 164629 | 164633 | 164959 | 164963 • |
| 163645 | 163649 | 163975 | 163979 • | 164305 | 164309 • | 164635 | 164639 | 164965 | 164969 |
| 163651 | 163655 | 163981 • | 163985 | 164311 | 164315 | 164641 | 164645 | 164971 | 164975 |
| 163657 | 163661 • | 163987 • | 163991 • | 164317 | 164321 • | 164647 | 164651 | 164977 | 164981 |
| 163663 | 163667 | 163993 • | 163997 • | 164323 | 164327 | 164653 • | 164657 | 164983 | 164987 • |
| 163669 | 163673 • | 163999 | 164003 | 164329 | 164333 | 164659 | 164663 • | 164989 | 164993 |
| 163675 | 163679 • | 164005 | 164009 | 164335 | 164339 | 164665 | 164669 | 164995 | 164999 • |

| | | | | | | | | | |
|---|---|---|---|---|---|---|---|---|---|
| 165001 • | 165005 | 165331 • | 165335 | 165661 | 165665 | 165991 | 165995 | 166321 | 166325 |
| 165007 | 165011 | 165337 | 165341 | 165667 • | 165671 | 165997 | 166001 | 166327 | 166331 |
| 165013 | 165017 | 165343 • | 165347 | 165673 • | 165677 | 166003 | 166007 | 166333 | 166337 |
| 165019 | 165023 | 165349 • | 165353 | 165679 | 165683 | 166009 | 166013 • | 166339 | 166343 |
| 165025 | 165029 | 165355 | 165359 | 165685 | 165689 | 166015 | 166019 | 166345 | 166349 • |
| 165031 | 165035 | 165361 | 165365 | 165691 | 165695 | 166021 • | 166025 | 166351 • | 166355 |
| 165037 • | 165041 • | 165367 • | 165371 | 165697 | 165701 • | 166027 • | 166031 • | 166357 • | 166361 |
| 165043 | 165047 • | 165373 | 165377 | 165703 • | 165707 • | 166033 | 166037 | 166363 • | 166367 |
| 165049 • | 165053 | 165379 • | 165383 • | 165709 • | 165713 • | 166039 | 166043 • | 166369 | 166373 |
| 165055 | 165059 • | 165385 | 165389 | 165715 | 165719 • | 166045 | 166049 | 166375 | 166379 |
| 165061 | 165065 | 165391 • | 165395 | 165721 • | 165725 | 166051 | 166055 | 166381 | 166385 |
| 165067 | 165071 | 165397 • | 165401 | 165727 | 165731 | 166057 | 166061 | 166387 | 166391 |
| 165073 | 165077 | 165403 | 165407 | 165733 | 165737 | 166063 • | 166067 | 166393 • | 166397 |
| 165079 • | 165083 • | 165409 | 165413 | 165739 | 165743 | 166069 | 166073 | 166399 • | 166403 • |
| 165085 | 165089 • | 165415 | 165419 | 165745 | 165749 • | 166075 | 166079 | 166405 | 166409 • |
| 165091 | 165095 | 165421 | 165425 | 165751 | 165755 | 166081 • | 166085 | 166411 | 166415 |
| 165097 | 165101 | 165427 | 165431 | 165757 | 165761 | 166087 | 166091 | 166417 • | 166421 |
| 165103 • | 165107 | 165433 | 165437 • | 165763 | 165767 | 166093 | 166097 | 166423 | 166427 |
| 165109 | 165113 | 165439 | 165443 • | 165769 | 165773 | 166099 • | 166103 | 166429 • | 166433 |
| 165115 | 165119 | 165445 | 165449 • | 165775 | 165779 • | 166105 | 166109 | 166435 | 166439 |
| 165121 | 165125 | 165451 | 165455 | 165781 | 165785 | 166111 | 166115 | 166441 | 166445 |
| 165127 | 165131 | 165457 • | 165461 | 165787 | 165791 | 166117 | 166121 | 166447 | 166451 |
| 165133 • | 165137 | 165463 • | 165467 | 165793 | 165797 | 166123 | 166127 | 166453 | 166457 • |
| 165139 | 165143 | 165469 • | 165473 | 165799 • | 165803 | 166129 | 166133 | 166459 | 166463 |
| 165145 | 165149 | 165475 | 165479 • | 165805 | 165809 | 166135 | 166139 | 166465 | 166469 |
| 165151 | 165155 | 165481 | 165485 | 165811 • | 165815 | 166141 | 166145 | 166471 • | 166475 |
| 165157 | 165161 • | 165487 | 165491 | 165817 • | 165821 | 166147 • | 166151 • | 166477 | 166481 |
| 165163 | 165167 | 165493 | 165497 | 165823 | 165827 | 166153 | 166157 • | 166483 | 166487 • |
| 165169 | 165173 • | 165499 | 165503 | 165829 • | 165833 • | 166159 | 166163 | 166489 | 166493 |
| 165175 | 165179 | 165505 | 165509 | 165835 | 165839 | 166165 | 166169 • | 166495 | 166499 |
| 165181 • | 165185 | 165511 • | 165515 | 165841 | 165845 | 166171 | 166175 | 166501 | 166505 |
| 165187 | 165191 | 165517 | 165521 | 165847 | 165851 | 166177 | 166181 | 166507 | 166511 |
| 165193 | 165197 | 165523 • | 165527 • | 165853 | 165857 • | 166183 • | 166187 | 166513 | 166517 |
| 165199 | 165203 • | 165529 | 165533 • | 165859 | 165863 | 166189 • | 166193 | 166519 | 166523 |
| 165205 | 165209 | 165535 | 165539 | 165865 | 165869 | 166195 | 166199 | 166525 | 166529 |
| 165211 • | 165215 | 165541 • | 165545 | 165871 | 165875 | 166201 | 166205 | 166531 | 166535 |
| 165217 | 165221 | 165547 | 165551 • | 165877 • | 165881 | 166207 • | 166211 | 166537 | 166541 • |
| 165223 | 165227 | 165553 • | 165557 | 165883 • | 165887 • | 166213 | 166217 | 166543 | 166547 |
| 165229 • | 165233 • | 165559 • | 165563 | 165889 | 165893 | 166219 • | 166223 | 166549 | 166553 |
| 165235 | 165239 | 165565 | 165569 • | 165895 | 165899 | 166225 | 166229 | 166555 | 166559 |
| 165241 | 165245 | 165571 | 165575 | 165901 • | 165905 | 166231 | 166235 | 166561 • | 166565 |
| 165247 • | 165251 | 165577 | 165581 | 165907 | 165911 | 166237 • | 166241 | 166567 • | 166571 • |
| 165253 | 165257 | 165583 | 165587 • | 165913 | 165917 | 166243 | 166247 • | 166573 | 166577 |
| 165259 | 165263 | 165589 • | 165593 | 165919 | 165923 | 166249 | 166253 | 166579 | 166583 |
| 165265 | 165269 | 165595 | 165599 | 165925 | 165929 | 166255 | 166259 • | 166585 | 166589 |
| 165271 | 165275 | 165601 • | 165605 | 165931 • | 165935 | 166261 | 166265 | 166591 | 166595 |
| 165277 | 165281 | 165607 | 165611 • | 165937 | 165941 • | 166267 | 166271 | 166597 • | 166601 • |
| 165283 | 165287 • | 165613 | 165617 • | 165943 | 165947 • | 166273 • | 166277 | 166603 • | 166607 |
| 165289 | 165293 • | 165619 | 165623 | 165949 | 165953 | 166279 | 166283 | 166609 • | 166613 • |
| 165295 | 165299 | 165625 | 165629 | 165955 | 165959 | 166285 | 166289 • | 166615 | 166619 • |
| 165301 | 165305 | 165631 | 165635 | 165961 • | 165965 | 166291 | 166295 | 166621 | 166625 |
| 165307 | 165311 • | 165637 | 165641 | 165967 | 165971 | 166297 • | 166301 • | 166627 • | 166631 • |
| 165313 • | 165317 • | 165643 | 165647 | 165973 | 165977 | 166303 • | 166307 | 166633 | 166637 |
| 165319 | 165323 | 165649 | 165653 • | 165979 | 165983 • | 166309 | 166313 | 166639 | 166643 • |
| 165325 | 165329 | 165655 | 165659 | 165985 | 165989 | 166315 | 166319 • | 166645 | 166649 |

| | | | | | | | | | |
|---|---|---|---|---|---|---|---|---|---|
| 166651 | 166655 | 166981 | 166985 | 167311 • | 167315 | 167641 • | 167645 | 167971 • | 167975 |
| 166657 • | 166661 | 166987 • | 166991 | 167317 • | 167321 | 167647 | 167651 | 167977 | 167981 |
| 166663 | 166667 • | 166993 | 166997 | 167323 | 167327 | 167653 | 167657 | 167983 | 167987 • |
| 166669 • | 166673 | 166999 | 167003 | 167329 • | 167333 | 167659 | 167663 • | 167989 | 167993 |
| 166675 | 166679 • | 167005 | 167009 • | 167335 | 167339 • | 167665 | 167669 | 167995 | 167999 |
| 166681 | 166685 | 167011 | 167015 | 167341 • | 167345 | 167671 | 167675 | 168001 | 168005 |
| 166687 | 166691 | 167017 • | 167021 • | 167347 | 167351 | 167677 • | 167681 | 168007 | 168011 |
| 166693 • | 166697 | 167023 • | 167027 | 167353 | 167357 | 167683 • | 167687 | 168013 • | 168017 |
| 166699 | 166703 • | 167029 | 167033 • | 167359 | 167363 | 167689 | 167693 | 168019 | 168023 • |
| 166705 | 166709 | 167035 | 167039 • | 167365 | 167369 | 167695 | 167699 | 168025 | 168029 • |
| 166711 | 166715 | 167041 | 167045 | 167371 | 167375 | 167701 | 167705 | 168031 | 168035 |
| 166717 | 166721 | 167047 • | 167051 • | 167377 | 167381 • | 167707 | 167711 • | 168037 • | 168041 |
| 166723 • | 166727 | 167053 | 167057 | 167383 | 167387 | 167713 | 167717 | 168043 • | 168047 |
| 166729 | 166733 | 167059 | 167063 | 167389 | 167393 • | 167719 | 167723 | 168049 | 168053 |
| 166735 | 166739 • | 167065 | 167069 | 167395 | 167399 | 167725 | 167729 • | 168055 | 168059 |
| 166741 • | 166745 | 167071 • | 167075 | 167401 | 167405 | 167731 | 167735 | 168061 | 168065 |
| 166747 | 166751 | 167077 • | 167081 • | 167407 • | 167411 | 167737 | 167741 | 168067 • | 168071 • |
| 166753 | 166757 | 167083 | 167087 • | 167413 • | 167417 | 167743 | 167747 • | 168073 | 168077 |
| 166759 | 166763 | 167089 | 167093 | 167419 | 167423 • | 167749 | 167753 | 168079 | 168083 • |
| 166765 | 166769 | 167095 | 167099 • | 167425 | 167429 • | 167755 | 167759 • | 168085 | 168089 • |
| 166771 | 166775 | 167101 | 167105 | 167431 | 167435 | 167761 | 167765 | 168091 | 168095 |
| 166777 | 166781 • | 167107 • | 167111 | 167437 • | 167441 • | 167767 | 167771 • | 168097 | 168101 |
| 166783 • | 166787 | 167113 • | 167117 • | 167443 • | 167447 | 167773 | 167777 • | 168103 | 168107 |
| 166789 | 166793 | 167119 • | 167123 | 167449 • | 167453 | 167779 • | 167783 | 168109 • | 168113 |
| 166795 | 166799 • | 167125 | 167129 | 167455 | 167459 | 167785 | 167789 | 168115 | 168119 |
| 166801 | 166805 | 167131 | 167135 | 167461 | 167465 | 167791 | 167795 | 168121 | 168125 |
| 166807 • | 166811 | 167137 | 167141 | 167467 | 167471 • | 167797 | 167801 • | 168127 • | 168131 |
| 166813 | 166817 | 167143 | 167147 | 167473 | 167477 | 167803 | 167807 | 168133 | 168137 |
| 166819 | 166823 • | 167149 • | 167153 | 167479 | 167483 • | 167809 • | 167813 | 168139 | 168143 • |
| 166825 | 166829 | 167155 | 167159 • | 167485 | 167489 | 167815 | 167819 | 168145 | 168149 |
| 166831 | 166835 | 167161 | 167165 | 167491 • | 167495 | 167821 | 167825 | 168151 • | 168155 |
| 166837 | 166841 • | 167167 | 167171 | 167497 | 167501 | 167827 | 167831 | 168157 | 168161 |
| 166843 • | 166847 • | 167173 • | 167177 • | 167503 | 167507 | 167833 | 167837 | 168163 | 168167 |
| 166849 • | 166853 • | 167179 | 167183 | 167509 | 167513 | 167839 | 167843 | 168169 | 168173 |
| 166855 | 166859 | 167185 | 167189 | 167515 | 167519 | 167845 | 167849 | 168175 | 168179 |
| 166861 • | 166865 | 167191 • | 167195 | 167521 • | 167525 | 167851 | 167855 | 168181 | 168185 |
| 166867 • | 166871 • | 167197 • | 167201 | 167527 | 167531 | 167857 | 167861 • | 168187 | 168191 |
| 166873 | 166877 | 167203 | 167207 | 167533 | 167537 • | 167863 • | 167867 | 168193 • | 168197 • |
| 166879 | 166883 | 167209 | 167213 • | 167539 | 167543 • | 167869 | 167873 • | 168199 | 168203 |
| 166885 | 166889 | 167215 | 167219 | 167545 | 167549 | 167875 | 167879 • | 168205 | 168209 |
| 166891 | 166895 | 167221 • | 167225 | 167551 | 167555 | 167881 | 167885 | 168211 • | 168215 |
| 166897 | 166901 | 167227 | 167231 | 167557 | 167561 | 167887 • | 167891 • | 168217 | 168221 |
| 166903 | 166907 | 167233 | 167237 | 167563 | 167567 | 167893 | 167897 | 168223 | 168227 • |
| 166909 • | 166913 | 167239 | 167243 | 167569 | 167573 | 167899 • | 167903 | 168229 | 168233 |
| 166915 | 166919 • | 167245 | 167249 • | 167575 | 167579 | 167905 | 167909 | 168235 | 168239 |
| 166921 | 166925 | 167251 | 167255 | 167581 | 167585 | 167911 • | 167915 | 168241 | 168245 |
| 166927 | 166931 • | 167257 | 167261 • | 167587 | 167591 | 167917 • | 167921 | 168247 • | 168251 |
| 166933 | 166937 | 167263 | 167267 • | 167593 • | 167597 • | 167923 | 167927 | 168253 • | 168257 |
| 166939 | 166943 | 167269 • | 167273 | 167599 | 167603 | 167929 | 167933 | 168259 | 168263 • |
| 166945 | 166949 • | 167275 | 167279 | 167605 | 167609 | 167935 | 167939 | 168265 | 168269 • |
| 166951 | 166955 | 167281 | 167285 | 167611 • | 167615 | 167941 | 167945 | 168271 | 168275 |
| 166957 | 166961 | 167287 | 167291 | 167617 | 167621 • | 167947 | 167951 | 168277 • | 168281 • |
| 166963 | 166967 • | 167293 | 167297 | 167623 • | 167627 • | 167953 • | 167957 | 168283 | 168287 |
| 166969 | 166973 • | 167299 | 167303 | 167629 | 167633 • | 167959 | 167963 | 168289 | 168293 • |
| 166975 | 166979 • | 167305 | 167309 • | 167635 | 167639 | 167965 | 167969 | 168295 | 168299 |

| | | | | | | | | | |
|---|---|---|---|---|---|---|---|---|---|
| 168301 | 168305 | 168631 • | 168635 | 168961 | 168965 | 169291 | 169295 | 169621 | 169625 |
| 168307 | 168311 | 168637 | 168641 | 168967 | 168971 | 169297 | 169301 | 169627 • | 169631 |
| 168313 | 168317 | 168643 • | 168647 | 168973 | 168977 • | 169303 | 169307 • | 169633 • | 169637 |
| 168319 | 168323 • | 168649 | 168653 | 168979 | 168983 | 169309 | 169313 • | 169639 • | 169643 |
| 168325 | 168329 | 168655 | 168659 | 168985 | 168989 | 169315 | 169319 • | 169645 | 169649 • |
| 168331 • | 168335 | 168661 | 168665 | 168991 • | 168995 | 169321 • | 169325 | 169651 | 169655 |
| 168337 | 168341 | 168667 | 168671 | 168997 | 169001 | 169327 • | 169331 | 169657 • | 169661 • |
| 168343 | 168347 • | 168673 • | 168677 • | 169003 • | 169007 | 169333 | 169337 | 169663 | 169667 • |
| 168349 | 168353 • | 168679 | 168683 | 169009 • | 169013 | 169339 • | 169343 • | 169669 | 169673 |
| 168355 | 168359 | 168685 | 168689 | 169015 | 169019 • | 169345 | 169349 | 169675 | 169679 |
| 168361 | 168365 | 168691 | 168695 | 169021 | 169025 | 169351 | 169355 | 169681 • | 169685 |
| 168367 | 168371 | 168697 • | 168701 | 169027 | 169031 | 169357 | 169361 • | 169687 | 169691 • |
| 168373 | 168377 | 168703 | 168707 | 169033 | 169037 | 169363 | 169367 | 169693 • | 169697 |
| 168379 | 168383 | 168709 | 168713 • | 169039 | 169043 | 169369 • | 169373 • | 169699 | 169703 |
| 168385 | 168389 | 168715 | 168719 • | 169045 | 169049 • | 169375 | 169379 | 169705 | 169709 • |
| 168391 • | 168395 | 168721 | 168725 | 169051 | 169055 | 169381 | 169385 | 169711 | 169715 |
| 168397 | 168401 | 168727 | 168731 • | 169057 | 169061 | 169387 | 169391 | 169717 | 169721 |
| 168403 | 168407 | 168733 | 168737 • | 169063 • | 169067 • | 169393 | 169397 | 169723 | 169727 |
| 168409 • | 168413 | 168739 | 168743 • | 169069 • | 169073 | 169399 • | 169403 | 169729 | 169733 • |
| 168415 | 168419 | 168745 | 168749 | 169075 | 169079 • | 169405 | 169409 • | 169735 | 169739 |
| 168421 | 168425 | 168751 | 168755 | 169081 | 169085 | 169411 | 169415 | 169741 | 169745 |
| 168427 | 168431 | 168757 | 168761 • | 169087 | 169091 | 169417 | 169421 | 169747 | 169751 • |
| 168433 • | 168437 | 168763 | 168767 | 169093 • | 169097 • | 169423 | 169427 • | 169753 • | 169757 |
| 168439 | 168443 | 168769 • | 168773 | 169099 | 169103 | 169429 | 169433 | 169759 | 169763 |
| 168445 | 168449 • | 168775 | 168779 | 169105 | 169109 | 169435 | 169439 | 169765 | 169769 • |
| 168451 • | 168455 | 168781 • | 168785 | 169111 • | 169115 | 169441 | 169445 | 169771 | 169775 |
| 168457 • | 168461 | 168787 | 168791 | 169117 | 169121 | 169447 | 169451 | 169777 • | 169781 |
| 168463 • | 168467 | 168793 | 168797 | 169123 | 169127 | 169453 | 169457 • | 169783 • | 169787 |
| 168469 | 168473 | 168799 | 168803 • | 169129 • | 169133 | 169459 | 169463 | 169789 • | 169793 |
| 168475 | 168479 | 168805 | 168809 | 169135 | 169139 | 169465 | 169469 | 169795 | 169799 |
| 168481 • | 168485 | 168811 | 168815 | 169141 | 169145 | 169471 • | 169475 | 169801 | 169805 |
| 168487 | 168491 • | 168817 | 168821 | 169147 | 169151 • | 169477 | 169481 | 169807 | 169811 |
| 168493 | 168497 | 168823 | 168827 | 169153 | 169157 | 169483 • | 169487 | 169813 | 169817 • |
| 168499 • | 168503 | 168829 | 168833 | 169159 • | 169163 | 169489 • | 169493 • | 169819 | 169823 • |
| 168505 | 168509 | 168835 | 168839 | 169165 | 169169 | 169495 | 169499 | 169825 | 169829 |
| 168511 | 168515 | 168841 | 168845 | 169171 | 169175 | 169501 • | 169505 | 169831 • | 169835 |
| 168517 | 168521 | 168847 | 168851 • | 169177 • | 169181 • | 169507 | 169511 | 169837 • | 169841 |
| 168523 • | 168527 • | 168853 | 168857 | 169183 | 169187 | 169513 | 169517 | 169843 • | 169847 |
| 168529 | 168533 • | 168859 | 168863 • | 169189 | 169193 | 169519 | 169523 • | 169849 | 169853 |
| 168535 | 168539 | 168865 | 168869 • | 169195 | 169199 • | 169525 | 169529 | 169855 | 169859 • |
| 168541 • | 168545 | 168871 | 168875 | 169201 | 169205 | 169531 • | 169535 | 169861 | 169865 |
| 168547 | 168551 | 168877 | 168881 | 169207 | 169211 | 169537 | 169541 | 169867 | 169871 |
| 168553 | 168557 | 168883 | 168887 • | 169213 | 169217 • | 169543 | 169547 | 169873 | 169877 |
| 168559 • | 168563 | 168889 | 168893 • | 169219 • | 169223 | 169549 | 169553 • | 169879 | 169883 |
| 168565 | 168569 | 168895 | 168899 • | 169225 | 169229 | 169555 | 169559 | 169885 | 169889 • |
| 168571 | 168575 | 168901 • | 168905 | 169231 | 169235 | 169561 | 169565 | 169891 • | 169895 |
| 168577 | 168581 | 168907 | 168911 | 169237 | 169241 • | 169567 • | 169571 | 169897 | 169901 |
| 168583 | 168587 | 168913 • | 168917 | 169243 • | 169247 | 169573 | 169577 | 169903 | 169907 |
| 168589 | 168593 | 168919 | 168923 | 169249 • | 169253 | 169579 | 169583 • | 169909 • | 169913 • |
| 168595 | 168599 • | 168925 | 168929 | 169255 | 169259 • | 169585 | 169589 | 169915 | 169919 • |
| 168601 • | 168605 | 168931 | 168935 | 169261 | 169265 | 169591 • | 169595 | 169921 | 169925 |
| 168607 | 168611 | 168937 • | 168941 | 169267 | 169271 | 169597 | 169601 | 169927 | 169931 |
| 168613 | 168617 • | 168943 • | 168947 | 169273 | 169277 | 169603 | 169607 • | 169933 • | 169937 • |
| 168619 | 168623 | 168949 | 168953 | 169279 | 169283 • | 169609 | 169613 | 169939 | 169943 • |
| 168625 | 168629 • | 168955 | 168959 | 169285 | 169289 | 169615 | 169619 | 169945 | 169949 |

| | | | | | | | | | |
|---|---|---|---|---|---|---|---|---|---|
| 169951 • | 169955 | 170281 | 170285 | 170611 | 170615 | 170941 | 170945 | 171271 • | 171275 |
| 169957 • | 169961 | 170287 | 170291 | 170617 | 170621 | 170947 | 170951 | 171277 | 171281 |
| 169963 | 169967 | 170293 • | 170297 | 170623 | 170627 • | 170953 • | 170957 • | 171283 | 171287 |
| 169969 | 169973 | 170299 • | 170303 | 170629 | 170633 • | 170959 | 170963 | 171289 | 171293 • |
| 169975 | 169979 | 170305 | 170309 | 170635 | 170639 | 170965 | 170969 | 171295 | 171299 • |
| 169981 | 169985 | 170311 | 170315 | 170641 • | 170645 | 170971 • | 170975 | 171301 | 171305 |
| 169987 • | 169991 • | 170317 | 170321 | 170647 • | 170651 | 170977 | 170981 | 171307 | 171311 |
| 169993 | 169997 | 170323 | 170327 • | 170653 | 170657 | 170983 | 170987 | 171313 | 171317 • |
| 169999 | 170003 • | 170329 | 170333 | 170659 | 170663 | 170989 | 170993 | 171319 | 171323 |
| 170005 | 170009 | 170335 | 170339 | 170665 | 170669 • | 170995 | 170999 | 171325 | 171329 • |
| 170011 | 170015 | 170341 • | 170345 | 170671 | 170675 | 171001 | 171005 | 171331 | 171335 |
| 170017 | 170021 • | 170347 • | 170351 • | 170677 | 170681 | 171007 • | 171011 | 171337 | 171341 • |
| 170023 | 170027 | 170353 • | 170357 | 170683 | 170687 | 171013 | 171017 | 171343 | 171347 |
| 170029 • | 170033 | 170359 | 170363 • | 170689 • | 170693 | 171019 | 171023 • | 171349 | 171353 |
| 170035 | 170039 | 170365 | 170369 • | 170695 | 170699 | 171025 | 171029 • | 171355 | 171359 |
| 170041 | 170045 | 170371 • | 170375 | 170701 • | 170705 | 171031 | 171035 | 171361 | 171365 |
| 170047 • | 170051 | 170377 | 170381 | 170707 • | 170711 • | 171037 | 171041 | 171367 | 171371 |
| 170053 | 170057 • | 170383 • | 170387 | 170713 | 170717 | 171043 • | 171047 • | 171373 | 171377 |
| 170059 | 170063 • | 170389 • | 170393 • | 170719 | 170723 | 171049 • | 171053 • | 171379 | 171383 |
| 170065 | 170069 | 170395 | 170399 | 170725 | 170729 | 171055 | 171059 | 171385 | 171389 |
| 170071 | 170075 | 170401 | 170405 | 170731 | 170735 | 171061 | 171065 | 171391 | 171395 |
| 170077 | 170081 • | 170407 | 170411 | 170737 | 170741 • | 171067 | 171071 | 171397 | 171401 • |
| 170083 | 170087 | 170413 • | 170417 | 170743 | 170747 | 171073 | 171077 | 171403 • | 171407 |
| 170089 | 170093 | 170419 | 170423 | 170749 • | 170753 | 171079 • | 171083 | 171409 | 171413 |
| 170095 | 170099 • | 170425 | 170429 | 170755 | 170759 • | 171085 | 171089 | 171415 | 171419 |
| 170101 • | 170105 | 170431 | 170435 | 170761 • | 170765 | 171091 • | 171095 | 171421 | 171425 |
| 170107 | 170111 • | 170437 | 170441 • | 170767 • | 170771 | 171097 | 171101 | 171427 • | 171431 |
| 170113 | 170117 | 170443 | 170447 • | 170773 • | 170777 • | 171103 • | 171107 | 171433 | 171437 |
| 170119 | 170123 | 170449 | 170453 | 170779 | 170783 | 171109 | 171113 | 171439 • | 171443 |
| 170125 | 170129 | 170455 | 170459 | 170785 | 170789 | 171115 | 171119 | 171445 | 171449 • |
| 170131 | 170135 | 170461 | 170465 | 170791 | 170795 | 171121 | 171125 | 171451 | 171455 |
| 170137 | 170141 • | 170467 | 170471 | 170797 | 170801 • | 171127 | 171131 | 171457 | 171461 |
| 170143 | 170147 | 170473 • | 170477 | 170803 | 170807 | 171133 | 171137 | 171463 | 171467 • |
| 170149 | 170153 | 170479 | 170483 • | 170809 • | 170813 • | 171139 | 171143 | 171469 • | 171473 • |
| 170155 | 170159 | 170485 | 170489 | 170815 | 170819 | 171145 | 171149 | 171475 | 171479 |
| 170161 | 170165 | 170491 | 170495 | 170821 | 170825 | 171151 | 171155 | 171481 • | 171485 |
| 170167 • | 170171 | 170497 • | 170501 | 170827 • | 170831 | 171157 | 171161 | 171487 | 171491 • |
| 170173 | 170177 | 170503 • | 170507 | 170833 | 170837 • | 171163 • | 171167 • | 171493 | 171497 |
| 170179 • | 170183 | 170509 • | 170513 | 170839 | 170843 • | 171169 • | 171173 | 171499 | 171503 |
| 170185 | 170189 • | 170515 | 170519 | 170845 | 170849 | 171175 | 171179 • | 171505 | 171509 |
| 170191 | 170195 | 170521 | 170525 | 170851 • | 170855 | 171181 | 171185 | 171511 | 171515 |
| 170197 • | 170201 | 170527 | 170531 | 170857 • | 170861 | 171187 | 171191 | 171517 • | 171521 |
| 170203 | 170207 • | 170533 | 170537 • | 170863 | 170867 | 171193 | 171197 | 171523 | 171527 |
| 170209 | 170213 • | 170539 • | 170543 | 170869 | 170873 • | 171199 | 171203 | 171529 | 171533 |
| 170215 | 170219 | 170545 | 170549 | 170875 | 170879 | 171205 | 171209 | 171535 | 171539 • |
| 170221 | 170225 | 170551 • | 170555 | 170881 • | 170885 | 171211 | 171215 | 171541 • | 171545 |
| 170227 • | 170231 • | 170557 • | 170561 | 170887 • | 170891 | 171217 | 171221 | 171547 | 171551 |
| 170233 | 170237 | 170563 | 170567 | 170893 | 170897 | 171223 | 171227 | 171553 • | 171557 |
| 170239 • | 170243 • | 170569 | 170573 | 170899 • | 170903 | 171229 | 171233 • | 171559 • | 171563 |
| 170245 | 170249 • | 170575 | 170579 • | 170905 | 170909 | 171235 | 171239 | 171565 | 171569 |
| 170251 | 170255 | 170581 | 170585 | 170911 | 170915 | 171241 | 171245 | 171571 • | 171575 |
| 170257 | 170261 | 170587 | 170591 | 170917 | 170921 • | 171247 | 171251 • | 171577 | 171581 |
| 170263 • | 170267 • | 170593 | 170597 | 170923 | 170927 • | 171253 • | 171257 | 171583 • | 171587 |
| 170269 | 170273 | 170599 | 170603 • | 170929 | 170933 | 171259 | 171263 • | 171589 | 171593 |
| 170275 | 170279 • | 170605 | 170609 • | 170935 | 170939 | 171265 | 171269 | 171595 | 171599 |

| | | | | | | | | | |
|---|---|---|---|---|---|---|---|---|---|
| 171601 | 171605 | 171931 | 171935 | 172261 | 172265 | 172591 | 172595 | 172921 | 172925 |
| 171607 | 171611 | 171937 • | 171941 | 172267 | 172271 | 172597 • | 172601 | 172927 | 172931 |
| 171613 | 171617 • | 171943 | 171947 • | 172273 | 172277 | 172603 • | 172607 • | 172933 • | 172937 |
| 171619 | 171623 | 171949 | 171953 | 172279 • | 172283 • | 172609 | 172613 | 172939 | 172943 |
| 171625 | 171629 • | 171955 | 171959 | 172285 | 172289 | 172615 | 172619 • | 172945 | 172949 |
| 171631 | 171635 | 171961 | 171965 | 172291 | 172295 | 172621 | 172625 | 172951 | 172955 |
| 171637 • | 171641 • | 171967 | 171971 | 172297 • | 172301 | 172627 | 172631 | 172957 | 172961 |
| 171643 | 171647 | 171973 | 171977 | 172303 | 172307 • | 172633 • | 172637 | 172963 | 172967 |
| 171649 | 171653 • | 171979 | 171983 | 172309 | 172313 • | 172639 | 172643 • | 172969 • | 172973 • |
| 171655 | 171659 • | 171985 | 171989 | 172315 | 172319 | 172645 | 172649 • | 172975 | 172979 |
| 171661 | 171665 | 171991 | 171995 | 172321 • | 172325 | 172651 | 172655 | 172981 • | 172985 |
| 171667 | 171671 • | 171997 | 172001 • | 172327 | 172331 • | 172657 • | 172661 | 172987 • | 172991 |
| 171673 • | 171677 | 172003 | 172007 | 172333 | 172337 | 172663 • | 172667 | 172993 • | 172997 |
| 171679 • | 171683 | 172009 • | 172013 | 172339 | 172343 • | 172669 | 172673 • | 172999 • | 173003 |
| 171685 | 171689 | 172015 | 172019 | 172345 | 172349 | 172675 | 172679 | 173005 | 173009 |
| 171691 | 171695 | 172021 • | 172025 | 172351 • | 172355 | 172681 • | 172685 | 173011 | 173015 |
| 171697 • | 171701 | 172027 • | 172031 • | 172357 • | 172361 | 172687 • | 172691 | 173017 | 173021 • |
| 171703 | 171707 • | 172033 | 172037 | 172363 | 172367 | 172693 | 172697 | 173023 • | 173027 |
| 171709 | 171713 • | 172039 | 172043 | 172369 | 172373 • | 172699 | 172703 | 173029 | 173033 |
| 171715 | 171719 • | 172045 | 172049 • | 172375 | 172379 | 172705 | 172709 • | 173035 | 173039 • |
| 171721 | 171725 | 172051 | 172055 | 172381 | 172385 | 172711 | 172715 | 173041 | 173045 |
| 171727 | 171731 | 172057 | 172061 | 172387 | 172391 | 172717 • | 172721 • | 173047 | 173051 |
| 171733 • | 171737 | 172063 | 172067 | 172393 | 172397 | 172723 | 172727 | 173053 • | 173057 |
| 171739 | 171743 | 172069 • | 172073 | 172399 • | 172403 | 172729 | 172733 | 173059 • | 173063 |
| 171745 | 171749 | 172075 | 172079 • | 172405 | 172409 | 172735 | 172739 | 173065 | 173069 |
| 171751 | 171755 | 172081 | 172085 | 172411 • | 172415 | 172741 • | 172745 | 173071 | 173075 |
| 171757 • | 171761 • | 172087 | 172091 | 172417 | 172421 • | 172747 | 172751 • | 173077 | 173081 • |
| 171763 • | 171767 | 172093 • | 172097 • | 172423 • | 172427 • | 172753 | 172757 | 173083 | 173087 • |
| 171769 | 171773 | 172099 | 172103 | 172429 | 172433 • | 172759 • | 172763 | 173089 | 173093 |
| 171775 | 171779 | 172105 | 172109 | 172435 | 172439 • | 172765 | 172769 | 173095 | 173099 • |
| 171781 | 171785 | 172111 | 172115 | 172441 • | 172445 | 172771 | 172775 | 173101 | 173105 |
| 171787 | 171791 | 172117 | 172121 | 172447 | 172451 | 172777 | 172781 | 173107 | 173111 |
| 171793 • | 171797 | 172123 | 172127 • | 172453 | 172457 | 172783 | 172787 • | 173113 | 173117 |
| 171799 • | 171803 • | 172129 | 172133 | 172459 | 172463 | 172789 | 172793 | 173119 | 173123 |
| 171805 | 171809 | 172135 | 172139 | 172465 | 172469 | 172795 | 172799 | 173125 | 173129 |
| 171811 • | 171815 | 172141 | 172145 | 172471 | 172475 | 172801 • | 172805 | 173131 | 173135 |
| 171817 | 171821 | 172147 • | 172151 | 172477 | 172481 | 172807 • | 172811 | 173137 • | 173141 • |
| 171823 • | 171827 • | 172153 • | 172157 • | 172483 | 172487 | 172813 | 172817 | 173143 | 173147 |
| 171829 | 171833 | 172159 | 172163 | 172489 • | 172493 | 172819 | 172823 | 173149 • | 173153 |
| 171835 | 171839 | 172165 | 172169 • | 172495 | 172499 | 172825 | 172829 • | 173155 | 173159 |
| 171841 | 171845 | 172171 • | 172175 | 172501 | 172505 | 172831 | 172835 | 173161 | 173165 |
| 171847 | 171851 • | 172177 | 172181 • | 172507 • | 172511 | 172837 | 172841 | 173167 | 173171 |
| 171853 | 171857 | 172183 | 172187 | 172513 | 172517 • | 172843 | 172847 | 173173 | 173177 • |
| 171859 | 171863 • | 172189 | 172193 | 172519 • | 172523 | 172849 • | 172853 • | 173179 | 173183 • |
| 171865 | 171869 • | 172195 | 172199 • | 172525 | 172529 | 172855 | 172859 • | 173185 | 173189 • |
| 171871 | 171875 | 172201 | 172205 | 172531 | 172535 | 172861 | 172865 | 173191 • | 173195 |
| 171877 • | 171881 • | 172207 | 172211 | 172537 | 172541 • | 172867 • | 172871 • | 173197 | 173201 |
| 171883 | 171887 | 172213 • | 172217 • | 172543 | 172547 | 172873 | 172877 • | 173203 | 173207 • |
| 171889 • | 171893 | 172219 • | 172223 • | 172549 | 172553 • | 172879 | 172883 • | 173209 • | 173213 |
| 171895 | 171899 | 172225 | 172229 | 172555 | 172559 | 172885 | 172889 | 173215 | 173219 • |
| 171901 | 171905 | 172231 | 172235 | 172561 • | 172565 | 172891 | 172895 | 173221 | 173225 |
| 171907 | 171911 | 172237 | 172241 | 172567 | 172571 | 172897 | 172901 | 173227 | 173231 |
| 171913 | 171917 • | 172243 • | 172247 | 172573 • | 172577 | 172903 | 172907 | 173233 | 173237 |
| 171919 | 171923 • | 172249 | 172253 | 172579 | 172583 • | 172909 | 172913 | 173239 | 173243 |
| 171925 | 171929 • | 172255 | 172259 • | 172585 | 172589 • | 172915 | 172919 | 173245 | 173249 • |

| | | | | | | | | | |
|---|---|---|---|---|---|---|---|---|---|
| 173251 | 173255 | 173581 | 173585 | 173911 | 173915 | 174241 • | 174245 | 174571 • | 174575 |
| 173257 | 173261 | 173587 | 173591 | 173917 • | 173921 | 174247 | 174251 | 174577 | 174581 |
| 173263 • | 173267 • | 173593 | 173597 | 173923 • | 173927 | 174253 | 174257 • | 174583 • | 174587 |
| 173269 | 173273 • | 173599 • | 173603 | 173929 | 173933 • | 174259 • | 174263 • | 174589 | 174593 |
| 173275 | 173279 | 173605 | 173609 | 173935 | 173939 | 174265 | 174269 | 174595 | 174599 • |
| 173281 | 173285 | 173611 | 173615 | 173941 | 173945 | 174271 | 174275 | 174601 | 174605 |
| 173287 | 173291 • | 173617 • | 173621 | 173947 | 173951 | 174277 | 174281 • | 174607 | 174611 |
| 173293 • | 173297 • | 173623 | 173627 | 173953 | 173957 | 174283 | 174287 | 174613 • | 174617 • |
| 173299 | 173303 | 173629 • | 173633 | 173959 | 173963 | 174289 • | 174293 | 174619 | 174623 |
| 173305 | 173309 • | 173635 | 173639 | 173965 | 173969 • | 174295 | 174299 • | 174625 | 174629 |
| 173311 | 173315 | 173641 | 173645 | 173971 | 173975 | 174301 | 174305 | 174631 • | 174635 |
| 173317 | 173321 | 173647 • | 173651 • | 173977 • | 173981 • | 174307 | 174311 • | 174637 • | 174641 |
| 173323 | 173327 | 173653 | 173657 | 173983 | 173987 | 174313 | 174317 | 174643 | 174647 |
| 173329 | 173333 | 173659 • | 173663 | 173989 | 173993 • | 174319 | 174323 | 174649 • | 174653 • |
| 173335 | 173339 | 173665 | 173669 • | 173995 | 173999 | 174325 | 174329 • | 174655 | 174659 • |
| 173341 | 173345 | 173671 • | 173675 | 174001 | 174005 | 174331 • | 174335 | 174661 | 174665 |
| 173347 • | 173351 | 173677 | 173681 | 174007 • | 174011 | 174337 • | 174341 | 174667 | 174671 |
| 173353 | 173357 • | 173683 • | 173687 • | 174013 | 174017 • | 174343 | 174347 • | 174673 • | 174677 |
| 173359 • | 173363 | 173689 | 173693 | 174019 • | 174023 | 174349 | 174353 | 174679 • | 174683 |
| 173365 | 173369 | 173695 | 173699 • | 174025 | 174029 | 174355 | 174359 | 174685 | 174689 |
| 173371 | 173375 | 173701 | 173705 | 174031 | 174035 | 174361 | 174365 | 174691 | 174695 |
| 173377 | 173381 | 173707 • | 173711 | 174037 | 174041 | 174367 • | 174371 | 174697 | 174701 |
| 173383 | 173387 | 173713 • | 173717 | 174043 | 174047 • | 174373 | 174377 | 174703 • | 174707 |
| 173389 | 173393 | 173719 | 173723 | 174049 • | 174053 | 174379 | 174383 | 174709 | 174713 |
| 173395 | 173399 | 173725 | 173729 • | 174055 | 174059 | 174385 | 174389 • | 174715 | 174719 |
| 173401 | 173405 | 173731 | 173735 | 174061 • | 174065 | 174391 | 174395 | 174721 • | 174725 |
| 173407 | 173411 | 173737 | 173741 • | 174067 • | 174071 • | 174397 | 174401 | 174727 | 174731 |
| 173413 | 173417 | 173743 • | 173747 | 174073 | 174077 • | 174403 | 174407 • | 174733 | 174737 • |
| 173419 | 173423 | 173749 | 173753 | 174079 • | 174083 | 174409 | 174413 • | 174739 | 174743 |
| 173425 | 173429 • | 173755 | 173759 | 174085 | 174089 | 174415 | 174419 | 174745 | 174749 • |
| 173431 • | 173435 | 173761 | 173765 | 174091 • | 174095 | 174421 | 174425 | 174751 | 174755 |
| 173437 | 173441 | 173767 | 173771 | 174097 | 174101 • | 174427 | 174431 • | 174757 | 174761 • |
| 173443 | 173447 | 173773 • | 173777 • | 174103 | 174107 | 174433 | 174437 | 174763 • | 174767 • |
| 173449 | 173453 | 173779 • | 173783 • | 174109 | 174113 | 174439 | 174443 • | 174769 | 174773 • |
| 173455 | 173459 | 173785 | 173789 | 174115 | 174119 | 174445 | 174449 | 174775 | 174779 |
| 173461 | 173465 | 173791 | 173795 | 174121 • | 174125 | 174451 | 174455 | 174781 | 174785 |
| 173467 | 173471 | 173797 | 173801 | 174127 | 174131 | 174457 • | 174461 | 174787 | 174791 |
| 173473 • | 173477 | 173803 | 173807 • | 174133 | 174137 • | 174463 | 174467 • | 174793 | 174797 |
| 173479 | 173483 • | 173809 | 173813 | 174139 | 174143 • | 174469 • | 174473 | 174799 • | 174803 |
| 173485 | 173489 | 173815 | 173819 • | 174145 | 174149 • | 174475 | 174479 | 174805 | 174809 |
| 173491 • | 173495 | 173821 | 173825 | 174151 | 174155 | 174481 • | 174485 | 174811 | 174815 |
| 173497 • | 173501 • | 173827 • | 173831 | 174157 • | 174161 | 174487 • | 174491 • | 174817 | 174821 • |
| 173503 | 173507 | 173833 | 173837 | 174163 | 174167 | 174493 | 174497 | 174823 | 174827 |
| 173509 | 173513 | 173839 • | 173843 | 174169 • | 174173 | 174499 | 174503 | 174829 • | 174833 |
| 173515 | 173519 | 173845 | 173849 | 174175 | 174179 | 174505 | 174509 | 174835 | 174839 |
| 173521 | 173525 | 173851 • | 173855 | 174181 | 174185 | 174511 | 174515 | 174841 | 174845 |
| 173527 | 173531 • | 173857 | 173861 • | 174187 | 174191 | 174517 | 174521 | 174847 | 174851 • |
| 173533 | 173537 | 173863 | 173867 • | 174193 | 174197 • | 174523 | 174527 • | 174853 | 174857 |
| 173539 • | 173543 • | 173869 | 173873 | 174199 | 174203 | 174529 | 174533 • | 174859 • | 174863 |
| 173545 | 173549 • | 173875 | 173879 | 174205 | 174209 | 174535 | 174539 | 174865 | 174869 |
| 173551 | 173555 | 173881 | 173885 | 174211 | 174215 | 174541 | 174545 | 174871 | 174875 |
| 173557 | 173561 • | 173887 | 173891 • | 174217 | 174221 • | 174547 | 174551 | 174877 • | 174881 |
| 173563 | 173567 | 173893 | 173897 • | 174223 | 174227 | 174553 | 174557 | 174883 | 174887 |
| 173569 | 173573 • | 173899 | 173903 | 174229 | 174233 | 174559 | 174563 | 174889 | 174893 • |
| 173575 | 173579 | 173905 | 173909 • | 174235 | 174239 | 174565 | 174569 • | 174895 | 174899 |

| | | | | | | | | | |
|---|---|---|---|---|---|---|---|---|---|
| 174901 • | 174905 | 175231 | 175235 | 175561 | 175565 | 175891 • | 175895 | 176221 • | 176225 |
| 174907 • | 174911 | 175237 | 175241 | 175567 | 175571 | 175897 • | 175901 | 176227 • | 176231 |
| 174913 | 174917 • | 175243 | 175247 | 175573 • | 175577 | 175903 | 175907 | 176233 | 176237 • |
| 174919 | 174923 | 175249 | 175253 | 175579 | 175583 | 175909 • | 175913 | 176239 | 176243 • |
| 174925 | 174929 • | 175255 | 175259 | 175585 | 175589 | 175915 | 175919 • | 176245 | 176249 |
| 174931 • | 174935 | 175261 • | 175265 | 175591 | 175595 | 175921 | 175925 | 176251 | 176255 |
| 174937 | 174941 | 175267 • | 175271 | 175597 | 175601 • | 175927 | 175931 | 176257 | 176261 • |
| 174943 • | 174947 | 175273 | 175277 • | 175603 | 175607 | 175933 | 175937 • | 176263 | 176267 |
| 174949 | 174953 | 175279 | 175283 | 175609 | 175613 | 175939 • | 175943 | 176269 | 176273 |
| 174955 | 174959 • | 175285 | 175289 | 175615 | 175619 | 175945 | 175949 • | 176275 | 176279 |
| 174961 | 174965 | 175291 • | 175295 | 175621 • | 175625 | 175951 | 175955 | 176281 | 176285 |
| 174967 | 174971 | 175297 | 175301 | 175627 | 175631 • | 175957 | 175961 • | 176287 | 176291 |
| 174973 | 174977 | 175303 • | 175307 | 175633 • | 175637 | 175963 • | 175967 | 176293 | 176297 |
| 174979 | 174983 | 175309 • | 175313 | 175639 | 175643 | 175969 | 175973 | 176299 • | 176303 • |
| 174985 | 174989 • | 175315 | 175319 | 175645 | 175649 • | 175975 | 175979 • | 176305 | 176309 |
| 174991 • | 174995 | 175321 | 175325 | 175651 | 175655 | 175981 | 175985 | 176311 | 176315 |
| 174997 | 175001 | 175327 • | 175331 | 175657 | 175661 | 175987 | 175991 • | 176317 • | 176321 • |
| 175003 • | 175007 | 175333 • | 175337 | 175663 • | 175667 | 175993 • | 175997 | 176323 | 176327 • |
| 175009 | 175013 • | 175339 | 175343 | 175669 | 175673 • | 175999 | 176003 | 176329 • | 176333 • |
| 175015 | 175019 | 175345 | 175349 • | 175675 | 175679 | 176005 | 176009 | 176335 | 176339 |
| 175021 | 175025 | 175351 | 175355 | 175681 | 175685 | 176011 | 176015 | 176341 | 176345 |
| 175027 | 175031 | 175357 | 175361 • | 175687 • | 175691 • | 176017 • | 176021 • | 176347 • | 176351 |
| 175033 | 175037 | 175363 | 175367 | 175693 | 175697 | 176023 • | 176027 | 176353 • | 176357 • |
| 175039 • | 175043 | 175369 | 175373 | 175699 • | 175703 | 176029 | 176033 | 176359 | 176363 |
| 175045 | 175049 | 175375 | 175379 | 175705 | 175709 • | 176035 | 176039 | 176365 | 176369 • |
| 175051 | 175055 | 175381 | 175385 | 175711 | 175715 | 176041 • | 176045 | 176371 | 176375 |
| 175057 | 175061 • | 175387 | 175391 • | 175717 | 175721 | 176047 • | 176051 • | 176377 • | 176381 |
| 175063 | 175067 • | 175393 • | 175397 | 175723 • | 175727 • | 176053 • | 176057 | 176383 • | 176387 |
| 175069 • | 175073 | 175399 | 175403 • | 175729 | 175733 | 176059 | 176063 • | 176389 • | 176393 |
| 175075 | 175079 • | 175405 | 175409 | 175735 | 175739 | 176065 | 176069 | 176395 | 176399 |
| 175081 • | 175085 | 175411 • | 175415 | 175741 | 175745 | 176071 | 176075 | 176401 • | 176405 |
| 175087 | 175091 | 175417 | 175421 | 175747 | 175751 | 176077 | 176081 • | 176407 | 176411 |
| 175093 | 175097 | 175423 | 175427 | 175753 • | 175757 • | 176083 | 176087 • | 176413 • | 176417 • |
| 175099 | 175103 • | 175429 | 175433 • | 175759 • | 175763 | 176089 • | 176093 | 176419 • | 176423 |
| 175105 | 175109 | 175435 | 175439 | 175765 | 175769 | 176095 | 176099 | 176425 | 176429 |
| 175111 | 175115 | 175441 | 175445 | 175771 | 175775 | 176101 | 176105 | 176431 • | 176435 |
| 175117 | 175121 | 175447 • | 175451 | 175777 | 175781 • | 176107 | 176111 | 176437 | 176441 |
| 175123 | 175127 | 175453 • | 175457 | 175783 • | 175787 | 176113 | 176117 | 176443 | 176447 |
| 175129 • | 175133 | 175459 | 175463 • | 175789 | 175793 | 176119 | 176123 • | 176449 | 176453 |
| 175135 | 175139 | 175465 | 175469 | 175795 | 175799 | 176125 | 176129 • | 176455 | 176459 • |
| 175141 • | 175145 | 175471 | 175475 | 175801 | 175805 | 176131 | 176135 | 176461 • | 176465 |
| 175147 | 175151 | 175477 | 175481 • | 175807 | 175811 • | 176137 | 176141 | 176467 • | 176471 |
| 175153 | 175157 | 175483 | 175487 | 175813 | 175817 | 176143 | 176147 | 176473 | 176477 |
| 175159 | 175163 | 175489 | 175493 • | 175819 | 175823 | 176149 | 176153 • | 176479 | 176483 |
| 175165 | 175169 | 175495 | 175499 • | 175825 | 175829 • | 176155 | 176159 • | 176485 | 176489 • |
| 175171 | 175175 | 175501 | 175505 | 175831 | 175835 | 176161 • | 176165 | 176491 | 176495 |
| 175177 | 175181 | 175507 | 175511 | 175837 • | 175841 | 176167 | 176171 | 176497 • | 176501 |
| 175183 | 175187 | 175513 | 175517 | 175843 • | 175847 | 176173 | 176177 | 176503 • | 176507 • |
| 175189 | 175193 | 175519 • | 175523 • | 175849 | 175853 • | 176179 • | 176183 | 176509 • | 176513 |
| 175195 | 175199 | 175525 | 175529 | 175855 | 175859 • | 176185 | 176189 | 176515 | 176519 |
| 175201 | 175205 | 175531 | 175535 | 175861 | 175865 | 176191 • | 176195 | 176521 • | 176525 |
| 175207 | 175211 • | 175537 | 175541 | 175867 | 175871 | 176197 | 176201 • | 176527 | 176531 • |
| 175213 | 175217 | 175543 • | 175547 | 175873 • | 175877 | 176203 | 176207 • | 176533 | 176537 • |
| 175219 | 175223 | 175549 | 175553 | 175879 | 175883 | 176209 | 176213 • | 176539 | 176543 |
| 175225 | 175229 • | 175555 | 175559 | 175885 | 175889 | 176215 | 176219 | 176545 | 176549 • |

| | | | | | | | | | |
|---|---|---|---|---|---|---|---|---|---|
| 176551 • | 176555 | 176881 | 176885 | 177211 • | 177215 | 177541 | 177545 | 177871 | 177875 |
| 176557 • | 176561 | 176887 • | 176891 | 177217 • | 177221 | 177547 | 177551 | 177877 | 177881 |
| 176563 | 176567 | 176893 | 176897 | 177223 • | 177227 | 177553 • | 177557 | 177883 • | 177887 • |
| 176569 | 176573 • | 176899 • | 176903 • | 177229 | 177233 | 177559 | 177563 | 177889 • | 177893 • |
| 176575 | 176579 | 176905 | 176909 | 177235 | 177239 • | 177565 | 177569 | 177895 | 177899 |
| 176581 | 176585 | 176911 | 176915 | 177241 | 177245 | 177571 | 177575 | 177901 | 177905 |
| 176587 | 176591 • | 176917 | 176921 • | 177247 | 177251 | 177577 | 177581 | 177907 • | 177911 |
| 176593 | 176597 • | 176923 • | 176927 • | 177253 | 177257 | 177583 | 177587 | 177913 • | 177917 • |
| 176599 • | 176603 | 176929 | 176933 • | 177259 | 177263 | 177589 • | 177593 | 177919 | 177923 |
| 176605 | 176609 • | 176935 | 176939 | 177265 | 177269 | 177595 | 177599 | 177925 | 177929 • |
| 176611 • | 176615 | 176941 | 176945 | 177271 | 177275 | 177601 • | 177605 | 177931 | 177935 |
| 176617 | 176621 | 176947 | 176951 • | 177277 | 177281 | 177607 | 177611 | 177937 | 177941 |
| 176623 | 176627 | 176953 | 176957 | 177283 • | 177287 | 177613 | 177617 | 177943 • | 177947 |
| 176629 • | 176633 | 176959 | 176963 | 177289 | 177293 | 177619 | 177623 • | 177949 • | 177953 • |
| 176635 | 176639 | 176965 | 176969 | 177295 | 177299 | 177625 | 177629 | 177955 | 177959 |
| 176641 • | 176645 | 176971 | 176975 | 177301 • | 177305 | 177631 | 177635 | 177961 | 177965 |
| 176647 | 176651 • | 176977 • | 176981 | 177307 | 177311 | 177637 | 177641 | 177967 • | 177971 |
| 176653 | 176657 | 176983 • | 176987 | 177313 | 177317 | 177643 | 177647 • | 177973 | 177977 |
| 176659 | 176663 | 176989 • | 176993 | 177319 • | 177323 • | 177649 | 177653 | 177979 • | 177983 |
| 176665 | 176669 | 176995 | 176999 | 177325 | 177329 | 177655 | 177659 | 177985 | 177989 |
| 176671 | 176675 | 177001 | 177005 | 177331 | 177335 | 177661 | 177665 | 177991 | 177995 |
| 176677 • | 176681 | 177007 • | 177011 • | 177337 • | 177341 | 177667 | 177671 | 177997 | 178001 • |
| 176683 | 176687 | 177013 • | 177017 | 177343 | 177347 • | 177673 | 177677 • | 178003 | 178007 |
| 176689 | 176693 | 177019 • | 177023 | 177349 | 177353 | 177679 • | 177683 | 178009 | 178013 |
| 176695 | 176699 • | 177025 | 177029 | 177355 | 177359 | 177685 | 177689 | 178015 | 178019 |
| 176701 | 176705 | 177031 | 177035 | 177361 | 177365 | 177691 • | 177695 | 178021 • | 178025 |
| 176707 | 176711 • | 177037 | 177041 | 177367 | 177371 | 177697 | 177701 | 178027 | 178031 |
| 176713 • | 176717 | 177043 • | 177047 | 177373 | 177377 | 177703 | 177707 | 178033 | 178037 • |
| 176719 | 176723 | 177049 | 177053 | 177379 • | 177383 • | 177709 | 177713 | 178039 • | 178043 |
| 176725 | 176729 | 177055 | 177059 | 177385 | 177389 | 177715 | 177719 | 178045 | 178049 |
| 176731 | 176735 | 177061 | 177065 | 177391 | 177395 | 177721 | 177725 | 178051 | 178055 |
| 176737 | 176741 • | 177067 | 177071 | 177397 | 177401 | 177727 | 177731 | 178057 | 178061 |
| 176743 | 176747 • | 177073 | 177077 | 177403 | 177407 | 177733 | 177737 | 178063 | 178067 • |
| 176749 | 176753 • | 177079 | 177083 | 177409 • | 177413 | 177739 • | 177743 • | 178069 • | 178073 |
| 176755 | 176759 | 177085 | 177089 | 177415 | 177419 | 177745 | 177749 | 178075 | 178079 |
| 176761 | 176765 | 177091 • | 177095 | 177421 • | 177425 | 177751 | 177755 | 178081 | 178085 |
| 176767 | 176771 | 177097 | 177101 • | 177427 | 177431 | 177757 | 177761 • | 178087 | 178091 • |
| 176773 | 176777 • | 177103 | 177107 | 177433 • | 177437 | 177763 • | 177767 | 178093 • | 178097 |
| 176779 • | 176783 | 177109 • | 177113 • | 177439 | 177443 | 177769 | 177773 | 178099 | 178103 • |
| 176785 | 176789 • | 177115 | 177119 | 177445 | 177449 | 177775 | 177779 | 178105 | 178109 |
| 176791 • | 176795 | 177121 | 177125 | 177451 | 177455 | 177781 | 177785 | 178111 | 178115 |
| 176797 • | 176801 | 177127 • | 177131 • | 177457 | 177461 | 177787 • | 177791 • | 178117 • | 178121 |
| 176803 | 176807 • | 177133 | 177137 | 177463 | 177467 • | 177793 | 177797 • | 178123 | 178127 • |
| 176809 • | 176813 | 177139 | 177143 | 177469 | 177473 • | 177799 | 177803 | 178129 | 178133 |
| 176815 | 176819 • | 177145 | 177149 | 177475 | 177479 | 177805 | 177809 | 178135 | 178139 |
| 176821 | 176825 | 177151 | 177155 | 177481 • | 177485 | 177811 • | 177815 | 178141 • | 178145 |
| 176827 | 176831 | 177157 | 177161 | 177487 • | 177491 | 177817 | 177821 | 178147 | 178151 • |
| 176833 | 176837 | 177163 | 177167 • | 177493 • | 177497 | 177823 • | 177827 | 178153 | 178157 |
| 176839 | 176843 | 177169 | 177173 • | 177499 | 177503 | 177829 | 177833 | 178159 | 178163 |
| 176845 | 176849 • | 177175 | 177179 | 177505 | 177509 | 177835 | 177839 • | 178165 | 178169 • |
| 176851 | 176855 | 177181 | 177185 | 177511 • | 177515 | 177841 • | 177845 | 178171 | 178175 |
| 176857 • | 176861 | 177187 | 177191 | 177517 | 177521 | 177847 | 177851 | 178177 | 178181 |
| 176863 | 176867 | 177193 | 177197 | 177523 | 177527 | 177853 | 177857 | 178183 • | 178187 • |
| 176869 | 176873 | 177199 | 177203 | 177529 | 177533 • | 177859 | 177863 | 178189 | 178193 |
| 176875 | 176879 | 177205 | 177209 • | 177535 | 177539 • | 177865 | 177869 | 178195 | 178199 |

| | | | | | | | | | |
|---|---|---|---|---|---|---|---|---|---|
| 178201 | 178205 | 178531 • | 178535 | 178861 | 178865 | 179191 | 179195 | 179521 | 179525 |
| 178207 • | 178211 | 178537 • | 178541 | 178867 | 178871 | 179197 | 179201 | 179527 • | 179531 |
| 178213 | 178217 | 178543 | 178547 | 178873 • | 178877 • | 179203 • | 179207 | 179533 • | 179537 |
| 178219 | 178223 • | 178549 | 178553 | 178879 | 178883 | 179209 • | 179213 • | 179539 | 179543 |
| 178225 | 178229 | 178555 | 178559 • | 178885 | 178889 • | 179215 | 179219 | 179545 | 179549 • |
| 178231 • | 178235 | 178561 • | 178565 | 178891 | 178895 | 179221 | 179225 | 179551 | 179555 |
| 178237 | 178241 | 178567 • | 178571 • | 178897 • | 178901 | 179227 | 179231 | 179557 | 179561 |
| 178243 | 178247 • | 178573 | 178577 | 178903 • | 178907 • | 179233 • | 179237 | 179563 • | 179567 |
| 178249 • | 178253 | 178579 | 178583 | 178909 • | 178913 | 179239 | 179243 • | 179569 | 179573 • |
| 178255 | 178259 • | 178585 | 178589 | 178915 | 178919 | 179245 | 179249 | 179575 | 179579 • |
| 178261 • | 178265 | 178591 | 178595 | 178921 • | 178925 | 179251 | 179255 | 179581 • | 179585 |
| 178267 | 178271 | 178597 • | 178601 • | 178927 | 178931 • | 179257 | 179261 • | 179587 | 179591 • |
| 178273 | 178277 | 178603 • | 178607 | 178933 • | 178937 | 179263 | 179267 | 179593 • | 179597 |
| 178279 | 178283 | 178609 • | 178613 • | 178939 • | 178943 | 179269 • | 179273 | 179599 | 179603 • |
| 178285 | 178289 • | 178615 | 178619 | 178945 | 178949 | 179275 | 179279 | 179605 | 179609 |
| 178291 | 178295 | 178621 • | 178625 | 178951 • | 178955 | 179281 • | 179285 | 179611 | 179615 |
| 178297 | 178301 • | 178627 • | 178631 | 178957 | 178961 | 179287 • | 179291 | 179617 | 179621 |
| 178303 | 178307 • | 178633 | 178637 | 178963 | 178967 | 179293 | 179297 | 179623 • | 179627 |
| 178309 | 178313 | 178639 • | 178643 • | 178969 | 178973 • | 179299 | 179303 | 179629 | 179633 • |
| 178315 | 178319 | 178645 | 178649 | 178975 | 178979 | 179305 | 179309 | 179635 | 179639 |
| 178321 | 178325 | 178651 | 178655 | 178981 | 178985 | 179311 | 179315 | 179641 | 179645 |
| 178327 • | 178331 | 178657 | 178661 | 178987 • | 178991 | 179317 • | 179321 • | 179647 | 179651 • |
| 178333 | 178337 | 178663 | 178667 | 178993 | 178997 | 179323 | 179327 • | 179653 | 179657 • |
| 178339 | 178343 | 178669 | 178673 | 178999 | 179003 | 179329 | 179333 | 179659 • | 179663 |
| 178345 | 178349 • | 178675 | 178679 | 179005 | 179009 | 179335 | 179339 | 179665 | 179669 |
| 178351 • | 178355 | 178681 • | 178685 | 179011 | 179015 | 179341 | 179345 | 179671 • | 179675 |
| 178357 | 178361 • | 178687 | 178691 • | 179017 | 179021 • | 179347 | 179351 • | 179677 | 179681 |
| 178363 | 178367 | 178693 • | 178697 • | 179023 | 179027 | 179353 | 179357 • | 179683 | 179687 • |
| 178369 | 178373 | 178699 | 178703 | 179029 • | 179033 • | 179359 | 179363 | 179689 • | 179693 • |
| 178375 | 178379 | 178705 | 178709 | 179035 | 179039 | 179365 | 179369 • | 179695 | 179699 |
| 178381 | 178385 | 178711 | 178715 | 179041 • | 179045 | 179371 | 179375 | 179701 | 179705 |
| 178387 | 178391 | 178717 | 178721 | 179047 | 179051 • | 179377 | 179381 • | 179707 | 179711 |
| 178393 • | 178397 • | 178723 | 178727 | 179053 | 179057 • | 179383 • | 179387 | 179713 | 179717 • |
| 178399 | 178403 • | 178729 | 178733 | 179059 | 179063 | 179389 | 179393 • | 179719 • | 179723 |
| 178405 | 178409 | 178735 | 178739 | 179065 | 179069 | 179395 | 179399 | 179725 | 179729 |
| 178411 | 178415 | 178741 | 178745 | 179071 | 179075 | 179401 | 179405 | 179731 | 179735 |
| 178417 • | 178421 | 178747 | 178751 | 179077 | 179081 | 179407 • | 179411 • | 179737 • | 179741 |
| 178423 | 178427 | 178753 • | 178757 • | 179083 • | 179087 | 179413 | 179417 | 179743 • | 179747 |
| 178429 | 178433 | 178759 | 178763 | 179089 • | 179093 | 179419 | 179423 | 179749 • | 179753 |
| 178435 | 178439 • | 178765 | 178769 | 179095 | 179099 • | 179425 | 179429 • | 179755 | 179759 |
| 178441 • | 178445 | 178771 | 178775 | 179101 | 179105 | 179431 | 179435 | 179761 | 179765 |
| 178447 • | 178451 | 178777 | 178781 • | 179107 • | 179111 • | 179437 • | 179441 • | 179767 | 179771 |
| 178453 | 178457 | 178783 | 178787 | 179113 | 179117 | 179443 | 179447 | 179773 | 179777 |
| 178459 | 178463 | 178789 | 178793 • | 179119 • | 179123 | 179449 | 179453 • | 179779 • | 179783 |
| 178465 | 178469 • | 178795 | 178799 • | 179125 | 179129 | 179455 | 179459 | 179785 | 179789 |
| 178471 | 178475 | 178801 | 178805 | 179131 | 179135 | 179461 • | 179465 | 179791 | 179795 |
| 178477 | 178481 • | 178807 • | 178811 | 179137 | 179141 | 179467 | 179471 • | 179797 | 179801 • |
| 178483 | 178487 • | 178813 • | 178817 • | 179143 • | 179147 | 179473 | 179477 | 179803 | 179807 • |
| 178489 • | 178493 | 178819 • | 178823 | 179149 | 179153 | 179479 • | 179483 • | 179809 | 179813 • |
| 178495 | 178499 | 178825 | 178829 | 179155 | 179159 | 179485 | 179489 | 179815 | 179819 • |
| 178501 • | 178505 | 178831 • | 178835 | 179161 • | 179165 | 179491 | 179495 | 179821 • | 179825 |
| 178507 | 178511 | 178837 | 178841 | 179167 • | 179171 | 179497 • | 179501 | 179827 • | 179831 |
| 178513 • | 178517 | 178843 | 178847 | 179173 • | 179177 | 179503 | 179507 | 179833 • | 179837 |
| 178519 | 178523 | 178849 | 178853 • | 179179 • | 179183 | 179509 | 179513 | 179839 | 179843 |
| 178525 | 178529 | 178855 | 178859 • | 179185 | 179189 | 179515 | 179519 • | 179845 | 179849 • |

| | | | | | | | | | |
|---|---|---|---|---|---|---|---|---|---|
| 179851 | 179855 | 180181 • | 180185 | 180511 • | 180515 | 180841 | 180845 | 181171 | 181175 |
| 179857 | 179861 | 180187 | 180191 | 180517 | 180521 | 180847 • | 180851 | 181177 | 181181 |
| 179863 | 179867 | 180193 | 180197 | 180523 | 180527 | 180853 | 180857 | 181183 • | 181187 |
| 179869 | 179873 | 180199 | 180203 | 180529 | 180533 • | 180859 | 180863 | 181189 | 181193 • |
| 179875 | 179879 | 180205 | 180209 | 180535 | 180539 • | 180865 | 180869 | 181195 | 181199 • |
| 179881 | 179885 | 180211 • | 180215 | 180541 • | 180545 | 180871 • | 180875 | 181201 • | 181205 |
| 179887 | 179891 | 180217 | 180221 • | 180547 • | 180551 | 180877 | 180881 | 181207 | 181211 • |
| 179893 | 179897 • | 180223 | 180227 | 180553 | 180557 | 180883 • | 180887 | 181213 • | 181217 |
| 179899 • | 179903 • | 180229 | 180233 • | 180559 | 180563 • | 180889 | 180893 | 181219 • | 181223 |
| 179905 | 179909 • | 180235 | 180239 • | 180565 | 180569 • | 180895 | 180899 | 181225 | 181229 |
| 179911 | 179915 | 180241 • | 180245 | 180571 | 180575 | 180901 | 180905 | 181231 | 181235 |
| 179917 • | 179921 | 180247 • | 180251 | 180577 | 180581 | 180907 • | 180911 | 181237 | 181241 |
| 179923 • | 179927 | 180253 | 180257 | 180583 | 180587 | 180913 | 180917 | 181243 • | 181247 |
| 179929 | 179933 | 180259 • | 180263 • | 180589 | 180593 | 180919 | 180923 | 181249 | 181253 • |
| 179935 | 179939 • | 180265 | 180269 | 180595 | 180599 | 180925 | 180929 | 181255 | 181259 |
| 179941 | 179945 | 180271 | 180275 | 180601 | 180605 | 180931 | 180935 | 181261 | 181265 |
| 179947 • | 179951 • | 180277 | 180281 • | 180607 | 180611 | 180937 | 180941 | 181267 | 181271 |
| 179953 • | 179957 • | 180283 | 180287 • | 180613 | 180617 • | 180943 | 180947 | 181273 • | 181277 • |
| 179959 | 179963 | 180289 • | 180293 | 180619 | 180623 • | 180949 • | 180953 | 181279 | 181283 • |
| 179965 | 179969 • | 180295 | 180299 | 180625 | 180629 • | 180955 | 180959 • | 181285 | 181289 |
| 179971 | 179975 | 180301 | 180305 | 180631 | 180635 | 180961 | 180965 | 181291 | 181295 |
| 179977 | 179981 • | 180307 • | 180311 • | 180637 | 180641 | 180967 | 180971 | 181297 • | 181301 • |
| 179983 | 179987 | 180313 | 180317 • | 180643 | 180647 • | 180973 | 180977 | 181303 • | 181307 |
| 179989 • | 179993 | 180319 | 180323 | 180649 | 180653 | 180979 | 180983 | 181309 | 181313 |
| 179995 | 179999 • | 180325 | 180329 | 180655 | 180659 | 180985 | 180989 | 181315 | 181319 |
| 180001 • | 180005 | 180331 • | 180335 | 180661 | 180665 | 180991 | 180995 | 181321 | 181325 |
| 180007 • | 180011 | 180337 • | 180341 | 180667 • | 180671 | 180997 | 181001 • | 181327 | 181331 |
| 180013 | 180017 | 180343 | 180347 • | 180673 | 180677 | 181003 • | 181007 | 181333 | 181337 |
| 180019 | 180023 • | 180349 | 180353 | 180679 • | 180683 | 181009 | 181013 | 181339 | 181343 |
| 180025 | 180029 | 180355 | 180359 | 180685 | 180689 | 181015 | 181019 • | 181345 | 181349 |
| 180031 | 180035 | 180361 • | 180365 | 180691 | 180695 | 181021 | 181025 | 181351 | 181355 |
| 180037 | 180041 | 180367 | 180371 • | 180697 | 180701 • | 181027 | 181031 • | 181357 | 181361 • |
| 180043 • | 180047 | 180373 | 180377 | 180703 | 180707 | 181033 | 181037 | 181363 | 181367 |
| 180049 | 180053 • | 180379 • | 180383 | 180709 | 180713 | 181039 • | 181043 | 181369 | 181373 |
| 180055 | 180059 | 180385 | 180389 | 180715 | 180719 | 181045 | 181049 | 181375 | 181379 |
| 180061 | 180065 | 180391 • | 180395 | 180721 | 180725 | 181051 | 181055 | 181381 | 181385 |
| 180067 | 180071 • | 180397 | 180401 | 180727 | 180731 • | 181057 | 181061 • | 181387 • | 181391 |
| 180073 • | 180077 • | 180403 | 180407 | 180733 | 180737 | 181063 • | 181067 | 181393 | 181397 • |
| 180079 | 180083 | 180409 | 180413 • | 180739 | 180743 | 181069 | 181073 | 181399 • | 181403 |
| 180085 | 180089 | 180415 | 180419 • | 180745 | 180749 • | 181075 | 181079 | 181405 | 181409 • |
| 180091 | 180095 | 180421 | 180425 | 180751 • | 180755 | 181081 • | 181085 | 181411 | 181415 |
| 180097 • | 180101 | 180427 | 180431 | 180757 | 180761 | 181087 • | 181091 | 181417 | 181421 • |
| 180103 | 180107 | 180433 | 180437 • | 180763 | 180767 | 181093 | 181097 | 181423 | 181427 |
| 180109 | 180113 | 180439 | 180443 | 180769 | 180773 • | 181099 | 181103 | 181429 | 181433 |
| 180115 | 180119 | 180445 | 180449 | 180775 | 180779 • | 181105 | 181109 | 181435 | 181439 • |
| 180121 | 180125 | 180451 | 180455 | 180781 | 180785 | 181111 | 181115 | 181441 | 181445 |
| 180127 | 180131 | 180457 | 180461 | 180787 | 180791 | 181117 | 181121 | 181447 | 181451 |
| 180133 | 180137 • | 180463 • | 180467 | 180793 • | 180797 • | 181123 • | 181127 | 181453 | 181457 • |
| 180139 | 180143 | 180469 | 180473 • | 180799 • | 180803 | 181129 | 181133 | 181459 • | 181463 |
| 180145 | 180149 | 180475 | 180479 | 180805 | 180809 | 181135 | 181139 | 181465 | 181469 |
| 180151 | 180155 | 180481 | 180485 | 180811 • | 180815 | 181141 • | 181145 | 181471 | 181475 |
| 180157 | 180161 • | 180487 | 180491 • | 180817 | 180821 | 181147 | 181151 | 181477 | 181481 |
| 180163 | 180167 | 180493 | 180497 • | 180823 | 180827 | 181153 | 181157 • | 181483 | 181487 |
| 180169 | 180173 | 180499 | 180503 • | 180829 | 180833 | 181159 | 181163 | 181489 | 181493 |
| 180175 | 180179 • | 180505 | 180509 | 180835 | 180839 | 181165 | 181169 | 181495 | 181499 • |

| | | | | | | | | | |
|---|---|---|---|---|---|---|---|---|---|
| 181501 • | 181505 | 181831 | 181835 | 182161 | 182165 | 182491 | 182495 | 182821 • | 182825 |
| 181507 | 181511 | 181837 • | 181841 | 182167 • | 182171 | 182497 | 182501 | 182827 | 182831 |
| 181513 • | 181517 | 181843 | 181847 | 182173 | 182177 • | 182503 • | 182507 | 182833 | 182837 |
| 181519 | 181523 • | 181849 | 181853 | 182179 • | 182183 | 182509 • | 182513 | 182839 • | 182843 |
| 181525 | 181529 | 181855 | 181859 | 182185 | 182189 | 182515 | 182519 • | 182845 | 182849 |
| 181531 | 181535 | 181861 | 181865 | 182191 | 182195 | 182521 | 182525 | 182851 • | 182855 |
| 181537 • | 181541 | 181867 | 181871 • | 182197 | 182201 • | 182527 | 182531 | 182857 • | 182861 |
| 181543 | 181547 | 181873 • | 181877 | 182203 | 182207 | 182533 | 182537 • | 182863 | 182867 • |
| 181549 • | 181553 • | 181879 | 181883 | 182209 • | 182213 | 182539 | 182543 | 182869 | 182873 |
| 181555 | 181559 | 181885 | 181889 • | 182215 | 182219 | 182545 | 182549 • | 182875 | 182879 |
| 181561 | 181565 | 181891 • | 181895 | 182221 | 182225 | 182551 | 182555 | 182881 | 182885 |
| 181567 | 181571 | 181897 | 181901 | 182227 | 182231 | 182557 | 182561 • | 182887 • | 182891 |
| 181573 | 181577 | 181903 • | 181907 | 182233 • | 182237 | 182563 | 182567 | 182893 • | 182897 |
| 181579 | 181583 | 181909 | 181913 • | 182239 • | 182243 • | 182569 | 182573 | 182899 • | 182903 |
| 181585 | 181589 | 181915 | 181919 • | 182245 | 182249 | 182575 | 182579 • | 182905 | 182909 |
| 181591 | 181595 | 181921 | 181925 | 182251 | 182255 | 182581 | 182585 | 182911 | 182915 |
| 181597 | 181601 | 181927 • | 181931 • | 182257 | 182261 • | 182587 • | 182591 | 182917 | 182921 • |
| 181603 • | 181607 • | 181933 | 181937 | 182263 | 182267 | 182593 • | 182597 | 182923 | 182927 • |
| 181609 • | 181613 | 181939 | 181943 • | 182269 | 182273 | 182599 • | 182603 • | 182929 • | 182933 • |
| 181615 | 181619 • | 181945 | 181949 | 182275 | 182279 • | 182605 | 182609 | 182935 | 182939 |
| 181621 | 181625 | 181951 | 181955 | 182281 | 182285 | 182611 | 182615 | 182941 | 182945 |
| 181627 | 181631 | 181957 • | 181961 | 182287 | 182291 | 182617 • | 182621 | 182947 | 182951 |
| 181633 | 181637 | 181963 | 181967 • | 182293 | 182297 • | 182623 | 182627 • | 182953 • | 182957 • |
| 181639 • | 181643 | 181969 | 181973 | 182299 | 182303 | 182629 | 182633 | 182959 | 182963 |
| 181645 | 181649 | 181975 | 181979 | 182305 | 182309 • | 182635 | 182639 • | 182965 | 182969 • |
| 181651 | 181655 | 181981 • | 181985 | 182311 | 182315 | 182641 • | 182645 | 182971 | 182975 |
| 181657 | 181661 | 181987 | 181991 | 182317 | 182321 | 182647 | 182651 | 182977 | 182981 • |
| 181663 | 181667 • | 181993 | 181997 • | 182323 | 182327 | 182653 • | 182657 • | 182983 | 182987 |
| 181669 • | 181673 | 181999 | 182003 | 182329 | 182333 • | 182659 • | 182663 | 182989 | 182993 |
| 181675 | 181679 | 182005 | 182009 • | 182335 | 182339 • | 182665 | 182669 | 182995 | 182999 • |
| 181681 | 181685 | 182011 • | 182015 | 182341 • | 182345 | 182671 | 182675 | 183001 | 183005 |
| 181687 | 181691 | 182017 | 182021 | 182347 | 182351 | 182677 | 182681 • | 183007 | 183011 |
| 181693 • | 181697 | 182023 | 182027 • | 182353 • | 182357 | 182683 | 182687 • | 183013 | 183017 |
| 181699 | 181703 | 182029 • | 182033 | 182359 | 182363 | 182689 | 182693 | 183019 | 183023 • |
| 181705 | 181709 | 182035 | 182039 | 182365 | 182369 | 182695 | 182699 | 183025 | 183029 |
| 181711 • | 181715 | 182041 • | 182045 | 182371 | 182375 | 182701 • | 182705 | 183031 | 183035 |
| 181717 • | 181721 • | 182047 • | 182051 | 182377 | 182381 | 182707 | 182711 • | 183037 • | 183041 • |
| 181723 | 181727 | 182053 | 182057 • | 182383 | 182387 • | 182713 • | 182717 | 183043 | 183047 • |
| 181729 • | 181733 | 182059 • | 182063 | 182389 • | 182393 | 182719 | 182723 | 183049 | 183053 |
| 181735 | 181739 • | 182065 | 182069 | 182395 | 182399 | 182725 | 182729 | 183055 | 183059 • |
| 181741 | 181745 | 182071 | 182075 | 182401 | 182405 | 182731 | 182735 | 183061 | 183065 |
| 181747 | 181751 • | 182077 | 182081 | 182407 | 182411 | 182737 | 182741 | 183067 • | 183071 |
| 181753 | 181757 • | 182083 | 182087 | 182413 | 182417 • | 182743 | 182747 • | 183073 | 183077 |
| 181759 • | 181763 • | 182089 • | 182093 | 182419 | 182423 • | 182749 | 182753 | 183079 | 183083 |
| 181765 | 181769 | 182095 | 182099 • | 182425 | 182429 | 182755 | 182759 | 183085 | 183089 • |
| 181771 | 181775 | 182101 • | 182105 | 182431 • | 182435 | 182761 | 182765 | 183091 • | 183095 |
| 181777 • | 181781 | 182107 • | 182111 • | 182437 | 182441 | 182767 | 182771 | 183097 | 183101 |
| 181783 | 181787 • | 182113 | 182117 | 182443 • | 182447 | 182773 • | 182777 | 183103 | 183107 |
| 181789 • | 181793 | 182119 | 182123 • | 182449 | 182453 • | 182779 • | 182783 | 183109 | 183113 |
| 181795 | 181799 | 182125 | 182129 • | 182455 | 182459 | 182785 | 182789 • | 183115 | 183119 • |
| 181801 | 181805 | 182131 • | 182135 | 182461 | 182465 | 182791 | 182795 | 183121 | 183125 |
| 181807 | 181811 | 182137 | 182141 • | 182467 • | 182471 • | 182797 | 182801 | 183127 | 183131 |
| 181813 • | 181817 | 182143 | 182147 | 182473 • | 182477 | 182803 • | 182807 | 183133 | 183137 |
| 181819 | 181823 | 182149 | 182153 | 182479 | 182483 | 182809 | 182813 • | 183139 | 183143 |
| 181825 | 181829 | 182155 | 182159 • | 182485 | 182489 • | 182815 | 182819 | 183145 | 183149 |

| | | | | | | | | | |
|---|---|---|---|---|---|---|---|---|---|
| 183151 • | 183155 | 183481 | 183485 | 183811 | 183815 | 184141 | 184145 | 184471 | 184475 |
| 183157 | 183161 | 183487 • | 183491 | 183817 | 183821 | 184147 | 184151 | 184477 • | 184481 |
| 183163 | 183167 • | 183493 | 183497 • | 183823 • | 183827 | 184153 • | 184157 • | 184483 | 184487 • |
| 183169 | 183173 | 183499 • | 183503 • | 183829 • | 183833 | 184159 | 184163 | 184489 • | 184493 |
| 183175 | 183179 | 183505 | 183509 • | 183835 | 183839 | 184165 | 184169 | 184495 | 184499 |
| 183181 | 183185 | 183511 • | 183515 | 183841 | 183845 | 184171 | 184175 | 184501 | 184505 |
| 183187 | 183191 • | 183517 | 183521 | 183847 | 183851 | 184177 | 184181 • | 184507 | 184511 • |
| 183193 | 183197 | 183523 • | 183527 • | 183853 | 183857 | 184183 | 184187 • | 184513 | 184517 • |
| 183199 | 183203 • | 183529 | 183533 | 183859 | 183863 | 184189 • | 184193 | 184519 | 184523 • |
| 183205 | 183209 | 183535 | 183539 | 183865 | 183869 | 184195 | 184199 • | 184525 | 184529 |
| 183211 | 183215 | 183541 | 183545 | 183871 • | 183875 | 184201 | 184205 | 184531 | 184535 |
| 183217 | 183221 | 183547 | 183551 | 183877 • | 183881 • | 184207 | 184211 • | 184537 | 184541 |
| 183223 | 183227 | 183553 | 183557 | 183883 | 183887 | 184213 | 184217 | 184543 | 184547 |
| 183229 | 183233 | 183559 | 183563 | 183889 | 183893 | 184219 | 184223 | 184549 | 184553 • |
| 183235 | 183239 | 183565 | 183569 • | 183895 | 183899 | 184225 | 184229 | 184555 | 184559 • |
| 183241 | 183245 | 183571 • | 183575 | 183901 | 183905 | 184231 • | 184235 | 184561 | 184565 |
| 183247 • | 183251 | 183577 • | 183581 • | 183907 • | 183911 | 184237 | 184241 • | 184567 • | 184571 • |
| 183253 | 183257 | 183583 | 183587 • | 183913 | 183917 • | 184243 | 184247 | 184573 | 184577 • |
| 183259 • | 183263 • | 183589 | 183593 • | 183919 • | 183923 | 184249 | 184253 | 184579 | 184583 |
| 183265 | 183269 | 183595 | 183599 | 183925 | 183929 | 184255 | 184259 • | 184585 | 184589 |
| 183271 | 183275 | 183601 | 183605 | 183931 | 183935 | 184261 | 184265 | 184591 | 184595 |
| 183277 | 183281 | 183607 | 183611 • | 183937 | 183941 | 184267 | 184271 • | 184597 | 184601 |
| 183283 • | 183287 | 183613 | 183617 | 183943 • | 183947 | 184273 • | 184277 | 184603 | 184607 • |
| 183289 • | 183293 | 183619 | 183623 | 183949 • | 183953 | 184279 • | 184283 | 184609 • | 184613 |
| 183295 | 183299 • | 183625 | 183629 | 183955 | 183959 • | 184285 | 184289 | 184615 | 184619 |
| 183301 • | 183305 | 183631 | 183635 | 183961 | 183965 | 184291 • | 184295 | 184621 | 184625 |
| 183307 • | 183311 | 183637 • | 183641 | 183967 | 183971 • | 184297 | 184301 | 184627 • | 184631 • |
| 183313 | 183317 • | 183643 | 183647 | 183973 • | 183977 | 184303 | 184307 | 184633 • | 184637 |
| 183319 • | 183323 | 183649 | 183653 | 183979 • | 183983 | 184309 • | 184313 | 184639 | 184643 |
| 183325 | 183329 • | 183655 | 183659 | 183985 | 183989 | 184315 | 184319 | 184645 | 184649 • |
| 183331 | 183335 | 183661 • | 183665 | 183991 | 183995 | 184321 • | 184325 | 184651 • | 184655 |
| 183337 | 183341 | 183667 | 183671 | 183997 | 184001 | 184327 | 184331 | 184657 | 184661 |
| 183343 • | 183347 | 183673 | 183677 | 184003 • | 184007 • | 184333 • | 184337 • | 184663 | 184667 |
| 183349 • | 183353 | 183679 | 183683 • | 184009 | 184013 • | 184339 | 184343 | 184669 • | 184673 |
| 183355 | 183359 | 183685 | 183689 | 184015 | 184019 | 184345 | 184349 | 184675 | 184679 |
| 183361 • | 183365 | 183691 • | 183695 | 184021 | 184025 | 184351 • | 184355 | 184681 | 184685 |
| 183367 | 183371 | 183697 • | 183701 | 184027 | 184031 • | 184357 | 184361 | 184687 • | 184691 |
| 183373 • | 183377 • | 183703 | 183707 • | 184033 | 184037 | 184363 | 184367 | 184693 • | 184697 |
| 183379 | 183383 • | 183709 • | 183713 • | 184039 • | 184043 • | 184369 • | 184373 | 184699 | 184703 • |
| 183385 | 183389 • | 183715 | 183719 | 184045 | 184049 | 184375 | 184379 | 184705 | 184709 |
| 183391 | 183395 | 183721 | 183725 | 184051 | 184055 | 184381 | 184385 | 184711 • | 184715 |
| 183397 • | 183401 | 183727 | 183731 | 184057 • | 184061 | 184387 | 184391 | 184717 | 184721 • |
| 183403 | 183407 | 183733 | 183737 | 184063 | 184067 | 184393 | 184397 | 184723 | 184727 • |
| 183409 | 183413 | 183739 | 183743 | 184069 | 184073 • | 184399 | 184403 | 184729 | 184733 • |
| 183415 | 183419 | 183745 | 183749 | 184075 | 184079 | 184405 | 184409 • | 184735 | 184739 |
| 183421 | 183425 | 183751 | 183755 | 184081 • | 184085 | 184411 | 184415 | 184741 | 184745 |
| 183427 | 183431 | 183757 | 183761 • | 184087 • | 184091 | 184417 • | 184421 | 184747 | 184751 |
| 183433 | 183437 • | 183763 • | 183767 | 184093 | 184097 | 184423 | 184427 | 184753 • | 184757 |
| 183439 • | 183443 | 183769 | 183773 | 184099 | 184103 | 184429 | 184433 | 184759 | 184763 |
| 183445 | 183449 | 183775 | 183779 | 184105 | 184109 | 184435 | 184439 | 184765 | 184769 |
| 183451 • | 183455 | 183781 | 183785 | 184111 • | 184115 | 184441 • | 184445 | 184771 | 184775 |
| 183457 | 183461 • | 183787 | 183791 | 184117 • | 184121 | 184447 • | 184451 | 184777 • | 184781 |
| 183463 | 183467 | 183793 | 183797 • | 184123 | 184127 | 184453 | 184457 | 184783 | 184787 |
| 183469 | 183473 • | 183799 | 183803 | 184129 | 184133 • | 184459 | 184463 • | 184789 | 184793 |
| 183475 | 183479 • | 183805 | 183809 • | 184135 | 184139 | 184465 | 184469 | 184795 | 184799 |

| | | | | | | | | | |
|---|---|---|---|---|---|---|---|---|---|
| 184801 | 184805 | 185131 • | 185135 | 185461 | 185465 | 185791 | 185795 | 186121 | 186125 |
| 184807 | 184811 | 185137 • | 185141 | 185467 • | 185471 | 185797 • | 185801 | 186127 | 186131 |
| 184813 | 184817 | 185143 | 185147 | 185473 | 185477 • | 185803 | 185807 | 186133 | 186137 |
| 184819 | 184823 • | 185149 • | 185153 • | 185479 | 185483 • | 185809 | 185813 • | 186139 | 186143 |
| 184825 | 184829 • | 185155 | 185159 | 185485 | 185489 | 185815 | 185819 • | 186145 | 186149 • |
| 184831 • | 184835 | 185161 • | 185165 | 185491 • | 185495 | 185821 • | 185825 | 186151 | 186155 |
| 184837 • | 184841 | 185167 • | 185171 | 185497 | 185501 | 185827 | 185831 • | 186157 • | 186161 • |
| 184843 • | 184847 | 185173 | 185177 • | 185503 | 185507 | 185833 • | 185837 | 186163 • | 186167 |
| 184849 | 184853 | 185179 | 185183 • | 185509 | 185513 | 185839 | 185843 | 186169 | 186173 |
| 184855 | 184859 • | 185185 | 185189 • | 185515 | 185519 • | 185845 | 185849 | 186175 | 186179 |
| 184861 | 184865 | 185191 | 185195 | 185521 | 185525 | 185851 | 185855 | 186181 | 186185 |
| 184867 | 184871 | 185197 | 185201 | 185527 • | 185531 • | 185857 | 185861 | 186187 • | 186191 • |
| 184873 | 184877 | 185203 | 185207 | 185533 • | 185537 | 185863 | 185867 | 186193 | 186197 |
| 184879 • | 184883 | 185209 | 185213 | 185539 • | 185543 • | 185869 | 185873 • | 186199 | 186203 |
| 184885 | 184889 | 185215 | 185219 | 185545 | 185549 | 185875 | 185879 | 186205 | 186209 |
| 184891 | 184895 | 185221 • | 185225 | 185551 • | 185555 | 185881 | 185885 | 186211 • | 186215 |
| 184897 | 184901 • | 185227 | 185231 | 185557 • | 185561 | 185887 | 185891 | 186217 | 186221 |
| 184903 • | 184907 | 185233 • | 185237 | 185563 | 185567 • | 185893 • | 185897 • | 186223 | 186227 • |
| 184909 | 184913 • | 185239 | 185243 • | 185569 • | 185573 | 185899 | 185903 • | 186229 • | 186233 |
| 184915 | 184919 | 185245 | 185249 | 185575 | 185579 | 185905 | 185909 | 186235 | 186239 • |
| 184921 | 184925 | 185251 | 185255 | 185581 | 185585 | 185911 | 185915 | 186241 | 186245 |
| 184927 | 184931 | 185257 | 185261 | 185587 | 185591 | 185917 • | 185921 | 186247 • | 186251 |
| 184933 | 184937 | 185263 | 185267 • | 185593 • | 185597 | 185923 • | 185927 | 186253 • | 186257 |
| 184939 | 184943 | 185269 | 185273 | 185599 • | 185603 | 185929 | 185933 | 186259 • | 186263 |
| 184945 | 184949 • | 185275 | 185279 | 185605 | 185609 | 185935 | 185939 | 186265 | 186269 |
| 184951 | 184955 | 185281 | 185285 | 185611 | 185615 | 185941 | 185945 | 186271 • | 186275 |
| 184957 • | 184961 | 185287 | 185291 • | 185617 | 185621 • | 185947 • | 185951 • | 186277 | 186281 |
| 184963 | 184967 • | 185293 | 185297 | 185623 | 185627 | 185953 | 185957 • | 186283 • | 186287 |
| 184969 • | 184973 | 185299 • | 185303 • | 185629 | 185633 | 185959 • | 185963 | 186289 | 186293 |
| 184975 | 184979 | 185305 | 185309 • | 185635 | 185639 | 185965 | 185969 | 186295 | 186299 • |
| 184981 | 184985 | 185311 | 185315 | 185641 • | 185645 | 185971 • | 185975 | 186301 • | 186305 |
| 184987 | 184991 | 185317 | 185321 | 185647 | 185651 • | 185977 | 185981 | 186307 | 186311 • |
| 184993 • | 184997 • | 185323 • | 185327 • | 185653 | 185657 | 185983 | 185987 • | 186313 | 186317 • |
| 184999 • | 185003 | 185329 | 185333 | 185659 | 185663 | 185989 | 185993 • | 186319 | 186323 |
| 185005 | 185009 | 185335 | 185339 | 185665 | 185669 | 185995 | 185999 | 186325 | 186329 |
| 185011 | 185015 | 185341 | 185345 | 185671 | 185675 | 186001 | 186005 | 186331 | 186335 |
| 185017 | 185021 • | 185347 | 185351 | 185677 • | 185681 • | 186007 • | 186011 | 186337 | 186341 |
| 185023 | 185027 • | 185353 | 185357 | 185683 • | 185687 | 186013 • | 186017 | 186343 • | 186347 |
| 185029 | 185033 | 185359 • | 185363 • | 185689 | 185693 • | 186019 • | 186023 • | 186349 | 186353 |
| 185035 | 185039 | 185365 | 185369 • | 185695 | 185699 • | 186025 | 186029 | 186355 | 186359 |
| 185041 | 185045 | 185371 • | 185375 | 185701 | 185705 | 186031 | 186035 | 186361 | 186365 |
| 185047 | 185051 • | 185377 | 185381 | 185707 • | 185711 • | 186037 • | 186041 • | 186367 | 186371 |
| 185053 | 185057 • | 185383 | 185387 | 185713 | 185717 | 186043 | 186047 | 186373 | 186377 • |
| 185059 | 185063 • | 185389 | 185393 | 185719 | 185723 • | 186049 • | 186053 | 186379 • | 186383 |
| 185065 | 185069 • | 185395 | 185399 | 185725 | 185729 | 186055 | 186059 | 186385 | 186389 |
| 185071 • | 185075 | 185401 • | 185405 | 185731 | 185735 | 186061 | 186065 | 186391 • | 186395 |
| 185077 • | 185081 | 185407 | 185411 | 185737 • | 185741 | 186067 | 186071 • | 186397 • | 186401 |
| 185083 | 185087 | 185413 | 185417 | 185743 | 185747 • | 186073 | 186077 | 186403 | 186407 |
| 185089 • | 185093 | 185419 | 185423 | 185749 • | 185753 • | 186079 | 186083 | 186409 | 186413 |
| 185095 | 185099 • | 185425 | 185429 • | 185755 | 185759 | 186085 | 186089 | 186415 | 186419 • |
| 185101 | 185105 | 185431 | 185435 | 185761 | 185765 | 186091 | 186095 | 186421 | 186425 |
| 185107 | 185111 | 185437 | 185441 • | 185767 • | 185771 | 186097 • | 186101 | 186427 | 186431 |
| 185113 | 185117 | 185443 | 185447 | 185773 | 185777 | 186103 • | 186107 • | 186433 | 186437 • |
| 185119 | 185123 • | 185449 | 185453 | 185779 | 185783 | 186109 | 186113 • | 186439 | 186443 |
| 185125 | 185129 | 185455 | 185459 | 185785 | 185789 • | 186115 | 186119 • | 186445 | 186449 |

| | | | | | | | | | |
|---|---|---|---|---|---|---|---|---|---|
| 186451 • | 186455 | 186781 | 186785 | 187111 • | 187115 | 187441 • | 187445 | 187771 | 187775 |
| 186457 | 186461 | 186787 | 186791 | 187117 | 187121 | 187447 | 187451 | 187777 | 187781 |
| 186463 | 186467 | 186793 • | 186797 | 187123 • | 187127 • | 187453 | 187457 | 187783 | 187787 • |
| 186469 • | 186473 | 186799 • | 186803 | 187129 • | 187133 • | 187459 | 187463 • | 187789 | 187793 • |
| 186475 | 186479 • | 186805 | 186809 | 187135 | 187139 • | 187465 | 187469 • | 187795 | 187799 |
| 186481 • | 186485 | 186811 | 186815 | 187141 • | 187145 | 187471 • | 187475 | 187801 | 187805 |
| 186487 | 186491 | 186817 | 186821 | 187147 | 187151 | 187477 • | 187481 | 187807 | 187811 |
| 186493 | 186497 | 186823 | 186827 | 187153 | 187157 | 187483 | 187487 | 187813 | 187817 |
| 186499 | 186503 | 186829 | 186833 | 187159 | 187163 • | 187489 | 187493 | 187819 | 187823 • |
| 186505 | 186509 | 186835 | 186839 | 187165 | 187169 | 187495 | 187499 | 187825 | 187829 |
| 186511 | 186515 | 186841 • | 186845 | 187171 • | 187175 | 187501 | 187505 | 187831 | 187835 |
| 186517 | 186521 | 186847 | 186851 | 187177 • | 187181 • | 187507 • | 187511 | 187837 | 187841 |
| 186523 | 186527 | 186853 | 186857 | 187183 | 187187 | 187513 • | 187517 | 187843 • | 187847 |
| 186529 | 186533 | 186859 • | 186863 | 187189 • | 187193 • | 187519 | 187523 | 187849 | 187853 |
| 186535 | 186539 | 186865 | 186869 • | 187195 | 187199 | 187525 | 187529 | 187855 | 187859 |
| 186541 | 186545 | 186871 • | 186875 | 187201 | 187205 | 187531 • | 187535 | 187861 • | 187865 |
| 186547 | 186551 • | 186877 • | 186881 | 187207 | 187211 • | 187537 | 187541 | 187867 | 187871 • |
| 186553 | 186557 | 186883 • | 186887 | 187213 | 187217 • | 187543 | 187547 • | 187873 | 187877 • |
| 186559 | 186563 | 186889 • | 186893 | 187219 • | 187223 • | 187549 | 187553 | 187879 | 187883 • |
| 186565 | 186569 • | 186895 | 186899 | 187225 | 187229 | 187555 | 187559 • | 187885 | 187889 |
| 186571 | 186575 | 186901 | 186905 | 187231 | 187235 | 187561 | 187565 | 187891 | 187895 |
| 186577 | 186581 • | 186907 | 186911 | 187237 • | 187241 | 187567 | 187571 | 187897 • | 187901 |
| 186583 • | 186587 • | 186913 | 186917 • | 187243 | 187247 | 187573 • | 187577 | 187903 | 187907 • |
| 186589 | 186593 | 186919 | 186923 | 187249 | 187253 | 187579 | 187583 | 187909 • | 187913 |
| 186595 | 186599 | 186925 | 186929 | 187255 | 187259 | 187585 | 187589 | 187915 | 187919 |
| 186601 • | 186605 | 186931 | 186935 | 187261 | 187265 | 187591 | 187595 | 187921 • | 187925 |
| 186607 | 186611 | 186937 | 186941 | 187267 | 187271 | 187597 • | 187601 | 187927 • | 187931 • |
| 186613 | 186617 | 186943 | 186947 • | 187273 • | 187277 • | 187603 | 187607 | 187933 | 187937 |
| 186619 • | 186623 | 186949 | 186953 | 187279 | 187283 | 187609 | 187613 | 187939 | 187943 |
| 186625 | 186629 • | 186955 | 186959 • | 187285 | 187289 | 187615 | 187619 | 187945 | 187949 |
| 186631 | 186635 | 186961 | 186965 | 187291 | 187295 | 187621 | 187625 | 187951 • | 187955 |
| 186637 | 186641 | 186967 | 186971 | 187297 | 187301 | 187627 | 187631 • | 187957 | 187961 |
| 186643 | 186647 • | 186973 | 186977 | 187303 • | 187307 | 187633 • | 187637 • | 187963 • | 187967 |
| 186649 • | 186653 • | 186979 | 186983 | 187309 | 187313 | 187639 • | 187643 | 187969 | 187973 • |
| 186655 | 186659 | 186985 | 186989 | 187315 | 187319 | 187645 | 187649 | 187975 | 187979 |
| 186661 | 186665 | 186991 | 186995 | 187321 | 187325 | 187651 • | 187655 | 187981 | 187985 |
| 186667 | 186671 • | 186997 | 187001 | 187327 | 187331 | 187657 | 187661 • | 187987 • | 187991 |
| 186673 | 186677 | 187003 • | 187007 | 187333 | 187337 • | 187663 | 187667 | 187993 | 187997 |
| 186679 • | 186683 | 187009 • | 187013 | 187339 • | 187343 | 187669 • | 187673 | 187999 | 188003 |
| 186685 | 186689 • | 187015 | 187019 | 187345 | 187349 • | 187675 | 187679 | 188005 | 188009 |
| 186691 | 186695 | 187021 | 187025 | 187351 | 187355 | 187681 | 187685 | 188011 • | 188015 |
| 186697 | 186701 • | 187027 • | 187031 | 187357 | 187361 • | 187687 • | 187691 | 188017 • | 188021 • |
| 186703 | 186707 • | 187033 | 187037 | 187363 | 187367 • | 187693 | 187697 | 188023 | 188027 |
| 186709 • | 186713 | 187039 | 187043 • | 187369 | 187373 • | 187699 • | 187703 | 188029 • | 188033 |
| 186715 | 186719 | 187045 | 187049 • | 187375 | 187379 • | 187705 | 187709 | 188035 | 188039 |
| 186721 | 186725 | 187051 | 187055 | 187381 | 187385 | 187711 • | 187715 | 188041 | 188045 |
| 186727 • | 186731 | 187057 | 187061 | 187387 • | 187391 | 187717 | 187721 • | 188047 | 188051 |
| 186733 • | 186737 | 187063 | 187067 • | 187393 • | 187397 | 187723 | 187727 | 188053 | 188057 |
| 186739 | 186743 • | 187069 • | 187073 • | 187399 | 187403 | 187729 | 187733 | 188059 | 188063 |
| 186745 | 186749 | 187075 | 187079 | 187405 | 187409 • | 187735 | 187739 | 188065 | 188069 |
| 186751 | 186755 | 187081 • | 187085 | 187411 | 187415 | 187741 | 187745 | 188071 | 188075 |
| 186757 • | 186761 • | 187087 | 187091 • | 187417 • | 187421 | 187747 | 187751 • | 188077 | 188081 |
| 186763 • | 186767 | 187093 | 187097 | 187423 • | 187427 | 187753 | 187757 | 188083 | 188087 |
| 186769 | 186773 • | 187099 | 187103 | 187429 | 187433 • | 187759 | 187763 • | 188089 | 188093 |
| 186775 | 186779 | 187105 | 187109 | 187435 | 187439 | 187765 | 187769 | 188095 | 188099 |

| | | | | | | | | | |
|---|---|---|---|---|---|---|---|---|---|
| 188101 | 188105 | 188431 • | 188435 | 188761 | 188765 | 189091 | 189095 | 189421 • | 189425 |
| 188107 • | 188111 | 188437 • | 188441 | 188767 • | 188771 | 189097 | 189101 | 189427 | 189431 |
| 188113 | 188117 | 188443 • | 188447 | 188773 | 188777 | 189103 | 189107 | 189433 • | 189437 • |
| 188119 | 188123 | 188449 | 188453 | 188779 • | 188783 | 189109 | 189113 | 189439 • | 189443 |
| 188125 | 188129 | 188455 | 188459 • | 188785 | 188789 | 189115 | 189119 | 189445 | 189449 |
| 188131 | 188135 | 188461 | 188465 | 188791 • | 188795 | 189121 | 189125 | 189451 | 189455 |
| 188137 • | 188141 | 188467 | 188471 | 188797 | 188801 • | 189127 • | 189131 | 189457 | 189461 |
| 188143 • | 188147 • | 188473 • | 188477 | 188803 | 188807 | 189133 | 189137 | 189463 • | 189467 • |
| 188149 | 188153 | 188479 | 188483 • | 188809 | 188813 | 189139 • | 189143 | 189469 | 189473 • |
| 188155 | 188159 • | 188485 | 188489 | 188815 | 188819 | 189145 | 189149 • | 189475 | 189479 • |
| 188161 | 188165 | 188491 • | 188495 | 188821 | 188825 | 189151 • | 189155 | 189481 | 189485 |
| 188167 | 188171 • | 188497 | 188501 | 188827 • | 188831 • | 189157 | 189161 | 189487 | 189491 • |
| 188173 | 188177 | 188503 | 188507 | 188833 • | 188837 | 189163 | 189167 | 189493 • | 189497 |
| 188179 • | 188183 | 188509 | 188513 | 188839 | 188843 • | 189169 • | 189173 | 189499 | 189503 |
| 188185 | 188189 • | 188515 | 188519 • | 188845 | 188849 | 189175 | 189179 | 189505 | 189509 • |
| 188191 | 188195 | 188521 | 188525 | 188851 | 188855 | 189181 | 189185 | 189511 | 189515 |
| 188197 • | 188201 | 188527 • | 188531 | 188857 • | 188861 • | 189187 • | 189191 | 189517 • | 189521 |
| 188203 | 188207 | 188533 • | 188537 | 188863 • | 188867 | 189193 | 189197 | 189523 • | 189527 |
| 188209 | 188213 | 188539 | 188543 | 188869 • | 188873 | 189199 • | 189203 | 189529 • | 189533 |
| 188215 | 188219 | 188545 | 188549 | 188875 | 188879 | 189205 | 189209 | 189535 | 189539 |
| 188221 | 188225 | 188551 | 188555 | 188881 | 188885 | 189211 | 189215 | 189541 | 189545 |
| 188227 | 188231 | 188557 | 188561 | 188887 | 188891 • | 189217 | 189221 | 189547 • | 189551 |
| 188233 | 188237 | 188563 • | 188567 | 188893 | 188897 | 189223 • | 189227 | 189553 | 189557 |
| 188239 | 188243 | 188569 | 188573 | 188899 | 188903 | 189229 • | 189233 | 189559 • | 189563 |
| 188245 | 188249 • | 188575 | 188579 • | 188905 | 188909 | 189235 | 189239 • | 189565 | 189569 |
| 188251 | 188255 | 188581 | 188585 | 188911 • | 188915 | 189241 | 189245 | 189571 | 189575 |
| 188257 | 188261 • | 188587 | 188591 | 188917 | 188921 | 189247 | 189251 • | 189577 | 189581 |
| 188263 | 188267 | 188593 | 188597 | 188923 | 188927 • | 189253 • | 189257 • | 189583 • | 189587 |
| 188269 | 188273 • | 188599 | 188603 • | 188929 | 188933 | 189259 | 189263 | 189589 | 189593 • |
| 188275 | 188279 | 188605 | 188609 • | 188935 | 188939 • | 189265 | 189269 | 189595 | 189599 • |
| 188281 • | 188285 | 188611 | 188615 | 188941 • | 188945 | 189271 • | 189275 | 189601 | 189605 |
| 188287 | 188291 • | 188617 | 188621 • | 188947 | 188951 | 189277 | 189281 | 189607 | 189611 |
| 188293 | 188297 | 188623 | 188627 | 188953 • | 188957 • | 189283 | 189287 | 189613 • | 189617 • |
| 188299 • | 188303 • | 188629 | 188633 • | 188959 | 188963 | 189289 | 189293 | 189619 • | 189623 |
| 188305 | 188309 | 188635 | 188639 | 188965 | 188969 | 189295 | 189299 | 189625 | 189629 |
| 188311 • | 188315 | 188641 | 188645 | 188971 | 188975 | 189301 | 189305 | 189631 | 189635 |
| 188317 • | 188321 | 188647 | 188651 | 188977 | 188981 | 189307 • | 189311 • | 189637 | 189641 |
| 188323 • | 188327 | 188653 • | 188657 | 188983 • | 188987 | 189313 | 189317 | 189643 • | 189647 |
| 188329 | 188333 • | 188659 | 188663 | 188989 | 188993 | 189319 | 189323 | 189649 | 189653 • |
| 188335 | 188339 | 188665 | 188669 | 188995 | 188999 • | 189325 | 189329 | 189655 | 189659 |
| 188341 | 188345 | 188671 | 188675 | 189001 | 189005 | 189331 | 189335 | 189661 • | 189665 |
| 188347 | 188351 • | 188677 • | 188681 • | 189007 | 189011 • | 189337 • | 189341 | 189667 | 189671 • |
| 188353 | 188357 | 188683 | 188687 • | 189013 | 189017 • | 189343 | 189347 • | 189673 | 189677 |
| 188359 • | 188363 | 188689 | 188693 • | 189019 • | 189023 | 189349 • | 189353 • | 189679 | 189683 |
| 188365 | 188369 • | 188695 | 188699 | 189025 | 189029 | 189355 | 189359 | 189685 | 189689 |
| 188371 | 188375 | 188701 • | 188705 | 189031 | 189035 | 189361 • | 189365 | 189691 • | 189695 |
| 188377 | 188381 | 188707 • | 188711 • | 189037 | 189041 • | 189367 | 189371 | 189697 • | 189701 • |
| 188383 | 188387 | 188713 | 188717 | 189043 • | 189047 | 189373 | 189377 • | 189703 | 189707 |
| 188389 • | 188393 | 188719 • | 188723 | 189049 | 189053 | 189379 | 189383 | 189709 | 189713 • |
| 188395 | 188399 | 188725 | 188729 • | 189055 | 189059 | 189385 | 189389 • | 189715 | 189719 |
| 188401 • | 188405 | 188731 | 188735 | 189061 • | 189065 | 189391 • | 189395 | 189721 | 189725 |
| 188407 • | 188411 | 188737 | 188741 | 189067 • | 189071 | 189397 | 189401 • | 189727 | 189731 |
| 188413 | 188417 • | 188743 | 188747 | 189073 | 189077 | 189403 | 189407 • | 189733 • | 189737 |
| 188419 | 188423 | 188749 | 188753 • | 189079 | 189083 | 189409 | 189413 | 189739 | 189743 • |
| 188425 | 188429 | 188755 | 188759 | 189085 | 189089 | 189415 | 189419 | 189745 | 189749 |

| | | | | | | | | | |
|---|---|---|---|---|---|---|---|---|---|
| 189751 | 189755 | 190081 | 190085 | 190411 | 190415 | 190741 | 190745 | 191071 • | 191075 |
| 189757 • | 189761 | 190087 | 190091 | 190417 | 190421 | 190747 | 190751 | 191077 | 191081 |
| 189763 | 189767 • | 190093 • | 190097 • | 190423 | 190427 | 190753 • | 190757 | 191083 | 191087 |
| 189769 | 189773 | 190099 | 190103 | 190429 | 190433 | 190759 • | 190763 • | 191089 • | 191093 |
| 189775 | 189779 | 190105 | 190109 | 190435 | 190439 | 190765 | 190769 • | 191095 | 191099 • |
| 189781 | 189785 | 190111 | 190115 | 190441 | 190445 | 190771 | 190775 | 191101 | 191105 |
| 189787 | 189791 | 190117 | 190121 • | 190447 | 190451 | 190777 | 190781 | 191107 | 191111 |
| 189793 | 189797 • | 190123 | 190127 | 190453 | 190457 | 190783 • | 190787 • | 191113 | 191117 |
| 189799 • | 189803 | 190129 • | 190133 | 190459 | 190463 | 190789 | 190793 • | 191119 • | 191123 • |
| 189805 | 189809 | 190135 | 190139 | 190465 | 190469 | 190795 | 190799 | 191125 | 191129 |
| 189811 | 189815 | 190141 | 190145 | 190471 • | 190475 | 190801 | 190805 | 191131 | 191135 |
| 189817 • | 189821 | 190147 • | 190151 | 190477 | 190481 | 190807 • | 190811 • | 191137 • | 191141 • |
| 189823 • | 189827 | 190153 | 190157 | 190483 | 190487 | 190813 | 190817 | 191143 • | 191147 |
| 189829 | 189833 | 190159 • | 190163 | 190489 | 190493 | 190819 | 190823 • | 191149 | 191153 |
| 189835 | 189839 | 190165 | 190169 | 190495 | 190499 | 190825 | 190829 • | 191155 | 191159 |
| 189841 | 189845 | 190171 | 190175 | 190501 | 190505 | 190831 | 190835 | 191161 • | 191165 |
| 189847 | 189851 • | 190177 | 190181 | 190507 • | 190511 | 190837 • | 190841 | 191167 | 191171 |
| 189853 • | 189857 | 190183 | 190187 | 190513 | 190517 | 190843 • | 190847 | 191173 • | 191177 |
| 189859 • | 189863 | 190189 | 190193 | 190519 | 190523 • | 190849 | 190853 | 191179 | 191183 |
| 189865 | 189869 | 190195 | 190199 | 190525 | 190529 • | 190855 | 190859 | 191185 | 191189 • |
| 189871 | 189875 | 190201 | 190205 | 190531 | 190535 | 190861 | 190865 | 191191 | 191195 |
| 189877 • | 189881 • | 190207 • | 190211 | 190537 • | 190541 | 190867 | 190871 • | 191197 | 191201 |
| 189883 | 189887 • | 190213 | 190217 | 190543 • | 190547 | 190873 | 190877 | 191203 | 191207 |
| 189889 | 189893 | 190219 | 190223 | 190549 | 190553 | 190879 | 190883 | 191209 | 191213 |
| 189895 | 189899 | 190225 | 190229 | 190555 | 190559 | 190885 | 190889 • | 191215 | 191219 |
| 189901 • | 189905 | 190231 | 190235 | 190561 | 190565 | 190891 • | 190895 | 191221 | 191225 |
| 189907 | 189911 | 190237 | 190241 | 190567 | 190571 | 190897 | 190901 • | 191227 • | 191231 • |
| 189913 • | 189917 | 190243 • | 190247 | 190573 • | 190577 • | 190903 | 190907 | 191233 | 191237 • |
| 189919 | 189923 | 190249 | 190253 | 190579 • | 190583 • | 190909 • | 190913 • | 191239 | 191243 |
| 189925 | 189929 • | 190255 | 190259 | 190585 | 190589 | 190915 | 190919 | 191245 | 191249 • |
| 189931 | 189935 | 190261 • | 190265 | 190591 • | 190595 | 190921 • | 190925 | 191251 • | 191255 |
| 189937 | 189941 | 190267 | 190271 • | 190597 | 190601 | 190927 | 190931 | 191257 | 191261 |
| 189943 | 189947 • | 190273 | 190277 | 190603 | 190607 | 190933 | 190937 | 191263 | 191267 |
| 189949 • | 189953 | 190279 | 190283 • | 190609 | 190613 • | 190939 | 190943 | 191269 | 191273 |
| 189955 | 189959 | 190285 | 190289 | 190615 | 190619 | 190945 | 190949 | 191275 | 191279 |
| 189961 • | 189965 | 190291 | 190295 | 190621 | 190625 | 190951 | 190955 | 191281 • | 191285 |
| 189967 • | 189971 | 190297 | 190301 | 190627 | 190631 | 190957 | 190961 | 191287 | 191291 |
| 189973 | 189977 • | 190303 | 190307 | 190633 • | 190637 | 190963 | 190967 | 191293 | 191297 • |
| 189979 | 189983 • | 190309 | 190313 • | 190639 • | 190643 | 190969 | 190973 | 191299 • | 191303 |
| 189985 | 189989 • | 190315 | 190319 | 190645 | 190649 • | 190975 | 190979 • | 191305 | 191309 |
| 189991 | 189995 | 190321 • | 190325 | 190651 | 190655 | 190981 | 190985 | 191311 | 191315 |
| 189997 • | 190001 | 190327 | 190331 • | 190657 • | 190661 | 190987 | 190991 | 191317 | 191321 |
| 190003 | 190007 | 190333 | 190337 | 190663 | 190667 • | 190993 | 190997 • | 191323 | 191327 |
| 190009 | 190013 | 190339 • | 190343 | 190669 • | 190673 | 190999 | 191003 | 191329 | 191333 |
| 190015 | 190019 | 190345 | 190349 | 190675 | 190679 | 191005 | 191009 | 191335 | 191339 • |
| 190021 | 190025 | 190351 | 190355 | 190681 | 190685 | 191011 | 191015 | 191341 • | 191345 |
| 190027 • | 190031 • | 190357 • | 190361 | 190687 | 190691 | 191017 | 191021 • | 191347 | 191351 |
| 190033 | 190037 | 190363 | 190367 • | 190693 | 190697 | 191023 | 191027 • | 191353 • | 191357 |
| 190039 | 190043 | 190369 • | 190373 | 190699 • | 190703 | 191029 | 191033 • | 191359 | 191363 |
| 190045 | 190049 | 190375 | 190379 | 190705 | 190709 • | 191035 | 191039 • | 191365 | 191369 |
| 190051 • | 190055 | 190381 | 190385 | 190711 • | 190715 | 191041 | 191045 | 191371 | 191375 |
| 190057 | 190061 | 190387 • | 190391 • | 190717 • | 190721 | 191047 • | 191051 | 191377 | 191381 |
| 190063 • | 190067 | 190393 | 190397 | 190723 | 190727 | 191053 | 191057 • | 191383 | 191387 |
| 190069 | 190073 | 190399 | 190403 • | 190729 | 190733 | 191059 | 191063 | 191389 | 191393 |
| 190075 | 190079 | 190405 | 190409 • | 190735 | 190739 | 191065 | 191069 | 191395 | 191399 |

| | | | | | | | | | |
|---|---|---|---|---|---|---|---|---|---|
| 191401 | 191405 | 191731 | 191735 | 192061 | 192065 | 192391 • | 192395 | 192721 | 192725 |
| 191407 | 191411 | 191737 | 191741 | 192067 | 192071 | 192397 | 192401 | 192727 | 192731 |
| 191413 • | 191417 | 191743 | 191747 • | 192073 | 192077 | 192403 | 192407 • | 192733 | 192737 • |
| 191419 | 191423 | 191749 • | 191753 | 192079 | 192083 | 192409 | 192413 | 192739 | 192743 • |
| 191425 | 191429 | 191755 | 191759 | 192085 | 192089 | 192415 | 192419 | 192745 | 192749 • |
| 191431 | 191435 | 191761 | 191765 | 192091 • | 192095 | 192421 | 192425 | 192751 | 192755 |
| 191437 | 191441 • | 191767 | 191771 | 192097 • | 192101 | 192427 | 192431 • | 192757 • | 192761 |
| 191443 | 191447 • | 191773 • | 191777 | 192103 • | 192107 | 192433 | 192437 | 192763 | 192767 • |
| 191449 • | 191453 • | 191779 | 191783 • | 192109 | 192113 • | 192439 | 192443 | 192769 | 192773 |
| 191455 | 191459 • | 191785 | 191789 | 192115 | 192119 | 192445 | 192449 | 192775 | 192779 |
| 191461 • | 191465 | 191791 • | 191795 | 192121 • | 192125 | 192451 | 192455 | 192781 • | 192785 |
| 191467 • | 191471 | 191797 | 191801 • | 192127 | 192131 | 192457 | 192461 • | 192787 | 192791 • |
| 191473 • | 191477 | 191803 • | 191807 | 192133 • | 192137 | 192463 • | 192467 | 192793 | 192797 |
| 191479 | 191483 | 191809 | 191813 | 192139 | 192143 | 192469 | 192473 | 192799 • | 192803 |
| 191485 | 191489 | 191815 | 191819 | 192145 | 192149 • | 192475 | 192479 | 192805 | 192809 |
| 191491 • | 191495 | 191821 | 191825 | 192151 | 192155 | 192481 | 192485 | 192811 • | 192815 |
| 191497 • | 191501 | 191827 • | 191831 • | 192157 | 192161 • | 192487 | 192491 | 192817 • | 192821 |
| 191503 | 191507 • | 191833 • | 191837 • | 192163 | 192167 • | 192493 | 192497 • | 192823 | 192827 |
| 191509 • | 191513 | 191839 | 191843 | 192169 | 192173 • | 192499 • | 192503 | 192829 | 192833 • |
| 191515 | 191519 • | 191845 | 191849 | 192175 | 192179 | 192505 | 192509 | 192835 | 192839 |
| 191521 | 191525 | 191851 | 191855 | 192181 | 192185 | 192511 | 192515 | 192841 | 192845 |
| 191527 | 191531 • | 191857 | 191861 • | 192187 • | 192191 • | 192517 | 192521 | 192847 • | 192851 |
| 191533 • | 191537 • | 191863 | 191867 | 192193 • | 192197 | 192523 | 192527 | 192853 • | 192857 |
| 191539 | 191543 | 191869 | 191873 | 192199 | 192203 | 192529 • | 192533 | 192859 • | 192863 |
| 191545 | 191549 | 191875 | 191879 | 192205 | 192209 | 192535 | 192539 • | 192865 | 192869 |
| 191551 • | 191555 | 191881 | 191885 | 192211 | 192215 | 192541 | 192545 | 192871 | 192875 |
| 191557 | 191561 • | 191887 | 191891 | 192217 | 192221 | 192547 • | 192551 | 192877 • | 192881 |
| 191563 • | 191567 | 191893 | 191897 | 192223 | 192227 | 192553 • | 192557 • | 192883 • | 192887 • |
| 191569 | 191573 | 191899 • | 191903 | 192229 | 192233 | 192559 | 192563 | 192889 • | 192893 |
| 191575 | 191579 • | 191905 | 191909 | 192235 | 192239 • | 192565 | 192569 | 192895 | 192899 |
| 191581 | 191585 | 191911 • | 191915 | 192241 | 192245 | 192571 • | 192575 | 192901 | 192905 |
| 191587 | 191591 | 191917 | 191921 | 192247 | 192251 • | 192577 | 192581 • | 192907 | 192911 |
| 191593 | 191597 | 191923 | 191927 | 192253 | 192257 | 192583 • | 192587 • | 192913 | 192917 • |
| 191599 • | 191603 | 191929 • | 191933 | 192259 • | 192263 • | 192589 | 192593 | 192919 | 192923 • |
| 191605 | 191609 | 191935 | 191939 | 192265 | 192269 | 192595 | 192599 | 192925 | 192929 |
| 191611 | 191615 | 191941 | 191945 | 192271 • | 192275 | 192601 • | 192605 | 192931 • | 192935 |
| 191617 | 191621 • | 191947 | 191951 | 192277 | 192281 | 192607 | 192611 • | 192937 | 192941 |
| 191623 | 191627 • | 191953 • | 191957 | 192283 | 192287 | 192613 • | 192617 • | 192943 | 192947 |
| 191629 | 191633 | 191959 | 191963 | 192289 | 192293 | 192619 • | 192623 | 192949 • | 192953 |
| 191635 | 191639 | 191965 | 191969 • | 192295 | 192299 | 192625 | 192629 • | 192955 | 192959 |
| 191641 | 191645 | 191971 | 191975 | 192301 | 192305 | 192631 • | 192635 | 192961 • | 192965 |
| 191647 | 191651 | 191977 • | 191981 | 192307 • | 192311 | 192637 • | 192641 | 192967 | 192971 • |
| 191653 | 191657 • | 191983 | 191987 | 192313 | 192317 • | 192643 | 192647 | 192973 | 192977 • |
| 191659 | 191663 | 191989 | 191993 | 192319 • | 192323 • | 192649 | 192653 | 192979 • | 192983 |
| 191665 | 191669 • | 191995 | 191999 • | 192325 | 192329 | 192655 | 192659 | 192985 | 192989 |
| 191671 • | 191675 | 192001 | 192005 | 192331 | 192335 | 192661 | 192665 | 192991 • | 192995 |
| 191677 • | 191681 | 192007 • | 192011 | 192337 | 192341 • | 192667 • | 192671 | 192997 | 193001 |
| 191683 | 191687 | 192013 • | 192017 | 192343 • | 192347 • | 192673 | 192677 • | 193003 • | 193007 |
| 191689 • | 191693 • | 192019 | 192023 | 192349 | 192353 | 192679 | 192683 | 193009 • | 193013 • |
| 191695 | 191699 • | 192025 | 192029 • | 192355 | 192359 | 192685 | 192689 | 193015 | 193019 |
| 191701 | 191705 | 192031 | 192035 | 192361 | 192365 | 192691 | 192695 | 193021 | 193025 |
| 191707 • | 191711 | 192037 • | 192041 | 192367 | 192371 | 192697 • | 192701 | 193027 | 193031 • |
| 191713 | 191717 • | 192043 • | 192047 • | 192373 • | 192377 • | 192703 | 192707 | 193033 | 193037 |
| 191719 | 191723 | 192049 | 192053 • | 192379 | 192383 • | 192709 | 192713 | 193039 | 193043 • |
| 191725 | 191729 | 192055 | 192059 | 192385 | 192389 | 192715 | 192719 | 193045 | 193049 |

| | | | | | | | | | |
|---|---|---|---|---|---|---|---|---|---|
| 193051 • | 193055 | 193381 • | 193385 | 193711 | 193715 | 194041 | 194045 | 194371 • | 194375 |
| 193057 • | 193061 | 193387 • | 193391 | 193717 | 193721 | 194047 | 194051 | 194377 • | 194381 |
| 193063 | 193067 | 193393 • | 193397 | 193723 • | 193727 • | 194053 | 194057 • | 194383 | 194387 |
| 193069 | 193073 • | 193399 | 193403 | 193729 | 193733 | 194059 | 194063 | 194389 | 194393 |
| 193075 | 193079 | 193405 | 193409 | 193735 | 193739 | 194065 | 194069 • | 194395 | 194399 |
| 193081 | 193085 | 193411 | 193415 | 193741 • | 193745 | 194071 • | 194075 | 194401 | 194405 |
| 193087 | 193091 | 193417 | 193421 | 193747 | 193751 • | 194077 | 194081 | 194407 | 194411 |
| 193093 • | 193097 | 193423 • | 193427 | 193753 | 193757 • | 194083 • | 194087 • | 194413 • | 194417 |
| 193099 | 193103 | 193429 | 193433 • | 193759 | 193763 • | 194089 | 194093 • | 194419 | 194423 |
| 193105 | 193109 | 193435 | 193439 | 193765 | 193769 | 194095 | 194099 | 194425 | 194429 |
| 193111 | 193115 | 193441 • | 193445 | 193771 • | 193775 | 194101 • | 194105 | 194431 • | 194435 |
| 193117 | 193121 | 193447 • | 193451 • | 193777 | 193781 | 194107 | 194111 | 194437 | 194441 |
| 193123 | 193127 | 193453 | 193457 | 193783 | 193787 | 194113 • | 194117 | 194443 • | 194447 |
| 193129 | 193133 • | 193459 | 193463 • | 193789 • | 193793 • | 194119 • | 194123 | 194449 | 194453 |
| 193135 | 193139 • | 193465 | 193469 • | 193795 | 193799 • | 194125 | 194129 | 194455 | 194459 |
| 193141 | 193145 | 193471 | 193475 | 193801 | 193805 | 194131 | 194135 | 194461 | 194465 |
| 193147 • | 193151 | 193477 | 193481 | 193807 | 193811 • | 194137 | 194141 • | 194467 | 194471 • |
| 193153 • | 193157 | 193483 | 193487 | 193813 • | 193817 | 194143 | 194147 | 194473 | 194477 |
| 193159 | 193163 • | 193489 | 193493 • | 193819 | 193823 | 194149 • | 194153 | 194479 • | 194483 • |
| 193165 | 193169 | 193495 | 193499 | 193825 | 193829 | 194155 | 194159 | 194485 | 194489 |
| 193171 | 193175 | 193501 | 193505 | 193831 | 193835 | 194161 | 194165 | 194491 | 194495 |
| 193177 | 193181 • | 193507 • | 193511 | 193837 | 193841 • | 194167 • | 194171 | 194497 | 194501 |
| 193183 • | 193187 | 193513 • | 193517 | 193843 | 193847 • | 194173 | 194177 | 194503 | 194507 • |
| 193189 • | 193193 | 193519 | 193523 | 193849 | 193853 | 194179 • | 194183 | 194509 | 194513 |
| 193195 | 193199 | 193525 | 193529 | 193855 | 193859 • | 194185 | 194189 | 194515 | 194519 |
| 193201 • | 193205 | 193531 | 193535 | 193861 • | 193865 | 194191 | 194195 | 194521 • | 194525 |
| 193207 | 193211 | 193537 | 193541 • | 193867 | 193871 • | 194197 • | 194201 | 194527 • | 194531 |
| 193213 | 193217 | 193543 | 193547 | 193873 • | 193877 • | 194203 • | 194207 | 194533 | 194537 |
| 193219 | 193223 | 193549 • | 193553 | 193879 | 193883 • | 194209 | 194213 | 194539 | 194543 • |
| 193225 | 193229 | 193555 | 193559 • | 193885 | 193889 | 194215 | 194219 | 194545 | 194549 |
| 193231 | 193235 | 193561 | 193565 | 193891 • | 193895 | 194221 | 194225 | 194551 | 194555 |
| 193237 | 193241 | 193567 | 193571 | 193897 | 193901 | 194227 | 194231 | 194557 | 194561 |
| 193243 • | 193247 • | 193573 • | 193577 • | 193903 | 193907 | 194233 | 194237 | 194563 | 194567 |
| 193249 | 193253 | 193579 | 193583 | 193909 | 193913 | 194239 • | 194243 | 194569 • | 194573 |
| 193255 | 193259 | 193585 | 193589 | 193915 | 193919 | 194245 | 194249 | 194575 | 194579 |
| 193261 • | 193265 | 193591 | 193595 | 193921 | 193925 | 194251 | 194255 | 194581 • | 194585 |
| 193267 | 193271 | 193597 • | 193601 • | 193927 | 193931 | 194257 | 194261 | 194587 | 194591 • |
| 193273 | 193277 | 193603 • | 193607 • | 193933 | 193937 • | 194263 • | 194267 • | 194593 | 194597 |
| 193279 | 193283 • | 193609 | 193613 | 193939 • | 193943 • | 194269 • | 194273 | 194599 | 194603 |
| 193285 | 193289 | 193615 | 193619 • | 193945 | 193949 | 194275 | 194279 | 194605 | 194609 • |
| 193291 | 193295 | 193621 | 193625 | 193951 • | 193955 | 194281 | 194285 | 194611 | 194615 |
| 193297 | 193301 • | 193627 | 193631 | 193957 • | 193961 | 194287 | 194291 | 194617 | 194621 |
| 193303 | 193307 | 193633 | 193637 | 193963 | 193967 | 194293 | 194297 | 194623 | 194627 |
| 193309 | 193313 | 193639 | 193643 | 193969 | 193973 | 194299 | 194303 | 194629 | 194633 |
| 193315 | 193319 | 193645 | 193649 • | 193975 | 193979 • | 194305 | 194309 • | 194635 | 194639 |
| 193321 | 193325 | 193651 | 193655 | 193981 | 193985 | 194311 | 194315 | 194641 | 194645 |
| 193327 • | 193331 | 193657 | 193661 | 193987 | 193991 | 194317 | 194321 | 194647 • | 194651 |
| 193333 | 193337 • | 193663 • | 193667 | 193993 • | 193997 | 194323 • | 194327 | 194653 • | 194657 |
| 193339 | 193343 | 193669 | 193673 | 193999 | 194003 • | 194329 | 194333 | 194659 • | 194663 |
| 193345 | 193349 | 193675 | 193679 • | 194005 | 194009 | 194335 | 194339 | 194665 | 194669 |
| 193351 | 193355 | 193681 | 193685 | 194011 | 194015 | 194341 | 194345 | 194671 • | 194675 |
| 193357 • | 193361 | 193687 | 193691 | 194017 • | 194021 | 194347 | 194351 | 194677 | 194681 • |
| 193363 | 193367 • | 193693 | 193697 | 194023 | 194027 • | 194353 • | 194357 | 194683 • | 194687 • |
| 193369 | 193373 • | 193699 | 193703 • | 194029 | 194033 | 194359 | 194363 | 194689 | 194693 |
| 193375 | 193379 • | 193705 | 193709 | 194035 | 194039 | 194365 | 194369 | 194695 | 194699 |

| | | | | | | | | | |
|---|---|---|---|---|---|---|---|---|---|
| 194701 | 194705 | 195031 | 195035 | 195361 | 195365 | 195691 • | 195695 | 196021 | 196025 |
| 194707 • | 194711 | 195037 | 195041 | 195367 | 195371 | 195697 • | 195701 | 196027 | 196031 |
| 194713 • | 194717 • | 195043 • | 195047 • | 195373 | 195377 | 195703 | 195707 | 196033 • | 196037 |
| 194719 | 194723 • | 195049 • | 195053 • | 195379 | 195383 | 195709 • | 195713 | 196039 • | 196043 • |
| 194725 | 194729 • | 195055 | 195059 | 195385 | 195389 • | 195715 | 195719 | 196045 | 196049 |
| 194731 | 194735 | 195061 | 195065 | 195391 | 195395 | 195721 | 195725 | 196051 • | 196055 |
| 194737 | 194741 | 195067 | 195071 • | 195397 | 195401 • | 195727 | 195731 • | 196057 | 196061 |
| 194743 | 194747 | 195073 | 195077 • | 195403 | 195407 • | 195733 • | 195737 • | 196063 | 196067 |
| 194749 • | 194753 | 195079 | 195083 | 195409 | 195413 • | 195739 • | 195743 • | 196069 | 196073 • |
| 194755 | 194759 | 195085 | 195089 • | 195415 | 195419 | 195745 | 195749 | 196075 | 196079 |
| 194761 | 194765 | 195091 | 195095 | 195421 | 195425 | 195751 • | 195755 | 196081 • | 196085 |
| 194767 • | 194771 • | 195097 | 195101 | 195427 • | 195431 | 195757 | 195761 • | 196087 • | 196091 |
| 194773 | 194777 | 195103 • | 195107 | 195433 | 195437 | 195763 | 195767 | 196093 | 196097 |
| 194779 | 194783 | 195109 | 195113 | 195439 | 195443 • | 195769 | 195773 | 196099 | 196103 |
| 194785 | 194789 | 195115 | 195119 | 195445 | 195449 | 195775 | 195779 | 196105 | 196109 |
| 194791 | 194795 | 195121 • | 195125 | 195451 | 195455 | 195781 • | 195785 | 196111 • | 196115 |
| 194797 | 194801 | 195127 • | 195131 • | 195457 • | 195461 | 195787 • | 195791 • | 196117 • | 196121 |
| 194803 | 194807 | 195133 | 195137 • | 195463 | 195467 | 195793 | 195797 | 196123 | 196127 |
| 194809 • | 194813 • | 195139 | 195143 | 195469 • | 195473 | 195799 | 195803 | 196129 | 196133 |
| 194815 | 194819 • | 195145 | 195149 | 195475 | 195479 • | 195805 | 195809 • | 196135 | 196139 • |
| 194821 | 194825 | 195151 | 195155 | 195481 | 195485 | 195811 | 195815 | 196141 | 196145 |
| 194827 • | 194831 | 195157 • | 195161 • | 195487 | 195491 | 195817 • | 195821 | 196147 | 196151 |
| 194833 | 194837 | 195163 • | 195167 | 195493 • | 195497 • | 195823 | 195827 | 196153 | 196157 |
| 194839 • | 194843 | 195169 | 195173 | 195499 | 195503 | 195829 | 195833 | 196159 • | 196163 |
| 194845 | 194849 | 195175 | 195179 | 195505 | 195509 | 195835 | 195839 | 196165 | 196169 • |
| 194851 | 194855 | 195181 | 195185 | 195511 • | 195515 | 195841 | 195845 | 196171 • | 196175 |
| 194857 | 194861 • | 195187 | 195191 | 195517 | 195521 | 195847 | 195851 | 196177 • | 196181 • |
| 194863 • | 194867 • | 195193 • | 195197 • | 195523 | 195527 • | 195853 | 195857 | 196183 | 196187 • |
| 194869 • | 194873 | 195199 | 195203 • | 195529 | 195533 | 195859 | 195863 • | 196189 | 196193 • |
| 194875 | 194879 | 195205 | 195209 | 195535 | 195539 • | 195865 | 195869 • | 196195 | 196199 |
| 194881 | 194885 | 195211 | 195215 | 195541 • | 195545 | 195871 | 195875 | 196201 | 196205 |
| 194887 | 194891 • | 195217 | 195221 | 195547 | 195551 | 195877 | 195881 | 196207 | 196211 |
| 194893 | 194897 | 195223 | 195227 | 195553 | 195557 | 195883 • | 195887 • | 196213 | 196217 |
| 194899 • | 194903 | 195229 • | 195233 | 195559 | 195563 | 195889 | 195893 • | 196219 | 196223 |
| 194905 | 194909 | 195235 | 195239 | 195565 | 195569 | 195895 | 195899 | 196225 | 196229 |
| 194911 • | 194915 | 195241 • | 195245 | 195571 | 195575 | 195901 | 195905 | 196231 | 196235 |
| 194917 • | 194921 | 195247 | 195251 | 195577 | 195581 • | 195907 • | 195911 | 196237 | 196241 |
| 194923 | 194927 | 195253 • | 195257 | 195583 | 195587 | 195913 • | 195917 | 196243 | 196247 • |
| 194929 | 194933 • | 195259 • | 195263 | 195589 | 195593 • | 195919 • | 195923 | 196249 | 196253 |
| 194935 | 194939 | 195265 | 195269 | 195595 | 195599 • | 195925 | 195929 • | 196255 | 196259 |
| 194941 | 194945 | 195271 • | 195275 | 195601 | 195605 | 195931 • | 195935 | 196261 | 196265 |
| 194947 | 194951 | 195277 • | 195281 • | 195607 | 195611 | 195937 | 195941 | 196267 | 196271 • |
| 194953 | 194957 | 195283 | 195287 | 195613 | 195617 | 195943 | 195947 | 196273 | 196277 • |
| 194959 | 194963 • | 195289 | 195293 | 195619 | 195623 | 195949 | 195953 | 196279 • | 196283 |
| 194965 | 194969 | 195295 | 195299 | 195625 | 195629 | 195955 | 195959 | 196285 | 196289 |
| 194971 | 194975 | 195301 | 195305 | 195631 | 195635 | 195961 | 195965 | 196291 • | 196295 |
| 194977 • | 194981 • | 195307 | 195311 • | 195637 | 195641 | 195967 • | 195971 • | 196297 | 196301 |
| 194983 | 194987 | 195313 | 195317 | 195643 | 195647 | 195973 • | 195977 • | 196303 • | 196307 • |
| 194989 • | 194993 | 195319 • | 195323 | 195649 | 195653 | 195979 | 195983 | 196309 | 196313 |
| 194995 | 194999 | 195325 | 195329 • | 195655 | 195659 • | 195985 | 195989 | 196315 | 196319 |
| 195001 | 195005 | 195331 | 195335 | 195661 | 195665 | 195991 • | 195995 | 196321 | 196325 |
| 195007 | 195011 | 195337 | 195341 • | 195667 | 195671 | 195997 • | 196001 | 196327 | 196331 • |
| 195013 | 195017 | 195343 • | 195347 | 195673 | 195677 • | 196003 • | 196007 | 196333 | 196337 • |
| 195019 | 195023 • | 195349 | 195353 • | 195679 | 195683 | 196009 | 196013 | 196339 | 196343 |
| 195025 | 195029 • | 195355 | 195359 • | 195685 | 195689 | 196015 | 196019 | 196345 | 196349 |

| | | | | | | | | | |
|---|---|---|---|---|---|---|---|---|---|
| 196351 | 196355 | 196681 • | 196685 | 197011 | 197015 | 197341 • | 197345 | 197671 | 197675 |
| 196357 | 196361 | 196687 • | 196691 | 197017 | 197021 | 197347 • | 197351 | 197677 • | 197681 |
| 196363 | 196367 | 196693 | 196697 | 197023 • | 197027 | 197353 | 197357 | 197683 • | 197687 |
| 196369 | 196373 | 196699 • | 196703 | 197029 | 197033 • | 197359 • | 197363 | 197689 • | 197693 |
| 196375 | 196379 • | 196705 | 196709 • | 197035 | 197039 | 197365 | 197369 • | 197695 | 197699 • |
| 196381 | 196385 | 196711 | 196715 | 197041 | 197045 | 197371 • | 197375 | 197701 | 197705 |
| 196387 • | 196391 | 196717 • | 196721 | 197047 | 197051 | 197377 | 197381 • | 197707 | 197711 • |
| 196393 | 196397 | 196723 | 196727 • | 197053 | 197057 | 197383 • | 197387 | 197713 • | 197717 |
| 196399 | 196403 | 196729 | 196733 | 197059 • | 197063 • | 197389 • | 197393 | 197719 | 197723 |
| 196405 | 196409 | 196735 | 196739 • | 197065 | 197069 | 197395 | 197399 | 197725 | 197729 |
| 196411 | 196415 | 196741 | 196745 | 197071 | 197075 | 197401 | 197405 | 197731 | 197735 |
| 196417 | 196421 | 196747 | 196751 • | 197077 • | 197081 | 197407 | 197411 | 197737 | 197741 • |
| 196423 | 196427 | 196753 | 196757 | 197083 • | 197087 | 197413 | 197417 | 197743 | 197747 |
| 196429 • | 196433 | 196759 | 196763 | 197089 • | 197093 | 197419 • | 197423 • | 197749 | 197753 • |
| 196435 | 196439 • | 196765 | 196769 • | 197095 | 197099 | 197425 | 197429 | 197755 | 197759 • |
| 196441 | 196445 | 196771 • | 196775 | 197101 • | 197105 | 197431 | 197435 | 197761 | 197765 |
| 196447 | 196451 | 196777 | 196781 | 197107 | 197111 | 197437 | 197441 • | 197767 • | 197771 |
| 196453 • | 196457 | 196783 | 196787 | 197113 | 197117 • | 197443 | 197447 | 197773 • | 197777 |
| 196459 • | 196463 | 196789 | 196793 | 197119 | 197123 • | 197449 | 197453 • | 197779 • | 197783 |
| 196465 | 196469 | 196795 | 196799 • | 197125 | 197129 | 197455 | 197459 | 197785 | 197789 |
| 196471 | 196475 | 196801 | 196805 | 197131 | 197135 | 197461 | 197465 | 197791 | 197795 |
| 196477 • | 196481 | 196807 | 196811 | 197137 • | 197141 | 197467 | 197471 | 197797 | 197801 |
| 196483 | 196487 | 196813 | 196817 • | 197143 | 197147 • | 197473 | 197477 | 197803 • | 197807 • |
| 196489 | 196493 | 196819 | 196823 | 197149 | 197153 | 197479 • | 197483 | 197809 | 197813 |
| 196495 | 196499 • | 196825 | 196829 | 197155 | 197159 • | 197485 | 197489 | 197815 | 197819 |
| 196501 • | 196505 | 196831 • | 196835 | 197161 • | 197165 | 197491 | 197495 | 197821 | 197825 |
| 196507 | 196511 | 196837 • | 196841 | 197167 | 197171 | 197497 | 197501 | 197827 | 197831 • |
| 196513 | 196517 | 196843 | 196847 | 197173 | 197177 | 197503 | 197507 • | 197833 | 197837 • |
| 196519 • | 196523 • | 196849 | 196853 • | 197179 | 197183 | 197509 | 197513 | 197839 | 197843 |
| 196525 | 196529 | 196855 | 196859 | 197185 | 197189 | 197515 | 197519 | 197845 | 197849 |
| 196531 | 196535 | 196861 | 196865 | 197191 | 197195 | 197521 • | 197525 | 197851 | 197855 |
| 196537 | 196541 • | 196867 | 196871 • | 197197 | 197201 | 197527 | 197531 | 197857 | 197861 |
| 196543 • | 196547 | 196873 • | 196877 | 197203 • | 197207 • | 197533 | 197537 | 197863 | 197867 |
| 196549 • | 196553 | 196879 • | 196883 | 197209 | 197213 | 197539 • | 197543 | 197869 | 197873 |
| 196555 | 196559 | 196885 | 196889 | 197215 | 197219 | 197545 | 197549 | 197875 | 197879 |
| 196561 • | 196565 | 196891 | 196895 | 197221 • | 197225 | 197551 • | 197555 | 197881 | 197885 |
| 196567 | 196571 | 196897 | 196901 • | 197227 | 197231 | 197557 | 197561 | 197887 • | 197891 • |
| 196573 | 196577 | 196903 | 196907 • | 197233 • | 197237 | 197563 | 197567 • | 197893 • | 197897 |
| 196579 • | 196583 • | 196909 | 196913 | 197239 | 197243 • | 197569 • | 197573 • | 197899 | 197903 |
| 196585 | 196589 | 196915 | 196919 • | 197245 | 197249 | 197575 | 197579 | 197905 | 197909 • |
| 196591 | 196595 | 196921 | 196925 | 197251 | 197255 | 197581 | 197585 | 197911 | 197915 |
| 196597 • | 196601 | 196927 • | 196931 | 197257 • | 197261 • | 197587 | 197591 | 197917 | 197921 • |
| 196603 | 196607 | 196933 | 196937 | 197263 | 197267 | 197593 | 197597 • | 197923 | 197927 • |
| 196609 | 196613 • | 196939 | 196943 | 197269 • | 197273 • | 197599 • | 197603 | 197929 | 197933 • |
| 196615 | 196619 | 196945 | 196949 | 197275 | 197279 • | 197605 | 197609 • | 197935 | 197939 |
| 196621 | 196625 | 196951 | 196955 | 197281 | 197285 | 197611 | 197615 | 197941 | 197945 |
| 196627 | 196631 | 196957 | 196961 • | 197287 | 197291 | 197617 | 197621 • | 197947 • | 197951 |
| 196633 | 196637 | 196963 | 196967 | 197293 • | 197297 • | 197623 | 197627 | 197953 | 197957 • |
| 196639 | 196643 • | 196969 | 196973 | 197299 • | 197303 | 197629 | 197633 | 197959 • | 197963 • |
| 196645 | 196649 | 196975 | 196979 | 197305 | 197309 | 197635 | 197639 | 197965 | 197969 • |
| 196651 | 196655 | 196981 | 196985 | 197311 • | 197315 | 197641 • | 197645 | 197971 • | 197975 |
| 196657 • | 196661 • | 196987 | 196991 • | 197317 | 197321 | 197647 • | 197651 • | 197977 | 197981 |
| 196663 • | 196667 | 196993 • | 196997 | 197323 | 197327 | 197653 | 197657 | 197983 | 197987 |
| 196669 | 196673 | 196999 | 197003 • | 197329 | 197333 | 197659 | 197663 | 197989 | 197993 |
| 196675 | 196679 | 197005 | 197009 • | 197335 | 197339 • | 197665 | 197669 | 197995 | 197999 |

| | | | | | | | | | |
|---|---|---|---|---|---|---|---|---|---|
| 198001 | 198005 | 198331 | 198335 | 198661 | 198665 | 198991 | 198995 | 199321 • | 199325 |
| 198007 | 198011 | 198337 • | 198341 | 198667 | 198671 | 198997 • | 199001 | 199327 | 199331 |
| 198013 • | 198017 • | 198343 | 198347 • | 198673 • | 198677 | 199003 | 199007 | 199333 | 199337 • |
| 198019 | 198023 | 198349 • | 198353 | 198679 | 198683 | 199009 | 199013 | 199339 | 199343 • |
| 198025 | 198029 | 198355 | 198359 | 198685 | 198689 • | 199015 | 199019 | 199345 | 199349 |
| 198031 • | 198035 | 198361 | 198365 | 198691 | 198695 | 199021 • | 199025 | 199351 | 199355 |
| 198037 | 198041 | 198367 | 198371 | 198697 | 198701 • | 199027 | 199031 | 199357 • | 199361 |
| 198043 • | 198047 • | 198373 | 198377 • | 198703 | 198707 | 199033 • | 199037 • | 199363 | 199367 |
| 198049 | 198053 | 198379 | 198383 | 198709 | 198713 | 199039 • | 199043 | 199369 | 199373 • |
| 198055 | 198059 | 198385 | 198389 | 198715 | 198719 • | 199045 | 199049 • | 199375 | 199379 • |
| 198061 | 198065 | 198391 • | 198395 | 198721 | 198725 | 199051 | 199055 | 199381 | 199385 |
| 198067 | 198071 | 198397 • | 198401 | 198727 | 198731 | 199057 | 199061 | 199387 | 199391 |
| 198073 • | 198077 | 198403 | 198407 | 198733 • | 198737 | 199063 | 199067 | 199393 | 199397 |
| 198079 | 198083 • | 198409 • | 198413 • | 198739 | 198743 | 199069 | 199073 | 199399 • | 199403 • |
| 198085 | 198089 | 198415 | 198419 | 198745 | 198749 | 199075 | 199079 | 199405 | 199409 |
| 198091 • | 198095 | 198421 | 198425 | 198751 | 198755 | 199081 • | 199085 | 199411 • | 199415 |
| 198097 • | 198101 | 198427 • | 198431 | 198757 | 198761 • | 199087 | 199091 | 199417 • | 199421 |
| 198103 | 198107 | 198433 | 198437 • | 198763 | 198767 | 199093 | 199097 | 199423 | 199427 |
| 198109 • | 198113 | 198439 • | 198443 | 198769 • | 198773 | 199099 | 199103 • | 199429 • | 199433 |
| 198115 | 198119 | 198445 | 198449 | 198775 | 198779 | 199105 | 199109 • | 199435 | 199439 |
| 198121 | 198125 | 198451 | 198455 | 198781 | 198785 | 199111 | 199115 | 199441 | 199445 |
| 198127 • | 198131 | 198457 | 198461 • | 198787 | 198791 | 199117 | 199121 | 199447 • | 199451 |
| 198133 | 198137 | 198463 • | 198467 | 198793 | 198797 | 199123 | 199127 | 199453 • | 199457 • |
| 198139 • | 198143 | 198469 • | 198473 | 198799 | 198803 | 199129 | 199133 | 199459 | 199463 |
| 198145 | 198149 | 198475 | 198479 • | 198805 | 198809 | 199135 | 199139 | 199465 | 199469 |
| 198151 | 198155 | 198481 | 198485 | 198811 • | 198815 | 199141 | 199145 | 199471 | 199475 |
| 198157 | 198161 | 198487 | 198491 • | 198817 • | 198821 | 199147 | 199151 • | 199477 | 199481 |
| 198163 | 198167 | 198493 | 198497 | 198823 • | 198827 • | 199153 • | 199157 | 199483 • | 199487 • |
| 198169 | 198173 • | 198499 | 198503 • | 198829 • | 198833 • | 199159 | 199163 | 199489 • | 199493 |
| 198175 | 198179 • | 198505 | 198509 | 198835 | 198839 • | 199165 | 199169 | 199495 | 199499 • |
| 198181 | 198185 | 198511 | 198515 | 198841 • | 198845 | 199171 | 199175 | 199501 • | 199505 |
| 198187 | 198191 | 198517 | 198521 | 198847 | 198851 • | 199177 | 199181 • | 199507 | 199511 |
| 198193 • | 198197 • | 198523 | 198527 | 198853 | 198857 | 199183 | 199187 | 199513 | 199517 |
| 198199 | 198203 | 198529 • | 198533 • | 198859 • | 198863 | 199189 | 199193 • | 199519 | 199523 • |
| 198205 | 198209 | 198535 | 198539 | 198865 | 198869 | 199195 | 199199 | 199525 | 199529 |
| 198211 | 198215 | 198541 | 198545 | 198871 | 198875 | 199201 | 199205 | 199531 | 199535 |
| 198217 | 198221 • | 198547 | 198551 | 198877 | 198881 | 199207 • | 199211 • | 199537 | 199541 |
| 198223 • | 198227 | 198553 • | 198557 | 198883 | 198887 | 199213 | 199217 | 199543 | 199547 |
| 198229 | 198233 | 198559 | 198563 | 198889 | 198893 | 199219 | 199223 | 199549 | 199553 |
| 198235 | 198239 | 198565 | 198569 | 198895 | 198899 • | 199225 | 199229 | 199555 | 199559 • |
| 198241 • | 198245 | 198571 • | 198575 | 198901 • | 198905 | 199231 | 199235 | 199561 | 199565 |
| 198247 | 198251 • | 198577 | 198581 | 198907 | 198911 | 199237 | 199241 | 199567 • | 199571 |
| 198253 | 198257 • | 198583 | 198587 | 198913 | 198917 | 199243 | 199247 • | 199573 | 199577 |
| 198259 • | 198263 | 198589 • | 198593 • | 198919 | 198923 | 199249 | 199253 | 199579 | 199583 • |
| 198265 | 198269 | 198595 | 198599 • | 198925 | 198929 • | 199255 | 199259 | 199585 | 199589 |
| 198271 | 198275 | 198601 | 198605 | 198931 | 198935 | 199261 • | 199265 | 199591 | 199595 |
| 198277 • | 198281 • | 198607 | 198611 | 198937 • | 198941 • | 199267 • | 199271 | 199597 | 199601 • |
| 198283 | 198287 | 198613 • | 198617 | 198943 • | 198947 | 199273 | 199277 | 199603 • | 199607 |
| 198289 | 198293 | 198619 | 198623 • | 198949 | 198953 • | 199279 | 199283 | 199609 | 199613 |
| 198295 | 198299 | 198625 | 198629 | 198955 | 198959 • | 199285 | 199289 • | 199615 | 199619 |
| 198301 • | 198305 | 198631 | 198635 | 198961 | 198965 | 199291 | 199295 | 199621 • | 199625 |
| 198307 | 198311 | 198637 • | 198641 • | 198967 • | 198971 • | 199297 | 199301 | 199627 | 199631 |
| 198313 • | 198317 | 198643 | 198647 • | 198973 | 198977 • | 199303 | 199307 | 199633 | 199637 • |
| 198319 | 198323 • | 198649 | 198653 | 198979 | 198983 | 199309 | 199313 • | 199639 | 199643 |
| 198325 | 198329 | 198655 | 198659 • | 198985 | 198989 | 199315 | 199319 | 199645 | 199649 |

| | | | |
|---|---|---|---|
| 199651 | 199655 | 199981 | 199985 |
| 199657 • | 199661 | 199987 | 199991 |
| 199663 | 199667 | 199993 | 199997 |
| 199669 • | 199673 • | 199999 • | |
| 199675 | 199679 • | | |
| 199681 | 199685 | | |
| 199687 • | 199691 | | |
| 199693 | 199697 • | | |
| 199699 | 199703 | | |
| 199705 | 199709 | | |
| 199711 | 199715 | | |
| 199717 | 199721 • | | |
| 199723 | 199727 | | |
| 199729 • | 199733 | | |
| 199735 | 199739 • | | |
| 199741 • | 199745 | | |
| 199747 | 199751 • | | |
| 199753 • | 199757 | | |
| 199759 | 199763 | | |
| 199765 | 199769 | | |
| 199771 | 199775 | | |
| 199777 • | 199781 | | |
| 199783 • | 199787 | | |
| 199789 | 199793 | | |
| 199795 | 199799 • | | |
| 199801 | 199805 | | |
| 199807 • | 199811 • | | |
| 199813 • | 199817 | | |
| 199819 • | 199823 | | |
| 199825 | 199829 | | |
| 199831 • | 199835 | | |
| 199837 | 199841 | | |
| 199843 | 199847 | | |
| 199849 | 199853 • | | |
| 199855 | 199859 | | |
| 199861 | 199865 | | |
| 199867 | 199871 | | |
| 199873 • | 199877 • | | |
| 199879 | 199883 | | |
| 199885 | 199889 • | | |
| 199891 | 199895 | | |
| 199897 | 199901 | | |
| 199903 | 199907 | | |
| 199909 • | 199913 | | |
| 199915 | 199919 | | |
| 199921 • | 199925 | | |
| 199927 | 199931 • | | |
| 199933 • | 199937 | | |
| 199939 | 199943 | | |
| 199945 | 199949 | | |
| 199951 | 199955 | | |
| 199957 | 199961 • | | |
| 199963 | 199967 • | | |
| 199969 | 199973 | | |
| 199975 | 199979 | | |

## 10.3　应用模 6 缩族匿因质合表分类搜寻常见 $k$ 生素数示例

### 10.3.1　搜寻四生素数示例

**例 1**　运用表 27 中第 22 号的一句口诀：

“在表 28 中，若任一框的：框中二、四行都是素数的，就是一个差 4－8－4 型四生素数”——从表 28 中搜寻的该差型唯一一类个位数方式的四生素数列示 6 例如下：

| | | | | | |
|---|---|---|---|---|---|
| 757 | 2377 | 93967 | 95617 | 111427 | 152377 |
| 761 | 2381 | 93971 | 95621 | 111431 | 152381 |
| 769 | 2389 | 93979 | 95629 | 111439 | 152389 |
| 773 | 2393 | 93983 | 95633 | 111443 | 152393 |

**例 2**　分别运用表 27 中第 44 号的两句口诀：

“在表 28 中，若任一框的$\left\{\begin{array}{l}\text{框前两首二、三尾}\\ \text{框后两尾二、三首}\end{array}\right\}$都是素数的，就是一个差 6－10－6 型四生素数”——从表 28 中搜寻的该差型两类个位数方式的四生素数各列示 5 例如下：

| | | | | | | | | | |
|---|---|---|---|---|---|---|---|---|---|
| 21751 | 30181 | 78691 | 119611 | 134851 | 25147 | 28387 | 57367 | 153337 | 175837 |
| 21757 | 30187 | 78697 | 119617 | 134857 | 25153 | 28393 | 57373 | 153343 | 175843 |
| 21767 | 30197 | 78707 | 119627 | 134867 | 25163 | 28403 | 57383 | 153353 | 175853 |
| 21773 | 30203 | 78713 | 119633 | 134873 | 25169 | 28409 | 57389 | 153359 | 175859 |

**例 3**　分别运用表 27 中第 38 号的两句口诀：

“在表 28 中，若任一框的$\left\{\begin{array}{l}\text{框后三首和首尾}\\ \text{框前三尾和末首}\end{array}\right\}$都是素数的，就是一个差$\left\{\begin{array}{l}4-2-6\\ 6-2-4\end{array}\right\}$型四生素数”——从表 28 中搜寻的这两种差型各唯一一类个位数方式的四生素数分别列示 5 例如下：

| | | | | | | | | | |
|---|---|---|---|---|---|---|---|---|---|
| 5647 | 21517 | 31147 | 188857 | 199807 | 3911 | 69821 | 129581 | 156671 | 181751 |
| 5651 | 21521 | 31151 | 188861 | 199811 | 3917 | 49827 | 129587 | 156677 | 181757 |
| 5653 | 21523 | 31153 | 188863 | 199813 | 3919 | 69829 | 129589 | 156679 | 181759 |
| 5659 | 21529 | 31159 | 188869 | 199819 | 3923 | 69833 | 129593 | 156683 | 181763 |

**例 4**　分别运用表 27 中第 14 号的 3 句口诀：

“在表 28 中，若任一框的$\left\{\begin{array}{l}\text{框前两首前两尾}\\ \text{框后两首后两尾}\\ \text{框中二、三首二、三尾}\end{array}\right\}$都是素数的，就是一个差 6－4－6 型四生素数”——从表 28 中搜寻的该差型三类个位数方式的四生素数各列示 5 例如下：

| | | | | |
|---|---|---|---|---|
| 1291 | 25111 | 46441 | 90901 | 195121 |
| 1297 | 25117 | 46447 | 90907 | 195127 |
| 1301 | 25121 | 46451 | 90911 | 195131 |
| 1307 | 25127 | 46453 | 90917 | 195137 |

| | | | | | | | | | |
|---|---|---|---|---|---|---|---|---|---|
| 9613 | 36913 | 56983 | 138883 | 166393 | 1087 | 30697 | 115117 | 119227 | 192037 |
| 9619 | 36919 | 56989 | 138889 | 166399 | 1093 | 30703 | 115123 | 119233 | 192043 |
| 9623 | 36923 | 56993 | 138893 | 166403 | 1097 | 30707 | 115127 | 119237 | 192047 |
| 9629 | 36929 | 56999 | 138899 | 166409 | 1103 | 30713 | 115133 | 119243 | 192053 |

**例 5**　(1)分别运用表 27 中第 20 号的上两句口诀：

"在表 28 中，若任一框的$\left\{\begin{array}{l}\text{框中次行末首、尾}\\ \text{框中丁行与下框首首、尾}\end{array}\right\}$都是素数的，就是一个差 4－8－10 型四生素数"——从表 28 中搜寻的该差型两类个位数方式的四生素数各列示 5 例如下：

| | | | | | | | | | |
|---|---|---|---|---|---|---|---|---|---|
| 3907 | 95527 | 117877 | 119827 | 175687 | 8929 | 56659 | 88789 | 155719 | 198829 |
| 3911 | 95531 | 117881 | 119837 | 175691 | 8933 | 56663 | 88793 | 155723 | 198833 |
| 3919 | 95539 | 117889 | 119839 | 175699 | 8941 | 56671 | 88801 | 155731 | 198841 |
| 3929 | 95549 | 117899 | 119849 | 175707 | 8951 | 56681 | 88811 | 155741 | 198851 |

(2)分别运用表 27 中第 20 号的下两句口诀：

"在表 28 中，若任一框的$\left\{\begin{array}{l}\text{框中丁行首首、尾}\\ \text{框中次行与上框末首、尾}\end{array}\right\}$都是素数的，就是一个差 10－8－4 型四生素数"——从表 28 中搜寻的该差型两类个位数方式的四生素数各列示 5 例如下：

| | | | | | | | | | |
|---|---|---|---|---|---|---|---|---|---|
| 62851 | 86161 | 133261 | 158341 | 177091 | 23539 | 63649 | 138559 | 169639 | 182089 |
| 62861 | 86171 | 133271 | 158351 | 177101 | 23549 | 63659 | 138569 | 169649 | 182099 |
| 62869 | 86179 | 133279 | 158359 | 177109 | 23557 | 63667 | 138577 | 169657 | 182107 |
| 62873 | 86183 | 133283 | 158363 | 177113 | 23561 | 63671 | 138581 | 169661 | 182111 |

### 10.3.2　搜寻五生、六生素数示例

**例 6**　(1)分别运用表 27 中第 31 号上两句口诀：

"在表 28 中，若任一框的$\left\{\begin{array}{l}\text{框前三首一、三尾}\\ \text{框后三首二、四尾}\end{array}\right\}$都是素数的，就是一个差 6－4－2－10 型五生素数"——从表 28 中搜寻的该差型两类个位数方式的五生素数各列示 5 例如下：

| | | | | | | | | | |
|---|---|---|---|---|---|---|---|---|---|
| 35521 | 57781 | 83221 | 118891 | 139291 | 1867 | 5647 | 44257 | 65707 | 98887 |
| 35527 | 57787 | 83227 | 118897 | 136297 | 1873 | 5653 | 44263 | 65713 | 98893 |
| 35531 | 57791 | 83231 | 118901 | 139301 | 1877 | 5657 | 44267 | 65717 | 99897 |
| 35533 | 57793 | 83233 | 118903 | 139303 | 1879 | 5659 | 44269 | 65719 | 98899 |
| 35543 | 57803 | 83243 | 118913 | 139313 | 1889 | 5669 | 44279 | 65729 | 98909 |

(2)分别运用表 27 中第 31 号下两句口诀：

"在表 28 中，若任一框的$\left\{\begin{array}{l}\text{框后三尾二、四首}\\ \text{框前三尾一、三首}\end{array}\right\}$都是素数的，就是一个差10－2－4－6型五生素数"——从表 28 中搜寻的该差型两类个位数方式的五生素数各列示 5 例如下：

| | | | | | | | | | |
|---|---|---|---|---|---|---|---|---|---|
| 3907 | 12097 | 36457 | 152407 | 197947 | 10321 | 21001 | 79801 | 167611 | 172411 |
| 3917 | 12107 | 36467 | 152417 | 197957 | 10331 | 21011 | 79811 | 167621 | 172421 |
| 3919 | 12109 | 36469 | 152419 | 197959 | 10333 | 21013 | 79813 | 167623 | 172423 |
| 3923 | 12113 | 36473 | 152423 | 197963 | 10337 | 21017 | 79817 | 167627 | 172427 |
| 3929 | 12119 | 36479 | 152429 | 197969 | 10343 | 21023 | 79823 | 167633 | 172433 |

**例 7**　(1)分别运用表 27 中第 1129 号上句口诀与第 2467 号下句口诀——

“在表 28 中，若任一框的{框后两首一、四尾与下行首数<br>框中一、二、四首和次尾与上行尾数}都是素数的，就是一个差 2－6－10－2 型五生素数”——从表 28 中搜寻的该差型两类个位数方式的五生素数各列示 5 例如下：

| | | | | | | | | | |
|---|---|---|---|---|---|---|---|---|---|
| 2711 | 37571 | 114641 | 130631 | 165701 | 33749 | 49919 | 88799 | 121349 | 183299 |
| 2713 | 37573 | 114643 | 130633 | 165703 | 33751 | 49921 | 88801 | 121351 | 183301 |
| 2719 | 37579 | 114649 | 130639 | 165709 | 33757 | 49927 | 88807 | 121357 | 183307 |
| 2729 | 37589 | 114659 | 130649 | 165719 | 33767 | 49937 | 88817 | 121367 | 183317 |
| 2731 | 37591 | 114661 | 130651 | 165721 | 33769 | 49939 | 88819 | 121369 | 183319 |

(2)分别运用表 27 中第 1129 号下句口诀与第 2467 号上句口诀——

“在表 28 中，若任一框的{框前两尾一、四首与上行尾数<br>框中一、三、四尾和再首与下行首数}都是素数的，就是一个差 2－10－6－2 型五生素数”——从表 28 中搜寻的该差型两类个位数方式的五生素数各列示 5 例如下：

| | | | | | | | | | |
|---|---|---|---|---|---|---|---|---|---|
| 5639 | 8819 | 69879 | 102059 | 147209 | 6551 | 26681 | 54401 | 170351 | 172421 |
| 5641 | 8821 | 68881 | 102061 | 147211 | 6553 | 26683 | 54403 | 170353 | 172423 |
| 5651 | 8831 | 68891 | 102071 | 147221 | 6563 | 26693 | 54413 | 170363 | 172433 |
| 5657 | 8837 | 68897 | 102077 | 147227 | 6569 | 26699 | 54419 | 170369 | 172439 |
| 5659 | 8839 | 68899 | 102079 | 147229 | 6571 | 26701 | 54421 | 170371 | 172441 |

**例 8**　分别运用表 27 中第 54 号的两句口诀：

“在表 28 中，若任一框的{框前三首前三尾<br>框后三首后三尾}都是素数的，就是一个差 6－4－2－4－6 型六生素数”——从表 28 中搜寻的该差型两类个位数方式的六生素数各列示 5 例如下：

| | | | | | | | | | |
|---|---|---|---|---|---|---|---|---|---|
| 31 | 35521 | 42451 | 93481 | 118891 | 7 | 2677 | 44257 | 55807 | 198817 |
| 37 | 35527 | 42457 | 93487 | 118897 | 13 | 2683 | 44263 | 55813 | 198823 |
| 41 | 35531 | 42461 | 93491 | 118901 | 17 | 2687 | 44267 | 55817 | 198827 |
| 43 | 35533 | 42463 | 93493 | 118903 | 19 | 2689 | 44269 | 55819 | 198829 |
| 47 | 35537 | 42467 | 93497 | 118907 | 23 | 2693 | 44273 | 55823 | 198833 |
| 53 | 35543 | 42473 | 93503 | 118913 | 29 | 2699 | 44279 | 55829 | 198839 |

**例 9**　(1)分别运用表 27 中第 452 号的上两句口诀及第 391 号下句口诀：

“在表 28 中，若任一框的{框中二、四首二、四尾与↓框中次首、尾<br>框中一、三首一、三尾与↓框中首首、尾<br>框中一、四首一、四尾与↑框中末首、尾}都是素数的，就是一个差 10－2－10－8－10 型六生素数”——从表 28 中搜寻的该差型三类个位数方式的六生素数各列示 5 例如下：

| | | | | | | | | | |
|---|---|---|---|---|---|---|---|---|---|
| 1597 | 3577 | 31237 | 63577 | 120907 | 4231 | 126001 | 128971 | 149521 | 161731 |
| 1607 | 3527 | 31247 | 63587 | 120917 | 4241 | 126011 | 128981 | 149531 | 161741 |
| 1609 | 3529 | 31249 | 63589 | 120919 | 4243 | 126013 | 128983 | 149533 | 161743 |
| 1619 | 3539 | 31259 | 63599 | 120929 | 4253 | 126023 | 128993 | 149543 | 161753 |
| 1627 | 3547 | 31267 | 63607 | 120937 | 4261 | 106031 | 129001 | 149551 | 161761 |
| 1637 | 3557 | 31277 | 63617 | 120947 | 4271 | 126041 | 129011 | 149561 | 161771 |

| | | | | |
|---|---|---|---|---|
| 5839 | 30829 | 65089 | 109819 | 114649 |
| 5849 | 30839 | 65099 | 109829 | 114659 |
| 5851 | 30841 | 65101 | 109831 | 114661 |
| 5861 | 30851 | 65111 | 109841 | 114671 |
| 5869 | 30859 | 65119 | 109849 | 114679 |
| 5879 | 30869 | 65129 | 109859 | 114689 |

(2)分别运用表 27 中第 452 号的下两句口诀及第 391 号上句口诀：

“在表 28 中，若任一框的{框中一、三首一、三尾与↑框中再首、尾<br>框中二、四首二、四尾与↑框中末首、尾<br>框中一、四首一、四尾与↓框中首首、尾}都是素数的，就是一个差 10－8－10－2－10 型六生素数”——从表 28 中搜寻的该差型三类个位数方式的六生素数各列示 5 例如下：

| | | | | | | | | | |
|---|---|---|---|---|---|---|---|---|---|
| 26683 | 42433 | 95773 | 119953 | 179563 | 5839 | 21559 | 39199 | 129499 | 176779 |
| 26693 | 42443 | 95783 | 119963 | 179573 | 5849 | 21569 | 39109 | 129509 | 176789 |
| 26701 | 42451 | 95791 | 119971 | 179581 | 5857 | 21577 | 39217 | 129517 | 176797 |
| 26711 | 42461 | 95801 | 119981 | 179591 | 5867 | 21587 | 39227 | 129527 | 176807 |
| 26713 | 42463 | 95803 | 119983 | 179593 | 5869 | 21589 | 39229 | 129529 | 176809 |
| 26723 | 42473 | 95813 | 119993 | 179603 | 5879 | 21599 | 39239 | 129539 | 176819 |

| | | | | |
|---|---|---|---|---|
| 1021 | 4201 | 30841 | 122011 | 128941 |
| 1031 | 4211 | 30851 | 122021 | 128951 |
| 1039 | 4219 | 30859 | 122029 | 128959 |
| 1049 | 4229 | 30869 | 122039 | 128969 |
| 1051 | 4231 | 30871 | 122041 | 128971 |
| 1061 | 4241 | 30881 | 122051 | 128981 |

**例 10**　分别运用表 27 中第 83 号的两句口诀与第 3304 号的一句口诀：

“在表 28 中，若任一框的{框中末首二、四尾与↓框中次尾二、四首<br>框中首尾一、三首与↑框中再首一、三尾<br>框中一、四首一、四尾与上尾下首}都是素数的，就是一个差 2－10－8－10－2 型六生素数”——从表 28 中搜寻的该差型三类个位数方式的六生素数各列示 5 例如下：

| | | | | | | | | | |
|---|---|---|---|---|---|---|---|---|---|
| 3527 | 21557 | 28277 | 141677 | 176777 | 4241 | 13901 | 26681 | 149531 | 161741 |
| 3529 | 21559 | 28279 | 141679 | 176779 | 4243 | 13903 | 26683 | 149533 | 161743 |
| 3539 | 21569 | 28289 | 141689 | 176789 | 4253 | 13913 | 26693 | 149543 | 161753 |
| 3547 | 21577 | 28297 | 141697 | 176797 | 4261 | 13921 | 26701 | 149551 | 161761 |
| 3557 | 21587 | 28307 | 141707 | 176807 | 4271 | 13931 | 26711 | 149561 | 161771 |
| 3559 | 31589 | 28309 | 141709 | 176809 | 4273 | 13933 | 26713 | 149563 | 161773 |

| | | | | |
|---|---|---|---|---|
| 5849 | 30839 | 114659 | 128939 | 130619 |
| 5851 | 30841 | 114661 | 128941 | 130621 |
| 5861 | 30851 | 114671 | 128951 | 130631 |
| 5869 | 30859 | 114679 | 128959 | 130639 |
| 5879 | 30869 | 114689 | 128969 | 130649 |
| 5881 | 30871 | 114691 | 128971 | 130651 |

**例 11**　(1)分别运用表 27 中第 367 号上句口诀与第 3283 号下句口诀：

"在表 28 中，若任一框的{框中末首一、四尾与↓框中首尾一、三首<br>框中二、四首二、四尾与下首上上尾}都是素数的，就是一个差 8－10－2－10－2 型六生素数"——从表 28 中搜寻的该差型两类个位数方式的六生素数各列示 5 例如下：

| | | | | | | | | | |
|---|---|---|---|---|---|---|---|---|---|
| 401 | 1031 | 91121 | 122021 | 199721 | 5849 | 33569 | 65699 | 160619 | 183479 |
| 409 | 1039 | 91129 | 122029 | 199729 | 5857 | 33577 | 65707 | 160627 | 183487 |
| 419 | 1049 | 91139 | 122039 | 199739 | 5867 | 33587 | 65717 | 160637 | 183497 |
| 421 | 1051 | 91141 | 122041 | 199741 | 5869 | 33589 | 65719 | 160639 | 183499 |
| 431 | 1061 | 91151 | 122051 | 199751 | 5879 | 33599 | 65729 | 160649 | 183509 |
| 433 | 1063 | 91153 | 122053 | 199753 | 5881 | 33601 | 65731 | 160651 | 183511 |

(2)分别运用表 27 中第 367 号下句口诀与第 3283 号上句口诀：

"在表 28 中，若任一框的{框中首尾一、四首与↑框中末首二、四尾<br>框中一、三首一、三尾与上尾下下首}都是素数的，就是一个差 2－10－2－10－8 型六生素数"——从表 28 中搜寻的该差型两类个位数方式的六生素数各列示 4 例和 5 例如下：

| | | | | | | | | |
|---|---|---|---|---|---|---|---|---|
| 89657 | 91127 | 97847 | 198827 | 2129 | 26699 | 128969 | 161729 | 193859 |
| 89659 | 91129 | 97849 | 198829 | 2131 | 26701 | 128971 | 161731 | 193861 |
| 89669 | 91139 | 97859 | 198839 | 2141 | 26711 | 128981 | 161741 | 193871 |
| 89671 | 91141 | 97861 | 198841 | 2143 | 26713 | 128983 | 161743 | 193873 |
| 89681 | 91151 | 97871 | 198851 | 2153 | 26723 | 128993 | 161753 | 193883 |
| 89689 | 91159 | 97879 | 198859 | 2161 | 26731 | 129001 | 161761 | 193891 |

### 10.3.3　搜寻七生、八生素数示例

**例 12**　分别运用表 27 中第 244 号的两句口诀：

“在表 28 中，若任一框的 $\begin{cases}\text{框后两首后两尾与}\downarrow\overline{\ }\text{框中次行和末首}\\ \text{框前两首前两尾与}\uparrow\text{框中丁行和首尾}\end{cases}$ 都是素数的，就是一个

差 $\begin{cases}6-4-6-8-4-8\\ 8-4-8-6-4-6\end{cases}$ 型七生素数”——从表 28 中搜寻的这两种差型各有一类个位数方式的七生素数分别列示 5 例和 3 例如下：

| | | | | | | | |
|---|---|---|---|---|---|---|---|
| 73 | 373 | 1423 | 1543 | 159763 | 11 | 126011 | 136511 |
| 79 | 379 | 1429 | 1549 | 159769 | 19 | 126019 | 136519 |
| 83 | 383 | 1433 | 1553 | 159773 | 23 | 126023 | 136523 |
| 89 | 389 | 1439 | 1559 | 159779 | 31 | 126031 | 136531 |
| 97 | 397 | 1447 | 1567 | 159787 | 37 | 126037 | 136537 |
| 101 | 401 | 1451 | 1571 | 159791 | 41 | 106041 | 136541 |
| 109 | 409 | 1459 | 1579 | 159799 | 47 | 126047 | 136547 |

**例 13** (1)分别运用表 27 中第 1868 号的上两句口诀：

“在表 28 中，若任一框的 $\begin{cases}\text{框后两尾二、三首与}\downarrow\text{框中后三首}\\ \text{框前两首二、三尾与}\downarrow\text{框中前三首}\end{cases}$ 都是素数的，就是一个差 6－10－6－8－6－6型七生素数”——从表 28 中搜寻的该差型两类个位数方式的七生素数各列示 5 例如下：

| | | | | | | | | | |
|---|---|---|---|---|---|---|---|---|---|
| 67 | 2677 | 6337 | 55807 | 167407 | 31 | 571 | 47491 | 83401 | 143791 |
| 73 | 2683 | 6343 | 55813 | 167413 | 37 | 577 | 47497 | 83407 | 143797 |
| 83 | 2693 | 6353 | 55823 | 167423 | 47 | 587 | 47507 | 84417 | 143807 |
| 89 | 2699 | 6359 | 55829 | 167429 | 53 | 593 | 47513 | 83423 | 143813 |
| 97 | 2707 | 6367 | 55837 | 167437 | 61 | 601 | 47521 | 83431 | 143821 |
| 103 | 2713 | 6373 | 55843 | 167443 | 67 | 607 | 47527 | 83437 | 143827 |
| 109 | 2719 | 6379 | 55849 | 167449 | 73 | 613 | 47533 | 83443 | 143833 |

(2)分别运用表 27 中第 1868 号的下两句口诀：

“在表 28 中，若任一框的 $\begin{cases}\text{框前两首二、三尾与}\overline{\uparrow}\text{框中前三尾}\\ \text{框后两尾二、三首与}\overline{\uparrow}\text{框中后三尾}\end{cases}$ 都是素数的，就是一个差 6－6－8－6－10－6型七生素数”——从表 28 中搜寻的该差型两类个位数方式的七生素数各列示 5 例如下：

| | | | | | | | | | |
|---|---|---|---|---|---|---|---|---|---|
| 11 | 4931 | 24071 | 61631 | 176201 | 47 | 347 | 4637 | 6317 | 55787 |
| 17 | 4937 | 24077 | 61637 | 176207 | 53 | 353 | 4643 | 6323 | 55793 |
| 23 | 4943 | 24083 | 61643 | 176213 | 59 | 359 | 4649 | 6329 | 55799 |
| 31 | 4951 | 24091 | 61651 | 176221 | 67 | 367 | 4657 | 6337 | 55807 |
| 37 | 4957 | 24097 | 61657 | 176227 | 73 | 373 | 4663 | 6343 | 55813 |
| 47 | 4967 | 24107 | 61667 | 176237 | 83 | 383 | 4673 | 6353 | 55823 |
| 53 | 4973 | 24113 | 61673 | 176243 | 89 | 389 | 4679 | 6359 | 55829 |

**例 14** 分别运用表 27 中第 1378 号的下两句口诀：

“在表 28 中，若任一框的 $\begin{cases}\text{框前三首和再尾与}\overline{\uparrow}\text{框中前三尾}\\ \text{框后三首和末尾与}\overline{\uparrow}\text{框中后三尾}\end{cases}$ 都是素数的，就是一个差

6－6－8－6－6－10型七生素数”——从表28中搜寻的该差型两类个位数方式的七生素数分别列示4例和5例如下：

| | | | | | | | | |
|---|---|---|---|---|---|---|---|---|
| 11 | 41 | 251 | 24071 | 347 | 2687 | 55787 | 127637 | 165437 |
| 17 | 47 | 257 | 24077 | 353 | 2693 | 55793 | 127643 | 165443 |
| 23 | 53 | 263 | 24083 | 359 | 2699 | 55799 | 127649 | 165449 |
| 31 | 61 | 271 | 24091 | 367 | 2707 | 55807 | 127657 | 165457 |
| 37 | 67 | 277 | 24097 | 373 | 2713 | 55813 | 127663 | 165463 |
| 43 | 73 | 283 | 24103 | 379 | 2719 | 55819 | 127669 | 165469 |
| 53 | 83 | 293 | 24113 | 389 | 2729 | 55829 | 127679 | 165479 |

**例15**　分别运用表27中第455号的两句口诀与第3316号的一句口诀：

“在表28中，若任一框的{
框中二、四首二、四尾与↓框中二、四首二、四尾
框中一、三首一、三尾与↑框中一、三首一、三尾
框中一、四首一、四尾与↑框中末首、尾和↓框中首首、尾
}都是素数的，就是一个差10－2－10－8－10－2－10型八生素数”——从表28中搜寻的该差型三类个位数方式的八生素数分别列示1例、3例和2例如下：

| | | | | | |
|---|---|---|---|---|---|
| 141667 | 31 | 4231 | 161731 | 1009 | 30829 |
| 141677 | 41 | 4241 | 161741 | 1019 | 30839 |
| 141679 | 43 | 4243 | 161743 | 1021 | 30841 |
| 141689 | 53 | 4353 | 161753 | 1031 | 30851 |
| 141697 | 61 | 4261 | 161761 | 1039 | 30859 |
| 141707 | 71 | 4271 | 161771 | 1049 | 30869 |
| 141709 | 73 | 4273 | 161773 | 1051 | 32871 |
| 141719 | 83 | 4283 | 161783 | 1061 | 30881 |

**例16**　分别运用表27中第1380号的两句口诀：

“在表28中，若任一框的{
框后三尾和次首与↓框后三首和末尾
框前三首和再尾与↑框前三尾和首首
}都是素数的，就是一个差10－6－6－8－6－6－10型8生素数”——从表28中搜寻的该差型两类个位数方式的八生素数分别列示3例和4例如下：

| | | | | | | |
|---|---|---|---|---|---|---|
| 37 | 337 | 42667 | 31 | 241 | 24061 | 47491 |
| 47 | 347 | 42677 | 41 | 251 | 24071 | 47501 |
| 53 | 353 | 42683 | 47 | 257 | 24077 | 47507 |
| 59 | 359 | 42689 | 53 | 263 | 24083 | 47513 |
| 67 | 367 | 42697 | 61 | 271 | 24091 | 47521 |
| 73 | 373 | 42703 | 67 | 277 | 24097 | 47527 |
| 79 | 379 | 42709 | 73 | 283 | 24103 | 47533 |
| 89 | 389 | 42719 | 83 | 293 | 24113 | 47543 |

**例17**　运用表27中第1597号的下句口诀：

“在表28中，若任一框的：框前三首和首尾与↑框后三尾和再首都是素数的，就是一个差

4-6-6-2-6-4-2 型八生素数”——从表 28 中搜寻的该差型唯一一类个位数方式的八生素数列示 4 例如下：

13, 17, 23, 29, 31, 37, 41, 43;
43, 47, 53, 59, 61, 67, 71, 73;
14533, 14537, 14543, 14549, 14551, 14557, 14561, 14563;
150193, 150197, 150203, 150209, 150211, 150217, 150221, 150223.

### 10.3.4 搜寻九生、十生素数示例

**例 18** 运用表 27 中第 3056 号上句口诀：

“在表 28 中，若任一框的：框中一、二、四尾二、四首与↓框后三尾和次首都是素数的，就是一个差 4-6-2-10-8-10-6-6 型九生素数”——从表 28 中搜寻的该差型唯一一类个位数方式的九生素数列示 3 例如下：

7, 11, 17, 19, 29, 37, 47, 53, 59;
127, 131, 137, 139, 149, 157, 167, 173, 179;
7477, 7481, 7487, 7489, 7499, 7507, 7517, 7523, 7529.

**例 19** 运用表 27 中第 1711 号上句口诀：

“在表 28 中，若任一框的：框中四尾和再首与↓框中一、三、四尾一、三首都是素数的，就是一个差 2-4-6-6-2-10-2-10-6 型十生素数”——从表 28 中搜寻的该差型唯一一类个位数方式的十生素数列示 3 例如下：

11, 13, 17, 23, 29, 31, 41, 43, 53, 59;
41, 43, 47, 53, 59, 61, 71, 73, 83, 89;
26681, 26683, 26687, 26693, 26699, 26701, 26711, 26713, 26723, 26729.

**例 20** 运用表 27 中第 1455 号上句口诀：

“在表 28 中，若任一框的：框中四尾和首首与↓框前三首一、三尾都是素数的，就是一个差 10-6-6-6-2-6-4-2-10 型十生素数”——从表 28 中搜寻的该差型唯一一类个位数方式的十生素数列示 3 例如下：

31, 41, 47, 53, 59, 61, 67, 71, 73, 83;
241, 251, 257, 263, 269, 271, 277, 281, 283, 293;
115741, 115751, 115757, 115763, 115769, 115771, 115777, 115781, 115783, 115793.

### 10.3.5 搜寻区间 $k$ 生素数示例

**例 21** 应用表 28，搜寻 10000 至 20000 之间的差 2-6-4 型和差 4-6-2 型四生素数.

**解** (1)分别运用表 27 中第 27 号上句口诀与第 192 号下句口诀：

“在表 28 中，若任一框的 $\left\{\begin{array}{l}\text{框后两首一、三尾}\\ \text{框前两行与上尾}\end{array}\right\}$ 都是素数的，就是一个差 2-6-4 型四生素数”——从表 28 中搜寻的 10000 至 20000 之间该差型两类个位数方式的四生素数各有 5 个如下：

| | | | | | | | | | |
|---|---|---|---|---|---|---|---|---|---|
| 10091 | 16061 | 16691 | 19421 | 19751 | 13679 | 14549 | 16649 | 18119 | 19379 |
| 10093 | 16063 | 16693 | 19423 | 19753 | 13681 | 14551 | 16651 | 18121 | 19381 |
| 10099 | 16069 | 16699 | 19429 | 19759 | 13687 | 14557 | 16657 | 18127 | 19387 |
| 10103 | 16073 | 16703 | 19433 | 19763 | 13691 | 14561 | 16661 | 18131 | 19391 |

(2)分别运用表 27 中第 27 号下句口诀与第 192 号上句口诀：

"在表 28 中，若任一框的{框前两尾二、四首 / 框后两行与下首}都是素数的，就是一个差 4－6－2 型四生素数"——从表 28 中搜寻的 10000 至 20000 之间该差型两类个位数方式的四生素数分别为 8 个和 3 个如下：

| | | | | | | | | | | |
|---|---|---|---|---|---|---|---|---|---|---|
| 12097 | 12907 | 13327 | 15727 | 15877 | 16057 | 17977 | 19417 | 15259 | 17569 | 19069 |
| 12101 | 12911 | 13331 | 15731 | 15881 | 16061 | 17981 | 19421 | 15263 | 17573 | 19073 |
| 12107 | 12917 | 13337 | 15737 | 15887 | 16067 | 17987 | 19427 | 15269 | 17579 | 19079 |
| 12119 | 12919 | 13339 | 15739 | 15889 | 16069 | 17989 | 19429 | 15271 | 17581 | 19081 |

**例 22** 应用表 28，搜寻 3000 以内的差 4－6－8－10 型和 10－8－6－4 型五生素数.

**解** (1)分别运用表 27 中第 207 号的上两句口诀——

"在表 28 中，若任一框的{框中后两行与↓框中次首、尾 / 框中再首二、三尾与↓框中首首、尾}都是素数的，就是一个差 4－6－8－10型五生素数"——从表 28 中搜寻的 3000 以内该差型两类个位数方式的五生素数分别为 5 个和 6 个如下：

| | | | | | | | | | | |
|---|---|---|---|---|---|---|---|---|---|---|
| 19 | 79 | 439 | 1279 | 1609 | 13 | 43 | 163 | 223 | 673 | 2833 |
| 23 | 83 | 443 | 1283 | 1613 | 17 | 47 | 167 | 227 | 677 | 2837 |
| 29 | 89 | 449 | 1289 | 1619 | 23 | 53 | 173 | 233 | 683 | 2843 |
| 37 | 97 | 457 | 1297 | 1627 | 31 | 61 | 181 | 241 | 691 | 2851 |
| 47 | 107 | 467 | 1307 | 1637 | 41 | 71 | 191 | 251 | 701 | 2861 |

(2)分别运用表 27 中第 207 号的下两句口诀：

"在表 28 中，若任一框的{框中前两行与↑框中再首、尾 / 框中次尾二、三首与↑框中末首、尾}都是素数的，就是一个差 10－8－6－4 型五生素数"——从表 28 中搜寻的 3000 以内该差型两类个位数方式的五生素数分别为 4 个和 5 个如下：

| | | | | | | | | |
|---|---|---|---|---|---|---|---|---|
| 13 | 43 | 733 | 2833 | 19 | 79 | 139 | 439 | 1279 |
| 23 | 53 | 743 | 2843 | 29 | 89 | 149 | 449 | 1289 |
| 31 | 61 | 751 | 2851 | 37 | 97 | 157 | 457 | 1297 |
| 37 | 67 | 757 | 2857 | 43 | 103 | 163 | 463 | 1303 |
| 41 | 71 | 761 | 2861 | 47 | 107 | 167 | 467 | 1307 |

# 附录　初等数论配套知识

## 一、整除与带余除法

**定义 1**　设 $a,b\in\mathbf{Z},a\neq 0$，若有一整数 $q$，使得 $b=aq$，则称 $a$ 能整除 $b$，或 $b$ 能被 $a$ **整除**，记作 $a\mid b$。此时，$b$ 叫作 $a$ 的**倍数**，$a$ 叫作 $b$ 的**因数**，又称 $b$ 含有因数 $a$. 否则，称 $a$ 不能整除 $b$，或 $b$ 不能被 $a$ 整除，又称 $b$ 不含因数 $a$，记作 $a\nmid b$.

**定义 2**　(ⅰ)若 $a\mid b$ 且 $|a|=1$ 或 $|a|=|b|$，则称 $a$ 是 $b$ 的**显然因数**.

(ⅱ)若 $a\mid b$ 且 $1<|a|<|b|$，则称 $a$ 是 $b$ 的**真因数**(即**非显然因素**).

**定义 3**　若 $2\mid b$，则称 $b$ 为**偶数**，常用 $2k(k\in\mathbf{Z})$ 表示. 大于零的偶数(即正偶数)也叫**双数**.

若 $2\nmid b$，则称 $b$ 为**奇数**，常用 $2k+1$ 或 $2k-1(k\in\mathbf{Z})$ 表示. 大于零的奇数(即正奇数)也叫**单数**.

整除关系有如下基本性质.

**定理 1**　设 $a,c$ 均不为零.

(ⅰ) $a\mid b\Leftrightarrow -a\mid b\Leftrightarrow -a\mid -b\Leftrightarrow a\mid -b\Leftrightarrow |a|\,\big|\,|b|$.

(ⅱ)若 $a\mid c,c\mid d$，则 $a\mid d$(整除传递性).

(ⅲ) $a\mid b_1,\cdots,a\mid b_k$ 同时成立 $\Rightarrow$ 对任意的 $x_1,\cdots,x_k\in\mathbf{Z}$ 有 $a\mid(b_1x_1+\cdots+b_kx_k)\Rightarrow a\mid(b_1+\cdots+b_k)$. 特别地，$a\mid b,a\mid d\Rightarrow$ 对任意整数 $x,y$ 有 $a\mid(bx\pm dy)\Rightarrow a\mid(b\pm d)$ 以及 $a\mid bx$.

(ⅳ)若 $a\mid b,c\mid d$，则 $ac\mid bd$. 特别地，有 $a\mid b\Leftrightarrow ac\mid bc$.

(ⅴ)若 $a\mid b$ 且 $|b|<|a|\Rightarrow b=0$.

(ⅵ)若 $a\mid c,c\mid a$，则 $a=\pm c$. 特别地，对 $a,c\in\mathbf{N}^+$ 有 $a=c$.

(ⅶ)若 $a\mid b,b\neq 0$，则 $|a|\leqslant|b|$，以及 $\dfrac{b}{a}\,\Big|\,b$. 特别地，若 $a,b\in\mathbf{N}^+$，$a\mid b$，则 $a\leqslant b$.

**证**　(ⅰ)由定义 1 及 $a\mid b$ 知，存在整数 $q$，使得 $b=aq$. 故由以下各式两两等价推出：

$$b=aq,b=(-a)(-q),\ -b=(-a)q,\ -b=a(-q),\ |b|=|a||q|$$

(ⅱ)由 $a\mid c,c\mid d$ 知 $c=aq_1,d=cq_2$，于是 $d=a(q_1q_2)$，故 $a\mid d$.

(ⅲ)由 $a\mid b_i(i=1,2,\cdots,k)$ 知 $b_i=aq_i$，于是

$$b_1x_1+b_2x_2+\cdots+b_kx_k=a(q_1x_1+q_2x_2+\cdots+q_kx_k)$$

即

$$a\mid(b_1x_1+b_2x_2+\cdots+b_kx_k)\tag{1}$$

式(1)中：若取 $x_1=x_2=\cdots=x_k=1$，即得 $a\mid(b_1+b_2+\cdots+b_k)$；若取 $k=2,b_1=b,b_2=\pm d,x_1=x,x_2=y$，以及由(ⅰ)知 $a\mid d$ 可得 $a\mid -d$，就推出 $a\mid(bx\pm dy)$. 此式中，若取 $x=y=1$，于是有 $a\mid(b\pm d)$；若取 $d=0$ 或 $y=0$，则有 $a\mid bx$.

(ⅳ)由 $a\mid b,c\mid d$ 知 $b=aq_1,d=cq_2$，于是就推出 $bd=(ac)(q_1q_2)$. 因为 $q_1q_2$ 是整数，故有 $ac\mid bd$. 此式中，取 $d=c$，由于 $c\mid c$，就推出 $ac\mid bc$. 反之，若 $ac\mid bc$，则 $ac\neq 0$. 所以 $a\neq 0$，$c\neq 0$. 由 $bc=(ac)q=(aq)c\Leftrightarrow b=aq$，则 $a\mid b$.

（ⅴ）由（ⅰ）知 $a \mid b \Leftrightarrow |b|=|a||q|$. 由于 $|b|<|a|$，若 $|q|\geqslant 1$，则 $|b|<|a||q|$，与已知矛盾，故 $|q|<1$. 因为 $|q|$ 是整数，所以 $|q|=0$，从而知 $|b|=0$. 故有 $b=0$.

（ⅵ）由 $a \mid c, c \mid a$ 知 $c=aq_1, a=cq_2$，于是推出 $a=(aq_1)q_2=a(q_1q_2)$. 因为 $a\neq 0$，所以 $q_1q_2=1$. 又因 $q_1, q_2$ 是整数，所以 $q_1=q_2=1$ 或 $q_1=q_2=-1$，则 $a=c$ 或 $a=-c$. 故 $a=\pm c$. 当 $a, c\in \mathbf{N}^+$ 时，不存在 $a=-c$，故有 $a=c$.

（ⅶ）因为 $a\mid b$，所以 $b=aq$，即 $|b|=|a||q|$. 又因 $b\neq 0$，所以 $|b|>0$，则有 $|q|>0$. 因为 $q$ 是整数，所以 $|q|\geqslant 1$. 因此 $|a|\leqslant |b|$. 又因 $a\neq 0$，所以由 $b\neq 0, b=aq$ 知 $\frac{b}{a}=q$ 是非零整数，故 $\frac{b}{a}\Big| b$.

因为 $a, b\in \mathbf{N}^+, a\mid b$，所以 $b=aq$ 且整数 $q\geqslant 1$. 故得 $a\leqslant b$. □

**定理 2** （**带余除法定理**）设 $a, m$ 是给定的两个整数，且 $m\neq 0$，则存在唯一的一对整数 $q$ 和 $r$，使得

$$a=mq+r,\quad 0\leqslant r<|m| \tag{2}$$

此外，$m\mid a$ 的充要条件是 $r=0$.

**证**　（ⅰ）当 $m>0$ 时，作整数序列

$$\cdots, -3m, -2m, -m, 0, m, 2m, 3m, \cdots$$

（ⅱ）当 $m<0$ 时，作整数序列

$$\cdots, 3m, 2m, m, 0, -m, -2m, -3m, \cdots$$

若 $a$ 与上面对应序列中某一项相等，则 $a=mq$，即 $a=mq+r, r=0$.

若 $a$ 与上面对应序列中任一项均不相等，则必在此序列的某相邻两项之间，即有确定的整数 $q$，使 $mq<a<m(q\pm 1)=mq\pm m$. 得

$$0<a-mq<\pm m=|m|$$

令 $a-mq=r$，有式(2) 成立.

综上所述，对给定的整数 $a, m(m\neq 0)$，有确定的一对整数 $q$ 和 $r$，满足式(2).

对于给定的整数 $a, m(m\neq 0)$，如果还有另外一对整数 $q_1, r_1$ 满足

$$a=mq_1+r_1,\quad 0\leqslant r_1<|m| \tag{3}$$

式(2) − 式(3)，得

$$r-r_1=m(q_1-q),\quad 0\leqslant |r-r_1|<|m|$$

即 $m\mid r-r_1$，以及由定理 1（ⅴ）知 $r-r_1=0$，则 $r_1=r$，从而 $q_1=q$.

最后，当 $a=mq+r$ 时，$m\mid a$ 的充要条件是 $m\mid r$. 当满足 $0\leqslant r<|m|$ 时，由定理 1（ⅴ）就推出 $m\mid r$ 的充要条件是 $r=0$. □

式(2) 中的 $q$ 和 $r$ 分别称为 $a$ 被 $m$ 除的**不完全商**和**余数**. $r$ 也称为 $a$ 被 $m$ 除所得的**最小非负余数**.

带余除法定理是初等数论证明中最重要、最基本、最常用的工具，因而是数论的基础.

## 二、素数与合数

**定义 4**　如果大于 1 的整数 $p$ 只有 1 和 $p$ 本身两个正因数，则称 $p$ 为**素数**（又称**质数**）. 如果大于 1 的整数 $h$ 的正因数多于两个，则称 $h$ 为**合数**（又称**复合数**）. 如果素数 $p$ 是 $h$ 的一个因

数，则称 $p$ 是 $h$ 的一个**素因数(或素因子)**.

由定义 4 可知：

(ⅰ)若 $h$ 为合数，则 $h$ 可表示为 $h=a\cdot b$，其中 $1<a,b<h$.

(ⅱ)全体正整数按其正因数的多少可分成三类：

1)1：只一个正因数，即为本身 1；

2)素数：有且仅有两个正因数，即 1 和其本身；

3)合数：有两个以上的正因数.

因此，一个大于 1 的整数，要么是素数，要么是合数.

2 是最小的素数，也是唯一的偶素数. 3 是最小的奇素数. 因此，除过 2，所有的素数都是奇素数.

**定理 3**　设 $a>1$ 是整数，则 $a$ 的大于 1 的最小正因数 $p$ 一定是素数，且当 $a$ 为合数时，必有 $p\leqslant\sqrt{a}$.

**证**　(ⅰ)用反证法. 若 $p$ 不是素数，则 $p$ 除 1 与本身外还有一真因数 $q$，满足 $1<q<p$ 且 $q\mid a$，这与 $p$ 是 $a$ 的除 1 以外的最小正因数矛盾.

(ⅱ)由于 $a$ 是合数，于是有 $a=p\cdot t$，其中 $p$ 是 $a$ 的最小素因数，$t\in\mathbf{N}^+$，由于 $1<p\leqslant t<a$，从而 $p^2\leqslant a$，即 $p\leqslant\sqrt{a}$. □

**定理 4**　设 $a>1$ 是整数，若 $a$ 不能被所有 $\leqslant\sqrt{a}$ 的素数整除，那么 $a$ 一定是素数.

**证**　假定 $a$ 是合数，且 $p$ 是 $a$ 的除 1 以外的最小正因数. 由定理 3，知 $p$ 是素数. 因 $a$ 是合数，令 $a=pa_1$，这里 $1<p\leqslant a_1$，则 $a\geqslant p^2>1$，即 $1<p\leqslant\sqrt{a}$，且 $p\mid a$. 这与已知矛盾，因此 $a$ 一定是素数. □

根据定理 4，要判断一个不太大的正整数 $a(>1)$ 是不是素数，只需用所有 $\leqslant\sqrt{a}$ 的素数去除 $a$，若都不能整除，那么 $a$ 一定是素数；若 $\leqslant\sqrt{a}$ 的素数中至少有一个能整除 $a$，则 $a$ 是合数. 这种判定素性的方法称为**试除法**.

同时，定理 4 还给出了一种寻找不超过任何固定整数的所有素数的有效方法，即编制普通素数表的**埃拉托色尼**(Eratosthenes，公元前 3 世纪古希腊数学家)**筛法**，简称**埃氏筛法**.

**定理 5**　素数有无穷多个.

**证**　用反证法. 假设全体素数只有有限的 $k$ 个，那么就可以列举如下：

$$p_1,p_2,\cdots,p_k$$

令 $A=p_1p_2\cdots p_k+1$，显然 $A>1$. 由此及定理 3，知 $A$ 必有素因数. 但是任何一个素数 $p_i(1\leqslant i\leqslant k)$ 除 $A$ 均余 1，表明 $A$ 有不同于 $p_1,p_2,\cdots,p_k$ 的素因数，这与 $p_1,p_2,\cdots,p_k$ 是全体素数的假定相矛盾，所以素数有无穷多个. □

**定理 6**　对任给的正整数 $k$，至少必有 $k$ 个连续正整数都是合数.

**证**　构造 $k$ 个连续正整数：

$$(k+1)!+2,\quad (k+1)!+3,\quad \cdots,\quad (k+1)!+i,\quad \cdots,\quad (k+1)!+(k+1)$$

显然，对 $2\leqslant i\leqslant k+1$，有 $i\mid[(k+1)!+i]$，即这 $k$ 个连续正整数都是合数. □

## 三、最大公因数的性质及其有关结论

**定义 5**　设 $a_1,a_2,\cdots,a_n(n\geqslant 2)$ 是不全为零的整数. 如果 $d\mid a_i(i=1,2,\cdots,n)$，则称 $d$ 为

$a_1,a_2,\cdots,a_n$ 的**公因数**；$a_1,a_2,\cdots,a_n$ 的公因数中最大的，称为 $a_1,a_2,\cdots,a_n$ 的**最大公因数**，记作 $(a_1,a_2,\cdots,a_n)$.

**定义 6** 如果 $(a_1,a_2,\cdots,a_n)=1$，则称 $a_1,a_2,\cdots,a_n$ **互素**(亦称**互质**)；如果 $a_1,a_2,\cdots,a_n$ 中每两个数都互素，则称 $a_1,a_2,\cdots,a_n$ **两两互素**(**两两互质**).

显然，由 $a_1,a_2,\cdots,a_n$ 两两互素可以推出 $(a_1,a_2,\cdots,a_n)=1$；反之，则不然.

由定义 5 立即得到如下两个结论.

**定理 7** 若 $a_1,a_2,\cdots,a_n$ 是 $n$ 个不全为零的整数，则

$$(a_1,a_2,\cdots,a_n)=(|a_1|,|a_2|,\cdots,|a_n|).$$

**证** 设 $d$ 是 $a_1,a_2,\cdots,a_n$ 的任一公因数. 由定义 5，知 $d\mid a_i(i=1,2,\cdots,n)$，因而 $d\mid|a_i|$ $(i=1,2,\cdots,n)$. 因此，$d$ 是 $|a_1|,|a_2|,\cdots,|a_n|$ 的一个公因数. 同理可证，$|a_1|,|a_2|,\cdots,|a_n|$ 的任一公因数也是 $a_1,a_2,\cdots,a_n$ 的一个公因数. 所以 $a_1,a_2,\cdots,a_n$ 与 $|a_1|,|a_2|,\cdots,|a_n|$ 有相同的公因数，从而它们的最大公因数相同，即

$$(a_1,a_2,\cdots,a_n)=(|a_1|,|a_2|,\cdots,|a_n|)$$ □

**定理 8** 如果 $a\neq 0$，则 $(0,a)=|a|$.

**证** 因 $0=0\cdot|a|$，故 $(0,a)=(0,|a|)=|a|$. □

定理 8 表明，$(a_1,a_2,\cdots,a_n)\geqslant 1$.

由于有上面的两个结论，故以下只讨论正整数的公因数.

由定义 5 还可直接得到：

**推论 1** (ⅰ) 若 $a\neq 0$，则 $(a,a)=|a|$；

(ⅱ) $(a,b)=(b,a)$，$(a,1)=1$.

**定理 9** 若 $a=bq+r$，则 $(a,b)=(b,r)$.

**证** 设 $d$ 是 $a,b$ 的任一公因数. 因为 $a=bq+r$，$d\mid a$，$d\mid b$，所以由定理 1(ⅲ)，知 $d\mid r=a-bq$，即 $d$ 是 $b,r$ 的公因数. 同理，$b,r$ 的任一公因数也是 $a,b$ 的公因数，所以 $a,b$ 的公因数和 $b,r$ 的公因数相同，因此 $(a,b)=(b,r)$. □

求两个正整数的最大公因数的有效方法是**欧几里得算法**，也称**辗转相除法**.

**定理 10** 用欧几里得算法求任意两个正整数 $a$ 和 $b$ 的最大公因数，就是以 $b$ 除 $a$ 的算式 $a=bq_1+r_1$ 作为首次带余除式，然后以每次的除数除以余数，即得下一次的带余除式，直至余数为 0，那么最后一个使余数为零的除数，便是 $a$ 和 $b$ 的最大公因数.

**证** 我们把欧几里得算法的计算过程用带余除式逐次表示出来，有

$$\begin{aligned}
a&=bq_1+r_1 \quad (0<r_1<b)\\
b&=r_1q_2+r_2 \quad (0<r_2<r_1)\\
r_1&=r_2q_3+r_3 \quad (0<r_3<r_2)\\
&\cdots\cdots\\
r_{n-2}&=r_{n-1}q_n+r_n \quad (0<r_n<r_{n-1})\\
r_{n-1}&=r_nq_{n+1}
\end{aligned}$$

由上述诸式，按定理 9，可得

$$(a,b)=(b,r_1)=(r_1,r_2)=\cdots=(r_{n-1},r_n)=(r_n,0)=r_n$$ □

由定理 10 则有

**推论 2** 公因数一定是最大公因数的因数.

**证**　设 $d$ 是 $a,b$ 的任一公因数. 根据欧几里得算法的计算过程和结果知 $r_n=(a,b)$，则由 $d\mid a,d\mid b$，得 $d\mid r_1$. 又由 $d\mid b,d\mid r_1$，得 $d\mid r_2$. 以此类推，最后必得 $d\mid r_n$. □

**定理 11**　$(a_1,a_2,\cdots,a_n)=d$ 的充要条件是 $\left(\frac{a_1}{d},\frac{a_2}{d},\cdots,\frac{a_n}{d}\right)=1$.

**证**　（必要性）已知 $(a_1,a_2,\cdots,a_n)=d$，用反证法.

假设

$$\left(\frac{a_1}{d},\frac{a_2}{d},\cdots,\frac{a_n}{d}\right)=d_1>1$$

则 $\frac{a_1}{dd_1},\frac{a_2}{dd_1},\cdots,\frac{a_n}{dd_1}$ 都是整数，故 $a_1,a_2,\cdots,a_n$ 有公因数 $dd_1\leqslant d$，即 $d_1\leqslant 1$. 这与假设矛盾，故

$$\left(\frac{a_1}{d},\frac{a_2}{a},\cdots,\frac{a_n}{d}\right)=1$$

（充分性）已知 $\left(\frac{a_1}{d},\frac{a_2}{d},\cdots,\frac{a_n}{d}\right)=1$，仍用反证法.

易知，$d$ 是 $a_1,a_2,\cdots,a_n$ 的公因数. 假设 $(a_1,a_2,\cdots,a_n)=d_2>d$，则有 $d_2=dd_3$，这里 $d_3$ 是大于1的整数，即 $\frac{a_1}{d},\frac{a_2}{d},\cdots,\frac{a_n}{d}$ 还有公因数 $d_3>1$. 这与已知矛盾，故得 $(a_1,a_2,\cdots,a_n)=d_2=d$.

□

**推论 3**　设 $k$ 是正整数，$f$ 是 $a_1,a_2,\cdots,a_n$ 的一个公因数，且 $(a_1,a_2,\cdots,a_n)=d$，则

（ⅰ）$(ka_1,ka_2,\cdots,ka_n)=kd$；

（ⅱ）$\left(\frac{a_1}{f},\frac{a_2}{f},\cdots,\frac{a_n}{f}\right)=\frac{d}{|f|}$.

推论 3 表明，在求最大公因数时，可以通过把任何正的公因数提出来的方法逐步求出.

**定理 12**　对任意整数 $k$，有 $(a,b)=(a,b+ka)$.

**证**　设 $d_1=(a,b),d_2=(a,b+ka)$，则由 $d_1\mid a,d_1\mid b$，可得 $d_1\mid(b+ka)$. 又 $d_1\mid a$，故 $d_1\mid(a,b+ka)$，于是 $d_1\leqslant d_2$. 同理，可证 $d_2\leqslant d_1$. 因此 $d_1=d_2$. □

下述结论给出了多个正整数最大公因数的求法.

**定理 13**　$(a_1,a_2,a_3,\cdots,a_n)=((a_1,a_2),a_3,\cdots,a_n)=((a_1,\cdots,a_r),(a_{r+1},\cdots,a_n))$.

**证**　如果 $d\mid a_i(1\leqslant i\leqslant n)$，那么 $d\mid(a_1,a_2),d\mid a_i(3\leqslant i\leqslant n)$. 反之，若 $d\mid(a_1,a_2)$，$d\mid a_i(3\leqslant i\leqslant n)$，则由定义 5，知 $d\mid a_i(1\leqslant i\leqslant n)$. 这说明 $a_1,a_2,a_3,\cdots,a_n$ 与 $(a_1,a_2),a_3,\cdots,a_n$ 有相同的公因数，故

$$(a_1,a_2,a_3,\cdots,a_n)=((a_1,a_2),a_3,\cdots,a_n).$$

类似可证 $(a_1,a_2,a_3,\cdots,a_n)=((a_1,\cdots,a_r),(a_{r+1},\cdots,a_n))$. □

**推论 4**　设 $a_1,a_2,\cdots,a_n$ 是任意 $n(n\geqslant 2)$ 个正整数，且 $(a_1,a_2)=d_2,(d_2,a_3)=d_3,\cdots,(d_{n-1},a_n)=d_n$，则 $(a_1,a_2,\cdots,a_n)=d_n$.

推论 4 表明，多个数的最大公因数，可以通过求两个数的最大公因数逐步求出.

**定理 14**　设 $a,b,c$ 是 3 个整数，且 $(a,c)=1$，则下述结论成立：

（ⅰ）$(ab,c)=(b,c)$；

（ⅱ）若 $b\mid a$，则 $(b,c)=1,\left(\frac{a}{b},c\right)=1$；

（ⅲ）若 $c\mid ab$，则 $c\mid b$.

**证** (ⅰ)因为$(ab,c)\mid ab,(ab,c)\mid bc$,所以

$$(ab,c)\mid(ab,bc)=b(a,c)$$

又因$(a,c)=1$,所以

$$(ab,bc)=b$$

即知$(ab,c)\mid b$.再因$(ab,c)\mid c$,则$(ab,c)\mid(b,c)$,即

$$(ab,c)\leqslant(b,c)$$

因为$(b,c)\mid ab,(b,c)\mid c$,所以$(b,c)\mid(ab,c)$.即

$$(b,c)\leqslant(ab,c)$$

因此,$(ab,c)=(b,c)$.

(ⅱ)假设$(b,c)=d>1$,则有$d\mid b,d\mid c$.由$d\mid b$和$b\mid a$推出$d\mid a$.由$d\mid a,d\mid c$知$d$是$a$和$c$的公因数,但是$d>1$,与$(a,c)=1$矛盾.故$(b,c)=1$.

因为$b\mid a$,所以$\frac{a}{b}$是整数,且有$\frac{a}{b}\Big|a$,假设$\left(\frac{a}{b},c\right)=e>1$,则有$e\Big|\frac{a}{b},e\mid c$.由$e\Big|\frac{a}{b}$和$\frac{a}{b}\Big|a$推出$e\mid a$.由$e\mid a,e\mid c$知$e$是$a$和$c$的公因数,但是$e>1$,与$(a,c)=1$矛盾.故$\left(\frac{a}{b},c\right)=1$.

(ⅲ)由(ⅰ)得$|c|=(ab,c)=(b,c)$.故$|c|\Big|b$,因而$c\mid b$. □

**推论5** 设$a,b,c$是3个整数,若

$$(a,b)=(b,c)=1$$

则$(ac,b)=1$.一般地,当$n,m$为任意正整数时,有下面的结论成立:

(ⅰ)若$(a,b)=1$,则$(a,b^m)=1,(a^n,b^m)=1$;

(ⅱ)若$a$与整数$b_1,b_2,\cdots,b_m$中的任一数$b_j$,都有$(a,b_j)=1$,则$(a,b_1b_2\cdots b_m)=1$;

(ⅲ)若在整数$a_1,a_2,\cdots,a_n$与$b_1,b_2,\cdots,b_m$中各取一数$a_i$与$b_j$,都有$(a_i,b_j)=1$,则$\left(\prod_{i=1}^{n}a_i,\prod_{j=1}^{m}b_j\right)=1$.

**证** 因为

$$(a,b)=(b,c)=1$$

即$a$和$c$均与$b$无一公因数.由于整数相乘,各自所含有的素因数在其积中保持恒定而不改变,既不失去也不新增.所以,$ac$与$b$也无一公因数.故有$(ac,b)=1$.

(ⅰ)因为$(a,b)=1$,即$a$与$b$无一公因数,所以$a$与$b^m$无一公因数,$a^n$与$b^m$也无一公因数,因此$(a,b^n)=1,(a^n,b^m)=1$.

(ⅱ)不妨假定$a$与$b_j$都是正整数.因为$(a,b_j)=1(j=1,2,\cdots,m)$,所以由定理14(ⅰ),知

$$\left(a,\prod_{j=1}^{m}b_j\right)=(a,b_2b_3\cdots b_m)=\cdots=(a,b_m)=1$$

(ⅲ)不妨假定$a_i$与$b_j$都是正整数.因为$(a_i,b_j)=1$,所以由定理14(ⅰ)知

$$\left(\prod_{i=1}^{n}a_i,b_j\right)=(a_2a_3\cdots a_n,b_j)=\cdots=(a_n,b_j)=1\quad(j=1,2,\cdots,m)$$

再用定理14(ⅰ),即得

$$\left(\prod_{i=1}^{n}a_i,\prod_{j=1}^{m}b_j\right)=\left(\prod_{i=1}^{n}a_i,\ b_2b_3\cdots b_m\right)=\cdots=\left(\prod_{i=1}^{n}a_i,b_m\right)=1$$ □

**定理 15** 若 $p$ 是一素数,$a$ 是任一整数,则 $p \mid a$ 或 $(p,a)=1$.

**证** 因 $(p,a)>0$,且 $(p,a) \mid p$,故由素数的定义,知 $(p,a)=1$ 或 $(p,a)=p$,即 $(p,a)=1$ 或 $p \mid a$. □

**推论 6** 设 $a_1,a_2,\cdots,a_n$ 是 $n$ 个整数,$p$ 是素数.若 $p \mid a_1 a_2 \cdots a_n$,则 $p$ 一定能整除某一 $a_i(i=1,2,\cdots,n)$.

**证** 假设 $a_1,a_2,\cdots,a_n$ 均不能被 $p$ 整除,则由定理 15,知

$$(p,a_i)=1 \quad (i=1,2,\cdots,n)$$

即 $(p,a_1 a_2 \cdots a_n)=1$.这与题设 $p \mid a_1 a_2 \cdots a_n$ 矛盾,故推论成立. □

## 四、最小公倍数

**定义 7** 设 $a_1,a_2,\cdots,a_n(n\geqslant 2)$ 是 $n$ 个非零整数.如果 $a_i \mid m(i=1,2,\cdots,n)$,则称 $m$ 为 $a_1,a_2,\cdots,a_n$ 的**公倍数**.$a_1,a_2,\cdots,a_n$ 的公倍数中最小的正整数,称为 $a_1,a_2,\cdots,a_n$ 的**最小公倍数**,记作 $[a_1,a_2,\cdots,a_n]$.

由定义 7 容易得到如下推论.

**推论 7** (ⅰ) $[a,1]=|a|$,$[a,a]=|a|$;

(ⅱ) $[a,b]=[b,a]$;

(ⅲ) 若 $a \mid b$,则 $[a,b]=|b|$.

**证** (ⅰ)和(ⅱ)由最小公倍数定义直接得出.

(ⅲ) 显然 $a \,\Big|\, |b|$,$b \,\Big|\, |b|$,又若 $a \mid m'$,$b \mid m'$,$m'>0$,则 $|b| \leqslant m'$,故有 $[a,b]=|b|$. □

**定理 16** 如果 $a_1,a_2,\cdots,a_n(n\geqslant 2)$ 是 $n$ 个非零整数,则

$$[a_1,a_2,\cdots,a_n]=[|a_1|,|a_2|,\cdots,|a_n|]$$

**证** 设 $m$ 是 $a_1,a_2,\cdots,a_n$ 的任一公倍数.由定义 7,知 $a_i \mid m(i=1,2,\cdots,n)$.因而 $|a_i| \,\Big|\, m(i=1,2,\cdots,n)$.故 $m$ 是 $|a_1|,|a_2|,\cdots,|a_n|$ 的一个公倍数.同理可证,$|a_1|,|a_2|,\cdots,|a_n|$ 的任一公倍数也是 $a_1,a_2,\cdots,a_n$ 的一个公倍数.故 $a_1,a_2,\cdots,a_n$ 与 $|a_1|,|a_2|,\cdots,|a_n|$ 有相同的公倍数,因而它们的最小公倍数相同.即

$$[a_1,a_2,\cdots,a_n]=[|a_1|,|a_2|,\cdots,|a_n|]$$ □

定理 16 表明,要讨论最小公倍数不妨仅就正整数去讨论.

**定理 17** 公倍数一定是最小公倍数的倍数.

**证** 设 $m=[a_1,a_2,\cdots,a_n]$,且 $m_1$ 是 $a_1,a_2,\cdots,a_n$ 的任一公倍数.由带余除法,知

$$m_1=mq+r \quad (0\leqslant r<m)$$

因为 $a_i \mid m_1$,$a_i \mid m$,所以 $a_i \mid r(i=1,2,\cdots,n)$,即 $r$ 是 $a_1,a_2,\cdots,a_n$ 的公倍数,而 $0\leqslant r\leqslant m$,故 $r=0$,即 $m \mid m_1$.结论成立. □

**定理 18** $[a_1,a_2,\cdots,a_n]=m$ 的充要条件是

$$\left(\frac{m}{a_1},\frac{m}{a_2},\cdots,\frac{m}{a_n}\right)=1$$

**证** (**必要性**)已知 $[a_1,a_2,\cdots,a_n]=m$,用反证法.

假设

$$\left(\frac{m}{a_1},\frac{m}{a_2},\cdots,\frac{m}{a_n}\right)=d>1$$

那么$d\left|\frac{m}{a_i}\right.(i=1,2,\cdots,n)$，即$a_i\left|\frac{m}{d}\right.(i=1,2,\cdots,n)$，这说明$\frac{m}{d}$也是$a_1,a_2,\cdots,a_n$的公倍数. 由此可得$0<\frac{m}{d}<m$，与$[a_1,a_2,\cdots,a_n]=m$相矛盾，故得

$$\left(\frac{m}{a_1},\frac{m}{a_2},\cdots,\frac{m}{a_n}\right)=1$$

（**充分性**）已知$\left(\frac{m}{a_1},\frac{m}{a_2},\cdots,\frac{m}{a_n}\right)=1$，仍用反证法.

易知，$m$为$a_1,a_2,\cdots,a_n$的公倍数. 假设$[a_1,a_2,\cdots,a_n]=m_1<m$，则根据定理17，知$m_1\mid m$. 令$m=m_1q(q>1)$，于是

$$\left(\frac{m}{a_1},\frac{m}{a_2},\cdots,\frac{m}{a_n}\right)=\left(\frac{m_1q}{a_1},\frac{m_1q}{a_2},\cdots,\frac{m_1q}{a_n}\right)=q>1$$

与已知矛盾，故得$[a_1,a_2,\cdots,a_n]=m$. □

**推论8**　设$k$是正整数，$f$是$a_1,a_2,\cdots,a_n$的一个公因数，且$[a_1,a_2,\cdots,a_n]=m$，则：

（ⅰ）$[ka_1,ka_2,\cdots,ka_n]=km$；

（ⅱ）$\left[\frac{a_1}{f},\frac{a_2}{f},\cdots,\frac{a_n}{f}\right]=\frac{m}{|f|}$.

该推论表明，在求最小公倍数时，可把任何正的公因数提出来.

下述结论给出了两个正整数最小公倍数的实际求法. 即可以通过求出最大公因数来求得最小公倍数.

**定理19**　设$a,b$是任意两个正整数，则

$$[a,b]=\frac{ab}{(a,b)}$$

特别地，若$(a,b)=1$，则$[a,b]=ab$.

**证**　设$(a,b)=d$，$[a,b]=m$. 因为$a\mid m$，$b\mid m$，所以$ab\mid ma$，$ab\mid mb$. 故由推论2知，$ab\mid(ma,mb)$，即$ab\mid m(a,b)$. 所以$ab\mid md$.

又因为$a\left|\frac{ab}{d}\right.$，$b\left|\frac{ab}{d}\right.$，即$\frac{ab}{d}$是$a,b$的公倍数，根据定理17，$m\left|\frac{ab}{d}\right.$. 所以$md\mid ab$.

综上所述，得$md=ab$. 即$[a,b](a,b)=ab$，亦即$[a,b]=\frac{ab}{(a,b)}$. 当$(a,b)=1$时，得到

$$[a,b]=ab$$ □

**定理20**　$[a_1,a_2,a_3,\cdots,a_n]=[[a_1a_2],a_3,\cdots,a_n]=[[a_1,\cdots,a_r],[a_{r+1},\cdots,a_n]]$

**证**　如果$a_i\mid m(1\leqslant i\leqslant n)$，那么$[a_1,a_2]\mid m$，$a_i\mid m(3\leqslant i\leqslant n)$；反之，如果$[a_1,a_2]\mid m$，$a_i\mid m(3\leqslant i\leqslant n)$，则由定义7，知$a_i\mid m(1\leqslant i\leqslant n)$. 这说明$a_1,a_2,a_3,\cdots,a_n$与$[a_1,a_2],a_3,\cdots,a_n$有相同的公倍数，因此

$$[a_1,a_2,a_3,\cdots,a_n]=[[a_1,a_2],a_3,\cdots,a_n]$$

类似可证

$$[a_1,a_2,a_3,\cdots,a_n]=[[a_1,\cdots,a_r],[a_{r+1},\cdots,a_n]]$$ □

**推论9**　设$a_1,a_2,\cdots,a_n$是任意$n(n\geqslant 2)$个正整数，且

$$[a_1,a_2]=m_2,\quad [m_2,a_3]=m_3,\quad \cdots,\quad [m_{n-1},a_n]=m_n$$

则

$$[a_1,a_2,\cdots,a_n]=m_n$$

该推论表明,多个数的最小公倍数,可以通过求两个数的最小公倍数逐步求出.

**定理 21** 若正整数 $a_1,a_2,\cdots,a_n(n\geqslant 2)$ 两两互素,则

$$[a_1,a_2,\cdots,a_n]=a_1a_2\cdots a_n$$

**证** 用数学归纳法.由 $(a_1,a_2)=1$ 及定理 19 知 $[a_1,a_2]=a_1a_2$.

假设 $[a_1,a_2,\cdots,a_{n-1}]=a_1a_2\cdots a_{n-1}$,那么由 $(a_1a_2\cdots a_{n-1},a_n)=1$ 及定理 19,再结合定理 20,知

$$[a_1,a_2,\cdots,a_{n-1},a_n]=[[a_1,a_2,\cdots,a_{n-1}],a_n]=[a_1a_2\cdots a_{n-1},a_n]=a_1a_2\cdots a_{n-1}a_n$$

即

$$[a_1,a_2,\cdots,a_n]=a_1a_2\cdots a_n$$ □

**推论 10** 设 $a,b,c$ 是三个整数,且 $(a,b)=1$,

(ⅰ)若 $a\mid bc$,则 $a\mid c$.一般地,若 $a\mid c_1c_2\cdots c_n(n\geqslant 2)$,而 $(a,c_j)=1(j=1,2,\cdots,n-1)$,则 $a\mid c_n$;

(ⅱ)若 $a\mid c,b\mid c$,则 $ab\mid c$.一般地,若正整数 $b_1,b_2,\cdots,b_n(n\geqslant 2)$ 两两互素,且 $b_i\mid c(i=1,2,\cdots,n)$,则 $b_1b_2\cdots b_n\mid c$.

**证** (ⅰ)因为 $a\mid bc,b\mid bc$,所以 $bc$ 是 $a,b$ 的公倍数,又因 $(a,b)=1$,所以由定理 19,知 $[a,b]=ab$,则有 $ab\mid bc$.因为 $b\neq 0$,所以 $a\mid c$.

因为 $(a,c_j)=1(j=1,2,\cdots,n-1)$,所以由上述结论和 $a\mid c_1c_2\cdots c_n$ 有

$$a\mid c_2c_3\cdots c_n\Rightarrow\cdots\Rightarrow a\mid c_{n-1}c_n\Rightarrow a\mid c_n$$

(ⅱ)先证一般情形.因为 $b_1,b_2,\cdots,b_n$ 两两互素,由定理 21 知 $[b_1,b_2,\cdots,b_n]=b_1b_2\cdots b_n$.又因 $b_i\mid c(i=1,2,\cdots,n)$,所以 $c$ 是 $b_1,b_2,\cdots,b_n$ 的公倍数,故由定理 17,知 $[b_1,b_2,\cdots,b_n]\mid c$,即 $b_1b_2\cdots b_n\mid c$.

若取 $n=2,a=b_1,b=b_2$,则有 $ab\mid c$. □

**推论 11** 若 $p_1,p_2,\cdots,p_n$ 是不同的素数,且 $p_i\mid m(i=1,2,\cdots,n)$,则

$$\prod_{i=1}^{n}p_i\mid m$$

**证** 因为不同的素数 $p_1,p_2,\cdots,p_n$ 两两互素,所以由定理 21,知 $[p_1,p_2,\cdots,p_n]=\prod_{i=1}^{n}p_i$.又 $p_i\mid m(i=1,2,\cdots,n)$,故由定理 17,知 $[p_1,p_2,\cdots,p_n]\mid m$,即 $\prod_{i=1}^{n}p_i\mid m$. □

## 五、算术基本定理

算术基本定理又称唯一分解定理,它在整除性理论占据中心地位,是初等数论应用最广泛、最重要和最基本的定理.

**定理 22(算术基本定理)** 在不计因数次序的意义下,任一大于 1 的正整数 $A$ 都可以唯一分解成素因数的连乘积.

**证** 先证**存在性**.用第二数学归纳法.

当 $A=2$ 时,2 是素数,结论自然成立.

假设对某个 $l>2$，当 $2\leqslant A<l$ 时，结论对所有这样的 $A$ 都成立.

当 $A=l$，若 $l$ 是素数，则结论成立；若 $l$ 是合数，则必有 $l=l_1l_2(2\leqslant l_1,l_2<l)$. 由归纳假设，$l_1,l_2$ 均可表示为素数的连乘积，即

$$l_1=p'_1p'_2\cdots p'_s,\quad l_2=p'_{s+1}\cdots p'_n$$

这里，$p'_i(i=1,2,\cdots,n)$ 为素数. 这样就把 $A$ 表示为素数的连乘积，即

$$A=l=(p'_1p'_2\cdots p'_s)(p'_{s+1}\cdots p'_n)$$

适当调整顺序后，有

$$A=p_1p_2\cdots p_n(p_1\leqslant p_2\leqslant\cdots\leqslant p_n)$$

这里，$p_i(i=1,\cdots,n)$ 为素数. 由第二数学归纳法知，结论对所有 $A>1$ 的正整数都成立.

再证唯一性.

假设 $A$ 有两种素因数分解式：

$$A=p_1p_2\cdots p_n=q_1q_2\cdots q_m$$

这里，$p_1,p_2,\cdots,p_n,q_1,q_2,\cdots,q_m$ 均为素数，$p_1\leqslant p_2\leqslant\cdots\leqslant p_n,q_1\leqslant q_2\leqslant\cdots\leqslant q_m$，则有 $q_1\mid p_1p_2\cdots p_n$. 于是存在 $p_i(i=1,\cdots,n)$，使得 $q_1\mid p_i$. 由于 $q_1$ 与 $p_i$ 均为素数，所以 $q_1=p_i\leqslant p_1$. 同理，有 $p_1\leqslant q_1$，故 $p_1=q_1$. 此时，有

$$p_2\cdots p_n=q_2\cdots q_m$$

依上述方法，可得

$$p_2=q_2,\quad p_3=q_3,\quad\cdots,\quad 且\ n=m,p_n=q_m$$ □

根据算术基本定理，若把相同的素因数合并，则任一大于 1 的整数 $A$，只能分解成一种形式：

$$A=p_1^{\alpha_1}p_2^{\alpha_2}\cdots p_k^{\alpha_k}\tag{4}$$

这里，$p_1,p_2,\cdots,p_k$ 是素数，且 $p_1<p_2<\cdots<p_k,\alpha_1,\alpha_2,\cdots,\alpha_k$ 为正整数. 但有时为了研究问题的方便，可使不出现的素因数的指数为零.

**定义 8** 把一个合数写成素因数连乘积的形式，称为**分解素因数**，式(4) 称为 $A$ 的**标准分解式**.

## 六、同余的基本性质

**定义 9** 给定一个正整数 $m$，称为模. 如果用 $m$ 去除任意两个整数 $a$ 与 $b$ 所得的最小非负余数相同，则称 $a,b$ 对模 $m$ **同余**. 记作 $a\equiv b(\mathrm{mod}m)$；否则称 $a,b$ 对模 $m$ **不同余**，记作 $a\not\equiv b(\mathrm{mod}m)$. 正整数 $m$ 叫做**模**.

**定理 23** $a\equiv b(\mathrm{mod}m)$ 的充要条件是 $m\mid(a-b)$ 或 $a=b+mk$.

**证** （**必要性**）设 $a\equiv b(\mathrm{mod}m)$，即 $a=mq_1+r,b=mq_2+r(0\leqslant r<m,q_1,q_2$ 为整数)，则 $a-b=m(q_1-q_2)$，故 $m\mid(a-b)$.

（**充分性**）当 $m\mid(a-b)$ 时，设 $a-b=mk$($k$ 为整数). 若 $b=mq+r$，则 $a=b+mk=m(q+k)+r$，因此 $a\equiv b(\mathrm{mod}m)$. □

定理 23 表明，定义 9 与下面的定义 10 等价.

**定义 10** 设 $a,b$ 为整数，$m$ 为正整数. 若 $m\mid(a-b)$，则称 $a,b$ 对模 $m$ 同余，若 $m\nmid(a-b)$，则称 $a,b$ 对模 $m$ 不同余.

由定理 23 可推出：

**定理 24** 整数的同余关系是等价关系，即其满足：

(ⅰ) **反身性**：$a \equiv a(\mathrm{mod}\, m)$；

(ⅱ) **对称性**：若 $a \equiv b(\mathrm{mod}\, m)$，则 $b \equiv a(\mathrm{mod}\, m)$；

(ⅲ) **传递性**：若 $a \equiv b(\mathrm{mod}\, m)$，$b \equiv c(\mathrm{mod}\, m)$，则 $a \equiv c(\mathrm{mod}\, m)$.

**推论 12** $m \mid a$ 的充要条件是 $a \equiv 0(\mathrm{mod}\, m)$.

同余式与等式的代数运算有许多相似之处. 除了定理 24 外，我们还有：

**定理 25** 若 $a \equiv b(\mathrm{mod}\, m)$，$c \equiv d(\mathrm{mod}\, m)$，则

(ⅰ) $a \pm c \equiv b \pm d(\mathrm{mod}\, m)$（**同余可加性**）；

(ⅱ) $ac \equiv bd(\mathrm{mod}\, m)$（**同余可乘性**）；

**证** 由假设，知 $m \mid (a-b)$，$m \mid (c-d)$，所以：

(ⅰ) $m \mid [(a-b) \pm (c-d)]$，即 $m \mid [(a \pm c)-(b \pm d)]$，故

$$a \pm c \equiv b \pm d(\mathrm{mod}\, m)$$

(ⅱ) $m \mid [(a-b)c + b(c-d)]$，即 $m \mid (ac-bd)$，故

$$ac \equiv bd(\mathrm{mod}\, m)$$ □

**推论 13** 设 $k$ 为整数. 若 $a \equiv b(\mathrm{mod}\, m)$，则

(ⅰ) $a \pm k \equiv b \pm k(\mathrm{mod}\, m)$；

(ⅱ) $ak \equiv bk(\mathrm{mod}\, m)$.

**证** 因为 $a \equiv b(\mathrm{mod}\, m)$，$k \equiv k(\mathrm{mod}\, m)$；所以由定理 25，得

$$a \pm k \equiv b \pm k(\mathrm{mod}\, m)$$

$$ak \equiv bk(\mathrm{mod}\, m)$$ □

**推论 14** 若 $a+b \equiv c(\mathrm{mod}\, m)$，则 $a \equiv c-b(\mathrm{mod}\, m)$.

**证** 因为 $a+b \equiv c(\mathrm{mod}\, m)$，$-b \equiv -b(\mathrm{mod}\, m)$，所以由定理 25，得

$$a \equiv c-b(\mathrm{mod}\, m)$$ □

**推论 15** 若 $a \equiv b(\mathrm{mod}\, m)$，$n$ 为正整数，则 $a^n \equiv b^n(\mathrm{mod}\, m)$.

**定理 26** 若 $ac \equiv bd(\mathrm{mod}\, m)$，$c \equiv d(\mathrm{mod}\, m)$，且 $(c,m)=1$，则 $a \equiv b(\mathrm{mod}\, m)$.

**证** 利用等式

$$(a-b)c + b(c-d) = ac - bd$$

由假设，知 $m \mid (ac-bd)$，$m \mid (c-d)$，故 $m \mid (a-b)c$. 又由 $(c,m)=1$，得

$$m \mid (a-b), \quad 即\ a \equiv b(\mathrm{mod}\, m)$$ □

**定理 27** 若 $ac \equiv bc(\mathrm{mod}\, m)$，且 $(c,m)=d$，则

$$a \equiv b(\mathrm{mod}\, \frac{m}{d})$$

**证** 由 $ac \equiv bc(\mathrm{mod}\, m)$，得 $m \mid c(a-b)$. 因为 $(c,m)=d$，所以

$$\frac{m}{d} \left| \frac{c}{d}(a-b) \right.$$

但 $\left(\frac{m}{d}, \frac{c}{d}\right)=1$，因而 $\frac{m}{d} \left| (a-b) \right.$，即

$$a \equiv b\left(\mathrm{mod}\, \frac{m}{d}\right)$$ □

由定理 27 可得到如下推论.

**推论 16**　若 $ac \equiv bc(\bmod m)$，且 $(c,m)=1$，则 $a \equiv b(\bmod m)$.

推论 16 表明，若同余式两边有公因数与模互素，则可将其约去.

**定理 28**　设 $a \equiv b(\bmod m)$，则 $(a,m)=(b,m)$. 且有

（ⅰ）若 $k$ 为正整数，则 $ak \equiv bk(\bmod mk)$；

（ⅱ）若 $d$ 是 $a,b,m$ 的任一正公因数，则

$$\frac{a}{d} \equiv \frac{b}{d}\left(\bmod \frac{m}{d}\right)$$

（ⅲ）若 $d \mid m, d>0$，则 $a \equiv b(\bmod d)$.

**证**　因为 $a \equiv b(\bmod m)$，所以存在整数 $q$，使得 $a=b+mq$，故 $(a,m)=(b+mq,m)=(b,m)$. 又由 $a \equiv b(\bmod m)$，知

（ⅰ）$m \mid (a-b)$，即 $mk \mid (ak-bk)$，故 $ak \equiv bk(\bmod mk)$.

（ⅱ）$a=b+mq$. 因为 $d \mid a, d \mid b, d \mid m$，所以

$$\frac{a}{d}=\frac{b}{d}+\frac{m}{d}q$$

即

$$\frac{a}{d} \equiv \frac{b}{d}\left(\bmod \frac{m}{d}\right)$$

（ⅲ）$m \mid (a-b)$. 又 $d \mid m$，故 $d \mid (a-b)$，即

$$a \equiv b(\bmod d)$$ □

**定理 29**　若 $a \equiv b(\bmod m_i)(i=1,2,\cdots,n)$，则

$$a \equiv b(\bmod [m_1,m_2,\cdots,m_n])$$

**证**　由已知，得 $m_i \mid (a-b)(i=1,2,\cdots,n)$，故 $[m_1,m_2,\cdots,m_n] \mid (a-b)$，即

$$a \equiv b(\bmod [m_1,m_2,\cdots,m_n])$$ □

由定理 29 可得

**推论 17**　若 $a \equiv b(\bmod m_i)(i=1,2,\cdots,n)$，且 $m_1,m_2,\cdots,m_n$ 两两互素，则

$$a \equiv b\left(\bmod \prod_{i=1}^{n} m_i\right)$$

**定理 30**　若 $a_i \equiv b_i(\bmod m)(i=0,1,\cdots,n)$，$x \equiv y(\bmod m)$，则

$$\sum_{i=0}^{n} a_i x^i \equiv \sum_{i=0}^{n} b_i y^i(\bmod m)$$

**证**　因为 $x \equiv y(\bmod m)$，所以 $x^i \equiv y^i(\bmod m)$. 又由 $a_i \equiv b_i(\bmod m)$，得 $a_i x^i \equiv b_i y^i(\bmod m)$. 再由同余可加性，得

$$\sum_{i=0}^{n} a_i x^i \equiv \sum_{i=0}^{n} b_i y^i(\bmod m)$$ □

## 七、整除性的两个判别法则

**法则 1**　设 $a$ 是一个正整数.

（ⅰ）若 $a$ 的个位数是 0，2，4，6，8，则 $2 \mid a$；

（ⅱ）若 $a$ 的个位数是 0 或 5，则 $5 \mid a$.

**证**　因为任意一个正整数 $a$ 都能够写成

$$a=10n+b \tag{5}$$

的形式，其中 $n$ 是非负整数而 $0 \leqslant b < 10$. 由于 $2 \mid 10n, 5 \mid 10n$，所以由式(5) 和定理1(ⅲ) 知：

(ⅰ) 当 $2 \mid b$ 即 $b$ 取 0,2,4,6,8 时，有 $2 \mid a$；

(ⅱ) 当 $5 \mid b$ 即 $b$ 取 0 或 5 时，有 $5 \mid a$. □

法则 1 表明，要判断一个整数能否被 2 整除，只需看该数的个位数是否为偶数；要判断一个整数能否被 5 整除，只需看该数的个位数是否为 0 或 5 即可.

**法则 2** 如果一个正整数 $A$ 的十进数码的和能被 3(或 9) 整除，则 $A$ 能被 3(或 9) 整除.

**证** 设

$$A = a_n a_{n-1} \cdots a_1 a_0 = a_n \cdot 10^n + a_{n-1} \cdot 10^{n-1} + \cdots + a_1 \cdot 10 + a_0$$

这里，$0 \leqslant a_i < 10$，$a_i$ 为整数，$i = 0,1,\cdots,n-1$，$0 < a_n < 10$

因为 $10 \equiv 1(\mathrm{mod}3)$，所以

$$A \equiv a_n \cdot 1^n + a_{n-1} 1^{n-1} + \cdots + a_1 \cdot 1 + a_0 \equiv a_n + a_{n-1} + \cdots + a_1 + a_n (\mathrm{mod}3)$$

因而，当且仅当 $3 \left| \sum_{i=0}^{n} a_i \right.$ 时，$3 \mid A$.

又 $10 \equiv 1(\mathrm{mod}9)$，同理可证，当且仅当 $9 \left| \sum_{i=0}^{n} a_i \right.$ 时，$9 \mid A$. □

法则 2 表明，要判断一个整数能否被 3(或 9) 整除，只需看其各位数码之和能否被 3(或 9) 整除即可.

## 八、同余类与完全剩余系

**定义 11** 设 $m$ 是一个给定的正整数，我们把被模 $m$ 除所得的余数为 $r$ 的整数归于一类，称为模 $m$ 的一个**同余类(剩余类)**，记作

$$r \mathrm{mod} m = \{ mq + r \mid q \text{ 为整数}, 0 \leqslant r \leqslant m-1 \}$$

以 $m$ 为模，整数集所形成的 $m$ 个两两不同的模 $m$ 的同余类：

$$0 \mathrm{mod} m, 1 \mathrm{mod} m, \cdots, (m-1) \mathrm{mod} m$$

称为模 $m$ 的**全体同余类(剩余类)**. 我们以 $r \mathrm{mod} m$ 表示 $r$ 所属的模 $m$ 的同余类.

例如，以 2 为模，可以把全体正整数分为奇数，偶数两大类.

定义 11 表明，同余类 $r \mathrm{mod} m$ 是一个其中有一项为 $r$，公差为 $m$(双边无穷) 的等差数列

$$mq + r, \quad q = 0, \pm 1, \pm 2, \cdots$$

由定义 11 可推出

**定理 31** (ⅰ) $r \mathrm{mod} m = s \mathrm{mod} m$ 的充要条件是 $r \equiv s(\mathrm{mod} m)$；

(ⅱ) 对任意的 $r, s$，要么 $r \mathrm{mod} m = s \mathrm{mod} m$，要么 $r \mathrm{mod} m$ 与 $s \mathrm{mod} m$ 的交集为空集.

定理 31(ⅰ) 表明，$r, s$ 对模 $m$ 属于同一个剩余类(同余类) 当且仅当 $r, s$ 对模 $m$ 同余. 即同余式就是同余类(看为一个元素) 的一个等式. 因此，“六” 中关于同余式的性质都可表述为同余类的性质.

**定理 32** 模 $m$ 的任何一个同余类 $r \mathrm{mod} m (0 \leqslant r < m)$ 中的任意两个整数 $r_1, r_2$ 与 $m$ 的最大公因数相等，即 $(r_1, m) = (r_2, m)$.

**证** 因为 $r_1 \in r \mathrm{mod} m$，$r_2 \in r \mathrm{mod} m$，由定义 11，知 $r_j = mq_j + r (j = 1,2)$. 进而由定理 9，得

$$(r_j, m) = (mq_j + r, m) = (r, m) \quad (j = 1,2)$$ □

**定义 12**　模 $m$ 的同余类有且恰有 $m$ 个，从模 $m$ 的每一个同余类中各取一数所得到的集合，称为模 $m$ 的一个**完全剩余系**，简称为**完全系或完系**.

由于模 $m$ 的完全剩余系中每个元素选取的任意性，因此模 $m$ 的完全剩余系不但有无穷多个，而且具有多种多样的形式. 所以，在此给出如下几个简单而常用的完全剩余系定义：

**定义 13**　$\{0,1,\cdots,m-1\}$ 称为模 $m$ 的**最小非负完全剩余系**.

$\{1,2,\cdots,m\}$ 称为模 $m$ 的**最小正完全剩余系**.

当 $m$ 为奇数时，$\left\{-\frac{m-1}{2},\cdots,-1.0,1,\cdots,\frac{m-1}{2}\right\}$ 称为**(奇数) 模 $m$ 的绝对最小完全剩余系**；

当 $m$ 为偶数时，$\left\{-\frac{m}{2},\cdots,-1,0,1,,\frac{m}{2}-1\right\}$ 或 $\left\{-\frac{m}{2}+1,\cdots,-1,0,1,\cdots,\frac{m}{2}\right\}$ 称为**(偶数) 模 $m$ 的绝对最小完全剩余系**.

这几个剩余系是完全剩余系中最简单的，其中前两个也是本书常常会用到的.

模 $m$ 的完全剩余系具有下列基本性质.

**定理 33**　若集合 $A=\{a_1,a_2,\cdots,a_m\}$ 中的 $m$ 个整数对模 $m$ 两两互不同余，则 $A$ 就是模 $m$ 的完全剩余系. 反之亦成立.

**证**　因为集合 $A$ 中的 $m$ 个整数 $a_1,a_2,\cdots,a_m$ 对模 $m$ 两两不同余，那么它们应分别属于模 $m$ 的 $m$ 个不同的同余类，因此集合 $A$ 是模 $m$ 的一个完全剩余系. 反之，若集合 $A$ 是模 $m$ 的完全剩余系，则由定义 12 可知 $A$ 中含有 $m$ 个整数，且其中任何两个对模 $m$ 互不同余. □

**定理 34**　若整数集合 $\{x_1,x_2,\cdots,x_m\}$ 是模 $m$ 的一个完全剩余系，且 $(a,m)=1$，$b$ 是任意整数，则下列 4 个整数集合也都是模 $m$ 的完全剩余系：

(ⅰ) $A=\{ax_1,ax_2,\cdots,ax_m\}$；

(ⅱ) $B=\{x_1+b,x_2+b,\cdots,x_m+b\}$；

(ⅲ) $C=\{ax_1+b,ax_2+b,\cdots,ax_m+b\}$；

(ⅳ) $D=\{a(x_1+b),a(x_2+b),\cdots,a(x_m+b)\}$.

**证**　显然，整数集合 $A,B,C,D$ 各有 $m$ 个整数.

(ⅰ) 如果 $ax_i\equiv ax_j(\bmod m)(1\leqslant i,j\leqslant m)$，则 $m\mid a(x_i-x_j)$. 因为 $(a,m)=1$，所以 $m\mid(x_i-x_j)$，即 $x_i\equiv x_j(\bmod m)$，与假设矛盾. 故由定理 33 知，整数集合 $A$ 是模 $m$ 的完全剩余系.

(ⅱ) 如果 $x_i+b\equiv x_j+b(\bmod m)(1\leqslant i,j\leqslant m)$，则 $m\mid[x_i+b-(x_j+b)]=x_i-x_j$，即 $x_i\equiv x_j(\bmod m)$，与假设矛盾. 根据定理 33，整数集合 $B$ 是模 $m$ 的完全剩余系.

(ⅲ) 因为由(ⅰ) 知整数集合 $\{ax_1,ax_2,\cdots,ax_m\}$ 是模 $m$ 的完全剩余系，又因 $b$ 是整数，故由(ⅱ) 知整数集合 $C=\{ax_1+b,ax_2+b,\cdots,ax_m+b\}$ 也是模 $m$ 的完全剩余系.

(ⅳ) 由(ⅱ) 知 $\{x_1+b,x_2+b,\cdots,x_m+b\}$ 是模 $m$ 的完全剩余系，又因 $(a,m)=1$，故由(ⅰ) 知整数集合 $D=\{a(x_1+b),a(x_2+b),\cdots,a(x_m+b)\}$ 也是模 $m$ 的完全剩余系. □

**定理 35**　设 $m_1,m_2$ 是互素的两个正整数. 若整数集合 $X=\{x_1,x_2,\cdots,x_{m_1}\}$ 与 $Y=\{y_1,y_2,\cdots,y_{m_2}\}$ 分别是模 $m_1$、模 $m_2$ 的完全剩余系，则整数集合

$$w=\{m_2x_1+m_1y_1,\cdots,m_2x_1+m_1y_{m_2},m_2x_2+m_1y_1,\cdots,m_2x_2+m_1y_{m_2},\cdots,\\ m_2x_{m_1}+m_1y_1,\cdots,m_2x_{m_1}+m_1y_{m_2}\}=\{m_2x+m_1y\mid x\in X,y\in Y\}$$

是模 $m_1m_2$ 的一个完全剩余系.

**证**　由假设，知集合 $X,Y$ 分别有 $m_1,m_2$ 个整数，因此集合 $w$ 有 $m_1m_2$ 个整数. 根据定理

33，只需证明集合 $w$ 的 $m_1m_2$ 个整数对模 $m_1m_2$ 两两不同余即可.

假定 $m_2x+m_1y\equiv m_2x'+m_1y'(\bmod m_1m_2)$，其中 $x,x'\in X$，而 $y,y'\in Y$，由定理28(ⅲ)得

$$m_2x+m_1y\equiv m_2x'+m_1y'\pmod{m_1}$$
$$m_2x+m_1y\equiv m_2x'+m_1y'\pmod{m_2}$$

将此二式分别与 $-m_1y\equiv -m_1y'(\bmod m_1)$，$-m_2x\equiv -m_2x'(\bmod m_2)$ 相加(同余可加性)得

$$m_2x\equiv m_2x'(\bmod m_1),\quad m_1y\equiv m_1y'(\bmod m_2)$$

因为 $(m_1,m_2)=1$，所以由推论16，得 $x\equiv x'(\bmod m_1)$，$y\equiv y'(\bmod m_2)$. 但 $x,x'$ 是模 $m_1$ 的完全剩余系 $X$ 中的整数，$y,y'$ 是模 $m_2$ 的完全剩余系 $Y$ 中的整数. 所以 $x=x'$，$y=y'$. 这表明，如果 $x$ 与 $x'$、$y$ 与 $y'$ 不全相同，则 $m_2x+m_1y\not\equiv m_2x'+m_1y'(\bmod m_1m_2)$. 因此结论成立. □

## 九、欧拉函数与简化同余类、简化剩余系

**定义 14** 欧拉函数 $\varphi(m)$ 表示不超过正整数 $m$ 且与 $m$ 互素的正整数的个数.

**定义 15** 若 $(r,m)=1$，则模 $m$ 的同余类 $r\bmod m$ 称为模 $m$ 的**简化同余类**(或**简化剩余类**)，亦简称**缩类**. 模 $m$ 的简化同余类共有 $\varphi(m)$ 类，从每一类中各取出一数所得到的集合，称为模 $m$ 的一个**简化剩余系**，简称**缩系**. 或者说，在模 $m$ 的一个完全剩余系中，与 $m$ 互素的 $\varphi(m)$ 个数构成的集合，称为模 $m$ 的一个简化剩余系.

模 $m$ 简化剩余系具有下列基本性质.

**定理 36** 若集合 $R=\{r_1,r_2,\cdots,r_{\varphi(m)}\}$ 是 $\varphi(m)$ 个与 $m$ 互素的整数，并且两两对模 $m$ 互不同余，则 $R$ 就是模 $m$ 的简化剩余系.

**证** 因为均与 $m$ 互素的 $r_1,r_2,\cdots,r_{\varphi(m)}$ 这 $\varphi(m)$ 个整数对模 $m$ 两两不同余，故它们应分别属于和 $m$ 互素的模 $m$ 的 $\varphi(m)$ 个不同的剩余类. 因此，集合 $R$ 是模 $m$ 的一个简化剩余系. □

由于选取方式的任意性，模 $m$ 的简化剩余系有无穷多个. 特别地，不大于 $m$ 而和 $m$ 互素的全体正整数称为模 $m$ 的**最小正简化剩余系**.

**定理 37** 若整数集合 $R=\{r_1,r_2,\cdots,r_{\varphi(m)}\}$ 是模 $m$ 的一个简化剩余系，且 $(a,m)=1$，则整数集合 $A=\{ar_1,ar_2,\cdots,ar_{\varphi(m)}\}$ 也是模 $m$ 的一个简化剩余系.

**证** 因为整数集合 $R$ 是模 $m$ 的一个简化剩余系，所以 $(r_i,m)=1(i=1,2,\cdots,\varphi(m))$，且当 $i\neq j$ 时，$r_i\not\equiv r_j(\bmod m)$.

又因为 $(a,m)=1$，所以 $(ar_i,m)=1(i=1,2,\cdots,\varphi(m))$，且当 $i\neq j$ 时，$ar_i\not\equiv ar_j(\bmod m)$. 再由定理36，知整数集合 $A$ 是模 $m$ 的一个简化剩余系. □

**定理 38** 若 $m_1,m_2$ 是两个互素的正整数，整数集合 $\overline{X}=\{\overline{x}_1,\overline{x}_2,\cdots,\overline{x}_{\varphi(m)}\}$ 与 $\overline{Y}=\{\overline{y}_1,\overline{y}_2,\cdots,\overline{y}_{\varphi(m)}\}$ 分别是模 $m_1$、模 $m_2$ 的简化剩余系，则整数集合

$$\overline{w}=\{m_2\overline{x}_1+m_1\overline{y}_1,\cdots,m_2\overline{x}_1+m_1\overline{y}_{\varphi(m_2)},m_2\overline{x}_2+m_1\overline{y}_1,\cdots,m_2\overline{x}_2+m_1\overline{y}_{\varphi(m_2)},\cdots,$$
$$m_2\overline{x}_{\varphi(m_1)}+m_1\overline{y}_1,\cdots,m_2\overline{x}_{\varphi(m_1)}+m_1\overline{y}_{\varphi(m_2)}\}=\{m_2\overline{x}+m_1\overline{y}\mid \overline{x}\in\overline{X},\overline{y}\in\overline{Y}\}$$

是模 $m_1m_2$ 的一个简化剩余系.

**证** 因为 $(m_1,m_2)=1$，由假设，知集合 $\overline{X}$，$\overline{Y}$ 分别有 $\varphi(m_1)$，$\varphi(m_2)$ 个整数，因此集合 $\overline{w}$ 有 $\varphi(m_1)\varphi(m_2)=\varphi(m_1m_2)$ 个整数.

由定理35知，若以 $X$ 与 $Y$ 分别表示模 $m_1$、模 $m_2$ 的完全剩余系，使得 $\overline{X}\subset X$，$\overline{Y}\subset Y$，则

$$w=\{m_2x+m_1y \mid x\in X,y\in Y\}$$

是模 $m_1m_2$ 的完全剩余系，且使得 $\overline{w}\subset w$. 故整数集合 $\overline{w}$ 中的 $\varphi(m_1m_2)$ 个数对模 $m_1m_2$ 互不同余. 于是只需证明它们与 $m_1m_2$ 互素.

事实上，因为 $(\overline{x},m_1)=1$，$(m_2,m_1)=1$，即 $(m_2\overline{x},m_1)=1$，故

$$(m_2\overline{x}+m_1\overline{y},m_1)=1$$

同理可证 $(m_2\overline{x}+m_1\overline{y},m_2)=1$. 再由 $(m_1,m_2)=1$，可得 $(m_2\overline{x}+m_1\overline{y},m_1m_2)=1$. 因此，

$$\overline{w}=\{m_2\overline{x}+m_1\overline{y} \mid \overline{x}\in\overline{X},\overline{y}\in\overline{Y}\}$$

是模 $m_1m_2$ 的简化剩余系. □

根据定理 38 的证明，可得下述重要结论.

**推论 18**　设 $m_1,m_2$ 是互素的两个正整数，则

$$\varphi(m_1m_2)=\varphi(m_1)\varphi(m_2)$$

**证**　显然，由定理 38 的证明，知整数集合 $\overline{w}$ 中共有 $\varphi(m_1)\varphi(m_2)$ 个整数. 又因整数集合 $\overline{w}$ 为模 $m_1m_2$ 的一个简化剩余系，所以 $\overline{w}$ 中只能有 $\varphi(m_1m_2)$ 个整数. 因此

$$\varphi(m_1m_2)=\varphi(m_1)\varphi(m_2)$$ □

**定理 39**　设正整数 $m$ 的标准分解式为 $m=p_1^{\alpha_1}p_2^{\alpha_2}\cdots p_k^{\alpha_k}$，则

$$\varphi(m)=\varphi(p_1^{\alpha_1})\varphi(p_2^{\alpha_2})\cdots\varphi(p_k^{\alpha_k})=m\prod_{p\mid m}\left(1-\frac{1}{p}\right)$$

**证**　由推论 18，知 $\varphi(m)=\varphi(p_1^{\alpha_1})\varphi(p_2^{\alpha_2})\cdots\varphi(p_k^{\alpha_k})$. 因此，只需求出 $\varphi(p^\alpha)=p^\alpha\left(1-\frac{1}{p}\right)$ 即可，其中 $p$ 为素数. 于是，对任意素数 $p$，$\varphi(p^\alpha)$ 等于 $p^\alpha$ 减去数列 $1,2,\cdots,p^\alpha$ 中与 $p^\alpha$（也就是与 $p$）不互素（即能被 $p$ 整除）的数的个数. 所以

$$\varphi(p^\alpha)=p^\alpha-\left[\frac{p^\alpha}{p}\right]=p^\alpha-p^{\alpha-1}=p^\alpha\left(1-\frac{1}{p}\right)$$

所以

$$\varphi(m)=p_1^{\alpha_1}\left(1-\frac{1}{p_1}\right)p_2^{\alpha_2}\left(1-\frac{1}{p_2}\right)\cdots p_k^{\alpha_k}\left(1-\frac{1}{p_k}\right)=m\prod_{p\mid m}\left(1-\frac{1}{p}\right)$$ □

由定理 39 可知，$\varphi(m)=1$ 的充要条件是 $m=1$ 或 2.

**推论 19**　若 $n\mid m$，则 $\varphi(n)\mid\varphi(m)$.

**推论 20**　若 $m$ 是大于 2 的正整数，则 $\varphi(m)$ 必定是偶数.

**证**　若 $m$ 不含奇素因数，则由于 $m>2$，因此 $m=2^\alpha(\alpha\geqslant 2)$. 由定理 39 得 $\varphi(m)=2^{\alpha-1}(\alpha\geqslant 2)$，因而 $2\mid\varphi(n)$.

若 $m$ 含有奇素因数，设 $p$ 是 $m$ 的一个奇素因数，由定理 39 可知 $(p-1)\mid\varphi(m)$，$p-1$ 是偶数，所以 $\varphi(m)$ 是偶数. □

**推论 21**　设 $m\in\mathbf{N}^+$，则有

（ⅰ）若 $m$ 是奇数，则 $\varphi(2m)=\varphi(m)$；

（ⅱ）若 $m$ 是偶数，则 $\varphi(2m)=2\varphi(m)$；

（ⅲ）若 $6\mid m$，则 $\varphi(m)\leqslant\frac{1}{3}m$.

**证**　（ⅰ）因为 $m$ 是奇数，$(2,m)=1$，所以有 $\varphi(2m)=\varphi(2)\varphi(m)=\varphi(m)$.

（ⅱ）设 $m=p_1^{\alpha_1}p_2^{\alpha_2}\cdots p_k^{\alpha_k}$，$m$ 是偶数，则 $m$ 必含有素因数 2，不妨设 $p_1=2$，于是有

$$\varphi(2m)=\varphi(2^{\alpha_1+1}\cdot p_2^{\alpha_2}\cdots p_k^{\alpha_k})=2m\left(1-\frac{1}{2}\right)\left(1-\frac{1}{p_2}\right)\cdots\left(1-\frac{1}{p_k}\right)$$

而 $2\varphi(m)=2\varphi(2^{\alpha_1}p_2^{\alpha_2}\cdots p_k^{\alpha_k})=2m\cdot\left(1-\frac{1}{2}\right)\left(1-\frac{1}{p_2}\right)\cdots\left(1-\frac{1}{p_k}\right)$.故

$$\varphi(2m)=2\varphi(m)$$

(ⅲ)因为 $6\mid m$,所以不妨设 $m=2^k3^lm_1$,$6\nmid m_1$,于是有

$$\varphi(m)=\varphi(2^k)\varphi(3^l)\varphi(m_1)=2^k\left(1-\frac{1}{2}\right)3^l\left(1-\frac{1}{3}\right)\varphi(m_1)=\frac{1}{3}2^k3^l\varphi(m_1)\leqslant$$

$$\frac{1}{3}2^k3^lm_1=\frac{1}{3}m$$

□

# 后　记

到此，我们探寻 $k$ 生素数的漫游就要结束了，因为任何一次旅途都会是有限的. 然而 $k$ 生素数及其种类却都是无穷无尽的，作为 $k$ 生素数的载体与显示——模 $d$ 缩族质合表也是编也编不完、数也数不尽的. 我们看到的虽然是冰山一角，但终究是走进了模 $d$ 缩族质合表的宏伟宫殿，搜寻到不少内藏其间的 $k$ 生素数珍宝，感受到沿途每一个模 $d$ 缩族质合表那种辽阔、深邃和神奇，也管窥了 $k$ 生素数的博大精深，好奇心的满足感和旅游的快乐心情油然而生.

多年前，我手中的笔恰好暂时就停留在这旅途的终点.

那是追梦的路上，曾经回首眺望……可眼前浮现的并非是翻过的山、蹚过的河，而是书中的内容在脑海涌流不停……于是利用业余时间，对自学钻研的结果归类梳理且三易其稿，我的心绪才有所平静. 但是，即将出版时却因故搁浅. 直到后来，与一闪而过的灵感相会，便将其紧抓不放. 随之，灵感中看到的画面在穷年累月下足工夫之中细化、固化，完美重现，依此对原书稿予以重大补充和修改，才有本书今貌之呈现. 因为这些曾给我信心和勇气，给我智慧和力量，引人跋涉和远行的事和物，万万不能压在箱底，而是有责任和义务奉献给读者朋友，抛砖引玉是自己的最大愿望.

总之，《模 $d$ 缩族质合表与其显示的 $k$ 生素数》一书是自学钻研的结果，也是探索的新起点，是继续攀登的大本营. 虽然，脚下是崎岖艰难的山路，但是，走到“山穷”与“水尽”，才有峰回路转柳暗花明的奇妙风光——等待我们去领略，等待我们去探索！

因为——

只有去探索，
才会有收获；
只有去实践，
才能有发现；
“创新”不实践，
真知找不见.

马列指航向，
理想高于天！
科学无穷尽，
实践无止境.
实践虽艰难，
真理在召唤——

实践，
是探索未知的
根本途径；

实践，
是追求真理的
雄关漫道与战场！
实践，
是理论的前提和
基础，
实践，
是创新的家园和
舞台……
实践，
是检验真理的
唯一标准，
实践，
也是发现真理的
永不枯竭的唯一源泉！

蔡书军
2016 年 10 月

# 参考文献


[1] 闵嗣鹤,严士健. 初等数论[M]. 2 版. 北京:人民教育出版社,1982.
[2] 王元. 谈谈素数[M]. 上海:上海教育出版社,1978.
[3] 张德馨. 整数论(第一卷)[M]. 北京:科学出版社,1958.
[4] 柯召,孙琦. 数论讲义[M]. 上册. 北京:高等教育出版社,1986.
[5] 陈景润. 初等数论Ⅰ[M]. 北京:科学出版社,1978.
[6] 陈景润. 初等数论Ⅱ[M]. 北京:科学出版社,1980.
[7] 潘承洞,潘承彪. 初等数论[M]. 北京:北京大学出版社,1992.
[8] 严士健. 离散数学初步[M]. 北京:科学出版社,1997.
[9] 于秀源,瞿维建. 初等数论[M]. 济南:山东教育出版社,2004.
[10] 赵继源. 初等数论[M]. 桂林:广西师范大学出版社,2001.
[11] 王进明. 初等数论[M]. 北京:人民教育出版社,2002.
[12] 张文鹏. 初等数论[M]. 西安:陕西师范大学出版社,2007.
[13] 王丹华,杨海文,刘咏梅. 初等数论[M]. 北京:北京航空航天大学出版社,2008.
[14] 周春荔. 数论初步[M]. 北京:北京师范大学出版社,1999.
[15] 管训贵. 初等数论[M]. 合肥:中国科学技术大学出版社,2011.
[16] 张君达. 数论基础[M]. 北京:北京科学技术出版社,2002.
[17] [美]阿尔伯特 H 贝勒. 数论妙趣——数学女王的盛情款待[M]. 谈祥柏,译. 上海:上海教育出版社,1998.
[18] 梁宗巨. 一万个世界之谜(数学分册)[M]. 武汉:湖北少年儿童出版社,1995.
[19] [加]盖伊 R K. 数论中未解决的问题[M]. 2 版. 张明尧,译. 北京:科学出版社,2003.
[20] 王志雄. 数学美食城[M]. 北京:民主与建设出版社,2000.
[21] 曹才翰,沈伯英. 初等代数教程[M]. 北京:北京师范大学出版社,1986.
[22] [法]塞尔 J P. 数论教程[M]. 上海:上海科学技术出版社,1980.
[23] [加]里本伯姆 P. 博大精深的素数[M]. 孙淑玲,冯克勤,译. 北京:科学出版社,2007.
[24] 熊一兵. 概率素数论[M]. 成都:西南交通大学出版社,2008.
[25] 蔡书军. $k$ 生素数分类及相邻 $k$ 生素数[M]. 西安:西北工业大学出版社,2012.
[26] 黎渝,陈梅. 不可思议的自然对数[M]. 北京:人民邮电出版,2016.